VDI-Lexikon Maschinenbau

VDI-Lexikon Maschinenbau

Herausgegeben von
Prof. Dr.-Ing. habil. Heinz M. Hiersig

SPRINGER-VERLAG BERLIN HEIDELBERG GMBH

Die Deutsche Bibliothek — CIP-Einheitsaufnahme

VDI-Lexikon Maschinenbau /
hrsg. von Heinz M. Hiersig. –
Düsseldorf: VDI-Verl., 1995
   ISBN 978-3-642-63378-2   ISBN 978-3-642-57850-2 (eBook)
   DOI 10.1007/978-3-642-57850-2
NE: Hiersig, Heinz, M. [Hrsg.]

Redaktion: Dr.-Ing. Gerhard Scheuch
unter Mitarbeit von Dipl.-Ing. Heinz Gerlach und Renate Raschke
Graphische Darstellungen: Peter Lübke, Wachenheim

ISBN 978-3-642-63378-2

Vorwort

Der Begriff „Maschinenbau" hat sich gewandelt: Die Vorstellung von schwierig zu beherrschenden Erzeugnissen der Technik schwindet nach und nach. An ihre Stelle tritt die Vorstellung von leichten, schnellen und präzisen Maschinen, die effiziente Arbeit leisten. Dabei nimmt die Automatik dem Menschen zwar die Arbeit des Steuerns ab, verlangt aber intensive Zuwendung für das Planen und Programmieren der Operationen. Mit ihren vielfältigen Randbedingungen erfordert dies eine gute Übersicht und ein großes Engagement, ganz abgesehen von der kreativen Arbeit, mit der eine Steuerung entwickelt wird.

So ist auch das, was ein Lexikon an Begriffen bieten muß, nicht einfach aus den Inhalten herkömmlicher Lehrbücher zu entnehmen. Dieses Buch baut auf dem „Lexikon Ingenieurwissen-Grundlagen" auf und umfaßt übergreifend und interdisziplinär das, was den Maschinenbau in seiner heutigen Ausprägung kennzeichnet. Speziell für die produzierende Industrie bietet sich zusätzlich das „Lexikon Produktionstechnik Verfahrenstechnik" an. Man benötigt detaillierte Fachkenntnisse beispielsweise vom allgemeinen Maschinenbau, von Bearbeitungsmaschinen für Papier, Gummi, Kunststoff und Holz, von der Konstruktionstechnik und den Maschinenelementen, von der Ölhydraulik und Pneumatik, von der Antriebs- und Getriebetechnik, vom Kolben- und Turbomaschinenbau, von der Fahrzeugtechnik, den elektrischen Maschinen, der Energietechnik, dem Anlagenbau usw.

Maschinenbau ist hochentwicklungsfähig. Deshalb mußte der Fundus unerläßlicher Stichworte durch in der Praxis gebräuchliche wie auch durch neue, zukunftsweisende Begriffe ergänzt werden. Der Maschinenbau ist meist in hochspezialisierten, mittelständischen Unternehmen zu Hause. Aus diesem Grunde finden sich im Lexikon Begriffe, die über Mechanik, Festigkeit und Thermodynamik weit hinausgehen und eine wissenschaftlich gründliche Bearbeitung verlangten. Über 80 Fachleute aus Wissenschaft und Praxis haben in diesem Sinne mit großem Einsatz und der gebotenen Sorgfalt an den rund 3 500 Stichworten mit zahlreichen Bildern und Tabellen des Lexikons gearbeitet.

Der Herausgeber dankt den Autoren für ihre Leistung. Dank gebührt auch Herrn Dr.-Ing. *Gerhard Scheuch,* Herrn Dipl.-Ing. *Heinz Gerlach* und Frau *Renate Raschke* für die sorgfältige Bearbeitung, Frau Dipl.-Ing. *Zitta Glaser* für die gute Organisation sowie schließlich dem VDI-Verlag für die Übernahme des Wagnisses und für die hervorragende Ausstattung des Lexikons Maschinenbau.

Düsseldorf, im Oktober 1994   *Heinz M. Hiersig*

Der Herausgeber

Prof. Dr.-Ing. habil. *Heinz M. Hiersig* studierte Maschinenbau an der Technischen Hochschule in Dresden. Er begann seine Industrietätigkeit 1939 bei der Rheinmetall-Borsig AG in Düsseldorf und wurde dort 1944 Werksleiter. 1943 promovierte er an der Technischen Hochschule Braunschweig zum Dr.-Ing. Im Jahr 1947 gründete er die Rhein-Getriebe GmbH. 1960 wurde er zum Vorstandsvorsitzenden der Firma Lohmann und Stolterfoht berufen, und er erwarb sich dort besondere Verdienste mit der Entwicklung eines neuen, marktfähigen Produktprofils. Noch vor Erreichen der Altersgrenze erhielt er von der Ruhr-Universität Bochum einen Lehrauftrag, habilitierte sich 1980 und wurde 1981 zum Professor ernannt. Zu dieser Zeit übernahm er erneut die technische Geschäftsführung der Rhein-Getriebe GmbH in Meerbusch.

Professor *Hiersig* schrieb über 40 Fachbeiträge, zumeist zu Fragen der Antriebstechnik. Er widmete sich über Jahrzehnte der technisch-wissenschaftlichen Gemeinschaftsarbeit in mehreren Gremien, unter anderem als Vorsitzender der VDI-Gesellschaft Entwicklung, Konstruktion, Vertrieb (EKV) und des Normenausschusses Antriebstechnik (NAN) im DIN.

Die Autoren

Prof. Dr.-Ing. Hans G. Baumann
Mannesmann Demag AG, Unternehmensbereich Hüttentechnik, Duisburg; Institut für Eisenhüttenkunde, Rheinisch-Westfälische Technische Hochschule Aachen

Prof. Dr.-Ing. Dieter Besdo
Institut für Mechanik, Universität Hannover

Dr.-Ing. Hans-Georg Bittner
Heimsoth GmbH, Hildesheim

Prof. Dr.-techn. Thomas J. Bohn
Fachbereich Energie- und Kraftwerkstechnik, Universität-Gesamthochschule Essen

Dipl.-Ing. Manfred Braitinger
Abt. für Raketen und Lenkflugkörper, Industrieanlagen-Betriebsgesellschaft mbH, Ottobrunn

Prof. Albert G. Burkhardt
Fachbereich Druck- und Verpackungstechnik, Fachhochschule für Druck, Stuttgart

Prof. em. Dr.-Ing. Günther Dibelius
Institut für Dampf- und Gasturbinen, Rheinisch-Westfälische Technische Hochschule Aachen

Dipl.-Ing. Ewald Diegelmann
LURGI Öl-Gas-Chemie GmbH, Frankfurt am Main

Dr.-Ing. Ralf Dohrn
Arbeitsbereich Thermische Verfahrenstechnik, Technische Universität Hamburg-Harburg

Prof. Dr.-Ing. Heinz-Ulrich Doliwa
Beratender Ingenieur für Gießerei und Hüttenwesen, Amberg

Prof. Dr.-Ing. Friedrich Dusil
Dekan Fachbereich Holztechnik, Fachhochschule Rosenheim

Prof. Dr. rer. nat. Helmut Eckelmann
Institut für Angewandte Mechanik und Strömungsphysik, Universität Göttingen; Max-Planck-Institut für Strömungsforschung, Göttingen

Prof. Dr.-Ing. Klaus Ehrlenspiel
Lehrstuhl für Konstruktion im Maschinenbau, Technische Universität München

Prof. Dr.-Ing. Peter Eyerer
Institut für Kunststoffprüfung und Kunststoffkunde, Universität Stuttgart

Prof. Dr.-Ing. Klaus Federn
Institut für Konstruktionslehre und Thermische Maschinen, Lehr- und Forschungsgebiet Maschinenelemente, Technische Universität Berlin

Prof. Dr. techn. Dr. med. h. c. Ernst Fiala
Honorarprofessor an der Technischen Universität Wien

Prof. Dr. rer. nat. Walther L. Fischer
Lehrstuhl für Didaktik der Mathematik, Erziehungswissenschaftliche Fakultät, Universität Erlangen-Nürnberg

Prof. Dr.-Ing. habil. Dr.-Ing. Lothar Gaul
Institut A für Mechanik, Universität Stuttgart

Dr.-Ing. Raimund Germershausen
Mitglied des Vorstandes der Rheinmetall Berlin AG und Vorsitzender der Geschäftsführung der Rheinmetall GmbH, Düsseldorf

Dr.-Ing. Andreas Hesse
Haldenwanger GmbH & Co. KG, Bereich Technische Keramik, Waldkraiburg

Prof. Dr.-Ing. Franz Josef Gierse
Institut für Konstruktion, Arbeitsgebiet: Konstruktions- und Getriebetechnik, Universität-Gesamthochschule Siegen

Dipl.-Ing. Volker Greif
Institut für Mechanische Verfahrenstechnik, Universität Stuttgart

Dr. rer. nat. Franz Gross
Lehrbeauftragter über elektrochemische Systeme zur Energiespeicherung und Energieumwandlung, Universität Stuttgart

Prof. Dr.-Ing. Karl-Heinz Habig
Bundesanstalt für Materialforschung und -prüfung (BAM), Berlin

Prof. Dr. rer. nat. Reinhard Helbig
Institut für Angewandte Physik, Universität Erlangen-Nürnberg

Dr.-Ing. Andreas Hesse
Haldenwanger GmbH & Co. KG, Bereich Technische Keramik, Waldkraiburg

Prof. em. Dr.-Ing. H. W. Hennicke
Institut für Nichtmetallische Werkstoffe, Professur für Keramik und Email, Technische Universität Clausthal

Prof. Dr.-Ing. habil. Heinz M. Hiersig
Technischer Geschäftsführer der Rhein-Getriebe GmbH, Meerbusch

Dr.-Ing. Franz Hoppe
MAAG Getriebe AG, Konstruktion Schiffsgetriebe, Zürich

Prof. Dr. rer. nat. Alex Hubert
Institut für Werkstoffwissenschaften, Universität Erlangen-Nürnberg

Prof. Dr.-Ing. Dr. h. c. Rudolf Jeschar
Institut für Energieverfahrenstechnik, Technische Universität Clausthal

Dr.-Ing. Friedrich Johannaber
Geschäftsbereich Kunststoffe, Bayer AG, Leverkusen

Prof. Dr.-Ing. Dr. h. c. Reinhardt Jünemann
Geschäftsführender Institutsleiter des Fraunhofer-Instituts für Materialfluß und Logistik, Dortmund

Dr.-Ing. Hermann Kaiser
Institut für Werkstoffwissenschaften, Korrosion und Oberflächentechnik, Universität Erlangen-Nürnberg

Prof. Dr. Gunther Kamm
Technische Optik, Farbmeßtechnik, Fachhochschule für Druck, Stuttgart

Dr.-Ing. Manfred Kerner
Kraft Jacobs Suchard R & D Inc., München

Prof. Dr.-Ing. K. F. Knoche
Lehrstuhl für Technische Thermodynamik, Rheinisch-Westfälische Technische Hochschule Aachen

Priv.-Doz. Dr.-Ing. habil. Gunter Knoll
Institut für Maschinenelemente und Maschinengestaltung, Rheinisch-Westfälische Technische Hochschule Aachen

Prof. Dr.-Ing. Oswin Kohlhaas
Fachbereich Textil- und Bekleidungstechnik, Fachhochschule Niederrhein, Mönchengladbach

Prof. Dr.-Ing. Dr. h. c. mult. Wilfried König
Lehrstuhl für Technologie der Fertigungsverfahren, Laboratorium für Werkzeugmaschinen und Betriebslehre (WZL), Rheinisch-Westfälische Technische Hochschule Aachen; Leiter des Fraunhofer-Instituts für Produktionstechnologie, Aachen

Dipl.-Ing. Rüdiger E. Kosin
Flugbaumeister, Mitglied des Vorstandsrats der Deutschen Gesellschaft für Luft- und Raumfahrt (DGLR), Bonn

Prof. Dr.-Ing. Rolf Kracke
Institut für Verkehrswesen, Eisenbahnbau und -betrieb, Universität Hannover

Prof. Dr.-Ing. Peter Kuhlmann
Institut für Kraftfahrwesen und Kolbenmaschinen, Universität der Bundeswehr, Hamburg

Prof. Dr.-Ing. Günter Kühn
Institut für Maschinenwesen im Baubetrieb, Universität Karlsruhe

Prof. em. Dr.-Ing. Dr. h. c. Kurt Lange
Institut für Umformtechnik, Universität Stuttgart

Dr.-Ing. Helmut Lauruschkat
Verein Deutscher Ingenieure, Düsseldorf

Prof. Dr.-Ing. Eike Lehmann
Schiffstechnische Konstruktionen und Berechnungen, Technische Universität Hamburg-Harburg

Prof. Dipl.-Ing. Rudolf Löcker
Fachbereich Textil- und Bekleidungstechnik, Fachhochschule Niederrhein, Mönchengladbach

Prof. em. Dr. Dr.-Ing. Marcel Loncin
Institut für Lebensmittelverfahrenstechnik, Universität Karlsruhe

Prof. Dr. rer. nat. Walter Masing
Erbach im Odenwald

Prof. Dr. rer. nat. habil. Gerd E. A. Meier
Direktor des Instituts für Strömungsmechanik, Deutsche Forschungsanstalt für Luft- und Raumfahrt e.V. (DLR), Göttingen

Prof. em. Dr.-Ing. H. W. Müller
Fachgebiet Maschinenelemente und Maschinenakustik, Technische Hochschule Darmstadt

Dipl.-Ing. Karl-Günter Müller
Verein Deutscher Ingenieure, Düsseldorf

Prof. Dipl.-Ing. Jochen Paris
Gerlingen

Prof. Dr. Rudolf Patt
Ordinariat für Holztechnologie und Holzchemie, Universität Hamburg

Prof. Dr.-Ing. Reinhold U. Pitt
Technische Thermodynamik — Wärmetechnik — Kraft- und Arbeitsmaschinen im Fachbereich Maschinenbau, Fachhochschule Schmalkalden/Thüringen

Dipl.-Ing. Peter Pöllet
Institut für Kunststoffprüfung und Kunststoffkunde, Universität Stuttgart

Eckard Rahnenführer
Rheinmetall GmbH, Düsseldorf

Prof. Dr.-Ing. Herbert Rauhut
Fachbereich Strömungsmaschinen, Fachhochschule Niederrhein, Krefeld

Dr.-Ing. Heinrich Rellermeyer
Thyssen Stahl AG, Duisburg

Prof. Dr.-Ing. Karl Theodor Renius
Lehrstuhl für Landmaschinen, Technische Universität München

Dr.-Ing. Herbert Rentzsch
Technische Direktion, Asea Brown Boveri AG, Baden/Schweiz

Prof. Dipl.-Phys. Axel Ritz
Steinbeis Transferzentrum Druck und Verpackung, Fachhochschule für Druck, Stuttgart

Prof. Dr.-Ing. Rudolf Röper
Lehrstuhl für Maschinenelemente, Universität Dortmund

Prof. Dr. rer. nat. Hans-Karl Rouette
Textil- und Bekleidungstechnik, Fachhochschule Niederrhein, Mönchengladbach

Prof. Dr.-Ing. Harry O. Ruppe
Lehrstuhl für Raumfahrttechnik, Technische Universität München

Dr. rer. nat. Wilhelm Scheffels
(i. R.) vorm. Messer Griesheim GmbH, Steigerwald Strahltechnik, Puchheim

Werner Schmid
Redakteur, Der Druckspiegel, Heusenstamm

Prof. Dr.-Ing. Robert H. Schmucker
Lehrstuhl für Raumfahrttechnik, Technische Universität München

Prof. Dr. rer. nat. Elmar Schrüfer
Lehrstuhl für Elektrische Meßtechnik, Technische Universität München

Prof. Dr.-Ing. Herbert Schulz
Leiter des Instituts für Produktionstechnik und Spanende Werkzeugmaschinen, Technische Hochschule Darmstadt

Prof. Dr.-Ing. Andreas Seeliger
Institut für Bergwerks-und Hüttenmaschinenkunde, Rheinisch-Westfälische Technische Hochschule Aachen

Dr.-Ing. habil. Eckehard Specht
Institut für Energieverfahrenstechnik, Technische Universität Clausthal

Prof. Dr.-Ing. Klaus Strohmeier
Lehrstuhl für Apparatebau- und Anlagenbau, Experimentelle Spannungsanalyse, Technische Universität München

Dipl.-Ing. Heinz Stüben
Obering. i. R., vorm. Asea Brown Boveri-ABB, Fachbereich Antriebstechnik, Mannheim

Prof. Dr.-Ing. Dr. rer. nat. habil. Roger Thull
Lehrstuhl und Abteilung für Experimentelle Zahnmedizin, Universität Würzburg

Dipl.-Phys. Horst Vogel
vorm. Max-Planck-Institut für Strömungsforschung, Göttingen

Prof. Dr.-Ing. Dr. h. c. mult. Hans-Jürgen Warnecke
Lehrstuhl für Industrielle Fertigung und Fabrikbetrieb (IFF), Universität Stuttgart; Leiter des

Fraunhofer-Instituts für Produktionstechnik und Automatisierung (IPA), Stuttgart; Präsident der Fraunhofer-Gesellschaft (FhG), München

Prof. Dipl.-Ing. Klaus-Peter Weber
Fachbereich Textil- und Bekleidungstechnik, Fachhochschule Niederrhein, Mönchengladbach; Institut für Textiltechnik, Rheinisch-Westfälische Technische Hochschule Aachen

Prof. Dr.-Ing. Ingo Weise
Fachgebiet Waffentechnik, Fachbereich Maschinenbau der Universität der Bundeswehr Hamburg, und Rheinmetall GmbH, Düsseldorf

Dipl.-Ing. Jürgen Winkelmann
Firma K. H. Winkelmann, Typrografie und Reproduktion, Offenbach

Prof. Günter Winnicker
Fachbereich Seefahrt, Fachhochschule Hamburg

Prof. em. Dr.-Ing. Hans Winter
Lehrstuhl für Maschinenelemente, Technische Universität München

Prof. Dr.-Ing. Hartmut Witfeld
Institut für Mechanik, Universität der Bundeswehr Hamburg

Dr.-Ing. Franz Zahradnik
Lehrstuhl für Kunststoffe, Institut für Werkstoffwissenschaften, Universität Erlangen-Nürnberg

Dr.-Ing. Manfred Ziemann
Institut für Dampf- und Gasturbinen, Rheinisch-Westfälische Technische Hochschule Aachen

Erläuterungen zur Benutzung

Die zahlreichen Gebiete des Maschinenbaus sind in rund 3 500 Stichwörter gegliedert. Unter einem aufgesuchten Stichwort ist seine erläuternde Erklärung zu finden, die dem Benutzer das entsprechende Wissen vermitteln soll. Die zahlosen Verweise führen entweder zu einem synonymen oder zu einem übergeordneten Begriff, unter dem das entsprechende Stichwort abgehandelt ist. Die Querverweise im Text (→) sollen durch Aufsuchen anderer, verwandter oder ergänzender Stichwörter zu einer Vertiefung des Wissens beitragen. Der Verweispfeil → fordert dazu auf, das dahinterstehende Wort nachzuschlagen, um weitere Auskunft zu finden.

Die Stichworte folgen einander alphabetisch. Diese alphabetische Reihenfolge ist – auch bei zusammengesetzten Stichwörtern oder bei Abkürzungen – strikt eingehalten worden. Zusammengesetzte Begriffe sind vorwiegend unter dem Substantiv eingeordnet. Auch die Substantive werden im Singular aufgeführt, wobei Ausnahmen nur zur besseren Handhabung vorkommen und auf die übliche Ausdrucksweise geachtet wurde. Adjektive erscheinen also vor Substantiven, weil sie bei Aufsuchen ausschlaggebend sind.

Wie in lexikalischen Werken üblich, werden die Umlaute ä, ö, ü und die wie Umlaute gesprochenen Doppelbuchstaben ae, oe, ue wie die einfachen Buchstaben (Grundlaute a, o, u) behandelt.

Die zahlreichen Illustrationen zu den einzelnen Stichwörtern sind im Anschluß an den Absatz plaziert, im dem sie erwähnt oder erläutert wurden. Ausnahmsweise kann es auch vorkommen, daß diese — besonders im Falle von zweispaltigen Zeichnungen oder Tabellen — erst auf der nächsten Seite stehen. Die Zuordnung ist durch das Wiederholen des Stichwortes in der Bildunterschrift oder in der Tabellenüberschrift gewährleistet.

Im Text werden die Stichwörter mit dem ersten für die Alphabetisierung maßgeblichen Buchstaben abgekürzt. Dies gilt auch bei Wortzusammensetzungen mit dem Stichwort.

Literaturhinweise sind knapp gehalten und auf die wichtigsten Werke beschränkt. Deutschsprachige Werke wurden — soweit vorhanden — bevorzugt.

Düsseldorf, im Oktober 1994 *Die Redaktion*

A

Abbauhammer. Der A., mit dem Preßlufthammer vergleichbar, ist das einfachste maschinelle bergmännische Gewinnungsgerät. Er wird von Hand geführt und war 1956 noch das Hauptgewinnungsmittel mit einem Anteil von ca. 70 % an der Gesamtfördermenge der Steinkohle. Als Gewinnungsgerät wurde der A. im Zuge der Mechanisierung der Gewinnung durch Schrämwalze und Kohlenhobel nahezu vollständig ersetzt. Nebenarbeiten, wie z. B. das Zerkleinern von großen Gesteinsbrocken, werden auch heute noch mit dem A. durchgeführt.

Der A. besteht aus drei Hauptteilen: Spitzeisen, Arbeitszylinder mit Kolben und Steuerung sowie Handgriff. Angetrieben wird er durch Druckluft aus dem Netz der Schachtanlage. Durch ein in den Handgriff eingelassenes Ventil wird die Druckluftzufuhr zum A. freigegeben oder geschlossen. Die in den Zylinder einströmende Luft beschleunigt den Schlagkolben in Richtung auf das Spitzeisen, bis er auf dessen Ende auftrifft. Dieser Vorgang wiederholt sich bis zu 1600mal in der Minute und wird als Schlagzahl bezeichnet. Das Spitzeisen wird so in den Abbaustoß getrieben und der Lagerstätteninhalt oder das Gestein gelöst. Unter Ausnutzung der im Flöz oder im Gestein vorhandenen natürlichen Trennflächen, der Schlechten und Lösen, kann der Hauer den zur Lösearbeit nötigen Energieaufwand minimieren.

Das Gewicht der A. richtet sich nach dem Verwendungszweck und liegt i. a. zwischen 8 und 35 kg.

Der große Nachteil druckluftbetriebener A. ist der unvermeidlich auftretende Rückschlag. Dieser führt bei andauernder Arbeit zu Gesundheitsschädigungen (Preßluftkrankheit), die vor allem den abbauhammerführenden Arm und dessen Gelenke betreffen. Diese Rückschlagenergie wird durch den zumeist in Kunststoff ausgeführten Griff des A. sowie durch die Steuerung der Druckluft im A. gemindert. *Seeliger*

ABC-Analyse.

1. Allgemein. Verfahren zum Erkennen von Schwerpunkten. Differenzierung nach umschlagstarken (A) und umschlagschwachen (C) Artikeln. Danach z. B. Anordnung der Artikel im Lager nach wegeminimalen Gesichtspunkten.

Zusammenstellung aller Elemente einer Menge nach fallendem Gewicht und eine Klassifizierung nach Maßgabe der Gewichtung. Elemente bei einer ABC-A. können Teile eines Lagers, Transportmittel eines Fuhrparks, Transportarten eines Betriebs o. ä. sein. Vorgehensweise:
- Ziele vorgeben,
- Element definieren,
- Elementmengen ermitteln,
- Elemente gewichten (meistens nach wirtschaftlichen Kriterien oder Äquivalenzgrößen),
- Elementquanten ermitteln,
- Element ordnen,
- Elemente klassifizieren.

Als A-Elemente werden diejenigen zusammengefaßt, die etwa 60–80 % des Gesamtwerts umfassen. Danach folgen die B-Elemente. Die Elemente, die die letzten 5–10 % des Werts betragen, werden als C-Elemente klassifiziert. *Jünemann*

2. Konstruktion. Die ABC-A. ist ein Verfahren zur Dreiteilung einer Gesamtmenge hinsichtlich einer interessierenden Eigenschaft, um Schwerpunkte für ein Vorhaben zu finden, d. h. Wesentliches von Unwesentlichem zu trennen.

Bei der ABC-A. werden Teilmengen einer Gesamtmenge (z. B. Maschinenteile eines Produkts) hinsichtlich einer Eigenschaft (z. B. Kosten, Gewicht, Umsatz oder Zuverlässigkeit) so geordnet, daß drei Klassen entstehen. Die Klasse A hat die größten Anteile an der interessierenden Eigenschaft, Klasse B mittlere und Klasse C nur noch geringe. Die Unterteilung erfolgt nach freiem Ermessen (Bild). *Ehrlenspiel*

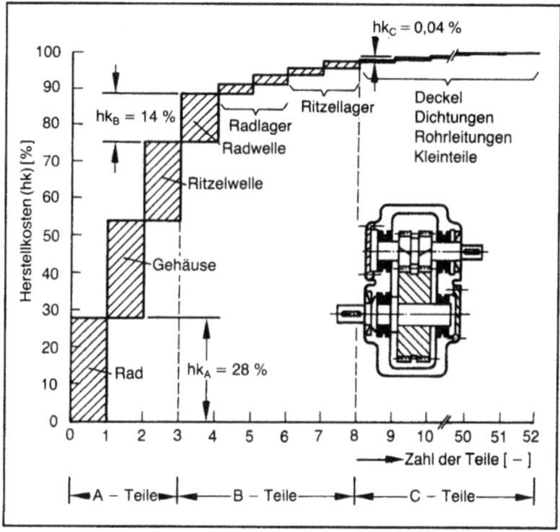

ABC-Analyse (Konstruktion): Summenkurve der ABC-Analyse eines Turbinengetriebes.

ABC-Schutz. Zum ABC-S. gehören alle Einrichtungen und Maßnahmen, die zum Erhalten der Kampffähigkeit der Truppe beim Einsatz von atomaren, biologischen und chemischen Kampfmitteln durch den Gegner beitragen. Dazu gehören Warnen, Sprühen, Entstrahlen, Entgiften, Entseuchen, S.-Bekleidung und S.-Einrichtungen.

Zur persönlichen Ausrüstung aller Soldaten gehören ABC-S.-Bekleidung und -Masken.

Für den Einsatz in einem durch ABC-Waffen verseuchten Gebiet besitzen gepanzerte Fahrzeuge und Überwasser-Kriegsschiffe besondere ABC-S.-Einrichtungen.

Gepanzerte Fahrzeuge sind mit ABC-S.-Belüftungsanlagen ausgerüstet (Bild 1), die Außenluft über ein Filtersystem von ABC-Stoffen reinigen. Die Frischluft im Kampfraum (Wanne und Turm) des Panzers steht unter einem mäßigen Überdruck (ca. 2–4 mbar), um zu verhindern, daß ungefilterte Luft durch Leckstellen eindringt (Bild 2).

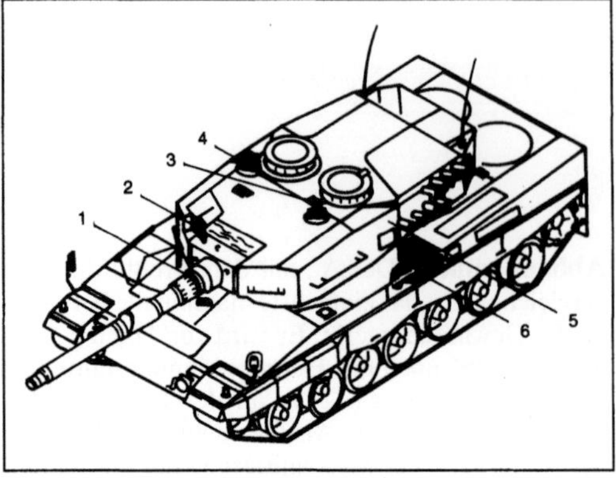

ABC-Schutz 2: Gesamtübersicht ABC-Schutzeinrichtungen bei KPz „Leopard 2".

1 Winkelspiegel mit Blendenschutzvorrichtungen, 2 Blendschutzvorrichtung an EMES, 3 ausschaltbare Auflauframpe (Verschluß der Waffe bleibt nach dem Schuß geschlossen), 4 Blendschutzvorrichtung an PERI-R 17, 5 Raumüberdruckmesser, 6 ABC-Schutzbelüftungsanlage

Schiff eine Wasserglocke, die atomar verstrahlte Teilchen der Luft vom Bootskörper abhält.

Meyer-Bäse

Abgabestation. Eine A. ist eine fördertechnische Baugruppe, an der Objekte von einem Arbeitsmittel an ein anderes Arbeitsmittel übergeben werden. Dabei kann die A. des einen →Fördermittels gleich die Aufnahmestation des anderen Fördermittels sein, was natürlich eine genaue Abstimmung des Leistungsdurchsatzes beider Fördermittel bedarf.

Aufgabe/A. sind wichtige Schnittstellen bei verketteten Systemen, wie sie in der Materialflußtechnik häufig anzutreffen sind.   *Jünemann*

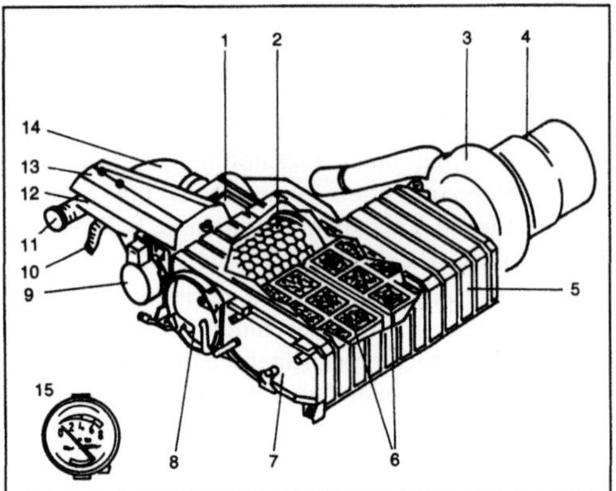

ABC-Schutz 1: Schema einer ABC-Schutzbelüftungsanlage in Kompaktausführung.

1 Grobstaubfilter, 2 Schwebstoffilter, 3 Hauptgebläse, 4 Gleichstrommotor, 5 ABC-Filterteil, 6 Gasfilter, 7 Gasfilterdeckel, 8 Schwebstoffilterdeckel, 9 Staubsauggebläse, 10 Ablaßstutzen, 11 Grobstaubauswurf, 12 Ansaugkrümmer, 13 Ansaughutze, 14 Luftzuführung, 15 Raumüberdruckmesser

Die Panzerung selbst schützt Mannschaft und Gerät vor evtl. Strahlung und Druckwellen. Zusätzlich aufgebrachte Schichten aus Spezialmaterialien können den Schutz gegen Hitze- und Neutronenstrahlung oder Kontamination verstärken. Mitgeführte Dekontaminierungsmittel beseitigen am Waffenträger außen anhaftende ABC-Kampfstoffe.

Die optischen Geräte sind mit einem sensiblen Blend-S. ausgestattet. Es wird angestrebt, alle elektronischen Elemente gegen elektromagnetische Strahlung zu „härten".

An Bord von Schiffen befindet sich zudem eine Sprinkleranlage. Sie bildet über dem gesamten

Abgas.

1. Allgemeines. Bei der Verbrennung von Kohlenwasserstoffen mit Sauerstoff entstehen theoretisch Kohlendioxid und Wasser, z. B. $C_7H_{16}(100)$ + 11 $O_2(352)$ = 7 $CO_2(308)$ + 8 H_2O (144). Die Klammerwerte geben die relativen Molekülmassen an. Tatsächlich führt die Verbrennung im Motor wegen der Anwesenheit anderer Stoffe (Luftstickstoff, Verunreinigungen in der Luft, Additive im Kraftstoff und →Schmieröl), wegen der kurzen verfügbaren Reaktionszeit (z. B. 1–3 ms entsprechend 30° Kurbelwinkel), der kalten Brennraumwände und des inhomogenen und nicht exakt stöchiometrischen Kraftstoff-Luft-Gemisches, zu weiteren Verbrennungsprodukten (Tabelle). Die fahrzeugspezifischen, emittierten Schadstoffmengen werden beeinflußt durch den Fahrer und durch verkehrs-, strecken-, kraftstoff- und kraftfahrzeugspezifische Kenngrößen. Verkehrsführung, ausreichende und günstige Parkmöglichkeiten, Verkehrs-

Abgas. Tabelle: Abgaszusammensetzung beim ECE-Zyklus 1983 in g/kg Kraftstoff und ppm als Beispiel für ein Fahrzeug von 900 kg (ohne Katalysator).

Komp.	Otto		Diesel	
	g/kg	ppm	g/kg	ppm
N_2	11 500,0	727 000	33 540,0	776 000
CO_2	2 710,0	109 000	3 147,0	46 000
H_2O	1 330,0	131 000	1 170,0	42 000
CO	224,0	14 000	13,2	300
O_2	175,0	10 000	6 680,0	135 000
HC	20,1	2 700	3,1	140
NO_X	16,9	1 000	13,2	300
H_2	5,6	5 000	0,9	300
Aldehyde	0,3	20	0,6	14
SO_2	0,3	9	4,4	50
Blei	0,1	0	0,0	0
Sulfate	0,0	0	0,1	1
NH_3	0,0	2	0,0	1

fluß und Ampelhalte mit Leerlaufbetrieb sind wesentliche Einflußgrößen in der Stadt. Die Lästigkeit der A.-Emissionen wird durch die Bebauung, bei Behinderung des Luftaustauschs durch Straßenschluchten, aber auch durch Inversionswetterlagen erhöht. Steigungen oder Gefälle verändern den Schadstoffausstoß stark.

Der Einfluß des Kraftfahrzeugs gliedert sich in den Einfluß des Kraftstoffverbrauchs und den der A.zusammensetzung. Der Kraftstoffverbrauch bestimmt die Gesamtmenge der A. und wird durch Minimieren der Fahrwiderstände und durch Optimieren von Motor (→Ottomotor, →Dieselmotor) und Kraftübertragung (→Leistungsbedarf, →Motor-Getriebe-Management) minimiert. Bild 1 gibt einen Überblick über die motorischen Einflußgrößen auf die A.zusammensetzung.

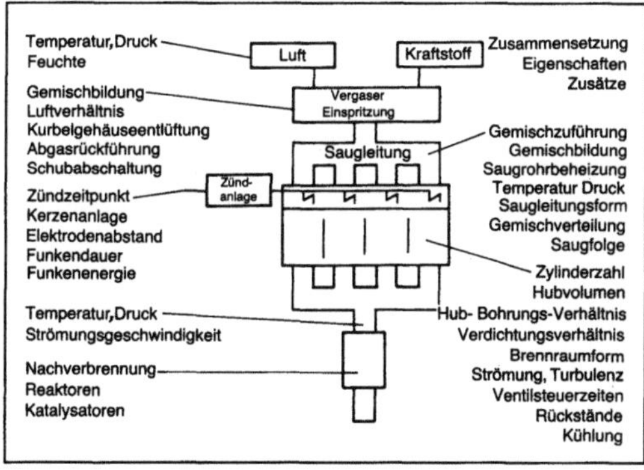

Abgas 1: Einflußgrößen auf die Abgasemissionen. (VDI-Ber. 531, S. 11)

Bei der Einschätzung der anthropogenen Emissionen darf der globale Haushalt der Natur nicht außer acht bleiben. Als Beispiel wird der globale

Kohlenstoffkreislauf (in der Atmosphäre hauptsächlich CO_2) gezeigt, dessen Massenbilanz nicht ausgeglichen ist, weshalb sich der CO_2-Gehalt der Atmosphäre kontinuierlich erhöht (Bild 2). Alle übrigen Emissionsbestandteile werden in der Atmosphäre in Stunden bis Tagen abgebaut oder ausgewaschen.

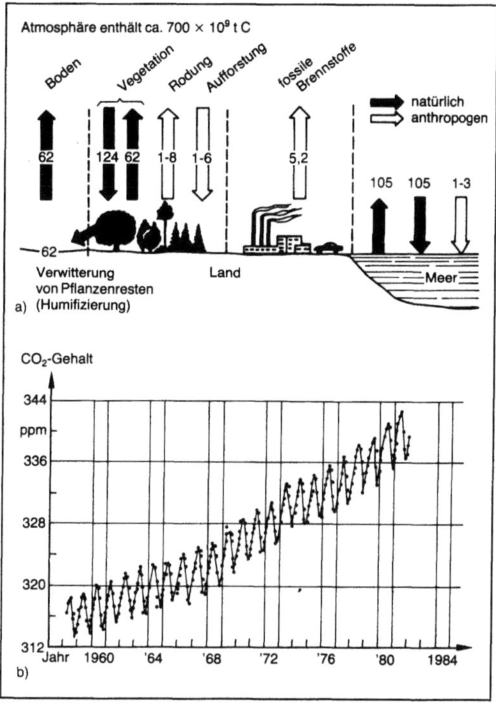

Abgas 2: a) Globaler Kohlenstoffkreislauf in 10^9 t/a. b) Anstieg der CO_2-Konzentration in der Atmosphäre. (Quelle: Automobil-Ind. (1985) H. 2, S. 169, Bild 4 und 5)

Die Wirkung der sog. Schadstoffe (Toxikologie) ist mit den auftretenden Konzentrationen bzw. der Dosis (Menge x Zeit) verknüpft. Die genaue Quantifizierung des Risikos und das wissenschaftlich begründete Definieren von Höchstwerten, insbesondere im Hinblick auf kombiniertes Auftreten verschiedener Immissionen, ist jedoch nicht möglich.

Kohlenmonoxid CO. Es entsteht bei Luftmangel, d. h. fettem Gemisch. CO ist ein geruchloses, giftiges Gas. Es verdrängt wegen seiner 240mal höheren Affinität zum Hämoglobin den Sauerstoff schon in geringer Konzentration und bindet sich auch an andere Poryhyrine. CO kann zu pektanginären Beschwerden, Einschränkungen der physischen Leistungsfähigkeit und zentralnervösen Veränderungen führen. Der MAK-Wert für CO, 30ppm, wird in Parkhäusern und Tunnels erreicht (Zwangsbelüftung), selten im Straßenverkehr. In mehreren

Städten wurde nachgewiesen, daß sich starke Raucher auch in dichtem Verkehr von ihrer CO-Belastung sogar erholen (z. B. Polizeibeamte). In der Atmosphäre oxidiert CO in einigen Stunden zu CO_2.

Kohlenwasserstoffe (HC). Sie sind nicht oder nur teilweise verbrannter Kraftstoff, z. B. aus Wandnähe, in der das Gemisch wegen der Abkühlung durch die Wand nicht brennt, oder solcher, der durch Zündaussetzer oder Verluste von Frischgas beim Ladungswechsel in das Abgas gelangt, oder Schmieröl. HC ist ein Sammelbegriff für Stoffe unterschiedlichster Eigenschaften bez. Geruch, Giftigkeit, Kanzerogenität (z. B. Methylmercaptan, polyzyklische Aromaten, Benzol).

Aliphate und *Olefine*. Sie sind in den vorkommenden Konzentrationen gesundheitlich unbedenklich. Sie sind jedoch bei der Bildung photochemischer Oxidantien, insbesondere Ozon, durch sekundäre Reaktionen beteiligt.

Bezüglich krebserregender Kohlenwasserstoffe lassen sich kaum Schwellenwerte angeben. Für Krebserregung durch Benzol und Benzo(a)Pyren liegen Befunde vor, doch bedarf es noch intensiver Forschung bezüglich der Wirkung polynuklearer Aromate und anderer Kohlenwasserstoffverbindungen. Die Übertragbarkeit tierexperimenteller Befunde auf den Menschen ist sehr eingeschränkt. Bei Ausbildung von Tumoren und Mutationen (Ames-Test) spielt die Latenzzeit eine entscheidende Rolle und macht einen Kausalitätsnachweis fast unmöglich.

Aldehyde. Sie sind geruchsbelästigend. Formaldehyd reizt Schleimhäute und Augen und wird für die Augenreizung bei Smog verantwortlich gemacht.

Stickoxide (NO_x). Sie entstehen aus dem Luftstickstoff und -sauerstoff bei den hohen Temperaturen und der raschen Abkühlung als NO, das bei verfügbarem Sauerstoff zu NO_2 oxidiert. Für den Menschen bedenkliche Konzentrationen treten im Verkehr kaum auf.

NO kann bei Konzentrationen über 15 ppm zur Bildung von Methämoglobin, bei über 20 ppm zu Veränderungen der Lungenfunktion führen.

NO_2 bzw. das aggressivere Ozon beeinflussen die Lungenfunktion, erzeugen Augen- und allgemeine Schleimhautreizungen, Kopfschmerzen, Leistungsabfall, Anstieg des Widerstands der Atemwege und lösen Asthmaanfälle aus. Sie entstehen mit Phasenverschiebung gegenüber den Spitzenemissionen durch Sekundärreaktionen.

Blei. Beeinträchtigt das blutbildende System besonders bei Frauen und Kindern, bei Kleinkindern auch das Zentralnervensystem. Es hat durch die drastische Senkung des Bleigehalts der Ottokraftstoffe in der Bundesrepublik Deutschland nur noch geringe Bedeutung (→Abgasreinigung, →Abgasvorschrift). *Fiala*

Literatur: *Kühler, M., J. Kraft, H. Klingenberg u. D. Schünemann:* Natürliche und anthropogene Emissionen. Automobil-Ind. (1985) H. 2, S. 165/76. – *Klingenberg, H., u. D. Schürmann:* Abgasemissions- und Kraftstoffverbrauchsprognosen für den Pkw-Verkehr in der Bundesrepublik Deutschland im Zeitraum von 1970 bis 2000 auf der Basis verschiedener Grenzwertsituationen. Schriftenr. Forschungsvereinigung Automobiltechnik (FAT) Nr. 45, Frankfurt a. M. VDA 1985. – Abschlußber. über die Ergebnisse des Abgas-Großversuchs. Köln 1986. – VDI-Ber. 714: Die Zukunft des Dieselmotors. Düsseldorf 1988.

2. Anlage. Sie leitet das Abgas vom Motor zum Auspuff. Durch Abstimmen von Länge, Verzweigung und Durchmesser im vorderen Teil wird der Ladungswechsel verbessert. Außerdem findet zum Auspuff hin ein Schwingungsabbau statt (Schalldämpfer). Die A. (Edelstahl, aluminisiertes Stahlblech) ist starker Korrosion durch Abgaskondensat ausgesetzt. Durch entsprechende Gestaltung wird versucht, entstehendes Kondensat auszublasen. *Fiala*

3. Entgiftung. Unter A. E. versteht man eine Nachbehandlung der Abgase von Ottomotoren, meistens mit Hilfe von Katalysatoren.

Seit Mitte der sechziger Jahre wird erhöhter Wert darauf gelegt, daß die Abgase von Verbrennungsmotoren wenig Schadstoffe enthalten. Durch gezielte Maßnahmen am Motor wurde die Schadstoffemission deutlich gesenkt. Diese betrafen besonders Verbesserungen im Verbrennungsablauf und Verbesserungen bei der →Gemischbildung. Da die Schadstoffemission sehr vom →Verbrennungsluftverhältnis abhängt, kommt es darauf an, den hinsichtlich der Abgase günstigen Wert zu wählen und außerdem dafür zu sorgen, daß dieses Luftverhältnis zuverlässig eingehalten wird. Hierfür waren Verbesserungen am →Vergaser oder an der →Benzineinspritzung notwendig.

Das erstrebenswerte Ziel wäre es, die gesetzlich vorgeschriebene Begrenzung der Schadstoffemission allein mit motorischen Maßnahmen einzuhalten. Es ist denkbar, aber nicht sicher, daß dies mit dem sog. Magermotor erreicht werden kann, der mit besonders großem Luftverhältnis fahren soll.

Wenn die gewünschte Abgasreinheit mit motorischen Maßnahmen allein nicht erreicht werden kann, ist bei Ottomotoren eine A. durch nachgeschaltete Katalysatoren möglich. Die besondere Schwierigkeit bei der Nachreaktion der Abgase ist die, daß das Kohlenmonoxid (CO) und die unverbrannten Kohlenwasserstoffe (HC) oxidiert werden müssen, wogegen die Stickoxide (NO_x) zu reduzieren sind.

Verzichtet man auf die Beseitigung der Stickoxide, ist eine Nachverbrennung des Kohlenmonoxids und der unverbrannten Kohlenwasserstoffe mit Hilfe eines Oxidationskatalysators (ungeregelter Katalysator) leicht möglich. Voraussetzung ist das Vorhandensein von Sauerstoff im Abgas, was man entweder durch ein Luftverhältnis über eins oder durch nachträgliches Beimengen von Luft zum Abgas erreicht.

Zur Beseitigung aller drei Schadstoffkomponenten (CO, HC, NO_x) wird der sog. geregelte Katalysator verwendet. Geregelt wird allerdings nicht der Katalysator, sondern das Luftverhältnis des Motors, und zwar auf den Wert $\lambda = 1$. Dann reicht der freie Sauerstoff und der Sauerstoff in den Stickoxiden gerade aus, um das Kohlenmonoxid und die unverbrannten Kohlenwasserstoffe zu oxidieren, d. h. bei der Oxidation dieser Komponenten werden gleichzeitig die Stickoxide reduziert.

Zur Regelung des Luftverhältnisses wird in die Abgasleitung eine Lambda-Sonde eingesetzt, die die Sauerstoff-Konzentration im Abgas mißt. Bild 1 zeigt die Abhängigkeit der Sauerstoff-Konzentration vom Luftverhältnis. Wird die Sauerstoff-Konzentration mit Hilfe der Lambda-Sonde über die Gemischbildungseinrichtung des Motors auf einen sehr kleinen Wert eingeregelt, ist das für den Katalysator notwendige Luftverhältnis eins verwirklicht. Da zur Lambda-Regelung elektronische Geräte verwendet werden müssen, empfiehlt sich als Gemischbildungseinrichtung eine elektronische Benzineinspritzung. Es können aber auch andere Ausführungsformen der Benzineinspritzung oder elektronisch geregelte Vergaser verwendet werden.

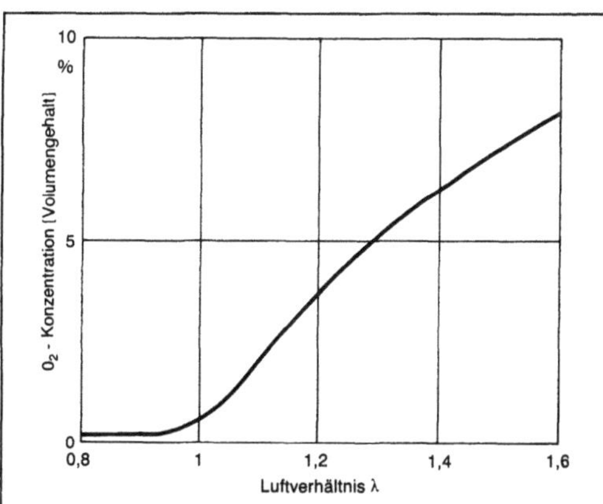

Abgasentgiftung 1: Sauerstoffkonzentration im Abgas in Abhängigkeit vom Luftverhältnis.

Der eigentliche Katalysator (z. B. Platin), von dem man nur eine sehr geringe Menge benötigt, wird fein verteilt auf die Oberfläche einer Keramik- oder Metall-Trägerstruktur aufgebracht. Die Trägerstruktur wird in einem Blechbehälter in die Abgasleitung eingesetzt und somit vom Abgas durchströmt (Bild 2).

Mit dem Einsatz von Katalysatoren sind einige Probleme verbunden, die beachtet bzw. gelöst werden müssen. Da der Katalysator erst ab einer bestimmten hohen Temperatur zu arbeiten beginnt, ist es wichtig, daß er sich nach einem → Kaltstart des Motors schnell erwärmt. Er wird daher relativ dicht hinter dem Motor angeordnet. Andererseits muß er vor Überhitzung geschützt werden, die bei Höchstleistung des Motors oder z. B. dann auftreten kann, wenn infolge Aussetzens der Zündung der gesamte Kraftstoff in den Auspuff gelangt und im Katalysator nachverbrannt wird. Wichtig ist auch, daß die Wirksamkeit des Katalysators schnell nachläßt, wenn der Motor mit verbleitem Benzin gefahren wird. Mit Katalysatorfahrzeugen darf man deshalb nur unverbleites Benzin tanken.

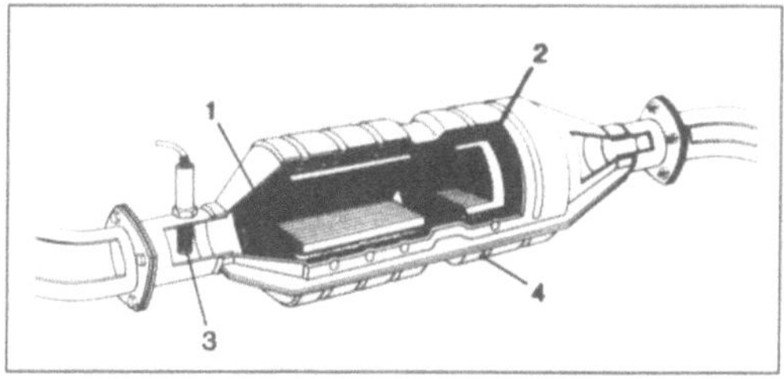

Abgasentgiftung 2: Schnittbild eines Katalysators mit Lambda-Sonde. (Quelle: Eberspächer)

1 katalytischer Keramikmonolith, 2 elastisches Drahtgestrick, 3 Lambda-Sonde, 4 Edelstahlgehäuse

Wegen der besonderen Regel- und Gemischbildungseinrichtungen für einen geregelten Katalysator ist dessen nachträglicher Einbau in ein Fahrzeug vom Aufwand her meistens nicht zu vertreten. Der nachträgliche Einbau eines Oxidationskatalysators ist dagegen in den meisten Fällen möglich. *Kuhlmann*

4. Reinigung. (Automobiltechnik). Verfahren zur Verringerung der Schadstoffemissionen bei Ottomotoren.

Dreiwegekatalysator und Luftverhältnis 1, Funktionsschema (Bild 1). Das Signal der → Lambda-Sonde (4) als Rückführgröße regelt über das elektronische Regelgerät (3) die Gemischbildung (1) so, daß dem Motor (2) ein stöchiometrisches Gemisch zugeführt wird. Unter dieser Bedingung ist der Dreiwegekatalysator (5) in der Lage, sowohl CO und HC zu oxidieren, als auch NOX zu reduzieren, allerdings bei etwa 5% höherem Kraftstoffverbrauch. Die Lambda-Sonde (Bild 2) besteht aus mit Yttriumoxid stabilisiertem Zirconiumdioxid als Festkörperelektrolyt, der innen und außen Platinelektroden trägt. Die äußere dem Abgas zugekehrte Elektrode ist durch eine Spinellschicht abgedeckt und wirkt gleichzeitig als Katalyt. Die Innenseite der Sonde steht mit der Atmosphäre als Referenzgas in Verbindung. Nach *Nernst* hängt die elektromotorische Kraft (EMK) an der Sonde vom Sauerstoffpartialdruckverhältnis und der absoluten Temperatur

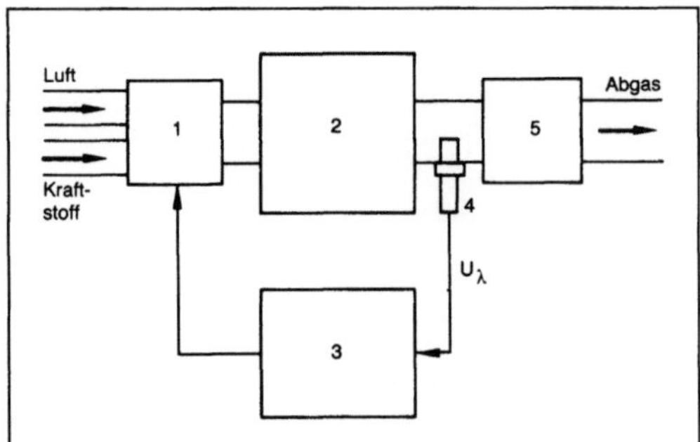

Abgasreinigung 1: Abgasreinigung mit Dreiwege-katalysator und Lambda-Sonde, Schema Bosch (a.a.O.).

1 Gemischbildung, 2 Motor, 3 elektronisches Regelgerät, 4 Lambda-Sonde, 5 Dreiwegekatalysator

ab. Der steile Abfall der EMK bei Lambda = 1 dient als Signal für die Regelung. Der katalytische Reaktor (Bild 3), besteht aus dem wabenförmigen monolithischen Träger (meist Cordierit-Keramik oder hitzebeständiges Metall), einer Trägerschicht (*Washcoat*, meist γ-Aluminiumoxid) und der katalytisch aktiven Edelmetallbeladung: 1–2 g Platin, Palladium und Rhodium, dessen hohe Sauerstoffspeicherfähigkeit ein Lambda-Fenster ermöglicht. Ein längerer Betrieb mit Sauerstoffüberschuß führt zu einer Beeinträchtigung des Konvertierungsgrades, die nur langsam abgebaut wird. Bei Temperaturen ab 350 °C erreicht der Katalysator bis zu 90 % Umwandlung. Zu hohe Temperaturen schädigen den Katalysator durch Sinterprozesse. Bei metallischen Trägern ist die Gefahr lokaler Überhitzungen durch die exothermen Vorgänge infolge der guten Wärmeleitfähigkeit geringer als bei keramischen Trägern. Abdeckung der Katalysatoroberfläche oder Blockierungen durch chemische Verbindungen im Washcoat können durch Blei, Schwefel, Zink und Phosphor (Zinkdithiophosphatzusatz zum →Schmieröl) herbeigeführt werden *("Vergiftung des Katalysators")*. Schon eine einzige Fehlbetankung mit verbleitem Benzin führt zur Schädigung des Katalysators, die nur teilweise und sehr langsam zurückgeht.

Ungeregelter Oxidationskatalysator, →Abgasrückführung (EGR). Die Abgasrückführung unterdrückt teilweise die Stickoxid-Bildung. Die CO- und HC-Emissionen werden durch den Oxidationskatalysator, der kein Rhodium enthält, oxidiert. Die Leistungsfähigkeit dieses Verfahrens erreicht nicht den Reinigungsgrad des Verfahrens mit Dreiwegekatalysator.

Magerbetrieb, evtl. mit Oxidationskatalysator (Luftverhältnis λ>1,3). Voraussetzung für den Erfolg bei dem Bemühen, den Magermotor zu verwirklichen, ist es, eine möglichst vollkommene

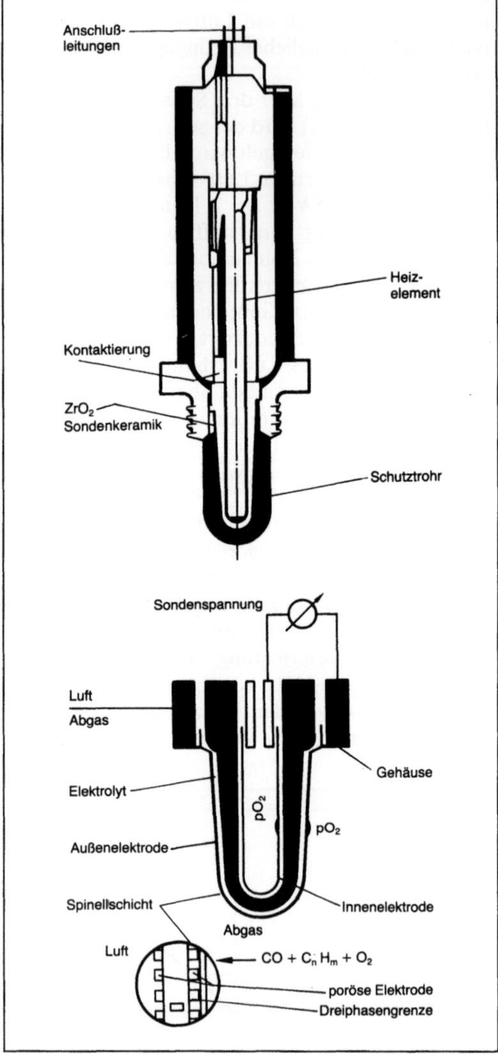

Abgasreinigung 2: Schnittbild der Lambda-Sonde. (VDI-Ber. 531, S. 85)

Verbrennung des armen Gemisches sicherzustellen und große Unterschiede von Arbeitsspiel zu Arbeitsspiel zu verhindern. Folgende Wege werden erforscht:
□ Erhöhen des Dralls und der Turbulenz der Strömung im Zylinder,
□ Erhöhen der Wandtemperatur des Brennraums und der Temperatur der Ladung im Teillastbereich, selektive Gemischvorwärmung,
□ fettere Gemische an der Zündkerze durch Ladungsschichtung (z. B. Texaco-Verfahren),
□ hohe Zündenergie (z. B. Durchbruchzündung, Kondensatorentladung in weniger als 100 ns oder Plasmastrahlzündung),

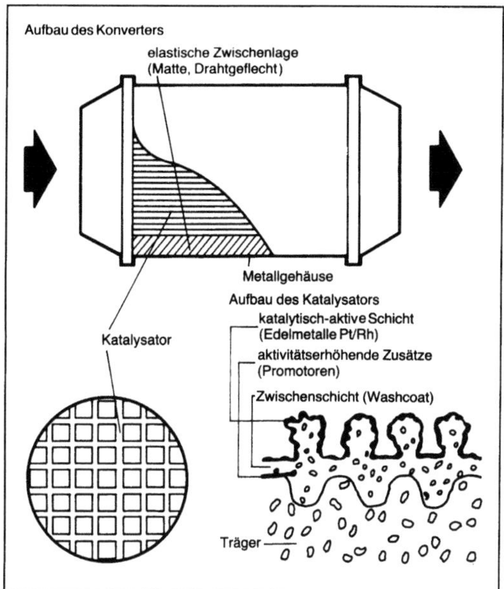

Abgasreinigung 3: Schema eines katalytischen Konverters mit edelmetallbeschichtetem Keramikträger. (VDI-Ber. 531, S. 115)

☐ Optimieren der Brennraumform,
☐ veränderliche Steuerzeiten,
☐ Verbesserung der Gemischbildung, evtl. veränderte Kraftstoffe, Methanolzusatz, Zusatz von H_2 und CO als Methanol-Reformgas,
☐ elektronische Regelung mit auf 600 °C elektrisch beheizter Magersonde, Schwankungen der Winkelgeschwindigkeit des Schwungrades, Lichtemission der Verbrennung als Rückführgrößen.

Ein Vergleich zeigt, daß Magerbetrieb, kombiniert mit einem Oxidationskatalysator, bei geringerem Kraftstoffverbrauch, aber höherem technischen Aufwand bezüglich Schadstoffen ähnliche Ergebnisse erzielt wie ein Dreiwegekatalysator und Luftverhältnis $\lambda = 1$. Ziel dieser Forschungen ist es, Kraftstoff zu sparen und von edelmetallbeschichteten Katalysatoren ganz unabhängig zu werden.

Verfahren zur Verringerung der Schadstoffemissionen von Dieselmotoren: Das Abgas von Dieselmotoren kommt, in Anbetracht des Luftüberschusses bei der dieselmotorischen Verbrennung, den Anforderungen an ein schadstoffarmes Kraftfahrzeug bezüglich der gasförmigen Schadstoffe von vornherein näher (→Abgas: Tabelle). Die NO_x-Emission kann meist durch Abgasrückführung beherrscht werden. Das dieselspezifische Problem, die Feststoffemission (trockener Ruß mit adsorbierten extrahierbaren Bestandteilen) versucht man durch Filtern zu verringern. Das Abbrennen des im Filter abgelagerten Rußes kontinuierlich oder in zeitlich ausreichend geringen Abständen, um einer-

seits zu hohen Auspuffgegendruck zu vermeiden und andererseits eine Zerstörung der Filter durch zu hohe Temperaturen bei diesem Vorgang auszuschließen, verlangt noch Entwicklungsarbeit. Katalytische Beschichtung der Filter, Unterstützung der Regeneration durch Kraftstoffadditive (z. B. Mangan- oder Eisenseifen), Drosselung der Ansaugluft zur Erhöhung der Abgastemperatur sind in Betracht gezogene Wege. Fortschritte werden u. a. auch durch elektronische Regelung der Kraftstoffeinspritzung, durch Optimieren von Brennraum, Drall, Steuerzeiten, Kraftstoffzerstäubung, Wasserzusatz, ferner durch Erhöhen des Luftüberschusses mittels →Abgasturbolader, spätes Einspritzen und Oxidationskatalysator angestrebt (Abgas, →Abgasvorschrift, →Abgasanlage). *Fiala*

Literatur: Emissionsminderung Automobilabgase – Ottomotoren. VDI-Ber. 531. Düsseldorf 1984. – Emissionsminderung Automobilabgase – Dieselmotoren. VDI-Ber. 559. Düsseldorf 1985. – Magerbetrieb beim Ottomotor. VDI-Ber. 578. Düsseldorf 1985. – *Lenz, H. P.:* 7. Internationales Wiener Motoren-Symposium, 24.–25. April 1986. Fortschr.-Ber. VDI R. 12 Nr. 74. Düsseldorf 1986. – *Zelenka, P.:* Partikelemissionen von Dieselmotoren bei Emulsionsbetrieb. Fortschr.-Ber. VDI R. 12 Nr. 65. Düsseldorf 1986. – Das schadstoffarme Automobil. Kolloquium TÜV Rheinland e. V. (27. 11. 1985), Köln 1986. – Dieselabgase – eine Gefahr für den Menschen. VDA, Frankfurt a. M. 1988. – Emissionsminderung Automobilabgase: Abgassonderuntersuchung – Feldüberwachung. VDI-Ber. 639. Düsseldorf 1987. – Bosch: Kraftfahrttechnisches Taschenb. 19. Aufl. Düsseldorf 1984.

5. Rückführung. (Kraftfahrzeug). Sie wird zum Absenken der Verbrennungsspitzentemperatur und damit der Stickoxide angewandt. Dazu wird Abgas aus der →Abgasanlage entnommen und dem Motor auf der Saugseite gekühlt und gereinigt zugeführt. Die Menge wird lastabhängig gesteuert; wirkt verbrauchserhöhend und leistungsmindernd.

Schalldämpfer verringern durch Reflexion, Absorption und Interferenz die Schwingungsamplitude in pulsierenden Strömungen (Ansaug-, Abgasschalldämpfer). Beim Reflexionsdämpfer, bestehend aus einem Volumen V, einem Rohr der Länge l und dem Querschnitt F und mit der Eigenfrequenz

$$f_e = \frac{c}{2\,\pi}\sqrt{\frac{F}{1 \cdot V}}$$

(c Schallgeschwindigkeit) werden alle Schwingungen mit der Frequenz $f > 1{,}4 f_e$ um $D = 40 \log (f/f_e)$ gedämpft. Das Hintereinanderschalten mehrerer Kammern in 2–3 Auspufftöpfen gibt die erwünschte Wirkung, wobei die überlagerte Strömung ebenso effektvoll wie die Nichtlinearität bei großen Amplituden ist.

Absorptionsdämpfer arbeiten mit porösen Wänden, in denen bei Dichteänderungen Gasbewegungen quer zur Strömungsrichtung und dabei die erwünschte Dämpfung stattfinden. Die Wirkung nimmt mit zunehmender Strömungsgeschwindigkeit ab.

Interferenzdämpfer führen die Strömung auf unterschiedlich langen Wegen, so daß beim Zusammentreffen sich die Schwingungen in Gegenphase löschen. *Fiala*

6. Schwärzung. Graues oder dunkles Aussehen des Abgases eines →Dieselmotors, das durch Ruß im Abgas hervorgerufen wird.

Bei hoher Last eines Dieselmotors muß mehr Kraftstoff in den →Brennraum eingespritzt werden. Bei sehr hoher Last findet evtl. keine vollständige Verbrennung statt. Ein meist außerordentlich kleiner Anteil des Kohlenstoffs im Kraftstoff erscheint unverbrannt als Ruß im Abgas und führt zur schwach sichtbaren A.

Intensive A. kann beim →Dieselmotor auftreten

□ bei Überlast,

□ beim Start des Motors,

□ beim plötzlichen Beschleunigen eines Dieselmotors mit Abgasturbolader,

□ bei fehlerhafter Verbrennung, z. B. infolge defekter Einspritzdüsen.

Die A. wird gemessen, indem eine bestimmte Abgasmenge durch eine Papier-Filterscheibe gesaugt und deren Schwärzung bestimmt wird. Daneben wird ein Gerät verwendet, das die Abgasschwärzung über die Schwächung eines Lichtstrahles bestimmt. *Kuhlmann*

7. Turboaufladung. →Aufladung eines Verbrennungsmotors mit Hilfe eines Abgasturboladers, d. h. eines Turboverdichters, der von einer Abgasturbine angetrieben wird.

Die A. T. ist die am weitesten verbreitete Art der Aufladung von Verbrennungsmotoren (Bild 1). Der Verdichter des Abgasturboladers saugt Luft aus der Atmosphäre und verdichtet sie auf den →Ladedruck p_L. Ein Ladeluftkühler kühlt die durch die Verdichtung erwärmte Ladeluft rück (kann bei geringem Ladedruckverhältnis p_L/p_0 auch entfallen). Wegen der höheren Dichte der Ladeluft saugt der Motor eine größere Luftmasse an als ein nicht aufgeladener („freisaugender") Motor. Mit der größeren Luftmasse kann mehr Kraftstoff verbrennen, wodurch das Drehmoment und die Leistung des Motors steigen. Die Abgase des Motors werden in eine Turbine geleitet, die so bemessen ist, daß sich das Abgas vor ihr zum Druck p_T aufstaut. Die Turbine und der Verdichter sind mit einer gemeinsamen Welle in einem Aggregat, dem Abgasturbolader, zusammengefaßt (Bild 2).

Der Abgasturbolader ist mit dem →Verbrennungsmotor nur über Rohrleitungen verbunden. Einige wichtige Eigenschaften der A. sind darin begründet, daß das Turbinenrad und das Verdichterrad im Turbolader durch eine freilaufende Welle

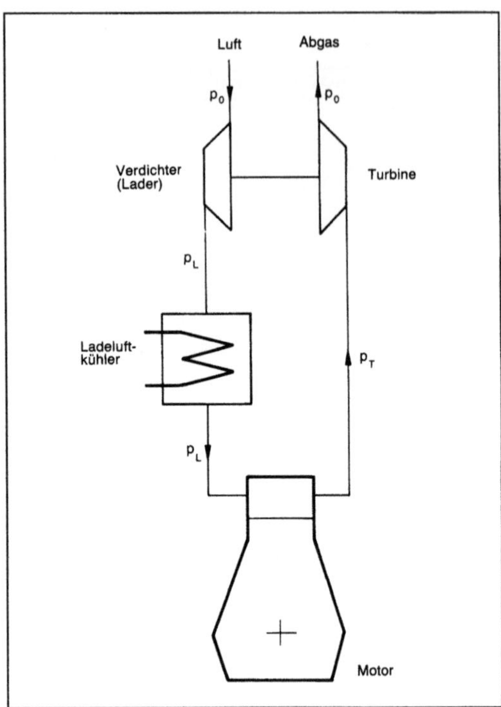

Abgasturboaufladung 1: Schema.

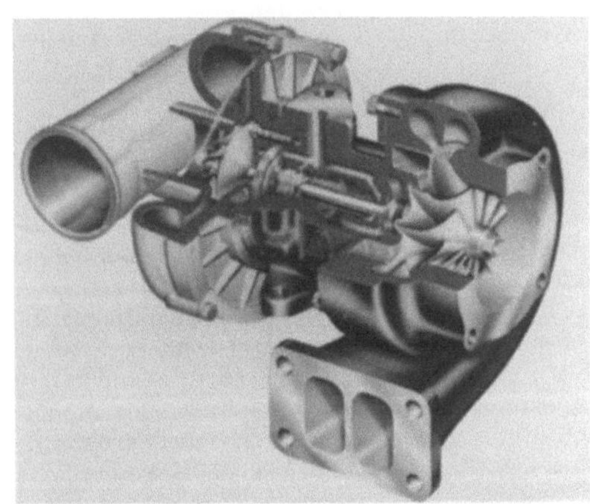

Abgasturboaufladung 2: Abgasturbolader für einen Lkw-Dieselmotor. (Quelle: KKK, Frankenthal)

miteinander verbunden sind. Bei stationärem Betrieb des Motors (keine Veränderungen von Last oder Drehzahl) muß sich also ein Gleichgewicht zwischen der von der Turbine abgegebenen und der vom Verdichter aufgenommenen Leistung einstellen. Dazu gehören dann auch bestimmte Werte von Turboladerdrehzahl, Ladedruck, Druck vor Turbine und Massenstrom durch Verdichter und Turbine. Wichtig ist, wie sich diese Werte aus dem Zusammenspiel von Turbolader und Motor in

Abhängigkeit vom →Betriebspunkt des Motors einstellen.

Für einen →Viertaktmotor, bei dem der Luftdurchsatz weniger von den Druckverhältnissen abhängt als bei einem →Zweitaktmotor, gelten bei Vollast etwa folgende Zusammenhänge: Mit höherer Drehzahl steigt der Luftdurchsatz und auch der Abgasmassenstrom. Mit steigendem Abgasmassenstrom erhöht sich überproportional die Druckdifferenz $p_T\!-\!p_o$ an der Turbine. Unter der Bedingung des Leistungsgleichgewichts Turbine/Verdichter erhöht sich der Ladedruck p_L ähnlich wie der Druck von der Turbine. Der höhere Ladedruck führt zu einem verstärkten Luftdurchsatz und einer weiteren Erhöhung aller genannten Werte. Entscheidend ist, daß angenähert proportional zum absoluten Ladedruck p_L die Kraftstoffzufuhr und damit das Drehmoment bzw. der →Nutzmitteldruck p_e erhöht werden können.

Daraus ergibt sich, daß ein Motor mit A. bei sehr niedrigen Drehzahlen nur das Drehmoment des nicht aufgeladenen Motors aufweist. Mit steigender Drehzahl zeigt sich dann eine überproportional wachsende Drehmomenterhöhung infolge der Aufladung. Beim Einsatz als Schiffsmotor wird wegen der Propellercharakteristik bei niedriger Drehzahl auch nur ein geringeres Drehmoment des Motors benötigt. Insofern ist ein Motor mit A. T. hierfür gut geeignet. Für den Fahrzeugantrieb wird dagegen ein Motor mit hohem Drehmoment gerade bei niedrigeren Drehzahlen gewünscht. Wird die Auslegung des Turboladers diesem Wunsch angepaßt, würden bei hoher Motordrehzahl unerträglich hohe Turboladerdrehzahlen und unerwünscht hohe Ladedrücke auftreten. Um dies zu vermeiden, muß ein Teil der Abgase durch ein vom Ladedruck gesteuertes Ventil (*waste gate*) an der Turbine vorbeigeleitet werden. Hierdurch sinkt der Gesamtwirkungsgrad des Motors.

Eine weitere charakteristische Eigenschaft des Motors mit A. ist, daß er auf eine plötzliche Last- oder Drehzahlerhöhung nur zeitlich verzögert reagiert. Dies hängt damit zusammen, daß zu der höheren Last oder Motordrehzahl eine höhere Turboladerdrehzahl gehört. Wegen der Massenträgheit des Turbolader-Laufzeugs dauert es aber eine bestimmte Zeit, bis die höhere Turboladerdrehzahl erreicht ist. Zusätzlich ergibt sich eine kleine zeitliche Verzögerung aus der thermischen Trägheit der Abgasleitung und dem verzögerten Druckaufbau in der Abgasleitung und dem Ladeluftsytem.

Der Grad der Aufladung eines Motors kann durch Angabe des Ladedrucks oder des Nutzmitteldrucks gekennzeichnet werden. Fahrzeugmotoren werden wegen des ungünstigen Drehmomentverlaufs und Beschleunigungsverhaltens nur gering aufgeladen, z. B. Ladedruck 0,8 bar über Atmosphäre bzw. Erhöhung des Nutzmitteldrucks und damit der Leistung um 50 %. Größere Dieselmotoren (für Aggregate, Lokomotiven, Schiffe) werden sehr viel höher aufgeladen mit Ladedrücken von z. B. 2 bar über Atmosphäre, entsprechend einem Ladedruckverhältnis $p_L/p_o = 3$. Daraus resultieren Nutzmitteldrücke von knapp 20 bar, was einer Verdreifachung der Leistung gegenüber dem nicht aufgeladenen Motor entspricht.

Die A. wird bei Dieselmotoren und bei Ottomotoren angewendet, bei Ottomotoren jedoch seltener. Einige Gründe hierfür sind:

□ Bei den relativ kleinen Ottomotoren ist der Aufwand für die Aufladung kaum geringer als der für eine Hubraumvergrößerung mit gleicher Leistungssteigerung.

□ Um einen über der Drehzahl günstigen Drehmomentverlauf zu erhalten, muß in weiten Bereichen des Kennfelds Abgas abgeblasen werden. Dadurch ist der Kraftstoffverbrauch des aufgeladenen Motors nicht niedriger als der des unaufgeladenen.

□ Wegen der Gefahr des Klopfens muß bei aufgeladenen Ottomotoren das →Verdichtungsverhältnis zurückgenommen werden, was aus Wirkungsgradgründen unerwünscht ist. Aufgeladene Ottomotoren werden deshalb bevorzugt mit einer elektronischen Klopfregelung (eigentlich: Anti-Klopfregelung) versehen.

Auch bei dem Aufladen von Dieselmotoren treten einige Schwierigkeiten auf. Durch das Aufladen wird der Motor mechanisch und thermisch sehr viel höher belastet. Dem muß durch entsprechende konstruktive Maßnahmen Rechnung getragen werden (z. B. Verstärkung der Bauteile, bessere oder zusätzliche Kühlung). Damit die Spitzendrücke nicht zu hoch werden, ist das Verdichtungsverhältnis zurückzunehmen. Trotzdem hat der →Dieselmotor mit A. u. a. wegen des günstigen mechanischen Wirkungsgrads einen höheren →Nutzwirkungsgrad als der nicht aufgeladene Motor. Das niedrige Verdichtungsverhältnis kann aber zu Schwierigkeiten beim Start und bei niedriger Teillast führen.

Die unter Aufladung erläuterten Vorteile – geringer Bauraum, geringes Gewicht, geringe Herstellkosten – kommen bei großen Motoren ganz besonders zur Geltung. Darum ist man bemüht, große Motoren immer höher aufzuladen. Für Höchstleistungsmotoren wird bereits die zweistufige Aufladung angewendet, bei der zwei Abgasturbolader jeweils laderseitig und turbinenseitig hintereinandergeschaltet sind. Damit wurden bei einem Ladedruck von 5 bar (absolut) Nutzmitteldrücke bis 30 bar erzielt. Allerdings mußte man zum Beherrschen der Spitzendrücke das Verdichtungsverhältnis bis auf $\epsilon = 10$ absenken. Damit wurden besondere Maßnahmen für den Start und den Betrieb bei Teillast erforderlich; z. B. werden bei Teillast einige der mehrfach vorhandenen Turbolader abgeschaltet (Registeraufladung).

Bei der A. von Zweitakt-Schiffsdieselmotoren besteht die Schwierigkeit, daß zum Spülen der Zylinder ein positives Spülgefälle erforderlich ist, d. h. der Ladedruck muß größer sein als der Druck hinter den Auslaßschlitzen, also vor der Turbine. Bei den heutigen Turboladerwirkungsgraden ist diese Bedingung über einen weiten Betriebsbereich erfüllt. Nur für den Start und bei sehr niedrigen Leistungen muß ein über das Bordnetz elektrisch angetriebenes Gebläse zugeschaltet werden.

Abschließend sollen noch die Begriffe Stoßaufladung und Stauaufladung erläutert werden. Bei der Stauaufladung, deren Verbreitung zunimmt, werden die Abgase aller Zylinder in einer einzigen, relativ voluminösen Abgasleitung gesammelt und der Turbine zugeleitet. Damit ergibt sich ein ziemlich gleichmäßiger Abgasstrom durch die vollbeaufschlagte Turbine. Die Stoßaufladung ist konstruktiv komplizierter, führt aber in vielen Fällen zu einem höheren Nutzwirkungsgrad des Motors. Bei ihr werden die Abgase in engen Leitungen zur Turbine geführt. Dadurch kann man die höhere kinetische Energie der Abgase während des stoßartigen Vorauslasses ausnutzen. Damit die Stoßwellen den →Gaswechsel anderer Zylinder nicht stören, dürfen bei der Stoßaufladung aber maximal drei Zylinder in einer Abgasleitung zusammengefaßt werden. Für einen Zwölfzylinder-Motor z. B. sind vier Abgasleitungen vorzusehen. *Kuhlmann*

Literatur: *Dinger, H.,* u. a.: Forschungsarbeiten auf dem Gebiet hoher Mitteldrücke und hoher Drehzahlen. Motortechn. 45 (1984), S. 457/63 u. 535/38. – *Zinner, K.:* Aufladung von Verbrennungsmotoren. 3. Aufl. Berlin, Heidelberg, New York 1985.

8. Turbolader. Mit den Abgasen eines Kolbenflugmotors betriebenes Aggregat aus einer Gasturbine und einem Verdichter, um den mit zunehmender Höhe abnehmenden Luftdruck auszugleichen. *Kosin*

9. Verlust. Der Anteil der Brennstoffenergie, der sich als Wärme im Abgas wiederfindet.

Eine Wärmekraftmaschine kann aus naturgesetzlichen Gründen nur einen begrenzten Teil der zugeführten Wärme in mechanische Energie umsetzen (Carnot-Prozeß). Bei Verbrennungsmotoren findet sich ein großer Teil der restlichen Wärme im Abgas wieder. Die Abgaswärme wird nur selten genutzt:

□ Bei Schiffsmotoren werden Abgaskessel zur Warmwasserbereitung verwendet.

□ Wärmepumpen mit →Verbrennungsmotor, die auch die Abgaswärme nutzen, sind in der Entwicklung.

□ Die Nutzung der Abgaswärme mit speziellen Dampfkraftanlagen wurde erforscht, scheint aber nicht rentabel zu sein.

Weit verbreitet ist dagegen die indirekte Nutzung eines Teils der Abgaswärme, indem das Abgas einer Abgasturbine zugeführt wird, die ihrerseits ein Aufladegebläse antreibt (→Abgasturboaufladung). In seltenen Fällen arbeitet die Abgasturbine auch auf die Kurbelwelle des Motors oder erzeugt über einen Generator elektrischen Strom. *Kuhlmann*

10. Vorschrift. Für die Begrenzung der unerwünschten Abgasbestandteile bestehen unterschiedliche Vorschriften (z. B. in der EG; ECE; USA, unterschiedlich in Kalifornien zum Rest der Staaten; in Japan; Skandinavien; Schweiz; Österreich).

Bei bestimmten Fahrzyklen (Bild 1 und Tabelle) dürfen bestimmte Werte von CO, HC, NO_x, $HC + NO_x$ und Feststoffen (Partikel), gemessen in g/km bzw. g/mile oder g/Test, nicht überschritten werden. Für den Test sind bestimmte Bedingungen einzuhalten (z. B. gleichmäßige Temperatur, frisches Öl, Testkraftstoff). Ebenso dürfen bestimmte Mengen von verdampfendem Benzin nicht überschritten werden. Zur Messung werden hierfür die Fahrzeuge in eine geschlossene Stahlkammer gestellt, in der die HC-Konzentration nach Aufheizen der Luft gemessen wird (SHED-Test).

Bild 2 zeigt schematisch eine Anlage für integrale Abgasmessungen nach dem CVS-Verfahren (Constant Volume Sampling), wie es in USA, Japan und Europa angewandt wird. Als Analysegeräte dienen NDIR-Absorptionsgeräte für CO und CO_2, Flam-

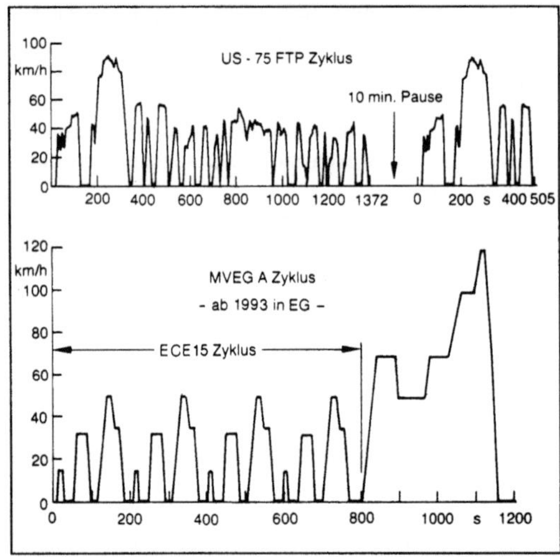

Abgasvorschrift 1: Geschwindigkeit-Zeit-Diagramme für Emissions-Messungen.

Zyklus	Länge m	Dauer s	v_{mittel} km/h
US 75	17 860	1 877	34
ECE-15	4 052	780	19
MVEG A	11 007	1 180	34

Abgasvorschrift. Tabelle: Emissionsgrenzwerte in der EG. Stand 5.90. In 1992 für alle Hubräume MVEG Fahrzyklus und neue Grenzwerte.

Fahrzeuge mit Benzin und Dieselmotoren ≤ 3,5 t Gesamtmasse

Lnfz ≤ 3,5 t und Pkw mit 7–9 Personen bzw. 2,5–3,5 t Gesamtmasse

Gesetz	Einsatz n. T.	Einsatz a. P.	Testverfahren	Schadstoff	Dim.	≤ 750 / 680 T	≤ 750 / 680 S	≤ 850 / 800 T	≤ 850 / 800 S	≤ 1020 / 910 T	≤ 1020 / 910 S	≤ 1250 / 1130 T	≤ 1250 / 1130 S	≤ 1470 / 1360 T	≤ 1470 / 1360 S	≤ 1700 / 1590 T	≤ 1700 / 1590 S	≤ 1930 / 1810 T	≤ 1930 / 1810 S	≤ 2150 / 2040 T	≤ 2150 / 2040 S	> 2150 / 2270 T	> 2150 / 2270 S
	10.89	10.90		CO		58	70	58	70	58	70	67	80	76	91	84	101	93	112	101	121	110	132
	10.89	10.90		ΣHC+NO$_x$		19	23,8	19	23,8	19	23,8	20,5	25,6	22	27,5	23,5	29,4	25	31,3	26,5	33,1	28	35

Pkw mit ≤ 6 Personen und ≤ 2,5 t Gesamtmasse

Gesetz	Einsatz n. T.	Einsatz a. P.	Testverfahren	Schadstoff	Dim.		T		S
70/220/ EWG zuletzt geändert durch 89/458/ EWG	10.90	10.91		CO	g/Test	Benziner und Diesel V_H < 1,4 l	45		54
	7.92	12.92				Benziner u. Diesel V_H < 1,4 l	19		22
	10.91[1]	10.93[1]				Benziner u. Diesel 1,4 l ≤ V_H ≤ 2,0 l	30		36
	10.88	10.89	Typ I Test			Diesel V_H > 2,0 l	30		36
						Benziner V_H > 2,0 l	25		30

Gesetz	Einsatz n. T.	Einsatz a. P.	Testverfahren	Schadstoff	Dim.		mechanisches Getriebe T	mechanisches Getriebe S	automatisches Getriebe T	automatisches Getriebe S
70/220/ EWG zuletzt geändert durch 89/458/ EWG	10.90	10.91	Typ I Test	ΣHC+NO$_x$ (NO$_x$ max.)	g/Test	Benziner und Diesel V_H < 1,4 l	15 (6)	19 (7,5)	18 (7,8)	22,8 (9,75)
	7.92	12.92				Benziner und Diesel V_H < 1,4 l	5	5,6	6	6,7
	10.91[1]	10.93[1]				Benziner u. Diesel 1,4 l ≤ V_H ≤ 2,0 l	8	10	9,6	12
	10.88	10.89				Diesel V_H > 2,0 l	8	10	9,6	12
						Benziner V_H > 2,0 l	6,5 (3,5)	8,1 (4,4)	7,8 (4,55)	9,72 (5,72)
	10.89[2]	10.90[2]		Partikeln		Diesel	1,1		1,4	

Pkw (M 1) mit ≤ 9 Personen, V_H ≥ 1,4 l

Testverfahren	Schadstoff	Dim.	
US 75 FTP Alternativ Typ I Test	HC	g/km	0,25
	CO		2,11
	NO$_x$		0,62
	Partikeln		0,124

Pkw und LNFZ mit Benzinmotoren

Testverfahren	Schadstoff	Dim.		
Typ II Test	LL-CO	Volumenanteil	max. 3,5 % gem. Herstellerspezifikation max. 4,5 % bei Prüfung außerhalb der Spezifikation	unabhängig von Fahrzeugmasse
Typ III Test	KGH-Emission	—	0	

Zusätzlich: Rauchmessung für Diesel nach 72/306/EWG

88/436/EWG (85/210/EWG): Für Pkw mit Benzinmotoren ≤ 6 Personen und ≤ 2,5 t Betrieb mit unverbleitem Benzin obligatorisch ab 10.90

[1] DI-Diesel 1,4 l ≤ V_H ≤ 2,0 l n. T.: 10.94, a. P.: 10.96
[2] DI-Diesel Partikeln n. T.: 10.94, a. P.: 10.96

n. T. neue Typzulassung
a. P. alle Produktionsfahrzeuge

T Typenzulassungswerte
S Serienüberprüfungswerte

V_H Hubvolumen

menionisations-Analysator für HC und Chemiluminiszensgerät für NO$_x$. Das während eines Tests emittierte Abgas wird mit Luft verdünnt und eine Teilmenge in einem Beutel gesammelt und analysiert. Die Nachteile des Verfahrens sind aufwendige Probenaufbereitung, unterschiedliche Analysegeräte und -verfahren, hohe erforderliche Meßgenauigkeit wegen Verdünnung, aufwendige Kalibrierung, hoher Aufwand für Wartung, getrennte Meßanlagen für Modal- und Integralmessungen. Ein neues Verfahren mit infrarotspektrometrischer Analyse am unverdünnten Abgas, das Echtzeit-, Modal- und Integralmessungen über Software anwählbar gestattet, vermeidet diese Nachteile.

Neben den Prüfverfahren für die Typprüfung und Serienüberwachung ist die Überwachung von Fahrzeugen in Kundenhand von Bedeutung. Die *Abgassonderuntersuchung ASU* (derzeit noch nicht für Katalysator- und Dieselfahrzeuge) in der Bundesrepublik Deutschland wird vom TÜV, aber auch von autorisierten Werkstätten jährlich durchgeführt und beinhaltet Messung der CO-Konzentration im Abgas, Überprüfung und eventuelle Korrektur von

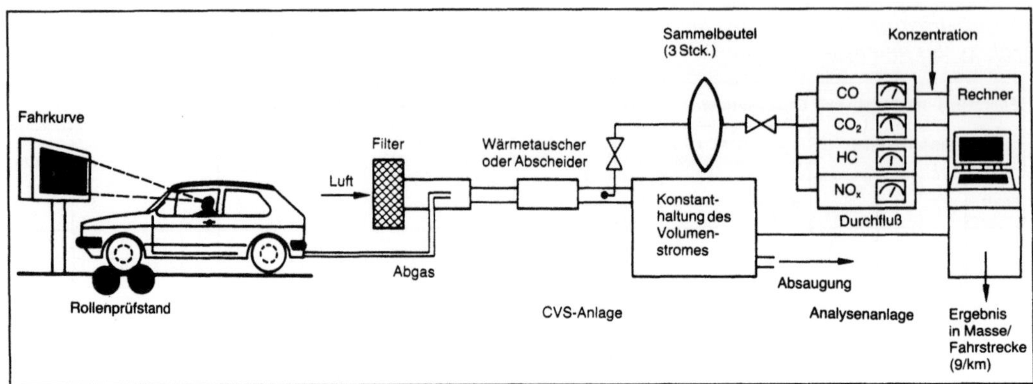

Abgasvorschrift 2: Schema einer Anlage für integrale Abgasmessungen nach dem CVS-Verfahren (ECE und USA). (VDI-Ber. 531, S. 430)

Schließwinkel, Zündzeitpunkt sowie Drehzahl im Leerlauf.

Bei schadstoffarmen Katalysatorfahrzeugen dürfte eine Überprüfung der Bauteile und ihrer Funktion in Anbetracht des großen Meßaufwands bei einer vollständigen Abgasanalyse ein wirtschaftlich vertretbarer Weg zum Aufrechterhalten der Abgasqualität sein (→Abgas, →Abgasreinigung). *Fiala*

11. Zusammensetzung. Als A. Z. sei hier die chemische Zusammensetzung aus denjenigen Komponenten bezeichnet, die einen merklichen Anteil am gesamten Abgas betragen. Darüber hinaus enthält das Abgas von Verbrennungsmotoren weitere Komponenten, die trotz des geringen Anteils ($< 1\%$) wegen ihrer umweltschädigenden Eigenschaften von großer Bedeutung sind. Die schädlichen Komponenten im Abgas werden Schadstoffe genannt.

Die A. eines Verbrennungsmotors ist am einfachsten für den Fall zu vestehen, daß der Motor mit dem →Verbrennungsluftverhältnis $\lambda_v = 1$ fährt. Dann ist gerade soviel Luft vorhanden, wie zur →Verbrennung des Kraftstoffs benötigt wird. Der Kohlenstoff des Kraftstoffs verbrennt vollständig zu Kohlendioxid (CO_2), der Wasserstoff des Kraftstoffs verbrennt zu Wasserdampf (H_2O). Der Sauerstoff der Luft wird vollständig aufgebraucht. Der Stickstoff (N_2) der Luft findet sich unverändert im Abgas wieder. Damit ergibt sich etwa folgende A. in Volumenanteilen: 13 % H_2O, 13 % CO_2, 74 % N_2.

Arbeitet der Motor mit einem Verbrennungsluftverhältnis $\lambda_v > 1$, d. h. mit Luftüberschuß, läuft die überschüssige Luft (rechnerisch) unverändert durch den Motor durch. Also erscheint im Abgas mit zunehmendem Luftüberschuß ein zunehmender Anteil Sauerstoff (O_2), der Stickstoffanteil erhöht sich und die anderen Komponenten (H_2O und CO_2) nehmen etwas ab, weil alle Anteile auf 100 % bezogen werden.

Ottomotoren arbeiten gelegentlich mit einem Verbrennungsluftverhältnis $\lambda_v < 1$, d. h. bei Luft-

mangel. Dann kann der Kraftstoff nicht vollständig verbrennen: Ein Teil des Wasserstoffs bleibt unverbrannt, so daß Wasserstoff (H_2) im Abgas auftritt, und ein Teil des Kohlenstoffs verbrennt zu Kohlenmonoxid (CO) statt zu Kohlendioxid (CO_2).

Das Bild zeigt die theoretische A. in Abhängigkeit vom Verbrennungsluftverhältnis. In der Praxis weisen die Kurven für CO, H_2 und O_2 bei $\lambda_v = 1$ keinen Knick auf, so daß beim Verbrennungsluftverhältnis $\lambda_v = 1$ kleine Mengen dieser Stoffe im Abgas festgestellt werden können.

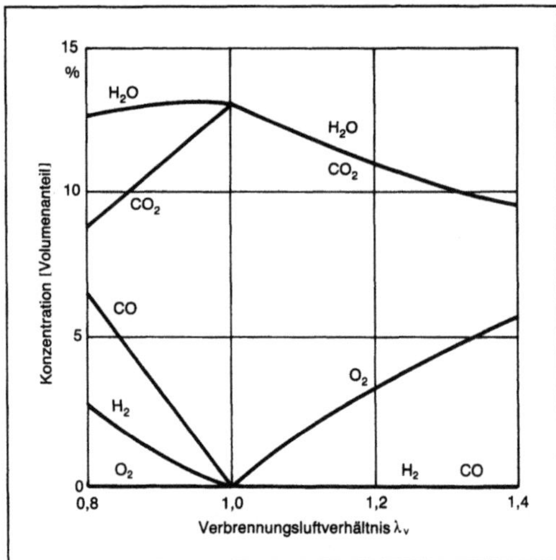

Abgaszusammensetzung: Abhängigkeit vom Verbrennungsluftverhältnis.

Zum Messen der verschiedenen Abgaskomponenten wird das Abgas meistens gekühlt. Dadurch kondensiert der Wasserdampf zu Wasser und wird in einem Wasserabscheider aus dem Abgas entfernt. Da nun die gesamte Abgasmenge kleiner ist, ergeben sich für die einzelnen Komponenten höhere Prozentsätze. Ohne anderslautenden Hinweis beziehen sich Abgaskonzentrationen stets auf diese im trockenen Abgas gemessenen Werte. *Kuhlmann*

Abklingkonstante. Bei einem exponentiell abklingenden zeitlichen Vorgang $f(t) = e^{-\delta t}$ der konstante Parameter δ. Der Reziprokwert der A. ist die Zeitkonstante $T_Z = 1/\delta$ (Bild). Bei einem linearen gedämpften →Schwinger ist die A. $\delta = D\omega_o$ das Produkt aus Dämpfungsgrad D und →Kennkreisfrequenz ω_o. *Witfeld*

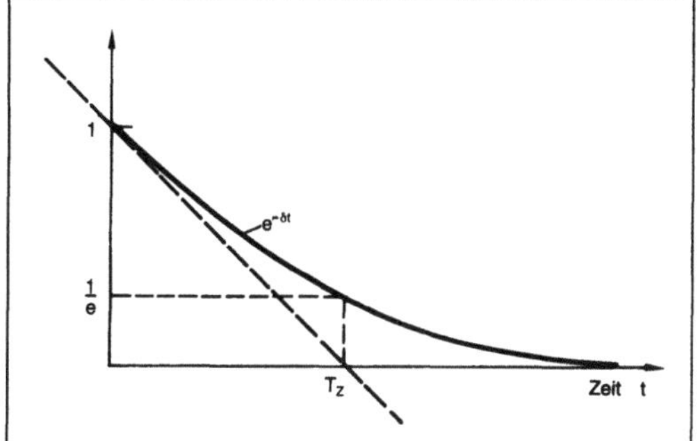

Abklingkonstante: Deutung der Zeitkonstanten.

Abklingzeit. Zeit t_β, in der die Hüllkurve $C \exp(-t/t_\beta)$ des freien Ausschwingvorgangs eines einfachen, viskos gedämpften Schwingers (Bild) um den Faktor $1/e = 0,368$ abgenommen hat. Die Zeitkonstante t_β ist dem →Lehr-Dämpfungsmaß D umgekehrt proportional $D = 1/(t_\beta\omega_o)$ mit der Kennkreisfrequenz ω_o des einfachen Schwingers.

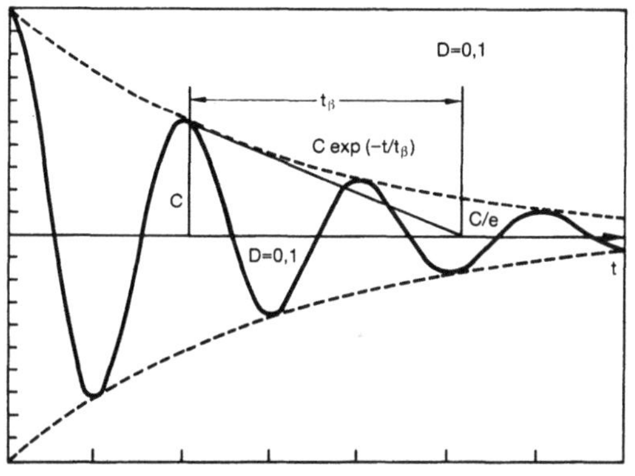

Abklingzeit: Ausschwingvorgang, Deutung der Abklingzeit t_β.

Legt man wie in der Raumakustik die Nachhallzeit t_N zugrunde, nach der die Schwingungsenergie gemäß $\exp(-2t/t_\beta)$ auf ein Millionstel ihres Ausgangswerts absinkt, so folgt das Lehr-Dämpfungsmaß zu $D = 3 \ln 10/(t_N\omega_o)$. *Gaul*

Literatur: DIN 1311, Bl. 2: Schwingungslehre; Einfache Schwinger. Hrsg. Dt. Normenausschuß. Ausg. Dez. 1974. – *Magnus, K.:* Schwingungen. Stuttgart 1961.

Ablaufplan, konstruktionsmethodischer. Ein k. A. ist ein organisatorischer Vorgehensplan für die Lösung von Entwicklungs- und Konstruktionsaufgaben bei technischen Produkten. Charakteristisch ist die Aufteilung der Gesamtaufgabe in einzelne Arbeitsabschnitte mit jeweils definierten Arbeitsergebnissen (Bild). *Ehrlenspiel*

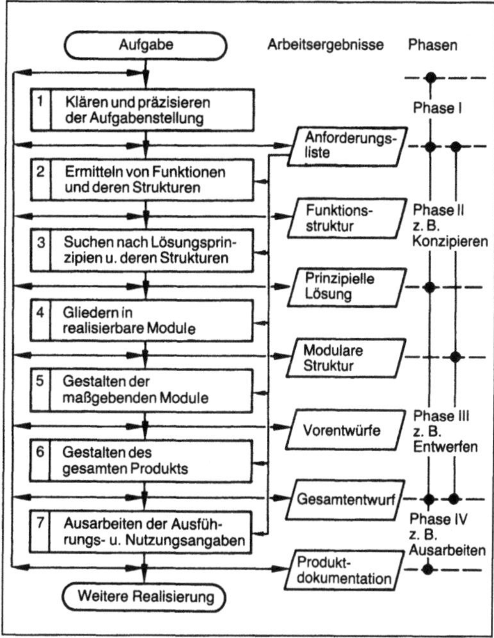

Ablaufplan, konstruktionsmethodischer. (Quelle: Richtlinie VDI 2221)

Abnahmeversuch. Betrieb einer technischen Anlage zum Nachweis, daß bestimmte technische Daten erreicht werden.

Ein A. kann zwischen dem Lieferer und dem Käufer einer technischen Anlage vertraglich vereinbart sein. Für die Durchführung von A. gibt es in vielen Fällen anerkannte Regeln (z. B. DIN 1941, DIN 1942, DIN 1943, DIN 1945). In diesen Regeln sind z. B. festgelegt:

□ Bedingungen, unter denen der Versuch durchzuführen ist,

□ Meßgrößen, Meßmethoden, Meßgeräte,

□ Auswertung der Meßergebnisse, evtl. Auswerteformeln,

□ Form des Versuchsberichts. *Kuhlmann*

Literatur: DIN 1941: Hubkolben-Verbrennungsmotoren, Abnahmeprüfung. Hrsg. Dt. Inst. f. Normung. Ausg. 1983. – DIN 1942: Abnahmeversuche an Dampferzeugern. Hrsg. Dt. Inst. f. Normung. Ausg. 1991. – DIN 1943: wärmetechnische Abnahmeversuche an Dampfturbinen. Hrsg. Dt. Inst. f. Normung. Ausg. 1975. – DIN 1945: Verdrängerkompressoren, Thermodyn. Abnahme- u. Leistungsversuche. Hrsg. Dt. Inst. f. Normung. Ausg. 1980.

Abpacken.

1. Allgemein. Mit A. oder Abpackung wird ein Arbeitsprozeß bezeichnet. In ihm werden verschiedene Produkte zu einem einzigen zusammengeführt. Es handelt sich um zwei Ströme, einerseits das Verpackungsmittel, andererseits das Füllgut. Nach dem Zusammenführen erfolgt im Abpackprozeß dann noch das Fertigmachen zur Transportfähigkeit bis zum Endverbraucher.

Das Verpackungsmittel ist die leere Hülle, hergestellt aus den verschiedenen bekannten Verpakkungsrohstoffen, vorbereitet zur Füllung mit dem entsprechenden Füllgut. Es müssen Aufrichtevorgänge vorausgehen, um das Verpackungsmittel in die füllgerechte Stellung zu bringen. Es können auch Sterilisationsvorgänge angreifen, um ein aseptisches A. zu erreichen.

Der nächste Schritt ist das Einbringen des Füllguts in das Verpackungsmittel. Je nach Art des Füllguts, ob fest, feinstückig, grobstückig oder flüssig, leicht oder schwerfließend, sind entsprechende technische Einrichtungen zu erhalten, die das Zusammenführen bewerkstelligen, ohne die nachfolgenden Arbeitsgänge negativ zu beeinflussen. Abgeschlossen wird der Abpackprozeß mit dem Verschließen des Verpackungsmittels, um zu gewährleisten, daß keine Verluste auf dem Wege zum Endverbraucher eintreten. Der Abpackprozeß geht aber noch weiter. Es werden die entstandenen Packungen, die Gemeinsamkeit von Verpackungsmittel und Füllgut, zu entsprechenden kleineren oder größeren Transporteinheiten zusammengefaßt. Es können diese Transporteinheiten dann maschinell palettiert und auf diesen Paletten gesichert werden. *Paris*

2. Aseptisches. Das aseptische Verfahren wird dann eingesetzt, wenn für Sterilpackungen der Weg ausgeschlossen ist, die gefüllte Packung durch einen Sterilisationvorgang laufen zu lassen. Es werden hier ein vorsterilisiertes Produkt mit einer für sich selbst sterilisierten →Verpackung zusammen gebracht. Es muß also das Packmittel durch verträgliche Vorgänge möglichst keimarm gemacht werden. Die hierzu angewandten Verfahren müssen bestimmten Bedingungen genügen. Es muß durch die Sterilisation die Oberfläche so keimarm gemacht werden, daß mindestens 90% der Keime mit Sicherheit abgetötet sind und nicht mehr sich selbst entwickeln können. Die hierzu angewandten Verfahren müssen für das Verpackungsmaterial verträglich sein. Die eingesetzten Chemikalien müssen von der Backstoffoberfläche leicht entfernt werden können. Die Verfahren müssen für die Füllprodukte, das Bedienungspersonal und den späteren Verbraucher mit Sicherheit unschädlich sein. Außerdem sind Verträglichkeit mit Umwelt und angewandten Werkstoffen, Zuverlässigkeit und Wirtschaftlichkeit verlangt. Für die Packstoffsterilisation stehen eine Reihe von Verfahren zur Verfügung, die die eben genannten Bedingungen erfüllen. An physikalischen Verfahren steht die Anwendung von heißer Luft, überhitztem Dampf, Sattdampf und Mischungen daraus zur Verfügung. Sie bedingen allerdings relativ lange Einwirkungszeit, um die notwendig geforderte Sporidizität zu erreichen. In den physikalischen Bereich gehört auch die Anwendung von UV-Licht. Es wird hier eine Wellenlänge in der Größenordnung von 254 nm eingesetzt. Bei der Anwendung dieser Technologie ist darauf zu achten, daß keine Stoffe, die das Ozon während des Brennens der Lampen erzeugt, in die Umgebung der Abpackmaschine gelangen. Im Bereich der chemischen Verfahren kommt die Anwendung von Wasserstoffperoxid in Lösungen von 20–35% Konzentration heute zur Anwendung. Bei Anwendung dieses Verfahrens muß darauf geachtet werden, daß die Restkonzentration des Sterilisationsmittels höchstens 0,1 ppm im abgepackten Füllgut unmittelbar nach der Abfüllung nicht überschritten wird. Ebenso sollte die Höchstkonzentration von max. 1 ppm in der Umgebung der Abpackmaschine nicht überschritten werden.

Eine weitere Möglichkeit ist die Anwendung harter Strahlung im Bereich der Gammastrahlen. Die Anwendung dieser Strahlen bei Packmitteln ist zulässig. Bei dem sog. Bag-in-Box-System werden die Innenbeutel der Faltschachteln durch die Anwendung von Gammastrahlen sterilisiert.

Einige Verfahren dürfen wegen zu geringer Anwendungsintensität oder Beeinflussung der Packmittel oder Umwelt nicht zur Anwendung kommen. Hierzu gehört z. B. der Ultraschall. Ebenso erreichen gasförmige Desinfektionsmittel, wie Ozon, Formaldehyd, Etylenoxid, nicht die notwendige Wirkung. Auch bei Anwendung von hochkonzentriertem Alkohol wird keine genügende keimabtötende Wirkung erreicht.

Insgesamt gesehen muß bei Anwendung des aseptischen Abpackens dafür gesorgt werden, daß bereits bei der Produktion der Packmittelrohstoffe auf keimarmes Arbeiten geachtet wird. Ebenso muß der Transport und die Lagerung vor dem aseptischen Abpacken unter möglichst günstigen Bedingungen erfolgen, so daß eine Kontaminierung der Packmittel möglichst ausgeschlossen ist. *Paris*

Abpacken bei besonderen Dichteanforderungen. Werden hinsichtlich des Austretens von Füllgut besondere Anforderungen gestellt, müssen diese Dichteanforderungen bereits bei der Herstellung des Packmittels mit berücksichtigt werden. Insbesondere die Verbindungsstellen, an denen einzelne Teile des Verpackungsmittels zusammengefügt sind, müssen mit hoher Sicherheit den gewünschten Dichteanforderungen genügen. Auch der Packmittelrohstoff muß sich solchen Bedingungen unterwerfen.

Das A. b. b. D. verlangt bereits beim Befüllen des Verpackungsmittels, daß keinerlei Rückstände des Füllguts oder bei pulvrigen Füllgütern Teile des aufgewirbelten Produkts sich in dem Bereich des Verschlusses absetzen. Auch bei flüssigen oder niedrigpastösen Füllgütern, wie z. B. Milch oder Säften, kann eine solche Verschmutzung des Verschlußbereichs dazu führen, daß die Dichteanforderungen nicht mehr einhaltbar sind. Die Füllorgane müssen sich während des Abpackvorgangs in dem Packmittel so bewegen, daß sich ihre Ausflußöffnung nahe dem Spiegel des Füllguts im Packmittel befindet. Es kann so erreicht werden, daß das Füllgut mit wenig Turbulenz in das Packmittel eintritt.

Im Bereich des Verschlusses müssen Formen angewandt werden, die den Dichteanforderungen genügen. Ein reines Zufalten des Verschlußbereiches ist für hohe Dichteanforderungen nicht geeignet. Auch Steck- oder Zungenverschlüsse erreichen keine hohen Dichtigkeiten gegen Austreten von Füllgut, selbst wenn dieses Füllgut grobstückig ist. In diesen Fällen kann immer noch Abrieb des Füllguts durch Bewegungen des Packmittels eintreten.

Um hohen Dichtigkeitsanforderungen zu genügen, werden die Packmittel entweder durch Verkleben oder Verschweißen verschlossen. Beim Verkleben ist darauf zu achten, daß der Klebstoff und das Füllgut nicht in Wechselwirkung treten können. Auch muß durch genügenden Klebstoffauftrag dafür gesorgt werden, daß evtl. vorhandene Füllgutreste im Verschlußbereich überdeckt werden. Beim Verschweißen ist zu beachten, daß durch die Hitze u. U. Reste des Füllguts im Bereich des Verschlusses zersetzt werden. Bei solchen Zersetzungsvorgängen können Rückwirkungen auf Füllgut oder Packstoff eintreten. Die Anwendung genügender Hitze und hoher Kraft sorgt dafür, daß der Verschluß dann die notwendige Dichtigkeit erhält. *Paris*

Abplatzer. Bei oberflächengehärteten Zahnrädern können wie bei Grübchenbildung durch Oberflächenbeanspruchung der Zahnflanken aus Schrägrissen und Poren großflächige, sprödbruchartige Ausbrüche als A. entstehen. Sie sind meist tiefer als Grübchen und reichen bis unter die Härteschicht. Sie werden meist durch fehlerhaftes Werkstoffgefüge, mangelhafte Wärmebehandlung oder durch Eigenspannungen beim Verzahnungsschleifen verursacht.

Bei feiner Fertigungsqualität kann auch Mischreibung zwischen den Zahnflanken mit großen Reibungszahlen eine Ursache für A. sein. Man beobachtet sie infolgedessen bei niedriger Betriebsviskosität des Schmierstoffs (<10 mm^2/s).

Bei vergüteten Großrädern grober Qualität werden A. an eingelaufenen Zahnflanken beobachtet. Hierbei bricht die verfestigte, geglättete Schicht aus (Bild). *Winter*

Abplatzer: An einem einsatzgehärteten Zahnrad.

Abrasion. Verschleißmechanismus, der durch harte Partikel oder harte Rauheitshügel hervorgerufen wird, die Material durch Mikrospanen, Mikrobrechen oder Mikropflügen aus den Oberflächenbereichen von Werkstoffen entfernen (Bild 1).

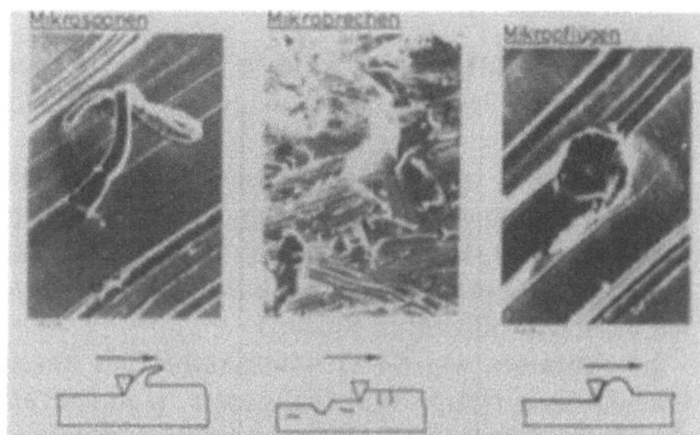

Abrasion 1: Mechanismen der Abrasion.

Die A. kann vor allem bei der Gewinnung, beim Transport und bei der Verarbeitung von mineralischen Stoffen in Erscheinung treten und zu hohen Materialverlusten führen.

Für die A. ist die Verschleiß-Tieflage-Hochlage-Charakteristik von entscheidender Bedeutung. Erreicht die Härte des tribologisch beanspruchenden Abrasivstoffs die Härte des beanspruchten Werkstoffes, so steigt der Verschleiß in die Hochlage an.

In der Verschleißhochlage ist der Verschleißwiderstand, der gleich dem Reziprokwert des Verschleißbetrags ist, der Härte des tribologisch beanspruchten Werkstoffs proportional (Bild 2). Neben der Härte des beanspruchten Werkstoffes ist seine Zähigkeit wichtig, wobei sich eine hohe Zähigkeit positiv auswirkt.

Die A. kann vor allem durch folgende werkstofftechnische Maßnahmen eingeschränkt werden:
□ Härte des beanspruchten Werkstoffs größer als die Härte des beanspruchenden Abrasivstoffs,

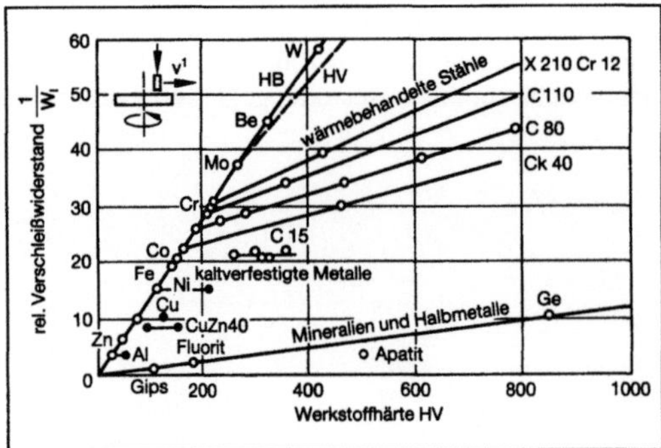

Abrasion 2: Verschleißwiderstand und Härte (Korundschleifpapier).

□ Einbau von harten Partikeln, wie z. B. Carbiden in eine weichere, zähe Matrix. *Habig*

Literatur: *Habig, K.-H.:* Verschleiß und Härte von Werkstoffen. München 1980. – *Uetz, H.:* (Hrsg.): Abrasion und Erosion. München 1986. – *Zum Gahr, K. H.:* Furchungsverschleiß. In: Reibung und Verschleiß Mechanismen-Prüftechnik-Werkstoffeigenschaften. Hrsg. Deutsche G. für Metallkunde (1983) Nr. 135.

Abraumgerät. Unter A. werden alle im Abraumbetrieb eines Tagebaus eingesetzten Geräte verstanden.

Als Abraum werden alle Massen bezeichnet, die zur Gewinnung eines Minerals im Tagebau bewegt werden müssen. Hierzu zählen das Deckgebirge und die Zwischenmittel (nicht nutzbare Gebirgsschichten zwischen nutzbaren Flözen).

Im Abraum- wie im Gewinnungsbetrieb unterscheidet man Haupt- und Hilfsgeräte. Hauptgeräte dienen der Gewinnung, Förderung und Verkippung von Mineral und Abraum. Hilfsgeräte sollen den Einsatz der Hauptgeräte vorbereiten und ihren Ausnutzungsgrad steigern.

Zu den Hauptgeräten zählen in Deutschland der →Eimerkettenbagger und der Schaufelradbagger sowie der Absetzer. Zu den Hilfsgeräten werden u. a. Planiergeräte, →Motorschürfwagen, Erdhobel und Schaufellader, Kleinbagger, Kräne, Lastkraftwagen und Schwerlastkraftwagen sowie andere Geräte gerechnet. Bei den Hauptgeräten zählt nur der Absetzer eindeutig zum Abraumbetrieb, während man alle anderen genannten Geräte sowohl im Gewinnungsbetrieb als auch im Abraumbetrieb einsetzen kann. *Seeliger*

Literatur: Das kleine Bergbaulexikon. Essen 1986.

Abreißzone, umlaufende. Durch Ablösung der Strömung von der Schaufelkontur gebildete, den Durchfluß sperrende Stauzone oder Stauzelle in einem oder mehreren, aber nicht in allen Schaufelkanälen eines Verdichtergitters, die sich relativ zur Umfangsrichtung des Gitters bewegt. Sie tritt bei zu starker Drosselung des Verdichters auf. In der Stauzelle kommen sehr geringe Durchflußgeschwindigkeiten oder sogar Rückströmungen vor. Bei weiterer Drosselung der Durchflußmenge des Verdichters nimmt die Anzahl der Stauzellen zu.

Für die Entstehung des Umlaufs stellt man sich folgenden Mechanismus vor (Bild):

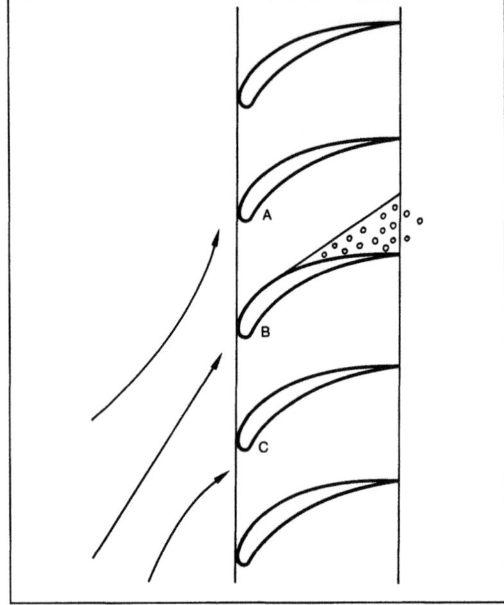

Abreißzone, umlaufende: Mechanismus der rotierenden Abreißströmung.

Ist auf Grund irgendeiner Ungleichförmigkeit in der Zuströmung oder an den Schaufelprofilen an der Schaufel B eine Ablösung entstanden, so drängt die im Schaufelkanal AB liegende Stauzelle die Anströmung zu beiden Nachbarkanälen hin ab. Die Schaufel A wird dann unter einem vergrößerten Anstellwinkel angeströmt, der zum Abriß der Strömung auf der Saugseite dieser Schaufel führt. Die Schaufel C wird dagegen unter einem kleineren Anstellwinkel angeströmt und weist deshalb keine Ablösung auf. Die Stauzelle kann sich auf diese Weise von einem Kanal zum nächsten in Richtung der Umfangskomponente des Auftriebs fortbewegen.

U. A. treten in Laufrädern zuerst am gehäuseseitigen Schaufelende, in Leiträdern dagegen zuerst an der Nabe auf. Durch konstruktive Maßnahmen, um Seitenwandgrenzschichten zu beeinflussen, kann man die Stabilitätsgrenze des Verdichters, d. h. den Drosselzustand, bei dem u. A. entstehen, zu kleineren Durchflüssen hin verschieben.

Das Produkt aus Fortschrittsgeschwindigkeit und Anzahl der Zellen ergibt die Frequenz der Abreißströmung an jeder Schaufel. Dieser instationäre

Vorgang regt die Schaufel zu Schwingungen an, die im Fall von Resonanz bis zum Schaufelbruch führen können. *Pitt*

Abrichthobelmaschine. Die A. dient zum Abrichten von Holzflächen, zum Anhobeln von Winkelkanten, zum Fügen und Fälzen. Der Aufbau und die Funktion der A. sind bei den verschiedenen Typen im wesentlichen gleich (Bild). Auf einem verwindungssteifen, schweren gußeisernen Ständer sind die beiden Abrichttische höhenverstellbar befestigt. Die von unten arbeitende Messerwelle erfordert eine Unterteilung des Werkstückauflagetisches in einen längeren Vorder- oder Aufgabetisch (bis zu 3 m) und einen kürzeren Hinter- oder Abnahmetisch. Die beiden Abrichttische sind in Prismenführungen gelagert, die eine Zehntelmillimeter genaue Heranführung der Tischlippen an den Messerflugkreis ermöglichen. Durch Absenken bzw. Anheben der äußeren Abrichttischflächen läßt sich die Werkstückfläche leicht konkav oder konvex aushobeln (Hohl- oder Spitzfuge). Gezahnte Tischlippen mindern das Geräusch. Die Hobeltiefe bzw. die Spanabnahme läßt sich am Vordertisch über einen Handhebel oder über ein Hydraulikfußpedal einstellen. Das Werkstück wird an dem geraden, durchgehenden Anschlag- oder Fügelineal über die Messerwelle geführt. Als Zusatzeinrichtung kann ein Winkelfügeapparat eingesetzt werden, der in der Ebene des Anschlaglineals und senkrecht zur Abrichtmesserwelle eingebaut wird. Die Messerwelle besteht bei einem Durchmesser von 80–140 mm aus 2–4 Streifenmessern, die mit Druck- oder Klemmleisten befestigt sind. Der Werkstückvorschub geschieht von Hand (ca. 5 m/min) oder über ein Vorschubgerät (bis 15 m/min), das auf dem Hintertisch montiert wird. *Dusil*

Abrichthobelmaschine. (Quelle: Frommia, Fellbach)

Abrollwalzverfahren. Das A. ist ein Hochumformverfahren, bei dem rotationssymmetrische Umformwerkzeuge in verhältnismäßig schneller Folge auf dem Umformgut abrollen und dabei jeweils eine kleine Menge Werkstoff in Form einer Welle verdrängen. Dazu zählen insbesondere das →Pendel-walzverfahren, das →Planetenwalzverfahren und das →Schwingwalzverfahren. *Baumann*

ABS →Bremse (Kraftfahrzeug), →Elektronik im Kraftfahrzeug

Abschaltventil →Druckventil

Abscheider. Abscheiden, Abtrennen von flüssigen und festen Stoffen aus Gasen und Dämpfen oder von festen Stoffen aus Flüssigkeiten durch A. unter Ausnutzung z. B. der Flieh- oder Schwerkraft, der Adhäsion oder elektrischen oder magnetischen Kräfte. *Jünemann*

Abscheidung, aus der Gasphase, chemische (CVD). Reaktion von gasförmigen Komponenten an der Oberfläche eines Substrates mit der Bildung einer festen Oberflächenschicht und flüchtigen Reaktionsprodukten. Die Reaktion wird durch das thermodynamische Gleichgewicht bestimmt und damit vom Partialdruck der gasförmigen Komponenten und von der Temperatur kontrolliert. Sie findet in einem Reaktionsgefäß statt, das die Substrate enthält (Bild). Im Kaltwandreaktor haben nur die Substrate die Prozeßtemperatur, während im Heißwandreaktor der gesamte Raum die Prozeßtemperatur erreicht.

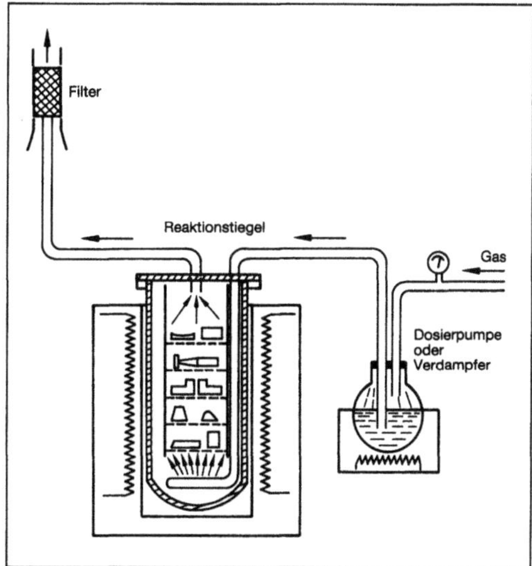

Abscheidung aus der Gasphase, chemische: CVD-Anlage (Schemaskizze).

Nach der Temperatur der Substrate kann man unterschiedliche CVD-Prozesse unterscheiden:
□ Hochtemperatur CVD
850 °C < T < 1 200 °C

Abscheidung aus der Gasphase, chemische. Tabelle: Oberflächenschichten durch CVD.

Metalle	Al, Ti, V, Cr, Ni, Nb, Mo, Ta, W
Bor und Boride	B, FeB, Fe_2B, NiB, TaB_2, WB
Kohlenstoff und Carbide	C, B_4C, SiC, TiC, Cr_xC_y, TaC, WC
Nitride	BN, Si_3N_4, TiN, VN, $Fe_{2-3}N$, Fe_4N, TaN
Oxide	Al_2O_3
Silicium und Silicide	Si, MnSi, FeSi, NiSi, MoSi

Beispiel:

$TiCl_4$, $CH_4 \rightarrow$ TiC, HCl

□ Mitteltemperatur CVD

$700\,°C < T < 850\,°C$

Beispiel:

$TiCl_4$, CH_3CN, $H_2 \rightarrow$ Ti(C,N), CH_4, HCl

□ Tieftemperatur CVD

$300\,°C < T < 600\,°C$

Beispiel:

WF_6, C_6H_6, $\rightarrow W_2C$, HF

□ Plasma CVD

$300\,°C < T < 600\,°C$

Beispiel:

$TiCl_4$, N_2, H_2, Ar $\rightarrow$ TiN, HCl, (NH_3).

Durch CVD können metallische und keramische Werkstoffe, teilweise auch organische Stoffe, beschichtet werden. Bei der Beschichtung von Stählen muß man die Vergütung des Grundwerkstoffes wiederholen. In der Tabelle sind verschiedenartige Oberflächenschichten zusammengestellt, die sich durch CVD erzeugen lassen.

Hauptanwendungsgebiete sind die Beschichtung von Werkzeugen und von elektronischen Bauteilen. *Habig*

Literatur: *Benninghoff, H., u. H. Zickler:* Feinwerktechnik und Meßtechnik 86 (1978), S. 389. – *Habig, K.-H.:* J. of Vacuum Science and Technology (1986). – *Hintermann, H. E.:* Oberfläche – Surface 24 (1983), S. 115. – *Hintermann, H. E., u. H. Gass:* Schweizer Archiv 33 (1967), S. 157. – *König, U., K. Dreyer, N. Reiter, J. Kolaska u. H. Grewe:* Techn. Mitt. Krupp-Forsch. Ber. 39 (1981), S. 13. – *Ruppert, W.:* Metalloberfläche 14 (1960), S. 193. – *Simon, H., u. M. Thoma:* Angewandte Oberflächentechnik für metallische Werkstoffe. München, Wien 1985.

Abschlagen →Maschenbildungsvorgang

Absetzer. A., Bergbau: spezielle Bauart des Gurtförderers, verwendet zum Aufschütten von Kippen oder Halden, meist in Verbindung mit langem Ausleger und hoher Fördergeschwindigkeit (große Wurfweiten). *Jünemann*

Absolutbewegung →Relativbeschleunigung

Absolutgeschwindigkeit →Relativbeschleunigung

Absorptionswärmepumpe. Öl- oder gasgefeuertes Heizgerät mit zusätzlicher Einkoppelung von Niedertemperaturwärme.

A. zu Hausheizzwecken werden gegenwärtig bis zu einer Leistung von 40 kW hergestellt. Für industrielle Zwecke gibt es jedoch auch Groß-A. mit Leistungen von 3 MW und mehr. Industrielle Wärmepumpen für mittlere und große Leistungen sind überall dort gefragt, wo erhebliche Energiemengen des Niedertemperaturbereiches einem Großverbraucher oder mehreren verzweigten Unterverteilungen zugeführt werden müssen, z. B. bei der Fernwärmeversorgung oder der zentralen Wärmeversorgung von Gebäudekomplexen.

Industrielle A. werden mit Dampf oder Abwärme beheizt bzw. direktbefeuert (Tabelle).

Bei A. nimmt der Nutzungsgrad mit steigender Temperaturdifferenz zwischen Nutzungsstelle und Wärmequelle ab. Als Antriebsenergie für A. reicht Wärmeenergie bis 200 °C, während bei Kompressionswärmepumpen höchstwertige Energie (z. B. elektrischer Strom) benötigt wird. Kleine A. werden z. T. elektrisch beheizt. A. gewinnen aus der Primärenergie je nach Temperaturdifferenz zwischen →Verdampfer und Austreiber sowie Größe der Anlage zwischen 110 und 130 % Nutzenergie, während bei den üblichen öl- oder gasbeheizten Heizkesseln nur 70–95 % Nutzwärme aus der Primärenergie gewonnen werden.

Heute übliche A. arbeiten mit Arbeitsstoffen wie Ammoniak/Wasser (NH_3-H_2O) oder Wasser/Lithiumbromid (H_2O-LiBr). Versuchsanlagen arbeiten z. B. mit Methanol/Lithiumbromid (CH_3OH-LiBr). H_2O-LiBr ist wegen der Einfriergefahr von Wasser und wegen Kristallisationsgefahr nur bei höheren Wärmequellentemperaturen einsetzbar (z. B. Klimabereich). Neue Arbeitsstoffe werden noch erprobt. Das Bild zeigt eine A., deren Austreiber durch direkte Verbrennung von Primärenergie beheizt wird. Der Verdampfer nimmt Wärme aus

Absorptionswärmepumpe. Tabelle: Ausführungsformen im industriellen Maßstab. (Quelle: von Cube, H. L. a. a. O.)

Nutzleistung	Wärmesenke		Wärmequelle	Ausführungshinweise
	Rücklauf	Vorlauf		
MW	°C	°C	°C	
3,5	50	90	30 – 40	zweistufige Abkühlung von Industrieabwasser, dampfbeheizt über erdgasbefeuerten Kessel, Fernwärmenetzeinspeisung
1,75 bis 2,0	46	58	0 – 5	direktbefeuert, Erdreichwärmequelle, Gebäudebeheizung
0,4	46	58	0 – 5	direktbefeuert mit Spitzenlastkessel, Erdreichwärmequelle, Gebäudebeheizung mit Speicher
1,8	20	45	10	dampfbeheizt, Grundwasser, Warmwassererzeugung für Gartenbaubetrieb

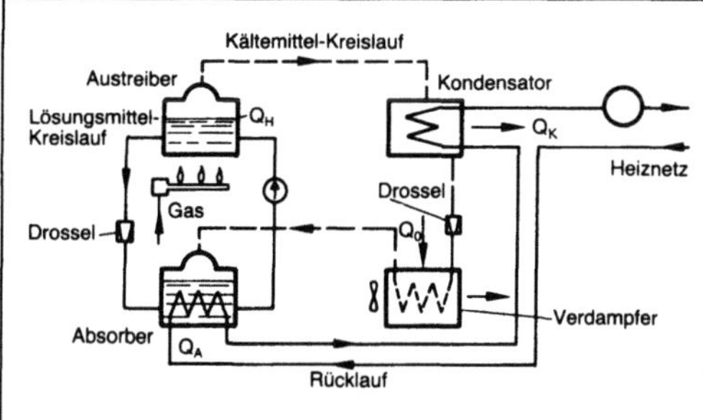

Absorptionswärmepumpe: Prinzipskizze. (Quelle: Recknagel/Sprenger a. a. O.)

der Umgebung auf. Die Nutzwärme wird aus dem Absorber und Kondensator abgeführt.

A. in Modulbauweise können dem jeweiligen Wärmebedarf besser angepaßt werden. Die Firma Sibir entwickelt eine direktbefeuerte A. mit einer Nutzleistung von 3 kW. Die Modulbauweise ermöglicht eine Parallelschaltung auf der Wärmequellenseite und Wärmenutzungsseite für größere Heizleistungen, z. B. 12 kW. Auf der Heizwasserseite ist auch eine Serienschaltung möglich und evtl. sinnvoll. Durch den Einsatz mehrstufiger Anlagen kann der Temperaturbereich erweitert werden, wobei in den einzelnen Stufen unterschiedliche Arbeitsstoffe eingesetzt werden können.

Die speziellen Anlagenkosten für Kleinanlagen sind heute mit etwa 2000,– DM/kW noch sehr hoch, und die Maschinen befinden sich im Entwicklungsstadium. *Knoche*

Literatur: *Baehr, H. D.,* u. *K. Molb:* Wärmeverhältnis und Primärenergieverbrauchvon Absorptionswärmepumpen mit Rektifikation. Ki Klima + Kälteing. Extra Nr. 14. Karlsruhe 1981, S. 22/25. – *von Cube, H. L.:* 1,75-MW-Absorptionswärmepumpe Meckenheim-Merl. Sonnenenergie – Wärmepumpe 6 (1981). Nr. 2. – *von Cube, H. L.:* Handb. Energiespartechniken. Kompendium für Lehre und Praxis, Bd. 2. – Spartechniken bei der Nutzung fossiler Energieträger. Karlsruhe 1983. – *Cube, H. L. von,* u. *Ch. Hensgens:* Absorptionswärmepumpen zur Beheizung von Großgebäuden. Ki-extra 14, Absorptionswärmepumpen. Karlsruhe 1981, S. 41/44. – *Recknagel/Sprenger:* Taschenb. Heizung u. Klimatechnik. München 1983/84, S. 456.

Abstraktion technischer Systeme. Die A. dient dem Erfassen der in einem bestimmten Kontext wesentlichen Merkmale eines technischen Systems unter Vernachlässigung der unwesentlichen.

Beim Konstruieren dient die A. der Problemanalyse. Durch die Vereinfachung, die das Wesentliche einer Aufgabenstellung hervorhebt, wird eine gezielte Lösungssuche unterstützt. Die A. führt meist zum Oberbegriff für ein Phänomen oder eine Lösungsmenge. Sie macht daher das Finden mehrerer Lösungen für ein Problem möglich. Eine gebräuchliche A. von technischen Systemen ist deren Beschreibung durch Funktionen (Black Box). *Ehrlenspiel*

Abstreckzieheinrichtung. Das Abstreckziehen dient zum Formen von Hohlkörpern. Ausgangspunkt ist eine Scheibe Metall. Vorzugsweise wird für das Abstreckziehen →Weißblech verwendet. Dieses Blech ist ein- oder beidseitig mit Zinnauflage versehen.

Beim Abstreckziehen wird nicht nur eine Verformung des Metalls bei gleichbleibender Werkstoffdicke vorgenommen. Es wird das Metall nicht nur in seiner Höhenlage gegenüber der ursprünglichen Einrichtung verlagert. Bei diesem Verlagerungsvorgang wird gleichzeitig noch der Materialquerschnitt verändert. Durch einen Knetvorgang wird sowohl das Zinn wie auch der Stahl des Weißblechs, im Gegensatz zum Tiefziehen, in wesentlichem Maße verlagert. Bei einer Ausgangsmaterialdicke von ca. 0,5 mm werden Wanddicken in den fertigen Hohlkörpern von heute bis zu 90 m erreicht. Durch diese niedrigen Wanddicken konnte man eine wesentliche Einsparung an Rohmaterialverbrauch erreichen. Ebenso wurden die Verpackungen deutlich leichter, was sich in einer Verminderung der Transportkosten niederschlug.

Aus dem Ausgangsstop, dem Weißblech, wird durch das Tiefziehen ein kleiner Napf geformt, der nur eine geringe Randhöhe besitzt. Dieser Napf hat an allen Stellen den gleichen Materialquerschnitt. Sein Innendurchmesser entspricht bereits dem des fertigen Hohlkörpers. In der Abstreckeinrichtung wird der Rand des ursprünglichen Napfes durch Verkneten des Werkstoffs auf die gewünschte Wanddicke des fertigen Hohlkörpers gebracht, wobei sich dann gleichzeitig auch die gewünschte Höhe des Hohlkörpers einstellt. Der Napf wird durch einen Kolben mit einem Außendurchmesser aufgenommen, der dem Innendurchmesser des gewünschten Hohlkörpers maßgleich ist.

Die Passung ist so gearbeitet, daß der Napf fest auf diesem Kolben sitzt. Dieser Kolben bewegt sich mit dem Napf durch eine große Anzahl von Ringen hindurch. Der Innendurchmesser dieser Ringe ist um ein geringes Maß kleiner, als es dem Außendurchmesser des Napfes entspricht. Bei Anwendung genügender Kraft wird der Napf durch diesen Abstreckring hindurchgezogen, wobei der überschüssige Werkstoff durch das geringere Ringmaß in dem Spalt wie eine Art Wulst vor sich hergeschoben wird. Dieser überschüssige Werkstoff bildet dann die neue Höhe des Hohlkörpers. Das Zinn auf dem Weißblech dient bei diesem Durchgang durch die Abstreckringe, neben seiner Aufgabe als Korrosionsschutz, noch als Schmierung bei diesem hohe Reibkräfte verursachenden Durchgang. Um entsprechende Standzeiten dieser Abstreckringe zu erreichen, haben sie Einsätze aus Hartmetall. Das Verwenden solcher verschleißfester Werkstoffe erlaubt auch hohe Arbeitsgeschwindigkeiten von mehreren hundert Stück/min.

Ist der Kolben mit dem Napf durch sämtliche Abstreckringe hindurchgegangen, besitzt der fertige Hohlkörper die gewünschte Wanddicke und annäherungsweise auch die gewünschte Höhe. Die Höhe ist, durch den Knetvorgang bedingt, in gewissem Umfange unregelmäßig. Das Zinn hat sich gleichmäßig auf die neue Oberfläche des Hohlkörpers verteilt. Verwendet man beidseitig verzinntes Weißblech, ist auch die Innenseite wieder mit einem Zinnüberzug versehen. Beim Zurückgehen des Kolbens wird durch einen Abstreifer der fertige Hohlkörper vom Kolben entfernt. Eine mechanische Zuführeinrichtung sorgt dafür, daß bei Umkehr der Kolbenbewegung von der Rückwärts- in die Vor-

wärtsbewegung ein neuer Napf aufgenommen wird. Der Arbeitsvorgang beginnt von neuem.

Wesentliches Kennzeichen dieses Abstreckvorgangs ist es, daß der Boden des Hohlkörpers noch die ursprüngliche Materialdicke der Ausgangsscheibe aus Metall hat. Dieser dickere Boden sorgt dafür, daß der spätere Hohlkörper genügende Stabilität beim Zusammendrücken besitzt. Die erzielbaren Wanddicken werden durch die Maße der Abstreckringe bestimmt. Die durch den Knetvorgang erzielbare Höhe des fertigen Hohlkörpers ergibt sich aus der Dicke der eingesetzten Rohstoffscheibe. Eine Maßveränderung für die Wanddicke ist einfach durchführbar. Es werden nur eine bestimmte Anzahl von Abstreckringen nicht benutzt. Eine Maßveränderung im Innendurchmesser ist sehr aufwendig. Es müssen neue Kolben und neue Abstreckringe geschaffen werden. Die Veränderung des Höhenmaßes ist durch die Veränderung der eingesetzten Rohstoffdicke einfach.

Der Antrieb der Abstreckkolben kann entweder hydraulisch oder mechanisch über Kurbeltrieb erfolgen. In beiden Fällen sind die notwendigen hohen Arbeitskräfte aufbringbar. Durch das Abstreckziehverfahren ist die Verarbeitung von Weißblech zu Hohlkörpern, ein relativ einfaches Verfahren, gefunden worden. Es ist dem als Fließpressen bekannten Arbeitsverfahren in der Aluminiumverarbeitung gleichzusetzen. *Paris*

Abströmwinkel. A. des mittleren, eindimensional sich ergebenden oder der in Umfangsrichtung und in radialer Richtung verteilten Strömungsvektoren hinter den Schaufelgittern im allgemeinen gegenüber der Umfangs-(Dreh-)richtung des eigenen oder des folgenden Gitters. Hinter drehenden Schaufelgittern ist zwischen dem relativen und dem absoluten Austrittswinkel zu unterscheiden; dabei geht der absolute Strömungsvektor aus dem relativen durch vektorielle Addition mit der Umfangsgeschwindigkeit hervor (Bild). Hinter stehenden Schaufelgittern sind beide Winkel identisch. In der angelsächsischen Literatur ist auch der Winkel gegenüber der Gitternormalen (Durchström-, Meridionalrichtung) üblich.

Bei gegebener Zuströmung gibt der A. die Umlenkung im Gitter an und ist damit auch ein Maß für die umgesetzte Leistung (Arbeitsprinzip).

Der örtliche A. kann nach dem →Leitrad mit stationären, nach dem →Laufrad nur mit mitrotierenden Drucksonden gemessen werden. Mit stationären Drucksonden wird nach dem Laufrad nur ein zeitlicher Mittelwert erfaßt, mit Hitzdraht- oder optischen Sonden lassen sich auch die zeitlichen Schwankungen aufnehmen. Der mittlere A. läßt sich auch aus der gemessenen Leistung berechnen. *Dibelius*

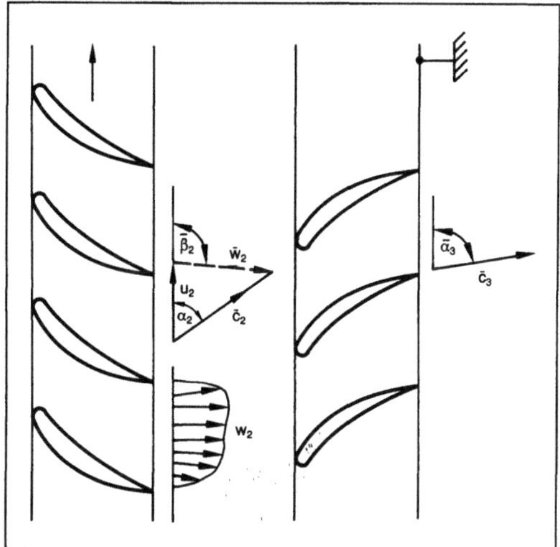

Abströmwinkel: Absoluter α und relativer Abströmwinkel β als Mittelwerte und Abströmwinkelverteilung.

ABV →Bremse (Kraftfahrzeug)

Abwurfwagen. Ein schienenverfahrbares →Transporthilfsmittel, das in Bandanlagen integriert wird und sich so positionieren läßt, daß an beliebiger Stelle Schüttgut abgeworfen werden kann.

Jünemann

Abziehbohle. A. sind zum Herstellen ebener, maßhaltiger Oberflächen, wie Sandplanum, Sauberkeits- und Frostschutzschichten sowie Schwarzdekken und Betondecken, erforderlich. Außer dem Verteilen, dem Abziehen und Glätten der Oberflächen wird das eingebaute Material mit Vibrations-

oder Rüttelbohlen auch gleichzeitig verdichtet. In Fertigern für den Straßenbau sind A. als Pendel-, Wipp- oder Vibrationsbohlen (Bild) fest montiert. Zur Herstellung von Einzelflächen und Betonfußböden sind leicht transportable, handgeführte statische und dynamische A. im Einsatz. Im Gegensatz zu einfachen A., die aus einem Stahl- oder Aluminiumprofil gefertigt werden, bestehen Vibrationsbohlen aus ein- oder mehrteiligen ausgesteiften Rahmenprofilen mit angebauter Vibrationseinheit (Außenrüttler). Handgeführte Doppelvibrationsbohlen in Systembauweise sind bis 12 m Arbeitsbreite ausführbar, mit Vortriebsgeschwindigkeiten von max. 60 m/h. *Kühn*

Achsabstand. Der A. ist die kürzeste Entfernung der beiden Mittelachsen zweier Räder, die miteinander im Eingriff stehend eine Drehbewegung bzw. ein Drehmoment übertragen.

Bei evolventenverzahnten Stirnrädern muß der A. dem Zahneingriff so angepaßt sein, das eine ausreichende Überdeckung (→Verzahnungsgeometrie, allgemein) gewährleistet ist. A.-Änderungen innerhalb der A.-Toleranz haben hierbei keinen Einfluß auf die Bewegungsübertragung. Durch Wahl der Profilverschiebung (→Evolventenverzahnung) der Zahnräder kann ein konstruktiv gegebener A. verwirklicht werden.

Bei kraftschlüssigen Getrieben wie Reibrad- oder Riemengetrieben muß der durch Raddurchmesser bzw. Riemenlänge gegebene A. genau eingehalten werden, um Kraftübertragung durch Reibung zu gewährleisten. Zum Ausgleich verwendet man verschiedene Spann- bzw. Andrückmechanismen. *Winter*

Achse (Getriebe). A. dienen zur Lagerung rotierender Maschinenteile, übertragen kein Drehmo-

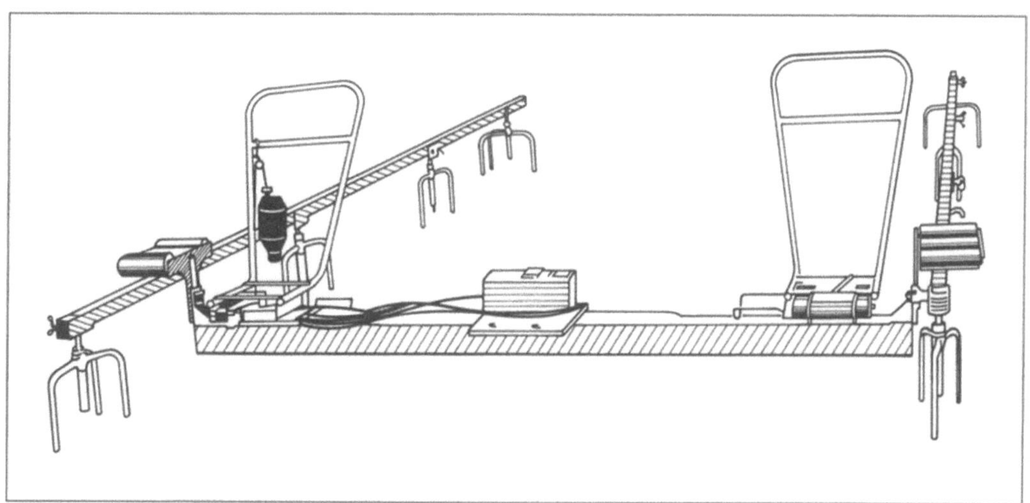

Abziehbohle: Handgeführte Vibrationsbohle mit Elektroantrieb.

ment, sondern im wesentlichen Querkräfte. Ruhende A. (Bild 1) sind deshalb nur auf Biegung beansprucht. Beispiele: Lagerung nicht angetriebener Fahrzeugräder; Führungsrollen bei Förderbändern. Umlaufende A. (Bild 2) erfahren Biegewechselbeanspruchung und haben deshalb einen größeren Durchmesser. Der geometrische oder physikalische Begriff Achse ist hiermit nicht erfaßt. *Ehrlenspiel*

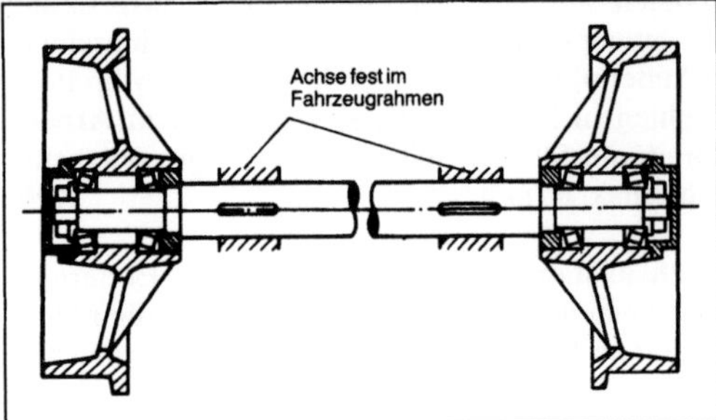

Achse 1: Ruhende Achse.

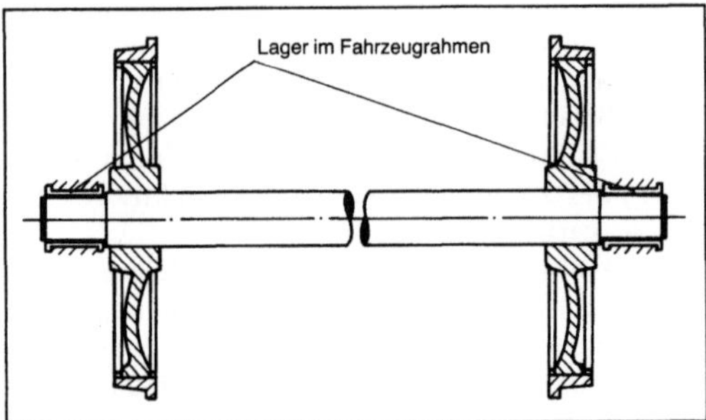

Achse 2: Umlaufende Achse.

Achsenfehler →Unwucht

Achshalter. Ein A. ist eine einfache Möglichkeit, ruhende Achsen formschlüssig mit dem Gestell zu verbinden. In eine Nut oder Abflachung der Achse greift ein Blechstreifen, der mit dem Gestell verschraubt wird (DIN 15058). *Ehrlenspiel*

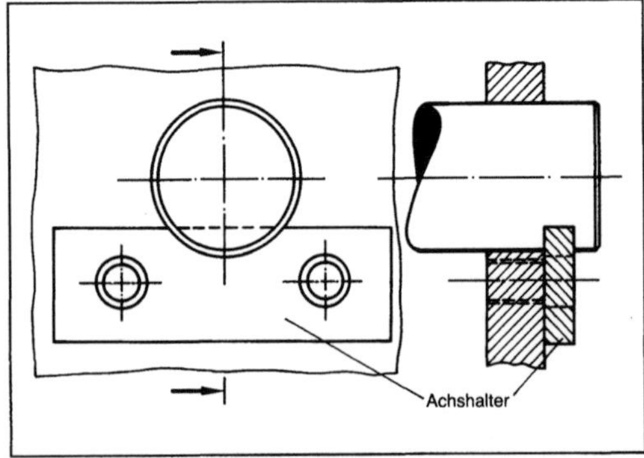

Achshalter: Ruhende Achse mit Achshalter festgelegt.

Achsversetzung →Kegelradgetriebe

Ackerschlepper →Traktor

Ackerwagen. Wagen für landwirtschaftliche Transporte zum Feld (z. B. Dünger, Saatgut) oder vom Feld zum Hof (z. B. für Erntegüter). Früher wurden A. durch Tiere gezogen und mit starren Rädern ausgerüstet. Heute werden sie von Traktoren gezogen und seit dem Zweiten Weltkrieg generell mit Luftreifen ausgerüstet. Die verbreitetste Bauart hat 2 Achsen (ungefedert), arbeitet mit Achsschenkeloder Drehkranzlenkung und kann 3–6 t Nutzlast aufnehmen. Gebremst wird im einfachsten Fall über die sog. Auflaufbremse (sehr verbreitet), für höhere Ansprüche über die Druckluftanlage des Traktors. Das Entladen wird zunehmend durch hydraulische Kippvorrichtungen an der Plattform erleichtert. Den Rahmen baut man vorwiegend aus U-Profilen, bei Einachsern steif, bei gelenkten, ungefederten Zweiachsern verwindungsweich. Den Empfehlungen der Wissenschaft folgend hat man zur Bodenschonung zunehmend die Reifenluftdrücke reduziert (z. B. 2 bar statt 4 bar). Den Tragfähigkeitsverlust kompensiert man durch breitere Reifen, teilweise auch durch Tandemanordnungen oder Zwillingsreifen. Als Hauptproblem einer rascheren Einführung derartiger Lösungen erweisen sich die hohen Zusatzkosten für das Fahrwerk. Vom A. abgeleitet hat man die Stalldungstreuer und die →Ladewagen. *Renius*

Literatur: *Heine, A.:* Bodenschonende Fahrwerke landwirtschaftlicher Transportanhänger. Grundl. Landtechn. 36 (1986) Nr. 2, S. 42/49. – *Hoffmann, H.:* Über die Bremssicherheit landwirtschaftlicher Züge auf der Straße und im Gelände. Fortschritt-Ber. VDI R. 12 Nr. 76. Düsseldorf 1986. – *Isensee, E.:* Transporte in der Landwirtschaft. Landtechn. 40 (1985) Nr. 10, S. 433/35. – *Witte, E., R. Möller u. G. Vellguth:* Zur Standsicherheit von landwirtschaftlichen Kippanhängern. Landtechn. 39 (1984) Nr. 1, S. 44/47.

Actuator-Disc-Theorie. (Theorie der wirkenden Scheibe) ist eine der Näherungsmethoden zum Berechnen der dreidimensionalen Strömung in einem →Axialverdichter. Man ersetzt gedanklich die Beschaufelung des Laufrads oder des Leitapparats durch eine Schicht unendlich kleiner Dicke, in der eine momentane Änderung des Geschwindigkeitsfelds vor sich geht. Beim Überqueren einer solchen „wirkenden Scheibe" wird die Strömung sozusagen zeitlos beeinflußt. Dabei wird das Gleichgewicht in radialer Richtung nur für die Strömung weit vor und weit hinter der wirkenden Scheibe in Betracht gezogen, und es wird die infolge der endlichen Schaufelzahl vorhandene Periodizität des Strömungsfelds in Umfangsrichtung außer acht gelassen.

Zur Berechnung mehrstufiger →Verdichter nach dieser Theorie werden die von den für jede Schaufelreihe eingeführten wirkenden Scheiben hervorgerufenen Rotationsfelder überlagert. Bei vorgegebener Verteilung der Umfangskomponente der Strömungsgeschwindigkeit über dem Radius bzw. über der Schaufelhöhe (c_u-Verteilung) erhält man so die Verteilung der zugehörigen Axialkomponenten und daraus die von der Beschaufelung zu bewirkenden Strömungswinkel.

Die Übereinstimmung der nach der A.-D.-T. berechneten mit der wirklichen Strömung hängt von der (anzunehmenden) c_u-Verteilung, vom Nabenverhältnis und von der aerodynamischen Belastung der Stufen ab. Sie nimmt für große Nabenverhältnisse, d. h. lange Schaufeln im Verhältnis zum Nabendurchmesser, und stark belastete Stufen ab. In wandnahen Bereichen der Strömung treten beträchtliche Abweichungen auf. *Pitt*

Literatur: *Horlock, J. H.:* Axialkompressoren. (Dt. von *H. Marcinowski* et al.) Karlsruhe 1967.

Additiv. Es ist die engl. Bezeichnung für Wirkstoff. Legierungsbestandteile von Mineral- oder Syntheseölen werden als A. bezeichnet, wenn deren Wirkung bestimmte Gebrauchswerteigenschaften verbessert, und als Inhibitoren, wenn deren Wirkung bestimmte negative Eigenschaften verhindert. Durch Zusatzstoffe, meist öllösliche, aber ölfremde organische Verbindungen, läßt sich z. B. die Alterungsbeständigkeit unter extremen Reibungsbedingungen verbessern oder das Anwendungsspektrum bestimmter Ölsortimente (Mehrzweckcharakter) erweitern. Bezüglich der Wirkung von A. ist zu beachten:

□ A. verändern nicht das Grundöl, sondern nur eine oder mehrere Eigenschaften.

□ Als Grundöle werden hochwertige Raffinate oder Syntheseöle verwendet.

□ Die Rezeptur (Zusammensetzung und Legierungsniveau) ist Aufgabe des Schmierstoffherstellers. Die Mischung legierter Schmierstoffe erfordert Spezialkenntnisse.

□ A. werden im Laufe der Gebrauchsdauer zerstört. Dadurch verändern sich das Legierungsniveau (A.-Level) und die Gebrauchseigenschaften. Die Auswirkung der begrenzten A.-Lebensdauer ist bei den Ölwechselfristen zu berücksichtigen.

□ Bei legierten Schmierstoffen ist die Verträglichkeit mit dem Lagerwerkstoff zu beachten.

Wirkung, Einsatzgebiet und chemische Verbindungen der wichtigsten Additivierungen:

Hochdruck- bzw. Extrem-Pressure-Zusätze (EP-Zusätze): Verbessern das Druckaufnahmevermögen und verhindern das Verschweißen metallischer Oberflächen bei Mischreibungskontakten mit hoher spezifischer Flächenpressung. Die Wirkung basiert auf der physikalischen Ausbildung dünner Haftschichten auf den Gleitflächen durch polare Stoffe (Dipolwirkung) oder Feststoffe (z. B. Graphit,

Molybdändisulfid) sowie auf der Schichtbildung durch spontane chemische Reaktion der Metalloberflächen mit den A. (z. B. Chlor-, Phosphor- und Schwefelverbindungen sowie Bleiseifen). Die hierfür erforderliche Reaktionstemperatur auf den Oberflächen resultiert aus der hohen spezifischen Reibleistung. Die Haftschichten besitzen eine geringere Scherfestigkeit und Adhäsionsneigung als die metallischen Grundwerkstoffe der Reibpaarung, so daß die Reibung und die Gefahr des Verschweißens der metallischen Oberflächen (Adhäsion, Freßneigung) herabgesetzt wird. EP-Zusätze werden eingesetzt bei Einlauf-, Getriebe-, Motoren-, Hydraulik- und Turbinenölen, bevorzugt bei Hypoidgetrieben auf Grund der hohen Gleitanteile.

Stockpunkterniedriger: Verbessern die Fließfähigkeit paraffinhaltiger Schmierstoffe unter Schwerkraftwirkung bei tiefen Temperaturen. Geeignet sind Naphtalin, Phenol sowie Polymethacrylate. Hauptanwendung bei tiefstockenden Ölen: Motoren, Getriebe, Kältemaschinen und Transformatoren.

Viskositäts-Temperatur-Verbesserer (VI-Verbesserer): Verändern die Stoffeigenschaften von Schmierölen zweifach. Sie verringern die Temperatur-Viskositäts-Abhängigkeit. Dadurch lassen sich zwei oder mehrere Viskositätsklassen überdecken und bewirken ein strukturviskoses Verhalten. Für den hydrodynamischen Druckaufbau und die Reibungsverluste im Schmierfilm ist die Strukturviskosität günstig, wenn die Viskosität mit zunehmendem Schergefälle abnimmt. Bei geringer Relativgeschwindigkeit ist das Öl damit zäher (vorteilhaft für Druckentwicklung) und bei hohen Relativgeschwindigkeiten dünnflüssiger (geringe hydrodynamische Reibungsverluste). Verändert wird das VI-Verhalten z. B. durch hochpolymere Stoffe, wie Polymethacrylate oder alkylierte Styrole. VI-Verbesserer sind die wichtigsten Wirkstoffe in Mehrbereichsölen für Motoren und Getriebe. Zu beachten ist, daß sie durch Scherbeanspruchung schnell zerstört werden. Dadurch verliert das Öl seine flache VI-Charakteristik und fällt insgesamt in der Viskosität ab.

Oxidationsinhibitoren oder Antioxidantien: Verbessern die Alterungsbeständigkeit, indem die Oxidation durch Zugabe von schwefel- oder phosphorhaltigen Verbindungen (z. B. Zink-Dialkyldithiophosphate) verhindert bzw. verzögert wird. Hauptanwendung bei thermisch hochbeanspruchten Schmierstoffen, wie Motoren-, Turbinen- und Getriebeöl, meist in Verbindung mit Korrosionsinhibitoren, die an Metalloberflächen Korrosionsschutzschichten durch physikalische Adsorption oder chemische Reaktion bilden.

Detergents-Dispersants: Hauptsächlich Bestandteil von Motorenölen. Säubern die metallische Oberfläche durch Lösen von Verunreinigungen (z. B. Verbrennungsrückstände) und vermeiden

Schlammbildung, indem die Ablagerung von Abrieb, Verbrennungsrückständen oder Alterungsprodukten verhindert wird. *Knoll*

Adjustage. A., manchmal auch Zurichterei genannt, ist derjenige Betriebsbereich eines Gießbetriebs, Walzwerks oder Schmiedebetriebs, in dem die Gießprodukte, Walz- und Schmiedeerzeugnisse zur Weiterverarbeitung oder für den Versand fertig gemacht werden. Je nach Art des Gießprodukts, Walz- oder Schmiedeprodukts werden unter anderem Strangstahl-A., Grobblech-A., Profilstahl-A., Stabstahl-A. und Draht-A. sowie Rohr-A. unterschieden. *Baumann*

Ähnlichkeit.
1. Allgemeines. Unterschiedliche Systeme verbindende Eigenschaft, die das Verhalten von einem auf ein ähnliches System zu übertragen erlaubt. Welche Systeme zu anderen ähnlich sind, ist nach den Ä.-Bedingungen zu entscheiden. Sie sind erfüllt, wenn die im betreffenden Fall maßgeblichen dimensionslosen Kenngrößen in den zu vergleichenden Fällen den gleichen Wert haben. Dabei können die einzelnen Größen innerhalb der →Kenngröße unterschiedliche Werte haben. So wird z. B. für ähnliche Strömungsmaschinen unter anderen Bedingungen gefordert, daß eine Strömungsgeschwindigkeit, z. B. die nominelle Durchflußgeschwindigkeit

$$c_d = \frac{4}{\pi} \frac{\dot{V}}{D^2}$$

($\dot{V}$ Volumenstrom, D der größte Durchmesser des Rotors), im gleichen Verhältnis zur nominellen Umfangsgeschwindigkeit $u = \pi D n$ steht:

$$\left(\frac{c_d}{u}\right)_M = \left(\frac{c_d}{u}\right)_A,$$

$$\left(\frac{4\dot{V}}{\pi^2 n D^3}\right)_M = \left(\frac{4\dot{V}}{\pi^2 n D^3}\right)_A.$$

So kann diese aus anderen herausgegriffene Bedingung für eine wesentlich kleinere Modellmaschine $_M$ mit dem Durchmesser D_M als der Ausführung $_A$ mit dem Durchmesser D_A erfüllt werden, wenn die Drehzahl n und/oder der Volumenstrom $\dot{V}$ entsprechend angepaßt werden. Dadurch ergibt sich prinzipiell die Möglichkeit, Versuche an meist kleineren Modellen und damit weniger aufwendig durchzuführen. Allerdings sind außer der genannten noch weitere Bedingungen zu erfüllen, so daß die Wahlmöglichkeiten weiter eingeschränkt werden.

Im Gegensatz hierzu wäre in Unkenntnis des Ä.-Konzepts zu fordern, daß Versuche nur bei gleichen Betriebsbedingungen an gleichen Maschinen gemacht werden dürften, so daß jede gemessene Größe nur auf den gleichen Fall übertragen werden könnte. Versuche könnten nur an den Originalen oder gleich großen Nachbildungen durchgeführt werden. Für jede andere Baugröße wären neue Versuche erforderlich.

Anzahl und Aufbau der die Ä.-Bedingungen repräsentierenden Kenngrößen hängen sowohl von der geometrischen Formgebung der Maschine wie auch von den Betriebsgrößen und den Eigenschaften des Arbeitsfluides ab. Diese Einflüsse lassen sich symbolisch in einer Ansatzgleichung zusammenfassen.

Für *hydraulische Strömungsmaschinen,* also Pumpen oder Turbinen, die einen Flüssigkeitsstrom $\dot{V}$ fördern oder verarbeiten, soll die Druckerhöhung oder -absenkung Δp bestimmt werden. Ähnlich wie auch bei expliziten Ansätzen wird eine Reihe von Abstraktionen gemacht, die nicht exakt sind, aber keine wesentlichen Einflüsse vernachlässigen dürfen:

□ Die Flüssigkeit verhalte sich wie eine ideale Flüssigkeit, d. h. die Dichte ϱ oder das spezifische Volumen v bleiben konstant unabhängig von den Druck- und Temperaturänderungen.

□ Die Änderung des hydrostatischen (durch die Schwere beeinflußten) Drucks soll im Bereich der Maschine gegenüber dem hydrodynamischen vernachlässigt werden.

□ Es werde Wärme weder zu- noch abgeführt.

□ Die Viskosität η ändere sich innerhalb der Maschine nicht.

Im Rahmen dieser Annahmen muß der folgende Ansatz vollständig sein. Andere Einflüsse auf die Druckdifferenz sind ausgeschlossen (Bild):

$$\Delta p = f (\dot{V}, n, \varrho, \eta, D, d, z, b, h, r, \ldots);$$

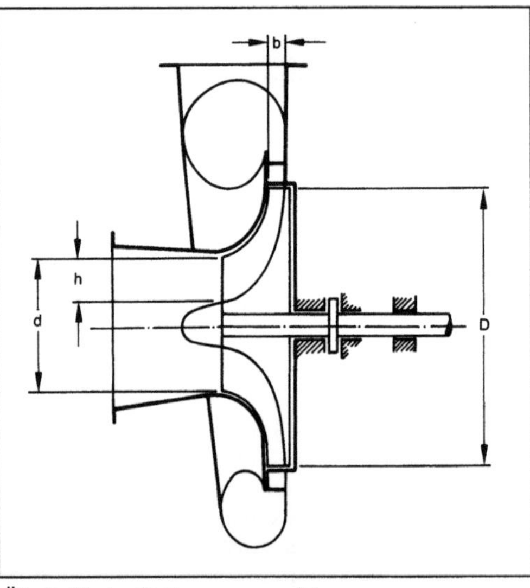

Ähnlichkeit: Strömungsmaschine.

darin bedeuten:
Δp Druckdifferenz, $\dot{V}$ Volumenstrom, n Drehzahl, ϱ Dichte, η Viskosität, D Durchmesser des Laufrads, d Eintrittsdurchmesser, z Anzahl der Schaufeln, b Schaufelaustrittsbreite, h Schaufelhöhe, $r \rightarrow$ Rauheit der Oberfläche und weitere geometrische Parameter.

Aus diesen Größen lassen sich z. B. nach der Methode der Dimensionsanalyse folgende voneinander unabhängige dimensionslose Kenngrößen bilden:

$$\frac{\Delta p}{\varrho n^2 D^2} = f\left(\frac{\dot{V}}{nD^3}, \frac{\varrho nD^2}{\eta}, \frac{d}{D}, z, \frac{b}{D}, \frac{h}{D}, \frac{r}{D} \cdots\right).$$

Die Druckkenngröße hängt also nur noch von 7 dimensionslosen Kenngrößen ab im Gegensatz zu der von 10 absoluten Größen beeinflußten Druckdifferenz. Sind die unabhängigen Kenngrößen in 2 betrachteten Fällen gleich, dann muß auch die abhängige Kenngröße denselben Wert haben. Im einzelnen ergeben sich also folgende Ä.-Bedingungen:

$$\left(\frac{\dot{V}}{nD^3}\right)_M = \left(\frac{\dot{V}}{nD^3}\right)_A$$

gleiche Durchflußkenngröße entspricht der Bedingung gleicher Verhältnisse c_d/u,

$$\left(\frac{\varrho nD^2}{\eta}\right)_M = \left(\frac{\varrho nD^2}{\eta}\right)_A$$

gleiche Reynolds-Zahlen,

$$z_M = z_A$$

gleiche Schaufelzahlen,

$$\left(\frac{b}{D}\right)_M = \left(\frac{b}{D}\right)_A$$

gleiche bezogene Schaufelbreite,

$$\left(\frac{h}{D}\right)_M = \left(\frac{h}{D}\right)_A$$

gleiche bezogene Schaufelhöhe,

$$\left(\frac{r}{D}\right)_M = \left(\frac{r}{D}\right)_A$$

gleiche bezogene Rauhigkeit.

Außerdem müssen so viele weitere Verhältnisse von geometrischen Größen in beiden Fällen gleich sein, wie sie zur eindeutigen Beschreibung der geometrischen Form der strömungsführenden Teile erforderlich sind. Sind diese Bedingungen erfüllt, dann muß die an dem Modell gemessene abhängige Kenngröße auch für die Ausführung gelten:

$$\left(\frac{\Delta p}{\varrho n^2 D^2}\right)_M = \left(\frac{\Delta p}{\varrho n^2 D^2}\right)_A.$$

Die Konsequenzen aus der ersten Bedingung gleicher Durchflußkenngrößen für das Durchmesserverhältnis waren bereits eingangs erläutert worden. Die zweite Bedingung gleicher Reynolds-Kenngrößen fordert:

$$\frac{u_M}{u_A} = \frac{D_A}{D_M} \frac{\varrho_A}{\varrho_M} \frac{\eta_M}{\eta_A}.$$

Verknüpft mit der erstgenannten Ä.-Bedingung folgt:

$$\frac{u_M}{u_A} = \frac{c_M}{c_A} = \frac{D_A}{D_M} \frac{\varrho_A}{\varrho_M} \frac{\eta_M}{\eta_A}.$$

Bei den Modellversuchen wird Wasser verwendet, wenn immer sich die Eigenschaften der zu pumpenden Flüssigkeiten nicht wesentlich von denen von Wasser unterscheiden. Dann können aber die Verhältnisse der Dichten und der Viskosität nur wenig von eins verschieden sein. Als Folge müßten Umfangs- und Strömungsgeschwindigkeiten im Versuch im umgekehrten Verhältnis zum Verkleinerungsmaßstab gesteigert werden. Das ist mit Rücksicht auf die bei großen Geschwindigkeiten und dementsprechend kleinen Drücken einsetzende Verdampfung und Entgasung nicht möglich, es sei denn, daß der Basisdruck beim Versuch entsprechend angehoben wird. Außerdem würde dann die für solche Versuche erforderliche Leistung $\dot{V}\Delta p$ wegen der höheren Geschwindigkeiten sogar umgekehrt proportional zum Verkleinerungsmaßstab zunehmen; denn obwohl die Strömungsquerschnitte mit dem Quadrat des Verkleinerungsmaßstabes abnehmen, wird der Volumenstrom wegen der höheren Geschwindigkeiten nur proportional zum Verkleinerungsmaßstab reduziert. Die Druckdifferenz erhöht sich aber mit dem Quadrat der Geschwindigkeiten oder des inversen Verkleinerungsmaßstabs.

Die Einhaltung der geometrischen Ä. setzt voraus, daß außer den angesetzten geometrischen Größen alle die Konturen der Bauteile bestimmenden Maße ähnlich sind, und zusätzlich auch alle Spalte und „Spiele". In der Praxis sind diese Bedingungen für eine Modellmaschine im Vergleich zur Ausführung oder aber auch für ähnliche Maschinen unterschiedlicher Größe einer Baureihe nur schwer einzuhalten. Dann treten zum eigentlichen für die Größe verantwortlichen Reynolds-Einfluß noch zusätzliche Einflüsse der nicht eingehaltenen Geometriebedingungen hinzu, für die die davon abhängigen Größen (z. B. Druckkenngröße und $\rightarrow$ Wirkungsgrad) zu korrigieren sind.

Die sich mit den angegebenen Abstraktionen ergebenden Ä.-Bedingungen einschl. der Bedingung gleicher Reynolds-Zahlen lassen sich im Fall der mit Flüssigkeiten arbeitenden Strömungsmaschine praktisch nicht einhalten. Würde der Ansatz durch Weglassen der Viskosität auf den nicht realistischen reibungsfreien Fall reduziert, entfiele die

Bedingung gleicher Reynolds-Zahlen. In der Praxis wird im Prinzip meist diesem Fall entsprechend verfahren; jedoch wird der Einfluß infolge der Änderung der Reynolds-Kenngröße semiempirisch berücksichtigt.

Für *mit Gasen oder Dämpfen arbeitende Strömungsmaschinen* muß deren Zustandsänderung beim Durchströmen der Maschine berücksichtigt werden. Sie müssen ähnlich zueinander sein, damit bei ähnlichem Verlauf der Strömungsquerschnitte das Fluid auch ähnlich beschleunigt oder verzögert wird. Dazu müssen zusätzlich zu den bereits abgeleiteten Kenngrößen die Verhältnisse zweier unabhängiger Zustandsgrößen, z. B. p_2/p_1 und ϱ_2/ϱ_1, an sich entsprechenden Stellen gleich sind. Es sind also 2 zusätzliche Ä.-Bedingungen zu erfüllen, die sich umwandeln lassen in die Bedingungen

gleicher Isentropenexponenten

$$k_M = k_A, \text{ mit } k = \frac{\varrho}{p}\left(\frac{\partial p}{\partial \varrho}\right)_s$$

(für Gase, die sich näherungsweise ideal verhalten, gleiche spezifische Wärmen oder gleiche Atomzahl im Molekül) und

$$\left(\frac{u}{a}\right)_M = \left(\frac{u}{a}\right)_A$$

gleicher Mach-Zahlen, üblicherweise gebildet mit der Umfangsgeschwindigkeit u. Dabei ist a die Schallgeschwindigkeit an entsprechenden Stellen (für als ideal zu betrachende Gase $\sqrt{\varkappa RT}$).

Bei ungleichen Schallgeschwindigkeiten der Gase in Modell und Ausführung muß die Umfangsgeschwindigkeit entsprechend angepaßt werden. Das gilt auch für die Durchflußgeschwindigkeit, da sie ja durch die erste Ä.-Bedingung mit der Umfangsgeschwindigkeit verknüpft ist.

Die Bedingung gleicher Reynolds-Zahlen läßt sich in diesem Fall dadurch erfüllen, daß die Dichte im wesentlichen mit dem Druck, in geringerem Maße aber auch mit der Temperatur zu beeinflussen ist: Dementsprechend sind kleinere Modelle bei einem entsprechend höheren Druck zu betreiben. Ist das wegen des höheren Versuchsaufwandes nicht möglich, so muß auch in diesem Fall die Änderung des Reibungseinflusses bei unterschiedlichen Reynolds-Zahlen semiempirisch berücksichtigt werden. *Dibelius*

Literatur: *Bridgeman, P. W.:* Dimensional Analysis. New Haven 1948. – *Görtler, H.:* Dimensionsanalyse. Berlin, Heidelberg, New York 1975. – *Langhaar, H. L.:* Dimensional Analysis and Theory of Models. New York 1954.

2. Beim Konstruieren. In der Technik wird von Ä. gesprochen, wenn das Verhältnis mindestens einer physikalischen Größe beim Grund- und bei den Folgeentwürfen einer Konstruktion konstant, d. h. invariabel bleibt.

Im Maschinenbau gebräuchlich sind die statische und die dynamische Ä. z. B. als Grundlage für die Erstellung von Baureihen oder Belastungsmodellen.

Bei der statischen Ä. ist das Verhältnis der Längen und statischer Kräfte bei allen Folgeentwürfen in bezug auf den Grundentwurf einer Baureihe konstant. Bei der dynamischen Ä. ist zusätzlich das Verhältnis dynamischer Kräfte (aus Beschleunigungen) konstant.

Durch die Anwendung der Ä.-Beziehungen ergibt sich für alle Glieder der Baureihe eine konstante Materialbeanspruchung. *Ehrlenspiel*

Aerodynamik.

1. Flugzeug. Die Lehre von der Analysis und Berechnung der Kräfte, Drücke und Strömungsformen, die bei der Bewegung von Körpern (Flugzeugen) durch die Luft entstehen. Dabei ist es gleichgültig, ob der Körper als bewegt oder die Luft den ruhenden Körper umströmend angesehen wird; letzteres erleichtert das Verständnis der Vorgänge. Es wird zunächst die geordnete Strömung betrachtet, bei der die Luft der Kontur des Körpers folgt, ein wesentliches Ziel der technischen A.

In einer geordneten Strömung ist die Energie eines Luftteilchens, die Summe seiner potentiellen und kinetischen Energie (die Summe von Druck und Bewegungsgröße) längs seiner Bahn (Stromlinie), unveränderlich. Diese ist außerdem an allen Stellen des Strömungsfeldes dieselbe (Bernoulli-Gleichung):

$$p + \frac{\varrho}{2} \cdot V^2 = \kappa.$$

Bei der Umströmung des Körpers wird die Luft verzögert und beschleunigt. Sie hat an verschiedenen Stellen verschiedene Geschwindigkeiten und entsprechend dem Bernoulli-Theorem verschiedene Drücke. An der Vorderseite des Körpers, z. B. der Tragfläche, kommt die Luft zum Stillstand, sie staut sich. Hier herrscht der Staudruck, die gesamte Bewegungsenergie wird in Druckenergie umgewandelt. Weiter hinten herrschen je nach örtlicher Geschwindigkeit positive oder negative Drücke. Ist wegen der Kontur oder Anstellung des Körpers (der Tragfläche) die Strömung auf einer Seite schneller als auf der anderen Seite oder auf dieser gar verzögert, so entsteht eine quer zur Strömung gerichtete Kraft (Auftrieb).

In der klassischen A. wird die Luft als nicht zusammendrückbar (inkompressibel) angenommen. Dies ist für Fluggeschwindigkeiten unterhalb etwa 500 km/h durchaus zulässig, da die Fehler wegen Nichtberücksichtigung der Kompressibilität unterhalb 10% bleiben. Bei höheren, für die Luftfahrt interessierenden Geschwindigkeiten, für die Kompressibilität berücksichtigt werden soll, gilt, daß die Druck- und Dichteänderungen in der Strömung adiabatisch, d. h. ohne Wärmezu- oder -abfuhr erfolgen. Mit der allgemeinen Gasgleichung und der Adiabatengleichung ergibt sich dann:

$$\frac{\kappa}{\kappa} \cdot \frac{p}{\rho} + \frac{v^2}{2} = \kappa,$$

verallgemeinerte Bernoulli-Gleichung.

So wie Inkompressibilität ist zunächst auch Reibungsfreiheit Grundlage der klassischen A., eine zulässige Annahme, da die Drücke in der Strömung in erster Näherung unabhängig von der Wandreibung sind, solange es sich um eine geordnete Strömung handelt. Die Berechnung der Geschwindigkeits- bzw. Druckverteilung erfolgt durch die Annahme von Potentialwirbeln auf der Kontur, die sich gegenseitig beeinflussen. Es ist dies bei zweidimensionaler Strömung verhältnismäßig einfach, kompliziert sich aber für den dreidimensionalen Fall erheblich. Der Körper wird durch ein System vieler ebener Flächen räumlich angenähert dargestellt (Multielement-Methode, Bild 1).

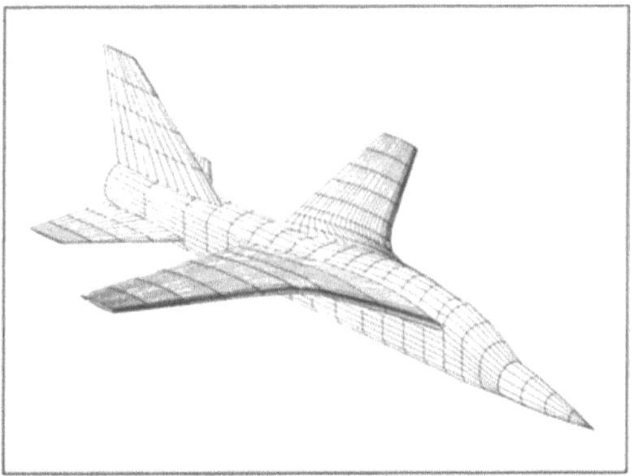

Aerodynamik (Flugzeug) 1: Angenäherte Darstellung vom Flugzeug durch Multielement-Methode.

Die gegenseitige rechnerisch ermittelte Beeinflussung der Wirbelbelegungen ergibt dann die Geschwindigkeits- oder Druckverteilung. Bei der angenommenen Reibungsfreiheit wird die Summe aller Kräfte in Anströmrichtung null; es ergibt sich kein Widerstand.

In Wirklichkeit werden die wandnahen Teile der Strömung durch Reibung verzögert, eine Verzögerung, die sie an weiter außen liegende benachbarte Teile weitergeben und so fort, bis die Verzögerungsenergie aufgebraucht ist, d. h. noch weiter außen liegende Teile nicht mehr verlangsamt werden und diese die Geschwindigkeit der Potentialströmung an dieser Stelle haben.

Die Schicht, in der sich dieser Vorgang abspielt, ist sehr dünn; sie wird Grenzschicht genannt. Die Grenzschichttheorie, die von *Prandtl* begründet wurde, ist ein sehr wichtiger Teil der A. Die Dicke der Grenzschicht ist abhängig von der Lauflänge, der Strömungsgeschwindigkeit und der sog. kinematischen Zähigkeit, die ihrerseits von Lufttemperatur und -druck abhängig ist. Gleiche Strömungszustände der reibungsbehafteten, d. h. der realen Strömung sind nur bei gleicher Grenzschicht, gleicher Reynolds-Zahl möglich. Deren Einfluß auf die Strömung ist aus folgender Überlegung leicht ersichtlich. Die hinteren Teile eines umströmten Körpers (Tragfläche) liegen in dem von den vorderen Teilen schon bereits verzögerten Strom, so daß bei Vergrößerung der Länge, bei gleicher Geschwindigkeit und Luftdichte, der Widerstand nicht proportional zur Länge wächst, sondern etwas weniger. Diese Erscheinung ist bei laminarer Grenzschicht wesentlich ausgeprägter als bei turbulenter.

Der Energieverlust (Impulsverlust) in der Grenzschicht führt dazu, daß die Strömung am hinteren Ende des Körpers (der Tragfläche) nicht den vollen der Potentialströmung entsprechenden Druck erreicht; es ergibt sich zusätzlich zum Reibungswiderstand ein Formwiderstand. Ist der Druckanstieg im hinteren Teil des Körpers (der Tragfläche) zu steil, dann kann die Strömung der Kontur nicht mehr folgen; sie löst sich ab. Der Raum zwischen dem äußeren Strömungsfeld und der Kontur ist von großen unregelmäßigen Wirbeln erfüllt. Das Theorem von *Bernoulli* ist für diesen Teil der Strömung nicht mehr gültig. Mit dem verringerten Druck in dem Wirbelgebiet entsteht ein Druckwiderstand zusätzlich zum Reibungswiderstand. Die rein rechnerische Ermittlung beider ist mit den jetzigen Mitteln nicht möglich. Man ist auf Ergebnisse von Versuchen (Windkanalversuche) angewiesen.

Die ermittelten dynamischen Luftkräfte (Auftrieb, Widerstand) werden mit dem Staudruck q und einer Bezugsfläche, z. B. Querschnitt oder Flügelfläche, dimensionslos gemacht, damit sie auf einen Anwendungsfall umgerechnet werden können. Die Berücksichtigung der Momente verlangt noch die Einführung einer Bezugslänge, z. B. Rumpflänge oder Flügeltiefe:

$$\text{Auftrieb} = c_a \cdot q \cdot F,$$
$$\text{Widerstand} = c_w \cdot q \cdot F,$$
$$\text{Moment} = c_m \cdot q \cdot F \cdot l.$$

Die Verteilung des Auftriebs über die Flügelspannweite tendiert grundsätzlich zur Form einer Ellipse, außen auf null abfallend. Durch Flügelgrundriß und Anstellwinkelverteilung kann sie über- oder unterelliptisch gemacht werden. Eine überelliptische Verteilung wird wegen des frühzeitigen Abreißens der Strömung an den äußeren Flügelteilen vermieden.

Durch Pfeilung des Flügels- zum Erzielen höherer kritischer Mach-Zahlen wird grundsätzlich in der Mitte ein Auftriebsabfall, an den Flügelenden ein Auftriebszuwachs bewirkt (Bild 2).

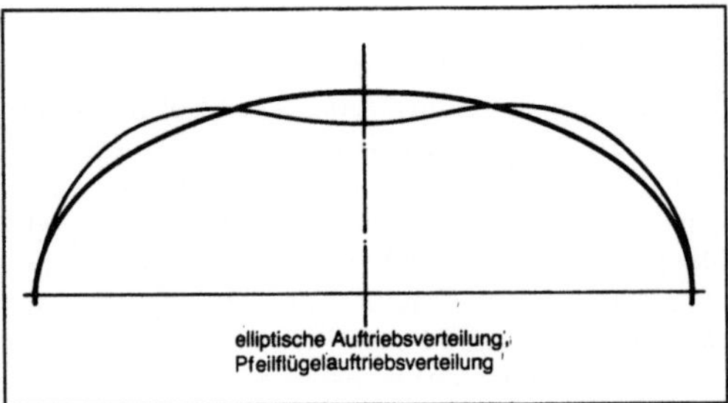

Aerodynamik (Flugzeug) 2: Auftriebsverteilung des geraden und des gepfeilten Flügels.

Der Auftriebsabfall des Pfeilflügels in der Mitte wird üblicherweise durch Erhöhen der Tiefe an der Flügelwurzel, der Auftriebszuwachs an den Enden durch verminderten Anstellwinkel (Flügelverwindung) ausgeglichen. Eine zweite Auswirkung der Pfeilung ist die Veränderung der Druckverteilungen in Tiefenrichtung. In der Flügelmitte werden die Drücke im vorderen Teil des Flügelprofils durch Induktion der Wirbel abgebaut, im hinteren Teil erhöht. An den Flügelenden tritt das Gegenteil ein. Dieser Erscheinung wird durch Wölbungsänderung der Profile Rechnung getragen (Bild 3).

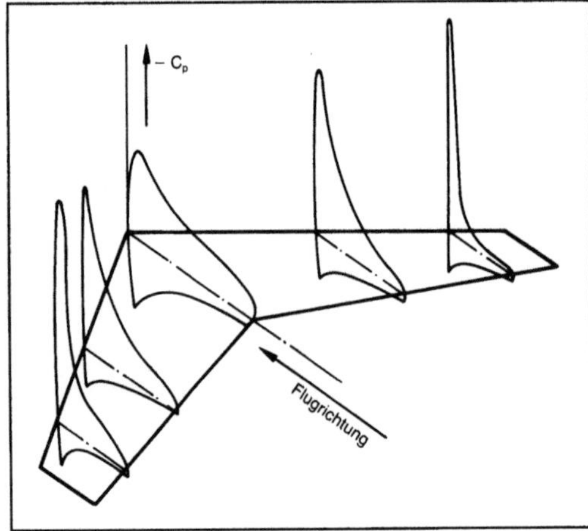

Aerodynamik (Flugzeug) 3: Druckverteilung am Pfeilflügel.

Bei sehr starken Pfeilungen, z. B. Dreiecksflüglern oder Flugzeugen variabler Pfeilung in der zurückgepfeilten Stellung, ist das Strömungsfeld ganz anderer Art als bei geraden oder schwach gepfeilten Flügeln. Mit Rücksicht auf den Widerstand bei Überschallgeschwindigkeit sind die Vorderkanten so stark gepfeilt, daß sie innerhalb des Mach-Kegels liegen, also für die Mach-Zahl 2,3, ein Richtwert für Flugzeuge aus Leichtmetall, mindestens 65°. Der Anblaswinkel an der Vorderkante wird dabei umgekehrt proportional dem Cosinus

des Pfeilwinkels erhöht, im Beispiel also um das 2,3fache.

Die Strömung löst sich deshalb schon bei niederen Auftriebsbeiwerten an der Vorderkante ab und bildet ein aus zwei Tütenwirbeln bestehendes Strömungsfeld (Bild 4). Diese Strömungsart ist stabil und kann im gesamten Flugbereich, bei Unter- und Überschall aufrechterhalten werden. Die Auftriebsverteilung (Druckverteilung) in Tiefenrichtung des geraden oder nicht sehr stark gepfeilten Flügels hängt vom →Flügelprofil, der Form des Querschnitts in Anströmrichtung ab. Es bildet deshalb ein besonderes Kapitel der A. (Flügelprofil). *Kosin*

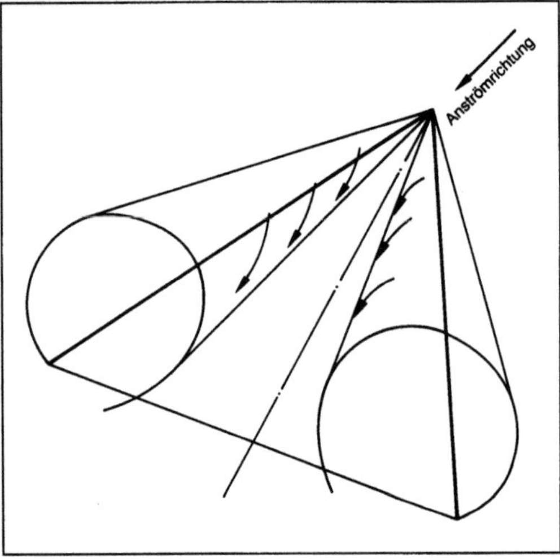

Aerodynamik (Flugzeug) 4: Strömungsfeld an einem schlanken Dreiecksflügel.

2. Hubschrauber. Unter normalen Bedingungen wird der Rotor von oben nach unten durchströmt. Die Blätter erzeugen bei positivem Anstellwinkel einen Auftrieb und somit einen Abwind. Das Strömungsfeld ohne und mit Translations ist in Bild 1 a) bzw. 1 b) dargestellt.

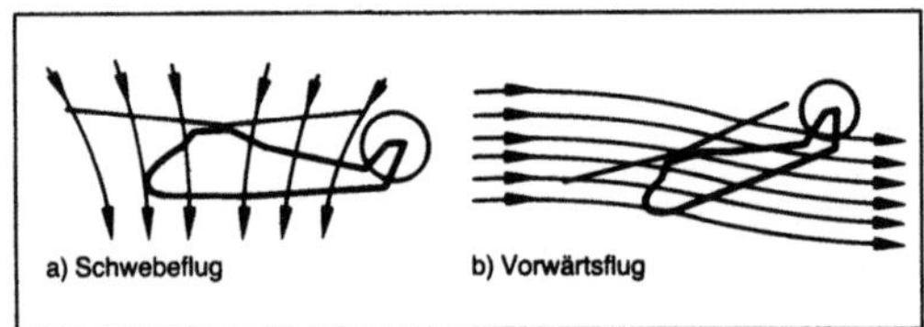

Aerodynamik (Hubschrauber) 1: Strömungsfeld des Hubschraubers.
a) Schwebeflug
b) Vorwärtsflug.

Ohne Vorwärtsgeschwindigkeit ist die Anströmgeschwindigkeit an der Blattwurzel etwas über null; sie nimmt über die Länge des Blatts zu und erreicht an der Spitze etwa 200 m/s. Der Einstellwinkel der

Blätter ist verstellbar. Der effektive Anblaswinkel ergibt sich aus Einstellwinkel, Abwind und Umfangsgeschwindigkeit (Bild 2).

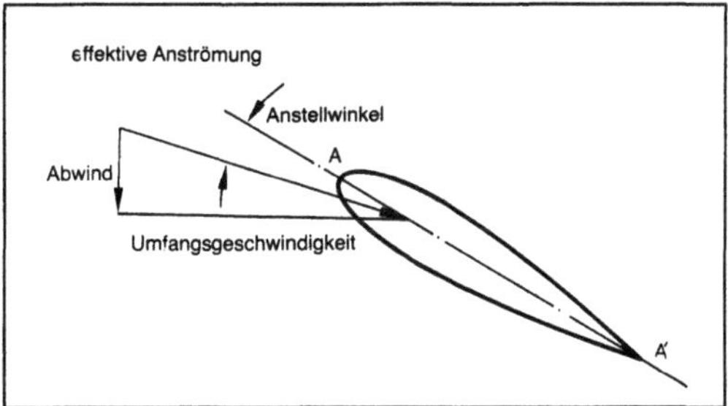

Aerodynamik (Hubschrauber) 2: Anströmungskomponenten.

Die hier dargestellten Verhältnisse gelten für den Flug ohne Vorwärtsgeschwindigkeit, bei dem sich Strömungsverhältnisse wie bei der →Luftschraube ergeben. Beim Flug mit Vorwärtsgeschwindigkeit sind die Verhältnisse komplizierter, und zwar mit wachsender Geschwindigkeit zunehmend.

Aus dem Geschwindigkeitsdreieck: Für Fluggeschwindigkeit und Umlaufgeschwindigkeit ergibt sich für jedes Blattelement an jedem Punkt der Umlaufbahn eine verschiedene Anblasgeschwindigkeit. Die Anblasrichtung ändert sich dabei ebenfalls von Punkt zu Punkt, und zwar nicht nur in der Ebene senkrecht zum Blatt (Anstellwinkel), sondern auch in der Rotorebene. Jedes Element arbeitet bei einem anderen, sich ständig änderndem Schiebewinkel; seine Pfeilung ändert sich beständig.

Das in Flugrichtung vorlaufende Blatt erfährt eine um die Fluggeschwindigkeit höhere, das rücklaufende eine entsprechend kleinere Anblasgeschwindigkeit mit sinusförmigem Übergang dazwischen (Bild 3 und Bild 4).

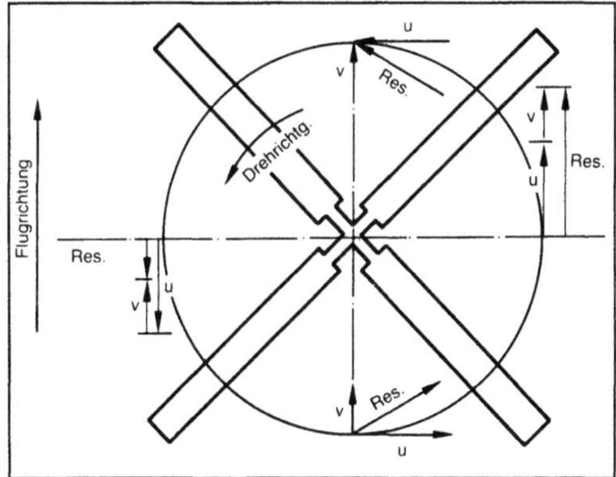

Aerodynamik (Hubschrauber) 3: Anströmverhältnisse im Vorwärtsflug.

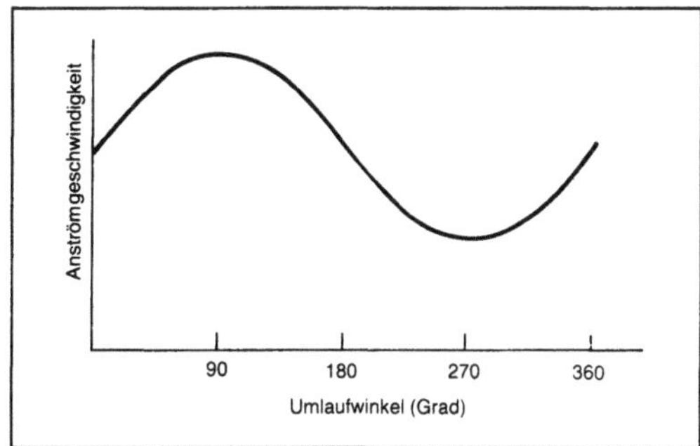

Aerodynamik (Hubschrauber) 4: Anblasgeschwindigkeiten während eines Umlaufs.

Der damit verbundenen Änderung der Luftkräfte wird durch kontinuierliche Änderung des Anstellwinkels der Blätter begegnet (zyklische Steuerung); jedoch sind die großen Unterschiede der Anströmung bei hohen Fluggeschwindigkeiten nicht voll ausgleichbar. Wären die Blätter starr an der Rotorwelle befestigt, so würden stark wechselnde Biegebeanspruchungen der Antriebswelle und der Blätter auftreten. Hängt man das Blatt gelenkig um eine horizontale Achse, das Schlaggelenk, am Rotorkopf auf, wie zuerst von *de la Cierva* und seitdem bei fast allen Hubschraubern ausgeführt, dann können keine Momente auf die Welle und damit auf den →Hubschrauber übertragen werden. Dem Moment der Auftriebskräfte um das Schlaggelenk, die das Blatt nach oben auszulenken versuchen, wird durch das Moment der Zentrifugalkräfte das Gleichgewicht gehalten. Sie wirken an einem Hebelarm, der sich aus dem sich selbständig einstellenden Konuswinkel ergibt. Ungleichförmigkeiten in der Umfangsrichtung wird in manchen Fällen sinngemäß durch ein senkrecht zum Schlaggelenk angeordnetes Schwenkgelenk begegnet. Einige neuere Hubschrauber haben gelenklose Rotorblätter; jedoch sind diese gezielt biegeelastisch. Ihre Elastizität wirkt sich wie ein etwas nach außen versetztes Schlaggelenk aus.

Der Fluggeschwindigkeit des Hubschraubers ist durch Erreichen schallnaher Geschwindigkeiten am vorlaufenden Blatt mit deren nachteiligen Folgen auf den Leistungsbedarf und den erzeugten Lärm eine Grenze gesetzt, die zumindest noch heute bei etwa 300 km/h liegt. Verringerung der Umlaufgeschwindigkeit (Drehzahl) würde am rücklaufenden Blatt zu zu niedrigen Anblasgeschwindigkeiten führen.

Schub und Widerstand: Die resultierende Gesamtkraft des Hauptrotors, die als senkrecht auf seiner Blattspitzenebene angenommen werden kann, erzeugt durch dessen Kippen nach vorn oder hinten oder nach der Seite eine je nach Größe der Neigung mehr oder weniger große Komponente als Schub in Richtung der Neigung (Bild 5 und Bild 6).

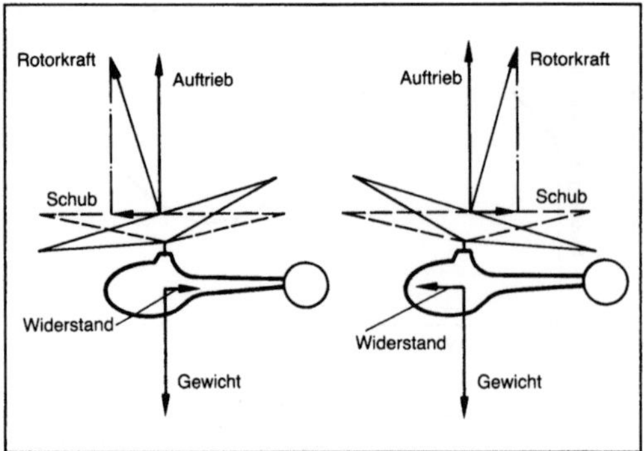

Aerodynamik (Hubschrauber) 5: Kräfte im Vorwärts- und Rückwärtsflug.

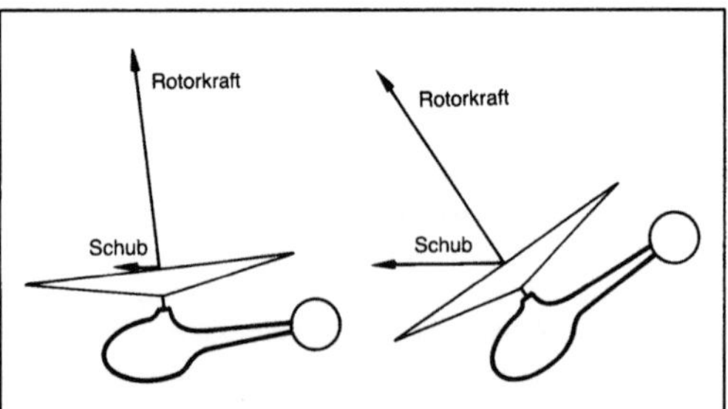

Aerodynamik (Hubschrauber) 6: Effekt von niedriger und hoher Geschwindigkeit.

Bei Ausfall des Triebwerks muß der Hubschrauber die zum Antrieb des Rotors notwendige Energie dem Fahrtwind entnehmen; er muß in den Betriebszustand der Autorotation geraten. Dabei wird der Rotor im Gegensatz zum Flug mit motorischem Antrieb von unten nach oben durchströmt. Er arbeitet etwa wie eine Windmühle; nur ist die erwünschte Kraft in Achsenrichtung und nicht in Umfangsrichtung. Damit der Rotor nach Triebwerksausfall nicht zum Stillstand kommt, müssen die Verbindung zum Triebwerk, etwa durch einen Freilauf, gelöst und der Anstellwinkel der Blätter sofort stark verringert werden. Wegen der vergleichsweise zum Flugzeug schlechten Gleitzahlen des Hubschraubers sind die Sinkgeschwindigkeiten im Autorotationsflug hoch.

Das Notlandemanöver stellt an den Piloten recht hohe Anforderungen. Die Hubkraft im Schwebeflug ist durch den Bodeneffekt in Bodennähe größer als in der freien Atmosphäre. Diese Erscheinung erschwert das Starten und Landen auf geneigtem Gelände, an Berghängen. Dieselbe Erscheinung führt zu einer Instabilität des Hubschraubers, die mit Bodenresonanz bezeichnet wird. Sie führt zu Kippschwingungen, die sich aufschaukeln, wenn ihr nicht durch sofortiges Abheben oder Drehzahlsenkung begegnet wird (Boden-Effekt). *Kosin*

3. Kraftfahrzeug. Summe aller Luftkräfte, die auf das Fahrzeug infolge Eigen- und Luftbewegung wirken. Von Bedeutung sind die Kräfte in Fahrtrichtung wegen des Luftwiderstands, quer dazu horizontal wegen der Seitenkräfte (Spurabweichung) und vertikal wegen der Entlastung der Räder (Auftrieb verringert die Radführungskräfte). *Fiala*

Aerosolverschluß. Als Aerosole werden feinst verteilte Schwebstoffe verstanden, deren Teilchengröße kleiner als 1 mm ist, wobei es unabhängig ist, ob diese Teilchen aus festem oder flüssigem Material bestehen. Ein A. wird im → Verpackungswesen dort verwendet, wo eine Flüssigkeit in Aerosolen in der Umgebungsluft verteilt werden soll.

Der A. hat zwei Aufgaben: Er dichtet einmal das Verpackungsmittel ab. Die Mischung aus zu verstäubender Flüssigkeit und dem Treibmittel werden verlustfrei in dem Verpackungsmittel festgehalten. Als zu verteilende Flüssigkeit gibt es in den heutigen Anwendungen eigentlich keine Grenze. Als Treibmittel kommen Gase zur Anwendung, die sich bei hohem Druck und relativ normalen Temperaturen verflüssigen lassen. Sie werden als Mischung in das Verpackungsmittel eingefüllt.

Die weitere Aufgabe des A. ist, dafür zu sorgen, daß die durch den Verschluß austretende Flüssigkeit möglichst fein in der Umgebung verteilt wird. Der Innendruck in dem Verpackungsmittel treibt die Flüssigkeit durch eine sehr feine Düse. Der hohe Druck sorgt für hohe Austrittsgeschwindigkeit. Dabei wird der Flüssigkeitsstrahl in eine kegelförmige Aerosolwolke umgeformt. Die Feinheit der Wirkstofftröpfchen in der Aerosolwolke wird noch verkleinert dadurch, daß das im ersten Moment mit austretende flüssige Treibmittel sehr schnell in der Umgebungstemperatur verdampft. Bereits nach kleinem Abstand nach der Austrittsdüse besteht die Aerosolwolke nur noch aus Tröpfchen des Wirkstoffs.

Der A. muß zusätzlich ein Ventil enthalten, das dem relativ hohen Innendruck von mehreren Bar standhält, ohne daß ein Tröpfeln des Inhalts aus dem Verschluß heraus eintritt. Zum anderen darf die Betätigung des Ventils, um einen Aerosolstrahl zu erhalten, keine hohen Bedienungskräfte bedingen. Es kommen federgestützte Kugelventile zum Einsatz. Zum Erzeugen von Aerosolen kann neben diesen gasförmigen Treibmitteln auch eine Pumptechnik eingesetzt werden. Eine kleine Pumpe erzeugt auf Fingerdruck hin in einem kleinen Wirkstoffvolumen einen genügend hohen Druck, um bei dem Austritt durch die feine Düse eine Aerosolwolke zu erzeugen. Um über den hydraulischen Druck im Wirkstoff eine genügend hohe Austrittsgeschwindigkeit zu erreichen, kann bei diesen Pumptechniken nur eine kleine Menge Wirkstoff mit einem Pumpenhub in ein Aerosol umgewandelt werden. Es entfällt das u. U. leicht umweltschädliche Aerosoltreibmittel. Die Teilchengröße in den Pumpenaerosolen ist um 10er-Potenzen größer als in den Aerosolen, die durch Unterstützung von Treibmitteln erzeugt werden. *Paris*

Agenturprozessor. A. übertragen Meldungen der Nachrichten-Agenturen direkt in das angeschlossene Redaktionssystem. Dadurch wird eine wesentliche Arbeitsersparnis erreicht, denn eine Neuerfassung der Agenturmeldungen entfällt. Bei ausgeschaltetem System, z. B. am Wochenende, werden die empfangenen Meldungen auf den Disketten bzw. Festplatten des A. zwischengespeichert.

Ein A. besteht hardwaremäßig aus einem Standard-PC. Er ist weitgehend an den Übertragungs-Code und an das -Verfahren der Agenturen anpaßbar, so daß die gebräuchlichsten Agenturleitungen anschließbar sind. Normalerweise können bis zu acht Eingänge gleichzeitig betrieben werden. Der Anschluß erfolgt über die Datenübertragungseinrichtungen der Post. Per Programm kann der A. an die individuellen Organisationsformen jedes Redaktionssystems angepaßt werden. Es ist bestimmbar, welche Meldungen

□ sofort an ein bestimmtes Ressort innerhalb des Redaktionssystems weitergeleitet werden,

□ vorab über einen direkt angeschlossenen Drucker ausgegeben werden,

□ zunächst auf den Disketten des A. zwischengespeichert werden.

Auf diese Weise können auch Blitzmeldungen der Agenturen erkannt und mit höchster Priorität weitergeleitet werden. Sofern gewünscht kann der Redakteur den eingegangenen Text auch in ausgeschlossener Form mit satzgerechter Längenangabe von dem System ausgedruckt erhalten. Ein A. kann nicht nur Agenturmeldungen, sondern auch Daten empfangen, die beispielsweise auf tragbaren Reporter-Terminals erfaßt wurden. *W. Schmid*

Agrartechnik →Landtechnik

Air-Bag →Unfallmechanik

Akkumulator →Batterie

Aktionsbeschaufelung. (Üblicherweise einer →Turbine) bestehend aus Aktionsstufen, die einen kleinen →Reaktionsgrad haben. Das im →Laufrad abgebaute Enthalpiegefälle $\Delta h''$ ist klein gegenüber dem Stufengefälle Δh. Dessen größter Teil $\Delta h'$ muß also im →Leitrad in kinetische Energie umgesetzt werden:

$$\Delta h' = \Delta h - \Delta h'' = \frac{1}{2}(c_1^2 - c_0^2).$$

Bei axialer Zuströmung und gleicher meridionaler Geschwindigkeitskomponente vor (0) und nach (1) dem Leitgitter ergibt sich (Bild)

$$\Delta h' = \frac{1}{2} c_{1u}^2.$$

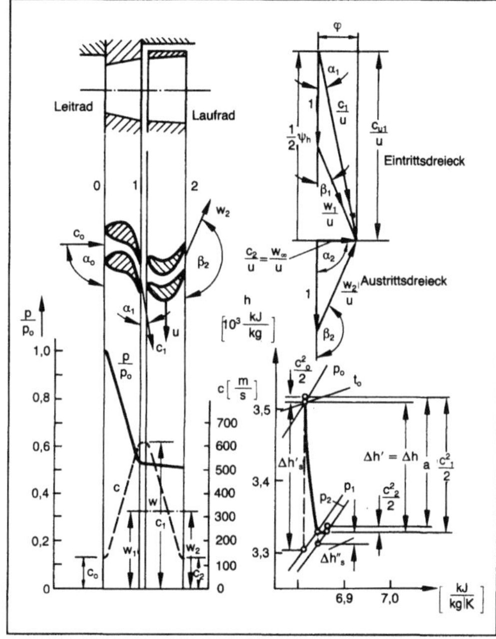

Aktionsbeschaufelung: Abgewickelter Schaufelschnitt, Geschwindigkeitsdreiecke, Druck- und Geschwindigkeitsverlauf und Zustandsänderung.

Die große kinetische Energie ist dann im Laufrad durch eine starke Umlenkung in mechanische Arbeit umzuwandeln:

$$a = c_{u2} u_2 - c_{u1} u_1.$$

Bei rein axialen Stufen ist $u_1 = u_2$ und bei axialer Abströmung $c_{u2} = 0$.

Für axiale Aktionsstufen mit dem Enthalpiereaktionsgrad $\varrho_h = 0$ folgt

$$\Delta h'' = \frac{1}{2}(w_1^2 - w_2^2) = 0 \text{ und } w_2 = w_1.$$

Die Relativgeschwindigkeit am Eintritt ins Laufrad (1) muß also denselben Betrag haben wie an dessen Austritt (2), also in die zur Durchströmrichtung symmetrische Richtung umgelenkt werden.

Eine kleine oder verschwindende →Enthalpiedifferenz im Laufrad hat eine kleine Druckdifferenz und damit einen kleinen Achsschub zur Folge. Wird allerdings mit dem Ziel eines verschwindenden Achsschubs gleicher Druck vor und nach dem Laufrad als sog. Gleichdruckstufe angestrebt, so folgt bei gleichem Druck notwendigerweise eine

Enthalpiezunahme und dementsprechend eine Verzögerung der Relativströmung im Laufrad, was höhere Verluste zur Folge hat.

Die ungleichen Strömungsverhältnisse in Leit- und Laufrad erfordern auch ungleiche Schaufelgitter mit ungleichen Schaufelprofilen (Bild).

Die viel größere Enthalpie- und damit verbundene Druckdifferenz im Leitrad als im Laufrad fordert eine bessere Abdichtung der notwendigen Spalte und Spiele zwischen drehenden und stehenden Teilen. Da die Spaltquerschnitte proportional zum Durchmesser sind, werden die Leiträder nach innen zur →Kammerbauart verlängert.

Im Vergleich zu Reaktionsstufen können Aktionsstufen mit einem größeren (bis zum doppelten) Stufengefälle ausgeführt werden. Deshalb ist bei vorgegebenem Gesamtgefälle die Anzahl der Stufen geringer als bei einer →Reaktionsbeschaufelung. Jedoch sind die Strömungsgeschwindigkeiten und ihre Umlenkungen größer, was zu größeren Verlusten führen kann. *Dibelius*

Aktivisolierung →Schwingungsisolierung

Aktor. Die Aufgabe besteht in der Wandlung von Daten in analoge, physikalische Größen zur Beeinflussung eines Prozesses. Die Einteilung wird nach der zu beeinflussenden physikalischen Größe vorgenommen:
□ mechanisch: Länge, Winkel, Geschwindigkeit, Beschleunigung, z. B. Hammer für Drucker, Kraft, Moment, Druck (statisch und dynamisch, z. B. Schall), Temperatur;
□ elektrisch: Spannung, Strom, Ladung, elektrische und magnetische Felder, Strahlung, Temperatur.

Die Arten unterscheiden sich nach dem Informationsgehalt (Tabelle).

Die Entwicklungstendenz geht auf Grund der einfacher, kostengünstiger, kleiner und genauer werdenden A. von:
□ analog zu digital,
□ Stellgrößeneingabe zur Sollwerteingabe,
□ A. ohne Rückmeldung zum A. mit Rückmeldung. *Lauruschkat*

Literatur: VDI/VDE 2422 Vorentwurf: Entwicklungsmethodik für Geräte mit Steuerung durch Mikroelektronik. VDI/VDE-Handb. Feinwerktechn.

Allradantrieb →Antriebskonzept

Aluminierungslinie →Schmelztauch-Bandaluminierungslinie

Amplitudengang. Der Frequenzgang des Amplitudenverhältnisses zwischen Ausgangs- und Eingangssignal eines linearen Systems (Bild). Bei linearen Schwingern spricht man auch von →Vergrößerungsfunktion. *Witfeld*

Ampulle. Bei einer A. handelt es sich um ein Verpackungsmittel aus Glas. Es wird vorrangig in der Pharmaindustrie eingesetzt. Durch seine Her-

Aktor. Tabelle: Aktorarten.

Informationsgehalt	Art	Beispiel
1 bit	Stellglied für 2 Betriebszustände	Hubmagnet, Motor für Start-Stopp-Betrieb
2 bit	Stellglied für 4 Betriebszustände	Schrittmotor für Start-Stopp-Betrieb und zum Richtungswechsel, z. B. vor/rück
3 bit	Antrieb für 6 Betriebszustände	Motor mit Start-Stopp-, Vor-/Rück- und Schnell-Langsam-Lauf
3^n bit	Antrieb für n Freiheitsgrade	Motor für Punkt-zu-Punkt-Steuerung mit Start-Stopp-, Vor-/Rück-, Schnell-Langsam-Lauf für n Freiheitsgrade (z. B. für Roboter-Antrieb)
∞ bit	analoge Bewegungen	Lautsprecher Motor
∞^n bit	analoge Bewegungen für n Freiheitsgrade	Antrieb für Bahnsteuerung mit n Freiheitsgraden (z. B. Roboterantrieb)

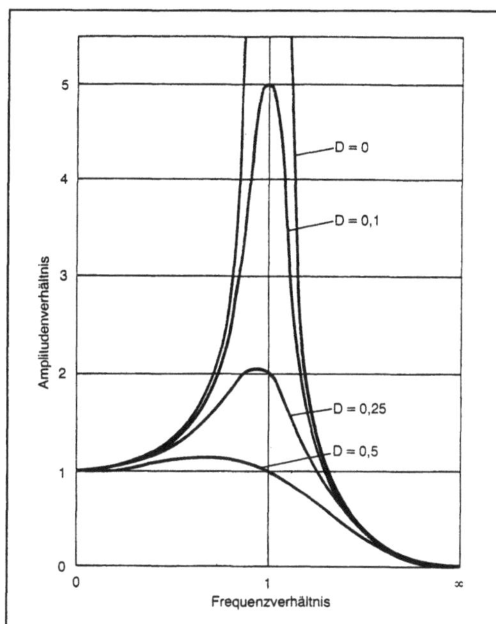

Amplitudengang: Typischer Amplitudengang eines Systems 2. Ordnung (einfacher Schwinger, Dämpfungsgrad D).

stellung aus der Glasschmelze läßt es sich äußerst keimarm produzieren. Es besteht aus einem zylindrischen Teil, der für die Aufnahme des späteren Füllguts bestimmt ist. Eine Einschnürung leitet in den späteren Verschlußteil über.

Vor der Befüllung wird die A. noch sterilisiert. Das Füllgut muß einen solch großen Abstand von der Verschlußzone haben, daß beim Verschließprozeß keine Einwirkung auf das Füllgut stattfinden kann. Das Verschließen erfolgt durch Zuschmelzen eines dünnen langen Glasrohrs, das sich an die Einschnürungszone anschließt. Zum Zuschmelzen werden Hochtemperatur-Gasbrenner verwendet. Durch eine entsprechende Mischung aus Brenngas und Sauerstoffüberschuß werden so hohe Temperaturen erreicht, daß das Glas in der Verschlußzone in genügend kurzer Zeit abschmilzt. So können hohe Abpackgeschwindigkeiten erreicht werden. Die Einschnürung hinter dem eigentlichen Füllbereich dient auch dazu, nach dem Anfeilen vor dem Öffnen eine splitterfreie Sollbruchstelle zu bilden. Die Füllvolumen der A. liegen im Bereich weniger Milliliter. *Paris*

Analyse.

1. kinematische. Die k. A. umfaßt die Verfahren zur Beschreibung der kinematischen Eigenschaften eines Mechanismus und Getriebes (MG), der Geometrie und des zeitlichen Ablaufs der Bewegungen ohne Berücksichtigung der Bewegungsursache.

Die k. A. ist ein grundlegender Bestandteil der →Getriebe-A. Die MG-Glieder werden in der ebenen Getriebekinematik als bewegte Ebenen und in der räumlichen Getriebekinematik als bewegte Körper angesehen. Die Relativität jeder Bewegung erfordert die Festlegung eines Bezugssystems. Die Punkte der bewegten Ebene E beschreiben in der Bezugsebene Eo Bahnkurven (Bild 1). Die Ebene E dreht sich um einen fest in der Bezugsebene Eo liegenden Drehpunkt Ao (Drehpol, →Polkurve). Nach einem Zeitelement dt hat sich die Ebene E und mit ihr der auf dem Bahnradius r_A befindliche Punkt A um den Drehwinkel $d\varphi$ gedreht. Für den Betrag des Wegvektors gilt

$$ds = r_A \cdot d\varphi \qquad (1).$$

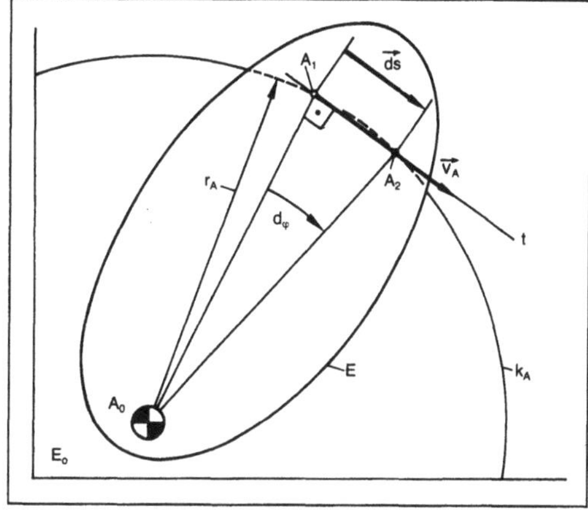

Analyse, kinematische 1: Drehung einer Ebene E. (Verzerrte Darstellung wird korrekt bei $d\varphi$ O.)

Daraus ergibt sich für den tangential an der Bahnkurve liegenden Geschwindigkeitsvektor der Betrag

$$v_A = ds/dt = r_A \cdot d\varphi/dt \qquad (2).$$

Der Differentialquotient $d\varphi/dt$, der ein Maß für die Drehwinkeländerung der Ebene ist, wird als Winkelgeschwindigkeit bezeichnet. Die Winkelgeschwindigkeit gilt für die gesamte Ebene (→Geschwindigkeitskonstruktion).

Bei der reinen Drehung wird der Punkt A nach der Umlaufzeit

$$T = 2\pi/\omega \qquad (3)$$

einmal um seinen Drehpunkt umgelaufen sein. Dann ist die Umlauffrequenz

$$f = 1/T \qquad (4).$$

Für den Fall, daß der Radius r_A der Bahn des Punkts A unendlich groß wird, geht die drehende Bewegung in eine schiebende (translatorische) über mit dem Betrag der Geschwindigkeit

$$v_A = ds/dt \qquad (5),$$

wobei ds das Wegelement des geradegeführten Punkts A bedeutet (Bild 2). Durch Differentiation der Geschwindigkeit, Gl. (2), erhält man für den Betrag der Beschleunigung eines Punkts A

$$a_A = \frac{d}{dt} v_A = r_A \left(\frac{d\varphi}{dt}\right)^2 + r_A \frac{d^2\varphi}{dt^2} \qquad (6).$$

Mit der Normalkomponente $a_{nA} = r_A \left(\frac{d\varphi}{dt}\right)^2$ und der Tangentialkomponente $a_{tA} = r_A \frac{d^2\varphi}{dt^2}$ läßt sich der Beschleunigungsvektor für die drehende Bewegung eines Punkts darstellen. Für die Schiebung gilt nach Differentiation von Gl. (5)

$$a_A = \frac{d^2 s}{dt^2} \qquad (7).$$

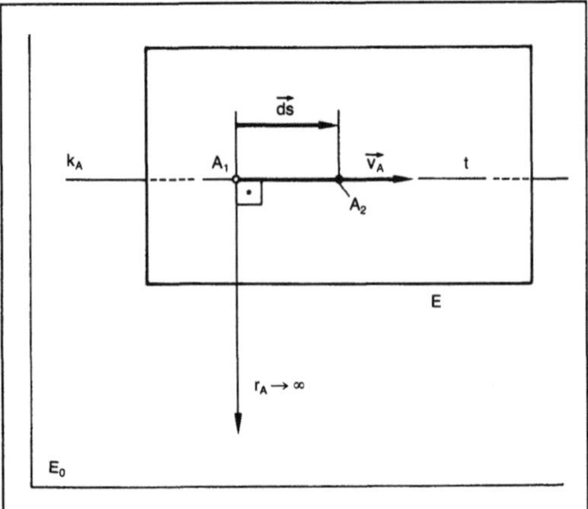

Analyse, kinematische 2: Schiebung einer Ebene E.

Jede Bewegung von Punkten einer allgemein bewegten Ebene läßt sich aus einer Drehung und einer Schiebung zusammensetzen. Die Geschwindigkeit eines Punkts B einer allgemein bewegten Ebene kann durch den Satz von *Euler*

$$\vec{v_B} = \vec{v_A} + \vec{v_{BA}} \qquad (8)$$

beschrieben werden. Die Beschleunigung beträgt dann

$$\vec{a_B} = \vec{a_A} + \vec{a_{BA}} \qquad (9),$$

mit der Beschleunigung $\vec{a_A}$ des Punkts A und der Beschleunigung $\vec{a_{BA}}$ des Punkts B um den Drehpol A.

Der Bewegungszustand einer allgemein bewegten Ebene ist gekennzeichnet durch die Lage des Momentanpols P und des Beschleunigungspols J, der Winkelgeschwindigkeit ω und der Winkelbeschleunigung α. Der Punkt einer bewegten Ebene auf dem Momentanpol P hat momentan keine Geschwindigkeit (Polkurve), und der Beschleunigungspol J ist der Punkt einer allgemein bewegten Ebene, der momentan keine Beschleunigung hat; er fällt i. a. nicht mit dem Momentanpol P zusammen.

In allen Getrieben drehen sich einzelne Gliedebenen gegeneinander ständig oder momentan um einen entsprechenden Relativpol (Relativbewegung). Die Zusammenhänge in der ebenen Getriebekinematik führen auf einfach und schnell anzuwendende zeichnerische Lösungsverfahren (Geschwindigkeits- und Beschleunigungskonstruktionen).

Eine rechnerische k. A., die sich auch in der räumlichen Getriebekinematik anwenden läßt, wird durch die Betrachtung der kinematischen Kette als einem aus Polygonen oder Maschen zusammengesetzten Gebilde und den daraus folgenden Zwangsbedingungen möglich (Bild 3). Bemerkenswert ist, daß dieses Verfahren nach einem formalen Algorithmus durchführbar ist. Die Ermittlung der Winkelgeschwindigkeiten und der Winkelbeschleunigung kann mittels Iterationsverfahren (Newton-Raphson-Verfahren) erfolgen. Durch entsprechende Rechnerunterstützung kann auch eine →Getriebe-Synthese mittels iterativer A. und nachgeschalteter oder parallel ablaufender Optimierung stattfinden.   *Gierse*

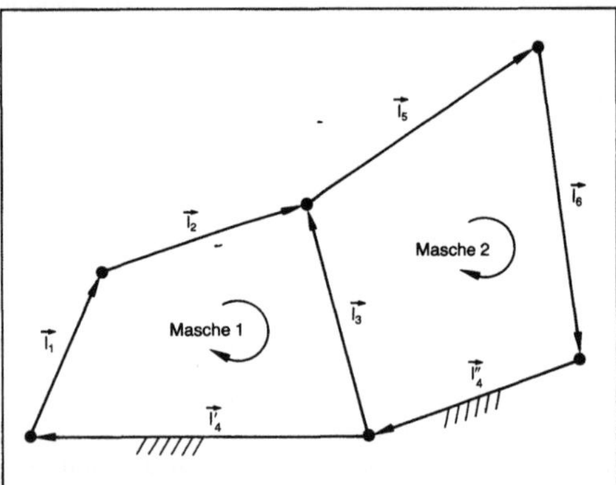

Analyse, kinematische 3: Kinematisches Schema eines sechsgliedrigen Mechanismus; Zwangsbedingungen durch Vektorpolygone.

Literatur: *Dittrich, G.,* u. *R. Braune:* Getriebetechnik in Beispielen. München, Wien 1978. – *Volmer, J.:* Getriebetechnik. Ost-Berlin 1980.

2. kinetische. Die k. A. von Mechanismen und Getrieben (MG) ist Bestandteil der Getriebe-A., die sich mit den Kräften in MG-Gliedern und -Gelenken befaßt.

Während bei der kinematischen A. die Bewegungen der Getriebeglieder ohne Berücksichtigung der Massen und der ursächlichen Kräfte untersucht werden, ist in der k. A. beides einbezogen.

Die k. A. läßt sich meßtechnisch, rechnerisch und zur Grobbewertung auch zeichnerisch durchführen.

Die meßtechnischen Methoden werden in der →Getriebe-Meßtechnik zusammengefaßt. Die rechnerischen Verfahren lassen sich unterteilen in solche, die sich nach den Gesetzen der Starrkörper-Kinetik (Kinetostatik) oder solche, die sich nach den aus der Dynamik bekannten Methoden unter Berücksichtigung der Elastizitäten der Getriebeglieder entwickeln lassen. Die zeichnerischen Verfahren bleiben auf den Bereich der Kinetostatik beschränkt und bedienen sich der Verfahren aus der Statik (z. B. Polkraftverfahren nach *Hain*).

Grundlage der rechnerischen A. ist die Kenntnis der Übertragungsfunktionen 0. bis 3. Ordung (→Bewegungsablauf). Schon deren genauere A. läßt eine Beurteilung von MG bezüglich Laufruhe und Gelenkbelastung infolge stoßartig auftretender Kräfte (→Lagerkraft, Beschleunigungssprung) zu. Bei den Kurvengetrieben kann mit Hilfe des Polydyn-Verfahrens entschieden werden, ob die A. eines Getriebes mit den Methoden der Starrkörperkinetik sinnvolle Aussagen hinsichtlich Laufruhe und Funktionsfähigkeit des Getriebes bringen kann.

Man unterscheidet in der Starrkörperkinetik die i. a. auf das zweidimensionale physikalische Modell beschränkten Verfahren, die aus für den Rechner aufbereiteten zeichnerischen Verfahren bestehen, von den Verfahren, die auf dem Freischneiden der einzelnen Getriebeglieder beruhen. Die Behandlung des Problems nach diesem Schnittprinzip erlaubt auch die A. einer dreidimensionalen Getriebestruktur.

Eine dynamische A. mit Berücksichtigung der Gliederelastizitäten und der Kopplungsbedingungen in den Gelenken (Reibung) führt auf nichtlineare Differential-Gleichungssysteme 2. Ordnung. Derartige A.-Programme sind nur auf größeren Rechenanlagen zu verarbeiten. Die Lösung der Gleichungssysteme und die zur Lösung der Differentialgleichungen erforderlichen Integrationsverfahren basieren auf numerischen Verfahren, die bei hoher Komplexität des zu analysierenden Modells sehr hohe Rechenzeiten erwarten lassen.

Die Ergebnisse werden über der Zeit oder dem Antriebswinkel dargestellt (Darstellungshilfen in der →Getriebetechnik). Von besonderem Interesse sind die Lagerkräfte und die Auswirkungen der Massenkräfte auf das Gestell. Durch die Ungleichmäßigkeit der Bewegung (Bewegungsablauf) treten in MG zeitveränderliche Massenkräfte auf, die zu Gestellschwingungen anregen können. Der Konstrukteur ist deshalb bemüht, diese Massenkräfte durch einen Massenausgleich zu reduzieren. Das kann durch gezieltes Verändern der Gliedmassen, aber auch durch Parallelschalten von MG oder zusätzliche Massenbelegung erreicht werden. Dem prinzipiell immer möglichen vollständigen Massenausgleich stehen häufig Platz- oder Kostenein-

schränkungen entgegen, so daß ein objektabhängiger Kompromiß gesucht werden muß.

Die Massenkräfte wirken ebenfalls auf den Antrieb zurück, so daß zum Erreichen eines Antriebsmoments mit (möglichst) geringen Schwankungen Energiespeicher in Form von Schwungscheiben zur Abhilfe vorgesehen werden.   *Gierse*

Literatur: *Hain, K.:* Angewandte Getriebelehre. Düsseldorf 1961. – *Volmer, J.:* Getriebetechnik. Lehrb. Ost-Berlin 1980.

Anbaugerät.

1. Baumaschine. A. sind meist Zusatzeinrichtungen für Rad- oder →Raupenlader oder Planierraupen und verleihen den Geräten Vielseitigkeit. Üblicherweise handelt es sich dabei um Hoch- und Tieflöffel, Greifer oder Kranausrüstungen oder Frontladerschaufeln; dabei bevorzugt man fast ausschließlich den hydraulischen Antrieb (Bild). Kran- und Hebeeinrichtungen werden auch als Aufsatzgeräte für Lastkraftwagen gebaut. Bei Baggerausrüstungen handelt es sich meistens um Heckbagger. Die Leistungsfähigkeit der Lösegeräte und A. ist im Vergleich zu Einzelgeräten wegen der fehlenden detaillierten Abstimmung beschränkt. Seilwinden und →Aufreißer werden bevorzugt auf Planierraupen montiert.   *Kühn*

Anbaugerät: Anbauheckbagger mit Teleskopabstützung.

2. Flurförderzeug. A. erweitern und verbessern den Anwendungsbereich von motorisierten Flurförderzeugen mit Hochhubeinrichtung, insbesondere Gabelstaplern. Sie können beim →Umschlag palettisierter Güter (Seitenschieber), palettenloser Stückgüter (Klammern) oder Schüttgut (Schaufeln) verwendet werden. A. kann man mit wenigen Handgriffen an den Gabelträger des Flurförderzeugs anbauen und von diesem abmontieren; dadurch wird das Flurförderzeug zum Universalgerät. Bei hydraulischen A. erfolgt der Anschluß an das hydraulische System des Flurförderzeugs mit Schnellkupplungen, vorausgesetzt, daß bei dem Flurförderzeug die entsprechenden Anschlüsse für das hydraulische A. vorgesehen sind.
Unterteilung nach der Art des Antriebs
Man unterscheidet A. ohne Antrieb, mit mechanischem Antrieb, mit hydraulischem Antrieb, mit

pneumatischem Antrieb und mit elektrischem Antrieb.

Einteilung nach DIN 15136: Nach DIN 15136 vom Oktober 1957 werden die folgenden A. für Flurförderzeuge unterschieden:

□ Gabel, aus zwei Gabelzinken bestehende Lastträger, vorzugsweise zum Aufnehmen von Paletten;

Gabelverlängerung, Schuhe zum Verlängern der wirksamen Traglänge der Gabeln; Mehrzinkengabel, mehrzinkige Gabel zum Aufnehmen von liegenden Fässern und ähnlichen Körpern; Klappgabel, Gabel mit hochklappbaren Zinken.

□ Plattform, Lastträger mit geschlossener Ladefläche zum Aufnehmen von Ladepritschen oder von Lasten ohne feste Unterlage.

□ Dorn, einzelner oder mehrteiliger Arm zum Aufnehmen hohler Gegenstände, z. B. kurze Rohre, Teppichrollen oder Drahtbunde.

□ Klammer, Lastträger mit Armen zum Klammern der Last; Ballenklammer, zum Aufnehmen von Ballen, Kisten, Maschinenteilen und anderem Stückgut;

Steinklammer zum Aufnehmen von Bausteinen; Faßklammer zum Aufnehmen von Fässern; Rollenklammer zum Aufnehmen von Rollen; lammer mit selbstzentrierenden Armen zum Aufnehmen von Gießpfannen und ähnlichen Behältern.

□ Manipulator, Klammer, deren Klauen auf einem drehbaren Arm angebracht sind, zum Handhaben von Blöcken und Brammen; Steinklemmgabel, mehrzinkige Gabel zum Aufnehmen von Steinen ohne →Palette. Die untersten Steinreihen werden zwischen den Gabelzinken durch Klemmeinrichtungen gehalten.

□ Schaufel, nicht abnehmbarer Behälter, der selbsttätig gefüllt und durch Vorwärtskippen entleert werden kann.

□ Kippgerät, Lastträger zum Aufnehmen und Kippen von Behältern.

□ Kranarm, Ausleger mit Lasthaken.

□ Arbeitsbühne, Plattform mit Geländer zum Ausführen von Arbeiten in großer Höhe.

□ Abschieber, zum Abstreifen der Last vom Lastträger, vorzugsweise von der Gabel oder Plattform; Klemmschieber, zum Abstreifen und Aufziehen von unmittelbar auf Blechen, Pappen u. dgl. gelagerten Lasten vom und auf den Lastträger, vorzugsweise Gabel oder Plattform.

□ Lasthalter, zum Festhalten der Last durch Aufdrücken von oben; vorzugsweise für lose geschichtete Lasten als Sicherung gegen Auseinanderfallen während des Transports.

□ Zusatzhubgerüst, zweites Hubgerüst zum Vergrößern der →Hubhöhe.

□ Drehgerät, zum Drehen des Lastträgers mit begrenztem oder unbegrenztem Drehbereich;

Seitenschieber, zum seitlichen Verschieben des Lastträgers, Seitenschwenkgerät, Einrichtung, mit der der Lastträger um eine oder zwei senkrechte Achsen geschwenkt werden kann;

Seitenschubgerät, Einrichtung, bei der der Lastträger quer zum Hubgerüst angeordnet ist und verschoben werden kann.

□ Schwenkbares Seitenschubgerät, Einrichtung, mit der der Lastträger um eine oder zwei senkrechte Achsen geschwenkt und quer zum Hubgerüst verschoben werden kann.

□ Zinkenverstellgerät zum Verstellen des Abstands der Gabelzinken.

□ Schutzgitter, Rahmen zum zusätzlichen rückwärtigen Abstützen hoher und breiter Lasten auf Gabeln und Plattformen.

□ Schutzdach, Dach über dem Fahrersitz zum Abfangen etwa herabfallender Teile der Last.

Neben den in der DIN 15136 aufgeführten A. gibt es eine Vielzahl anderer Geräte. In alphabetischer Reihenfolge einige weitere A. Durch Neukonstruktionen können sich laufend Ergänzungen ergeben.

Behälterentleerer für Fallbodenbehälter, Chargiergerät, Drehgabelklammer, Großflächenklammer, Holzgreifer, Klammergabel, Palettenwendegerät, Paloxenkippgerät, Schneeräumschild, Schrottgreifer, Steinklammer, Schubgabel (Vorschubgabelträger).

Die Verwendung von A.: Beim Verwenden von A. (Bild) ist die Resttragfähigkeit meist geringer als die Nenntragfähigkeit des Flurförderzeugs, und zwar durch das Eigengewicht des A., den nach vorn verlagerten Lastschwerpunkt und eine eventuelle Überschreitung einer bestimmten Hubhöhe. Flurförderzeuge müssen beim Verwenden von A. den gleichen Standsicherheitsbestimmungen genügen wie ohne A. Die Standsicherheitsversuche sind zwar in der Bundesrepublik Deutschland z. Z. nur für Gegengewichtsgabelstapler nach DIN 15138 genormt. Es sind aber Normentwürfe für Gegengewichtsgabelstapler bis 50 000 kg Tragfähigkeit, Spreizen- und Schubstapler sowie Hochhubwagen in Vorbereitung. Darüber hinaus gibt es fast für jede Bauart von Flurförderzeugen mit Hochhubeinrichtung FEM-Empfehlungen.

Von diesen sind für Flurförderzeuge besonders die FEM 4.001 c (Standsicherheitsversuche für Stapler, die mit vorgeneigtem Hubgerüst betrieben werden), FEM 4.001 k (Standsicherheitsversuche, die mit einer vorgegebenen Außermittigkeit betrieben werden) und FEM 4.001 m (Standsicherheitsversuche für Stapler, die mit unbestimmter Außermittigkeit betrieben werden) von Bedeutung. Zu beachten ist bei der Beschaffung von A. der § 5 (4) der Unfallverhütungsvorschrift VGB 12a, wonach für A. eigene Typenschilder mit den entsprechenden Angaben vorgeschrieben sind.

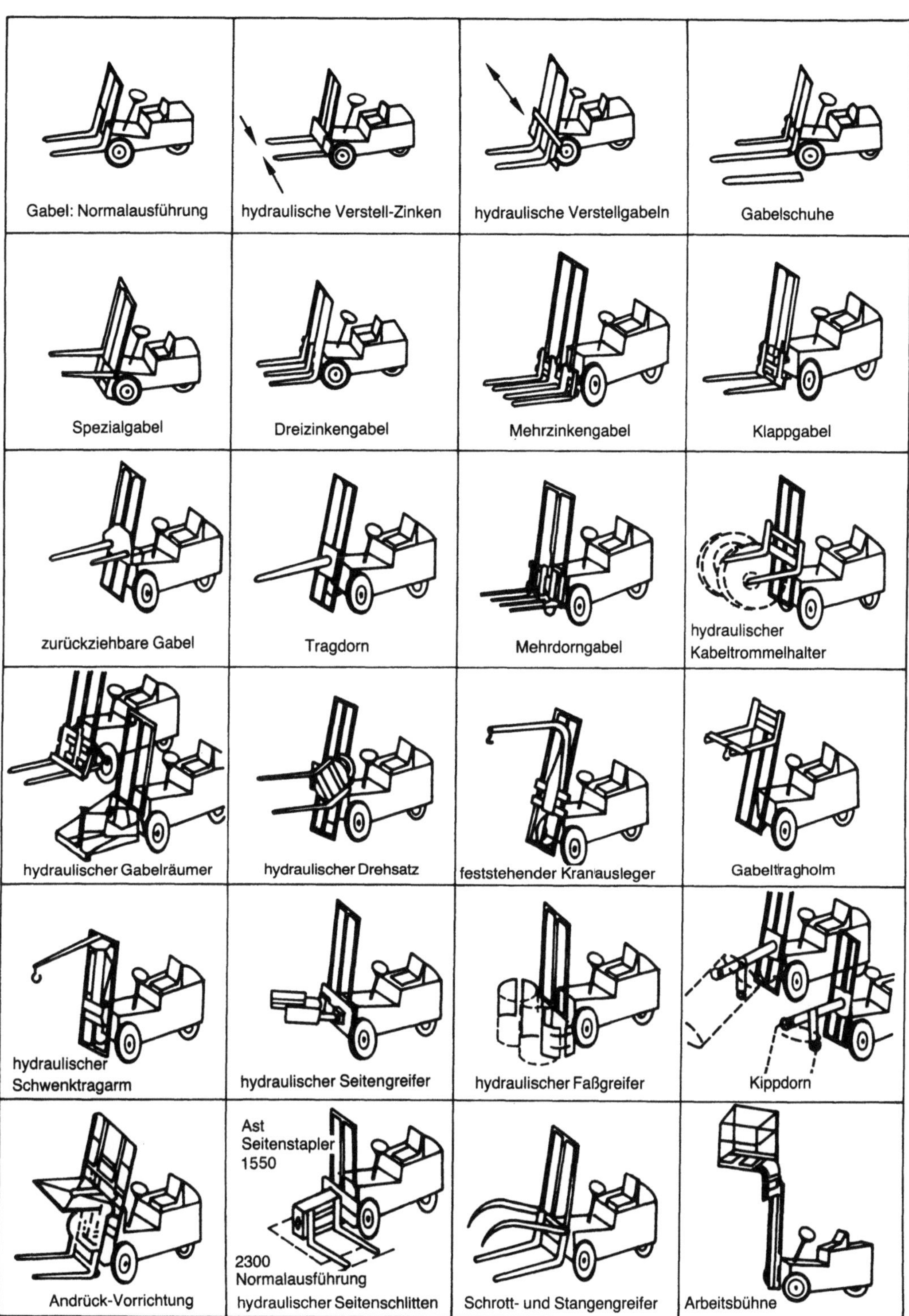

Anbaugerät (Flurförderzeug).

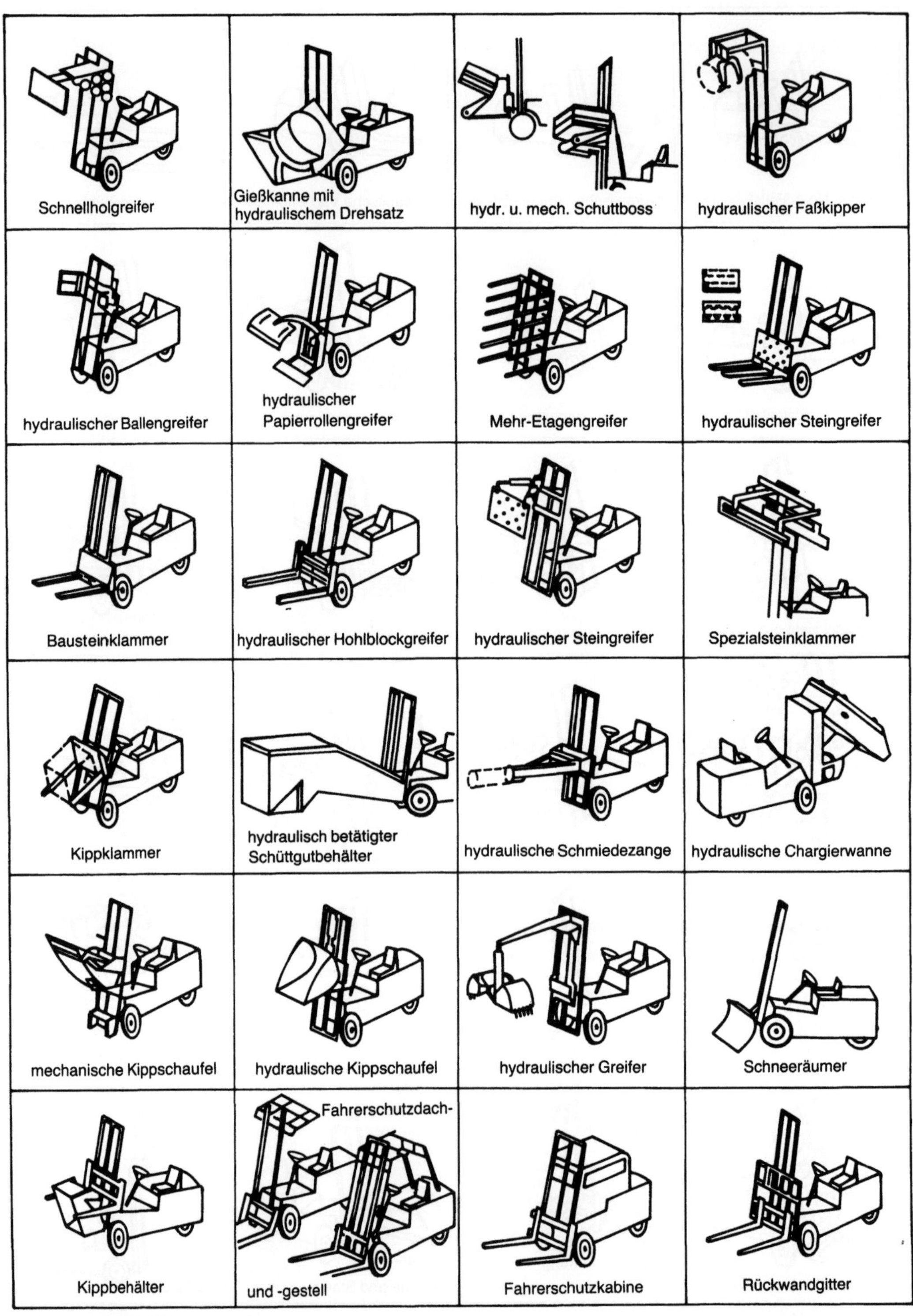

Anbaugerät (Flurförderzeug).

In diesem Zusammenhang ist auch auf die Richtlinie VDI 3578 vom Juni 1973 (A. für →Gabelstapler) zu verweisen. Betreiber, die A. nicht über den Lieferanten des Flurförderzeugs beschaffen, sollten sich beim Anbau unbedingt mit dem Hersteller des Flurförderzeugs in Verbindung setzen, um Probleme von vornherein zu vermeiden. *Jünemann*

3. Landmaschine. Landwirtschaftliche Arbeitsgeräte, die über feste oder bewegliche Koppelpunkte am Traktor angebracht werden, der sie mindestens im ausgehobenen Zustand voll trägt. Während z. B. der →Dreipunktanbau mit beweglichen Koppelpunkten arbeitet, baut man den →Frontlader über feste Koppelpunkte am Traktor an.

Bevorzugter Anbauraum ist bisher das Heck des Traktors. Der →Kraftheber im Frontbereich kam bei Standardtraktoren erst in neuerer Zeit (meist als wahlweise Ausrüstung) hinzu. Besondere Traktorbauarten bieten weitere Anbauräume an, in sehr weitgehender Form beim →Geräteträger. Zunehmend faßt man mehrere A. zu einer Gerätekombination zusammen, um die Produktivität zu erhöhen und die Anzahl der Überfahrten zu vermindern (→Bodenschutz). Dabei bildet die Standsicherheit des Traktors häufig die maßgebliche Grenze für Gewicht und Anzahl der kombinierten Geräte. Durch intensiven Leichtbau versucht man, diese Grenze zugunsten noch leistungsfähigerer A. weiter zu verschieben. *Renius*

Andruckvorlage →Vorlage

Anfahrhilfe, hydrostatische. →Verschleiß, der bei hydrodynamischen Lagern im Mischreibungsgebiet auftritt, läßt sich vermeiden, wenn die Gleitflächen während des Anfahr- und des Auslaufvorgangs durch einen hydrostatischen Schmierfilmdruck getrennt werden. Der hydrostatische Druck wird im Bereich der maximalen Belastungszone der Lagerschale über Zuführbohrungen oder kleine Taschen zugeführt. Hierdurch bedingte Störungen der Schmierspaltgeometrie sind klein zu bemessen, um die hydrodynamische Druckentwicklung nach Abschalten der Hydrostatik nicht zu beeinflussen (wesentlich kleiner als die Taschentiefe bei hydrostatischen Lagern).

Im allgemeinen werden A. drehzahlgesteuert zu- und abgeschaltet. Um nach Erreichen des hydrodynamischen Zustands zu verhindern, daß beim Abschalten der A. Drucköl in die Versorgung zurückläuft, sind Rückschlagventile vorzusehen. Bei bestimmten Anwendungen ist ein ständiger kombinierter Betrieb von Hydrodynamik und Hydrostatik sinnvoll (Hybridlager). A. für Axial- und →Radiallager zeigt das Bild. Aus Stabilitätsgründen beim Anheben sind möglichst zwei Drucköleinführungen in der Lagerschale vorzusehen. Bei Schwerstan-

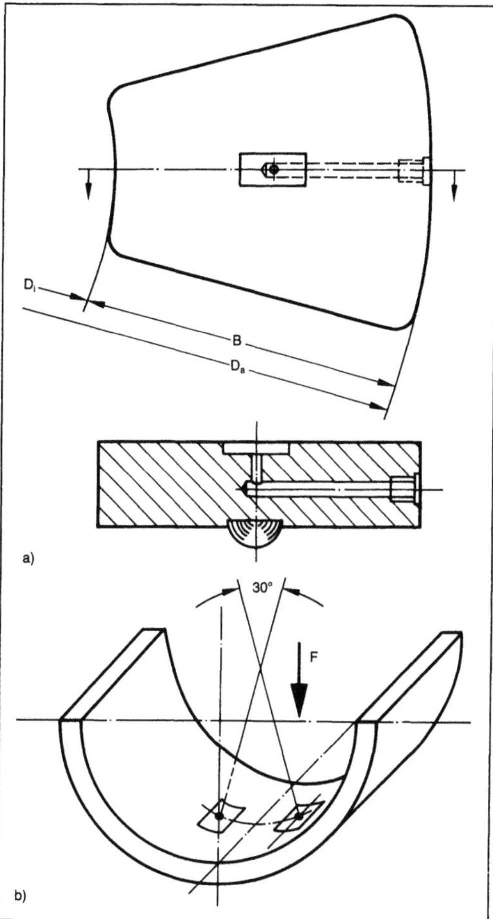

Anfahrhilfe, hydrostatische.
a) Axiallager
b) Radiallager.

läufen von Großmaschinen (hohe Reibungsverluste im Mischreibungsgebiet) läßt sich die erforderliche Antriebsleistung durch A. erheblich reduzieren. *Knoll*

Anfangswert. Bei zeitlichen Zustandsänderungen derjenige Wert, den eine Zustandsgröße zu Beginn des Vorgangs aufweist (z. B. Anfangsgeschwindigkeit beim schiefen Wurf, Anfangsauslenkung bei freien Schwingungen, Anfangsspannung bei elektrischen Entladungen, Anfangstemperatur bei Wärmeausgleichsvorgängen). A. kennzeichnen in dem allgemeinen Lösungsfeld des A.-Problems eine ganz bestimmte Lösung. Sie geben im Gegensatz zu den Randwerten keine Eigenschaften des Systems wieder. *Witfeld*

Anforderungsliste. Eine A. ist eine von der →Konstruktionsabteilung in Abstimmung mit dem

Auftraggeber schriftlich formulierte Sammlung von Anforderungen, d. h. Eigenschaften oder Bedingungen, die ein Produkt zu erfüllen hat (Pflichten-, Lastenheft). Sie ist eines der wichtigsten Hilfsmittel, um Fehlentwicklungen zu vermeiden.

Die A. wird auf Grund einer Aufgabenstellung oder eines Auftrags zu Beginn des Entwicklungs- und Konstruktionsprozesses erarbeitet und während dieses Prozesses laufend auf dem neuesten Stand gehalten.

Die A. wird sinnvollerweise nach Kriterien gegliedert. Als Gliederungspunkte bieten sich an:

□ technische Forderungen, die vor allem die Funktion und den Betrieb des Produkts betreffen;

□ Schnittstellenforderungen, die die Beziehungen des Produkts zu seiner technischen und natürlichen Umgebung betreffen;

□ Kostenforderungen (Wirtschaftlichkeitsforderungen);

□ Normen-, Patent-, Gewährleistungsforderungen und gesetzliche Auflagen;

□ organisatorische Forderungen, die die Terminplanung, den Personalbedarf und die zu verwendenden Hilfsmittel festlegen.

Die Gliederungspunkte können nach den einzelnen Lebensphasen des Produkts weiter unterteilt werden. Dazu ist es zweckmäßig, Checklisten als Hilfsmittel einzusetzen, um nichts zu vergessen.

Anforderungen lassen sich außerdem nach unterschiedlichen Erfüllungsgraden differenzieren, wie z. B.:

□ *Forderungen:* Anforderungen, die unbedingt erfüllt sein müssen, ohne deren Erfüllung die vorgesehene Lösung keinesfalls akzeptabel ist. Dabei können Mindestforderungen formuliert werden, bei denen ein Mindestwert, Höchstwert oder ein Wertebereich unbedingt eingehalten werden muß.

□ *Wünsche:* Anforderungen, die nach Möglichkeit erfüllt werden sollen. Die Übererfüllung von Mindestforderungen und die Erfüllung von Wünschen kann als Grundlage zur Bewertung alternativer Lösungen dienen. *Ehrlenspiel*

Literatur: *Pahl, G.,* u. *W. Beitz:* Konstruktionslehre. Berlin 1986.

Anhängegerät. Frei gezogene landwirtschaftliche Geräte, bei denen nur die Zugkraft Rückwirkungen auf den Traktor ausübt; im Unterschied zu Anbaugeräten und Aufsattelgeräten. Größere A. arbeiten oft mit eigenem Fahrwerk, kleinere (wie z. B. die →Egge) werden auf →Ackerwagen oder mit Hilfe des Dreipunktanbaus transportiert. Die A. erlauben vielfach eine tiefe Lage des Zugkraftvektors mit dem Vorteil einer nur geringen Entlastung der Traktorvorderachse. Nachteilig erweist sich vor allem die umständliche Handhabung, insbesondere beim Transport, beim Rangieren und auf dem

Vorgewende des Feldes. Daher hat die Bedeutung der A. erheblich abgenommen. *Renius*

Anhängeschürfwagen. A. (Anhängescraper) sind ein- oder meist zweiachsige Schürfgeräte, die einen Transportbehälter auf dem Fahrgestell tragen, der zum Lösen und Tragen des Bodens dient. Der auf Reifen geführte Anhängescraper wird von Raupenschleppern gezogen. Bei Kübelinhalten von normalerweise 6–20 m³ muß der Schlepper eine Motorleistung von ungefähr 70–240 kW aufbringen. Beim Schürfen wird der Kübel unter Anheben der vorderen Klappe und Absenken der häufig mit dreiteiligen Schneidemessern bestückten Kübelschneide gefüllt, zum Transport bodenfrei angehoben und die Klappe wieder geschlossen. Am Zielort entleert man den Kübel in Fahrtrichtung mit einem Ausstoßschild und planiert das Material gleichzeitig (Bild). Der A. arbeitet immer vorwärtsfahrend im Kreisverkehr. Sein Leergewicht beträgt bei den meisten Modellen zwischen 7 und 18 t. Kübelschneiden von 2,0–3,1 m Breite erlauben je nach Ausführung maximale Schnittiefen zwischen 28 und 40 cm. Auf Grund der hohen Traktion und Kraft des Schlepperfahrwerks kann sich der Anhängescraper neben der Schürfraupe ohne fremde Hilfe beladen (→Motorschürfwagen). In der Kombination Reifenfahrwerk beim Scraper und Raupenfahrwerk beim Schlepper führt dieses Gerät ein Zwitterdasein mit Vor- und Nachteilen. *Kühn*

Anhängeschürfwagen: Arbeitsweise eines Anhängescrapers.

Anker.

1. Gleichstrommaschine. Der A. ist bei einer Gleichstrom-Kommutatormaschine der Läufer mit einer an einen Kommutator angeschlossenen (A.-) Wicklung. *Rentzsch*

Anker: Anker einer Gleichstrommaschine. (Quelle: ABB)

2. Schiffbau. Der A. zählt seit altersher zu den wichtigsten Ausrüstungsgegenständen eines jeden Schiffes. Seine Aufgabe besteht darin, das Schiff an einer Ortsänderung zu hindern. Dazu ist es erforderlich, daß der nach dem Auswerfen auf dem Meeresboden ruhende und durch die A.-Kette mit dem Schiff verbundene A. eine im Verhältnis zur Schiffsgröße ausreichende Haltekraft besitzt. Der A. soll sich möglichst fest in den Boden eingraben und die A.-Kette so weit ausgefahren werden, daß sie z. T. auf dem Boden aufliegt. Die Haltefähigkeit hängt dann noch von drei Faktoren ab: von der Bodenbeschaffenheit, von der A.-Konstruktion sowie vom A.-Gewicht. Die relativ größte Haltekraft wird von sog. Leicht-A. erreicht, von denen der Danforth-A. der bekannteste ist. Unter günstigen Bedingungen werden hier Haltekräfte bis zum Hundertfachen des A.-Gewichts erreicht (zum Vergleich: Bei den in der Antike verwendeten A.-Steinen beträgt die Haltekraft nur etwa ein Drittel des A.-Steingewichts). Der Nachteil der Leicht-A. ist, daß ihre Haltekraft bei ungünstigen Bodenverhältnissen sehr abnimmt. Aus diesem Grunde haben sie die auch heute noch vorherrschenden schweren A. nicht verdrängen können. Weitere Gesichtspunkte bei der Wahl des zweckmäßigsten A. sind ein problemloses Herauslösen des A. aus dem Boden, eine hohe Wirtschaftlichkeit und vor allem eine gute Unterbringungsmöglichkeit im Schiff. Der letztgenannte Punkt bereitet z. B. bei dem etwa bis zur Jahrhundertwende vorherrschenden Stock-A. (Bild 1) erhebliche Schwierigkeiten, da der quer zur Ebene der beiden A.-Arme stehende A.-Stock einerseits erforderlich ist, um beim Ziehen des A. über Grund den A. in die richtige Position zu bringen (der A. soll sich mit einem Arm in den Boden eingraben), andererseits aber den A. sehr sperrig werden läßt, so daß er sich nur schwer verstauen läßt. Darum werden heute fast nur noch stocklose A. verwendet, von denen der im Jahre 1877 erstmalig vorgestellte Patent-A. (Bild 2) der bekannteste ist. Der stocklose A.-Schaft wird im sog. Klüsenrohr gelagert, von dem aus die A.-Kette über

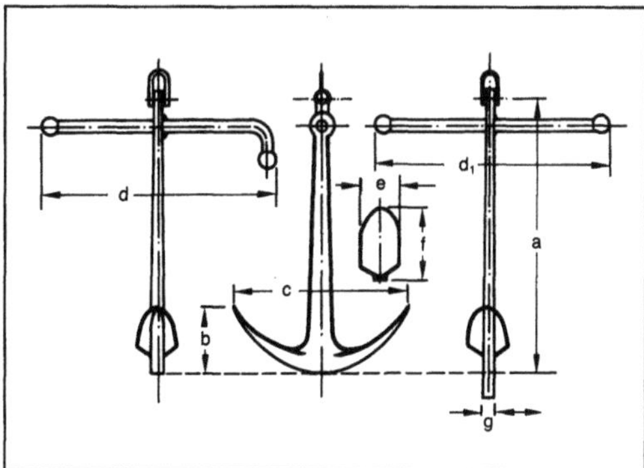

Anker (Schiffbau) 1: Stockanker.

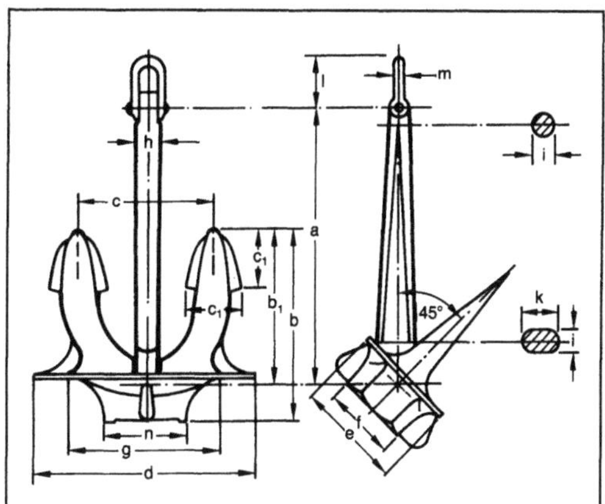

Anker (Schiffbau) 2: Patentanker.

das Kettenrad der A.-Winde zu dem unter Deck angeordneten Kettenkasten geführt wird. Der am unteren Schaftende drehbar gelagerte A.-Kopf besteht aus zwei schweren A.-Armen, die sich beim Hochziehen des A. an die Außenhaut des Schiffes anlegen. An Wirksamkeit ist der Patent-A. jedoch dem Stock-A. unterlegen. Zum Beispiel beträgt die Haltekraft im Sandboden beim Stock-A. ca. das Achtfache, beim Patent-A. dagegen nur etwa das Vierfache des A.-Gewichts. *A. Abicht*

Ankerbohr- und Setzeinrichtung. A.- und S. werden im untertägigen Bergbau zur Mechanisierung des Bohrens von Ankerlöchern und des Einbringens von Ankern (Ausbau) eingesetzt. Der für das Herstellen des Ankerloches benötigte Bohrhammer wird auf einem Schlitten an einer Bohrlafette montiert. Schlitten und Bohrhammer können mit Druckluft oder hydraulisch in beiden Richtungen auf der Lafette bewegt werden. Der Vorschub auf der Lafette kann über Spindel, Seil oder Hydraulik- bzw. Teleskop-Hydraulik-Zylinder erfolgen. Dabei können Vorschubkräfte von 6,0 kN (Spindel) und bis zu 12,0 kN (Hydraulik) erreicht werden.

Die Ankersetzvorrichtung läßt sich von der Bohreinrichtung trennen. Das Gerät ist dann um eine Achse parallel zur Bohrlochachse drehbar. Die nach dem Bohrvorgang vor das Bohrloch geschwenkte Ankersetzvorrichtung drückt den Anker drehend in das Bohrloch und hält den Anker in der Endstellung fest, bis der vorher in das Bohrloch durch eine Klebepatrone eingeführte Klebstoff abgebunden ist. Die Klebepatronen werden in der Regel mit der Hand in das Bohrloch eingeführt. Als Trägergeräte für die A.- und S. kommen verschiedene Varianten in Betracht. So bietet die Industrie alternativ Lkw-Fahrgestelle, schwere und leichte Bohrwagen mit Raupen oder gummibereift oder auch Bohrbühnen an, die verfahrbar sowie heb- und senkbar sind. *Seeliger*

Ankereinrichtung. Die A., auch Ankergeschirr genannt, besteht aus den Ankern, den Ankerketten, der Ankerlagerung, den Ankerzurrungen, den Kettenstoppern, der Ankerwinde bzw. Ankerspill und dem Kettenkasten nebst Slipeinrichtung (Bild).

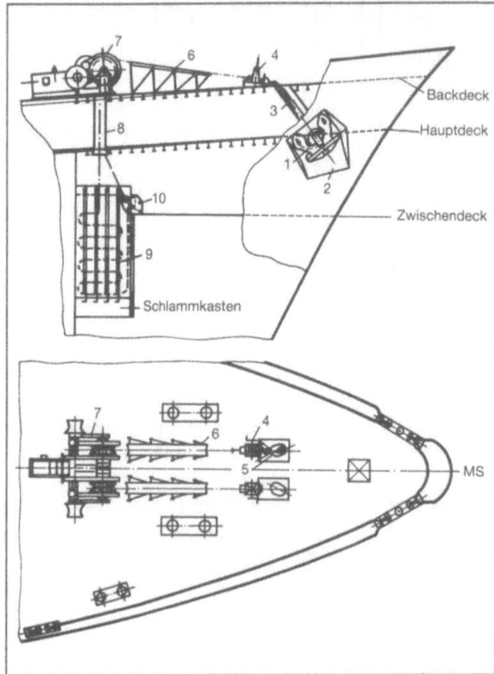

Ankereinrichtung: Bugankereinrichtung eines 10 000-t-Motorfrachtschiffes. (Quelle: Henschke a. a. O.)

1 Anker, 2 Ankertasche, 3 Ankerklüse, 4 Kettenstopper, 5 Ankerzurrung, 6 Kettenbett, 7 Ankerspiel, 8 Kettenfallrohr, 9 Kettenkasten, 10 Slipvorrichtung

In Ruheposition werden Anker meistens in sog. Ankertaschen außen an der Außenkante gezurrt. Hierzu wird der Anker mit der Kette durch die Ankerwinde fest eingeholt, mit Hilfe eines Kettenstoppers in Position gehalten und mit einer zusätzlichen Zurreinrichtung gesichert. Dabei wird der Anker in einem Klüsenrohr, das zwecks Säuberung der Ankerkette häufig mit einer Waschanlage ausgerüstet ist, gehalten.

Beim Vorankergehen werden die Zurreinrichtung und der Stopper gelöst, so daß der Anker in der Bremse der Ankerwinde hängt. Nach dem Lösen der meist als Bandbremse ausgeführten Ankerwindenbremse verläßt der Anker, durch sein Eigengewicht bedingt, die Ankerklüse. Nachdem der Anker am Meeresgrund gefaßt hat, wird die Ankerwindenbremse eingelegt, so daß der Kettenauslauf zum Stehen kommt. Anschließend wird der Kettenstopper eingelegt. Der Kettenstopper soll so bemessen sein, daß seine Haltekraft die Bruchlast der Kette übersteigt, während die Bremskraft der Winde geringer als die Bruchlast der Ankerkette sein soll.

Bei einem Frachtschiff ist die Masse eines Ankers ca. 15 t. Die größten bisher gebauten Schiffe halten auf jeder Schiffseite einen 45-t-Buganker. Spezialanker mit einer Haltekraft, die auch bei weniger günstigen Bodenverhältnissen mindestens doppelt so groß wie die eines normalen Patentankers ist, dürfen ein um 25 % reduziertes Gewicht haben.

An der Ankerwinde sind meist Spillköpfe für Verholzwecke (Verholeinrichtung) angebracht. Die Ankerwinde selbst ist entweder elektrisch oder hydraulisch angetrieben. Die Ankerketten sind geschmiedet oder gegossen. Die geschmiedeten Kettenglieder verschweißt man durch Feuer oder durch elektrisches Abbrennstumpfschweißen. Man stellt sie in bestimmten Längen her und verbindet diese mit sog. Kettenschäkeln. Die Anzahl der Kettenglieder pro Kettenende soll ungerade sein, so daß die Verbindungsglieder (Kettenschäkel) hochkant über die Kettennuß der Ankerwinde geführt werden, damit diese sich nicht verklemmen. Die Ankerkettenglieder besitzen einen eingepreßten Steg; dadurch wird die Bruchlast erheblich erhöht.

Die Kette lagert über ein Fallrohr in einem Kettenkasten, in dem sich auch die Endbefestigung der Kette befindet. Diese ist im Notfall mit Hilfe einer Slipvorrichtung zu lösen. Art und Umfang der A. ist in Deutschland durch Vorschriften der Seeberufsgenossenschaft und des Germanischen Lloyds festgelegt. *E. Lehmann*

Literatur: *Henschke, W.:* Schiffbautechn. Handb. Bd. 3. 2. Aufl. Ost-Berlin.

Anlaßeinrichtung. A. sind Geräte, die mit Hilfe von Stufenschaltern mit nachgeschaltetem Widerstand oder durch stufenlos veränderliche Widerstände Motoren auf die entsprechende Betriebsdrehzahl hochlaufen lassen. *Stüben*

Anlasser →Starten

Anlaßschaltung. Zum Anlassen elektrischer Maschinen werden je nach Motorart Anlaßeinrichtungen in bestimmten A. vorgesehen:

□ *A. für Einphasenmotoren.* Einphasenmotoren werden i. a. nur unterhalb Leistungen von ca. 500 W eingesetzt, ausgenommen Einphasen-Fahrmotoren für elektrische Triebfahrzeuge. Die erstgenannten Motoren benötigen keine besonderen A.

□ Werden Drehstrom-Kurzschlußläufermotoren als Einphasenmotoren verwendet, kann zum Anlauf ein zusätzlicher Anlaufkondensator erforderlich werden (Bild 1).

□ *A. für Drehstrom-Kurzschlußläufermotoren.*

□ Direkteinschaltung: Hierzu ist keine Anlaßeinrichtung außer dem Motorschalter oder einem

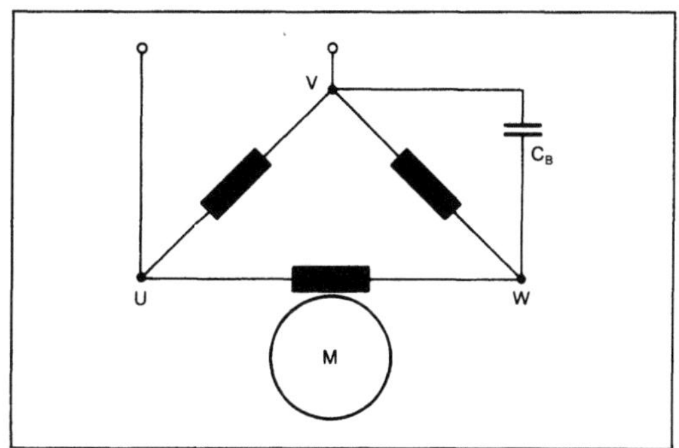

Anlaßschaltung 1: Drehstrom-Kurzschlußläufermotor als Einphasenmotor mit Anlaufkondensator C_B. (Quelle: Bederke, Ptassek, Rothenbach u. Vaske *a. a. O.)*

Motorschütz erforderlich. Die meisten Drehstrom-Kurzschlußläufermotoren heutiger Bauart lassen direktes Einschalten zu. Der Motor läuft entsprechend seiner Drehmomentcharakteristik an. Der Anlaufstrom beträgt ein Mehrfaches des Nennstromes. Die meisten Industrienetze lassen direktes Einschalten auch bei Motoren hoher Leistung zu. Ist dies nicht der Fall, muß eines der nachstehenden Verfahren angewendet werden.

□ Stern-Dreieck-Anlauf (Bild 2): Bei schwachen Netzen wird der Anlaufstrom durch die Stern-Dreieck-Schaltung herabgesetzt. Während der Anlaufphase ist der Motor im Stern im normalen Betrieb in Dreieck geschaltet. Während der Anlaufphase geht der Anlaufstrom und das Anlaufmoment

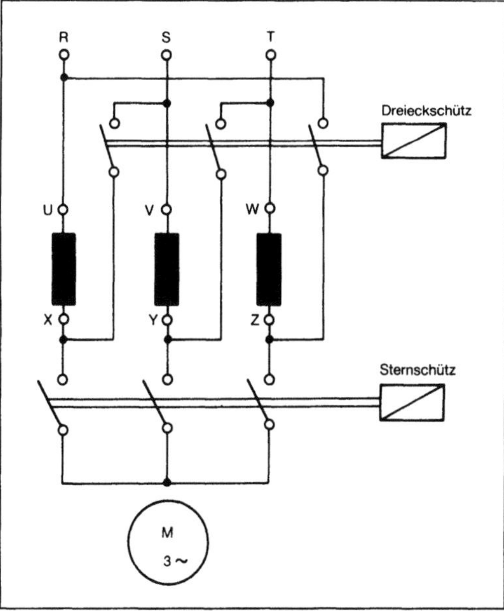

Anlaßschaltung 2: Stern-Dreieckschaltung für Drehstrom-Kurzschlußläufer-Motor.

auf etwa ein Drittel der Werte bei Direkteinschaltung zurück. Der Stern-Dreieck-Anlauf kann nur angewendet werden, wenn das Drehmoment in der Sternschaltung das erforderliche Gegenmoment bzw. das Losbrechmoment übersteigt. Höheres Anlaufmoment bringt der verstärkte Stern-Dreieck-Anlauf (Schaltung Bild 3).

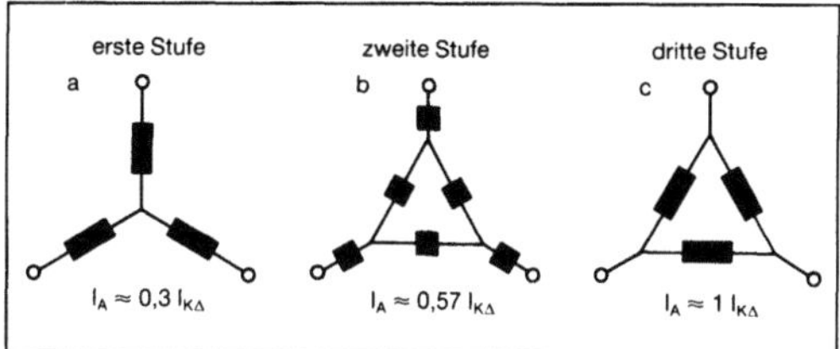

Anlaßschaltung 3: Verstärkter Stern-Dreieckanlauf eines Drehstrom-Kurzschlußläufermotors – Wicklungsanordnung. (Quelle: Rentzsch *a. a. O.)*

□ Anlassen mit Vorschaltwiderstand (KUSA-Schaltung): Durch Vorschalten eines Widerstands in eine Ständerleitung wird das Anlaufmoment herabgesetzt. Der Anlaufstrom wird nur in der Ständerwicklung vermindert, der der Widerstand vorgeschaltet wird. Nach erfolgtem Anlauf wird der Widerstand kurzgeschlossen (Bild 4).

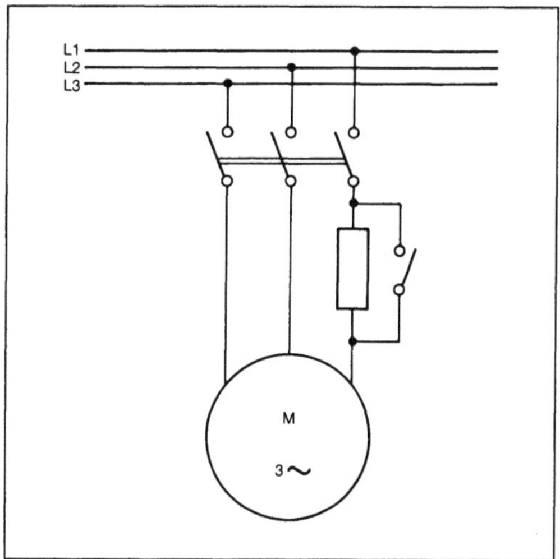

Anlaßschaltung 4: Anlassen mit Vorschaltwiderstand – KUSA-Schaltung – Kurzschluß-Sanft-Anlauf. (Quelle: Rentzsch *a. a. O.)*

□ Anlassen mit Anlaßtransformator: Beim Anlassen mit Anlaßtransformator wird ein Spartransformator mit mehreren Schaltstufen in den Ständerkreis des Motors geschaltet. Der Sternpunkt des Transformators ist herausgeführt und wird beim Anlauf des Motors durch den Sternpunktschalter kurzgeschlossen. Der Transformator wird stufenweise hochgeschaltet.

□ Anlassen bei Umrichterspeisung: Werden Drehstromkurzschlußläufermotoren von Umrichtern gespeist, so wird einerseits der Anlaufstrom durch eine elektronische Strombegrenzung auf den zulässigen Wert begrenzt. Der Motor wird andererseits frequenzgesteuert hochgefahren. Das kann je nach Betriebsbedingungen im Leerlauf oder unter Last erfolgen. Die Beschleunigung kann meist durch einen Sollwertintegrator eingestellt werden.

□ *A. für Drehstrom-Schleifringläufermotoren* (Bild 5). Drehstrom-Schleifringläufermotoren werden i. a. eingesetzt, wenn erschwerte Anlaufbedingungen vorliegen. Durch Einschalten von Widerständen in jede Phase der Läuferwicklung ist eine weitgehende Beeinflussung des Anzugsmoments möglich (Kennlinie Bild 6).

□ Auch Drehstrom-Schleifringläufermotoren mit untersynchroner Stromrichterkaskade werden meist über Anlaßwiderstände auf die unterste Drehzahl des Drehzahl-Stellbereiches hochgefahren. Anschließend wird auf Kaskadenbetrieb umgeschaltet.

□ *A. für Synchronmotoren.* Nur Synchronmotoren im oberen Leistungsbereich benötigen die nachstehenden A.:

□ Anlassen nach dem Dreischalterverfahren als Teilspannungsanlauf mit Stufentransformator.

□ Teilwicklungsanlauf mit verringertem Anlaufstrom für langsamlaufende Synchronmotoren: Zunächst wird ein Teil der Ständerwicklung eingeschaltet, der Anlaufstrom ist verkleinert. Nach erfolgtem Anlauf wird der zweite Wicklungsteil im Sternpunkt zugeschaltet.

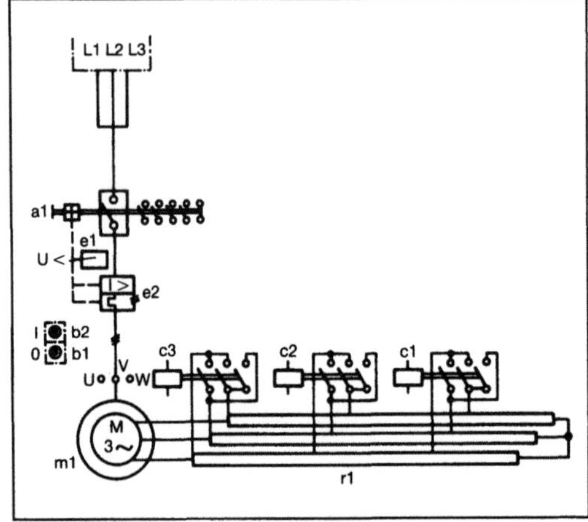

Anlaßschaltung 5: Drehstrom-Schleifringläufermotor mit dreistufiger Anlaßsteuerung. (Quelle: Rentzsch a. a. O.)

a_1 Leistungsschalter, b_1 Drucktaster Aus, b_2 Drucktaster Ein, c_1 Anlaßschütz für Stufe 1, c_2 Anlaßschütz für Stufe 2, c_3 Anlaßschütz für Stufe 3, e_1 Nullspannungsauslösung, e_2 Überstrom- und thermische Auslösung, m_1 Motor, r_1 Anlaßwiderstand

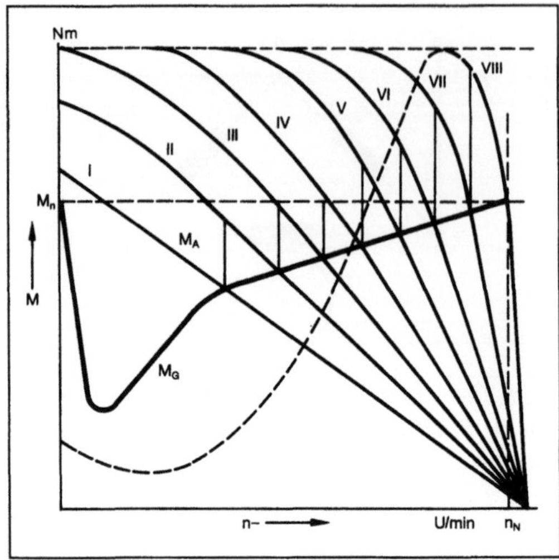

Anlaßschaltung 6: Anlassen eines Drehstrom-Schleifringläufermotors; Kennlinie mit achtstufigem Anlaßwiderstand. (Quelle: Rentzsch a. a. O.)

M_A Drehmoment-Kennlinien in den einzelnen Anlaßstufen, M_G Verlauf des Gegendrehmomentes, M_N Nennmoment

□ Anlauf mit Anwurfmotor (Bild 7): Der Synchronmotor wird mit einem Drehstrom-Schleifringläufermotor doppelter Polzahl gekuppelt. Durch diesen wird er auf die halbe Synchrondrehzahl beschleunigt. Anschließend wird der Synchronmotor an die Netzspannung gelegt und mit Hilfe seiner Anlaufwicklung auf volle Drehzahl beschleunigt.

□ Drehzahlverstellbare Synchronmotoren als Stromrichtermotoren werden vom →Umrichter frequenzgesteuert an der Strombegrenzung des Umrichters hochgefahren.

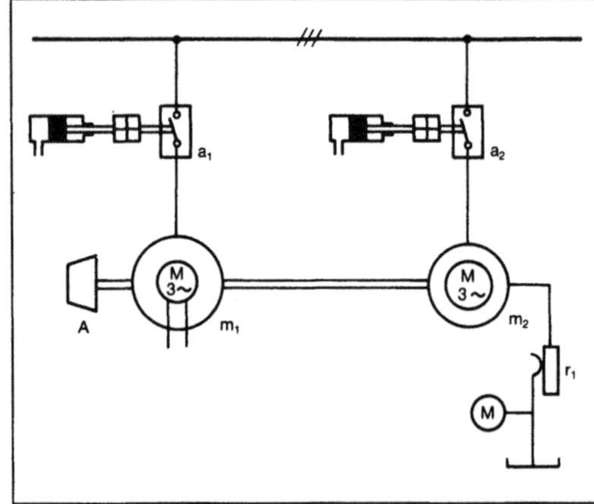

Anlaßschaltung 7: Anfahren eines Synchronmotors mit einem Anwurfmotor. (Quelle: Rentzsch a. a. O.)

a_1 Schalter für den Hauptmotor, a_2 Schalter für den Anwurfmotor, m_1 Hauptantriebsmotor, m_2 Anwurfmotor, r_2 Anlasser, A Arbeitsmaschine

□ *A. für Gleichstrommotoren.* Der zulässige Anlaßstrom von Gleichstrommotoren ist durch die Kommutierungsgrenze und das zulässige abzugebende Drehmoment begrenzt. Wegen der Kommutierung soll beim Anfahren aus dem Stillstand der 1,8fache, beim weiteren Beschleunigen der 1,6fache Nennstrom nicht überschritten werden. Nur Motoren kleiner Leistung unter ca. 0,5–0,75 kW können unmittelbar eingeschaltet werden, wenn das Netz oder die Stromquelle den Einschaltstromstoß zuläßt.

□ Folgende A. werden bei Motoren über dieser Grenze angewendet:

□ Anlassen über Vorwiderstand im Ankerkreis, der stufenlos oder in Stufen geschaltet wird (Bild 8).

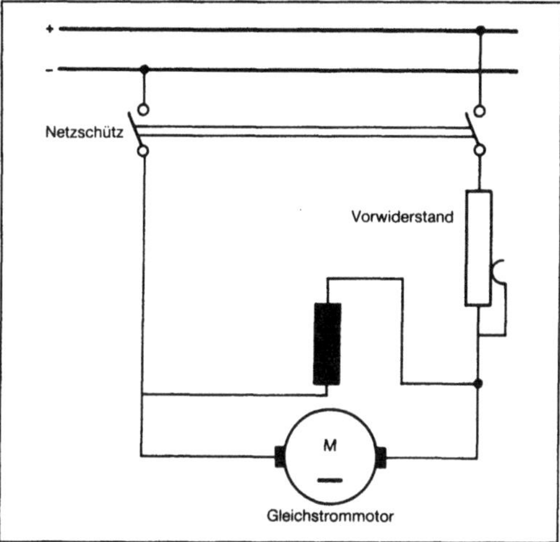

Anlaßschaltung 8: Anlassen eines Gleichstrommotors über Vorwiderstand.

□ Anlassen (sowie Bremsen und Drehzahlverstellen) durch Speisung mit Stromrichter. Hierbei erfolgt Strombegrenzung durch Begrenzung des Stromreglerausgangs. Weiterhin kann entsprechend den Betriebsbedingungen die Beschleunigungszeit durch einen Drehzahl-Sollwert-Integrator eingestellt werden. *Stüben*

Literatur: *Bederke, H. J., R. Ptassek, G. Rothenbach* u. *P. Vaske:* Elektrische Antriebe und Steuerungen. Stuttgart 1969. – *Rentzsch, H.:* Handb. Elektromotoren. Hrsg. v. Brown, Boveri & Cie. AG., Mannheim. Essen 1980.

Anlaufbund → Gleitlager-Bauform

Anlaufkupplung. A. sind drehzahlbetätigte, d. h. sich selbsttätig bei höherer Drehzahl einschaltende Kupplungen. Sie werden in Antrieben verwendet, bei denen hochtourige Elektromotoren Maschinen mit großen Anlaufmomenten antreiben, z. B. Zentrifugen, Drehöfen, Fahrantriebe von Kranen. Ohne A. müssen die Motoren so ausgelegt sein, daß sie gleichzeitig ihr eigenes → Anlaufmoment und das der angetriebenen Maschine aufbringen müssen. Das vergrößert und verteuert die Antriebsmotoren. Bei Einsatz einer A. beschleunigt der Motor zuerst sich selbst und erst, wenn er fast auf Betriebsdrehzahl ist, auch die angetriebene Maschine. A. werden häufig als Fliehkraftkupplungen (Backen-, Pulver- oder Füllgut-Kupplungen), hydraulische (Föttinger-Kupplungen) oder elektromagnetische (Synchron-Kupplung) Kupplungen ausgeführt. Heute können A. durch elektronische Steuerungen der Antriebsmotoren ersetzt werden. *Ehrlenspiel*

Anlaufmoment. Im Anlaufzustand müssen die Last- und Beschleunigungsmomente und zusätzlich das Lösemoment zum Überwinden der Ruhereibung erbracht werden. Der Haftreibungsfaktor liegt z. T. über dem der Gleitreibung, speziell wenn nach längerem Stillstand unter Last der Schmierfilm zwischen den Gleitflächen weggedrückt wurde. Bei der Auslegung ist dieser Einfluß als erhöhte Momentanforderung des angetriebenen Systems zu berücksichtigen. Andererseits wird das bei bestimmtem Fluiddruck abgegebene Anlaufmoment des Hydromotors dadurch reduziert. Zusätzlich ist die geometrisch bedingte, drehwinkelabhängige Drehmomentschwankung (Ungleichförmigkeit) zu beachten. Verbesserung des Anlaufverhaltens durch hydrostatische Lagerungen oder Einbau von Wälzlagern. Nach Messungen beträgt das Verhältnis Anfahrmoment zu Betriebsmoment bei jeweils gleichem Druck (ab ca. 150 bar): langsamlaufender Radialkolbenmotor $\approx$ 0,9; Axialkolbenmaschine: Schrägachse $\approx$ 0,9; Schrägscheibe $\approx$ 0,85–0,9; Orbitmotoren $\approx$ 0,8. Bei niedrigem Betriebsdruck ($\approx$ 50 bar) sinkt das Verhältnis auf 0,7–0,75. *Röper*

Anpassungskonstruktion. Unter A. versteht man eine Konstruktionsart, bei der eine vorgegebene prinzipielle Lösung (Konzept) vom Konstrukteur bearbeitet und i. a. an veränderte Forderungen des Nutzers angepaßt wird.

In den folgenden Konstruktionsphasen Entwerfen und Ausarbeiten wird das Produkt dann bis zur Fertigungsreife gestaltet. Bei komplexeren technischen Systemen kann dabei durchaus eine → Neukonstruktion einzelner Baugruppen oder Bauteile erforderlich sein.

Hinsichtlich des Arbeitsaufwands beanspruchen A. mehr als die Hälfte der industriellen Konstruktionskapazität. *Ehrlenspiel*

Anpressung, drehmomentabhängige. Sie wird bei reibschlüssigen (→ Schlußart) Getrieben, vor allem bei solchen mit stufenlos verstellbarer Übersetzung und bei Reibradgetrieben angewendet, wenn die übertragbare Reibkraft $F_R = \mu F_n$ stets die jeweils durch Reibung zu übertragende Kraft F übersteigen soll. Dadurch werden Beanspruchung und Verschleiß der Reibflächen bei Teillast schonend verringert, während selbst bei Überlastung kein Durchrutschen eintritt. Im Beispiel (Bild 1) wird das Reibrad 3 durch die Umfangskraft U_1 am Zahneingriff so an das Gegenrad 4 angepreßt, daß die Reibkraft μF_n stets größer als die Umfangskraft U_4 ist.

Bei Keilriemenstell- und Reibkettengetrieben werden axial bewegliche Keilscheiben durch das übertragene Drehmoment mit Hilfe von Axialnok-

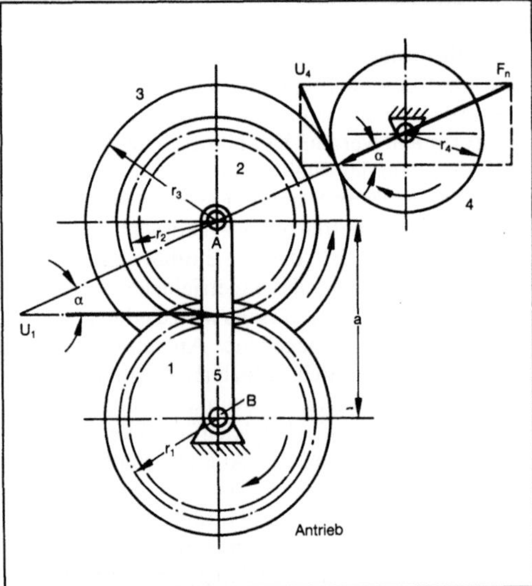

Anpressung, drehmomentabhängige 1: Anpressung zwischen den Reibrädern eines Reibradgetriebes.

1, 2 Zahnräder, 3, 4 Reibräder, 5 um Antriebsachse B schwenkbarer Hebel mit Lager A des Doppelrades 2/3
$F_n = U_1 r_1/(a \cos \alpha)$
$U_4 = U_1 r_2/r_3$

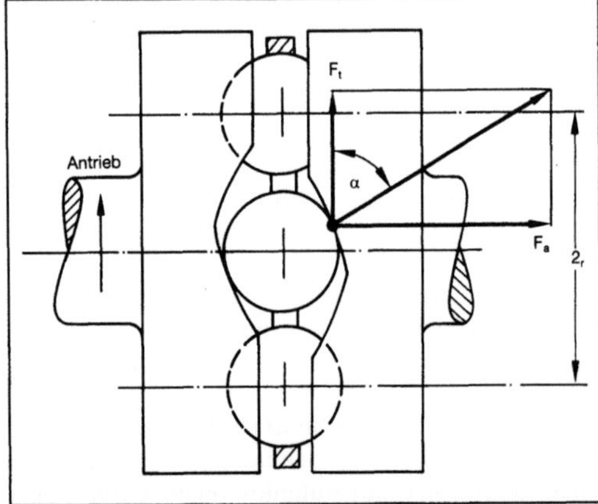

Anpressung, drehmomentabhängige 2: Axialnocken zum Erzeugen einer dem Drehmoment T proportionalen Axialkraft $F_a = T/r \cdot \tan \alpha$.

ken gegeneinander gepreßt und die Reibkette bzw. der Keilriemen dadurch entsprechend vorgespannt. Dabei wird die vom Drehmoment T abhängige Umfangskraft $F_t = T/r$ über Keilflächen und Kugeln übertragen (Bild 2), wobei die Umfangskraft F_t je nach Keilwinkel α die drehmomentproportionale axiale Anpreßkraft $F_a = F_t \tan \alpha$ erzeugt ($\rightarrow$Spannverfahren).   *H. W. Müller*

Ansaugtakt. Der erste Takt eines Viertaktmotors, bei dem Luft oder Kraftstoff-Luft-Gemisch in den Zylinder gesaugt wird.

Für die Größe des Energieumsatzes im $\rightarrow$Verbrennungsmotor ist entscheidend, wieviel Luft für die Verbrennung zur Verfügung steht ($\rightarrow$Liefergrad). Insofern ist der A. bestimmend für die Leistung des Motors (genauer: für den $\rightarrow$Nutzmitteldruck).

Der Ansaugvorgang beginnt etwa, wenn der Kolben im oberen Totpunkt steht. Das Einlaßventil wird geöffnet, der Kolben bewegt sich nach unten und saugt dabei Luft (beim $\rightarrow$Dieselmotor) oder Benzin-Luft-Gemisch (beim $\rightarrow$Ottomotor) in den Zylinder. Kurz nachdem der Kolben den unteren Totpunkt durchlaufen hat, wird das Einlaßventil geschlossen, womit der Ansaugvorgang beendet ist.

Während sich der Kolben vom oberen zum unteren Totpunkt bewegt, macht die Kurbelwelle eine halbe Umdrehung. Bei einer Motordrehzahl von z. B. 3000 min^{-1} beträgt die Zeit hierfür nur 1/100 s ($\rightarrow$Viertakt-Gaswechsel).   *Kuhlmann*

Anschlagmittel. A. sind nicht zum Hebezeug gehörende, aber die Verbindung zwischen Tragmittel und $\rightarrow$Nutzlast herstellende Einrichtungen, wie Anschlagseile, -ketten oder -gurte. Nicht zum Hebezeug gehörende, eine Verbindung zwischen Tragmittel und Nutzlast herstellende Einrichtung mit oder ohne Zwischenschaltung von Lastaufnahmemitteln.   *Jünemann*

Anschnittsteuerung. Bei Stromrichtern, und zwar gesteuerten Gleichrichtern, teilweise auch bei Wechsel- und Drehstromstellern, erfolgt die Verstellung der Ausgangsspannung durch die sog. Phasen-A. Bei diesem Verfahren wird bei steuerbaren Stromrichterventilen (Thyristoren) der Zeitpunkt innerhalb einer Periode des Wechselstroms verstellt, an dem der Stromfluß durch einen Hauptzweig des Stromrichters beginnt (Bild 1). Der Zeitpunkt des Stromflußeinsatzes wird durch den Zündwinkel α innerhalb der Periode bestimmt. Das ist der Zeitpunkt, zu dem das Stromrichterventil gezündet wird. Der Zündwinkel α ist durch einen elektronischen Steuersatz ($\rightarrow$Steuerverfahren für Stromrichter) in bestimmten Grenzen gegenüber

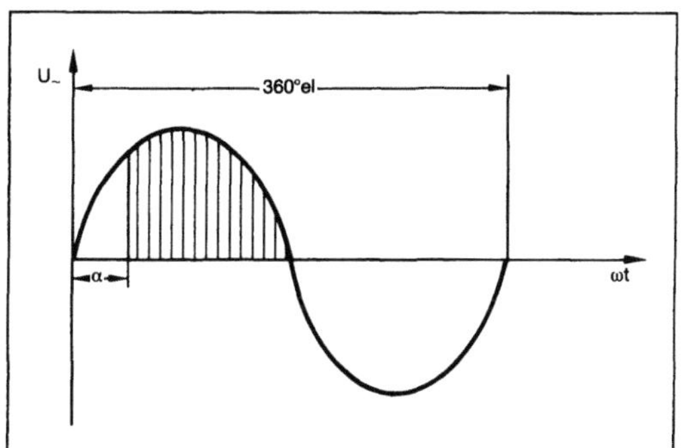

Anschnittsteuerung 1: Darstellung des Phasenanschnitts und des Zündwinkels α.

dem natürlichen Phasenschnittpunkt verschiebbar.

Bei gesteuerten Gleichrichtern ist die Abhängigkeit der Ausgangsspannung vom Zündwinkel α durch die Beziehung

$$U_{di} = U_{dio} \cdot \cos \alpha$$

gegeben;

U_{dio} Ausgangsspannung bei Vollaussteuerung α = 0 Grad, α Zündwinkel (Steuerwinkel).

In Bild 2 ist die Steuerkennlinie eines gesteuerten Gleichrichters (Drehstrombrücke, Stromrichterschaltungen) dargestellt. Bild 3 zeigt die Wirkung der Zündwinkelverschiebung. Der Übergang vom Gleichrichter- in den Wechselrichterbetrieb (→Wechselrichter) wird ersichtlich. Zur Realisierung der Steuerkennlinie werden zwei Verfahren benutzt:

□ Sinus-Vertikalsteuerung (Steuerverfahren für Stromrichter) oder

□ Sägezahnsteuerung (Steuerverfahren für Stromrichter).

Die A. wird auch bei Wechsel- und Drehstromstellern (→Drehstromsteller) eingesetzt, besonders dann, wenn bei der Temperaturregelung hohe

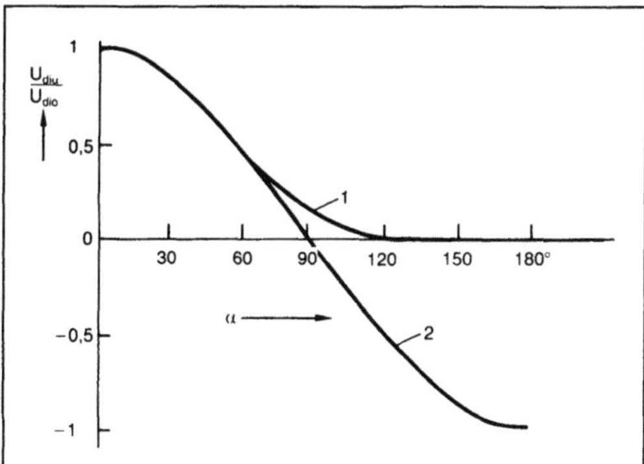

Anschnittsteuerung 2: Steuerkennlinie bei ohmscher (1) und induktiver (2) Last der vollgesteuerten Drehstrombrücke.

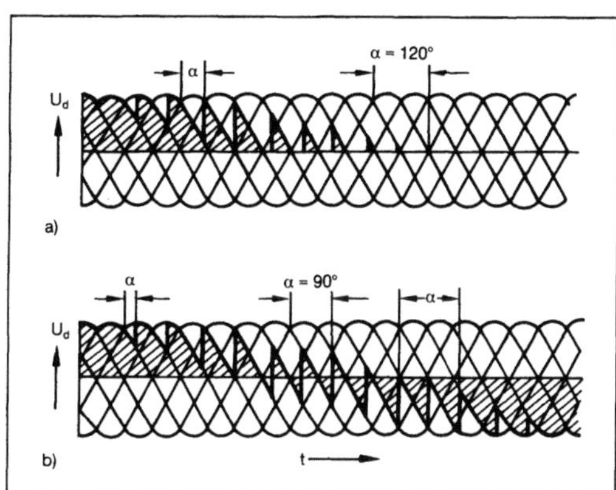

Anschnittsteuerung 3: Phasenanschnitt bei vollgesteuerter Drehstrombrücke. Oben: ohmsche Last; unten: induktiver Lastübergang vom Gleichrichter in den Wechselrichterbetrieb. (Quelle: Brown, Boveri & Cie. AG, Mannheim)

Genauigkeitsanforderungen gestellt werden, die mit der Schwingungspaketsteuerung nicht erfüllt werden können. Ebenso wurde sie für die Drehzahlverstellung von Drehstrom-Asynchronmotoren mit Drehstromstellern benutzt. Hier werden allerdings inzwischen weit überwiegend →Umrichter als Stellglieder eingesetzt. Mit Hilfe der A. wird bei diesen Stellern ebenfalls die Ausgangsspannung verstellt. Bild 4 zeigt die Schaltung eines Drehstromstellers und den Spannungsverlauf bei einem Phasenanschnitt von α = 105°.

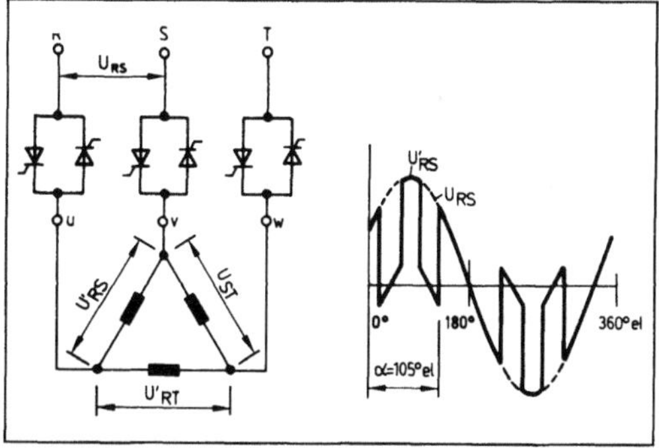

Anschnittsteuerung 4: Drehstromsteller mit Anschnittsteuerung – Schaltung.

In Bild 5 ist die Steuerkennlinie des Stellers dargestellt. Sie zeigt den bezogenen Effektivwert des Laststroms als Funktion des Steuerwinkels α bei ohmscher (cos φ = 1) und induktiver Last (cos φ = 0). Der maximal zulässige Stellbereich des Steuerwinkels α zwischen maximaler Spannung und Spannung null beträgt beim vollgesteuerten Drehstromsteller 150°, beim vollgesteuerten →Wechselstromsteller 180°. *Stüben*

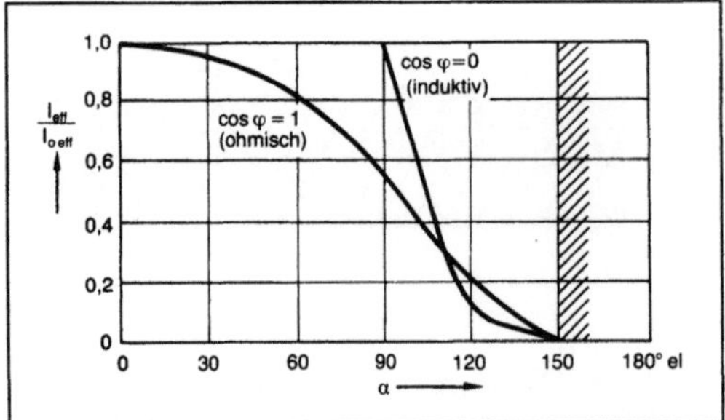

Anschnittsteuerung 5: Steuerkennlinie des Drehstromstellers.

I_{eff} Effektivwert des Laststroms, $I_{0\,eff}$ Effektivwert des Laststroms bei Steuerwinkel $\alpha = 0°$ el

Antenne. Heute der einzige nach außen gerichtete Sensor des Autos (Empfang von Radiosendungen, Verkehrsnachrichten).   *Fiala*

Anthropotechnik. Die Führerhaus-Richtlinie (BMV/StV 13/36.25.01–12 vom 26. 05. 1986, VkBl, S. 303) bestimmt: Führerhaus und Betätigungsraum müssen so gestaltet und ausgerüstet sein, daß die für das Führen von Fahrzeugen aufzuwendende Arbeit möglichst gering ist, Betätigungsfehler weitestgehend ausgeschlossen und vorzeitige Ermüdung und Körperschäden vermieden werden.

Als Basis für den menschengerechten Entwurf von Kraftfahrzeugen dienen die auf Grund statistischer Untersuchungen ermittelten Abmessungen der 5-%-Frau und des 95-%-Mannes, um einem möglichst großen Teil der erwachsenen Bevölkerung Bequemlichkeit und sichere Bedienung des Fahrzeugs zu ermöglichen. DIN 33402 definiert aus ergonomischer Sicht die wichtigsten Körpermaße für weibliche und männliche Personen von 3 bis 65 Jahren in der Bundesrepublik Deutschland. Bei jedem Maß wird das 5., 50. und 95. Perzentil angegeben, d. h. jeweils die Maße, denen gegenüber 5, 50 bzw. 95 % der Gruppe kleinere Maße haben. Als Konstruktionshilfen dienen Schablonen nach DIN 33408 mit Kopf, Armen, Händen und Beinen für Aufriß und Grundriß. Die Schablonen nach SAE J 826 sind Rumpf-Bein-Aufrißschablonen für den 95-%-Mann mit Ober- und Unterschenkelsegmenten für den 10-, 50- und 95-%-Mann. Für komfortables Sitzen werden die in Tabelle 1 zusammengefaßten Sitzwinkel empfohlen. Dem Vermessen der Fahrzeuge dienen Sitzattrappen nach ISO 6549 (Bild 1 und Tabelle 2). Der Hüftgelenkpunkt (H-Punkt, theoretischer R-Punkt bei Sitz in hinterster und tiefster Stellung) ist für alle für den eingesessenen Sitz zu ermittelnden Maße und für die Bestimmung der Lage der Aug-Ellipsen, von denen aus die Sichtverhältnisse bei der Konstruktion beurteilt werden können, von Bedeutung.

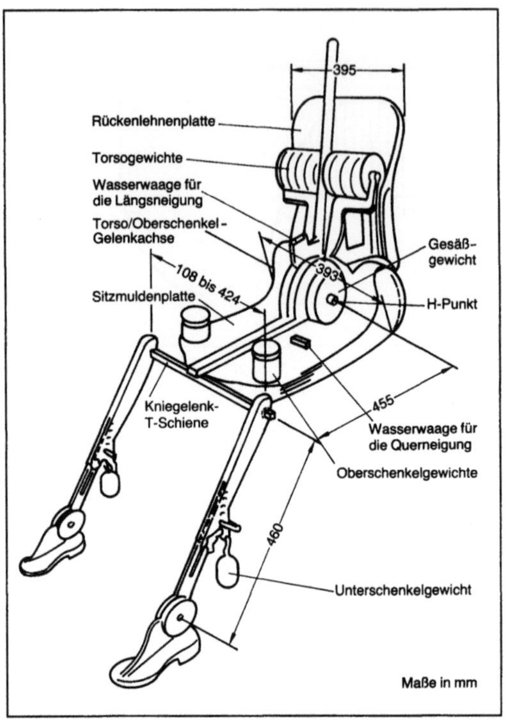

Anthropotechnik 1: H-Punktmaschine nach ISO 6549, Knie-T-Schiene und Unterschenkel verstellbar.

Anthropotechnik. Tabelle 1: Komfortwinkel für Pkw-Fahrer. (Quelle: DIN Fahrerplatz Synopse, Anhang B [1982])

Neigung des Oberkörpers zur Vertikalen nach hinten	25°
Hüftwinkel zwischen Oberkörper und Oberschenkel	110°
Kniewinkel zwischen Ober- und Unterschenkel	120°
Fußwinkel (87° min) zwischen Fuß und Unterschenkel	90°
Oberarmwinkel zum Rumpf	28°
Ellenbogenwinkel	115°
Kopfwinkel zum Rumpf	155°

Anthropotechnik. Tabelle 2: Massen der H-Punktmaschine.

Masse der Elemente, die das Becken und den Torso simulieren	16,6 kg
Torsomassen	31,2 kg
Beckenmassen	7,8 kg
Oberschenkelmassen	6,8 kg
Unterschenkelmassen	13,2 kg
Gesamtmasse	75,6 kg

Die *Aug-Ellipsen* (im Aufriß eine, im Grundriß im Augabstand zwei sich überschneidende) nach ISO 4513 sind auf Grund umfangreicher amerikanischer photogrammetrischer Messungen so bestimmt worden, daß ihre Tangenten (Sehstrahlen) das Kollektiv (50 % Männer, 50 % Frauen) der Fahreraugen so teilt, daß ellipsenseitig 90, 95 bzw. 99 % der Fahreraugen liegen und ellipsenabgewandt 10, 5 bzw. 1 % der Fahreraugen. ISO 4513 gibt die Größe der Aug-Ellipsen im Grund- und Aufriß sowie Vorschriften für ihre Anordnung über dem Sitz an.

Die Richtlinie für die *Sicht aus Kraftfahrzeugen* (BMV/StV 7 8136/U62 und Berichtigungen) geht für die Beurteilung der Sicht aus Kraftfahrzeugen von einem Punkt 700 mm über dem unbelasteten Fahrersitz (in Mittelstellung) aus (beide Augen in diesem Punkt zusammengefaßt). Im Sichtkeilbereich (Bild 2) sind zwei Verdeckungen von 600 mm am Sichthalbkreis (R = 12 m) bei 65 mm „Augenabstand", sonst 1200 mm Verdeckung zulässig. Insgesamt sind 6 Verdeckungen im Halbkreis möglichst nicht zu überschreiten.

Bezüglich der Sicht nach rückwärts bestimmt die EG-Richtlinie 71/127 für Pkw und leichte Nutzfahrzeuge: 60 m hinter dem Augpunkt müssen im Innenspiegel 20 m, im fahrerseitigen Außenspiegel 10 m hinter dem Fahrzeug 2,5 m Fahrbahnbreite und im beifahrerseitigen Außenspiegel 20 m hinter dem Fahrzeug 4 m Fahrbahnbreite zu übersehen sein.

Die in Tabelle 3 zusammengestellten Stellkräfte bzw. Drehmomente sollten aus ergonomischen Gründen nicht überschritten werden. Von besonderer Bedeutung sind Lage, Betätigungsrichtung und

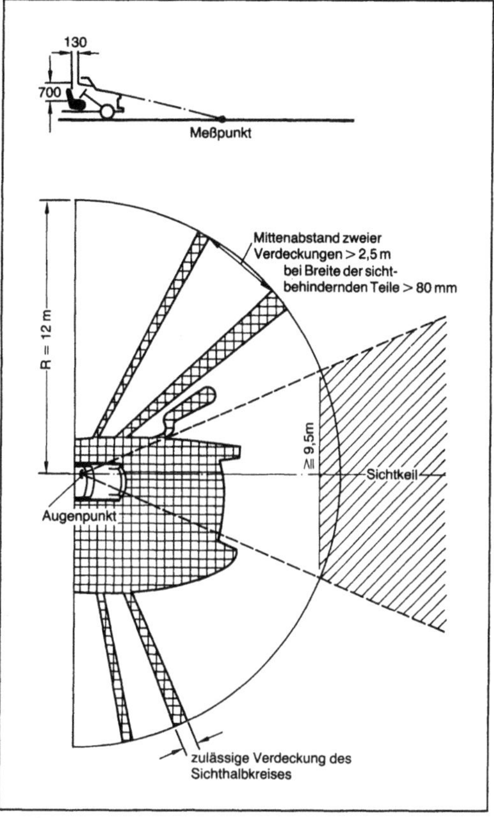

Anthropotechnik 2: Sicht aus Kfz (Bild 1 aus Richtlinie BMV/StV 7 8136U/62).

Anthropotechnik. Tabelle 3: Betätigungskräfte und -momente verschiedener Betätigungselemente im Fahrzeug.
(Auszug aus Anhang F, Gestaltung von Fahrerplätzen DIN [1982])

Stellteil	Stellkraft/ Drehmoment	Vorschrift bzw. Norm	Anwendungsbereich
Lenkrad	250 Nm	STVZO	Kfz
Drehknebel	0,1 N–0,7 Nm	DIN 33401	allgemein
Drehknopf	0,02 Nm–0,7 Nm	DIN 33401	allgemein
Schlüssel	0,1 Nm–0,5 Nm	DIN 33401	allgemein
Schalthebel	5 N–100 N	DIN 33401	allgemein
Hilfsbremse	400 N/500 N	EG-Richtl.	Pkw
Hand-/Fußbetät.	600 N/700 N	71/320	Nfz
Hebeltaste	1 N–20 N	DIN 33401	allgemein
Kippschalter	2 N–10 N	DIN 33401	allgemein
Wippschalter	2 N–8 N	DIN 33401	allgemein
Pedal (Kupplung)	300 N (empfohlen 100 N)	STVZO	Kfz
Druckknopf/-taste	1 N–90 N	DIN 33401	allgemein

Kennzeichnung von Betätigungseinrichtungen, damit Fehlbetätigungen und Irrtümer, insbesondere bei Fahrzeugwechsel, vermieden werden. ISO 3958 definiert, abhängig von der Sitzstellung und Lenkradanordnung, Griffräume, innerhalb derer für bestimmte Kollektive Dreipunktsicherheitsgurte tragender Personen alle Handbetätigungen erreichbar sind.

Tabelle 4 gibt einen Überblick über die einschlägigen DIN-, ISO- und SAE-Normen sowie ECE-Regelungen, EWG-Richtlinien und deutsche gesetzliche Vorschriften. Tabelle 5 zeigt die Bedeu-

Anthropotechnik. Tabelle 4: Übersicht über einige Normen und Vorschriften für Fahrerplätze.
(Ergänzter Auszug aus DIN Fahrerplatz Synopse 1982)

Betreff		Norm bzw. Vorschrift
Pedale:	Anordnung:	DIN 73 001 ISO 3409
Handbetätigungen:	Reichweite:	ISO 3958 SAE J 287 STVZO
	Anordnung:	ISO 4040 SAE J 680 SAE J 1138 SAE J 1139
	Kennzeichnung:	ISO 2575
Ganganordnung bei Wechselgetrieben:	Schema:	DIN 73 011
Anzeigegeräte und Kontrollleuchten:	Anordnung:	ISO 4040
	Wahrnehmbarkeit:	DIN 33 413
	Kennzeichnung:	ISO 2575 EG-Richtl. 78/316
Sicht:	nach vorn:	EG-Richtl. 77/649 ISO 7397 SAE J 1050 BMV/StV 7 8136 U/62
	nach hinten:	ISO 4514 EG-Richtl. 71/127 SAE J 834 SAE J 985
	Aug-Ellipse:	ISO 4513 SAE J 941

tung und Anwendung der Farben von Kontroll- und Warnleuchten, Tabelle 6 Farben von Bedienteilen. *Fiala*

Antiblockierregler →Bremse

Antrieb.

1. Fördertechnik. Die A. erzeugen die zur Arbeit des Fördermittels notwendigen mechanischen Bewegungen durch Umformen der dem Gerät zugeführten Energie in Bewegungsenergie und weitere Umwandlung dieser erzeugten Bewegungsenergie in die gewünschte Bewegungsform.

Die Energie wird zugeführt als Gravitationsenergie bei Schwerkraft-A., Muskelenergie bei Hand-A., elektrische Energie bei Elektro-A. und chemische (Verbrennungs-)Energie bei A. mit Verbrennungskraftmaschinen oder Dampfmaschinen. Die Energieübertragung auf die bewegten Teile des Fördermittels kann mechanisch durch Kurbel- oder Rädergetriebe, elektrisch, hydraulisch oder pneumatisch erfolgen. Die A. werden somit zweckmäßig durch Angabe beider Energieformen gekennzeichnet; gebräuchliche Kombinationen bei Fördermitteln sind:

□ elektro-mechanischer A. (z. B. bei Brückenkranen),
□ elektro-hydraulischer A. (z. B. bei Flurförderern),
□ diesel-mechanischer A. (z. B. bei Baggern),
□ benzin-hydraulischer A. (z. B. bei Lademaschinen),
□ diesel-elektrischer A. (z. B. bei Eisenbahndrehkranen).

Der elektrische A. ist grundsätzlich billiger, weniger störanfällig und damit wirtschaftlicher als der A. durch Verbrennungskraftmaschinen. Seine Grenzen werden vom geforderten Aktionsradius des Fördermittels bestimmt. Zum A. freizügig ortsveränderlicher →Fördermittel werden Verbrennungskraftmaschinen als A.-Aggregat oder in Verbindung mit einem Generator als Energiewandler bevorzugt. Schwerkraft- und Handantriebe haben wegen des begrenzten Anwendungsgebiets nur geringe Bedeutung. Die Steuerung der A. erfolgt mechanisch, elektrisch, hydraulisch oder pneumatisch. Durch die Vielfalt der Kombinationen von Bewegungs- und Steuerungsenergie ergeben sich innerhalb gleicher Gerätetypen unterschiedliche konstruktive Lösungswege, die bei der vergleichenden Beurteilung stets in die Betrachtung einbezogen werden müssen.

Die Auswahl des A. richtet sich nach dem Einsatz, der Betriebsweise, der Benutzungshäufigkeit und nach der Kennlinie der Arbeitsmaschine. Vor- und Nachteile der verschiedenen Antriebsarten lassen sich nur auf Grund der besonderen Eigenheiten der Fördermittel beurteilen. *Jünemann*

Anthropotechnik. Tabelle 5: Farben der Kontroll- und Warnleuchten.

Farbe	Bedeutung	Anwendung
blau		Fernlicht an, Motor kalt
rot (störend auffallend)	Gefahr! Sofort handeln!	Motortemperatur zu hoch, Öldruck zu gering, Funktionsstörung der Bremsanlage (Bremsflüssigkeitsmangel, Ausfall von ABS oder Bremskreis), Feststellbremse nicht gelöst, Sicherheitsgurt nicht angelegt, Ladekontrolle, Kraftstoffreserve, vordere Fahrzeughaube entriegelt, Reifenluftdruckmangel
gelb (gut sichtbar)	Warnung! Handeln evtl. nötig	Kaltstarteinrichtung, Nebelschlußleuchte, Heckscheibenheizung, Windschutzscheibenheizung, Schaltanzeige, Kraftstoff-Füllstand/-Verbrauch, Diesel-Vorglüheinrichtung, Bremsbeläge, ABS nicht eingeschaltet, Rundumlicht (Blaulicht) eingeschaltet, Fernlicht an (wenn blau technisch nicht möglich)
grün	Richtig in Funktion, eingeschaltet	Fahrtrichtungsanzeiger, Nebelscheinwerfer, ABS, Klimaanlage, Begrenzungsleuchten, beheizter Außenspiegel usw.

Anthropotechnik. Tabelle 6: Farben von Bedienteilen.

Farbe	Bedeutung	Anwendung
blau	kalt	Kaltluft, Frischluft
rot	Gefahr, heiß	Warmluft, Auslösung Sicherheitsgurt
weiß	Kontrast zur Grundfarbe	Symbole der Bedienteile

2. pneumohydraulischer. Die Arbeitsgeschwindigkeit der einfach aufgebauten, daher billigen pneumatischen A. ist wegen der Expansion der Druckluft bei unterschiedlichen Belastungen oder bei verschiedenem Speisedruck nicht konstant. Die Verwendung elektronischer Servoventile im Regelkreis bietet gutes Betriebsverhalten, erfordert aber großen Aufwand.

In p. Vorschubgeräten erfolgt der A. mit dem einfachen pneumatischen Zylinder, der mit einer ölhydraulischen Vorlage kombiniert ist. Die Größe der Arbeitsgeschwindigkeit wird durch Drosseln im Flüssigkeitsstrom eingestellt. Sie bleibt durch angepaßte Drosselcharakteristiken auch bei größeren Lastschwankungen gut konstant.

Schaltungstechnisch lassen sich zwei Lösungen angeben. In dem dargestellten Vorschubgerät (Bild) wirkt der Pneumatikkolben direkt auf die Kolbenstange. Mit dieser verbunden ist der Kolben in der Ölvorlage, der beim Vorschub das Öl durch die Umlaufkanäle und die dort eingebauten Verstelldrosseln auf die Kolbenrückseite verschiebt. Zum entlasteten Rücklauf strömt das Öl durch das in den Kolben eingebaute Rückschlagventil.

In einer zweiten Bauart treibt der Pneumatikzylinder den Kolben einer Ölpumpe. Der hier erzeugte Ölstrom wird durch Regeldrosselventile eingestellt und in einen Hydraulikzylinder als Abtrieb geleitet. Durch angepaßte Wahl der Kolbendurchmesser ist eine Kraftverstärkung möglich (pneumohydraulischer Pressenantrieb). *Röper*

Antriebskonzept. Die typischen A. sind: Frontantrieb für Pkw und leichte Nutzfahrzeuge, Standardantrieb für Pkw und Lkw, Heckmotor für Omnibusse, Mittelmotor für Rennwagen, Allradantrieb für geländegängige Fahrzeuge und extreme Straßenverhältnisse bzw. kleines Leistungsgewicht.

Der Lage von Motor und Getriebe kommt wegen der Massenkonzentration, des Raumbedarfs und der Belastung der Antriebsachse große Bedeutung zu (Bild).

Standardantrieb. Er hat sich bei der Entwicklung des Autos bald herausgebildet: Motorgetriebeblock früher hinter, heute auf der Vorderachse, Kardanwelle zur Hinterachse. Vorteilhaft sind die gute Zugänglichkeit und Kühlung des Motors, der einfache Antrieb der ungelenkten Hinterachse und die ungestörte Nutzbarkeit des hinteren Fahrzeugteils. Die Anordnung „Motor vorn, schnelle Welle, Getriebe-Achsantriebskombination hinten (*transaxle*)" blieb auf wenige Pkw beschränkt. Sie vermei-

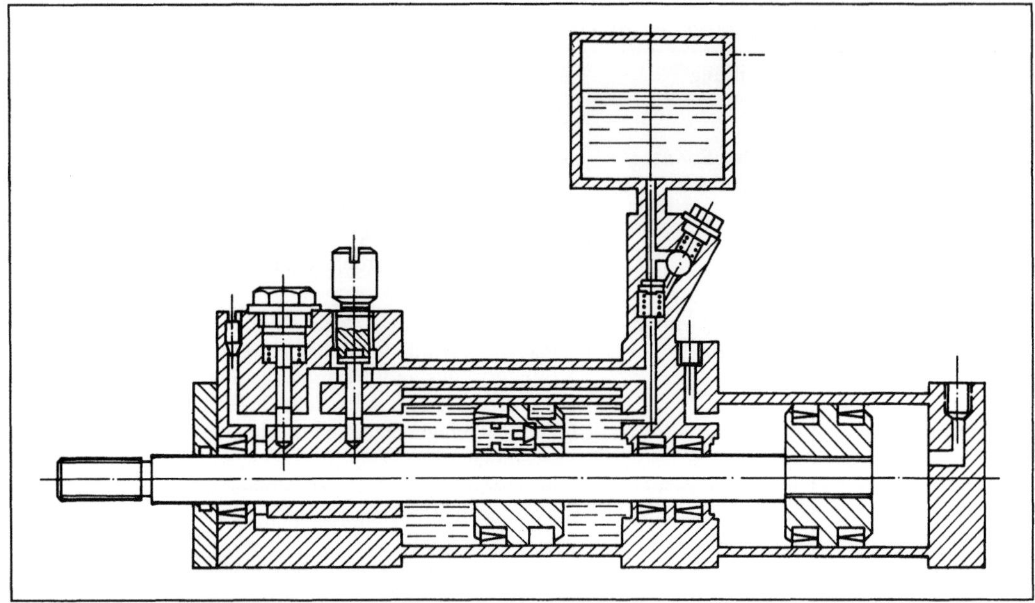

Antrieb, pneumohydraulischer: Vorschubgerät.

det durch das hinten liegende Getriebe in einem gewissen Umfang das Problem der geringen Belastung der Antriebsachse beim Standardantrieb. Bei Lkw ist auch liegende Motoranordnung zwischen den Achsen möglich.

Heckmotoranordnung. Sie bringt zwar hohe Belastung der angetriebenen Hinterräder, beansprucht aber den Raum, in dem vorteilhaft Kraftstoffbehälter und Kofferraum untergebracht werden. Dafür steht dann nur der Raum vor und auf der Vorderachse zur Verfügung, der zerklüftet ist und oft

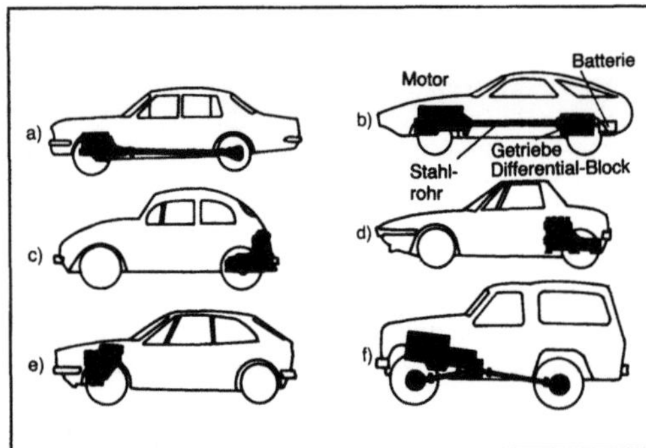

Antriebskonzept: Antriebsarten:

(Fachkunde Kraftfahrzeugtechnik, Wuppertal).

a) Standardantrieb
b) Transaxle
c) Heckmotor
d) Mittelmotor
e) Frontmotor
f) Allradantrieb.

zusätzlich von Wasserkühler und dessen Luftführung in Anspruch genommen wird. Für Omnibusse hat sich das Heckmotorkonzept durchgesetzt.

Mittelmotoranordnung. Hierfür treffen die gleichen Argumente wie für den Heckantrieb zu. Die Motorlage nahe am Schwerpunkt ermöglicht kleines Trägheitsmoment um die Hochachse. Deshalb bevorzugtes Konzept für Renn- und Sportfahrzeuge.

Frontantrieb. Er setzt sich für Pkw immer mehr durch: Das Antriebsaggregat liegt gut zugänglich und gekühlt längs oder quer auf bzw. vor der Vorderachse. Die angetriebene Vorderachse ist gut belastet, der restliche Fahrzeugteil ist gut nutzbar; Allradantrieb ist gut ergänzbar.

Allradantrieb. Er gestattet die volle Nutzung des Adhäsionsgewichtes zum Antrieb insbesondere, wenn die Zugkraft (→Kraftübertragung Allradantrieb) der augenblicklichen Achslast entsprechend verteilt wird.

Beim Beschleunigen mit a (m/s^2) wird beim Frontantrieb die Antriebsachse um G·a·h/l entlastet, beim Hinterradantrieb belastet (G Masse des Fahrzeugs, h/l Verhältnis von Schwerpunkthöhe zu Radstand). Beim Frontantrieb sind daher langer Radstand und geringe Schwerpunkthöhe zum Vermeiden von Schwierigkeiten beim Anfahren auf glatter Fahrbahn von Bedeutung. Die Inanspruchnahme des verfügbaren Kraftschlusses durch die Vortriebskraft führt beim Standardantrieb zum Ausbrechen des Hecks.

Die elektronische *Antriebsschlupfregelung (ASR)* vermeidet den Kraftschlußverlust der angetriebenen Räder und regelt den Schlupf in dem günstigsten Bereich von 0,2–0,4 ein (→Bremse). Die Regelung bremst einerseits über Pumpe, Druckspeicher und Magnetventil oder über Bremssteller das zum Durchdrehen neigende Rad und nimmt andererseits das Motordrehmoment zurück. Bei Geschwindigkeiten unter 40 km/h erfolgt die Regelung nach dem Prinzip „select high", d. h. die Adhäsion des Rades mit der besseren Haftung wird ausgenutzt, das andere Rad gebremst. Bei Geschwindigkeiten über 40 km/h wird nach dem Prinzip „select low" geregelt, d. h. das Antriebsmoment für beide Räder wird soweit zurückgenommen, daß es auch ohne Bremsen nicht zum Durchdrehen kommt. Dadurch werden evtl. schwierig auszumanövrierende Giermomente vermieden. Die direkte Verbindung von Gaspedal zum Motor ist auf eine Notbetätigung bei Ausfall der Anlage beschränkt. Die Drosselklappe wird über einen Stellmotor – von einem Sollwertgeber am Gaspedal moduliert – durch die ASR-Elektronik betätigt. *Fiala*

Antriebsleistung. Unter A. versteht man die Leistung, die ein Antriebsmotor an seinem Wellenende zum Antrieb einer Last, d. h. z. B. einer Maschine oder eines Fahrzeugs, zur Verfügung stellt.

Folgende Grundgleichungen werden zur Ermittlung der Leistung P angesetzt:

□ für translatorische Bewegungen:

$$P = F_A \cdot v \tag{1}$$

F_A erforderliche Kraft, v Geschwindigkeit.

□ für rotatorische Bewegungen:

$$P = M_A \cdot \omega \tag{2}$$

M_A erforderliches Drehmoment, ω Winkelgeschwindigkeit $= 2 \cdot \pi \cdot n$.

In beiden Fällen ist der Gesamtwirkungsgrad η_G der Kraft- bzw. Drehmomentübertragung zu berücksichtigen. Die Gleichungen sind mit $1/\eta_G$ zu multiplizieren. Der Gesamtwirkungsgrad muß die Einzelwirkungsgrade aller Übertragungsglieder (Lager, Getriebe) enthalten: $\eta_G = \eta_1 \cdot \eta_2 \ldots$

Die Formeln (1) und (2) enthalten nur die Leistung, die für die Bewegung der Last im Beharrungszustand benötigt wird. Zur Beschleunigung auf die entsprechende Geschwindigkeit oder Drehzahl wird i. a. zusätzlich eine Beschleunigungsleistung notwendig. Diese wird aus dem zu beschleunigenden Trägheitsmoment, der geforderten Anlaufzeit und aus dem sich daraus ergebenden Drehmoment ermittelt.

□ Beschleunigungsdrehmoment $M_B = \dfrac{J\omega}{t_A}$; darin bedeuten J Trägheitsmoment, ω Winkelgeschwindigkeit, t_A Anlaufzeit.

□ Beschleunigungsleistung $P_B = M_B \cdot 2 \cdot \pi \cdot n$.

Außerdem ist die Betriebsart (relative Einschaltdauer, Spieldauer, Anzahl der Anläufe pro Stunde) von Einfluß. Es kann sich daraus eine Erhöhung oder ggf. auch eine Erniedrigung der A. ergeben.

Weitere Einflußgrößen sind:

□ Aufstellhöhe des Antriebs. Eine Reduktion der vom Antrieb abgebbaren Leistung wird meist ab ca. 1 000 m ü. NN notwendig (Bild);

□ Umgebungstemperatur. Die zulässige Umgebungstemperatur hängt von der Isolierstoffklasse ab (Bild);

□ Betrieb in gefährlicher Atmosphäre erfordert ggf. Explosionsschutz. *Stüben*

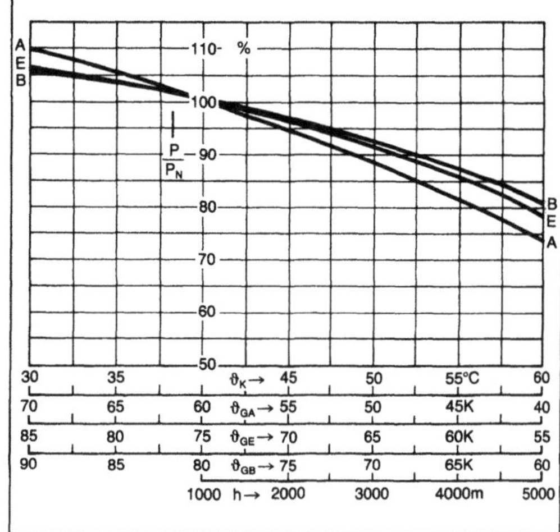

Antriebsleistung: Einfluß der Aufstellhöhe und der Kühlmittel- bzw. Umgebungstemperatur auf die Antriebsleistung. (Quelle: Rentzsch a. a. O.)

ϑ_K Temperatur des Kühlmittels, ϑ_{GA} Grenz-Übertemperatur bei Isolierstoffklasse A, ϑ_{GE} Grenz-Übertemperatur bei Isolierstoffklasse E, ϑ_{GB} Grenz-Übertemperatur bei Isolierstoffklasse B

Literatur: *Rentzsch, H.:* Handb. Elektromotoren. Hrsg. v. Brown, Boveri & Cie. AG, Mannheim. Essen 1980.

Antriebssystem, elektrisches. E. A. bestehen aus der Kette Stromquelle (Netz), ggf. Stellglied, Elektromotor und ggf. Anpassungs- oder Schaltgetriebe (Tabelle 1 und 2).

Der Aufbau eines A. ist abzustimmen auf die Forderungen, die durch den Betrieb des anzutreibenden Systems gegeben sind. Hauptanwendungsgebiete sind:

□ Antriebe für Produktions- und Fördermaschinen aller Art in der Industrie,

□ Antriebe für Verkehrseinrichtungen (elektrische Bahnen, Elektroautos usw.),

□ Antriebe für Geräte in Haushalt, Büro, Labor usw.

Für den Aufbau eines A. gelten folgende Kriterien:

□ Leistungs- bzw. Drehmomentbedarf der Last.

□ Erforderliche Antriebscharakteristik.

□ Drehzahl, ggf. Drehzahlbereich.

□ Drehrichtungen.

Antriebssystem, elektrisches. Tabelle 1: Übersicht über elektrische Antriebssysteme – Motor, Netz und Stellglieder.

Motorart	Stromquelle	Stellglied/Steuerung	Leistungsbereich kW	Drehzahl	Drehzahlbereich
Universalmotor	Batterie/Einphasennetz	evtl. Anlaßsteuerung	< 0,5	konst	+
Gleichstrommotor	Gleichstromnetz	evtl. Anlaßsteuerung	> 0,5–1100	konst	+
		Gleichstromsteller	> 0,5–2500	variabel	bis 1 : 1000
	Wechselstromnetz	Stromrichter	> 0,5–10	variabel	1 : 50 bis 1 : 1000
	Drehstromnetz	Leonardsatz (alte Technik)	> 5–1000	variabel	bis 1 : 50
		Stromrichter	> 10–2000	variabel	1 : 300 bis 1 : 1000
Gleichstrom-Servomotor	Wechsel- oder Drehstromnetz	Stromrichter (Transistor- oder Thyristorausführung)	> 0,1–50	variabel	bis 1 : 5000
Schrittmotor	Gleichstrom oder Netzgerät	Impulsgenerator	< 10	variabel	1 : 5000
Wechselstrommotor	Wechselstromnetz	evtl. Anlaßsteuerung	< 0,5	konst	+
Drehstrom-Kurzschlußläufer-Motor	Drehstromnetz	evtl. Anlaßsteuerung (Stern-Dreieck, KUSA)	> 0,5	konst	+
		Drehstromsteller	> 1–200	variabel	1 : 10
		Umrichter	> 1–1000	variabel	bis 1 : 100
Drehstromservomotor		Umrichter (Wechselrichter)	> 0,5–50	variabel	bis 1 : 10000
Drehstrom-Kurzschlußläufermotor, polumschaltbar		Schützsteuerung	> 1–50	Stufen	max. 1 : 6
Drehstrom-Schleifringläufermotor		Anlaßwiderstand	> 10–2000	konst	+
		untersynchrone Stromrichterkaskade	> 200	variabel	bis 1 : 10
Drehstrom-Kommutatormotor		Bürstensteuerung	> 10–1500	variabel	bis 1 : 10
Drehstrom-Synchronmotor		Anlaßsteuerung bei Hochleistung	0,01–20000	konst	+
		Umrichter	400–20000	variabel	bis 1 : 20

□ Betriebsbedingungen (Betriebsarten): Anlauf: leer oder unter Last, Schweranlauf; Anläufe pro Zeiteinheit; Bremsen: durch Reibung, generatorisch oder durch getrennte Bremse; Zeitbedingungen hierzu: Anlauf-Bremszeit.

□ Umgebungsbedingungen: Umgebungstemperatur; Atmosphäre: staubig, feucht, Gase (Ex-Schutz); Aufstellungshöhe (→Antriebsleistung).

□ vorhandenes Netz: Gleichstrom, Wechselstrom, Drehstrom; Netzfrequenz bei Wechsel- und Drehstrom; zulässige Netzrückwirkungen.

Die Entwicklung elektrischer A. ist seit der Erfindung des Elektromotors ständig im Fluß. Die Ziele der Entwicklung sind besonders in den letzten Jahren:

□ Reduzierung des Leistungsgewichts und des Leistungsvolumens bei Motoren und Stellgliedern,

□ Verbesserung spezifischer Merkmale wie Drehzahlregelbereich, dynamische Eigenschaften (Trägheitsmoment, Spitzendrehmoment), Laufruhe, Geräuschpegel

□ Wartungsbedingungen.

Antriebssystem, elektrisches. Tabelle 2: Übersicht über elektrische Antriebssysteme – Motor und nachgeschaltete Mechanik.

Motordrehzahl konstant					Motordrehzahl stufenlos verstellbar		
(M)	(M)	(M)	(M)	(M)	(M)	(M)	(M)
direkt gekuppelt	fest Getriebestufe	von Hand schaltbares Getriebe	Getriebeschaltung elektromagnetisch	stufenlos veränderbares Getriebe	direkt gekuppelt	fest Getriebestufe	schaltbares Getriebe
Arbeitsmaschine	Arbeitsmaschine	Arbeitsmaschine	Arbeitsmaschine	Arbeitsmaschine	Arbeitsmaschine	Arbeitsmaschine	Arbeitsmaschine
Abtriebsdrehzahl konstant		Abtriebsdrehzahl in Stufen verstellbar			Abtriebsdrehzahl stufenlos verstellbar		

Lange Jahre war der drehzahlverstellbare Gleichstromantrieb – zunächst als Leonardantrieb, später und heute noch mit Stromrichterspeisung – der Antrieb, der die meisten Forderungen mit Ausnahme der Wartungsfreiheit befriedigen konnte.

Seit ca. 1980 trat der drehzahlverstellbare Drehstromantrieb mit Umrichterspeisung immer mehr in den Vordergrund. Die Ursache waren Fortschritte in der Entwicklung wirtschaftlich einsetzbarer →Umrichter. Der Drehstromantrieb erfüllt die Forderungen nach Wartungsfreiheit, kann in Ex-Ausführung hergestellt werden und ist für den Betrieb in staubiger oder feuchter Atmosphäre geeignet. Auf der mechanischen Seite führten die immer größer werdenden Drehzahlbereiche der Antriebe zur Vereinfachung oder gar zum Fortfall von Getrieben, wodurch auch Verschleiß und Wartung zurückgingen.

Die Ausschöpfung aller Möglichkeiten moderner elektrischer Antriebe wird noch einige Zeit in Anspruch nehmen, während der alle Stromrichterarten weiter entwickelt werden. Moderne Leistungshalbleiter und die Mikroelektronik lassen noch weitere Fortschritte erwarten. *Stüben*

Antriebs-, Trag- und Führungssystem, elektrisches. Für das Fahren von elektrischen Bahnen mit Geschwindigkeiten über 350 km/h sind A.-T.- und F. notwendig, die die erhöhten Forderungen bezüglich der Schubkraft gegen die steigenden Luftwiderstände erfüllen. Die Systeme sollen dazu umweltfreundlich, d. h. geräuscharm und möglichst abgasfrei sein. Die Rad-Schiene-Übertragungssysteme bisheriger Bauart sind hierzu nicht in der Lage. Es werden z. Z. folgende Systeme entwickelt und erprobt:

□ das elektromagnetische System,

□ das elektrodynamische System und

□ das Luftkissensystem.

Elektromagnetisches System. Das elektromagnetische System besteht aus zwei Systemkreisen:

□ dem elektromagnetischen Trag- und Führungssystem,

□ dem Antriebssystem mit Linearmotor.

Das Trag- und Führungssystem benutzt die anziehende Kraft konventioneller Elektromagnete gegenüber einer ferromagnetischen Schiene (Bild) zum Tragen und Führen des Fahrzeugs. Da die Anordnung instabil ist, wird eine sehr schnelle und genaue Steuer- und Regeleinrichtung benötigt. Außerdem muß eine unterbrechungsfreie Stromversorgung vorhanden sein, damit die geringe Schwebehöhe von 15–30 mm eingehalten werden kann.

Für das Antriebssystem werden Linearmotoren eingesetzt. In den Versuchsanordnungen wurden zwei Varianten erprobt:

a) Stator am Fahrzeug, Sekundärteil (R Läufer eines Motors) auf der Strecke;

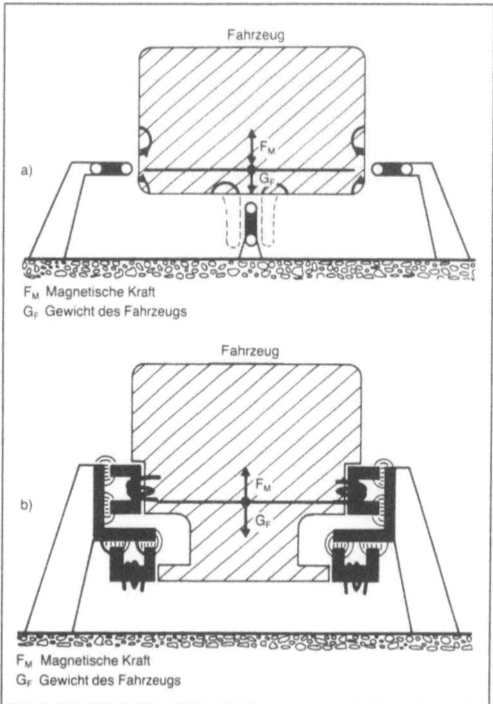

Antriebs-, Trag- und Führungssystem, elektrisches:
a) Elektromagnetisches
b) elektrodynamisches Schwebesystem.

b) die sog. Langstatoranordnung (Stator auf der ganzen Strecke), Reaktionsteil am Fahrzeug.

Bei der Anordnung a) ist die Stromzuführung auf das Fahrzeug problematisch bezüglich der Betriebssicherheit bei Geschwindigkeiten über 300 km/h.

Bei der Anordnung b) entfällt das Problem, da die Stromzuführung zum Langstator auf der Strecke erfolgt. Dafür ist aber eine eigene Energieerzeugung für Heizung, Beleuchtung und Hilfsbetriebe notwendig.

Der Leistungsbedarf wird mit 3–6 kW/t Fahrzeuggewicht für das Tragen und den gleichen Betrag für das Führen des Fahrzeugs angegeben. Zusätzlich sind bei höheren Fahrgeschwindigkeiten ca. 10 kW/t zur Deckung der Wirbelstromverluste bei massiven Trag- und Führungsschienen erforderlich.

Elektrodynamisches System. Dieses System benutzt supraleitende Spulen auf dem Fahrzeug. Diese erzeugen bei der Bewegung des Fahrzeugs durch ihr starkes magnetisches Feld in Kurzschlußspulen auf der Strecke oder in homogenen Schienen Ströme, die abstoßende Kräfte zur Folge haben (Bild). Durch paarweise Anordnung der supraleitenden Spulen kann mittels einer kreuz- oder T-förmigen Konzeption der Tragschiene eine Trag- und gleichzeitig Führungsfunktion erreicht werden. Dieses

System bedarf keiner zusätzlichen Steuerung und Regelung, da es von sich aus stabil ist. Der Schwebeabstand beträgt etwa 10–30 cm. Die Schwebewirkung erfolgt allerdings erst bei der Fahrzeugbewegung. Daher sind bei Stillstand und bei Geschwindigkeiten bis ca. 50 km/h Räder zum Tragen und Führen notwendig.

Solange die zur Aufrechterhaltung der Supraleitung notwendige Temperatur von −268 °C gehalten wird, führen die supraleitenden Spulen den eingespeisten Strom ohne Nachspeisung weiter. Dadurch ist das System von einer externen Stromversorgung unabhängig. Auch bei Störungen wird der Strom noch solange weitergeführt, bis auch bei Hochgeschwindigkeitsfahrten ein Herunterbremsen auf eine Geschwindigkeit erfolgt ist, die das Weiterfahren mit den Rädern ermöglicht. Die supraleitenden Spulen werden in Kühlgefäßen mit Helium gekühlt. Als Antrieb werden hier ebenfalls Linearmotoren wie beim elektromagnetischen System vorgesehen.

Zur Zeit wird der Entwicklung des elektromagnetischen Systems der Vorzug gegeben. Eine Versuchstrecke ist in der Bundesrepublik Deutschland im Emsland gebaut worden. In den USA werden Einzelstrecken mit diesem System projektiert. Eine praktische Einführung in Europa ist derzeit noch nicht abzusehen. *Stüben*

Literatur: *Müller, S.:* Elektrische und dieselelektrische Triebfahrzeuge. Basel.

Anwendungsfaktor. Bei der Auslegung von Getrieben legt man i. a. die Nennleistung der Antriebs- bzw. Abtriebsmaschine zugrunde. Lastüberhöhungen, die sich während des Betriebes aus der Antriebsweise oder aus dem Arbeitsprozeß ergeben können, werden mit dem A. K_A erfaßt.

Nach Möglichkeit sollte K_A nach den Regeln der Betriebsfestigkeit aus einem Belastungskollektiv und einer Belastbarkeitsgrenze (z. B. Wöhlerlinie) ermittelt werden. Im Bild ist der Belastbarkeitslinie (liegt bei einsatzgehärteten und vergüteten Zahnrädern geringfügig, bei nitrierten Zahnrädern deutlich unter der Wöhlerlinie) ein nach Laststufen und entsprechenden Lastspielzahlen geordnetes Belastungskollektiv gegenübergestellt.

Nach der Hypothese der linearen Schadensakkumulation nach *Miner* entspricht das Kollektiv dem einstufigen Ersatzkollektiv mit dem äquivalenten Moment T_{eq} und der äquivalenten Lastspielzahl N_{eq}:

$$T_{eq} \left((\Delta N_1\, T_1^p + \Delta N_2\, T_2^p + \ldots)/N_\Sigma \right)^{1/p} \qquad (1),$$

$$N_{eq} = N_\infty\, (T_\infty /T_{eq})^p \qquad (2);$$

N_Σ umfaßt die Gesamtzahl aller Lastspiele des Kollektivs, der Exponent p kennzeichnet die Steigung der Belastbarkeitsgeraden. Der A. ist als das

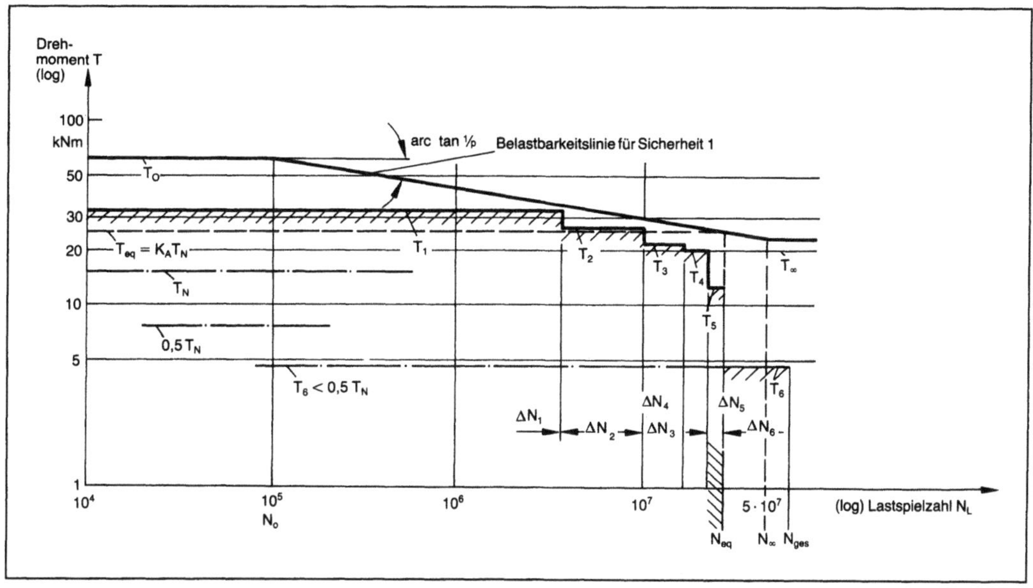

Anwendungsfaktor: Zur Bestimmung des Anwendungsfaktors K_A. (Quelle: Niemann, Winter)

Beispiel von Belastbarkeitslinie und Belastungskollektiv, $T_i < 0,5\ T_N$ bleiben unberücksichtigt.

Anwendungsfaktor. Tabelle 1: K_A für Zahnradgetriebe. (Quelle: DIN 3990).

Arbeitsweise der Antriebsmaschine	Arbeitsweise der getriebenen Maschine			
	gleichmäßig (uniform)	mäßige Stöße (moderate)	mittlere Stöße	starke Stöße (heavy)
gleichmäßig (uniform)	1,00	1,25	1,50	1,75
leichte Stöße	1,10	1,35	1,60	1,85
mäßige Stöße (moderate)	1,25	1,50	1,75	2,0 oder höher
starke Stöße (heavy)	1,50	1,75	2,0	2,25 oder höher

Anwendungsfaktor. Tabelle 2: Beispiele für die Arbeitsweise von Antriebsmaschinen.

Arbeitsweise	Antriebsmaschine	getriebene Maschine
gleichmäßig	Gleichstrommotor	Förderschnecke
leichte Stöße	Dampfturbine	Generator
mäßige Stöße	Mehrzylinder-Verbrennungsmotor	Kolbenpumpe
mittlere Stöße	Elektromotor	Hubwerk
starke Stöße	Einzylinder-Verbrennungsmotor	Schaufelradbagger

Verhältnis von äquivalentem Moment zu Nennmoment definiert:

$$K_A = T_{eq}/T_N \qquad (3).$$

Das mit $T_N\,K_A$ belastete Getriebe erreicht theoretisch die gleiche Lebensdauer wie bei Belastung durch das wirkliche Belastungskollektiv. In der Praxis jedoch sind z. T. erhebliche Unterschiede gemessen worden.

K_A kann für die Grübchen und die →Zahnfußtragfähigkeit verschieden sein, da die charakteristischen Werte der Belastbarkeitslinie verschieden sind (Bild, Einfluß der Beanspruchung, des Werkstoffs, der Wärmebehandlung). Wenn man das Belastungskollektiv des Getriebes nicht kennt, kann man für K_A etwa die Werte nach Tabelle 1 annehmen. Tabelle 2 gibt einige Beispiele für die Arbeitsweise von Antriebsmaschinen und getriebenen Maschinen. *Winter*

Literatur: DIN 3990: Grundlagen für die Tragfähigkeitsberechnung von Gerad- und Schrägstirnrädern Tl. 1: Einführung in allgemeine Einflußfaktoren. Hrsg. Dt. Inst. für Normung. Ausg. Dez. 1987. – *Haibach, E.,* u. *E. Gassner:* Modifizierte Schadensakkumulationshypothese zur Berücksichtigung des Dauerfestigkeitsabfalls mit fortschreitender Schädigung. Techn. Mitt. 50 (1970), S. 55/57. – *Niemann, G.,* u. *H. Winter:* Maschinenelemente. Bd. II, III. Berlin, Heidelberg, New York 1985. – *Rettig, H.,* u. *X. Wirth:* Stoßartige Belastung an oberflächengehärteten Zahnrädern. Antriebstechnik 15 (1976), S. 477/82. – *Schütz, W.,* u. *H. Zenner:* Schadensakkumulationshypothesen zur Lebensdauervorhersage bei schwingender Beanspruchung. Z. Werkstofftechn. (1973), S. 25/33, S. 97/103.

Anzapf-Kondensations-Dampfturbine. Dampfturbine als Kondensationsmaschine, bei der Teilmengen des Dampfstroms durch die Turbine über Anzapfungen zwischen den Turbinenstufen aus der Maschine herausgeführt werden (Bild 1).

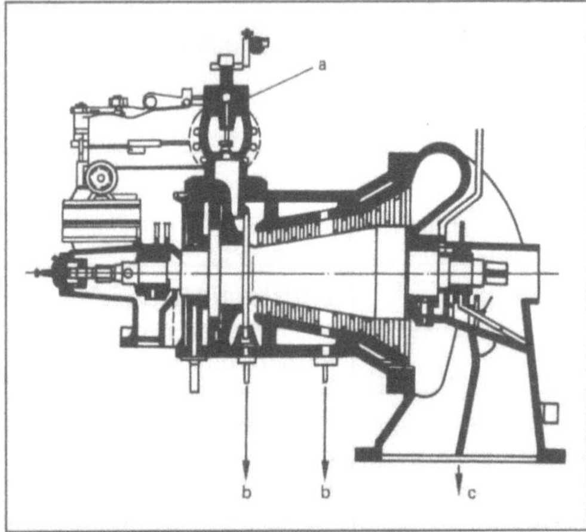

Anzapf-Kondensations-Dampfturbine 1: Längsschnitt durch Maschine mit 2 Anzapfungen.

a Regelventil für Zudampf, b Anzapfdampf, c Abdampf

Durch die Expansion stellt sich der Druck- und der Temperaturverlauf des Dampfes in der Turbine und damit auch der Dampfzustand an den Anzapfstellen ein. Er ändert sich mit der Belastung der Turbine. Der Dampf aus der →Anzapfung wird zur Vorwärmung des Speisewassers im Dampfkraftprozeß, als Prozeßdampf und zur Auskopplung von Wärmeenergie für Fernheiznetze verwendet.

In allen Dampfkraftwerken zur Stromerzeugung sind A.-K.-D. eingesetzt. Wird vom Dampfverbraucher ein konstanter Druck gefordert, muß man bei Teillastbetrieb der Dampfturbine auf Anzapfungen umschalten, die bei Vollast mit höheren Drücken arbeiten. Man spricht dann von einer Wanderanzapfung.

Alternativ dazu kann der Druck an der Anzapfstelle durch ein →Regelventil vor den nachfolgenden Turbinenstufen konstant gehalten werden. Eine derartige, im Druck geregelte Auskopplung von Dampf aus dem Expansionsprozeß in der Turbine wird *Entnahme,* die entsprechende Dampfturbine mit →Kondensation *Entnahme-Kondensations-Dampfturbine* genannt. Diese in Bild 2 dargestellte Turbine ist vergleichsweise aufwendiger und teurer als die A.-K.-D.

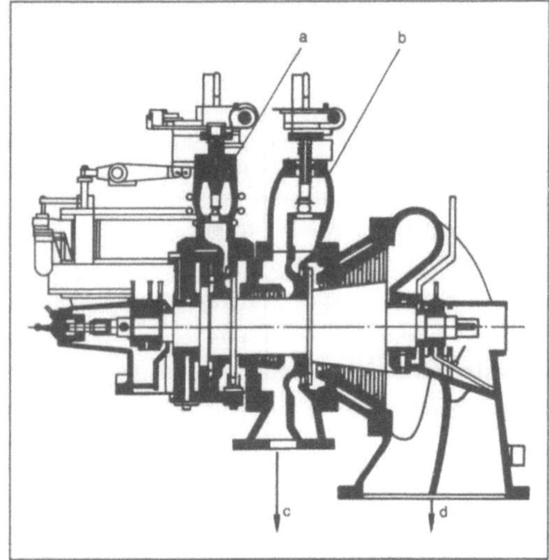

Anzapf-Kondensations-Dampfturbine 2: Längsschnitt durch Entnahme-Kondensations-Dampfturbine.

a Regelventil für Zudampf, b Regelventil für Entnahmedampf, c Entnahmedampf, d Abdampf

Die über die Anzapfung bzw. Entnahme auszukoppelnde Wärmeleistung ist in weiten Grenzen unabhängig von der Turbinenleistung. Damit ist das Strom-Wärme-Verhältnis variabel und entsprechend den Bedürfnissen einzustellen im Gegensatz zur →Gegendruckdampfturbine. *Ziemann*

Anzapfung. Entnahme und Herausführen von einem Teil des in die mehrstufige Strömungsmaschine eintretenden Massenstroms auf einem zwischen Ein- und Austritt liegenden Druckniveau. Aus strömungstechnischen Gründen sind die Öffnungen in den Gehäusen für die A. jeweils hinter einer Stufe angeordnet.

Eine derartige Verzweigung des Durchflusses durch die Strömungsmaschine wird dann eingesetzt, wenn verschiedene Massenströme auf unterschiedlichen Druckniveaus durch eine einzige Maschine bereitgestellt werden sollen. Die Anzapfmengen sind klein im Vergleich zum Hauptstrom. Bei Speisepumpen im Kraftwerk wird z. B. eine Teilmenge auf niedrigem Druckniveau zur Versorgung der Einspritzkühler am Zwischenüberhitzer abgezweigt. Um Pumpen in bestimmten Betriebszuständen zu verhindern, wird bei Verdichtern ein Teil des Massenstroms über Abblaseventile in die Atmosphäre abgeleitet. Über A. in Dampfturbinen wird Prozeßdampf und Dampf für die Versorgung von Fernwärmeschienen bereitgestellt.

Zum Erhöhen des thermischen Wirkungsgrads von Dampfkraftprozessen wird die aus der A. in den Turbinen versorgte Speisewasservorwärmung eingesetzt (Bild). Insbesondere bei im →Naßdampf arbeitenden Niederdruckdampfturbinen erfolgt über die A. auch eine Entwässerung oder Dampftrocknung. *Ziemann*

Anzeigensystem. Drucktechnik. Einmalige Datenerfassung an der Datenquelle, also bei der Anzeigenannahme, wobei die nachgeordneten Abteilungen wie Setzerei und Buchhaltung sich dann der im System gespeicherten Daten bedienen. Vorteil: Bei der Anzeigenannahme wird nur noch die Kunden- oder Telephonnummer erfaßt, im technischen System werden damit die benötigten Kundendaten aufgerufen.

Neben der Eingabe von Anzeigen, die als Manuskript vorliegen, können Anzeigen per Telephon oder am Schalter angenommen werden. Administrative, technische und merkantile Daten wie auch die Textdaten selbst werden mit Hilfe einer Bildschirmmaske dem System zur sofortigen Verarbeitung übergeben. Unmittelbar nach der Aufnahme informiert das System über wichtige Daten:

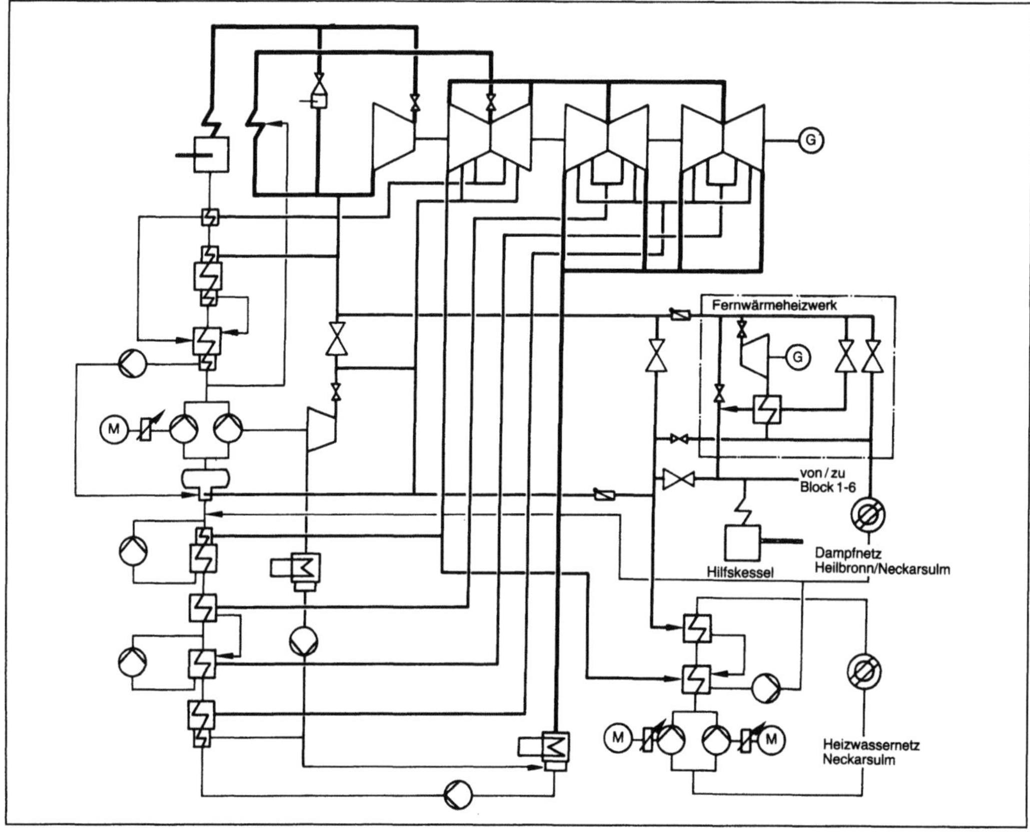

Anzapfung: Wärmeschaltbild des Heizkraftwerkes Heilbronn mit Anzapfungen für die Speisewasservorwärmung und für die Fernwärmeversorgung. (Quelle: BBC)

□ Zeilen, Millimeter oder Worte werden sofort ausgezählt.

□ Der Anzeigenpreis wird errechnet.

□ Ein Alternativpreis für Gesamtausgabe oder Anzeigenkombination wird angegeben.

□ Bonität, Kreditvolumen und Rabattstaffel eines Kunden erscheinen bei Bedarf am Bildschirm.

Das A. verarbeitet sowohl Fließsatzanzeigen als auch gestaltete Anzeigen. Bei Fließsatzanzeigen wird automatisch sortiert, beispielsweise nach Automarken. Für besonders aufwendige Gestaltungen werden Darstellungs- und Gestaltungsbildschirme eingesetzt. *W. Schmid*

Anziehfaktor. Nach dem Anziehen einer Schraube in einer Schraubenverbindung kann die Vorspann-Zugkraft im Schraubenschaft in den Grenzen F_{Vmax} und F_{Vmin} streuen. Das Verhältnis $\alpha_A = F_{Vmax}/F_{Vmin}$ heißt A. Der A. hängt vom Schrauben-Anziehverfahren ab. Je ungenauer das Anziehverfahren ist, um so größer ist der A. und desto stärker muß die Schraube bei gleicher Werkstoffestigkeit dimensioniert werden (s. Tabelle Seite 61). *Federn*

Literatur: *Jllgner, K. H.,* u. *D. Blume*: Schrauben Vademecum. Hrsg. Bauer & Schaurte Karcher. 6. Aufl. 1986. – *Kübler, K. H.,* u. *W. J. Mages*: Handb. der hochfesten Schrauben. Essen 1986. – *Pfaff, H.,* u. *W. Thomalla*: Streuung der Vorspannkraft beim Anziehen von Schraubenverbindungen. VDI-Z. 124 (1982), S. 76/84. – *Strelow, D.*: Bedeutung des Anziehfaktors α_A für die Berechnung von Schraubenverbindungen. VDI-Ber. 478 (1983), S. 33/41.

Anzugsmoment →Drehzahlkennlinie

Aquaplaning →Fahrbahn

Arbeitsaufnahmefähigkeit. Die Fläche unter einer →Federkennlinie ist ein Maß für die A. W einer Feder. Mit der vom Federweg s abhängigen Federkraft F wird

$$W = \int_0^{s_{max}} F \, ds \quad \text{bzw.}$$

$$W_t = \int_0^{\varphi_{max}} M_t \, d\varphi$$

bei Verdrehung.

Für Federn mit geradliniger Kennlinie im Bereich $0 \le s \le s_{max}$ gilt bei Belastung bis zur Kraft F_{max}:

$$W = \frac{1}{2} F_{max} \cdot s_{max} = \frac{1}{2} c \cdot s^2_{max} = \frac{1}{2} \cdot F^2_{max}/c,$$

mit c als Federsteifigkeit (Federrate).

Bei zyklischer, d. h. wechselnder oder schwellender Verformung ist die von der geschlossenen Federkennlinie, der Hystereseschleife, umschlossene Fläche ein Maß für die während eines Lastspiels dissipierte Energie W_D.

Innerhalb des Gültigkeitsbereichs des Hooke-Gesetzes, d. h. mit $\sigma = E\varepsilon$ (E Elastizitätsmodul), gilt für die A. des Werkstoffs bei über den Federquerschnitt A und die Federlänge l gleichmäßig verteilter Zug- oder Druckbeanspruchung σ_{max}:

$$W = \frac{1}{2} V \cdot \sigma_{max} \cdot \varepsilon_{max} \quad (\sigma_{max} = \frac{F_{max}}{A}, \ \varepsilon_{max} = \frac{s_{max}}{1}).$$

Die auf das Volumen $V = A\,l$ bezogene A. bis zur zulässigen Beanspruchung σ_{zul} bzw. τ_{zul} ist dann

$$W_{zul}/V = \frac{1}{2} \frac{\sigma_{zul}^2}{E} \quad \text{bzw.} \quad W_{zul}/V = \frac{1}{2} \frac{\tau_{zul}^2}{G}$$

bei Schubbeanspruchung.

Diese volumenbezogenen zulässigen A. sind Werkstoffkennwerte: Für Federstahl mit z. B.

$$\sigma_{zul} = 400 \ N/mm^2 \ oder$$

$$\tau_{zul} = \frac{1}{3} \sqrt{3} \ \sigma_{zul} = 231 \ N/mm^2$$

und mit $E = 215\,000 \ N/mm^2$ bzw. $G = 80\,000 \ N/mm^2$ werden die entsprechenden Zahlenwerte für W_{zul}/V = $0{,}37\,N/mm^2$ bzw. $0{,}33\,N/mm^2$.

Bei nicht gleichmäßig verteilter Beanspruchung gelten für die einzelnen Volumenelemente in der freien Federlänge die Beziehungen

$$\frac{\Delta W}{\Delta V} = \frac{1}{2} \sigma^2/E \quad \text{bzw.} \quad \frac{\Delta W}{\Delta V} = \frac{1}{2} \tau^2/G,$$

und über das Volumen integriert erhält man

$$W = \frac{1}{2} \frac{\sigma_{max}^2}{E} \cdot \eta_A \cdot V \quad \text{bzw.} \quad W = \frac{1}{2} \frac{\tau_{max}^2}{G} \cdot \eta_A \cdot V \ bei$$

Torsionsbeanspruchung,

mit σ_{max} bzw. τ_{max} als Spannungsspitzenwerte.

Der zur Abkürzung eingeführte →Nutzungsgrad η_A hängt von der jeweiligen Federgestalt und der Beanspruchungsart ab und ist für diese charakteristisch, weil sie die Spannungsverteilung bestimmen. Einige federformeigene Werte für η_A sind merkenswert; z. B. gilt für die ideelle →Blattfeder mit über die freie Länge konstantem Querschnitt und linearer Biegemomentenverteilung $\eta_A = \frac{1}{9}$ oder bei über die Länge konstantem Moment $\eta_A = \frac{1}{3}$. Für einen Drehfederstab mit über die Länge konstantem Kreisquerschnitt gilt $\eta_A = \frac{1}{2}$.

Eine örtliche Spannungserhöhung durch Kerbwirkung wirkt sich auf die ertragbare Arbeitsaufnahmefähigkeit W einer Feder im Quadrat der Kerbwirkungszahl $ß_K$ aus, wenn davon ausgegangen wird, daß die maximale örtlich ertragene Spannung im Verhältnis $l/ß_K$ zurückgeht. *Federn*

Arbeitsbühne →Hebebühne

Anziehfaktor. Tabelle: Richtwerte für den Anziehfaktor α_A bei verschiedenen Anziehverfahren.

Anziehverfahren bei Schraubenmontage	Streuung der Vorspannkraft	α_A	zu wählendes Anziehdrehmoment	Bemerkung
Anziehen mit Vorspannkraftmessung, z. B. durch kalibrierte Schraubenschaftdehnungsmessung	± 5 % *)	1,1 **)	(ergibt sich aus Kraft- bzw. Dehnungsmessung)	
Streckgrenzgesteuertes Anziehen, motorisch oder manuell	± 5 % — ± 12 %	1,1—1,25 **)	stellt sich ein, bis Drehmoment-Drehwinkel-Änderungsverhältnis dM/dφ auf einen vorab eingestellten Bruchteil abgesunken ist	Vorspannkraftstreuung entsprechend Streckgrenzstreuung Schraubendimensionierungs-Grundlage: F_{Vmin}
drehwinkelgesteuertes Anziehen motorisch oder manuell ***)	± 5 % —± 12 %	1,1—1,25 **)	Vorabanziehen mit gleichbleibendem, etwa halben M_{sp}-Tabellenwert	Vorspannmomentwert M_{sp} entweder Tabellen entnehmen oder Vorabanziehdrehmoment experimentell bestimmen
hydraulisches Anziehen mittels Hilfsmutter	±9—±23 %	1,2—1,6	Vorspannkraft über Druck- oder Längenmessung kontrolliert	niedrige α_A-Werte für lange Schrauben ($l_k/d \geq 5$)
drehmomentgesteuertes Anziehen mit Drehmomentschlüssel, u. U. mit signalgebendem Schlüssel	± 17— ± 23 %	1,4—1,6	versuchsmäßig vorab bestimmtes Sollanziehmoment gemäß Längenmessung an der Schraube	elektronische Drehmomentbegrenzung während der Montage bei Präzisionsdrehschraubern
	±23— ± 28 %	1,6—1,8	rechnerisch bestimmt oder nach Tabellen bei Schätzung der Reibungszahlen	höhere Werte für signalgebende oder ausknickende Drehmomentschlüssel
drehmomentgesteuertes Anziehen mit Drehschrauber	± 26— ± 43 %	1,7—2,5	Einstellen über Nachziehmoment-Bestimmung	niedrige Werte bei häufiger Kontrolle über Nachziehmoment
impulsgesteuertes Anziehen mit Schlagschrauber	± 43— ± 60 %	2,5—4	impulsgesteuerte Drehmoment-Tabellenwerte dienen der Einstellkontrolle	Kontrolle über Nachziehmoment. Spielfreie Impulsübertragung Voraussetzung
Anziehen von Hand ohne Drehmomentmessung	± 43— ± 60 %	2,5—4	von Erfahrung abhängig	Kontrolle durch Nachziehdrehmomentmessung (stichprobenartig)

*) Die Streuung der Vorspannkraft hängt nur noch von der Meßunsicherheit ab.
**) Nach VDI 2230 gleich 1 zu setzen; F_{sp} hängt von der Streckgrenze ab.
***) für Schrauben der Festigkeitsklassen nach DIN 267

Arbeitsfluid. Es wird in Arbeitsmaschinen durch Arbeitsübertragung auf höheres Energieniveau gebracht oder gibt in Kraftmaschinen durch Energieentzug mechanische Arbeit ab (Arbeitsprinzip). Von der Art des Fluides (Flüssigkeit, Gas) hängt es ab, wie sich die Zustandsgrößen dabei ändern. Voraussetzung ist jedenfalls, daß sich das Fluid wie ein fließfähiges Kontinuum verhält. *Dibelius*

Arbeitsgangbreite. Abstand zwischen zwei gegenüberliegenden Kommissionierartikeln (z. B. Regalen), abhängig von der Art des Kommissioniersystems und den dabei eingesetzten Kommissioniergeräten. Als A. werden auch die Breiten der Transportwege von Flurfördermittel bezeichnet. *Jünemann*

Arbeitsmaschine. Kennzeichnet Maschine, die zur Erfüllung ihrer Aufgabe eines mechanischen Antriebs bedarf und würde deshalb besser als angetriebene Maschine bezeichnet. Bei Strömungsmaschinen wird durch die Arbeitsübertragung eine Erhöhung der Energie im durchströmenden →Arbeitsfluid erreicht (Arbeitsprinzip). *Dibelius*

Arbeitsmittel. In der Materialflußtechnik bilden Elemente des Stahlbaus (evtl. Betonbau), des Maschinenbaus und der Elektrotechnik eine funktionelle Einheit. Diese funktionelle Einheit ist das Betriebs- oder A.

Die wichtigsten Elemente eines A.- bzw. Betriebsmittels sind:
□ das Fahrwerk/der Stahlbau,
□ die Lastaufnahmeeinrichtungen,
□ der Antrieb,
□ die Steuerungs- und Regelungselemente einschl. Prozeßrechner und Mikrocomputer. *Jünemann*

Arbeitsprinzip. Zum Erklären der Wirkungsweise von *Strömungsmaschinen*. Sie wandeln entweder an der Welle zugeführte mechanische Arbeit in Strömungsenergie des Fluids oder setzen mit dem Fluid zugeführte Energie in mechanische Arbeit um, die an der Welle abgenommen werden kann. Mit Arbeits- oder von außen angetriebenen Strömungsmaschinen werden also potentielle (Druck-) und/oder kinetische (Geschwindigkeits-)Energie der Strömung z. B. in Pumpen oder Verdichtern gewonnen. Mit Kraft- oder treibenden Strömungsmaschinen wird in umgekehrter Richtung mechanische Arbeit zum Antrieb einer →Arbeitsmaschine, z. B. eines Verdichters oder eines elektrischen Generators, zur Verfügung gestellt. Die mechanische Arbeit wird in beiden Fällen über den mit den Laufschaufeln bestückten Rotor zu- oder abgeführt. Die Schaufeln sind in Strömungsrichtung gekrümmt; das zwischen ihnen hindurchströmende Fluid wird durch sie in die Umfangsrichtung oder

aus ihr umgelenkt (Bild 1 und Bild 2). Auf der konkaven Seite der Schaufeln entsteht bei geringerer Geschwindigkeit relativ zu den Schaufeln ein höherer Druck. Auf der konvexen Seite stellt sich bei höherer Relativgeschwindigkeit ein niedrigerer Druck ein. Aus der Druckverteilung resultiert eine Schaufelkraft mit einer Komponente gegen (→Arbeitsmaschine) oder in Richtung der Drehbewegung (Kraftmaschine). Wegen des Drehens (lat. *turbare*) werden Strömungsmaschinen auch Turbomaschinen genannt. Kraftwirkung und Drehbewegung ermöglichen die Arbeitsübertragung.

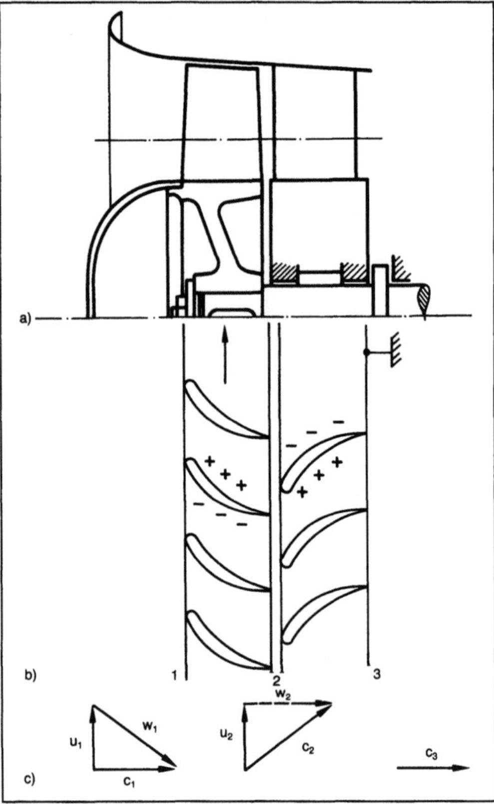

Arbeitsprinzip 1:
a) Schnitt durch Arbeitsmaschine mit
b) Abwicklung eines Zylinderschnitts durch die Schaufeln
c) Geschwindigkeitsdreiecke.

Doch beeinflussen nicht allein die Druckkräfte auf die Schaufeln die Strömung des Arbeitsfluids, sondern auch äußere und innere Reibungskräfte. Um sie zu überwinden, muß zusätzlich mechanische Arbeit bzw. Strömungsenergie aufgewendet werden, die sich in Wärme umwandelt. Deshalb ist sowohl bei Arbeits- wie auch bei Kraftmaschinen die Temperatur und die Entropie am Ende der Zustandsänderung höher, als sie ohne diesen Ver-

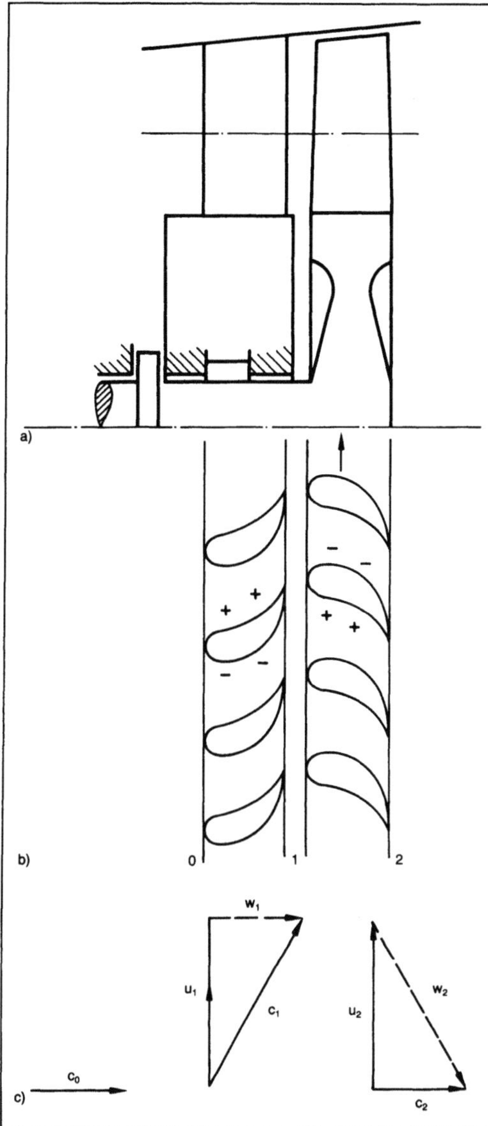

Arbeitsprinzip 2:
a) Schnitt durch Kraftmaschine mit
b) Abwicklung eines Zylinderschnitts durch die Schaufeln
c) Geschwindigkeitsdreiecke.

lust gewesen wäre. Mit dieser im Prinzip nicht gewollten Umwandlung eines Teils der aufgewendeten Energie in Wärme ist ein Verlust an Exergie verbunden. Das Verhältnis der nutzbar umgewandelten zur aufgewendeten Energie bezeichnet man als Wirkungsgrad.

In einer *Arbeitsmaschine* wird das →Arbeitsfluid der Beschaufelung axial zugeführt (Bild 1, Schnitt 1). Beim Eintritt in die sich drehende

Beschaufelung des Laufrads ergibt sich die zu den Laufschaufeln relative Geschwindigkeit aus der vektoriellen Subtraktion der Umfangs-(Führungs-): Geschwindigkeit von der Absolutgeschwindigkeit:

$$\vec{w} = \vec{c} - \vec{u} \qquad (1)$$

oder in Komponentenform:

$$w_m^2 + w_u^2 = c_m^2 + c_u^2 - u^2 \qquad (2).$$

Soll sich der Druck beim Durchströmen der Laufbeschaufelung steigern, so ist in Axialmaschinen (bei gleichbleibender Umfangsgeschwindigkeit) die Relativgeschwindigkeit zu verzögern.

Dazu ist die Relativgeschwindigkeit in die axiale Richtung umzulenken (w_{2u} klein oder null), wenn sich auch die meridionale Komponente (Durchströmgeschwindigkeit in der Ebene durch die Maschinenachse) nicht ändern soll:

$$\Delta h'' = \frac{1}{2} \left(w_1^2 - w_2^2 + u_2^2 - u_1^2 \right) = \frac{y''}{\eta_v''} \qquad (3).$$

Mit $''$ werden die Zustandsänderungen im →Laufrad gekennzeichnet. Die Abkürzung y steht für

$$y'' = \int'' \frac{dp}{\varrho} \qquad (4),$$

der Verdichtungswirkungsgrad ist definiert durch

$$\eta'' \equiv \frac{y''}{\Delta h''} \qquad (5).$$

In zentrifugal durchströmten Radial- und Diagonalmaschinen trägt auch die mit dem Radius zunehmende Umfangsgeschwindigkeit zur Drucksteigerung bei. Am Austritt aus der Laufbeschaufelung (Bild 1, Schnitt 2) ergibt sich die Absolutgeschwindigkeit aus der vektoriellen Addition von Relativ- und Umfangs-(Führungs-)Geschwindigkeit (Gl. (1) nach der Absolutgeschwindigkeit aufgelöst). Wegen ihrer großen Umfangs-(Drall-)Komponente ist hierbei die kinetische Energie groß. Das ist die Folge der Übertragung der spezifischen Schaufelarbeit a durch den Rotor, die sich nach *Euler* ausdrücken läßt als

$$a = c_{u2}u_2 - c_{u1}u_1 \qquad (6).$$

Die kinetische Energie läßt sich zur weiteren Steigerung des Drucks ausnützen. Dazu muß man die Strömung abermals verzögern. Im Gehäuse befestigte Leitschaufeln, das →Leitrad, lenken sie in die meridionale Richtung (Bild 1, Schnitt 3) um.

$$\Delta h' = \frac{1}{2} \left(c_2^2 - c_3^2 \right) = \frac{y'}{\eta'_v} \qquad (7);$$

Lauf- und Leitrad werden zusammen als Stufe bezeichnet:

$$\Delta h_{St} = \Delta h' + \Delta h'' \qquad (8).$$

In einstufigen radialen Arbeitsmaschinen läßt sich das Leitrad auch durch ein Spiralgehäuse ersetzen.

Der Strömung wird sowohl im Lauf- wie auch im Leitrad bei ansteigendem Druck kinetische Energie entzogen ($w_2 < w_1$, $c_3 < c_2$). In reibungsintensiven Zonen, insbesondere in den Strömungsgrenzschichten nahe den Schaufeloberflächen und den Wänden, besteht die Gefahr, daß energiearme Fluidteile den Druckanstieg nicht mehr überwinden können und deshalb von der durch die Wände vorgegebenen Bahn abweichen Ablösung. Deshalb ist die Umlenkung und die aerodynamische Belastung, d. h. die Drucksteigerung, von Verzögerungsgittern beschränkt. Für größere Drucksteigerungen können mehrere Stufen hintereinandergeschaltet werden.

In einer *axialen Kraftmaschine* wird das Fluid der Beschaufelung ebenfalls axial zugeführt. Der Druck ist aber unter Arbeitsabgabe abzusenken. Dementsprechend ist die Strömung relativ zum Laufrad zu beschleunigen, also aus der axialen in die Umfangsrichtung umzulenken ($w_2 > w_1$, Gl. (1), Bild 2). Dazu ist das Leitrad mit einer gleichfalls beschleunigten Strömung vor dem Laufrad anzuordnen ($c_1 > c_0$).

In Beschleunigungsgittern wird laufend potentielle Energie in kinetische umgesetzt. Die Gefahr einer Ablösung ist weit geringer und die Belastungsmöglichkeit größer als bei Verzögerungsgittern.

In *radialen Kraftmaschinen* läßt sich die Strömung auch mit einem Spiralgehäuse in die Umfangsrichtung beschleunigen. Bei zentripetalem Durchströmen des Laufrads trägt die Änderung der Umfangsgeschwindigkeit zur Arbeitsabgabe bei (Gl. (3)).

Bei Strömungsmaschinen wirkt die dynamische Strömungskraft auf die Schaufeln kontinuierlich ein, solange die Strömung aufrecht erhalten wird: Der Durchsatz ist groß, und die Energie wird im normalen Arbeitsgebiet immer in der gleichen Richtung umgewandelt. Im Gegensatz wirken bei Kolbenmaschinen statische Druckkräfte in einem während der Arbeitstakte abgeschlossenen Raum auf den sich hin- und herbewegenden Kolben ein. Dazwischen muß der Zylinder gefüllt und wieder entleert werden: Bei wesentlich kleinerem Durchsatz können Takte mit entgegengesetzter Wandlungsrichtung (z. B. Verdichten und Expandieren mit dazwischenliegender Verbrennung im Motor) zeitlich hintereinander folgen. Die hin- und hergehende Bewegung muß in den meisten Anwendungsfällen erst durch einen Kurbeltrieb in eine drehende überführt werden. *Dibelius*

Literatur: *Traupel, W.*: Thermische Turbomaschinen. Bd. 1. 3. Aufl. Berlin, Heidelberg, New York 1977.

Arbeitsspiel.

1. Fördertechnik. Mit dem A. bezeichnet man bestimmte, hintereinander ablaufende Perioden des Stillstands und der Bewegung bei im Aussetzbetrieb arbeitenden Fördermitteln (also Unstetigförderern) in Materialflußsystemen. Nach DIN 15020 umfaßt ein A. sämtliche Bewegungen, die für einen vollständigen Transportvorgang erforderlich sind.

Der so bezeichnete Vorgang eines A. kann im einzelnen aus folgenden Perioden bestehen:
□ Bewegung des Fördermittels und/oder seiner Lastaufnahmeeinrichtung von dem momentanen Standort zu einem Lastaufnahmeort,
□ Aufnahme der Last,
□ Bewegung zu einem Lastabgabeort,
□ Abgabe der Last;
daraufhin:
□ Rückbewegung zum ursprünglichen Standort
oder:
□ Bewegung zu einem neuen Standort (z. B. wieder zu dem Lastaufnahmeort)
oder zunächst:
□ Bewegung zu einem in der Nähe liegenden (anderen) Lastaufnahmeort,
□ Aufnahme der dort befindlichen Last,
□ Bewegung zu einem Lastabgabeort,
□ Abgabe der Last;
dann:
□ Rückbewegung zum ursprünglichen Standort
bzw.
□ Rückbewegung zu einem neuen Standort.

Einzelne Perioden entfallen ggf., wenn der Standort des Fördermittels gleich dem ersten Lastaufnahmeort ist. Entsprechend den gezeigten Varianten wird unterschieden in Einzelspiel und Doppelspiel. Speziell für Lagersysteme benutzt man den Begriff Lagerspiel. Weitere besondere A. sind das Umschlagspiel und das Kommissionierspiel. Die zeitliche Dauer eines A. wird durch die Spielzeit ausgedrückt, die durchschnittliche Dauer mehrerer A. durch die mittlere Spielzeit. Im A.-Diagramm werden ein oder mehrere hintereinander abfolgende A. über der Zeit graphisch aufgetragen. *Jünemann*

2. Kolbenmotor. Sich wiederholender Vorgang im Zylinder eines Verbrennungsmotors.

Das A. im Zylinder eines Viertaktmotors wiederholt sich alle zwei Kurbelwellenumdrehungen. Die Anzahl der A. in der Zeiteinheit ist also nur halb so groß wie die Motordrehzahl. Vorgänge, die je A. einmal stattfinden sollen, sind daher von Wellen zu steuern, die mit halber Motordrehzahl laufen, z. B. das Öffnen des Einlaß- oder Auslaßventils von der →Nockenwelle oder die Kraftstoffeinspritzung in den Zylinder von der Diesel-Einspritzpumpe.

Beim →Zweitaktmotor dauert ein A. eine Kurbelwellenumdrehung, beim Wankelmotor drei Exzenterwellenumdrehungen. *Kuhlmann*

Arbeitsüberschuß. Die maximale Differenz der Arbeiten einer Kraft- und einer Arbeitsmaschine während eines Arbeitstaktes. A. bzw. Arbeitsunterschuß tritt infolge periodischer Drehmomentschwankungen auf und wird aus dem Drehkraftdiagramm ermittelt. A. kann in einem →Schwungrad gespeichert und bei Arbeitsunterschuß wieder abgegeben werden. Ein derartiger Leistungsausgleich vermindert den →Ungleichförmigkeitsgrad. *Witfeld*

Arbeitswalze. A. ist die Bezeichnung für eine Walze, die das Walzgut unmittelbar umformt. Zum Zwecke der Begrenzung der Walzenbiegung während des Walzvorgangs werden die A. von weiteren Walzen gestützt. Diese Walzen werden Stützwalzen genannt. *Baumann*

Ariane (Raumfahrt). A. von Ariadne (griech.) ist eine seit 1973 von Europa gemeinsam entwickelte Trägerraketenfamilie. Nach dem mißglückten Entwicklungsprojekt der Europarakete, das nach technischen Anfangsproblemen vornehmlich aus politischen Gründen abgebrochen wurde, führte Frankreich (63,87 % Entwicklungsanteile) mit Beteiligung der Bundesrepublik Deutschland (20,12 %), von Belgien (5 %), Großbritannien (2,47 %), Niederlande (2 %), Spanien (2 %), Italien (1,74 %), Schweiz (1,2 %), Schweden (1,1 %) und Dänemark (0,5 %) die erfolgreiche Entwicklung dieser dreistufigen Flüssigkeitsrakete durch, die inzwischen kommerziell in Konkurrenz zum US-Raumtransporter eingesetzt wird.

A.-1 (Bild 1) hat eine Startmasse von etwa 210 t, ist 47,7 m lang mit einem maximalen Durchmesser von 3,8 m und kann etwa 800 kg Nutzlast in eine geostationäre Erdumlaufbahn transportieren. Als Treibstoffe der ersten Stufe (144 t) und der zweiten Stufe (34 t) werden unsymmetrisches Dimethylhydrazin (UDMH) als Brennstoff und Distickstofftetroxid als Oxidator verwendet, die dritte Stufe enthält rd. 8 t flüssigen Wasserstoff/Sauerstoff (LH2/LOX). Die vier Triebwerke der ersten Stufe haben einen Brennkammerdruck von 5,35 MPa und liefern einen Startschub von 2745 kN, die beiden oberen Stufen haben je ein Triebwerk mit 713 kN Schub (bei 5,35 MPa) bzw. 60 kN Schub (bei 3 MPa) für die dritte Stufe.

A. L01 absolvierte als erste Trägerrakete der ESA einen erfolgreichen Probeflug. Nach fünfjähriger Entwicklungszeit und zweimaliger Startverschiebung hob L01 am 24. 12. 1979 von der Startrampe in Kourou in Französisch-Guayana ab (Bild 2) und brachte eine Technologiekapsel (CAT-1) in eine elliptische Transferbahn (200 · 36 000 km). Obwohl A. L02 beim Start versagte (Druckschwankungen in den Triebwerken der Erststufe), konnte das Erprobungsprogramm nach zwei weiteren, erfolgreichen Starts (L03 mit Meteosat-2 und L04 mit Marecs-1) im Dezember 1981 abgeschlossen werden. Die

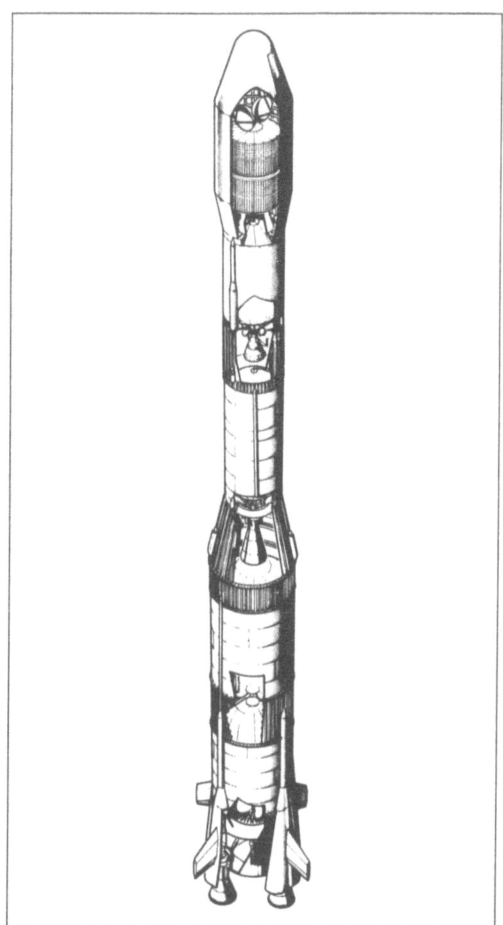

Ariane 1: Schnittzeichnung.

Gesamtkosten des Entwicklungsprogramms (1973 bis 1981) betrugen etwa 2 Mrd. DM.

Anfang 1982 wurde von ESA eine Planung für die Weiterentwicklung der A.-Trägerrakete verabschiedet, die auf Basis der A.-1-Technologie eine Nutzlaststeigerung vorsieht. Während A.-1 rd. 1 700 kg Nutzlast in eine Transferbahn bringen kann, hat A.-2 eine Nutzlastkapazität in die geostationäre Transferbahn von 2 000 kg, A.-3 bereits 2 400 kg, und A.-4 soll 4 300 kg transportieren können.

A.-2 unterscheidet sich von A.-1 durch einen höheren Schub: Der Brennkammerdruck der Viking-Triebwerke der ersten und zweiten Stufe wurde von 5,35 auf 5,85 MPa angehoben, der Brennkammerdruck des HM-7 Triebwerks der dritten Stufe wurde von 3 auf 3,5 MPa gesteigert und die Expansionsdüse um 0,15 m verlängert. Das Treibstoff-Fassungsvermögen der dritten Stufe beträgt nun 10,7 t, und die Spitze der Nutzlastverkleidung ist nach einer geringfügigen Modifikation jetzt als Doppelkonus ausgeführt.

Ariane 2: Start von Ariane L01 am 24. 12. 1979.

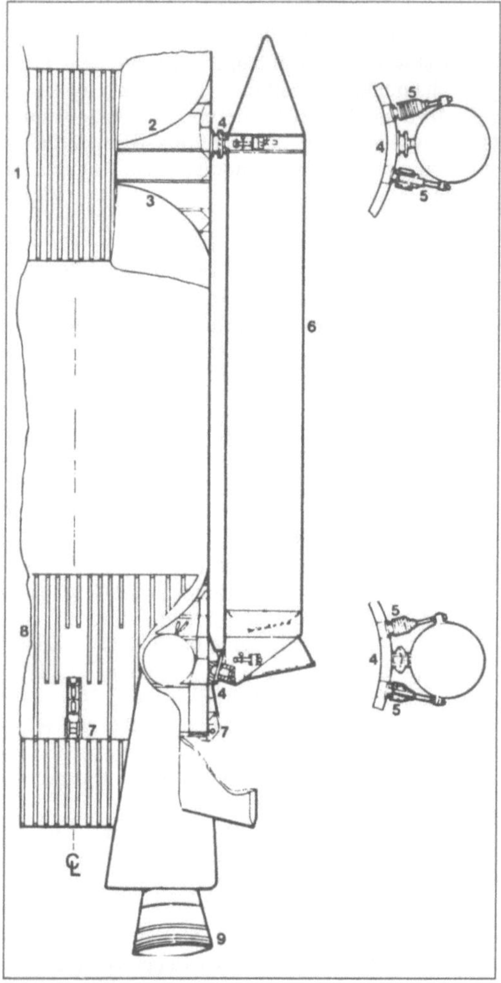

Ariane 3: Strap-on Booster für Ariane-3.

1 Verbindungsring der Tanks der ersten Stufe, 2 Boden des N_2O_4-Tanks, 3 Obere Domkappe des UDMH-Tanks, 4 Befestigung des Boosters zur Schubeinleitung, 5 Haltestützen und Abspreng-Federmechanismus, 6 Festtreibstoff-Booster mit geneigter Düse, 7 Haltenocken zum Arretieren auf der Startrampe, 8 Schubgerüst der ersten Stufe, 9 Triebwerke der ersten Stufe

A.-3 basiert auf A.-2, wobei jedoch an der Erststufe zwei zusätzliche Feststofftriebwerke (Strap-on Booster) angebracht sind (Bild 3), die den Schub beim Start um zweimal 785 kN anheben. Um die Belastung der ersten Stufe zu reduzieren, werden sie erst einige Sekunden nach dem Abheben der →Rakete gezündet und nach einer Brennzeit von 28 s abgeworfen.

A.-4 ist eine Weiterentwicklung der A.-Familie (Bild 4). Die erste Stufe der A.-2 wurde verlängert, um das Treibstoff-Fassungsvermögen von 144 t auf 228 t zu steigern. Aus dieser als A.-40 bezeichneten Basiskonfiguration erhält man durch direkte Übernahme der Strap-on Booster von A.-3 die schubverstärkten Varianten AR42P und AR44P mit zwei bzw. vier Feststofftriebwerken. Eine weitere Leistungssteigerung wird durch Verwenden von Zusatzboostern mit Flüssigtreibstoffen erzielt, wobei auch Kombinationen zwischen Feststoff- und Flüssigkeitsboostern möglich sind (z. B. AR42L, AR44LP, AR44L). Die leistungsstärkste A. 44L muß dann von der neuen, zweiten Startrampe in Kourou eingesetzt werden. Außer der Schubsteigerung ist ein wesentliches Merkmal der A.-4-Familie die stark überarbeitete Nutzlastbucht, die für Satelliten-Einzelstarts drei unterschiedlich lange Abwurfverkleidungen vorsieht (8,6 m, 9,6 m und 11,1 m), die komplett aus Faserverbundmaterial bestehen und auch zukünftige Nachrichtensatelliten (z. B. Intelsat-6) aufnehmen können. Für Doppelstarts zweier kleinerer Satelliten wird die bisherige Sylda-Vorrichtung durch eine gewichtsoptimalere, in die Nutzlastbucht integrierte Konstruktion (Spelda) ersetzt.

Derzeit werden von der ESA auch Überlegungen für die nächste Generation Trägerraketen angestellt. Der Entschluß, A.-5 als Nachfolgetyp zur A.-1 bis 4 zu entwickeln, ist gefaßt und die Entscheidung,

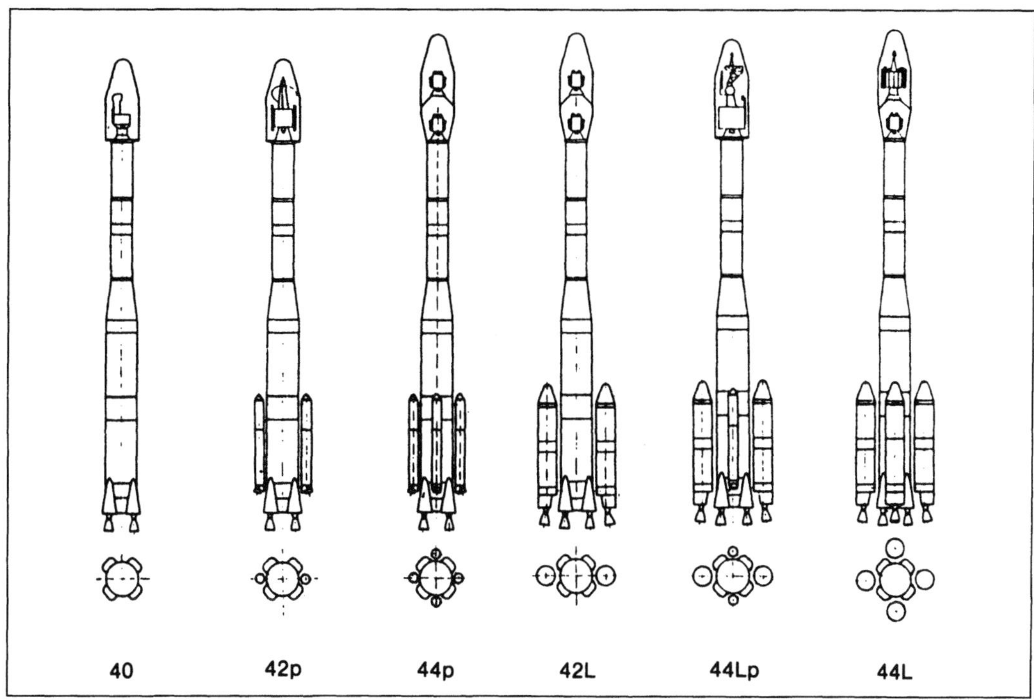

Ariane 4: Ariane-4-Familie.

dafür eine bemannte Oberstufe (Hermes) gemeinsam in Europa zu entwickeln, steht bevor.

Obwohl der erste kommerzielle Einsatz mit den beiden Satelliten Marecs-B und Sirio-B auf A. L05 am 10. 9. 1982 fehlschlug, waren die weiteren Starts erfolgreich und „Arianespace", die kommerzielle europäische Vertriebs- und Entwicklungsgesellschaft erhielt etliche weitere Aufträge für Nutzlaststarts, einige davon auch aus USA. Bis Mitte 1985 wurden 10 A.-1 (u. a. auch mit der Raumsonde Giotto) und 4 A.-3 erfolgreich gestartet (Tabelle). Am 12. 9. 1985 versagte beim Start (V15) einer A.-3 die Zündung des Triebwerks der dritten Stufe, und die beiden Satelliten Spacenet-3 und ECS-3 gingen verloren.

Nach einer leichten Verzögerung des Startplans und den erfolgreichen Starts einer A.-1 (V16) und A.-3 (V17) fiel am 30. 5. 1986 wiederum die Drittstufe einer A.-2 (V18) durch Zündversagen aus und mußte samt Nutzlast zerstört werden. Alle geplanten Starts wurden daraufhin bis zur genauen →Schadensanalyse und Modifikation der Zündanlage des HM-7 Triebwerkes eingestellt. Eine Wiederaufnahme der Starts erfolgte am 16. 9. 1987 mit einer A.-3 (V19). Am 15. 6. 1988 gab A.-4 (V22) ihr Debüt und wurde seither zum „Lastenpferd" der ESA, die am 15. 4. 1992 den 50. Start einer A.-Trägerrakete feiern konnte, wovon immerhin 44 Flüge erfolgreich waren. *Braitinger, Ruppe, Schmucker*

Armatur. A. werden benötigt zum Absperren, Drosseln und Absichern von Rohrleitungen und Rohrnetzen. Der Begriff A. (lat.: Ausrüstung) umfaßt einen weiten Rahmen von Teilen und Ausrüstungen in der Technik. Unter A. als Rohrleitungselement versteht man alle Ausrüstungen in einer →Rohrleitung. Der Zweck bzw. das primäre Anliegen ist die Regulierung des Stofftransports. Dies kann durch verschiedene Arten von A. (Bild 1) bewirkt werden.

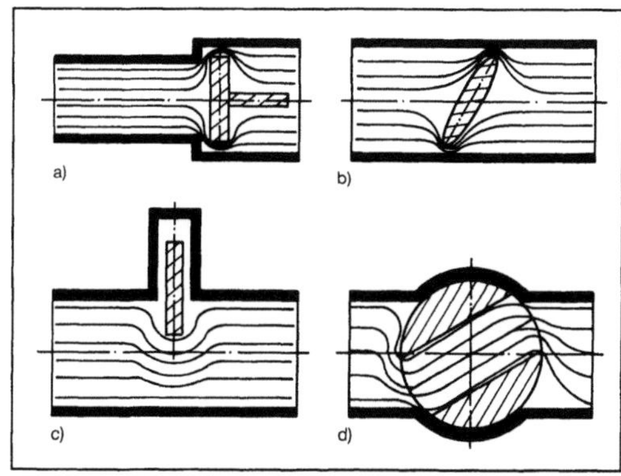

Armatur 1: Grundbauarten.
a) Ventil
b) Klappe
c) Schieber
d) Hahn.

Ariane. Tabelle: Starts (Stand Dez. 1986).

Startdatum	Flug	Typ Ariane	Nutzlast	Bemerkungen
24. 12. 1979	01	1	CAT-1	erfolgreicher Erstflug
23. 05. 1980	02	1	Feuerrad, Oscar, CAT-2	Fehlversuch, Versagen der Erststufe nach 104 s
19. 06. 1981	03	1	Meteosat-2, Apple, CAT-3	erfolgreicher Testflug
20. 12. 1981	04	1	Marecs-1, CAT-4	erfolgreicher Abschluß des Testprogramms
10. 09. 1982	05	1	Marecs-B, Sirio-B	Fehlversuch, erster kommerzieller Einsatz
16. 06. 1983	06	1	ECS-1, Oscar-10	erfolgreicher Start
19. 10. 1983	07	1	Intelsat-5 (F7)	erfolgreicher Start
05. 03. 1984	08	1	Intelsat-5 (F8)	erfolgreicher Start
23. 05. 1984	09	1	Spacenet-1	erfolgreicher Start
04. 08. 1984	10	3	ECS-2, Telecom-1A	erfolgreicher Start
10. 11. 1984	11	3	Spacenet-2, Marecs-2	erfolgreicher Start
08. 02. 1985	12	3	Arabsat-1, Brasilsat-1	erfolgreicher Start
07. 05. 1985	13	3	GStar-1, Telecom-1B	erfolgreicher Start
02. 07. 1985	14	1	Giotto	erfolgreicher Start
12. 09. 1985	15	3	ECS-3, Spacenet-3	Fehlversuch, Zündversagen der dritten Stufe
22. 02. 1986	16	1	Spot-1, Viking	erfolgreicher Start
28. 03. 1986	17	3	GStar-2, Brasilsat-2	erfolgreicher Start
30. 05. 1986	18	2	Intelsat-5 (F14)	Fehlversuch, Zündversagen der dritten Stufe

Die Unterschiede ergeben sich aus der typischen Art der Stellung des Drossel- bzw. Abschlußkörpers zum Querschnitt und zur Strömungsrichtung. Unter Berücksichtigung verschiedener Bauarten, des Verwendungszwecks, der Form des Drosselkörpers, der Art der Abdichtung und des Durchflußstoffs ist in der Praxis eine Vielzahl von A. entwickelt worden.

Zu der Gruppe der Ventile (Bild 2) gehören alle Formen von Absperr-, Rückschlag- (Bild 3), Sicherheits- (Bild 4) und Ablaßventilen (Bild 5).

Die Form der Kegel und Abdichtungsteile (Bild 6) ist abhängig von Differenzdrücken und einer vorgegebenen Regelcharakteristik.

Klappen (Bild 7) werden als Absperr-, Drossel- oder Sicherheits-A. eingesetzt. Sie benötigen für den Einbau einen geringen Raum und können einfach durch eine Drehung des Abschlußorgans um 90° betätigt werden. Durch Verlegen der Drehachse aus der Ebene der Klappenscheibe wird bei Absperrklappen eine bessere Abdichtung erreicht. Bei Rückschlagklappen bewirken die Verschiebung des Drehpunkts aus der Mitte des Rohrquerschnitts bzw. äußere Gegengewichte eine Dämpfung des Öffnungs- und Schließvorgangs.

Bei Schiebern (Bild 8 und 9) bewegt sich der Abschlußkörper parallel zur Ebene des Querschnitts und befindet sich in Offenstellung außerhalb des Förderstroms. Dadurch entstehen im Gegensatz zu Ventilen geringere Druckverluste. Die Durchflußrichtung ist nicht zwangsläufig vorgegeben.

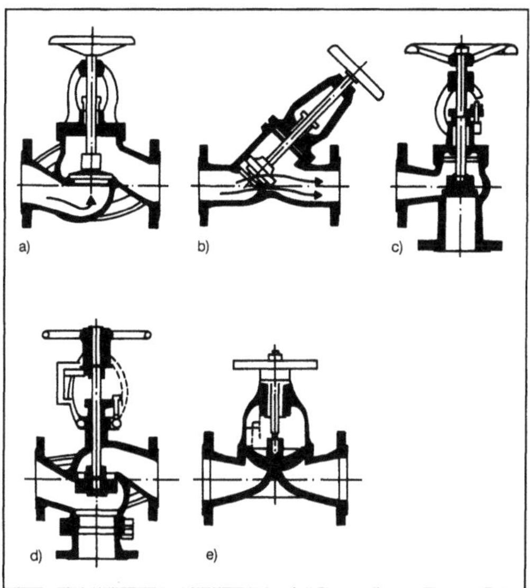

Armatur 2: Absperrventile.
a) Geradsitzventil
b) Schrägsitzventil
c) Eckventil
d) Wechselventil
e) Membranventil.

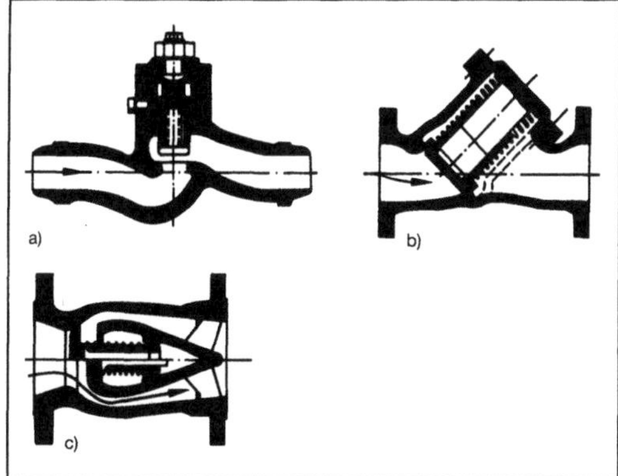

Armatur 3: Rückschlagventile.
a) Geradsitzventil
b) Schrägsitzventil
c) Drüsenrückschlagventil.

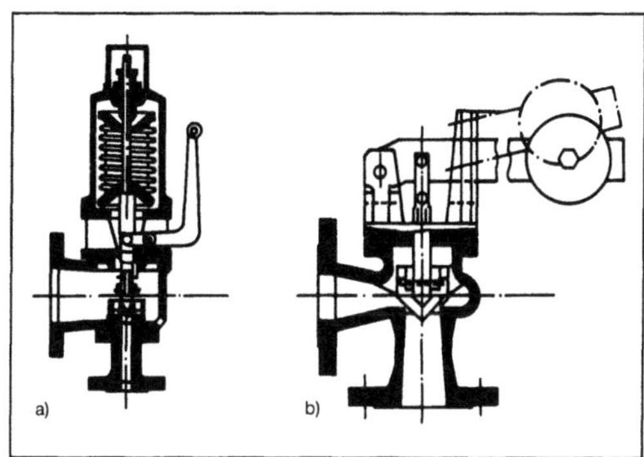

Armatur 4: Sicherheitsventile.
a) Federbelastet
b) Gewichtsbelastet.

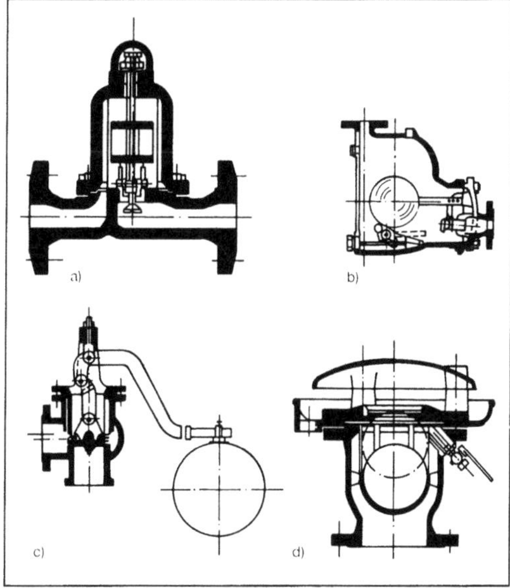

Armatur 5: Ablaßventile.
a) Thermischer Kondensatableiter
b) Schwimmer-Kondensatableiter
c) Schwimmerventil
d) Be- und Entlüftungsventil.

Der Schieberaufsatz (Bild 10) mit Spindel und Handrad wird in das Gehäuse eingeschraubt oder aufgeflanscht. Die Spindel wird mit einer Stopfbuchse abgedichtet.

Hähne (Bild 11) kann man auch als Drehschieber bezeichnen, da wie bei einem Schieber die Dichtflächen gegeneinander verschoben werden. Sie benötigen einen geringeren Raum, haben kürzere Schaltzeiten und bieten bei voller Öffnung einen der Rohrleitung entsprechenden Durchflußquerschnitt.

Durch entsprechende Gestaltung des Gehäuses und des Kükens bzw. der Kugel lassen sich verschiedene Wege schalten (Bild 12).

Zum Schutze von A. und Maschinen werden verschiedene Sonder-A. (Bild 13), wie z. B. Siebe, Filter, Schaugläser, Lochscheiben, Blindscheiben, Berstscheiben u. a., in die Rohrleitung eingebaut.

Die Verbindungen zwischen A. und Rohren werden ausgeführt als Flansch-, Schweiß-, Löt-, Klebe- oder Rohrgewindeverbindungen bzw. mit Rohrkupplungen und Rohrverschraubungen.

Diegelmann

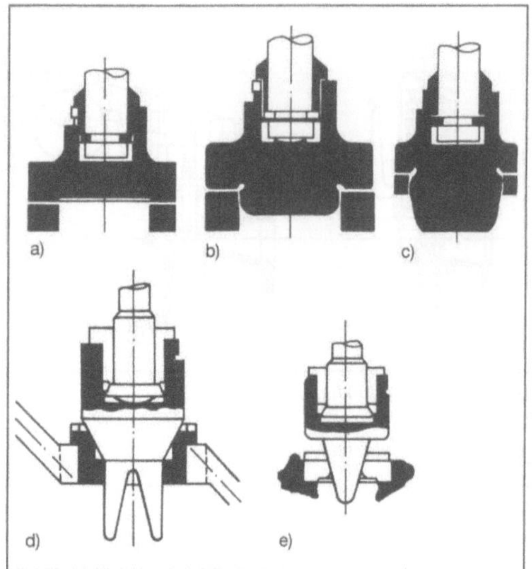

Armatur 6: Kegelausführungen.
a) Flach
b) Ballig
c) Parabolig
d) Zapfenförmig
e) Nadelförmig.

Literatur: DIN 3211. Tl. 1: Armaturen, Benennungen und Definitionen. Dt. Institut f. Normung. Berlin. – DIN 3352: Schieber; Allgemeine Angaben. Dt. Institut f. Normung. Berlin. – DIN 3354: Klappen; Allgemeine Angaben. Dt. Institut f. Normung. Berlin. – DIN 3356: Ventile; Allgemeine Angaben. Dt. Institut f. Normung. Berlin. – DIN 3357: Kugelhähne; Allgemeine Angaben. Dt. Institut f. Normung. Berlin. – Handbuch für den Rohrleitungsbau. Ost-Berlin. – Jahrbuch Rohrleitungstechnik. 1. Ausg. 1982/83. Essen. – Jahrbuch Rohrleitungstechnik. 2. Ausg. 1984/85. Essen. – Jahrbuch Prozeßrohrleitungen. 1. Ausg. 1986/87. Essen. – *Robe, H.,* u. *D. Eifler:* Rückflußverhinderer in der Wasserversorgung. 3R international. (1987) H. 1.

Artikeleigenschaften. A. sind Aussagen über die Empfindlichkeit eines Gutes (z. B. bezogen auf Klima, Feuer, Diebstahl, Transport). *Jünemann*

Artikelstruktur. Kenngröße für Planung und Bewertung von Kommissioniersystemen, die sich aus der Auftragsstruktur ableitet und aus quantifizierbaren Größen besteht, wie z. B. Gewicht/Entnahmeeinheit, Abmessungen/Entnahmeeinheit, Artikelmenge (Sortimentsbreite), Umschlagshäufigkeit. *Jünemann*

Artilleriegeschütz. A. sind Schußwaffen (Rohrwaffen), die wegen ihrer Ausmaße und Gewichte nicht mehr von einem Mann gehandhabt werden können.

A. sind Schwerpunktwaffen. Beim Heer unterstützen sie Infanterie- und Panzerverbände in

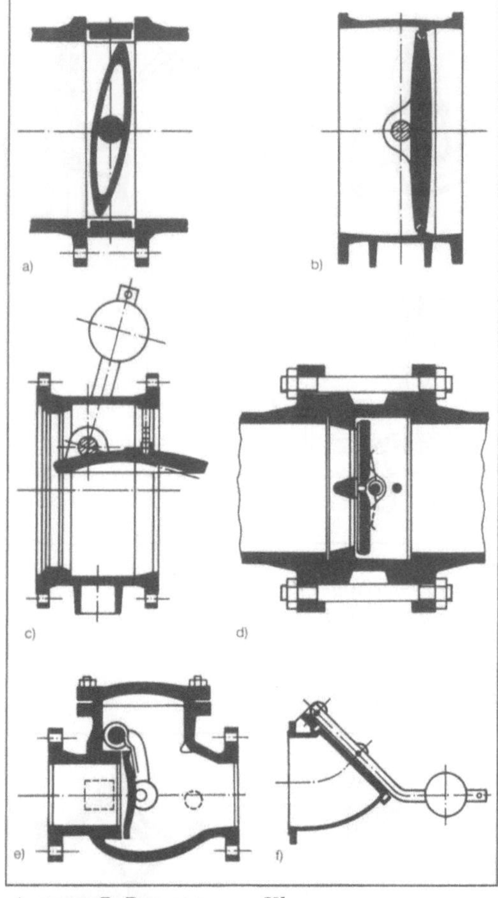

Armatur 7: Bauarten von Klappen.
a) Absperrklappe, zentrisch
b) Absperrklappe, exzentrisch
c) Rückschlagklappe gedämpft
d) Sandwichrückschlagklappe
e) Rückschlagklappe
f) Explosionsklappe.

Angriff und Abwehr. Bei der Marine setzt man das A. als Schiffsbewaffnung und zur Küstenverteidigung ein.

Das Zielspektrum ist weit gefächert: gepanzerte und ungepanzerte Fahrzeuge, Flugzeuge, Schiffe, Artilleriestellungen u. a. Dank ihrer großen Reichweite sind A. geeignet, Ziele tief im Hinterland des Gegners zu bekämpfen: Aufmarschstraßen, Verkehrszentren, logistische Einrichtungen, Versorgungsanlagen und Befehlszentren.

A. unterscheidet man:
□ nach der Flugbahnkrümmung in
– Flachfeuergeschütze (Kanonen),
– Flach- und Steilfeuergeschütze (Haubitzen),
– Steilfeuergeschütze (Mörser);

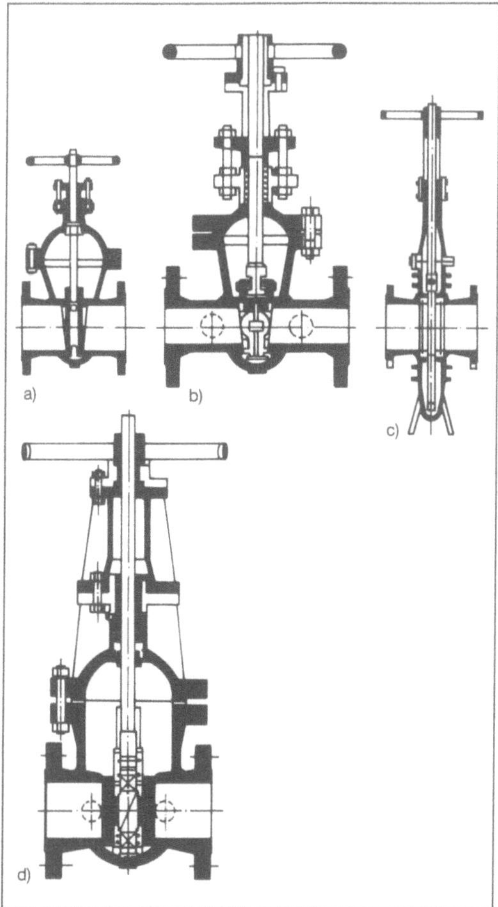

Armatur 8: Bauarten von Schiebern.
a) Keilschieber mit innenliegendem Spindelgewinde
b) Keilschieber mit außenliegendem Spindelgewinde
c) Einplattenschieber
d) Parallelplattenschieber.

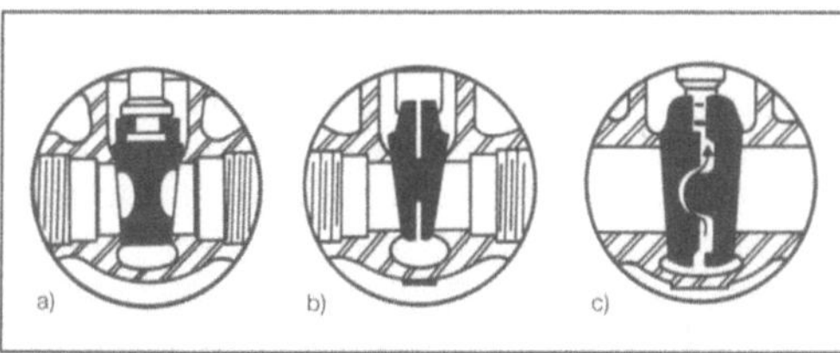

Armatur 9: Keilformen.
a) Starr
b) Elastisch
c) Geteilt.

□ nach ihrer Beweglichkeit in
– Geschütze auf gepanzerten und ungepanzerten
Selbstfahrlafetten,
– gezogene Geschütze (Zugmaschinen, Lkw),

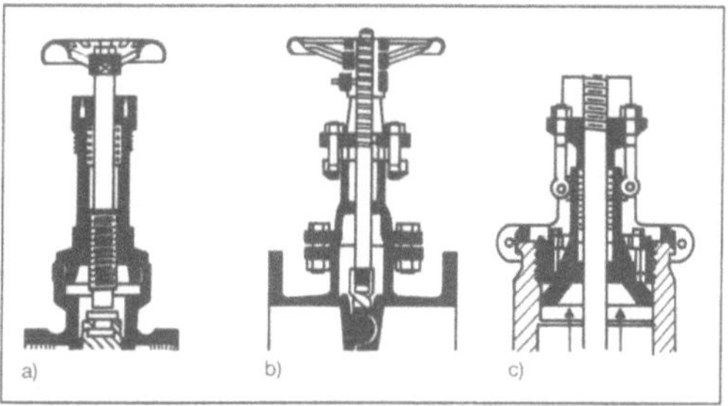

Armatur 10: Schieberaufsatz.
a) Eingeschraubt mit verschraubter Stopfbuchse
b) Deckelflansch mit Stopfbuchsbrille
c) Selbstdichtender Deckel mit Stopfbuchsbrille.

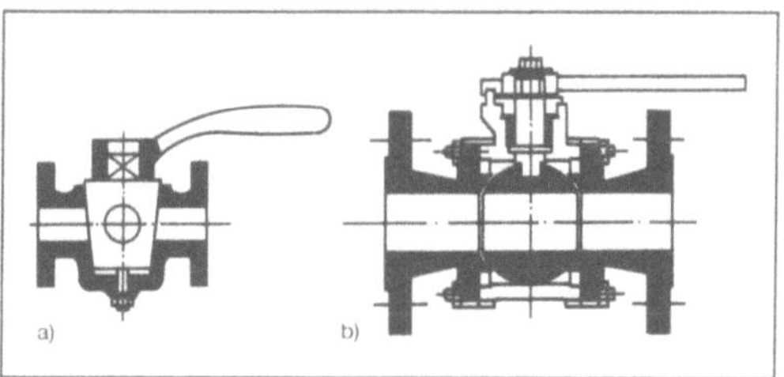

Armatur 11: Bauform von Hähnen.
a) Kükenhahn
b) Kugelhahn.

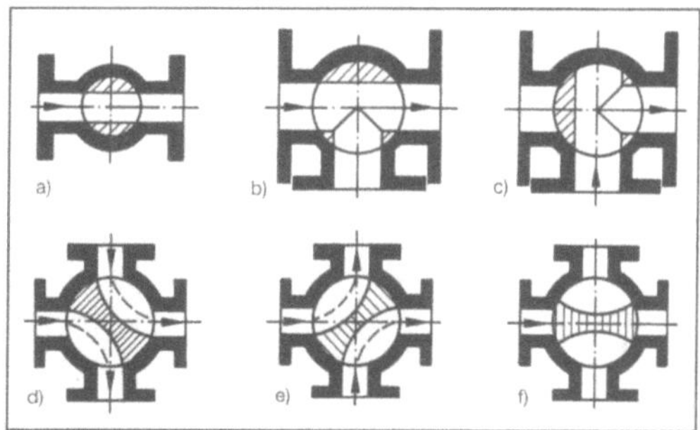

Armatur 12: Mehrwegeform.
a) Durchgang
b) und c) Dreiwegeform
d) bis f) Vierwegeform.

– Eisenbahngeschütze (als Lafette dienen Spezial-
Eisenbahnwagen),
– verlastbare (leicht zerlegbare) Geschütze für
Gebirgs- und Luftlandetruppen,
– ortsfeste Geschütze für Küstenverteidigung;
□ nach dem Kaliber (20 bis über 230 mm) in leichte,
mittlere, schwere A.;
□ nach der Verwendung als Feld-, Panzer-, Turm-,
Gebirgs-, Luftlande-, Panzerabwehr-, Fliegerab-
wehr-, Schiffs- und Küsten-A.
Weitere wichtige Parameter der A. sind Reichweite, Kadenz, munitionsabhängige Wirkung,
Richtbereich, Schutz, Automatisierungsgrad.

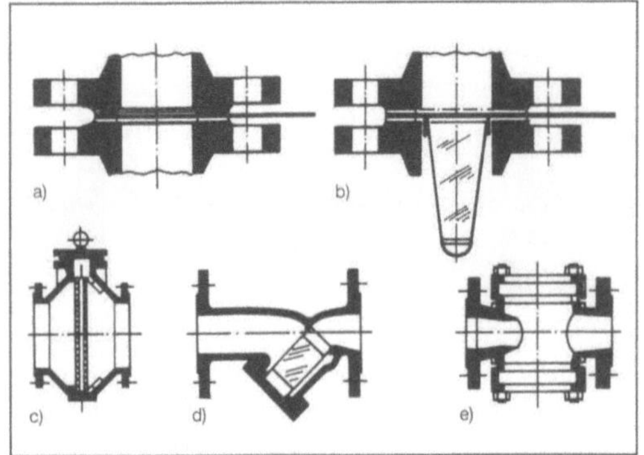

Armatur 13: Sonderarmaturen.
a) Flachsieb
b) Hutsieb
c) Staubfilter
d) Y-Sieb
e) Schauglas.

Kanonen (Bild 1) sind neben der gestreckten Flugbahn charakterisiert durch:
□ ein relativ langes Rohr (ca. 30–60 Kaliberlängen),
□ eine hohe Geschoßaustrittsgeschwindigkeit (v_0 = 700 bis über 1600 m/s),
□ Geschosse relativ geringeren Gewichts,
□ relativ große Reichweiten,
□ Rücklaufeinrichtungen zur Aufnahme des Rückstoßes.

Artilleriegeschütz 1: Kanone 175 mm auf Selbstfahrlafette M 107.

Im Gegensatz zur Kanone zeichnet sich die *Haubitze* (Bild 2) aus durch:
□ relativ kürzeres Rohr (ca. 14–40 Kaliberlängen),
□ geringere Anfangsgeschwindigkeit (v_0 = 250 bis 1000 m/s),
□ Geschosse höheren Gewichts,
□ Reichweitenanpassung durch unterschiedliche Ladungen,
□ größerer Höhenrichtbereich.

Mörser (Bild 3) gelten als sog. Steilfeuerwaffen einfachster Konstruktion mit kurzen, meist glatten Rohren, d. h. ohne gezogenen Lauf zur Drallstabilisierung der Geschosse. Sie sind gewöhnlich als Vorderlader ausgelegt. Die Anfangsgeschwindig-

Artilleriegeschütz 2: Feldhaubitze 155-1 HA in Feuerstellung.

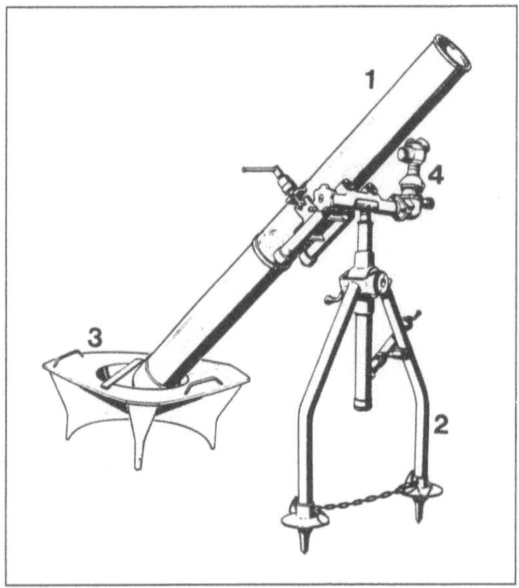

Artilleriegeschütz 3: Mörser 120 mm Tampella.

1 Rohr, 2 Zweibein, 3 Bodenplatte, 4 Richtmittel

keit beträgt ca. 100–300 m/s. Sie haben ein geringes Gewicht und sind einfach zu bedienen.

Bei *rückstoßfreien Geschützen* wird der Rückstoß, ähnlich wie bei Raketen, durch Gase kompensiert, die durch Düsen im Rohrverschluß nach hinten ausströmen. Die entfallenden Rücklaufeinrichtungen und Rohrbremsen führen zu einem sehr leichten Geschütz (Leichtgeschütz).

Ein A. besteht je nach Auslegung aus den Hauptbaugruppen:
□ Rohr mit Verschluß, Abfeuerungseinrichtung, Mündungsbremse und Rauchabsauger;
□ Lafette mit Rohrwiege, Rohrbremse, Vorholer, Richtmaschine, Ausgleicher und Zieleinrichtung;
□ Ladeeinrichtung. *Meyer-Bäse*

Asselwalzanlage. Eine A. ist ein komplexes technisches System zum Herstellen nahtloser Rohre nach dem →Asselwalzverfahren. Solche Anlagen werden beispielsweise als →Dreiwalzen-Elongator bei der Herstellung von Rohren für die Kugellagerfertigung eingesetzt, bei denen besonders kleine Abmessungstoleranzen gefordert sind. Die einer A. vorgeordneten Umformsysteme können beispielsweise eine →Lochpresse oder eine →Lochwalzanlage sein. Eine A. besteht im wesentlichen walzguteinlaufseitig aus den beiden Einstoßschlitten, die den Dorn in die Luppe einführen und die Luppe mit Dorn in den Walzspalt einstoßen, mittig aus dem Walzgerüst mit Walzen, Walzeneinbauten, Walzenanstellsystemen und Walzenantrieben sowie walzgutauslaufseitig aus Systemen zum Führen der →Rohrluppe, Ausziehen sowie Transportieren der Dornstange und zum Transport des gestreckten Walzguts. Das Walzgerüst dieser Walzanlage ist hinsichtlich des maschinentechnischen Aufbaus demjenigen der →Dreiwalzen-Schrägwalzanlage zur Herstellung eines Hohlblocks aus einem Rundblock durch Lochwalzen sehr ähnlich. *Baumann*

Asselwalzverfahren. Das nach seinem Erfinder *W. J. Assel* benannte A. ist ein →Dreiwalzen-Schrägwalzverfahren zum Herstellen nahtloser Stahlrohre mit kegelförmigen Walzen, die symmetrisch je 120° um die Walzmitte versetzt zueinander angeordnet und gegen die Walzgutebene geneigt sind (Bild). Wesentliches Merkmal der Walzenkalibrierung ist die sog. Schulter, deren „Höhe" die Verringerung der Wanddicke des Hohlblocks im Dreiwalzen-Streckgerüst nach *Assel,* auch Dreiwalzen-Elongator genannt, bestimmt. Der Auslaufteil des Walzenkalibers ist so gestaltet, daß ein Lösen des Stahlrohrs vom Innenwerkzeug und ein Glätten sowie Runden der Außenoberfläche stattfinden kann. Als Innenwerkzeug dient eine i. a. frei mitlaufende Dornstange, die nach beendetem Walzvorgang aus dem fertigen Rohr gezogen wird.

Mit dem A. werden heute nahtlose Stahlrohre mit Außendurchmessern zwischen 60 mm und 250 mm in Längen bis zu 9 m hergestellt. Die kleinste lichte Weite der Rohre liegt bei etwa 40 mm. Die mit diesem Verfahren erzeugten Stahlrohre zeichnen sich durch besonders gute Zentrizität aus und werden in mittellegierten Werkstoffgüten vorzugsweise für die Herstellung von Drehteilen, Wellen oder Achsen und für die Kugellagerfertigung verwendet. *Baumann*

ASR →Antriebskonzept, →Elektronik im Kraftfahrzeug

Assurgruppe. A. sind Grundausführungen kinematischer Ketten, durch deren Zusammenbau man ebene Gelenkmechanismen und -getriebe (MG) entstanden denken kann. Nach *Assur* zerfällt z. B. die Kurbelschwinge (Bild 1) in je eine Assurgruppe I. und II. Klasse (Bild 2), wenn man sie bei A auftrennt. Auf gleiche Art ist die Zerlegung von mehr als viergliedrigen MG in A. möglich, deren jede eine Elementarstruktur darstellt, die keine kleinere A., mit Ausnahme der Klasse I, enthalten darf. Wird eine A. (Klasse II–IV) einem MG hinzugefügt oder von diesem weggenommen, so hat das neue Gebilde den gleichen →Laufgrad wie das ursprüngliche (Bild 3).

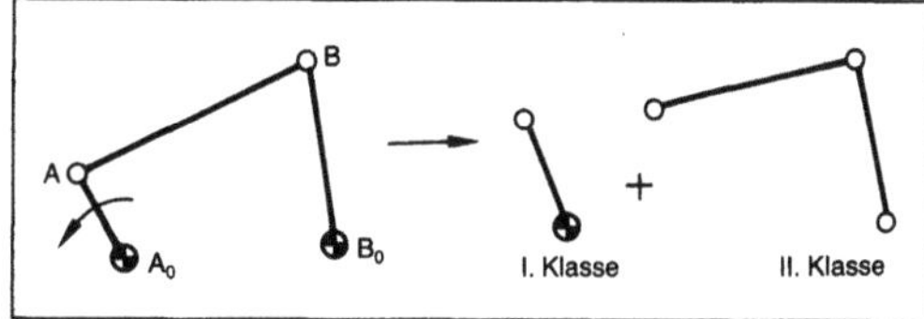

Assurgruppe 1: Kurbelschwinge, entstanden aus je einer Assurgruppe der Klassen I und II.

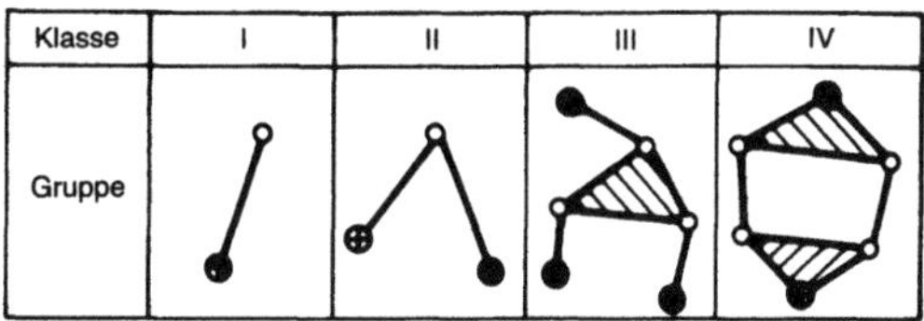

Assurgruppe 2: Assurgruppen aus Drehgelenkketten (Beispiele).

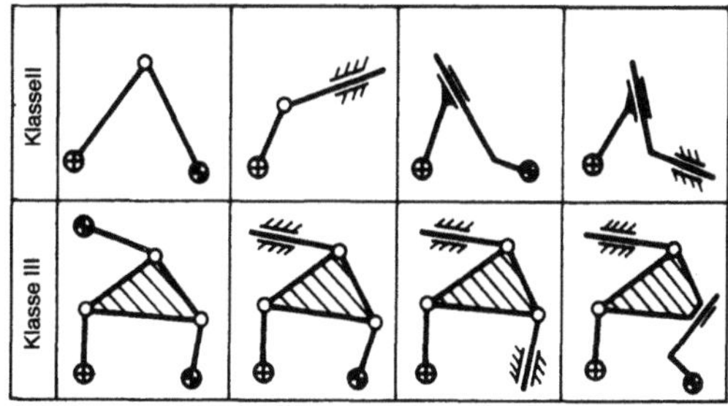

Assurgruppe 3: Assurgruppen aus kinematischen Ketten mit Dreh- und Schubgelenken (Beispiele).

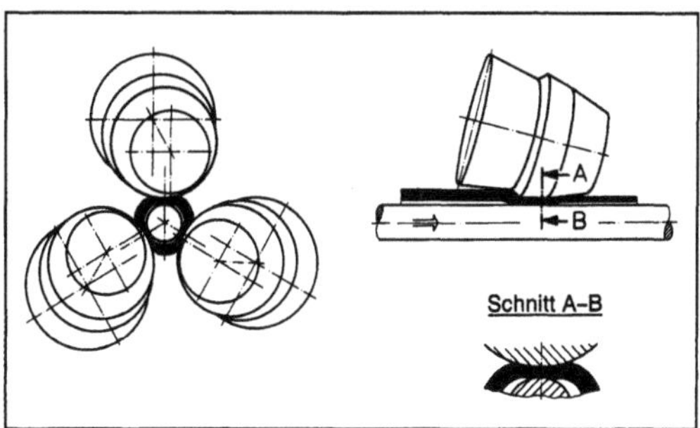

Asselwalzverfahren.

A. werden in der Strukturanalyse und -synthese von MG, bei der (kinetischen) Kräftebestimmung in den Gelenken und dgl. angewendet.　　*Gierse*

Literatur: *Artobolewski, I. I.:* Theorie der Maschinen und Mechanismen. Moskau 1975. – *Bögelsack, G., F. J. Gierse, V. Oravsky* u. a.: Terminology for the Theory of Machines and Mechanisms. Mechanism and Machine Theory Bd. 18 Nr. 6, S. 379/408. Oxford, New York, Toronto, Sydney, Paris, Frankfurt a. M. 1983. – *Lichtenheldt, W.,* u. *K. Luck:* Konstruktionslehre der Getriebe. Ost-Berlin 1979.

Asynchronmotor.

1. Allgemeines. Elektrische Maschine zum Umwandeln elektrischer in mechanische Energie mit breitem Verwendungsbereich in Gewerbe und Industrie bei Leistungen von 0,1 bis etwa 70 MW (12-polig). Als Richtwert für die maximal ausführbare Leistung kann etwa 10 MW je Polpaar gelten. Die meisten industriell verwendeten Motoren sind vierpolig mit einer synchronen Drehzahl von 1500 min^{-1}. Ferner sind in größerem Umfang zweipolige Motoren (synchrone Drehzahl 3000 min^{-1}) im Gebrauch, während sechs-, acht- und höherpolige Motoren eher für größere Leistungen Verwendung finden. Der meistgebrauchte Motor ist der →Käfigläufermotor. Die untere Leistungsgrenze für den →Schleifringläufermotor liegt bei etwa 5 kW. Niederspannungsmotoren sind im Leistungsbereich bis 132 kW, zwei- bis achtpolig, in ihren Anbaumaßen und Leistungen national und international weitgehend genormt.

Im A. werden die Eigenschaften des magnetischen Drehfelds genutzt. Im Läufer (Käfigläufermotor, Schleifringläufermotor) werden durch das mit der Drehzahl $n_1 = f_1/p$ (f_1 Frequenz des speisenden Drehstromnetzes, p Polpaarzahl des Ständers) umlaufende Drehfeld Spannungen und Ströme induziert. Deshalb wird der Motor auch als Induktionsmotor bezeichnet. Der zum Aufbau des Drehfelds erforderliche Magnetisierungsstrom wird dem speisenden Netz als Blindleistung entnommen.

Die Größe der induzierten Spannungen und Ströme ist von der Relativbewegung des Läufers zum Ständerdrehfeld abhängig. Die Differenzdrehzahl zwischen der Drehfelddrehzahl n_1 und der Läuferdrehzahl n wird als Schlupfdrehzahl n_2 bezeichnet und meist als bezogene Drehzahl mit dem Schlupf s angegeben. Der Schlupf hat die Größe

$$s = (n_1 - n)/n_1.$$

Er wächst von nahezu null im Leerlauf bis auf 0,03–0,1 bei Vollast. Kleinere Werte gelten für Motoren mit größerer Leistung.

Das Ständerdrehfeld läuft mit synchroner Drehzahl gegen den stillstehenden Läufer um und induziert in den Leitern der Läuferwicklung die Läuferstillstandspannung U_{20}. Die induzierten Spannungen

rufen in der über Schleifringe und Anlasser geschlossenen, meist dreiphasigen Wicklung des Schleifringläufers oder der kurzgeschlossenen Käfigwicklung des Kurzschlußläufers Ströme hervor. Die stromdurchflossenen Leiter der Läuferwicklung erfahren mechanische Zugkräfte, die sich zu einem Drehmoment zusammensetzen und den Läufer in Umlaufrichtung des Drehfeldes in Drehung versetzen.

Die Größe der Läuferströme ist vom Schlupf und von der asynchronen Impedanz (ohmscher Widerstand und schlupfproportionaler induktiver Widerstand) der Läuferwicklung abhängig. Bei synchroner Drehzahl des Läufers wäre der Schlupf gleich null, der induktive Widerstand würde verschwinden und die induzierte Spannung zu null werden; infolge würde kein Läuferstrom fließen und kein Drehmoment entwickelt. Da jedoch ein kleiner Drehmomentüberschuß zum Ausgleich der mechanischen Verluste erforderlich ist, kann der Läufer die synchrone Drehzahl nicht erreichen.

Unter Last läuft der Motor mit geringem Schlupf, es werden Spannungen induziert und es fließt ein Läuferstrom. Der Läuferstromkreis weist einen vorwiegend ohmschen und geringen induktiven Widerstand auf.

Bild 1 zeigt die Betriebsbereiche der Asynchronmaschine. Im Bereich negativen Schlupfes arbeitet die Maschine als Generator, im Bereich s = 1–0 als Motor und im Bereich s > 1 als Gegenstrombremse. Der normale Arbeitsbereich des Motors bei kleinen positiven Werten des Schlupfes ist praktisch linear (→Nebenschlußverhalten).

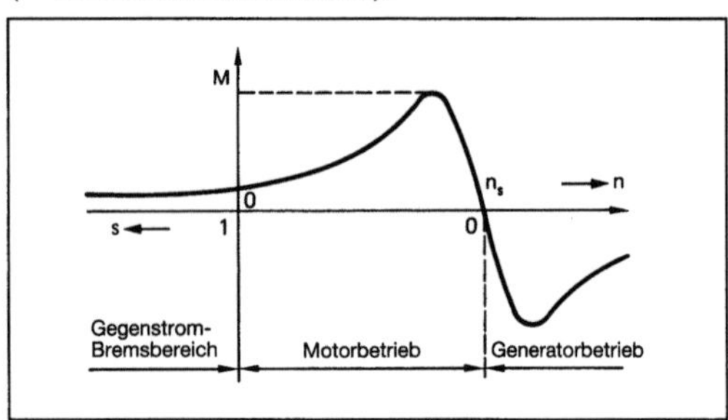

Asynchronmotor 1: Betriebsbereiche der Asynchronmaschine.

Bild 2 zeigt die Ersatzschaltung für den Drehstrom-A. Sie entspricht der des Transformators bei Kurzschluß; jedoch ist das Übersetzungsverhältnis vom Schlupf bzw. der Drehzahl abhängig. Deshalb ist der Widerstand R_2' durch den Läuferwirkwiderstand R_2'/s zu ersetzen. Aus der Ersatzschaltung lassen sich herleiten:

$$\text{Läuferstrom } I_2' = \frac{U_{20}'}{R_2'/s + j\,X_2'},$$

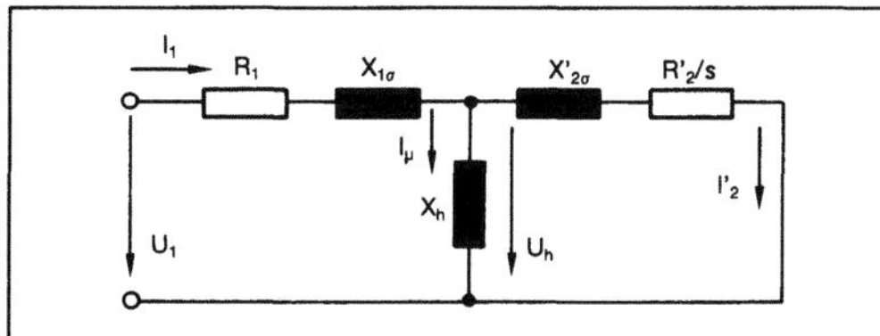

Asynchronmotor 2: Ersatzschaltung der Asynchronmaschine.

$X_{2\sigma}$ Läuferstreublindwiderstand,

Ständerstrom

$$I_1 = \cfrac{U_1}{R_1 + j\,X_{1\sigma} + \cfrac{j\,X_h\,(R_2'/s + j\,X_{2\sigma}')}{R_2'/s + j\,X_{2\sigma}' + j\,X_h}},$$

$X_{1\sigma}$ Ständerstreublindwiderstand,
X_h U_h/I Hauptblindwiderstand.

Die Ortskurve des Ständerstroms beschreibt bei Veränderung des Schlupfes einen Kreis, der nicht durch den Nullpunkt geht und sich durch Messung von 2 Betriebspunkten, des Leerlaufstroms und des Anlaufstroms einschl. des zugehörigen Leistungsfaktors bestimmen läßt. Das Kreisdiagramm, auch als Heyland- oder Ossannakreis bezeichnet, erlaubt eine Übersicht über das Betriebsverhalten des A. Es hat an Bedeutung verloren, da das statische und das dynamische Verhalten der Motoren heute genauer mit Hilfe von Rechenprogrammen bestimmt werden können.

Bild 3 zeigt die Kennlinien des Motors. Die Stromaufnahme ist bei konstanter Spannung und Frequenz belastungsunabhängig, ohne daß Proportionalität besteht. Der Anzugstrom hat i. a. den 4 bis 6fachen Wert des Nennstromes.

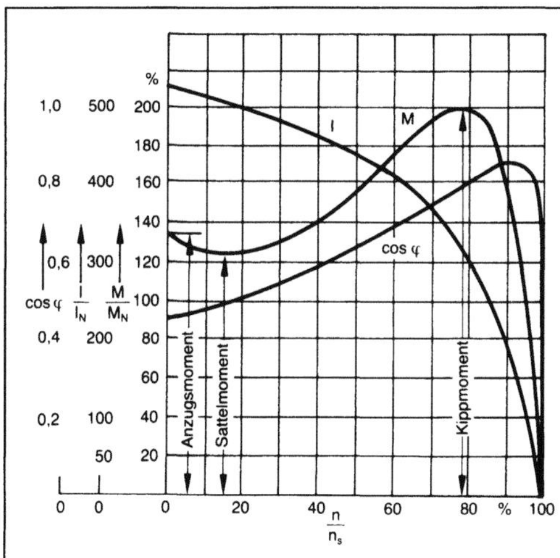

Asynchronmotor 3: Kennlinien des Motors.

Der dem Netz entnommene Strom hat die Größe

$$I = \frac{P_W}{\sqrt{3}\ \eta\ \cos\varphi\ U_N},$$

P_W Wirkleistung, U_N Nennspannung, $\cos\varphi$ Leistungsfaktor, η Wirkungsgrad.

Bei Stillstand und kurzgeschlossener Läuferwicklung entwickelt der Motor das durch den Läuferwiderstand bestimmte Anzugsmoment

$$M_A = \frac{3\ U_{20}\ I_2'\ \cos\varphi_1}{2\,\pi\,n_1} = \frac{V_2}{2\,\pi\,n_1},$$

U_{20} im Stillstand induzierte Läuferspannung, V_2 Läuferverluste.

Ein hohes Anzugsmoment ist demnach mit großen Läuferverlusten, d. h. R_2' möglichst groß, erreichbar. Diese Forderung wird durch Stromverdrängungsläufer oder Doppelnutläufer (Käfigläufermotor) erfüllt.

Die Drehmomentkennlinie besitzt ihr Maximum beim Kippschlupf s_K, bei dem das →Kippmoment erreicht wird. Es ist verbunden mit dem Höchstwert der Drehfeldleistung, bei dem Wirk- und Blindwiderstand gleich groß sind, d. h. für

$$s_K = R_2'/(X_{1\sigma} + X_{2\sigma}').$$

Das Kippmoment hat i. a. den 2 bis 2,5fachen Wert des Nennmoments.

Alle Stromwerte sind der Spannungsänderung, alle Drehmomentwerte dem Quadrat der Spannungsänderung im Ständer proportional.

Die Drehzahlstellung des Asynchronmotors kann, abgesehen von der verlustfreien, stufenlosen Regelung durch Frequenzumrichter, erfolgen durch:
□ Einschalten von Widerständen in den Läuferkreis des Schleifringläufers zur Schlupfänderung,
□ Vorschalten von Widerständen vor die Ständerwicklung zur Änderung der Klemmenspannung,
□ Änderung der Polzahl (polumschaltbarer Motor),
□ Einspeisen variabler Frequenz.

Die Drehzahlregelung durch Zusatzspannungen im Läuferkreis (Maschinenkaskade, Hintermaschine) ist heute durch Umrichterschaltungen ersetzt. *Rentzsch*

Literatur: *Bödefeld, Th.,* u. *H. Sequenz:* Elektrische Maschinen. Wien 1971. – *Jordan, H., V. Klima* u. *K. P. Kovacs:* Asynchronmaschinen. Berlin, Heidelberg, New York, Braunschweig 1975. – *Moeller, F.,* u. *P. Vaske:* Elektrische Maschinen und Umformer. Stuttgart 1976. – *Nürnberg, W.:* Die Asynchronmaschine. Berlin, Heidelberg 1963.

2. synchronisierter. Wie ein A. mit Schleifringläufer aufgebauter Synchronmotor mit zusätzlichen Schleifringen zur Zuführung von Gleichstrom in den

Läufer. Der s. A. wird mit einem in den Läuferstromkreis eingeschalteten Anlaßwiderstand hochgefahren, anschließend durch Erregen der Läuferwicklung mit Gleichstrom in den Synchronismus gezogen.

Durch Verändern der Erregung kann der Leistungsfaktor beeinflußt und der Motor auch als Blindleistungsmaschine betrieben werden. *Rentzsch*

Atomrakete. Bezeichnung für eine →Rakete, meist mit einem konventionellen chemischen Raketentriebwerk, mit nuklearem Sprengkopf.

Braitinger, Ruppe, Schmucker

Atomwaffen. A. (Nuklearwaffen, Kernwaffen) sind solche Waffen, bei denen die Kernspaltung (Fission) oder die Kernverschmelzung (Fusion) genutzt wird.

Bei der Fission werden schwere Atomkerne (Uran 235 oder Plutonium) gespalten, bei der Fusion werden leichte Atomkerne (Deuterium, Lithium) zu Wasserstoffatomen verschmolzen; bei letzterer wird daher auch von Wasserstoffbombe gesprochen.

Freiwerdende Energie bei Kernspaltung von 1 kg Uran entspricht 20 000 t des herkömmlichen Sprengstoffs Trinitrotoluol. Die verwüstende Wirkung von herkömmlichen Atomwaffen besteht aus Druckwellen (ca. 50 %), Hitzestrahlung (ca. 35 %) und radioaktiver Strahlung (ca. 15 %).

Die radioaktive Strahlung tritt unmittelbar bei der Detonation als Inertialstrahlung und durch verstrahlte Partikel in der Atmosphäre (Fallout) als Reststrahlung auf; Verhältnis ca. 1:2. Die Beseitigung von Fallout mit geeigneten chemischen Substanzen nennt man Dekontaminierung.

A., die durch geeignete Maßnahmen vorwiegend Inertialstrahlung (Gamma- und Neutronenstrahlung) erzeugen, nennt man Neutronenwaffen. Sie wirken gezielt durch den Panzerschutz hindurch vor allem auf die Menschen bei langandauernder Verseuchung des Geländes.

Bei Nuklearexplosionen in großer Höhe entstehen durch Umwandlung der Gammastrahlung elektrische und magnetische Felder, die elektronische Geräte auf der Erde, insbesondere →Führungsmittel, unbrauchbar machen können. (EMP elektromagnetischer Impuls).

A. werden nach Trägersystemen und Reichweiten unterschieden. Trägersysteme: →Geschoß, →Rakete, Bombe, →Mine, Torpedo. Die Abschußvorrichtungen können landgestützt (Kanonen, Raketen-Startgeräte) oder seegestützt (U-Boote) sein.

A. größerer Reichweite (5000 km) oder strategische A. sind Interkontinentalraketen und Langstreckenbomber. Die Grenze zwischen A. mittlerer und kurzer Reichweite liegt bei 1000 km (operative

und taktische A.). Strategische A., übrige A. und konventionelle Waffen = Triade. *Meyer-Bäse*

Aufbereitungsmaschine. A. trennen das Rohhaufwerk in zumeist mehreren Stufen in absatzfähige Produkte und Aufbereitungsabgänge. Unter Rohhaufwerk versteht man ein Gemenge aus wertigen, minderwertigen und wertlosen Materialien.

Es werden A. für die Sortierung, die Klassierung, die Zerkleinerung und für das Stückigmachen unterschieden. Weitere Anlagen dienen der Vergleichmäßigung und Mischung, der Entwässerung und Trocknung sowie der Entstaubung.

Bei der Sortierung werden Stoffe voneinander getrennt; i. a. erfolgt die Trennung nach Kornarten. Das Ziel der Sortierung ist eine Anreicherung des Wertmaterials. Es werden hier Schwerkraftscheider, Fliehkraftscheider, Setzmaschinen, Rinnen, Herde, Magnetscheider, Elektroscheider und die Flotation unterschieden.

Unter Klassierung versteht man die Trennung eines Gutes nach Kornklassen, und zwar nach geometrischen Abmessungen (Siebklassierung) und nach der Endfallgeschwindigkeit (Gleichfälligkeitsklassierung).

Für die maschinelle Zerkleinerung werden Brecher, Walzwerke und Mühlen eingesetzt. Ihre Arbeitsaufgabe besteht in der Oberflächenvergrößerung, der Herstellung einer korngerechten Aufgabe sowie dem Aufschließen verwachsener Haufwerksstücke.

Unter Stückigmachen versteht man Verfahren, die der Oberflächenverkleinerung dienen. Hierunter fallen Anlagen zur Brikettierung, Pelletierung und Sinterung. *Seeliger*

Aufenthalt. A. ist jedes geplante Liegen der Arbeitsgegenstände im →Materialfluß. *Jünemann*

Auffahrtsteuerung. Die A. besteht aus einem Signalaufnehmer, der den Abstand zum vorherfahrenden Fahrzeug abtastet. Diese Einrichtung besteht aus einer Stange, an der ein Schalter oder ein Induktivaufnehmer angebracht ist, der beim nachfolgenden Fahrzeug den Bremsvorgang einleitet. *Jünemann*

Aufgabe, konstruktive →Konstruktion, →Anforderungsliste

Aufgabestelle. Die A. oder auch Aufgabestation ist der Ort, an dem die Objekte einen Fertigungsbereich verlassend auf eine fördertechnische Anlage übergeben werden. *Jünemann*

Aufgabevorrichtung. Den Aufbereitungsmaschinen sind besondere Vorrichtungen zum Beschicken vorgeschaltet, die das Material angepaßt, dabei absatzweise oder stetig zugeben. Entsprechend ihrem Schluckvermögen und ihrer Durchsatzleistung sollen Aufbereitungsmaschinen möglichst gleichmäßig in der für den Aufbereitungsprozeß günstigen Menge beaufschlagt werden. Das zu verarbeitende Gut, ein Gemenge unterschiedlicher oder eine Anzahl gleicher Stück- und Korngrößen, kommt entweder stoßweise, dabei im größeren Quantum, z. B. über einen Schüttbunker, an, oder es ist stetig, oftmals im Durchsatz veränderbar, z. B. aus einem Vor(rats)silo abzuziehen und der Aufbereitungsmaschine aufzugeben. Zu der verlangten Vergleichmäßigung ist demnach eine bestimmte Zuteilung gefordert. Dazu sind spezielle Austragsvorrichtungen vorzusehen, die meist volumetrisch, in besonderen Fällen gewichtsmäßig zumessen. Mit zusätzlichen Verschlußorganen, z. B. statisch betätigten Klappen und Schiebern, läßt sich der Durchfluß in Grenzen einstellen. Dem unkontrollierten Nachrutschen von sehr grobem Material aus Bunkern wird in einfacher Weise durch Kettenvorhänge (Bild), in leichteren Fällen durch Pendelaufgeber begegnet. Bei sich bewegenden Abzugsvorrichtungen wird die Anpassung des Fördergutstroms meist steuerbar oder regelbar durch den Antrieb bzw. das Bewegungssystem der Abzugseinrichtung ermöglicht. Daneben sieht man oftmals eine Abtrennung von Körnung, die den folgenden Aufbereitungsgang umgehen soll, oder Abscheidung ungeeigneter Bestandteile vor. Ohne Abtrennung arbeiten Plattenbänder und übliche Förderbänder, von den unvermeidlichen Materialverlusten infolge Aufprall und Wurfwirkung abgesehen. Einen Trenneffekt haben Rollenroste und sonstige Roste in ihren verschiedenen Bauformen. →Schubwagenspeiser und Schwingförderer können mit Längs- bzw. Queröffnungen oder einer Lochung zwecks Vorabscheidung versehen sein. Außer den an Bunker oder Silo fest angebauten Austrags- und Abzugsvorrichtungen bestehen eigenständige Einheiten als A., die zugleich die Zwischenförderung übernehmen. *Kühn*

Aufhauenmaschine. A. sind maschinelle Betriebsmittel, die bei der Herstellung eines Aufhauens die Kohle hereingewinnen.

Unter Aufhauen versteht man einen gegen das Einfallen oder söhlig in der Lagerstätte aufgefahrenen Grubenbau, der die Front für den späteren Abbau und die Verbindung zwischen zwei Abbaustrecken herstellt. Bei Aufhauenbreiten von 10 m und mehr spricht man von Breitaufhauen.

Die Herstellung von Aufhauen wird bis heute (1986) überwiegend konventionell, d. h. mit Sprengarbeit oder mit dem Abbauhammer durchgeführt. Erst seit kurzer Zeit werden auch Aufhauen- oder Kurzfrontmaschinen eingesetzt.

Vier Maschinentypen sind unter Tage eingesetzt. Es handelt sich hierbei um die A. VM E 08, die A. ESA, den In-Seam-Miner und die A. Helix.

In mächtigen Flözen werden Aufhauen auch mit Teilschnittmaschinen der verschiedensten Bauarten hergestellt.

Im Vergleich mit der konventionellen Aufhauentechnik sind die maschinell hergestellten Aufhauen kostengünstiger, da die Vortriebsleistung größer ist. Ein weiterer Vorteil der maschinellen Aufhauentechnik liegt in der geringeren Unfallhäufigkeit. Nachteilig sind die konventionell zu erstellenden Startpositionen (Startröhren) und die damit verbundenen hohen Kosten. Das Aufhauensystem VM E 08 besteht aus der Schneideinrichtung, der Vorschubeinheit, dem Querförderer mit der Maschinenführung sowie den Rück- und Richteinrichtungen. Die Schneideinrichtung setzt sich aus zwei Schneidwalzen zusammen, deren Achsen rechtwinklig zur Vortriebsrichtung angeordnet sind. Diese werden entweder von einem Hydromotor oder einem Elektromotor angetrieben. Der Querförderer dient gleichzeitig als Maschinenführung. Er verfügt über einen rechtwinklig umgelenkten Austrag, der auf den Strebförderer aufgibt. Dieses Aufhauensystem eignet sich für Flözmächtigkeiten von 1,2–3,2 m. Die minimale Einsatzbreite beträgt 4 m und kann

Aufgabevorrichtung: Schüttbunker mit Kettenvorhang.

Aufhauenmaschine 1: VM E 08. (Quelle: Westfalia Lünen)

durch Verlängerung des Querförderers verbreitert werden. Die installierte Leistung liegt zwischen 120 und 190 kW.

Das Stall- und Aufhauensystem ESA besteht aus einer Einwalzenmaschine und wird ebenfalls auf einem Querförderer geführt. Im Gegensatz zur VM E 08 wird der Förderer über eine Rollkurve in Richtung Aufhauenlängsachse weitergeführt. Die Walze wird über einen in der Drehachse der Maschinen angeordneten E-Motor über ein Planetengetriebe angetrieben. Der Tragarm ist um 360° schwenkbar. Das gesamte System wird durch Rückzylinder an die Ortsbrust gedrückt. Die Maschine kann ab einer Flözmächtigkeit von 1,4 m und je nach Walzendurchmesser und Tragarmlänge auch in größeren Flözmächtigkeiten eingesetzt werden. Die Aufhauenbreite kann ab 4,6 m durch Anfügen weiterer Rinnenelemente an den Querförderer beliebig vergrößert werden. Die Antriebsleistung der Maschine beträgt 60 kW.

Das in England entwickelte Aufhauensystem In-Seam-Miner besitzt als herausragendes Merkmal eine umlaufende Schrämkette. Diese mit Meißeln und Ladebechern bestückte Kette schneidet die gesamte Flözmächtigkeit im Aufhauen. Der Einsatzbereich der Maschine erstreckt sich auf Mächtigkeiten von 0,9–1,8 m und auf Aufhauenbreiten von 4,3–13,5 m. Die installierte Leistung variiert je nach Einsatzfall von 60–100 kW.

Die speziell für geringmächtige Flöze entwickelte A. Helix ist durch eine besondere Ausbildung der Schneid- und Transporteinheit gekennzeichnet. Diese besteht aus einem parallel zu den Schichten angeordneten Walzensystem, das über die gesamte Aufhauenbreite arbeitet. Die Schraubengänge der Walzenhälfte sind gegenläufig angeordnet, damit das gelöste Gut zur Mitte hin transportiert wird und dort dem Förderer aufgegeben werden kann. Die Maschine wird in Flözmächtigkeiten von 0,8–1,3 m bei einer konstanten Aufhauenbreite von 5,7 m eingesetzt. Die installierte Leistung beträgt 2 bis 55 kW. *Seeliger*

Aufhauenmaschine 2: Helix. (Quelle: Paurat)

Literatur: *Berndt:* Aufhauenmaschine Helix für dünne Flöze. Glückauf 121 (1985), S. 30. – Das kleine Bergbaulexikon. S. 22. Essen 1981. – *Henkel:* Vergleich mechanisierter Aufhauentechniken. Glückauf 119 (1983), S. 324. – *Lehmann, G.:* Stand und Entwicklung in der Herrichtung und der Strebrandtechnik. Glückauf 122 (1986), S. 1171/80. – *Lensing-Hebben:* Herstellen von Aufhauen mit ESA 60 und Teilschnittmaschinen sowie Betriebserfahrungen mit Ankern in Aufhauen und auslaufenden Streben. Glückauf 119 (1983), S. 318. – *Linde:* Betriebserfahrungen mit der Aufhauenmaschine In-Seam-Miner. Glückauf 119 (1983), S. 311 ff. – *Nocke:* Rationelles Aufhauen mit der Vortriebsmaschine VM-E. Glückauf 121 (1985), S. 1760.

Aufklärung (Militärwesen). Unter A. versteht man die Ermittlung von Angaben über Gegner, Gelände und Einrichtungen als Basis für die Entscheidungen militärischer Leitungsstellen.

Wichtige Angaben sind Anzahl, Gliederung, Ausstattung und Verteilung des Gegners, seine Infrastruktur und logistischen Einrichtungen sowie Topographie, Untergrund, Bewuchs, Bebauung, Straßenführung, Lage von Brücken und Flugplätzen. Informationsquellen sind: Verhöre von Gefangenen, Befragung der Bevölkerung, zufällige Beobachtungen aller Truppen und gezielte Erkundungen und Auswertungen von speziellen A.-Einheiten. Als Methoden der A. kommen Befragung, Beobachtung, Horchen, funktechnischer Empfang, Identifizierung, Vermessung und Zielverfolgung in Betracht. An A.-Mitteln werden Fernrohre (Scheren-, Rundblick-, pankratische Fernrohre), Lichtmeßgeräte, Horchgeräte, Schallmeßgeräte, Funkortungsgeräte (Peilungs- und Meßgeräte), Radargeräte (Rundsuch-, Ortungsgeräte), Sehrohre, hydroakustische Ortungsgeräte und Magnetortungsgeräte verwendet. Spezielle Nachtsichtgeräte (IR, Restlichtverstärkung, Low-Light-Level-TV und Wärmebildgeräte) sind in besonderem Maß für die A. bei schlechter Sicht geeignet. Um selbst nicht entdeckt zu werden, bevorzugt man passive Verfahren, d. h. keine Beleuchtung, sondern Nutzung der vorhandenen Strahlung. Für genauere Zielvermessungen stehen optische (Basis-, Schnittbild-, Mischbild-, Raumbild-Entfernungsmesser) und Laser-Entfernungsmesser zur Verfügung. Um Fehlechos bei den Laser-Entfernungsmessern zu vermeiden, bedient man sich der Gated-Viewing-Technik.

Kennzeichnend für den Fortschritt in der Aufklärungstechnik ist die Kombination optischer und elektronischer Komponenten (Optronik).

Abgesehen vom infanteristischen Spähtrupp bedient sich die A.-Truppe geeigneter Träger: Spähfahrzeuge, Vorpostenboote, A.-Flugzeuge. Besondere Bedeutung hat für alle Teilstreitkräfte die Luft-A. – Ballone, Plattformen, Flugzeuge, Drohnen und Satelliten – verbunden mit hochempfindlichen optischen Geräten. Aktualität erfordert schnelle Gewinnung, Übertragung, Verarbeitung und Darstellung der Informationen (real-time). *Meyer-Bäse*

Aufkohlen. Anreichern der Randschicht eines Werkstücks mit Kohlenstoff durch thermochemische Behandlung. Nach Art des Aufkohlungsmittels unterscheidet man zwischen Gas-, Salzbad-, Pulver- und Pastenaufkohlen. Die Aufkohlungstemperatur liegt zwischen 850 und 950 °C, also im Austenitgebiet. Zum A. werden Einsatzstähle mit niedrigen Kohlenstoffgehalten (<0,25 %) verwendet. Durch das A. wird der Kohlenstoffgehalt der Randschicht auf Gehalte zwischen 0,6 und 0,9 % erhöht.

An das A. wird ein Härten und Anlassen angeschlossen, wodurch in der Randschicht Martensit und Restaustenit gebildet wird. Die Härte fällt vom Rand zum Kern hin ab (Bild). Aus dem Härteverlauf kann die Einsatzhärtungstiefe ermittelt werden, die meistens zwischen 0,5 und 2 mm liegt.

An das A. und Härten wird i. a. eine Schleifbehandlung angeschlossen. Durch A. und Härten werden vor allem die Dauerschwingfestigkeit, der Widerstand gegenüber Oberflächenzerrüttung bzw. Grübchenbildung und gegenüber abrasivem Verschleiß erhöht. Daher wird das A. und Härten zur Verlängerung der Gebrauchsdauer von mechanisch und tribologisch hoch beanspruchten Bauteilen wie Zahnrädern, Nockenwellen, Werkzeugen u. a. verwendet. *Habig*

Literatur: *Stüdemann, H.*: Wärmebehandlung von Stahl, Gußeisen und Nichteisenmetallen. München, Wien 1967. – *Wahl, G.*: Einsatzhärten und Nitrieren von Eisenwerkstoffen. In: H. Kunst: Verschleiß metallischer Werkstoffe und seine Verminderung durch Oberflächenschichten. Grafenau 1982.

Aufladung. Erhöhung der →Zylinderladung eines Verbrennungsmotors mit dem Ziel, die Motorleistung zu steigern.

Die Leistung eines Verbrennungsmotors hängt wesentlich davon ab, welche Kraftstoffmenge pro Zeiteinheit in ihm umgesetzt wird. Dabei bereitet es technisch keine besonderen Schwierigkeiten, dem Motor eine große Kraftstoffmenge zuzuführen. Die Schwierigkeit besteht vielmehr darin, die für die Verbrennung des Kraftstoffs erforderliche Luftmenge in den Zylinder des Motors hineinzubringen. Die z. B. bei einem →Viertaktmotor am Ende des Ansaugvorgangs im Zylinder befindliche Luftmenge ergibt sich angenähert aus dem Zylindervolumen multipliziert mit der Dichte, die die Luft gerade in diesem Augenblick aufweist (→Liefergrad). Daraus folgt, daß bei gleichem Hubvolumen die Verbrennungsluftmenge vergrößert wird, wenn man für eine höhere Dichte der Luft im Zylinder am Ende des Ansaughubs sorgt.

Die Erhöhung der Dichte der Luft im Zylinder wird bei aufgeladenen Motoren dadurch erreicht, daß man dem Motor schon in der Ansaugleitung (Ladeluftleitung) Luft mit höherer Dichte anbietet.

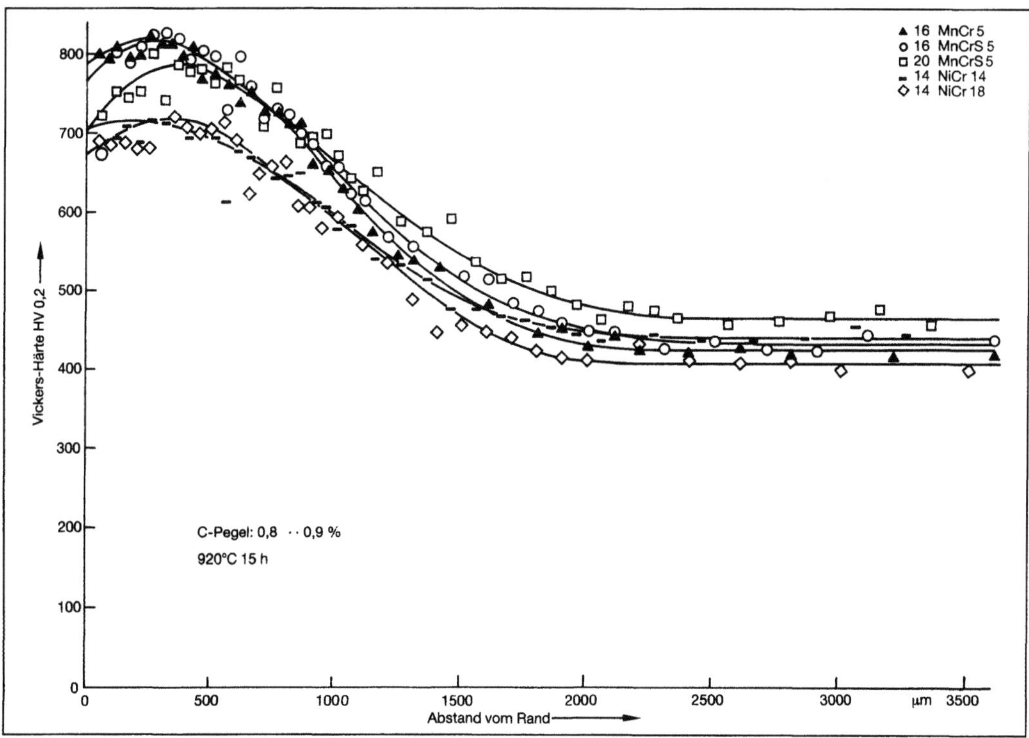

Aufkohlen: Härteverläufe von aufgekohlten und gehärteten Einsatzstählen.

Dazu wird von einem Verdichter komprimierte Luft in die Ladeluftleitung gedrückt (Bild). Im Verdichter erhöhen sich der Druck und die Dichte, aber auch die Temperatur der Ladeluft. Durch Nachschalten eines Ladeluftkühlers wird eine weitere Erhöhung der Ladeluftdichte erzielt. Die →Ladeluftkühlung wird aber wesentlich auch zur Verringerung der thermischen Belastung des Motors angewendet.

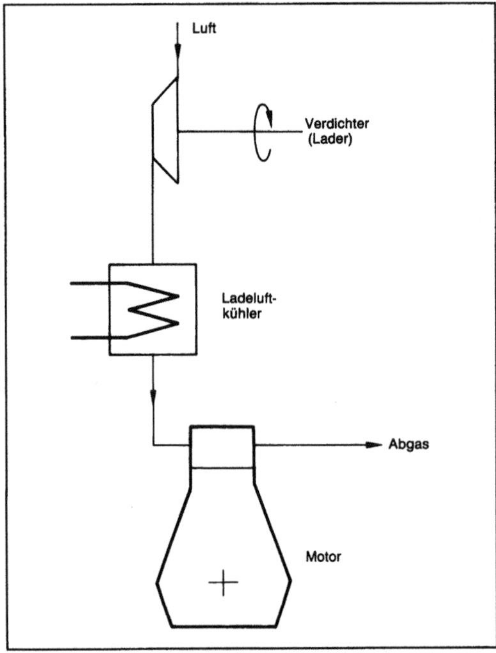

Aufladung: Verbrennungsmotor (Schemaskizze).

Der Verdichter (Lader) muß natürlich angetrieben werden. Je nach Antriebsart sind folgende Aufladesysteme zu unterscheiden.

□ *Mechanische A.:* Dabei wird der Lader mechanisch von der Kurbelwelle des Verbrennungsmotors angetrieben. Ein Teil der →Innenleistung des Motors wird also für den Antrieb des Laders abgezweigt. Die Antriebsleistung für den Lader ist aber nicht ganz verloren. Etwa die Hälfte wird (beim Viertaktmotor) dadurch wiedergewonnen, daß der Überdruck beim Ansaugen zu einer positiven Gaswechselarbeit führt (p,V-Diagramm). Da die Wirkung des Laders erst dann benötigt wird, wenn der Motor eine höhere Leistung abgeben soll als die des Motors ohne A., läßt sich der Lader bei kleinerer Last abschalten. So kann der mit dem Antrieb des Laders verbundene Leistungsverlust bei Teillast vermieden werden.

Die mechanische A. wird z. Z. seltener angewendet. Da Motoren mit mechanischer A. auf Laständerungen (plötzliches Beschleunigen) viel schneller ansprechen als solche mit Abgasturbo-A., ist sie bevorzugt bei Pkw-Motoren verbreitet.

□ *Abgasturbo-A.:* Bei der Abgasturbo-A. wird der Lader durch eine Abgasturbine angetrieben. Hierzu wird das Abgas des Motors durch eine Turbine geleitet, vor der es sich zu einem gegenüber der Atmosphäre erhöhten Druck aufstaut. Bei den heutigen guten Abgasturbolader-Wirkungsgraden kann erreicht werden, daß der Abgasdruck hinter dem Motor (vor der Turbine) nicht höher ist als der Ladeluftdruck vor dem Motor. Somit wirkt sich der Abgasgegendruck nicht negativ aus, sondern es läßt sich sogar ein mäßiger Leistungsgewinn über die Gaswechselschleife des Motors erzielen. Die Abgasturbo-A. ist die heute weitaus am meisten verbreitete Methode zur A. von Verbrennungsmotoren.

□ *Comprex®-A.:* Dabei wird die Energie zur Verdichtung der Ladeluft ebenfalls aus dem Abgas des Motors bezogen. Die Übertragung der Energie vom Abgas auf die Luft erfolgt über gasdynamische Vorgänge in einer →Druckwellenmaschine. Die Comprex®-A., die ein gegenüber der Abgasturbo-A. deutlich verbessertes Ansprechverhalten zeigt, wird aber erst sehr selten angewendet.

Prinzipiell können alle Arten von Verbrennungsmotoren aufgeladen werden: Viertakt- und Zweitaktmotoren sowie Diesel- und Ottomotoren. Größere und große Dieselmotoren sind heute fast alle aufgeladen, weil bei ihnen die Vorteile der A. am meisten zur Geltung kommen. Diese Vorteile sind:

□ bedeutende Erhöhung der Leistung, z. B. Verdreifachung,

□ nur mäßige Vergrößerung der Abmessungen des Motors,

□ Erhöhen des Nutzwirkungsgrads, besonders bei großen Motoren.

Aus den beiden ersten Punkten leitet sich her, daß größere aufgeladene Motoren auch kleiner, leichter und kostengünstiger sind als unaufgeladene Motoren gleicher Leistung.   *Kuhlmann*

Literatur: *Pucher, H.,* u. a.: Aufladung von Verbrennungsmotoren. Kontakt & Studium Bd. 133. Sindelfingen 1985. – *Zinner, K.:* Aufladung von Verbrennungsmotoren. 3. Aufl. Berlin, Heidelberg, New York 1985.

Aufreißer. A. sind Hilfsgeräte, die vorwiegend an →Flachbagger, speziell an zugkraftstarke Planierraupen montiert oder seltener auch angehängt werden und zum Lösen oder Lockern von festeren Böden dienen. Für bestimmte Einsatzfälle haben sich Anhänge-A. bewährt, die ein- oder zweiachsig mit gefederter und verstellbarer Lenkachse ausgeführt werden. A. sind gewöhnlich 1 bis 3-zinkig gebaut und werden hydraulisch in Arbeitsstellung gebracht und gehalten. Wurzelrechen zum Roden haben bis zu zehn Zinken. Einzahnradialausführungen verwendet man für festes Material, auch Fels, und große Reißtiefen. Der Reißwinkel der Zahnspitze kann konstant sein oder sich mit der Reißtiefe verändern. Bei Mehrzahnaufreißern in Parallelogrammausführung sind an einem Querträger je nach der Art des Einsatzes und des Materials ein, zwei oder drei Reißzähne montiert. Zur Erhöhung der Lebensdauer sind die Spitzen z. T. selbstschärfend. Zur Bestimmung der Reißbarkeit eines Materials dienen seismische Wellengeschwindigkeitsdiagramme (Bild). Niedrige seismische Wellengeschwindigkeiten deuten auf gute Reißbarkeit des Materials hin. Jedoch bestimmen oft das Eindringvermögen und die Eindringtiefe, die von der Schichtung des Materials abhängig sind, unabhängig von der seismischen Wellengeschwindigkeit die Reißleistung eines Einsatzes. *Kühn*

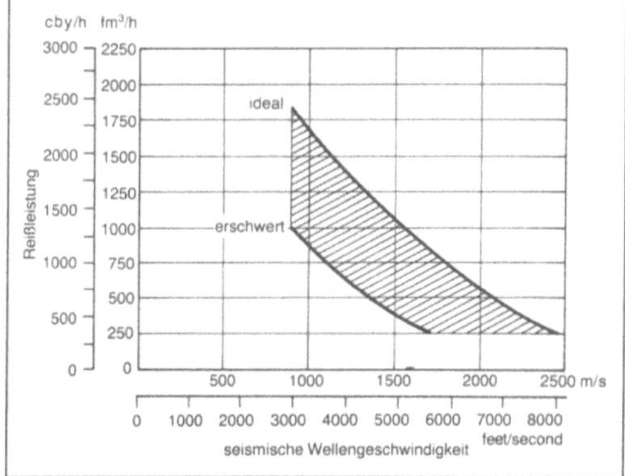

Aufreißer: Reißleistungsdiagramm einer Planierraupe mit Einzahnaufreißer und maximaler Zugkraft von 530 kN.

Aufreißverschluß. Um ein Austreten von Füllgut zu verhindern, sind Packungen im Verschlußbereich dicht verschlossen. Zur Entnahme des Füllguts müssen Öffnungen angebracht werden. Hierzu dient u. a. der A. Die Entleerungsöffnung wird ohne weitere Hilfsmittel, wie z. B. Schere oder Messer, in das Verpackungsmittel eingebracht. Es wird zum Öffnen rein mechanische Kraft aufgewandt.

Um die Öffnungskräfte bei A. möglichst niedrig zu halten, werden entsprechende Hilfen bereits bei der Herstellung des Verpackungsmittels eingearbeitet. Die einfachste Art, aber auch gleichzeitig die Art, die u. U. noch geringe Verluste ermöglicht, ist die Perforation. Hierbei wird der Werkstoff des Verpackungsmittels teilweise völlig durchgeschnitten. Es entstehen Striche mit zerstörtem Werkstoff und kurze Abschnitte, an denen der Werkstoff in voller Dicke erhalten ist. Die Gesamtfestigkeit ist deutlich reduziert. Die Öffnung des Verpackungsmittels kann durch Hand erfolgen.

Eine weitere Möglichkeit ist das Einbringen eines Aufreißfadens. Hier wird der Werkstoff des Verpackungsmittels nicht zerstört. Die nötige Öffnungskraft wird dadurch erreicht, daß die durch die Hand in den Faden eingeführte Kraft durch das geringe Maß des Fadens so verstärkt wird, daß die Festigkeit des Verpackungswerkstoffs überwunden wird. Eine weitere Möglichkeit ist, durch teilweises Zerstören des Werkstoffquerschnitts, unter Beibehalten eines nicht zerstörten Restquerschnitts, die Festigkeit des Verschlußteils des Verpackungsmittels so zu schwächen, daß durch Einwirken von Handkräften eine Öffnung zustande kommt. Diese Möglichkeit wird bei A. in Metalldeckeln verwendet. Durch ein Einritzen der Metalloberfläche wird soviel Werkstoff zerstört, daß genügend Restfestigkeit verbleibt, um Einwirkungen von innen her standzuhalten. Das können Innendrücke bei gashaltigen Getränken oder entstehende Dampfdrücke bei Sterilisationen sein. Durch Anbringen eines kleinen Aufreißhilfsteils wird erreicht, daß die erhöhte Einreißfestigkeit der Ritzlinie durch Anwenden des Hebelgesetzes überwunden wird. Beim Aufrichten des Hilfsteils wird durch genügend große Hebelübersetzung soviel Kraft in die Ritzlinie eingebracht, daß ein kleiner Einriß entsteht. Das weitere Aufreißen kann dann direkt durch die Handkraft erfolgen.

Im Bereich der Sicherheits- und Garantieverschlüsse wird ebenfalls ein Abreißen von Metallteilen verwendet. Es werden die Aufschraubverschlüsse so ausgeführt, daß auch dort eine Perforation vorhanden ist. Sie besteht aus sehr großen zerschnittenen Keilen und wenig stehengebliebenen Teilen. Beim Öffnen werden Teile dieser Perforation zerrissen und ein Garantiering bleibt an dem Verpackungsmittel zurück. Eine weitere Möglichkeit solcher Garantieverschlüsse besteht darin, daß die Perforation in axialer Richtung angebracht ist. Sie reißt beim Abschrauben auf. An den hervorstehenden Gewindeteilen des Verpackungsmittels richten sich diese aufgerissenen Teile auf und zeigen an, daß der Verschluß bereits einmal bewegt worden ist. Weitere andere Möglichkeiten sind in kleinerem Umfang im Einsatz. *Paris*

Aufsammelpresse. Maschine zum Sammeln, Verdichten und Binden landwirtschaftlicher Güter (Halmgüter). Die von Traktoren gezogenen und über die →Zapfwelle angetriebenen modernen Bauformen haben sich (wie der Mähdrescher) aus stationären Maschinen entwickelt. Eine bis heute nachwirkende Erfindung ist die um 1870 von *Dederick* (USA) geschaffene Strangpresse, „bei der der Strang des fertigen Ballens den nachgiebigen Widerstand für jede neue Pressung bildet" (Bild 1). Als Hauptverwendung kam damals die Kombination mit Dreschmaschinen in Betracht, um das vom Schüttler abgegebene (ausgedroschene) lockere Stroh kontinuierlich zu gebundenen Ballen zu verarbeiten. Der technische Aufwand erwies sich jedoch als so groß, daß eine breite Einführung nicht gelang. Kostengünstiger ließ sich eine Verdichtung mit schwingenden Kolben verwirklichen, zuerst für

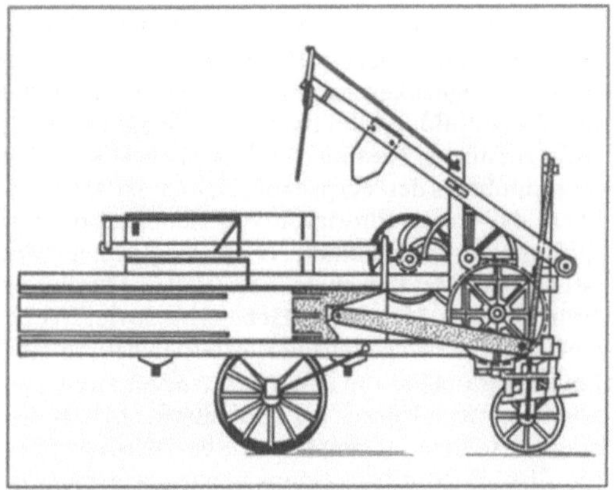

Aufsammelpresse 1: Strangpresse von Dederick, *Albany (USA) um 1870. (Quelle: H.-J. Matthies a. a. O.)*

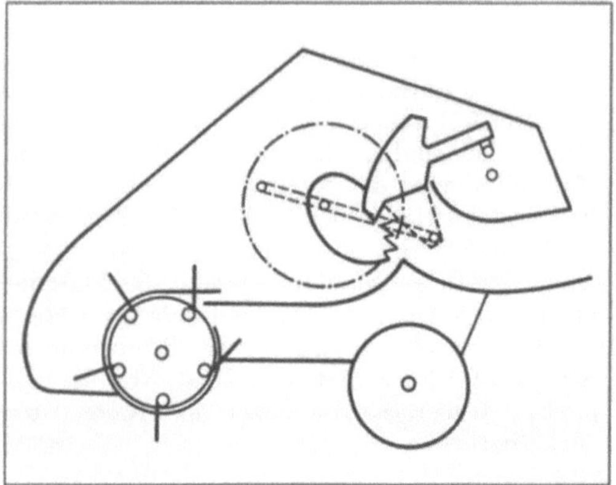

Aufsammelpresse 2: Grundaufbau einer Schwingkolbenpresse um 1955. (Quelle: H.-J. Matthies a. a. O.)

Dreschmaschinen; später wurde sie auch für die A. angewendet. Kurz vor dem Zweiten Weltkrieg baute die Firma Claas nach diesem Prinzip in Deutschland die ersten A. Aber erst nach dem Krieg kam es zu einer breiten Einführung, zu der die Firma Welger wesentlich beitrug (Bild 2). Die auf etwa 2–3 bar begrenzten Preßdrücke an den Kolben erlaubten bei trockenem Gut Ballendichten bis zu 80 kg/m^3 (Stroh) bzw. 100 kg/m^3 (Heu). Um die Preßdichte weiter zu erhöhen, kehrte man um 1960 zum Strangpreßverfahren zurück. Das in Bild 3 ganz links gezeigte Prinzip der sog. Aufsammel-Hochdruckpresse liefert bei etwa 3–5 bar Preßdruck kompakte Rechteckballen mit Halmgutdichten (trocken) bis zu 120 kg/m^3 (Stroh) bzw. 150 kg/m^3 (Heu). Aus Handhabungsgründen muß man die

Ballenmasse auf etwa 15 kg begrenzen. Diese Maschinen wurden in großen Stückzahlen hergestellt. Parallel entstanden in den USA sog. Großballen-Rollpressen, von denen Anfang der 70er Jahre das System der Firma Vermeer mit „Variokammer" breite Anwendung fand. Im Jahre 1974 brachte die deutsche Firma Welger eine Rundballenpresse mit „Konstantkammer" heraus, die in Europa den Durchbruch herbeiführte. Beide Konzepte benötigen bei hohen Leistungen (z. B. 10 t/h) und noch ausreichenden Preßdichten (z. B. 100 kg/m^3) relativ wenig Energie. Um 1984 überholten ihre Verkaufsstückzahlen diejenigen der Kolbenpressen.

Parallel bietet man in kleinen Stückzahlen auch Großballenpressen mit Quaderformat an. Demgegenüber konnten sich Aufsammel-Brikettierpressen

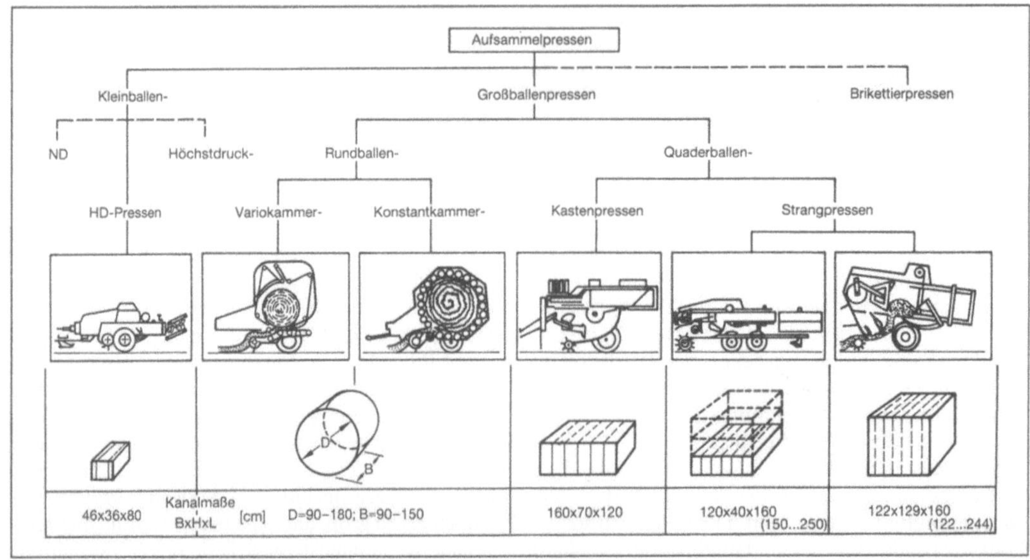

Aufsammelpresse 3: Übersicht über Bauarten. (Quelle: W. Busse a. a. O.)

bisher, vor allem wegen des hohen Energiebedarfs, nicht durchsetzen. *Renius*

Literatur: *Busse, W.:* Was kostet die Strohbergung? Landtechn. 41 (1986) Nr. 6, S. 272/75. – *Hansen, J. A.:* Bindeapparate der Rauhfutterpressen. Agrartechnische Lehrbriefe Nr. 256. Beilage in Agrartechn. 66 (1987) Nr. 4. – *Matthies, H.-J.:* Probleme im Strohpressenbau und ihre Lösungen. Grundl. Landtechn. 8 (1958) Nr. 10, S. 8/17. – *Matthies, H.-J., u. D. Wilkens:* Neuere Entwicklungslinien auf dem Gebiet der Halmgutverdichtung. Festschr. „25 Jahre VDI-Fachgruppe Landtechnik", S. 183/91. Düsseldorf 1983. – *Sacht, H. O.:* Großballen-Rollpressen, ein neuer Weg für die Halmgutverdichtung. Grundl. Landtechn. 31 (1981) Nr. 6, S. 201/5. – *Wolf, K.-P.:* Rund oder eckig – klein oder groß? Landtechn. 41 (1986) Nr. 4, S. 169/76.

Aufsattelgerät. Landwirtschaftliches Gerät, das sich einerseits am Boden abstützt (z. B. durch Stützrad oder Laufachse), andererseits am Traktorheck gelenkig angekuppelt wird (z. B. am Zugmaul, am Zugpendel oder in den beiden unteren Kupplungspunkten des Dreipunktanbaus).

Im Vergleich zum →Anbaugerät (Landmaschinen) wird weniger Vertikalkraft auf den Traktor übertragen bei ebenfalls geringerer Beanspruchung der Traktorstandfestigkeit. Die Wendigkeit von Traktor und Gerät wird etwas ungünstiger, jedoch ist die Handhabung insgesamt immer noch einfacher als bei Anhängegeräten. Typisches Beispiel für das A. ist ein großer →Pflug. *Renius*

Literatur: *Söhne, W.:* Der Aufsattelpflug als Zwischenlösung zwischen Anhänge- und Anbaupflug. Grundl. Landtechn. 3 (1953) Nr. 4, S. 77/83.

Aufschwimmen →Fahrbahn

Auftrag. A. können als wichtigste Inputgrößen des logistischen Systems und damit als kritischer Informationsfluß im logistischen System betrachtet werden. Sie beinhalten eine Übermittlung vom Kunden zum Unternehmen, u. U. zwischen und von Distributionszentren zu Verarbeitungszentren. Die Behandlung der A. umfaßt die A.-Bearbeitung einschl. der Abstimmung der A.-Information mit anderen Aktivitäten der Unternehmung, die vom jeweiligen A. berührt werden; Anweisungsinformationen zum Steuern der Auslieferung, u. U. der Fertigung sowie des Wiederauffüllens der Lager in Verarbeitungs- und Distributionszentren. Nicht zuletzt schließt der Prozeß auch die administrative Abwicklung des A. sowie die Gewinnung und Übermittlung von Kontrollinformationen des gesamten Vorgangs ein. *Jünemann*

Auftragen →Maschenbildungsvorgang

Auftragsdurchlaufzeit. Die Zeiten, die die Arbeitsgegenstände (z. B. Entnahmeeinheiten) und die dazu notwendigen Informationen (z. B. Pickliste) für das Durchlaufen bestimmter Arbeitssysteme (z. B. Kleinteilekommissionierung) benötigen, um den Auftrag zu erfüllen. Neben der Kommissionierzeit gehören also noch Zeiten für die Aufbereitung der Daten, Datenübertragungszeiten, Organisationszeiten usw. zur A. *Jünemann*

Auftragsspektrum. Alle Aufträge, die in einem logistischen System zu bearbeiten sind. *Jünemann*

Aufzug (Fördertechnik). A. sind ortsfeste Förderanlagen für den vertikalen Transport von Personen und/oder Gütern. Dabei sind die Fahrkörbe mit den Tragmitteln ständig verbunden und bewegen sich in festen Führungen über die gesamte Fahrbahn. Der Zu- oder Austritt bzw. das Be- oder Entladen erfolgt auf den dafür festgelegten Ebenen. A. lassen sich wie folgt einteilen:
□ Personen-A.,
Tragfähigkeit: 2500–20 000 N,
Betriebsgeschwindigkeit: 0,3–9 m/s;
□ Lasten-A.,
Tragfähigkeit: 3200–100 000 N (bei hydraulischem Antrieb bis 400 000 N),
Betriebsgeschwindigkeit: 0,3–4 m/s;
□ Kleingüter-A. (nur für Lasten),
Tragfähigkeit 250–3200 N,
Betriebsgeschwindigkeit bis 1 m/s.

A. unterliegen bestimmten Sicherheitsvorschriften, die bei der Konstruktion zu beachten sind. *Jünemann*

Ausarbeiten (Konstruktion). Das A. (Detaillieren) ist der letzte Teil des Konstruierens (→Konstruktionsphase), bei dem, ausgehend von einer Entwurfszeichnung (Entwerfen), alle Unterlagen zur Fertigung und Nutzung eines Produkts erstellt werden.

Dabei werden nicht nur die Einzelteile aus einer Gesamtzeichnung (→Zeichnung, technische) herausgezeichnet, sondern gleichzeitig Detailoptimierungen hinsichtlich Gestalt, Werkstoff, Oberfläche und Toleranzen bzw. Passungen vorgenommen. Optimierungsziel ist dabei vor allem eine fertigungsgerechte und kostengünstige Gestaltung (→Konstruieren, fertigungsgerechtes; Konstruieren, kostengünstiges).

Ergebnis des A. ist die Produktdokumentation, wie z. B. Einzelteilzeichnungen, Stücklisten, Betriebsanleitung, Reparaturanleitung. *Ehrlenspiel*

Ausfallwahrscheinlichkeit →Wälzlager-Dimensionierung

Ausgleichsbohrung. Eine Bohrung, die beim Auswuchten eines Wuchtkörpers in einer dafür bestimmten →Ausgleichsebene angebracht wird, um durch Wegnehmen von Werkstoff eine vorhandene →Unwucht zu verringern oder zu beseitigen. *Witfeld*

Ausgleichsebene. Eine Radialebene eines Rotors, in der beim Auswuchten gemessene Unwuchten korrigiert werden. Beim dynamischen Auswuchten sind mindestens zwei A. erforderlich. *Witfeld*

Ausgleichsfederung →Federung

Ausgleichsgetriebe →Kraftübertragung

Ausgleichskupplung.
1. **Allgemeines.** A. sind nichtschaltbare, nachgiebige Kupplungen. Sie gleichen Wellenverlagerungen (längs-, quer- und winkelnachgiebig) und/oder Drehmomentenschwankungen (drehnachgiebig) zwischen An- und Abtriebswelle aus (Bild). Die Nachgiebigkeit wird durch elastische Verformung von Bauelementen (elastische A.) oder durch starre in Gelenken bewegliche Bauelemente (gelenkige oder getriebebewegliche Kupplungen) erreicht. Nur die elastischen A. können auch Drehmomentschwankungen ausgleichen. Die getriebebeweglichen A. wirken auf die Drehmomentübertragung wie starre Kupplungen. Erfolgt die Drehmomentübertragung der A. gleichförmig, spricht man von homokinetischen Kupplungen. Es existieren viele Bauformen von A. Typische getriebebewegliche A. sind
□ Parallelkurbel-Kupplung: quernachgiebig,
□ Verschiebehülsen: längsnachgiebig,
□ Kreuzgelenk: winkelnachgiebig.

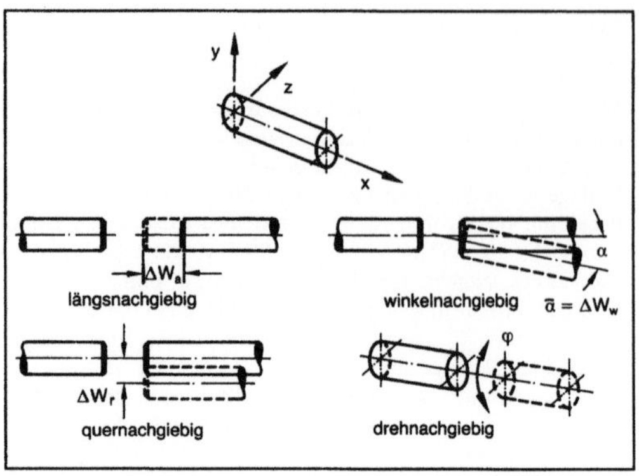

Ausgleichskupplung: Wellenverlagerungen, die durch entsprechende Nachgiebigkeiten der Ausgleichskupplungen ausgeglichen werden müssen.

Typische elastische A. sind
□ Elastische →Bolzenkupplung,
□ →Bügelfeder-Kupplung,
□ Schraubenfeder-Kupplung,
□ →Wulstkupplung,
□ Gasfederkupplung.
Die elastischen A. sind meist längs-, quer-, winkel- und drehnachgiebig. Es werden metall- und gummi- oder elastomerelastische A. unterschieden.

Ehrlenspiel

2. **metallelastische.** M. A. sind nichtschaltbare Kupplungen, die Winkel-, Radial- und Axialversätze der gekuppelten Wellen ausgleichen. Üblicherweise sind sie drehstarr. Man verwendet als elastische Elemente blechförmige Laschen (→La-

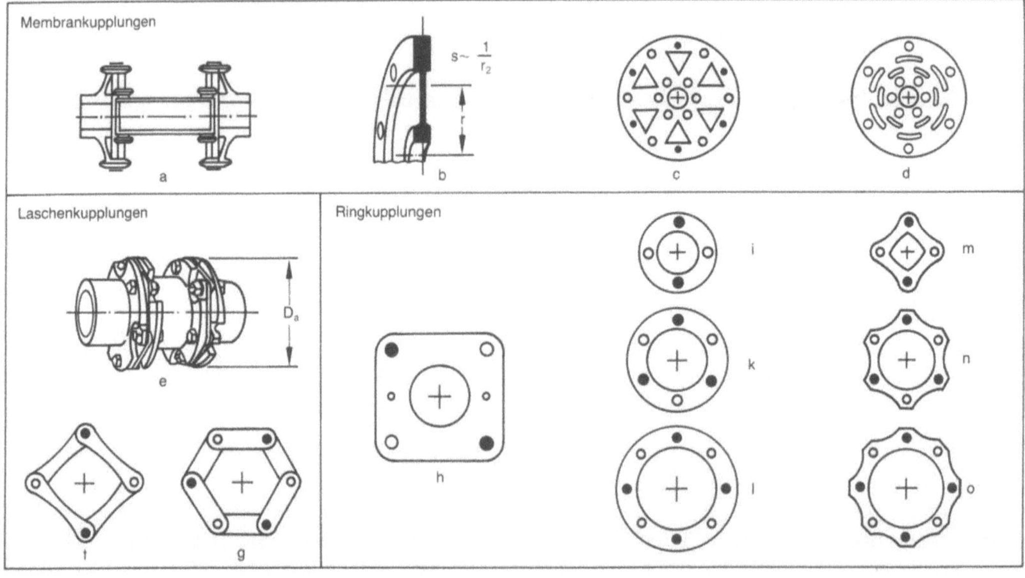

Ausgleichskupplung, metallelastische: Bauformen.

schenkupplung), Ringe (Ringkupplung) sowie Membranen oder Schalen (→Membrankupplung). M. A. haben bei vergleichbaren Anforderungen kleinere Durchmesser als gummielastische und sind nicht temperaturempfindlich. Sie besitzen keine Dämpfungsfähigkeit und müssen nicht wie getriebebewegliche A. geschmiert werden. *Ehrlenspiel*

Ausgleichsmasse. Im weitesten Sinne jedes Gegengewicht, das geeignet ist, die durch ungleichförmige Massenverteilung verursachten Trägheitswirkungen einer laufenden Maschine zu mindern oder zu beseitigen. Im engeren Sinne eine Masse, die beim Auswuchten eines Wuchtkörpers in einer dafür bestimmten →Ausgleichsebene angesetzt wird, um eine vorhandene →Unwucht zu verringern oder zu beseitigen. *Witfeld*

Ausgleichswelle →Geräuschemission

Auskleidung. Zum Vermeiden von Korrosion und →Erosion können Rohrleitungen mit Zementmörtel, Kunststoff, Gummi oder Bitumen ausgekleidet werden. Die Rohrauskleidung kann auch zum Schutz des Durchflußstoffs gegen Verunreinigungen notwendig sein. Gemauerte A. aus feuerfesten Steinen schützen die Rohre gegen hohe Temperaturbelastungen. *Diegelmann*

Literatur: DVGW-W343: Zementmörtelauskleidung von erdverlegten Groß- und Stahlrohrleitungen. Frankfurt/Main. – *Heinrich, B., H. Hildebrand, M. Schulze* u. *W. Schwenk:* Untersuchungen der Korrosionsschutzeigenschaften von Zementmörtelauskleidungen für Stahlrohre. 3R international. (1978), Nr. 11. – *Nagel, G.:* Korrosionsschutz in Rohren durch Betonauskleidung. Werkstoff und Korrosion (1978) Nr. 11. – *Nestler, W.:* Auskleidungstechnik. Plastverarbeiter 28 (1977) Nr. 2.

Auslastungsgrad. Jedes →Fördermittel besitzt eine theoretische Arbeitsleistung. Diese Arbeitsleistung wird im praktischen Betrieb jedoch nicht erreicht. Der Faktor aus praktischer und theoretischer Arbeitsleistung ergibt den A. *Jünemann*

Auslaßschlitz →Zweitakt-Gaswechsel

Auslegerkran. Statt der horizontalen Lastbewegung durch Überlagern von zwei rechtwinklig aufeinander stehenden Geschwindigkeiten, die die Brücken- und Portalkrane charakterisieren, überlagern sich beim A. die beiden Polarkoordinaten: Drehwinkel und Radialweg der Auslegerspitze.

A. (Bild) sind Krane mit einem über die Standfläche hinausragenden Ausleger zur Lastaufnahme. Sie unterscheiden sich von den Drehkranen nur dadurch, daß bei letzterem der Ausleger drehbar angeordnet ist.

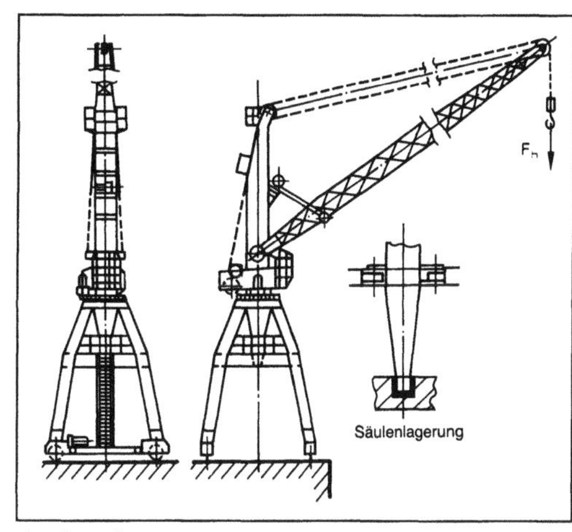

Auslegerkran.

Man unterscheidet folgende Varianten:
□ mit festem Ausleger (Ausladung unveränderlich),
□ mit Einstellausleger (Ausladung nur ohne Last veränderlich),
□ mit Einziehausleger (Ausladung auch unter Last veränderlich),
□ mit Wippausleger (Ausladung unter Last veränderlich, Lastweg nahezu waagerecht),
□ mit Aufsteckausleger (Ausleger durch Aufstekken von Zwischenstücken außer Betrieb verlängerbar),
□ mit Teleskopausleger (Auslegerlänge durch Ineinanderschieben- der Teile auch während des Betriebs veränderbar),
□ mit Katzausleger (fester Ausleger mit →Laufkatze).

Da die Lastaufnahme außerhalb der Standfläche liegt, muß darauf geachtet werden, daß zu einer Tragkraft immer der Bereich einer Ausladung gehört, d. h. der Hebelarm, für den diese Tragkraft gilt. *Jünemann*

Auspuff →Abgasanlage

Auspufftopf →Schalldämpfer

Auspuffvorgang. Vorgang, bei dem die Verbrennungsgase den Zylinder eines Verbrennungsmotors stoßartig verlassen.

Der →Gaswechsel eines Verbrennungsmotors besteht aus dem Entfernen der Verbrennungsgase aus dem Zylinder und aus dem Füllen des Zylinders mit frischer Luft bzw. frischem Luft-Kraftstoff-Gemisch.

Der A. ist die erste Phase der Entleerung des Zylinders. Am Ende des Arbeitstaktes (→Expansionstakt) stehen die Verbrennungsgase im Zylinder noch unter einem beträchtlichen Überdruck. Wird nun das Auslaßventil oder der Auslaßschlitz geöffnet, strömen die Verbrennungsgase unter diesem Überdruck stoßartig in die Abgasleitung. Der mit dem Auspuffen verbundene Lärm muß durch einen in die Abgasleitung geschalteten Schalldämpfer gemindert werden. An den A. schließt sich beim →Viertaktmotor das Ausschieben der restlichen Verbrennungsgase durch den aufwärtsgehenden Kolben an. *Kuhlmann*

Außengewinde →Gewinde

Außenluftrate →Luftrate

Außenrüttler. A. sind Schwingungserreger, die fest mit einer Betonschalung, einem Rütteltisch oder einer Vibrationsbohle verbunden werden und ihre Rüttelenergie von außen, z. B. über die Schalung (Schalungsrüttler), an den Beton abgeben. Durch die Energieeinleitung in periodisch wechselnder Richtung vollzieht sich eine Umlagerung innerhalb des zu verdichtenden Materials. Dies vermindert die Reibung zwischen den einzelnen Materialbestandteilen und führt so unter dem Einfluß der Schwerkraft oder einer Auflast zu einer größtmöglichen Lagerungsdichte. Als Auslaufhilfen werden A. zudem überall dort eingesetzt, wo ein schnelles Abfließen des Materials erforderlich ist, z. B. Siloausläufe. A. (Bild) bestehen aus einem Elektro- oder Druckluftantrieb, an dessen Wellenenden verstellbare Exzenter angebracht sind, durch die eine weitgehend stufenlose Veränderung der Fliehkraft ermöglicht wird. Es sind Geräte mit Fliehkräften bis maximal 22 kN und Frequenzbereichen bis 12 000 min^{-1} im Einsatz. *Kühn*

Außenrüttler.

Aussetzbetrieb. Die wesentlichen Merkmale des A. sind:

□ periodische Wiederholung eines Arbeitsspiels vom Aufnehmen der Last bis zur Lastabgabe und Rückführung des leeren Lastaufnahmemittels zum Ausgangsort,

□ Einschaltzeiten und Ruhepausen des Motors wechseln einander ab,

□ bei der Motorwahl ist die thermische Mittelleistung maßgebend,

□ der Anlauf erfolgt mit Belastung,

□ der Maschinensatz besteht aus mehreren Einzeltriebwerken (Hub-, Fahr-, Dreh-, Wipp- und Schwenkwerke).

Hierher gehören z. B. die Antriebe von Hebezeugen wie Winden, Krane, Verladebrücken, Containeranlagen, Schiebe- und Hebebühnen, Personen- und Lastenaufzüge. *Jünemann*

Austrittsstutzen. Dient zum Anschluß der Ableitung des Arbeitsfluides aus der Maschine. Bei Strömungsmaschinen wird der in das Gehäuse integrierte A. wo immer möglich als Diffusor ausgebildet, um einen Teil der nach der Energieumwandlung in der Beschaufelung bei hoher Geschwindigkeit in der Strömung verbliebene kinetische Energie in potentielle Druckenergie zu überführen. Das vergrößert bei Arbeits- und auch bei Kraftmaschinen die wirksame Druckdifferenz. Bei *Arbeitsmaschinen* herrscht im A. ein hoher Druck, bei kompressiblen Fluiden aber ein dementsprechend geringerer →Volumenstrom, der einen entsprechend kleineren Strömungsquerschnitt erfordert. Bei *Kraftmaschinen* ist der A. auf der Seite des niederen Drucks: Bei Kondensations-Dampfturbinen kann dort wegen des sehr niedrigen Drucks, bei Gasturbinen wegen der immer noch hohen Temperatur bei angenähert atmosphärischem Druck der Volumenstrom sehr groß sein und einen großen Querschnitt erfordern. In beiden Fällen sind entweder wegen der bei hohem Druck notwendigen Wanddicke oder wegen des großen Durchmessers die anschließenden Rohrleitungen an sich sehr steif. Damit durch sie keine unzulässigen Kräfte auf den Stutzen und das Gehäuse übertragen werden, müssen Kompensatoren dazwischengeschaltet werden. *Dibelius*

Auswuchten (Maschinendynamik). Unter A. versteht man die Kontrolle und Korrektur fehlerhafter Massenverteilungen eines sich um eine Achse drehenden Rotors. Aufgabe der Auswuchttechnik ist es, durch geeigneten →Massenausgleich die beim Lauf des Rotors auftretenden freien Fliehkräfte und Fliehkraftmomente weitgehend zu beseitigen. Diese durch Unwuchten verursachten Fliehkraftwirkungen sind aus verschiedenen Gründen unerwünscht oder gar schädlich. Sie führen zu vermeidbaren Lagerkräften, welche die Lager des Rotors zusätzlich zum Eigengewicht und zu den zweckbedingten Betriebskräften erheblich belasten können, einen erhöhten Verschleiß verursachen und die Lebensdauer herabsetzen. Da die unwuchtbedingten Lagerkräfte mit der Drehfrequenz des Rotors umlaufen, können sie als →Unwuchterregung wirken und die Maschine sowie deren Umgebung zu drehfrequenten Schwingungen anregen. Diese

Schwingungen können zu Ermüdungsbrüchen oder in Verbindung mit Resonanzerscheinungen sogar zu Gewaltbrüchen an Wellen, Gehäusen, Fundamenten oder anderen Maschinenteilen führen. Auch können sich unter der Wirkung der Erschütterungen Verbindungselemente lösen und so Sekundärschäden entstehen. Stets aber wird der Gebrauchswert einer Maschine herabgesetzt: Bei Bearbeitungsmaschinen werden Arbeitsgenauigkeit und Haltbarkeit der Werkzeuge beeinträchtigt, unruhig laufende Maschinen in Werkstatt oder Haushalt führen zu rascherer Ermüdung des Menschen, ungenügend gewuchtete Fahrzeugräder beeinträchtigen Fahrkomfort und Fahrsicherheit. Letztlich trägt die Laufunruhe eines Rotors zur Geräuschbildung durch Körperschall oder Luftschall bei, deren Entstehung aus Gründen des Emissionsschutzes durch gezielte Maßnahmen vermindert oder vermieden werden muß. Aus den genannten vielfältigen Gründen technischer, wirtschaftlicher und ergonomischer Art ist also richtiges A. eine unabdingbare Forderung der modernen Fertigung und trägt zur höheren Sicherheit, Qualität, Lebensdauer und Gebrauchsfähigkeit von Maschinen bei.

Da die freien Fliehkräfte quadratisch mit der Drehzahl wachsen, ist ein A. um so dringlicher, je höher die Betriebsdrehzahl liegt. Der ruhige und geräuscharme Lauf eines Rotors ist Merkmal für Qualität und Zuverlässigkeit einer Maschine.

Das A. kann auf Auswuchtmaschinen erfolgen oder in den Betriebslagern des Rotors durchgeführt werden: Die erste Methode wird besonders in der Serienfertigung angewendet und führt zum Erfolg bei Rotoren, die als starr angesehen werden dürfen. Dagegen müssen elastische Rotoren in Betriebslagern gewuchtet werden, da ihre Eigenschwingungsformen von den Lagerungsbedingungen entscheidend beeinflußt werden.

Die Unwuchten eines starren Rotors lassen sich stets durch geeigneten Massenausgleich in zwei Ebenen – den Ausgleichsebenen – kompensieren. Zu diesem Zweck wird der Rotor auf einer Auswuchtmaschine, ggf. auch in seinen Betriebslagern, in Drehung versetzt. Sodann werden die Reaktionen der Lagerung (Kräfte, Schwingwege oder Schwinggeschwindigkeiten) in den Meßebenen meßtechnisch erfaßt und auf die konstruktiv festgelegten Ausgleichsebenen umgerechnet. Der Massenausgleich selbst erfolgt schließlich durch Hinzufügen oder Wegnehmen von Material (Gegengewichte, Ausgleichsmassen, Ausgleichsbohrungen) geeigneter Größe und Lage. Gibt man für die auszugleichenden Unwuchten Betrag und Winkellage vor, spricht man von polarem Ausgleich. Erfolgt der Massenausgleich in Komponenten auf je zwei zueinander senkrechten Durchmessern in den Ausgleichsebenen, spricht man von geortetem Ausgleich.

Im Unterschied zu diesem systematischen Zwei-Ebenen-A. (dynamisches A.), bei dem sowohl die Unwuchtresultierende als auch das Unwuchtmoment eines starren Rotors im Rahmen der Meßgenauigkeit ausgeglichen werden, kann beim Ein-Ebenen-A. (statisches A.), das oft bei scheibenförmigen Rotoren angewendet wird, nur die Unwuchtresultierende beseitigt werden. Dieses Verfahren kann dann akzeptiert werden, wenn der Lagerabstand genügend groß ist, die Scheibe genau senkrecht auf der Welle sitzt und daher ein an sich mögliches Unwuchtpaar (kinetische Unwucht) von vornherein vernachlässigbar klein ist.

Rotoren, deren maximale Betriebsdrehzahl oberhalb der Hälfte der niedrigsten biegekritischen Drehzahl liegt, müssen als elastische Körper behandelt und ausgewuchtet werden. Hier ist ein Massenausgleich in mehr als zwei Ebenen erforderlich, um unwuchtbedingte elastische Durchbiegungen bei Annäherung an eine Resonanzdrehzahl zu vermeiden. Da diese Durchbiegungen in den zugehörigen Eigenschwingungsformen erfolgen, muß es das Ziel des Viel-Ebenen-A. sein, die Gesamtunwuchtverteilung, bestehend aus Urunwucht und Ausgleichsmassen, orthogonal zu diesen Eigenschwingungsformen zu machen. Hierbei sind alle Resonanzen zu berücksichtigen, die bis hin zum Doppelten der maximalen Betriebsdrehzahl auftreten. Zur Erfüllung der Bedingung, daß die ersten k Eigenschwingungsformen durch die Gesamtunwuchtverteilung nicht angeregt werden sollen, sind k Ausgleichsmassen in k verschiedenen Ausgleichsebenen erforderlich. Damit der Rotor auch bei niedrigen Drehzahlen ruhig läuft, wird i. a. zusätzlich eine Starrkörperauswuchtung in zwei weiteren Ebenen vorgenommen. Für einen Ausgleich der ersten k Eigenformen sind also $k+2$ Ausgleichsmassen in ebenso vielen Ebenen anzubringen; man spricht von der $k+2$-Methode. Manche Auswuchtexperten verzichten auf die starre Vorwuchtung; dann genügt ein Ausgleich in k Ebenen: k-Methode.

Im Gegensatz zum A. auf Auswuchtmaschinen, das heute entsprechend dem Stand der Technik soweit entwickelt, standardisiert oder automatisiert worden ist, daß es mit geringem Zeitaufwand und gutem Erfolg von angelerntem Personal durchgeführt werden kann, bleibt das betriebsmäßige A. in den Originallagern, insbesondere das A. elastischer Rotoren, dem erfahrenen Fachmann vorbehalten. Die meist nicht hinreichend bekannten Eigenschaften der Lager, ihr nichtlineares Verhalten, ihre Anisotropie und die unbekannte Dämpfung erfordern ein schrittweises Vorgehen mit mehreren Meßläufen. Es müssen geeignet gewählte Testunwuchten gesetzt werden, um aus dem Vergleich der Meßergebnisse mit dem Verhalten bei Urunwucht die unbekannten Parameter der Lagerung zu eliminieren und den Unwuchtzustand zu berechnen.

Dabei erweist sich der Einsatz elektronischer Rechenmaschinen und entsprechender Auswerteprogramme als unverzichtbar.

Das A. eines Rotors ist nur innerhalb gewisser Toleranzen möglich. Die zulässigen Restunwuchten des Rotors werden durch den Begriff Auswuchtgüte erfaßt. Um eine bestimmte vorgeschriebene Auswuchtgüte zu erreichen, sind entsprechende Anforderungen an die Auswuchtgenauigkeit des Auswuchtverfahrens bzw. der Auswuchtmaschine zu stellen. *Witfeld*

Literatur: *Kellenberger, W.:* Elastisches Wuchten. Berlin, Heidelberg, New York 1987. – *Schneider, H.:* Auswuchttechnik. 3. Aufl. Düsseldorf 1981. – VDI 2060: Beurteilungsmaßstäbe für den Auswuchtzustand rotierender starrer Körper. Hrsg. Verein Dt. Ing. Ausg. Okt. 1966. – ISO 1925: Balancing-Vocabulary. 2. Aufl. 1981. – ISO 1940/1: Mechanical Vibration – Balance Quality Requirements of Rigid Rotors. Tl. 1. Determination of Permissible Residual Unbalance. 1. Aufl. 1986. – ISO 5343: Criteria for Evaluating Flexible Rotor Balance. 1. Aufl. 1983. – ISO 5406: The Mechanical Balancing of Flexible Rotors. 1. Aufl. 1980.

Auswuchtgenauigkeit. Steigende Anforderungen an die →Laufruhe eines Rotors lassen sich durch höhere A. erfüllen. Hierbei hat man begrifflich zu unterscheiden zwischen der Genauigkeit, mit der ein bestimmter Rotor ausgewuchtet werden soll, und der Genauigkeit, mit der das angewandte Auswuchtverfahren oder die verwendete →Auswuchtmaschine arbeitet.

Die zulässigen Restunwuchten eines auszuwuchtenden Rotors stehen in unmittelbarem Zusammenhang mit der erforderlichen Auswuchtgüte. Um eine bestimmte Auswuchtgüte zu erreichen, muß das Auswuchten mit entsprechender Genauigkeit erfolgen. Maßgeblich hierfür sind einerseits die Auswuchtfehlergrenze der Auswuchtmaschine, welche die Meßunsicherheit in Nullpunktnähe der Unwuchtanzeige sowie die unvermeidbaren systematischen Maschinenfehler und Umgebungseinflüsse umfaßt, andererseits die Meßfehlergrenze oder Meßgenauigkeit, mit der eine vorhandene Unwucht zahlenmäßig erfaßt werden kann.

Die Anforderungen an die A. sind unter technischen und wirtschaftlichen Gesichtspunkten zu beurteilen. Einerseits darf die Toleranzgrenze für die unwuchtbedingten Lagerkräfte oder Lagerschwingungen nicht überschritten werden, andererseits soll diese Grenze nicht zu niedrig angesetzt werden, um eine wirtschaftliche Fertigung zu gewährleisten. Auswuchtgüte und Auswuchtgenauigkeit werden deshalb bereits bei der Konstruktion eines Rotors unter Abwägen der verschiedenen Gesichtspunkte verbindlich festgelegt. *Witfeld*

Auswuchtgüte. Zur Beantwortung der im Maschinenbau wichtigen Frage, welche Unwuchten eines Rotors noch zulässig sind, hat die VDI-Fachgruppe

Schwingungstechnik schon 1966 die Richtlinie VDI 2060 herausgegeben. Langjährige praktische Erfahrungen haben gezeigt, daß die zulässige, auf die Rotormasse m bezogene →Restunwucht U – diese Größe entspricht gerade der Exzentrizität des Rotorschwerpunkts $e = U/m$ – reziprok zur Betriebsdrehzahl bzw. Winkelgeschwindigkeit ω abnimmt. Diese Beobachtungen stehen im Einklang mit theoretischen Ähnlichkeitsbetrachtungen, nach denen geometrisch ähnliche werkstoffgleiche Rotoren gleiche Lager- und Läuferbeanspruchungen erfahren, sofern ihre Umfangsgeschwindigkeiten gleich sind. Da dann auch ihre Schwerpunktgeschwindigkeiten $v = e\omega$ gleich sind, kann diese physikalische Größe als Maß für die Beurteilung der zulässigen Restunwucht dienen. Das bedeutet einerseits, daß die zulässige Restunwucht um so größer sein darf, je größer die Masse des Rotors ist, und andererseits, daß die zulässige Restexzentrizität mit steigender Betriebsdrehzahl kleiner wird.

Die Richtlinie VDI 2060 hat den International Standard ISO 1940/1 maßgeblich beeinflußt. Danach werden die verschiedenen Rotoren in Gütegruppen mit abgestuften Anforderungen eingeteilt. In der folgenden Tabelle sind auszugsweise einzelne Gütestufen mit ihren zulässigen Toleranzen angegeben. Diese Richtwerte sind sachgerecht auf die beiden Ausgleichsebenen aufzuteilen.

Güte-stufe	$e\omega$ [mm/s]	Beispiele für Rotoren
G 40	bis 40	Autoräder, Kurbeltriebe von Fahrzeugmotoren
G 16	bis 16	Gelenkwellen, Kurbeltrieb-Einzelteile
G 6,3	bis 6,3	Ventilatoren, Kreiselpumpen, Zentrifugentrommeln
G 2,5	bis 2,5	Gas- und Dampfturbinen, Turbogeneratoren, Elektromotoren, Werkzeugmaschinen-Antriebe
G 1	bis 1,0	Schleifmaschinenantriebe, Magnetophon- und Phono-Antriebe
G 0,4	bis 0,4	Feinstschleifmaschinen, Kreisel

Die Gütestufe G1 stellt den Bereich der Feinwuchttechnik dar. Rotoren, die die Anforderungen dieses Bereichs erfüllen sollen, müssen in Betriebslagern ausgewuchtet werden. Rotoren der Gütestufe G 0,4 gehören in den Bereich der Feinstwuchttechnik. Sie müssen in ihrem eigenen Gehäuse ausgewuchtet werden, damit die erreichte Auswuchtgüte nicht durch den Montagevorgang wieder zunichte gemacht wird.   *Witfeld*

Literatur: VDI 2060: Beurteilungsmaßstäbe für den Auswucht-zustand rotierender starrer Körper. Hrsg. Verein Dt. Ing. Ausg. Okt. 1966. – ISO 1940/1: Mechanical Vibration – Balance Quality Requirements of Rigid Rotors. Tl. 1: Determination of Permissible Residual Unbalance. 1. Aufl. 1986.

Auswuchtmaschine. Für das Auswuchten von Rotoren stehen je nach Aufgabenstellung die unterschiedlichsten Auswuchteinrichtungen zur Verfügung. Alle müssen die →Unwucht mit genügender Genauigkeit messen; viele ermöglichen auch den anschließenden →Massenausgleich in der Maschine. Man unterscheidet statische und dynamische Auswuchteinrichtungen.

Kennzeichnend für die statischen Verfahren ist, daß die Unwucht quasi im Stillstand bestimmt wird. Das älteste Verfahren ist die Abrollmethode auf horizontalen Schneiden oder leicht drehbaren Rollen. Der Rotor pendelt im Schwerefeld, bis sein Schwerpunkt die tiefste Lage eingenommen hat. Eine moderne Möglichkeit zur statischen Unwuchtmessung bietet die Schwerpunktwaage (Bild 1). Hier wird ein scheibenförmiger Rotor horizontal so gelagert, daß aus seiner Neigung Lage und Größe der Unwucht bestimmt werden können. Alle statischen Verfahren können nur statische Unwuchten messen.

Auswuchtmaschine 1: Schwerpunktwaage. (Quelle: Carl Schenck AG, Darmstadt)

Bei den dynamischen Auswuchtverfahren wird der Rotor in einer A. in Drehung versetzt; sodann werden die Reaktionen in den Lagern gemessen. Man unterscheidet zwei Konstruktionsprinzipien: Die wegmessende A. besitzt eine sehr nachgiebige, tiefabgestimmte Lagerung des Rotors, so daß dieser überkritisch betrieben wird. Bei der kraftmessenden A. ist die Lagerung des Rotors sehr steif, also hochabgestimmt; der Rotor wird unterkritisch ausgewuchtet (Bild 2).

Der Vorteil des wegmessenden Prinzips ist seine hohe Empfindlichkeit, doch ist die Einstellung der

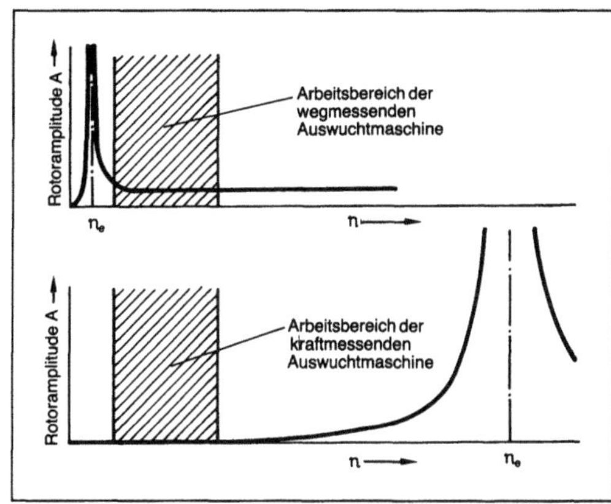

Auswuchtmaschine 2: Arbeitsbereiche der weg- und der kraftmessenden Auswuchtmaschine. (Quelle: H. Schneider a. a. O.)

Meßeinrichtung wegen der vielen Einflußfaktoren schwierig. In einem Kalibrierlauf mit einem Testrotor und bekannten Tarierunwuchten muß der Einfluß der Massen und Massenträgheitsmomente des Rotors und seiner Lagerung, deren Steifigkeit und Dämpfung sowie der Drehzahl auf die Unwuchtanzeige ermittelt werden. Deshalb werden überkritische Maschinen vorzugsweise in der Serienfertigung eingesetzt.

In der kraftmessenden Maschine führt der Rotor keine Schwingungen aus, sondern dreht sich um seine Schaftachse. Deshalb können die unwuchtbedingten Lagerreaktionen in den Meßebenen allein mittels der Hebelgesetze auf die Ausgleichsebenen umgerechnet werden. Die A. kann für jeden neuen Rotor im Stillstand eingerichtet werden.

Je nach Orientierung der Rotorachse in der A. unterscheidet man die vertikale Bauart, die vorzugsweise bei scheibenförmigen Wuchtkörpern ohne eigene Lagerzapfen verwendet wird, von der horizontalen Bauart (Bild 3 und Bild 4). Für das Meßprinzip ist dies ohne Belang.

Auswuchtmaschine 3: Horizontale Bauart. (Quelle: Reutlinger)

Auswuchtmaschine 4: Vertikale Bauart. (Quelle: Carl Schenck AG, Darmstadt)

Die Meßeinrichtung besteht aus den Schwingungsaufnehmern in den Meßebenen, einer Einrichtung zur Ebenentrennung (elektrischer Rahmen, früher mechanischer Rahmen), einem Mitlauffilter zur Trennung der drehfrequenten Signale von Störsignalen, einem Winkellagengeber zur Erzeugung eines Referenzsignals und schließlich den Anzeigeinstrumenten, an denen die Ausgleichsmassen nach Lage und Größe in kalibrierten Einheiten abgelesen werden können.

Der Massenausgleich erfolgt heute weitgehend in der A. selbst, und zwar durch Hinzufügen oder Wegnehmen von Masse. Der substraktive Ausgleich eignet sich besonders für eine automatisierte Arbeitsweise; die A. mit den dazugehörigen spanabhebenden Einrichtungen kann in die Fertigungsstraße integriert werden. *Witfeld*

Literatur: *Federn, K.*: Auswuchttechnik. Bd. 1. Allgemeine Grundlagen, Meßverfahren und Richtlinien. Berlin, Heidelberg, New York 1977. – *Schneider, H.*: Auswuchttechnik. 4. Aufl. Düsseldorf 1992. – ISO 1925: Balancing – Vocabulary. 2. Aufl. 1981. – ISO 1940/1: Mechanical Vibration – Balance Quality Requirements of Rigid Rotors. Tl. 1: Determination of Permissible Residual Unbalance. 1. Aufl. 1986. – ISO 2371: Field Balancing Equipment-Description and Evaluation. 1. Aufl. 1974. – ISO 2953: Balancing Machines – Description and Evaluation. 2. Aufl. 1985. – ISO 7475: Balancing Machines – Enclosures and other Safety Measures. 1. Aufl. 1984.

Auszeichnungsgerät. Die äußerlich sichtbaren Oberflächen von Verpackungsmitteln sind u. a. auch Informationsträger. Meist lassen sich die notwendigen Informationen bereits bei der Herstellung des Verpackungsmittels durch Druckvorgänge auf die Oberfläche aufbringen. Es gibt aber eine Reihe von Informationen, die erst bei der Befüllung des Verpackungsmittels entstehen und auch erst danach auf das Verpackungsmittel aufgebracht werden können. Ein Teil dieser Informationen entsteht erst im Handelsbereich. Um die dort notwendigen entstehenden Informationen, wie z. B. Preis oder Artikelnummer, auf das Verpackungsmittel aufzubringen, werden A. benutzt. In diese Geräte werden heute meist selbstklebende Etiketten eingelegt. Ein kleines Druckwerk, das von außen einfach durch Hand auf die gewünschten Informationen einstellbar ist, bringt im ersten Arbeitsgang diese Informationen durch einen Druckvorgang auf das Etikett. Nach dem Druckvorgang wird das Etikett durch einen Transportmechanismus um eine Arbeitslänge vorgeschoben. Dabei wird das nächste Etikett in den Druckbereich eingezogen. Das bereits bedruckte Etikett wird in den Spenderbereich gebracht.

Um diese Auszeichnungsetiketten auf Rollen vorrätig halten zu können, müssen sie zum Schutz der Klebeschicht auf der Rückseite ein silikonbeschichtetes Brennpapier tragen. Im Spenderbereich wird durch das Umlenken des Brennpapiers eine scharfe Kante, das Etikett, fast vollständig von dem Trennpapier abgehoben. Bei Hand-A. wird das teilweise freistehende, die Klebeschicht in Aktivstellung tragende Etikett durch eine Handbewegung auf das Verpackungsmittel aufgebracht. Bei maschinellen A. wird das Verpackungsmittel an dem beistehenden Etikett vorbeigeführt. Es nimmt dabei das Etikett mit und löst den nächsten Auszeichnungsvorgang aus.

Bei Hand-A., die meist in Form einer Zange aufgebaut sind, wird beim Schließen der Zange durch die Handkraft der Druckvorgang durchgeführt. Die Zange öffnet sich durch Federkraft. Dabei wird auch der Etikettenstrang transportiert. Die Handzangengeräte sind nur zur Verarbeitung von kleinformatigen Etiketten geeignet. Die großformatigen Etiketten werden auf den maschinellen A. oder Auszeichnungsmaschinen verwendet. Solche Geräte oder Maschinen beinhalten eine computergesteuerte Möglichkeit, die Etiketten graphisch zu gestalten oder in vorgedruckte Etiketten die entsprechenden Informationen einzudrucken. Die nachträgliche Auszeichnung von Verpackungsmitteln im Handelsbereich wird immer mehr durch vorher aufgebrachte Codierungen oder Signierungen in entsprechenden Systemen außerhalb des Handelsbereichs abgelöst. *Paris*

Autokran. Fahrzeugkran mit luftbereiftem angetriebenem Unterwagen. Als Unterwagen werden Lastkraftwagen-Fahrgestelle üblicher Bauart oder Sonderbauarten mit vergleichbaren Merkmalen verwendet. *Jünemann*

Autoradio. Ursprünglich zur Unterhaltung der Insassen entwickelt und in Empfangsqualität durch Mehrfachlautsprecher sowie Kassettenteil und CD-Player vervollkommnet, ist es heute als Informationsquelle über Straßenzustand (Baustellen, Glatteis) und Verkehrslage (Stauungen, Unfälle) von Bedeutung. Sender, die Verkehrsdurchsagen bringen, senden eine besondere Kennung, die es dem Autofahrer ermöglicht, das für das betreffende Gebiet zuständige Programm zu empfangen bzw. bei Stummschaltung nur die Verkehrsnachrichten zu hören (ARI *A*utofahrer-*R*undfunk-*I*nformation). In Neuentwicklung befinden sich Systeme (z. B. ARIAM = ARI auf Grund aktueller Meßwerte; RDS *R*adio-*D*ata-*S*ystem), bei denen die Verkehrsnachrichten über den TMC (*T*raffic *Mes*sage *C*hanel) verschlüsselt als Zahlencode durchgegeben werden und dem Fahrer verbal oder optisch in der von ihm gewünschten Sprache jederzeit zur Verfügung stehen. *Fiala*

Axialgleitlager →Axiallagerberechnung

Axial-Kegelrollenlager →Wälzlager-Bauform

Axiallager. Zum Übertragen der in axialer Richtung wirkenden Kraft vom Rotor auf den Lagerbock oder das Gehäuse. Es muß die Resultierende aller auf den Maschinenrotor in axialer Richtung einwirkenden Kräfte aufnehmen können. Dabei sind alle im Betrieb möglichen, auch die instationären Zustände zu berücksichtigen. Es kann sich um Maschinen sowohl mit horizontaler Welle wie auch solche mit vertikaler Welle handeln. Im letzten Fall kommt zu den anderen möglichen Kräften noch die Gewichtskraft hinzu.

Bei Strömungsmaschinen wirken Strömungskräfte auf den beschaufelten Rotor ein, deren Resultierende als Achsschub bezeichnet wird. Um die Belastung des Lagers und damit die Reibungs-Verlustleistung klein zu halten, sollten die Möglichkeiten des gegenseitigen Ausgleichs der Kräfte am Rotor genützt werden, z. B. entgegengesetzt durchströmte Fluten und Ausgleichkolben.

Für große Axiallasten eignen sich *hydrodynamische Gleitlager:* Zwischen am Axialkamm senkrecht zur Wellenachse ausgebildeten Gleitflächen und mehreren am Umfang des Lagergehäuses angebrachten Gleitflächen, Gleitsteinen oder Kippsegmenten (Bild), die häufig elastisch unterstützt werden, bilden sich in den keilförmigen Spalten Ölfilme mit einer Druckverteilung aus, die der zu übertragenden Axialkraft entsprechen muß. Sie haben auch eine dämpfende Eigenschaft. Die tragenden Flächen sollen 60–70 % der verfügbaren Ringfläche einnehmen mit in Umfangsrich-

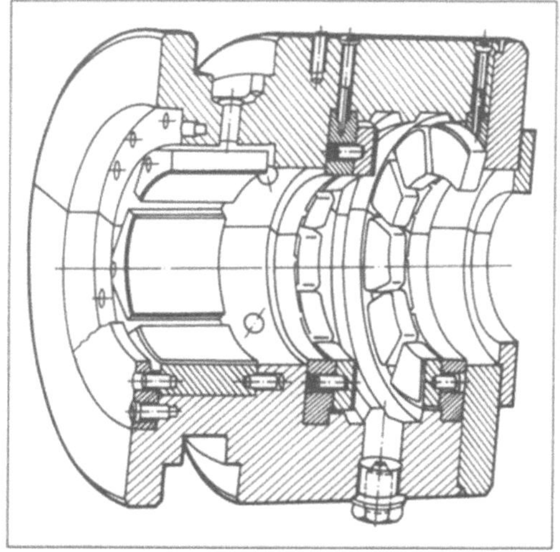

Axiallager: Kombiniertes Axial- und Radialkippsegmentlager (ohne Welle) für die Lagerung eines Turboverdichters. (Quelle: Demag-Verdichtertechnik)

tung genügend großen Zwischenräumen für die Zu- und Abfuhr des Schmieröls. Es dient nicht nur zur Ausbildung des Schmierfilms, sondern auch zur Abfuhr der sich im Lager entwickelnden Reibungswärme. Nur in speziellen Fällen und bei kleiner Belastung werden in Gleitlagern auch andere Schmierfluide als Öl, z. B. Wasser oder Gas verwendet.

Kleinere Axialkräfte lassen sich auch mit speziellen *Axialwälzlagern* oder auch mit *Radialwälzlagern* mit einer Tragfähigkeit für axiale Kräfte aufnehmen. In solchen Wälzlagern sind die Wälzkörper meistens stärker gleitenden Relativbewegungen ausgesetzt als in reinen Radiallagern. *Dibelius*

Literatur: *Traupel, W.:* Thermische Turbomaschinen. Bd. 2. 3. Aufl. Berlin, Heidelberg, New York 1982.

Axiallagerberechnung. Axialgleitlager werden in Umfangsrichtung in mehrere Segmente mit festen, elastischen oder kippbeweglichen Gleitflächen (Gleitschuhen) aufgeteilt (Bild 1). Bei festeingearbeiteten Keilflächen sind Rastflächen vorzusehen, um Kantenpressungen im Stillstand zu vermeiden. Die Auslegung von Axialgleitlagern erfolgt äquivalent zu den Radialgleitlagern mit Hilfe von Belastungs- und Reibungskennzahlen (Bild 2). Da die Lager-Betriebstemperatur ϑ zunächst nicht bekannt ist, muß die Berechnung der Betriebssicherheit (minimale Spaltweite h_o) sowie der mittleren Schmierfilmtemperatur ϑ_m iterativ erfolgen. Hierbei sollte das Spaltweitenverhältnis h_o/t jeweils im Bereich der optimalen Tragkraftentwicklung bei $(h_o/t)_{opt}$ gewählt werden (Bild 1).

Berechnung der Betriebstemperatur (geschätzte Starttemperatur ϑ, Umgebungstemperatur ϑ_0, Öleintrittstemperatur ϑ_e, Iterationsstufe i):

$$\bigcirc \left(\frac{h_0}{t}\right)_{opt} = 0{,}5 \ldots 1{,}2$$

$\longrightarrow \bigcirc \vartheta_i = \vartheta$

$\uparrow \qquad \bigcirc \eta_i = f(\vartheta_i)$ $\rightarrow$ aus Schmierstoffgesetz

$\uparrow \qquad \bigcirc f_i \sqrt{\dfrac{\overline{p}B}{\eta_i U}}$ $\rightarrow$ nach Bild 2

$\vartheta = 0{,}5\,(\vartheta_{i+1} + \vartheta_i) \quad \bigcirc \vartheta_{i+1} = \vartheta_0 + \dfrac{Fu}{\alpha A} f_i$ $\rightarrow$ Konvektion (Lagertemperatur)

$\uparrow \qquad \bigcirc \vartheta_{i+1} = \vartheta_e + \dfrac{Fu}{2\,kV_K} f_i$ $\rightarrow$ Ölkühlung (Lagertemperatur)

$\longleftarrow \bigcirc \vartheta_{i+1} - \vartheta_i \geq \Delta\vartheta$

$\bigcirc \vartheta = \vartheta_{i+1}$ $\rightarrow$ Ende

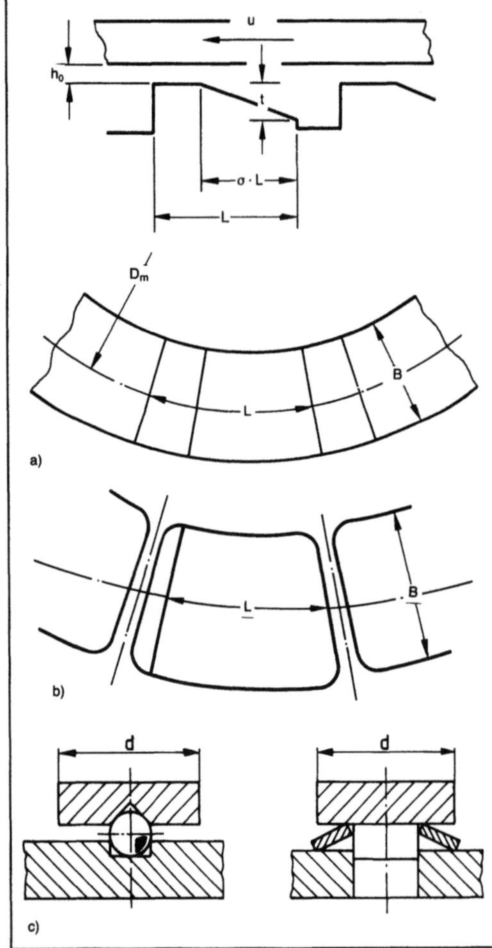

Axiallagerberechnung 1: Axialgleitlagervarianten.
a) Mit festen Keilflächen und Rastfläche
b) und c) Gleitschuh und Kreisgleitschuh mit kippbeweglicher starrer bzw. elastischer Abstützung.

D_m mittlerer Durchmesser, L Länge, B Breite der Gleitschuhe, d Durchmesser, $L(1-\sigma)$ Rastlänge (optimal bei $\sigma = 0{,}8$)

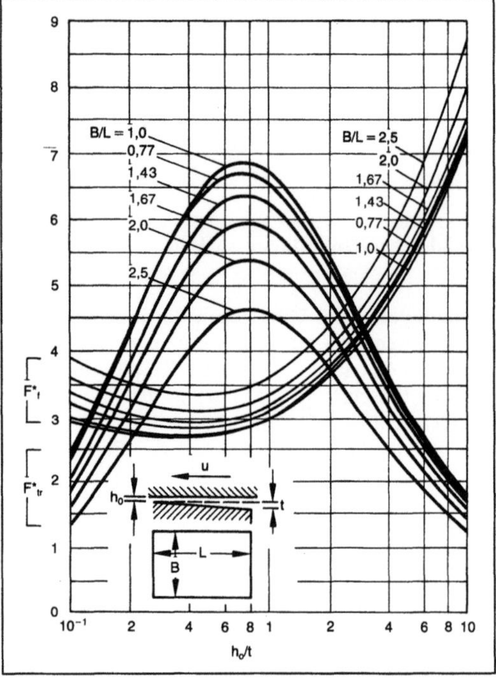

Axiallagerberechnung 2: Kennfeld für Axiallagerauslegung.

Belastungskennzahl $F_{tr}^{*} = \dfrac{100\,\overline{p}h_0^2}{\eta UB}$

Reibungskennzahl $F_f^{*} = f\,\sqrt{\dfrac{\overline{p}B}{\eta U}}$

Mit ϑ und $\eta = f(\vartheta)$ folgt dann aus der dimensionslosen Belastungskennzahl F^* nach Bild 2 die mittlere Flächenpressung

$$\overline{p} = \frac{F}{zLB} \quad \text{bzw.} \quad \overline{p} = \frac{F}{z\pi\frac{2}{4}},$$

aus der die zulässige Lagerbelastung F berechenbar ist. Bei gegebenem t (Bild 1) liegt auch die minimale

Spaltweite h_o fest. Für eine betriebssichere Funktion gilt $h_o > h_{zul}$. Die zulässige Spaltweite h_{zul} berücksichtigt neben den Rauheiten vor allem Geometrieabweichungen durch Fertigungstoleranzen, Montagefehler sowie elasto-mechanische und thermische Gleitflächendeformationen. Richtwerte für h_{zul} liefert die Zahlenwertgleichung

$$h_{zul}(\mu m] = (5 \dots 15) \cdot \left(1 + \frac{D_m}{400}\right), \quad \text{mit } D_m \, [mm].$$

Knoll

Axialmaschine. Strömungsmaschine mit einer Laufradströmung, die außer der Umfangskomponente im wesentlichen nur eine Axialkomponente hat. Größere radial gerichtete Geschwindigkeitskomponenten fehlen; jedoch können kleinere radiale Geschwindigkeitskomponenten auftreten, z. B. infolge der →Konizität des Strömungsquerschnittsverlaufs. Das Bild zeigt im Meridianschnitt die axial gerichtete Geschwindigkeitskomponente. In Pumpen und Verdichtern wird zuerst das Laufrad, dann das feststehende Leitrad durchströmt, in Turbinen umgekehrt. Dabei wird nach dem Arbeitsprinzip der Strömungsmaschinen Arbeit zwischen Laufrad und Fluid ausgetauscht, in dem die Strömung bei der Umströmung der Laufradschaufeln eine Drалländerung in Umfangsrichtung erfährt, die einem Drehmoment des drehenden Rades entspricht. In A. tritt im Gegensatz zu Diagonal- und Radialmaschinen eine Änderung der Umfangsgeschwindigkeit des Laufrads zwischen Ein- und Austritt der Strömung nicht auf, so daß die übertragene Arbeit relativ gering ist. Für größere Leistungen werden A. daher mehrstufig ausgeführt. Andererseits ermöglichen A. große Strömungsquerschnitte und damit große Volumenströme.

Beispiele: Einstufig: →Ventilator, Propeller, →Kaplanturbine. Mehrstufig: Dampf- und Gasturbinen großer Leistungen. Rauhut

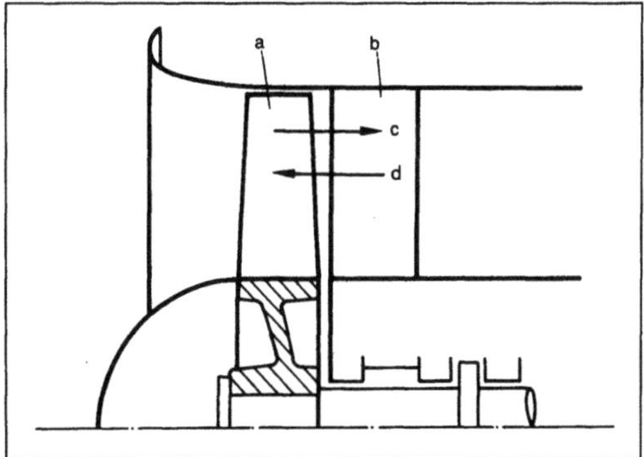

Axialmaschine: Axial durchströmte Stufe einer Axialmaschine.

a Laufrad, b Leitrad, c Durchströmung Arbeitsmaschine, d Durchströmung Kraftmaschine

Axial-Pendelrollenlager →Wälzlager-Bauform

Axial-Rillenkugellager →Wälzlager-Bauform

Axialschub →Achsschub

Axialspalt. Ein in radialer Richtung sich erstreckender Spalt mit axial gerichteter kleiner Spaltweite an Rotoren.

Beispiele: Bei Axialmaschinen der Spalt zwischen 2 benachbarten Schaufelkränzen, bei Radialmaschinen der Spalt zwischen der Rückseite des Radialrads und dem Gehäuse. Bei axialen Verschiebungen der Welle in Strömungsmaschinen werden A. verändert, während Radialspalte bei zylindrischer Ausführung unverändert bleiben. Rauhut

Axialspannung. Die Normalspannung in Richtung einer Achse auf einer dazu senkrechten Schnittfläche. Dieser Begriff ist in Verbindung mit Radial- und Tangentialspannung bei rotationssymmetrischen mechanischen Systemen (Kesselformel, rotierende Trommel) gebräuchlich. Witfeld

Axialturbine. Wird in vorwiegend axialer Richtung durchströmt. Dabei ändert sich allerdings auch die Geschwindigkeit zur Arbeitsübertragung von Schaufelreihe zu Schaufelreihe in Umfangsrichtung, und auch kleinere radiale Geschwindigkeitskomponenten treten auf; denn bei kompressiblen Fluiden muß dem bei der Expansion vergrößernden Volumenstrom ein größerer Querschnitt zur Verfügung gestellt werden, was zur Ausweitung des Gehäuses oder zum Einzug der Welle führt (→Konizität). Außerdem macht die Strömung je nach der radialen Geschwindigkeitsverteilung von Schaufelreihe zu Schaufelreihe eine radiale Schlängelbewegung (Bild). In mehrstufigen A. lassen sich die einzelnen Stufen unmittelbar hintereinanderschalten. Dieser Vorteil führt dazu, daß mehrstufige Turbinen fast nur als A. ausgeführt werden. Dibelius

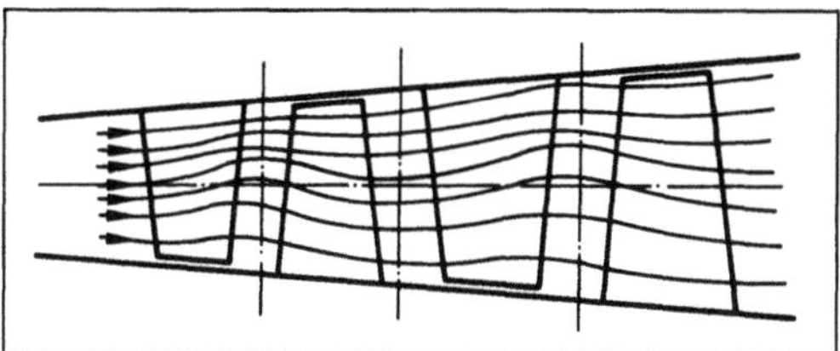

Axialturbine: Schlängelbewegung in Axialturbine.

Axialverdichter. Verdichter, dessen Laufradströmung außer der Umfangskomponente nur eine Axialkomponente hat. Er gehört damit zu den Axialmaschinen und ist eine Strömungsmaschine (thermische), in der nach dem Arbeitsprinzip der Strömungsmaschinen mechanische Energie der

Antriebswelle in Strömungsenergie zur Druckerhöhung eines gasförmigen Fluids umgewandelt wird.

A. werden wegen des großen Druckverhältnisses mehrstufig ausgeführt. Der Strömungsquerschnitt und damit die Schaufellängen nehmen in Strömungsrichtung ab, damit die Meridiankomponente der Geschwindigkeit bei abnehmendem Volumen des Gases unverändert bleibt (→Konizität der Meridianbegrenzung). Bild 1 zeigt eine Stufe bestehend aus →Laufrad (La) und →Leitrad (Le) im Meridianschnitt. Die Auslegung erfolgt mit axialer (drallfreier) Zu- und Abströmung jeder Stufe und mit gleicher Meridiankomponente der Geschwindigkeit c_m vor und nach dem Laufrad. Die übereinander gezeichneten dimensionslosen Geschwindigkeitsdreiecke zeigen auch die Stufenkenngrößen:

☐ Durchflußkenngröße $\varphi = c_m/u = \dot{V}/(A \cdot u)$,

☐ Totalenthalpiekenngröße

$$\psi_{ht} = \Delta h_t/(u^2/2) = P/(\dot{m} \cdot u^2/2),$$

☐ →Reaktionsgrad $\varrho_h = \Delta h''/\Delta h = -w_{u\infty}/u$.

Darin ist $c_m = w_m$ Meridiankomponente (hier Axialkomponente) der Geschwindigkeit, w_∞ mittlerer Vektor der Relativgeschwindigkeit w, $u = \pi\, n\, D_m$ Umfangsgeschwindigkeit im mittleren Durchmesser

D_m, $\dot{V}$ →Volumenstrom, A Strömungsquerschnitt, Δh_t spezifische →Enthalpiedifferenz der Stufe, Δh, $\Delta h''$ spezifische Enthalpiedifferenz der Stufe bzw. des Laufrads, $P = M\,\omega = \dot{m}\,\Delta h_t$ ist die übertragene Leistung. Stufenkenngrößenbereiche sind: $\varphi = 0,4$ bis 1,0, $\psi_{ht} = 0,1{-}1,3$, $\varrho_h = 0,975{-}0,675$.

Bild 2 zeigt einen 8-stufigen A. Der A. ist bei gleichem mittlerem Volumenstrom im Vergleich zum →Radialverdichter kleiner im Durchmesser, leichter, und er hat i. a. höhere Drehzahlen. Bei großen Volumenströmen kommt nur noch der A. zur Anwendung, bei kleinen Volumenströmen ist der Radialverdichter überlegen (→Cordier-Diagramm).

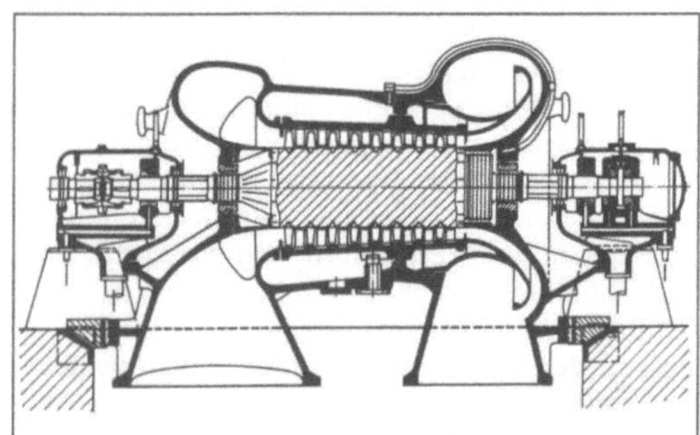

Axialverdichter 2: Achtstufiger Axialverdichter.

A. werden für Volumenströme von ungefähr $\dot{V} = 10{-}400\ \text{m}^3/\text{s}$ ausgeführt. Die inneren Wirkungsgrade erreichen $\eta_i = 85{-}90\,\%$, Druckverhältnis $\pi = 2{-}4$ (Hochofen- und Stahlwerksgebläse, Verdichter in chemischen Prozessen), $\pi = 10{-}16$ (stationäre Gasturbinen, Verdichter in chemischen Prozessen und Sauerstoffanlagen), $\pi > 20$ (Flugtriebwerksverdichter).

A. werden auch als Verdichter mit Zwischenkühlungen ausgeführt, um die Antriebsleistung zu verringern und um hohe Fluidtemperaturen zu vermeiden. Axial-Radial-Verdichter haben nach den axialen Stufen eine oder mehrere radiale Endstufen.

Die Schaufeln müssen vor Resonanz geschützt werden. Besonders gefährdet ist die Beschaufelung beim Pumpen, wenn die Strömung an allen Schaufeln einer Stufe abreißt und pulsiert, und bei umlaufender Abreißströmung (rotating stall). Dieses instabile Verhalten tritt bei verminderten Volumenströmen links von Abreiß- bzw. →Pumpgrenze auf. Die Regelung muß solche Betriebszustände sicher vermeiden. Zur Regelung wird die Drehzahl oder Leitschaufelstellung verändert. *Rauhut*

Literatur: *Eckert, B.,* u. *E. Schnell:* Axial- und Radialkompressoren. 2. Aufl. Berlin, Heidelberg 1961. – *Horlock, J. H.:* Axialkompressoren. Karlsruhe 1967. – *Traupel, W.:* Thermische Turbomaschinen. Bd. 1 u. 2. 3. Aufl. Berlin, Heidelberg, New York 1982.

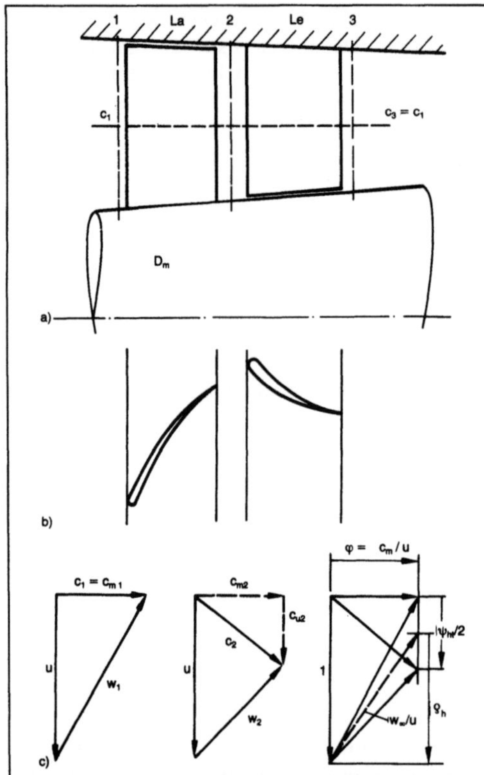

Axialverdichter 1: Axiale Verdichterstufe.
a) Meridianschnitt
b) Abgewickelter Zylinderschnitt durch Schaufeln
c) Geschwindigkeitsdreiecke.

Axial-Zylinderrollenlager →Wälzlager-Bauform

B

Backenbrecher. Diese Steinbrecher weisen eine feste und eine vom Antrieb bewegte Brechbacke auf, zwischen denen das Brechgut je nach Arbeitsbewegung vorwiegend drückend, z. T. auch scherend oder mit einer bestimmten Schlagwirkung zerkleinert wird. Sie benötigen zur Überwindung der ungleichmäßigen Beaufschlagung einen → Energiespeicher in Form einer Schwungscheibe. Erforderlich sind besondere Sicherheitseinrichtungen gegen Überlastung. Zudem ist eine Verstellung des rechteckigen Brechraums in moderner Bauweise mittels Hydraulik ermöglicht. Der Zugstangenbrecher (Bild), auch (Doppel)Kniehebel- oder Pendelschwingenbrecher genannt, wirkt mit seiner vom Kurbeltrieb im Langsamlauf unter 400 min^{-1} über Zugstange und zwei Kniehebel eben pendelnd bewegten Brechbacke überwiegend durch Druck. Bei einer Bauart sind die rechteckigen Brechbacken so geformt und ihr Bewegungsablauf so ausgerichtet, daß die Reibung beim Brechvorgang minimiert wird. Zugstangenbrecher sind mit einem Zerkleinerungsgrad von 5:1 bis 10:1 als Großvorbrecher (Grobbrecher) in der Hartzerkleinerung wegen ihrer Zuverlässigkeit insbes. in Baustellenanlagen eingesetzt. Der Einschwingenbrecher, besser Kurbelschwingenbrecher benannt, führt mit seiner an einer Exzenterwelle hängenden Brechschwinge, die an einem Kniehebel und federnd abgestützt ist, eine mehr elliptisch pendelnde Bewegung ebenfalls im Langsamlauf aus; hierdurch kommt zum Druck eine verstärkte Scherkomponente. Eingesetzt sind diese Brecher mit dem Zerkleinerungsgrad 3:1 bis 10:1 als Grobbrecher und als Nachbrecher in der Mittelhartzerkleinerung. Eine Variante ist der Granulator, bei dem das Brechwerkzeug gewölbt ist. Ein B. mit Direktantrieb an der Stelle des Kniehebels ist der

Schlagbrecher, der schrägliegende Brechbacken hat. Bei einem anderen Feinbrecher ist die Brechschwinge, oben über Gelenke abgestützt, von der untenliegenden Exzenterwelle bewegt. Mit den sich schnell bewegenden, abgefederten Brechbacken, die eine quasi schlagende Wirkung haben, wird in der Hart- bzw. Mittelhartzerkleinerung kubischer Splitt und Schotter erzeugt. *Kühn*

Backenbremse. B. sind Reibbremsen meist mit zylindrischer Bremstrommel. Typische Bauformen sind die Außenb. oder einfach B. und die Innenb. auch Trommelbremse. Die Außenb. findet breite Anwendung im allgemeinen und Schwermaschinenbau sowie für Fördermittel. Die Trommelbremse wird häufig in Fahrzeugen verwendet. Die Bremsbacken werden an die Bremstrommel mittels Federn, Öl- oder Luftdruck, Gewichten, Fuß- oder Handkraft gepreßt. B. mit nur einem Bremsbacken üben eine starke Biegebelastung auf die →Welle aus. Deshalb ist die häufigste Bauform der B. die Doppelbackenbremse (Bild). *Ehrlenspiel*

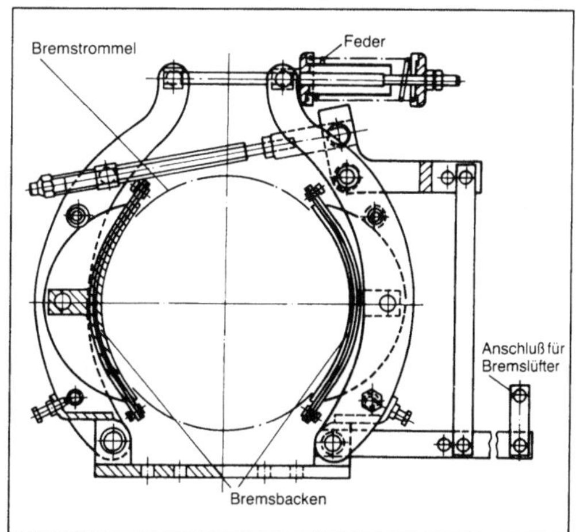

Backenbremse: Federbelastete Doppelbackenbremse.

Bagger.

1. Erdbau. B. sind Erdbaugeräte, die vornehmlich zum Lösen und Laden von Boden und Fels verwendet werden. Die Bezeichnungen der breitgestreuten Palette richten sich nach dem Antrieb, der Art der Kraftübertragung, der Lage der abzutragenden Massen zum Arbeitsplanum, dem Arbeitswerkzeug

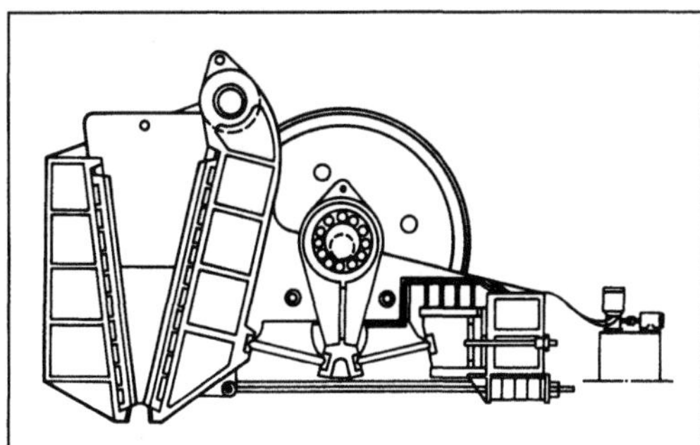

Backenbrecher: Zugstangenbrecher.

und dem Fahrwerk. Als Beispiele seien die Trocken- und Naß-B., Hydraulik- und Seil-B., Hoch- und Tieflöffel-B., Eimerseil-B., Raupen- und Mobil-B. genannt. Weiterhin unterscheidet man nach der Arbeitsweise kontinuierlich oder absatzweise arbeitende Geräte (Eimerketten-B., Schaufelrad-B.) und Sonderbauweisen, wie z. B. den Teleskop-B. Am verbreitetsten sind die wegen ihrer vielseitigen Verwendungsmöglichkeit auch als Universal-B. bezeichneten Hydraulik- und Seil-B.

Der Universal-B. besteht aus:

☐ Unterwagen mit Fahrwerk,

☐ Oberwagen mit Motor, Hydraulikanlage, Führerstand und evtl. Seilwinden.

An Werkzeugen stehen Hochlöffel, Tieflöffel, Greifer und Schürfkübel zur Auswahl. Während der B. mit dem Hochlöffel von der Aushubsohle aus nach oben arbeitet, steht er mit allen anderen Einrichtungen über der Aushubsohle auf dem auszuhebenden Material und arbeitet von unten her zur B.-Sohle hin. Die Leistung eines B. wird nach der Ladeleistung in festem Boden je Zeiteinheit beurteilt (m^3/h). Parameter, die die Leistungen entscheidend beeinflussen, sind der Füllfaktor des Löffels, der Auflockerungsfaktor des Bodens und die Dauer eines Arbeitsspiels. *Kühn*

2. Schiffbau. Die Erhaltung und Erweiterung der Fahrwassertiefe von Häfen, Flüssen und Zufahrten erfordern stets Naßbaggerarbeiten. Dieses erfolgt meist mit schwimmendem Gerät.

Die am häufigsten verwendeten Geräte sind die Eimerketten-B., die Saugrohr-B. mit oder ohne Schneidkopf mit Schutenentleerung und die selbstfahrenden Laderaumsaug-B., auch Hopper-B. genannt. Gelegentlich werden insbesondere auch die letzteren Fahrzeuge zum Gewinnen von Sand und Kies für die Bauwirtschaft verwendet. Der Eimerketten-B. wird überwiegend in geschützten Flußmündungen und Häfen verwendet, denn bei zu starken Bewegungen des B.-Pontons würde die Grabkette vom Boden abheben und wieder aufschlagen abgesehen davon, daß die Abgabe des B.-Guts an die längsseits vertauten Schuten nicht mehr möglich wäre.

Die Saugrohrbaggerung hat sich besonders auch in den USA, Indonesien und Westeuropa entwickelt und erfüllt die Aufgaben der Naßbaggerung besonders gut. Bild 1 zeigt das Prinzipbild, indem ähnlich der Natur der Abtrag des Bodens und dessen Förderung an eine andere Stelle durch den Wasserstrom besorgt wird.

Reicht die Saugwirkung der B.-Pumpe nicht aus, so löst man das B.-Gut durch einen Schneidkopf, dessen Messer auch festere Sedimente abarbeiten können. Ein Problem bleibt dabei der Abtransport des B.-Gutes, das man in Schuten abgibt oder durch Rohrleitungen zu den Verklappungsstellen pumpt.

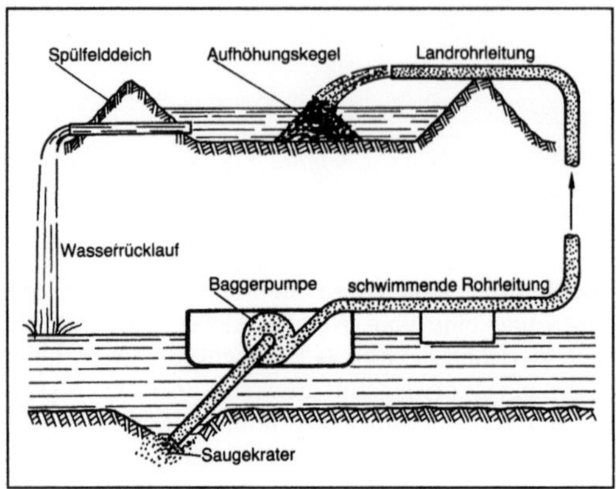

Bagger (Schiffbau) 1: Prinzip der Saugbaggerung.
Der Saugstrom der Pumpe löst den Boden in Körner auf, die der Wasserstrom bis zur Ablagerungsstelle trägt

Am weitaus flexibelsten und wirtschaftlichsten sind die Laderaumsaug-B. Dieses sind voll seetüchtige Schiffe bis zu einer Länge von 160 m. Sie sind in der Lage, durch seitliche oder auch Mittelschlitzanordnung der Saugrohre mit auswechselbaren Saugköpfen mit und ohne Schneidköpfe B.-Gut bis zu Wassertiefen von 25 m zu fördern.

Es sind zwei typische Arbeitsweisen gebräuchlich (Bild 2). Will man Saugen und Schürfen, so verwendet man nach achtern zeigende Saugrohre, wobei der B. selbst sich in Vorausfahrt befinden kann. Als Saugköpfe kommen die Schleppsaugköpfe Patent Frühling und Schneidköpfe in Betracht. Die zweite Arbeitsweise, die Saugrohre nach vorn zeigen zu lassen, ist nur möglich bei festliegendem Schiff. Das B.-Gut wird im sog. Hopper, was soviel bedeutet wie Füllschacht oder Lagerbehälter, abgelagert.

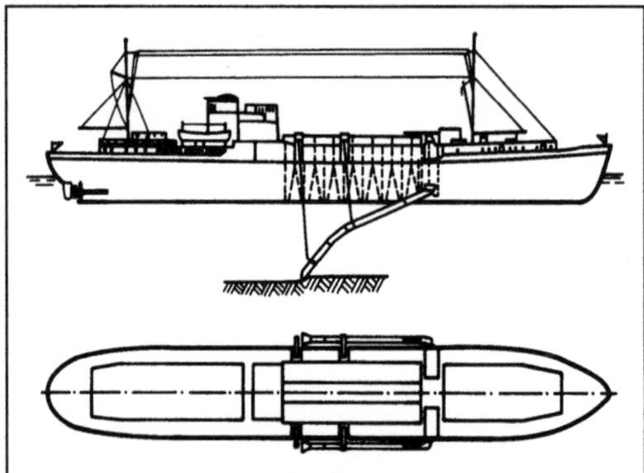

Bagger (Schiffbau) 2: Prinzip eines Hopperbaggers mit zwei seitlichen, gelenkigen Saugarmen und Schleppsaugköpfen.

Dieser besitzt nach unten zu öffnende Klappen, so daß sich das B.-Gut nach dem Verholen vom B.-Ort zur Verklappungsstelle problemlos abgeben läßt. Da das B.-Gut eine relativ große Dichte hat (2 t/m^3),

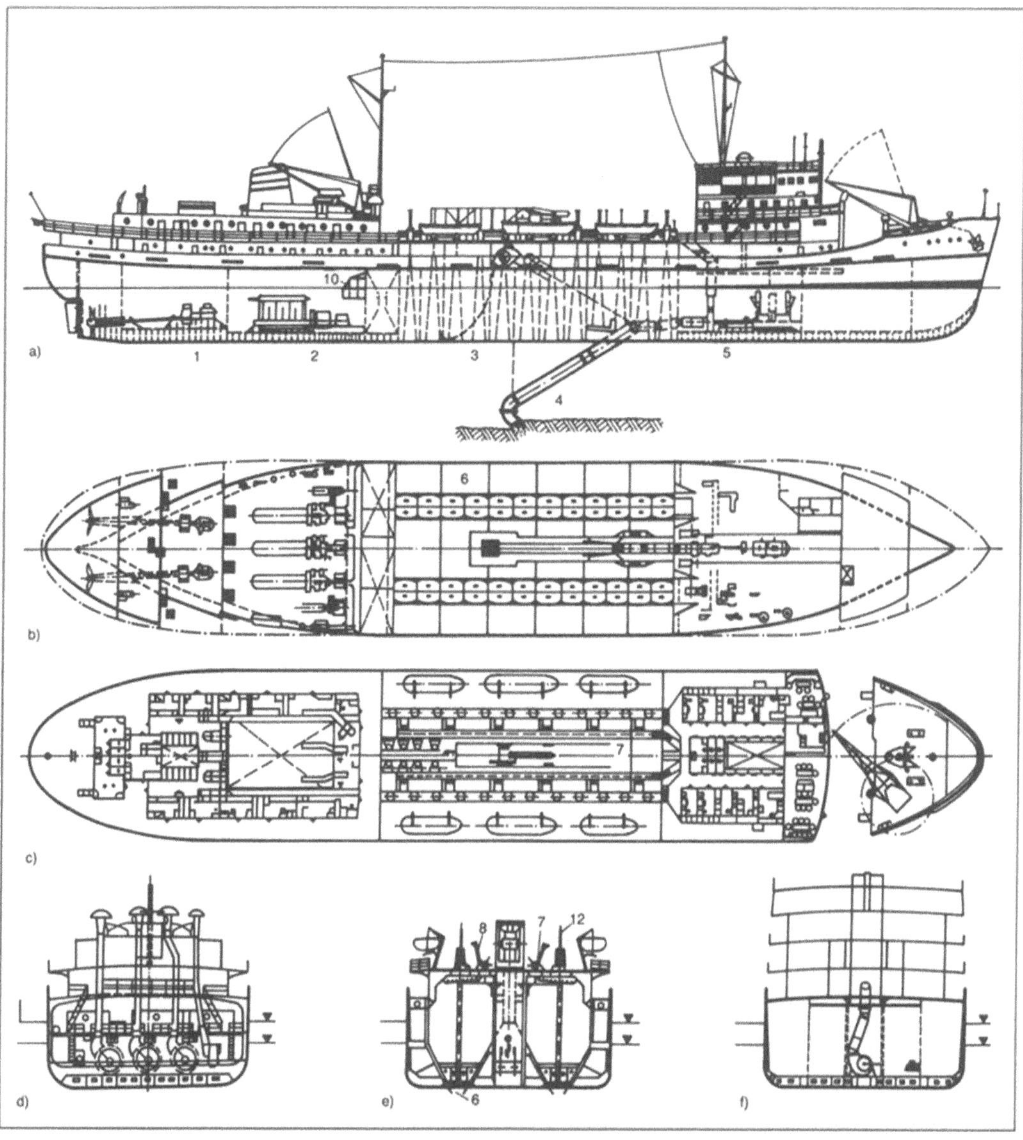

Bagger (Schiffbau) 3: Hoppersauger mit Schleppkopf in Mittelschlitzanordnung (Laderauminhalt 3 000 m³).
a) Längsschnitt des Laderaumsaugbaggers.

1 Schraubenmotor mit Untersetzungsgetriebe, 2 Dieselgeneratorsätze, 3 Laderäume 3 000 m³ Inhalt, 4 Schleppsaugrohr in Baggerstellung, 5 Förderpumpe mit Überlastungskupplung und Doppelmotor, 6 Doppelbodenklappen, 7 Füllrohre, 8 Verteilerschieber, 9 Überlauftrichter und Überlauf, 10 Hauptschaltbühne, 11 Brennstofftanks, 12 Hydraulische Preßzylinder für Bodenklappenbetätigung

b) Schnitt durch die Maschinenräume
c) Schnitt oberhalb des Hauptdecks
d) Querschnitt durch den Kraftmaschinenraum
e) Querschnitt durch Laderäume und Lufttanks
f) Querschnitt durch den Pumpenraum.

erstreckt sich der Hopper nur über einen Teil der Schiffslänge (Bild 3). Hierdurch entstehen beachtliche Biegemomente im Schiffskörper. Da der Schiffskörper durch die Bodenklappen und Luken geschwächt ist, bedeutet dies, daß Hopper-B. in bezug auf die Längsfestigkeit sorgfältig zu analysieren sind. Hopper-B. werden vorzugsweise als Zweischrauber wegen der verbesserten Manövrierfähigkeit gebaut. Da Hopper-B. sehr häufig manövrieren müssen und verhältnismäßig große Hilfsmaschinenleistung für Pumpen und Schneidköpfe notwendig ist, wird meistens ein diesel-elektrischer Antrieb vorgesehen. Dabei wählt man entweder eine Leonard-Schaltung, bei der jeder Motor seinen eigenen Generator besitzt, oder die Konstant-Stromschaltung, bei der die Motoren untereinander in einem Stromkreis liegen, so daß sich Drehmoment und Drehzahl für Pumpen und Propeller den jeweiligen Anforderungen problemlos anpassen lassen. *E. Lehmann*

Literatur: *Marnitz, F. v.:* Schiffbauliche und maschinenbauliche Fragen bei Hopperbaggern in Amerika und Europa. Jahrb. Schiffbautechn. Ges. Bd. 51 (1957). – *Rasper, L.:* Lübecker Schwimmbagger. Jahrb. Schiffbautechn. Ges. Bd. 56 (1962).

3. Lkw-Betrieb. Der B.-Lkw-B. ist das am häufigsten anzutreffende Materialtransportsystem, das zu den einfachsten, robustesten seiner Art (Transportsystem) zählt und dessen Ansprüche an das zu transportierende Material ähnlich gering sind wie bei der →Gleisförderung. Vorherrschendes Ladegerät ist der →Bagger. Es können jedoch sämtliche im Baubetrieb gebräuchlichen Ladegeräte (→Erdbaugerät) Verwendung finden. Dabei ist im Zusammenspiel Lader/Transportfahrzeug zu beachten, daß letzteres mit einer möglichst geringen Anzahl an Ladespielen (4–10) gefüllt wird. Die Nutzlast der als Transportfahrzeug gebräuchlichen Last- und Schwerlastkraftwagen reicht von 12 bis über 200 t. Weitere Einsatzkriterien dieses B.-Lkw-B. sind die wirtschaftlich sinnvolle maximale Förderweite von ungefähr 10 km und die maximalen Steigungen, die 10 % nicht übersteigen sollten. Außerdem sollte der Instandhaltung der Baustraßen, d. h. der Förderstrecke, größte Aufmerksamkeit geschenkt werden, damit ein reibungsloser Ablauf möglich ist. Ein möglicher Störfaktor im Betriebsablauf ist der Ausfall des Ladegeräts. *Kühn*

Baggerlader. B. sind Traktoren mit Frontladeschaufel und am Heck angebautem Tieflöffel. Mit Leistungen von 32–64 kW, Ladeschaufelinhalten von 0,5–0,85 m³, Grabtiefen von 3,5–4,5 m und einem Gewicht von 5–7,5 t sind sie relativ leichte Geräte. Eine besondere Ausführungsart ist das Mehrzweckgerät mit mechanischem Seitengetriebe für motorabhängige Nebenwerkzeuge. Nach dem Baukastensystem können Ladeschaufel und →Bagger mit kurzem Zeitaufwand an- und abgebaut und durch verschiedene Anbaugeräte ersetzt werden. Zur Auswahl stehen →Aufreißer, Ladekran, Mehrzweckschaufel, Zweischalengreifer, Gabelstaplereinrichtung usw. Die Betätigung der verschiedenen Arbeitseinrichtungen geschieht hydraulisch. Im Frontladerbetrieb bringen die Schwimmstellung und die automatische Parallelstellung der Schaufel und ihre Rückführung in die Schürfstellung eine Verbesserung der Ladeleistung. Durch eine mögliche Überbrückung des Drehmomentwandlers läßt sich jederzeit die volle Kraft auf die Ladehydraulik konzentrieren. B. sind als Universalgeräte vielseitig einsetzbar. Das Leistungsvermögen der Lade- und Baggereinrichtung ist hingegen – verglichen mit Einzelgeräten – begrenzt. *Kühn*

Baggerpumpe. B. werden vor allem in Naßbaggern (→Wasserbaugerät) und den dazugehörigen Zwischenpumpstationen verwendet, die die erreichbare Förderweite vergrößern. Für diese Aufgabe findet die Baggerkreiselpumpe Verwendung. Ihre Konstruktion und ihr Aufbau unterscheiden sich von einer normalen Kreiselpumpe auf Grund der mitzufördernden, evtl. großen Feststoffpartikel hauptsächlich darin, daß man die Durchgangsquerschnitte möglichst groß ausführt, die Anzahl der Laufradschaufeln reduziert (3–5) und diese auch kleiner, d. h. kürzer, ausbildet. Um der sehr großen Schleißbeanspruchung entgegenzutreten, werden die Pumpengehäuse aus harten Werkstoffen gegossen und auf der Innenseite entweder mit Verschleißplatten ausgekleidet oder ein spezielles Verschleißinnengehäuse eingesetzt. Um die Zerstörung der B. durch grobes Stückgut (Wurzelwerk, große Steine usw.) zu verhindern, wird in der Saugleitung, d. h. noch vor der →Pumpe, ein Steinkasten (Bild) installiert. Darin sollen sich die großen Stücke absetzen und somit auch ein Verstopfen der Pumpe verhindern. *Kühn*

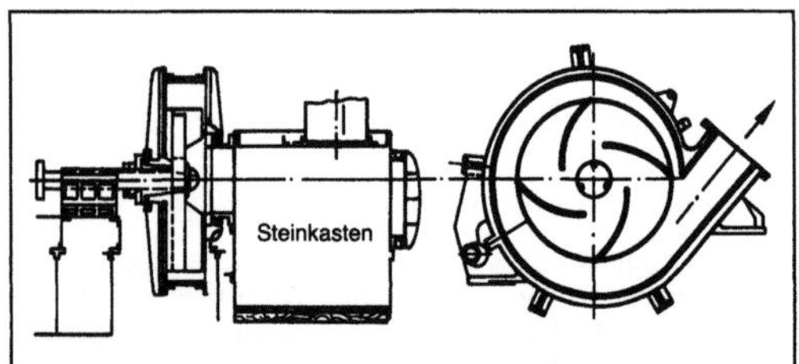

Baggerpumpe: Längs- und Querschnitt durch eine Baggerpumpe.

Bahnführung →Gelenkgetriebe

Balkenmähwerk. Bauart von Halmgutschneidwerken bei Erntemaschinen, wobei der Schneidvorgang demjenigen einer Haushaltsschere sehr ähnlich ist (→Schneiden). Beim klassischen Finger-B. arbeiten dreieckförmige Messerklingen (auf den Messerrücken aufgenietet) gegen die als Gegenschneiden ausgebildeten Messerplatten (Bild 1). Es gibt drei klassische Fingerteilungen (Bild 2), wobei allerdings der sog. Tiefschnitt kaum noch Bedeutung hat. Das B. wird zum Futtermähen seitlich oder in der Traktorfront angebaut. Der früher vorherrschende mechanische Antrieb über das Traktorgetriebe wurde in neuerer Zeit durch den hydrostatischen Antrieb über die Traktorhydraulik ersetzt.

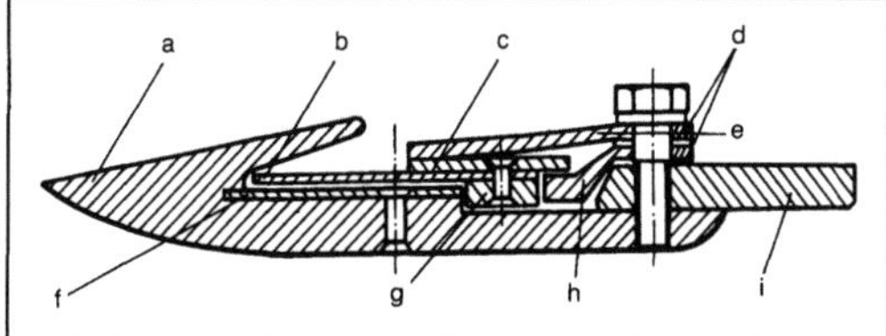

Balkenmähwerk 1: Schnitt durch einen Mähbalken.

a Finger, b Messer (Klinge), c Messerführungsplatte, d Distanzscheiben, e Messerhalter, f Fingerplatte (Gegenschneide), g Messerrücken, h Messeranlage, i Fingerbalken

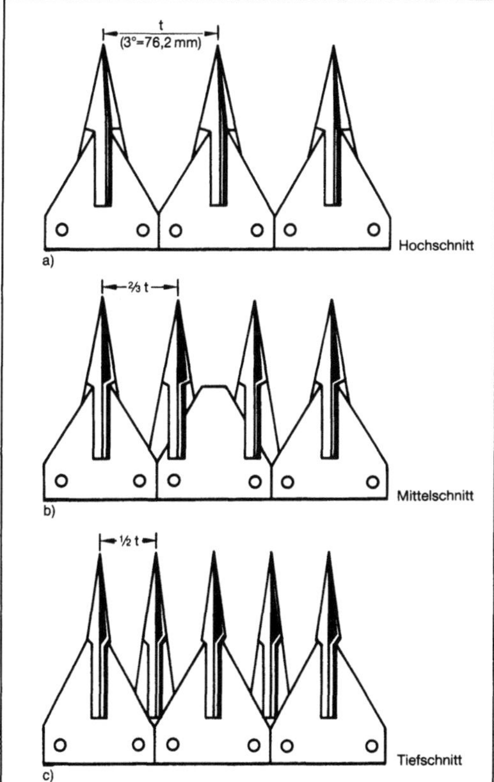

Balkenmähwerk 2: Klassische Fingerteilungen.
a) Hochschnitt
b) Mittelschnitt
c) Tiefschnitt.

Um die Arbeitsgeschwindigkeit von etwa 1,7 auf 3 m/s zu erhöhen, entwickelte man das sog. Doppelmesser-B., bei dem zwei Messer im Gegentakt zusammenarbeiten und das bei erhöhter Leistung und verringerter Verstopfungsgefahr auch ruhiger läuft. Gegenüber dem in neuerer Zeit bedeutsameren →Kreiselmäher verbraucht das B. wesentlich weniger Antriebsenergie. Dafür ist es nicht völlig verstopfungsfrei, benötigt mehr Wartung und erreicht nicht so hohe Flächenleistungen. Beim Mähdrescher fallen diese Nachteile nicht ins Gewicht, so daß man hier das Arbeitsprinzip des Mähbalkens bis heute als Standardlösung beibehielt. *Renius*

Balkenschalung. Die bisher zur Verfügung stehenden Schalungsverfahren für Balken und Decken lassen sich wie folgt unterteilen:
□ konventionelle B. und Deckenschalung,
□ Deckenschalung mit kleinflächigen Tafelelementen,
□ großflächige Deckenschalungen,
□ Sonderschalungen.

Die konventionelle B. und Deckenschalung wird wie die Wandschalung in dieser Art nur noch beim Einschalen von unregelmäßigen Flächen oder Paßflächen angewendet. Sie besteht aus einer Schalhaut aus Schalbrettern, die auf einer Unterkonstruktion aus Kanthölzern liegt und durch Holzstützen abgefangen wird. Zur Aussteifung nagelt man Schwerter aus Schalbrettern kreuzweise in zwei senkrecht zueinander stehenden Richtungen im „Stützenwald" an. Balken aus Ortbeton kommen im Normalfall als Plattenbalken oder als Unterzug mit hochkant stehendem Rechteckquerschnitt vor, der den Kraftschluß zur Decke herstellt und zusammen mit ihr eingeschalt und betoniert wird. Die Schalhaut solcher Balken besteht ähnlich wie bei den Decken aus Schalbrettern mit Querlaschen. Dabei liegen die Bodentafeln auf Traversen aus Kanthölzern, die durch Längsjoche und Baustützen abgestützt werden.

Die Verwendung von kleinflächigen Standardschaltafeln (150 cm x 50 cm x 2,2 cm) auf längsverstellbaren Stahlträgern oder Vollwandträgern aus Holz sowie Stahlsprießen ist eine Möglichkeit, die Lohnkosten zu senken. Die Horizontalkräfte werden dann nicht mehr durch Diagonalen, sondern durch dreibeinige Stützenständer aufgenommen. Als weitere Entwicklung daraus sind die Paneelschalungen (Modul- oder Rasterschalungen) zu sehen, die mit kleinen Aluminiumrahmentafeln und darin eingelassener Sperrholzschalhaut arbeiten. Die Hauptelemente für die Unterstützungskonstruktion der Paneele bilden Einhängeträger aus einem Aluminiumhohlkastenprofil, die in speziell ausgebildete Stützenkopfaufsätze (Fallköpfe) eingehängt werden. Durch das schnelle Absenken der

Schalung, ohne die Unterstützung der Decke zu lösen, lassen sich die Ausschalfristen erheblich verkürzen, wodurch die Schalelemente häufiger um- und eingesetzt werden können.

Bei den großflächigen Deckenschalelementen kann man zwei Systeme unterscheiden:
- □ Schaltische,
- □ Schubladenschalung.

Schaltische (Bild 1) sind Deckenschalungen, die Schalhaut, Aussteifung und Unterstützung fest miteinander verbinden. Für die schalhautaussteifenden Trägerlagen der Oberkonstruktion können Kanthölzer, Holzschalungsträger oder Stahlgurtungen als Quer- oder Längsträger verwendet werden. Erfolgte die Unterstützung der Deckentischplatte anfangs noch mit räumlichen Tragwerken aus Rohrgerüstmaterial, so ersetzt man diese Konstruktionen wegen der kleinen Tragkraft der Rohre, der exzentrischen Anschlüsse und der vielen Absenkstellen inzwischen durch Kombinationen von vorgefertigten Stahlrohrrahmen oder durch freistehende Stahlrohrstützen. Die Stahlrohrrahmen in Verbindung mit aussteifenden Horizontal- und Diagonalstreben ergeben eine Tragkonstruktion, die sich den unterschiedlichen Tischabmessungen und wechselnden Einbauhöhen anpassen läßt. Eine weitere Verbesserung bedeutet der Einsatz von freistehenden, serienmäßigen Stahlrohrstützen, die über spezielle Zentrierköpfe mit der Oberkonstruktion verbunden sind. Außer der zentrischen Lasteinleitung verfügen diese Köpfe über einen Kippmechanismus, dank dem die eingebaute Stütze um 90 ° in die Horizontale geklappt werden kann, ohne daß sie in ihrer Verbindung gelöst werden muß.

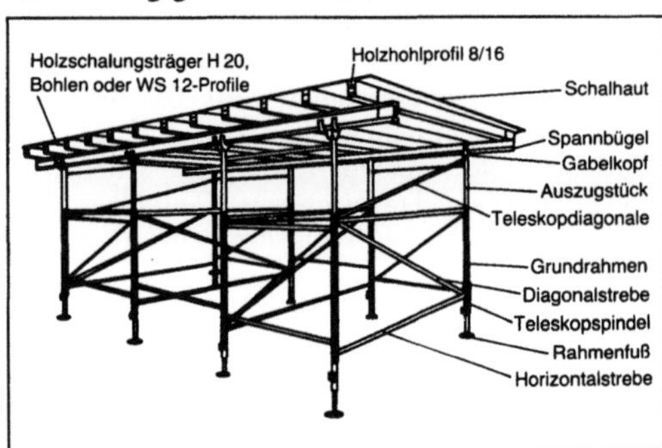

Balkenschalung 1: Deckenschaltisch.

Für den Fall zu hoher Brüstungen und Stürze können Schubladenschalungen oder Großflächenelemente, die auf Jochen und Stützen stehen, günstiger sein. Schubladenschalungen (Bild 2) sind raumgroße Deckenelemente, deren Einsatz vorwiegend auf die Schottenbauweise beschränkt ist. Die vorbetonierten Querwände der Raumeinheiten dienen dabei zur Aufnahme der mit Spannschrauben befestigten Wandkonsolen. Gleichzeitig sind die

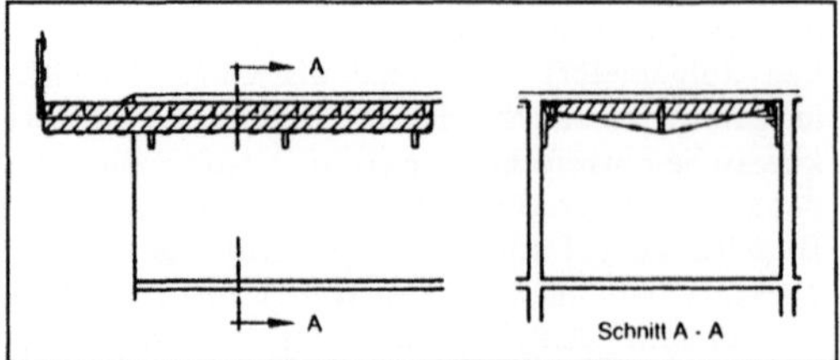

Balkenschalung 2: Schubladenschalung.

Konsolen mit Fahrrollen ausgestattet, auf die der Oberbau in abgesenktem Zustand zu liegen kommt und auf denen er zum Umsetzen (mit →Kran und Entenschnabel) wie eine Schublade ausgefahren werden kann. *Kühn*

Balligkeit →Verzahnungskorrektur

Ballistik. Lehre von der Bewegung geworfener und geschossener Körper, insbesondere die Lehre von der Geschoßbewegung.

Die innere B. hat den Antrieb von Projektilen zum Gegenstand, wie er in der Rohrwaffe durch den auf den Geschoßboden wirkenden Gasdruck oder bei der Rakete durch den rückwärtigen Austritt eines Gasstrahls erfolgt. Die dem Projektil übertragene kinetische Energie oder die gegen eine äußere Kraft, wie z. B. den Luftwiderstand bei Raketen, zu leistende Arbeit wird i. a. durch die exotherme Reaktion von festen oder flüssigen chemischen Treibmitteln aufgebracht. Die Aufgabe der inneren B. ist es, den Ablauf des Antriebsvorgangs in der Rohrwaffe oder Rakete zu berechnen, d. h. entweder bei vorgegebenen Parametern des innenballistischen Systems die Geschwindigkeit und den Gasdruck theoretisch zu ermitteln oder die Systemparameter auf Grund einer Forderung für Gasdruck und Geschwindigkeit festzulegen.

Die äußere B. befaßt sich mit dem Messen und Beschreiben der Bewegung, die ein Körper nach dem Abschuß unter einem bestimmten Winkel und mit einer Anfangsgeschwindigkeit v_0 ausführt. Im engeren Sinne versteht man unter äußerer B. die Verfolgung der Flugbahn, die ein verschossenes Projektil (antriebsfreies Projektil) im Gravitationsfeld der Erde gegen den Luftwiderstand ausführt. Erfolgt die Bewegung nur unter dem Einfluß der Erdbeschleunigung, so spricht man von Vakuum-B. Die äußere B. behandelt zudem die Flugbahnen nachbeschleunigter Projektile (Raketen) und als Sonderfall des Schusses in der Bomben-B. den Abwurf von Projektilen.

Die Abgangs-B. befaßt sich mit den Vorgängen, die auf das Geschoß nach Verlassen des Rohrs im Bereich der Mündung wirken, und zwar vornehmlich mit dem Einfluß der Rohrschwingungen, aber auch mit dem der besonderen gasdynamischen

Verhältnisse in Mündungsnähe. Abgangsfehler sind Auswirkungen dieser Einflüsse. *Meyer-Bäse*

Ballon. Luftfahrzeug leichter als Luft, bestehend aus einer gasdichten Hülle, die mit einem Gas leichter als die Umgebungsluft gefüllt ist und dadurch in der Erdatmosphäre Auftrieb erzeugt. Der klassische Frei-B. besteht aus einer innen und außen gummierten Hülle, deren Zuschnitt ihr im gefüllten Zustand eine kugelförmige Gestalt verleiht. Über die Hülle ist ein Netz gelegt, das unten in Halteschnüren zusammenläuft, an denen der B.-Korb aus Peddigrohr- oder Weidengeflecht hängt. Die Hülle des klassischen B. hat unten den während der Fahrt offenen Füllansatz und oben ein vom B.-Korb aus betätigbares Ventil zum Gasablassen. Die Steuerung, Steigen oder Fallen, erfolgt durch Ballastabgabe (Sand oder Wasser) oder Gasablassen (Bild).

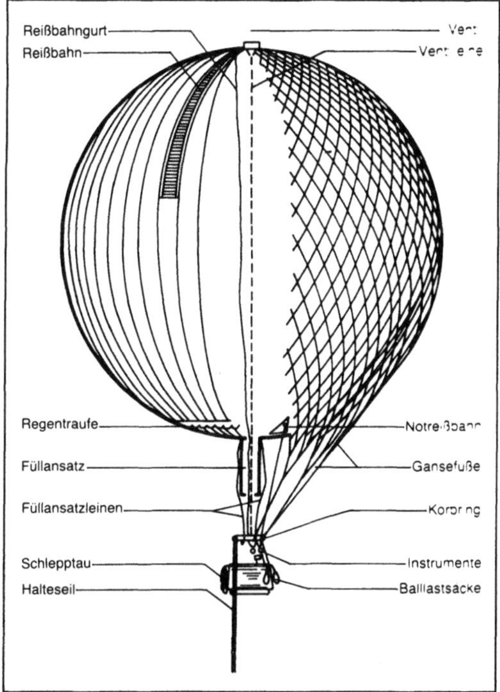

Ballon: Klassischer Frei-Ballon.

Für den ersten B. im Jahr 1783, die Erfindung der französischen Brüder *Montgolfier,* wurde eine Hülle aus mit Gewebe kaschiertem Papier und erhitzte Luft als Traggas verwendet. Noch im selben Jahr, keine drei Monate nach der ersten Demonstration des Heißluft-B., erfolgte der erste Aufstieg eines von dem Franzosen *Charles* hergestellten wasserstoffgefüllten B., dessen Hülle aus mit Gummilösung gasdicht gemachter Seide bestand. Gegenwärtig wird die Sport-B.-Fahrerei vorwiegend mit Heiß-

luft-B. betrieben, wobei Propangas, das in Gasflaschen mitgeführt wird, als Wärmequelle dient.

Heißluft-B. werden in Standardgrößen (Sportklassen) von 1 000–4 000 m³ hergestellt. Die Hülle besteht aus polyurethanbeschichtetem Kunstfasergewebe. Die Kugelgestalt des klassischen Freiballons mit Netz hat einer beanspruchungsmäßig günstigeren Birnenform Platz gemacht, bei der die Hüllenkräfte durch zwickelförmigen Zuschnitt der Stoffbahnen mit tragenden Verstärkungen dazwischen, die unten in Tragdrähte übergehen, auf den Korb übertragen werden.

Korbtragende B. mit Heliumfüllung sind für Rekordfahrten (Überquerung des Pazifik) bis zu einer Größe von rd. 12 000 m³ bei einer Tragkraft von rd. 10 000 N in 4 000 m Höhe hergestellt worden. Die Polyethylenhülle zeigt ebenfalls die statisch zweckmäßige Birnenform mit sehr vielen Zwikkeln.

Fessel-B.: Sie sind mit einem Seil an den Boden gefesselt und wurden früher für Beobachtung, Nachrichtenübermittlung und für Sperren gegen Flugzeugangriffe benutzt. Frei-B. werden außer als Sportgeräte weitgehend für meteorologische Beobachtungen in der Atmosphäre benutzt, Wetterbeobachtung und -voraussage. Vor Beginn der Raumfahrt stammten die Kenntnisse über die Stratosphäre aus B.-Aufstiegen bis in Höhen von 22 km. Ferner haben B. als Träger von astronomischen Fernrohren gedient, um photographische Aufnahmen außerhalb von mehr als 95 % der Atmosphäre zu machen. B. dieser Art sind bis zu Größen von 300 000 m³ und für Nutzlasten bis zu 3 t gebaut worden. Unter den meteorologischen B. finden sich:

☐ B. für konstante Höhe oder konstanten Druck zum Einhalten konstanter Druckhöhen für die Erforschung der oberen Atmosphäre,

☐ Pilot-B. zum Messen von Windrichtung und Windgeschwindigkeit in größeren Höhen,

☐ Radiosonden-B. zum Tragen von Radiosondeninstrumentierungen mit Bersthöhen von bei Tage 30 km und bei Nacht 25 km. Diese B. haben am Boden einen Durchmesser von rd. 1,5 m und erreichen in Bersthöhe einen solchen von rd. 6 m. Das Instrumentenpaket kehrt nach dem Bersten mittels Fallschirm zum Boden zurück. *Kosin*

Band. B. gehört zur Gruppe der Flacherzeugnisse und ist ein gewalztes Erzeugnis aus Stählen aller Art oder anderen Metallen. Es wird unmittelbar nach dem Fertigwalzen mit regelmäßig aufeinander liegenden Kanten zu einer →Rolle aufgewickelt, so daß die Seitenflächen der Rolle ungefähr in einer Ebene liegen. B. hat im Walzzustand leicht gewölbte Kanten, es kann aber auch mit beschnittenen Kanten geliefert werden oder durch Längsteilen eines breiteren B. entstehen.

Auf Grund des jeweiligen Formgebungsverfahrens wird B. in Warm-B. und Kalt-B. eingeteilt. Dabei wird Warm-B. nach B.-Breiten unterteilt in Warmbreit-B. mit Breiten $\geqq 600$ mm sowie warmgewalztes Mittel- und Schmal-B. mit Breiten < 600 mm. Beim Kalt-B. gilt die gleiche Unterteilung nach Breiten wie beim Warm-B. Darüber hinaus gilt eine Bezeichnung Feinst-B. für kaltgewalztes B. mit Dicken $< 0{,}50$ mm aus weichem unlegiertem Stahl. *Baumann*

Bandage. Bei großen Zahnrädern ist es aus wirtschaftlichen Gründen oft sinnvoll, den Radkörper und die Verzahnung getrennt zu fertigen. Der Radkörper ist in Gußkonstruktion (i. a. Gußwerkstoff GG18 oder GG22, bei hohen stoßartigen

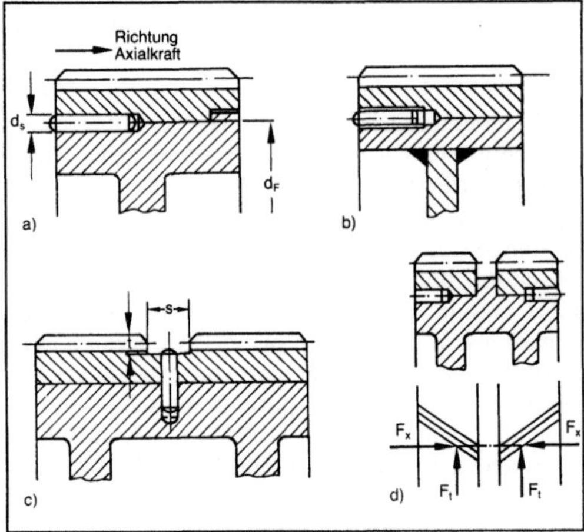

Bandage: Zahnradbandage mit Schrumpfsitz.
a) Radkörper in Gußkonstruktion
b) Radkörper in Schweißkonstruktion
c) Doppelschrägverzahnung, s $\approx$ 15 Modul m bei m = 3, s $\approx$ 6 Modul m bei m = 15
d) Geteilter Zahnkranz mit bevorzugter Kraftrichtung.

Aufnahme der Axialkraft bei Schrägverzahnung durch Bund oder Gewindestift.

Belastungen GGG oder GS) oder in Schweißkonstruktion aus einem gewalzten →Ring mit Stegblechen sowie einem Nabenteil ausgeführt. Die Zahnrad-B. besteht wegen ausreichender Tragfähigkeit meist aus schwer schweißbaren Vergütungswerkstoffen (σ_B bis zu 1300 N/mm² und darüber). Das Bild zeigt einige Konstruktionsbeispiele.

Das Drehmoment muß am Fügedurchmesser d_F durch Schrumpfsitz sicher übertragen werden. Die Schrumpfspannung ist bei der Berechnung der →Zahnfußtragfähigkeit ggf. zu berücksichtigen. Übliche Übermaße bei Industriegetrieben 0,8 bis 1,4 %, bei Schnellaufgetrieben ca. 1,7 % (hierbei Aufweitung der B. durch →Fliehkraft beachten).

Um der Gefahr von Mikrogleitbewegungen, d. h. Reibkorrosion, zwischen B. und Radkörper zu begegnen, werden mitunter formschlüssige Sicherungen in Form von axial oder radial angeordneten (Gewinde-)Bolzen vorgesehen. *Winter*

Band-Behandlungslinie. Eine B.-B. ist ein sehr komplexes, kontinuierlich arbeitendes technisches System zum Reinigen, Wärmebehandeln oder Beschichten von Band insbesondere Stahlband mit sog. →Band-Behandlungsverfahren (Bild). Dazu zählen beispielsweise Beizlinien, Kontiglühlinien, Aluminierungslinien, Verchromungslinien, Kunststoff-Beschichtungslinien, Verzinkungslinien und Verzinnungslinien. Diese Linien arbeiten im Behandlungs- oder Beschichtungsbereich kontinuierlich. Die Arbeitsabläufe beim Bundwechsel im Einlaufsystem und im Auslaufsystem der Linien beeinflussen die Bandgeschwindigkeiten im Behandlungs- oder Beschichtungsbereich nicht. Das wird im wesentlichen durch 2 Haspelaggregate, 2 Treiber, eine Doppelschere, ein Schweißaggregat sowie einen Bandspeicher im Einlaufsystem und einen Bandspeicher, eine Schere sowie 2 Haspelaggregate im Auslaufsystem erreicht. Für den An- und Abtransport der Bunde werden meist Stetigfördersysteme, insbesondere Plattenband- und Hubbalken-Fördersysteme, eingesetzt. *Baumann*

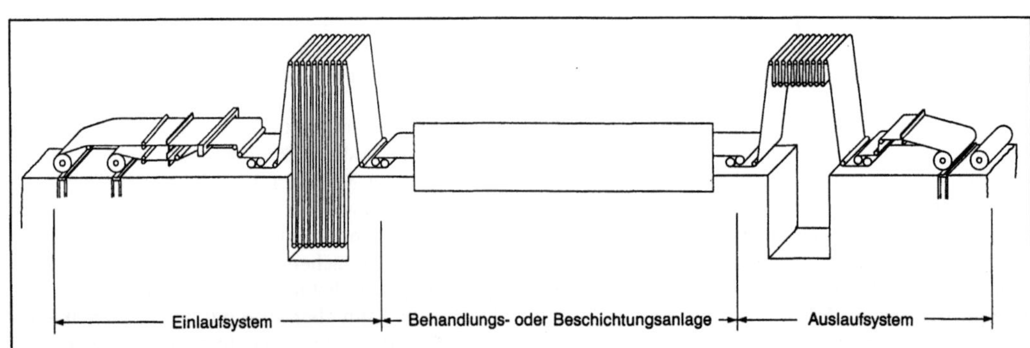

Band-Behandlungslinie: Grundsätzlicher Aufbau.

Band-Behandlungsverfahren. Unter B.-B. sind einerseits Verfahren zur Reinigung, Wärmebehandlung sowie zur gezielten Änderung oder Einstellung eines bestimmten Werkstoffzustands und andererseits Verfahren zum Beschichten von Band, insbesondere Stahlband in sog. Band-Behandlungslinien zu verstehen. Zu solchen Verfahren zählen beispielsweise Stahlband-Beizverfahren, Durchzieh-Bandglühverfahren, →Haubenglühverfahren, Kontiglühverfahren, Stahlband-Aluminierungsverfahren, Stahlband-Verchromungsverfahren, Kunststoff-Bandbeschichtungsverfahren, →Verzinkungsverfahren und →Verzinnungsverfahren. Das sind Verfahren, die im Behandlungs- oder Beschichtungsbereich kontinuierlich ablaufen. Diese Verfahrensweisen sind durch weitgehende Gleichmäßigkeiten der Behandlungszeiten und der Behandlungsergebnisse sowie durch verhältnismäßig große Durchsatzmengen je Zeiteinheit gekennzeichnet. Bei einigen B.-B. hat ein kurzzeitiger Stillstand des Bandes im Behandlungsbereich keinen Einfluß auf das Behandlungsergebnis, weil entweder die Zeitabhängigkeit unbedeutend ist, beispielsweise bei Entfettungsverfahren, oder weil der Behandlungsvorgang während des Bundwechsels unterbrochen werden- kann, beispielsweise beim Strahlentzundern. Bei solchen Verfahren sind auch die Ein- und Auslaufvorgänge einfacher als bei kontinuierlich arbeitenden B.-B. *Baumann*

Bandbremse. B. sind Reibbremsen. Bei einfachen B. wird ein Bremsband um eine Bremstrommel geschlungen und über einen Hebel die Anpreßkraft erzeugt. Je nach Anlenkung des Bremsbandes am Betätigungshebel wird die Betätigungskraft verstärkt (Bild 1), vermindert oder nicht beeinflußt. Ist das Bremsband mit mehreren Windungen um die Bremstrommel geschlungen, spricht man von einer Schlingbandbremse (Bild 2). Für Bremsungen in beide Drehrichtungen verwendet man die Wechselbremse. *Ehrlenspiel*

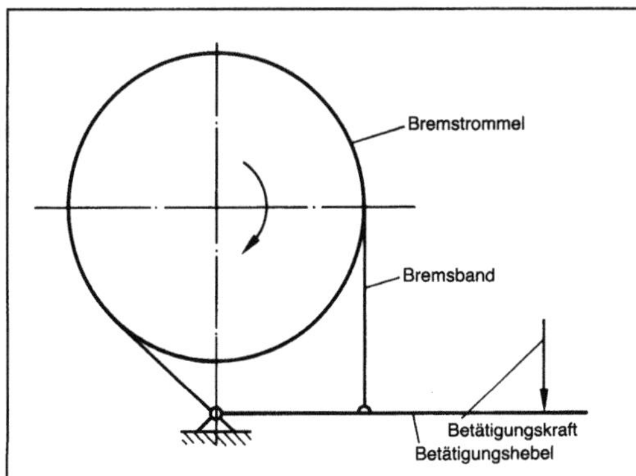

Bandbremse 1: Einfache Ausführung.

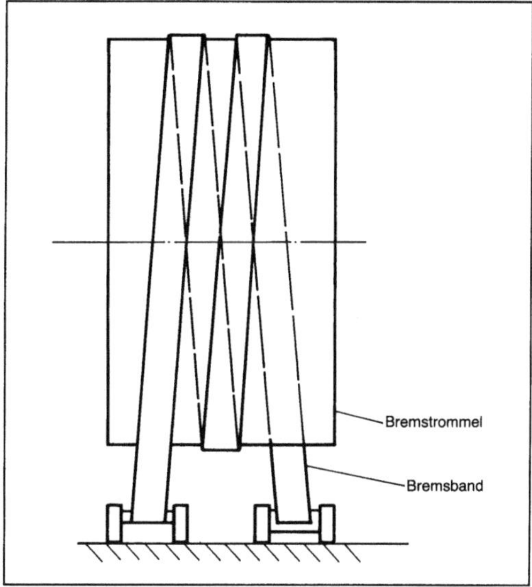

Bandbremse 2: Schlingbandbremse.

Bandförderer. B. sind nach DIN 15200 Stetigförderer mit Bändern (Gurt, Stahlband, Drahtgurt, Seile, Riemen), die als Trag- und Zugorgan dienen.

Der B. besteht aus

☐ dem eigentlichen Band. Das Band wird von geraden oder gemuldeten Tragrollen (-röllchen) geführt oder gleitend auf glatter Unterlage getragen und über Reibschluß von mindestens einer Antriebstrommel angetrieben.

☐ der Antriebsstation. Die Bandantriebe werden mit Druckluftmotoren oder mit Elektromotoren angeboten.

Die von der Antriebstrommel übertragbare Kraft ist abhängig

☐ vom Trommeldurchmesser,

☐ von der Größe des umspannten Bogens auf der Antriebstrommel,

☐ von der Reibzahl zwischen Gurt und Antriebstrommel,

☐ von der Spannung des ablaufenden Gurtbands,

☐ von dem Bandgestell mit Tragrollen und Umlenkrollen und einer Spannvorrichtung.

Die für den Reibschluß erforderliche Vorspannung begrenzt gleichzeitig den Durchhang zwischen den Tragrollen.

B. werden vorwiegend für gradlinige Förderwege eingesetzt, wobei die Förderbahn waagerecht oder geneigt ist. Sonderbauformen eignen sich für steile und kurvengängige Förderung. Den prinzipiellen Aufbau eines B. zeigt das Bild. Ihr Einsatz war Voraussetzung für den Aufbau von Fließfertigungen und ist gekennzeichnet durch

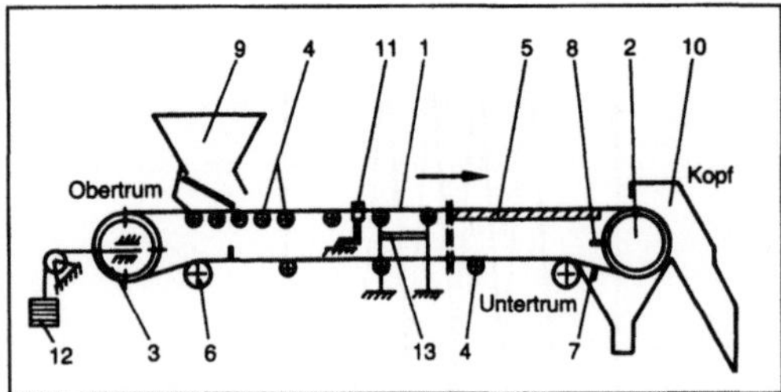

Bandförderer.

1 Band, 2 Antriebstrommel, 3 Umlenktrommel, 4 Tragrolle, 5 Gleitblech, 6 Ablenkrolle, 7 Bandreiniger, 8 Trommelreiniger, 9 Aufgabevorrichtung, 10 Abgabevorrichtung, 11 Gradlaufeinrichtung, 12 Spannvorrichtung, 13 Traggerüst.

☐ große Fördergutströme und hohe Fördergeschwindigkeit,

☐ relativ geringen Energiebedarf,

☐ geringe Investitions-, Bedienungs- und Wartungskosten,

☐ einfache Bauweise,

☐ geringen Verschleiß,

☐ weitgehende Schonung des Förderguts,

☐ geradlinige Linienführung (sonst Sonderkonstruktionen),

☐ Beschränkung bei schräger/ansteigender Förderung,

☐ große Radien, damit das Band nicht von den Tragrollen abhebt.

Je nach Art des Bands unterscheidet man

☐ Magnetgurtförderer nach VDI 2326 (Juni 1979),

☐ Riemen/Seilförderer,

☐ Stahlbandförderer. *Jünemann*

Bandförderung. Das Rückgrat des kontinuierlich betriebenen Transportsystems B. ist die →Bandstraße, d. h. mehrere Förderbänder sind hintereinander angeordnet und übergeben das Transportgut von einem auf das andere. Dazu gehört ein möglichst kontinuierlich arbeitendes Ladesystem, z. B. Schaufelradbagger. Sollte dies nicht möglich sein, so sollte zumindest an der Aufgabestation ein Puffer (Silo) vorhanden sein, um den kontinuierlichen Betrieb zu gewährleisten. Das gleiche gilt auch für die Entladestelle, z. B. mit Absetzern. Den Vorteilen der hohen Leistungsfähigkeit und der Fähigkeit, Steigungen bis zu 30 % zu überwinden, stehen folgende Nachteile gegenüber:

☐ nur für fein- und mittelkörniges Material geeignet;

☐ empfindlich gegenüber starkbindigem, klebendem Fördergut;

☐ relativ starre Linienführung der Fördertrasse;

☐ hohe Investitionskosten bei Neuerwerb;

☐ geringe Wiederverwendbarkeit außerhalb des stationären Betriebs.

Trotz dieser Nachteile spricht die hohe Förderleistung für den Einsatz von Bandförderern, vor allem,

wenn die Leistung 100 000 m³/d übersteigen soll. Die ideale Transportweite liegt bei 1–5 km. Allerdings waren schon weitaus längere Weiten im Einsatz (bis 100 km Förderweite). *Kühn*

Bandgießanlage. Eine B. arbeitet nach dem Stranggießverfahren. In solchen Gießanlagen wird beispielsweise Stahlband mit Dicken zwischen 2 mm und 10 mm gegossen.

Bei der Entwicklung der Anlagen zum Herstellen von Stahlband mit Dicken < 10 mm wurde ursprünglich an die unmittelbare Weiterverarbeitung des gegossenen Bands in einem Kaltwalzwerk gedacht. Weil es aber kaum möglich ist, aus einem Gießprodukt nur durch Kaltumformen ein Walzprodukt mit anforderungsgerechten Gebrauchseigenschaften zu erhalten, muß ein Bandgieß- und Walzkonzept zumindest einen Warmwalzstich beinhalten. Nach dem Warmwalzen kann dann eine Kalt-Weiterverarbeitung stattfinden. Bild 1 zeigt eine Anlage zum Herstellen von Warmband mit Abmessungen zwischen 10 mm × 1 200 mm und 5 mm × 1 200 mm. Bei dieser Anlage wird der flüssige Stahl aus dem Verteilergefäß einem umlaufenden, gekühlten Band zugeführt und mit einer →Rolle sowie seitlichen Dammblockketten zu einem Band geformt. Nach der Gießanlage wird das gegossene Band mit Hilfe eines Transportsystems durch eine induktiv beheizte Wärmezone geleitet und einem Walzgerüst zugeführt.

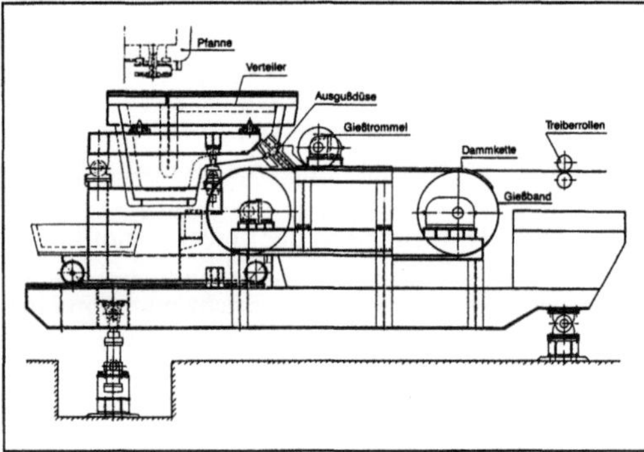

Bandgießanlage 1: Gießanlage zum Herstellen von Stahlband.

Eine andere B. arbeitet mit beidseitig umlaufenden Gießbändern und umlaufenden Ketten zur Kantenbegrenzung. Mit solchen Anlagen wird Leichtmetall- und Kupferband hergestellt, meist mit Breiten bis etwa 1 200 mm und Dicken zwischen 8 mm und 20 mm. Für das Bandgießen von Aluminiumlegierungen wird das Hazelett-Bandgießverfahren mit der Hazelett-B. eingesetzt.

Bei einer anderen B., *Zwei-Rollen-Gießanlage* oder *Zwei-Walzen-Gießanlage* genannt, wird der flüssige Stahl zwischen zwei sich gegenläufig drehenden Walzen gegossen (Bild 2). Infolge des Kontakts mit den kalten Walzenoberflächen erstarrt der Stahl zu Schalen, die im Spalt zwischen den Walzen zu einem Band gefügt werden. Wenn der Prozeß so gesteuert wird, daß die Dicke der beiden Strangschalen entlang des Berührungsbogens der Walzen im Walzspalt dem halben Walzenabstand entspricht, dann wird bei diesem Gießprozeß nicht umgeformt. Wenn die Linie des Zusammentreffens beider Strangschalen jedoch oberhalb des Walzspalts liegt, findet ein Gießwalzprozeß statt, der so gesteuert werden kann, daß eine gezielte Beeinflussung des Erstarrungsgefüges erreicht wird. *Baumann*

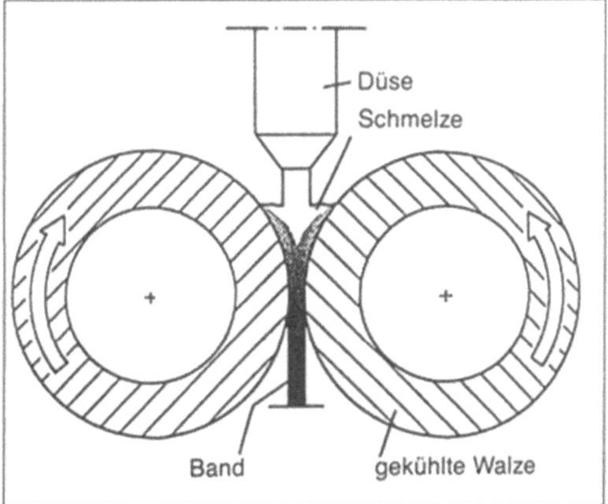

Bandgießanlage 2: Band-Herstellung in einer Zwei-Walzen-Gießanlage.

Bandlader. Der B. hat die Aufgabe, gelöstes Material über ein →Förderband zu verladen. Die Gewinnung und Abfuhr des Materials sind diskontinuierlich. Die Beschickung des Bands wird meist mit Planierraupen durchgeführt, die das Material entweder mit Hilfe ihres eigenen Reißzahns oder durch zusätzlich eingesetzte →Hydraulikbagger lösen. Die Abfuhr des Materials wird meist mit Schwerlastkraftwagen durchgeführt. Die Förderleistung des Gesamtsystems steht und fällt mit einer ausreichenden Anzahl von Transportfahrzeugen. Ziel des B. ist es, die Beladezeit und somit die Spielzeit der Schwerlastkraftwagen zu verkürzen. *Kühn*

Band-Längsteilanlage. Das zu Ringen gewickelte Band sowie Breitband aus Stahl oder anderen Metallen wird meist besäumt und längsgeteilt. Das längsgeteilte Band wird i. a. →Spaltband genannt. Die größtmögliche Anzahl der gleichzeitig aus einem Band herstellbaren Spaltbänder ist von der Banddicke und Bandbreite abhängig. Beispielsweise können aus 0,5 mm dickem Band entsprechender Breite bis zu 20 Spaltbänder hergestellt werden. Das Besäumen und Spalten des Bandes wird mit Bandgeschwindigkeiten zwischen 200 m/min und 600 m/min durchgeführt. Dazu dienen komplexe technische Systeme, L. oder Spaltanlagen genannt,

die meist mit einem Band-Besäumaggregat und manchmal auch mit einer Band-Richtmaschine ausgerüstet sind (Bild). Eine B.-L. sollte beispielsweise dann mit einer Band-Richtmaschine ausgerüstet sein, wenn die Mitte des zu spaltenden Bandes dicker als die Bandkanten ist. Denn wenn ein solches Band in einer L. unter Zug gespalten wird, dann führt dieses Band-Querschnittsprofil zu einem lockeren, oft ungleichmäßigen Aufwickeln der äußeren Spaltbänder infolge der Längenunterschiede der einzelnen Spaltbänder. Solche Längenunterschiede beim Aufwickeln der Spaltbänder können auch durch Randwelligkeiten sowie ungleichmäßige Schneidkanten oder Beschichtungen entstehen. Infolge des Einsatzes einer Band-Richtmaschine nach dem Längsteilen des Bandes haben die einzelnen Spaltbänder gleichmäßige und feste Wickelungen. *Baumann*

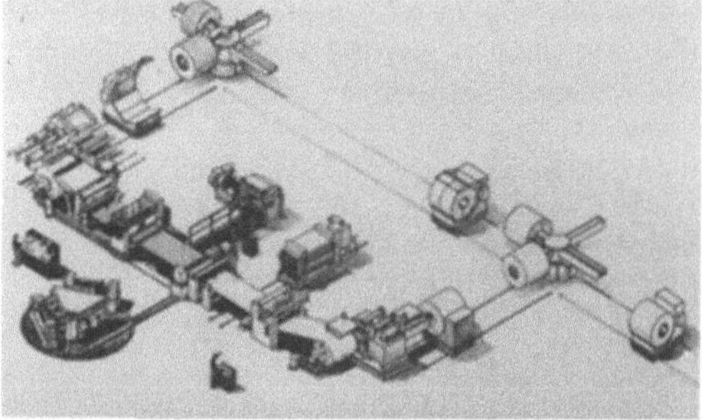

Band-Längsteilanlage. Längsteilanlage mit Band-Richtmaschine und Bund-Transportsystemen.

Literatur: *Hensel, A:,* u. *P. I. Poluchin:* Technologie der Metallformung. Leipzig 1990. – *Theis, H. E.:* Das Richten von Spaltband. Stahl u. Eisen 111 (1991) Nr. 12, S. 107/110.

Band-Querteilanlage. In einer B.-Q. wird zu Ringen gewickeltes B., Breit-B. sowie Spalt-B. aus Stahl oder anderen Metallen quergeteilt und in Form von Tafeln oder Stäben gestapelt. Dabei wird das B. meist besäumt, rechtwinkelig quergeteilt sowie gerichtet, und die so hergestellten Tafeln oder Stäbe werden gestempelt, eingeölt sowie gestapelt. Demzufolge besteht eine B.-Q. im wesentlichen aus einem Bundtransportsystem mit Haspelaggregat, einer B.-Richtmaschine, einer Besäumschere, einem Querteilaggregat, evtl. einer Tafel-Richtmaschine und einem Stapelsystem mit Abtransportaggregat. *Baumann*

Bandsaat. Verfahren des Säens, bei dem Saatgut nicht in einer exakten Reihe, sondern bewußt in Form eines Bandes (Streifens) breit gestreut wird, um die Standraumbedingungen zu verbessern (Sämaschine, →Drillmaschine). Die B. steht damit verfahrenstechnisch zwischen der Drillsaat und der Breitsaat. Sie wird entweder mit speziellen Säscharen (z. B. Gänsefußsäschar) erzeugt (Bandbreite

7–8 cm), oder man läßt die Saatleitung im Erdstrom eines Bodenbearbeitungsgeräts (z. B. einer Fräse) enden (Bandbreite z. B. 3 cm). Ohne zusätzliche Maßnahmen ergibt diese elegant erscheinende Lösung leider relativ große Streuungen bezüglich Ablagetiefe. *Renius*

Band-Spaltanlage →Band-Längsteilanlage

Bandstraße. B. sind Einrichtungen zum Transportieren eines Förderguts. Sie werden im Bereich der Materialgewinnung, Zwischenlagerung und Endlagerung eingesetzt. Ein Haupteinsatzgebiet ist der Tagebau. Dort sind die B. oder Gurtbandförderanlagen (Bild 1) Stetigförderer aus Gummi oder/und Kunststoffen, in die Zugbänder aus Textilgewebe oder Stahlseile eingebettet sind. Der jeweilige Gurt, der als Zug- und Tragorgan dient, wird von gerade oder muldenförmig angeordneten Tragrollen oder von einer glatten Unterlage geführt. Für die unterschiedlichen Transportaufgaben sind zahlreiche Varianten und Sonderformen von Transportbändern gebräuchlich. Die Wahl des Bands ist von der Fördergutkantenlänge, der Gurtgeschwindigkeit und der Steigung abhängig.

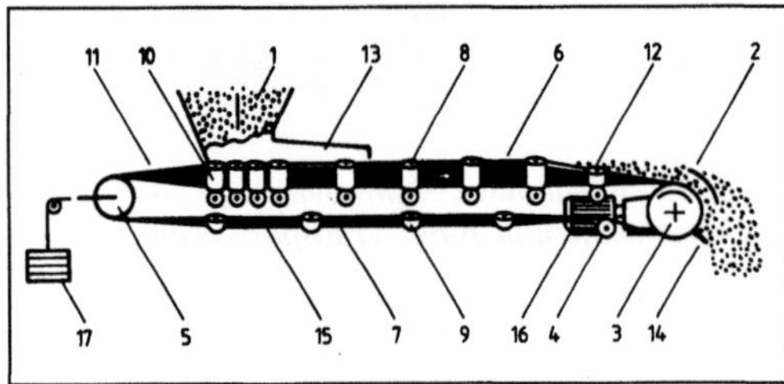

Bandstraße 1: Komponenten einer Gurtbandförderanlage.

1 Fördergutaufgabe, 2 Fördergutabwurf, 3 Kopftrommel (Antriebstrommel), 4 Knick- oder Ablenktrommel, 5 Schluß- oder Umlenktrommel (Spanntrommel), 6 Obertrum (Lasttrum), 7 Untertrum (Leertrum), 8 Obertrumtragrollen, 9 Untertrumtragrollen, 10 Aufgaberollen, 11 Einmuldung, 12 Ausmuldung, 13 Ausgabeschurre, 14 Gurtreiniger (Querabstreifer), 15 Gurtreiniger (Pflugabstreifer), 16 Antriebseinheit, 17 Spanngewicht

Die maßgebenden Parameter zur Dimensionierung einer B. sind die Förderleistung (in m³/h) und die Antriebsleistung (in kW). Die Förderleistung ist das Produkt aus Querschnittsfläche, Dichte und Fördergeschwindigkeit. Die Förderleistung in Abhängigkeit von Gurtbreite und Bandgeschwindigkeit ist Bild 2 zu entnehmen. Die resultierende Querschnittsfläche, die das Fördergut auf dem Gurtband einnimmt, hängt von der Gurtbreite, vom Muldungswinkel des Gurts und den Eigenschaften des Förderguts selbst ab. Den Schüttwinkel, die Schüttdichte und mögliche mechanische, chemische oder temperaturabhängige Einflußfaktoren auf das Fördergut entnimmt man einschlägigen Tabellen. Die Fördergeschwindigkeit richtet sich nach den Erfordernissen des Fördergutes, z. B. Haftung am Band, nach der Schonung des Gurtbandes, nach allgemeinem Verschleiß der Anlage und nach maximaler Antriebsleistung. Die erforderliche Antriebsleistung ergibt sich aus dem geforderten Massenstrom, der Förderhöhe und den Bewegungswiderständen.

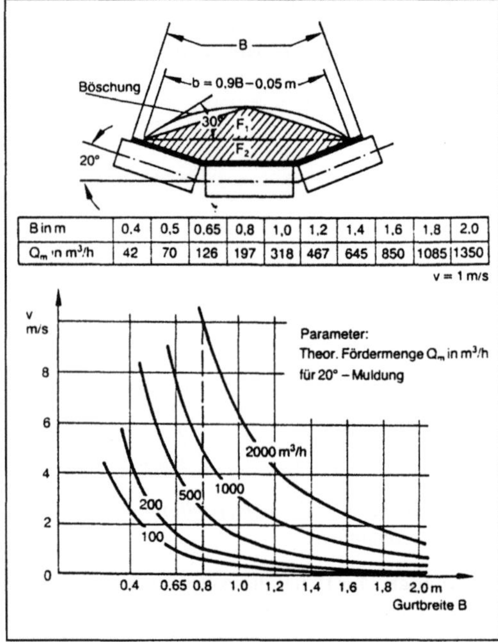

B in m	0,4	0,5	0,65	0,8	1,0	1,2	1,4	1,6	1,8	2,0
Q_m in m³/h	42	70	126	197	318	467	645	850	1085	1350

Bandstraße 2: Berechnungsgrundlagen für Gurtförderer. (Quelle: DIN 22 101)

Die Bewegungswiderstände an einer Gurtbandförderanlage setzen sich aus Laufwiderstand der Tragrollen, Walkwiderstand des Gurts, Walkwiderstand des Förderguts, Aufgabewiderstand, Schurrenreibungswiderstand, Abstreiferreibungswiderstand, Gurtumlenkwiderstand an den Trommeln und Steigungswiderstand zusammen. Wegen der Abstimmung des Gurtbands auf die weiteren Komponenten der Gurtbandanlage ist nur die Verwendung genormter Gurtbreiten sinnvoll. Die Standardgurtbreiten erstrecken sich in einem Bereich von 300–3200 mm. Zur Sicherung gegen Gurtbruch sind die Zugkräfte mit Sicherheitszahlen zu multiplizieren. Mit diesen Sicherheitszahlen werden die erhöhten Zugkräfte beim Anlauf sowie die kleinere Festigkeit der Gurtverbindungen berücksichtigt. Als Zugträger finden Kunstfasern, Stahlseile und auch Carbonfasern Verwendung. Aus der Bezeichnung des Gurts gehen der Aufbau des Zugträgers und die Zugfestigkeit hervor. So bedeutet z. B. EP 1000/4, daß der Gurt eine Zugfestigkeit von

1000 N/mm² hat und der Zugträger aus vier Lagen Kunstfasern gebildet wird. *Kühn*

Band-Walzgerüst. Ein B.-W. ist ein W., mit dem entweder Warm-B. in Warm-B.-Walzstraßen oder Kalt-B. in Kalt-B.-Walzstraßen hergestellt wird. *Baumann*

Band-Walzstraße. Eine B.-W. ist eine W., in der entweder Warm-B. oder Kalt-B. hergestellt wird. Demgemäß werden Warm-B.-W. und Kalt-B.-W. unterschieden. *Baumann*

Baranow-Verfahren. Ein klassisches V. zur graphischen Ermittlung der Eigenfrequenzen von Schwingerketten. Es handelt sich um ein Reduktionsverfahren, das auf der Konstruktion eines Seilecks beruht, und wurde von *Kutzbach, Rausch* und *Baranow* entwickelt. *Witfeld*

Literatur: *Kožešnik, J.:* Maschinendynamik. München 1966.

Batterie. In der Regel versteht man unter B. die Kombination von zwei oder mehreren elektrochemischen Zellen (galvanisches Element) durch Parallel- oder Serienschaltung. Die Bezeichnung B. hat sich darüber hinaus im Zusammenhang mit der Trocken-B. auch für Einzelzellen eingebürgert (→Energie für Kraftfahrzeuge).

Man unterscheidet zwischen Primär-B., Sekundär-B. – die auch als Akkumulatoren bezeichnet werden – und Tertiär-B. Primär-B. erhalten ihren Energieinhalt bei der Herstellung. Sie können nach der Entladung i. a. nicht mehr aufgeladen werden. Prinzipiell sind für einige Primär-B. Verfahren zur Reaktivierung bekannt, die jedoch in ihrer Handhabung kompliziert und potentiell gefährlich sind. Daher werden sie i. a. nicht angewandt. Akkumulatoren können nach dem Entladen durch die Zufuhr einer entsprechenden Elektrizitätsmenge wieder in ihren ursprünglichen Zustand zurückgebracht werden. Dieses Aufladen erfolgt durch Anlegen einer Ladespannung aus einer äußeren Stromquelle an die B.-Klemmen. Dabei werden die beim Entladen entstandenen Reaktionsprodukte durch Elektrolyse zersetzt. Die Reaktionspartner werden erneut erzeugt; die eingespeiste elektrische Energie geht in chemische Energie über. Als Tertiär-B. werden die Brennstoffzellen bezeichnet. In ihnen werden die chemischen Energieträger kontinuierlich von außen zugeführt und die Reaktionsprodukte abgeführt.

Die Zellen einer B. bestehen aus zwei Elektroden von meist verschiedenartigem Material. Sie sind hinsichtlich der Elektronenleitung durch einen ionenleitenden Elektrolyten isoliert, in den sie eintauchen. Der Elektrolyt kann sowohl flüssig als auch fest sein (galvanisches Element). In Akkumulatoren werden in den meisten Systemen wäßrige Elektrolyte verwendet, während sich bei Primärzellen neben wäßrigen Salzlösungen aprotische anorganische oder organische Lösungsmittel mit gelösten Salzen als Elektrolyte eingeführt haben. Beim Entladen gibt die negative Elektrode Elektronen ab (Oxidation an Anode): Die positive Elektrode nimmt Elektronen auf (Reduktion an Katode). Bei wiederaufladbaren Zellen verläuft beim Laden der Stromfluß umgekehrt. Die positive Elektrode gibt Elektronen ab und wird daher nach der Definition aus der Elektrochemie zur Anode. Eine entsprechende Umkehr findet an der negativen Elektrode statt. In der B.-Technik vermeidet man daher die Begriffe Anode und Katode. Die Elektrode, die beim Entladen Elektronen abgibt, wird als die negative Elektrode bezeichnet, die Elektronen aufnehmende als die positive Elektrode. Die Polarität bleibt beim Wechsel erhalten.

Wesentliche Kenngrößen der Einzelzellen einer B. sind die Nennspannung (ein Wert, der zur Vereinfachung genormt ist), die Kapazität, die Energiedichte (spezifische Energie) und die Leistungsdichte, die Selbstentladung und Standlebensdauer (Zelle ohne Belastung), ferner bei Sekundär-B. die Zyklenfestigkeit (Zyklisieren) sowie der Energiewirkungsgrad (→Wirkungsgrad). Die Nennspannung wird durch die elektrochemischen Reaktionen der Zelle bestimmt. Die Variationsbreite ist gering. Mit Ausnahme einiger Lithium-Primärzellen liegt die Nennspannung zwischen etwa 1,25 und 2,1 V. Im Gegensatz dazu kann die Kapazität der Einzelzelle, insbesondere für Akkumulatoren, durch die konstruktive Auslegung in weiten Grenzen variiert werden. Entsprechend liegen die B.-Kapazitäten zwischen einigen Milliamperestunden (mAh) bei Primär-B. und zehntausenden Ah für Großanlagen, die mit wiederaufladbaren B. ausgerüstet sind.

Primär-B. zeichnen sich i. a. durch gute Lagerfähigkeit, hohe Energiedichte bei geringen und mittleren Entladeraten und Wartungsfreiheit aus. Ihre Verwendung in einem Gerät erfordert keine technischen Ansprüche an den Benutzer. Der Anwendungsbereich ist außerordentlich breit (Tabelle 1), da sie als leichte und dichtgepackte Energiequelle unabhängig vom Netz in den verschiedensten Geräten eingesetzt werden können. Die häufigsten Bauarten von Primärzellen sind die Knopfzellen, die zylindrische Zelle und die Flachzelle. Für Signalanlagen, militärische, maritime und ähnliche Anwendungen werden große Primär-B. in prismatischer Form mit eine Kapazität von einigen 100–1000 Ah eingesetzt.

Reserve-B. sind Primär-B., die durch ihre Bauweise eine extrem lange Lagerfähigkeit haben oder unter sehr erschwerten Bedingungen gelagert werden müssen. Dazu werden zwei unterschiedliche Methoden angewandt:

Batterie. Tabelle 1: Anwendungsbereiche von Primärbatterien.

Batteriesystem	Vorteile	Nachteile	Anwendungsgebiete
Zink-Braunsteine (*Leclanché*)	niedrige Kosten; Vielzahl von Formen und Größen; weitere Verbreiterung und leicht zu beschaffen	geringe Energiedichte; schlechtes Tieftemperaturverhalten; geringer Wirkungsgrad bei hoher Strombelastung	Transistor-Radios, Kassettenrekorder, Diktiergeräte, Funksprechgeräte, Filmkameras, Blitzgeräte, Taschenlampen, Spielzeuge
Zink-Braunstein (alkalisch)	gute Leistung bei harter Entladung; gute Auslaufsicherheit; gute Lagerfähigkeit; geringer Innenwiderstand	teurer als Leclanché-Zelle; fallende Strom-Spannungs-Kennlinie	wie Leclanché-Zelle
Zink-Quecksilberoxid	flache Entladekurve auch bei hohen Entladeströmen; hohe Energiedichte; mechanisch sehr stabil	sorgfältige Entsorgung notwendig	Hörgeräte, Photoapparate, Taschenrechner, Armbanduhren, Referenz-Spannungsquelle
Zink-Silberoxid	flache Entladekurve; gute Lagerfähigkeit; hohe Energiedichte, gute mechanische Festigkeit	hohe Kosten begrenzen die Verwendung auf Knopfzellen und Miniaturzellen	Hörgeräte, Photoausrüstung, elektr. Uhren, Taschenrechner
Zink-Luft-Sauerstoff	flache Entladekurven; hohe Energiedichte; gute Lagerfähigkeit; niedrige Kosten	nur bei begrenzter Stromentnahme verwendbar	Hörgeräte und elektronische Uhren, Weidezaungeräte, Verkehrssicherungsleuchten, Stromversorgung für Füllsender
Lithium-Thionylchlorid	höchste Energiedichte, höchste Zellspannung, sehr flache Entladekurve; sehr gute Lagerfähigkeit, sicheres Element; geringe Selbstentladung	Spannungsverzögerung (voltage delay) bei längerer Lagerung beim Einschalten; teuer	C-MOS-Speicher, mikroelektronische Geräte, Herzschrittmacher
Lithium-Manganoxid	hohe Zellspannung, hohe Energiedichte, weiter Bereich der Betriebstemperatur	Entladekurve nicht so flach wie bei anderen Lithium-Zellen	Armbanduhren, Taschenrechner, Photoausrüstung, Datenspeicher, Datenerfassungsgeräte, Alarmanlagen
Lithium-Chromoxid	hohe Zellspannung; sehr hohe Energiedichte; keine Spannungsverzögerung bei Normaltemperatur; flache Entladekurve	hohe Kosten begrenzen die Anwendung	C-MOS-Specher, Echtzeituhren-Module
Lithium-Karbonmonofluorid	sehr hohe Energiedichte; hohe Zellspannung; sehr geringe Selbstenladung	Spannungsverzögerung (voltage delay) beim Einschalten	Energiequelle bei LED, mikroelektronische Geräte, Kameras; Telemetrie
Lithium-Jod	hohe Zellspannung; Betriebszeit von mehreren Jahren	hohe Kosten; fallende Strom-Spannungs-Kennlinie	Herzschrittmacher, C-MOS-Speicher

□ Die B. wird ohne Elektrolytfüllung „trocken" gelagert. Erst beim Inbetriebsetzen wird der Elektrolyt zugegeben.

□ Die B. ist inaktiv, bis sie zur Inbetriebnahme aufgeheizt und der Elektrolyt aufgeschmolzen wird, der dann erst die zum Betrieb notwendige ionische Leitfähigkeit gewinnt (thermische B.), Reserve-B. werden in der Raumfahrt und im militärischen Bereich verwendet.

Sekundär-B. haben eine geringere Energiedichte und eine höhere Selbstentladung als die meisten Primär-B. Ihre Entladezeit beträgt i. a. deutlich weniger als 100 h, während einige Primär-B. über 1000 h Betriebszeit erreichen, in speziellen Fällen wie in Herzschrittmachern sogar mehrere Jahre. Die Leistungen, die Sekundär-B. liefern können, liegt dagegen höher als die von Primär-B. Das Bild zeigt (nach *Linden*) in zusammenfassender Darstellung die Arbeitsbereiche der verschiedenen B.-Typen hinsichtlich Betriebszeit und Leistung. Die Darstellung ist vereinfacht. Die eingezeichneten Grenzen werden in manchen Fällen über- oder unterschritten, z. B. von wiederaufladbaren Nickel-Cadmium-B. als Knopfzellen. Bei diesen liegt die Leistung deutlich unter der Grenzlinie Sekundär-B.-Primär-B. (Bild).

Für hohe Leistungen im Bereich von mehreren Kilowatt bis Megawatt werden zur Speicherung elektrischer Energie nur Sekundär-B. eingesetzt. Tabelle 2 gibt einen Überblick über die Anwendungsbreite der wiederaufladbaren B. Unterteilt ist nach kleinen, mittleren und hohen Leistungen, jeweils für verschiedene Belastung und verschiedenen Zyklenbetrieb (Zyklisieren).

Fortgeschrittene, aber noch im Entwicklungsstadium befindliche Systeme für große Leistungen sind Hochtemperatur-B., Metall-Luft-Akkumulatoren und Zink-Halogen-Akkumulatoren. Aus Tabelle 2 ist zu ersehen, daß der Bleiakkumulator und alkalische Akkumulatoren vorherrschen und die meisten Anwendungsgebiete abdecken.

Es gibt zwei prinzipiell unterschiedliche Belastungsarten, mit denen eine wiederaufladbare B. betrieben werden kann, den Zyklenbetrieb und den Erhaltungsladebetrieb. Beim Zyklenbetrieb wird der Verbraucher grundsätzlich nur aus der B. gespeist (B.-Betrieb). Bei vollständiger oder teilweiser Erschöpfung wird sie vom Verbraucher abgetrennt und mit einem Ladegerät vollgeladen. Beispiele dafür sind tragbare Anwendungen, bei denen die B. nach längerer Standzeit nachgeladen oder nach einer tiefen Entladung wieder vollgeladen wird. Erhaltungsladen erfolgt mit schwachem Strom, wobei dem Akkumulator kein Strom entnommen wird. Es gibt dafür zwei Grundschaltungen:

□ Die B. liegt parallel zu einer Gleichstromquelle und dem Verbraucher, der im normalen Betrieb aus der Gleichstromquelle gespeist wird. Nur wenn die Gleichstromquelle ausfällt (Bereitschaftsparallel-

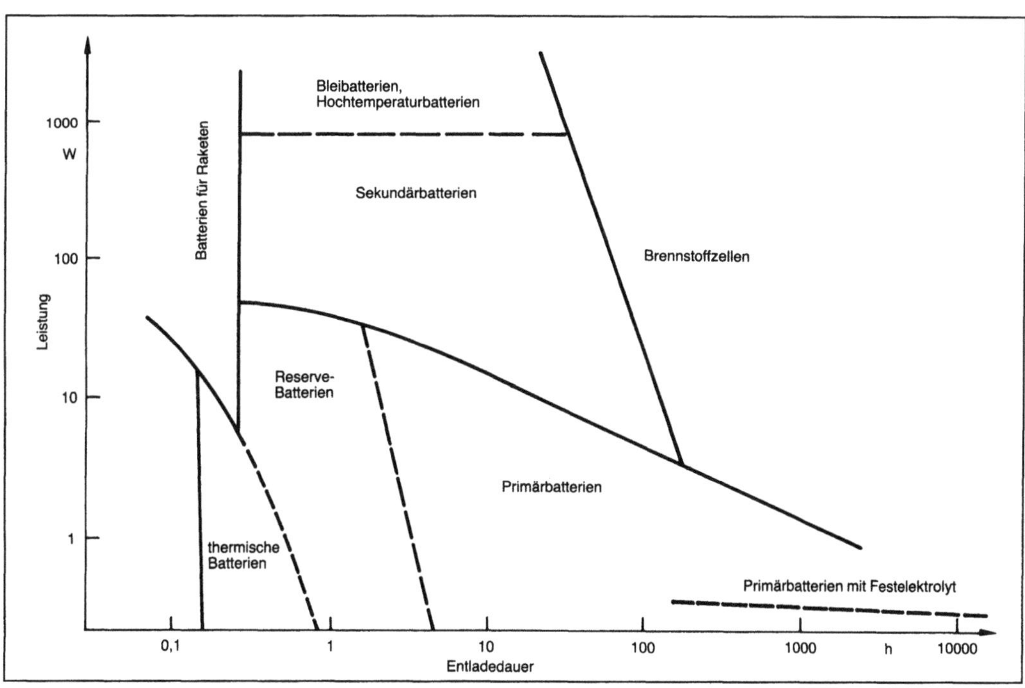

Batterie: Vorherrschende Anwendungsbereiche verschiedener Batteriesysteme.

Batterie. Tabelle 2: Anwendungsgebiete von wiederaufladbaren Batterien.

Leistung	Belastung	Batteriesystem			Anwendungsgebiete		
		wenige, unregelm. Zyklen	häufige, flache Zyklen	häufige, tiefe Zyklen	wenige, unregelm. Zyklen	häufige, flache Zyklen	häufige, tiefe Zyklen
gering (Knopfzelle)	hoch	Cd-Ni	Cd-Ni	Cd-Ni*) Zn-Hg Zn-Ag	Zeitgeber	elektr. Spiele, Transistor-Radio, Blitzgeräte	mechan. Spielzeuge, Hörgeräte
mittel (tragbare Batterien)	mittel	Pb-PbO$_2$*) Cd-Ni Cd-Ag	Pb-PbO$_2$ Cd-Ni Cd-Ag Zn-Ag	Cd-Ni Cd-Ni Cd-Ag Zn-Ag	Registrierkassen, Ausgangsbeleuchtung Gaswarngeräte	Grubenlampen Rechner, elektr. Instrumente	Diktiergeräte Oszillographen, Funkgeräte
	hoch	Pb-PbO$_2$ Cd-Ni	Pb-PbO$_2$ Cd-Ni Zn-Ag	Cd-Ni Pb-PbO$_2$ Cd-Ag Zn-Ag	Notbeleuchtung, Alarmsysteme	Starter für Rasenmäher, Überwachungsausrüstungen, Blitzgeräte Metallsuchgeräte	Gras-Schere, tragbare Werkzeuge, tragbare Fernsehgeräte, tragbare Fernseh-Kamera
groß (stationäre u. Fahrzeug-Batterien)	mittel	Pb-PbO$_2$ Cd-Ni	Pb-PbO$_2$ Cd-Ni	Pb-PbO$_2$ Fe-Ni fortgeschrittene Systeme	Telefonnetze, Kernspeicher, Eisenbahn-Signalanlagen	Unterwasserantriebe, DC-Leistungssätze Funkstationen	Gabelstapler, gleislose Flurfahrzeuge, Elektroboote, Elektroauto, Solarhäuser
	hoch	Pb-PbO$_2$ Cd-Ni Cd-Ag	Pb-PbO$_2$ Cd-Ni Cd-Ag Zn-Ag	Pb-PbO$_2$ fortgeschrittene Systeme	Flutlicht, Notstromversorgung Notstromversorgung f. Flugzeuge	Starterbatterien für Fahrzeuge, mob. und med. Ausrüstungen Stromversorgung in Satelliten	mobile Leistungssätze, Radarstationen, Elektrofahrzeuge, Spitzenlastspeicher, Frequenzhaltung in elektr. Netzen

*) Der Übersichtlichkeit wegen ist bei den positiven Elektroden, die Oxide sind, nur das Metall angegeben.

betrieb) oder zur Deckung von Spitzenströmen (Pufferbetrieb) liefert die B. Strom an den Verbraucher.

□ B. und Verbraucher sind grundsätzlich getrennt. Die B. wird über ein Ladegerät laufend im Zustand einer Volladung gehalten. Bei Ausfall der Gleichstromquelle, die den Verbraucher speist, wird auf die B. umgeschaltet (Umschaltbetrieb).

Beispiele für Erhaltungsladen sind unterbrechungslose Stromversorgungsanlagen sowie die Starterbatterien. Diese stellen mit Abstand den größten Anwendungsbereich der Sekundär-B. dar. *Gross*

Literatur: *Beck, F.,* u. *K. J. Euler:* Elektrochemische Energiespeicher. Bd. 1. Berlin, Offenbach 1984. – *Euler, K. J.:* Batterien und Brennstoffzellen. Berlin, Heidelberg, New York 1982. – *Gross, F.:* Batterien. In: Elektrische Energietechnik. Handbuchr. Energie. Bd. 4. Hrsg. T. Bohn. Köln 1987. – Handb. Batteries and Fuel Cells. Hrsg. v. D. Linden. New York 1984. – *Wiesener, K., J. Garche* u. *W. Schneider:* Elektrochemische Stromquellen. Berlin 1984.

Baugerät. Der Gesamtkomplex B. läßt sich gliedern in Geräte für Erdbau, Wasserbau, Tagebau, Steinbruch, Tiefbau, Tunnelbau, Straßenbau, Gleisbau, Kanalbau, Brückenbau; Schalungen, Rüstungen, →Materialaufbereitung, →Materialherstellung, →Materialeinbau, →Materialtransport, Hilfsbetriebe. Alle wesentlichen Daten über die Maschinen und Geräte sind in der B.-Liste zusammengefaßt, die in mehrjährigem Abstand bearbeitet und neu herausgegeben wird. Sie enthält Angaben über Neuwert, wirtschaftliche Nutzungsdauer, Abschreibung und Verzinsung, Betriebskosten, Energieverbrauch, Reparaturkosten usw. Die Arbeit eines B. wird meist auf Stundenbasis (oder Monatsbasis) kalkuliert. Die Kosten einer Gerätestunde setzen sich aus Festkosten (Abschreibung und Verzinsung), Betriebskosten (Reparatur, Energieverbrauch) und Lohn für den Maschinisten zusammen. Der Anteil der Geräte an den Gesamtkosten eines Bauwerks liegt etwa zwischen 15 % (Hochbau) und bis zu 60 % (Tiefbau). Angeschafft und anschließend auch betreut werden die Geräte in größeren Bauunternehmungen von der maschinentechnischen Abteilung (MTA), die diese an die einzelnen Baustellen „vermietet", d. h. die Kosten für die Ausleihung eines Geräts rechnet man über die „Gerätemiete" ab.

Von ganz entscheidender Bedeutung ist die Betreuung der Geräte im Einsatz auf der Baustelle, in einer Feldfabrik, im Fertigteilwerk, im Steinbruch und in einer Aufbereitungs- und →Mischanlage zum Herstellen von Frischbeton, bituminösem Mischgut, Erdstoffgemischen usw. Immer stärker setzt sich auch bei den B. die Automatisierung durch. Am vollendetsten ist sie bisher bei den Betonbereitungsanlagen ausgeprägt. Ähnlich ist es mit dem Transport des Materials über Schiene oder Band. Schwieriger zu automatisieren sind die hochmechanisierten Werkzeuge, wie etwa →Bagger. Obwohl geeignete Komponenten, z. B. künstlicher Horizont, digitales Geländemodell usw., längst vorhanden sind, macht die Herstellung geeigneter Sensoren noch Schwierigkeiten: Sie müssen dem rauhen Betrieb auf der Baustelle gewachsen sein. Wichtig ist auch die Aufrechterhaltung der Betriebsbereitschaft. Dafür sind die maschinentechnischen Abteilungen und auf den Baustellen die Werkstätten zuständig. Immer häufiger praktiziert man eine „vorbeugende Wartung". Die Maschinen arbeiten nicht mehr so lange, bis z. B. eine Welle bricht oder ein Schlauch platzt. Vielmehr werden die kritischen Bauteile nach einem bestimmten Zeitplan ausgewechselt und so der Ausfall der Geräte im voraus festgelegt. Moderne elektronische Überwachungsanlagen kontrollieren während des laufenden Betriebs bis zu 150 Meßstellen im Gerät und melden rechtzeitig, wenn der jeweils zulässige Grenzwert erreicht ist. Wesentlich für die Qualität einer Maschine ist die „Verfügbarkeit" (availability), d. h. die Zeit, in der sie betriebsbereit, verfügbar ist. Dieser Wert beträgt für gute Maschinen 92–96 %. Die „Ausnutzung" (utilisation) gibt an, wieviel von der verfügbaren Betriebszeit praktisch genutzt wurde. *Kühn*

Baugruppe →System, technisches

Baukasten. Unter einem B. versteht man ein Kombinationssystem von Elementen (Bausteinen) zu einem variablen Ganzen. Im Maschinenbau sind die Elemente i. a. Maschinenteile und Baugruppen, die zu Maschinen unterschiedlicher Gesamtfunktion kombiniert werden können. Da die Elemente meist in unterschiedlicher Größe benötigt werden, enthalten B. oft auch Baureihen.

Man kann unterscheiden zwischen Hersteller-B. und Anwender-B. Beim Hersteller-B. werden spezielle Kundenwünsche durch eine geeignete Kombination von standardisierten Bauteilen oder Baugruppen erfüllt. Diese werden vom Hersteller zusammengebaut. Der Kunde merkt dann oft gar nicht, daß es sich um einen B. handelt. Ein Beispiel ist das Zusammenstellen von Industriekranen aus genormten Trägern, Motoren, Getrieben usw. Die Vorteile liegen u. a. in der Kostensenkung durch höhere Stückzahlen bei den Einzelkomponenten, in guter Qualität der bekannten Baugruppen und in kürzeren Lieferzeiten.

Beim Anwender-B. setzt der Nutzer verschiedene Maschinenkomponenten je nach seinen Anforderungen zusammen. Ein Beispiel sind Heimwerkermaschinen, bei denen es zu einer Antriebseinheit verschiedene Vorsätze zum Bohren, Schleifen, Sägen usw. gibt. Der Hauptvorteil liegt in der Kostenersparnis, da der teure Antrieb nur einmal angeschafft zu werden braucht und außerdem durch die große herzustellende Stückzahl beim Hersteller kostengünstiger produziert und damit zu günstigen Preisen angeboten werden kann. *Ehrlenspiel*

Baukastenprinzip (Fördertechnik). Methode zum Aufbau von komplizierten Systemen mit Hilfe einfacher „Bausteine", deren Herstellung, Prüfung und Austausch besonders wirtschaftlich ist und die durch nahezu beliebige Kombinationsmöglichkeiten eine hohe Funktionsflexibilität des Gesamtsystems und eine wirtschaftlich optimale Anpassung an die Aufgabenstellung ermöglichen. *Jünemann*

Baukran. Beherrscht wird dieses Gebiet vom →Turmdrehkran. Die Drehbewegung vollzieht entweder der gesamte, auf einer Kugeldrehverbindung abgestützte Turm oder der Ausleger allein. Die mittlere →Hubhöhe liegt bei 15–30 m (z. T. auch darüber). Da der Einsatzort des B. in regelmäßigen Abständen gewechselt wird, müssen diese Geräte entweder leicht zu zerlegen oder besser mit eigenen Mitteln umzulegen und in Transportstellung auf gewöhnlichen Straßen verfahrbar sein.

Weitere Ausführungen sind die Kletterkrane, die sich mit geeigneten Vorrichtungen aufstocken und sich damit der mit dem Baufortschritt steigenden Höhe anpassen lassen. *Jünemann*

Baumwollvorbehandlungsanlage. Die außergewöhnlich große Bedeutung von Baumwollgeweben kommt u. a. in den Dimensionen der B. der Textilveredlung in Form von sehr ausgedehnten *Kontinuewaschstraßen* (Bild) zum Ausdruck. Solche Kontinueanlagen bestehen aus mehreren Stufen, die nacheinander in einem Durchlauf mit Geschwindigkeiten um die 100 m/min der breit in gebundener Warenführung oder in Strangform laufenden Baumwollgewebe passiert werden. Das Rohgewebe wird zu Beginn gesengt, d. h., es läuft an Gasflammen vorbei, die abstehende Fasern abbrennen. In der nächsten Stufe wird das in der Weberei benötigte Schlichtemittel entfernt. Diese Entschlichtung bezieht sich entweder auf wasserlösliche Polymere (Polyvinylalkohol oder Polyacrylsäurederivate); dann gestaltet sich die Entschlichtung als einfache Lösungswäsche. Oder vorhandene, wasserunlösliche Stärke muß zuerst chemisch abgebaut werden, ehe die Abbauprodukte extrahiert werden können. Baumwolle ist meist mit Stärke geschlichtet. Der Stärkeabbau wird entweder mit Enzymen durchgeführt, oder man depolymerisiert die Stärke mit Oxidationsmitteln. In beiden Fällen setzt sich die Stufe zusammen aus einer Imprägniereinheit, einem Dämpfer als Verweil- und Reaktionseinheit und aus folgenden Wascheinheiten zum Ausspülen der Abbauprodukte und der Veredlungschemikalien. In gleicher Art sind die nachfolgenden Stufen des Abkochens (Entfernen der Primärwand mit heißer Natronlauge) und des Bleichens (z. B. eine zweistufige Bleiche, bestehend aus Hypochloritstufe und

Baumwollvorbehandlungsanlage: Kontinue-Vorbehandlungsstufe, bestehend aus den Imprägniereinheiten (unten links), dem Dämpfer (oben links) und drei Vertikalbreitwaschmaschinen (rechts).

Peroxidstufe) aufgebaut. Das so vorbehandelte Baumwollgewebe verläßt die B. schließlich trocken, indem es über eine Zylindertrockenmaschine getrocknet wird. *Rouette*

Bauraumleistung. Quotient aus Nennleistung und Bauvolumen eines Verbrennungsmotors.

Nach dieser Definition ist die B. (in kW/m^3) ein Maß für die Leistungdichte eines Verbrennungsmotors ($\rightarrow$ Leistungsgewicht). Das Bauvolumen wird meistens aus Länge x Breite x Höhe errechnet. Dadurch wird der Vergleich von Motoren mit unterschiedlichen Umrissen etwas erschwert. *Kuhlmann*

Baureihe. Eine B. besteht aus funktionsgleichen technischen Gebilden (Maschinen), die der Größe nach systematisch gestuft sind (Bild).

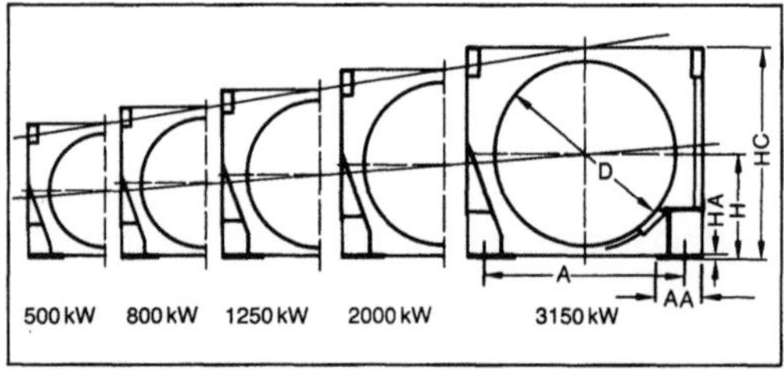

Baureihe: Gehäuse einer Elektromotoren-Baureihe. (Quelle: Pahl, G., u. W. Beitz, AEG-Telefunken)

Dabei sind bei allen Gliedern der Reihe die Funktion (qualitativ), die konstruktive Lösung und, soweit möglich, Werkstoffe und Fertigung gleich. Die Leistungsdaten (Funktion quantitativ) sowie Abmessungen und davon abhängige Größen (Gewicht, Kosten usw.) sind unterschiedlich.

Der Zweck ist, einen großen Anwendungsbereich mit möglichst wenig unterschiedlichen Maschinentypen abzudecken um damit folgendes zu erreichen:

□ Kostensenkung durch Verringerung der Arbeitszeit je Stück (Erhöhung der Stückzahl) gegenüber immer wieder andersartigen Sonderkonstruktionen;

□ Lieferzeitverkürzung hauptsächlich durch den weitgehenden Wegfall der Konstruktionszeit, die bei Sondermaschinen über 50 % der gesamten Lieferzeit betragen kann;

□ Qualitäts- und Zuverlässigkeitssteigerung durch Erfahrung mit einem Maschinentyp und Wegfall von Projektierungs-, Konstruktions- und Fertigungsfehlern.

Als Nachteile für den Anwender ist die eingeschränkte Größenwahl mit nicht immer optimalen Betriebseigenschaften zu berücksichtigen. Beim Erstellen einer B. kommen Ähnlichkeitsgesetze und Normzahlreihen zur Anwendung. *Ehrlenspiel*

Beanspruchung, tribologische. B. der Oberfläche eines festen Körpers durch Kontakt und Relativbewegung eines festen, flüssigen oder gasförmigen Gegenkörpers.

Die t. B. ist neben der mechanischen und korrosiven B. als eine gesonderte B.-Art anzusehen. Sie ist mit zeitlich sich ändernden Spannungen verbunden, deren Wirkung auf die Oberflächenbereiche von Werkstoffen konzentriert ist. *Habig*

Becherwerk (Fördertechnik). Nach DIN 15201 sind B. Schüttgutförderer mit Bechern als Tragorgane, die das Gut schöpfen oder bei denen durch Zuteiler die Becher gefüllt und an bestimmten Abwurfstellen geleert werden. Als Zugorgane dienen Ketten oder Gurte. Sie sind für senkrechte bis waagerechte Förderung geeignet.

Senkrecht-B. (Elevatoren) fördern Schüttgüter über steil ansteigende oder senkrechte Strecken (60–90 m), wobei das →Fördergut von den am Zugmittel starr befestigten Bechern aufgenommen und bewegt wird. Pendel-B. haben am Zugmittel gelenkig abgehängte Becher, so daß auch horizontale Förderstrecken möglich sind. Wichtige Sonderausführungen sind Schaukel-B. und Gurttaschenförderer. *Jünemann*

Bedampfung. Die B. gehört in den Bereich der Beschichtungen. Es wird eine sehr dünne Metallschicht auf einen Träger aufgebracht. Als Trägermaterialien kommen Papier, Karton oder Kunststofffolien in Betracht. Da die Metallschicht sehr dünn ist, bildet sie die Oberfläche und auch deren Rauhigkeit des Trägermaterials sehr genau ab. Je nach Trägermaterial und seiner Rauhigkeit entstehen nach dem B. matte oder hochglänzende Oberflächen. Die Schichtdicke des Metalls ist so gering, daß keine Dickenmessung mehr angewandt werden kann. Als Meßverfahren kommt entweder ein elektrisches System in Betracht, wo als Meßgröße die Einheit Ω/m Länge benutzt wird. Eine andere Meßmöglichkeit ist das Durchlicht-Densitometer. Je nach Dicke der Metall-B. entsteht eine mehr oder weniger starke Schwächung des eingeschickten Lichtstrahls. Diese Meßmethode kann nur bei durchsichtigen Trägermaterialien angewandt werden.

Die Übertragung des Metalls auf das Trägermaterial geschieht über die Dampfphase. Um Metalle unter normalen Umgebungsbedingungen zu verdampfen, ist sehr hoher Energieeinsatz notwendig. Zur Reduzierung des Energieeinsatzes werden die Umweltbedingungen verändert. Man arbeitet bei sehr hohem Vakuum. Es werden Luftdrücke in der Größenordnung von 10^{-7} bar verwendet. Diese niedrigen Luftdrücke können durch den Einsatz von Quecksilberdampf-Diffusionspumpen neben den üblichen Luftpumpen erreicht werden. Die Pumparbeit wird durch das Einfrieren von Gasresten durch flüssigen Stickstoff, der auf die Rohraußenwände aufgetragen wird, unterstützt. Die Energie, die zur Verdampfung notwendig ist, wird durch elektrische Entladungen auf die Metalloberfläche übertragen, die zur Verdampfung vorgesehen ist. Als Verdampfungsmetall kommt meist Aluminium in Betracht.

Die elektrische Entladung schlägt Metall-Ionen mit positiver Ladung aus der Oberfläche. Um die Wanderung dieser Metall-Ionen zu unterstützen, wird das zu bedampfende Material in ein elektrisches Feld eingebracht. Das elektrische Feld wird zwischen einer Umlenkwalze und der Oberfläche aufgebaut, aus der die Metall-Ionen austreten. Beim Polen dieses elektrischen Feldes wird die Wanderung der Ionen zum Trägermaterial hin unterstützt. Die Ausbeute der losgeschlagenen Ionen ist sehr hoch.

Wird als Trägermaterial ein aus Fasern aufgebauter Stoff verwendet, tritt eine weitere Schwierigkeit auf. Fasermaterialien sind in ihrem normalen Gebrauchszustand immer wasserhaltig. Beim Einbringen des Papiers in das hohe Vakuum wird sämtliches Wasser aus diesem Papier verdampft. Dies bedeutet zusätzliche Pumparbeit für die Abführung der Wasserdampf-Moleküle. Nach dem B.-Vorgang ist das Papier völlig wasserfrei. Es entsteht dadurch eine hohe Sprödigkeit im Fasermaterial. Um dieses Material wieder in einen gebrauchsfähigen Zustand zu überführen, muß in einem nachgeschalteten Arbeitsgang rückgefeuchtet werden. Dies muß so vorsichtig geschehen, daß keine Veränderungen, wie z. B. wellig werden, in das Papier eingetragen werden. *Paris*

Bedienelement, mechanisches. Die Aufgabe besteht in der Eingabe von Information durch den Benutzer, z. B. in ein Gerät.

Ein m. B. überträgt auf nachgeordnetes Teil durch Betätigung mittels Finger, Hand oder Fuß Geradbewegungen (Drücken, Ziehen, Schieben), eine Drehbewegung (Drehen, Schwenken) oder eine kombinierte Stellbewegung. Besonders zu beachten sind ergonomische Gesichtspunkte: Finger-, Hand- oder Fußbetätigung bedingen entsprechende Kräfte bzw. Drehmomente und Wege. Bewegungsrichtung und Geschwindigkeit bedingen eine Gestaltung der B. bezüglich des menschlichen Körpers und der funktionsmäßigen Gegebenheit. Zwischen Verstellung und Wirkung sollte ein sinnvoller Zusammenhang bestehen.

Gesichtspunkte des →Industrial Design, z. B. bei Tasten, vor, während und nach dem Stellen sollten Berücksichtigung finden.

Es gibt auch B. mit Signalwandler-Eigenschaften. Dabei werden manuelle Eingaben, z. B. Klingelknopf, Kodierschalter, Telephonwahlscheibe sowie andere Eingaben, z. B. akustisch mit Mikrophon, unterschieden.

Die Entwicklungstendenz geht in Richtung von:
□ mehreren Tasten zur Einknopfbedienung,
□ Sondertasten zur Universaltastatur,
□ fest belegte Tastatur zur Softkey-Technik mittels Software,
□ Tasten zur Eingabe über Datenträger, z. B. Magnetstreifen-Karte, und zur interaktiven Eingabe, z. B. graphisches Tablett, Rollkugel, Joystick, Lichtgriffel.

Taste, mechanische. Eine T. wird bei Einleitung einer Kraft durch Druck in eine Richtung bewegt und kehrt nach Aufhebung der eingeleiteten Kraft durch Federwirkung in die Ausgangsstellung zurück. Die Bedienbarkeit wird durch die Ausbildung der Tastenflächen (plan, konkav, konvex), die Größe des Tastendrucks und des Tastenhubs bis zum Anschlag beeinflußt. Sie erfordert besondere Beachtung bei ständiger Tastenbedienung, z. B. bei der Textverarbeitung. *Lauruschkat*

Literatur: VDI/VDE 2258: Feinwerkelemente, Bedienelemente, mechanisch. VDI/VDE-Handb. Feinwerktechn. 1985.

Bedruckstoff. B. ist der Träger für die im Druckverfahren übertragenen Druckfarben. Hierfür steht eine breite Palette von verschiedenen Stoffen zur Verfügung, die aber nicht alle in allen Druckverfahren verarbeitet werden können. Am weitesten verbreitet ist als Bedruckstoff der Sektor der Fasermaterialien. Sie umfassen →Papier, Karton und Pappe. Ihre Oberfläche ist u. U. rauh. Um hohe Qualitäten zu erreichen, müssen entsprechende Vorkehrungen oder Oberflächenbehandlungen bei den Rohstoffen durchgeführt werden. Durch ihre Saugfähigkeit ist es problemlos, sie in den verschiedenen Druckverfahren zu bedrucken. Die Haftung der Druckfarben wird ohne jegliche Vorbehandlung erreicht. Die Haftfestigkeit der Druckfarben ist ausreichend bis sehr gut.

Die Kunststoffe sind als B. problembehaftet. Eine Vielzahl von Kunststoffen läßt sich nicht direkt bedrucken. Es sind für bestimmte Druckverfahren Vorbehandlungen nötig. Solche Vorbehandlungen werden durch elektrische Entladungen, die auf die zu bedruckende Oberfläche einwirken, durchgeführt. Da diese Materialien keine Saugfähigkeit besitzen, ist der Farbverbrauch beim Bedrucken gering. Um die Haftfestigkeit noch zu verbessern, kann man den Druckfarben Lösemittel zusetzen, die die Oberfläche der Kunststoffe anlösen und so zu einer guten Verbindung von Druckfläche und B. führen.

Die dritte Gruppe der B. sind die Metalle. Sie liegen entweder in Rollbahnen, meist sehr dünnen Metallfolien, auch hier verbunden mit anderen Materialien, meist Fasermaterialien. Eine weitere Erscheinungsform für zu bedruckende Metalle sind die Hohlkörper. Die Metallfolien oder ihre Verbunde lassen sich in allen üblichen Druckverfahren bedrucken. Vorbehandlungen sind nicht notwendig. Für das Trocknen sind höhere Energiemengen nötig, da die Metalle durch ihre hohe Wärmekapazität viel Wärme aus dem Trocknungsbereich heraustragen. Die Haftfestigkeit der Druckfarben auf Metallen ist sehr gut. Vorbehandlungen sind beim Bedrucken metallener Oberflächen nicht notwendig. *Paris*

Beetpflug →Pflug

Befehl, typographischer. Satzbefehl zur typographischen Gestaltung von Druckunterlagen mittels Photosatzsystemen. Die Satzbefehlssprache und der Umfang der zur Verfügung stehenden Satz-B. ist von Satzsystem zu Satzsystem unterschiedlich. Der minimale Umfang sollte etwa 80 Satz-B. beinhalten.

Die Satz-B. sind Bestandteil des Satzprogrammes. B.-Beginn und B.-Ende sind durch Sonderzeichen gekennzeichnet. Dazwischen befinden sich Buchstaben für die Funktion und Ziffern für die Größe. Sämtliche Größenangaben gehen in 1/100-mm-Schritten. Neben den Größen-B. gibt es eine Vielzahl von nicht variablen B., die sich nur aus Buchstabenkombinationen zusammensetzen. Satz-B. bestehen in den meisten Fällen aus englischen Abkürzungen. Beispiele:

>m100<	= measure	= Satzbreite 100 mm
>h3.5<	= height of typeface	= Schriftgröße 3,5 mm
>i20<	= indent	= Einzug 20 mm
>l4.5<	= line feed	= Filmtransport 4,5 mm
>f12<	= font number	= Schriftart Font 12
>ck<	= character kerning	= individuelle Unterschneidung
>tr3<	= tracking	= generelle starke Laufweitenreduzierung

Größenangaben können in Millimetern wie auch in Didot-Punkten, Pica-Points und in Zoll eingegeben werden. Umrechnung:

1 Cicero	= 12 Punkt	= 4,51 mm
1 Pica	= 12 Point	= 4,21 mm
1 Zoll	= 2,54 cm	= 25,4 mm

Folgend einige Beispiele wichtiger Satz-B.:
□ B. für Negativsatz bewirken, daß eine ganze Seite, ein Teil einer Seite, z. B. ein komplettes Inserat, eine Zeile, ein Wort oder nur ein Zeichen negativ belichtet wird.
□ Zum Modifizieren der Schriften können elektronische Kursivstellungen von etwa 45° links- bis 45° rechtsgeneigt und von etwa 50–500 % Schmal-breit-Veränderungen vorgenommen werden.
□ Linienrahmen werden automatisch um einen Text gezogen; entweder auf eine vorgegebene oder auf eine von der Textmenge abhängige Höhe. Runde Ecken sind selbstverständlich.

□ Schriftgrößenfaktoren und Schriftlinien-Verschiebungsfaktoren gestatten auf einfache Weise die automatische Anpassung von hoch- und tiefgestellten Zeichen an die Grundschriftgröße. B. für den Liniensatz ermöglichen Linienwiederholungen in senkrechter und waagerechter Richtung. Linienstärken können 0,02 mm bis zur Grenze des Formats betragen.

□ Mit dem vertikalen Keil (vertical justification) kann eine Höhe angegeben werden, bis zu welcher der nachfolgende Text ausgetrieben werden soll. Hinzu kommt die Definition eines Minimums und eines Maximums, das an den gekennzeichneten Stellen wirkt. Der vertikale Keil ist für Umbrucharbeiten unerläßlich. *W. Schmid*

Behälter → Transporthilfsmittel

Behandlung, thermochemische. Wärmebehandlung, mit der die chemische Zusammensetzung eines Werkstücks durch Ein- oder Ausdiffusion eines oder mehrerer Elemente absichtlich geändert wird (DIN 17014). Für die Erhöhung des Verschleißwiderstands, der Korrosionsbeständigkeit und/oder der Dauerschwingfestigkeit interessieren vor allem die B., durch die die Randschicht eines Werkstücks mit Elementen angereichert wird. Die wichtigsten zur t. B. von Stählen benutzten Verfahren sind in Tabelle 1 zusammengestellt, in der zusätzlich die eindiffundierenden Elemente, die hauptsächlich

verwendeten B.-Medien und die B.-Temperaturen aufgeführt sind. Liegt die B.-Temperatur unterhalb der Anlaßtemperatur von Stahl, so kann eine Vergütung vor der t. B. erfolgen; andernfalls muß die Vergütung nach der t. B. durchgeführt bzw. wiederholt werden.

In Tabelle 2 sind einige charakteristische Eigenschaften der durch die unterschiedlichen thermochemischen Verfahren gebildeten Randschichten vergleichend gegenübergestellt.

Außer Stählen werden im gewissen Umfang auch andere metallische Werkstoffe thermochemisch behandelt. So kann in der Randschicht von Titanlegierungen Titannitrid oder Titanborid durch die Eindiffusion von Stickstoff bzw. Bor gebildet werden. *Habig*

Literatur: DIN 17014. Bl. 1: Wärmebehandlung von Eisenwerkstoffen – Fachbegriffe und Fachausdrücke, Hrsg. Dt. Inst. für Normung. Ausg. März 1975.

Behandlungsverfahren.
1. thermochemisches. Ein t. B. ist ein Verfahren, bei dem die chemische Zusammensetzung eines Werkstoffs durch Ein- oder Ausdiffundieren eines oder mehrerer Elemente absichtlich geändert wird. Zu solchen Verfahren gehören beispielsweise das Aluminieren, Aufkohlen, Borieren, Carbonitrieren, Chromieren, Entkohlen, Nitrieren und das Silicieren. *Baumann*

Behandlung, thermochemische. Tabelle 1: Wichtigste Verfahren.

Verfahren	eindiffundierendes Element	Behandlungsmedium	Temperatur °C
Aufkohlen	C	Gas, Paste, Pulver, Salzbad	800 – 1 050
Carbonitrieren	C, N	Gas, Plasma, Salzbad	600 – 930
Nitrieren	N (H)	Gas, Plasma	350 – 550
Nitrocarburieren	N, C (H, O)	Gas, Plasma, Pulver, Salzbad	350 – 600
Oxidieren	O	Gas, Salzbad	150 – 550
Oxinitrieren	N, O	Gas	~ 500
Sulfidieren	S	Salzbad	200
Sulfonitrieren	N, S	Gas (Plasma)	≤ 600
Sulfonitrocarburieren	N, C, S	Salzbad (Plasma)	570 – 580
Borieren	B	Gas, Paste, Plasma, Pulver, Salzbad	800 – 1 000
Vanadieren	V	Pulver, Salzbad	850 – 1 100
Chromieren	Cr	Gas, Pulver, Salzbad	900 – 1 200
Chromvanadieren	Cr, V	Pulver	1 000
Niobieren	Nb	Pulver	1 000 – 1 100
Aluminieren (Alitieren)	Al	Gas, Pulver, Salzbad	≤ 1 200
Silicieren	Si	Pulver	930 – 1 200
Stannieren	Sn	galvanischer Überzug	580
Manganieren	Mn	Pulver	1 000 – 1 100

Behandlung, thermochemische. Tabelle 2: Eigenschaften thermochemisch behandelter Stähle.

thermochemische Behandlung	Phasen der Oberflächenschicht	Dicke der Verbindungsschicht μm	Oberflächenhärte HV 0,2
Aufkohlen und Härten	Martensit	–	700 – 1 000
Carbonitrieren und Härten	$Fe_x(C,N)$ Martensit	≤ 15	700 – 1 000
Nitrieren	$\varepsilon\text{-}Fe_xN$ $\gamma'\text{-}Fe_4N$	≤ 50	450 – 1 200
Nitrocarburieren	$\varepsilon\text{-}Fe_x(N,C)$ $[\gamma'\text{-}Fe_4(N,C)]$	≤ 30	450 – 1 200
Oxidieren	Fe_3O_4 FeO	≤ 5	~400
Sulfonitrieren (Sulfonitrocarburieren)	FeS $\varepsilon\text{-}Fe_xN$ $\gamma'\text{-}Fe_4N$	≤ 20	350 – 600
Sulfidieren	FeS	≤ 10	400 (Mikrohärte)
Borieren	Fe_2B FeB	10 – 800	1 400 – 2 200
Vanadieren	VC V_2C	≤ 20	2 500 1 800
Chromieren	$(Cr,Fe)_{23}C_6$ $(Cr,Fe)_7C_3$	≤ 50	1 400 – 2 000
Niobieren	NbC	< 20	2 100 – 2 500
Aluminieren (Alitieren)	intermetallische Fe-Al-Verbindung	$\leq 1 000$	200 – 1 200
Silicieren	intermetallische Fe-Si-Verbindung	≤ 250	
Stannieren	intermetallische Fe-Sn-Verbindung	≤ 30	300 – 900
Manganieren	$\gamma\text{-}Fe(Mn)$		200 – 300

2. thermomechanisches. Unter einem t. B. ist die Verbindung eines Umformvorgangs mit einer Wärmebehandlung zum Erzielen bestimmter Werkstoffeigenschaften zu verstehen. Zu solchen Verfahren zählen beispielsweise das Austenitformhärten, das temperaturgeregelte Warmumformen und das Warm-Kalt-Verfestigen. *Baumann*

Beizblase. Eine B. ist eine Auftreibung, die durch das Ausscheiden von Wasserstoff, der beim Beizen in das Metall eingewandert ist, an nichtmetallischen Einschlüssen oder Gefügeinhomogenitäten der Metalle entsteht. *Baumann*

Beizlinie. Eine B. ist ein kontinuierlich arbeitendes, sehr komplexes technisches System zum Entfernen der auf Stahlbandoberflächen haftenden Oxidbeläge mit Stahlband-Beizverfahren. Solche Linien bestehen i. a. aus komplexen Einlauf-, Beiz- und Auslaufsystemen. Horizontal-B. für die Behandlung von 2 000 mm breitem Stahlband haben beispielsweise Gesamtlängen von etwa 300 m und können je Betriebsstunde mehr als 200 t Stahlband beizen ($\rightarrow$Beizverfahren). *Baumann*

Beizsprödigkeit. B. ist die Bezeichnung für den durch eindiffundierten Wasserstoff, der beim Beizen entsteht, verursachten Zähigkeitsabfall von Metallen und Legierungen. *Baumann*

Beizverfahren.

1. Allgemeines. Unter Beizen ist das Entfernen von Oxiden, beispielsweise Zunder, Rost und anderen Metallverbindungen von der Werkstoffoberfläche durch chemische oder elektrolytische Behandlungen zu verstehen. Dabei werden oft Beizzusätze, auch Inhibitoren genannt, eingesetzt. Das sind anorganische und/oder organische Stoffe, die gemeinsam mit einem Beizmittel die Korrosion des Werkstoffs mindern oder vermeiden.

Der Anteil Walzerzeugnisse der Stahlindustrien, der vor oder während der Weiterverarbeitung wenigstens einmal gebeizt werden muß, wird auf etwa 60% geschätzt. Warmgewalztes Stahlband muß vor dem Kaltwalzen stets gebeizt werden. Stahlrohre sind vor dem Kaltumformen, Stahldraht ist vor dem Ziehen zu beizen. Dazu dienen Stahlband-B., Stahlrohr-B. und Stahldraht-B. *Baumann*

2. elektrolytisches. Das e. B. ist ein kontinuierliches Verfahren zum Behandeln von Stahlband mit verdünnten Säuren, Laugen oder neutralen Lösungen von Salzen der Mineralsäuren. Dieses Stahlband-B. wird beispielsweise zum Entzundern von korrosionsbeständigem Stahlband eingesetzt. *Baumann*

Belastung, äquivalente →Wälzlager-Dimensionierung

Beleuchtung →Kraftfahrzeug-Konstruktionsvorschrift

Belüftung. Gebläse werden im Baubetrieb hauptsächlich bei der B. im Tunnel- und Stollenbau eingesetzt. Für ihre Bemessung sind die niedrigen Druckdifferenzen maßgebend. Die B.-Anlage besteht aus Flügelrad- oder Radialverdichtern, den Luttenventilatoren und den Luttenrohren. Als B. im Tunnelbau wird die Zufuhr von Frischluft sowie die Beseitigung gesundheitsschädlicher Gase und Schwaden bezeichnet. Verantwortlich für diese Verunreinigungen sind während des Tunnelbaus Sprengarbeiten, Motorenabgase sowie Oxidationsprozesse an den Gesteinen. Letztere – vor allem die Abgase der Verkehrsmittel – sind auch der Grund für eine Betriebs-B. des fertigen Tunnels.

Man kann in Druck-B. (bis zu 600 m Tunnellänge) und Saugbelüftung (bis zu 1400 m) unterscheiden (Bild); auch eine kombinierte B. ist möglich. Einstufige und auch mehrstufige Ventilatoren führen die verunreinigte Luft über Lutten und anschließende B.-Kanäle von 300–1400 mm Dmr. nach außen. Bei saugender B. sind diese Kanäle aus Stahlblechrohr, bei drückender B. aus Stoff oder Kunststoff. Die dadurch in den Tunnel nachströmende Frischluft soll eine Geschwindigkeit von 4 m/s nicht überschreiten. Belegschaftsstärke und Tunnellänge bestimmen die Mindestquerschnitte der Lutten in Abhängigkeit von der Leistung der Exhaustoren. Lüfter und Gebläse lassen sich auch als Kühler und Wärmeübertrager verwenden. In der Strömungsfördertechnik können feinkörnige Medien, wie Staub, Sand, Häcksel usw., gefördert werden. Voraussetzung sind jedoch niedrige Drücke, da sonst Kompressoren zum Einsatz kommen. Als Gebläsebauar-

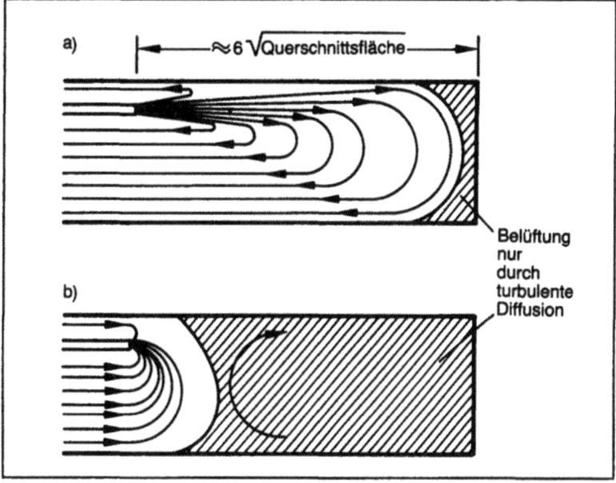

Belüftung: Wirkungsweise von Druck- und Saugbelüftung.
a) Blasende Belüftung
b) Saugende Belüftung.

ten gibt es Axial- und Radialventilatoren, die sich von den entsprechenden →Pumpen hauptsächlich durch ihre leichtere Bauart unterscheiden. *Kühn*

Belüftungsanlage. Anlage zum Durchströmen größerer ruhender Haufwerke landwirtschaftlicher Güter mit Luft. Hauptziel: Konservierung durch Trocknen mit Kaltluft oder leicht angewärmter Luft (um bis zu etwa 8 K). Anwendung vor allem auf Halmgut (besonders Heu) und Haufwerke von Getreidekörnern. Sonderziele: Gasaustausch und Kühlung. Diese treten z. B. bei der Lagerung von Kartoffeln besonders hervor, während dort das Trocknen zurücktritt: „Warmlagerung" bei 7–9 °C oder „Kaltlagerung" bei 3–5 °C, Umluftbetrieb bei hoher relativer Luftfeuchtigkeit (92–95 %).

Die Hauptanwendung gilt der Heutrocknung. Häufig kauft der Landwirt nur das Gebläse mit Steuerung bzw. Regelung und erstellt den Rest der Anlage kostengünstig selbst (Heuscheune). Das Belüftungsgebläse (Axialgebläse mit Elektromotor von einigen kW) erzeugt bei niedrigen Arbeitsdrücken (einige Millibar) große Volumenströme, z. B. 20 000 m³/h (Bild 1). In Wohngebieten muß man wegen der saugseitigen Schallabstrahlung einen Schalldämpfer vorsehen. Die Luft wird über ein Verteilsystem an das Haufwerk herangeführt, tritt großflächig dort ein und legt einen Durchströmungsweg von meist einigen Metern zurück. Bei der →Heubelüftung wird das Gut mit max. 40 % Feuchte eingebracht. Dieser Zustand ist mit der heutigen Technik der Heuwerbungsmaschinen an einem einzigen Sonnentag durch Feldtrocknung erreichbar. Die B. arbeitet dann z. B. etwa zehn Tage, um das Heu auf etwa 15 % Restfeuchte lagerfähig zu Ende zu trocknen. Dabei kann man mit einer Wasserverdunstung von etwa 1–2 g je m³ Luft rechnen. Genauere Werte ermittelt man mit dem

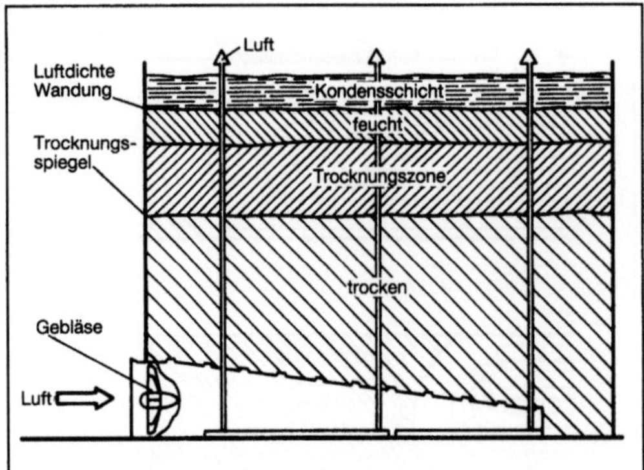

Belüftungsanlage 1: Grundanordnung einer einfachen Heubelüftungsanlage mit Haufwerkbereichen, um den Trocknungsverlauf zu charakterisieren. (Quelle: Segler)

bekannten i,x-Diagramm für feuchte Luft. Zusätzlich unterstützt die Stoffwechselwärme des Heus den Prozeß. Die Trocknung wandert von unten nach oben durch das Haufwerk. Schwierigkeiten bereitet zuweilen die zuletzt trocknende Schicht im obersten Teil (Kondensschicht). Eine Anwärmung der Luft um 5–8 K reduziert die Trocknungszeit auf die Hälfte bis ein Drittel, benötigt allerdings trotz reduzierter Gebläsestromkosten infolge der Heizung insgesamt mehr Energie. Hinzu kommen erhöhte Kapitalkosten. Vereinzelt setzt man für den Gebläseantrieb kleine Dieselmotoren ein, deren Abwärme zur Luftvorwärmung benutzt wird. Der Trocknungsprozeß wird bei Heu zweckmäßig durch zwei Hygrometer (Zu- und Abluft) verfolgt. Ferner bietet sich eine Kontrolle der Stocktemperatur an, um die Nährstoffverluste zu begrenzen, und zwar bei zeitweiser Abschaltung (z. B. klimagesteuert).

Die Anwendung der B. auf die Getreidetrocknung ist in Mitteleuropa nur begrenzt möglich (max. Schichthöhe z. B. 4 m, lange Trocknungszeiten, evtl. Kondensschichtprobleme). Der Druckabfall in der Schüttung der B. läßt sich für landwirtschaftliche Schüttgüter relativ einfach nach *Matthies* berechnen. Halmguthaufwerke sind nach Untersuchungen von *Holze* schwieriger zu behandeln. Bild 2 zeigt hierzu Versuchsergebnisse, die für eine überschlägige Auslegung genügen. Als groben Faustwert kann man z. B. für Luzerneheu bei 4–5 m Stapelhöhe und 0,1 m/s Luftgeschwindigkeit (freier Querschnitt) einen Druckabfall um 0,0005 bar/m (50 Pa/m) erwarten, also insgesamt 200–250 Pa am Stapel. Bei Wiesenheu liegen die Werte eher höher. *Renius*

Literatur: *Holze, H.:* Untersuchungen über den Strömungswiderstand landwirtschaftlicher Halmgüter. VDI-Forsch.-H. 545. Düsseldorf 1971. – *Matthies, H. J.:* Der Strömungswiderstand beim Belüften landwirtschaftlicher Erntegüter. VDI-Forsch.-H. 454. Düsseldorf 1956. – *Mühlbauer, W., u. a.:* Die Kaltluft-

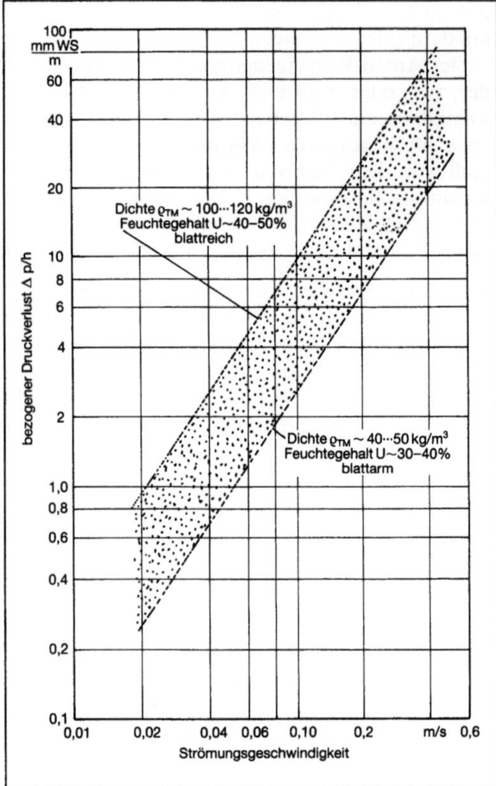

Belüftungsanlage 2: Bezogener Druckverlust eines Luzernestapels über der Strömungsgeschwindigkeit, die sich auf den freien (schüttgutlosen) Querschnitt bezieht. (Quelle: Matthies u. a., a. a. O.)

ϱ_{TM} Dichte des völlig trockenen Guts im Stapel

trocknung von Weizen Grundl. Landtechn. 31 (1981) Nr. 5, S. 145/54. – *Wieneke, F.:* Verfahrenstechnik der Halmfutterproduktion. Göttingen 1972.

Bendix-Weiss-Kugelgelenk. Das B.-W.-K. ist eine drehstarre homokinetische Kupplung. Die Momentübertragung erfolgt je Drehrichtung über ein Kugelpaar. Die Kugeln bewegen sich in gekrümmten Laufbahnen mit versetzten Mittelpunkten. Als Festgelenk (Bild 1) hat das B.-W.-K. eine zentrierende Kugel in der Mitte. Ohne diese Kugel und mit

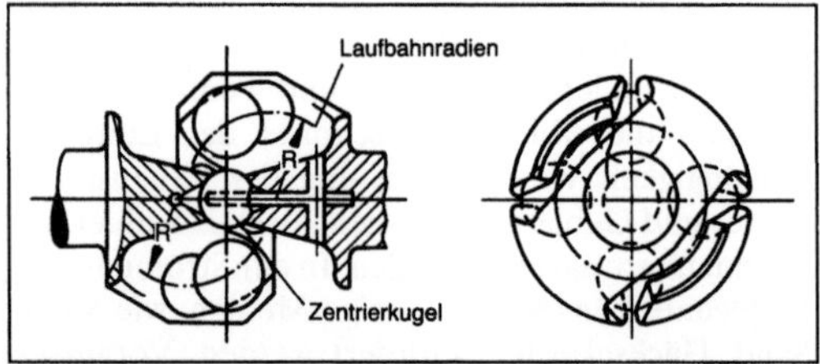

Bendix-Weiss-Kugelgelenk 1: Als Festgelenk, max. Beugungswinkel 36°.

geraden Kugellaufbahnen wird es auch als Verschiebegelenk ausgeführt (Bild 2). Als Festgelenk wird es auf der Radseite, als Verschiebegelenk auf der Differentialseite bei Pkw-Antrieben eingesetzt. Die Momentübertragungsfähigkeit ist bei gegebenen Platzverhältnissen begrenzt. Der größte Beugungswinkel beträgt 36°. Eine Weiterentwicklung des Vierkugelprinzips ist das Sechskugelverschiebegelenk (Bild 3). *Ehrlenspiel*

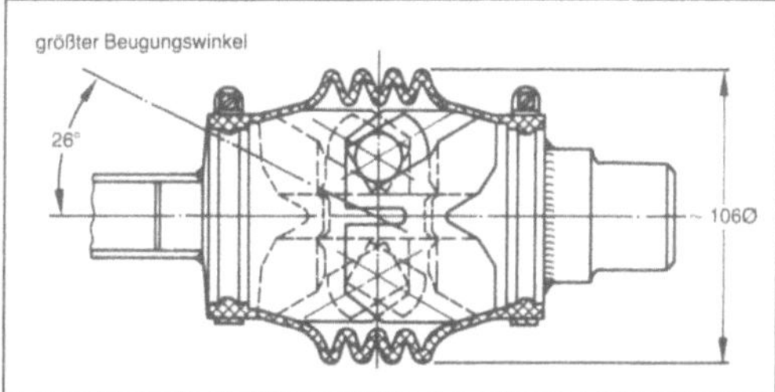

Bendix-Weiss-Kugelgelenk 2: Bendix-Verschiebegelenk in ausgezogenem Zustand gezeichnet.

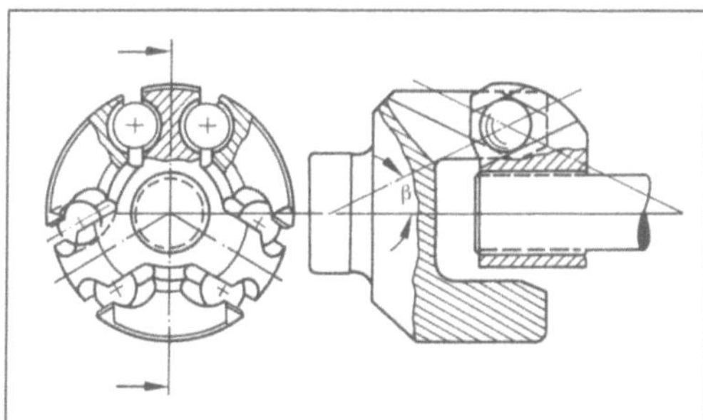

Bendix-Weiss-Kugelgelenk 3: Sechskugelverschiebegelenk.

Benzin →Kraftstoff (Verbrennungsmotor)

Benzineinsparung →Kraftstoffeinsparung

Benzineinspritzung. Als Gemischbildner für Ottomotoren werden zunehmend Benzin-Einspritzanlagen verwendet. Sie haben die Aufgabe, dem Motor bei jedem Betriebszustand das genau richtige Benzin-Luft-Gemisch zuzuführen. Früher gab es mechanische Einspritzanlagen mit Einspritzung in die Zylinder. Preisgünstiger sind die heutigen Benzin-Einspritzanlagen mit Einspritzung in das →Saugrohr vor die Einlaßventile.

Die Anforderungen, die ein →Ottomotor an den Gemischbildner stellt, sind unabhängig davon, ob es sich um einen →Vergaser oder eine Benzin-Einspritzanlage handelt: Es soll dem Motor ein gut aufbereitetes Benzin-Luft-Gemisch mit einem Luftverhältnis zugeführt werden, das sich nach →Betriebspunkt und Betriebszustand des Motors richtet. Eine gute Aufbereitung des Gemisches wird durch

feine Zerstäubung des Kraftstoffs und andere konstruktive Maßnahmen erreicht. Das Luftverhältnis wird nach folgenden Gesichtspunkten vorgegeben (→Verbrennungsluftverhältnis):

□ bei Teillast etwa $\lambda \approx 1{,}10$, um einen niedrigen Kraftstoffverbrauch zu erzielen,

□ Anfettung (kleineres Luftverhältnis) bei Vollast, um das Drehmoment (und die Leistung) zu erhöhen,

□ leichte Anfettung im →Leerlauf, um unrunden Lauf des Motors zu vermeiden,

□ kurzzeitige Anfettung bei plötzlicher Lasterhöhung,

□ Aussetzen der Einspritzung bei Verzögerung des Fahrzeugs (→Schubabschaltung),

□ stark erhöhte Einspritzmenge beim →Kaltstart des Motors, um Kraftstoff-Ausfall zu kompensieren,

□ auf $\lambda = 1{,}0$ geregeltes Luftverhältnis für Motoren mit geregeltem →Katalysator.

Am anpassungsfähigsten an diese und evtl. weitere Wünsche ist die elektronische Saugrohreinspritzung (Bild). Ihr Kraftstoffsystem besteht aus folgenden Teilen:

□ elektrisch angetriebene Kraftstoffpumpe, die den Kraftstoff in eine Ringleitung zu den Einspritzventilen fördert,

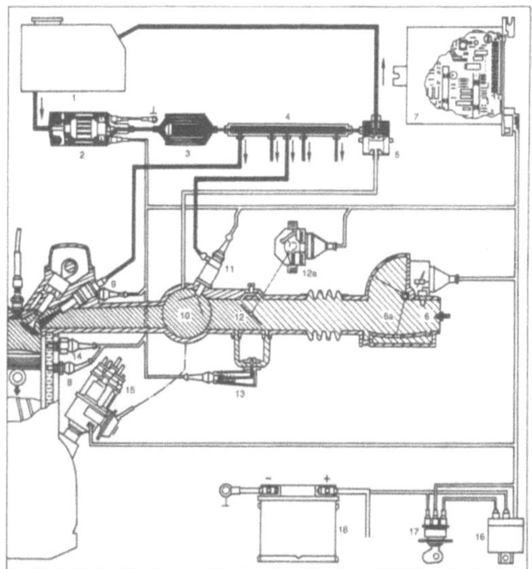

Benzineinspritzung: Schema einer elektronischen Benzin-Einspritzanlage für Ottomotoren, Saugrohreinspritzung. (Quelle: Bosch GmbH)

1 Kraftstoffbehälter, 2 Elektrokraftstoffpumpe, 3 Feinfilter, 4 Verteilerrohr, 5 Druckregler, 6 Luftmengenmesser mit Stauklappe 6a, 7 Steuergerät, 8 Temperaturfühler, 9 Einspritzventil, 10 Sammelsaugrohr, 11 Kaltstartventil, 12 Drosselklappe mit Drosselklappenschalter 12a, 13 Zusatzluftschieber, 14 Thermozeitschalter, 15 Zündverteiler, 16 Relaiskombination, 17 Zünd-Startschalter, 18 Batterie

□ je ein Kraftstoffventil für jeden Zylinder des Motors,

□ Druckregler, der für einen konstanten Überdruck in der Ringleitung gegenüber dem Saugrohrdruck sorgt.

Die Einspritzventile werden elektromagnetisch betätigt und spritzen z. B. zweimal je Nockenwellenumdrehung Kraftstoff vor die Einlaßventile eines jeden Zylinders. Die eingespritze Kraftstoffmenge wird durch die Länge der elektrischen Impulse bestimmt, die die Einspritzventile für kürzere oder längere Zeit öffnen.

Um die einzuspritzende Kraftstoffmenge zu berechnen, muß die vom Motor angesaugte Luftmenge, die von der Drosselklappenstellung und von der Drehzahl abhängt, gemessen werden. Hierzu dient ein Luftmengenmesser, dessen Stauklappe sich um so weiter öffnet, je größer der Luftdurchsatz ist. Da der Luftmengenmesser ein relativ großes und teures Bauteil ist, wurde als Alternative eine Hitzdrahtsonde zum Messen des Luftdurchsatzes entwickelt.

Im elektronischen Steuergerät, der zentralen Einheit der ganzen Einspritzanlage, wird aus dem Signal des Luftmengenmessers, der Drehzahl und dem gewünschten Luftverhältnis die Länge der Einspritzimpulse errechnet. Für die Zuordnung des Luftverhältnisses zum augenblicklichen Motorzustand benötigt das Steuergerät Signale weiterer Sensoren bzw. Schalter, die z. B. die Kühlwassertemperatur und die Drosselklappenstellung erfassen. Bei Motoren mit geregeltem Katalysator wird außerdem das Signal der →Lambda-Sonde benötigt.

Um die Kosten für die Einspritzanlage zu senken, bemüht man sich, die Bauteile zu vereinfachen oder die Anzahl der Bauteile zu verringern. So wurde eine elektronische Zentraleinspritzung entwickelt, bei der der Kraftstoff für alle Zylinder gemeinsam oberhalb der →Drosselklappe eingespritzt wird. Das Gemisch muß sich dann, wie beim Vergaser, im Saugrohr auf die einzelnen Zylinder aufteilen. Hierauf muß allerdings bei der Konstruktion des Saugrohrs Rücksicht genommen werden, d. h. man verliert die bei der Einzeleinspritzung vorhandene Freizügigkeit in der Saugrohrgestaltung. Die Luftmenge kann man, um den Luftmengenmesser einzusparen, aus der Drosselklappenstellung und der Drehzahl rechnerisch bestimmen.

Mechanisch-hydraulisch arbeitet eine Benzin-Einspritzanlage, die als K-Jetronic bezeichnet wird. Die Grundeinstellung des Luftverhältnisses wird bei diesem Gemischbildner durch einen Luftmengenmesser mit Stauscheibe erreicht, der einen Steuerschieber bewegt. Der Steuerschieber verändert den Querschnitt von Schlitzen, durch die das Benzin zu den Einspritzventilen der verschiedenen Zylinder strömt, wo es kontinuierlich in die Ansaugkrümmer gespritzt wird. Spezielle Differenzdruckventile sor-

gen dafür, daß der Kraftstoffdurchsatz unabhängig vom Einspritzdruck dem Querschnitt der Steuerschlitze proportional ist. Durch geeignete konstruktive Maßnahmen werden auch bei der K-Jetronic alle für den Motor wichtigen Funktionen (für Kaltstart, Warmlauf, Beschleunigung usw.) erfüllt.   *Kuhlmann*

Literatur: Bosch GmbH, Stuttgart: Autoelektrik, Autoelektronik am Ottomotor. Düsseldorf 1987. – *Kasedorf, J.*: Service-Fibel für die Gemischaufbereitung. Bd. 3. Benzineinspritzung. 2. Aufl. Würzburg 1983.

Benzinmotor →Ottomotor

Berechnungsmodell, kontinuierliches, diskretes. Abbildung einer Struktur auf ein B. mit kontinuierlich verteilten Eigenschaften. Aufgabe der →Maschinendynamik ist es, die Erkenntnisse der Dynamik auf spezielle Probleme im Maschinenwesen anzuwenden. Dazu ist ein B. zu finden, die Berechnung ist durchzuführen, und die Ergebnisse sind zum Beeinflussen der Konstruktion zurückzuführen. Geht man zum Aufbau eines B. von den Elementen Masse als Speicher kinetischer Energie, Feder als Speicher potentieller Energie, Dämpfer als Element zur Energieabfuhr und Erreger als Element der Energiezufuhr aus, so ist eine wesentliche Verzweigung der Modellbildung die, ob man den Elementen eine kontinuierliche oder eine diskrete Verteilung zuordnet. Man spricht im ersten Fall von einem kontinuierlichen Modell, im zweiten von einem diskreten Modell.

Im Bild sind einer Schleifspindel beide Modellbildungen zugeordnet, die verschiedene mathematische Beschreibungen erfordern.   *Gaul*

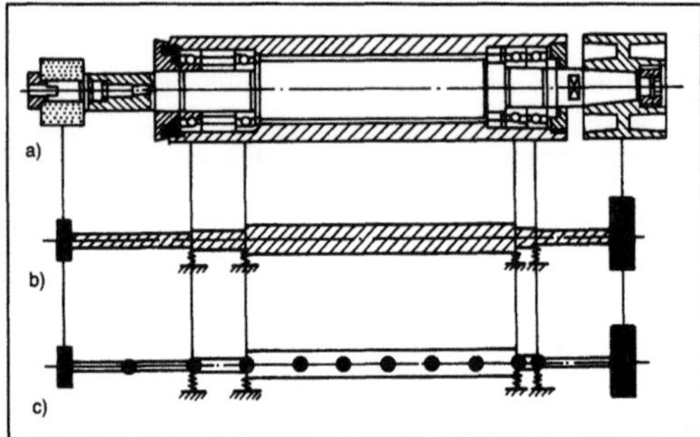

Berechnungsmodell, kontinuierliches, diskretes.
a) Schleifspindel
b) Kontinuierliches Modell ///////
c) Diskretes Modell mit Punktmassen —●—.
(Quelle: F. Holzweißig a. a. O.)

Literatur: *Holzweißig, F.*, u. *H. Dresig*: Lehrb. Maschinendynamik. Berlin, Heidelberg, New York, Wien 1979.

Beregnungsanlage. Anlage zum Ausbringen flüssiger landwirtschaftlicher Stoffe (meist Wasser) auf größere Kulturflächen. Hauptfunktionen: Bewässerung; im Obstbau auch Frostschutz. Nebenfunktionen: Ausbringen oder Einschleusen von Wirkstoffen (z. B. Gülle, Mineraldünger, Planzenschutzmittel).

Die B. besteht aus einer Flüssigkeitspumpe (meist Kreiselpumpe, z. B. 12 bar), Rohr- und Schlauchleitungen und den Regnern (oft Drehstrahlregner bis ca. 7 bar). Die Beregnungsintensität bewertet man nach dem Niederschlag in mm/h: schwach (2)4–7, mittel 7–17 und stark über 17. Bei starker Beregnung sind eventuelle Bodenschäden zu beachten (Verschlämmung, →Erosion). Früher herrschten die Reihenregnerverfahren vor, bei denen mehrere an eine Rohrleitung angeschlossene Regner für gewisse Zeit ortsfest betrieben werden. Dagegen arbeiten modernere Einzelregner (auch Beregnungsmaschinen) mit beweglicher Regnerstation bei größeren Wurfweiten bis zu 75 m und Wasserströmen bis zu 120 m³/h. Dabei wird z. B. der auf einem Schlitten befestigte Regner durch Aufwickeln des 200–600 m langen Polyethylenrohrs auf eine Trommel selbsttätig an den ortsfesten (aber verfahrbaren) Teil der Maschine herangezogen (Bild 1).

Beregnungsanlage 1: Beregnungsmaschine mit Regnereinzug. (Quelle: Perrot)

Bei der Frostschutzberegnung nutzt man die bei der Eisbildung freiwerdende Wärme, um die Temperatur des Eispanzers (z. B. um die Obstblüte) nahe bei 0 °C zu halten. Die Anfang der 60er Jahre in Israel entwickelte Tropfbewässerung für Obst-, Gemüse- und Staudenkulturen arbeitet mit in den Pflanzenreihen liegenden Schläuchen, an denen in relativ kleinen Abständen Tropfer angebracht sind (Bild 2). Einsparung von Wasser (30–50 %) und Energie (geringer Druck) bei guter Möglichkeit zusätzlicher Wirkstoffeinbringung.   *Renius*

Literatur: *Moser, E.,* u. *H. Sinn:* Strömungstechnische Untersuchungen zur Berechnung von Tropfbewässerungsanlagen. Grundl. Landtechn. 28 (1978) Nr. 1, S. 18/25. – *Schön, H.,* u. *H. Sourell:* Bewässerung und Beregnung. Jahrb. Agrartechn. Frankfurt a. M. 1988. – *Sinn, H.:* Hydraulische Untersuchungen an Mikro-Jet-Bewässerungssystemen. Grundl. Landtechn. 36 (1986) Nr. 6, S. 169/73.

Beregnungsanlage 2: Tropfbewässerung. (Quelle: Perrot)

Bereifung. Ausrüstung von Traktor, →Ackerwagen und Landmaschinen mit Luftreifen für Acker- und Straßenfahrt. Im Gegensatz zu Straßenfahrzeugen ist bei geländegängigen Fahrzeugen großvolumigere B. notwendig (Bild 1). Die Reifen unterteilt man grob in Treibradreifen (DIN 7807), Lenkrad-

Bereifung 1: Moderner Traktor (43 kW Nennleistung) beim Futterholen mit Hilfe eines Ladewagens. Beide Fahrzeuge mit großvolumiger Bereifung. (Quelle: Fendt)

reifen (DIN 7808), Implementreifen (DIN 7813) und MPT-Mehrzweckreifen (DIN 7793).

Die B. hat vor allem die Aufgabe, eine möglichst verlustarme Übertragung von Kräften auf die Fahrbahn (insbesondere Ackerboden) zu ermöglichen. Dazu gehören die Radlasten, die Seitenkräfte (Spurhaltung) und die Radzugkräfte (Traktion). Da landwirtschaftliche Fahrzeuge häufig mit starren Fahrwerken arbeiten, ist auch eine gute Federung und Dämpfung erwünscht. Auf dem Acker soll die B. ein bodenschonendes Arbeiten ermöglichen (→Bodenschutz), auf der Straße wünscht man sich ein vibrationsarmes Abrollen. Am Hang soll die B. in der Lage sein, bergseitige Hindernisse möglichst gut zu schlucken, um die dynamische Kippgefahr klein zu halten. Die Einführung der Luftreifen in die Landtechnik der 30er Jahre war vor allem für Traktoren und Ackerwagen ein besonderer Meilenstein, der u. a. eine schlagkräftige Mechanisierung der in der Landwirtschaft so bedeutsamen Transporteinsätze ermöglichte.

Die Entwicklung einer idealen und wirtschaftlich vertretbaren B. ist schon wegen verschiedener Zielkonflikte nicht möglich. Dazu zeigt die Tabelle, daß hohe Luftdrücke (z. B. 5 bar) in Verbindung mit entsprechender Karkassenfestigkeit für Straßenbetrieb viele Pluspunkte haben, auf dem Acker aber sehr schlecht abschneiden (Luftdrücke hier möglichst ≤1 bar). Gängige Treibradreifen für Traktoren werden daher als Universalreifen für einen relativ großen Luftdruckbereich von z. B. 0,6 bis 2,1 bar ausgelegt. Einzweckreifen für Acker oder Straße konnten sich bisher nicht durchsetzen. Dage-

Bereifung. Tabelle: Grundsätzliche Bedeutung von Luftdruck und Karkassenfestigkeit beim praktischen Einsatz von Reifen in der Landwirtschaft; x günstig.
(Quelle: Renius a. a. O.)

Kriterien	Luftdruck Karkassenfestigkeit	
	hoch	niedrig
DM/1000 kg Tragfähigkeit	x	
Bauvolumen, Platzbedarf	x	
Rollwiderstand Straße	x	
Reifengewicht	x	
Bodendruck		x
Leistungsverhalten Acker		x
Fahrkomfort, Federeffekt, Stöße		x
dynamische Kippsicherheit		x

gen ist die Anwendung von Zwillingsreifen (in Verbindung mit starker Luftdruckabsenkung) verbreitet.

Die herkömmlichen Diagonalkarkassen löst man zunehmend durch Radialkarkassen ab (Bild 2). Beispiel für die Bezeichnung eines Diagonalreifens: Treibradreifen 16.9–38/8PR,
16.9 = Reifenbreite in Zoll auf größter Normfelge,
38 = Felgendurchmesser in Zoll am Felgenhorn (Wulstsitz),
8PR = Lagenzahl (Ply Rating), Karkassenfestigkeit.

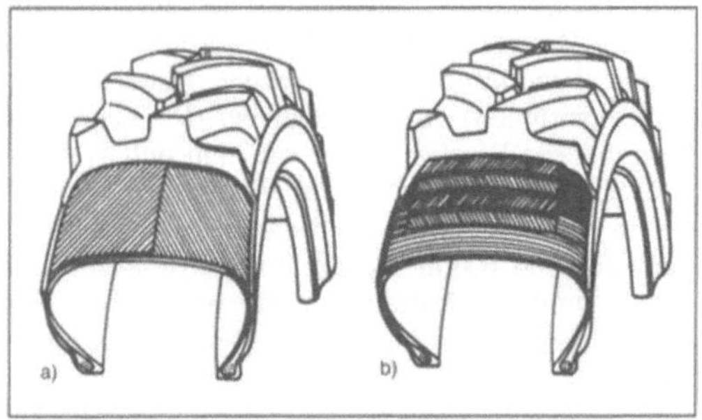

Bereifung 2: a) Diagonalreifen und b) Radialreifen; hier gezeigt am Beispiel von Treibradreifen. (Quelle: Steinkampf a. a. O.)

Der gleiche Reifen würde als Radialreifen wie folgt bezeichnet: 16.9R38/8PR. Mit meist höheren Kosten erkauft man ein im Durchschnitt etwas besseres Zugvermögen (Schlupf, Traktion). Die PR-Zahl wird zukünftig durch eine „Betriebskennung" ersetzt: Ein Lastindex (LI) ist Kurzzeichen für die Tragfähigkeit; ein weiterer Geschwindigkeitsindex kennzeichnet die zugehörige und gleichzeitig höchstzulässige Fahrgeschwindigkeit, z. B. A4 für 20 km/h, A5 für 25 km/h, A6 für 30 km/h, A8 für 40 km/h. Bei der Dimensionierung der B. ist die vom Betriebsluftdruck und von der Fahrgeschwindigkeit abhängige Tragfähigkeit die wichtigste Größe. Der höchst zulässige Luftdruck richtet sich nach der Karkassenfestigkeit. Reifenhandbücher der Hersteller erleichtern die Auswahl. Zusätzlich soll die B. bodenschonend arbeiten (Bodenschutz). Eine diesbezüglich großzügige Auslegung liefert meist auch gutes Zugverhalten (Traktion). *Renius*

Literatur: Autorenteam: Reifen landwirtschaftlicher Fahrzeuge. VDI/MEG Koll. H. 7. Düsseldorf 1989. – *Bekker, M. G.:* The Effect of Tire Tread in Parametric Analyses of Tire-Soil Systems. National Research Council Canada No. 24146 (1985). – *Bekker, M. G.:* Introduction to Terrain-Vehicle Systems. Ann Arbor: University of Michigan Press 1969. – *Dwyer, M. S.,* et al.: Handbook of Agricultural Tyre Performance. Silsoe: NIAE Report 14 (1974). – *Ellis, R. W.:* Agricultural Tire Design … ASAE Lecture Series 3. St. Joseph, MI/USA, ASAE 1977. – *Freitag, D. R.:* History of wheels for off-road transport. J. of Terramechanics 16 (1979) Nr. 2, S. 49/68. – *Göhlich, H.,* et al.:

Untersuchungen zum vertikalen Schwingungsverhalten von Ackerschleppern. Grundl. Landtechn. 34 (1984) Nr. 1, S. 13/18. – *Heine, A.:* Reifen für den Einsatz auf Grünland. Landtechn. 40 (1985) Nr. 4, S. 164/68. – *Kising, A.,* u. *H. Göhlich:* Ackerschlepper-Reifendynamik. Tl. 1–3. Grundl. Landtechn. 38 (1988) Nr. 3, S. 78/87; Nr. 4, S. 101/06 u. Nr. 5, S. 137/43. – *McKibben, E. G.,* u. *J. B. Davidson:* Transport Wheels for Agricultural Machines. Tl. 4. Agric. Engng. 21 (1940) Nr. 2, S. 57/58. – *Plackett, C. W.:* A Review of Force Prediction Methods for Off-road Wheels J. Agric. Engng. Res. 31 (1985) Nr. 1, S. 1/29. – *Renius, K. Th.:* Traktoren. 2. Aufl. Bern, Frankfurt a. M., München, Münster-Hiltrup, Wien 1987. – *Schrogl, H.:* Dynamische Eigenschaften von Ackerschlepper-Triebradreifen bei höheren Rollgeschwindigkeiten. Diss. Univ. Hohenheim 1989. Forsch.-B. Agrartechn. MEG 159 (1989). – *Schwanghart, H.,* u. *K. Rott:* Untersuchungen über den Profileinfluß gelenkter, nicht angetriebener Implement-Reifen auf Widerstands- und Seitenkräfte. Grundl. Landtechn. 34 (1984) Nr. 4, S. 170/76. – *Steiner, M.,* u. *W. Söhne:* Berechnung der Tragfähigkeit von Ackerschlepperreifen sowie des Kontaktflächendruckes und des Rollwiderstandes auf starrer Fahrbahn. Grundl. Landtechn. 29 (1979) Nr. 5, S. 29/36. – *Söhne, W.:* Wechselbeziehungen zwischen Fahrzeuglaufwerk und Boden beim Fahren auf unbefestigter Fahrbahn. Grundl. Landtechn. 11 (1961) Nr. 1, S. 20/27. – *Steinkampf, H.:* Schleppereinsatz und Reifenwahl. Agrar-Übersicht 35 (1984) Nr. 6, S. 24/31. – *Steinkampf, H.:* Ermittlung von Reifenkennlinien und Gerätezugleistungen für Ackerschlepper. Diss. TU Braunschweig 1974. – *Wuschek, A. A.:* Wie die Reifen, so die Tragkraft. dlz 37 (1986) Nr. 10, S. 1425/32.

Berührlänge →Berührlinie

Berührlinie. Während des Eingriffs zweier Evolventen-Stirnräder berühren sich die Zähne entlang einer Geraden auf den Zahnflanken. Die effektive B.-Länge schwankt dabei in Abhängigkeit von der Eingriffstellung.

Bei Geradstirnrädern verlaufen die B. parallel zu den Radachsen. Ihre Länge ist je nach Einzel- bzw. Doppeleingriff gleich der Zahnbreite bzw. der doppelten Zahnbreite.

Bei Schrägstirnrädern (→Schrägverzahnung) verlaufen die B. schräg zu den Radachsen (Bild).

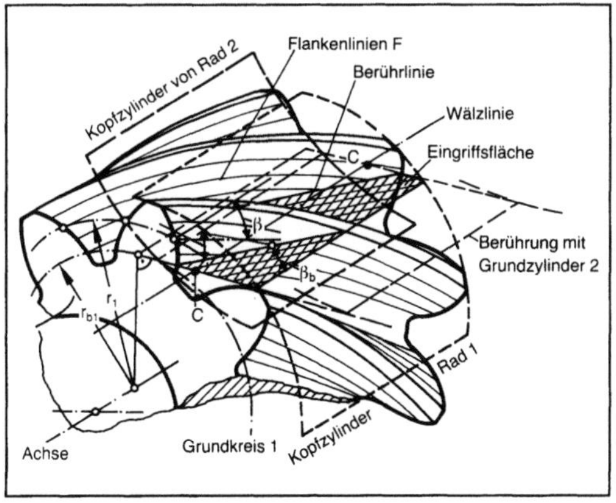

Berührlinie: Evolventen-Schrägstirnrad mit Eingriffsfläche und Berührlinien.

Ihre Länge ändert sich i. a. kontinuierlich mit der Eingriffstellung.

Bei der Tragfähigkeitsberechnung (→Grübchentragfähigkeit, →Zahnfußtragfähigkeit) wird die effektive B.-Länge gegenüber der Zahnbreite b durch Faktoren berücksichtigt. Für die Tragfähigkeit wird dabei eine tragende Breite definiert, die einer mittleren B.-Länge l_m entspricht (Beispiel bei →Geradverzahnung mit Überdeckung $\varepsilon_\alpha = 2$: $l_m = 1{,}5\,b$).   *Winter*

Besäumkreissägemaschine. Die B. dient vorrangig zum Besäumen, d. h. zur Entfernung von Baumkanten an Brettern und Bohlen. Die B. mit fahrendem Sägeaggregat ermöglicht den einseitigen Besäumschnitt. Die Werkstücke können konisch besäumt werden. An dieser Maschine lassen sich Brettlängen von 2 bis maximal 20 m bei einem Vorschub bis 60 m/min bearbeiten. Die Bearbeitungszeit ist hoch trotz Zusatzeinrichtungen, wie Richtlicht, Brettspann- und Verschiebezylinder, Parallelanschlag u. ä., da nur ein Schnitt pro Arbeitsgang möglich ist.

Die bekannteste B. gehört zur Gruppe der Mehrblattkreissägen, da mindestens zwei Kreissägeblätter pro Arbeitsgang im Einsatz sind. Im Gegensatz zur Vielblattkreissäge hat die B. vom Konzept her eine von unten arbeitende Mehrblatt-Kreissägewelle. Zum Besäumen ist die Werkzeugwelle mit einer festen und mit einer oder mehreren quer verschiebbaren Sägebüchsen bestückt, die hydraulisch, mechanisch oder elektrisch je nach Brettbreite verstellt werden können. Die automatische Sägeblattverstellung ist durch eine mechanische oder photoelektrische Abtastung des einlaufenden Bretts möglich. Laserrichtlichteinrichtungen erleichtern die optimale Brettbesäumung. Da nur parallel besäumt wird, können durch den Sägeneinhang auch Leisten aus den Säumlingen gefertigt werden. Mehrblatt-Kreissägemaschinen werden auch mit einer zusätzlichen oberen Arbeitswelle ausgerüstet und mit Nutfräs- und Zerspanwerkzeugen bestückt. Die maximal mögliche Schnitthöhe ist ca. 120 mm (Ausnahme 200 mm), und die Vorschubgeschwindigkeit ist bis etwa 50 m/min begrenzt.   *Dusil*

Beschaffungslogistik →Logistik (allgemein)

Beschichtung. Die Oberfläche von Rohrleitungen wird mit einer dünnen Schicht eines anderen Stoffs zum Vermeiden von Korrosion und →Erosion beschichtet. Der B.-Stoff kann durch Streichen, Tauchen oder Spritzen aufgebracht werden. Die Filmbildung kommt durch oxidatives oder physikalisches Trocknen bzw. Reaktionen zustande. Der Aufbau der B.-Systeme muß der jeweiligen Beanspruchung angepaßt sein und wird in mehreren Einzelschichten aufgetragen. Die trockene Schicht enthält Pigmente, Füllstoffe und Bindemittel.

Zu den Pigmenten zählen Zinkoxid, Eisenoxid, Eisenglimmer und Bleiweiß.

Füllstoffe sind Graphit, Asbest, Glimmer und Talkum. Als Bindemittel wird Öl, Alkydharz, Epoxidester, Chlorkautschuk, Vinylchlorid-Copolymerisat, Epoxidharz, Acrylharz und Ethylsilikat verwendet.

Werden Rohrleitungen im Erdreich verlegt, so muß die Beschichtung den höheren mechanischen Anforderungen genügen und eine höhere Korrosionsbeständigkeit aufweisen. Zu diesem Zweck werden die Rohre mit in flüssigem Bitumen getränktem Glasvlies bzw. Glasgewebebinden umwickelt oder mit Polyethylen bzw. Zementmörtel umhüllt. Zum Schutz beim Transport und während der Lagerung werden Mineralöle, Klarlacke oder Wachs als temporärer →Korrosionsschutz verwendet. *Diegelmann*

Literatur: DIN 30670: Polyethylen-Umhüllung von Stahlrohren. Hrsg. Dt. Institut f. Normung. Berlin. – DIN 30673: Bituminöse Korrosionsschutz-Umhüllungen von Stahlrohren. Hrsg. Dt. Institut f. Normung. Berlin. – DIN 55928: Korrosionsschutz von Stahlbauten durch Beschichtungen und Überzüge. Hrsg. Dt. Institut f. Normung. Berlin. – VDI 2535: Oberflächenschutz mit organischen Beschichtungswerkstoffen in flüssiger Form. Hrsg. Verein Dt. Ingenieure. Düsseldorf. – *Artois, F.,* u. *P. Pickelmann:* Rohrumhüllungen aus Zementmörtel. 3R international (1983) H. 4. – *von Baeckmann, W.:* Erfahrungen mit Polyethylenumhüllung von Stahlrohrleitungen. 3R international. – *Haferkamp, H.,* u. *R. Zobl:* Neuzeitliche Verfahren zur Außen- und Innenbeschichtung von Großrohren. 3R international (1978) H. 3/4.

Beschichtungsstraße. Das Applizieren von mittel- und hochviskosen Polymeren kann in Form von Lösungen und verdickten Dispersionen und im schmelzflüssigen, thermoplastischen Zustand geschehen. Hauptsächlich handelt es sich dabei um Beschichtungen, also die Herstellung von Schichtstoffen (Verbundstoff Textil/Polymer). Man kann aber auch im Anschluß an diesen Prozeß eine weitere Warenbahn (Textil, Schaumstoff oder

Folie) zusammenfügen. Auf diese Weise lassen sich dieselben Behandlungsstraßen für die Fertigung von Schichtverbundstoffen verwenden.

Beim Rakelverfahren (Bild 1) handelt es sich um ein Direktstreichverfahren. Das polymere Beschichtungsmittel wird unmittelbar auf das Schichtträgermaterial aufgegeben und durch ein Streichmesser über die ganze Warenbreite auf die gewünschte Schichtdicke gebracht. Je nach der mechanischen Auflage des Schichtträgers an der Stelle der Rakel unterscheidet man nach Luft-, Gummituch- und Walzen-Rakelverfahren. Im anschließenden Trockentunnel verdampft ggf. das Lösungsmittel (Bild 2).

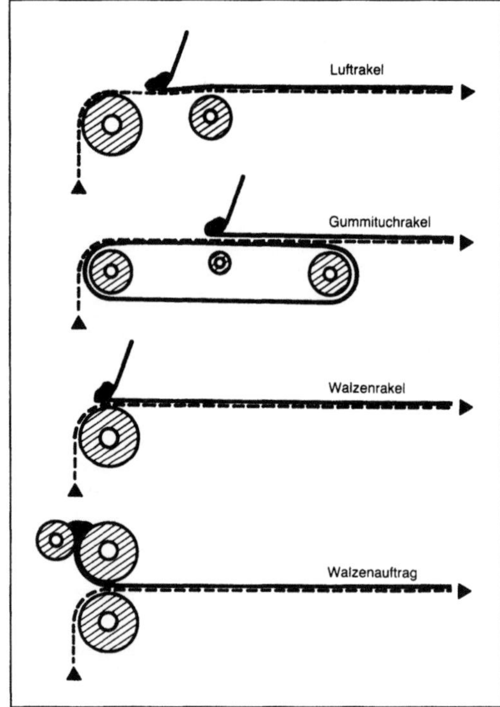

Beschichtungsstraße 1: Mögliche Rakeltechniken beim Beschichten von Flächengebilden.

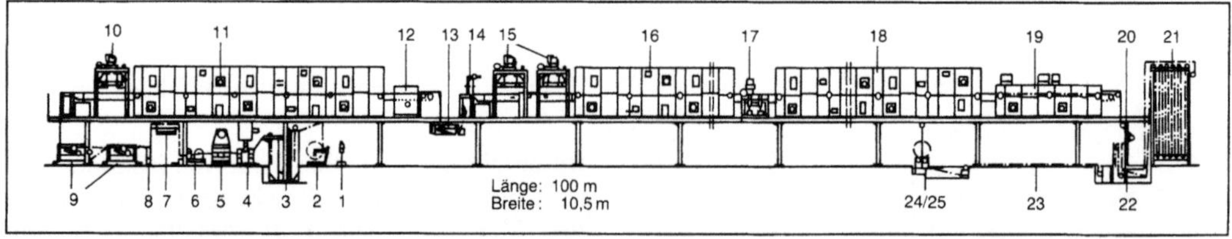

Beschichtungsstraße 2: Größte bekannte Anlage zum Rückenbeschichten von Tuftingteppichen mit Vorstrich zur Noppenverfestigung und Finish-Strich aus Latex-Schaum.

1 Teppichbahnen annähen, 2 Abrollen, 3 Speichern, 4 Bürsten/Absaugen, 5 Dämpfen, 6 Richten, 7 Steuern, 8 Spannung erzeugen, 9 Anpflatschen, 10 Antrocknen, 11 Vorgelieren, 12 Kühlen, 13 Rückensengen, 14 Streichen, 15 Antrocknen, 16 Vorvulkanisieren, 17 Prägen, 18 Vulkanisieren, 19 Kühlen, 20 Kantenbeschneiden, 21 Speichern, 22 Steuern, 23 Kontrollieren, 24 Wickeln, 25 Querschneiden

Beim Walzenauftragsverfahren, einem indirekten Streichverfahren, wird die Filmdicke des Beschichtungsmittels zunächst auf einer Walze ausgebildet und danach auf die textile Warenbahn übertragen.

Für die Applikation von einigen thermoplastischen Polymeren ist die Walzenschmelzanlage geeignet. Dabei wird der in Form von Granulat über einen Schütttrichter zugegebene Kunststoff auf einem beheizten Walzenpaar aufgeschmolzen und danach sofort in der eingestellten Filmdicke auf die vorgeheizte textile Warenbahn übertragen.

Eine andere Methode der Applikation von Polymerschmelzen beruht darauf, daß in einer beheizten Schmelzwanne Kunststoffe aufgeschmolzen und nach dem Pflatschverfahren auf die textile Warenbahn übertragen werden.

Ausgewählte thermoplastische Polymere lassen sich über Breitschlitzdüsen filmförmig extrudieren und in dieser Form mit vorgeheizten Textilbahnen verbinden. Durch einen partiellen Auftrag in Form von Punkt-, Strich-, Kreuzraster- oder Waffelmusterungen resultiert je nach Bedeckungsgrad, Mustergröße und Abstand ein weiches und flexibles Verhalten der Erzeugnisse. Für diese mustergemäße Polymerapplikation können auch Rotationsfilmdruckmaschinen eingesetzt werden.

Für das Pulver-Sinterverfahren können Streuvorrichtungen thermoplastische Polymerpulver in ungeordneter Verteilung z. B. mit Bürstwalzen auf die Textilbahn aufstreuen, ehe die thermische Sinterung im Infrarotfeld erfolgt. Genau räumlich angeordnete Thermoplastanhäufungen lassen sich auch durch mustermäßige Übertragung von Thermoplasten nach dem Pulver-Punktverfahren erzielen. Hierbei wird die Textilbahn von einer beheizten Gegenwalze im Walzenpaar-Zwickel gegen eine Musterwalze gepreßt, in deren regelmäßige Vertiefungen aus einem gekühlten Schütttrichter angeschmolzene oder erweichte Polymermasse eingegeben wurde. Der Übertrag des klebrigen Kunststoffs auf die beheizte Warenbahn wird durch Kühlen der Musterwalze gefördert. Arbeitet man zum derartigen Beschichten von z. B. Fixiereinlagen mit dem direkten Aufdrucken einer heißen Schmelze des thermoplastischen Klebers, so spricht man von Hotmelt-Verfahren.

Beim Kaschieren werden zunächst durch Extrusion des Schmelzklebers an Breitschlitzdüsen dünne Folien geformt, die nach dem Abkühlen auf mitlaufende Einlagestoffbahnen aufgelegt und dann zwischen Kalanderwalzen durch Einwirken von Temperatur und Druck verschweißt werden. *Rouette*

Literatur: Autorenkollektiv: Textilveredlung. Leipzig 1981. – *Sroka, P.:* Handbuch der textilen Fixiereinlagen. Krefeld 1983.

Beschicker. B. (Bild) sind Fördereinrichtungen in Betonbereitungsanlagen, die die in Dosieranlagen

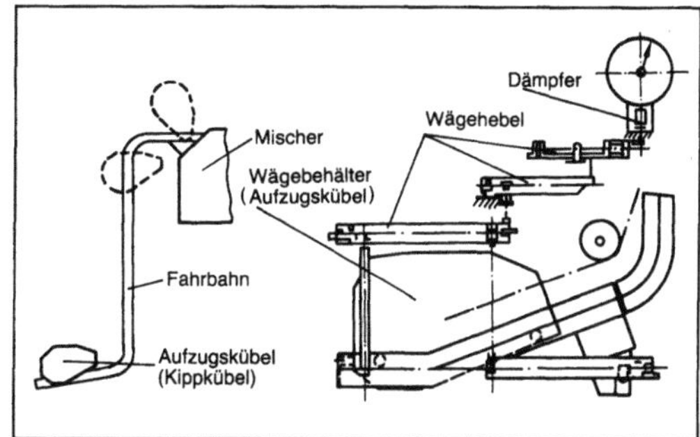

Beschicker: Senkrechtaufzug mit Überflurdosierung und Wägeeinrichtung.

und Wägeanlagen dosierten und abgemessenen Zuschläge in den →Mischer übergeben. B., auch Aufzugskübel genannt, verwendet man größtenteils auch gleichzeitig als Wägebehälter. Sie können als Kippkübel oder als →Bodenentleerer ausgeführt werden. Bei ersteren kippt man den gesamten B.-Kübel in die Entleerstellung; beim Bodenentleerer wird durch einen zwangsbetätigten Bodenverschluß entleert. Die Führung des B.-Aufzugs geschieht in einer aus U-Profilen bestehenden Aufzugsbahn, deren Konstruktion durch die Anordnung des Mischers, die Höhe der Anlage, ihre Dosiereinrichtung sowie durch die Platzverhältnisse bestimmt wird. Die Anordnung einer B.-Grube kann wegen der Überflurdosierung entfallen. Die Kraftübertragung besteht überwiegend aus Ein- oder Zweiseilantrieben. Als Antrieb für die Aufzugswinden verwendet man Elektromotoren, mit denen z. T. auch mehrere jeweils dem Teilvorgang angepaßte Geschwindigkeiten zwischen 0,2–0,5 m/s eingestellt werden können. *Kühn*

Beschlageinlaßmaschine, mehrstufige. Viele Beschläge im Möbel- und Bausektor werden vor dem Zusammenbau der Einzelteile an Spezialmaschinen angeschlagen. Die Teile werden formatiert und kantenbearbeitet, in Zwischenlager für die Endmontage bereitgelegt und nach Bedarf mit Reihenbohrungen oder Beschlagbohrungen versehen. Der Bohrvorgang ist meist kombiniert mit einem Beschlageinpreßvorgang. Kleinere Maschinen sind mit einem Schnellwechselbohrkopf ausgerüstet, während Beschlagautomaten über ein CNC-gesteuertes Bohraggregat verfügen. Die Beschlagtypen wie Topfbänder mit Grundplatten, Schrankverbinder sowie alle zum Einpressen vorgesehenen Beschläge werden über ein Vertikalmagazin der magnetisch ausgebildeten Einpreßmatrize zugeführt. Pneumatik- bzw. Hydraulikzylinder pressen den Beschlag, der heute üblicherweise mit Einpreßdübeln versehen ist, in die Bohrungen. Wird ein Beschlag noch mit Schrauben fixiert, geschieht die Schraubenzufuhr über das Rüttelmagazin und die Zuführschläuche in den Schraubkopf. Im baunahen Fertigungsbereich werden Beschläge wie

Türschlösser, Einbohr- oder Fitschenbänder mit kombinierten Bohr- bzw. Schwingmeißelmaschinen eingesetzt. *Dusil*

Beschleunigung (Mechanik). Die B. $\vec{a}$ ist die Zeitableitung der Geschwindigkeit:

$$\vec{a} = d\vec{v}/dt \equiv \dot{\vec{v}}.$$

Dieser B.-Vektor $\vec{a}$ kann in Anteile $\vec{a}_t = \vec{e}_t \, (\vec{a} \cdot \vec{e}_t)$ tangential und $\vec{a}_n = (\vec{e}_n \cdot \vec{a}) \, \vec{e}_n$ normal zur Bahn aufgespalten werden (Bild). Diese Anteile heißen als Skalare $a_t = \vec{a} \cdot \vec{e}_t$ Bahn- oder Tangential-B. und $a_n = \vec{a} \cdot \vec{e}_n$ Normal-B. Während $a_t = \pm \dot{v} = \pm \ddot{s}$ durch Änderung der Bahngeschwindigkeit v entsteht, ist $a_n = v^2/\rho$ durch die Richtungsänderung der Geschwindigkeit $\vec{v}$ bedingt. Da $\vec{a}_n$ zum Zentrum des Schmiegungskreises hinweist, nennt man diesen Teil – vor allem bei Kreisbewegungen – auch Zentripetal-B. *Besdo*

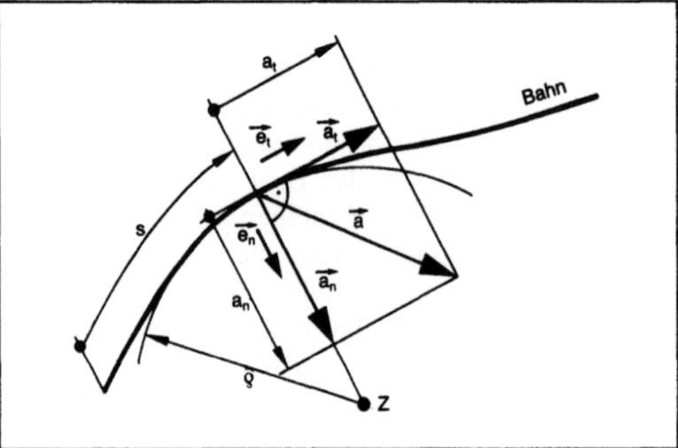

Beschleunigung (Mechanik): Zerlegung in Anteile.

Beschleunigungskonstruktion. Die B. ist das Ermitteln von Beschleunigungen und deren Verläufen mit Hilfe graphischer Verfahren und Hilfsmittel (Zeichengeräte, CAD).

Ebenso wie bei der →Geschwindigkeitskonstruktion ergeben sich für die Beschleunigungen aus den in der kinematischen Analyse bekannten Zusammenhängen zeichnerische Lösungsverfahren. Jeder Beschleunigungsvektor läßt sich in eine Normal- und eine Tangentialkomponente zerlegen. Für die graphische Ermittlung einer Beschleunigung kann der Satz von *Euler* dienen:

$$\vec{a_B} = \vec{a_A} + \vec{a_{BA}}$$

damit im einzelnen zu

$$\vec{a_{nB}} + \vec{a_{tB}} = \vec{a_{nA}} + \vec{a_{tA}} + \vec{a_{nBA}} + \vec{a_{tBA}} \qquad (1).$$

Die Normalbeschleunigung $\vec{a_{nB}}$ ist proportional dem Quadrat der Winkelgeschwindigkeit und weist zum Krümmungsmittelpunkt hin. Die Tangentialbeschleunigung $\vec{a_{tB}}$ ist proportional der Winkelbeschleunigung und weist tangential zum Krümmungskreis. Fällt die Richtung der Tangentialbeschleunigung eines Punkts in dessen Geschwindigkeitsrichtung, so wird er beschleunigt, ist sie der Geschwin-

digkeit entgegengesetzt, wird er verzögert bewegt. Dabei verhält sich gemäß Bild 1 die Tangentialbeschleunigung zur Normalbeschleunigung:

$$\frac{a_{tB}}{a_{nB}} = \tan \beta \qquad (2),$$

mit β als dem stets spitzen Winkel zwischen der Normalkomponente $\vec{a}_{nB}$ der Beschleunigung und der Beschleunigung $\vec{a}_B$ des Punkts B selbst. Für die allgemein bewegte Ebene (Bild 2) läßt sich mit Hilfe des Winkels β der Beschleunigungspol J finden (kinematische Analyse). Für die B. führt Gl. (1) auf das Schließen eines Vektorpolygons. Mit Gl. (2) läßt sich der Satz von *Burmester* für Beschleunigungen anwenden, der für die Konstruktion von Beschleunigungen der Koppelpunkte geeignet ist (z. B. C in Bild 2). Analog zur Geschwindigkeitskonstruktion

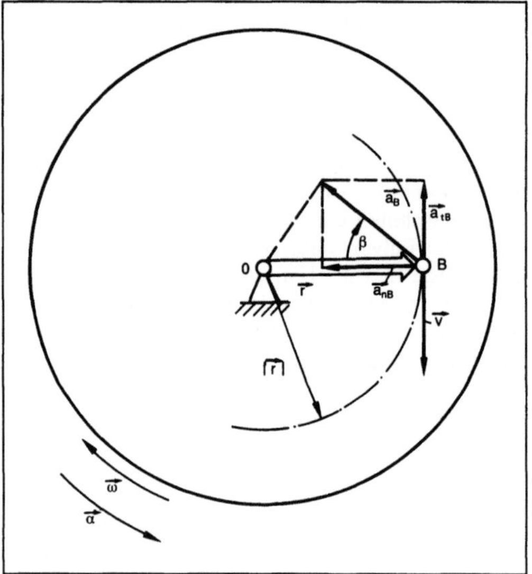

Beschleunigungskonstruktion 1: Normal- und Tangentialbeschleunigung eines Punkts B; er wird momentan verzögert bewegt.

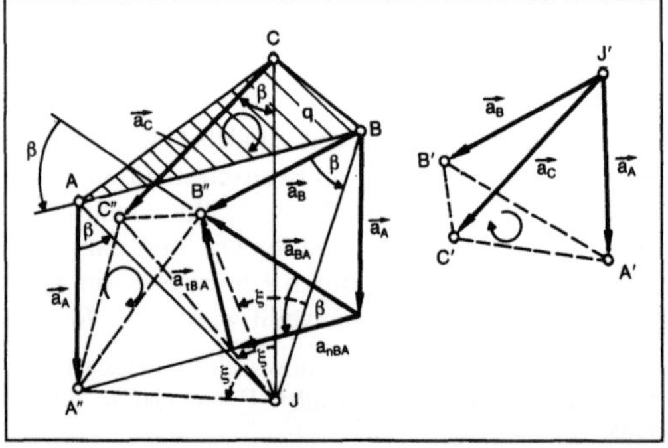

Beschleunigungskonstruktion 2: Beschleunigungskonstruktionspol J. Beschleunigungszustand einer allgemein bewegten Ebene q.

führt die Darstellung der Beschleunigungsvektoren im Beschleunigungsplan auf den Satz von *Mehmke* für Beschleunigungen.

Eine Konstruktion, die insbesondere bei geradegeführten Punkten schnell zum Ziel führt, ist als B. nach *Freudenstein* bekannt. Sie beruht auf der Abhängigkeit der Beschleunigung des Punkts B (Bild 3) von dem Kollineationswinkel λ nach der Beziehung

$$a_B = \frac{\omega_{10}^2 \cdot m}{\tan \lambda}.$$

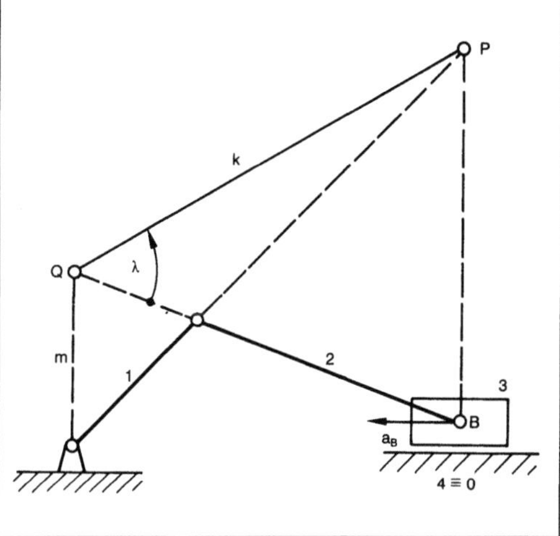

Beschleunigungskonstruktion 3: Konstruktion nach Freudenstein.

Bei Anwendung der zeichnerischen Verfahren auf einem CAD-Arbeitsplatz wird eine Beschleunigungsermittlung mit Rechnergenauigkeit möglich. *Gierse*

Beschleunigungspumpe →Vergaser

Bestand. Vorrätige Mengen je Artikel. Zu unterscheiden sind der buchmäßige und der tatsächliche B. Die Prüfung der B. ist zum Vermeiden bilanzieller Falschbewertung gesetzlich vorgeschrieben. In Betracht kommen die Stichtaginventur, permanente Inventur und die Stichprobeninventur (in Verbindung mit der permanenten Inventur). *Jünemann*

Betonbereitungsanlage. Bn. haben die Aufgabe, die unterschiedlichen Komponenten des Betons, wie Zuschlagstoffe, Bindemittel, Wasser, Zusatzstoffe und Zusatzmittel, zu lagern und nach einer genau festgelegten Rezeptur zu dosieren, zu fördern und zu mischen. Die Anlagen dazu lassen sich prinzipiell in zwei Grundausführungen, die Vertikal- und die Horizontalanlagen, einteilen. Bei den Vertikalanlagen (Bild 1) befinden sich die Zuschlagstoffe über dem →Mischer. Diese Anlagenform, die Turmanlage, ist die leistungsfähigste, aber kapitalintensivste Alternative (hohe Montage- und Anschaffungskosten) und wird deshalb auch nur für große Transportbetonwerke oder aber auf Großbaustellen verwendet, wo sie eine Mischleistung von bis zu $250\,\mathrm{m^3/h}$ erreicht. Die Förderung des Zuschlags geschieht mit Becherwerk oder →Förderband über

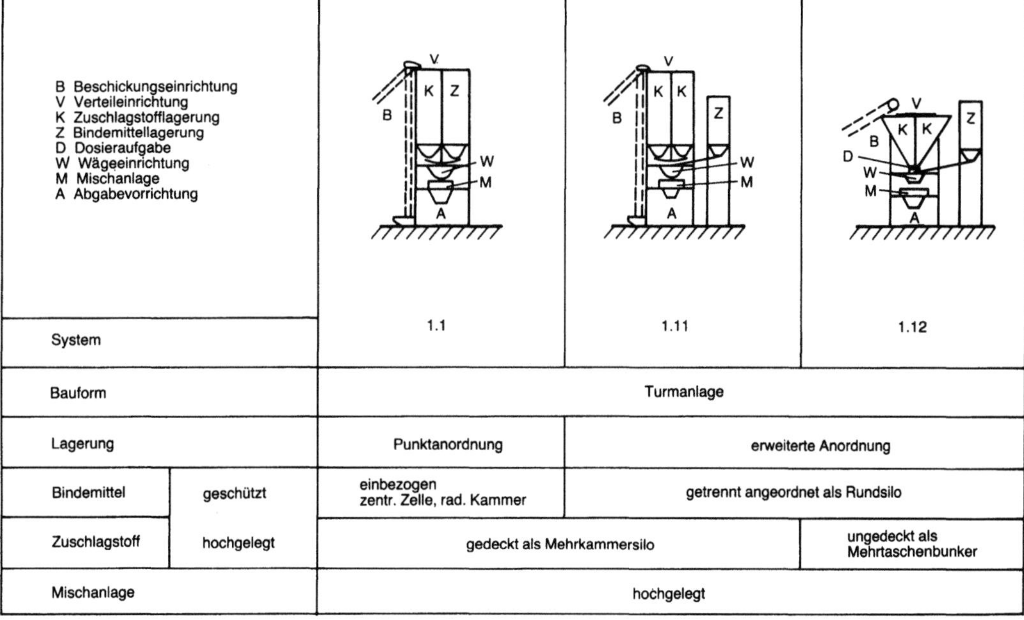

		1.1	1.11	1.12
System				
Bauform		Turmanlage		
Lagerung		Punktanordnung		erweiterte Anordnung
Bindemittel	geschützt	einbezogen zentr. Zelle, rad. Kammer	getrennt angeordnet als Rundsilo	
Zuschlagstoff	hochgelegt	gedeckt als Mehrkammersilo		ungedeckt als Mehrtaschenbunker
Mischanlage		hochgelegt		

Betonbereitungsanlage 1: Anlage mit hauptsächlich vertikalem Aufbau und Produktionsablauf.

Aufgabetrichter. Der Zuschlag befindet sich in den Zellen oder Kammern, wo er geschützt gelagert ist. Der Zement wird in gesonderten Silos gespeichert. In der Regel sind Mischtürme mit mehreren Mischern ausgestattet. Die Mischtürme arbeiten vollautomatisch. Bei den Horizontalanlagen sind zwei Bauarten zu finden: die Sternanlage und die Reihenanlage. Bei der Sternanlage (Bild 2) sind die Zuschlagstoffe in Boxen halbkreisförmig und ebenerdig um den Mischer gruppiert. Dabei übernimmt eine halb oder vollautomatisch arbeitende Schrappanlage die Förderung des Zuschlags. Der Zement ist seitlich in Silos gelagert. Bei der Reihenanlage befindet sich der Zuschlag in hinter- oder nebeneinander liegenden offenen Dosierbehältern. Dabei läßt sich das Material von einer Zufahrt aus direkt eingeben.

Für Baustellen, auf denen die →Mischanlage nur kurze Zeit benötigt wird, sind mobile Mischanlagen im Einsatz. Diese sind stets als Horizontalanlagen ausgeführt, heute vorzugsweise als Reihenanlagen in Kompaktbauweise. Diese meist straßenfahrbaren Anlagen vereinen alle Geräte zur Betonherstellung in einer Baueinheit. Unabhängig von der Bauart ist der Ablauf bei allen Varianten etwa gleich. Mittels Zuteilgeräten füllt man die Materialvorratsbehälter. Anschließend werden in Dosieranlagen und Wägeanlagen die Zuschlagstoffe meist additiv in einer gemeinsamen Waage gewogen, ebenso Zement und Wasser, sofern man Wasser nicht volumetrisch sofort in den Mischer dosiert. Über einen →Beschicker geschieht die Befüllung des Mischers (nur bei Horizontalanlagen). Nach Ablauf der eingestellten Mischzeit wird der fertige Beton über elektrische oder hydraulische Entleereinrichtungen an Transportbetonfahrzeuge oder sonstige Fördergeräte abgegeben. *Kühn*

Betondeckengerät. Es besteht eine Vielfalt hinsichtlich Aufbau, Betonzusammensetzung und Fertigungsverfahren zur Herstellung der Straßendecke von 22 cm Dicke, die mit Scheinfugen in Quer- und Längsrichtung aufgetrennt ist. Nach ihrem Aufbau unterscheidet man zweischichtige und einschichtige Decken, erstere mit unterschiedlicher Zusammensetzung des Ober- und Unterbetons. Die Decke (Straßenbau) kann zweilagig bzw. einlagig eingebaut und ebenso verdichtet werden. Zu den klassischen Verfahren mit seitlicher Schalung und schienengeführten Geräten kam die Gleitschalungsfertigung hinzu. Die Fertigung geht nun über die volle Deckenbreite einschl. der Standspur. Betonverteiler übernehmen das Betongemisch von der Lkw-Mulde und legen es dem Betondeckenfertiger gleichmäßig vor. Hauptsächlich wird der Beton von Hinterkippern in frontbeschickte Kübelverteiler bei einschichtiger Decke bzw. bei der zweischichtigen Decke für die untere Schicht und für die Oberschicht über ein besonderes Übergabegerät in seitenbeschickte Kübelverteiler übergeben und verteilt.

Bei der Gleitschalungsfertigung (Bild 1) wird der Beton zweckmäßigerweise über selbstfahrende Verteilgeräte auf die Tragschicht aufgelegt. Man setzt ebenso Schwarzdeckenfertiger in regulärer Ausrü-

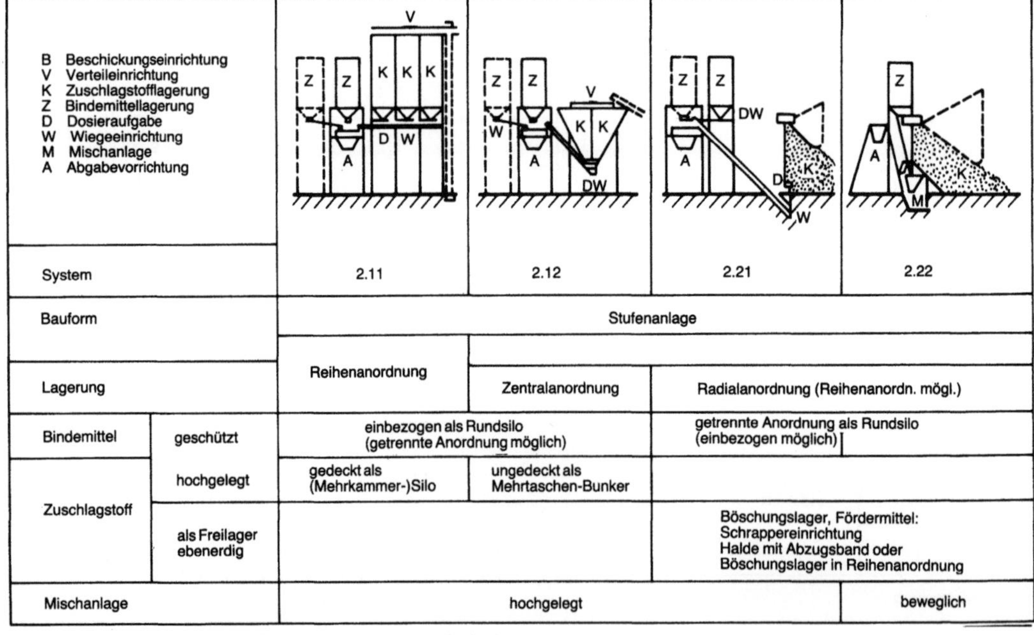

	2.11	2.12	2.21	2.22
System	2.11	2.12	2.21	2.22
Bauform	Stufenanlage			
Lagerung	Reihenanordnung	Zentralanordnung	Radialanordnung (Reihenanordn. mögl.)	
Bindemittel geschützt	einbezogen als Rundsilo (getrennte Anordnung möglich)		getrennte Anordnung als Rundsilo (einbezogen möglich)	
Zuschlagstoff hochgelegt	gedeckt als (Mehrkammer-)Silo	ungedeckt als Mehrtaschen-Bunker		
Zuschlagstoff als Freilager ebenerdig			Böschungslager, Fördermittel: Schrappereinrichtung Halde mit Abzugsband oder Böschungslager in Reihenanordnung	
Mischanlage	hochgelegt			beweglich

Betonbereitungsanlage 2: Sternanlage mit Radialschrapper.

Betondeckengerät 1: Gleitschalungsfertigung einer zweischaligen Decke einschl. Standspur.

Betondeckengerät 2: Dübelsetzgerät der schienengeführten Fertigung.

stung ein, die dabei bereits vorverdichten. Der Oberbeton wird von der Seite durch Übergabegeräte mit →Bandförderung in Längsrichtung aufgehäuft und mit der am Fertiger angebauten Verteileinrichtung quer vorgelegt. Schienengeführte Betondeckenfertiger arbeiten in der Oberflächenverdichtung mit Vibrierbohlen, die zugleich Nickbewegungen ausführen, gegen den Unterbau und die (feste) Seitenschalung. Zum Ausgleich des vom Verteiler auf die Überschüttungshöhe entsprechend dem Verdichtungsmaß zuzüglich der Abziehtiefe ausgelegten Betons ist eine Ausgleichvorrichtung in Form einer Schaufelwalze oder Wendeschaufel vorgebaut. Als Oberbetonfertiger oder bei einlagiger Verdichtung ist eine Glätteinrichtung, mit der die verdichtete Schicht auf die Sollhöhe abgezogen wird, hinten angesetzt; im Unterbeton entfällt naturgemäß diese →Abziehbohle. Beim Einsatz von Schwarzdeckenfertigern mit ihrer Verteilerschnecke sind das Abgleichselement und die Verdichtungsbohle sowie beim einlagigen Einbau die Glätteinrichtung in dem angehängten, auf Schienen laufenden Geräteträger gelagert. Damit ergibt sich für die einschichtige, einlagig eingebaute Decke ein Deckenbauzug von kurzer Länge, was besondere Vorteile der Handhabung unter Witterungseinwirkung, z. B. Regen, bietet. Für kleinere Bauabschnitte sind Leichtbaugeräte, getrennt in Verdichtungs- und Abziehelement, im Einsatz. Untergeordnete Flächen werden auch im Handbetrieb mit sehr leichter Verdichtungs- bzw. Abziehbohle bearbeitet.

Eine wesentliche Aufgabe ist das Einsetzen der Anker an den Längsscheinfugen und der Dübel an den Querscheinfugen. Beides wird von besonderen Vorrichtungen, mit Anker- und Dübelsetzern (Bild 2) als Einzelgeräte oder in Kombination, in den verdichteten Beton, so in den Unterbeton oder in die einschichtige Decke, an den Bereichen der späteren Scheinfugen, eingerüttelt. Bei der einlagigen Bauweise läuft zwecks Ausgleichs- und Nachverdichtung an diesen Deckenquerschnitten, die in einem bestimmten Maße in der Struktur gestört

sind, ein weiterer Fertiger nach, dessen Verdichtungsbohle auf verminderte Vibration eingestellt ist. Die besondere Ebenheit erreicht man im schienengeführten Einbau mit einem Nachlaufglätter, dessen mit Vibration beaufschlagter Abziehbalken schräg gestellt ist.

Der Gleitschalungsfertiger vereinigt die Funktionen des Verdichtens des Betons, des Ausformens der Decke und des Abziehens und Glättens der Oberfläche in einer Geräteeinheit bei einem Übergang. Bisweilen arbeitet man auch auf einschichtiger Decke zweilagig, d. h. mit zwei Geräten. Die Verdichtung einer jeden Schicht besorgen besondere Tauchrüttler. Dies sind Rüttelflaschen mit elektromotorischem oder auch hydraulischem Antrieb, die in Längsrichtung in Abständen von rd. 0,4–0,6 m angeordnet sind. Es wird ein Beton weicherer Konsistenz als bei der Oberflächenverdichtung mit schienengeführten Geräten verwendet. Die Betondecke formt sich zwischen der kurzen seitlichen Schleppschalung und der aufliegenden →Gleitschalung aus, die eine bestimmte Länge hat. Eine Abzieh- und Glättvorrichtung am letzten Fertiger bildet den Abschluß. Die Geräte sind mit den erforderlichen Vorrichtungen des Ankersetzens und Dübeleinrüttelns vervollständigt. Die Lenkung der Fahrrichtung und der Abgleich der Deckenhöhe geschehen über Nivelliereinrichtungen, abgetastet von der seitlich ausgerichteten Drahtführung.

Die glatt abgezogene Decke erhält allgemein einen von Hand gezogenen Besenstrich querüber. Je nach Ausführung werden die Eckkanten von Hand nachbearbeitet. Auf die frisch gefertigte Decke sprüht man einen Nachbehandlungsfilm. Es werden Schutzzelte von 50 m Länge nachgeschleppt bzw. -gefahren. Sobald als möglich sind in die erhärtende Betondecke zunächst Kerben, die zur Aufnahme der Fugenfüllung später oben zu einem Fugenspalt erweitert werden, an den Scheinfugen in Quer- und Längsrichtung einzuschneiden. *Kühn*

Betonpumpe. Man unterscheidet zwei Typen von B. (Rohrförderung):

□ Kolbenpumpen (Feststoffpumpen); für kleine Förderleistungen die Einzylinderkolbenpumpe, im Normalfall die Zweizylinderkolbenpumpe. Beide bewirken durch Saughub/Druckhub oder Umschalten auf den zweiten Zylinder eine absatzweise Förderung, was bei den hohen Förderdrücken (normal 80–100 bar, maximal um 200 bar) zu großen Beanspruchungen im anschließenden Rohrleitungssystem führt.

□ Rotorschlauchpumpen (Bild), bei denen durch das Zusammenpressen eines Schlauches durch rotierende Quetschrollen ein kontinuierlicher Pumpbetrieb erreicht wird. Beide Pumpenbauarten werden über regelbare Ölhydraulik hydrostatisch angetrieben. *Kühn*

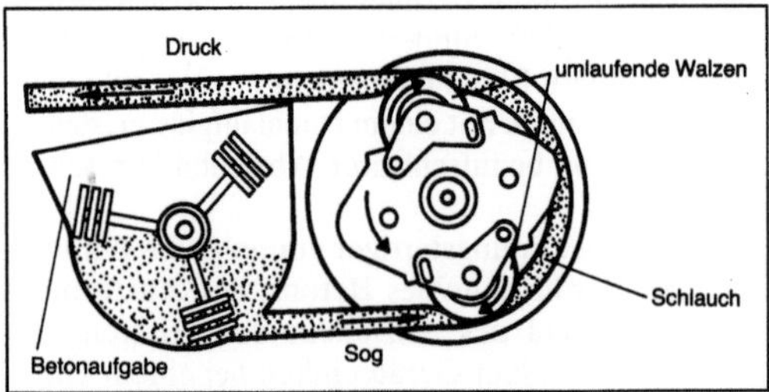

Betonpumpe: Rotorschlauchpumpe.

Betonspritzmaschine. B. sind mobile oder ortsfest montierte Geräte zum spritzfähigen Zubereiten, Fördern und Verspritzen von Beton. Die pneumatischen Betonfördergeräte bestehen aus Antrieb, Zuteilvorrichtung, Rührwerk, Vorrats- oder Druckbehälter, Druckluftsteuerleitung und Förderleitung einschl. deren Verbindungselementen. Entscheidend für die Maschinenkonstruktion ist das angewandte Förderprinzip, nach dem man Dichtstrom- und Dünnstromförderung unterscheidet. Bei der Dichtstromförderung wird ein Naßgemisch aus Bindemittel, Zuschlag und Wasser – ähnlich wie bei Betonpumpen – ohne Luftauflockerung durch eine Pumpleitung gepreßt. Diese Förderart, bei der Beton den gesamten Leitungsquerschnitt ausfüllt, ist nur beim Naßspritzverfahren (Bild) anwendbar. Bei der Dünnstromförderung wird das Trockengemisch aus Bindemittel und Zuschlägen mittels Druckluft schwimmend in einem Druckluftstrom mitgerissen und durch die Förderleitung bis zur Düse transportiert. Die Dünnstromförderung kommt ausschließlich beim Trockenspritzverfahren zur Anwendung.

Bei den Bauarten der Betonspritzgeräte für das Trockenspritzverfahren unterscheidet man folgende Ausführungsarten:

□ Zweikammerspritzgeräte mit Einschleus- und Arbeitskammer, bei denen der vorgemischte Beton aus einer Vorkammer in die Hauptkammer gepreßt

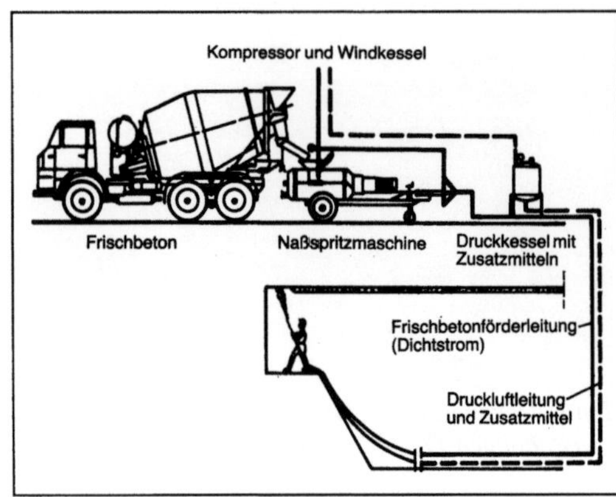

Betonspritzmaschine: Naßspritzverfahren.

und aus dieser mit einem Taschenradzuteiler dem Druckluftstrom dosiert zugeführt wird.

□ Einkammergeräte, bei denen man das vorgemischte Material über einen Einfülltrichter und eine Zellenrad- oder Trommelrotorzuteilung direkt dem Druckluftstrom zuführt. Bei beiden Varianten, die kontinuierlich arbeiten, wird das erforderliche Wasser erst an der Spritzdüse zugeleitet. Als Geräte für die Dichtstromförderung, bei der man ie Treibluft dem Naßgemisch erst an der Spritzdüse zuleitet, werden Kolbenpumpen und Rotationsschlauchpumpen verwendet, die hinsichtlich des Arbeitsprinzips mit Betonpumpen identisch sind. *Kühn*

Betrieb, stationärer. Dieser von *Grammel* geprägte Begriff (→Rotordynamik) weist auf eine ausgeglichene Leistungsbilanz zwischen Antrieb und Abtrieb eines biegeelastischen Rotors hin: Antriebs- und Gegenmoment stehen zu jedem Zeitpunkt im Gleichgewicht miteinander. Dieser Zustand wird ebenso wie der stationäre Drehzustand bei der Berechnung der biegekritischen Drehzahlen vorausgesetzt. *Witfeld*

Betriebsart (elektrische Maschinen). Der Betriebszustand einer elektrischen Maschine zu einem bestimmten Zeitpunkt ist durch die Gesamtheit aller durch eine elektrische oder mechanische Belastung bedingten Größen gekennzeichnet. Die Gesamtheit der meist zeitlich über die Betriebsdauer veränderlichen Betriebszustände wird als Betrieb bezeichnet. Die Auswahl bzw. die Auslegung des elektrischen Antriebs muß der Art des Betriebs Rechnung tragen. Eine Reihe von charakteristischen B. ist in idealisierter Form genormt (DIN, VDE 0530).

Dauerbetrieb S1. Ein Motor, der für den allgemeinen Gebrauch bestimmt ist, muß für den Dauerbetrieb bemessen und gekennzeichnet sein. Unter dem Dauerbetrieb mit dem Kurzzeichen S1 wird ein Betrieb mit konstanter Belastung verstanden, dessen Dauer ausreicht, um den thermischen Beharrungszustand zu erreichen (Bild 1a). Thermischer Beharrungszustand ist ein Zustand, bei dem sich die an verschiedenen Maschinenteilen gemessenen Temperaturen während 1 h um höchstens 2 K ändern.

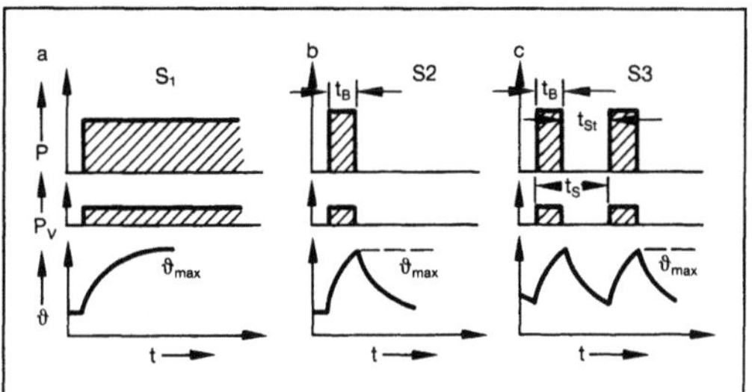

Betriebsart (elektrische Maschinen) 1: Kennlinien der Betriebsarten S1, S2 und S3. (Quelle: DIN-, VDE-Normen)

P Leistung, P_V Verluste, ϑ Temperatur

Kurzzeitbetrieb S2. Betrieb mit konstanter Belastung, der aber nicht so lange dauert, daß der thermische Beharrungszustand erreicht wird, und einer nachfolgenden Pause, die so lange besteht, bis die Maschinentemperatur nicht mehr als 2 K von der Temperatur des Kühlmittels abweicht. Pause ist die Zeit, während der die Maschine ohne elektrische oder mechanische Energiezufuhr stillsteht (Bild 1b).

Aussetzbetrieb S3 ohne Einfluß des Anlaufvorgangs ist ein Betrieb, der sich aus einer Folge gleichartiger Spiele zusammensetzt, von denen jedes eine Zeit mit konstanter Belastung und eine Pause umfaßt, wobei der Anlaufstrom die Erwärmung nicht merklich beeinflußt (Bild 1c). Er ist durch die Einschaltdauer und die Spieldauer gekennzeichnet.

Relative Einschaltdauer ist das Verhältnis von Betriebszeit unter Belastung einschl. Anlauf- und Bremszeit zur Spieldauer, ausgedrückt in Prozent. Spieldauer ist die Dauer der Periode, in der verschiedene Betriebszustände wiederkehren.

Aussetzbetrieb S4 mit Einfluß des Anlaufvorgangs ist ein Betrieb, der sich aus einer Folge gleichartiger Spiele zusammensetzt, von denen jedes eine merkliche Anlaufzeit, eine Zeit mit konstanter Belastung und eine Pause umfaßt (Bild 2).

Aussetzbetrieb S5 mit elektrischer Bremsung ist ein Betrieb, der sich aus einer Folge gleichartiger Spiele zusammensetzt, von denen jedes eine Anlaufzeit, eine Zeit mit konstanter Belastung, eine Zeit schneller elektrischer Bremsung und eine Pause umfaßt (Bild 3a).

Ununterbrochener periodischer Betrieb S6 mit Aussetzbelastung ist ein Betrieb, der sich aus einer Folge gleichartiger Spiele zusammensetzt, von

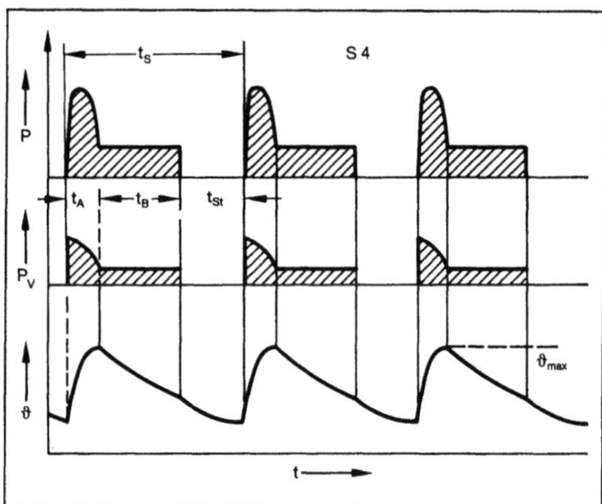

Betriebsart (elektrische Maschinen) 2: Kennlinien der Betriebsart S4. (Quelle: DIN-, VDE-Normen)

t_A Anlaufzeit, t_B Belastungszeit, t_S Spieldauer, t_{St} Stillstandszeit

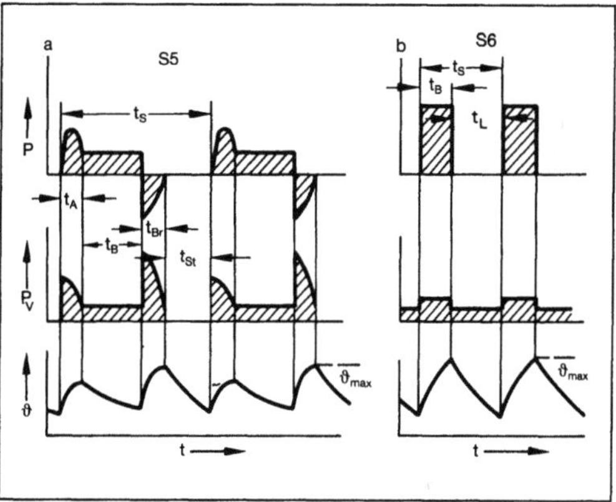

Betriebsart (elektrische Maschinen) 3: Kennlinien der Betriebsarten S5 und S6. (Quelle: DIN-, VDE-Normen)

t_{Br} Bremszeit, t_L Leerlaufzeit

denen jedes eine Zeit mit konstanter Belastung und eine Leerlaufzeit umfaßt. Es tritt keine Pause auf. Leerlauf ist ein Lauf der Maschine ggf. ohne Belastung, aber unter sonst normalen Betriebsbedingungen (Bild 3b).

Ununterbrochener periodischer Betrieb S7 mit Anlauf und elektrischer Bremsung ist ein Betrieb, der sich aus einer Folge gleichartiger Spiele zusammensetzt, von denen jedes eine Anlaufzeit, eine Zeit mit konstanter Belastung und eine Zeit mit elektrischer Bremsung umfaßt. Es tritt keine Pause auf (Bild 4).

Ununterbrochener periodischer Betrieb S8 mit Last-/Drehzahl-Änderungen ist ein Betrieb, der sich aus einer Folge gleichartiger Spiele zusammensetzt, deren jedes eine Zeit mit konstanter Belastung und bestimmter Drehzahl und anschließend eine oder

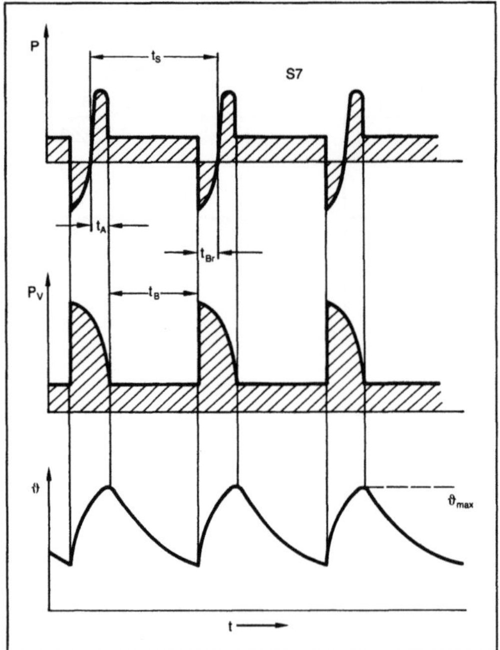

Betriebsart (elektrische Maschinen) 4: Kennlinien der Betriebsart S7. (Quelle: DIN-, VDE-Normen)

mehrere Zeiten mit anderer Belastung, denen unterschiedliche Drehzahlen entsprechen, umfaßt. Dies tritt z. B. durch Polumschaltung von Induktionsmotoren auf (Bild 5).

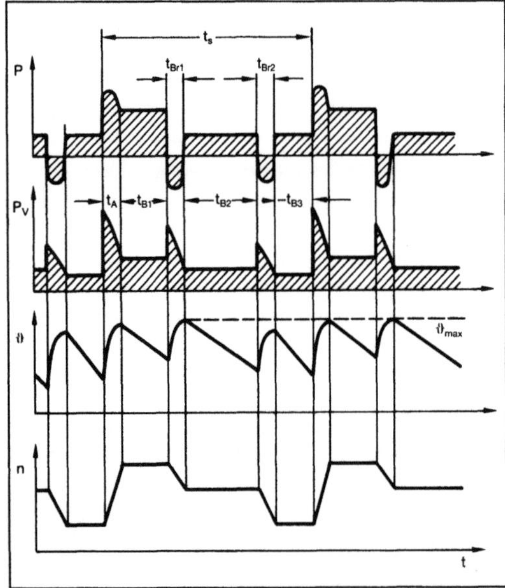

Betriebsart (elektrische Maschinen) 5: Kennlinien der Betriebsart S8. (Quelle: DIN-, VDE-Normen)

n Drehzahl

Ununterbrochener Betrieb S9 mit nicht periodischer Last- und Drehzahländerung ist ein Betrieb, bei dem sich i. a. Belastung und Drehzahl innerhalb des zulässigen Betriebsbereiches nicht periodisch ändern. Bei diesem Betrieb treten häufig Belastungsspitzen auf, die weit über der Vollast liegen können (Bild 6). Dieser B. muß eine passend gewählte Dauerbelastung als Bezugswert für das Lastspiel zugrunde gelegt werden.

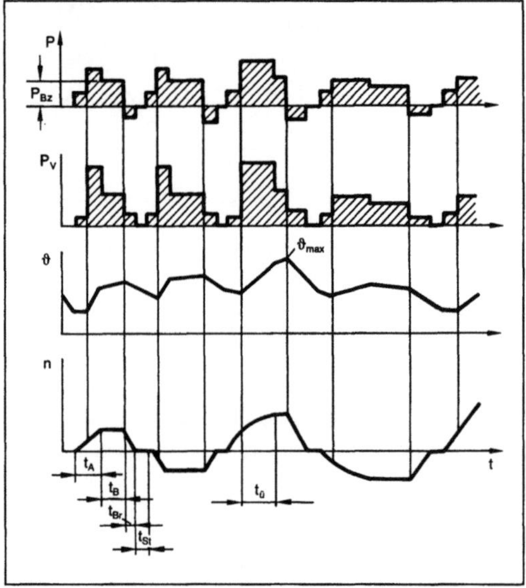

Betriebsart (elektrische Maschinen) 6: Kennlinien der Betriebsart S9. (Quelle: DIN-, VDE-Normen)

P_{Bz} Bezugsleistung, $t_{\ddot{U}}$ Überlastungszeit

Die B. (der Betrieb) ist vom Betreiber bei der Bestellung oder Auswahl einer elektrischen Maschine anzugeben. Sie ist nicht zu verwechseln mit dem Bemessungsbetrieb, der für eine elektrische Maschine vom Hersteller festgelegt und auf dem Leistungsschild angegeben wird.   *Rentzsch*

Betriebsdiagramm. Das Verhalten eines elektrischen Antriebs läßt sich gut in einem Koordinatenkreuz (Bild) darstellen, insbesondere bei Speisung eines Gleichstrommotors von einem Stromrichter. In der Abszisse ist das Drehmoment M aufgetragen, das dem Laststrom I proportional ist. Drehmoment M bzw. Strom I können je nach Antriebssystem positive oder negative Werte annehmen.

In der Ordinate ist die Drehzahl n aufgetragen, der beim Stromrichter die Ausgangsspannung U_a proportional ist (bei Motoren mit Feldschwächung nur bis zur Kenndrehzahl). Drehzahl n und Spannung U_a können je nach Antriebssystem wieder positive oder negative Richtung annehmen.

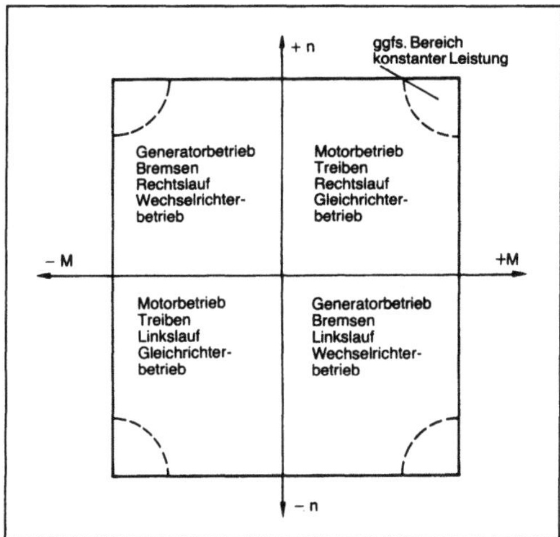

Betriebsdiagramm.

Für die vier möglichen Betriebsquadranten eines Gleichstromantriebs ergeben sich daraus folgende Merkmale:

☐ Betriebsquadrant I: Treiben-Rechtslauf – Motorbetrieb – Gleichrichterbetrieb des Stromrichters;

☐ Betriebsquadrant II: Bremsen-Rechtslauf – Generatorbetrieb – Wechselrichterbetrieb des Stromrichters;

☐ Betriebsquadrant III: Treiben-Linkslauf – Motorbetrieb – Gleichrichterbetrieb des Stromrichters;

☐ Betriebsquadrant IV: Bremsen-Linkslauf – Generatorbetrieb – Wechselrichterbetrieb des Stromrichters.

Für die praktische Anwendung werden Antriebssysteme zur Verfügung gestellt, die in folgenden Quadranten arbeiten:

☐ *Einquadranten-Antriebe:* I. oder III. Quadrant. Anwendung: Extruder, Pumpen, Lüfter, Kalander, Förderanlagen. Zugehöriger Stromrichter: Geradeausstromrichter oder Umrichter mit Spannungszwischenkreis (→Zwischenkreisumrichter).

☐ *Zweiquadranten-Antriebe:* 1. und 4. oder 2. und 3. Quadrant. Anwendung: Hebezeuge (wegen Bremsen beim Senken wird 2. bzw. 4. Quadrant benötigt). Zugehöriger Stromrichter: Geradeausstromrichter im Gleich- und Wechselrichterbetrieb oder Umrichter mit Spannungszwischenkreis.

☐ *Vierquadranten-Antriebe:* 1. bis 4. Quadrant. Anwendung: alle Antriebe, die in beiden Drehrichtungen treiben und bremsen müssen, z. B. Haupt- und Vorschub-Antriebe von Werkzeugmaschinen, Walzwerksantriebe, Prüfmaschinen, Bahnen, Fahrwerke usw. Zugehöriger Stromrichter: Umkehrstromrichter oder Umrichter mit Spannungszwischenkreis, jedoch Umkehrstromrichter im Eingang oder Umrichter mit Stromzwischenkreis oder →Direktumrichter für langsamlaufende Antriebe. *Stüben*

Betriebsforderung →Anforderungsliste

Betriebskondensator →Einphasenmotor

Betriebspunkt. Der durch Drehmoment und Drehzahl gekennzeichnete Punkt, in dem ein →Verbrennungsmotor läuft.

Der (augenblickliche) B. eines Verbrennungsmotors kann als Punkt im →Motorkennfeld dargestellt werden. Der Einsatz eines Motors entscheidet darüber, wie oft und wie lange welche B. gefahren werden. Schiffsmotoren fahren auf hoher See über Stunden in demselben B. Bei Fahrzeugmotoren dagegen wechselt der B. fast ständig, weil sich das Drehmoment und/oder die Drehzahl ändern (und damit natürlich auch die Leistung). Der B. hat starken Einfluß auf Wirkungsgrad, Geräusch, Abgasemission, Motorbeanspruchung u. a. *Kuhlmann*

Betriebsspiel →Lagerspiel

Betriebsstoff. Die zum Betrieb einer Maschine notwendigen, sich verbrauchenden Stoffe.

Ein →Verbrennungsmotor benötigt als B. →Kraftstoff und →Schmieröl. Der vom →Nutzwirkungsgrad abhängige Kraftstoffverbrauch beeinflußt in hohem Maße die Betriebskosten eines Motors. Aber auch der Schmierölverbrauch (Angabe in g/kWh) ist bei größeren Motoren von wirtschaftlicher Bedeutung. *Kuhlmann*

Betriebstemperatur →Lagertemperatur, Wälzlager-Erwärmung

Betriebsverhalten (Verbrennungsmotor) →Motorkennfeld

Betriebsviskosität →Lagertemperatur

Bettungsreinigungsmaschine. B. dienen dazu, den Schotter bestehender Gleisanlagen aufzunehmen, zu reinigen und wieder einzubauen. Der Schotter wird dabei mittels Schrapperketten aus dem Schotterbett aufgenommen und über Förderketten auf eine Siebanlage geworfen. Durch die Materialaufnahme, das Hochfördern und Abwerfen entsteht bereits eine Loslösung des Abraums vom Schotter. Die endgültige Trennung von Abraum und Schotter wird durch Absiebung mit i. d. R. mehrstufigen Sieben erreicht. Den gereinigten Schotter verteilt man anschließend mit Verteilerförderbändern über das ganze Bettungsprofil. Überschüssiger Schotter wird durch Planierketten nach außen gefördert und für das Planum verwendet. *Kühn*

Beurteilungsmaßstab. Festlegung von Richtwerten zur Wirkung mechanischer Schwingungen.

Außer Lärm müssen auch unerwünschte mechanische Schwingungen durch Bekämpfen ihrer Ursachen oder durch →Schwingungsisolierung in angemessenen Grenzen gehalten werden. Die Aufgabe dieser Grenzen aus Erfahrungen erfordert zunächst die Festlegung der möglichen Meßgrößen, Schwingweg, Schwinggeschwindigkeit oder Schwingbeschleunigung, die als Kenngröße heranzuziehen sind.

In Abhängigkeit dieser Kenngröße wird eine Wahrnehmungsstärke, die bewertete Schwingstärke K, kurz K-Wert, als einheitliches Maß für die Einwirkung mechanischer Schwingungen auf den Menschen definiert. Diesem K-Wert werden Beurteilungsklassen zugeordnet, die Aussagen zur Gefährlichkeit der Schwingung machen.   *Gaul*

Literatur: DIN 4150. Tl. 1–3: Erschütterungen im Bauwesen. Hrsg. Dt. Inst. f. Normung. Ausg. Sept. 1975. – ISO 2631: Guide for the Evaluation of Human Exposure to Whole-Body Vibrations. Hrsg. Int. Org. Standardization. Ausg. 1974. – VDI 2056: Beurteilungsmaßstäbe für mechanische Schwingungen von Maschinen. Hrsg. Verein Dt. Ingenieure. Ausg. 1964. – VDI 2057. Bl. 1–3 (Entw.): Einwirkung mechanischer Schwingungen auf den Menschen. Hrsg. Verein Dt. Ingenieure. Ausg. 1986.

Bewegungsablauf. Der B. eines Mechanismus bzw. Getriebes (MG) ist gekennzeichnet durch die Bewegungen, die sich aus der Lage der Getriebeglieder zueinander ergeben, und durch deren zeitlichen Ablauf.

Die physikalischen Grundgrößen sind die Zeit als skalare und der Weg bestimmter Gliederpunkte als vektorielle Größe. Durch Differentiationen nach der Zeit t kann von der Grundgröße Weg s der B. des MG durch die Geschwindigkeit v, die Beschleunigung a und die Ruckfunktion R abgeleitet werden.

Soll ein Getriebe eine →Bewegungsaufgabe erfüllen, so muß eine Eingangsgröße x in eine Ausgangsgröße y nach einer Übertragungsfunktion umgewandelt werden. Beide Größen können dabei Winkeldrehungen oder Wege sein, die von einer charakteristischen Lage der Getriebeglieder (Topologie) aus gezählt werden.

Zusätzlich dazu muß der zeitliche Ablauf dieser beiden Größen berücksichtigt werden, was neben den Übertragungsfunktionen zu den Antriebsfunktionen x(t) und den Zeitfunktionen des Abtriebs (z. B. mit s(t), v, a, R) führt (Bild 1).

Die Übertragungsfunktionen y(x) sind der rein geometrische Zusammenhang zwischen An- und Abtrieb eines MG. Mit y=y(x) als Übertragungsfunktion 0. Ordnung wird die Abtriebsgeschwindigkeit $\dot{y}=y'\cdot\dot{x}$, wobei y' die Übertragungsfunktion 1. Ordnung ist. Für die rein geometrischen Beziehungen zwischen An- und Abtrieb ist $y'(x)=\dot{y}/\dot{x}$, also das Verhältnis von Ab- zu Antriebsgeschwindigkeit bzw. Winkelgeschwindigkeit kennzeichnend. Hierfür ist bei gleicher Maßeinheit für x und y der Begriff

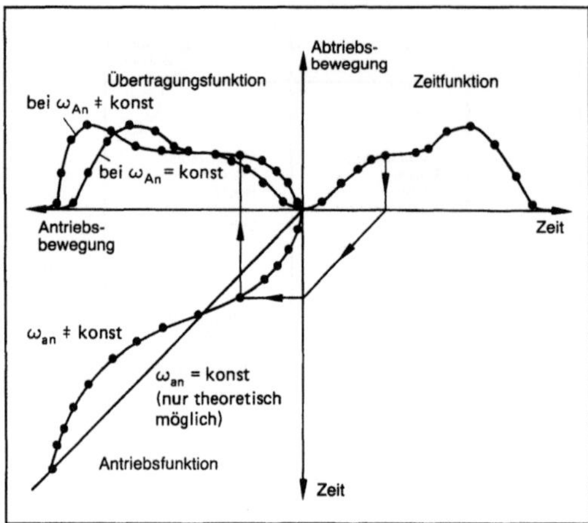

Bewegungsablauf 1: Einfluß der Antriebsfunktion auf die Übertragungsfunktion bei gegebener Zeitfunktion.

Übersetzung i üblich. Bei gleichmäßig übersetzenden Getrieben wird $i=\dot{x}/\dot{y}=1/y'$ verwendet, z. B.

Zahnradgetriebe: $i = \dfrac{n_{an}}{n_{ab}} = \dfrac{\omega_{an}}{\omega_{ab}} = \dfrac{r_{ab}}{r_{an}}$;

darin bedeuten ω Winkelgeschwindigkeit, r Teilkreisradius.

Bei ungleichmäßig übersetzenden Getrieben ist die Übersetzung i während des Durchlaufens einer Bewegungsperiode veränderlich und (wegen möglicher Umkehr von Bewegungsrichtungen) vorzeichenbehaftet.

Hier sind folgende Fälle zu unterscheiden:

□ Antrieb umlaufend (φ), Abtrieb schwingend (ψ) (z. B. Kurbelschwinge mit Antrieb an Kurbel):

$$i = \frac{\dot{y}}{\dot{x}} \ (= y'), \text{ d. h. } i = \frac{\dot{\Psi}}{\dot{\varphi}} \ (= \Psi'),$$

damit an Umkehrstellen von Ψ nicht i unendlich groß wird.

□ Antrieb schwingend (φ), Abtrieb umlaufend (Ψ) (z. B. Kurbelschwinge mit Antrieb an Schwinge):

$$i = \frac{\dot{x}}{\dot{y}} \ (= 1/y'), \text{ d. h. } i = \frac{\dot{\varphi}}{\dot{\Psi}} \ (= 1/\Psi')$$

wie bei gleichmäßig übersetzten Getrieben.

Bei schwingenden An- und Abtrieben (z. B. Doppelschieber, Totalschwinge) läßt sich keine Übersetzung i definieren, die frei von Unendlichkeitsstellen ist.

$y'=\psi'$ (φ) ist die erste Ableitung des Abtriebswinkels ψ nach dem Antriebswinkel φ und wird als Übertragungsfunktion 1. Ordnung bezeichnet. Analog werden die 2. und die 3. Ableitung als Übertragungsfunktion 2. Ordnung $y''(x)$ und Übertragungsfunktion 3. Ordnung $y'''(x)$ bezeichnet, hier also $\psi''(\varphi)$ bzw. $\psi'''(\varphi)$.

Bei Berücksichtigung der Antriebsfunktion x(t) erhält man aus den Übertragungsfunktionen die Geschwindigkeit ẏ(t), die Beschleunigung ÿ(t) und die Ruckfunktion $\dddot{y}$(t) (als Maß für die Beschleunigungsänderung) des Abtriebs. Falls in einem Getriebe eine Schiebung auftritt, ist die Winkelgeschwindigkeit des Schiebers gegenüber der Führung null, so daß die Übersetzung in allen Stellungen des Getriebes null wäre. Um trotzdem ein Verhältnis der Geschwindigkeit v des Schiebers zur Antriebswinkelgeschwindigkeit der Kurbel (oder umgekehrt) bilden zu können, wurde von *Hain* die Drehschubstrecke $m = v_B/\omega_{10}$ als Abstand des Hilfspols Q vom Kurbeldrehpunkt Ao (Bild 2) definiert. *Gierse*

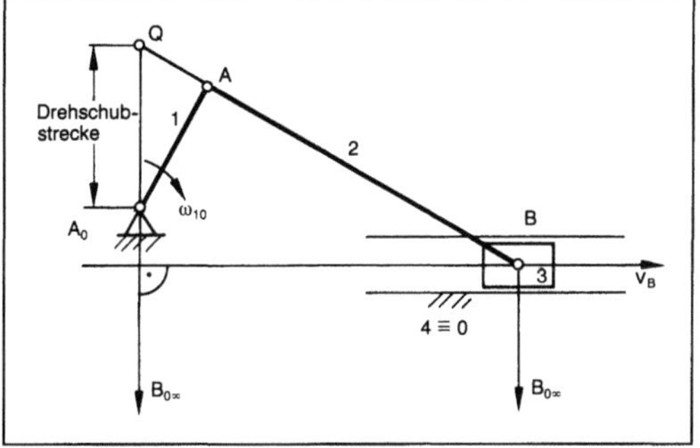

Bewegungsablauf 2: Drehschubstrecke. (Quelle: Hain a. a. O.)

Literatur: *Hain, K.:* Getriebelehre, Grundlagen und Anwendungen. Tl. 1: Getriebe-Analyse. München 1963. – *Volmer, J.:* Getriebetechnik Lehrb. Ost-Berlin 1980.

Bewegungsaufgabe. Eine B. ist die Gesamtheit aller Anforderungen an die Bewegung von Organen zum Ausführen eines technischen Prozesses.

Hat man durch Konstruktionsmethodik, Wertanalyse u. dgl. Prinziplösungen gefunden, so sind die zum Erreichen der gewünschten Wirkungen erforderlichen Bewegungen zu definieren (z. B. Führen von Körperpunkten auf geforderten Bahnen als Führungsaufgabe, Verändern von Bewegungsabläufen nach geforderten Übertragungsfunktionen als Übertragungsaufgabe). Eine Systematik der B. (einige Beispiele: Tabelle) kann hierbei hilfreich sein. Sie ist gleichzeitig der erste Schritt zur qualitativen Synthese von Mechanismen und Getrieben (MG), wenn sie zu einem Konstruktionskatalog gehört. Eine Spezifikation weiterer Anforderungen, die für den jeweils vorliegenden Fall erfüllt werden müssen, ist mit einer Zusammenstellung relevanter, gewichteter Bewertungskriterien möglich. Durch quantitative Synthese von MG wird anschließend an Hand dieser Kriterien eine techn.-wirtschaftlich optimierte getriebetechnische Lösung entwickelt. *Gierse*

Literatur: DIN 69910: Wertanalyse. Hrsg. Dt. Inst. f. Normung. Ausg. 1987. – *Gierse, F. J., U. Marx u. W. Zientz:* Bewegungsgüte von Mechanismen und Getrieben. VDI-Ber. 596. Düssel-

Bewegungsaufgabe. Tabelle: Systematik für Bewegungsaufgaben nach VDI 2727 (Auswahl).

		Bewegungsart	Verlauf	Beispiele
Bewegungsaufgabe	Drehen	gleichsinnig	ψ, t	Drehschwingung
		gleichsinnig linear	ψ, t	Drehzahl-Reduktion
		gleichsinnig mit Rast	ψ, t	Filmtransport
		gleichsinnig mit Pilgerschritt	ψ, t	Baumwollkämmaschine
		wechselsinnig	ψ, t	Scheibenwischer
		wechselsinnig mit Rast(en)	ψ, t	Ladenbewegung einer Webmaschine
		wechselsinnig mit Pilgerschritt	ψ, t	Etikettiermaschine

Bewegungsaufgabe. noch Tabelle: Systematik für Bewegungsaufgaben nach VDI 2727 (Auswahl).

	Bewegungsart	Verlauf	Beispiele
Schieben	gleichsinnig		Türriegel
	wechselsinnig		Rasierapparat
	wechselsinnig mit Rast(en)		Ventilstößel
	wechselsinnig mit Pilgerschritt		Spulmaschinen
Führen	Punkt auf Kreisbahn		Drehvorrichtung für Kugeln
	Punkt auf Gerade		Geradführung
	Punkt auf allgemeiner Kurve		Ellipsenzirkel
	Körper mit Schiebung		Straßenbahntür
	Körper mit Drehung		Türscharnier
	Körper mit allgemeiner Bewegung		Handlingaufgaben
	Körper in Lagen festhalten		Regenschirm, Autositz

dorf 1986, S. 1/62. – *Hahn, W.:* Ein Beitrag zur funktionenorientierten kinematischen Struktur- und Maßsynthese einfacher Getriebebausteine mit dem Elementenpaar Zahnriemen/Zahnscheibe. Diss. Univ.-GH Siegen 1987. – VDI 2221: Methodik zum Entwickeln und Konstruieren technischer Systeme und Produkte. Hrsg. Verein Dt. Ing. Ausg. Nov. 1986. – VDI 2727 Bl. 1 u. 2: Konstruktionskataloge. Lösung von Bewegungsaufgaben mit Getrieben. Hrsg. Verein Dt. Ing. Ausg. Mai 1991.

Bewegungsbereich →Laufeigenschaft

Bewegungsgesetz →Kurvengetriebe

Bewegungsgüte. Unter B. versteht man einerseits die antriebsbezogene Kraft- und Bewegungsübertragung, im folgenden Übertragungsgüte genannt, durch die sog. Übertragungsgetriebe und andererseits die Güte der Realisierung einer antriebsbezogenen oder nicht antriebsbezogenen Führungsaufgabe, hier Führungsgüte genannt, durch die →Führungsgetriebe.

Übertragungsgüte ist die wertanalytisch notwendige Annäherung einer Übertragungsfunktion sowie eines diese erzeugenden Getriebes an die Erfüllung aller Anforderungen bei der Umwandlung von Antriebs- und Abtriebsgrößen unter Berücksichtigung aller den Lauf des Getriebes beeinflussenden Größen.

Führungsgüte ist die wertanalytisch notwendige Annäherung einer Führungsfunktion – das ist die antriebsbezogene und die nicht antriebsbezogene Führung der Getriebeebene selbst durch geforderte Lagen oder entlang geforderter Bahnen – sowie die Annäherung an die ideale Erfüllung aller Anforderungen bei der Realisierung einer Führungsaufgabe unter Berücksichtigung aller den Lauf des Getriebes beeinflussenden Größen.

Die Beurteilung der B. einer ausgeführten oder auszuführenden getriebetechnischen Lösung kann mit Hilfe von Bewertungskriterien nach wertanalytischen Gesichtspunkten geschehen. Hier ist dann eine Auflistung aufgabenrelevanter Bewertungskriterien unter den Gesichtspunkten Kinematik, Kinetik, Dynamik, Konstruktion, Werkstofftechnik, Wirtschaftlichkeit/Kosten erforderlich.

Nach Gewichten der Kriterien und Ermitteln des Erfüllungsgrads läßt sich dann der Gesamtnutzwert der getriebetechnischen Lösung als Summe der Teilnutzwerte je →Bewertungskriterium – dieser ist das Produkt aus Gewichtung und Erfüllungsgrad – errechnen. Der Gesamtnutzwert als Zahlenwert läßt eine Aussage zur B. des Getriebes zu.

Bei der Definition der Funktion/Aufgabe eines Getriebes ist ebenso wie bei der Auswahl und der Gewichtung der Bewertungskriterien sehr sorgfältig vorzugehen, damit einerseits die geforderte Funktion/Aufgabe bestmöglich erfüllt wird und andererseits die beste getriebetechnische Lösung das Ergebnis eines iterativen und nach wertanalytischen Gesichtspunkten optimierten Konstruktionsprozesses darstellt. Insbesondere ist die Fülle der Bewertungskriterien und deren aufgabenspezifische Gewichtung von höchster Relevanz.   *Gierse*

Literatur: DIN 69 910: Wertanalyse. Hrsg. Dt. Inst. f. Normung. Ausg. 1987. – *Gierse, F. J., U. Marx u. W. Zientz:* Bewegungsgüte von Mechanismen und Getrieben. VDI-Ber. 596. Düsseldorf 1986. – *Marx, U.:* Ein Beitrag zur kinetischen Analyse ebener viergliedriger Gelenkgetriebe unter dem Aspekt Bewegungsgüte. Diss. Univ.-GH Siegen 1986. – VDI 2725: Getriebekennwerte. Hrsg. Verein Dt. Ing. Ausg. Juni 1983. – *Zangemeister, C.:* Nutzwertanalyse von Projektalternativen. Produktplanung in der Wertanalyse. Zürich 1974.

Bewegungsperiode →Laufeigenschaft

Bewegungsplan. Der B. eines Mechanismus oder Getriebes (MG) ist die graphische Darstellung der Bereiche und Punkte der Übertragungsfunktion, die genau verwirklicht werden müssen bzw. als freie Übergangsbereiche mit zunächst nicht näher definiertem →Bewegungsablauf gelten.

Ausgangspunkt für die kinematische Synthese von MG ist der Maschinenarbeitsplan (Zyklogramm). In ihm werden in Abhängigkeit von der Zeit oder dem Antriebsparameter der Maschine, z. B. dem Drehwinkel der Hauptantriebswelle, alle von der technologischen Aufgabe her vorgeschriebenen Bewegungsaufgaben der an der Bearbeitung beteiligten Bauglieder festgelegt, und zwar für einen Arbeitszyklus der Maschine. Soll die Bewegung eines Bauglieds von einem Kurven-MG verwirklicht werden, so sind aus dem Maschinenarbeitsplan alle Forderungen an die Abtriebsbewegung (z. B. Koor-

dinaten einzelner Punkte, vorgegebene Geschwindigkeiten und Beschleunigungen) in einen B. zu übertragen (Bild 1), der als Berechnungsbasis für die kinematische Synthese des Kurven-MG dient.

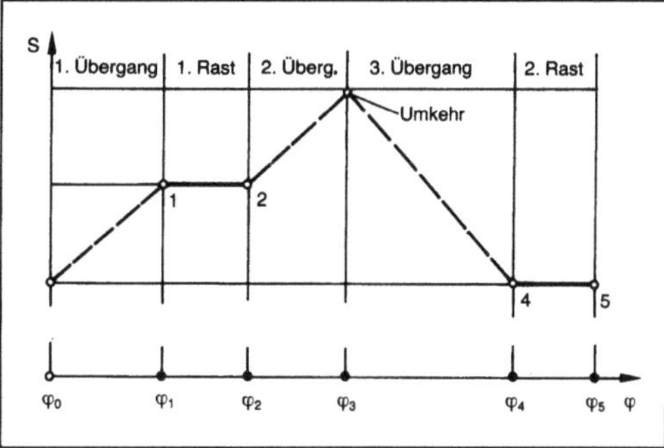

Bewegungsplan 1: Bewegungsplan.

Um die Berechnung zu vereinfachen, teilt man den B. in einzelne Bewegungsabschnitte ein (z. B. Rast, Übergang usw.), wobei die Randpunkte der Bewegungsabschnitte fortlaufend numeriert werden. In den Bereichen, die von der technologischen Aufgabe nicht fest vorgeschrieben sind (gestrichelte Linien in Bild 1), werden Bewegungsgesetze benötigt, die zwischen den Anschlußstellen einen glatten, d. h. stoß- und möglichst auch ruckfreien Übergang gewährleisten. Je nach geforderter Geschwindigkeit v und geforderter Beschleunigung a am Randpunkt eines Bewegungsabschnitts unterscheidet man im B. vier Bewegungsaufgaben (Tabelle):

Bewegungsplan. Tabelle: Kurvengetriebe.

Bewegungsverhältnisse am Randpunkt	Bezeichnung der Bewegungsaufgabe	Abkürzung
v = 0 und a = 0	Rast	R
v I 0 und a = 0	konstante Geschwindigkeit	G
v = 0 und a I 0	Umkehr	U
v I 0 und a I 0	Bewegung	B

In VDI-Richtlinien werden für alle Kombinationen von Bewegungsaufgaben (z. B. Rast-in-Rast oder Rast-in-Umkehr) Bewegungsgesetze in analytischer Form angeboten. Nach ihrem mathematischen Aufbau unterscheidet man Potenzgesetze, trigonometrische Gesetze und Kombinationen aus diesen. Je nach Lage des Wendepunkts werden sie in symmetrische und unsymmetrische Bewegungsgesetze gegliedert: Liegt der Wendepunkt W nicht in der Mitte der gestrichelten Verbindungslinie der Randpunkte (Bild 2), sondern auf ihr verschoben, dann liegt eine Wendepunktverschiebung vor. Liegt der Wendepunkt W neben der gestrichelten Verbin-

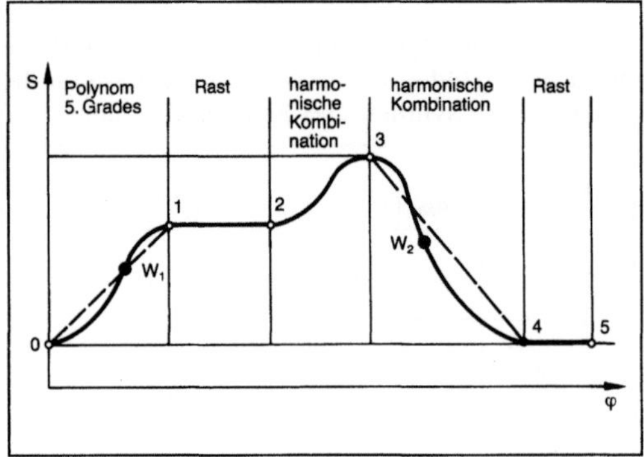

Bewegungsplan 2: Bewegungsdiagramm. (Quelle: VDI 2143 a. a. O.)

W1 Wendepunktverschiebung, W2 Wendepunktverlagerung

dungslinie (Bild 2), spricht man von einer Wendepunktverlagerung. Durch Wendepunktverschiebung oder -verlagerung entstehen unsymmetrische Bewegungsgesetze, die zusätzlich vorgegebene Randbedingungen erfüllen können, z. B. unterschiedliche Aufteilung der Phasen positiver und negativer Beschleunigung. Bei einigen Bewegungsaufgaben, wie Rast-in-Umkehr, ergeben sich zwangsläufig Unsymmetrien.

Bewegungsaufgaben, bei denen die Geschwindigkeiten oder/und die Beschleunigungen in den Randpunkten von der Aufgabenstellung fest vorgegeben sind, erfordern eine Randwertanpassung. Hierbei werden die mathematischen Funktionen der Bewegungsgesetze an die jeweils geforderten Geschwindigkeits- und Beschleunigungswerte so angepaßt, daß an den Randpunkten ein stetiger Beschleunigungsverlauf auftritt.

Durch Einfügen der Bewegungsgesetze in den B. entsteht das Bewegungsdiagramm (Bild 2). In ihm ist der gesamte Funktionsverlauf (z. B. Abtriebsweg s in Abhängigkeit vom Antriebsdrehwinkel φ) abschnittsweise mathematisch formuliert, so daß die erforderlichen Ableitungen für die Darstellung des Geschwindigkeits- und des Beschleunigungsverlaufs gebildet werden können. Durch Festlegen aller Bewegungsdiagramme einer Maschine wird der Maschinenarbeitsplan zum Maschinenarbeitsdiagramm (Funktionsdiagramm). Er dokumentiert das eindeutige Zusammenspiel aller Bauglieder und ist deshalb ein wichtiges Hilfsmittel für Montage und Fehlersuche.

Die kinematischen Hauptabmessungen ebener Kurvengetriebe lassen sich ermitteln, wenn das Bewegungsdiagramm sowie die Geschwindigkeiten und Beschleunigungen des Abtriebsglieds bekannt sind. Beim ersten Konstruktionsentwurf lassen sich Lösungsfelder für die Lage des Kurvenscheibendrehpunkts relativ zum Abtriebsglied mit Hilfe des Übertragungswinkels μ so eingrenzen (Hodogra-

phen-Verfahren sowie Näherungsverfahren von *Flocke*), daß ein vorgebbarer Kleinstwert μ_{min} in keiner Getriebestellung unterschritten wird. *Gierse*

Literatur: VDI 2143. Bl. 1: Bewegungsgesetze für Kurvengetriebe. Theoretische Grundlagen. Hrsg. Verein Dt. Ing. Ausg. Okt. 1980. – VDI 2143. Bl. 2: Bewegungsgesetze für Kurvengetriebe. Praktische Anwendung. Hrsg. Verein Dt. Ing. Ausg. Jan. 1987. – VDI 2142, Bl. 1 u. Bl. 2: Auslegung ebener Kurvengetriebe. Hrsg. Verein Dt. Ing. Ausgabe Apr. 1993. – *Volmer, J.* (Hrsg.): Getriebetechnik – Kurvengetriebe. Ost-Berlin 1976.

Bewegungsreibung. →Reibung zwischen relativ zueinander bewegten Körpern. *Habig*

Bewertungskriterien. B. sind Zielevorgaben für technisch-wirtschaftliche Eigenschaften von Mechanismen und Getrieben (MG), um die →Bewegungsgüte von geplanten MG detailliert vorzugeben sowie von fertiggestellten gezielt zu ermitteln.

Für die kinematische Synthese eines MG genügt es, die rein geometrischen Abhängigkeiten der (noch als masselos betrachteten) MG-Struktur nur mit Hilfe kinematischer B. zu beurteilen. Hier sind der Übertragungswinkel μ, der geometrische →Kraftangriffswinkel δ_g, der →Laufgrad F und die Beurteilung der Laufeigenschaften mit Hilfe des Satzes von *Grashof* für viergliedrige →Gelenkgetriebe zu nennen. Werden in der kinetischen Synthese die MG-Glieder mit Massen belegt, so ist eine genaue Beurteilung der Laufeigenschaften mit Hilfe

□ *kinetischer B.*, wie z. B. dem kinetischen Kraftangriffswinkel δ_k, dem Beschleunigungsgrad δ_α, der Übertragungsgüte, dem Übertragungswirkungsgrad $\eta_{\ddot{u}}$,

□ *dynamischer/schwingungstechnischer B.*, wie z. B. dem dynamischen Laufkriterium κ, den maximalen Gelenkkräften, dem maximalen Antriebsmoment, Eigenfrequenzen, Ungleichmäßigkeitsgrad,

□ *konstruktiver B.*, wie z. B. Platzbedarfs-Kennwerte, Schichtenzahl, Anzahl der fliegenden Drehpunktlagerungen, Überbestimmtheit,

□ *werkstofftechnischer B.*, beispielsweise Reibung, Belastungsfähigkeit, Knicksteifigkeit,

□ *wirtschaftlicher B.*, wie z. B. Kosten, wirtschaftlicher und technischer Wertigkeit, Wertanalyse, erforderlich. *Gierse*

Literatur: DIN 69910: Wertanalyse. Hrsg. Dt. Inst. f. Normung. Ausg. 1987. – *Gierse, F. J., U. Marx* u. *W. Zientz:* Bewegungsgüte von Mechanismen und Getrieben. VDI-Ber. 596. Düsseldorf 1986. – *Marx, U.:* Ein Beitrag zur kinetischen Analyse ebener viergliedriger Gelenkgetriebe unter dem Aspekt Bewegungsgüte. Diss. Univ.-GH Siegen 1986. – VDI 2725: Getriebekennwerte. Hrsg. Verein Dt. Ing. Ausg. Juni 1983.

Bewertungsverfahren. B. sind Hilfsmittel zur Ermittlung des Werts oder Nutzens eines Produkts in bezug auf vorher aufgestellte Kriterien.

Die Verfahren können als Entscheidungshilfe beim Kauf von Produkten, aber auch bei deren Entwicklung zur Auswahl geeigneter Lösungen dienen. Stellt man damit Schwachstellen eigener Lösungen relativ zu anderen am Markt angebotenen fest, so hat man eine Ausgangsbasis für die Weiterentwicklung der eigenen Produkte.

Allen B. liegt das nachfolgende Schema mit vier Schritten zugrunde:

1. Aufstellen von Bewertungskriterien. Suche nach Zielvorstellungen und Teilzielen. Dabei ist auf Vollständigkeit, Unabhängigkeit und möglichst auf quantitative Erfassung der Eigenschaften zu achten.
2. Festlegen der relativen Gewichtung der Bewertungskriterien.
3. Ermittlung der Ist-Eigenschaften der Lösungen hinsichtlich dieser Kriterien (technische und wirtschaftliche Daten, Zielgrößen).
4. Vergleich der Ist-Eigenschaften der einzelnen Varianten mit den Soll-Eigenschaften. Zur Bewertung des Erfüllungsgrades werden dabei i. a. dimensionslose Punkte benutzt, die evtl. über Wertfunktionen ermittelt werden. Durch Multiplikation der Punkte mit den Gewichten und anschließende Summierung der Punkte erhält man die relativen Nutzwerte der einzelnen Lösungen.

Beim Einsatz von B. für die Entwicklung von Produkten ist es wichtig, daß die Bewertungskriterien und Gewichtungen vom Markt, d. h. vom „mittleren potentiellen Käufer" bestimmt werden und nicht von der Phantasie, z. B. der Entwickler.

Ein Beispiel für eine gewichtete Punktbewertung nach obigem Schema zeigt Bild 1.

Ein weiteres gebräuchliches Verfahren ist die technisch-wirtschaftliche Bewertung (nach Richtlinie VDI 2225). Dabei werden technische und wirtschaftliche Kriterien getrennt bewertet, die Werte normiert und in einem „Stärkediagramm" dargestellt. Die graphische Darstellung ermöglicht einen anschaulichen Vergleich der unterschiedlichen Lösungen:

□ Technische Wertigkeit X: Für jede technische Eigenschaftsklasse i einer Variante j werden Punkte p vergeben (z. B. von 0–10 mit $p_{max} = 10$). Die Eigenschaftsklassen (z. B. Funktion, Betriebssicherheit) können mit Gewichten g_i (z. B. von 0–1) versehen werden. Die technische Wertigkeit X_j einer Variante j errechnet sich dann zu:

$$X_j = \left[\frac{g_1\, p_1 + g_2\, p_2 + \dots + g_i\, p_i}{(g_1 + g_2 + \dots + g_i)\, p_{max}}\right]_j < 1.$$

Bezugswert ist die ideale Lösung mit der maximalen Punktezahl p_{max}.

□ Wirtschaftliche Wertigkeit Y: Bezugswert ist ein ideales Kostenziel, das ins Verhältnis zu den tatsächlichen Kosten gesetzt wird. Die wirtschaftliche

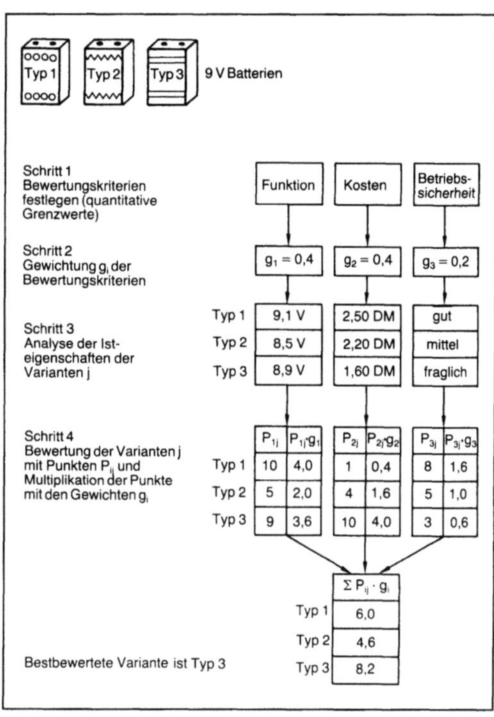

Bewertungsverfahren 1: Gewichtete Punktbewertung am Beispiel „9V-Batterien".

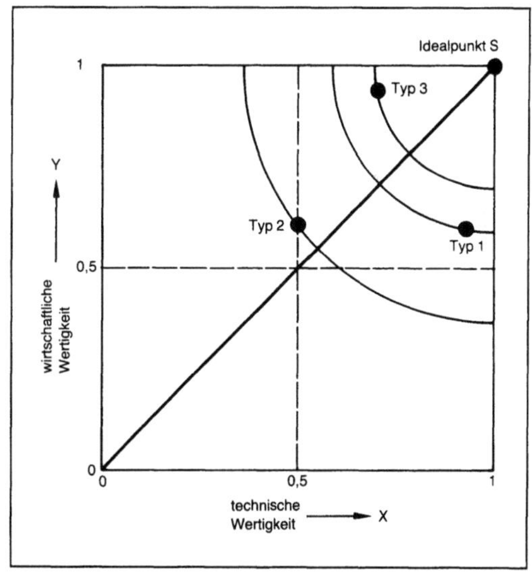

Bewertungsverfahren 2: Stärkediagramm für das Batteriebeispiel.

Wertigkeit Y_j einer Variante j errechnet sich dann zu:

$$Y_j = \left[\frac{\text{ideales Kostenziel}}{\text{tatsächliche Kosten}}\right]_j < 1.$$

□ Stärkediagramm (Bild 2): Die technischen Wertigkeiten X_j werden den wirtschaftlichen Wertigkeiten Y_j im Stärkediagramm gegenübergestellt. Die am nächsten beim Idealpunkt S liegende Variante wird bevorzugt.

Ein weiteres gebräuchliches Verfahren ist die Nutzwertanalyse. *Ehrlenspiel*

Literatur: VDI 2225: Technisch-wirtschaftliches Konstruieren. Hrsg. Verein Dt. Ingenieure. Ausg. Apr. 1977.

Bezugsdrehzahl →Dynamikfaktor

Bezugszustand. Genormter atmosphärischer Zustand, auf den sich bei Verbrennungsmotoren die Leistungsangabe bezieht.

Die →Nutzleistung eines unaufgeladenen Verbrennungsmotors ist etwa proportional dem Luftdruck und hängt auch von der Lufttemperatur und der Luftfeuchte ab. Deshalb gelten Leistungsangaben von Verbrennungsmotoren nur für den genormten B. Der B. für Verbrennungsmotoren für allgemeine Verwendung ist nach DIN 6271: Luftdruck 1000 mbar, Lufttemperatur 300 K (27 °C), relative Luftfeuchte 60 %. Für Kraftfahrzeugmotoren gilt Luftdruck 1013 mbar, Lufttemperatur 293 K (20 °C). Für abweichende atmosphärische Bedingungen (z. B. bei Aufstellung in großer Höhe) kann die Leistung über Umrechnungsformeln aus der Leistung beim B. ermittelt werden; dabei gelten je nach Art des Motors unterschiedliche Umrechnungsformeln.

Als B. für den →Liefergrad wird oft 1013 mbar und 273 K (0 °C) verwendet (→Normzustand). Er unterscheidet sich also wiederum von den oben besprochenen B. für die Leistungsangabe. *Kuhlmann*

Biegefrequenz. Bei Zugmitteln die Häufigkeit je s, mit der ein Glied oder Abschnitt des Zugmittels einen Zyklus Biegung und Streckung beim Überlaufen je einer Riemenscheibe erfährt. Sie hängt ab von der Länge l und der Geschwindigkeit v des Zugmittels sowie der Anzahl z der insgesamt überlaufenen Scheiben bzw. Räder und Rollen; B. $f_B = vz/l$ s^{-1}. *H. W. Müller*

Biegericht-Stranggießanlage. Der Wunsch, größere Absenkgeschwindigkeiten zu erreichen und längere Strangteilstücke als beispielsweise 12 m zu erhalten, führte zum Bau der B.-S. *K. G. Speith* und *A. Bungeroth* sowie *B. Tarmann* und *E. Plöckinger* haben sich mit Untersuchungen über das Biegen gegossener Stränge in B.-S. befaßt und kamen übereinstimmend zu der Erkenntnis, daß mit wachsender Dicke des Strangquerschnitts der Biegeradius größer und damit die Bauhöhenersparnis gegenüber Senkrecht-S. kleiner wird. Das Bild zeigt den Querschnitt einer B.-S.

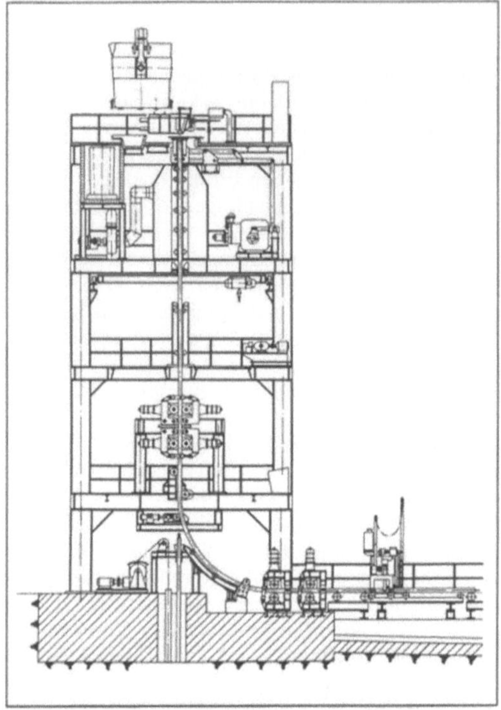

Biegericht-Stranggießanlage: Zur Herstellung von Stahlsträngen mit quadratischem Querschnitt.

Die Teilsysteme einer solchen Anlage sind, beginnend mit dem Verteilergefäß bis einschl. Transportrollensystem, gleich denjenigen einer Senkrecht-S. Unterhalb der Transportrollen wird der Strang mit Hilfe einer Biegerolle in einen Viertelkreis mit vorgegebenem Radius gelenkt und der waagerechten Ebene zugeführt. Diese →Rolle dient auch dazu, den Fahrbolzenkopf vom Strangfuß zu trennen. Im Tangentenpunkt Viertelkreis/Waagerechte wird der Strang gerichtet. Danach wird er zerteilt.

B.-S. sind also durch senkrecht untereinander angeordnete Kokillen, Stütz- und Führungsrollensysteme, Transportrollensysteme sowie Systeme für das Aufnehmen und Bewegen der Anfahrbolzen gekennzeichnet. Die Bauhöhe einer solchen Anlage ist im wesentlichen von der Länge der Erstarrungsstrecke des gegossenen Strangs und der Größe des Biegeradius abhängig. Die Größen der möglichen Biegeradien für Anlagen, bei denen ein erstarrter Strang gebogen wird, sind durch die zulässigen Umformungen, Streckung und Stauchung der äußeren Fasern eines Strangs gegenüber der neutralen Faser bestimmt. *Baumann*

Literatur: *Baumann, H. G.:* Stahlstrang-Gießanlagen. Düsseldorf 1976. – *Speith, K. G.,* u. *A. Bungeroth:* Berg- und Hüttenmännische Monatshefte 107 (1962) Nr. 4, S. 87/96. – *Tarmann, B.,* u. *E. Plöckinger:* Berg- und Hüttenmännische Monatshefte 107 (1962) Nr. 4, S. 107/18.

Biegewelle. Wellen auf schlanken Balken oder dünnen Platten, die Transversal- und Longitudinalverschiebungen derart verursachen, daß sich die näherungsweise ebenen Balkenquerschnitte neigen (Bild). B. kommt infolge der Transversalverschiebung bei der Schallabstrahlung besondere Bedeutung zu. Die Geschwindigkeiten harmonischer Anteile aus Wellenpaketen (→Phasengeschwindigkeiten) sind frequenzabhängig. Wellenformen, die sich im Sinne einer Fourier-Synthese aus verschiedenen harmonischen Anteilen zusammensetzen, verändern sich bei der Ausbreitung, da hochfrequente Anteile schneller als niederfrequente sind (→Dispersion). Der Energietransport einer Wellengruppe erfolgt mit der Gruppengeschwindigkeit, sie ist gleich der doppelten →Phasengeschwindigkeit. Die Theorie der reinen B. (Bernoulli-Balken) ist zu korrigieren (Timoshenko-Balken), wenn die Wellenlängen nicht mehr groß gegenüber den Querabmessungen der Balken oder Platten sind (Wellenausbreitung, mechanische). *Gaul*

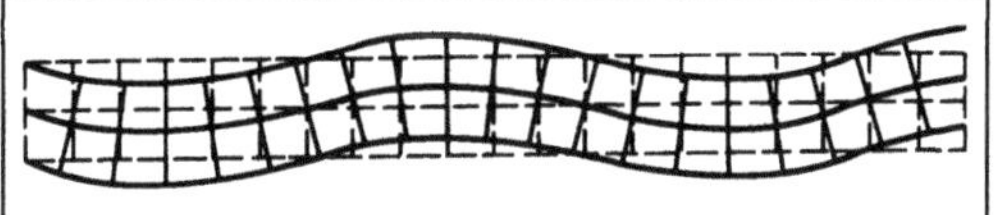

Biegewelle: Verschiebungsfeld einer harmonischen Biegewelle.

Literatur: *Cremer, L.,* u. *M. Heckl:* Körperschall. Berlin, Heidelberg, New York 1982.

Bild-Text-Integration →Reproduktionstechnik

Bildverarbeitung, digitale. In der →Reproduktionstechnik ist sie ein gebräuchliches Verfahren zum Herstellen von Druckvorlagen für beliebige Druckverfahren. Dabei werden an Farbauszugsscannern die Daten der Farbauszüge erfaßt, an B.-Plätzen die Einzelbilder zu Ganzseiten montiert und an einem →Recorder auf Reprofilm oder Buntbildmaterial ausgegeben. Die an einem Scanner gewonnenen, farbkorrigierten und maßstabsgerechten Bilddaten werden auf magnetischen Plattenstapeln gespeichert.

Das Hauptproblem bei der d. B. ist die schnelle und sichere Behandlung sehr großer Datenvolumen. Jedem Bildpunkt, auch Pixel genannt, der abgetasteten Vorlage werden 32 bit als Farbinformation zugeordnet. Es ergibt sich bei einer vierfarbigen Seite im Format DIN A4 ein Datenvolumen von 35 MB, wenn zur Reproduktion ein 60er Raster eingesetzt werden soll. An einem Scanner lassen sich auch Strichvorlagen abtasten. Texte werden nicht bildpunktorientiert, sondern lauflängencodiert abgespeichert. Dadurch benötigen Strichvorlagen weniger Speicher als Bildvorlagen. Der B.-Platz, auch Konsole genannt (Bild), besteht aus

Bildverarbeitung, digitale: Interaktives digitales Bildverarbeitungssystem für die Reproduktionstechnik. (Quelle: Hell GmbH)

links: Datensichtgerät für die Ablaufsteuerung
rechts: hochauflösender Farbmonitor für die visuelle Bildkontrolle

einem hochauflösenden Farbmonitor mit z. B. 1 024 × 1 024 Bildpunkten und eigenem Bildspeicherrechner, der für interaktive Bildschirmarbeiten eingesetzt wird. Werkzeuge zur interaktiven Bearbeitung der Bilddaten sind Digitizer mit Cursor, Datensichtgerät mit alphanumerischer Tastatur und eine spezielle Funktionstastatur zur schnellen Eingabe von Befehlen und Kommandos.

Möglichkeiten der Bildbearbeitung:
□ Retusche und Farbkorrektur, und zwar
– globale und lokale, durch eine Einschränkungsmaske begrenzte Ton- und Farbwertkorrektur,
– bildverändernde Retuschen wie Air-Brush-Effekt, Pixelübertragung, Absoften von Kanten, Aufsteilen von Details;
□ Konstruktion, Färbung und Positionierung, d. h.
– Konstruktion von bildbegrenzenden Masken wie Rechteck, Kreis, Ellipse u. a.,
– freies Zeichnen von bildbegrenzenden Masken,
– glattes und verlaufendes Einfärben von beliebigen Masken,
– Positionieren von Einzelbildern in beliebige Masken,
– Färben und Positionieren von Strichvorlagen.

Mit den obengenannten Möglichkeiten ist die Herstellung von beliebig komplizierten Druckvorlagen nach einem Kundenlayout möglich. Den Werdegang der Retusche und Montage kann der Operator an dem Farbmonitor verfolgen und jederzeit modifizieren.

Aus Übersichtsgründen wird am Farbmonitor nur mit einer Teilmenge der vorhandenen Information gearbeitet. Das Monitorergebnis ist also nur eine Simulation der vorgenommenen Arbeit. Die Umrechnung der Monitorsimulation in drucktechnische Farbauszüge erfolgt in einem nachgeschalteten Rechenlauf. Das Rechenergebnis, auch Endseite genannt, ist ein neuer Bestandteil und benötigt entsprechend seiner Größe Speicherplatz. Die Ganzseite kann an der Aufzeichnungseinheit des Scanners oder an einem Recorder auf Reprofilm aufgezeichnet werden. *Winkelmann*

Bildverarbeitungssystem, elektronisches. Drucktechnik. Im Rahmen des vollelektronischen Produktionsprozesses werden nicht nur Texte, sondern auch Graphiken und Rasterbilder als digitale Information beim Ganzseitenumbruch verwendet. Die Bildmontage entfällt und die Produktionsabläufe werden gekürzt. Dieser Trend in der graphischen Industrie der Bundesrepublik Deutschland ist seit etwa 1985 erkennbar.

Bausteine eines e. B. sind: ein hochauflösender Flachbettscanner für das Abtasten von ein- und mehrfarbigen Aufsichts- und Durchsichtsvorlagen, eine graphische Editierstation mit Bildschirm, ein graphisches Tablett mit Maus, komfortable Menüs, externe Speicherbausteine mit hohem Speichervolumen sowie die entsprechende Software.

Beim Scannen wird das je Bildpunkt reflektierte Licht in eine von 256 möglichen Graustufen umgesetzt und als digitale Information gespeichert. Zur reprotechnischen Bearbeitung werden die Bilddaten auf den Monitor der Editierstation abgerufen und interaktiv bearbeitet. Danach werden die Bilddaten dem Ganzseiten-Umbruchsystem zugeführt und zusammen mit dem Text, den Graphiken und Logos zur Ganzseite zusammengestellt. Die Belichtung der kompletten Seiten erfolgt auf dem Photosatz-Laserbelichter. *W. Schmid*

Bimetallauslöser. Auslöseorgan in thermischen Überstromrelais, bestehend aus zwei aufeinandergewalzten oder geschweißten Metallschichten, meist aus Nickelstahl unterschiedlicher Legierungsbestandteile mit verschiedenen Wärmeausdehnungskoeffizienten. Bei Stromdurchfluß bewirkt die auftretende Erwärmung durch die unterschiedliche Dehnung der beiden Metallschichten eine Krümmung des Bimetalls, die im Schutzgerät zur Betätigung einer Vorrichtung benützt wird (Motorschutzschalter). *Rentzsch*

Bindemäher. Gezogene →Landmaschine zum Mähen und automatischen Binden von Halmgut, vor allem Getreide, zu Garben (Mähbinder, Binder). Schnittbreite 1,35–1,5 m (Pferdezug) und 1,5 bis 2,4 m (Traktor mit →Zapfwelle). Die in den USA 1872 erfundene „selbstbindende Getreidemähmaschine" geht auf *Deering, Apple-Bay* und *McCormick* zurück (Bild) und wurde schon gegen Ende des 19. Jahrhunderts vor allem für die riesigen nordamerikanischen Getreideflächen in großen Stückzahlen eingesetzt (z. B. 1882 schon etwa 15 000 Maschinen).

Bindemäher: Frühe Ausführung eines Bindemähers von McCormick, *USA um 1880. (Quelle: Wüst 1882)*

Der Bindeapparat (links) arbeitete damals noch mit Eisendraht

In Mitteleuropa erlangten die B. nach dem Ersten Weltkrieg Bedeutung. Den für Gespannzug notwendigen Bodenantrieb löste man in den dreißiger Jahren zunehmend durch den wesentlich leistungsfähigeren Zapfwellenantrieb (Traktoren) ab.

Gute Binder konnten bei stehendem Getreide etwa eine Garbe je Sekunde erzeugen. Um 1955 löste der Mähdrescher die B. in wenigen Jahren vollständig ab. *Renius*

Bindung →Bindungselement

Bindung (Weberei). Als B. eines Gewebes bezeichnet man die gesetzmäßige Verkreuzung von Kette und Schuß, die sich nach einer bestimmten Fadenzahl wiederholt. Die Darstellung der B. geschieht in einer technischen Zeichnung, der B.-Patrone (Bild). Darin werden die Kettfäden (senkrecht verlaufend) und die Schußfäden (waagerecht) symbolisch durch den Raum zwischen zwei benachbarten Linien dargestellt; es entsteht ein kariertes oder rautiertes „Patronenpapier". Die so entstandenen Quadrate oder Rechtecke sind Kreuzungsstellen

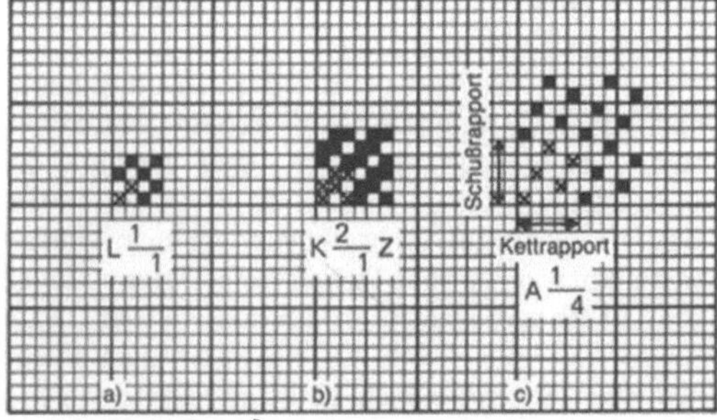

Bindung (Weberei): Bindungspatronen.
a) Leinwandbindung
b) Köperbindung
c) Atlasbindung.

von Kette und Schuß. Liegt ein Kettfaden über dem Schußfaden, so wird diese Kreuzungsstelle beim Zeichnen der Patrone ausgefüllt. Es werden also die Stellen markiert, an denen die Kette angehoben ist. Liegt der Kettfaden unter dem Schußfaden, so bleibt die entsprechende Kreuzungsstelle auf dem Patronenpapier frei. In der Bewegungsfolge von Ketthebungen und Kettsenkungen ist nach einer bestimmten Fadenzahl eine Wiederholung erkennbar. Diese Fadenzahl entspricht dem B.-Rapport. In Richtung der Kettfäden wird er als Schußrapport, in Richtung der Schußfäden als Kettrapport bezeichnet.

Die praktisch unbegrenzte Anzahl der B. läßt sich auf drei Grund-B. zurückführen:

□ Leinwand-B., a) im Bild,

□ Köper-B., b) im Bild, und

□ Atlas-B., c).

Gemeinsam ist allen Grund-B., daß jeder Kettfaden bzw. jeder Schußfaden gleichartig bindet, d. h., daß jeder Faden der B. die gleiche Folge von Hebungen und Senkungen aufweist und daß Kett- und Schußrapport gleich groß sind.

Die Leinwandbindung (Kurzzeichen L $\frac{1}{1}$) ist die einfachste und gleichzeitig intensivste (schärfste) Verkreuzung von Kette und Schuß. Ketthebungen und Kettsenkungen wechseln in 1:1-Folge. Auf Grund der hohen Verkreuzungsschärfe ermöglicht diese B. die leichtesten Warengewichte und die größtmögliche Stabilität und eignet sich deshalb besonders für strapazierfähige Textilien. Das Strukturbild der B. ist gleichmäßig körnig bis glatt ohne Längs- oder Quermarkierungen. Die Auflistung enthält eine Auswahl leinwandbindiger Stoffe aus dem Bereich der Bekleidungs- und Heimtextilien:

Batist	Halbleinen	Popeline
Biber*)	Haustuch	Reinleinen
Bouclé	Honan	Shantung
Bourette	Kretonne	Taft
Donegal	Lavable	Toile
Einschütte	Linon	Tropical
Fil à Fil*)	Loden*)	Tuch
Finette*)	Musselin	Tweed
Flanell	Nessel	Voile
Flausch*)	Perkal	Zephir
Fresko	Pongé	Züchen

*) auch köperbindig

Gewebe mit Köper-B. zeigen den charakteristischen diagonalen Gratverlauf. Die Gratlinie verläuft entweder von links unten nach rechts oben und wird dann als Z-Grat bezeichnet oder von rechts unten nach links oben und als S-Grat benannt. Der Aufbau

der Köper-B. erfolgt kettfadenweise. Für den ersten Kettfaden wird die Reihenfolge der Ketthebungen und -senkungen festgelegt. Die nachfolgenden Fäden werden um jeweils einen Schuß nach oben (Z-Grat) oder nach unten (S-Grat) versetzt. Die Kurzschreibweise für einen Köper mit zwei Ketthebungen und einer Kettsenkung mit Z-Grat lautet: K $\frac{2}{1}$ Z, b) im Bild.

Die Köper-B. ist infolge der flottierenden Fäden weicher und schmiegsamer als die Leinwand-B. bei vergleichbaren Rohstoffen, Garnfeinheiten und -dichten. Die Strapazierfähigkeit ist nur unbedeutend geringer. Die Auflistung enthält eine Auswahl köperbindiger Stoffe aus dem Bereich der Bekleidungs- und Heimtextilien:

Berufsköper	Futterserge	Schotten
Cheviot	Gabardine	Serge
Drell	Glenscheck	Shetland
Finette	Inlett	Tricotine
Fischgrat	Jeans (Denim)	Twill
Flanell	Monteurköper	Whipcord
Flausch		

Die Atlas-B. Kurzzeichen: A $\frac{1}{4}$, c) im Bild, geben einem Gewebe eine weitgehend glatte Oberfläche. Die Bindepunkte sind regelmäßig verteilt und dürfen sich nicht berühren, wie z. B. beim Köper. Jeder Kettfaden/Schußfaden weist innerhalb eines Rapports nur einen Kreuzungspunkt auf, d. h. für jeden Kettfaden entweder nur eine Ketthebung (es entsteht Schußatlas, da die Schußfäden bevorzugt die Oberseite des Gewebes bilden) oder nur eine Kettsenkung (es entsteht Kettatlas, da jetzt die Kettfäden vorzugsweise die Oberfläche bilden). Die hierdurch entstehenden langen Flottierungen, das sind Hebungen bzw. Senkungen über eine Anzahl von Schuß- bzw. Kettfäden ohne Verkreuzungsstellen, geben dem Gewebe einen weichen, fließenden Fall. Durch die weniger intensive Einbindung ist auch die Haltbarkeit gegenüber den leinwand- und/oder körperbindigen Geweben mit vergleichbaren Garnparametern geringer. Der kleinste Rapport einer Atlas-B. beträgt 5 Kett-/Schußfäden. Die Auflistung enthält eine Auswahl atlasbindiger Stoffe aus dem Bereich der Bekleidungs- und Heimtextilien:

Damassé	Duvetine	Streifensatin
Damast	Granité	Velveton
Drapé	Moleskin	
Duchesse	Satin	

Kohlhaas

Literatur: *Häntsche, Robert:* Bindungslehre der Schaftweberei. Bd. 1 u. 2. Stuttgart 1955. – *Kienbaum, Martin:* Bindungstechnik der Gewebe. Bd. 1 u. 2. Berlin 1989 u. 1990.

Bindungselement. Die Bindung der Maschenwaren zeigt den Zusammenhang der Fäden in Wirk- und Strickwaren und kann aus folgenden B. aufgebaut werden: Masche, Henkel, Flottung, Schuß, Stehfaden. Diese B. werden je nach gewünschter Musterung oder erforderlicher Wareneigenschaft eingesetzt.

Die Masche (Bild 1) besteht aus dem Kopf, den Schenkeln und den Füßen. Jede Masche hat eine obere und eine untere Bindungsstelle. Eine Maschenschleife hat nur eine untere Bindungsstelle. An der unteren Bindungsstelle ist erkennbar, ob eine Masche offen oder geschlossen ist und die rechte oder linke Seite zeigt. Geschlossen ist die Masche, wenn sich die Füße kreuzen und offen, wenn sich die Füße nicht kreuzen (Bild 2). Die Masche zeigt die rechte Seite, wenn die Füße an der unteren Bindungsstelle unter dem Kopf der vorhergehenden Masche und die linke Seite, wenn die Füße über dem Kopf der Masche liegen (Bild 3). Je nach Anordnung der rechten und linken Maschenseiten kann man die Wirk- und Strickwaren in Rechts/Links-, Rechts/Rechts- und Links/Links-Maschenwaren einteilen. Nadelmaschen (Bild 4) bestehen aus dem Kopf und den Schenkeln und Platinenmaschen aus den Fußverbindungen. Durch

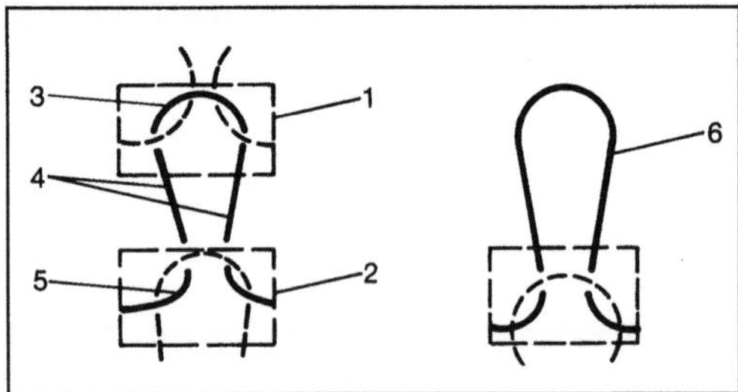

Bindungselement 1: Masche, Maschenschleife.

1 obere Bindungsstelle, 2 untere Bindungsstelle, 3 Kopf, 4 Schenkel, 5 Füße, 6 Maschenschleife

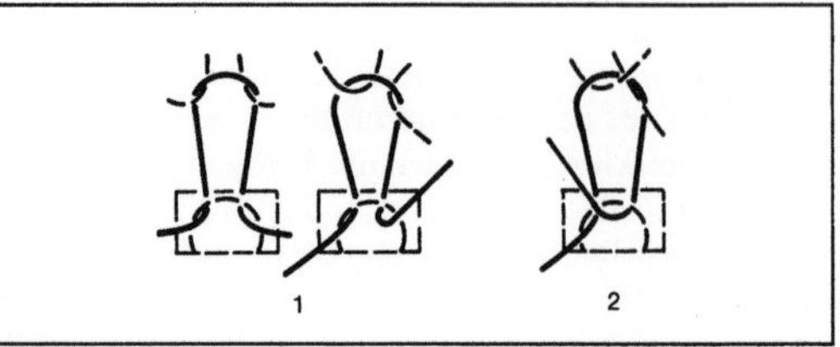

Bindungselement 2: Offene und geschlossene Maschen.

1 offen, 2 geschlossen

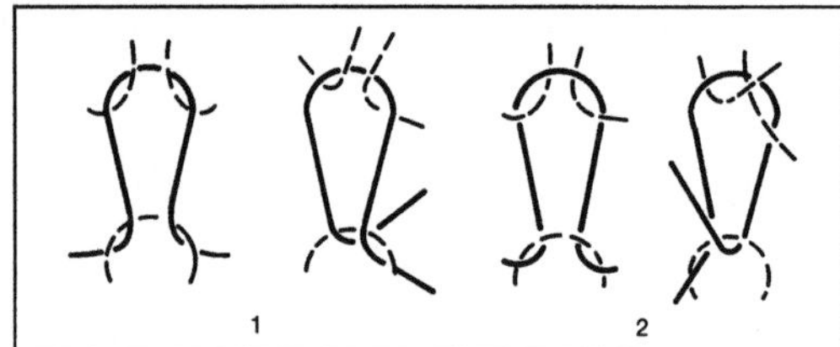

Bindungselement 3: Rechte/linke Maschenseiten.

1 rechte Seite, 2 linke Seite

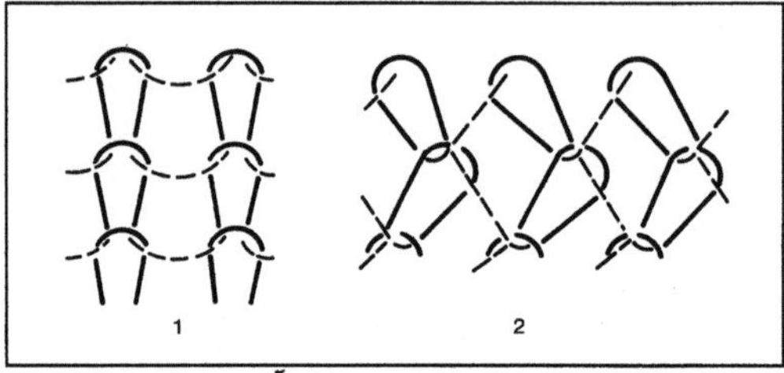

Bindungselement 4: Nadel- oder Platinenmaschen.

1 Einfaden-Maschenware, 2 Kettfaden-Maschenware

den Verlauf der Platinenmaschen unterscheiden sich die Einfaden-Maschenwaren von den Kettfaden-Maschenwaren (→Maschenware).

In Verbindung mit den Maschen wird der Henkel (Bild 5) verwendet, um Strukturmuster oder bestimmte Wareneigenschaften zu erzielen. Der Henkel ist eine hochgezogene Fadenstrecke, die von Maschen begrenzt bzw. eingebunden wird. Zwei

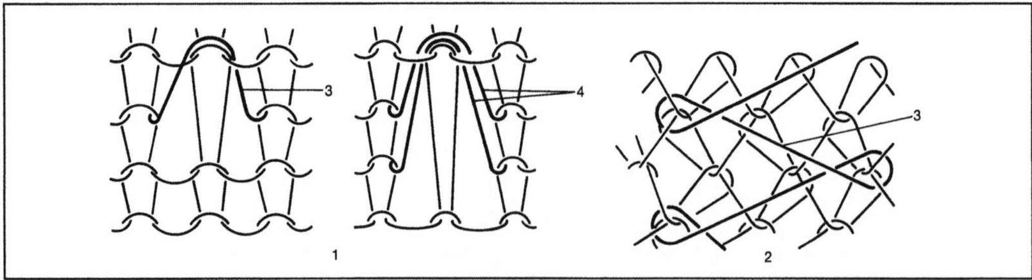

Bindungselement 5: Henkel.

1 Einfaden-Maschenware, 2 Kettfaden-Maschenware, 3 Henkel, 4 Noppe

und mehr Henkel bezeichnet man in der Einfaden-Maschenware als Noppe. Auch die Flottung (Bild 6) dient der Musterung und der Variation von Wareneigenschaften (z. B. Reduzierung der Dehnung). Die Flottung überspringt in der Einfaden-Maschenware Maschenstäbchen und in der Kettfaden-Maschenware Maschenreihen (→Maschendichte) und wird ebenfalls von Maschen begrenzt.

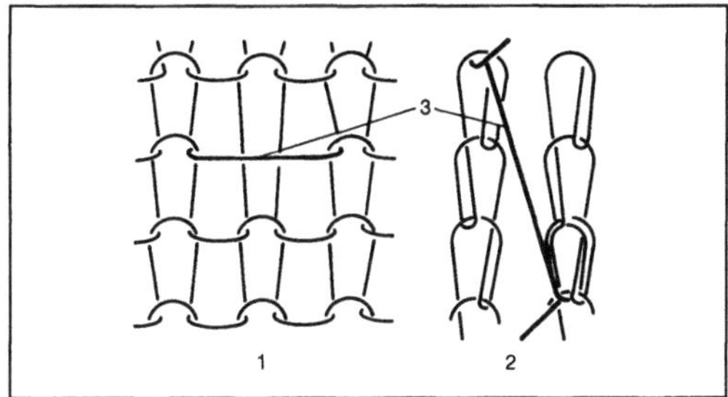

Bindungselement 6: Flottung.

1 Einfaden-Maschenware, 2 Kettfaden-Maschenware, 3 Flottung

Der Schuß (Bild 7) ist eine in Richtung der Maschenreihe (Maschendichte) eingelegte Fadenstrecke, die auch der Musterung dient, aber die Eigenschaften (Dehnung in Querrichtung) sehr beeinflußt. Der Stehfaden (Bild 8) wird fast ausschließlich in Kettenwirkwaren (Maschenware) verwendet und stabilisiert das Gewirk in Längsrichtung. *K. P. Weber*

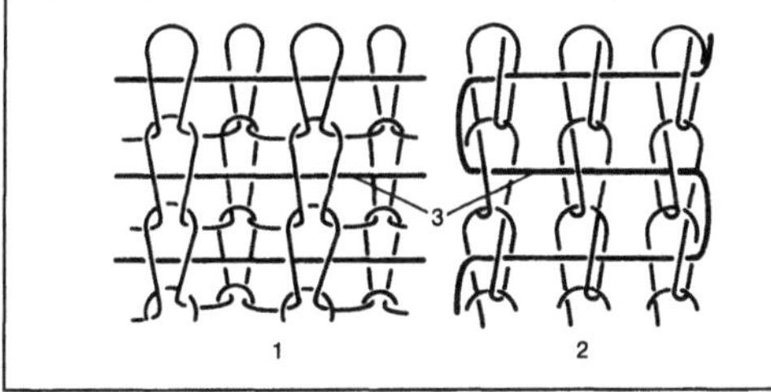

Bindungselement 7: Schuß.

1 Einfaden-Maschenware, 2 Kettfaden-Maschenware, 3 Schuß

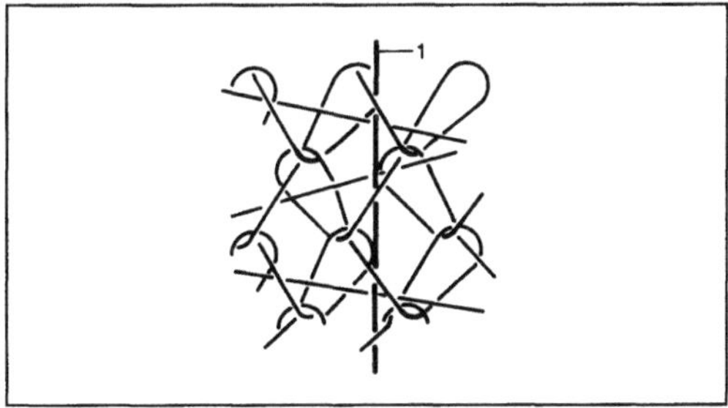

Bindungselement 8: Stehfaden.

1 Stehfaden (Kettfaden-Maschenware)

Bindungsgruppe RL, RR, LL →Maschenware

Binnencontainer →Container

Biomechanik. Die B. handelt von den auf den Körper und seine Komponenten wirkenden Kräften und deren Auswirkung auf die unterschiedlichen Gewebe sowie von den mechanischen Eigenschaften der Gewebe selbst. Prinzipiell müssen statische und dynamische Vorgänge unterschieden werden, wobei sich erstere durch ein Gleichgewicht auszeichnen. Es entsteht, indem sich die Summe der aus der Schwerkraft resultierenden Gewichte und die Summe der von den Muskeln erzeugten Kräfte ebenso wie die Summe resultierender Momente zu null ergänzen. Dynamische Vorgänge liegen vor, wenn die resultierende Kraft und/oder das resultierende Moment ungleich null sind und damit eine Masse eine beschleunigte Bewegung ausführt. Die Übertragung der Kräfte von den Muskeln auf das Skelettsystem erfolgt durch Sehnen und Bänder.

Die Kraft erzeugt, wenn sie an Hebeln angreift, Drehmomente. Die Hebel können unterschiedlich konfiguriert sein. Im ersten Fall wirken das Gewicht, die Last und die Kraft so auf die Hebelarme, daß sich der Drehpunkt zwischen den Angriffspunkten befindet. Gewicht und Kraft halten das System im Gleichgewicht, wenn die resultierenden Drehmomente gleich groß sind und gleiche Richtung haben. Beispiel hierfür ist die Stabilisierung des Kopfes im Gleichgewicht; indem das durch die Schwerkraft entstehende Gewicht den Kopf zur Brust hin bewegte, würde die Nackenmuskulatur diese Kraft nicht kompensieren. Im zweiten und dritten Fall wirken das Gewicht und die Kraft am gleichen Hebelarm. Der Drehpunkt liegt außerhalb beider Angriffspunkte; die Kräfte sind entgegengesetzt gerichtet. Der zweite Fall ist beim Stand auf den Fersen realisiert. Hier befindet sich der Angriffspunkt der Kraft weiter entfernt vom Drehpunkt als der Angriffspunkt des resultierenden Gewichts. Der gebeugte Unterarm realisiert den dritten Fall, bei dem der Angriffspunkt der Kraft näher am Drehpunkt liegt als der des Gewichts.

Das Gleichgewicht läßt sich durch das 1. Newtonsche Gesetz beschreiben, nach dem ein Körper in Ruhe oder in gleichförmiger (konstante Geschwindigkeit) Bewegung bleibt, wenn die Summe der Kräfte und die Summe der Momente sich zu null ergänzen.

Weicht die resultierende Kraft geringfügig von null ab, kann im Gleichgewicht mit Reibungskräften eine quasistationäre Bewegung ablaufen. Reibung führt stets zu Energieverlusten, ist jedoch für zahlreiche Bewegungsabläufe unverzichtbar, um diese in ihrem Ablauf zu stabilisieren. Ebenso unter Reibung läuft die Bewegung im Gelenk ab. Die zur Schmierung des Gelenks in einer Kapsel befindliche

Flüssigkeit weist die besondere Eigenschaft auf, bei zunehmender Belastung die Zähigkeit (Viskosität) zu steigern und damit ein Reiben der Knorpel aufeinander zu verhindern. Eine Schmierung erfolgt zwischen allen im Körper aufeinander artikulierenden Geweben.

Dynamische Bewegungen sind die Folge resultierender Kräfte, die entweder am ganzen Körper oder an Teilen davon angreifen. Gesetzmäßig läßt sich die durch eine Kraft beschleunigte Bewegung durch das 2. Newtonsche Gesetz ausdrücken, nach dem die resultierende Kraft dem Produkt aus der Körpermasse und der auf ihn wirkenden Beschleunigung gleich ist. Beschleunigungen bewirken eine Zunahme oder Abnahme des Gewichts von Körpern, Änderungen des im Körper auftretenden hydrostatischen Drucks, Verformung der elastischen Gewebe und Entmischungsvorgänge von Festkörpern unterschiedlicher Dichte in Flüssigkeiten. Damit können Kräfte Toleranzgrenzen überschreiten, wenn die Muskelkräfte nicht ausreichen, die äußeren Kräfte zu kompensieren. Gewebe dehnen sich und zerreißen, oder das für die Steuerung zahlreicher Funktionen wichtige Gehirn wird nicht ausreichend blutversorgt.

Für die Mechanik der Körperbewegungen wird neben der Körpermasse der Massenschwerpunkt bestimmt, da sich die Bewegung eines Körpers durch die Einwirkung der äußeren Kräfte auf seinen Schwerpunkt am einfachsten beschreiben läßt. Die Lage des Schwerpunkts hängt empfindlich von der Masse und der jeweiligen Stellung der Extremitäten ab. Die Masse einzelner Körperelemente wird i. a. als der Bruchteil der Körpergesamtmasse (KG) angegeben. So gilt im Mittel für den Oberarm 3,1/100 KG, für den Unterarm 1,8/100 KG, für eine Hand 0,75/100 KG, für einen Oberschenkel 10,5/100 KG, für einen Unterschenkel 4,6/100 KG und einen Fuß 1,6/100 KG.

Die für einzelne Gewebe mögliche Differenzierung wird am Aufbau der Knochen deutlich. Haltung und Bewegung des Körpers werden von Skelett, Bändern, Sehnen, Muskeln, Gelenken und der Steuerung des Systems bestimmt. Das Skelett als wesentlicher Teil des Haltungs- und Bewegungsapparats trägt das Gewicht des Körpers, schützt eine Vielzahl vitaler Organe, speichert wichtige Chemikalien und Gewebe für deren Produktion und dient im Mittelohr der Schallausbreitung.

Voraussetzung für die Funktionsfähigkeit des Knochens sind Osteozyten, die etwa 2 % der Knochenmasse betragen. Deren Bedeutung wird offensichtlich, wenn durch eine aseptische Nekrose die Osteozyten z. B. im Hüftgelenk absterben und ernsthafte Funktionsstörungen nach sich ziehen. Die Knochensubstanz ist einem dauernden Wandel unterzogen. Osteoclasten zerstören den Knochen, Osteoblasten bauen ihn auf. Auf diese Weise erneu-

ert sich das Skelettsystem bis zu einem bestimmten Lebensalter alle sieben Jahre. Hiernach überwiegt die Funktion der Osteoclasten und kann zum Krankheitsbild der Osteoporose führen.

Die wesentlichen Aufbaustoffe des Knochens sind Kollagen als organischer Substanz mit einem Massenanteil von etwa 40 % und Calciumhydroxylapatit als anorganischer Substanz mit einem Massenanteil von etwa 60 %. Kollagen bildet den flexiblen Bestandteil des Knochens, Calciumhydroxylapatit den stützenden. Kollagen wird von den Osteoblasten produziert mit nachfolgender Anlagerung der anorganischen Substanz.

Prinzipiell lassen sich fünf unterschiedliche Arten von Knochen unterscheiden. Flache Knochen finden sich in Schulter und Schädel, Röhrenknochen in Beinen, Armen und Fingern, zylindrisch geformte in der Wirbelsäule, unregelmäßig geformte in Hand- und Fußgelenk und eine letzte Art findet sich in den Rippen.

Der Aufbau des Knochens ist kompakt oder besteht wie bei den Röhrenknochen aus zwei mechanisch unterschiedlichen Komponenten, der Kompakta und der trabekulär aufgebauten Spongiosa. Der trabekuläre Knochen überwiegt an den Knochenenden mit der Fähigkeit, Druckkräfte aufzunehmen, während der kompakte Knochen am Schaft überwiegt und zur Aufnahme von Biegekräften ausgelegt ist.

Wie das Knochengewebe sind auch die Gewebe anderer Organe und Funktionselemente auf die mechanische Aufgabe im Körper optimiert. Die mechanischen Eigenschaften der Weichgewebe können sich wie beim Knochen altersabhängig verändern. Hinlänglich bekannt sind in diesem Zusammenhang Ablagerungen in Gefäßen und Klappen (Artheriosklerose) oder die mit zunehmendem Alter stattfindende Verknöcherung zuvor knorpeliger Strukturen, etwa im Kehlkopf oder im Stützapparat der Speiseröhre.

B. bedeutet auch die Beschreibung der mechanischen Eigenschaften von weichen und harten Geweben und ihrer Reaktion auf äußere Kräfte. Bei isotropen elastischen Stoffen hängt die Dehnung linear proportional von der angreifenden Kraft ab; wobei die Proportionalitätskonstante durch den Kehrwert des Elastizitätsmoduls E ausgedrückt wird. Die Einschnürung quer zur Dehnungsrichtung erfolgt proportional zu der gewebespezifischen Poisson-Zahl μ. Die Kompressibilität eines isotropen Gewebes kennzeichnet der Kehrwert des Kompressionsmoduls M. Zwischen den Konstanten M, E und μ besteht die Beziehung $E = 3M \cdot (1 - 2\,\mu)$.

Da biologische Materialien nur in Ausnahmefällen isotrop sind, werden die harten und weichen anisotropen Gewebe in Elementarzellen zerlegt, die, wenn ausreichend klein, wieder als isotrop angesehen werden können. Die Mechanik solcher in finite Elemente zerlegter Gewebe läßt sich unter Zuhilfenahme von Rechenanlagen mathematisch beschreiben.

Die B. vermittelt in der Biologie ebenso wie die Mechanik in der unbelebten Natur Verknüpfungen der Masse, der Länge und der Zeit. Die Einheiten von Masse, Länge und Zeit sind im SI-(Système International d'Unités)-System als Kilogramm, Meter und Sekunde definiert. Dieses Einheitensystem ist das klassische Meter-Kilogramm-Sekunde(MKS)-System der Mechanik. Die Längeneinheit, das Meter, beträgt das 165 076,73-fache der Vakuumwellenlänge der Krypton-86-Linie. Die Masseneinheit, das Kilogramm, ist mit der Masse eines in Sèvres (Frankreich) aufbewahrten Platin-Iridium-Zylinders identisch. Die Zeiteinheit, die Sekunde, entspricht dem Zeitintervall, in dem ein Caesium-133-Atom 9 192 631 770 Schwingungen in einer Atomuhr ausführt (Einheiten des SI).

Zeiten sind in der B. vor allem als abgeleitete Größen von Bedeutung. So wird beispielsweise die Herzfrequenz in Herzschlägen pro Minute und die Schrittfrequenz in Schritten pro Minute angegeben. Größere Bedeutung als die gemittelte Frequenz weist die von Aktion zu Aktion gemessene Zeit auf, die als Kehrwert mit der jeweiligen Grundeinheit multipliziert für die Herzaktion z. B. zur „Beat-to-beat"-Frequenz führt.

Längenmessungen am Körper lassen sich an Photographien oder Röntgenbildern vornehmen. In beiden Verfahren müssen Bildverzerrungen durch Parallaxen bei der Auswertung berücksichtigt werden. Besonders genaue Längenmessungen, insbesondere auch im dreidimensionalen Raum, sind mit der Röntgen-Stereo-Photogrammetrie möglich.

Neben den Einheiten des MKS-Systems sind für die Beschreibung von Bewegungen, deren Ursachen und Wirkungen die Angabe von abgeleiteten Größen notwendig. Für die B. der Gelenke werden Winkel von Gelenkkomponenten gegen Bezugslinien angegeben, um deren Stellung im Raum zu definieren. Die Angaben von Volumen von Körperflüssigkeiten erfolgen in vielen Fällen nach der Verdünnungsmethode. Dem zu vermessenden Volumen wird ein vergleichsweise kleines Volumen einer anderen Flüssigkeit hinzugegeben, dessen Stoffkonzentration sich nach dem Vermischen einfach bestimmen läßt. Der Konzentrationsunterschied zwischen verdünnter Lösung und Injektionslösung hängt unmittelbar mit dem Volumen der verdünnenden Körperflüssigkeit zusammen. Die Bestimmung von Volumenveränderungen der Hohlorgane, etwa der des Herzens, erfolgt i. a. röntgenographisch. Bewegungsgeschwindigkeiten und -beschleunigungen, Kräfte und Momente des gesamten Körpers oder einzelner Segmente lassen sich sowohl aus der Bewegung von Signalquellen, die an vorgegebenen Körperstellen fixiert sind, als

auch aus den in drei senkrecht zueinander stehenden Richtungen mit einer besonderen Meßplattform gemessenen Kräften auswerten. *Thull*

Black Box. Eine B. B. ist eine symbolische Darstellung für ein betrachtetes System. Dabei wird das System soweit abstrahiert, daß nur noch seine Ein- und Ausgangsgrößen und damit die vom System bewirkte Zustandsänderung erkennbar sind.

Die B. B.-Darstellung dient bei der Konstruktion und Analyse von technischen Systemen zum Erkennen des Hauptzwecks, unabhängig von einer konkreten Lösung. Sie erleichtert damit das Finden neuer, unkonventioneller Lösungen. *Ehrlenspiel*

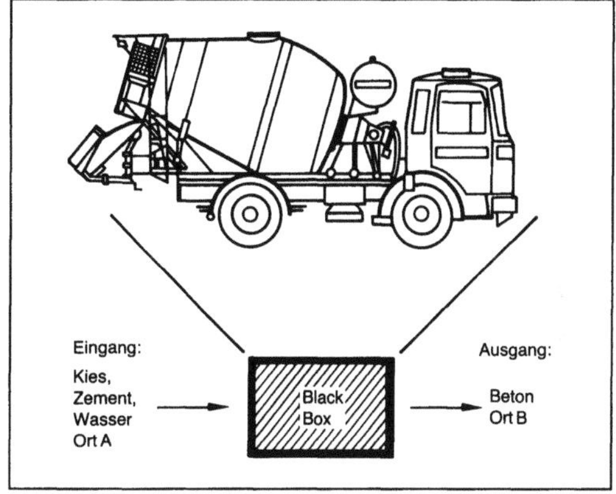

Black-Box-Darstellung eines Betonmischers.

Blasformmaschine. Maschine, die aus makromolekularen Formmassen (thermoplastische Kunststoffe) diskontinuierlich Hohlkörper herstellt. Sie besteht aus der Plastifiziereinheit und dem Kopf zum Herstellen des Vorformlings und der Schließeinheit.

Die Plastifiziereinheit dient zur Aufnahme des Kunststoffs, dem Aufbereiten zu einer fließfähigen Schmelze und zum Formen des schlauchförmigen Vorformlings (Bild 1). Diese Formgebung kann bei veränderter Bauart auch von einem Speicherkopf ausgeführt werden. Dieser wird vom →Extruder gespeist.

Die Formgebung des Blasformteils erfolgt in einem Werkzeug zum Blasformen. Dieses wird durch die Schließeinheit der Maschine aufgenommen. Sie öffnet und schließt das Werkzeug. Die Maschinen sind heute in der Lage, Hohlkörper für

□ Verpackungszwecke zwischen wenigen Millimetern (10 ml) bis etwa 5 l,

□ Transportzwecke zwischen 10–100 l und

□ Lagerzwecke (Großbehälter) von 600–100 000 l Inhalt

herzustellen.

Darüber hinaus gewinnt die mit diesen Maschinen ausgeübte Technik eine stets wachsende Bedeutung

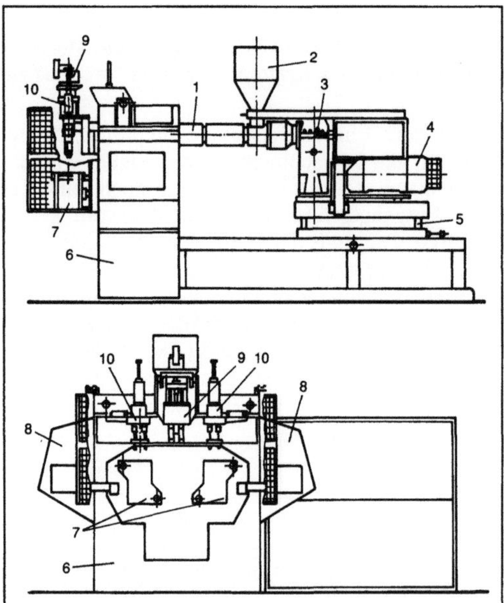

Blasformmaschine 1: Flaschenblasmaschine. (Quelle: Battenfeld Fischer Blasformtechnik)

1 Extruder, 2 Einfülltrichter, 3 Extrudergetriebe, 4 Extruderantriebsmotor, 5 Extruder-Höhenverstellung, 6 Ständer für Schließeinheiten, 7 Schließeinheiten mit diagonaler Säulenanordnung, kreisbogenförmig zum Schlauchkopf schwingend, 8 Gehäuse für elektromechanischen Schwingantrieb, 9 Schlauchkopf, hier als Zweifach-Schlauchkopf, 10 Kalibrier- und Blasvorrichtungen mit je 2 Kalibirierblasformen

bei der Herstellung technischer Hohlkörper, wie Kraftfahrzeugtanks, Möbel, kompliziert geformte Führungskanäle für gasförmige oder flüssige Medien, Faltenbälge, Paletten, Surfbretter und Spielzeug.

Das Blasformen von Hohlkörpern erfordert mehrere aneinander anschließende Verfahrensschritte. Der erste Schritt ist das Urformen des Vorformlings im thermoplastisch fließbaren Zustand. Beim Extrusionsblasformen wird in einen beidseitig offenen rohrförmigen Schlauch zwischen die Hälften des geöffneten Blaswerkzeugs extrudiert (Bild 2). In den Folgeschritten wird der Vorformling von Aus-

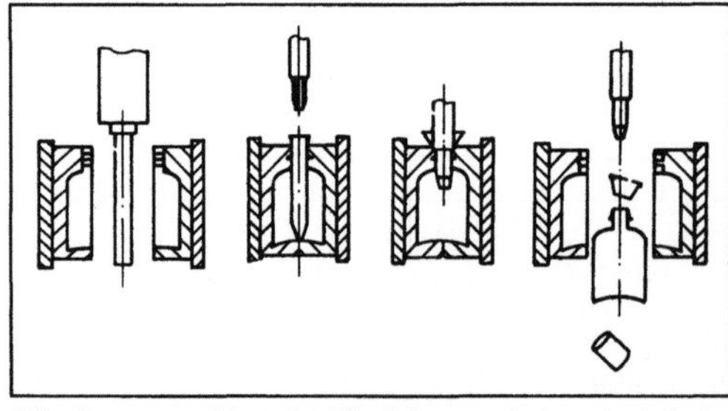

Blasformmaschine 2: Verfahrensschritte 1–4 beim Blasformen von Hohlkörpern.

formwerkzeugen gefaßt und in diesen unter Gasdruck, ggf. mit zusätzlichen mechanischen Formungs- und Kalibriereinrichtungen, zum Enderzeugnis umgeformt. Für symmetrisch gestaltete Artikel kann das Blasen von Vorformlingen nach Konditionieren auf optimale Recktemperaturen mit biaxialem Strecken kombiniert werden. Die Verfahrensschritte lassen sich unmittelbar aneinander anschließend in einer Wärme durchführen. Bei diesem einstufigen Extrusionsstreckblasverfahren wird der am unteren Ende durch Abquetschen verschlossene Schlauch in einer weiteren Station durch einen Streckstempel mechanisch gelängt (verstreckt) und dann aufgeblasen.

Eine Modifizierung der maschinellen Einrichtung wird nötig, wenn der Ausformvorgang des Vorformlings aus wirtschaftlichen oder verfahrenstechnischen Gründen in Bruchteilen von Sekunden oder bis zu wenigen Sekunden erfolgen muß. In diesen Fällen füllt der Extruder einen Speicherkopf kontinuierlich (Bild 3). Der Speicherkopf kann auch eine große Menge Kunststoffschmelze zu einem ringförmigen Vorformling auspressen. Schon kurz nach dem Ausformvorgang übernimmt das Werkzeug den labilen Körper zum Aufblasen und Ausformen.

B. gibt es als Ein- oder Mehrstationenmaschinen. Diese Stationen können in seitlicher Bewegung oder in einer Art revolvierender Schließeinheit unter dem Mehrfachschlauchkopf ausgetauscht werden (Bild 1 unterer Teil).

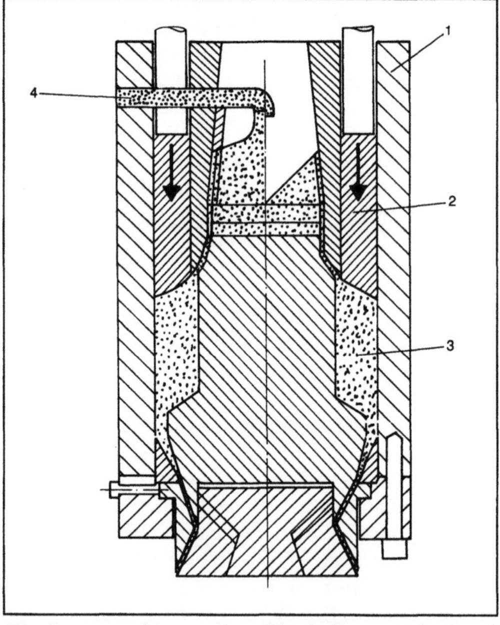

Blasformmaschine 3: Ringkolbenspeicherkopf. (Quelle: Krupp-Kautex-Maschinenbau)

1 Kopfgehäuse, 2 Ringkolben, 3 Speicherraum, 4 Einspeisebohrung, -Pinole

Vereinzelt werden B. mit Schubschneckeneinrichtung versehen. Dabei speichert die Schnecke geförderten und zu Schmelze aufbereiteten Kunststoff durch rückwärtiges Ausweichen vor ihrer Spitze. In einem hydraulisch ausgeübten Vorwärtshub stößt sie den Vorformling aus dem Kopf aus. Der Formgebungsvorgang erfolgt dann wie zuvor beschrieben. *Johannaber*

Literatur: *Johannaber, F.,* u. *K. Stoeckhert:* Kunststoffmaschinenführer. 2. Aufl. München 1984. – *Saechtling, H.:* Kunststoff-Taschenb. 23. Aufl. München 1986. – *Schwarz, O., F.-W. Ebeling, G. Lüpke* u. *W. Schelter:* Kunststoffverarbeitung. Würzburg 1985.

Blasstahlwerk. Ein B. ist ein sehr komplexes technisches System, in dem Stahl nach einem →Blasstahlverfahren in Konvertern hergestellt wird. Dabei werden die Begleitelemente des Roheisens, insbesondere Kohlenstoff, Silicium, Phosphor, Schwefel sowie Mangan, oxidiert und/oder verschlackt. In neuzeitlichen B. sind zwischen Konverterhalle und Gießhalle die pfannenmetallurgischen Anlagen angeordnet. Das Bild zeigt das Layout eines solchen B. mit 3 Konvertern, 2 Anlagen, die nach dem →Vakuum-Umlaufverfahren, auch Ruhrstahl-Heraeus-Verfahren (→RH-Verfahren) genannt, arbeiten und mit 2 zweiadrigen Stahlstrang-Gießanlagen. Die Jahresproduktion dieses Werks liegt bei 5,4 Mill. t Rohstahl. *Baumann*

Blasversatzmaschine. B. werden im Steinkohlenbergbau eingesetzt, um Blasversatzgut ohne wesentlichen Druckluftverlust in die Blasrohrleitung einzuschleusen. Sie haben somit keine Förderarbeit, sondern nur eine Zuteilarbeit zu leisten. Blasversatz wird im Steinkohlenbergbau angewandt, um den beim Abbau entstehenden Hohlraum („Alter Mann") zu verfüllen. Dies dient u. a. dazu, Bergschäden zu vermeiden und die Wärmeabgabe des Gebirges an die Wetter zu verringern. Im Jahre 1985 kamen ca. 7 % der Steinkohlenförderung aus Streben mit Blasversatz; ca. 92,5 % der Förderung kamen aus Streben mit Bruchbau; die restlichen 0,5 % stammten aus Streben mit Sturzversatz.

Neben einigen Blasversatzkammermaschinen werden heute fast nur noch Zellenradblasmaschinen verwendet.

Bei der Zellradblasmaschine ist ein Zellenrad auf einer waagerechten oder senkrechten Achse aufgezogen und dreht sich um diese Achse in einer Kammer, der sog. Schleißbüchse. Die Abdichtung der Druckluft nach außen hin wird vom Zellenrad übernommen. Es stehen jeweils nur eine oder zwei Kammern des Zellenrades mit der Druckluft in Verbindung. Die Schleißbüchse kann bei Verschleiß leicht und einfach ausgewechselt werden. Die notwendige Druckluft entnimmt man dem Druckluftnetz des Bergwerks.

Die Blasmaschine bekommt das Versatzgut über einen Stetigförderer zugeführt. Die Maschine teilt es durch das Zellenrad in Einzelmengen auf. Diese werden dann in einen Druckluftstrom eingeschleust und beschleunigt. In einer Blasleitung wird das Versatzgut bis zum Versatzort fortgeleitet. *Seeliger*

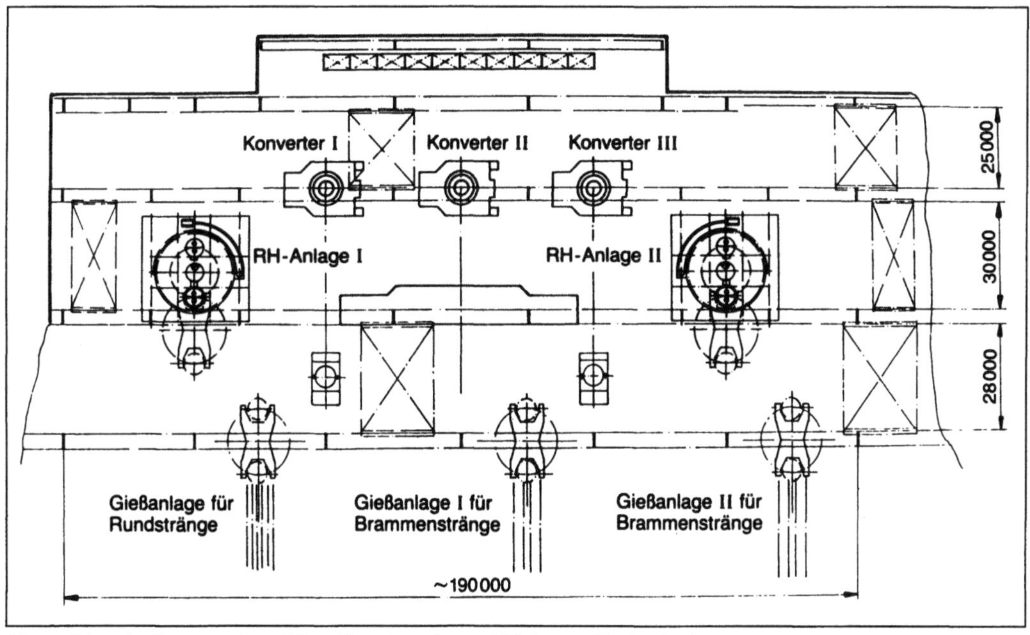

Blasstahlwerk: Layout eines Blastellwerks mit zwei Vakuum-Umlaufanlagen.

Blattfeder.

1. geschichtete. Diese ist meist schwach elliptisch vorverformt und besteht als Lastwagenfeder aus Spezialstahl nach DIN 11748, Tl. 2. Ihre Berechnung kann auf die Berechnung der geraden Trapezfeder oder Parabelfeder zurückgeführt werden. Ihre Entwicklung verläuft von der Vielfachschichtung gleichdicker B. gestufter Länge (DIN 11747, noch bei Schwerlastwagen eingesetzt) zur Schichtung weniger B. mit parabelförmig verlaufender Dicke (Bild).

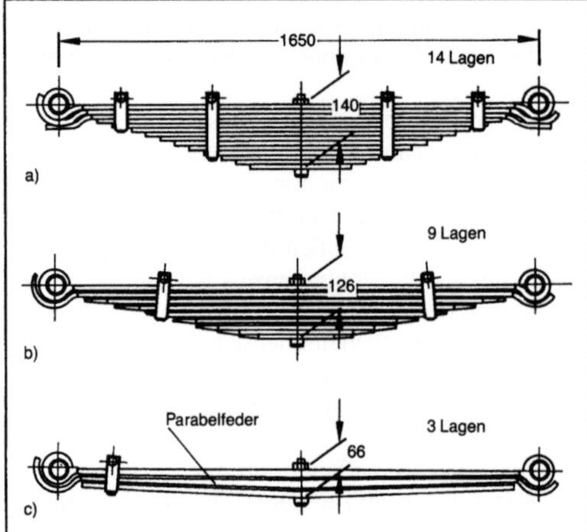

Blattfeder, geschichtete: Ausführungen mit gleicher Arbeitsaufnahmefähigkeit (max. 220 mm Federweg). (Quelle: Stahl-Merkbl. 394 a. a. O.)
a) 14-lagig
b) 9-lagig
c) 3-lagig.

Die quantitativ schwer erfaßbare, stark von der Schmierung und der Oberflächenbeschaffenheit der Blätter abhängige Reibung zwischen den Blättern hat den Vorteil der Dämpfung bei großen Schwingungsausschlägen. Dieser Vorteil entfällt aber bei kleinen Schwingungsausschlägen mit hoher Frequenz (→Körperschall). Deshalb werden g. B. bisweilen durch Ein-B. mit zusätzlichen Schwingungsdämpfern ersetzt.

Progressive Federkennlinien können dadurch erzielt werden, daß nach einem bestimmten Federweg weitere Federn an Anschlägen anliegen und dadurch zusätzlich wirksam werden.

B. aus vollhärtendem Federstahl 50CrV4 ertragen bei Vergütung auf R_m = 1450–1600 N/mm² bei maximaler Nennlast eine zulässige Biegespannung σ_b = 750 N/mm². Sie ertragen gelegentlich Überlastungen bis σ_b = 1200 N/mm² ohne bleibende Verformungen (Setzen), vorausgesetzt, sie sind nach c) im Bild ausgelegt mit in ihrer freien Länge nicht berührenden und auf der Zugseite kugelgestrahlten Blättern. Sie sollen mit 50 % über ihre Streckgrenze

plastisch vorgesetzt sein. Gegen Rost sind sie durch Phosphatierung und/oder Zinkstaublackierung geschützt.   *Federn*

Literatur: DIN-Taschenb. 29. Federn, Normen. Hrsg. Dt. Inst. für Normung. 7. Aufl. Sept. 1990. – *v. Estorff, E.*: Parabelfedern und Parabellenker für Nutzfahrzeuge. Werdohl 1986. – *v. Estorff, E.*: Parabellenker für luftgefederte Nutzfahrzeugachsen. Werdohl 1981. – Merbl. Stahl Nr. 394: Fahrgestellfedern (Tragfedern für Straßenfahrzeuge und ihre Berechnung). Düsseldorf 1974.

2. Gestaltung. Blattfedern können einseitig eingespannt, an beiden Enden aufliegend und an beiden Enden eingespannt sein. Die ersten werden durch Querkräfte am Ende bzw. in der Mitte belastet, die zuletzt genannten durch Momente oder Zwangsverformungen an ihren Enden. Beiderseits eingespannte Stahlblattfedern in drehstarren beugeelastischen Kupplungen übertragen zusätzlich Längskräfte (zwischen den Befestigungsbolzen) und werden Laschen genannt. Sie sind meist mehrfach aufeinandergeschichtet, mit oder ohne dünne Zwischenlagen (aus Metall im Einspannbereich, in der freien Federlänge aus Elastomeren oder Teflon). Im Abstand parallel angeordnete, beidseitig eingespannte Blattfedern sind Elemente zur Geradführung (Bild 1).

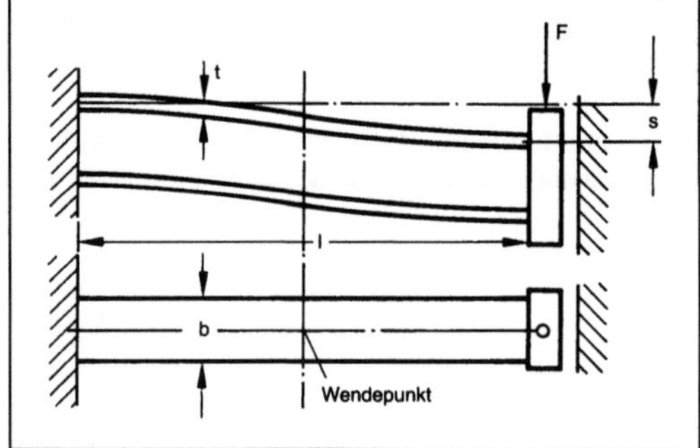

Blattfeder-Gestaltung 1: Parallel angeordnete beiderseits eingespannte Blattfedern als elastisches Geradführungselement.

Als einseitig eingespannte Blattfedern können sie einen über die Länge gleichbleibenden Rechteckquerschnitt der Dicke t und der Breite b haben oder eine linear von der Einspannstelle an abnehmende Breite bei gleichbleibender Dicke t (Dreieckfeder nach Bild 2). Bei gleichbleibender Breite kann auch ihre Dicke t von der Einspannstelle aus parabelförmig abnehmen. Berechnungsformeln für die zulässige Querkraft F_{zul} am Federende, die zugehörige Verformung (oder den Biegepfeil) s und die daraus errechenbaren Größen Federsteife c und Nutzungsgrad η_A können aus den Formeln der Mechanik (Festigkeitslehre) des gebogenen Balkens hergeleitet werden. Beträgt die Breite b ein Vielfaches der Dicke t, dann ist der E-Modul in diesen Formeln

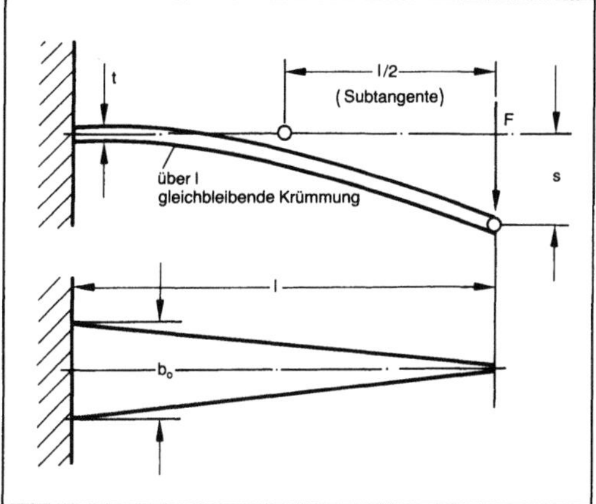

Blattfeder-Gestaltung 2: Einseitig eingespannte Blattfeder (Dreieckfeder).

durch $E/(1-\mu^2)$ zu ersetzen, mit $\mu = 0{,}3$ als Querkontraktionszahl.

Um die Einspannkerbwirkung bei (meist gestanzten) Blattfedern konstanter Dicke t niedrig zu halten, werden die Unterleg- und Deckscheiben an den Einspannkanten gerundet oder durch Beilagen aus Papier, Kunststoff, Bronze o. a. ergänzt. Deckscheiben sollten eine Dicke $t_D \approx 3t$ haben, Beilagen eine Dicke von $t_b \approx (0{,}1-0{,}2)\,t$. Auch Verkupfern im Einspannbereich kann bei Stahlblattfedern nützlich sein.

Werden Beilagen mit niedrigem E-Modul in der Einspannung verwendet, dann können die Oberflächen der Stahlfedern durch Bad-Nitrieren gehärtet werden. Bei in der Einspannung durch Schmieden oder Bearbeiten (in der Dicke auf das 1,4fache oder in der Breite beim Stanzen auf das Doppelte) verstärkten Blattfedern (Bild 3) kann man auf Beilagen und u. U. auf Deckscheiben verzichten. Mit Laserstrahlen oder durch Drahterodieren an ihren Konturen geschnittene Stahlblattfedern müs-

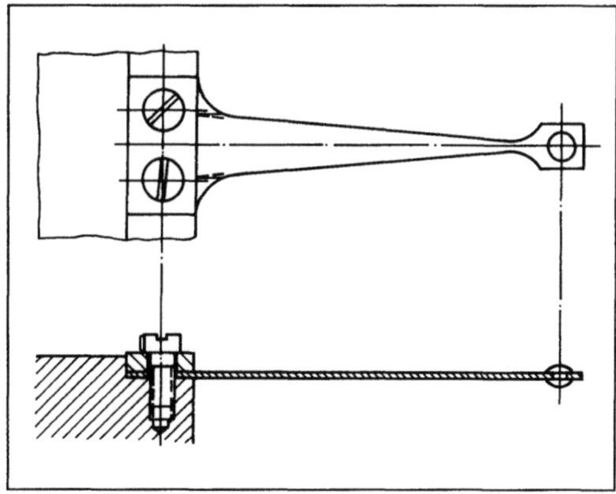

Blattfeder-Gestaltung 3: Kontaktfeder, als Dreieckfeder mit verbreitertem Einspannquerschnitt ausgebildet.

sen anschließend bad-nitriert werden, um Zugeigenspannungen an den Schnittkanten zu kompensieren. *Federn*

Literatur: *Dubbel*: Taschenb. Maschinenbau. 17. Aufl. Berlin, Heidelberg, New York, Tokio 1990. – *Estorff, E. v.*: Parabelfedern und Parabellenker für Nutzfahrzeuge. Federelemente-Handb. Hrsg. Stahlwerke Brüninghaus. Werdohl 1986.

3. Kupplung. Die B.-K., z. B. Geislinger-K. (Bild), ist eine drehnachgiebige elastische Kupplung. Die elastischen Elemente sind Blattfederpakete, die die Verbindung zwischen der An- und der Abtriebseite herstellen. Die zwischen den Blattfederpaketen und den Zwischenstücken liegenden Kammern sind mit Öl gefüllt. Wenn sich die Blattfederpakete unter der Last verformen, ändert sich das Kammervolumen, und es wird dementsprechend Öl verdrängt. Dadurch wird neben der Drehelastizität auch eine Drehschwingungsdämpfung erreicht. B.-K. werden vorwiegend in dieselmotorischen Antrieben von Schiffen, Lokomotiven usw. eingebaut. *Ehrlenspiel*

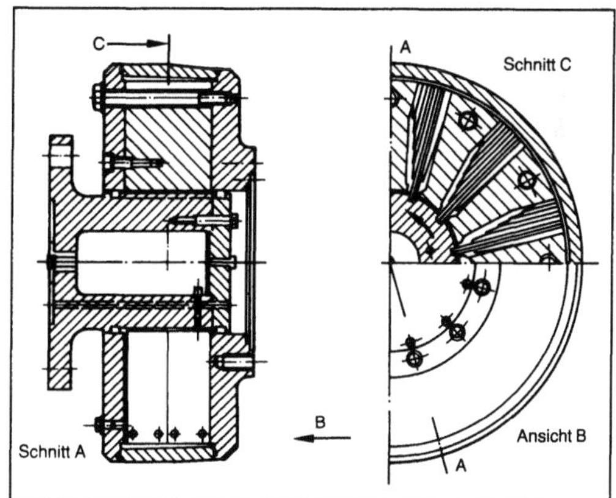

Blattfeder-Kupplung: Geislinger-Kupplung.

Blattleser →Lesemaschine

Blech-Feuerverzinnungslinie →Schmelztauch-Blechverzinnungslinie

Blechstraße →Blechwalzstraße

Bleisatz. Der B. ist technisch durch den →Photosatz völlig überholt. Damit ist auch die Satzherstellung des B. verschwunden. Bei diesen Verfahren handelte es sich um den manuellen Handsatz, den maschinellen Zeilenguß und den maschinellen Einzelbuchstabenguß.

Der Handsatz war jahrhundertelang das einzige Verfahren zur Satzherstellung. Sein Prinzip: Bewegliche Lettern aus Blei wurden zu einer Zeile zusammengefügt. Die Zeilen, aneinandergereiht, ergänzt durch nichtdruckendes Blindmaterial, ergaben die Druckform. Die verwendeten Lettern wurden von

Schriftgießereien geliefert und waren sehr teuer. Deshalb wurden die Druckformen nach Gebrauch zum Zwecke der Wiederverwendbarkeit aufgelöst. Man sprach hierbei vom Ablegen. Dieser Vorgang war sehr zeitaufwendig und verursachte hohe Kosten.

Die von *Mergenthaler* erfundene Zeilengießmaschine besaß einen Setz-, Ausschließ-, Gieß- und Ablegemechanismus. Mit ihrer Hilfe konnte ein Maschinensetzer das Vier- bis Fünffache der Leistung eines Handsetzers erreichen. Das Produkt war eine aus einem Stück bestehende Zeile, die auf der Oberseite des Zeilenkörpers das erhabene Schriftbild trug. Einsatzgebiete: Werke, Zeitschriften, Zeitungen. Es gab auf dem Markt nur einen Hersteller, der maschinellen Maschinensatz aus Einzeltypen produzieren konnte: Monotype. An den Monotype-Anlagen bestand die Texterfassung und die Satzproduktion aus zwei getrennten Vorgängen: Tasten und Gießen. Beim Tasten entstand ein 31kanaliger Lochstreifen, welcher die Gießmaschine steuerte. Einsatzgebiete: in erster Linie schwieriger Satz. *W. Schmid*

Literatur: Lehrb. Druckindustrie. Hrsg. Bundesverband Druck e. V. Wiesbaden 1979.

Blindniet →Nietung im Flugzeugbau

Blister. Eine B.-Verpackung ist eine spezielle Ausführung eines zweiteiligen Verpackungsmittels. Die B.-Verpackung besteht einmal aus einem Kartonstück. Das Kartonstück ist rechtwinklig zugeschnitten und mit einem B.-Lack beschichtet. Dieser Lack stellt die Siegelfähigkeit des Kartonstücks sicher. Um die spätere Packung verkaufsgerecht präsentieren zu können, wird ein Aufhängeloch in das Kartonstück eingestanzt.

Das zweite Teil der B.-Verpackung ist aus Kunststoff gefertigt. Durch Tiefziehverfahren wird der Kunststoff muldenförmig umgeformt. Diese Mulde dient zur Aufnahme des späteren Füllguts. Beim Herstellen dieser B.-Mulden wird meist in mehreren Nutzen gearbeitet. Nach dem Zuschneiden zum Einzelnutzen ist die B.-Mulde füllfertig. Nach dem Befüllen von Hand oder durch eine maschinelle Einrichtung wird das Kartonstück aufgelegt. Durch Kraft und Hitze werden die beiden Teile verbunden.

Eine Variante der B.-Verpackung ist die Herstellung dieser Verpackung von der Rolle als sog. Durchdrückpackung. Die Kunststoffolie wird bis zum verformungsfähigen Zustand vorgewärmt. Eine Metallwalze trägt das spätere Füllvolumen als Vertiefung. Wenn die vorgewärmte Kunststoffolie auf die Metallwalze aufläuft, wird durch Vakuum die weiche Folie in die Vertiefung hineingezogen. Nach der Abkühlung ist die Verformung dauerfest. An der Füllstation werden die entsprechenden

Füllmengen eingebracht. Zum Verschließen wird eine heißsiegelfähig beschichtete Papier- oder Aluminiumbahn aufgelegt. Durch Hitze und Kraft werden beide Teile miteinander verbunden. Die gemeinsame Bahn von Kunststoff und Papier oder Aluminium wird anschließend auf die gewünschte Größe längs- und quergeschnitten. Da das Kunststoffteil einer solchen Packung weich ist, kann das Produkt durch die Papier- oder Aluminiumbahn hindurch herausgedrückt werden. *Paris*

Blitztemperatur →Fressen (→Getriebe)

Block. Ein B. ist eine allgemeine Bezeichnung für ein Roherzeugnis aus einem metallischen Werkstoff, das durch →Kokillen-Gießverfahren oder Stranggießverfahren hergestellt wird und eine quadratische, runde, rechteckige oder polygonale Querschnittsform hat. Bei einem B. mit rechteckigem Querschnitt ist dessen Breite höchstens zweimal so groß wie dessen Dicke. Die Kanten des B. sind mehr oder weniger gerundet. *Baumann*

Blockbandsägemaschine. B. werden zum Erzeugen von Schnittholz aus Rundholz eingesetzt. Der Stamm wird bis auf ein zum Aufspannen notwendiges Reststück in Bretter, Bohlen und Kanthölzer aufgetrennt. Vorteilhaft ist der individuelle Stammeinschnitt, wie er bei der Furnierherstellung oder zum Einschneiden von Edelhölzern benötigt wird. Die Maschine hat einen Grundaufbau ähnlich der Tischbandsäge, nur in größeren Dimensionen. In einem starren, einseitig offenen Maschinenständer aus Gußeisen- oder Stahlkonstruktion sind die Bandsägerollen gelagert. Über die Bandrollen wird das Sägeblatt geführt, das eine Breite bis 400 mm haben kann. Die Dicke der Bandsägeblätter (1,5 bis 2,8 mm) wird durch den Rollendurchmesser der 1,1–1,8 m (in USA bis 3,0 m) bestimmt. Die Dicke des Blattes ist etwa $1/1000$ des Rollendurchmessers. Der Stamm liegt auf einem Blockwagen und wird mit Spannhaken fixiert. Die hydraulisch verstellbaren Spannhaken befinden sich an Spannböcken, die wiederum auf Supporten rechtwinklig zum Sägeblatt verfahrbar sind. Das Ausrichten des Stammes erfolgt über das hydraulische Verfahren der Spannhaken mit den Spannböcken und mit den angetriebenen Kettenwendern. Die Schnittdickenwahl erfolgt über elektronische Positioniersteuerungen des Bandsägewagens, die auf Digitalanzeigen des zentralen Steuerpults verfolgbar sind. B. werden zum Einschnitt größerer Stämme bis 2 m Dmr. bei einer Vorschubgeschwindigkeit von 0–30 m/min (maximal 50 m/min) eingesetzt. Übliche Leistungen betragen 5000–40000 m³ Rundholz/Jahr. *Dusil*

Block-Brammen-Walzgerüst. Mit einem B.-B.-W. können sowohl Rohblöcke zu Vorblöcken als auch

Rohbrammen zu Vorbrammen gewalzt werden. Besonders kennzeichnend für diese W.-Art sind die kalibrierten, horizontal angeordneten Arbeitswalzen und die Bauweise als Umkehr-W. Kalibrierte Arbeitswalzen haben in ihren Walzenballen konzentrische Vertiefungen, sog. Walzenkaliber, in denen das Walzgut umgeformt wird. Die Zahl und Abmessungen solcher Walzenkaliber sind vor allem von der Form sowie den Abmessungen der Vorblöcke oder Vorbrammen abhängig. *Baumann*

Block-Brammen-Walzstraße. Eine B.-B.-W. ist ein hoch komplexes technisches System zum Herstellen von Vorblöcken und Vorbrammen. In solchen W. sind Umkehr-Walzgerüste mit jeweils 2 kalibrierten Walzen eingesetzt, in denen sowohl Rohblöcke als auch Rohbrammen umgeformt werden können. Diese W. sind mit Manipuliersystemen für das Walzgut, beispielsweise zum Hochkantstellen der Brammen und zum Kanten der Blöcke, ausgerüstet. *Baumann*

Blockfundament. Beton- oder Stahlbetonfundamente relativ großer Masse und Starrheit zur Maschinenlagerung (Maschinenfundamente), unmittelbar auf dem Baugrund (a) im Bild) gegründet (Maschine-Fundament-Baugrund, Wechselwirkung) oder auf federnden Elementen (b) und c) im Bild). *Gaul*

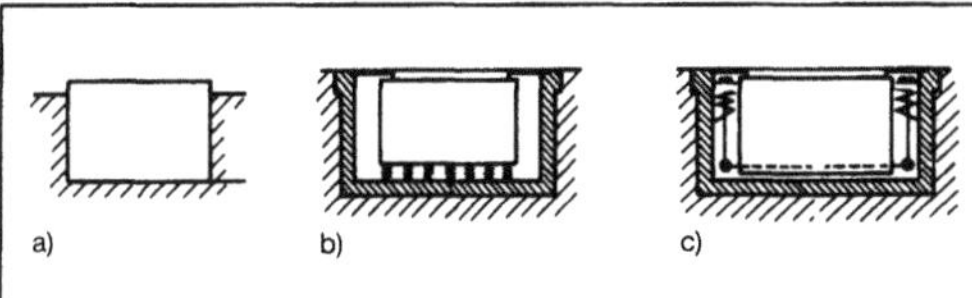

Blockfundament. (Quelle: M. Makhult a. a. O.)
a) Auf dem Baugrund
b) Auf federnder Unterlage
c) Hängend gelagert.

Literatur: *Makhult, M.:* Schwingungstechnische Bemessung von Maschinenlagerungen. Budapest 1970.

Blocklager. B. entstehen, wenn größere Mengen von gleichartigem und stapelfähigem Gut je nach Umfang des Sortiments und der Lagermenge pro Artikel zu Stapelblöcken (Blockstapelung) bzw. Stapelzeilen zusammengestellt werden (Bild). Die Blocklagerung gestattet den Zugriff nur auf die oberste →Ladeeinheit des vordersten Stapels einer Zeile. *Jünemann*

Blockstapelung →Blocklager

Blockstreckensteuerung. Bei der B. wird die Bahnschiene in für sich steuerbare Abschnitte zerlegt. Im Betrieb sperrt z. B. die fahrende Hängebahn

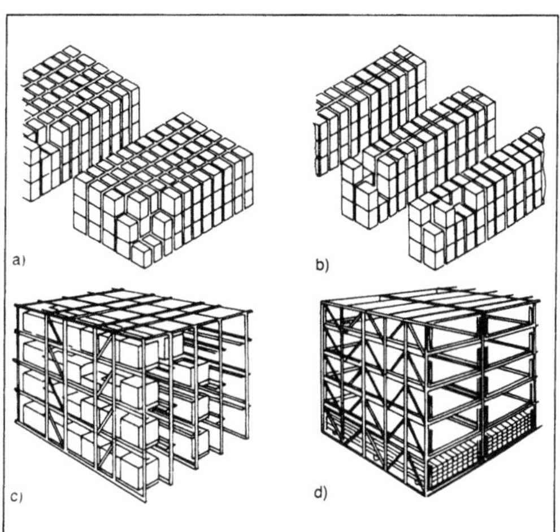

Blocklager. a) Blocklagerung.

Bodenlagerung, statische Lagerung, Stückgut mit und ohne Ladehilfsmittel

Blocklager. b) Zeilenlagerung.

Bodenlagerung, statische Lagerung, Stückgut mit und ohne Ladehilfsmittel

Blocklager. c) Einfahr- und Durchfahrregal.

Regallagerung, statische Lagerung, Blockregallagerung, Stückgut mit Ladehilfsmittel

Blocklager. d) Wabenregal.

Regallagerung, statische Lagerung, Blockregallagerung, Langgut mit und ohne Ladehilfsmittel

die Einfahrt einer nachfolgenden Bahn in die gleiche Blockstrecke.

Die nachfolgende Hängebahn muß so lange am Anfang der Blockstrecke warten, bis die vorherfahrende die Blockstrecke verlassen und damit freigegeben hat. *Jünemann*

Block-Walzgerüst. Ein B.-W. ist ein W. für das Walzen von Roh-B. zu Vor-B. Das sind meist Umkehr-W., die in schweren B.-Walzstraßen Arbeitswalzen-Durchmesser zwischen 1 100 mm und 1 300 mm, in mittleren B.-Walzstraßen Walzendurchmesser zwischen 800 mm und 1 100 mm und in leichten B.-Walzstraßen Walzendurchmesser zwischen 600 mm und 800 mm haben. *Baumann*

Block-Walzstraße. Eine B.-W. ist ein sehr komplexes technisches System, das im wesentlichen aus B.-Zufuhrsystem, Ofenanlage, Rollgängen mit Kantern, B.-Schiebern und Linealen, B.-Walzgerüst, B.-Schere, Querschlepper und Kühlbetten besteht. *Baumann*

Bockfräse. Die B. wird für das manuelle Profilfräsen an Werkstückkanten eingesetzt. In der Stuhl-

und Gestellfertigung werden besonders dreidimensional geformte Teile wie Sperrholzsitz- und -rückenteile, Armlehnen, Stilmöbelfüße usw. an dieser Maschine profiliert. Im Prinzip besteht die B. aus einer vertikal gelagerten Frässpindel, die von einem Hochfrequenzmotor (Oberfräsmaschine) mit hohen Drehzahlen (12 000–18 000 min^{-1}) angetrieben wird. Das Werkstück wird nicht auf einem Auflagetisch, sondern auf einem höhenverstellbaren Bock an dem Werkzeug vorbeigeführt. Über axial angeordnete Kopierrollen, die ebenfalls verstellbar sind, wird die Profiltiefe eingestellt. Die Vorschubbewegung liegt ausschließlich im Werkstück und kann nur von erfahrenen Fachkräften ausgeführt werden. *Dusil*

Bodenbearbeitungsgerät. Landmaschine, um günstige Wachstumsbedingungen der Kulturpflanzen zu schaffen.

□ *Standardverfahren und -geräte:*
– Lockern: Vergrößern des Porenvolumens, Verbessern der Wasserdurchlässigkeit, Durchlüftung und Erwärmung (→Grubber, →Pflug, →Bodenfräse);
– Wenden und Mischen: Einbringen von Ernteresten und Düngestoffen, Unkrautbekämpfung (Pflug, Bodenfräse);
– Saatbettbereitung: Bereiten eines feinkrümeligen Saatbetts mit ausreichendem Bodenschluß (→Egge, →Kreiselegge, Rotoregge, Rüttelegge, Packerwalze, Schleppe, Walze, Saatbettkombination);
– Unkrautbekämpfung: (→Hackmaschine, Häufelgeräte, Egge);
– Brechen von Oberflächenkrusten: (Hackmaschine, Grubber, Egge);
– Erzeugen von Dämmen: (z. B. Häufelgeräte im Kartoffelbau);
□ *Sonderverfahren und -geräte:* Einsatz von Dränmaschinen, Tiefenlockerern, Geräten zum Erzeugen bestimmter Bodenprofile (z. B. gegen Bodenerosion) und zur Grünlandbearbeitung.

Nach der Art der Energieübertragung unterscheidet man zwischen rein gezogenen B. (z. B. Pflug, Grubber, Egge, Walze, Hackmaschine) und überwiegend zapfwellengetriebenen B. (Bodenfräse, Kreiselegge, Rotoregge, Rüttelegge). Zapfwellenleistung gelangt verlustärmer vom Traktor zum Gerät als Zugleistung. Dafür weisen angetriebene Werkzeuge wesentlich höhere Verluste für die Bodenbeschleunigung auf. Die sog. Minimalbodenbearbeitung verzichtet auf das Wenden durch den Pflug bei gleichzeitiger Kombination von Arbeitsgängen: verminderter Zeit- und Energieaufwand, geringere Störung der Naturstruktur, keine Pflugsohlenbildung, weniger Fahrspuren bei erhöhter Bodentragfähigkeit. Der Preis dafür besteht vor allem in einem erhöhten Aufwand für die Unkrautbekämpfung.

Die konservierende Bodenbearbeitung betont zusätzlich die Nutzung oberflächennaher Reststoffe für Bodenleben und Wasserhaltung. Ein Verzicht auf das Pflügen ist in Mitteleuropa wohl nur teilweise möglich, z. B. für bestimmte Standorte und Fruchtfolgen.

In der Forstwirtschaft wendet man die B. vor allem bei Aufforstungen und jungem Bestand an. Ziele: Lockerung, Zerstörung alter Wurzeln, Durchmischung, Unkrautbekämpfung. Die Geräte müssen sehr robust sein; →Scheibenpflug und Bodenfräse erweisen sich als besonders geeignet. Wichtigste Elemente aller B. sind die Werkzeuge, deren Wechselwirkungen mit dem Boden man mit Hilfe der landtechnischen Bodenmechanik erforscht. Der gesamte Energieaufwand für B. kann zweckmäßig auf folgende 6 Verfahrenselemente aufgeteilt werden: Schneiden, Verformen, Heben, Beschleunigen, Arbeitsreibung (Werkzeug-Wirkfläche) und Führungsreibung (Werkzeugführung). *Renius*

Literatur: Autorenteam: Bodenbearbeitung und Saat. VDI/MEG Koll. H.3. Düsseldorf 1986. – *Bernacki, H.:* Bodenbearbeitungsgeräte und -maschinen. Ost-Berlin 1973. – *Eggenmüller, A.:* Untersuchungen an schwingenden Bodenbearbeitungswerkzeugen. Diss. TH Hannover 1957. Drei Auszüge in: Grundl. Landtechn. 8 (1958) Nr. 10. – *Estler, Knittel, Zeltner:* Bodenbearbeitung aktuell. Frankfurt a. M. 1985. – *Feuerlein, W.:* Geräte zur Bodenbearbeitung. Stuttgart 1971. – *Kuipers, H.:* The Challenge of Soil Cultivations and Soil Water Problems J. agric. Engng. Res. 29 (1984) Nr. 3, S. 177/90. – *Nitsch, W. v.:* Porengrößen im Boden, ihre Beziehungen zur Bodenbearbeitung und zum Wasserhaushalt. RKTL-Schr. 38 (1938). – *Pietsch, H.:* Zur Berechnung von Kräften an Bodenbearbeitungswerkzeugen unter besonderer Berücksichtigung von Drängeräten. Diss. TU München 1977. – *Schilling, E.:* Landmaschinen. Bd. 2: Maschinen und Geräte für die Bodenbearbeitung. Rodenkirchen 1962. – *Söhne, W.:* Einige Grundlagen für eine landtechnische Bodenmechanik. Grundl. Landtechn. 6 (1956) Nr. 7, S. 11/17. – *Söhne, W.:* Krümel- und Schollenanalyse als ein Mittel zur Beurteilung der Güte der Bodenbearbeitung. Landtechn. Forsch. 4 (1954) Nr. 3, S. 79/81. – *Söhne, W., u. H. Stubenböck:* Theoretische Grundlagen der Mechanik der Bodenbearbeitung. Ber. über Landt. 56 (1978) Nr. 2, S. 390/416.

Bodenentleerer. B. oder Bodenschütter sind Spezialfahrzeuge, deren Transportmulde während der Fahrt durch Bodenklappen entleert wird. Dabei läßt sich ein gleichmäßiger Bodenauftrag erreichen. Gebräuchlich sind B. mit Motorleistungen von 207 bis 783 kW, Nutzlasten von 18–150 t, Muldeninhalten von rd. 10–88 m^3 und Leergewichten bis über 100 t. Vereinzelt werden noch größere Modelle gebaut. Mit relativ weichem Fahrwerk erreichen sie in Verbindung mit EM-Reifen (EM Earth Moving) einen Bodendruck von nur 0,2–0,3 N/mm^2. Bodenschütter eignen sich besonders für langgestreckte, flächenhafte Schüttungen mit kurzer Entleerzeit. *Kühn*

Bodenfräse. Bodenbearbeitungsmaschine mit horizontaler Fräswelle und daran befestigten Winkelmessern (Bild 1). Werkzeug-Umfangsgeschwindigkeiten um 2–6 m/s (entspr. ca. 130–300 min^{-1}). Drehzahl häufig durch einfache Umsteckzahnräder in einigen Stufen einstellbar. Arbeitstiefen um 5 bis 20 cm (Haupteinsatz für geringe Tiefen). Ein großer Anteil der (relativ hohen) Antriebsleistung wird für Schneidarbeit, Beschleunigungsarbeit und Werkzeugreibung verbraucht. Der Energiebedarf am Werkzeug ist auf das bearbeitete Bodenvolumen bezogen etwa 2–3mal höher als beim →Pflug. Nur ein Teil des Mehraufwands kann durch den verlustarmen Zapfwellenantrieb kompensiert werden. Selbst bei Berücksichtigung der guten Zerkleinerungswirkung (in einem Arbeitsgang) bleibt die →Energiebilanz insgesamt oft unbefriedigend. Im Interesse eines möglichst wenig schwingenden Antriebsdrehmoments ordnet man die Werkzeuge schraubenförmig an, so daß die Einschläge hintereinander erfolgen. Beim vorherrschenden Gleichlauffräsen (Bild 2) benötigt die B. praktisch keine Zugleistung, es kann sogar zum leichten Schieben kommen (Traktor ohne Allradantrieb ausreichend). Für eine ordentliche Arbeit müssen die Winkelmesser sauber schneiden (effektiver Freiwinkel >0, Messer scharf genug). Andernfalls wird bei erhöhtem Energieverbrauch eine unerwünschte Frässohle erzeugt (Boden verschmiert und verdichtet).

Anwendungsschwerpunkte der B.: Herstellen eines Pflanz- oder Saatbetts in einem Arbeitsgang

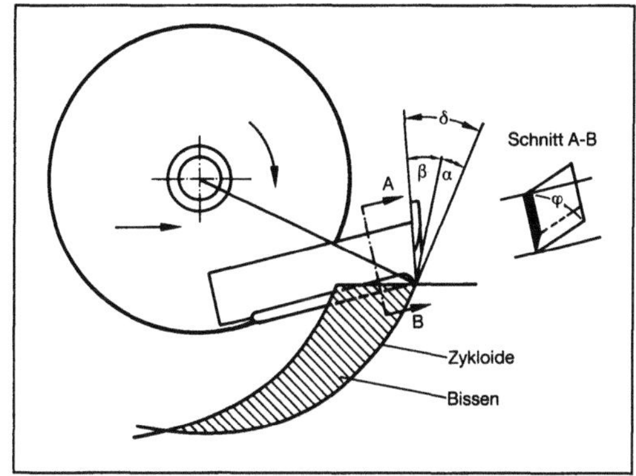

Bodenfräse 2: Geometrie des Fräswerkzeugs.

β Keilwinkel, α Freiwinkel, δ = α + β Schnittwinkel, φ Scharschneidenwinkel.
Infolge des Vorschubs ergibt sich ein effektiver Freiwinkel <α.
Das Messer soll nicht scharf abgekantet sein, ein gerundeter Übergang reduziert den Energieverbrauch.

(z. B. bei Zwischenfrucht), Einmischen organischer Stoffe (z. B. Gründüngung), Kombination mit dem →Grubber (Pflugersatz), Vorarbeit bei Umkultivierungen (Wiesen oder Forst zu Ackerland), Forstarbeiten. *Renius*

Literatur: *Bernacki, H.:* Untersuchungen von Scharfräsen in der Bodenrinne und auf dem Acker. Grundl. Landtechn. 12 (1962) Nr. 15, S. 28/36. – *Blümel, K.:* Messungen an einer

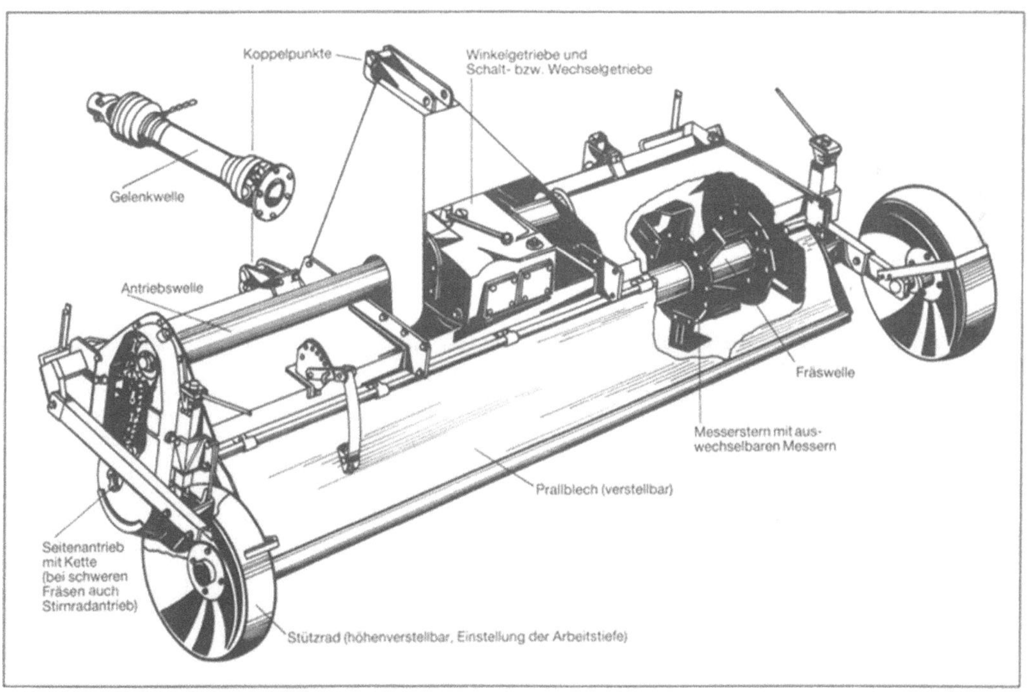

Bodenfräse 1: Aufbau mit Seitenantrieb (vorherrschend) und 6-Messer-Rotor. (Quelle: Howard)
Winkelmesser aus verschleißfestem zähen Stahl

Ackerfräse. Diss. Universität Hohenheim 1986. Forsch.-Ber. Agrartechn. MEG 129 (1986). – *Kuczewski, J.:* Ein Beitrag zur Berechnung der Bodenfräse. Grundl. Landtechn. 32 (1982) Nr. 4, S. 110/13. – *Söhne, W.:* Einfluß von Form und Anordnung der Werkzeuge auf die Antriebsmomente von Ackerfräsen. Grundl. Landtechn. 7 (1957) Nr. 9, S. 69/87.

Bodenprobenentnahmegerät   (Wasserbau). Qualitativ hochwertig, aber auch sehr teuer und aufwendig ist die Entnahme von Bodenproben mit Bohrgeräten im Wasserbau. Die Proben werden durch Eindrücken, Einrütteln oder Einschlagen eines Probebehälters oder durch Drehbohren gewonnen. Die Bohrungen werden von einem schwimmenden Geräteträger (→Ponton, Bohrschiff, →Hubinsel) aus durchgeführt, so daß bei schlechtem Wetter und dem damit verbundenen Seegang der einige Tage dauernde Bohrvorgang abgebrochen und bei besseren Witterungsbedingungen wiederholt werden muß. Für die Erfassung der Feinstteile im Boden sind Schlauchkernbohrungen erforderlich.   *Kühn*

Bodenschutz. Summe aller Maßnahmen gegen irreversible oder schwer reparierbare Bodenschäden, vor allem Stoffeinträge, Erosion und Bodenverdichtung. Unerwünschte Stoffeinträge sind nur in einem vernachlässigbar geringen Umfang auf „Nebenwirkungen" von Landmaschinen zurückzuführen (wie z. B. Schadstoffe im Abgas von Verbrennungsmotoren oder undichte Behälter). Die Erosion tritt nur an Hängen auf. Sie läßt sich durch geeignete Anbautechniken begrenzen, wobei vereinzelt auch neue Maschinen, z. B. zur Streifenfrässaat, entwickelt wurden. Der bei heftigem Regen zu erwartende Bodenabtrag läßt sich heute abschätzend vorausberechnen (Arbeiten v. *Schwertmann).* Schädliche Bodenverdichtung liegt vor, wenn das Planzenwachstum infolge eines zu geringen Porenvolumens (Luft und Wasser) beeinträchtigt wird. Entscheidend wirkt sich dabei die zuerst eintretende Verminderung der „Grobporen" ($\leq$10 µm, Wasser- und Gasaustausch) aus (frühe Arbeiten von *v. Nitsch).*

Die Tabelle zeigt die wichtigsten Einflußfaktoren auf den Zusammenhang zwischen Spannungszustand und Verdichtung. Weil die Bodenbearbeitung die Verdichtungsempfindlichkeit erhöht, forscht man weltweit nach praktikablen Möglichkeiten eines verminderten Eingriffs (bis zur sog. Direktsaat ohne Bodenbearbeitung). Die Lagerungsdichte des Bodens läßt sich näherungsweise über den Eindringwiderstand (genormter) Sonden ermitteln, wenn man nicht auf Steine stößt. Die Geräte müssen für absolute Messungen für jeden Boden in Abhängigkeit von der Bodenfeuchtigkeit geeicht werden. Die aus der räumlichen Beanspruchung eines Bodenelements resultierende Verdichtung läßt sich am genauesten im Labor mit Hilfe des Triaxialgeräts feststellen (Arbeiten von *Bolling).* Die ersten brauchbaren Berechnungen des Spannungszustands unter Luftreifen stammen von *Söhne,* der die Ansätze von *Fröhlich* weiterentwickelte und insbesondere zu Isobaren für die Hauptdruckspannung gelangte (Druckzwiebeln). Diese Methode hat sich vor allem für Vergleiche als äußerst wertvoll erwiesen und zur Absicherung wichtiger Grunderkenntnisse beigetragen. So kann man z. B. damit zeigen, daß der oberflächennahe Bodendruck vor allem durch den Reifenluftdruck (plus Karkassensteifigkeit) bestimmt wird, dagegen aber in größerer Tiefe der Einfluß der Radlast dominiert. Verdichtungen unterhalb des normalen Bearbeitungsbereiches müssen ggf. mit Untergrundlockerern (bei möglichst trockenem Boden) behoben werden (Bodenbearbeitungsgeräte). Für eine überschlägige Beurteilung der Bereifung hinsichtlich Bodenbeanspruchung wurde von mehreren Forschern die Kennzahl Last/b · d vorgeschlagen, mit der man die Radlast auf die Reifenprojektionsfläche (Breite b · Durchmesser d) bezieht. Werte $\leq$20 kPa gelten in Verbindung mit Radlasten $\leq$20 kN für Mitteleuropa (nach *Renius)* als günstig.

Verschiedentlich hat man für einen besseren B. auch ganz neue Verfahren der Pflanzenproduktion vorgeschlagen, so z. B. die vollständige Trennung der Systeme „Pflanze-Boden" und „Fahrwerk-Fahrbahn" durch spurgebundene laufkranartige Breitspur-Geräteträger (Arbeiten von *Taylor* u. a.).   *Renius*

Literatur: Autorenteam: Bodenverdichtungen. KTBL-Schrift. 308 Darmstadt 1986. – *Barnes, K. K.,* et al: Compaction of agricultural soils. St. Joseph, Mich. (USA) 1971. – *Bekker, M. G.:* Theory of Land Lokomotion. Ann Arbor 1956. – *Burt,*

Bodenschutz. Tabelle: Bodenbeanspruchung und Bodenverdichtung mit wichtigen Einflußfaktoren (Feuchtigkeit dominierend).

räumlicher Spannungszustand am Bodenelement	☐ Bodenfeuchte (hohe Werte ungünstig) ☐ Bodenart (schwerer Boden ungünstig, hoher Humusanteil günstig) ☐ Struktur, Bearbeitungszustand (natürliche, unbearbeitete Struktur günstig) ☐ Verdichtungsgeschwindigkeit (hohe Geschwindigkeit deutlich günstig) ☐ Fließverformung (zusätzliches plastisches Scheren ungünstig)
Verdichtung: Abnahme des Porenvolumens (Luft und Wasser)	

E. C., J. H. Taylor u. *L. G. Wells:* Traction Characteristics of Prepared Traffic Lanes. Transactions ASAE 29 (1986) Nr. 2, S. 393/401. – *Bolling, I.:* How to predict soil compaction from agricultural tires. J. of Terramechanics 22 (1986) Nr. 4, S. 205/23. – *Bolling, I.:* Bodenverdichtung und Triebkraftverhalten bei Reifen–Neue Meß- und Rechenmethoden. Diss. TU München 1987. – *Hartge, J. H.:* Einführung in die Bodenphysik. Stuttgart 1978. – *Horn, R.:* Auswirkung unterschiedlicher Bodenbearbeitung auf die mechanische Belastbarkeit von Ackerböden. Z. Pflanzenernährung. Bodenk. 149 (1986) Nr. 1, S. 9/18. – *Mückenhausen, E.:* Die Bodenkunde. 3. Aufl. Frankfurt a. M. 1985. – *Nitsch, W. v.:* Über Wasserbewegung und Porosität des Bodens . . . RKTL-Schr. 41 (1933). – *Renius, K. Th.:* Zum Problem des Bodendrucks bei Ackerschleppern und Landmaschinen. Gütersloh 1983. – *Schwertmann, U.:* Die Vorausschätzung des Bodenabtrags durch Wasser in Bayern. Beratungsschrift. (Hrsg.) Bayer. Staatsminist. Ernährung, Landwirtsch. Forsten. München 1985. – *Söhne, W.:* Das mechanische Verhalten des Ackerbodens . . . Grundl. Landtechn. 1 (1951) Nr. 1, S. 87/94. – *Söhne, W.:* Die Verformbarkeit des Ackerbodens. Grundl. Landtechn. 2 (1952) Nr. 3, S. 51/59. – *Söhne, W.:* Druckverteilung im Boden und Bodenverformung unter Schlepperreifen. Grundl. Landtechn. 3. (1953) Nr. 5, S. 49/63. – *Taylor, J. H.,* u. *W. R. Gill:* Soil Compaction: State-of-the-Art Report. J. of Terramechanics 21 (1984) Nr. 2, S. 195/213.

Bodenuntersuchungsgerät (Wasserbau). Bevor eine Anlage gebaut oder Boden unter Wasser aufgenommen werden kann, benötigt man Informationen darüber, um welchen Boden es sich handelt, wie tragfähig bzw. wie lösbar er ist. Die Bodenuntersuchungen in offenem Gewässer werden von einem Schwimmkörper (→Ponton) oder einer →Hubinsel aus vorgenommen. Außer den sowieso bei Bodenuntersuchungen auftretenden Problemen kommen hier noch die umfeldspezifischen Einflüsse dazu, wie Schiffsbewegungen, Wassertiefe, keine Unterwassersicht usw. Folgende B. kommen im Wasserbau zum Einsatz: Echolote, →Kastengreifer, →Schwerkraftbohrer, Sondiergeräte, Bodenprobenentnahmegeräte, Unterwasserbodenuntersuchungsgeräte. *Kühn*

Böschungsmaschine. B. sind Sonderbaumaschinen für den Kanalbau. Sie werden für das Herstellen des Feinplanums und das Einbringen und Verdichten des Auskleidungsmaterials auf den Böschungsflächen eingesetzt. B. können sowohl für eine diskontinuierliche Bearbeitung in Kanalquerrichtung als auch für eine kontinuierliche Bearbeitung in Längsrichtung konzipiert sein. Der Vorteil der Quermaschine besteht u. a. darin, daß kleine und leichte Geräte zum Einsatz kommen, die einfacher und leichter gebaut und deshalb billiger sind. Die Beschickung ist von der Kanalsohle oder von der Krone aus möglich. Die Breite des Arbeitsgeräts ist von der geforderten Beschickereinrichtung, von der Böschungslänge, der Deckendicke und der Einbauleistung abhängig. Nachteilig wirkt sich auf das Verfahren mit der Quermaschine aus, daß eine

relativ hohe Anzahl von Nähten entsteht, deren Nachbehandlung sehr viel Zeit und Kosten in Anspruch nimmt und daß durch die diskontinuierliche Arbeitsweise Quermaschinen einen relativ hohen Anteil an Leerlaufzeiten zu verzeichnen haben.

Für die Herstellung des Feinplanums eingesetzte B. haben als Arbeitswerkzeuge Fräs- bzw. Eimerketten, Schaufelräder und Kratzbänder mit →Aufreißer. Betonböschungsbaumaschinen (Bild) fördern den Beton über ein Transportband mit einem fahrbaren Abstreifer in einen Einbaurahmen (Schleppschalung). Unter dem Einbaurahmen befindet sich eine Rütteleinrichtung für die Verdichtung des Betons. Die Schleppschalung ist mit Messern versehen, mit denen Scheinfugen in Längsrichtung geschnitten werden können. Querfugen stellt man mit einem an der Schleppschalung befestigten Fugenmesser her. Die gesamte Arbeitseinrichtung ist auch hier auf einem Raupenfahrwerk untergebracht, das durch einen Hydraulikmotor angetrieben wird. Betonböschungsbaumaschinen leisten bis 80 m³/h.

Böschungsmaschine: Böschungsbetoniermaschine.

Asphaltbeton-B. haben eine Stampf- und Glätteinrichtung, die in Aufbau und Arbeitsweise den bei Straßenfertigern üblichen Anfertigungen entspricht. Die Beschickung mit Asphaltbeton geschieht über einen am Gerät angekoppelten, fahrbaren Übernahmebehälter. Nach der Verteilung wird mit der Stampf- und Glättvorrichtung vorverdichtet und profilgerecht abgezogen. In dem Übernahmebehälter ist eine Dosiereinrichtung eingebaut, die die Einbauleistung regelt. Das Gerät ist so gebaut, daß es von einer Kanalböschung auf die andere ohne zusätzliche Hilfe selbständig umgesetzt werden kann. Somit ist es möglich, die verschiedenen Schichten eines Belages in ganz verschiedenen Zeitabschnitten mit demselben Gerät einzubauen.

Für Kanalquerschnitte mit Profillinien über 25 m wird man bevorzugt B. wählen. Bei Böschungslinien bis maximal 50 m wird man die Längsmaschine und die Quermaschine mit Traggerüst einsetzen. Bei

Böschungslinien bis maximal 100 m setzt man entweder die B. mit Traggerüst stufenweise oder die Quermaschine ohne Traggerüst ein. Beim Einsatz von B. wird die Kanalsohle von üblichen Straßenbaugeräten bearbeitet. *Kühn*

Böschungswinkel. Unter B. versteht man denjenigen Winkel, unter dem Schüttgut (Kohle, Erden) gerade noch angeschüttet werden kann, ohne abzurutschen. *Jünemann*

Bogen-Stranggießanlage. Nach 1962 führte die Entwicklung der Stahlstrang-Gießtechnik zum Einsatz der dritten S.-Bauform, der B.-S. Wesentliche Teilsysteme einer solchen Anlage sind:
- Verteilergefäß,
- Kokille,
- Kokillenhubsystem,
- Stütz- und Führungsrollensystem,
- Richt-Transportrollensystem sowie
- Strangtrennsystem.

Die Teilsysteme einer B.-S. sind also, beginnend mit dem Verteilergefäß bis einschl. Stütz- und Führungsrollensystem, abgesehen von der z. T. bogenförmigen Anordnung und Gestaltung dieser Baugruppen, gleich denjenigen einer Senkrecht-S. und einer Biegericht-S. Den Stütz- und Führungsrollensystemen nachgeordnet sind das Transport-Richtrollensystem, das Strangtrennsystem und die Transportvorrichtungen. Die Bauhöhe einer solchen Anlage ist im wesentlichen von der Größe des Bogenradius abhängig.

Es sind B.-S. mit gebogenen Kokillen und B.-S. mit geraden Kokillen zu unterscheiden. In B.-S. mit gebogenen Kokillen ist der die Kokille verlassende Strang bereits kreisbogenförmig. In B.-S. mit geraden Kokillen wird der Strang nach einem Erstarrungsweg von beispielsweise 1 500 mm unterhalb der Kokille schrittweise gebogen. Der Strang wird also hierbei einer Biege- und später einer Richtbeanspruchung unterworfen. Diese Anlagenbauweise ist bei den Biegericht-S. nicht aufgeführt worden, weil einerseits eine B.-S. auch so gebaut werden kann, daß in derselben wahlweise gerade oder gebogene Kokillen zum Einsatz gebracht werden können und andererseits die Bauhöhe solcher Anlagen etwa gleich derjenigen von B.-S. ist.

Für die zulässige Biegebeanspruchung eines Strangs in B.-S. sind ähnliche Empfehlungen gültig wie diejenigen, die für die Beanspruchung eines Strangs in Biegericht-S. gegeben wurden. Der Radius einer B.-S. ist also wie bei einer Biegericht-S. von der zulässigen Formänderung durch das Biegen oder Richten abhängig.

Bei B.-S. mit Bogenkokillen, die den Strang in nicht kernerstarrtem Zustand richten, ist der Radius besonders von den zulässigen Formänderungen der inneren Fasern der Strangschalen an den Phasengrenzen flüssig/fest abhängig. Hier sollte die zulässige Verformung je nach Stahlsorte stets im Bereich zwischen $\mu=0{,}2\%$ und $\mu=0{,}4\%$ liegen. Ein in Bogenkokillen frei einfallender Gießstrahl kann bei kleinen Bogenradien das Wachstum der äußeren Strangschale an der Phasengrenze flüssig/fest beeinträchtigen. Deshalb sollte der Radius des Kokillenbogens in Produktionsanlagen erfahrungsgemäß eine Größe von etwa 4,5 m nicht unterschreiten.

Im Jahre 1964 wurde bei der Mannesmann Aktiengesellschaft, Hüttenwerk Huckingen, Duisburg, eine einadrige Ovalbogen-S., die den nicht kernerstarrten Strang stufenweise richtet, in Betrieb genommen. *H. Schrewe* und *E. Keuper* haben über Betriebsergebnisse dieser Anlage, die auch Super Low Head-Anlage (SLH-S.) genannt wird, berichtet.

1965 wurde die erste sechsadrige Bogen-S. bei der Armco Steel Corporation, Sand Springs Plant, Sand Springs, Oklahoma, USA, zur Übernahme der gesamten Produktion des Schmelzbetriebs in Betrieb genommen (Bild 1). Infolge des verhältnismäßig kleinen Bogenradius von 4,8 m wurden die gegossenen Stränge in nicht kernerstarrtem Zustand gerichtet. Auf Grund der niedrigen Anlagenbauhöhe konnte der Gießbetrieb in der bestehenden Gießhalle untergebracht werden. Die mit der Gießanlage hergestellten Stränge hatten Querschnittsabmessungen zwischen 73 mm × 73 mm und 127 mm × 127 mm.

1965 wurde die erste Produktionsgießanlage für Stränge mit runder Querschnittsform zur Herstellung nahtloser Rohre in den Hüttenbetrieben des zum ARBED-Konzern gehörenden Eschweiler Bergwerks-Verein, EBV, in Eschweiler, in Betrieb genommen. Diese Anlage war so konstruiert, daß sowohl gerade Kokillen als auch Bogenkokillen eingesetzt werden konnten. Weil das Produktionsprogramm der Hüttenbetriebe des EBV neben nahtlosen Rohren auch Walzdraht, Band- und Stabstahl sowie Schrauben umfaßte, wurden auch Stränge mit quadratischen und flachen Querschnitten gegossen. Wegen der unterschiedlichen Strangquerschnittsformen sowie -abmessungen und der Übernahme aller Schmelzen des Lichtbogenofen-Stahlwerks war die Gießanlage mit allen erforderlichen technischen Systemen für den schnellen Wechsel der Kokillen sowie Stütz- und Führungsrollensysteme ausgerüstet.

Im Jahre 1967 wurden die ersten Produktions-B.-S. im neuen →Blasstahlwerk des Hüttenwerkes Huckingen der Mannesmann AG, Duisburg, in Betrieb genommen (Bild 2). Bei diesen Anlagen hatte sich neben dem verhältnismäßig niedrigen statischen Druck des flüssigen Stahls auf die Strangschale infolge der geringen Anlagenbauhöhe insbesondere der Einsatz vieler angetriebener Stütz- und

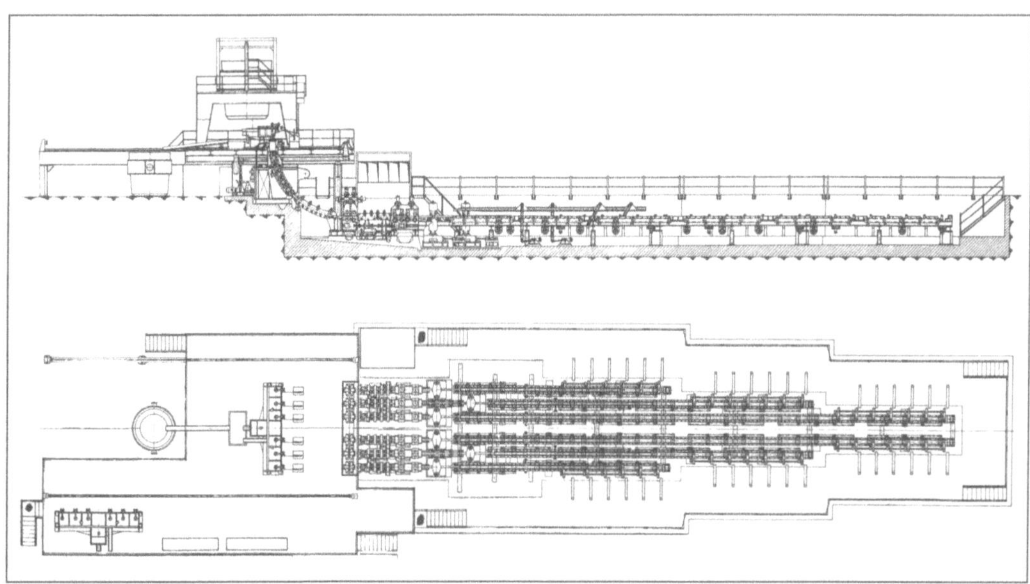

Bogen-Stranggießanlage 1: Anlage der Armco Steel Corp., Sand Springs Plant, Sand Springs, Oklahoma (USA).

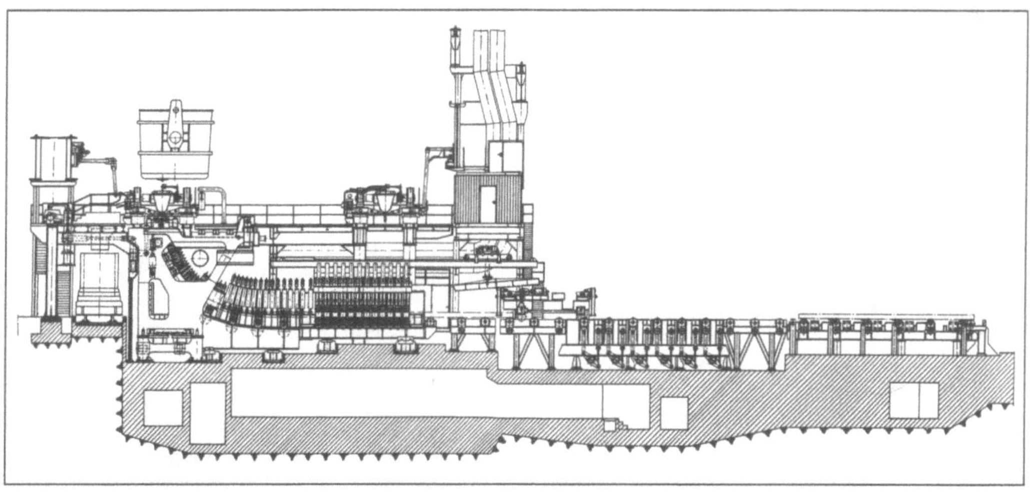

Bogen-Stranggießanlage 2: Seitenansicht der Bogen-Stranggießanlage der Mannesmann AG, Hüttenwerk Huckingen, Duisburg.

Führungsrollen auf dem Erstarrungsweg des Strangs bewährt. Mit solchen „Vielrollenantrieben" sind in den 70er Jahren fast alle Brammen-S. ausgerüstet worden. Die Brammen-S. des Blasstahlwerks hatten und haben auch 1990 noch einen Kokillen-Radius R_1 von 5 000 mm, nach dem ersten Richtpunkt einen Bogenradius R_2 von 6 625 mm, nach dem zweiten Richtpunkt einen Bogenradius R_3 von 9 875 mm und nach dem dritten Richtpunkt einen Bogenradius R_4 von 19 625 mm, der bis zum Biegepunkt Bogen/Waagerechte reicht. Dabei ist die Länge der gestützten Gießader 17 171 mm.   *Baumann*

Literatur: *Baumann, H. G.:* Stahlstrang-Gießanlagen. Düsseldorf 1976. – *Schrewe, H.,* u. *E. Keuper:* Klepzig Fachber. 80 (1972) Nr. 4, S. 189/92.

Bogenzahnkupplung. B. (Balligzahnkupplungen, Zahnkupplungen mit gewölbten Zähnen) sind vorwiegend winkel-, häufig auch längsnachgiebige, drehstarre Ausgleichskupplungen. Sie übertragen das Drehmoment formschlüssig über ineinandergreifende, axial verlaufende Verzahnungen im Innen- (Nabe, Stern) und Außenteil (Hülse). Sie werden meist als Doppelzahnkupplungen (Bild)

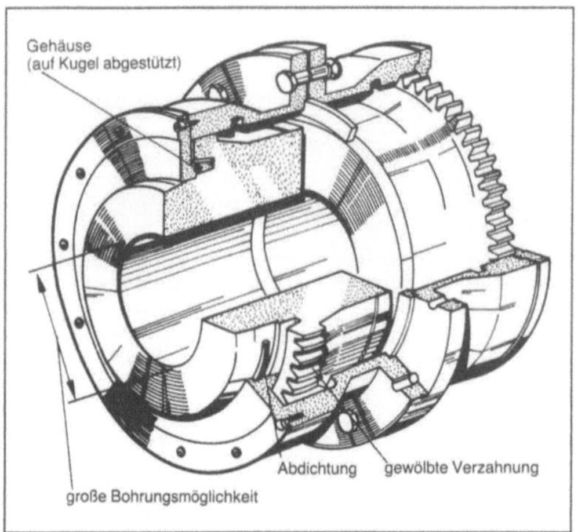

Bogenzahnkupplung: Doppelzahnkupplung (Flexident).

ausgeführt und sind dann wie eine →Gelenkwelle auch quernachgiebig. Weil das Drehmoment über viele Zähne übertragen wird, ergeben sich kleine Abmessungen bzw. hohe übertragbare Drehmomente. Die B. muß geschmiert werden. An Stelle der bogenförmig ausgebildeten Zähne werden auch kurze gerade verwendet. *Ehrlenspiel*

Bohren. Mit B. werden spanende Verfahren mit rotatorischer Hauptbewegung bezeichnet, bei denen das Werkzeug nur eine Vorschubbewegung in Richtung der Drehachse erlaubt.

Die wesentlichen Verfahrensvarianten (Bild) sind: B. ins Volle, Auf-B., Kern-B., Gewinde-B. und Zentrier-B. (Profil-B.).

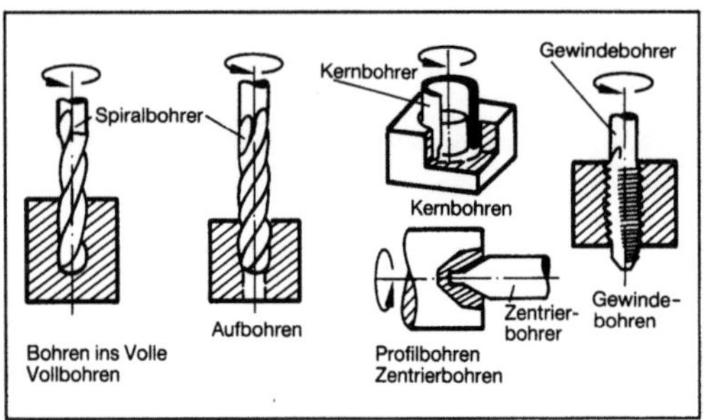

Bohren: Verfahrensvarianten.

Die verschiedenen Bohrverfahren unterscheiden sich insbesondere in der Art der verwendeten Werkzeuge sowie in den zu bearbeitenden Bohrungen.

Bei der Herstellung von Durchgangs- oder Sacklöchern wird werkzeugseitig zwischen Spiralbohrern, Wendeschneidplatten-Bohrern und Tiefbohrwerkzeugen unterschieden. Letztere finden ihren Einsatz bei der Fertigung von Bohrungen mit einem hohen Längen-Durchmesser-Verhältnis (Tief-B.).

Die besonderen Merkmale des B. sind
□ die bis auf null abfallende Schnittgeschwindigkeit in der Bohrermitte,
□ der mit zunehmender Bohrtiefe schwierigere Abtransport der Späne,
□ die ungünstige Wärmeverteilung in der Schnittstelle,
□ der erhöhte Verschleißangriff auf die scharfkantige Schneidecke sowie
□ Stabilitäts- und Schwingungsprobleme des Werkzeugs mit zunehmender Bohrtiefe (→Bohrreibung). *König*

Literatur: DIN 8589. Tl. 2: Fertigungsverfahren Spanen. Hrsg. Dt. Inst. f. Normung. Ausg. März 1978. – *König, W.:* Fertigungsverfahren. Bd. 1: Drehen, Fräsen, Bohren. Düsseldorf 1990.

Bohrgerät.
1. Boden. In der Bautechnik unterscheidet man B. zum Gesteinsbohren (Fels, Hartgestein vorwiegend bei der Materialgewinnung) und B. zum Tiefbohren (meist Lockergestein bei der Errichtung von Bauwerken und im Off-Shore-Bereich). Die Übergänge sind nicht exakt definiert. Tief-B. werden eingeteilt:
□ nach der Art der Kraftübertragung zum Bohrwerkzeug mittels Gestänge (Gestängebohrer) oder mittels Seil (Seilbohrer),
□ nach der Art der Förderung des Bohrkleins in Trocken- oder Spülbohrer und
□ nach der Art, wie das Werkzeug arbeitet, in Schlag-, Dreh-, Rotationsbohrer.

Tief-B. werden für folgende Bauaufgaben eingesetzt:
□ Aufschlußbohrungen zur Baugrunderkundung bis Tiefe T = 50 m und Durchmesser D = 200 mm (→Kernbohrgerät),
□ Bohrlöcher für Trägerverbau bis T = 25 m und D = 800 mm (Pfahlbohrgeräte),
□ Herstellung von Bohrpfählen und Bohrpfahlwänden bis T = 30 m, D = 800 mm,
□ Herstellung von Pfahlgründungen bis T = 90 m, D = 2000 mm,
□ Bohrungen für Rückverankerungen bis T = 25 m, D = 150 mm (Ankerbohrgeräte),
□ Bohrungen für Injektionen für T = 300 m, D = 100 mm (Injektionsanlagen),
□ Grundwasserabsenkung bis T = 40 m, D = 1800 mm (→Wasserhaltung),
□ Großlochbohrungen bis T = 50 m, D = 500–3000 mm,
□ Horizontalbohrungen bis T = 60 m, D = 800 mm.

B. arbeiten
□ in standfestem Boden ohne Verrohrung des Bohrloches mit oder ohne Stützflüssigkeit, z. B. Bentonit,
□ in nichtstandfestem Boden mit einer Verrohrung durch ein Mantelrohr, das meist aus abschnittsweise

zusammengesetzten (verschraubten) Stahlrohr-schüssen besteht.

Das Bohrgut wird trocken mit Greifer, Schnecke, Kübel o. ä. entfernt oder mit einer Spülflüssigkeit herausgespült (Rotary-B. und Saugbohranlagen). B. arbeiten vor allem beim Herstellen von Baugruben-wänden geräusch- und erschütterungsärmer als Rammgeräte, aber auch langsamer. Bohr- und Ver-rohrungsgerät werden heute meist als Einheit auf ein geländegängiges Fahrwerk (auch Schreit-werk) oder auf hydraulische Raupenbagger mon-tiert. *Kühn*

2. Fels. Der Bohr- und Sprengvortrieb ist durch leistungsfähige B., sichere Sprengstoffe, wirkungs-volle Belüftungs- und Sicherungsmaßnahmen so-wie durch eine effiziente Schutterausrüstung ge-kennzeichnet. Die Reihenfolge der Arbeitsgänge Bohren, Besetzen und Verdämmen, Sprengen und Lüften sowie Schuttern wird von pneuma-tisch oder hydraulisch betriebenen Bohrvorrich-tungen eröffnet, die das auf die Ortsbrust pro-jizierte Sprengschema, teilweise bereits elektro-nisch unterstützt, rasch und exakt mit Bohrloch-längen bis zu 5 m und Bohrlochdurchmessern von 17–127 mm abbohren. Die Leistungsfähigkeit be-stimmt weitgehend der Antrieb und die Bohrbar-keit des Gesteins, die durch die mechanischen Ge-steinseigenschaften (Festigkeiten, Härte) beschreib-bar ist. Eine Abschätzung der Härtegrade läßt sich mit den Meßmethoden von z. B. *Mohs, Brinell* oder *Knoop* vornehmen. Die Anordnung und Anzahl der Bohrjumbos, die aus einem Arrangement von B., Bohrarm, Lafette und Trägergerät bestehen, erlau-ben das Auffahren von Querschnitten ab 4 m² und bis über 100 m². Dabei richtet sich die Voll- oder Teilauffahrung nach der Art und Größe des unter-tägigen Hohlraums sowie nach den Gebirgsverhält-nissen. Die Bohrjumbos werden verfahrensbedingt auf Schienen, Portalkonstruktionen, Raupen oder Radfahrwerken verfahren. Die Bohrwerkzeuge der Bohrhämmer zerkleinern das Gestein je nach Aus-bildung schlagend, schneidend, drehend oder dreh-schlagend. Die gebräuchlichsten Schneidenformen sind Einfachmeißelschneide, Y-Meißelschneide und Kreuzmeißelschneiden (Bild). Über das ein- oder mehrteilige Bohrgestänge geschieht die Kraftüber-tragung vom →Bohrhammer auf das Bohrwerk-zeug. Bei Förderung des Bohrkleins ohne Spülhilfe werden Vollstahlprofile verwendet; bei Austrag mit Druckluft oder Wasser sind Hohlstangenprofile erforderlich. *Kühn*

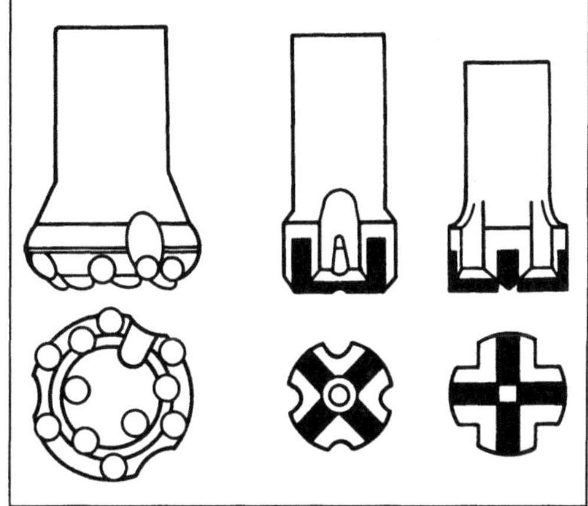

Bohrgerät (Fels): Meißelschneiden.

Bohrhammer. B. werden nach Gewicht in leichte, mittelschwere und schwere B. klassifiziert. Der Antrieb geschieht pneumatisch oder hydraulisch (Bilder). Elektrisch-hydraulisch betriebene Aggre-gate bieten Vorteile hinsichtlich Arbeitsweise (Lärm, Staub, Handling), Anpassungsfähigkeit (Drehzahl), Wirtschaftlichkeit (Energieversorgung, Leistungsfähigkeit) und auch Automatisierung

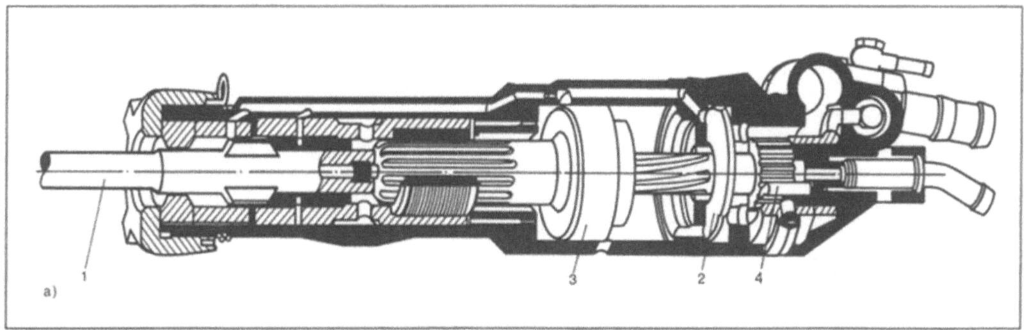

Bohrhammer: Druckluft- und Hydraulikbohrhammer. Schnittzeichnung.
a) Druckluftbohrhammer.

Bei jedem Vorwärtsgang schlägt der Schlagkolben 3 auf das Einsteckende 1 der Bohrstange. Nach dem Aufschlag des Kolbens wird die Druckluft durch die Ventilsteuerung 2 auf die Kolbenrückseite geleitet und beim Rückhub die Bohrstange durch die Umsetzvorrichtung 4 umgesetzt. Der Druck beträgt 4–6 bar.

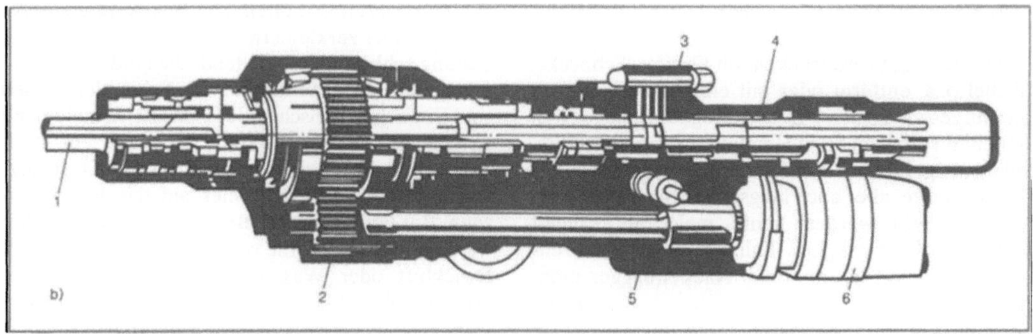

b) Hydraulikbohrhammer.

Der Schlagkolben 4 wird durch die Hydraulikanlage je nach Typ mit 90–250 bar Druck angetrieben. Für das Drehmoment der Bohrstange 1 sorgt der Rotationsmotor 6 mit Hilfe des Getriebes 2. Die Hublänge wird durch den Regelstöpsel 3, das Schlagwerk durch den Ventilkolben 5 gesteuert.

(Energieübertragung, Ansteuerbarkeit). Die Andruckkraft auf den B. erzielt man mit Vorschubeinrichtungen. Die Vorschubeinheit ist für leichte B. (bis rd. 16 kg Masse) als Bohrstütze mit druckluftbeaufschlagter Teleskopstange und im übrigen als Bohrlafette ausgebildet. Mittelschwere und schwere B. werden schlittenmontiert auf dem Rahmen der Lafette längs verschoben. Dabei erreichen Spindelantriebe 6–8 kN Andruckkraft, Kettenantriebe 8–12 kN und Hydraulikantrieb 10–12 kN. Vertikale und horizontale Bewegungen mit oder ohne paralleler Zwangsführung führt der Hydraulikbohrarm aus, auf dem Bohrlafette und B. montiert sind. Auf Grund seiner Beweglichkeit in allen Richtungen und der beliebigen Anordnung, Ausstattung und Montage auf Trägergeräten sind alle Arten von Bohrungen für Spreng-, Ankerbohr- und Sicherungsarbeiten ausführbar. *Kühn*

Bohrmaschine (Holzbearbeitung). Der Arbeitsgang Bohren ist in der Holzverarbeitung sehr wichtig, da die meisten Verbindungsmittel wie Dübel, Schrauben und Beschläge in der Korpus- und Gestellmöbelfertigung über Bohrlöcher befestigt werden. Die Maschinen zum Bohren von Massivholz und Holzwerkstoffen sind in ihrer Konstruktion sehr unterschiedlich. Entscheidende Merkmale sind die horizontale oder vertikale Ausrichtung des Bohraggregats und die Anzahl der Bohrspindeln bei Ein- oder Mehrspindelbohrmaschinen. Spanungstechnisch sind die Bohrer rotierende, spanabhebende Werkzeuge mit stirnseitig angeordneten Hauptschneiden, die zur Herstellung von runden Löchern dienen. Die Vorschubbewegung des Bohrers ist fast ausschließlich in Richtung der Werkzeugachse. Ein Verfahren quer zur Achse ist nur beim Langlochbohren mit Spezialbohrern bekannt. B. arbeiten immer am stehenden Werkstück und taktweise. Viele Arbeitsgänge an der Maschine, wie Werkstück spannen, bohren und loslassen, kombi-

niert mit weiteren Vorgängen, sind teil- bzw. vollautomatisiert. Bei einer halbautomatischen B. werden die Werkstücke manuell aufgegeben und entnommen, während die Hauptarbeitsgänge automatisch ablaufen. Bei einer vollautomatisch arbeitenden B. (Bohrautomat) wird das Werkstück über Transportanlagen oder vorgeschaltete Maschinen der B. zugeführt und nach der flächen- und stirnseitigen Bearbeitung den folgenden Anlagen übergeben. Gebohrt wird im industriellen Bereich überwiegend von unten mit den Vorteilen der Späneentleerung nach unten. Die Spannung des Werkstücks auf die untere Auflage wirkt nur an der Innenfläche. Bohrtiefentoleranzen treten bei Materialdickenunterschieden nicht auf. Der Handwerker schätzt die Bohrung von oben, das Bohrbild kann sofort beurteilt werden, eine bessere Zugänglichkeit der Bohraggregate ist hier vorteilhaft.

Einzelbohrfutter mit Motorantrieb sind heute weitgehend von mit Elektromotoren angetriebenen Mehrspindelbohrköpfen verdrängt worden. In der Korpusmöbelfertigung sind die Rastermaße fast ausschließlich auf 32 mm festgelegt, während speziell für den Bürobereich das Rastermaß 25 mm angewandt wird. Bedingt durch den Zahnradantrieb muß zwangsläufig mit rechts- und linkslaufenden Bohrern gerechnet werden. Im Gestellbereich setzt man Getriebeköpfe ein, die einen Bohrabstand von 16 mm zulassen. Ebenso sind stufenlos verstellbare Spindeln im Einsatz. Um die Werkzeugwechselzeit zu verringern, werden Schnellwechselfutter eingesetzt. Komplette Bohraggregate mit Antriebsmotor, pneumatischem oder hydraulischem Vorschubsystem und Getriebekopf werden als Bohreinheiten in vielen Maschinentypen bevorzugt.

Mehrspindel-B., geeignet für flächige Werkstücke mit Handbeschickung. Auf einem Stahlständer ist über der Tischauflage ein um 90° schwenkbarer Reihenbohrkopf installiert. Dieser ist einseitig mit einem Bohrer von 5 mm Dmr., für die Reihenbohrung mit einem Bohrer von 32 mm Dmr. und gegenüberliegend mit einem Bohrer von 8 mm Dmr. für die Dübel- und Konstruktionsbohrungen bestückt.

Diese Maschine wird halbautomatisch bedient und vorwiegend handwerklich in der Platten- und Gestellfertigung eingesetzt. Sie ist auch als Universaldübelloch-B. mit drehbarem Bohrbalken und Schwenkkopf bekannt.

Durchlaufautomaten. Mehrseitig arbeitende Dübelloch-B. mit selbständigem Werkstückdurchlauf. Typisch ist das rahmenförmige Maschinengestell, das mit mehreren vertikal und horizontal arbeitenden Bohraggregaten ausgerüstet ist. Das Werkstück wird über Transportbänder in die Maschine befördert und nach dem Bohrvorgang weitergeleitet.

Portal-B. (CNC-gesteuert). Die Werkzeugaggregate bestehen aus Bohrköpfen, die in zwei Koordinaten verfahrbar sind. Sie werden mit mehreren, getrennt abrufbaren Spindeln ausgerüstet und können programmgesteuert verschiedene Positionen abfahren. Zusätzlich kann die Arbeitseinheit mit weiteren horizontalen Bohraggregaten, Fräsern oder Sägen ausgerüstet werden. Die Portalbohrmaschine wird für kleinere Serien bei häufig wechselnden Bohraufgaben und für die kommissionsweise Fertigung bevorzugt eingesetzt.

Sonstige Maschinen für Bohrarbeiten. Im Rahmen- und Gestellbau werden vielfältige Maschinen eingesetzt wie mehrstufige Maschinen, die Werkstücke ablängen, fräsen, bohren und Dübel eintreiben.

□ Vielspindel-Vertikal-B. mit biegsamen Wellen oder mit Riemenantrieb.

□ Langloch-B. Industriell eingesetzt ist die Auflage fest und der Bohrkopf bewegt sich axial sowie quer zur Achse, so daß ein Langloch entsteht (Bild 1 und Bild 2). *Dusil*

Bohrmaschine (Holzbearbeitung) 1: Bohr- und Fräsaggregat an einem CNC-gesteuerten Bohr- und Fräszentrum. (Quelle: IMA)

Bohrmaschine (Holzbearbeitung) 2: CNC-gesteuertes Bohr- und Fräszentrum mit 2 Bearbeitungsplätzen. (Quelle: IMA)

Bohrpreßgerät. Eine Weiterentwicklung der Einpreßgeräte sind B., die zur Verringerung der Bodenabhängigkeit den Boden während des Einpressens durch zwei Schneckenbohrwerke in den Spundwandtälern entspannen. Über die Bohrschnecken wird soviel Boden gefördert, wie die Bohlen beim Eindringen verdrängen; dadurch wird der Spitzenwiderstand verringert. Man verwendet ein Trägergerät (i. a. einen →Hydraulikbagger), ein Führungs- und ein Klammergerüst auf Baggerunterwagen. Daran wird eine Spundwandtafel von zwölf Einzelbohlen gehalten und justiert. Die Bohlen preßt man einzeln. *Kühn*

Bohrreibung. Reibung unter Bohrbewegung entsteht zwischen zwei Körpern, die sich in einem Punkt A berühren und sich relativ zueinander um die Berührnormale n der sehr kleinen, aber doch endlichen Berührfläche unter →Hertz-Pressung drehen oder bohren. Bohren tritt auch als Bewegungskomponente bei aufeinander abwälzenden Körpern auf, so bei Wälzgetrieben oder im Beispiel einer auf zwei Schienen wälzenden Kugel (Bild) mit Winkelgeschwindigkeit ω um die momentane (ruhend gedachte) Drehachse WW mit den momentanen Berührpunkten A. Mit Geschwindigkeit v_M des Kugelmittelpunkts M, $v_M = \omega\, a = \omega\, r \cos\varphi$ werden die Komponente des Rollens mit Rollradius r: $\omega_{Roll} = v_M/r = \omega \cos\varphi$ und die Komponente des Bohrens mit Bohrradius b (Punkt B auf der Drehachse ruht momentan): $\omega_{Bohr} = v_M/b = \omega\, r \cos\varphi/(r \cot\varphi) = \omega$

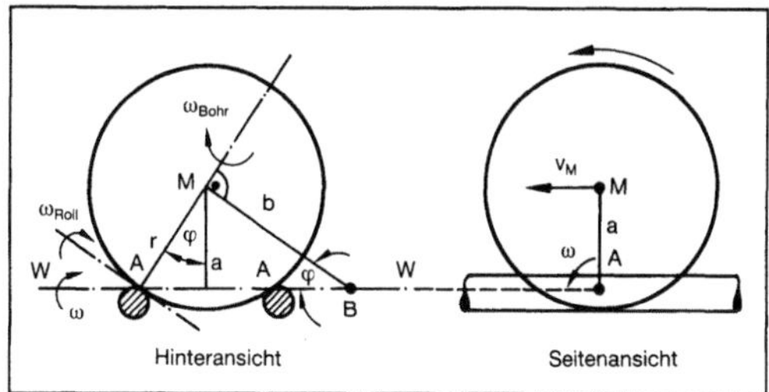

Bohrreibung: Roll- und Bohrgeschwindigkeit.

sin φ. Bei Wälzgetrieben begrenzt die B. wegen der damit verbundenen Abnutzung und Erwärmung der Reibflächen vielfach die maximal übertragbare Leistung, besonders an den Grenzen des Stellbereiches. *H. W. Müller*

Bohrreibung (Tribologie). Bewegungsreibung zwischen Körpern mit relativer Drehung um eine an der Kontaktstelle senkrecht zur Oberfläche stehende Achse. B. tritt z. B. in Spitzenlagern auf. *Habig*

Bohrwagen. Trägergeräte für Bohrarme in ein- bis mehrfacher Anordnung sind B., die bei 6–15 m² großen Tunnelquerschnitten auf Schienen verfahren werden. Ab 12 m² dominierten Ketten- und Radfahrzeuge; dabei können Tunnellänge, Abstimmung mit den Transporteinrichtungen und Belüftungsverhältnisse gerätebestimmend sein. Gezogene oder selbstfahrende Portaljumbos sind Spezialanfertigungen meist für große Querschnitte auf Schienen- und auch auf Reifenfahrwerken und erlauben auf Grund ihrer Konstruktion das Durchfahren von Fahrzeugen, die Abraum- oder Sicherungsmaterialien transportieren (Bild). *Kühn*

Bolzengewinde →Gewinde

Bolzenkupplung, elastische. Eine e. B. ist eine dreh- und meist auch längsnachgiebige →Aus-

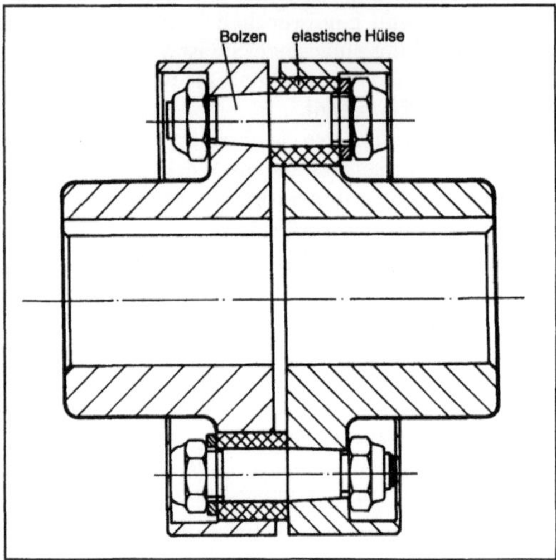

Bolzenkupplung, elastische.

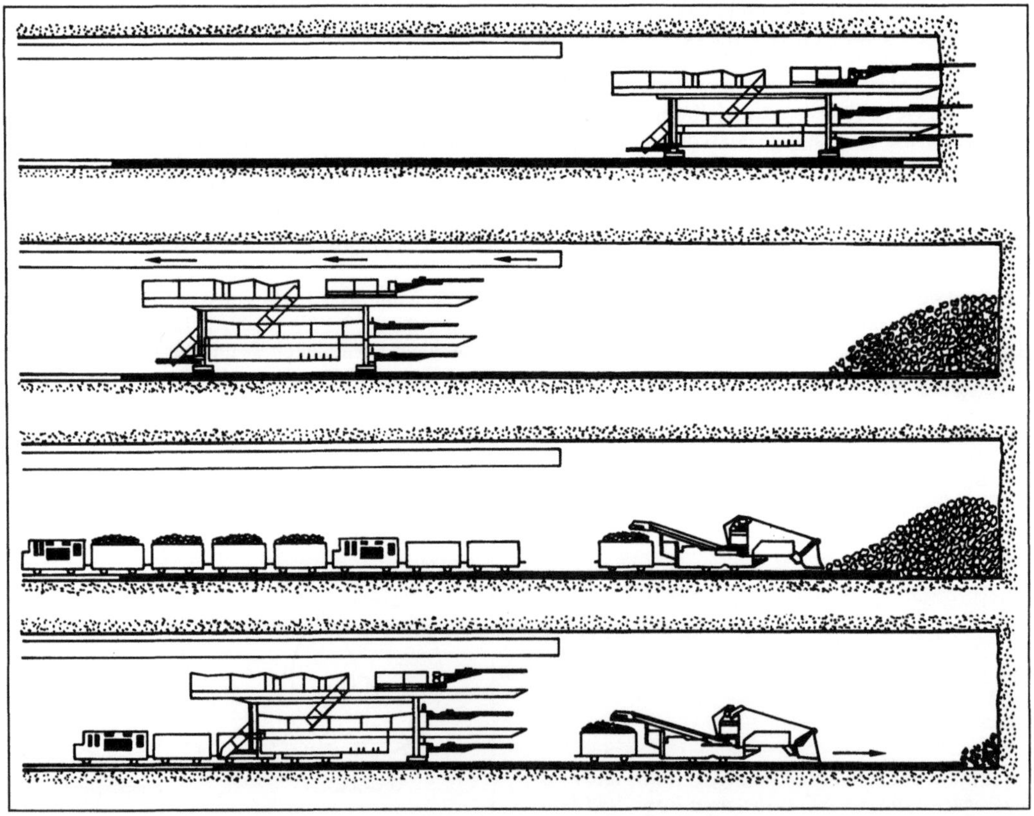

Bohrwagen: Bohr- und Sprengvortrieb mit Portaljumbo und Gleisförderung.

gleichskupplung. Die e. B. ist im Aufbau ähnlich wie die starre B. Als elastische Elemente dienen meist aus Gummi bestehende Hülsen zwischen Bolzen und Bohrung. Das Drehmoment wird formschlüssig übertragen, wobei die Hülsen druckelastisch verformt werden. Die Ausführungen der e. B. unterscheiden sich hauptsächlich durch die Form und den Werkstoff der Hülsen. *Ehrlenspiel*

Bolzenkupplung, starre. S. B. sind drehstarre, nicht schaltbare Kupplungen. Je nach Ausführung können sie längsnachgiebig sein. Sie übertragen das Drehmoment formschlüssig über mehrere Bolzen zwischen An- und Abtriebsflansch. Die s. B. ist einfach aufgebaut, besitzt kleine Baumaße, geringes Gewicht und geringes Trägheitsmoment. Eine Sonderbauform ist die →Brechbolzenkupplung. *Ehrlenspiel*

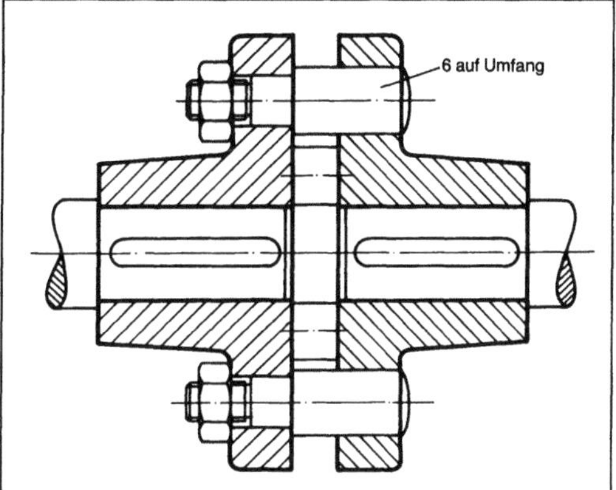

Bolzenkupplung, starre: Längsnachgiebig.

Bombe. B. sind Hohlkörper aus Metall, Kunststoff o. ä. Materialien, die je nach Verwendungsart mit Sprengstoff, einer giftigen Substanz oder mit brand-, licht- oder rauchproduzierenden Substanzen gefüllt sind.

Vor der Erfindung des Flugzeugs wurden B. entweder von Hand geworfen (Anarchisten-B.) oder unter bzw. in dem zu zerstörenden Objekt angebracht. Mit der Erfindung des Flugzeugs tauchten auch die ersten Flieger-B. auf, die mit dem Flugzeug hinter die feindlichen Linien gebracht und über dem Ziel abgeworfen werden konnten. Moderne B. können ins Ziel gelenkt werden bzw. suchen sich ihr Ziel selbst.

Eine B. besitzt heute meist Stromlinienform und eine ogivale Spitze. Zur Stabilisierung der Flugbahn befindet sich am rückwärtigen Ende ein Leitwerk, ein Fallschirm o. ä. Der Zünder sorgt für Explosion der B. im Ziel. Sicherungseinrichtungen erlauben eine gefahrlose Handhabung der B. bis zum Abwurf.

Spreng-B. sind vorgesehen für die Zerstörung feindlicher Gebäude, Brücken, militärischer Einrichtungen u. ä. Die zerstörende Wirkung wird durch den Explosionsdruck und durch die Splitter der B.-Hülle erzielt.

Luftminen sind eine besondere Sprengbombenart. Sie besitzen nur eine dünne B.-Hülle, um durch eine größere Sprengstoffmenge einen maximalen Explosionsdruck zu erzeugen.

Splitter-B. sind zum Erzeugen von Splittern mit einer sehr hohen Geschwindigkeit zur Bekämpfung von Personen und ungeschütztem Material ausgelegt.

Brand-B. sind an Stelle von Sprengstoff mit pyrophoren Materialien wie Thermit, Phosphor, pulverisiertem Magnesium oder Napalm gefüllt, die durch einen kleinen Sprengsatz verstreut und gezündet werden. Bei der Verbrennung der Stoffe entwickelt sich eine extreme Hitze.

Streu-B. enthalten kleine Submunitionen, sog. Bomblets, und werden gegen gepanzerte Fahrzeuge eingesetzt. Die Streu-B. wird über dem Zielgebiet abgeworfen, durch einen Fallschirm abgebremst und die Bomblets ausgestoßen. Die Hohlladung der Bomblets soll beim Auftreffen auf das Ziel dessen Panzerung durchschlagen und durch Splitter gegen ungeschützte Ziele auch noch Wirkung erzielen.

Gleit-B. sind normale B., die zusätzlich einen Lenk- und Steuerteil enthalten. Sie können laser- bzw. fernsehgelenkt sein oder besitzen einen Zielsuchkopf, mit dem sie sich ihr Ziel selbständig suchen und ansteuern.

Wasser-B. werden zum Bekämpfen von U-Booten sowohl vom Flugzeug als auch von Überwasserschiffen aus eingesetzt. Sie bestehen aus einem zylindrischen Gehäuse und enthalten einen aluminiumhaltigen Sprengstoff, um einen hohen Explosionsdruck zu erreichen. *Meyer-Bäse*

Bordrechner. B. (Bordcomputer) bieten die Möglichkeit der Datenübertragung von mobilen Betriebsmitteln an stationäre EDV-Anlagen. *Jünemann*

Bornitridschicht. Oberflächenschicht, die durch chemische oder physikalische Abscheidung aus der Gasphase (CVD, PVD) gebildet wird. Sie dient vor allem zur Reibungsminderung bei Festkörperreibung, wenn eine Schmierung mit Schmieröl oder Schmierfett nicht möglich ist. *Habig*

Bottle-pack-System. Das B. verwendet keine vorgefertigten Verpackungsmittel. Herstellung eines Verpackungsmittels und Füllung mit einem Produkt, der Abpackprozeß, sind in einer technischen Einrichtung integriert. Es entsteht aus Kunststoffgranulat und Füllgut die fertig gefüllte und dicht verschlossene Packung.

In einem Schnecken-Extruder wird das Kunststoffgranulat aufgeschmolzen. Über eine Ringdüse entsteht ein Kunststoffschlauch. Ein zweiteiliges Werkzeug enthält jeweils in einem Teil eine Hälfte des Außenumrisses und der Oberflächenkontur des späteren Verpackungsmittels. Der heiße, aufgeschmolzene Kunststoffschlauch läuft in das geöffnete Werkzeug. Beim Schließen des Werkzeugs wird ein Teil des Kunststoffschlauchs abgetrennt. Durch Anwendung von Innendruck wird der heiße Kunststoffschlauch von innen aufgeblasen, bis er die gesamte Innenkontur des Werkzeugs bedeckt. Durch Steuerung der Wanddicke des Kunststoffschlauchs wird dafür Sorge getragen, daß nach dem Aufblasvorgang das Verpackungsmittel möglichst an allen Stellen die gleiche Wanddicke aufweist. Während des Aufblasvorgangs wird gleichzeitig noch das Füllgut in das Innere des entstehenden Verpackungsmittels eingebracht. Nach Entfernen der Einblaskanüle verschließt sich diese Öffnung selbsttätig. Beim Öffnen des Werkzeugs kann die gefüllte und verschlossene →Verpackung entnommen werden. Um notwendige und teilweise vorgeschriebenen Informationen über das Füllgut auf das Verpackungsmittel aufzubringen, können in das geöffnete Werkzeug vor Einführen des Kunststoffschlauchs entsprechend vorbereitete Etiketten eingelegt werden. Beim Aufblasvorgang wird die Verbindung zwischen Etikett und Kunststoff herbeigeführt. Die Größe der in diesem System hergestellten Packungen reicht von wenigen Millilitern für Pharmaprodukte bis über die Litergrenze hinaus für Haushaltspflegemittel. *Paris*

Boxermotor. →Verbrennungsmotor mit Paaren von einander gegenüberliegenden Zylindern.

Das Bild zeigt schematisch das Triebwerk eines Vierzylinder-Viertaktmotors mit Boxeranordnung der →Zylinder (bekanntestes Beispiel: VW-Käfer). Der B. ist dadurch gekennzeichnet, daß die →Kolben der einander gegenüberliegenden Zylinder an

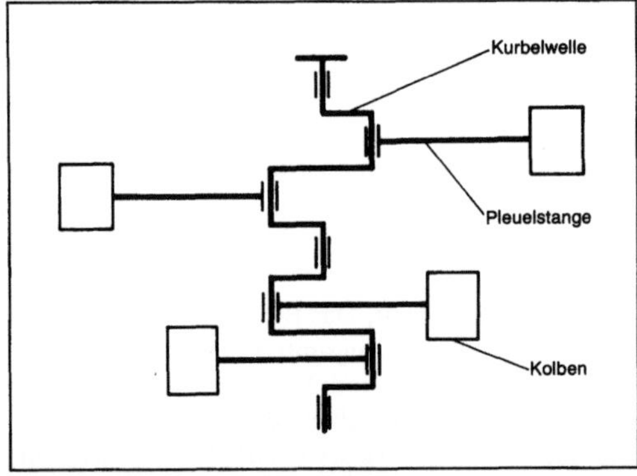

Boxermotor: Triebwerk eines Vierzylinder-Boxermotors (Schemaskizze).

verschiedenen, um 180° versetzten Kröpfungen der →Kurbelwelle angelenkt sind. Somit führen sie eine exakt gegenläufige Bewegung aus, und die Massenkräfte heben sich vollständig auf. Wegen des kleinen axialen Versatzes können aber je nach →Zylinderzahl Massenmomente auftreten. Beim dargestellten Vierzylindermotor heben sich die Massenmomente I. Ordnung auf, die Massenmomente II. Ordnung nicht. *Kuhlmann*

Brainstorming. B. ist eine Methode zur Problemlösung und Ideenfindung durch gegenseitige Anregung des intuitiven, kreativen Denkens, im Rahmen einer Gruppe von 5–15 Personen (Kreativitätstechnik).

Die Teilnehmer sollen frei und ungehemmt eine große Anzahl von Ideen produzieren („Gedankensturm") die ins „unreine gesprochen" notiert werden.

Die Ideen sollen von anderen Teilnehmern aufgegriffen, abgewandelt und weiterentwickelt werden bzw. durch Assoziationen zu neuen Vorschlägen führen.

B. eignet sich vor allem für klar definierte, weniger komplexe Probleme. Der Teilnehmerkreis sollte möglichst interdisziplinär zusammengesetzt sein. Wesentlich ist, daß an den Vorschlägen keine Kritik geübt wird. Das Ergebnis der Sitzung wird erst später von Fachleuten kritisch gesichtet, systematisch geordnet und ausgewertet. *Ehrlenspiel*

Bramme. B. ist die allgemeine Bezeichnung für ein Roherzeugnis, das durch Gießen des flüssigen Stahls oder eines anderen flüssigen Metalls mit etwa rechteckigem Querschnitt nach dem →Kokillen-Gießverfahren hergestellt wird. Eine bessere Benennung für die auf diesem Wege hergestellte B. ist die Bezeichnung Roh-B. Dabei ist die Breite des Querschnitts dieser Roh-B. mindestens doppelt so groß wie die Dicke. Das durch Walzen aus der Roh-B. entstandene und für das weitere Umformen bestimmte Erzeugnis wird Vor-B. genannt.

B. ist auch die allgemeine Bezeichnung für eine nach dem Stranggießverfahren hergestellte Strang-B. Die Querschnittsform und Querschnittsabmessungen einer →Strang-B. sind meist ähnlich denjenigen einer Vor-B. *Baumann*

Brammen-Straße →Brammen-Walzstraße

Brammen-Walzgerüst. Ein B.-W. ist ein Zweiwalzen-W. für das Walzen von Roh-B. zu Vor-B. In solchen W. ist die Zahl der Walzenkaliber viel kleiner als in Block-B.-W. (Bild). Beim Wechsel zwischen Flach- und Stauchstichen wird das Walzgut gekantet und die Walzenstellung mit dem Walzenanstellsystem den Walzgutabmessungen angepaßt. Weil beim Walzen von Roh-B. zu Vor-B. zwischen Flach- und Stauchstichen oft gewechselt werden

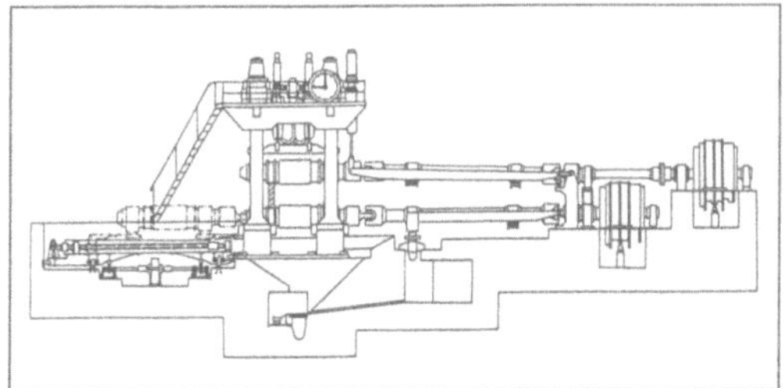

Brammen-Walzgerüst.

muß, werden für das Kanten des Walzguts und das Anstellen der Walzen mehr oder weniger lange Zeiten benötigt, die als Walzzeiten entfallen. Deshalb wurden Universal-B.-Walzstraßen mit Universal-W. entwickelt und gebaut, die neben dem Horizontal-W. auch ein Vertikal-W. haben. *Baumann*

Literatur: *Wagner, C.:* Herstellung von Stahlbrammen durch Blockgießen und Walzen. Diss. Aachen 1974.

Brammen-Walzstraße. Als B.-Walzen wird das Umformen von Roh-B. zu Vor-B. in
□ Block-B.-W.,
□ B.-W. oder
□ Universal-B.-W.
bezeichnet.

In Block-B.-W. können sowohl Rohblöcke zu Vorblöcken als auch Roh-B. zu Vor-B. gewalzt werden. Kennzeichnend für diese Walzwerksart ist die kalibrierte Walze. Walzenkaliber sind konzentrische Vertiefungen in den Walzen. Zahl und Abmessungen der Kaliber sind vor allem von der Form und den Abmessungen des Walzguts abhängig.

Eine B.-W. ist dadurch gekennzeichnet, daß in ihr vorwiegend B. gewalzt werden und die Zahl der Walzenkaliber kleiner ist als in Block-B.-W.

Block-B.-W. und B.-W. haben zum Umformen jeweils 2 horizontal angeordnete Walzen, in denen sowohl Flach- als auch Stauchstiche durchgeführt werden. Beim Wechsel zwischen Flach- und Stauchstichen muß das Walzgut gekantet und die Walzenanstellung den Walzgutabmessungen angepaßt werden. Weil beim Walzen von Roh-B. zu Vor-B. zwischen Flach- und Stauchstichen häufig gewechselt werden muß, wird für das Kanten des Walzguts und das Anstellen der Walzen verhältnismäßig viel Zeit benötigt, die dann als Walzzeit nicht mehr verfügbar ist. Deshalb wurden Universal-B.-W. entwickelt, die neben dem →Horizontal-Walzgerüst noch ein →Vertikal-Walzgerüst besitzen (Bild). Dabei übernehmen die vertikal angeordneten Walzen die Staucharbeit, so daß die Zeit, die bei Block-B.-W. und B.-W. für das Kanten und Anstellen benötigt wurde, entfällt. Das Walzgut kann also in Universal-B.-W. an 4 Seiten gleichzeitig umgeformt werden. In diesen Walzstraßen werden meist nichtkalibrierte Walzen eingesetzt. *Baumann*

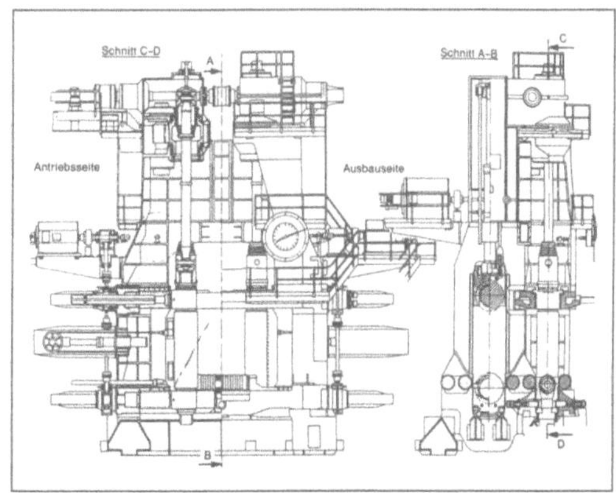

Brammen-Walzstraße: Universal-Brammen-Walzgerüst mit Vertikalwalzenantrieb durch feststehende Antriebsvorgelege.

Brechbolzenkupplung. B. sind die ältesten und einfachsten momentbetätigten Kupplungen bzw. Sicherheitskupplungen. Bei der B. verbinden achsparallel angeordnete Bolzen (meist zwei) die Kupplungsflansche der An- und Abtriebseite (Bild). Der Querschnitt der Bolzen ist so bemessen, daß bei Überschreiten eines bestimmten Moments die Bolzen brechen. An der Sollbruchstelle sind die Bolzen mit einer Kerbe versehen. Die genaue Auslegung der Bolzen ist schwierig, und zur Wiederinbetriebnahme der Kupplung müssen neue Bolzen montiert werden. Deshalb werden heute häufig andere Sicherheitskupplungen verwendet. *Ehrlenspiel*

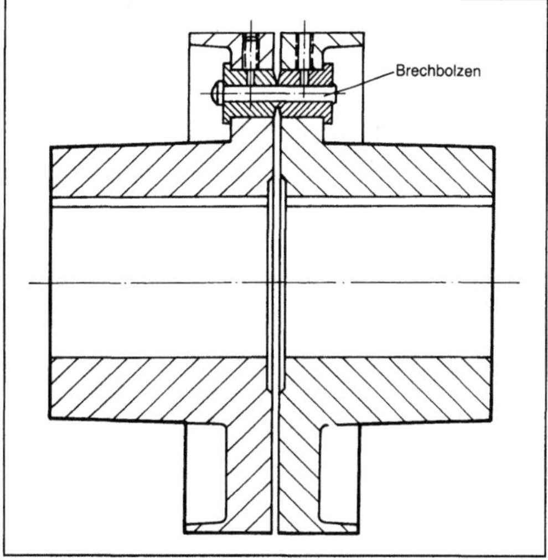

Brechbolzenkupplung.

Brecher (Bergwerksmaschine). B. sind maschinell arbeitende Zerkleinerungsanlagen, die das gewonnene Haufwerk, ob es nun Kohle, Gestein, Salz oder Erz ist, auf die betrieblich notwendige

Korngröße bringen sollen. Sie werden meist für die Grobzerkleinerung (Endfeinheit <80–100 mm Korngröße; Einsatz zumeist unter Tage) und Mittelzerkleinerung (Endfeinheit zwischen 10 und 20 mm Korngröße), weniger für die Feinzerkleinerung (Endfeinheit <0,01 mm) angewendet. Die Mittel- und Feinzerkleinerung wird in der Aufbereitung, d. h. über Tage durchgeführt.

B. sollen das Brechgut aufschließen und für einen Sortiervorgang vorbereiten. Weiterhin dient der B. auch zur Erfüllung von Abnehmerforderungen hinsichtlich Kornform und Kornaufbau.

Nach den Bauarten unterscheidet man die B. in Backen-B., Kegel-B., Walzen-B. u. a.

Backen-B. bestehen aus einer festen und einer um eine Drehachse schwingenden Brechbacke. Durch die Bewegung der Brechbacke wird das zu zerkleinernde Gut vorwiegend durch Druck zwischen den beiden Backen zerkleinert. Die verschiedenen Bauarten der Backen-B. unterscheiden sich hinsichtlich der Anordnung der schwingenden Backe. Backen-B. zeichnen sich durch eine niedrige Bauhöhe und gute Wartungsmöglichkeiten aus. Sie werden daher unter Tage bevorzugt eingesetzt.

Grundsätzliche Bauteile des Kegel-B. sind der hohlkegelförmige Brechmantel und der im Hohlraum umlaufende Brechkegel. Der Brechkegel ist exzentrisch gelagert („Gates"-B.) und führt daher bei Bewegung eine Kreispendelbahn aus. Dadurch wird das Brechgut zwischen Brechkegel und Brechmantel zerkleinert. Der Kegel-B. ist von mehreren Seiten gleichzeitig beschickbar und erreicht eine gute Zerkleinerung des Aufgabeguts.

Walzen-B. bestehen aus zwei gegenläufig drehenden Walzen. Das Zerkleinern des Aufgabengutes erfolgt vorwiegend durch Druck. Bei Überlastung kann eine Walze ausweichen. Die verschiedenen Walzen-B. werden nach der Gestaltung der Walzenoberfläche unterschieden. *Seeliger*

Breitband. B. gehört zur Gruppe der Flacherzeugnisse aus Stählen aller Art oder aus anderen Metallen und wird unmittelbar nach dem Walzen mit regelmäßig aufeinander liegenden Kanten zu einer →Rolle aufgewickelt. Dieses Band hat Breiten ≧ 600 mm. *Baumann*

Breitband-Walzstraße. Eine B.-W. ist eine Band-W., in der entweder Warm-B. oder Kalt-B. mit Bandbreiten ≧ 600 mm hergestellt wird. Demgemäß werden Warm-B.-W. und Kalt-B.-W. unterschieden. *Baumann*

Breitenbedarf. Infolge Nachlaufens der Hinterwagen (Traktrix) und Schräglaufs spuren die Räder hintereinanderliegender Achsen i. a. nicht. Der Bedarf an Fahrbahnbreite ist daher größer als die geometrische Breite des Fahrzeugs. *Fiala*

Breitenfaktor. Infolge von Fertigungsabweichungen und Verformungen aller kraftübertragenden Teile eines Zahnradgetriebes ist die →Zahnkraft

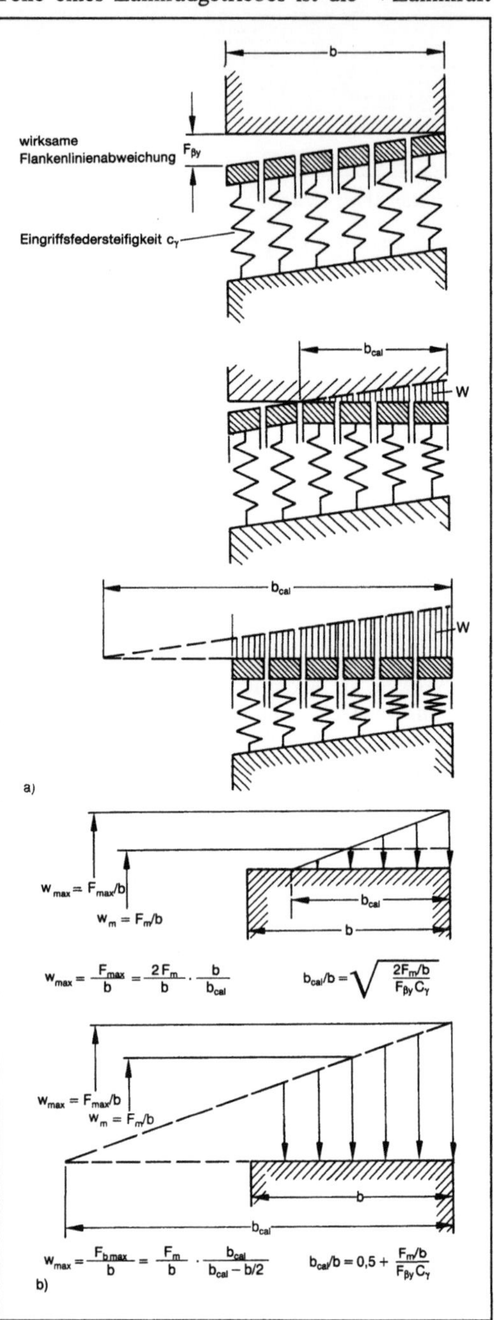

Breitenfaktor 1.
a) Mechanisches Modell der belasteten Zahnpaarung.
oben: unbelastet, Mitte: Flanke trägt nur teilweise ($b_{cal} < b$), unten: Tragen über die gesamte Zahnbreite ($b_{cal} > b$)

b) Zur Bestimmung von w_{max}/w_m.

meist nicht gleichmäßig längs der Zahnbreite verteilt. Dies wird bei der Berechnung der Grübchentragfähigkeit, der →Zahnfußtragfähigkeit sowie der →Freßtragfähigkeit durch den B. berücksichtigt.

Mit EDV-Programmen kann man den Verlauf der Berührlinien in Abhängigkeit von Herstellabweichungen und Verformungen sehr genau bestimmen. Bei der vereinfachten Berechnung des B. $K_{H\beta}$ für die Zahnflanke geht man meist von einer linearen Verteilung der aus Herstellabweichungen und Verformungen der Wellen, Lager, Gehäuse resultierenden wirksamen →Flankenlinienabweichung $F_{\beta\gamma}$ längs der Zahnbreite aus. Sie wird durch die Zahnverformung, die durch Belastung und →Zahnfedersteifigkeit c_γ bestimmt ist, ganz oder teilweise ausgeglichen (Modellvorstellung, Bild 1a).

$K_{H\beta}$ ist als Verhältnis von maximaler zu mittlerer Linienbelastung (in N/mm Zahnbreite) definiert, Bild 1b):

$$K_{H\beta} = w_{max}/w_m \tag{1},$$

mit $F_m = F_t\, K_A\, K_v$, F_t Nenn-Umfangskraft, K_A Anwendungsfaktor, K_v →Dynamikfaktor. Die rechnerische Breite b_{cal} der Lastverteilung zwischen null und dem Maximalwert F_{max}/b kann größer oder kleiner als die tatsächliche Zahnbreite b sein. Berechnungsgleichungen (Bild 1b).

Für Zahnradstufen mit symmetrisch gelagertem →Ritzel (oft in Schiffs-, Schnellauf-, Kammwalz- oder Planetengetrieben anzutreffen) kann man $K_{H\beta}$ mit Hilfe eines treffsicheren Näherungsverfahrens direkt berechnen.

Auf die Zahnfußbeanspruchung wirkt sich eine ungleichmäßige Kraftverteilung im Vergleich zur →Flankenpressung abgeschwächt aus. Der B. $K_{F\beta}$ für den Zahnfuß wird in Anlehnung an die Theorie des eingespannten Plattenträgers ermittelt (Bild 2). Es gilt

$$K_{F\beta} = K_{H\beta}{}^{N_F} \quad N_F = (b/h)^2/(1 + b/h + b^2/h^2) \tag{2}.$$

Winter

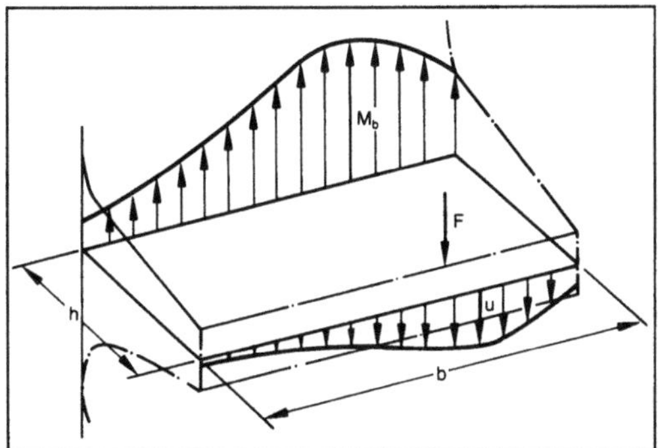

Breitenfaktor 2: Zur Bestimmung des Breitenfaktors für den Zahnfuß.

Verteilung des Biegemoments M_b im Zahnfuß bei Kraftangriff einer Einzelkraft F, u Verteilung der Verschiebung senkrecht zur Zahnsymmetralen

Literatur: *Niemann, G.,* u. *H. Winter:* Maschinenelemente. Bd. II. Berlin, Heidelberg, New York 1985. – *Oster, P.,* u. *W. Liebhardt:* EDV-Programm zur Ermittlung der Zahnflankenkorrekturen am Ritzel. Antriebstechnik 18 (1979), S. 23/26. – *Rademacher, J.:* Untersuchungen über den Einfluß wirksamer Flankenrichtungsfehler und kreisförmiger Breitenballigkeiten auf die Tragfähigkeit von Stirnradgetrieben. Diss. TH Aachen 1967. – *Schäfer, W. F.:* Ein Beitrag zur Ermittlung des wirksamen Flankenrichtungsfehlers bei Stirnradgetrieben und der Lastverteilung bei Geradverzahnung. Diss. TH Darmstadt 1971. – DIN 3990: Grundlagen für die Tragfähigkeitsberechnung von Gerad- und Schrägstirnrädern. Hrsg. Dt. Inst. für Normung. Ausg. Dez. 1987. Tl. 1: Einführung und allgemeine Einflußfaktoren.

Breitflachstahl. B. gehört zur Gruppe →Flachstahl und ist ein →Fertigerzeugnis, das auf allen 4 Flächen warm gewalzt oder in geschlossenen Kalibern umgeformt wurde. Das unterscheidet B. von Stahlblech. B., früher Universaleisen genannt, wird stets in ebenen Tafeln geliefert. Seine Breite beträgt zwischen 150 mm und 1 250 mm, seine Dicke $\geqq 4$ mm. *Baumann*

Bremsart →Bremsverfahren

Bremse.

1. Allgemein. B. sind mechanische, hydraulische, pneumatische oder elektrische Vorrichtungen, die die Bewegung eines rotierenden (Welle, Rad), sich gradlinig oder allgemein bewegenden Körpers (Auto, Kranlast) verzögern, aufheben oder verhindern. Die B.-Wirkung wird erzielt durch äußere (Reibungs-B.), innere Reibung (Flüssigkeits-B.) oder Elektrizität (Wirbelstrom-B.). Im einzelnen haben B. folgende Aufgaben:
1. bewegte Massen (bis zum Stillstand) zu verzögern (Stop-B.),
2. Geschwindigkeiten bewegter Massen zu regeln (Regel-B.),
3. eine Maschine abzubremsen, um ihre Leistung zu messen (Leistungs-B.),
4. eine im Ruhezustand befindliche Masse in ihrer Stellung festzuhalten (Halte-B.).

Die verschiedenen Arten der B. kann man nach ihrer Wirkungsweise einteilen in Reib-B., wie Hemmschuhe, Backen-, Band-, Trommel-, Scheiben- und Lamellen-B.; elektrische B., wie die Wirbelstrom-B. und die Nutz-, Widerstands- und Gegenstrom-B.; Wasser-B.; Luftwiderstands-B., wie Landeklappen bei Flugzeugen; Gegendruck-B. bei Dampfmaschinen und Motoren. Die B. mit den Aufgaben 1–3 wandeln die im bewegten Körper enthaltene mechanische Energie i. a. in Wärmeenergie um. *Ehrlenspiel*

2. Kraftfahrzeug. Die *Betriebs-B.* und die *Hilfs-B.* (für den Fall des Ausfalls der Betriebs-B.) dienen der Verzögerung des Fahrzeugs; die *Feststell-B.* oder *Parksperre* dient dazu, das Wegrollen des Fahrzeugs am Berg zu verhindern; die *Dauer-B.* dazu, ein Beschleunigen im Gefälle zu vermeiden. Als Dauer-B. wird meist der Motor verwendet, indem in einen entsprechend niederen Gang zurückgeschaltet wird. Um die bremsende Wirkung des Motors zu erhöhen, werden bei Omnibussen und schweren Lkw meist Drosselklappen oder Schieber im Auspuffkrümmer als *Motor-B.* vorgesehen. Spezielle Dauer-B. oder *Retarder* werden als elektrische *Wirbelstrom-B.* oder als *hydraulische Retarder* ausgeführt. Der hydraulische Drehmomentwandler kann auch als Dauer-B. herangezogen werden.

Bei der Bremsanlage unterscheidet man die Betätigungskraft (Muskelkraft, evtl. mit *Unterdruck-Bremskraftverstärker* unterstützt, Bild 1; ferner Drucköl oder Druckluft), die Übertragung der Bremskraft (mechanisch durch Gestänge oder Bowdenzüge, pneumatisch oder hydraulisch) und die B. selbst, entweder als *Innenbacken-B.* oder als *Scheiben-B.* ausgeführt. Als Hilfs-B. kommen selten auf die Getriebeausgangswelle wirkende *Außenbacken-B.* oder Band-B. vor.

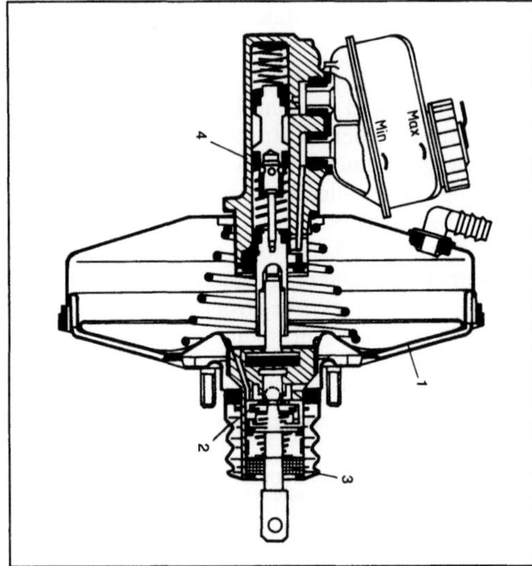

Bremse (Kraftfahrzeug) 1: Unterdruck-Bremskraftverstärker. (Quelle: Teves)

Funktionsweise: Beide Seiten des mit Rollmembran abgedichteten Arbeitskolbens (1) stehen in Ruhestellung unter Ansaugunterdruck. Der rechte Raum kann durch das Tellerventil (2) über das Filter (3) mit der Außenluft verbunden werden, wodurch der Kolben der Betätigungsstange folgt. Hauptzylinder (4) vorgesehen für Zweikreisbremse.

Innenbacken-B. Bauarten:

□ *Simplex-B.* mit einer auflaufenden und einer ablaufenden *Bremsbacke* (Bild 2).
□ *Duplex-B.* und *Duoduplex-B.* mit zwei auflaufenden Bremsbacken. Die Duplex-B. hat zwei einseitig, die Duoduplex-B. zwei zweiseitig wirkende Hydraulikzylinder (in beiden Drehrichtungen gleich wirkend).

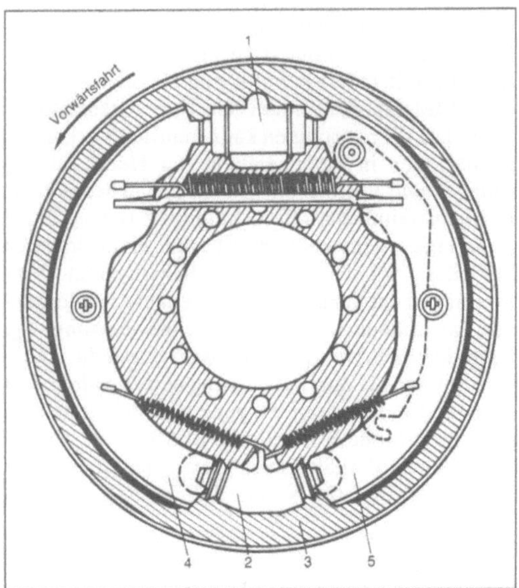

Bremse (Kraftfahrzeug) 2: Simplexbremse mit Spreizeinrichtung für Feststellbremse. (Quelle: Teves)

Funktionsweise: Die zweiseitig wirkende Spreizeinrichtung, z. B. Hydraulikzylinder (1), stellt die sich gegen das feste Widerlager (2) am Bremsträger (3) abstützenden Bremsbacken an. Bei der auflaufenden Bremsbacke (4) verstärkt die Umfangskraft (U) die Anstellkraft (F_s); bei der ablaufenden (5) ist es umgekehrt.

□ *Servo-B.* und *Duoservo-B.* mit zwei auflaufenden Bremsbacken, wobei die Stützkraft der einen die Anstellkraft für die andere Backe ist. Dadurch

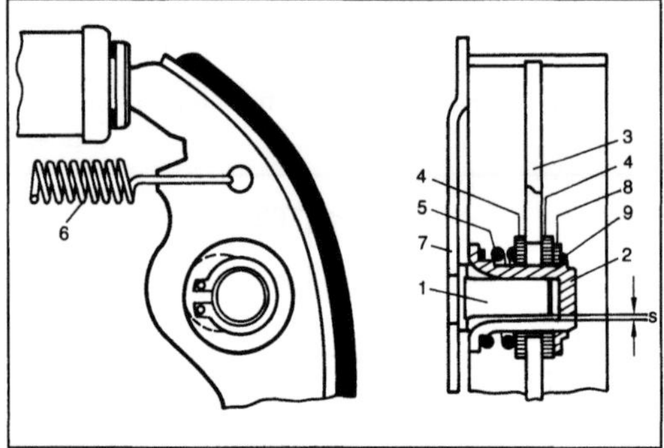

Bremse (Kraftfahrzeug) 3: Selbsttätige Reibscheiben-Nachstellung. (Quelle: Teves)

Funktionsweise: Das Spiel s zwischen Bolzen (1) und Buchse (2) ist größer als das Lüftspiel plus größtmöglicher Trommeldehnung. Der Steg der Bremsbacke (3) wird zwischen den Scheiben (4) durch die Feder (5) so fest geklemmt, daß die Rückzugfedern (6) keine Bewegung zwischen Buchse (2) und Bremsbacke (3) herbeiführen können, wohl aber die Betätigungskraft der Bremse. Damit bleibt das Spiel s unabhängig vom Verschleiß erhalten. Bremsträger (7), Scheibe (8), Sprengring (9).

entsteht eine sehr große Selbstverstärkung, aber auch eine große Abhängigkeit vom Reibwert des Bremsbelags (Blockiergefahr). Die Duoservo-B. wirkt in beiden Drehrichtungen gleich. Die Servo-B. hat am Verbindungselement der Backen ein Stützlager, so daß sie bei Rückwärtsfahrt als Simplex-B. wirkt.

Die *Bremsenkennung* $C = U/F_s$ ist bei Innenbacken-B. vom Reibwert zwischen Bremsbelag und Bremstrommel abhängig.

Dem Ausgleich des Verschleißes der Bremsbeläge dienen *Nachstelleinrichtungen,* die die Lüftbewegung der Backen begrenzen. Eine selbsttätige Reibscheiben-Nachstellung zeigt Bild 3.

Scheiben-B. Bauarten:

□ *Festsattel-B.*, paarweise Anordnung der Hydraulikzylinder auf beiden Seiten der Bremsscheibe.

□ *Schwimmsattel-B.* mit nur einem Hydraulikzylinder und axialer Beweglichkeit des *Bremssattels (Schwimmrahmen-B., Faustsattel-B.* oder *Pendelsattel-B..)*

Da bei diesen Scheiben-B. die Bremsbeläge nur einen Teil der Bremsscheibe erfassen, werden sie auch *Teilscheiben-B.* im Gegensatz zu den *Vollscheiben-B.* oder *Ringscheiben-B.* genannt. Bei den Teilscheiben-B. werden die Bremsklötze nur durch die Elastizität der Gummidichtungen wieder von der Bremsscheibe entfernt; Rückzugsfedern fehlen. Wegen des Fehlens einer Selbstverstärkung sind bei Scheiben-B. Bremskraftverstärker üblich; die Dosierung ist feinfühlig möglich.

Bei Kfz mit Zentralhydraulik, für hydropneumatische →Federung und Lenkkraftverstärkung u. ä. wird das Drucköl auch zur Bremsbetätigung heran-

Bremse (Kraftfahrzeug). Tabelle 1: Bedingungen für die Betriebs- und Hilfsbremsung von Kfz nach der EG-Richtlinie 71/320/EWG einschl. der letzten Änderung 85/647/EWG.

Kfz-Klassen		Personenbeförderung Pkw	Bus	Güterbeförderung Lkw $m_{max} \leq 3{,}5$ t	Lkw $3{,}5$ t $< m_{max} \leq 12$ t	Lkw $m_{max} > 12$ t	Bemerkungen
Betriebsbremsung	Prüfgeschwindigkeit v_A	80 km/h	60 km/h	80 km/h	60 km/h	60 km/h	nach EG-Richtlinie (23. 12. 85, Anhang II, 2.1.1)
	Bremsweg s in m $s \leq$ mit v_A in km/h	$0{,}1\,v_A + \dfrac{v_A^2}{150}$	$0{,}15\,v_A + \dfrac{v_A^2}{130}$		$0{,}15\,v_A + \dfrac{v_A^2}{130}$	—	
	Fußkraft $F_P \leq$	500 N	700 N		700 N		
	$\left(t_a + \dfrac{t_g}{2}\right) \leq$	0,36 s	0,54 s		0,54 s		ergibt sich aus Vergleich der EG-Bremswegformel mit (30.10)
	Verzögerung: $a_v \geq$	5,8 m/s^2	5 m/s^2		5 m/s^2		
Hilfsbremsung	Prüfgeschwindigkeit v_A	80 km/h	60 km/h	70 km/h	50 km/h	40 km/h	nach EG-Richtlinie (23. 12. 85, Anhang II, 2.1.2)
	Bremsweg s in m $s \leq$ mit v_A in km/h	$0{,}1\,v_A + \dfrac{v_A^2}{150}$	$0{,}15\,v_A + 2\dfrac{v_A^2}{130}$		$0{,}15\,v_A + 2\dfrac{v_A^2}{115}$		
	bei Handbetätigung: $F_H \leq$	400 N	600 N		600 N		
	bei Fußbetätigung: $F_F \leq$	500 N	700 N		700 N		

gezogen. Bei Lkw, Zügen, Sattelkraftfahrzeugen und Omnibussen sind *Druckluft-B.* die Regel.

Auflauf-B. als Anhänger-B. dürfen nur bei Mehrachsanhängern mit einer Geschwindigkeit unter 20 km/h und bei Einachsanhängern verwendet werden.

Dynamik des *Bremsvorgangs:* Maßgebend sind der Kraftschluß zwischen Rädern und Fahrbahn, die Radlast und das an den einzelnen Rädern zur Wirkung kommende Bremsmoment. Als *Abbremsung* z bezeichnet man die auf die Erdbeschleunigung bezogene Verzögerung des Fahrzeugs: $z = -a/g$. Die für eine bestimmte Abbremsung erforderliche Bremskraft ist $B = G \cdot g \cdot z$, wobei G die Masse des Fahrzeugs bedeutet. Die Bremskraft ist die Summe der von den einzelnen Rädern übertragenen Bremskräfte gleich Radlast mal Kraftschlußbeiwert μ. Die Radlastverteilung ist ihrerseits von der Abbremsung abhängig. Beim vierrädrigen Fahrzeug wird sie vorn um $G \cdot g \cdot z \cdot h/2 \cdot l$ erhöht und hinten um den gleichen Betrag herabgesetzt (h Schwerpunkthöhe, l Radstand). Um den verfügbaren Kraftschluß möglichst gut auszunutzen und zu verhindern, daß die Hinterräder zuerst blockieren, was zu Instabilität führt, muß die Bremskraft hinten bei starken Abbremsungen verringert werden. Dies geschieht z. B. durch *Bremskraftminderer.* Hierbei kann es sich bei hydraulischen B. um festeingestellte *Druckbegrenzer* oder um verzögerungs- oder achslastabhängige *Bremsdruckminderer* handeln.

In Anbetracht der großen Bedeutung der B. für die Verkehrssicherheit sind in allen Staaten Mindestanforderungen an ihre Wirksamkeit und entsprechende Prüfvorschriften erlassen (Tabelle 1). Neben der in Tabelle 1 genannten EG-Richtlinie sind weltweit eine Reihe von Bremsvorschriften zu beachten, von denen hier die ECE-Regelung 13–05; für USA: FMVSS 571.105–75; Schweden: RF 04–01 und 04–02; Australien: ADR 31 und 35A sowie für Japan: Trias 11–13 genannt werden. Nationale und internationale Normen definieren die Ausführung und Anschlußstellen (Tabelle 2).

Zweikreis-B. verhindern den vollständigen Ausfall der Betriebs-B. mit hydraulischer Betätigung bei einem Leck. Man unterscheidet nach DIN 74000 folgende Aufteilung der Bremskreise:

□ TT: vorn-hinten, Gefahr der Instabilität bei Ausfall des vorderen Bremskreises und Überbremsen hinten.

□ K: diagonal, bei Pkw kombiniert mit negativem Lenkrollhalbmesser besonders günstig.

□ HT: zusätzlicher, nur auf die Vorderräder wirkender zweiter Bremskreis; bei Ausfall dieses Kreises Gefahr des Überbremsens der Hinterachse.

□ LL: vorn zwei getrennte Bremskreise kombiniert mit je einem der Hinterräder; wie auch im Fall K unkritisch, da das bei Ausfall eines Kreises ungebremste Hinterrad die Seitenkräfte übertragen kann.

Bremse (Kraftfahrzeug). Tabelle 2: Normen für Bremsen.

Norm	Titel
ISO 611	Bremsung von Kraftfahrzeugen und deren Anhängefahrzeugen; Begriffe.
DIN 70 024 Teil 3	Begriffe für Einzelteile von Kraftfahrzeugen und deren Anhängefahrzeugen; Bremsausrüstung.
DIN 74 000	Hydraulische Bremsanlagen; Zweikreis-Bremsanlagen; Kurzzeichen für die Bremskreisaufteilung.
DIN 74 001	Verbindung von automatischen Blockierverhinderern (ABV) in Zügen; Anforderungen.
DIN 74 200	Hydraulische Bremsanlagen; Zylinder; Maße; Einbau.
DIN 74 250	Formelzeichen, Einheiten und Indizes für Bremsausrüstungen.
ISO 6786	Straßenfahrzeuge – Druckluftbremsanlagen; Kennzeichnung von Anschlüssen an Geräten.
DIN 74 266 Blatt 1	Druckluftbremsanlagen; Schlauchverbindung zwischen Kraftfahrzeug und Anhänger mit Einleitungs-Bremsanlagen.
ISO 1728	Pneumatische Verbindung der Bremsausrüstung von Nutzkraftwagen und Anhängefahrzeugen; Austauschbarkeit.
ISO 7638	Road vehicles – Brake anti-lock device connector.
ISO 4055	Road vehicles – Caravans and light trailers – Electromagnetic braking.

□ HH: zwei getrennte Vorderachs- und Hinterachskreise.

Antiblockiersysteme (ABS) bzw. *automatische Blockierverhinderer (ABV)* fühlen meist induktiv die Winkelgeschwindigkeit aller Räder ab und berechnen die Winkelbeschleunigung. Die wirkliche Geschwindigkeit des Fahrzeugs wird mittels eines Modells auf Grundlage des *Newtonschen Gesetzes* berechnet. Kommt ein Rad in den Bereich zu großen Schlupfes, wird mittels Solenoidventil der Bremsdruck zurückgenommen. Aus Stabilitätsgründen werden die Vorderräder üblicherweise einzeln geregelt. Bei den Hinterrädern wird bei Blockiergefahr der Bremsdruck für beide Räder zurückgenommen (*Select-low-Prinzip*). Durch Redundanz, zwei Logikblöcke, die sich gegenseitig kontrollieren, wird eine hohe Sicherheit erzielt.

Der *Anhalteweg* s, aus der Geschwindigkeit v_A kommend, besteht aus dem in der Verlustzeit t_v bis zum Beginn des Bremsens mit v_A zurückgelegten Weg und dem Weg während des Bremsens mit der mittleren Abbremsung $z_m = a_m/g$, mit a_m als mittlere Bremsverzögerung und der Erdbeschleunigung g. Bei der *Verlustzeit* $t_v = t_r + t_a + t_s/2$ bedeuten t_r die *Reaktionsdauer* (die Zeit vom Erkennen der Gefahr ohne und mit Blickwendung plus *Entscheidungsdauer* plus Zeit zum Umsetzen des Fußes auf das Bremspedal), $t_r = 0,3–1,4$ s; t_a die *Ansprechdauer* (Zeit vom Beginn der Fußkraft bis zum Beginn des Bremsmoments), $t_a \approx 0,03$ s; t_s die *Schwelldauer* (Zeit vom Beginn des Bremsmomentes bis zum Erreichen seiner vollen Größe), bei Pkw etwa $t_s = 0,2$ s, üblicherweise je zur Hälfte der Verlustzeit und der Vollbremszeit zugerechnet.

Anhalteweg $s = t_v \cdot v_A + v_A^2/2 \cdot g \cdot z_m$, mit s in m, t_v in s, v_A in m/s und g in m/s^2.

Der *Bremsweg* ist der Anhalteweg abzüglich des Weges während der Reaktionsdauer. Die Formel für den Bremsweg in EWG 71/320 enthält für Pkw: bei $t_a + t_s/2 = 0,36$ s und für $z_m = 0,59$ m/s^2; v_A wird in km/h eingesetzt. Damit ergibt sich:

Bremsweg: $s_{br} \leq 0,1 \cdot v_A + v_A^2/150$.

Aus einer Geschwindigkeit von 80 km/h wird für eine Fußkraft $u \leq 500$ N ein Bremsweg kleiner 8 m + 42,7 m = 50,7 m gefordert.

Reibpaarungen: Reibflächen in *Bremstrommeln* bzw. an *Bremsscheiben* und *Bremsbeläge*. Wegen der hohen Wärmekapazität wird für Reibflächen Gußeisen verwendet. Verbesserung der Wärmeabfuhr durch Aluminiumlegierung für Bremstrommelkörper und Kühlrippen, bei Scheibenbremsen durch innen belüftete Scheiben, die als Kreiselpumpen Kühlluft fördern, bzw. entsprechende Gestaltung der Radabdeckkappen.

Anforderungen an Bremsbeläge: Thermostabilität, geringe Wärmeleitfähigkeit, Verschleißfestigkeit, gleichmäßiges Reibverhalten, kein *Fading* (Nachlassen der Bremswirkung bei hohen Temperaturen), hohe und gleichmäßige Festigkeit, Unempfindlichkeit gegen Witterungseinflüsse, geringe Neigung zum Angriff der Gegenreibflächen und zur Erregung von Reibschwingungen (Lärmemission, *Bremsenquietschen*).

Die früheren asbesthaltigen Bremsbeläge werden wegen der krebserregenden Wirkung von Asbest zunehmend durch asbestfreie Beläge ersetzt, z. B. für Scheibenbremsen: Semimetallic-Beläge oder für Scheiben- und Trommelbremsen: Austauschfaserbeläge, besonders mit Aramidfasern verstärkte Beläge. Semimetallic-Beläge haben höhere Laufleistung, aber bei extremen Belastungen hohen Ver-

schleiß, geringere Bremsgeräusche, aber höhere Wärmeleitfähigkeit, daher Isolierschicht erforderlich. Aramidfasern haben parakristallinen Aufbau, hohe Orientierung der Fibrillen, Zugfestigkeit 25–30 N/mm^2, zwei Sorten mit E-Modul (auf Zug) 70 bzw. 130 kN/mm^2.

Bei Kettenfahrzeugen dienen die B. gemeinsam mit dem Antrieb auch zur Lenkung (*Antriebslenkung, Bremslenkung*).

Bremsen durch Erhöhen des Luftwiderstandes, durch Verstellen von Klappen, wird gelegentlich bei Rennwagen angewandt (*Luftwiderstands-B.*) *Fiala*

Literatur: *Beitz, W.,* u. *K.-H. Küttner:* Dubbel Taschenb. Maschinenbau. 15. Aufl. Berlin 1986. – *Buschmann, H.,* u. *P. Koeßler:* Handb. für den Kraftfahrzeugingenieur. 8. Aufl. Stuttgart 1973. – *Bussien, R.:* Automobiltechnisches Handb. 18. Aufl. 2. Bde., Berlin 1965; Ergänzungsband Berlin 1979. – Bosch: Kraftfahrtechnisches Taschenb. 19. Aufl. Düsseldorf 1984. – *Mitschke, M.:* Dynamik der Kraftfahrzeuge. 2. Aufl. Bd. A: Antrieb und Bremsung. Berlin 1988.

Bremskraftminderer →Bremse (Kraftfahrzeug)

Bremskraftverstärker →Bremse (Kraftfahrzeug)

Bremslüfter. B. sind Einrichtungen, mit denen im Normalfall durch Federkraft eingerückte Bremsen gelöst werden. Aus Sicherheitsgründen wird die Betätigung von Bremsen häufig so geschaltet, daß die Bremskraft ständig durch Federspeicher aufrecht erhalten wird. Soll die Bremse gelöst werden, wird ein B. betätigt, der die Bremskraft aufhebt und die Bremsbacken lüftet. Damit ist sichergestellt, daß bei Ausfall des Antriebs die Bremse wieder greift. B. werden pneumatisch, hydraulisch oder elektrisch betätigt. *Ehrlenspiel*

Bremsmotor. Mit mechanisch wirkender Bremse zu einer baulichen Einheit vereinigter →Wechselstrommotor, der gegenüber dem Motor mit elektrischer Bremsung eine größere Schalthäufigkeit aufweist. Hauptausführungsformen sind Verschiebeankermotoren, Motoren mit Bremse in Ruhestromschaltung und Motoren mit Bremse in Arbeitsstromschaltung. *Rentzsch*

Bremssystem. Gemäß Eisenbahn-Bau- und Betriebsordnung (EBO) müssen Eisenbahnfahrzeuge mit einer durchgehenden, selbsttätigen Bremse ausgerüstet sein, die bei jeder unbeabsichtigten Unterbrechung der Bremsleitung wirksam wird. Triebfahrzeuge müssen eine Handbremse haben; Wagen müssen in genügender Anzahl mit Handbremsen ausgerüstet sein. Für U- und Straßenbahnen fordert die Verordnung über den Bau und Betrieb der Straßenbahnen (BOStrab) für alle Fahrzeuge Haupt- und Feststellbremsen (Handbremsen), Zusatzbremsen abhängig von Höchstgeschwindigkeit und Teilnahme am öffentlichen Straßenverkehr.

Die Zusatzbremse bei Straßenbahnen muß abhängig vom Kraftschluß zwischen Rad und Schiene sein.

Bild 1 zeigt die bei Schienenbahnen angewendeten berührungsbehafteten, d. h. über die Antriebseinrichtung oder frei wirkenden B. (berührungsfreie B.). Bei Eisenbahnen ist nach der Fahrdienstvorschrift (DS 408) die Druckluftbremse (pneumatische Bremse) bei Triebfahrzeugen und Wagen die Hauptbremse. Die Bremskräfte werden durch Bremsklötze aus Grauguß oder Kunststoff auf die Laufflächen der Räder oder durch Bremsbacken mit Kunststoffbelägen auf die Achse montierte Scheiben (Scheibenbremse) oder Trommeln (Trommelbremse) aufgebracht.

Die auf das Rad übertragene Bremskraft darf nicht größer als die Haftkraft zwischen Rad und Schiene sein, da sonst das Rad blockiert. Der Haftreibungsbeiwert (→Fahrdynamik) zwischen Rad und Bremsklotz ist bei Graugußklötzen sehr geschwindigkeitsabhängig, so daß mit abnehmender Geschwindigkeit der Klotzdruck verringert werden muß (Bremskraftregler). Bei Kunststoff-Bremsbelägen ist der Haftwert nahezu geschwindigkeitsunabhängig. Beim fahrenden Zug ist die Hauptluftleitung ständig mit Druckluft (etwa 5 bar) gefüllt (Bild 2). Bei Druckminderung, entweder durch Betätigung des Führerbremsventils durch den Triebfahrzeugführer oder unbeabsichtigt durch Zugtrennung, Notbremsung oder induktive Zugbeeinflussung, wird durch automatisches Umschalten des Steuerventils der Fahrzeugbremsen Luft aus dem Hilfsluftbehälter auf den Bremszylinder freigegeben und so eine Bremsung bewirkt. Wird der Hauptluftleitungsdruck durch Betätigung des Führerbremsventils mit einem Füllstoß wieder erhöht, steuert das Steuerventil um, der Bremszylinder wird ins Freie entlüftet, die Bremse löst sich und der

Hilfsluftbehälter wird über die Hauptluftleitung wieder nachgefüllt. Die Bremswirkung kann stufenweise erhöht werden. Bei der mehrlösigen Bremsanlage kann gegenüber der einlösigen die Bremswirkung auch abgestuft verringert werden, so daß die Druckluftverluste bei einer Bremsung nicht so groß sind (unerschöpfbare Bremse).

Die Druckluftbremsen sind wegen der unterschiedlichen Zuglängen und der damit verbundenen unterschiedlichen Durchschlagszeit sowie der verschiedenen Beladungszustände der Wagen mit Umstellvorrichtungen versehen, die auf verschiedene Bremswirkungen eingestellt werden können. Damit die Bremsen langer Züge bei allen Wagen möglichst gleichzeitig wirken, können die Steuerventile mit einem durchgehenden Kabel elektrisch angesteuert werden (elektropneumatische Bremse). Bei U- und S-Bahnen ist die Druckluftbremse Zusatzbremse wegen ihres stets nach der sicheren Seite reagierenden Aufbaus.

Ebenfalls als Zusatzbremse ist die Federspeicherbremse bei Stadtbahnen und U-Bahnen üblich. An Stelle des Hilfsluftbehälters und des Bremskolbens der Druckluftbremse tritt eine Feder, die die Bremsklötze andrückt. Das Lösen der Bremse gegen die Federkraft kann entweder über einen Elektromagneten oder durch einen Druckluftkolben erfolgen. Diese Bremse reagiert ebenso wie die Druckluftbremse nach der sicheren Seite, wenn die elektrische Leitung bzw. die Druckluftleitung durchgehend ist.

Die Schienenbremse (Magnetschienenbremse) wird als Zusatzbremse bei Triebfahrzeugen und Wagen der Eisenbahn angewendet, um bei Fahrten mit 160 km/h Höchstgeschwindigkeit und erforderlicher Schnellbremsung die für 1 000 m Bremsweg erforderliche Verzögerung zu erreichen. Bei Straßenbahnen (vorgeschrieben) und Stadtbahnen wird

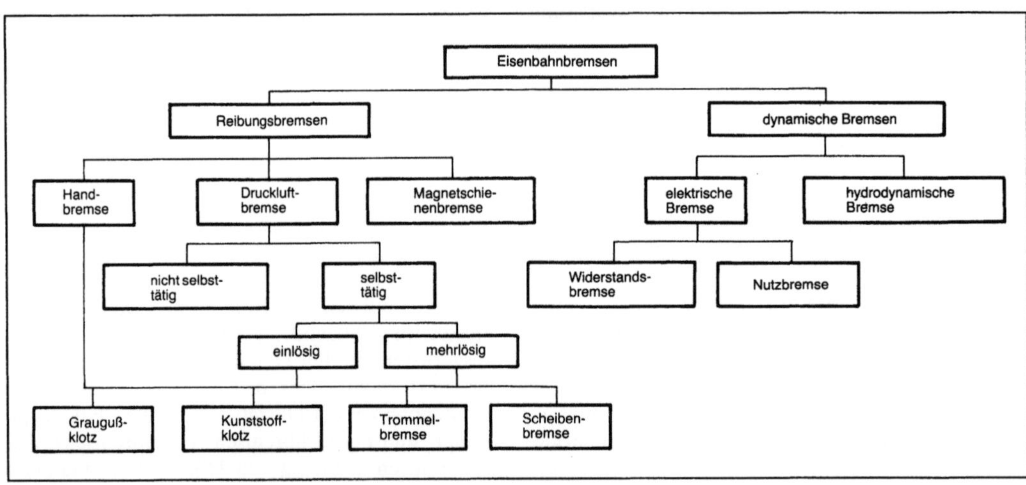

Bremssystem 1: Berührungsfreies Bremssystem.

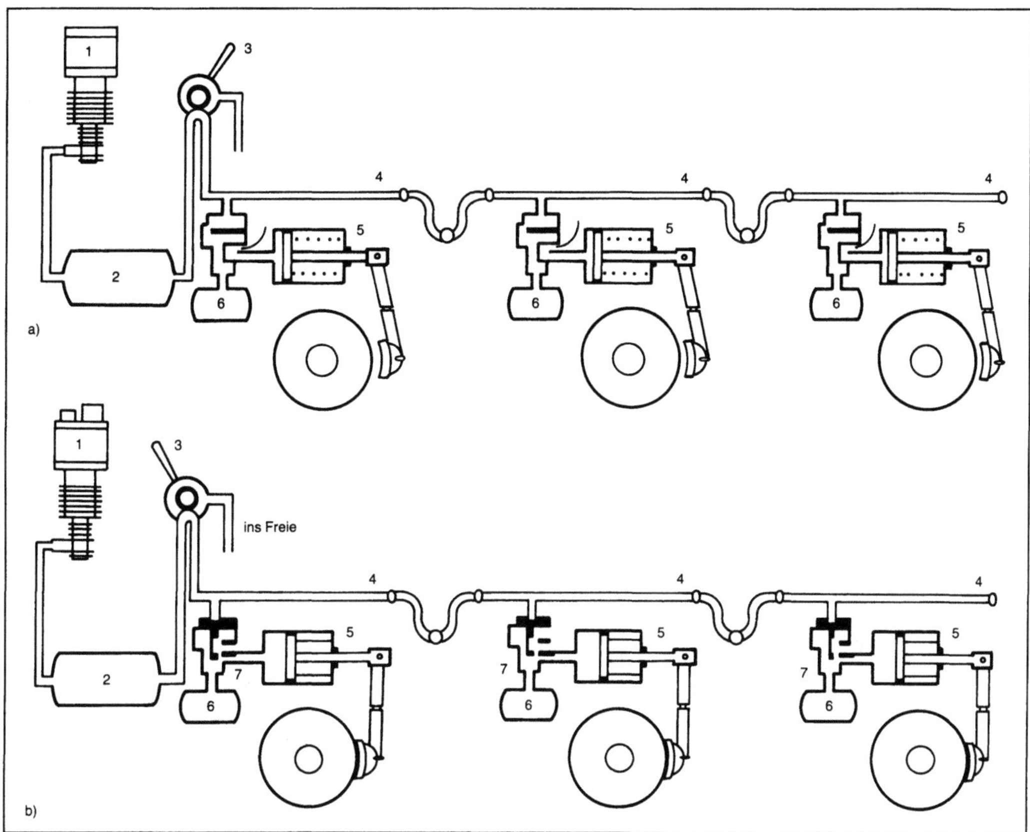

Bremssystem 2: Prinzip der selbsttätigen Druckluftbremse.
a) Lösestellung
b) Bremstellung.

1 Luftpumpe, 2 Hauptluftbehälter, 3 Führerbremsventil, 4 Hauptluftleitung, 5 Einkammer-Bremszylinder, 6 Hilfsluftbehälter, 7 Steuerventil

sie ebenfalls als Zusatzbremse verwendet. Die Bremsschuhe der Schienenbremse werden auf die Schienen abgesenkt und durch starke Elektromagnete auf den Schienenkopf gepreßt, wodurch starke Bremskräfte erzeugt werden, die unabhängig von der Haftreibung zwischen Rad und Schiene sind.

Dynamische Bremsen kamen bei älteren Triebfahrzeugen der Fernbahnen nur als Zusatzbremsen vor. Bei neuen Triebfahrzeugen des Fernverkehrs und bei Nahverkehrsbahnen (auch S-Bahnen) mit häufigem Anhalten wird die dynamische Bremse als Hauptbremse eingesetzt. Bei älteren Fahrzeugen handelt es sich um die elektrische generatorische Widerstandsbremse, bei der die Fahrmotoren als Generatoren betrieben werden und die gewonnene elektrische Energie in Widerständen in Wärme umgesetzt wird. Bei Fahrzeugen mit neuzeitlicher Antriebstechnik wird die Energie in das Netz zurückgespeist (Netz- oder Nutzbremse).

Bei der hydrodynamischen Bremse wird die Bremsenergie durch die innere Reibung einer hydraulischen Kupplung in Wärme umgesetzt. Sie findet als Zusatzbremse bei Dieseltriebfahrzeugen Anwendung. Die dynamischen Bremsen gelten als verschleißarme Betriebsbremsen. Sie bedürfen immer einer Zusatzbremse. *Kracke*

Bremsung, elektrische. Bei der e. B. wird die einer drehenden elektrischen Maschine innewohnende kinetische oder von außen zugeführte mechanische Energie in elektrische Energie umgesetzt, die entweder dem Netz zurückgeliefert oder in Widerständen in Wärme umgewandelt wird. Entsprechend geschieht die e. B. als Gegenstrom-B., generatorische oder Widerstands-B.

Bei Asynchronmotoren sind die wichtigsten B.:
□ *Gegenstrom-B.:* Diese Schaltung stellt das einfachste und vor allem für →Käfigläufermotoren gebräuchlichste elektrische →Bremsverfahren dar.

Die Ständerwicklung liegt am Netz, der Läufer ist kurzgeschlossen oder arbeitet auf äußere Widerstände. Das Drehfeld läuft entgegengesetzt zum Läufer um; sein Umlaufsinn wird durch Vertauschen zweier Zuleitungen der Ständerwicklung geändert (Schlupf s>1). Durch diese Maßnahme wird ein starkes Bremsmoment entwickelt. Um zu verhindern, daß der Motor nach dem Bremsen in entgegengesetzter Richtung wieder anläuft, muß das Abschalten kurz vor oder genau im Augenblick des Stillstandes durch einen Brems- oder Drehzahlwächter geschehen. Zum Halten einer Last ist eine zusätzliche mechanische Bremse erforderlich. Nachteilig an dieser Schaltung sind die große Leistungsaufnahme und die hohen, um etwa 10–20 % über dem Kurzschlußstrom liegenden Ströme, die diese Bremsung hinsichtlich der Verlustwärmeerzeugung zu dem ungünstigsten elektrischen Bremsverfahren machen.

□ *Generatorische B.:* Die Ständerwicklung liegt am Netz, der →Läufer ist kurzgeschlossen oder arbeitet auf äußere Widerstände. Das Drehfeld läuft in Richtung der Drehbewegung des Läufers um. Überschreitet der Läufer seine synchrone Drehzahl (Schlupf s<0), so wird der Motor zum Generator und bremst ab. Beim Bremsen wird Energie in das Netz zurückgeliefert, jedoch ist für das Stillsetzen und Halten der Last eine zusätzliche mechanische Bremse erforderlich.

Auch beim stromrichtergespeisten Asynchronmotor kann beim Betrieb mit Frequenzumformer die beim Bremsen anfallende Energie in den Zwischenkreis des Umformers zurückgespeist werden.

Beim Zwischenkreisumrichter mit eingeprägtem Strom (I-Umrichter) ist durch entsprechende Aussteuerung des Eingangsstromrichters ein Energiefluß in beiden Richtungen und somit ohne Zusatzaufwand eine vollwertige Nutzbremsung (4-Quadrantenbetrieb) machbar. Drehzahl null ist nicht möglich.

Zwischenkreisumrichter mit eingeprägter Spannung sind normalerweise nur für 2-Quadrantenbetrieb geeignet. Zum 4-Quadrantenbetrieb muß ein getakteter Bremswiderstand (Bremschopper) im Gleichspannungszwischenkreis aufgeschaltet oder, bei größeren Leistungen (etwa über 250 kW), ein besonderer Stromrichter zur Nutzbremsung und Rückspeisung der Bremsenergie in das Netz vorgesehen werden.

□ *Gleichstrom-B.:* Die Ständerwicklung wird vom Wechselstromnetz abgeschaltet und durch Gleichstrom ein stehendes magnetisches Feld erzeugt. Der Läufer ist kurzgeschlossen oder arbeitet auf äußere Widerstände. Der Motor arbeitet wie ein Außenpol-Synchrongenerator im Inselbetrieb. Durch die Drehung des Läufers werden in der Läuferwicklung Ströme induziert und ein bremsendes Moment erzeugt. Die Bremswirkung endet mit dem Stillstand des Läufers. Der Motor kann nicht im entgegengesetzten Drehsinn anlaufen. Zum Halten einer Last ist eine zusätzliche mechanische Bremse erforderlich. Die Vorteile der Gleichstrom-B. liegen in der geringen Erregerleistung, der einfachen Schaltung und der guten Steuerbarkeit der Drehzahl. Eine Weiterentwicklung der Gleichstrom-B., die vor allem bei Fördermaschinen angewandt wird, ist die B. mit niederfrequentem Wechselstrom. An Stelle einer Gleichstromquelle wird der Fördermotor an einen Niederfrequenzgenerator (4–6 Hz) gelegt. Im Augenblick der Umschaltung läuft der Motor gegenüber der kleinen Frequenz des Generators übersynchron, wodurch ein starkes Bremsmoment entsteht. Zur Stillsetzung des Motors ist eine mechanische Bremse erforderlich.

□ *Einphasen-Bremsschaltung:* Zwei Stränge der Ständerwicklung werden verbunden und die Ständerwicklung einphasig an das Netz gelegt. Der Läufer ist kurzgeschlossen oder arbeitet auf relativ große symmetrische Widerstände. Die Schaltung wird i. a. nur bei Schleifringläufermotoren verwendet. Der Motor verhält sich wie eine mitlaufende und eine gegenlaufende Drehstrommaschine. Das resultierende Bremsmoment setzt sich aus einem mitlaufenden und einem gegenlaufenden Drehmoment zusammen. Das größte Bremsmoment, das der Motor aufbringen kann, liegt etwa bei einem Drittel des Kippmoments. Das Bremsmoment verschwindet im Stillstand; der Motor kann nicht in Gegenrichtung anlaufen. Zum Halten der Last ist eine zusätzliche mechanische Bremse erforderlich.

Für Gleichstrommaschinen werden folgende Bremsschaltungen verwendet.

Bei Nebenschlußmotoren:

□ *Nutz- oder Rückarbeits-B.:* Die Bremsenergie wird an das Netz zurückgeliefert. Die der jeweiligen Ankerspannung und Erregung entsprechende Leerlaufdrehzahl muß kleiner sein als die Drehzahl, mit der der Motor, der jetzt als Generator wirkt, vom abzubremsenden Moment angetrieben wird. Die Bremsschaltung ist bis zu den größten Leistungen anwendbar und läßt sich unterschiedlichen Bedingungen gut anpassen. Anwendung u. a. bei Bergbahnmotoren. Geeignete Stellglieder für Anker- und Erregerspannung sind netzgeführte Stromrichter, Umkehrstromrichter, Thyristorstellglieder, Maschinenumformer (Leonard-Schaltung).

□ *Widerstands- oder Kurzschluß-B.:* Der Motor wird vom Netz ab- und auf einen Widerstand geschaltet. Er arbeitet als selbst- oder fremderregter Generator, bis seine kinetische Energie verbraucht ist und er zum Stillstand kommt. Die B. ist weniger verlustreich als die Gegenstrom-B., jedoch ist zum Halten einer Last eine zusätzliche mechanische Bremse erforderlich. Als Stellglieder kommen Widerstandssteller zur Anwendung. Die Schaltung läßt sich unterschiedlichen Betriebsbedingungen leicht anpassen.

□ *Gegenstrom-B.:* Der Motor wird auf die entgegengesetzte Drehrichtung umgeschaltet, wobei der Stromstoß ein großes Bremsmoment und einen steilen Verlauf der Kennlinie bewirkt. Die Gegenstrom-B. beansprucht den Polwendeschalter (Kontaktabbrand) und kann bei höheren Drehzahlen und größeren Bremsmomenten zu Bürstenfeuer führen. Sie ist verlustreich, nur begrenzt den Betriebsbedingungen anpaßbar und wird daher nur bei kleineren Leistungen bis etwa 100 kW verwendet. Stellglieder sind Polwendeschalter und Vorwiderstände. Die Schaltung erlaubt die B. bis zum Stillstand, jedoch muß das Wiederanlaufen in Gegenrichtung durch einen Brems- oder Drehzahlwächter verhindert werden. Zum Halten einer Last ist eine zusätzliche mechanische Bremse erforderlich:

Bei Reihenschlußmotoren:

□ *Nutz-B.:* bei Reihenschlußmotoren ist nur bei Fremderregung möglich. Der Motor arbeitet dann wie eine Gleichstromnebenschlußmaschine, und bei Einschaltung eines Ankervorwiderstands kann innerhalb eines bestimmten Drehzahl- und Strombereiches eine Anpassung an die Netzspannung, bei Fahrmotoren an die Fahrdrahtspannung erreicht werden.

□ *Widerstands-B.:* Der Motor wird wie der Nebenschlußmotor vom Netz ab- und auf einen Widerstand geschaltet. Die Schaltung ist verlustreich, aber den Betriebsbedingungen gut anpaßbar. Bei B. ohne Drehrichtungsänderung muß zur Aufrechterhaltung der Selbsterregung die Feld- oder die Ankerwicklung zuvor umgepolt werden. Zum Stillsetzen ist eine zusätzliche mechanische Bremse erforderlich.

□ *Gegenstrom-B.:* Der Motor wird durch Umschalten des Ankerkreises oder des Erregerfelds auf die entgegengesetzte Drehrichtung geschaltet. Bei höheren Drehzahlen oder größeren Bremsmomenten besteht die Gefahr des Auftretens von Bürstenfeuer. Deshalb müssen im Ankerkreis zum Beherrschen des Bremsstroms Widerstände eingeschaltet werden. Wegen der großen Verluste ist die Anwendung der Gegenstrom-B. auf Motoren mit Leistungen bis zu etwa 10 kW beschränkt. Sobald der Motor steht, muß der Ankerkreis geöffnet werden, damit der Motor nicht in Gegenrichtung hochläuft. Zum Halten einer Last ist eine zusätzliche mechanische Bremse erforderlich.

Bei Synchronmotoren sind die Nutz- und die Widerstands-B. anwendbar. Das Nutzbremsen mit Verminderung der Drehzahl erfordert eine Frequenzänderung, die zweckmäßig mittels eines Umrichters vorgenommen wird. Beim Widerstandsbremsen arbeitet der Motor als Generator auf Widerstände. Die B. ist verlustreich und wird nur für Motoren kleiner und mittlerer Leistung verwendet.

Zum Stillsetzen des Motors und zum Halten einer Last ist eine zusätzliche mechanische Bremse erforderlich. Als Stellglied wird ein Widerstandssteller verwendet. *Rentzsch*

Bremsverfahren. Die mögliche Verzögerung ist ähnlich der Beschleunigung abhängig vom verfügbaren Bremsmoment, dem Lastmoment und dem Trägheitsmoment.

Wird kein Bremsmoment aufgebracht, so wirken nach Abschaltung einer Antriebskraft nur die Reibungskräfte bzw. -momente der Last verzögernd.

Man unterscheidet folgende Fälle:

□ Bremsen durch Selbsthemmung (z. B. bei Schneckengetrieben);

□ Bremsen durch Reibung (z. B. Gleitflächen bei Werkzeugmaschinen); da die Reibung fast immer so niedrig wie möglich gehalten wird, erfolgt meist

□ Bremsen durch Reibung und motorisches bzw. generatorisches Bremsmoment;

□ Bremsen durch Reibung und mechanisch oder elektromechanisch aufgebrachtes Bremsmoment.

Für die Auswahl von B. bei elektrischen Antrieben sind folgende Kriterien von Bedeutung:

□ Forderungen an Bremszeit oder Bremsweg,

□ Möglichkeit der Energierückspeisung,

□ zulässiger Aufwand,

□ Art des Motors und ggf. des zugehörigen Stellgliedes (Stromrichters, Stellers, Umrichters),

□ Sicherheit.

Dementsprechend kommen folgende Verfahren zur Anwendung.

Verfahren für Drehstrom-Kurzschlußläufer-Motoren:

□ Gegenstrombremsung. Sie erfolgt durch Umpolung des Umlaufsinns des Drehfelds, Vertauschen zweier Phasen der Ständerwicklung (Schaltung Bild 1). Kurz vor Stillstand muß mit Hilfe eines Bremswächters oder Drehzahlwächters eine Abschaltung erfolgen, damit der Motor nicht in Gegenrichtung wieder hochläuft. Nachteilig ist der 10–20 % über dem Kurzschlußstrom liegende Strom, der zu hoher Verlustwärme im Motor führt. Stillstandsmoment ist nicht vorhanden.

□ Gleichstrombremsung. Bei der Gleichstrombremsung wird an die vom Drehstromnetz getrennte

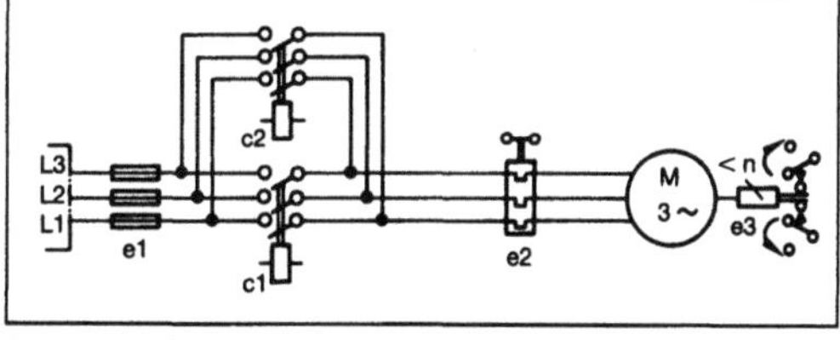

Bremsverfahren 1: Gegenstrombremsschaltung für Kurzschlußläufermotor.

c1 Schütz für Rechtslauf, c2 Schütz für Linkslauf; e1 Sicherungen, e2 thermischer Auslöser, e3 Drehzahlwächter

Ständerwicklung eine Gleichspannung gelegt. Die Gleichspannung erzeugt ein stehendes Feld, das im Läufer Ströme induziert, die ein Bremsmoment ergeben. Bremsmoment und damit die Bremszeit lassen sich durch die Änderug des Erregergleichstroms in gewissen Grenzen verändern. Ein Stillstandsmoment wird nicht abgegeben. Die Bremsenergie ist verloren (Verlustwärme).

□ Bremsung bei Umrichterbetrieb. Bei Speisung von Drehstrom-Kurzschlußläufer-Motoren hängen die Möglichkeiten zur Bremsung von der Umrichterausführung ab:

– Speisung durch →Umrichter mit Spannungszwischenkreis (→Zwischenkreisumrichter): Die Umrichter dieser Schaltungsart arbeiten normalerweise im Einquadranten-Betrieb (→Betriebsdiagramm). Bremsung wird wenn erforderlich durch eingebauten Bremswiderstand ermöglicht. Die Bremsenergie wird im Widerstand in Verlustwärme umgesetzt. Wird der Umrichter im Eingang mit einem Umkehrstromrichter ausgerüstet, ist Vierquadranten-Betrieb und damit Nutzbremsung aus beiden Drehrichtungen praktisch ohne Energieverlust möglich.

– Speisung durch Umrichter mit Stromzwischenkreis (→Zwischenkreisumrichter): Diese Umrichter gestatten Vierquadranten-Betrieb, so daß Nutzbremsung aus beiden Drehrichtungen möglich ist.

– Speisung aus Direktumrichtern: Diese Umrichter sind normalerweise für Vierquadranten-Betrieb ausgelegt und ermöglichen daher Nutzbremsung aus beiden Drehrichtungen.

Verfahren für Drehstrom-Schleifringläufer-Motoren. Bei Speisung aus dem normalen Drehstromnetz werden üblicherweise die Bremsverfahren wie bei Drehstrom-Kurzschlußläufer-Motoren angewendet. Bei Anwendung der untersynchronen Stromrichterkaskade, die meist im Hochleistungsbereich über ca. 500 kW erfolgt, ist eine Bremsung nicht ohne weiteres möglich. Sie wird bei entsprechenden Anwendungen (z. B. Kesselspeisepumpen in Kraftwerken) nicht verlangt.

Verfahren für Drehstrom-Nebenschluß-Kommutatormotoren. Bei diesen Motoren wird durch Verschieben der Bürstenbrücke bei Energierückspeisung auf die unterste Drehzahl gebremst. Im Bereich zwischen der untersten Drehzahl und Stillstand muß ggf. mit den für Kurzschlußläufer-Motoren beschriebenen Verfahren der Gegenstrom- oder Gleichstrombremsung gebremst werden.

Gleichstrommotoren:

□ Gleichstrommotoren am Gleichstromnetz:

– Gegenstrombremsung. Ähnlich dem Verfahren bei Drehstrom-Kurzschlußläufer-Motoren erfolgt Umschalten der Ankerspannung oder der Felderregung auf entgegengesetzte Polarität. Zur Strombegrenzung sind bei Ankerspannungsumschaltung, insbesondere bei Reihenschluß-Motoren, Wider-

stände vorzusehen, um Bürstenfeuer zu verhindern (Bild 2). Der Motor muß durch Bremswächter im Stillstand abgeschaltet werden, damit er nicht in Gegenrichtung hochläuft.

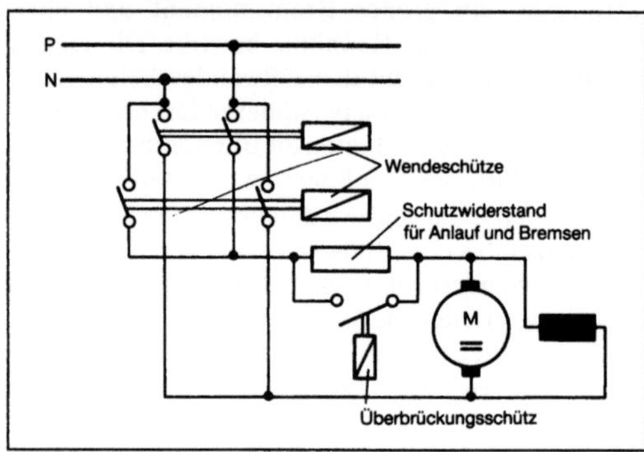

Bremsverfahren 2: Gegenstrombremsschaltung für Gleichstrommotor.

– Widerstandsbremsung. Der Motor wird vom Netz abgetrennt und auf einen Widerstand geschaltet, in dem die Bremsenergie in Wärme umgesetzt wird. Im Stillstand ist kein Bremsmoment vorhanden (Bild 3).

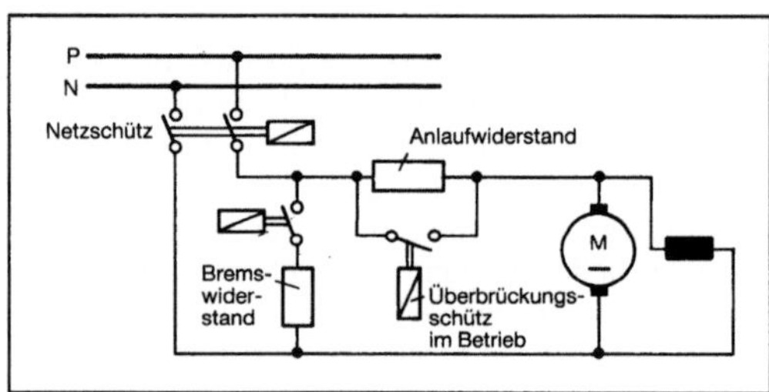

Bremsverfahren 3: Widerstandsbremsschaltung für Gleichstrommotor.

□ Gleichstrommotoren mit Stromrichterspeisung: Bremsen ist nur mit Stromrichtern möglich, die in den Betriebsquadranten I und II bzw. III und IV oder in allen vier Betriebsquadranten arbeiten (→Betriebsdiagramm), da hierzu Energieumkehr möglich sein muß.

Stromrichter für eine Stromrichtung sind hierzu nicht geeignet. Schaltungen mit Widerstandsbremsung wie bei Gleichstrommotoren am Netz sind möglich, werden aber praktisch nicht angewendet. Statt dessen wurde bisher oft eine Ankerspannungsumkehr mit Wendeschützen ausgeführt (→Umkehrstromrichter). Bei Verwendung von Umkehrstromrichtern ist Nutzbremsen aus beiden Drehrichtungen durchführbar, da beide Ankerspannungspolaritäten und Stromrichtungen verfügbar sind.

Gleichstrom-Servomotoren. Da sie praktisch immer aus Stromrichtern mit Thyristoren oder Transistorstellgliedern gespeist werden, gelten die für

Gleichstrommotoren mit Stromrichterspeisung gemachten Angaben.

Sie sind zusätzlich meist auch für Stillstandsbremsung geeignet, wenn der Kollektor auch im Stillstand vollen Strom führen kann. Dieses Stillstandsmoment steht aber nur zur Verfügung, solange die Netzspannung vorhanden ist, sofern die Speisung nicht aus einer Batterie über einen Gleichstromsteller erfolgt.

Mechanische oder elektromechanische Bremsung. In der Antriebstechnik werden außer der Bremsung mit elektromotorischen Mitteln auch mechanische oder elektromechanische Bremsen eingesetzt, z. B. elektromechanisch gelüftete Federdruckbremsen. Dies ist notwendig, wenn sichere Stillstandsbremsung erforderlich ist. *Stüben*

Brennkammer.

1. Luftfahrttechnik. Der Abschnitt zwischen Verdichter und Turbine, in dem die Energiezufuhr durch Verbrennung des Treibstoffs unter allmählicher Steigerung der Luftüberschußzahl erfolgt. Die

Brennkammer neuerer Triebwerke ist ein ringförmiges Gebilde, in dem die aus dem Verdichter austretende Luft zunächst verzögert wird. Am Brennkammereintritt wird der Brennstoff aus zahlreichen über den Umfang verteilten Einspritzdüsen in feinsten Tröpfchen oder bereits verdampft zugeführt. Gleiche Temperaturverteilung über den Umfang und über den Radius am Austritt zur Turbine ist eine der wesentlichen Anforderungen an die Brennkammer (→Turbostrahltriebwerk). *Kosin*

2. Raumfahrttechnik. Einseitig offener Raum, in dem die Treibstoffe unter Energiefreisetzung verbrannt werden. Bei Feststoffraketen ist der Treibstoff in der B. untergebracht; bei Flüssigkeitsraketen wird eine Einspritzung der Treibstoffe in die B. erforderlich. Zusammen mit Düse, Zünder und ggf. Einspritzsystem und Pumpen ergibt sich aus der Brennkammer ein chemisches Raketentriebwerk (Bild 1 und Bild 2). *Braitinger, Ruppe, Schmucker*

Brennkammer (Raumfahrttechnik) 2: Brennkammer und Düse; HM 7. (Quelle: Messerschmitt-Bölkow-Blohm GmbH)

Brennraum. Die B.-Gestaltung ist bei der Konstruktion eines Verbrennungsmotors ein sehr wichtiger Punkt. Sie hängt eng mit der Anordnung der Ventile zusammen und hat Einfluß auf die Leistung, den Wirkungsgrad und die Abgasemission des Motors. Bei der B.-Gestaltung ist grundsätzlich zwischen Ottomotoren und Dieselmotoren zu unterscheiden.

→*Ottomotor.* Im Verhältnis zum →Dieselmotor hat ein Ottomotor ein deutlich kleineres →Verdichtungsverhältnis. Das bedeutet bei gleichem →Hubraum ein größeres B.-Volumen (Kompressionsvolumen) bei Stellung des Kolbens im oberen Totpunkt. Ein weiterer Unterschied zum Dieselmotor besteht darin, daß der Ottomotor bereits ein Luft-Kraftstoff-Gemisch ansaugt, weshalb Fragen der →Gemischbildung die B.-Gestaltung wenig beeinflussen.

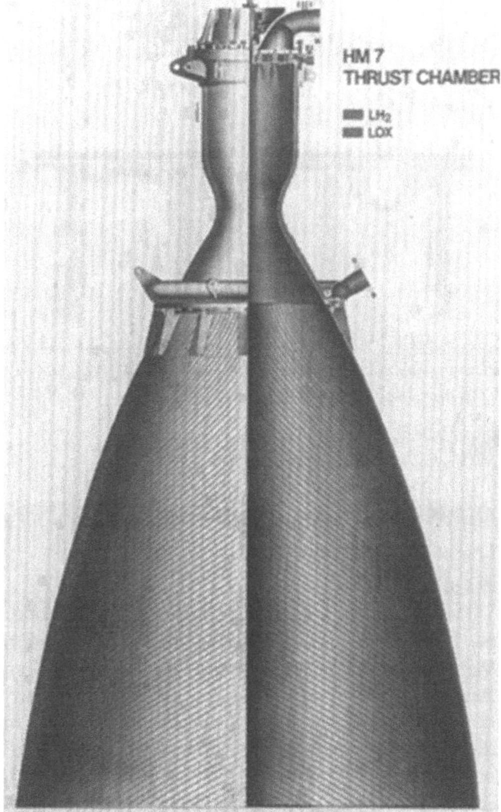

Brennkammer (Raumfahrttechnik) 1: Querschnittszeichnung von Brennkammer mit Düse und Einspritzsystem eines Flüssigkeitsraketentriebwerks. (Quelle: Messerschmitt-Bölkow-Blohm GmbH)

Als wichtigste Gesichtspunkte für die Gestaltung des B. eines Ottomotors verbleiben:

□ Es soll keine klopfende →Verbrennung auftreten (→Klopfen).

□ Im Abgas sollen wenig Schadstoffe enthalten sein.

Beide Punkte hängen mit der Verbrennung zusammen. Die Klopfneigung ist geringer, wenn ein kompakter B. gewählt wird und wenn durch Bewegung der →Zylinderladung ein rasches Durchbrennen des Gemisches erfolgt. Ein B. ist um so besser, je höher das Verdichtungsverhältnis gewählt werden kann, ohne daß klopfende Verbrennung auftritt.

Auch hinsichtlich der Schadstoffemission ist ein kompakter B. vorteilhaft. Wichtig ist ein vollständiges Verbrennen des Gemisches. Deshalb sollte man tote Ecken und schmale Spalten vermeiden. In ihnen könnte die Flamme infolge von Abkühlung durch die B.-Wände verlöschen, was zu erhöhter Emission unverbrannter Kohlenwasserstoffe führt.

Die günstigste B.-Form muß schließlich durch Prüfstandsversuche gefunden werden. Bild 1 zeigt B. von Ottomotoren. Wie man sieht, beeinflußt die Anordnung der Ventile die B.-Form bzw. umgekehrt.

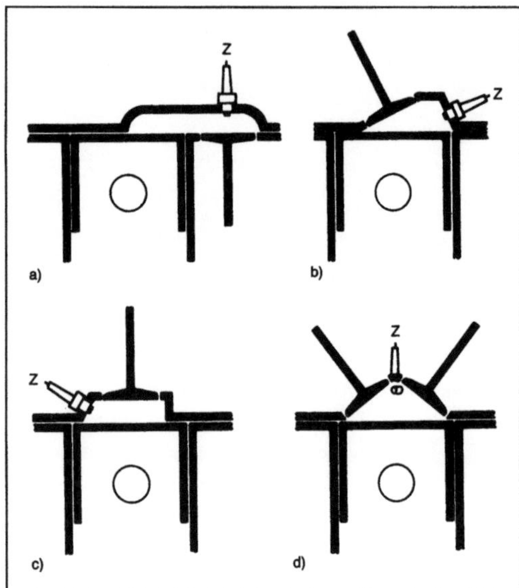

Brennraum 1: Brennraumformen bei Ottomotoren.
a) Mit stehenden Ventilen (veraltet, noch bei Klein-motoren)
b) Keilförmig
c) Wannenförmig
d) Halbkugelförmig (ähnlich mit 4 Ventilen).

Dieselmotor. Er arbeitet mit innerer Gemischbildung, d. h. der →Kraftstoff wird in den B. gespritzt. Im Sinne einer hohen Leistungsausbeute muß möglichst die ganze Luftmenge im B. zur Verbrennung herangezogen werden. Der B. ist deshalb so zu gestalten, daß die Einspritzstrahlen jedes Luftteil-

chen erreichen und daß sich die Kraftstofftröpfchen gut mit der Luft vermischen. Um dieses Ziel zu erreichen, gibt es ganz verschiedene konstruktive Lösungen. Zunächst muß man zwischen indirekter und direkter Einspritzung unterscheiden.

Indirekte Einspritzung. Hierbei wird ein Teil des Kompressionsvolumens in einen Neben-B. gelegt (Bild 2). In diesen Neben-B. wird der Kraftstoff mit einer Einlochdüse eingespritzt. Die Verbrennung beginnt im Neben-B. Durch den Druckanstieg infolge der Verbrennung und später durch die Abwärtsbewegung des Kolbens strömt das brennende Gemisch mit hoher Geschwindigkeit in den Haupt-B., d. h. in den Zylinder, wo es sich mit der restlichen Verbrennungsluft vermischt und zu Ende verbrennt.

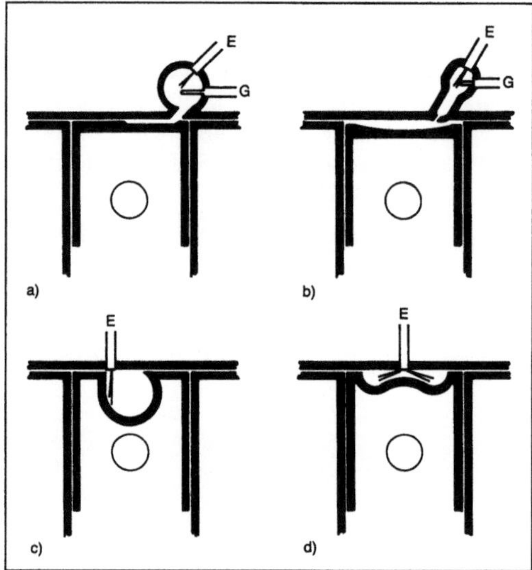

Brennraum 2: Brennraumformen bei Dieselmotoren (Ventile nicht gezeichnet).

a) Wirbelkammer-Verfahren
b) Vorkammer-Verfahren
c) MAN-M-Verfahren
d) Direkteinspritzung mit Mehrlochdüse.

E Einspritzdüse, G Glühkerze

Der Neben-B. kann als sog. Wirbelkammer oder als Vorkammer ausgebildet sein. In der runden Wirbelkammer entsteht wegen der exzentrischen Anordnung des Verbindungskanals ein starker Wirbel, wenn die Luft vom aufwärtsgehenden Kolben in die Wirbelkammer geschoben wird. In diesen Wirbel hinein erfolgt die Einspritzung; dadurch wird schon eine gute Gemischbildung erreicht. Die Gemischbildung setzt sich fort, wenn das brennende Gemisch durch den Schußkanal in den Zylinder und die dort befindliche Luft strömt. Beim Vorkammerverfahren ist der Nebenraum etwas kleiner als beim

Wirbelkammerverfahren. Wegen der recht engen Blaslöcher zwischen Vorkammer und Zylinder strömt das brennende Gemisch mit sehr hoher Geschwindigkeit in den Haupt-B.; dadurch erreicht man die gute Gemischbildung.

Die Verbrennungsverfahren mit indirekter Einspritzung werden vorwiegend für Pkw-Motoren angewendet. Vorteilhaft ist, daß die bei diesen Motoren sehr kleine Einspritzmenge mit einer Einlochdüse eingespritzt werden kann und nicht noch auf mehrere Einspritzstrahlen aufgeteilt werden muß. Vorteilhaft ist auch die geringe Stickoxid-Emission, die mit der bei diesen Verfahren etwas verzögerten Verbrennung zusammenhängt. Derselbe Grund führt zu einem langsameren Druckanstieg bei der Verbrennung und daher zu ruhigem Motorlauf und geringer Geräuschentwicklung. Nachteilig ist der im Vergleich zur Direkteinspritzung geringere Wirkungsgrad, d. h. höherer Kraftstoffverbrauch. Dies liegt an der langsameren Verbrennung, an den Strömungsverlusten an den Überströmkanälen und an den höheren Wärmeverlusten. Die höheren Wärmeverluste erfordern auch den Einbau einer →Glühkerze in den Neben-B., damit beim Start des kalten Motors überhaupt eine →Selbstzündung des Kraftstoffs auftritt.

Direkte Einspritzung. Hierbei spritzt die →Einspritzdüse den Kraftstoff direkt in den B. im Zylinder. Die B.-Form ist üblicherweise in den Kolben eingearbeitet, wogegen der →Zylinderkopf eine zum Zylinder hin ebene Oberfläche aufweist. Das bedeutet gleichzeitig beim →Viertaktmotor eine vertikale Lage der Ventile. Die Richtung der Einspritzstrahlen muß auf die Geometrie des B. abgestimmt sein, damit alle Luftteilchen mit Kraftstoff durchsetzt werden. Aus dem gleichen Grund sorgt man für einen gewissen Drall der Verbrennungsluft, der so abgestimmt wird, daß jeder Kraftstoffstrahl in den Sektor bis hin zum Nachbarstrahl verweht wird. Durch die Quetschkante zwischen Kolben und Zylinder wird die Luft beim Aufwärtsgang des Kolbens nach innen in den B. gedrückt; dadurch erhöht sich die Drehgeschwindigkeit (Winkelgeschwindigkeit) des Luftwirbels. Für kleinere Motoren (z. B. für Nutzfahrzeuge) wird ein kompakter, tiefer B. bevorzugt. Bei großen Motoren (z. B. Schiffsmotoren) verwendet man eine flache Mulde und arbeitet mit einer größeren Anzahl von Einspritzstrahlen.

Mit direkter Einspritzung arbeitet auch das MAN-M-Verfahren, bei dem ein kugelförmiger B. im Kolben untergebracht ist. Als Besonderheit wird hier der Kraftstoff aus einer Einlochdüse vorwiegend auf die Wand des B. gespritzt. Von dort dampft der Kraftstoff ab und vermischt sich schichtweise mit der Verbrennungsluft. Man spricht hier von Direkteinspritzung mit Wandverteilung des Kraftstoffs im Gegensatz zu der sonst üblichen Luftverteilung.

Trotz der harten Verbrennung bei direkter Einspritzung mit Luftverteilung werden alle großen Dieselmotoren wegen des höheren Wirkungsgrades als Direkteinspritzer ausgeführt. Wegen der zu erwartenden Kraftstoffeinsparung wird sogar daran gearbeitet, Pkw-Dieselmotoren mit Direkteinspritzung auszurüsten. *Kuhlmann*

Literatur: *Pischinger, A.:* Gemischbildung und Verbrennung im Dieselmotor. In: *List, H.* (Hrsg.): Die Verbrennungskraftmaschine. Bd. VII. Wien 1957. – *Urlaub, A.:* Verbrennungsmotoren. Bd. 1. Grundlagen. Berlin, Heidelberg, New York 1987.

Brennstoff (Chemie). Ein B. ist ein natürlicher oder durch Veredelungsprozesse erhaltener Stoff, der zur Erzeugung von Wärmeenergie durch Verbrennung, im weiteren Sinne auch durch Kernspaltung oder Kernfusion, verwendet wird. Die Wärmeenergie kann vielfältig weiter verwendet werden, z. B. zur Dampferzeugung aus Wasser. Der Dampf selbst läßt sich u. a. zur Elektrizitätserzeugung mit Hilfe einer Dampfturbine nutzen. B. wird auch zur Erzeugung mechanischer Energie verbrannt, z. B. in einem Verbrennungsmotor, bei dem Wärme ein unvermeidliches, jedoch unerwünschtes Nebenprodukt ist (→Kraftstoff (Verbrennungsmotor)).

Als chemischen B. bezeichnet man einen solchen B., der durch chemische Reaktionen hergestellt wird, wie z. B. Alkohol, den man entweder durch natürliche Fermentation oder durch Synthese gewinnt, oder Wasserstoff, der aus der Elektrolyse oder anderen chemischen Reaktionen gewonnen werden kann, oder verschiedene Synthesegase wie Wassergas, Kokereigas und Stadtgas. Raketentreibstoffe sind in der Regel chemische B. (Brennstoffzelle).

Einige kennzeichnende Eigenschaften von B. sind der Heizwert, die Energiedichte und die Sauberkeit der Verbrennung. Je nach beabsichtigter Verwendung des B. wechselt seine relative Bedeutung. Der Heizwert gibt an, wieviel Energie bei der Verbrennung pro Masse- oder Volumeneinheit des B. frei wird. Die Tabelle zeigt den Heizwert verschiedener Gase, Flüssigkeiten und Feststoffe. Die Energiedichte ist bei der Verwendung eines B. zum Antrieb eines Fahrzeugs wichtig, da in diesem Fall ein Teil dazu benötigt wird, um sich selbst zu transportieren. Die Sauberkeit der Verbrennung ist sowohl wegen der bei der Verbrennung gebildeten umweltverschmutzenden Stoffe von Bedeutung als auch wegen der zusätzlichen Kosten für die Anlagen, die benötigt werden, die Nebenprodukte wie Rauchgase und Asche zu handhaben. In dieser Hinsicht ist Erdgas für viele Anwendungszwecke ein nahezu idealer B., da es sauber, ohne Asche und unter geeigneten Bedingungen nahezu völlig zu Kohlendioxid und Wasser verbrennt.

Brennstoff (Chemie). Tabelle: (Oberer) Heizwert verschiedener Stoffe.

Gase	Heizwert	
	MJ/m³ (15 °C, 1 013 mbar)	kJ/mol
Acetylen	54,2	1 306,3
Butan	119,2	2 847,0
Kohlenmonoxid	11,8	280,9
Ethan	64,5	1 540,7
Ethylen	60,2	1 390,0
Wasserstoff	11,9	286,4
Methan	37,1	883,4
Erdgas	36,3 – 44,0	866,7 – 1 059,3
synthetisches Erdgas (SNG) mit		
hohem Heizwert	35,4 – 39,1	845,7 – 937,8
niedrigem Heizwert	14,9 – 22,4	355,9 – 535,9
Flüssigkeiten	**kJ/g**	**kJ/mol**
Benzol	41,9	3 274,1
Ethylalkohol	29,9	1 373,3
n-Heptan	48,1	4 814,8
n-Hexan	48,1	4 144,9
Methylalkohol	22,4	715,9
n-Oktan	47,7	5 455,4
n-Pentan	48,6	3 696,9
n-Propylalkohol	33,5	2 013,9
Toluol	42,7	3 910,5
Feststoffe	**kJ/g**	
Kohlenstoff (amorph zu CO_2)	33,8	(406,1 kJ/mol CO_2)
Kohlenstoff (amorph zu CO)	10,4	(125,2 kJ/mol CO)
Cellulose	17,6	

Wirtschaftlichkeit und Verfügbarkeit zwingen häufig zur Verwendung von weniger gut verbrennendem B., wie z. B. Stein- oder Braunkohle. Der Trend in den 60er und 70er Jahren, in großen Kraftwerken von Kohle auf Heizöl (Erdöl) und Erdgas umzustellen, hat sich in den letzten Jahren umgekehrt. Der Heizölanteil zur Stromerzeugung nimmt stetig ab, die Verwendung von Erdgas zur Verstromung ist in der Bundesrepublik Deutschland verboten. Die Wertschätzung der Kohle ist in den Industriestaaten neu erwacht. Zunehmende Beachtung wird auch den unkonventionellen Rohstoffquellen für B. geschenkt, wie Ölschiefer, Teersand und der Verflüssigung und Umwandlung von Kohle, Holz und Biomasse in geeignetere B., wie z. B. Rohrleitungsgas mit hohem Heizwert oder dem Erdgas ähnlichen flüssigen B. (Müllverbrennung, Sonnenenergie). *Dohrn*

Literatur: *Keim, W., A. Behr* u. *G. Schmitt:* Grundlagen der industriellen Chemie. Frankfurt a. M. 1986. – Ullmanns Enzyklopädie der technischen Chemie. Weinheim.

Brennverlauf. Zeitlicher Ablauf der Verbrennung des Kraftstoffs im Zylinder eines Verbrennungsmotors.

Für theoretische Überlegungen wird manchmal davon ausgegangen, daß der Kraftstoff im Zylinder eines Verbrennungsmotors schlagartig verbrennt, wenn sich der Kolben im oberen Totpunkt befindet. Tatsächlich dauert die Verbrennung eine bestimmte Zeit, wobei erst wenig Kraftstoff verbrennt, dann viel und zum Schluß wieder weniger. Die pro Grad Kurbelwellenwinkel umgesetzte Kraftstoffmenge in Abhängigkeit vom Drehwinkel der Kurbelwelle wird Brennverlauf genannt (Bild). Das Integral dieser Kurve, das die bis zum jeweiligen Kurbelwellenwinkel insgesamt verbrannte Kraftstoffmenge m_K angibt, wird als Durchbrennfunktion bezeichnet.

Der B. läßt sich aus dem gemessenen Druckverlauf im Zylinder mit Hilfe von Rechenprogrammen ermitteln. Umgekehrt kann mit einem nach Erfahrung angenommenen B. der Druckverlauf im Zylin-

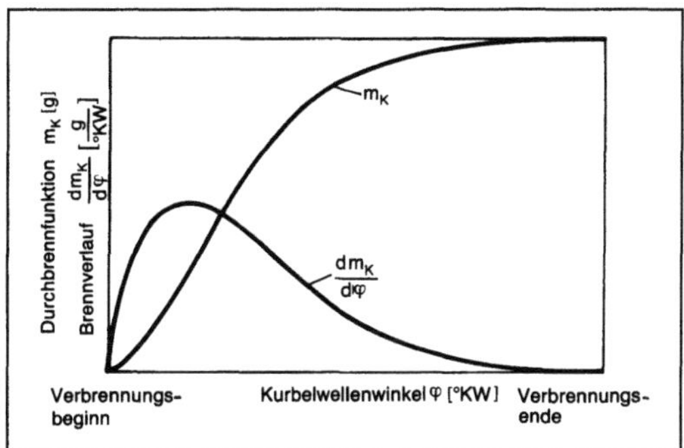

Brennverlauf: Brennverlauf und Durchbrennfunktion in Abhängigkeit vom Drehwinkel der Kurbelwelle.

der vorausberechnet werden (→Kreisprozeßberechnung). Der B. beeinflußt u. a. den Wirkungsgrad, die →Nutzleistung, die Triebwerksbelastung *und die* Abgasqualität eines Motors. *Kuhlmann*

Briefhülle →Briefumschlag

Briefumschlag. Zum Verpacken und Versenden von blattartigen Produkten, wie z. B. Briefen, werden Verpackungsmittel gebraucht, die in ihrem Zustand vor der Benutzung noch kein Füllvolumen zeigen. Sie umhüllen das Produkt vollständig, ohne aber wesentlich in die dritte Dimension zu reichen. Von einem Zuschnitt her werden Teile davon entlang von Falzlinien um 180° umgelegt, damit sich die Kanten der umgelegten Teile leicht überlappen. An diesen Überlappungen kann verklebt werden. Es werden insgesamt vier Teile des Zuschnitts gefalzt. Drei Teile werden verklebt. Das vierte Teil wird mit einer Gummierung versehen. Diese Gummierung wird feucht aufgetragen und getrocknet. Sie besteht aus einem Material, das durch Wiederanfeuchtung seine Klebkraft zurückerhält. Nach dem Einstecken des Inhalts kann an dieser Stelle dann der B. zugeklebt werden. Durch Einarbeiten von Fenstern, die durch eine durchsichtige Folie wieder verschlossen werden, kann ein Teil des Briefumschlags durchsichtig gehalten werden. Es braucht so die Adresse nur einmal auf dem Brief geschrieben zu werden. Wird der Brief entsprechend gefalzt, ist die Adresse durch das Fenster nach außen sichtbar.

Die Fertigung von B. erfolgt entweder vom Blattzuschnitt oder von der Rolle. Die gestanzten Blattzuschnitte werden als erstes mit der Gummierung versehen. Nach dem Trocknen der Gummierung erfolgt nacheinander das Umlegen der Falzlinie. Als erstes werden die beiden kürzeren gefalzt. Nach Auftragen eines Klebestoffs wird in einem Taschenfalz die erste längere Falzlinie eingebracht. Danach ist der B. an drei Stellen verklebt. Als letztes

wird die vierte längere Falzlinie eingearbeitet. Kennzeichen so gefertigter B. sind die über kreuz laufenden Kanten des Zuschnitts auf der der Adressenseite abgewandten Seite.

Bei der Rollenfertigung von B. werden meist solche mit zwei Klebelinien entlang der kurzen Kanten des B. gefertigt, der sog. Zweinaht-B. Bei der Fertigung solcher Umschläge wird die Bahn solange wie möglich unzerstört gehalten. Es werden alle Bearbeitungsgänge, die zur Formung des Zuschnitts dienen, noch in der Rollenbahn bearbeitet. Erst am spätest möglichen Zeitpunkt wird die Bahn quergeschnitten. Anschließend werden die entsprechenden Falzlinien eingebracht.

Briefhülle. Für größere Formate werden B. verwendet. Sie werden meist vom Blatt als sog. Zweinaht-Flachbeutel gefertigt. Die Verschlußklappe mit Gummierung befindet sich dann an der schmaleren Seite der B. Für noch größere Formate und dickere Produkte werden solche Beutel mit Seitenfalten hergestellt. Der Verschluß liegt auch hier an der schmaleren Seite. Der Verschluß erfolgt durch eine wieder anfeuchtbare Gummierung oder durch Selbstklebematerial. Die Maße sämtlicher Briefumschläge und B. sind an die DIN-Reihe angepaßt. Sie sind etwas größer gehalten als die DIN A-Maße. *Paris*

Brikettierpresse →Aufsammelpresse

Brisanz. Unter B. wird die zertrümmernde Wirkung eines Sprengstoffs verstanden.

Die Leistungsfähigkeit eines Sprengstoffs läßt sich nicht durch einen einzigen charakteristischen Parameter bestimmen. Die relevanten Parameter zur Angabe der B. eines Explosivstoffs sind die Umsetzungsgeschwindigkeit, die Ladedichte sowie die Explosionswärme und die Gasausbeute. Je höher die Ladedichte des Explosivstoffs ist, desto höher ist die Leistungskonzentration pro Volumeneinheit. Je schneller die Umsetzung stattfindet, desto stärker ist die Stoßwirkung.

Kast führte als Maß für die B. eines Sprengstoffs das Produkt aus Ladedichte, spezifischer Energie und Umsetzungsgeschwindigkeit ein. *Meyer-Bäse*

Bronzeschicht. Oberflächenschutzschicht aus einer Kupfer-Zinn-Legierung, die durch elektrolytisches Abscheiden meistens auf Stahl gebildet wird. Sie besitzt eine gute Korrosionsbeständigkeit und kann als Gleitpartner von Stahl eingesetzt werden. *Habig*

Brückenbaugerät. B. entwickelten sich in den vergangenen 20 Jahren zusammen mit den Rüstsystemen. Moderne Brückenbaustellen vor allem schwerer und großer Bauwerke sind ohne verfahrbare B. kaum noch vorstellbar. Trassenführung und

Gelände lassen in etwa 50% aller Brückenbauten Rüstsysteme zu, bei denen mit konventionellen Baumaschinen (→Turmdrehkran usw.) gearbeitet wird. Vorschubgerüste (25% aller Brückenbauten) und Freivorbaugerüste (15%) beschränken sich vor allen Dingen auf den Bau von großen Talbrücken oder Hochstraßen. Hierbei kommen B., wie z. B. →Vorbauwagen, zum Einsatz. Geringe Bedeutung haben Fertigteilbrücken, die von einer bestimmten Größe ab mit speziellen Verlegegeräten gebaut werden. Leichte Fertigteilbrücken lassen sich mit konventionellen Baugeräten erstellen. Eine klare Trennungslinie zwischen B. und Rüstgeräten läßt sich kaum ziehen. Der Bereich der reinen B. ist sehr eng abgegrenzt und beschränkt sich auf:

□ Vorschubgerüste,

□ Vorbauwagen,

□ Freivorbaugeräte,

□ Geräte für Taktschiebebrücken,

□ Montagegeräte für Fertigteilbrücken.   *Kühn*

Brückenkran. B. (Bild) sind bodenfreie Hubförderer, bei denen der Raum unterhalb des Krans genutzt werden kann. Sie laufen auf einer von der Stützkonstruktion getragenen Bahn, der Kranbahn, die brückenartig überspannt wird, und sind ausgeführt als Einträger- oder Zweiträgerkrane. Die Wahl zwischen beiden Ausführungen hängt von der Traglast und der Spannweite ab.   *Jünemann*

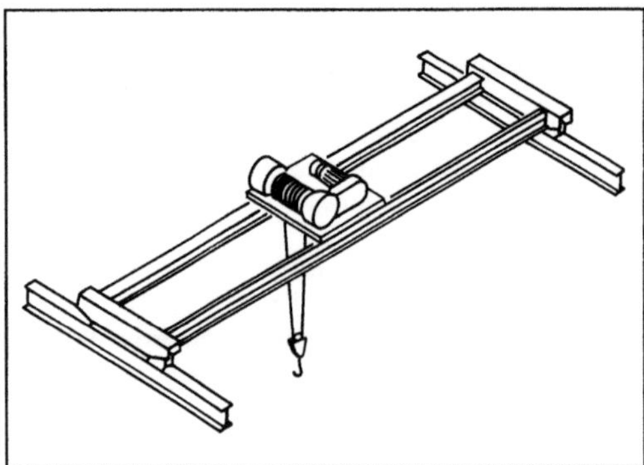

Brückenkran.

flurfrei, manuell bedient, geführt verfahrbar, Einzelantrieb

Bügelfeder-Kupplung. Die B.-K. (Voith-Maurer-Kupplung, Bild) ist eine vorwiegend drehnachgiebige →Ausgleichskupplung. Sie kann auch geringe Winkel-, bis zu 1,5°, und je nach Größe auch Querverlagerungen von 0,6–2mm der Wellen ausgleichen. Die elastischen Glieder der B.-K. sind omegaförmige Federn mit Kreisquerschnitt, die auf Verdrehung beansprucht werden. Die Drehelastizität kann durch die Anzahl der Federn bei fester Baugröße beeinflußt werden.   *Ehrlenspiel*

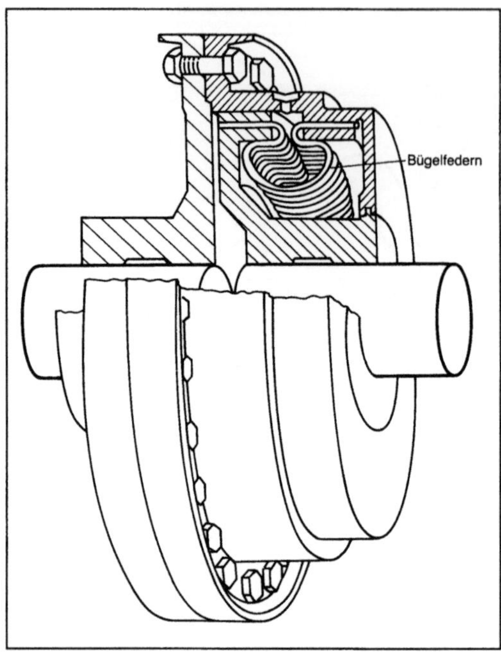

Bügelfeder-Kupplung: Voith-Maurer-Kupplung.

Bürokommunikationssystem. Für die anspruchsvolle Dokumentationsverarbeitung im Büro wurde durch die Zusammenarbeit zwischen Personalcomputer- und Photosatzmaschinen-Herstellern ein System entwickelt, das die Ausgabe von Dokumenten mit höchster Qualität ermöglicht.

Photosatzbetriebe, die mit Personalcomputer und Photosatz-Laser-Belichter ausgestattet sind, bieten dem schnell wachsenden Dokumentationsmarkt im Büro die Weiterverarbeitung ihrer Dokumente an. In der Grundausstattung besteht die Serie aus einem Personalcomputer, einem →Raster Image Processor und dem Laser-Belichter. Über das Netzwerk können jedoch bis zu 32 Geräte miteinander ver-

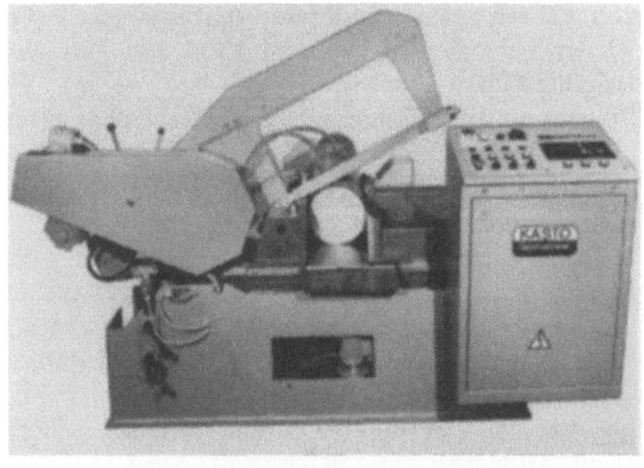

Bürokommunikationssystem: Das offene System zur Dokumentenverarbeitung. Serie 100 von Linotype.

knüpft werden. Belichtet wird mit Original Linotype-Schriften (Bild).   *W. Schmid*

Bürstmaschine →Textilausrüstung

Bunker. Als B. wird in der Materialflußtechnik ein ortsfestes Lager für Schüttgut bezeichnet.

Jünemann

Bunkerzug. Der B. erlaubt die kontinuierliche Aufnahme von Haufwerk. Er setzt sich aus mehreren Förderwagen zusammen, die gelenkig miteinander verbunden sind und keine Zwischenwände haben. Die Förderkapazität ist auf eine Abschlagskubatur ausgelegt, die von einem Lader aufgenommen und über ein Aufgabeband den Bunkerwagen zugeführt wird. Kettenförderer, die über die gesamte Wagenlänge reichen, verteilen das Haufwerk bzw. entladen es auch wieder. Das Fassungsvermögen der Bunkerwagen beträgt 9–14 m^3 und bietet sich für Tunnelquerschnitte ab 5 m^2 an. B. setzt man in Verbindung mit anderen Transporteinrichtungen als Zwischensilo ein, um einen reibungslosen Ablauf des Vortriebs zu gewährleisten.

Eine Weiterentwicklung ist der Bunkerpendelzug (Bild), der aus zwei Wagenteilen besteht. Während der eine als B. beladen wird, fährt der andere Wagen mit der Lokomotive zum Entladen. Danach kehrt der leere Pendelzug zurück und wird an den B. angekoppelt, der nun sein Haufwerk an den mobilen Pendelzug übergibt. Somit ist eine kontinuierliche Schutterung möglich. Außer der Abförderung des Ausbruches geschieht die Versorgung vor Ort mit Personal und Material durch Schienenfahrzeuge, die ihren Spezialaufgaben entsprechend ausgestattet sind.   *Kühn*

Buntaufbau →Farbauszug

Bus →Fahrzeugkonzept

Busstruktur →Steuerung

Bypasstriebwerk. Flugzeug-Luftstrahltriebwerk, bei dem ein Teil der den Verdichter durchströmenden Luft an der →Brennkammer und der Turbine in einem Bypass vorbeigeleitet wird (→Zweistrom-Turbinenstrahltriebwerk).   *Kosin*

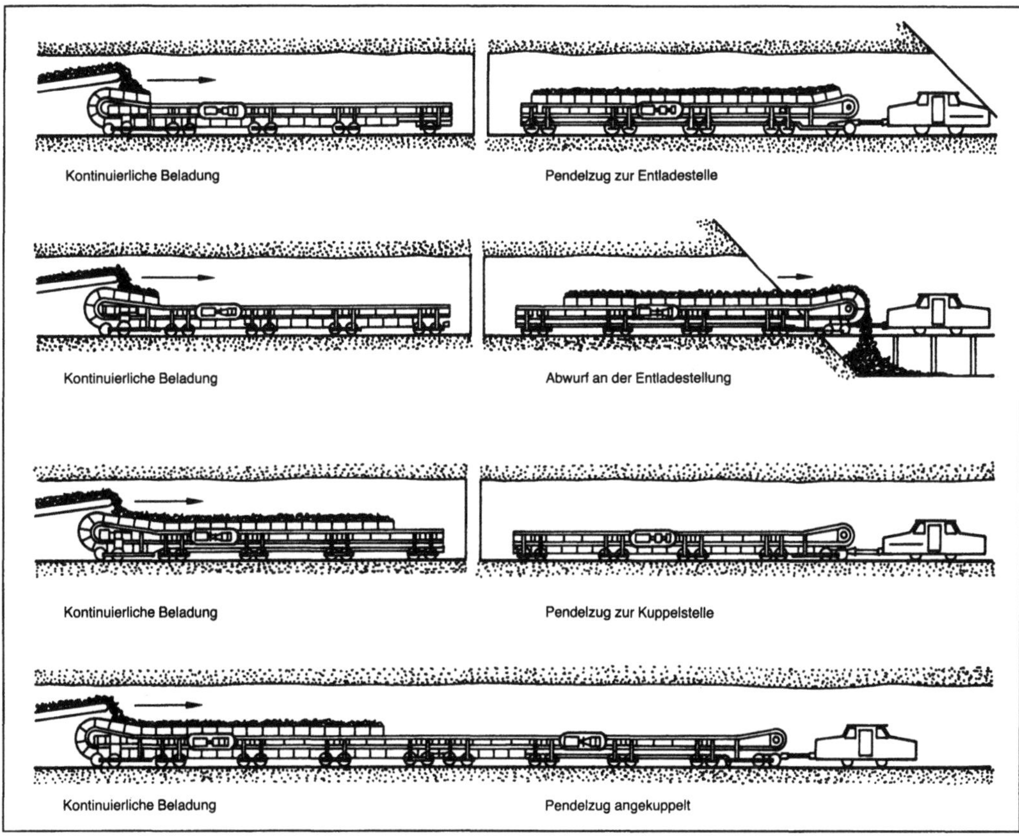

Bunkerzug: Bunkerpendelzug.

C

CAD (Computer Aided Design). Darunter versteht man die mit Rechnereinsatz verbundene Arbeitstechnik des Konstruierens unter Nutzung entsprechender Geräte (Hardware) und Programme (Software). Ein CAD-Arbeitsplatz (Hardware) besteht i. a. aus:

□ graphischem Bildschirm,

□ Eingabegerät (z. B. Tablett oder Maus für graphische Eingabe und Digitalisierung),

□ alphanumerischem Bildschirm mit Tastatur,

□ Ausgabegeräten für Text und Graphik (Drucker, Plotter),

□ autarkem Arbeitsplatzrechner oder Anschluß an einen Großrechner, jeweils mit geeignetem Massenspeicher.

CAD-Programmsysteme (Software) lassen sich in folgende Bereiche gliedern:

□ Kommunikationsbereich (Anwenderschnittstelle), der die Datenein- und -ausgabe von und zum Konstrukteur organisiert,

□ Methodenbereich mit fachspezifischen Arbeitsmodellen zum Modellieren, Informieren und Berechnen,

□ Datenverwaltungsbereich, der alle internen Datenflüsse und die Datenspeicherung organisiert,

□ Datenbasis mit Geometriedaten der gespeicherten Teile und alphanumerischen Daten (z. B. Werkstoffdaten).

Um ein dreidimensionales Objekt im Rechner abbilden zu können, muß es in ein rechnerinternes Modell überführt werden. Die verschiedenen Arten von rechnerinternen Modellen zeigt Bild 1. Grundsätzlich lassen sich dreidimensionale (3D-) und zweidimensionale (2D-) Modelle unterscheiden.

3D-Volumenmodelle bilden das Volumen räumlicher Objekte ab (Bild 2). Dadurch ermöglichen sie die automatische Erstellung von Ansichten oder

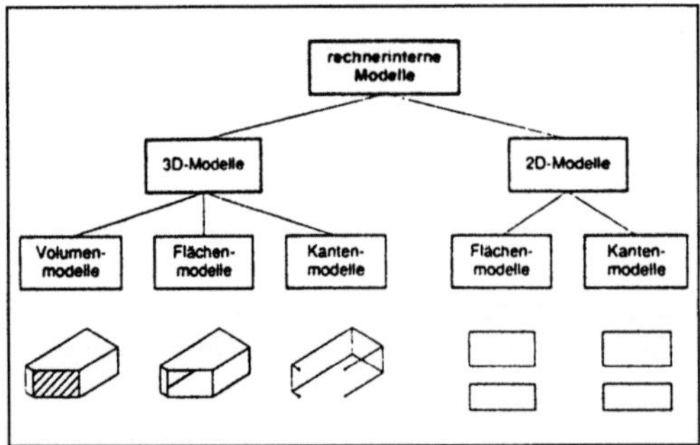

CAD 1: Rechnerinterne CAD-Modelle.

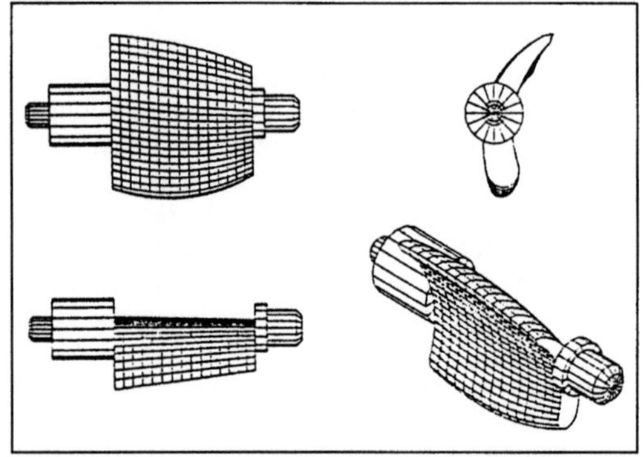

CAD 2: Darstellung einer Turbinen-Leitschaufel mit einem 3D-Volumenmodell (CV-Medusa).

Schnitten sowie die Berechnung von Volumen, Körperschwerpunkten und Trägheitsmomenten. Der damit verbundene Aufwand für die Datenverarbeitung und -verwaltung ist jedoch hoch.

3D-Flächenmodelle beschreiben räumliche Objekte durch die sie begrenzenden Oberflächen. Damit lassen sich alle Flächenpunkte sowie Schnittkanten ermitteln.

3D-Kantenmodelle bilden räumliche Objekte durch ihre Körperkanten ab. Die automatische Ermittlung von verdeckten Kanten oder Schnittkanten ist damit nicht möglich.

Bei der Erstellung von 3D-Modellen ist der Übergang von Kanten- zu Flächenmodellen sowie von Flächen- zu Volumenmodellen möglich.

Mit zweidimensionalen Modellen (2D-Flächen- und Kantenmodellen) können nur ebene und rotationssymmetrische Körper eindeutig abgebildet werden. Auf 2D-Systemen lassen sich räumliche Körper auch in mehreren Ansichten zeichnen; rechnerintern werden diese Ansichten jedoch wie unterschiedliche ebene Elemente behandelt.

CAD-Systeme können den Konstrukteur bei folgenden Tätigkeiten unterstützen:

□ Nachrechnen (z. B. Berechnung von Festigkeit oder Durchbiegung),

□ Auslegen (z. B. Wahl eines geeigneten Schraubendurchmessers bei vorgegebener Belastung),

□ Optimieren (z. B. Minimieren von Abfall durch geeignete Anordnung von Stanzteilen auf einer Blechtafel),

□ Simulieren (z. B. den Bewegungsablauf eines Montageroboters),

□ Gestalten (von Bauteilen, Baugruppen, Maschinen usw),

□ Informationen suchen (z. B. Normteile, Kosteninformationen).

Der Vorteil des CAD-Einsatzes gegenüber dem konventionellen Konstruieren liegt vor allem in der Möglichkeit, einmal eingegebene Geometrieinformationen wieder- und weiterzuverwenden: Bestehende Teile lassen sich leicht in Form und Größe modifizieren, was vor allem bei der Anpassungs- und Variantenkonstruktion sehr hilfreich ist. Die Geometriedaten aus der Konstruktion können für die Arbeitsvorbereitung und die Programmierung von NC-Werkzeugmaschinen weiterverwendet werden. Der Rechner wird damit zum Hilfsmittel für zahlreiche Ingenieuraufgaben (Computer Aided Engineering, CAE). *Ehrlenspiel*

Literatur: *Eigner, M.,* u. *H. Maier:* Einstieg in CAD. Lehrb. CAD-Anwender. München, Wien 1985. – *Grätz, J.-F.:* Handb. 3D-CAD-Technik. Berlin 1989. – *Pahl, G.:* Konstruieren mit 3D-CAD-Systemen. Berlin 1990. – *Schwaiger, L.:* CAD-Begriffe. Berlin 1987. – *Spur, G.,* u. *F.-L. Krause:* CAD-Technik. München 1984. – VDI 2210 (Entwurf): Datenverarbeitung in der Konstruktion; Analyse des Konstruktionsprozesses im Hinblick auf den EDV-Einsatz. Hrsg. Verein Dt. Ingenieure. Ausg. Nov. 1975. – VDI 2211. Bl. 1: Datenverarbeitung in der Konstruktion – Methoden und Hilfsmittel, Ausgabe, Prinzip und Einsatz von Informationssystemen. Hrsg. Verein Dt. Ingenieure. Ausg. Apr. 1980. – VDI 2211. Bl. 2 (Entwurf): Datenverarbeitung in der Konstruktion – Berechnungen in der Konstruktion. Hrsg. Verein Dt. Ingenieure. Ausg. 1973. – VDI 2211. Bl. 3: Datenverarbeitung in der Konstruktion – Maschinelle Herstellung von Zeichnungen. Hrsg. Verein Dt. Ingenieure. Ausg. Juni 1980. – VDI 2212: Datenverarbeitung in der Konstruktion – Systematisches Suchen und Optimieren konstruktiver Lösungen. Hrsg. Verein Dt. Ingenieure. Ausg. Okt. 1981. – VDI 2213 (Entwurf): Datenverarbeitung in der Konstruktion – Integrierte Herstellung von Konstruktions- und Fertigungsunterlagen. Hrsg. Verein Dt. Ingenieure. Ausg. Mai 1985. – VDI 2215: Datenverarbeitung in der Konstruktion – Organisatorische Voraussetzungen und allgemeine Hilfsmittel. Hrsg. Verein Dt. Ingenieure. Ausg. Nov. 1980. – VDI 2216: Datenverarbeitung in der Konstruktion – Vorgehen bei der Einführung der DV im Konstruktionsbereich. Hrsg. Verein Dt. Ingenieure. Ausg. Okt. 1981. – Datenverarbeitung in der Konstruktion '85. VDI-Ber. 570. Düsseldorf 1985. – Datenverarbeitung in der Konstruktion '86. VDI-Ber. 610. Düsseldorf 1986. – Datenverarbeitung in der Konstruktion '88. VDI-Ber. 700.1 bis 700.4. Düsseldorf 1988. – Rechnerunterstützung in der Konstruktion. VDI-Ber. 752. Düsseldorf 1989.

CAE →CAD

Campbell-Diagramm. Zur Darstellung der Frequenzen der verschiedenen Eigenschwingungsformen (-moden) zusammen mit den möglichen Erregerfrequenzen in Funktion von der Maschinendrehzahl. Die Frequenzen und die Drehzahl werden zweckmäßigerweise in dimensionsloser Form dargestellt, damit die D. gleichzeitig für alle ähnlichen Schaufeln gelten (Bild 1). Die Eigenfrequenzen von

Laufschaufeln nehmen wegen des Versteifungseffekts infolge der quadratisch mit der Dehzahl zunehmenden Fliehkraft etwas zu. Die möglichen Erregungsfrequenzen sind alle ganzzahlige Vielfache der Drehzahl, die durch alle möglichen Störungen der Axialsymmetrie verursacht sein können: ungleiche →Geschwindigkeitsverteilung, Unrundheit des Gehäuses, Entnahmen, Nachläufe von Rippen und Leitschaufeln usw. Sie stellen sich als Geraden mit unterschiedlicher Steigung dar. Jeder Kreuzungspunkt einer Erregungsgeraden mit einer Eigenschwingungslinie deutet auf eine mögliche Resonanz (Erregungs- gleich Eigenschwingungsfrequenz). Wie groß die gemessenen Schwingungsamplituden tatsächlich werden, kann entweder in das gleiche oder ein zugehöriges D. eingetragen werden (Bild 2). Die einzelnen Resonanzstellen werden üblicherweise mit 2 Zahlen bezeichnet, von denen die erste die Eigenschwingungsform (-mode) und die zweite die Erregungsordnung bezeichnet: z. B. 1/2 bezeichnet die zweite Erregungsordnung der Grund-(meistens Biege-)mode.

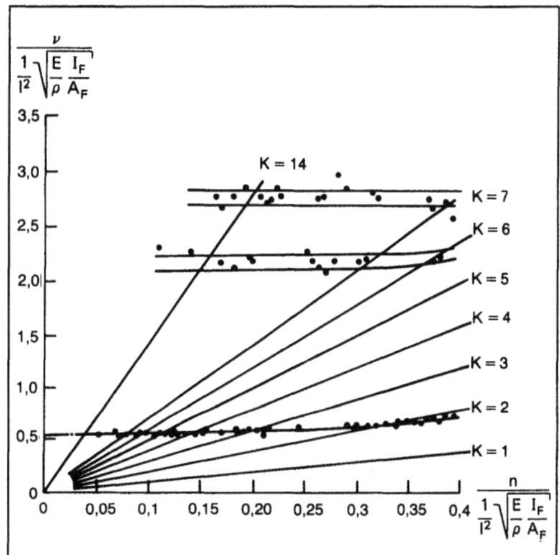

Campbell-Diagramm 1: Mit Eigenerregerfrequenzen ν in Abhängigkeit von der Drehzahl.

l Schaufellänge, E Elastizitätsmodul des Schaufelwerkstoffs, ϱ Dichte des Schaufelwerkstoffs, I_F Flächenträgheitsmoment des Fußquerschnitts, A_F Querschnittsfläche am Schaufelfluß, o Meßpunkte

Bei Maschinen, die mit konstanter Drehzahl betrieben werden, darf in deren näherem Bereich keine Resonanzstelle für Schaufelschwingungen liegen. Müssen beim An- und Abfahren Schwingungsresonanzen durchfahren werden („biegeweiche" Schaufeln), muß dies genügend schnell geschehen und die Dämpfung ausreichend sein. Bei Maschinen mit variabler Drehzahl muß der Betrieb im ganzen Drehzahlbereich möglich sein, wenn nicht bestimmte Drehzahlbereiche gesperrt werden sollen.

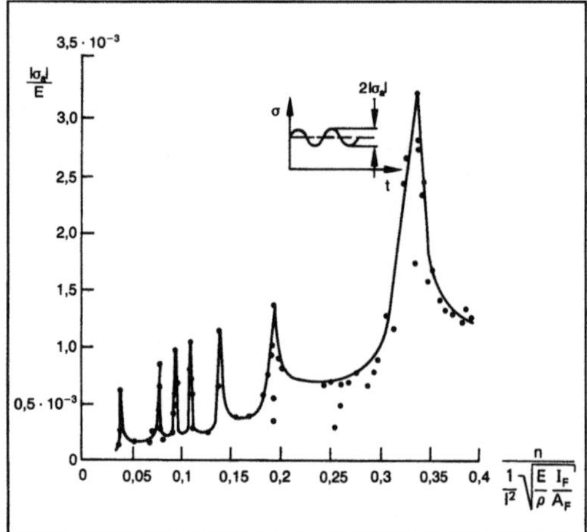

Campbell-Diagramm 2: Amplituden der Schaufel-schwingungen in Abhängigkeit von der Drehzahl.

o Meßpunkte

Hier sind die C.- und Amplituden-D. aller Schaufeln sehr sorgfältig aufzunehmen, um unzulässige Schwingungsausschläge und entsprechende Spannungen zu vermeiden. Dabei ist darauf zu achten, daß die Einspannung für alle Schaufeln einer Reihe gleich ist und sich während des Betriebs nicht lockern kann, weil dadurch die Eigenfrequenz absinkt.

Konstruktiv lassen sich die Eigenfrequenzen der Schaufeln durch die Massen- und Formverteilung und durch die Schaufeln aneinander bindende Glieder wie sog. Dämpferdrähte, Zickzack-Bindungen und Deckplatten beeinflussen. Durch die letztgenannten Maßnahmen werden an Stelle der Schwingungen einzelner Schaufeln sog. Paketschwingungen der aneinander gebundenen Schaufeln angeregt, deren Eigenfrequenzen i. a. in einem sehr viel höheren Frequenzbereich liegen. *Dibelius*

Carbonitrieren. Anreichern der Randschicht eines Werkstücks – meistens aus Stahl – mit Kohlenstoff und Stickstoff durch thermochemische Behandlung. Das C. wird i. a. in Gas oder im Salzbad vorgenommen. Die Behandlung kann bei oder unterhalb der Austenitisierungstemperatur erfolgen. Durch die Eindiffusion von Stickstoff wird die Austenitisierungstemperatur der Randschicht abgesenkt. Da die Kohlenstoffdiffusion im Austenit wesentlich schneller als im Ferrit verläuft, ist die Behandlungsdauer unter diesen Bedingungen relativ kurz. Ein weiterer Vorteil liegt darin, daß der Kernbereich nicht in Austenit umgewandelt wird, wodurch der Verzug sich in Grenzen hält.

Beim C. bildet sich in der äußeren Randschicht eine Verbindungsschicht aus Carbonitrid. Schreckt man nach dem C. in Wasser oder Öl ab, so entsteht unter der Verbindungsschicht eine martensitische Stützschicht.

Auf ein Nacharbeiten von carbonitrierten Werkstücken sollte verzichtet werden, damit die äußere Verbindungsschicht nicht entfernt wird. Diese Schicht ist nämlich für einen hohen Widerstand gegenüber Adhäsion verantwortlich. Ferner werden durch das C. der Widerstand gegenüber →Abrasion und Oberflächenzerrüttung bzw. →Grübchenbildung, die Dauerschwingfestigkeit und teilweise auch die Korrosionsbeständigkeit erhöht. *Habig*

Literatur: *Stüdemann, H.:* Wärmebehandlung von Stahl, Gußeisen und Nicht-Eisenmetallen. München, Wien 1967 – *Wahl, G.:* Einsatzhärten und Nitrieren von Eisenwerkstoffen. In: *Kunst, H.:* Verschleiß metallischer Werkstoffe und seine Verminderung durch Oberflächenschichten. Grafenau 1982.

Cartridge-Element →Einbauventil

CH-Emission →Schadstoff

Charakterentwicklung →Textilausrüstung

Charakteristiken (Stufe, Strömungsmaschine). Sie geben die beiden für das Betriebsverhalten wichtigsten Zusammenhänge einer Stufe oder einer ganzen Maschine für ein bestimmtes Fluid und bestimmte Eintrittsverhältnisse an, die sich im →Kennfeld darstellen lassen:
□ Drucksteigerung bei Arbeitsmaschinen bzw. Druckabfall bei Kraftmaschinen in Abhängigkeit vom Volumenstrom bei einer bestimmten Drehzahl,
□ Wirkungsgrad in Abhängigkeit vom Volumenstrom bei einer bestimmten Drehzahl.

Da sich aus der Druckänderung und dem Wirkungsgrad auch die Enthalpieänderung ergibt, kann auch diese an Stelle einer der beiden vorgenannten Größen angegeben werden.

Für ähnliche Maschinen gelten unter ähnlichen Betriebsverhältnissen (ähnliche Geometrie, Fluid mit ähnlichem Verhalten, gleiche Reynolds- und Mach-Zahlen (Ähnlichkeit)) entsprechende unter den angegebenen Bedingungen übertragbare C. gebildet mit den dimensionslosen Kenngrößen.

Druckkenngröße:

$$\psi_y \equiv \frac{y}{u^2/2}, \text{ mit } y = \int v\,dp;$$

Wirkungsgrad für Verdichter und Pumpen:

$$\eta_v = \frac{y}{\Delta h}$$

und für Turbinen:

$$\eta_T = \frac{\Delta h}{y};$$

Enthalpiekenngröße:

$$\psi_h = \frac{\Delta h}{u^2/2},$$

jeweils in Funktion der Durchflußkenngröße

$$\varphi = \frac{c_m}{u}.$$

Die Änderung der kinetischen Energie kann in die Definition der Kenngrößen einbezogen werden, die dann durch die Vorsilbe Total gekennzeichnet werden:

Totaldruck-Kenngröße:

$$\psi_{yt} = \frac{y + 1/2\ (c_2^2 - c_1^2)}{u^2/2},$$

Total-Wirkungsgrad für Verdichter und Pumpen:

$$\eta_{Vt} = \frac{y + 1/2\ (c_2^2 - c_1^2)}{\Delta h + 1/2\ (c_2^2 - c_1^2)}$$

und für Turbinen:

$$\eta_{Tt} = \frac{\Delta h + 1/2\ (c_2^2 - c_1^2)}{y + 1/2\ (c_2^2 - c_1^2)};$$

Total-Enthalpiekenngröße:

$$\psi_{ht} = \frac{\Delta h + 1/2\ (c_2^2 - c_1^2)}{u^2/2}.$$

Für die Totalenthalpie-C. einer Stufe läßt sich aus der Euler-Gleichung (Arbeitsprinzip) herleiten:

$$\psi_{ht} = 2\ [1 + \varphi_2\ (\cot\beta_2 - \cot\alpha_1\ \frac{\varphi_1\ u_1}{\varphi_2\ u_2})\ ];$$

darin bedeuten: α absoluter →Abströmwinkel aus dem →Leitrad, β relativer Abströmwinkel aus dem →Laufrad.

Für *Pumpen und Verdichter* mit axialer Zuströmung ist $\alpha_1 = 90°$, $\cot\alpha_1 = 0$. Der relative Austrittswinkel der Strömung aus dem Laufrad liegt üblicherweise zwischen $90°$ und $120°$. Bliebe dieser Strömungswinkel im ganzen Betriebsbereich konstant, dann würde die Total-Enthalpiekenngröße bei einem Winkel von $90°$ konstant bleiben und bei größeren Winkeln linear mit der Volumenkenngröße abnehmen, aber jedenfalls positiv bleiben (Bild). In Wirklichkeit ist dieser Zusammenhang nur stückweise angenähert linear, solange der relative Strömungswinkel gleich bleibt.

Für *Turbinen* liegt der absolute Austrittswinkel der Strömung aus dem Leitrad üblicherweise im Bereich von $12°-30°$ und der relative aus dem Laufrad entsprechend zwischen $150°$ und $168°$, so daß die beiden Glieder in der Klammer sich zu einem großen negativen Wert addieren. Bei konstanten Strömungswinkeln ergibt sich also eine fallende, sich in den negativen Bereich der Total-

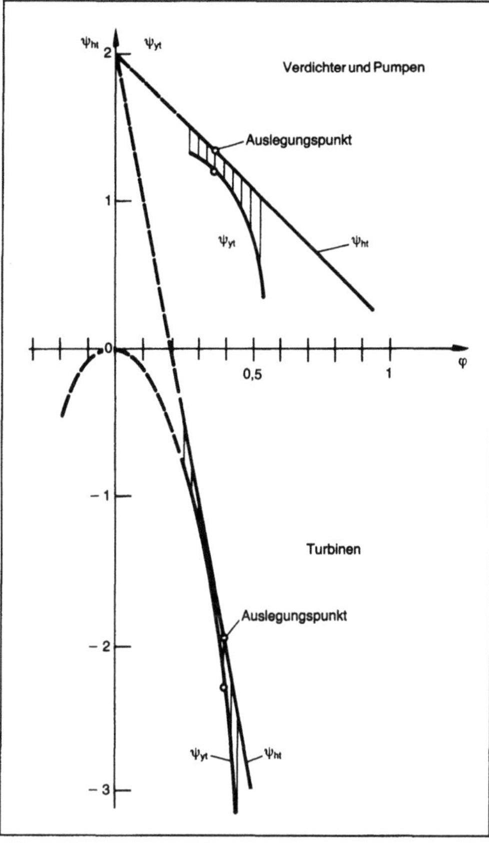

Charakteristiken (Stufe, Strömungsmaschine): Total-enthalpie- und Totaldruck-Charakteristiken in Funktion der Durchflußkenngröße für Verdichter (Pumpen) und Turbinen.

Enthalpiekenngröße erstreckende C. Da sich in den Beschleunigungsgittern bei engerer Schaufelteilung der relative Abströmwinkel weniger ändert, stimmt der lineare Verlauf der C. in einem größeren Bereich der Volumenkenngröße mit den tatsächlichen Verhältnissen überein.

Die C. für die Totaldruckkenngröße liegt wegen der positiven Reibungs- und Wirbelverluste immer unterhalb der für die Total-Enthalpiekenngröße. Sie weicht von dieser um so mehr ab, je größer die Verluste infolge falscher Anströmung der Schaufeln im Gitter bei Abweichung nach beiden Seiten vom Auslegungspunkt sind.

Die für die Stufe abgeleiteten Zusammenhänge gelten näherungsweise auch für eine Stufengruppe oder eine Strömungsmaschine mit gleichartigen Stufen. *Dibelius*

Chromschicht. Oberflächenschutzschicht, die meistens durch elektrolytisches Abscheiden, gelegentlich auch durch chemische oder physikalische

Chromschicht. Tabelle: Geeignete und ungeeignete Gleitpartner von Chromschichten.

sehr gut geeignet	gut geeignet	ungeeignet
Weißmetall	Gummi (mit Wasser)	Chrom
Aluminiumbronze	Kunststoffe (mit Wasser)	Leichtmetalle (Mg, Al, Ti)
Bleibronze	Stähle (weich und mittelhart)	Phosphorbronze
Gußeisen (feinkörnig)	harte Stähle (mit Schmierung, niedrige Geschwindigkeit)	harte Stähle (hohe Geschwindigkeit, hoher Druck)

Abscheidung aus der Gasphase (CVD, PVD), gebildet wird. Zur elektrolytischen Abscheidung werden die entfetteten und ggf. geätzten Werkstücke zunächst in einem Aufrauhbad, das der Zusammensetzung des Verchromungsbades entspricht, als Anode geschaltet und durch Anlösen der Oberfläche aufgerauht. Nach Überführen in das Verchromungsbad werden sie kathodisch mit Chrom beschichtet. Das Verchromungsbad enthält üblicherweise 250 g/l CrO_3 und 1,6 g/l H_2SO_4. Die Abscheidungstemperatur liegt bei 55 °C, die Stromdichte zwischen 20 und 80 A/dm², was Abscheidegeschwindigkeiten zwischen 20 und 45 μm/h ermöglicht. Die Schichtdicke der C. beträgt 5 bis 1000 μm, die Härte liegt zwischen 800 und 1100 HV.

C. weisen meistens Zugeigenspannungen auf, deren Größe von den Abscheidebedingungen abhängt. Durch die Eigenspannungen können in der C. Risse entstehen, welche teilweise erwünscht sind, weil sie in geschmierten Tribosystemen als Ölreservoir dienen können und so der schlechten Benetzbarkeit mit Ölen entgegenwirken. Andererseits vermindern die Risse den Korrosionsschutz, der sich durch eine Doppelverchromung oder durch eine vorherige Vernickelung verbessern läßt.

C. haben einen hohen Widerstand gegen →Abrasion. Der Widerstand gegen Adhäsion ist für unterschiedliche Gegenkörperwerkstoffe aus der Tabelle ersichtlich.

Wegen der Zugeigenspannungen wird durch das Verchromen in der Regel die Dauerschwingfestigkeit vermindert. *Habig*

Literatur: *Simon, H.,* u. *M. Thoma:* Angewandte Oberflächentechnik für metallische Werkstoffe. München 1985.

CO-Emission →Schadstoff

Codelesegerät (Verpackung). In bestimmten Bereichen, ganz besonders im Pharmaziebereich, muß sichergestellt werden, daß Füllgut, eventueller Beilagezettel und äußeres Verpackungsmittel mit nahezu absoluter Sicherheit übereinstimmen. Dies wird dadurch erreicht, daß alle drei Teile mit einer gleichlautenden Strichcodierung versehen werden.

Dies ist eine Reihe von vollgedeckten Strichen und Leerräumen.

Diese Strichcodes werden an allen drei Teilen der späteren Packung, an teilweise sichtbarer oder bindender Stelle angebracht. Die erste Kontrolle des Codes erfolgt bei der Herstellung des Verpackungsmittels. Es handelt sich hier meist um Faltschachteln. In der Faltschachtel-Klebemaschine sind optoelektronische Lesegeräte eingebaut. Über eine Photozelle wird der Code abgetastet. Die Impulsfolge von hell und dunkel wird mit einer voreingestellten Möglichkeit verglichen. Treten Abweichungen auf, wird ein bestimmter Bereich in der Folge vor oder auch nach der fehlerhaften Schachtel ausgeworfen, um mit absoluter Sicherheit die Fehlschachtel zu beseitigen.

In der Füllmaschine, die das Produkt in die Faltschachtel einführt, wird gleichzeitig meist auch noch der Beilagezettel mit eingelegt. Dieser Beilagezettel wird aus einem größerformatigen Stück auf das passende Kleinformat gefalzt. In dieser Falzstation erfolgt ebenfalls die opto-elektronische Kontrolle. In dem Aufrichtebereich, um die Faltschachtel füllbar zu machen, wird ebenfalls der aufgebrachte Code abgetastet. Die dritte Abtastung erfolgt auf dem Produkt, wo der Code meist auf dem Etikett angebracht ist. Nur wenn alle drei Abtastungen übereinstimmen, wird die Befüllung vorgenommen oder die befüllte Verpackung ausgesteuert.

Eine weitere Anwendung von C., ist die Abtastung des EAN-Produktcodes. Auch dies ist eine Folge von vollgedeckten Strichen und Leerräumen. In diesem Code werden nur Zahlen dargestellt. Zum Abtasten dieses EAN-Codes werden Laserstrahlen eingesetzt. Dies ist nötig, um die Kleinheit der Unterschiede zwischen zwei verschiedenen Zahlen noch erkennbar zu machen. Wichtig ist, daß Hintergrundfarbe und Farbe der Striche aufeinander abgestimmt sind. Ebenso muß der Kontrast zwischen Strich und Hintergrund genügend groß sein. Fast alle Produkte des Lebensmittelbereichs tragen diesen EAN-Code. Eine weitere Anwendung von Strichcodes mit sehr viel höheren Zahlen ist die Kennzeichnung von allgemeinen Produkten. Damit kann die Warenbewegung innerhalb und außerhalb von Unternehmungen automatisch durch optoelektronische Lesegeräte erfaßt werden. Werden diese Strichcodes genügend groß ausgeführt, kann aus einer Entfernung von mehreren Metern dieser Code noch gelesen werden. *Paris*

Code-Leser →Identifikation

Codiergerät (Verpackung). Mit C. werden Signierungen oder Kennzeichnungen auf Verpackungsmitteln meist nach deren Befüllung aufgebracht. Die Codierung oder Signierung kann in direkt erkennbaren Zeichen oder in verschlüsselter Form erfolgen. Das bekannteste Beispiel für eine Verschlüsselung, besonders angewandt im Lebensmittelbereich, ist der EAN-Code. Andere Codierungen, wie z. B. das Mindesthaltbarkeitsdatum, sind gesetzlich vorgeschrieben.

Zum Aufbringen solcher Codierung stehen eine Reihe von Möglichkeiten zur Verfügung. Die erste Möglichkeit ist die Verwendung von vorbereiteten oder kurz vor dem Verwenden erst hergestellter, die notwendigen Informationen tragender Etiketten. Durch entsprechende Auszeichnungsgeräte lassen sich diese Etiketten auf das Verpackungsmittel übertragen. Eine weitere Möglichkeit ist, das Verpackungsmittel außen nach der Befüllung zu bedrucken. Man führt die gefüllte Packung meist an einer rotierenden Druckform vorbei. Beim Abrollen der Druckform auf dem Verpackungsmittel wird die entsprechende Information auf das Verpackungsmittel übertragen. Über ein Farbwerk wird die Druckform wieder eingefärbt über die nächste Packung. In diesem Fall ist große Vorbereitungsarbeit beim Wechsel der Codierung notwendig. Es müssen jeweils neue Druckformen hergestellt werden. Eine nächste Möglichkeit ist das Aufbringen von Signaturen durch das Inkjet-Verfahren. Aus einer sehr feinen Düse wird ein Tintenstrom durch Piezo-Kristalle in eine Folge von sehr kleinen Tintentröpfchen zerlegt. Diese Tröpfchen werden elektrisch aufgeladen. Durch elektrische Felder kann der Tröpfchenstrom an die beliebige Stelle des Verpackungsmittels gelenkt werden. Durch Unterbrechen und Wiedereinsetzen des Tintentröpfchenstroms können auf dem Verpackungsmittel Zeichen dargestellt werden. Die Verarbeitungsgenauigkeit ist nicht so hoch wie bei Druckverfahren. Dagegen können hohe Stückzahlleistungen erreicht werden. Die in diesem Verfahren aufgebrachten Informationen sind an ihrer deutlichen punktförmigen Strukturierung erkennbar. Durch den Einsatz von Laserstrahlen, die sich optisch leicht führen lassen, kann durch die hohe Energiekonzentration im Laserstrahl die berührte Oberfläche verändert werden. Es lassen sich Markierung und Codierungen auf diese Weise anbringen. *Paris*

Codierung →Identifikation

Coil. C. ist das englische Wort für Rolle, der üblichen Lieferform für Band, das zur Gruppe der Flacherzeugnisse gehört. Unter C. ist also ein aufgewickeltes oder aufgehaspeltes Band zu verstehen, dessen Kanten regelmäßig aufeinander liegen, so daß die Seitenflächen des C. ungefähr eine Ebene bilden. *Baumann*

Coilbox. In Warmbreitband-Walzstraßen ist zwischen dem letzten Vorstraßen-Walzgerüst und dem ersten Fertigstraßen-Walzgerüst ein Zwischenrollgang angeordnet. Dieser Rollgang kann je nach Art, Leistung und Bauweise der →Warmbreitband-Walzstraße zwischen 90 m und 180 m lang sein. Wenn auf einen freien Vorbandauslauf bei bestehenden oder neu zu planenden Breitband-Walzstraßen verzichtet wurde und ein C.-System eingesetzt ist, kann der Zwischenrollgang verhältnismäßig kurz sein.

Eine C. ist ein technisches System, das zwischen dem letzten Vorstraßen-Walzgerüst und dem ersten Fertigstraßen-Walzgerüst angeordnet ist. Mit diesem System wird das →Vorband in Warmbreitband-Walzstraßen nach und vor dem reversierenden Walzen im letzten Vorstraßen-Walzgerüst zu einem →Coil aufgewickelt, dann wieder abgewikkelt und schließlich der Warmband-Fertigstraße zugeführt. Infolge des Einsatzes einer C. werden neben der Möglichkeit einer Steigerung der Produktionsmengen durch größere Vorbrammengewichte unter anderem

□ bessere Temperaturverteilungen über die Bandlänge,

□ größere Energieersparnisse durch kleinere Abkühlverluste und Wegfall des manchmal erforderlichen beschleunigten Walzens in der →Fertigstraße, zum Zwecke des Temperaturausgleiches über den Bandverlauf sowie

□ günstigere Bandprofile und engere Dickentoleranzen infolge besserer Temperaturführung erzielt.

Die Dicke des Vorbands, das mit einer C. zwischengewickelt werden kann, liegt i. a. zwischen 35 mm und 40 mm. *Baumann*

Collico →Container

Comprex-Aufladung →Druckwellenmaschine

Computer-to-Plate-System →Reproduktionstechnik

Container. Als C. wird in Anlehnung an die Norm DIN- ISO 668 allgemein ein Frachtbehälter verstanden, der

□ von dauerhafter Beschaffenheit und daher genügend widerstandsfähig für den wiederholten Gebrauch sein muß,

□ besonders dafür gebaut ist, den Transport von Gütern mit einem oder mehreren Transportmitteln ohne ein Umpacken der Ladung zu ermöglichen,

□ für den mechanischen →Umschlag geeignet ist,

□ so gebaut ist, daß er leicht be- und entladen werden kann.

Danach werden C. klassifiziert (Bild) in

□ Collico, verschließbare Alu-Behälter der DB mit den Maßen von $600 \times 400 \times 300$ bis $1600 \times 600 \times 600$,

□ Frachtgutcontainer, Kleincontainer der DB der Größen A, B, C mit 1 m^3, 2 m^3, 3 m^3 Ladungsvolumen,

□ P. a.-Behälter, Großbehälter (porteur amenage), die auf Behältertragwagen befördert werden; offen und kastenförmig, geschlossen als Kesselbehälter, Druckbehälter.

Im Inland verwandt für Stückgutverkehr, 3fach stapelbar, Schiene – Straße, Schiene – Wasser.

□ Wechselbehälter sind Binnencontainer mit Stützfüßen zum Unterfahren der Plattform eines Trägerfahrzeugs.

□ ISO-Container nach der Norm DIN – ISO 668 (Juli 1981) standardisiert als ein Frachtbehälter, der einen Rauminhalt von mindestens 1 m^3 hat. *Jünemann*

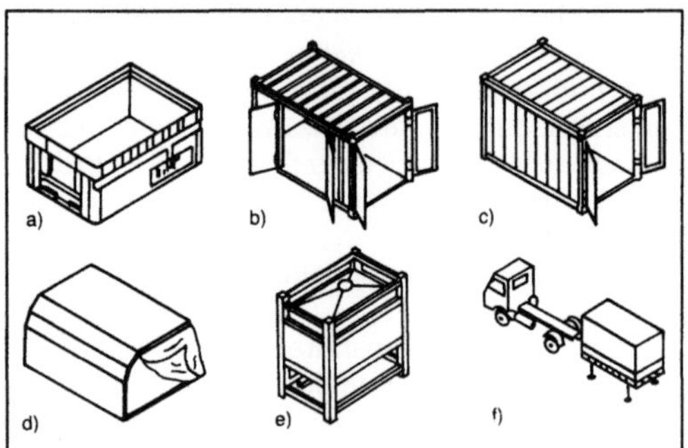

Container: Verschiedene Arten.
a) Behälter 396 mm × 594 mm
b) Binnencontainer 6058 mm (20 Fuß) × 2500 mm
c) ISO-Container 6058 mm (20 Fuß) × 2438 mm
d) Luftfrachtcontainer 2000 mm × 2940 mm
e) Tankplatte 800 mm × 1200 mm
f) Wechselpritsche 6250 mm × 2500 mm.

Continuous-Miner. Der C.-M. ist eine auf Raupen fahrbare Teilschnittmaschine. Sein Schrämkopf läßt sich horizontal und vertikal bewegen und besteht aus fünf oder mehr nebeneinanderliegenden Schrämketten, d. h. mit Meißeln bestückten umlaufenden Gliederketten. Der C.-M. kann wegen der Geometrie seines Schrämkopfes nur Rechteckquerschnitte bearbeiten und wird vorzugsweise in der Kohle oder in Gestein mit wenig schleißscharfen Mineralien eingesetzt.

Die Maschine findet sich hauptsächlich im amerikanischen Steinkohlenbergbau und dort im Örterpfeilerbau (Room-and-pillar-System). *Seeliger*

CPD-Rohrwalzverfahren. Zur Erfüllung der Marktforderungen nach minimalem Investitionsaufwand und geringer Kapazität wurde das Cross Roll Piercing Diescher-Verfahren (CPD-Verfahren) zur Herstellung nahtloser Stahlrohre entwickelt (Bild). Das →CPD-Rohrwalzwerk zeichnet sich im wesentlichen durch 3 Umformanlagen, hohes Ausbringen und besonders kleine Wanddickentoleranzen aus. Mit dem CPD-R. können Stahlrohre mit Durchmessern zwischen $5^{1}/_{2}''$ und $14''$ hergestellt werden. *Baumann*

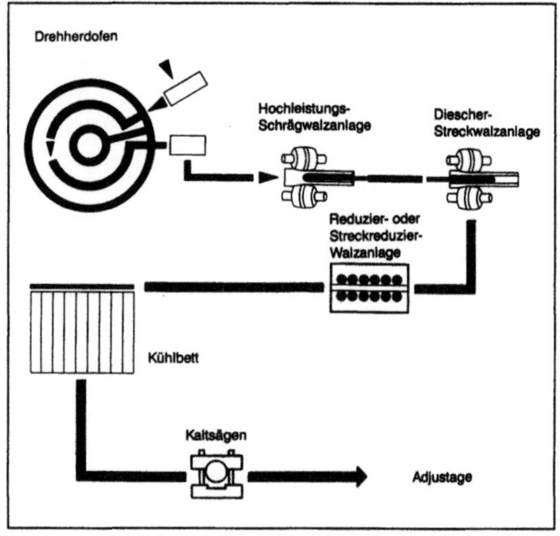

CPD-Rohrwalzverfahren: Schematische Darstellung des Fertigungsablaufs beim Herstellen nahtloser Stahlrohre mit dem CPD-Rohrwalzverfahren.

CPD-Rohrwalzwerk. Ein CPD-R. ist ein sehr komplexes technisches System zum Herstellen nahtloser Stahlrohre nach dem →CPD-Rohrwalzverfahren. Ein solches R. besteht im wesentlichen aus einem →Drehherdofen, einer →Schrägwalzanlage, einer Diescher-Streckwalzanlage, einer Reduzier- oder Streckreduzier-Walzanlage und einem Adjustagebetrieb. Infolge der wenigen Umformanlagen sind die Investitionen für ein solches →Rohrwerk und die Betriebskosten bei der Rohrherstellung verhältnismäßig günstig. *Baumann*

CPE-Rohrwalzverfahren. Das Cross Roll Piercing Elongating-Verfahren (CPE-Verfahren) zum Herstellen nahtloser Stahlrohre ist durch die Kombination einer →Schrägwalzanlage mit einer Streckwalzanlage oder einer Stoßbankanlage gekennzeichnet (Bild). Hierbei ist die Streckwalzanlage oder Stoßbankanlage beim Umformen in der Lage, Rohrluppen mit Längen bis zu 22 m herzustellen. Ein →CPE-Rohrwalzwerk ist verhältnismäßig einfach ausgelegt, technisch leicht beherrschbar und erfordert Investitionen, die etwa 40 % niedriger als diejenigen für ein →Konti-Rohrwalzwerk sind. Mit dem

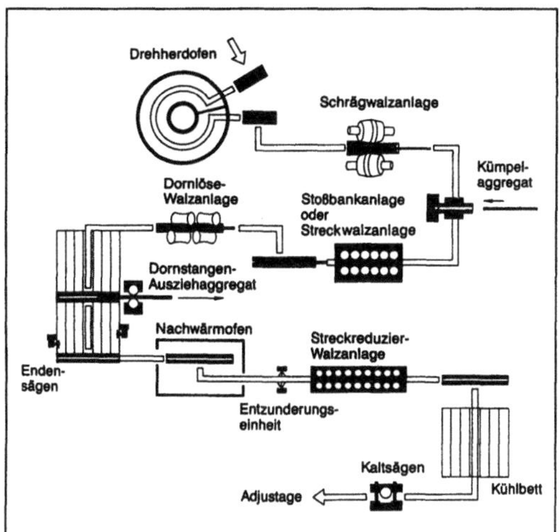

CPE-Rohrwalzverfahren: Schematische Darstellung des Fertigungsablaufs beim Herstellen nahtloser Stahlrohre mit dem CPE-Rohrwalzverfahren.

CPE-R. können Stahlrohre mit Durchmessern zwischen 1″ und 7⅝″ hergestellt werden. *Baumann*

CPE-Rohrwalzwerk. Ein CPE-R. ist ein sehr komplexes technisches System zum Herstellen nahtloser Stahlrohre nach dem →CPE-Rohrwalzverfahren. Ein solches R. besteht im wesentlichen aus einem →Drehherdofen, einer →Schrägwalzanlage, einem Kümpelaggregat, einer Streckwalzanlage oder Stoßbankanlage, einer Dornlöse-Walzanlage, einem Dornstangen-Ausziehaggregat, den Endensägen, dem Nachwärmofen, der Streckreduzier-Walzanlage und einem Adjustagebetrieb. Der in der Schrägwalzanlage hergestellte zylindrische Hohlkörper ohne Boden muß vor dem Einsatz in die Streckwalz- oder Stoßbankanlage an seinem Einsatzende zum Zwecke der Aufnahme des Dorns gekümpelt werden. Nach dem Strecken des gekümpelten zylindrischen Hohlkörpers zur →Rohrluppe mit einer Länge bis zu 22 m ist der Dorn mit Dornstange von der Luppe zu lösen. Dazu dient eine Dornlöse-Walzanlage. Die Dornlöse-Walzanlage hat oft einen C-förmigen einseitig offenen Walzenständer mit 4 hyperbolisch kalibrierten Walzen. Die beiden über den Unterwalzen liegenden Oberwalzen werden so angestellt, daß die auf der Dornstange fest sitzende Rohrluppe durch den Walzvorgang aufgeweitet und vom Dorn gelöst wird. Die Walzenstühle der Ober- und Unterwalzen sind schwenkbar. Somit kann die Schräglage der Walzen auf den jeweiligen Luppendurchmesser eingestellt werden. Es werden auch Dornlöse-Walzanlagen mit 6 hyperbolisch kalibrierten Walzen eingesetzt. Nach Ausziehen der Dornstange in einem gesonderten Aggregat wird die Rohrluppe nachgewärmt und dann in einer Streckreduzier-Walzanlage zu einem Rohr umgeformt. *Baumann*

Cordier-Diagramm. Zur Auswahl zweckmäßiger Bauarten für einstufige Strömungsmaschinen und zum Bestimmen von deren Drehzahl und Durchmesser. Durch die Auslegung der Anlage werden 2 Anforderungen an die darin zu betreibende Strömungsmaschine vorgegeben:

□ Druckerhöhung oder -absenkung, ausgedrückt durch die sog. Strömungsarbeit y

$$y = \int \frac{dp}{\varrho},$$

und

□ Volumenstrom $\dot{V}$.

Die Bauart ist unter der Bedingung eines möglichst guten Wirkungsgrads zu wählen. Durch diese Bedingung sind die beiden hauptsächlichen *maschinenspezifischen Größen*

□ Drehzahl n und

□ Baugröße, charakterisiert durch den größten Durchmesser des Rotors D

miteinander verknüpft; sie können also nicht unabhängig voneinander gewählt werden. Diesen gegenseitigen Zusammenhang und seine Auswirkung auf die Bauart hat *Cordier* erstmals empirisch durch Zusammenstellen gemessener Größen für gute einstufige Maschinen bestimmt (Bild 1). Heute kann man diesen Zusammenhang auch durch Optimierungsrechnungen mit entsprechenden Strömungs-Rechenverfahren finden. Das unterschiedliche Ver-

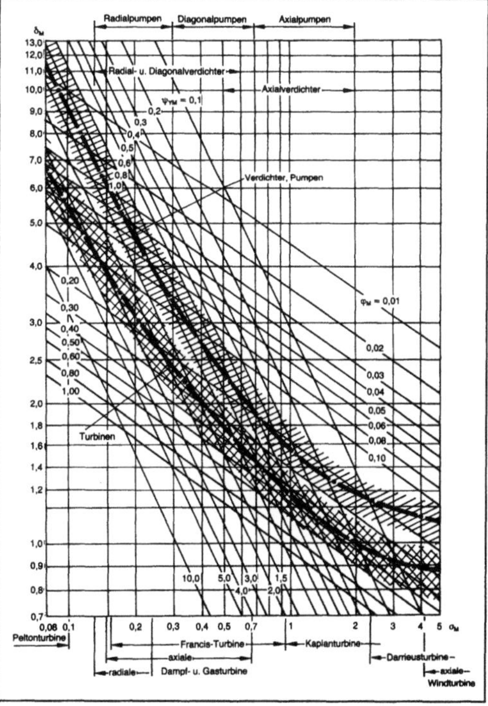

Cordier-Diagramm 1: Für einstufige Strömungsmaschinen.

halten der verzögerten Strömung in Arbeitsmaschinen und der beschleunigten Strömung in Kraftmaschinen muß auch zu unterschiedlichen Beziehungen für Arbeits- und Kraftmaschinen führen. *Cordier* verwendete zu seiner Darstellung die dimensionslosen Kenngrößen für die Drehzahl (auch spezifische Drehzahl genannt)

$$\sigma \equiv n \, \frac{\sqrt{\dot{V}}}{|y|^{\frac{3}{4}}} \, (2\pi^2)^{\frac{1}{4}} = \frac{|\varphi|^{\frac{1}{2}}}{|\psi_y|^{\frac{3}{4}}}$$

und für den Durchmesser (auch spezifischer Durchmesser genannt)

$$\delta = D \, \frac{|y|^{\frac{1}{4}}}{\sqrt{\dot{V}}} \left(\frac{\pi^2}{8}\right)^{\frac{1}{4}} = \frac{|\psi_y|^{\frac{1}{4}}}{|\varphi|^{\frac{1}{2}}}.$$

Sie sind so gebildet, daß darin die absoluten Größen in der ersten Potenz vorkommen, die nur mit Potenzprodukten der vorgegebenen Anlagegrößen dimensionslos gemacht werden. Im Gegensatz hierzu enthalten die üblichen Kenngrößen Druckkenngröße

$$\psi_y \equiv \frac{y}{\varrho n^2 D^2} \, \frac{2}{\pi^2}$$

und Durchflußkenngröße

$$\varphi = \frac{\dot{V}}{nD^3} \, \frac{4}{\pi^2}$$

immer Potenzprodukte von Durchmesser und Drehzahl, sind daher für diese Aufgabe ungeeignet

und in die vorgenannten Kenngrößen umzurechnen.

Bei der Anwendung kann neben den anlagespezifischen Größen Strömungsarbeit y und Volumenstrom $\dot{V}$ zusätzlich auch eine der beiden maschinenspezifischen Größen n oder D vorgegeben sein, z. B. durch die Einbauverhältnisse der größtmögliche Durchmesser D oder durch den Antrieb die Drehzahl n. Dann ergibt sich aus dem C.-D. innerhalb einer nicht genau definierten Bandbreite der entsprechende Wert der anderen Kenngröße und damit im ersten Fall die entsprechende Drehzahl und im zweiten der Durchmesser. Ohne eine dieser Vorgaben liefert das C.-D. eine Folge von Wertepaaren, die günstige Auslegungen charakterisieren.

Den einzelnen Wertebereichen dieser Kenngrößen sind Bauarten zugeordnet, die im Wirkungsgrad optimale Ausführungen zulassen. Mit steigender Drehzahlkenngröße und dem entsprechenden Abfall der Durchmesserkenngröße ergeben sich Bauarten angefangen von tangential nur z. T. beaufschlagten Maschinen über vollbeaufschlagte Radialmaschinen mit kleiner Schaufelbreite und über Diagonalmaschinen zu Axialmaschinen und schließlich zu Luftschrauben und Windturbinen für extrem hohe Werte der Drehzahlkenngröße (Bild 2). Für Arbeits- und Kraftmaschinen sind die Anwendungsbereiche verschiedener Bauarten wegen des grundsätzlich unterschiedlichen Verhaltens der Strömung gegeneinander versetzt. Wird versucht, eine Bauart außerhalb des angegebenen Bereiches zu verwirklichen, so ist mit Einbußen des Wirkungsgrads zu rechnen.

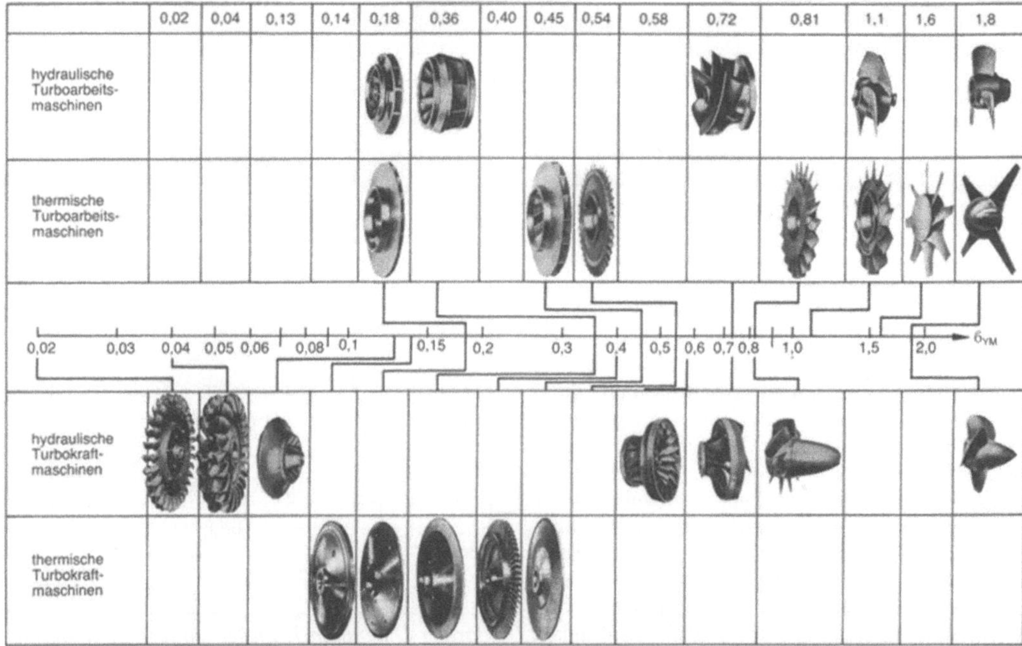

Cordier-Diagramm 2: Spezifische Drehzahl σ_{yM} und Laufradformen.

Bei mehrstufigen Maschinen läßt sich das Diagramm auf die einzelnen Stufen anwenden. Dabei muß die Druckerhöhung auf die einzelnen Stufen aufgeteilt werden und die Drehzahl bei üblicher Bauart gleich sein. *Dibelius*

Literatur: *Cordier, O.:* Ähnlichkeitsbedingungen für Strömungsmaschinen. VDI-Ber. Nr. 3 (1955), S. 85.

Cordschneidemaschine → Textilausrüstung

Corex-Schmelzreduktionsanlage. Eine C.-S. dient der Herstellung eines flüssigen, roheisenähnlichen Vormaterials oder eines Roheisens für die Stahlherstellung und besteht im wesentlichen aus einem Reduktionsschachtofen sowie einem Einschmelzvergaser (Bild). In dem Reduktionsschachtofen wird Eisenerz mit Zuschlägen und Reduktionsgas zu → Eisenschwamm gewandelt, der in einem darunter angeordneten Einschmelzvergaser mit Sauerstoff und Kohlenstoff zu Roheisen geschmolzen wird. Das in dem Einschmelzvergaser entstehende Reduktionsgas wird gereinigt und nach der Temperatureinstellung über ein Heißzyklon in den Schachtofen zur Reduktion der Eisenerze geleitet. 1987 wurde die erste Produktionsanlage dieser Art zum Herstellen von etwa 1 000 t Roheisen je Tag in Südafrika gebaut. *Baumann*

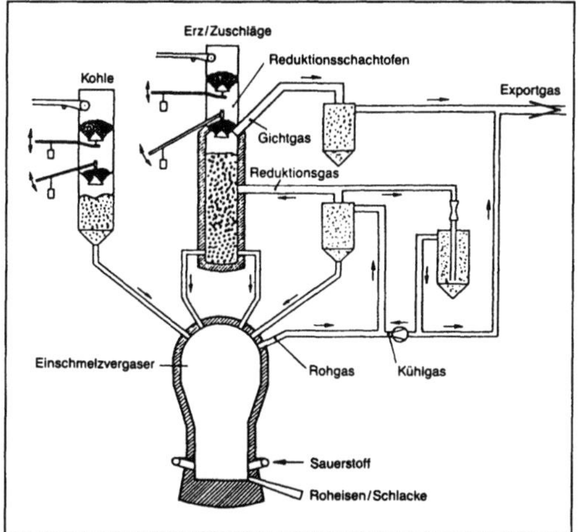

Corex-Schmelzreduktionsanlage: *Grundsätzlicher Aufbau der Anlage.*

Corex-Verfahren. Als die Grenzen der Direktreduktions-V. in den 70er Jahren deutlich sichtbar wurden, sind verstärkte Anstrengungen zur Weiterentwicklung der Schmelzreduktions-V. unternommen worden. Ein Schmelzreduktions-V. ist ein V., bei dem durch die Kombination eines Reduktionsprozesses mit einem Schmelzprozeß ein flüssiges, roheisenähnliches Vormaterial oder ein Roheisen für die Stahlerzeugung hergestellt wird. Von den

vielen V. auf dem Gebiete der Schmelzreduktion wurde bis zur ersten Hälfte der 90er Jahre nur das C.-V. betriebsreif entwickelt und großtechnisch in Südafrika eingesetzt. Bei diesem V. wird in einem Reduktionsschachtofen aus Eisenerz, Zuschlägen und Reduktionsgas ein → Eisenschwamm erzeugt, der in einem Einschmelzvergaser mit Sauerstoff und Kohlenstoff zu flüssigem Roheisen gewandelt wird. Gleichzeitig entsteht in dem Einschmelzvergaser ein Reduktionsgas, das nach einer Reinigung zur Reduktion der Erze dient. *Baumann*

Literatur: *Papst, G.:* Schmelzreduktion heute. Stahl und Eisen 107 (1987) Nr. 22, S. 1015/20.

Cottonmaschine → Kulierwirkmaschine

CRT-Photosatzbelichter. Die auf einem Kathodenstrahl (engl. Cathode Ray Tube) beruhende Belichtungstechnologie wird heute fast ausschließlich zum Belichten von textorientierten Aufträgen eingesetzt. Die zu belichtenden Buchstaben, Zeichen oder Signets werden vom Kathodenstrahl in Form von einzelnen senkrechten Bildlinien auf der Kathodenstrahlröhre aufgezeichnet und von dort auf das lichtempfindliche Photomaterial gelenkt. Die Datenstruktur ist lauflängencodiert. Die Auflösung beträgt je nach Qualität 500 bis 1 000 Linien/cm. Für Korrekturbelichtung auf Photopapier sind 250 Linien/cm ausreichend.

Zum Erzielen einer hohen Qualität ist außer der Auflösung auch die Art der Digitalisierung der Zeichen entscheidend. Gebräuchlich ist das Abspeichern in Form von Vektoren, ein Verfahren, bei dem der Umriß des Buchstabens in einem Koordinatensystem definiert und durch Gerade verbunden wird. Bei den Superfonts sind die Koordinatenabstände nochmals halbiert, um bei der Belichtung von besonders großen Schriftgraden eine rundungskonforme Kontur zu erzeugen. Höchste CRT-Qualität ergibt sich deshalb durch die Verwendung von 1 000 Linien/cm und Superfonts.

Die Belichtungsleistung hängt von der Auflösung, der Anzahl der im Arbeitsspeicher in direktem Zugriff befindlichen Schriften und der zu belichtenden Satzarbeit ab. CRT-Belichter können ebenfalls durch einen → Raster Image Processor gesteuert werden. In diesem Fall zeichnen sie wie ein → Laserstrahl-Photosatzbelichter mit waagerechten Bildlinien auf. Man nennt sie dann CRT-Recorder. *W. Schmid*

Curtisstufe. Spezielle vierkränzige (2 Leit- und 2 Laufkränze) Aktionsstufe in Dampfturbinen für großen Enthalpieabbau bei mäßigem Wirkungsgrad. Die nur kleinen Druckdifferenzen an den beiden Laufkränzen haben einen nur geringen Achsschub zur Folge.

Der größte Teil der sehr großen Stufenenthalpie-differenz (-gefälles) bis zum Doppelten von zwei-kränzigen Aktionsstufen wird im ersten →Leitrad in eine dementsprechend hohe kinetische Energie umgewandelt (Bild), wozu die Strömung in Drehrichtung umgelenkt werden muß (kleine Schaufel-austrittswinkel). Die hohe kinetische Energie kann bei ungefähr gleicher Enthalpie nur in mehrfachen Umlenkungen abgebaut werden: In einem ersten Laufkranz wird die Strömung in die entgegenge-setzte Umfangsrichtung sehr stark umgelenkt. Bevor sie einem zweiten Laufkranz, der dem einer normalen Aktionsstufe entspricht, zugeführt werden kann, ist sie in einem zweiten Leitkranz wieder in die Drehrichtung zurückzuführen. In den letztge-nannten 3 Schaufelkränzen ändert sich die Enthal-pie nicht oder nur unwesentlich, so daß die relativen Ein- und Austrittsgeschwindigkeiten im Betrag ein-ander mehr oder weniger gleichen (Umkehr-kränze).

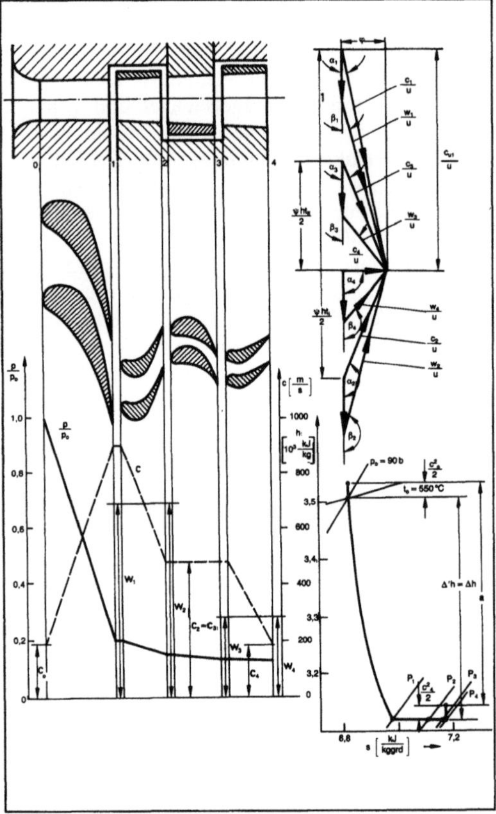

Curtisstufe: Abgewickelter Schaufelschnitt, Ge-schwindigkeitsdreiecke, Druck- und Geschwindig-keitsverlauf und Zustandsänderung.

C. werden hauptsächlich als Hilfsantriebe beson-ders im unterbrochenen Betrieb angewendet, wo es nicht im gleichen Maß wie bei Hauptturbinen auf die Wirtschaftlichkeit ankommt. Sie werden auch als „Rückwärtsturbine" in turbinengetriebenen Schif-fen eingesetzt. Bei diesen Anwendungen ist der zu verarbeitende Volumenstrom oft gering, so daß die Stufe nur auf einem Teil ihres Umfangs beaufschlagt wird, was aber zu zusätzlichen Verlusten führt. C. wurden früher wegen des dem großen Stufengefälle entsprechenden großen Regelbereiches auch oft als teilbeaufschlagte Regelstufen von Kraftwerkstarbi-nen verwendet. Doch diese arbeiten heute meistens in einem so großen →Verbund, daß der große Regelbereich nicht mehr mit einem schlechten Wir-kungsgrad erkauft werden muß.   *Dibelius*

CVC-Verfahren. Durch Verfahrensoptimierungen beim Warmbandwalzen oder Kaltbandwalzen wur-den nicht nur die Werkstoffeigenschaften des Warm-bands und Kaltbands verbessert, sondern auch die Planheit des Bands in Längs- sowie Querrichtung. Mit Hilfe hydraulisch arbeitender Systeme zur Dik-kenregelung während des Walzens kann die ver-langte Banddicke über die gesamte Bandlänge ein-gehalten werden. Die Unterschiede der Banddicke über die Bandbreite, also die Dickenunterschiede des Band-Querschnittprofils, waren jedoch mit klas-sischer Walztechnik kaum beeinflußbar. Deshalb wurde zur Beeinflussung und Korrektur des Band-

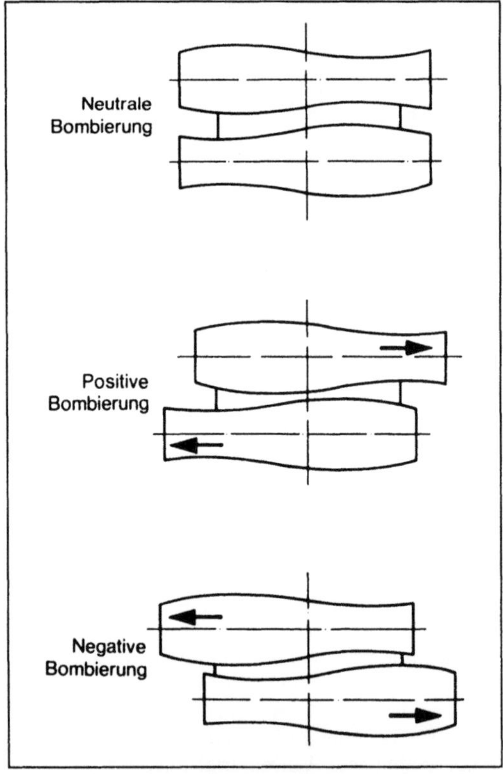

CVC-Verfahren: Prinzipdarstellung.

196

Querschnittprofils in den 80er Jahren die Continuously Variable Crown (CVC)-Technik entwickelt. Bei dieser Verfahrenstechnik kann mit flaschenförmigen Walzenschliffen und mit dem axialen Bewegen der Arbeitswalzen in Warmband-Walzanlagen oder Kaltband-Walzanlagen der Walzspalt während des Walzvorgangs stufenlos geändert werden (Bild). Somit können sich die jeweiligen Planheits-Forderungen an das Band erfüllen. *Baumann*

CVS-Methode. M. zur Bestimmung der Abgasemission eines Fahrzeugs während eines Fahrzyklus.

Um die Abgasemission eines Personenkraftwagens festzustellen, wird auf dem Rollenprüfstand ein genormter Fahrzyklus gefahren.

Beim ECE-Test wird die gesamte Abgasmenge in einem Beutel gesammelt und analysiert. Bei der CVS-M. (Constant Volume Sampler) wird dagegen mit Hilfe von 2 Pumpen in einer geeigneten Schaltung ein repräsentativer Teilstrom des Abgases gesammelt. Aus der Analyse dieses gesammelten Teilstroms kann dann auf die Gesamtemission zurückgerechnet werden. *Kuhlmann*

Literatur: *Bussien:* Automobiltechn. Handb. Ergänzungsbd. zur 18. Aufl. Berlin, New York 1979.

CVT →Kraftübertragung

c_w-Wert →Fahrwiderstand

D

d'Alembert-Lösung der Wellengleichung. Beschreibung der Störungsausbreitung in elastischen Festkörpern, Stäben, Saiten usw. als allgemeine L. d. W. in geschlossener Form (d'A.-L.) oder aus der Überlagerung der harmonischen Eigenschwingungen endlicher Schwingungsprobleme zum allgemeinen Integral (Bernoulli-Lösung).

Wendet man das Newton-Axiom, demzufolge einwirkende Kräfte dem Produkt aus Masse mal Beschleunigung proportional sind, auf das Volumenelement eines elastischen Festkörpers, eines Stabs oder einer gespannten Saite an, so ergibt sich die Wellengleichung

$$\frac{\partial^2 u}{\partial t^2} = c^2 \frac{\partial^2 u(x,t)}{\partial x^2},$$

die die Ausbreitung von Störungen des Gleichgewichtszustands aus der Wechselwirkung von Rückstell- und Trägheitskräften beschreibt. Es bezeichnen:

u als Zustandsgröße der Störung etwa eine Auslenkung oder eine Spannung, x Ortskoordinate, t Zeit, c Ausbreitungsgeschwindigkeit der Störung, die vom Verhältnis der elastischen Eigenschaften zu den Trägheitseigenschaften abhängt (Wellen in Festkörpern).

Nach *Jean Baptiste le Rond d'Alembert* lautet das allgemeine Integral der W.

$$u(x,t) = f(x - ct) + g(x + ct),$$

mit den willkürlichen Funktionen f und g, die an die Anfangs- und Randbedingungen des Problems anzupassen sind. Der Lösungsanteil des Arguments x–ct ist als Welle mit der Geschwindigkeit dx/dt = c deutbar und derjenige mit dem Argument x + ct als entgegengesetzt laufende Welle mit dx/dt = –c.

Bild 1 zeigt die Veränderung der Gestalt einer mit der Anfangsauslenkung u(x,t = o) = $f_1(x)$ angezupften Saite für eine Viertelperiode T/4 mit T = 2 l/c.

Daniel Bernoulli löste die W. mit dem Produkt aus Ort- und Zeitfunktion als speziellem Ansatz, der zu den harmonischen Eigenschwingungen des Problems führt, wenn die Randbedingungen erfüllt werden. Drei zugeordnete Eigenschwingungsformen sin(jπx/l) der Saite zeigt Bild 2.

Superposition aller Eigenschwingungen etwa der Saite

$$u(x,t) = \sum_{j=i}^{\infty} \sin(j\pi x/l) \, [A_j \sin(j\pi ct/l) + B_j \cos(j\pi ct/l)]$$

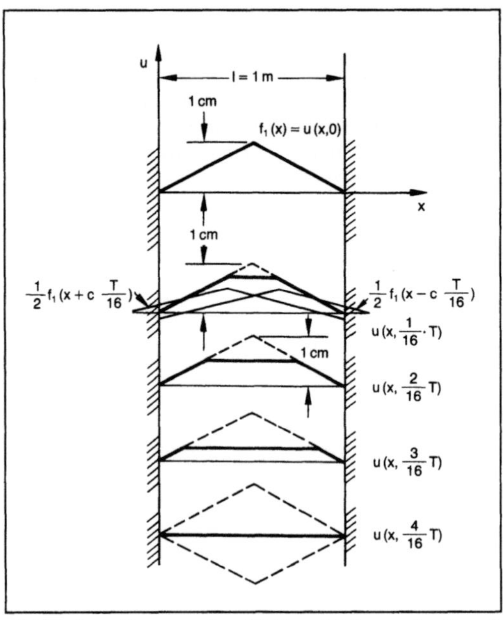

d'Alembert-Lösung der Wellengleichung 1: Gestalt der angezupften Saite.

$u(x,t) = \frac{1}{2}\,[f_1(x-ct)+f_1(x+ct)]$ zu den Zeiten t = (jT)/16

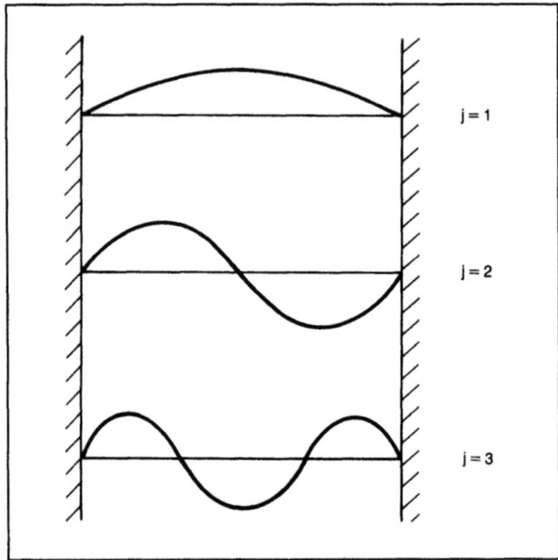

d'Alembert-Lösung der Wellengleichung 2: Drei Eigenschwingungsformen sin(jπx/l) der angezupften Saite.

ergibt ebenfalls die allgemeine L. d. W., deren Konstanten A_j, B_j an die Anfangsbedingungen anzupassen sind.   *Gaul*

Literatur: *Szabó, I.:* Geschichte der mechanischen Prinzipien. Basel 1979.

Dämmung.

1. Rohrleitung. Die Durchflußstoffe in Rohrleitungen sollen mit möglichst geringem Wärme- oder Kälteverlust transportiert werden. Außerdem sind ggf. Kondensatanfall, Schwitzwasserbildung oder Vereisung zu verhindern. Die Aufgabe der D. ist es, den Wärmeübergang zwischen Körpern und Stoffen verschiedener Temperaturen zu vermindern.

Als Dämmstoffe werden verwendet: faserförmige Dämmstoffe, z. B. Schlackenwolle, Steinwolle und Glaswolle, pulverförmige Dämmstoffe, z. B. Kieselgur, Calciumsilicat und Perlit, Schaumstoffe, z. B. Polystyrol, Polyurethan, Phenolharz und Schaumglas, organische Stoffe, z. B. Kork.

Die Dämmstoffe werden als Matten, Platten, Schalen, Schrot oder lose zum Stopfen geliefert. Polyurethan kann auch vor Ort geschäumt werden. Die Dämmstoffe bedürfen eines Schutzes gegen mechanische und klimatologische Einwirkungen. Man schützt die Oberfläche der Dämmstoffe durch Verkleiden mit Aluminiumblech oder mit verzinktem bzw. rostfreiem Stahlblech. Kälte-Dämmstoffe benötigen eine Dämpfesperre, damit die Feuchtigkeit der umgebenden Luft nicht an die Oberfläche der Rohrleitung gelangen und dort kondensieren kann. Die wirtschaftliche Dämmdicke ergibt sich aus der Optimierung der Investitionskosten, der Wärmeverlustkosten und dem minimalen Kapitaldienst. Die minimale Dämmdicke wird durch die maximal zulässige Oberflächentemperatur des Blechmantels bestimmt. Weiterhin ist der Kondensatausfall im Durchflußstoff, die Schwitzwasserbildung an der Oberfläche und der Taupunkt in Rauchgasen ein Kriterium für die Berechnung der Dämmdicke.   *Diegelmann*

Literatur: VDI 2055: Wärme- und Kälteschutz für betriebs- und haustechnische Anlagen. Hrsg. Verein Dt. Ingenieure. Düsseldorf. – AGI Arbeitsblätter Q. Hrsg. Verein Dt. Ingenieure. Hannover. – DIN 18421: Wärmedämmarbeiten an betriebstechnischen Anlagen. Hrsg. Dt. Institut f. Normung. Berlin. – Handbuch für den Rohrleitungsbau. Ost-Berlin.

2. von Körperschall. Reduktion des Leistungsflusses einlaufender Wellen bei der Transmission von einem ersten in einen zweiten Wellenleiter mit unstetiger Änderung des Mediums und/oder der Geometrie (Sprung der →Impedanz) infolge von Reflexionen und Dissipation. Die Vielfalt der Dämmwirkungen ist durch die möglichen Typen einlaufender Wellen in Festkörpern, die Geometrie der Wellenleiter und konstruktive Dämmaßnahmen gegeben. Das Bild symbolisiert die Aufteilung des

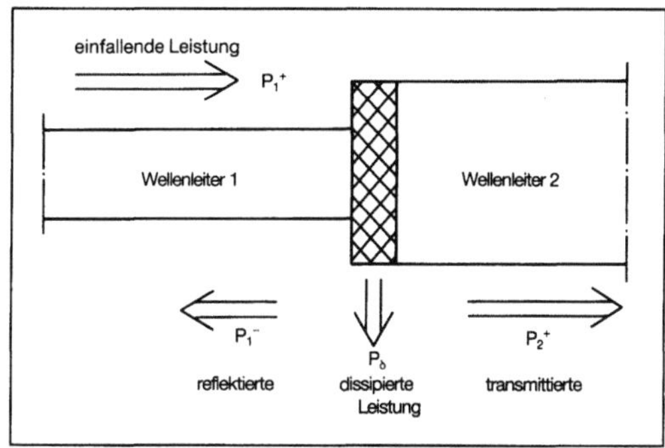

Dämmung von Körperschall: Aufteilung des Leistungsflusses zur Dämmung von Körperschall.

Leistungsflusses der einfallenden Welle P_1^+ in einen transmittierten P_2^+, einen reflektierten P_1^- und einen dissipierten Anteil P_δ (→Dämpfung) gemäß

$$P_1^+ = P_2^+ + P_1^- + P_\delta.$$

Bezogene Größen definieren den

☐ Transmissionsgrad $\tau = P_2^+ / P_1^+$,

☐ Reflexionsgrad $\rho = P_1^- / P_1^+$,

☐ Dissipationsgrad $\delta = P_\delta / P_1^+$,

mit $1 = \tau + \rho + \delta$.

Die Wirksamkeit konstruktiver Dämmaßnahmen wird mit dem Schalldämmaß R

$$R = 10 \lg (1/\tau) \text{ dB}$$

beschrieben.   *Gaul*

Literatur: *Cremer, L.,* u. *M. Heckl:* Körperschall. Berlin, Heidelberg, New York 1982.

Dämpferdraht. Ein in Bohrungen langer schlanker Laufradschaufeln von Strömungsmaschinen über dem gesamten Umfang des Schaufelkranzes lose eingelegter Draht, der im Betrieb die Schaufeln aneinander bindet und damit das Schwingungsverhalten der Schaufeln günstig beeinflußt (Bild).

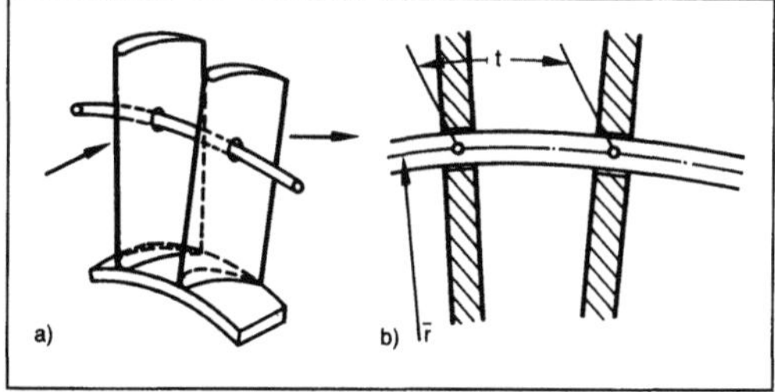

Dämpferdraht.
a) Schaufelung mit Dämpferdraht
b) Schnitt durch 2 Schaufeln mit Dämpferdraht in Höhe der Teilung t am Radius r.

Axialmaschinen thermischer Strömungsmaschinen haben bei großen Volumenströmen lange schlanke Schaufeln, die durch Resonanzschwingungen im Bereich der Betriebsdrehzahlen gefährdet sind, so daß ggf. Maßnahmen zur Änderung des Eigenschwingungsverhaltens nötig sind. Eine solche Maßnahme ist der D.

Der D. wird konzentrisch in Umfangsrichtung durch Bohrungen jeder Schaufel eines Laufrads geführt und bildet so einen Ring. Der Bohrungsdurchmesser ist größer als der Drahtdurchmesser. Unter Fliehkraftwirkung entsteht eine nicht gleitende Verbindung zwischen Draht und Schaufel, die die Eigenschwingungsfrequenzen verändert und die Spannungsamplituden der Schaufelschwingungen reduziert. Insofern wirkt der D. wie andere Methoden auch, die eine Querverbindung zwischen den Schaufeln herstellen (Bindedraht, Dämpfungssteg, Deckplatte): Die Vielfalt der Schwingungsformen und damit der Resonanzen wird erhöht, die Spannungsamplituden bei allen Resonanzen werden jedoch verringert.

Der D. wird meist nur dann angewendet, wenn Deckplatten wegen zu hoher Fliehkräfte nicht eingesetzt werden können. Während Deckplatten zum Mindern der Spaltverluste beitragen, verursachen D. zusätzliche Strömungsverluste und Spannungsspitzen an der Schaufelbohrung. Der D. wird zwischen den Schaufeln auf Biegung und Zug beansprucht und ist danach auszulegen.

Anwendung: Bei großen Kondensationsdampfturbinen in den letzten Turbinenlaufrädern, z. B. in Kraftwerksturbinen und Schiffsturbinen. *Rauhut*

Literatur: *Traupel, W.:* Thermische Turbomaschinen. Bd. 2. 3. Aufl. Berlin, Heidelberg, New York 1982. – *Wolter, I.,* u. *J. Wachter:* Ein Beitrag zum Schwingungsverhalten von Endstufenschaufeln mit und ohne eingelegtem Dämpferdraht. VDI-Ber. 361 (1980), S. 81/91.

Dämpfung.

1. Allgemeines. Energiestreuende (dissipierende) Eigenschaft von Werkstoffen oder Strukturen unter schwingender Beanspruchung. Bei Kraft- und Verformungsmessungen an Bauteilen mit metallischen oder viskoelastischen Stoffen wird fast nie ein vollkommen elastisches Verhalten festgestellt, selbst nicht bei kleinen Verformungen. Das nichtelastische Verhalten ist hauptsächlich mit der Umwandlung von mechanischer Energie in Wärme, also mit Energiestreuung, verbunden. Auch die Energieabgabe an ein umgebendes Medium wird häufig als D. bezeichnet (geometrische D., Abstrahl-D.), wenngleich sie nicht mit Dissipation einhergeht. D.-Einflüsse sind die Amplitudenabnahme von Eigenschwingungen (Bild). Bei erzwungenen Schwingungen ist äußere Arbeit zum Ausgleich der D.-Arbeit zuzuführen. In Werkstoffen und Bauteilen tritt Relaxieren der Spannung, →Re-

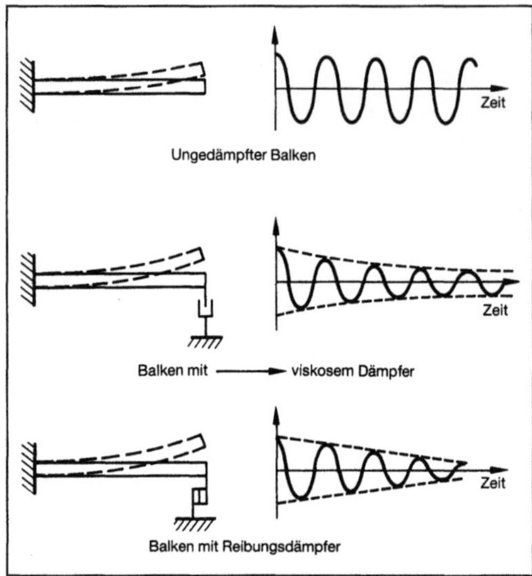

Dämpfung: Dämpfungseinfluß auf Eigenschwingungen.

laxationsfunktion und Kriechen der Verzerrung, →Kriechfunktion auf. Phasenverschiebungen von Spannungen und Verzerrungen führen zu Hysteresen (→Verlustmodul, →Verlustfaktor, →Verlustwinkel, →Lehr-Dämpfungsmaß, →Dämpfung, viskose, →Dämpfungskenngröße, →Hysteresedämpfung). *Gaul*

Literatur: *Federn, K.:* Dämpfung elastischer Kupplungen – Wesen, einwirkende Parameter, Ermittlung. VDI-Ber. 299 (1977), S. 47/61. – *Lazan, B.:* Damping of Materials and Members in Structural Mechanics. New York, Oxford 1968. – *Mahrenholtz, O.,* u. *L. Gaul:* Dämpfungsfragen. BW 2950. Hrsg. VDI-Bildungswerk. Düsseldorf 1977. – *Nashif, A. D., D. I. Jones* u. *J. P. Henderson:* Vibration Damping. New York 1985.

2. geometrische. Abgabe der Energie einer schwingenden Struktur an ein geometrisch umgebenes Medium durch Wellenabstrahlung (Abstrahldämpfung) ohne Dissipation der Energie etwa durch den Übergang in Wärme. Drei Beispiele fremderregter Systeme sind mit den zugeordneten Dämpferkräften der g. D. F_D dargestellt (Bild).

Eine federgefesselte schwingende Masse in einem Rohr, a) im Bild, das die an den Schwingflächen A generierten Schallwellen der Geschwindigkeit c nicht reflektiert, wird akustisch mit der Kraft $F_D = 2\rho c \dot{w}$ gedämpft, die dem Wellenwiderstand ρc mit der Luftdichte ρ und der Schnelle $\dot{w}$ der Masse proportional ist.

Wählt man einen Kegelstumpf als Modell für den Baugrund, um die Wechselwirkung mit einem Maschinenfundament zu beschreiben, b) im Bild, so ist die in den Kegelstumpf einlaufende Longitudinalwelle einer Dämpferkraft $F_D = A\rho c \dot{w}$ äquivalent,

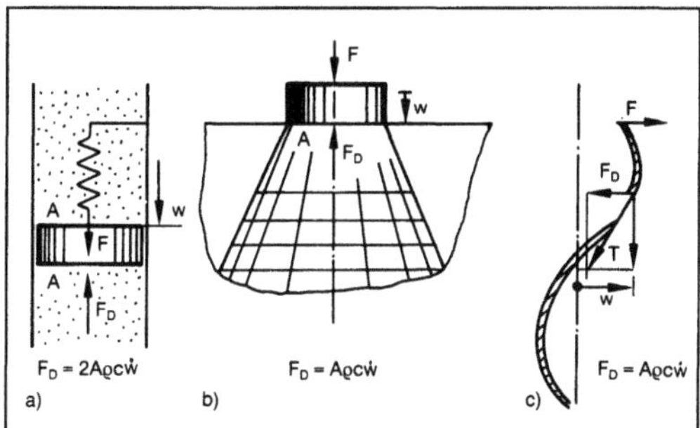

Dämpfung, geometrische: Fremderregte Systeme mit geometrischer Dämpfung.
a) Masse im Rohr
b) Fundament auf Baugrundmodell
c) Welle auf Springseil.

die wiederum der Abstrahlfläche A, dem Wellenwiderstand ρc des Baugrundmodells und der Fundamentschnelle $\dot{w}$ proportional ist.

Zur Emission transversal laufender Wellen, etwa eines nichtreflektierenden Springseils, c) im Bild, hat die Erregerkraft F die äquivalente Dämpferkraft $F_D = A\rho c\dot{w}$ zu überwinden. *Gaul*

Literatur: *Gaul, L.:* Baugrund- und Fundamentdämpfung. VDI-Ber. 627 Dämpfung von Schwingungen bei Maschinen und Bauwerken. 1987. – *Nashif, A. D., D. I. Jones, J. P. Henderson:* Vibration Damping. New York 1985.

3. modale. D. der voneinander entkoppelten Eigenschwingungsformen einer Struktur oder eines Bauteils. Zur D.-Beschreibung werden häufig modale Lehr-D.-Maße herangezogen. Die Entkoppelung der D.-Einflüsse der Eigenschwingungsformen ist nur bei besonderen Klassen der Systembewegungsgleichungen möglich, die Trägheits-, D.- und Steifigkeitseinflüsse beschreiben (Schwingungsarten). *Gaul*

Literatur: *Link, M.:* Finite Elemente in der Statik und Dynamik. Stuttgart 1984. – *Natke, H. G.:* Einführung in die Theorie und Praxis der Zeitreihen- und Modalanalyse. Braunschweig 1988.

4. viskose. Verursacht den Geschwindigkeiten direkt proportionale Kräfte und Momente in Bauteilen bzw. Spannungen in Werkstoffen, die den Bewegungsvorgang zu bremsen suchen und dabei D.-Arbeit verrichten, die der mechanischen Energie des Systems entzogen wird. Als Modellvorstellung dient häufig der Dämpferkolben, dessen Viskositätsverluste summarisch in dem D.-Widerstand (D.-Koeffizient) b erfaßt werden (Bild). V. D. in Werk-

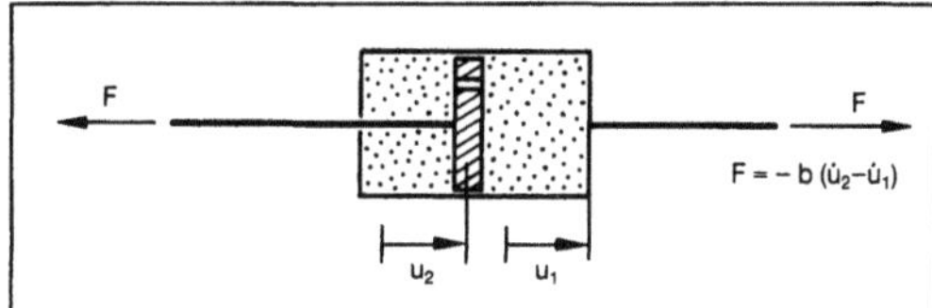

Dämpfung, viskose.

stoffen wird durch viskoelastische Modelle beschrieben. Das Analogon in einem elektrischen Schwingkreis ist der Ohm-Widerstand. *Gaul*

Literatur: DIN 1311. Bl. 2: Schwingungslehre, Einfache Schwinger. Hrsg. Dt. Normenausschuß. Ausg. Dez. 1974. – ISO 2041 – 1975 (E/F): Vibration and Shock – Vocabulary. Intern. Organization for Standardization. Genf 1975. – *Magnus, K.:* Schwingungen. Stuttgart 1961.

Dämpfungsarbeit. Je Belastungszyklus (Periodendauer T) eines anelastischen Werkstoffs auftretender Verlust an mechanisch nutzbarer Energie. Die D. je Volumeneinheit (spezifische D.) ist als Flächeninhalt der Hysterese von Spannung und Verzerrung

$$W_D = \oint \sigma d\varepsilon = \int_O^T \sigma(t)\dot{\varepsilon}(t)dt$$

eine Materialkenngröße. Dagegen bezeichnet die integrale oder Bauteil-D. W die in einem Bauteil vom Volumen V_O pro Periode dissipierte Energie

$$W = \int_{V_0} W_D dV.$$

Der Zusammenhang von W und W_D ist durch die Bauteilgeometrie und die Belastungsarbeit bestimmt. Bei linear viskoelastischem Materialverhalten ist die spezifische D. dem →Verlustmodul des komplexen Moduls proportional: $W_D = \pi E''(\omega)\hat{\varepsilon}^2$, wobei $\hat{\varepsilon}$ die Dehnungsamplitude bezeichnet. *Gaul*

Literatur: *Flügge, W.:* Viscoelasticity. Berlin, Heidelberg, New York 1975.

Dämpfungseigenschaft →Gleitlager, schnelllaufendes

Dämpfungsermittlung, experimentelle. Experimentelle Techniken und Versuchsobjekte zur D., die den Anforderungsprofilen tiefer Frequenzen und kleiner Probanden, mittlerer bis hoher Frequenzen und sehr hoher Frequenzen insbesondere im Ultraschallbereich zugeordnet sind. Bei tiefen Frequenzen und kleiner Probanden wird der Proband als gedämpfte Feder abgebildet deren Hysterese direkt gemessen wird. Bei mittleren bis hohen Frequenzen wirken Probanden als Wellenleiter, die als Stäbe und Balken ausgebildet werden. Die Dämpfungseigenschaften werden aus dem Verhalten freier und erzwungener, laufender oder stehender Longitudinal-, Torsions- und Biegewellen bestimmt. Bei hohen Frequenzen, insbesondere im Ultraschallbereich, bestimmen die Wellenausbreitungseigenschaften in Kontinua das Dämpfungsverhalten.

Eine direkte Methode der Ermittlung des komplexen Elastizitätsmoduls geht von niederfrequenten harmonischen Belastungen kleiner Proben aus.

Gemessen werden die Erregerkraft und die Verschiebung der Angriffsfläche infolge der Probenverformung. Aus dem gemessenen Amplitudenverhältnis der Hysterese folgt der absolute Elastizitätsmodul und aus dem gemessenen Phasenwinkel der Verlustfaktor.

Bei der D. aus der Amplitudenabnahme freier Schwingungen (Eigenschwingungen) muß nur eine Zustandsgröße gemessen werden. Jedoch gilt die ermittelte Dämpfungskenngröße nur für die Eigenfrequenz des Versuches. Mit dem Torsionspendel (Bild 1) wird das logarithmische →Dekrement aus der Amplitudenabnahme des Torsionswinkels ermittelt und daraus auf das →Lehr-Dämpfungsmaß und den Verlustfaktor geschlossen. Temperaturen der Probanden können leicht variiert werden. Die Frequenzvariation jedoch erfordert jeweils veränderte Trägheitseigenschaften des Pendels.

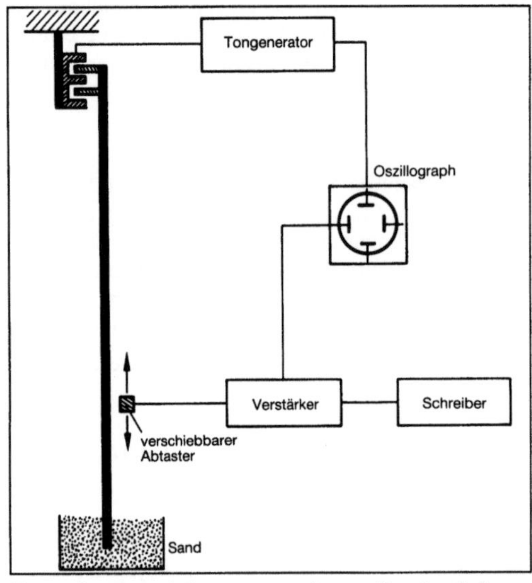

Dämpfungsermittlung, experimentelle 1: Schema eines Torsionsschwingungsgeräts. (Quelle: DIN 53445 a. a. O.)

1 untere Einspannklemme mit fixierter Achse, 2 Probekörper, 3 Temperierkammer, 4 obere Einspannklemme, 5 Verbindungsstab (drehstarr), 6 Schwungscheibe, 7 flexibler Draht mit geringer Drehsteifigkeit, 8 Gegengewicht zur Kompensation des Schwungkörpergewichts

Während Messungen freier Torsions- und Biegeschwingungen auf Frequenzen beschränkt sind, die selten über 500 Hz liegen, lassen sich Dämpfungskennwerte bei höheren Frequenzen aus den Abklingzeiten von Eigenschwingungen ermitteln, die sich nach dem plötzlichen Abschalten einer hochfrequenten Erregung einstellen. Aus gemessenen Abklingzeiten, Halbwertzeiten oder Nachhallzeiten ergeben sich das Lehr-Dämpfungsmaß und der Verlustfaktor des Probanden, wenn die Anregung hinreichend genau mit einer Eigenfrequenz

erfolgt. Erzwungene Längs-, Torsions- und insbesondere Biegeschwingungen schlanker, frei aufgehängter Stäbe sind zur Dämpfungsbestimmung geeignet.

Die Aufhängung vermeidet zusätzliche Dämpfungseinflüsse. Die Ermittlung modaler Dämpfungen aus gemessenen Frequenzgängen erfolgt durch Parameteridentifikation nach der Ein- oder Mehrfreiheitsgradmethode oder weniger genau etwa durch Bestimmung der Halbwertsbreiten. Messungen mit Longitudinal- und Biegeschwingungen sind wegen der großen Wellenlängen bei hohen Frequenzen und wegen der geringen Abstrahldämpfung besonders bei geringer Dämpfung geeignet.

Als Meßmethode bei quasistatischer Belastung läßt sich auch die Umlaufbiegemethode für Festkörper bezeichnen, bei der ein stationär umlaufender Biegestab oder ein anderer homogener oder gegliederter Probekörper einseitig oder beidseitig eingespannt durch eine raumfest richtungskonstante Querkraft belastet wird (Bild 2). Der Winkel zwischen Kraftrichtung und Auslenkungsrichtung ist ein Maß für die Dämpfung im biege- und/oder schubbeanspruchten Probekörper.

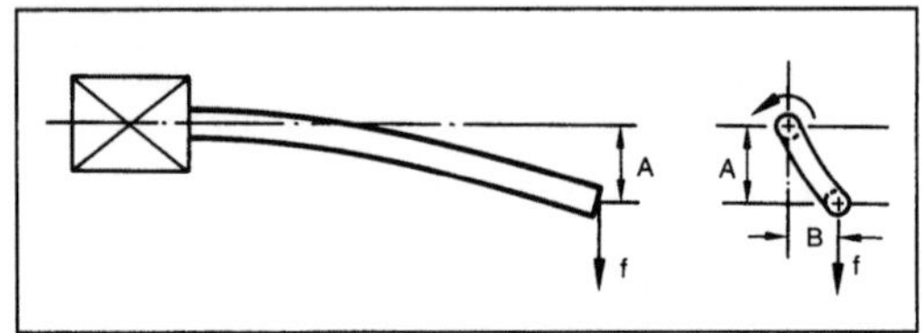

Dämpfungsermittlung, experimentelle 2: Umlaufbiegemethode zur Dämpfungsbestimmung.

Die Verknüpfung der gemessenen Auslenkungen A, B mit dem →Verlustmodul E'', dem →Speichermodul E' und dem Verlustfaktor η lautet: $B/A = E''/E' = \eta$.

Aus den Ausbreitungseigenschaften freier und erzwungener Wellen an schlanken Stäben lassen sich Dämpfungskenngrößen ermitteln. Bild 3 zeigt einen Stab, auf dem einseitig Biegewellen angeregt werden. Durch Messen der anregenden Spannung und der Schwingung mit einem verschiebbaren Abtaster werden die Amplitudenabnahme und die Phasenverschiebung zwischen zwei Punkten und daraus die komplexe Wellenzahl und der Verlustfaktor des Probanden ermittelt. Mit einer Sanddämpfung am Stabende werden Reflexionen gemindert.

Kalorimetrische Messungen ergeben die Dämpfungsarbeit aus den Temperaturerhöhungen bei Schwingungen. Energiebilanzierend kann die Dämpfungsarbeit durch Messen der von außen je Schwingungsperiode zugeführten Arbeit bestimmt werden oder durch das Integrieren einer direkt gemessenen Hysterese. *Gaul*

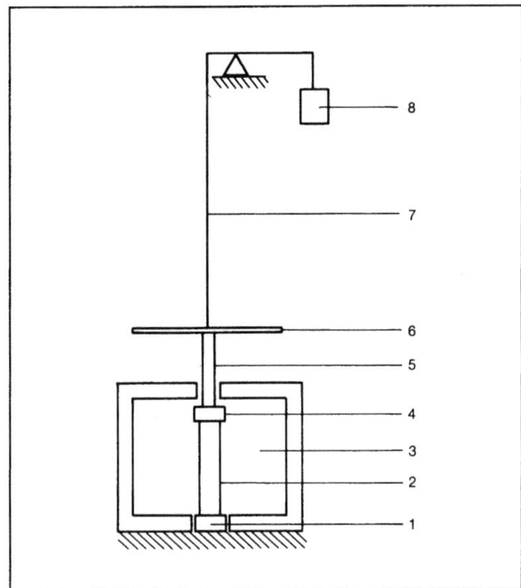

Dämpfungsermittlung, experimentelle 3: Biegewellenmessung zur Dämpfungsbestimmung.

Literatur: *Cremer, L.,* u. *M. Heckl:* Körperschall. Berlin, Heidelberg, New York 1982. – DIN 53445: Prüfung von Kunststoffen; Torsionsschwingungsversuch. Hrsg. Dt. Normausschuß. Ausg. 1965. – DIN 53440: Biegeschwingungsversuch. Tl. 2: Bestimmung des komplexen Elastizitätsmoduls. Hrsg. Dt. Inst. f. Normung. Ausg. 1984. – *Kolsky, H.:* Stress waves in solids. New York 1963. – *Mahrenholtz, O.,* u. *L. Gaul:* Dämpfungsfragen. Hrsg. VDI-Bildungswerk. Düsseldorf 1977.

Dämpfungskenngröße. D. beschreiben das Maß der Energiedissipation in Werkstoffen (→Werkstoffdämpfung) und in Systemen (Systemdämpfung). Genormte Kennwerte der Systemdämpfung sind der Dämpfungskoeffizient viskoser Dämpfung, die →Abklingzeit, der Dämpfungsgrad (→Lehr-Dämpfungsmaß), der →Verlustfaktor, der →Verlustwinkel, das logarithmische →Dekrement, der Gütefaktor, die Halbwertsbreite sowie Real-, Imaginärteile und Quotienten komplexer Systemsteifigkeiten.

Genormte und zur Normung vorgeschlagene Kennwerte der Werkstoffdämpfung sind bei viskoelastischen Werkstoffen der Elementverlustfaktor (→Verlustfaktor), komplexe Elastizitäts- und Schubmodule sowie zugeordnete Speichermodule, Verlustmodule und Gütefaktoren. *Gaul*

Literatur: *Federn, K.:* Dämpfung elastischer Kupplungen – Wesen, einwirkende Parameter, Ermittlung. VDI-Ber. 299 (1977), S. 47/61. – ISO/TC 108 – DP 5405: Nomenclature for Specifying Damping Properties of Materials. Ausg. Aug. 1975.

Dämpfungskoeffizient →Gleitlager, schnellaufendes

Dämpfungskolben →Druckventil, →Hydrozylinder

Dämpfungsmatrix →Matrizenmethode, →Mehrkörpersystem

Dämpfungsmechanismus. Ursache im Werkstoff sind bestimmte innere nichtumkehrbare Umordnungen, die thermischer, magnetischer und atomarer Art sein können. Die von den Mikromechanismen verursachte Dämpfung hängt von der Temperatur und der Art der Beanspruchung ab. Die Frequenzabhängigkeit bei periodischer Beanspruchung läßt erkennen, wie jedes Dämpfungsmaximum mit einem D. einhergeht. Einige D. in Metallen sind:

Thermoelastizität: Die thermomechanische Kopplung erkennt man an folgendem Beispiel: Ein erwärmter Körper dehnt sich, ein adiabatisch gedehnter Körper kühlt ab. So kommt es z. B. in einem Biegestab zu einem transversalen makroskopischen Wärmefluß von den erwärmten Druckfasern zu den abgekühlten Zugfasern. Bei hochfrequenter Schwingung (Periodendauer viel kürzer als die notwendige Zeit für einen merklichen Wärmefluß) bleibt der Prozeß adiabat und reversibel. Infolge des geringen zyklischen Wärmeflusses ist die Dämpfung gering. Bei niedrigen Frequenzen ist der Vorgang isotherm und reversibel; d. h. auch in diesem Fall wird nur geringe Dämpfungsenergie dissipiert. Wenn jedoch die Periodendauer einen merklichen Wärmefluß erlaubt, so tritt Dämpfung infolge irreversibler Umsetzung mechanischer Energie in Wärme auf. Das Frequenzspektrum dieses D. liegt im Bereich üblicher Frequenzen des Maschinenbaus. Die höchste Energiedissipation in diesem Bereich tritt bei der zugehörigen Relaxationsfrequenz auf. Neben den erläuterten makroskopischen Wärmeflüssen führen auch solche im interkristallinen Bereich zu einer Energiedissipation.

Spannungsinduzierte atomare Umordnungen: Im Metallgitter gelöste Atome erhalten durch Spannungen einen kristallographischen „Ordnungsgrad", der von der Gleichgewichtsverteilung abweicht. Das Bestreben der Metalle, diesen Gleichgewichtszustand durch irreversible Prozesse (Diffusion) wieder zu erlangen, verursacht innere →Reibung. Beispiele: Einlagerungsmischkristalle (C, N-Einlagerungen bei α-Eisen), Substitutionsmischkristalle.

Versetzungen: Man nimmt an, daß die Versetzungen der Schwingungsdeformation folgen und dabei ein Teil der mechanischen Energie zerstreut wird.

Korngrenzenviskosität: Den Korngrenzen ist ein viskoses Verhalten bei Deformationen zu eigen, das mehr Energie dissipiert, als dies im Korninneren der Fall ist.

Magnetoelastizität: Zufällig verteilte magnetische Elementarvektoren in den magnetischen Bezirken ferromagnetischer Stoffe lassen sich durch mechanische Spannung ausrichten (Magnetostriktion). Die dabei induzierten Wirbelströme dissipieren mechanische Energie. *Gaul*

Literatur: *Lazan, B. J.:* Damping of Materials and Members in Structural Mechanics. Oxford 1968.

Dammbaustoffversorgungsanlage. D. sollen

Streckenvortriebe und Gewinnungsbetriebe unter Tage mit Baustoffen versorgen. Mit zunehmender Teufe werden immer höhere Forderungen an die Gebirgsbeherrschung sowie an die Menge und Qualität der benötigten Baustoffe gestellt. Diese werden als Streckenhinterfüllung und zur Dammherstellung unter Tage benötigt, um z. B. Konvergenzen in den Strecken zu vermeiden oder Streb-Strecken-Übergänge zu sichern.

Die Versorgung mit Baustoffen wird durch zentrale und dezentrale Anlagen erreicht. Die zentrale Versorgungsanlage ist zumeist über Tage aufgestellt und versorgt die ganze Grube mit Baustoffen. Sie setzt sich i. a. aus den Übertagesilos, der Schachtleitung, den Streckenleitungen und Silos zur Zwischenlagerung des Baustoffs zusammen. Der Baustoff wird pneumatisch, d. h. durch Druckluft, oder hydraulisch, d. h. als Wasser-Feststoff-Gemisch, mittels Rohrleitungen zu den untertägigen Silos gefördert. An die Silos sind über weitere Streckenleitungen die Endverbraucher angeschlossen.

Dezentrale Anlagen sind unter Tage aufgestellt und versorgen nur einen Teil des Grubenbetriebes. Der Baustoff wird durch Züge angeliefert. Der weitere Transport des Baustoffs bis zum Verbraucher erfolgt durch Rohrleitungen.

Zur pneumatischen Förderung des Guts werden Rotor- und Zellradmaschinen verwendet. Bei der hydraulischen Förderung kommen i. a. Kolbenpumpen zur Anwendung. Bei der Zentralanlage (hydraulische Förderung) wird der Baustoff in die Schachtleitung gepumpt und dort durch Pumpenenergie und Schwerkraft bewegt. Der Baustoff kann bis zu einer Entfernung von 6 km gefördert werden, ohne daß eine Zwischenstation zur nochmaligen Beschleunigung des Baustoffs eingeschaltet werden muß. Bei der pneumatischen Förderung mit einer Zentralanlage wird das Gut durch Druckluft in die Schachtleitung eingebracht. Nach ca. 2000 m muß der Baustoff erneut beschleunigt werden. Bei den dezentralen Anlagen erfolgt der Transport durch die von den Pumpen oder Rotor- bzw. Zellenradmaschinen aufgebrachte Energie.

Als Baustoff kommt staubförmiges (z. B. Blitzdämmer und synthetischer Anhydrit) und körniges (z. B. Naturanhydrit und Mörtel) Gut in Betracht. Bei der hydraulischen Förderung wird pulverförmiges und bei der pneumatischen Förde-

rung pulverförmiges und körniges Gut verwendet. Die Wasserfeststoffwerte (Wasser zu Feststoffgehalt) bei der hydraulischen Förderung schwanken in weiten Grenzen und liegen zwischen 0,38 und 0,60. *Seeliger*

Dampfanfachung. Eine mögliche Ursache für selbsterregte Biegeschwingungen von Dampfturbinenläufern. D. kann bei Überschreiten eines bestimmten Dampfdurchsatzes auftreten, weil die Spaltverluste zwischen Laufschaufeln und Gehäuse Rückwirkungen auf die Umfangskräfte haben: Verringert sich der Spalt, so erhöht sich die Umfangskraft. Dort, wo der Spaltverlust ansteigt, nimmt die Umfangskraft ab. Diese Wirkungen der Spaltströmung summieren sich zu einer resultierenden Kraft, die senkrecht auf der ursprünglichen Wellenauslenkung steht und dem Gleichlaufanteil der Eigenschwingung Energie zuführt (Bild).

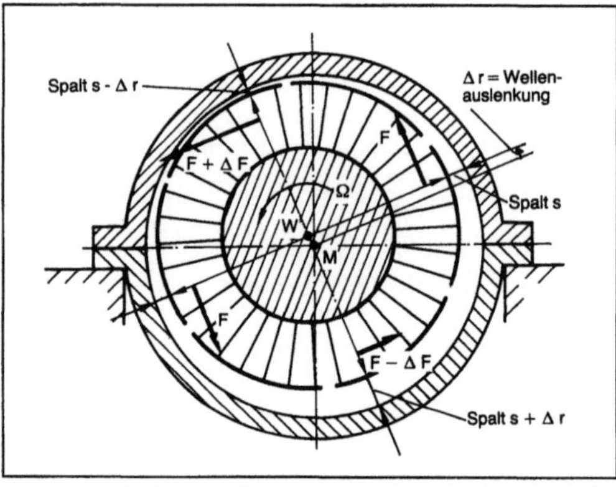

Dampfanfachung: Mechanismus der Dampfanfachung.

Dieselben Erscheinungen sind bei der Spaltströmung durch berührungsfreie Labyrinthdichtungen beobachtet worden. *Witfeld*

Dampfmaschine. Die Kolben-D. war die erste und lange Zeit die einzige Wärmekraftmaschine zum Erzeugen mechanischer Energie. Sie hat aber inzwischen einfacher zu bedienenden und rationeller arbeitenden Maschinen Platz machen müssen.

Die D. ist eine Kolbenkraftmaschine mit äußerer Wärmezufuhr. Das heißt, daß die Wärmeerzeugung und der Kreislauf des Arbeitsmittels (hier Wasser/ Dampf) voneinander getrennt sind. Daher kann zur Wärmeerzeugung Kohle, Öl, Holz oder ein beliebiger anderer Brennstoff verwendet werden. Es ist sogar möglich, einen Dampfkreislauf mit Sonnenenergie zu beheizen.

Das Schema einer einfachen D.-Anlage zeigt Bild 1. Die benötigte Wärme wird durch die Verbrennung des Brennstoffs mit Luft frei. Die heißen Rauchgase geben den größten Teil dieser Wärme im

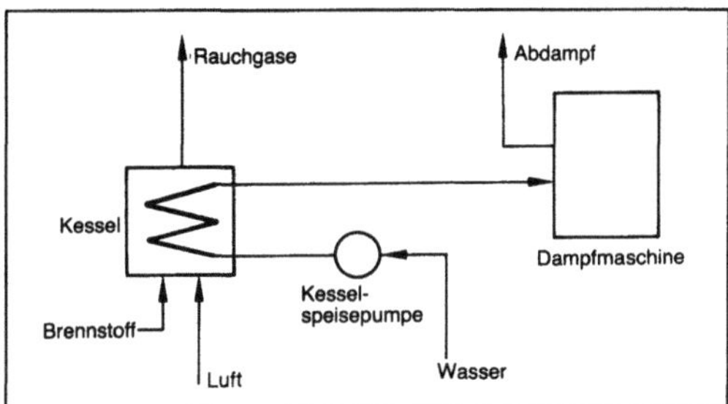

Dampfmaschine 1: Dampfmaschinen-Anlage (Schemaskizze).

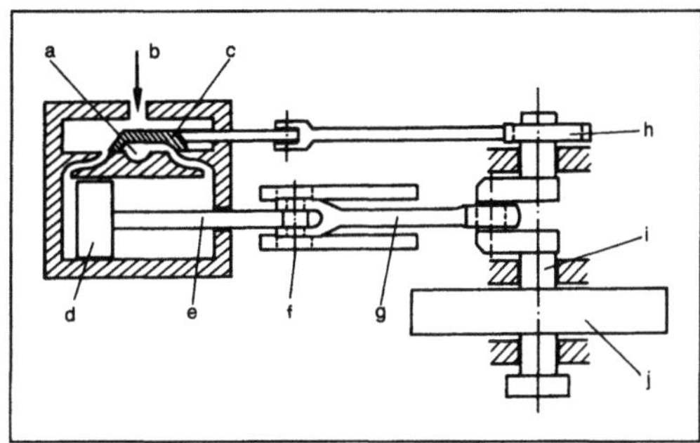

Dampfmaschine 2: Schematische Darstellung.

a Abdampf, b Frischdampf, c Schieber, d Kolben, e Kolbenstange, f Kreuzkopf, g Schubstange, h Exzenter, i Kurbelwelle, j Schwungrad

Dampfkessel an das Arbeitsmittel Wasser ab. Ein Rest an Wärme geht aber mit dem Rauchgas verloren. (Dieser Verlust hat nichts mit der Abgaswärme von Verbrennungsmotoren zu tun. Diese wäre mit der Wärme des Dampfes zu vergleichen, der die D. nach der Expansion verläßt.)

Für den Dampfkessel spielt es im Grunde keine Rolle, ob der Dampf in einer Kolben-D. oder in einer Dampfturbine entspannt wird. Während die Kolben-D. heute ausgestorben sind, haben die Dampfturbinen für hohe Leistungen nach wie vor eine große Bedeutung. Dementsprechend wurden die Dampfkessel zu immer höherer Vollkommenheit weiterentwickelt.

Der thermodynamische Prozeß, mit dem aus der Verbrennungswärme mechanische Energie erzeugt wird, läuft im Wasser/Dampf-Kreislauf ab (Bild 1). Zunächst wird das Wasser von der Kesselspeisepumpe auf einen höheren Druck gebracht. Hierzu ist wegen des (im Verhältnis zum Dampf) sehr geringen Volumens des Wassers nur eine geringe Arbeit erforderlich. Das Wasser wird dann bei konstantem Druck im Kessel verdampft. Von Strömungsverlusten abgesehen herrscht in allen Leitungen ab der Kesselspeisepumpe bis hin zur D. derselbe Druck. In der D. wird der Dampf dann expandiert, wobei er eine Arbeit leistet, die wegen des großen Dampfvolumens viel größer ist als die in der Kesselspeisepumpe benötigte Arbeit.

Die D. selbst soll noch etwas genauer betrachtet werden. Sie war meist doppeltwirkend ausgeführt, d. h. der Zylinder wurde auf beiden Kolbenseiten (deckelseitig und kurbelseitig) als Arbeitsraum ausgenutzt (Bild 2). Die Bewegung des Kolbens wurde über die Kolbenstange, eine Kreuzkopf-Geradführung und eine Schubstange in die Drehbewegung der Kurbelwelle samt Schwungrad umgesetzt.

Am Zylinder war eine Schiebersteuerung angebracht. Durch sie wurde in der gezeichneten Stellung Frischdampf auf die deckelseitige Kolbenfläche geleitet, während der Dampf aus dem kurbelseitigen Zylinderraum ins Freie entweichen konnte. Nach einer halben Kurbelwellenumdrehung drehten sich die Verhältnisse um, d. h. der Kolben wurde nun kurbelseitig mit Dampf beaufschlagt. Dazu wurde der Schieber über eine Stange von einem Exzenter bewegt, der – gegenüber der Richtung der Kröpfung um ca. 90° verdreht – auf die Kurbelwelle aufgesetzt war. Durch Veränderung der Phasenverschiebung zwischen der Bewegung des Schiebers und des Kolbens konnte auch die Drehrichtung der D. umgekehrt werden.

Zur Anpassung der D.-Leistung an die augenblickliche Belastung konnte die Frischdampfzufuhr gedrosselt werden. Bei Verwendung eines Fliehkraft-Regulators wurde dabei die Drehzahl der Maschine automatisch konstant gehalten. Wirtschaftlicher war aber eine Leistungsregulierung über die Schiebersteuerung. Dabei wurde nur über einen kleineren Teil des Kolbenhubs Dampf in den Zylinder gelassen, der dann auf dem Rest des Kolbenhubs expandierte. Zur Leistungsregulierung und Drehrichtungsumkehr war zwischen Exzentern auf der Kurbelwelle und dem Schieber eine sinnreiche Kulissensteuerung mit allerlei Stangen und Hebeln geschaltet.

Der Wirkungsgrad der früheren D. war sehr klein (weit unter 10 %). Verbesserungen waren zu erwarten, wenn die oberen Temperaturen des Dampf-Kreisprozesses angehoben und die unteren Temperaturen abgesenkt würden (Carnot-Wirkungsgrad). Die untere Temperatur, die bei der gegen die Atmosphäre ausschiebenden Dampfmaschine 100 °C betrug, konnte durch die Verwendung eines Kondensators gesenkt werden. Dabei wurde der Abdampf durch Vermischen mit Wasser (Einspritz-Kondensator) oder durch Abkühlen in einem Wärmeüberträger (Oberflächenkondensator) kondensiert. Entsprechend der Kondensationstemperatur stellt sich dann in der Abdampfleitung ein sehr niedriger Druck ein (fast Vakuum).

Die obere Temperatur des Kreisprozesses konnte durch höhere Kesseldrücke angehoben werden. Dabei ist der Zusammenhang zwischen Druck und Temperatur durch die Dampfdruckkurve für Wasserdampf gegeben (z. B. beträgt die Verdampfungstemperatur 159 °C bei einem Druck von 6 bar absolut, hingegen 201 °C bei einem Druck von 16 bar). Bei den höheren Drücken war allerdings eine Expansion des Dampfes in nur einem Zylinder nicht mehr möglich. Es wurden deshalb Verbundmaschinen mit Mehrfachexpansion in hintereinandergeschalteten Zylindern gebaut (Zweifach- bis Vierfachexpansionsmaschinen).

Im 19. Jahrhundert waren D. unterschiedlicher Größe in Gewerbe und Industrie allgemein verbreitet. Für den Schiffsantrieb wurden Anfang dieses Jahrhunderts sehr große D. gebaut (Bild 3). Später waren D. nur noch dann wirtschaftlich, wenn die Abdampfwärme für Heiz- oder andere Zwecke genutzt wurde. Lange waren auch noch Dampflokomotiven in Betrieb. Schließlich wurde die D. durch Elektromotoren, Dieselmotoren oder Dampfturbinen gänzlich verdrängt. *Kuhlmann*

Dampfmaschine 3: Schiffsdampfmaschine mit Dreifach-Expansion, 5000 PSi bei 86 min⁻¹ (1913).

Literatur: *Bauer, G.:* Der Schiffsmaschinenbau. Bd. I. München, Berlin 1923. – *Dubbel:* 12. Aufl. Bd. II. S. 92/118. Berlin, Göttingen, Heidelberg 1961. – *Hütte:* 28. Aufl. Bd. II A. S. 642/708. Berlin 1954. – *Matschoss, C.:* Die Entwicklung der Dampfmaschine. Bd. I u. II. Reprint Ausg. Berlin 1908. Moers 1983.

Dampfpflug. Erste Stufe einer Bodenbearbeitung mit Maschinenkraft, bei der ein mehrschariger Kipp-Pflug (für zwei Arbeitsrichtungen an einer Furche) mit Hilfe von ein oder zwei Dampfmaschinen durch Seilzug hin- und hergezogen wird. Aufkommen von England aus ab 1856; ab 1861 durch den Dichter-Ingenieur *Max Eyth* gefördert. Erster Dampfpflugsatz in Deutschland 1869; danach waren die Nennleistungen der Dampfmaschinen mit z. B. 15 kW zunächst relativ gering. Die jährliche Flächenleistung (nur Pflügen) betrug nach 1900 im Jahr etwa 100–400 ha bei ca. 35–135 kW Maschinen-Dauerleistung. Hoher Kohle- und Wasserver-

brauch. Im Jahre 1914 gab es in Preußen 746 Dampfpflugsätze. Insgesamt schätzt man den bearbeiteten Flächenanteil in ganz Deutschland zur Blütezeit auf etwa 5 %.

Der D. wurde wegen des hohen Kapitalaufwands schon frühzeitig zu einem typischen Gerät für Lohnunternehmer, die damit von Gut zu Gut zogen.

Der D. wurde in den 20er und 30er Jahren durch den →Motortragpflug und den Traktor abgelöst. *Renius*

Literatur: *Eyth, M.:* Hinter Pflug und Schraubstock. Skizzen aus dem Taschenbuch eines Ingenieurs. 2 Bde. Stuttgart 1899. – *Kühne, G.:* Handb. Landmaschinentechnik. Bd. I. Berlin 1930. – *Perels, E.:* Handb. Landwirtschaftlichen Maschinenwesens. 2. Aufl. Jena 1880. – *Reitz, A.:* Max Eyth. Heidelberg 1956.

Dampfturbine. Mit Wasserdampf als Arbeitsfluid betriebene →Turbine. Sie muß dem D.-Prozeß entsprechend mit Dampf versorgt werden, der im Dampferzeuger (-kessel) bei Drücken zwischen 120 und 250 bar durch Erwärmen, dann hauptsächlich Verdampfen und schließlich Überhitzen des zugeführten Speisewassers durch eine externe Feuerung auf eine Temperatur zwischen 450 und 550 °C gebracht worden ist. Da der thermische Wirkungsgrad mit Frischdampftemperatur und -druck steigt, werden in einzelnen Anlagen auch noch höhere Frischdampftemperaturen und -drücke angewendet. Sie haben sich aber wegen der teuren Hochtemperaturwerkstoffe und aus Gründen geringerer Verfügbarkeit nicht allgemein durchgesetzt.

Der Dampf wird in größeren modernen Anlagen nach einer Teilexpansion in der →Hochdruckturbine nochmals im Dampferzeuger zwischenüberhitzt. Dadurch kann dann bei der gleichen zulässigen Endnässe von ungefähr 15 % in der →Niederdruckturbine auch von einem höheren Frischdampfdruck ausgegangen werden als bei älteren Maschinen ohne Zwischenüberhitzung (Bild 1).

Der Dampf expandiert in der Turbine oder den Teilturbinen (Hochdruckturbine HD, Bild 2, →Mitteldruckturbine MD, Bild 3, und Niederdruckteilturbine ND, Bild 4) und überträgt dabei seine Energie auf den beschaufelten Turbinenrotor (Arbeitsprinzip).

Große Kraftwerks-D. zum Antrieb von elektrischen Generatoren (Leistungsbereich 150 bis 900 MW) entspannen den Dampf bis zu dem der Kühlwassertemperatur entsprechenden Kondensationsdruck, bei dem der noch restierende größere Teil des Dampfes im →Kondensator niedergeschlagen wird (Kondensations-D.).

Kleinere sog. *Industrie-D.* werden mehrheitlich zur Deckung des elektrischen Eigenbedarfs eingesetzt, nur noch selten zum direkten Antrieb einer →Arbeitsmaschine. Die Entspannung des Dampfes kann bei einem höheren Gegendruck abgebrochen

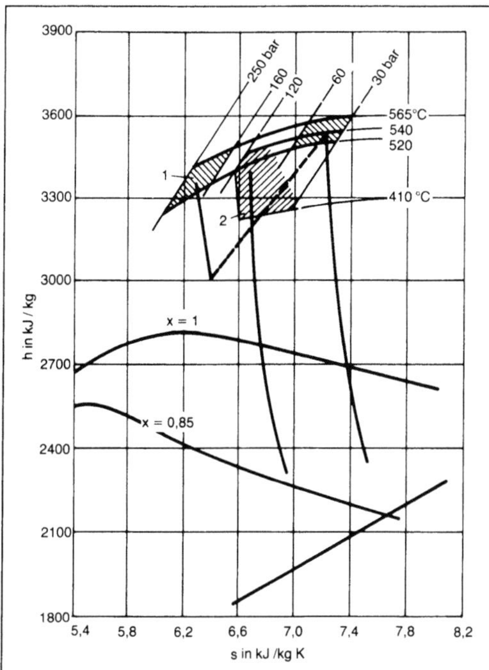

Dampfturbine 1: Entspannungsverlauf in Dampfturbine mit (1) und ohne (2) Zwischenüberhitzung.

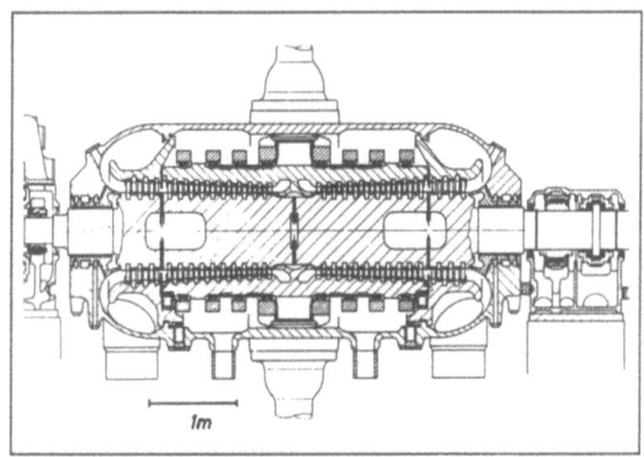

Dampfturbine 2: Doppelflutige Hochdruck-Teilturbine. (Quelle: ABB)

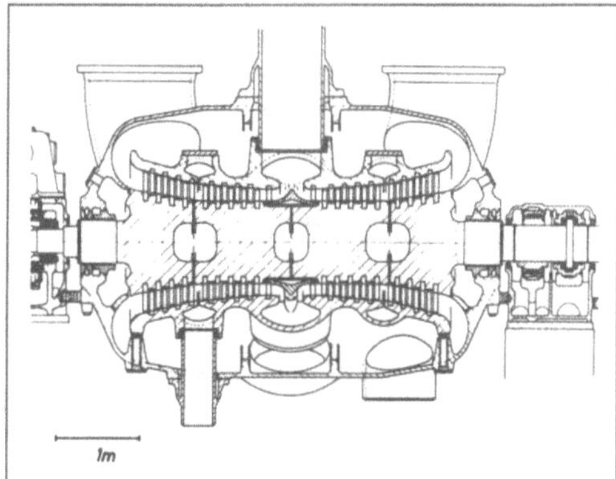

Dampfturbine 3: Doppelflutige Mitteldruck-Teilturbine. (Quelle: ABB)

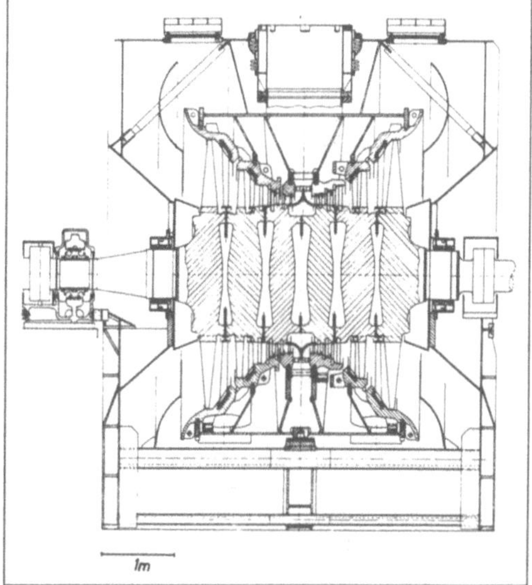

Dampfturbine 4: Doppelflutige Niederdruck-Teilturbine. (Quelle: ABB)

werden (→Gegendruck-D.), um die im Dampf verbliebene Wärme als solche nutzbar zu machen. In diesem Fall werden die beiden Produkte elektrische Energie und Wärme gleichzeitig als Kraft-Wärme-Kopplung erzeugt. Unterschiedlicher Bedarf beider Produkte kann im Fall eines größeren Bedarfs an elektrischer Leistung durch Wärmespeicherung oder Hinzuschalten eines Kondensationsteils (Anzapf- oder Entnahme-Kondensationsturbine) oder im umgekehrten Fall durch Rückspeisung der elektrischen Energie ins Netz gedeckt werden.

Auch die üblichen Druckwasser- oder Siedewasser-*Kernkraftwerke* wandeln die im Reaktor frei-

werdende Wärme in einem D.-Prozeß in mechanische und elektrische Energie um. Da es jedoch (noch nicht) gelungen ist, den Wasserdampf im Reaktor zu überhitzen, wird der Turbine nahezu trocken gesättigter Dampf zugeführt. Bei seiner Expansion in das Zweiphasengebiet kondensiert der Dampf mit einer gewissen Verzögerung in zunehmendem Maße (→Kondensation (D.)). Um damit verbundene Verluste und Erosionsschäden durch Tropfenschlag zu vermeiden, muß möglichst viel Wasser während der Expansion durch Schlitzanordnungen in den Schaufeln und Turbinengehäusen abgeführt werden. Da der Kondensatanteil trotzdem zunimmt, muß der gesamte Dampf- und Kondensatstrom zwischen den Teilturbinen einem mechanischen Wasserabscheider, gefolgt von einem Dampftrockner, zugeführt werden, der meistens mit →Frischdampf beheizt wird.

D. können mit Aktions- oder Reaktionsstufen ausgestattet sein. Die Leistung kann man durch gleitenden Druck, durch eine teilbeaufschlagte Regelstufe oder durch Drosseln regeln. *Dibelius*

Darstellungs- und Gestaltungsbildschirm. Zeigen den typographischen Aufbau der anzufertigenden Satzarbeit an, wobei originale oder stilisierte Schriften verwendet werden. Man unterscheidet: vom Satzsystem abhängige D., eigenständige interaktive D., Ganzseiten-Umbruchbildschirme sowie Workstations zur Integration von Bild und Text.

Die an das Satzsystem angekoppelten separaten D. verfügen über keinen eigenen Rechner. Sie werden zur Kontrolle der Gestaltung von einem oder mehreren Photosatzbildschirmen angesteuert.

Interaktive D. sind eigenständige Stationen und verfügen über einen eigenen Rechner. Sie werden bei gestalterisch aufwendigen Satzarbeiten eingesetzt. Texte passen sich automatisch Konturen an. Sie verfügen meistens über eine Maus und ein Graphiktablett. Es gibt auch Geräte, bei denen der Bildschirm in einen typographischen Darstellungsbereich und in einen Bereich für die zu erfassende Gestaltungsarbeit geteilt werden kann.

Umbruchbildschirme werden vorwiegend in Zeitungsbetrieben zur Anfertigung des vollelektronischen Ganzseitenumbruchs eingesetzt. Nach der Erstellung der Seitenlayouts werden die bereits erfaßten Texte aufgerufen, um sie in die von der Redaktion vorgesehene Form in die vorbestimmten Umbruchfelder einfließen zu lassen.

Workstations sind großformatige Umbruchbildschirme. Sie dienen der Zusammenführung von Bild und Text. Der Bediener ruft die im elektronischen →Bildverarbeitungssystem bearbeiteten Bilddaten sowie die im Photosatz-on-Line-Verbundsystem fertiggestellten Textdaten auf den Bildschirm seiner Workstation auf. Unter ständiger visueller Kontrolle wird jede Seite komplett umbrochen. Die Belichtung findet in Laserstrahl-Photosatzbelichtern statt. *W. Schmid*

Darstellungshilfe. Durch gut lesbare, leicht verständliche Darstellungen werden Bewegungsgrößen und Kräfte zur Beurteilung eines Mechanismus oder Getriebes (MG) für den Konstrukteur aufbereitet. Aus einem Weg-Zeit-Schaubild lassen sich z. B. nach graphischer Differentiation, die Geschwindigkeit und die Beschleunigung eines Punkts ablesen.

Die Darstellung von Geschwindigkeit und Beschleunigung über der Zeit werden Geschwindigkeit-Zeit- und Beschleunigung-Zeit-Schaubilder genannt (Bild 1).

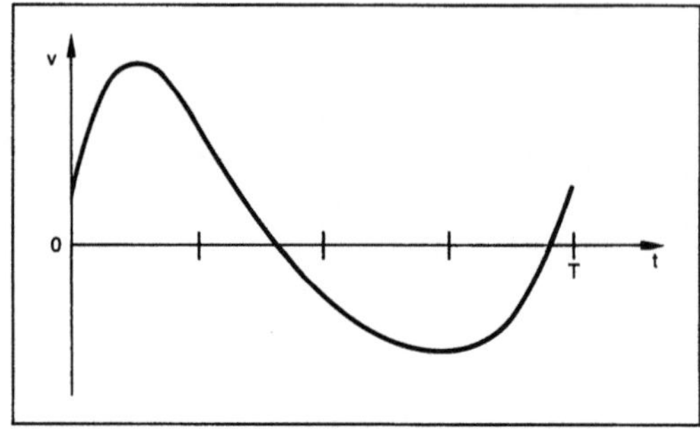

Darstellungshilfe 1: Geschwindigkeit-Zeit-Schaubild.

Jede graphische Darstellung von Geschwindigkeitsverläufen eines Punkts oder von momentanen Geschwindigkeitszuständen mehrerer Punkte einer allgemein bewegten Ebene an diesen Punkten heißen Lageplan für Geschwindigkeiten. Die Aussagefähigkeit eines Lageplans kann durch Darstellung lokaler Hodogramme, meist Hodographen genannt, erweitert werden: der Verbindung der Spitzen der Geschwindigkeitsvektoren von Punkten im Lageplan (Bild 2). Durch Verbinden der Vektorpfeilspitzen der gedrehten Geschwindigkeiten (→Geschwindigkeitskonstruktion) erhält man das lokale Orthogonal-Hodogramm der Geschwindigkeiten. Die Verbindungslinie der Vektorpfeilspitzen der Geschwindigkeiten im Geschwindigkeitsplan (Geschwindigkeitskonstruktion) wird als polares Hodogramm bezeichnet (Bild 3).

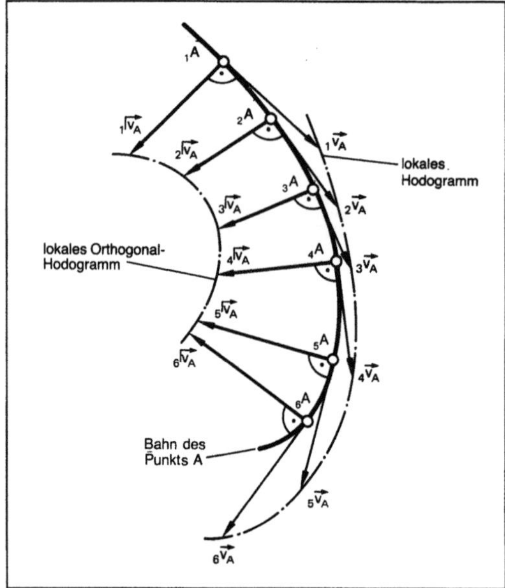

Darstellungshilfe 2: Lokales Orthogonal-Hodogramm.

$_1A$, $_2A$, ... sind die Lagen 1, 2, ... des Punkts A, $_i\vec{v}_A$ die Vektoren der entsprechenden Geschwindigkeiten, $_i\vec{v}_a$ die gedrehten Geschwindigkeitsvektoren

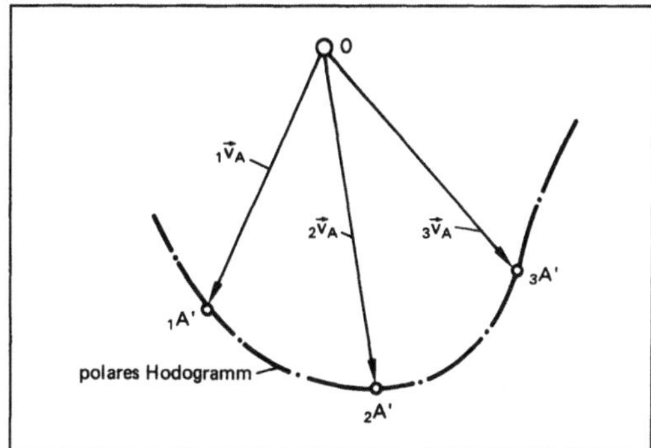

Darstellungshilfe 3: Polares Hodogramm der Geschwindigkeiten.

Alle Hodogramme und Schaubilder lassen sich auch zur Darstellung anderer getriebetechnischer Größen wie Beschleunigungen und Kräfte verwenden. *Gierse*

Datenerfassung (Weberei). Die fortlaufende Erfassung des Betriebszustands und der Produktion aller Maschinen ermöglicht eine rationelle Führung der Weberei. Die dazu notwendige Übersicht über das Betriebsgeschehen läßt sich durch eine automatische Produktions-D. erreichen. Hierzu werden die Signale der Überwachungseinrichtungen für Kette und Schuß (→Webereimaschinen-Überwachung) benutzt und/oder die Signale weiterer Sensoren, die den Laufzustand der Maschine an eine zentrale Datenverarbeitungsanlage weitermelden. Mit Hilfe eines Eingabegeräts an jeder Maschine lassen sich zudem noch weitere Meldungen an die Datenverarbeitungsanlage mitteilen, so die Stillstände infolge Reinigungsarbeiten oder Einstellarbeiten, die Rüstzeiten für Kettwechsel, Warenbaumwechsel oder Geschirrwechsel und die Wartezeiten für Material, Ersatzteile oder Personal. Aus den durch die Datenverarbeitung aufgenommenen und aufbereitenden Signalen können u. a. ermittelt bzw. laufend abgefragt werden:

□ die Eintragsfrequenz der Webmaschine,
□ die Anzahl der Schüsse,
□ die Anzahl der Schußfadenbrüche,
□ die Anzahl der Kettfadenbrüche,
□ die Anzahl der anderen Stopps,
□ der Nutzeffekt,
□ die Laufzeit des aktuellen Auftrags,
□ die Laufzeit der Kette und damit
□ die voraussichtliche Wechselzeit für die Kette.

Die Protokollausdrucke lassen sich nach unterschiedlichen Kriterien abrufen, nämlich bezogen auf eine Maschine, eine Maschinengruppe, alle Maschinen, eine Bedienungsperson, einen Meisterbereich, einen Artikel, eine Schicht, einen Tag, eine Woche usw.

Die Ausgabe der aktuellen Protokolle erfolgt auf Anfrage, automatisch je Schicht oder nach spezifizierten Kriterien, erfaßt z. B. nur die stillstehenden Maschinen oder die Maschinen, die einen vorgegebenen Grenzwert überschreiten. Die praktische Anwendung der Prozeßüberwachung zeigt, daß eine methodische Auswertung der Ergebnisse für die Betriebssteuerung viele Vorteile bringt. Erreicht wird die Herabsetzung der Maschinenstillstände und -stillstandszeiten, da gehäuft auftretende Störungen an einzelnen Maschinen kurzfristiger entdeckt und gezielte Maßnahmen rascher ergriffen werden können.

Eine Qualitätsverbesserung wird durch die verringerte Stillstandshäufigkeit und das damit seltenere Anweben (≡ Wiederanlauf der Webmaschine) erzielt. Verbunden damit ist eine Steigerung der Produktionsgeschwindigkeit. Die erreichte Optimierung des Produktionsablaufs vermindert die Kettlagerkosten durch zuverlässigere und kurzfristigere Kettdisposition und erlaubt eine genauere Erfassung artikelspezifischer Aufwendungen. In Fortschreibung der Vorteile können auch folgende Verarbeitungsstufen von der Prozeßüberwachung in der Weberei profitieren. So können für die später erfolgende Warenschau und Putzerei (≡ Ausbesserung von Gewebefehlern) die registrierte Anzahl der Schuß- und Kettfadenbrüche Grundlage sein für Planung und Organisation. *Kohlhaas*

Datenfunk →Datenübertragung

Datenkonvertierung. Übertragung von Daten aus dem Bereich der Textverarbeitung und der EDV in den →Photosatz, deren Konvertierung in die Codestruktur der betreffenden Photosatzanlage, typographische Aufbereitung, Belichtung mit höchster Qualität und Weiterverarbeitung bis zum fertigen Endprodukt. Dadurch entfällt eine doppelte Textverarbeitung; der Korrekturanfall wird reduziert. Die Termine werden verkürzt, was bei der Druckerei und bei den Datenlieferern zu Kostenersparnissen führt.

Je nach Hard- und Software-Ausrüstung des fremddatenverarbeitenden Photosatzbetriebs sind verschiedene Möglichkeiten der Datenübertragung möglich:

□ Lesen von Disketten mit unterschiedlicher physikalischer Disketten-Struktur entweder in modifizierten Personalcomputern oder – bei gehobenem Leistungsspektrum – in speziellen Disketten-Konvertern,

□ Übernahme von Schreibmaschinentexten durch Blattleser,

□ direkte Übernahme am Fremdsystem durch tragbare Zwischenspeichergeräte,

□ Übernahme von auf Magnetbändern gespeicherten Daten,

☐ Übernahme mit Hilfe der Netze der Bundespost.

Der Druckerei müssen zwecks Textübernahme eine Codeliste des Ursprungsystems, aus der die Codierungen der Zeichen sowie der verwendbaren Steuer- und Markierungsbefehle ersichtlich sind, angegeben werden.

Für die D. eignen sich besonders umfangreiche Kataloge aller Art, Preislisten, Handbücher, Ersatzteillisten, Adreßbücher, Fahrpläne, Lexika und jede Art von Tabellen. *W. Schmid*

Datenübertragung. Die auch heute noch gebräuchlichsten Arten der Informationsübermittlung, die auch in den Materialfluß- und Logistiksystemen anzutreffen sind, sind die

☐ akustischen: ohne Hilfsmittel (auf Zuruf), mit Lautsprechanlagen, mit Wechselsprechanlagen, mit Telefon, mit Sprechfunk, mit Signalen in Verbindung mit optischen;

☐ optische D.: durch schriftliche Belege (Zettel, Karteien, Vordrucke), durch Aushänge, durch Anzeigetafeln (Text, Warnsignale);

☐ elektrische D.: überwiegend Stapelverarbeitung in der elektronischen administrativen Ebene und Verwaltungsebene für statistische Abrechnungszwecke und Erstellen von Materialbewegungslisten (KOMM-Belege, Materialbereitstellungskarten usw.).

Die Forderungen an die Materialfluß- und Logistiksysteme jedoch bedeuten mehr, bessere und schnellere Information, bedeutet die papierlose Kommunikation.

Ein besonderes Problem sind in Produktion und Lager alle mobilen Betriebsmittel, wie z. B. →Gabelstapler, Schlepper, →Hochregalstapler, Kommissionierer, FTS-Fahrzeuge usw., da nur über den Einsatz einer drahtlosen D.-Technik die erforderlichen Informationen in der richtigen Menge, am richtigen Ort, in der richtigen Sorte zu der richtigen Zeit wirtschaftlich bereitgestellt werden können.

Als drahtlose D.-Verfahren für derartige Einsatzfälle lassen sich typischerweise aufführen:

☐ induktive D.,

☐ Datenfunk und adaptiver Datenfunk,

☐ Infrarot-D.

Induktive D.: Die i. D. ist vom Prinzip her ein Funkverkehr im Längswellenbereich, bei dem vorwiegend die induktive Komponente des elektromagnetischen Felds ausgenutzt wird. Dazu müssen die Sende- und Empfangskoppelelemente (Antenne und Induktionsschleife) in geringem Abstand voneinander angeordnet werden. Die Koppelelemente kann man daher als Spulen eines Lufttransformators mit starker Streuung ansehen. Die zu übertragende Information wird der Hochfrequenz, oft auch als Trägerfrequenz, aufmoduliert.

Induktive Übertragungsanlagen dürfen nur mit einer Betriebsgenehmigung der zuständigen Oberpostdirektion betrieben werden. Die Beschaffung der Betriebsgenehmigung obliegt dem Betreiber. Da die für Funkstörungen maßgeblichen Baugruppen von den Herstellern i. a. typgeprüft und mit einer entsprechenden Serienprüfnummer versehen sind, ist die Betriebsgenehmigung für eine induktive Übertragungsanlage ohne besondere Abnahmeprüfung zu bekommen.

Die induktive Übertragungstechnik wird vorwiegend zum Steuern von Aufzügen, Kranen, Baggern, Regalförderzeugen, fahrerlosen Transportsystemen und im schienengebundenen Güterverkehr eingesetzt.

Datenfunk und adaptiver Datenfunk: D.-Systeme gehören postalisch gesehen in den Bereich des nichtöffentlichen beweglichen Landfunks. Die Deutsche Bundespost hat dafür Kanäle mit einem Kanalabstand von 20 kHz für kommerzielle, gewerbliche Frequenzen reserviert. Damit eine D.-Anlage in diesem Bereich eingeordnet werden kann, muß jeweils eine Endstation einer Übertragungsstrecke als eine mobile Station ausgeführt werden.

Handelsübliche D.-Geräte werden i. a. als komplette Geräte mit Sende- und Empfangsteil, Tastatur und Display oder als einzelne Komponenten für individuelle Aufgabenstellungen angeboten. Sie sind dafür prädestiniert, Informationen zwischen stationären und mobilen Empfängern oder Sendern zu übertragen bzw. einen Dialogverkehr zu ermöglichen.

Eine Weiterentwicklung des D. ist der adaptive D. Es handelt sich dabei um Datenterminals (mobile Drucker oder Displays mit Tastaturen) zum Anschluß an postalisch zugelassene tragbare oder in Fahrzeugen eingebaute handelsübliche Sprechfunkgeräte.

Sie arbeiten mit speziellen Modems, mit denen digitale Datendialoge über normale Sprechfunkkanäle oder wahlweise normaler Sprechfunk möglich sind. Diese Technik eignet sich daher besonders gut zum nachträglichen Einbau und damit als Koppelelement zwischen einer zentralen EDV-Anlage mit einer über einen Datenfunkkonzentrator angeschlossenen stationären Sprechfunkanlage und mobilen Sprechfunkgeräten, in deren Nähe auch Daten in digitaler Form benötigt werden.

Anwendungsgebiete von D.-Anlagen sind allgemein:

☐ Meßwertübertragungen,

☐ Datenerfassung auf Container-Umschlagsplätzen (Hamburger Hafen),

☐ Lokfernsteuerungen,

☐ Not-Steuerung von Schaufelradbaggern,

☐ Steuerung von Flurförderzeugen (z. B. Ford Werke Köln),

☐ Fuhrparkeinsatzleitung,

☐ Datenerfassung in Versandzone.

Infrarot-D.: Die Infrarot-Technik setzt sich aus folgenden Elementen zusammen: Als Infrarotsender fungieren Gallium-Arsenid-Lumineszenzdioden, die eine elektromagnetische Strahlung aussenden, wenn sie in Durchlaßrichtung betrieben werden.

Die ausgesendete elektromagnetische Strahlung ist analog oder digital modulierbar und kann als Informationsträger benutzt werden. Als Empfänger für Infrarotstrahlen dienen Dioden oder Phototransistoren. Es handelt sich hierbei um aktive Halbleiter (zweipolig), die einen Strom proportional zu einer aufgenommenen Strahlungsintensität abgeben.

Die erreichbare Sendeleistung und störungsfreie Empfangsempfindlichkeit sind bei der technischen Auslegung eines I.-D.-Systems wichtige Faktoren, die die erzielbare Reichweite und damit auch den Investitionsaufwand bestimmen. Handelsübliche Fabrikate weisen Reichweiten von ca. 10–200 m auf. Da die Übertragungsreichweite geringer als der Durchmesser typischer Einsatzflächen ist, werden pro Lager mehrere verteilt angeordnete Infrarotrelais benötigt, die über einen Multiplexer bzw. Datenkonzentrator an einen Leitstandrechner angeschlossen sind (Tabelle).

Es wird unterschieden:

□ *Sternsystem:* für räumlich wenig ausgedehnte Anlagen und wenige mobile Teilnehmer sowie geringe Anforderungen an Datendurchsatzgeschwindigkeiten (bis zu 4 stationäre Infrarotrelais und 4 Teilnehmer);

□ *Ringsystem:* für mittelgroße Systeme (bis ca. 12 stationäre Infrarotrelais und 12 mobile Teilnehmer), wobei eine besonders vorteilhafte Wirtschaftlichkeit durch die weitergehenden Verwendungsmöglichkeiten von lokalen Netzwerken (LAN) erzielt wird. Größere Systeme lassen sich dann durch räumlich getrennten Parallelbetrieb derartiger Ringsysteme realisieren;

□ *Parallelsysteme* sind einmal für sehr kleine Systeme, bei denen die Multiplexeraufgaben direkt vom Leitstandrechner vorgenommen werden können, sinnvoll und zum anderen für große Systeme, wenn vorausgesetzt werden kann, daß sich die einzelnen Infrarotstrecken optisch nicht überschneiden und ein vollständiger Parallelbetrieb möglich ist. Dann können auch Standard-LAN eingesetzt werden. Während bei optischen Überschneidungen deren Einsatz auf Grund der nicht problemgerechten Kommunikationssoftware unmöglich ist.

Die drahtlosen D.-Verfahren werden unter Berücksichtigung wirtschaftlicher Aspekte eingesetzt:

□ induktiv bei spurgeführten Fahrzeugen oder wenn eine Kommunikation zu den Fahrzeugen nur an sehr wenigen und nicht wechselnden Stellen notwendig ist (z. B. an einer Übergabestation);

Datenübertragung. Tabelle: Mögliche Strahlungscharakteristik einer Infrarotdatenübertragungsstrecke.

E Infrarotempfänger, S Infrarotsender

Typ	Strahlungscharakteristik	Reichweite (Richtwert)	kommunikative Fläche (Richtwert)	typische Einsatzfälle im Materialfluß	
				stationär	mobil
gerichtet		ca. 100 m	ca. 800 m²	Regallager Lagergänge Warenein-/-ausgang Laderampe	Stapler Regalbediengerät Kommissionier-stapler
rundum		ca. 30 m	ca. 2000 m²	Blocklager Kreuzungen Warenein-/-ausgang Bereitstellfläche	Stapler automatisches Flurförderzeug mobiler Roboter
flächendeckend		ca. 30 m	ca. 2500 m² (H = 7,5 – 11 m)	Blocklager Kreuzungen Lagerfläche Warenein-/-ausgang Bereitstellfläche Laderampe Lagervorzone Übergabestation Hallentor-Bereich	

□ infrarot innerhalb von Gebäuden und in räumlich nicht sehr stark ausgedehnten Anlagen. Sie wird eine interessante Alternative darstellen, wenn örtliche Randbedingungen keine Datenfunk- oder Sprechfunkfrequenzen zulassen bzw. große Störeinflüsse zu erwarten sind;

□ Datenfunk ist immer dort vorteilhaft eingesetzt, wo größere Übertragungsreichweiten benötigt werden, z. B. in den zwischenbetrieblichen Transportsystemen (Schlepper) oder auch in außerwerklichen bzw. sonstigen Transportsystemen mit relativ großen Aktionsradien (z. B. Containertransportfahrzeuge im Hafen, Rufbussysteme, Elektrokarren auf Flughäfen usw.);

□ adaptiver Datenfunk wird vorwiegend dann zum Tragen kommen, wenn die obengenannten Randbedingungen für einen Datenfunkeinsatz im Prinzip zutreffen, jedoch keine direkten Datenfunkfrequenzen zur Verfügung stehen und auf Sprechfunkfrequenzen ausgewichen werden muß. Weiterhin wird man immer dann den adaptiven Datenfunk einsetzen, wenn ein Sprechfunksystem bereits installiert ist und nachträglich erweitert werden muß. *Jünemann*

Dauerleistung. Die D. kennzeichnet die größte →Nutzleistung eines Verbrennungsmotors unter bestimmten Bedingungen (Fahrzeugmotoren ausgenommen).

Die frühere Angabe „D. A" nach DIN 6270 wurde ersetzt durch die „ISO-Standard-Leistung" nach DIN 6271. Tl. 1. Diese Leistung kann der Motor seinem Verwendungszweck entsprechend dauernd abgeben, wobei er darüber hinaus innerhalb von 12 h 1 h lang mit einer Überleistung von 110% betrieben werden kann (wenn keine anderen Angaben gemacht wurden).

Die frühere Angabe „D. B" wurde durch die „Blockierte ISO-Nutzleistung" ersetzt. Mit dieser Leistung kann der Motor innerhalb von 6 h Wechsellast 1 h lang betrieben werden; sie kann aber nicht überschritten werden. Für denselben Motor ist daher die Blockierte ISO-Nutzleistung größer als die ISO-Standard-Leistung.

Beide genannten Leistungen sind vom Einsatz und den Betriebsbedingungen des Motors abhängig. Sie können deshalb vom Motorhersteller endgültig erst angegeben werden, wenn der Verwendungszweck des Motors feststeht. *Kuhlmann*

Dauermagnetmaschine. Elektrischer Generator oder Motor, bei dem das Erregersystem von einem oder mehreren Dauermagneten gebildet wird.

Permanenterregte Generatoren werden bei Wasserkraftgeneratoren an Stelle der Gleichstrom-Hilfserregermaschine als von einem Erregersystem unabhängige Wechselstrom-Hilfserregermaschine verwendet. Vorwiegend sind das Klauenpol-

oder Glockenläufer-Generatoren, die man zur Speisung des Antriebsmotors für den Turbinenregler, im Automobilbau als Lichtmaschine und im Bahnbetrieb als Zugbeleuchtungsgeneratoren einsetzt.

Permanenterregte Motoren haben kleinere Abmessungen und einen höheren Wirkungsgrad als konventionelle Motoren, da durch den Wegfall der Schlupfverluste bei Asynchronmotoren und der Erregerverluste bei Gleichstrom- und Synchronmotoren ihre Gesamtverluste geringer sind. Sie weisen einen besseren Leistungsfaktor auf als Reluktanzmotoren. Durch die Verwendung entmagnetisierungssicherer Keramik-Magnete hat sich ihr Einsatzgebiet erheblich erweitert.

Permanenterregte Gleichstrommotoren haben einen konventionell gewickelten Anker mit Kommutator und einen Ständer, in dem das Erregerfeld durch Magnete erzeugt wird. Bei dieser Art von Motoren bleibt der Erregerfluß bei allen Drehzahlen im wesentlichen konstant, und die Drehzahl-Drehmoment-Kennlinie ist linear (Bild 1). Sie erlauben auch bei Schleichdrehzahlen eine gleichmäßige Drehbewegung ohne Lücken. Eine besondere Ausführungsform ist der →Scheibenläufermotor mit extrem niedriger elektromagnetischer Zeitkonstante.

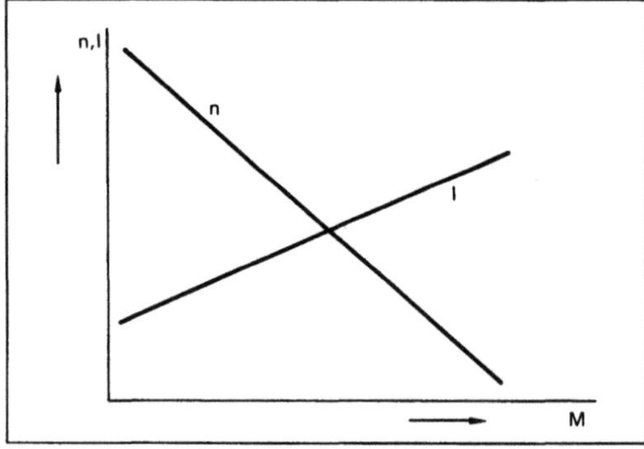

Dauermagnetmaschine 1: Allgemeine Betriebskennlinie eines permanenterregten Gleichstrommotors.

Als Dauermagnete werden im wesentlichen Ferrit-, Alnico- und Seltenerd-Cobalt(SE-Co)Magnete verwendet. Zur Berechnung des Erregerflusses ist der Arbeitspunkt auf der Entmagnetisierungskurve des Magneten zu bestimmen. Das maximale Energieprodukt $(BH)_{max}$ des Magneten ist ausschlaggebend für das benötigte Volumen, um im Nutzluftspaltvolumen einen bestimmten magnetischen Fluß zu erzielen.

Ferritmagnete (Bild 2) haben ein niedriges Energieprodukt: $(BH)_{max} \leq 40$ kJ/m^3, jedoch eine hohe Koerzitivfeldstärke und dadurch einen großen Entmagnetisierungswiderstand. Sie werden in Motoren mit einem Leistungsbereich bis etwa 10 kW eingesetzt, z. B. in Haushalts- und Gerätemotoren, Schei-

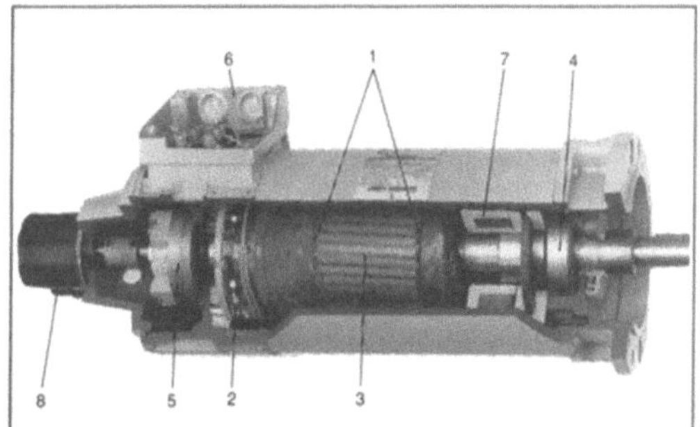

Dauermagnetmaschine 2: Gleichstrommotor mit Ferritmagneten. (Quelle: ABB)

1 Isolierung, 2 Ferrit-Magnete; schalenförmige Segmente, 3 Bürsten, 4 Schild, 5 Lager, 6 Welle, 7 Kommutator, 8 Bürstenhalterung, 9 Wicklungsanschlüsse, 10 Kupferwicklung, 11 laminierter Läuferzahn, 12 Isolierungsimprägnierung, 13 Gehäuse.

benwischermotoren, in Vorschubantrieben an Werkzeugmaschinen.

Alnico-Magnete haben ein mittelgroßes Energieprodukt: $(BH)_{max} \leqq 70$ kJ/m^3, eine niedrige Koerzitivfeldstärke, jedoch eine hohe Remanenz und gute thermische Stabilität. Sie werden in Generatoren und Glockenanker-, Schritt- und Scheibenläufermotoren im Leistungsbereich bis 100 kW verwendet.

SE-Co-Magnete haben das höchste Energieprodukt: $(BH)_{max} \leqq 200$ kJ/m^3 und höchste Koerzitivfeldstärke bei guter Remanenz und thermischer Stabilität. Obwohl sie relativ teuer sind, hat die Anwendung der mit ihnen ausgerüsteten Motoren steigende Tendenz wegen des günstigen Gewicht-Leistungs-Verhältnisses und des großen Entmagnetisierungswiderstands. Sie werden im Leistungsbereich bis 10 kW für Schrittmotoren mit hohen Anforderungen, für Vorschubantriebe mit kleinem Trägheitsmoment und für alle Arten von Motoren mit kleinem Volumen, geringem Gewicht und großer Stabilität bei günstigem Wirkungsgrad verwendet.

Permanenterregte Synchronmotoren sind bürstenlose, selbständig anlaufende Synchronmotoren mit einem Betriebsverhalten, das dem eines Reluktanzmotors ähnlich ist. Die Läufer dieser Motoren besitzen eine Käfigwicklung für den asynchronen Anlauf und Dauermagnete für den synchronen Betrieb. SE-Co-Magnete mit ihrer hohen Koerzitivfeldstärke ermöglichen den Bau leistungsstarker Motoren, ohne daß dabei die Gefahr der Entmagnetisierung beim Außertrittfallen infolge Überlastung besteht. Die schematische Darstellung (Bild 3) zeigt die Ausführung des Läufers eines zweipoligen Motors; die Magnete bilden die Pole. Die Motoren werden wegen ihrer konstanten Drehzahl in der Kunstfaserherstellung und Spinnereien bei der For-

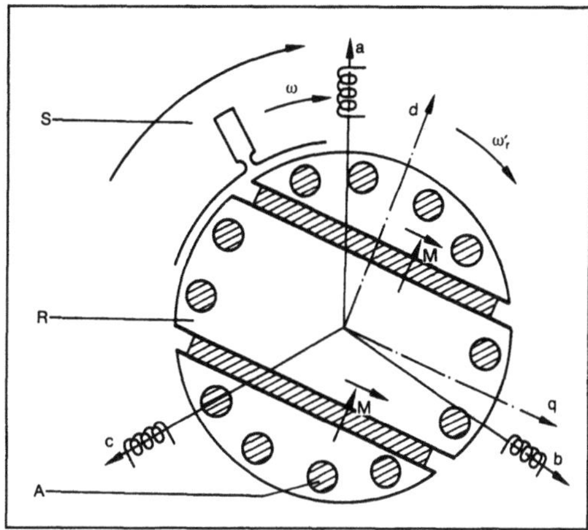

Dauermagnetmaschine 3: Hauptbestandteile des permanenterregten Synchronmotors.

A Anlaufkäfig, M Magnetisierungsrichtung des Permanentmagneten, R Läufer, S Ständer, a, b, c Phasen des Drehstroms, d d-Achse, q q-Achse, ω Drehstromfrequenz, ω' Drehfrequenz des Läufers

derung auf konstante Arbeitsgeschwindigkeit verwendet; weiterhin in Antriebsgruppen mit absolut gefordertem Gleichlauf in Rollgängen und wegen der geringeren Leistungsaufnahme in Pumpen-, Lüfter- usw. -Antrieben, ferner für Schritt- und Servomotoren sowie für batteriegetriebene Haushaltsgeräte. *Rentzsch*

Dauerschwingung. Die periodische Antwort eines Schwingers auf eine von außen einwirkende periodische Erregung nach Abklingen des Einschwingvorgangs (→Schwingung, erzwungene). *Witfeld*

Davit. Damit bezeichnet man galgenartige Vorrichtungen zum Aussetzen von Gegenständen von Bord von Seeschiffen ins Wasser, insbesondere von Rettungsbooten. Um auch im Notfall das problemlose Aussetzen von Booten zu gewährleisten, verwendet man Schwerkraft-D. Sie nutzen zum Aussetzen eines Bootes ausschließlich deren Gewicht aus und sind nur mit einer mechanischen Bremsvorrichtung versehen. Die Sicherheitsvorschriften verlangen, daß Rettungsboote auch dann noch ausgesetzt werden können, wenn das Schiff 15° Schlagseite und 10° Trimm hat. *G. Winnicker*

Deckel. Verpackungsmittel müssen nicht einteilig ausgeführt sein. Es gibt Konstruktionen, bei denen das Füllvolumen durch ein getrenntes Element, den D., verschlossen wird. Die Rohstoffe für den D. können die gleichen Werkstoffe sein, die für das zu füllende Unterteil verwendet werden. Es besteht aber auch die Möglichkeit, hier andere Werkstoffe einzusetzen. Durch die meist auch getrennte Fertigung von Unterteil und D. besteht eine vielfältige Gestaltungsmöglichkeit in der Ausführung der D.

Bei der getrennten Ausführung von Unterteil und D. werden sowohl nach außen übergreifende wie auch nach innen hineinwirkende D. hergestellt. Greift der D. an vier Seiten außen über, spricht man von einem Stülp-D. Er kann die gesamte Höhe des Verpackungsmittels übergreifen, man spricht hier von einem tiefen D., oder auch nur einen kleinen Teil, man spricht dann von einem kurzen D. Greift der D. in das Innere des Verpackungsmittels, spricht man von einem Eindrück-D. Er muß so ausgeführt sein, daß eine Verspannung zwischen D. und Unterteil durch entsprechende Maßwahl für die Sicherheit des Verschlusses sorgt. In Sonderfällen kann der D. auch an dem Unterteil anhängend gefertigt werden. Bei Fasermaterialien sorgt dann eine scharnierartige Biegestelle für die Beweglichkeit des D.-Teils gegenüber dem Unterteil. Die Fertigung solcher anhängender D. erfolgt aus einem Materialstück. Bei Metallverpackungen wird der angehängte D. mit einem echten Scharnier mit dem Unterteil verbunden. *Paris*

Deckvorgang →Kulierwirkmaschine

Dehnschaftschraube →Schraubenform

Dehnschlupf. Bei reibschlüssigen Zugmittelgetrieben der Schlupf des Zugmittels relativ zur als starr angesehenen umschlungenen Scheibe infolge seiner elastischen Dehnung während des Ansteigens seiner Zugbelastung von F_2 (Zugkraft im Leertrum) auf F_1 (Zugkraft im Lasttrum) beim Durchlaufen des Wirkwinkels der getriebenen Scheibe. Analog entsteht negativer D., d. h. Kontraktionsschlupf beim Durchlaufen der treibenden Scheibe. Dieser physikalisch unvermeidbare, geringe und gut reproduzierbare Schlupf wird ebenso wie der bei Wälzgetrieben auftretende Wälzschlupf auch als Zwangsschlupf bezeichnet. *H. W. Müller*

Dehnungsausgleicher. Unter dem Einfluß der Temperatur des Durchflußstoffs und der Außentemperatur verändert sich die Wandtemperatur der Rohre, und die einzelnen Schenkel der →Rohrleitung dehnen sich aus. Dieser Längenänderung muß durch geeignetes Gestalten der Rohrführung Rechnung getragen werden. Ist die Kompensation der Wärmedehnung durch eine entsprechende Geometrie nicht möglich, so kann der Einbau von D. (Bild 1 und 2) bzw. Kompensatoren erforderlich sein. Hierbei sind geeignete Rohrhalterungen vorzusehen. Den Ausgleich der Längenänderung kann man auch durch elastische Linsen aus Weichstoffen oder Stahl bzw. mittels Stopfbuchsen erreichen. *Diegelmann*

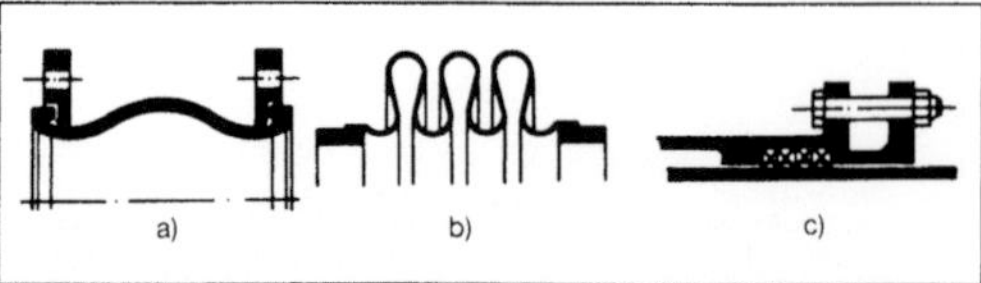

Dehnungsausgleicher 1: Arten.
a) Weichstoff
b) Stahlbalg
c) Stopfbuchse.

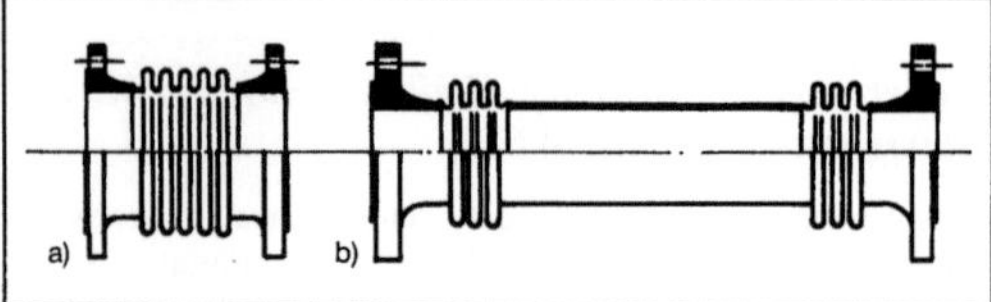

Dehnungsausgleicher 2: Funktionen.
a) Axial
b) Lateral.

Literatur: Handb. für den Rohrleitungsbau. Ost-Berlin. – Jahrbuch Rohrleitungstechnik. 1. Ausg. 1982/83. Essen. – *Weiler, K.:* Kompensatoren in Fernrohrleitungen. Bänder Bleche Rohre (1979) Nr. 1.

Dekantiermaschine →Wollgewebeausrüstungsmaschine

Dekrement, logarithmisches. Natürlicher Logarithmus des Verhältnisses zweier um eine Periodendauer T aufeinanderfolgender Extremwerte $\hat{x}_n$, $\hat{x}_{n+1}$ der Zustandsgröße einer freien, viskos gedämpften Schwingung (Bild):

$$\Lambda = \ln \frac{\hat{x}_n}{\hat{x}_{n+1}}.$$

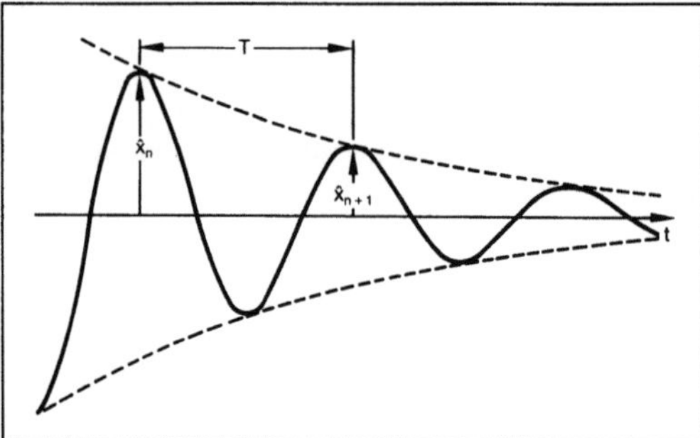

Dekrement, logarithmisches: Viskos gedämpfte Schwingung.

Das l. D. Λ kennzeichnet den Grad der Dämpfung und ist mit dem →Lehr-Dämpfungsmaß gemäß

$$\Lambda = \frac{2\pi D}{\sqrt{1 - D^2}}$$

verknüpft. Für schwach gedämpfte →Schwinger gilt die Näherung $\lambda \approx 2\pi D$ (System, schwingungsfähiges). *Gaul*

Literatur: DIN 1311, Bl. 2: Schwingungslehre; Einfache Schwinger. Hrsg. Dt. Normenausschuß. Ausg. Dez. 1974.

Densitometer. In der Reproduktions- und Drucktechnik verwendetes Photometer (Bild 1) zum Messen der optischen Dichte, auch Schwärzung genannt, sowie der Farbdichte von photographischen Filmen, Farbdiapositiven und Farbdrucken. Es gibt Durchsicht- und Aufsicht-D. für Schwarzweiß und Farbe. Der Dichtemeßbereich reicht bei Aufsicht-D. von 0–2,50, bei Durchsicht-D. bis zu 4,0. Die Reproduzierbarkeit und Auflösung sollte mindestens ±0,01 betragen. Bei Aufsicht-D. muß der Meßfleck mindestens einen Durchmesser von etwa 3,5 mm haben, damit die (integrale) Dichte gerasterter Vorlagen gemessen werden kann. Bei diesen D. ist die sog. 0/45°- bzw. die 45/0°-Geometrie vorgeschrieben (Bild 2). D., die nur für schwarzweiße Vorlagen bestimmt sind, werden i. a. mit einem V(λ)-Filter, das der spektralen Hellempfindlichkeit des menschlichen Auges angepaßt ist, bestückt. Die derart gemessene Dichte wird als visuelle Dichte bezeichnet. D. zum Messen von Farbproben benötigen Meßfilter, die gegenfarbig zu der zu messenden Farbprobe sein müssen, d. h. das Filter muß in demjenigen Spektralbereich durchlässig sein, in dem die Hauptabsorption der Probe liegt. Daher besitzen die in der Drucktechnik zur Kontrolle der Normdruckfarben Gelb, Magenta, Cyan, eingesetzten Meßfilter die Eigenfarbe Blau, Grün und Rot. Der Grund für die Gegenfarbigkeit des Filters ist, daß sich z. B. produktionsbedingte Schwankungen der Farbgebung relativ am stärksten im Gegenfarbenbereich bemerkbar machen; bei der Druckfarbe Gelb z. B. also im blauen Bereich. Die Druckfarbe Schwarz wird mit dem erwähnten V(λ)-Filter kontrolliert. Die verwendeten Meßfilter können spektral schmal- oder breitbandig sein. Breitbandige Filter haben eine Halbwertbreite von etwa 40 bis 80 nm. Die mit einem Breitbandmeßfilter ermittelte Farbdichte wird auch als Filterfarbdichte bezeichnet, weil ihr Wert nicht unerheblich von der spektralen Durchlaßkurve des Meßfilters abhängig ist. Im Unterschied dazu wird die spektrale Dichte $D(\lambda_{max})$, mit schmalbandigen Interferenzfiltern von etwa 20 nm Halbwertbreite ermittelt und ist im wesentlichen unabhängig von Lichtquelle, Photoempfänger und Durchlaßkurvenform. λ_{max} ist die Wellenlänge des spektralen Durchlässigkeitsmaximums des jeweiligen Filters. Allerdings ist der gerätetechnische Aufwand bei diesen Schmalband-D. beträchtlich größer als bei Breitband-D. Aufsicht-D. können mit Polarisationsfiltern ausgerüstet werden, wenn gerichteter Oberflächenglanz nicht miterfaßt werden soll, wie z. B. bei der Messung frisch bedruckter glänzender Bogen. Die Dichtemessung wird in der Drucktechnik im wesentlichen dazu eingesetzt, die Schichtdicke und den Flächen-

deckungsgrad des Durckrasters einer Probe zu kontrollieren. Aus diesem Grund muß der durch die Farbschicht hindurchscheinende Schichtträger, z. B. das Druckpapier, bei der Messung hinsichtlich seiner eigenen Farbdichte unberücksichtigt bleiben. Dazu wird die Dichte des Trägers vom Endergebnis abgezogen. Einfacher wird zu Beginn eine Nullkalibrierung auf den Bedruckstoff selbst vorgenommen werden. Insofern mißt man mit dem D. eine relative Farbdichte. Seltener wird auf einen idealweißen Standard kalibriert. Die so gefundene Farbdichte wäre dann als absolute Farbdichte zu bezeichnen.

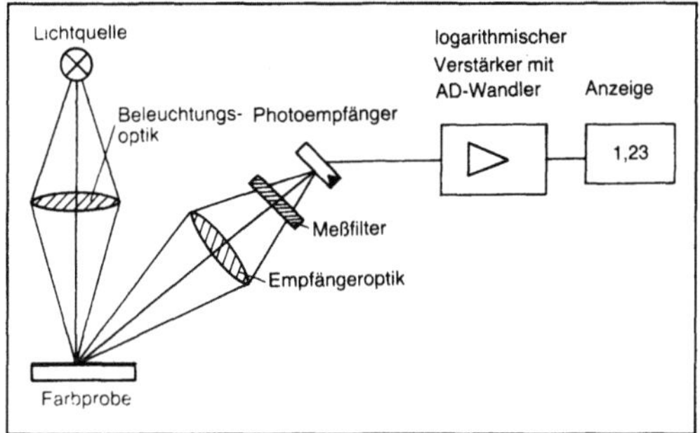

Densitometer 1: D 186 der Gretag für die Messung von Druckdichten und anderen reprotechnischen Größen mit automatischer Farberkennung.

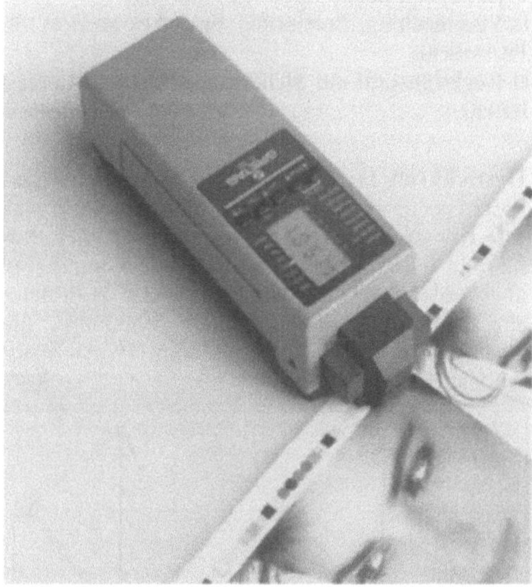

Densitometer 2: Aufsichtdensitometer mit 0/45°-Meßgeometrie (Schemaskizze).

Die Bezeichnung Meßgeometrie ist ein Sammelbegriff für die Winkel des Beleuchtungs- und Empfängerbündels. Die Angaben werden auf die Flächensenkrechte der Probe bezogen. Die Öffnungswinkel der Lichtkegel sind mit ±5° festgelegt. Die vorgeschriebene 0/45°-Geometrie und deren Umkehrung hat den Vorteil, daß direkter Oberflächenglanz nicht in den Empfänger gelangt. Moderne D. sind mit A/D-Wandler, Mikroprozessor, Speicher und Digitalanzeige ausgestattet und erlauben neben der Dichtemessung die Berechnung einer Vielzahl druck- und reprotechnischer Größen. *Kamm*

Literatur: Bundesverband Druck e. V. (Hrsg.): Untersuchung von Densitometern. Wiesbaden 1980. – DIN 16536. Tl. 2: Farbdichtemessung an Drucken. Hrsg. Dt. Inst. f. Normung.

Depalettierung. Die D. ist der Umkehrprozeß der →Palettierung. Palettierer besorgen den Umsetzungsprozeß, indem sie die Folien aufschneiden, gemäß Palettenstapelschema die →Palette abpakken und dann über entsprechenden Röllchenbahnen das verpackte Gut verteilen, d. h., die Depalettierer lösen die →Ladeeinheit wieder auf, indem sie mit

☐ Saugköpfen oder Klammern,

☐ Verschiebeblechen,

☐ Greifern,

☐ speziellen Lastaufnahmemitteln

die einzelnen Lagen abheben.

Die Vorgänge der Palettierer laufen beim Depalettieren in umgekehrter Reihenfolge ab:

☐ Bereitstellen der Paletteneinheiten zum Depalettieren,

☐ Entfernen der →Ladungssicherung,

☐ Vereinzelung, Sortierung und Abtransport der Packstücke,

☐ Rücktransport der Sicherungsmittel und Leerpaletten. *Jünemann*

Derrickkran. D. (Bild) sind zum Heben schwerster Lasten geeignet; ihr Einsatz ist meist ein Spezialfall. Ihre Konstruktion besteht aus einem je nach Ausführung schwenkbaren und evtl. teleskopierbaren, über Seile, Streben oder auch beides kombiniert abgespannten Standbaum, auch Standmast, und einem verstellbaren Schwenkbaum (verstellbarer Ausleger). *Kühn*

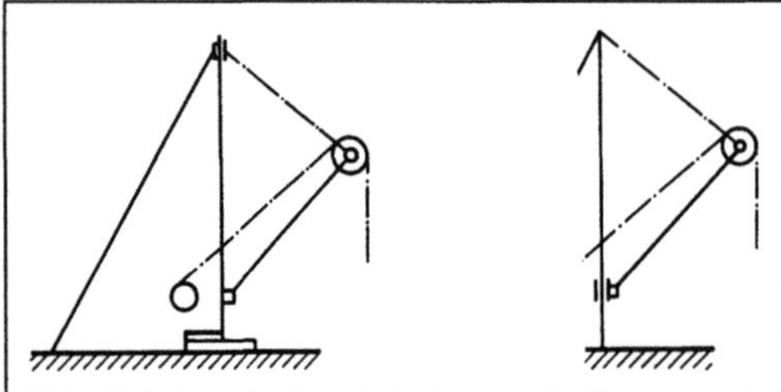

Derrickkran.

Detaillieren →Ausarbeiten (Konstruktion), →Ablaufplan, konstruktionsmethodischer, →Konstruktionsphase

DFÜ-Prozessor →Agenturprozessor

Diagonalmaschine. Strömungsmaschine mit einer Laufradströmung, die außer der Umfangskomponente sowohl eine wesentliche radiale wie auch eine wesentliche axiale Geschwindigkeitskomponente hat. Das Bild zeigt im Meridianschnitt die Meridiankomponente der Geschwindigkeit mit axialem und radialem Anteil.

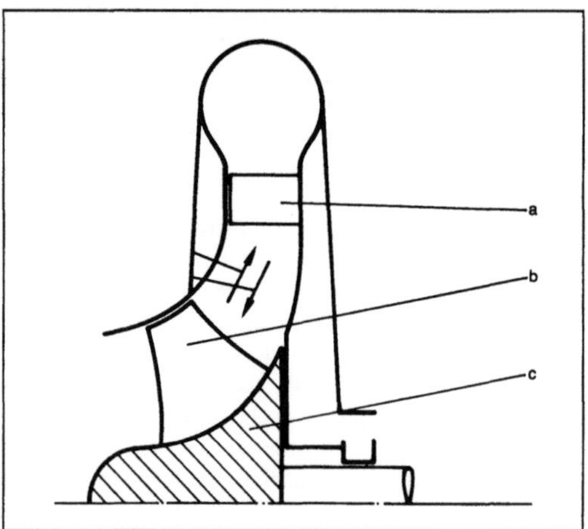

Diagonalmaschine: Diagonal durchströmte Stufe einer Diagonalmaschine.

a Leitrad, b Laufradschaufeln, c Laufrad

Diagonal durchströmte Laufräder in Pumpen und Verdichtern werden von innen nach außen durchströmt, in Turbinen von außen nach innen. Im Gegensatz zu Axialmaschinen wird in D. zum Übertragen der Arbeit eine Änderung der Umfangsgeschwindigkeit des Laufrads zwischen Ein- und Austritt der Strömung genutzt, wie dies auch in Radialmaschinen der Fall ist. Jedoch ist hier die Änderung der Umfangsgeschwindigkeit im Vergleich zur →Radialmaschine geringer zugunsten größerer Strömungsquerschnitte und kleinerer Raddurchmesser. *Rauhut*

Diagonalverdichter. Verdichter mit einer Laufradströmung, die zur Arbeitsübertragung außer der Umfangskomponente eine wesentliche radiale und eine wesentliche axiale Geschwindigkeitskomponente hat (→Diagonalmaschine).

Der Verdichter ist eine thermische Strömungsmaschine, in der mechanische Energie der Antriebswelle in Strömungsenergie zur Druckerhöhung eines Gases umgewandelt wird.

D. setzt man meist nur als einstufige Maschinen im Grenzbereich zwischen einstufigen Radial- und Axialverdichtern ein. Dieser Bereich wird durch die Drehzahlkenngröße bestimmt und kann dem →Cordier-Diagramm entnommen werden.

Muß ein D. wegen des großen Druckverhältnisses mehrstufig ausgeführt sein, ergeben sich aufwendige Konstruktionen mit großen Gehäusen im Vergleich zu Radial- und Axialverdichtern. Mehrstufige D. kommen daher nur in Ausnahmefällen zur Anwendung, da mehrstufige Radial- und →Axialverdichter alle Anforderungen in bezug auf →Volumenstrom, Druckerhöhung und Drehzahl erfüllen (Cordier-Diagramm). *Rauhut*

Diametral Pitch →Modul (Zahnräder)

Dichte →Mechanik-Einteilung, →Viskosität

optische →Farbdichte

spektrale →Farbdichte

visuelle →Farbdichte

Dichtleiste. Dichtelement zum Abdichten des Brennraums in Wankelmotoren.

Beim Wankelmotor erfolgt die Abdichtung zwischen dem auf einem Exzenter rotierenden Kolben und dem feststehenden Motorgehäuse mit Hilfe von D. Die D. befinden sich in Nuten im Kolben und werden von Federn an die Laufbahn im Gehäuse gedrückt. Die Anpressung wird wie beim →Kolbenring durch den Gasdruck erhöht, der unter die D. gelangt. Die D. können einteilig oder dreiteilig sein.

Grundsätzlich ist die Abdichtung des Brennraums beim Wankelmotor wegen der komplizierten Geometrie schwieriger als beim Hubkolbenmotor. Auch ist eine (wenn auch sehr sparsame) Schmierung der D. erforderlich, die zu einem Ölverbrauch führt. Daß die Dichtprobleme beim Wankelmotor gelöst werden konnten, ist den grundlegenden Arbeiten von *Felix Wankel* zu verdanken. *Kuhlmann*

Literatur: *Bensinger, W.-D.:* Rotationskolben-Verbrennungsmotoren. Berlin, Heidelberg, New York 1973.

Dichtung.
1. dynamische. Bei d. dynamischen D. findet an der Dichtstelle eine Relativbewegung zwischen dem Bauelement D. und der Oberfläche des bewegten Maschinenteils statt. Typische Fälle der Fluidtechnik sind die Kolben- und Stangen-D. an Zylindern.

Die Erfüllung der beiden Hauptaufgaben,
□ hohe Dichtwirkung bei hohen und bei niedrigen Drücken in einem großen Geschwindigkeitsbereich und
□ niedrige Reibung sowie eine große Lebensdauer zu gewährleisten,
ist nie gleichzeitig optimal erreichbar. Absolute Dichtheit wäre nur bei Trockenlauf möglich, mithin bei hohem Verschleiß. D. D. benötigen zum Schmieren einen bestimmten Flüssigkeitsdurchsatz. Ein Flüssigkeitsfilm, der durch Adhäsionskräfte an der Stange haftet, wird unter der Wirkung der Flüssigkeitsreibung durch den Dichtspalt gezogen. Während des Rückhubs wird ein Teil der anhaftenden Flüssigkeit in den Druckraum zurücktransportiert, d. h. der echte Leckverlust ist die Differenz zwischen der ausgetragenen und der rücktransportierten Menge. Die Größe des nach außen transportierten Flüssigkeitsstroms hängt hauptsächlich vom Druckgradienten unter der D. ab, d. h. er ist abhängig von der D.-Anpressung, der Zähigkeit des Fluids und der Verschiebegeschwindigkeit. D.-Elemente haben daher häufig Dichtlippen, bei denen der Flüssigkeitsdruck die Dichtwirkung verstärkt. Zur Verschleißminderung sollen die Gegenflächen der D. mit Rauhigkeiten Ra $\leq 0{,}4$ μm, besser $\leq 0{,}16$ μm ausgeführt werden.

Bauformen d. D. sind Nutringe (Drücke bis 400 bar), Manschetten-D. in geschichteter Anordnung für schwere Beanspruchungen und Kompakt-D. bei hohen Drücken und hohen Geschwindigkeiten (Bild 1 und 2). Für niedrige Beanspruchungen verwendet man Topf- und Hutmanschetten, z. T. metallgestützt als sog. Komplettkolben. Schutz gegen andrängenden Schmutz bieten Abstreifringe. Übliche Werkstoffe sind Kunstkautschukarten (NBR, FPM), Polyurethan (AU, EU) und PTFE. Die Werkstoffe werden z. T. rein verwendet, häufig durch eingelegte Gewebe aus Baumwolle u. ä. verstärkt. *Röper*

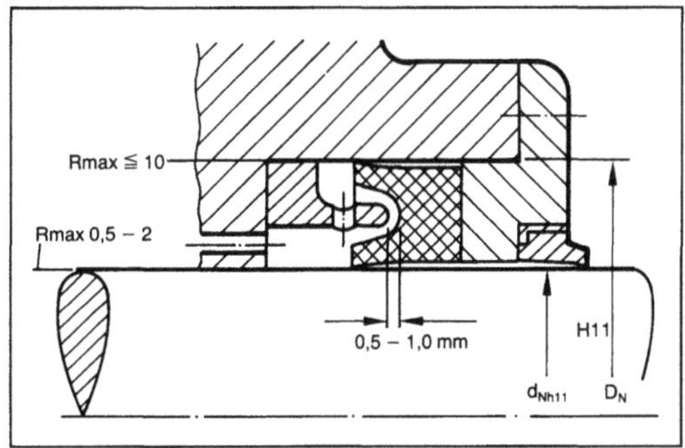

Dichtung, dynamische 1: Stangendichtung mit Nutzung und Abstreifung. (Quelle: Simrit)

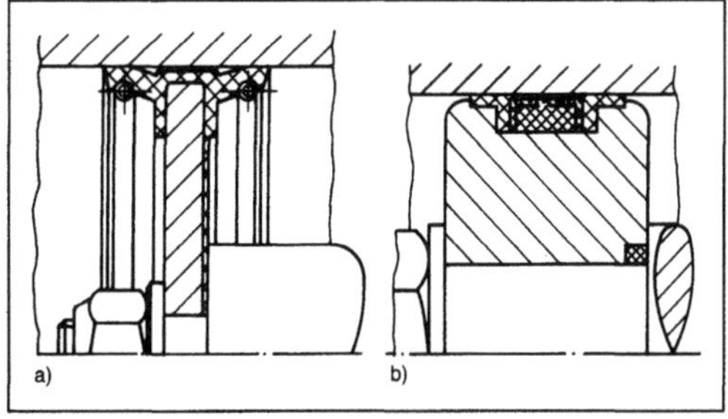

Dichtung, dynamische 2: Kolbendichtung mit
a) Manschettendichtung und
b) Kompaktdichtung.
(Quelle: Simrit)

2. statische. Bei s. Dn. stehen sich die Dichtoberflächen ruhend gegenüber. Die leckstromfreie Abdichtung wird durch hinreichend hohes Pressen in der Dichtlinie erreicht, die dann die Oberflächenrauheit verdeckt. Metallische Abdichtung selten, bevorzugtes Dichtelement der Ölhydraulik und Pneumatik sind O-Ringe. Diese endlosen, genau gepreßten Runddichtringe werden in Nuten gekammert, deren Ausführung (Breite B, Tiefe T) eine Einbauvorspannung ergibt. Verstärkung der Dichtwirkung durch Flüssigkeitsdruck. Werkstoff NBR und AU, Shore-Härte 70 für Druck bis 160 bar, darüber oder bei pulsierendem Druckverlauf Shore-Härte 90. Statische Drücke bis 1000 bar beherrschbar; wichtig ist, daß die Extrusion durch sich unter dem Druck erweiternde Spalte verhindert wird. Dazu Stützringe aus PTFE einlegen und D. so anordnen, daß die druckbedingte Verformung die Spalte verengt (Bild). *Röper*

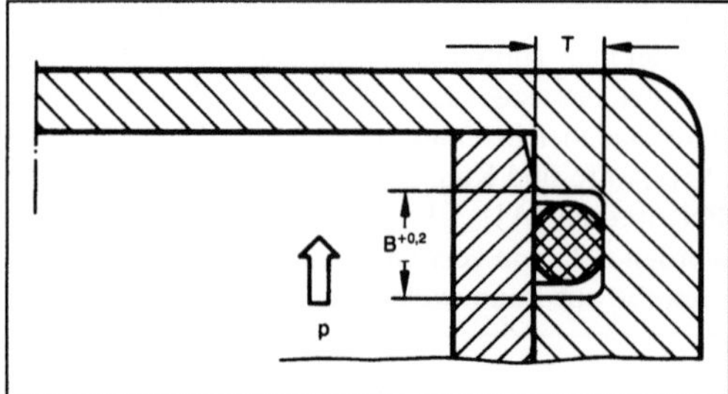

Dichtung, statische, mit O-Ring.

B Breite, T Tiefe

3. Strömungsmaschinen. Bei Strömungsmaschinen hauptsächlich zum Abdichten des vom →Arbeitsfluid erfüllten Raums an der Wellendurchführung gegenüber der Umgebung. Nur in Fällen relativ kleiner Wellenumfangsgeschwindigkeit und bei guter Schmierung und Kühlung können berührende D. verwendet werden: Stopfbüchsen mit verschiedenen Packungsmaterialien und Lippen-D. Bei großen Maschinen für Gase und Dämpfe werden nur berührungslose D. mit Labyrinthanordnungen angewendet (Bild). Die sich in den Hohlräumen ausbildenden Wirbel sollen dabei das Durchströmen der Labyrinthe möglichst behindern. Trotzdem tritt immer eine dem anliegenden Druckverhältnis und dem →Spiel der Dichtelemente entsprechende Leckrate auf. In Fällen, wo dies wegen des Verlusts des Arbeitsfluids oder wegen seiner Toxität verhindert werden muß, ist die Methode der Sperrung mit einem anderen Fluid anzuwenden. Es gibt auch Fälle z. B. bei den Niederdruckteilen von Dampfturbinen, wo der Einbruch von Luft in das Vakuum zu verhindern ist.

Außerdem sind D. sowohl zwischen den drehenden Teilen und den Gehäusen wie auch zwischen den stehenden Teilen und der Welle für jede Druck

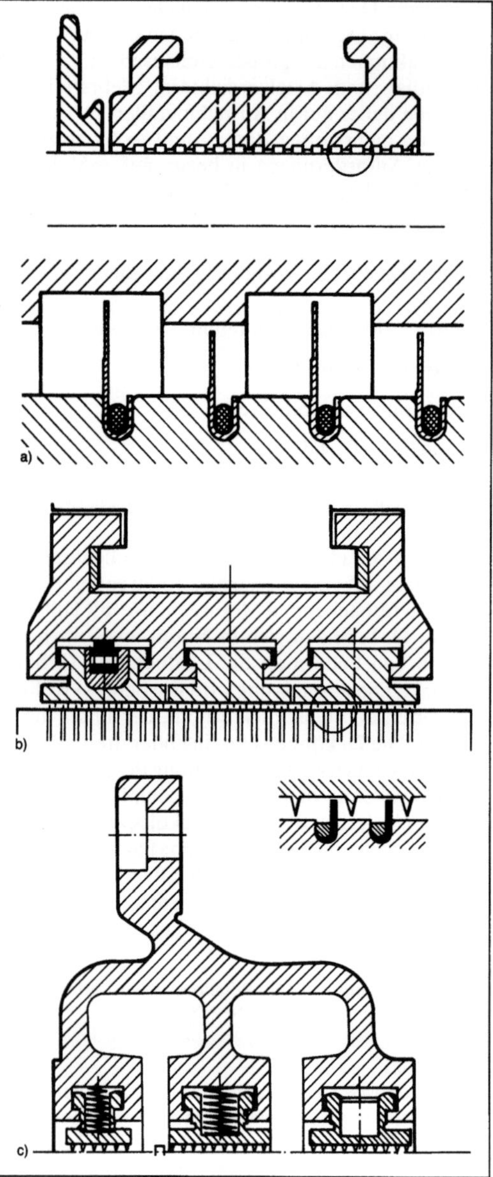

Dichtung. Strömungsmaschinen: Wellendichtungen mit Labyrinthen.
a) Eingestemmte Streifen in der Welle,
b) wie a), doch mit federnden Dichtsegmenten,
c) wie b), doch Welle glatt.

aufbauende oder absenkende Stufe innerhalb der Maschine erforderlich. Oft werden die Schaufelenden so bearbeitet, daß nur ein möglichst geringer Spalt (sog. Spiel) gegenüber der relativ bewegten Welle oder Gehäusewand entsteht (spitzengedichtete Beschaufelung). Sind die Leitschaufeln innen oder die Laufschaufeln außen durch Deckplatten oder -bänder miteinander verbunden, lassen sich auch dort Labyrinthe anordnen. *Dibelius*

Literatur: *Trutnowsky, K.:* Berührungsfreie Dichtungen. 2. Aufl. Düsseldorf 1964.

Dickenhobelmaschine. Die D. (Dickenfräsmaschine) hat die Aufgabe, Holzwerkstücke planparallel auf Dicke zu hobeln. Durch entsprechende Vorrichtungen und profilierte Hobelmesser können Schweif- bzw. Kehlarbeiten auf dieser Maschine ausgeführt werden. Im Gegensatz zur →Abrichthobelmaschine werden hier die Werkstücke über einen mechanischen Vorschub der horizontal angeordneten Messerwelle zugeführt. Der Abstand zwischen Werkzeug (Messerflugkreis) und Auflagetisch wird durch die Höhenverstellbarkeit des Tisches – bei Standardausführungen nach unten – ermöglicht. Die kurze, kompakte Bauweise dieser Maschine verlangt eine stabile Gestellkonstruktion, die häufig aus Grauguß oder Stahl-Beton-Verbundelementen besteht. Die seitlichen Ständer tragen im oberen Bereich die Lagerung der Messerwelle sowie der Vorschubwalzen und im unteren Teil die 4 staubgeschützten Hubsäulen für den Maschinentisch. Der Werkstücktransport erfolgt durch eine Gliedereinzugwalze, die das gleichzeitige Bearbeiten verschieden dicker Werkstücke (bis 3 cm) erlaubt. Damit das Werkstück beim Hobelvorgang leichter gleitet, kann der Maschinentisch mit zwei Gleitwalzen versehen werden, die vor oder nach der Messerwelle angeordnet sind. Die Messerwelle ist mit 2–6 Messern bestückt, die als Streifen- oder Spiralmesser ausgebildet sind. Der Wellendurchmesser beträgt 80 bis 140 mm. Die Drehrichtung der Messerwelle muß stets so gewählt werden, daß im Gegenlauf gearbeitet wird und die Zerspanungskräfte über die Rückschlagsicherungen abgefangen werden (Bild).

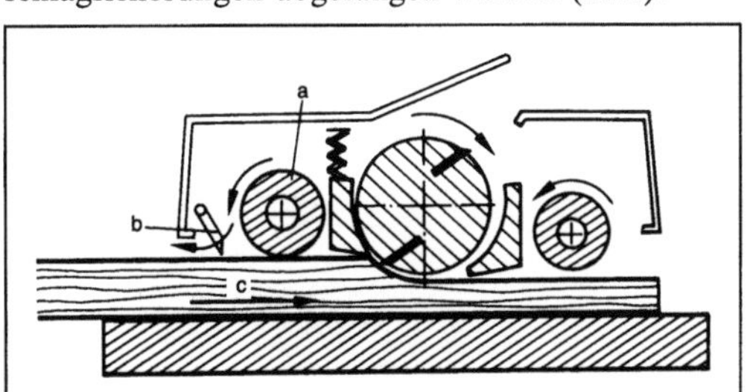

Dickenhobelmaschine: Dickenfräsmaschine.

a Gummieinzugwalze, b Rückschlagsicherung, c Vorschub

Die Maschinengrößen sind in DIN 8822 genormt:
- □ Werkstückbreite: 400–950 mm,
- □ Werkstückdicke: 2–280 mm,
- □ Vorschubgeschwindigkeit: 3–48 m/min. *Dusil*

Dickungsmittel →Fettschmierung

Diescherwalzanlage. Die D. besteht im wesentlichen walzguteinlaufseitig aus der Einlaufrinne und dem Einstoßer, mittig aus dem Walzgerüst mit Walzen, Walzeneinbauten, Walzenanstellsystemen, Walzenantrieben und Diescherscheiben mit Antrieben sowie walzgutauslaufseitig aus dem Dornwiderlager, dem Dornstangenhubsystem und dem Transportrollgang. Diese Walzanlage ist hinsichtlich ihres maschinentechnischen Aufbaus der konventionellen →Schrägwalzanlage ähnlich. Bei der D. wurden die Gleitführungen der ursprünglichen Bauart Mannesmann-Schrägwalzanlage durch 2 angetriebene Scheiben, die am Umformprozeß aktiv teilnehmen, ersetzt. Diese sog. Diescherscheiben sind senkrecht zur Walzrichtung in kleinen Grenzen verstellbar angeordnet. Arbeitswalzen und Diescherscheiben werden von Gleichstrommotoren angetrieben. *Baumann*

Diescherwalzverfahren. Bei dem nach seinem Erfinder *S. E. Diescher* benannten D. wird der nach dem Tonnen-Lochwalzverfahren hergestellte Hohlblock über eine Stange als Innenwerkzeug zum fertigen nahtlosen Stahlrohr gestreckt. Dabei ist der Walzspalt zwischen den beiden tonnenförmigen Arbeitswalzen nicht durch feststehende Führungslineale wie beim Tonnen-Lochwalzverfahren begrenzt, sondern durch rotierende sog. Diescherscheiben mit einer dem Walzenkaliber angepaßten Kalibrierung geschlossen (Bild). Damit wird eine günstige Werkstoffbewegung erreicht und das Herstellen verhältnismäßig dünnwandiger Stahlrohre ermöglicht. *Baumann*

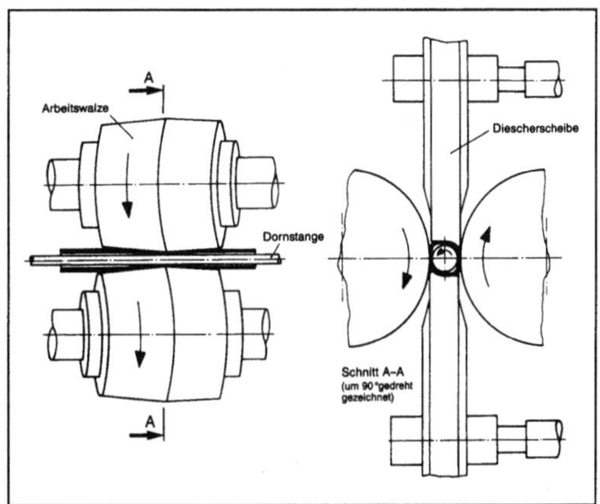

Diescherwalzverfahren.

Dieselmotor. Der D. ist nach seinem Erfinder *Rudolf Diesel* (1858–1913) benannt. Er ist eine der wichtigsten Kraftmaschinen überhaupt. Der D. ist, wie auch der →Ottomotor, eine →Kolbenmaschine. Kennzeichnend für ihn ist, daß der Kraftstoff mit einer Einspritzanlage in den Zylinder bzw.

→Brennraum gespritzt wird, wo er sich durch die hoch verdichtete Verbrennungsluft entflammt (→Selbstzündung).

D. werden in einem weiten Leistungsbereich (etwa von 2 kW–35000 kW) und in den unterschiedlichsten Ausführungsformen gebaut. Zu unterscheiden sind:

□ Viertakt- und Zweitaktmotoren,

□ freisaugende und aufgeladene Motoren,

□ Reihen- und V-Motoren mit unterschiedlicher →Zylinderzahl,

□ Motoren mit →Wasserkühlung und →Luftkühlung.

Die Wirkungsweise eines D. soll am Beispiel eines wassergekühlten Viertakt-D. mit 8 Zylindern in V-Anordnung beschrieben werden (Bild 1a) und 1b)).

In jedem der 8 Zylinder laufen die gleichen Vorgänge ab: Beim Abwärtsgang des Kolbens wird Luft durch das geöffnete Einlaßventil in den Zylinder gesaugt. Kurz nach dem unteren Totpunkt schließt das Einlaßventil, wobei gewünscht wird, daß der Zylinder mit einer großen Luftmenge gefüllt ist (→Liefergrad, →Ventiltrieb). Durch die Aufwärtsbewegung des Kolbens wird die Luft im Zylinder sehr hoch verdichtet, wobei sie sich gleichzeitig erwärmt (→Verdichtungsverhältnis). Kurz vor dem oberen Totpunkt wird von der →Einspritzpumpe durch die →Einspritzdüse eine der Last entsprechende Menge Dieselkraftstoff in den Brennraum gespritzt. Nach dem Einspritzen verdampft der Kraftstoff und vermischt sich mit der Luft im Brennraum (innere →Gemischbildung). Da der

Kraftstoff nicht alle Luftteilchen erreichen kann, muß ein gewisser Luftüberschuß vorhanden sein (→Verbrennungsluftverhältnis). Wegen der hohen Temperatur der verdichteten Luft tritt eine Selbstzündung des Kraftstoffs auf. Der Kraftstoff verbrennt; dabei bewegt sich der →Kolben schon wieder etwas nach unten (→Verbrennung D., Keisprozeßberechnung). Infolge der Verbrennung steigen Temperatur und Druck im Zylinder sehr an. Bei der sich anschließenden Expansion drücken die Verbrennungsgase im Zylinder daher mit hoher Kraft auf den sich abwärts bewegenden Kolben. Dabei wird eine Arbeit über den Kolben an die Kurbelwelle des Motors gegeben, die die vorher benötigte Arbeit zum Verdichten der Verbrennungsluft weit übersteigt (p, V-Diagramm). Kurz vor dem unteren Totpunkt wird das Auslaßventil geöffnet, und ein Teil der Verbrennungsgase strömt unter dem eigenen Überdruck in die Abgasleitung (→Gaswechsel). Beim anschließenden Aufwärtsgang schiebt der Kolben den restlichen Teil der Verbrennungsgase aus dem Zylinder in die Abgasleitung; danach beginnt ein neues Arbeitsspiel.

In den anderen Zylindern laufen die gleichen Vorgänge ab, jedoch zeitlich versetzt um den Zündabstand. Der Zündabstand ergibt sich aus der Dauer eines Arbeitsspiels (2 Kurbelwellenumdrehungen beim →Viertaktmotor) dividiert durch die Zylinderzahl.

Da die Anzahl der Arbeitsspiele eines Zylinders beim Viertaktmotor nur halb so groß ist wie die Anzahl der Kurbelwellenumdrehungen, müssen die Einspritzpumpe und die →Nockenwelle des Ventil-

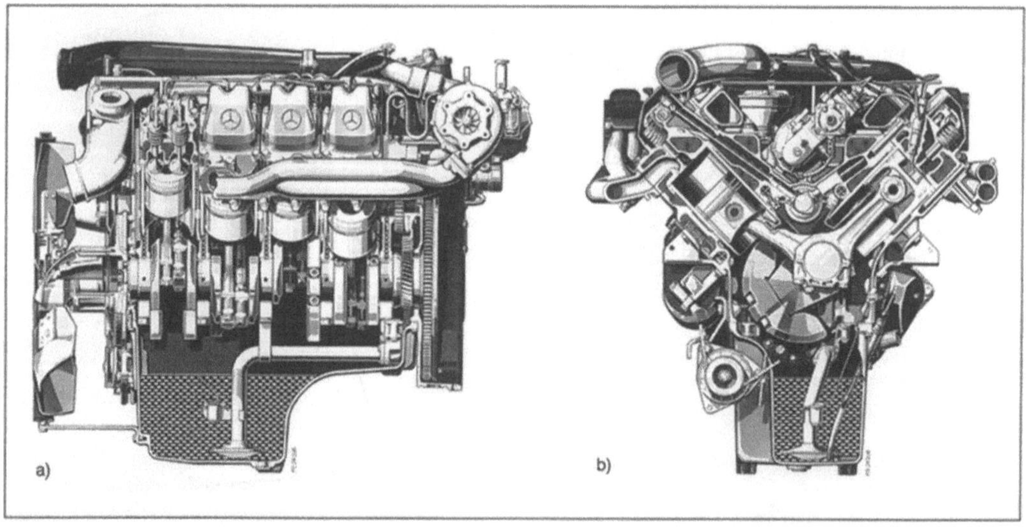

Dieselmotor 1:
a) Längsschnitt und
b) Querschnitt eines Viertakt-Dieselmotors für Lkw mit 8 Zylindern in V-Anordnung. (Quelle: Daimler-Benz)

triebs mit halber Kurbelwellendrehzahl laufen. Ihr Antrieb kann über Zahnriemen, Kette oder Zahnräder erfolgen.

Weitere wichtige Einrichtungen eines D. sind das →Schmierölsystem, das Kühlsystem, die Anlaßvorrichtungen und (beim aufgeladenen Motor) das Aufladesystem.

Das Entwicklungsziel bei aufgeladenen D. ist z. Z. hauptsächlich, große Leistungen bei hohem Wirkungsgrad und trotzdem erträglicher Triebwerksbelastung zu erzielen. Bei hoher →Aufladung gilt es, das Teillastverhalten und Beschleunigungsverhalten zu verbessern. Probleme bereitet u. a. die Verwendung von Kraftstoffen extrem geringer Qualität (Schweröl). Für Fahrzeugmotoren wird an der Entwicklung von Rußfiltern zur Verbesserung der Abgasqualität gearbeitet.

Die Einsatzbereiche von D. sind außerordentlich vielfältig. Als wichtigste seien genannt:

☐ Pkw (in Konkurrenz zum Ottomotor),
☐ Nutzfahrzeuge (Lkw, Omnibusse),
☐ Diesellokomotiven,
☐ Kettenfahrzeuge,
☐ Baumaschinen (auch Kompressoraggregate),
☐ landwirtschaftliche Maschinen,
☐ Stromaggregate (Notstromaggregate, Schiffshilfsmaschinen),
☐ Schiffsantriebe (Bootsmotoren, Schiffs-D.).

Bild 2 zeigt einen Pkw-D. mit 1,6 dm³ →Hubraum, der von einer Ottomotor-Baureihe abgeleitet wurde. Bei Pkw-D. wird auf ein geringes →Leistungsgewicht Wert gelegt, das durch leichte Bauweise und hohe Drehzahl erreicht werden kann. Dieser Motor ist mit einer Verteiler-Einspritzpumpe ausgerüstet (herausgezogen dargestellt) und arbeitet nach dem Wirbelkammerverfahren.

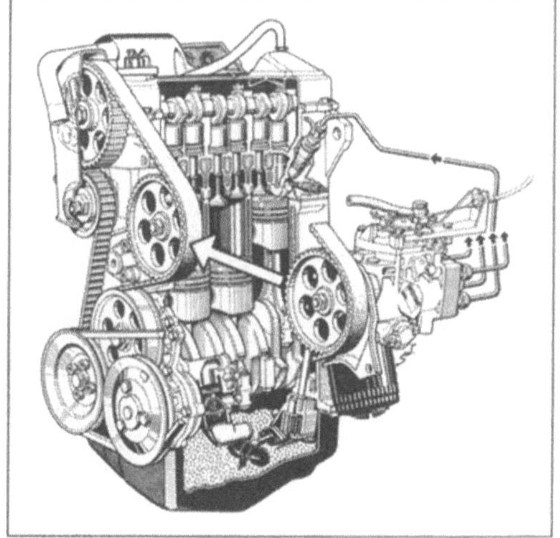

Dieselmotor 2: Viertakt-Dieselmotor für Pkw, 4 Zylinder in Reihe. (Quelle: VW)

Bild 3 zeigt einen aufgeladenen Lkw-D. mit 8 Zylindern in V-Anordnung. Er leistet in der Version mit →Ladeluftkühlung 330 kW bei 2100 min⁻¹. V8-Motoren mit 90° V-Winkel sind sehr kompakt und weisen einen vollständigen Massenausgleich auf.

Dieselmotor 3: Aufgeladener Viertakt-Dieselmotor für Lkw, 8 Zylinder in V-Anordnung. (Quelle: Daimler-Benz)

Bild 4 zeigt einen sog. Mittelschnelläufer. Die Leistung dieses 8-Zylinder-Reihenmotors beträgt 10 600 kW bei einer Drehzahl von 428 min⁻¹. Mittelschnelläufer werden als Reihen- oder V-Maschinen mit bis zu 18 Zylindern als Schiffsdieselmotoren eingesetzt und sind in der Lage, Schweröl zu verbrennen.

Dieselmotor 4: Mittelschnellaufender Schiffsdieselmotor mit Abgasturboaufladung und Ladeluftkühlung, 8 Zylinder in Reihe. (Quelle: MAN-B&W)

In Konkurrenz zu den Mittelschnelläufern stehen die großen Zweitakt-Schiffs-D. Diese Zweitakt-Kreuzkopfmaschinen sind eine klassische Schiffsmotor-Bauart, die gut mit Schweröl betrieben werden kann. Wegen der niedrigen Drehzahl (ca. 100 min⁻¹) ist eine direkte Kopplung mit der Propellerwelle möglich. Sowohl die Mittelschnelläufer wie auch diese Zweitakt-Schiffs-D. erreichen Nutzwirkungsgrade von etwa 50%. *Kuhlmann*

Literatur: *Bussien:* Automobiltechn. Handb. 1. Bd. Berlin 1965. – *Dubbel:* Taschenb. Maschinenbau. 16. Aufl. Berlin, Heidelberg, New York 1987. – *Kraemer, O., u. G. Jungbluth:* Bau und Berechnung von Verbrennungsmotoren. 5. Aufl. Berlin, Heidelberg 1983. – *Küttner, K.-H.:* Kolbenmaschinen. 5. Aufl. Stuttgart 1984. – *Mettig, H.:* Die Konstruktion schnellaufender Verbrennungsmotoren. Berlin, New York 1973. – *Pischinger, A.:* Gemischbildung und Verbrennung im Dieselmotor. R.: Die Verbrennungskraftmaschine. (Hrsg. H. List). Bd. VII. Wien 1957. – *Urlaub, A.:* Verbrennungsmotoren, 1.–3. Bd. Berlin 1987. – *Zinner, K.:* Aufladung von Verbrennungsmotoren. 2. Aufl. Berlin, Heidelberg, New York 1980.

Differential →Kraftübertragung

Differentialbauweise. Unter D. versteht man die Aufteilung eines Bauteils (Maschinenteils) in mehrere Werkstücke, mit folgenden Zielen:

☐ Anwendung kostengünstiger Halbzeuge oder Fertigungsverfahren,

☐ Ermöglichen der Fertigung oder Montage innerhalb der beschränkten Abmessungen der verfügbaren (eigenen) Einrichtungen,

☐ Ermöglichen von Versand im Rahmen der beschränkten Abmessungen üblicher Transportmittel (z. B. Bahn-, Lkw-, Flugzeugabmessungen).

Die letzten beiden Ziele sind vor allem bei Großmaschinen wie Großdieselmotoren, Turbinen, Generatoren und Großbehältern von Bedeutung. Gegenteil: →Integralbauweise. *Ehrlenspiel*

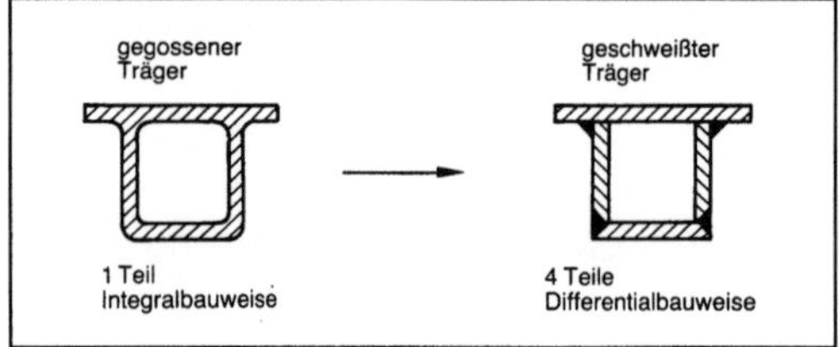

Differentialbauweise: Aufteilen eines gegossenen Trägers in mehrere geschweißte Bleche.

Differentialschaltung. Differentialzylinder, die im ersten Teil des Hubes niedrig belastet sind, laufen mit Eilvorschub aus, wenn beide Zylinderräume an die Speiseleitung angeschlossen sind. Wirksam ist die Stangenfläche A_{ST}. Die Vorschubgeschwindigkeit beträgt

$$v_E = \frac{\dot{V}}{A_{ST}} = \frac{\dot{V}}{A_K} \cdot \frac{\varphi}{\varphi - 1}.$$

Bei Druckanstieg über den Einstellwert (Federvorspannung) schaltet das vorgesetzte Eilgangventil selbsttätig auf den Lastvorschub um, bei dem nur in den Kolbenraum gespeist wird (Bild). Bei noch

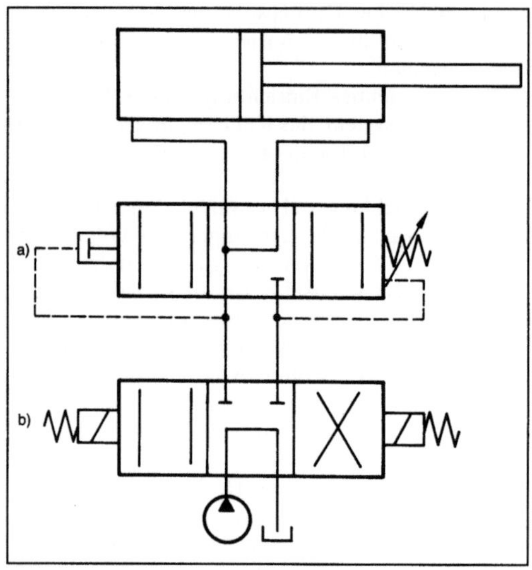

Differentialschaltung: Mit a) Eingangsventil und b) Wegeventil.

unveränderter Zylinderkraft sinkt der Vorschubdruck gemäß dem Flächenverhältnis A_{ST}/A_K ab. Das druckabhängig geschaltete Eilgangventil muß, um die Umschaltstellung zu halten, mit einer dem Flächenverhältnis $(\varphi - 1) / \varphi$ entsprechenden Differentialfunktion ausgeführt sein. *Röper*

Differentialzylinder →Hydrozylinder

Dimensionieren →Entwerfen

Direkteinspritzung →Brennraum

Direktreduktionsverfahren. Ein D. ist ein Verfahren zum Herstellen von →Eisenschwamm durch Reduktion von Eisenerz mit festen oder gasförmigen Reduktionsmitteln, die unter Umgehung des Hochofenverfahrens durchgeführt werden. Solche Verfahren sind beispielsweise das →Hojalata-y-Lamina-Verfahren, →Krupp-Eisenschwammverfahren, →Purofer-Verfahren, →Midland-Ross-Verfahren und das SL/RN-Verfahren. *Baumann*

Direktumrichter. Der D. ist ein Umrichter zur Umformung elektrischer Wechselstromenergie einer bestimmten Frequenz und Phasenzahl in einen Wechselstrom anderer, meist veränderbarer Frequenz und ggf. anderer Phasenzahl. Er ist netzgeführt (→Umrichter), da die Netzeingangsspannungen zur Kommutierung des Stromes von einem Stromrichterbrückenzweig zum anderen verwendet werden. Im Gegensatz zum →Zwischenkreisumrichter ist es ein Direktumrichter, weil die Ventile des Umrichters das Netz auf der Eingangsseite mit dem Netz auf der Lastseite in bestimmtem Rhythmus und zu bestimmten Zeitabschnitten direkt miteinander verbinden. Die Spannung auf der Lastseite wird aus Abschnitten der Spannungen des Speisenetzes gebildet. Der Umrichter umfaßt eine oder mehrere gegenparallel geschaltete Stromrichtergruppen. Wenn das Netz auf der Lastseite einphasig ist, genügt eine gegenparallel geschaltete Stromrichtergruppe. Beispiel: Bahnnetz, Umformung von 50 Hz auf 16⅔ Hz (Bild 1).

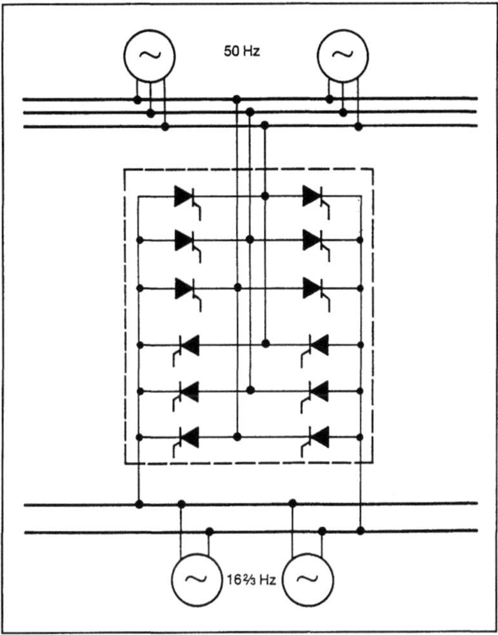

Direktumrichter 1: Zur Umformung von Netzen, z. B. 50-Hz-Netz auf Bahnnetz 16⅔ Hz. (Quelle: Silizium-Stromrichter-Handbuch. Hrsg. v. Brown, Boveri & Cie. AG, Baden/Schweiz)

Zur Versorgung von Drehstromantrieben sind drei gegenparallele Stromrichtergruppen notwendig (Bild 2). Die für die Kommutierung erforderliche Blindleistung liefert das Netz. Der Umrichter kann Wirkleistung in beiden Energieflußrichtungen übertragen.

Je nach Steuerverfahren unterscheidet man bei den Direktumrichtern:

□ Trapezkurvenumrichter. Bei diesen ist die Ausgangsspannung bei voller Aussteuerung trapezförmig. Vorteil: günstiger cos φ.

□ Steuerumrichter. Die Ausgangsspannung wird sinusförmig gesteuert. Vorteil: weniger Oberschwingungen.

Die maximale Ausgangsfrequenz des Umrichters ist auf etwa die Hälfte der Netzfrequenz begrenzt, bei 50 Hz auf etwa 25 Hz. Dadurch sind diese Umrichter für den Betrieb großer Drehstrommotoren mit niedriger Drehzahl geeignet, besonders seit Leistungshalbleiter für höhere Sperrspannungen und hohe Ströme kostengünstiger hergestellt werden.

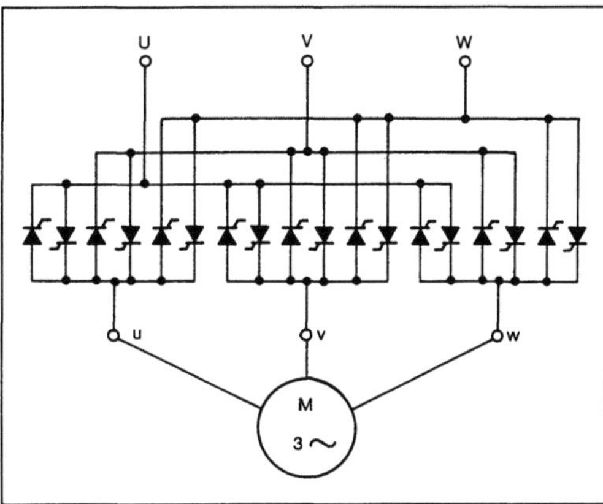

Direktumrichter 2: Netzgeführter Umrichter mit dreiphasigem Ausgang für Drehstrommotor. (Quelle: Brown, Boveri & Cie. AG)

Eine weitere Variante des Direktumrichters sind die Netztaktumrichter. Es handelt sich hierbei um einen dreiphasigen Direktumrichter, jedoch mit Zwangskommutierung (→Kommutierung). Sie wurden zunächst für Drehstrom-Motoren kleinerer Leistung entwickelt. Doch konnten sie sich gegen die Zwischenkreisumrichter nicht durchsetzen. *Stüben*

Dispersion. Frequenzabhängigkeit der Ausbreitungsgeschwindigkeiten harmonischer Teilwellen, die ein Wellenpaket bilden. Die Ausbreitung hochfrequenter Teilwellen mit anderer →Phasengeschwindigkeit als die niederfrequenten führt zu einer Veränderung der Form des Wellenpakets bei der Ausbreitung (Bild).

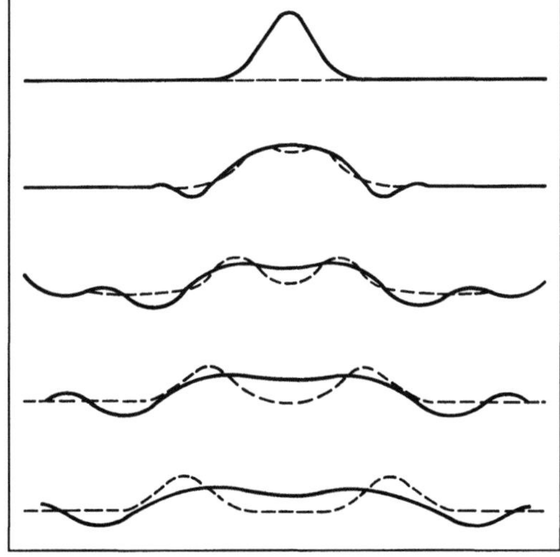

Dispersion: Störungsausbreitung mit Dispersion auf einem Balken (——) im Vergleich mit nichtdispersiver Ausbreitung (– – –). (Quelle: K. F. Graff a. a. O.)

In der Optik führt D. zum Zerlegen des weißen Lichts in seine Spektralfarben. *Gaul*

Literatur: *Graff, K. F.:* Wave motion in elastic solids. Ohio State Univ. Press, printed in Belfast (Nordirland) 1975.

Disponent →Gestaltungsebene

Dissipation →Verlust

Distributionslogistik →Gestaltungsebene

Doppel-Abkürzkreissägemaschine. Diese Maschine besitzt zwei links und rechts angeordnete Sägeaggregate, so daß zwei parallele Sägeschnitte durchgeführt werden können. Eingesetzt wird diese Maschine zum Formatsägen und Aufteilen flächiger Werkstücke sowie zum Ablängen von Leisten und geformten Teilen. Die beiden Maschinenständer sind mit einem Führungsbett oder mit zwei Führungsschienen miteinander verbunden. Üblicherweise ist das rechte Aggregat von Hand oder elektromotorisch (NC-gesteuert) in der Breite verfahrbar. Die Sägeaggregate sind stufenlos neigbar von 0–90°, so daß Besäumschnitte mit vertikalem Sägeblatt, mit Nuten an den Schmalflächen bei waagerecht gestelltem Sägeblatt sowie Gehrungsschnitte an gebogenen Werkstücken möglich sind. Vorritzsägen erhöhen die Sägeschnittqualität erheblich.

Die Vorschubbewegung des Werkstücks erfolgt auf einem Schiebetisch, der von Hand bewegt wird. Der Schiebetisch besteht aus zwei Längsholmen, die jeweils am linken bzw. rechten Maschinenständer leichtlaufend geführt sind. Ein Querbalken, der zugleich als Anschlaglineal für die Werkstücke dient, wird nach der Breitenverstellung automatisch gespannt. Die Schiebetischkonstruktion erlaubt nur eine taktweise Bearbeitung der Werkstücke, d. h. der Tisch wird nach dem Schneidevorgang in die Ausgangsstellung zurückgefahren. Die Beschickung und Entnahme der Werkstücke erfolgt somit auf der vorderen Maschinenseite. *Dusil*

Doppel-Zweiwalzen-Walzgerüst. Das D.-Z.-W. ist ein Horizontal-W. mit 2 Arbeitswalzenpaaren, die eine entgegengesetzte Drehrichtung haben und in der Höhe so gegeneinander versetzt angeordnet sind, daß ohne Umkehr der Walzendrehrichtung in beiden Richtungen höhenversetzt gewalzt werden kann (Bild). In einem solchen W. sind also 2 Z.-W. miteinander vereinigt. *Baumann*

Doppelendprofiler. D. werden vorwiegend zur zweiseitigen Kantenbearbeitung (Schmalflächenbearbeitung) flächiger Werkstücke im geradlinigen Durchlauf eingesetzt. Diese Maschinen können sowohl plattenförmige Werkstücke aus Holzwerk-

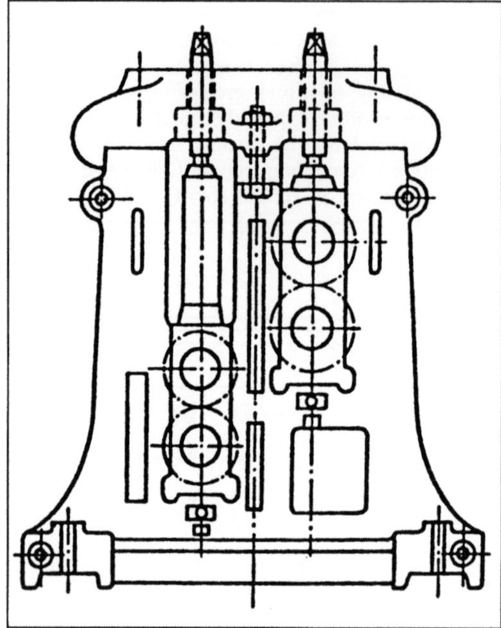

Doppel-Zweiwalzen-Walzgerüst: Seitenansicht.

stoffen (Furnierplatten, Spanplatten usw.) als auch Vollholzwerkstücke bearbeiten. Die heutige Maschinenkonstruktion wurde aus der Zapfenschneid- und Schlitzmaschine sowie aus der Doppel-Abkürzsägemaschine mit Kettenvorschub entwickelt. Kennzeichen des D. sind die beidseitig angeordneten, schmalen, synchron umlaufenden Transport- und Andruckketten, die das Werkstück an den Werkzeugen vorbei führen. Die Ketten bestehen aus Kettenelementen mit versenkbaren Anschlägen. Große flächige Werkstücke werden hinter den Anschlagnocken angeschlagen, schmale Werkstücke z. B. Massivholzrahmenteile werden vor den Mitnehmern eingelegt und beidseitig mit höchster Präzision bearbeitet. Werden zwei D. hintereinander verkettet, können Werkstücke bei einer Drehung von 90° in einem Durchlauf vierseitig bearbeitet werden. Die beiden Maschinenständer, die vorwiegend nach dem Baukastenprinzip konstruiert sind, tragen die Vorschubketten und die Bearbeitungsaggregate. Durch seitliches Verfahren des beweglichen Ständers (meist rechter Ständer) mittels Gewindespindeln kann die Arbeitsbreite beliebig eingestellt werden. Jede Bearbeitungseinheit hat einen eigenen elektromotorischen Antrieb und läßt sich manuell über Handkurbeln oder über eine elektronische Positioniersteuerung in eine bestimmte Position relativ zum Werkstück bringen. Die Bearbeitungsmöglichkeiten bei der Formatgebung sind sehr vielfältig. So sind über die Grundbearbeitung (Formatieren) Arbeitsgänge wie Formfräsen, Einsatzfräsen (Gleich- oder Gegenlauf),

Profilfräsen, Abrundfräsen, Falz- und Nutenfräsen, Ritzen oben und unten, Zerspanen, Zapfen und Schlitzen, Ecken runden oder ausklinken, Flächenbohrungen und Schleifarbeiten möglich. Zur Verbesserung der Wirtschaftlichkeit und der Arbeitsgenauigkeit werden verschiedene Funktionen an dieser Maschine je nach Einsatzbedingungen teilweise oder ganz automatisiert. Folgende Möglichkeiten kommen in Betracht:

□ Positionierung des verfahrbaren Maschinenständers, der oberen Druckeinrichtungen, des Anschlaglineals, der Werkzeuge (Höhe, Tiefe, Schwenken) usw.;

□ Programmsteuerung für Ein- und Aussetzbewegungen (Gleich- und Gegenlauf) usw. (CNC-Steuerungen);

□ Kettennockenvorwahl, versenkt oder als Anschlagnocke ausgefahren;

□ Maschinenbelegkontrolle mit Stückzahlvorwahl.

Der Einsatz von 50-Hz-Elektromotoren und direkt antreibenden Hochfrequenzmotoren, die zur starken Geräuschentwicklung beitragen, zwingt zu lärmpegelmindernden Maßnahmen. Zu den schwingungsdämpfenden Maßnahmen an Gestell- und Transportkonstruktionen wird eine Teil- und Vollkapselung durch Schallschutzkabinen notwendig (Bild). *Dusil*

Doppelendprofiler: Mit Fräs- und Sägeaggregaten. (Quelle: IMA)

Lärmschutzverkleidungen sind aufgeklappt

Doppelkreuzgelenk. Das D. besteht aus zwei in W-Anordnung hintereinander geschalteten Kardangelenken. Im Gegensatz zu einer →Gelenkwelle ist das Zwischenstück sehr kurz gehalten und nicht längsnachgiebig. Es existieren zwei grundsätzlich verschiedene Bauformen: ohne und mit Zentrierung. Ohne Zentrierung ist das D. winkel- und quernachgiebig, mit Zentrierung nur winkelnachgiebig (Bild). Das D. wird angewendet, wenn Winkelnachgiebigkeit über größere Winkel als durch ein einfaches →Kardangelenk (mehr als ca. 30–40°) und/oder annähernd homokinetische Drehübertragung gefordert wird. In der Ausführung als Weitwinkelgelenk wird eine Winkelnachgiebigkeit bis 70° erreicht. *Ehrlenspiel*

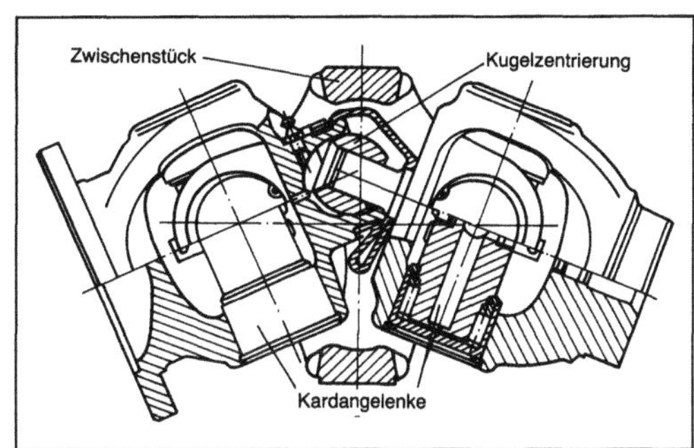

Doppelkreuzgelenk. (Quelle: Gelenkwellenbau Essen)

Doppelkurbel →Gelenkgetriebe

Doppellaschennietung →Nietverbindung

Doppelschieber →Gelenkgetriebe

Doppelschleife →Gelenkgetriebe

Doppelschrägverzahnung. Zahnräder mit D. weisen zwei durch eine Nut getrennte Verzahnungshälften mit gegenläufig gleich großen Schrägungswinkeln auf.

Die Wellenlagerungen sind von Axialkräften weitgehend befreit, wenn man darauf achtet, daß sich ein Rad der Paarung axial frei einstellen kann (schwimmende Lagerung). Dies führt auch zu einer weitgehend gleichmäßigen Aufteilung der Umfangskraft auf beide Pfeilhälften.

Die Breite der Nut wird normalerweise durch den benötigten Werkzeugauslauf bestimmt. Mitunter werden zwei entsprechende Schrägstirnräder zu einem Rad zusammengefügt (→Bandage). *Winter*

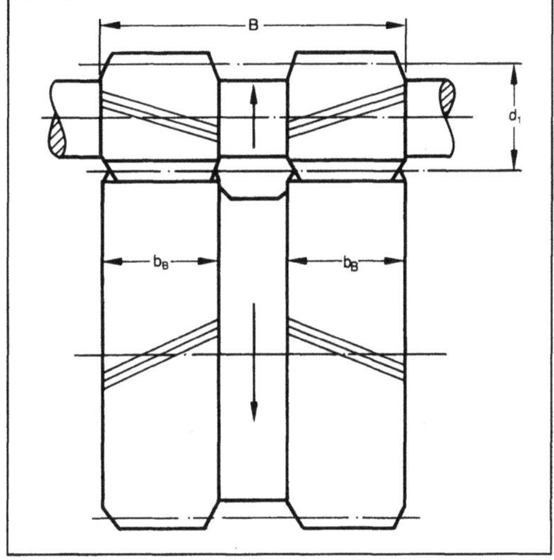

Doppelschrägverzahnung: Zahnradstufe.

Doppelschwinge →Gelenkgetriebe

Doppelspiel. Es wird z. B. eine →Ladeeinheit eingelagert und auf der Rückfahrt eine andere ausgelagert. Leerfahrten gibt es hierbei wenig. Sie treten auf, wenn nach der Einlagerung z. B. das →Fördermittel u. U. drei Lagerplätze weiter leer zur Entnahme fahren muß, um eine →Palette, die ausgelagert werden soll, aufzunehmen.

Das D. ergibt sich aus der Summe der Einzelzeiten

☐ Lastaufnahme am Bereitstellpunkt,
☐ Fahrt des Fördermittels zum Einlagerungspunkt,
☐ Lastabgabe am Einlagerungspunkt,
☐ Leerfahrt vom Einlagerungspunkt zum Auslagerungspunkt,
☐ Lastaufnahme am Auslagerungspunkt,
☐ Lastfahrt zum Bereitstellpunkt,
☐ Lastabgabe am Bereitstellpunkt.   *Jünemann*

Dose. Die D. gehört zu dem Bereich der Verpackungsmittel mit kreisförmigem Querschnitt. Dabei ist Voraussetzung, daß der Querschnitt über die gesamte Höhe der D. konstant ist. Die Grenze der Bezeichnung D. liegt bei ca. 300 mm Dmr. Bei größerem Durchmesser wird dann noch der Begriff D. angewandt, wenn der Durchmesser größer ist als die Höhe der D. Größere Verpackungsmittel werden als Trommeln bezeichnet. D. werden angepaßt an den jeweiligen Verwendungszweck und in den verschiedensten konstruktiven, werkstofftechnischen und fertigungstechnischen Ausführungen hergestellt. Ihre besonderen Vorteile sind hohe Festigkeit und Stabilität, gute Dichtigkeitseigenschaften bei entsprechender Wahl von Werkstoff und Ausführung, gute Füllbarkeit und bei entsprechender Werkstoffwahl hervorragende Möglichkeiten zur werbewirksamen Gestaltung. Sie hat aber auch Nachteile. Die Fertigung von D. erfordert hohen Fertigungsaufwand mit einer hohen Anzahl von Arbeitsgängen, wenn diese auch heute mechanisiert sind. Es besteht ungünstige Lager- und Transportausnützung. Bei zylindrischen Verpackungsmitteln kann im ungünstigsten Fall nur ca. 80 % des Volumens ausgenutzt werden. D. beanspruchen volles Volumen im leeren Zustand.

Die D. können zwei- oder dreiteilig hergestellt werden. Im Bereich der Fasermaterialien besteht bei D. geringer Höhe die Fertigung durch Ziehen. Hier wird aus einer Scheibe aus Fasermaterial in einem Arbeitsgang das fertige Verpackungsmittel gefertigt. Das Ziehen läßt sich nur bei D. mit geringer Höhe anwenden. Größere Höhen werden durch Wickeln des Mantels gefertigt. Um die D. fertigzustellen, ist noch das Anbringen eines Bodens und das Vorbereiten eines Deckels notwendig. Bei D. aus Metall ist ebenfalls noch die drei- und die zweiteilige Fertigung in Anwendung. Bei der dreiteiligen Fertigung wird der Mantel mit einer Löt- oder Schweißlinie zum Zylinder geschlossen. Der Boden wird getrennt gefertigt und eingesetzt. Die D. wird mit dem Deckel nach dem Füllen verschlossen. Die zweiteilige D. wird entweder im Fließpressen bei Aluminium oder mit dem Abstreckziehen bei Weißblech gefertigt. In beiden Fällen ist nur noch ein Deckel zum Verschließen notwendig. In allen Fällen können die Deckel übergreifen als Stülpdeckel oder nach innen greifen und als Eindrückdeckel gefertigt sein. Bei D. kommen keine Inneneinrichtungen zum Einsatz. Ebenso werden keine Tragevorrichtungen benutzt. Die Einsatzmöglichkeiten für D. sind umfassend. Bei entsprechender Werkstoffauswahl, die allerdings Rückwirkungen auf die Fertigungsmöglichkeiten aufwirft, besteht keine Begrenzung in der Art des verwendbaren Füllguts von festen Produkten, grob- oder feinstückig, über pulverförmige Güter bis zu Flüssigkeiten hoher oder niedriger Viskosität.   *Paris*

Dosieranlage. D. sind Bauteil einer Mischanlage, die dazu dienen, Bindemittel und Zuschlagstoffe in den gewünschten Verhältnissen vor dem Mischvor-

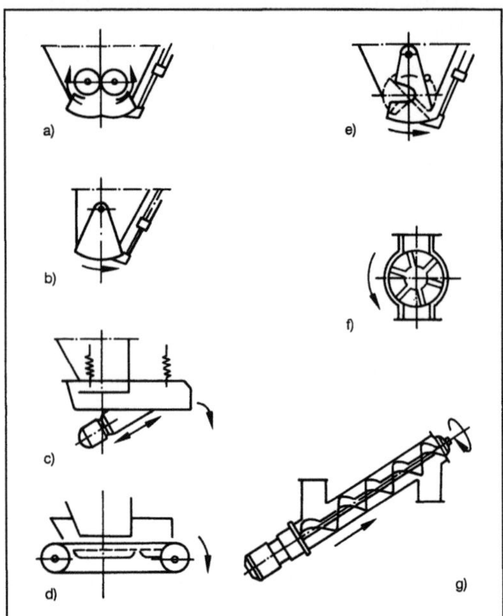

Dosieranlage: Dosiereinrichtungen für Zuschlagstoffe und Zement.
a) Doppelschwingverschluß
b) Einfachschwingverschluß
c) Vibrorinne
d) Abzugsband
e) Taschenradzuteiler mit Segmentverschluß
f) Zellenradzuteiler
g) Förderschnecke.

gang zuzuteilen. Abhängig davon, ob man volumetrisch oder gravimetrisch dosiert, werden für die Zuschlagstoffdosierung hauptsächlich dreierlei Dosierelemente verwendet (Bild):

□ der Schwingverschluß ohne und mit Feindosierung,

□ Dosierbänder mit und ohne Feindosierung,

□ Vibrorinnen mit nicht regelbarer Unwucht oder regelbarem Magnetantrieb.

Die Steuerung der Schwingverschlüsse (Drehschieber) besorgen Elektromotoren oder Druckluft- oder Hydraulikzylinder. Die Vibrationsaufgeber der Abzugsbänder werden in Verbindung mit den Wägeanlagen elektrisch gesteuert. Als D. für die gleichmäßige Beschickung von Zementwaagen dienen Förderschnecken als Zuteilschnecken oder Zellenradzuteiler. Zuteilschnecken für Zementwaagen setzt man als Normalschnecken und als Steilförderschnecken ein; sie sind für Hintereinanderschaltung geeignet. Zellenradzuteiler (Zuteilschleusen) werden direkt unter dem Auslauf des Silos angebaut und mit Elektromotoren angetrieben. *Kühn*

Draht. D. ist ein warmgewalztes oder kaltgewalztes →Fertigerzeugnis aus Stahl oder anderen Metallen aller Art mit beliebiger, meist runder Querschnittsform, das in Ringen, als dünner kaltgezogener D. auch auf Spulen gewickelt, geliefert wird. *Baumann*

Drahtseil. D. sind typische Bauelemente der Fördertechnik. Sie finden Verwendung als Tragseile (stehende Seile) oder als bewegte Seile in Seiltrieben. Seile sind genormt in DIN 3051. *Jünemann*

Drahtwalzstraße. Eine D. ist eine Einzweck-Walzstraße zum Herstellen von Stahldraht durch Warmwalzen. Solche einadrigen Straßen bestehen i. a. aus →Vorstraße, →Zwischenstraße und →Fertigstraße, auch Fertigwalzblock oder Drahtblock genannt (Bild 1). In mehradrigen D. sind nach der Zwischenstraße, entsprechend der Anzahl Walzadern, mehrere Fertigwalzblöcke meist parallel zueinander angeordnet (Bild 2).

Die Entwicklung der D. ist seit der Einführung des drallfreien Fertigwalzblocks und der kontrollierten Abkühlung des Walzdrahts durch außergewöhnliche Leistungssteigerungen gekennzeichnet. 1992 wurden

□ Fertigwalzgeschwindigkeiten von mehr als 100 m/s erreicht,

□ Knüppelquerschnitte zwischen 135 mm × 135 mm und 160 mm × 160 mm eingesetzt,

□ Bundgewichte von mehr als 2 t erzielt sowie

□ Aderleistungen bis zu 400 000 t/a erreicht.

Bedeutsame Merkmale neuzeitlicher D. sind:

□ mögliche Anstichtemperaturen von nur etwa 950 °C,

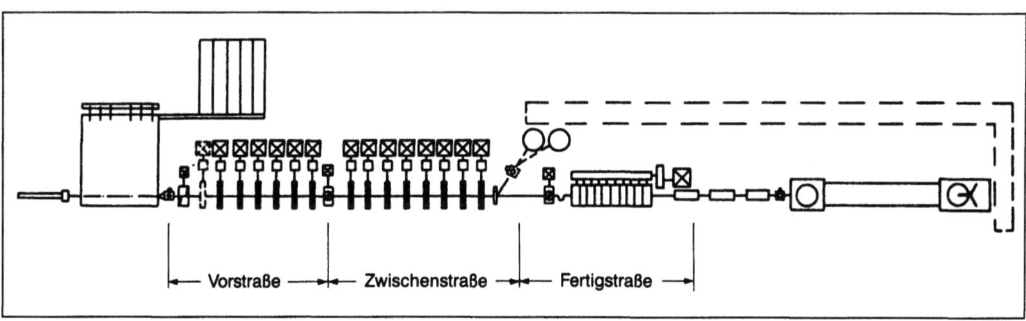

Drahtwalzstraße 1: Schematische Darstellung einer einadrigen Drahtwalzstraße.

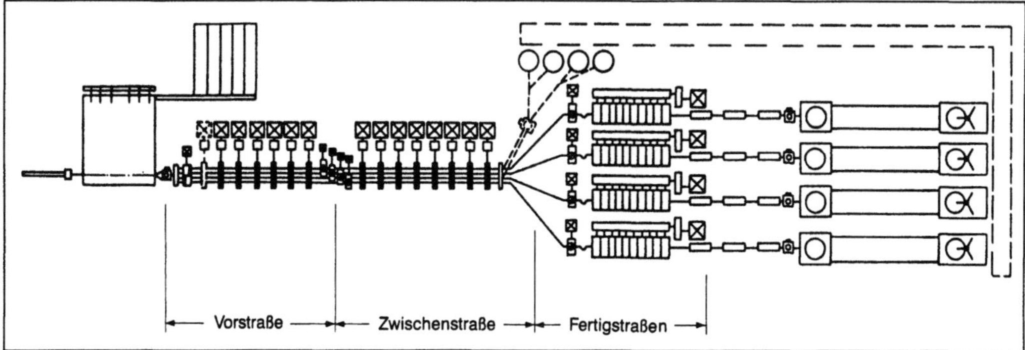

Drahtwalzstraße 2: Schematische Darstellung einer vieradrigen Drahtwalzstraße.

□ drallfreies Walzen in der gesamten Straße,
□ zugfreie Fahrweise in der Zwischenstraße,
□ gezielte Wasserkühlung in der Zwischenstraße
sowie vor und innerhalb des Fertigwalzblocks.

Neuartige Draht-Windungsleger sind bereits für Drahtgeschwindigkeiten bis 150 m/s ausgelegt.

Baumann

Drehachse. Die Achse im Raum, um die sich ein →Rotor dreht. Bei starren Lagern fällt die D. mit der Schaftachse zusammen. *Witfeld*

Drehbohrgerät.

1. Boden. D. setzt man als bewegliche Bohrgeräte zum Tiefbohren für Pfahlgründungen von Bauwerken für Trocken- und Spülbohren ein. Im Trockendrehbohrverfahren werden 30 m Tiefe bis maximal 1200 mm Dmr. erreicht. Geräte für Aufschlußbohrungen, Ankerbohrungen und für den Brunnenbau arbeiten je nach den Bodenverhältnissen mit oder ohne Verrohrung. Sie sind maschinell angetrieben und oft mit einer zusätzlichen Möglichkeit zur Förderung (Stetigförderung) des Bohrguts versehen (→Rotarybohrgeräte, Saugbohrgeräte, Lufthebebohranlagen); dazu muß das Bohrgestänge hohl sein. Das Bohrgestänge mit dem Werkzeug wird von einem Drehtisch über eine Mitnehmerstange, z. B. Kellystange, angetrieben und kann beim Drehen nach unten gedrückt werden. Man erhält eine hohe Bohrleistung. Lufthebebohrverfahren verwenden Druckluft, die unten in das Bohrgestänge eingeblasen wird. Die aufsteigenden Luftblasen im (wassergefüllten) Bohrgestänge ergeben einen Förderstrom und reißen das Wasser-Bohrgut-Gemisch nach oben mit. *Kühn*

2. Gestein. Beim Drehbohren wird die Schneide des Bohrwerkzeugs unter gleichzeitigem Andruck über einen Drehtisch und ein Hohlbohrgestänge gegen die Bohrlochsohle gedreht. Für den Antrieb verwendet man Elektro- oder Hydraulikmotoren. Der Vorschub geschieht mit Seil, Spindel, Kette oder Hydraulikzylinder. Die Bohrwerkzeuge sind mit Hartmetallschneiden versehene Vollbohrkronen, deren Gestaltung von der benötigten spezifischen Bohrandruckkraft abhängig ist. Je nach der Gesteinshärte und Gesteinsstruktur kommen vor allem dreiflügelige Drehbohrer, Stufendrehbohrer und exzentrische Drehbohrer zum Einsatz. D. sind auf →Bohrwagen mit einem geländegängigen Reifen- oder Raupenfahrwerk montiert, die meistens einen eigenen Antrieb haben. Die Bohrlafette ist nach allen Seiten schwenkbar, und je nach der Größe und Leistungsfähigkeit sind die Geräte mit einem automatischen Gestängemagazin ausgerüstet. *Kühn*

Drehgelenk →Gelenkgetriebe

Drehherdofen. Ein D. dient dem Wärmen von Vormaterial mit runden, achteckigen oder quadratischen Querschnitten zum Herstellen nahtloser Rohre oder für die Weiterbearbeitung in Schmiedeanlagen. Beim D. wird das Wärmgut mit automatisierten Systemen in den Ofen eingebracht und aus dem Ofen entnommen (Bild). Der Drehherd besteht im wesentlichen aus einem ringförmigen Herdwagen mit einzelnen Segmenten, der auf Laufrollen gelagert ist. Das zu erwärmende Gut wird mit Tangentialbrennern im Gegenstrom erhitzt. Große D. haben Durchsatzleistungen von mehr als 100 t/h, Herddurchmesser von mehr als 30 m, Herdbreiten von etwa 5 m und Ofenraumtemperaturen von etwa 1 250 °C. *Baumann*

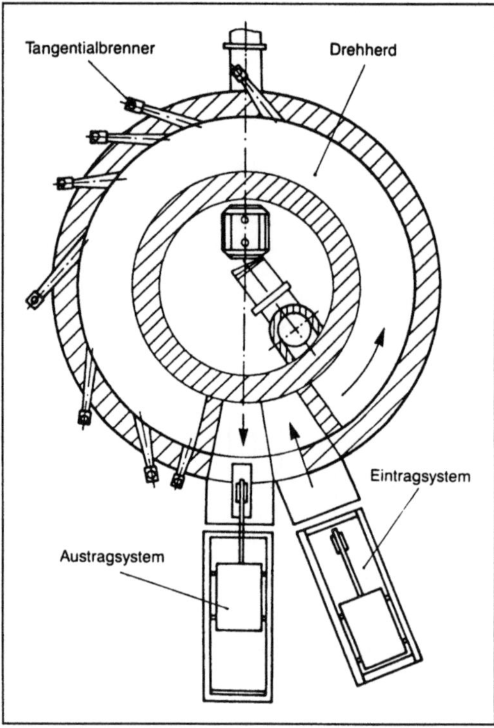

Drehherdofen: Arbeitsprinzip eines Drehherdofens.

Drehkolbenmaschine →Rotationskolbenmaschine

Drehkraftdiagramm. Das D. (Tangentialkraftdiagramm) gibt bei Verbrennungsmotoren den Verlauf des Drehmoments über Zeit bzw. über Drehwinkel der Kurbelwelle an. Motoren mit vielen Zylindern haben ein fast gleichförmiges Drehmoment, wogegen das Drehmoment bei Motoren mit wenigen Zylindern im Rhythmus der Zündungen stärker schwankt.

Im Triebwerk eines Verbrennungsmotors treten an allen Stellen stark schwankende Kräfte auf. Die Ursache hierfür sind die am →Kolben angreifenden Gaskräfte und Massenkräfte.

Unter Massenkräften versteht man die Kräfte, die infolge der Beschleunigung von Massen auftreten. Zum Beispiel muß der Kolben, wenn er sich im oberen Totpunkt befindet, nach unten beschleunigt werden. Von der →Pleuelstange wird auf den Kolben eine Kraft nach unten ausgeübt. Umgekehrt kann man sagen, daß der Kolben im oberen Totpunkt infolge seiner Massenträgheit an der Pleuelstange zieht; dadurch tritt im Pleuel als Massenkraft eine Zugkraft auf. Im unteren Totpunkt ergibt sich infolge der Massenkraft eine Druckkraft im Pleuel. Man sieht also schon, daß die Massenkräfte zu Wechselkräften führen, die das Triebwerk eines Motors besonders bei hoher Drehzahl sehr beanspruchen können (die Massenkräfte sind dem Quadrat der Drehzahl proportional).

Bei kleiner Drehzahl rühren die Kräfte im Triebwerk fast ausschließlich von den Gaskräften her. Unter Gaskraft versteht man die durch den Zylinderdruck hervorgerufene Kraft am Kolben. Bild 1 zeigt den Verlauf des Zylinderdrucks am Kolben eines Viertakt-Ottomotors über ein Arbeitsspiel, d. h. zwei Kurbelwellenumdrehungen. Welches Drehmoment sich aus dem Gaskraftverlauf ergibt, hängt von der Geometrie des Kurbeltriebs ab. In Bild 2 ist gezeigt, wie sich die Kolbenkraft F_K in die Pleuelstangenkraft F_P und eine Normalkraft F_n zerlegt, mit der sich der Kolben auf seiner Laufbahn (dem Zylinder) abstützt. Die Pleuelstangenkraft kann man an der Kurbelwelle wieder zerlegen in eine Tangentialkraft F_t und eine Radialkraft F_r. Die Radialkraft belastet die Kurbelwelle und die Lager, trägt aber nicht zum Drehmoment bei, weil ihr Hebelarm null ist. Aus der Tangentialkraft ergibt sich das Drehmoment zu $M_d = F_t \cdot r$, wobei r der

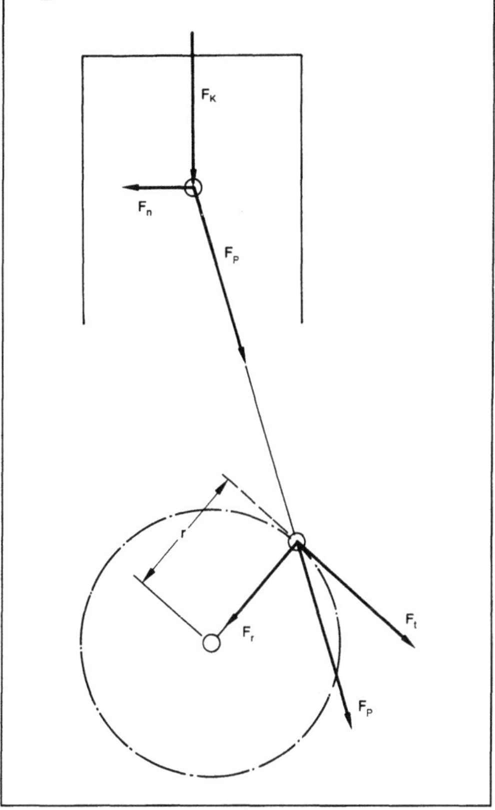

Drehkraftdiagramm 2: Kräfte am Kurbeltrieb eines Verbrennungsmotors.

F_K Kolbenkraft, F_n Normalkraft, F_P Pleuelkraft, F_t Tangentialkraft, F_r Radialkraft, r Kurbelradius

Kurbelradius ist, d. h. der Abstand des Kurbelzapfenmittelpunkts zur Kurbelwellenmitte.

Da der Kurbelradius r konstant ist, sind das Drehmoment und die Tangentialkraft einander proportional. Im Motorenbau ist es üblich, nicht den Drehmomentverlauf, sondern den Tangentialkraftverlauf aufzutragen. Folgerichtig spricht man vom Tangentialkraftdiagramm oder D. Bild 3 zeigt das D., das sich aus dem Gasdruckverlauf nach Bild 2 ergibt. Dabei wurde die Tangentialkraft F_t auf die Kolbenfläche A_K bezogen, um sie von der Motorgröße unabhängig zu machen. Die Tangentialkraft (also auch das Drehmoment) wird während der Verdichtung negativ. Der Motor gibt in dieser Phase keine Leistung ab, sondern er benötigt eine Arbeit zur Verdichtung des Gases im Zylinder. Diese Arbeit wird der kinetischen Energie der rotierenden Teile des Motors (insbesondere des Schwungrads) entnommen.

In Bild 3 ist der Tangentialkraftverlauf für nur einen einzigen Zylinder wiedergegeben. Bei einem Mehrzylindermotor müssen die Tangentialkräfte

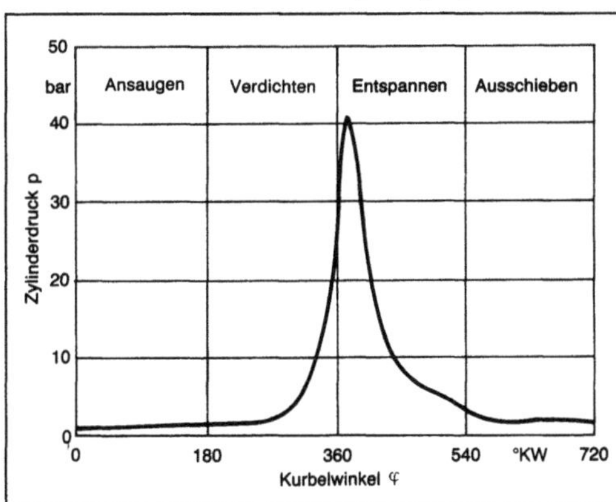

Drehkraftdiagramm 1: Druckverlauf im Zylinder eines Viertakt-Ottomotors bei Vollast in Abhängigkeit vom Kurbelwellendrehwinkel φ.

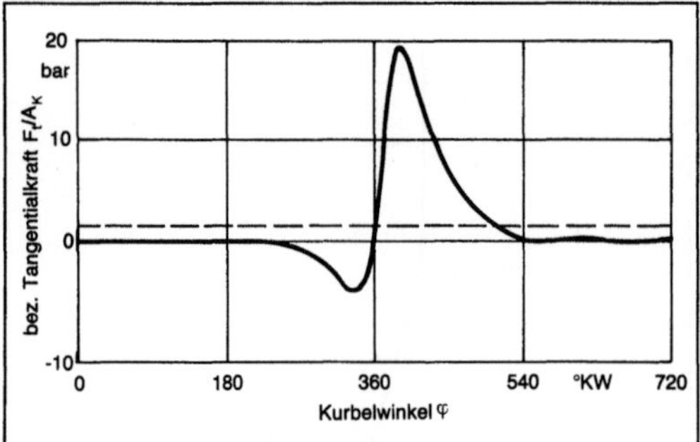

Drehkraftdiagramm 3: Tangentialkraftdiagramm für einen Zylinder eines Viertakt-Ottomotors bei Vollast (Massenkräfte vernachlässigt).

F_t Tangentialkraft, A_K Kolbenfläche

der einzelnen Zylinder phasenrichtig addiert werden. In Bild 4 sind die aus der Addition gewonnenen Drehkraftdiagramme für Viertaktmotoren mit 2, 3, 4 und 6 Zylindern wiedergegeben.

In die Diagramme ist auch jeweils der Mittelwert der Tangentialkraft als gestrichelte Linie eingetragen. Er entspricht dem Mittelwert des Drehmoments, das der Motor abgibt. In den Diagrammen erkennt man als Spitzen deutlich die Zündungen der einzelnen Zylinder. Durch geeignete Formgebung der Kurbelwelle kann man meistens einen gleichmäßigen Zündabstand erreichen.

Das D. ist besonders in zweierlei Hinsicht wichtig:

□ Erstens läßt sich aus dem D. die erforderliche Schwungradgröße ermitteln. Bei hohen Drehmomentschwankungen, also i. a. bei kleiner →Zylinderzahl, ist eine größere Schwungmasse (polares Massenträgheitsmoment) der rotierenden Teile erforderlich, um einen gleichförmigen Lauf des Motors zu erzielen (→Ungleichförmigkeitsgrad).

□ Zweitens wirken die schwankenden Tangentialkräfte als Anregung von Drehschwingungen innerhalb und außerhalb des Motors. Um die gefährlichen Drehschwingungen sicher zu beherrschen, ist eine umfangreiche Berechnung notwendig, die auch auf die Größe und Frequenz der schwingungserregenden Tangentialkräfte zurückgreifen muß.

Schließlich muß noch gesagt werden, daß die D. von Dieselmotoren ähnlich aussehen wie die von Ottomotoren. Bei Zweitaktmotoren macht sich die im Vergleich zum →Viertaktmotor bei gleicher Zylinderzahl doppelte Anzahl von Zündungen bemerkbar. Besonderheiten können sich bei V-Motoren ergeben, wenn sie mit ungleichmäßigem Zündabstand arbeiten. *Kuhlmann*

Literatur: *Hafner, K. E.*, u. *H. Maas:* Torsionsschwingungen in der Verbrennungsmaschine. Die Verbrennungskraftmaschine. Neue Folge. Bd. 4. Wien, New York 1985. – *Mettig, H.:* Die Konstruktion schnellaufender Verbrennungsmotoren. Berlin, New York 1973.

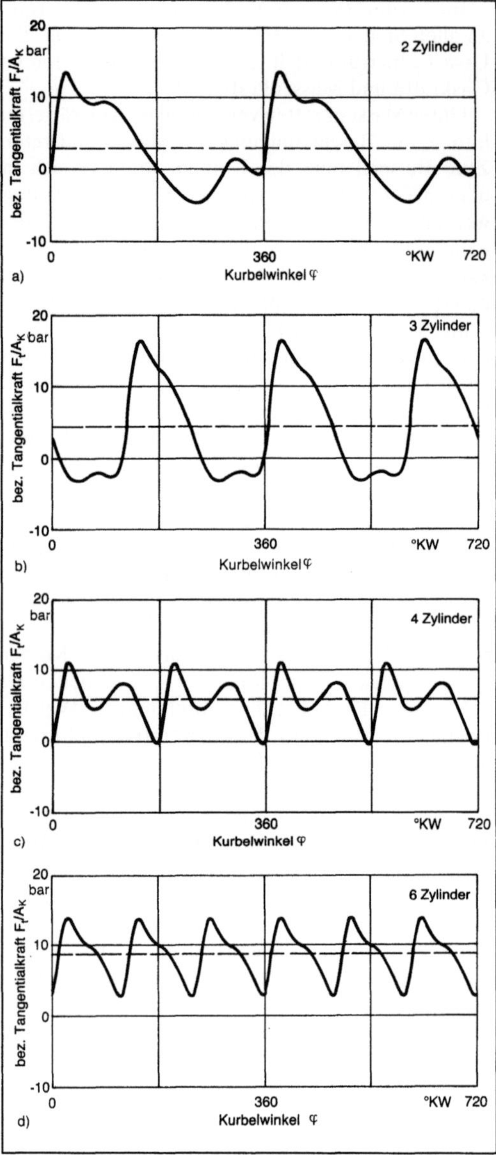

Drehkraftdiagramm 4: Tangentialkraftdiagramm für Viertakt-Ottomotoren mit verschiedener Zylinderzahl bei Vollast und mittlerer Drehzahl.
a) 2 Zylinder
b) 3 Zylinder
c) 4 Zylinder
d) 6 Zylinder.

Drehkran. D. sind besondere Bauformen von Kranen. Bei D. erfolgt die Lastbewegung durch Überlagerung des Drehwinkels und der Radialwege, der Auslegerspitze. D. besitzen ein spezielles Drehwerk, das, kombiniert mit anderen Bauformen wie z. B. Turmkrane, Portalkrane, →Ausleger-

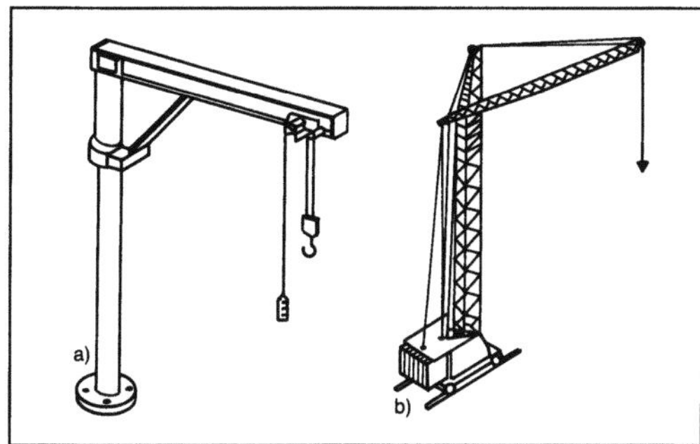

Drehkran.
a) Säulendrehkran
b) Turmdrehkran.

flurfrei, manuell bedient, geführt verfahrbar, Einzelantriebe.

krane, die vielfältigsten Einsatzgebiete abdecken kann (Bild). *Jünemann*

Drehmoment. Das D. an einer Hydromaschine errechnet sich bei verlustloser Umsetzung aus der Arbeitsbilanz zu

$$M_{th} = p \cdot V_H/2\pi = \Delta p \cdot V_0;$$

darin bedeuten Δp Druckgefälle an der Maschine, V_H Hubvolumen, V_0 Grundvolumen.

In der realen Hydromaschine auftretende Reibungs- und Strömungsverluste bewirken Verlust-D. mit unterschiedlicher Abhängigkeit von den Betriebsparametern:
□ M_c konstante Reibung infolge innerer Verspannung (Montage);
□ M_r Kontaktreibung, druckabhängig;
□ M_v hydraulische Gleitreibung, linear drehzahlabhängig;
□ M_h Strömungsdruckverluste, quadratisch drehzahlabhängig.
Bei Verstellmaschinen zusätzlicher Stellgrößeneinfluß.

Diese Verlustmomente müssen bei Pumpen zusätzlich aufgebracht werden (+). Bei Hydromotoren setzen sie das Wellenmoment herab (−):

$$M_{P,M} = M_{th} \pm M_c \pm M_r \pm M_v \pm M_h.$$

Einzelerfassung der Teilmomente im Versuch kompliziert. Für die Praxis hinreichende Darstellung im Kennfeld als Auftragung des Gesamtmoments $M_{P,M}$ über dem Druckgefälle Δp mit der Drehzahl als Parameter (Moment). *Röper*

Drehmomentkurve →Vollastlinie

Drehmomentschwankung. Die periodischen Abweichungen des Drehmoments, das eine →Kraftmaschine abgibt bzw. eine Arbeitsmaschine auf-

nimmt, von seinem rechnerischen Mittelwert. Das periodisch veränderliche Drehmoment, das im Drehkraftdiagramm dargestellt wird, verursacht periodische Drehzahlschwankungen. Der →Ungleichförmigkeitsgrad kann durch sachgemäßen →Leistungsausgleich vermindert werden. *Witfeld*

Drehpflug →Pflug

Drehpol →Polkurve

Drehrichtungs-Umkehr. In vielen Fällen müssen elektrische Antriebe in beiden Drehrichtungen laufen, um entsprechende Maschinenbewegungen zu erzielen (z. B. Werkzeugmaschinenschlitten, Krane, Walzwerke, Elektroloks usw.). Es muß also eine D.-U. möglich sein. Dabei ist zu beachten, ob die D.-U. nur gelegentlich, häufig oder zyklisch (z. B. bei Hobelmaschinen, Walzwerks-Rollgängen) vorkommt. An diesen Forderungen orientieren sich die Verfahren zur D.-U.
□ Drehstrom-Kurzschlußläufer-Motor: Die Drehrichtung ändert sich durch Vertauschen zweier Phasen, da sich dadurch der Umlaufsinn des Magnetfeldes ändert. Die Phasen-Umschaltung wird meist durch eine Schützen-Umkehrsteuerung (Bild) realisiert. Häufige Umschaltungen führen zu erhöhtem Verschleiß der Schützkontakte. Man benutzt daher bei hoher Umschalthäufigkeit besser leistungselektronische Umschaltmöglichkeiten, wobei diese Verfahren gleichzeitig zur Drehzahlverstellung des Motors benutzt werden können. Angewendet werden:
– vollgesteuerte Drehstromsteller mit Drehfeldwendung (→Drehstromsteller) oder

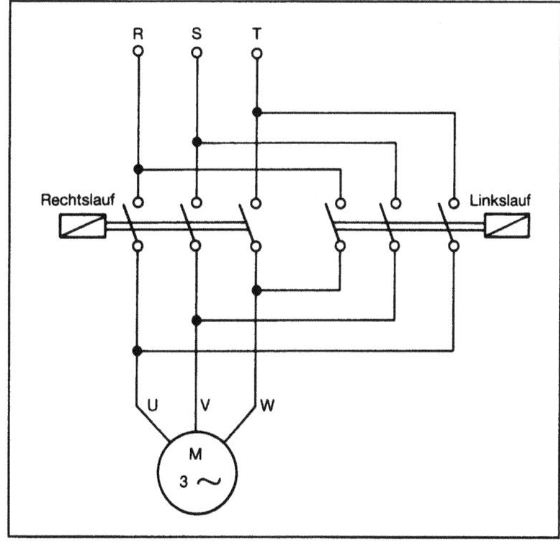

Drehrichtungs-Umkehr: Drehrichtungs-Umkehr-Steuerung für Drehstrom-Asynchron-Motor (Schützensteuerung).

– →Umrichter mit Zwischenkreis (Spannungs- oder Stromzwischenkreis, →Zwischenkreisumrichter) oder

– →Direktumrichter.

□ Drehstrom-Schleifringläufer-Motor: Die D.-U. wird wie beim Drehstrom-Kurzschlußläufer-Motor durch Phasentausch realisiert. Für hohe Schalthäufigkeiten wird der Motor praktisch nicht eingesetzt.

□ Drehstrom-Kommutator-Motor: Schleifringläufer-Motor.

□ →Gleichstrommotor: Die Drehrichtung des Motors (Reihen- oder Nebenschluß-Motor) kann durch Umpolung der Anker- oder Feldspannung erzielt werden. Bei Antrieben kleiner und mittlerer Leistung wird die Ankerumpolung, bei hoher Leistung die Feldumpolung angewendet. Dazu wird eine ähnliche Schützensteuerung wie bei den Drehstrommotoren ausgeführt.

Gleichstrommotoren werden allerdings praktisch immer eingesetzt, wenn Drehzahlverstellung bzw. →Drehzahlregelung gefordert wird. Sie werden dazu von Stromrichtern gespeist, die zur D.-U. als Umkehrstromrichter ausgeführt werden. Schaltungen: Umkehrstromrichter. Auch Feldumkehr, insbesondere bei Antrieben großer Leistung, wird mit Stromrichterspeisung ausgeführt. *Stüben*

Drehschlagbohrgerät. Das Drehschlagbohren ist eine Kombination aus Schlagbohren und Drehbohren und eignet sich für alle Gesteinsarten. Der Bohrmeißel wird durch einen frei aufliegenden Kolben periodisch gegen die Bohrlochsohle geschlagen und von einem separaten Motor über das Bohrgestänge in Drehung versetzt. Wie beim Tieflochhammer kann der Schlagmechanismus zur Verringerung von Dämpfungsverlusten und zur Entlastung des Bohrgestänges direkt über der Bohrkrone angebracht sein. Der Antrieb kann vollhydraulisch oder kombiniert hydraulisch-pneumatisch sein. Drehschlagbohrmaschinen sind meist als →Bohrwagen ausgeführt. *Kühn*

Drehschwingung. An den Kröpfungen der Kurbelwelle eines Verbrennungsmotors greifen stark schwankende Kräfte an. Die tangentialen Anteile dieser Kräfte (→Drehkraftdiagramm) regen die Kurbelwelle und die mit ihr gekuppelten Wellen (z. B. einer Arbeitsmaschine) zu D. an. Die D. (Torsionsschwingungen) führen zu Spitzen-Drehmomenten, die besonders im Resonanzfall weit größer sind als das aus dem Drehkraftdiagramm zu entnehmende normale Spitzendrehmoment. Auf die dazugehörigen hohen Torsionsspannungen muß bei der Konstruktion der Kurbelwelle Rücksicht genommen werden, um Kurbelwellenbrüche zu vermeiden.

Wenn sich zwischen Verbrennungsmotor und Arbeitsmaschine eine sehr weiche elastische Kupplung befindet, sind die D.-Verhältnisse recht gut zu überblicken. Dann kann man die Kurbelwelle des Motors zunächst als starr annehmen und erhält somit einen Zweimassen-Drehschwinger, der verhältnismäßig einfach zu berechnen ist. Dabei ist einerseits zu ermitteln, wie groß der Ungleichförmigkeitsgrad ist, d. h. wie groß die im Rhythmus der Zündungen auftretenden Drehzahlschwankungen sind, und ob dieser Ungleichförmigkeitsgrad für die Arbeitsmaschine zulässig ist. Andererseits muß die Beanspruchung der elastischen Kupplung bestimmt und geprüft werden, ob diese Beanspruchung im Dauerbetrieb von der Kupplung ertragen wird bzw. ob die Spitzenbeanspruchungen der Kupplung beim schnellen Durchfahren einer Resonanz noch zulässig sind. Durch Variation der Schwungradgröße des Motors und der Elastizität der Kupplung können die Eigenschaften des Schwingungssystems in weitem Umfang beeinflußt werden.

Eine sehr weiche Kupplung zwischen Motor und Arbeitsmaschine bewirkt auch, daß die Schwingungen der Kurbelwelle selbst losgelöst von der angeschlossenen Arbeitsmaschine betrachtet werden können. Bei dieser Schwingungsberechnung wird für den wirklichen Motor ein Ersatzsystem aufgestellt, das aus einer Vielzahl von Drehmassen mit dazwischengeschalteten Drehfedern besteht. Üblicherweise wird mindestens für die Triebwerkteile an jeder Kurbelkröpfung sowie für das Schwungrad eine Drehmasse angesetzt. Die Drehfedern dazwischen ergeben sich aus der Elastizität der entsprechenden Kurbelwellenabschnitte.

Für das Ersatzsystem werden die Eigenfrequenzen ermittelt, wobei die Anzahl der Eigenfrequenzen um eins kleiner ist als die Anzahl der Drehmassen. Von Ungenauigkeiten bei der Bildung des Ersatzsystems abgesehen entsprechen diese Eigenfrequenzen denen des Motortriebwerks. Resonanz tritt auf, wenn eine Eigenfrequenz und eine Erregerfrequenz übereinstimmen. Die Erregerfrequenzen sind die ganzzahligen Vielfachen der Motordrehzahl (beim Zweitaktmotor) bzw. die ganzzahligen Vielfachen der halben Motordrehzahl (beim Viertaktmotor).

Da Verbrennungsmotoren meistens mit variabler Drehzahl betrieben werden, sind Resonanzen praktisch unvermeidbar. Die Motordrehzahlen, bei denen Resonanz auftritt, werden kritische Drehzahlen genannt. Die verschiedenen Resonanzen sind aber nicht alle gleich gefährlich. Deshalb müssen für die Resonanzfälle Berechnungen der Schwingungsausschläge erfolgen. Obwohl die Verdrehung der Kurbelwelle infolge der unterschiedlichen Ausschläge benachbarter Kurbelkröpfungen nur sehr gering ist, ergeben sich wegen der hohen Steifigkeit der Kurbelwelle doch sehr große innere Drehmomente. Die durch diese Drehmomente bewirkten Materialspannungen müssen in der Festigkeitsberechnung der Kurbelwelle unbedingt berücksichtigt werden. Falls die Spannungen zu groß werden, sind geeignete Maßnahmen zu ergreifen, die oft im Anbau eines Schwingungsdämpfers am freien Kurbelwellenende bestehen.

Bei einer starren Verbindung des Verbrennungsmotors mit der Arbeitsmaschine ist eine Bestimmung der Wellenbeanspruchungen nur möglich, wenn die gesamte Anlage als D.-System durchgerechnet wird. Diese Berechnung wird oft vom Motorhersteller für den Hersteller des Gesamtaggregats vorgenommen.

D. können auch in anderen Baugruppen eines Verbrennungsmotors auftreten, besonders in Nokkenwellen, wenn diese nicht nur die Ventile, sondern auch Einzeleinspritzpumpen betätigen. Wegen der plötzlichen Brennstofförderung gegen sehr hohe Drücke ergeben sich stark schwingungserregende Stöße auf die Brennstoffnocken. Die rechnerische Behandlung dieser D. ist prinzipiell gleich wie die der Kurbelwellen-D. *Kuhlmann*

Literatur: *Hafner, K. E.*, u. *H. Maass*: Theorie der Triebwerksschwingungen der Verbrennungskraftmaschine. R.: Die Verbrennungskraftmaschine. Neue Folge. Bd. 3. Wien, New York 1984. – *Hafner, K. E.*, u. *H. Maass*: Torsionsschwingungen in der Verbrennungskraftmaschine. R.: Die Verbrennungskraftmaschine. Neue Folge. Bd. 4. Wien, New York 1985.

Drehstabfeder. D. mit Kreisquerschnitt nach DIN 2091 werden wegen ihrer mit Nutzungsgrad $\eta_A = 0{,}5$ optimalen Werkstoffausnutzung zunehmend eingesetzt, insbesondere auch als Fahrzeugfedern. Als besonders einfache Stahlfederform variieren sie in der Gestaltung der (meist angestauchten) Einspannköpfe, der Wärmebehandlung und der Oberflächenbehandlung. Beste Oberflächenqualität wird durch Schälen und anschließendes Schleifen, Polieren oder Kugelstrahlen und falls nötig Korrosionsschutz erzielt.

Für die Berechnung werden die Gleichungen der Mechanik für torsionsbeanspruchte Wellen herangezogen, z. B. die grundlegende Gleichung für die Drehsteifigkeit je Längeneinheit $c_t\, l_{eff} = G\, I$, mit Schubmodul G, polarem Trägheitsmoment des Querschnitts I und Durchmesser d. Die federwirksame Länge l_{eff} wird durch den Kopfdurchmesser d_k und den Übergangsradius R beeinflußt. Sie kann berechnet oder über den Einflußfaktor λ dem Diagramm entnommen werden (Bild). Die Nachgiebigkeit im Einspannkopf selbst läßt sich beiderseits mit einer zusätzlichen Länge von je $d/4$ berücksichtigen.

Bei Einspannköpfen mit Kerbverzahnung nach DIN 5481 genügt ein Zahnfußkreisdurchmesser

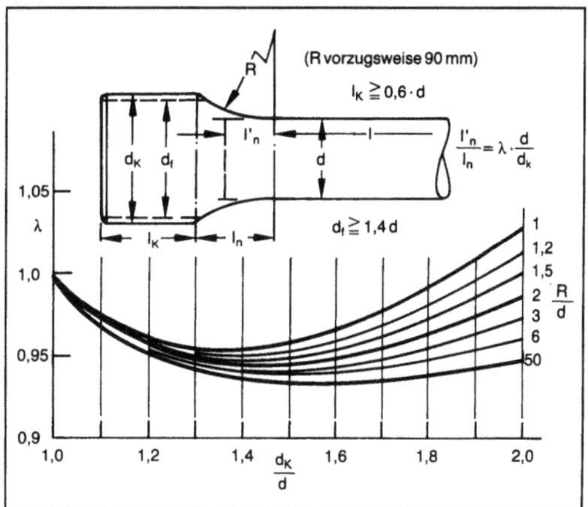

Drehstabfeder: Einfluß des Rundungsradius R zwischen Kopf und Schaft auf die federungswirksame Länge ($l_0+2l'_n$) einer Drehstabfeder.

$d_f = 1{,}4\, d$ und eine Kopflänge $l_k = 0{,}6\, d$. Bei Vier- und Sechskantköpfen ist eine Schlüsselweite $d_f = 1{,}3\, d$ und eine Länge $l_k = d$ erforderlich. Durch Vorsetzen nach DIN 2091, d. h. verbleibende Verdrehung (mit einer Randgleitung bis zu $\gamma_{bl} = 0{,}03$) nach der Wärmebehandlung, aber vor der endgültigen Oberflächenbehandlung, kann die zulässige Verdrehrandspannung auf 900–1000 N/mm² heraufgesetzt werden (50 CrV4, Dmr. 20, geschliffen und kugelgestrahlt).

Die als Stahlfederform auch bekannten Flachstabbündel können bei sonst gleichen Verhältnissen kürzer ausgeführt werden als D. mit rundem Vollquerschnitt. Sie sind aber nicht reibungsfrei, insbesondere nicht in den Vierkant-Einspannungen und deshalb auch nicht so gut gegen Verschleiß und Korrosion zu schützen wie D. mit Vollquerschnitt. Sie werden nach den Formeln der Mechanik meist lediglich auf Verdrehung in der freien Länge der Einzelstäbe berechnet, mit Beschränkung der zulässigen Randschubspannung $\tau_{R\,zul}$ auf maximal 700 N/mm². *Federn*

Literatur: *v. Estorff, E.*: Drehfedern. Technische Daten Fahrzeugfedern. Tl. 1. Hrsg. Stahlwerke Brüninghaus. Werdohl 1973. – *Fischer, F.*, u. *H. Vondracek*: Warm geformte Federn – Konstruktion und Fertigung. Hrsg. Hoesch. Hohenlimburg 1987.

Drehstrom-Fahrmotor. Drehstrom-Fahrmotoren, →Asynchron- oder →Synchronmotoren, werden für Elektrolokomotiven zunehmend eingesetzt, seit die Leistungselektronik →Umrichter in raumsparender und kostengünstiger Ausführung zur Speisung der Motoren zur Verfügung stellen kann.

Der Einsatz, insbesondere der Asynchronmotoren, ist aus folgenden Gründen sehr günstig:

□ Fortfall der wartungsbedürftigen Kommutatoren bei Gleich-, Wechsel- und Mischstrommotoren;
□ Reduzierung der Massen im Triebwerk. Dies ist insbesondere bei Hochleistungstriebfahrzeugen im Schnellverkehr notwendig;
□ hohe Zugkräfte auch bei niedrigen Geschwindigkeiten, wie sie im Verschiebedienst vorkommen;
□ Ausnutzung höherer Drehzahlen (bis ca. 7 000 min^{-1}) durch Frequenzsteuerung bis 200 Hz. Dadurch wesentliche Senkung der spezifischen Leistungsgewichte von 2–10 kg/kW auf Werte von 1,3–1,6 kg/kW.

Die prinzipiellen Kennlinien eines als Fahrmotor ausgelegten Asynchronmotors zeigen Bild 1 und 2. Die Speisung der Asynchronmotoren erfolgt z. B. bei der Hochleistungs-Lok E 120 der Deutschen Bundesbahn durch einen Umrichter mit Gleichspannungs-Zwischenkreis (Zwischenkreis-Umrichter), Bild 3. Die Eingangsspannung wird durch einen selbstgeführten, gepulsten Stromrichter, der als Vierquadrantensteller (Gleichstromsteller) Bremsenergie in das Netz zurückspeisen kann, in die Zwischenkreisspannung umgeformt. Aus der konstanten Zwischenkreisspannung bildet ein selbstgeführter, dreiphasiger Pulswechselrichter (→Wechselrichter, mit Pulsbreitenmodulation) die Phasenspannungen. Das angewendete Verfahren der Pulsbreitenmodulation (auch Unterschwingungsverfahren genannt) erlaubt die getrennte Verstellung der Motorspannung in Frequenz und Grundschwingungsamplitude (Bild 4).

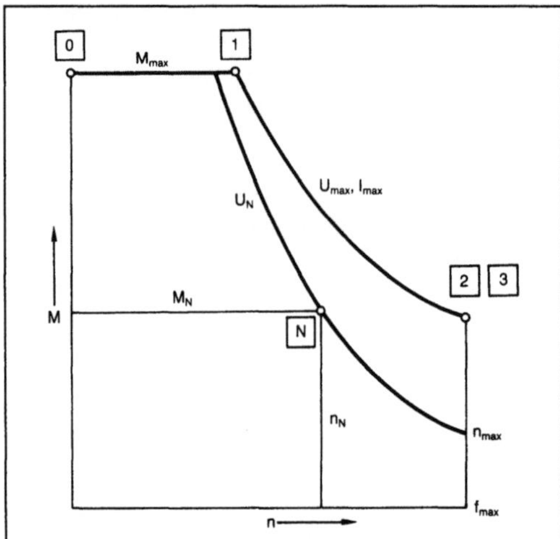

Drehstrom-Fahrmotor 1: Drehmoment-Drehzahlkennlinie des Drehstrom-Fahrmotors (nach VDE 0530).

Die Umrichter zur Drehzahlverstellung von Synchronmotoren werden je nach Motorausführung mit selbst- oder lastgeführtem Wechselrichter (Stromrichtermotor) ausgeführt. *Stüben*

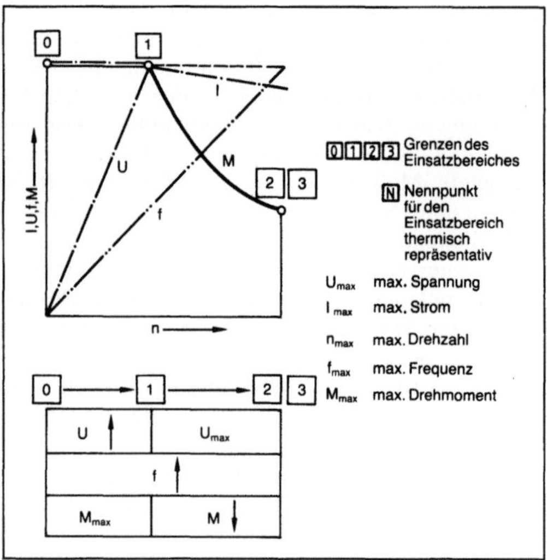

Drehstrom-Fahrmotor 2: Kennlinie für die Steuerung von Drehmoment, Spannung und Frequenz eines Drehstrom-Asynchron-Fahrmotors (VDE 0535).

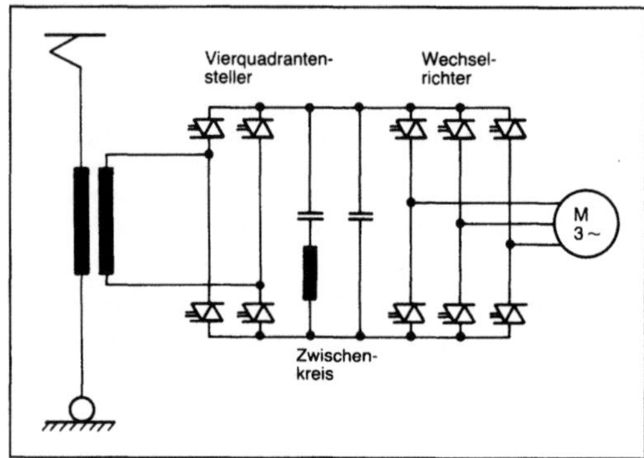

Drehstrom-Fahrmotor 3: Prinzipschaltung des umrichtergespeisten Drehstrom-Fahrmotors. (Quelle: Müller, S.: Elektrische u. dieselelektr. Triebfahrzeuge. Basel)

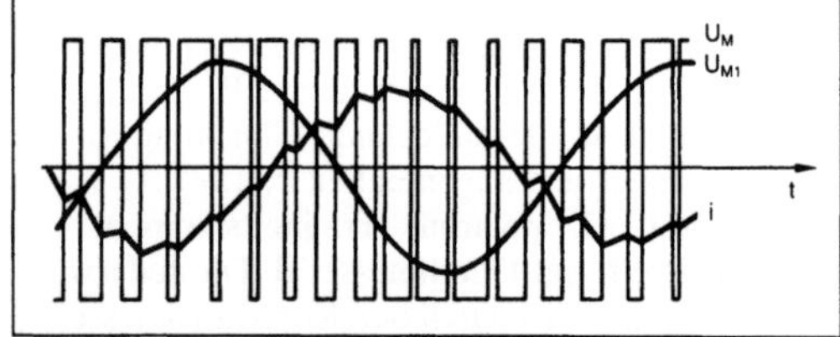

Drehstrom-Fahrmotor 4: Strom- und Spannungsverlauf bei Pulsbreitenmodulation. (Quelle: Brown, Boveri & Cie. AG, Mannheim)

U_M getaktete Zwischenkreis-Spannung, U_{M1} Motorspannung, i Motorstrom

Drehstrommotor →Asynchronmotor

Drehstromsteller. D. dienen zur kontaktlosen Verstellung oder Regelung von Spannungen sowie Strömen in Drehstromnetzen. Sie sind als kontaktloser Ersatz von Schützen und Stelltransformatoren anzusehen.

Anwendungsgebiete sind heute hauptsächlich die Temperatur- und Heizungssteuerung oder -Regelung. Die Drehzahlverstellung von Drehstrommotoren durch D. hat durch das Vordringen preiswerter →Umrichter sehr an Bedeutung verloren.

Der Leistungsbereich der D. liegt etwa zwischen 5 und 500 kVA.

Folgende Schaltungen im Leistungsteil der Steller werden angewendet:
1. Halbgesteuerte Schaltung W3H (Bild 1).
2. Vollgesteuerte Schaltung W3C (Bild 2).
3. Vollgesteuerte Schaltung mit Drehfeldwendung (Bild 3).

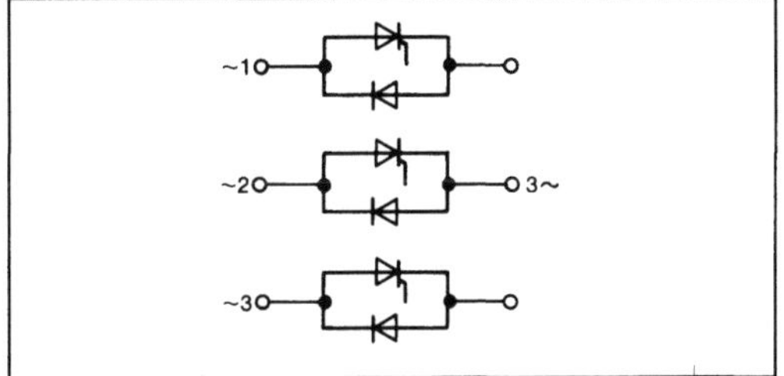

Drehstromsteller 1: Halbgesteuerter Drehstromsteller.

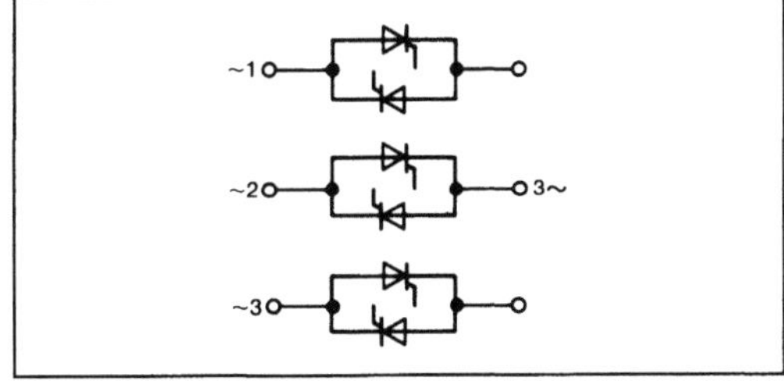

Drehstromsteller 2: Vollgesteuerter Drehstromsteller.

Heute wird die unter 2. genannte Schaltung von den Herstellern standardmäßig geliefert. Die Geräte werden anschlußfertig, bestehend aus Leistungsteil und Steuerelektronik, geliefert.

Der Leistungsteil besteht je Phase aus zwei gegenparallel geschalteten Leistungshalbleitern (Thyristor/Thyristor oder Thyristor/Diode).

Für die Steuerung von D. sind zwei Steuerverfahren üblich:

□ →Anschnittsteuerung: Diese wird immer für die Drehzahlverstellung von Drehstrommotoren eingesetzt. Für die Temperatur- und Heizungsregelung wird sie nur verwendet, wenn hohe Anforderungen an die Genauigkeit gestellt werden und

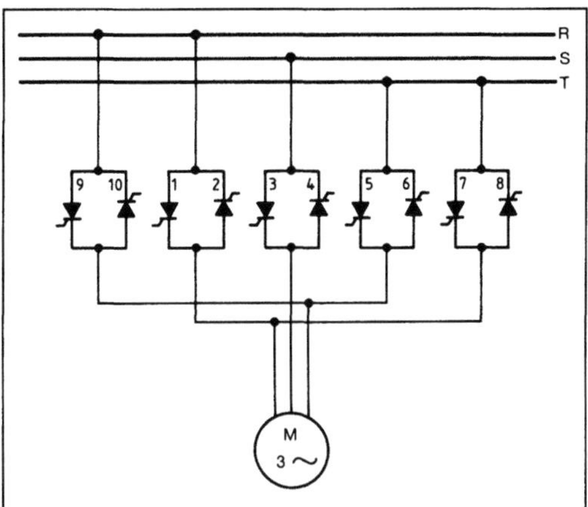

Drehstromsteller 3: Vollgesteuerter Drehstromsteller mit Drehfeldwendung für Drehstrom-Asynchron-Motor.

die Wärmekapazität gering ist, d. h. die Zeitkonstanten hinreichend klein für eine genaue Regelung sind.

□ Schwingungspaketsteuerung (Bild 4): Die Einschaltung der gegenparallelen Thyristoren wird durch einen Taktgeber gesteuert. Er schaltet mit variablen Frequenzen eine Folge (sog. Schwingungspakete) von Sinusschwingungen der Eingangsspannung ein und aus. Der Taktgeber wird von einer analogen Sollwertspannung gesteuert. Es entsteht ein linearer Zusammenhang zwischen der Steuerspannung und der abgegebenen Leistung über das Taktverhältnis

$$\frac{t_{ein}}{t_{ein} + t_{aus}}.$$

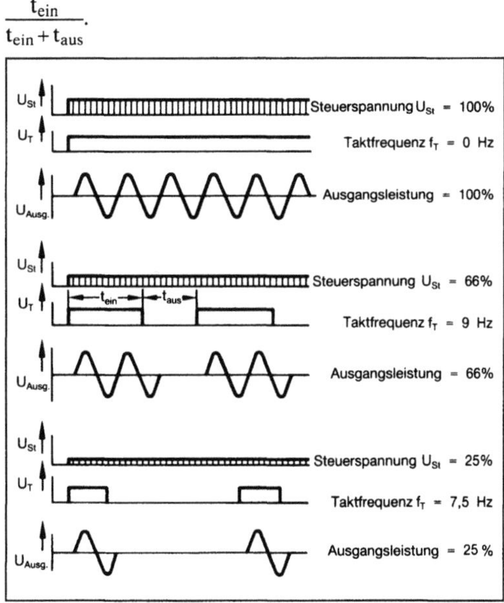

Drehstromsteller 4: Schwingungspaketsteuerung.

Diese Steuerungsart ist für die Drehzahlverstellung von Drehstrommotoren nicht geeignet. Sie wird für die Temperatur- und Heizungsregelung mit geringen Genauigkeitsanforderungen eingesetzt.

D. zur Ständerspannungsverstellung von Drehstrommotoren:

Eine Drehzahlverstellung bei Drehstrommotoren ist mit D. durch Verstellen der Ständerspannung möglich. Bei Senkung der Motorspannung nimmt der Schlupf zu. Dadurch erhöhen sich die Läuferverluste. Der Effektivwert der Ständerspannung wird mit Hilfe der Anschnittsteuerung verändert. Der erzielbare Drehzahlbereich ist relativ klein. Er beträgt maximal 1:10. Es ist zu beachten, daß das abgebbare Drehmoment des Motors mit dem Quadrat der Spannung zurückgeht:

$$\frac{U}{U_N} = \sqrt{\frac{M}{M_N}};$$

U reduzierte Ständerspannung, U_N Ständer-Nennspannung, M reduziertes Drehmoment, M_N Motor-Nenndrehmoment. *Stüben*

Drehzahl.

1. biegekritische →Drehzahl, kritische

2. gewichtskritische →Drehzahl, kritische

3. kritische. Es heißt: „Kritische Drehzahlen sind Drehzahlen, mit denen eine Maschine mit Rücksicht auf ihre Betriebssicherheit nicht längere Zeit betrieben werden darf, weil gefährliche Resonanzzustände auftreten". Die Berechnung der kritischen D. gehört zu den klassischen Aufgaben der Maschinendynamik. Man unterscheidet biegekritische und torsionskritische D. In beiden Fällen werden durch →Fremderregung oder durch →Selbsterregung Schwingungen oder schwingungsähnliche Erscheinungen hervorgerufen, bei denen die Durchbiegungen oder Verdrehungen des Rotors mit fortwährender Energiezufuhr über eine zulässige Grenze hinaus anwachsen.

Drehzahl, biegekritische. Eine kritische D., bei der eine Maschinenwelle oder ein →Wellenstrang unzulässig große Durchbiegungen erfährt. Die biegekritischen Betriebszustände sind dadurch gekennzeichnet, daß der →Rotor unter bestimmten Bedingungen durch Entzug von Antriebsarbeit oder unter Verlust von Rotationsenergie Translationsenergie und Verzerrungsenergie gewinnt. Die Ursachen und Mechanismen dieser Energiezufuhr sind vielfältig und verwickelt, lassen sich jedoch im großen und ganzen in zwei Gruppen einteilen:

Zum einen sind die Störeinflüsse zu nennen, die zu resonanzartigen Wellenschwingungen führen können, wie sie in analoger Weise auch in nicht rotierenden schwingungsfähigen Systemen auftreten. Die Erregerfrequenz ist dabei gleich der Drehfrequenz des Rotors oder einem Vielfachen davon; bei ihrer Annäherung an eine Eigenfrequenz wachsen die Durchbiegungen der Welle resonanzartig an. Als wichtigste Ursache ist hier die Anregung durch Unwuchten zu nennen, die drehfrequente Kreisschwingungen des Rotors verursacht. Resonanzen können aber beispielsweise auch durch Kupplungsfehler, Wälzlager oder Zahnräder entstehen.

Auf der anderen Seite stehen die Einflüsse, die durch Selbsterregung oder →Parametererregung eine Instabilität der stationären Bewegung des Rotors verursachen können. Am bekanntesten ist die Selbsterregung durch die drehzahlabhängigen hydrodynamischen Ölfilmkräfte in Gleitlagern, die von einer bestimmten Grenzdrehzahl ab einsetzt und instabile Betriebszustände hervorruft. Ein Beispiel für Parametererregung ist die unrunde Welle, die infolge ihrer unterschiedlichen Steifigkeiten einen instabilen D.-Bereich zwischen den beiden Biegeeigenfrequenzen aufweist. Destabilisierend wirkt auch die innere Dämpfung oder Reibung im Rotor sowie die im Turbinenbau gefürchtete Dampfanfachung und Spalterregung.

Die biegekritischen D. stimmen in vielen Fällen mit den Biegeeigenfrequenzen des stillstehenden Rotors gut überein. Jedoch können Einflußgrößen wie die Nachgiebigkeit der Lagerung oder die Kreiselwirkung zu erheblichen Verschiebungen der Resonanzfrequenzen führen. Die grundlegenden Zusammenhänge und Erscheinungen sind am einfachen Ersatzmodell der →Lavalwelle eingehend untersucht worden.

Drehzahl, gewichtskritische. Beim Betrieb horizontal gelagerter Rotoren mit unrunder Welle bewirkt das Eigengewicht eine periodische Durchbiegung und Schwingungsanregung des Rotors mit der doppelten Drehfrequenz. Bei Annäherung der Erregerfrequenz an eine Biegeeigenfrequenz muß mit Resonanz gerechnet werden. Genauere Untersuchungen bestätigen diese Vermutung und führen auf eine kritische D., die durch das Rotorgewicht verursacht wird und etwa beim halben Wert der unwuchtbedingten biegekritischen D. der runden Welle liegt.

Die gewichtskritische D. ist auch bei runder Welle beobachtet worden. Ursächlich hierfür sind periodische D.-Schwankungen, die bei vorhandener statischer Unwucht durch das Moment der Gewichtskraft verursacht werden. Allerdings ist die Intensität dieser Schwingungsanregung gering. Nur bei größeren Exzentrizitäten des Rotorschwerpunkts treten merkliche Amplitudenüberhöhungen auf.

Drehzahl, torsionskritische. Eine kritische D., bei der eine Maschinenwelle oder eine ganze Maschinengruppe zu Drehschwingungen (Torsionsschwingungen) angeregt wird. Meist handelt es sich um

Resonanzerscheinungen zwischen einer periodischen Fremderregung und den Eigenfrequenzen des drehelastischen Systems.

Mit torsionskritischen D. muß vor allem in solchen Maschinenanlagen gerechnet werden, bei denen auf Grund des Arbeitsprinzips deutliche Drehmomentschwankungen auftreten (z. B. Kolbenmaschinen, Schiffsantriebsanlagen). Ihre Berechnung setzt zum einen das Erkennen der Schwingungsanregung, deren Fourier-Analyse und damit die Kenntnis der Erregerfrequenzen voraus. Zum anderen müssen die Eigenschwingungen (Eigenfrequenzen, Eigenformen) bekannt sein. Sie können nach Erstellen eines geeigneten Ersatzmodells mit bekannten Methoden (z. B. →Holzer-Tolle-Verfahren, Übertragungsmatrizenverfahren) berechnet werden. *Witfeld*

Literatur: *Gasch, R.,* u. *H. Pfützner:* Rotordynamik. Eine Einführung. Berlin, Heidelberg, New York 1975.– *Holzweißig, F.,* u. *H. Dresig:* Lehrb. Maschinendynamik. 2. Aufl. Wien, New York 1982.

4. synchrone. D. einer Wechselstrommaschine, die sich aus der Frequenz des speisenden Netzes und der Polzahl der elektrischen Maschine ergibt:

$$n_s = \frac{120 \cdot f}{2p};$$

n_s synchrone Drehzahl (min⁻¹),
f Netzfrequenz (Hz),
2p Polzahl.

Synchrone Drehzahlen (min⁻¹):

Polzahl	2	4	6	8	10
50-Hz-Netz	3 000	1 500	1 000	750	600
60-Hz-Netz	3 600	1 800	1 200	900	720

Die Nenn-D. eines Induktionsmotors ist stets kleiner als die s. D. (Schlupf). *Rentzsch*

5. torsionskritische →Drehzahl, kritische

Drehzahlkennlinie. Die D. ist bei einer elektrischen Maschine die Kennlinie, die bei einem Generator den Verlauf der Klemmenspannung, bei einem Motor den Verlauf des Drehmoments in Abhängigkeit von der Drehzahl angibt.

Bei der Auswahl von Motoren ist die Kenntnis der Lastkennlinie der Arbeitsmaschine und die des Verlaufs der Drehmomentenkennlinie des Motors zur Ermittlung der Anlaufzeit und der Bestimmung des Arbeitspunktes (Schnittpunkt der Belastungskennlinie mit der Motorkennlinie) wichtig.

Typische, auch mathematisch einfach beschreibbare Lastmoment-D. von Arbeitsmaschinen (Bild 1) sind:

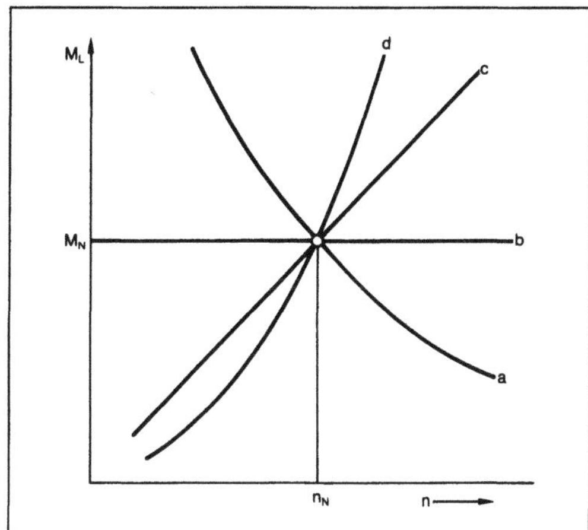

Drehzahlkennlinie 1: Lastkennlinien von Arbeitsmaschinen.

Mit zunehmender Drehzahl: a abnehmendes Moment, b konstantes Moment, c linear ansteigendes Moment, d quadratisch ansteigendes Moment

□ $M_L \sim n^{-1}$; mit zunehmender Drehzahl abnehmendes Moment: Aufspulmaschinen, Haspeln, Plandrehmaschinen.

□ M_L = konst, unabhängig von der Drehzahl; drehzahlunabhängiges, konstantes Moment:
Aufzüge, Hebezeuge, spanabhebende Werkzeugmaschinen.

□ $M_L \sim n$; mit zunehmender Drehzahl linear ansteigendes Moment: Kalanderantriebe.

□ $M_L \sim n^2$; mit zunehmender Drehzahl quadratisch ansteigendes Moment: Lüfter, Rührwerke, Verdichter.

Da beim Anlauf die Stillstandsreibung zu überwinden ist, ist das Losbrechmoment $\neq$ 0.

Typische Drehmomentenkennlinien von elektrischen Motoren (Bild 2) sind:
□ Drehzahl konstant, unabhängig vom abgegebenen Drehmoment: Synchronverhalten, ausführbar durch Synchronmotoren, Reluktanzmotoren, synchronisierte Asynchronmotoren, sonst nur durch Reglereingriff.

□ Drehzahl bleibt fast gleich bei veränderlichem Drehmoment: →Nebenschlußverhalten, ausführbar durch Drehstrom-Asynchronmotoren, Drehstrom-Kommutatormotoren, Gleichstrommotoren mit Nebenschluß- oder Fremderregung.

□ Drehzahl ändert sich nur wenig bei veränderlichem Drehmoment: Doppelschlußverhalten, ausführbar durch Drehstrommotoren mit Schleifringläufer und Widerstand im Läuferkreis, →Gleichstrommotor mit Doppelschlußerregung.

□ Drehzahl ändert sich sehr bei veränderlichem Drehmoment: →Reihenschlußverhalten, ausführbar mit Drehstrommotor mit Schleifringläufer und großem Widerstand im Läuferkreis, Gleichstrom-

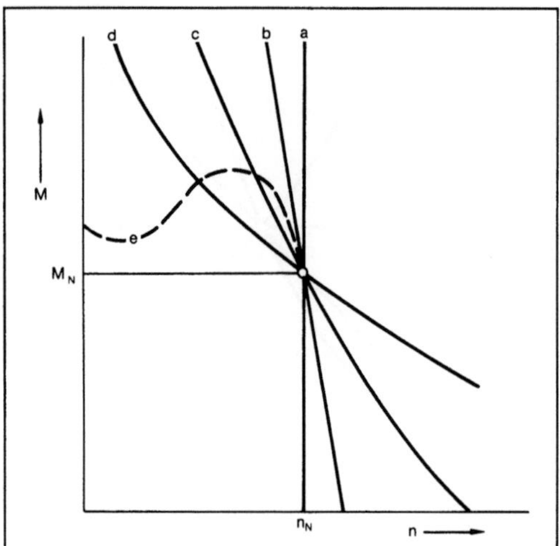

Drehzahlkennlinie 2: Drehmoment-Drehzahl-Kennlinien von Motoren.

a Synchronverhalten, b Nebenschlußverhalten, c Doppelschlußverhalten, d Reihenschlußverhalten, e typische Kennlinie eines Ds-As-Motors

motor mit Reihenschlußerregung, Repulsionsmotor.

Für den sicheren Anlauf eines Motors gilt die Bedingung, daß das Anzugsmoment größer ist als das Losbrechmoment und während des gesamten Anlaufs stets ein Beschleunigungsmoment zur Verfügung steht (Bild 3).

Bedingung für den stabilen Betrieb eines Antriebsmotors ist, daß im Arbeitspunkt A nicht

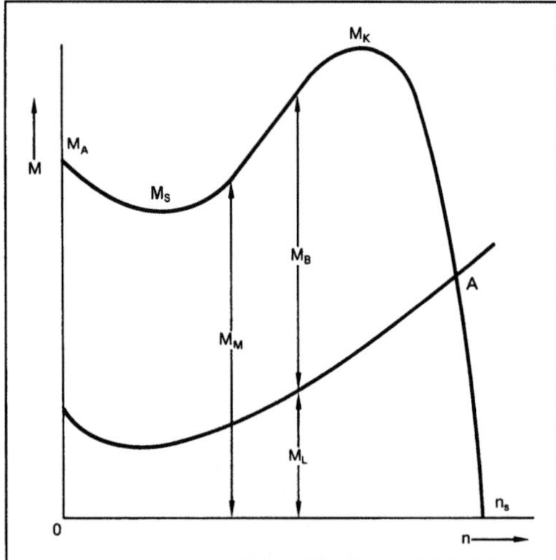

Drehzahlkennlinie 3: Drehzahl-Drehmoment-Verlauf eines Drehstrom-Asynchronmotors.

M_N Nennmoment, M_L Lastmoment, M_A Anzugsmoment, M_S Sattelmoment, M Motormoment, M_B Beschleunigungsmoment, M_K Kippmoment, n_s synchrone Drehzahl

nur ein Drehmomentengleichgewicht besteht, sondern auch die Zusatzbedingung

$$\frac{dM_L}{dn} > \frac{dM}{dn}$$

erfüllt ist, d. h. daß das Beschleunigungsmoment M_b = M – M_L bei abnehmender Drehzahl größer wird und beschleunigend, bei zunehmender Drehzahl kleiner wird und bremsend wirkt. Diese Bedingung ist nur für stationären oder langsam veränderlichen Betrieb ausreichend.   *Rentzsch*

Drehzahlkennwert →Wälzlager-Schmierung

Drehzahlregelung. Die D. wird zur Einhaltung vorgegebener Drehzahlsollwerte bei drehzahlverstellbaren Antrieben bei bestimmten Genauigkeitsforderungen, die sich aus der Anwendung ergeben, eingesetzt.

Es hängt von diesen Forderungen ab, ob Regelung notwendig ist. Dabei wird unterschieden zwischen:

□ statischer Abweichung, d. h. Drehzahlabweichung im eingeschwungenen Zustand nach Beendigung des Anlaufs zwischen Leerlauf und Vollast (Bild 1) und

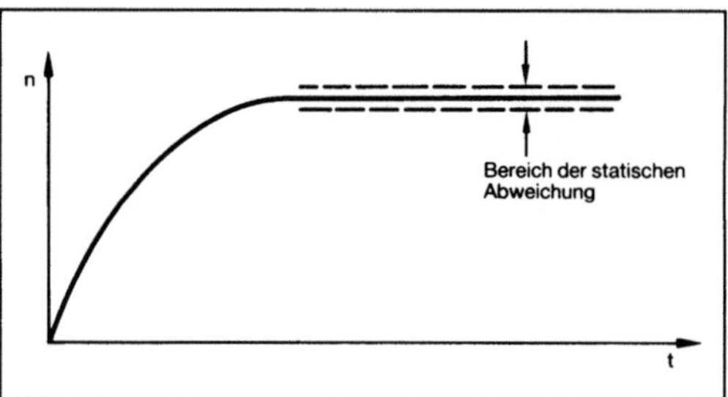

Drehzahlregelung 1: Statische Regelabweichung.

□ dynamischer Abweichung, d. h. Drehzahlabweichung während eines Anlauf- oder Bremsvorgangs bzw. einer Drehzahländerung, insbesondere beim Einschwingvorgang auf die gewünschte Drehzahl (Bild 2). Dies ist nach DIN 19226 die Überschwingweite als größte vorübergehende Sollwertabweichung.

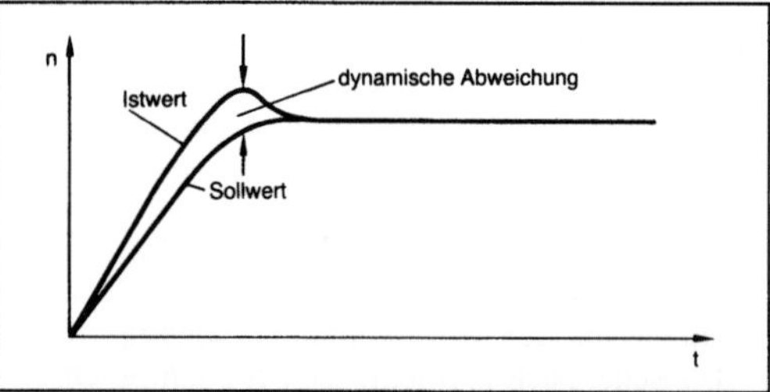

Drehzahlregelung 2: Dynamische Regelabweichung (Überschwingweite).

Die Funktionsglieder eines Drehzahlregelkreises zeigt Bild 3.

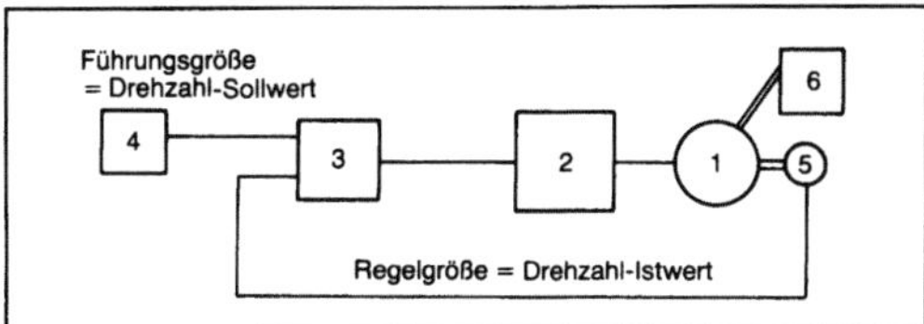

Drehzahlregelung 3: Prinzip-Blockschaltbild für Drehzahlregelkreis.

1 Motor, 2 Stellglied (z. B. Stromrichter), 3 Drehzahlregler, 4 Drehzahl-Sollwertgeber, 5 Drehzahl-Istwertgeber, 6 Last.

In den meisten Fällen ist der Regelkreis als Kaskadenregelung aufgebaut (Bild 4). Der Drehzahlregelkreis ist dabei einem Stromregelkreis übergeordnet. Der Stromregler erhält seinen Sollwert vom Drehzahlregler. Die Regler bestehen aus Operationsverstärkern mit entsprechender Beschaltung. Sie sind heute noch überwiegend auf analoger Basis aufgebaut. Digitale Regelkreise, die mit Hilfe von Mikroprozessoren ausgeführt werden, gewinnen aber stetig an Bedeutung.

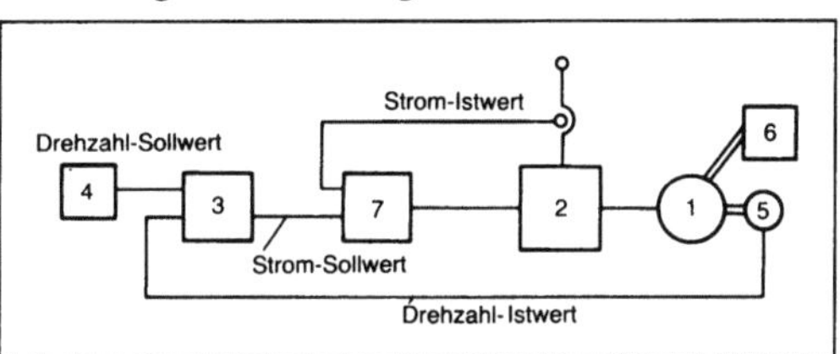

Drehzahlregelung 4: Prinzip der Kaskadenregelung mit Stromregelkreis.

7 Stromregler

Drehzahl- und Stromregler werden meist als PI-Regler (PI-Verstärker) ausgeführt.

Auftretende Störgrößen bei der D. sind:

□ Belastung, Belastungsänderung, Laststöße;

□ Netzspannungsschwankungen;

□ Temperatur.

Belastung, Belastungsänderung, Laststoß. Diese Störgrößen wirken drehzahlsenkend direkt auf den Antriebsmotor. Sie werden vom Drehzahlregler über den Stromregler ausgeregelt. Ursachen der Belastungsänderung können z. B. sein:

□ Änderung des Verformungswiderstands bei Werkzeugmaschinen,

□ Änderung des Fahrwiderstands bei elektrischen Triebfahrzeugen,

□ Änderung der Reibung, Schmierung usw.

Netzspannungsschwankungen. Diese können zu Schwankungen der Sollwerte sowie der Stromrichterausgangsspannung führen. Man begegnet der Störgröße durch Kompensationsschaltungen. Die Versorgungsspannung für alle Steuer- und Regel-

kreise wird dazu stabilisiert. Bei der Stromrichtersteuerung wird z. B. die Sinusvertikal-Steuerung (Steuerverfahren für Stromrichter) eingesetzt, mit der die Ausgangsspannung des Stromrichters linearisiert und unabhängig von Spannungsschwankungen gemacht wird.

Temperatur. Praktisch alle Komponenten, die im Regelkreis eines Antriebs liegen, haben temperaturabhängige Eigenschaften. Anker- und Feldwicklungen von Gleichstrommotoren ändern im Betrieb durch Erwärmung ihre Widerstände. Bei Stromrichtern sind die Durchlaßwiderstände der Leistungshalbleiter strom- und temperaturabhängig. Diese temperaturabhängigen Veränderungen führen zu Drehzahländerungen, die von der Drehzahl-Istwert-Messung erfaßt und vom Drehzahlregler ausgeregelt werden. Die Temperaturabhängigkeit der Drehzahl-Soll- und -Istwertgeber muß jedoch so klein sein, daß die geforderten Drehzahl-Toleranzen eingehalten werden können.

Die Drehzahlregelkreise werden meist noch durch Begrenzungs- und Überwachungsfunktionen ergänzt, z. B.

□ Drehzahl-Sollwert-Integrator. Zur Beschleunigungsbegrenzung wird der Drehzahl-Sollwert mit einstellbarem zeitlichem Verlauf hochgeführt.

□ Drehzahlbegrenzung.

□ Tacho-Ausfall-Überwachung. Bei Fehlen des Drehzahl-Istwerts, z. B. durch Tachoausfall oder Leitungsunterbrechung, würde der Antrieb bei Einschaltung u. U. auf unzulässig hohe Drehzahlen hochgeregelt. Die Überwachung bewirkt dann meist Reglersperre.

Dem Drehzahlregelkreis kann z. B. bei numerischen Steuerungen von Werkzeugmaschinen ein Lageregelkreis (→Lageregelung) überlagert sein. *Stüben*

Drehzahlregler. Auf die Einspritzpumpe eines Dieselmotors wirkende Einrichtung, die die Motordrehzahl etwa konstant hält.

Aus drei Gründen muß bzw. kann man beim Dieselmotor eine →Drehzahlregelung vorsehen:

□ *Leerlauf:* Die Teillast-Drehmomentlinie eines Dieselmotors ohne Regler verläuft sehr flach, d. h. das Drehmoment nimmt mit zunehmender Drehzahl nur wenig ab. Daher ergibt sich im →Motorkennfeld ein sehr kleiner Schnittwinkel mit der Drehzahlachse. Damit würde eine geringe Verschiebung der Drehmomentlinie nach unten (z. B. infolge größerer Reibungsverluste bei kaltem Motor) zu einem unzulässig großen Abfall der Leerlaufdrehzahl oder zum Stillstand führen (Bild 1).

□ *Höchstdrehzahl:* Ist die Einspritzpumpe eines Dieselmotors auf große Einspritzmenge gestellt und würde der Motor am Abtrieb entlastet, dann würde der Motor „durchgehen", d. h. die konstruktiv zulässige Höchstdrehzahl weit überschreiten.

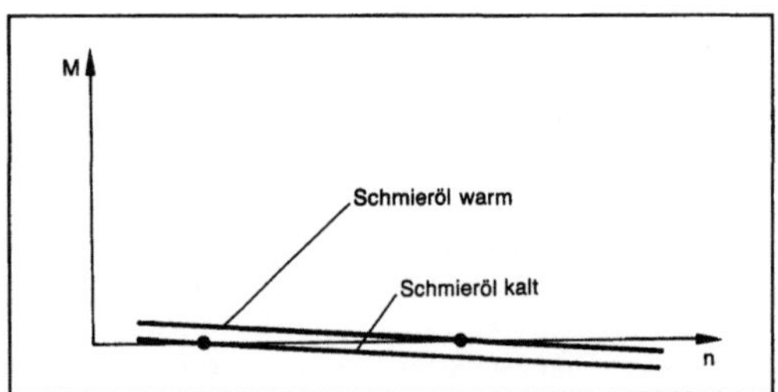

Drehzahlregler 1: Abfall der Leerlaufdrehzahl durch größere Reibung, z. B. infolge niedrigerer Schmieröltemperatur.

□ *Drehzahlregelung des Aggregats:* Je nach der angetriebenen Arbeitsmaschine kann es notwendig sein, daß die Drehzahl des Aggregats auf einen festen oder einstellbaren Wert geregelt wird.

Regler, die nur die Leerlaufdrehzahl regeln und die Höchstdrehzahl begrenzen, nennt man Leerlauf-End-D. Kann dagegen die Drehzahl im ganzen Betriebsbereich des Motors geregelt werden, spricht man vom Verstellregler oder All-D.

Bei Reiheneinspritzpumpen für kleine und mittlere Dieselmotoren ist der D. an die Einspritzpumpe angeflanscht (Bild 2). Mit dem Bedienhebel am D. werden z. B. Federn gespannt. Rotierende Fliehgewichte verstellen dann je nach Drehzahl und Federvorspannung die „Regelstange" zur Einspritzpumpe, so daß mehr oder weniger Kraftstoff eingespritzt wird.

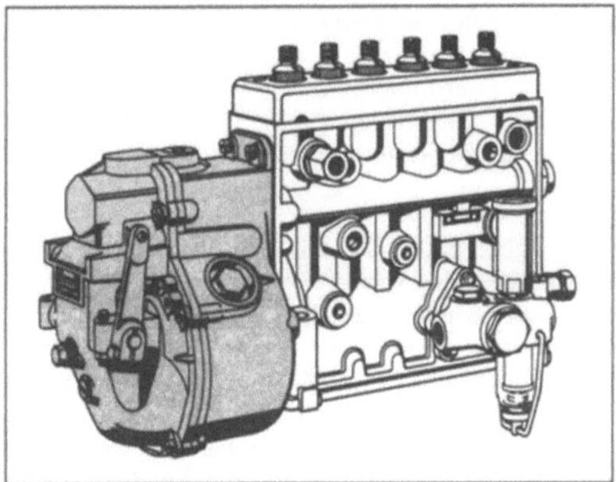

Drehzahlregler 2: Drehzahlregler (vorn) angeflanscht an eine Reiheneinspritzpumpe. (Quelle: Bosch a. a. O.)

Bei Verteilereinspritzpumpen für Pkw-Dieselmotoren werden sowohl mechanische Drehzahlregeleinrichtungen mit Fliehgewichten als auch vollhydraulische Drehzahlregeleinrichtungen verwendet.

Bei großen Dieselmotoren mit Einzeleinspritzpumpen für jeden Zylinder werden wegen der erforderlichen hohen Stellkräfte getrennt angebaute D. mit hydraulischer Kraftverstärkung eingesetzt.

Bei Ottomotoren erübrigen sich i. a. Drehzahlregeleinrichtungen wegen der steiler abfallenden Drehmomentlinien. Es werden aber zunehmend Einrichtungen verwendet, die Überdrehzahlen durch vorübergehende Abschaltung der Zündung verhindern.   *Kuhlmann*

Literatur: Robert Bosch GmbH, Stuttgart: Bosch Technische Unterrichtung: Diesel-Einspritzausrüstung 2, Drehzahlregler für Reiheneinspritzpumpen (Firmenschrift).

Drehzahlschwankung →Ungleichförmigkeitsgrad

Drehzustand, stationärer. Dieser von *Grammel* geprägte Begriff (→Rotordynamik) kennzeichnet den Zustand konstanter Winkelgeschwindigkeit eines Rotors. Er wird ebenso wie der stationäre Betrieb bei der Berechnung der biegekritischen Drehzahlen vorausgesetzt.   *Witfeld*

Dreipunktanbau. Standardisierte, lösbare Verbindung zwischen Traktor und Anbaugeräten. Anwendung vorzugsweise im Traktorheck (Bild 1), in neurer Zeit auch im Frontbereich (Bild 2). Mit dem hydraulischen →Kraftheber können die Geräte über den D. gehoben, gesenkt und ohne Abstützung frei getragen werden. Ebenso ist eine „Schwimmstellung" möglich, z. B. für Geräte mit eigener Tiefenführung. Beim freien Tragen sind Regelungen üblich, im Standardumfang sowohl für die Geräteposition (→Lageregelung, z. B. für Höhe eines Mineraldüngerstreuers) wie auch für die Zugkraft (Kraftregelung, vor allem zur indirekten Tiefenregelung beim Pflügen bei gleichmäßiger Motorauslastung). Beide Regelkreise können auch gekoppelt werden (Mischregelung, reduziert Tiefenschwankungen bei ungleichmäßiger Bodenfestigkeit).

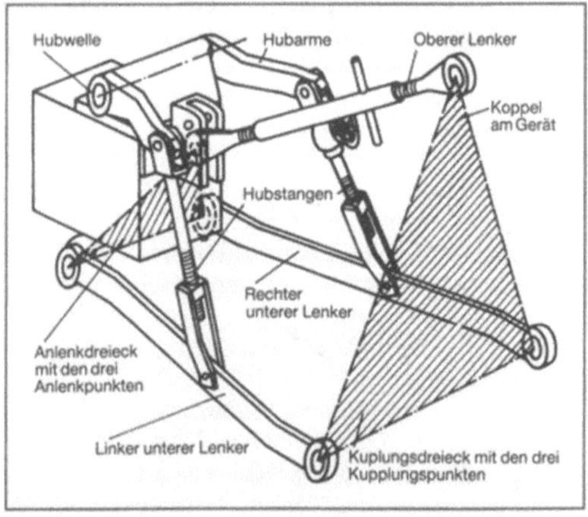

Dreipunktanbau 1: Traktorheck (Prinzipskizze). (Quelle: DIN 9674 a. a. O.)

Dreipunktanbau 2: Traktor (82 kW) mit front- und heckseitigen Anbaugeräten. (Quelle: J. Deere).

Kombination aus Frontgrubber, Kreiselegge und Drillmaschine mit Zubehör, über genormten Dreipunktanbau angekoppelt

Die Entwicklung des D. und des geregelten Heckkrafthebers geht auf bahnbrechende Ideen von *H. Ferguson* zurück, niedergelegt im britischen Patent Nr. 253 566; Anm. 12. 2. 1925, ert. 14. 6. 1926. Eine der geschützten Möglichkeiten ging 1936 in England in Serie (Bild 3), 1939 in großen Stückzahlen auch in den USA, nach dem Zweiten Weltkrieg in eigenen Ferguson-Traktoren. Das Kraftsignal vom oberen Lenker steuert je nach Sollwertvorgabe ein Hydraulikventil, das seinerseits die Förderung einer kleinen Kolbenpumpe durch saugseitige Drosselung beeinflußt. Moderne Systeme arbeiten immer noch ähnlich, allerdings mit druckseitigem Eingriff. Ferner stellte man die Kraftmessung zunehmend auf die unteren Lenker um, weil das Signal hier besser der Zugkraft entspricht und Aufsattelgeräte regelbar werden. Die Größe der Hubkräfte legt man in Europa nach dem Standmoment des Traktors aus (mit Frontballast); danach richten sich auch die Geräte (schwerste Pflüge ca.

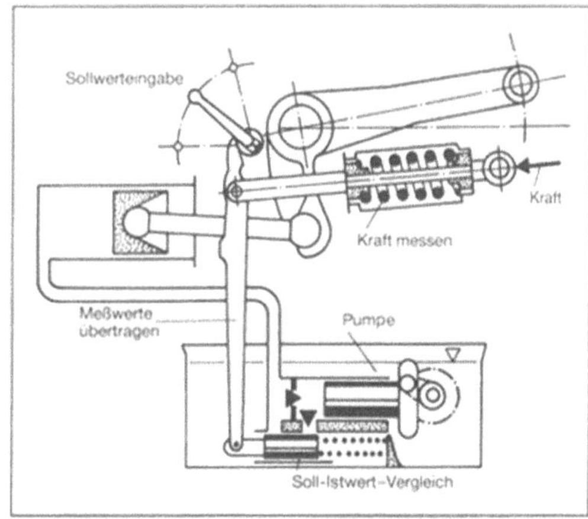

Dreipunktanbau 3: Erster in Serie produzierter geregelter Kraftheber nach den Ideen von H. Ferguson: David Brown 1936. (Quelle: Hesse a. a. O.)

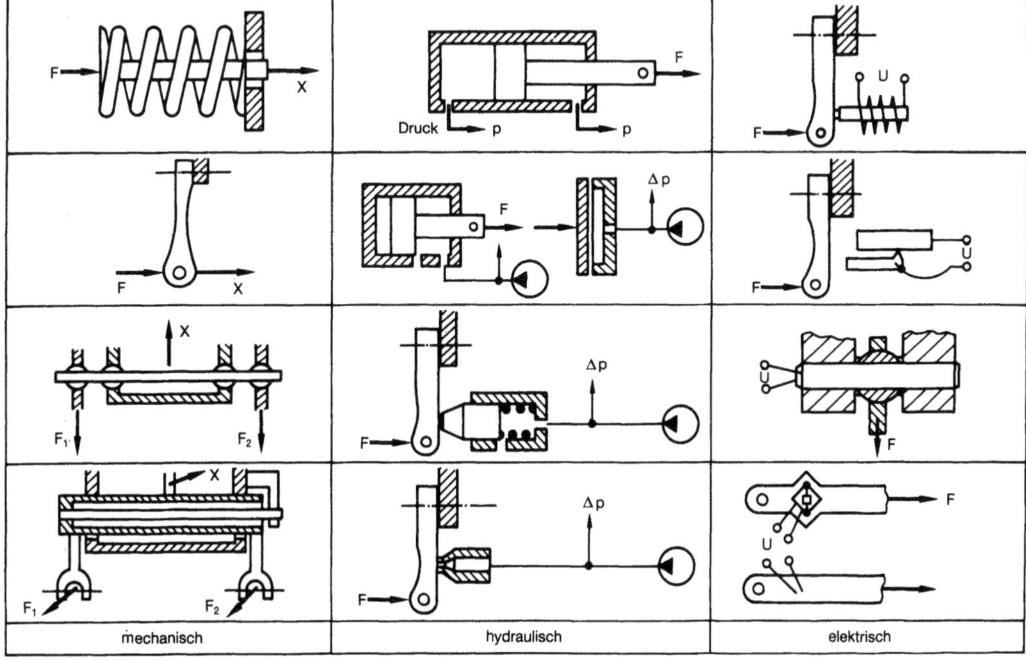

Dreipunktanbau 4: Sensoren zur Kraftmessung bei geregelten Krafthebern. (Quelle: Hesse a. a. O.)

Alle gezeigten mechanischen Systeme praktisch ausgeführt; Biegebalkenprinzip für Unterlenkerregelung besonders elegant (*J. Deere* ab 1965). Hydraulische und elektrische Sensoren teilweise eingeführt.

2 t). In den letzten Jahren hat man die Signalverarbeitung der Regelungen vor allem durch Anwendung der Elektronik und der Servohydraulik verbessert, besonders bei großen Traktoren. Bild 4 deutet hierzu einige grundsätzliche Möglichkeiten an. Weiterhin gelang es, die mühevolle und nicht ungefährliche Arbeit des Ankuppelns durch halbautomatische „Schnellkuppler" (ein- oder zweiphasig) zu erleichtern. Nach ersten nationalen Normungen des D. nach dem Zweiten Weltkrieg (DIN 9674 von 1951–1958 erarbeitet) wurde im Jahre 1977 mit der internationalen Norm ISO 730 eine weltweite Standardisierung erreicht. *Renius*

Literatur: DIN 9674: Dreipunktanbau von Geräten (Entw.). Hrsg. Dt. Inst. für Normung. Ausg. Nov. 1990. – *Hain, K.:* Das Übersetzungsverhältnis in periodischen Getrieben von Landmaschinen. Landtechn. Forsch. 3 (1953) Nr. 4, S. 97/108. – *Have, H., u. S. S. Kofoed:* Die Hubkraftkennlinien eines Dreipunkt-Systems. Grundl. Landtechn. 22 (1972) Nr. 1, S. 16/20. – *Henningshaus, F.:* Regelung eines Krafthebers in einem Ackerschlepper mit servohydraulischen Elementen. o + p 27 (1983) Nr. 2, S. 103/107. – *Hesse, H.:* Signalverarbeitung in Pflugregelsystemen. Grundl. Landtechn. 32 (1982) Nr. 2, S. 54/59. – *Koenig, W.:* Die Gestaltung einer neuen Reihe regelnder Kraftheber und ihrer Steuergeräte. Grundl. Landtechn. 18 (1968) Nr. 5, S. 165/71. – *Matthies, H. J.:* Einführung in die Ölhydraulik. Stuttgart 1984. – *Morling, R. W.:* Agricultural Tractor Hitches Analysis of Design Requirements. ASAE Lecture Series No. 5. St. Joseph, MI (USA) 1979. – *Renius, K. Th.:* Traktoren. 2. Aufl. Bern, Frankfurt a. M., München, Münster-Hiltrup, Wien 1987. – *Scheufler, B., u. S. Reker:* Anforderungen an die Schlepperhydraulik seitens angekoppelter Landmaschinen und Geräte. Grundl. Landtechn. 30 (1980) Nr. 6, S. 195/98. – *Seifert, A.:* Ölhydraulische Kraftheber für den Ackerschlepper. Grundl. Landtechn. 1 (1951) Nr. 1, S. 45/60. – *Seifert, A.:* Untersuchungen von drei Systemen regelnder hydraulischer Kraftheber beim Pflügen ... Grundl. Landtechn. 15 (1965) Nr. 4, S. 107/15. – *Skalweit, H.:* Feldmessungen an Schleppern mit Dreipunktanbau und regelnden Krafthebern. Landtechn. Forsch. 14 (1964) Nr. 1, S. 1/5.

Dreiwalzen-Elongator →Asselwalzanlage, →Asselwalzverfahren

Dreiwalzen-Schrägwalzanlage. Eine D.-S. ist ein komplexes technisches System, das zum Herstellen zylindrischer Hohlkörper für die Weiterverarbeitung zu nahtlosen Stahlrohren eingesetzt wird. Der Aufbau des Walzgerüsts dieser S. ist demjenigen der →Asselwalzanlage sehr ähnlich. Eine Sonderausführung der D.-S. ist die D.-Loch- und Streckwalzanlage. Bei dieser Sonderausführung sind die technischen Systeme für das Lochen und anschließende Strecken des Werkstoffs maschinentechnisch zu einer Einheit miteinander verbunden (→Dreiwalzen-Schrägwalzverfahren). *Baumann*

Dreiwalzen-Schrägwalzverfahren. Das D.-S. wird ähnlich dem Zweiwalzen-S. zum Herstellen zylindrischer Hohlkörper über einen Lochdorn eingesetzt. Dieses S. arbeitet mit 3 kegelförmigen Walzen, die

symmetrisch je 120° versetzt um die Walzmitte angeordnet und gegen die Walzgutebene geneigt sind. Mit dem D.-S. wird der Werkstoff beim Lochen weniger hoch beansprucht als mit dem Zweiwalzen-S. *Baumann*

Dreiwalzen-Walzgerüst. Ein D.-W. ist ein W. mit 3 horizontal angeordneten Walzen, in dem das Walzgut von beiden Gerüstseiten ohne Umkehr der Drehrichtung der Walzen angestochen werden kann (Bild). Dabei erfolgt die Formgebung beim ersten Stich zwischen der Unter- und Mittelwalze, beim zweiten Stich zwischen der Mittel- und Oberwalze oder umgekehrt. Alle Walzen haben gleichen Durchmesser (Darstellung A). Meist sind Ober- und Unterwalze anstellbar, und die Mittelwalze ist ortsfest angeordnet. Eine Abart des D.-W. ist das Lauthsche-D.-W. Dabei ist der Durchmesser der Mittelwalze kleiner als die angetriebenen Ober- und Unterwalzen, die gleiche Durchmesser haben (Darstellung B). Das Lauthsche-D.-W., kurz auch Lauthsches Trio genannt, wird meist zum Walzen von Blechen eingesetzt. *Baumann*

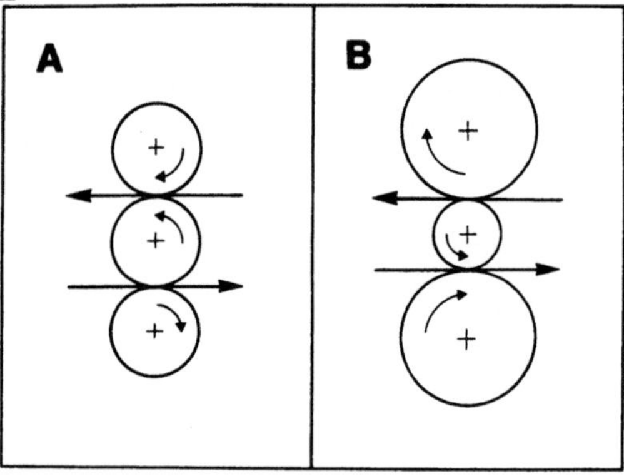

Dreiwalzen-Walzgerüst: Anordnung der Walzen in einem Dreiwalzen-Walzgerüst (A) und in einem Lauthsche-Dreiwalzen-Walzgerüst (B).

Dreizylinderspinnereiverfahren. Weltweit das bedeutendste Spinnereisystem zum Verspinnen von mittelstapligen bis langen Baumwolltypen (ca. 7/8″ bis 1¾″ = 22–45 mm Faserlänge) zu glatten Garnen mit paralleler Faserlage.

Ab Mitte der 30er Jahre werden in diesem System auch Zellwollen (regenerierte Cellulosefasern) und etwa ab Beginn der 60er Jahre in zunehmendem Maß auch synthetische Fasern, allein oder in Mischungen mit Baumwolle, zu Garnen im Feinheitsbereich von ca. 50 tex (Nm 20)—5 tex (Nm 200) versponnen. Die in diesem System eingesetzten Chemiefasern werden auch B-Typen genannt, da sie in Feinheit und Faserlänge der Baumwolle angepaßt sind. In der Bundesrepublik Deutschland lag der mengenmäßige Einsatz in den letzten Jahren bei ca.

65 % Baumwolle, 11 % Zellwolle und 24 % synthetische Fasern.

Das Spinnereisystem arbeitet nach dem Flußprinzip in Form einer Reihenfertigung (mit Pufferbildung zwischen den einzelnen Ablaufabschnitten), wobei Ansätze zur verfahrensmäßigen Fließfertigung (lückenlose Verkettung) z. B. bis zur Karde oder bei der Kopplung der Ringspinnmaschine mit der Spulmaschine bereits Realität oder in der Entwicklung sind.

Die Hauptablaufabschnitte sind Mischen, Öffnen und Reinigen, Kardieren, Kämmen, Strecken, Vorspinnen (Flyern), Fertigspinnen auf der Ringspinnmaschine, Spulen (Bild 1).

Mischen: Zum Herstellen einer homogenen Spinnpartie ist das Mischen größerer Fasermengen (die in Ballenform angeliefert werden) notwendig, um bei der Baumwolle unvermeidbare physikalische Differenzen (Sauberkeit, Farbe, Stapel, Feinheit, Festigkeit usw.) auszugleichen; bei Chemiefasern erforderlich, um Unterschiede im Feuchtigkeitsgehalt, in der Konzentration von Nachbehandlungsmitteln (Avivagen) usw. zu nivellieren.

Das Mischen erfolgt beim Ballenabbau durch manuelle Abnahme von Faserschichten einer möglichst großen Ballenzahl (bei Baumwolle 40–60 Ballen und mehr) oder durch eine mechanische Abtragung mittels einer automatischen Anlage, wobei sich das Prinzip von flurgelagerten Ballen und bewegtem Abbaugerät (mit Fräswalzen o. ä.) durchgesetzt hat. Die manuell abgenommenen Faserschichten werden in einer parallelgeschalteten Ballenbrechergruppe in kleinere Faserflocken aufgelöst und gemischt.

Beim automatischen Abbau, bei dem eine flokkenmäßige Abnahme von den Ballen einer Mischpartie erfolgt, kann ein anschließender Mischöffner oder ein Mischautomat die Intensität der Mischung verbessern.

Öffnen und Reinigen: Baumwolle wird in Öffnungs- und Reinigungsmaschinen geöffnet und mechanisch gereinigt. Der Abfallgehalt kann je nach Baumwollklasse (Schalenreste, Holzteilchen, Blattreste usw.) zwischen 1,5 %–ca. 11 % liegen. Bei Chemiefasern ist nur eine mechanische Öffnung der festgepreßten Faserschichten erforderlich. Öff-

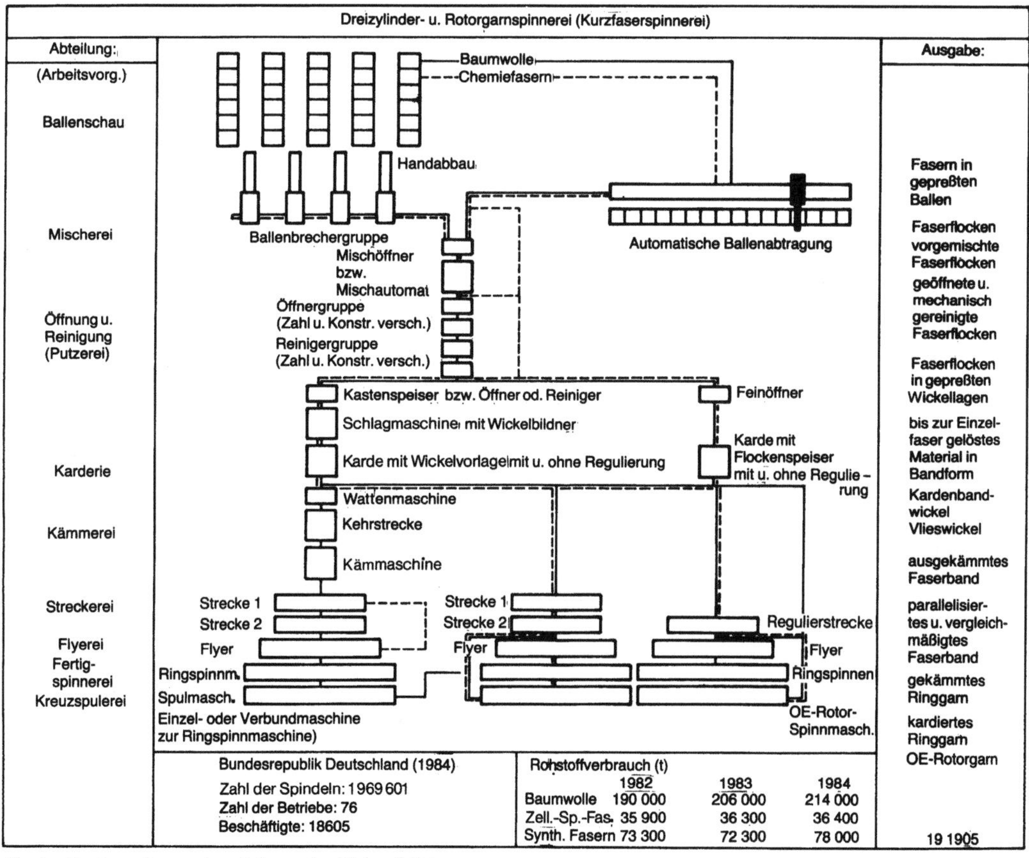

Bundesrepublik Deutschland (1984)	Rohstoffverbrauch (t)		
		1982	1983	1984
Zahl der Spindeln: 1 969 601	Baumwolle	190 000	206 000	214 000
Zahl der Betriebe: 76	Zell.-Sp.-Fas.	35 900	36 300	36 400
Beschäftigte: 18605	Synth. Fasern	73 300	72 300	78 000

Dreizylinderspinnereiverfahren 1: Ablaufbild.

nungs- und Reinigungsmaschinen haben ein oder mehrere Schlaginstrumente in Form von Nasentrommeln, Stiftwalzen, Schienenschlägern oder Sägezahntrommeln. Wird das Fasergut ungeklemmt („im freien Flug") durch Schlaginstrumente bearbeitet, so ist die primäre Aufgabe der Maschine das Öffnen. Wird das Fasergut durch Einzugsvorrichtungen im gehaltenen Zustand den Schlaginstrumenten dargeboten, so ist die primäre Aufgabe im Reinigungsvorgang zu sehen, wobei durch die Schlagwirkung eine mechanische Trennung von Fremdkörpern und Fasern erreicht werden soll. Alle Öffnermaschinen sind jedoch auch Reiniger, und jeder Reiniger öffnet auch das Fasergut weiter. Bei kontinuierlich arbeitenden Anlagen werden in der Reihenfolge zunächst Öffner und dann Reiniger eingesetzt.

Werden der nachfolgenden Karde die Fasern in Wickelform vorgelegt, so ist der letzte Reiniger eine sog. Schlagmaschine mit anschließendem Wickelbildner. Die Wickelvorlage an der Karde wurde in den letzten Jahren fast vollständig durch sog. Flockenspeiseranlagen abgelöst. Bei einer solchen Kardenspeisung werden die geöffneten und gereinigten Fasern pneumatisch in Speiseschächte transportiert, in denen nach verschiedenen Verfahren (mechanisch oder pneumatisch) diese zu einer gleichmäßigen Watte verdichtet werden.

Kardieren: Das Auflösen der Faserwatte bis zur Einzelfaser erfolgt auf der anschließenden Karde. Zwischen Wanderdeckel und Haupttrommel wird durch feine Stahlgarnituren (bis zu 600 Spitzen/cm^2) ein Faserflor aus Einzelfasern erzeugt, der nach entsprechendem Verdichten zwischen Trommel und Abnehmer zu einem Rundband (Kardenband) umgeformt wird (Bild 2). Kardenbänder haben

Feinheiten von ca. 3–6 g/m (ktex). Die Auflösung in Einzelfasern ist unabdingbar, um Garne mit paralleler Faserlage auf der eigentlichen Spinnmaschine zu erzeugen. Der Karde kommt deshalb im Arbeitsablauf eine besondere Bedeutung zu, da die Qualität des Faserflors entscheidend die Qualität des späteren Garns bestimmt.

Kämmen: Für besonders feine Garne (etwa ab 17 tex $\triangleq$ Nm 60) wird nach dem Kardieren der Kämmprozeß auf der Kämmaschine eingeschaltet. Als Vorbereitung für diesen Prozeß werden ca. 20 Kardenbänder auf einer Wattenmaschine zu einem Bandwickel aufgerollt. Diese Bandwickel werden dann auf einer Kehrstrecke ca. 6fach verzogen zu Faservliesen, die dann 6fach doubliert einen Vlieswickel als Vorlage für die eigentliche Kämmaschine ergeben.

Das Kämmen auf der eigentlichen Kämmaschine ist ein intermittierender Prozeß. Eine Kämmwalze kämmt aus einer einstellbaren Faserbartlänge Kurzfasern und Faserverunreinigungen aus, die als sog. Kämmlinge ausgeschieden werden. Der ausgekämmte Faserbart wird durch einen „Lötvorgang" mit dem abziehenden Faservlies verbunden, durch einen Trichter gezogen und zum Kämmband oder Kammzug umgeformt (Bild 3). Durch diesen Kämmprozeß wird die Faserqualität durch die Verbesserung der mittleren Stapellänge, durch das Ausscheiden letzter Verunreinigungen einschl. Faserknötchen oder Nissen erheblich verbessert. Der Anteil der Kämmlinge kann je nach Rohstoff und Qualitätsanspruch ca. 5–25 % betragen.

Strecken: Karden- oder Kämmbänder werden nach dem Kardieren bzw. Kämmen auf der Strecke

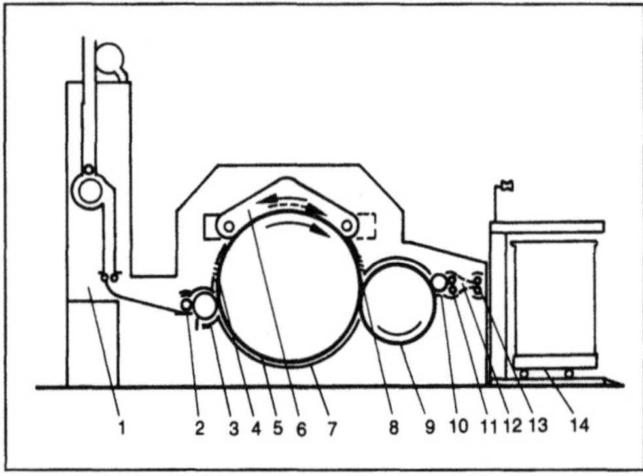

Dreizylinderspinnereiverfahren 2: Karde. Schema der Arbeitselemente. (Quelle: Trützschler)

1 Kardenspeiser Exactafeed® FBK, 2 Speisewalze und Speisetisch, 3 Vorreißer mit Ausscheidemesser, Kardiersegment oder Vorreißerrost, 4 Vorkardiersegment, 5 Trommel, 6 Wanderdeckel, 7 Trommelrost oder Trommelabeckung, 8 Webclean KR, 9 Abnehmer, 10 Abstreichwalze, 11 Quetschwalzen, 12 Webspeed®, 13 Kalanderwalzen, 14 Kannenstock.

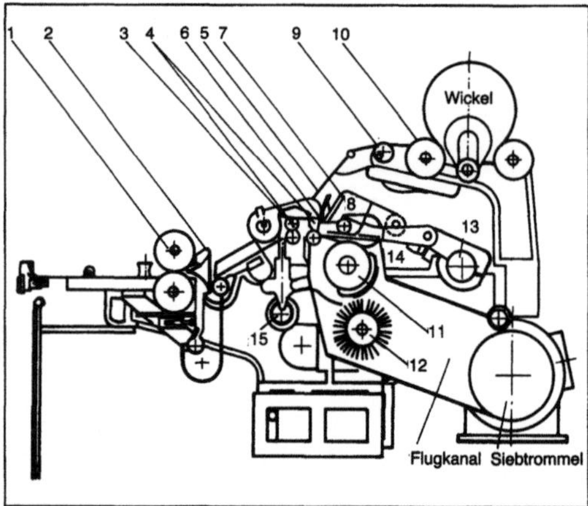

Dreizylinderspinnereiverfahren 3: Kämmaschine. (Quelle: Rieler, Winterthur)

1 Abzugswalzen, 2 Bandtrichter, 3 Belastungsarm für Abreißdruckwalzen, 4 Abreißdruckwalzen, 5 Fixkamm (Vorstechkamm), 6 Unterzange, 7 Oberzange, 8 Speisezylinder, 9 Exzenterwelle für Spannungsausgleich, 10 Wickelwalze, 11 Rundkamm (Kreiskamm), 12 Bürste, 13 Zangenwelle, 14 Stützlager mit Schießfeder, 15 Druckluftschlauch

6- oder 8fach doubliert und um das Maß dieser Dopplung in einem Streckwerk verzogen. Durch diesen Prozeß werden die Fasern in Längsrichtung gezogen (parallelisiert) und durch das Doppeln die Querschnittsgleichmäßigkeit der Bänder verbessert.

Die Strecke wird außerdem als Mischmaschine eingesetzt, besonders für das Mischen von Baumwolle und Chemiefasern, die einer verschiedenen Aufbereitung (bis einschl. Karde) bedürfen. Dies wird durch eine entsprechende Bandmischung der Vorlagebänder bei gleichen oder verschiedenen Bandfeinheiten erreicht.

Flyern: Das Flyern oder Vorspinnen erfolgt auf Flügelspinnmaschinen. Ursprünglich war das Vorspinnen eine unabdingbare Vorverfeinerung der Streckenbänder, um auf der Ringspinnmaschine, als Endstufe des Spinnprozesses, mit den dort möglichen Streckwerkverzügen die gewünschte Garnfeinheit herstellen zu können. Durch konstruktive Verbesserungen der Ringspinnmaschinenstreckwerke ist dies für einen großen Feinheitsbereich der Garne theoretisch nicht mehr zwingend notwendig, höchstens für sehr feine Dreizylindergarne. Die Beibehaltung des Flyers im Arbeitsablauf dieses Systems ist primär in der Herstellung einer flanschlosen Flyerspule von ca. 2–3 kg Gewicht zu sehen, die als ideale Vorlageeinheit für die Ringspinnmaschine gilt. Die Feinheit der Flyervorgarne liegt etwa im Bereich 1000 tex (Nm 1,0)–330 tex (Nm 3,0).

Das vorgelegte Streckenband wird im Streckwerk der Maschine auf die vorgenannte Vorgarnfeinheit verzogen, das austretende Faserbändchen durch den Flyerflügel so zusammengedreht, daß eine ausreichende Festigkeit des Vorgarns erzielt wird, die weitere Verzugsfähigkeit aber gewährleistet bleibt. Die Aufwindung des Vorgarns auf die Spule erfolgt durch eine entsprechende Voreilung derselben gegenüber dem Flyerflügel, wobei die Voreilung immer der Liefergeschwindigkeit des Streckwerks entsprechen muß. Durch entsprechende Hubverkürzung wird nach jeder Windeschicht eine Spule mit Doppelkegel erzeugt.

Ringspinnen: Das Fertigspinnen erfolgt in der Dreizylinderspinnerei auf der Ringspinnmaschine, die ab 1900 den bis dahin verwendeten Selfaktor ablöste. Das Vorgarn wird heute in Doppelriemchenstreckwerken (Bild 4), die in der Standardausführung Verzüge bis ca. 60fach erlauben, auf die gewünschte Garnfeinheit verzogen. Das austretende Faserbändchen wird dann durch einen Ringläufer (kl. Drahtöse) zusammengedreht. Dieser Ringläufer hat seine Bahn auf einem Spinnring und wird durch den Zug des Fadens bewegt, wobei die Garnspule fest auf der Spindel sitzt. Durch verschiedene Reibungskräfte wird der Ringläufer auf dem Spinnring abgebremst, so daß sich durch die Geschwindigkeitsdifferenz zwischen der Spule

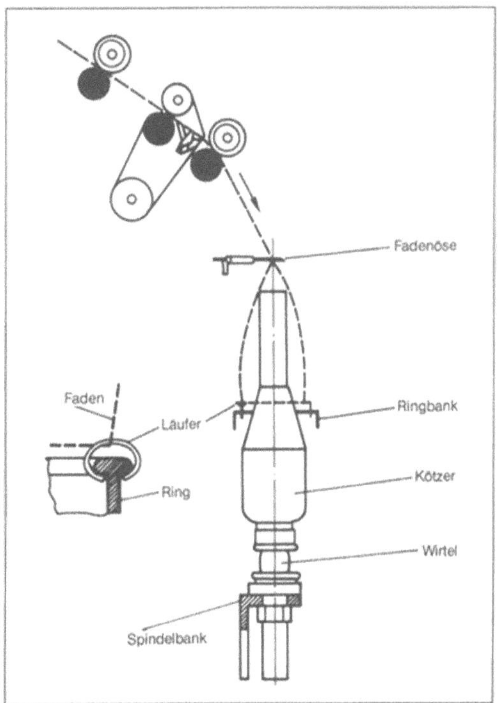

Dreizylinderspinnereiverfahren 4: Funktionsskizze einer Ringspinnmaschine.

(bzw. Spindel) und dem Ringläufer gleichzeitig die Aufwindung des Garns in Kegelschichten ergibt. Durch das Ringläufergewicht läßt sich die ausreichende Abbremsung des Läufers einstellen. Durch die Veränderung der Liefergeschwindigkeit (bei entsprechender Spindeldrehzahl) kann man die gewünschte Garndrehung erreichen.   *Löcker*

Literatur: Autorenkollektiv: Technologie Baumwollspinner. Leipzig 1962. – *Fahrbach, R.:* Getriebeberechnungen in der Baumwollspinnerei. Stuttgart 1956. – *Oeser, W.:* Mechanische Spinnerei. Berlin 1971. – *Wolf, H. B.:* Baumwollspinnerei. Berlin, Heidelberg 1966.

Dreschen. Verfahren des Herauslösens von Samenkörnern aus Ähren, Kolben, Kapseln, Schoten und Hülsen durch mechanische Einwirkungen, insbesondere Schlagen und/oder Reiben. Hauptanwendung für Getreide.

Einfache Werkzeuge, wie z. B. der Dreschflegel oder die Dreschwalze, wurden im vorigen Jahrhundert durch die →Dreschmaschine abgelöst. Deren Prinzip wendet man bis heute in den meisten Mähdreschern an.

Die Güte eines Dreschvorgangs wird durch folgende Kriterien gekennzeichnet: Ausdruschverluste, Kornbeschädigungen und spezifischer Energieverbrauch. Je mehr Energie aufgewendet wird, desto besser der Ausdrusch, desto stärker aber auch die Kornbeschädigungen. Beim Schlagleistendreschwerk hat sich diesbezüglich für Getreide ein guter Kompromiß bei etwa 25–30 m/s Umfangsgeschwindigkeit ergeben. *Renius*

Literatur: *Finkenzeller, R.:* Das Körnerbrechen beim Dreschen. Seine Ursache und Beseitigung. RKTL-Schriften Nr. 102. Berlin 1941. – *Wieneke, F.:* Das Arbeitskennfeld des Schlagleistendreschers. Grundl. Landtechn. 14 (1964) Nr. 21, S. 33/34.

Dreschmaschine. Maschine zum Dreschen landwirtschaftlicher Körnerfrüchte, vor allem Getreide. Etwa 1850–1955 bedeutsam, danach in den hochentwickelten Ländern vom Mähdrescher abgelöst.

Das wichtigste Element der D. ist die Kombination von Dreschtrommel und Dreschkorb, im Prinzip 1785 erfunden von dem Schotten *A. Meikle.* Eine rückblickend sehr fortschrittliche D. war nach Studien von *Söhne* die auf der Weltausstellung 1851 in London gezeigte Maschine von *Hornsby* (Bild). Sie hatte bereits alle wesentlichen Merkmale späterer D.: Einlegetisch, Dreschtrommel mit Korb, Entgrannungseinrichtung, Schüttler, Ährensieb und die Reinigung durch Sieben und Sichten (→Windfege). Die D. wurde in der ersten Entwicklungsphase vor allem durch Göpelanlagen angetrieben. Die später aufkommende Dampfkraft mußte sich aus Kostengründen auf große Dreschsätze beschränken. Im Jahre 1907 gab es im Deutschen Reich 947 000 Göpeldreschanlagen und knapp 500 000 Dampf-D. Nach dem Ersten Weltkrieg löste man den Dampfantrieb durch stationäre Verbrennungsmotoren, durch Elektromotoren oder durch den Riemenscheibenantrieb des Traktors ab. Insgesamt war der Einsatz der D. (wie auch des Bindemähers und später des Mähdreschers) während der Entwicklung jeweils in Nordamerika besonders fortschrittlich; die riesigen Erntemengen legten den Technikeinsatz nahe. Die Gestelle der D. hat man erst relativ spät

Dreschmaschine: Englische Dreschmaschine von Hornsby. *Weltausstellung London 1851. (Quelle: Hamm a. a. O.)*

Dreschtrommeldrehzahl 1000/min bei einem Dmr. von 24″. Leistungsbedarf 7,7 kW; Konzept richtungweisend für die Entwicklung bis ins 20. Jahrhundert hinein.

aus Stahl hergestellt. Der Entwicklungsstand um 1930 wird treffend von *Kühne* beschrieben. *Renius*

Literatur: *Franz, G.:* Die Geschichte der Landtechnik im 20. Jahrhundert. Frankfurt a. M. 1969. – *Hamm, W.:* Die landwirtschaftlichen Geräte und Maschinen Englands. Braunschweig 1858. – *Kühne, G.:* Handb. Landmaschinentechnik. Bd. 2. Berlin 1934. – *Müller, H. H.:* Die Revolutionierung des Getreidedrusches. Agrartechn. 37 (1987) Nr. 4, S. 177/80.

Drillmaschine. Älteste und bislang bedeutendste Bauart der Sämaschinen, Grundprinzip in etwa 200 Jahren nur wenig verändert (Bild). Haupteinsatz heute für Getreide, Futter und Raps. Zuckerrüben und Mais nur noch mit →Einzelkornsämaschine.

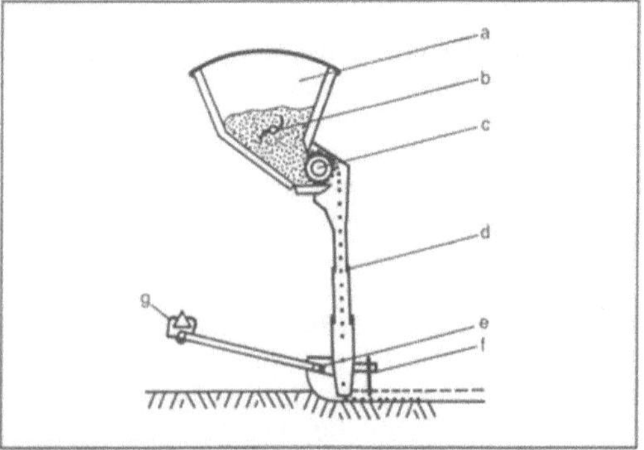

Drillmaschine: Prinzipskizze.

a Saatkasten, Vorratsbehälter, b Rührwelle, c Särad arbeitet mit Bodenantrieb, Säräder austauschbar, d Saatleistung, e Drillschar, f Zustreicher, g Einstellschiene (Reihenweite)

Aus dem Saatkasten mit Rührwelle (gegen Brückenbildung) gelangt Saatgut über die dosierenden Säräder (vielfältige Formen) in die Saatleitung. Die Säräder arbeiten mit Bodenantrieb. Die Ausbringmenge (kg/ha) wird entweder über Feinstufengetriebe (z. B. 72 Gänge) oder in neuerer Zeit auch über mechanisch-stufenlose Getriebe grob vorgewählt. Zusätzliche Einstellmöglichkeiten bieten verschiedene Säräder (unterschiedlich große Förderkammern) bzw. Säräder mit stufenloser Füllungsverstellung (Schubräder), schließlich auch die Auslaßschieber am Saatkasten.

Die auf die Reihenweite genau ausgerichteten Drillschare (Richtbrett) ziehen eine kleine Rille (Tiefe z. B. 3 cm), in die die Körner hineinfallen, um danach mit Boden bedeckt zu werden (Zustreicher, Eggen).

Als Vater der D. gilt der englische Pfarrer *James Cook.* Seine 1783 vorgestellte Maschine wies bereits alle wesentlichen Elemente heutiger Bauarten auf einschl. Bodenantrieb und Zwischengetriebe für die Säräder. Das Phänomen dieser so frühzeitigen Erfindung mit Breitenwirkungen schon in der ersten Hälfte des 19. Jahrhunderts hängt offensichtlich mit dem relativ geringen Energiebedarf zusammen, der durch ein oder zwei Zugpferde gut gedeckt werden konnte. Motorkraft war wie z. B. auch bei den sehr früh erfundenen Mähmaschinen nicht notwendig.

Neuere Entwicklungen betreffen u. a. die Ausbildung der Schare (→Bandsaat), Maßnahmen zur exakteren Tiefenablage sowie eine Vergrößerung der Arbeitsbreite von früher oft 1,5 m auf heute häufig 3 m, bei Großmaschinen auch bis zu 5 m bzw. bei modernen pneumatischen D. sogar bis 6 m (einklappbare Ausleger). Hier transportiert ein Luftstrom (Zapfwellenantrieb) die Körner von der zentralen Dosiereinrichtung über den Verteiler zu den Scharen. Bei der Gestaltung und auch beim praktischen Betrieb ist besonders darauf zu achten, daß die Standfestigkeit des Traktors nicht überschritten wird (Aufbäumgefahr). Neueste Versuche dienen zum Erproben des Prinzips der Einzelkornsämaschinen auch für Getreide. Vorteile: Ertragssteigerung, Saatguteinsparung, kleinere Behälter und Bodendrücke. Leider ist der Aufwand sehr groß. Spezielle Entwicklungen der Drillschare gelten der Saatgutausbringung bei verminderter oder sogar ganz weggelassener Bodenbearbeitung (→Bodenschutz, Direktsaat). *Renius*

Drossel →Gleitlager, hydrostatisches

Drosselklappe. Drehbare Klappe im Ansaugweg von Ottomotoren zum Regulieren der Motorleistung im Betrieb.

Bei ungeminderter Luft- und Kraftstoffzufuhr gibt ein →Verbrennungsmotor das bei der jeweiligen Drehzahl höchste Drehmomente ab (Vollast). Um das Drehmoment und damit auch die Leistung dem Bedarf anzupassen, muß beim →Ottomotor gleichzeitig die Zufuhr von Kraftstoff und Luft vermindert werden (→Leistungsregelung). Das Verringern der Luftzufuhr und als Folge davon der Kraftstoffzufuhr erfolgt durch teilweises Schließen der D. Sie ist im →Vergaser oder (bei →Benzineinspritzung) in der Ansaugleitung angeordnet. *Kuhlmann*

Druckausgleichskolben. Zum Ausgleich des Achsschubs. Ein gegen das Gehäuse der Strömungsmaschine abdichtende Scheibe wird auf der einen Seite mit dem →Arbeitsfluid bei Hochdruck beaufschlagt. Die andere Seite der Scheibe wird durch eine Rohrleitung oder einen Kanal im Gehäuse mit der Niederdruckseite in Verbindung gebracht. Der Scheibendurchmesser muß so bemessen werden, daß die resultierende Kraft ungefähr die von der Beschaufelung in Achsrichtung ausgeübte Kraft aufhebt. Durch einen geringen Restschub läßt sich eine Schubumkehr im Lager verhindern.

Die unvollständige →Dichtung des Kolbens hat einen Leckstrom zur Folge, der den Nutzstrom mindert. Außerdem entstehen durch Reibung mit dem den Kolben umgebenden Arbeitsfluid sog. Ventilationsverluste. *Dibelius*

Druckbegrenzungsventil →Druckventil

Drucken. Zur Wiedergabe von bildmäßigen Informationen wird →Druckfarbe auf einen Bedruckstoff aufgebracht unter Verwendung einer Druckform oder – etwas verallgemeinert – eines Druckbildspeichers.

Durch die Entwicklung zahlreicher neuer →Druckverfahren ist es nicht mehr in jedem Fall erforderlich, eine gegenständliche Druckform für jedes Druckbild zu erstellen. Die Bildpunkte können auch in einem Datenspeicher abgelegt sein und mit einem Laserdrucker oder mit einem berührungslosen Druckverfahren, z. B. mit einem Tintenstrahlschreiber, ausgedruckt werden. *Ritz*

Drucker, digitaler. Photosatz. Aus Kostengründen werden bei den →Photosatz-Bausatz-Verbundsystemen und den →Photosatz-on-Line-Verbundsystemen an Stelle einer teuren Korrekturbelichtung auf Photopapier zunehmend elektronische Drucker, wie LED-Drucker und Laserdrucker angeschlossen.

Ein weiteres Einsatzgebiet ist der Druck von typographisch aufbereiteten Schriftstücken bis zu einigen tausend Stück in Dokumentenqualität (z. B. Ersatzteillisten, Preislisten, Kataloge, Produktinformationen). Im verlegerischen Bereich ist der d. D. für wissenschaftliche Werke bei geringer Auflage sowie für Testauflagen von Büchern vorstellbar. Ob nun sofort direkt auf Normalpapier ausgegeben wird oder ob im d. D. zunächst eine Druckfolie hergestellt wird und davon konventionelle Drucke angefertigt werden, ist unerheblich. Entscheidend ist, daß innerhalb dieser Leistungsklasse eine Preiswürdigkeit und Wirtschaftlichkeit erreicht wird, die der traditionelle Photosatz nicht bieten kann.

Neben der niedrigen Auflösung liegen die Nachteile eines d. D. in der geringen Qualität bei Schriften, Linien und besonders bei Rasterbildern. Für mittlere Qualitätsansprüche müssen deshalb →CRT-Photosatzbelichter, bei allerhöchsten Qualitätsansprüchen sogar →Laserstrahl-Photosatzbelichter verwendet werden. Als Ergänzung der Photosatzbelichter ist ein d. D. jedoch hervorragend geeignet. *W. Schmid*

Druckerlaubnis. Imprimatur (lat. es werde gedruckt; Abk. impr.). Bestätigung durch den Auftraggeber, daß alle Korrekturen ausgeführt worden sind und somit der Auflagendruck erfolgen kann. *Ritz*

Druckfarbe. Substanz, die beim Drucken bildmäßig auf den Bedruckstoff aufgebracht wird. Den farblichen Kontrast zum Bedruckstoff geben die Farbmittel (Pigmente, Farbstoffe). Der Druckfarbenfilm, in dem die Pigmente eingebettet am Bedruckstoff anhaften, wird i. a. aus makromolekularen Stoffen (Naturharze und synthetische Harze) gebildet. Um die D. den →Druckverfahren entsprechend verarbeitbar zu machen, werden im Tief-, Durch- und Flexodruck niedersiedende Lösemittel und im Hoch- und Flachdruck hochsiedende Mineralöle verwendet. Eine gewisse Sonderstellung unter den lösemittelhaltigen Farben nehmen die wasserverdünnbaren D. ein.

Im Mehrfarbendruck werden lasierende D. eingesetzt. Sie haben die Eigenschaft, eine unter ihnen liegende D. durchscheinen zu lassen. Damit wird im Mehrfarben-Übereinanderdruck eine weite Palette von Mischfarben (z. B. Gelb auf Blau = Grün) erzeugt. Die üblichen Farbsätze werden mit den Buntfarben Cyan, Magenta und Gelb sowie der Schwarzfarbe gedruckt. Für den Hoch- und Offsetdruck wurde ein Normdruckfarbensatz (DIN 16538, 16539) festgelegt. Um jedoch in einem Druckprodukt eine bestimmte farbige Erscheinung zu erreichen, genügt es nicht, die D. allein festzulegen. Das Druckverfahren und die verschiedenen Bedruckstoffe können eine einzige D. auf verschiedenen Drucken mit beachtlichen Farbdifferenzen erscheinen lassen.

Für den Druck von Sonderfarben wurden unterschiedliche Farbmischsysteme entwickelt, die so ausgelegt wurden, daß mit einer möglichst geringen Anzahl von Grundfarben ein möglichst großes Marktsegment der gewünschten Sonderfarben abgedeckt wird.

Mehr oder weniger Glanz eines Druckfarbenfilms kann auf die farbige Erscheinung mit einen Einfluß haben: Je größer der Glanz, um so größer ist die erreichbare Farbtiefe. Durch Lackieren oder Folienkaschieren kann bei Druckerzeugnissen der Glanz gesteigert werden. Gleichzeitig wird mit dem Lack auch die Scheuerfestigkeit verbessert.

Eine Reihe unterschiedlicher Echtheitseigenschaften wird je nach Anwendung des Druckprodukts gefordert, z. B. Lichtechtheit, Alkali-, Säure-, Fett-, Käse-, Wachs-, Hitzebeständigkeit sowie Heißsiegelfähigkeit und Geruchsfreiheit. *Ritz*

Druckfolgeventil →Druckventil

Druckform. Die D. ist ein Druckbildspeicher in Gestalt eines Werkzeugs, das so bearbeitet ist, daß damit →Druckfarbe auf den →Bedruckstoff zur Wiedergabe einer textlichen und/oder bildlichen Darstellung übertragen werden kann (DIN 16514). Jedes →Druckverfahren erfordert verfahrensspezifische D. Sie unterliegen speziellen Fertigungstechnologien. In manchen Bereichen gibt es neben Original- auch Duplikat-D. D. können aus unter-

schiedlichen Materialien wie Metall, Folie, beschichtetes Papier, Kunststoff und in verschiedenen Kombinationen dieser Materialien wie Gelatineschicht auf einem Träger und auf einen Rahmen aufgespannte Gaze sein. Sie haben plane, gerundete oder zylindrische Formen und können starr oder flexibel sein.

Als D. der verschiedenen Druckverfahren unterscheidet man:

□ *Hochdruck:* Die Charakteristik der Hochdruck-D. ist, daß die druckenden Teile erhaben, die nichtdruckenden Teile vertieft sind. Hochdruck-D. benötigt man für den Buchdruck und den →Flexodruck. Sie sind, bei diesen direkten Druckverfahren seitenverkehrt. Für den indirekten Hochdruck (Letterset) werden dagegen seitenrichtige D. benötigt, weil die Information, ehe sie auf dem Bedruckstoff abgelegt wird, auf einem Zwischenträger zwischengespeichert wird. Für die textliche Wiedergabe wird Satz eingesetzt. Dies sind entweder Einzelbuchstaben (Lettern), von Hand zusammengetragen und zum *Handsatz* gebunden oder *Maschinensatz,* bei dem die einzelnen Buchstaben als Matrizen aneinandergereiht und diese dann als Zeile innerhalb eines Gießteiles in einer Setzmaschine mit einer Legierung aus Blei, Antimon und Zinn gegossen werden. Für die Bildwiedergabe werden Klischees über Ätztechnik (Zinkätzung) oder über Auswaschtechnik (Kunststoff) nach Kopiervorlagen gefertigt. Über Abtastung und Gravur kann auch von der Vorlage direkt – ohne den Informationszwischenträger →Kopiervorlage – ein Klischee in Metall und/oder Kunststoff graviert werden. (D.-Herstellung 2. Hochdruck).

□ *Flachdruck:* Die Charakteristik der Flachdruck-D. ist, daß druckende und nichtdruckende Teile auf einer bzw. nahezu auf einer Ebene liegen. Es gibt den direkten (Lichtdruck, Steindruck, →Lithographie) und den indirekten Flachdruck. Dominierend im Flachdruck ist heute jedoch der *Offset,* ein indirektes Druckverfahren. Die D. ist beim Offset seitenrichtig, beim direkten Flachdruck seitenverkehrt. Die Information, die über den Druckprozeß auf den Bedruckstoff gebracht werden soll, wird meist kopiertechnisch über die Kopiervorlage auf die D. transferiert. In den Anfängen des Flachdrucks geschah dies manuell. In Zukunft wird dies auch mit geeigneten Lasern praktiziert werden können.

Das Flachdruckverfahren beruht auf physikalisch-chemisch gegensätzlichem Verhalten bestimmter Oberflächen (oliophil/oliophob oder hydrophil/hydrophob) (DIN 16544). Die nichtdruckenden Teile sind dabei wasserführend und druckfarbabstoßend, und die druckenden Teile nehmen Farbe an und geben sie zum Zwischenträger oder direkt zum Bedruckstoff wieder ab. Als Flachdruck-D. finden Mono- und Mehrmetallplatten, Folien aus nichtmetallischen Werkstoffen, Lichtdruckplatten und Lithographiesteine Verwendung (D.-Herstellung 1. Flachdruck).

□ *Tiefdruck:* Die Charakteristik dieser Druckform ist, daß die druckenden Teile vertieft sind. Die Druckfarbe wird in diesen vertieften Stellen aus dem Druckfarbenspeicher der →Druckmaschine aufgenommen und nach Abrakelung überschüssiger Druckfarbe auf dem Bedruckstoff abgelegt. Der Tiefdruck ist von wenigen Ausnahmen abgesehen ein direktes Druckverfahren und setzt daher seitenverkehrte D. voraus. Die D. ist ein Druckzylinder, der an der Oberfläche galvanisch aufgebrachtes Kupfer für die D.-Herstellung aufweist. Vereinzelt gibt es auch Kunststoffbeschichtungen. Die Bild- und Text-Information wird entweder über Kopiertechnik nach der Kopiervorlage und mittels anschließender Ätzung auf den Druckzylinder übertragen, oder ein Gravierstichel graviert, nach einer abgetasteten Kopiervorlage oder über digitalisierte Bild- und Textdaten über einen Rechner gesteuert, die nichtdruckenden Teile aus der Oberfläche heraus. Die D. (Druckzylinder) kann erforderlichenfalls manuell korrigiert und zusätzlich metallisch veredelt werden, um die Standzeit zu erhöhen. Bei Kunststoff-D. ist dies nicht gegeben. Basis für den modernen Tiefdruck ist die Radierung. Auch sie weist als Platte die gleiche Charakteristik wie der Druckzylinder auf. Drukkende Teile sind tief. Je tiefer und je größer der druckende Teil ist, desto mehr Druckfarbe kann man übertragen, oder desto dunkler oder intensiver ist die übertragene Information (D.-Herstellung 4. Tiefdruck).

□ *Durchdruck:* (→*Siebdruck* oder *Schablonendruck*) basiert auf der Druckfarbendurchlässigkeit einer feinen Gaze aus Kunststoff oder aus Metall. Durch manuelles oder kopiertechnisches Abdecken bestimmter Teile wird eine Trennung zwischen Druckfarbendurchlässigkeit und Druckfarbennichtdurchlässigkeit erreicht. Die Druckfarbe wird über die D., ein Rahmen mit Gaze bespannt, die als Sieb, manchmal auch als Schablone, bezeichnet wird, mittels eines Rakels gezogen, wobei an den durchlässigen Stellen der Gaze Druckfarbe auf den darunter liegenden Bedruckstoff übertragen wird. Die Durchdruck-D. ist seitenverkehrt.   *Burkhardt*

Druckformherstellung.

1. Flachdruck. Druckformen für die Bild- und Textwiedergabe im Flachdruckverfahren nennt man Druckplatten beim Offset- und Blechdruckverfahren (aus metallischen und nichtmetallischen Werkstoffen), Druckplatten beim Lichtdruckverfahren (Glas) und Lithographiesteine beim Steindruck. Alle diese Druckformen zeigen die druckenden Teile und die nichtdruckenden Teile auf nahezu einer Ebene, wobei die druckenden Stellen beim

Einfärben →Druckfarbe annehmen und die nichtdruckenden Stellen Druckfarbe abstoßen.

Der Steindruck und der Lichtdruck sind direkte Druckverfahren, d. h., daß die →Druckform die gespeicherte Information direkt auf den →Bedruckstoff mittels Druckfarbe abgibt, also seitenverkehrt ist. Der Offsetdruck und der Blechdruck sind mit wenigen Ausnahmen (*Di-Litho*) indirekte Druckverfahren. Die Information aus der Druckform wird auf einem Zwischenträger, dem Gummituch, abgelegt und erst dann auf den Bedruckstoff übertragen. Die Druckform muß demnach seitenrichtig sein.

Der *Steindruck* hat heute nur noch kulturhistorische Bedeutung und wird nur gelegentlich zum Zwecke der Wiedergabe künstlerischer Aktivitäten eingesetzt. Auf Stein schreiben heißt übersetzt →*Lithographie. Alois Senefelder* hat diese Technik des Lithographierens 1796 entwickelt und von dem Solnhofer Schiefer (-stein) seine Informationen auf den Bedruckstoff übertragen. Der Steindruck, der auf demselben chemisch-physikalischen Grundprinzip wie der heute dominierende Offsetdruck basiert, nämlich hydrophile (wasserführende und farbabstoßende) und hydrophobe (wasserabstoßende und farbführende) Stellen auf einer Ebene zu haben, gerät immer mehr in Vergessenheit.

Im *Lichtdruck* werden als Druckform Glasplatten, die vor der kopiertechnischen Übertragung eine quellfähige Bichromat-Gelatine-Kopierschicht aufgebracht bekommen haben, eingesetzt. Nach der Beschichtung wird im Vakuum und unter Einsatz einer Lichtquelle mit hohem Blau- und UV-Anteil, ein Negativ belichtet, wobei unterschiedliche Gerbungsstufen entstehen, die in Abhängigkeit der Schwärzung in der →Kopiervorlage sind.

Beim anschließenden Entwicklungsprozeß quillt die Gelatineschicht in Abhängigkeit der Gerbung. Das für den Lichtdruck charakteristische Runzelkorn, welches beim Trocknen der Kopierschicht entsteht, zeigt etwa die Feinheit eines 500er Rasters. Vor dem Einfärben zum Druck wird die Druckform gefeuchtet. Bei starker Quellung wird wenig Druckfarbe angenommen; bei starker Kopierschichtgerbung bzw. geringer Quellung wird viel Druckfarbe angenommen und beim Druckprozeß an den Bedruckstoff abgegeben. Eine Druckform läßt durchschnittlich 1 000 Drucke (maximal 2000) zu. Das Lichtdruckverfahren bietet höchste Druckqualität, ist aber sehr kostenintensiv und hat daher nur noch einen äußerst geringen Marktanteil.

Im *Offsetdruck* kommen überwiegend Mono-Metallplatten (Aluminium zwischen 0,1 und 0,5 mm Dicke) zum Einsatz. Die früher häufig verwendete Mehrmetallplatte (Bi-, Trimetall aus Chrom-Kupfer bzw. Chrom-Kupfer-Stahlblech) tritt immer mehr in den Hintergrund. Auch im Blechdruck werden überwiegend Mono-Metallplatten eingesetzt. Die

Mono-Metallplatte, an der Oberfläche mikrogekörnt und anodisiert, d. h. mit einer dünnen Oxidschicht sehr widerstandsfähig gemacht und mit Diazo- oder Polymerschichten – heute überwiegend vorbeschichtet – bezogen, wird überwiegend im Offsetdruck und im Blechdruck eingesetzt. Über Kopiertechnik werden Bild- und Textinformationen aus Kopiervorlagen im Vakuumkopierrahmen Schicht auf Schicht auf die strahlungsempfindliche Kopierschicht übertragen. Die Emission der Kopierlampe (heute meist Metall-Halogenid-Brenner) trifft mit ihrem Abstrahlungsmaximum das Empfindlichkeitsmaximum der Kopierschicht und erreicht bei dieser, entsprechend dem Positiv- oder Negativ-Kopierverfahren, eine Lichtzerstörung oder eine Lichtgerbung. Nach einem Entwicklungsprozeß ist die Druckform einsatzbereit.

Bei der Positivkopie sind die vom Licht nicht getroffenen Schichtteile noch auf der Druckplatte, bei der Negativkopie die vom Licht getroffenen. Sie bilden den druckenden hydrophoben, farbführenden Teil neben der nun freien hydrophilen, wasserführenden Metalloberfläche. Korrekturen, jedoch nicht im Sinne von Tonwertveränderungen, sind auf der Druckform noch möglich. Durch Wärmezufuhr (Tempern bei ca. 220 °C) kann die Kopierschicht als druckender Teil eingebrannt, d. h. auflagenbeständiger gemacht werden. Eine Konservierung schützt die Druckform vor Oxidation.

Im kleinformatigen Offsetdruck (bis ca. DIN A3) werden zusätzlich noch eingesetzt:

□ Photodirektverfahren (Belichtung in der Reproduktionskamera oder im Kontaktkopiergerät, Entwicklung, Nachbehandlung),

□ Silbersalz-Diffusionsverfahren (Belichtung des Diffusions-Materials in der Reproduktionskamera oder in einem Kontaktkopiergerät und zusammen mit der Offsetplatte entwickeln, nach vorgegebener Zeit trennen und die Druckplatte druckspezifisch behandeln) und

□ elektrostatische Verfahren (Photohalbleiter mit Sensibilisatoren für den sichtbaren Bereich des Spektrums in eine Kunstharzschicht eingebettet wird elektrostatisch aufgeladen und in der Reproduktionskamera belichtet. Dabei fließt an den belichteten Stellen die Spannung ab, den nichtbelichteten Stellen wird Toner angeboten, dieser durch Wärmezufuhr stabilisiert, und die Druckplatte ist dann nach der Entschichtung an den nichtgetonten Stellen druckbereit).

Die Herstellung der Druckform ist schnell und kostengünstig. Jedoch sind Einschränkungen in der Wiedergabe und in der Standzeit (Auflagenbeständigkeit) hinzunehmen. Auch die Lasertechnik bietet Möglichkeiten, Informationen von einer Vorlage zeilenweise abzutasten und auf eine Druckplatte wieder zeilenweise aufzeichnen, um sie dann im Offsetdruck als Druckform einzusetzen. Durch die digitale Bild- und Textverarbeitung und deren Integration in der Reproduktions- und Satztechnik wird in der D. Offset in der Zukunft die D. direkt vom Datenspeicher, also filmlos, über Laseraufzeichnung mehr an Bedeutung gewinnen. *Burkhardt*

2. Hochdruck. Druckformen für die Bildwiedergabe, die im Hochdruckverfahren eingesetzt werden, nennt man Klischees. Man unterscheidet noch *Originalklischees,* das sind solche, die man als „Erstlinge" bezeichnen kann, und *Duplikatklischees,* denen ein Originalklischee als Ausgang diente, wovon eine Mater (Abformung) und danach das Duplikat gefertigt wurde.

Druckformen nach Vorlagen, die nur zwei Informationsstände (z. B. schwarz und weiß) haben, nennt man *Strichklischees.*

Druckformen nach Halbtonvorlagen, die mehrere Tonstufen in Schwarzweiß und/oder Farbe haben, nennt man *Rasterklischees.* Die unterschiedlichen Ton- und Farbwerte werden dabei über die Rasterung (Zerlegung) in Rasterpunkte unterschiedlicher Größe, die in ihrem Mittelpunkt gleich weit entfernt sind, wiedergegeben. Je feiner der →Raster, desto weniger kann das menschliche Auge das Rasternetz oder Rastergitter erkennen oder es auflösen. So wird ein echter Halbton in der Vorlage über einen unechten Halbton im Klischee bzw. im Druck dem Auge vorgetäuscht. Die Rasterweite ist von der Qualität, besonders von der Oberflächenbeschaffenheit des Bedruckstoffs abhängig. Für Zeitungspapierqualität werden Rasterweiten zwischen 24 L/cm und 34 L/cm eingesetzt. Je cm^2 bedeutet dies 24·24 bzw. 34·34 Rasterpunkte. Mittlere Papierqualitäten, z. B. satiniertes Papier, läßt 34er Raster bis 48er Raster zu, während man bei gestrichenen Papieren zwischen 48er, 54er, 60er, 70er und 80er Raster wählen kann, jeweils in Abhängigkeit von der Papierqualität.

Rasterklischees zur Schwarzweiß-Wiedergabe nennt man *Autotypien.* Wird außer der Druckfarbe Schwarz noch ein Farbton oder ein Grau als zweite Druckfarbe (als zweites Klischee) eingesetzt, so spricht man von einer *Duplexautotypie.* Werden Rasterklischees für zwei Druckfarben, die sich komplementär im Farbkreis gegenüber liegen, gefertigt, ist dies ein Zweifarbensatz, bei drei oder vier Farben, ein Drei- oder Vierfarbensatz. In diesem Fall werden meist die drei Grundfarben der subtraktiven Farbmischung Cyan, Magenta und Gelb und dazu noch Schwarz als Druckfarbe für die Klischees eingesetzt.

Die Klischees werden nach unterschiedlichen Herstellungsverfahren gefertigt. Von Vorlagen werden zunächst auf reproduktionstechnischem Weg Kopiervorlagen hergestellt. Diese Kopiervorlagen sind seitenrichtig. Sie werden kopiertechnisch auf lichtempfindlich vorbeschichtetes Ätzmetall oder sensibilisierte Polymerplatten übertragen und dann über Ätz- bzw. Auswaschverfahrenstechnik zur seitenverkehrten →Druckform verarbeitet.

Auch über eine zeilenweise Abtastung der Vorlage mittels eines Lichtstrahls, Umsetzung der von der Vorlage remittierten oder transmittierten Helligkeitswerte in Energie auf einen Gravierstichel und Gravur in Metall oder in Kunststoff können Klischees hergestellt werden. Man kennt demnach drei Verfahren der Originalklischeeherstellung: Ätzung in Metall, Auswaschung in Kunststoff und elektronisch gesteuerte Gravur in Metall und/oder Kunststoff.

Die Charakteristik aller Klischees ist: druckende Teile sind erhaben und haben einen konischen Fuß, nichtdruckende Teile sind entfernt, entweder tiefgeätzt, tiefgewaschen oder herausgraviert. Klischees sind mit Ausnahme des indirekten Hochdrucks seitenverkehrt. Der konische Fuß der druckenden Teile ist trapezförmig oder konkav. Die Mantelfläche des Fußes ist glatt, und die Zwischenräume zwischen den druckenden Teilen müssen eine ausreichende Tiefe haben, damit sie nicht eingefärbt werden und mitdrucken.

In Metall geätzte oder gravierte Klischees können nachträglich noch korrigiert werden. Durch Wegschneiden kann man ganze Teile entfernen, und durch generelles und/oder partielles Nachätzen kann man die druckenden Teile von Rasterklischees verkleinern, was einer Minus-Korrektur, einem Hellermachen, entspricht. Auch mittels eines Rasteroder Fadenstichels, der die gleiche Rasterfeinheit hat wie das Klischee, lassen sich die druckenden Teile verkleinern. Plus-Korrektur ist nur im begrenzten Umfang durch Breiterdrücken der druckenden Teile mittels eines Polierstahls möglich. An Kunststoffklischees ist dagegen keine Korrektur im Sinne einer Verkleinerung oder Vergrößerung der druckenden Teile, also keine Ton- und Farbwertveränderung für den Druck, anzubringen.

In Kunststoff ausgewaschene Klischees für den Flexodruck werden *Flexo-Klischees* (auch Flexo) genannt.

Nach der Fertigstellung wird das Klischee angedruckt. Ein solcher Andruck soll ein vorgezogenes Endprodukt sein und aufzeigen, daß der Informationstransfer verfahrensabhängig optimal erreicht wurde. Man spricht von einem auflagen- oder fortdruckgerechten Andruck und meint damit, möglichst alle Einflußgrößen des späteren Auflagendrucks berücksichtigt zu haben. Auflagenbedruckstoff, gleiche Farbmenge, gleiche Tonwertwiedergabe und dieselbe Druckfarbenreihenfolge wie beim Auflagendruck sind dabei die wichtigsten Parameter.

Metallklischees können auch über Materung in Pappe, Weichblei, Wachs oder Kunststoff und deren Abformung zum Duplikat (Bleistereo, Gummiklischee, Kunststoffstereo, Galvano) geführt werden.

Korrekturen im Sinne von Ton- und Farbwertveränderungen gibt es dabei nicht. Das Galvano kann noch veredelt werden, um über Verchromung eine höhere Auflage drucken zu können.

Kunststoffklischees können nicht dupliziert werden. Man wählt hier den Weg der Mehrfachfertigung nach einer →Kopiervorlage.

Die Auflagenbeständigkeit der Klischees und der Duplikate hängt von vielen Einflußgrößen ab. Die Druckform in fertigungsabhängigen Zustand, der Bedruckstoff, die Abwicklung und der Gegendruck beim Druckprozeß, die Justierung der Einfärbewalzen, um nur die wichtigsten zu nennen, lassen nur eine Bereichsangabe durchschnittlicher Auflagenzahl (in Tausend) zu: Bleistereo 5–50, Zinkklischee 70–100, Kupferklischee 100–180, Galvano 100–500, Kunststoffstereo 100–300, Kunststoffklischee 100–1000.

Das Hochdruckverfahren und damit die Klischeeherstellung hat in den letzten Jahren an Bedeutung verloren. Der Teilbereich Zeitungsdruck konnte seine Marktposition einigermaßen behaupten. Lediglich der Flexodruck konnte auf Grund von Innovationen im Druckmaschinenbau, in der D., im Farbübertragungssystem und in weiteren Details sein Einsatzgebiet ausbauen. So führten das Bedrucken von Tragetaschen und der Verpackungsdruck zu einer steigenden Nachfrage des Flexodrucks und damit auch der Flexo-Klischeeherstellung. *Burkhardt*

3. Siebdruck. Auch *Durchdruck oder Schablonendruck* (Bild 1 und 2). Die Druckform für die Text- und Bildwiedergabe im Siebdruck nennt man Sieb. Das Sieb ist ein mit einem Gewebe bespannter Rahmen. Das Gewebe, auch Gaze genannt, kann aus verschiedenen Materialien, wie z. B. Naturseidefäden, Chemiefasern oder Metallfäden, und von unterschiedlicher Feinheit (Faden/cm) sein. Das Gewebe ist der Informationsträger in Form einer Schablone, welche Zustände, farbdurchlässige (druckende) und farbnichtdurchlässige (nichtdruckende) Teile aufweist. Dünnflüssige Farbe wird beim Druck mit einem Rakel über die Druckform gezogen, wobei sie an den durchlässigen Schablonenteilen Farbe an den darunter liegenden Bedruckstoff abgibt.

Der Siebdruck nimmt heute innerhalb der materiellen Informationsübertragung durch Druck einen bedeutenden Platz ein. Zwangsläufig mußte die D. stabilisiert und standardisiert werden, um für eine industrielle Fertigung im Druck eine notwendige Basis zu schaffen.

Im Siebdruck werden überwiegend Textwiedergaben, seit geraumer Zeit mehr und mehr auch Bildwiedergaben gedruckt. Von Vorlagen müssen zunächst Kopiervorlagen hergestellt werden. Dies kann über manuelles Fertigen durch Zeichnen mit

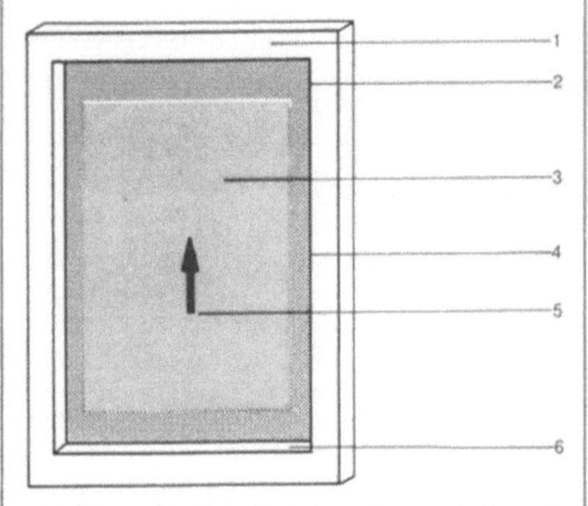

Druckformherstellung Siebdruck 1: Rahmenformat und nutzbare Druckfläche. Zwischen Druckfläche und Rahmeninnenkante ist je nach Rahmenformat ein unterschiedlich großer Abstand einzuhalten, um das Motiv voll ausdrucken zu können. (Quelle: Heinke)

1 Rahmen, 2 Farbruhe (Höhe 20–30 cm), 3 nutzbare Druckfläche, 4 Farbruhe (Seite 8–15 cm), 5 Rakelrichtung, 6 Rahmeninnenkante

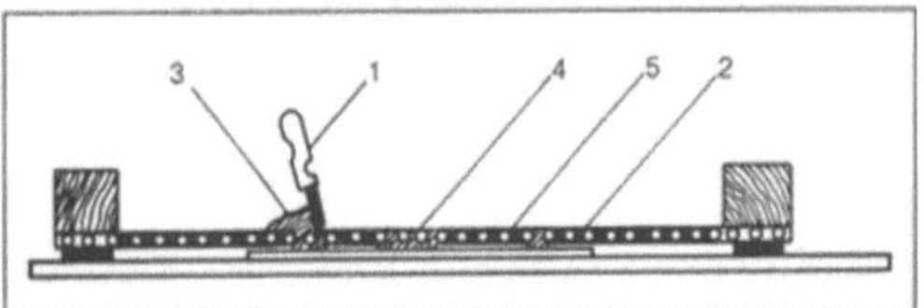

Druckformherstellung Siebdruck 2: Querschnitt durch den Rahmen.

lichtundurchlässiger Farbe auf transparenter Folie, durch Schneiden eines Maskenfilms oder über satz- und reproduktionstechnischen Weg geschehen. Diese Kopiervorlagen sind seitenrichtige Positive. Bei Halbtonvorlagen wird innerhalb der Reproduktionstechnik die Rasterung eingesetzt. Die bevorzugte Feinheit liegt bei 30 Linien/cm. Jedoch können auch feinrasterige Kopiervorlagen bis 48er Raster, ja selbst bis 60er Raster auf das Sieb und danach die Information mittels Farbe auf den Bedruckstoff übertragen werden. Die Kopiervorlage muß allerdings auf die spezifischen Kopier- und Druckbelange des Siebdrucks ausgerichtet sein. Überwiegend im künstlerischen Siebdruck wird auch die Gelegenheit der direkten Aufbringung der Schablone auf das Sieb mittels Pinsel und Abdeckfarbe praktiziert.

Die Gewebeart und -feinheit wird von den Anforderungen des Druckprodukts bestimmt. So bieten dicke Gewebefäden wenig Maschenweite, ebenso sehr hohe Gewebefeinheiten. Die Gleichmäßigkeit der Gewebefäden, die Dehnfähigkeit oder Elastizi-

tät, die gute Schablonenfertigung und auch die Beständigkeit gegen Lösungsmittel nebst Reinigungsmöglichkeit sind wichtige Kriterien des Siebes. Heute werden meist synthetische Garne den Metallfäden und Seidengarnen vorgezogen.

Der mit Gewebe bespannte Rahmen, das Sieb, wird bei der industriellen Fertigung mit einer lichtempfindlichen Kopierschicht, meist auf Diazobasis, beschichtet und getrocknet. Unter UV-haltigem Kopierlicht wird die Kopiervorlage unter Vakuum auf das Gewebe übertragen, und danach werden die nichtbelichteten Schichtteile aus dem Gewebe herausgewaschen. Diese Bereiche sind, weil nun das Gewebe an diesen Stellen durchlässig ist, die drukkenden Teile. Nach dem Druck wird das Sieb gereinigt und kann nach der Entschichtung (Entfernung der Schablone) wieder verwendet werden.

Bei mehrfarbigen Rasterarbeiten muß die Rasterwinkelung der einzelnen Teilfarbenauszüge in der Reproduktionstechnik auf die 0°/90°-Winkelung des Gewebes Rücksicht nehmen. Außerdem soll die Feinheit des Gewebes in einem bestimmten Verhältnis zur Rasterweite stehen.   *Burkhardt*

4. Tiefdruck. Die Druckform für den Tiefdruck hat alle Bild- und Textinformationen als vertiefte druckende Teile gespeichert. Tiefe und große druckende Teile geben dunkle Tonwerte, also viel Druckfarbe, an den Bedruckstoff, weniger tiefe und kleine druckende Teile helle Tonwerte und wenig Druckfarbe an den Bedruckstoff ab. Diese Vertiefungen oder druckenden Teile werden *Näpfchen* genannt.

Die Tiefdruck-Druckform ist ein Zylinder, der im rotativen Druckverfahren eingesetzt wird. Er kann über Kopier- und Ätztechnik, über elektromechanische und lasergesteuerte Gravur und über Kopier- und Auswaschtechnik gefertigt werden. Vorgänger dieser zylindrischen Druckform ist die Radierung, die als Platte die Information für die Übertragung auf den Bedruckstoff vertieft beinhaltete.

Die traditionelle Herstellungstechnik ist der Weg über die kopiertechnische Übertragung von Kopiervorlagen auf einen Zwischenträger *Pigmentpapier* mit sich anschließendem Transfer auf die Zylinderoberfläche und deren Ätzung (Bild). Der Druckformzylinder wird über Galvanik mit einem Kupferniederschlag von etwa 0,3 mm aufgekupfert. Die Kopiervorlage, ein seitenverkehrtes Halbton-Positiv, wird auf eine auf einem Papierträger mit Kaliumbichromat präparierte Gelatineschicht mittels eines ersten Belichtungsvorganges und danach einen Stegraster für die Abgrenzung der Näpfchen und für die Rakelführung über einen zweiten Belichtungsvorgang übertragen. Das Verhältnis Steg : Näpfchen ist meist 1:3 bei einer Feinheit von 70 Linien/cm.

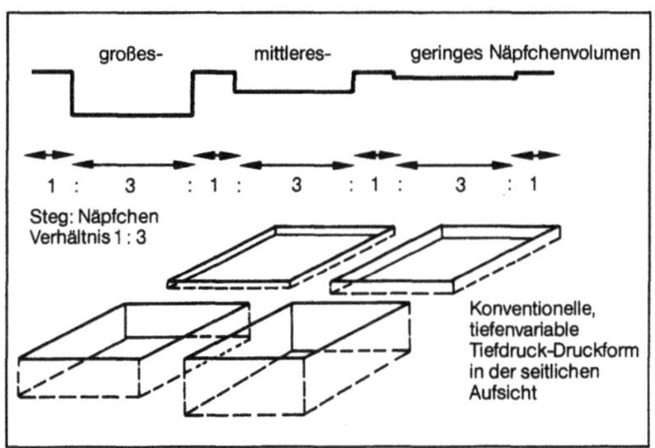

Druckformherstellung Tiefdruck: Konventionelle, tiefenvariable Tiefdruck-Druckform im Schnitt (oben) und in der seitlichen Sicht (unten).

Die beim Kopiervorgang vom Licht getroffenen Stellen werden, in Abhängigkeit der Dichte in der Halbtonkopiervorlage und des Gitternetzes, gegerbt und lassen sich nicht bzw. nur noch in der Abhängigkeit dieser Gerbungsstufe nach der Übertragung auf den Druckzylinder mit heißem Wasser auswaschen. Das so entstandene Gelatinerelief läßt nun bei der folgenden Ätzung das Eisenchlorid in Abhängigkeit der Gerbungsstufe und der Zeit einwirken. Zuerst wird bei dunklen Partien das Eisenchlorid auf das Kupfer einwirken und es abbauen, dann in den mittleren Tonwerten und erst zuletzt bei den hellen, weil eben die mehr oder weniger gegerbte Gelatine diesen Prozeß steuert. Dunkle Partien sind demnach lange, helle Partien nur kurz der tiefätzenden Wirkung von Eisenchlorid ausgesetzt.

Diese konventionelle Druckform im Tiefdruck nennt man tiefenvariabel, weil die Tonwertwiedergabeunterschiede nur über die Näpfchentiefe und das davon abhängige Druckfarbenvolumen erreicht werden. Die maximale Tiefe der Näpfchen bei dunklen Bereichen liegt bei 40 µm. Je heller der Ton- oder Farbwert, der im Druck erreicht werden soll, desto geringer die Näpfchentiefe, aber bei immer gleicher Flächenausdehnung. Der Winkel der Stege bzw. die Abgrenzung der Näpfchen ist 45°.

Heute wird überwiegend die elektromechanische Gravur mit einem Diamantstichel auf aufgekupferte Tiefdruck-Druckzylinder eingesetzt. Die Elektronenstrahlgravur ist in Vorbereitung und wird in wenigen Jahren die Tief-D. beschleunigen.

Zwei Möglichkeiten der Steuerung dieser Gravurtechnik sind Stand der Technik von heute:

☐ Die Informationen werden von Kopiervorlagen, die auf einem Abtastzylinder aufgebracht sind, über einen Abtastkopf linienweise abgetastet und die abgenommenen Signale über einen Rechner verarbeitet.

☐ Bei der anderen Variante dagegen werden von einem immateriellen Speicher elektronisch aufgezeichnete Bild- und Textdaten abgerufen. Diese Informationen werden nun auf den Gravierstichel gebracht, der in Abhängigkeit der Bildhelligkeit Näpfchen unterschiedlicher Größe in die Oberfläche des Druckzylinders graviert. Der Stichel hat eine Frequenz von 4 000 Hz (4 000 Näpfchen/s). Beim zukünftigen Einsatz eines Elektronenstrahls liegt die Leistung bei 150 000 Näpfchen/s. Das Ergebnis der Gravur führt zur halbautotypischen (flächen- und tiefenvariablen) Tiefdruck-Druckform. Entsprechend der Rasterweite (70 L/cm) und dem Stichelwinkel (ca. 120°) ist die Näpfchentiefe bzw. das Näpfchenvolumen.

An Stelle von aufgekupferten Zylindern können auch mit Kunststoff applizierte bzw. mit Kunststoffplatten versehene Tiefdruckzylinder über Laserbelichtung oder über Kopier- und Auswaschtechnik gefertigt zu Druckformen für den Tiefdruck hergestellt werden.

Korrekturen an Tiefdruck-Druckformen sind bei aufgekupferten Zylindern sowohl in Plus- als auch in Minus-Richtung möglich, bei mit Kunststoff versehenen dagegen nicht. Bei der partiellen oder generellen Pluskorrektur werden die Stege mit einer ätzresistenten Farbe eingewalzt und erforderlichenfalls die nicht zu korrigierenden Stellen mit einem Schutzlack abgedeckt. Mittels der Ätzlösung Eisenchlorid werden die freiliegenden Näpfchen vertieft und dadurch das Volumen für die Druckfarbe vergrößert. Durch einen dadurch gesteigerten Farbtransport wird mehr Druckfarbe auf den Bedruckstoff gebracht, was einem Dunklerwerden oder einer Plus-Veränderung entspricht. Bei Minus-Korrekturen wird die Oberfläche der Tiefdruck-Druckform zuerst verchromt und dann generell oder partiell Kupfer galvanisch aufgebracht, wodurch sich das Näpfchenvolumen verringert. Der Kupferniederschlag auf den Stegen wird abgeschliffen.

Für den Druckvorgang wird der Tiefdruck-Druckzylinder durch eine Farbwanne mit dünnflüssiger Farbe geführt und danach mittels eines Stahlrakels die überschüssige Druckfarbe abgerakelt. Die Stege dienen dabei – neben ihrer Funktion der Näpfchenabgrenzung – der Rakelführung. Die sich noch in den Näpfchen befindende Druckfarbe wird dann im direkten Druck auf den Bedruckstoff übertragen. *Burkhardt*

Druckgießverfahren. Ein D. ist ein Gießverfahren, bei dem ein flüssiger Werkstoff mit verhältnismäßig hohem Druck in eine Form gepreßt und dort zum Erstarren gebracht wird. Das mit einem D. hergestellte Gußteil ist meist möglichst endabmessungsnah und in der Regel ein Serienprodukt. *Baumann*

Druckgradation → Gradation

Druckkontrast. Der D. K, oft auch als relativer D. (K_{rel}) bezeichnet, ist das Maß für den Kontrast zwischen einem beliebigen Rasterton und dem zur Referenz heranzuziehenden Vollton im Rasterdruck (DIN 16527).

Mit der Formel $K_{rel} = \dfrac{D_V - D_R}{D_V}$ läßt sich der relative D. für jeden beliebigen Rasterton zum Vollton berechnen, wobei D_V die Dichte Vollton und D_R die Dichte Raster bedeutet. K in % ist demnach $K_{rel} \cdot 100$.

Der berechnete Wert stimmt mit der subjektiven visuellen Beurteilung weitgehend überein.

Über den D. läßt sich die Normalfärbung (auch optimale Färbung) im Rasterdruck berechnen und graphisch darstellen. Dazu werden Druckbogen unterschiedlicher Färbung (von unter- bis überfärbt) gefertigt, jeweils das Volltonfeld und ein bestimmtes Rastertonfeld möglichst zwischen 70 und 80 % Flächendeckung mit dem Densitometer gemessen und nach oben aufgeführter Formel berechnet. Über ein Koordinatensystem, bei welchem auf der X-Achse die Farbdichte im Vollton und auf der Y-Achse der relative D. (oder K in %) aufgetragen werden, lassen sich die berechneten Werte der unterschiedlich gefärbten Druckbogen als Punkte eintragen und zu einer Kontrastkurve (Bild) verbinden. Die Normalfärbung liegt im Bereich des Maximums des D. Fällt man das Lot auf die X-Achse, kann dort die Farbdichte Vollton der Normalfärbung abgelesen werden. *Burkhardt*

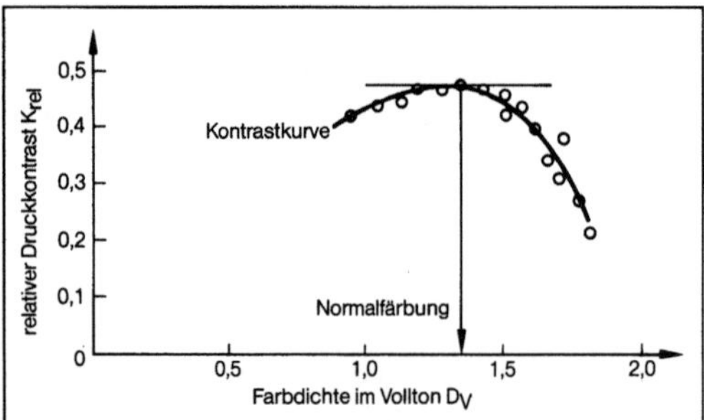

Druckkontrast: Kontrastkurve.

Drucklack. Auftrag einer Lackschicht mit dem Druckwerk einer →Druckmaschine, um dem Erzeugnis Oberflächenglanz und einen Schutzfilm zu geben. Für einen dicken Lackauftrag (über 2 g/m²) ist es in Hoch- und Flachdruckmaschinen erforderlich, eigene Lackierwerke zu integrieren.

Eine weite Anwendung haben die Wasserdispersionslacke gegenüber den firnishaltigen Lacken gefunden. Besonders dicke Lackschichten lassen sich mit UV-trocknenden Lacken erzeugen. *Ritz*

Druckluftdose. D. sind pneumatische Kurzhubzylinder mit großer Kolbenfläche bei sehr einfachem Aufbau aus Blechelementen. Kolben und Kolbendichtung sind als gestützte Flach- oder Rollmembra-

nen ausgeführt, dadurch sehr niedrige Reibungsverluste und vollkommene Dichtigkeit. Führung in langer Kolbenstange, Rückhub meist durch Federn. Hubverhältnisse h/d um 0,15 bei Flachmembran-, bis 1,7 bei Rollmembranzylindern (Bild). Druckbereich begrenzt, maximal 15 bar bei gewebegestützten Flachmembranen, bis 1,5 bar bei Rollmembranen. Verwendung vorzugsweise als Spannzylinder. *Röper*

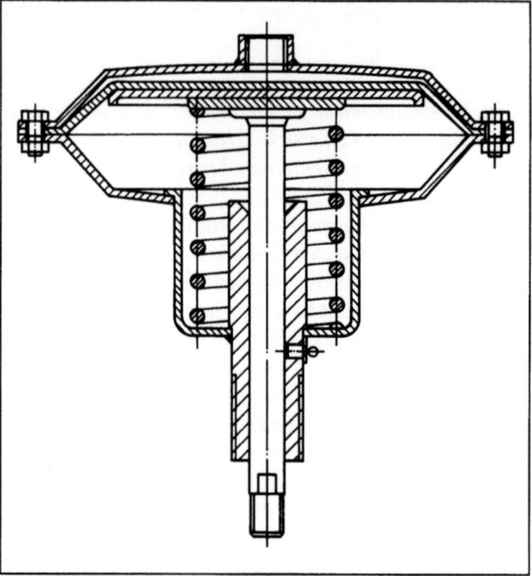

Druckluftdose: Flachmembrankurzhubzylinder.

Drucklufthaltung. Im Baubetrieb ist Druckluft als:

☐ Antriebsmittel für Hämmer, Meißel und Rammgeräte,

☐ Fördermittel, z. B. bei Spritzbeton,

☐ Verdrängungsmittel für die Senkkastengründung oder den Schildvortrieb im Grundwasser eingesetzt. Betrieb und Unterhaltung einer Druckluftstation sind i. a. unproblematisch. Druckluftwerkzeuge sind robust und ohne Schaden überbelastbar. Druckluftanlagen werden in Niederdruckanlagen (Druck bis etwa 3,5 bar), Mitteldruckanlagen (bis etwa 7 bar) und Hochdruckanlagen (bis etwa 200 bar) unterteilt. Mehrere Erzeuger von Druckluft (→Kompressor) können – mit dem Vorteil der Anschaffung kleinerer Einheiten – einen oder mehrere Hauptspeicherbehälter oder ein gemeinsames Rohrleitungsnetz versorgen. Bei dem im Baubereich üblichen Arbeitsdruck (unter 8,8 bar) genügt in der Regel ein Speicherinhalt, der 1/10 der Liefermenge der Kompressoren entspricht. Die augenblickliche Entnahme soll dabei die Kompressorliefermenge nicht überschreiten. Nachkühler sind je nach Leistungsbedarf erforderlich, wenn die Drucklufttemperatur 60 °C bzw. 80 °C übersteigt. Zur Verteilung der Druckluft dienen Rohr- und

Drucklufthaltung. Tabelle: Druckluftmotoren.

Prinzip		Verdrängung				Dynamisch
Charakteristik		Radialkolben	Kulissenführung	Lamellen	Zahnrad	Turbine
max. Arbeitsdruck	bar	10	8	8	10	8
Leistungsbereich	kW	1,5-30	1-6	0,1-18	0,5-5	0,01-0,2
max. Drehzahl	min^{-1}	6 000	5 000	30 000	15 000	120 000
spezifischer Luftverbrauch	l/kJ	15-23	20-25	25-50	30-50	30-60
max. Expansionsverhältnis		1:2	1:1,5	1:1,6	1:1	–
Zylinderzahl oder Arbeits-räume / Umdrehung		4-6	4	2-10	10-25	einstufig
Momentschwankung % vom Mittelwert		30-15	60-40	60-2	20-10	–
Dichtung		Kolbenring/ Ventilspiel	Kolbenring/ Ventilspiel	Gehäuse/ Arbeitselement	Gehäuse Arbeitselement	Spiel
Schmierung		Ölsumpf und/oder Arbeitsluft	Arbeitsluft	Arbeitsluft	Arbeitsluft	nur Lager-schmierung
max. interne relative Luftgeschwindigkeit, m/s		25	20	30	30	70

Schlauchleitungen. Die Dimensionierung der Leitungsquerschnitte und die Installation der Leitungen beeinflußt die Wirtschaftlichkeit der Gesamtanlage wesentlich. Die Leitungen sind so zu bemessen, daß ein vorgegebener Druckabfall (maximal 3 bar) nicht überschritten wird, und so zu installieren, daß möglichst keine Leckverluste auftreten. Die Druckluftmotoren (Tabelle) entsprechen der systematischen Umkehrung von Kompressoren. Die Ansteuerung und Arbeitsweise ist analog den Hydraulikmotoren. *Kühn*

Druckluftkettenzug. Der D. besteht aus drei Hauptteilgruppen: dem Motor, dem Mittelteil mit Traghaken und dem Getriebe. Diese drei Bauelemente sind miteinander verschraubt und bilden eine Einheit. Der Druckluftmotor treibt über das Planetengetriebe die Kettennuß an. *Jünemann*

Druckluftschleuse. D. (Bild) werden überall dort eingesetzt, wo Menschen oder Material in einen Druckraum gebracht werden müssen, z. B. bei der Druckluftgründung. Sie dienen als Verbindung zwischen Arbeitskammer und Außenluft der Förderung von Mensch und Material. Man unterscheidet

□ Materialschleusen,

□ Personenschleusen,

□ kombinierte Material- und Personenschleusen.

Personenschleusen sitzen wie alle anderen Schleusen auf dem Schachtrohr und sind in horizontaler Bauweise mit ein oder zwei Vorkammern ausgerüstet. Die durch einen Deckel gegen das Schachtrohr abgedichtete Hauptkammer enthält 0,75 m³/Mann, die Temperatur ist mit 10–25 °C fest-

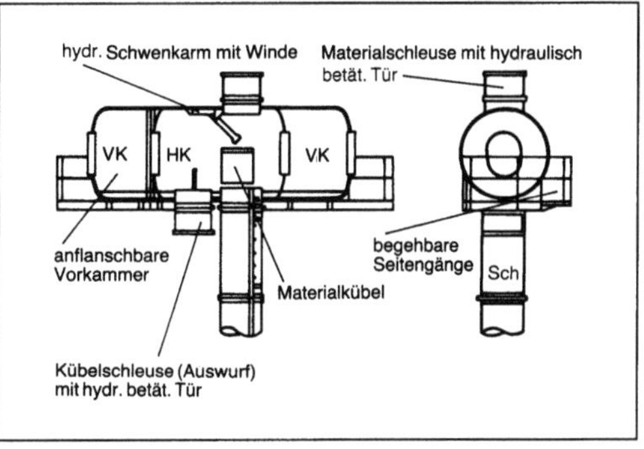

Druckluftschleuse.

VK Vorkammer, HK Hauptkammer, Sch Schachtrohr

gelegt. Statt der zwei Vorkammern ist die Materialschleuse mit jeweils zwei nach oben und unten gerichteten Zu- und Abfuhrvorrichtungen versehen. Ihr Aufnahmevolumen beträgt das 2–4fache eines Kippkübels mit 100–500 l Fassungsvermögen, der mit einer elektrischen →Winde betätigt wird und von dem sie durch Klappen mit Verriegelung abgetrennt sind. Zur Bodenförderung kann ein automatisch bodenentleerender Kübelaufzug mit bis zu 6 kN Tragkraft und 60 m/min Geschwindigkeit verwendet werden. Die kombinierten Material- und Personalschleusen sind sowohl mit Vorkammern für Personalverkehr als auch mit den obengenannten Vorrichtungen für die Zu- und Abfuhr von Material ausgestattet. Die Verordnung für „Arbeiten in Druckluft" schreibt eine Zufuhr von mindestens 30 m³/h Frischluft je Arbeiter vor, so daß die Druckluftanlage nach diesem Maß ausgelegt sein muß. Darüber hinaus gibt es genaue Anweisungen über die Ein- und Ausschleusungszeiten von Personen und die notwendigen gesundheitlichen Voruntersuchungen. *Kühn*

Druckmaschine. Maschine, mit der ein Druckbild von einer Druckform (Druckbildspeicher) in wiederholbarer Weise auf einen Bedruckstoff (Druckträger) übertragen werden kann (Bild).

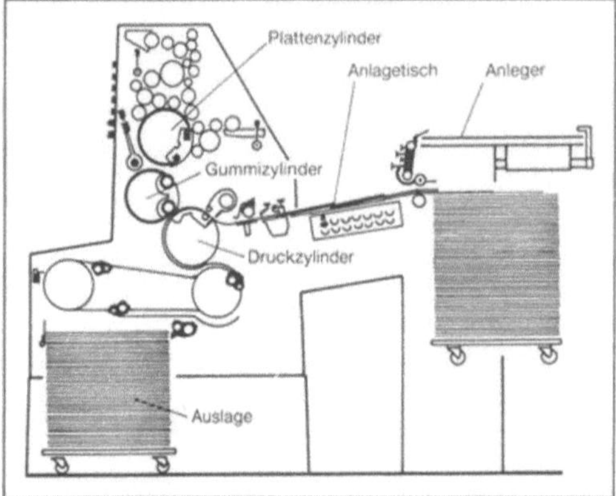

Druckmaschine. (Quelle: MAN-Roland)

Die unterschiedliche Bauweise verschiedener D. ergibt sich zum einen aus den Merkmalen, die unter den →Druckverfahren aufgeführt sind, zum anderen aus dem Funktionsprinzip, dem Bewegungsablauf beim Druckvorgang.

Tiegeldruck (flach/flach). Druckvorgang zwischen flachem Druckkörper (Tiegel) und flacher Druckform. Die druckenden Bildelemente benötigen eine hohe Druckspannung, z. B. im Buchdruck ca. 500 N/cm², was bei kleinen Druckformaten wie z. B. 26 cm × 38 cm Druckkräfte bis zu 50 t erfordert.

Im Siebdruck liegen die Verhältnisse bei den entsprechenden Flachbettautomaten etwas anders, weil hier keine flächige Berührung erforderlich ist, sondern nur in der Linienberührung unter der Rakel die Farbe übertragen wird.

Zylinder-Flachformmaschine (flach/rund). Der Bedruckstoff wird auf einem Zylinder liegend gegen eine flache Druckform abgerollt. Die Herstellung flacher Druckformen ist in einer Reihe von Verfahrenswegen wesentlich einfacher als die Herstellung von Rotationsformen, und war in der Vergangenheit dominierend.

Im Siebdruck ist der gewebebespannte Rahmen leicht zu handhaben, während für die Herstellung der Zylindersiebe eine besondere Technologie erforderlich ist. Im Buchdruck ergibt sich in der Formherstellung und im Satz beim Zusammenbauen der schrifthohen Elemente (Klischees, Zeilensatz, Einzelbuchstabensatz, Linien usw.) prinzipiell eine flache Druckform.

Für das Drucken großer Formate ist der Zylinder gegenüber dem Tiegel vorteilhaft, weil die erforderlichen Druckkräfte wesentlich kleiner sind, da der Druckvorgang nur in einer Berührlinie stattfindet. Die maximale Druckgeschwindigkeit ist durch die Hin- und Herbewegung der Druckform begrenzt.

Rotationsdruck (rund/rund). Höhere Druckgeschwindigkeiten können nur mit zylindrischen Rotationsformen erreicht werden, wobei zwischen einer Bogenrotation und einer Rollenrotation nochmals erhebliche Unterschiede bestehen.

Im Hochdruck war es lange Zeit nur über verschiedene Duplikattechniken möglich, von einer zunächst flachen Druckform z. B. für den Zeitungsdruck die zylindrischen Bleistereos herzustellen.

Die photochemische Druckplattenherstellung hat sich im Hoch-, Flexo- und Offsetdruck durchgesetzt, weil das Spannen der Platten auf dem Druckformzylinder mit sehr kurzen Rüstzeiten möglich ist. Im Tiefdruck ist die Handhabung der vollständigen Druckformzylinder nach wie vor aufwendig. Der Rotationssiebdruck hat durch die galvanisch gefertigten Rundsiebe gegenüber den Zylinder- oder Flachbettmaschinen eine Qualitätssteigerung erfahren. *Ritz*

Druckminderventil →Druckventil

Druckmittelwandler. D. trennen unterschiedliche Fluide, wobei die Druckenergie durch Doppelzylinder, Trennkolben oder eine Membran vom Druckfluid auf das Sekundärmedium übertragen wird. Anwendung z. B. zwischen Druckluft und Öl (kleine Leistung), um gesonderte Ölpumpe zu ersetzen. Für große Leistungen werden umschaltbare D. mit getakteter Betriebsweise zur Energieübertragung zwischen der ölbetriebenen Hydroversorgungseinheit und einem nicht pumpbaren Fluid ausgeführt. Damit ist eine Förderung von z. B. Pasten, Beton, aggressiven oder feststoffbeladenen Flüssigkeiten möglich. *Röper*

Drucköłpreßverband. Der D. ist eine reibschlüssige lösbare →Welle-Nabe-Verbindung mit zwei unterschiedlichen Ausführungen. Bei der ersten Ausführungsart sind →Welle und Nabenbohrung leicht konisch ausgeführt. Nach dem einfachen Zusammenfügen wird durch eine Bohrung ein Öldruck in der Fügefläche erzeugt, die Nabe wird aufgeweitet und kann noch weiter auf die konische Welle aufgeschoben werden. Nach Ablassen des Öldrucks zieht sich die Nabe wieder elastisch zusammen und erzeugt die gewünschte Anpreßkraft zur reibschlüssigen Übertragung des Drehmoments. Das Lösen geschieht wiederum durch Einpressen von Öl. Bei der zweiten Ausführungsart sind Welle und Bohrung zylindrisch. Die Montage erfolgt mittels Schrumpfen. Die Nabe wird hierzu erwärmt und weitet sich dadurch auf, so daß sie auf die Welle aufgezogen werden kann. Zum Ausbau wird die Nabe an der Stirnseite durch einen Blindflansch verschlossen und wieder zwischen Nabe und Welle ein Ölfilm erzeugt. Dadurch wird die zum Ausbau erforderliche Axialkraft bedeutend verringert und die Paßfläche geschont. Die Kraft zum Abziehen wird durch Öldruck zwischen →Wellenende und Blindflansch erzeugt.

Der D. wird im Großmaschinenbau (Turbinen, Walzwerke, Verdichter usw.) eingesetzt. *Ehrlenspiel*

Druckpolieren. Polierverfahren, mit dem die Mikrorauhigkeit von Oberflächen, nicht jedoch deren Makrogestalt, verändert wird. Dazu werden mit einem Polierstrahl die von der Vorbearbeitung zurückgebliebenen Rauheitshügel eingeebnet. *Habig*

Druckschalter. Signalwandler zur diskreten Übertragung von Druckwerten in ein elektrisches Signal. Druckmessung erfolgt bei niedrigen Drükken mit Membran oder Wellrohren, bei hohen Drücken mit Rohrfedern und Kolben, deren Bewegung Mikroschalter betätigt. Meßwertvorgabe durch Eigenelastizität oder (auch einstellbare) Federn. Die Meldung bestimmter, vorgewählter Druckwerte (optische oder akustische Anzeige) läßt sich weiter zur automatischen Druckbegrenzung und zur Einleitung von Steuer- und Regelvorgängen ausbauen. Meßgenauigkeit 2–5 %, Schalthysterese durch Reibung bei Kolbenbauart druckabhängig. Schaltdruckdifferenz (oberer/unterer Schaltpunkt) bei Federausführungen durch 2 Mikroschalter. *Röper*

Druckschaltventil →Druckventil

Drucksondiergerät. D. bestehen aus einer Eintreibvorrichtung mit festem oder fahrbarem Untergestell sowie der eigentlichen Sonde, einem Stahl- oder Stahlrohrgestänge mit kegelförmiger Spitze (Querschnitt meist 10 cm²), die durch eine statische Kraft mit konstanter Geschwindigkeit lotrecht in den Boden gedrückt wird; dabei lassen sich der Gesamtwiderstand, der Spitzendruck und ggf. die Mantelreibung getrennt messen. Dazu wird das Sondiergestänge (mit der Spitze) entweder in einem Mantelrohr geführt oder ein zusätzlicher elektrischer Dehnungsmesser in der Sondenspitze angeordnet (Einstabsonde). Abmessungen von Spitze und Gestänge sind nach DIN 4094, Tl. 1 (1974), genormt. Zur Aufnahme der Reaktionskräfte sind entweder Zuganker oder Totlasten, z. B. Sondierwagen, erforderlich. D. einschl. Meßeinrichtungen sind vollständig in einem Lkw integriert als mobiles Meßlabor auf dem Markt (Bild). *Kühn*

Drucksondiergerät: Drucksonde.

Druckstufenventil →Druckventil

Drucktechnik. Nach DIN 16500 das Gesamtgebiet der Wiedergabe von Informationen durch Drucken (Herstellung von Druckerzeugnissen). Umfaßt die Fertigungstechniken →Druckformherstellung, →Drucken und Druckweiterverarbeitung (z. B. Buchbinderei).

Künstlerische Drucktechniken. Der gestalterische Gedanke steht im Vordergrund gegenüber der technischen Möglichkeit, ein Werk zu vervielfältigen. In der Graphik hat die Kunst des Bilderdrucks eigene Ausdrucksmöglichkeiten, die jedem Druckergebnis eine eigene Charakteristik gibt und durch den Umgang mit den Materialien Holz, Kupfer, Lithostein und dem Sieb geprägt ist.

Künstlerische Techniken der →Druckverfahren sind:

□ Hochdruck: Holzschnitt, Holzstich, Linolschnitt, Zinkätzung,

□ Tiefdruck: Kupferstich, Stahlstich, Schabetechnik, Radierung, Aquatinta,

□ Flachdruck: Lithographie, Metallplattendruck, Lichtdruck,

□ Siebdruck: Serigraphie, Seidendruck.

Industrielle Drucktechniken. Die industriellen Fertigungstechniken (Druckverfahren) haben sich von den künstlerischen D. weit entfernt. Insbesondere die standardisierten Verfahrensabläufe, die das Druckergebnis schon in den Vorstufen planbar machen, stehen zu den künstlerischen Schaffensweisen konträr.

Die traditionelle D. war durch die mechanische oder photomechanische Druckformherstellung geprägt. Die Verfahrenswege der gesamten D. wurden sehr weitgehend rationalisiert; dadurch sind enorme Zuwachsraten in Umfang und Ausstattungsqualität von Druckprodukten möglich geworden. Heute besteht ein wesentlicher Teil der D. in der Aufgabe, Informationen, d. h. Text und Bild, aufzubereiten. Damit hat sich die D. zum bedeutenden Anwender

der elektronischen Informationstechniken entwik-kelt. *Ritz*

Literatur: *Koschatzky, Walter:* Die Kunst der Graphik. München. – *Pielhan, Jürgen:* Vom Entwurf zum Druck. Essen.

Druckübersetzer. D. sind funktionsgemäß 2 längs-gekoppelte Zylinder mit verschieden großen Wirk-flächen A_1, A_2, praktisch als ein Gerät mit Stufen-kolben ausgeführt, mit denen der primärseitig auf-gebrachte Druck p_1 auf den höheren Sekundärdruck p_2 gewandelt wird. Der Druckerhöhungsfaktor ergibt sich bei Vernachlässigung der Reibungs-druckverluste als Verhältnis der Wirkflächen:

$$p_2/p_1 = A_1/A_2.$$

Wegen des kleinen Ölvolumens sekundärseitig Einsatz meist nur bei Höchstdruckpressen. Beispiel Nietzylinder: Bei A eingespeistes Drucköl läßt, durch Hohlkolben strömend, Arbeitskolben K bis Kontakt vorlaufen (Bild). Darauf, nach Umschalten des Ventils im Übersetzerkolben D, läuft dieser vor und erzeugt durch das Flächenverhältnis (hier 9:1) hohen Sekundärdruck im Arbeitszylinder.

Betrieb der D. auch mit verschiedenen Druckme-dien möglich. Druckluftbetriebene Ausführungen mit primärseitiger Umsteuerung sind als Höchst-druckpumpen für unterschiedliche Flüssigkeiten geeignet. *Röper*

Druckventil. Speziell in der Pneumatik gebräuchli-che Bezeichnung für das Druckminderventil, das bei ungleichem Netzdruck am Eingang (Primärdruck) den Ausgangsdruck (Sekundärdruck) auf der für den Betrieb der nachgeschalteten Anlage erforder-lichen Höhe konstant hält (Bild). Die einstellbare Hauptfeder wirkt öffnend auf das Drosselventil. Dagegen hält die durch den Sekundärdruck bela-stete Membran. Steigender Ausgangsdruck erhöht die Drosselwirkung; weiterer Druckanstieg bei schon geschlossenem Zulaufquerschnitt öffnet zen-trale Abströmbohrung in der Membran. *Röper*

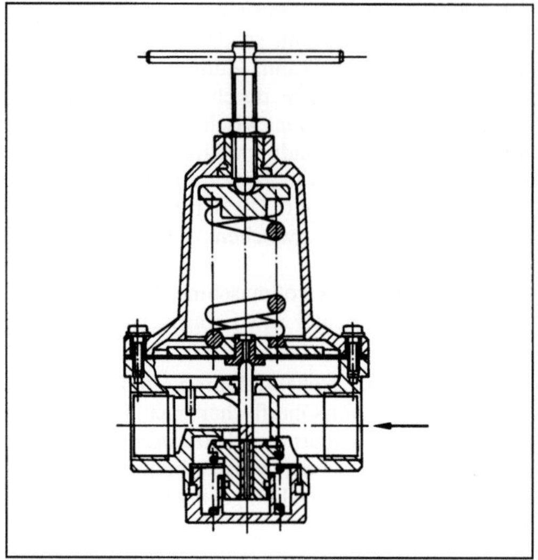

Druckventil: Druckstufenventil für Druckluft.

Druckverfahren. Die Herstellung eines Druckpro-dukts ist über eine große Vielfalt von Verfahrens-wegen möglich. Die Haupt-D. unterscheiden sich in ihrer gesamten technologischen Funktion als Folge der unterschiedlichen Druckformen (Bild 1): Hoch-druck (Buchdruck), Flachdruck (Offset), Tiefdruck, Durchdruck (Siebdruck).

Hochdruck. D., bei dem die druckenden Stellen der Druckform höher liegen als die nichtdrucken-den Stellen. Die erhabenen Bildstellen werden mit Hilfe der Farbauftragswalzen eines Farbwerks durch Überrollen eingefärbt. Das Papier (der Bedruckstoff) wird mit hoher Druckspannung (ca. 500 N/cm^2) auf die Druckform gepreßt. Dabei ent-steht ein für den Hochdruck charakteristisches Merkmal, die sog. Schattierung, ein feines Durch-prägen des Druckbilds auf der Rückseite des Drucks.

Der *Buchdruck,* eine traditionsbehaftete Hoch-drucktechnik, ist im wesentlichen darauf ausgerich-

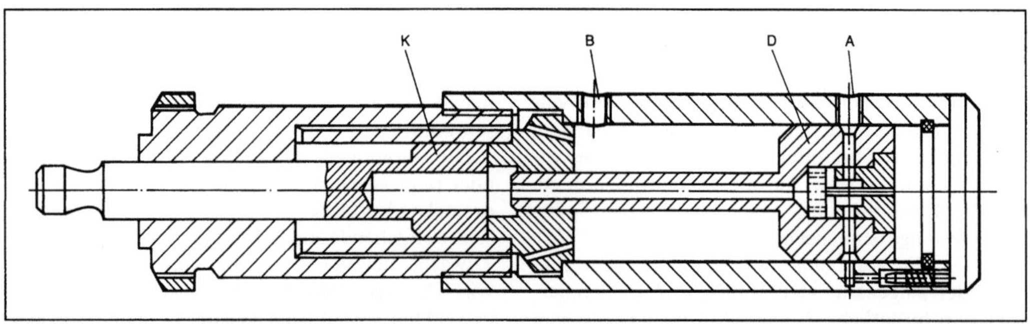

Druckübersetzer: Hydroment.

A Vorlaufanschluß, B Rücklaufanschluß, D Übersetzerkolben, K Arbeitskolben

tet, Bücher zu drucken. Die Epoche des Buchdrucks, begründet durch *Johannes Gutenberg* (1445), war durch die mechanische Perfektion gekennzeichnet, einzelne Bildelemente (Typen) aneinanderzureihen und in einer prinzipiell flachen Druckform zu schließen. Nur durch Abformungen (Stereotypie) konnten zylindrische Rotationsdruckformen z. B. für den Zeitungsdruck gefertigt werden. Inzwischen ist es durch photochemische Verfahren möglich geworden, Rotationsdruckformen direkt herzustellen. Wesentlich beschleunigt wurde die Ablösung der mechanischen Druckformherstellung und damit des Buchdrucks durch die EDV-Unterstützung in Satz und Reproduktion. Damit ist es sehr einfach geworden, Typen oder andere Bildelemente mit Softwareunterstützung aneinanderzureihen und auf einem lichtempfindlichen Material auszugeben. Diese Entwicklungen haben den Offsetdruck stärker begünstigt als den Buchdruck.

Der *Flexodruck* ist eine Sonderform des Hochdrucks mit einem Farbwerk, das geeignet ist, dünnflüssige, lösemittelhaltige Farben zu verdrucken, im Gegensatz zu den pastösen Buch- und Flachdruckfarben auf Öl- und Harzbasis.

Flachdruck. D., bei dem die druckenden und nichtdruckenden Elemente der Druckform in einer Ebene liegen. (Geringfügige, herstellungsbedingte Höhendifferenzen sind verfahrenstechnisch unbedeutend). Die Druckformoberfläche ist bildmäßig in zwei physikalisch-chemische Zustände, hydrophil bzw. liphophil präpariert. In der Xerographie ist die Druckformoberfläche elektrostatisch geladen/ungeladen oder in der Magnetographie magnetisch orientiert/desorientiert. Im wasserlosen Flachdruck sind die bildfreien Stellen auf Grund von Siliconschichten farbabweisend.

Der *Offsetdruck,* ein indirekter Flachdruck, ist heute das vorherrschende Verfahren mit dem höchsten Marktanteil. Der Druckvorgang beginnt mit dem Feuchten der Druckform. Die Walzen eines Feuchtwerks führen der Druckform das Feuchtmittel (Wasser mit Zusätzen) zu, so daß sich auf den nichtdruckenden Stellen ein einige Mikrometer dicker Feuchtmittelfilm bildet. Die Farbauftragswalzen des Farbwerks bieten beim Überrollen der gesamten Druckform Farbe an, aber die →Druckfarbe kann nur dort auf der Druckform haften, wo sich kein Wasserfilm ausgebildet hat. Die so entstandene bildmäßige Farbverteilung auf der Druckform wird auf den Gummizylinder und von dort auf den Bedruckstoff abgedruckt. Auffallend ist das seitenrichtige Bild auf der Offsetdruckform im Gegensatz zum seitenverkehrten Bild bei allen direkten D.

Das Wasser im Offsetprozeß reichert sich auch in der Druckfarbe (bis zu 40 %) an. Regelungstechnisch muß die Wassermenge in engen Grenzen konstant gehalten werden: Zu wenig Wasser ergibt einen Vollflächendruck, zu viel Wasser behindert die Farbübertragung.

Der Offsetdruck lebt sehr von der Farbigkeit; zum Großteil wird mit mehreren Farben gedruckt. Zwischen den Druckwerken einer Mehrfarbenmaschine braucht im Offset nicht getrocknet zu werden, man spricht von Naß-in-Naßdruck. Die Gründe für den hohen Offsetanteil an der gesamten Druckproduktion sind sehr komplex. Eine große Rolle spielt sicherlich die sehr einfache Druckformherstellung mit einer Detailwiedergabe, die besser ist als bei den meisten konkurrierenden Verfahren. Aber auch die autotypische Aufrasterung für die Tonwertwiedergabe hat sich als verfahrenstechnisch gut steuerbar herausgestellt, da die Rasterpunkte eine binäre Kodierung kleiner Elemente, z. B. im Film schwarz oder weiß, zulassen im Gegensatz zu Halbtonwiedergaben. Die Grenzen des Offsetverfahrens liegen aber dort, wo man Druckfarben mit besonderen chemischen Eigenschaften einsetzen möchte. Im konventionellen Offset müssen die Farben prinzipiell Fettgruppen enthalten und eine Verträglichkeit mit dem Wasser aufweisen. Auf nichtsaugenden Bedruckstoffen (Folien) setzt man bevorzugt lösemittelhaltige Farben ein, oder z. B. für Außenanwendung benötigt man große Farbschichtdicken, was im Siebdruck einfach zu realisieren ist.

Tiefdruck. D., bei dem die druckenden Bildstellen der Druckform vertieft liegen. Neben dem Stichtiefdruck und einigen manuellen Einfärbetechniken ist das vorherrschende Verfahren der Rakeltiefdruck: Der Druckformzylinder wird mit dünnflüssiger, lösemittelhaltiger Farbe im Überschuß eingefärbt. Vor dem Drucken wird die Farbe von den nichtdruckenden Stellen durch eine Rakel entfernt. Um definierte Farbfilmdicken von einigen Mikrometern mit Hilfe der Rakeltechnik erzeugen zu können, muß die Rakel sehr definiert geführt sein. Zu diesem Zweck wird das gesamte Druckbild mit einem Raster überzogen, wodurch sich ein Stegenetz auf der Zylinderoberfläche bildet, auf dem die Rakel gleitet. Zwischen den Stegen bilden sich Näpfchen, deren Volumen die übertragbare Farbmenge definiert. Zur Wiedergabe von Halbtönen wird das Volumen der Näpfchen den Tonwerten entsprechend variiert. Im Druckspalt muß der Bedruckstoff z. B. durch einen Presseur mit hoher Druckspannung an den Druckformzylinder gepreßt werden, weil die Näpfchen nur dort entleert werden können, wo die Druckfarbe den Bedruckstoff bei Berührung benetzen kann. Tiefdruckpapiere werden aus diesem Grund mit einer möglichst glatten und weichen Oberfläche ausgestattet. Beim Mehrfarbendruck muß zwischen den Druckwerken jeweils zwischengetrocknet werden. Die schnell flüchtigen Lösemittel werden mit erwärmter Luft bei hohen Strömungsgeschwindigkeiten zum Verdunsten gebracht. Die Lösemittel in der Trockenluft werden mit hohem technischen Aufwand nahezu vollständig rückgewonnen.

Durchdruck. D., bei dem die druckenden Stellen der Druckform druckfarbendurchlässig sind. Speziell im *Siebdruck* sind diese Stellen siebartig geöffnet.

Indirekte Druckverfahren. Beim Druckvorgang wird die Druckfarbe von der Druckform zunächst auf einen Zwischenträger übertragen und von diesem schließlich auf den Bedruckstoff. Auffallend ist das seitenrichtige Bild auf der Druckform im Gegensatz zu den direkten D., bei denen die Druckform seitenverkehrt hergestellt wird.

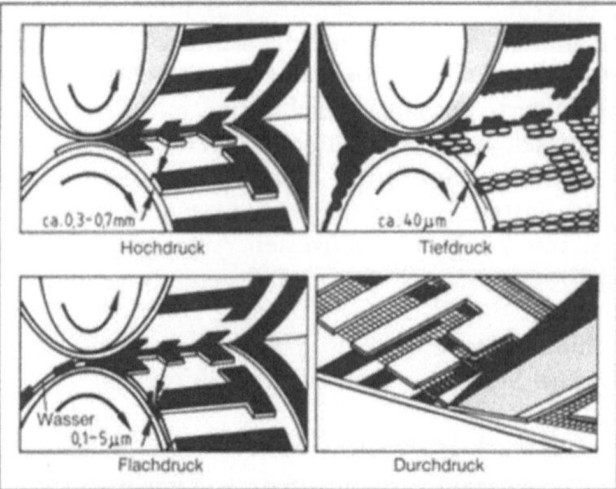

Druckverfahren 1: Übersicht der wichtigsten Druckverfahren. (Quelle: Fonds der Chemischen Industrie)

Der *Offsetdruck* ist ein indirektes Flach-D. Der Zwischenträger, ein hochelastisches Gummituch hat eine Reihe verfahrenstechnischer Vorteile: Der Bedruckstoff kommt mit dem Feuchtwasser auf der Druckform nicht direkt in Berührung.

Papiere mit einer rauhen Oberfläche und einem harten Strich lassen sich mit einer vergleichsweise geringen Druckspannung von ca. 100 N/cm^2 bedrukken. Die Drucklänge kann über das Gummituch geringfügig verändert werden, um im Mehrfarbendruck eine Papierdehnung ggf. zu kompensieren.

Der *Tampondruck* (Bild 2), ein indirektes Tief-D., wird vorrangig zum Bedrucken dreidimensionaler Körper eingesetzt. Der Tampon, ein hochelastischer Siliconkautschuk, nimmt die Druckfarbe von einer ebenen Druckform, vorteilhafterweise einer Tiefdruckform, ab und verformt sich beim Drucken dem jeweiligen Körper entsprechend. So ist es z. B. möglich, eine Kugel über die Hälfte hinaus zu bedrucken. Die Verzerrungen beim Übertrag von der flachen Druckform auf den Körper sind im Druckformenbild zuvor zu kompensieren.

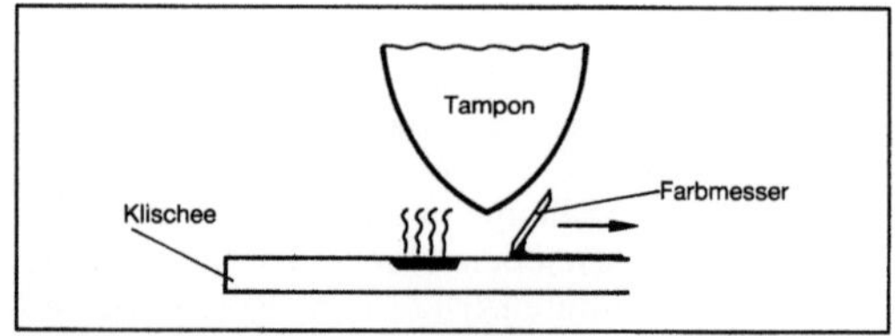

Druckverfahren 2: Ablaufschema des Tampondruckverfahrens. (Quelle: Marabu)

Das Farbmesser hat die Vertiefungen im Klischee mit Farbe gefüllt und streift die überschüssige Farbe in den Farbbehälter zurück. Durch Verdunsten des Lösemittels der Tampondruckfarbe wird die Oberfläche des im Klischee liegenden Farbfilms klebrig.

Bedruckstofforientierte Verfahrensbezeichnungen. Das *Bogen-D.* (Bogenoffset, Bogentiefdruck) ist wegen der nahezu unbegrenzten Formatvielfalt, in der gefertigt werden kann, sehr verbreitet, auch wenn die maximale Geschwindigkeit (z. Z. 15 000 Bg/h) begrenzt ist. Eine besondere Trocknungseinrichtung ist oft nicht erforderlich, weil der Druckbogen in der Auslage in Ruhe trocknen kann, während im Rollendruck z. B. im Falzapparat oder beim Wiederaufrollen die Farbe nicht mehr abschmieren oder verkleben darf.

Die *Rollen-D.* haben in der Druckgeschwindigkeit (Rollenoffset bis ca. 11 m/s, Tiefdruck bis ca. 16 m/s) noch keine technologische Grenze erreicht. Die Geschwindigkeit der Rollenverfahren bringt es aber mit sich, daß meist ein verhältnismäßig hoher Aufwand in der Farbtrocknung zu betreiben ist. Die Produktvielfalt ist durch die eingeschränkten Möglichkeiten der Falzapparate bei weitem nicht vergleichbar mit der Bogenverarbeitung. Die Entwicklung der Rollenverfahren geht jedoch zu immer aufwendiger ausgestatteten Produkten, die inline in der Maschine vollständig gefertigt werden. Speziell in der Verpackungsindustrie und für einige Sonderanwender wird das gedruckte Produkt wieder aufgewickelt und als Rolle in nachgeschaltete Aggregate (z. B. Kaschiermaschinen, Abfüllautomaten) eingespeist. Eine Planoauslage ist im Rollendruck zwar möglich, aber nicht verbreitet.

Der *Blechdruck* wird weitgehend im Offsetverfahren betrieben, jedoch mit Maschinen, die für den Transport von Blechtafeln und mit aufwendigen Trockenöfen oder UV-Trocknern ausgerüstet sind.

Der *Textildruck* wird heute überwiegend im Siebdruck (Filmdruck) betrieben, auch wenn in der Vergangenheit der Tiefdruck (Roulodruck) vorherrschend war und in einigen Randbereichen auch der Offsetdruck eingesetzt wird. *Ritz*

Druckverhältnis.

1. D. wird mit π bezeichnet und gibt üblicherweise das Verhältnis des hohen Drucks zum niedrigen

Druck des Arbeitsfluids an, ist also bei Arbeits- und Kraftmaschinen immer größer als eins. Seltener wird die sinnvollere Definition als Verhältnis des Austritts- zum Eintrittsdruck verwendet, die im Fall von Kraftmaschinen einen Wert < 1 zur Folge hat und mit β bezeichnet wird. *Dibelius*

2. Kolbenverdichter. Das Verhältnis von Enddruck zu Ansaugdruck. Von der Anwendung her sind bei einem →Kolbenverdichter i. a. Ansaugdruck und Enddruck (Gegendruck) und damit auch das Druckverhältnis vorgegeben. Je höher das D. ist, desto höher ist die Gastemperatur am Verdichteraustritt und desto geringer ist die auf das Hubvolumen bezogene Fördermenge (→Liefergrad). Bei hohen D. muß die Verdichtung deshalb in mehreren Stufen vorgenommen werden. Man unterscheidet dann das Stufen-D. und das Gesamt-D. *Kuhlmann*

Druckverhältnisventil →Druckventil

Druckweiterverarbeitung. D. umfaßt alle Arbeitsgänge, die sich an den eigentlichen Druckvorgang anschließen. Sie führen zur endgültigen Fertigstellung des Produkts und auf den Weg zum Endverbraucher. Sie umfaßt nicht die Bereiche der Herstellung von Verpackungen aus vorbedruckten Materialien. Die Bearbeitung der bedruckten Materialien kann auf verschiedenen Wegen erfolgen. Ein erster Arbeitsgang ist u. U. das Beschneiden der bedruckten Bogen oder das Auftrennen in kleinere Nutzen. Die Bogen werden in kleinere Formate gefaltet. Es entstehen hier kleinformatige Produkte in vielen Lagen, wobei die Trennung der einzelnen Lagen voneinander nicht erfolgt. Moderne Falzmaschinen können eine Vielzahl solcher Brüche in einen Bogen einarbeiten. Die gefalzten Produkte können entweder über den Sammelhefter oder über die Klebebindung weiterverarbeitet werden. Im Sammelhefter werden eine Vielzahl von verschiedenen Falzprodukten auf einer dachförmigen Kette übereinanderliegend zusammengetragen. Sind alle Produkte gesammelt, werden durch den Rückenfalz hindurch durch Drahtklammern sämtliche Produktlagen zusammengehalten. Das so geheftete Produkt wird ausgelegt. Um die einzelnen Lagen, die durch die Falzbrüche noch zusammenhängen, voneinander zu trennen und einzelne Seiten benutzbar zu machen, werden die gehefteten Produkte im kleinen Stapel an drei Seiten beschnitten. Es entstehen so Broschüren kleineren Seitenumfangs wie Prospekte und kleinere Kataloge.

Wird die Lagenzahl größer, wird die Weiterverarbeitung der gefalzten Produkte über die Klebebindung vorgenommen. Hier werden die gefalzten Produkte nebeneinander gestellt. In der Klebebindemaschine wird der Rückenfalz aufgefräst. An diese Stelle wird ein Klebstoff aufgetragen, der die einzelnen Lagen zusammenhält. Durch diesen Klebstoff kann gleichzeitig noch ein Umschlag mit dem Buchblock verbunden werden. Die klebegebundenen Produkte werden anschließend auf den drei übrigen Seiten beschnitten. In diesem Verfahren können auch große Seitenzahlen verarbeitet werden. Die Haltbarkeit einer Klebebindung entspricht nicht der einer Fadenheftung.

In den Bereich der D. gehören auch buchbinderische Verzierungs- und Veredelungsarbeiten an den Büchern. Es sind dies u. a. Färben der Schnittflächen des Buchblocks, Vergolden von Schnittflächen, Veredeln der Buchdecken und Anbringen der veredelten Buchdecken an vorgearbeiteten Buchblöcken. Diese Arbeiten werden im hochkünstlerischen Bereich von Hand, für Großmengenproduktion durch Maschinen ausgeführt. *Paris*

Druckwellenmaschine. Aufladevorrichtung für Verbrennungsmotoren, deren Wirkung auf gasdynamischen Effekten beruht.

Bei der D. Comprex (geschützte Firmenbezeichnung) wird die Energie des aufgestauten Abgases über gasdynamische Effekte zum Verdichten der Verbrennungsluft herangezogen und damit der Motor aufgeladen.

Wichtigstes Bauteil der D. ist das rotierende Zellenrad (Bild). Eine Zelle wird bei der Drehung des Zellenrads über Öffnungen in den stirnseitigen

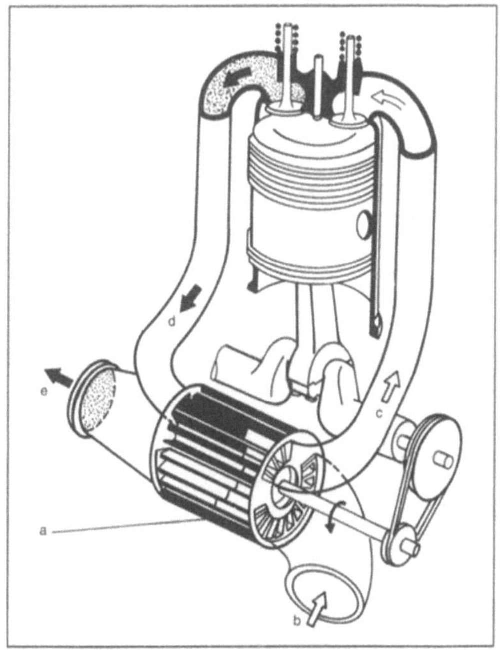

Druckwellenmaschine: Schemaskizze. (Quelle: Asea Brown Boveri)

a Rotor (Zellenrad), b Ansaugluft, c Motor-Saugleitung, d Abgaskrümmer, e Abgasleitung

Gehäuseteilen abwechselnd mit der Ansaugluft b, mit der Saugleitung des Motors c, mit dem Auslaßkrümmer des Motors d und mit der Abgasleitung e verbunden. Bei Verbindung der Zelle mit dem unter Überdruck stehenden Abgas läuft mit dem Abgas eine Druckwelle in die Zelle und verdichtet die in ihr befindliche Luft. Das Ausschieben der verdichteten Luft zum Motor, der Austritt des Abgases in die Abgasleitung und das Ansaugen frischer Luft in die Zelle werden ebenfalls durch Druckwellen bewirkt, die in der Zelle hin und her laufen. Die Drehung des Zellenrads dient dem zeitlich abgestimmten Öffnen und Schließen der stirnseitigen Öffnungen und erfordert eine nur sehr geringe Antriebsleistung.

Ein Vorteil der Druckwellen-Aufladung im Vergleich zur →Abgasturboaufladung ist, daß sie schon bei niedrigen Motordrehzahlen wirksam wird und auf eine plötzliche Lasterhöhung schneller anspricht. *Kuhlmann*

Literatur: *Pucher, H.*, u. a.: Aufladung von Verbrennungsmotoren. Kontakt & Studium Bd. 133. Sindelfingen 1985. – *Zinner, K.*: Aufladung von Verbrennungsmotoren. 2. Aufl. Berlin, Heidelberg, New York, 1980.

Druckwinkel →Lastverteilung

Druckzuschuß. Anzahl der Bogen, die für das Einrichten einer →Druckmaschine und für den technisch bedingten Ausschuß benötigt werden. In gleicher Weise ist ein Buchbindereiaufschlag erforderlich.

Da die genaue Anzahl des erforderlichen Zuschusses nicht vorhersehbar ist, werden in den Lieferbedingungen meist Mehr- und Minderlieferungen vereinbart. Berechnet wird die tatsächlich gelieferte Menge. *Ritz*

Düngerstreuer. Maschinen zum Ausbringen von Pflanzendünger, insbesondere Stallmist, Kompost, Kalkschlamm und Mineraldünger. Die D. werden als →Anhängegerät oder →Anbaugerät (Landmaschinen) ausgeführt. Einige D. dienen gleichzeitig zum Transport, wie z. B. der Stallmiststreuer, auch Stalldungstreuer, Miststreuer (Bild 1). Ein starr konzipiertes, meist einachsiges Fahrzeug von ca. 2,5–6 t Nutzlast wird am Traktor aufgesattelt (Abkoppeln nach Ausfahren eines Stützrades). Beim Streuen fördert der Kratzboden den Mist zum (meist

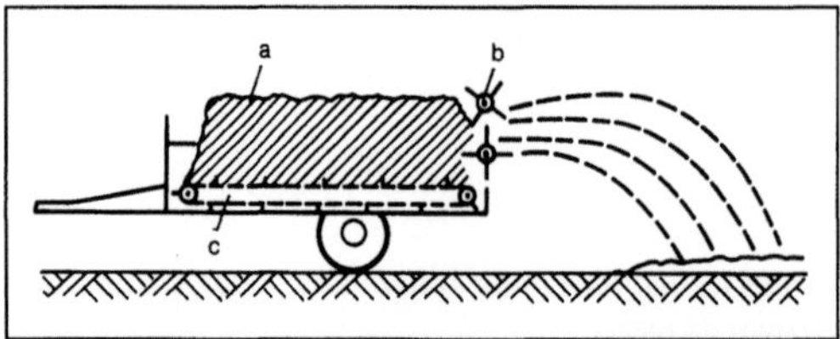

Düngerstreuer 1: Stallmiststreuer (Arbeitsprinzip).

a Streugut, b Streuwerk, c Kratzboden

abnehmbaren) Streuwerk. Bei horizontalen Streuwalzen entspricht die Arbeitsbreite etwa der Fahrzeugbreite; bei senkrechten Walzen ist sie doppelt so groß. Die Stallmistgabe je Hektar wird über die Fahrgeschwindigkeit und den Kratzbodenvorschub eingestellt. Nach *Carlson* und *Andersson* ist das Streuwalzendrehmoment ein gutes Maß für den Durchsatz (kg/s) – eine Regelung (Stellglied: Kratzbodengeschwindigkeit) führt zu gleichmäßiger Ausbringung (kg/m^2) in Längsrichtung. Weitere Verbesserungen sind bei Benutzung der wahren Fahrgeschwindigkeit (Radarsensor am Traktor) denkbar. Etwa 50 bis 60 % der benötigten Leistung entfallen auf den Rollwiderstand (z. B. 12 % der Gewichtskraft); der Rest wird über die →Zapfwelle zugeführt (Traktor). Ein Mitantreiben der Achse hatte nur zeitweise Bedeutung (Traktoren heute zugfähig genug). Die Entwicklung des Stallmiststreuers ist älter als vielfach vermutet. Schon um die Jahrhundertwende gab es in den USA Maschinen mit Kratzboden und Zinkentrommeln (Bodenantrieb).

Im Gegensatz zum Festmist arbeiten die Mineraldüngerstreuer mit granuliertem oder (seltener) mit pulverförmigem Streugut. Nach vielen interessanten Vorläufern (schon ab 1750) kam es erst gegen Ende des 19. Jahrhunderts zu wirtschaftlich bedeutsamen Streuern. Hauptmotive gegenüber Handarbeit: gleichmäßiges Ausbringen und Vermeiden des Hautkontakts. Zunächst waren die sog. Kastenstreuer vorherrschend (Bild 2), bei denen der Dünger aus einem quer zur Fahrtrichtung angeordneten Vorratsbehälter durch Längsschieber, Fingerketten, Streuteller, Walzen und ähnliche Elemente verhältnismäßig genau verteilt wird.

Nach dem Zweiten Weltkrieg wurde in den 50er Jahren der sog. Schleuderdüngerstreuer entwickelt mit drei Grundformen (Bild 3). Die außen mit etwa 12–20 m/s rotierenden Schleuderteller werden meist von der Zapfwelle (vereinzelt aufkommend auch ölhydraulisch) angetrieben. Ein verstellbarer Zulaufort, teilweise auch Zwangsdosierung, verschiedene Schaufelformen und Abschirmbleche dienen dazu, das Streubild zu optimieren. Die Geräte sind einfach und trotzdem sehr leistungsfähig. Das schon seit etwa 1880 bekannte Prinzip scheiterte früher an der zu schlechten Verteilgenauigkeit, die man erst über die Granulierung der Mineraldünger zu beherrschen begann. Der Durchbruch wurde u. a. durch den Zweischeibenstreuer ZA von Amazone ab 1959 beschleunigt (Konstrukteur: *H. Dreyer*). Wegen der günstigen Herstellkosten arbeitet man intensiv an weiteren Verbesserungen: genauere Dosierung (z. B. durch Fahrgeschwindigkeitssensor gesteuert), noch gleichmäßigeres Streubild und bessere Kontrolle des Gesamtprozesses.

Für noch größere Leistungen und z. T. weiter verbesserte Verteilgenauigkeiten (z. B. mit speziellen Auslegern, auch für staubförmige Stoffe) ent-

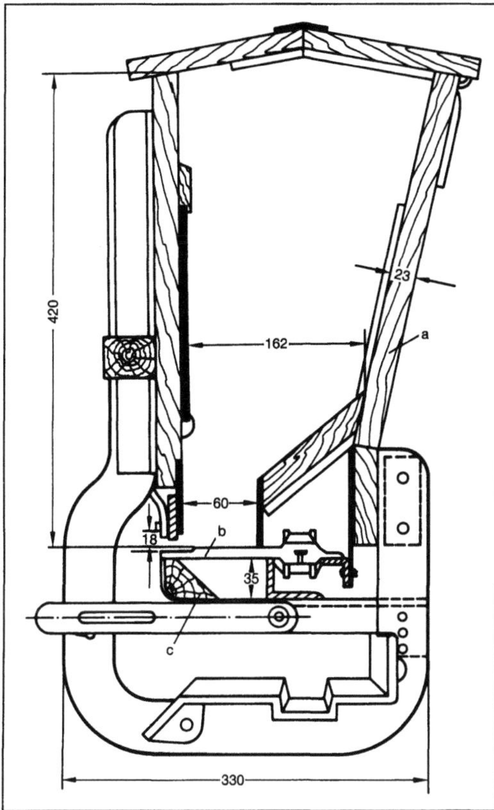

Düngerstreuer 2: Kastenstreuer für Mineraldünger (Prinzipskizze). (Quelle: Kühne a. a. O.)

Bauart „Westfalia" um 1930. a Holzkasten, b Fingerstreukette, c Boden

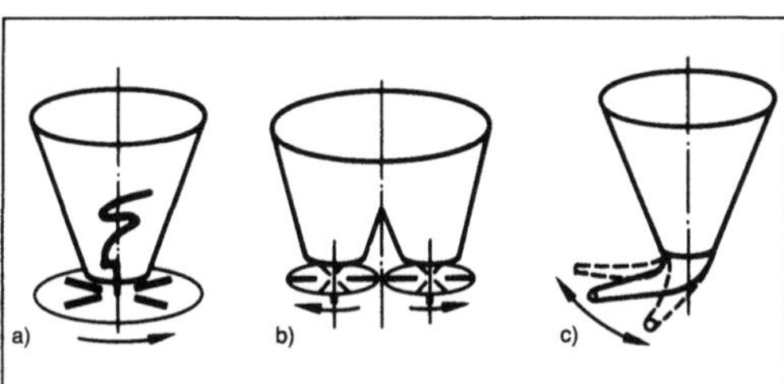

Düngerstreuer 3: Standardbauformen von Schleuderdüngerstreuern für Mineraldünger. (Quelle: Franz a. a. O.)
a) Einscheibenstreuer
b) Zweischeibenstreuer
c) Pendelrohrstreuer.

wickelte man in neuerer Zeit verschiedene Bauformen von Großgeräten. *Renius*

Literatur: *Carlson, G.,* u. *Ö. Andersson:* Improvement of the performance of the application rate for solid manure spreaders. Tagungspapier AG ENG Berlin 24.–.26. 10. 1990. – *Dobler, K.,* u. *J. Flatow:* Berechnung der Wurfvorgänge beim Schleu-

derdüngerstreuer. Grundl. Landtechn. 18 (1968) Nr. 4, S. 129/34. – *Dreyer, K.:* 100 Jahre Amazonen-Werke. Hasbergen-Gaste 1983. – *Franz, G.:* Die Geschichte der Landtechnik im 20. Jahrhundert. Frankfurt a. M. 1969. – *Heege, H. J.,* u. *K. Rühle:* Düngerverteilung durch pneumatische Streugeräte. Grundl. Landtechn. 26 (1976) Nr. 6, S. 222/30. – *Heege, H. J.:* Düngung. Festschr. „25 Jahre VDI-Fachgruppe Landtechnik". Düsseldorf 1983; S. 125/31. – *Hollmann, W.:* Untersuchungen über die Düngerverteilung von Schleuderdüngerstreuern. Diss. TU Berlin 1962. – *Isensee, E.:* Düngung. Jahrb. Agrartechn. 1. Frankfurt a. M. 1988. – *Kloth, W.:* Korrosionsversuche mit Kunstdüngern. Techn. Landwirtsch. 15 (1934) Nr. 4, S. 93/95. – *Kühne, G.:* Handb. Landmaschinentechn. Bd. 2. Berlin 1934. – *Schulze, K.-H.:* Technische Erfahrungen mit Stalldungstreuern Grundl. Landtechn. 13 (1963) Nr. 16, S. 53/66.

Düse →Einspritzdüse

Düse (Raketentechnik). Teil eines Raketentriebwerks, in dem die thermische Energie des Arbeits-

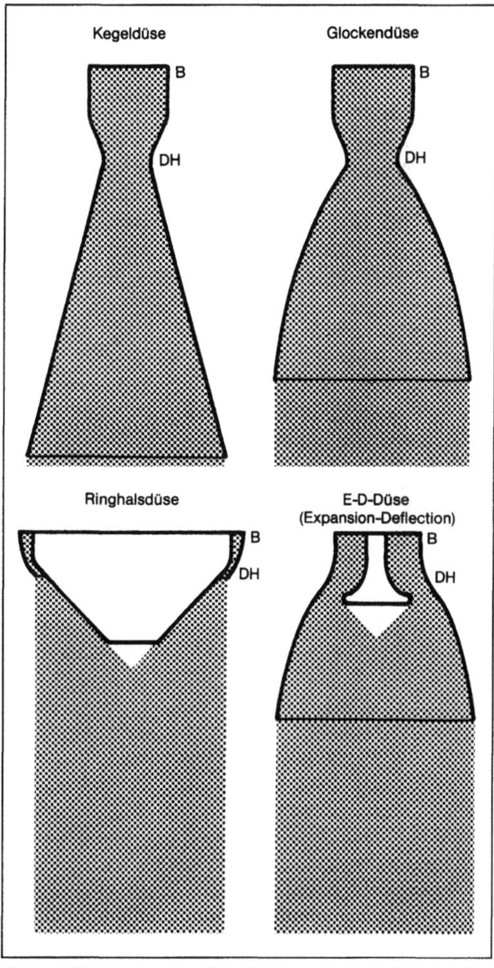

Düse (Raketentechnik): Schemata von Düsen bei Raketentriebwerken.

B Brennkammer, DH Düsenhals

mediums in kinetische Energie des Strahls umgewandelt wird. Die D., die sich an die Brennkammer anschließt, besteht aus einem zunächst verjüngten und anschließend erweiterten Teil (Laval-D.). Durch diese Formgebung erreicht der Abgasstrahl Überschallgeschwindigkeit. Technisch bedeutend sind D. mit innerer Entspannung wie Kegel-D. mit einem Öffnungswinkel des divergenten Teils von etwa 30° und Glocken-D., die hauptsächlich bei D. mit großem Öffnungsverhältnis zur Verkürzung der Baulänge eingesetzt werden. D. mit äußerer Entspannung wie Ringhals- oder E-D-D. (Expansion-Deflection-D.) weisen zwar einige Vorteile gegenüber den anderen D. auf. Die technischen Schwierigkeiten sind jedoch so groß, daß gegenwärtig noch kein operatives Triebwerk mit einer derartigen D. ausgerüstet ist (Bild). *Braitinger, Ruppe, Schmucker*

Literatur: *Barrére, M.:* Raketenantriebe. 1961. – *Huzel, D.,* u. *D. Huang:* Design of Liquid Propellant Rocket Engines. 1971. NASA-SP-125. – *Münzberg, H.-G.:* Flugantriebe. 1972. – *Sutton, G. P.:* Rocket Propulsion Elements. 1976.

Düsengruppe. Segment des Leitapparats für eine sog. Regelstufe in einer axialen →Turbine. Die Düsen genannten Leitschaufelkanäle sind zu Gruppen oder Sektoren zusammengefaßt. Der Durchfluß durch jeden Sektor läßt sich jeweils über das zugeordnete →Regelventil einstellen. Das →Laufrad arbeitet dann mit einzelnen Dn. in Teilbeaufschlagung.

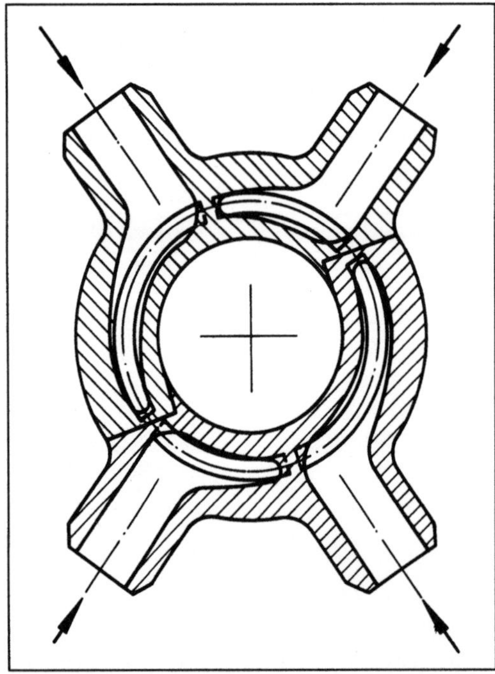

Düsengruppe: Düsenkasten mit 4 unterschiedlich großen Düsengruppen.

Damit die Turbine auch im Teillastbereich mit guten Wirkungsgraden Energie wandeln kann, sind die Leitschaufeln in bis zu 5 D. angeordnet, deren Durchfluß einzeln über Stellventile geregelt wird (Bild). Die Leistung der Regelstufe ergibt sich als Summe der Einzelleistungen in den jeweils durchströmten Dn. Der Düsenkasten ist wärmebeweglich im Einströmteil der Turbine eingehängt, um größere Wärmespannungen bei schnellen Lastwechseln sowie beim An- und Abfahren zu vermeiden.

Um die Kurzschlußströmungen zwischen den beaufschlagten und den nicht beaufschlagten Bereichen in der Regelstufe klein zu halten, wird in dem Laufrad kaum noch Druck abgebaut. Die Regelstufe ist eine „Gleichdruckstufe" mit sehr kleinem →Reaktionsgrad. *Ziemann*

Düsenkammer →Luftwäscher

Duhamel-Integral →Faltungsintegral

Durcharbeitungszug, mechanischer. Die Kombination von Gleisstopfmaschinen und Weichenstopfmaschinen mit dynamischen Stabilisiermaschinen ermöglicht die mechanische Durcharbeitung von bestehenden Gleisanlagen. Das Schottermaterial wird dabei neu unter die Schwellen gestopft und anschließend mit horizontaler Vibration und statischer lotrechter Belastung wieder verdichtet. Beide Geräte erlauben eine kontinuierliche Arbeitsweise. *Kühn*

Durchdrückpackung. Die D. ist eine spezielle Ausführung der Blisterpackung. Das Füllgut befindet sich in einem durch Vakuumverformung vorgeformten Kunststoffteil. Seine Steifigkeit darf nicht zu hoch sein. Bei der späteren Benutzung wird dieser Bereich verformt, um das Produkt aus der →Verpackung heraus zu transportieren. Die Abdeckung erfolgt nach der Füllung durch eine heißsiegelfähig beschichtete Papierbahn oder Aluminiumfolie. Nach dem Verbinden beider Teile wird die Bahn in entsprechende Stücke geschnitten. Um das Produkt zu entnehmen, wird das Kunststoffteil durch Handkraft verformt. Dabei zerstört das Produkt die plane Abdeckbahn. D. sind heute die gängige Verpackungsart für Tabletten und Dragees im Pharmabereich. Sie brauchen etwas mehr Transportvolumen als andere Verpackungsmittel. Dafür ist der Schutz gegen Abrieb und Zerstörung der einzelnen Tabletten oder Dragees sehr hoch. Es besteht keine Möglichkeit mehr, daß bei Bewegen des Verpackungsmittels die einzelnen Füllprodukte gegeneinander scheuern. *Paris*

Durchlauflager. Lager (Bild), bei denen das Lagergut auf eigenen Rollen oder Lagerfahrzeugen oder auf Rollen von der Eingabe zur Entnahmestelle

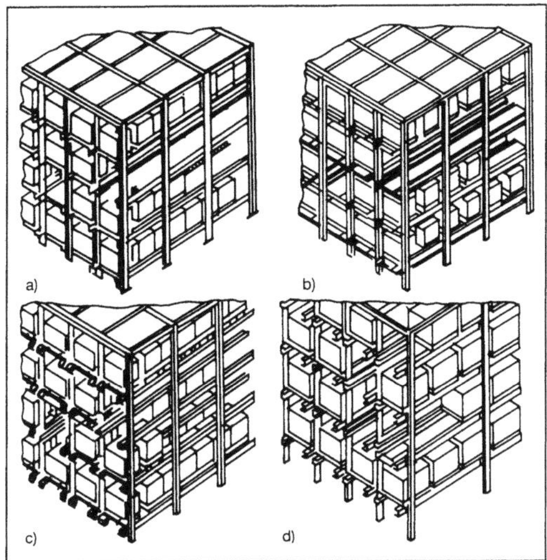

Durchlauflager: Unterschiedliche Arten.
a) Durchlaufregal, Stetigförderer, Schwerkraft.

Regallagerung, dynamische Lagerung, feststehende Regale, bewegte Ladeeinheiten, Stückgut mit und ohne Ladehilfsmittel

b) Durchlaufregal, Stetigförderer, Antrieb.

Regallagerung, dynamische Lagerung, feststehende Regale, bewegte Ladeeinheiten, Stückgut mit und ohne Ladehilfsmittel

c) Durchlaufregal, Unstetigförderer, Schwerkraft.

Regallagerung, dynamische Lagerung, feststehende Regale, bewegte Ladeeinheiten, Stückgut mit und ohne Ladehilfsmittel (auf Rollpaletten)

d) Durchlaufregal, Unstetigförderer, Antrieb (Kanalregal)

Regallagerung, dynamische Lagerung, feststehende Regale, bewegte Ladeeinheiten, Stückgut mit und ohne Ladehilfsmittel

vorwiegend durch Schwerkraft bewegt wird (→Lagersystem). *Jünemann*

Durchlaufschmiedemaschine. Die D. ist eine weiterentwickelte →Langschmiedemaschine, die durch verhältnismäßig große Durchlaufgeschwindigkeiten bei gleichzeitig hohen Streckgraden der Werkstücke gekennzeichnet ist. Bei einer Forderung nach noch höheren Streckgraden der Werkstücke können Schmiedesysteme in einer Maschine angeordnet werden und im →Verbund miteinander arbeiten.
Der Schmiedevorgang der D. ist ein Schnellpressen, bei dem Werkzeugsätze, die abhängig von der Maschinenbauweise aus je 2, 3 oder 4 Werkzeugen bestehen, den Werkstoff in einer Schmiedeebene alternierend umformen. Das Bild zeigt einerseits die Anordnung der Schmiedewerkzeuge einer D. mit zweimal 3 Werkzeugen und andererseits die Werk-

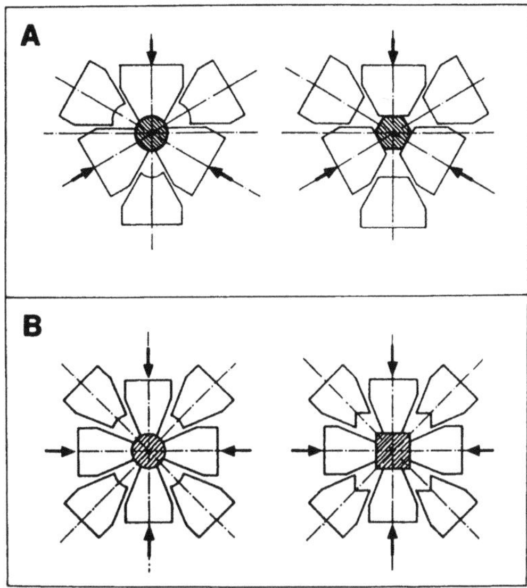

Durchlaufschmiedemaschine: Anordnung der Werkzeuge in einer Maschine mit zweimal 3 Werkzeugen (A) und in einer Maschine mit zweimal 4 Werkzeugen (B).

zeuganordnung mit zweimal 4 Werkzeugen. Die Regelung der Ein- und Auslaufgeschwindigkeit des Umformguts erfolgt durch Treibrollensätze. Schmiedestraßen mit beispielsweise 2 nacheinander angeordneten D. können Durchsatzleistungen bis etwa 30 t Baustahl je Stunde erreichen. *Baumann*

Literatur: *Blaimschein, G.:* Durchlaufschmiedemaschinen, Techn. Mitt. 65 (1972) Nr. 8, S. 379/80. – Gesellschaft für Fertigungstechnik und Maschinenbau (Hrsg.): Durchlaufschmiedemaschinen. Steyr.

Durchsatz. Die in der Zeiteinheit durch eine Maschine, Rohrleitung, Düse, Meßeinrichtung oder sonstige Anlage durchlaufende Menge eines Guts; gemessen nach Stückzahl, Masse, Volumen, z. B. Stück, kg, 1, m³ je h, min, s. *Jünemann*

Durchströmung.
1. zentrifugale. Kennzeichnet eine in Radial- und Diagonalmaschinen von innen nach außen gerichtete D. Im →Laufrad von *Pumpen* und *Verdichtern* läßt sich dabei mehr Arbeit übertragen und ein höherer Druck erreichen, weil die Umfangsgeschwindigkeit an dessen Austritt größer ist als am Eintritt (Arbeitsprinzip). In *Turbinen* vermindert eine z. D. das nutzbare →Gefälle. Sie wird in Turbinen kleiner Leistung trotzdem manchmal angewendet, weil dem bei der Expansion zunehmenden →Volumenstrom mit zunehmendem Durchmesser ein größerer Strömungsquerschnitt zur Verfügung gestellt werden kann. *Dibelius*

2. zentripetale. Kennzeichnet eine in Radial- und Diagonalmaschinen von außen nach innen gerichtete Strömung. Sie wirkt sich in Turbinenlaufrädern bei abnehmender Umfangsgeschwindigkeit das →Gefälle vergrößernd aus (Arbeitsprinzip). Insbesondere bei kompressiblen Arbeitsfluiden ist es schwierig, bei abnehmendem Durchmesser dem sich bei der Expansion vergrößernden →Volumenstrom noch einen genügend großen Strömungsquerschnitt zur Verfügung zu stellen. Deshalb kommt diese Bauart überhaupt nur für relativ kleine Volumenströme (kleine spezifische Drehzahl, →Cordier-Diagramm) in Betracht und dann nur bei kurzer z. D., die dann in eine axiale umgelenkt wird (Radial- und →Diagonalmaschine). Bei Verdichtern und Pumpen würde sich eine z. D. die Leistung vermindernd auswirken und wird deswegen nicht angewendet. *Dibelius*

Durchzieh-Bandglühanlage. Eine D.-B. ist ein komplexes technisches System zur kontinuierlichen Glühbehandlung von Stahlband, meistens →Weißband, nach dem D.-Bandglühverfahren. Solche Anlagen bestehen im wesentlichen aus einem Einlaufsystem, einem Glühsystem, einem Kühlsystem und einem Auslaufsystem (Bild). Zum Einlaufsystem gehören Haspelaggregate, Treiber, Scheren, Schweißaggregat, Entfettungsaggregat und Bandspeicher. Im Glühsystem kann das Stahlband entweder elektrisch oder durch Strahlrohre indirekt erwärmt werden. Das Band können aber auch Brenner, die in Strahlplatten angebracht sind, aufheizen. Nach dem Glühen wird das Band gekühlt. Zum Auslaufsystem gehören eine Schere, manchmal ein Richtaggregat und 2 Haspelaggregate. *Baumann*

Durchzieh-Bandglühverfahren. Das D.-B. ist im Gegensatz zum →Haubenglühverfahren ein konti-

nuierlich arbeitendes →Band-Behandlungsverfahren. Dabei durchläuft das abgewickelte Band i. a. eine Heizzone sowie eine Kühlzone und wird anschließend wieder aufgewickelt. Die Erwärmung und Abkühlung des Bandes verläuft verhältnismäßig schnell. Dabei ist die Glühbehandlung über die Bandbreite und Bandlänge gleichmäßiger als beim Haubenglühverfahren. Das Gefüge des geglühten Bandes ist somit auch gleichmäßiger, jedoch wegen der schnellen Erwärmung und Abkühlung feinkörniger als beim Haubenglühen. Deshalb wird das D.-B. meist bei der Herstellung von →Weißband und mit wesentlich langsameren Geschwindigkeiten manchmal auch zum Herstellen von Edelstahlband oder →Elektroband eingesetzt. *Baumann*

Dynamik →Mechanik-Einteilung

Dynamikfaktor. Durch Schwingungen der Radkörper von Zahnradgetrieben, verursacht durch Steifigkeitsänderungen der Verzahnung sowie Verzahnungsabweichungen, kommt es zu dynamischen Zusatzkräften zwischen den Zähnen, die sich der statischen Umfangskraft überlagern. Bei der Tragfähigkeitsberechnung wird dies durch den D. berücksichtigt.

Der D. K_v ist das Verhältnis der auf einen Zahn wirkenden maximalen Kraft F_{ges} zur →Zahnkraft F_{stat} einer fehlerfreien (geometrisch idealen) Verzahnung unter statischen Bedingungen. Man kann ihn durch Schwingungsberechnungen unter Berücksichtigung der während des Eingriffs veränderlichen →Zahnfedersteifigkeit bestimmen.

Für die praktische Berechnung entspricht K_v dem durch Geraden angenäherten Verlauf von nach Messungen ermittelten Schwingungsamplituden, wie sie qualitativ in Bild 1 dargestellt sind.

Das Schwingungsverhalten wird von der Lage der Erregerfrequenz f_z infolge des wechselnden Zahn-

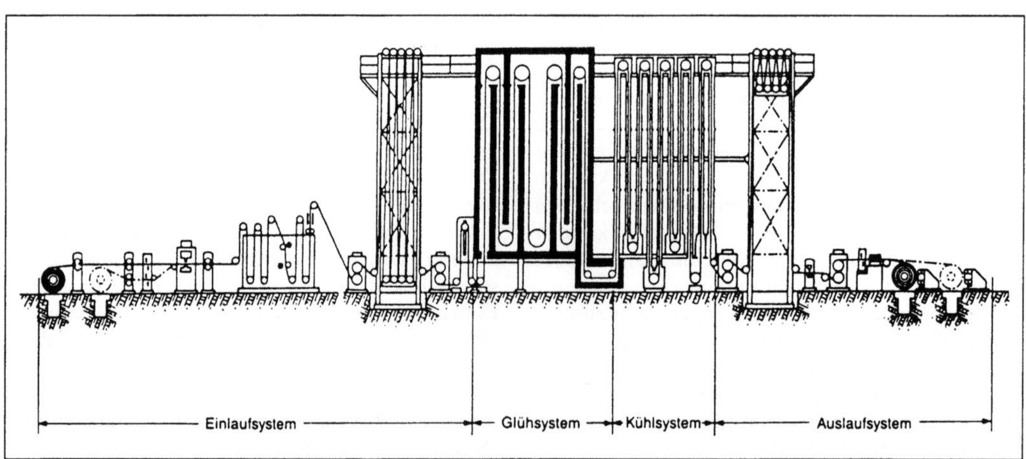

Durchzieh-Bandglühanlage: Grundsätzlicher Aufbau.

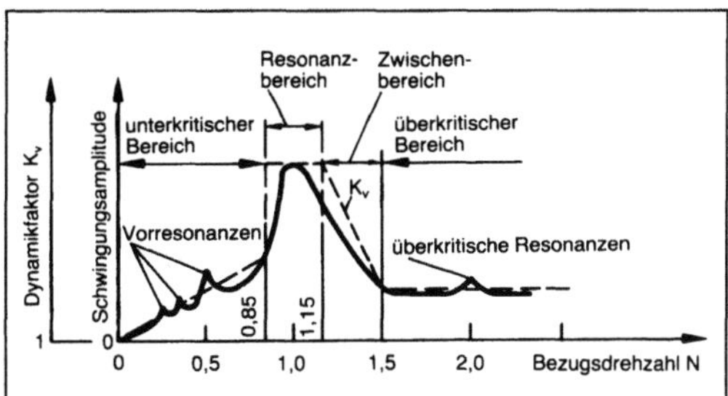

Dynamikfaktor 1: Schwingungsamplituden in Abhängigkeit der Bezugsdrehzahl und vereinfachte Darstellung durch den Dynamikfaktor K_v.

eingriffs zur Eigenfrequenz f_E des Drehschwingungssystems der Zahnradstufe bestimmt.

Es gilt mit der Drehzahl n_1 und der Zähnezahl z_1 des Ritzels:

$$f_z = (n_1/60)\, z_1 \tag{1},$$

$$f_E = 1/(2\pi)\, \sqrt{c_\gamma/m_{red}} \tag{2};$$

darin ist f_E die Eigenfrequenz des auf die Eingriffslinie reduzierten Ersatz-Einmassensystems beider Zahnräder (Bild 2). Sie wird durch die reduzierte Masse pro Millimeter Zahnbreite $m_{red} = 4\, J_1 J_2/(J_1 d_{b1}^2 + J_2\, d_{b2}^2)$ sowie die Zahnfedersteifigkeit c_γ beeinflußt.

Das Verhältnis der Werte nach Gl. (1) bzw. Gl. (2) $N = f_z/f_E$ (Bezugsdrehzahl) ist ein Maß für den Betriebsbereich der Verzahnung. Bei $N = 1$ tritt Resonanz auf. Bedingt durch den Einfluß der in der Modellvorstellung nach Bild 2 nicht berücksichtigten Bauteile (Wellen, Lager usw.) wird jedoch

sicherheitshalber $0{,}85 < N < 1{,}15$ als Resonanzbereich angesehen. In diesem Bereich sollten z. B. Zahnräder grober Qualität und ohne Profilkorrektur ($\rightarrow$ Verzahnungskorrektur) nicht betrieben werden.

Die Berechnung von K_v im unter- bzw. überkritischen Bereich erfolgt mit Geradengleichungen. Als konstantes Glied ist jeweils

$$C_k = C_v\, c'\, (f_{pe} - y_\alpha)/(K_A\, F_t/b) \tag{3}$$

enthalten. Das Schwingungsverhalten wird somit durch die auf die Zahnbreite bezogene übertragene Umfangskraft F_t/b ($\rightarrow$ Breitenfaktor) einschl. des Anwendungsfaktors K_A sowie der Federsteifigkeit c' eines Zahnpaars (Zahnfedersteifigkeit) beeinflußt; C_v und f_{pe} (Eingriffsteilungsabweichung, Verzahnungstoleranzen) berücksichtigen den Einfluß von Herstellabweichungen, der durch den Einlaufbetrag y_α (Glätten der Zahnflanken während der Einlaufphase) etwas gemindert wird.

Durch Kopfrücknahme (Profilkorrektur) können Lastspitzen durch Schwingungen deutlich gesenkt werden. Dies wird bei der Bestimmung von K_v gesondert berücksichtigt.   *Winter*

Literatur: DIN 3990: Grundlagen für die Tragfähigkeitsberechnung von Gerad- und Schrägstirnrädern. Hrsg. Dt. Inst. für Normung. Ausg. Dez. 1987. Tl. 1: Einführung und allgemeine Einflußfaktoren; Tl. 2: Berechnung der Grübchentragfähigkeit; Tl. 3: Berechnung der Zahnfußtragfähigkeit; Tl. 4: Berechnung der Freßtragfähigkeit. — *Gerber, H.:* Innere Dynamische Zusatzkräfte bei Stirnradgetrieben. Diss. TU München 1984. – *Munro, G.:* The dynamic behaviour of spur gears. Diss. Univ. Cambridge 1962. – *Rettig, H.:* Dynamische Zahnkräfte. Diss. TH München 1956. – *Seireg, A.,* u. *D. R. Houser:* Evaluation of dynamic factors for spur and helical gears. Trans. ASME, Ser. B, J. Eng. Ind. 92 (1970), S. 504/15.

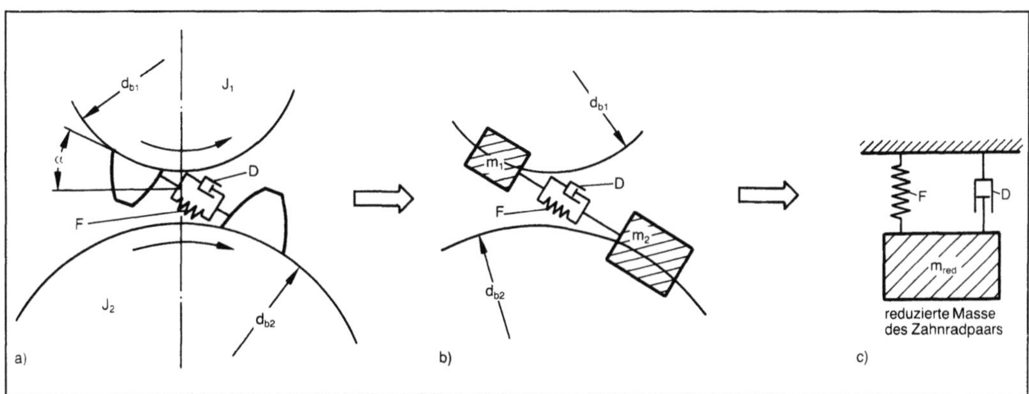

Dynamikfaktor 2: Zur Modellvorstellung des Drehschwingungssystems „Zahnradstufe".
a) Ritzel und Rad mit polaren Massenträgheitsmomenten J_1 und J_2 (kgm²/mm)
b) J_1 und J_2 durch m_1 und m_2 ersetzt
c) Reduziertes Einmassensystem.

E

Ebene, administrative →Gestaltungsebene

Ebene, dispositive →Gestaltungseben

Ebene, operative →Gestaltungsebene

ECE-Richtlinie →Europatest

Eckenmaß →Schraubenform

Effekt.

1. physikalischer, chemischer, biologischer. Ein E. ist das immer gleiche, voraussehbare, durch Naturgesetze bedingte Geschehen physikalischen, chemischen oder biologischen Ursprungs.

E. sind Grundlage für die Erfüllung von Funktionen in technischen Systemen. So arbeitet z. B. eine Schaltkupplung in einem Pkw mit dem physikalischen E. der Coulomb-Reibung; die Funktion „Drehmoment leiten" wird durch Reibung erfüllt.

Maschinen arbeiten meist mit physikalischen E. Ihr Verhalten läßt sich durch physikalische Erhaltungs- und Gleichgewichtssätze beschreiben.

Beim Konstruieren macht man sich Sammlungen von physikalischen E. (Konstruktionskataloge) zunutze, um für geforderte Funktionen neue Lösungen zu finden (Bild). Die Kataloge enthalten meist Prinzipskizzen von physikalischen Anordnungen, bei denen der Effekt auftritt (physikalisches Wirkprinzip). Diese müssen an die aktuelle Problemstellung angepaßt werden (Variation beim Konstruieren). *Ehrlenspiel*

2. piezoelektrischer. Die Eigenschaften mancher Kristalle, auf Druck mit der Ausbildung einer elektrischen Polarisation zu reagieren. Umgekehrt führt ein elektrisches Feld zu einer dieser proportionalen elastischen Dehnung oder Kompression (inverser p. E.). Quarz ist das wichtigste Beispiel für eine p. Substanz. Einkristalle aus Quarz dienen in vielen Geräten, wie z. B. in Uhren, als Resonatoren hoher Güte und Stabilität. Dabei wird eine mechanische Schwingung elektrisch angeregt. Durch einen speziellen Schnitt der Quarzkristallscheiben läßt sich eine besonders temperaturstabile Resonanzfrequenz erreichen.

Technisch von noch größerer Bedeutung sind die ferroelektrischen Piezowerkstoffe. Diese – vor allem $PbTiO_3$-$PbZrO_3$-Mischkristalle – lassen sich auf keramischem Wege, also polykristallin, herstellen. Die p. Achse wird durch Polung eingeprägt. Die

Gliederungsteil			Hauptteil		
Krafttyp	Physikalisches Gesetz		spezieller Effekt	Gleichung	Anordnungsbespiel	Nr.
1	2		3	1	2	Nr.
Schwerkräfte	Gravitationsgesetz	$F = \Gamma \cdot \dfrac{m_1 \cdot m_2}{r^2}$	Erdanziehung	$F = \Gamma \cdot \dfrac{m_E \cdot m}{r^2}$		1
			Gewicht	$F = m \cdot g$		2
			Auftrieb	$F = \varrho \cdot g \cdot V$		3
Trägheitskräfte	Newtonsches Gesetz	$F = \dfrac{d\,mv}{dt}$	Bahnbeschleunigung	$F = m \cdot a$		4
			Zentrifugalkraft	$F = m \cdot \omega^2 \cdot r$		5
			Corioliskraft	$F = 2\,m\,\omega\,v_r$		6
			Strahlkraft „Staudruck"	$F = \dot{m} \cdot v\,(1 - \cos \alpha)$ α Ablenkwinkel		7
			Rückstoßprinzip	$F = \dot{m}\,v_r$		8
			konvektive Beschleunigung	$F = A \cdot \varrho \cdot \dfrac{v^2}{2}\left[\left(\dfrac{A_1}{A_2}\right)^2 - 1\right]$		9
Elektrische Kräfte	Coulombsches Gesetz	$F = f_e\,\dfrac{Q_1 \cdot Q_2}{r^2}$	Coulombsche Kraft	$F = Q \cdot E$		10
			Kondensatoreffekt	$F = \dfrac{1}{2}\varepsilon \cdot \dfrac{U^2}{l^2} \cdot A$		11
			Johnsen-Rhabeck-Effekt	$F = k \cdot U^L \cdot A$		12
			Dielektrikum im inhomog. Feld	$F = \dfrac{r^3}{2}\dfrac{\varepsilon - 1}{\varepsilon + 2}\dfrac{dE}{ds}$		13
			dielektrische Flüssigkt. i. Feld	$F = A\dfrac{\varepsilon_0}{2}(\varepsilon - 1)\,E^2$		14
Magnetische Kräfte	1. Maxwellsche Gleichung	$\oint_M \dfrac{F}{M}\,ds = I + QV + \dfrac{d\Phi_E}{dt}$	Parmanentmagnet	$F_{max.} \approx k \cdot (mg)^{\frac{2}{3}}$		15
			Elektromagnet	$F = \dfrac{\mu_0\,w^2 l^2}{l^2}$		16
			Lorenzkraft	$F = Q \cdot v \cdot B$		17
			Induktionseffekt	$F = I \cdot l \cdot B$		18
			Dia- u. paramagn. K. im inhomog. F.	$F = V_k \cdot \mu_0\,H\dfrac{dH}{ds}$		19
			Versuch von Elihu Thomson	$F = k \cdot l^2$		20

Effekt: Katalog von physikalischen Effekten zur Erfüllung der Funktion „Kraft erzeugen". (Quelle: Richtlinie VDI 2222)

Präparate arbeiten also im remanenten Zustand der ferroelektrischen Hystereseschleife, wobei die Polarisation elektrisch durch Oberflächenladungen kompensiert wird. Blei-Zirkonat-Titanat (PZT)-Keramiken finden zunehmende Anwendung als elektro-mechanische Wandler, von Feuerzeugzündern über Sensoren bis zu Ultraschallsendern. Sie besitzen dank ihres hohen Curiepunkts (etwa 300°C) eine hohe Stabilität und haben andere Ferroelektrika wie Bariumtitanat oder *Seignette*-Salz als Piezowerkstoffe weitgehend verdrängt (Ferroelektrizität). Eine Rolle spielt jedoch das ferroelektrische Lithiumniobat, dessen Stabilität und Wirkungsgrad dank des sehr hohen Curiepunktes (1200°C) besonders hoch sind. Einkristalle aus $LiNbO_3$ werden z. B. für Filter oder Resonatoren auf der Grundlage akustischer Oberflächenwellen benutzt.

Neuerdings finden auch p. E. in speziellen Kunststoffen zunehmende Beachtung. Insbesondere das Poly-Vinyliden-Difluorid $(C_2 H_2 F_2)_n$ läßt sich durch Polung bei erhöhter Temperatur in einen orientierten Zustand überführen, der, obwohl kein Gleichgewichtszustand, doch hinreichend stabil ist und alle Eigenschaften eines Piezelektrikums aufweist. *Hubert*

Literatur: CRC Critical reviews in Solid State and Materials Sciences 9 (1980), S. 399/477. – *Jaffe, B., W. R. Cook und H. Jaffe:* Piezoelectric Ceramics. London 1977. – *Kapler, R. G. und R. A. Anderson:* Piezoelectricity in Polymers.

Egge. Klassisches, einfaches Gerät zur oberflächennahen Bodenbearbeitung (→Bodenbearbeitungsgerät), insbesondere zum Bereiten des Saatbetts. Die klassische E. besteht aus einem Stahlrahmen mit senkrecht daran angeschraubten Zinken und wird als →Anhängegerät betrieben. Unterscheidung in schwere E. (Aufreißen) und leichte Bauarten zum Feinbearbeiten, in Sonderfällen auch zum Bekämpfen von Unkraut eingesetzt. Arbeitsgeschwindigkeit etwa 1,5–2,5 m/s. Sonderbauarten arbeiten mit rotierenden Elementen, wie z. B. die Scheiben-E. und die Roll-E. Durch das Aufkommen der zapfwellengetriebenen E., insbesondere der Kreisel-E., Rotor-E. und Rüttel-E., wurde die klassische (gezogene) E. zurückgedrängt. *Renius*

EGR →Abgasrückführung

Eierverpackung. Eier sind ein äußerst stoß- und bruchempfindliches Füllgut. Um sie sicher zum Endverbraucher zu transportieren, werden besonders die stoßdämpfenden Eigenschaften von Verpackungsrohstoffen und Verpackungskonstruktionen gefordert. Die Konstruktion einer E. muß so ausgeführt sein, daß ein Berühren der einzelnen Eier gegeneinander bei Bewegen des Verpackungsmittels nicht möglich ist. Zum anderen muß die Bewegungsmöglichkeit des Füllguts soweit eingeschränkt sein, daß ein Brechen der Eierschale beim Anstoß an das Verpackungsmittel ausgeschlossen ist. Als Werkstoffe für E. kommen sowohl Fasermaterialien wie geschäumte Kunststoffe zum Einsatz.

Im Bereich der Fasermaterialien wird die E. im Pappengußverfahren hergestellt. Eine Mischung aus Wasser und Fasern von Holzschliff wird auf ein Sieb gegossen. Das Sieb ist wie die Außenkontur der späteren Verpackung geformt. Es wird so viel Fasermischung aufgegossen, daß eine relativ dicke Schicht von mehreren Millimetern Dicke entsteht. Durch Anlegen von Vakuum von der Siebseite her, wird die Entwässerung der Schicht unterstützt. Nach dem Trocknen wird die laufende Bahn in einzelne Packungen zerschnitten, so daß Deckel und Unterteil der Eierverpackung zusammenhängend bleiben. Kleine vorstehende Verschlußnasen am Unterteil sorgen dafür, daß sie in Verbindung mit kleinen Löchern im Deckel für einen sicheren Verschluß der Verpackung sorgen. Eine andere Möglichkeit, um zu E. zu gelangen, ist die Verwendung von aufgeschäumten Polyethylenfolien. Die Folien werden bei der Herstellung im Extruder aufgeschäumt. Nach Erweichen durch Infrarotstrahlung wird die ebene Folie in die gewünschte E. umgeformt. Der Verschluß erfolgt meist wie bei den Pappengußverpackungen. Auf beiden Wegen werden Verpackungen für sechs oder zehn Eier hergestellt. Durch die Anlieferung der Verpackungsmittel in geöffnetem Zustand, lassen sich diese Verpackungen sehr raumsparend stapeln. Will man größere Anzahlen von Eiern transportgerecht verpacken, werden Trays aus Pappenguß verwendet. Auf solch ein Tray wird die Schicht Eier aufgelegt. Den Schutz gegen die darauffolgende Lage von Eiern übernimmt das nächste Tray. Um den ganzen Stapel herum muß noch ein weiteres Verpackungsmittel verwendet werden, meist Faltschachteln aus Voll- oder →Wellpappe. *Paris*

Eigenfrequenz. Die Frequenz f, die den zeitlichen Verlauf einer periodischen Eigenschwingung kennzeichnet. Sie ist gleich dem Kehrwert der →Periodendauer T des Schwingungsvorgangs (f = 1/T) und wird gewöhnlich in Hertz (1 Hz = 1/s = eine Schwingungsperiode pro Sekunde) angegeben (→Eigenkreisfrequenz, Schwingungsarten, System, schwingungsfähiges). *Witfeld*

Eigenkreisfrequenz. Die Kreisfrequenz ω, die den zeitlichen Verlauf einer harmonischen Eigenschwingung kennzeichnet. Sie ist gleich dem 2π-fachen der Eigenfrequenz f ($\omega = 2\pi f$). Der Zusammenhang mit der zugehörigen →Periodendauer T lautet $\omega T = 2\pi$ (System, schwingungsfähiges). *Witfeld*

Eigenschwingung.

1. Akustik. Die Bewegung eines schwingungsfähigen Gebildes wird in der Mechanik durch die zugehörigen Bewegungsgleichungen beschrieben (→Schwingung, mechanische). Löst man die Bewegungsgleichung für den Fall ohne Einwirkung einer äußeren Kraft, so erhält man die Eigenfrequenzen (ihre Anzahl ist gleich der Anzahl der Freiheitsgrade des Systems) und als Lösung für die Eigenfrequenzen die zugehörigen E. Bei äußerer einwirkender Kraft werden im Resonanzfall immer eine (oder mehrere) E. angeregt. Die E. flächenhaft und räumlich ausgedehnter Gebilde sind i. a. außerordentlich komplizierte Schwingungsformen, die in einzelnen Fällen auch experimentell sichtbar gemacht werden können (Chladni-Klangfigur). *Helbig*

2. Schwingungstechnik. Als E. bezeichnet man die zeitlichen Zustandsänderungen eines autonomen Schwingers, d. h. eines schwingungsfähigen Systems, das keinen Fremdeinwirkungen unterworfen ist und somit den Verlauf seiner Schwingungen selbst bestimmt.

Man unterscheidet freie und selbsterregte Schwingungen. Freie Schwingungen stellen sich in linearen wie nichtlinearen Systemen ein, wenn das System nach einer Störung seines Gleichgewichtszustands ohne weitere Energiezufuhr sich selbst überlassen wird. Bleibt die Gesamtenergie dabei konstant, so heißt das Schwingungssystem konservativ; die Schwingungen sind ungedämpft. Wird während der Schwingung Energie irreversibel in Wärme umgewandelt, so heißt das System dissipativ. Die Schwingungen verlaufen gedämpft, das System strebt wieder einem Gleichgewichtszustand zu.

Selbsterregte Schwingungen sind grundsätzlich nur in nichtlinearen Systemen möglich. Sie erfordern eine dem Wesen nach unperiodische Energiequelle, aus der der Schwinger im Takt seiner E. die Dämpfungsverluste ersetzen kann. Ist die anfängliche Energieaufnahme größer als die Dämpferarbeit, so wird der Gleichgewichtszustand instabil. Die Schwingungen schwellen an, bis sich bei ausgeglichener Energiebilanz periodische E. einstellen.

E. von einfachen Schwingern werden vorteilhaft in der Phasenebene dargestellt. Die Phasenkurven zeigen die gegenseitige Abhängigkeit der beiden Zustandsgrößen (z. B. Ausschlag und Geschwindigkeit). Das Phasenporträt läßt fast alle wichtigen Schwingungsmerkmale erkennen: stabile wie instabile Gleichgewichtslagen als singuläre Punkte; gedämpfte Schwingungen als einwärts, angefachte als auswärts gedrehte Spiralen; periodische Schwingungen als geschlossene Phasenkurven, harmonische als Ellipsen. Lediglich →Periodendauer bzw. Eigenfrequenz können nicht abgelesen werden, da die Zeit in dieser Darstellung eliminiert wurde (Bild 1).

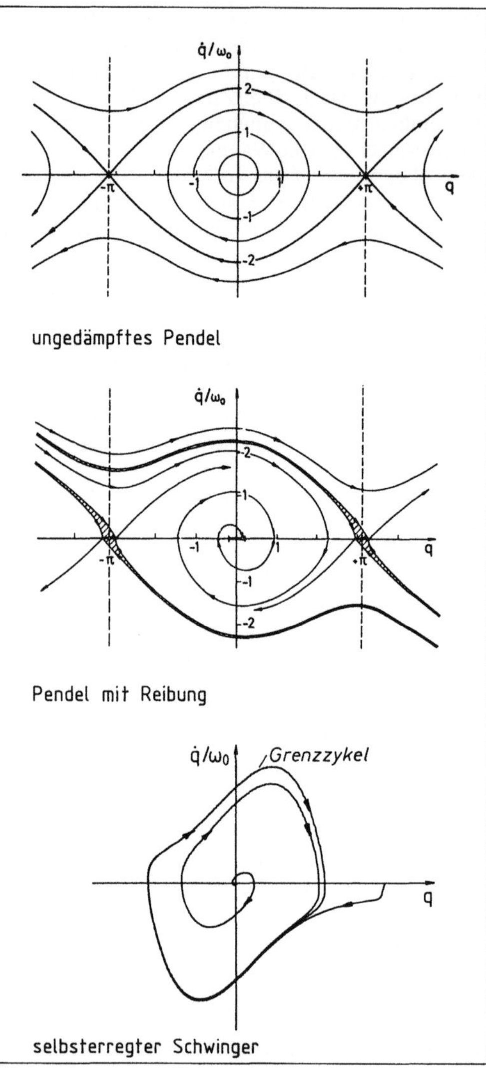

Eigenschwingung (Schwingungstechnik) 1: Verschiedene Eigenschwingungen in der Phasenebene.

Auch bei mehrfachen und bei kontinuierlichen Schwingern gibt es freie und selbsterregte Schwingungen. Der Begriff E. erhält hier eine speziellere Bedeutung, und zwar im Zusammenhang mit dem Eigenwertproblem: Ein lineares konservatives Schwingungssystem führt E. aus, wenn es in all seinen Koordinaten sinusförmig mit einer bestimmten →Eigenkreisfrequenz in einer zugehörigen Eigenform schwingt. Die Anzahl der möglichen E. entspricht der Anzahl der Freiheitsgrade des Systems (Bild 2). Überlagert man diese E. entsprechend den Anfangswerten, so erhält man eine freie Schwingung. Es ist Aufgabe der experimentellen →Modalanalyse, aus gemessenen Systemantworten die E. nebst ihren modalen Kenngrößen zu ermitteln. *Witfeld*

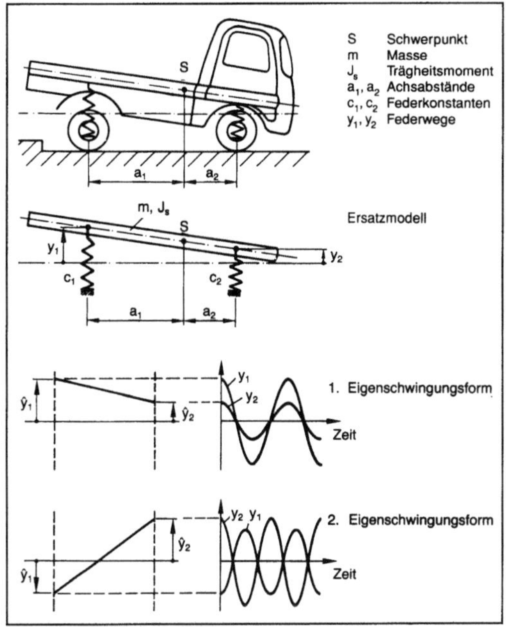

Eigenschwingung (Schwingungstechnik) 2: Eigenschwingungen eines ebenen Fahrzeugmodells.

Literatur: *Fischer, U.,* u. *W. Stephan:* Schwingungen. Basel, Boston, Stuttgart 1981. – *Magnus, K.:* Schwingungen. 4. Aufl. Stuttgart 1986.

Eigenschwingungsform. Bei mechanischen Schwingern diejenige Auslenkungsform, in der das System Eigenschwingungen mit der zugehörigen →Eigenkreisfrequenz ausführt. Die Eigenschwingungsform wird bei Mehrkörpersystemen durch einen Eigenvektor, bei kontinuierlichen Systemen durch eine Eigenfunktion dargestellt. *Witfeld*

Eilgangschaltung. Eilgangbewegungen im Vor- und Rücklauf werden bei Hydrozylindern durch Umschalten auf verschiedene Wirkflächen erzeugt (Differentialschaltung); ebenso bei Pressen durch gesonderte, zum Preßkolben parallel angeordnete Schließzylinder kleinen Durchmessers. Füllen des Hauptzylinders beim Eilvorlauf durch Nachsaugeventile.

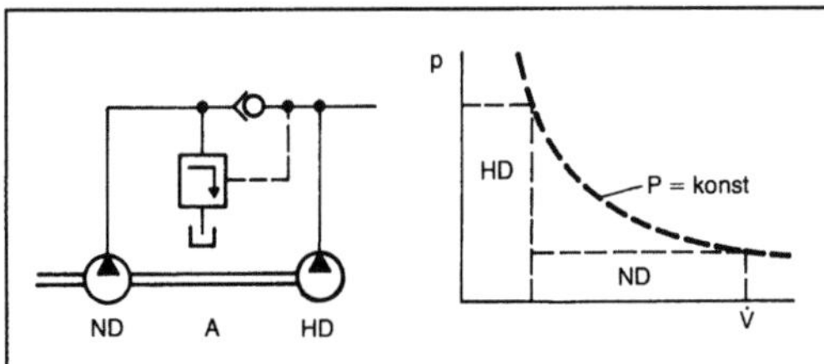

Eilgangschaltung: Mit Abschaltpumpe.

A Abschaltventil, HD Hochdruckpumpe, ND Niederdruckpumpe, P Leistung, p Druck, V̇ Volumenstrom

Andere Erzeugung des Eilvorgangs durch Pumpenanordnung. Die der Hochdruckpumpe (HD) parallel geschaltete ND-Pumpe mit großem Förderstrom wird nach dem Eilvorschub mit dem Abschaltventil A durch den ansteigenden Arbeitsdruck auf drucklosen Umlauf geschaltet. Auslegung derart, daß jeweilige Eckleistungen von HD-Pumpe und HD-ND-Kombination konstant bleiben (Bild). *Röper*

Eimerkettenschwimmbagger. Der E. besteht aus einem →Ponton, der in der Mitte eine Öffnung für die Eimerleiter hat. An den Enden der Eimerleiter läuft die Kette über zwei Umlenktrommeln. Die obere heißt Oberturas, die untere Unterturas. Die 200–1000 l fassenden Eimer lösen das zu baggernde Material während des Umlenkvorgangs am Unterturas. Die gefüllten Eimer werden durch die Endloskette bis zum Oberturas gezogen, wo das Material über seitliche Rutschen in Schuten geladen wird. Die Kette mit den leeren Eimern hängt frei durch. Die Antriebskraftübertragung der Kette geschieht mit einem hydrodynamischen Wandler, so daß sich die Antriebsgeschwindigkeit und die an der Schneide bzw. den Zähnen des Eimers zur Verfügung stehende Kraft den Bodenverhältnissen anpassen. *Kühn*

Eimerkettentrockenbagger. Der E. (Bild) ist ein kontinuierlich arbeitendes Tagebaugerät, das sich beim Bau von Kanälen (Suezkanal, Nordostseekanal, Mittellandkanal) sowie im Braunkohletagebau und Kreidetagebau hervorragend bewährt hat. Bei Eimerkettenbaggern sind hinsichtlich des Betriebsverfahrens und der Bauweise zwei Typen zu unterscheiden: Eimerkettenbagger auf Raupen und Eimerkettenbagger auf Schienen. Eimerkettenbagger auf Raupen sind meist mit einem Schwenkwerk für den Oberbau ausgerüstet. Sie können damit im Hoch- und Tiefschnitt arbeiten. Der Abbau geschieht meist im Blockbetrieb, in manchen Fällen im Frontbetrieb. Eimerkettenbagger auf Schienen arbeiten überwiegend im Tiefschnitt im Frontbetrieb. In diesem Fall werden die Eimerkettentiefbagger mit Rückmaschinen ausgestattet, die den Gleisrost für den Eimerkettenbagger und die Bandstraße entsprechend der abgebaggerten Spandicke von der Böschungskante wegrücken.

Der Baggeroberwagen nimmt senkrecht zur Fahrtrichtung die Eimerleiter auf, deren unterer beweglicher Teil am Baggerhaus gelenkig und an einem Ausleger über eine oder mehrere Eimerleiterhebewinden aufgehängt ist. Auf der Eimerleiter läuft eine endlose Eimerkette, die entweder bei größeren Eimerkettenbaggern geführt oder bei kleineren lose auf Schleifschienen gelagert ist. Durch Abknicken des vorderen Teiles der Eimerleiter ist auch eine genaue Bearbeitung eines gebrochenen Profils, z. B. eines Kanaleinschnitts, möglich. Die

Eimerkette läuft je nach Beschaffenheit des Bodens mit einer Geschwindigkeit von 1–1,5 m/s. Je nach der Schwere des Bodens werden die Eimer in 4, 6 oder 8fachem Teilungsabstand (Schakung) auf der Kette mit ihren Eimerohren angeordnet und mit Messern oder Schneidzähnen ausgerüstet. Entleert wird über den Rücken des offenen Eimers in den Schüttrumpf und von da über eine pneumatisch betätigte Schüttklappe entweder in bereitstehende Wagen oder auf Förderbänder. Der Antrieb geschieht bei den Raupenbaggern und den kleineren Schienenbaggern durch Dieselmotoren und evtl. nachgeschaltete Hydraulikmotoren. Die Großgeräte haben elektrischen Antrieb selten über Kabel, meist über Schleifleitungen mit Spannungen bis zu 3000 V. Die Förderleistung eines Eimerkettenbaggers kann über 2000 m³/h betragen.

Der Eimerkettenbagger ist das typische Großleistungsgerät für leichte, mittlere und schwere Böden (Sand, Kies, Lehm, Ton, Braunkohle, Schiefer, leichter Sandstein usw.), da er relativ große Grabkräfte aufbringen kann. Er arbeitet im Hoch- oder Tiefschnitt und kann ohne große Leistungseinbußen den Boden aus dem Wasser holen, ihn mischen oder schichtenweise in dünnen Spandicken abtragen. Auch läßt sich mit ihm ein verhältnismäßig genaues Planum, vor allem unter Wasser, herstellen. Der Eimerkettenbagger wird gängigerweise im Baubetrieb auf Raupen mit 10–100 l Eimerinhalt und auf Schienenfahrwerk mit 70–1400 l Eimerinhalt verwendet. Eine Variante ist der →Eimerkettenschwimmbagger. Die vertikale Abbauhöhe kann bis zu 60 m betragen. *Kühn*

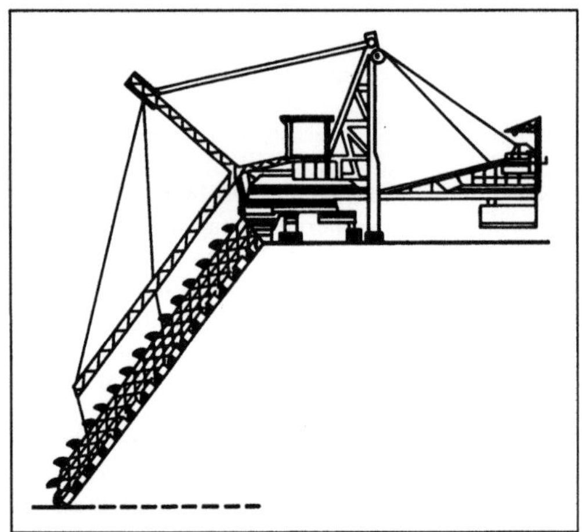

Eimerkettentrockenbagger auf Gleisen oder Raupen.

Eimermelkmaschine →Melkmaschine

Ein-Ebenen-Auswuchten. Ein Verfahren, bei dem die statische Unwucht eines starren Rotors ausgeglichen werden kann (→Auswuchten). *Witfeld*

Einachstraktor. Traktor mit einer einzigen tragenden, lenkenden und treibenden Achse mit Motornennleistungen bis zu etwa 12 kW. Niedrigste spezifische Herstellkosten (auf Nennleistung bezogen) aller Traktorbauarten, dafür von Hand mit z. T. großen Körperkräften zu führen. In Deutschland nur noch im Gartenbau oder als Freizeitgerät bzw. zum Schneeräumen angewendet. Demgegenüber große Bedeutung in Japan (abnehmend) und in vielen Entwicklungsländern (meist noch zunehmend), besonders in China in sehr großen Stückzahlen (Bild).

Durch Zusammenkoppeln des E. mit Einachsanhängern entsteht ein selbstfahrendes Transportfahrzeug, das bei gleichzeitigem Antrieb der Anhängerachse über die →Zapfwelle eine beachtliche Geländegängigkeit erreichen kann. *Renius*

Einachstraktor: Er wird in großen Stückzahlen als standardisierte Konstruktion für Transporte in der VR China eingesetzt; ca. 9 kW.

Einbauventil. Auch 2-Wege-Cartridge- bzw. Patronenventil genanntes 2/2-Wegeventil (Bild 1) mit hydraulischer Vorsteuerung zum Einbau in Steuerblöcke. Genormte DN 16, 25, 32, 40, 50, 63.

Das Einzelventil besteht aus einer Hülse mit innenliegendem Schließkörper, der durch eine Feder in Ruhestellung gehalten wird (Bild 2). Öffnungsdruck je nach Ausführung 0,2–4 bar. Die Dichtung nach dem Schieber- oder Sitzventilprinzip ist verknüpft mit dem funktionsabhängigen Flächenverhältnis von Zulauf- und Federraumquerschnitt. Das Element wird in gemäß DIN 24342 genormte Einbaubohrungen eingesetzt und mit der Abdeckplatte gehalten, die Steuerbohrungen enthält und auf die das jeweilige Vorsteuerventil aufgesetzt wird. Die Arbeitsanschlüsse lassen sich in beliebiger Weise durch Bohrungen innerhalb des Blocks verknüpfen. Die Einzelschaltung der Ventilelemente und die Erweiterung, durch mehrere auf ein Element wirkende Vorsteuerventile verschiedene Funktionen parallel aufzuprägen, ermöglichen eine minimierte Steue-

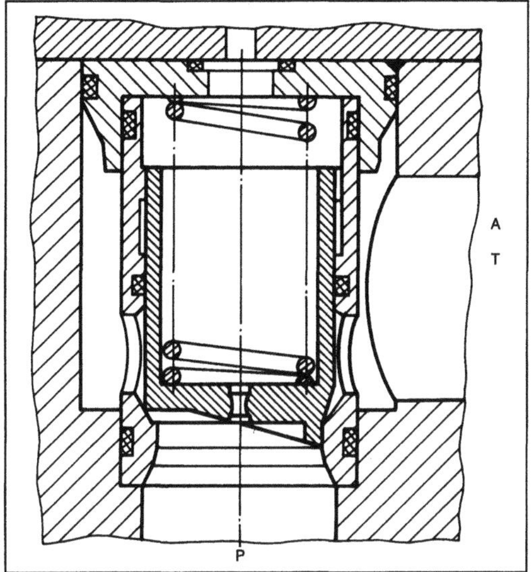

Einbauventil 1: 2/2-Wege-Einbauventil.
Flächenverhältnis li 1:1, re 1:1,4, P Druckanschluß, A,T Arbeits- bzw. Rücklaufanschluß

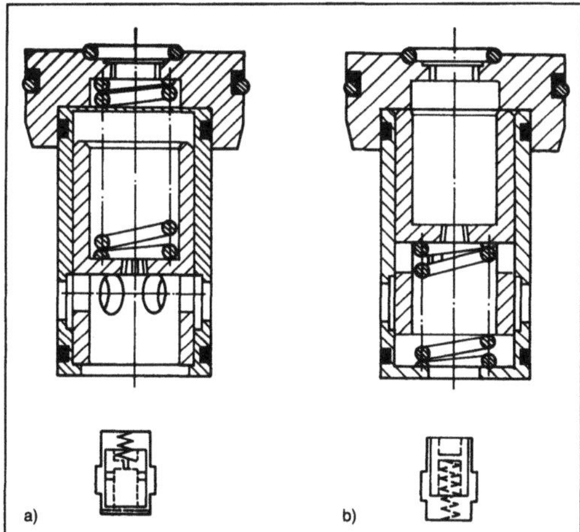

Einbauventil 2: 2/2-Wege-Einbauventil in Schieberausführung.
a) Normal offen
b) Normal geschlossen.

rungsausführung, die trotz des Herstellungsaufwands für den Steuerblock oberhalb DN 25 konventioneller Technik überlegen ist. Besonders vorteilhaft ist der Einsatz der Ventile in der Druckwasserhydraulik.

Die Funktionen sind:

□ *Sperrventil:* Federraum wird mit Ablaufanschluß verbunden. Durch aufgesetztes Schaltventil zum entsperrbaren Sperrventil zu erweitern.

□ *Wegeventil:* eigen- oder fremdgesteuert mit aufgesetztem 4/2-Wege-Pilotventil (Bild 3). Öffnungscha-

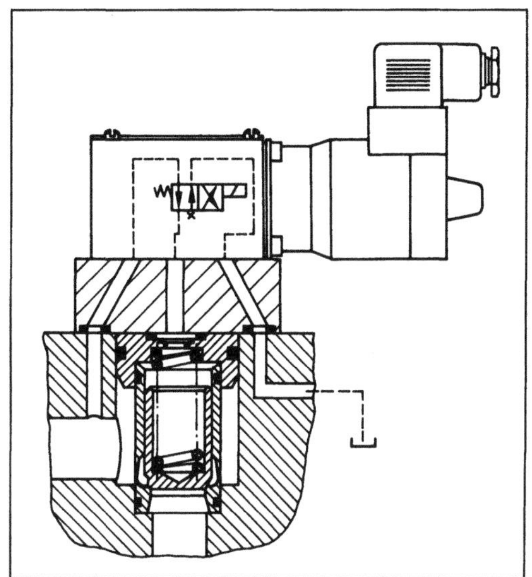

Einbauventil 3: 2/2-Wege-Einbauventil als Wegeventil mit Pilotventil.

rakteristik zu verbessern durch Drosselnuten am Bodensitz. Flächenverhältnis 1:1,4–1:1,6. Durch Zusammenfassen mehrerer Elemente zu einem Vorsteuerventil Gruppensteuerung möglich (z. B. 4/3-Wegeventil).

□ *Druckbegrenzungsventil:* Element mit Flächenverhältnis 1:1 und Drosselbohrung im Boden wird mit Druckbegrenzungsventil als Vorsteuerstufe kombiniert (Bild 4). Vorsteuerung auch mit Proportionaldruckventil.

□ *Stromventil:* Element mit Flächenverhältnis 1:1 in Schieberausführung als Druckwaage von Meßdrossel gesteuert (2-Wege- und 3-Wege-Ausführung). *Röper*

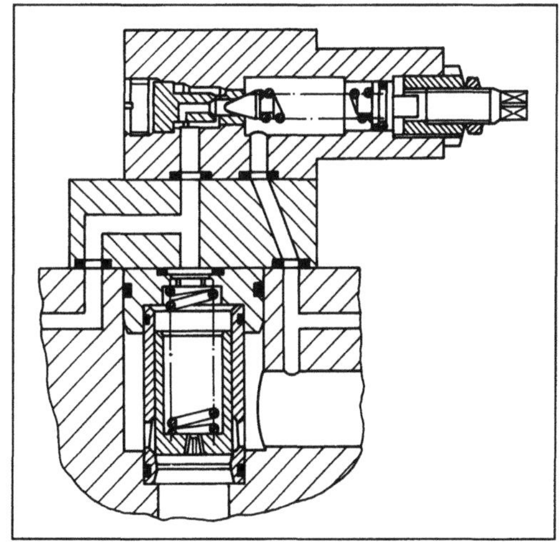

Einbauventil 4: 2/2-Wege-Einbauventil als vorgesteuertes Druckbegrenzungsventil.

Einbettungsfähigkeit →Gleitlagerwerkstoff

Einfachspiel. Ein E. oder auch Einzelspiel setzt sich zusammen aus der

□ Lastaufnahme am Bereitstellpunkt,
□ Fahrt des Fördermittels zum Einlagerungspunkt,
□ Lastabgabe am Einlagerungspunkt,
□ leeren Rückfahrt zum Bereitstellpunkt.

Mit einem E. wird eine →Ladeeinheit ein- oder ausgelagert. Im Gegensatz zum →Doppelspiel ist die Rückfahrt zum Ausgangspunkt eine Leerfahrt. *Jünemann*

Einfaden-Technik. Dazu zählen die Wirk- und Strickmaschinen, die aus einem vorgelegten Faden eine Maschenreihe (→Maschendichte) bilden. Der

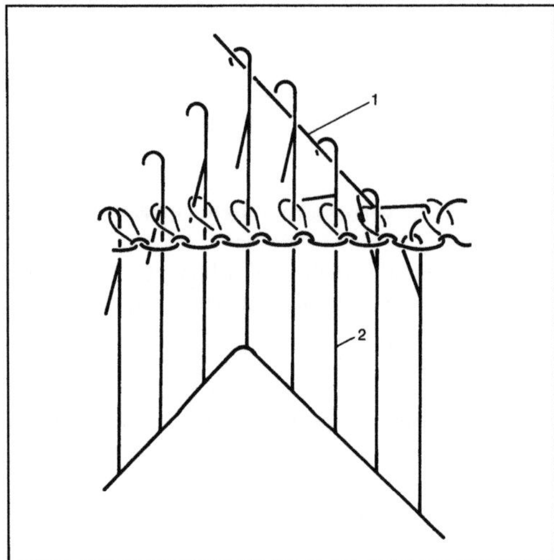

Einfaden-Technik 1: Strickprinzip.

1 Einfaden-Vorlage, 2 einzeln bewegte Zungennadeln

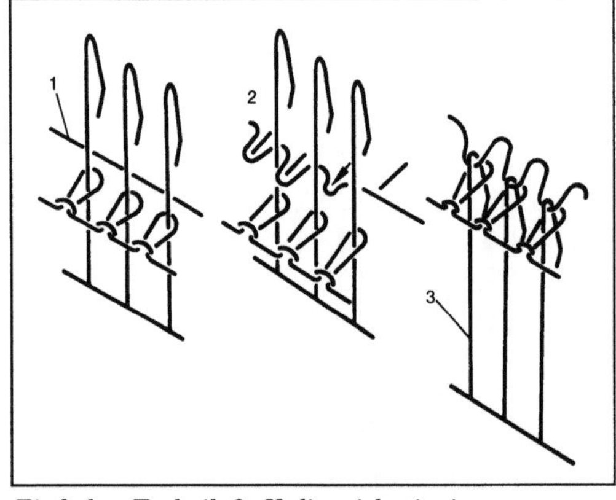

Einfaden-Technik 2: Kulierwirkprinzip.

1 Einfaden-Vorlage, 2 Kulieren, 3 gemeinsam bewegte Spitzennadeln

Fadenverlauf in diesen Einfaden-Maschenwaren ist in Richtung der Maschenreihe (→Maschenware). →Flachstrickmaschinen, →Rundstrickmaschinen und→Kulierwirkmaschinen arbeiten nach der E.-T. Die Maschenbildung (→Maschenbildungsvorgang) erfolgt in Strickmaschinen direkt mit einzeln bewegten Nadeln, Zungennadeln, (Bild 1) und in Kulierwirkmaschinen nach einem Kuliervorgang mit gemeinsam bewegten Nadeln, Spitzennadeln, (Bild 2). *K. P. Weber*

Einflanken-Wälzprüfung. Zur Beurteilung der Funktion von Zahnrädern im Getriebe ist zu prüfen, inwiefern sich die verschiedenen Einzelabweichungen gemeinsam auf die Bewegungsübertragung auswirken. Bei der E. W. kämmt ein Lehrzahnrad (→Zahnrad hoher Genauigkeit mit vernachlässigbaren Herstellabweichungen) mit dem Prüfrad bei vorgegebenem, festeingestelltem Achsabstand.

Hierzu stehen nur die einer Drehrichtung zugeordneten Zahnflanken im Eingriff, während sich die der Drehrichtung abgewendeten Rückflanken infolge Flankenspiels nicht berühren. Als Meßwerte werden die Einflanken-Wälzabweichung F_i, die größte Drehwinkeldifferenz zweier Eingriffspunkte am Umfang gegenüber dem Soll-Drehwinkel bei fehlerfreier Verzahnung sowie der Einflankenwälzsprung f_i, die größte am Prüfrad vorkommende Drehwinkeldifferenz während eines Zahneingriffs erfaßt. Beide Größen werden u. a. zur Beurteilung der →Verzahnungsqualität herangezogen.

Gegenüber der Zweiflanken-Wälzprüfung ist der notwendige Meßgeräteaufbau konstruktiv aufwendig und teuer. *Winter*

Literatur: DIN 3960: Begriffe und Bestimmungsgrößen für Stirnräder (Zylinderräder) und Stirnradpaare (Zylinderradpaare) mit Evolventenverzahnung. Hrsg. Dt. Inst. für Normung Ausg. Juli 1980. – DIN 3970: Lehrzahnräder zum Prüfen von Stirnrädern. Tl. 1: Radkörper und Verzahnung, Tl. 2: Aufnahmedorne. Hrsg. Dt. Normenausschuß Ausg. Nov. 1974. – VDI/VDE 2608: Einflanken- und Zweiflankenwälzprüfung von gerad- und schrägverzahnten Stirnrädern mit Evolventenprofil. Ausg. Febr. 1975.

Eingangsimpedanz →Impedanz

Eingriffslinie →Evolventenverzahnung, →Verzahnungsgeometrie (allgemein)

Eingriffsstörung. Bei Evolventenzahnrädern mit korrekt ausgelegter →Verzahnungsgeometrie dürfen nur die evolventischen Zahnflankenbereiche miteinander im Eingriff stehen. Bei E. (Interferenz) befinden sich demgegenüber nichtevolventische Bereiche der Zahnfußausrundung mit dem Kopfeckpunkt des Gegenrads im Eingriff.

Bei der Paarung außenverzahnter Stirnräder mit ausreichendem Kopfspiel, bei Erzeugung durch Zahnstangenwerkzeuge sind E. i. a. ausgeschlossen.

Innenradpaare sollten jedoch stets hinsichtlich möglicher E. untersucht werden. Das innenverzahnte Hohlrad wird meist mit einem Schneidrad im Wälzverfahren gefertigt. Hierbei bestimmen der Radius der Zahnkopfabrundung sowie Zähnezahl und Profilverschiebung des Werkzeugs den Verlauf der Zahnfußausrundung. Zum Vermeiden von E. wird der Kopfkreis des Gegenrads verkleinert (Folge: kleinere Überdeckung).

Die kontinuierliche Drehbewegungsübertragung kann ferner durch zu kleine Überdeckungen gestört sein. Insbesondere bei →Geradverzahnung ist sicherzustellen, daß die Überdeckung den Wert $\varepsilon_\alpha = 1{,}1$ nicht unterschreitet (ausreichender Abstand zum theoretischen Grenzwert von $\varepsilon_\alpha = 1{,}0$ wegen Toleranzen und Verformungen unter Last notwendig). *Winter*

Literatur: *Winter, H.:* Eingriffsstörungen bei profilverschobenen Verzahnungen. Industriebl. 12 (1958), S. 520/24.

Eingriffsstrecke →Evolventenverzahnung, →Unterschnitt, →Verzahnungsgeometrie (allgemein)

Eingriffsverhältnis. Verhältnis der geometrischen Kontaktfläche zur insgesamt überstrichenen Lauffläche. Bei einem Stift-Scheibe-Prüfsystem hat der Stift ein E. von 100%, während das Eingriffsverhältnis der als Gegenkörper dienenden Scheibe deutlich unter 100% liegt (Bild). Vom E. hängen z. B. die reibbedingte Temperaturerhöhung und die Bildung von Reaktionsschichten ab. In der Tabelle sind exemplarisch E. der Grund- und Gegenkörper einiger Tribosysteme wiedergegeben. *Habig*

Eingriffsverhältnis ε

$\square$ Grundkörper: $\varepsilon = \dfrac{\frac{\pi}{8}\,(d_1-d_2)^2}{\frac{\pi}{8}\,(d_1-d_2)^2}\cdot 100\% = 100\%,$

$\square$ Gegenkörper: $\varepsilon = \dfrac{\frac{\pi}{8}\,(d_1-d_2)^2}{\frac{\pi}{4}\,(d_1^2-d_2^2)}\cdot 100\%$

$\varepsilon = \dfrac{d_1-d_2}{2(d_1+d_2)}\cdot 100\% \ll 100\%.$

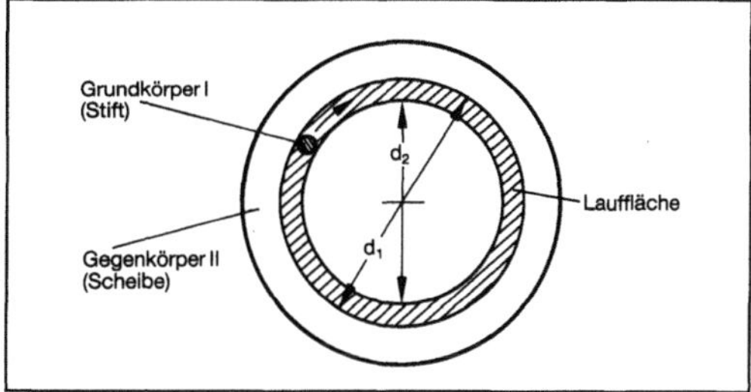

Eingriffsverhältnis der Komponenten eines Stift-Scheibe-Tribometers.

Eingriffswinkel →Evolventenverzahnung, →Verzahnungsgeometrie (allgemein)

Einheitenlager. Der Systembereich E. dient ausschließlich der Zeitüberbrückung von Waren. Die Einheiten verlassen das Lager im gleichen Zustand, in dem sie eingingen und gelagert wurden.

Jünemann

Einkanal-Klimaanlage. Die E.-K. in Niederdruckausführung (maximale Strömungsgeschwindigkeit 8–10 m/s) ist die klassische Urform der K. Der Außen- oder Mischluftstrom (Außen-Umluft-Gemisch) wird hierbei nach zentraler Aufbereitung – Filterung, Erwärmung und Befeuchtung (Winterbetrieb) bzw. Kühlung und Entfeuchtung (Sommerbetrieb) – vom Zuluftventilator über einen Leitungsstrang den Räumen zugeführt. Ein dem Zuluftstrom entsprechender Abluftstrom wird über ein weiteres Leitungssystem zur Klimazentrale zurückgeführt (Umluft) bzw. ins Freie gefördert (Fortluft). Alle angeschlossenen Räume erhalten somit Zuluft gleichen Zustands, so daß der Einsatz einer solchen Anlage auf einzelne Großräume, z. B. Theater, Versammlungsräume, oder Raumgruppen, mit ungefähr gleichen Heiz- und Kühllastanforderungen beschränkt ist.

Eine Ausweitung des Einsatzbereiches kann durch Zonenunterteilung der Zuluftströme und deren *Nachbehandlung in Unterzentralen* (Nacherwärmung, Nachkühlung) erreicht werden (Bild 1).

Eingriffsverhältnis. Tabelle: Von Grund- und Gegenkörper einiger Tribosysteme.

Tribosystem	Grundkörper		Gegenkörper	
	Bezeichnung	Eingriffsverhältnis	Bezeichnung	Eingriffsverhältnis
Radialgleitlager	Lagerschale	100%	Welle	< 100%
Gleitringdichtung	Gleitring	100%	Gegenring	100%
Zahnradgetriebe	Zahnrad I	< 100%	Zahnrad II	< 100%
Drehmeißel/Werkstück	Drehmeißel	100%	Werkstück	≪ 100%
Rad/Schiene	Rad	< 100%	Schiene	≪ 100%

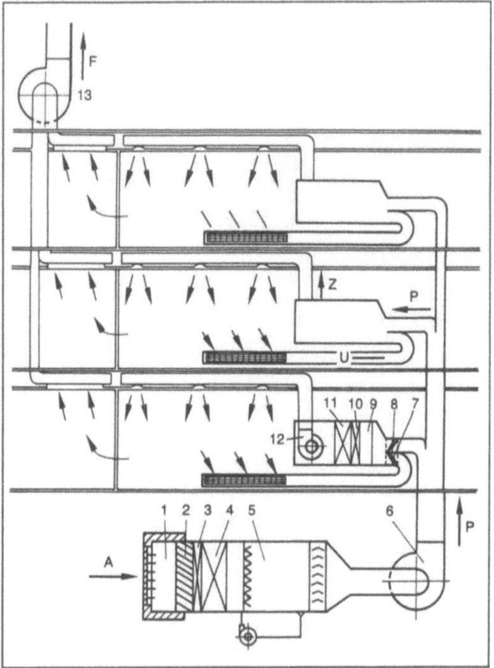

Einkanal-Klimaanlage 1: Schema der Luftführung bei der Niederdruck-Klimaanlage mit zentraler Außenluftaufbereitung und nachgeschalteten Unterzentralen zur Zonenregulierung.

1 Außenlufteintritt, 2 Luftfilter, 3 Vorerwärmer, 4 Luftkühler, 5 Luftbefeuchter, 6 Zuluftventilator (Primärluft), 7 Primärluftregelklappe, 8 Umluftregelklappe, 9 Luftfilter, 10 Nacherwärmer, 11 Nachkühler, 12 Zuluftventilator, 13 Fortluftventilator, A Außenluft, P Primärluft (klimatisierte Außenluft), U Umluft, Z Zuluft, F Fortluft

Die zum Vermeiden störender Strömungsgeräusche vorgenommene Begrenzung der Strömungsgeschwindigkeit auf maximal 8–10 m/s führt zu relativ großen kostenaufwendigen Leitungsquerschnitten, die bei Großanlagen, insbesondere Vielraumgebäuden, kaum noch unterzubringen sind. Zur Verringerung dieses Platzbedarfs werden Hochdruck-Anlagensysteme, die mit Luftgeschwindigkeiten von maximal 20–25 m/s (auf Grund der gestiegenen Strompreise ist die maximale Luftgeschwindigkeit auf ca. 15 m/s gesenkt worden) betrieben werden, eingesetzt. Die Luftleitungsnetze sind dann auch, z. B. durch Wahl der Formstücke, Schalldämmaßnahmen u. a., nach akustischen Gesichtspunkten auszubilden und ggf. durchzurechnen. Für die verwendeten Hochdruckluftauslässe sind ein Druckabbau in den akustisch zulässigen Austritts-Geschwindigkeitsbereich (z. B. durch vorgeschaltete Entspannungskästen) sowie eine zur zugfreien Lufteinführung mit niedrigen Zulufttemperaturen bei Raumkühlung (Raum/Zulufttemperatur: 10–12 K, 6–8 K bei Niederdruck-Klimaanlagen) notwendige hohe

Raumluftinduktion kennzeichnend. Durch diese beiden Maßnahmen (hohe Luftgeschwindigkeit und Zuluft-Raumtemperaturdifferenzen) lassen sich die Hauptleitungsquerschnitte auf 25–30% reduzieren.

Bei der weiteren E. K.-Ausführungsvariante mit *variablem Volumenstrom* (VVS-System) werden unterschiedliche Kühllasten in den Räumen durch Veränderung der Zuluftströme ausgeglichen. Der normalerweise nur aus Außenluft bestehende Zuluftstrom wird mit konstanter Temperatur (ca. 15 °C) den Räumen zugeführt. Die Änderung der Zuluftströme erfolgt zentral durch stufenlose Ventilatorregelung (Druckfühler in der Zuluftleitung) sowie in den Räumen durch raumthermostatisch betätigte Volumenstromregler (Stellmotor mit Drosselkörper) im Zuluftstrang. An die Bestimmung der Regelbereiche der Anlage sowie die regelungstechnisch und akustisch einwandfreie Auswahl der Volumenstromregler werden erhöhte Anforderungen gestellt (EDV-unterstützte Berechnung).

Zur Zulufteinführung können auf Grund der Luftstromregulierung (Reduzierung bis auf ca. 30%) nur Auslässe mit hoher Induktionswirkung (Raumluftbeimischung) angewendet werden (Luftauslässe mit verstellbarem Auslaßquerschnitt werden bisher bei VVS-Anlagen wenig angewendet.) Besonders geeignet sind diffuse Deckenauslässe, die ein Anlegen der Luftstrahlen an die Decke ausschließen (Vermeiden des sog. Coanda-Effekts). In der Funktionsübersicht zu den E.-K. (Bild 2, siehe nächste Seite) werden die Anwendungsbereiche der verschiedenen Zuluftauslässe mit den zugehörigen flächenbezogenen Grenzwerten, die noch zugfrei abgeführt werden können, angegeben (→Luftdurchlaß). *K. G. Müller*

Literatur: *Detzer, R.,* u. *W. Loew:* Luftstromregelung in raumlufttechnischen Anlagen. Ki Klima-Kälte-Heizung 14 (1985) Nr. 5, S. 237/40. – *Hönmann, W.:* Raumströmung bei schlitzförmigen Deckenluftauslässen. Ki Klima + Kälte-Ingenieur 4 (1975) Nr. 1, S. 275/82. – *Laux, H.:* Geräusche in Lüftungs- und Klimaanlagen. Entstehung, Messung, Ausbreitung. Heiz.-Lüft.-Haustechn. 15 (1964) Nr. 10, S. 345/48. – *Laux, H.:* Variabel-Volumenstrom-Klimasysteme. Heiz.-Lüft.-Haustechn. 29 (1978) Nr. 11, S. 411/18. – *Rakoczy, T.:* Instationäres Rechenverfahren für variable Luftvolumenstromsysteme. Ki Klima-Kälte-Heizung 16 (1987) Nr. 3, S. 155/60. – *Rydberg, J.:* Maximale Kühlleistungen von verschiedenen Lufteinblasvorrichtungen. Klimatechn. 5 (1963) Nr. 5, S. 8/10.

Einlauffähigkeit. Fähigkeit eines tribologischen Systems, eine erhöhte Anfangsreibung und einen erhöhten Anfangsverschleiß in möglichst kurzer Zeit herabzusetzen. Dies kann durch die Verwendung geeigneter Werkstoffpaarungen, spezieller Schmierstoffe oder durch eine optimale konstruktive Gestaltung erreicht werden. *Habig*

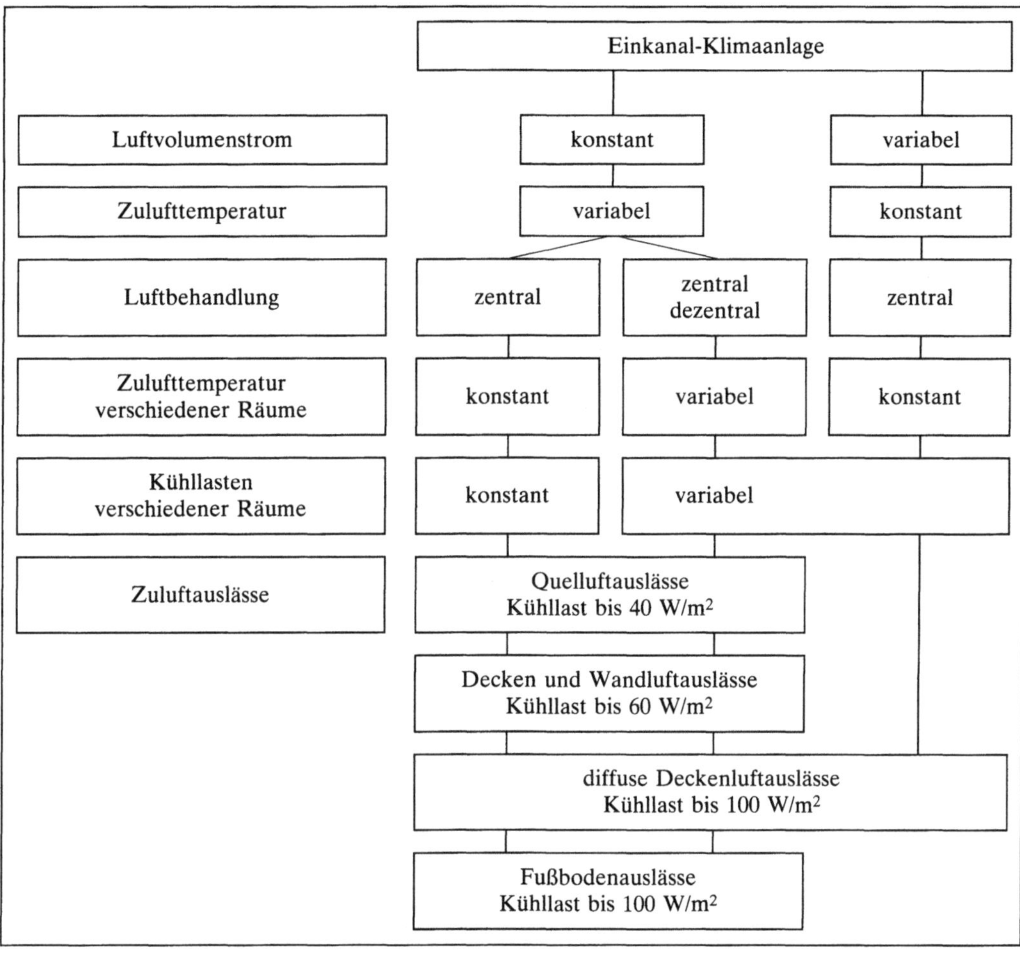

Einkanal-Klimaanlage 2: Systemübersicht.

Einlaufverhalten. Hydrodynamische Gleitlager erreichen ihre maximale Tragfähigkeit nur dann, wenn bestimmte Voraussetzungen bez. der Schmierspaltgeometrie erfüllt sind. Bei Radialgleitlagern nimmt die Tragfähigkeit z. B. ab, wenn der Schmierspalt über der Lagerbreite nicht konstant verläuft. Abweichungen vom Parallelspalt über der Lagerbreite sind eine Folge von fertigungs- und montagebedingten Fluchtungsfehlern sowie der Schiefstellung und Verformung von Welle und Lagerbuchse. Der Einlaufvorgang führt in begrenztem Maße, teilweise auch vollständig, zu einer Geometrieanpassung durch Verschleiß. Durch Anpassen und Glätten der Oberflächenrauheit infolge Einlaufverschleiß kann die hydrodynamische Tragfähigkeit um ein Vielfaches der theoretischen Werte erhöht werden (→Gleitlagerberechnung, Übergangsbeiwert $C_Ü$). *Knoll*

Einlaßschlitz →Zweitakt-Gaswechsel

Einphasenmotor. Elektrische Maschine zum Anschluß an das Wechselstromnetz zur Umwandlung elektrischer in mechanische Energie. Hauptanwendungsgebiete sind Antriebe für Haushaltgeräte, wie Wasch- und Küchenmaschinen, Kühl- und Heizgeräte; ferner Büromaschinen, Elektrowerkzeuge und industrielle Servoantriebe. Für die genannten Antriebe wird fast ausschließlich der Einphasen-Asynchronmotor mit Käfigläufer im Leistungsbereich bis 1 kW verwendet. Einphasen-Synchronmotoren können als Reluktanz- und Hysteresemotoren ausgeführt werden, letztere insbesondere für Uhrenantriebe. Der Leistungsbereich reicht von Milliwatt bis zu etwa 10 kW.

Der Aufbau und die Wirkungsweise des Einphasen-Asynchronmotors gleichen denen des Drehstrom-Asynchronmotors (Ausnahme: Spaltpolmotor mit ausgeprägten Polen im Ständer). Die Ständerwicklung wird als Einphasenwicklung, die Läuferwicklung als Dreiphasen- oder stromverdrängungsfreie Käfigwicklung ausgeführt.

Wird der Ständerwicklung Wechselstrom zugeführt, entsteht ein magnetisches Wechselfeld, das in seiner Wirkung zwei einander entgegengesetzt umlaufenden Drehfeldern gleicher Amplitude entspricht, durch deren Zusammenwirken Pendelmomente entstehen, die das System Ständer – Läufer zu Schwingungen mit doppelter Netzfrequenz anregen, aber kein Anzugsmoment entwickeln.

Anlaßhilfsmittel sind Hilfswicklungen, die ein gegenüber dem Hauptfeld zeitlich phasenverschobenes Magnetfeld erzeugen, so daß im Zusammenwirken der Wechselfelder ein Drehfeld entsteht. Die erforderliche Phasenverschiebung wird durch Vorschalten eines Widerstands, einer Induktivität oder einer Kapazität vor die Hilfswicklung erreicht. Nach Anlauf wird die Wicklung meist abgeschaltet. Das Bild zeigt verschiedene Schaltungen des E. mit Hilfsphase.

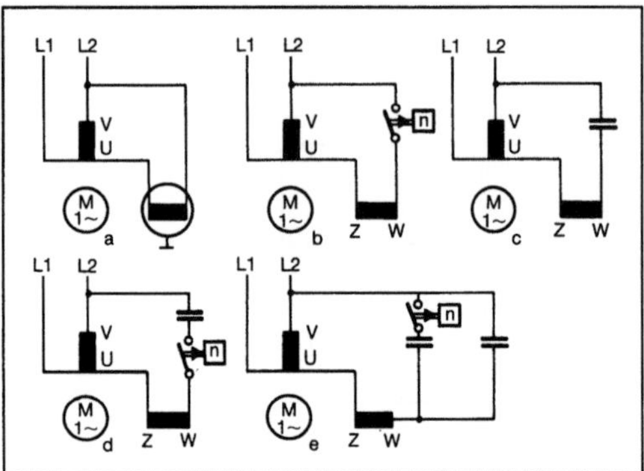

Einphasenmotor: Schaltbilder des Einphasenmotors (Spaltpolmotor).

a Einphasenmotor mit abgeschirmtem Hilfspol, b Einphasenmotor mit Widerstands-Hilfsphase, c Einphasenmotor mit dauernd eingeschaltetem Kondensator, d Einphasenmotor mit Anlaufkondensator, e Einphasenmotor mit Anlauf- und Betriebskondensator

Gegenüber dem Dreiphasen-Asynchronmotor sind wegen der großen Stromwärmeverluste im Läufer und des großen Leerlaufstroms Wirkungsgrad und Leistungsfaktor herabgesetzt. Die Ausbildung der Drehmoment-/Drehzahlkennlinie wird stark von der verwendeten Anlaßschaltung beeinflußt. Daher muß diese den Anforderungen des Antriebs angepaßt werden. Die Leistung entspricht günstigstenfalls etwa 65% der Leistung des gleichgroßen Drehstrommotors.

Beim E. mit abgeschirmtem Hilfspol (Spaltpolmotor) ist unter jedem Pol der Hauptwicklung eine kurzgeschlossene Wicklung angeordnet, deren magnetische Achse gegenüber der der Hauptwicklung verschoben ist. Der Motor entwickelt ein Anlaufmoment von etwa 20–30% des Nennmoments bei einem Einschaltstrom von etwa dem doppelten Nennstrom. Die Erwärmung der kurzgeschlossenen Hilfswicklung beschränkt den Leistungsbereich. Wegen des schlechten Wirkungsgrads ist der Motor nur für leicht anlaufende Antriebe mit kurzer Einschaltdauer wirtschaftlich. In Lüfterantrieben wird deshalb die Hilfswicklung nach Erreichen einer ausreichenden Drehzahl geöffnet.

Beim E. mit Widerstandshilfsphase besteht die Ständerwicklung aus Haupt-(Arbeits-) und Hilfs-(Anlauf-)wicklung. Die Hilfswicklung ist entweder mit einem Widerstand in Reihe geschaltet oder als Spule mit erhöhtem ohmschen Widerstand ausgeführt. Sie wird, bevor der volle Wert der Motordrehzahl erreicht ist, durch einen Schalter mit Anlaufstellung oder einen auf der Motorwelle angeordneten Fliehkraftschalter abgeschaltet. Das Anzugsmoment ist mit dem 1–1,5fachen des Nenndrehmomentes bei 5–8fachem Nennstrom hoch. Der Leistungsbereich ist nach oben durch die vorgeschaltete Sicherung beschränkt. Bei der üblichen 6 A-Haushaltsicherung ist die größtmögliche Leistung im 220 V-Netz etwa 200 W. Der Motor wird für Waschmaschinen, Pumpen, Ölfeuerungen und ähnliche Geräte verwendet.

Beim E. mit Hilfsphase und Kondensator ist die Hilfswicklung mit einem Kondensator in Reihe geschaltet. Mit dauernd eingeschaltetem Kondensator eignet sich der Motor zum Antrieb leicht anlaufender Maschinen. Das Anlaufmoment hat bei etwa doppeltem Nennstrom die Größe von 30–50% des Nennmoments. Der Motor hat bei einfachstem Aufbau gute Betriebseigenschaften. Nachteilig ist, daß bei unbelastet laufendem Motor die Hilfswicklung zu warm und die Spannung am Kondensator zu hoch wird, weshalb ein verhältnismäßig teurer Massekondensator für den Dauerbetrieb erforderlich ist. Daher wird die Hilfsphase meist nach dem Anlauf abgeschaltet und der Kondensator nur für den Anlauf bemessen. Der Motor kann alle vorkommenden Anlaufbedingungen erfüllen. Das Anlaufmoment beträgt je nach Größe des Kondensators 100–300% des Nennmoments.

Schließlich kann die Hilfsphase mit dauernd eingeschaltetem Betriebskondensator durch einen Anlaufkondensator ergänzt werden, wodurch praktisch jede geforderte Kennlinie des Motordrehmoments erreicht werden kann. Der nötige Kondensatoraufwand wird jedoch relativ teuer. *Rentzsch*

Literatur: *Richter, A.*: Einphasenmotoren. Antriebstechnische Erläuterungen. AEG-Handb. Bd. 4. Berlin 1964.

Einpreßgerät. E. sind umweltfreundlich (sehr geräuscharm und erschütterungsfrei, wenig Abgase) arbeitende Ersatzgeräte für laute Rammen. Sie drücken Spundbohlen statisch mittels Hydraulikpressen in den Boden, indem sie bereits eingepreßte Bohlen als Widerlager benutzen. Die Nachteile der

Geräte sind: langsames Arbeiten und starke Bodenabhängigkeit. Daher sind sie nur bei Böden mit kleinem Spitzenwiderstand und großer Mantelreibung anwendbar, z. B. nicht bei mitteldicht bis dicht gelagerten Sanden und Kiesen, auch nicht bei Felseinschlüssen, die von einer schlagenden Ramme u. U. noch durchschlagen werden können. Der in England entwickelte Pilemaster arbeitet gleichzeitig mit acht Spundbohlen; dabei werden immer zwei eingepreßt (eine Doppelbohle) und sechs dienen als Widerlager. Der in Japan entwickelte Silent-Piler (Bild) hat dort dank seiner Fähigkeit, sich ohne Hilfsgerät auf den Spundbohlen fortzubewegen und Ecken/Krümmungen zu „rammen", weite Verbreitung gefunden. Die Bohlen werden einzeln gedrückt. Durch hydraulische Klemmbacken arbeitet dieses Gerät schneller. Der Einsatz läßt sich nahezu voll automatisieren, auch das Aufnehmen der Bohlen. Ähnliche Geräte werden neuerdings in Deutschland hergestellt. *Kühn*

Einpreßgerät für Spundbohlen.

Einsatz (Verpackung). Ein E. ist kein eigenständiges Verpackungsmittel. Er dient zur Unterstützung der Eigenschaften üblicher Strukturen. Der E. übernimmt bestimmte funktionelle Aufgaben des Verpackungsmittels. Er verstärkt die gesamte →Verpackung, ohne den Verbrauch an Rohstoffen übermäßig zu erhöhen. Er unterteilt das Verpak-

kungsmittel, um Güter geschützt voneinander aufzunehmen. Er dient als Auflage für Füllgüter. Er dient zum Abdecken und Abstützen des Füllguts. Er polstert hochgefährdete Gegenstände. Er erleichtert das Entnehmen des Inhalts. In vielen Fällen übernehmen solche Inneneinrichtungen gleichzeitig mehrere Aufgaben. Zusätzlich können sie bei Verkaufsverpackung noch werblich gestaltet werden.

Als Werkstoffe kommen neben Fasermaterialien auch Kunststoffe, meist in geschäumter Form, Schaumgummi, Holz oder Textilien zur Anwendung. Für die konstruktive Ausführung steht eine Vielzahl von geometrischen Formen zur Verfügung, die sich auf einige wenige Grundformen zurückführen lassen. Die wichtigsten sind der Fächer-E., der Flach-E., der Kasten-E. und der gefaltete Quader-E. Die E. werden getrennt vom Verpackungsmittel hergestellt.

Die einfachste konstruktive Ausführung ist der Flach-E. Eine einfache Scheibe Material unterteilt das Verpackungsmittel in verschiedene Abteilungen, die dann getrennt voneinander Füllgüter aufnehmen können. Im Sektor Glasverpackungen hat sich der Fächer-E. weitgehend verbreitet. Er wird aus vielen einzelnen Materialstreifen gefertigt. Die Streifen sind nach Anzahl der gewünschten Fächer bis zur Mitte geschlitzt. Von Hand oder maschinell werden die einzelnen Streifen zum Gesamteinsatz zusammengesteckt. Durch die Aufteilung in einzelne Materialstreifen kann der Fächer-E. flachliegend vor der Verwendung gelagert werden. Der Kasten-E. wird dann eingesetzt, wenn man einzelne Produkte voneinander mit größeren Abständen getrennt in dem Verpackungsmittel unterbringen will. In den Kasten-E. werden Löcher gestanzt, die den äußeren Umrissen der zu verpackenden Produkte entsprechen. Die Oberfläche eines Kasten-E. kann vielfältig optisch variiert werden. Bei Verwendung von Kunststoffteilen kann bereits das Grundmaterial eingefärbt sein. Will man höhere Oberflächenveredelung, wird die Oberfläche elektrostatisch sowohl bei Kunststoffen als auch bei Fasermaterialien beflockt. Die höchste Veredelungsstufe ist das überziehen des E. mit Textilien, meist Seide. Diese Ausführung wird besonders gern für Geschenkpakkungen im Kosmetikbereich angewandt. Der Quader-E. wird aus einem Materialstück durch Falten auf die gewünschte Form gebracht. Er dient zum Abstützen und Polstern der zu verpackenden Produkte. Er kann auch so ausgeführt sein, daß er die Entnahme des Produkts sehr erleichtert, ohne die Ordnung des Produkts aufzuheben. Dies wird z. B. für die Verpackung von Drähten und Kabeln angewandt. Will man die Stapelfähigkeit von besonders großflächigen Verpackungsmitteln erhöhen, kann entlang der Höhenflächen der Verpackung ein Ring-E. eingelegt werden. Dies führt zu höheren

Stapelfähigkeiten, ohne den Verbrauch an Werkstoffen entsprechend diesem erhöhten Stapelstauchdruck zu erhöhen.   *Paris*

Einscheiben-Kupplung. Die E.-K. ist eine sehr häufig in Kraftfahrzeuge eingebaute schaltbare Kupplung. Sie wird in den meisten Fällen als trockene Reibungskupplung ausgeführt und ist im Kraftfluß stets zwischen Motor und Schaltgetriebe angeordnet. Sie muß beim Anfahren die Fahrzeugmasse gleichmäßig und ruckfrei mit dem Motor verbinden und beschleunigen. Während der Fahrt muß sie den Lastfluß unterbrechen, damit die Getriebegänge lastfrei geschaltet werden können. Die E.-K. besteht aus Kupplungsdruckplatte, Kupplungsscheibe, Ausrücker und Schwungrad (Bild). Das Gehäuse der Druckplatte ist mit der Schwungscheibe verschraubt. Die Kupplungsscheibe wird durch Federkraft (Membranfeder, Tellerfeder oder Schraubenfedern) von der Anpreßplatte gegen das Schwungrad gedrückt und somit der Kraftfluß reibschlüssig geschlossen. Zur Unterbrechung des Kraftflusses wird durch ein fußbetätigtes Ausrücksystem der Ausrücker gegen die Kupplungshebel bzw. Membranzungen bewegt und damit die Anpreßplatte von der Kupplungsscheibe abgehoben und der Kraftfluß unterbrochen. Es gibt auch E.-K. für industrielle Anwendungen.   *Ehrlenspiel*

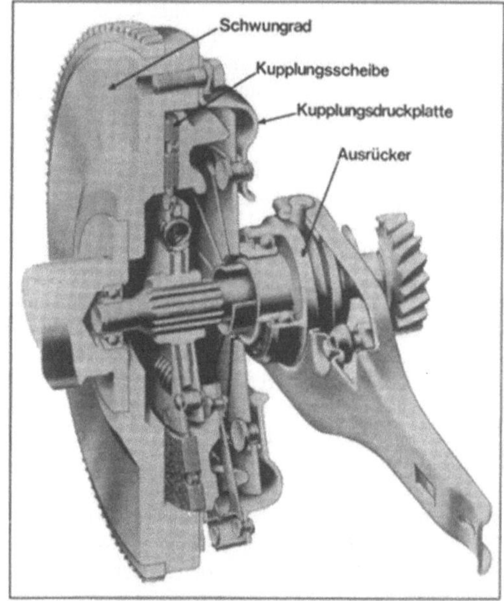

Einscheiben-Kupplung: Kraftfahrzeug-Kupplung. (Quelle: Fichtel & Sachs)

Einschienenhängebahn. Die E. (EHB) ist ein diskontinuierliches Transportmittel für Material und gelegentlich Personen. Material wird in Behältern transportiert, die durch Hubbalken an Laufwerken angeschlagen sind. Personen werden mit Hilfe sog. Sitzbalken befördert, die ebenfalls an Laufwerke angeschlagen werden. Die Laufwerke sind an einem an der Streckenfirste aufgehängten Schienenstrang geführt. Unter der Firste versteht man die obere Begrenzungsfläche einer Strecke. Die Lasten können von Hand, durch →Haspel und Seil oder durch Eigenantrieb gezogen werden. Die einzelnen Laufwerke der EHB werden auch als Katzen bezeichnet. Ein EHB-Zug besteht aus Zugkatze, Transportkatzen, Bremskatze und den Hubbalken mit den angehängten Behältern.

Die Zugkatze hat die Aufgabe, den EHB-Zug zu bewegen. Bei den seilgetriebenen Anlagen ist an die Zugkatze ein Endlosseil angeschlagen, in welches durch eine Haspel die Zugkraft eingeleitet wird. Die Verwendung von zwei Endlosseilen (Doppeltraktion) findet eine immer breitere Verwendung, da dadurch die Zugkraft um das Doppelte gesteigert werden kann. Bei eigenangetriebenen Anlagen wird eine Dieselkatze (mit Dieselmotor) oder eine Batteriekatze (mit Batterie) verwendet. Bei beiden Systemen erfolgt die Kraftübertragung zwischen Triebkatze und EHB-Schiene durch Reibung.

Die Bremskatzen haben die Aufgabe, den EHB-Zug im Betrieb abzubremsen und bei Ausfall der Energiezuführung oder bei Seilriß den Zug zum Stillstand zu bringen. An die Transportkatzen sind die Hubbalken angeschlagen. Diese Hubbalken können abgesenkt werden, um mit Hilfe spezieller Anschlaggeschirre die Behälter aufzunehmen. Die Hubbalken werden bei seilbetriebenen Anlagen mit Druckluftmotoren auf- und abbewegt, bei eigenangetriebenen Anlagen werden Hydraulikmotoren verwendet.

Im allgemeinen werden pro EHB-Zug zwei Behälter mit Material transportiert. Bei Schwertransporten wird ein spezielles Schwerlastgehänge verwendet, welches die Last auf die Lastkatzen gleichmäßig verteilt.

Die Behälter sind in ihren Ausmaßen genormt und auch für den Schienentransport mit Diesellokomotiven in den Hauptstrecken des Grubengebäudes geeignet.

Die Höchstgesamtlast eines EHB-Zugs ist bergbehördlich vorgeschrieben. Die maximal zulässige Gesamtlast eines EHB-Zuges beträgt bei der maximal zulässigen Neigung von 20 gon (ca. 18°) 120 kN. Da ein eigenangetriebener EHB-Zug wegen der mitzuführenden Energiequellen stets schwerer als eine seilbetriebene EHB-Anlage ist, können mit einer eigenangetriebenen EHB-Anlage nur geringere Transportmengen bewältigt werden. Dieser Nachteil der eigenangetriebenen Anlage wird durch die größere Mobilität der Diesel- und Elektrokatzen ausgeglichen. Mit diesen Fahrzeugen können mehrere Betriebspunkte im Grubengebäude mit Material versorgt werden.

Das Bild zeigt eine EHB-Anlage mit Eigenantrieb. *Seeliger*

Einschienenhängebahn: Anlage mit Dieselkatze.

Literatur: Das kleine Bergbaulexikon. Essen 1981; S. 68. – *Pfannenstiel:* Linearmotor- und Magnetschwebetechnik als neues Antriebssystem für Förder- und Transportaufgaben unter Tage? Glückauf 119 (1983), S. 570 ff.

Einschließen → Maschenbildungsvorgang

Einschwingvorgang. Ein transienter Schwingungsvorgang, der den Übergang eines Schwingers in eine neue stationäre Bewegung beschreibt. In linearen Systemen überlagern sich dabei freie und erzwungene Schwingungen (Bild), wobei erstere wegen der stets vorhandenen Dämpfung langsam abklingen. Der eingeschwungene Zustand bei periodischer Erregung heißt → Dauerschwingung. *Witfeld*

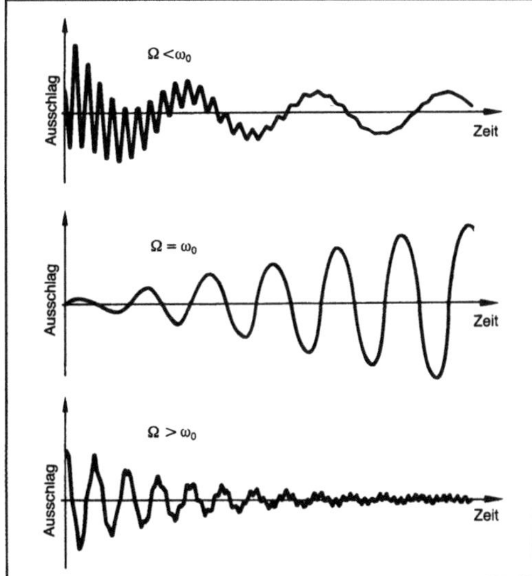

Einschwingvorgang: Einschwingvorgänge eines einfachen linearen Schwingers bei harmonischer Quellenerregung.

Einspritzanlage.

1. Dieselmotor. Einrichtung, mit der beim → Dieselmotor Kraftstoff in die Zylinder gespritzt wird (Bild).

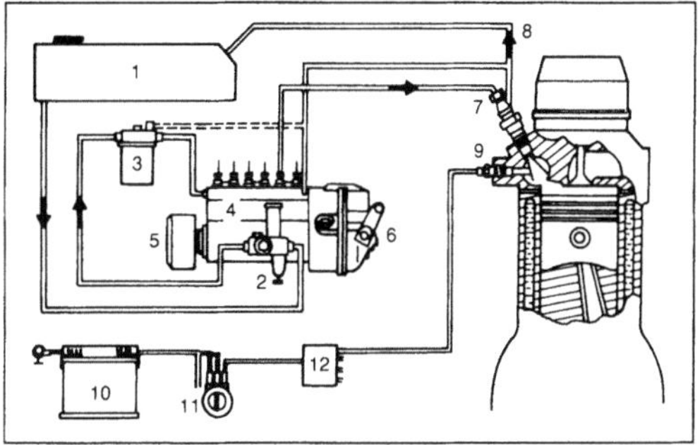

Einspritzanlage (Dieselmotor): Schemaskizze einer Einspritzanlage. (Quelle: Bosch)

1 Kraftstoffbehälter, 2 Förderpumpe, 3 Kraftstoffilter, 4 Reiheneinspritzpumpe, 5 Spritzversteller, 6 Drehzahlregler, 7 Düsenhalter mit Einspritzdüse, 8 Kraftstoffrückleitung, 9 Glühstiftkerze, 10 Batterie, 11 Glüh-Start-Schalter, 12 Glühsteuergerät

Der Kraftstoff wird aus dem Tank von der Förderpumpe über Filter zur → Einspritzpumpe gefördert. Die Einspritzpumpe fördert den Kraftstoff in genau dosierten Mengen stoßartig zu den Einspritzdüsen der einzelnen Zylinder. Dort wird er im genau richtigen Augenblick (gegen Ende der Verdichtung) in den → Brennraum gespritzt. Da die Wellenlaufzeit in den Einspritzleitungen den Einspritzzeitpunkt beeinflußt, müssen die Leitungen aller Zylinder gleich lang sein. Im Antriebsstrang der Einspritzpumpe befindet sich der Spritzversteller, der durch geringfügiges Verdrehen der Pumpenwelle drehzahlabhängig den günstigsten Einspritzzeitpunkt einstellt. Meist an die Einspritzpumpe angeflanscht ist außerdem ein → Drehzahlregler vorhanden.

Es sollen noch zwei unkonventionelle E. erwähnt werden:

□ Beim Pumpe-Düse-Element sind Einspritzpumpe und -düse in einem Teil zusammengebaut, das in den → Zylinderkopf eingesetzt und über Stoßstangen und Kipphebel betätigt wird.

□ Für große Schiffsmotoren wurde eine E. entwikkelt, bei der der Kraftstoff aus einem Hochdruckbehälter über elektronisch-hydraulisch gesteuerte Ventile zu den Düsen geleitet wird. *Kuhlmann*

2. Ottomotor. → Benzineinspritzung

Einspritzdüse. Düse, mit der beim → Dieselmotor Kraftstoff fein zerstäubt in den → Brennraum gespritzt wird.

Die E. besteht aus dem Düsenkörper und der in ihn äußerst genau eingeschliffenen Düsennadel

(Bild 1). Wenn der Kraftstoff von der →Einspritzpumpe mit sehr hohem Druck unter die Nadel gepreßt wird, hebt er sie gegen eine Feder an. Dann kann der Kraftstoff über eine Bohrung (beim Vorkammermotor) oder über mehrere Bohrungen (beim Direkteinspritzer) in den Brennraum des Motors treten. Wegen der sehr hohen Einspritzdrücke zerfallen die Kraftstoffstrahlen in feinste Tröpfchen.

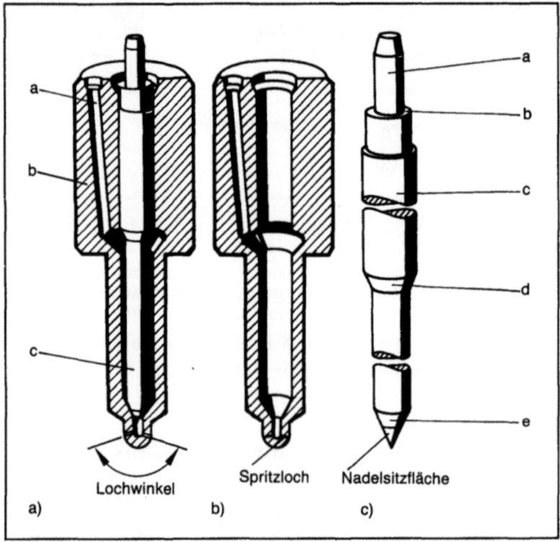

Einspritzdüse 1: Mehrlochdüse.
a) Komplette Düse

a Zulaufbohrung, b Düsenkörper, c Düsennadel

b) Düsenkörper
c) Düsennadel. (Quelle: Bosch a. a. O.)

a Druckzapfen, b Schulter, c Nadelschaft, d, e Druckschulter

Die E. wird in einen Düsenhalter eingesetzt, in dem sich auch die Druckfeder befindet (Bild 2). Der Düsenhalter mit Düse wird seinerseits in den →Zylinderkopf des Dieselmotors eingesetzt (je Zylinder einer). *Kuhlmann*

Literatur: Robert Bosch GmbH, Stuttgart: Bosch Technische Unterrichtung: Diesel-Einspritzausrüstung 1 (Firmenschrift).

Einspritzpumpe. Hochdruckpumpe am →Dieselmotor, die bei jedem →Arbeitsspiel in die Einspritzleitung zu jedem Zylinder eine kleine, genau bemessene Kraftstoffmenge fördert. Der Zeitpunkt der sehr kurzzeitigen Kraftstofförderung muß so abgestimmt sein, daß die Einspritzung in den →Brennraum des jeweiligen Zylinders im richtigen Augenblick erfolgt.

E. für Dieselmotoren sind Spezialentwicklungen höchster Präzision. Die Hauptanforderungen an eine E. sind:

☐ Sie muß in einem exakt festgelegten, sehr kurzen Zeitraum eine exakt vorgegebene Kraftstoffmenge

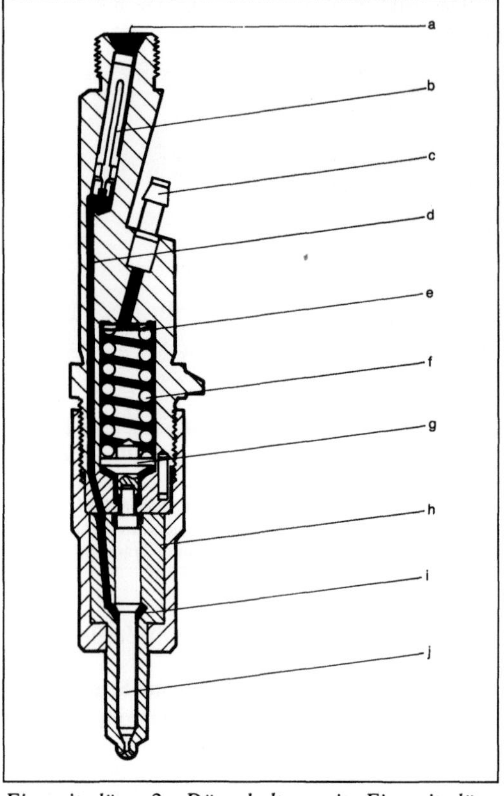

Einspritzdüse 2: Düsenhalter mit Einspritzdüse. (Quelle: Bosch a. a. O.)

a Zulauf, b Stabfilter, c Lecköllanschluß, d Zulaufbohrung, e Einstellscheibe, f Druckfeder, g Druckbolzen, h Düsenkörper, i Druckkammer, j Düsennadel

in die Einspritzleitung drücken (→Einspritzanlage (Dieselmotor)). Die Einspritzdrücke betragen bis zu 1000 bar.

☐ Die Einspritzmenge muß zwischen null und der Vollastmenge kontinuierlich einstellbar sein.

Weitere Forderungen sind:

☐ Die zeitliche Abfolge der Kraftstofförderung zu den verschiedenen Zylindern muß der Zündfolge entsprechen.

☐ Die Einspritzmenge soll für alle Zylinder gleich sein.

☐ Die Vollastmenge muß drehzahlabhängig begrenzt sein. Bei abgasturboaufgeladenen Motoren kann auch eine ladedruckabhängige Begrenzung der Vollastmenge notwendig sein.

☐ Für den Start des Motors muß evtl. eine über der Vollastmenge liegende Kraftstoffmenge eingespritzt werden.

Die Pumpenelemente der E. sind kleine Kolbenpumpen. Die Veränderung der Einspritzmenge erfolgt dadurch, daß der wirksame Hub durch verstellbare Steuerkanten variiert wird.

Für Mehrzylindermotoren gibt es folgende Konstruktionen:

□ *Einzel-E.:* Diese Pumpen werden für sehr große Dieselmotoren verwendet, damit die Entfernung von der Pumpe zur Düse nicht zu groß wird. Es wird je Zylinder eine Pumpe angebaut und meist von der →Nockenwelle des Motors betätigt.

□ *Reihen-E.:* Bei dieser Pumpe (Bild 1) ist eine der Zylinderzahl entsprechende Anzahl von Pumpenelementen in einem Block zusammengefaßt und wird von einer eigenen Nockenwelle angetrieben.

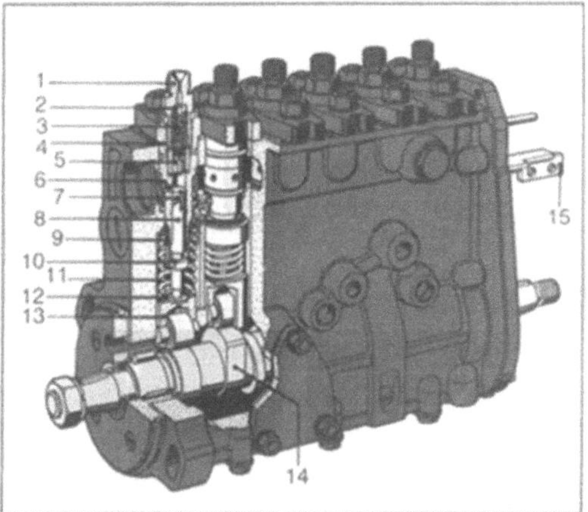

Einspritzpumpe 1: Diesel-Reiheneinspritzpumpe. (Quelle Bosch a. a. O.)

1 Druckventilhalter, 2 Füllstück, 3 Druckventilfeder, 4 Pumpenzylinder, 5 Druckventil, 6 Saug- und Steuerbohrung, 7 Steuerkante, 8 Pumpenkolben, 9 Regelbuchse, 10 Kolbenfahne, 11 Kolbenfeder, 12 Federteller, 13 Rollenstößel, 14 Nocken, 15 Regelstange

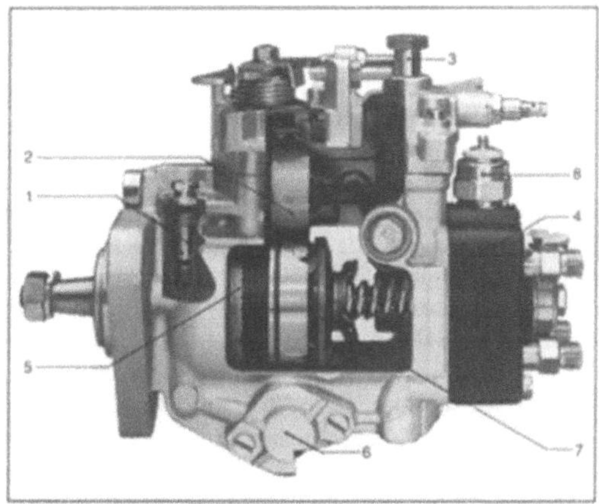

Einspritzpumpe 2: Diesel-Verteilereinspritzpumpe. (Quelle: Bosch a. a. O.)

1 Drucksteuerventil, 2 Reglergruppe, 3 Überströmdrossel, 4 Verteilerkopf mit Hochdruckpumpe, 5 Flügelzellen-Förderpumpe, 6 Spritzversteller, 7 Hubscheibe, 8 elektromagnetisches Abstellventil

Die Länge aller Einspritzleitungen soll gleich sein und richtet sich nach dem Abstand zum entferntesten Zylinder.

□ *Verteiler-E.:* Diese Pumpe (Bild 2) besitzt nur ein einziges Pumpenelement, das je Arbeitsspiel so viele Hübe macht, wie der Motor Zylinder hat (2–max. 6). Hinter dem Pumpenelement wird der stoßartig geförderte Kraftstoff mit einem Drehschieber auf die Einspritzleitungen zu den einzelnen Zylindern verteilt.

An die E. angebaut oder in sie integriert sind ein Spritzversteller, ein →Drehzahlregler und andere für den Betrieb der Einspritzanlage notwendige Einrichtungen. *Kuhlmann*

Literatur: Robert Bosch GmbH, Stuttgart: Bosch Technische Unterrichtung: Diesel-Einspritzausrüstung 1 (Firmenschrift).

Einspritzschmierung →Zahnradschmierung

Einspritzung →Abgas

Einteilungsbogen. Der E., auch Standbogen, ist die Basis für eine Bogenmontage zur →Druckformherstellung für den Offsetdruck. Auf ihm sind Stand und Anordnung einzelner Teile eines Druckbogens festgelegt. Erforderlich dazu sind zunächst genaue Kenntnisse über die Druckgröße der zum Einsatz kommenden →Druckmaschine, das Druckplattenformat, die Druckbogengröße, der Greiferrand bzw. der Druckanfang auf dem Bedruckstoff, die Anlageseite des Druckbogens in der Druckmaschine und die Art der Druckbogenweiterverarbeitung. Hinzu kommen noch weitere Angaben wie Mittellinie, Registerzeichen, Beschnitt-, Stanz- und Falzmarken, Bogensignatur, Flattermarken, Lage für Kopier- und Druckkontrollstreifen, Farbbezeichnung und Paßkreuze, die nur teils auftragsbezogen sind, sowie die rein auftragsspezifischen Größen wie Format, Anordnung, Satzspiegel und Kolumnenziffer. Beim Zeichnen des E. auf Karton oder Folie auf einem X-Y-Liniertisch wird ein Registersystem, das auch bei der Montage und der Druckformherstellung Verwendung findet, benutzt (→Filmmontage). *Burkhardt*

Eintouren-Freilaufkupplung. Die E.-F. ist eine Schaltkupplung, die nach dem Schaltvorgang genau eine oder mehrere Umdrehungen Drehmoment überträgt und dann wieder auskuppelt. Sie ist aus den Klemmrollen-Freiläufen abgeleitet. Der Schaltvorgang läuft in folgender Weise ab: Der Außenring a (Bild) ist mit dem Antrieb verbunden und läuft ständig um. Nach Lösen der Sperrklinke f verdrehen die Zugfedern e die Innenringscheibe i gegen den Käfig b. Die Klemmrollen d werden über die Keilflächen gegen den Außenring a gedrückt. Es wird Drehmoment reibschlüssig übertragen. Zum Abschalten läuft der Käfignocken g an die gesteu-

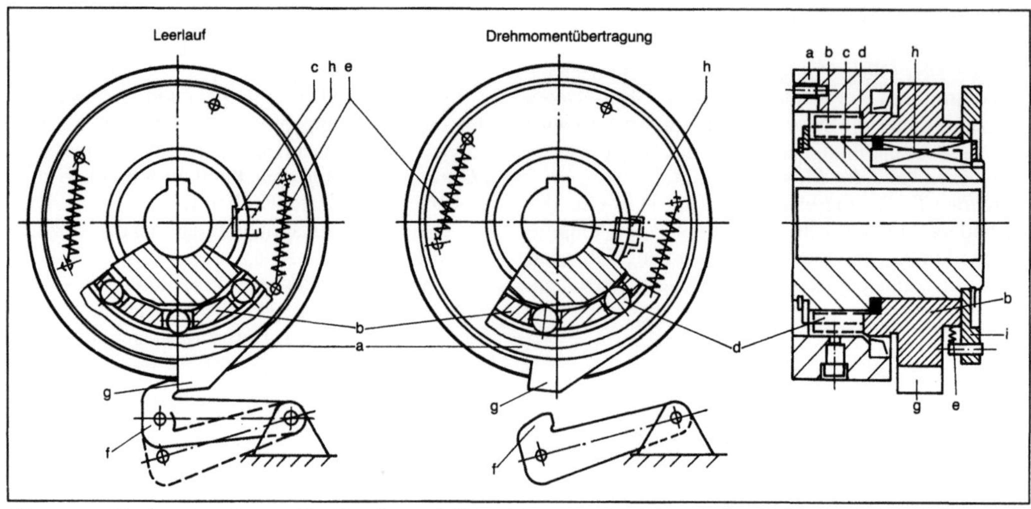

Eintouren-Freilaufkupplung. (Quelle: Borg & Warner)

erte Sperrklinke f an. Der Innenring c und Innenringscheibe i drehen mit den abtriebseitigen Massen etwas weiter. Die Klemmrollen d bewegen sich aus dem Keilspalt, die Federn e werden wieder gespannt und der Kraftfluß unterbrochen. Die Verdrehung des Käfigs b und des Innenrings c wird durch die Paßfeder h begrenzt. Die E.-F. wird z. B. in elektrische Schreibmaschinen eingebaut.   *Ehrlenspiel*

Eintrittsstutzen. Er dient dem Anschluß der Zuleitung an eine Maschine. Bei Strömungsmaschinen wird der als Gehäuseteil ausgebildete E. häufig auch zur Beschleunigung und Strömungsführung benutzt. Über den E. sollten möglichst geringe Kräfte aus der Zuleitung auf das Maschinengehäuse übertragen und bei thermischen Maschinen eine die Wärmedehnung auffangende Konstruktion vorgesehen werden.   *Ziemann*

Eintrittstemperatur. Sie ist die an einem als Eintritt definierten Flansch bei Maschine oder Querschnitt vor der Beschaufelung herrschende mittlere Temperatur oder die entsprechende Temperaturverteilung. Wenn nicht anders gekennzeichnet, ist die von einem „mitschwimmenden Beobachter" gemessene Temperatur, die sog. statische E., gemeint. Man kann sie entweder auf der vom Gefrierpunkt ausgehenden Celsiusskala oder der absoluten Kelvinskala angeben. Als totale E. wird diejenige bezeichnet, die sich bei einem vollständigen und verlustlosen Aufstau des vorher strömenden Fluids ergeben würde:

$$t_{tot} = t + c^2/2c_p,$$

mit c_p spezifische Wärme bei konstantem Druck. Die gemessene E. liegt um den von der Form des Meßfühlers abhängigen, als Eigentemperaturver

hältnis ε bezeichneten Anteil der sich bei Aufstau ergebenden Temperaturdifferenz über der statischen Temperatur

$$t_{gem} = t + \varepsilon c^2/2c_p.$$

Im Zusammenhang mit Gasturbinen wird zu Vergleichszwecken eine sog. ISO-Turbinen-E. für das Heißgas definiert. Sie wird aus der Turbinen-Austrittstemperatur ohne Berücksichtigung der Kühlgaszuflüsse in der →Turbine berechnet und liegt deshalb unter der tatsächlichen Gastemperatur.   *Dibelius*

Einwegpalette →Palette

Einwegverpackung/Mehrwegverpackung. Ein Gliederungsmerkmal für die Unterscheidung von Verpackungsmitteln in Hinsicht auf ihre Anwendungshäufigkeit ist die Bezeichnung als E. oder M. Die E. ist dazu vorgesehen, nach ihrer Herstellung und Befüllung einmal dem Endverbraucher zugeführt zu werden. Nach ihrer Entleerung entsteht Abfall, der entsprechend beseitigt werden muß. Die M. durchläuft nach ihrer Herstellung einen mehrfachen Zyklus zwischen Abfüllung und Endverbraucher, ehe sie ebenfalls zu Abfall wird. In beiden Fällen wird heute Wert darauf gelegt, daß eine Wiederverwendung (Recycling) durchführbar ist.

Die E. ist das Verpackungsmittel, das die weiteste Verbreitung und den höchsten Einsatz gefunden hat. An seine Festigkeit und Stabilität können niedrige Ansprüche gestellt werden. Es wird aus einem Rohstoff auf möglichst einfache Weise hergestellt. Es braucht die Beanspruchungen bei Befüllung und sämtlichen Transportwegen nur einmal über sich ergehen zu lassen. Für die Distribution der Waren kann die günstigst mögliche Form der

→Verpackung gewählt werden. Die Stauräume können höchstmöglich ausgenutzt werden. Die Transportmittel wie Bahn oder Lkw stehen nach Entladung für neue Transporte mit ihrem vollen Nutzvolumen zu Verfügung. Ein zusätzlicher Energieverbrauch für Rücktransporte tritt nicht auf. Durch die geringeren Festigkeiten der Werkstoffe wie auch die konstruktive Ausführung ist die Öffnung der Verpackungen meist leicht möglich. Der Verbraucher kann sich des Inhalts leicht bedienen. Das Volumen der geleerten Packung kann wegen der niedrigen Stabilität leicht auch durch Handkräfte verkleinert werden. Der Abfall ist zu deponieren oder kann bei vielen Verpackungswerkstoffen einer Verbrennung zugeführt werden. Hierbei entsteht als Zweitnutzen des Verpackungswerkstoffs noch eine Energierückgewinnung, meist in Form von Wärme. Es tritt bei dieser Art der Müllbeseitigung eine Umweltbelastung ein.

→*Mehrwegverpackung*. Auf Grund ihrer verlängerten Lebensdauer muß die M. erheblich stabiler hergestellt werden. Die konstruktive Ausführung und verwendete Werkstoffe sorgen dafür, daß diese Stabilität des Verpackungsmittels erreicht wird. Rohstoffe in der Domäne M. sind Glas und Metall in Form von Aluminium und →Weißblech. Die Verarbeitungsverfahren zum Herstellen von Verpackungsmitteln in beiden Werkstoffbereichen engen die anwendbaren Konstruktionsformen ein. Es kommen Verpackungsmittel mit kreisförmigem Querschnitt zur Anwendung. Die Verarbeitungstechnologie im Werkstoffbereich Glas sorgt dafür, daß die Wanddicken dort nicht den Belastungen entsprechend gewählt werden können, sondern meist wesentlich überdimensioniert sind. Die bevorzugte Form bei den M. sorgt dafür, daß die Lager- und Transportvolumen nicht optimal ausgenutzt werden können. Es entstehen Verluste von bis zu 20%. Im Verhältnis zu einer quaderförmigen Pakkung, die aus Fasermaterial als Einwegpackung leicht hergestellt werden kann, können bei solchen M. mit kreisförmigen Querschnitt nur geringere Mengen im gleichen Transportvolumen untergebracht werden. Des weiteren sind beim Einsatz besonders bei bruchgefährdeten M. entsprechende Schutzmaßnahmen zu ergreifen. Glasflaschen müssen in Kästen oder anderen Verpackungen transportiert werden. Dies führt zu weiteren Minderungen des nutzbaren Transportvolumens.

In der Handelsstufe ist beim Einsatz von M. mit einem Mehraufwand an Arbeit zu rechnen. Die Rückführung der gebrauchten M. vom Endverbraucher wieder zur Füllstation muß bewerkstelligt werden. Es wird hierzu zusätzliches Lagervolumen im Bereich der Handelsstufe benötigt. Ebenso wird zusätzlich Energie verbraucht, um die Transporte zur Füllstation zurück zu bewerkstelligen. Um das M.-Mittel wieder benutzbar zu machen, sind aufwendige Reinigungsprozesse notwendig. Sie verbrauchen wesentliche Mengen an Energie, Wasser und auch Chemikalien. Die Abwässer und auch Abfälle müssen entsorgt werden, was zu Umweltbelastungen führt. Nach dem gültigen Lebensmittelrecht müssen M. fast bis zur Keimfreiheit gereinigt werden. Nach diesen Reinigungsprozessen steht einer Wiederverwendung nichts im Weg. Da die M. meist in sich wesentlich schwerer sind als gleichwertig einsetzbare Einwegverpackungen, verursacht das Handling von M. wesentlich höhere Arbeitskosten und Energieverbräuche.

Da man in den Bereichen E. und M. sehr unterschiedliche Rohstoffe einsetzt, Fertigungsverfahren und Abfülltechnik sich sehr voneinander unterscheiden, müssen Untersuchungen über den bevorzugten Einsatz eines der beiden Systeme zurückgeführt werden auf die Gesamtenergieverbräuche und die gesamten Umweltbelastungen aus den Anwendungen beider Systeme. Abgesehen von der Herstellung des Verpackungsmaterials ergeben sich in allen anderen Bereichen der Herstellung und Anwendung von Verpackungen immer erheblich höhere Kosten für das Mehrwegsystem. Einer der wesentlichsten Einflußfaktoren sind die Kosten für die Distribution. Weiter nehmen auch wesentlichen Einfluß die Investitionsnotwendigkeit und Arbeitskostensteigerung im Bereich des Handels. Diesen Bereich allein betrachtet ergeben wesentliche Vorteile für das Einwegsystem. Faßt man alle Kosten und Energieverbräuche auf einer gemeinsamen Basis für den gesamten Weg des Verpackungsmittels von der Herstellung des Rohstoffs bis zur Müllbeseitigung für beide Systeme zusammen, kann man eine kritische Anzahl von Umläufen ableiten, bei denen eine Kostengleichheit entsteht. Sie liegt etwa in der Größenordnung von 20 Umläufen, unter der Voraussetzung, daß im Mehrwegbereich eine Glasflasche eingesetzt wird. Betrachtet man die Ergebnisse solcher Studien, sind die Unterschiede zwischen beiden Systemen jedoch nicht so entscheidend, daß einem System, dem Einweg- oder Mehrwegsystem, grundsätzlich ein Vorzug gegeben werden könnte. Die Entscheidung über den Einsatz des einen oder anderen Systems muß von Fall zu Fall getroffen werden. *Paris*

Einwickler. E. sind eigenständige Verpackungsmittel, meist hergestellt aus flexiblen Verpackungswerkstoffen. Sie werden meist durch mehrfaches Falten eines einfachen Zuschnitts rechtwinklig zugeschnitten teilweise oder vollflächig um das Packgut gelegt. Sie passen sich durch die Flexibilität des Rohstoffs der äußeren Form des Packguts an. Je nach Anzahl der verwendeten Lagen des Verpackungswerkstoffs, die das Packgut umhüllen, gibt es ein- oder mehrlagige E. Bei mehrlagigen E. sind auch Kombinationen verschiedener Werkstoffe möglich. Nach der Anzahl der verdeckten Seiten des Gutes gibt es einseitig oder zweiseitig offene E. oder allseitig geschlossene Einschläge. Offene E. werden vor allem bei mehrlagigen Einwicklungen verwendet, wenn durch das Packgut die Sicherheit gegeben ist, daß genügend Eigensteifigkeit in der zu schaffenden Packung vorhanden ist und das Öffnen des Einschlags erleichtert werden soll. Die Werkstoffe für E. werden mit breitester Variationsmöglichkeit an die Anforderungen des Packguts angepaßt. Ihre Anwendung geschieht meist von der Rolle her. Dadurch läßt sich eine breite Palette von Veredelungsmöglichkeiten der Oberfläche, wie z. B. Bedrucken oder Lackieren, einsetzen. Gefährdete Punkte bei E. sind die Ecken bei quaderförmigen Packgütern. Hier besteht hohe Gefahr des Durchstoßens der Ecken. Durch Unterlegen eines einzelnen Streifens für den Schutz der Ecken oder Anbringen eines besonders geformten Eckenschutzes kann Abhilfe geschaffen werden. Zum Verschließen werden die E. entweder vollflächig oder entlang Linien verklebt. Überstehende Zuschnitteile lassen sich durch Verdrillen verschließen. Dies wendet man für Süßwaren an. *Paris*

Einzelkornsämaschine. Neue Bauart der Sämaschinen, bei der im Gegensatz zur →Drillmaschine die Saatkörner einzeln und in relativ genauen Abständen im Boden abgelegt werden.

Die E. wurde in Mitteleuropa vor allem für das Säen von Zuckerrüben und Mais zum Standardgerät. Die früher (bis in die 60er Jahre) übliche Drillsaat der Zuckerrüben mit nachträglicher (unbedingt notwendiger) Vereinzelung (von Hand) wäre heute unwirtschaftlich. Bei Mais könnte man notfalls noch drillen oder dibbeln (Horste), jedoch ergibt die Einzelkornsaat die höchsten Erträge. E. bestehen aus der Kombination von je einem Säaggregat pro Reihe. Der Bodenantrieb für die Ausbringung kann entweder von jedem Aggregat selbst übernommen werden oder auch von zentralen Laufrädern kommen (günstiger für schaltbare Zwischengetriebe). Die Hauptfunktion der Säaggregate besteht darin, aus dem Saatgutbehälter Einzelkörner zu entnehmen und im richtigen Moment in die vom Säschar gebildete Bodenrille fallen zu lassen (Bild).

Als Säorgan wendet man überwiegend Zellenräder mit horizontaler Drehachse an. Bei mechanischen E. wird bei Drehung durch den Saatgutbehälter jede Zelle mit einem Korn belegt, das relativ genau in die Vertiefung hineinpassen muß (Streuung der Geometrie bei natürlichem Saatgut viel zu groß). Pneumatische E. arbeiten entweder mit Saugluft oder mit spülender Druckluft (Gebläseantrieb über die →Zapfwelle). Bei Saugluft wird z. B. je ein Saatkorn in eine etwa passende Vertiefung hineingesaugt (feine Bohrung zum Saugraum) und durch Wegnehmen des Unterdrucks (Zellenradsektor mit Umgebungsdruck) abgelegt. Ein bekanntes spülendes Druckluftverfahren arbeitet mit radialen konischen Bohrungen im Zellenrad (Trichterform), in

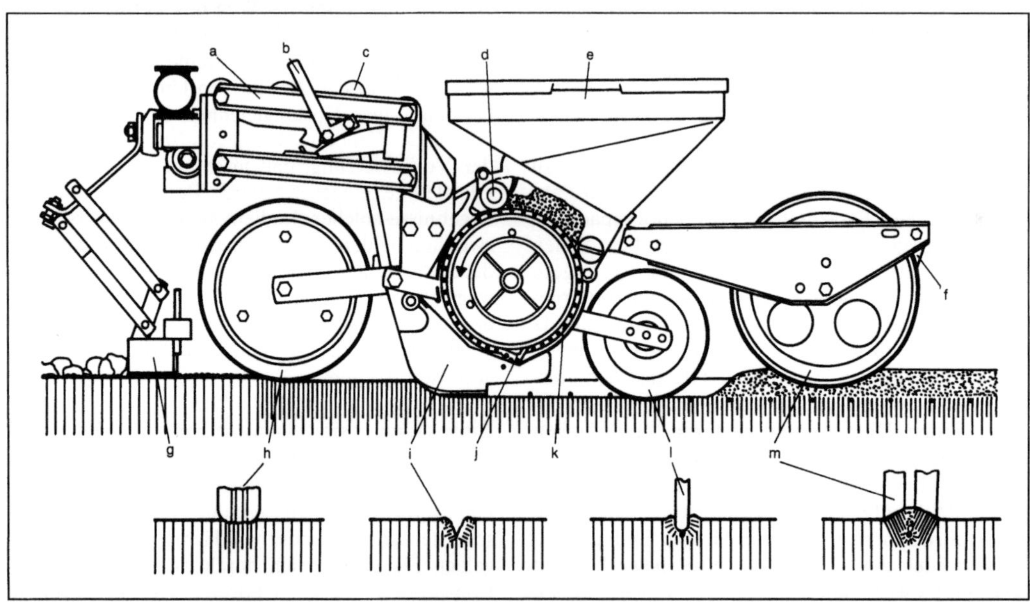

Einzelkornsämaschine: Säaggregat einer mechanischen Einzelkornsämaschine, Bauart Fähse „Monozentra".
(Quelle: Fähse)

a Parallelogramm, b Aushubvorrichtung, c Tiefeneinstellung, d Gegenlaufrolle, e Trichter, f Abstreifer, g Klutenräumer, h Vorlaufrad, i Säschar, j Ausstreifer, k Zellenrad, l Zwischenrolle, m konische Druckrolle

denen beim Hineinblasen gerade ein Einzelkorn „steckenbleibt".

Um die E. für Mais und für Zuckerrüben benutzen zu können, hat man zunächst austauschbare Säorgane (insbesondere Zellenräder), Säschare und Druckrollen bzw. Zustreicher entwickelt. Später bevorzugte man mehr die Spezialmaschine. Neben der Umrüstarbeit haben dabei auch die unterschiedlichen Saatgutgeometrien eine Rolle gespielt: Pilliertes Monogermsaatgut (Einkeimkorn in kugeliger Umhüllung) ist wegen der konstanten Abmessungen mit relativ einfachen mechanischen Zellenrädern zu beherrschen; diese dürfen „kalibrierungsempfindlich" sein. Demgegenüber verlangen Maiskörner trotz vereinbarter Kalibrierungsstufen E. mit „kalibrierungsunempfindlichen" Säsystemen. *Renius*

Literatur: *Brinkmann, W.:* Entwicklung der Sätechnik für Rüben und Mais. Festschr. „25 Jahre VDI-Fachgruppe Landtechnik". Düsseldorf 1983. – *Eichhorn, H.* (Hrsg.): Landtechnik. Stuttgart 1985.

Einzelkosten →Kostenbegriff

Einzelspiel →Einfachspiel

Eisenschwamm. E. ist ein unter Verwendung von feinkörnigem, stückigem oder pelletiertem Eisenerz und gasförmigem oder festem Reduktionsmittel durch Reduktion in der festen Phase hergestelltes Roherzeugnis. Weil die Reduktion im festen Zustand erfolgt, findet keine Trennung des Eisens von der Gangart des Erzes statt. Die Gangart ist deshalb im E. enthalten und wird erst beim anschließenden Schmelzen als flüssige Schlacke abgetrennt. Wenn E. im →Lichtbogen-Schmelzofen eingesetzt wird, dann sollte er aus einem Eisenerz mit geringen Gangartanteilen hergestellt werden und einen hohen Metallisierungsgrad aufweisen. Damit kann die Schlackenmenge im Lichtbogen-Schmelzofen und somit der Energieverbrauch möglichst niedrig gehalten werden. *Baumann*

Elastikgelenkwelle. Die E. ist eine →Gelenkwelle, bei der die Kardangelenke durch elastische →Kupplungen ersetzt wurden. Die quer-, längs- und winkelnachgiebige, aber drehstarre Gelenkwelle mit Kardangelenken wird dadurch auch drehnachgiebig. Das Bild zeigt eine Bauform mit schubbeanspruchten Gummikegeln mit hoher Drehelastizität

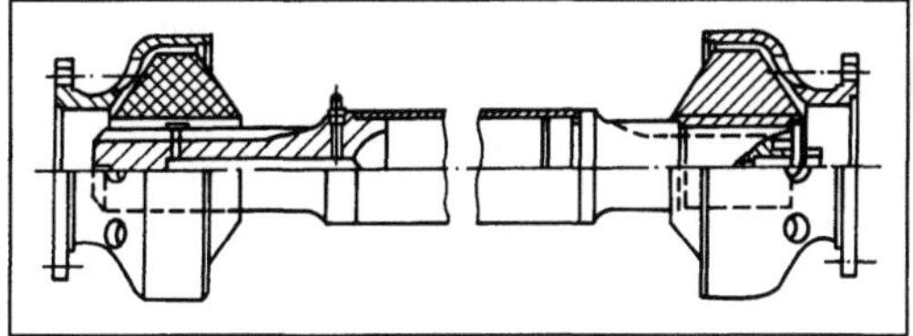

Elastikgelenkwelle. (Quelle: Gelenkwellenbau GmbH)

und Dämpfungsfähigkeit. E. werden dort verwendet, wo mit größeren Ungleichförmigkeitsgraden zu rechnen ist und wo es auf stoß- und geräuschdämpfende Kraftübertragung ankommt, z. B. bei Prüfständen von Verbrennungsmotoren. *Ehrlenspiel*

Elastizität (Verbrennungsmotor). Maß für den Drehmomentanstieg bei Verringerung der Drehzahl eines Verbrennungsmotors.

Bei Fahrzeugmotoren ist es vorteilhaft, wenn das Vollastdrehmoment vom Nennbetriebspunkt ausgehend zu kleineren Drehzahlen hin ansteigt. Das bewirkt, daß beim Befahren einer Steigung nicht so bald in den niedrigeren Gang geschaltet werden muß. Ein Verbrennungsmotor ist um so elastischer, je größer das Verhältnis des maximalen Drehmoments zum Drehmoment im Nennbetriebspunkt ist und je niedriger die Drehzahl ist, bei der das maximale Drehmoment auftritt (→Vollastlinie). *Kuhlmann*

Elastizitätsmodul →Stoffgesetze der Elastizitätstheorie, →Zug und Druck

Elastizitätsmodul, absoluter. Betrag $|E| = \sqrt{E'^2 + E''^2}$ des komplexen Moduls; gleich dem Quotienten $\hat{\sigma}/\hat{\epsilon}$, der Amplituden von Spannung σ und Dehnung ϵ.

Literatur: *Oberst, H.:* Elastische und viskose Eigenschaften von Werkstoffen. Hrsg. Dt. Verband für Materialprüfung (DVM). Berlin 1963.

Elastohydrodynamik. Wälz-Gleit-Paarungen verformen sich bei Normalbelastung in Gegenwart eines Schmierstoffs anders, als nach den Hertz-Gleichungen zu erwarten wäre. Mit Hilfe der Theorie der E. (EHD) kann man die Druckverteilung und den Verlauf der Schmierspaltdicke unter praxisnahen Bedingungen berechnen.

Hierbei wird der Schmierspalt durch die Reynolds-Gleichung inkompressibler Fluide beschrieben. Der sich ergebende örtliche Schmierspalt wird mit der Kontur aus der elastischen Verformung der Oberflächen iterativ ins Gleichgewicht gesetzt. Als Ergebnis erhält man eine Druckverteilung, die im Auslaufbereich eine Druckspitze bei gleichzeitiger Schmierspaltverengung h_{min} aufweist (Bild); h_{min} wird als Kenngröße zur Beurteilung des Schmierzustands verwendet. Die Ergebnisse nach der EHD-Theorie sind in jüngster Zeit auch mit meßtechnischen Mitteln bestätigt worden. *Winter*

Literatur: *Dowson, D.,* u. *G. R. Higginson:* Elasto-hydrodynamic lubrication. Oxford, Braunschweig 1966. – *Oster, P.:* Beanspruchung der Zahnflanken unter Bedingungen der Elastohydrodynamik. Diss. TU München 1982. – *Simon, M.:* Messung von elasto-hydrodynamischen Parametern und ihre Auswirkung auf die Grübchentragfähigkeit vergüteter Scheiben und Zahnräder. Diss. TU München 1984.

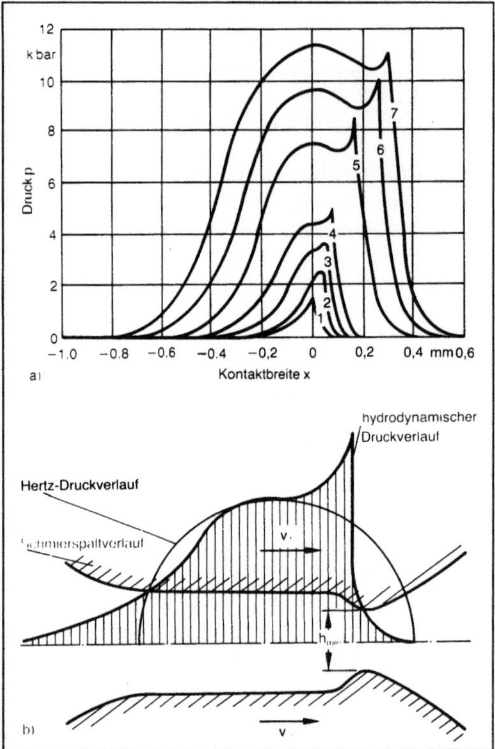

Elastohydrodynamik: EHD im Schmierspalt belasteter Walzen.
a) Druckverteilung zwischen Scheiben aus Stahl nach Messung, Belastung/Zahnbreite bei 1: 12 N/mm, bei 7: 720 N/mm
b) Schmierspaltdicke, berechnet nach der EHD-Theorie.

Elastomerfeder, glasfaserverstärkte. Diese werden insbesondere als beiderseitig aufliegende Blattfedern mit Aufnahme der vertikalen Querkraft in der Blattfedermitte zur Fahrzeugfederung eingesetzt. Ihre Auflagen an den Enden und Einspannungen in der Mitte müssen dabei so gestaltet sein, daß die in Längsrichtung eingebetteten Glasfasern nicht durchschnitten werden. Sie sollen also nur aufliegen, nicht durchbohrt werden. Auch Verschraubungen sind zu vermeiden, weil Relaxationserscheinungen im Elastomer die Schraubenvorspannung zum Erliegen bringen. Während Mehrfach-Blattfedern aus Stahl im Fahrzeug nur bei großen Ausschlägen dämpfend wirken und deshalb auch keine Geräuschdämpfung aufweisen, reichen die Dämpfungseigenschaften von g. E. aus, um Geräuschübertragung zu mindern.

An den als Federaugen ausgebildeten Enden werden sie meist mit geformten Stahlbändern umhüllt. Diese schließen als Gelenk geeignete Gummifederformen wie Gummi-Metall-Hülsenfedern

(silent-blocs) ein. Bei richtiger Gestaltung halten g. E. auch ungünstigen Beanspruchungen des Fahrzeugs, wie Bordsteinaufprall der Räder, Sprungstart durch zu schnelles Einkuppeln, Geländefahrt und extremen Temperaturen stand. Im Elastomerbereich haben sie einen natürlichen Schutz gegen korrosiven Eingriff.

G. Elastomer-Blattfedern sind bis zu 66 % leichter als die im Fahrzeug früher überwiegend und heute noch im Schwerlastfahrzeug eingesetzten geschichteten Blattfedern und bis zu 50 % leichter als die Parabelfedern, die jetzt vielfach an deren Stelle treten. Sie sind auch im Vergleich zur Stahlfeder gleicher Kapazität kostengünstiger und führen durch ihre geringen Ansprüche an die Wartung und ihre lange Lebensdauer zu geringen Fahrzeug-Betriebskosten. Ihre Haltbarkeit übersteigt die von Mehrfachblattfedern. *Federn*

Literatur: Kunststoff-Federn (GFK). Krupp Firmenschrift Werdohl 1987. – Firmenschrift der GKN Vandervell London 1987. – Firmenschrift über Composite Federn. Hoesch Eisenstadt (Österreich) 1987. – *Mallik, P. K.*: Static mechanical performance of composite elliptic springs. Trans. ASME J. Engng. Mater. Technol. 109 (1987), S. 22/26.

Elektro-Antrieb →Energie für Kraftfahrzeuge

Elektroband. E. ist ein warm- und kaltgewalztes →Flacherzeugnis mit einer Dicke bis etwa 1 mm aus üblicherweise siliciumhaltigen Stählen mit besonderen magnetischen Eigenschaften. Dazu zählt beispielsweise das in der Starkstromtechnik verwendete, aus E. hergestellte Dynamo- und Transformatorenblech mit hoher Magnetisierbarkeit und kleinen Ummagnetisierungsverlusten im magnetischen Wechselfeld. Der Siliciumgehalt liegt bei E. und →Elektroblech zwischen 0,5 % und 4,5 %. Aus Gründen der Herstellbarkeit kann der Siliciumgehalt nicht größer als 4,5 % sein. Mit besonderen Kaltwalz-, Entkohlungsglüh- und Rekristallisationsglüh-Techniken ist es möglich, eine ausgeprägte Kristallorientierung in bestimmter Richtung zu erzielen. Das Kaltwalzen von siliciertem kornorientiertem Trafostahlband mit Dicken zwischen 0,35 mm und 0,50 mm wird oft in 2 Kaltwalzstufen durchgeführt. Zwischen diesen beiden Kaltwalzstufen wird eine Glühbehandlung durchgeführt. *Baumann*

Elektroblech. E. ist ein Werkstoff, der warm und kalt gewalzt ist, Siliciumgehalte bis etwa 4,5 % hat und Bestandteil von elektrischen Maschinen, Transformatoren sowie Elektrogeräten ist. Beim E. wird im wesentlichen zwischen Dynamoblech und Trafoblech unterschieden. Dynamoblech ist kaltgewalztes unorientiertes siliciumlegiertes Blech, meist mit Gehalten zwischen 0,5 % und 1,8 % Si sowie Dicken bis etwa 1 mm. Dieses Blech wird in elektrischen Maschinen, bei denen die Richtung des magnetischen Flusses im Magnetkern während des Betriebs ständig rotiert, eingesetzt. Das Trafoblech für den Einsatz in Transformatoren ist im Gegensatz zum Dynamoblech ausgeprägt kristallorientiert, meist 0,35 mm dick und hat oft Siliciumgehalte von etwa 3 % oder mehr. *Baumann*

Elektroerosionsverfahren. Das E. ist ein Verfahren zur Bearbeitung sehr harter Werkstoffe, beispielsweise Hartmetalle, mit Hochspannungsfunken, die infolge entsprechend geformter Elektroden eine gezielte Abtragung des Werkstoffs bewirken. *Baumann*

Elektronenstrahlhärten. Bei umwandlungshärtenden Werkstoffen wird durch lokales, kurzzeitiges Aufwärmen (ohne Aufschmelzen) durch den Elektronenstrahl und anschließendes Ableiten der Wärme ins gesamte Werkstück (Selbstabschreckung) eine Gefügeumwandlung mit starker Aufhärtung erreicht. Durch entsprechendes Abrastern des Elektronenstrahls über die Werkstückoberfläche werden Härtepunkte und -linien nur dort aufgebracht, wo die Oberfläche entsprechend belastet werden soll. Hierzu gehören z. B. Schnittkanten, Messerschneiden und lineare Führungen. Wegen des geringen Strahldurchmessers und des verhältnismäßig großen freien Arbeitsabstandes ist auch die Härtung an schwer zugänglichen Stellen möglich, z. B. in engen Spalten. Gegenüber konventionellen Verfahren bietet das E. den Vorteil der exakt reproduzierbaren, extrem schnellen Steuerung der Leistungsdichteverteilung im Arbeitsbereich. *Scheffels*

Elektronenstrahlschweißen. Auch EB-Schweißen genannt. Schweißen mit dem Elektronenstrahl als Wärmequelle: Beim Auftreffen eines gebündelten Elektronenstrahls höherer Strahlleistung und ausreichender Leistungsdichte auf eine Metalloberfläche wird diese aufgeheizt, schmilzt und verdampft. Die starke Verdampfung an der Strahlauftreffstelle treibt sehr rasch eine enge Vertiefung in Strahlrichtung in das Werkstück hinein. Um den vom Strahl erzeugten Dampfkanal bildet sich eine schmale Schmelzzone. Diese wird zum Schweißen an der Nahtfuge entlang geführt. Im Zuge der Erstarrung der Schmelze wird das Werkstück verschweißt. Dieser Tiefschweißeffekt ermöglicht ein Verhältnis von Tiefe zu Breite der Naht von ca. 20:1.

Durch die im Vergleich zu den anderen Schmelz-Schweißverfahren geringere Wärmeeinbringung ergibt sich für das geschweißte Teil ein Minimum an Verzug. Im Elektronenstrahlgenerator treten die Elektronen (im Hochvakuum) durch Glühemission aus der Kathode aus und werden dann durch Anlegen von Hochspannung an die Strahlquelle beschleunigt. Die Hochspannung beträgt zwischen 30 und 150 kV, der Strahlstrom maximal etwa 1 A. Die Strahlleistung läßt sich von null bis zum Maximalwert des jeweiligen Generators stufenlos einstellen, bei entsprechender Ausstattung z. B. bis 100 kW.

Für die Fokussierung des von der Strahlquelle ausgehenden Strahls in einen Fleck mit ca. 0,1 mm Durchmesser werden magnetische Linsen benutzt. Anschließend ist ein magnetisches Ablenksystem angeordnet. Es dient z. B. zur genauen Ausrichtung des Strahls auf die zu verschweißende Fuge.

In der Arbeitskammer wird bei den meisten E.-Anlagen ein Vakuum von einigen Pascal (10^{-2} mbar) benutzt. Bei höherem Druck in der Arbeitskammer bewirkt zunehmend die Streuung der Strahlelektronen im Restgas eine Verbreiterung des Strahldurchmessers, also des Schweißflecks. Das Verschweißen von reaktiven Materialien wie Titan, Zirconium und deren Legierungen erfordert jedoch Hochvakuum von ca. 10^{-2} Pa (10^{-4} mbar).

Zur Optimierung einer Schweißaufgabe unter Berücksichtigung von Geometrie und Materialeigenschaften des vorliegenden Werkstücks lassen sich, insbesondere zur Beeinflussung der Schweißnahtqualität, außer der Schweißgeschwindigkeit die verschiedenen Strahlparameter sehr genau einstellen und reproduzieren. Durch entsprechende Wahl von Strahlstrom und Hochspannung sowie der Tiefe der Fokuslage im Werkstück und, falls erforderlich, von Frequenz und Funktion einer dynamischen Strahlablenkung (Oszillation) läßt sich die Energieeinbringung örtlich bzw. zeitlich steuern.

Bei größeren Schweißtiefen muß auch die Wirkung der Schwerkraft auf das Schweißbad berücksichtigt werden. Durchschweißungen von mehr als 80 mm Wanddicke gelingen daher sicherer mit nahezu horizontaler Strahllage. Es sind Schweißtiefen bis etwa 300 mm in Stahl in einem Durchlauf realisierbar.

Abmessung und Bauweise der Arbeitskammer werden durch die Schweißaufgabe bestimmt. Um einen wirtschaftlichen Betrieb mit kurzen Nebenzeiten zu ermöglichen, werden zum Schweißen von Massenteilen (z. B. für die Automobilindustrie), automatisierte Anlagen mit einem Mehrstationen-Schalttisch ausgerüstet. Während sich eine Station in Schweißstellung befindet, ist eine andere für den Be- bzw. Entladevorgang zugänglich.

Für die kontinuierliche Verschweißung von bandförmigem Material werden Durchlaufmaschinen benutzt, bei denen über Druckstufen-Vakuumschleusen die Bänder kontinuierlich in die Schweißkammer eingeführt und nach dem Verschweißen wieder an Atmosphäre herausgeführt werden. Ein typisches Anwendungsbeispiel ist die Herstellung von Bimetallsägeband (Bild). Ein Trägerband aus bruchsicherem Federstahl wird in ganzer Länge mit einem verschleißfesten harten Schnellarbeitsstahl

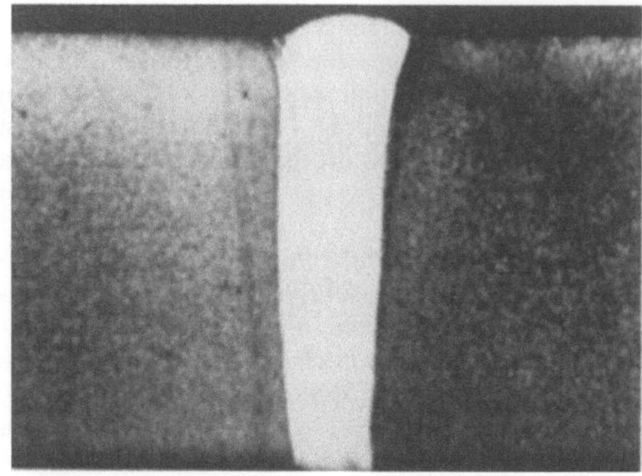

Elektronenstrahlschweißen: Elektronenstrahlgeschweißtes Bimetallsägeband (0,7 mm dick).
Trägerband aus niedrig legiertem Vergütungsstahl und Vierkantdraht aus Schnellarbeitsstahl; links unten vor, links oben nach der Einarbeitung der Sägezähne, rechts Querschliff. (Quelle: Messer Griesheim, Steigerwald Strahltechnik)

verbunden. Die Sägezähne werden später durch Stanzen oder Schleifen herausgearbeitet.

Für das Zusammenfügen größerer Präzisionsteile aus mehreren fertig bearbeiteten Einzelteilen werden entsprechend angepaßte Werkstückaufnahme- und Bewegungseinrichtungen und große Arbeitskammern sowie CNC-Steuerung für Strahldaten und Bewegungsabläufe eingesetzt. Beispielsweise bei der Herstellung von Strahltriebwerkskomponenten ist die automatische Ausführung vieler und z. T. unterschiedlicher Schweißungen in unmittelbarer Abfolge erforderlich. Hierzu gehört auch die Kontrolle der Ausrichtung des Strahls auf die Fuge. Dabei wird der Strahl selbst zum Abscannen der Fuge benutzt, womit eine automatische Selbstpositionierung des Strahls erfolgt. Für besonders große Werkstücke sind auch Anlagen mit lokalem und mit mobilem Vakuum eingesetzt worden. *Scheffels*

Literatur: *Anderl, P., E. Kappelsberger* u. *K. Leeb:* DVS-Ber. 99 (1985), S. 50/54. – *Anderl, P., E. Kappelsberger, W. Scheffels* u. *K. H. Steigerwald:* DVS-Ber. 74 (1982), S. 215/219. – *Schiller, S., U. Heisig* u. *S. Panzer:* Elektronenstrahltechnologie. Stuttgart 1977. – *Steigerwald, K. H.:* Schweißen und Schneiden 12 (1960) Nr. 3, S. 89/95.

Elektronenstrahl-Umschmelzofen. Wichtigste Voraussetzungen für den großtechnischen Einsatz der E.-U. war Mitte der 50er Jahre die Entwicklung leistungsfähiger Elektronenstrahler. Seit etwa 1960 hat die Größe dieser Öfen ständig zugenommen und hat damit an Bedeutung für die Stahlherstellung gewonnen. Gleichzeitig fächerte sich die konstruktive Ausführung der E.-Quellen auf und führte zu verschiedenen eigenständigen Strahlertypen, beispielsweise den Ringstrahl-, Flachstrahl- oder Kreistrahlkanonen sowie dem Mehrkammerstrahler. Die technisch herstellbaren Blockgrößen werden mit einem maximalen Blockgewicht von 18 t bei Blockdurchmessern bis 800 mm angegeben.

Neben den Änderungen der konstruktiven Auslegung der Elektronenstrahlkanonen ergaben sich je nach gewähltem mechanischen Aufbau der E.-U. vielfältige Möglichkeiten der Verfahrensabläufe beim E.-Schmelzen. Dabei haben sich drei Bauarten von E.-U. in der Praxis durchgesetzt (Bild 1).

Bild 1 b) zeigt den Schmelzvorgang bei einer Abtropfschmelze mit vertikal zugeführter Elektrode. Bei Anwendung mehrerer gleichmäßig angeordneter Strahlerkanonen gewährleistet dieses Verfahren gleichmäßige Schmelzgeschwindigkeiten,

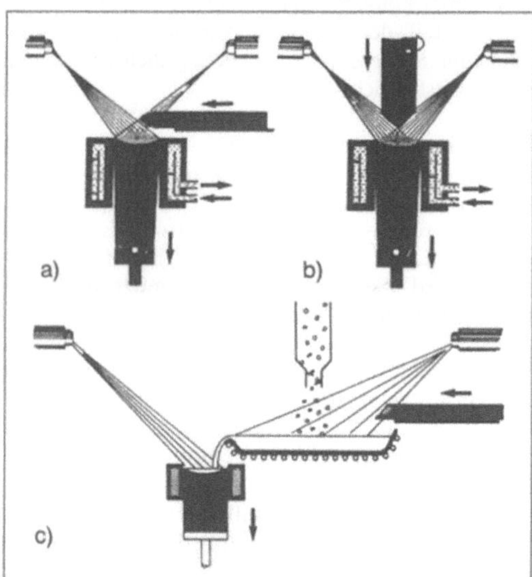

Elektronenstrahl-Umschmelzofen 1: Bauarten nach E. Plöckinger *und* O. Etterich.
a) Waagerechte Zuführung der Umschmelzelektrode
b) Senkrechte Zuführung der Umschmelzelektrode
c) Waagerechte Zuführung der Umschmelzelektrode mit Verschmelzen, Legieren und Zuführung der Schmelze.

eine axialsymmetrische Leistungsverteilung auf das Schmelzbad und konstante Erstarrungsbedingungen im Tiegel. Es bietet weiterhin den Vorteil weitgehender Unabhängigkeit vom Durchmesser der Abschmelzelektrode.

Die in Bild 1a) gezeigte horizontale Zuführung der Umschmelzelektrode wird überwiegend in Osteuropa angewendet. Auch hier läßt sich das Verhältnis von reiner Umschmelz- zur Warmhalteenergie an der Kokillenoberfläche in weiten Grenzen ändern.

Eine Weiterentwicklung dieser Ofenbauart sind die sog. E.-Mehrkammeröfen (Bild 2). Kennzeichnend für diese Ofenbauart ist die Verwendung nur eines Elektronenstrahlers und magnetischer Linsen zur Strahlführung durch enge, als Strömungswiderstand verwendete gekühlte Rohre sowie zur Einstellung des Strahldurchmessers. Kurz vor Eintritt in den Schmelzraum durchläuft der Elektronenstrahl ein magnetisches Ablenksystem, das sowohl eine zeitlich konstante als auch eine periodische Strahlablenkung gestattet. Der Strahl wird entsprechend den technologischen Bedingungen auf Abschmelzelektrode und Schmelzoberfläche in der wassergekühlten Kupferkokille geführt.

Der Strahlerzeugungsraum ist vom Schmelzraum vakuummäßig weitgehend entkoppelt, so daß der Druck im Schmelzraum bis auf $1{,}3 \cdot 10^{-5}$ bar ansteigen kann.

Wenn beim E.-Umschmelzen bewußt auf eine Trennung von Umschmelzen und Raffination einerseits und Abgießen des flüssigen Stahls andererseits hingearbeitet wird, dann kann das in Bild 1c) dargestellte Überlaufschmelzen eingesetzt werden.

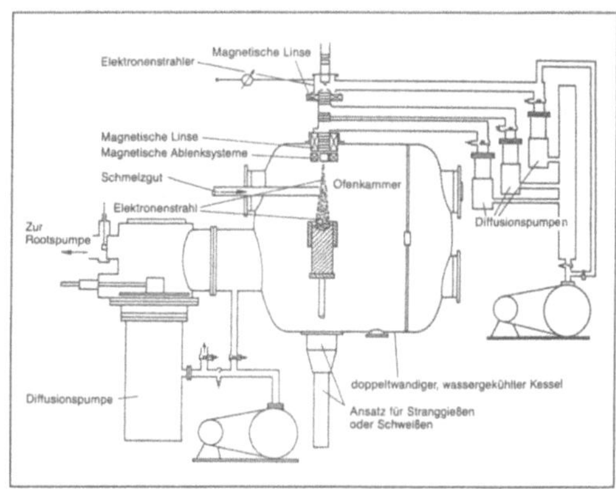

Elektronenstrahl-Umschmelzofen 2: Schematische Darstellung eines 60-kW-Elektronenstrahl-Mehrkammerofens nach E. Plöckinger und O. Etterich.

Durch eine entsprechende Verteilung der E.-Leistungen auf der Oberfläche des Schmelzbads in der Kokille kann das Bad so flach gehalten werden, daß infolge des dann geringen Flüssigkeitsdrucks eine optimale, dem Vakuum entsprechende Entgasung und die Destillation leicht flüchtiger, schädlicher Spurenelemente möglich werden. *Baumann*

Literatur: *Plöckinger, E.,* u. *O. Etterich:* Elektrostahl-Erzeugung. Düsseldorf 1979.

Elektronenstrahl-Umschmelzveredeln. Zum E.-U. wird der betreffende Oberflächenbereich des Werkstücks durch Beaufschlagung mit dem E. kurzzeitig über den Schmelzpunkt erwärmt. Die anschließende Abkühlung durch Wärmeableitung

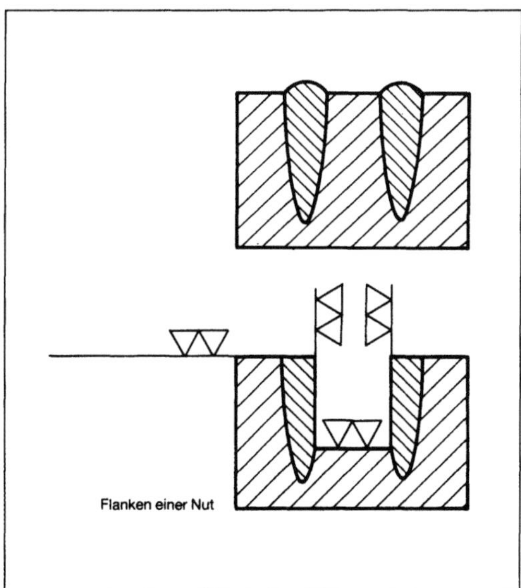

Elektronenstrahl-Umschmelzveredeln: Umschmelzveredelung an Ringnutenflanken von Aluminiumkolben. Links: Schemaskizze des Arbeitsablaufs. (Quelle: Messer Griesheim, Steigerwald Strahltechnik)

ins gesamte Werkstück (Selbstabschreckung) führt zu einer sehr hohen Erstarrungsgeschwindigkeit. Dies hat zur Folge eine deutliche Änderung der Gefügeausbildung verglichen mit dem Grundmaterial, wie Verfeinerung der Mikrostruktur, Abbau von Seigerungen oder Aufhärtung bei umwandlungshärtenden Werkstoffen. Dies führt z. B. bei Grauguß zu einem stark ausgeprägten Härteanstieg (Hartguß). Auch bei Aluminiumlegierungen kann die Härte erhöht und die Verschleißfestigkeit verbessert werden.

Durch E.-U. an den Schäften von Ventilen für Kraftfahrzeugmotoren wird durch Verbesserung der Mikrostruktur des Gefüges die Korrosionsbeständigkeit und so die Standzeit der Schäfte erhöht. An Flachproben des warmfesten Stahls X20 CrMoV 121 wurde die Dauerbiegefestigkeit bei 500 °C getestet. Sie war bei umschmelzveredelten Proben um 45 % erhöht gegenüber unbehandelten Proben.

Für das E.-U. werden E.-Schweißmaschinen mit einigen Kilowatt Strahlleistung eingesetzt. Punkt- oder linienförmige Umschmelzstrukturen lassen sich aufbringen, z. B. durch sprungweises Abrastern der Oberfläche mittels spezieller Ablenksteuerungen. Zur Erzeugung einer flächenhaften Struktur kann man mehrere Umschmelzlinien nebeneinander legen. Die Aufschmelztiefe liegt zwischen einigen Zehnteln Millimetern bis zu einigen Millimetern. Die leicht aufgerauhte geschmolzene Oberfläche wird glattgeschliffen.

Um die Verschleißfestigkeit an Ringnutenflanken von Aluminiumkolben für Verbrennungsmotoren (Bild) zu verbessern, werden vor dem Ausarbeiten der jeweiligen Nut zwei Tiefschweißnähte eingebracht, so daß die Flanken der Nut in den umgeschmolzenen Materialbereich fallen. Besonders bei Aluminiumlegierungen hat es sich bewährt, die Oberfläche vor dem E.-U. z. B. mit Nickel zu beschichten, um die Verschleißfestigkeit weiter zu erhöhen. Das ist dann ein Umschmelzlegieren. *Scheffels*

Literatur: *Hiller, W.:* DVS-Ber. 26 (1973), S. 61. – *Hiller, W., K. H. Steigerwald:* Trennen und Fügen (1981) Nr. 8, S. 16. – *Hiller, W., E. Pfeiffer, K. H. Steigerwald* u. *H. Zürn:* DVS-Ber. 74 (1983), S. 229.

Elektronik im Kraftfahrzeug. Für die zahlreichen Meß- und Regelaufgaben im Auto ist die E. bzw. Mikroelektronik heute unabdingbar, weil auch komplexe Zusammenhänge präzise und verschleißfrei nachgebildet werden können. So muß z. B. der Zündzeitpunkt (Motor) in Abhängigkeit von Drehzahl und Last verstellt werden. Während die mechanische Lösung mittels Fliehkraft und Saugrohrunterdruck nur eine relativ grobe, reibungsbehaftete Näherung an das Optimum liefert, ermöglicht das Ablegen des optimalen Zündzeitpunkts nach Drehzahl und Drosselklappenwinkel in einem Speicher eine beliebig komplexe verschleißfreie Zuordnung.

Zusätzliche Informationen, wie z. B. Temperatur oder klopfende Verbrennung können ohne weiteres mitverarbeitet werden.

Bei einer Kostenverteilung von etwa je einem Viertel für Sensoren und Stellmotoren und der Hälfte für die eigentliche E. (CPU und Speicher) sowie der Notwendigkeit, gleiche Meßgrößen für verschiedene Systeme zu verwenden, wird eine Datenverbindung zwischen den einzelnen Elektronikfunktionen angestrebt (Bild). E. erfüllt u. a. die in der Tabelle (Seite 293) wiedergegebenen Funktionen (→ Autoradio). *Fiala*

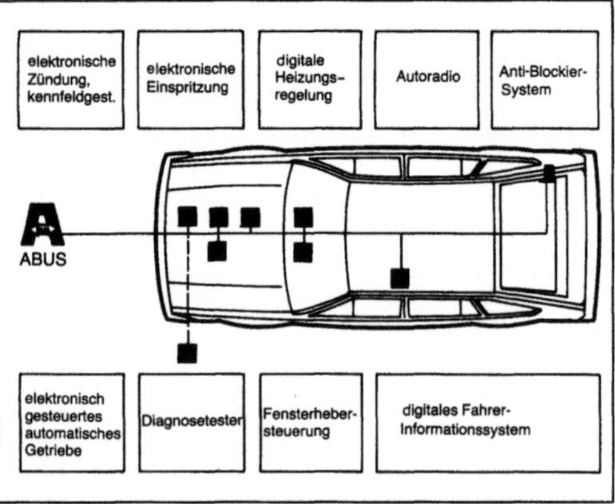

Elektronik im Kraftfahrzeug: Elektronisches Fahrzeug-Netzwerk.

Literatur: Sicherheit und Zuverlässigkeit von Kfz-Elektroniksystemen. VDI-Ber. 780. Düsseldorf 1989. – Elektronik im Kraftfahrzeug. VDI-Ber. 687 u. 612. Düsseldorf 1988 u. 1986. – Bosch: Autoelektrik, Autoelektronik am Ottomotor. Düsseldorf 1987. – Software-Qualitätssicherung. DGQ-NTG-Schrift N = 12-51. Frankfurt a. M. 1986.

Elektroosmose.

1. Verfahren. Beim E. V. wird die Molekularanziehung der Bodenkörner auf das Wasser unter Nutzung der Dipoleigenschaft des Wassers überwunden. Zwischen zwei im Boden eingebauten Stahlstäben erzeugt man ein elektrisches Feld. Das Porenwasser fließt dann von der Anode zur Kathode, die als Filterbrunnen ausgebildet und an eine → Pumpe angeschlossen ist (Bild). *Kühn*

2. Verfahrenstechnik. Die E. ist ein der Elektrodialyse ähnliches Membrantrennverfahren zur Gewinnung von konzentrierten Salzlösungen aus Meerwasser. Wie bei der Elektrodialyse werden ionenselektive Membranen und als treibende Kraft eine elektrische Potentialdifferenz verwendet. Das Bild zeigt den prinzipiellen Aufbau eines Membranmoduls zur E. Die in der Rohlösung enthaltenen Anionen bewegen sich durch eine anionendurchlässige Membran einer Membranzelle weiter in Richtung Anode. Dort werden sie durch eine kationen-

Elektronik im Kraftfahrzeug. Tabelle: Maßnahmen und Funktionen.

EINSATZORT	FUNKTION
Zündung	Zündzeitpunkt je nach Drehzahl und Last. Weitere Abhängigkeit von Klopfsignal, Temperatur usw.
Gemischbildung (Vergaser, Einspritzung)	Regelung des Kraftstoff/Luft-Verhältnisses und ggf. Einspritzzeitpunktes nach λ-Sonde, Laufunruhe, Temperatur, Luftdruck usw.
Getriebesteuerung	Gangwahl nach Motordrehzahl und -last, abhängig von Motortemperatur, manueller Beeinflussung oder adaptiver Optimierung
Geschwindigkeitsregelanlage	hält die vorgewählte Fahrgeschwindigkeit durch Verstellen der Drosselklappe bzw. Einspritzung
Fahrgestellelektronik a) Federung b) Lenkung c) Bremse	 a) Niveau-, Frequenz- und Dämpfungsanpassung an Last und Fahrbahn b) Servounterstützung geschwindigkeitsabhängig; Kompensation von Störungen (z. B. Seitenwind); automatische Fahrzeugführung c) Antiblockierregler (ABS); Antriebsschlupfregler (ASR); elektronische Differentialsperre (EDS)
Karosserieelektronik a) Fensterheber Schiebedach, Verdeck b) Sitz-, Spiegel- und Sicherheitsgurtverstellung c) Klimaregelung d) Rückhaltesystem e) Informationszentrum Tripcomputer f) Wischer/Wascherlogik	 a) Durchlaufautomatik; Kraft-/Strombegrenzung b) automatische Zuordnung zueinander bzw. für verschiedene Personen c) Regelung der Temperatur und Luftmenge d) Auslösung des Airbags oder Gurtstrammer e) Ausgabe und Berechnung von Informationen für den Fahrer (Zeit, Durchschnittsgeschwindigkeit und -verbrauch, Reichweite usw.) f) frei programmierbare Intervallzeiten
Beleuchtung und Sicht a) autom. Abblenden-, Leuchtweitenregulierung b) Helligkeitsanpassung c) Blinkgeber d) Nachleuchten der Innenbeleuchtung	 a) Scheinwerfer und Spiegel, abhängig von Lichtverhältnissen
Navigation/ Fahrzeugführung a) Radio b) Standortanzeige c) Projektion eines Kartenausschnitts d) Zielanzeige e) Fahrzeugführung f) automatische Fahrzeugführung	 a) verbale Durchsagen zu Straßenzustand und Verkehrslage b) Satellitenpeilung; Errechnung aus Fortschrittsweg und -richtung c) Datenträger LD; autom. Anzeige der Umgebung des Standorts; Aktualisierung durch lokalen Sender d) nach Richtung und Entfernung e) Errechnen der optimalen Route (evtl. unter Berücksichtigung der aktuellen Verkehrslage) und Anzeige an Abzweigungen f) Seitenführung an vorgegebener Spur (z. B. Leitkabel, Leitschiene, Straßenrand), Längsführung nach Vordermann, Hindernissen, Sollgeschwindigkeit

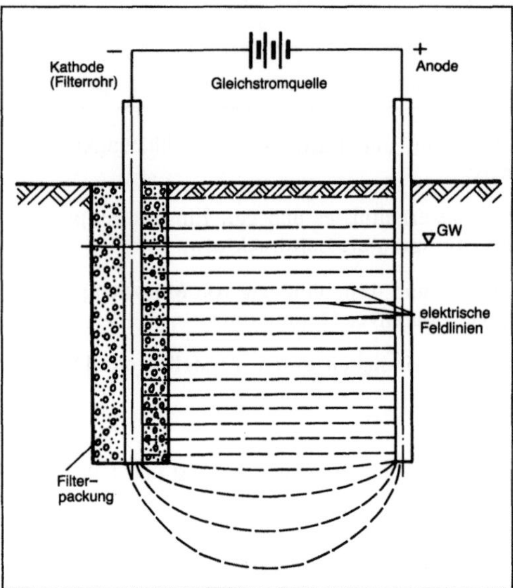

Elektroosmose-Verfahren.

durchlässige Membran an einer weiteren Bewegung in Richtung Anode gehindert. Die Kationen bewegen sich entsprechend eine Membranzelle weiter in Richtung Kathode. Auf diese Weise reichern sich in einigen Membranzellen die Ionen an, während in anderen die wäßrige Lösung entsalzt wird. Im Gegensatz zur Elektrodialyse sind bei der E. die Konzentratzellen von der Rohlösung abgetrennt, so daß Wasser nur durch die Membran hindurch in die

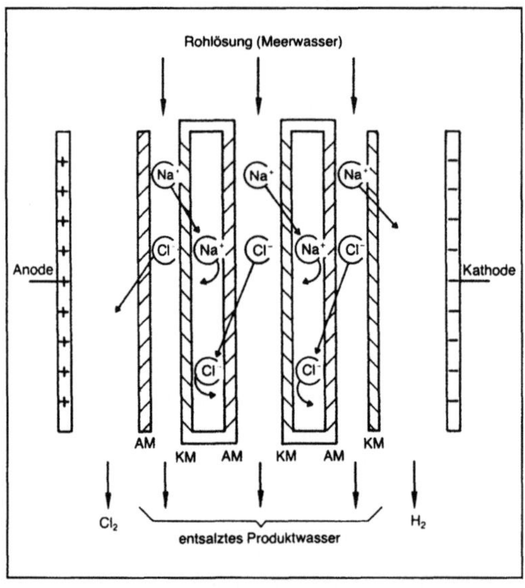

Elektroosmose: Prinzipieller Aufbau eines Membranmoduls zur Elektroosmose.

AM anionendurchlässige Membran, KM kationendurchlässige Membran

Konzentratzellen gelangen kann. Auf diese Weise können hohe Salzkonzentrationen erreicht werden. In Japan wird in verschiedenen großen Anlagen die konzentrierte Lösung zur Salzgewinnung verwendet. *Dohrn*

Literatur: *Nishiwaki, T.:* In: Industrial Processing with Membranes. Hrsg. *R. E. Lacey* u. *S. Loeb* (Kapitel 6). New York 1972. – *Shaffer, L. H.,* u. *M. S. Mintz:* Elektrodialysis. In: Principles of Desalination. Hrsgg. v. *K. S. Spiegler* u. *A. D. K. Laird.* New York 1980.

Elektro-Pkw. Pkw mit elektrischem Antrieb haben gegenüber Antrieben mit Otto- oder Dieselmotor den Vorteil der Abgasfreiheit und des nahezu geräuschlosen Betriebes.

Der weiten Einführung steht heute noch die geringere Reichweite entgegen, die durch die begrenzte Energiespeicherung in den bisherigen Batterien bedingt ist. Durch die Einführung energiereicherer Batterien (z. B. Natrium-Schwefel-Batterie von ABB) ist eine Erhöhung der Reichweite bzw. der Fahrzeugleistung zu erwarten.

Elektrische Antriebe für Pkw sind weitgehend entwickelt. Als Antrieb wird ein fremderregter Gleichstrommotor mit Speisung über einen Gleichstromsteller für Vierquadrantenbetrieb (→Betriebsdiagramm) aus der Batterie eingesetzt. Die Drehzahlverstellung erfolgt sowohl bei konstantem Drehmoment über Regelung der Ankerspannung als auch bei konstanter Leistung durch Feldregelung. Die Antriebscharakteristik eines Gleichstromantriebes für einen VW-Golf im Vergleich zum Ottomotor ist in Bild 1 gezeigt. Die Drehrichtungsumkehr kann entweder über ein Getriebe oder rein elektrisch durch Polaritätswendung im Anker- bzw. Feldkreis erfolgen.

Die Daten für ein derartiges Fahrzeug mit elektrischem Antrieb sind z. B. folgende:

Fahrzeug	
zulässiges Gesamtgewicht	1 670 kg
Leergewicht (einschl. Batterie)	1 300 kg
Spitzengeschwindigkeit	100 km/h
Anfahrsteigfähigkeit	30 %
Gleichstrommotor	
Nennleistung	12 kW
Bezugsleistung	15,4 kW (15 min)
maximale Leistung	23 kW (5 min)
Nenndrehzahl	2 170 min⁻¹
maximale Drehzahl	6 700 min⁻¹
maximales Drehmoment	123 Nm

Das Zugkraft-Geschwindigkeits-Diagramm eines E.-Pkw zeigt Bild 2.

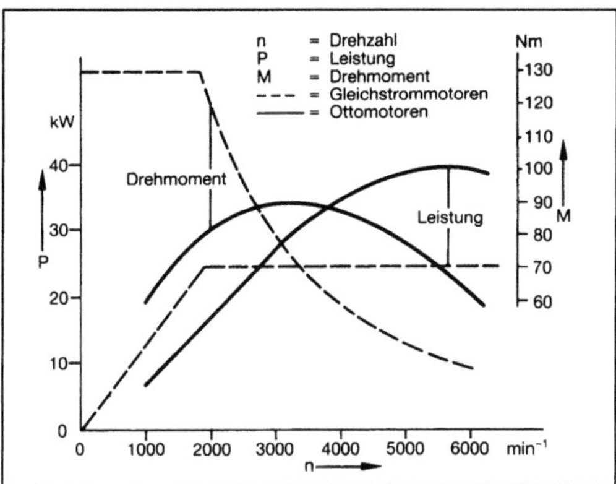

Elektro-Pkw 1: Vergleich der Charakteristik von Gleichstrommotoren mit Ottomotoren. (Quelle: Angelis/Schaf a. a. O.)

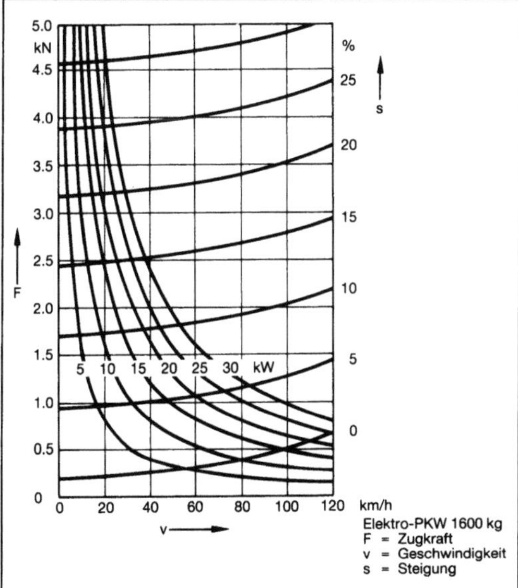

Elektro-Pkw 2: Zugkraft-Geschwindigkeits-Diagramm eines Elektro-Pkw. Steigung als Parameter. (Quelle: BBC-Druckschrift a. a. O.)

Die elektrische Ausrüstung eines Pkw mit elektrischem Antrieb erfordert einige Besonderheiten:
□ Fahrbatterie: Die Batterie zur Speisung des Gleichstrommotors ist für eine Spannung auszulegen, die der maximalen Ankerspannung des Motors entspricht.
□ Bordbatterie: Außer der Fahrbatterie ist eine 12-V-Batterie zur Versorgung des Bordnetzes (Lichtnetz, Bordelektronik usw.) notwendig.
□ Ladewandler: Da die Spannung der Fahrbatterie über der normalen Batteriespannung von 12 V liegt, ist ein besonderer Ladewandler zur Ladung der genannten Batterien erforderlich. Der Lade-

wandler arbeitet statisch und ersetzt die Lichtmaschine normaler Pkw. Der Wirkungsgrad des statischen Wandlers ($\eta \approx 90\%$) ist bedeutend höher als der der Lichtmaschine ($\eta \approx 20\%$). Der Ladewandler puffert die Bordnetzbatterie, wozu er Energie aus der Fahrbatterie bezieht. Er besteht im wesentlichen aus einem Gleichstromsteller zur Heruntersetzung der Fahrbatteriespannung.
□ Bordlader: Ein Ladegerät zur Ladung der Antriebsbatterie wird meist im Pkw untergebracht, um Unabhängigkeit von Ladestationen zu erreichen. Die Funktionen von Bordlader und Ladewandler werden ggf. auch miteinander gekoppelt, um Komponenten zu sparen.
□ Bordrechner: Zur Antriebsregelung sowie zur Überwachung und für Schutzfunktionen wird ein Bordrechner auf Mikroprozessorbasis eingesetzt. Die →Drehzahlregelung in Kaskadenschaltung besteht aus Stromregler und vorgeschaltetem Drehzahlregler. Bei Antrieben mit Feldschwächung setzt die Drehzahlregelung ein, sobald der Ankerbereich durchfahren ist.

Folgende Überwachungsfunktionen sind üblich:
□ Losfahrschutz zur Sperre des Antriebssystems zur Vermeidung des Abreißens der Netzzuleitung nach dem Laden;
□ Tiefentladeschutz zum Schutz der Fahrbatterie vor zu starker Entladung;
□ Lastabregelung als Schutz des Antriebs vor Überlastung;
□ Kollektorschutz. Zum Schutz des Kollektors des Gleichstrommotors wird der Laststrom bei niedrigen Geschwindigkeiten zur Vermeidung des Kollektoreinbrands begrenzt;
□ Überdrehzahlschutz. Schutz vor dem Durchgehen des Antriebs, z. B. bei Ausfall der Felderregung;
□ Reichweitenüberwachung. Der Ladezustand der Fahrbatterie wird überwacht, um die Notwendigkeit der Nachladung rechtzeitig zu signalisieren.

Ein Lösungsbeispiel für die Antriebsschaltung mit Leistungselektronik ist in Bild 3 dargestellt.

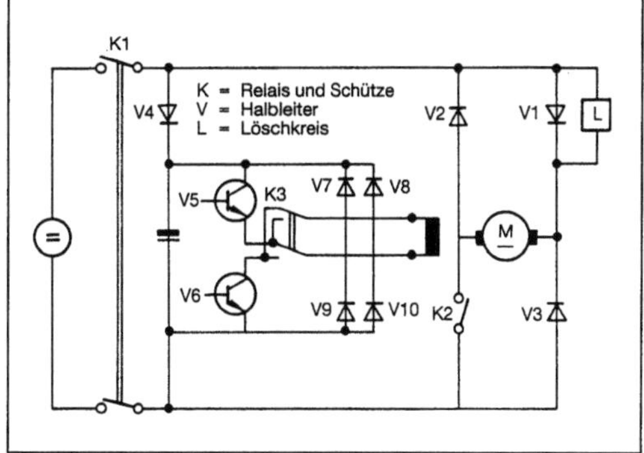

Elektro-Pkw 3: Antriebsschaltung eines Elektro-Pkw. (Quelle: Angelis/Schaf a. a. O.)

Eine Antriebslösung mit dem einfacheren Drehstrom-Asynchronmotor ist realisierbar. Der Motor kann hierbei, z. B. über einen dreiphasigen Pulswechselrichter (→Wechselrichter), aus der Fahrbatterie gespeist werden. Kostengründe sprechen heute noch dagegen. *Stüben*

Literatur: *Angelis, J., u. H. Schaf:* Elektro-Auto-Antriebssysteme. BBC-Nachr. 1984 Nr. 6, S. 220/225. – Kompakte Antriebseinheit für elektrische Straßenfahrzeuge. BBC-Druckschr. DEA 1326 82 aD.

Elektroschlacke-Umschmelzanlage. Eine E.-U. (ESU-Anlage) besteht im wesentlichen aus folgenden technischen Systemen (Bild):

☐ eine wassergekühlte Kokille, in der der Block aufgebaut wird;

☐ eine wassergekühlte Bodenplatte unter der Kokille,

☐ Elektrodenhalterungen zum Klemmen der mit einem Zwischenstück ausgerüsteten Abschmelzelektrode; die Elektrodenhalterungen sind auf einem Wagen fahrbar an einer Säule angeordnet;

☐ die Energiezufuhr aus dem Versorgungsnetz mit einem oder mehreren Transformatoren. Der Hochstromkreis wird aus den Kupferleitungen zur Elektrodenklemme, der Elektrode mit dem Zwischenstück, dem Schlackenbad, dem ESU-Block, der Bodenplatte sowie den Stromleitungen, die wieder zum Transformator führen, gebildet.

Als Kokillenwerkstoffe werden Kupfer oder Kupferlegierungen verwendet. Die Kokillenwände sind wassergekühlt.

Im Gegensatz zu Vakuum-Lichtbogenöfen, in denen nur die Herstellung von Rundblöcken möglich ist, besteht beim Elektroschlacke-Umschmelzen die Möglichkeit, eine Vielzahl von Sonderformen zu

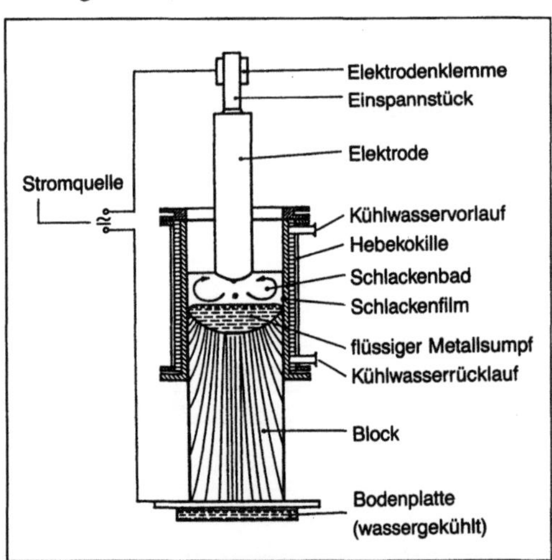

Elektroschlacke-Umschmelzanlage: Schematische Darstellung des Elektroschlacke-Umschmelzens nach E. Plöckinger und O. Etterich.

erzeugen. Neben der Herstellung von Rund- oder Polygonalblöcken werden ESU-Anlagen zur Erzeugung von Quadratblöcken, Flachblöcken mit unterschiedlichen Breiten/Dicken-Verhältnissen und Formstücken eingesetzt. *Baumann*

Literatur: *Plöckinger, E., u. O. Etterich:* Elektrostahl-Erzeugung. Düsseldorf 1979.

Elektroschlacke-Umschmelzverfahren. Beim E.-U. (ESU-Verfahren) wird eine Metallelektrode in einer metallurgisch wirksamen Schlacke abgeschmolzen. Die für den Umschmelzprozeß in einer E.-Umschmelzanlage notwendige Wärme entsteht beim Durchgang des elektrischen Stroms durch die als ohmscher Widerstand wirkende Schlackenschmelze. Beim Abschmelzen und bei der Berührung der Schmelze mit der Schlacke wird das Elektrodenmetall raffiniert und erstarrt anschließend in einer wassergekühlten Kokille zu einem Block mit vorzugsweise parallel zur Längsachse orientierter Struktur. *Baumann*

Literatur: *Plöckinger, E., u. O. Etterich:* Elektrostahl-Erzeugung. Düsseldorf 1979.

Elektrostahlverfahren. Bei den E. wird die notwendige Wärme nicht durch eine Verbrennung mit Hilfe von Sauerstoff, sondern durch den elektrischen Strom erzeugt. Das schließt ein Einbringen von Verunreinigungen in die Schmelze aus. Die technischen Möglichkeiten zur Umwandlung von elektrischer Energie in Wärme sind hauptsächlich durch Lichtbogen-Schmelzöfen und Induktionsöfen gegeben. *Baumann*

Elektrostahlwerk. In einem E. wird die erforderliche Wärme für die zu schmelzenden Metalle durch Elektrizität erzeugt. Technisch-wirtschaftliche Möglichkeiten zur Umwandlung elektrischer Energie in Wärme zum Zwecke des Schmelzens sind im wesentlichen durch Lichtbogen-Schmelzöfen und Induktionsöfen gegeben. Dementsprechend sind E. in Lichtbogenofen-Stahlwerke und Induktionsofen-Stahlwerke einzuteilen.

Mehr als 90 % des Elektrostahls wird in Lichtbogenofen-Stahlwerken hergestellt, die im wesentlichen aus einem Schmelzbetrieb und einem Gießbetrieb bestehen (Bild). Das →Lichtbogenofen-Stahlwerk war lange Zeit wegen seines hohen Energieverbrauchs und seiner begrenzten Wirtschaftlichkeit der Herstellung von Edelstahl vorbehalten. Das änderte sich mit der Entwicklung der Hochleistungs-Lichtbogen-Schmelzöfen, High-Power-Öfen (HP) genannt, und der Ultra-Hochleistungs-Lichtbogen-Schmelzöfen, Ultra-High-Power-Öfen (UHP), mit der damit verbundenen erheblichen Verkürzung der Einschmelzzeiten, der Erhöhung der Abstichgewichte und der entscheidenden Verringerung der

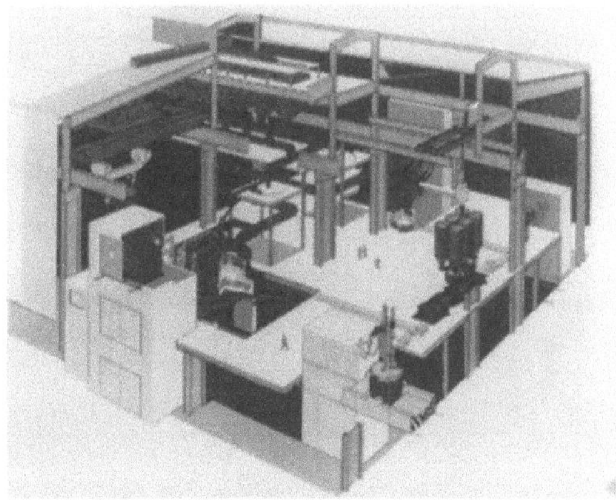

Elektrostahlwerk: Modell des Schmelzbetriebes.

Investitionen sowie der Kosten für Energie, Elektroden und Feuerfestmaterial. Damit wurde der Einsatz wirtschaftlich arbeitender E. auch zur Herstellung niedriglegierter Stähle möglich. In den 70er und 80er Jahren ist die Elektrostahl-Erzeugung mit Lichtbogenofen-Stahlwerken ständig gestiegen. *Baumann*

Elektroweidezaun. Gerät mit elektrisch geladenem Einzeldraht zum Einzäunen von Weiden in der Viehwirtschaft, z. T. auch zum Schutz vor Wildschaden. Im Vergleich zu herkömmlichen Zäunen kostengünstiger und leichter versetzbar. Erste Geräte in den 30er Jahren mit Dauerspannungen (etwa 25–60 V) bewährten sich weniger gut, vor allem wegen der Gefahr hoher Dauerströme (Schweine). Ab 1941 baute man Netzgeräte mit intermittierendem Betrieb: Impulse hoher Spannung bei kleiner Stromstärke, ähnlich dem Prinzip der Batteriezündung bei Ottomotoren. Etwa ab 1950 fanden batteriebetriebene Geräte große Verbreitung. Eine 9-V-Batterie speist über einen Unterbrecher einen Transformator, der ähnlich dem Prinzip der Zündspule hohe sekundärseitige Spannungsimpulse erzeugt (2 000–8 000 V). Ein Pol wird geerdet, der zweite mit dem Hütedraht verbunden, der mit Hilfe relativ kleiner Zaunpfähle in Isolatoren geführt wird. Bei Berührung fließt bei jedem Takt (Öffnen des Unterbrechers) ein geringer, für Mensch und Tier ungefährlicher, sehr kurzzeitiger Strom (VDE-Sicherheitsbestimmungen). Wegen des geringen Energieverbrauchs können zum automatischen Nachladen der Batterie Solarzellen angewendet werden. Die Zaunlänge kann mehrere Kilometer betragen, bei kräftigen Netzgeräten auch 20 bis 30 km. *Renius*

Elektrozug. Der E. ist eine in sich geschlossene Einheit und besteht aus Hubmotor, Getriebe, Bremse, Seilführung, Lastseil und Seilwickler. *Jünemann*

Elevator →Becherwerk (Fördertechnik)

Elysierverfahren. Das E. ist ein elektrochemisches Abtrageverfahren, bei dem sich das zu bearbeitende Werkstück in einem Elektrolyten zwischen entsprechend geformten Werkzeugelektroden befindet. Dabei formt der zwischen Werkstück und Werkzeug fließende Gleichstrom durch Herauslösen von Werkstoff das Werkstück zu einer durch das Werkzeug vorgegebenen Gestalt. *Baumann*

Endballistik. Die E. behandelt die Wirkung der →Munition im Ziel. Man unterteilt die Ziele nach der Stärke ihres Schutzes in harte Ziele (Panzerungen), halbharte Ziele (Deckungen) und weiche Ziele (kein Schutz).

Eine Munitionswirkung im Ziel setzt i. a. voraus, daß der Schutz durchschlagen wird. Hierzu dienen metallische Munitionskomponenten hoher kinetischer Energie. Beim Eindringen eines Wirkteils in ein Ziel entsteht ein Krater, dessen Volumen V mit der Energie E des Wirkteils zunimmt.

Zum Durchschlag harter Ziele ist eine große Kratertiefe T erforderlich, d. h. die Energie des Wirkteils ist auf eine kleine Fläche A der Panzerung zu konzentrieren:

$$V \sim E,$$
$$V \sim T \cdot A,$$
$$T \sim \frac{E}{A}.$$

Hierzu verwendet man Wirkteile großer Länge, hoher Dichte und großer Geschwindigkeit. Typische moderne Wirkteile gegen starke Panzerungen sind:

☐ Hohlladungsstrahlen mit Längen bis zum 10fachen des Munitionskalibers und Geschwindigkeiten bis zu Maximalwerten von über 8 km/s,

☐ Stäbe aus speziellen Werkstoffen höchster Dichte mit Längen bis zum 5fachen und mehr des Munitionskalibers und Geschwindigkeiten bis ca. 1,7 km/s.

Die endballistische Leistung als Eindringtiefe T des Wirkteils in Panzerstahl bezogen auf die Länge L des Wirkteils in Abhängigkeit von der Geschwindigkeit V des Wirkteils zeigt annähernd den Verlauf (Bild).

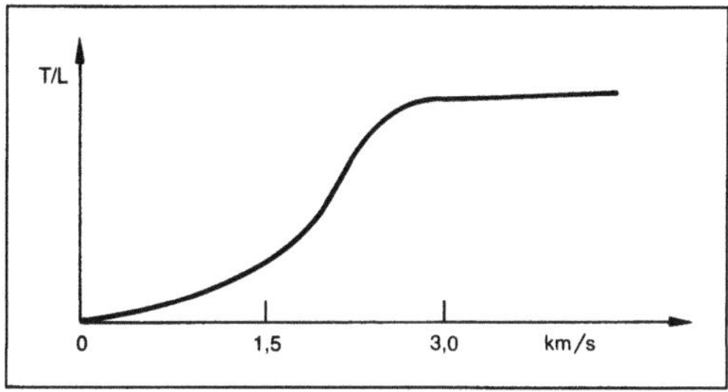

Endballistik.

Zur Bekämpfung halbharter und weicher Ziele verwendet man kleine Wirkteile (Splitter) und Stoßwellen von Sprenggeschossen.

Die E. bei modernen Schutzprinzipien (Verbundwerkstoffe in speziellen Anordnungen) ist sehr komplex. Die Durchdringungsmechanismen werden experimentell mit Hilfe von Kurzzeit-Meßtechnik (z. B. Röntgenblitz-Photographie) und theoretisch durch Simulationsmodelle mit modernen Computer-Codes analysiert. Hierzu gehört auch die Analyse der Sekundärwirkung hinter dem Schutz durch Verwundbarkeitsmodelle. Die Zerstörungswahrscheinlichkeit beschreibt die erwartete Ausfallquote der Funktionen des beschossenen Systems, wie z. B. der Bewegungsfähigkeit und der Feuerkraft. *Meyer-Bäse*

Enddruck →Druckverhältnis (Kolbenverdichter)

Endlagenbremsung →Hydrozylinder

Endlagendämpfung →Hydrozylinder

Endphasenlenkung. Von E. spricht man bei sog. intelligenten Geschossen, die in der Endphase ihrer ballistischen Flugbahn das Punktziel (Bild 1) erkennen und ansteuern. Mittels der an sich schon hohen Treffgenauigkeit der Rohrwaffe auf „klassische" Weise in ein eng vorgegebenes Zielgebiet gebracht, kann so das →Geschoß über die E. seine verbleibende ballistische Streuung und die Bewegung des Ziels während des Anfluges ausgleichen.

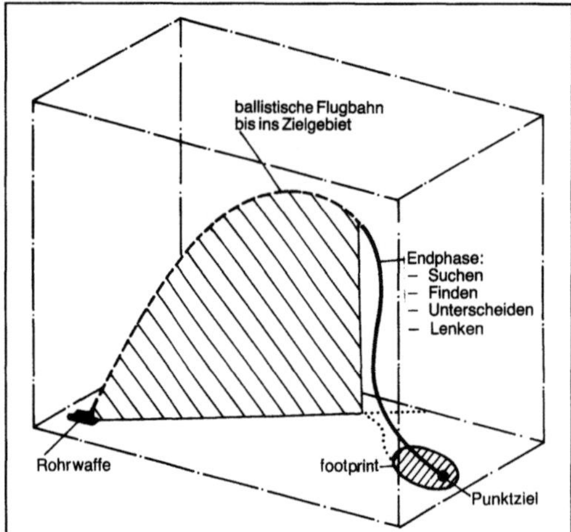

Endphasenlenkung 1.

Charakteristische Komponenten des endphasengelenkten Geschosses sind Suchkopf, Instrumentierung, Autopilot, Lenkorgan, Energiespeicher und Gefechtskopf (Bild 2). Neben der Miniaturisierung sind große Präzision der Sensoren und hohe Abschußfestigkeit der Komponenten notwendig.

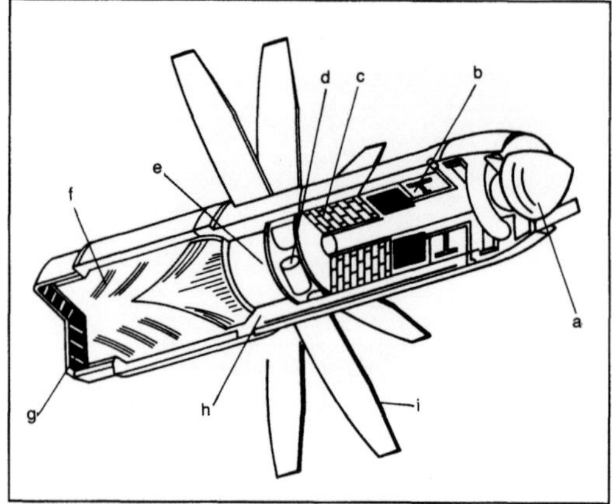

Endphasenlenkung 2: Prinzipieller Aufbau einer endphasengelenkten Submunition (Beispiel Impulslenkung).

a Zielsuchkopf, b Heißgas-Impulsgenerator (Steuerblock), c Prozessor, d Instrumentierung, e Energieversorgungsanlage (EVA), f Gefechtskopf, g Zünd- und Sicherheitseinrichtung (ZUSE), h Aufklappmechanismus, i Flügel in Funktionsstellung (aufgeklappt)

Es sind folgende Leitverfahren zu unterscheiden: Zielsuchverfahren, Leitstrahlverfahren und Kommandoverfahren.

☐ *Zielsuchverfahren*

– aktiv: Zielsuchkopf „bestrahlt" das Ziel und wertet das Echo aus. Die Auswertung erfolgt in den Phasen Detektion (Unterscheidung gegen Rauschen und Hintergrund), Klassifikation (Unterscheidung Ziel/Falschziel) und Identifikation (Zieltyp).

– halbaktiv: Ziel wird durch fremde Lichtquelle „beleuchtet".

– passiv: Zielsuchkopf wertet Strahlung aus, die vom Ziel ausgesandt wird.

Je nach Suchprinzip kommen unterschiedliche Frequenzen zur Anwendung:

– infrarot (IR): aktiv, Laser (Entfernung, Reflektivität), passiv (Temperatur, Emissionsvermögen);

– mm-Welle (mmW): aktiv, Radar (Entfernung, Rückstreuverhalten, Doppler), passiv, Radiowelle (Emissionsverhalten).

Das Zusammenspiel zwischen Zielsuchkopf und Lenkung unterliegt der Anwendung der Lenkgesetze. Am häufigsten wird die Proportionalnavigation angewandt (Bild 3). Hierbei wird das Geschoß aerodynamisch oder über Impulslenkung proportional zur Sichtliniendrehgeschwindigkeit beschleunigt.

Eine Herabsetzung der zu steuernden Masse läßt sich über das Submunitionsprinzip erreichen:

– Trägergeschoß: Bei unveränderter Abschuß- und Flugbahncharakteristik erfolgt im Zielgebiet der Ausstoß der Submunition aus dem Trägergeschoß.

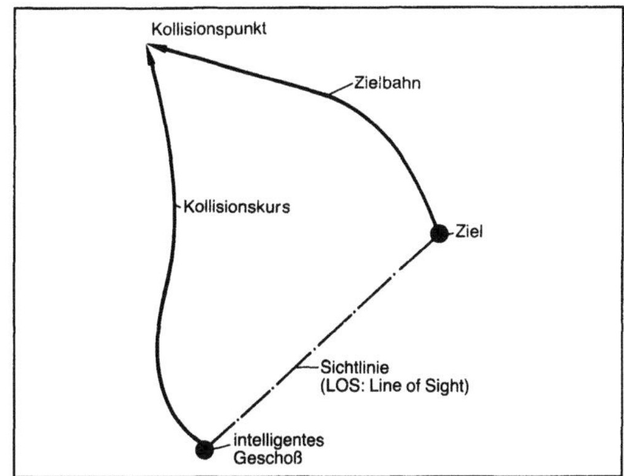

Endphasenlenkung 3: Prinzipdarstellung zur Proportionalnavigation.

Die Submunition steuert das Ziel dann autonom an.

– Dispenser: Ausstoß der Submunition im Zielgebiet aus einem Flugkörper (Dispenser), der – vom Flugzeug ausgeklinkt – eine vorprogrammierte Flugbahn beschreibt.

□ *Leitstrahl- oder Beamrider-Verfahren*

Das Geschoß folgt einem das Ziel erfassenden Laserstrahl und erreicht so das Produktziel. Dieses Verfahren verliert mit wachsender Zielentfernung an Präzision, ist aber für Entfernungen bis zu einigen Kilometern anwendbar (Verbesserung des direkten Schusses).

□ *Kommandoverfahren*

Die Ziel- und Geschoßverfolgung wird waffensystemseitig über Sensorik oder Lenkschützen durchgeführt. Die Lenkkommandos zum Geschoß oder Flugkörper erfolgen über Draht, Lichtleiter, mmW oder Laser. *Scheipner*

Literatur: Heaston/Smoots: Introduction to Precision Guided Munitions/Gaciag. Iit Research Inst. Chicago/Illinois/USA (1983). – DWT-Forum: Deutsche Artillerie heute – morgen wt 2 (1984). – Flugkörper und Dispenser. wt 6 (1986). – *Germershausen, R.:* Von der Sprenggranate zur Endphasenlenkung. Heere international. B. 2 (1983). – *Peller, H.:* Lenkgesetze. CCG-Lehrgang B 2.14. Weil am Rhein 2 (1985). – *Romer, R.:* Großkalibrige Rohrwaffensysteme zur Flugabwehr. wt 9 (1985).

Endrücknahme → Verzahnungskorrektur

Energie für Kraftfahrzeuge. Zum Überwinden der Fahrwiderstände muß E. mitgeführt werden. Dabei muß die E.-Dichte (spezifische E.), gemessen in Nm/kg oder kWh/kg wesentlich größer als die E.-Dichte des Fahrzeugs sein (Leichtbau). Nimmt man einen durchschnittlichen Fahrwiderstand von 200–500 N/t Gesamtgewicht und die Reichweite von einer E.-Ergänzung zur anderen mit 500 bis 1000 km an, so ist die mitzuführende E., am Antriebsrad gemessen, 100–$500 \cdot 10^6$ Nm/t bzw. 28 bis 140 kWh/t. Dabei ist der Wirkungsgrad der E.-Umwandlung zu berücksichtigen (z. B. Verbrennungsmotor ca. 20 %, E-Motor ca. 70 %) sowie der Wirkungsgrad der Kraftübertragung (z. B. 90 %). Ein Pkw mit Verbrennungsmotor und 1 t Gesamtgewicht mit einem erwünschten E.-Vorrat von 80 kWh am Rad braucht daher $80/(0,9 \cdot 0,2) = 445$ kWh, entsprechend 49,5 l Kraftstoff.

Die E.-Dichte (MJ oder kWh/kg bzw. kWh/dm^3) mechanischer Speicher (Feder, Druckspeicher, Schwungrad) ist ungenügend. Chemische Speicher brauchen einen E.-Wandler (Motor), um die E. der chemischen Reaktion über Wärme (Kraftstoffe) oder elektrischen Strom (Batterien, Brennstoffzellen) in mechanische Arbeit umzusetzen. Während im Verbrennungsmotor die Umwandlung von chemischer E. in Wärme und dann in mechanische E. erfolgt, wandelt der E-Motor nur elektrische E. in mechanische. Die verlustbehaftete Umwandlung von chemischer E. in elektrische erfolgt in der Batterie bzw. Brennstoffzelle. Der Wunsch, eine möglichst leichte Batterie zu finden, ist durch die Bildungsenergie der reagierenden Stoffe begrenzt. Tabelle 1 zeigt die Bildungs-E. der jeweils energiereichsten Verbindung der chemischen Elemente miteinander. Die Maxima stellen die leichten, reaktionsfreudigen Elemente mit 3–6,6 kWh/kg dar (zum Vergleich: Benzin mit Sauerstoff aus der Luft 12 kWh/kg). Die theoretischen Werte werden von realen Batterien nicht erreicht, weil für Gehäuse, Stromleitung usw. Massen erforderlich sind, die am Prozeß nicht teilnehmen und die Umwandlung von chemischer in elektrische E. verlustbehaftet ist. Ihr Wirkungsgrad ist um so kleiner, je rascher Be- und Entladung stattfinden (Bild 1).

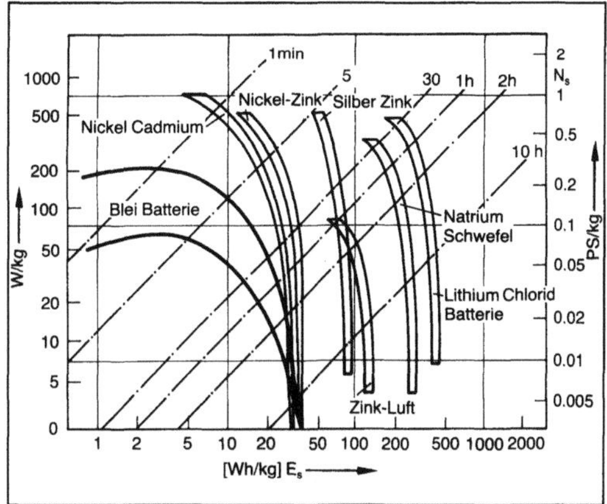

Energie für Kraftfahrzeuge 1: Leistungs- und Energiedichte verschiedener Batterien.

Erläuterung: Die Batterie ist nicht nur Energiespeicher, sondern auch Energieumwandler: von chemischer in elektrische Energie beim Entladen und umgekehrt beim Laden. Diese Energiewandlung ist verlustbehaftet. Die Verluste sind i. a. um so größer, je rascher die Batterie ge- oder entladen wird. Meist wird der Energieinhalt bei 5-stündiger Entladung angegeben.

Energie für Kraftfahrzeuge. Tabelle 1: Energiedichte (Wh/kg), die sich aus der energiereichsten Verbindung zweier Elemente ergibt.

	H 1	He 2	Li 3	Be 4	B 5	C 6	N 7	O 8	F 9	Ne 10	Na 11	Mg 12	Al 13	Si 14	P 15	S 16	Cl 17	Ar 18
H 1	0	0	3.11		-.1	1.31	1.47	4.41	5.53	0	.65	-1.91		.52	.22	.33	.71	0
He 2		0	0			0	0	0	0	0	0	0	0	0	0	0	0	0
Li 3			0		.41	1.58	5.53	6.54		0		.44				2.92	2.67	0
Be 4				0	0	0	2.83	6.65	6	0						1.61	1.58	0
B 5					0	.3	2.83	5.04	4.55	0						.57	.93	0
C 6						0	2.02	2.48	2.88	0	-.08	.49	.49	.76	0	0	.25	0
N 7							0	-.0	.44	0	.05	1.28	.22	1.5	.55	0	.55	0
O 8								0	-.1	0	1.93	4.14	4.58	3.98	3.02	1.53	0	0
F 9									0	0	3.78	4.93	5.8	4.14	0	2.1	.49	0
Ne 10										0	0	0	0	0	0	0	0	0
Na 11											0					1.39	1.96	0
Mg 12												0	.33	.27		1.74	1.85	0
Al 13													0	0		1.34	1.47	0
Si 14														0		.78	.95	0
P 15															0	0	.68	0
S 16																0	.14	0
Cl 17																	0	0
Ar 18																		0

	K 19	Ca 20	Sc 21	Ti 22	V 23	Cr 24	Mn 25	Fe 26	Co 27	Ni 28
H 1	.46	1.28								
He 2					0	0	0	0	0	0
Li 3										
Be 4										
B 5										
C 6		2.73		.84	.52	.14				
N 7		.82		1.5	.74	.52	.19			
O 8	1.25	3.16	3.43	3.22	2.62	2.07	1.69	1.44	1.04	.9
F 9	2.7	4.33	0	3.46	0	2.1	2.48	2.43	1.91	1.93
Ne 10	0	0	0	0	0	0	0	0	0	0
Na 11										
Mg 12		.27								.14
Al 13		.52							.35	.38
Si 14		.63		.44			.19	.27	.33	.27
P 15							0	.33	.38	.35
S 16	.93	1.85	.35		.63		.65	.41	.3	.22
Cl 17	2.45	1.96	1.69	1.72	1.39	.98	1.04	.76	.71	.68
Ar 18	0	0	0	0	0	0	0	0	0	0

Kraftstoffe haben nicht nur eine wesentlich höhere E.-Dichte, sondern sind auch rasch und verlustarm zu tanken, sofern sie bei den gegebenen Temperaturen flüssig sind. Auch synthetische Kraftstoffe werden flüssig sein, zumal das auch für Herstellung, Transport und Lagerung vorteilhaft ist (Tabelle 2).

Energie für Kraftfahrzeuge. Tabelle 2: Energiedichte ausgewählter Kraftstoffe mit Behälter.

	kWh/kg	kWh/dm³
Benzin, Diesel	10	8
LPG (Flüssiggas)	6	6
Ethanol	7	6
Methanol	5	4
H₂ gasförmig (200 bar)	0,4	0,6
flüssig	6	1,4
TiFe-gebunden	0,5	1,2
Mg-gebunden	0,8	0,7
zum Vergleich:		
Bleibatterie	0,02	0,07
NaS-Batterie	0,1	0,2

Für E.- und Leistungsdichte ausgeführter Fahrzeuge gilt Tabelle 3.

Der vergleichenden Untersuchung verschiedener E. für Kraftfahrzeuge dienen E.-Ketten (Bild 2). Dabei wird der Verbrauch an Primär-E. (Erdöl, Kohle) je Nutzlast untersucht, der sich ergibt, wenn man die Wirkungsgrade der E.-Umsetzung durch Förderung, Umformung (Raffinieren, Verflüssigen), Transport, Antriebsmotor und Kraftübertragung miteinander multipliziert. So kann z. B. die Frage beantwortet werden, wie hoch der E.-Verbrauch je kg Nutzlast ist, wenn Kohle als Primär-E. genutzt wird und als technische Lösung Vergasen, Verflüssigen oder Verstromen in Betracht kommt.

Das Minimieren der für den Antrieb erforderlichen E. ist eine zentrale Entwicklungsaufgabe aus wirtschaftlichen und ökologischen Gründen. Dazu tragen

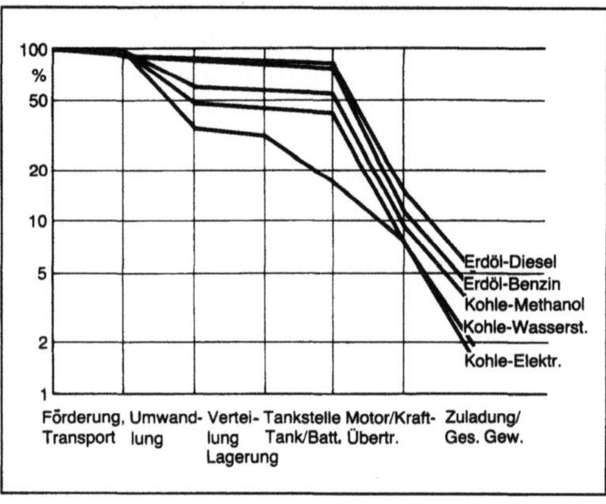

Energie für Kraftfahrzeuge 2: Energieketten für einen Pkw.

Erläuterung: Jede Stufe des Energietransports und der Umsetzung ist mit Verlusten behaftet. Die Wirkungsgrade der einzelnen Stufen sind die Faktoren, die zum Gesamtwirkungsgrad, d. h. Energieaufwand für den Transport der Zuladung (Nutzenergie) bezogen auf den ursprünglichen Energiebetrag führen.

Er beträgt für die Beispiele:

Erdöl – Diesel	5,43 %
Erdöl – Benzin	4,20 %
Kohle – Methanol	3,45 %
Kohle – Wasserstoff	2,0 %
Kohle – Elektro	1,82 %

Fahrzeuge mit den beiden letztgenannten Energiewirkungsgraden haben eine wesentlich geringere Reichweite.

Der Abschätzung liegt ein Fahrzyklus 50 % Stadt, 25 % 90 km/h und 25 % 120 km/h zugrunde.

Energie für Kraftfahrzeuge. Tabelle 3: Energie- und Leistungsdichte verschiedener Kraftfahrzeugantriebe.

betriebsfertiger Zustand mit Start- und Kühleinrichtung, Auspuff, Getriebe, Tank, Kraftstoff für den Betrieb mit maximaler Leistung

	Betriebszeit h	Reichweite km	Leistungsdichte W/kg	Energiedichte Wh/kg
Diesel 40 kW, 210 kg Tank 55 l, 55 kg η = 30 %, 10 kWh/kg	4,0	600[1]	150	600
Otto 40 kW, 180 kg Tank 55 l, 55 kg η = 25 %, 10 kWh/kg	3,5	525[1]	170	600
Otto 40 kW, 180 kg Flüssiggas 100 kg η = 25 %, 5 kWh/kg	3,0	450[1]	140	420
Otto 40 kW, 180 kg H_2-Titanspeich. 300 kg, η = 28 %, 0,5 kWh/kg	1,0	150[1]	80	80
E-Motor 16 kW, 100 kg NaS-Batt. 300 kg η = 65 %, 0,1 kWh/kg	1,2	126[2]	40	50
E-Motor 16 kW, 100 kg Blei-Batt. 500 kg η = 65 %, 0,02 kWh/kg	0,4	42[2]	27	10

η Wirkungsgrad der Energiewandlung   [1] bei 150 km/h   [2] bei 105 km/h

bei: Ausbildung der Verkehrswege, Fahrwiderstand, Wirkungsgrad des Motors und der Kraftübertragung. Verbrennungsmotoren haben sehr unterschiedliche Wirkungsgrade für dieses Umsetzen von chemischer in mechanische E. So können z. B. 10 kW bei 1400 min^{-1} mit ca. 30 % ($\triangleq$ 280 g/kWh) oder bei 6000 min^{-1} mit 13 % ($\triangleq$ 650 g/kWh) umgesetzt werden. Der für jede vorgegebene Leistung günstigste Wirkungsgrad ergibt sich nahe der Vollastkurve. Voraussetzung für das Nutzen des verbrauchsgünstigen, vollastnahen Arbeitsbereichs sind daher „lange Gänge" des Getriebes; bei diesen liegt die Fahrwiderstandslinie in der Ebene nahe der Vollastlinie (Leistungsbedarf Bild 1 a) und die Fahrtaktik, stets mit dem höchstmöglichen Gang zu fahren. Das kann z. B. durch ein Licht- oder Schallsignal erfolgen, das den Fahrer darauf aufmerksam macht, daß die gleiche Leistung auch im nächsthöheren Gang zur Verfügung steht („Schaltanzeige" →Kraftübertragung). *Fiala*

Energiebilanz.

1. Ofenprozeß. E. sind die Grundlage zur wärmetechnischen Beurteilung von Industrieöfen. Sie können sowohl für ganze Anlagen als auch für geeignete Teilbereiche aufgestellt werden. Exemplarisch wird eine solche Bilanz nachfolgend für einen brennstoffbeheizten und stationär betriebenen Durchlaufofen aufgestellt, innerhalb dessen der Gutstrom $\dot{m}_S$ von der Temperatur ϑ_{S1} auf die Temperatur ϑ_{S2} erwärmt wird (Bild).

Die dem Ofen zu- und abgeführten Massenströme an Brennstoff, Luft und Abgas sind $\dot{m}_B$, $\dot{m}_L$ und $\dot{m}_A$. Der Brennstoff hat den Heizwert h_u und wird dem Ofen mit der Temperatur ϑ_B zugeführt. Die Temperatur der evtl. vorgewärmten Luft ist ϑ_L und die des Abgases ϑ_A. Wird angenommen, daß durch die Ofenwände der Verlustwärmestrom $\dot{Q}_V$ abgegeben wird, so lautet die E. für dieses einfache Beispiel

$$\dot{H}_B + \dot{H}_L = \dot{H}_{S2} - \dot{H}_{S1} + \dot{H}_A + \dot{Q}_V \tag{1},$$

wobei die einzelnen Enthalpieströme $\dot{H}$ durch die im Bild aufgeführten Zustandsgleichungen gegeben sind. Hierbei bedeutet c_i die im jeweiligen Temperaturbereich gemittelte isobare spezifische Wärmekapazität des Stoffs i. Die Massenströme $\dot{m}_B$, $\dot{m}_L$ und $\dot{m}_A$ sind entsprechend den nachstehenden Beziehungen über die Luftzahl Λ und den Mindestluftbedarf L_{min} miteinander verknüpft, so daß die beiden Massenströme $\dot{m}_L$ und $\dot{m}_A$ im obigen Gleichungssystem eliminiert und durch die üblicherweise vorgegebenen Verbrennungskenngrößen gemäß

$$\dot{m}_L = \Lambda \cdot L_{min} \cdot \dot{m}_B \tag{2}$$

sowie

$$\dot{m}_A = (1 + \Lambda_{min}) \cdot \dot{m}_B \tag{3}$$

ersetzt werden können. Nach einigen Umformungen erhält man dann für den spezifischen Energieverbrauch:

$$\dot{m}_B \cdot h_u = \frac{c_S \cdot (\vartheta_{S2} - \vartheta_{S1}) + \dfrac{\dot{Q}_V}{\dot{m}_S}}{1 + \dfrac{c_B \cdot \vartheta_B + \Lambda \cdot L_{min} \, c_L \cdot \vartheta_L - (1 + \Lambda \cdot L_{min}) \cdot c_A \cdot \vartheta_A}{h_u}} \qquad (4).$$

In der Regel wird der Brennstoff nicht vorgewärmt, so daß das Glied $c_B \cdot \vartheta_B$ vernachlässigbar ist. Geht man davon aus, daß die Verbrennungsluft bei der Zufuhr Umgebungstemperatur aufweist, so kann das entsprechende Glied für die Luftvorwärmung ebenfalls vernachlässigt werden, wodurch sich Gl. (4) zu

$$\dot{m}_B \cdot h_u = \frac{c_S \cdot (\vartheta_{S2} - \vartheta_{S1}) + \dfrac{\dot{Q}_V}{\dot{m}_S}}{1 - \dfrac{(1 + \Lambda \cdot L_{min}) \cdot c_A \cdot \vartheta_A}{h_u}} \qquad (5)$$

vereinfacht. In diesem Fall wird also der spezifische Energieverbrauch eines Ofens außer von der erzielten Temperaturerhöhung des Guts $(\vartheta_{S2} - \vartheta_{S1})$ nur noch von der Abgastemperatur ϑ_A, den Verbrennungskenngrößen Λ, L_{min} und h_u sowie dem spezifischen Wandverlust $\dot{Q}_V/\dot{m}_S$ bestimmt.

Man entnimmt Gl. (5) ferner, daß bei gleichem Verlustwärmestrom $\dot{Q}_V$ der spezifische Wandverlust mit größer werdendem Durchsatz $\dot{m}_S$ kleiner wird. Dies ist der Grund dafür, daß insbesondere Öfen zur Wärmebehandlung von Kleinteilen mit geringem Gutdurchsatz $\dot{m}_S$ einen relativ großen spezifischen Wandverlust aufweisen. Häufig kann das Gut nur mit Hilfe von Transportmitteln, wie z. B. Transportwagen, Ketten, Körben o. ä., durch

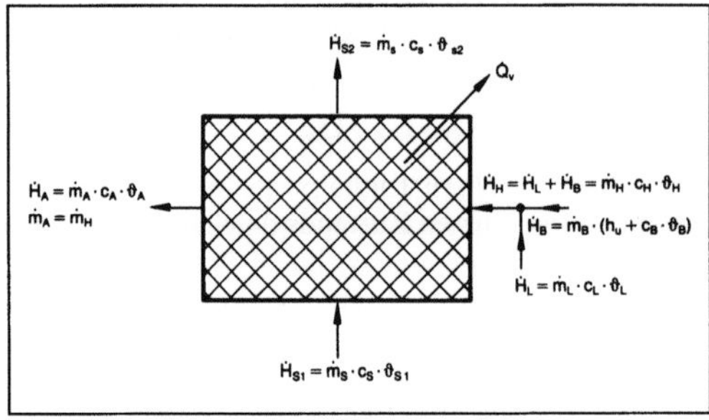

Energiebilanz (Ofenprozeß): Energiebilanz an einem brennstoffbeheizten Durchlaufofen.

$\dot{m}_B$ Brennstoffmassenstrom, $\dot{m}_L$ Luftmassenstrom, $\dot{m}_A$ Abgasmassenstrom, $\dot{m}_S$ Gutmassenstrom, $\dot{m}_B$ Heizmittelmassenstrom, c_B spezifische Wärmekapazität des Brennstoffs, c_L spezifische Wärmekapazität der Luft, c_A spezifische Wärmekapazität des Abgases, c_S spezifische Wärmekapazität des Gutes, c_H spezifische Wärmekapazität des Heizmittels, ϑ_B Brennstofftemperatur, ϑ_L Lufttemperatur, ϑ_A Abgastemperatur, ϑ_{S1} und ϑ_{S2} Guttemperaturen bei Ein- und Austritt, ϑ_H Heizmitteltemperatur, $\dot{H}_B$ Enthalpiestrom des Brennstoffs, $\dot{H}_{S1}$ Enthalpiestrom der Luft, $\dot{H}_A$ Enthalpiestrom des Abgases, $\dot{H}_{S1}$ und $\dot{H}_{S2}$-Enthalpieströme des Gutes bei Ein- und Austritt, $\dot{H}_H$-Enthalpiestrom des Heizgases, h_u unterer Heizwert des Brennstoffs, $\dot{Q}_V$ Verlustwärmestrom

den Ofen befördert werden, so daß in diesen Fällen im Zähler von Gl. (4) und (5) noch die Enthalpieerhöhung der Transportmittel (Index T) durch das Glied

$$\frac{\Delta \dot{H}_T}{\dot{m}_S} = \frac{\dot{m}_T}{\dot{m}_S} \cdot c_T \cdot (\vartheta_{T2} - \vartheta_{T1}) \qquad (6)$$

hinzuzufügen ist. Hierin bedeuten: $\dot{m}_T$ Massenstrom des Transportmittels, $\dot{m}_S$ Massenstrom des Guts, c_T spezifische Wärmekapazität des Transportmittels, ϑ_{T1} Temperatur des Transportmittels vor Erreichen des Ofens sowie ϑ_{T2} Temperatur des Transportmittels nach Passieren des Ofens. In ungünstigen Fällen kann der spezifische Energieverbrauch sogar überwiegend vom Transportmittel bestimmt werden.

In diesem Zusammenhang sei ergänzend bemerkt, daß sich entsprechende Beziehungen auch für Chargenöfen, die immer instationär betrieben werden, ergeben, wenn man die einzelnen Bilanzglieder über die jeweilige Chargendauer in geeigneter Weise mittelt. Allerdings ist dann häufig ein weiteres Wärmeverlustglied zu berücksichtigen, da ein Teil der in den Wänden gespeicherten Energie in der Zeit zwischen der Entnahme der Charge und dem Einsetzen der folgenden Charge verlorengeht (Speicherverluste). *Jeschar/Specht/Bittner*

2. Verbrennungsmotor. Im Beharrungszustand muß der einem Motor mit dem Kraftstoff zugeführte Energiestrom gleich der Summe aller den Motor verlassenden Energieströme sein.

Mit dem Kraftstoff wird einem →Verbrennungsmotor ein Energiestrom zugeführt, der sich aus dem Produkt $\dot{m}_K \cdot h_u$ ergibt (Kraftstoffmassenstrom $\dot{m}_K$, Heizwert h_u). Der Heizwert h_u wird deshalb verwendet, weil die Verdampfungsenthalpie des Wasserdampfes im Abgas des Motors normalerweise nicht genutzt werden kann. Wo dieser zugeführte Energiestrom bleibt, ist für einen Ottomotor in der Tabelle gezeigt. Grob kann man sagen, daß er sich zu etwa gleichen Teilen in der Nutzleistung des Motors, im Abgas und im Kühlwasser wiederfindet. Der Anteil Abgaswärme ist die Differenz der Enthalpieströme von Abgas und Verbrennungsluft. Der Anteil „Rest" wird aus der Differenz zu 100 % bestimmt und beinhaltet die Wärmeabgabe durch Strahlung, die Energie unverbrannter Kraftstoffbestandteile im Abgas und Meßfehler.

Während hier die vom Motor nach außen abgegebenen Energieströme betrachtet werden, läßt sich der Energiefluß innerhalb des Motors im →Sankey-Diagramm darstellen. Ein Zusammenhang zwischen beiden Betrachtungsweisen kann nur bedingt hergestellt werden, weil z. B. im Kühlwasser Wärme aus den thermodynamischen Verlusten und aus den Reibungsverlusten enthalten ist.   *Kuhlmann*

Energiebilanz (Verbrennungsmotor). Tabelle: Für einen Ottomotor.

Nutzleistung	30 %
Kühlwasserwärme	30 %
Abgaswärme	33 %
Rest	7 %
	100 %

Energiedichte →Energie für Kraftfahrzeuge

Energiekette. Durch Transportverluste und Wirkungsgrade bei der Umwandlung kommt nur ein Teil der ursprünglich vorhandenen Energie (Primärenergie) bei den Rädern an und steht dort zum Überwinden der Fahrwiderstände zur Verfügung. Die E. verfolgt die Energie von der Quelle bis zum Nutzer und stellt fest, wieviel dabei verlorengeht, z. B. Kohleabbau–Transport–Kraftwerk zur Umwandlung in elektrische Energie–Stromleitungsverluste–Batterie laden (in chemische Energie umwandeln)–Batterie entladen (in Strom wandeln)–E-Motor (wandeln in mechanische Energie)–Übertragungsverluste der mechanischen Energie zu den Rädern.   *Fiala*

Energiespeicher →Energie für Kraftfahrzeuge

Energiespeicherelement, mechanisches. Das m. E. hat die Aufgabe, durch das Speichern bzw. das Umwandeln von Energie Funktionen auf mechanischem Wege zu ermöglichen.

Die Energie wird Federspeichern (Federn) oder Massespeichern (Gewichte für Antriebe oder zum Ausgleichen, Schwungmassen in Antrieben) entnommen.

Funktionen können sein: Steuern bewegter Massen, Kontaktgabe, Übertragen bzw. Anregen von Schwingungen, Gewichtsausgleich, Ablauf von mechanischen Werken und Getrieben ermöglichen, Spielfreiheit gewährleisten, Messen von Kraft und Druck.

Federn können nach dem Werkstoff, der Form, Beanspruchung, Belastung oder Anwendung gegliedert werden (Tabelle).

Zur Berechnung stellen die Federkennlinien den funktionellen Zusammenhang zwischen Federkraft F und Federweg f dar. Sie verlaufen normalerweise in Form von Geraden mit bestimmtem Anstieg. Bei Federn mit steiler Kennlinie spricht man von harten Federn, während Federn mit schwach geneigter Kennlinie als weiche Federn bezeichnet werden.

Federkennlinien können auch gekrümmt oder geknickt sein. Gekrümmte Kennlinien entstehen, wenn einzelne Federwindungen bei der Betätigung nacheinander zum Anliegen kommen, wie z. B. bei zylindrischen Schraubendruckfedern mit veränderlicher Steigung oder bei konischen Federn. Geknickte Kennlinien ergeben sich bei zusammengesetzten Federn mit unterschiedlichem Federweg. Die Kenngröße für die Kennlinie einer Feder ist die Federrate c, früher Federkonstante genannt. Es gilt:

Energiespeicherelement, mechanisches. Tabelle: Gliederung von Federn.

Werkstoff	Form	Querschnitts-Beanspruchung	Belastung	Anwendung
Metallfeder Kunstoffeder Gummifeder	Flachformfeder Drahtformfeder Spiralfeder (Rollfeder) zugleich Schrauben-Drehfeder Tellerfeder	Federn mit Biegebeanspruchung	Biegefeder Druckfeder Schubfeder Torsionsfeder Zugfeder	Ausgleichfeder Kontaktfeder Meßfeder Rastfeder Rückholfeder Schaltfeder Schwingfeder Triebfeder
	zugleich Schraubenfeder (Druck-, Zug- und Knickfeder) Kegelstumpffeder Drehstabfeder	Federn mit Torsionsbeanspruchung		
	Hohlfeder Rohrfeder			

für gerade Kennlinien $\quad c = \dfrac{F}{f},$

für gekrümmte Kennlinien $c = \dfrac{dF}{df}.$

Die Berechnung dient zur Ermittlung der Abmessungen der für einen bestimmten Verwendungszweck geeignetsten Feder.

Funktionsseitig ist in den meisten Fällen ein Federdiagramm gegeben, d. h. das Arbeitsvermögen (Federungsarbeit) der Feder, Federkraft und Federweg.

Zur Festlegung der Federabmessungen benutzt man gleich für welche Federart eine Spannungsformel und eine Federungsformel.

Die Spannungsformel ermöglicht die Nachrechnung der Beanspruchung, die bei den Betriebsverhältnissen in dem festgelegten Federquerschnitt herrscht. Die errechneten Spannungswerte geben Hinweise für die Wahl des Federwerkstoffs bzw. für eine evtl. Änderung der gewählten Federabmessungen.

Mit der Federungsformel lassen sich die erforderlichen Längenverhältnisse der Feder ermitteln.

Es ist oft notwendig, den Rechnungsgang zwecks günstiger Gestaltung der Feder und Unterbringung in dem vorgesehenen Raum mehrmals zu wiederholen. Sehr nützlich erweisen sich dabei Rechenhilfen wie Federrechenschieber, Diagramme, Leitertafeln usw.

Die Federungsarbeit einer Feder mit linearem Verlauf der Federkennlinie beträgt $W = \dfrac{1}{2} \cdot F \cdot f$

und bei nichtlinearem Verlauf $W = \int\limits_0^f F \cdot df.$

Allgemein gilt bei Biegefedern $W = \dfrac{V \cdot \sigma^2}{E} \cdot \eta$ und

bei Drehfedern $W = \dfrac{V \cdot \tau^2}{G} \cdot \eta;$

darin bedeuten: V wirksames Federvolumen, σ Biegespannung, τ Schubspannung, E Elastizitätsmodul, G Gleitmodul, η Gütegrad der Feder, Ausnutzungsfaktor; er besagt, in welchem Maße das Federvolumen Energie aufnehmen kann.

Lauruschkat

Literatur: DIN 2088: Berechnung und Konstruktion von Drehfedern. Hrsg. Dt. Inst. f. Normung. – DIN 2089: Berechnung und Konstruktion von Druck- und Zugfedern. Zylindrische Schraubenfedern aus runden Drähten und Stäben. Hrsg. Dt. Inst. f. Normung. – DIN 29: Darstellung und Sinnbilder für Federn. Hrsg. Dt. Inst. f. Normung. – VDI/VDE 2255: Feinwerkelemente, Energiespeicherelemente. VDI/VDE-Handb. Feinwerktechn. Berlin 1982.

Energieumsatz →Umsatzart (technische Systeme)

Energiewandlung. Von einer Form der Energie in eine andere. Allgemein sind viele Wandlungen, sog. Wandlungsketten, notwendig, denn Energie kann nur in bestimmten Formen gewonnen (Primärenergie: fossile oder nukleare Brennstoffe, hydraulische, Sonnen-, Wind-, Gezeitenenergie), muß aber in anderen Formen übertragen oder transportiert (meistens elektrische Energie), gespeichert (hydraulische Energie, Wärme) und schließlich genutzt werden (mechanischer Antrieb von Maschinen, Geräten und Fahrzeugen, Wärme, Licht, Kommunikationstechnik). Bei jedem Wandlungsschritt entstehen Verluste; bestimmte Energieformen z. B. Wärme lassen sich prinzipiell nicht vollständig in andere überführen: Energie in dieser Form hat eine geringere Arbeitsfähigkeit oder Exergie. Viele Prozesse zum Gewinnen mechanischer Energie (Dampfturbine, Gasturbine, Kolbenmotor) bedürfen aber gerade als Zwischenschritt der Energieform Wärme.

Strömungsmaschinen sind ein Glied in solchen Wandlungsketten: *Arbeitsmaschinen* wandeln die zu ihrem Antrieb nötige mechanische Energie – außer einer möglichen Änderung der kinetischen Energie – in potentielle Druckenergie, bei kompressiblen Gasen und Dämpfen auch gleichzeitig in thermische Energie (thermische Strömungsmaschine). *Kraftmaschinen* vollziehen die Wandlung in umgekehrter Richtung. Wasserturbinen erlauben, die im Wasserstrom innewohnende Energie (Hochdruckanlagen mit großer Druckenergie bei kleinem bis mittlerem Volumenstrom, Laufkraftwerke mit kleinerer Druckenergie und großem Volumenstrom) zunächst in mechanische und dann in Generatoren in elektrische Energie umzuwandeln, während Gas- und Dampfturbinen die thermische Energie entsprechender Fluidströme ausnutzen. *Dibelius*

Enthalpiedifferenz. Es ist das quantitative Maß für die Steigerung oder den tatsächlichen Abfall der spezifischen Energie im Arbeitsfluid beim Durchfluß durch eine Strömungsmaschine. Wenn dabei keine Wärme nach außen verlorengeht (adiabate Maschine), die kinetische Energie und die der Lage (kein großer Höhenunterschied innerhalb der Maschine) erhalten bleibt, muß nach dem Energieerhaltungssatz diese Energieänderung im Arbeitsfluid durch Arbeit an der Welle zugeführt oder abgenommen werden. Gegenüber der inneren spezifischen Energie im Fall des abgeschlossenen Systems ist darin berücksichtigt, daß beim Zuströmen in die Maschine von außen Arbeit geleistet wird, dagegen beim Abströmen Arbeit zu leisten ist.

Die E. hängt nur für Fluide, die angenähert als *ideales Gas* betrachtet werden können, allein von der Temperatur ab:

$$\Delta h = \int c_p(t)\,dt.$$

Auch für Fluide, die als *ideale Flüssigkeit* anzusehen sind (z. B. Wasser), hat die E. dieselbe Bedeutung. Sie setzt sich in diesem Fall jedoch aus dem größeren vom Druck abhängigen Glied und dem hier nur kleinen von der Temperaturänderung abhängigen Glied zusammen, denn die Temperaturänderung ist in diesem Fall nur eine Folge der Verluste in der Maschine:

$$\Delta h = \Delta p/\varrho + c_F \, \Delta t,$$

mit c_F spezifische Wärme der Flüssigkeit.

Im Fall von *realen Fluiden* sind E. wegen der komplexeren thermodynamischen Zusammenhänge mit den anderen Zustandsvariablen am besten aus entsprechenden Tabellen oder Diagrammen zu entnehmen. *Dibelius*

Entleerungsvorrichtung. E. können eigenständige Bestandteile eines Verpackungsmittels sein, die getrennt hergestellt und an dem Verpackungsmittel montiert werden. Wenn irgendwie möglich, sollten Entleerungsmöglichkeiten in das Verpackungsmittel bereits bei dessen Herstellung integriert werden. Die einfachste Möglichkeit, eine Entleerungsöffnung herzustellen, ist das Aufreißen entlang ungezielter Linien oder eingearbeiteter Perforationen. Mangels der Möglichkeit, eine solche hergestellte Öffnung wieder produktdicht zu verschließen, ist bei nicht vollständiger Entleerung mit dem Verpackungsmittel sorgfältig umzugehen, um Verluste zu vermeiden. Dosierte Entnahme von Produkten aus dem Verpackungsmittel sind durch wiederverschließbare E. gegeben. Es sind meist Drehventile, die einen mehr oder weniger großen Ausströmquerschnitt freigeben. Voraussetzung für das Anwenden von E. ist das Vorhandensein von fließfähigem Füllprodukt. Es können dies sehr feinpulverisierte Feststoffe oder Flüssigkeiten sein. Es kommen auch Ventile zum Aufdrücken in Einsatz, deren Rückfederungskraft durch die dem Material innewohnende Elastizität zum Wiederverschließen des Ausströmquerschnitts benutzt wird. Solche Aufdrückventile kommen besonders im Bereich der Bag-in-Box-Verpackungen zum Einsatz. Es können auch E., sowohl Dreh- wie auch Aufdrückventile, bei Beginn des Entleerungsvorgangs von außen in das Verpackungsmittel eingestoßen werden. Es muß dann dafür Sorge getragen werden, daß der innere Eigendruck des Füllguts die E. nicht aus dem Verpackungsmittel wieder herausdrückt. Solche die innere Füllstandshöhe ausnutzenden E. müssen an der unteren Kante des Verpackungsmittels angebracht werden. Um guten Zugang zu ermöglichen, ist das Behältnis dann hinzustellen. Hat man die Möglichkeit, von außen her den Inhalt des Verpackungsmittels abzusaugen, ist es am einfachsten, die Entleerung durch ein Hineinstechen des Entleerungsschlauches in das Verpackungsmittel durchzufüh-

ren. Besitzt das Verpackungsmittel genügend Eigenstabilität, können kleine Entleerungspumpen handbedient oder motorbetrieben mit einer Entleerungsröhre in das Verpackungsmittel so eingestochen werden, daß die Entleerungspumpe auf dem Verpackungsmittel aufsitzt. Zu beachten ist, daß vorher in das Verpackungsmittel eingebrachte E. das Nutzvolumen verkleinern oder über die Außenkonturen vorstehen, so daß das Handhaben dieser Verpackungsmittel erschwert ist. *Paris*

Entnahmeeinheit. Das kleinste gemeinsame Vielfache einer Position, die bei einer Entnahme als Einheit gegriffen werden kann; auch unter der Bezeichnung Greifeinheit oder Pickeinheit bekannt. *Jünemann*

Entropiedifferenz. Ein quantitatives Maß für die beim Durchströmen eines adiabaten Systems durch Reibung entstehenden Verluste, die zusätzlich von der Temperatur abhängen und als Wärme im Fluid verbleiben (Dissipation j):

$$j = \int T \, ds,$$

mit T absolute Temperatur und s spezifische Entropie als kalorischer Zustandsgröße. Das Integral ist wegen der Temperaturänderung vom Zustandsverlauf abhängig.

Bei Fluiden, die sich angenähert wie *ideale Gase* verhalten, berechnet sich die E. als Differenz zweier Glieder:

$$\Delta s = \int c_p(t) dt/T - R \ln p_2/p_1.$$

Bei Fluiden, die als *ideale Flüssigkeit* zu betrachten sind, ändert sich die Temperatur nur als Folge der Verluste, für gute Maschinen also nur wenig. Deshalb kann für die absolute Temperatur im Dissipationsintegral ein Mittelwert eingesetzt werden:

$$\Delta s = 1/T_m (\Delta h - \Delta p/\varrho) = c_F \, \Delta t/T_m.$$

Für *reale Fluide* sind die Entropiewerte entsprechenden Tabellen oder Diagrammen zu entnehmen. *Dibelius*

Literatur: *Keenan, J., J. Kaye:* Gas Tables; Thermodynamic Properties of Air, Products of Combustion and Component Gases. 8. Aufl. Chichester 1961. – *Schmidt, E.:* Properties of Water and Steam in SI-Units. Berlin, Heidelberg, New York 1969.

Entsandungsanlage. Unter den Begriffen Fein(st)sandrückgewinnung und -abscheidung sind besondere Verfahrensabläufe zu verstehen, mit denen man einerseits brauchbare Feinkörnung gewinnt, andererseits nicht nutzbare Mengen und unbrauchbare Anteile abscheidet. Das Rohmaterial entstammt zum einen dem nassen Baggergut oder dem Spülwasser der Naßklassierung sowie dem Waschwasser der Reinigung von Sand und Kies, zum anderen kann benötigter Feinzuschlag aus geeigneten Ablagerungen allein gewonnen werden. Die Verfahren arbeiten mit einer Vielzahl von verschiedenartigen Geräten auf mechanisch-hydraulischem oder rein hydraulischem Wege. Diese Arbeitsgänge sind den Aufbereitungsstufen der Klassierung zugeschaltet; vielfach sind diese Einrichtungen in die Aufbereitungsanlagen wie bei den Wäschen integriert. Die Entwässerung von Feinkörnung unter 4 mm Korndurchmesser, die man oft als Sandrückgewinnung bezeichnet, geschieht mit Entwässerungsschnecken, Schöpfrädern und Kratzbändern, mit denen aus Abzugbehältern Sand stetig ausgetragen wird, während das Wasser mit dem meist enthaltenen Schwebstoff und auch Feinstkorn getrennt abfließt.

Sandfänge(r) (Schlämmer) dienen der Sandrückgewinnung und zugleich der Korntrennung im Feinstbereich von 0,05–0,2 mm aus Körnung bis rd. 3 mm (Bild 1). Es sind Tröge, in denen der Sand separiert wird und die übrigbleibende Trübe oben abfließt. Mechanische Vorrichtungen fördern das Sediment heraus, mit Zusatzeinrichtungen, wie Schwerter und Waschkammern, reinigt man den Sand. Auf Entwässerungsrinnen und -sieben, die Böden mit Schlitzen längs oder quer von meist 0,2–0,3 mm haben, wird die Vibrationstechnik genutzt, um Sand zu entwässern und bei ersteren auch gleichzeitig zu fördern. Mit einem rotierenden, axial schwingenden Siebkorb, der eine konische Form hat, arbeitet die Schwingsiebschleuder.

Entsandungsanlage 1: Sandfang.

Außer den mechanisch wirkenden Geräten gibt es eine Reihe von Vorrichtungen, in denen das Strömungsprinzip angewendet ist. Diese im System nach der vorherrschenden Bewegungsrichtung des Mediums geordneten Stromklassierer dienen zudem der Abtrennung von Feinstkörnung bis 0,1 mm und manchmal bis 0,01 mm. Zu den Horizontalstromklassierern gehören Absetzbecken und Spitzkastenklassierer, bei denen Körnungen 0,1–10 mm in Ablagerungen von sehr grob bis fein entnommen werden. Die Trenngüte wird beim Hydrosizer mittels eines wechselnden Aufstroms verbessert (Bild 2). Verti-

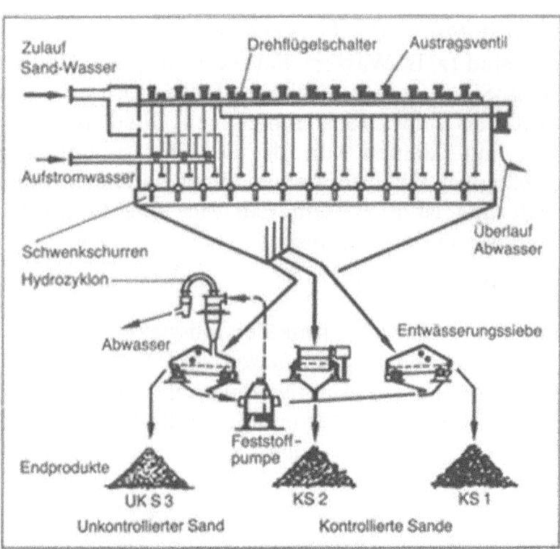

Entsandungsanlage 2: Sandklassierung im Horizontal- und Aufstrom.

kalstromklassierer wirken in Gegenströmung auf verzweigter oder krummer Bahn. Der bekannteste ist die Rheaxanlage. In ihr wird Körnung über 0,1 mm–4 mm in fein, mittel und grob getrennt. Beim Verbundschlämmer geschieht die Abtrennung wiederholt und der Reihe nach in Teilbehältern von oben her. Sehr wirksam im Feinstsand 0,01–0,2 mm sind die Spiralstromklassierer (Hydrozyklone), bei denen die Abtrennung in der Wirbelbildung durch die Zentrifugalkraft bewirkt wird. An die Prozedur der Entwässerung bzw. Rückgewinnung von Sand und der Feinstsandklassierung schließen sich mit Rücksicht auf den Umweltschutz Kläreinrichtungen der verbliebenen Wasser-Schwebstoff-Trübe an; hierzu dienen Schlammabscheider und Eindicker in Form von Absetzbecken oder Behältern. *Kühn*

Entscheidungsebene →Gestaltungsebene

Entstaubungsanlage. Im Rahmen des Umweltschutzes und der Arbeitssicherheit ist die Emission von Staub, staubiger Abluft und ähnlichen Abgasen eingeschränkt. Davon abgesehen wird bei der Heißaufbereitung bituminöser Massen Baustoff, nämlich der erforderliche Bestandteil „Füller", zurückgewonnen. Die Entstaubung im Baubetrieb geschieht im trocknen, zum großen Teil im heißen Zustand. Die Naßentstaubung im Naßabscheider beruht auf einem gänzlich anderen Vorgang. Die erste Stufe der Entstaubung wird mit zu Batterien parallel oder hintereinander geschalteten Zyklonen vorgenommen, in denen eine Abscheidung größerer Partikel unter einer Schwerkraft-Fliehkraft-Wirkung eintritt (Bild). Die gestellten Anforderungen erfüllen allein Filtereinrichtungen aus (temperaturfesten) Gewebeschlauchfiltern, mit denen eine Entstaubung bis auf 50 mg/m^3, möglich bis auf 20 mg/m^3 praktiziert wird. Erforderlich ist eine Filterfläche von 5,5 m² je t/h Mischgutproduktion, von der 70 % effektiv von außen beaufschlagt ist. Hinsichtlich der Gesundheit des Bedienungspersonals von Gesteinsbohrmaschinen ist die Immission an quarzhaltigem Staub auf 0,15 mg/m³ Luft begrenzt. Dazu sind mit innen beaufschlagten Tuchfiltern bestückte Filtereinheiten in der Größe von 3–26 m² für handgeführte Hämmer und Drehbohrgeräte installiert. *Kühn*

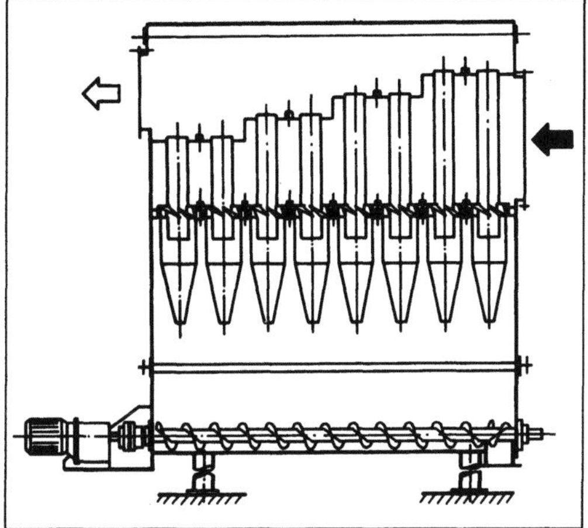

Entstaubungsanlage: Zyklonsystem zur Entstaubung.

Entstaubungssystem. Ein E. ist ein technisches System zur Beseitigung staubförmiger Schadstoffe. Zu solchen Systemen zählen beispielsweise Trockenelektrofiltersysteme, Naßelektrofiltersysteme, Naßabscheidesysteme, Saugschlauchfiltersysteme und Druckschlauchfiltersysteme mit Gegenspülung. Solche Systeme werden u. a. in Hüttenwerken, Kraftwerken, Kalkwerken, Zementwerken und in der Chemie-Industrie eingesetzt. Ein Beispiel für den Einsatz eines umfangreichen E. in Hüttenwerken ist das Gießhallen-E. *Baumann*

Entwässerungsanlage →Entsandungsanlage

Entwässerungssystem →Trockenmaschine

Entwerfen. Das E. ist der Teil des Konstruierens (→Konstruktionsphase), bei dem ausgehend von einer Konzeptskizze (→Konzipieren) die Gestalt (Formgebung, Dimensionierung) und die Werkstoffe eines Produkts so weit festgelegt werden, daß alle Forderungen der →Anforderungsliste erfüllt werden.

Das E. beinhaltet auch die Analyse der Produktmerkmale (Funktion, Festigkeit, Kosten usw.) durch Nachrechnen, Versuch usw.

Ergebnisse sind eine (oder mehrere) Entwurfszeichnung(en) sowie die Dokumentation der Analyse (Auslegungsrechnungen, Versuchsprotokolle usw.). *Ehrlenspiel*

Entwicklung →Konstruktionsabteilung, →Lebensphase eines Produkts

Entwurf →Entwerfen, →Ablaufplan, konstruktionsmethodischer, →Konstruktionsphase

EP-Zusatz →Additiv

EP-Zusatz (Zahngetriebe) →Fressen (Getriebe), →Getriebeschmierstoff

Erdbaugerät. E. sind Maschinen, die zur Bewegung von Bodenmassen, wie beispielsweise zur Schaffung von Dämmen und Einschnitten, zum Bau von Verkehrswegen (z. B. Schienenwege, Autobahnen, Wasserstraßen, Flugplätze usw.) oder auch zum Aushub von Baugruben und zur Gründung von Ingenieurbauwerken dienen. Die hinsichtlich ihrer Konstruktion und Arbeitsweise unterschiedlichsten Geräte dienen zum Gewinnen (Lösen und Laden), Transportieren, Einbauen (Verteilen und Planieren) und Verdichten von Bodenmassen. Dabei führen manche Geräte nur einen, andere mehrere Teilvorgänge aus.

Unter den reinen Gewinnungsgeräten verfügen Bagger über die größten Lösekräfte. Sie sind als →Hydraulik-, →Seil- oder →Teleskopbagger stationär und diskontinuierlich arbeitende Maschinen. Dagegen arbeiten die vorwiegend im Tage-, Damm-, Kanal- und Hafenbau eingesetzten Schaufelrad- und Eimerkettenbagger kontinuierlich. →Lader arbeiten mobil und sind entweder mit Ketten- oder Reifenfahrwerk ausgerüstet (Rad-, →Raupenlader). Außer dem Lösen und Laden sind sie in der Lage, das Material auch über kurze Strecken zu transportieren. Als reine Transportfahrzeuge sind auf der Erdbaustelle vor allem →Muldenkipper (→Hinterkipper) von Bedeutung. →Bodenentleerer (Bodenschütter) können das Material während der Fahrt durch Bodenklappen entladen und verteilen. →Flachbagger sind als einzige E. in der Lage, den Boden zu lösen, zu laden, zu transportieren und auch einzubauen. In erster Linie gaben Scraper und Motorscraper (→Anhängeschürfwagen, →Motorschürfwagen) dem gleislosen Erdbau in seiner Entwicklung starke Impulse.

Mit zwischen einem Kettenfahrwerk montierten Schürfkübel und Brustschild ist die Schürfkübelraupe (Schürfraupe) auf der Mittelstrecke eine geländegängige Alternative zu den Scrapern und kann zusätzlich Planierarbeiten verrichten. Planiergeräte, wie →Reifendozer, →Planierraupe oder →Grader, kommen für das Herstellen eines Planums (Feinplanums) oder einer Böschung zum Einsatz. Im gleislosen Erdbaubetrieb gewann ihr

Einsatz zur Instandhaltung der Förderwege große Bedeutung. Auf Kurzstrecken bis 50 m befördern sie den Boden, indem sie ihn mit ihrem Schild schieben. Zur Verdichtung des eingebauten Materials werden außer rein statisch funktionierenden Geräten Maschinen eingesetzt, die dynamisch arbeiten und große Tiefenwirkungen erreichen (→Vibrationswalze, →Plattenrüttler). Unter den Anbaugeräten haben sich vor allem →Aufreißer in Verbindung mit Planierraupen, die über hohe Zugkräfte verfügen müssen, beim Reißen von Fels ein Arbeitsfeld erschlossen. →Pflugbagger und Trommelbagger sind Spezialgeräte, die i. a. nur außerhalb Europas zum Einsatz kommen. Beide Geräte haben keinen eigenen Antrieb, sondern werden von einer Raupe oder mehreren Raupen gezogen.

Je nach der Art der Baustelle, dem Umfang und der Verteilung der zu bewegenden Massen, der Transportentfernung und des Zeitfaktors überschneiden sich die Einsatzbereiche der verschiedenen E. und stehen so in ständiger „Konkurrenz" (Bild). Die Entscheidung z. B., ob Bagger oder Lader, Bagger-Lkw-Betrieb oder Flachbaggereinsatz zum Zuge kommen, muß immer auf der Grundlage der Wirtschaftlichkeitsbetrachtung für den speziellen Einzelfall getroffen werden. Lösefestigkeit des Bodens und die klimatischen Verhältnisse sind dabei ebenso von Bedeutung wie die Transportdistanz.

Einsatzbereiche	leichter Boden	mittelschwerer Boden	bindiger mittelschwerer Boden	schwerer Boden	leichter Fels	schwerer Fels
Grader	▨	▨				
Planierraupe	▨	▨	▨			
Schaufellader	▨	▨				
Schürfkübelraupe	▨	▨	▨	▨		
Schürfkübelanhänger	▨	▨	▨	▨		
Motorschürfwagen	▨	▨	▨			
Greifbagger	▨	▨	▨			
Eimerkettenbagger	▨	▨	▨	▨		
Hoch- und Tieflöffelbagger	▨	▨	▨	▨	▨	▨

Erdbaugerät: Bodenspezifische Einsatzbereiche von Erdbaugeräten.

Die Fahrbewegungen der einzelnen E. lassen sich auf die drei Grundtypen
- Pendelverkehr, z. B. Schürfraupe,
- Kreisverkehr, z. B. Motorscraper,
- Wendeverkehr, z. B. Lkw,

zurückführen; dabei steigt die Fahrzeit vom ersteren zum letzteren wegen der Wendemanöver an. Einige E. werden in sonst ähnlicher Ausführung mit Ketten- oder Reifenfahrwerken, je nach Einsatzbestimmung, gebaut. Raupenfahrzeuge haben größere Kraftschlußbeiwerte als luftbereifte Fahrzeuge.

Dadurch lassen sich große Zug- und Schubkräfte und größere Aufstandsflächen erreichen, die eine kleinere Bodenpressung unter dem Fahrwerk bewirken, was bei Böden mit geringer Tragfähigkeit vorteilhaft ist. Luftbereifte Fahrzeuge können dagegen mit relativ hoher Geschwindigkeit gefahren werden und verursachen insgesamt geringere Reparaturkosten.

Nach dem Übergang von der mechanischen zur hydraulischen Kraftübertragung tendieren die heutigen Bauweisen zur automatischen Steuerung (Ladevorgang, elektronische Überwachung der Maschine und Energieeinsparung). Die Motordrehzahl des Dieselmotors läßt sich durch eine Anpassungsautomatik herunterregeln, sobald keine Antriebsleistung benötigt wird. Durch Stickstoffspeicher im Kreislauf der Hydraulikhubzylinder kann z. B. kinetische Energie der Absenkbewegung durch Kompression aufgefangen und beim Hubvorgang wieder aktiviert werden. Rechnergestützte Steuerungssysteme, z. B. Computer Aided Loading (CAL), können wiederkehrende Arbeitsbewegungen übernehmen und sie beschleunigen und dadurch den Fahrer entlasten. Automatische Schaufelbewegungen findet man auch z. B. bei Radladern, bei denen man Hubhöhe und Einstellwinkel den Schaufeln vorgeben kann. Elektronische Datenerfassungssysteme, die über Displayanzeigen abgerufen werden können, sollen den Serviceaufwand reduzieren. Ebenso tragen zentrale Schmiersysteme, abgedichtete Ladegestänge und abgedichtete Ketten bei Raupenfahrzeugen zur Verminderung der Wartung bei. Für Verdichtungswalzen gibt es kontinuierlich messende elektronische Geräte, die die erreichte Verdichtung ständig überwachen und in der Fahrerkabine anzeigen. *Kühn*

Erholungsglühen. Unter E. ist das Glühen eines kaltverfestigten Werkstoffs unterhalb der Rekristalisationstemperatur zu verstehen. Damit werden die vor dem Kaltumformen vorhandenen mechanischen und physikalischen Eigenschaften des Werkstoffs zumindest teilweise wieder hergestellt. *Baumann*

Ermüdungsfestigkeit →Gleitlagerwerkstoff Wälzlager-Schmierung

Ermüdungslaufzeit →Wälzlager-Schmierung

Erosion (metallische Werkstoffe). Mechanische Zerstörung von strömungsführenden Oberflächen, die mitgeführte Partikel höherer Dichte in der Strömung verursachen.

Die Wirksamkeit der E. hängt ab von Härte, Form, Größe, Dichte und Qualität der Partikel, von der Härte und Beschaffenheit der betroffenen Oberfläche und von Aufprallgeschwindigkeit und Aufprallwinkel.

Beschaufelungen von Strömungsmaschinen sind besonders gefährdet, weil Partikel höherer Dichte im Fluid infolge ihrer größeren Trägheit den Umlenkungen und Beschleunigungen der Strömungen nicht folgen und so bestimmte Stellen an Schaufeln und Gehäusebauteilen treffen und dort durch E. die Oberfläche zerstören. Bei gegen Korrosion oberflächenbehandelten oder beschichteten Bauteilen kann dann auch Korrosion eintreten, so daß größere Schäden in kurzer Zeit möglich sind.

E.-gefährdet sind aus der Umgebung luftansaugende Verdichter, z. B. von stationären Gasturbinen oder Flugtriebwerken. Größere Anteile an Staubteilchen über 50 µm verursachen E. im Verdichter, in der Brennkammer und in der Turbine. Verdichter und stationäre Gasturbinen haben daher vorgeschaltete Luftfilter.

Gasturbinen, die die Energie von Verbrennungsgasen druckaufgeladener Feuerungen (druckaufgeladene Wirbelschichtfeuerung) nutzen, sind durch feste Verbrennungsprodukte und andere Ascheteilchen erosionsgefährdet, so daß Heißgasfilter erforderlich sind.

In Dampfturbinen tritt E. auf, wenn →Naßdampf durch die Beschaufelung strömt. Dies ist der Fall bei Kondensationsturbinen in den letzten Stufen und bei Sattdampfturbinen in der gesamten Beschaufelung. Ursache sind die großen, sog. Sekundärtropfen, die aus dem Nässefilm entstehen, der sich an der Beschaufelung und den Begrenzungswänden durch Niederschlag von Wasser aus dem Naßdampfstrom bildet. Insbesondere werden die an der Leitschaufelaustrittskante ablösenden Tropfen vom Dampfstrom mitgerissen, nur auf eine geringe Geschwindigkeit beschleunigt, bevor sie den Laufschaufelrücken in der Nähe der Eintrittskante entgegen der Drehbewegung der Laufschaufel treffen. Dort führen die Tropfen zur Zerstörung der Oberfläche durch E. Danach werden die Tropfen von den Laufschaufeln nach außen abgeschleudert. Maßnahmen dagegen: größerer Axialabstand der Schaufelkränze, Oberflächenhärtung, Wasserabscheidung.

Wasserturbinen sind durch Sand-E. gefährdet. In Kaplanturbinen tritt infolge der hohen Umfangs- und Strömungsgeschwindigkeiten in den äußeren Schaufelpartien E. auf. Dabei bilden sich glattgeschliffene Kerben in Strömungsrichtung. Die E.-Wirkung wird dort verstärkt, wo Kavitation bereits kleine „Anfressungen" verursacht hat, die dann durch E. ausgewaschen werden. Verminderung der E.-Wirkung durch harte Stahlgußarmierung im gefährdeten Bereich.

Sehr empfindlich gegen Sand-E. sind Peltonturbinen in den Düsen und in den Bechern des Laufrads. Abschliff durch Gletschersand erfordert dann regelmäßig Reparaturen durch Auftragsschweißung. *Rauhut*

Erregung. Jede zeitlich veränderliche Einwirkung auf ein schwingungsfähiges System, die einem →Schwinger Energie zuführen kann. Man unterscheidet grundsätzlich die Selbst-E. autonomer Systeme von der Fremd-E. heteronomer Systeme, bei letzterer noch die Parameter-E. von der Quellen-E. Die wesentlichen Erregerquellen in mechanischen Systemen sind Kraft-E. und Weg-E. Nach dem zeitlichen Verlauf unterscheidet man ferner die periodische E. (Sonderfälle: harmonische E., periodische Impulsfolge), die einmalige Einwirkung (Sonderfälle: Sprung-E., Impuls-E.) und die stochastische E. (eine nur statistisch zu erfassende Einwirkung). *Witfeld*

Ersatz-Geradverzahnung →Schrägverzahnung

Ersatzgetriebe →Koppelpunktbahn

Ersatzmodell →Modellbildung

Erweiterungstunnelbohrmaschine. E. (ETBM) sind im Durchmesser abgestufte Tunnelbohrmaschinen, mit denen in mehreren Schritten große Querschnitte bei geringer installierter Leistung aufgefahren werden. Antriebsaggregate und Verspannung der Bohreinheiten, die man zusammen oder getrennt betreiben kann, sind dabei im noch aufzufahrenden Tunnelstück verspannt und leiten dadurch keine Reaktionskräfte in den fertig gebohrten Tunnelbereich ein. Der vorauseilende Pilotstollen liefert Informationen über die anstehenden Gebirgsverhältnisse und ist meist mit Belüftungseinrichtungen versehen. *Kühn*

Etikett. Viele Verpackungsmittel, besonders im Bereich der Mehrwegsysteme, werden im Laufe ihrer Benutzbarkeit mit sehr unterschiedlichen Füllgütern befüllt. Es können die notwendigen Informationen also nicht dauerhaft durch z. B. Druckvorgänge auf die Oberfläche aufgebracht werden. Solche wechselnden Informationen werden durch E. auf die sichtbaren Oberflächen der Verpackungsmittel aufgebracht. Dabei muß nicht die gesamte Oberfläche des Verpackungsmittels verwendet werden. Es besteht die Möglichkeit, die Größe der E. an die Menge der aufzubringenden Informationen anzupassen.

In der Gestaltung der E. nach Größe, Form und optischer Ausführung der Oberfläche sind wenig Grenzen gesetzt. Es lassen sich alle bekannten Druckverfahren anwenden. Die Weiterverarbeitung erfolgt bei rechteckigen E. durch einfaches Schneiden. Ist die Umrißform unregelmäßig, werden die E. auf die gewünschte Form gestanzt. Durch entsprechende Klebstoffe, die sowohl an E.-Material wie auch an Trägeroberfläche angepaßt sein müssen, wird das E. durch entsprechende Maschinen auf dem Verpackungsmittel befestigt. Die Haupteinsatzbereiche solcher Klebe-E. sind Glas- und Metallverpackungen. Bei Glasflaschen kann trotz der Durchsichtigkeit des Verpackungsmittels der Inhalt, der meist aus sehr ähnlich aussehenden Flüssigkeiten besteht, nicht identifiziert werden. Bei Metallverpackungen liegt eine völlige Undurchsichtigkeit des Verpackungswerkstoffs vor. Klebe-E. lassen sich bei Mehrwegsystemen durch entsprechende Waschlauge in Waschanlagen entfernen.

Werden nur geringe Mengen von Verpackungsmitteln etikettiert oder sind die Informationen nach geringen Stückzahlen bereits wechselnd, werden vorrangig Haft-E. eingesetzt. Bei diesen E. erfolgt die Befestigung auf dem Verpackungsmittel durch ein immer klebfähiges Selbstklebematerial. Die sichere Haftung des E. wird sofort bei Berührung des E. mit dem Verpackungsmittel erreicht. Sie werden für die industrielle Anwendung als Rollenware gefertigt, wobei das Schutzpapier, das die Selbstklebeschicht gegen ungewünschtes Verkleben abdeckt, als fortlaufende Bahn gehalten wird. Von dieser durchgehenden Trennpapierbahn können die Haft-E. in Spendeeinrichtungen einzeln entnommen werden. Durch das Selbstklebematerial sind sie wesentlich schwerer von Mehrwegsystemen zu entfernen. Ihr bevorzugter Einsatzbereich sind Einzeletikettierungen oder Auszeichnungen mit Preisen oder Artikelnummern. *Paris*

Europatest. Genormter Fahrzyklus für Abgasvorschriften und Kraftstoffverbrauchsangaben von Pkw.

Da die Abgasemission und der Kraftstoffverbrauch eines Pkw sehr von der Fahrweise abhängen, werden genormte Fahrzyklen verwendet. Das Bild zeigt den Europatest, der in den ECE-Richtlinien festgelegt ist (ECE Economic Commission for Europe). Dieser Fahrzyklus ist so konstruiert, daß er statt eines wirklichen innerstädtischen Fahrbetriebs verwendet werden kann. Die Kraftstoffverbrauchsangabe „Stadtzyklus" bezieht sich auf diesen Fahrzyklus, ebenso die Abgasvorschriften in Europa. Zur Überprüfung wird der Fahrzyklus mit dem Pkw auf einem Rollenprüfstand genau nachgefahren.

In Japan und in den USA sind jeweils andere Fahrzyklen vorgeschrieben. *Kuhlmann*

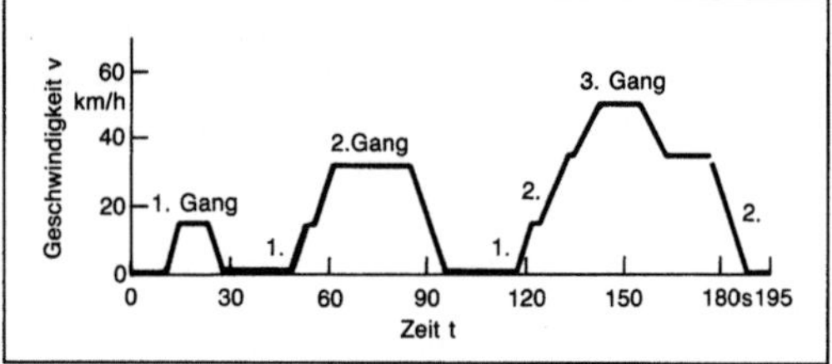

Europatest: Fahrzyklus nach ECE-Norm.

Literatur: *Bussien:* Automobiltechnisches Handb. Ergänzungsbd. zur 18. Aufl. Berlin, New York 1979. – DIN 70030. Tl. 1: Ermittlung des Kraftstoffverbrauchs, Personenkraftwagen. Hrsg. Dt. Inst. f. Normung. Ausg. 1990. – Straßenverkehrs-Zulassungsordnung (StVZO) § 47.

Evolventenverzahnung. Zahnräder werden heute zumeist mit evolventischen Zahnflanken ausgeführt. Hierbei sind die für den Eingriff genutzten Bereiche der Zahnflanken Kreisevolventen. Bei unendlich großer Zähnezahl (→Zahnstange) gehen sie in eine Gerade über.

Die Kreisevolvente ist die Kurve, die der Endpunkt eines straff gespannten Fadens bei der Abwicklung von einem Kreis, dem Grundkreis, beschreibt (Bild 1). Aus dieser Konstruktion ist das

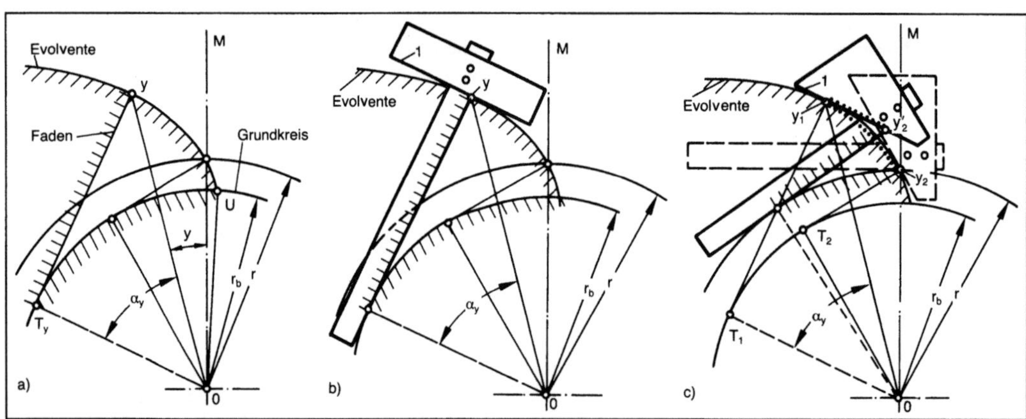

Evolventenverzahnung 1: Erzeugen einer Evolventenzahnflanke.
a) Fadenkonstruktion
b) und c) Hüllschnitt-Wälzverfahren.

1: „Werkzeugschneide", Abwälzbewegung bei b) am Grundkreis (r_b), bei c) am Teilkreis (r).

Hüllschnitt-Wälzverfahren hergeleitet, nach dem die meisten Herstellverfahren von E. arbeiten. Das Werkzeug wälzt hierbei mit seiner Wälzgeraden auf dem Herstellwälzkreis des zu erzeugenden Zahnrads ab. Für zahlreiche Verzahnungsgrößen benötigt man die Lage des Evolventenpunkts Y. Sie läßt sich durch den Zentriwinkel zum Evolventenfußpunkt U beschreiben:

$$\overline{\vartheta}_y = \tan \alpha_y - \alpha_y = \text{inv } \alpha_y;$$

inv α_y Evolventenfunktion von α_y (involut α_y).

Der Herstellwälzkreis ist i. a. der Teilkreis. Die Werkzeugflanke ist hierbei um den Herstelleingriffswinkel α_0 geneigt ($\rightarrow$Zahnradherstellung).

Alle Eingriffspunkte zwischen Rechts- bzw. Linksflanke und Werkzeug liegen auf der Berührnormalen. Sie ist Tangente an den Grundkreis, die unter dem Winkel α_0 im Wälzpunkt C zur Wälzlinie T-T geneigt ist (Bild 2).

Die Zahnfußausrundung wird durch den Kopfbereich des Werkzeugs erzeugt. Bei kreisbogenförmiger Kopfabrundung beschreiben deren Mittelpunkte Schleifenevolventen (Trochoiden). Der Radius der Kopfabrundung geht in die Berechnung der $\rightarrow$Zahnfußtragfähigkeit ein. Der Fußkreisdurchmesser ist durch die Zahnkopfhöhe h_{a0} des Werkzeugs und die Erzeugungsprofilverschiebung festgelegt (nach DIN 3972 z. B. h_{a0} = 1,25mal, Modul).

Die Lage der Profilbezugslinie des Bezugsprofils der Verzahnung P-P zum Teilkreis (Durchmesser d) wird durch die Profilverschiebung x·m Modul bestimmt. Bei positivem Profilverschiebungsfaktor x ist P-P vom Teilkreis nach außen abgerückt (Bild 2a)), große Zahnfußdicke, jedoch kleiner Fußausrundungsradius. Einfluß auf die Zahnfußtragfähigkeit (s. dort), ferner große Krümmungsradien der Zahnflanken, damit i. a. Steigerung der Grübchentragfähigkeit. Die Grenze für positives x ergibt sich aus der zulässigen Zahnkopfdicke bzw. kleinerer Überdeckung.

Bei negativer Profilverschiebung (Bild 2d)) ist P-P um den Betrag x·m in die Verzahnung gerückt. Hinsichtlich der o. a. Kriterien zur Tragfähigkeit ergeben sich entgegengesetzte Tendenzen. Die Gefahr des Unterschnitts nimmt zu. Die $\rightarrow$Freßtragfähigkeit kann durch Profilverschiebung positiv oder negativ beeinflußt werden.

Der Einfluß der Profilverschiebung auf die Zahnform nimmt mit zunehmender Zähnezahl ab (Zahnstange). Die Verhältnisse beim Eingriff zweier Zahnräder zeigen Bild 2 und 3. Beide Räder einer Paarung sind mit einem Werkzeug des gleichen Bezugsprofils hergestellt (Zahnradherstellung). Der gegenüber dem Herstelleingriffswinkel α_0 veränderte Betriebseingriffswinkel α_w wird durch die Profilverschiebungssumme $x_1 + x_2$ beider Räder bestimmt. Bei $x_1 + x_2 = 0$ gilt $\alpha_w = \alpha_0$ (Null- oder $\rightarrow$V-Nullverzahnung, Bild 3a) und b)), bei $x_1 + x_2 > 0$ gilt $\alpha_w > \alpha_0$, bei $x_1 + x_2 < 0$ (selten) gilt $\alpha_w < \alpha_0$ (V-Verzahnungen, Bild 3c)). Der Achsabstand wird durch die beiden Wälzkreise, die sich im Wälzpunkt C berühren, bestimmt:

$$a = (d_{w1} + d_{w2})/2 = (d_{b1} + d_{b2})/(2 \cos \alpha_w)$$
$$= m (z_1 + z_2)/2 \cdot (\cos \alpha_0/\cos \alpha_w) \qquad (2).$$

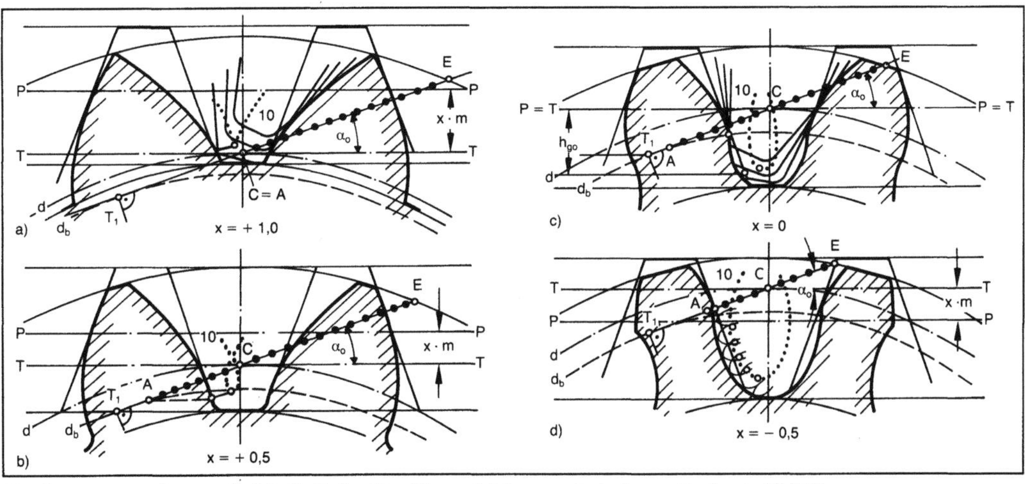

Evolventenverzahnung 2: Einfluß der Profilverschiebung x bei einem Rad mit 12 Zähnen.
a) x = +1,0
b) x = +0,5
c) x = 0
d) x = −0,5.

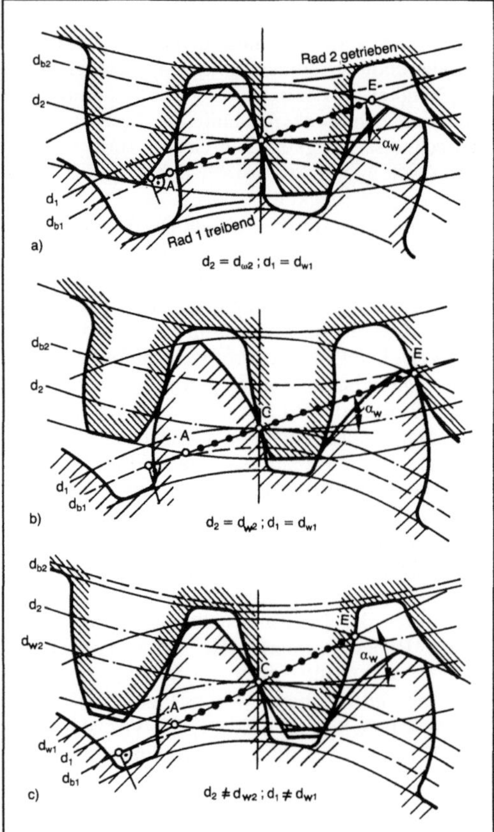

Evolventenverzahnung 3: Radpaar mit $z_1 = 12$, $z_2 = 25$ bei verschiedener Profilverschiebung.

d_b Grundkreis, d Teilkreis, d_w Wälzkreis

a) Null-Verzahnung $x_1 = x_2 = 0$, $\alpha_w = \alpha_0 = 20°$, Überdeckung $\varepsilon_\alpha = 1,28$
b) V-Nullverzahnung $x_1 = -x_2 = 0,5$, $\alpha_w = \alpha_0 = 20°$, $\varepsilon_\alpha = 1,43$
c) V-Verzahnung $x_1 = x_2 = 0,5$, $\alpha_w = 25,15°$, $\alpha_0 = 20°$, $\varepsilon_\alpha = 1,19$.

Die kontinuierliche Drehbewegungsübertragung wird durch Achsabstandsänderungen (z. B. durch Verzahnungstoleranzen) nicht beeinflußt, sofern die Überdeckung groß genug bleibt. Die Länge der Eingriffsstrecke ist durch die Schnittpunkte A und E der Eingriffslinie mit den Kopfkreisen bestimmt.

Um Eingriffsstörungen zu vermeiden, müssen die Zahnräder mit ausreichendem Kopfspiel versehen werden (Bild 4). Hierbei ist der Kopfkreisdurchmesser um die Kopfkürzung $k \cdot m$ kleiner gegenüber dem Kopfkreis, der sich durch die Überschneidung mit der Fußlinie des Bezugsprofils ergeben würde (→Schrägverzahnung, →Innenverzahnung).   *Winter*

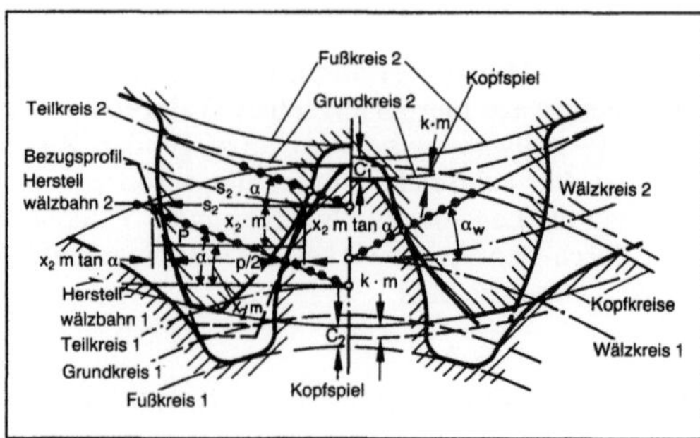

Evolventenverzahnung 4: Links: Verzahnung für Rad und Gegenrad mit gemeinsamen 20°-Bezugsprofil. Rechts: Betriebsstellung nach Zusammenschieben und Kopfhöhenänderung $k \cdot m$.

Literatur: DIN 3960: Begriffe und Bestimmungsgrößen für Stirnräder (Zylinderräder) und Stirnradpaare (Zylinderradpaare) mit Evolventenverzahnung. Hrsg. Dt. Inst. für Normung. Ausg. Juli 1980, Bbl. 1: Zusammenstellung der Gleichungen. Ausg. Juli 1980. – DIN 867: Bezugsprofil für Stirnräder (Zylinderräder) mit Evolventenverzahnung für den allgemeinen Maschinenbau und den Schwermaschinenbau. Hrsg. Dt. Inst. für Normung. Ausg. Sept. 1974. – *Hirschmann, K. H.:* Beitrag zur Berechnung der Geometrie von Evolventenverzahnungen. Diss. Univ. Stuttgart 1978. – *Niemann, G., u. H. Winter:* Maschinenelemente. Bd. 2. 2. Aufl. Berlin, Heidelberg, New York, Tokio 1985. – *Winter, H.:* Die tragfähigste Evolventenverzahnung. Diss. TH Braunschweig 1954.

Expansionstakt. Der Takt eines Viertakt- oder Zweitaktmotors, bei dem zunächst sehr schnell die Verbrennung stattfindet und anschließend während der Expansion der Verbrennungsgase Arbeit an den Kolben abgegeben wird.

Der E. ist der eigentliche Arbeitstakt eines Verbrennungsmotors. Theoretisch kann man sich vorstellen, daß die Verbrennung schlagartig stattfindet, wenn der Kolben im oberen Totpunkt steht. Durch die Verbrennung steigen Temperatur und Druck im Zylinder sehr an. Bei dem sich anschließenden Abwärtsgang des Kolbens geben die Verbrennungsgase im Zylinder wegen ihres hohen Drucks eine beträchtliche Arbeit an den Kolben bzw. das Triebwerk des Verbrennungsmotors ab. Gleichzeitig sinkt infolge der Expansion der Druck im Zylinder. Die bei der Expansion an den Kolben abgegebene mechanische Arbeit entspricht der schraffierten Fläche im p,V-Diagramm (Bild). Ein Teil dieser Arbeit wird in Form von kinetischer Energie im Schwungrad zwischengespeichert und für den →Verdichtungstakt des nächsten Arbeitsspiels benötigt. Der Rest steht (von Reibungsverlusten abgesehen) als nutzbare Energie des Motors zur Verfügung.   *Kuhlmann*

Explosivstoff. E. (Bild) sind metastabile Substanzen in festem, flüssigem oder gasförmigem Zustand und entweder einheitliche chemische Verbindungen

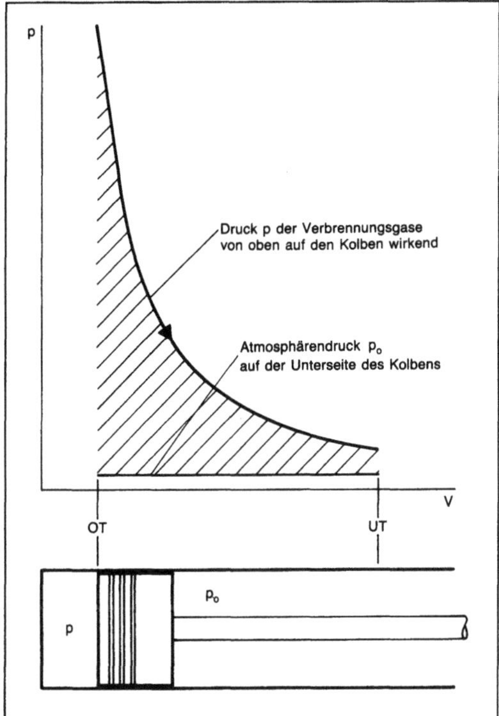

Expansionstakt: Expansionsarbeit als schraffierte Fläche im p,V-Diagramm.

oder Gemische. Auf äußere Einflüsse wie thermische Einwirkungen (z. B. Flammen, glühende Gegenstände), mechanische Beanspruchungen (z. B. Schlag, Reibung) oder Detonationsstoß reagieren sie durch eine sehr schnelle chemische Reaktion unter Bildung von Gasen und Wärme.

Die drei Gruppen der E. sind:

□ die Sprengstoffe mit ihrer hauptsächlich zerstörenden Wirkung,

□ die Treibstoffe, die zur Beschleunigung von Raketen und Projektilen eingesetzt werden,

□ die pyrotechnischen Stoffe als Leucht-, Rauch-, Nebel-, Knall- und Brandsätze.

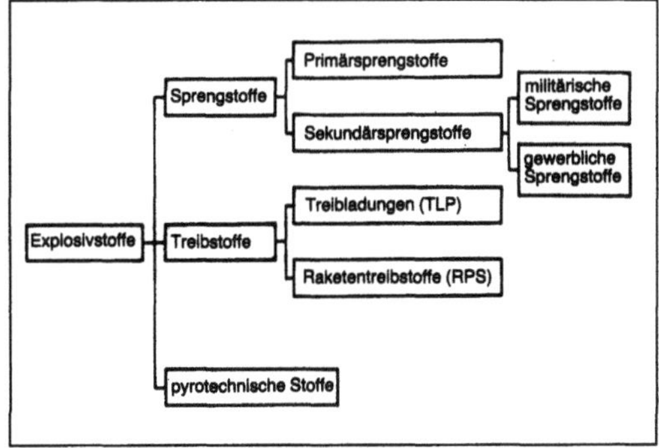

Explosivstoff: Einteilung der Explosivstoffe.

E., die in der Praxis verwendet werden, müssen mit gebührender Vorsicht handhabungssicher sein. Extrem sensible explosionsgefährliche Stoffe wie z. B. Jodstickstoff, die nicht handhabungssicher sind, zählen nicht zu den E.

Der Umgang und der Verkehr mit E. sowie die Beförderung von E. werden durch das Sprengstoffgesetz und die Sprengstoff-Verordnungen sowie die Unfallverhütungsvorschriften und die Richtlinien der Berufsgenossenschaft geregelt. *Meyer-Bäse*

Extruder. Maschine, die feste bis flüssige Formmassen (Kunststoffe) aufnimmt und aus einer Öffnung vorwiegend kontinuierlich auspreßt. Dabei verdichtet sie die Formmasse, mischt, plastifiziert und homogenisiert. Bei Bedarf kann entlang der Prozeßstrecke entgast oder begast werden. Die wichtigste Bauart ist der Schnecken-E. Andere Bauarten sind der Kolben-E. oder auch Raum-E., Drehscheiben-E., Weißenberg-E. u. a. m., die aber keine wirtschaftliche Bedeutung haben.

Die Schnecken-E. verwendet man vorzugsweise in zwei Bauarten, die je nach Zweck eingesetzt werden. Dies sind der Einschnecken-E. und der Zweischnecken-E. (auch Doppelschnecken-E.).

Die wesentlichen Baugruppen eines E. sind Antrieb und Plastifiziereinheit (Bild 1). Die Plastifiziereinheit besteht aus Schneckenzylinder, Schnecke, Materialtrichter und Einfüllöffnung, Zylinder-, Heiz- und Kühlzonen. Den Antrieb bilden Elektromotor, Getriebe und Schneckenrückdrucklager zur Aufnahme der beim Fördern und Plastifizieren auftretenden Kräfte. Zur E.-Anlage gehört jeweils ein Schaltschrank mit den Steuer- und Regelgeräten. Jede Zylinderheiz- und Kühlzone bildet einen vollständigen und selbständigen Regelkreis. Im Zylinder ist ein Thermofühler installiert (Eisen/Konstantan-Thermoelement oder ein Widerstandselement), mit dem die Isttemperatur erfaßt wird, während vom Regler entsprechend den Temperaturabweichungen zum Sollwert die Hei-

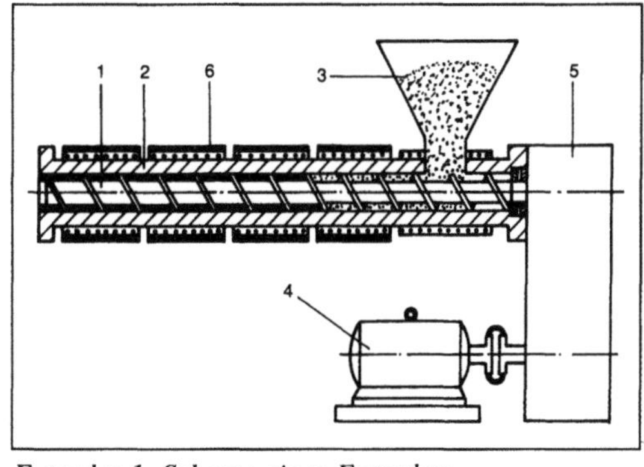

Extruder 1: Schema eines Extruders.

1 Schnecke, 2 Zylinder, 3 Trichter, 4 Motor, 5 Getriebe, 6 Heizung

zung oder Kühlung betrieben wird. Die Schneckendrehzahl ist kontinuierlich einstellbar. Als Antrieb dienen entweder Drehstrommotoren mit stufenlos verstellbaren mechanischen Getrieben, z. B. PIV-Getrieben, oder Drehstrom-Kommutator-Motoren mit einem Verstellbereich von 1:6 und nachgeschaltetem festen Untersetzungsgetriebe sowie auch thyristorgesteuerte Gleichstrommotoren mit einem Regelbereich von 1:10 und Untersetzungsgetriebe.

Der verfahrenstechnisch wesentlichste Teil eines E. ist die Schnecke.

Konventionelle Einschnecken-E. werden heute mit Schneckendurchmessern zwischen 20 und 250 mm bei Schneckenlängen von etwa 20 D–33 D gebaut (D Schneckendurchmesser).

Der E. verarbeitet alle thermoplastischen Kunststoffe. Diese sollen eine möglichst hohe Viskosität haben. Die Verarbeitungstemperaturen der Kunststoffe liegen zwischen 150 °C und in seltenen Fällen bis 400 °C. Hergestellt wird Halbzeug in Form von Folien, Bahnen, Tafeln, Rohren, Kabeln und Profilen. Zu diesem Zweck wird ein →Extrusionswerkzeug an das Austrittsende des Zylinders angeflanscht. Häufig wird eine Lochscheibe oder Lochscheibe mit Sieb zwischen Schnecke und Werkzeug eingesetzt.

Nachdem die Kunststoffschmelze das Extrudierwerkzeug vorgeformt ins Freie verlassen hat, muß eine Fixierung oder Kalibrierung der endgültig gewünschten Form erfolgen. Diese Kalibrierung variiert je nach Halbzeug zwischen einer teilweisen Stützung, einer einseitigen und einer allseitigen Stützung. Die teilweise Abstützung erfolgt beim Schlauchfolienblasen. Dabei wird der ringförmig austretende Schmelzeschlauch durch Innenluft aufgeblasen und auf dem Weg zu den Abquetschwalzen außen gestützt (Bild 2). Flachfolien werden auf Chill-Roll-Anlagen hergestellt. Die aus dem Breitschlitzwerkzeug austretende Schmelze trifft dabei auf eine gekühlte Walze, gegen die sie mit kalter Luft gepreßt wird. Schmelzeaustrittgeschwindigkeit und Walzenumfangsgeschwindigkeit bestimmen die Foliendicke (Bild 3). Tafeln werden im Walzenspalt kalibriert und auf einer oder zwei weiteren Walzen abgekühlt.

Rohre haben einen genau definierten Durchmesser, der durch Gleiten in Ziehblenden kalibriert wird. Die Ziehblenden stehen dabei im Wasserbad. Dieses setzt man häufig unter Vakuum, um eine gute Anlage an die Ziehblenden sicherzustellen (Bild 4). Dies kann man auch durch Innendruck erzielen. Dazu bedarf es im Rohr eines Schleppstopfens.

Der E. ist nur ein Teil einer meist recht umfangreichen Extrusionsanlage, zu der neben dem E., dem Extrusionswerkzeug, der Kalibriereinrichtung noch eine Kühleinrichtung in Form einer Luftdusche oder

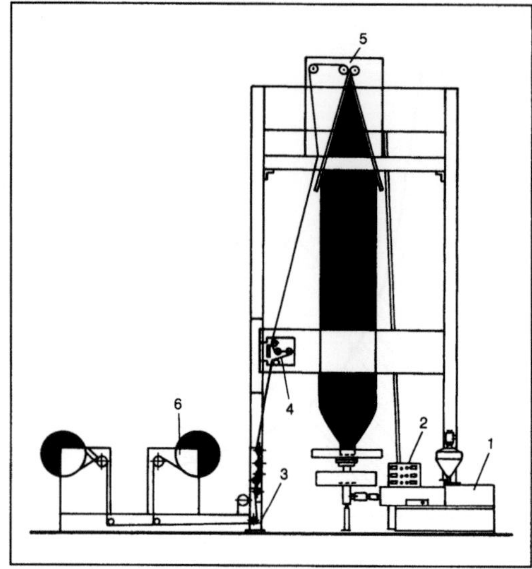

Extruder 2: Folienblasanlage.

1 Extruder, 2 Schaltschrank, 3 Blaskopf, 4 Kühlung, 5 Abquetschwalzen, 6 Aufwickler

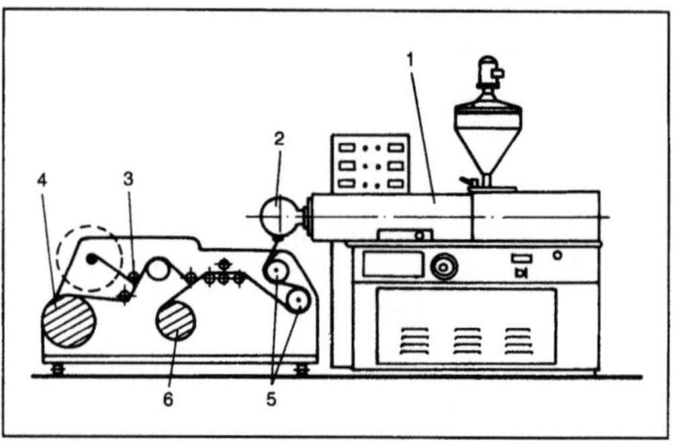

Extruder 3: Extruderanlage zur Herstellung von Flachfolien.

1 Extruder, 2 Breitschlitzdüse, 3 Randbeschneidung, 4 Aufwicklung, 5 Kühlwalzen, 6 Aufwicklung des Randbeschnitts

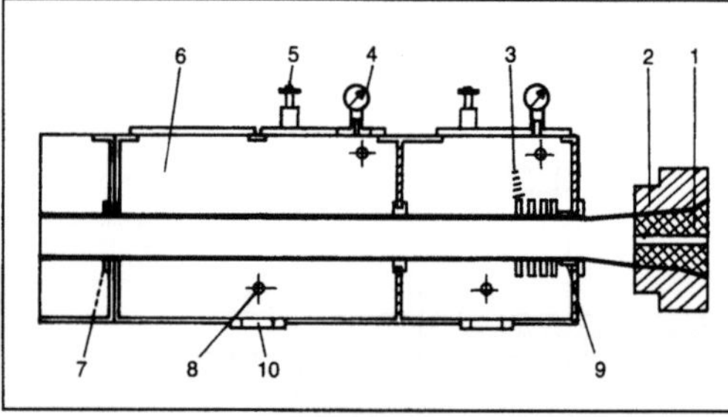

Extruder 4: Rohr-Außenkalibrierung im Vakuumtank.

1 Dorn, 2 Düse, 3 Kalibrierringe, 4 Vakuumanschluß, 5 Ventil, 6 Kühlbad, 7 Dichtung, 8 Wasserzulauf, 9 Kalibrierbuchse, 10 Wasserablauf

eines Wasserbads, ein Abzug, Trenn- bzw. Ablängvorrichtung und Ablage-, Stapel- oder Wickeleinrichtung gehören. *Johannaber*

Literatur: *Johannaber, F.,* u. *K. Stoeckhert:* Kunststoffmaschinenführer. 2. Aufl. München 1984. – *Saechtling, H.:* Kunststoff-Taschenb. 23. Aufl. München 1986. – *Schwarz, O., F.-W. Ebeling, G. Lüpke* u. *W. Schelter:* Kunststoffverarbeitung. Würzburg 1985.

Extrusionswerkzeug. Das E. ist ein fester Bestandteil einer Extrusionsanlage. Es wird als Kopfstück an das austrittsseitige Ende eines Extruderzylinders (→Extruder) angeflanscht. Es besteht aus meist mehreren Stahlteilen, die im Inneren Kanäle aufweisen, die die Kunststoffschmelze allmählich in die gewünschte Querschnittform überführen. In diesen Kanälen sind tote Ecken und scharfkantige Umlenkungen zu vermeiden. Die Kunststoffschmelze würde sich dort ablagern und abbauen oder an scharfen Ecken überschert werden. Alle Werkzeuge haben folgende Abschnitte: Ausströmteil, Übergangsteil und Parallelführung.

Man unterscheidet je nach herzustellendem Halbzeug Werkzeuge zum Herstellen von Rohren, Profilen, Folien und Tafeln sowie Ummantelungen. Innerhalb dieser Baugruppen gibt es eine große Anzahl von Varianten.

Das *Rohr- oder Hohlkammer-E.* hat im Innenhohlraum Verdrängerkörper (Bild 1). Diese Verdrängerkörper werden im Werkzeug von mehreren Stegen oder von Siebkränzen getragen.

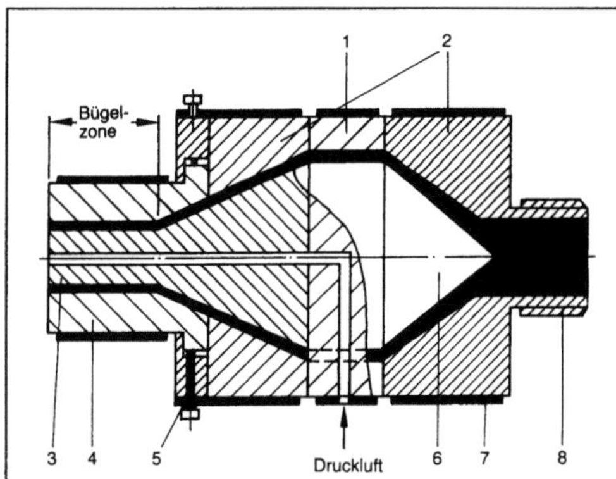

Extrusionswerkzeug 1: Verdrängerkörper im Rohrextrusionswerkzeug.

1 Dornhalter, 2 Gehäuse, 3 Dorn, 4 Düse, 5 Zentrierung, 6 Verdrängerspitze, 7 Heizband, 8 Extruderanschluß

Damit die von den Haltevorrichtungen geteilten Masseströme wieder homogen ineinanderfließen und verschweißen, folgt der Haltevorrichtung eine Kompressionszone, die eine Verjüngung des Fließkanals ist.

Damit die Wanddicke des Rohrs über dem Umfang gleich ist, sind vier von außen verstellbare

Schrauben zum Zentrieren des Düsenspalts am Werkzeug angebracht. Druckluft kann man über eine Stegbohrung zuführen. Kunststoffprofile, die durch Extrusion herstellbar sind, werden in 3 Gruppen eingeteilt:

□ Hohlkammerprofile,
□ offene Profile und
□ Vollstabprofile.

Entsprechend sind die Werkzeuge verschiedenartig gestaltet. Jedoch fließt die Kunststoffschmelze auch in diesen Werkzeugen über einen Verdrängerdorn oder über mehrere. Durch mehrere hintereinander plazierte, scheibenartige Stahlstücke mit jeweils sich veränderndem Fließkanal wird die Schmelze zum Austrittsquerschnitt geführt.

Flachfolien-E. verteilen in einer sog. Kleiderbügeldüse die Schmelze in die Breite. Die Schmelze soll vom kreisrunden Eintrittsquerschnitt häufig bis zur 3 m breiten gleichmäßig fließenden Front im Lippenbereich (Austrittsbereich) deformiert werden (Bild 2). Häufig wird zum Erzielen einer gleichmäßigen Fließfrontgeschwindigkeit ein Staubalken verwendet (Bild 3).

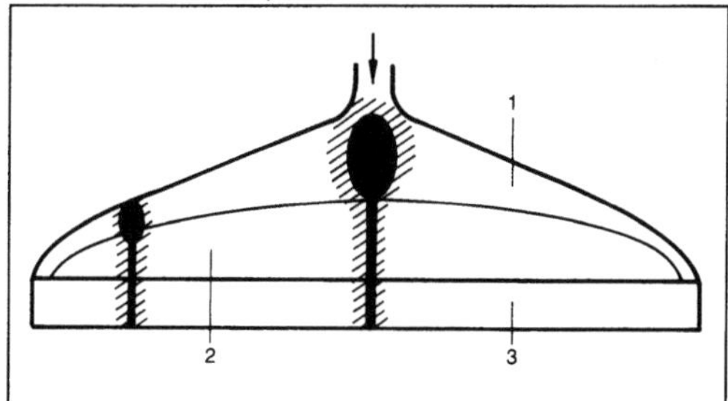

Extrusionswerkzeug 2: Kleiderbügel.

1 Verteilerkanal, 2 Vorlaufzone, 3 Lippenbereich

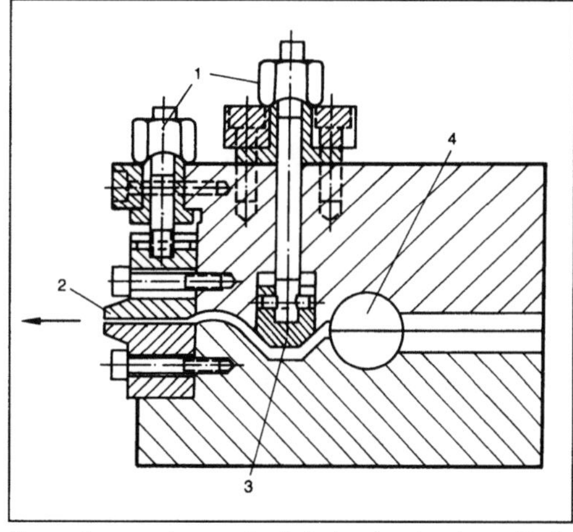

Extrusionswerkzeug 3: Schnitt durch einen Breitschlitzkopf. Seitenansicht.

1 Stellschrauben, 2 Lippen, 3 Staubalken, 4 Verteilerkanal

Blasfolienwerkzeuge haben eine ähnliche Aufgabe wie Breitschlitzfolienwerkzeuge. Jedoch ist die Kunststoffschmelze nach der Verteilung in einen kreisförmigen Austrittsspalt zu überführen. Dabei ist, da die Blasfolienextrusion vorzugsweise von unten nach oben oder auch vereinzelt von oben nach unten stattfindet, der Schmelzestrang um 90° umzulenken. Man unterscheidet zwischen radialer oder seitlicher Anströmung (Bild 4) und zentraler Anströmung (Bild 5). Eine Verbesserung zum gleichmäßigen Fließen im Austrittsspalt erzielt man durch den sog. Spiralextrusionsblaskopf, der die geteilt eintretenden Masseströme übereinander abströmen läßt.

Ummantelungs-E. zum Ummanteln, z. B. von Kabeln, ähneln teilweise den Rohr-E. Es wird durch den von Kunststoffschmelze umflossenen Dorn das zu ummantelnde endlose Gut eingeführt, das unmittelbar am Düsenaustritt von Schmelze umschlossen wird.

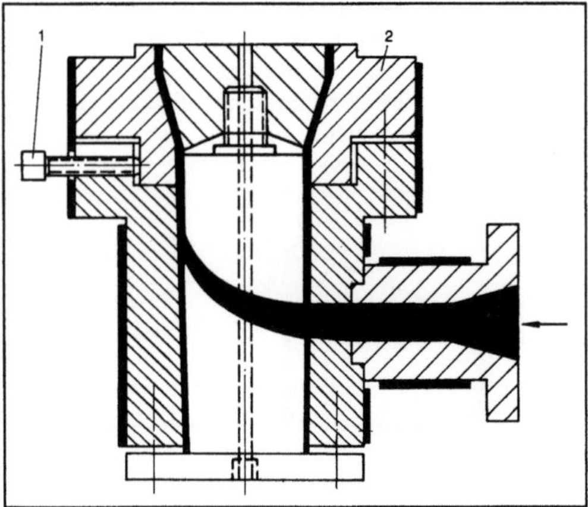

Extrusionswerkzeug 4: Radial angeströmter Blaskopf.

1 Zentrierschraube, 2 verstellbarer Düsenring

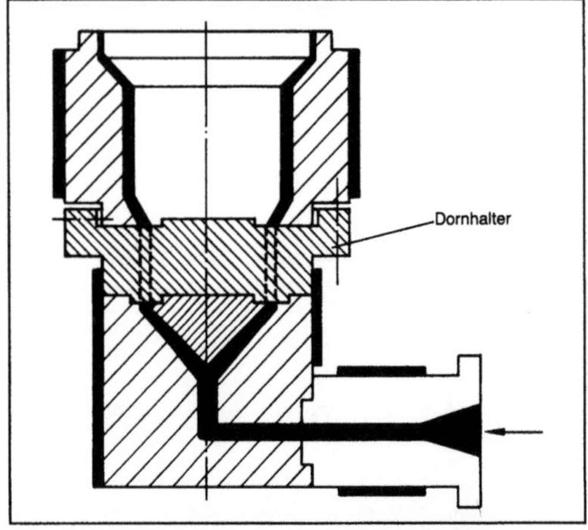

Extrusionswerkzeug 5: Zentral angeströmter Blaskopf.

In *Ko-E.* werden mehrere, auch unterschiedliche Kunststoffe als Schmelze eingebracht, die das Werkzeug als Verbund verlassen. *Johannaber*

Literatur: *Johannaber, F.,* u. *K. Stoeckhert:* Kunststoffmaschinenführer. 2. Aufl. München 1984. – *Schwarz, O., F.-W. Ebeling, G. Lüpke u. W. Schelter:* Kunststoffverarbeitung. Würzburg 1985.

Exzentermaschine. E. sind Fachbildeeinrichtungen an Webmaschinen. Die Bezeichnung rührt von der Hauptbaugruppe für die Bewegungsübertragung her, den Exzentern oder Kurvenscheiben. E. wandeln eine kontinuierliche rotatorische Antriebsbewegung in eine hin- und hergehende Schwenkbewegung um, die über Hebelgestänge und/oder Seilgetriebe in die Auf- und Abwärtsbewegung der Schäfte für die Fachbildung umgesetzt wird. Bei der Bewegungsübertragung unterscheidet man zwischen rein formschlüssiger und der Kombination von form- und kraftschlüssiger Übertragung. Die Anzahl der Kurvenscheiben einer E. bzw. die Anzahl der Kurvenscheibenpaare im Fall der rein formschlüssigen Bewegungsübertragung bestimmt die Anzahl der unterschiedlich bindenden Schäfte und damit der unterschiedlich bindenden Kettfadengruppen. Diese Anzahl ist identisch mit dem maximal möglichen Kettrapport (Bindungen), den eine mit dieser E. ausgerüstete Webmaschine verarbeiten kann.

Moderne E. werden heute für maximal 14 Schäfte gebaut. Die Form der Kurvenscheibe (Exzenter) bestimmt die Abfolge der Auf- und Abwärtsbewegungen des betreffenden Schafts und damit den maximalen Schußrapport (→Bindung (Weberei)). Nach einem Umlauf der Kurvenscheibe wiederholt sich der Bewegungszyklus. Entsprechend muß die Kurvenscheibe über ihren Umfang von 360 Winkelgraden in gleichmäßige Abschnitte eingeteilt sein, deren Anzahl den maximal möglichen Schußrapport bestimmt. Je nach Ausführung können 2–10 Abschnitte realisiert werden. Eine Änderung der Bindung (also der Folge von Auf- und Abwärtsbewegungen der Schäfte) erfolgt durch den Austausch der Kurvenscheiben. Mit E. sind, abhängig von der Bauart, Arbeitsfrequenzen im Bereich 400 bis 1000 min⁻¹ möglich. *Kohlhaas*

Exzenterwalzanlage. In einer E. wird das Walzgut mit vier kalibrierten Walzringen, die von Exzentern bewegt werden, umgeformt (Bild). Antriebseitig sind je 2 gegenüberliegende Exzenter zu einem Exzenterpaar so miteinander gekoppelt, daß ein Walzringpaar nur dann zum Eingriff mit dem Walzgut kommt, wenn das andere Walzringpaar den Walzspalt freigegeben hat. Das Walzgut wird durch den Exzenterwalzvorgang mit angetriebenen Walzringen selbsttätig in den Walzspalt eingezogen. *Baumann*

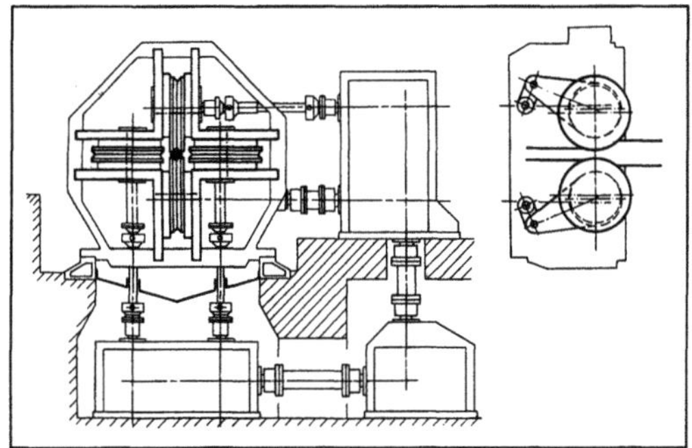

Exzenterwalzanlage: Aufbau.

Literatur: *Fischer, F.:* Spanlose Formgebung in Walzwerken. Berlin 1972. – *Fritz, H.,* u. *A. Maag:* Werkstoff-Fluß bei der Umformung von Stabmaterial in einem Exzenterwalzwerk. Draht-Welt 58 (1972) Nr. 10, S. 544/49.

Exzenterwalzverfahren. Das E. ist ein →Hochumformverfahren, bei dem der Umformvorgang durch Walz- und Schwingbewegungen der exzentrisch gelagerten rotationssymmetrischen Werkzeuge erreicht wird. Als Umformwerkzeuge werden kalibrierte Walzringe mit verhältnismäßig großen Durchmessern eingesetzt.   *Baumann*

Literatur: *Fritz, H.,* u. *A. Maag:* Werkstoff-Fluß bei der Umformung von Stabmaterial in einem Exzenterwalzwerk. Draht-Welt 58 (1972) Nr. 10, S. 544/49. – *Wuppermann, C.-D.:* Technisch-wirtschaftliche Verfahrenswege zur Herstellung von Stabstahl und Walzdraht aus Vorblöcken oder Strangabschnitten. Diss. Aachen 1974.

Exzentrizität.
  1. Getriebe. E. ist der Abstand eines Geometrieelements (Punkt, Gerade, Achse, …) vom Mittelpunkt einer kreisförmigen Kontur, z. B. Zapfenerweiterung (Abstand $\overline{A_0A}$ im Bild), Kreisexzenter als Kurvenkörper u. dgl.

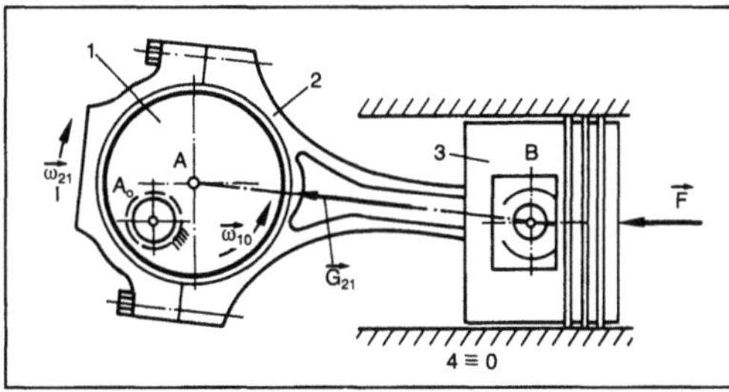

Exzentrizität (Getriebe): Schubkurbel.

Schubkurbel mit Zapfenerweiterung des Lagerzapfens von Gelenk A (Glied 1) über Kurbel-Drehachse A_0 hinaus. Kraft $\vec{F}$ auf Kolben 3 erzeugt Gelenkkraft $\vec{G}_{21}$ von Lagerschale des Glieds 2 auf Lagerzapfen von Glied 1, das mit der Winkelgeschwindigkeit $\vec{\omega}_{10}$ um A_0 von Gestell 4 T 0 dreht. Lagerschale 2 dreht relativ zu Zapfen 1 mit $\vec{\omega}_{21}$

In manchen Bereichen des Maschinenbaus wird unkorrekterweise jeder Kurvenkörper mit beliebiger, nicht kreisförmiger Kontur als Exzenter bezeichnet.

Zu unterscheiden von der E. ist die Versetzung und die Schränkung.   *Gierse*

Literatur: VDI 2145: Ebene viergliedrige Getriebe mit Dreh- und Schubgelenken, Begriffserklärungen und Systematik. Hrsg. Verein Dt. Ing. Ausg. Dez. 1980.

  2. Lagerungen. →Gleitlager, hydrodynamisches, →Schmierungstheorie, hydrodynamische

Eytelwein-Gleichung. Nach *Eytelwein* (1807) gilt für die Reibkraft beim Gleiten eines Seils entlang einem →Umschlingungswinkel α eines ruhenden Zylinders in Richtung v (Bild) mit →Reibungszahl μ und Seilkräften $F_1 > F_2$: $F_1 = F_2 e^{\mu\alpha}$, e = 2,718 Basis des natürlichen Logarithmus. Durch Reibung übertragene Umfangskraft $F_n = F_1 - F_2$. Läßt man nun den Zylinder mit dem Seil rotieren, so kann man dabei ein maximales Drehmoment $T_{max} = F_{n,max}\, r$ auf den Zylinder übertragen.

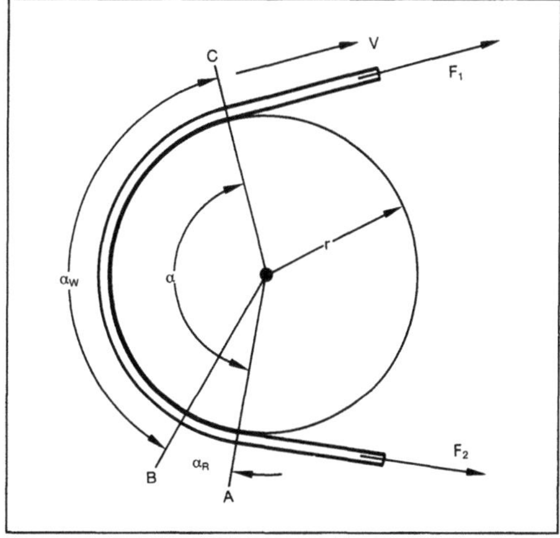

Eytelwein-Gleichung: Wirkwinkel α_W und Ruhewinkel α_R an der getriebenen Scheibe eines Seil- oder Flachriemengetriebes mit Umschlingungswinkel α.

Wird nur ein geringeres Drehmoment T abgenommen, so sinkt F_n, und bei gleicher Kraft F_2 wird $F_1 < F_2 e^{\mu\alpha}$. Nach *Grashof* (1883) wird die nun kleinere Umfangskraft F_n nur in einem →Wirkwinkel $\alpha_W < \alpha$ (Bild) unter geringfügigem Gleiten (→Dehnschlupf, Schlupf) übertragen, wobei die Seilkraft von Punkt C–B von F_1 auf F_2 abnimmt. Dabei ist die Seilkraft F_2 im Ruhewinkel $\alpha_R = \alpha - \alpha_W$ zwischen A und B konstant. Es finden dort kein Gleiten und keine Kraftübertragung statt. Es gilt die E.-G.: $F_1 = F_2 e^{\mu\alpha_W}$.   *H. W. Müller*

317

F

Fachbildeeinrichtung. Die Fachbildung ist ein Teilvorgang bei der Gewebeherstellung (→Webvorgang). Bei der Fachbildung werden die zueinander parallel in Längsrichtung des späteren Gewebes verlaufenden Kettfäden der Bindung entsprechend mustermäßig aus ihrer horizontalen Lage angehoben bzw. abgesenkt. Dies geschieht mit Litzen, denen je ein Kettfaden in das Litzenauge eingezogen wird. Die Litzen werden gruppenweise entweder durch einen Schaft gemeinsam (Schaftmaschine, →Exzentermaschine) oder einzeln durch eine Harnischkordel (→Jacquardmaschine) nach oben oder unten bewegt (Bild). In das so gebildete Fach wird dann in Querrichtung das Schußeintragselement (→Schußeintragsverfahren) den Schuß eintragen können. Die Bindung gibt die Anzahl der unterschiedlich bindenden Kettfäden bzw. Kettfadengruppen vor. Abhängig hiervon erfolgt der Einsatz der entsprechenden F. Mit steigender Komplexität unterscheidet man Exzentermaschinen, Schaftmaschinen und Jacquardmaschinen.

Die Realisierung der unterschiedlichen Muster und Bindungen in einem Gewebe bestimmt damit den Einsatz der verschiedenen F. Die Tabelle gibt eine Übersicht der maximal herstellbaren Kett- und Schußrapporte (Bindungen) für die verschiedenen F. *Kohlhaas*

Fachform. Die aus der (meist horizontal liegenden) Webebene angehobenen bzw. abgesenkten Kettfäden bilden das Fach. Nach den allgemeinen Ortsbezeichnungen oben, unten, vorn und hinten wird unterschieden zwischen Oberfach, Unterfach, Vorderfach und Hinterfach (Bild). Die Grenze zwischen oben und unten bildet die Geschlossenfachstellung; zwischen vorn und hinten ist die Begrenzung durch die Litze (Fachbildeinrichtung) gegeben. Haben alle fachbildenden Organe (die Schäfte bei Exzenter- oder Schaftmaschinen oder die Platinen bei Jacquardmaschinen) den gleichen Hub, so entsteht das Geradfach oder Parallelfach. Wegen des strahligen Verlaufs der Kettfäden im Vorderfachbereich spricht man auch von einem *unsauberen Fach* (Bild).

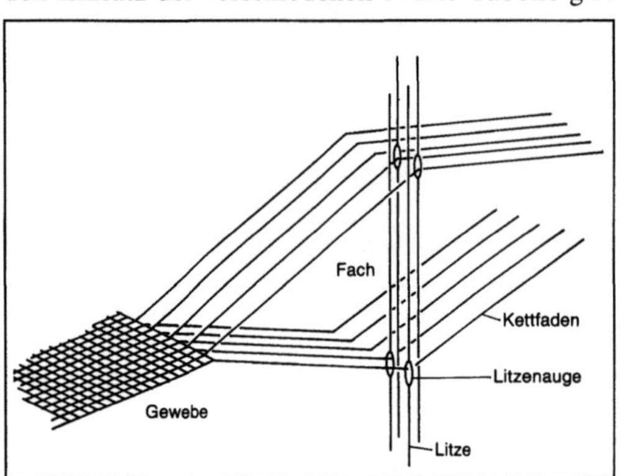

Fachbildeeinrichtung: Fachbildung.

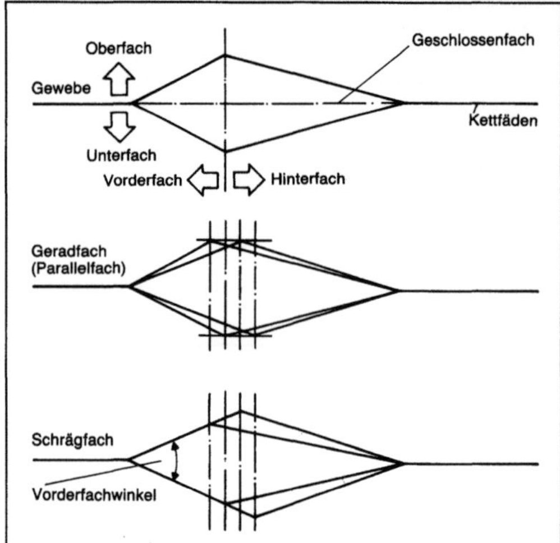

Fachform: Fachbezeichnungen.

Fachbildeeinrichtung. Tabelle: Kett- und Schußrapporte der Fachbildeeinrichtungen.

Fachbildung durch	maximaler Schußrapport	maximaler Kettrapport
Exzentermaschine	bis 10	bis 14
Schaftmaschine	bis ca. 1 000	bis 28
Jacquardmaschine	(theoretisch unbegrenzt)	bis 448, 896, 1 344, 1 792, 2 688*)

*) abhängig von der Größe der Jacquardmaschine

Sind die Hübe der Schäfte oder Platinen so aufeinander abgestimmt, daß der Vorderfachwinkel aller Kettfäden gleich ist, so handelt es sich um ein Schrägfach oder um ein *sauberes Fach* (Bild). Im modernen Webmaschinenbau wird heute hauptsächlich der Schrägfachbildung der Vorzug gegeben, die vorteilhaft für alle →Schußeintragsverfahren anwendbar ist. *Kohlhaas*

Fadenlaufdarstellung →Patronierung

Fächerung. Beschreibt den geometrischen Unterschied des „Auffächerns" eines im Kreisring angeordneten Schaufelgitters gegenüber einem geraden Gitter. Neben den die Geometrie der einzelnen Schaufeln und ihre Stellung im Gitter beschreibenden geometrischen Größen wird die F. durch 3 Größen erfaßt: Durchmesser D (meistens der mittlere Beschaufelungs-Durchmesser), Schaufellänge l und Schaufelsehne s. Der F.-Einfluß ist infolgedessen in Abhängigkeit von 2 Größenverhältnissen zu betrachten: l/D und s/D. *Dibelius*

Färbeprozeß. Der F. kann nach dem Auftragverfahren (Bild 1) oder nach dem Ausziehverfahren (Bild 2a) und b) erfolgen. Das Färbebad wird beim Ausziehverfahren mit den notwendigen Chemikalien angesetzt und dann auf einen entsprechenden pH-Wert eingestellt, der für den Farbstoff jeweils notwendig ist. Dann läßt man die Ware in das Bad einlaufen; dabei ist ein gutes Durchnetzen des Färbeguts sowie eine gleichmäßige Verteilung der Chemikalien und Hilfsmittel im Bad wichtig. Die Einstellung des pH-Gleichgewichts zwischen Ware und Flotte ist erforderlich, bevor die Farbstoffe beim Ausziehverfahren zugegeben werden und man mit dem Aufheizen beginnt. Der gut gelöste Farbstoff wird je nach Färbeverfahren bei 30–50 °C zugegeben. Dann läßt man die Temperatur langsam (je nach einzuhaltender Aufheizrate) bis zur Kochtemperatur steigen und kocht während der vorge-

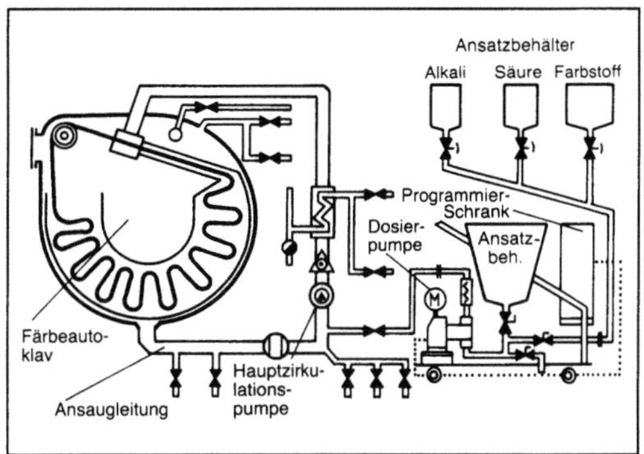

Färbeprozeß 2a): Mikroprozessor-programmierte Anlage für das Färben von Cellulose/Synthesefaser-Mischungen bei bewegter Ware.

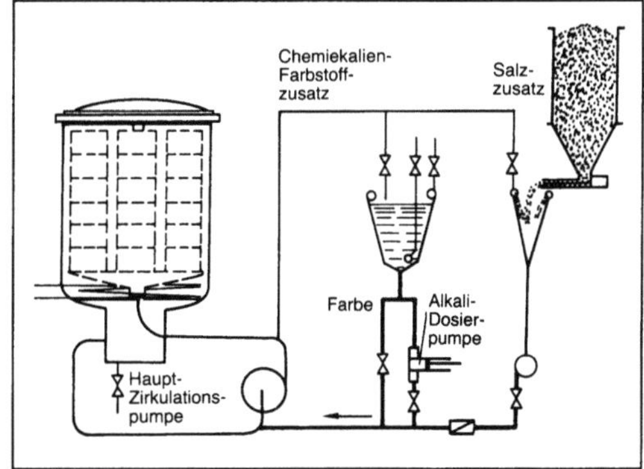

Färbeprozeß 2b): Dosieranlage für Chemikalien, Farbstoffe und Elektrolyte in der Apparatefärberei bei ruhender Ware und bewegter Flotte.

schriebenen Zeit bis zur Abmusterung, ehe man nach Beendigung der Färbung gut spült.

Unter Egalisieren versteht man dabei eine möglichst gleichmäßige Verteilung des Farbstoffs auf und in der Faser beim F. Bei einer gleichmäßigen, egalen Färbung zeigen nebeneinanderliegende Ge-

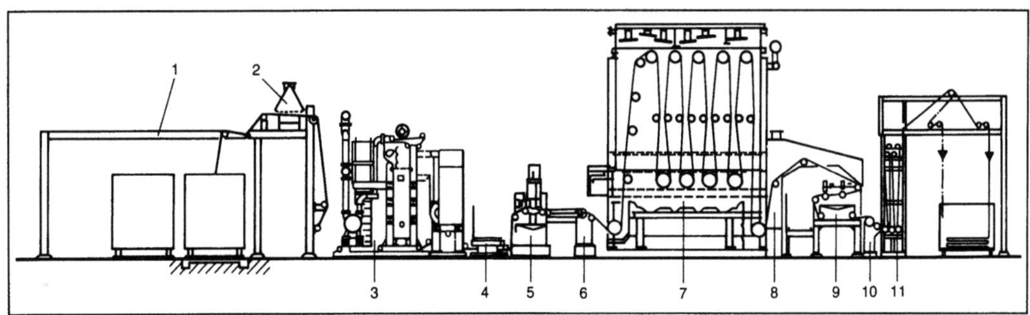

Färbeprozeß 1: Aufbau einer Teppichfärbeanlage nach dem Auftragsverfahren.

1 Wareneinlauf, 2 Vordämpfer, 3 Jet-Bulker, 4 Arbeitsbühne, 5 Fluidyer, 6 Zugwerk, 7 Schlaufendämpfer, 8 Dampfhaube, 9 Saug-Waschmaschine, 10 Zugwerk, 11 Abtafler mit Speicher

webeflächen keine Unterschiede in der Farbtiefe und im Farbton.

Man unterscheidet beim Egalisieren zwei Verfahrensweisen (Bild 3):

□ das Migrierverfahren; hierbei treten während der kurzen Aufheizphase Unegalitäten auf, die im Verlauf der folgenden, langen Migrier- und Fixierphase bei Kochtemperatur ausgeglichen, egalisiert werden;

□ das Verfahren des kontrollierten Aufziehens; dabei läßt man den Farbstoff in der langen Aufheizphase gleichmäßig auf die Faser aufziehen. Danach folgt eine kurze Fixierphase bei oder oberhalb Kochtemperatur.

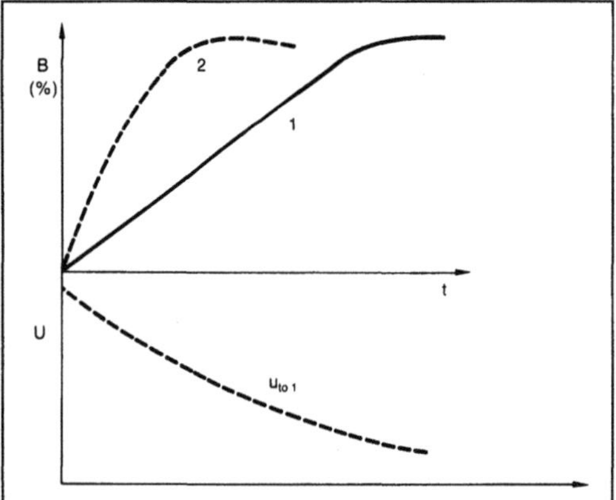

Färbeprozeß 3: Vergleich des Färbens nach dem Prinzip der kontrollierten Sorption (1) und dem Migrationsprinzip (2) beim Ausziehfärbeverfahren.

B Badauszug, U Unegalitätsgrad, U_{tol} tolerierbare Unegalität (Toleranzgrenze), t Zeit, $t \frac{100}{C \cdot E}$

C Anzahl Kontakte je Zeiteinheit

E rel. Badauszug (%) / Kontakt (rel. % Ex/c), um unterhalb der U_{tol} zu bleiben

Das Risiko beim Migrierverfahren liegt darin, daß nicht alle Farbstoffe beim Kochprozeß ausegalisieren.

Die Färbegeschwindigkeit hängt vom Diffusionsvermögen und damit vor allem von der Größe der Farbstoffmoleküle ab. Farbstoffe mit großen Molekülen zeigen eine niedrige Aufziehgeschwindigkeit, weil ihre Beweglichkeit in der Flotte und vor allem in der Faser eingeschränkt ist. Neben der Größe der Farbstoffmoleküle beeinflussen die Wechselwirkungen zwischen Faser und Farbstoff die Färbegeschwindigkeit.

Die sog. kritische Färbegeschwindigkeit beschreibt die Aufheizkurve, die gerade noch egale Färbungen ergibt.

Nachdem der Farbstoff aus der Flotte in die Faser eingedrungen ist, wird er an bindungsfähigen Stellen der Faser gebunden. Dabei stellt sich nach beendeter Färbung ein typisches Verhältnis zwischen der Menge Farbstoff in der Faser und in der Flotte ein (Baderschöpfung oder Ausziehgrad). Dieses Färbegleichgewicht ist dynamisch, d. h. Farbstoffe, die bereits von der Faser gebunden wurden, lassen sich je nach Farbstofftyp mehr oder weniger leicht wieder abspalten. So können diese Farbstoffmoleküle erneut diffundieren, und zwar von Stellen höherer Konzentration zu Bereichen niedrigerer Konzentration (Migration). Egalisierungsfarbstoffe mit kleinem Molekül migrieren infolge ihrer geringen Bindung durch andere als elektrostatische Bindungen und wegen ihres hohen Diffusionsvermögens gut und kompensieren damit den für diese Farbstoffe typischen Nachteil einer hohen Aufziehgeschwindigkeit. Farbstoffe mit großem Molekül weisen hohe Affinität zur Faser bei geringem Diffusionsvermögen auf und migrieren deshalb schlecht, weisen aber gerade wegen des großen Moleküls hohe Naß-(Wasch-)Echtheiten auf. *Rouette*

Literatur: *Rys, P.,*u. *H. Zollinger:* Leitfaden der Farbstoffchemie. Weinheim 1970.

Fahrbahn. Die Eigenschaften der F. werden durch die Trassierung (Streckenführung), →Welligkeit und →Griffigkeit beschrieben. Außerdem sind Sichtverhältnisse (Sichtweite, optische Führung), Querneigung, Entwässerung, akustische Eigenschaften von Bedeutung.

Streckenführung. Im Grundriß vermeidet man die Aufeinanderfolge von Geraden und Kreisbögen, weil die sprungartige Änderung der Krümmung wegen der Unmöglichkeit eines Lenkeinschlagsprungs zum Nichteinhalten der Fahrspur führt. Ideal ist die stetige Veränderung der Krümmung (dem Kehrwert des Kurvenradius).

Bei der Klothoide ist die Krümmung der Weglänge proportional. Für das starr gedachte Fahrzeug ist dann bei konstanter Fahrgeschwindigkeit auch die Winkelgeschwindigkeit, mit der das Lenkrad gedreht werden muß, konstant. Allerdings signalisiert dann der Beginn der Kurve nicht den engsten Krümmungsradius, die Kurve zieht sich immer mehr zu. Der kleinste Kurvenradius eines Straßenzuges im Kurvenscheitel ist ein Maß für die fahrbare Geschwindigkeit, die sich nicht verändern sollte.

Ein beliebiger Straßenzug mit stetiger Krümmungsänderung kann durch die Gleichung

$$\kappa = \sum_{i=0}^{n} \kappa_i \cdot \text{Exp}\,(-\pi \cdot \kappa_i^2 \cdot \varphi_i^{-2} \cdot (s - s_i)^2)$$

angegeben werden. Jede Kurve i ist dabei durch die Scheitelkrümmung κ_i, die Richtungsänderung φ_i und die Lage s_i auf der Streckenlänge s beschreibbar. Voraussetzung ist ein ausreichender Abstand der ersten und letzten Kurve von Streckenanfang und -ende.

Der Richtungswinkel ist $\varphi = \varphi_0 + \int\limits_{-\infty}^{s} \kappa\,ds$,

die x-Koordinate $x = \int\limits_{-\infty}^{s} \cos\varphi\,ds$,

die y-Koordinate $y = \int\limits_{-\infty}^{s} \sin\varphi\,ds$.

Für Höhenplan und Querneigung können analoge Gleichungen verwendet werden.

Welligkeit. Für Fahrkomfort und Radlastschwankung ist die Unebenheitsdichte ($\rightarrow$Federung) eine geeignete Größe, wenn man Singularitäten (z. B. Bahnübergänge, Kanaldeckel) ausschließt und im übrigen normalverteilte Amplituden annimmt.

Griffigkeit. Unter Griffigkeit wird die Fähigkeit der Fahrbahn verstanden, vom Reifen ausgeübte Horizontalkräfte zu übertragen. Sie wird als Haft- und Gleitbeiwert oder als Bremswert unter bestimmten Bedingungen gemessen. Die Griffigkeit ändert sich je nach F.-Zustand sehr stark: trocken oder naß, sauber oder verschmutzt, poliert oder vereist. Über der Reibgeschwindigkeit kann zwischen einem Adhäsions- und einem Hystereseanteil unterschieden werden.

Aufschwimmen des Reifens (Aqua- oder Hydroplaning): Das Staudruckmodell erklärt die Erscheinung durch eine gedachte Umkehr der Bewegungsverhältnisse: Das Fahrzeug ist stillstehend gedacht, das Wasser strömt auf das Rad zu und dringt durch den entstehenden Staudruck unter die Aufstandsfläche des Reifens. Abhilfen sind die Beseitigung des Wassers (Querneigung, poröse Oberfläche) und entsprechende Reifenprofilierung, die das in die Aufstandsfläche eindringende Wasser rasch abführt. *Fiala*

Literatur: Handb. Straßenbau. Berlin 1979. – Reifen, Fahrwerk, Fahrbahn. VDI-Ber. 778 u. 650. Düsseldorf 1989 u. 1987.

Fahrbahnwelligkeit $\rightarrow$Fahrbahn

Fahrdynamik.

1. Kraftfahrzeug. Sie bezeichnet die horizontalen Bewegungen des Fahrzeugs infolge Lenkwinkel, Luftkräften und Fahrbahneinflüssen ($\rightarrow$Lenkung, $\rightarrow$Reifen).

Für das Fahrzeug ergibt sich das Regelverhalten aus Masse m, Masseverteilung $m \cdot R^2$, Seitenführungsverhalten der Räder unter Berücksichtigung der elasto-kinematischen Eigenschaften.

Für kleine Winkel gilt:

$\dot\varphi = \kappa \cdot v$,

$\beta_v = \beta + \lambda_v - a\,(\dot\varphi + \dot\beta)/v$,

$\beta_h = \beta + \lambda_h + b\,(\dot\varphi + \dot\beta)/v$,

$m \cdot v^2 \cdot \kappa = S_v + S_h + U_v \cdot \lambda_v + U_h \cdot \lambda_h - W_2 - W_1 \cdot \beta$,

$mR^2\,(\ddot\varphi + \ddot\beta) = S_v \cdot a - S_h \cdot b + U_v \cdot a \cdot \lambda_v - U_h \cdot b \cdot \lambda_h - M_w$.

Stabilitätsprobleme. Nimmt man an, daß sich ein Fahrzeug rein translatorisch bewegt und seine Längsachse durch eine Störung einen kleinen Winkel β mit der Bewegungsrichtung einschließt, so drehen die Seitenführungskräfte der Reifen nur dann das Fahrzeug in die Bewegungsrichtung, wenn ihre Resultierende hinter dem Schwerpunkt angreift.

Analog soll für Seitenwindstabilität die resultierende Luftkraft zwischen Schwerpunkt und resultierender Reifenführungskraft nahe an dieser liegen.

Untersteuernd nennt man Fahrzeuge, bei denen bei einer Kreisfahrt mit konstantem Radius bei steigender Fahrgeschwindigkeit der Lenkwinkel rascher zunimmt als die Querbeschleunigung; gegenteiliges Verhalten nennt man *übersteuernd*.

Die *automatische Fahrzeugführung* versucht, den Fahrer bei den Aufgaben Seiten- und Längsführung zu entlasten. Die einfachste Situation ist das Fahren entlang einer Leitspur in einer Kolonne. Dazu muß der Abstand zur Leitspur (und möglichst die Winkelstellung) erfaßt werden und der Abstand zum Vordermann (sowie die Differenzgeschwindigkeit). Weit schwieriger ist die Aufgabe, wenn Fahrzeuge in anderen Spuren zuverlässig erfaßt und Spurwechsel- und Ausweichmanöver automatisch ausgeführt werden sollen. Als Sensoren kommen Feldsensoren, Ultraschall und optische Sensoren in Betracht.

Einachsanhänger verändern das Fahrverhalten der Zugfahrzeuge wesentlich. Bei höheren Fahrgeschwindigkeiten kann es zum Aufschaukeln des Zuges kommen. Folgende Parameter beeinflussen das Fahrverhalten günstig:

□ kurzer Überhang des Kupplungspunktes, evtl. virtuelle Vorverlagerung durch entsprechende Kinematik,

□ lange Deichsel,

□ Schwerpunkt des Anhängers vor der Achse,

□ hohe Schräglaufsteifigkeit des Anhängers,

□ Luftkräfte sollen Deichsellast nicht verringern.

Ein relativ leichter Anhänger verhält sich günstiger als ein schwerer.

Breitenbedarf. In Kurven entsteht ein größerer Breitenbedarf, wenn nachfolgende Achsen eine andere Spur laufen. Bei ungelenkten Folgeachsen ist die Spurabweichung näherungsweise

$\Delta = l_M^2/2 \cdot \kappa - 1 \cdot \beta_m$;

dabei bedeuten: $\kappa = 1/R$ die Krümmung der Kurve, l den Abstand von erster bis letzter Achse im gestreckten Zug, β_m den mittleren Schräglaufwinkel und l_M die Modelldeichsellänge;

$l_M = \sqrt{\Sigma\,l_i^2 - \overline{\Sigma l_i^2}}$;

Δ ist zum Kurvenmittelpunkt gerichtet, die Schräglaufwirkung $l \cdot \beta_m$ folglich nach kurvenaußen. Sie überwiegt bei schnell gefahrenen Kurven. *Fiala*

2. Kraftrad.

Längsdynamik. Für das Beschleunigungsvermögen tritt beim Motorrad mit geringem →Leistungsgewicht neben der Begrenzung durch den Kraftschlußbeiwert das Abheben des Vorderrades als Grenze auf, wenn die Vorderachslast beim Beschleunigen

$$F_v = (m \cdot g \cdot l_h/l) - (m \cdot a \cdot h/l) = 0 \text{ wird, oder}$$

$$g \cdot l_h = a_{max} \cdot h; \text{ daraus folgt } a_{max} = g \cdot l_h/h \text{ ist}$$

(a Beschleunigung, g Gravitationskonstante, l Radstand, l_h Horizontalabstand Schwerpunkt – Hinterachse, h Schwerpunkthöhe).

Querdynamik. Die querdynamischen Vorgänge im Regelkreis Fahrer – Fahrzeug – Straße sind beim Kraftrad gegenüber dem Mehrspurfahrzeug durch die Möglichkeit des Kippens wesentlich anders. Das Kraftrad fährt im labilen Gleichgewicht.

Geradeausfahrt: Droht das Kraftrad nach rechts zu kippen, muß zur Aufrechterhaltung des labilen Gleichgewichts nach rechts gelenkt werden, wodurch ein Kreiselmoment entsteht, das das Kraftrad aufrichtet. Die eingetretene Kursabweichung muß durch Kippen des Kraftrades nach links ausgeglichen werden; zum Aufrichten muß nach links gelenkt werden usw. Es kommt zu einer niederfrequenten Regelschwingung im Bereich von 0,2 Hz. Die Fahrerreaktion ist meist reflektorisch und nur bei großen Störungen bewußt. Für das Kraftrad sind die Schwingungen um die Lenkachse (Flattern) und um die Spurlinie (Kippen) sowie das Pendeln wesentlich gekoppelt (gekoppelte Lenk-Gier-Roll-Schwingung). Bei den gekoppelten Schwingungen wirken Gravitations- und Zentrifugalkräfte, Kreisel- und Trägheitsmomente zusammen. Bei niedriger Geschwindigkeit ist das Kraftrad instabil; es folgt ein ausreichend gedämpfter stabiler Bereich. Bei hohen Geschwindigkeiten nimmt die Dämpfung für Pendeln und für Flattern stark ab.

Kurvenfahrt: Bei stationärer Kurvenfahrt bestimmen der verfügbare Kraftschluß und die geometrisch mögliche Seitenneigung des Kraftrades die Geschwindigkeit, mit der eine Kurve mit der Krümmung $\kappa = 1/r$ befahren werden kann. Einerseits muß der Fliehkraft F_F durch den Kraftschluß das Gleichgewicht gehalten werden. Hierbei kommen den Sturzseitenkräften größere Bedeutung zu als den Seitenkräften durch Schräglauf:

$$F_F = m \cdot \kappa \cdot v^2 = m \cdot g \cdot \mu \text{ oder } \kappa \cdot v^2 = g \cdot \mu.$$

Andererseits muß die Resultierende aus Fliehkraft und Gewichtskraft durch die Spurlinie gehen. Ohne Berücksichtigung der Reifenverformung und des endlichen Reifenhalbmessers ergibt sich die erforderliche Seitenneigung zu

$$\lambda = \text{arc tan } (\kappa \cdot v^2/g).$$

Neigt sich der Fahrer stärker als das Kraftrad in die Kurve, so kann er bei gleicher Neigung des Kraftrades mit höherer Geschwindigkeit fahren, richtet er sich gegenüber dem Kraftrad auf, muß die Geschwindigkeit geringer sein.

Der theoretische Lenkwinkel δ_{theor} ohne Berücksichtigung des Reifenschräglaufs ist der *Ackermann-Lenkwinkel*

$$\delta_{theor} = (1/\cos \tau) \cdot \text{arctan } (l \cdot \kappa \cdot \cos \lambda);$$

$\cos \lambda$ berücksichtigt die Neigung des Motorrades in der Kurve, $\cos \tau$ die Neigung des Steuerkopfes. Der tatsächliche Lenkwinkel unterscheidet sich vom theoretischen durch die Schräglaufdifferenz

$$\beta_v - \beta_h = \Delta\beta, \qquad \delta = \delta_{theor} + \Delta\beta.$$

Messungen zeigen, daß der erforderliche Lenkwinkel mit der Fahrgeschwindigkeit abnimmt, d. h. das Kraftrad übersteuert. Bei einem Ausweichmanöver lenkt der Fahrer zuerst in entgegengesetzter Richtung, wodurch das Kraftrad durch Fliehkraft und Kreiselmoment in die gewünschte Richtung kippt. Die Ausweichbewegung beginnt infolgedessen verspätet und kann einen längeren Weg in Anspruch nehmen als beim Pkw. Lenkwinkel über 5° kommen praktisch nur beim Rangieren vor (→Reifen; Fahrdynamik (Kraftfahrzeug), →Lenkung (Kraftfahrzeug), →Fahrwiderstand). *Fiala*

Literatur: *Bayer, B.:* Ein Modellansatz zur Beschreibung des Lenkverhaltens von Krafträdern bei stationärer Kreisfahrt. Automobil-Ind. 30 (1985) 1, S. 33/36. – *Breuer, B.:* Skriptum Vorlesung Motorräder. TH Darmstadt (1984). – *Helling, J.:* Umdruck zur Vorlesung „Krafträder". Forschungsges. Kraftfahrwesen Aachen. Schriftenreihe Automobiltechnik 4, Aachen (1985). – *Koch, J.:* Experimentelle und analytische Untersuchungen des Motorrad-Fahrer-Systems. Fortschr.-Ber. VDI R. 12 Nr. 40. Düsseldorf 1980.

Fahrkomfort. Das Wohlbefinden des Menschen im Fahrzeug wird durch die ergonomische Auslegung (→Anthropotechnik), die Qualität und den Zustand der Raumluft (→Innenraumklima, Klimatisierung im Kraftfahrzeug), den →Federungskomfort und das →Innengeräusch bestimmt.

In der Tabelle sind die wichtigsten Parameter für das Wohlbefinden des Menschen im Kraftfahrzeug zusammengefaßt. In Anbetracht der großen individuellen Unterschiede im Empfinden der Menschen können die angegebenen Werte nur als Richtwerte gelten. *Fiala*

Fahrlader. Für kurze bis mittlere Transportlängen bieten sich die F. an, die das Haufwerk aufnehmen, transportieren und auch wieder abkippen. Der

Fahrkomfort. Tabelle: Komfortkriterien.

	Luxuszone	nicht störend angenehm	störend unangenehm
Lärm dB(A)	< 60	< 70	< 90
bewertete Schwingungsstärke K Richtlinie VDI 2057	< 0,1	< 0,4	< 1,6
Querbeschleunigung g	0	< 0,1	< 1,0
CO_2-Gehalt der Luft %	< 0,03	< 0,5	< 2,0
CO-Gehalt der Luft ppm	0	< 8,8	< 30,0
g/m^3	0	< 10,0	< 33,0
Geruchsbelästigung, Skale der Geruchsintensität	0	< 1	< 2
	> 30	> 20	> 5
relative Luftfeuchtigkeit %	< 70	< 90	< 95
Frischluftzufuhr je Person m3/h	> 50	> 20	> 4
Temperatur im Sommer t_a Außentemperatur °C	$\approx t_a$ (6–8)	< t_a	< 43
Temperatur im Winter Wirktemperatur °C Fußbereich 4–8 höher	≈ 22	> 19	> 12

Schaufelinhalt kann bis zu $10\,m^3$ betragen. Die Knicklenkung erhöht die Wendigkeit, der drehbare Fahrersitz verbessert die Bedienung des Laders. Angetrieben werden die F. durch schadstoffarme Diesel- oder Elektromotoren.   *Kühn*

Fahrmotor. Als F. bezeichnet man die Antriebsmotoren elektrischer Triebfahrzeuge.

Sie müssen den besonderen dynamischen Forderungen des Fahrbetriebs gerecht werden, die von Schienenstößen, Weichen und Kreuzungen herrühren. Beim Überfahren von Weichen treten z. B. Beschleunigungskräfte auf, die dem zehn- bis zwanzigfachen Motorgewicht entsprechen. Die konstruktive Ausführung erfordert daher besondere Sorgfalt. Auch die witterungsbedingten Beanspruchungen sind sehr hoch. Drehzahl und Drehmoment unterliegen starken Schwankungen. Beim Rutschen des Treibrades auf der Schiene kann die Drehzahl plötzlich stark ansteigen. Beim Anfahren schwankt das Moment vom einfachen bis zum doppelten Wert, evtl. von pulsierenden Momenten überlagert. Die Motoren müssen daher besonderen Vorschriften entsprechen (VDE 0535, UIC 610 bzw. IEC 48).

Folgende Motorarten werden eingesetzt, wobei die Auswahl einerseits von der Art der Fahrdrahtspannung, andererseits vom gewählten Steuersystem auf dem Triebfahrzeug abhängt:
- Gleichstrom-Reihenschlußmotor,
- Mischstrom-Reihenschlußmotor,
- Einphasen-Reihenschlußmotor,
- Drehstrom-Synchronmotor,
- Drehstrom-Asynchronmotor.

Die Reihenschlußcharakteristik der Motoren ist für den Bahnbetrieb wegen der hohen Anzugsmomente aus dem Stillstand besonders geeignet. Die Leistungsfähigkeit der Motoren wird nicht nur durch Angabe der Nennleistung, sondern zusätzlich durch den zulässigen Belastungsbereich gekennzeichnet, der aus dem Belastbarkeitsdiagramm ersichtlich ist. Die Grenzen sind gegeben durch:
- größten Strom,
- höchste Spannung,
- höchste Drehzahl,
- minimale Felderregung für die Feldshuntung

bei den drei erstgenannten Motorarten.

Eine Übersicht über Schaltung, Belastbarkeitsdiagramme und Steuerdiagramme zeigt Bild 1.

Zur Ausführung der Motoren ist zu bemerken:

Gleichstrom-Reihenschlußmotor. Die Motoren wurden bisher in üblicher Ausführung eingesetzt, d. h. mit massiven Haupt- und Wendepolen. In den letzten Jahren hat sich die Ausführung mit vollgeblechtem Statorteil durchgesetzt. Sie bieten größere Sicherheit gegen Überschläge am Kommutator bei Schaltvorgängen, z. B. beim Bügelspringen. Motoren höherer Leistung werden mit Kompensationswicklung ausgeführt. Die Motoren sind meist fremdgekühlt.

Die Steuerung der Motoren erfolgt über die Spannung nach folgenden Verfahren:
- stufenweises Abschalten vorgeschalteter Anfahrwiderstände,

☐ Reihen- oder Parallelsteuerung der Motoren bei mehrmotorigen Triebfahrzeugen (Spannungssteuerung),

☐ Spannungssteuerung über einen elektronischen Gleichstromsteller.

Folgende Gleichspannungswerte sind üblich:

☐ für Fahrdrahteinspeisung 220–500 V bei Grubenbahnen, 660–1 500 V bei Voll- und Industriebahnen und Nahverkehrstriebfahrzeugen,

☐ für Batteriespeisung 110–440 V bei Gruben- und Industriebahnen sowie Nahverkehrstriebfahrzeugen,

☐ bei Generatorspeisung 500–1 500 V bei dieselelektrischen Triebfahrzeugen.

Mischstrom-Reihenschlußmotor. Diese Motoren werden bei Speisung mit Gleichstrom aus einphasiger Gleichrichtung eingesetzt, bei der sich bei einer Netzfrequenz von 50 Hz ein Wechselstrom von 100 Hz überlagert. Wegen der hierbei entstehenden Verluste wurde der Gleichstrommotor mit geblechtem Statorteil entwickelt (Bild 1). Die Mischmotoren haben neben der größeren Sicherheit den Vorteil, daß der Drosselaufwand für die Stromglättung geringer wird.

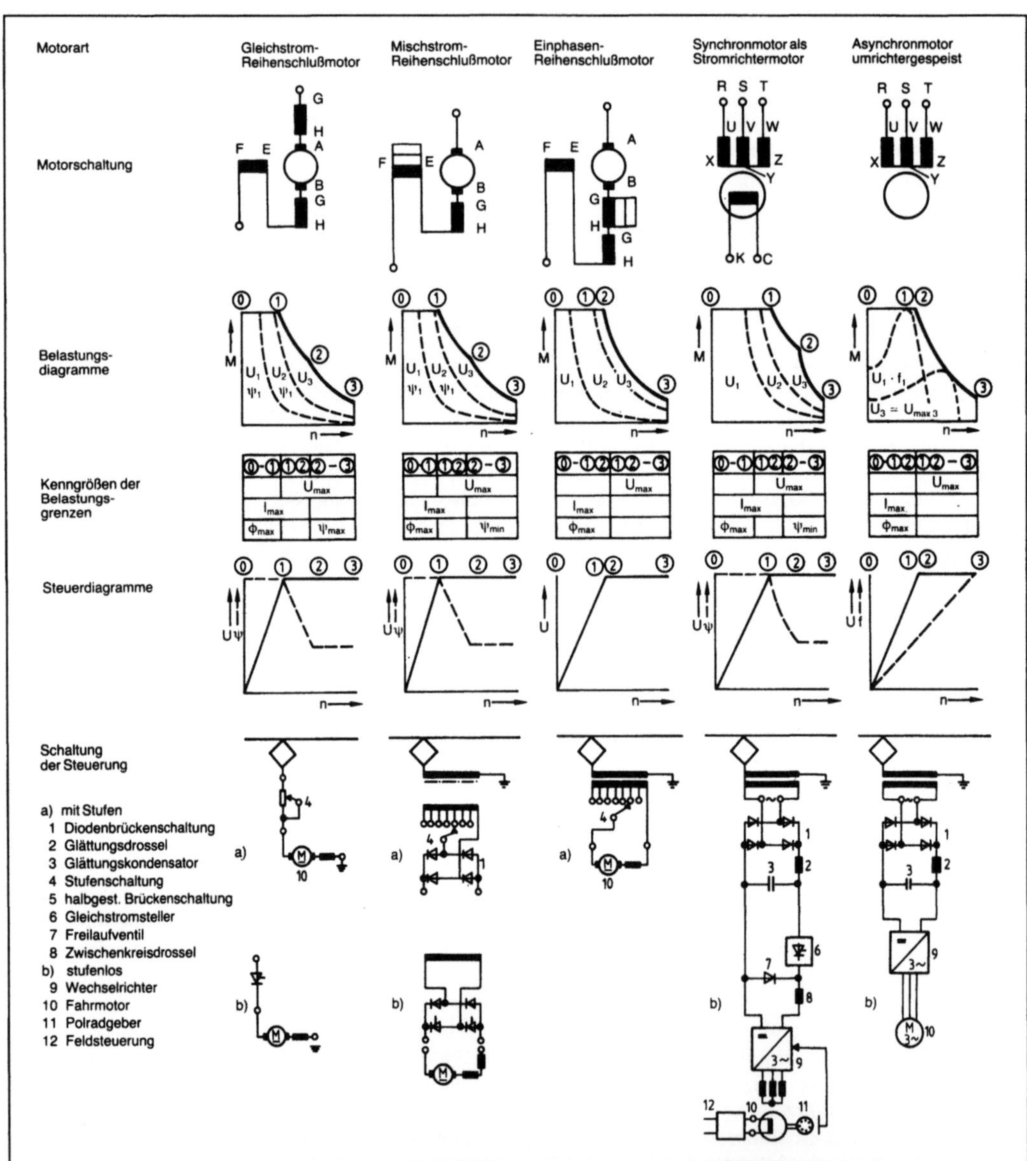

Fahrmotor 1: Übersicht: Schaltung, Belastbarkeits- und Steuerdiagramm. (Quelle: Müller a. a. O.)

Die Spannungsteuerung von Mischstrom-Reihenschlußmotoren erfolgt bei modernen Systemen stufenlos über Stromrichter durch →Anschnittsteuerung.

Einphasen-Reihenschlußmotor. Diese Motoren werden, z. B. bei Speisung aus Wechselstromnetzen, mit einer Frequenz von 16⅔ Hz eingesetzt. Das Ankerpaket ist ebenso wie die Haupt- und Wendepole geblecht ausgeführt. Der Motor besitzt meist auch Kompensationswicklungen. Die Polzahl ist hoch (12–16-polig), die Nennspannung niedrig (350 bis 550 V). Da jedem Pol ein Kohlebürstensatz zugeordnet ist, besitzen die Motoren einen aufwendigen Kohlebürstenapparat.

Die Spannungssteuerung wird durch stufenweises Ansteuern von Transformatoranzapfungen ausgeführt. Der Stufenwechsel erfolgt meist unter Einsatz von Stromteilerdrosseln, Überschaltdioden oder -thyristoren (Bild 2).

Drehstrom-Synchronmotor →Drehstrom-F.

Drehstrom-Asynchronmotor →Drehstrom-F. *Stüben*

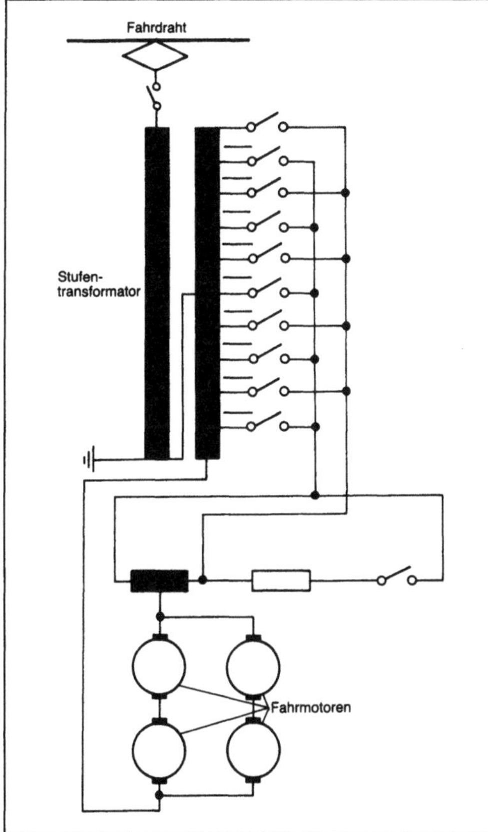

Fahrmotor 2: Schaltung für die Spannungssteuerung eines Einphasen-Reihenschlußmotors. (Quelle: Müller a. a. O.)

Literatur: *Müller, S.:* Elektrische und dieselelektrische Triebfahrzeuge. Basel.

Fahrsilo. Bauwerk für die Gärfutterbereitung (Silage) für die Viehfütterung. Hauptanwendung für angewelktes Gras und gehäckselten Grünmais (Silomais, →Feldhäcksler). Das F. besteht aus einem betonierten Boden mit stabilen Seitenwänden (im Abstand von mindestens 4 m), die entweder frei stehen (Höhe um 1,5–2 m) oder als Beplankung von Erdwällen dienen (niedriger, kostengünstiger, höherer Flächenbedarf). Das Gut muß möglichst rasch eingebracht, verdichtet und gasdicht versiegelt werden (Folie, CO_2-Atmosphäre). Die Beschickung erfolgt durch Befahren und gleichzeitiges Abladen (oft mit →Ladewagen). Ein Walztraktor verdichtet das Gut durch Hin- und Herfahren.   *Renius*

Fahrstabilität →Fahrdynamik (Kraftfahrzeug)

Fahrtmessung (Luftfahrt). Viele Luftwert-Fluginstrumente arbeiten mit dem Gesamtdruck (auch Pitotdruck genannt) und/oder mit dem statischen Druck. Man erhält diese Drücke üblicherweise mit einem Prandtl-Rohr o. ä., das Gesamt- oder Pitotdruck und statischen Druck ermittelt (Bild 1).

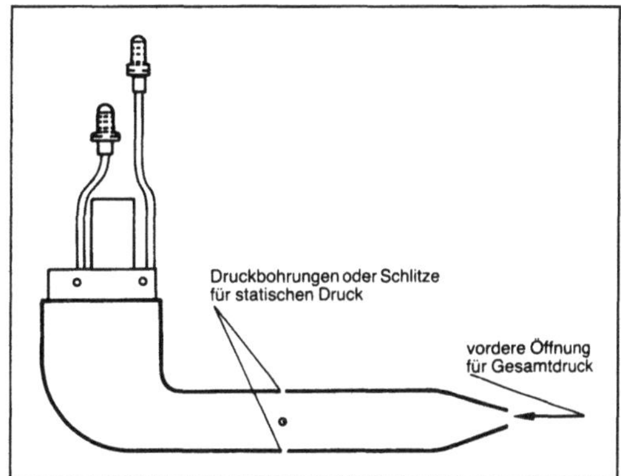

Fahrtmessung (Luftfahrt) 1: Prandtl-Rohr für Verwendung im Flugzeug.

An der Seite des Rohrs herrscht ein Druck, der sich vom Druck der ungestörten Luft kaum unterscheidet, und dort angebrachte Schlitze liefern den statischen Druck, während an der Spitze der Gesamtdruck ermittelt wird. Um Eisansatz zu vermeiden, sind die Rohre meist elektrisch geheizt (Bild 2). Die Differenz zwischen Gesamtdruck und statischem Druck, der Staudruck, ist ein Maß für die äquivalente oder angezeigte Fluggeschwindigkeit (indicated airspeed). Die Fahrtmesser geben eine dem Staudruck bei 1 000 mbar und 15 °C entsprechende Fluggeschwindigkeit in Knoten (Seemeilen pro Stunde) an.

Wahre Fluggeschwindigkeitsanzeiger. Dieses Gerät (Bild 3) wird hauptsächlich zur Navigation benutzt. Die Anzeige ist nicht nur eine Funk-

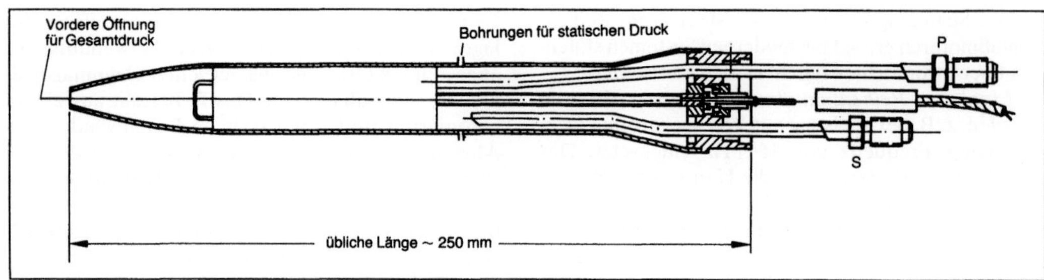

Fahrtmessung (Luftfahrt) 2: Elektrisch beheiztes Prandtl-Rohr.

p Staudruck, s statischer Druck

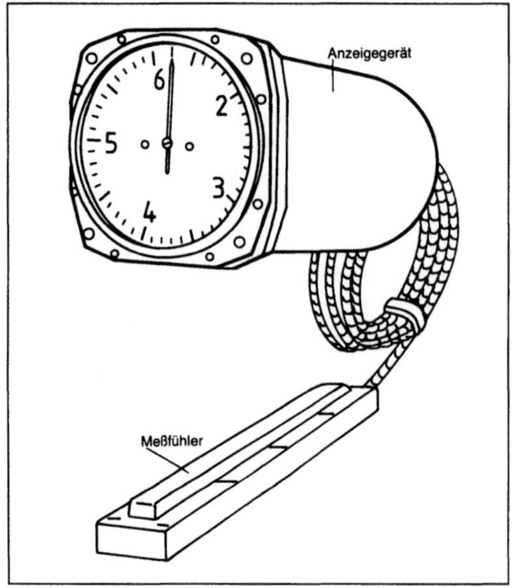

Fahrtmessung (Luftfahrt) 3: Anzeigegerät für wahre Fluggeschwindigkeit.

Fahrtmessung (Luftfahrt) 4: Kombiniertes Gerät zur Anzeige von wahrer Geschwindigkeit und Mach-Zahl.

tion des Staudrucks, sondern auch des von der Höhe abhängigen statischen Drucks und der Temperatur.

Diese Luftwerte werden in einem Rechner zur Anzeige verarbeitet, wobei auch Korrekturen für die von der Mach-Zahl abhängigen Druckabweichungen angebracht werden.

Mach-Zahl-Messer (Mach-Meter). Es ist dies ebenfalls ein mechanischer Rechner, der mit den Luftwerten statischer Druck, Staudruck und Temperatur arbeitet. Bild 4 zeigt ein Gerät, das sowohl wahre Fluggeschwindigkeiten in Knoten als auch Mach-Zahl anzeigt. *Kosin*

Fahrtreppe. Rolltreppe, →Fördermittel für Personen, meist in Kaufhäusern und Verkehrsanlagen. Die stufenbildenden Teile hängen an einem endlosen umlaufenden Zugmittel und werden auf beiden Seiten mit Rollen in Schlitzen geführt. Die Stufen entstehen und verschwinden infolge kurvenförmigen Verlaufs der Schlitze. *Jünemann*

Fahrwerk. Alle Bauteile des Kraftfahrzeugs, die zur Beweglichkeit beitragen (Räder, →Radführung, Federn, Dämpfer, Fahrschemel, Rahmen). *Fiala*

Fahrwiderstand. Der durch die Antriebskraft zu überwindende F. besteht aus:

□ →*Rollwiderstand* W_R: Er hängt von der Verformung der →Reifen (Bild 1) ab: $W_R = f_R \cdot L_R$ (f_R Rollwiderstandsbeiwert, $f_R \approx 0{,}015$; L_R Radlast). Hinzu kommt der durch die Verformung der Fahrbahn erzeugte Widerstand, wie z. B. Schnee, loser Sand (Bild 2); ferner der Schwallwiderstand durch das Verdrängen von Wasser auf der Fahrbahn: $W_{Sch} \sim b \cdot v^n$ (b Reifenbreite, $n \approx 1{,}6$ ab 0,5 mm Höhe des Wasserfilms; nach *Gengenbach*); Reifen →Aquaplaning. Üblicherweise wird dem Rollwiderstand noch die →Reibung in den Radlagern und die von schleifenden Bremsen zugezählt. Sie kann $0{,}005 \cdot L_R$

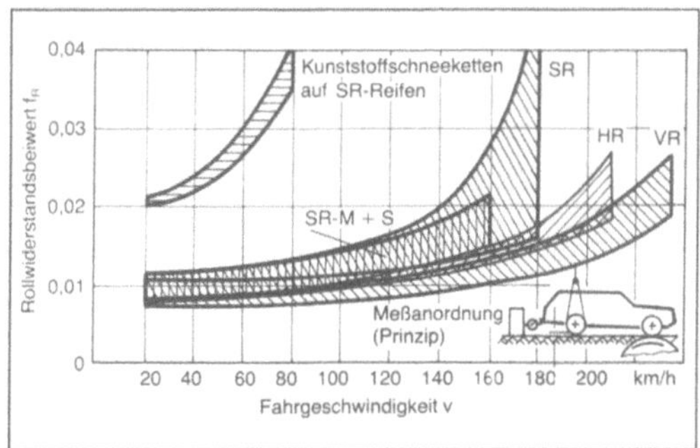

Fahrwiderstand 1: Rollwiderstandsbeiwert von Pkw-Reifen verschiedener Geschwindigkeitsklassen und Hersteller auf Trommel 2 m Dmr. (Quelle: IfF, Braunschweig)

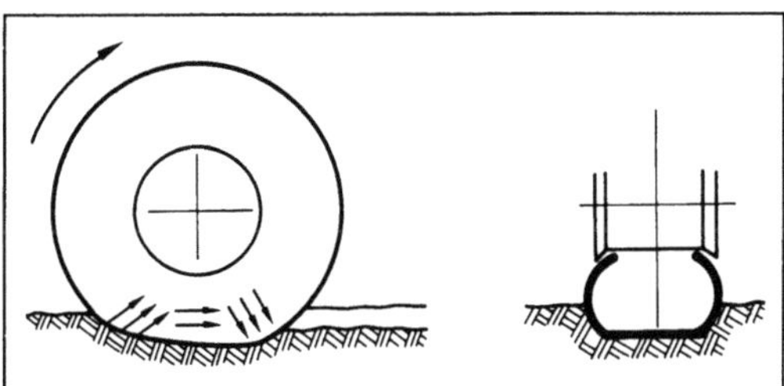

Fahrwiderstand 2: Erhöhung des Rollwiderstandes durch Verformung der Fahrbahn und Spurrillenreibung. (Quelle: Mitschke a. a. O.)

erreichen; ferner der Wellenwiderstand, der durch das Umsetzen der Schwingungsenergie in Wärme durch die Stoßdämpfer entsteht.

□ →Luftwiderstand W_L: Er entsteht dadurch, daß die den Fahrzeugkörper umströmende Luft Druckunterschiede und geringe Reibungskräfte verursacht. Die Luftkraft wird meist auf den Staudruck $q = \rho \cdot v_r^2/2$ (ρ Dichte der Luft, v_r →Relativgeschwindigkeit Fahrzeug – Luft) und auf den Schattenquerschnitt A bezogen. Ihre der Fahrtrichtung entgegenwirkende Komponente $W_L = c_W \cdot A \cdot q$ wird als Luftwiderstand bezeichnet; c_W ist der Luftwiderstandsbeiwert; →Aerodynamik (Kraftfahrzeug).

□ *Seitenkraftwiderstand* W_S (Reifen): Durch den Schräglauf der Reifen beim Übertragen einer Seitenkraft entsteht die Komponente der Seitenkraft in Bewegungsrichtung $W_s = S \cdot \sin \beta$. Die von den Reifen zu übertragende Seitenkraft rührt vor allem von der Fliehkraft bei Kurvenfahrt (→Kurvenwiderstand), von der Reaktion auf Seitenwind (Seitenwindkraftwiderstand), von der →Vorspur (Vorspurwiderstand) und von der Fahrbahnseitenneigung her.

□ *Steigungswiderstand* $W_{st} = g \cdot m \cdot \sin \alpha$. Bei Steigungen bis 20 % kann der Sinus durch den Tangens, d. h. durch die Steigung s ersetzt werden: $W_{st} = g \cdot m \cdot s$.

□ *Beschleunigungswiderstand* ist die einer Beschleunigung des Fahrzeuges entgegenwirkende Kraft, wobei berücksichtigt werden muß, daß auch die rotierenden Massen (Räder, →Kraftübertragung und Motor) beschleunigt werden müssen: $W_B = m_{red} \cdot dv/dt$, wobei die reduzierte Fahrzeugmasse $m_{red} = m + (I_R + i^2 \cdot I_M)/r_s^2$ ist. Hierin bedeuten I_R und I_M die Trägheitsmomente von Antriebsrädern und Motor, i die Übersetzung Motor/Antriebsräder sowie r_s der scheinbare Halbmesser der Antriebsräder.

Der Gesamtwiderstand ist die Summe der genannten einzelnen Widerstände. Die erforderliche Vortriebsleistung an den Antriebsrädern ist das Produkt aus gesamtem F. mal Fahrgeschwindigkeit (→Leistungsbedarf).

Der Bestimmung des F. dienen u. a. Ausrollversuche. Über der Ausrollstrecke nimmt die Geschwindigkeit je Strecke erst rasch, bei der Geschwindigkeit, bei der Roll- und Luftwiderstand gleich sind, minimal und schließlich sehr rasch ab. *Fiala*

Literatur: *Fiala, E.*: Kraftfahrzeugtechnik. Dubbel, Taschenb. Maschinenbau. 15. Aufl. Berlin 1986. – *Hucho, W.-H.*: Aerodynamik des Automobils. Würzburg 1981. – *Mitschke, M.*: Dynamik der Kraftfahrzeuge. Bd. A.: Antrieb und Bremsung. 2. Aufl. Berlin 1988.

Fahrzeugführung. Fahrzeuge sind die technischen Produkte, mit denen der Mensch in engste Kommunikation tritt. Wie mit keinem anderen bildet er einen komplexen Regelkreis gleichgültig, ob es sich um das rollerfahrende Kind, den Kunstflieger oder den Autofahrer handelt.

Schon das Führen eines Fahrzeugs auf einer leeren Straße fordert das natürliche Bewegungssystem. Das Lösen der Aufgabe schafft Erfolgserlebnis und Befriedigung. Der Fahrer sieht sein Fahrzeug relativ zur Straße (Bild 1) und deren weiteren Verlauf $\kappa_0(s)$ (Krümmung κ_0 als Funktion des Weges s). Das Fahrzeug F bewegt sich entsprechend dem Lenkwinkel λ relativ zur Straße, wobei eine eventuelle Abweichung von der Sollspur als Regelgröße sichtbar wird. Zusätzlich zu dem optischen Eingang Spurabweichung in den Regler Mensch treten weitere Informationen hinzu (Bild 2): Im Lenkrad fühlt der Fahrer das Rückstellmoment M_L, er fühlt die Querbeschleunigung κv^2, bei höherer Querbeschleunigung hört er die →Reifen quietschen, hört evtl. von den Reifen aufgeschleuderte Steinchen bei größerer Abweichung von der Sollspur usw. Das Zusammenspiel aller Informationen führt zum Lenkwinkel λ, der zusammen mit Störungen aus →Fahrbahn und Luftkräften den Kurs des Fahrzeugs bestimmt.

Die Bedeutung der verschiedenen Informationen ändert sich je nach Fahrzustand. Normalerweise ist jedoch die optische Information am wichtigsten.

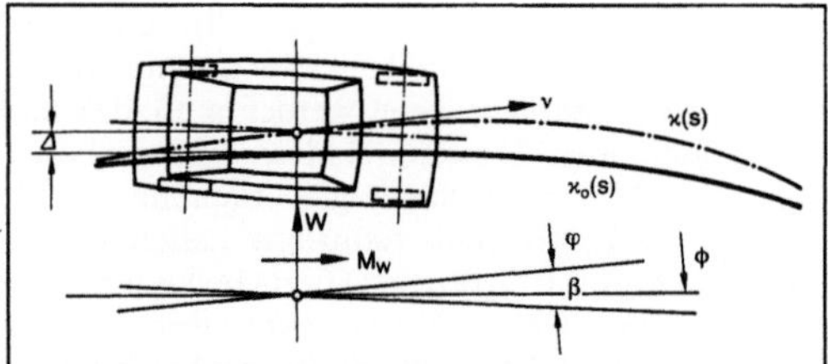

Fahrzeugführung 1: Allgemeine Kurvenlage eines Fahrzeugs. (Quelle: E. Fiala, IfK-TUB; ATZ, 10/ 1967)

$\kappa_0(s)$ Sollspur, $\kappa(s)$ Istspur, υ Geschwindigkeitskonvektor des Fahrzeugs, Φ Richtungswinkel der Sollspur, φ Richtungswinkel der Istspur, β Schwimmwinkel des Fahrzeugs, Δ Spurabweichung, W, M_w Störkraft und Störmoment.

Erläuterung: Situation des Fahrzeugs auf der Straße: Der Lenker des Fahrzeugs versucht, sein Fahrzeug auf der Sollspur $\kappa_0(s)$ zu führen, was infolge der Störungen von Wind, Fahrbahn und aus dem Nervensystem nur unvollkommen gelingt: Das Fahrzeug fährt auf dem Kurs $\kappa(s)$. Diese Regelabweichung versucht der Fahrer fortlaufend zu minimieren.

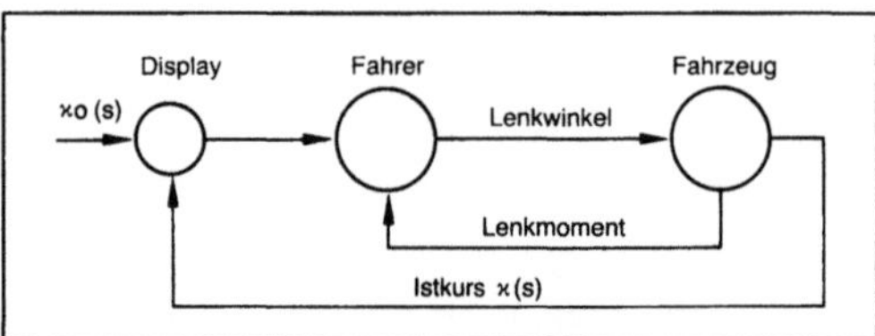

Fahrzeugführung 2: Regelkreis Fahrer-Fahrzeug.

Erläuterung: Daraus ergibt sich das Informationsflußbild, in das außerdem der Regelkreis Lenkwinkel/Lenkmoment eingezeichnet ist. Parallel dazu gibt es weitere Regelkreise: Der Fahrer fühlt z. B. die Fahrzeugbeschleunigungen, sieht die Quer- und Längsneigung, hört Motor- und Reifengeräusche usw.

Dabei helfen einfache Regeln, die offenbar aus natürlichem Bewegungssinn unbewußt angewendet werden. So nimmt der Fahrer nicht nur die augenblickliche Abweichung von der Sollspur als Regelgröße wahr, sondern versucht, einen Punkt in der Längsachse vor dem Fahrzeug auf der Sollspur zu führen. *Scheinwerferorientierung* kann diese Art des Sehens genannt werden, weil der Fahrer gewissermaßen versucht, den Leuchtpunkt der Scheinwerfer auf der Sollspur zu halten. Auf diese Weise wird ein regeltechnisch wertvoller Vorhalt gebildet: Nicht die Istabweichung geht ein, sondern die Abweichung, wie sie nach Durchfahren der Vorhaltestrecke bei Geradeausfahrt sein würde. Je größer die Vorhaltestrecke, um so ruhiger wird das Fahrzeug geführt, um so weniger genau werden aber Kursabweichungen von der Sollspur berücksichtigt.

Das Problem der F. soll für folgenden einfachen Fall beschrieben werden: Der Fahrer möchte geradeaus auf der Spur s fahren. Sein Fahrzeug fährt mit der Geschwindigkeit v und befindet sich im betrachteten Augenblick um die Spurabweichung q neben der Sollspur s. Der Fahrer versucht, einen Punkt X in der Fahrzeuglängsachse, der e vor dem Fahrzeug liegt, auf der Sollspur zu führen, weicht aber augenblicklich um x davon ab (Regelgröße x). Deshalb wird er die Räder seines Fahrzeugs um λ einschlagen, um zur Sollspur zu kommen:

Radeinschlag des Fahrers: $\lambda = - C \cdot x$ (1).

Die Verstärkung C gibt dabei an, um wieviel die Räder eingeschlagen werden, wenn die Reglerabweichung x = 1 m beträgt.

Das Fahrzeug reagiert auf den Lenkeinschlag mit einer Kurvenfahrt der Krümmung:

$\kappa = \lambda/(a + b)$ (2);

darin ist a + b der Radstand. Es wird also ein trägheitsfreies Fahrzeug mit starren Rädern angenommen.

Das Fahrzeug verändert seine Lage zur Sollspur mit fortschreitender Zeit wie folgt (Krümmung der Fahrspur κ, Richtungswinkel φ):

Richtungsänderung mit dem Weg d $\varphi = \kappa \cdot ds$ (3)

bzw. $\dfrac{d\varphi}{dt} = \dfrac{ds}{dt} \kappa = v \cdot \kappa$ (3a);

Spurabweichung $dq = \varphi \cdot ds$ (4)

bzw. $\dfrac{dq}{dt} = \dfrac{ds}{dt} \varphi = v \cdot \varphi$ (4a);

$\dfrac{d^2q}{dt^2} = v \dfrac{d\varphi}{dt} = v^2 \cdot \kappa$ (4b);

Regelgröße $x = q + e \cdot \varphi$ (5).

Zweimalige Ableitung von Gl. (5) und Einsetzen von Gl. (4b), Gl. (3a) bzw. Gl. (1) und Gl. (2) führt zu

$$\frac{d^2x}{dt^2} = v^2 \cdot \kappa + e \cdot v \frac{d\kappa}{dt} = -\frac{1}{C} \cdot \frac{d^2\lambda}{dt^2} =$$
$$\frac{a + b}{C} \cdot \frac{d^2\kappa}{dt^2} \qquad (6)$$

bzw. $\dfrac{d^2\kappa}{dt^2} + \dfrac{C \cdot e \cdot v}{a + b} \cdot \dfrac{d\kappa}{dt} + \dfrac{C \cdot v^2}{a + b} \kappa = 0$ (6a).

Das ist die Gleichung einer →Schwingung mit der Frequenz

$$\frac{v}{2 \cdot \pi} \sqrt{\frac{C}{a + b}}$$

mit einer Dämpfung, die dem Vorhalt e proportional ist. Nimmt man an, daß das Fahrzeug mit 90 km/h fährt (v = 25 m/s), der Radstand (a+b) = 2,5 m beträgt, der Punkt X = 25 m vor dem Fahrzeug liegt (e = 25 m) und die Räder um λ = 0,1 rad = 5,7° eingeschlagen werden, wenn die Regelgröße 1 m beträgt (C = 0,1 rad/m), so beträgt die Frequenz des Regelvorgangs

$$\frac{25}{2 \cdot \pi} \cdot \sqrt{\frac{0,1}{2,5}} = \frac{2,5}{\pi} \approx 0,8 \text{ Hz}.$$

Diese Frequenz findet man in der unwillkürlichen Bewegung des Lenkrades wieder. Sie wird um so größer, je kleiner der Vorhalt e ist, z. B. bei der Annäherung an eine Engstelle oder im Nebel: Der Fahrer vergrößert die Verstärkung C und verkürzt die Vorhaltstrecke e.

Tatsächlich kann der Mensch nicht ohne Verzögerung auf den Eingang der Regelgröße reagieren, wie der hier angenommene P-Regler. Aus Versuchen ist bekannt, daß sich der „Regler Mensch" etwa gem. der komplexen Übertragsfunktion

$$\frac{\lambda}{x} = \frac{C}{T_i \cdot i \cdot \omega} \frac{1 + T_i \cdot i \cdot \omega}{1 + T_n \cdot i \cdot \omega}$$

verhält, mit λ Lenkwinkel, x Regelgröße, C Verstärkungsfaktor, $i\omega$ Kreisfrequenz, T_i Vorhalte-/Entscheidungszeit ca. 1,5 s, T_n Neuro-muskulärzeit ca. 0,3 s (nach *P. Chenchanna*). *Fiala*

Fahrzeugführung, automatische →Fahrzeugführung

Fahrzeugkonzept. Definition nach ISO 3833 und DIN 70010 (gekürzt).

□ *Kraftfahrzeug (Kfz).* Selbstfahrendes, maschinell angetriebenes, nicht an Schienen gebundenes Landfahrzeug.

□ *Kraftrad.* Einspuriges Kraftfahrzeug; Mitführen von Beiwagen oder Ziehen von Anhänger möglich.

□ *Kraftwagen.* Kfz mit mehreren Spuren für den Transport von Personen und/oder Gütern oder besondere Dienste.

□ *Personenkraftwagen (Pkw).* Kfz zum Transport von bis zu 9 Personen einschl. Fahrer und/oder evtl. Güter; Ziehen von Anhängern möglich (Tabelle 1).

□ *Frontlenker.* Mitte Lenkrad im vorderen Viertel der Fahrzeuglänge.

□ *Nutzkraftwagen (Nkw).* Kraftwagen zum Transport von Personen, Gütern und/oder Ziehen von Anhängefahrzeugen (Pkw ausgenommen).

□ *Kraftomnibus (KOM).* Nkw zum Transport von mehr als 9 Personen einschl. Fahrer und ihres Gepäcks, ein oder zwei Decks; Ziehen von Anhänger möglich (Tabelle 2).

□ *Oberleitungsbus (O-Bus).* KOM mit Entnahme des Fahrstroms aus Fahrleitung, elektrischer Antrieb.

□ *Gelenkbus und Doppelgelenkbus.* KOM aus zwei bzw. drei starren, bleibend durch je einen Gelenkabschnitt miteinander verbundenen Fahrzeugteilen und freiem Durchgang zwischen den Fahrzeugteilen.

□ *Lastkraftwagen (Lkw).* Nkw zum Transport von Gütern; Ziehen von Anhängern möglich.

□ *Vielzwecklastkraftwagen.* Lkw mit Pritsche oder geschlossenem Aufbau (Kasten).

□ *Speziallastkraftwagen.* Tankkraftwagen, Feuerwehrfahrzeug, Abschleppwagen, Personenwagentransporter, Kommunalfahrzeug, Lkw für Container, →Wechselbehälter oder Wechselaufbauten usw.

□ *Zugmaschine.* Nkw ausschl. oder überwiegend zum Mitführen von Anhängefahrzeugen.

Fahrzeugkonzept. Tabelle 1: Personenkraftwagen.

Bezeichnung	Aufbau			An-zahl der Fen-ster	An-zahl der Sei-ten-türen	Heck-tür	Ge-päck-raum-klappe	An-zahl der Sitz-plätze	An-zahl der Sitz-rei-hen	Bemerkung
	ge-schlos-sen, evtl. Dach teil-weise zu öff-nen	Dach zu öff-nen oder abzu-neh-men	offen, Dach zu öff-nen oder abzu-neh-men							
Limousine	×			≥ 4	2 o. 4	mög-lich	mög-lich	≥ 4	≥ 2	mit oder ohne Pfosten zwischen Seitenfenstern
Kabrio-Limousine		×		≥ 4	2 o. 4	–	mög-lich	≥ 4	≥ 2	Seitenwandumrandung feststehend
Pullman-Limousine	×			≥ 6	4 o. 6	mög-lich	mög-lich	≥ 4	≥ 2	Trennwand hinter Vordersitzen möglich, Klappsitze vor Hintersitzen möglich

Fahrzeugkonzept. Noch Tabelle 1: Personenkraftwagen.

Bezeichnung	Aufbau			Anzahl der Fenster	Anzahl der Seitentüren	Hecktür	Gepäckraumklappe	Anzahl der Sitzplätze	Anzahl der Sitzreihen	Bemerkung
	geschlossen, evtl. Dach teilweise zu öffnen	Dach zu öffnen oder abzunehmen	offen, Dach zu öffnen oder abzunehmen							
Kombi	×			≥ 4	2 o. 4	1	–	≥ 4	≥ 2	Innenraum durch Heckform vergrößert, Hintersitze mit klappbaren oder herausnehmbaren Lehnen
Nkw-Kombi	×			≥ 4	2, 3, 4	möglich	möglich	≥ 4	≥ 2	aus Nutzkraftwagen abgeleitet, Hintersitze herausnehmbar, evtl. Wohnmöglichkeit, R-Punkt des Fahrersitzes bei Leergewicht ≥ 750 mm über Fahrbahn
Coupé	×			≥ 2	2	möglich	möglich	≥ 2	≥ 1	
Kabriolett			×	≥ 2	2 o. 4	–	möglich	≥ 2	≥ 1	Überrollbügel möglich
Mehrzweck-Pkw	×	×	×					≥ 1		gelegentlicher Transport von Gütern erleichtert
Spezial-Pkw z. B. mit besonderen Vorrichtungen										Beispiele: Notarzt-Einsatzfahrzeuge, Behinderten-Transport-Kraftwagen, Krankenkraftwagen

Fahrzeugkonzept. Tabelle 2: Kraftomnibusse.

Bezeichnung	beförderte Personen einschl. Fahrer	Stehplätze	Einsatzgebiet	Bemerkungen
Kleinbus	> 9 ≤ 17	–		
Linienbus	> 17	ja	Stadt und Vorstadtverkehr	Beweglichkeit der Personen gewährleistet
Überlandlinienbus	> 17	bedingt	Überlandverkehr	auf kurzen Strecken stehende Personen im Gang transportierbar
Reisebus	> 17	–	lange Strecken	besonderer Komfort für sitzende Fahrgäste
Spezialbus			z. B. Transport von Behinderten in Rollstühlen, Gefangenen	

– Anhänger-Zugmaschine evtl. mit Hilfsladefläche.

– Sattelzugmaschine für Sattelanhänger.

□ →*Ackerschlepper*. Er ist auch zum Schieben, Tragen oder Antreiben von auswechselbaren landwirtschaftlichen Geräten geeignet.

□ *Sattelkraftfahrzeuge*. Kraftfahrzeug, bestehend aus Sattelzugmaschine und Sattelanhänger.

□ *Anhängefahrzeuge*. Sie sind nicht selbstfahrend.

– Deichselanhänger: mindestens zwei Achsen, mindestens eine durch Deichsel lenkbar; keine Übertragung vertikaler Kräfte durch Deichsel; nach Verwendungszweck: Busanhänger, Lastanhänger, Spezialanhänger.

– Zentralachsanhänger: eine Achse oder Achsgruppe unter Schwerpunkt; Deichsel starr mit Fahrgestell verbunden; kein wesentlicher Teil seines Gesamtgewichts auf Zugfahrzeug übertragend, z. B. Wohnanhänger oder Caravan.

– Sattelanhänger: Über Sattelvorrichtung, Sattelkupplung wird ein wesentlicher Teil seines Gesamtgewichts auf Sattelzugmaschine bzw. Deichselachse (Dolly) übertragen; nach Verwendungszweck: Bus-Sattelanhänger, Last-Sattelanhänger, Spezial-Sattelanhänger.

□ *Zug*. Zusammenstellung aus Kraftfahrzeug mit einem oder mehreren Anhängefahrzeugen.

– Sattelzug: Er besteht aus Sattelkraftfahrzeug und Anhängefahrzeug.

– Doppelsattelzug: Sattelkraftfahrzeug mit zweitem Sattelanhänger, der auf erstem Sattelanhänger mittels zweiter Sattelvorrichtung gelagert ist.

– Brückenzug: In der Länge unteilbare Last liegt auf Lastkraftwagen und auf Lastanhänger winkelbeweglich auf. *Fiala*

Fahrzeugkran. F. sind auf gleislosen oder gleisgebundenen Fahrzeugen aufgebaute Krane. Im Bauwesen gebräuchlich sind der Raupenkran, dessen Kranaufbau sich auf einem Raupenunterwagen fortbewegt, der Mobil- und der Autokran (Bild), die beide einen heute vorwiegend luftbereiften Unter-

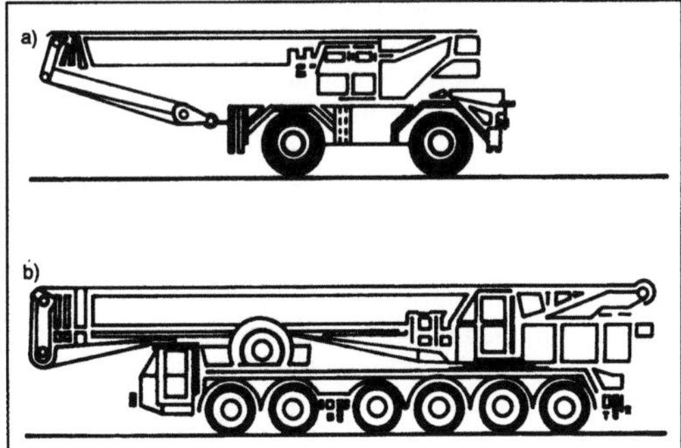

Fahrzeugkran.
a) Teleskopierbarer Mobilkran
b) Teleskopierbarer Autokran.

wagen haben und deren Ausleger meist als Gittermastkonstruktion oder teleskopierbares Kastenprofil mit maximalen Traglasten von 1000 t ausgelegt sind. Der Mobilkran ist für den Einsatz im Nahbereich bei niederer Fahrgeschwindigkeit konzipiert. Beim Autokran finden Lastkraftwagenfahrgestelle üblicher Bauart oder Sonderbauart mit vergleichbaren Merkmalen Verwendung. Ihr Hauptvorteil liegt in dem kleinen und deshalb kurzen Montageaufwand. Deshalb sind diese Krane besonders für relativ kurze, rasch wechselnde Einsätze geeignet. *Kühn*

Fahrzeugmotor. →Verbrennungsmotor für den Antrieb von Pkw oder Nutzfahrzeugen.

Für den Antrieb von Straßenfahrzeugen werden praktisch ausschließlich Verbrennungsmotoren eingesetzt. Hauptforderungen an diese Motoren sind geringes Gewicht und hohe Wirtschaftlichkeit. Geringes Gewicht wird durch hohe Drehzahlen und (zunehmend) durch →Aufladung erreicht. Hinsichtlich der Wirtschaftlichkeit ist die Wahl zwischen →Ottomotor und →Dieselmotor zu treffen. Beim Dieselmotor sind die Herstellkosten höher, dagegen die Betriebskosten wegen des hohen Wirkungsgrads niedriger (geringerer Kraftstoffverbrauch). Bei hohen Laufleistungen überwiegt der Effekt der niedrigeren Betriebskosten. Deshalb werden Nutzfahrzeuge durchweg mit Dieselmotor ausgerüstet, wogegen bei Pkw der Ottomotor überwiegt. *Kuhlmann*

Fahrzeugstatistik. Fahrzeugbestand und Fahrzeugproduktion sind für Volkswirtschaft, Lebensstandard und Exportüberschuß bestimmende Größen eines jeden Landes. *Fiala*

Fahrzeugstatistik. Tabelle: Kraftfahrzeugindustrie Bundesrepublik Deutschland.

Hersteller Werte für 1988	Gesamt-leistung Mrd. DM	Produk-tion Kraft-fahrz. in 1 000	Beschäf-tigte in 1 000
Audi AG	11,5	436	37,9
BMW AG	20,2	484	53,6
DB AG	42,0	714	170,7
Ford AG	19,2	1 007	48,1
Opel AG	17,8	904	53,0
VW AG	45,2	1 453	129,1

Automobil-Weltproduktion 1987 46,4 Mill., davon Westeuropa 31,5 %; EG alleine 29,3 %; USA 26,9 %; Japan 26,3 %; Pkw-Dichte in Einwohnern je Pkw nach VDA Tatsachen und Zahlen 1989: USA 1,8; Japan 4; EG ohne Bundesrepublik Deutschland 2,8;

Bundesrepublik Deutschland 2,1; ehemalige DDR 4,6; UdSSR 19,5; Verkehrsleistung 1988 in der Bundesrepublik Deutschland: 675,9 Mrd. Personenkilometer, davon Individualverkehr 82,2 %, öffentlicher Straßenverkehr 9,0 %, Taxi- und Mietwagenverkehr 0,3 %; Straßenverkehr insgesamt 91,5 %; Freizeit- und Urlaubsverkehr 54,4 % des Individualverkehrs; Eisenbahnverkehr 6,2 %; Luftverkehr 2,3 %. Güterverkehr 273,6 Mrd. Tonnenkilometer, davon Straße 55,3 %; Eisenbahn 21,9 %; Binnenschiffahrt 19,3 %, Rohrfernleitungen 3,3 %; Luftverkehr 0,2 %.

Literatur: Tatsachen und Zahlen aus der Kraftverkehrswirtschaft, VDA. Frankfurt a, M. – VDA – Jahresber. Frankfurt a. M. – Statistisches Jahrb. Bundesrepublik Deutschland. Stuttgart.

Faksimiledruck. →Reproduktion einer Vorlage, die als Original, d. h. als Unikat vorliegen muß, in höchster Wiedergabetreue mit drucktechnischen Mitteln. Die Reproduktion eines bereits einmal gedruckten Werks sollte nicht als F. bezeichnet werden. Hierfür steht die Bezeichnung Reprint zur Verfügung. Als Originale kommen z. B. alte Handschriften, sog. Codices, Stundenbücher, Kosmographien, mittelalterliche Buchmalereien, Gemälde und Urkunden in Betracht. F. lassen sich visuell vom Original kaum unterscheiden und müssen daher als F. kenntlich gemacht sein. Verbindliche oder gar genormte Kriterien, denen ein F. genügen muß, existieren nicht. Unstrittig dürfte die Erfüllung der folgenden Kriterien sein:

□ Abbildung in Originalgröße,

□ höchste nach dem Stand der Technik erreichbare Farb- und Detailtreue,

□ originaler Randbeschnitt sowie bei einem umfangreichen Werk als sog. Vollfaksimile auch:

□ Vollständigkeit,

□ Reproduktion auch inhaltsloser Seiten,

□ →Bedruckstoff aufhellerfreies Papier, dessen haptische Qualitäten dem Original möglichst nahekommen,

□ Einband in größtmöglicher Originaltreue, wobei jedoch Abnutzungsspuren nicht nachzubilden sind.

Die Faksimilereproduktion ist prinzipiell nicht an bestimmte Druckverfahren gebunden, obwohl u. a. der rasterlose Lichtdruck hier seine Domäne besitzt. Sowohl rasternde als auch rasterlose Verfahren werden eingesetzt. Die Anzahl der eingesetzten Druckfarben ist nicht ohne weiteres als Qualitätskriterium für den F. verwendbar, da mit steigender Anzahl an Druckgängen die Farben im Übereinanderdruck verschwärzlichen und weil wegen geringer Passerdifferenzen im Druck die Detailschärfe zunehmend schlechter wird. Außer den Druckfarben Gelb, Cyan, Magenta und Schwarz werden jedoch je nach Vorlage noch weitere zwei bis vier Sonderfarben sowie Gold- und Silberfarbe evtl.

auch Gold und Silber in Blattform eingesetzt. Die Herstellung der Farbauszugsfilme für die Faksimilereproduktion erfolgt heute über photographisch hergestellte großformatige Farbdiapositive, die als Abtastvorlage für den Farbauszugsscanner dienen. Eventuelle Mängel der Diavorlage werden spätestens nach dem Scannvorgang, jedoch vor dem Druck, mit Hilfe von Proofverfahren, Reproduktionskontrolle, im direkten Vergleich mit dem Original festgestellt und durch eine verbesserte Scannereinstellung korrigiert. *Kamm*

Fallrohr →Rutsche

Falschdraht-Spinnverfahren. Alle bekannten Verfahren sind als Substitution der Ringspinnmaschine der Dreizylinderspinnerei unter Ausschaltung einer Vorgarnbildung auf der Flyermaschine konzipiert. Die breite Ausspinnpalette der Ringspinnmaschine in bezug auf Garnfeinheiten und Rohstofftypen wird bis heute jedoch nicht erreicht.

Als Realität sind im Industrieeinsatz das Dref-III-Spinnverfahren und das Luftspinnen (verschiedene Lösungen) zu betrachten.

Dref-III-Spinnverfahren. Es eignet sich zum Herstellen von Garnen mit ringspinnähnlichem Charakter für einen Garnfeinheitsbereich von etwa Nm 8–30 (125–33 tex) bei möglichen Spinngeschwindigkeiten bis 400 m·min^{-1}. Es können alle Baumwolltypen und entsprechende Chemiefasern bzw. Mischungen aus diesen versponnen werden. Durch ein Streckwerk I wird ein Streckenband auf die Feinheit des Kernverbands mit parallel liegenden Fasern verzogen. Dieser Faserverband durchläuft dann das Spinnaggregat, das aus den vom Dref-II-Verfahren bekannten rotierenden, perforierten und unter Unterdruck stehenden Spinntrommeln besteht. Nach Passieren der Spinntrommeln erfolgt der Garnabzug durch ein Walzenpaar und anschließend die Bildung einer Kreuzspule. Im Zwickelbereich der Spinntrommeln erhält dabei der Kernfaserverband durch die Friktion mit den Trommeln einen Falschdraht. Gleichzeitig erfolgt in der Spinnzone die Verfestigung des Falschdrahts mittels separierter, frei von einem zweiten, speziell ausgebildeten Streckwerk zufliegender Fasern, die den Kernverband im Zwickelbereich umwinden. Man könnte dieses Verfahren auch den →Umwindespinnverfahren zuordnen, wobei hier jedoch der Fadenkern aus Stapelfasern ebenfalls durch Stapelfasern (im Gegensatz zu Filamenten) ummantelt wird. Haupteinsatzgebiete dieser Garne sind Heimtextilien, Sport- und Freizeitkleidung.

Luftspinnen. Es wurde zunächst versucht, Luftspinnverfahren nach dem Offen-End-Prinzip zu entwickeln, d. h. nach einer Faservereinzelung wurden diese durch strömungstechnische Optimierung der Luftführung an das Garnende herangetragen und dort eingebunden. Da dies physikalisch sehr schwierig zu beherrschen ist, konnten sich solche Verfahren nicht durchsetzen. Das Luftspinnen erreichte erst eine industriereife Bedeutung, als man es mit einem Falschdrahtkonzept koppelte. Dabei erhält das verstreckte Vorlageband beim Austritt aus dem Streckwerk durch eine oder zwei Luftdüsen einen Falschdraht, der für die Mantelfasern fixiert wird. Diese Mantelfasern umschlingen den praktisch drehungslosen Fadenkern und geben dadurch dem gesamten Faserverband die entsprechende Festigkeit.

Das Bild zeigt das zweidüsige Murata-Luftspinnverfahren, das sich als MJS-Spinnverfahren bereits bemerkenswerte Marktanteile sichern konnte. Beim Streckwerkaustritt erhalten die Leit-Enden der an der Oberfläche freiliegenden Fasern durch die 1. Düse, die sehr nahe am Abzugsklemmpunkt des Streckwerks liegt, eine Z-Drehung.

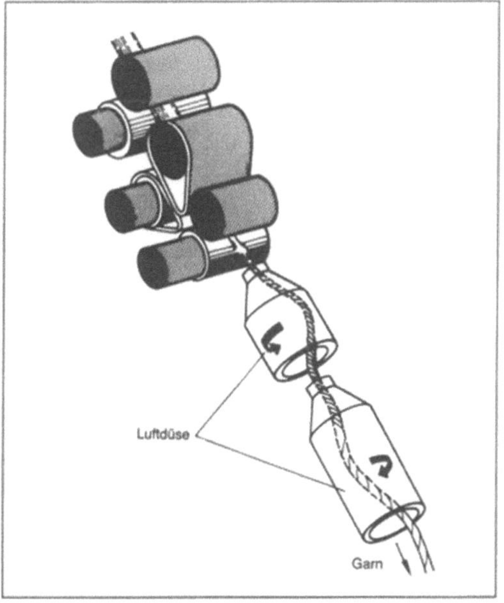

Falschdraht-Spinnverfahren: Funktionsbild des MJS-Verfahrens. (Quelle: Murata, Kyoto (Japan))

Die Faserenden sind dabei noch vom Lieferzylinder des Streckwerks gehalten. Die zweite Düse erteilt dem gesamten Faserverband einen Falschdraht in entgegengesetzter Drehrichtung (S-Draht). Wegen des höheren Luftdrucks in der zweiten Düse setzt sich dieser Falschdraht bis zum Lieferzylinder hin fort. Nach Passieren der zweiten Düse löst sich dieser Falschdraht sofort auf. An diesem Punkt wird jedoch die den Oberflächenfasern durch die erste Düse erteilte Drehung durch den Aufdreheffekt verstärkt, so daß sich diese Fasern als fixierter, fester und hochgedrehter Fasermantel um den drehungslosen Fadenkern herumlegen.

Bei maximalen Liefergeschwindigkeiten bis 200 m·min^{-1} und einem Ausspinnbereich von ca. Nm 25–100 (40–10 tex) könnte diese Spinntechnik noch größere Bedeutung haben, wenn ein universellerer Rohstoffeinsatz möglich wäre. Das Verfahren verlangt jedoch eine möglichst gleichmäßige und große Faserlänge, so daß bis heute vorwiegend PES-Fasern und -Mischungen mit gekämmten, längeren Baumwollsorten versponnen werden können. Der Einsatzbereich der luftgesponnenen Garne ist vergleichbar mit den Baumwollmischgarnen des entsprechenden Feinheitsbereichs. *Löcker*

Faltenbalgkupplung. Die F. ist eine längs-, quer- und winkelnachgiebige, aber drehstarre, elastische →Ausgleichskupplung. Als elastisches Element wird ein gewelltes Rohr (meist aus Metall) zwischen zwei Kupplungsnaben verwendet. Die F. wird besonders für hochgenaue Übertragung des Drehwinkels z. B. bei Servo- oder Stellantrieben verwendet (Bild). *Ehrlenspiel*

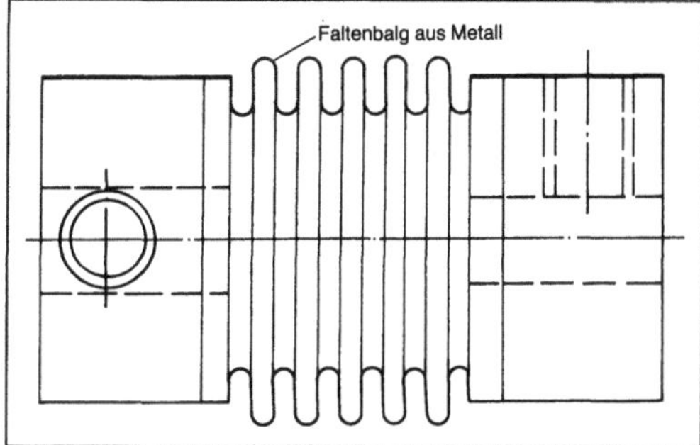

Faltenbalgkupplung. (Quelle: Jacob Maschinenteile)

Faltungsintegral. Die Faltung zweier Zeitfunktionen $x_1(t)$ und $x_2(t)$ ist im Zeitbereich als das Integral

$$x(t) = \int_0^t x_1(t - \tau)\, x_2(\tau)\, d\tau$$

definiert. Im Frequenzbereich entspricht der Faltung das Produkt der beiden Fourier-Transformierten

$$X(i\Omega) = X_1(i\Omega)\, X_2(i\Omega).$$

Läßt man auf ein lineares System ein Eingangssignal $y(t)$ einwirken, so errechnet sich die Systemantwort $x(t)$ aus der Faltung mit der →Gewichtsfunktion $g(t)$,

$$x(t) = \int_0^t g(t - \tau)\, y(\tau)\, d\tau,$$

ihre Fourier-Transformierte entsprechend aus dem Produkt mit dem Frequenzgang $H(i\Omega)$,

$$X(i\Omega) = H(i\Omega)\, Y(i\Omega).$$

Von diesem Zusammenhang wird bei der experimentellen →Modalanalyse Gebrauch gemacht. *Witfeld*

Farbauszug. Sie sind die zur Herstellung einer Farbreproduktion im Mehrfarbendruck erforderlichen vier photographischen Schwarzweißnegative, von denen durch Kopie die Druckformen hergestellt werden. Die Herstellung des F. wird als Farbseparation bezeichnet. Je nach →Vorlage und Druckverfahren sind dies Strich- oder Halbtontransparente. Die F. werden von der zu reproduzierenden Vorlage jeweils durch ein rotes, grünes und blaues Farbauszugsfilter aufgenommen. Entsprechend werden sie auch als Rotfilter- oder Cyanauszug, Grünfilter- oder Magentaauszug, Blaufilter- oder Gelbauszug bezeichnet. Die F.-Filme enthalten somit die Farbinformationen der Vorlage in Form von Silber, wobei die Übertragungseigenschaften des Reproduktionsprozesses durch →Maskierung der Vorlage berücksichtigt sind. Die vier F. bilden einen Farbsatz. Sie können konventionell z. B. mit der Reprokamera oder dem Reprovergrößerer aufgenommen oder – wie heute allgemein üblich – mit dem Farbauszugsscanner aufgezeichnet werden (→Reproduktionsgerät). Wird die Druckform filmlos aus dem digitalen Bilddatenspeicher produziert, so existieren F. nicht materiell. Man kann dann diesen Begriff auf die entsprechenden Datensätze verallgemeinern. Bei autotypischen Druckverfahren müssen die F. gerastert werden (→Druckverfahren, Raster). Dazu wird bei einer Schwarzweißreproduktion der Kreuzlinienraster mit seinem Gitternetz um 45° gegen die Vertikale gedreht, da dies für das Auge am wenigsten auffällig ist. Bei Farbreproduktionen werden nach DIN 16547 die vier Gitternetze unter verschiedenen Winkeln belichtet, um unerwünschte Rosettenbildungen der Rasterpunkte zu vermeiden (Moiré). Die Herstellung der F. wird zentral davon berührt, ob die Mischfarben im Druckbild im sog. Bunt- oder Unbuntaufbau erzeugt werden sollen:
□ Der herkömmliche Buntaufbau in Anlehnung an die Farbenphotographie: Gebrochene Farben, wie z. B. Blattgrün, Dunkelblau, Braun, Hautfarbe usw., sind i. a. wichtige Vorlagenfarben. Sie werden durch Übereinanderdruck entsprechender Mengen der drei bunten Druckfarben Cyan, Magenta und Gelb erzeugt (bunte Tertiärfarben). Entsprechend sind die den F. entsprechenden Teilfarbendrucke i. a. „schwer", d. h. relativ dunkel. Da die bunten Druckfarben im vollflächigen Übereinanderdruck nur ein dunkles Braun, jedoch kein tiefes Schwarz zustande bringen, wird die Druckfarbe Schwarz benötigt. Sie unterstützt und verbessert die Bildtiefen und Objektkonturen in den Volltönen als sog. Skelettschwarz. Auch die neutralen Bildtiefen werden derartig aufgebaut. Der Schwarzauszug kann durch additive Belichtung durch die drei F. erzeugt werden. Sehr nachteilig bei dem Buntaufbau ist, daß in den unbunten und bunten Bildtiefen die vier Farbschichten der Druckfarben übereinander zu liegen kommen, womit Farbannahme- und Trocknungsprobleme verbunden sind. Besonders nachteilig wirken sich im Buntaufbau unvermeidliche Farbführungsschwankungen in der Druckmaschine aus, die zu deutlichen Farbstichen bei grauen und manchen bunten Farben führen können. Um diese Schwierigkeiten zu lösen, wurde anfangs der 80er Jahre der sog. Unbuntaufbau entwickelt.
□ Das Prinzip des Unbuntaufbaus mit Druckfarbe Schwarz als wesentlicher Farbe: Bei den bunten Tertiärfarben wird die erforderliche Verschwärzlichung nicht durch das Zusammenwirken aller drei Buntdruckfarben plus Druckfarbe Schwarz bewirkt, sondern nur durch jeweils zwei Buntfarben und durch Schwarz. Beispielsweise wird Dunkelgrün mit Cyan, Gelb und Schwarz ohne Magenta gedruckt; Dunkelblau mit Cyan, Magenta und Schwarz ohne Gelb. Braun mit Magenta, Gelb und Schwarz werden nicht mehr bunt aufgebaut, sondern durch die Druckfarbe Schwarz ersetzt. Diese wird daher zu einer tragenden Farbe. Entsprechend ist der dem Schwarzauszug entsprechende Teilfarbendruck nun i. a. „schwer", d. h. dunkel, während jeweils eines der Buntauszugsnegative nur noch skelettartig zeichnet. Im Druck kommen maximal nur noch drei Farbschichten übereinander zu liegen, was die Farbannahme und Trocknung beim schnellen Naß-in-Naß-Druck auf Rotationsmaschinen und allgemein die Stabilität der Farbwiedergabe des Mischvorgangs beim Druck erheblich verbessert. An diesem prinzipiellen Unbuntaufbau müssen aus praktischen Gründen noch gewisse Änderungen angebracht werden, die als Buntfarbenaddition bezeichnet werden. Die F. für den Unbuntaufbau lassen sich praktisch nicht reproduktionsphotographisch, sondern nur mit einem Farbauszugsscanner, dessen Farbrechner mit entsprechenden Algorithmen ausgestattet ist, herstellen. *Kamm*

Literatur: *Küppers, H.:* Die Farbenlehre der Fernseh-, Foto- und Drucktechnik. Köln 1985. – *Mikolasch, W.:* Farbreproduktion. Frankfurt a. M. 1984. – *Yule, J. A. C.:* Principles of Color Reproduction. New York 1967.

Farbauszugsfilter. In der →Reproduktionstechnik verwendete Farbfilter in den Farben Rot, Grün, Blau zum Herstellen der Farbauszüge einer bunten →Vorlage. Mit Hilfe der F. werden aus der Vorlage die optischen Farbanteile „ausgezogen" oder ausgefiltert, die den Mengen der Druckfarben Cyan, Magenta und Gelb für die Farbreproduktion entsprechen.

In Reproduktionsgeräten konventioneller Art, z. B. Reprokameras, werden als F. dünne eingefärbte Absorptionsfilter verwendet, die nacheinander in den Strahlengang gebracht werden. Bei

→Farbauszugsscannern wird der Abtastlichtstrahl durch einen Strahlteiler, der mit Interferenz- und Absorptionsfiltern arbeitet, in die drei Anteile Rot, Grün, Blau aufgeteilt. Das ausgefilterte Licht wird durch lichtelektrische Wandler, z. B. Photomultiplier, in elektrische Signale umgewandelt. Die Filter sind zu den Druckfarben gegenfarbig. Die Farbtrennung in die drei Farben Cyan, Magenta und Gelb erfolgt optimal, wenn das jeweilige spektrale Transmissionsmaximum des F. hinsichtlich seiner Wellenlänge mit dem Absorptionsmaximum der entsprechenden Druckfarbe zusammenfällt und die Filterkurven nicht wesentlich überlappen, d. h. die spektrale Bandbreite soll etwa ein Drittel des sichtbaren Spektrums betragen. Da die Normdruckfarben nach DIN 16538/39 nur hinsichtlich ihrer farbigen Erscheinung, nicht aber in ihrem spektralen Remissionsverlauf festgelegt sind, kann man im Prinzip diese Wellenlängen nicht allgemein angeben. Praktisch unterscheiden sich die Normdruckfarben verschiedener Hersteller spektral nicht allzusehr, so daß in der DIN 16546 die Wellenlängen 435 nm (blau), 520 nm (grün) und 680 nm (rot) empfohlen werden. In dieser Norm wird zwischen Auf- und Durchsichtvorlagen bezüglich der F. nicht mehr unterschieden. *Kamm*

Literatur: DIN 16546: Filter für Farbauszüge in der photomechanischen Reproduktionstechnik. Hrsg. Dt. Inst. f. Normung. Ausg. Juni 1987.

Farbauszugsscanner. Es ist eine Maschine für die Herstellung elektronisch korrigierter Farbauszüge für beliebige Druckverfahren (Bild). Hierbei wird eine →Vorlage durch einen feinen Lichtpunkt abgetastet. Das durch die Vorlage modulierte Licht wird in einem optischen System in die für den Vierfarbendruck entscheidenden Farben Cyan, Magenta und Gelb zerlegt. Photomultiplier wandeln das Licht in einen elektrischen Strom. Die elektri-

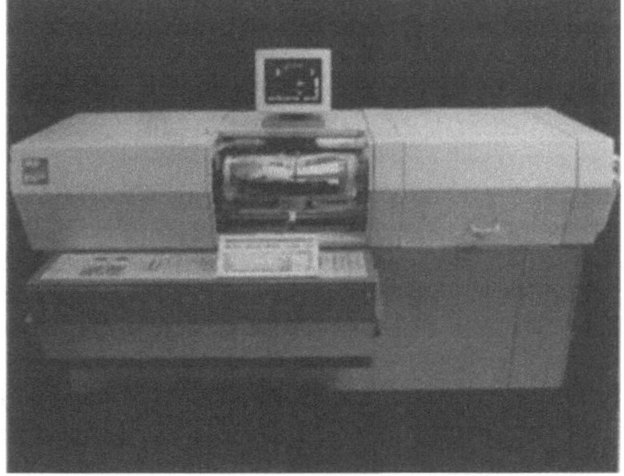

Farbauszugsscanner: Softwaregesteuert und systemfähig mit elektronischer Laserrasterung; in der Mitte die Abtasttrommel mit Abtastvorlage. (Quelle: Hell GmbH)

schen Signale werden in einem Farbrechner zur elektronischen Ton- und Farbwertkorrektur verwendet. Die im Farbrechner korrigierten Signale liefern den Steuerstrom zur Aufzeichnung der Farbauszüge. Die Aufzeichnung erfolgt gerastert (→Raster) oder in Halbtonmanier.

Man kann F. klassifizieren nach den Kriterien Flachbett-Trommelscanner, analoger-digitaler Farbrechner. Wesentliche, allen F. gemeinsame Merkmale sind:

□ Die Abtastvorrichtung, bestehend aus Abtastlampe, Abtastwalze bzw. Vorlagenplatte, Fokussierungseinrichtung, optischem System zur Farbzerlegung und Photomultipliern oder CCD-Zeilen zur Signalwandlung.

Die Vorlage wird durch einen Lichtpunkt auf einer genau definierten Abtastlinie abgetastet. Bei einem Trommelscanner bewegt sich der Abtastkopf sehr langsam an der sich schnell drehenden Abtastwalze entlang. Die dabei erreichbare Abtastfeinheit ist im wesentlichen von der Geometrie des Lichtpunkts und der Vorschubgeschwindigkeit des Abtastkopfes abhängig. Die Abtastfeinheit wird in Linien pro Millimeter angegeben.

□ *Farbrechner.* Werden die Ausgangssignale der Multiplier digitalisiert, bevor sie in den Farbrechner eingespeist werden, spricht man von einem digitalen, sonst von einem analogen Farbrechner. Die Farbauszugssignale durchlaufen den Farbrechner in sog. Farbkanälen. Dabei kann man jedes Signal durch die anderen Signale beeinflussen. Dies heißt Farbkorrektur. Wesentliche Aufgaben des Farbrechners sind:
– Eigenfarben (Schwarzfarben) sättigen,
– Komplementärfarben (Weißfarben) mildern,
– Berechnung des Schwarzauszugs,
– Anpassung an bestimmte Druckgradationen.

Farbkorrekturen wirken immer im gesamten abgetasteten Vorlagenbereich. Nur auf einen Teil der Vorlage wirkende Korrekturen sind nicht möglich. Allerdings kann der Wirkungsbereich einer Farbkorrektur eingeschränkt werden.

□ *Maßstabsrechner.* Heutige Scanner können in weiten Grenzen Vergrößerungen und Verkleinerungen ausführen. Maßstabsänderungen in Vorschubrichtung werden durch unterschiedliche Geschwindigkeiten von Abtast- und Aufzeichnungskopf realisiert. Für Maßstabsänderungen in Umfangsrichtung wird ein Maßstabsrechner eingesetzt. Die ankommenden Signale werden digitalisiert und in einem schnellen Halbleiterspeicher gespeichert. Wird der Zwischenspeicher in einem anderen Takt ausgelesen als beschrieben, lassen sich beliebige Maßstäbe erzielen. Die Aufzeichnung der farbkorrigierten und maßstabsveränderten Signale erfolgt gegenüber der Abtastung also geringfügig zeitversetzt.

□ Die Aufzeichnungseinheit, besteht aus Rasterrechner, Lasereinheit, Aufzeichnungswalze und

Schreibkopf. Bei heutigen F. wird unterschieden, ob in Halbton- oder Rastermanier aufgezeichnet wird. Bei der Rasteraufzeichnung unterscheidet man konventionelle und elektronische Rasterung. Bei konventioneller Rasterung wird ein Kontaktraster eingesetzt. Die Belichtung erfolgt entweder mit einem Laser oder einer Glühlampe, wobei die Rasterpunktgröße durch unterschiedliche Intensitäten der Lichtquelle gesteuert wird. Bei der elektronischen Rasterung werden die Rasterpunkte durch ein in einem Rasterrechner befindliches Programm erzeugt. Mit dem Rasterprogramm wird die Rasterpunktform und auch die Winkellage des jeweiligen Rasters errechnet. Die Rasterpunktgröße wird so gesteuert, daß der einzelne Rasterpunkt in viele Teilpunkte zerlegt und jedes einzelne Rasterpunktelement einzeln aufbelichtet wird. Es erfolgt entweder eine volle oder keine Belichtung. Technisch wird dieses Prinzip dadurch erreicht, daß der ursprüngliche Laserstrahl in mehrere Teilstrahlen zerlegt wird. Jeden Teilstrahl kann man durch einen Modulator entweder ein- oder ausschalten. Die Steuerung der Modulatoren übernimmt der Rasterrechner, der neben Rasterpunktform und Winkellage auch die Rasterpunktgröße in Abhängigkeit von den Ausgangssignalen des Farbrechners bestimmt. Die Teilstrahlen werden durch ein Lichtleiterkabel dem Schreibkopf zugeführt. Hier ermöglicht ein Zoomobjekt die exakte Zusammenführung der Teilstrahlen zu einem Aufzeichnungslichtpunkt. Die Aufzeichnung der Information erfolgt auf einen photographischen Film.

Wird der F. als Datenerfassungsgerät innerhalb von Systemen zur digitalen Bildverarbeitung eingesetzt, werden die anfallenden Daten in einem Analog-Digitalwandler digitalisiert und auf einen magnetischen Massenspeicher abgelegt. Die Ausgabe der Daten erfolgt hier zeitversetzt entweder an dem Aufzeichnungsteil des Scanners oder an speziellen Datenausgabegeräten ($\rightarrow$ Recorder). *Winkelmann*

Farbdichte. In der Photo-, Druck- und $\rightarrow$ Reproduktionstechnik ein logarithmisches Maß für die spektral selektive Absorption einer Druckprobe im sichtbaren Gebiet. Obwohl die F. strahlungsphysikalisch, d. h. nichtvisuell definiert ist (Ausnahme visuelle Dichte), vermittelt sie dennoch einen Eindruck von der Farbsättigung oder Färbung der Probe für das Auge. Wie aus der nebenstehenden Definitionsgleichung ersichtlich ist, besitzt die F. keine Einheit im Sinne einer physikalischen Größe. Da dies als Mangel empfunden wird, behilft man sich häufig damit, die Bezeichnung „Dichte" hinter den Zahlenwert von F. zu schreiben. Richtiger im Sinne der Nachrichtentechnik wäre die Bezeichnung „Bel". Die F. wird in der Drucktechnik z. B. zur Kontrolle der Farbschichtdicke und der Färbung

eingesetzt, da sich diese Größen innerhalb gewisser Grenzen mit der F. gleichsinnig ändern. Sie wird mit einem $\rightarrow$ Densitometer gemessen, das mit zur Probenfarbe gegenfarbigen Meßfiltern ausgestattet ist. Bei reflektierenden Proben interessiert die Aufsicht-F. und bei durchsichtigen die Durchsicht-F. Die F. unterscheidet sich von der in der photographischen Meßtechnik üblichen optischen Dichte gerade in der erwähnten Filterbewertung. Wird als Bewertungsfilter ein dem Hellempfinden des menschlichen Auges entsprechendes $V(\lambda)$-Filter verwendet, erhält man die visuelle F., d. h. eine empfindungsgemäße Allgemeindichte der Probe. Man benutzt sie besonders bei unbunten Proben. Es ist prinzipiell nicht möglich, F. zur eindeutigen Kennzeichnung einer Farbe in der Bedeutung eines Sinneseindrucks zu verwenden (s. DIN 5033). Dies folgt daraus, daß die Bewertungsfunktionen der Netzhautrezeptoren des Auges nicht mit den Kurven der Gegenfarbenfilter des Densitometers übereinstimmen. Die Aufsicht-F. ist definiert als

$$D = \log_{10} 1/\beta_P;$$

darin ist β_p der sog. allgemeine Strahldichtefaktor (früher Remissionsgrad genannt) der Probe im Wertebereich $0 \leq \beta \leq 1$. Er kennzeichnet das physikalische Reflexionsvermögen der Probe im spektralen Durchlässigkeitsbereich des Meßfilters Spektralbereich und ist definiert durch

$$\beta_P = \frac{\int S(\lambda) \cdot \beta(\lambda)_P \cdot \tau(\lambda)_M \cdot s(\lambda)_{rel} \cdot d\lambda}{\int S(\lambda) \cdot \beta(\lambda)_W \cdot \tau(\lambda)_M \cdot s(\lambda)_{rel} \cdot d\lambda}.$$

Die bestimmten Integrale erstrecken sich über den VIS-Bereich $380\,\text{nm} \leq \lambda \leq 780\,\text{nm}$. In dieser Definitionsgleichung für die F. sind $\beta(\lambda)_P$ der spektrale Strahldichtefaktor der Probe, $S(\lambda)$ die relative spektrale Strahlungsverteilung der Meßlichtquelle, $\tau(\lambda)_M$ die Transmissionsfunktion des Meßfilters und $s(\lambda)_{rel}$ die relative Empfindlichkeit des Strahlungsempfängers (s. DIN 16536: Farbdichtemessung an Drucken). $\beta(\lambda)_W \equiv 1$ ist der Strahldichtefaktor des idealen Weißstandards, der hier nur zur Verdeutlichung in die Gleichung geschrieben wurde, wodurch der prinzipiell gleiche Bau von Nenner- und Zählerfunktion erkennbar wird. Beide Größen müssen unter exakt den gleichen geometrisch-optischen Bedingungen gemessen werden. F. wird wegen der maßgeblichen Abhängigkeit von der Filterfunktion auch als Filterdichte bezeichnet. Sie ist offensichtlich in komplizierter Weise nicht nur von der Probe, sondern auch von der Lichtquelle, dem Meßfilter und dem Photoempfänger einschl. der Meßgeometrie abhängig, was die Konstruktion genau messender Densitometer erschwert. Für die Durchsicht-F., die in der Reproduktionstechnik seltener benötigt wird, gilt eine ähnliche Gleichung: β ist durch τ zu ersetzen, und es existiert kein Weißstandard, d. h.

$\beta(\lambda)_{\text{Weiß}}$ muß formal gleich 1 gesetzt werden. Eine zunehmende Bedeutung besitzt die spektrale Durchsicht- bzw. Aufsichtdichte $D(\lambda) = \log_{10} 1/\tau(\lambda)_P$ bzw. $D(\lambda) = \log_{10} 1/\beta(\lambda)_P$. $\tau(\lambda)_P$ und $\beta(\lambda)_P$ werden mit Spektralphotometern, die mit schmalbandigen Meßfiltern oder Monochromatoren ausgestattet sind, gemessen; neuerdings auch mit Schmalbanddensitometern. Im Gegensatz zur F. ist die spektrale Dichte praktisch geräteunabhängig sowie unabhängig von Lichtquelle und Empfänger (Alterung). Nur eine Abhängigkeit von der Meßgeometrie besteht weiterhin, so daß diese Größe besser für meßtechnische Aufgaben geeignet ist als die F.

Bei gerasterten Filmen und beim Rasterdruck spielt die (integrale) Rasterdichte D_R, Rastertonwert, eine wesentliche Rolle. Man versteht darunter die optische Dichte bzw. F. der gerasterten Probe. Sie kann ohne weiteres mit dem Densitometer gemessen werden, wenn der Meßfleck des Geräts eine hinreichend große Anzahl von Rasterpunkten erfaßt, was bei einem Fleckdurchmesser von etwa 3–4 mm der Fall ist. *Kamm*

Farbkorrektur →Maske

Farbküche →Textilfärberei

Farbreproduktion →Farbauszug

Farbsatz →Farbauszug

Farbskala. Die Summe der Teilfarbendrucke oder Teilfarbenproofs (→Reproduktionskontrolle), deren Zwischen- und Zusammendrucke oder -proofs sämtlich zu einer mehrfarbigen Druckwiedergabe gehören (DIN 16544). Am Beispiel eines Vierfarbensatzes stellt sich eine F. wie folgt dar, siehe unten.

Eine F. für einen Vierfarbensatz umfaßt demnach sieben Teile. Aus jeder Einzelfarbendarstellung und den Zwischenstationen kann der Reproduktioner

und der Drucker wichtige Informationen für Korrekturen (→Retusche), für die Reproduktionskontrolle und den Auflagendruck entnehmen.

Eine F. ist ein Satz von verschieden aufeinander abgestimmten Druckfarben (z. B. Europäische F. nach DIN 16539), die zur Herstellung von Mehrfarbendrucken verwendet werden. Allgemein versteht man unter einer solchen F. Druckfarben der drei Grundfarben der subtraktiven Farbmischung Cyan, Magenta und Gelb und dazu die Druckfarbe Schwarz. *Burkhardt*

Farbwert →Tonwert

Farbwiedergabe (Drucktechnik). In der Druck- und →Reproduktionstechnik versteht man unter F. den visuellen Eindruck eines reproduzierten Druckbildes (Ist-Farbe) im direkten – oder im Extremfall nur vorgestellten – Vergleich mit der Bildvorlage (Soll-Farbe). Bei diesem Vergleich muß wegen der i. a. nur bedingten Gleichheit (Metamerie) von Vorlage- und Wiedergabefarbe ein und dieselbe beleuchtende Lichtart verwendet werden. Bei dem Vergleich von Aufsichtfarben ist die Normlichtart D 65, eine künstliche Tageslichtphase der Farbtemperatur 6 500 K, und beim Vergleich Farbdiapositiv mit Druckbogen dagegen die Lichtart D 50, eine künstliche Tageslichtphase der Farbtemperatur 5 000 K, vorgeschrieben. Da der Farbeindruck u. a. auch vom Umfeld und der Helligkeit der Bilder abhängt, sind noch weitere diesbezügliche Bedingungen zu beachten. Der Vergleich von Ist- und Soll-Farbe erstreckt sich nur auf die reine Farbqualität, nicht aber auf Bildinhalt, Kontrast und Detailwiedergabe und dgl. Man unterscheidet zwischen einer visuellen Bewertung der F.-Qualität und einer farbmetrisch-meßtechnischen ohne Umfeldberücksichtigung. Die farbmetrische Methode gestattet die Ermittlung eines F.-Index R, dessen Höchstwert 100 eine farbidentische Wiedergabe bedeutet. Der Wert 100 kann i. a. nur dann erreicht werden, wenn

Druck der 1. Farbe	Druck der 2. Farbe	Druck der 1. Farbe + 2. Farbe	Druck der 3. Farbe	Druck der 1. Farbe + 2. Farbe + 3. Farbe	Druck der 4. Farbe	Druck der 1. Farbe + 2. Farbe + 3. Farbe + 4. Farbe

Bei einer Farbreihenfolge im Vierfarbendruck von Schwarz – Cyan – Magenta – Gelb hat diese F. folgendes Aussehen:

Schwarz	Cyan	Schwarz + Cyan	Magenta	Schwarz + Cyan + Magenta	Gelb	Schwarz + Cyan + Magenta + Gelb

die →Vorlage selbst ein Druckprodukt ist. Die Wiedergabeindizes der Druckverfahren sind erheblich niedriger, ohne daß dies die Bildgüte der →Reproduktion entscheidend beeinträchtigt. Der allgemeine Wiedergabeindex R_a eines Druckverfahrens wird nach DIN 6169, Tl. 5 und Tl. 8, mit Hilfe von acht Testfarben, die repräsentativ für die Farben unserer Umgebung sind, ermittelt. Der F.-Index ist kein allgemeines Gütekriterium für die Qualität einer Reproduktion, sondern wird zur Kontrolle von Optimierungen innerhalb der Druck- und Reproduktionstechnik benützt. *Kamm*

Faserfreilauf. Der F. ist eine richtungbetätigte Kupplung. Er ist eine neue Bauform der Freiläufe, die aus den Klinkenfreiläufen entwickelt wurde. Ein Teil trägt eine Matte mit schrägliegenden Kunststoffborsten, das Gegenstück ein eingeklebtes Drahtgewebe, in das die Borsten eingreifen. Es gibt F. mit axial oder radial angeordneten Fasern (Bild). Das Einsatzgebiet liegt bei geringen Drehmomenten, nicht zu hoher Schalthäufigkeit und geringem Bauaufwand. *Ehrlenspiel*

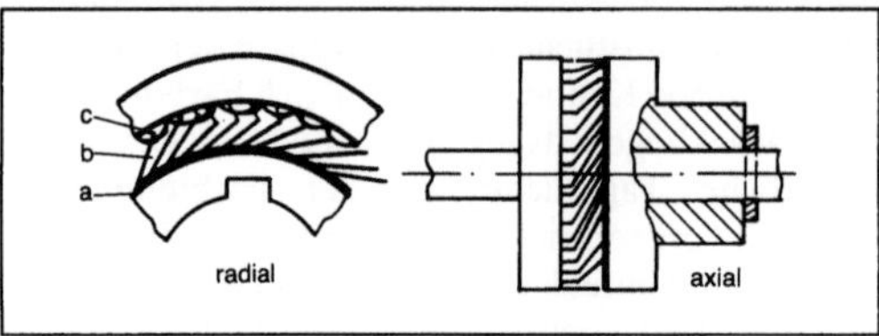

Faserfreilauf. (Quelle: Stieber & Nebelmeier)

a Kunststoffmatte, b Fasern, c Drahtgewebe

Fasermaterial. F. bilden heute die Hauptgrundlage an Rohstoffen für die Herstellung von Verpackungen. Ausgangspunkt sind Fasern pflanzlicher Herkunft. Die Hauptmenge von F. entsteht aus Holz. Seltener werden Fasern aus Baumwolle (Lumpen, Hadern), Stroh oder anderen faserhaltige Pflanzen eingesetzt. Um aus Hölzern für die Herstellung von F. geeignete Fasern zu gewinnen, werden sie auf zwei Wegen zerlegt. Auf rein mechanischem Wege entsteht der Holzschliff. Auf einem Schleifstein wird unter Beifügen von großen Mengen Wasser das Holz mechanisch in Fasern oder Faserbündel zerrissen. In diesen Fasern bleiben sämtliche Bestandteile des Holzes, die teilweise für die Anwendung in den F. störend sind, erhalten. Diese Inkrusten des Holzes vergilben bei Einfluß von Licht sehr schnell. Der zweite wichtige Weg ist die chemische Auflösung des Holzes. Hier werden durch Anwendung von Kochsäuren oder Kochlaugen die störenden Inkrusten des Holzes entfernt. Zurück bleiben die reinen Cellulosefasern. Die Ausbeute an nutzbaren Fasern ist bei der Zellstoffherstellung wesentlich geringer als beim Weg über den Holzschliff. Die Zellstoffasern sind besser geeignet für die weitere

Verarbeitung zu flächigen Materialien. Sie sind weicher, führen deshalb leichter zu einer Verfilzung und damit zu besseren Festigkeits- und Gebrauchseigenschaften.

Nach der Auflösung zu Fasern werden diese gereinigt, evtl. gebleicht, um höheren Weißgrad zu erhalten, auf gleichmäßige Länge gemahlen und mit weiteren Stoffen versehen, die die endgültigen Eigenschaften des aus diesen Fasern hergestellten Produkts bestimmen. Die Faserstoffaufschwemmung mit ihren Zusatzprodukten wird auf einem Sieb zu einem flächigen Produkt entwässert. Durch mechanische Pressung und thermische Trocknung wird das überschüssige Wasser entzogen. Durch Reibvorgänge zwischen Stahlwalzen kann die Oberfläche geglättet werden. Die weitere →Veredelung kann man durch Streichen bis zum Hochglanz erreichen.

Die Gruppe der F. gliedert sich an Hand ihrer flächenbezogenen Masse, früher als Flächengewicht bezeichnet, in →Papier, Karton und Pappe. Die Grenzen sind fließend und überlappend. Papier reicht üblicherweise bis zu einer flächenbezogenen Masse von 150 g. Der Bereich Karton kann bereits bei 120 g/m² beginnen und reicht bis zur noch vorhandenen Aufrollbarkeit, die etwa in der Größenordnung von 800 g/m² liegt. Bei etwa 600 g/m² kann man bereits von Pappe sprechen. Dieser Bereich reicht bis in die Größenordnung von mehreren 1000 g/m². Papiere werden einlagig hergestellt. Bei der Entwässerung der Faseraufschwemmung wird ein einziges Sieb eingesetzt. Bei Karton kann einlagig und mehrlagig produziert werden. Will man einlagig hohe flächenbezogene Massen auf einem Sieb produzieren, reduziert sich dabei wegen der deutlich langsameren Entwässerung die Arbeitsgeschwindigkeit der Kartonmaschine. Um wirtschaftlich zu bleiben, werden dann mehrere Siebe eingesetzt. Es können Lang- und Rundsiebe sein. Die einzelnen Bahnen werden noch mit hohem Wassergehalt durch mechanische Kräfte zusammengepreßt. Man spricht hier vom Gautschen. Die Haftfestigkeit der einzelnen Schichten aufeinander ist gut, aber deutlich vom Feuchtigkeitsgehalt des Produkts abhängig. Pappen werden grundsätzlich mehrlagig produziert. Es steht dazu der gleiche Weg wie bei der Kartonfertigung zur Verfügung. Will man sehr hohe flächenbezogene Massen produzieren, geht man entweder den Weg des Wickels, oder man klebt mehrere einzeln produzierte, fertige Kartonlagen übereinander. Beim Wickeln wird eine auf einem Sieb gefertigte Naßbahn auf einem Stahlzylinder aufgewickelt. Durch Anpreßwalzen werden die Schichten aufeinander verdichtet. Nach Erreichen der gewünschten Dicke wird der Bogen von dem Formatzylinder genommen und getrocknet. Beim Verkleben werden vorgefertigte Kartonbahnen auf Rollen gewickelt verarbeitet. Die einzelnen

Lagen werden in trockenem Zustand durch Zufügen von Klebstoff miteinander verbunden. Der Trocknungsaufwand ist hier gering. Das Einbringen der Klebstoffe verändert einige Eigenschaften. Die Steifigkeit läßt sich deutlich erhöhen. Pappen sind grundsätzlich so steif, daß sie nicht mehr aufgerollt werden können. Sie werden in Bogenformaten geliefert. Auf Grund der Faserstoffzusammensetzung bilden sich verschiedene Qualitätsgruppen der F. Die höchstwertigen Produkte sind rein zellstoffhaltige Waren. Durch die Ausnutzung der mehrlagigen Produktion kann man relativ hochwertige Produkte mit dünner Zellstoffdecke fertigen, wobei die Hauptlage aus einer Fasermischung besteht, die geringfügig oder überwiegend aus Holzschliff besteht. Eine weitere Gruppe sind die reinen holzhaltigen Waren. Sie bestehen ausschließlich aus Holzschliff, einlagig oder mehrlagig, in Mischungen mit anderen Fasergruppen gefertigt. Die Grauwaren beziehen ihre Fasern aus Rücklaufware. Altpapiere aus allen verschiedenen Sparten wird zu mehr oder weniger hellen Fasermischungen aufgearbeitet. Die Qualität dieser Gruppe hängt weitgehend von der Ausgangssortierung des Altpapiers ab. Es können Qualitätsschwankungen auftreten. Sämtliche F. basieren auf Holz. Es ist sehr hygroskopisch. Dementsprechend sind auch die Produkte aus F. stark anfällig auf Feuchtigkeitsänderungen der Umgebungsluft. Es treten Dimensionsänderungen, Verringerung der Festigkeit und Erhöhung der Dehnung ein, falls die relative Luftfeuchtigkeit der Umgebung zunimmt. Läßt man ein F. einen Zyklus von Auffeuchtung und Trocknung durchlaufen, erreicht man in der Dimension nicht wieder den Ausgangspunkt. Dieses Verhalten ist besonders beim Bedrucken unter Feuchtigkeitseinwirkung zu beachten.

F. bilden mit über 40 % Anteil die Hauptmenge der verwendeten Verpackungsrohstoffe. Durch ihre Qualitätsvielfalt und die leichte Anpassung an die Anforderungen der Herstellungsverfahren und Anwendungstechniken für Verpackungsmittel bilden sie ein fast ideales Ausgangsmaterial zur Fertigung von Verpackungen.   *Paris*

Faustfeuerwaffe. F. sind Schußwaffen für den einhändigen Gebrauch. Sie werden in Pistolen und Revolver eingeteilt.

Während bei den Pistolen Patronenlager und Lauf aus einem Stück bestehen, befinden sich beim Revolver (Bild 1) mehrere Patronenlager in einer drehbaren Walze hinter dem Lauf.

Bei Bündelrevolvern sind mehrere vollständige Läufe zu einem Bündel vereinigt, welche entweder durch Drehung um die Bündelachse nacheinander vor das Schlagstück des Schlosses gebracht werden oder festgelagert sind und nacheinander durch einen sich drehenden →Mechanismus abgefeuert werden.

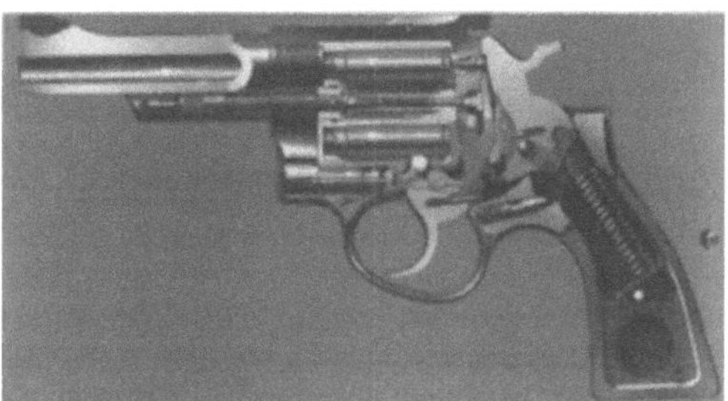

Faustfeuerwaffe 1: Teilweiser Schnitt durch einen Revolver.

Bei den Pistolen wird zwischen ein- und mehrläufigen Waffen unterschieden. Erstere werden eingeteilt in einschüssige und mehrschüssige Pistolen. Die mehrschüssigen Pistolen werden, wenn das Öffnen des Verschlusses, das Auswerfen der leeren Patronenhülse, das Spannen des Schlosses und das Schließen des Verschlusses selbsttätig durch die auf den Stoßboden der Patronenhülse wirkende Gaskraft verrichtet wird, als Selbstladepistole (automatische Pistole) bezeichnet (Bild 2).

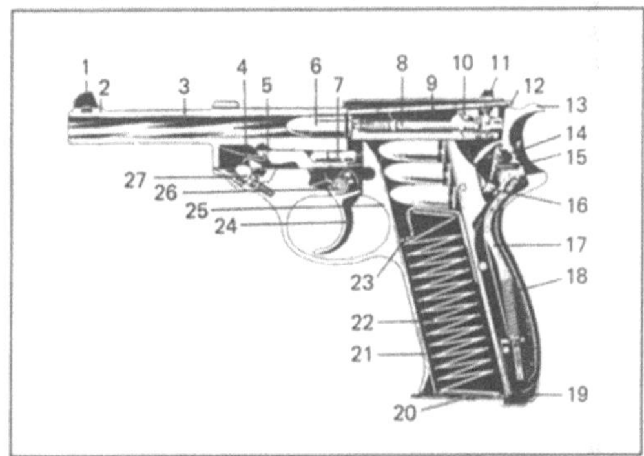

Faustfeuerwaffe 2: Schnitt durch die Walther-Pistole P38.

1 Korn, 2 Kornwarze, 3 Rohr, 4 Feder zum Riegel, 5 Riegel, 6 Patrone, 7 Riegelbolzen, 8 Schlagbolzen, 9 Verschluß, 10 Sicherung, 11 Kimme, 12 Signalstift, 13 Hahn, 14 Hahnklappe, 15 Feder zur Hahnklappe, 16 Spannhebel, 17 Schlagstange, 18 Feder zur Schlagstange, 19 Magazinhalter, 20 Magazinboden, 21 Magazingehäuse, 22 Zubringerfeder, 23 Zubringer, 24 Abzug, 25 Griff, 26 Feder zum Abzug, 27 Rohrhaltehebel

Erfordert das Wiederschußfertigmachen nach dem Schuß einen besonderen Handgriff, so spricht man von Repetierwaffen.

Mehrläufige Pistolen besitzen meist bis zu 4 vollständige Läufe neben- oder untereinander. Sie können nacheinander durch einen festinstallierten Mechanismus abgefeuert werden.

Bei Kipplaufwaffen kann der manuelle Ladevorgang durch Abkippen von Walze und Lauf bei Revolvern (Kipplaufrevolver) bzw. nur des Laufes bei Pistolen (Kipplaufpistole) vereinfacht durchgeführt werden.

Die Hauptteile einer jeden F. sind der Lauf, das Gehäuse, das →Schloß und das Griffstück. In dem Griffstück der Selbstladepistolen befindet sich meistens das Magazin. *Reinelt*

Feder, hydropneumatische. Flüssigkeiten sind praktisch inkompressibel. Unter hohen Drücken (bis zu 1000 bar) kann höchstens die Federung der sie umschließenden Stahlrohre und Druckbehälter ausgenutzt werden. In Verbindung mit der Gasfederung werden sie als h. F. mit einem Arbeitsdruck von 70–100 bar zur Fahrzeugfederung eingesetzt, mit den zusätzlichen Vorteilen der progressiven Wirkung, der möglichen Niveauregulierung und der Dämpfung. Durch Kombination mit Stahl-F. kann man eine annähernd lastunabhängige Federungsfrequenz erreichen. Das Bild zeigt ein h. F.-Dämpferelement von Citroën. *Federn*

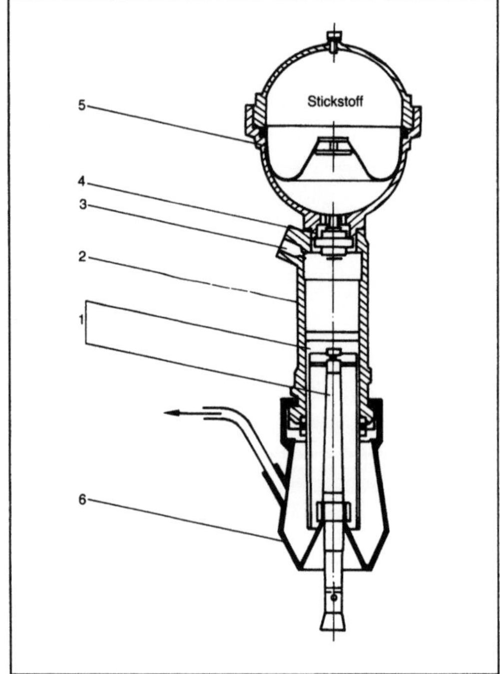

Feder, hydropneumatische: Hydropneumatisches Feder-Dämpfer-Element. (Quelle: Citroën)

1 Kolben mit Stößel, 2 Zylinder, 3 Flüssigkeitszufuhr zur Niveauregulierung, 4 Dämpferventile, 5 Rollmembrane zwischen Öl und Stickstoff, 6 Dicht-Stulpen

Literatur: Dubbel: Taschenb. Maschinenbau. 17. Aufl. Berlin 1990. – *Reimpell, J. C.*: Fahrwerktechnik. Bd. 2. Würzburg 1974.

Federbein →Federung

Federeigenschaft. Eine Feder ist ein elastisch nachgiebiges Konstruktionselement des Maschinen- und des Gerätebaus, das erheblich größere Verformungen erträgt als andere Bauteile, auch bei wiederholter oder wechselnder Belastung. Diese Eigenschaft läßt sich bei Metall als →Federwerkstoff nur bei zweckmäßiger Formgebung erreichen. Auch Gummi als Werkstoff erträgt größere Verformungen nur bei Vorhandensein freier Oberflächen, denn er ist praktisch inkompressibel. Allein bei Gasfedern kann die Volumenfederung ausgenutzt werden.

Eine auf eine Feder zwischen zwei Angriffsstellen ausgeübte Kraft F oder ein ausgeübtes Moment M bewirkt eine Verformung der Feder, eine Auslenkungsdifferenz zwischen den Angriffsstellen, den Federweg s bzw. den Verformungswinkel φ (Bild). Die graphische, numerische oder durch eine mathematische Funktion erfaßbare Abhängigkeit $F = F(s)$ bzw. $M = M(\varphi)$ wird als →Federkennlinie bezeichnet. Sie zeigt die →Federsteifigkeit u. U. in Abhängigkeit von der Verformung. Festigkeits- und Steifigkeitseigenschaften der Feder hängen vom Werkstoff ab. Bei den Stahlfedern hängen sie nicht oder kaum von Temperatur und Belastungsgeschwindigkeit ab, wohl aber bei Gummifedern. Federwerkstoffe sind nicht absolut frei von Kriecherscheinungen, was sich u. a. in der Abnahme einer Vorspannung und in einer langzeitigen Änderung ihrer Kennlinien auswirken kann.

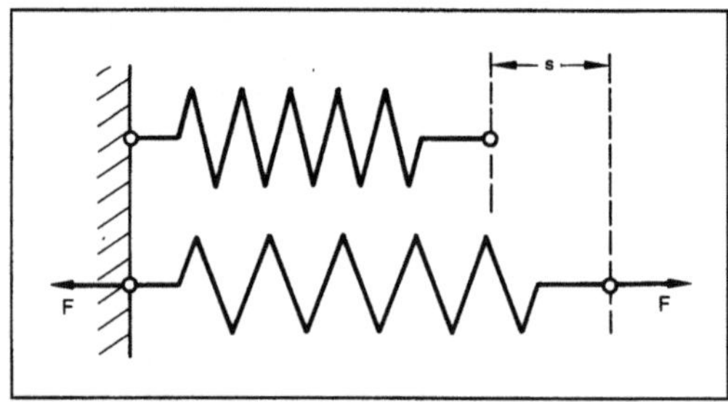

Federeigenschaft: Unbelastete und durch Zugkraft F belastete Schraubenfeder mit Federweg s.

Federn haben den Vorteil eines kleinen Eigengewichts relativ zum beanspruchten Raum, was sich auch meist vorteilhaft hinsichtlich ihrer Massenwirkungen erweist. Es erlaubt ihren Einsatz in schwingenden Systemen in einem weiten Frequenzbereich.

Die Ausführungsformen der Federn sind äußerst vielfältig, zufolge der möglichen Anpassung an die zu erfüllende Funktionsaufgabe und den konstruktiv verfügbaren Raum. Die von einer Feder zu erfüllenden Funktionen können sein:

□ Aufbringen und/oder Aufrechterhalten einer Vorspannung ggf. mit der Notwendigkeit, Wärmedehnungen oder Spiel auszugleichen (Bei-

spiele: Kontaktfedern, Sicherungsringe, Ringspann-
scheiben, Federn in Rutschkupplungen);

□ Kompensation von Kräften (z. B. an Stelle von
Gegengewichten);

□ Überführung eines Bauteils in seine Anfangslage
nach Aufhören der Kraft- oder Momentenwirkung
(Beispiele: Ventilfedern, Kontaktfedern, Rückstell-
federn in Meßinstrumenten oder Regeleinrichtungen, Rückholfeder);

□ Speicherung einer Energie, lang- oder kurzfristig
(Beispiel: Uhrfeder, Spielzeug-Federmotor als Be-
wegungsenergie-Quelle, Feder in einem schwingenden System als periodischer Energiespeicher);

□ Auffangen von Stößen durch Aufnahme der
Stoßenergie auf längeren Wegen mit beschränkten
Kräften (Beispiel: Fahrzeugfedern, Pufferfedern,
Stoßisolierung von Hammerfundamenten);

□ räumlich gleichmäßige Verteilung von Kräften, Belastungsausgleich (Beispiele: Federung von
Fahrzeugachsen, Federkernmatrazen, Einspannungen);

□ mehr oder weniger gedämpfte Schwingungsisolie-
rung von Geräten, Maschinen und Anlagen (Beispiel: Isolierung von Meßgeräten, elastische Lagerung von Motoren in Fahrzeugen oder von Kraft-
werksanlagen auf ihren Fundamenten);

□ spielfreie, begrenzt bewegliche Führungen oder
Gelenke für Maschinenteile (Beispiele: Blattfeder-
lenker an Rüttelsieben, Gummigelenke);

□ Verstimmung von Eigenschwingungszahlen
schwingender Maschinen oder Strukturen;

□ Messen von Kräften oder Momenten in Meß- und
Regeleinrichtungen, auf dem reproduzierbaren,
meist genügend linearen Zusammenhang zwischen
Kraft und Verformung beruhend (Beispiele: Feder-
waage, Rückstellfeder eines Meßinstruments).

Für die Benennung der Federn kann ihr Werkstoff herangezogen werden (z. B. Stahlfeder,
→Gummifeder); auch die Gestalt der verschiedenen Stahlfederformen und Gummifederformen,
ihre Belastung (z. B. Zug-Druck-Feder, →Dreh-
stabfeder) oder die Verwendung (z. B. Pufferfeder,
→Spannfeder). Für ihre Darstellung ist DIN 4000,
Tl. 11, und DIN ISO 2162 maßgebend.   *Federn*

Literatur: *Dubbel*: Taschenb. Maschinenbau. 17. Aufl. Berlin,
Heidelberg, New York, Tokio 1990. – *Hoesch*: Warm geformte
Federn, Konstruktion und Fertigung. 1987. – *Müller, H. W.*:
Kompendium Maschinenelemente. Darmstadt-Eberstadt
1987. – *Niemann, G.*, u. *M. Hirt*: Maschinenelemente. Bd. I:
Konstruktion und Berechnung von Verbindungen, Lagern,
Wellen. 2. Aufl. Berlin, Heidelberg, New York 1981. –
Steinhilper, W., u. *R. Röper*: Maschinen- und Konstruktions-
elemente. Bd. 1: Grundlagen der Berechnung und Gestaltung.
Berlin, Heidelberg, New York 1982. – DIN Taschenb. 29:
Federn, Normen. 7. Aufl., Berlin, Köln Sept. 1990. – Merkbl.
Stahl 394: Fahrgestellfedern (Tragfedern für Straßenfahrzeuge
und ihre Berechnung). Düsseldorf 1974.

Federfunktion →Federeigenschaft

Federgelenk →Federeigenschaft

Federkennlinie.

1. Allgemeines. Die F. als wesentliche →Feder-
eigenschaft gibt die Abhängigkeit der Federkraft F
oder des Federmoments M von der Verformung,
dem Federweg s bzw. dem Federwinkelweg φ wieder
(Bild 1).

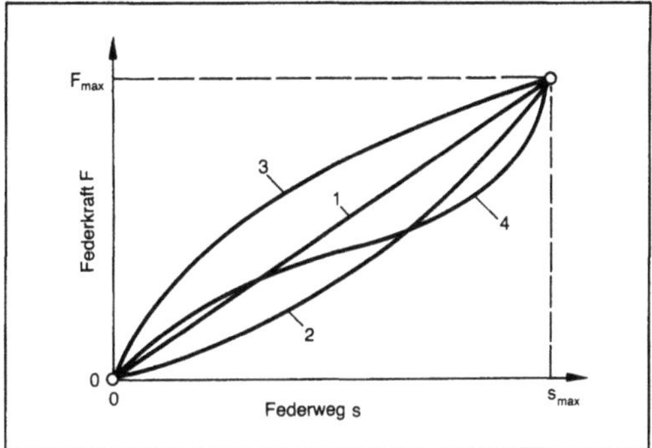

*Federkennlinie 1: Bei von null aus ansteigender
(zügiger) Belastung.*

1 geradlinig, 2 progressiv, 3 degressiv, 4 S-förmig

Das Steigungsmaß der F. dF/ds bzw. dM/dφ ist
gleich der Federsteifigkeit c (nach DIN 2089, Tl. 1,
auch Federrate genannt und mit R bezeichnet). Der
Kehrwert der Federsteifigkeit heißt Federnachgie-
bigkeit δ: $\delta = 1/c$.

Solange der Werkstoff dem Hooke-Gesetz der
absoluten Proportionalität zwischen Spannung und
Verzerrung genügt, die Verformungen genügend
klein bleiben und beispielsweise Hebelarme oder
freie Federlängen sich nicht ändern, ist die
F. geradlinig: $c = dF/ds = F/s = F_{max}/s_{max}$ bzw. bei
einer Drehfeder $c_t = M_t/\varphi$. Eine progressive F.
(Bild 1) wird im Fahrzeugbau angestrebt und
durch verschiedene Maßnahmen erreicht, um
die Eigenschwingungszahlen des beladenen und
des unbelasteten Fahrzeugs einigermaßen
gleich zuhalten. Auch in Antriebssträngen sind
oft progressive F. von Kupplungen vorteilhaft
(Bild 2).

Bei zyklischer Verformung unter wechselnden
oder schwellenden Belastungen wird die F. zu einer
Hystereseschleife (im üblichen F, s-Koordinatensy-
stem im Uhrzeigersinn durchlaufen). Ist der statische Federweganteil gleich null, d. h. schwingt die
Feder mit gleichen Wegamplituden um die Mittel-
lage und liegt geschwindigkeitsproportionale
Dämpfungskraft vor, dann ist die Hystereseschleife
eine Ellipse (Bild 3). Diese gibt Aufschluß über den
Dämpfungsfaktor χ_s der Feder.

Metallische Federn weisen bei Wechsellasten in
Höhe der Dauerfestigkeit lanzettförmige Hystere-
seschleifen auf (Bild 4). Geschichte Blattfedern mit

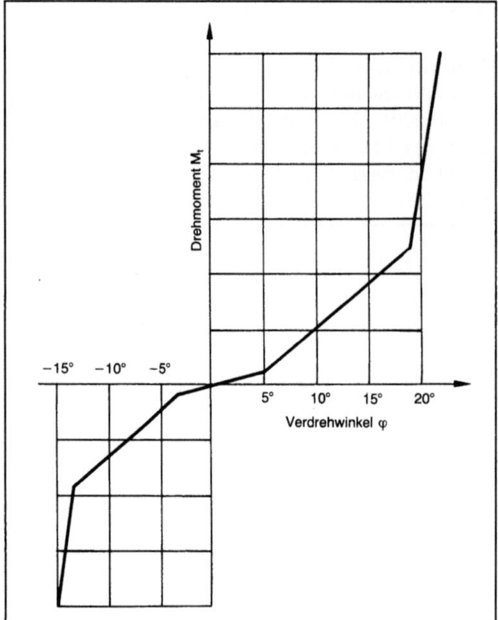

Federkennlinie 2: Unsymmetrisch progressive Federkennlinie einer Kupplung zwischen Pkw-Motor und Getriebe.

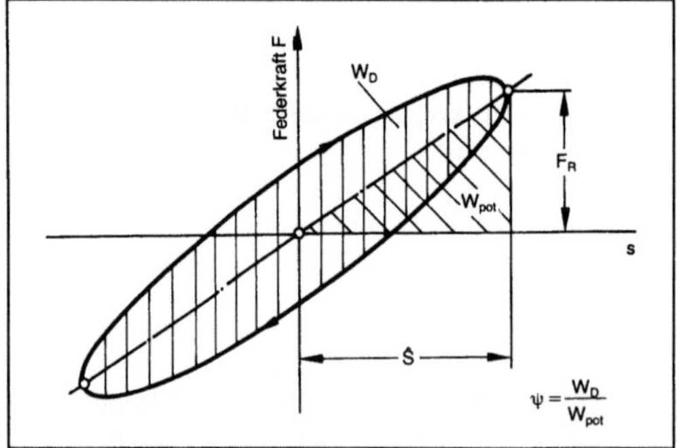

Federkennlinie 3: Bei schwingender Belastung (Hystereseschleife) mit geschwindigkeitsproportionaler Dämpfungskraft.

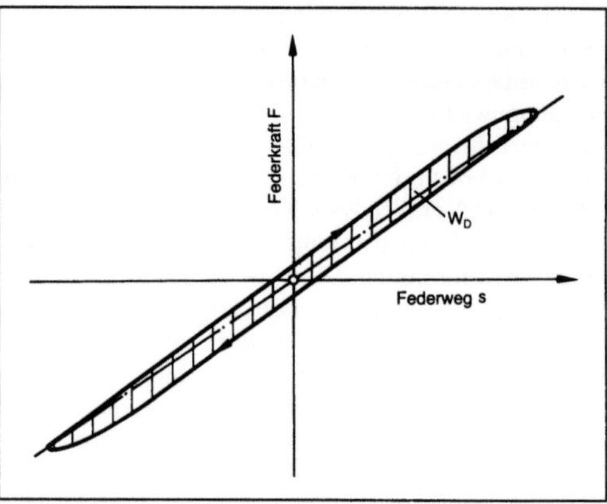

Federkennlinie 4: Lanzettförmige Federkennlinie von wechselnd hochbeanspruchten Metallen.

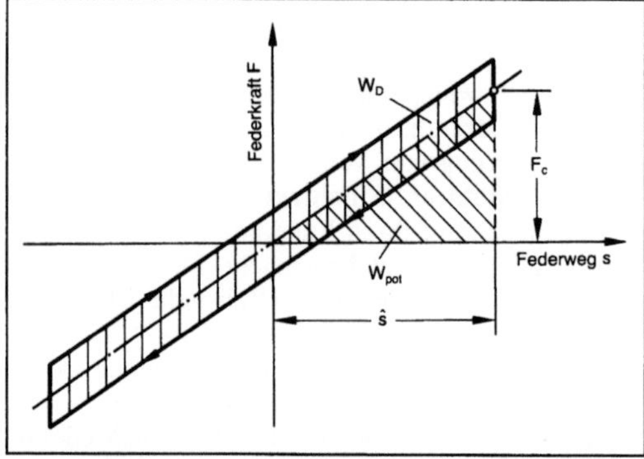

Federkennlinie 5: Kennlinie einer wechselnd belasteten Feder mit Coulomb-Reibung.

2. degressive →Federkennlinie

3. progressive →Federkennlinie, →Blattfeder, geschichtete

Federkoeffizient →Gleitlager, schnellaufendes

Federlasche →Kupplung

Federprüfung. Federn werden Stück für Stück oder stichprobenartig beim Hersteller und/oder Anwender auf ihre mechanischen Eigenschaften hin geprüft. Die Prüfung umfaßt neben allgemeiner Qualitätskontrolle (z. B. hinsichtlich zu gewährleistender Werkstoffzusammensetzung oder einwandfreier Oberflächenbeschaffenheit) eine Prüfung der →Federkennlinie und der Bruchfestigkeit (bei überwiegend statischer Beanspruchung) oder der Dauerschwingfestigkeit (bei wechselnder oder schwellender Betriebsbeanspruchung). Hierbei werden die Betriebsbedingungen so weit wie möglich nachgeahmt.

Für in größerer Anzahl eingesetzte Federn wie Ventilfedern von Verbrennungskraftmaschinen und

Coulomb-Reibung zwischen den Federblättern haben eine Hystereseschleife (Bild 5). Werden in Bild 3 Federkraft und Federweg auf das Volumenelement mit der Kantenlänge l bezogen, so wird für die wechselnde Spannung σ in Abhängigkeit von der harmonisch veränderlichen Verzerrung ε die Kennlinie zur elliptischen Hystereseschleife eines linearviskosen Werkstoffs. Sie läßt den Verlustfaktor $\chi = \psi/2\pi$ des Werkstoffs ermitteln. Der Werkstoff Gummi weist eine für ihn typische Hysterese (mechanische Hystereseschleife) auf, die aber in ihrer Gestalt von der Gummifederform beeinflußt sein kann. *Federn*

Schraubenfedern oder Blattfedern zur Fahrzeugfederung sind speziell entwickelte Schwingprüfmaschinen und statische Prüfmaschinen mit selbsttätiger Registrierung der Ergebnisse im Gebrauch. Bei statischen Prüfungen wird dabei oft nur der Federweg als sog. Pfeilhöhe bei einer bestimmten Last registriert.

Bei der Prüfung der Federkennlinie wird zweckmäßigerweise im Pilgerschrittverfahren vorgegangen (Bild 1) mit aufeinanderfolgenden, steigenden Spitzenlasten und zwischenzeitlicher völliger Entla-

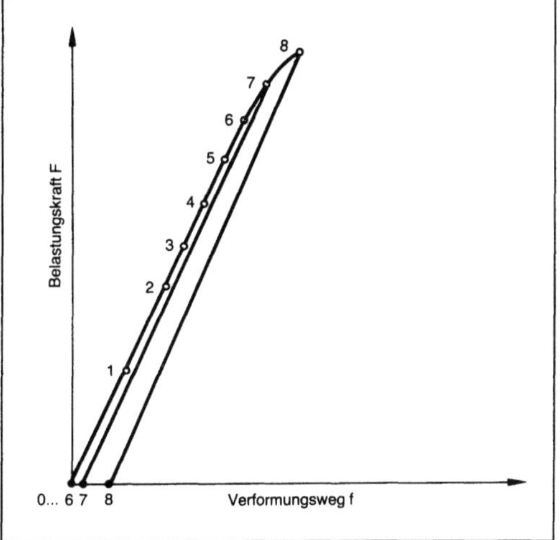

Federprüfung 1: Aufnahme einer Federkennlinie mit stufenweise wachsender Belastung nach zwischenzeitlicher Entlastung.

stung. Nur so lassen sich der Beginn plastischer Verformungen und das Setzmaß feststellen.

Bei Stahlfedern werden neben der Verformungsfähigkeit unter bestimmten Belastungen in der Arbeitsrichtung auch Steifigkeit und Festigkeit in Querrichtungen zu prüfen sein, zumindest bei Erstausführungen. Bei Stück-für-Stück-Prüfungen mit zügig aufgebrachten Belastungen oder schwingenden Belastungen wird meist vermieden, die später im Betrieb auftretenden Grenzlasten zu übersteigen, um nicht bereits durch die Prüfung die spätere Haltbarkeit zu gefährden.

Bei Gummi-Metall-Federn mit vulkanisierten Anbindungen des Elastomers an vorbehandelte Metallflächen wird bei der statischen Stück-für-Stück-Prüfung die Oberfläche holographisch abgetastet, weil sich auf diese Weise Bindungsfehler zwischen Elastomer und Metall oder im Elastomer durch Abweichungen zwischen Soll-Oberflächenform und Ist-Oberflächenform bemerkbar machen können.

Bei der labormäßigen technologischen Prüfung von neuentwickelten oder zu verbessernden Metallfederformen werden Dehnungsmeßstreifen an den rechnerisch am höchsten beanspruchten Stellen auf die Oberfläche geklebt, um die örtlichen Spannungen während der Belastungsversuche aufzeichnen und auswerten zu können.

Für die Prüfung verdrehschwingungs-beanspruchter Gummi-Metall-Federn wurden elektrodynamische Resonanzprüfstände für hohe Schwingfrequenzen (Bild 2) und servohydraulische Prüfstände für niedrige Frequenzen entwickelt. *Federn*

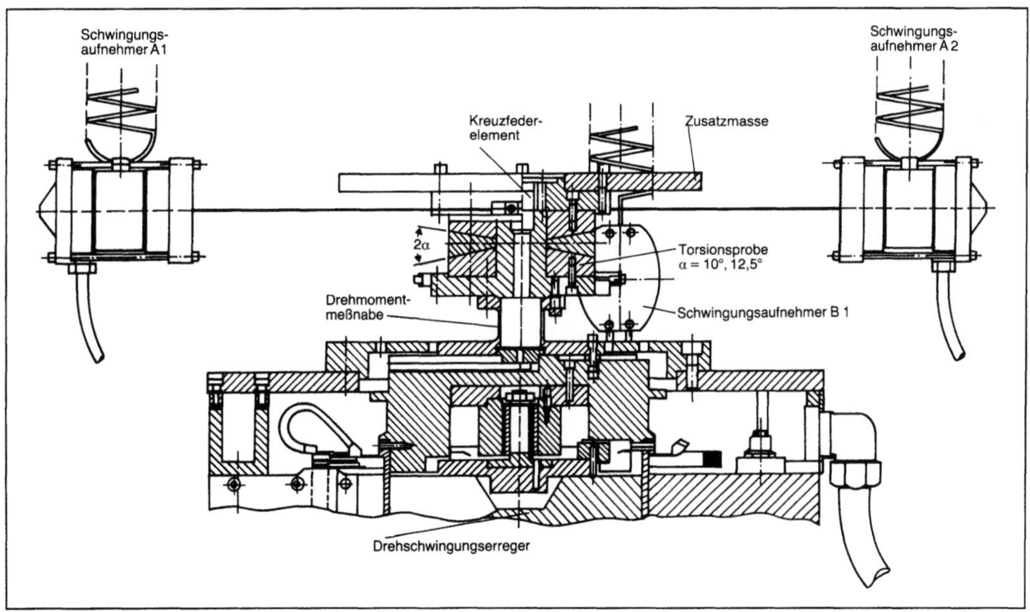

Federprüfung 2: Elektrodynamischer Resonanzprüfstand für Gummi-Metall-Scheibenfedern unter Wechseldrehschub.

Literatur: Kautschuk und Elastomere. Physikalische Prüfverfahren. Normen. DIN-VDE-Taschenb. 47. 5. Aufl. Berlin 1988. – Materialprüfnormen für metallische Werkstoffe 3. Mechanisch-technologische Prüfverfahren für Erzeugnisformen, Schweißverbindungen, Metallklebungen. DIN-Taschenb. 205. Berlin 1985. – *Hansen, J.*: Faserverbundwerkstoffe. Bd. 3. Dokumentation des BMFT. Berlin 1986. – *Kümmlee, H.*: Ein Verfahren zur Vorhersage des nichtlinearen Steifigkeits- und Dämpfungsverhaltens sowie der Erwärmung drehelastischer Gummikupplungen bei stationärem Betrieb. Diss. TU Berlin 1985. In: Fortschr.-Ber. VDI Nr. 136. Düsseldorf 1986. – *Siebel, E.*: Handb. Werkstoffprüfung. Bd. 2. Berlin (vergriffen). – *Wellinger, K.*: Handb. Werkstoffprüfung. Bd. 2. 2. Aufl. Berlin 1953.

Federrate →Federkennlinie

Federring →Ringfeder, →Sicherungsring

Federsimulationsmodell. Bei Metallfedern beschränkt sich die Eigenschaft der Dämpfung im wesentlichen auf die Fügestellen, insbesondere die Einspannung. In dem bei schwingender Belastung zulässigen Beanspruchungsbereich der Metalle ist ihre reine Werkstoffdämpfung gering. Die Dämpfung kann durch Reibungskräfte zwischen Federelementen, wie z. B. bei geschichteten Blattfedern, erhöht sein. Gummifedern haben je nach Füllstoffart und -anteil Dämpfungen mit Verlustfaktoren $\frac{\Psi}{2\pi} = 0{,}15$, im höchsten Fall 0,25.

Eine dämpfungsfreie Feder wird nach DIN ISO 2162 unter →Federeigenschaft beschrieben. Muß auch die Dämpfungseigenschaft der Feder zum Ausdruck kommen, so wird dieses Federsymbol durch ein Dämpfungssymbol ergänzt (Bild 1). Mit einem solchen Zwei-Parameter-Modell mit Parallelschaltung von Feder und Dämpfer und den Parametern c (Steifigkeit) und b (Dämpfungskoeffizient nach DIN 1311, Tl. 2), wird die komplexe →Federsteifigkeit (dynamische Federsteifigkeit) $\underline{C}^* = c + j\Omega b$ mit ihrem Realteil c und ihrem Imaginärteil Ωb wiedergegeben (mit Ω als Kreisfrequenz der zyklischen Federbelastung).

Mitunter wird durch ein Drei-Parameter-Modell die Abhängigkeit der komplexen Federsteifigkeit $\underline{C}^*$ von der Schwingfrequenz Ω oder der Temperatur besser erfaßt (Bild 2). Den Verlauf des Zeigers dieser komplexen Steifigkeit $\underline{C}^*$ in der Gaußschen

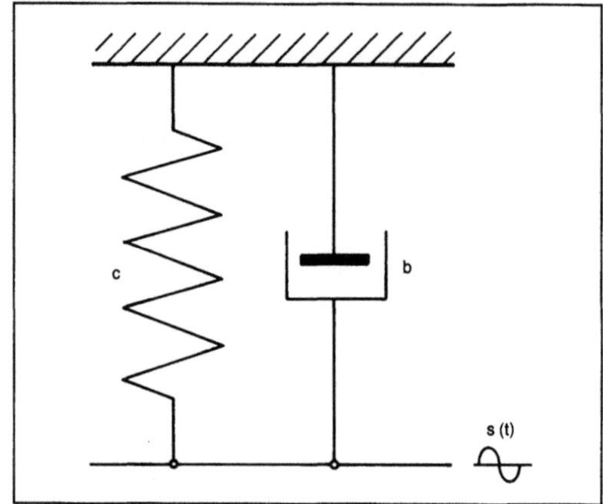

Federsimulationsmodell 1: Parallelschaltung von Feder und Dämpfer mit den Parametern c und b.

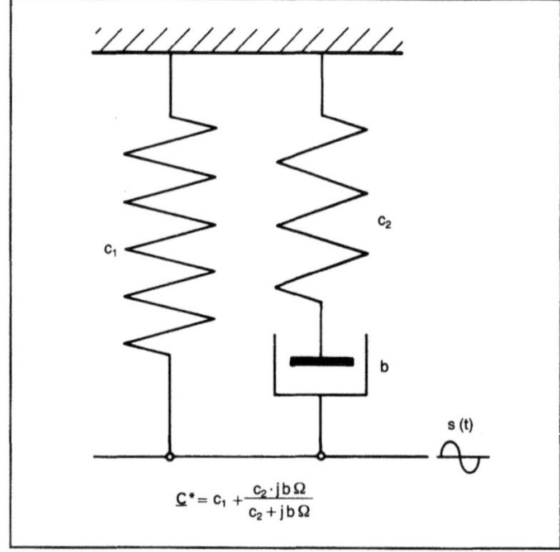

$$\underline{C}^* = c_1 + \frac{c_2 \cdot jb\,\Omega}{c_2 + jb\,\Omega}$$

Federsimulationsmodell 2: Drei-Parameter-Modell der komplexen Federsteifigkeit mit den Parametern c_1, c_2 und b.

Zahlenebene zeigt Bild 3. (Bei der Berechnung wurden die Gleichungen der Tabelle unter entsprechender Berücksichtigung von Realteil und Imaginärteil der komplexen Steifigkeit angewandt.)

Federsimulationsmodell. Tabelle: Federeigenschaften bei Parallelschaltung und Hintereinanderschaltung.

	Federweg	Federkraft	Federsteifigkeit	Federnachgiebigkeit
Parallel-schaltung	$s = s_1 = s_2 = s_v = \ldots = s_i$	$F = \sum\limits_{v=1}^{i} F_v$	$c = \sum\limits_{v=1}^{i} c_v$	$\frac{1}{\delta} = \sum\limits_{v=1}^{i} = \frac{1}{\delta_v}$
Hinter-einander-schaltung	$s = \sum\limits_{v=1}^{i} s_v$	$F = F_1 = F_2 = F_v = \ldots = F_i$	$\frac{1}{c} = \sum\limits_{v=1}^{i} \frac{1}{c_v}$	$\delta = \sum\limits_{v=1}^{i} \delta_v$

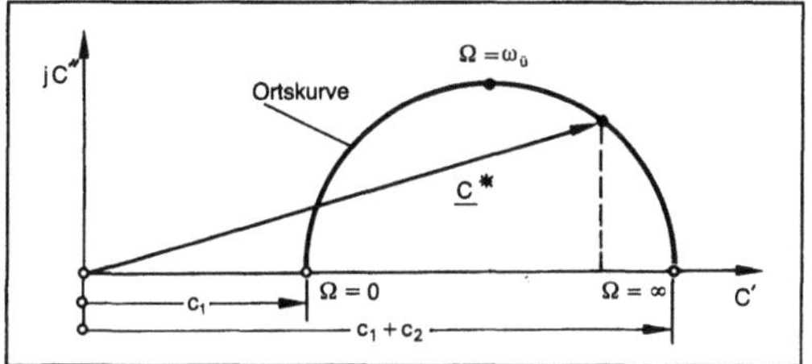

Federsimulationsmodell 3: Komplexe Federsteifig-keit $\underline{C}^*$ eines Drei-Parameter-Modells.

Für die Vorausberechnung der Federungs- und Dämpfungs-Eigenschaften von Gummiwerkstoffen hat sich das Simulationsmodell in Bild 4 nach neueren Untersuchungen gut bewährt:

Neben den Federn und den Dämpfern mit geschwindigkeitsproportionaler Dämpfungskraft, charakterisiert durch die frequenz- und temperatur-abhängigen Dämpfungskoeffizienten b_i, benötigt es Symbole für jeweils hintereinandergeschaltete Elemente mit Coulomb-Reibung, deren Reibungskräfte F_{Ri} frequenz- und ausschlagsabhängig sind und deren Vorzeichen mit dem Vorzeichen der Relativge-schwindigkeit wechselt. Die zuletzt genannten Elemente führen zu Nichtlinearität im Verhalten.

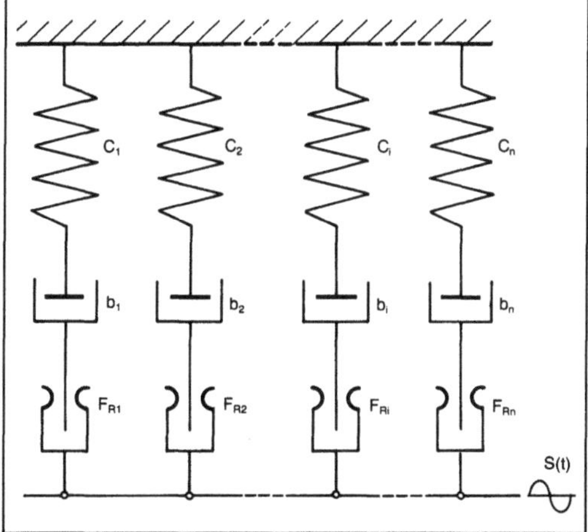

Federsimulationsmodell 4: Gummifeder-Simulations-modell. (Quelle: Kümmlee a. a. O.)

Feder-Dämpfungseigenschaften von wechselnd geschertem Siliconöl mit hoher Nennviskosität $v_o = 80\,000\text{–}500\,000$ mm^2/s können durch das Simulationsmodell (Bild 4) mit $n = 3$, jedoch ohne Elemente mit Coulomb-Reibung, erfaßt werden. Es bringt linares Verhalten mit sich. Seine Gültigkeit wurde auch für den Fall nachgewiesen, daß die wechselnde Relativgeschwindigkeit zwischen den Wirkflächen, die den siliconölgefüllten Spalt begrenzen, aus Schwingungsgemischen unterschiedlicher Frequenz besteht. *Federn*

Literatur: *Federn, K.*: Dämpfung elastischer Kupplungen – Wesen, einwirkende Parameter, Ermittlung. VDI-Ber. 299. Düsseldorf 1977, S. 47/61. – *Kümmlee, H.*: Ein Verfahren zur Vorhersage des nichtlinearen Steifigkeits- und Dämpfungsver-haltens sowie der Erwärmung drehelastischer Gummikupp-lungen bei stationärem Betrieb. Diss. TU Berlin 1985. In: Fortschr.-Ber. VDI R. 1 Nr. 136. Düsseldorf 1986. – *Ottl, D.*: Schwingungen mechanischer Systeme mit Strukturdämpfung. VDI-Forschungsh. 603. Düsseldorf 1981. – *Sprato, E.*: Ermitt-lung rheologischer Stoffmodelle für Silikonöle als Grundlage zur Auslegung von Viskose-Drehschwingungsdämpfern. Diss. TU Berlin 1986. In: Fortschr.-Ber. VDI R. 1 Nr. 143. Düssel-dorf. DIN ISO 2162: Federn. Tl. 1: Vereinfachte Darstellung, Tl. 2: Federdiagramm für zylindrische Schraubendruckfedern. Hrsg. Dt. Inst. für Normung. Entw. Sept. 1991.

Federsteifigkeit →Federkennlinie

Federsteifigkeit, dynamische →Federkennlinie, Gummifederwerkstoff

Federstift-Kupplung. Die F.-K. (auch Forst-Kupp-lung) ist eine vorwiegend drehnachgiebige →Aus-gleichskupplung. Sie ist aber auch in geringem Maße quer-, längs- und winkelnachgiebig. Die elastischen Elemente sind Federstifte, die in Bohrungen der beiden Kupplungsscheiben kreisförmig angeordnet sind. Die Bohrungen sind trichterförmig ausgeführt, so daß bei steigendem Drehmoment die freie Feder-länge der Stifte verkürzt und damit der Federweg geringer wird. Die F.-K. wird dadurch bei größerer Verdrehung „härter" (progressive Kennlinie). Sie wird zur Verringerung von Verlusten und Ver-schleiß geschmiert (Bild). *Ehrlenspiel*

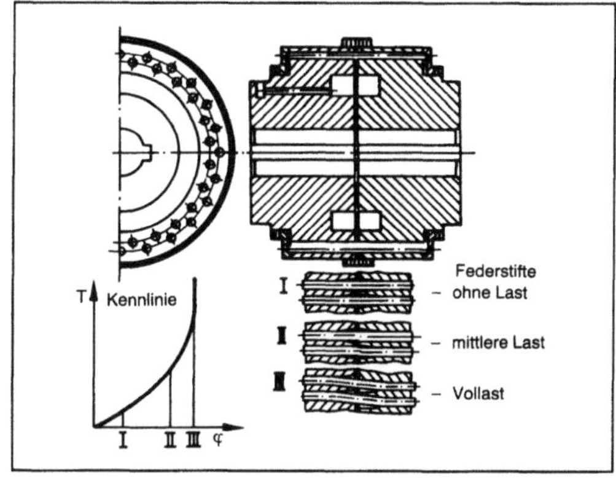

Federstift-Kupplung. (Quelle: Forst-Kupplung)

Federung. Die Unebenheiten der Fahrbahn (*Wel-ligkeit*) führen zu Beschleunigungen des Aufbaus, die durch die F. verringert werden können.

Von den *Wellenlängen der Straße* sind alle von Bedeutung, die zwischen der Länge der Aufstands-fläche des Reifens (~ 0,15 m) und der Erregung für die tiefste F.-Frequenz (~ 1 Hz, entsprechend 50 m bei 50 m/s = 180 km/h Fahrgeschwindigkeit) liegen. Die Unebenheit der Straße wird als Unebenheitsdichte $A(\lambda) = dx^2_{eff}/d\lambda$ (x_{eff} Effektivwert der Unebenheitsamplitude, λ Wellenlänge) gemessen. Aus ihr können mit Hilfe geeigneter Federmodelle (Bild) die Aufbaubeschleunigung (maßgebend für den Fahrkomfort), die Radlastschwankung (maßgebend für das Übertragen von Seiten- und Bremskräften) und der Relativweg Rad – Aufbau (Federweg) errechnet werden. Jede Federabstimmung stellt einen Kompromiß zwischen diesen drei Größen dar. – Die Weiterentwicklung zielt in folgende Richtungen:

□ *Niveauregler:* Unabhängig vom Beladungszustand wird der mittlere Abstand Aufbau – Fahrbahn konstant gehalten. Damit ist der Federweg in Richtung Aus- und Einfedern stets optimal nutzbar; die Feder kann weicher gewählt werden. Außerdem nützt die Niveauregelung der zweckmäßigen Stoßfängerhöhe und Scheinwerfereinstellung. Ferner kann sie zur Berücksichtigung besonderer Verhältnisse (z. B. Überfahren von Hindernissen, Einstellung günstiger Strömungsverhältnisse, Be- und Entladen) herangezogen werden.

□ *Stoßdämpfereinstellung* in Abhängigkeit von Last, Fahrbahn oder Fahrerwunsch (sportlich oder komfortabel).

□ *Aktive F.:* Im Idealfall kann der Aufbau kraftgeregelt, tief abgestimmt, parallel zur Fahrbahn geführt werden, wobei der Fahrbahnverlauf schon vor dem Fahrzeug erfaßt wird und weder Seiten-

noch Umfangskräfte zum Nicken oder Neigen führen. Es können entgegengesetzte Bewegungen bewirkt werden (*Kurvenlegen*). (Welligkeit, Federungskomfort) *Fiala*

Literatur: VDI-Ber. 695: Aktive Schwingungsbeeinflussung bei Maschinen, Fahrzeugen und Bauwerken. Düsseldorf 1988. – *Mitschke, M.:* Dynamik der Kfz. BdB Schwingungen. Berlin 1984. – *Fiala, E., u. B. Richter:* Zur Optimierung von Fahrzeugfederungen. ATZ 1 (1970).

Federungskomfort. Auf die Insassen von Kraftfahrzeugen werden über den Sitz, im wesentlichen in vertikaler Richtung, Schwingungen übertragen, ferner vom Fahrzeugboden auf die Füße und beim Fahrer vom Lenkrad auf das System Hand – Arm. Als Kenngröße für die Beanspruchung des Menschen definiert die Richtlinie VDI 2057, Bl. 1–3, die bewertete Schwingstärke K. Sie ist eine je nach Einwirkungsort, Einwirkungsrichtung und Frequenzbereich unterschiedliche lineare Funktion der Schwingbeschleunigung a in Beanspruchungsrichtung.

Bei gleichzeitiger Wirkung mehrerer Schwingungen verschiedener Frequenzen ist der resultierende K-Wert aus der Summe der Quadrate der K-Werte der Teilschwingungen zu bilden nach der Formel

$$K = \sqrt[n]{\sum_{i=1} K_i^2}.$$

In die Bewertung von Schwingungen gehen weiter die zeitliche Dauer der unterschiedlich starken Schwingungen, Erholzeiten, die Tätigkeiten der der Beanspruchung unterliegenden Person und deren Konstitution und Empfindlichkeit ein, so daß keine einheitlichen Richtwerte für die Abhängigkeit des Wohlbefindens gegeben werden können. In den Komfortkriterien (→Fahrkomfort) sind als Grenzen für die einzelnen Komfortstufen die Werte K = 0,1; 0,4 und 1,6 eingetragen, die für die kombinierten Wirkungen aller Schwingungsformen gelten sollen. *Fiala*

Literatur: VDI 2057, Entw. 1986. Bl. 1, 2, 3 u. 4.2. – *Mitschke, M.:* Dynamik der Kraftfahrzeuge, Bd. B: Schwingungen. 2. Aufl. Berlin 1984.

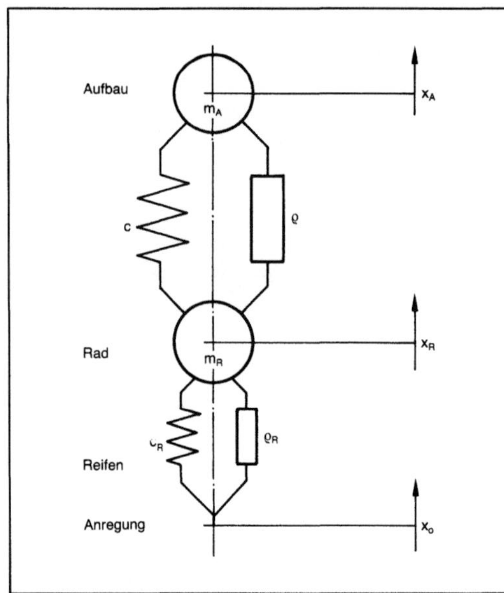

Federung (Kraftfahrzeug): Federmodell für Fahrzeug. (Quelle: E. Fiala, B. Richter, a. a. O.)

m_A Aufbaumasse, m_R Radmasse, c und ρ Aufbaufeder und -dämpfer, c_R und ρ_R Reifenelastizität und -dämpfung. Maßgebende Größen sind Aufbaubeschleunigung $\ddot{x}_A$, Federweg x_A-x_R und Radlast c_R (x_R-x_o). Bsp.: $m_A = 450$ kg; $m_R = 45$ kg; $c_R = 2 \cdot 10^5$ N/m; $\omega_{OR} = 66,6$ s^{-1}; $f_{OR} = 10,6$ Hz

Federwerkstoff. Für überwiegend wechselnd beanspruchte Federn kommen als Werkstoff legierte Edelstähle 42CrMo4 und 34CrNiMo6 in Betracht. Für überwiegend schwellend beanspruchte Federn sind Stahldrähte und -bänder nach DIN 17221, DIN 17222 und DIN 17223 gebräuchlich, aber auch nichtrostende Federstähle nach DIN 17224 oder Nichteisenmetalle nach DIN 17682 und DIN 17670, falls erforderlich:

□ *patentiert gezogene Federdrähte* A ($\varnothing$ 0,3–10), B ($\varnothing$ 0,3–17), C ($\varnothing$ 0,07–17) und II ($\varnothing$ 0,02–2) nach DIN 17223, Tl. 1, mit zulässigen Biegespannungen, E = 206 kN/mm^2, G = 81,5 kN/mm^2 (Bild 1 und 2);

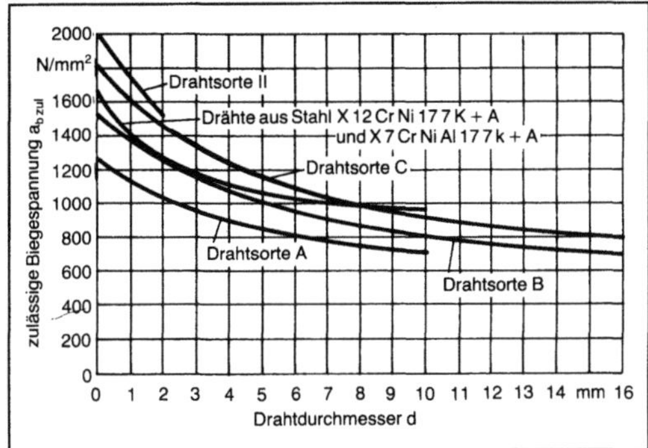

Federwerkstoff 1: Zulässige Biegespannung $\sigma_{b\,zul}$ für Drahtsorten A, B, C und II. (Quelle: DIN 17223, Tl. 1, DIN 17224)

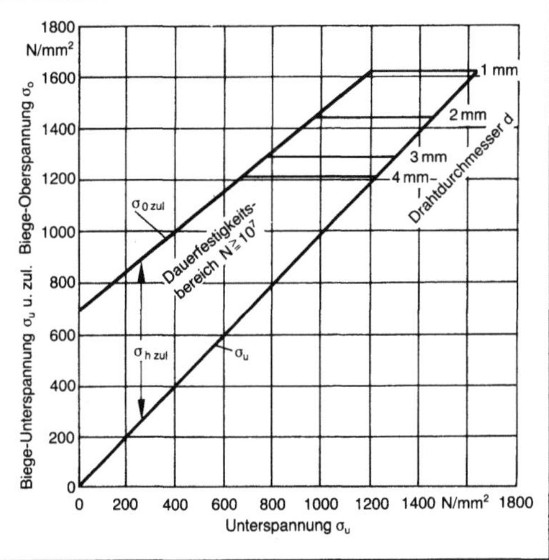

Federwerkstoff 2: Zulässiger Spannungshub $\sigma_{h\,zul}$ für nichtkugelgestrahlte Drähte bis 4 mm Dmr., Sorte C. (Quelle: DIN 17223 a. a. O.)

□ *vergütete Federdrähte* aus unlegierten Stählen nach DIN 17223, Tl. 2: FD mit $R_m(max) = 1960$ N/mm² bei ∅ 1, = 1400 N/mm² bei ∅ 14; VD mit $R_m(max) = 1810$ N/mm² bei ∅ 1, = 1400 N/mm² bei ∅ 7,5 (E = 206 kN/mm², G = 81,5 kN/mm²);

□ *kaltgewalzte Federstahlbänder* nach DIN 17222 aus den Qualitätsstählen C60, C67, C75 und 55Si7 und den Edelstählen Ck60, Ck67, Ck75, Ck85, 50 CrV4, Ck101, 71Si7 und 67SiCr5, mit Bruchfestigkeiten $R_m(max) = (1680–2200)$ N/mm² bei Banddicken bis zu (2,0–2,5–3,0) mm im vergüteten Zustand (mit Bruchfestigkeitseinbußen mit zunehmender Dicke; E = 206 kN/mm² ± 5 %, G = 78 kN/mm ± 5 %);

□ *warmgewalzte Federdrähte, Federbänder und Federstäbe* nach DIN 17221 aus den vergütbaren Qualitätsstählen und Edelstählen: 38Si7, 51Si7,

60SiCr7, 55Cr53, 50CrV4, 51CrMoV4: mit Streckgrenzenwerten von $R_{p0,2} = (1030–1180)$ N/mm² bei Dicke 10 mm oder ∅ 12, abnehmend bis Dicke 40 mm oder ∅ 60 für 51CrMoV4; (E ≈ 200 kN/mm², G = 80 kN/mm²; 50CrV4 bei 300 °C: E = 189 kN/ mm²);

□ *Federdrähte und Federbänder aus nichtrostenden Stählen* nach DIN 17224, für Betriebstemperaturen max. 300 °C, max. 250 °C und max. 350 °C: X12CrNi17 7, $R_m(max) = 2150$ N/mm² bei ∅ 1, E = 185 kN/mm², G = 70 kN/mm², X7CrNiAl17 7, $R_m(max) = 2050$ N/mm² bei ∅ 1, E = 195 kN/mm², G = 73 kN/mm², X5CrNiMo18 10, $R_m(max) = 1750$ N/mm² bei ∅ 1, E = 180 kN/mm², G = 68 kN/mm²;

□ *runde Federdrähte aus Kupfer-Knetlegierungen* nach DIN 17682, kaltverfestigend, aus Messing, Zinn-Bronze und Neusilber: CuZn36F70: E = 110 kN/mm², G = 38 kN/mm² (federhart gezogen); CuSn6F95: E = 115 kN/mm², G = 42 kN/mm² (federhart gezogen); CuNi18Zn20 F 83, E = 135 kN/mm², G = 45 kN/mm². (F-Zahlen entsprechend 0,1 x $R_m(min)$ für ∅ 0,8–1,5);

□ *Bänder und Streifen aus Kupfer-Knetlegierungen* nach DIN 17670, Tl. 1, kaltverfestigend, aus Messing, Bronze und Neusilber: CuZn37HV 150 U (E = 110 kN/mm², im rekristallisierten Zustand); CuSn6HV 160 U, CuSn6 HV 180 U: (E = 115 kN/ mm², rekristallisiert); CuSn8 H 180 U, CuSn8 H 200 U; (E = 115 kN/mm², rekristallisiert);

□ *Federdrähte, Bänder und Streifen aus aushärtbaren Kupfer-Knet-Legierungen* (Kupfer-Beryllium-Bronze) nach DIN 17682: CuBe2, $R_m = (420–1500)$ N/mm², E = 120 kN/mm², G = 47 kN/mm²; CuCoBe, $R_m = (250–1000)$ N/mm², E = 130 kN/mm², G = 48 kN/mm² bei Raumtemperatur; bei 250 °C um 6 % geringere Moduln.

Für schwellend beanspruchte Federn mit hoher Unterspannung müssen Werkstoffe mit hoher Streckgrenze eingesetzt werden, z. B. für Drehstabfedern Edelstahl 50CrV4. Für nur wechselnd beanspruchte Federn kommt es auf hohe Dauerwechselfestigkeit, geringe Kerbempfindlichkeit und hohe Oberflächengüte an. DIN 2089, Tl. 1 gibt Torsions-Dauer- und Zeitfestigkeitsschaubilder, Kugelstrahlen der Oberflächen ist meist erforderlich. *Federn*

Literatur: *Estorff, E. v., R. Kösters* u. *J. Winand*: Werkstoffe für Federelemente von Kraftfahrzeugen. Handb. Umformteile Federelemente. Werdohl. – DIN 17222: Kaltgewalzte Stahlbänder für Federn, Technische Lieferbedingungen. Hrsg. Dt. Inst. für Normung. Ausg. Aug. 1979. – DIN 17224: Federdraht und Federband aus nichtrostenden Stählen. Hrsg. Dt. Inst. für Normung. Ausg. Febr. 1982. – DIN 17223, Tl. 2: Runder Federstahldraht. Hrsg. Dt. Inst. für Normung. Ausg. Sept. 1990. – DIN 17221: Warmgewalzte Stähle für vergütbare Federn. Hrsg. Dt. Inst. für Normung. Ausg. Dez. 1988. – DIN 17682: Runde Federdrähte aus Kupfer-Knetlegierungen. Hrsg. Dt. Inst. für Normung. Ausg. Aug. 1979. – DIN 17670, Tl. 1: Bänder und Bleche aus Kupfer und Kupfer-Knetlegierungen. Hrsg. Dt. Inst. für Normung. Ausg. Dez. 1983. – DIN 17672, Tl. 1: Stangen aus Kupfer und Kupfer-Knetlegierungen. Hrsg. Dt. Inst. für Normung. Ausg. Dez. 1983. – DIN 2089, Tl. 1: Zylindrische Schraubendruckfedern aus runden Drähten und Stäben. Hrsg. Dt. Inst. für Normung. Ausg. Dez. 1984.

Feinband. F. ist warm- oder kaltgewalztes Band mit Dicken <3 mm, rechteckiger Querschnittsform und beschnittenen oder unbeschnittenen Kanten.

Baumann

Feinblech. F. ist ein warm- oder kaltgewalztes →Flacherzeugnis mit Dicken <3 mm, rechteckiger Querschnittsform des Bleches und beschnittenen oder unbeschnittenen Kanten. *Baumann*

Feingewinde →Gewinde

Feinstband. F. ist kaltgewalztes Band aus weichem unlegiertem Stahl mit Dicken <0,5 mm, dessen Oberfläche zum Verzinnen, Lackieren sowie Bedrucken geeignet sein muß. *Baumann*

Feinstblech. F. ist kaltgewalztes Blech aus weichem unlegiertem Stahl mit Dicken <0,5 mm, das in ebenen Tafeln geliefert wird und dessen Oberfläche zum Verzinnen, Lackieren sowie Bedrucken geeignet sein muß. *Baumann*

Feinstwuchttechnik →Auswuchtgüte

Feinwerktechnik. In den 20er Jahren entstand das Kunstwort F., weil die damaligen Aufgaben, vor allem in der Funk- und Fernsprechtechnik sowie in der Optik, durch die Ausbildung der Ingenieure im Maschinenbau und in der Elektrotechnik nicht erfüllt werden konnten. Es wurde zunächst ein eigenständiges Lehrgebiet in Berlin geschaffen. Das Wort F. ist eine Verbindung von fein im Sinne von klein bzw. präzise, von Werk im Sinne bewegter Teile und im Sinne von tun und werken, wie bei Kunstwerk, Handwerk usw. sowie dem Begriff Technik, der die Methodik und das Können als Kunst einbringt. Seit 1949 setzte sich in der Bundesrepublik Deutschland mit dem Namen der damals neu entstandenen Zeitschrift der Begriff F. durch. Im französischen Sprachraum wird der Begriff *microtechnique* und im englischen Sprachraum der Begriff *precision engineering* benutzt. In Japan spricht man von Mecatronic. Eine genaue, moderne Definition des Begriffs F. wird weiterhin diskutiert. Sicher ist, daß sie eng mit den physikalischen Technologien Feinmechanik, Elektrotechnik, →Elektronik, Optik sowie ihrer Mischgebiete im Zusammenhang stehen wird. Die F. ist deshalb interdisziplinär mit integrierender Wirkung (Bild 1).

Die F. ist vorwiegend →Gerätetechnik. Die Abmessungen sind meist klein, und oft wird hohe

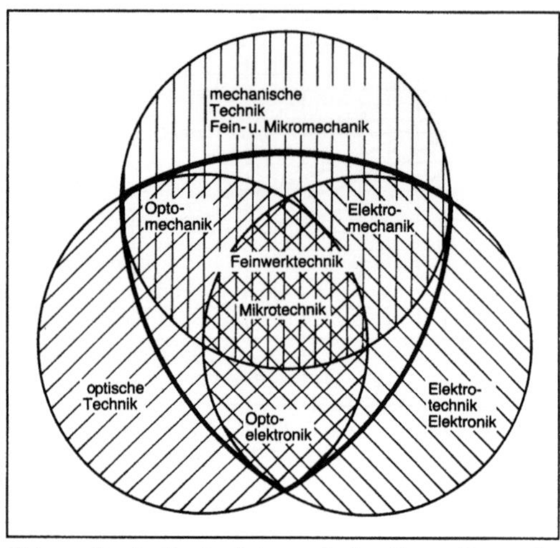

Feinwerktechnik 1: Schematische Darstellung des gerätetechnischen Anwendungssektors der wichtigsten physikalischen Disziplinen.

Präzision auch bei großen Stückzahlen verlangt. Die F. befindet sich in einem Strukturwandel, der durch die Impulse und Perspektiven der anwendbaren Halbleiter-Technologien mit ihren verschiedenen elektronischen Bauelementen verursacht wird. Heute erleben wir eine Begünstigung der optischen Übertragungssysteme in Form von Laser, die im Glasfasernetz Impulse erzeugen. Außerdem gewinnt neben der Mikroelektronik die Mikrotechnik (Mikromechanik, Integrierte Optik, →Maskentechnik, Dünnschichttechnik) immer mehr Bedeutung, die sich vor allen Dingen bei den Sensoren und Aktoren ausbreitet. Diese Veränderung bei den feinwerktechnischen Erzeugnissen während der letzten Zeit führte auf breiter Basis zu technisch umwälzenden und wirtschaftlich optimalen Erzeugnissen mit hoher Qualität. Die F. ist branchenübergreifend. Feinwerktechnische Produkte und Techniken findet man in folgenden wachstumsträchtigen Branchen: Büro- und Informationstechnik, Datenverarbeitung, Nachrichtentechnik, Feinmechanik und Optik, Meß- und Regeltechnik, Meß- und Automatisierungstechnik, elektrische Bauelemente, Bauelemente der Elektronik, elektrische Vorerzeugnisse, elektrische Kfz.-Ausrüstung, Industriesteuerungen, CIM-Markt, Glasfasernetz und Komponenten, Magnettechnik, elektromedizinische Technik, Lasertechnik, Optik und Laborgeräte, Robotik, Präzisionswerkzeuge, Spielzeuge, Antriebstechnik.

Unter Berücksichtigung der technisch-wirtschaftlichen Realisierbarkeit und der bestmöglichen Funktionstüchtigkeit der Geräte und deren Komponenten erfordert die Qualifikation der Feinwerktechniker zur optimalen Lösungsfindung der jeweiligen Aufgabenstellung einen hohen Ausbildungsstand. Die fachlichen Tätigkeitsfelder in der F. sind knapp zusammengefaßt die Entwicklung, die Herstellung, Montage und Test sowie die Werkstoffauswahl.

Die gegenseitige Durchdringung der Disziplinen wurde neben wirtschaftlichen Gesichtspunkten durch Entwicklung neuer Produkte und Technologieverfahren, des weiteren durch den Rechnereinsatz von folgenden Bedürfnissen begünstigt:

Miniaturisierung, Integration, Automatisierung, Steigerung der Qualität.

Infolge der breiten Palette von Disziplinen ist für die gerätetechnische Realisierung häufig Teamarbeit notwendig.

Im chronologischen Entwicklungsablauf von Geräten wird die Entwicklungszeit reduziert, wenn von Anfang an elektronische Auslegung (Hard- und Software) oder optische Auslegung bzw. elektromechanische/feinmechanische Auslegung der Geräte und geeignete Fertigungstechnologie gemeinsam betrachtet werden.

Feinwerktechnische Produkte sind gekennzeichnet durch kompakte Bauweisen und haben meist kleine, hochpräzise Abmessungen. Sie werden in vielen Fällen in großen Serien gefertigt und erfordern deshalb oft besondere Fertigungs- und Montageverfahren, meist in höchster Automatisierungsstufe. Neue Werkstoffe bieten oft neue Lösungsmöglichkeiten.

Vor allem eröffnen mikroelektronische Bausteine ein breites Realisierungsfeld, da sie im Gegensatz zu feinmechanischen Komponenten meist billiger, kleiner bzw. leichter, betriebssicherer und energiesparender sind. Durch die Miniaturisierung mit Hilfe der Mikroelektronik wird die Mechanik in der Signalverarbeitung zur Disposition gestellt, weil mit ihr ein Minimum an bewegten Teilen erreicht wird.

Das Beispiel Registrierkasse oder Rechenmaschine zeigt, daß mechanische Maschinen vollständig verschwunden sind.

Systemtechnische Konzeptlösungen werden mit handelsüblichen Bauelementen, z. B. mikroelektronischen Bausteinen, Kleinantrieben u. a., sinnvoll gerätetechnisch realisiert. Statt zentraler Antriebe mit Getriebeverzweigungen werden immer mehr elektronisch gesteuerte Einzelantriebe auf Grund heute erreichbarer hoher Wirkungsgrade verwendet. Die Schnittstellen sind dann nicht mehr mechanisch, sondern rein elektrisch, womit geringe Störanfälligkeit, Servicefreundlichkeit und niedrige Kosten erreicht werden. Die getrennte Betrachtung von rein mechanischen Bauelementen ist aus heutiger Sicht falsch, weil sie alternative Lösungen, z. B. elektronische, informationsoptische oder fluidische (signalhydraulische) unterdrückt.

Die feinwerktechnischen Produkte sind Geräte, Apparate, Instrumente, Systeme und Anlagen, ins-

besondere für den Signalfluß. Auch der Energie- und Stofffluß geringer Leistung wird mit einem breiten feinwerktechnischen Produktspektrum abgedeckt.

Es lassen sich mehrere Produktarten in der F. unterscheiden:

☐ Baugruppen, spezielle (z. B. Kameraverschlüsse), aber auch universelle (z. B. Sensoren, Leiterplatten),

☐ Produkte, klassische (z. B. Phonogeräte, Nähmaschinen, Mikroskope, Uhren, Spielzeuge, Waagen) und neue (z. B. Videogeräte, Computer).

Funktionszusammenhänge feinwerktechnischer Geräte mit im Vordergrund stehendem Signalfluß lassen sich verallgemeinert darstellen. Nach Bild 2 läßt sich der Informationsfluß in Geräten mit einer Steuerung durch Mikroelektronik auf eine Grundstruktur zurückführen, die den Zusammenhang zwischen dem Benutzer, der Steuerung und dem Prozeß aufzeigt. Zur Kommunikation mit anderen Geräten dienen die Leitungen.

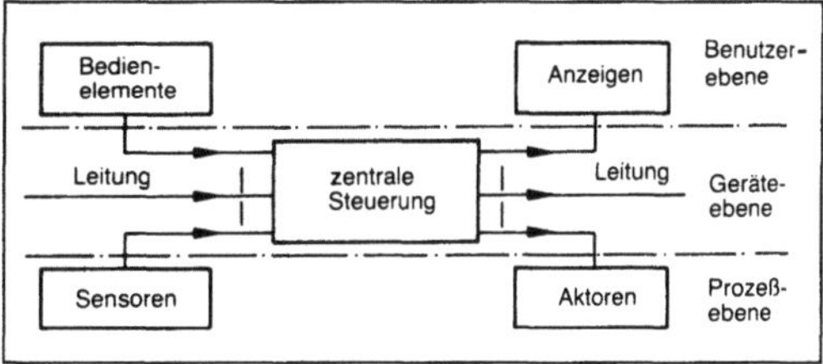

Feinwerktechnik 2: Die Funktionszusammenhänge in Geräten mit einer Steuerung durch Mikroelektronik.

Die wirtschaftliche Bedeutung der Feinwerktechnik läßt sich folgendermaßen kennzeichnen:

Positive Merkmale: Produkte mit hoher Veredelung, geringer Energieverbrauch, umweltschonende Produktion, geringer Rohstoffverbrauch, fertigungsintensiv, arbeitsplatzintensiv, hoher Einsatz von Know-how, notwendiger Erfahrungsaustausch, hoher Exportanteil.

Negative Merkmale: relativ hohe Forschungs- und Entwicklungskosten, hohe Investitionen im Verhältnis zu den Produktkosten, hoher Serviceaufwand, hohe Personal- und Personalnebenkosten.

Radikale Umstellungen im technischen Bereich, z. B. in der Umstellung auf weniger lohnintensive Fertigungsverfahren, durch konsequente Normung und Typisierung von Bauelementen und Baugruppen und durch eine Sortimentsbereinigung, haben nicht nur billigere Herstellungskosten, sondern auch die Servicekosten günstig beeinflußt. Neue Wege bieten sich in der Entwicklung und Produktion durch CAD (Computer Aided Design) und CAM (Computer Aided Manufacturing) sowie CIM (Computer Integrated Manufacturing) an.

Zu gutem Erfolg im Bemühen der Kostensenkung führt die Anwendung der Wertanalyse in allen Bereichen eines Unternehmens. Weitgehende Vereinheitlichung der Produktionsmittel und eine Anwendung analytischer Methoden der Arbeitsgestaltung sowie andere Methoden bieten ebenso Möglichkeiten zur Kostensenkung in der Fertigung. In welchem Ausmaß der Wandel der Technologie weitere Rückwirkungen auf die Beschäftigungssituation haben wird, hängt davon ab, ob auch künftig eine entsprechende Nachfrage den geringer werdenden Aufwand an Fertigungsstunden ausgleichen kann.

Die Aus- und Weiterbildung der Beschäftigten und damit ein Umsetzen von einfachen auf höherwertige Arbeiten gewinnt durch folgende Gegebenheiten an Bedeutung: Vieles seit langem als technisch durchführbar Erkanntes läßt sich jetzt auch wirtschaftlich realisieren. Schaltkreise der Mikroelektronik beschleunigen die Automatisierung, was zu neuen Innovationen und damit zu neuen humanen Arbeitsplätzen führen wird. Neue Technologien ermöglichen eine höhere Produktivität.

Neue Technologien schaffen neue Arbeitsplätze auf Grund neuer Produkte und neuer Märkte.

Nur durch Kreativität, Mobilität und Flexibilität lassen sich traditionsreiche technische Zweige weiterentwickeln.

Es entwickelte sich z. B. aus der Fertigung von gedruckten Schildern ein heute bestimmender Zweig der elektrischen →Verbindungstechnik: die Fertigung von gedruckten Schaltungen, die Leiterplatten.

Die Mikroelektronik ist mit dem feinwerktechnischen Gerätebau untrennbar verbunden. Die schnelle Weiterentwicklung dieser Technologie über integrierte Schaltkreise bis zur Anwendung von Mikroprozessoren verändert die gerätetechnischen Konzeptionen so grundlegend, daß sie für viele Ingenieuraufgaben von existentieller Bedeutung sein können. Der Strukturwandel, z. B. in der Uhrenindustrie, der Rechengerätetechnik, der Registrierkassen- und Fernschreibmaschinentechnik und der Meß-, Steuer- und Regelungstechnik, verdeutlicht eine neue zeitgeschichtliche Epoche.

Die Elektronik erweitert die multifunktionellen Lösungsmöglichkeiten, wo es sich um signaltechnische Aufgaben handelt. Die Mechanik ist dort unverzichtbar, wo unmittelbar physikalische Kräfte ausgeübt werden und wo Teile in Bewegung zu setzen sind. Die Entwicklung der F. wird neben der gerätetechnischen Anwendung von Mikroelektronik künftig durch die Anwendung besonderer Prinzipien der Mechanik, Elektrotechnik und Optik fortgeführt werden.

Die Halbleitertechnik beherrscht die Mikroelektronik. Strukturen aus Halbleitern können mechani-

sche Aufgaben lösen. Es lassen sich z. B. intelligente Sensoren aufbauen. Es werden für die anwendungstechnische Umsetzung neuer mechanischer, physikalischer, elektrochemischer, chemischer, optischer und thermischer Technologien in verschiedenen Branchen auch die aus der Mikroelektronik kommenden Grundlagen Eingang finden, wie z. B. in der Optik, wo früher die Fertigung vorwiegend mechanisch war.   *Lauruschkat*

Literatur: *Brader, C.*: Wandel in der Lehre der Feinwerktechnik. VDE Fachber. 30 (1978). – *Brader, C.*: Zur Definition der Elektromechanik. ETZ 18 (1966) Nr. 10, S. 361/63. – *Bungartz, P.*: Diplom-Ingenieur/Diplom-Ingenieurin an Fachhochschulen – Feinwerktechnik. 5. Aufl. 1983. Bl. Berufskunde Bd. 2 – IP36. Hrsg. Bundesanstalt für Arbeit. Nürnberg. – *Faas, K. G.*, u. a.: Ausbildung von Ingenieuren der Fachrichtung Feinwerktechnik. In: Feinwerktechn. & Meßtechn. 89 (1981) Nr. 5. – *Feiertag, R.*: Diplom-Ingenieur/Diplom-Ingenieurin, Fachrichtung Feinwerktechnik. 6. Aufl. 1985. Bl. Berufskunde Bd. 3 – IP04. Hrsg. Bundesanstalt für Arbeit. Nürnberg. – *Kuhlenkamp, A.*: Feinwerktechnik – Inhalt Lehre. VDI-Z. 106 (1964) Nr. 15, S. 641/44. – *Kuhlenkamp, A.*: Maschinentechnik und Feinwerktechnik – Energiefluß – Signalfluß. Metallwiss. und Techn. 17 (1963) Nr. 4, S. 283/87. – *Lauruschkat, H.*: Perspektive 1990 der VDI/VDE-Gesellschaft Feinwerktechnik. Jahrb. für Optik und Feinmech. 35 (1988) Berlin. – *Lauruschkat, H.*: Struktur, Aufgaben und Arbeitsweise der VDI/VDE-Gesellschaft Feinwerktechnik. Jahrb. für Optik und Feinmech. 33 (1986) Berlin. – *Weißmantel, H.*: Gedanken zum Wandel der Technologie in der Feinwerktechnik und in der Elektrotechnik. etz 99 (1978) Nr. 8, S. 489/93.

Feinwuchttechnik →Auswuchtgüte

Feldhäcksler. →Landmaschine zum Aufnehmen oder Mähen (auch Pflücken) von Futterpflanzen mit anschließendem Zerkleinern und Fördern auf →Ackerwagen. Hauptanwendung zum Erzeugen von Gärfutter, insbesondere Silomais (→Fahrsilo), den man auf eine theoretische Häcksellänge von etwa 4–5 mm schneidet. Große Traktornennleistungen von z. B. 40–50 kW je Maisreihe notwendig.

Die ersten F. setzte man in den 30er Jahren in kleinen Stückzahlen in den USA für Heu ein. Der

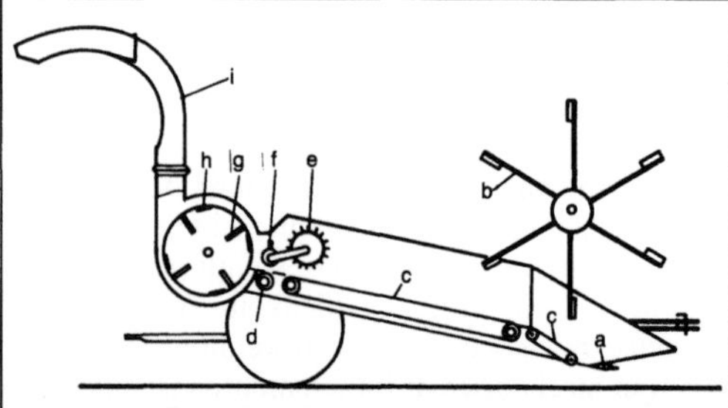

Feldhäcksler 1: Erster europäischer Feldhäcksler 1944 nach Patenten von F. Segler und G. Segler.

a Mähwerk, b Haspel, c Förderband, d Vorpreßwalze, e Einzugswalze, f Vorpreßwalze, g Wurfschaufel, h Messer, i Auswurfbogen

erste europäische F. wurde 1944 als Prototyp von der Firma F. Segler in Kooperation mit der Landmaschinenfabrik Krupp erstellt (Bild 1). Ab 1951 wertete vor allem die Firma Fahr (unter *Poensgen*) die Erfahrungen der Seglerschen Trommelschneidwerke zum Serienbau aus. Erst später kamen F. mit Scheibenradschneidwerken hinzu, obwohl das Scheibenradprinzip eigentlich durch die klassischen Häckselmaschinen geläufiger war. Bild 2 zeigt die beiden Konstruktionsprinzipien aus späterer Sicht. An Stelle der →Pick-up-Vorrichtung verlangt man heute folgende weitere Vorsätze im Baukastenprinzip: Maisschneidvorsatz (besonders wichtig), Maispflücker, herkömmlicher Mähvorsatz und evtl. Schlegelmähvorsatz. Die Trommel-F. setzt man vorzugsweise für große Leistungen ein. In beiden Bauarten wird das Gut für einen möglichst sauberen Schnitt kräftig vorgepreßt und im leicht ziehenden Schnitt (→Schneiden) zerkleinert. Durch geschickte Gestaltung der Trommel und ihrer Messer kann man eine gewisse Wurfwirkung erzeugen. Etwas besser gelingt dieses beim Scheibenrad-F. durch eingebaute Wurfschaufeln. Parallel zu den beiden „Exakthäcksler"-Bauarten hatte zeitweise der sog. Schlegel-F. Bedeutung, zuerst in den USA von der Firma Lundell entwickelt und vor allem durch den sehr einfachen Aufbau bestechend (Bild 3). Ein Dauererfolg scheiterte an den für Silage zu ungleichmäßigen Häcksellängen.

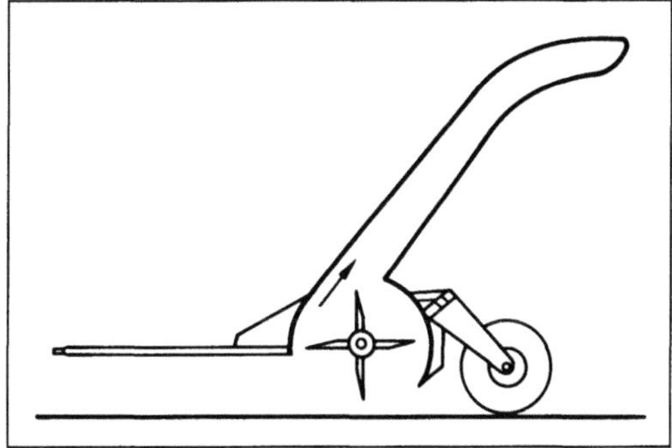

Feldhäcksler 3: Schlegelfeldhäcksler. (Quelle: Wienecke)

Die neuere Entwicklung des F. ist vor allem durch Leistungssteigerungen sowie durch die Einführung von Vorrichtungen zum Nachzerkleinern (Recutter), insbesondere für die Maiskörner, gekennzeichnet. Angewendet werden Reib- und Schrotböden sowie kleine Quetschwalzenstühle. Die Entwicklung ist noch im Fluß. Die statistische Verteilung der Häcksellängen (Massenanteil in % über Häcksellänge) läßt sich entweder als logarithmische Normalverteilung (DIN 66144) oder nach *Kromer* bei Nachzerkleinerung besser als RRSB-Verteilung (DIN 66145) modellieren.

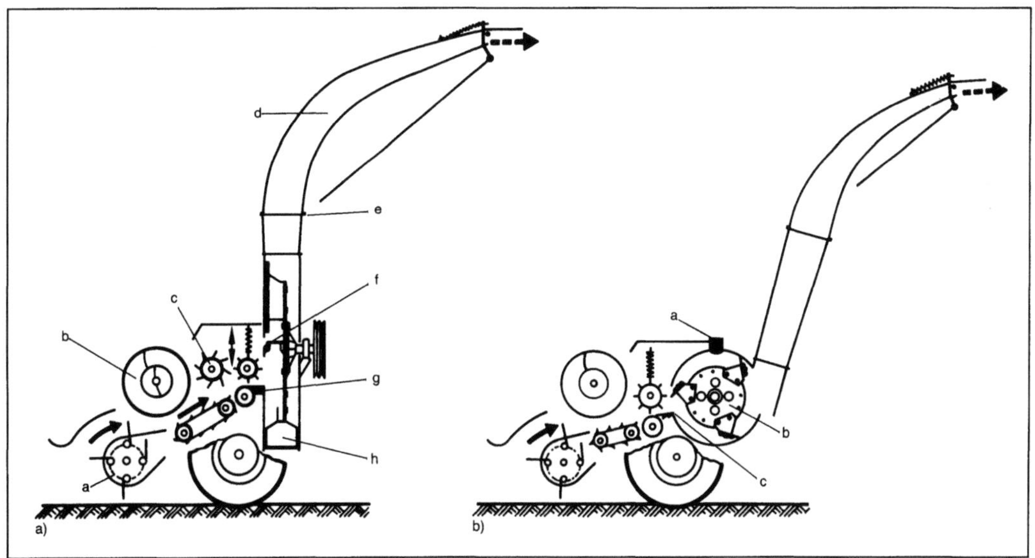

Feldhäcksler 2: Grundbauarten der sog. Exaktfeldhäcksler. (Quelle: Kromer *a. a. O.)*
a) Mit Scheibenrad.

a Pick-up-Vorrichtung, b Einzugsschnecke oder Einzugstrommeln, c Einzugswalzen, d Auswurfkrümmer mit Lichtblende, e Krümmerhalterung, f Messerhalter mit Messer, g Gegenschneide, h Wurfschaufeln

b) Mit Trommelschneidwerk.

a Schleifvorrichtung, b Schneid-Wurf-Trommel, c Gegenschneide

Weitere neue Tendenzen betreffen die Absenkung des Geräuschpegels, die Verbesserung der Handhabung, die Einführung von Fremdkörpersicherungen, die Eignung für Lagermais und z. T. die Umstellung auf reihenunabhängiges Arbeiten. *Renius*

Literatur: *Gluth, M., u. H. Voß:* Ein Beitrag zur Frage der Betriebsbeanspruchungen von Feldhäckslerorganen. Landtechn. Forsch. 16 (1966) Nr. 5, S. 177/83. – *Grimm, K.:* Technik der Ganzpflanzenernte und Ganzpflanzensilage in der Rinderhaltung. Landtechn. 38 (1983) Nr. 4, S. 138/41. – *Kromer, K.-H.:* Tendenzen im Exaktfeldhäckslerbau in Deutschland und in den USA. Grundl. Landtechn. 21 (1971) Nr. 4, S. 110/14. – *Kromer, K.-H.:* Zerkleinerung von Mais in Trommelschneidwerken. Habil-Schr. TU München 1983. – *Matthies, H. J.:* Der Feldhäcksler kommt auch in Deutschland. Landtechn. 8 (1953) Nr. 14, S. 491/94. – *Röhrs, W.:* Zur Entwicklung des Feldhäckslers. Landtechn. 41 (1986) Nr. 4, S. 162/68. – *Segler, G.:* Der Mähhäcksler, eine neue Vollerntemaschine. Mitt. Landwirtsch. 59 (1944), S. 1160/62. – *Segler, G.:* Die Konstruktion des Feldhäckslers. Landtechn. Forsch. 4 (1954) Nr. 1, S. 1/9. – *Segler, G.:* Mechanisierung der Halmfuttergewinnung. In: *G. Franz:* Geschichte der Landtechn. im 20. Jahrhundert. Frankfurt a. M. 1969.

Fertigerzeugnis. Ein hüttentechnisches F. ist ein Erzeugnis, dessen bildsame Formgebung mit oder ohne →Beschichtung und Behandlung im Hüttenwerk beendet ist. Der Querschnitt eines solchen F. ist über die Länge des Erzeugnisses gleichbleibend. Die Abmessungen von F. sowie die zulässigen Maß- und Formabweichungen sind meist in Normen festgelegt. Querschnitte und Oberflächen der F. sind oft so beschaffen, daß ein Benutzer das Erzeugnis nur auf die gewünschte Gebrauchslänge und/oder Gebrauchsbreite bringen muß. *Baumann*

Fertigstraße. Eine F. ist eine Walzstraße oder ein Teil einer Walzstraße, auf dem das Walzgut fertiggewalzt wird. *Baumann*

Fertigwalzanlage. Eine F. ist ein technisches System, in dem Fertigerzeugnisse durch Warm- oder Kaltwalzen hergestellt werden. Diese Walzanlage kann ein Teil einer →Fertigstraße sein. Die Fertigstraße kann wiederum ein Teil einer →Walzstraße sein. *Baumann*

Fest-Loslager-Anordnung →Lageranordnung

Festigkeitsvorschriften (Flugzeug). Die entsprechend Beanspruchungsgruppe und Belastungsfall ermittelten Lasten auf die einzelnen Bauteile müssen mit einer Sicherheitszahl von 1,5 multipliziert werden. Diese Lasten müssen mindestens 3 s getragen werden, bevor das Teil bricht. Für Gußteile, die einer 100%igen Röntgenprüfung usw. unterworfen werden müssen, ist ein Extrafaktor von mindestens 1,25 vorgeschrieben (Beanspruchungsgruppe, Belastungsfälle). *Kosin*

Festschmierstoff. →Schmierstoff im festen Aggregatzustand. F. werden häufig bei extremen Bedingungen eingesetzt, bei denen flüssige Schmierstoffe nicht anwendbar sind, wie im Vakuum, bei sehr hohen oder sehr niedrigen Temperaturen, oszillierenden Gleitbewegungen, kleinen Gleitgeschwindigkeiten, sehr hohen Flächenpressungen u. a.

Die wichtigsten F. sind Graphit und Molybdändisulfid. Beide Stoffe besitzen ein hexagonales Schichtgitter, dessen Basisebenen aufeinander abgleiten können. Dazu ist bei Graphit die Absorption von Wassermolekülen notwendig, durch welche die Bindungskräfte zwischen den Basisebenen herabgesetzt werden. Daher verliert Graphit im Vakuum seine reibungsmindernde Wirkung (Bild). Die Reibungszahl von Molybdändisulfid steigt dagegen bei Anwesenheit von Wasser an, was mit der Bildung von Wasserstoffbrückenbindungen an den Kristallkanten erklärt wird.

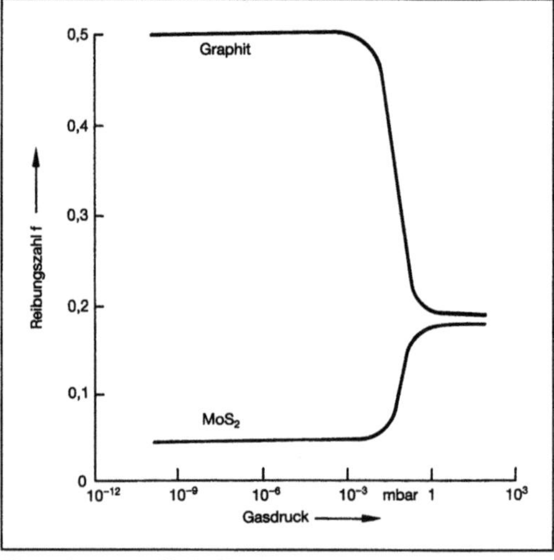

Festschmierstoff: Reibung von Graphit und MoS$_2$ in Abhängigkeit vom Gasdruck des Umgebungsmediums.

Weitere wichtige F. sind hexagonales Bornitrid, die Sulfide und Selenide des Molybdäns, Wolframs, Niobs und Tantals. *Habig*

Literatur: *Buckley, D. H.:* Surface effects in adhesion, friction, wear and lubrication. Amsterdam, Oxford, New York 1981.

Feststellbremse →Bremse

Feststoffpumpe. Im Baubetrieb wird mit F. Beton mit relativ zäher Konsistenz (→Betonpumpe) und Spritzbeton im Naßspritzverfahren gefördert. *Kühn*

Feststoffschmierung →Trockenlauflager

Fettschmierung. Schmierfette sind halbflüssige bis feste kolloidale stabilisierte Dispersionen, die sich aus Mineralöl oder synthetischem Öl sowie aus Eindickern zusammensetzen. Die Dickungsmittel, bestehend aus einem kristalloiden Seifengerüst (bevorzugt Calcium-, Natrium- und Lithiumseifen), bestimmen Struktur, Konsistenz und Gebrauchswert der Schmierfette. Trotz der stofflichen Nähe zu den Schmierölen (ca. 80 % Ölanteil) bestehen große Unterschiede in den rheologischen Eigenschaften von Fetten und Ölen. Fette sind plastische Körper, bei denen Fließen erst ab einer Mindestschubspannung eintritt. Sie sind damit den Bingham-Körpern zuzuordnen. Das Fließverhalten der Fette ist strukturviskos, d. h. die →Viskosität bzw. die Schubspannung ist vom Schergefälle abhängig.

Bei der praktischen Auswahl von Schmierfetten orientiert man sich an Kriterien für den Gebrauchswert, wie mechanische Stabilität, Druckaufnahmevermögen, Konsistenz, Temperaturverhalten, Temperaturbeständigkeit, Alterungsbeständigkeit, →Korrosionsschutz, Dichtwirkung. Die Einteilung der Fette erfolgt durch Angaben über Verseifungsart, Konsistenz und Tropfpunkt, mit denen die spezifischen Gebrauchseigenschaften festgelegt werden. Die Konsistenz ist ein Maß für die Verformbarkeit eines Schmierfetts. Sie wird durch Angabe der Walkpenetration nach DIN 51818 für praxisrelevante Konsistenzbereiche quantifiziert. *Knoll*

Feuchteregelung. Die F. kann man nicht getrennt von der Temperaturregelung durchführen (Mehrfachreglung mit vermaschten Kreisen). Auf Grund dessen, daß die Luft nur einen bestimmten, mit höherer Temperatur ansteigenden Anteil an Wasser im dampfförmigen Zustand aufnehmen kann (absoluter Feuchtegehalt), besteht zwischen →Lufttemperatur ϑ, relativer Luftfeuchte φ und absolutem Feuchtegehalt x ein bestimmter, im h,x-Diagramm leicht zu verfolgender Zusammenhang (→Luftfeuchtigkeit). Für die am Ende des Luftaufbereitungsprozesses zur Einhaltung des Soll-Raumluftzustands durchzuführende Zuluftregelung ist somit das Zusammenwirken der im Raum auftretenden Feuchte- und Wärme- bzw. Kühllasten bestimmend.

Zur zentralen Befeuchtung des Zuluftstroms setzt man vorwiegend Sprüh- oder Rieselbefeuchter (→Luftwäscher) und Dampfluftbefeuchter (→Raumluftbefeuchtung) ein.

Bei der →Regelung der raumlufttechnischen Anlagen (RLT-Anlagen) mit Luftwäscher ist zwischen der

☐ indirekten F. des absoluten Feuchtegehalts x_Z des Zuluftstroms durch Messung der zugeordneten Taupunkttemperatur τ am Wäscheraustritt (Luftfeuchtigkeit) und der

☐ direkten F. durch Messung der relativen Luftfeuchte φ im Raum zu unterscheiden.

Im ersten Fall wird der Luftwäscher mit konstantem Wasserstrom und damit gleichbleibendem Befeuchtungsgrad (Luftwäscher) betrieben. Die Einhaltung der Zuluft-Taupunkttemperatur am Wäscheraustritt erfolgt durch Leistungsänderung der Vorerwärmer- und Luftkühlerleistung (Folgeregelung). Die gewünschte Raumluftfeuchte wird dann durch die anschließende Nacherwärmung des Zuluftstroms (Regelung des Nacherwärmers in Abhängigkeit von der Raumtemperatur; Mehrfachregelung in vermaschten Kreisen) erreicht (Bild 1a). Nachteilig ist bei dieser Taupunktregelung der durch die Kühlung und anschließende Nacherwärmung der Zuluft bedingte höhere Energieaufwand. Durch Umluftbetrieb, Bypass-Luftführung um den Wäscher sowie Abschaltung der Wäscherpumpe bei zu hoher Raumluftfeuchte (Maximalbegrenzer) kann der Energieverbrauch beachtlich reduziert werden (Bild 1b) und c), 2a).

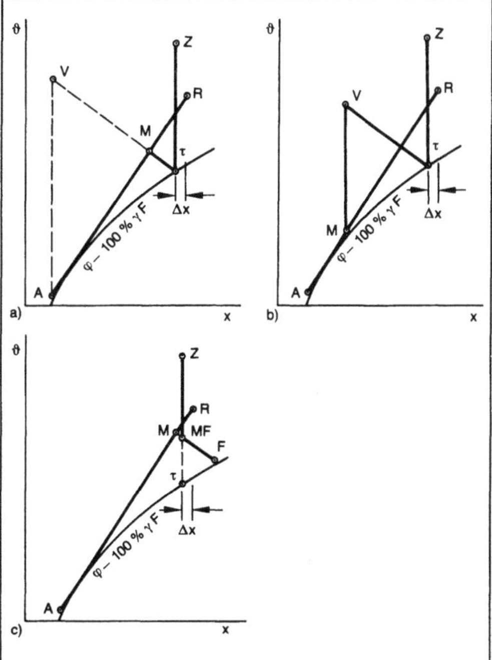

Feuchteregelung 1: Bei Luftwäscherbetrieb.
a) Taupunktregelung τ mit Abschaltung der Wäscherpumpe bei Überschreiten der maximalen relativen Raumfeuchte φ
b) Regelung des Wasserstroms in Abhängigkeit von der relativen Raumluftfeuchte φ über ein Stellventil in der Druckleitung der Wäscherpumpe mit Bypass zur Eigenkühlung derselben bei geschlossenem Regelventil
c) Drehzahlregelung der Wäscherpumpe in Abhängigkeit von der Raumluftfeuchte φ über einen statischen Frequenzumformer U.

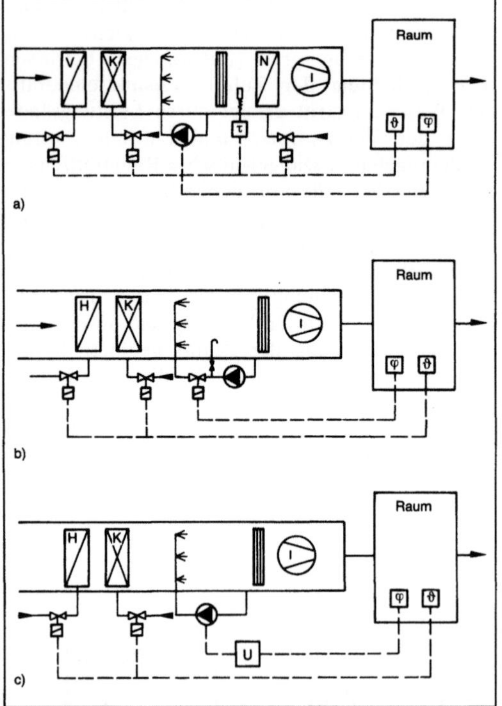

Feuchteregelung 2: Zustandsänderung des Zuluftstroms bei verschiedenen Arten der Luftbefeuchtung und -aufbereitung. Luftwäscher mit konstantem Wasserstrom (adiabatische Luftbefeuchtung).

a) Außenluftbetrieb (Lufterwärmung A–V) oder Außenluft-Umluft-Mischung ohne Luftvorerwärmung (M)
b) Außenluft-Umluft-Mischung mit maximalem Außenluftanteil (z. B. 30 %) und nachfolgender Luftvorerwärmung (M–V)
c) Außenluft-Umluftbetrieb (ohne minimale Außenluftstrombegrenzung) mit anschließender Luftführung durch den Wäscher (Austrittszustand F) und um denselben (Bypass-Luftstrom), Mischpunkt M-F.

A Außenlufteintritt, R Raumluftzustand, M Mischpunkt, Z Zulufteintritt (Raum), τ Taupunkt, Δx Feuchtelast im Raum (bezogen auf den Zuluftmassenstrom), V Zuluftaustritt „Vorerwärmer"

Weitere Energieeinsparungen werden durch die direkte F. erreicht. Beim Luftwäscher wird hierzu durch

□ Drosseln des Wasserstroms über ein Regelventil in der Pumpendruckleitung mit Pumpenabschaltung bei Ventilschluß (Bild 2 b) oder

□ Drehzahlregelung des Pumpenmotors, z. B. durch statische Frequenzumformung oder Spannungsregelung durch Phasenanschnitt (Bild 2 c),

der von der Wasser-Luftzahl abhängige Befeuchtungsgrad (Luftwäscher) verändert. Die Regelung der Raumtemperatur ist hierbei von der Raum-F.

unabhängig, so daß vielfach ein Nacherwärmer nicht erforderlich ist.

Bei der Dampfbefeuchtung wird der in den Zuluftstrom über einen Verteiler mit senkrecht angeschlossenen Düsenrohren (Dampfstrom ca. 1,3 kg/h, Druckabfall ca. 0,15 bar je Düse) kondensatfrei eingeführte Dampfstrom geregelt. Das mit den Kondensatableitern verbundene Regelventil sitzt am Verteileranfang. Durch einen am Ende der Befeuchtungsstrecke in der Zuluftleitung anzuordnenden Sicherheits-Maximalbegrenzer (Hygrostat) wird bei Kondensatanfall das Regelventil geschlossen. Auch hierbei kann durch Umluftbetrieb sowie Zuluftstromregelung der Energieverbrauch erheblich beeinflußt werden (Tabelle 1, Seite 355).

Bei der klassischen Ausführung des Feuchtefühlers (Hygrostat) wirkt ein hygroskopisches Fühlerelement, das sich bei Änderung der relativen Luftfeuchte ausdehnt oder zusammenzieht (z. B. Haarharfe), auf ein Schaltelement. Bei modernen Ausführungen werden elektrische Meßverfahren angewendet, die auf einer Veränderung des elektrischen Widerstands oder der Kapazität bestimmter Stoffe (z. B. Metallspirale mit Kunststoffauflage oder feuchteempfindliches Dielektrikum eines Kondensators) beruhen. Ein oftmaliges Nacheichen ist bei den Fühlerausführungen notwendig. Exakte Meßergebnisse werden mit dem teuren und deswegen selten angewendeten Taupunktspiegel (Veränderung des Photowiderstands durch dessen Betauung) ohne häufiges Nacheichen erreicht.

Für das Feuchteübertragungsverhalten im Raum ist die bei der Temperaturregelung beschriebene Sprungantwort der Regelgröße Δx auf die Änderung der Stellgröße Δy bestimmend. Das Regelverhalten des Systems „Luftbefeuchtungseinrichtung" wird durch Übertragungsbeiwerte K_s (Änderung der Luftfeuchte (absolut) bzw. der Lufttemperatur am Austritt „a" zur Eintrittstemperaturänderung" $\Delta\vartheta_{le}$ bzw. Ventilhubänderung Δy) erfaßt. Beim Luftwäscher sind dieselben von dem mit der Wasser-Luft-Zahl in Beziehung stehenden Befeuchtungsgrad η_F abhängig (Luftwäscher; Wäscherformel mit der Kennzahl K). Die Berechnungswerte sind hierfür bei der Taupunktregelung (η_F = konst.) sowie bei Änderung des Befeuchtungswasserstroms $\dot{m}_W$ durch Drosseln in Tabelle 2, Seite 356 zusammengestellt. Zum Abschätzen der Einstellwerte werden analog zur Temperaturregelung Anhaltswerte (sog. Faustformeln der Regelungstechnik) bekanntgegeben (Tabelle 3, Seite 357).   *K. G. Müller*

Literatur: *Junker, B.:* Klimaregelung. 2. Aufl. München 1984. – *Müller, K.:* Energieeinsparung an ausgeführten Klimaanlagen mit Dampfbefeuchtung. Betreiben von Raumlufttechnischen Anlagen. VDI-Ber. 542. Düsseldorf 1984, S. 215/26. – *Profos, P.:* Atlas des Feuchte- und Temperaturübertragungsverhaltens klimatisierter Räume. Essen 1972. – *Schartmann, H.:* Luftbefeuchtungstechnik. TAB (1983) Nr. 10, S. 825/30. –

Feuchteregelung. Tabelle 1: Vergleich der Jahresenergiekosten für eine RLT-Anlage mit Dampfbefeuchtung bei verschiedenen Rahmenbedingungen.

Basiswerte	
Zuluftstrom	60 000 m³/h
Mindest-Außenluftstrom	15 000 m³/h (25 %)
Gesamtdruck	
Zuluftventilator	2 610 Pa
Abluftventilator	1 080 Pa
Einheitspreise	
Strom	0,152 DM/kWh
Warmwasser und Dampf	0,061 DM/kWh
Wasser	3,30 DM/kWh
verschiedene Außenluftbeimischungen beim Soll-Raumluftzustand 22 °C (55 %)	Jahres-Energiekosten DM/a
außentemperaturgesteuert	
$\leq$ –5 °C (25 %) > –5 °C (100 %) > 22 °C (25 %)	350 000 (100 %)
$\leq$ –8 °C (25 %) > –8 °C (25–100 %) > 12 °C (100 %) > 22 °C (25 %)	268 000 (77 %)
konstant 25 %	200 000 (57 %)
enthalpiegeregelt (h$_a$, h$_u$)	180 000 (51 %)
energiekostenoptimiert (DDC-Regelung)	175 000 (50 %)
Zuluftstromregelung	Jahres-Energiekosten DM/a
Ventilator einstufig, konstanter Außenluftanteil $\triangleq$ 25 %	235 000 (100 %)
3-stufiger Ventilatorbetrieb	175 000 (75 %)
volumenvariabler Ventilatorbetrieb	120 000 (51 %)

VDI/VDE 3525. Bl. 1: Regelung von Raumlufttechnischen Anlagen; Grundlagen. Ausg. Dez. 1982. – *Winckler, R.:* Faustformeln des Regeltechnikers. Askania-Warte Nr. 56 (1989), S. 1/16. – *Wittorf, M.:* Wärme- und Stoffaustausch im Luftwäscher – Möglichkeiten der Berechnung. Bericht XIX. Kongreß für Heizung, Lüftung, Klimatechnik. Düsseldorf 1969, S. 168/87.

Feuerkampf. Im F. werden Kampfmittel verschossen oder gezündet mit der Zielsetzung, den gegnerischen Widerstand zu brechen oder so stark wie möglich zu schwächen.

Es ist dabei zu unterscheiden zwischen:
☐ Feuertätigkeit mit direktem →Richten (Feuern mit Hand- oder Maschinenwaffen);
☐ Feuertätigkeit mit indirektem Richten (Feuer der Artillerie und Mörser) und
☐ Minenkampf (stationäre Feuerkampfmittel).

Für das direkte Richten ist Voraussetzung, daß der Schießende das Ziel auf verhältnismäßig kurze Entfernung sieht.

Bedingt durch die wesentlich größere Schußentfernung kann dagegen im Normalfall das Ziel von den feuernden Geschützen der Artillerie nicht gesehen werden. Um beim indirekten Richten die geforderte Wirkung im Ziel dennoch zu erreichen, bedarf es

☐ der Vermessung der eigenen Stellung,
☐ der Aufklärung und Ortung des Zieles,
☐ der Überwachung und ggf. Korrektur des Feuers im Hinblick auf das Ziel,
☐ der Berücksichtigung einer Vielzahl technischer und ballistischer Gegebenheiten.

Die eigene Stellung wird unter Bezugnahme auf markante Geländepunkte vermessen.

Die Aufklärung und Ortung eines Ziels kann durch Augenbeobachtung vorgeschobener Beobachter oder mit technischen Aufklärungs- und Ortungsmittel geschehen.

Augenbeobachtung ist ausschließlich auf kurzen Entfernungen (bis maximal 4 km) möglich. Die Eindringtiefe technischer Aufklärungsmittel kann, unterschiedlich nach verwendeten Systemen, 100 km oder darüber betragen.

Bei Überwachung des abgegebenen Feuers tritt zu den aufgeführten Kriterien der Beobachtung noch der Zeitfaktor bestimmend hinzu (Reaktionszeit zwischen Beobachtung und Feuer im Ziel).

Die Tatsache, daß bei der Artillerie Beobachter und Feuereinheit (Geschütze) getrennt sind, stellt besondere organisatorische und technische Forderungen.

Feuchteregelung. Tabelle 2: Regelverhalten beim Feuchteaustausch im Sprühbefeuchter (Düsenkammer).

Sprühbefeuchter mit konstantem Wasserstrom	Sprühbefeuchter mit Wasserstromverstellung
Grundschaltplan 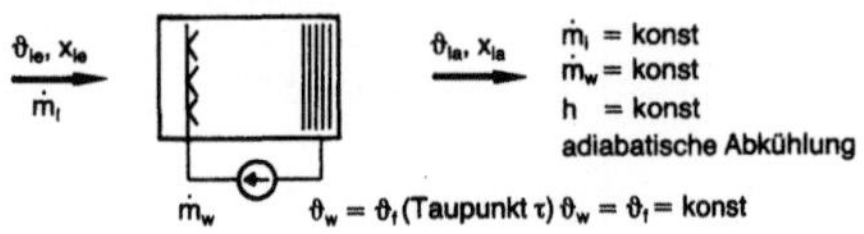	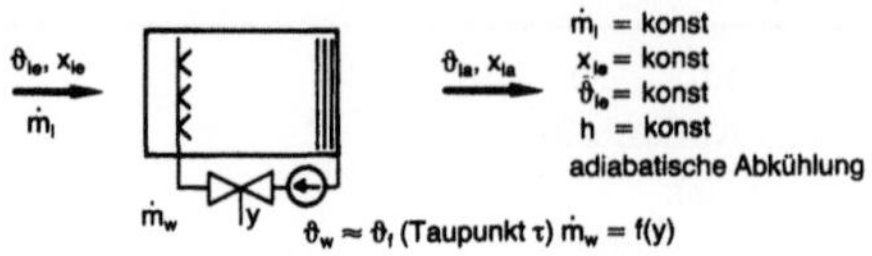 **Grundschaltplan**
$\dot{m}_l = $ konst $\dot{m}_w = $ konst $h = $ konst adiabatische Abkühlung $\vartheta_w = \vartheta_f$ (Taupunkt τ) $\vartheta_w = \vartheta_f = $ konst	$\dot{m}_l = $ konst $x_{la} = $ konst $\vartheta_{la} = $ konst $h = $ konst adiabatische Abkühlung $\dot{m}_w \approx \vartheta_f$ (Taupunkt τ) $\dot{m}_w = f(y)$
Signalflußplan (Wirkungsplan)*	**Signalflußplan (Wirkungsplan)***
	Stellglied — Rohrleitung — Düsenkammer
Befeuchtungsgrad $\eta_F = \dfrac{\vartheta_{le} - \vartheta_{la}}{\vartheta_{le} - \vartheta_f} = 1 - \exp\left(-K \cdot \dfrac{\dot{m}_w}{\dot{m}_l}\right)$	**Befeuchtungsgrad** $\eta_F = \dfrac{\vartheta_{le} - \vartheta_{la}}{\vartheta_{le} - \vartheta_f} = 1 - \exp\left[-K \cdot \left(\dfrac{\dot{m}_w}{\dot{m}_l}\right)_N \cdot M\right]$ $M = \dfrac{\dot{m}_w}{\dot{m}_{wN}} = \dfrac{1}{\sqrt{1 + P_v\left[\left(\frac{k_{VS}}{k_v}\right)^2 - 1\right]}}$ **) mit $P_v = \dfrac{\Delta P_v 100}{\Delta P_{v0}}$

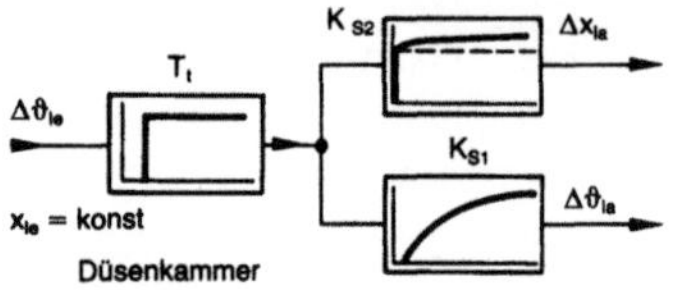

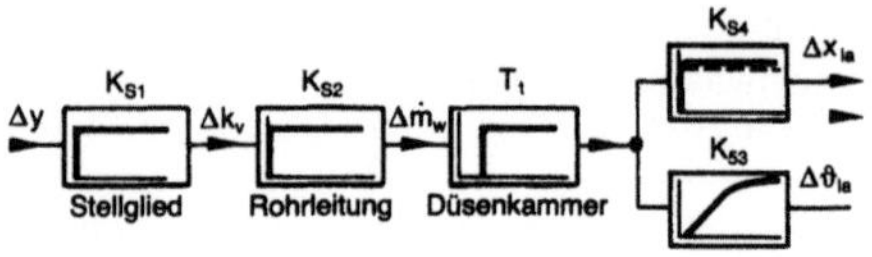

K Konstante der Düsenkammer (Luftwäscher)

Übertragungsbeiwert $K_{S1} = \dfrac{\Delta \vartheta_{la}}{\Delta \vartheta_{le}} = 1 - \eta_F \cdot (1 - K_{h,x})$ $K_{S2} = \dfrac{\Delta x_{la}}{\Delta \vartheta_{le}} = \Phi \cdot K_{h,x}$ $x = 6 \ldots 9$ g/kg $K_{h,x} \approx 0{,}46$ (h,x - Diagramm) $K'_{h,x} \approx 0{,}57$ g/kg $\cdot$ K	**Übertragungsbeiwert** $K_{S1} = \dfrac{\Delta\, k\, y}{\Delta\, y}$, $K_{S2} = \dfrac{\Delta\, \dot{m}_w}{\Delta\, k_v}$, $K^*_{S12} = \dfrac{\Delta\, M}{\Delta\, y/y_h}$ $K_{S3} = \dfrac{\Delta\vartheta_{la}}{\Delta\, \dot{m}_w} = -(\vartheta_{le} - \vartheta_f) \cdot \dfrac{K}{\dot{m}_l} \cdot (1 - \eta_F),$ $K^*_{S3} = \dfrac{\Delta\vartheta_{la}}{\Delta\, M}$ $K_{S4} = \dfrac{\Delta x_{la}}{\Delta\dot{m}_w} = (x_S - x_{le}) \cdot \dfrac{K}{\dot{m}_l} \cdot (1 - \eta_F),$ $K^*_{S4} = \dfrac{\Delta\, x_{la}}{\Delta\, M}$ $K_{h,x} = \dfrac{\Delta x_{la}}{\Delta\, \vartheta_{la}}$ $\approx -0{,}4$ g/kg $\cdot$ K. (h,x – Diagramm) $x = 6\text{-}9$ g/kg **Frequenzgang und Zeitkennwerte** $k_S = K_{S1} \cdot K_{S2} \cdot K_{S3}$ $K'_S = K_{S1} \cdot K_{S2} \cdot K_{S4}$

*) Der in VDI/VDE 3525, Bl. 1, angegebene Signalflußplan wird in DIN 19 226, Tl. 1, als Wirkungsplan bezeichnet.
**) Den bezogenen Wasserstrom $\dot{M}$ erhält man aus der Betriebskennlinie des Stellventils (Temperaturregelung).

Die Fernmeldeverbindungen zwischen den Beobachtern oder den technischen Aufklärungs- und Ortungssystemen einerseits und der Auswertungs- und Befehlsstelle andererseits werden als Fernsprech- oder Funkverbindungen hergestellt.

Die technische →Lenkung des artilleristischen Feuerkampfes obliegt auf allen Ebenen den Feuerleitstellen. Auf der Ebene größerer Artillerieverbände (Regiment und Bataillon) haben die Feuerleitstellen die Aufgabe, entsprechend der taktischen

Feuchteregelung. Tabelle 3: Anhaltswerte zur Reglereinstellung).*

Regelstreckenart	Raumregelstrecke	
Regelgröße	relative Luftfeuchte ξ (%)	absoluter Feuchtegehalt x (g/kg)
Stellgröße	a) Zulufttemperatur ϑ_Z b) Zuluftfeuchtegehalt (absolut) x_Z	Zuluftfeuchtegehalt (absolut) x_Z
proportional wirkende Regeleinrichtung (P-Regler)**)		
Proportionalbereich x_p	a) $\Delta\vartheta_{Z\,max} \cdot K_{SR\,Ra} \cdot 0,6$ (% r.F.) b) $\Delta x_{Z\,max} \cdot 1,5$ (% r.F.)	$\Delta x_{Z\,max}\,/\,4$ (g/kg)
proportional-integral wirkende Regeleinrichtung (PI-Regler)***)		
Nachstellzeit T_n	1–15 min	1–15 min

*) Bei zulässiger Kreisverstärkung $V_{o\,zul} = 5$ (Kennwert für die Stabilität, d. h. Schwingungsfreiheit der Regelung; dieser setzt sich zusammen aus dem Produkt aus den Übertragungswerten für die gesamte Regelstrecke K_S und nur für den Regler K_R).

**) Einfachster Regler, an dem der Soll-Wert und der Proportionalbereich einzustellen ist. Ungenaue Regelung (Soll-Werteinhaltung), da bleibende Regelabweichung.

***) In der Raumlufttechnik werden hierbei Mehrpunktregler mit einer Rückführung angewendet; daraus entsteht ein P-Regler mit Verzögerung (x_p,T_n).

Entscheidung des Artillerieführers eingehende Beobachtungs- und Aufklärungsmeldungen oder Feuerbefehle in Feuerkommandos umsetzen.

Feuerkommandos sind Formelbefehle, in denen in vorgegebener Reihenfolge und in festgelegtem Wortlaut die am Geschütz einzustellenden Werte vorgegeben werden.

Grundlagen für die Errechnung der Feuerkommandos sind festgelegte bzw. gemessene Werte:
□ Richtung und Entfernung zum Ziel (am Geschütz: Erhöhung des Rohrs),
□ Anzahl der verwendeten Treibladung (abhängig von der Schußentfernung),
□ Art der verwendeten Geschoßzünder (abhängig von geforderter Bekämpfungsart),
□ innenballistische Werte wie Geschoßgewicht, Abgangswinkel und Abgangsgeschwindigkeit des Geschosses, Pulvertemperatur,
□ außenballistische Werte wie Windrichtung und -geschwindigkeit, Luftdruck, Außentemperatur.

Das Feuerkommando wird vervollständigt durch Angaben über
□ Anzahl der feuernden Geschütze,
□ Anzahl der abzufeuernden Geschosse und
□ Zeitpunkt des Feuers.

Nach der ersten Salve führen die Meldungen der Beobachter oder der technischen Aufklärungsmittel gewöhnlich zu korrigierten Feuerkommandos.

Durch Verwendung von Datenverarbeitungsgeräten und Übermittlung der Werte über Datenfunk sind in Zukunft Steigerung der Präzision und Verkürzung der Reaktionszeiten zu erwarten.

Im Minenkampf werden stationäre Wirkmittel des F. (Minen) in meist großer Anzahl mit der Zielsetzung eingesetzt, die Bewegungen des Gegners in bestimmten, taktisch wichtigen Geländeteilen für eine festgelegte Zeit zu verhindern, einzuschränken oder in bestimmte Richtungen zu lenken (Minensperren).

Die Minen können dazu verlegt oder durch Werfer in das Gelände verschossen werden. Sie werden durch Berührungszünder oder Zeitzünder zur Detonation gebracht.

Der F. ist heute durch Beweglichkeit der Systeme gekennzeichnet. Die Führung des F. aus befestigten Unterständen, Bunkern o. ä. ist auf Grund der Entwicklung der Aufklärungs- und Wirkungsmittel nicht mehr zweckmäßig. Auch von der Artillerie als Trägerin des F. auf große Entfernungen wird erwartet, so beweglich zu sein, daß sie sich dem Artilleriefeuer des Gegners entziehen und nach schnellem Beziehen einer neuen Stellung (Stellungswechsel) den F. wieder aufnehmen kann. *Scholz*

Feuer-Verzinkungslinie →Schmelztauch-Bandverzinkungslinie

Feuer-Verzinnungslinie →Schmelztauch-Blechverzinnungslinie

Filmmontage. F. ist das Zusammenfügen einzelner Bild- und Textfilmteile zu einer Ganzseite (Seitenmontage) oder zu einer Gesamtvorlage (Bogenmontage) nach einem festgelegten Stand zum Zwecke der →Druckformherstellung für die verschiedenen Druckverfahren sowie das erzielte Ergebnis.

Informationen in Bild- und Textvorlagen werden innerhalb der →Reproduktionstechnik und Satztechnik zu Kopiervorlagen transferiert. Diese Kopiervorlagen sind Filme, meist Positive, seltener Negative, die die Basis zur F. sind. Zwei oder mehrere solcher Filme können entsprechend den konkreten Vorgaben des Bestellers über die F. zu einer Einheit geführt werden. Als Basis dazu dient ein Registersystem, das für das Zusammenführen unumgänglich ist. Dazu werden die Vorgaben wie genauer Stand, Begrenzung, Form und Größe u. a. vom Besteller gebraucht, die aus einem Layout (verbindliche Anordnung für den Stand von Bildern und Texten bei der Drucksachenfertigung) entnommen werden.

Die F. zu einer Seite nennt man *Seitenmontage*. Eine Seite ist dabei nicht definiert. Sie kann DIN A5, DIN A4 (was am häufigsten der Fall ist), DIN A3 oder auch jedes andere Format sein. Solche Seiten beinhalten meist eine Vielzahl an einzelnen Teilen. Als typisches Beispiel dazu kann eine Katalogseite gelten. So wird diese F.-Arbeit auch *Seitenaufbau* genannt. Eine transparente Kunststoffolie wird als Montageunterlage auf einer Registerstanze gelocht und auf einem Montagetisch in Registerstifte eingehängt. Bild- und Text-Kopiervorlagen werden mittels Klebestreifen, Flüssigkleber oder Sprühkleber auf diese Montagefolie, die Träger der einzelnen Teilinformationen zu einer Seite darstellt, nach den Standdaten aus dem Layout fixiert. Gehen Informationen von Bild und Text ineinander oder übereinander oder müssen sich sogar gegenseitig aussparen, werden Teilinformationen auf zwei oder mehr Montagefolien festgeklebt. Dazu benötigt man noch Masken oder Gegenmasken, die zuvor photomechanisch und/oder scannertechnisch oder durch manuelles Zeichnen mit lichtundurchlässiger Abdeckfarbe oder durch manuelles oder rechnerunterstütztes Dateneingeben und Schneiden und Trennen auf speziellen Folien mit einer kopierlichtundurchlässigen Schicht angefertigt werden. Über Kopiertechnik werden nun die einzelnen Teile zusammen mit den Masken oder Gegenmasken zusammenkopiert. Dies kann in einem Arbeitsschritt (mehrere Belichtungen, eine Entwicklung), vom Positiv zum Negativ oder vom Negativ zum Positiv oder in zwei Arbeitsschritten Positiv-Negativ-Positiv oder Negativ-Positiv-Negativ erreicht werden.

Die F. zur Druckformherstellung nennt man allgemein *Bogenmontage*. Ehe Filme als Einzelteile auf eine Montagefolie montiert werden, muß die Anordnung der Einzelteile über einen Einteilungs- oder Standbogen aufgezeichnet werden. Dieser wird in der Regel innerhalb eines Registersystems auf ein möglichst verzugsfreies Papier oder auf einer Folie angelegt bzw. auf einem Montagetisch mit X- und Y-Liniereinrichtung gezeichnet. Dabei werden Bezugsgrößen wie Druckgröße der Druckmaschine, Druckbeginn, Greiferrand und Greiferkante, Druckplattenkante, Druckbogengröße, Anordnung der Seite auf dem Druckbogen und deren Satzspiegel, Anlage-, Falz-, Beschnitt-, Schneide- und Paßzeichen u. a. berücksichtigt.

Dieser Einteilungs- oder Standbogen wird zusammen mit einer Millimeterfolie unter die Montagefolie in das Registersystem eingehängt, und danach werden auf dem Montagetisch die einzelnen Filmteile fixiert. Es gibt Positiv- und Negativkopie, d. h. für die Positivkopie werden Positivfilme, für die Negativkopie Negativfilme verwendet.

Bei mehrfarbigen Reproduktions- oder Druckarbeiten muß für die →Druckform für jede einzelne Druckfarbe eine eigene F. gefertigt werden. Man montiert alle Einzelteile zu einer *Grundmontage*. Basis für die Grundmontage sind zeichnungskräftige Filme, die das Einpassen erleichtern. Diese Teilfilme müssen nicht unbedingt der gleichen Farbe zugehören, sondern sollten primär der guten Einpaßmöglichkeit dienen. Sind sie jedoch alle einer Druckfarbe zugeordnet, werden alle weiteren Montagen für die einzelnen Druckformen je Druckfarbe nach dieser ersten F. = Grundmontage erstellt. Besteht die Grundmontage aus Filmen zu unterschiedlichen Druckfarben, fertigt man von dieser eine Farbfolienkopie (Anhaltskopie) an, die je nach Verfahren in Rot oder in Blau und jeweils in Positiv oder Negativ geartet sein kann. Nach Blau-Farbfolien kann direkt – auf die Farbfolie – und indirekt – auf eine Montagefolie auf der Farbfolie –, auf Rot-Farbfolien nur indirekt montiert werden, weil sie beim anschließenden Kopierprozeß zur Druckform das blau- und UV-anteilige Spektrum der Metall-Halogenid-Lampen-Emission sperrt. *Burkhardt*

Film, graphischer. Photographischer Schwarzweißfilm in Rollen- oder Blattform für die Reproduktions- und die Photosatztechnik. Gegenüber F. der gestaltenden Photographie besitzt der g. F. ein höheres Auflösungsvermögen und eine geringere Lichtempfindlichkeit. Er kann ultraviolett-, blauempfindlich, ortho- oder panchromatisch sensibilisiert sein. Die Gradation reicht von weich bis ultrahart. Lichtempfindliches für Entwicklungsmaschinen geeignetes Photopapier wird in großem Umfang im Photosatz eingesetzt; insbesondere zur Herstellung der Klebemontagen in Zeitungsdruckereien. Die wachsende Verbreitung elektronischer an Stelle photomechanischer Verfahren in der →Reproduktionstechnik hat den g. F. als Informationsträger an Bedeutung verlieren lassen. Dies betrifft besonders F. für Farbauszüge. In der Schwarzweißreproduktionstechnik bei Strich- und Rasterarbeiten bleibt der g. F. jedoch für die nähere Zukunft die kostengünstigere Alternative, nicht zuletzt durch mikroprozessorunterstützte Reproduktionskameras und sicher zu handhabende neue Entwicklungsprozesse. Die allgemeine Lichtempfindlichkeit wird nicht nach DIN oder ISO gekennzeichnet, da sie nicht nur vom Material, sondern auch vom Entwicklungsprozeß und der spektralen Energieverteilung der Lichtquelle abhängig ist. Die in DIN und ISO festgelegten Empfindlichkeitskriterien haben für g. F. keine Bedeutung. Der klassische g. F. ist für die →Reproduktionskamera und für das Kontaktkopiergerät bestimmt. Diese Geräte sind durch lange Belichtungszeiten von mehr als 10 s und starke Lichtquellen gekennzeichnet. Daher hat der g. F. eine geringe Allgemeinempfindlichkeit zugunsten eines relativ hohen Auflösungsvermögens von 100–200 Linienpaaren pro Millimeter. Man erreicht dies durch kleine Durchmesser der Silberhalogenidkristalle von etwa 0,1–1,0 μm, dünne streulichtarme Schichten (Emulsion) der Dicke 5–10 μm, evtl. unterstützt durch Feinkornentwickler. Der Schichtträger (Unterlage) hat Dicken um 0,1 mm und besteht i. a. aus gegenüber Temperatur- und Feuchtigkeitseinflüssen relativ dimensionsstabilem Polyesther (PETP). Für Farbauszugsscanner mit Belichtungsteil und Laserbelichter in der Photosatztechnik besitzt der g. F. im Gegensatz zum klassischen F. modifizierte Eigenschaften: Zwar ist die Intensität der in Betracht kommenden Helium-Neon- und Argonionenlaser hoch, aber die Belichtungszeit mit 1–10 μs sehr kurz. Dies bedingt photographische Schichten mit einem geringen Kurzzeitreziprozitätsfehler, damit der F. für Kurz- und Langzeitbelichtung nahezu die gleiche Empfindlichkeit aufweist. Das Übertragungsverhalten des g. F. für die Tonwerte hängt von der Gradation ab. Bei Halbton-F. sind Gradationen von weich bis hart, d. h. bis etwa γ≈3,5 in allen Sensibilisierungen üblich. Hart bis ultrahart arbeitender g. F. mit γ≈5 bis über 12 wird als Line- bzw. Lith-F. bezeichnet. Er wird bei Strich- und Rasterarbeiten eingesetzt und erbringt die besten Ergebnisse hinsichtlich Deckung und Randschärfe von Linien und Rasterpunkten. Dies gilt insbes. für den Lith-F., dessen Entwicklungschemie allerdings in engen Grenzen stabil arbeiten muß, was Schwierigkeiten machen kann. Ein steil arbeitendes Substitutionsprodukt der Bezeichnung Ultratek® von Kodak wurde anfangs der 80er Jahre auf den Markt gebracht und vermeidet die Nachteile des Lithprozesses. *Kamm*

Filmgelenk →Kette, kinetische

Filz-Spinnverfahren. Die dauerhafte Garnverfestigung wird hier durch Verfilzen der Stapelfasern erreicht. Da nur Wollfasern die Filzeigenschaft haben, eignet sich dieses Verfahren für alle Wolltypen und für Mischung mit einem ausreichenden Wollanteil. Bekannt ist das Periloc-Verfahren (Bild).

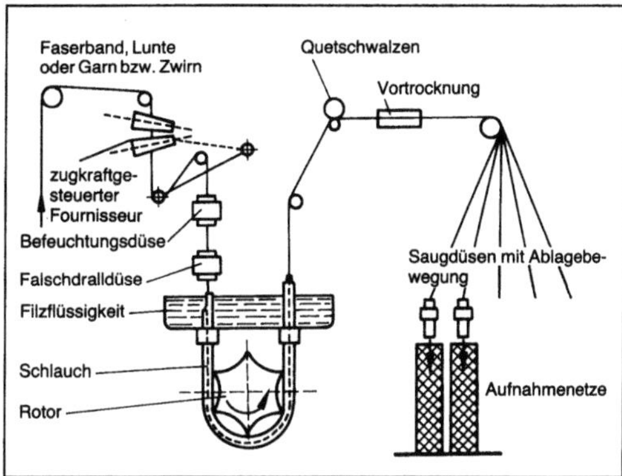

Filz-Spinnverfahren: Funktionsprinzip für das Vibraire-Garnfilzverfahren. (Quelle: Signaal/Twilo (NL))

Die Vorlage kann in Form von Faserbändern, Vorgarnfäden oder Garnen erfolgen für einen Feinheitsbereich von 250–8 000 tex (Nm 4,0–0,12). Die für dieses Verfahren konzipierte Maschine hat 20 Produktionseinheiten und eine Abliefergeschwindigkeit von 45 m·min⁻¹. Die Ablage des Fertigmaterials erfolgt als „wilde" Ablage in Säcken.

Da wesentliche Attribute eines Spinnvorgangs fehlen, ist ein solches Verfahren besser als ein „Veredlungsverfahren" für Bänder und Garne anzusprechen. Einsatzgebiete sind vor allem Teppiche, Heimtextilien und der Handarbeitssektor. *Löcker*

Fixieren →Trockenmaschine, →Thermofixiermaschine

Fixkosten →Kostenbegriff

Flachbagger. Als F. bezeichnet man Erdbaugeräte, die den Boden im Flachschnitt lösen, laden, selbst transportieren und wieder flach einbauen. F. werden in Schürfgeräte und Planiergeräte unterteilt. Die wichtigsten Schürfgeräte sind:
□ →Anhängeschürfwagen (Scraper),
□ →Motorschürfwagen (Motorscraper),
□ Schürfraupen (Scrapedozer).

Schürfgeräte tragen zum Transport das abgetragene Material mit ihrem Kübel, den sie selbst beladen. Die wichtigsten Planiergeräte sind:
□ Planierraupen,
□ →Reifendozer,
□ →Grader.
Sie schieben zum Transport den Boden vor sich her.

F. sind je nach der Bodentragfähigkeit teils mit Reifenfahrwerken, teils mit Raupenfahrwerken ausgestattet. Niederdruckgeländereifen haben dabei einen Bodendruck von 0,2–0,3 N/mm²; Moorketten erreichen Werte bis 0,002 N/mm². F. werden bevorzugt zum großflächigen Abtrag relativ dünner Bodenschichten und zum Massenausgleich eingesetzt. Sie arbeiten unter günstigen Witterungsverhältnissen am effektivsten in schwach bindigem Boden. Das Einsatzgebiet ist in der Regel ein verhältnismäßig ebenes Gelände mit nicht allzu großen Höhenunterschieden und Unebenheiten (Flächenbaustellen). Eine Ausnahme bildet die Schürfkübelraupe, die in beladenem Zustand noch Steigungen bis 20° bewältigt. Einen Anhaltspunkt für sinnvolle Förderweiten gibt Bild 1. Während manche F. im Kreisverkehr arbeiten und dabei immer vorwärtsfahrend an beiden Enden der Fahrstrecke 180°-Wendungen machen müssen, arbeiten andere durch Vorwärts- und Rückwärtsfahren im Pendelverkehr (Bild 2). Im F.-Betrieb arbeiten jeweils mehrere Geräte zusammen (Ideal: drei Scraper, eine Planierraupe, ein Erdhobel). Mit bestimmten Einschränkungen ist der F.-Betrieb das effektivste Fördersystem im Erdbau. Im Gegensatz zu den USA findet er in Europa noch wenig Anwendung. Großflächige Baustellen, hohe Massenvolumen, schwachbindige Böden und trockenes Wetter sind Voraussetzungen für einen wirtschaftlichen Einsatz, die nicht immer gegeben sind. Ein Verband aus drei Motorscrapern, einer Schubraupe und einem Grader bildet die klassische Kombination bei diesem Arbeitssystem. *Kühn*

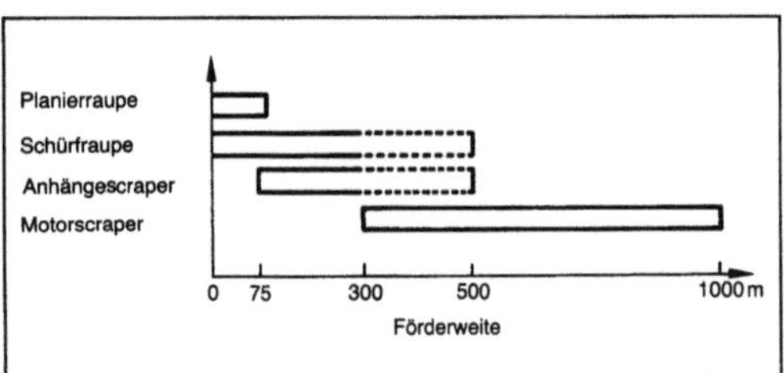

Flachbagger 1: Sinnvolle Förderweiten von Flachbaggern unter normalen Einsatzbedingungen.

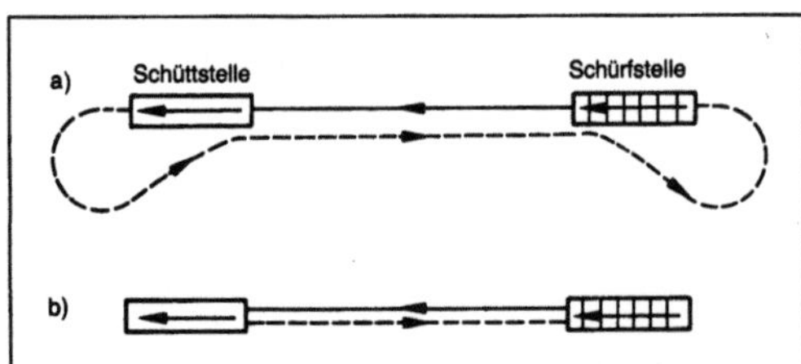

Flachbagger 2: Arbeitsweise von Flachbaggern.
a) Kreisverkehr: Scraper.
b) Pendelverkehr: Schürfraupe, Planierraupe.

Flacherzeugnis. Ein F. ist ein Erzeugnis mit rechteckigem Querschnitt, dessen Breite viel größer als dessen Dicke ist. Die Oberfläche eines F. ist i. a. glatt und eben, kann aber auch Vertiefungen und Erhöhungen aufweisen, die ein regelmäßiges Muster bilden, beispielsweise Riffeln, Warzen oder Tränen. Die F. können gewellt oder gerippt sein. Zur Gruppe der F. gehören →Breitflachstahl, →Flachstahl, Blech und Band. Auch beispielsweise in Verzinnungs- oder Verzinkungslinien beschichtetes Band gehört zu den F. *Baumann*

Flachfilmdruckmaschine →Textildruckmaschine

Flachgewebe. F. sind textile Flächengebilde, die sich aus den beiden Fadensystemen Kette und Schuß bilden. Die weitaus meisten Gewebe fallen unter diese Definition. Daneben bestehen weitere Gewebe mit mehr als einem Kett- und/oder Schußsystem. Beispiele hierfür sind Doppelgewebe mit zwei rechten Seiten (oder zwei Schauseiten) oder sehr dicke Gewebe für Förderbänder, Decken usw. In allen Fällen spricht man aber immer von F., die als wichtigste (geometrische) Merkmale Länge und Breite haben. Hergestellt werden F. auf Webmaschinen nach allen bekannten →Schußeintragsverfahren. *Kohlhaas*

Flachpalette. →Palette ohne Aufbauten, die die Ladung aufnehmen. Die somit gebildete →Ladeeinheit kann transportiert, gefördert, gelagert und je nach Ladungsart gestapelt werden. Sie wird als ein tragendes Transporthilfsmittel klassifiziert. *Jünemann*

Flachriemengetriebe. Zugmittelgetriebe zur reibschlüssigen Übertragung von Drehbewegungen zwischen zwei oder mehr parallelen, sich schneidenden oder kreuzenden Wellen mittels Flachriemen (Bild 1). Bei F. nach Bild 1 c) und e) sichern leer mitlaufende Leit- oder Umlenkrollen ausreichende →Umschlingungswinkel und stabile Riemenführung. Bei F. nach Bild 1 d) muß jedes ablaufende →Trum in der Mittelebene der anderen Riemenscheibe liegen. Bei F. mit parallelen Wellen wird eine sichere Riemenführung bereits durch wenigstens eine Riemenscheibe mit symmetrisch gewölbter Lauffläche erreicht, weil ein Flachriemen auf einer nichtzylindrischen Riemenscheibe stets axial zum größeren Durchmesser hin wandert.

Die Zugkräfte F im →Riemen sind in Bild 2 schematisch dargestellt. Der Lastanteil F_f infolge von →Fliehkraft beansprucht den Riemen und mindert bei konstantem Wellenabstand die Anpressung an die Scheiben, ohne an der Leistungsübertragung mitzuwirken. Für letztere sind nur die Restkräfte $F'_1 = F_1 - f_f$ und $F'_2 = F_2 - F_f$ maßgebend. Für die reibschlüssige Übertragung der Nutzkraft $F_n = F'_1 - F'_2$ muß die →Eytelwein-Gleichung erfüllt

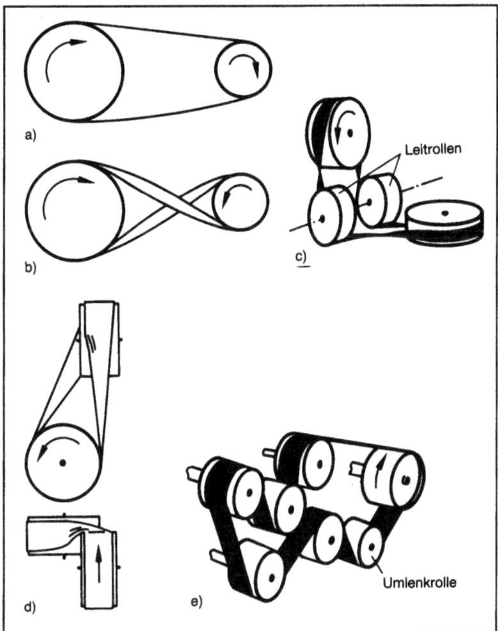

Flachriemengetriebe 1: Anordnung.
a) Offenes (gleichläufiges)
b) Gekreuztes (gegenläufiges) mit parallelen Wellen
c) Mit Leitrollen für sich schneidende Wellen
d) Geschränktes, für sich kreuzende (windschiefe) Wellen in Ansicht und Draufsicht
e) Vielwellen-Flachriemengetriebe mit gleich- und gegenläufigen Wellen.

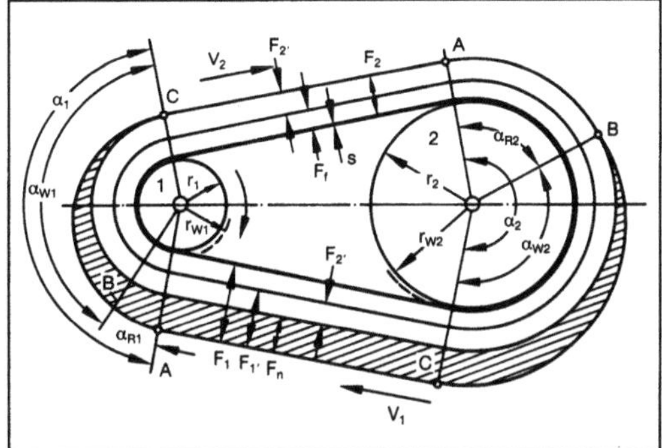

Flachriemengetriebe 2: Trumkräfte F am offenen Flachriemengetriebe.

F_1, F_2 ges. Trumkräfte, F_f Fliehkraftanteil, F'_1, F'_2 verbleibende, für Auflagepressung am Scheibenumfang und für Leistungsübertragung nutzbare Trumkräfte

sein: $F'_1/F'_2 = e^{\mu\alpha_w}$. Daraus ergeben sich die mindestens erforderlichen Achskräfte $F_a = F'_1 + F'_2$ ($\rightarrow$Zugmittelgetriebe) zum Spannen des Riemens in Abhängigkeit von der maximal zu übertragenden

Nutzkraft $F_{n,max}$ zu $F_a \geqq F_{n,max}$ $(e^{\mu\alpha}+1)/(e^{\mu\alpha}-1) =$ 1,52 $F_{n,max}$ für $\alpha = \pi$ und $\mu = 0,5$. Diese Achskräfte (Wellenspannkraft) werden durch ein geeignetes $\rightarrow$Spannverfahren erzeugt.

Das mit hoher Zugkraft F_1 belastete Arbeitstrum bei A läuft zuerst durch den $\rightarrow$Ruhewinkel α_{R1} der antreibenden Scheibe 1, um sich ab B im $\rightarrow$Wirkwinkel α_{W1} bis auf F_2 im Ablaufpunkt C zu entspannen (Bild 2). Zugleich schrumpft es elastisch unter Schlupf (Kontraktionsschlupf) entgegen der Drehrichtung auf der Scheibe. Dadurch wird die Umfangskraft F_n im gesamten Wirkwinkel BC durch Reibung auf den Riemen übertragen. Entsprechendes geschieht beim Durchlaufen des Wirkwinkels BC der getriebenen Scheibe 2, wo sich das Trum jedoch bei zunehmender Zugkraft F_n in Drehrichtung elastisch dehnt und dabei die Nutzkraft F_n durch Reibung infolge $\rightarrow$Dehnschlupf auf die Scheibe 2 überträgt. Der Wirkwinkel $\alpha_{W1} = \alpha_{W2}$ wächst mit zunehmender Nutzkraft F_n. Wird $\alpha_W = \alpha_1$, dann sind die Grenze zum Gleitschlupf (völliges Durchrutschen) auf der dafür maßgebenden kleineren Scheibe 1 und die maximal übertragbare Nutzkraft erreicht.

Bei konstantem Betrieb muß die je Zeiteinheit umlaufende Riemenmasse überall gleich sein. Deshalb ist die Geschwindigkeit v_2 des weniger gedehnten Leertrums um den Faktor $1 - \Delta\epsilon$ kleiner als v_1 des Lasttrums (Bild 2), wobei die Dehnungsänderung $\Delta\epsilon$ zwischen Last- und Leertrum den Dehnschlupf darstellt, der zugleich den $\rightarrow$Wirkungsgrad η des Getriebes bestimmt: $v_2/v_1 = 1 - \Delta\epsilon = \eta$, mit Dehnungsunterschied $\Delta\epsilon = \Delta\sigma/E = F_n/(AE)$, mit A Riemenquerschnitt und E Elastizitätsmodul des Riemenwerkstoffs in Laufrichtung.

Die Umfangsgeschwindigkeit einer Riemenscheibe ist im $\rightarrow$Wirkradius, in dem die längenkonstante biegeneutrale Faser eines Trums in den Ruhewinkel einläuft, gleich der entsprechenden Trumgeschwindigkeit. Mit einem homogenen Riemen der Dicke s betragen die Wirkradien der Scheiben: $r_{w1} = r_1 + s/2$, $r_{w2} = r_2 + s/2$. Damit wird die genaue, lastabhängige Übersetzung

$$i = \frac{\omega_1}{\omega_2} = \frac{v_1 r_{w2}}{v_2 r_{w1}} = \frac{1}{1-\Delta\epsilon}\frac{r_{w2}}{r_{w1}} = \frac{1}{1-F_n/(AE)}\frac{r_{w2}}{r_{w1}}.$$

Da Schlupf und Wirkungsgrad außer von konstanten Größen nur von der drehmomentproportionalen Nutzkraft F_n abhängen, sind beide sehr genau reproduzierbar. Meistens genügt jedoch der konstante angenäherte Wert $i \approx r_2/r_1$.   *H. W. Müller*

Flachstahl. F. ist der Oberbegriff für warmgewalzte und kaltgewalzte Fertigerzeugnisse aus Stahl mit rechteckigem Querschnitt, deren Breite viel größer als die Dicke ist. Die Oberfläche des F. ist i. a. glatt und eben, kann aber auch Vertiefungen und Erhöhungen aufweisen, die ein regelmäßiges Muster bilden. F. kann gewellt oder gerippt sein. Zur Gruppe der F.-Produkte gehören Stahlband, Stahlblech und Breit-F. *Baumann*

Flachstahl-Kaltwalzwerk. Ein F.-K. ist ein hoch komplexes technisches System zum Herstellen von F. durch Kaltwalzen. Unter Kaltwalzen ist das Walzen unterhalb der Rekristallisationstemperatur des Werkstoffs zu verstehen. Ein F.-K. besteht i. a. aus Ver- und Entsorgungsbetrieben, einer →Beizlinie, mindestens einer →Kaltwalzstraße, einer →Haubenglühanlage, Durchzieh-Bandglühanlage oder Kontiglühlinie, einer →Nachwalzanlage, einer →Adjustage und einem Instandhaltungsbetrieb. Zu solchen K. gehören oft auch Band-Behandlungslinien für das Beschichten der Flachstahlprodukte. *Baumann*

Flachstahl-Walzwerk. Ein F.-W. ist ein hoch komplexes technisches System zum Herstellen von F. durch Warmwalzen oder Kaltwalzen. Demzufolge werden F.-W. und F.-Kalt-W. unterschieden. F.-W. bestehen i. a. aus Ver- und Entsorgungsbetrieben, mindestens einer Walzstraße, einer →Adjustage und einem Instandhaltungsbetrieb. *Baumann*

Flachstahl-Warmwalzwerk. Ein F.-W. ist ein hoch komplexes technisches System zum Herstellen von F. durch Warmwalzen bei hohen Temperaturen. Zu solchen Walzwerken zählen insbesondere Grobblech-Walzwerke und Warmband-Walzwerke. *Baumann*

Flachstrickmaschine →Strickmaschine

Flachwalze. Eine F. für das Druckumformen metallischer Werkstoffe ist ein drehbar gelagertes rotationssymmetrisches Werkzeug mit ebenem oder glattem Walzenballen (Bild). F. werden beispielsweise zur Herstellung von Band oder Blech durch Umformen eingesetzt. *Baumann*

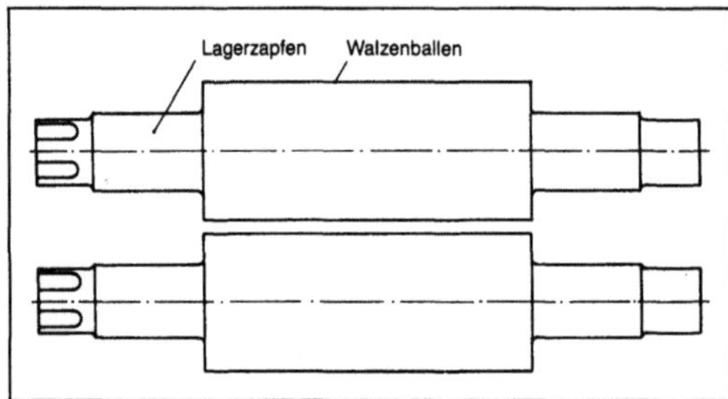

Flachwalze.

Flächengebilde-Veredelung →Textilausrüstung

Flächennutzung. Das Verhältnis von genutzter zu vorhandener Fläche wird als F. bezeichnet. Es wird als F.-Grad in Prozent angegeben. Je nach den einbezogenen Flächen spricht man z. B. von Grundstück-F.-Grad, Lager-F.-Grad. *Jünemann*

Flämmaschine. Eine F. ist ein voll- oder halbautomatisch arbeitendes technisches System zum vollständigen Flämmen einer oder mehrerer Oberflächen von warmem oder kaltem Halbzeug. Bei solchen Maschinen wird zwischen Heiß- und Kalt-F. unterschieden. *Baumann*

Flämmen. F. ist die Bezeichnung für das Abschmelzen der Oberflächen von warmen oder kalten Rohblöcken, Rohbrammen, Vorblöcken, Vorbrammen, Stahlsträngen und Strangbrammen mit Brenngas-Sauerstoffgemischen, beispielsweise Acetylen und Sauerstoff, zum Zwecke der Oberflächen-Fehlerbeseitigung (Abtragen). *Baumann*

Flammofen. F. ist eine allgemeine Bezeichnung für Industrieöfen, bei denen die Heizflamme über das flüssige oder feste Einsatzgut streicht. Beispiele solcher Industrieöfen sind Siemens-Martin-Öfen, Drehherdöfen, Hubbalkenöfen und Stoßöfen. *Baumann*

Flammspritzen. Thermisches Spritzverfahren, bei dem der Spritzwerkstoff mit geregeltem Vorschub oder mit geregelter Mengenförderung in einer Brenngas-Sauerstoff-Flamme aufgeschmolzen, zerstäubt und mit dem Druck der Brenngase, ggf. mit dem zusätzlichen Druck eines Druckgases, auf die Werkstückoberfläche gespritzt wird. Die Haftung zwischen Spritzschicht und Grundwerkstoff wird durch mechanische Verankerung, Verschweißung, Adhäsion und Schrumpfkräfte bewirkt.

Als Brenngas werden Acetylen, Propan oder Wasserstoff verwendet. Metallische Spritzwerkstoffe werden gewöhnlich als Draht benutzt, während keramische Spritzwerkstoffe meistens als Pulver vorliegen. Sie können aber auch zu Stäben gesintert und mit Spezialpistolen mit langsamem Vorschub verspritzt werden (Bild 1 und 2).

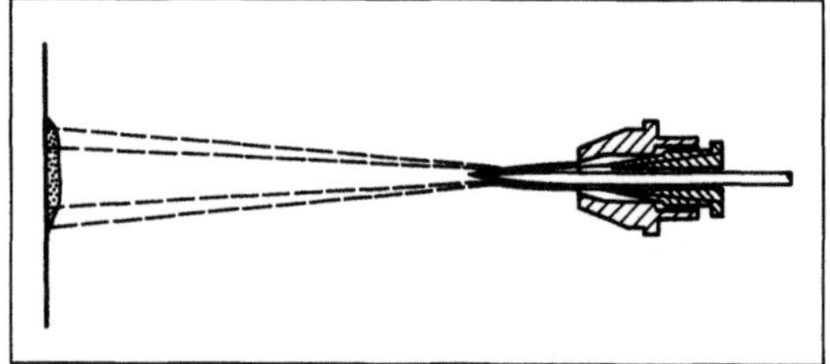

Flammspritzen 1: Draht-Flammspritzen.

Beim F. wird am Spritzdüsenausgang eine Temperatur von etwa 2500 °C erreicht. Die Geschwindigkeit der gespritzten Partikel liegt zwischen 50 und 120 m/s. *Habig*

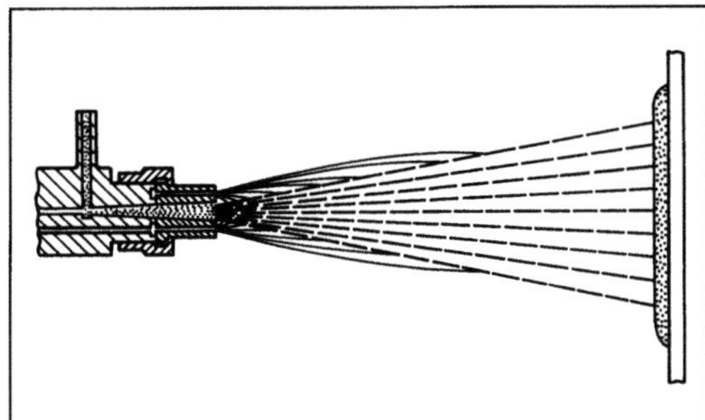

Flammspritzen 2: Pulver-Flammspritzen.

Literatur: *Simon, H.,* u. *M. Thoma:* Angewandte Oberflächentechnik für metallische Werkstoffe. München, Wien 1985.

Flankenlinienabweichung. Als wesentliche Einflußgröße für die Kraftverteilung über der Zahnbreite muß für die Tragfähigkeitsberechnung von Zahnrädern die im Betrieb unter Last wirksame F. bestimmt werden. Sie hängt ab von Herstellabweichungen und Verformungen (ohne Zahnverformung) aller kraftübertragenden Teile sowie dem Anpassungsverschleiß (Einlaufbetrag) der Zahnflanken.

Die wirksame F. wird zur Berechnung des Breitenfaktors benötigt. Sie setzt sich wie folgt zusammen:

$$F_{\beta y} = F_{\beta x} - y_\beta$$
$$= |f_{ma} + f_{sh} + f_{be} + f_{ca}| - y_\beta \text{ in } \mu\text{m}.$$

Mit $F_{\beta x}$ sind alle Einflüsse durch Herstellung, Montage und Verformung erfaßt, die sich gegenseitig verstärken oder auch ausgleichen können. Es sind dies im einzelnen:

f_{ma}: Mittelwert der Flankenlinien-Herstellabweichung der im Eingriff befindlichen Zahnräder; wird durch die Flankenlinien-Winkelabweichung (Verzahnungstoleranzen) bei entsprechender →Verzahnungsqualität sowie durch ggf. vorgesehene Flankenlinienkorrekturen (→Verzahnungskorrektur), z. B. Breitenballigkeit oder →Endrücknahme, bestimmt. Bei Getrieben mit steifen Lagern und Gehäuse ist f_{ma} die dominierende Größe. Eine ausreichende Kraftverteilung über der Zahnbreite zeigt sich dabei im Kontakttragbild (→Tragbild).

f_{sh}: Summe der Biege- und Torsionsverformung der Ritzel- und Radwelle; wird durch die Wellengeometrie, die Lager sowie durch die Anordnung der Zahnräder auf den Wellen beeinflußt (Beispiel für die Verformungen einer →Ritzelwelle, Bild). Zur treffsicheren Berechnung sind oft EDV-Programme erforderlich, die im Ergebnis auch empfohlene Flankenlinien-Korrekturbeträge ausweisen.

f_{be}: Lagerspiel und Verformung der Wellenlagerungen. Letztere wird durch die Federsteifigkeit der Wälz- oder Gleitlager bestimmt.

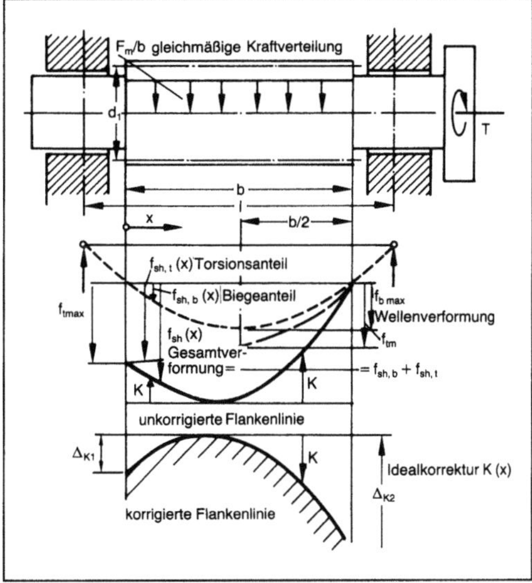

Flankenlinienabweichung: Biege- und Torsionsanteil der Lastverformung an einer Welle mit symmetrisch gelagertem Ritzel.

f_{ca}: Verformung des Gehäuses; spielt insbes. bei Leichtbaukonstruktionen eine Rolle. Zur Berechnung eignet sich die Methode der finiten Elemente. Bei Großserien (z. B. Kfz-Bau) werden hierzu Messungen am Prototyp vorgenommen.

Während der Einlaufphase bei minderer Last werden Herstellabweichungen z. T. ausgeglichen. Dies wird in Gl. (1) durch den Einlaufbetrag y_β berücksichtigt. *Winter*

Literatur: DIN 3990: Grundlagen für die Tragfähigkeitsberechnung. Tl. 1: Einführung in allgemeine Einflußfaktoren. Hrsg. Dt. Inst. für Normung. Ausg. Dez. 1987. – *Oster, P.,* u. *W. Liebhardt:* EDV-Programm zur Ermittlung der Zahnflankenkorrekturen am Ritzel. Antriebstechn. 18 (1979), S. 23/26.

Flankenpressung. Die F. ist eine wichtige Einflußgröße für die →Grübchentragfähigkeit und die →Freßtragfähigkeit. Ihre Berechnung stützt sich auf die Hertz-Gleichungen für Wälzpaarungen bei Linienberührung (Bild 1).

Bei der Übertragung auf Zahnräder müssen die Krümmungsverhältnisse der Zahnflanken berücksichtigt werden (Ersatzkrümmungsradius entlang der →Eingriffslinie, Bild 2a)). Als Grundwert der auftretenden F. für die Grübchenbeanspruchung gilt nach DIN 3990:

$$\sigma_{H0} = \underbrace{Z_H \, Z_E \, \sqrt{K^*}}_{p_C} \, Z_{B,D} Z_\varepsilon \, Z_\beta \text{ in } N/mm^2;$$

hierin ist p_C die →Hertz-Pressung im Wälzpunkt C für →Geradverzahnung unter der Annahme, daß

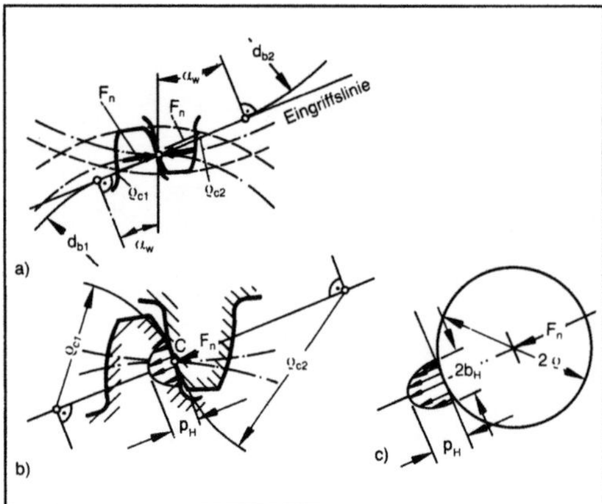

Flankenpressung 1: Kraftübertragung zweier Zahnflanken.
a) Zahnpaar, Zahnnormalkraft F_n
b) Hertz-Pressung im Wälzpunkt C
c) Ersatzmodell Walze/Ebene.

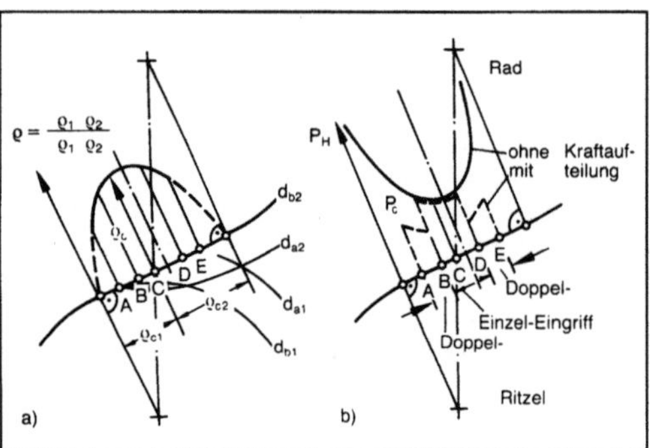

Flankenpressung 2:
a) Ersatzkrümmungsradius
b) Hertz-Pressung über der Eingriffsstrecke (Geradverzahnung).

die Berührlinienlänge der Zahnbreite entspricht (Bild 2b). Die einzelnen Faktoren bedeuten: $K^* = F_t/(d_1\,b) \cdot (u + 1)/u$ in N/mm², mit F_t Nennumfangskraft, b Zahnbreite, d_1 Teilkreisdurchmesser des Ritzels ($\rightarrow$Evolventenverzahnung) und $u = z_2/z_1$ Zähnezahlverhältnis.

Z_E in $\sqrt{\text{N/mm}^2}$: Faktor zur Berücksichtigung der Werkstoffkonstanten der Zahnpaarung: Elastizitätsmodul und Querkontraktionszahl der beteiligten Werkstoffe (z. B. Stahl-Stahl-Paarung: Z_E = 189 N/mm²).

Z_H [-]: Faktor zur Berücksichtigung des Eingriffswinkels ($\rightarrow$Evolventenverzahnung) und des Schrägungswinkels ($\rightarrow$Schrägverzahnung) auf die Flankenkrümmung ($1,7 < Z_H < 2,8$).

In der Gleichung sind ferner Faktoren zur Übertragung des einfachen Ansatzes von p_C auf die realen Verhältnisse im Zahneingriff enthalten:

$Z_{B,D}$ [-] (nur bei Geradverzahnung): Zur Umrechnung der Hertz-Pressung im Wälzpunkt C auf die im inneren Eingriffspunkt B des Ritzels bzw. D des Rades. Zusatzbedingung: $Z_{B,D} > 1$.

Für das Rad wird daher meist mit p_C gerechnet, d. h. $Z_D = 1$.

Z_ε [-]: Berücksichtigt die über die Zeit gemittelte Berührlinienlänge, die größer als die Zahnbreite ist; wird durch die Profilüberdeckung und bei Schrägverzahnung zusätzlich durch die Sprungüberdeckung (Überdeckung) beeinflußt ($Z_\varepsilon < 1$).

Z_β [-]: Berücksichtigt die nach Versuchen und praktischen Erfahrungen stärkere Zunahme der Grübchentragfähigkeit mit dem Schrägungswinkel, als sie mit Z_ε erfaßt ist ($Z_\beta = \sqrt{\cos \beta} < 1$).

Beim Ansatz der auftretenden F. σ_H sind neben dem Grundwert σ_{H0} (Belastung und Geometrie beinhaltend) die äußeren Zusatzkräfte mit dem $\rightarrow$Dynamikfaktor K_v, die ungleichmäßige Kraftverteilung über der Zahnbreite mit dem $\rightarrow$Breitenfaktor $K_{H\beta}$ sowie die Kraftaufteilung in Umfangsrichtung mit dem Stirnfaktor $K_{H\alpha}$ zu berücksichtigen. Es ergibt sich:

$$\sigma_H = \sigma_{H0}\,K_A\,K_v\,K_{H\beta}\,K_{H\alpha} \leq \sigma_{HP},$$

σ_H in N/mm², σ_{HP} zulässige F. (Grübchentragfähigkeit) *Winter*

Literatur: DIN 3990: Grundlagen für die Tragfähigkeitsberechnung von Gerad- und Schrägstirnrädern. Hrsg. Dt. Inst. für Normung. Ausg. Dez. 1987, Tl. 1: Einführung und allgemeine Einflußfaktoren, Tl. 2: Berechnung der Grübchentragfähigkeit, Tl. 3: Berechnung der Zahnfußtragfähigkeit, Tl. 4: Berechnung der Freßtragfähigkeit. – *Niemann G.*, u. *W. Richter*: Versuchsergebnisse zur Zahnflanken-Tragfähigkeit. Konstr. 12 (1960) Tl. II/VIII. – *Schmidt, G.*: Berechnung der Wälzpressung schrägverzahnter Stirnräder unter Berücksichtigung der Lastverteilung. Diss. TU München 1972.

Flankenspiel. Außer in Sonderfällen dürfen sich die Rückflanken der im Eingriff befindlichen Zähne (Bild) im Betriebszustand nicht berühren. Ihr Abstand ist das F. Es wird durch den $\rightarrow$Achsabstand sowie die $\rightarrow$Zahndicke bestimmt ($\rightarrow$Verzahnungstoleranz). Beim größten Zahndickenabmaß (Zahndickenminderung entsprechend negativem Abmaß) und negativem Achsabstandsmaß muß noch genügendes F. vorhanden sein. Es beträgt bei kleinen und mittleren Getrieben einige Hundertstel, bei Großgetrieben einige Zehntel Millimeter.

Wenn die Betriebsart eines Getriebes sehr ungleichmäßig ist (sich ändernde Belastungen bzw. Drehzahlen), besteht infolge von Drehschwingungsvorgängen die Gefahr des Abhebens der Zahnflanken. Hinsichtlich möglichst geringer stoßartiger Belastungen der Zahnflanken ist hierbei das F. genügend klein zu wählen.

Bei Kunststoffzahnrädern richtet sich die Wahl des F. nach der Neigung zum Quellen bei Feuchtigkeitsaufnahme und nach der Wärmedehnung von Kunststoffen.

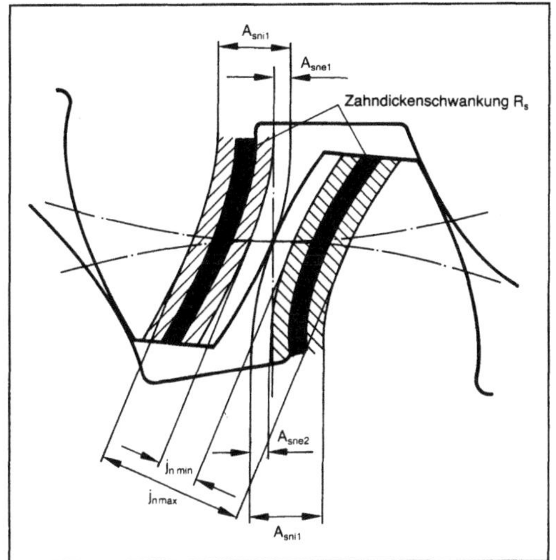

Flankenspiel: j_n und Zahndickenabmaße A_{sn} zwischen den Rückflanken zweier Zähne.

Für einige Sonderfälle, wie z. B. Teleskop-, Radarantennen- oder Drehturmantriebe, muß man vorgegebene Positionen genau anfahren können. Hierfür sind mit entsprechend hohem Fertigungsaufwand kleinste F. von 10–20 µm (auch spielfreier Antrieb) möglich. Mit kegeligen Stirnrädern kann ein F. von nahezu null erzielt werden.   *Winter*

Flanschverbindung. Eine lösbare Verbindung zwischen einzelnen Rohrleitungselementen bzw. die Verbindung von Rohrleitungen mit Apparaten und Maschinen. Die F. (Bild 1) muß die einzelnen Teile dicht miteinander verbinden und die auftretenden Kräfte und Momente übertragen. Die beiden Flansche und die dazwischen liegende →Dichtung werden durch Schrauben gegeneinander gepreßt.

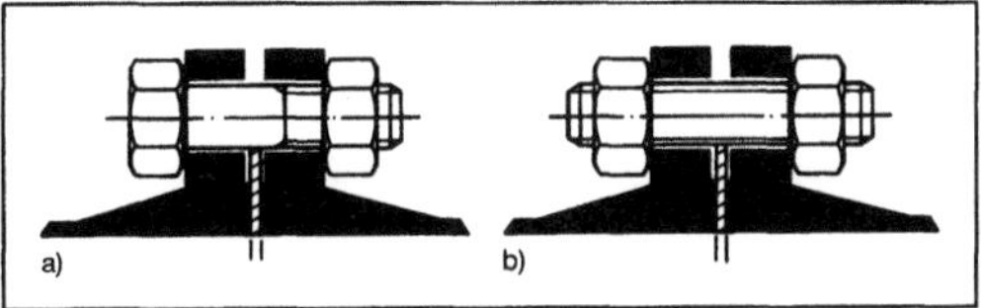

Flanschverbindung 1:
a) Maschinenschraube
b) Schraubenbolzen.

Die Maßnormen der Flansche sind unabhängig von ihrer Art auf einheitlichen Anschlußmaßen aufgebaut. Flansche mit gleicher Nennweite und gleichem Nenndruck können somit unabhängig von ihrer Bauart miteinander verbunden werden. Jeder Flansch (Bild 2) hat eine durch vier teilbare Anzahl von Schraubenlöchern, die so angeordnet sind, daß sie symmetrisch zu den beiden Hauptachsen liegen und in diese Achsen keine Bohrungen fallen.

Die Dichtflächen (Bild 3) der Flansche werden je nach Art der Dichtung und der erforderlichen Anpreßkraft verschieden ausgeführt.

Die Schrauben einer F. erzeugen die erforderliche Anpreßkraft und sind somit neben den Flanschen und der Dichtung entscheidend dafür verantwort-

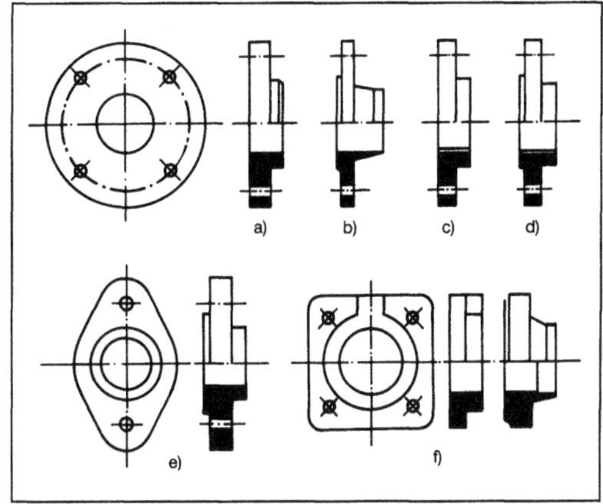

Flanschverbindung 2: Flanschformen.
a) Überschiebflansch
b) Vorschweißflansch
c bis d) Gewindeflansch
e) ovaler Gewindeflansch
f) Viereckiger Flansch.

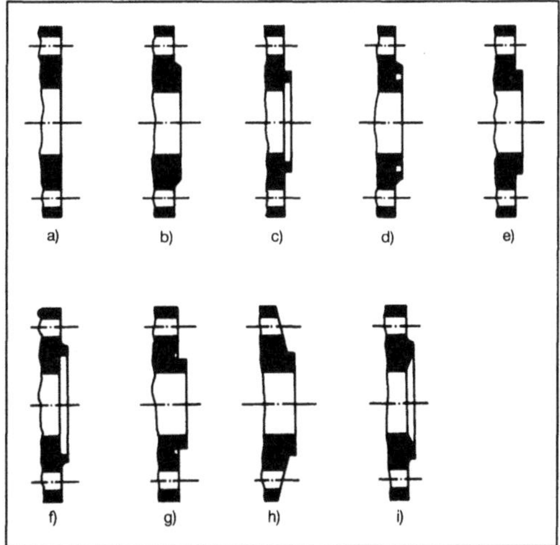

Flanschverbindung 3: Flanschdichtflächen.
a) Dichtfläche, glatt
b) Dichtleiste, glatt
c) Feder
d) Nut
e) Vorsprung
f) Rücksprung
g) Eindrehung für Runddichtung
h) Abschrägung für Membranschweißdichtung
i) Eindrehung für Linsendichtung.

lich, daß bei Temperatur- und Druckänderungen keine Leckage entsteht. Die Dichtungen sollen die Unebenheiten der Flanschdichtflächen ausgleichen. Durch gute Verformungsfähigkeit und Elastizität der Dichtung wird die erforderliche Dichtheit bei entsprechender Anpreßkraft erreicht. Man unterscheidet zwischen Weichstoffdichtungen, Metall-Weichstoffdichtungen (Bild 4 und 5) und Metalldichtungen. Die Dichtungsformen sind den Flanschdichtflächen und der Anforderung an die F. angepaßt. Kombinationen aus Weichstoff und Metall zeichnen sich durch besondere Beständigkeit bei hoher Elastizität aus. Spiraldichtungen werden mit Stahlband und Füllbändern aus Asbest oder PTFE gewickelt. *Diegelmann*

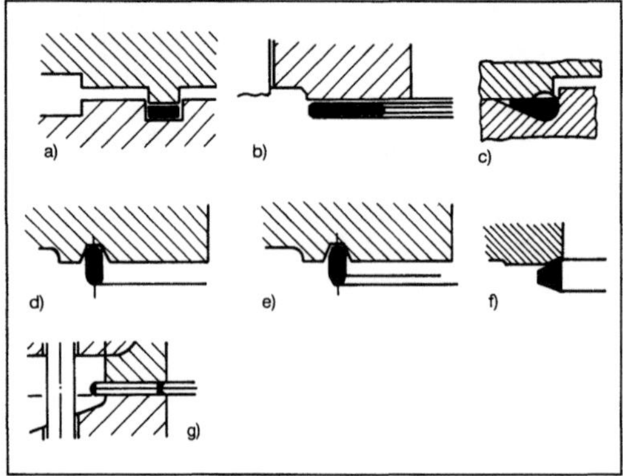

Flanschverbindung 4: Weichstoff- und Metalldichtungen.
a) Flach
b) Kammprofiliert
c) Rund
d) Oval
e) Oktagonal
f) Linse
g) Schweißlippe.

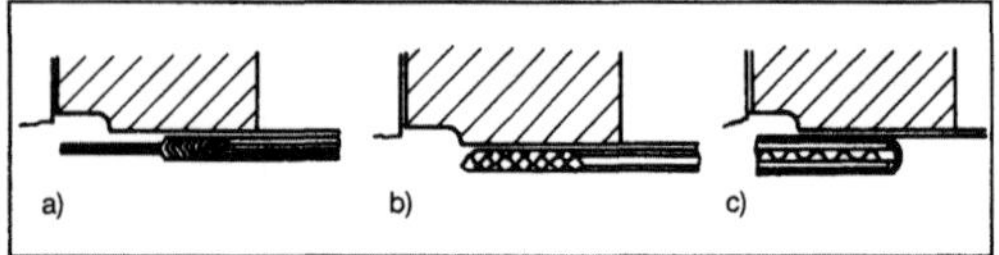

Flanschverbindung 5: Kombination Metall-Weichstoff.
a) Spirale
b) Weichstoffauflage
c) Ummantelt.

Literatur: DIN 2500: Flansche Allgemeine Angaben Übersicht. Hrsg. Dt. Institut f. Normung. Berlin. – DIN 2690: Flachdichtungen für Flansche mit ebener Dichtfläche. Hrsg. Dt. Institut f. Normung. Berlin. – DIN 931: Sechskantschrauben. Hrsg. Dt. Institut f. Normung. Berlin. – DIN 934: Sechskantmuttern. Hrsg. Dt. Institut f. Normung. Berlin. – DIN 2510: Schraubenverbindungen mit Dehnschaft. Hrsg. Dt. Institut f. Normung. Berlin. – *Thier, B.:* Lösbare Rohrverbindungen. 3R international (1983) Nr. 11. – *Tückmantel, H. J.:* Dichtungen in verschraubten Flanschverbindungen bei höheren Temperaturen. 3R international (1979) Nr. 5.

Flasche. Die F. gehört zu den Verpackungsmitteln mit überwiegend kreisförmigem Querschnitt. Er verjüngt sich nach oben zur Füllöffnung hin. Der Querschnitt der Füllöffnung ist ein Bruchteil des Querschnitts im Bereich des Nutzvolumens. Die Größe des Querschnitts kann sich im Bereich des Nutzvolumens verändern. Als Werkstoffe für F. kommen Glas, Kunststoff oder Metall zum Einsatz. Da bei der Herstellung von F. aus Glas oder Kunststoff aus einem im weichen Zustand aufgeschmolzenen Material gearbeitet wird, lassen sich hier leicht veränderliche Querschnittsgrößen oder andere unregelmäßige Formen herstellen. Zur Formung dieser Werkstoffe werden entsprechend ausgeführte Werkzeuge mit genügender Wärmewiderstandsfähigkeit eingesetzt. Die Formung des weichen Werkstoffs erfolgt durch inneren Überdruck, der durch entsprechende Einrichtungen von außen her eingetragen wird. Nach entsprechender Abkühlung und daraus resultierender Verfestigung kann das Verpackungsmittel dem Werkzeug entnommen werden. Die Einsatzbereiche von Glas- und Kunststoff-F. überlappen sich. Es gibt keine strenge Abgrenzung oder besondere Vorzüge für den Einsatz des einen oder anderen Materials. Die Anforderungen des Füllguts bedingen die endgültige Entscheidung.

Im Bereich der Metallwerkstoffe kommt zur Flaschenherstellung das Aluminium zum Einsatz. Es wird im Fließpreßverfahren verarbeitet. Bei diesem Verfahren können nur gleichförmige Querschnitte, über das gesamte Nutzvolumen gesehen, hergestellt werden. Um den Verschlußbereich mit dem wesentlich kleineren Querschnitt zu erreichen, wird ein Teil des zylindrischen Hohlkörpers von außen her durch Rollen eingedrückt. Der Verschluß wird entweder aus dem eingedrückten Material oder durch ein eingesetztes eigenes Teil, meist aus Kunststoff, hergestellt. Metall-F. werden besonders für chemische Produkte eingesetzt. *Paris*

Flaschenzug. Vorrichtung zum Heben von Lasten, manuell oder elektrisch (-Elektrozug). Der F. (Bild) besteht im einfachsten Fall aus oberer befestigter →Rolle und unterer loser Rolle. Nach dem Gesetz: Kraft × Kraftweg = Last × Lastweg erfolgt eine Übersetzung der Wege und eine Untersetzung der Kräfte zwischen Seil und Last. *Jünemann*

Flexibilität. Maß für die Beurteilung logistischer Systeme. Ein System ist flexibel, wenn trotz äußerer Störgrößen, dynamischer und stochastischer Einflüsse zwar die Leistungsgrößen und die Organisationsreserven überschritten werden, aber keine Ver-

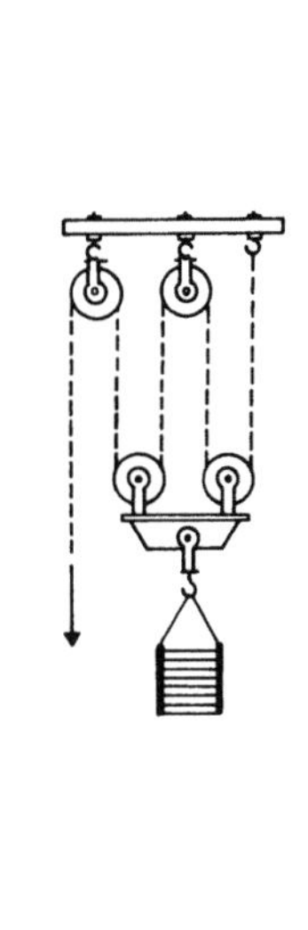

Bei einem Flaschenzug erfolgt eine Übersetzung der Wege und eine Untersetzung der Kräfte bei einer gegenüber der Zuggeschwindigkeit reduzierten Hubgeschwindigkeit der Last.
Im nebenstehenden Beispiel (links) verkürzen sich beim Anheben der Last jeweils alle vier die Last tragenden Seilstränge um den Hubweg. Das lose Seilende verlängert sich entsprechend um den vierfachen Hubweg.
Die Kräfte verhalten sich umgekehrt, so daß die Handkraft nur $\frac{1}{4}$ der Last betragen muß.

Bei einem Potenzflaschenzug (rechts) wird die Lastkraft an der unteren losen Rolle aufgeteilt, wobei eine Hälfte über das rechte Seil in die Aufhängung und die andere Hälfte in die nächste Rolle eingeleitet wird. An dieser Rolle wird der übertragene halbe Lastkraftanteil nach den selben Gesetzmäßigkeiten wiederum halbiert. Dasselbe wiederholt sich an der dritten und vierten losen Seilrolle, so daß an dem durch die feste Rolle umgelenkten losen Seilende nur die mit $(1/2)^n$ multiplizierte Lastkraft aufgebracht werden muß. In dem dargestellten Beispiel mit $n = 4$ losen Rollen ergibt sich eine auf $\frac{1}{16}$ gegenüber der Lastkraft reduzierte Handkraft. Der dargestellte Potenzflaschenzug hat seinen Namen aufgrund dieser Berechnungsvorschrift erhalten.

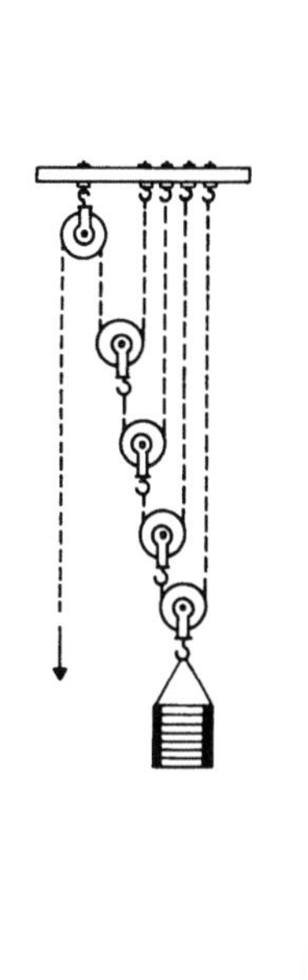

Flaschenzug: Ausführungsformen.

änderungen in der räumlichen Gestaltung auftreten. *Jünemann*

Flexodruck. Der F. ist die heutige moderne Form des Hochdrucks. Er verwendet als Druckform entweder eine Platte aus Gummi oder aus Photopolymer. Die druckenden Elemente liegen deutlich erhöht. Das wichtigste Kennzeichen – was auch dem Verfahren den Namen gab – ist die wesentlich höhere Elastizität der Druckformen als die der metallenen Druckformen. Lange Zeit wurden als Druckplatten reine aus Gummi hergestellte Druckformen verwendet. Heute ist weitverbreitet der Einsatz von Photopolymeren, bei denen bereits wieder höhere Härten für die Verbesserung des Ausdrucks auf dem →Bedruckstoff verwendet werden.

Ein weiteres Kennzeichen des F. ist die Verwendung von dünnflüssigen Druckfarben. Die Vervollkommnung der Technik erlaubt heute einen Trend zu höherpastosen Druckfarben. Die Einstellung der Druckfarben auf die notwendige Viskosität erfolgt durch Lösemittel oder bei modernen Farben durch Wasser. Viskositätsregler in den Vorratsbehältern für die Druckfarben sorgen dafür, daß die Farbe die für die Farbgebung notwendige Konsistenz auf Dauer beibehält.

Das F.-Druckwerk enthält 4 Walzen. Die erste Walze ist meist aus Gummi, und sie taucht in den Farbvorrat, der durch Umpumpen aus dem Farbvorratsbehälter laufend erneuert wird. Die Tauchwalze überträgt die Druckfarbe im Überschuß auf die nachfolgende Rasterwalze. Diese Walze ist ein Zylinder mit einer Vielzahl sehr tiefliegender Näpfchen in regelmäßiger Form und Anordnung auf der Oberfläche verteilt. Die Näpfchen füllen sich mit Farbe, der Überschuß wird bei einfachem Farbwerk abgequetscht. Für hochqualitative Drucke wird der Farbüberschuß von der Rasterwalze durch ein negativ angestelltes Rakel entfernt. Die Oberfläche der Rasterwalze ist entweder Stahl oder Keramik. Bei Stahl werden die Näpfchen durch Einpressen oder durch Lasergravieren hergestellt. Die Keramikrasterwalze bietet nicht die regelmäßige Anordnung wie eine Stahlrasterwalze für die Näpfchen, sondern sie gibt statistisch verteilte Näpfchen, die durch Überschleifen der Keramikwalze nach ihrer Herstellung etwas regelmäßiger gestaltet werden. Die Feinheiten der Rasterwalze, d. h. die Anzahl der Näpfchen pro Zentimeter Mantellinie der Walzenoberfläche muß wesentlich feiner sein als das angewandte Raster der Druckform.

Die Rasterwalze gibt ihre Druckfarbe an die Druckform ab. Die Druckform ist durch doppelseitig klebende Bänder auf dem Plattenzylinder befestigt. Die Gleichmäßigkeit dieser Klebebänder bestimmt die Qualität des fertigen F.-Produkts mit. Der Plattenzylinder ist seitlich und in Umfangsrichtung verstellbar. Damit werden die einzelnen Druckfarben paßgerecht zueinander eingestellt. Die letzte Walze im Zuge eines Druckwerks ist der Gegendruckzylinder. Er sorgt für die Abstützung des Bedruckstoffs gegenüber der Druckplatte. Die Gleichlaufgenauigkeit des Gegendruckzylinders ist mitbestimmend für die Genauigkeit des fertigen Druckprodukts und die Standzeit der Druckform.

Die F.-Maschinen sind aus einzelnen wie obenbeschriebenen Druckwerken aufgebaut. Man bezeichnet dies als Reihenbauweise. Bei Verwendung von sehr dünnen Bedruckstoffen, die sich leicht dehnen lassen, oder bei sehr hochqualitativen Druckprodukten wird vom einzelnen Gegendruckzylinder je Druckfarbe abgegangen. Die Maschine besitzt dann einen großen gemeinsamen Gegendruckzylinder für alle Druckwerke. Auf diesem kann der Bedruckstoff sicherer geführt werden. Eine Variante dieser Möglichkeit ist, daß die einzelnen Druckwerke getrennte Gegendruckzylinder haben. Um eine genaue Führung des Bedruckstoffs bei einer solchen Einzelbauweise zu garantieren, wird ein endloses Band benutzt. Dieses Band zieht sich durch alle Druckwerke hindurch und ist in sich geschlossen. Durch ein solches Trägerband kann der Bedruckstoff in der gleichen Genauigkeit wie bei den Einzylinder-Druckmaschinen geführt werden.

Nach dem Bedrucken müssen die Druckfarben, besonders wenn sie wasserverdünnt sind, getrocknet werden. Hierzu verwendet man Heißlufttrockner. Die heiße Luft wird durch Düsen mit hoher Geschwindigkeit auf die Oberfläche aufgeblasen und bringt die Verdünnungsmittel zum Verdampfen. Nach der Trocknung werden die Bahnen entweder als Rollen für eine weitere Verarbeitung wieder aufgewickelt oder durch einen Querschneider in einzelne Formate zerschnitten. Eine Koppelung der F.-Maschine mit weiteren Verarbeitungsmaschinen, wie z. B. rotativen Stanzen, ist möglich.

Durch die Entwicklung auf dem Gebiete der Rohstoffe für die Druckformen, der Druckfarben und der Maschinenkonstruktionen ist der F. heute zu einem den anderen als gleichwertig zu betrachtenden →Druckverfahren geworden. Er hat sich ein breites Einsatzspektrum von der Zeitung bis zu den Verpackungsmitteln und anderen Produkten erarbeitet. *Paris*

Fliehkraft.

1. Kupplung. Die F.-K. ist eine drehzahlbetätigte Schaltkupplung. Durch die Drehzahl der Antriebswelle werden auf bewegliche Reibkörper Fliehkräfte ausgeübt, die dann den An- mit dem Abtrieb reibschlüssig verbinden. Das übertragbare Drehmoment steigt quadratisch mit der Antriebsdrehzahl. Je nach Art der Reibkörper unterscheidet man F.-K. (Bild 1) mit nur wenigen Reibkörpern in Form von Backen oder Segmenten oder Füllstoff-Kupplungen

mit einer Vielzahl von Reibkörpern in Form von Pulver (Bild 2), Kugeln oder Rollen. Die Föttinger-Kupplung (Bild 3) ist eine F.-K. mit einer Flüssigkeitsfüllung. Die Fliehkörper-Kupplungen haben den Vorteil, daß sie unterhalb einer bestimmten

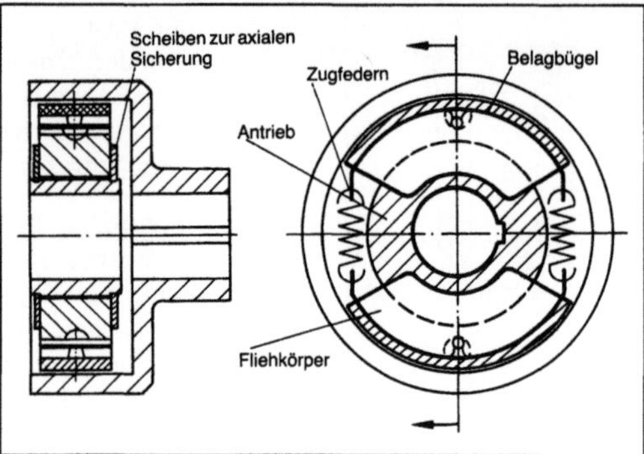

Fliehkraft-Kupplung 1: Fliehkörper-Kupplung. (Quelle: Suco)

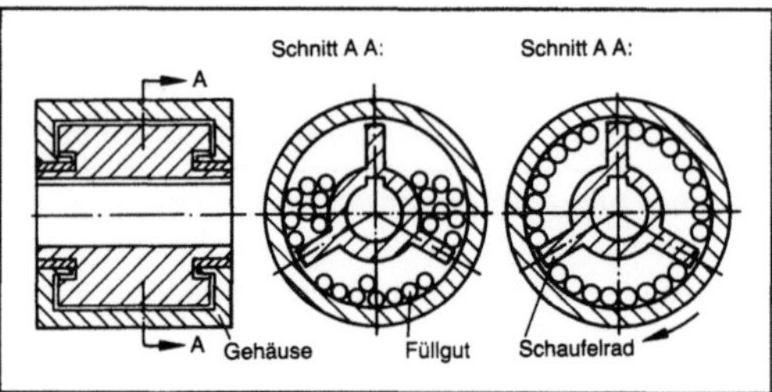

Fliehkraft-Kupplung 2: Füllstoffkupplung (hier mit Stahlkugeln). (Quelle: Metalluk)

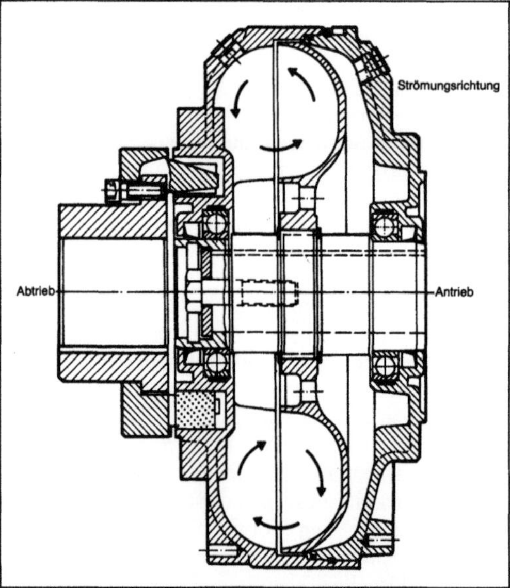

Fliehkraft-Kupplung 3: Föttinger-Kupplung. (Quelle: Flender)

Drehzahl den Abtrieb vollständig vom Antrieb trennen, weil die Fliehkörper erst nach Überwindung einer bestimmten Federkraft den Reibschuß herstellen. Füllstoff-Kupplungen übertragen dagegen immer ein geringes Restdrehmoment, was zu Verlusten und Erwärmung führt. F.-K. werden als Anlauf- und Sicherheitskupplungen angewendet. *Ehrlenspiel*

2. Pendel. Ein starrer Körper, der an einem mit der Winkelgeschwindigkeit Ω umlaufenden →Rotor pendelnd befestigt ist und Schwingungen im Fliehkraftfeld ausführen kann. Die Kreisfrequenz ω_0 der Eigenschwingungen ist der Drehfrequenz proportional. Bei Bifilaraufhängung (Bild) gilt $\omega_0^2 = \Omega^2$ r/l unabhängig von der Massengeometrie. Das F.P. findet als →Schwingungstilger in Kolbenmaschinen Verwendung, um erzwungene Drehschwingungen zu mindern. Es wird auf eine bestimmte Ordnung der Erregerfrequenzen abgestimmt und erzwingt dort, wo es befestigt ist, bei jeder Drehzahl einen Schwingungsknoten der zugehörigen Schwingungsform. *Witfeld*

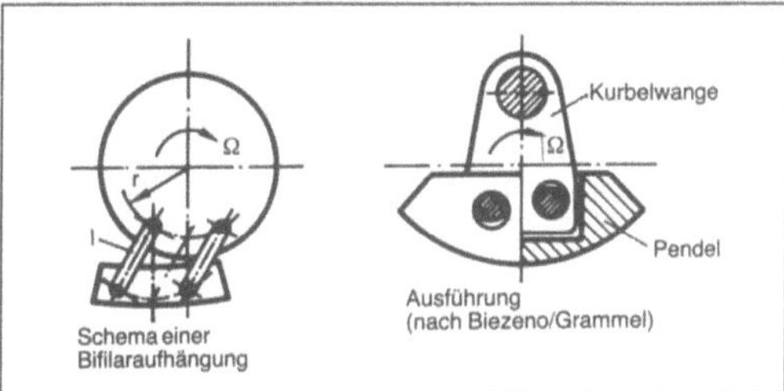

Fliehkraftpendel.

3. Riemen. Aus der tangentialen F.-spannung σ_t in einem dünnen →Ring mit mittlerem Radius r und Dichte ρ, $\sigma_t = \rho r^2 \omega^2 = \rho v^2$ folgt die F. F_f in einem homogenen umlaufenden →Riemen eines Zugmittelgetriebes mit Riemenquerschnitt A: $F_f = \sigma_t A = \rho v^2 A$. Durch Erweitern der Gleichung mit der Längeneinheit l wird $F_f = \rho v^2 A$ l/l $= v^2(\rho V)/l = q v^2$, mit q Masse des Zugmittels je Längeneinheit (kg/m). In dieser Form ist die Gleichung auch für die nicht homogenen Ketten anwendbar. F_f hängt nicht vom Scheibenradius ab und wirkt auch in den gestreckten Trumen, die die im Bereich der →Umschlingungswinkel entstehende tangentiale F. F_f an den Auf- und Ablaufpunkten (A und C, →Flachriemengetriebe) abstützen müssen. *H. W. Müller*

4. Rückbiegung. Ein senkrecht zu einer Drehachse montierter stabförmiger Körper erfährt infolge der Fliehkräfte reine Zugbeanspruchungen ohne Biegung. Wird der Stab aus dieser radialen Position durch Kräfte quer zur Stabachse ausgelenkt, so versucht die Fliehkraft, ihn wieder in diese gestreckte Lage zurückzubiegen (Bild 1).

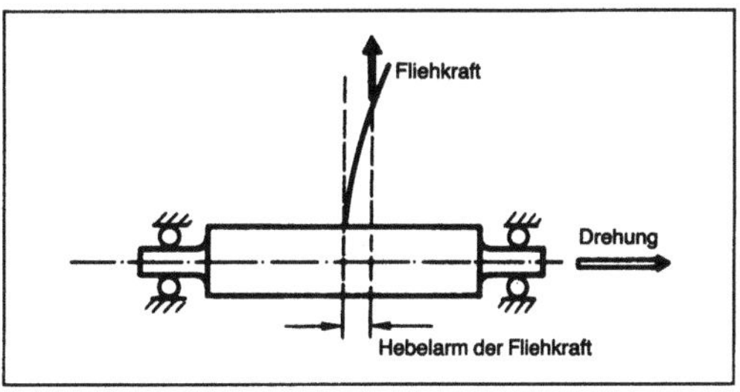

Fliehkraftrückbiegung 1: Fliehkraftrückbiegung eines elastischen Stabes.

Wie groß der Effekt der F. sein kann, erkennt man an den extrem biegeelastischen Rotorblättern eines Hubschraubers (Bild 2). Im Stillstand unter der Wirkung ihres geringen Eigengewichts verformen sie sich erheblich. Im Fluge sind sie jedoch imstande, die viel größeren Auftriebskräfte ohne nennenswerte Durchbiegung auf den Rotorkopf zu übertragen.

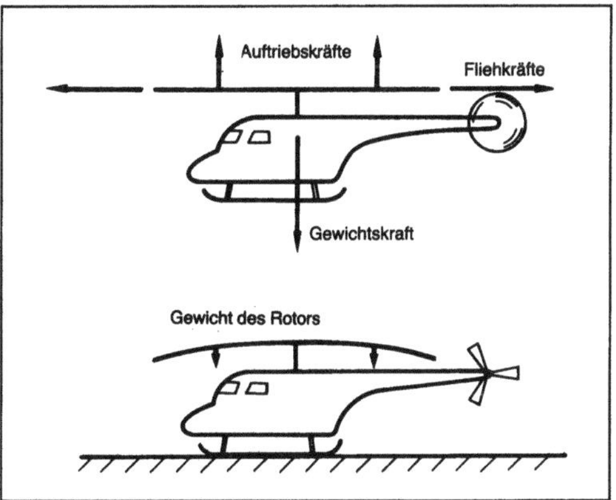

Fliehkraftrückbiegung 2: Fliehkraftrückbiegung beim Hubschrauberrotor.

Im Maschinenbau wird die F. z. B. zur Entlastung der langen Turbinenschaufeln im Niederdruckteil ausgenutzt (Schaufel im Fliehkraftfeld). *Witfeld*

Fließverhalten. Das F. von Emulsionen, Suspensionen, Schlämmen und Schmelzen ist von großer Bedeutung für die Strömung in Rohren, Kanälen, Extrudern und Pumpen sowie für das Mischen und Zerstäuben. Die dynamischen Viskositäten η variieren dabei über viele Zehnerpotenzen ($\eta_{Luft} = 18 \cdot 10^{-6}$ Pa·s, $\eta_{Bitumen} = 10^5$ Pa·s). Es wird durch die Eigenschaften der Fluidmoleküle und deren Wechselwirkungen bestimmt. Man unterscheidet zwischen newtonschem und nicht-newtonschem F.

Beansprucht man eine →Newton-Flüssigkeit in einem Spalt mit einem konstanten Geschwindigkeitsgradienten dw/dz = w_{max}/z_0 (Bild 1), stellt sich

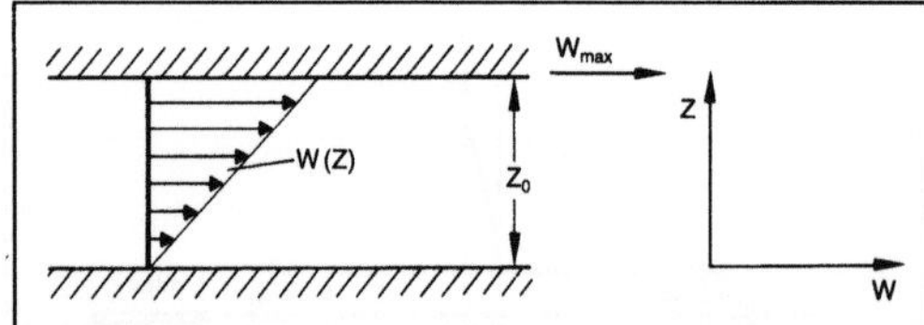

Fließverhalten 1: Geschwindigkeitsverlauf zwischen 2 parallelen Platten.

proportional zur Beanspruchung eine Schubspannung ein:

$$\tau = \eta \cdot dw/dz.$$

Dabei nimmt die dynamische Viskosität mit der Temperatur bei Gasen zu und bei Flüssigkeiten ab. Nur Gase und Flüssigkeiten mit geringer Molmasse (z. B. Wasser) sind newtonsche Stoffe; Suspensionen und Emulsionen nur, wenn der Volumenanteil an disperser Phase gering ist.

Bei Nicht-Newton-Flüssigkeiten tritt zusätzlich noch eine Abhängigkeit vom Geschwindigkeitsgradienten, manchmal auch noch von der Zeit auf, so daß

$$\eta = f(\text{Stoff}, T, p, dw/dz, t).$$

Deshalb muß man zwischen zeitabhängigen und zeitunabhängigen Stoffen unterscheiden. Daneben kann auch noch viskoelastisches F. auftreten, bei dem neben dem Fließen auch elastische Deformation eintritt, z. B. Gelatine, Teig (Bild 2).

Strukturviskose Stoffe verflüssigen sich unter Scherbeanspruchung (Kunstharzfarben). Mit zunehmendem Geschwindigkeitsgradienten nimmt die Viskosität ab. Dilatantes F. zeigt das umgekehrte Bild (Suspensionen mit hohem Feststoffgehalt).

Plastische Stoffe fließen erst ab einer bestimmten Mindestschubspannung (Fette, Zahnpasta, Schokolade).

Bei thixotropem F. nimmt die Viskosität bei Beanspruchung zeitlich auf ein Minimum ab und kommt während der Regeneration wieder auf ihren Anfangswert. Rheopexie ist die umgekehrte Erscheinung (→Gleitlager, fettgeschmiertes).*Greif*

Flocke-Veredelung →Textilausrüstung, →Warenführung

Florgewebe. F. sind Gewebe, die ein- oder beidseitig entweder eine haarige Decke aus Fasern oder Fäden haben oder mit Faser- oder Fadenschlaufen besetzt sind. Die Gesamtheit der aus dem Grundgewebe herausragenden Faser- oder Fadenstücke nennt man Flor. Der Flor kann entweder Faserflor oder Fadenflor sein. Der Flor ist das bestimmende Qualitätsmerkmal der F. Deshalb wird bei diesen Geweben die dritte Dimension, also die Dicke des Gewebes, die hauptsächlich durch den Flor gebildet wird, besonders herausstellt, ganz im Gegensatz zu den Flachgeweben.

Faser-F. entstehen durch ein- oder beidseitiges Rauhen bzw. Herausziehen einzelner Fasern aus dem Kett- und/oder Schußfadenverband. Eine Variante von Faserflorflächen entsteht durch (elektrostatisches) Beflocken auf Flächengebilde wie Vliese, Gewebe usw., wobei die Haftung der Fasern auf der Fläche durch Kleben oder durch chemische bzw. thermische Reaktionen erfolgt. Bei Faden-F. besteht der Flor aus einer Vielzahl von Florfäden, die im Grundgewebe eingebunden sind. Entsprechend der Einbindung der Florfäden als Schuß- oder Kettfäden unterscheidet man zwischen Schuß-F.

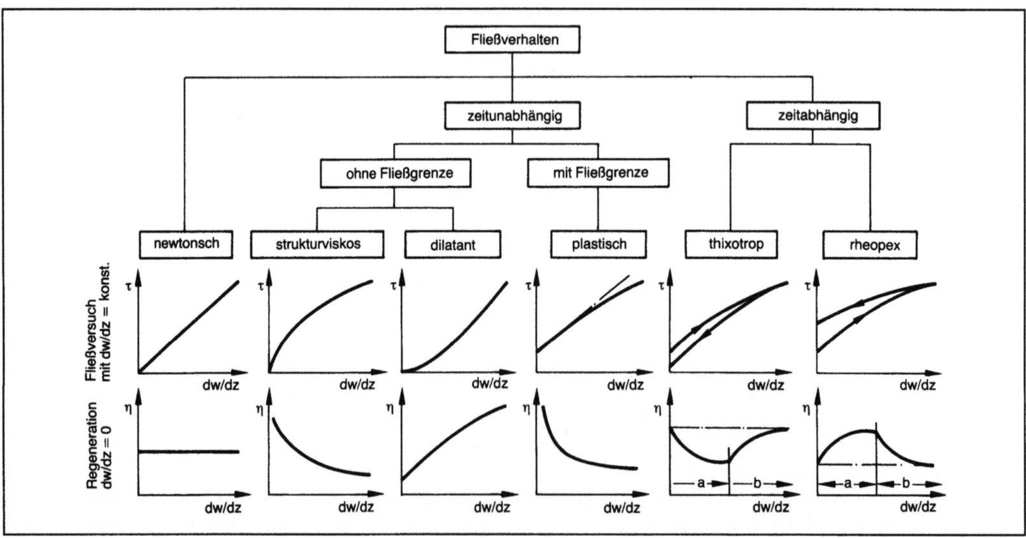

Fließverhalten 2: Übersicht.

und Kett-F. Zu den Schuß-F. gehören Chenille-Gewebe, Frottee-Gewebe, Schußsamt, Cord und Knüpfteppiche. Zu den Kett-F. gehören Frottier-Gewebe, Samt und Plüsch sowie (mechanisch) gewebte Teppiche.

Erforderlich für die Herstellung von Schuß-F. (Ausnahme: Knüpfteppiche) sind lediglich die beiden Fadensysteme Kette und Schuß, wobei das Schußfadensystem abwechselnd den Grundschuß und den Florschuß bilden muß. Hergestellt werden diese F. auf üblichen Webmaschinen, die für die Fachbildung aber eine Schaft- oder →Jacquardmaschine benötigen, um die geforderte Bindungsvielfalt für den Eintrag als Grund- und als Florschuß zu ermöglichen. Kett-F. erfordern für ihre Herstellung außer dem üblichen Kett- und Schußfadensystem mindestens ein weiteres Fadensystem, die Florkette, auch Polkette genannt. Die durch den →Webvorgang gebildeten Schlingen der Florkette können entweder ungeschnitten bleiben – es entsteht eine sog. Schlingenware – oder sie werden aufgeschnitten – es entsteht eine geschnittene Ware, Velours genannt. Hergestellt werden Kett-F. auf besonderen Webmaschinen, die alle das dritte Fadensystem, die Florkette, beinhalten. Man unterscheidet das Frottier-Webverfahren für Frottiergewebe und das Längsruten-, Querruten- und Doppelwerk-Webverfahren für (Kett-) Samt, Velours und Plüsch. *Kohlhaas*

Flügelprofil. Die Querschnittform eines Flügels in Strömungsrichtung, ein sehr wichtiges Bestimmungsstück für die Eignung eines →Flugzeugs für bestimmte Aufgaben. Das F. wird charakterisiert durch Dicke und Dickenverteilung, Wölbung und Wölbungsverteilung, Krümmungsverlauf, Nasenradius und Hinterkantenwinkel. Die Profileigenschaften (Auftrieb, Widerstand und Moment) werden im Windkanal als Funktion des Anstellwinkels bei verschiedenen Reynolds- und Mach-Zahlen in der Form dimensionsloser Beiwerte ermittelt und im Polardiagramm (Widerstand und Moment in Abhängigkeit vom Auftrieb) oder in Abhängigkeit von Anstellwinkel, Mach-Zahl, Reynolds-Zahl usw. dargestellt (Bild 1 und 2).

Je nach Verwendungszweck der Flugzeuge und Wichtigkeit der verschiedenen Profileigenschaften sind die Profilformen verschieden gewählt. Mit Rücksicht auf den induzierten Widerstand (große Spannweite, geringes Gewicht) sollten sie möglichst dick, mit Rücksicht z. B. auf den Widerstand bei Annäherung an die Schallgeschwindigkeit sollten sie möglichst dünn sein. Mit Rücksicht auf ein kleines Längsmoment sollte die größte Wölbung möglichst weit vorn, mit Rücksicht auf die Anwendbarkeit höherer Auftriebsbeiwerte bei hohen Mach-Zahlen sollte sie weit hinten liegen.

Die Druckverteilung und damit auch die Verteilung des Auftriebs werden durch die Kontur und

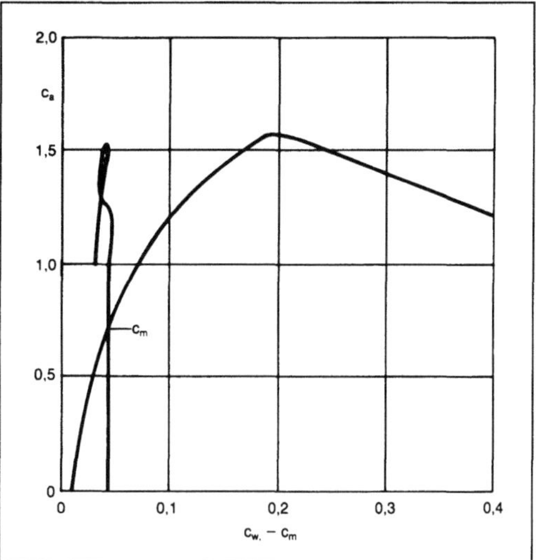

Flügelprofil 1: Polardiagramm eines Tragflügelprofils.

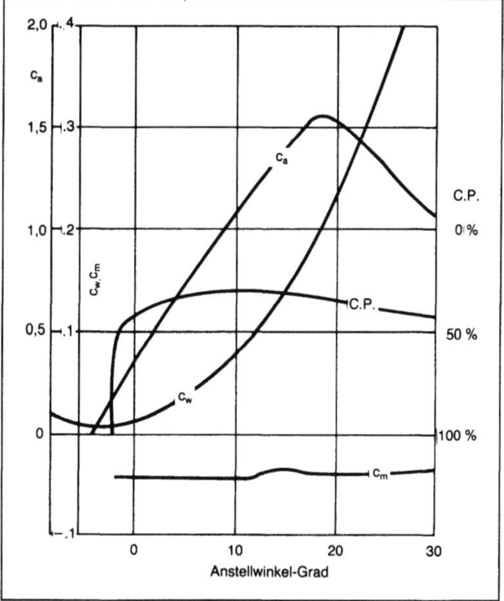

Flügelprofil 2: Charakteristik eines Tragflügelprofils.

den Anstellwinkel bestimmt. Dabei werden die vom Anstellwinkel bedingten Drücke den von der Kontur abhängigen überlagert.

Die vom Anstellwinkel abhängige Auftriebsverteilung ist mit Hilfe des Belegens des Streckenprofils mit Potentialwirbeln leicht berechenbar. Die hinteren Wirbel erzeugen am Ort der vorderen einen Aufwind, die vorderen am Ort der hinteren einen Abwind. Das ergibt eine Auftriebsverteilung, die an der Eintrittskante eine gegen unendlich strebende Spitze hat und an der Hinterkante auf null abfällt. Sie wird durch die Gleichung

$$a(x) = 4 \cdot \alpha \sqrt{\frac{t-x}{x}}$$

beschrieben oder, was dasselbe Ergebnis liefert, an Stelle der Wurzel durch cot $\varphi/2$ in Abhängigkeit von sin φ, wobei φ im Einheitskreis über der Flügeltiefe gemessen ist. Natürlich erreicht die Spitze in der Wirklichkeit nur einen realen Wert, was aber auf das Gesamtergebnis nur einen verschwindenden Einfluß hat. Zum Vergleich ist der Auftrieb, d. h. die Summe aus negativen Drücken an der Oberseite und positiven Drücken an der Unterseite eines 12 % dicken nicht gewölbten Profils, in die Darstellung für das Streckenprofil eingetragen.

Der Schwerpunkt der vom Anstellwinkel abhängigen Verteilung liegt in ¼ der Tiefe. Das gilt für das Streckenprofil genau so wie für das dicke gerade (symmetrische) oder gewölbte Profil, d. h. heißt bei Vergrößerung des Anstellwinkels greift der zusätzliche Auftrieb in t/4 an.

Mit Annäherung an die Schallgeschwindigkeit nehmen die Drücke in erster Näherung mit

$$\frac{1}{\sqrt{1-M^2}}$$

zu und ebenso der Auftriebsanstieg, das ist die Zunahme des Auftriebs mit dem Anstellwinkel. Dies gilt bis zum Erreichen der kritischen Mach-Zahl, d. h. der Mach-Zahl, bei der örtlich die Schallgeschwindigkeit erreicht oder überschritten wird. Normalerweise vollzieht sich die Verzögerung aus der örtlichen Überschall- in die Unterschallströmung durch einen Verdichtungsstoß. Der damit verbundene Druckverlust führt, wenn niedrig, zu

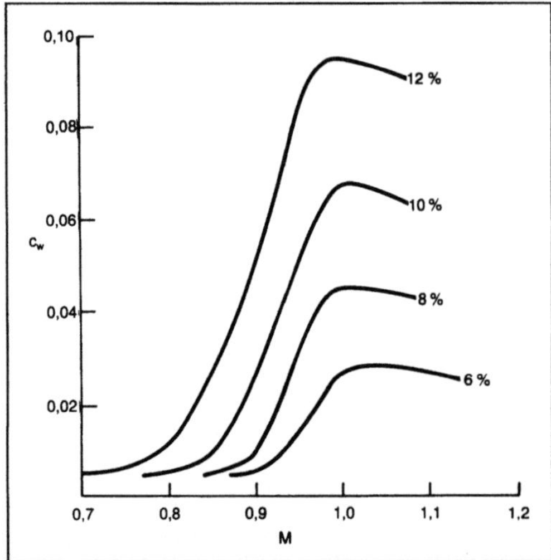

Flügelprofil 3: Profilwiderstand in Abhängigkeit von der Mach-Zahl.

einem erhöhten Druckwiderstand oder, wenn der Stoß stark genug ist, zur Grenzschichtablösung und damit zu einem hohen Formwiderstand (Bild 3 bis 5).

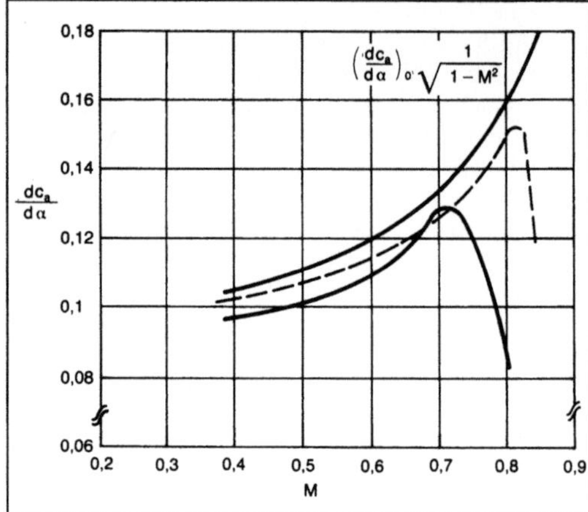

Flügelprofil 4: Auftriebsanstieg abhängig von der Mach-Zahl.

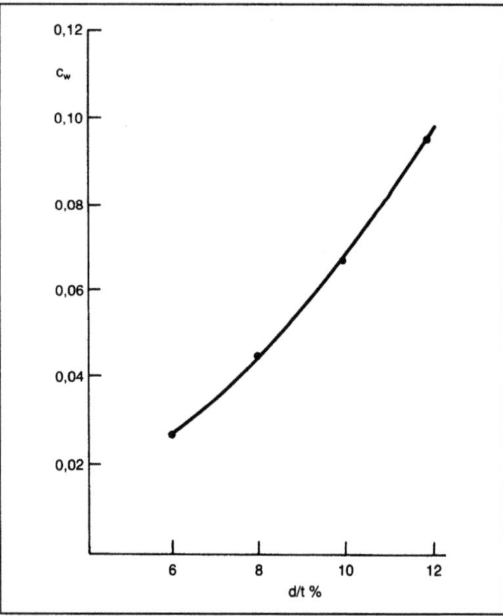

Flügelprofil 5: Profilwiderstand bei M=1.

Seit einigen Jahren wird den überkritischen Profilen erhöhte Aufmerksamkeit und Forschung gewidmet, da mit ihnen infolge größerer zulässiger Dicke und Mach-Zahl die Wirtschaftlichkeit von Verkehrsflugzeugen erhöht werden kann.

An ihnen erfolgt der Druckanstieg aus dem örtlichen Überschallgebiet nicht in einem geraden Stoß, sondern in einem Feld schräger Verdichtungs- und Verdünnungsstöße (Bild 6).

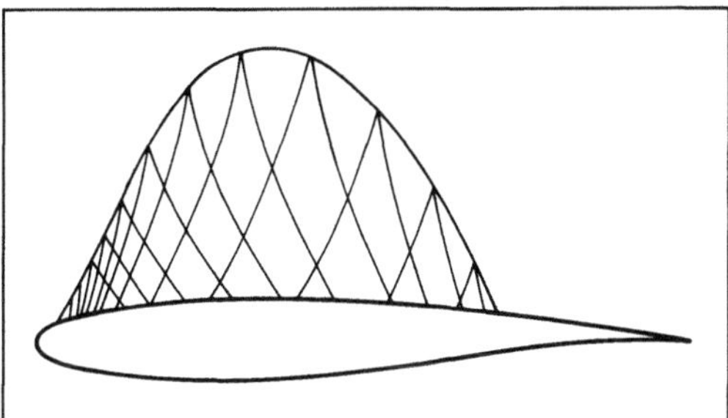

Flügelprofil 6: Stoßfreies Überschallfeld eines über-kritischen Profils.

Es wird dies im wesentlichen durch große Nasen-radien und eine geringe Krümmung der Oberseite erzielt, die aber im vorderen Teil eine gegenüber konventionellen Profilen stärkere Auswölbung der Unterseite bedingt, was negative Drücke, also Auf-triebsminderung, verursacht. Zum Ausgleich dessen wird im rückwärtigen Teil durch starke Einwölbung der Unterseite erhöhter Auftrieb erzeugt. Es ergibt sich so die charakteristische Form der überkriti-schen Profile (Bild 7).

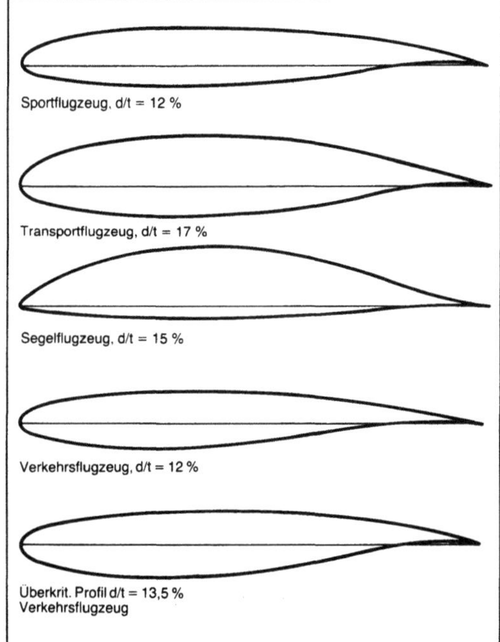

Flügelprofil 7: Charakteristische Tragflügelprofile.

Natürlich tritt am überkritischen Profil bei ernst-lichem Überschreiten von Mach-Zahl oder Auf-triebsbeiwert, die der Auslegung zugrunde gelegt wurden, ebenfalls ein Verdichtungsstoß auf mit je nach Lage größerem oder kleinerem Widerstands-zuwachs (Bild 8).　　　　　　　　　　*Kosin*

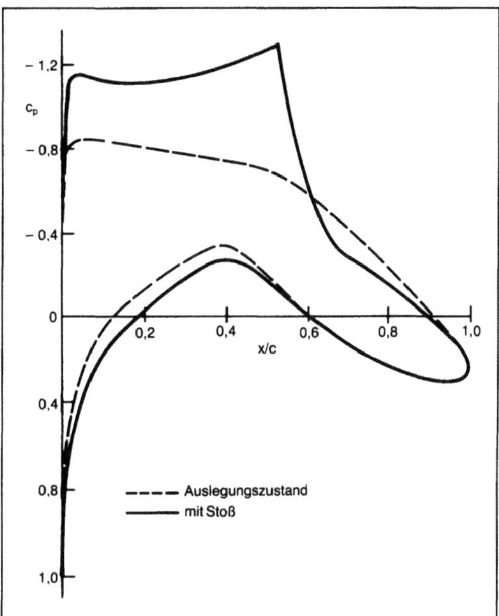

Flügelprofil 8: Druckverteilung an einem überkriti-schen Profil.

Flüssigkeit, ideale. Modell einer F. mit den folgen-den Eigenschaften: Das von der Masse m [kg] eingenommene Volumen V [m³], das spezifische Volumen v [m³/kg], ist weder von der Temperatur noch vom Druck abhängig; es gilt die thermische Zustandsgleichung

$$v = 1/\varrho = \text{konst.}$$

Die spezifischen Wärmekapazitäten bei konstan-tem Druck c_p [J/kgK] und bei konstantem Volumen c_v [J/kgK] sind einander gleich und hängen nur von der Temperatur ab. Der Isentropenexponent

$$k = -\frac{v}{p}\left(\frac{\partial p}{\partial v}\right)_s,$$

d. h., die relative Änderung des spezifischen Volu-mens mit dem Druck bei einer isentropen Zustands-änderung, ist gleich dem isothermen Elastizitätsmo-dul:

$$\gamma = -\frac{v}{p}\left(\frac{\partial p}{\partial v}\right)_T.$$

Beide sind unendlich groß. Der Isenthalpenexpo-nent

$$m = -\frac{v}{p}\left(\frac{\partial p}{\partial v}\right)_h,$$

d. h. die entsprechende Verknüpfung des spezifi-schen Volumens und des Drucks bei einer isenthal-pen Zustandsänderung, hat ebenfalls den konstan-ten Wert $+\infty$.

Die Schallgeschwindigkeit

$$c_s = \sqrt{\left(\frac{\partial p}{\partial \varrho}\right)_s}$$

ist ebenfalls unendlich groß.

Die Zustandsgleichung der i. F. ist im Gegensatz zu jener des idealen Gases kein Grenzgesetz. Sie beruht vielmehr auf der Annahme, daß auch die Abhängigkeit des spezifischen Volumens von der Temperatur (und nicht nur die vom Druck) vernachlässigbar sei. Diese Annahme ist nur bei Vorgängen mit kleinen Temperaturänderungen zulässig.

Weil die genannten Größen (Isentropen-, Isenthalpenkoeffizient und Schallgeschwindigkeit) Ableitungen (partielle Differentiationen) enthalten, sind sie für wirkliche F. zwar sehr groß, aber nicht unendlich. So beträgt die Schallgeschwindigkeit von destilliertem Wasser bei 25 °C 1496,7 m/s und von Seewasser bei 25 °C 1531 m/s; mit steigender (fallender) Temperatur nimmt sie um 2,4 m/sK ab (zu).

In technischen Anlagen werden reine F., aber auch Gemische aus chemisch voneinander verschiedenen Stoffen verwendet.

Gemische von F. sind keine idealen Mischungen, denn die Wechselwirkungen zwischen den Molekülen der voneinander verschiedenen Stoffe sind wegen der großen Dichte viel stärker als in Gasen. Sie können in vielen Fällen dennoch der genannten thermischen Zustandsgleichung genügen. Ihr spezifisches Volumen und ihre spezifische Wärme sind jedoch nicht aus den Summen der entsprechend anteilig gewogenen Einzelwerte zu bestimmen; sie sind vielmehr um die Exzeßgrößen davon verschieden. Über deren Bestimmung in Abhängigkeit von Druck, Temperatur und Gemischzusammensetzung sind Angaben in der Spezialliteratur zur Thermodynamik der Gemische zu finden.

Das →Arbeitsfluid Wasser von →Pumpen und Wasserturbinen kann bei den in diesen Maschinen auftretenden Temperaturänderungen von bis zu ca. 8 K als i. F. gelten.

Die Berechnung der zur Druckerhöhung aufzuwendenden und bei der Druckabsenkung gewonnenen Arbeit wird dadurch vereinfacht. In beiden Fällen bewirken die Verluste eine Temperaturerhöhung. Sie läßt sich zum Bestimmen des Wirkungsgrads solcher Maschinen heranziehen. *Pitt*

Literatur: *Schmidt, E., K. Stephan u. F. Mayinger:* Technische Thermodynamik. Bd. 2: Mehrstoffsysteme und chemische Reaktionen. 11. Aufl. Berlin, Heidelberg 1977.

Flüssigkeitskühlung →Wasserkühlung

Flüssigkeitsraketentriebwerk. Raketenantrieb aus der Gruppe der chemischen Raketentriebwerke, der mit flüssigen Treibstoffen betrieben wird. Das Raketentriebwerk mit den Einrichtungen zur Förderung der Treibstoffe und die Flüssigkeitstanks für Oxidator und →Brennstoff sind getrennte Baukomponenten. Der Aufbau ist komplizierter als der eines Feststoffraketentriebwerks.

Aufbau: Ein F. besteht aus drei Einheiten, dem Triebwerk, dem →Fördersystem mit den Steuerungs- und Regelungsorganen und den Treibstofftanks. Letztere werden oft nicht zum Antrieb gezählt, sondern als Element einer Flüssigkeitsrakete betrachtet.

Das Triebwerk (Bild) umfaßt die →Brennkammer mit der Düse und dem Kühlsystem und den Einspritzkopf. Die flüssigen Treibstoffe werden dabei durch das Einspritzorgan, das am Kopfende der Brennkammer angebracht ist, in dünnen Strahlen (z. T. ähnlich einer Brause) in die Brennkammer eingespritzt, vermischt und verbrannt. Der Aufbau von Brennkammer und Düse wird durch die Wahl des Kühlsystems beeinflußt. Bei einer Regenerativkühlung erfolgt ein Zwangsumlauf einer oder beider Treibstoffkomponenten um Brennkammer und Düse in dünnwandigen Röhrchen, die selbst die Wand darstellen können (Röhrchenbrennkammer, -düse), im Spalt zwischen zwei Mänteln oder in Kanälen, die in die Wand eingearbeitet sind. Diese Art der Kühlung hat sich bei Hochleistungsraketenmotoren durchgesetzt. Einfachere Kühlmethoden sind die Schleierkühlung, bei der ein Flüssigkeitsfilm (Brennstoff) an der Brennkammerwand eingebracht wird, die Ablationskühlung und die Strahlungskühlung, bei der die Wärme nach außen abgestrahlt wird. Die Brennkammer ist meist zylindrisch ausgeführt, an die sich eine Lavaldüse mit kegeligem oder glockenförmigem Erweiterungsteil anschließt. Als Werkstoffe für Brennkammer und Düse werden Aluminium, Kupfer, Nickel, hochfeste Stähle und hochschmelzende Metalle wie Niob oder Molybdän sowie Materialien auf der Basis von Glas-, Asbest- oder Kohlenstoff-/Graphit-Gewebe verwendet.

Die Treibstofförderung kann nach zwei Verfahren erfolgen: Druckgasförderung und Pumpenförderung. Bei der Druckgasförderung wird der Treibstofftank mit einem Inertgas, das einem Druckgas-

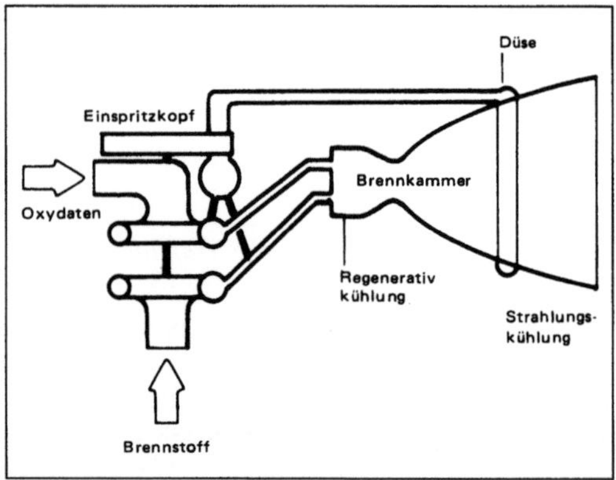

Flüssigkeitsraketentriebwerk: Schema.

behälter hohen Speicherdruckes (mehrere 100 bar) oder einem Gasgenerator entnommen wird, beaufschlagt. Die Tanks müssen in diesem Fall entsprechend dem Brennkammerdruck ausgelegt werden und sind dadurch entsprechend schwer.

Bei Pumpenförderung werden die Treibstoffe mittels einer Turbopumpe (Kreiselpumpe mit einer Gas- oder Dampfturbine zum Antrieb) in die Brennkammer eingebracht. Man unterscheidet entsprechend dem Pumpenantrieb Haupt- und Nebenstromförderung. Bei der Nebenstromförderung wird ein kleiner Teil der normalen Treibstoffe abgezweigt, in einem kleinen Raketentriebwerk, das als Gasgenerator bezeichnet wird, verbrannt und das Brenngas zum Antrieb der →Turbine verwendet. Der Treibstoffnebenstrom beträgt etwa 1–2 % des gesamten Treibstoffdurchsatzes. Die Turbinenabgase werden entweder direkt abgestoßen oder in die Düse stromabwärts vom engsten Querschnitt eingeblasen. Die meisten Großtriebwerke arbeiten nach diesem Prinzip. Das Hauptstromverfahren ist dadurch gekennzeichnet, daß die Treibstoffe, die zum Turbinenantrieb dienen, in die Brennkammer eingebracht werden können, so daß Leistungsverluste, wie sie mit dem Nebenstromverfahren verbunden sind, vermieden werden. Beim Hauptstromverfahren nach dem Verdampfungssystem wird eine Treibstoffkomponente im Kühlsystem auf eine so hohe Temperatur gebracht, daß sie in Dampfform vorliegt. Der Dampf wird in der Turbine entspannt und anschließend in die Brennkammer eingeblasen. Der bisher einzige Vertreter dieses Turbopumpentyps ist das RL-10-Triebwerk. Als K-Antriebsmedium wird →Wasserstoff verwendet. Das andere Hauptstromverfahren basiert auf einer gestuften →Verbrennung. Wie beim Nebenstromverfahren wird ein Teil des Treibstoffs für den Turbinenantrieb verwendet. Jedoch sind die Massendurchsätze und Drücke wesentlich höher als bei diesem, so daß der Turbinenausgangsdruck noch über dem Brennkammerdruck liegt. Nahezu der gesamte Durchsatz einer Treibstoffkomponente und ein entsprechender Anteil der zweiten werden bei diesem Verfahren für den Antrieb der Pumpen benötigt. Dieses Antriebsprinzip wird beim Haupttriebwerk des Raumtransporters verwendet. Treibstoffe für F. werden nach den Kriterien lagerfähig und kryogen, die Kombinationen mit mittelenergetisch, hochenergetisch und hypergol klassifiziert.

Lagerfähige Treibstoffe liegen unter Normalbedingungen (0,1 MPa, 298 K) als Flüssigkeit vor. Darunter fallen Ethylalkohol, Benzin (Kerosin), Hydrazin, Distickstofftetroxid und unsymmetrisches Dimethylhydrazin.

Kryogene Treibstoffe sind verflüssigte Gase wie flüssiges Fluor (LF_2), flüssiger Sauerstoff (LO_2, LOX: Liquid Oxygen) und flüssiger Wasserstoff (LH_2: Liquid Hydrogen).

Die Leistung mittelenergetischer Treibstoffkombinationen reicht von etwa 250 bis 350 s (7 MPa Brennkammerdruck, 70:1 Entspannung). Hierunter fallen flüssiger Sauerstoff/Benzin und Distickstofftetroxid/unsymmetrisches Dimethylhydrazin. Diese Kombinationen werden vor allem für Grund- oder Boosterstufen verwendet, für Langzeitmissionen im Weltraum und für Waffensysteme. Hochenergetische Kombinationen sind flüssiger Sauerstoff/flüssiger Wasserstoff und flüssiges Fluor/flüssiger Wasserstoff oder Hydrazin. Die Leistung reicht bis über 410 s.

Hypergole Raketentreibstoffe sind die Kombinationen mit Fluor und die von Distickstofftetroxid (oder Salpetersäure) mit Hydrazin oder Dimethylhydrazin.

Anwendung: F. werden vor allem in der Raumfahrt eingesetzt (Tabelle). Die hohe Leistung und

Flüssigkeitsraketentriebwerk. Tabelle: Typen.

Bezeichnung	Land/Hersteller	Anwendung	Treibstoff	Schub kN	Masse kg	Kammerdruck MPa
10 N-TW	Deutschland/MBB	Lageregelung	N_2O_4/UDMH	0,01	0,15	0,87
400 N-TW	Deutschland/MBB	Bahneinschuß	N_2O_4/UDMH	0,40	2,0	0,70
HM 7	Frankreich-Deutschland/SEP-MBB	Ariane 3. Stufe	LO_2/LH_2	60	140	3
SSME	USA/Rocketdyne	Raumtransporter	LO_2/LH_2	2090	3000	20,5
F1	USA/Rocketdyne	Saturn 1. Stufe	LO_2/Benzin	7750	8600	6,6
RD-119	ehem. Sowjetunion	Kosmos-Trägerrakete	LO_2/UDMH	112	—	8,0
Viking IV	Frankreich/SEP	Ariane 1. Stufe	N_2O_4/UDMH	720	750	5,3

N_2O_4 Distickstofftetroxid
UDMH   unsymmetrisches Dimethylhydrazin
LOX   flüssiger Sauerstoff
LH_2 flüssiger Wasserstoff

genaue Kontrollier- und Regelbarkeit sind für viele Missionen von entscheidender Wichtigkeit. Das Spektrum reicht von Grund- bis Kickstufenantrieben. *Braitinger, Ruppe, Schmucker*

Literatur: *Baker, D.:* The Rocket. Andorer 1978. – *Barrere, M.,* et al.: Raketenantriebe. Amsterdam 1961. – *v. Braun, W.,* u. *F. J. Ordway III:* Raketen. München 1979. – *Büdeler, W.:* Geschichte der Raumfahrt. Künzelsau 1979. – *Dadieu, A., A. Damm* u. *E. Schmitt:* Raketentreibstoffe. Wien 1968. – *Engel, R.:* Moskau militarisiert den Weltraum. Landshut 1979. – *Hutzel, D.,* u. *D. Huang:* Design of Liquid Propellant Engines. National Aeronautics and Space Administration, Washington, NASA SP-125 (1972). – *Koelle, H. H.* (Hrsg.): Handb. Astronautical Engineering. London 1960. – *Münzberg, H. G.:* Flugantriebe. Berlin 1972. – *Sutton, G. P.:* Rocket Propulsion Elements. New York 1963.

Flüssigkeitsreibung.

1. Allgemein. →Reibung in einem die Reibpartner lückenlos trennenden, flüssigen Film, der durch hydrostatische oder hydrodynamische Schmierung erzeugt werden kann (→Reibung (Mechanik)). *Habig*

2. Lagerungen. →Schmierungstheorie, elastohydrodynamische

Flugmechanik.

Flugmechanik. Lehre von der Bewegung des Flugzeugs unter dem Einfluß äußerer Kräfte: Schwerkraft, Luft-, Schub- und Trägheitskräfte. Die freie Flugbewegung hat sechs Freiheitsgrade, die starken gegenseitigen Abhängigkeiten unterworfen sind. Die vollständigen Bewegungsgleichungen sind vielgliedrig und reichlich kompliziert. Es wird deshalb, wenn irgend möglich, mit Vereinfachungen gearbeitet.

Die Bewegung des Flugzeugs im Raum, wobei es als Punktmasse behandelt wird, umfaßt die Gesamtheit der Flugleistungen, die Horizontalfluggeschwindigkeit in verschiedenen Höhen bei unterschiedlichen Drosselstellungen, die Steiggeschwindigkeit, die Bahngeschwindigkeit beim Steigen und ebenso beim Abstieg.

Zur Klarstellung des Kräfte- und Momentengleichgewichts im quasistationären Geradeausflug der Bewegung des Flugzeugs in seinen und um seine drei Achsen – im wesentlichen für die Behandlung der Seitenstabilität – eignet sich ein flugzeugfestes Koordinatensystem.

In der Leistungsrechnung ergeben sich für einen Betriebspunkt, Flughöhe und Fluggeschwindigkeit mit dem Polardiagramm, der Flugzeugmasse, der Flächenbelastung und der Triebwerkscharakteristik der Flugzeuganstellwinkel und der Bahnwinkel:

$$\text{Sinus-Bahnwinkel} = \frac{\text{Schub-Widerstand}}{\text{Masse}}.$$

Mit Bahnwinkel und Anstellwinkel sowie den genannten Flugzeugdaten erhält man die für das Kräfte- und Momentengleichgewicht notwendige Höhenleitwerkkraft (Bild 1).

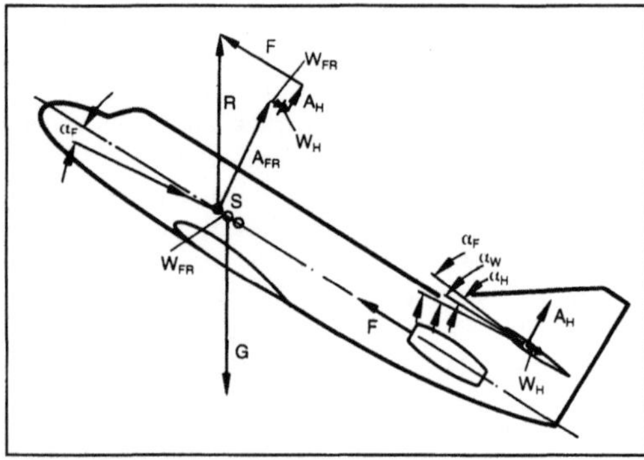

Flugmechanik 1: Kräfte am Flugzeug im stationären Geradeausflug.

Um die Momente am Flugzeug im Gleichgewicht zu halten, muß das Moment aus Auftriebskraft A_{FR} der Flügel-Rumpf-Kombination mal deren Abstand vom Schwerpunkt entgegengesetzt gleich sein dem Moment Auftriebskraft des Höhenleitwerks und dessen Abstand vom Schwerpunkt.

Der Einfachheit halber ist angenommen, daß der Triebwerksschub durch den Schwerpunkt geht. Die Momente der Widerstandskräfte sind wegen ihrer Geringfügigkeit vernachlässigt.

Die Anströmrichtung α_F des Flügels ist am Leitwerk um den Abwindwinkel α_W verringert. Mit der Strömungsrichtung am Ort des Leitwerks, den Flugzeugdaten, der Leitwerksfläche und deren Auftriebsanstieg ergibt sich der Trimmwinkel des Leitwerks für die notwendige Höhenleitwerkskraft A_H.

Für die Untersuchung der Seitenbewegung soll angenommen werden, daß Fluggeschwindigkeit, Auftrieb und Widerstand sich nicht ändern. Von den 6 Freiheitsgraden werden Seitengeschwindigkeit und Drehgeschwindigkeit um die Längs- und Hochachse für den vereinfachten Fall in Betracht gezogen (Bild 2).

Analog zu den Verhältnissen der Längsbewegung muß eine Seitenleitwerkskraft den (destabilisierenden) Momenten des Rumpfes und der übrigen

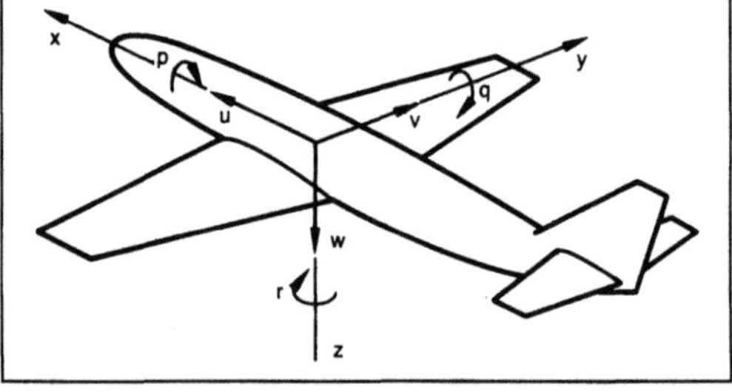

Flugmechanik 2: Seitenbewegung, flugzeugfestes Achsensystem.

v Seitengeschwindigkeit, p Drehgeschwindigkeit um die Längsachse, r Drehgeschwindigkeit um die Hochachse

Flugzeugteile das Gleichgewicht halten, wobei ähnlich dem Abwind ein Seitenwind am Seitenleitwerk wirksam wird, und zwar beim Hochdecker winkelverkleinernd, beim Tiefdecker winkelvergrößernd.

Bei Drehbewegungen um die Flugzeughochachse (Gieren) erzeugt das Seitenleitwerk ein Giermoment, das der Drehgeschwindigkeit um die Hochachse proportional ist. Dieses Moment wird als Gierdämpfung bezeichnet.

Der durch eine Rollbewegung entstandene Hängewinkel erzeugt direkt keine Rückstellkraft. Eine durch Querruderausschlag entstandene Rolldrehung führt zu einem quasistationären Gleichgewichtszustand, wenn das durch Querruderausschlag erzeugte Rollmoment dem durch die Rolldrehung entstandenen Rolldämpfungsmoment das Gleichgewicht hält.

Roll- und Gierbewegungen treten in reiner Form am Flugzeug nicht auf. Beide Bewegungen sind mehr oder weniger stark gekoppelt, und zwar absichtlich, um angenehme Flugeigenschaften zu schaffen (Flugstabilität).

Beim Schieben entsteht durch die unterschiedliche Anströmung beider Flügelhälften und die Hochlage des Seitenleitwerks das Schiebe-Rollmoment, beim Gieren infolge der unterschiedlichen Anblasgeschwindigkeit auf beiden Seiten und wegen der Hochlage des Seitenleitwerks das Gier-Rollmoment.

Bei Betätigung der Querruder entsteht durch die unsymmetrische Auftriebsverteilung eine unsymmetrische Widerstandsverteilung und damit das Querruder-Giermoment, das sofort beim Querruderausschlag einsetzt. Durch die Rollbewegung entsteht wegen unterschiedlichen Widerstandes rechts und links und wegen verschiedener Auftriebskomponenten in Richtung der Flugzeuglängsachse das Roll-Giermoment. Beide, Querruder-Giermoment und Roll-Giermoment, enthalten außerdem Seitenleitwerksanteile, die anstellwinkelabhängig sind. *Kosin*

Flugmotor. →Verbrennungsmotor für den Antrieb von Flugzeugen. Die Hauptanforderung an einen F. ist ein geringes →Leistungsgewicht. Daneben werden hohe Zuverlässigkeit und geringer Kraftstoffverbrauch gefordert (niedriger Kraftstoffverbrauch bedeutet geringes Gewicht des mitzuführenden Kraftstoffs).

Als Flugantrieb werden für größere Leistungen ausschließlich Gasturbinen eingesetzt. Nur für kleine Leistungen (Sportflugzeuge) werden noch Kolbentriebwerke verwendet. Historisch wichtig sind die konstruktiv hochinteressanten großen F. in Sternbauweise (Bild). *Kuhlmann*

Literatur: *Giger, H.:* Kolben-Flugmotoren. Stuttgart 1986.

Flugmotor: Doppel-Sternmotor „Bristol Hercules" mit 2 x 7 Zylindern, Gesamthubraum 38,7 dm³. (Quelle: Deutsches Museum München)

Flugzeug. Luftfahrzeug schwerer als Luft, bei dem der zum Fliegen notwendige Auftrieb durch aerodynamische Kräfte nach dem Prinzip des Drachens bei der Bewegung durch die Luft erzeugt wird. Daher die ursprüngliche Bezeichnung Drachen-F., die das F. von den übrigen Luftfahrzeugen (Ballons, Luftschiffe) unterscheiden sollte.

Die Komponente in Strömungsrichtung der bei der Bewegung entstehenden Luftkraft ist der →Luftwiderstand. Die notwendige Vortriebsleistung wird durch Kolben- oder Gasturbinentriebwerke über Luftschrauben oder durch Turbostrahltriebwerke erzeugt, in ganz seltenen Fällen durch Raketen. Gleit- oder Segel-F. erhalten ihren Antrieb für den Aufstieg über ein Zugseil von einem vorausfliegenden Motor-F. oder von einer Seilwinde, im freien Flug von dem Höhenverlust gegenüber der umgebenden Luft. Die Luftkraftkomponente senkrecht zur Strömungsrichtung ist der Auftrieb. Er ist ebenso wie der Widerstand abhängig von der Fluggeschwindigkeit, der Größe der Tragflächen, dem Anstellwinkel und der Luftdichte. Das F. ist nur oberhalb einer charakteristischen Mindestgeschwindigkeit flugfähig. Es benötigt daher zum Abflug (Start) zumindest diese Geschwindigkeit, die durch Anlauf am Boden erzielt wird, und es kann auch nur bei mindestens dieser Geschwindigkeit eine Landung durchführen. In Wirklichkeit ist in beiden Fällen ein Geschwindigkeitsüberschuß notwendig, um einen für das Steigen bzw. für die Vernichtung der Sinkgeschwindigkeit notwendigen erhöhten Auftrieb zu erhalten.

Das F. ist keine Erfindung, sondern das Resultat sorgfältiger Beobachtungen, Überlegungen und einfallsreichen Ingenieurdenkens. Über das gesamte 19. Jahrhundert hinweg, seit dem Beginn des technischen Zeitalters, haben sich Einzelpersonen und Gruppen mit dem Phänomen der dynamischen

Luftkräfte und deren Anwendbarkeit für das Fliegen auseinanderzusetzen versucht, obwohl die praktische Anwendung dieser Kräfte am Segel und an der Windmühle seit Jahrtausenden tagtäglich im Gebrauch war.

Otto Lilienthal war der erste, der in Zusammenarbeit mit seinem Bruder *Gustav* auf Grund von mit einfachen Mitteln, aber mit großer Ausdauer und viel Scharfsinn durchgeführten Versuchen ingenieurmäßig überlegte Gleit-F. baute und mit diesen viele Gleitflüge z. T. über für die Zeit beträchtliche Strecken und Dauer durchführte. Ihm gehört das unbestrittene Primat des ersten Menschenfluges.

Ungefähr zur gleichen Zeit machte der Amerikaner *Samuel Pierport Langley* systematische Versuche mit unbemannten Flugmaschinen mit Antrieb durch Dampfmaschinen und Luftschrauben. 1896, im Jahr des Todes von *Otto Lilienthal* durch Flugunfall, gelang ihm der erste, aber unbemannte, freie Flug einer Flugmaschine, wenn man den kleinen Eindecker mit Gummimotorantrieb des Franzosen *Pénaud* aus dem Jahr 1870 nicht so nennen will. Dieses Flugmodell kam in seiner aerodynamischen Gestaltung dem heutigen F. viel näher als alles, was Jahrzehnte danach gebaut wurde.

Das Primat des ersten motorisierten bemannten Fluges wird für verschiedene Konstruktionen und Konstrukteure beansprucht. Es ist aber außer Zweifel, daß es die amerikanischen Brüder *Orville und Wilbur Wright* waren, die nicht nur Luftsprünge, sondern planmäßig gesteuerte Flüge mit Antrieb durch Motorkraft durchführten und damit der Entwicklung des F. den entscheidenden Anstoß gaben.

Mit einem von ihnen selbst geschaffenen Benzin-Kolbenmotor und den dazugehörigen Luftschrauben bauten sie ein F., mit dem sie im Jahre 1903 den ersten in die Geschichte eingegangenen motorisch betriebenen Menschenflug durchführten. Zuvor hatten sie drei Jahre lang Gleitflug- und Windkanalversuche gemacht. Im Jahre 1905 konnten sie bereits eine Strecke von 40 km in 38 min zurücklegen. Aber erst nach Vorführung ihrer F. in Europa im Jahre 1907 setzte eine stürmische Entwicklung des F. ein, die sehr bald, innerhalb von 5 oder 6 Jahren, zu verläßlichen Konstruktionen mit ansprechenden Flugleistungen führte (Bild 1).

Während des Krieges 1914–1918 wurde das F. in großer Breite entwickelt. Tausende wurden auf beiden Seiten gebaut. Der Gewinn aus den mit ihnen gewonnenen Erfahrungen für eine allgemeine, kommerzielle Luftfahrt war in den ersten Jahren nach dem Krieg nur sehr gering. Es blieb im Ausland – in Deutschland war der Umgang mit F. verboten – lange Jahre beim mit Drähten verspannten Doppeldecker, der Bauweise, die das Gros der Militär-F. beherrscht hatte. Aus dieser Zeit ragen zwei deutsche, noch während der letzten Kriegsmonate entstandene Konstruktionen hervor, die einen echten

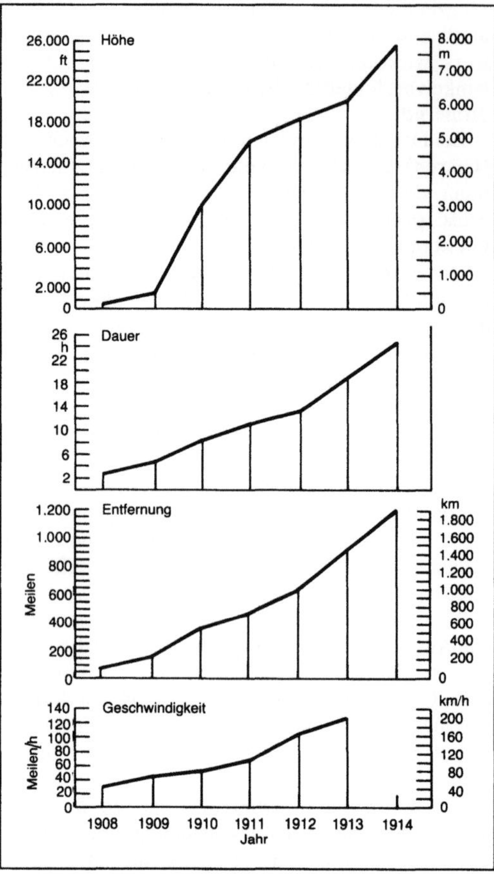

Flugzeug 1: Offizielle Flugrekorde 1908–1914.

Entwicklungssprung darstellen: das erste Ganzmetallverkehrs-F., der von *Reuter* konstruierte freitragende Eindecker Junkers F-13, und der von *Baumann* und *Rohrbach* konstruierte viermotorige Staaken-Eindecker, ebenfalls in nahezu Ganzmetallbauweise (Bild 2).

Der Geschwindigkeit, einem der Hauptvorzüge des F., ist den Jahren nach 1918 im Ausland erhöhte Aufmerksamkeit gewidmet worden. Die Erfolge dieser Bemühungen (Bild 3) beruhen im wesentlichen auf Steigerung der Leistung der durchweg Vielzylinder-Kolbenmotoren. Erst um 1930 wurden erhöhte Anstrengungen zur aerodynamischen Verfeinerung (Vermeiden von Streben und Drähten, einziehbare Fahrwerke, verbesserte Motor- und Kühlerverkleidungen, glattere Oberflächen usw.) unternommen. Nachdem diese Möglichkeiten der Leistungsverbesserung weitgehend ausgeschöpft waren und der Luftwiderstand außer dem unvermeidbaren induzierten Widerstand praktisch nur mehr aus der turbulenten Reibung der Luft an der bespülten Oberfläche bestand, wurde wiederum auf der Antriebsseite nach Verbesserungen gesucht.

Flugzeug 2: Staakener Eindecker.

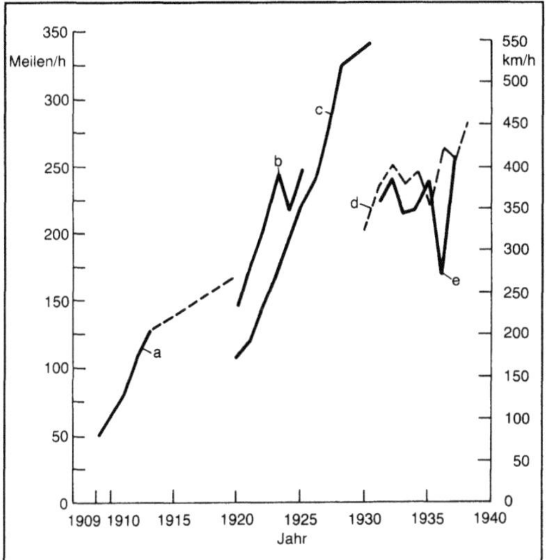

Flugzeug 3: Geschwindigkeiten bedeutender Luftrennen 1909 bis 1939.

Das bereits Ende der 30er Jahre geborene →Turbostrahltriebwerk und das daraus hergeleitete →Zweistrom-Turbostrahltriebwerk ermöglichten wegen des wesentlich geringeren Leistungsgewichts und der größeren Leistungsdichte erhöhte Flugleistungen. Daneben boten diese Strahlantriebe die Möglichkeit, den Abfall des Luftschraubenwirkungsgrads zu vermeiden, der bei der bestehenden Luftschraubentechnik ab einer Flug-Machzahl von rd. 0,65 progressiv einsetzt. Bis zum Ende der 50er Jahre flogen zivile F., mit ganz wenigen Ausnahmen, mit Luftschraubenantrieb. Erst danach setzte die Verwendung von Turbostrahltriebwerken und sehr viel später von Zweistrom-Turbostrahltriebwerken im Luftverkehr ein. Nach Einführung der Turbostrahltriebwerke sind sprunghafte Verbesserungen des F., außer der Erschließung des Überschallbereiches, für zivile F. eigentlich nur vorübergehend, nicht mehr erkennbar geworden.

Es hatte sich im Laufe von 60 Jahren von den ersten etwas unbeholfenen Versuchen zu einem gewissen Standard entwickelt, und die Standardisierung wird abgesehen von militärischen F. sowohl bei

Sport- und Privat- wie bei Verkehrs-F. immer ausgeprägter.

Heutige F. sind freitragende Eindecker mit einem als geschlossener Hohlkörper ausgebildeten Rumpf zur Aufnahme der Besatzung, der Passagiere und der Lasten, der am rückwärtigen Ende die Leitwerke für die Stabilisierung und Steuerung trägt. Die Tragfläche ist entweder an der Unterseite des Rumpfes (Tiefdecker) oder wegen der Beladbarkeit, an der Rumpfoberseite (Hochdecker) angebracht.

Das für Bewegung am Boden und für Abflug und Landung notwendige Fahrwerk besteht aus dem heute meist etwas hinter dem Schwerpunkt angeordneten Hauptfahrwerk und dem möglichst weit vor dem Schwerpunkt liegenden Bugradfahrwerk, das im Gegensatz zum Hauptfahrwerk in seiner Rollrichtung beweglich ist.

Der Ein- oder Anbau der Flugtriebwerke ist durch große Vielfalt gekennzeichnet. Bei einmotorigen F. mit Luftschraubenantrieb hat sich der schon im Anfang des Jahrhunderts als zweckmäßig erkannte Einbau im Rumpfbug vor der Besatzung erhalten. Beim mehrmotorigen F. liegen die Triebwerke rechts und links vom Rumpf in oder unter der Tragflächenvorderkante. Strahltriebwerke werden bei Verkehrs- oder Transport-F. in Gondeln entweder unter und vor der Tragfläche oder aber am Rumpfheck aufgehängt.

Bei ein- und zweimotorigen schnellen militärischen F. (Jagd- oder Kampf-F.) hat sich der Einbau innerhalb des Rumpfes möglichst weit hinten durchgesetzt.

Die Tragflächen weisen je nach Verwendungszweck und Geschwindigkeitsbereich des F. unterschiedliche Flügelformen und Querschnitte (Flügelprofile) auf. Durch bewegliche Klappen an der Hinter- und Vorderkante für die Quersteuerung und zur Erzielung erhöhten Auftriebs können die Profile erheblich modifiziert werden.

F. mit Geschwindigkeiten unterhalb rd. 700 km/h weisen schlanke gerade Flügel- und Leitwerksformen mit rechteckigem, trapezförmigem oder angenähert elliptischem Grundriß auf. Wenn höhere Geschwindigkeiten (Mach 0,8–0,85) erreicht werden sollen, erhalten Trag- und Leitflächen eine Pfeilung, die charakteristische Kontur heutiger Verkehrsflugzeuge mit Strahltriebwerken. Für noch höhere Geschwindigkeiten (Durchgang durch die Schallgeschwindigkeit und Überschallflug) werden sehr starke, auch im Flug verstellbare Pfeilungen angewendet, die den Übergang vom in Spannweitenrichtung schlanken zum in Flugrichtung schlanken, dem Deltaflügel darstellen.

Hauptbaustoff moderner F., auch kleinerer Privat- und Sport-F., ist Leichtmetall. Fahrwerke, Triebwerksträger und Befestigungsteile sind aus hochwertigem Stahl oder seltener aus Titan. Seit geraumer Zeit werden große Anstrengungen gemacht, um Bauweisen zu entwickeln, die die neuen hochfesten Fasern, wie Carbon, Kevlar usw., anzuwenden gestatten. Leitwerke, Flügelklappen und ähnliche Teile aus diesen Werkstoffen sind bereits in der Einsatzerprobung. *Kosin*

Fluid →Mechanik-Einteilung

Fluid, reales. Sammelbegriff für alle fließfähigen Substanzen; gegenüber dem lateinischen Wort fluidum für Flüssigkeit erweitert auf Gase und Flüssigkeiten, auch Gas-Flüssigkeits- und sogar Gas-Flüssigkeits-Feststoff-Suspensionen und -Emulsionen.

Das Verhalten r. F. weicht von dem des idealen Gases bzw. der idealen Flüssigkeit um so mehr ab, je stärker die Wechselwirkungen (Van-der-WaalsKräfte) zwischen ihren Molekülen sind. Daher verhält sich z. B. der Wasserdampf schon bei Drükken weit unterhalb des kritischen Drucks real. Während in reinen Stoffen nur Wechselwirkungen zwischen ihren gleichartigen Molekülen auftreten können, kommen in Gemischen solche zwischen den verschiedenartigen Molekülen der beteiligten Stoffe hinzu. Daher können Gemische bei Drücken und Temperaturen, unter denen ihre reinen Komponenten sich noch ideal verhalten, reales Verhalten zeigen. Bei hohen Drücken können Gemische Erscheinungen zeigen, die von der Erfahrung des täglichen Lebens vollständig abweichen, wie z. B. die retrograde →Kondensation eines Gasgemisches, d. h. die Verflüssigung bei einer Wärmezufuhr oder bei der adiabaten Kompression.

Der Zusammenhang zwischen den thermischen Zustandsgrößen Druck p, Temperatur T und spezifischem Volumen v (oder dessen Kehrwert, der Dichte ϱ) wird r. F. auf Grund von Modellvorstellungen mit unterschiedlichen Ansätzen formuliert. Zusammen mit geeigneten Beschreibungen der Temperaturabhängigkeit der spezifischen Wärmekapazitäten unter sehr geringem Druck (im Grenzzustand des idealen Gases) sind dann auch die kalorischen Zustandsgrößen Enthalpie und Entropie bestimmt.

Die Ansätze treffen um so genauer zu, je näher das zugrundeliegende Modell der Wirklichkeit kommt.

Sie werden an möglichst genauen und thermodynamisch konsistenten Meßwerten für Druck-Temperatur-Dichte-Sätze, für spezifische Wärmekapazitäten, Schallgeschwindigkeiten, Dampf-Flüssigkeits-Gleichgewichte und andere mit den Meßmethoden der Thermodynamik erfaßbare Größen kalibriert. Wegen der großen Vielfalt möglicher Stoffkombinationen in Gemischen gibt es bis heute kein universell gültiges Modell. Die in der Spezialliteratur verfügbaren und z. T. in Datenbanken eingebundenen Berechnungsmethoden decken jeweils nur bestimmte Zustandsbereiche und Gruppen von Stoffen in Gemischen ab.

In Gas-Flüssigkeits-Suspensionen und -Emulsionen bildet die Flüssigkeit oder das Gas die disperse Phase. Ein Beispiel für das erstere ist der mit Tropfen und Wandrinnsalen beladene →Naßdampf in den Endstufen von Kondensations-Dampfturbinen; ein Beispiel für das zweite ist die mit Blasen durchsetzte siedende Flüssigkeit in den Verdampferrohren von Dampferzeugern. Das Entstehen von Tropfen (Blasen) und die Zu- oder Abnahme ihrer Größe bei Zustandsänderungen, die zum Kondensieren des Dampfes bzw. zum Verdampfen der Flüssigkeit führen, sind Nicht-Gleichgewichts-Vorgänge. Sie werden von den Transportgrößen für den Wärme-, Stoff- und →Impulsaustausch beeinflußt. In technischen Anlagen spielen darüber hinaus Wechselwirkungen mit den stets oft nur in Spuren vorhandenen Verunreinigungen mit Fremdstoffen eine Rolle, auch wenn, wie in den genannten Beispielen, die Flüssigkeit und das Gas grundsätzlich aus den gleichen Stoffen bestehen. *Pitt*

Flurförderzeug.
1. fahrergesteuert. Fahrergesteuerte F. sind auf Flur fahrende, nicht an Regale gebundene Transportmittel, die Regale bedienen können. Sie sind mit einem festen oder hebbaren Fahrerplatz und Führungen ausgestattet. Sie können außerhalb der Regalgänge frei fahren. Im Regalgang werden sie entweder frei, zwangsgeführt oder zwangsgelenkt betrieben. Es gibt unterschiedliche Ausführungen (Geh-, Stand- oder Sitzfahrzeuge). Unter bestimmten Voraussetzungen ist der fahrerlose Betrieb möglich. In den meisten Fällen werden die Antriebe der F. mittels aufladbarer Batterien betrieben. Netzspeisung über Kabeltrommel, am Transportmittel befestigt, ist möglich. Es schränkt allerdings die operative Flexibilität ein. *Jünemann*

2. fahrerlose. Die Entwicklung der fahrerlosen Transportsysteme (FTS) reicht bis in die 50er Jahre zurück, wo sie erstmals in den USA als radio controlled trucks angeboten wurden. Es handelte sich um Horizontaltransporte, vor allem →Schlepper. In der Mitte der 60er Jahre begannen sich die europäischen Hersteller der FTS-Technik anzunehmen.

Das FTS ist ein besonders flexibles System für Horizontaltransporte und eignet sich für einfache Transportaufgaben mit wenig Zielorten und für komplexe und zentral gesteuerte Transportprozesse. Die Flexibilität des Systems liegt in der relativ unproblematischen Verlegung des mit hochfrequentem Strom gespeisten Leitdrahts, der die induktive Lenkung der Fahrzeuge ermöglicht. Die kostengünstige Verlegung des Leitdrahts erlaubt es, innerbetriebliche Fahrkursnetze aufzubauen, mit denen sich nahezu jede Transportaufgabe realisieren läßt.

Wesentliche Elemente des FTS sind:

☐ das Fahrzeug,

☐ die Bodenlage mit der Installation des Leitdrahts und des Informationsaustausches,

☐ die Lastübergabeeinrichtungen, fahrzeugseitig und stationär einschl. Bahnhofgestaltung,

☐ die Fahrzeug- und Anlagensteuerung.

Die FEM 4009c (1979) hat FTS wie folgt definiert:

Fahrerlose Flurförderzeuge

☐ sind Fahrzeuge mit Eigenantrieb, die vorwiegend im innerbetrieblichen Werksverkehr Lasten aller Art automatisch, programmiert oder ferngesteuert (oder in irgendeiner Kombination dieser Funktionen) befördern, ziehen, heben oder stapeln;

☐ sind Fahrzeuge, die in der Lage sind, ohne unmittelbare Einwirkungsmöglichkeit eines Bedieners betrieben zu werden und bei denen kein direkter physischer Kontakt zwischen Bediener und Flurförderzeug vorhanden ist;

☐ können auch mit einem Stand- oder Sitzplatz für einen Fahrer bzw. Beifahrer oder mit einer Deichsel ausgerüstet sein, um gelegentlich als Stand-, Sitz- oder Geh-F. verwendet zu werden;

☐ können zwangsgelenkte f. F. sein. Sie werden auf vorgegebenen Fahrbahnen durch technische Mittel entlang von (z. B. mechanischen, optischen, elektromagnetischen) Leitlinien gelenkt;

☐ können ferngesteuerte f. F. sein. Sie werden auf beliebigen Fahrbahnen durch Fernsteuereinrichtungen (z. B. über Kabel-, drahtlose Fernsteuerung usw.) von einer vom F. räumlich getrennten Bedienungsperson gelenkt;

☐ können automatisch gesteuert bzw. programmiert sein. Das automatische Steuern bzw. Programmieren kann am Fahrzeug oder durch Fernübertragung erfolgen (z. B. manuell, durch Funk oder Computer usw.).

Grundformen von f. F. (Bild 1) sind:

☐ Schlepper zum Ziehen von Anhängern oder →Gabelhubwagen (zu Anhängern umfunktioniert);

☐ Niederhubwagen, elektrische Gabelhubwagen, die zum Aufnehmen, Transportieren und Absetzen von Paletten bestimmt sind. Hierher gehören auch Kommissioniergeräte, die zwar die Stationen automatisch anfahren, jedoch manuell von einem Picker be- bzw. entladen werden;

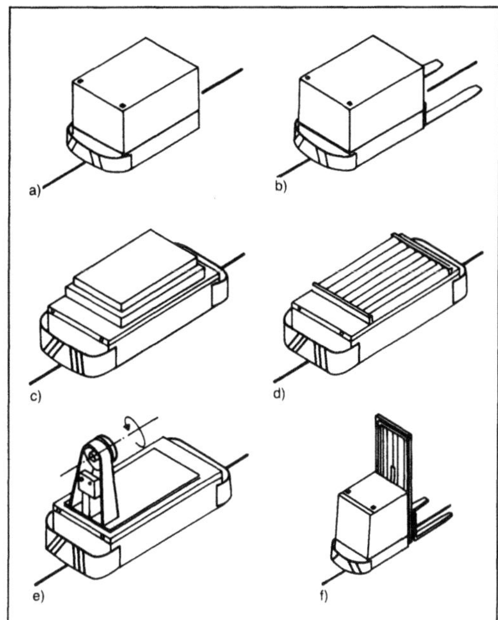

Flurförderzeug, fahrerloses 1: Anwendungsbeispiele.
a) Schlepper
b) Gabelhubwagen
c) Wagen mit Hubtisch
d) Wagen mit Rollenbahn
e) Wagen mit Drehvorrichtung
f) Gabelstapler.

flurgebunden, automatisiert, geführt verfahrbar, Einzelantriebe

☐ Trägerfahrzeuge, zum Transport, nicht zum Heben und Stapeln. Es sind sog. fahrbare Untersätze, die vor allem zu Montagezwecken, speziell in der Automobilindustrie eingesetzt werden. Diese Trägerfahrzeuge können verschiedene Aufbauten haben:

– starre Plattform,

– neigbare, drehbare, kippbare Hubtische,

– Rollenbahnen,

– Kugeltische,

– Kettenantriebe;

☐ Stapler, automatische Regalstapler (ARS), die von Schub-, Seiten- und Dreiseitenstaplern abgeleitet werden.

Steuerungsformen von FTS (Bild 2):

☐ mechanische Zwangslenkung: Dabei folgt das Gerät über einen Fühler einer im Boden eingelassenen Schiene;

☐ optische Zwangslenkung: Die Fahrstrecke wird mit Leuchtfarben bestrichen oder mit Farbstreifen aus Papier, Plastik u. dgl. beklebt. Die reflektierten Farben werden von Sensoren erkannt und weisen dem Fahrzeug den Weg. Gefahr der Fahrstörungen

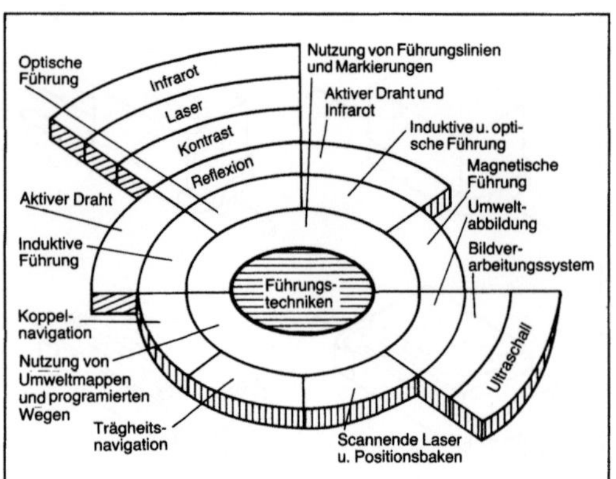

Flurförderzeug, fahrerloses 2: Führungstechniken.

bei Verschmutzung muß in Betracht gezogen werden;

□ elektro-magnetisches System (induktive Zwangslenkung): Dieses System überwiegt bei weitem. An einem in den Boden verlegten Leitdraht orientiert sich das mit einem Tastkopf versehene Fahrzeug;

□ Lenksystem mit einem passiven Metallband: Ein sozusagen umgekehrtes Induktivsystem ist die Lenkung des Fahrzeugs mit passivem Metallband, das in den Boden eingelegt oder auf den Boden geklebt wird;

□ Freiflugrechner: Fernsteuerung durch den Computer, abweichend vom Leitdraht. Das Gerät kann so über ein Computerprogramm geführt werden, daß es vom Leitdraht abweicht und dorthin wieder zurückkehrt (Tabelle).

Antriebe sind:

□ Elektroantrieb,

□ →Hybridantrieb, bei dem das FTS in geschlossenen Gebäuden batterie-elektrisch fährt, im Freien aber automatisch auf Dieselantrieb umschaltet.

Vorteile: Minimierung von Transportschäden, flexible Verbindung verschiedener Lastabgabestationen, keine störenden Installationen wie Schienen usw., →Materialtransport in Realtime, kein Taktzwang, zentral steuerbar und damit integrierbar,

Flurförderzeug, fahrerloses. Tabelle: Aufstellung und Vergleich wichtiger Führungstechniken für automatische Flurförderzeuge.

Beurteilungs-kriterien	induktive Führung	optische Führung Reflexion oder Kontrast	optische Führung Laser oder Infrarot	induktive und optische Führung	magnetische Führung	Koppel-navigation	Trägheits-navigation	scannende Laser und Positionsbaken	Umweltabbildung Bildverarbeitung	Umweltabbildung Ultraschall
Einsetzbarkeit in komplexen Systemen	●	○	◐	●	◐	○	◐	◐	◐	◐
Flexibilität bei Layoutänderungen	○	◐	◐	○	○	●	●	●	●	●
Kommunikations-möglichkeiten	●	○	●	●	○	○	○	○	○	○
Investitionskosten	◐	●	◐	◐	◐	◐	○	○	○	◐
Restriktionen durch Hindernisse	●	◐	◐	◐	●	◐	●	○	●	●
Restriktionen durch Gebäude	○	●	●	◐	●	●	●	●	●	●
Ausfallsicherheit	●	◐	◐	◐	●	◐	◐	◐	◐	◐
Beständigkeit gegen Abnutzung	●	○	●	●	◐	●	◐	◐	◐	●

● günstig   ◐ bedingt   ○ ungünstig

Logistiksteuerung, flexibel auf Kursveränderungen, vollautomatisierbar, sehr hohe Verfügbarkeit; Nachteile: relativ hohe Kosten, lange Amortisationszeit, lange Inbetriebnahmephase.

Die f. F. sind in verschiedenen Branchen der Industrie und des Handels im Einsatz. Bei der Durchsicht von Statistiken und Referenzlisten fällt auf, daß alle Automobilwerke f. F. im Einsatz haben. Selbstverständlich überwiegt hier die Großindustrie, wo mehrere hundert Fahrzeuge auf Kurslängen bis zu 5000 m nichts Ungewöhnliches sind. Aber es gibt auch Einsätze mit nur einem Gerät mit einer Abgangs- und einer Zielstation, die nur wenige Meter auseinanderliegen. Die Anzahl dieser Einsatzfälle wird sicher in Zukunft im Zuge der weiteren Rationalisierung zunehmen.

Nach VDI 3540 (Okt. 1985) können die FTS-Fahrzeuge auch in die selbstfahrenden Werkstückträgersysteme

□ schienengebunden mit Trag- oder Führungsschiene,

□ flurgebunden mit Führungskanal im Boden,

□ flurgebunden mit Leitmittel im Boden

eingegliedert werden. *Jünemann*

Flut. Bei großen Volumenströmen Aufteilung des Arbeitsfluids auf mehrere parallel durchströmte, gleichartige Gruppen von Turbinenstufen (Stufen), F. genannt. Um den →Axialschub auszugleichen, werden je 2 dieser F. in einem →Turbinengehäuse gegeneinandergesetzt angeordnet, so daß sich eine gemeinsame Zuströmung oder eine gemeinsame Abströmung der Teilturbine ergibt.

Aerodynamik und Festigkeit begrenzen die Länge der Schaufeln und damit den Abdampf-Strömungsquerschnitt in der letzten Stufe der Dampfturbinen, der Stufe mit dem größten →Volumenstrom. Heute sind mit Schaufellängen von 1,4 m bei Drehzahlen von $50\,s^{-1}$ (volltourige Dampfturbinen) maximale Abdampf-Strömungsquerschnitte von 15 m^2 in Niederdruckdampfturbinen zu verwirklichen.

Mit zwei doppelflutigen Niederdruckturbinen, einer doppelflutigen →Mitteldruckturbine und einer einflutigen →Hochdruckturbine lassen sich heute in fossil befeuerten Dampfkraftwerken Dampfdurchsätze verwirklichen, die auf Leistungen von 800 MW führen. Kernkraftwerksturbinen in Verbindung mit Siede- oder Druckwasserreaktoren haben heute mit drei doppelflutigen Niederdruckturbinen und einer doppelflutigen Hochdruckturbine Leistungen von 1300 MW. *Ziemann*

Förderanlage, pneumatische. Einrichtung zur Förderung körniger und staubförmiger Stoffe in Rohrleitungen mit Hilfe von Luft (Zweiphasenströmung). Überwindung von Distanzen bis zu

einigen 100 m bei z. T. erheblichen Höhenunterschieden. Anlagen in der Landwirtschaft für Heu und Stroh können empirisch ausgelegt werden. Für Getreide sind Vorausberechnungen sinnvoll, bei größeren Anlagen auch meßtechnische Prüfungen.

Bild 1 zeigt das Grundprinzip einer einfachen F. aus →Gebläse, Schleuse, Rohrleitung und Abscheider. An Stelle der hier benutzten Zellenradschleuse wendet man für kleine Anlagen bis zu Gebläsedrükken von etwa 5 kPa auch die kostengünstige Injektorschleuse an, die allerdings mit höheren Druckverlusten arbeitet (Bild 2).

Im Gegensatz zu dem in Bild 1 gezeigten Druckbetrieb ist auch sog. Saugbetrieb möglich. Der Abscheider ist in diesem Fall über der Zellenradschleuse montiert.

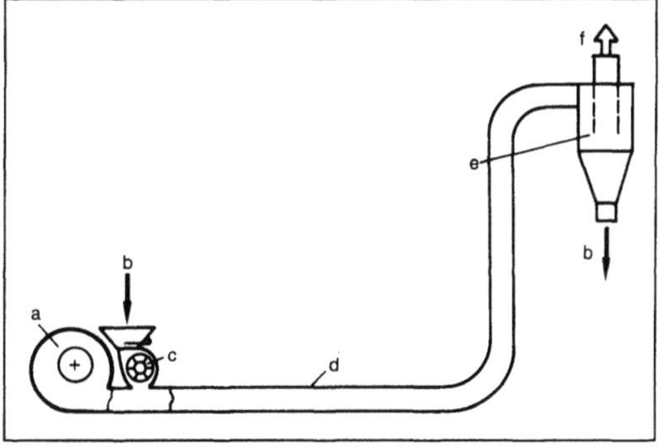

Förderanlage, pneumatische 1: Grundaufbau einer einfachen Anlage für Getreide (Druckbetrieb).

a Gebläse, b Fördergut, c Schleuse, d Förderleitung, e Fliehkraft-Abscheider (Zyklon), f Abluft

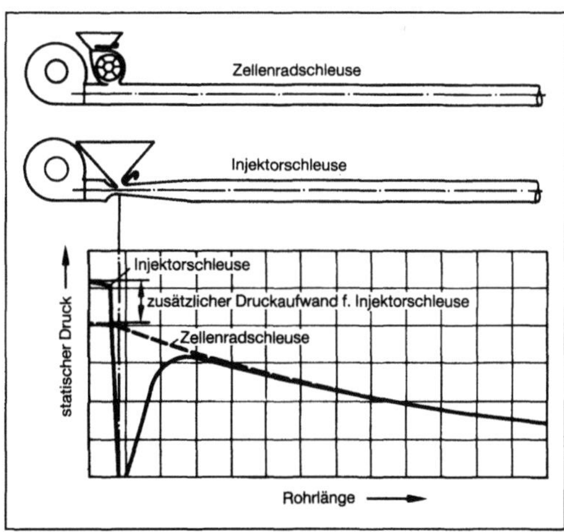

Förderanlage, pneumatische 2: Zellenradschleuse und Injektorschleuse mit statischen Druckverläufen. (Quelle: G. Segler a. a. O.)

Gutzuführung bei der Injektorschleuse im Bereich leichten Unterdrucks

Sauganlagen werden dort gebraucht, wo die Gutaufgabestelle leicht ortsveränderlich sein muß (z. B. Flachlager, Schiffsluken). Soll Fördergut an mehreren Stellen abgesaugt werden und sind verschiedene Gutabgabestationen vorgesehen, verwendet man beide Betriebsarten kombiniert im Saug-Druck-Verfahren (Bild 3). Die Förderleistungen der F. liegen bei landwirtschaftlichen Anwendungen um 2–20 t/h. Der Energiebedarf ist mit ca. 0,5–2 kWh/t hoch. Dafür ist die Anlage kostengünstig, flexibel, raumsparend und ganz zu entleeren (sortenrein). Druckverluste entstehen durch physikalische Arbeit (Heben), durch Reibung und durch Beschleunigungen, z. B. hinter Schleusen. Die ersten technischen Nutzungen der F. erfolgten um 1890, erste wissenschaftliche Arbeiten lagen schon 1924 bzw. 1925 von *Gasterstädt* bzw. *Wagner* vor. Besondere Fortschritte für die praktische Berechnung lieferten die Arbeiten von *G. Segler* (und Schülern) ab 1934. Bedeutende Grundlagen wurden in der Landtechnik, Verfahrenstechnik, Fördertechnik und im Mühlenbau erarbeitet.

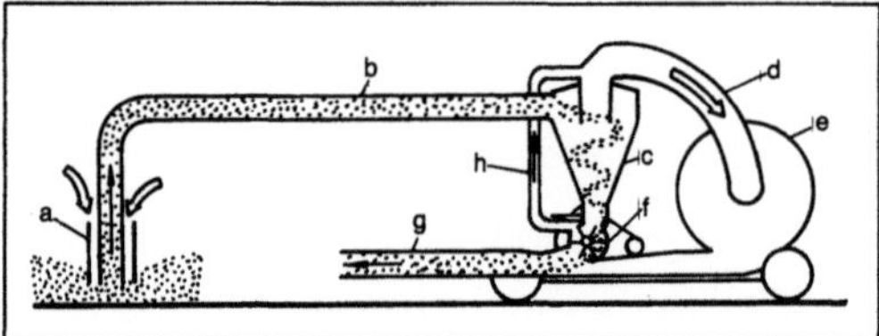

Förderanlage, pneumatische 3: Typische Bauform einer Saug-Druck-Anlage. (Quelle: Kongskilde)

a Saugrüssel, b Saugleitung, c Zyklon, d Saugrohr (Luft), e Gebläse, f Zellenrad-Schleuse, g Druckleitung, h Druckausgleich

Für Überschlagsberechnungen eignet sich das „Verfahren G. Segler 1934" immer noch recht gut. Die mittlere Luftgeschwindigkeit wird nach dem Gutdurchsatz festgelegt (Bild 4), z. B. 24 m/s für 2 kg/s (7,2 t/h). Den Druckabfall für horizontale

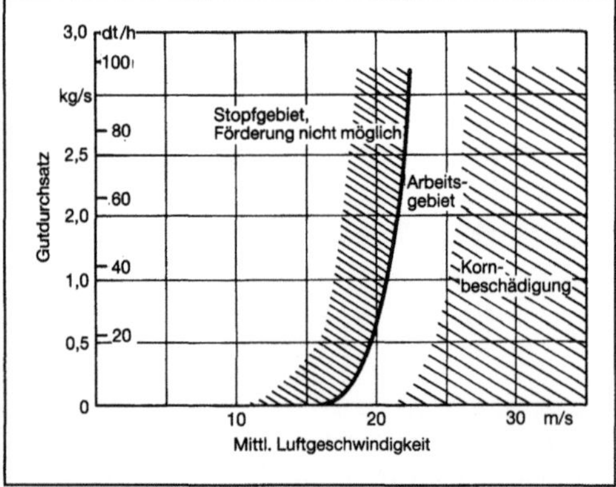

Förderanlage, pneumatische 4: Stopfgrenze und Beschädigungsgrenze für Weizen. (Quelle: G. Segler a. a. O.)

Getreideförderung (insbes. Weizen) ermittelt *Segler* auf der Basis der klassischen Druckabfallberechnung bei Rohrleitungen (turbulente, inkompressible Einphasenströmung), wobei er die Gutbeladung durch einen vergrößerten Beiwert λ berücksichtigt (z. B. 0,040 statt 0,015). Für vertikale Steigstrecken wird einfach der doppelte Druckabfall angesetzt. Krümmer, Schleusen, Abschneider und sonstige Elemente werden nach *Segler* durch sog. Scheinrohrlängen berücksichtigt.   *Renius*

Literatur: *Baker, K. D.,* et al.: Performance of a pressure pneumatic grain conveying system. Appl. Engng. in Agric. (ASAE) 1 (1985) Nr. 2, S. 72/78. – *Barth, W.:* Neuere Untersuchungen über die Vorgänge bei der pneumatischen Förderung. Die Mühle 91 (1954) Nr. 36, S. 449/50. – *Flatow, J.:* Untersuchungen über die pneumatische Flugförderung in lotrechten Rohrleitungen. VDI-Forsch.-H. 555. Düsseldorf 1973. – *Gasterstädt, J.:* Die experimentelle Untersuchung des pneumatischen Fördervorgangs. Forsch. Arb. Ing.-Wesen Nr. 265. Berlin 1924. – *Hesse, Th.:* Pneumatische Förderung. Rossdorf 1984. – *Hutt, W.:* Untersuchung der Strömungsvorgänge und Ermittlung von Kennlinien an Gutaufgabeinjektoren zur pneumatischen Förderung. Diss. TH Stuttgart 1983. Auch Forsch.-Ber. Agrartechn. MEG 84 (1983). – *Kampf, G.:* Theoretische und experimentelle Untersuchungen an Wurfgebläsen. VDI-Forsch.-H. 466. Düsseldorf 1958. – *Krause, F.:* Beispiel für die Berechnung einer pneumatischen Förderanlage für Weizen . . . Hebezeuge u. Fördermittel 7 (1967) Nr. 5, S. 149/52. – *Petersen, H.:* Wahl des Rohrdurchmessers für pneumatische Flugförderanlagen im Druckbereich. Grundl. Landtechn. 25 (1975) Nr. 1, S. 11/15. – *Segler, G.:* Untersuchungen an Körnergebläsen und Grundlagen für ihre Berechnung. Diss. TH München 1934. – *Siegel, W.:* Experimentelle Untersuchungen zur pneumatischen Förderung körniger Stoffe . . . VDI-Forsch.-H. 538. Düsseldorf 1970. – *Siegel, W.:* Berechnung von pneumatischen Saug- und Druckförderanlagen I u. II. fördern + heben 33 (1983) Nr. 10, S. 737/40 u. Nr. 11, S. 817/22. – *Wagner, K.:* Theoretische Untersuchungen des pneumatischen Fördervorganges. Diss. TH Dresden 1925. – *Weber, M.:* Strömungsfördertechnik. Mainz 1974. – *Weidner, G.:* Grundsätzliche Untersuchung über den pneumatischen Fördervorgang . . . Forsch. Ing.-Wesen 21 (1955) Nr. 5, S. 145/53. – *Welschof, G.:* Pneumatische Förderung bei großen Fördergutkonzentrationen. VDI-Forsch.-H. 492. Düsseldorf 1962.

Förderband (Bautechnik) →Sondergerät (Bautechnik)

Förderbeginn. Der Zeitpunkt, zu dem beim →Dieselmotor die Förderung des Kraftstoffs in die Einspritzleitung beginnt.

Der F. einer →Einspritzpumpe ergibt sich aus der Geometrie des Pumpenkolbens. Nachdem die Förderung des Kraftstoffs begonnen hat, vergeht (u. a. wegen der Wellenlaufzeit in der Einspritzleitung) eine bestimmte Zeit, ehe die Einspritzung in den →Brennraum beginnt (Einspritzverzug). Danach vergeht wieder eine bestimmte Zeit, ehe die →Verbrennung beginnt (Zündverzug). Da die Verbrennung in einem bestimmten Augenblick (kurz vor dem oberen Totpunkt) beginnen soll, ist über

Zündverzug und Einspritzverzug der notwendige F. festzulegen. Der F. muß für alle Zylinder eines Dieselmotors gleich eingestellt werden. Bei höherer Drehzahl des Motors muß man den F. vorverlegen, was der Spritzversteller bewirkt. *Kuhlmann*

Förderer, pneumatischer →Strömungsförderer

Fördergerät. F. ist die Sammelbezeichnung für alle Materialtransportgeräte, mit denen Schütt- oder Stückgut absatzweise oder kontinuierlich mehr oder weniger horizontal befördert werden. Zu ihnen gehören Bandförderer, →Schneckenförderer, Luftförderanlagen, die gleisgebundenen F., wie Lokomotiven und Förderwagen, die Lastwagen, Schlepper und Anhänger und Verteilermaste. *Kühn*

Fördergerüst. F. dienen zur Führung des Förderkorbs oberhalb des Schachtmunds und zur Lagerung der Seilscheiben. Diese lenken die Seile, an denen die Förderkörbe hängen, zur Flurfördermaschine um.

Die Gerüste sind zumeist Ausführungen aus Stahl- oder Stahlbeton. Sie können keine hohen Seitenkräfte, wie sie durch den Seilzug ausgeübt werden, aufnehmen und werden deshalb seitlich durch Streben abgestützt. Je nach Abstrebungsart unterscheidet man zwischen Einstrebengerüsten und Zweistrebengerüst. Bei Installation der →Fördermaschine in Schachtnähe (→Koepeförderung) reduzieren sich die Seitenkräfte; das F. kann ohne Streben als Turmgerüst gebaut werden (Bild). Befindet sich die Fördermaschine im F. über dem Schacht, so spricht man von einem Förderturm.

Nach Gerüstausführung werden Fachwerk-, Vollwandbauweise sowie die Hohlkastenform unterschieden.

In 10–15 m Höhe ist im F. eine feststehende Bühne, die Hängebank, eingebaut. In ihr wird die

Produktförderung des Schachts in die übertägige Förderung umgeleitet. *Seeliger*

Fördergut. F. setzen sich zusammen aus allen Stoffen, Teilen, Zwischenerzeugnissen, Fertigfabrikaten, Abfällen, Werkzeugen, Vorrichtungen, Maschinen, die im normalen Betriebsablauf ortsverändert werden müssen (u. U. ist auch der Personentransport mit einzubeziehen). *Jünemann*

Fördergutstrom. Der F. ist der quantifizierte →Materialfluß von Fördergütern. Man unterscheidet zwischen dem pro Zeiteinheit geförderten Volumen und der je Zeiteinheit geförderten Masse. *Jünemann*

Fördermaschine. Unter einer F. versteht man eine Einrichtung zum Antrieb der Förderseile und Förderkörbe in Tages- und Blindschächten.

Die F. bestehen aus der eigentlichen Antriebseinheit und dem Seilträger. Als Antrieb kommen fremderregte Gleichstrommotoren mit Leonardschaltung oder Thyristorsteuerung sowie Drehstrommotoren zur Anwendung. Vereinzelt sind auch noch Dampf- und Druckluftmaschinen in Betrieb.

Nach Aufbau und Form des Seilträgers unterscheidet man zwischen Trommel-, Bobinen- und Treibscheiben-F. (Koepeförderung). Bei der Trommel- und Bobinenförderung hängt jeder Förderkorb an eigenem Seil; durch den Wickelvorgang des Seils erfolgt die Korbbewegung. Bei der Koepeförderung hängen beide Förderkörbe an einem Seil, das von der Treibscheibe durch Reibung mitgenommen wird (Bild).

Bei Tagesschächten lassen sich die F. nach Art der Aufstellung unterscheiden. Neben dem →Fördergerüst ebenerdig stehende F. werden als Flur-F. bezeichnet. Befindet sich die Maschine im Förder-

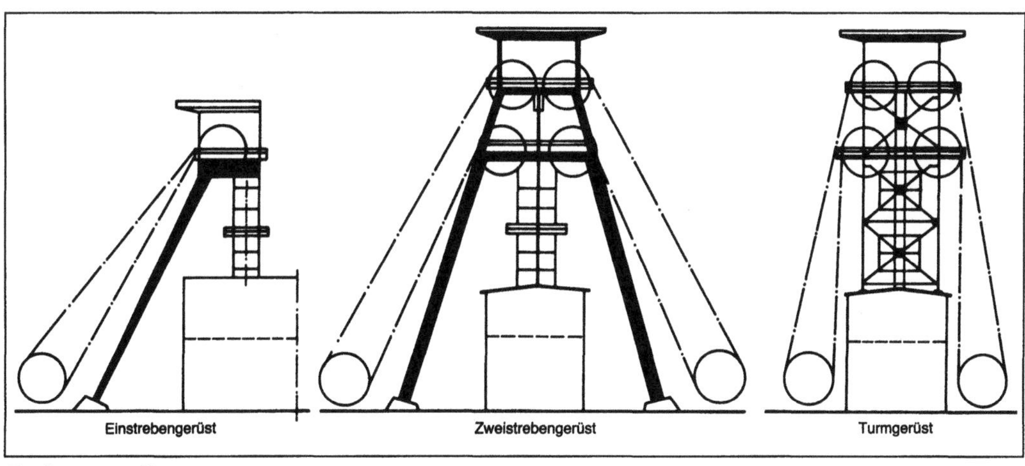

Fördergerüst: Bauarten.

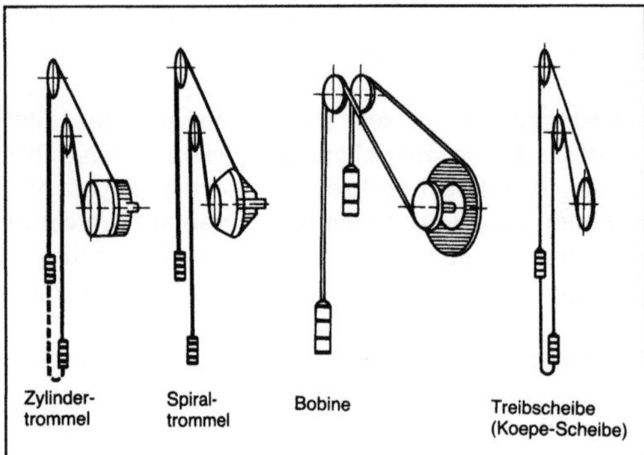

Fördermaschine: Seilträgerarten.

turm über dem Schacht, wird sie Turm-F. genannt. *Seeliger*

Fördermittel. Die Vielzahl der F. und die immer weitere Entwicklung neuerer Formen, insbes. von automatischen Geräten, die vielfältige Transportaufgaben wahrnehmen können, erschweren dem Materialflußplaner die Auswahl. Im folgenden seien die F. gegliedert in

□ F. zum Ein- und Auslagern,

□ F. für innerbetriebliche Materialflußsysteme,

□ Transportmittel in außerbetrieblichen Logistiksystemen (Verkehrsmittel).

Dabei ist nicht immer eine exakte und eindeutige Zuordnung möglich, da die F. in das Gesamtsystem integriert werden und z. B. nicht nur die Aufgabe des Ein- und Auslagerns, sondern zugleich Materialflußoperationen im innerbetrieblichen Transport übernehmen. Die vorgestellte Klassifikation richtet sich dabei nach dem vorrangigen Einsatz für eine Materialflußoperation, d. h. automatische Regalstaplersysteme auch in der Vorzone verbinden das Lager mit dem innerbetrieblichen →Materialfluß, dienen aber vorrangig der Ein- und Auslagerung von Paletten, werden also dementsprechend unter den F. zum Ein- und Auslagern aufgeführt.

F. zum Ein- und Auslagern. Diese F. dienen vorrangig der Ein- und Auslagerung von Paletten, können aber auch andere oder zusätzliche Aufgaben im Materialflußprozeß wahrnehmen. Sie werden untergliedert in Krane oder Stapelkrane:

□ Regalförderzeuge bzw. Regalbediengeräte,

□ Umsetzer,

□ kurvengängige Regalförderzeuge,

□ Flurförderzeuge für die Regalbedienung,

□ automatische Regalstaplersysteme,

□ Satellitenfahrzeuge.

Während Regalförderzeuge schienengebunden nur durch Umsetzer in mehreren Regalgassen fahren können, benötigen kurvengängige Regalförderzeuge oder Flurförderzeuge für die Regalbedie-

nung, die →Hochregalstapler, keine zusätzlichen Umsetzgeräte. Automatische Regalstaplersysteme sind automatisierte Flurförderzeuge für die Regalbedienung, die gleichzeitig Materialflußoperationen in der Vorzone ausführen können. Die Satellitenfahrzeuge führen bei den Ein- und Auslagervorgängen den Horizontaltransport durch, während der Vertikaltransport durch die Trägerfahrzeuge (umgerüstete RFZ) vorgenommen wird.

F. für innerbetriebliche Materialflußsysteme. F. für innerbetriebliche Materialflußsysteme Bild 1) werden ihrer Übersichtlichkeit wegen gegliedert in

□ Flurfördersysteme,

□ auf Flur aufgeständerte Fördersysteme,

□ flurfreie Fördersysteme,

□ Aufzüge und Serienhebezeuge.

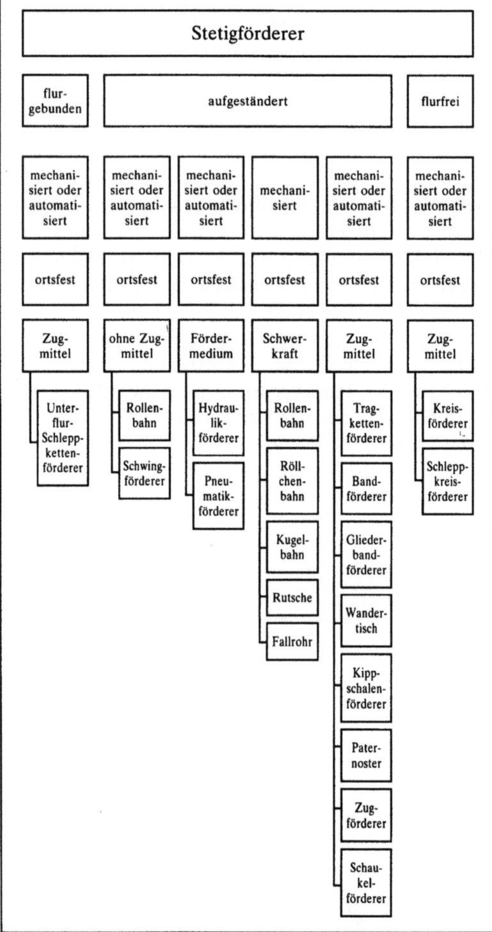

Stetigförderer					
flur-gebunden	aufgeständert				flurfrei
mechanisiert oder automatisiert	mechanisiert oder automatisiert	mechanisiert oder automatisiert	mechanisiert	mechanisiert oder automatisiert	mechanisiert oder automatisiert
ortsfest	ortsfest	ortsfest	ortsfest	ortsfest	ortsfest
Zugmittel	ohne Zugmittel	Fördermedium	Schwerkraft	Zugmittel	Zugmittel
Unterflur-Schleppkettenförderer	Rollenbahn	Hydraulikförderer	Rollenbahn	Tragkettenförderer	Kreisförderer
	Schwingförderer	Pneumatikförderer	Röllchenbahn	Bandförderer	Schleppkreisförderer
			Kugelbahn	Gliederbandförderer	
			Rutsche	Wandertisch	
			Fallrohr	Kippschalenförderer	
				Paternoster	
				Zugförderer	
				Schaukelförderer	

Fördermittel 1: Systematik.

Zu Flurfördersystemen sollen einerseits die Flurförderzeuge und ihre Automatisierungen in fahrerlose Transportsysteme und andererseits auch die Schleppkettenförderer hinzugerechnet werden.

Bei den auf Flur aufgeständerten Fördersystemen wird unterschieden in
□ auf Schienen fahrende Fahrzeuge,
□ Stetigförderer mit Zugmittel,
□ Stetigförderer ohne Zugmittel.
Flurfreie Fördersysteme werden unterschieden in
□ Stetigförderer mit Zugmittel,
□ Quasi-Stetigförderer mit Zugmittel,
□ Unstetigförderer.

Transportmittel für den zwischen- und außerbetrieblichen Verkehr. Zwischen der Gütererzeugung und dem Güterverbrauch stehen die Güterverteilung und der Güterumlauf. Während die Industrie, das Handwerk, die Landwirtschaft und der Handel die Gütererzeugung und die Güterverteilung besorgen, wird vom Verkehr der Güterumlauf bewirkt (Bild 2).

In allen Phasen der Gütererzeugung und der Güterverteilung sind Transportleistungen oder Verkehrsleistungen zu erbringen, um ein Erzeugnis vom Ort der Herstellung zum Ort des Verbrauchs zu befördern. Transportleistungen werden erbracht im
□ Güterverkehr (Lastkraftwagen, Eisenbahnen, Binnenschiffe, Seeschiffe, Flugzeuge, Rohrleitungen);
□ Personenverkehr, Personenkraftwagen, Eisenbahnen, Binnenschiffe, Seeschiffe, Flugzeuge);
□ Nachrichtenverkehr, (Post, Presse, Rundfunk, Fernsehen);
□ Zahlungsverkehr (Banken, Sparkassen, Post).

In der Materialflußtechnik wird im wesentlichen auf den Güterverkehr und dabei auf die technische

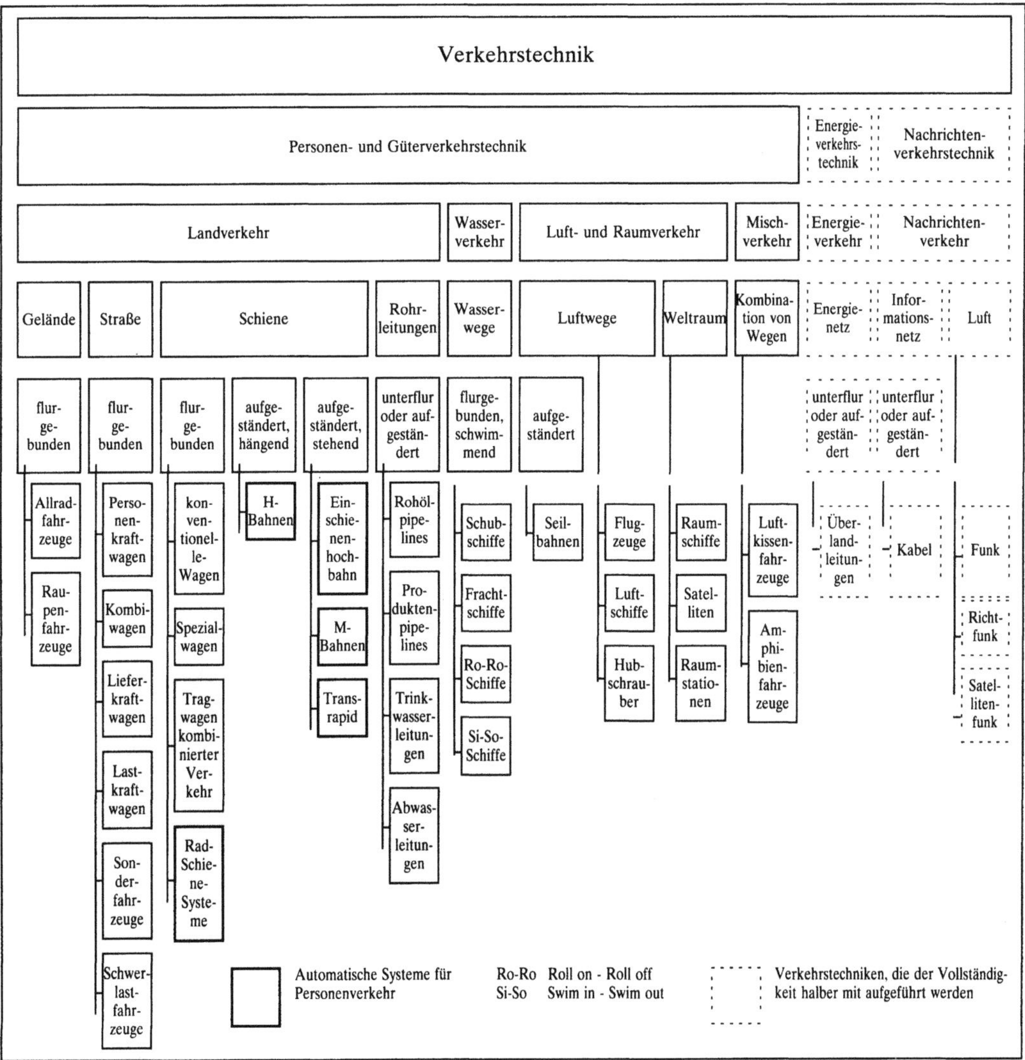

Fördermittel 2: Systematik der Verkehrstechnik.

Frage (die Transportmittel) eingegangen. Dabei werden Transportmittel nach den Verkehrsbereichen klassifiziert in

☐ Transportmittel im Straßengüterverkehr,

☐ Transportmittel im Schienenverkehr,

☐ kombinierter Ladungsverkehr,

☐ Verkehrsmittel in der Binnen- und Seeschifffahrt,

☐ Luftfrachtverkehr. *Jünemann*

Fördersystem. In einem F. (Bild) erfüllt eine Anzahl auch unterschiedlicher →Fördermittel eine innerbetriebliche Transportaufgabe gemeinsam; z. B. →Frachtgut, Gut im Eisenbahngüterverkehr, das als Stückgut oder Wagenladung befördert wird. Bei Stückgut wird in Deutschland unterschieden in Fracht- und Expreßgut, im Ausland zusätzlich Eilgut. *Jünemann*

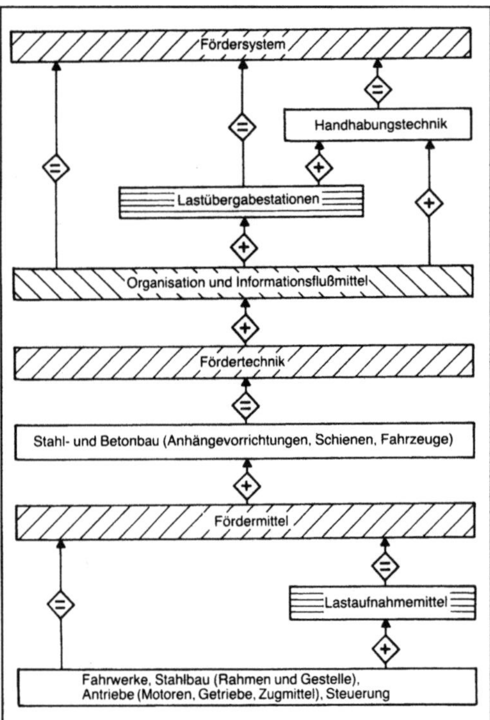

Fördersystem: Aufbau.

—◇+◇→ und —◇=◇→ ist gleich

Förderwagen. Der F. ist ein gleisgebundenes Fördermittel zum Aufnehmen und Transportieren von Kohle, Bergen oder Materialien. Je nach Fassungsvermögen werden Klein-F. (<1000 l), Mittel-F. (<3000 l), Großraum-F. (>3000 l) sowie Grubenwaggons (20–29 m³) unterschieden. Je nach Entleermöglichkeit heißen die Wagen: Muldenwagen, Bodenentleerer, Seitenentleerer, Kippwa-

gen. Im Braunkohlenbereich werden Großmuldenwagen bis 114 m³ Fassungsvermögen für Kohle und bis 96 m³ Fassungsvermögen für Abraum eingesetzt.

Die Gestalt und die Abmessungen der F. sind je nach Typ und Einsatzbereich sehr unterschiedlich. Die Wagen müssen jedoch dem Betrieb unter Tage angepaßt sein. Das bedeutet, daß die Querschnittsabmessungen möglichst gering gehalten werden und daß der Wagen eine schlanke, langgestreckte Form hat, um das Fassungsvermögen zu erhöhen. Die Länge der Wagen reicht daher von ca. 2 m bis weit über 4 m. Die Höhe differiert zwischen 1 und 2 m, die Breite zwischen ca. 0,7 und 1,4 m. Die Spurweite liegt im Bereich von 500 bis 1000 mm. *Seeliger*

Föttinger-Kupplung. Die F.-K. (hydrodynamische Kupplung, Strömungskupplung, Turbokupplung) ist eine drehzahlbetätigte Schaltkupplung (Bild). Sie besteht in der einfachsten Ausführung aus drei Teilen, dem Pumpenrad (Primärteil), dem Turbinenrad (Sekundärteil) und einer Abschlußschale, die zusammen mit dem Pumpenrad das Gehäuse bildet. Die F.-K. ist mit Flüssigkeit (meist Öl) gefüllt. Das Pumpenrad beschleunigt mit den Schaufeln die Flüssigkeit und wandelt die mechanische Rotationsenergie des Antriebs in kinetische Energie der strömenden Flüssigkeit um. Die Flüssigkeit trifft auf die Schaufeln des Turbinenrads und wird dort abgebremst, die kinetische Strömungsenergie wird wieder in mechanische Rotationsenergie umgewandelt. Eine Flüssigkeitsströmung und damit Momentübertragung entsteht nur bei einer Drehzahldifferenz (Schlupf) zwischen Pumpen- und Turbinenrad. F.-K. werden als Anlauf- und Überlastkupplungen verwendet und sind außerdem drehschwingungstrennend. Es gibt auch

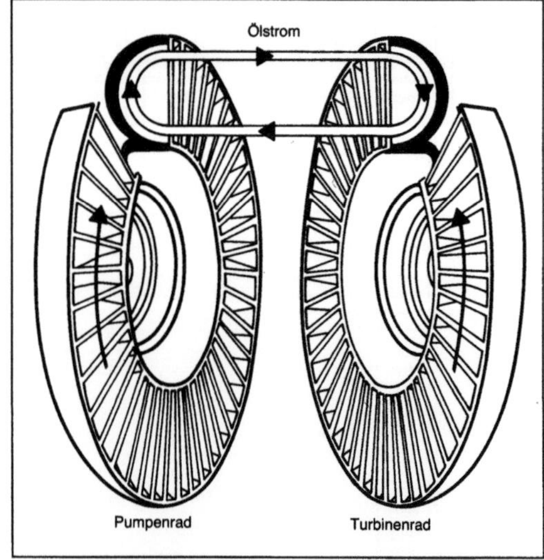

Föttinger-Kupplung.

durch Veränderung der Ölfüllung von außen regelbare bzw. abschaltbare F.-K. Sie werden häufig in Schiffs- und Fahrzeugantrieben eingebaut. Erfunden wurde die F.-K. von *H. Föttinger* (1877 bis 1945). *Ehrlenspiel*

Folgeschaltung. F. bezeichnet eine Anordnung, in der ein Fortschalten zwischen Betriebszuständen, die logisch aufeinander folgen müssen, durch das Erreichen eines vorgewählten Funktionswerts (hydraulisch, mechanisch usw.) bewirkt wird. Typisches Beispiel ist an einer Werkzeugmaschine, daß der Vorschub erst anlaufen darf, nachdem die Spannzylinder das Werkstück fixiert haben.

Schaltelement mit hydraulischer Funktion ist das Folgeventil (Zuschaltventil), das den Ölstrom von P nach A nach dem Erreichen des Druck-Soll-Werts an Z freigibt. Elektrisch kann mit Grenzwertmeldern (Endtaster, →Druckschalter, Zeitrelais) geschaltet werden (Bild). *Röper*

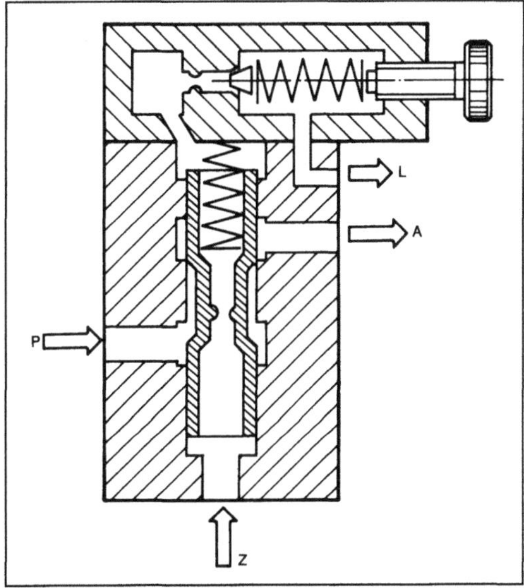

Folgeschaltung: Vorgesteuertes Folgeventil.

A Arbeitsanschluß, L Rücklauf, P Druckanschluß, Z Steueranschluß.

Folie. F. sind i. a. dünnschichtige Materialien. Der Dickenbereich reicht von einigen 100 µm bis unter 10 µm. Der Querschnitt der F. ist homogen aus einem Material aufgebaut. Als Werkstoffe kommen Kunststoffe und Aluminium in Betracht, selten Zinn, bekannt als Staniol. Nicht geeignet sind Fasermaterialien.

Zum Herstellen von Kunststoff-F. werden die Kunstgranulate im Schneckenextruder aufgeschmolzen. Durch Breitschlitzdüsen werden bahnförmige endlose F. erzeugt. Nach Abkühlung können sie aufgewickelt werden. Will man besondere Eigenschaften in die F.-Bahn einarbeiten, können sie in der Länge wie auch in der Breite gestreckt werden, ehe sie vollständig abgekühlt sind. Auf diesem Weg entstehen z. B. Schrumpf-F. Will man sehr dünne F. oder Produkte erzeugen, die schlauchförmig bleiben, werden Ringdüsen für die Produktion verwendet. Um die maschinellen Abmessungen in Grenzen zu halten, werden die aus der Ringdüse austretenden Schläuche durch ein unter Innendruck stehendes abgeschlossenes Luftvolumen aufgeblasen. Nach genügender Abkühlung werden die Schläuche flachgelegt und aufgewickelt. Will man Flach-F. auf diesem Wege erhalten, wird der Schlauch an zwei Stellen auf den halben Umfang aufgeschnitten, und die beiden Bahnen werden getrennt aufgewickelt. Beide Herstellungsverfahren eignen sich für sämtliche Kunststoffe. Durch Einsatz der Coextrusionstechnik lassen sich auch Kunststoffverbunde aus verschiedenen Kunststoffmaterialien herstellen. In mehreren Extrudern schmilzt man die unterschiedlichen Kunststoffe ihren Grunddaten entsprechend auf. In einem Arbeitskopf werden die verschiedenen Kunststoffströme zusammengeführt. In diesen Köpfen entsteht die gewünschte Schichtung der verschiedenen Kunststoffe im Querschnitt. Es können auf diesem Wege Verbund-F. mit bis zu sieben Schichten hergestellt werden.

Metall-F. werden gewalzt. In einer großen Anzahl von Durchgängen durch einen belasteten Walzenspalt wird das Material in die Länge gestreckt. Da bei Metallen durch solche Walkvorgänge Strukturveränderungen eintreten können, müssen u. U. Wärmebehandlungen zwischengeschaltet werden. Die Oberfläche der den Spalt bildenden Walzen kann strukturiert werden. Diese Oberflächenstruktur überträgt sich dann vollständig auf das zu walzende Aluminium. Will man sehr dünne F. unter 10 µm erreichen, werden die letzten Walzgänge doppellagig durchgeführt. Es werden gleichzeitig zwei F. im Walzspalt bearbeitet. Vor jedem erneuten Walzvorgang müssen die doppellagigen F. getrennt werden. Sie gehen als getrennte Bahnen erneut in die Bearbeitung. Durch diese Doppelbearbeitung können F.-Dicken bis 5 µm und weniger erreicht werden. Metall-F. dienen vorrangig als Sperrschichten in Verbunden. *Paris*

Folienlager. F. sind Gleitlager, bei denen die Lagerschale zu einem biegeweichen Band entartet. Sie werden als luft- oder ölgeschmierte Lager mit rotierender Welle bei feststehendem Folienband oder mit stehender Welle bei umlaufendem Band ausgeführt. Überwiegender Anwendungsbereich sind gering belastete Luftlager im Computer- und Elektronikbereich (Bild). *Knoll*

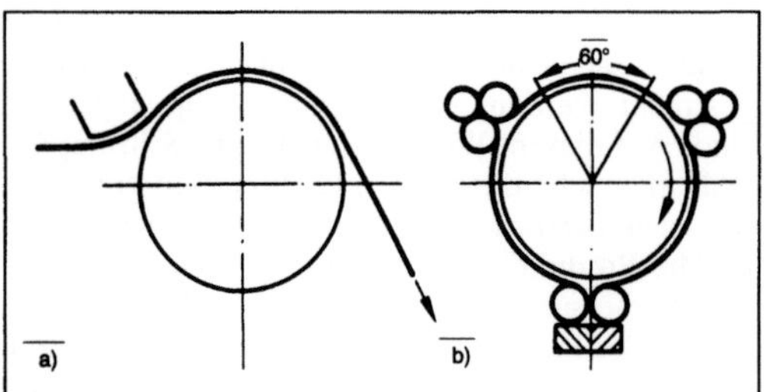

Folienlager.
a) Ablaufendes Band
b) Stehend vorgespanntes Band (Spannfolienlager).

Formatbearbeitungs-Maschine. Auch Kantenbearbeitungsautomat genannt. Erfolgt die Schmalflächenbearbeitung vom Formatieren bis zum fertigen Kantenbelag an einer Maschine, wird dieser Automat eingesetzt. Im Prinzip sind hier die mehrstufigen Maschinen wie F.-M. (→Doppelendprofiler) und →Kantenanleimmaschine mit einem gemeinsamen Maschinenständer verbunden. Die beiden durchgehenden Ketten ermöglichen einen Werkstücktransport ohne störende Zwischenlagerung bzw. Beschädigung zwischen den verketteten Einzelmaschinen. Der Platzbedarf in der Länge ist geringer durch eine Einlauf- und Auslaufzone. Die Nachteile des stärkeren Antriebsmotors- und der Kettenausbildung werden wettgemacht gemacht durch den wesentlichen Vorteil der Einpersonenbedienung. Die Bedienung und Kontrolle der Maschine erfolgt von einem Schaltpult aus. Möglich wird diese Form der Maschinenführung durch die CNC-Steuerung, die Rüstvorgänge und die notwendigen Kontrollarbeiten zeitlich verkürzt. Charakteristisches Kennzeichen der CNC-Steuerung ist die Gleichzeitigkeit aller Rüstvorgänge und die große Wiederholgenauigkeit.

Übliche Ausbaustufen sind:
Automatisierung durch elektronische Breitenverstellung mit Maßvorwahl und Ist-Wert-Anzeige, Automatisierung der Schaltvorgänge durch eine separate Streckensteuerung. Die Ansteuerung einzelner Sektionen in der gesamten Anlage ermöglicht die Aggregatverstellung auf ein neues Kantenprofil während des Werkstückdurchlaufs.

Neueste Rechnersteuerungen ermöglichen die Einstellung von ca. 2000 Grundprogrammen, 3 Streckensteuerungen, Werkzeugkorrekturtabellen auf Display mit Rüst- und Wartungstexten, Betriebsdatenerfassung und Druckprogrammen. Der Rechner kann bis zu 120 Aggregatachsen stufenlos verstellen mit einer hohen Wiederholgenauigkeit. Die üblichen Handverstellungen mit Digitalanzeige oder die pneumatischen oder motorischen Verstellungen auf 4 bzw. 8 Festpunkte sind heute durch Rechnersteuerungen ersetzt. Der Formatbearbeitungsteil ist sehr oft mit Mehrfachfräsköpfen auf einer Spindel ausgestattet, so daß durch eine vertikale Verstellung der Spindel (Hubspindel) verschiedene Werkzeuge zum Einsatz kommen können. Nach dem Profilieren der Schmalflächen wird das Kantenmaterial im Kantenanleimteil angebracht. Ähnlich wie bei der Kantenanleimmaschine werden hier mit Kunstharzschmelzkleber oder Spezial-PVAc-Leimen Furnier-Kunststoffstreifen abgelängt oder als Rollenware aufgebracht. Üblich ist auch die Anleimeranbringung aus Massivholz mit der nachfolgenden Endbearbeitung: Bündigfräsen, Bündigkappen, Profil und Fase kappen, Kopierfräsen, Klebereste abziehen, Schleifen und Bürsten. Es können nach der Soft-Forming-Methode auch profilierte Schmalflächen mit Kantenmaterialien umleimt und nachbearbeitet werden. Nach dem Kleberauftrag paßt man die elastischen Kantenmaterialien über Andruckvorrichtungen in Form von Rollen- und Formschuhstrecken an die profilierte Schmalfläche. Andruckstrecken auf einem Drehkreuz montiert erlauben eine schnelle Umrüstung auf neue Profile. Die Positionierung erfolgt mit Revolveranschlägen, wobei bis zu 6 Schnellverstellungen möglich sind. Der Einsatz besonderer Aggregate wie Rollmesser, Ritzsägen oder Fräser ist hier

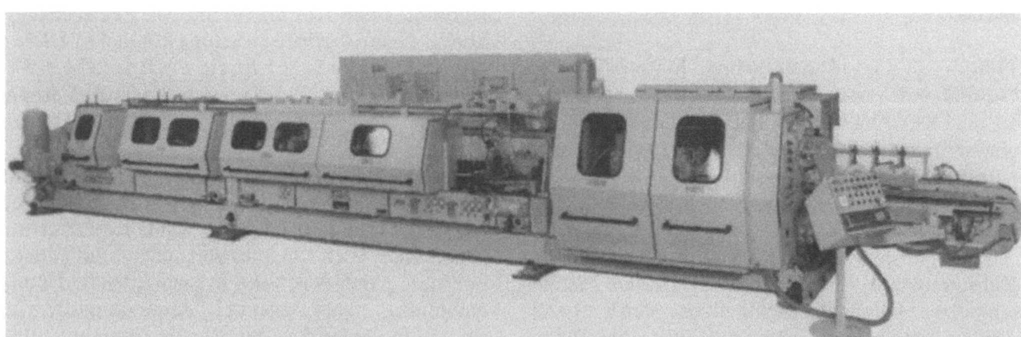

Formatbearbeitungs-Maschine: Kombinierte Formatbearbeitungs- und Kantenanleimmaschine. (Quelle: IMA)

notwendig, um einen nahtlosen Übergang zwischen der Kanten- und Breitflächenbeschichtung an Längskanten und Gehrungsecken zu erhalten. Im wesentlichen beeinflussen die Kapp- und Schnittaggregate die Vorschubgeschwindigkeit der gesamten Anlage, die bei ca. 15 m/min für Massivholzkanten und 40 m/min für Rollenmaterialien liegt (Bild s. Seite 390). *Dusil*

Formatkreissägemaschine. Die F. (oder Tischkreissäge) ist eine Weiterentwicklung der Tischkreissäge. Ihr wesentliches Merkmal ist der unmittelbar neben dem Sägeblatt angeordnete lange Rollwagen, der vor allem zum Besäumen und Auftrennen langer Hölzer eingesetzt wird. Bei entsprechender Auslegung der Maschine können großformatige Platten zugeschnitten werden. Die Beschickung und Entnahme des horizontal gelagerten Werkstücks gestaltet sich aber mit zunehmender Werkstückgröße schwieriger. An dem unmittelbar neben dem Sägeblatt geführten Rollwagen ist ein nach links auskragender Querschlitten mit verstellbaren Werkstückanschlägen angeordnet. Der Rollwagen wird vor und hinter dem stationären Maschinenteil leichtgängig geführt und erreicht eine Standardlänge von 1800–3300 mm. Größere Querschlitten werden am äußeren Ende durch einen Schwenkarm unterstützt, der den Bewegungen des Schlittens durch Teleskoparme folgen kann. Spezialanschläge auf dem Querschlitten ermöglichen z. B. Gehrungsschnitte, Ablängschnitte mit Klappanschlägen, Besäumschnitte usw. Der Parallelanschlag rechts neben dem Sägeblatt hat die gleichen Funktionen wie bei der Tischkreissäge. Schnellverstellungen und sogar die Absenkung unter die Maschinentischebene sind üblich. Das Sägeaggregat, ähnlich wie bei der Tischkreissäge ausgebildet, ist mit einer Vorritzsäge bestückt, die im Gleichlauf von unten in das Werkstück eingreift. Sonderausstattungen werden je nach Hersteller für die F. angeboten wie Maschinentisch-Verbreiterung und -verlängerung mit Anschlagvarianten, Spannvorrichtungen für paketweises Arbeiten, Vorschubapparat u. ä. *Dusil*

Formfaktor. Ein F. dient zur Beschreibung der Abweichung eines Partikels oder Tropfens von der Kugelform (Kristallisieren). Der am häufigsten verwendete F. f gibt an, wieviel mal größer die Oberfläche eines Körpers ist als die einer volumengleichen Kugel. Beispiele für die Werte des F. f sind: Wolframpulver f = 1,18, Kohlenstaub f = 1,75, Flugstaub f = 2,28, Glimmer f = 9,27. *Dohrn*
→Gummifederberechnung

Formpolster. Eine wesentliche Aufgabe eines Verpackungsmittels ist die Schutzfunktion. Sie soll u. a. äußere Einwirkungen von dem zu umhüllenden Produkt fernhalten. Solche äußeren Belastungen treten oft als Stoßkräfte auf. Das Verpackungsmittel allein ist oft nicht in der Lage, solche stoßartigen Belastungen vom Füllgut fernzuhalten. Um die Stoßenergie aufzunehmen, werden Polsterungen benötigt. Polster kommen nur voll zur Wirkung, wenn sie sich einerseits dem Verpackungsmittel, in das sie eingebracht sind, anpassen, zum andern aber auch das Produkt möglichst dicht umschließen. Um dies zu erreichen, werden Polster vorgefertigt. Man spricht dann von F. Als Werkstoffe für F. kommen weiche, elastische oder harte Schaumstoffe, Wellpappe oder ähnliche Materialien in Anwendung. Bei den elastischen gummiartigen Polstermaterialien sind die F. zuzuschneiden. Sie sind dann meist mehrteilig ausgeführt, um sie in das Verpackungsmittel einbringen zu können und um sie möglichst nah an die Form des zu umhüllenden Produkts anzubringen. Bei solchen elastischen F. muß das Füllgut Schwingungen bei entsprechender Belastung zulassen. Will man das Produkt möglichst ortsfest halten, werden formfeste Schäume aus Polyurethan oder Polystyrol verwendet. Diese Polster werden in Werkzeugen, die als Außenkontur das Verpackungsmittel und als Innenkontur die wesentlichen Formen des Produkts abbilden, in Schäumautomaten vorgefertigt. Man verwendet mindestens zwei, oft mehr Teile. Die Polsterwirkung ist bei diesen Schäumen etwas geringer als die der elastischen Schäume. Sie ist aber in den meisten Fällen ausreichend, um das Produkt bei den üblichen Transportbelastungen sicher zu schützen.

Man kann solche vorgefertigten Polster auch direkt im Verpackungsmittel erstellen. Das verwendete Verpackungsmittel wird innen mit einer Trennfolie, die das Polster von dem Verpackungsmittel fernhalten soll, ausgekleidet. Als Polsterwerkstoff kommt ein Zwei-Komponenten-Material zur Anwendung, das bei Mischung beider Komponenten zu schäumen beginnt. Das Verpackungsmittel wird teilweise mit diesem Zwei-Komponenten-Produkt ausgefüllt. Bevor die Schaumreaktion abgeschlossen ist, wird das ebenfalls mit einer Trennfolie umhüllte Produkt in die noch weiche Schaummasse eingelegt. Das Verpackungsmittel wird restlich mit dem Schaummaterial gefüllt. Nach dem Verschließen des Verpackungsmittels schäumt das Polster endgültig aus. Durch den entstehenden Innendruck füllt das Polster in dem noch weichen Zustand sowohl das gesamte Innenvolumen des Verpackungsmittels aus, als es sich auch möglichst dicht an das Produkt anlegt. Dieses Herstellen von Polstern im Verpackungsmittel eignet sich besonders dann, wenn sich Größe und Form der zu verpackenden Güter von →Packung zu Packung ändert.

In solchen Fällen können auch formlose Polster verwendet werden. →Polstermaterial sind hier vorgefertigte Kunststoffschaumteile. Sie werden in Form von kleinen, fast kreisförmigen, manchmal etwas gebogenen Chips oder in S-förmigen Teilen verwendet. Sie bestehen entweder aus etwas höher elastischen, geschlossenzelligen Polyurethanschäumen oder sind aus schäumbarem Polystyrol gefertigt. Die Größe dieser Teile soll gegenüber dem zu verpackenden Produkt möglichst klein sein. Das Verpackungsmittel wird teilweise mit diesem Schaumteil gefüllt. Das Produkt wird eingelegt, man braucht in diesem Fall keine Trennfolien. Das Verpackungsmittel wird vollständig aufgefüllt und verschlossen. Die Polsterung tritt durch die Eigenbewegung der Teilchen unter Reibung gegeneinander ein wie auch durch die Elastizität der Schaumteile selbst. Sie lassen sich nach Öffnen der Packung entnehmen und einer Wiederverwendung zuführen. Dies ist bei vorgeformten Polstern nicht möglich. *Paris*

Formschluß →Schlußart, →Verbindungsart

Formstahl. F. ist ein warmgewalztes →Fertigerzeugnis in Profilform, das in geraden Stäben gewalzt wird und dessen Querschnitt an die Buchstaben I, H, U und Omega erinnert und folgenden Bedingungen entspricht: Die Höhe beträgt mindestens 80 mm, die Stegflächen gehen mit Ausrundungen in die Innenflächen des Flansches über, die Außenflächen der Flansche sind parallel, die Kanten der Flansche sind an den Außenseiten sowie auf den Innenseiten scharf oder abgerundet und die Dicke des Flansches nimmt entweder vom Steg nach außen leicht ab oder bleibt gleich (parallelflanschige Erzeugnisse). Zum Formstahl gehören beispielsweise I- und H-Profile (Breitflanschträger), U-Stahl und Belagstahl. Ferner gehören dazu I- und U-Stähle mit ungleichen oder unsymmetrischen Flanschen, Grubenausbaustahl, Wagenbaustahl sowie geometrisch ähnliche Profile, sofern ihre Abmessungen den obigen Angaben entsprechen. *Baumann*

Formstahl-Walzstraße. Eine F.-W. ist eine sehr komplexe W. zum Herstellen von F., der warm gewalzt wird. F. wird meist aus Vorblöcken mit quadratischen oder rechteckig flachen Querschnitten hergestellt. Nach Möglichkeit sollten die Vorblöcke stets warm in die Wärmöfen der F.-W. eingesetzt werden und in einer Hitze zum F. umgeformt werden. Infolge der vielen unterschiedlichen Profilformen und Querschnittsabmessungen des F. sind zu dessen Herstellung verschiedenartige W. erforderlich. Zum Herstellen des F. werden i. a. Zweiwalzen-Walzgerüste, manchmal auch Dreiwalzen-Walzgerüste und insbes. für Parallelflanschträger in zunehmendem Maße Universal-Walzgerüste eingesetzt. Solche Universal-Walzgerüste werden beispielsweise für Jahresproduktionsmengen zwischen 300 000 und 500 000 t Parallelflanschträger in sog. Tandem-Umkehr-W. oder für Jahresproduk-

tionsmengen von mehr als 500 000 t in Universal-Konti-Fertigstraßen eingesetzt. Das Bild zeigt die Walzenanordnung in einer Tandem-Umkehr-W. Bei der Herstellung eines Trägers sind in dieser W. 2 Universal-Walzgerüste und ein dazwischen angeordnetes Flanschen-Stauchgerüst gleichzeitig im Eingriff. Die gesamte W. könnte aus einer →Vorstraße mit einem Umkehr-Walzgerüst oder mit 2 Umkehr-Walzgerüsten der Tandem-Umkehr-Walzstraße als →Zwischenstraße und einem Universal-Fertiggerüst mit vorgeordnetem Flanschen-Stauchgerüst als →Fertigstraße bestehen. In Tandem-Umkehr-W. und in Universal-Konti-Fertigstraßen zum Herstellen von Trägern sind die Walzgerüste in Linie nacheinander angeordnet. Bei dieser Anordnung ist ein schneller Walzgerüst-Wechsel, Gerüstumbau in der Walzlinie oder schneller Walzenwechsel neben der Walzlinie möglich. Eine Walzprogramm-Umstellung durch Walzgerüst-Wechsel kann in etwa 20 min durchgeführt werden. Diese verhältnismäßig kurze Wechselzeit wird durch den Einsatz der Universal-Kombinations-Wechselgerüste mit automatisch betätigten Medien- und Elektro-Schnell-Kupplungen ermöglicht. Mit einem Universal-Kombinations-Wechselgerüst kann sowohl eine Universal-Umformung als auch eine Zweiwalzen-Umformung durchgeführt und somit ein breites Walzprogramm bewältigt werden. Eine spezielle Bauweise dieser Walzgerüste ist das Massiv-Kombinations-Wechselgerüst, in dem der Einbau von Walzen mit unterschiedlichen Längen der Walzenballen möglich ist.

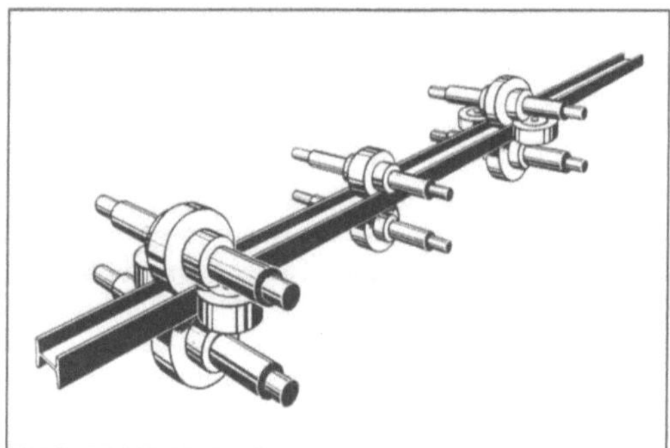

Formstahl-Walzstraße: Anordnung der Walzen in einer Tandem-Umkehr-Walzstraße zum Herstellen von Formstahl.

Die Kombinations-Wechselgerüste sind kompakt gebaut, dehnungssteif und wartungsarm. Beim Walzenwechsel kann beispielsweise der gesamte Universal-Vierwalzen-Satz als Einheit dem Gerüst entnommen und eine neue Walzen-Einheit in das Gerüst eingesetzt werden. *Baumann*

Formulardruck. Beim F. lassen sich als Druckverfahren alle bekannten Möglichkeiten einsetzen. Am weitesten verbreitet ist der Offsetdruck, seltener der Flexo- oder Tiefdruck. Dazu werden auf den üblichen Druckverfahren auch Flächen eingebracht, die durchschreibend wirken können. Es ist dabei möglich, dieses Durchschreiben auf bestimmte Flächen zu begrenzen.

Beim F., besser ausgedrückt beim Herstellen von Formularen, geht man von Rollenpapier aus. Die entsprechende Herstellungsmaschine bedruckt die Bahn und produziert das fertige Formular oder eine zur Weiterverarbeitung geeignete Formularbahn. Die fertigen Formulare werden meist endlos in Zickzack gefaltet. Um sie meist auf EDV, sprich gesteuerten Einrichtungen, weiterverarbeiten zu können, tragen diese endlosen Formularbahnen eine Randlochung. Damit transportieren sie sich durch die Drucker. Die Trennung von Formular zu Formular wird durch Perforation ermöglicht. Es lassen sich so dann einzelne Formulare nach dem Beschriften abtrennen. Bei den Formularmaschinen ist es möglich, auch mehrlagige Formulare in einem Arbeitsgang endlos in der erwähnten Zick-Zack-Faltung herzustellen.

Der zweite Weg, um zu fertigen Formularen zu kommen, ist der des Zusammentragens mehrerer vorbedruckter Rollenbahnen. Dies erfolgt auf einem Collator. Die Verbindung der einzelnen Formulare kann entweder durch Klebstoffe oder Drahtheftklammern oder durch eine spezielle Stanzheftung, die Crimp-lock-Heftung, erfolgen. Die Verbindungsleiste kann an jede beliebige Seite des Formulars gelegt werden; es sind dann allerdings die Vordruckbahnen entsprechend einzurichten. Auch bei solchen zusammengetragenen Formularbahnen können je nach Verwendungszweck Randlochungen oder andere Traktionsmöglichkeiten angebracht werden. Ebenso kann die Lochung eingearbeitet werden, mit der das Formular in einer Registratur abgelegt werden kann. Im Collator lassen sich höhere Lagenzahlen erreichen als in einer Formularmaschine. Als →Bedruckstoff kommen für Formulare normale Druckpapiere oder selbstdurchschreibend ausgerüstete Materialien in Betracht. Dazu werden u. U. Kohlepapiere oder spezielle Trägerpapiere für kleinflächige Durchschreibeflächen verarbeitet. *Paris*

Foulard →Hochveredelung, →Textilfärberei, →Trockenmaschine

Fourier-Analyse. In den Natur- und Ingenieurwissenschaften treten häufig periodische Zeit- oder Ortsfunktionen auf:
q(t + T) = q(t) für alle Zeiten t,
q(x + λ) = q(x) für alle Orte x;

hierin ist T die Periodendauer, λ die Periodenlänge (Wellenlänge). Mit den dimensionslosen Variablen φ = 2π t/T bzw. φ = 2π x/λ lassen sich beide Funktionen auf die Periode 2π abbilden:
q(φ + 2π) = q(φ) für beliebige Winkel φ.

Wie *Fourier* gezeigt hat, läßt sich jede periodische Funktion q(φ) = q(φ + 2π), die beschränkt sowie stückweise monoton und stetig ist, eindeutig in eine konvergente Fourier-Reihe

$$q(\varphi) = \frac{1}{2} c_0 + \sum_{n=1}^{\infty} [c_n \cos n\varphi + s_n \sin n\varphi]$$

aus harmonischen Funktionen entwickeln. Da die Kreisfunktionen $\cos n\varphi$ und $\sin n\varphi$ ein orthogonales Funktionensystem bilden, ergeben sich die Fourier-Koeffizienten c_n und s_n aus den Beziehungen

$$c_n = \frac{1}{\pi} \int_0^{2\pi} q(\varphi) \cos n\varphi \, d\varphi, \quad n = 0,1,2,\ldots,$$

$$s_n = \frac{1}{\pi} \int_0^{2\pi} q(\varphi) \sin n\varphi \, d\varphi, \quad n = (0),1,2,\ldots$$

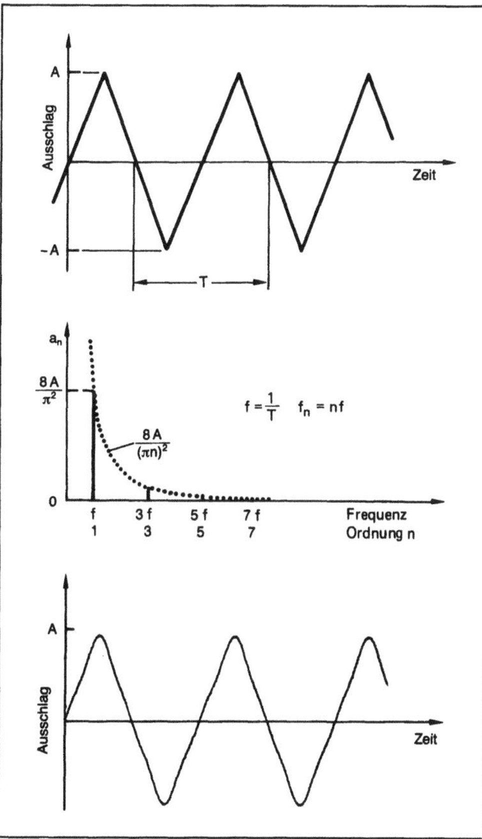

Fourier-Analyse und -Synthese.

Sie bilden in ihrer Gesamtheit das diskrete Fourier-Spektrum (Linienspektrum). Gibt man die Fourier-Reihe in der Form

$$q(\varphi) = a_0 + \sum_{n=1}^{\infty} a_n \cos (n\varphi + \alpha_n)$$

an, so erhält man

□ das Amplitudenspektrum $a_n = \sqrt{c_n^2 + s_n^2}$, $a_0 = c_0/2$,
□ das Phasenspektrum $\alpha_n = \arctan (s_n/c_n)$.

Das Bild zeigt eine Dreieckschwingung (Grundfrequenz $f = 1/T$) und das zugehörige Amplitudenspektrum. Außerdem ist das Ergebnis der harmonischen Synthese aus den fünf ersten Teilschwingungen dargestellt. *Witfeld*

Fourier-Transformation, schnelle. Die s. F.-T. (FFT = Fast Fourier Transformation) ist zu einem unentbehrlichen Hilfsmittel der digitalen Signalverarbeitung geworden. Sie stellt einen besonders effektiven Algorithmus dar, um die diskrete F.-T. (DFT) einer gemessenen Zeitfunktion x(t) durchzuführen, von der in einem Beobachtungsintervall $0 \leqq t < T$ genau N Abtastwerte x_n ($n = 0,1, \ldots N-1$) vorliegen. Dabei ist $x_n = x(t_n)$ das Signal zur Zeit $t_n = n\Delta t$, $\Delta t = T/N$ das Abtastintervall. Der Reziprokwert $f_s = 1/\Delta t$ heißt Abtastfrequenz, Abtastrate oder Samplingrate. Nach dem Abtasttheorem von *Shannon* muß die Abtastrate doppelt so groß sein wie die höchste interessierende Frequenz im abgetasteten Signal, damit keine Information verlorengeht (Bild).

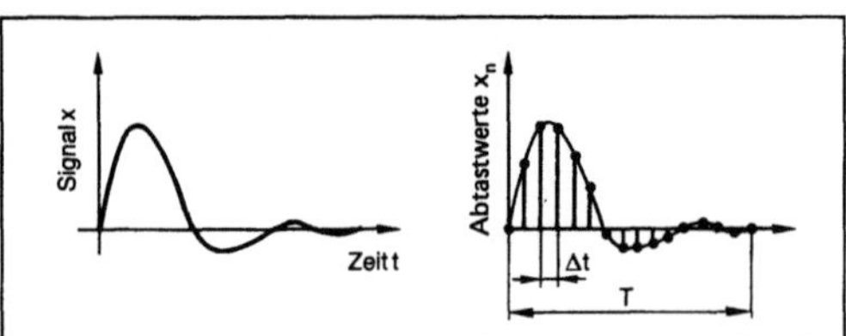

Fourier-Transformation, schnelle: Zeitliche Abtastung eines analogen Signals.

Die DFT ordnet der Folge von N Abtastwerten x_n umkehrbar eindeutig eine diskrete Folge von N Spektralwerten X_k zu:

$$X_k = \frac{\Delta t}{T} \sum_{n=0}^{N-1} x_n \, e^{-i(2\pi/N)kn}, \; k = 0,1,\ldots N-1 \qquad (1).$$

Der zeitlichen Abtastung entspricht hierbei die spektrale Abtastung $X_k = X(f_k)$ mit den diskreten Frequenzen $f_k = k\Delta f$ und der Frequenzauflösung Δf. Die DFT wird üblicherweise – wie in Gl.(1) ersichtlich – auf T bezogen, damit die Werte X_k von der Beobachtungsdauer und von der Anzahl der Abtastungen weitgehend unabhängig bleiben.

Der Zusammenhang zwischen Zeit- und Frequenzabtastung wird durch die Beziehung

$$\Delta t \, \Delta f = 1/N \qquad (2)$$

vermittelt. Hieraus verifiziert man leicht die Frequenzauflösung $\Delta f = f_s/N$ und die höchste Frequenz $f_N = N\Delta f = f_s$ im Spektrum. *Stearns* erläutert, wie sich Änderungen des Beobachtungsintervalls T, des Abtastintervalls Δt bzw. der Blocklänge N auf die Frequenzen auswirken.

Bei der numerischen Auswertung von Gl.(1) ist die Zahl M der auszuführenden Multiplikationen ein Maß für den Rechenaufwand. Man erkennt, daß für jedes k genau N komplexe Produkte zu addieren sind, insgesamt also $M = N^2$ Multiplikationen anfallen. Wegen der zyklischen Eigenschaft der harmonischen Exponentialfunktion ($e^{i\varphi} = e^{i(\varphi+2\pi)}$) kann der Faktor $e^{-i(2\pi/N)kn}$ dabei nur N verschiedene Werte annehmen. Die FFT nutzt die darin verborgene Redundanz, um wiederholte Produktbildung zu vermeiden. Wird insbes. als Zahl der Abtastwerte eine Potenz von 2 gewählt ($N = 2^p$), so läßt sich die Anzahl der Multiplikationen auf

$$PTT1M = \frac{N}{2} \log_2 N = \frac{N}{2} p$$

vermindern. Im Vergleich zur ursprünglichen Anzahl N^2 reduziert sich der Aufwand auf den Bruchteil

$$\alpha = \frac{M}{N^2} = \frac{p}{2N}$$

(Beispiel: $p = 10$, $N = 1024$, $\alpha < 0,5\%$).

Der Algorithmus der FFT kann als kurzes Unterprogramm auf jedem Digitalrechner implementiert werden. Moderne Signalanalysesysteme benutzen jedoch einen speziellen FFT-Prozessor mit Binärarithmetik, bei dem die Wahl der dualen Basis weitere Rechenzeitvorteile bietet. *Witfeld*

Literatur: *Cooley, J. W.,* u. *J. W. Tukey:* An Algorithm for the Machine Calculation of Complex Fourier Series. Math. Compt. Bd. 19 (April 1965), S. 297. – *Stearns, S. D.:* Digitale Verarbeitung analoger Signale. 2. Aufl. München, Wien 1984.

Frachtgut. Es ist die Gesamtheit aller Güter, die sich mit Hilfe von Verkehrsmitteln im Prozeß der Ortsveränderung von einem Ursprungs- zu einem Bestimmungsort befinden. *Jünemann*

Fräsmaschine (Holzbearbeitung). Das Ziel fräsender Bearbeitung ist die Herstellung von Werkstückoberflächen einer bestimmten Form und Qualität unter Einsatz rotierender, spanabhebender Werkzeuge.

F. werden zu den vielfältigsten Fräsarbeiten eingesetzt wie zur Profilerstellung in Form von Falz-, Fase-, Stab-, Karnies- oder Sonderprofilen. Zum Einsatz kommen Fräswerkzeuge, die man bezüglich der Werkzeugaufnahme in der Maschine nach Scheibenfräsern mit Aufnahmebohrung und nach Schaftfräsern, die in ein Spannfutter eingesetzt werden, unterscheidet.

Scheibenfräser sind Fräswerkzeuge, deren Durchmesser größer ist als die Dicke und deren Schneiden im äußeren Umfangsbereich angeordnet sind.

Die zentrische Bohrung sollte mindestens 30 mm Dmr. haben. Die geforderte Mindestwanddicke der Werkzeugnabe begrenzt den Nenndurchmesser der Werkzeuge nach unten auf ca. 80 mm (60 mm Ausnahme).

Die obere Durchmessergrenze liegt bei Scheibenfräsern bei ca. 200 mm. Innerhalb des Durchmesserbereiches sind vielfältige Variationen des Fräswerkzeugs möglich wie:

einteiliges Werkzeug, auch als Massivwerkzeug bezeichnet,

Verbundwerkzeug, auch als bestücktes Werkzeug bezeichnet, z. B. mit HSS- oder HM-Schneiden,

Zusammengesetztes Werkzeug, bestehend aus einem Tragkörper mit auswechselbaren Hartmetallschneiden oder aus einem Werkzeugverbund (Werkzeugsatz).

Schaftwerkzeuge (Oberfräser) werden speziell in der Oberfräse eingesetzt und sind entweder für das Spannfutter konzipiert oder mit einem Morsekegel zum direkten Einsatz in der Werkzeugspindel versehen.

Schaftwerkzeuge haben kleine Durchmesser und sind besonders zur Herstellung von Schlitzen, Nuten usw. geeignet.

Zum Hobeln breiter Werkstückflächen kommen horizontal rotierende Messerwellen mit seitlich angesetzten Zapfen zum Einsatz, die von der spanungstechnischen Wirkung her den Fräswerkzeugen zuzuordnen sind (Abrichthobel- und →Dickenhobelmaschine). Einfach wirkende Maschinen mit ortsfest angeordnetem Werkzeug ermöglichen jeweils nur einen Arbeitsgang während eines Werkstückdurchgangs. Zu diesen Maschinen sind zu zählen: Tischfräse, Oberfräse, →Bockfräse, Kettenfräse, Zinkenfräse und Kopierfräse. Mehrfachbearbeitungen am gleichen Werkstück erfordern mehrere nacheinander angeordnete Durchgänge auf der gleichen Maschine. Mehrfach wirkende Maschinen haben diesen Nachteil nicht. Hier werden die Werkstücke während eines Durchgangs an mehreren Werkzeugen vorbeigeführt und bearbeitet. Typische Vertreter dieser Gruppe sind:

Zapfenschneid- und →Schlitzmaschine, Doppelendprofiliermaschine, zwei- und vierseitige Hobelmaschine, Profil-F. (Kehlmaschine).

Mechanische Vorschubeinrichtungen für Werkzeuge können gegenüber dem Handvorschub die Leistungsfähigkeit einer Maschine und die Präzision der Bearbeitung wesentlich steigern. Bei der zunehmenden Produktvielfalt, besonders in der Möbelindustrie, und bei dem Zwang zu Kleinserien bis zur Einzelfertigung wird die Forderung nach Minimierung der Rüstzeit an der F. immer wichtiger.

Hier werden sehr viele numerisch gesteuerte Bearbeitungsmaschinen eingesetzt, die wesentliche Funktionen wie Drehzahlregelung, Höhen- und Seitenverstellung der Spindeln und automatischen Werkzeugwechsel ermöglichen. *Dusil*

Fräsmaschine (Werkzeugmaschine). Auf F. werden Werkstücke mit umlaufenden ein- oder mehrschneidigen Werkzeugen mit definierter Schneide spanend bearbeitet. Die rotatorische Hauptbewegung führt das Werkzeug, die Vorschubbewegung meist das Werkstück aus. Eine F. setzt sich aus den Hauptbaugruppen Maschinenbett oder Konsole mit Grundplatte, Bettschlitten oder Kreuztisch, Tisch, Spindelkasten und Ständer (Bild) zusammen. Während des Fräsens ändern sich die Zerspankräfte fortwährend in Größe und Richtung. Daher sind F. hohen statischen und dynamischen Beanspruchungen ausgesetzt. Die Vorschubantriebe der Tische und Schlitten sollen spielfrei ausgeführt werden. Um optimale Schnittflächen zu erzielen, muß man die Hauptspindel radial und axial spielfrei lagern. Die Weiterentwicklung der Schneidstoffe fordert zusätzlich eine hohe Dämpfung der Drehschwingungen bei den Hauptspindeln. Der Hauptspindelantrieb sollte möglichst stufenlos und spielfrei erfolgen. Dieses dient insbesondere der Erhöhung der Werkzeugstandzeiten. Hohe Anforderungen werden auch an die Führungen gestellt. Sie müssen zum einen hohe Gewichte aufnehmen und zum anderen möglichst leicht und ohne zu rucken (stick-slip) bewegbar sein. Da dies z. T. widersprechende Forderungen sind, ist je nach Anwendungsfall der geeignetste Kompromiß zu finden.

In zunehmendem Maße wird die Handbedienung und der zentrale Vorschubantrieb (mit Getriebe und Verteilung über Kupplungen) durch Einzelantriebe und numerische Steuerungen verdrängt.

Eingeteilt werden die F. hauptsächlich nach ihrem Konstruktionsprinzip. Man unterscheidet Konsol-

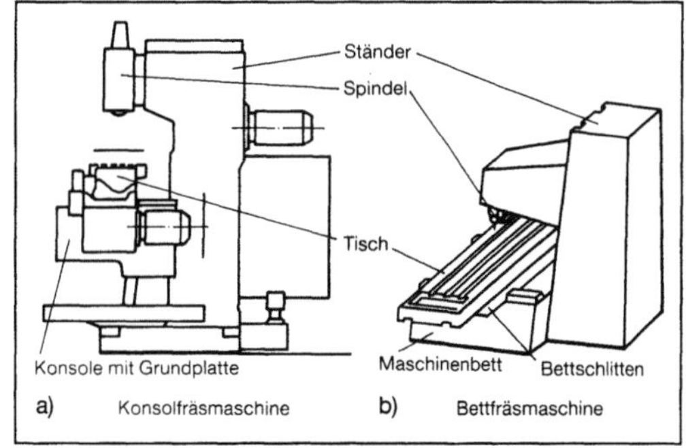

Fräsmaschine: Hauptbaugruppen.
a) Konsolfräsmaschine
b) Bettfräsmaschine.

a_1 Maschinenbett, a_2 Konsole mit Grundplatte, b Bettschlitten, c Tisch, d Spindel, e Ständer

F., Bett-F., Langbett-F., Einständer-F. und Zweiständer-F. Weitere Einteilungsgesichtspunkte sind die Lage der Hauptachsen. Sie können entweder senkrecht (Senkrecht-F.) oder waagrecht (Waagrecht-F.) angeordnet werden.

Bauarten für besondere Fräsverfahren sind Wälz-F., Gewinde-F. und Kopier-F. *Schulz*

Literatur: *Dubbel:* Taschenb. Maschinenbau. Berlin, Heidelberg, New York 1981. – *Spur, G., u. Th. Stöferle:* Handb. Fertigungstechnik. Bd. 3/1 Spanen. München, Wien 1979. – *Weck, M.:* Werkzeugmaschinen. Bd. 1. Düsseldorf 1980.

Francisturbine. Einstufige Wasserturbine (hydraulische Strömungsmaschine) mit zentripetal durchströmtem verstellbarem Leitschaufelkranz und diagonal von außen nach innen durchströmtem, →Laufrad mit axialer Abströmung. Sie gehört zu den vollbeaufschlagten Turbinen und wird für mittlere Drehzahlkenngrößen eingesetzt (→Cordier-Diagramm, Strömungsmaschine, hydraulische). F. (Bild 1) verarbeiten nutzbare Fallhöhen von H = 30–800 m, Volumenströme bis 1 000 m³/s und erreichen Leistungen bis 800 MW.

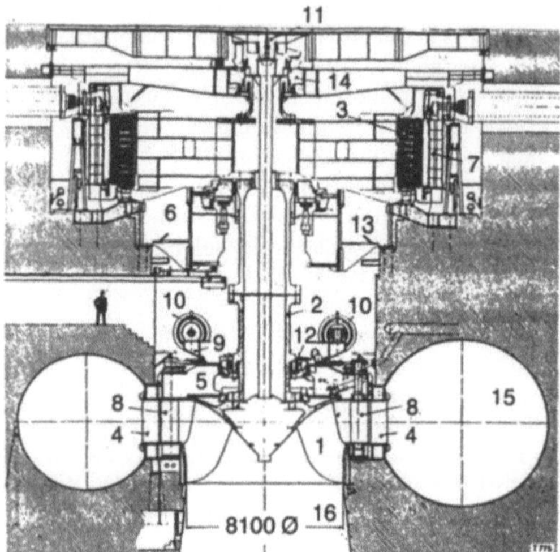

Francisturbine 1: Mit vertikaler Welle. (Quelle: Voith)

1 Laufrad, 2 Turbinenwelle, 3 Generatorrotor, 4 Stützschaufel, 5 Turbinendeckel, 6 Tragstern, 7 Generatorstator, 8 Leitschaufel, 9 Regelring, 10 Leitradservomotor, 11 Belüftungsventil, 12 unteres Führungslager, 13 kombiniertes Spur- und Führungslager, 14 oberes Führungslager, 15 Spiralgehäuse, 16 Saugrohrkonus
Daten: H = 118,4 m, n = 90,9 min⁻¹, P = 740 MW

Vom Oberwasser gelangt das Wasser durch den Druckstollen zunächst in ein Spiralgehäuse und durchströmt dann den kreisringförmigen Leitschaufelkranz von außen nach innen. Dabei wird der Strömung nach dem Arbeitsprinzip Strömungsmaschine in Drehrichtung des Laufrads ein positiver

Drall gegeben und dabei die Strömung bei Druckabbau beschleunigt. Das Laufrad entzieht der Strömung meist ebenfalls mit Druckabbau den Drall, wobei Arbeit an das Rad übertragen wird. Das Wasser verläßt das Laufrad in axialer Richtung. Die übertragene spezifische Arbeit a ergibt nach der Euler-Gleichung:

$$a = P/\dot{m} = u_2\,c_{u2} - u_1\,c_{u1};$$

darin ist P übertragene Leistung, $\dot{m}$ Wassermassenstrom, u Umfangsgeschwindigkeit des Laufrads, c_u Umfangskomponente der absoluten Strömungsgeschwindigkeit, Index 1 vor, Index 2 nach dem Laufrad. Die abgeführte (negative) Arbeit a wird dadurch groß, daß u_1 die maximale mögliche Umfangsgeschwindigkeit des Laufrads ist und die Auslegung mit drallfreier Abströmung $c_{u2} = 0$ bzw. $\alpha_2 = 90°$ erfolgt (Bild 2). Das Verhältnis von Druckgefälle im Laufrad zum gesamten Druckgefälle ist der →Reaktionsgrad, der bei Auslegung Werte von 0–0,75 annehmen kann. Je größer der Reaktionsgrad, um so geringer sind Geschwindigkeiten und Reibungsverluste, aber um so größer sind dann die Spaltverluste des Laufrads.

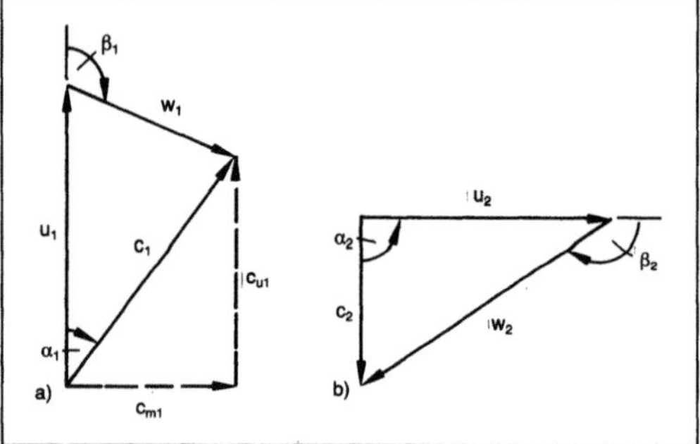

Francisturbine 2: Geschwindigkeitsdreiecke
a) vor und
b) nach dem Laufrad einer Francisturbine.

Leistungsanpassung bei konstanter Drehzahl (Generatorantrieb) erfolgt durch →Leitschaufelverstellung, womit sowohl der Durchfluß als auch die spezifische Arbeit verändert werden. Die Verstellung reicht von fast freiem bis nahezu geschlossenem Durchflußquerschnitt. Bei Abweichungen vom Auslegungspunkt ist die Abströmung aus dem Laufrad nicht mehr drallfrei (Wirkungsgradverlust), außerdem können im Laufradaustrittsbereich Kavitationsprobleme auftreten.

Nach dem Laufrad sorgt ein Diffusor (Saugrohrkonus) dafür, daß ein Teil der kinetischen Energie am Laufradaustritt zum Erhöhen des Turbinendruckgefälles beiträgt und damit nicht verloren ist. Das Laufrad ist aus einem Stück gegossen oder aus Deckscheiben und Schaufeln zusammengeschweißt. *Rauhut*

Literatur: DIN 4320/4323/4324: Wasserturbinen: Benennungen. Begriffe und Rechnungsgrößen. Hrsg. Dt. Normenausschuß. Ausg. 1957. – *Quantz/Meerwarth:* Wasserkraftmaschinen. 11. Aufl. Berlin, Heidelberg 1963. – *Raabe, J.:* Hydraulische Maschinen und Anlagen. Tl. 2: Wasserturbinen. Düsseldorf 1970.

Freifallmischer. F. sind Mischmaschinen in Mischanlagen, bei denen die Mischwirkung im wesentlichen mit der Schwerkraft und durch die besondere Formgebung des Behälters und den daran angebrachten Mischwerkzeugen erreicht wird. F. werden in unterschiedlichen Bauformen als Trommelmischer gebaut. *Kühn*

Freiflächenverschleiß. Infolge des Werkzeug-Werkstück-Kontaktes kommt es während des Zerspanungsvorgangs zur Ausbildung eines F., der häufig als Kriterium für die Standzeit des Werkzeugs dient. Diese Verschleißform kann sowohl auf der Haupt- als auch auf der Nebenfreifläche des Schneidteils auftreten. Die meßtechnische Erfassung des F. erfolgt an Hand der Verschleißmarkenbreiten VB, VB_{max} und des Schneidenversatzes $SV\alpha$. *König*

Freiform-Schmiedepresse. Eine F.-S. ist ein komplexes technisches System zum Druckumformen metallischer Werkstoffe, insbes. Stahl, mit nicht oder nur teilweise die Form des Werkstücks enthaltenden, gegeneinander bewegten Werkzeugen. Die Werkstückform entsteht durch freie oder festgelegte Relativbewegungen zwischen Werkzeug und Werkstück. Dabei können die Werkstücke Einzelgewichte bis 450 t haben. F.-S. für Werkstücke mit solchen Gewichten haben meist wasserhydraulische Antriebe, vier Pressensäulen und oft Preßkräfte bis 150 MN. F.-S. sind im wesentlichen durch
□ die Anordnung ihrer Antriebsysteme, Unterflur oder Überflur,
□ das Antriebsmedium, Öl oder Wasser, und
□ die Anzahl Pressensäulen, zwei oder vier,
gekennzeichnet. Die Werkstücke werden mit den Greifwerkzeugen der Schmiedemanipulatoren während des Schmiedens gehalten, gewendet und gedreht.

Das Bild 1 zeigt eine Viersäulen-F.-S. in Unterflur-Bauweise mit zentralem Führungsschaft, ölhydraulischem Antrieb und einer Preßkraft von 30 MN. Infolge der Unterflur-Bauweise hat die S. bei hochgefahrenem Oberholm eine Gesamthöhe von nur 5 880 mm. Deshalb kann eine solche Presse fast in jede bestehende Schmiedehalle auch bei verhältnismäßig kleiner Hallen-Kranbahnhöhe angeordnet werden. Sämtliche Hydraulikzylinder und die hydraulische Ausrüstung der Presse sind unter Flur geschützt angeordnet. Der bewegliche Pressenrahmen wiegt 145 t, und der Fundamentholm, wie die Ober- und Unterholme aus Stahlguß hergestellt,

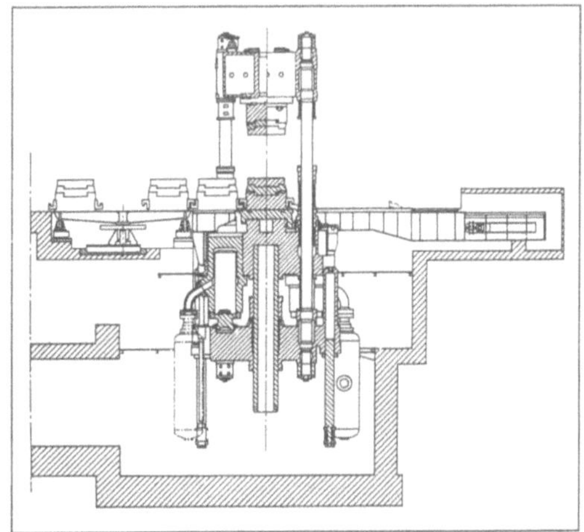

Freiform-Schmiedepresse 1: Viersäulen-Freiform-Schmiedepresse in Unterflur-Bauweise mit ölhydraulischem Antrieb.

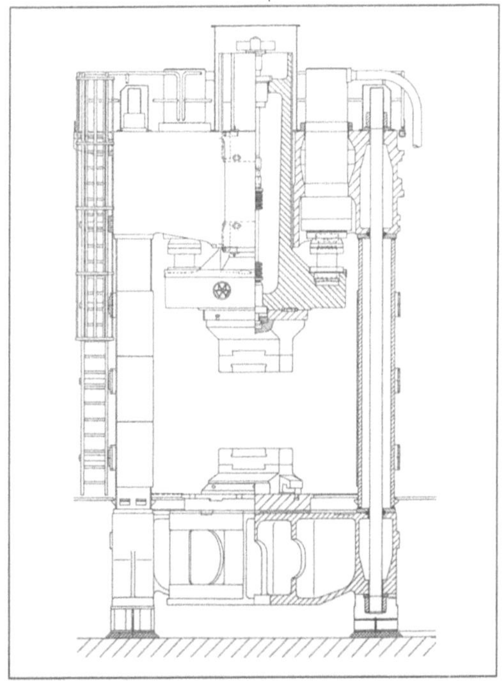

Freiform-Schmiedepresse 2: Zweisäulen-Freiform-Schmiedepresse in Überflur-Bauweise mit ölhydraulischem Antrieb.

wiegt 63 t. Die 4 geschmiedeten zylindrischen Säulen sind 11,4 m lang und haben Durchmesser von 400 mm. Sie sind in konischen Fassungen der Ober- und Unterholme gelagert und mit Muttern über dem oberen und unter dem unteren Holm festgespannt. Der zentrale Führungsschaft, der die Hauptbiegebeanspruchung aufnimmt, hat einen Durchmesser von

850 mm und ist in den Unterholm fest eingespannt. Die Abmessungen der Presse sind für die Beanspruchungen berechnet, die beim Pressen mit voller Kraft in einem Abstand von 250 mm von ihrer Mittellinie entstehen.

Der von dem Fundamentholm unterstützte Schmiedetisch ist verschiebbar angeordnet und ermöglicht das Einlegen größerer Blöcke in die Presse, das Schmieden von Ringen und das → Richten von Schmiedestücken.

Der Schmiedetisch kann mit hydraulisch arbeitenden Zylindern verschoben werden. Die Werkstücke für diese F.-S. werden von 2 schienengebundenen Schmiede-Manipulatoren bewegt.

Bild 2 zeigt eine Zweisäulen-F.-S. in Überflur-Bauweise mit ölhydraulischem Antrieb und einer Preßkraft von 20 MN. Neuzeitliche S. können manuell, halbautomatisch und vollautomatisch programmgesteuert betrieben werden. *Baumann*

Freiform-Schmiedeverfahren. Das F.-S. ist das älteste Stahl-Umformverfahren, ein Druckumformverfahren mit nicht oder nur teilweise die Form des Werkstücks enthaltenden, gegeneinander bewegten Werkzeugen. Metallische Teile, die mit diesem Verfahren hergestellt wurden, werden i. a. F.-Schmiedeteile oder F.-Schmiedestücke genannt, deren Formen durch freie oder festgelegte Relativbewegungen mit dem Werkzeug entstanden sind. *Baumann*

Freihub. Unter F. bei Flurförderzeugen mit Hochhubeinrichtung ist der Hub des Lastträgers (Gabel, Plattform, → Anbaugerät) ohne Vergrößerung der Bauhöhe des Mastes zu verstehen. Ein großer F. wird dort verlangt, wo bei geringen Deckenhöhen gestapelt werden muß, beispielsweise in geschlossenen Eisenbahn-Güterwagen, in Kellergeschossen u. dgl. *Jünemann*

Freikolbenkompressor. → Verbrennungskraftmaschine mit gegenläufigen → Kolben, bei der die Kolben gleichzeitig zum Verdichten von Luft dienen.

F. sind jahrzehntelang zufriedenstellend gelaufen, aber heute ausgestorben. Ihr Arbeitsprinzip wird gelegentlich in Erfindungen wieder aufgegriffen. Der F. (Bild) besitzt keinen Kurbeltrieb. Die beiden

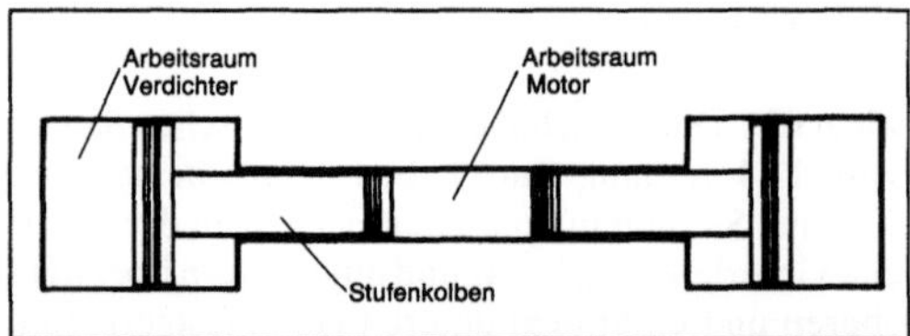

Freikolbenkompressor: Arbeitsräume (Schemaskizze).

Kolben schwingen frei zwischen Gaspolstern hin und her und werden nur über ein Synchronisierungsgetriebe in genau gegenläufiger Bewegung gehalten. Im inneren Arbeitsraum läuft ein Zweitakt-Dieselprozeß ab. Mit der dabei gewonnenen Energie wird in den äußeren Arbeitsräumen die Spülluft für die → Verbrennung gefördert und Preßluft für beliebige Verwendung erzeugt. *Kuhlmann*

Freilauf.

1. formschlüssiger. Ein f. F. (Klinken-F.) ist eine richtungbetätigte Kupplung. Sie besteht aus einem gezahnten Sperrad, das z. B. mit einer → Welle fest verbunden ist, und einer auf der Welle drehbaren Schwinge. Die Schwinge trägt eine Klinke, die von einer Feder in die Verzahnung gedrückt wird. Je nach Drehrichtung wird die Klinke in die Zahnlücke gepreßt und überträgt Drehmoment oder rutscht über die Zähne (F.). Die verschiedenen Bauformen unterscheiden sich durch Form und Lage von Zähnen und Klinke. Der Klinken-F. ist der älteste F.-Typ, einfach und robust. Nachteilig ist die Lärmentwicklung im Leerlauf, die Verschleißanfälligkeit und der tote Gang von maximal einer Zahnteilung (Bild). *Ehrlenspiel*

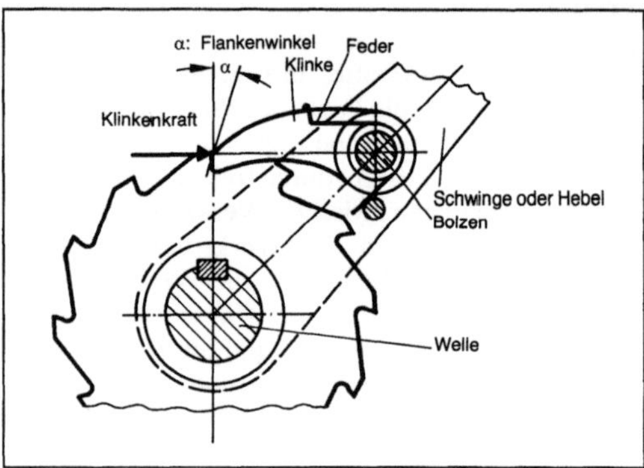

Freilauf, formschlüssiger: Klinkenfreilauf.

2. reibschlüssiger. Ein r. F. ist eine richtungbetätigte Kupplung. Es werden unterschieden: F. mit radialer (Klemmrollen-, Klemmkörper- und Kegel-F.) und axialer Kraftübertragung. Beim Klemmrollen-F. (Bild 1) liegen Rollen zwischen zwei F.-Körpern (An- bzw. Abtrieb). Ein F.-Körper ist mit Klemmflächen versehen und wird je nach Lage der Flächen als Innen- oder Außenstern bezeichnet. Der andere F.-Körper hat eine zylindrische Klemmbahn. Beim Klemmkörper-F. (Bild 2) haben beide F.-Körper zylindrische Klemmbahnen. Die Kraftübertragung erfolgt durch die reibschlüssige Verbindung der Klemmrollen bzw. -körper mit dem Innen- und dem Außenring. Voraussetzung für die sofortige Mitnahme ist, daß die Klemmrollen bzw. -körper vor Beginn des Kupplungsvorgangs beide Ringe berühren. Dazu werden die F. mit einer Anfederung versehen. Die einzelnen F. unterscheiden sich in ihrem Aufbau durch die Art der Anfederung und die Führung der Übertragungselemente. Beim F. mit axialer Kraftübertragung (Komet-F., Bild 3) befindet sich auf der mit einem steilgängigen Gewinde versehenen Antriebswelle eine nur längsverschiebliche Mutter. Durch das Antriebsdrehmo-

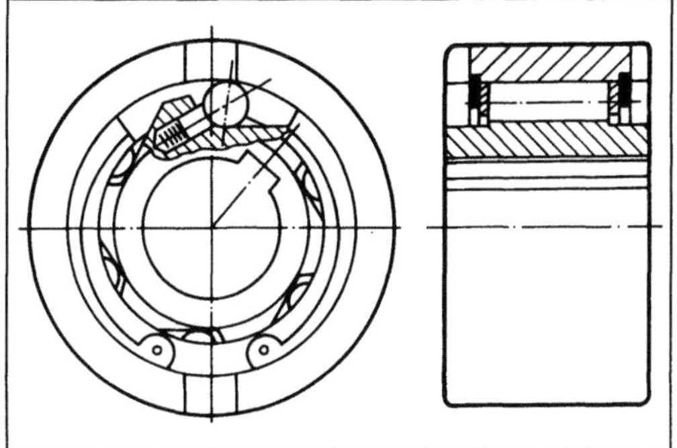

Freilauf, reibschlüssiger 1: Klemmrollen-Freilauf.

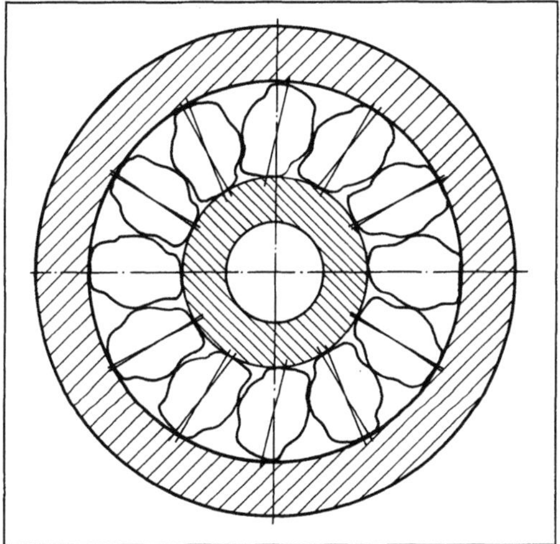

Freilauf, reibschlüssiger 2: Klemmkörper-Freilauf.

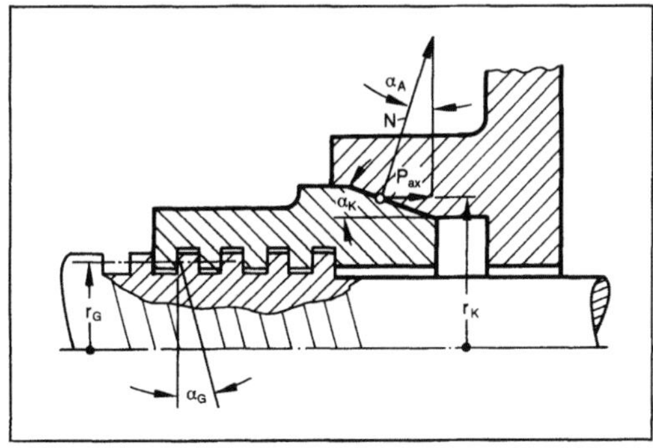

Freilauf, reibschlüssiger 3: Freilauf mit axialer Kraftübertragung (Komet-Freilauf).

ment wird die Mutter in den Kegel des Abtriebsteils gepreßt und überträgt das Drehmoment. Ist die Drehzahl des getriebenen Teils höher, drückt das Gewinde die Mutter außer Eingriff. *Ehrlenspiel*

Freivorbaugerät. Der Freivorbau kommt fast ohne Hilfsgerüste aus: Auf dem jeweiligem Pfeilerschaft wird zunächst in Ortbeton ein Pfeilertisch errichtet und von diesem aus unter Verwendung von F. das Brückenfeld entweder waagebalkenartig gleichzeitig nach beiden Seiten oder freiauskragend nach nur einer Seite unter Verwendung eines Gegengewichts abschnittweise vorbetoniert. Das Vorbaugerät (Bild) ist als Fachwerkkonstruktion ausgebildet (→Vorbauwagen). Mit ihm können Bauabschnitte bis zu 5 m Länge hergestellt werden. Im Betonierzustand lagert das Gerüst am vorderen Rand des fertigen Bauabschnitts auf hydraulischen Pressen. Der rückwärtige Teil wird mit Gewindestäben gegen den Überbau verspannt. Das Gerüst wird mittels Pressen auf Schienen in den jeweils nächsten Betonierabschnitt geschoben. Dies geschieht zusammen mit der äußeren Kragarm- und Stegschalung und mit der Fahrbahn- und Bodenschalung.

Freivorbaugerät: Fertig montiertes Freivorbaugerät ohne Schalung.

Der Personal- und →Materialtransport muß jeweils über den Pfeiler abgewickelt werden, von dem aus man vorbaut. Dies gestaltet sich vor allem bei sehr hohen Pfeilern sehr zeitraubend. Daher werden in Abwandlung des Freivorbausystems die Schalelemente nicht mehr an frei auskragenden Vorbaugeräten, sondern an einem Vorbauträger aufgehängt, der sich auf den Pfeilertisch und die bereits erstellte Fahrbahnplatte des Nachbarfelds abstützt. Dadurch ist ein freier Zugang zum Vorbaubereich über den schon erstellten Brückenteil möglich. *Kühn*

Fremderregung. Zeitliche Vorgänge, die von außen auf einen →Schwinger einwirken und den Charakter der Schwingungen prägen, heißen F., die Schwingungen selbst fremderregt oder heteronom. Ist die Erregung periodisch, heißt ihre Frequenz Erregerfrequenz. Macht sich der Fremdeinfluß in zeitlichen Veränderungen eines oder mehrerer Parameter des Systems bemerkbar, spricht man von →Parametererregung. Wenn dagegen die Erregerquelle die Eigenschaften des Schwingers nicht verändert, liegt eine →Quellenerregung vor.

Die F. kommt formal dadurch zum Ausdruck, daß in der beschreibenden Differentialgleichung (Dgl.) die Zeit stets explizit auftritt. Bei Quellenerregung ist die Dgl. inhomogen, so daß der Schwinger in seinem Gleichgewichtszustand gestört und zu Schwingungen angeregt wird. Bei Parametererregung ist die Dgl. homogen, so daß der Schwinger trotz vorhandener Erregung in seinem Gleichgewichtszustand verharren kann. Ob dieser Zustand stabil oder instabil ist, hängt insbes. von der Abstimmung zwischen Erregerfrequenz und Eigenfrequenz ab.

Ein weiterer Unterschied wird bei periodischen Erregerfunktionen deutlich: Während sich bei Quellenerregung in linearen Systemen stets, in nichtlinearen Systemen häufig ein eingeschwungener Zustand einstellt, bei dem erzwungene Schwingungen im Takt der Erregung ablaufen, sind bei Parametererregung selbst in linearen Systemen die Schwingungsantworten nur in den seltensten Fällen mit der Erregerfrequenz periodisch. *Witfeld*

Frequenz.

1. Bereich. Der Bereich der Ausgangsfrequenzen von Wechsel- und Umrichtern der Leistungselektronik richtet sich nach den Anwendungsgebieten. →Wechselrichter zur reinen Netzversorgung werden i. a. für feste Ausgangsfrequenzen ausgelegt (z. B. Bahnnetz 16⅔ Hz). Der Bereich der Ausgangsfrequenz von Wechsel- und Umrichtern zur Speisung von Drehstrommotoren richtet sich nach der möglichen Drehzahl der Motoren, da die Drehzahl eines Motors einer bestimmten Polpaarzahl frequenzproportional ist.

Für Antriebe im Leistungsbereich von ca. 1–500 kW werden Zwischenkreis-Umrichter für Ausgangsfrequenzen von ca. 3 Hz bis maximal 200 Hz gebaut, so daß bei vierpoligen Maschinen Drehzahlen bis 6 000 min⁻¹ erzielbar sind. Bei der Auslegung ist selbstverständlich die mechanisch zulässige Höchstdrehzahl zu beachten.

Die Taktfrequenzen der Zwischenkreis-Umrichter mit Pulsbreitenmodulation betragen bei Thyristorgeräten einige kHz (z. B. 5 kHz), bei Transistorgeräten werden 20 kHz erreicht.

Bei Direktumrichtern, die für langsamlaufende Schwerantriebe (ca. 400–10 000 kW) eingesetzt werden, beträgt die Ausgangsfrequenz etwa 0–25 Hz. Die Motoren werden hochpolig ausgeführt (z. B. achtpolig ergibt damit 0–375 min⁻¹).

Die Ausgangsfrequenz von Schwingkreis-Umrichtern für den Einsatz in der Elektrowärme liegt in der Größenordnung bis 20 kHz.

Allgemein ist die maximale Ausgangsfrequenz von Wechsel- und Umrichtern mit Thyristorbestückung von der möglichen Takt- bzw. Schaltfrequenz der eingesetzten Leistungshalbleiter und den Eigenschaften der Schaltung abhängig. Bei der Pulsbreitenmodulation werden hohe Taktfrequenzen angestrebt, um eine möglichst gute Annäherung der Spannung an die Sinusform zu erreichen und damit den unerwünschten Oberwellengehalt zu reduzieren. *Stüben*

2. Verhältnis. Der Quotient zweier Frequenzen. Häufig wird darunter bei erzwungenen Schwingungen das Verhältnis der Erregerkreisfrequenz zur Eigenkreisfrequenz (genauer: →Kennkreisfrequenz) verstanden: $\eta = \Omega/\omega_0$. Für $\eta \approx 1$ tritt bei geringer Dämpfung →Resonanz auf (→Vergrößerungsfunktion). *Witfeld*

3. Verstellung. Die F. wird in der elektrischen Antriebstechnik zur Drehzahlverstellung von Drehstrom-Motoren angewendet. Die Drehzahl n dieser Motoren ergibt sich aus der Beziehung

$$n = \frac{120 \cdot f_N}{2 \cdot p},$$

f_N Nennfrequenz in Hz, p Polpaarzahl.

Wird bei einer Frequenzänderung die Spannung konstant gehalten, verändern sich Anzugs-, Kipp- und Sattelmoment nach der Beziehung

$$M' \approx M_N \left\|\frac{f_N}{f'}\right\|^2,$$

M' Moment bei der geänderten Frequenz f', M_N Nennmoment bei Nennfrequenz.

Das Nennmoment bei der geänderten Frequenz ist

$$M'_N = M_N \frac{f_N}{f'}$$

(Bild 1). Magnetischer Fluß Φ und Leerlaufstrom I_0 verändern sich umgekehrt proportional zur Frequenzänderung.

Werden Frequenz und Spannung im gleichen Verhältnis geändert, bleibt das abgebbare Drehmoment konstant (Bild 2). Dieses Verfahren wird bei der Frequenzverstellung mit Umrichtern angewendet (z. B. →Zwischenkreis-Umrichter).

Die →Umrichter können aber auch so ausgelegt werden, daß die Drehstrommotoren zunächst mit konstantem Drehmoment (U/f=konst) und ab der Kenndrehzahl mit konstanter Leistung gefahren werden. Im letzten Bereich wird dann nur noch die Frequenz erhöht (Bild 3).

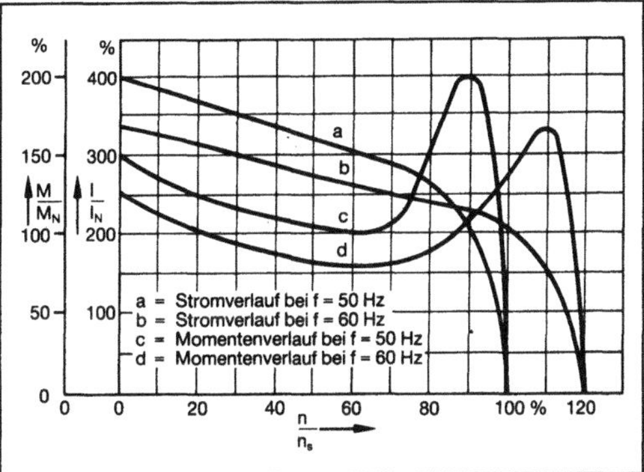

Frequenzverstellung 1: Kennlinie des Drehstrom-Kurzschlußläufermotors bei Änderung der Speisefrequenz von 50 auf 60 Hz bei konstanter Spannung.

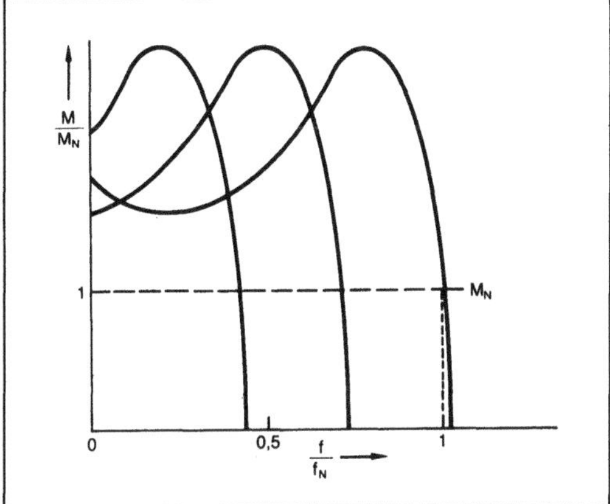

Frequenzverstellung 2: Kennlinienschar eines Drehstrom-Kurzschlußläufermotors bei gleichzeitiger Änderung von Spannung und Frequenz.

Es ist zu beachten, daß bei Betrieb mit Frequenzen, die kleiner als die Nennfrequenz sind, u. U. die Kühlung eines selbstgekühlten Motors nicht mehr

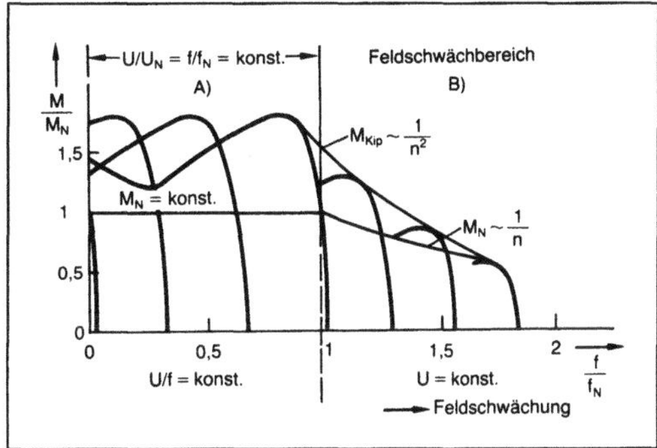

Frequenzverstellung 3: Kennlinienschar des Kurzschlußläufermotors, Bereich A. Gleichzeitige Änderung von Spannung und Frequenz, Bereich B. Spannung konstant, Frequenz variabel.

ausreicht. Es muß ggf. Fremdbelüftung vorgesehen werden.

Die Frequenzverstellung im Umrichter wird im Wechselrichterteil vorgenommen (→Wechselrichter, →Frequenzbereich). *Stüben*

Literatur: *Rentzsch, H.:* Handbuch für Elektromotoren. Hrsg. Brown, Boveri & Cie. AG, Mannheim. Essen 1980. – *Stüben, H.:* Elektrische Antriebstechnik. Formeln, Schaltungen, Diagramme, Tabellen. Hrsg. BBC, Mannheim. Essen 1987.

Fressen.

1. Allgemein. Starke Schädigung (Aufrauhung, Zerklüftung) der Oberflächenbereiche sich berührender Körper bei überhöhten tribologischen Beanspruchungen durch Adhäsion. F. kann zum spontanen Festsitzen (Festfressen) der Bewegungssysteme von Maschinen führen, wenn die Schmierung versagt. *Habig*

2. Getriebe. Bei Versagen der →Zahnradschmierung besteht die Gefahr des Freßschadens von Zahnflanken. Bei Warm-F. (Bild 1) können kurzzeitige Überlastungen bei Umfangsgeschwindigkeiten $v_t > 4\,\text{m/s}$ den Zusammenbruch des trennenden

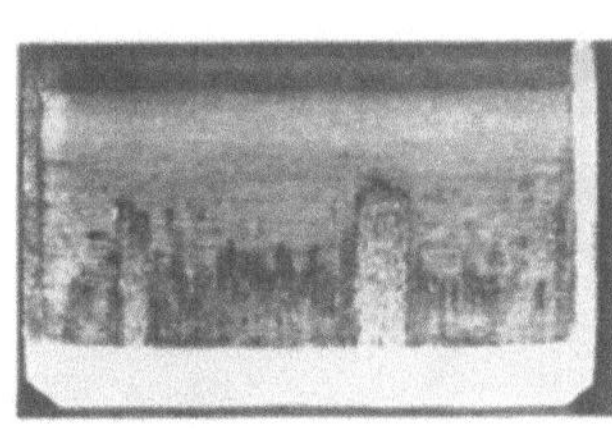

Fressen (Getriebe) 1: Warmfressen bei $v_t = 36\,\text{m/s}$ an Versuchszahnrädern.
a) Beginnendes Fressen (Riefenbildung)
b) Fressen infolge örtlicher Überlastung
c) Fressen über gesamter Zahnbreite.

Schmierfilms verursachen, die Folge ist rascher Temperaturanstieg, der zu örtlichem Verschweißen und darauffolgender sofortiger Trennung der Zahnflanken führt.

Freßmarken erscheinen überwiegend im Bereich des Zahnkopfes bzw. des Zahnfußes des Gegenrads, da hier die Gleitgeschwindigkeit am größten ist. Die größte →Freßtragfähigkeit wird daher bei ausgewogenen Verzahnungen (Bild 2, Formen C, I, R) erreicht.

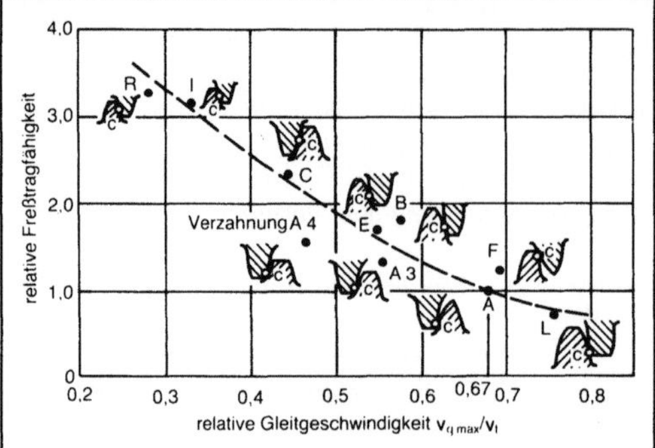

Fressen (Getriebe) 2: Einfluß der relativen Gleitgeschwindigkeit auf die Freßtragfähigkeit von Versuchszahnrädern.

● Versuchspunkte der Verzahnungen A · · · R. ○C Wälzpunkt

Die Freßtragfähigkeit wird durch die Wahl des Schmierstoffs wesentlich beeinflußt. Mit EP-Zusätzen kann man sie wesentlich steigern. Höhere Ölviskosität hat ebenfalls einen positiven Einfluß.

Weitere Maßnahmen zur Steigerung der Freßtragfähigkeit sind →Kopfrücknahme (Bild 3), gezieltes Einlaufen zum Abbau der Rauheitsspitzen, Phosphatieren, Verkupfern, Versilbern.

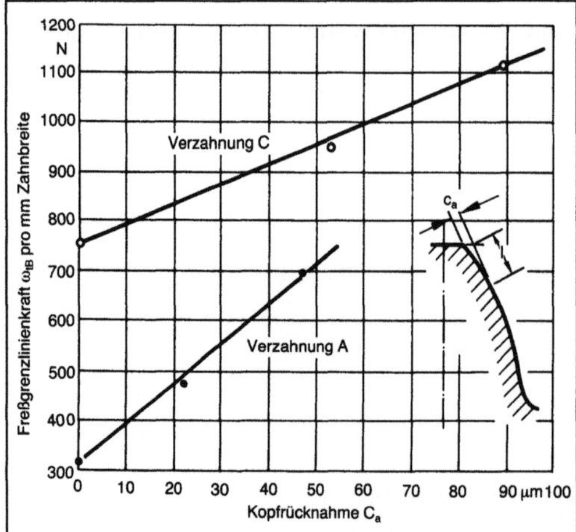

Fressen (Getriebe) 3: Einfluß der Kopfrücknahme C_a auf die Freßtragfähigkeit von Versuchszahnrädern.

Bei niedrigen Umfangsgeschwindigkeiten (< 4 m/s) tritt mitunter Kalt-F. auf, ein seltener Freßschaden meist an vergüteten Zahnrädern grober Qualität bei nur geringer Wärmeentwicklung.

Winter

Literatur: *Lechner, G.:* Die Freß-Grenzlast bei Stirnrädern aus Stahl. Diss. TH München 1966. – *Winter, H.,* u. *K. Michaelis:* Freßtragfähigkeit von Stirnradgetrieben. Antriebstechnik 14 (1975), S. 405/61.

Freßkraftstufe →FZG-Test

Freßtemperatur →Freßtragfähigkeit, →FZG-Test

Freßtragfähigkeit. Die Berechnung der F. von Zahnradgetrieben stützt sich auf die Bestimmung einer schmierstoffspezifischen Freß-Grenztemperatur, bei der metallischer Kontakt zwischen den Zahnflanken, d. h. der Freßschaden, zu erwarten ist. Diese wird mit der im Betrieb auftretenden örtlichen Flankentemperatur verglichen.

Die F. wird heute vorwiegend nach 2 Verfahren bestimmt. Nach der Blitztemperaturmethode nach *Blok* ist die zeitliche sowie örtliche Temperaturspitze an den Zahnflanken während des Eingriffs maßgebend. Untersuchungen an Zahnrädern zeigen, daß eine über der →Eingriffsstrecke gemittelte Grenztemperatur den Freßschaden auslöst (Integraltemperaturmethode).

Zur experimentellen Bestimmung der Freß-Grenztemperatur wird häufig der →FZG-Test oder ein anderer Zahnradtest benutzt.

Das Bild zeigt den Verlauf der Kontakttemperatur über der Eingriffsstrecke eines Zahnpaares nach *Blok*. Die örtliche Kontakttemperatur setzt sich wie folgt zusammen:

$$\vartheta_C = \vartheta_M + \vartheta_{fla} = (\vartheta_{oil} + C_1\,\vartheta_{fla\,int})\,X_S + \vartheta_{fla} \quad (1).$$

Die Massentemperatur ϑ_M entspricht der Summe aus ϑ_{oil} und einem Anteil des Temperaturgefälles ϑ_{fla} zwischen Flanke und Öl (nach Messungen $C_1 \approx 0{,}7$). X_S berücksichtigt als dimensionsloser Schmierungsfaktor die unterschiedliche Kühlfähigkeit von Tauch- bzw. →Einspritzschmierung. Die →Blitztemperatur $\vartheta_{fla\,int}$ ist ein über den Verlauf von ϑ_{fla} gemittelter Wert:

$$\vartheta_{fla\,int} = \mu_B\,X_\varepsilon\,X_M\,X_{BE}\,w_{tB}^{3/4}\,v_t^{1/2}/(a^{1/4}\,X_{Ca}X_Q) \quad (2);$$

hierin bedeuten:

μ_B mittlere Zahnreibungszahl (→Zahnreibung),

X_ε Überdeckungsfaktor, der die Kraftaufteilung auf die im Eingriff befindlichen Zahnpaare berücksichtigt,

X_M Materialfaktor, erfaßt die von der Materialpaarung abhängigen Größen,

X_{BE} Geometriefaktor, erfaßt die →Hertz-Pressung und Gleitgeschwindigkeit am Ritzelkopf,

$w_{tB} = (F_t/b)\,K_A\,K_{H\beta}\,K_{H\alpha}\,K_{B\gamma}$, mit Nennumfangskraft pro Zahnbreite F_t/b, Anwendungsfaktor K_A, →Breitenfaktor $K_{H\beta}$, Stirnfaktor $K_{H\alpha}$ sowie Schrägungsfaktor $K_{B\gamma}$ (Einfluß der →Schrägverzahnung auf Fressen),

v_t Umfangsgeschwindigkeit,

a →Achsabstand der Zahnräder,

X_{Ca} Faktor zur Berücksichtigung der →Kopfrücknahme (Verzahnungskorrekturen),

X_Q Eingriffsfaktor, berücksichtigt den Eingriffsstoß in Abhängigkeit der Überdeckung.

Die mit X bezeichneten Faktoren können nach *Niemann/Winter* für die aktuelle Verzahnung ermittelt werden.

Die →Integraltemperatur ϑ_{int} als Kriterium der Freßbeanspruchung ergibt sich sodann wie folgt (Bild):

$$\vartheta_{int} = \vartheta_M + C_2\,\vartheta_{fla\,int} \qquad (3).$$

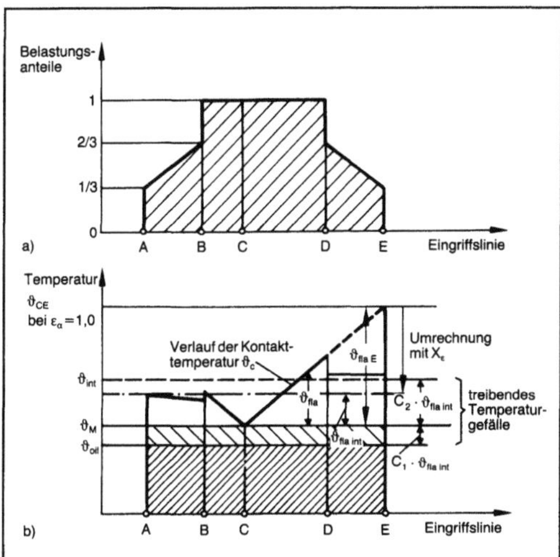

Freßtragfähigkeit: Zum Ermitteln der Integraltemperatur ϑ_{int}.
a) Annahmen zur Belastungsaufteilung über der Eingriffslinie
b) Temperaturverteilung nach Blok.

Hierbei muß $\vartheta_{fla\,int}$ als ein berechneter und nicht meßbarer Wert mit C_2 (ca. 1,5 nach Versuchen) gewichtet werden.

Der Nachweis der F. ist gegeben, wenn die Freßsicherheit bei eingelaufenen Verzahnungen

$$S_S - \vartheta_{S\,int}/\vartheta_{int} > 1,5 \ldots 2 \qquad (4)$$

ist (sonst noch größere →Sicherheit erforderlich). Die Freß-Grenztemperatur $\vartheta_{S\,int}$ läßt sich mit Hilfe eines Zahnradversuchs bestimmen. Hierfür eignet sich der FZG-Test. Man berechnet $\vartheta_{S\,int}$ mit denselben Gleichungen, wobei man die Prüfraddaten

einsetzt sowie die Betriebsdaten, bei denen das Fressen eintrat.   *Winter*

Literatur: DIN 3990: Grundlagen für die Tragfähigkeitsberechnung von Gerad- und Schrägstirnrädern. Hrsg. Dt. Inst. für Normung. Ausg. Dez. 1987. Tl. 1: Einführung und allgemeine Einflußfaktoren, Tl. 2: Berechnung der Grübchentragfähigkeit, Tl. 3: Berechnung der Zahnfußtragfähigkeit, Tl. 4: Berechnung der Freßtragfähigkeit. – *Blok, H.*: Theoretical study of temperature rise at surface of actual contact under oilness lubricating conditions. Proc. Gen. Disc. Lubric. IME, London 2 (1937), S. 225/35. – *Lechner, G.*: Die Freß-Grenzlast bei Stirnrädern aus Stahl. Diss. TH München 1966. – *Niemann, G., u. H. Winter*: Maschinenelemente. Bd. 2. 2. Aufl. Berlin, Heidelberg, New York, Tokio 1985. – *Seitzinger, K., u. M. Richter*: Grenzen und Möglichkeiten der FZG-Zahnrad-Verspannungs-Prüfmaschine, insbesondere zur Prüfung von Hypoidgetriebeölen. Schmiertechn. Tribolog. 18 (1971), S. 223/27 u. 19 (1972), S. 22/29, S. 58/60, S. 128/30, S. 145/48. – *Winter, H., u. K. Michaelis*: Freßtragfähigkeit von Stirnradgetrieben. Antriebstechn. 14 (1975), S. 405/408, S. 461/65.

Fretz-Moon-

1. Anlage →Fretz-Moon-Schweißverfahren

2. Rohrschweißanlage. Das in einer automatisierten F.-M.-R. ablaufende Verfahren ist in neuzeitlichen Produktionslinien mit dem Streckreduzier-Walzverfahren zu einer Verfahrenskette verbunden. Dabei wird das als Vormaterial dienende, zu Bunden aufgewickelte Stahl-Warmband mit verhältnismäßig großer Geschwindigkeit abgehaspelt und in Schlingen gespeichert. Damit wird eine Beeinträchtigung des kontinuierlichen Fertigungsablaufs durch das stumpfe Anschweißen des jeweils folgenden Bandanfangs des nächsten Bunds vermieden. Das so zu einer unbegrenzten Länge aneinandergeschweißte Stahlband wird durch einen Tunnelofen geführt und auf hohe Temperatur erwärmt. Seitlich angeordnete Brenner erhöhen die Temperatur an den Bandkanten gegenüber der Bandmitte in einer Größenordnung von etwa 150 °C auf Schweißtemperatur. In einem folgenden Walzaggregat wird das kontinuierlich einlaufende Stahlband zum Schlitzrohr geformt und dessen Umfang in dem nachfolgenden 90° versetzten Schweißwalzaggregat geringfügig (etwa 3 %) verkleinert. Der so entstehende Stauchdruck führt zum Verschweißen der zusammengepreßten Kanten. Das Schweißgefüge wird in den nachfolgenden, jeweils 90° versetzten Reduzier-Walzgerüsten zum Kalibrieren des Stahlrohrs noch weiter verdichtet.

Den endlosen Rohrstrang kann man in einer nachgeordneten Streckreduzier-Walzanlage zu Rohren mit Durchmessern bis etwa 13 mm herunterwalzen. Diese Rohre werden anschließend auf Kühlbetten abgelegt. Eine solche Kombination der Rohrschweißanlage mit einer Streckreduzier-Walzanlage hat den Vorteil, daß die F.-M.-R. mit konstantem Rohrdurchmesser arbeiten kann und ein verhältnismäßig aufwendiges Umstellen der Anlage entfällt.   *Baumann*

3. Rohrschweißverfahren. Das F.-M.-R. ist ein Feuer-Preßschweißverfahren, das nach seinen Erfindern *Fretz* und *Moon* benannt wurde. Bei diesem Verfahren wird das auf Schweißtemperatur erwärmte Stahlband mit kalibrierten Walzen kontinuierlich zu einem Schlitzrohr umgeformt und die unter Druck zusammengepreßten Kanten durch sog. Feuerpreßschweißen miteinander verbunden (Bild). So können Stahlrohre mit Außendurchmessern zwischen 40 mm und 114 mm hergestellt werden. *Baumann*

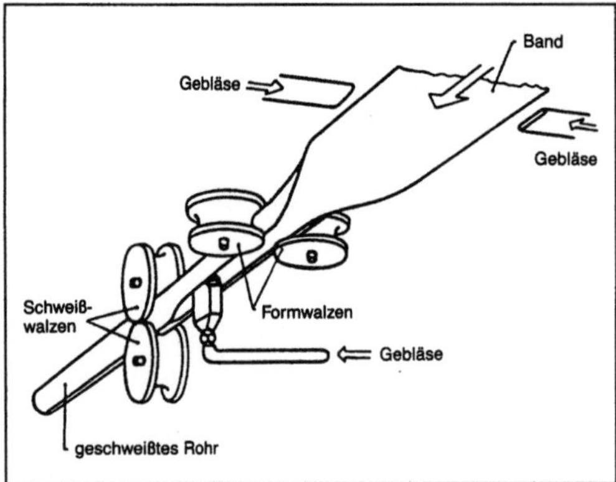

Fretz-Moon-Rohrschweißverfahren: Arbeitsprinzip.

Friktionsgetriebe. →Reibschlußgetriebe, →Reibradgetriebe, Wälzgetriebe: mechanisches →Getriebe, bei dem Bewegungen und Umfangskräfte zwischen zwei oder mehr Reibrädern oder Wälzkörpern durch Reibung (Friktion) übertragen werden. Sie werden vor allem wegen der stufenlos einstellbaren Übersetzung verwendet, die auf mechanischem Wege nur mit solchen reibschlüssigen (Schlußarten) Getrieben realisierbar ist. *H. W. Müller*

Friktionsverbindung. Die F. (hydraulische Spannhülse) ist eine reibschlüssige →Welle-Nabe-Verbindung. Eine geschlossene, doppelwandige Hülse enthält ein Druckmedium. Wird auf das Medium Druck ausgeübt, drückt die äußere Hülsenwand nach außen (gegen die Nabenbohrung) und die innere nach innen (auf die →Welle), wodurch die erforder-

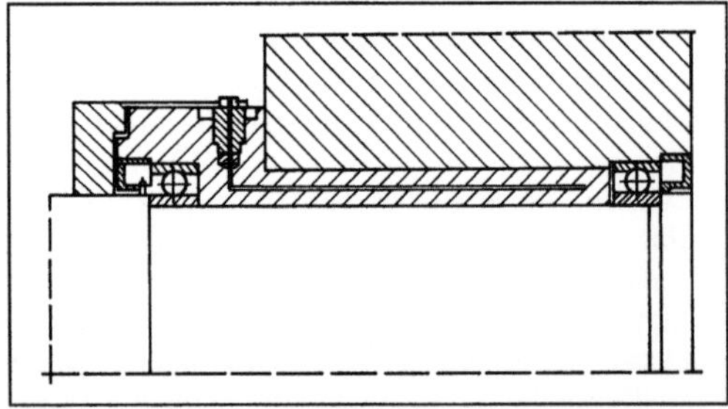

Friktionsverbindung. (Quelle: Voith Transmit)

liche Flächenpressung zwischen Welle und Nabe erzeugt wird. Das in der Hülse eingeschlossene Druckmedium hat eine Verbindung zu einer Druckkammer im Flansch. Durch radial angeordnete Druckschrauben kann der erforderliche Druck leicht auf- bzw. wieder abgebaut werden. Die F. läßt sich auch als →Sicherheitskupplung einsetzen (Bild). *Ehrlenspiel*

Frischdampf. Er kennzeichnet den Zustand des Dampfes beim Verlassen des Dampferzeugers (Dampfkessels) oder vermindert um den Druckabfall in der F.-Leitung beim Eintritt in die Dampfturbine. Er läßt sich durch 2 Zustandsgrößen eindeutig beschreiben. *Dibelius*

Frontantrieb →Antriebskonzept

Frontlader. Mittig am Traktor angebautes, frontseitig wirkendes Ladegerät (→Anbaugerät) mit auswechselbarem Werkzeug (z. B. für Rüben, Stallmist, loses Halmgut, Ballen, Erdreich und Einzellasten). Die Standardbauarten arbeiten mit zwei einfach oder doppelt wirkenden Arbeitszylindern, wobei mindestens die Funktionen „heben", „neutral" und „senken" (Schwimmstellung) notwendig sind. Einrasten des Werkzeugs durch Absenken auf den Boden, Entladen meist durch mechanisches Entriegeln (auch mit Hilfskraft, z. B. elektrisch). Neuere Lösungen mit Vierstellungssteuergeräten können zusätzlich auch „drücken" (Bild). Die Stellung „neutral" bedeutet eine Abschottung der Arbeitszylinder bei gleichzeitiger Entlastung der Pumpe (z. B. druckloser Umlauf oder Versorgung anderer Verbraucher). Dieser im Bild gezeigte Zustand ist z. B. während des Fahrens mit der Ladung (kurze Wege) oder beim Abstellen des

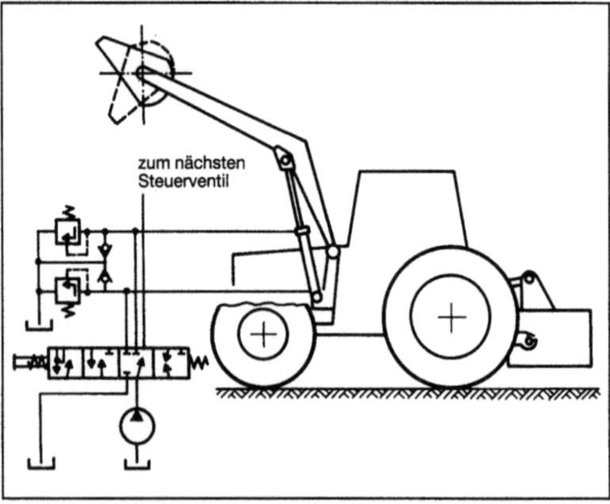

Frontlader: Anbau an einen Traktor mit hydraulischem Schaltplan.

Konzept mit doppelt wirkenden Arbeitszylindern und Vierstellungsschieber. Schock- und Nachsaugeventile zum Absichern der Stellung „neutral". Sinnbilder nach ISO 1219

Traktors bedeutsam. Im Interesse eines möglichst geringen Absinkens muß das Steuerventil in „neutral" sehr gut dicht sein (Leckstrom z. B. ≤0,12 l/h bei 125 bar erfordert Sitzventil). Für das Heben sollte die Hydraulikanlage des Traktors etwa 35 bis 60 l/min (je nach Nennleistung) liefern können bei Arbeitsdrücken um 175 bar.

Die ersten F. kamen 1950 durch die Firmen Ferguson, Hanomag und Baas auf und verbreiteten sich zunächst vor allem in Mitteleuropa. Hauptmotiv für den anhaltenden Erfolg sind die vergleichsweise niedrigen Investitionskosten. In den letzten Jahren haben hydraulisch betätigte Werkzeuge sehr stark an Bedeutung gewonnen. *Renius*

Literatur: *van Hamme, T.:* Schlepperhydraulik. Jahrb. Agrartechn. 1. Frankfurt a. M. 1988. – *Koenig, W.:* Statische Beanspruchungen des Ackerschleppers durch Frontlader. Grundl. Landtechn. 11 (1961) Nr. 14, S. 51/57. – *Matthies, H. J.:* Entwicklungslinien auf dem Gebiet der Schlepperhydraulik. Grundl. Landtechn. 24 (1974) Nr. 1, S. 31/40. – *Meincke, K.:* Kinematische und experimentelle Untersuchungen an Schlepperfrontladern ... Diss. TH München 1964. – *Renius, K. Th.:* Traktoren. 2. Aufl. Bern, Frankfurt a. M., München, Münster-Hiltrup, Wien, 1987. – *Wenner, H. L.:* Die Bedeutung des Frontladers. Landtechn. Forsch. 11 (1961) Nr. 1, S. 10/13.

Frühzündung →Zündzeitpunkt

Führung, feinmechanische. Eine F. ist eine bewegliche Fügestelle von Bauteilen (F.-Gliedern). Dabei werden funktionsgemäße Bewegungen ermöglicht und ggf. Energien übertragen. Die möglichen funktionsgemäßen Bewegungen ergeben den Freiheitsgrad. In Federgelenken mit elastisch verbundenen F.-Gliedern läßt sich Spielfreiheit erreichen. In der Gleitführung (z. B. Gleitlager und Gleitschneidegelenk) berühren sich die F.-Glieder auf Flächen, Linien oder Punkten. Diese werden nach unterschiedlichen Lagerwerkstoffen (Metall-, Kunststoff-, Sinter-, Steinlager) und geometrischen Formen (Zylinder-, Kegel-, Spitzenlager) gegliedert.

In der Wälzführung wälzen zwischen den F.-Gliedern Wälzkörper mit Punkt- oder Linienberührung zur Übertragung der Bewegung. Sie werden nach den geometrischen Formen der Wälzkörper benannt (Kugel-, Rollen-, Nadel- und Räderlager). Zum Aufrechterhalten der F.-Sicherheit werden Käfige verwendet, die die Wälzkörper in einem bestimmten Abstand halten.

Bei der Bewegungsübertragung in einer F. wirken Reibungskräfte, die der Bewegung entgegengesetzt sind. Es gilt, diese Reibung klein zu halten, was durch geeignete Formgebung, Werkstoffpaarung, Oberflächengüte und -überzug sowie durch Schmierung erreicht werden kann. Bei magnetischen Lagern verhindern magnetische Kräfte eine Berührung der gleitenden Teile. Reibung und Verschleiß werden minimiert.

Schmierung. Das Reibverhalten von Gleit-, Wälz- und Sonder-F. läßt sich mit Schmierstoffen verbessern. Diese benetzen die F.-Flächen, erhöhen den Traganteil, verhindern unmittelbare Berührung und schützen vor äußerem Angriff. Außerdem führen sie Verschleißprodukte ab.

Die Wahl des Schmierstoffs hängt von der Gleitgeschwindigkeit, Betriebstemperatur und Belastung in der F. ab. Die Stoffe können gasförmig, flüssig oder fest sein. *Lauruschkat*

Führungsaufgabe →Bewegungsaufgabe

Führungsgeschwindigkeit →Relativgeschwindigkeit

Führungsgetriebe. Ein →Mechanismus, dessen Hauptfunktion das Führen von Körperpunkten auf geforderten Bahnen bzw. das Führen von Körpern durch geforderte Lagen ist, wird Führungs-Mechanismus, im Sprachgebrauch auch F., genannt.

Die →Führungsaufgabe kann antriebsbezogen sein, so daß auch die Übertragungsfunktion zwischen Antriebs- und Führungsglied berücksichtigt werden muß (Beispiel: Fadengeber einer Haushalts-Nähmaschine), oder auch nicht antriebsbezogen (Beispiel: Ellipsenzirkel mit Antrieb durch Anfassen des mittels →Doppelschieber geführten Zeichenstifts). Auch im letzten Fall muß neben der →Führungsgüte als wichtigster Eigenschaft ebenso die Übertragungsgüte bei der Konstruktion berücksichtigt werden, damit nicht schlechtes Übertragungsverhalten (z. B. ungünstige →Kraftangriffswinkel) zum Blockieren der Bewegung des Mechanismus führt. *Gierse*

Führungsgüte →Bewegungsgüte

Führungsmittel. F. sind Vorrichtungen, die als Bestandteil eines Führungsinformationssystems (FüInfoSys) der Daten- bzw. Informationserfassung, -übertragung, -verarbeitung und -darstellung dienen (command, control and communication = C^3).

Die Informationserfassung erfolgt durch direkte Beobachtung oder mittels spezieller Sensoren im

☐ optischen Bereich (Video-Kamera),

☐ IR-Bereich (Wärmebild) oder

☐ mmW-Bereich (Radar);

oder mit

☐ akustischen Sensoren und/oder

☐ seismischen Sensoren.

Je nach Einsatzart werden die Sensoren manuell verlegt, artilleristisch verschossen oder sind auf verschiedenen Trägern montiert: Land- oder Wasserfahrzeugen, Flugzeugen oder Hubschraubern, ferngelenkten bzw. autonomen Drohnen und Satelliten. Eine möglichst hohe Störfestigkeit gegen

EloKa-Maßnahmen (elektronische Kampfführung), wie z. B. Störsender, Düppel, Täuschkörper usw., wird gefordert.

Zur Unterscheidung der eigenen von den gegnerischen Truppen dienen sog. IFF-Geräte (Identification Friend/Foe).

Die Informationsübertragung erfolgt über Fernmeldenetze (vermaschte Gitternetze, Mehrkanalbetrieb) oder über Funknetze (Einkanalbetrieb). Das Übertragungsmedium ist Richtfunk, VHF-Funk oder Draht bzw. Glasfaser. In zukünftige Systeme werden auch Satelliten eingebunden. Ein Beispiel ist das bei der Bundeswehr eingeführte Autoko (automatisches Korpsstammnetz), das mit freier Wegwahl je nach Zustand des Netzes arbeitet. Aus Sicherheitsgründen im militärischen Bereich werden die Daten meist mit Kryptogeräten unter Einsatz verschiedener Verschlüsselungsverfahren kodiert.

Die möglichst verzugsfreie Informationsverarbeitung wird von elektronischen Datenverarbeitungsanlagen durchgeführt bzw. unterstützt. Zur Vergrößerung ihrer Überlebensfähigkeit sind die Gefechtsstandführungsmittel und -systeme dezentral und redundant in einzelne Zellen aufgeteilt und mit einer Zentraleinheit verbunden.

Die Informationsdarstellung erfolgt in graphischer (Symbol-) und/oder alphanumerischer Form auf einem Bildschirm oder Zeichengerät (Lagedarstellungsgerät).

Beispiele:

□ HEROS (Heeresführungsinformationssystem für die rechnergestützte Operationsführung in Stäben),

□ HFlaAFüSys (Heeresflugabwehr-Aufklärungs- und Führungssystem),

□ EIFEL (Elektronische Information und Führungssystem für die Einsatzverbände der Luftwaffe),

□ SATIR (System zur Auswertung taktischer Informationen für Raketenzerstörer bzw. auf Rechnerschiffen),

□ AGIS (Automatisiertes Gefechts- und →Informationssystem für Schnellboote). *Hellmeister*

Literatur: *Eimler, E.:* Wehrtechnik (1984) Nr. 8, S. 52/59. – *Dreikorn, M.:* Wehrtechnik (1986) Nr. 11, S. 50/55. – *Färber, R.:* Jahrb. der Wehrtechnik (1984) Nr. 14, S. 76/81. – *Pegrelley, R.:* Internationale Wehrrevue (1986) Nr. 10, S. 1459/64. – *Siebert, R.:* Wehrtechnik (1984) Nr. 8, S. 82/87. – *Walter, R.:* Wehrtechnik (1985) Nr. 6, S. 68/81. – *Weikert, H.:* Jahrb. der Wehrtechnik (1985) Nr. 15, S. 76/87.

Füllung →Einspritzpumpe

Füllungsgrad. Der F. bezeichnet bei dem Transport von Schüttgütern in Behältern, Eimern oder Greifern das Verhältnis des tatsächlichen Füllvolumens zum Volumen des Aufnahmemittels. *Jünemann*

Fuhrpark. Ein F. ist die Gesamtheit aller von einem Verkehrsbetrieb benutzten Fahrzeuge. Man unterscheidet den Fuhrpark nach

□ Art (Kfz., Schiff, Flugzeug),

□ Antriebsmechanismus (Diesel-, Benzin-, Elektromotor, Selbstfahrer oder Schleppfahrzeug, Düsen- oder Propellerantrieb usw.),

□ Ladefähigkeit, Ladegröße, Länge und Breite, Wendekreis, Manövrierfähigkeit, Tiefgang usw. *Jünemann*

Fully-Fashioned-Veredelung →Textilausrüstung, →Warenführung

Fundamentalsystem. Eine vollständige Integralbasis aus linear unabhängigen Funktionen, deren Linearkombination die allgemeine Lösung eines homogenen linearen Differentialgleichungssystems darstellt. Im Zustandsraum werden die Lösungsvektoren einer Integralbasis zur Fundamentalmatrix oder Transitionsmatrix zusammengefaßt. *Witfeld*

Literatur: *Sauer, R., u. I. Szabo:* Mathematische Hilfsmittel des Ingenieurs. Tl. II, S. 68/93. Berlin, Heidelberg, New York 1969.

Fundamentschalung. F. werden bei zwei Arten von Fundamenten angewendet, den Streifenfundamenten (Wände) und den Einzelfundamenten (Stützen). Reicht die Standfestigkeit des anstehenden Bodens nicht aus, so müssen die Seitenwände durch eine Brettschalung oder durch Schaltafeln gehalten werden. Unter der Fundamentsohle liegt eine Sauberkeitsschicht. Die Aussteifung der Seitenschalung besteht aus in den Boden gerammten Pfählen oder Kanthölzern in entsprechendem Abstand. Von einer Seitenwandhöhe von rd. 1,0 m ab müssen Gurtungen aus Kanthölzern vorgesehen werden. *Kühn*

Funktion technischer Systeme. Die F.t.S. ist die lösungsneutrale Formulierung des gewollten Zwecks eines technischen Systems. Sie beschreibt die durch das System hervorgerufene Zustandsänderung zwischen Ein- und Ausgangsgröße.

Die F. wird in Anlehnung an die →Wertanalyse meist durch ein Substantiv und ein Verb beschrieben.

Für die symbolische Darstellung von F.t.S. werden Rechtecke verwendet (Black-Box). Die Ein- und Ausgangsgrößen werden durch Pfeile gekennzeichnet, wobei meist zwischen Stoff-, Energie- und Signalflüssen (Umsätzen) unterschieden wird (Umsatzarten).

Die Gesamt-F. beschreibt zusammenfassend die Zustandsänderung, die zwischen Ein- und Ausgang in dem technischen System abläuft (Bild 1).

Durch die Aufteilung der Gesamt-F. in Teil-F. läßt sich die F. der Elemente des Systems beschreiben. Durch die Pfeile wird die Beziehung der Elemente zueinander dargestellt. Es entsteht eine F.-Struktur (Bild 2).

Bei der detaillierteren Betrachtung technischer Systeme ist weiterhin eine Unterscheidung in Haupt- und Neben-F. gebräuchlich. Haupt-F. beschreiben die Zustandsänderung des Hauptum-

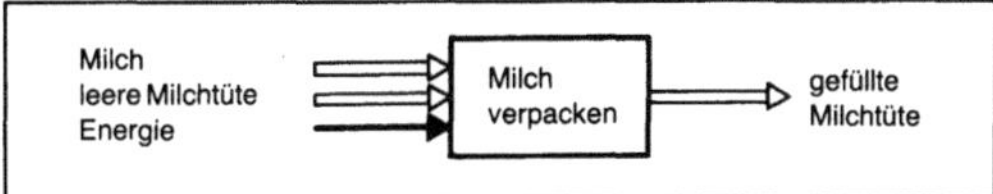

Funktion technischer Systeme 1: Gesamtfunktion einer Verpackungsmaschine für Milch.

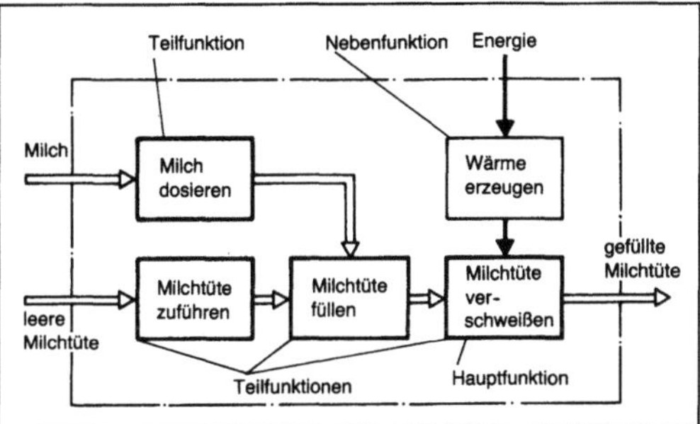

Funktion technischer Systeme 2: Funktionsstruktur einer Verpackungsmaschine für Milch.

satzes (in Bild 2 die Stoffe Milch und Milchtüten); Neben-F. (Hilfs-F.) beschreiben die Zustandsänderung des Nebenumsatzes (in Bild 2 die Energie zum Verschweißen der Milchtüten).

Die funktionelle Beschreibung ist somit ein Hilfsmittel bei der Planung, Gliederung und Kontrolle des Konstruktionsprozesses wie auch bei der Analyse bekannter Systeme zur Modellbildung und Klassifikation. *Ehrlenspiel*

Literatur: *Hubka, V.:* Theorie Technischer Systeme. Berlin 1984. – *Pahl, G.,* u. *W. Beitz:* Konstruktionslehre. Berlin 1986.

Funktionsanalyse →Materialflußplanung

Funktionsforderung →Anforderungsliste

Funktionsprüfung. Prüfung der Funktion von Bausteinen oder Baugruppen, also ihrer Reaktion auf vorgegebene Eingangssignale, wie sie beim realen Betrieb vorkommen im Gegensatz z. B. zum Parametertest, wo die Qualität einzelner Signale untersucht wird.

Im Gegensatz zum In-Circuit-Test wird bei der Baugruppen-F. neben den einzelnen Bausteinfunktionen auch das Zusammenwirken einzelner Bausteine untereinander und ggf. auch zusammen mit der auf der Baugruppe vorhandenen Software überprüft (Bild).

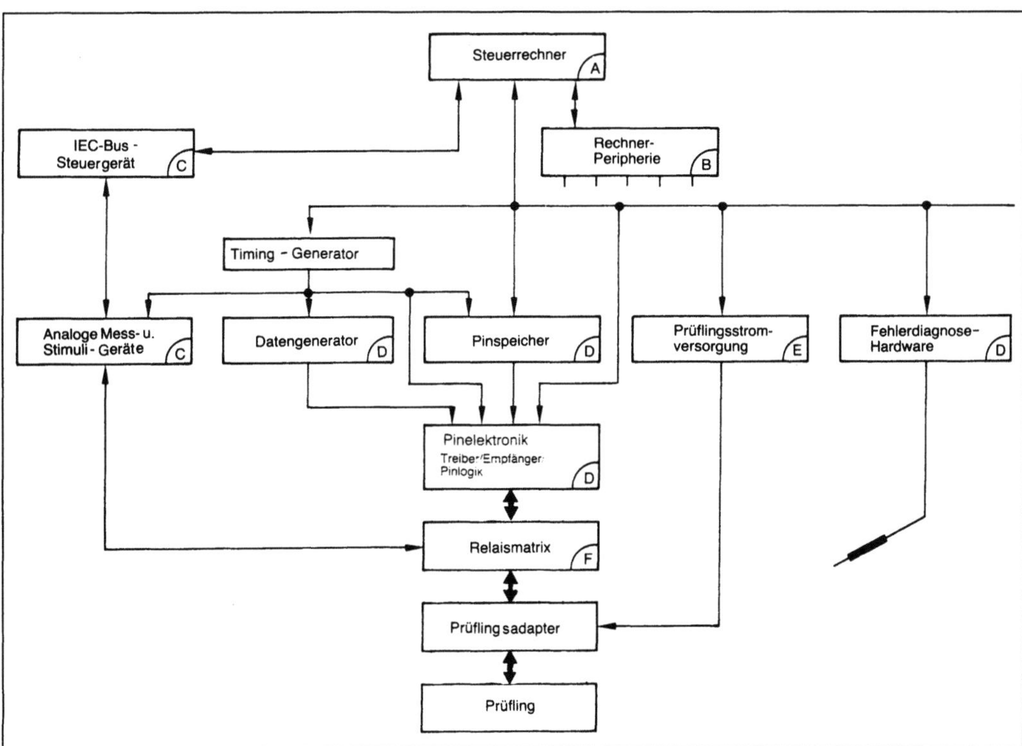

Funktionsprüfung: Blockschaltbild eines Baugruppen-Funktionstesters.

Die F. erfordert eine Nachbildung der Eingangssignale und auch der notwendigen Beschaltung des Prüflings durch den Prüfautomaten oder durch den Adapter (z. B. Widerstände, Kondensatoren, Induktivitäten). Die Vorgabe der Ausgangssignale entspricht dabei dem tatsächlichen Verhalten des Prüflings. Bei der F. wird darüber hinaus versucht, im späteren Einsatz vorkommende variierende Umweltbedingungen (unterschiedliche Betriebsspannungen, Einsatz bei unterschiedlichen Temperaturen, Eingangssignale mit verändertem Zeitverhalten) zu berücksichtigen.

Die F. ist am vollständigsten unter allen Testverfahren, benötigt jedoch erheblichen Programmieraufwand und zusätzlich im Fehlerfall aufwendige Verfahren zur Lokalisierung von Fehlern (Pfadverfolgung). In der Regel, insbes. im digitalen Bereich, kann die Programmerstellung für die F. nur noch mit Rechnerunterstützung (Simulatoren, Prüfsimulation) durchgeführt werden. *K. Winter*

Funktionsstruktur →Funktion technischer Systeme (→Konstruktionsverfahren)

Funktionstrennung/Funktionsvereinigung.

Funktionsvereinigung ist die Erfüllung mehrerer Funktionen (Funktion technischer Systeme) durch eine Wirkfläche oder ein Maschinenteil, Funktionstrennung die Aufteilung unterschiedlicher Funktionen auf unterschiedliche Wirkflächen oder Maschinenteile.

Beispiel Wellenlagerung (Bild): Bei Funktionsvereinigung werden axiale und radiale Kräfte durch ein →Kegelrollenlager aufgenommen; bei Funktionstrennung nimmt je ein Lager Axial- und Radialkraft auf.

Funktionsvereinigung ist meist leichter und billiger, Funktionstrennung sicherer und exakter zu berechnen. *Ehrlenspiel*

Fußausrundung →Evolventenverzahnung, →Zahnfußspannung, →Zahnfußtragfähigkeit

Fußkreisdurchmesser →Verzahnungsgeometrie (allgemein)

Fußrücknahme →Verzahnungskorrektur

FZG-Test. Die →Freßtragfähigkeit von Schmierstoffen in Zahnradgetrieben wird häufig nach dem FZG-Test gem. DIN 51354 beurteilt. In einem Zahnradverspannungsprüfstand wird dabei die höchste, ohne Freßschaden ertragbare Belastung ermittelt.

Bei dem verwendeten Verspannungsprüfstand ist ein Übertragungsgetriebe über die beiden Zahnradwellen mit dem Prüfgetriebe verspannt (Bild 1). Hierzu werden die Flansche der Verspannkupplung bei einem durch Hebel und Gewichte bestimmten Drehmoment verschraubt. Der Elektromotor muß nur die Verlustleistung aus →Zahnreibung, Schmie-

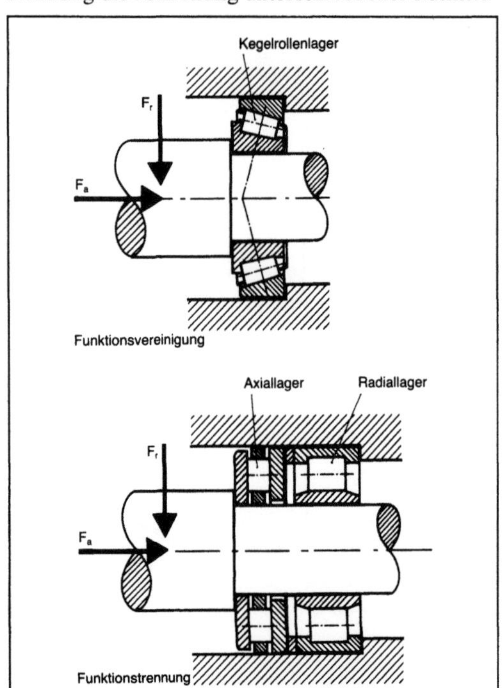

Funktionstrennung/Funktionsvereinigung bei einer Wellenlagerung.

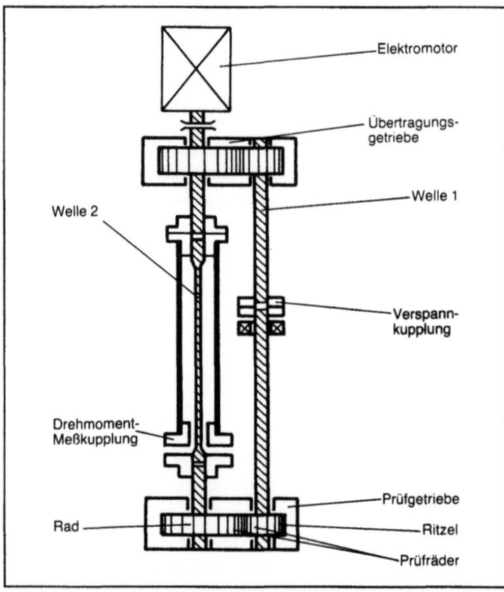

FZG-Test 1: FZG-Verspannungsprüfstand mit Leistungskreislauf zur Prüfung der Freßtragfähigkeit von Schmierstoffen (Prinzip).

rung und Lagerreibung übertragen. Die Daten des Prüfverfahrens sind in der Tabelle zusammengestellt:

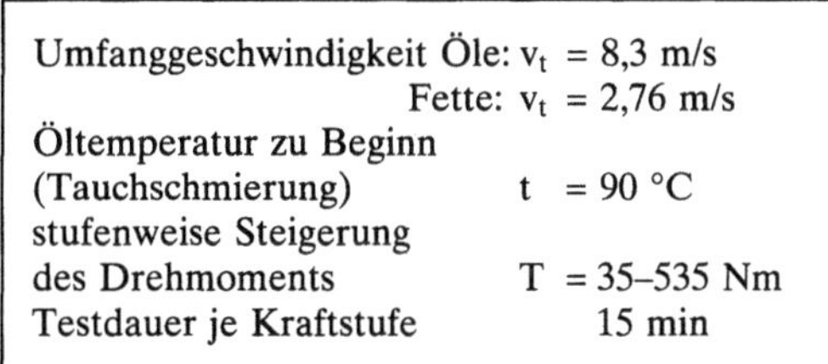

Umfanggeschwindigkeit	Öle:	v_t	= 8,3 m/s
	Fette:	v_t	= 2,76 m/s
Öltemperatur zu Beginn			
(Tauchschmierung)		t	= 90 °C
stufenweise Steigerung			
des Drehmoments		T	= 35–535 Nm
Testdauer je Kraftstufe			15 min

Prüfräder (→ Geradverzahnung):

→ Achsabstand	a	= 91,5 mm
Modul	m	= 4,5 mm
Zähnezahlen	z_1/z_2	= 16/24
Zahnbreite	b	= 20 mm
Profilverschiebungs-		
faktoren	x_1	= 0,8532
	x_2	= −0,5
Werkstoff	16 MnCr 5 Eh	
Qualität	5	
Flankenrauheit		
(Kreuzschliff)	R_a	= 0,2–0,5 μm

Bei dem Test wird die Belastung stufenweise gesteigert. Nach jedem Prüflauf von 15 min je Kraftstufe wird der Verschleiß an den Flanken von → Ritzel und Rad durch Wägung bestimmt. Hiermit erhält man Gewichtsänderungskurven (Bild 2). Parallel dazu kann der Flankenzustand durch Photo, Messen der Rauheit oder Kontrastabdruck festgehalten werden.

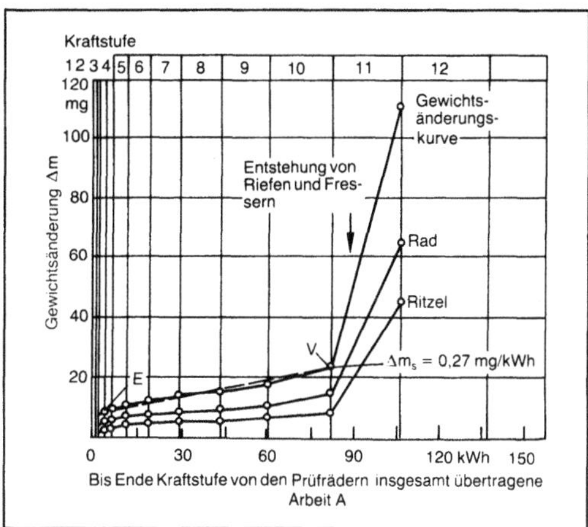

FZG-Test 2: Zur Auswertung des Freßtests.

Als Schadenskraftstufe gilt diejenige Kraftstufe, bei der der Verschleiß in eine Hochlage umspringt (Beispiel nach Bild 2: Kraftstufe 10), begleitet von der Ausbildung markanter Freßriefen (→ Fressen). Das entsprechende Drehmoment bildet die Grundlage für die Berechnung der Freß-Grenztemperatur (→ Freßtragfähigkeit). *Winter*

Literatur: DIN 51354: Prüfung von Schmierstoffen. Mechanische Prüfung von Getriebeölen in der FZG-Zahnrad-Verspannungsprüfmaschine. Hrsg. Dt. Normenausschuß. Ausg. Jan. 1970. – *Lechner, G.,* u. *K. Seitzinger:* Durchführung und Anwendung der Getriebeöl-Teste IAE, RYDER und FZG. Erdöl Kohle 20 (1967), S. 8/806. – *Michaelis, K.:* FZG-Prüfungen für konsistente Antriebsschmierstoffe. Antriebstechn. 18 (1979), S. 550/54. – *Seitzinger, K.,* u. *M. Richter:* Grenzen und Möglichkeiten der FZG-Zahnrad-Verspannungs-Prüfmaschine, insbesondere zur Prüfung von Hypoidgetriebeölen. Schmiertechn. Tribol. 18 (1971), S. 223/27, 19 (1972), S. 22/29, S. 58/60, S. 128/30, S. 145/48.

G

Gabelheuwender →Heuwender

Gabelhochhubwagen →Gabelstapler

Gabelhubwagen →Gabelstapler

Gabelstapler. Sie sind freitragende Flurförderzeuge: Sie nehmen die Last außerhalb der Lastunterstützung auf und unterliegen dem Hebelgesetz, wobei der Drehpunkt des Hebels die Mitte der Vorderachse ist und der Lastarm von Mitte Vorderachse bis zum Mittelpunkt der quadratisch gleich verteilten Last reicht.

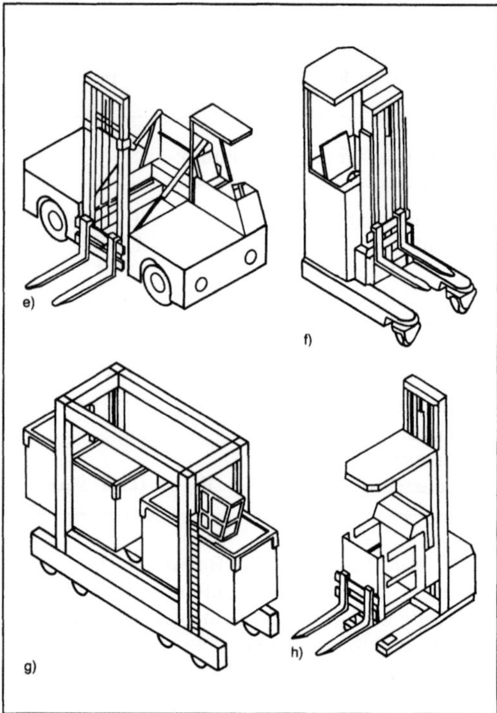

noch Gabelstapler 1: Unterschiedliche Gabelstapler.
e) Seitenstapler
f) Vierwegestapler
g) Portalstapler
h) Kommissionierstapler.

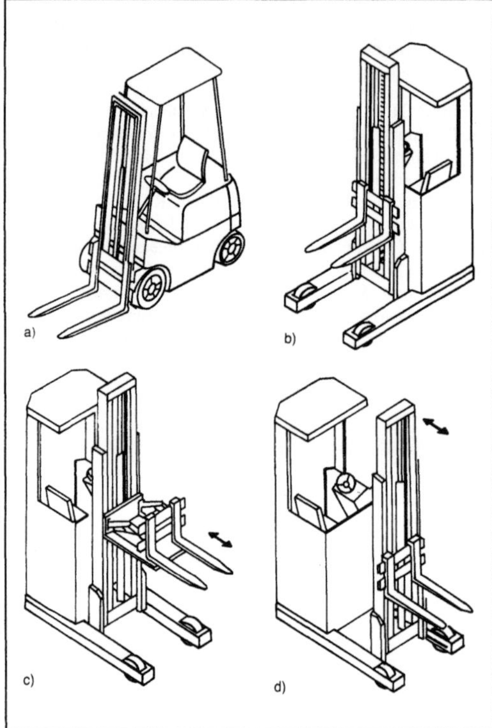

Gabelstapler 1: Unterschiedliche Gabelstapler.
a) Gabelstapler

flurgebunden, manuell bedient, frei verfahrbar, Einzelantriebe

b) Spreizenstapler
c) Schubgabelstapler
d) Schubmaststapler

Der Lastschwerpunktabstand ist wichtig zum Klassifizieren der G. nach Tragfähigkeiten, denn bei jeder Tragfähigkeitsangabe muß man wissen, für welchen Lastschwerpunktabstand (LSP) diese Tragfähigkeit gilt. Der LSP ist nach DIN 15133, Bl. 1, genormt, und zwar mit 400 mm (wahlweise 500 mm) unter 1000 kg, 500 mm unter 5000 kg und 600 mm unter 8000 kg Nenntragfähigkeit. Die FEM hat jedoch 1981 beschlossen, die Tabelle wie folgt zu erweitern: 600 mm von 5000–16 000 kg, 900 mm von 16 000–20 000 kg und 1200 mm von 20 000 bis 50 000 kg.

Das Angebot auf dem Markt beinhaltet G. mit Tragfähigkeiten bis zu 80 000 kg. Geräte bis zu einer Tragfähigkeit von 10 000 kg einschl. müssen den Standsicherheitsbedingungen nach DIN 15138 entsprechen, d. h., die G. müssen auf einer neigbaren

Plattform einer Reihe von Kipptests unterzogen worden sein.

G. (Bild 1) sind Flurförderzeuge. Sie bewegen sich frei auf dem Flur (Fahrwegen) und sind nicht schienengebunden. Dementsprechend sind G. mit Rädern versehen, die ein relativ weiches und geräuschloses Fahren möglich machen. G. werden elektrisch (batterieelektrisch und netzelektrisch) angetrieben, aber auch Benzin-, Treibgas-, Diesel- und Dieselelektroantrieb sind möglich.

Die Betätigung der Arbeitsfunktion erfolgt ölhydraulisch. Das gilt für das Heben, Senken, Neigen und ggf. auch für die Hilfskraftlenkung und die hydraulischen Anbaugeräte. Zum Heben der Last sind Hubmaste erforderlich, die heute fast ausschließlich nur noch in teleskopierender Form angeboten werden. Am häufigsten auf dem Markt ist der einfachteleskopierende oder Simplexmast anzutreffen. Für ein hohes Stapeln bei kleiner Bauhöhe sind Zweistufen-, Dreistufen- oder Vierstufenmaste möglich. Die Hubmaste besitzen Hubhöhen von 3 bis 4 m; jedoch sind auch größere Hubhöhen möglich. Dann ist jedoch aus Gründen der Standsicherheit in den meisten Fällen eine Einschränkung der Tragfähigkeit erforderlich.

Die Hubgerüste moderner G. müssen neigbar sein, und zwar nach vorn und nach hinten. Die Vorwärtsneigung ermöglicht ein besseres Aufnehmen und Absetzen der Last. Die Rückwärtsneigung verhindert beim Fahren ein Abrutschen der Last von der Gabel.

G. sind als Geh- und Fahrersitzgeräte, seltener als Hand- und Standgeräte im Einsatz. Nach DIN 15140 werden die G. allgemein mit drei Kennziffern klassifiziert:

□ erste Kennziffer Antriebsart: E Elektroantrieb, B Benzinantrieb, D Dieselantrieb, T Treibgasantrieb;

□ zweite Kennziffer Art der Bedienung: G Gehgerät, S Standgerät, F Fahrersitzgerät;

□ dritte Kennziffer Bauart des Geräts: G Gegengewichtsstapler;

□ vierte Kennziffer (nur bei fahrerlosen Fahrzeugen): I induktiv zwangsgelenkt, R mechanisch zwangsgelenkt, Z mechanisch zwangsgeführt.

Ein z. B. mit EFG bezeichneter G. ist ein →Fördermittel mit Elektroantrieb (E) als Fahrersitzgerät (F) und als Gegengewichtsstapler (G) ausgeführt.

Weitere wichtige Bauformen (Bild 1 und 2) sind:

□ →Schubstapler: Stapler, dessen Lastträger in Fahrtrichtung verschiebbar ist und der seine Last außerhalb der Radbasis aufnimmt und innerhalb der Radbasis befördert;

□ Schub-G.: Schubstapler, dessen Lastträger (z. B. Gabel) in Fahrtrichtung verschiebbar ist (DIN 15133, Tl. 2);

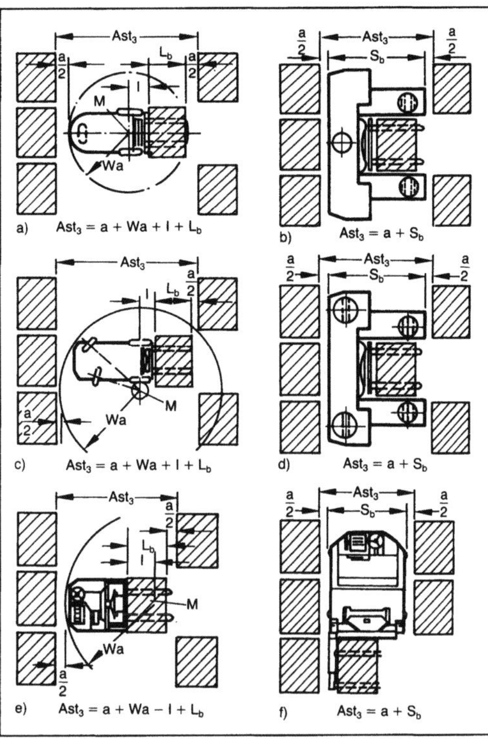

Gabelstapler 2: Einfluß der Staplerbauart auf die Arbeitsgangbreite.

Ast₃ Arbeitsgangbreite, Wa Wenderadius, a/2 Sicherheitsabstand, M Drehpunkt, I Abstand Drehpunkt-Staplerfront, L_b Breite der Ladeeinheit, S_b Staplerbreite

a) Gabelstapler in Dreiradausführung[1])
b) Vierwegestapler in Dreiradausführung[2])
c) Gabelstapler in Vierradausführung[1])
d) Vierwegestapler in Vierradausführung[2])
e) Spreizen-, Schubgabel- oder Schubmaststapler[1])
f) Kommissionier- und Hochregalstapler[2]).

[1]) Stapler, die zur Lastübernahme eine 90°-Drehung vollführen.
[2]) Stapler, die eine Lastübernahme ohne Fahrtrichtungsänderung durchführen.

□ Schubmaststapler: Schubstapler, dessen →Hubgerüst (Mast) in Fahrtrichtung verschiebbar ist (DIN 15133, Tl. 2);

□ Vierwegestapler und Mehrwegestapler: Stapler, dessen Räder zur Fahrtrichtungsänderung schwenkbar sind, und zwar bei Vierwegestaplern im rechten Winkel, bei Mehrwegestaplern in beliebigem Winkel. Sie können sein: Schub-Vierwegestapler, Spreizen-Vierwegestapler, Schub-Mehrwegestapler;

□ Spreizen-Mehrwegestapler, Portalstapler: Stapler, der die Last innerhalb eines Portals aufnimmt, befördert und stapelt;

□ Quergabelstapler: Stapler, dessen Lastträger quer zur Fahrtrichtung nach einer Seite verschiebbar ist und der seine Last außerhalb der Radbasis aufnimmt und innerhalb befördert;

□ Seitenstapler: Stapler, dessen Lastträger quer zur Fahrtrichtung angeordnet und entweder nach einer oder nach beiden Seiten verschiebbar ist. Er ist besonders dazu geeignet, in engen Gängen mit seitlich angeordneten Regalen betrieben zu werden;

□ Dreiseitenstapler: Stapler, dessen Lastträger nach beiden Seiten um 90° schwenkbar und mindestens quer zur Fahrtrichtung waagerecht verschiebbar ist. Er ist besonders dazu geeignet, in engen Gängen mit seitlich angeordneten Regalen betrieben zu werden. *Jünemann*

Galvanotechnik. Ziel der G. ist die Abscheidung metallischer Schichten auf Werkstoffoberflächen durch die Reduktion der Ionen einer Elektrolytlösung. Mit den dabei erhaltenen Überzügen wird beabsichtigt, die physikalischen und chemischen Oberflächeneigenschaften von Werkstoffen in günstigem Sinne zu verändern, sei es, daß ihnen lediglich zu dekorativen Zwecken metallischer Glanz verliehen werden soll oder aber daß ihnen technisch wichtige Eigenschaften wie Lötbarkeit, elektrische Leitfähigkeit, Widerstand gegen Abrieb und Verschleiß, Korrosionsbeständigkeit usw. oder eine Kombination dieser Eigenschaften vermittelt werden müssen. Darüber hinaus kennt man Spezialbereiche der G., in denen durch den Metallauftrag zum Reparieren eines Maschinenteils eine Änderung von dessen Abmessungen angestrebt wird. Schließlich kann man auf galvanotechnischem Wege sogar komplizierte Werkstücke fertigen.

In der Regel geht der galvanischen Metallabscheidung eine Reihe von Vorbehandlungsprozessen voraus, in denen die zu beschichtenden Werkstoffe u. a. mechanisch geschliffen und poliert, auf mehrfache Weise entfettet, zur Entfernung von Zunderschichten gebeizt und zwischendurch jeweils gespült werden. Das elektrolytische Abscheiden erfolgt meist unter Zuhilfenahme einer äußeren Stromquelle, die bei einer verhältnismäßig geringen Spannung von weniger als ca. 25 V hohe Gleichströme liefern muß, die von geeigneten Gleichrichtern erzeugt werden. Zu beschichtende Gegenstände tauchen während der Abscheidung als Kathode in den Elektrolyten. Die ebenfalls im Elektrolyten befindliche Anode besteht entweder aus dem abzuscheidenden Metall oder aus einer inerten Elektrode.

Daneben kennt man das fremdstromlose Abscheiden von Metallen, bei dem die zur Reduktion der niederzuschlagenden Ionen benötigten Elektronen durch geeignete Reduktionsmittel geliefert werden, die ihrerseits oxidiert werden. Dieser Prozeß darf jedoch nicht spontan im gesamten Elektrolytvolumen ablaufen, sondern muß auf die Oberfläche der zu beschichtenden Waren beschränkt bleiben. Dies wird durch den Zusatz von Stabilisatoren zu den Elektrolyten und durch die „Aktivierung" der Oberfläche mit Hilfe von Katalysatoren erreicht, und zwar nicht nur auf Metallen, sondern auch auf geeigneten Kunststoffen bzw. Nichtleitern.

In jedem Falle müssen jedoch zur Erreichung guter Niederschläge die Elektrolytbäder sorgfältig gewartet werden, d. h. es muß insbes. die Badzusammensetzung, die sich während des Abscheideprozesses ändert, mit Hilfe von chemischen Analysen genau eingehalten werden. Dies ist nicht immer einfach, da die Elektrolyte außer den Ionen der abzuscheidenden Metalle eine Vielzahl weiterer Zusätze wie z. B. Netzmittel, Glanzmittel, Einebner usw. in Form von organischen Verbindungen enthalten und somit eine sehr komplizierte Zusammensetzung aufweisen. Bei optimaler Badführung und richtiger Badauswahl gelingt es jedoch meistens, Niederschläge der gewünschten Qualität zu erhalten. Wichtige Qualitätsmerkmale von galvanischen Niederschlägen stellen dabei u. a. ihre Haftfestigkeit, ihre Porosität und Rissigkeit, der Umfang ihrer inneren Spannungen (Eigenspannungen), ihre Duktilität und die Gleichmäßigkeit der Schichtdicke auf kompliziert geformten Teilen dar. In einer Reihe von Fällen erhält man optimale Ergebnisse erst durch die Kombination mehrerer Niederschläge. Ein Beispiel hierfür stellen moderne Mehrfachnickelschichten und Kupfer-Nickel-Chrom-Schichtkombinationen dar, die u. a. in der Automobilindustrie von Bedeutung sind. *Kaiser/Habig*

Literatur: *Dettner, W.,* u. *J. Elze:* Handb. der Galvanotechnik. München 1964. – *Raub, E.,* u. *K. Müller:* Fundamentals of Metal Deposition. Amsterdam, London, New York 1967.

Gangpolkurve →Polkurve

Ganzseiten-Umbruchsystem. Vollautomatisches Ganzseiten-Gestaltungssystem zum Bearbeiten von Text, Anzeigen, Firmenanzeigen (Logos) und Bildern bis zur fertigen Seite an einem einzigen Gestaltungsarbeitsplatz. Zum elektronischen →Bildverarbeitungssystem besteht eine direkte Verbindung.

Bis etwa 1985 war die Druckformherstellung ein Nadelöhr für kurze Termine, wie sie beispielsweise in der Zeitungsherstellung, aber auch bei der Produktion von Zeitschriften, Katalogen, Preislisten usw. anfallen. Es war deshalb eine Forderung der Praxis, Texte und Bilder in einem vollelektronischen Produktionsprozeß zusammenzuführen, die manuelle Montage auszuschalten, die Qualität zu verbessern und die Kosten zu senken. Heute werden die Bild- und Textinformationen elektronisch verarbeitet, wobei der Umbruch interaktiv am Bildschirm verfolgt wird. Die Steuerung des Seitenumbruchs erfolgt über eine Maus, mit der die notwendigen Instruktionen von einem Befehlstablett abgerufen werden. Unabhängig vom Satzsystem können am Umbruchplatz sowohl inhaltliche als auch typographische Korrekturen durchgeführt werden. In den meisten Fällen wird eine Workstation mit einem großformatigen Bildschirm verwendet, die das Nebeneinanderstellen zweier DIN-A4-Seiten gestattet. Die Darstellung der Schriften erfolgt häufig in Echttypographie (what you see is what you get). Das Ergebnis sind komplette Seiten mit allen Elementen zur Ausgabe auf einem →Laserstrahl-Photosatzbelichter. *W. Schmid*

Garnbeschlichten →Trockenmaschine

Garnfärben →Textilfärbemaschine

Garnmercerisieren →Textilausrüstung

Garnrauhen →Textilausrüstung

Garnveredelung →Textilausrüstung

Gas, ideales. Modell eines G. mit den folgenden Eigenschaften:

Das von der Masse m eingenommene Volumen V, das spezifische Volumen v, ist der absoluten Temperatur T direkt und dem Druck p umgekehrt proportional. Es gilt die thermische Zustandsgleichung

$$v = R\,\frac{T}{p}.$$

Der Proportionalitätsfaktor, die Gaskonstante R, ist der Quotient aus der allgemeinen Gaskonstanten $R_m = 8314{,}41 \pm 0{,}26\,\mathrm{J/kmolK}$ und der Molmasse M in kg/kmol des G.

Die spezifischen Wärmekapazitäten bei konstantem Druck c_p und bei konstantem Volumen c_v hängen nur von der Temperatur ab. Der Isentropenexponent

$$k = -\frac{v}{p}\left(\frac{\partial p}{\partial v}\right)_s,$$

d. h. die relative Änderung des spezifischen Volumens mit dem Druck bei einer isentropen Zustandsänderung, ist gleich dem Verhältnis der spezifischen Wärmekapazitäten:

$$k = \frac{c_p}{c_v}.$$

Der Isenthalpenexponent

$$m = -\frac{v}{p}\left(\frac{\partial p}{\partial v}\right)_h,$$

d. h. die entsprechende Verknüpfung des spezifischen Volumens und des Drucks bei einer isenthalpen Zustandsänderung hat den konstanten Wert eins.

Die Schallgeschwindigkeit

$$c_s = \sqrt{\left(\frac{\partial p}{\partial \varrho}\right)_s} = \sqrt{kRT}$$

ist nur von der Temperatur abhängig.

Das Verhalten aller G. nähert sich dem des i. G. um so mehr an, je niedriger der Druck gegenüber dem kritischen Druck bei Temperaturen nicht zu nahe dem absoluten Nullpunkt ist:

$$\lim \frac{pv}{RT} = 1.$$

Außer in Spezialfällen (Reinst-G.) sind G. Gemische aus chemisch voneinander verschiedenen Stoffen. So besteht z. B. die atmosphärische Luft aus Stickstoff, Sauerstoff, Kohlendioxid, Argon, Spuren von Helium und aus Wasserdampf.

Ideale Gemische (die Wechselwirkungen zwischen den Molekülen der voneinander verschiedenen Stoffe sind sehr schwach) i. G. genügen der thermischen Zustandsgleichung mit einer aus der mittleren Molmasse

$$M_s = \sum_{i=1}^{N} x_i M_i$$

(x_i Molanteil gleich Volumenanteil des Stoffs i im Gemisch, N Anzahl der beteiligten Stoffe) berechneten Gaskonstanten $R = R_m/M_s$. Die spezifischen Wärmekapazitäten c_p und c_v setzen sich aus den masseanteilig gewogenen Werten der beteiligten Stoffe zusammen:

$$c_p = \sum_{i=1}^{N} \mu_i c_{pi}.$$

Dabei ist der Massenanteil des Stoffs i im Gemisch mit dem Molanteil (Volumenanteil) verknüpft:

$$\mu_i = x_i\,\frac{M_i}{M_s}.$$

Der Isentropenexponent ist auch in idealen Gemischen i. G. gleich dem Verhältnis der spezifischen Wärmekapazitäten; der Isenthalpenexponent ist eins. Die Schallgeschwindigkeit ergibt sich aus der für das reine G. angegebenen Gleichung, in die jedoch die für das Gemisch ermittelten Werte von k und R einzusetzen sind.

Das →Arbeitsfluid Luft von Gebläsen und Verdichtern auch von denen, die Bestandteil einer im offenen Prozeß arbeitenden →Gasturbine sind, kann bis zu Drücken von etwa 30 bar als ideales Gemisch i. G. angesehen werden. Dies trifft auch für die Verbrennungs-G. zu, die beim Verbrennen gasförmiger oder flüssiger Brennstoffe mit Luft in der →Brennkammer der Gasturbine (oder eines festen Brennstoffs in einer anderen Einrichtung zur

Erhitzung des Arbeitsfluids, z. B. Kohle in einer Druckwirbelschichtfeuerung) entstehen und in der →Turbine expandieren.

Die Berechnung der mit der Druckerhöhung (-absenkung) bei der Kompression (Expansion) verbundenen Temperaturerhöhung (-absenkung) und der aufzuwendenden (gewonnenen) Verdichtungs-(Expansions-)arbeit wird dadurch vereinfacht. *Pitt*

Gasabsaugung. Verfahren zur Absaugung des beim Abbau von Kohleflözen freiwerdenden Grubengases (Methangas), das an die poröse innere Struktur der Kohle gebunden ist. Die Freisetzung ist abhängig von Lagerstätte, Fördermenge und Gasdurchlässigkeit (Permeabilität) der Kohle. Sie wird unterschieden in:

☐ Zusatzausgasung aus Flözen im Liegenden und Hangenden sowie Nebengesteinen. Die Absaugung erfolgt durch Bohrlöcher rechtwinklig zur Strecke im Hangenden und Liegenden. Die Bohrlöcher sind über eine Gassammelleitung mit einem Absauggebläse verbunden.

☐ Grundausgasung aus der gelösten und geförderten Kohle. Sie ist kaum beeinflußbar. Geringe Anfangserfolge wurden mit Vorentgasung erzielt. Hierzu werden Bohrlöcher vor den Streb rechtwinklig zur Streckenachse bis zu 100 m in das Flöz getrieben. G. wie bei Punkt 1.

Ergänzende oder ersetzende Maßnahmen können Mehrzweckbohrlöcher über Tage, hydraulische Zerklüftung, Auflockerungsschießen sowie Flözunter- oder -überbau sein. *Seeliger*

Gasfeder. Eine G. besteht aus einem Druckbehälter mit einem komprimierten unter Überdruck stehenden Medium und einem in diesen unterschiedlich tief hineinreichenden Stempel oder Kolben (Bild 1). Deren Verstellung bewirkt eine Druckänderung im Behälter und damit Rückstellkraft und veränderliche Energiespeicherung. Die erforderliche Dichtung für Stempel oder Kolben führt zu einer Reibungskraft und damit zu unterschiedlicher Kennlinie für beide Bewegungsrichtungen (Bild 2). Die Steigung der Kennlinie hängt vom Gasdruck und vom (unterschiedlichen) Querschnitt vor und hinter dem Kolben ab.

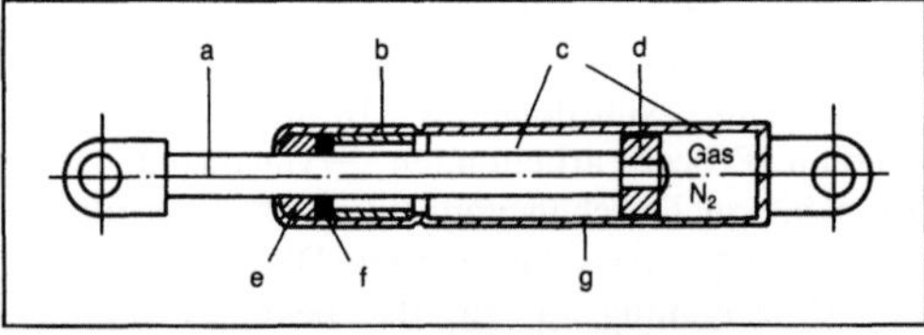

Gasfeder 1: Aufbau mit Kolben. (Quelle: Stabilus)

a Kolbenstange, b Stützteil, c Gasraum, d Kolben, e Führung, f Dichtung, g Druckrohr

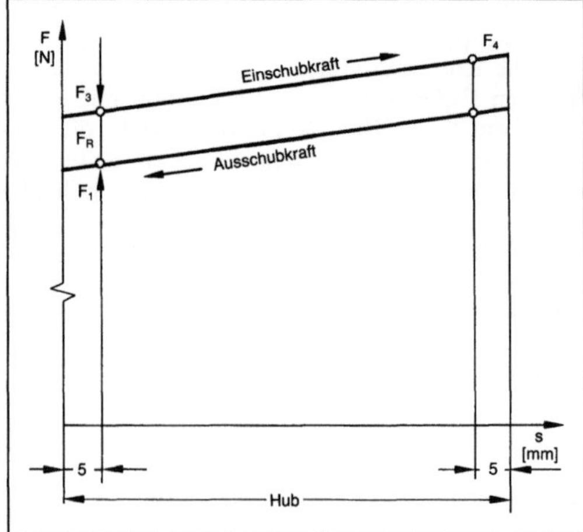

Gasfeder 2: Federkennlinie einer Gasfeder unter Berücksichtigung der Kolbenreibung. (Quelle: Stabilus)

Die Reibung entfällt bei einem Rollfederbalg zur Fahrgestellfederung eines Linienbusses (Bild 3). Rollfederbälge verändern beim Federn die wirksame Kolbenfläche über dem Federweg und das Gasvolumen und ermöglichen somit neben einer einfachen Niveauregulierung bei der Fahrzeugfederung auch die gewünschte Beeinflussung der →Federkennlinie. Der Übergang zur hydropneumatischen Feder, der Einbau zusätzlicher Ventile und die Kombination von Stahlfedern und G. eröffnen noch bessere Anpassungsmöglichkeiten der Federkennlinie. *Federn*

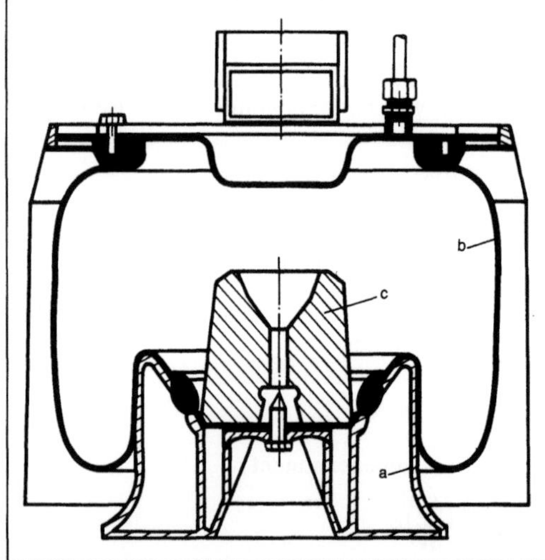

Gasfeder 3: Rollfederbalg des MAN-Standardlinienbusses 200. (Quelle: Dubbel, a. a. O.)

a Abrollstempel, b Rollbalg, c Gummihohlfeder als Anschlag und Federelement bei Ausfall der Druckluftversorgung

Literatur: *Behles, F.*: Zur Beurteilung der Gasfederung. ATZ 63 (1961), S. 311/14. – *Dubbel*: Taschenb. Maschinenbau. 17. Aufl. Berlin, Heidelberg, New York, Tokio 1990. – *Reimpell, J. C.*: Fahrwerktechnik. Bd. 2. Würzburg 1974. – Die Gasfeder. Techn. Inform. Stabilus GmbH, Koblenz 1983.

Gasfeder-Kupplung. Die G.-K. ist eine längs-, quer-, winkel- und drehnachgiebige →Ausgleichskupplung. Die elastischen Elemente sind druckluftgefüllte Gummibälge. Diese Bälge sind in Umfangsrichtung zwischen der An- und Abtriebseite der G.-K. angeordnet. Durch die Veränderung des Luftdrucks kann man die Kennlinie an die Betriebsverhältnisse anpassen. Die G.-K. wird in Schiffsantrieben eingesetzt (Bild). *Ehrlenspiel*

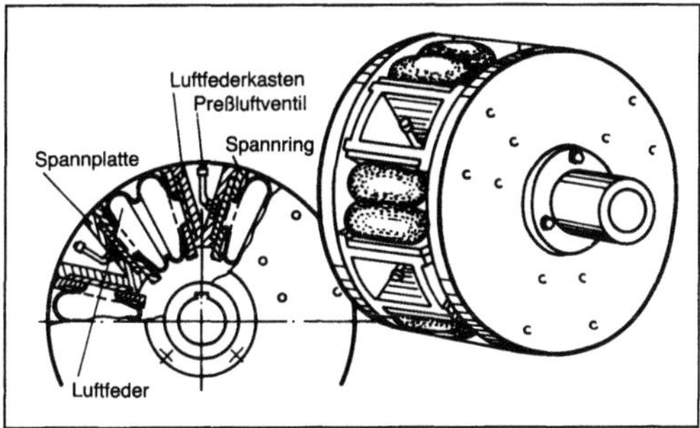

Gasfeder-Kupplung.

Gaslager →Gleitlager-Bauform

Gasmotor. Mit brennbarem Gas betriebener →Verbrennungsmotor.

Die ersten Verbrennungsmotoren waren Gasmaschinen (*Lenoir, Otto*). Heute werden dagegen die meisten Verbrennungsmotoren mit flüssigen Kraftstoffen betrieben, weil flüssige Kraftstoffe schnell getankt und einfach im Fahrzeug mitzuführen sind. Fahrzeug-Ottomotoren werden aber auch gelegentlich auf Betrieb mit Flüssiggas umgestellt.

Größere G. befinden sich in Gasverdichter-Stationen, in Klärwerken (Faulgas) und in Flüssiggas-Tankern im Einsatz, also dort, wo brennbare Gase vorhanden sind. Die Motoren sind aus Dieselmotoren abgeleitet und erhalten für den Gasbetrieb spezielle Mischeinrichtungen, mit denen über den ganzen Betriebsbereich ein konstantes →Luftverhältnis eingestellt wird (→Verbrennungsluftverhältnis). Bei den Otto-G. erfolgt die Zündung über eine Zündkerze. Bei den Diesel-G. wird mit einem Zündstrahl, d. h. mit einer kleinen Menge eingespritzen Dieselkraftstoffs gezündet. Diese Motoren können bei Ausfall der Gaszufuhr auch allein mit Dieselkraftstoff arbeiten.

In Zukunft wird wohl der erdgasbetriebene G. in Blockheizkraftwerken und in Kombination mit Wärmepumpen an Bedeutung gewinnen. G. für reinen Wasserstoff befinden sich dagegen noch im Experimentierstadium. *Kuhlmann*

Literatur: *Engesser, B.*: Sulzer-RTA-Zweistoffmotor – Erdgas anstelle von Dieselöl. Motortechn. Z. 48 (1987) Nr. 6, S. 213/16. – *Klaunig, W.*: Wirtschaftliche Energieerzeugung durch Gasmotoren. Motortechn. Z. 38 (1977) Nr. 3, S. 107/12. – *Klaunig, W.*, u. a.: Leistungs- und Verbrauchsoptimierung am M.A.N.-Diesel-Gasmotor 52/55 ADG. Motortechn. Z. 43 (1982) Nr. 1, S. 5/9.

Gasphasenfärben →Trockenmaschine

Gasschwingung →Pulsation (Kolbenverdichter)

Gasturbine. Von Gas als →Arbeitsfluid durchströmte →Turbine, dessen thermodynamische Energie in mechanische umgewandelt wird (analog zu anderen Turbinen, die von Dampf oder Wasser angetrieben werden). Oft wird „G." auch als Abkürzung für eine stationäre G.-Anlage oder eine Flugzeugantriebsturbine, auch Strahltriebwerk genannt, verwendet. Im Turbinenteil wird dem Gas dem Arbeitsprinzip der Strömungsmaschinen entsprechend durch abwechselnd stehende und rotierende Schaufelkränze Arbeit entzogen. Dabei sinken Druck, Temperatur und Enthalpie des Gases. Die →Enthalpiedifferenz (-gefälle) hängt vom Druckverhältnis und der absoluten →Eintrittstemperatur ab:

$$\Delta h_T = \frac{c_p}{R}\,(T)\,T_{TE}\left[1 - \left(\frac{p_{TA}}{p_{TE}}\right)^{\eta_T \frac{R}{c_p}}\right];$$

in der Gleichung bedeuten: c_p temperaturabhängige spezifische Wärme des Gases, R Gaskonstante, T_{TE} →Turbineneintrittstemperatur, p_{TE} Turbineneintrittsdruck, p_{TA} Turbinenaustrittsdruck, η_T polytroper Turbinenwirkungsgrad.

Es wird eine möglichst hohe Eintrittstemperatur angestrebt. Sie wird durch die Festigkeit der um- und durchströmten Teile der Turbine begrenzt, deren Temperatur durch Kühlung und/oder eine Innenisolation unter der Gastemperatur gehalten wird.

G.-Anlagen und Flugzeugantriebsturbinen werden am einfachsten und häufigsten im sog. einfachen, offenen Prozeß betrieben (Bild 1 und 2): Mit dem →Verdichter wird Luft aus der Atmosphäre angesaugt, auf einen Druck zwischen 12 und 30 bar gebracht und dann der →Brennkammer zugeführt. Dort reagiert der unter Druck eingedüste Brennstoff mit dem in der Luft enthaltenen Sauerstoff. Um die Reaktionsprodukte auf eine für die Turbine erträgliche Temperatur zu bringen, müssen sie mit zusätzlicher Luft gemischt werden. Dieses Gas expandiert dann in der Turbine unter Arbeitsabgabe und wird wieder in die Atmosphäre entlassen.

Bei stationären G.-Anlagen wird die an der Welle gewonnene mechanische Leistung zum größten Teil

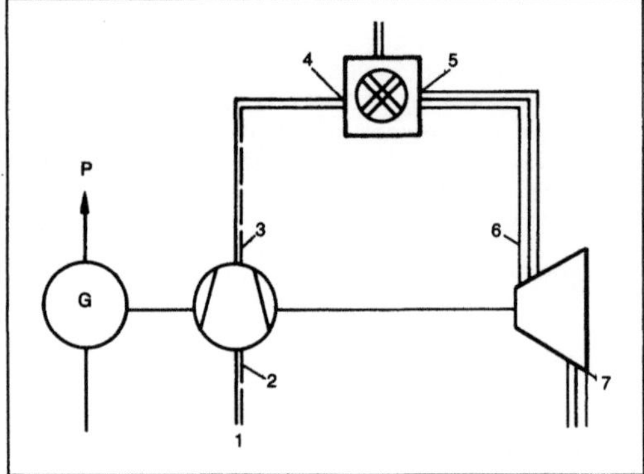

Gasturbine 1: Offene Gasturbine (Schemaskizze).

1 Lufteinritt, 2 Verdichtereintritt, 3 Verdichteraustritt, 4 Brennkammereintritt, 5 Brennkammeraustritt, 6 Turbineneintritt, 7 Turbinenaustritt

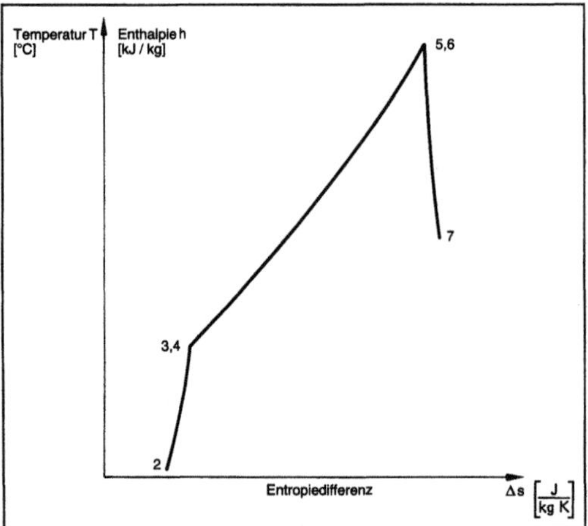

Gasturbine 2: Enthalpie(Temperatur)-Entropie-Diagramm für einfache offene Gasturbine.

(55–65%) zum Verdichten des Gases vor der Wärmezufuhr gebraucht:

$$\Delta h_v = \frac{c_p}{R}\,(T)\,T_{VE}\left[\left(\frac{p_{VA}}{p_{VE}}\right)^{\frac{R}{c_p\eta_v}} - 1\right].$$

Der Überschuß steht als Nutzleistung zum Antrieb einer →Arbeitsmaschine, meistens eines elektrischen Generators, aber auch eines Verdichters oder einer →Pumpe zur Verfügung:

$$P_N = P_T - P_V,$$

$$P_N = \dot{m}_G\left[\Delta h_T + \frac{1}{2}\,(c_{TE}^2 - c_{TA}^2)\right]$$

$$- \dot{m}_L\left[\Delta h_v + \frac{1}{2}\,(c_{VA}^2 - c_{VE}^2)\right].$$

Zur Anlage gehören außerdem das Lufteintrittssystem mit Luftfilter und Schalldämpfer, Brennstoffversorgungs- und Schmierölsystem

und das Gasaustrittssystem (Kamin) mit Schalldämpfer.

Die Hauptkomponenten Verdichter und Turbine haben bei großen industriellen G. zum Generatorantrieb einen gemeinsamen Rotor, der zweifach gelagert ist (Bild 3). An den beiden Enden sind die Niederdruckseiten, also Luftein- und Gasaustritt angeordnet. Die Hochdruckseiten sind einander zugekehrt und bedürfen nur einer →Dichtung für den Differenzdruck zwischen Verdichteraus- und Turbineneintritt (Brennkammerdruckverlust). Die im Prozeß zwischen die beiden Strömungsmaschinen geschaltete(n) Brennkammer(n) werden entweder als Einzelbrennkammern neben oder über der Maschine oder konzentrisch zu dieser angeordnet. Sie haben einen inneren Brennkammereinsatz, in dem die Verbrennung stattfindet. Es wird durch die entweder im Gegenstrom oder im Gleichstrom geführte zuströmende Luft gekühlt. Ebenso werden alle Heißgasführungen und die im heißen Bereich befindlichen Schaufeln mit Luft gekühlt.

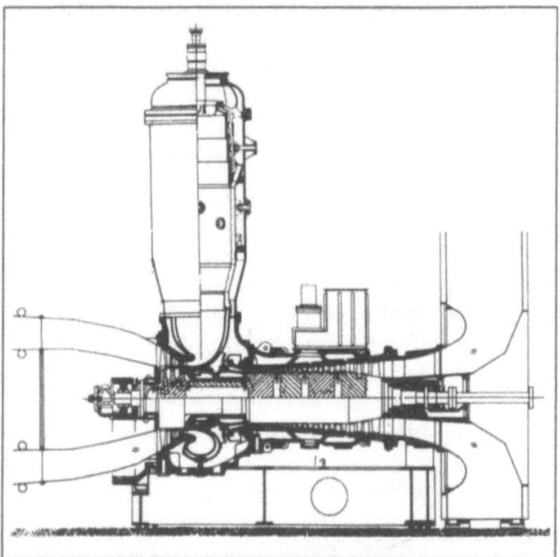

Gasturbine 3: Stationäre Gasturbine.

Bei G.-Anlagen kleinerer Leistung wird, um eine ausreichende Flexibilität in der Drehzahl beim Antrieb von drehzahlvariablen Arbeitsmaschinen zu erreichen, die Turbine in 2 Teile aufgeteilt. Sie sind unmittelbar hintereinander angeordnet, arbeiten aber auf verschiedenen Wellen: Der Hochdruckteil der Turbine treibt den Verdichter an und wird mit ihm zusammen Gaserzeuger genannt. Seine Drehzahl bestimmt sich aus dem Leistungsgleichgewicht zwischen dem Verdichter und der →Hochdruckturbine. Die davon getrennte Niederdruck- oder Nutzturbine treibt die Arbeitsmaschine an, ist also an deren Drehzahl gebunden. Auch modifizierte Flugzeugantriebsturbinen können als Gaserzeuger dienen. Sie sind meistens zweiwellig, so daß die G. dann insgesamt 3 Wellen hat.

Hauptvorteil gegenüber anderen Kraftmaschinen sind die kompakte Bauweise und die niedrigeren spezifischen Anlagekosten. Nachteilig ist, daß sich nur gasförmige oder flüssige Brennstoffe einsetzen lassen und daß mit G. allein nur um einige Prozentpunkte niedrigere Wirkungsgrade erzielt werden können. Als alleinige Einheiten zum Erzeugen elektrischer Energie setzt man sie meistens nur ein, um den Spitzenbedarf zu decken.

Es besteht zwar die Möglichkeit, den G.-Prozeß selbst durch folgende Maßnahmen zu verbessern:
□ Kühlen der Luft zwischen Teilverdichtern,
□ Erhitzen des Gases zwischen Teilturbinen,
□ rekuperative Wärmeübertragung vom Abgas auf die verdichtete Luft.

Darunter würden aber die Vorteile der Kompaktheit und der niedrigen Anlagekosten leiden, so daß diese Möglichkeiten nur selten ausnutzbar sind.

Dagegen wird die im Abgas enthaltene Wärme sehr viel mehr außerhalb des G.-Prozesses genutzt, und zwar
□ im kombinierten Gas-Dampf-Prozeß
□ in der Kraft-Wärme-Kopplung.

Im ersten Fall ergänzt sich die Hochtemperaturausnutzung des G.-Prozesses in fast idealer Weise mit der guten Ausnutzung der Niedertemperaturwärme zum Erzeugen mechanischer oder elektrischer Energie im Dampfprozeß. Es werden heute damit bereits Wirkungsgrade über 50 % erreicht. Im zweiten Fall wird z. B. in der chemischen Industrie oder in Papierfabriken, aber auch in der kommunalen Strom-Wärme-Versorgung die im Abgas enthaltene Wärme für andere Prozesse als zum Erzeugen elektrischer Energie verwandt. Hier kommt es auf die Abstimmung des Bedarfs der beiden Produkte und der Temperatur des Wärmebedarfs an, die sehr unterschiedlich sein können.

Bei Flugzeugantriebsturbinen wird das Gas – wie beim vorgenannten Gaserzeuger industrieller Maschinen – in der Turbine nur so weit entspannt, wie es nötig ist, um den Verdichter anzutreiben, Leistungsgleichgewicht (Bild 4). Der Gaserzeugersatz kann auch aus 2 in der Drehzahl voneinander unabhängigen Nieder- und Hochdruckkombinationen aus jeweils Teilverdichter und Teilturbine bestehen. Die danach verbleibende Entspannung auf Atmosphärendruck geschieht in einer Düse, um die Austrittsgeschwindigkeit und damit den Austrittsimpuls und den Schub zu erhöhen (→Motor Kraftfahrzeug).   *Dibelius*

Gasturbine, einwellige. G., bei der alle Turbomaschinen (→Verdichter und Turbinen) direkt mechanisch miteinander gekoppelt sind und deshalb alle mit der gleichen Drehzahl wie eine Welle umlaufen, im Gegensatz zur mehrwelligen G.   *Ziemann*

Gasturbine, mehrwellige. G., bei der die Kompression und/oder die Expansion auf mehrere hintereinander geschaltete Stufengruppen verteilt ist. Jeweils ein Verdichterteil ist mit einem Turbinenteil über eine Welle miteinander verbunden (→Verdichterturbine). Der Rotor der →Nutzleistungsturbine zur Abgabe mechanischer Leistung bildet eine eigene Welle mit einer kleineren Drehzahl. Derartige G. werden auch Split-shaft-Anlagen genannt (Bild 1).

Die starre Drehzahlvorgabe für alle Verdichter- und Turbinenstufen bei der einwelligen G. erfordert Kompromisse bei der aerodynamischen Auslegung der Turbomaschinen. Bei der m. G. sind →Volumenstrom, Drehzahl und Stufendurchmesser zum Erzielen eines guten Stufenwirkungsgrads besser aufeinander abzustimmen (→Cordier-Diagramm).

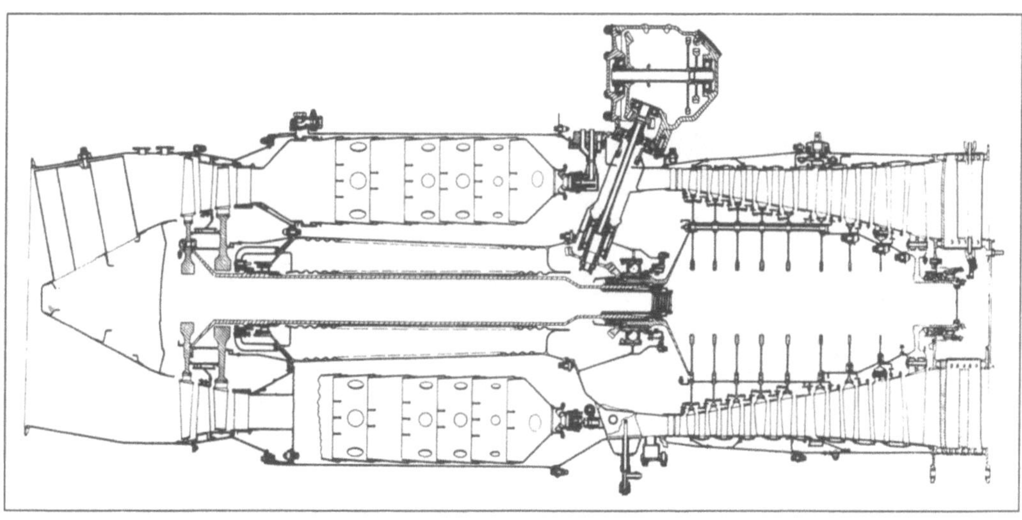

Gasturbine 4: Flugzeugantriebsturbine.

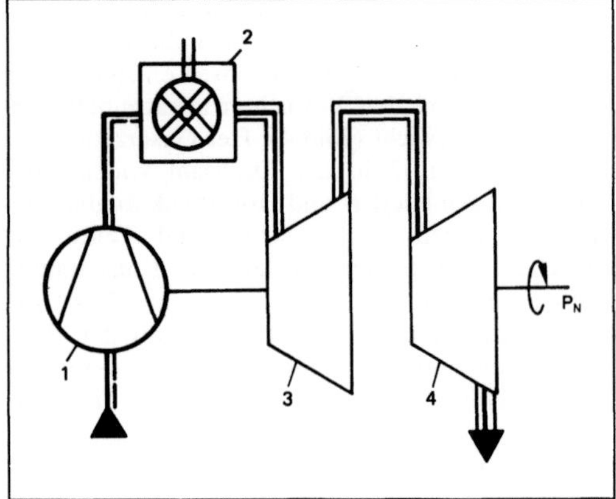

Gasturbine, mehrwellige 1: Schaltschema einer zwei- welligen Gasturbine (Split-shaft-Anlage) zum Erzeu- gen mechanischer Leistung P_N.

1 Verdichter, 2 Brennkammer, 3 Verdichterturbine, 4 Nutzlei- stungsturbine

Auch bei Teillast erzielen m. G. günstigere Wir- kungsgrade. Für bestimmte Anwendungen wird darüber hinaus ein Regelbereich für die Drehzahl der Nutzleistungsturbine zwischen 0 und 100 % gefordert. Leerlauf mit stillstehender Welle ist mit einwelligen G. nicht zu erreichen. Deshalb werden Gasturbinen für den Antrieb von Fahrzeugen als mehrwellige Anlagen ausgeführt. Bei den Turbo- Luftstrahl-(TL)-Triebwerken, den Propeller-TL- (PTL)-Triebwerken und den Zweistrom-TL- (ZTL)-Triebwerken werden heute zwei- und drei- wellige G. eingesetzt (Bild 2).

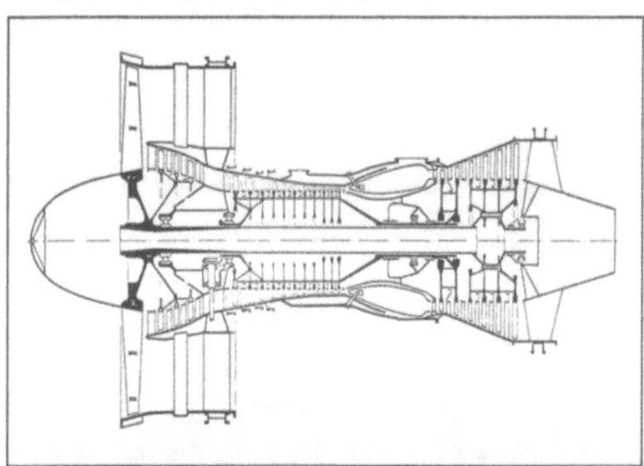

Gasturbine, mehrwellige 2: Zweiwellige Gasturbine als ZTL-Triebwerk.

Die Core-Engine aus derartigen Triebwerken dient häufig auch als →Turbogasgenerator für stationäre G. kleiner und mittlerer Leistung. Statio- näre Anlagen mit großer Leistung (bis 200 MW) bei vergleichsweise kleinen Druckverhältnissen (bis 20) werden für Kraftwerke als einwellige G. konzi- piert. *Ziemann*

Gasturbinenprozeß. Beschreibt möglichst wirk- lichkeitsgetreu die sich in der →Gasturbine vollzie- henden Zustandsänderungen. Seine thermodynami- sche Berechnung läßt die Einflüsse der einzelnen Prozeßparameter, vor allem des Druckverhältnisses (Verdichteraustrittsdruck zum Ansaugdruck), des Temperaturverhältnisses (→Turbineneintrittstem- peratur zur Ansaugtemperatur) und der Ansaug- temperatur selbst, aber auch der Wirkungsgrade der Strömungsmaschinen, der notwendigen Kühlluft- ströme, der Druckverluste in der →Brennkammer und im Ein- und Austritt der Gasturbinenanlage, auf die Leistung und den thermischen →Wirkungsgrad erkennen. Für genaue Rechnungen müssen die Charakteristiken der beiden Strömungsmaschinen und die Verteilung der Kühlluftflüsse in der →Tur- bine bekannt sein. Solche Rechnungen sind sehr aufwendig. *Dibelius*

Gasturbinenprozeß, geschlossener. Er führt das Arbeitsgas im Kreislauf. Dazu muß die zuzufüh- rende Wärme in einem Gaserhitzer mit externer Verbrennung an das Arbeitsgas übertragen und nach der →Turbine die im Arbeitsgas verbliebene Wärme in einem rekuperativen Wärmeübertrager zunächst intern an das verdichtete Gas und/oder als Nutzwärme nach außen und schließlich in einem Kühler abgeführt werden, bevor das Arbeitsgas wieder dem →Verdichter zugeführt werden kann (Bild). Das im Kreislauf herumströmende Arbeits- gas darf seine Zusammensetzung nicht ändern. Daher verbietet sich eine Verbrennungsreaktion im Arbeitsgas.

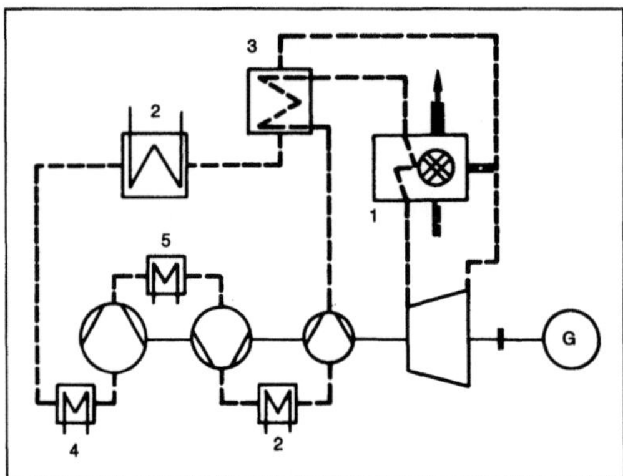

Gasturbinenprozeß, geschlossener.

1 Gaserhitzer, 2 Nutzwärmeübertrager, 3 rekuperativer Wärmeübertrager, 4 Vorkühler, 5 Zwischenkühler

Vorteilhaft ist die freie Brennstoffwahl für die außerhalb des Kreislaufs bei atmosphärischem Druck im Gaserhitzer ablaufende Verbrennung. Außerdem kann ein anderes Arbeitsgas als Luft gewählt werden, z. B. Helium mit günstigen Wärmeübertragungseigenschaften (→Heliumturbine), und der Ansaugdruck (Druckniveau) läßt sich unabhängig vom atmosphärischen Druck vorgeben. Bei höherem Druck und dementsprechend größerer Dichte des Arbeitsgases lassen sich alle Maschinen und Apparate kleiner bauen, müssen allerdings auch entsprechend druckfeste Gehäuse haben. Außerdem erlaubt die Variation des Druckniveaus, die Leistung bei gleichen Temperaturen im Kreislauf und deswegen bei praktisch gleichem Wirkungsgrad zu regeln.

Demgegenüber sind aber die Nachteile schwerwiegend: Die Entwicklung zu höheren Turbinen-Eintrittstemperaturen und damit höheren Wirkungsgraden ist dadurch beschränkt, daß die Wärme durch die Erhitzerrohre zugeführt werden muß, deren Temperatur deshalb notwendigerweise über der Gastemperatur liegen muß. Hier sind also teure hochwarmfeste Werkstoffe einzusetzen. (Eine Ausnahme ist die Heliumturbine, bei der die Wärmezufuhr im heliumgekühlten Hochtemperaturreaktor erfolgt). Außerdem sind solche Anlagen wegen des aufwendigen Gaserhitzers und der zusätzlichen Wärmeübertrager teurer als vergleichbare Anlagen, die im offenen Prozeß arbeiten. Sie sind gebaut und betrieben worden, haben sich aber nicht durchgesetzt. *Dibelius*

Gasturbinenprozeß, offener. Er heißt offen, weil er am Verdichtereintritt sowohl im Zustand wie auch materiell mit der atmosphärischen Luft in Verbindung steht und am Turbinenaustritt wieder den atmosphärischen Druck erreichen muß. Es ist der in Gasturbinen üblicherweise angewandte Prozeß, der wegen der Änderung der Zusammensetzung des Arbeitsfluids bei der Verbrennung nicht im Kreislauf gefahren werden kann (→Gasturbinenprozeß). *Dibelius*

Gaswechsel. Vorgang, bei dem die Verbrennungsgase aus dem Zylinder eines Verbrennungsmotors entfernt und durch frische →Ladung (Luft oder brennbares Gemisch) ersetzt werden.

Bei Kraftmaschinen mit äußerer →Verbrennung, z. B. bei der Dampfturbine, sind die Wärmeerzeugung (Verbrennung) und die Wärmeumwandlung in mechanische Energie räumlich getrennt. Deshalb kann das Wasser, mit dem über einen thermodynamischen Kreisprozeß die mechanische Energie erzeugt wird, immer wieder verwendet werden.

Beim →Verbrennungsmotor dagegen, der mit innerer Verbrennung arbeitet, wird die Luft sowohl für die Wärmeerzeugung durch Verbrennung als auch für die Umwandlung in mechanische Energie über den thermodynamischen Kreisprozeß benutzt. Beide Vorgänge laufen im Zylinder des Motors ab. Das bedeutet, daß die Reaktionsprodukte (Abgas) nach der Verbrennung gegen Frischladung für die nächste Verbrennung ausgewechselt werden müs-

sen. Diesen Vorgang nennt man Ladungswechsel oder G. Je nach der Art, wie der G. bewerkstelligt wird, unterscheidet man den Viertakt-G. und den Zweitakt-G. *Kuhlmann*

Gebilde, technisches →System, technisches

Gebläse. Strömungsmaschine zum Erzeugen von Luft-Volumenströmen für unterschiedliche Anwendungen, insbes. für die Klimatisierung von Fahrerkabinen und Produktionsräumen, für die Reinigung im Mähdrescher, für sonstige Windsichtanlagen, für Belüftungsanlagen, für pneumatische Sämaschinen und →Düngerstreuer sowie für →pneumatische Förderanlagen. Etwa in der Reihenfolge der Aufzählung steigen die Nennarbeitsdrücke (Summe aus statischem und dynamischem Druck) von etwa 100–90 000 Pa bei Leistungen von etwa 0,1–50 kW. Bei niedrigen Drücken setzt man aerodynamisch gut durchgebildete Axial-G. ein, im Mähdrescher und für Fahrerkabinen auch Radial-G. in Walzenform mit kurzen, breiten Schaufeln.

Für pneumatische Förderanlagen genügen relativ einfache G. bei Stroh und Heu. Demgegenüber verlangt die Getreideförderung aerodynamisch gut durchgebildete Konzepte mit Nenndrücken von etwa 3–30 kPa (einstufig). Daten eines ausgeführten Radial-G. für eine mittlere Anlage: →Nenndrehzahl 4 500/min^{-1}, Laufrad aus Alu-Guß (Schaufeldurchmesser 750 mm), Leitschaufeln, Nennvolumenstrom 0,92 m^3/s bei 28 kPa Nenndruck. Nennleistung des Antriebsmotors 37 kW. *Renius*

Gebrauchsdauer →Wälzlager-Dimensionierung Ölalterung

Gefälle. Ausdruck für die in Turbinen negative →Enthalpiedifferenz. G. wird manchmal auch für die entsprechende Strömungsarbeit gebraucht. Bei hydraulischen Turbinen läßt sich das G. durch Bezug der Strömungsarbeit auf die das Druckpotential hervorrufende Erdbeschleunigung auch in Metern ausdrücken. Durch Addition der in der Anlage entstehenden Verluste ergibt sich aus dem Maschinen-Gefälle das unmittelbar verständliche Anlagen-G. (Differenz zwischen Ober- und Unterwasser). *Dibelius*

Gefrieren. Kältebehandlung, die einerseits zur Konservierung von Lebensmitteln sowie bestimmten chemischen, pharmazeutischen und medizinischen Präparaten angewendet wird, wenn die durch Kühlen erzielbare Haltbarkeitsverlängerung nicht ausreichend ist, andererseits eine Teiloperation des Gefrierkonzentrierens und Gefriertrocknens darstellt.

Das G. eines Produktes wird durch Unterschreiten seiner Gefriertemperatur erreicht. Wird das

Produkt auf Temperaturen von $-18\,°C$ und tiefer gebracht, so spricht man vom Tief-G. Während reine Stoffe einen definierten Gefrierpunkt besitzen, bei dem sie vollkommen ausfrieren, zeichnen sich Lebensmittel durch einen Gefrierbereich aus. Als Gefriertemperatur ist in diesem Fall die Temperatur bei Beginn des Ausfrierens ihres Wasseranteils (Gefrierbeginn) zu verstehen. Wasserreiche Lebensmittel (Eier, Fisch, Fleisch) haben einen engeren Gefrierbereich als solche mit geringerem Wasseranteil. Bei den meisten Lebensmitteln gefriert der größte Teil des Wassers zu Beginn des Gefriervorgangs (z. B. bei hypotonischem Fisch sind 90 % des Wassers bei $-10\,°C$ ausgefroren). Die ausgefrorene Wassermenge hängt dabei ausschließlich von der Produkttemperatur ab. Der während des gesamten Gefriervorgangs insgesamt ausgefrorene Wasseranteil bestimmt die physikalischen Eigenschaften des Gefrierguts (z. B. Dichte, Volumen, Härte). Mikrobiologische und biochemische Aktivitäten im Gefriergut werden entscheidend durch die Gefriertemperatur beeinflußt. Bakteriostatische Wirkung ist bei Temperaturen unterhalb der Mindestwachstumstemperatur von Mikroorganismen vorhanden. In der Praxis kann man das Wachstum von Mikroorganismen unterhalb von $-10\,°C$ vernachlässigen.

Enzymatisch katalysierte Reaktionen sind bei den betrachteten Temperaturen generell verlangsamt. Einige Enzyme werden auch inaktiviert, aber insbes. Lipasen und Lipoxidasen sind selbst bei $-29\,°C$ noch aktiv und können langfristig Verderb verursachen. Für die Qualität der Gefrierkonservierung eines gegebenen Produkts ist einerseits Temperatur und Temperaturstabilität (Gefrierkette), andererseits das Gefrierverfahren ausschlaggebend. Unter den Verfahren werden nach der erreichten Gefriergeschwindigkeit w (von der Gefrierfront je Zeiteinheit im Gefriergut zurückgelegte Strecke) das langsame G. $(0,1\text{ cm/h}<w<0,5\text{ cm/h})$, das normalerweise technisch angestrebte schnelle G. $(0,5\text{ cm/h}<w<5\text{ cm/h})$ sowie das für kleine, dünne Produkte geeignete sehr schnelle G. $(5\text{ cm/h}<w<ca.\ 100\text{ cm/h})$ unterschieden. Das schnelle G. ist dem langsamen G. unter mehreren Aspekten überlegen: Es entstehen viele kleine Eiskristalle, die das Zellgewebe weit weniger schädigen als die beim langsamen G. entstehenden großen Kristalle. Auf Grund der kurzen Zeit können keine Entmischungsvorgänge stattfinden. Die mikrobielle und enzymatische Aktivität wird schnell reduziert, der Massenverlust unverpackter Ware durch Verdunstung ist geringer.

Die zum Erreichen der Gefriertemperatur im Gut erforderliche Gesamtzeit hängt von Gutseigenschaften, Apparateeigenschaften und Betriebsbedingungen ab (Form und Abmessung des Guts, Enthalpieänderung, Wärmeleitfähigkeit des gefrorenen Guts, Anfangs- und Endtemperatur des Guts, Temperatur des Kälteträgers, Wärmeübergangskoeffizient).

Unter den Gefrieranlagen unterscheidet man hauptsächlich Luftgefrierapparate und Kontaktgefrieranlagen. Das G. mit Luft ist wegen der guten Anpassungsfähigkeit an das Gut das weitaus gebräuchlichste. Es existiert eine Vielzahl absatzweise, halbkontinuierlich und kontinuierlich arbeitender Anlagetypen (Gefrierkammer, Band-, Hordenwagen-, Paternoster-, Karussell-, Fließbettgefrieranlagen), die mit Lufttemperaturen von ca. -30 bis $-40\,°C$ und Luftgeschwindigkeiten von ca. 2–7 m/s betrieben werden.

Mit diesen Verfahren werden vielfach Obst- und Gemüseprodukte (oft in Fließbettgefrierern), Fleisch, Geflügel und Eier gefroren. Dabei findet stets eine Massenabnahme durch Wasserverlust statt.

Bei den Kontaktgefrieranlagen erfolgt der Wärmeübergang über Metalloberflächen (durch verdampfende Kältemittel oder zirkulierende flüssige Kälteträger gekühlt), durch Eintauchen in flüssige Kältemittel oder durch Besprühen bzw. Überströmen des Guts mit verdampfenden Flüssigkeiten.

Das G. des Guts durch Kontakt mit gekühlten Metallflächen wird in Stahlbandfrostern, Horizontal- und Vertikalplattengefrierapparaten sowie Walzengefrierern und Kratzkühlern realisiert. Sie werden eingesetzt zum Gefrieren von Fischfilet, Fleisch, Kaffeeextrakt und vielen pastösen und flüssigen Produkten wie Spinat, Eiscreme, Soßen und Obstsäften.

Als Kältemittel für das G. in flüssigen Medien dienen Salzlösungen ($CaCl_2$, NaCl), z. T. mit Zuckerzusätzen, ferner Propylenglycol und Glyce-

Gefrieren. Tabelle: Gefrierlagerzeiten und -temperaturen verschiedener Gefriergüter.

Produkt	Lagerzeiten in Monaten bei	
	$-18\,°C$	$-30\,°C$
Rindfleisch	12	24
Schweinefleisch	6	15
Lammfleisch	9	24
Geflügel	9	
Fettfisch	4	12
Magerfisch	8—10	24
Karotten, Erbsen	18	>24
Spinat	18	>24
Erdbeeren	12	24
Fruchtsaftkonzentrate	24	>24
Milchspeiseeis	3— 6	18

rin-Ethylenglycol-Gemische mit Temperaturen von −20 bis −30 °C. Damit werden verpackte Lebensmittel, z. B. Geflügel, z. T. auch Fisch und Eier, gefroren.

Das G. mit verdampfenden Flüssigkeiten zeichnet sich durch einen sehr guten Wärmeübergangskoeffizienten zwischen Gut und Kältemittel aus. Es werden flüssiger Stickstoff (LN_2), flüssiges CO_2 (LCO_2) und Freone, hauptsächlich R12 verwendet. Verdampfendes R12, z. T. auch CO_2, wird zurückgewonnen, N_2 entweicht aus dem System. Dieses Gefrierverfahren eignet sich für unverpackte, kleinstückige Produkte (IQF Individual Quick Freezing), z. B. Backwaren, Pommes frites, Hamburger, Mais, Erbsen, Bohnen, Krabben u. ä.

Empfohlene Lagerzeiten für verschiedene Gefriergüter in Abhängigkeit von der Temperatur zeigt die Tabelle. *Kerner/Loncin*

Literatur: *Ciobanu, A., G. Lascu, V. Bercescu* u. *L. Niculescu:* Cooling technology in the Food Industry. Tunbridge Wells (England) 1976. – *Desrosier, N.,* u. *D. Tressler:* Fundamentals of Food Freezing. Westport (USA) 1977. – *Gruda, Z.,* u. *J. Postolsky:* Gefrieren von Lebensmitteln. Leipzig 1980.

Gefrierlanze. Die Verteilung des kältetragenden Mittels in die zur Kälteabgabe bestimmten Gefrierelemente im Vereisungsbereich geschieht entweder durch ein vom Kälteaggregat ausgehendes Rohrleitungssystem oder in Einzelfällen durch quasidirekte Einspeisung in die im Boden befindlichen Gefrierrohre (Bild), die zu einem Durchlaufsystem hintereinander geschaltet oder zu einer Gruppe in Parallelschaltung zusammengefaßt werden können. Die Gefrierrohre werden von einem Bohrplanum aus mit Hilfe der üblichen Bohrverfahren, wie z. B. dem Exzenterbohrverfahren, abgeteuft. Bei horizontaler Lage der G. werden diese aus der Kaverne eines fertiggestellten Abschnittes mit Hilfe eines Bohrwagens in eine gegenüber der Tunnelachse geneigte Lage in den neuen Gefrierabschnitt eingebracht. Für Solegefriersysteme verwendet man Rohre aus Stahl St 52–3 oder Aluminiumrohre mit ausreichen-

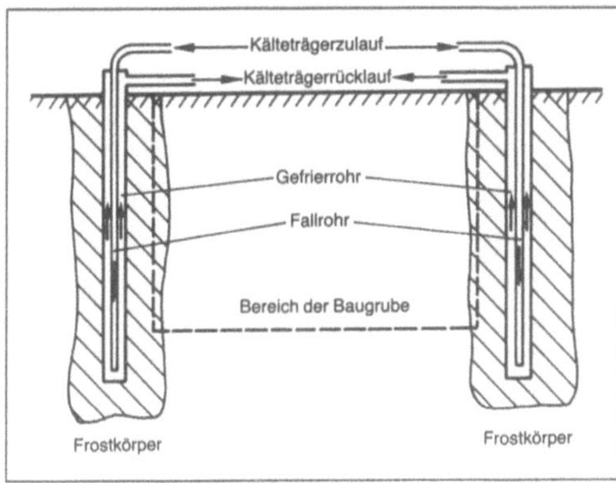

Gefrierlanze.

der Festigkeit; Fallrohre können auch aus Kunststoff sein. Um den besonderen Ansprüchen infolge der Temperaturen unter −40 °C zu genügen, ist es notwendig, NE-Metalle oder mit Nickel legierten Stahl einzusetzen. Die Wanddicke der Rohre bestimmt sich aus dem inneren hydraulischen Druck und dem äußeren Erddruck. Zur Verminderung von Kälteverlusten können Zuflußleitungen und Gefrierelemente mit z. B. Polystyren oder einer PVC-Umhüllung isoliert werden. *Kühn*

Gegendruckdampfturbine. Dampfturbine, bei der der Abdampf als Prozeßdampf oder zu Heizzwecken verwendet wird. Der Dampfverbraucher bestimmt über die Temperatur auch den Druck im Abdampf (Gegendruck) und den Dampfdurchsatz durch die →Turbine. Dadurch ist das Verhältnis von Turbinenleistung und Heizleistung (Strom-Wärme-Verhältnis) sehr starr. Eine Teillast bei der Heizung kann man nur durch Teillast bei der Turbinenleistung einstellen.

Diese starre Kopplung der Heizleistung an die Turbinenleistung läßt sich in bestimmten Grenzen durch Veränderung der Frischdampfdaten am Turbineneintritt, durch Bypass-Vorrichtungen an der Turbine vorbei mit Drosselung in einer Reduzierstation und/oder durch Zuschalten eines Hilfskondensators verändern. Diese regelungstechnischen Nachteile werden bei der Entnahmekondensationsturbine weitgehend vermieden (→Anzapf-Kondensations-Dampfturbine). *Ziemann*

Gegengewicht →Ausgleichsmasse

Gegenlauf →Gleichlauf

Gegenstrombremsung →Bremsung, elektrische

Gehänge →Kettenförderer

Gehäusescheibe. G. bilden die gehäuseseitige Lauffläche der Wälzkörper in Axialwälzlagern. Die gehäuseseitige Auflagefläche wird eben oder sphärisch ausgeführt. Ihre Funktion entspricht dem Außenring von Radiallagern (→Wellenscheibe). *Knoll*

Gelenk (Getriebe) →Kette, kinematische

Gelenkgetriebe. Mechanismen und →Getriebe (MG), die als charakteristische Elemente ausschließlich Dreh- und Schubgelenke (im Fall ebener und sphärischer MG) bzw. zusätzlich Drehschub- und Kugelgelenke (im Fall räumlicher MG) zur beweglichen Verbindung ihrer Glieder miteinander enthalten, werden in der Getriebesystematik als G. bezeichnet. Bei begrenzten Drehwinkeln können an die Stelle der vorgenannten formschlüssigen auch stoffschlüssige Gelenke treten, in denen das Gleiten, Rollen oder Wälzen diskreter Elementenpaare (Gleitlager, Wälzlager, Gleitbuchse auf Bolzen, Kugelumlaufbuchse) durch Verformen elastischer Werkstoffe (Gummifeder, Stahlfeder) ersetzt ist (z. B. Lenkerführung und -aufhängung von Pkw-Laufrädern).

Wegen der universellen Verwendung des Begriffs Gelenk für jede Art beweglicher Verbindung in MG (z. B. Plattengelenk, Schraubengelenk, Kurvengelenk) zur Bezeichnung der Funktion „beweglich verbinden" im Sinne der Konstruktionsmethodik wurde und wird nach treffenderen Bezeichnungen gesucht. Bekannt und benutzt sind vor allem Kurbelgetriebe, Koppelgetriebe, Lenkergetriebe, Gelenkviereck (für viergliedrige G.). Sie stellen jedoch die Verhältnisse zu eng dar (Kurbelgetriebe, Gelenkviereck), sind anderweitig belegt (Koppelgetriebe) oder noch zu wenig eingeführt.

Außer Gelenken haben G. noch Glieder als Bauelemente (Tabelle 1). Jedes Glied trägt an jeder Verbindungsstelle mit seinen Nachbargliedern je ein Element des verbindenden Gelenks (z. B. Bolzen, Buchse bei Dreh-, Schub- und Drehschubgelenken, Kugel bzw. Pfanne bei Kugelgelenken). In Tabelle 1 sind nur binäre Glieder, d. h. solche mit zwei Gelenkelementen, aufgeführt. Bei drei Elementen entstehen ternäre, bei vier quaternäre Glieder usw.

Im Getriebeverbund, d. h. nach Bilden eines MG aus einer kinematischen Kette durch Verbinden eines Glieds mit dem Gestell, können die Glieder je nach Art ihrer Gelenkelemente und deren Verbindung mit dem Gestell die Bezeichnungen gemäß Tabelle 2 erhalten.

Für den wichtigen Sonderbereich viergliedriger ebener G. ergeben sich hieraus allgemein verwendete Bezeichnungen, indem die beiden im Gestell

Gelenkgetriebe. Tabelle 1: Glieder ebener und räumlicher Gelenkgetriebe. (Quelle: VDI 2145 a. a. O.)

Gliedbezeichnung	Prinzipdarstellung Skizze	kinematische Skizze	charakteristische Größen
Glieder mit 2 Drehgelenkelementen	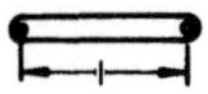	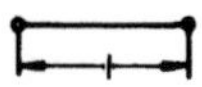	Länge l
Glieder mit einem Dreh- und einem Schubgelenkelement	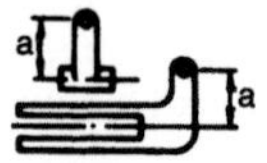 a, a	 a, a	konstruktive Versetzung a
Glieder mit 2 Schubgelenkelementen	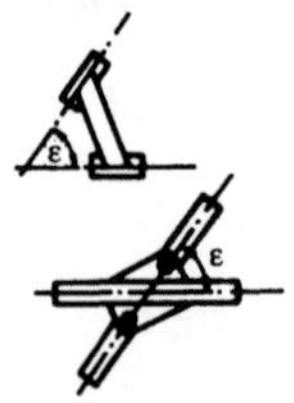 ε, ε	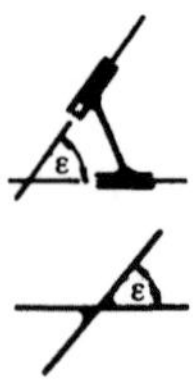 ε, ε	Kreuzwinkel ε
Glieder mit 2 Kugelgelenkelementen	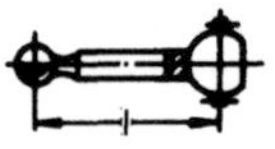	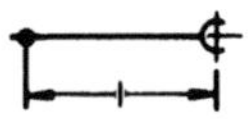	Länge l
Glieder mit einem Dreh- und einem Dreh-Schubelement	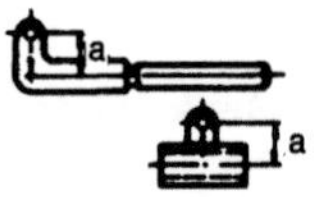 a, a	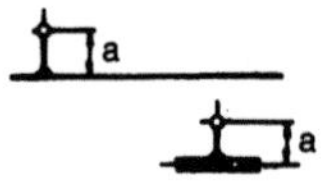 a, a	konstruktive Versetzung a
sphärische Glieder mit 2 Drehgelenkelementen	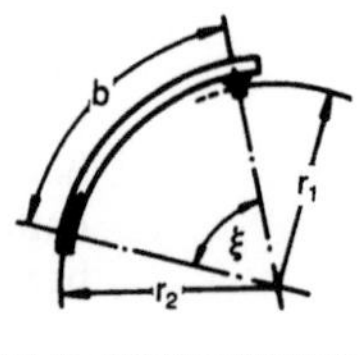 b, r_1, r_2, ξ		Kugelradien r_1, r_2 Bogenlänge b Winkel ξ

Gelenkgetriebe. Tabelle 2: Glieder ebener Gelenkgetriebe im Getriebeverbund. (Quelle: VDI 2145 a. a. O.)

Gestell ist das als feststehend betrachtete Glied eines Getriebes. Allgemein bildet der Maschinenrahmen, die Grundplatte oder dgl. das Gestell. Mitunter kann das Gestell auch in Bewegung sein, wie z. B. der Rahmen eines Fahrzeugs. Jeder Gliedertyp kann als Gestell dienen.	 Gestell als Glied mit 2 Drehgelenkelementen 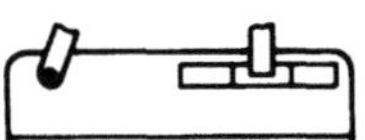 Gestell als Glied mit einem Dreh- und einem Schubgelenkelement 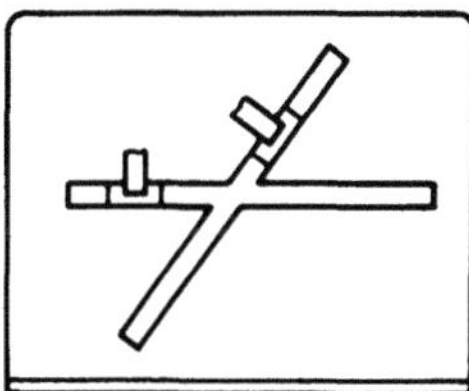 Gestell als Glied mit 2 Schubgelenkelementen
Kurbel ist ein im Gestell drehbar gelagertes Getriebeglied, das über ein Drehgelenk mit der Koppel verbunden ist und im Getriebeverbund relativ zum Gestell umlaufen kann.	 Kurbel, ein Glied mit 2 Drehgelenkelementen
Koppel ist ein nicht im Gestell gelagertes oder geführtes Getriebeglied. Jeder Gliedertyp läßt sich als Koppel verwenden.	 Koppel als Glied mit 2 Drehgelenkelementen  Koppel als Glied mit einem Dreh- und einem Schubgelenkelement  Koppel als Glied mit 2 Schubgelenkelementen
Schwinge ist ein im Gestell drehbar gelagertes Getriebeglied, das über ein Drehgelenk mit der Koppel verbunden ist und im Getriebeverbund relativ zum Gestell schwingen (nicht umlaufen) kann.	 Schwinge, ein Glied mit 2 Drehgelenkelementen
Schleife ist ein im Gestell drehbar gelagertes Getriebeglied, das über ein Schubgelenk mit der Koppel verbunden ist.	 Schleife, ein Glied mit einem Dreh- und einem Schubgelenkelement
Schieber ist ein im Gestell durch ein Schubgelenk gerade geführtes Getriebeglied, das über ein Drehgelenk mit der Koppel verbunden ist.	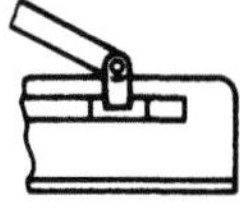 Schieber, ein Glied mit einem Dreh- und einem Schubgelenkelement
Kreuzschieber ist ein im Gestell durch ein Schubgelenk gerade geführtes Getriebeglied, das über ein weiteres Schubgelenk mit der Koppel verbunden ist.	 Kreuzschieber, ein Glied mit 2 Schubgelenkelementen

gelagerten Glieder genannt werden (Tabelle 2). Beispiele sind Kurbelschwinge, Kurbelschleife, →Doppelkurbel, Schubkurbel (eigentlich Schieber-Kurbel), Schubschleife, Doppelinnenschwinge u. dgl. (→Laufeigenschaft).

Bei diesen MG lassen sich die Laufeigenschaften nach *Grashof* aus den Gliedlängen der zugehörigen kinematischen Kette bestimmen, in der

$$l_{min} + l_{max} \gtreqless l^* + l^{**}$$

sein kann: Ist die Summe aus kleinster und größter Gliedlänge kleiner als die Summe der beiden übrigen, so entstehen umlauffähige, ist sie gleich, entstehen durchschlagfähige, ist sie größer, entstehen totalschwingfähige MG. Bei mehr als viergliedrigen ebenen MG ist eine derartige geschlossene Lösung zum Feststellen der Laufeigenschaften nicht anzugeben.

Die Erweiterung viergliedriger G. durch Hinzufügen von Gliedern und Gelenken mit dem Zweck, kompliziertere Bewegungsaufgaben, wie z. B. Rasten, →Pilgerschritt, konstante Geschwindigkeit, Bahnführungen (exakte und angenäherte Geraden, Kreise, Ellipsen, allgemeine Koppelpunktbahnen u. dgl.), zu verwirklichen, führen bei geschlossenen kinematischen Ketten auf zwangläufige MG mit dem →Laufgrad F = 1 bei gerader Gliederzahl. Ungerade Gliederzahlen ergeben hierbei Laufgrade $F \geq 2$, bedürfen für zwangläufige Bewegungen somit der ihrem Laufgrad entsprechenden Anzahl von gesteuerten Antrieben.

Im Zeichen freiprogrammierbarer Antriebe werden komplizierte Bewegungsaufgaben mit vorzugsweise nichtperiodischem Verlauf mehr und mehr von MG aus offenen kinematischen Ketten gelöst, deren höherer Laufgrad eine entsprechende Anzahl von Antrieben gestattet (Industrieroboter, Handhabungseinrichtungen, Bearbeitungszentren). Gelenk-MG aus übergeschlossenen kinematischen Ketten ($F \leq 0$) sind i. a. unbeweglich (Fachwerke). Durch konstruktive Maßnahmen (Abmessungen, enge Toleranzen, geeignete Übertragungfunktionen) kann auch hier Beweglichkeit erreicht werden. Diese MG sind dann zwangläufig. Beispiele sind: Parallelschalten von zwei bis drei Parallelkurbeln mit geeigneter Phasenverschiebung zum Überwinden der Verzweigungslagen (Schmidt-Kupplung), Parallelschalten (ohne Phasenverschiebung) mehrerer gleicher G., die auf ein gemeinsames Verstellorgan wirken.   *Gierse*

Literatur: *Dubbel*: Taschenb. Maschinenbau. 14. Aufl. Berlin, Heidelberg, New York 1981. – VDI 2145: Ebene viergliedrige Getriebe mit Dreh- und Schubgelenken, Begriffserklärungen und Systematik. Hrsg. Verein Dt. Ing. Ausg. 1980.

Gelenkwelle. G. bestehen aus zwei hintereinander geschalteten winkelnachgiebigen Kupplungen, meist Kardangelenken, aber auch homokinetischen oder elastischen Kupplungen, zwischen denen zum Längenausgleich meist ein Verschiebegelenk angeordnet ist. Sie können zwei räumlich weit auseinanderliegende und zueinander bewegliche Wellen verbinden. Um die Ungleichförmigkeit der Drehwinkelübertragung der Kardangelenke weitgehend auszugleichen, werden Gelenkwellen bei Querversatz in Z-Anordnung, bei Winkelversatz in W-Anordnung eingebaut (Bild).   *Ehrlenspiel*

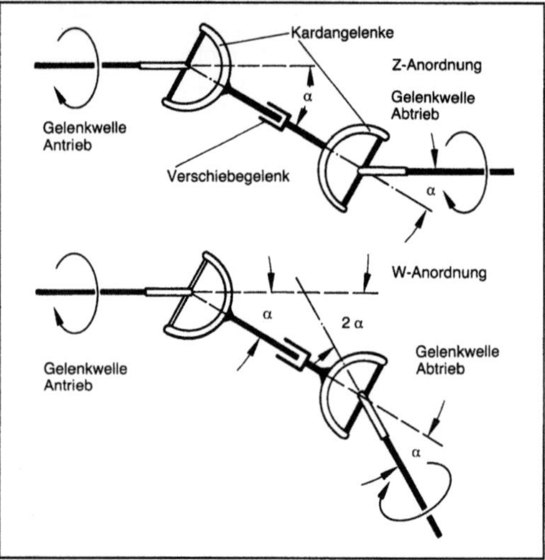

Gelenkwelle: Anordnungen.

Gemeinkosten →Kostenbegriff

Gemisch. G. aus Luft und →Kraftstoff, das vom →Ottomotor angesaugt und im Zylinder verbrannt wird.

Heute arbeiten alle Ottomotoren mit äußerer G.-Bildung, d. h. sie saugen durch das Einlaßventil ein G. aus Luft und Kraftstoff an. Dieses G. wird vor dem Motor mit einem →Vergaser oder durch →Benzineinspritzung in das →Saugrohr gebildet. Das Mischungsverhältnis (→Verbrennungsluftverhältnis) hat Einfluß auf die Zündfähigkeit, die →Abgaszusammensetzung, den Kraftstoffverbrauch und die Motorleistung. Es beträgt bei üblichen Kraftstoffen etwa Luftmasse : Kraftstoffmasse = 15 : 1.   *Kuhlmann*

Gemischbildung. Unter G. versteht man die Zubereitung eines Kraftstoff-Luft-Gemisches für Verbrennungsmotoren. Die G. erfolgt beim →Dieselmotor und beim →Ottomotor auf sehr verschiedene Weise.

Dieselmotor: Beim Dieselmotor arbeitet man mit sog. innerer G., d. h. der →Kraftstoff wird in den →Brennraum gespritzt, wo er sich mit der Verbrennungsluft vermischt. Die hieran beteiligten Komponenten sind hauptsächlich die →Einspritzpumpe und die →Einspritzdüse.

Bei Vollast kommt es darauf an, einen möglichst großen Anteil der Luftmenge im Brennraum für die →Verbrennung heranzuziehen. Hierbei spielt die Ausbildung der Einspritzstrahlen, die Form des Brennraums und die Luftbewegung im Brennraum eine große Rolle. Die G. ist um so besser, je geringer der erforderliche Luftüberschuß bei Volllast ist, ohne daß →Ruß im Abgas auftritt.

Typisch für den Dieselmotor ist, daß in seinem Brennraum ein sehr inhomogenes Gemisch gebildet wird. Rund um die eingespritzten Kraftstofftröpfchen findet man eine Mischung aus viel Kraftstoffdampf und nur sehr wenig Luft. An anderen Stellen ist die Verbrennungsluft mit nur sehr wenig Kraftstoffdampf vermischt. Infolge dieser Inhomogenität ist bei allen Betriebszuständen des Motors sichergestellt, daß an etlichen Stellen im Brennraum eine Gemischzusammensetzung vorhanden ist, bei der →Selbstzündung auftritt (→Leistungsregelung).

Ottomotor. Da die Verbrennung beim Ottomotor erst durch den Zündfunken eingeleitet wird, ist es möglich, mit äußerer G. zu arbeiten. Das heißt, daß in einem →Vergaser oder durch →Benzineinspritzung ins →Saugrohr ein Kraftstoff-Luft-Gemisch gebildet wird, das dann der Motor in den Zylinder saugt. Man spricht deshalb beim Ottomotor auch von einer gemischansaugenden Maschine.

Auf dem Weg in den Zylinder und weiter bis zum Ende der Verdichtung verdampft der Kraftstoff und bildet ein weitgehend homogenes Kraftstoff-Luft-Gemisch. Dabei muß das Mischungsverhältnis (→Verbrennungsluftverhältnis) so sein, daß eine Entflammung durch den Zündfunken möglich ist. Wegen der Homogenität des Gemisches stimmen das örtliche Luftverhältnis an der Zündkerze und das Luftverhältnis des vom Vergaser gebildeten Gemisches überein. Dieses für eine einwandfreie Zündung und Verbrennung erforderliche Luftverhältnis muß vom Vergaser (bzw. der Benzineinspritzanlage) bei allen Betriebszuständen des Motors eingehalten werden. Deshalb ist bei Teillast nicht nur eine Verringerung der Kraftstoffmenge, sondern auch eine Drosselung der Luftzufuhr erforderlich. *Kuhlmann*

Literatur: *Lenz, H. P.:* Gemischbildung bei Ottomotoren. R.: Die Verbrennungskraftmaschine N. F. Bd. 6. Wien, New York 1990. – *Löhner, K.,* u. *H. Müller*: Gemischbildung und Verbrennung im Ottomotor. *List* (Hrsg.) Die Verbrennungskraftmaschine. Bd. VI. Wien 1957. – *Pischinger, A.:* Gemischbildung und Verbrennung im Dieselmotor. *List, H.* (Hrsg.) Die Verbrennungskraftmaschine. Bd. VII. Wien 1957.

Gemischschmierung. Spezielle Art der Triebwerkschmierung bei kleinen Zweitakt-Ottomotoren.

Zweitaktmotoren benötigen ein Spülgebläse, das die Verbrennungsluft bzw. das Benzin-Luft-Gemisch durch die Einlaßschlitze in den →Zylinder drückt (→Zweitakt-Gaswechsel). Bei kleinen Zweitakt-Ottomotoren wird die Kolbenunterseite in Verbindung mit dem Kurbelgehäuse als sog. Kurbelkasten-Spülpumpe verwendet. Weil dabei das Benzin-Luft-Gemisch durch das Kurbelgehäuse strömt, ist eine übliche Triebwerksschmierung mit Ölwanne nicht möglich (es würde zu viel →Schmieröl in den Zylinder mitgerissen). Man verwendet deshalb für das Triebwerk dieser Motoren Wälzlager, die viel weniger Schmieröl benötigen als Gleitlager. Die Schmierung dieser Wälzlager erfolgt dadurch, daß dem Benzin z. B. im Verhältnis 1 : 50 Schmieröl zugesetzt wird. Dieses Schmieröl gelangt mit dem Benzin in den Kurbelkasten, wird dort z. T. abgeschieden und schmiert die Lager. *Kuhlmann*

Genauigkeitsklasse. Maß-, Form- und Laufgenauigkeit von Wälzlagern sind durch ISO genormt. Neben Normaltoleranzen werden in den ISO-Empfehlungen auch eingeengte Toleranzen für Präzisionslager mit höheren Genauigkeitsanforderungen angegeben, z. B. für den Werkzeugmaschinenbau. Die Lagerkurzzeichen von Lagern mit erhöhter Genauigkeit enthalten Nachsetzzeichen für die betreffende Toleranzklasse bzw. G. *Knoll*

Geradverzahnung. Bei Geradstirnrädern sind die Zähne am Umfang achsparallel angeordnet. Wäh-

Geradverzahnung: Evolventen-Geradstirnradpaar.

rend des Eingriffs mit einem Gegenrad wird die Umfangskraft bei normaler Zahnhöhe abwechselnd durch ein oder zwei Zahnpaare übertragen.

Geradstirnräder werden überwiegend mit →Evolventenverzahnung ausgeführt (Bild). Sie sind mit spangebenden oder spanlosen Fertigungsverfahren (→Zahnradherstellung) einfach herstellbar. Die Umfangskraft zwischen den Rädern einer Zahnradstufe erzeugt keine Axialkraft, so daß an die Wellenlagerungen i. a. keine erhöhten Anforderungen gestellt sind. Infolge des stoßartigen Eingriffsbeginns eines Zahnpaars muß bei schnellaufenden Getrieben jedoch ggf. mit hohen dynamischen Zusatzkräften (→Dynamikfaktor) verbunden mit ungünstigem Geräuschverhalten gerechnet werden. Abhilfe können hierbei Profilkorrekturen schaffen.

Geradstirnradstufen findet man in einem weiten Einsatzbereich. Sie werden bei großen, langsam laufenden Getrieben (z. B. Walzwerksgetriebe) bei hohen Umfangskräften ebenso verwendet wie in kompakten Anlagen hoher Leistungsdichte (z. B. Flugzeugtriebwerk, Umfangsgeschwindigkeit bis zu 100 m/s). *Winter*

Geräte-Anforderungsliste. Schriftlich formulierte Sammlung qualitativer und quantitativer Festlegung von Eigenschaften oder Bedingungen für ein materielles oder immaterielles Produkt.

Die G.-A. wird auf Grund einer Anweisung, ein Produkt zu entwickeln und zu konstruieren, erarbeitet und macht Angaben für die geforderten oder gewünschten Funktionen und Eigenschaften. Bei der Aufstellung der G.-A. können drei Kriterienklassen nach deren Wichtigkeit empfehlenswert sein:
□ duale Forderungen (K. O.-Forderungen),
□ tolerierbare Forderungen (Forderungen mit einem Erfüllungsgrad: mindest, normal, ideal),
□ Wünsche (Forderungen, die je nach Entwicklungs- und Herstellkosten den Wert einer Lösung hinsichtlich Marktchancen erhöhen).

Darüber hinaus enthält sie auch Informationen über organisatorische Abläufe und wird während des Entwicklungs- und Konstruktionsprozesses laufend auf dem neuesten Stand gehalten.

Abgestimmt wird die G.-A. mit allen beteiligten Abteilungen wie Marketing, Vertrieb, Schaltungs- und Softwareentwicklung, Konstruktion, Qualitätssicherung, Produktion und Projektleitung. Es sollen folgende Punkte für Geräteentwicklungen enthalten sein:
□ Kurzbeschreibung der Gesamtfunktion und des Einsatzbereichs (Zielmarkt, Design, Benutzerprofil),
□ technische Leistungsmerkmale,
□ Forderungen hinsichtlich eines Grundaufbau-Konzepts,

□ Varianten und Zubehör,
□ Sicherheitsanforderungen,
□ Schnittstellen Eingang/Ausgang,
□ funktionelle Bedienungstechnik, Ergonomie (betrifft Hardware und Software)
□ prüf- und fertigungstechnische Forderungen,
□ Hilfsenergie zum Betreiben,
□ Zuverlässigkeit und Qualität, Service-Aspekte,
□ Beachten von Regelwerken, Richtlinien usw.,
□ Umweltanforderungen (u. a. Oberflächenschutz),
□ Wirtschaftlichkeit der Lösung, Kostenziel.

Eine Planungsdatenliste ergänzt die G.-A. und steht zur störungsfreien und termingerechten Abwicklung des Entwicklungsprozesses für organisatorische Maßnahmen bez. Kapazitätsauslastung, Terminplan, Kostenplan, Verantwortung und für rechtliche Gesichtspunkte wie Schutzrechte, Vorschriften zur Verfügung. Die Planungsdaten werden i. a. von der Projektleitung erstellt und sind folgende:
□ Auftraggeber und Projektverantwortlicher,
□ Terminplan für Grundgeräte und Varianten (Modell, Prüfmuster, Nullserie usw.),
□ Kostenplan,
□ Stückzahl,
□ Bewertungszeitpunkte und -team. Es ist sinnvoll, die technisch-wirtschaftliche Bewertung von Lösungsansätzen, -konzepten unter Hinzuziehung von Fachleuten der Fertigungsvorbereitung, Kalkulation, Wertanalyse, Qualitätssicherung vorzunehmen,
□ Kapazitätsplan für die Entwicklung,
□ Schutzrechte,
□ Informationsbeschaffung,
□ vertragliche Regelungen, die auf die Entwicklung Einfluß haben, z. B. vorgeschriebene Lösungen, Konventionalstrafen. *Lauruschkat*

Literatur: VDI 2221: Methodik zum Entwickeln und Konstruieren technischer Systeme und Produkte. Hrsg. Verein Dt. Ingenieure. VDI-Handb. Konstruktion. Berlin 1985. – VDI/VDE 2428. Bl. 1: Gerätetechnik – Grundlagen VDI/VDE-Handb. Feinwerktechnik. Berlin 1987. – *Herrmann, G.*: Das Pflichtenheft als Aufgabenstellung für die Entwurfsphase. In: VDI-Ber. Nr. 460 Düsseldorf 1982.

Geräte-Aufbauprinzip (Feinwerktechnik). Als G.-A. wird die konstruktive Bauweise auch unter Zuhilfenahme der feinwerktechnischen →Verbindungstechnik bezeichnet. Man unterscheidet zwischen Standard-Bauweisen, wie 19″-Gestelle, 19″-Einschübe, 19″-Standardgeräte, 19″-Elektronikschränke, und produktspezifischen Sonderbauweisen, z. B. Schrank-, Pult-, Koffergeräte.

Moderne Bauelemente, anwendungsspezifische Schaltkreise mit hohen Anschlußzahlen und großen Chipflächen, moderne Module, Sensoren, Aktoren usw. verlangen Aufbautechniken, die gleichzeitig insbes. die elektrischen, thermischen und mechanischen Eigenschaften berücksichtigen.

Mit steigenden Packungsdichten müssen Thermospannungen, Wärmeabfuhr und die Auswirkungen von Leitungslänge und Leitungsführung auf die elektrischen Eigenschaften berücksichtigt werden.

Für den Aufbau mit z. B. Chipgehäuse, Leiterplatten und Baugruppen bestimmen neue Materialien und Verfahren in den folgenden Teilgebieten wesentlich die Leistungsmerkmale und damit die Kosten moderner Geräte:

☐ Werkstoffe, organisch, anorganisch,

☐ Oberflächentechnik, z. B. Beschichten, Metallisieren,

☐ Fügetechnik, angepaßt an die Anforderungen und Geometrien der Aufbausysteme, z. B. leitfähige Kleber, Löten,

☐ Entwurfstechnik (CAE): Entwicklung, Simulation, Test, CAD: Design für eine integrierte Beschreibung der elektrischen, thermischen und mechanischen Eigenschaften eines Gesamtsystemaufbaus,

☐ Fertigungstechnik (CAM), CIM zum integrierten und automatisierten Fertigungsablauf. *Lauruschkat*

Literatur: VDI/VDE 2428: Gerätetechnik. VDI/VDE-Handb. Feinwerktechn. Berlin 1987. – Mikroperipherik-Verbundvorhaben. Erster Erfahrungsber. Förderungsschwerpunkt BMFT. Berlin 1986. VDI/VDE-Technologiezentrum.

Geräte-Entwicklung. Ein Vorgehensplan berücksichtigt die Vielfalt der Entwicklungs- und Konstruktionsaufgabe.

Die Aufgabe eines Geräts wird von der externen oder innerbetrieblichen Herkunft der Aufgabenstellung bestimmt und sollte in einer Anforderungsliste festgelegt werden. Wichtige Bestimmungsmerkmale sind die Fertigungsart, z. B. Einzel-, Serien-, Massenfertigung, der Neuheitsgrad wie Neu-, Weiterentwicklung und Anpassungskonstruktion.

In der feinwerktechnischen Gerätekonstruktion führen die angestrebte Miniaturisierung, Integration und Funktionsqualität zu einem verstärkten Einsatz der Mikro- und Optoelektronik.

Der Ablauf des Entwicklungs- und Konstruktionsprozesses wird neben den Anforderungen an das Produkt auch von folgenden externen Zwängen oder innerbetrieblichen Notwendigkeiten bestimmt:

☐ Wettbewerbssituation, z. B. Einsatz des Computer Integrated Manufacturing (CIM),

☐ Kostendruck,

☐ Termindruck,

☐ Sonderwünsche,

☐ Vorschriftenvielfalt, z. B. für Geräte mit Genehmigungspflicht durch Prüfstellen (z. B. TÜV, VDE, FTZ, PTB usw.); das Gerätesicherheitsgesetz und DIN 3100/VDE 1000 sind dabei von großer Bedeutung,

☐ Fremdfertigung,

☐ Produktkomplexität,

☐ neue Technologien.

Das Gesamtvorgehen wird in Arbeitsabschnitte gegliedert, aus denen entsprechende Arbeitsergebnisse hervorgehen. In der Praxis werden oft einzelne Arbeitsabschnitte zu Phasen zusammengefaßt (Bild 1).

Die Entwicklung von Produkten der →Feinwerktechnik ist oft in Zusammenarbeit der Konstrukteure und Entwickler aus den drei Fachgebieten Elektromechanik, elektronische Schaltung und Software notwendig. Der Industrial-Designer bestimmt das äußere Erscheinungsbild.

In der Regel werden Geräte mit großen Stückzahlen in Serienfertigung hergestellt. Dies erfordert ein hohes Investment in Fertigung, Montage, Vertrieb und Service, so daß das Risiko durch den Bau von Mustern, ggf. von Vorserien, in Grenzen gehalten werden muß und deren Erprobung zur Produktoptimierung führt. Ein erheblicher Anteil der Entwicklungskosten und der Entwicklungszeit wird dabei beansprucht (Bild 2).

Das methodische Vorgehen nach Bild 1 bringt als erstes Arbeitsergebnis die Anforderungsliste hervor und bei konsumnahen Produkten ggf. ein Modell des Industrial-Designers.

Die Festlegung der Funktionsstruktur eines Geräts erfolgt ausgehend von dem Informationsaustausch zwischen der →Gerätesteuerung und dem Benutzer, dem Prozeß und den Kommunikationsleitungen. Sie wird ergänzt durch die abstrakte Beschreibung des Informationsflusses an den Schnittstellen.

Das Arbeitsergebnis des Arbeitsabschnitts „Suchen nach Lösungsprinzipien und deren Strukturen" sind die Abgrenzung und die Prinziplösungen der Teilgebiete Elektromechanik, Schaltung (Hardware) sowie Software.

Für die Software ist es die Wahl des Betriebssystems und eine grobe Struktur der Anwenderprogramme. Nach Auswahl der geeigneten Programmiersprache ist ein ablauffähiges Programm zu kodieren, das mit Hilfe von Entwicklungssystemen getestet werden kann. Das Programm wird in Speicherbausteine geladen und dokumentiert.

Hierzu bieten Software-Häuser Hilfe an. Für die elektrische Schaltung sind es die Wahl der Schaltkreistechnik und der Komponenten der Steuerung (Bauteilelisten), die Verknüpfung (Stromlaufpläne, Impulsdiagramme), die Festlegung der Versorgungsspannungen und das Stromversorgungskonzept, eine Abschätzung des Strom- und Raumbedarfs sowie Maßnahmen zur Entstörung.

Für die elektromechanische Konstruktion stehen die Wandler (Aktoren oder Sensoren), die Anordnung der Bedienelemente und Anzeigen, die Unter-

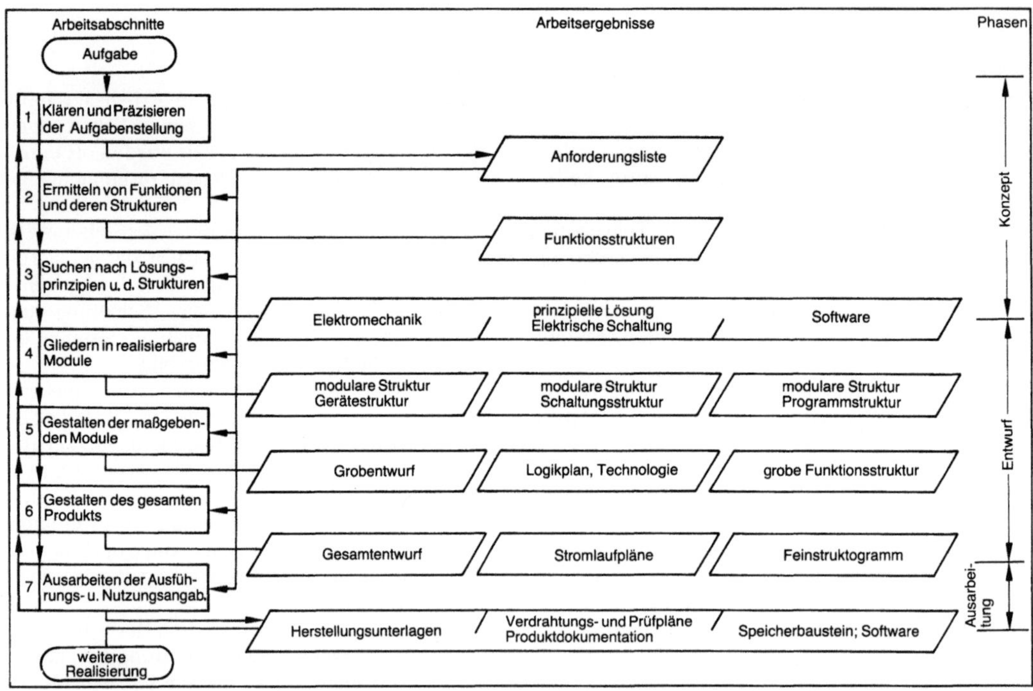

Geräte-Entwicklung 1: Vorgehensplan.

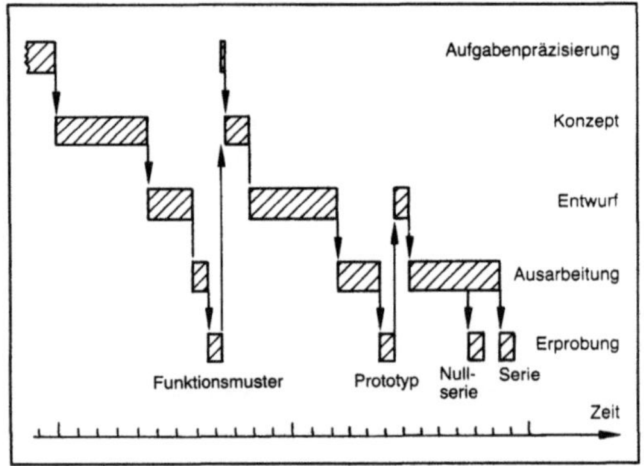

Geräte-Entwicklung 2: Zeitlicher Ablauf und Schwerpunkte der einzelnen Entwicklungsphasen.

bringung der elektrischen Baugruppen und die Verwirklichung der Teilprozesse mit den Verbindungen der Schaltung einschl. der Steuerung in einem Gehäuse im Vordergrund.

Mit der Modularisierung innerhalb der Teilgebiete laufen der Geräteentwurf und die Ausarbeitung der Elektromechanik der Schaltung und der Software parallel und voneinander getrennt ab und liefern in den nächsten Arbeitsabschnitten Ergebnisse, die sich generell unterscheiden. In der Erprobung werden die Arbeitsergebnisse aus allen Teilbereichen in einem Funktions-Muster (Prototyp) zusammengeführt.

Für die industrielle Praxis stehen geeignete Methoden des Konstruierens zur Verfügung, die von verschiedenen Schulen entwickelt und in Berichten, Büchern und Richtlinien veröffentlicht wurden. Die Konzeptvarianten bzw. Detaillösungen werden nach bekannten Methoden technisch-wirtschaftlich bewertet, und danach wird über die zu entwickelnde Variante entschieden.   *Lauruschkat*

Literatur: VDI/VDE 2422: Entwicklungsmethodik für Geräte mit Steuerung durch Mikroelektronik. Vorentwurf. VDI-Handb. Feinwerktechnik. Berlin 1984. – VDI/VDE 2428. Bl. 1: Gerätetechnik-Grundlagen. VDI-Handb. Feinwerktechnik. Berlin 1987. – VDI 2225. Bl. 1 u. 2: Technisch-wirtschaftliches Konstruieren. VDI-Handb. Konstruktion. Berlin 1977.

Geräte-Komponente. Ihre Aufgabe dient der →Gerätetechnik. Sie lassen sich in elektrische, elektronische, elektromechanische, feinmechanische, pneumatische, hydraulische, optische, optoelektronische, mikromechanische und integriert-optische usw. unterscheiden.

Optische und opto-elektronische sowie mikroelektronische und integriert optische Komponenten erfahren durch die neue Mikrostrukturtechnik große Entwicklungschancen. Sie sind z. B. eine wesentliche Voraussetzung für die optische Nachrichtentechnik.

Die Entwicklung optimaler Mikrostrukturen bei wirtschaftlichen Fertigungsmethoden bringt folgende neue optische Komponenten: Optische Schalter, Abzweiger, Richtkoppler und Verteiler sowie streifenartige Lichtwellenleiter auf Trägerplatten.

Der Trend von mechanisch zu lithographisch erzeugten Feinstrukturen erlaubt auch die kostengünstige Massenproduktion neuer mechanischer und elektromechanischer G.-K. wie Siebe, Filter, Düsen, Ventile, Pumpen, Mikrostecker, →Schwinger, Anzeigeelemente in Flüssigkristall-Technik (LCD), Gaschromatographen, Peltier-Mikrokühler, Sensoren für die Meßwertaufnahme, Antriebselemente. Die elektrischen Bauelemente lassen sich nach der Verknüpfung von Eingang und Ausgang in sechs Gruppen gliedern (s. Tabelle Seite 430). *Lauruschkat*

Gerätesteuerung. Die Aufgabe besteht in der Verarbeitung von Daten, z. B. Daten transportieren, verknüpfen, umformen, speichern. Prinzipien sind:

☐ festverdrahtete Hardware-Schaltungen,

☐ programmierbare Hardware-Schaltungen,

☐ speicherprogrammierbare Steuerungen, Steuerungen mit Mikrocomputer.

Bei der festverdrahteten Hardware-Schaltung ist die Steuerung durch Grund- bzw. Universalfunktionen oder Spezialbausteine (IC) realisiert. Durch die Festverdrahtung dieser IC ist die Steuerung nachträglich schwer änderbar. Es ergeben sich sehr hohe Verarbeitungsgeschwindigkeiten infolge der kurzen Laufzeiten der IC (LSI-, ECL-, MOS-, CMOS-, TTL-Technik): bei komplexen Steuerungsaufgaben großer Platz- und Strombedarf, große Fehlermöglichkeiten infolge der zahlreichen externen elektrischen Verbindungen.

Bei der programmierbaren Hardware-Schaltung ist die Steuerung durch Standardfunktionen auf einem Chip realisiert. Es gibt bis zu 5000 programmierbare Gatterfunktionen in einem Chip: FPLA (Field Programmable Logic Array), PLA (Programmable Logic Array), IFL (Integrated Fuse Logic).

Vor der Programmierung sind alle Standardfunktionen durch besondere Kontakte miteinander verbunden. Die Verknüpfung dieser Funktion geschieht bei der Herstellung nach Kundenwunsch, z. B. HAL (Hard Array Logic) = Maskenprogrammierung, oder nach der Herstellung mit Programmiergerät, z. B. PAL (Programmable Array Logic). Bei der Programmierung werden Kontakte durchgebrannt: Programmierinformation durch besondere PAL-Software, Test mit Hilfe von PAL-Simulations-Programmen. Der Chip ist nach der Programmierung nicht mehr änderbar. Es besteht eine große Verarbeitungsgeschwindigkeit infolge der kurzen Laufzeiten der einzelnen Logikfunktionen. Wenig Platzbedarf, wenige externe Verbindungen ergeben geringe Fehlermöglichkeiten.

Bei der Steuerung mit Mikrocomputer (μC) sind die einzelnen Komponenten durch einen gemeinsa-

men Übertragungsweg verbunden. Dieser besteht aus Daten-, Adreß- und Steuerbus. Zu einem bestimmten Zeitpunkt ist nur ein Datensatz transportierbar. Beim Parallelbus werden die einzelnen Bits eines Datensatzes gleichzeitig übertragen, beim Seriellbus nacheinander.

Die Programmbefehle stehen verschlüsselt (Maschinen-Code) im Festwertspeicher (ROM, PROM, EPROM), während die Daten im Variablenspeicher (RAM) abgelegt sind.

Der Mikroprozessor (μP) übernimmt das Dekodieren der Maschinenbefehle sowie das Verarbeiten und Zwischenspeichern von Daten. Er steuert den gesamten Ablauf im Mikrocomputer. Es gibt Mikroprozessoren für universelle Aufgaben, für universelle und zusätzliche Aufgaben sowie für spezielle Aufgaben (z. B. Arithmetik, Echtzeit).

Merkmale: Die Steuerlogik wird durch ein Programm (Software) realisiert. Der Mikrocomputer (Hardware) bleibt für die unterschiedlichsten Logikaufgaben gleich. Wenig Hardwarekompontenen ergeben wenig Verbindungen und somit wenig Fehlermöglichkeiten. Durch die Software Logik nachträglich leicht änderbar, jedoch kleinere Verarbeitungsgeschwindigkeiten als z. B. bei festverdrahteter Logik, da Programmbefehle nacheinander (sequentiell) abgearbeitet werden. Die Rechenzeit ist abhängig von der Taktfrequenz und Software.

Es gibt Einchipcomputer für Spezialaufgaben, Mehrchipcomputer mit Zusatzhardware (z. B. Speicher, Zähler, Timer) für größere Seriensteuerungen und Prozeßsteuerungen sowie kostenoptimierte Einplatinencomputer und Mikrocomputer-Baugruppen-Systeme bis hin zum →Personalcomputer (PC)-System und Multiprozessorsystem. Die Steuerung mit PC-System besitzt zusätzlich Bedienelemente, Anzeige und Hintergrundspeicher. Der Prozeß wird über eine Kommunikations-Schnittstelle gesteuert. PC-System ist eine Alternative zum Einzelaufbau bei dialogintensiven Geräten.

Das Multiprozessorsystem hat parallelen Ablauf von Programmen und Zugriff auf gemeinsame Systemteile, z. B. Speicher, Peripherie. Der Einsatz ist bei hohem Rechnerkapazitätsbedarf notwendig.

Die Kriterien zur Auswahl der G. sind folgende:

☐ Wirtschaftlichkeit (Hardware/Software-Kosten),

☐ Entwicklungszeit,

☐ Daten- und Adreßbreite,

☐ Verfügbarkeit des Systems (z. B. Controllerbausteine),

☐ Umgebungsbedingungen,

☐ Verarbeitungsgeschwindigkeit,

☐ Leistungsverbrauch und benötigte Versorgungsspannung.

Die Entwicklungstendenz geht in Richtung kürzerer Entwicklungszeiten durch größere Speicherkapazitäten, integriertes Betriebssystem, Diagnose-

Geräte-Komponente. Tabelle: Gliederung nach der Verknüpfung von Eingang und Ausgang.

1.	2.		3.	
elektrische Bauelemente	2.1 elektrisch-mechanische Bauelemente	2.2 mechanisch-elektrische Bauelemente	3.1 elektrisch-optische Bauelemente	3.2 optisch-elektrische Bauelemente
Beispiele: 1.1 passive elektrische Bauelemente 1.1.1 Widerstände 1.1.2 Kondensatoren 1.1.3 Spulen 1.1.4 Übertrager (mit Zubehör) 1.2 Halbleiterbauelemente 1.2.1 analoge Bauelemente 1.2.2 digitale Bauelemente 1.2.3 Hall-Generatoren 1.3 Röhren 1.4 Verbindungstechnik und Leitungen (Kontakte, Stecker, Stecksockel, Abgreifklemmen, Prüfspitzen) 1.5 Relais 1.6 Schwingquarze 1.7 magnetisch-elektrische Bauelemente Magnetköpfe	2.1.1 Bauelemente mit stetiger Kennlinie (alle Arten v. Motoren) 2.1.2 Bauelemente mit nichtstetiger Kennlinie (Schrittmotoren, Verriegelungen) 2.1.3 Schallerzeuger Lautsprecher, Klingeln 2.1.4 Sonstige	2.2.1 Bauelemente mit stetiger Kennlinie (einstellbarer Widerstand, Kapazität, Induktivität, Übertrager) 2.2.2 Bauelemente mit nichtstetiger Kennlinie (Steckerschalter, Schalter, Tasten, Kodierschalter) Schallaufnehmer: Mikrophone 2.2.3 Schwinger 2.2.4 Generatoren	3.1.1 Lampen und Glühbirnen 3.1.2 Leuchten 3.1.3 LEDs 3.1.4 Displays	3.2.1 Photodioden und -transistoren 3.2.2 Solarzellen

4.		5.		6.
4.1 elektrisch-chemische Bauelemente	4.2 chemisch-elektrische Bauelemente	5.1 elektrisch-thermische Bauelemente	5.1 thermisch-elektrische Bauelemente	sonstige Bauelemente
	4.2.1 Batterien 4.2.2 Akkus			(z. B. für die Strahlung)

und Testhilfen und durch Unterstützung höherer Programmiersprachen.

Höhere Verarbeitungsgeschwindigkeiten, größere Zuverlässigkeit, bessere Umweltverträglichkeit, bessere Programmierfreundlichkeit und höhere Integrationsdichten werden zukünftig erwartet. *Lauruschkat*

Literatur: VDI/VDE 2422. Entwicklungsmethodik für Geräte mit Steuerung durch Mikroelektronik. Vorentwurf. VDI-Handb. Feinwerktechn. Berlin 1984.

Gerätetechnik. Ein Gerät dient der Beeinflussung bzw. Verarbeitung meist des Signalflusses, aber auch des Stoffflusses und des Energieflusses. Es besteht i. a. aus Baugruppen, die gemäß einem Signalflußschema zusammengeschaltet sind. Es bildet eine in sich geschlossene Einheit und erfüllt die geforderte Gesamtfunktion, ggf. im Rahmen einer übergeordneten Anlage. Ein Gerät ist zumeist mit einer Schnittstelle Mensch/Gerät versehen. Es gibt jedoch auch Geräte, die nicht von Menschen bedient werden, z. B. Meßwertwandler. Diese haben jedoch stets eine Mensch/Gerät-Schnittstelle für die Wartung, Justage usw.

Es wird je nach Hauptfunktion zwischen Gerät (Signalumsatz), Maschine (Energieumsatz) und Apparat (Stoffumsatz) unterschieden. Gerätebeispiele sind Schreibmaschine, Radio, Fernseher, Rechner, Fernschreiber, Telephon, Küchengeräte, Kamera, Analysegeräte usw.

Die im Gerät enthaltenen Baugruppen bestehen aus mehreren Teilen bzw. Bauelementen zusammengesetzter Gegenstände, die die kleinste Einheit zur Erfüllung selbständiger, prüfbarer Teilfunktionen des Geräts darstellen, z. B. 19″-Einschub, Antrieb, Objektiv, Tastatur, Heizelement.

Ein Bauelement ist ein meist aus mehreren Werkstoffen hergestellter Gegenstand mit internen Koppelstellen. Es ist eine kleinste unteilbare Funktionseinheit für die Erfüllung prüfbarer unselbständiger Teilfunktionen, z. B. Stecker, Relais, Scharnier usw.

Ein Teil ist ein aus einem Werkstoff hergestellter Gegenstand ohne Hinzufügen anderer Teile. Es hat keine internen Koppelstellen, z. B. Schraube, Rahmen, Düse, Kühlkörper usw.

Die Gesamtfunktion eines Geräts läßt sich in Teilfunktionen aufgliedern und bildlich darstellen in Form eines Schemas mit Signal-, Stoff- und/oder Energiefluß mit technischen Funktionsflächen, Darstellung der Schnittstelle Mensch/Gerät im Schema für unterschiedliche Signalgrößen (Benutzeroberfläche) und mit Darstellung der Rolle in einem technischen Gesamtsystem (Prozeßebene) (Bild 1).

Als Bauweise bezeichnet man das Konstruktionsprinzip bzw. das →Geräte-Aufbauprinzip, z. B. Standardbauweisen in Form von Gestellen, Pulten, Schränken, Koffern usw. oder produktspezifische

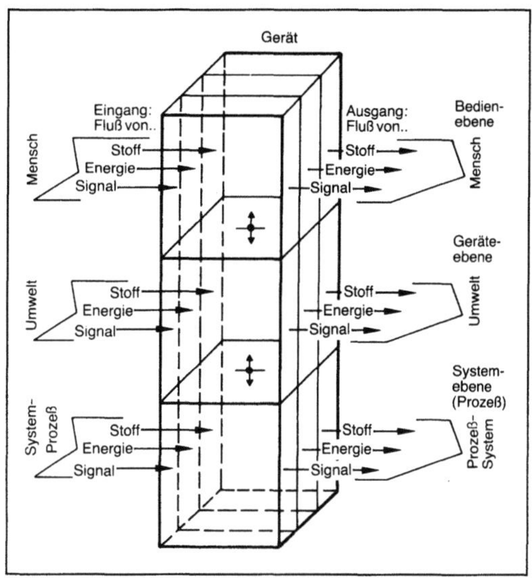

Gerätetechnik 1: Ganzheitliche Darstellung eines Geräts.

Sonderbauweisen wie Heimwerkergeräte, Münzfernsprecher usw.

Die Geräteentwicklung beginnt nach der Aufstellung einer →Geräte-Anforderungsliste.

Für die detaillierte Beschreibung der Mensch/Gerät-Beziehung ist es hilfreich, das Zusammenwirken ganzheitlich als geschlossenen ergonomischen Regelkreis zu beschreiben (Bild 2).

Ziel der hervorgehobenen Mensch/Gerät-Schnittstellen ist – unter Beachtung und Anwendung spezifischer Merkmale des Menschen und ergonomischer Anforderungen – die Erhöhung des

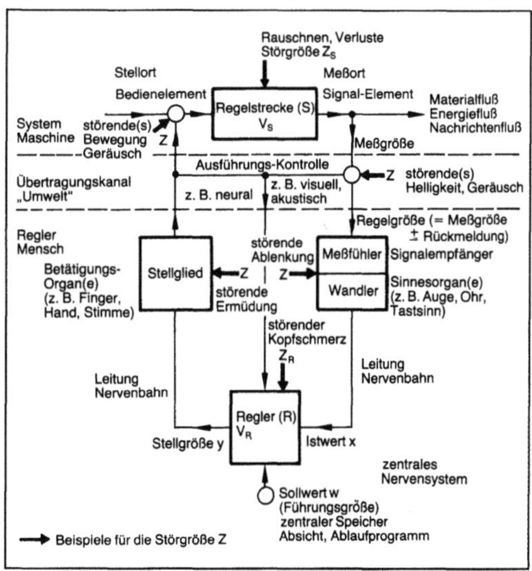

Gerätetechnik 2: Der ergonomische Regelkreis – ein Prinzipschema der Mensch/Gerät-Beziehung.

Wertes einer technischen Lösung zumeist ohne zusätzliche Herstellkosten. *Lauruschkat*

Literatur: *Gerhard, E.,* u. *C. Lenart*: Physikalisch-technische und gerätetechnische Darstellung feinwerktechnischer Produkte. VDI-Ber. Nr. 460. Düsseldorf 1982. – *Lenart, C.*: Erweiterte Mensch/Produkt-Kommunikation – Analyse und methodische Konstruktion der Benutzerebene feinwerktechnischer Produkte. Fortschritt-Ber. VDI R.1 Nr. 123. Düsseldorf 1985. – *Klause, G.*: Technische Hilfsmittel im Dienste des Menschen – Ergonomie, Physiologie und Geräteentwicklung. Grafenau 1980. – *Seeger, H.*: Technisches Design. Grafenau 1980. – VDI/VDE 2428. Bl. 1: Gerätetechnik – Grundlagen. Berlin 1987.

Geräteträger. Besondere Bauart des Traktors (Bild). Motor und →Getriebe sehr kurz und kompakt gebaut und weit hinten liegend (unter der Kabine). Dadurch im Gegensatz zum Standardtraktor auch zwischen den Achsen großzügige Anbauräume für Geräte oder Ladepritsche bei freier Sicht nach vorn.

Geräteträger: Bei der 12-reihigen Rübenbestellung mit Einzelkornsägeräten. (Quelle: Fendt)

Um 1950 wurden sowohl in der ehemaligen DDR wie auch in der Bundesrepublik Deutschland die ersten G. entwickelt; 1951 kamen der Lanz „Alldog" (9 kW) und der „Ruhrstahl" (15 kW) auf der DLG-Ausstellung in Hamburg heraus. Mehrere Firmen folgten, jedoch nur Fendt gelang ein dauerhafter Erfolg (erster Geräteträger 1953 mit 9 kW, Leistungen Anfang 1987 bis 59 kW). Das ursprünglich beabsichtigte Prinzip des Maschinenträgers ließ sich nicht ganz verwirklichen. Insbesondere große Erntemaschinen (Mähdrescher) hat man nicht mit dem G. zu einem einzigen System vereinigen können. Die besonderen Stärken liegen demgegenüber in der Verrichtung mittelschwerer Arbeiten bei großen Flächenleistungen: Saatbettbereitung, Säen, Hakken, Häufeln, Spritzen, Düngerstreuen, Futterernten, Transportieren (Ladepritsche), Frontladen (günstige Gewichtsverteilung und Sicht). Vielfach nutzt man die Anbauräume auch für kombinierte Arbeiten. Leistungsbezogen kostet der G. etwas mehr als der Standardtraktor. *Renius*

Literatur: *Broermann, E.*: Der Vollmotorisierungsschlepper im kleinbäuerlichen Betrieb. KTBL-Ber. über Landtechn. Nr. 40 Wolfratshausen 1954. – *Finkenwirth, W.*: Landtechnische Möglichkeiten bei der Vollmotorisierung eines kleinbäuerlichen Familienbetriebes mit Hilfe eines Geräteträgers. Diss. TH München 1958. – *Meyer, H.*: Neues um den Schlepper. Landtechn. 8 (1953) Nr. 13, S. 426/29. – *Neumann, J.*: Ein anderer Weg: Geräteträger. Landtechn. 7 (1952) Nr. 8, S. 228/30.

Geräuschemission. Besonders in Städten ist die G. des Straßenverkehrs eine der unangenehmsten Belastungen der Bevölkerung. Sie wird im wesentlichen durch das Antriebsgeräusch und das Rollgeräusch bestimmt. Das Antriebsgeräusch besteht aus dem Motorgeräusch und aus dem Gaswechselgeräusch (Ansaug- und Auspuffgeräusch) und nimmt mit Drehzahl und Last des Motors zu. Das Rollgeräusch (→Reifen) nimmt mit der Fahrgeschwindigkeit zu. Es wird von Fahrbahn und Reifen bestimmt. Da das Motorgeräusch vom Fahrzeug nach unten abgestrahlt und von der Fahrbahn reflektiert wird, spielen die Fahrbahn und ihre unmittelbare Umgebung für die G. eine wesentliche Rolle. Hochtouriges Fahren erhöht die G. sehr. Moderne Klein- und Mittelklasse-Pkw sind bez. G. am günstigsten; bei großen Reiselimousinen stört das größere Rollgeräusch durch die große Reifenbreite. Das Motorgeräusch kann durch Kapseln des Motors wesentlich herabgesetzt werden. Fast alle deutschen Pkw-Hersteller haben Fahrzeuge mit gekapselten Motoren als Prototypen untersucht und dabei Geräuschabsenkungen zwischen 6 und 7 dB(A) erreicht. Es wurden Motorkapseln und Motorraumkapseln untersucht. Dabei traten vor allem Kühlprobleme auf, die verstärkte Kühlgebläse und vergrößerte Kühler verlangten. Außerdem wurde das Energieaufnahmeverhalten beim Auffahrversuch wesentlich beeinflußt. Nur wenige Baumuster verwenden die Kapselung oder Teilkapselung in der Serie. Um so intensiver ist das Bemühen, das Motorgeräusch am Entstehungsort herabzusetzen, z. B. durch Verringern der Spiele im Kurbelbetrieb, steife Kurbelwellen, Desaxieren des Kolbens, Nockenwellenantrieb durch Zahnriemen, hydraulischen Ventilspielausgleich, Vermeiden von Getrieberasseln durch Zweimassenschwungrad, Beeinflussung der Verbrennung insbes. beim →Dieselmotor, Anordnung der Motorlagerung an Schwingungsknoten, Verringerung der Körperschallübertragung durch die →Motoraufhängung, Verminderung der Geräuschabstrahlung durch Ölwanne und Zylinderkopfdeckel sowie Verbesserung der Ansaug- und Auspuffschalldämpfer. Auch beim Lkw, insbes. im Hinblick auf die gesetzliche Bevorzugung des geräuscharmen Verteilerfahrzeugs, bemüht man sich, durch Kapselung das Geräusch herabzusetzen.

Geräuschmessung bei beschleunigter Vorbeifahrt nach DIN ISO 362: Schallpegelmesser Klasse 1 nach

DIN IEC 651. Mikrophon 1,2 m über der Prüffläche in 7,5 m seitlichem Abstand von der 2 mal 10 m langen Prüfstrecke. Im Kreis (r = 50 m) um Mittelpunkt der Prüfstrecke keine reflektierenden Gegenstände. Prüfstrecke und Umgebung im Kreis (r = 10 m): harte Oberfläche. Trockene Fahrbahn. Windgeschwindigkeit unter 5 m/s. Fahrzeug unbeladen, außer Fahrer. Annäherungsgeschwindigkeit bei Motordrehzahl ¾ der Drehzahl bei P_{max} oder ¾ der durch den Regler bei Vollast erlaubten Motordrehzahl oder bei 50 km/h (der niedrigste Geschwindigkeitswert gilt). Bei Pkw und Nkw bis 3,5 t mit 4 Gängen ist im 2. Gang, bei mehr Gängen im 2. und 3. Gang zu prüfen (Mittelwert bilden). Die Norm enthält weitere Bedingungen für Fahrzeuge mit automatischem →Getriebe (kein Kick-down), für Motorräder und Nutzfahrzeuge über 3,5 t. Sobald der Fahrzeugbug den Beginn der Prüfstrecke erreicht, voll beschleunigen. Wenn die hintere Fahrzeugbegrenzung ihr Ende überschreitet, Beschleunigung schnell beenden. Mindestens 2 Messungen auf jeder Seite des Fahrzeugs. Ergebnis ist höchster ermittelter Schalldruckpegel in dB(A). Differenzen zwischen 2 aufeinander folgenden Messungen müssen unter 2 dB(A) betragen.

Messung des Standgeräusches nach DIN ISO 5130 (Bild): Schallpegelmesser Klasse 1 oder 0 (DIN IEC 651), Frequenzbewertung A, Zeitbewertung F. Mikrophon in Höhe →Auspuff, jedoch > 0,2 m über Prüffläche. Meßplatzfläche hart (Beton, Asphalt) und eben, bis 3 m vom Fahrzeug entfernt, frei von sonstigen Gegenständen. Meßunsicherheit der Motordrehzahl < 3 %. Windgeschwindigkeit < 5 m/s. Fahrzeug in Mitte Meßplatz, kein Gang, eingerückte Kupplung. Motor bei ¾ der Drehzahl bei Höchstleistung bzw. ¾ der Abregeldrehzahl, bei Motorrädern mit Höchstdrehzahl über 5000 min⁻¹, bei n/2,

laufen lassen. Kurze Messung bei obengenannter Drehzahl und während des Drehzahlabfalls nach Übergang zur Leerlaufeinstellung. Mittelwert aus 3 Messungen, die nicht mehr als 2 dB(A) auseinander liegen, ist das Ergebnis.

Geräuschmessung in Nähe Motor, 0,5 m seitlich vom Fahrzeug: →Ottomotor aus Leerlauf auf halbe Höchstleistungsdrehzahl mit voll geöffneter →Drosselklappe beschleunigen, Dieselmotor bis Abregeldrehzahl ohne Last beschleunigen. Mittel aus drei Messungen, die nicht mehr als 2 dB(A) auseinander liegen, ist das Ergebnis. *Fiala*

Literatur: Fahrzeug-Akustik 1983 (VDI-Ber. 499). Düsseldorf 1983. – *Barth, W.*, u. *J. Wehrmeister:* Straßenverkehrs-Zulassungs-Ordnung StVZO (Losebl.-Ausg. mit Kommentar). Bonn-Bad Godesberg 1982. – *Klingenberg, H.:* Automobil-Meßtechnik. Bd. A: Akustik. Berlin 1988. – *Wehrmeister, J.:* Fahrzeugtechnik EG/ECE (FEE): Richtlinien d. Europ. Wirtschaftsgemeinschaft für Straßenfahrzeuge (Losebl.-Ausg. mit Kommentar). Bonn-Bad Godesberg 1984. – Meß- und Versuchstechnik im Automobilbau. VDI-Ber. Nr. 791. Düsseldorf 1990.

Geräuschmessung →Innengeräusch

Gesamtfunktion →Funktion technischer Systeme (→Konstruktionsverfahren)

Gesamtlast. Die G. ist die Summe aus Objektlast und Totlast; dabei bedeutet die Objektlast das Gewicht des Förderguts, und die Totlast ergibt sich aus dem Gewicht des Lastaufnahmemittels bzw. des Fördermittels allgemein. *Jünemann*

Geschoß. G. ist ein Sammelbegriff für sämtliche Arten von Wurfkörpern, die aus einer Schußwaffe verschossen werden und sich auf einer Flugbahn

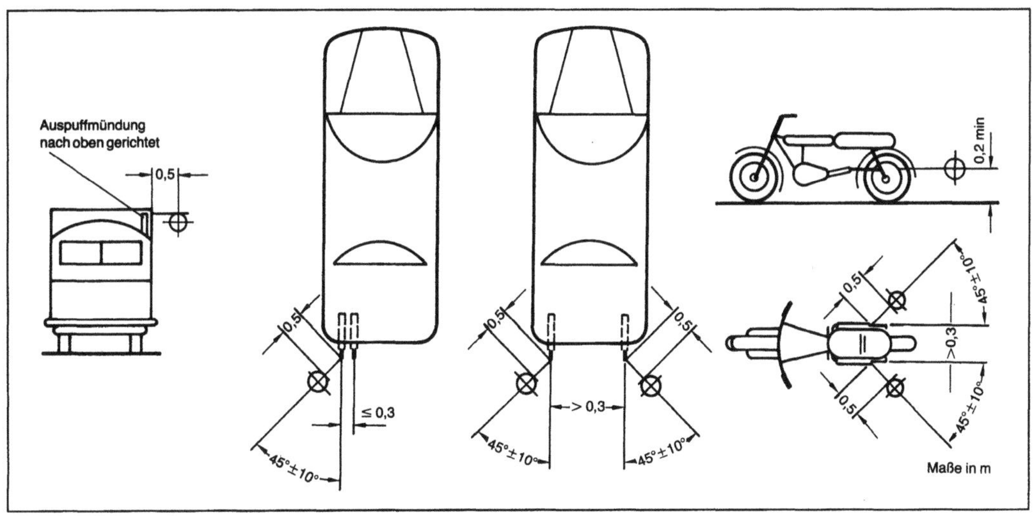

Geräuschemission: Messung des Standgeräusches (Auspuffgeräusch). (Quelle: DIN ISO 5130)

fortbewegen, die wesentlich durch die Schwerkraft und den →Luftwiderstand bestimmt wird.

G. mit Zünder und Sprengstoff wird häufig auch als Granate bezeichnet. Eine strenge sprachliche Trennung hat sich auch im rein militärischen Sprachgebrauch nicht eingebürgert.

Unter den verschiedenen Möglichkeiten, die G.-Typen zu klassifizieren, wird verbreitet nach der zum Ziel transportierten Energieart unterschieden:

□ KE (kinetische Energie; Wucht-G.),
□ CE (chemische Energie; Spreng-G., Hohlladungs-G.).

Des weiteren gibt es noch eine Reihe von Sonder-G., deren Kennzeichnungen aus dem entsprechenden Verwendungszweck folgen, wie z. B.

□ Leucht-G. zur Geländebeleuchtung,
□ Nebel-G. zur künstlichen Sichtbehinderung,
□ Übungs-G.,
□ Träger-G. für Submunition (Bomblets, Flechettes u. a.). *Meyer-Bäse*

Geschwindigkeit, absolute, relative →Geschwindigkeitsdreieck

Geschwindigkeitsdreieck. Es stellt an jeder Stelle eines Übergangs von einem absoluten in ein zur Drehbewegung relatives System und umgekehrt den Zusammenhang zwischen absoluter c, relativer w und Führungsgeschwindigkeit u her, die durch vektorielle Addition oder Subtraktion ineinander überführt werden können (s. Bild oben rechts):

$$\vec{c} = \vec{w} + \vec{u}.$$

Für eine Stufe können die beiden G. und die dritte zur Stufe gehörige Absolutgeschwindigkeit übereinander gezeichnet werden, so daß alle Strömungs-Geschwindigkeitsvektoren in einem gemeinsamen Punkt zusammenlaufen. Bei reinen Axialmaschinen mit gleichen Umfangsgeschwindigkeiten vor und nach dem →Laufrad lassen sich auch die Umfangsgeschwindigkeiten zur Deckung bringen. *Dibelius*

Geschwindigkeitskonstruktion. Die G. ist das Ermitteln von Geschwindigkeiten und deren Verläufen mit Hilfe graphischer Verfahren und Hilfsmittel (Zeichengeräte, CAD).

Die aus der kinematischen Analyse bekannten Zusammenhänge zur Ermittlung von Geschwindigkeiten lassen sich mittels zeichnerischer Lösungsverfahren dazu verwerten, für eine gegebene Mechanismen- und Getriebe-Stellung schnell und einfach die Geschwindigkeiten von Punkten zu konstruieren. Zum Vergleich mit den im Mechanismus und Getriebe (MG) real vorhandenen Verhältnissen werden Maßstabsfaktoren für Weg, Geschwindigkeit und Beschleunigung (→Beschleunigungskonstruktion) verwendet. Kennt man den

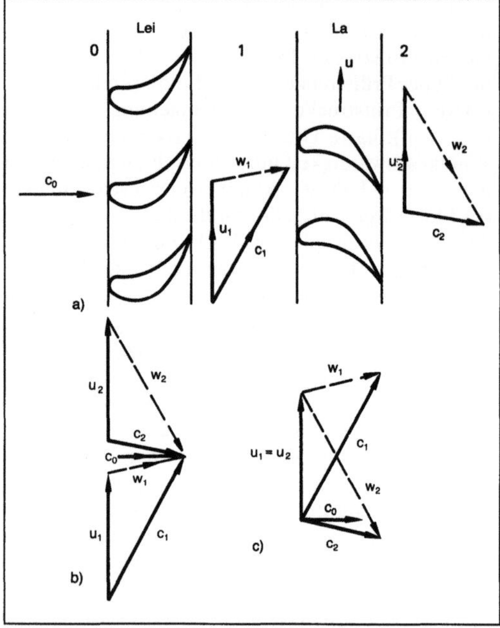

Geschwindigkeitsdreieck: In den Schnitten einer Turbinenstufe mit alternativen Möglichkeiten der Überlagerung.
a) Einzelne Geschwindigkeitsdreiecke in abgewickeltem Schnitt durch Leit- und Laufrad
b) Überlagerung der Geschwindigkeitsdreiecke in gemeinsamer Vektorspitze
c) Überlagerung der Geschwindigkeitsdreiecke mit gemeinsamer (gleicher) Umfangsgeschwindigkeit.

Momentanpol P (→Polkurve) eines allgemein bewegten MG-Glieds, so gelten für alle Punkte dieses Glieds momentan die gleichen Beziehungen wie bei der Drehung um einen festen Punkt. Bei gegebener Geschwindigkeit des Punkts A (Bild 1) findet man also diejenige von Punkt B mit Hilfe der sog. ϑ-Linie, den Schenkeln des jeweils gleich großen Winkels ϑ zwischen den Polstrahlen $\overline{PA}$ bzw. $\overline{PB}$ und den Spitzen der Geschwindigkeitsvektoren $\vec{v}_{Az}$ bzw. $\vec{v}_{Bz}$ (z zeichnerische Länge). Werden die Geschwindigkeitsvektoren um 90° gedreht eingezeichnet (gedrehte Geschwindigkeiten), so reicht das Zeichnen einer zum allgemein bewegten Glied 2 parallelen Linie durch die Vektorspitze der bekannten Geschwindigkeit aus, um die gesuchte zu ermitteln.

Denkt man sich die allgemeine Bewegung einer Ebene zusammengesetzt aus einer Parallelschiebung und einer Drehung (kinematische Analyse), so führt das mit $\vec{v}_B = \vec{v}_A + \vec{v}_{BA}$ auf die zeichnerische Lösung nach *Euler* (Bild 2).

Ein Geschwindigkeitsplan ist die graphische Darstellung von momentanen Geschwindigkeitszuständen mehrerer Punkte einer bewegten Ebene durch

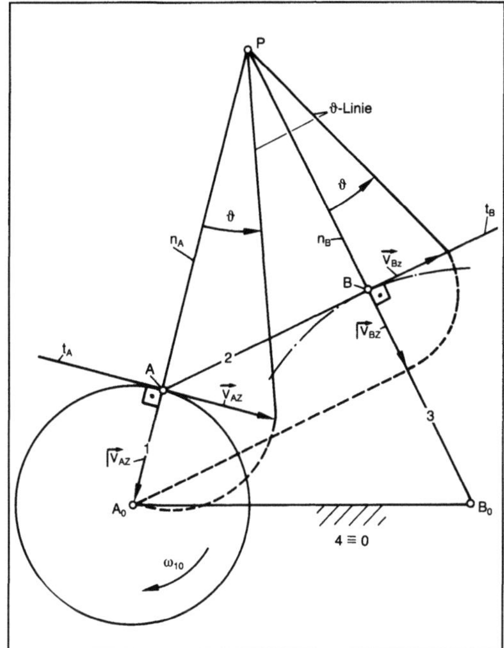

Geschwindigkeitskonstruktion 1: Mit gedrehten Geschwindigkeiten und ϑ-Linie.

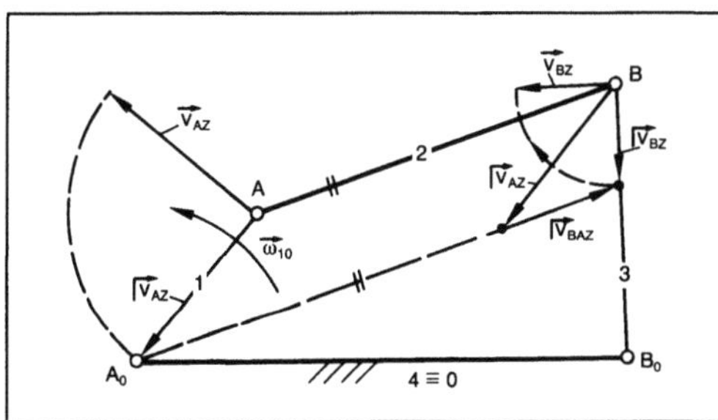

Geschwindigkeitskonstruktion 2: Satz von Euler *für Geschwindigkeit.*

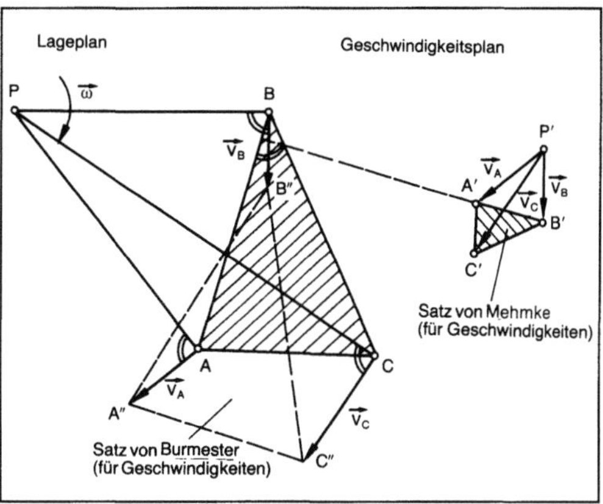

Geschwindigkeitskonstruktion 3: Konstruktion zur Ermittlung der Geschwindigkeiten von Punkten einer allgemein bewegten Ebene.

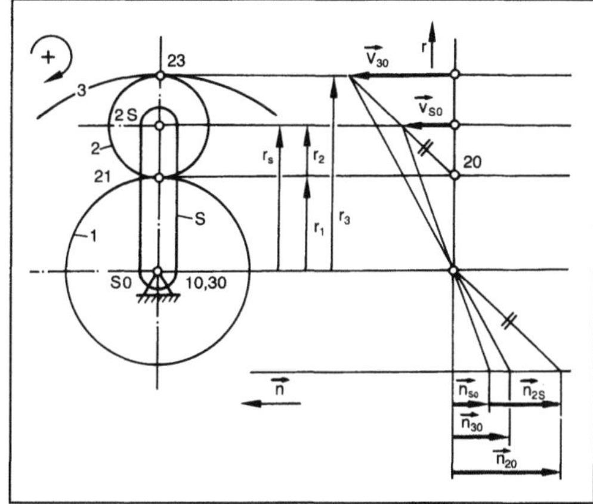

Geschwindigkeitskonstruktion 4: Geschwindigkeitsplan nach Kutzbach *und* Klein.

Auftragen der Geschwindigkeitsvektoren von einem gemeinsamen Pol P' aus. Die Spitzen der Geschwindigkeitsvektoren bilden im Geschwindigkeitsplan eine der ursprünglichen gleichsinnig ähnlichen Figur (Bild 3).

Im Lageplan ausgeführt wird diese Konstruktion als Satz von *Burmester,* im Geschwindigkeitsplan als Satz von *Mehmke* bezeichnet.

Für die G. in Zahnradgetrieben ergibt sich mit Hilfe des Geschwindigkeitsplans nach *Kutzbach* und *Klein* die Möglichkeit, aus den Radienverhältnissen der abrollenden Räder die Drehzahlen graphisch zu ermitteln (Bild 4).

Alle diese Verfahren sind natürlich mit zeichnerischen Ungenauigkeiten behaftet. Eine Anwendung der graphischen Verfahren auf einem CAD-Arbeitsplatz führt allerdings schnell zu Ergebnissen, die mit Rechnergenauigkeit vorliegen. *Gierse*

Literatur: *Hain, K.:* Angewandte Getriebelehre. Düsseldorf 1961.

Geschwindigkeitsverteilung. Gibt zu jedem Punkt in einem Strömungsquerschnitt die Geschwindigkeit nach Größe und Richtung an. Sie wird gebraucht, um zwischen 2 Systemgrenzen Bilanzen für Masse, Impuls und Energie berechnen zu können. Die dafür anzuwendenden Mittelungsverfahren sind in jedem dieser Fälle unterschiedlich.

In Strömungsquerschnitten unmittelbar nach Laufrädern von Strömungsmaschinen ist die Geschwindigkeitsverteilung im Absolutsystem instationär. Dasselbe trifft für die Geschwindigkeitsverteilung nach einem →Leitrad im Relativsystem zu. In diesen Fällen ist es besonders schwierig, eine Geschwindigkeitsverteilung zu berechnen. Messen

435

läßt sie sich einschl. der instationären Anteile mit optischen Methoden und bei nicht zu hohen Frequenzen auch mit Hitzdrahtsonden. Dagegen können Drucksonden meistens nur zeitlich gemittelte Werte liefern. Deswegen empfiehlt es sich, die Bilanzgrenzen an Stellen mit zu vernachlässigenden instationären Einflüssen und mit möglichst ausgeglichener Strömung zu legen. *Dibelius*

Gesenk. G. ist die Bezeichnung für ein G.-Schmiedewerkzeug, das aus einem Unter-G. und einem Ober-G. als Formwerkzeugen besteht. In dem G.-Schmiedewerkzeug ist die Negativform des mit G.-Schmiedeanlagen oder nach einem →Gießschmiedeverfahren herzustellenden Bauteils eingearbeitet. *Baumann*

Gesenkschmiedepresse. Eine G. ist ein komplexes technisches System zum Herstellen von Bauteilen aus metallischen Werkstoffen in Gesenken durch Druckumformen (Bild). Beim Gesenkschmieden werden die Formwerkzeuge so gegeneinander bewegt, daß sie das Werkstück entweder ganz oder zu einem wesentlichen Teil umschließen. Dabei enthalten die Umformwerkzeuge die Negativform des durch Schmieden herzustellenden Bauteils. *Baumann*

Gesenkschmiedepresse, Preßkraft 300 MN, Hubhöhe 1 000 mm, Bauhöhe über Flur 9 550 mm und Bautiefe unter Flur 6 680 mm.

Gestalten. Unter G. versteht man die Summe aller Tätigkeiten, mit denen die Gestalt von Produkten bestimmt wird, d. h. mit denen die Anordnung von Elementen, geometrischen Formen, Oberflächen, ggf. Farben und Abmessungen sowie Materialien festgelegt und zu einem Ganzen gefügt werden. Bei nichtstofflichen Produkten, z. B. Software-Systemen, wird G. auch zum Beschreiben programmtechnischer Lösungen verwendet. *Ehrlenspiel*

Gestaltungsebene. Bei der Gestaltung von Materialflußsystemen sollen keine Insellösungen bez. der Optimierung einzelner Subsysteme realisiert werden. Vielmehr sind aus dem Selbstverständnis der Logistik als ganzheitlicher Ansatz nur solche Lösungskonzepte als akzeptabel anzusehen, die ein Gesamtoptimum aufweisen. Um dies zu gewährleisten, müssen die Komponenten eines Materialflußsystems sinnvoll aufeinander abgestimmt und insbes. informationstechnisch miteinander vernetzt werden (Bild 1).

Nur durch die Verwirklichung eines integrierten Informationssystems ist es möglich, die Steuerung der anfallenden Prozesse optimal durchzuführen. Die Notwendigkeit bzw. der Sinn von vernetzten, integrierten Materialflußsystemen wird besonders unter Zugrundelegung eines verallgemeinerten Schemas für G. von Materialflußsystemen verdeutlicht.

Hierbei wird zwischen den G. für operative Elemente (Betriebs- und Arbeitsmittel), Netzwerke (Prozesse und Funktionsbündel), Disposition und Administration unterschieden (Bild 2).

Durch die Abstraktion der beteiligten Komponenten auf die G. ist es möglich, komplexe Sachverhalte in übersichtlicher Form darzustellen, ohne dabei den Blick für das Wesentliche zu verlieren. Die einzelnen G. sind wie folgt zu beschrieben

Operative Elemente. Als operative Elemente eines Materialflußsystems werden technische Baugruppen, die mit einer autonomen Steuerung innerhalb eines definierten Leistungsspektrums versehen sind, verstanden. Hierunter fallen förder- und lagertechnische Betriebs- und Hilfsmittel, wie beispielsweise Fahrzeuge, Lagereinrichtungen, einzelne Komponenten von Fahrstrecken (Weichen, Kreuzungen) usw.

Netzwerke. Netzwerke sind aus operativen Elementen zusammengesetzte Prozeßeinheiten und Funktionsbündel. Durch die Zusammenfassung einzelner operativer Elemente werden komplexe Funktionsabläufe realisierbar (z. B. Puffer- und Sortierkreise, Ver- und Entsorgungssysteme für Lager- oder Arbeitsplätze, Transportprozesse innerhalb flexibler Fertigungssysteme ...)

Disposition. Die Disposition ermöglicht eine optimale Ablauforganisation in Netzwerken, indem sie beispielsweise Förderaufträge sammelt und mit Hilfe eines Förderprozeßabbilds den Arbeitsmitteln so zuordnet, daß diese gleichmäßig ausgelastet sind und die Aufträge termingerecht unter Ausnutzung der kleinstmöglichen Wegstrecken und Minimieren

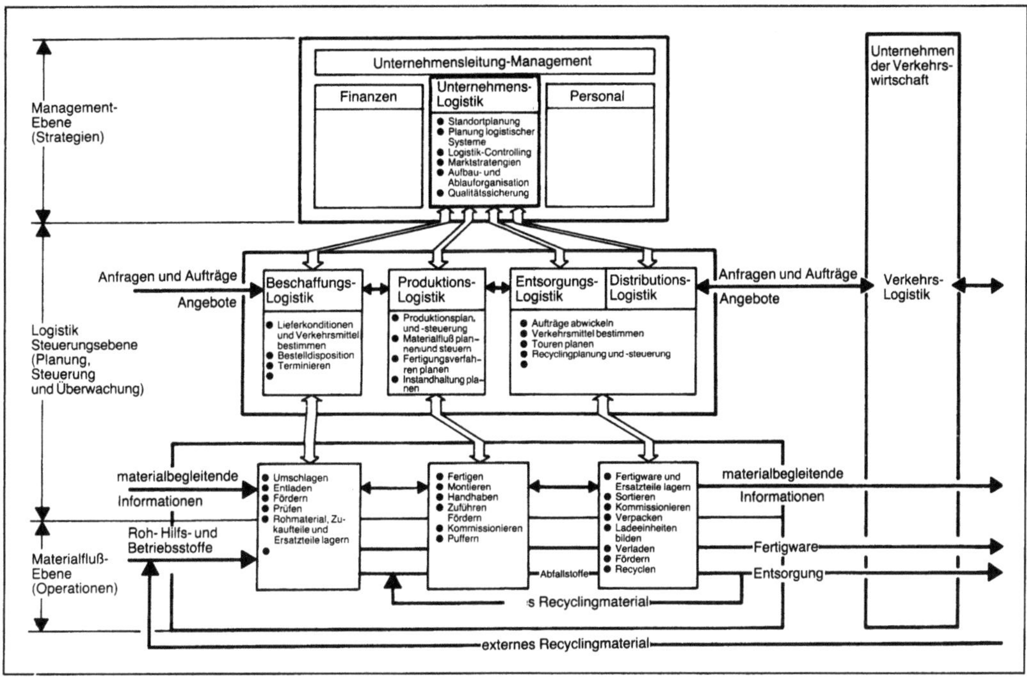

Gestaltungsebene 1: Aufbau der Unternehmenslogistik in Industrieunternehmen.

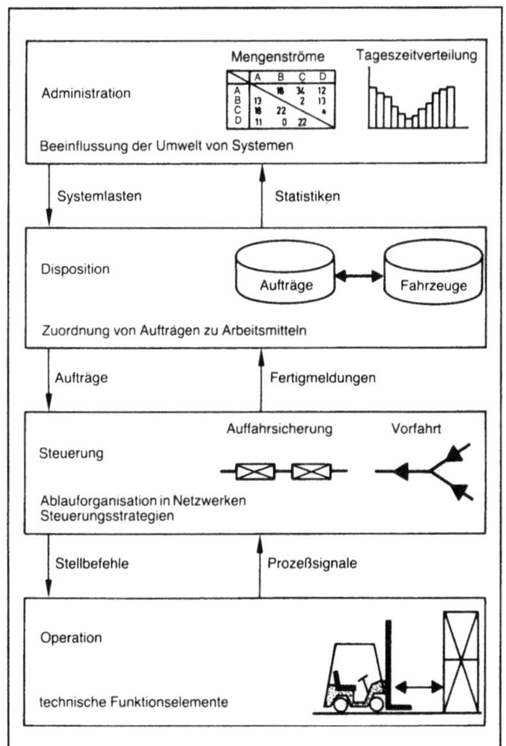

Gestaltungsebene 2: Grundsätzlicher Aufbau von logistischen Systmen.

der Leerfahrten ausgeführt werden. Es erfolgt also eine Koordination zwischen den einzelnen Netzwerken. Dadurch wird eine flexible Nutzung eines logistischen Teilsystems durch Anpassung der installierten Leistung an sich ändernde Systemdaten ermöglicht. Durch Dispositionsstrategien werden Netzwerke zu autonomen Subsystemen mit aktiven Quellen und Senken.

Administration. Die Administration bildet die übergeordnete Intelligenz, die das Quellen- und Senkenverhalten eines autonomen Subsystems im Sinne einer ausgewogenen Systemlast beeinflussen kann. Es werden Aufträge für das System erzeugt und systemgerecht an die Disposition weitergegeben. Durch die organisatorische und zeitliche Gliederung der Aufträge wird es ermöglicht, daß das System einer möglichst konstanten Systemlast ausgesetzt ist. Zwar bildet die Administration keinen eigentlichen Bestandteil eines Materialflußsystems. Sie kann jedoch für dessen Effizienz den größten Einfluß besitzen und ist somit von entscheidender Bedeutung für die Ausgestaltung eines Materialflußsystems. *Jünemann*

Gestell. Der untere zylindrische Teil eines Hochofens wird G. genannt. Das ist der Sammelraum für flüssiges Roheisen und flüssige Schlacke. *Baumann*

Gestellwechsel. G. ist das Gestellfestmachen eines anderen, bisher nicht gestellfesten Glieds der kinematischen Kette, die einem gegebenen →Mechanismus oder Getriebe zugrunde liegt.

Bei vielen Autoren ist G. ein Synonym zu kinematischer Umkehrung. *Gierse*

Literatur: VDI 2127: Getriebetechnische Grundlagen, Begriffsbestimmungen der Getriebe. Hrsg. Verein Dt. Ing. Ausg. Nov. 1988. – *Volmer, J.* (Hrsg.): Getriebetechnik – Lehrb. Ost-Berlin 1980.

Getriebe, automatisches →Kraftübertragung

Getriebe.

1. Analyse. Die A. von Mechanismen und Getrieben (MG) bedeutet die vollständige Untersuchung eines MG, der Bewegungen und der dabei zu übertragenden Kräfte und Momente. Sie kann meßtechnisch mit den Methoden der →Getriebe-Meßtechnik, zeichnerisch, rein rechnerisch oder mit rechnergestützten Verfahren (CAD, CAE) erfolgen.

Bei der meßtechnischen A. werden MG mit Hilfe geeigneter Meßverfahren untersucht. Bei der rechnerischen A. wird, ausgehend von der MG-Struktur, zunächst eine kinematische A., anschließend eine kinetische A. durchgeführt. Die rechnerische MG-A. wird vor allen Dingen in der Entwurfsphase benötigt, um die Eignung eines G. zur Lösung einer →Bewegungsaufgabe vorhersagen zu können. Die Güte einer rechnergestützten G.-A. hängt von der Leistungsfähigkeit der Rechnerprogramme und der Genauigkeit ab, mit der die realen im Betrieb des G. auftretenden Größen wie Lagerspiel, →Reibung, An- und Abtriebsmomente (kinetische A.) bestimmt werden können. Zeichnerische Verfahren sind noch weit verbreitet, weil sie anschaulich und für Einzelstellungen schnell auszuführen sind. Ihr Mangel ist die begrenzte Genauigkeit und der große Aufwand bei vielen zu analysierenden G.-Stellungen. Auch fallen Ergebnisse nicht in Form maschinell weiterzuverarbeitender Daten an. Ausführung auf CAD-Systemen wird die Nachteile in Zukunft weitgehend beseitigen. *Gierse*

2. Gehäuse. →Zahnradgetriebe

3. gleichmäßig übersetzendes. Gleichmäßig übersetzend sind Mechanismen und Getriebe (MG), bei denen die Übertragungsfunktion 1. Ordnung, die Übersetzung zwischen Eingangs- und Ausgangsglied, während beliebig vieler aufeinanderfolgender Bewegungsperioden konstant ist.

Beispiele sind Zahnräder-, Zahnriemen- und Zahn- bzw. Rollenkettengetriebe, aber auch bestimmte Gelenk-G. wie die →Parallelkurbel, besonders in →Parallelschaltung mehrerer Einzelkurbeln zum Überwinden der Verzweigungslagen, z. B. als Schmidt-Kupplung, die ebene →Doppelschleife (Oldham-Kupplung) oder die Reihenschaltung zweier sphärischer Doppelschleifen als zwei

Einzelgetriebe mit dazwischen liegender Gelenkwelle (Kardanwelle) wie in Kraftfahrzeugen mit Hinterachsantrieb oder kompakt als homokinematisches Kreuzgelenk bei Front- bzw. Allradantrieb. *Gierse*

Literatur: *Meyer zur Capellen, W.,* u. *G. Dittrich:* Systematik sphärischer Viergelenkgetriebe. Ind.-Anz. 87 (1985) Nr. 75, S. 169/74. – *Volmer, J.* (Hrsg.): Getriebetechnik – Lehrb. Ost-Berlin 1980.

4. Meßtechnik. In der Mechanismen- und -Getriebe (MG)-M. werden die quantitativen Verläufe getriebetechnischer Größen experimentell bestimmt. So kann das Messen dem Feststellen kinematischer, kinetischer oder dynamisch-schwingungstechnischer Eigenschaften von Maschinen, Versuchs-MG oder G.-Modellen dienen. Im Vordergrund einer meßtechnischen Aufgabe steht immer die Auswahl des geeigneten Meßverfahrens. Unter Berücksichtigung der von MG zu lösenden Bewegungsaufgaben werden in der G.-M. in der Hauptsache als Meßwertgeber (Sensoren)

□ Dehnungsmeßstreifen,
□ berührungslose Wegaufnehmer (induktiv, kapazitiv),
□ seismische Beschleunigungsaufnehmer (induktiv, kapazitiv),
□ photographische Meßverfahren

verwendet.

Die photographischen Verfahren (Hochgeschwindigkeitsphotographie, Filmen mit Stroboskopeffekt, Mehrfachbelichtung) haben immer dort besondere Bedeutung, wo problematische Umgebungseinflüsse herrschen (z. B. hohe Temperaturen, starker Schmutzanfall), zu verarbeitende Stoffe unberechenbares Verhalten haben bzw. nicht mit Hilfe unaufwendiger physikalischer Effekte berührungslos zu messen sind (z. B. Textilien, Lebensmittel) oder wo es bei schnell ablaufenden Vorgängen schwierig ist, mit Hilfe des Messens abstrakter physikalischer Größen einen Gesamteindruck des zu untersuchenden Vorgangs zu gewinnen.

Bei der kinematischen und dynamischen Untersuchung von MG oder deren Bauelementen hat der Verlauf der Beschleunigung die größte Aussagekraft und sollte daher bevorzugt gemessen werden. Zudem sind die übrigen Zeitfunktionen (Geschwindigkeit, Weg) mittels einfach auszuführender Integration (Kondensator als elektronischer Analog-Integrator) aus einem beschleunigungsproportionalen Analogsignal zu gewinnen bzw. auf dem Prozeßrechner aus Digital-Signalen numerisch berechenbar. Als Beschleunigungsaufnehmer dienen induktive (Bild) oder piezoelektrische Sensoren, wobei die piezoelektrischen Aufnehmer wegen ihres physikalischen Prinzips nur zum Anzeigen kurzzeitig ihre Größe ändernder Beschleunigungen geeignet sind. Für die Beurteilung der Güte einer Bewe-

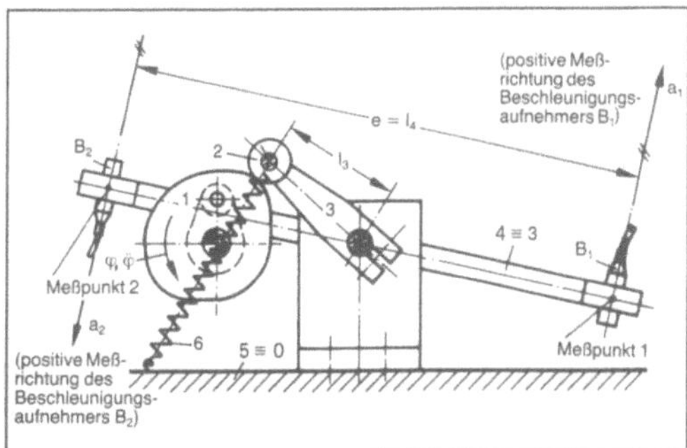

Getriebe-Meßtechnik: Meßanordnung zum Messen von Winkelbeschleunigungen eines Kurvengetriebes mit zwei Beschleunigungsaufnehmern B_1, B_2, die zur Kompensation der Fallbeschleunigung bez. dieser gegeneinandergeschaltet sind.

gungsübertragung ist das Messen von Lagerspiel bzw. Wellenverlagerungen unter der Wirkung von Lagerkräften eine wichtige meßtechnische Aufgabe. Das Lagerspiel wird durch induktive (seltener kapazitive) Wegaufnehmer gemessen.

Zum Messen von Lagerkräften dienen Sensoren zur Aufnahme von Druck- und Zugbelastungen der Lagerumgebung, z. B. durch Messen der Werkstoffverformung mittels Dehnungsmeßstreifen, über Druckmeßdosen u. dgl.   *Gierse*

5. Motor. Der G.-M. ist ein mit einem mechanischen Untersetzungsgetriebe zu einer konstruktiven Einheit i. a. in einem Gehäuseblock zusammengeschalteter Elektromotor. Meist sind es Wechselstrom-, Drehstrom-Asynchron-, Drehstrom-Nebenschluß- oder Gleichstrommotoren. Das Getriebe untersetzt dabei nicht nur die Drehzahl, sondern wirkt gleichzeitig als Drehmomentwandler (Bild 1).

Getriebemotor 1: Ansicht. (Quelle: Bauer)

G.-Mn. werden als raumsparende Antriebseinheit verwendet, wenn bei niedrigen Drehzahlen große Motorleistungen, d. h. große Drehmomente, verlangt werden. Da das Drehmoment eines Elektromotors sich proportional zum Quadrat des magnetischen Flusses ändert, die Steigerung des Magnet-

flusses jedoch durch die magnetische Sättigung begrenzt wird und nur mit größerem Aufwand an aktivem →Werkstoff erreicht werden kann, ist die räumliche Größe des Motors durch das Drehmoment, das er abgeben kann, bestimmt. Daher ist bei gleicher Leistung unterhalb einer bestimmten Drehzahl die Verwendung eines niedrigpoligen, schnelllaufenden G.-M. oft vorteilhafter als die eines hochpoligen, langsamlaufenden Motors ohne Getriebe.

Am häufigsten werden Stirnrad-G. mit Fuß, Flansch oder zum Aufstecken mit Drehstrommotoren verwendet, bei mehrstufigen Getrieben in koaxialer Bauweise, bei einstufigen Getrieben mit versetztem Abtrieb (Bild 2). Die Zahnräder sind zur Geräuschreduzierung meist schrägverzahnt und geschabt oder geschliffen.

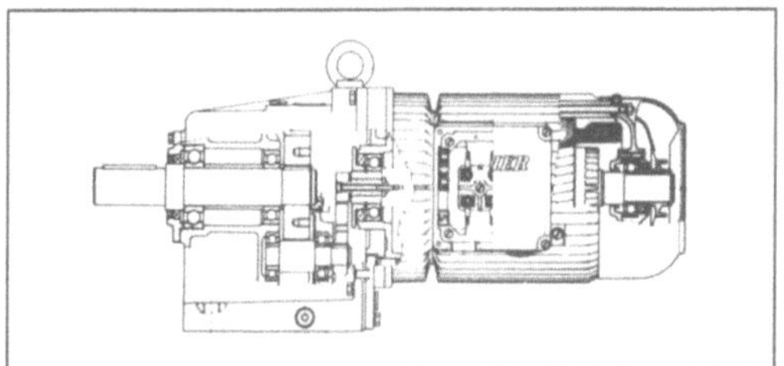

Getriebemotor 2: Schnittbild eines Drehstrom-Stirnrad-Getriebemotors. (Quelle: Bauer)

Kegelrad-G.-M. entsprechen in ihrem Aufbau einem Stirnrad-G.-M. mit zwischengeschalteter Kegelradstufe. Schnecken-G. sind wie Stirnrad-G.-M. aufgebaut. Der Hauptuntersetzungsteil ist ein Schneckengetriebe, dem eine Stirnradstufe voroder nachgeschaltet ist. Bei diesen G.-M. bilden angetriebene und abtreibende Achse einen Winkeltrieb, der beidseitigen Abtrieb ermöglicht.

Seltener ausgenutzt wird die bei Schneckengetrieben auftretende Selbsthemmung. Es ist üblich, G.-M., wenn erforderlich, mit mechanischer, elektrisch gelüfteter oder elektrischer Bremse auszustatten.

Zur stufenlosen Drehzahlverstellung werden mechanische →Verstellgetriebe als Reibrad- oder Keilriemenverstellgetriebe, Drehstrom-Nebenschlußmotoren und stromrichtergespeiste Drehstrom- oder Gleichstrommotoren verwendet.

Sonderausführungen von G.-M. sind Trommelmotoren für Bandförderanlagen, Getriebe-Rollgangsmotoren für Walzwerke und G.-M. mit Exzentergetrieben für Rührwerke, Baumaschinen und Förderantriebe.   *Rentzsch*

6. Öl. Schmieröl zur Schmierung von Getrieben. Die Schmierung von Zahnradgetrieben ist ein diskontinuierlicher Vorgang. Bei jedem neuen Zahneingriff muß sich zwischen den Zahnflanken ein neuer, tragender Schmierfilm aufbauen. Dabei können unterschiedliche Reibungs- bzw. Schmierungszustände durchlaufen werden: Hydrodynamische Schmierung, Elastohydrodynamische Schmierung, Mischreibung. Damit sich ein weitgehend trennender Schmierfilm ausbilden kann, besitzen G. i. a. eine hohe →Viskosität. Zur Vermeidung des Fressens bei Mischreibung enthalten sie Hochdruckzusätze. *Habig*

7. Roboter →Antrieb (Roboter), →Greifer (Roboter), →Industrieroboter-Teilsystem, →Leichtroboter

8. Schmierstoff. Schmierstoffe in Zahnradgetrieben haben die Aufgabe, Reibung und Verschleiß der Zahnflanken zu mindern und die Reibungswärme abzuführen. Die Wahl des Schmierstoffs wird durch die Betriebsbedingungen des Getriebes bestimmt (Bild).

Mineralöle ohne Wirkstoffzusätze genügen für manche Industriegetriebe. Sie sind bis ca. 60°C Betriebstemperatur einsetzbar und dienen gleichzeitig der Schmierung der Wellenlagerungen.

Bei hochbeanspruchten und schnellaufenden Getrieben werden Mineralöle mit Hochdruckwirkstoffen (EP-Öle, extreme pressure) verwendet. Sie enthalten chemisch wirkende Additive (z. B. Schwefel-Phosphor-Einheiten), die bei hohen Pressungen und Kontakttemperaturen auf den Zahnflanken Metallseifenschichten bilden. Dadurch wird die →Freßtragfähigkeit erhöht. Bei Verzahnungen mit großen Gleitanteilen (→Hypoidgetriebe) können Spitzentemperaturen bis zu 200°C kurzzeitig ertragen werden. Mit zunehmendem EP-Gehalt wächst jedoch die Aggressivität gegen Getriebeteile aus Nichteisenwerkstoffen wie Gleitlagerbuchsen, Wälzlagerkäfige, Ölleitungen oder Weichstoffdichtungen.

Sonstige Zusätze können den Korrosionsschutz, die Demulgierbarkeit, das Luftabscheidevermögen oder die Benetzungsfähigkeit erhöhen bzw. die Schaumneigung mindern.

Synthetische Öle wie Polyglykole, Ester oder synthetische Kohlenwasserstoffe werden bei Zahn-

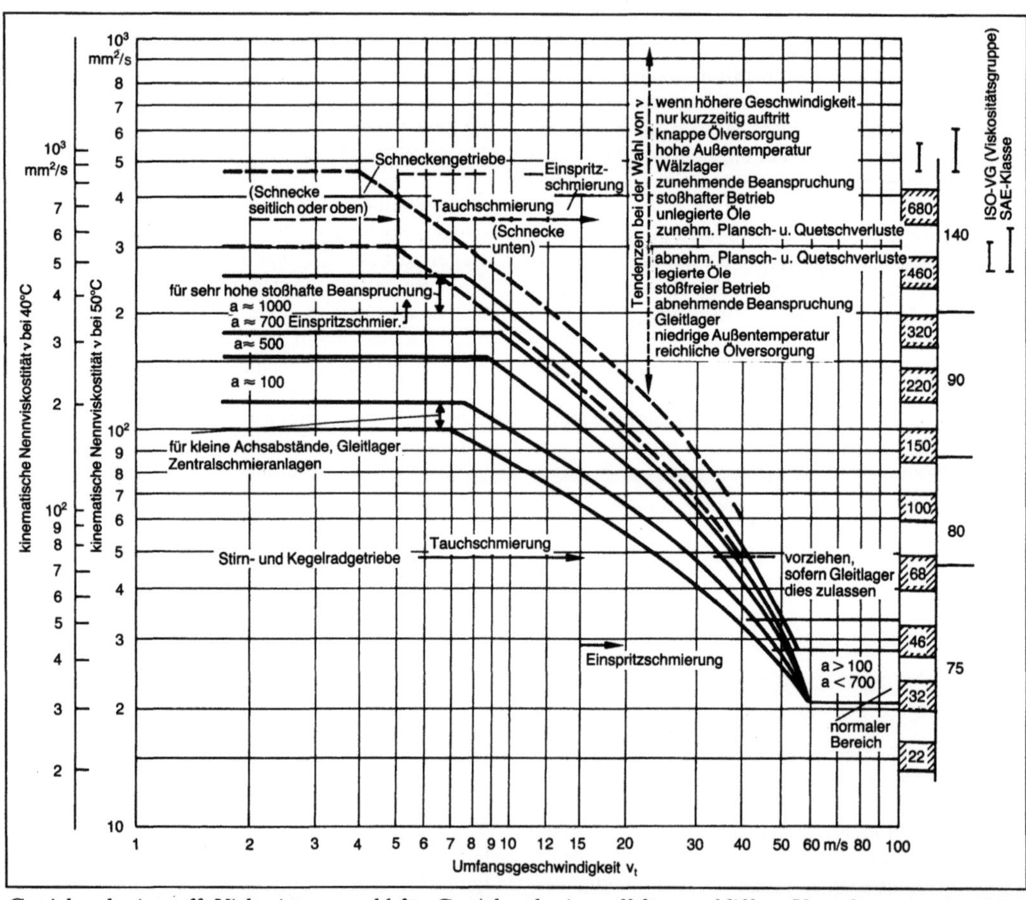

Getriebeschmierstoff: Viskositätsauswahl für Getriebeschmierstoff für geschliffene Verzahnungen der DIN-Qualität 6. ISO- und SAE-Viskositätsklassen näherungsweise zugeordnet (Vorzugsklassen schraffiert); (Schmierungsart Zahnradschmierung).

radgetrieben seltener verwendet (etwa 5 bis 10mal teurer als Mineralöle). Sie sind dort von Vorteil, wo Getriebe in einem extremen Temperaturbereich betrieben werden (−40° bis +150 °C möglich) oder wo bei hoher Lebensdaueranforderung keine Möglichkeit des Ölwechsels besteht.

Entsprechend dem Einfluß auf Schmierfilmbildung, Grübchen- und Freßtragfähigkeit soll die Viskosität um so höher sein, je höher die Belastung und je niedriger die Umfangsgeschwindigkeit ist. Das Bild gibt einen Überblick zur Wahl der Viskosität von Getriebeschmierstoffen.

Fließfette (Getriebefette) oder Haftschmierstoffe werden bei niedrigen Umfangsgeschwindigkeiten (v_t <6 m/s) und offener Getriebebauform verwendet. Bei Gefahr des Kaltfressens oder starken Verschleißes können sie mit Molybdändisulfid (MoS_2), Graphit oder EP-Additiven versetzt werden. *Winter*

Literatur: *Brehmer, J.:* Ölnebelschmierung für Antriebsgetriebe. Schmiertech. Tribol. 18 (1971), S. 137/39. – *Niemann, G., u. H. Rettig:* Eigenschaften von Schmierstoffen für Zahnräder. Erdöl Kohle 19 (1966), S. 809/17. – DIN 51 509: Auswahl von Schmierstoffen für Zahnradgetriebe. Tl. 1: Schmieröle, Tl. 2: Plastische Schmierstoffe. Hrsg. Dt. Inst. für Normung. Ausg. Entw. März 1978. – *Wollhofen, G. P.:* Sprühhaftschmierstoffe bei offenen Zahnkranzgetrieben unter Reibungseinfluß. Maschinenmarkt 86 (1980), S. 195.

9. selbsthemmendes. Ein s. G. ist selbsthemmend, wenn beliebig große Kräfte bzw. Momente an einem Anschlußglied (z. B. dem Abtriebsglied bei ungehemmtem Normalbetrieb) im G. Reibungskräfte erzeugen, die eine Bewegung der G.-Elemente relativ zueinander verhindern. Beispiele sind Schneckenräder-G., Schrauben-G. (Gewindespindel mit Mutter), Planetenräder-G., bestimmte Kurven-G. (mit ungünstigem Übertragungswinkel bei Rückwärtslauf), Keilschub-G., Freiläufe bis hin zu Schraub- und Keilverbindungen mit nur einmaligem Lauf während ihrer Lebensdauer.

Eine Erweiterung hierzu sind die selbstbremsenden G., die unter den vorstehend genannten Verhältnissen aus dem Lauf selbständig zum Stillstand kommen, wenn das Antriebsglied (des ungebremsten Normalbetriebs) weniger Leistung zuführt, als das s. G. an Verlustleistung verbraucht. *Gierse*

Literatur: *Hain, K.:* Getriebebeispiel-Atlas. Düsseldorf 1973. – VDI 2158: Selbsthemmende und selbstbremsende Getriebe. Hrsg. Verein Dt. Ing., Ausg. Dez. 1991.

10. Sonderlage. G.-S. sind parallele Positionen der Gelenkeverbindungsgeraden von zwei einander benachbarten bzw. gegenüberliegenden Gliedern einer kinematischen Kette und der aus dieser herleitbaren Mechanismen und →Getriebe (MG).

Am Beispiel ebener viergliedriger kinematischer Ketten zeigen sich diese G.-S.:

□ Ist der Winkel zwischen zwei benachbarten Gliedern (Bild 1) gleich
– 180°, sind diese in Strecklage (SL),
– 0°, sind diese in Decklage (DL).

□ Sind zwei einander gegenüberliegende Glieder parallel zueinander, so ist die kinematische Kette in
– Viereck-Parallellage (VPL), wenn die beiden Verbindungsglieder sich nicht kreuzen,
– Kreuz-Parallellage (KPL), wenn die beiden Verbindungsglieder sich kreuzen.

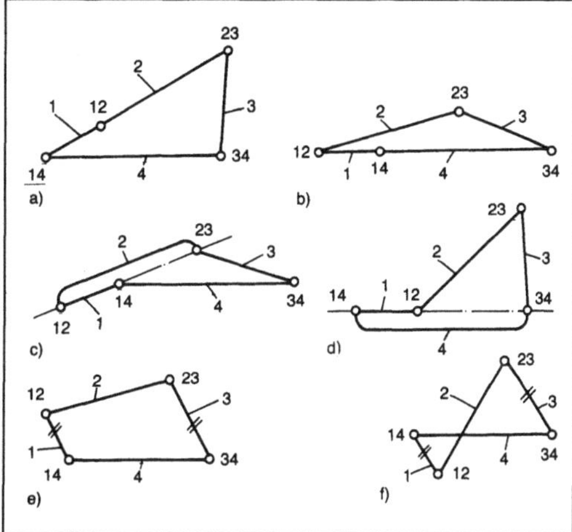

Getriebe-Sonderlage 1: Sonderlagen ebener viergliedriger kinematischer Ketten.
a) Strecklage der Glieder 1 und 2 (SL: 1; 2).

14, 12 und 23 liegen auf einer Geraden

b) Strecklage der Glieder 1 und 4 (SL: 1; 4).

12, 14 und 34 liegen auf einer Geraden

c) Decklage der Glieder 1 und 2 (DL: 1; 2).

12, 14 und 23 liegen auf einer Geraden

d) Decklage der Glieder 1 und 4 (DL: 1; 4).

14, 12 und 34 liegen auf einer Geraden

e) Viereck-Parallel-Lage der Glieder 1 und 3 (VPL 1; 3).

Nichtparallele Glieder kreuzen sich nicht

f) Kreuz-Parallel-Lage der Glieder 1 und 3 (KPL 1; 3).

Nichtparallele Glieder kreuzen einander

□ Treffen auf Grund besonderer Abmessungen (durchschlagfähige kinematische Ketten) SL oder DL mit einer Parallellage (PL) zusammen, so liegen alle vier Glieder und alle vier Gelenke auf einer Geraden: Die kinematische Kette befindet sich in einer Verzweigungslage (Bild 2). Sonderfälle von Verzweigungslagen sind Wechsellagen, in denen zusätzlich noch zwei Gelenke einander überdecken, Bild 2b).

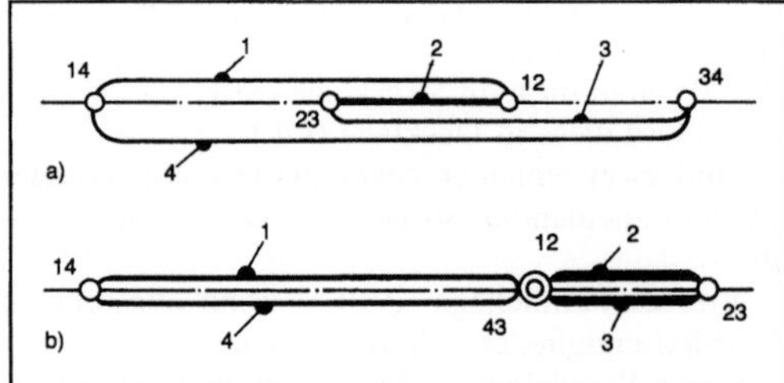

Getriebe-Sonderlage 2: Sonderlagen viergliedriger durchschlagfähiger kinematischer Ketten.
a) Verzweigungslage.

Alle 4 Glieder und Gelenke liegen auf einer Geraden

b) Wechsellage.

Wie Verzweigungslage, aber zusätzlich 2 Gelenke (12; 43) mit gleicher Achse aufeinander

Verzweigungslagen können nur mit zusätzlichen konstruktiven Mitteln, z. B. Parallelschalten zweier gleicher gleichmäßig übersetzender MG mit Phasenverschiebung (→Laufgrad, Bild 3), Hilfsverzahnung im Momentanpol (Bild 4) bei ungleichmäßig übersetzenden MG, sicher durchlaufen werden.

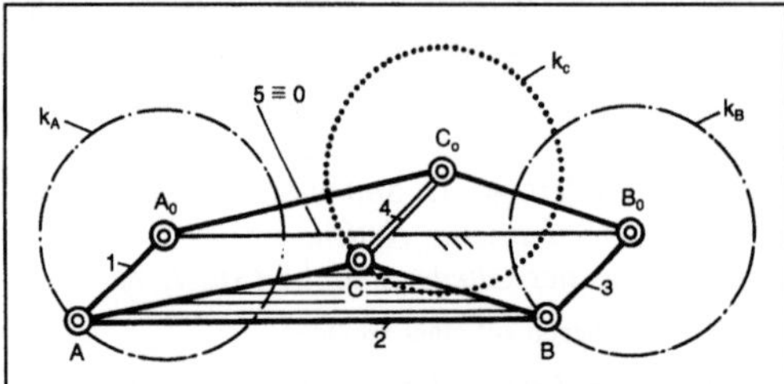

Getriebe-Sonderlage 3: Mechanismus und Getriebe mit Laufgrad F = 0. (Quelle: Wunderlich a. a. O.)

Parallelkurbel A_0 A B B_0, die an die Blindwelle $\overline{C_0\,C}$ angeschlossen ist: Bewegung ist nur möglich, wenn sehr genau die Gliederlängen $l_1 = l_3 = l_4$, $l_5 = l_2$, $\overline{A_0\,C_0} = \overline{A\,C}$, $\overline{B_0\,C_0} = \overline{B\,C}$ eingehalten werden. (Praxisbeispiel für dieses Getriebe: Kopplung der Antriebs-Radsätze von Rangierlokomotiven miteinander und der Antriebs-Blindwelle.)

Aus DL und SL der kinematischen Kette werden bei daraus hergeleiteten MG innere und äußere Umkehrlage für die Richtung der Winkelgeschwindigkeit, z. B. $\dot\psi_{30}$ von Schwinge 3, Bild 5 a), bzw. der Geschwindigkeit, z. B. $\dot s_{30}$ von Schieber 3, Bild 5 b). Aus der Unfähigkeit zum Selbstanlauf bei Kolbendampfmaschinen (→Schubkurbel, Bild 3 b) in einer Umkehrlage der Schieberbewegung stammt die historische Bezeichnung Totlagen hierfür.

Wäre nach einem →Gestellwechsel die Koppel 2 in Bild 3 a) zum Gestell geworden, so befände sich das G. in der (inneren bzw. äußeren) Gestellage (früher Steglage genannt). Diese hat ihre Bedeutung in dem dort auftretenden ungünstigen Übertragungswinkel.

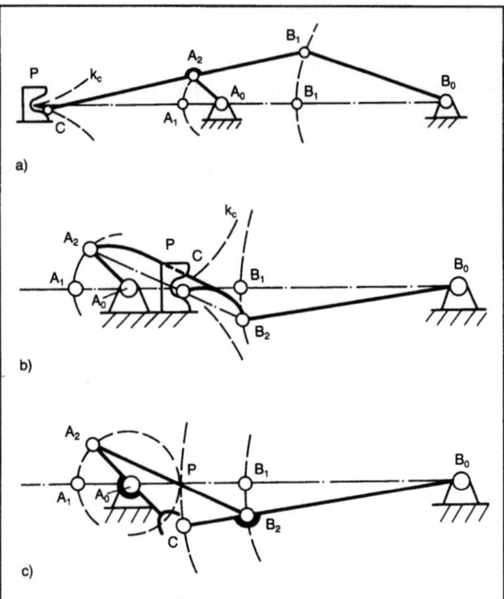

Getriebe-Sonderlage 4: Hilfsverzahnung im Momentanpol der Verzweigungslagen (Konstruktionsprinzip).

(Während des Durchlaufs durch die Verzweigungslage nimmt die Führungskurve (Zahnlücke) im Momentanpol P den Bolzen (Zahn) C auf. Dargestellte Position (Index 2) ist kurz vor der Verzweigungslage (Index 1).

a) Momentanpol P außerhalb $\overline{A_0\,B_0}$: Führungskurve gestellfest
b) Momentanpol P zwischen A_0 und B_0: Führungskurve gestellfest
c) Hilfsverzahnung P/C zwischen bewegten Gliedern: Führungskurve an Kurbel. (Quelle: Volmer a. a. O.)

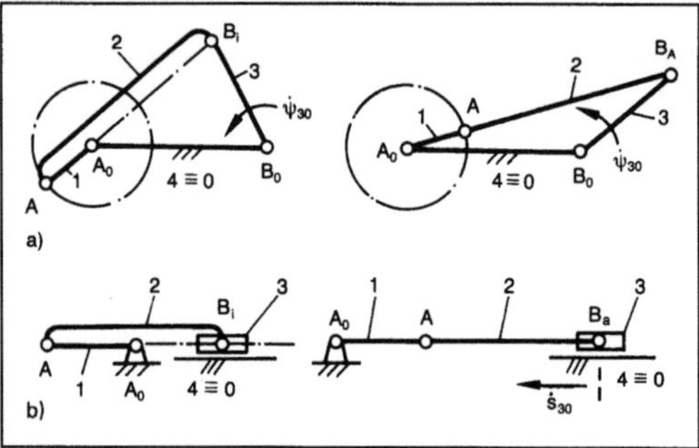

Getriebe-Sonderlage 5: Innere und äußere Umkehrlagen („Totlagen").
a) Kurbelschwinge in i. T. (B_i) bzw. a. T. (B_a) von Schwinge 3 mit Gelenk B
b) Schubkurbel in i. T. bzw. a. T. von Schubglied 3.

a. T. äußere Totlage, i. T. innere Totlage, Beschleunigung ist in a. T. (harte Totlage) größer als in i. T. (weiche Totlage)

Sind in der Stellung eines Glieds während des Laufs des MG gleichzeitig (Winkel-)Geschwindigkeit und (Winkel-)Beschleunigung gleich null, so befindet es sich in einer Rastlage. *Gierse*

Literatur: *Volmer, J.:* Getriebetechnik-Lehrb. Ost-Berlin 1980. – *Wunderlich, W.:* Ebene Kinematik. Mannheim 1970.

11. stufenlos einstellbares →Verstellgetriebe

12. Struktur. G.-S. eines Mechanismus und Getriebes (MG) ist dessen grundlegender Aufbau, gekennzeichnet durch Art, Anzahl und Anordnung der Glieder und Gelenke bzw. Paarungen der zugrunde liegenden kinematischen Kette. MG aus offenen kinematischen Ketten bilden überwiegend offene, solche aus geschlossenen kinematischen Ketten immer geschlossene Polygone. Ausgehend von einem einzigen Polygon der einfachsten Grund-MG (Assurgruppen) können durch Hinzufügen und unterschiedliche Arten der Verknüpfung (z. B. Reihen- oder Parallelschaltung mehrerer Grundgetriebe, Erweitern durch einen →Zweischlag) beliebig vielgliedrige MG entstehen (zusammengesetzte MG). Das Bild zeigt als Beispiel Strukturskizzen ebener sechsgliedriger Gelenkketten. Durch systematische Strukturanalyse und -synthese lassen sich jeweils einfachste Bauformen von MG für gegebene Bewegungsaufgaben ermitteln. *Gierse*

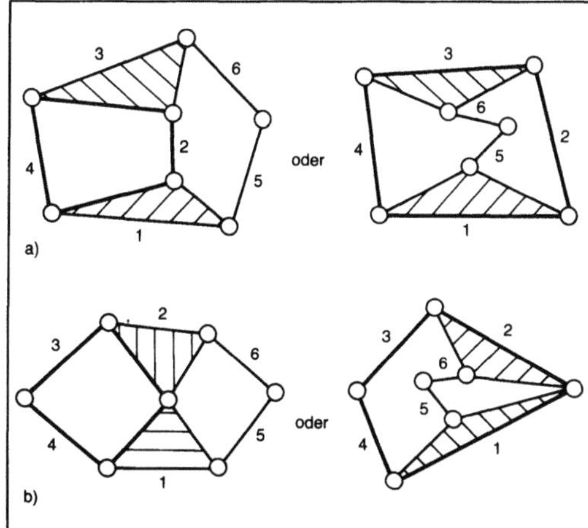

Getriebe-Struktur: Strukturen ebener sechsgliedriger kinematischer Drehgelenkketten.
a) Stephenson-Kette.

Dreigelenkglieder nicht benachbart

b) Watt-Kette.

Dreigelenkglieder benachbart

Literatur: *Kiper, G.:* Katalog einfachster Getriebebauformen. Berlin, Heidelberg, New York 1982. – *Volmer, J.* (Hrsg.): Getriebetechnik-Lehrb. Ost-Berlin 1980.

13. Synthese. S. von Mechanismen und Getrieben (MG) ist deren Auslegung zum Erfüllen von Bewegungsaufgaben. Sie ist ein wesentliches Gebiet der G.-Technik.

Unter dem Dach einer praxisgerechten Methodik für MG-Konstruktion sind die wichtigsten Teilbereiche die qualitative sowie die quantitative theoretische S. mit zeichnerischen (einschl. CAD) und rechnerischen Verfahren und Hilfsmitteln zur kinematischen, kinetischen, dynamischen und schwingungstechnischen Behandlung der S.-Probleme und -Aufgaben. Insbesondere die ständig wachsenden Fähigkeiten von Rechnersystemen haben allen Bereichen der MG-S. vom ersten Entwurf bis zur Meßtechnik bei der Entwicklung, der Fehleranalyse u. dgl. beträchtliche Entwicklungsmöglichkeiten eröffnet. *Gierse*

14. Technik. Die G.-T. beschäftigt sich mit dem Zusammenwirken beweglich miteinander verbundener Elemente von technischen Gebilden, insbes. von Maschinen, Geräten, Apparaten, Anlagen u. dgl. Deren Aufgabe ist das Umwandeln von Informationen (z. B. über Erzeugung, Verarbeitung, Veränderung, Transport von Materialien, Gütern, Energien) in Wirkungen, zumeist mit Bewegungen als Zwischenstufe (Bild).

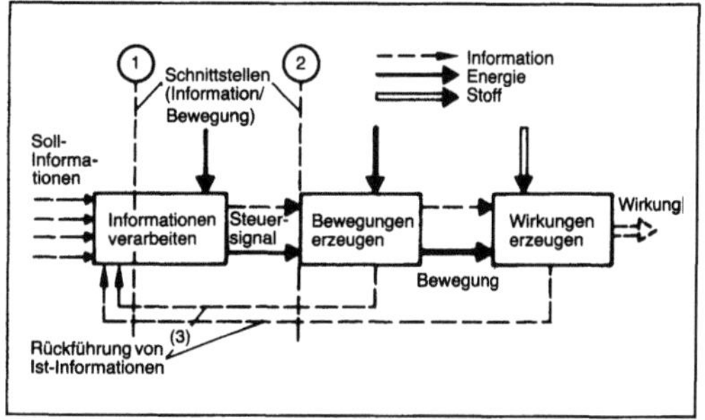

Getriebetechnik: Umwandeln von Informationen über Bewegungen in Wirkungen.

Bei MG ist die Rückführung der Informationen über den Ist-Zustand der Bewegung wegen des Zwanglaufs ständig vorhanden (integrierte Funktion im Sinne der Konstruktionsmethodik).
1 trägheitsbehaftete Informationenverarbeitung
2 trägheitsarme Informationenverarbeitung
3 bei Starrkörper-MG integrierte Funktion
Im Laufe der Technikentwicklung haben sich die Wirkprinzipien zur Informationenverarbeitung immer mehr vom trägheitsbehafteten mechanischen Bereich 1 auf den nahezu trägheitslosen elektronischen verlagert, so daß nun die Schnittstelle zur Bewegungserzeugung möglichst nahe beim Beginn hohen Energieflusses 2 liegt.

Aus dem Wissen über die gewünschte Wirkung werden Bewegungsaufgaben formuliert, deren Verwirklichung durch Mechanismen und Getriebe das Ergebnis technisch-wirtschaftlicher sowie sicherheits- und umwelttechnischer Optimierung mit den Methoden der Mathematik, der Physik, der Konstruktionsmethodik, der Wertanalyse u. dgl. sein kann.

Der seit jeher wichtigste Bereich der Getriebetechnik ist die *Getriebelehre*, die sich traditionell mit den kinematischen und kinetischen (kinetostatischen) Grundlagen befaßt, mehr und mehr aber auch in die Bereiche der Dynamik und Schwingungstechnik geht. Sie ist damit nicht mehr ausschließlich als technische Kinematik anzusehen, befaßt sich aber gemäß *Reuleaux*, ihrem Begründer, als Lehre vom →Zwanglauf nach wie vor mit dem Aufbau und den Bewegungen zwangläufiger Mechanismen und Getriebe (MG).

Besondere Bereiche sind hierbei die kinematische und kinetische →Getriebe-Analyse sowie -synthese, die mit der Untersuchung bzw. Festlegung der Getriebestruktur mittels qualitativer Synthese des →Mechanismus beginnt und typischerweise iterativ über die quantitative Synthese zum endgültigen kinematischen Schema des MG kommt.

Kinetische und dynamische Untersuchungen bedürfen aber – wieder in einer Iterationsschleife – der konstruktiven Gestaltung der einzelnen Getriebeelemente (Glieder, Gelenke, Lagerungen, Führungen, Paarungen usw.), die daher einen weiteren wichtigen Bereich der G.-T. darstellt. Sie basiert auf den Gestaltungsregeln der Maschinenelemente, behandelt aber vertieft getriebe- und mechanismenspezifische Besonderheiten wie Gestaltung der →Kurvenkörper in Kurvengetrieben, Toleranzen in Gliederabmessungen sowie Lagern der →Gelenkgetriebe usw.

Als weiterer Bereich der G.-T. ist die Behandlung getriebespezifischer Fertigung zu nennen. Hier sind vor allem die Fertigung und die Fertigungsmeßtechnik der Kurvenkörper für Kurvengetriebe umfangreiche Gebiete, die auch bei Einsatz von CAD/CAM, CNC-Bearbeitungszentren, CAT (rechnergestütztes Messen) noch besondere Kenntnisse und Verfahren verlangen.

Die →*Getriebe-Meßtechnik* als nächstfolgender Zweig der G.-T. dient der experimentellen Bestimmung der Zahlenwerte getriebespezifischer Größen. So möchte man in der Entwicklung kinematische und dynamische Größen (Wege/Winkel, Geschwindigkeiten und Beschleunigungen bei deren Durchlauf, Kräfte/Momente, Schwingungen, Geräusche u. dgl.) von Maschinen, MG-Prototypen und -modellen feststellen. Besonders wichtig ist hier das Nachprüfen rechnerisch ermittelter Ergebnisse. Ebenso ist die genaue Analyse tatsächlich ablaufender Bewegungsvorgänge, z. B. beim Betrieb von Produktionsmaschinen und -anlagen, eine wichtige Meßaufgabe im Rahmen der Ist-Zustands-Bestimmung für die Weiterentwicklung, aber auch für die Untersuchung von Störungen und Schadensfällen im Bereich der beteiligten MG.

Aus ihrem letzten hier aufzuführenden Bereich, den Anwendungen von MG, bezieht die G.-T. ihre praktischen Problem- und Aufgabenstellungen.

Umgekehrt liefert sie mit ihren wissenschaftlichen Methoden erarbeitete Problemlösungen an die Anwender zurück.

Als Anwendungsbeispiele für MG im privaten Lebensbereich seien genannt:
- □ Hubkolbenmotor in Kfz (Schubkurbeln) mit Nockenwelle (Kurvengetriebe) zur Ventilsteuerung, .
- □ Kfz-Radaufhängung (räumliche Gelenkgetriebe),
- □ Kfz-Schaltgetriebe (Rädergetriebe),
- □ Kfz-Fensterheber (z. B. als Seilgetriebe),
- □ Hinterradantrieb von Motor- und Fahrrad (Kettengetriebe),
- □ Nähmaschine (vielfältige Gelenk- und Kurvenmechanismen, z. T. mit elektronisch gesteuerter Mustererzeugung),
- □ Türschlösser (Gesperre),
- □ Teigknetmaschinen (räumliche Umlaufrädergetriebe),
- □ mechanische Uhren,
- □ Spielzeuge,
- □ Gartengeräte.

Aus dem industriellen Bereich stammende Beispiele sind meist hochkomplexe Systeme mit mechanischen, pneumatischen, hydraulischen, elektrischen, elektromagnetischen und elektronischen Erzeugern für Bewegungen und Wirkungen, die in vorliegendem Rahmen nicht auch nur näherungsweise nach enthaltenen MG geordnet werden können. Exemplarisch seien aufgeführt:
- □ Maschinen und Anlagen zum Erzeugen, Umwandeln und Gewinnen unterschiedlicher Energieformen und -träger (Öl-, Kohle-, Kernkraft-, Wasser-, Wind-, Solar-Kraftwerke, Bergbau, Erdölförderung),
- □ Maschinen und Anlagen zum Erzeugen und →Urformen von Werkstoffen (Metalle, Holz, Kunststoffe, Papier), Hilfsstoffen,
- □ Verarbeitungsmaschinen für Metalle (Werkzeugmaschinen, Fertigungs- und Montageautomaten, Industrieroboter und Handhabungseinrichtungen, vernetzt durch Transportsysteme für Werkstoffe, Werkzeuge, Werkstücke, Teilgruppen und Fertigprodukte), für Holz, Kunststoffe, Textilien, Papier,
- □ Einrichtungen und Anlagen zum Erzeugen von Lebensmitteln (Landwirtschaft, Fischerei) und deren Weiterverarbeitung,
- □ Verpackungsmaschinen und -anlagen für jede Art von Stoffen und Produkten: (Fließgut (Flüssigkeiten, Pasten, pulvrige und körnige Stoffe), Kleinteile (Haushaltswaren, Medikamente, Büromaterial), Konsumgüter (Haushaltsmaschinen, Möbel, Büromaschinen), Füge- bzw. Bestückungsmaterial-Bänder für Montage- bzw. Bestückungsautomaten der industriellen Fertigung,
- □ Verkehrsmittel des Land-, Wasser- und Luftverkehrs: Fahr- und Flugzeuge (Motoren, Getriebe,

Bremsantriebe und -gestänge, Verstellung von Propeller- und Schraubenblättern, Gas- und Wasserströmen, Kraftstoff- und Luftzufuhr, Fluiddruck- und -bewegungserzeugung zur Energieübertragung, Schmierung, Kühlung), Verkehrs- und Transportsysteme (Schienenanlagen, Weichen, Verladeeinrichtungen, Gepäckförder- und -verteilungssysteme mit Weichen, Auto-, Schiffs- und Hafenkrane),
☐ Blechkantteile (Herstellung räumlicher volumeneinschließender, beispielsweise kastenförmiger Blechprodukte, die durch Abkanten von Teilen ebener Abwicklungen entstanden sind), Pappe- und Karton-Faltschachteln, Kunststoffklemmen, Mechanismen zur Bürstenverstellung in Staubsauger-Teppichdüsen als Mechanismen mit nur einmal (Kanten von Blechen, Pappe) bzw. selten betätigten stoffschlüssigen Gelenken.

Mit deutlicher Mehrzahl sind die ungleichmäßig übersetzenden MG in die jeweiligen Maschinen, Geräte und Anlagen teil- oder vollintegriert (mehrere Schubkurbeln und Kurvengetriebe im Hubkolbenmotor, Typenhebelmechanismen in Schreibmaschinen, Hafenkran als →Doppelschwinge mit der Seilrolle in einem Koppelpunkt, der eine horizontal liegende genäherte Geradführung beschreibt, so daß die anhängende Last bei Horizontalbewegung nicht unnötig gehoben und gesenkt wird -Energieeinsparung). Der Hersteller des Gesamtprodukts ist hier auch der Hersteller des betreffenden MG. Die Fertigungslosgrößen entsprechen denen des Gesamtprodukts.

Die gleichmäßig übersetzenden Getriebe sind dagegen meist eigenständige Subsysteme, die komplett eingebaut und ausgewechselt werden können (Schiffsgetriebe, Kfz-Getriebe, Schneckengetriebe an Hebebühnen, →Verstellgetriebe für stufenlose Drehzahländerung). Hersteller sind hier meist Spezialfirmen als Zulieferanten, die eine Typenvielfalt mit Baureihen in großen Stückzahlen fertigen und anbieten können. *Gierse*

Literatur: *Reuleaux, F.*: Theoretische Kinematik. Grundzüge einer Theorie des Maschinenwesens. Tl. I. Braunschweig 1875. Tl. II. Die praktischen Beziehungen der Kinematik zur Geometrie und Mechanik. Braunschweig 1900. – *Reuleaux, F.*: Der Konstrukteur. Ein Handb. zum Gebrauch beim Maschinenentwerfen. Braunschweig 1882–1889.

15. ungleichmäßig übersetzendes. Ungleichmäßig übersetzend sind Mechanismen und Getriebe (MG), bei denen die Übertragungsfunktion 1. Ordnung, die Übersetzung zwischen Eingangs- und Ausgangsglied, nicht konstant ist.

Schwingt bei umlaufendem Antriebsglied das Abtriebsglied, so schwankt die Übersetzung $\psi'(\varphi)$ um 0 (Bild 1a). Das ist z. B. der Fall bei Kurbelschwingen, Schubkurbeln, Kurvengetrieben mit Abtriebsschwinge oder -stößel.

Laufen An- und Abtriebsglied um, so schwankt $\psi'(\varphi)$ um 1 (Bild 1b) wie bei →Doppelkurbel,

→Doppelschleife, Kreuzgelenk (Kardangelenk), Kurven-MG mit umrolltem feststehendem →Kurvenkörper (zusammengesetzte MG), Bild 2, Räder-

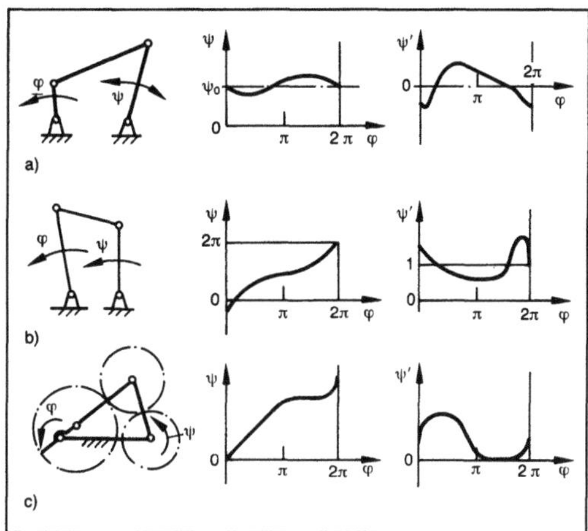

Getriebe, ungleichmäßig übersetzendes 1. (Quelle: Volmer a. a. O.)
a) Kurbelschwinge.

umlaufende An- und schwingende Abtriebsbewegung: $\psi'(\varphi)$ schwankt um 0

b) Doppelkurbel.

umlaufende An- und Abtriebsbewegung: $\psi'(\varphi)$ schwankt um 1

c) Räder-Kurbel-MG (zusammengesetzte MG).

Bewegung mit Rast: Antrieb umlaufend, im Prinzip umlaufende Abtriebsbewegung ($\psi'(\varphi)$ schwankt um 1) hat längeren Null-Bereich

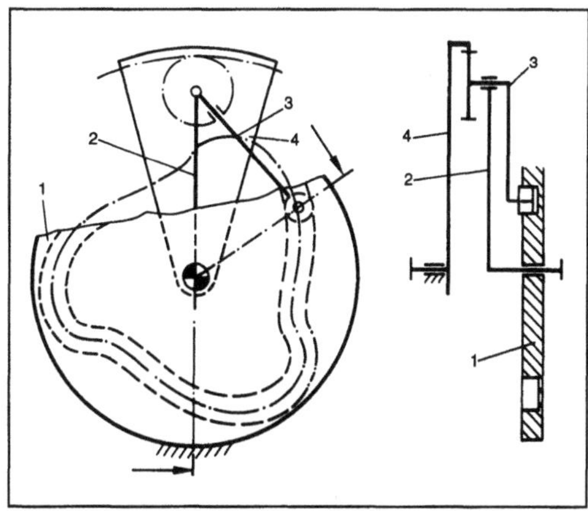

Getriebe, ungleichmäßig übersetzendes 2: Räder-Kurvengetriebe. (Quelle: Rankers a. a. O.)

Zum Erzeugen einer mehrfach je Umdrehung schwankenden Vor- bzw. Nacheilung von Abtriebsrad 4 gegenüber der konstanten Antriebs-Winkelgeschwindigkeit von Steg 2 durch Überlagern der kurvengesteuerten (feststehende umrollte Kurvenscheibe 1) Relativbewegung zwischen Schwinge 3 und Steg 2

G. mit unrunden (elliptischen) oder exzentrisch gelagerten kreisrunden Rädern.

Vielfältige Möglichkeiten bieten zusammengesetzte MG in Form von Schritt-, Pilgerschritt-, Rast-, Schalt-MG sowie Führungs-MG (Koppelpunktbahnen, Polkurven, Systematik der MG). *Gierse*

Literatur: *Volmer, J.* (Hrsg.): Getriebetechnik – Lehrb. Ost-Berlin 1980. – *Rankers, H.:* Ausgleich der ungleichförmigen Bewegungen langgliedriger Ketten. Ind.-Anz. 89 (1967) Nr. 34, S. 723.

16. Versetzung. Eine V. in einer ebenen kinematischen Kette und damit in jedem aus dieser herleitbaren →Mechanismus und →Getriebe (MG) ist der senkrechte Abstand der Verbindungsgeraden der beiden Umkehrlagen des Mittelpunkts eines Drehgelenks von dem Mittelpunkt des diesem gegenüberliegenden Drehgelenks, z. B. $e_{23.4}$ im Bild. Diese kinematisch wirksame V. kann bei Getrieben mit Schubgelenken durch konstruktive V. erzeugt werden, b) im Bild. Ein Kurvengetriebe mit V. zeigt c) im Bild.

In räumlichen MG wird der kürzeste Abstand zweier windschief verlaufender Geraden, die einander nicht schneiden, als Schränkung bezeichnet. *Gierse*

Literatur: VDI 2145: Ebene viergliedrige Getriebe mit Dreh- und Schubgelenken, Begriffserklärungen und Systematik. Hrsg. Verein Dt. Ing. Ausg. Dez. 1980.

17. Wirkungsgrad. Das Verhältnis von Ausgangsleistung zu Eingangsleistung wird bei Zahnradgetrieben wie bei allen Drehmomentwandlern als G.-W. bezeichnet. Sein Wert ist immer < 1.

Bei Zahnradgetrieben besteht ein starres Drehzahlverhältnis zwischen Antrieb und Abtrieb. Daher kann der G.-W. auch aus Abtriebsdrehmoment und Antriebsdrehmoment ermittelt werden.

Die gesamte Verlustleistung P_V wird durch die Reibung zwischen den Zahnflanken (P_{Vz}), durch Leerlaufverluste P_{Vz0}, durch Verluste in den Wellenlagerungen P_{VB}, P_{VB0}, durch Reibungsverluste in den Dichtungen P_{VD} und sonstige Verluste P_{Vx} verursacht:

$$P_V = P_{Vz} + P_{Vz0} + P_{VB} + P_{VB0} + P_{VD} + P_{Vx} \qquad (1).$$

Die Zahnradverluste kann man näherungsweise nach der Formel bestimmen:

$$P_{Vz} + P_{Vz0} = P_a\, K_A\, [0{,}1/(z_1\cos\beta) + 0{,}03/(v_t + 2)] \qquad (2);$$

hierin bedeuten: P_a Antriebsnennleistung, K_A Anwendungsfaktor, z_1 Zähnezahl des Ritzels, ß Schrägungsfaktor, v_t Umfangsgeschwindigkeit in m/s.

In der Tabelle sind Anhaltswerte der Verlustleistung für einige →Zahnradgetriebe angegeben. Man sieht, daß der G.-W. je Getriebestufe zwischen 0,94 (→Hypoidgetriebe) und 0,99 (Stirnradgetrie-

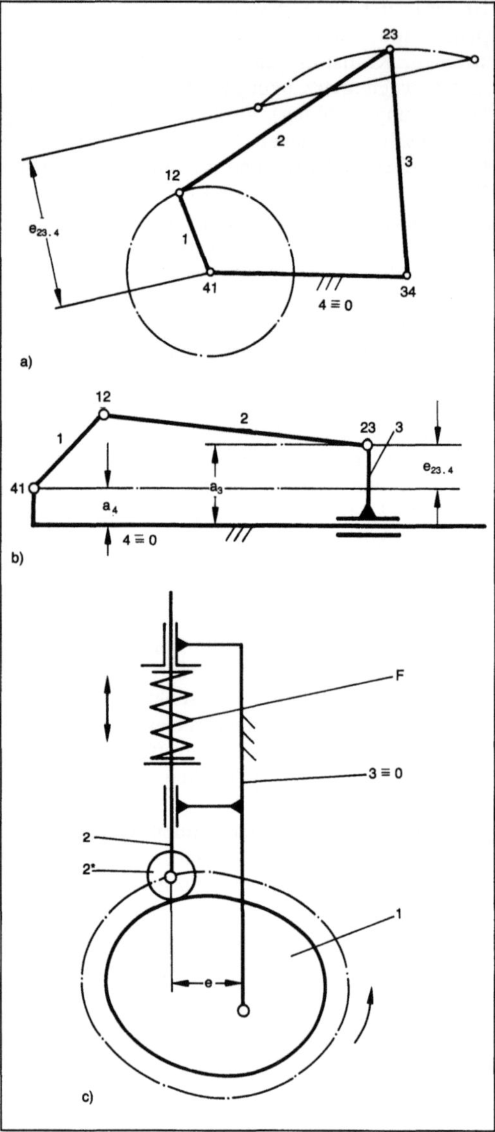

Getriebe-Versetzung: Versetzung in Gelenk- und Kurven-MG.

a) Versetzung des Gelenkpunkts 23 einer Kurbelschwinge relativ zu Glied 4: $e_{23.4}$

b) Kinematische Versetzung $e_{23.4} = a_3 - a_4$, also der Differenz der konstruktiven Versetzungen, einer Schubkurbel

c) Versetzung e in einem Kurvengetriebe mit Abtriebsstößel 2.

Stößel über Kurvenrolle 2* von Kurvenscheibe 1 angetrieben und im Gestell 3 ≡ 0 geradegeführt (Kraftschluß zwischen 2* und 1 durch Feder F.)

be) liegt. Bei Schneckengetrieben G.-W. bis unter 0,5; →Selbsthemmung möglich. *Winter*

Getriebewirkungsgrad. Tabelle: Zahnverlustleistung P_{Vz} und Gesamtverlustleistung P_V je Getriebestufe bei Nennleistung und Betriebstemperatur.

Getriebe	Zahnräder	P_{Vz} % von P	P_V % von P	Bemerkungen
Turbinen-				
Stirnradgetriebe	vergütet, gefräst, geläppt	1,2–1,5	2,0–2,8	Hochleistungs-Gleitlager und Einspritzschmierung, Ritzel (Planetengetriebe) ungelagert
Stirnradgetriebe	gehärtet, geschliffen	0,8–1,1	1,6–2,3	
Planetengetriebe	geschabt, nitriert	1,0–1,3	1,2–1,9	
Industrie-				
Stirnradgetriebe	vergütet, gefräst	0,5–1,0	1,2–2	Wälzlager, Tauchschmierung
Stirnradgetriebe	gehärtet, geschliffen	0,3–0,6	1 –1,5	
Spiral-Kegel-radgetriebe	gehärtet, geläppt	0,6–1,2	1,5–2,5	
Kraftfahrzeug-				
Stirnradstufe	geschabt, gehärtet	0,5 –1,0	1,5–2	Wälzlager, Tauchschmierung
Spiral-Kegel-radgetriebe	gehärtet, geläppt	0,8–1,5	2 –3	
Hypoidgetriebe	gehärtet, geläppt	2 –4	4 –6	

18. zusammengesetztes. Zusammengesetzt sind miteinander gekoppelte Mechanismen und Getriebe (MG) beliebiger Art, Anzahl und Komplexität, um Wirkungen zu erzielen, die über die Möglichkeiten der (ungekoppelten) Einzel-MG hinausgehen (z. B. Lösen komplexer Bewegungsaufgaben, Erhöhen der →Bewegungsgüte, Verbessern der technischen bzw. der wirtschaftlichen Wertigkeit), aber auch Kompensieren unerwünschter Ungleichmäßigkeiten der Drehbewegungen (homokinematisches Kreuzgelenk).

Das Koppeln der MG kann nach 2 Prinzipien geschehen:

□ Hintereinanderschalten (Reihenschaltung) von Grund-MG (mit Ausgangsbewegung des ersten als Eingangsbewegung des zweiten), wobei sich deren Übertragungsfunktionen 1. Ordnung, die Übersetzungen, multiplizieren (Rast-G.), Bild 1.

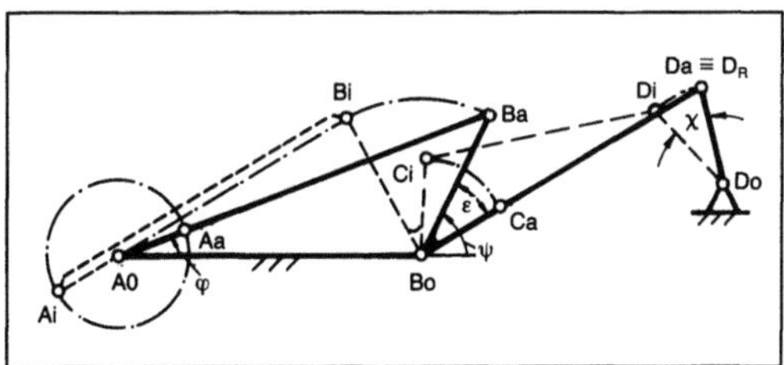

Getriebe, zusammengesetztes 1: Rastgetriebe aus zwei in den äußeren Umkehrlagen (Totlagen) gekoppelten Gelenkgetrieben.

Grundgetriebe in den Totlagen (Index a): Kurbelschwinge Ao Aa Ba Bo, Totalschwinge Bo Ca Da Do mit Phasenwinkel ε des ternären Glieds Ba Bo Ca. Skizzierte Stellung Da, D_R als Rastlage von Abtriebsglied $\overline{Da\,Do}$ mit Abtriebswinkel χ.

□ Parallelschalten von Grund-MG, d. h. Addieren der beiden Ausgangsbewegungen (Übertragungsfunktionen 1. Ordnung) durch einen weiteren (Summier-)Mechanismus (z. B. Planetenräder-G.). Hierbei sind immer mindestens 3 Grund-MG beteiligt. Der Summier-Mechanismus gestattet zusätzlich die Multiplikation mit seiner eigenen Übertragungsfunktion (z. B. einer Konstanten, wenn er gleichmäßig übersetzt), da jeder seiner Eingänge in Reihenschaltung mit dem Ausgang des jeweiligen Grund-MG liegt.

Da durch Parallelschalten jedem Teil-MG nur eine Teilleistung zugeordnet wird, ist Leistungsverzweigung ggf. mit Erzeugen der komplexeren Übertragungsfunktion im leistungsärmeren Zweig möglich.

Bei Koppeln der Relativbewegung zweier Glieder zueinander (an Stelle der Absolutbewegung gegenüber dem Gestell) als Ausgangsbewegung des ersten mit dem Eingangsglied des zweiten MG spricht man auch von Übereinanderschalten. Beispiel: Koppelräder-G. (Bild 2), das die Übersetzung zwischen Koppel 2 und Schwinge 3 mit derjenigen des nachgeschalteten Räder-G. 2*–5 multipliziert.

Das System der Kopplungen ist erweiterungsfähig, weil bereits zusammengesetzte MG wieder miteinander gekoppelt werden können. Praktische Grenzen aus Kosten- und Funktionsgründen müssen durch wertanalytische Betrachtungen des Mechanismenverbunds gefunden werden. *Gierse*

Literatur: DIN 69910: Wertanalyse. Hrsg. Dt. Institut f. Normung. Ausg. 1987. – *Meyer zur Capellen, W.:* Rasten hoher Güte durch Kopplung von Rastgetrieben. Ind.-Anz. 86 (1964)

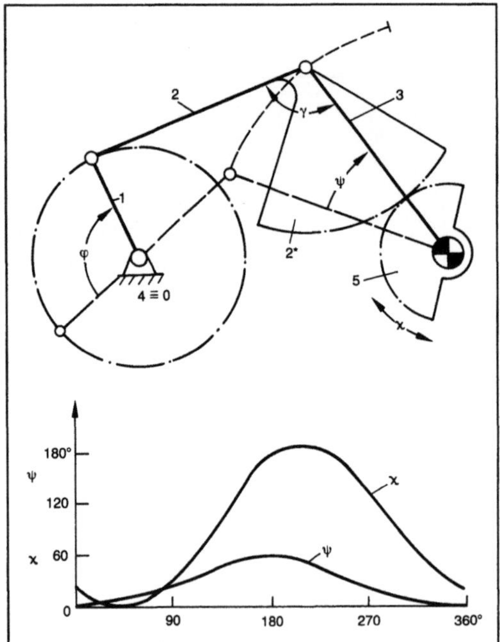

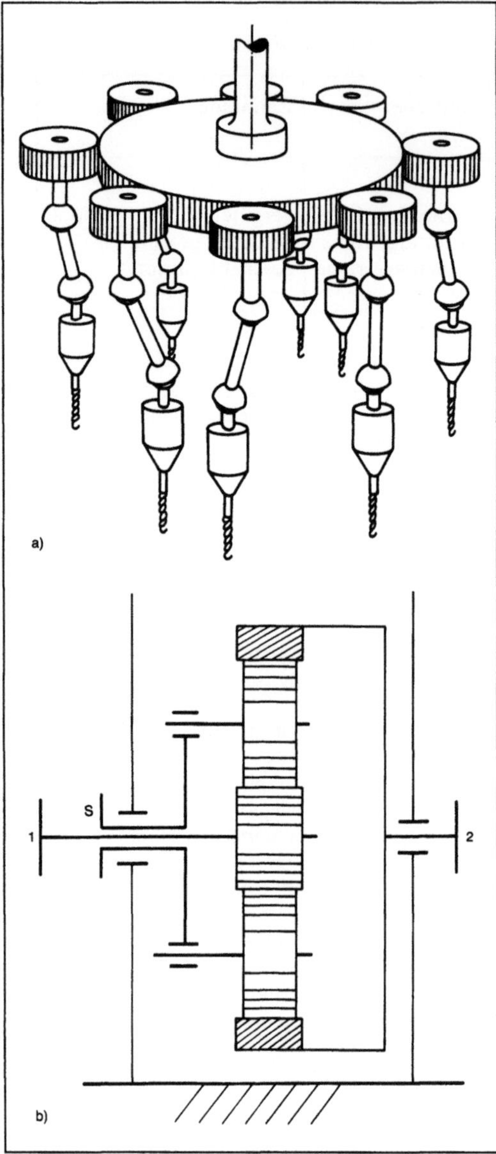

a)

b)

Getriebe, zusammengesetztes 2: Übereinanderschaltung von Grundgetrieben. (Quelle: Volmer *a. a. O.)*
a) Räder-Koppelgetriebe.

Multiplikation der ungleichmäßigen Übersetzung $\gamma(\varphi)$ mit der gleichmäßigen des Räderpaars 2*–5 und Addition zu $\psi'(\varphi)$. (Ohne Anbindung von 2* an 2 würde Gesamtübersetzung $\psi'(\varphi)$ sein.)

b) Verläufe von ψ (Abtriebswinkel von Glied 3) und κ (Abtriebswinkel von Glied 5).

Nr. 78, S. 1619/25. – *Rankers, H.:* Ausgleich der ungleichförmigen Bewegungen langgliedriger Ketten. Ind.-Anz. 89 (1967) Nr. 34, S. 723. – VDI 2722: Homokinematische Kreuzgelenkgetriebe einschließlich Gelenkwellen. Hrsg. Verein Dt. Ing. Ausg. 1982. – *Volmer, J.* (Hrsg.): Getriebetechnik – Lehrb. Ost-Berlin 1980.

19. zwangläufiges. Das z. Getriebe hat nur einen kinematischen Freiheitsgrad ($F = 1$), so daß ihm nur eine An- oder Abtriebsgeschwindigkeit beliebig vorgegeben werden kann. Die momentanen Geschwindigkeiten aller übrigen G.-Glieder und die Übersetzung sind damit eindeutig durch die Bauart des G. bestimmt. Einem z. G. mit z Anschlußwellen können aber ($z - 1$) Drehmomente beliebig vorgegeben werden, a) im Bild. Im Gegensatz dazu können und müssen einem zwanglosen G. ($\rightarrow$Differential) mit $F > 1$ so viele (Dreh-)Bewegungen beliebig vorgegeben werden, wie es Freiheitsgrade aufweist, jedoch nur ein Drehmoment, weil alle Kräfte und Momente in einem durch die Bauart fest vorgegebenem Verhältnis zueinander stehen, b) im Bild. *H. W. Müller*

Getriebe, zwangläufiges: Zwangläufiges und zwangloses Getriebe.
a) Zwangläufiges Bohrkopfgetriebe mit 9 Anschlußwellen und 8 beliebigen Bohrdrehmomenten
b) Planetengetriebe mit $F = 2$ zwanglos, mit 3 Anschlußwellen für ein beliebiges Drehmoment.

Gewichtsfunktion. Die Antwort eines linearen Systems auf einen Dirac-Impuls ($\rightarrow$Impulserregung). Die Laplace-Transformierte der G. ist die Übertragungsfunktion, ihre Fourier-Transformierte der Frequenzgang. Mit der Gewichtsfunktion läßt sich das Faltungsintegral als Systemantwort auf beliebige Eingangssignale herleiten. *Witfeld*

Gewichtung →Bewertungsverfahren

Gewinde.
  1. Wenn eine Gerade im Raum sich nicht nur um eine Achse dreht, sondern sich auch dem Drehwinkel proportional in Achsenrichtung fortbewegt, also eine Schraubenbewegung vollführt, bildet sie eine Schraubenfläche. Die Schnittlinien dieser Schraubenflächen mit achsparallelen (wirklichen oder vorgestellten) Zylindern sind Schraubenlinien. Zwei gleiche, durch Schraubenlinien innen und außen begrenzte und sich berührende Schraubenflächen können nur eine Schraubenbewegung relativ zueinander ausführen, weil die relative Längsbewegung und relative Drehbewegung einander proportional sind. Diese Eigenschaft wird bei zylindrischen G. (mit zueinander geneigten und miteinander verbundenen Schraubenflächen) ausgenutzt, um die drehende Bewegung des einen Partners in eine ihr proportionale fortschreitende Bewegung des anderen Partners zu verwandeln.

  Werden durch Schraubenlinien begrenzte Schraubenflächen durch Bearbeitung an einem Bolzen erzeugt, entsteht ein Bolzen-G. als Außen-G.; arbeitet man sie in einen Hohlzylinder ein, entsteht ein Mutter-G., als Innen-G. Schneidet die erzeugende Gerade die Achse nahezu senkrecht, so entsteht ein Flach-G., wie es Bild 1 als Bolzen-G. zeigt. Es wird vorzugsweise als Bewegungs-G. verwendet. Schneidet die erzeugende Gerade die Achse zum einen unter einem Winkel von 60° und zum anderen unter einem Winkel von 120°, so entstehen die beiden Flanken eines Spitz-G. mit einem Flankenwinkel von 60° (Bild 2), wie man es vorzugsweise für Befestigungsschrauben verwendet.

  Die Steigung P_h eines G. ist der parallel zur Achse gemessene Abstand aufeinanderfolgender Windungen der gleichen Schraubenfläche (des gleichen G.-Gangs). Der achsenparallele Abstand aufeinanderfolgender gleichgerichteter Schraubenflächen (Gewindeflanken) heißt Teilung P. Bei eingängigem G. ist die Steigung P_h gleich der Teilung P. In der

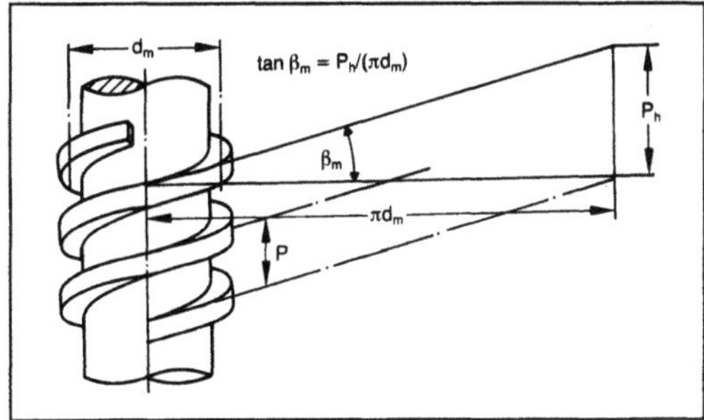

Gewinde 1: Schraubenspindel mit zweigängigem Flachgewinde. (Quelle: Dubbel a. a. O.)

P_h Steigung, P Teilung, β_m mittlerer Steigungswinkel

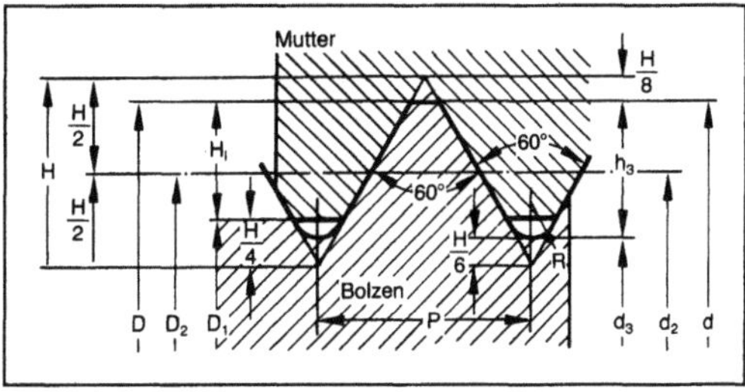

Gewinde 2: Metrisches ISO-Spitzgewinde nach DIN 13, Tl. 1. (Quelle: Dubbel a. a. O.)

Abwicklung einer Schraubenlinie auf einem mittleren Durchmesser erkennt man in Bild 1 den mittleren Steigungswinkel β_m mit tan $\beta_m = P_h/(\pi d_m) = nP/(\pi d_m)$, mit n = 2 für das dargestellte zweigängige G.

  Der werkstofffreie Teil eines G. zwischen zwei benachbarten Flanken heißt G.-Rille, der werkstofferfüllte Teil G.-Zahn. Der G.-Zahn beginnt im G.-Grund; er endet an der G.-Spitze. Der achsensenkrechte Abstand zwischen G.-Spitze und G.-Grund ist die G.-Tiefe. Der Umriß eines G. im Achsschnitt heißt G.-Profil (DIN 2244). Die Flanke eines G., die die in Achsenrichtung wirkende Kraft überträgt, heißt tragende Flanke, im Gegensatz zur Spielflanke.

  Für Bewegungsschrauben, die im wesentlichen große axiale Kräfte in einer Richtung übertragen müssen, wird das metrische Sägen-G. nach DIN 513 angewendet (Bild 3); sein Bolzen-G. und sein Mutter-G. sind dabei außen zentriert. Einen Flankenwinkel von 30° besitzt das metrische Trapez-G. (Bild 4), mit den genormten Bezeichnungen nach DIN 103, Tl. 1. Es ist flankenzentriert und darf deshalb nur durch Längskräfte und Drehmomente belastet werden, nicht durch Querkräfte. (Es sperrt bei Verkantung.) Tabelle 1 enthält eine Auswahlreihe von Nennmaßen für Nenndurchmesser 10 bis 100 mm.

  Spitz-G. für Befestigungsschrauben sind das Whitworth-Spitz-G. (mit 55° zwischen den Flanken im Querschnitt und Angabe der Steigung in Gänge

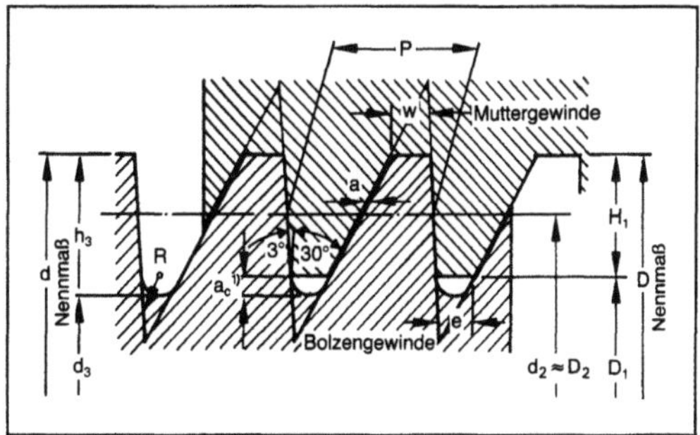

Gewinde 3: Metrisches Sägengewinde nach DIN 513, Tl. 1, außenzentriert. (Quelle: DIN 513 a. a. O.)

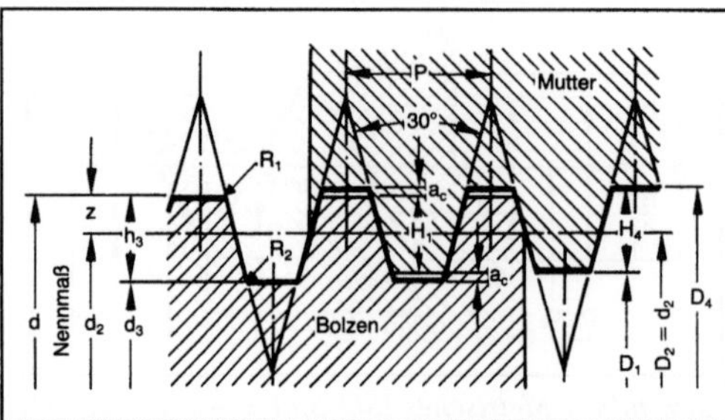

Gewinde 4: Metrisches ISO-Trapezgewinde nach DIN 103, Tl. 1 und Tl. 2, flankenzentriert. (Quelle: Dubbel a. a. O.)

Gewinde. Tabelle 1: Metrisches ISO–Trapezgewinde. Auswahlreihe mit Nennmaßen. (Quelle: DIN 103. Tl. 2, Tl. 4)

Gewinde-Nenndurchmesser d	Steigung p	Flankendurchmesser $d_2 = D_2$	Mutter-außendurchmesser D_4	Bolzenkerndurchmesser d_3	Mutterkerndurchmesser D_1
mm	mm	mm	mm	mm	mm
10	2	9,0	10,5	7,5	8,0
12	3	10,5	12,5	8,5	9,0
16	4	14,0	16,5	11,5	12,0
20	4	18,0	20,5	15,5	16,0
24	5	21,5	24,5	18,5	19,0
28	5	25,5	28,5	22,5	23,0
(30)	6	27,0	31,0	23,0	24,0
32	6	29,0	33,0	25,0	26,0
36	6	33,0	37,0	29,0	30,0
40	7	36,5	41,0	32,0	33,0
44	7	40,5	45,0	36,0	37,0
48	8	44,0	49,0	39,0	40,0
(50)	8	46,0	51,0	41,0	42,0
52	8	48,0	53,0	43,0	44,0
(55)	9	50,5	56,0	45,0	46,0
60	9	55,5	61,0	50,0	51,0
(65)	19	60,0	66,0	54,0	55,0
70	10	65,0	71,0	59,0	60,0
(75)	10	70,0	76,0	64,0	65,0
80	10	75,0	81,0	69,0	70,0
90	12	84,0	91,0	77,0	78,0
100	12	94,0	101,0	87,0	88,0

je Zoll), das amerikanische UST-G. und das metrische G. in Deutschland. Diese G. wurden auf Grund der internationalen Norm ISO 68 durch das metrische ISO-G. mit einem Flankenwinkel $\alpha = 60°$ ersetzt nach DIN 13, Tl. 1–28, und DIN 14, Tl. 1–4

(Bild 2). Der Außendurchmesser d des Bolzen-G. und der Außendurchmesser D im G.-Grund des Mutter-G. sind beim metrischen ISO-G. bis auf die notwendigen Toleranzen gleich und werden als Nenndurchmesser bezeichnet. Der Flankendurchmesser $d_2 = D_2$ ist gleich dem Durchmesser des die Flanken schneidenden Zylinders, auf dem in Achsenrichtung G.-Zahn und G.-Rille gleich breit sind.

Zufolge der Abflachung der G.-Spitze des Mutter-G. und der Ausrundung des G.-Grunds im Bolzen-G. ist der Kerndurchmesser D_1 des Mutter-G. größer als der Kerndurchmesser d_3 des Bolzen-G. Der Kernquerschnitt des Bolzen-G. ist $A_3 = \pi d_3^2/4$, sein →Spannungsquerschnitt $A_s = \pi (d_2 + d_3)^2/16$.

Tabelle 2 enthält eine Auswahlreihe von Nennmaßen für Nenndurchmesser 4–68 mm. DIN 13, Tl. 13–15, enthalten die Grundlagen des Toleranzsystems für das metrische ISO-Spitz-G., und zwar für Bolzen-G. und Mutter-G., weiterhin eine Übersicht über Grenzmaße, Abmaße und Toleranzen. Tl. 20–27 von DIN 13 geben die Abmaße für die Fertigung im einzelnen wieder. DIN 13, Tl. 28, enthält eine Zusammenstellung von Kernquerschnitt, Spannungsquerschnitt und Steigungswinkel für Regel-G. und Fein-G. von 1–250 mm G.-Durchmesser. Zur Prüfung der G. verwendet man G.-Lehren, und zwar Außen-G.-Grenzrachenlehren und Prüflehrdorne für Innen-G.

Unter Schneid-G. versteht man allgemein ein Bolzen-G., das das Mutter-G. beim Einschrauben selbst schneidet. Zu den Schneid-G. rechnen deshalb neben den metrischen Schneid-G. für Metalle nach DIN 7513 auch die Holzschrauben-G. und die Blechschneid-G. nach DIN 7970. Bei den Schneidgewinden ist das Bolzen-G. durch Nuten unterbrochen ähnlich einem G.-Schneidbohrer.

In Sonderfällen, z. B. bei Verschmutzungsgefahr, verwendet man für Befestigungsschrauben auch Rund-G. (Bild 5). Es läßt sich zum Übertragen kleiner Kräfte auch gut in Blech drücken (Lampen-

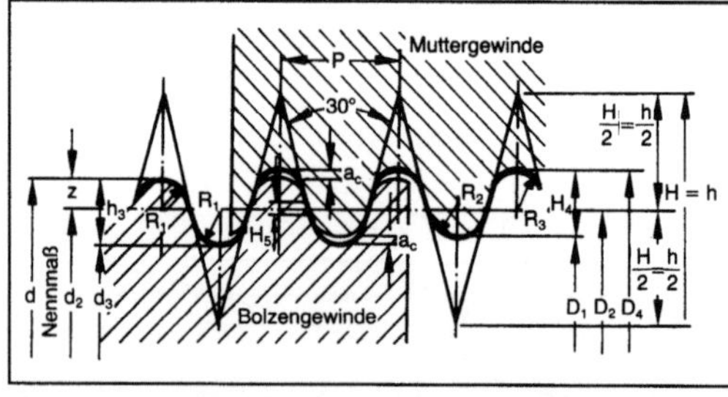

Gewinde 5: Rundgewinde-Grundprofil nach DIN 405, Tl. 1. (Quelle: DIN 405)

D_4; d Außendurchmesser des Gewindes, $D_2 = d_2$ Flankendurchmesser des Gewindes, D_1; d_3 Kerndurchmesser des Gewindes, P Steigung des eingängigen Gewindes und Teilung des mehrgängigen Gewindes, H = h Höhe des Grunddreiecks, $H_4 = h_3 = 0{,}5 \times P$ Gewindetiefe, H_5 Flankenüberdeckung $0{,}08350 \times P$

Gewinde. Tabelle 2: Metrisches ISO-Spitzgewinde. Auswahlreihe mit Nennmaßen.
(Quelle: DIN 13. Tl. 1, 3, 4, 5, 6, 7, 8, 9, 28)

Nenn-durchmesser	Regelgewinde			Feingewinde		
	Steigung	Kerndurch-messer	Spannungs-querschnitt	Steigung	Kerndurch-messer	Spannungs-querschnitt
d mm	P mm	d_3 mm	A_s mm	P mm	d_3 mm	A_s mm
4	0,7	3,141	8,78	(0,5)	3,387	9,79
5	0,8	4,019	14,2	(0,75)	4,080	14,5
6	1	4,773	20,1	(0,75)	5,080	22,0
8	1,25	6,466	36,6	1	6,773	39,2
10	1,5	8,160	58,0	1,25	8,466	61,2
12	1,75	9,853	84,3	1,25	10,466	92,1
(14)	2	11,546	115	1,5	12,160	125
16	2	13,546	157	1,5	14,160	167
(18)	2,5	14,933	193	1,5	16,160	216
20	2,5	16,933	245	1,5	18,160	272
(22)	2,5	18,933	303	1,5	20,160	333
24	3	20,319	353	2	21,546	384
(27)	3	23,319	459	2	24,546	496
30	3,5	25,706	561	2	27,546	621
(33)	3,5	28,706	694	2	30,546	761
36	4	31,093	817	3	32,319	865
(39)	4	34,093	976	3	35,319	1 028
42	4,5	36,479	1 121	3	38,319	1 206
(45)	4,5	39,479	1 306	3	41,319	1 398
48	5	41,866	1 473	3	44,319	1 604
(52)	5	45,866	1 758	3	48,319	1 900
56	5,5	49,252	2 030	4	51,093	2 144
(60)	5,5	53,252	2 362	4	55,093	2 485
64	6	55,639	2 676	4	59,093	2 851
(68)	6	60,639	3 055	4	63,093	3 242

fassung, Blechdeckel, DIN 7273). Zu den Sonder-G. zählt auch das Whitworth-Rohr-G. Es hat eine größere Anzahl von Gängen je Zoll als das englische Whitworth-G., ist also feiner im Hinblick auf eine möglichst geringe Schwächung des Rohrquerschnitts. Die Bezeichnung der Rohr-G. geht vom lichten Rohrdurchmesser in Zoll aus, nicht vom Außendurchmesser des G. (DIN 259, DIN ISO 228). *Federn*

Literatur: DIN-Taschenb. 45: Gewinde, Normen. 6. Aufl. Berlin, Köln 1988. – *Klein, K. G.*: Einführung in die DIN-Normen. Berlin, Köln 1985. – *Kübler, K.-H.*, u. *W. J. Mages*: Handb. der hochfesten Schrauben. Essen 1986. – VDI 2232 E: Methodische Auswahl fester Verbindungen. Systematik, Konstruktionskataloge, Arbeitshilfen. Hrsg. Verein Dt. Ingenieure. Ausg. Juli 1990. – DIN 405. Tl. 1: Rundgewinde. Hrsg. Dt. Inst. für Normung. Ausg. Nov. 1975. – DIN 2244: Gewinde, Begriffe. Hrsg. Dt. Inst. für Normung. Ausg. Jan. 1977. – DIN 513: Metrisches Sägengewinde. Hrsg. Dt. Inst. für Normung. Ausg. April 1985. – DIN 103. Tl. 1: Metrisches ISO-Trapezgewinde, Gewindeprofile. Hrsg. Dt. Inst. für Normung. Ausg. April 1977. – DIN 7513: Gewinde-Schneidschrauben. Hrsg. Dt. Inst. für Normung. Ausg. Nov. 1986. – DIN 7970: Gewinde und Schraubenenden für Blechschrauben. Hrsg. Dt. Inst. für Normung. Ausg. Nov. 1984. – DIN 7273: Rundgewinde für Teile aus Blech bis 0,5 mm Dicke. Hrsg. Dt. Inst. für Normung. Ausg. Juli 1970. – DIN 259: Whitworth-Rohrgewinde. Hrsg. Dt. Inst. für Normung. Ausg. Aug. 1979. – DIN ISO 228: Rohrgewinde für nicht im Gewinde dichtende Verbindungen. Hrsg. Dt. Inst. für Normung. Ausg. April 1985. – *Dubbel:* Taschenb. Maschinenbau. 17. Aufl. Berlin, Heidelberg, New York, Tokio 1990. DIN 13. Tl. 1: Metrisches ISO-Gewinde. Hrsg. Dt. Inst. für Normung. Ausg. Dez. 1986.

2. mehrgängiges →Gewinde

3. Reibungszahl →Schraubenkopf-Reibungszahl

4. Rohr. Ein G. ist ein geschweißtes Stahlrohr oder nahtloses Stahlrohr, das nach Anbringen von Außen- oder Innengewinden für Rohrverbindungen (Rohrleitungen) verwendet wird. Dabei werden mittelschwere und schwere G. voneinander unterschieden. *Baumann*

5. Stift →Schraubenform

Gicht. G. ist die allgemeine Bezeichnung für den oberen Teil von Schachtöfen, beispielsweise Hochöfen und Kupolöfen. Die Beschickung solcher Schachtöfen erfolgt durch die G. *Baumann*

Gießhallen-Entstaubungssystem. Zu jedem neuzeitlichen →Hochofen gehören oft 2 Gießhallen, in denen einerseits das Roheisen und andererseits die Hochofenschlacken in Rinnen geleitet und den Roheisen- sowie Schlackenpfannen zugeführt werden. Dabei entstehen erhebliche Staubmengen, die in verschiedenen Bereichen der G. anfallen. Deshalb wurden beispielsweise am Hochofen im Hüttenwerk Duisburg-Huckingen der Mannesmannröhren-Werke AG die Bereiche des Stichloches, der Rinnen, sowohl für das Roheisen als auch für die Schlacken sowie die Bereiche der Übergabe des Roheisens und der Schlacken in die Transportpfannen mit zweckentsprechenden Hauben abgedeckt (Bild). Diese Hauben sind über Rohrleitungen und entsprechende Absaugesysteme mit der Elektrofilter-Entstaubungsanlage verbunden. Darüber hinaus wurde ein Absaugesystem in den Hallendächern angeordnet. Alle Hauben und Rinnendeckel sind innenseitig feuerfest ausgekleidet und abnehmbar. Der in den einzelnen Gießhallenbereichen anfallende Staub besteht zu etwa 65 % aus Eisenoxiden und bis zu 98 % aus Staubteilchen, die <0,045 mm sind. Das hier beschriebene G.-E. hat eine Absaugeleistung von 850 000 m³/h. Die abgesaugte, staubhaltige Gasmenge wird in einer Elektrofilteranlage, die mit 2 Elektrofiltersystemen ausgerüstet ist, gereinigt. Die laufend gemessenen Staubwerte des gereinigten Gases sind stets <50 mg/m³ (→Normzustand). *Baumann*

Gieß-Preß-Walzanlage. Eine G.-P.-W. arbeitet nach dem Stahlstrang-Gießwalzverfahren. In solchen Anlagen wird etwa 50 mm dickes Stahlband gegossen, unterhalb der Kokille mit zwei Walzen auf eine Dicke zwischen 15 mm und 20 mm gebracht und nach einem Temperaturausgleich mit zwei Walzgerüsten zu einem kaltwalzfähigen Warmband umgeformt. *Baumann*

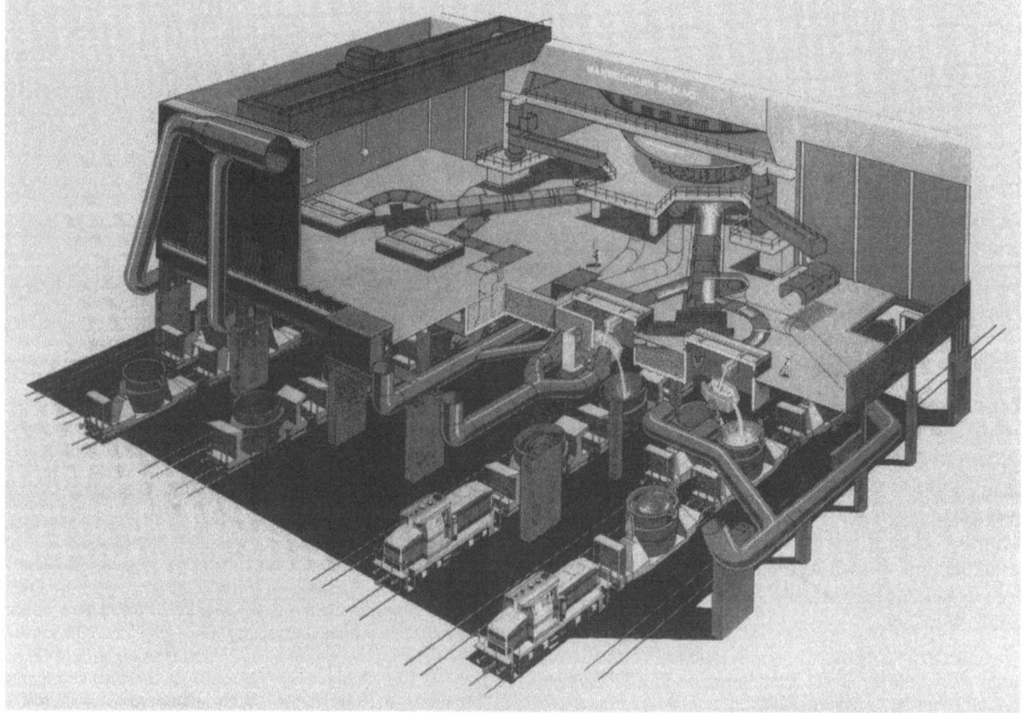

Gießhallen-Entstaubungssystem am Hochofen A im Hüttenwerk Duisburg-Huckingen der Mannesmannröhren-Werke AG.

Literatur: *Schulz, E., D. Ameling, B. Gerstenberg, E. Höffken, K.-H. Peters* u. *R. W. Simon:* Stahl und Eisen 109 (1989) Nr. 22, S. 1047/56.

Walzverfahren. Das G.-P.-W. ist ein Stahlstrang-Gieß-W., bei dem →Vorband gegossen und unterhalb der Kokille mit Walzen umgeformt wird. Nach dem Umformen und einem Temperaturausgleich kann das Gießwalzprodukt, auch innerhalb der →Gießwalzanlage, weiter umgeformt werden. *Baumann*

Literatur: *Schulz, E., D. Ameling, B. Gerstenberg, E. Höffken, K.-H. Peters* u. *R. W. Simon:* Stahl und Eisen 109 (1989) Nr. 22, S. 1047/56.

Gießschmiedeanlage. Eine G. ist ein komplexes technisches System zur Herstellung metallischer Bauteile nach einem →Gießschmiedeverfahren. Wesentliche Teilsysteme einer G. sind die Schmelz- und Gießsysteme, das Gießformen- oder Untergesenk-Transportsystem, das Obergesenk-Wechselsystem, die →Schmiedepresse, die →Adjustage sowie die Ver- und Entsorgungssysteme. *Baumann*

Schmiedeverfahren. Das G. ist ein Fertigungsverfahren zum Herstellen von Bauteilen aus metallischen Werkstoffen, bei dem das →Urformen Gießen, Umformen und Schmieden in einem technischen System miteinander verbunden ist. Dabei wird
□ der flüssige, metallische →Werkstoff in ein →Gesenk gegossen,
□ das Gesenk geschlossen,

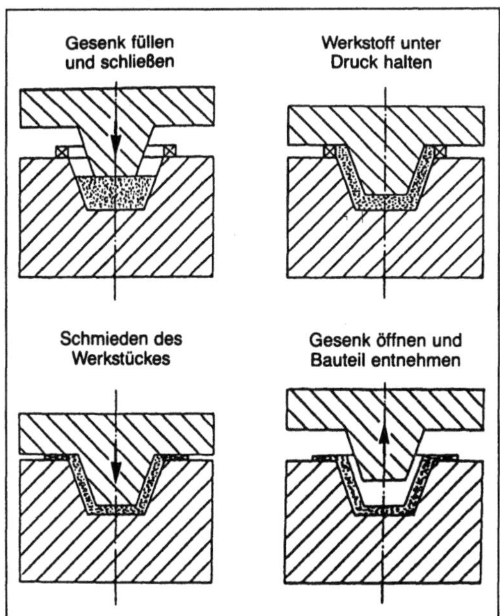

Gießschmiedeverfahren: Verfahrensablauf beim Gießschmieden.

□ der metallische Werkstoff unter Druck zum Erstarren gebracht,
□ das Werkstück in einem werkstofftechnisch günstigen Zeitpunkt, oft unmittelbar nach dem Erstarrungspunkt, mit verhältnismäßig hohem Druck umgeformt,
□ das Gesenk geöffnet und das Bauteil entnommen (Bild).

Bei diesem Verfahren wird also ein →Gießverfahren mit einem →Schmiedeverfahren zum G. verbunden. Darüber hinaus kann ein Gießverfahren mit einem Partiell-Schmiedeverfahren zum G. verbunden werden. *Baumann*

Literatur: *Tietmann, A., K. Welschof, K. R. Baldner* u. *R. Kopp:* Stahl u. Eisen 109 (1989) Nr. 6, S. 289/92.

Gießverfahren. Ein G. ist ein Verfahren, bei dem ein flüssiger →Werkstoff durch Gießen in eine Form und durch teilweises oder gänzliches Erstarren in dieser Form seine Urform erhält. Deshalb werden die G. auch Urformverfahren genannt. G. sind beispielsweise Kokillen-G., Strang-G. und Druck-G. *Baumann*

Gießwalzanlage. Eine G. ist ein komplexes technisches System, in dem ein Gießprodukt hergestellt und unzerteilt mit Walzen umgeformt wird. *Baumann*

Walzverfahren. Ein G. ist ein Verfahren, bei dem ein →Gießverfahren mit einem Walzverfahren in der Weise verbunden ist, daß ein Gießprodukt entweder während seiner Erstarrung, während und nach seiner Erstarrung oder unmittelbar nach seiner Erstarrung unzerteilt umgeformt wird. Dazu zählen beispielsweise das Stahlstrang-G. und das →Gieß-Preß-Walzverfahren. *Baumann*

Gitterboxpalette. Behälter mit Europoolgrundmaß $800 \times 1\,200 \times 970$ aus Metall nach DIN 15144 und DIN 15155.

Die vier Tragsäulen halten zusammen eine statische Belastung von 4400 kg (Eigengewicht der G. eingerechnet) aus. Es können somit fünf G. übereinandergestapelt werden. Die Tragfähigkeit beträgt 1 000 kg. *Jünemann*

Glättwalzanlage. Eine G., manchmal auch →Reeler genannt, ist ein komplexes, technisches System zum Glätten der äußeren sowie inneren Oberfläche eines Stahlrohrs und zum Beseitigen von kleineren Wandverdickungen. In der G. wird das Rohr zwischen 2 tonnenförmigen, schräggestellten Walzen und einem Dorn als Innenwerkzeug bei geringer Aufweitung gerundet und geglättet. Solche Anlagen sind in einigen Rohrwalzwerken mit Stopfenwalzanlagen eingesetzt (→Glättwalzverfahren). *Baumann*

Walzverfahren. Das G. dient dem Glätten der äußeren und inneren Oberfläche eines Stahlrohrs sowie der Beseitigung kleinerer Rohrwand-Verdickungen. Dieses Verfahren ist dem →Schrägwalzverfahren ähnlich und wird mit einem im Walzspalt angeordneten, als Innenwerkzeug dienenden Stopfen durchgeführt. Die Glättwalzen sind tonnenförmig und haben meist Durchmesser zwischen 500 mm und 650 mm. *Baumann*

Glas.

1. Allgemeines. Anorganischer Werkstoff, der im physikalisch-chemischen Sinne als eingefrorene, unterkühlte Schmelze anzusehen ist. Strukturell zeichnet sich der G.-Zustand durch die Abwesenheit einer periodisch aufgebauten Anordnung der atomaren Bauteile aus: Es liegt ein nichtkristalliner (amorpher) Strukturzustand vor.

Im allgemeinen bezieht sich die Bezeichnung G. auf ein anorganisches, meist oxidisches Schmelzprodukt, das durch einen Einfriervorgang ohne Kristallisation in den festen Zustand überführt wurde. Die Temperatur des Einfriervorgangs (Abkühlungskurve) wird zur Charakterisierung von G. herangezogen (Bild). Sie äußert sich u. a. in der Änderung

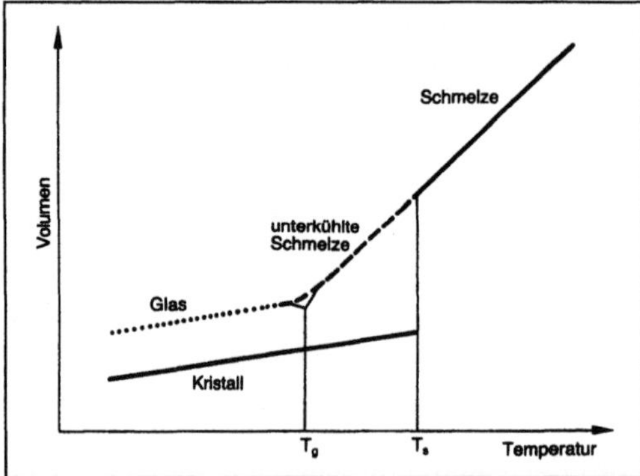

Glas: Temperaturverlauf des Volumens V im schmelzflüssigen, glasigen und kristallinen Zustand.

T_s Schmelztemperatur, T_g Transformationstemperatur

der thermischen Ausdehnung des G. beim Aufheizen. Die Temperatur (Temperaturbereich), bei der diese Änderung eintritt, wird als Transformationstemperatur T_g (Transformationstemperaturbereich) bezeichnet. T_g ist von der thermischen Vorgeschichte des G. abhängig. Ein Vergleich ist daher nur bei einer vorherigen Abkühlung aus der Schmelze mit 1 K/min und einer anschließenden Aufwärmung mit 5 K/min zulässig. Die Viskosität des G. beträgt bei T_g ca. 10^{13} dPa · s und ist somit als „fest" anzusehen, d. h. das G. verhält sich unterhalb T_g als spröd-elastischer Körper. Oberhalb T_g erweicht das G. mit zunehmender Temperatur. Es zeigt viskoelastisches Verhalten.

Zu den kommerziell bedeutendsten Glasarten zählen Silicat-G., hier insbes. Kalk-Natron-Silicat-G., das für Massenartikel wie Flach- und Hohl-G. verwendet wird (Tabelle). Die chemische Zusammensetzung der Silicat-G. beeinflußt die physikalischen und chemischen Eigenschaften des G., wobei für die Verarbeitung und Herstellung sowie für die Anwendung deren Temperaturabhängigkeit und deren chemische Resistenz am wichtigsten sind. So wird z. B. der Verarbeitungstemperaturbereich durch Zugabe von Al_2O_3, MgO oder K_2O erweitert (langes G.), durch Zugabe von B_2O_3 verringert (kurzes G.).

Die mechanische Festigkeit wird von der chemischen Zusammensetzung der G. nur gering beeinflußt. Vielmehr ist hier die Beschaffenheit der Oberfläche (Risse, Kratzer usw.) festigkeitsbestimmend (Griffith-Bruchtheorie, Abschrecken).

Die industrielle Herstellung von G. erfolgt in einer kontinuierlich betriebenen, feuerfest ausgekleideten Schmelzwanne. Das für z. B. Kalk-Natron-G. vorher homogenisierte Gemenge aus Quarzsand, Soda und Kalk wird maschinell eingelegt und bei 1 500–1 600 °C erschmolzen. Die Beheizung der Wannen erfolgt meist regenerativ mit Erdgas oder Heizöl. Die Homogenisierung der G.-Schmelze geschieht bei Maximaltemperatur durch Einblasen von Luft, durch gasabspaltende sog. Läutermittel oder durch mechanisches Rühren. Die Formgebung des G. erfolgt durch Pressen, Ziehen, Schleudern usw. bei Temperaturen zwi-

Glas. Tabelle: Chemische Zusammensetzung einiger industriell hergestellter Gläser in Massengehalt in %.

Glasart	SiO_2	B_2O_3	Al_2O_3	PbO	CaO	MgO	BaO	Na_2O	K_2O
Behälterglas	73	—	1,5	—	10	0,1		14	0,6
Flachglas	72	—	0,3	—	9	4		14	—
Glühlampenglas	73	—	1	—	5	4	—	17	—
Fernsehkolbenglas	67	—	4	—	—	—	13	8	8
Laborgeräteglas	81	13	2	—	—	—		4	—
Bleikristallglas	60	1	—	24	—	—	1	1	13
Faserglas (E-Glas)	54	10	14	—	17,5	4,5	—	—	—

schen 1 250–1 000 °C. Dabei können die Durchsätze in z. B. der Flach-G.-Produktion bis zu 750 t/d in einer Float-G.-Anlage betragen.

Neben den Massen-G. gibt es diverse Spezial-G. Erwähnt seien hier G. für optische Lichtwellenleiter, phototrope G., Laser-G., halbleitende G., Strahlenschutz-G., G.-Keramiken und G.-Lote.

Prinzipiell können alle Feststoffe in einen G.-Zustand überführt werden bei hinreichend großer Abkühlgeschwindigkeit (metallisches G.) und durch Kondensation von Molekülen aus der Dampfphase auf gekühlten Substraten. Neben dem traditionellen Erschmelzen von G. können auch auf naßchemischen Weg mittels metallhaltiger organischer Lösungen (Alkoxiden) über Polykondensation/ Hydrolysereaktionen und anschließendes Trocknen (Sol-Gel-Prozeß) ebenfalls Mehrkomponenten-G. hergestellt werden. Größere monolithische G.-Stücke sind mit dieser Technik z. Z. noch nicht herstellbar. Sie wird aber schon zum Auftragen von z. B. Entspiegelungsschichten auf Flach-G. angewandt. *Hesse/Hennicke*

Literatur: *Nölle, G.:* Technik der Glasherstellung. Leipzig 1979. – *Scholze, H.:* Glas – Natur, Struktur, Eigenschaften. 3. Aufl. Berlin, Heidelberg, New York 1988.

2. Bearbeitungsmaschine. Glas wird aus der Schmelze bei sehr hoher Temperatur verarbeitet. Die aus der Glaswanne austretende Schmelze wird in einzelne Tropfen vereinzelt. Die Verarbeitung von Glas erfolgt durch Blasen mit hohen Luftdrükken in der Größenordnung von 6–8 bar. Die dazu notwendigen Werkzeuge müssen hohen Wärmewiderstand haben. Es wird hierzu Grauguß verwendet. Der Arbeitsablauf erfolgt in zwei Stufen.

Im ersten Werkzeug wird der Glastropfen zu einem Külbel umgeformt. In diesem Bereich kann neben dem Blasen auch das Pressen verwendet werden. Man unterscheidet dann das Blas-Blase-Verfahren oder das Preß-Blase-Verfahren. Der Külbel nimmt bereits etwa die Form des späteren Produkts bei verkleinertem Volumen an. Der Külbel besitzt noch kein hohles Innenvolumen. Der vorgeformte Külbel wird durch eine Manipulationseinrichtung in das Fertigblaswerkzeug übergeben. In der zweiten Stufe wird grundsätzlich geblasen. Durch Ansetzen des entsprechend hohen Luftdrucks wird die Glasmasse in dem Werkzeug, das die Außenkontur des zu fertigenden Produkts abbildet, in die gewünschte Form gebracht. Eine weitere Manipulationseinrichtung entnimmt das noch rotglutwarme Produkt dem Werkzeug und setzt es auf ein Transportband, das das Produkt zum Abkühlofen führt.

Durch die Ausarbeitung des Verpackungsmittels aus der weichen Schmelze heraus kann das Produkt nahezu unbegrenzte Formen annehmen. Um aber wirtschaftlich arbeiten zu können, und da die

Schmelzwanne nicht beliebig niedrige Schmelzmengen pro Zeiteinheit abgeben kann, können nicht nur einzelne Werkzeuge in den G.B. eingesetzt werden. Es wird immer gleichzeitig eine Vielzahl von Werkzeugen, u. U. auch für unterschiedlich geformte Produkte, eingesetzt unter der Voraussetzung, daß die verwendete Glasmenge für alle Produkte in einer G.B. gleich ist. In der Reihenmaschine sorgt ein System von Rinnen dafür, daß die abgeschnittenen Glastropfen in das jeweils freie Werkzeug geleitet werden. Ganz am Anfang sorgt eine schwenkbare Rinne dafür, daß der Tropfen in die gewünschte weitere Rinne geleitet wird. Bei der Karussellmaschine, bei der sich die Werkzeuge von Arbeitsstufe zu Arbeitsstufe karussellförmig weiterbewegen, ist die Zuführung des Glastropfens zum jeweils freien Werkzeug einfacher zu gestalten. In allen Maschinen werden die Werkzeuge von Hand mit einer Graphit-Öl-Mischung geschmiert. Es wird dadurch verhindert, daß sich die verformte Schmelze an den Außenwänden des Werkzeugs so festsetzt, daß bei der Entnahme des Produkts u. U. Verformungen eintreten könnten. Durch die Anwendung der hohen Luftdrücke ist der Lärmpegel im Bereich dieser G.B. sehr hoch. Er liegt in der Größenordnung von 100 dB(A) oder mehr. Gehörschutz ist für das Arbeitspersonal vorgeschrieben. *Paris*

3. Kraftfahrzeug. G. ist für Kraftfahrzeuge wegen der nach allen Seiten erforderlichen Sicht als Wetterschutz von hervorragender Bedeutung. Die große Härte (Tabelle) sorgt für gute Sichtqualität. Andererseits ist sie bei Unfällen problematisch. Die

Glas (Kraftfahrzeug). Tabelle: Eigenschaften von Autoglas. (Quelle: Sekurit Glas Union GmbH)

Dichte	2500 kg/m³
Druckfestigkeit	800– 1000 MN/m²
Biegebruchfestigkeit	
– ESG	100– 120 MN/m²
– VSG	30– 40 MN/m²
Elastizitätsmodul	68000 MN/m²
spezifische Wärme	750– 840 J/kgK
Wärmeleitzahl	0,7– 0,87 W/mK
Wärmeausdehnungskoeffizient linear	65–90 · 10⁻⁷ m/mK
Dielektrizitätskonstante	7– 8
Oberflächenhärte	5– 6 Mohs
Lichtbrechungsindex	1,52
Kugelfallfestigkeit (DIN 52306) Glasdicke 5,0 ± 0,2 mm	ca. 7 Nm

geringe Duktilität erfordert konstruktive Maßnahmen beim Einbau (Spannungsfreiheit).

Es wird heute ausschließlich sog. Sicherheits-G. in zwei Bauformen verwendet:

□ Das Sicherheitsprinzip des Einscheiben-Sicherheits-G. (ESG) liegt in der besonderen Art der Bruchbildung. Es zerfällt in eine Vielzahl kleiner, stumpfkantiger G.-Krümel. Gegenüber normalem G. besitzt es höhere Festigkeit gegen mechanische und thermische Beanspruchung. Mit diesen besonderen Schutz- und Sicherheitseigenschaften ist es die meist verwendete G.-Art im Kraftfahrzeugbau.

Es wird in den Dicken 3–6 mm aus Vorprodukten mit planparallelen Oberflächen gefertigt. Somit wird es den besonders hohen optischen Anforderungen an eine verkehrssichere Fahrzeugverglasung gerecht.

Einscheiben-Sicherheits-G. findet Anwendung als Seiten- und Dachverglasung, Rückwandscheiben usw. Es kann als Heizscheiben-, Antennen-Windschutzscheiben- sowie als Wärmestrahlungsschutz-G. gefertigt werden.

Durch ein gezieltes Thermoschockverfahren wird in der ganzen Scheibe ein Zustand innerer Spannung aufgebaut. Die Oberflächenschichten des G. stehen unter Druckspannung. Durch diesen Spannungszustand erhält das G. eine erhöhte Festigkeit. Wird durch mechanische Einwirkung das Spannungsgefüge des Einscheiben-Sicherheits-G. gestört, zerbricht die Scheibe.

□ Das Sicherheitsprinzip des Verbund-Sicherheits-G. (VSG) beruht auf der splitterbindenden Verklebung zweier G.-Scheiben. Eine glasklare, reißfeste und elastische Kunststoffolie aus Polyvinylbutyral (PVB) dient hierbei als Zwischenschicht. Bei Einwirkung von Stoß oder Schlag von außen oder innen entstehen spinnennetzartige Sprünge. Infolge der elastischen Zwischenschicht bleibt der Scheibenverbund in sich bestehen und die Sicht durch die Scheibe ungetrübt. Die Verbund-G.-Scheibe genügt höchsten Komfortansprüchen, da sie auch nach Anbruch Schutz vor Wind und Wetter gewährleistet.

Verbund-Sicherheits-G. wird für Windschutzscheiben und Rückwandscheiben verwendet. Es kann als Heiz-G., Antennen-Windschutzscheiben- und Strahlungsschutz-G. gefertigt werden.

Bedingt durch den Aufbau besitzt VSG durch die Polyvinylbutyralfolie eine plastisch verformbare Komponente. Durch diese Verformbarkeit können beträchtliche Energien absorbiert werden. Um das Risiko einer Penetration zu verringern, ohne beim Aufprall des Kopfes unzulässig hohe Verzögerungen auftreten zu lassen, schreibt der Gesetzgeber einen →Verbund aus 2 x G. mit hinreichender Foliendicke vor.

Für Fahrzeuge mit besonderem Sicherheitsbedürfnis wird schlag- oder schußsicheres G. verwendet.

Verbund-Sicherheits-G. mit 3 und mehr Schichten erfüllt diese Aufgabe. Ein vielschichtiges VSG gewährleistet auch beim harten Aufprall schwerer Gegenstände Schutz und freie Sicht durch die Scheibe. Je nach Ausführung des Verbunds läßt sich die Penetrationsgrenze variieren. Durch geeignete Kombinationen von G. und PVB, wobei auch vorgespannte Gläser einsetzbar sind, kann man praktisch allen Anforderungen entsprechen.

Infolge des Glashauseffekts ist bei Sonneneinstrahlung die Luft im Innenraum bei Fahrt um 10–20 K, im Stand bis 50 K wärmer als in der Umgebung. Wärmeschutzgläser verringern die Einstrahlung besonders im nichtsichtbaren Bereich (Bild). Die Lichtdurchlässigkeit im sichtbaren Bereich ist >70 %.

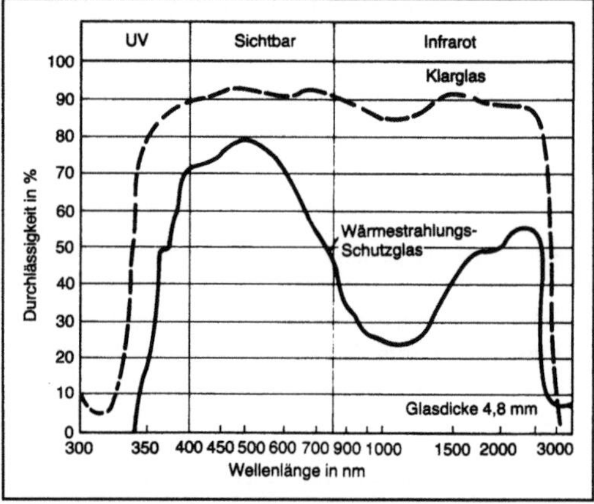

Glas (Kraftfahrzeug): Lichtdurchlässigkeit von Klarglas und Wärmestrahlungsschutzglas. (Quelle: Sekurit Glas Union GmbH)

Kunststoffscheiben wären wegen des kleineren Gewichts und der größeren Duktilität erwünscht, haben sich aber wegen der Kratzempfindlichkeit, der Rißbildung und Kosten bisher nur in Sonderfällen durchgesetzt. *Fiala*

4. Verpackungsstoff. Das G. ist mit etwa 10 % in der Palette der Verpackungsrohstoffe vertreten. Seine Struktur ist amorph. Es präsentiert sich ähnlich einer erstarrten Flüssigkeit. Es entsteht aus einer Schmelze von einer Vielzahl von Stoffen, meist Metalloxiden, -carbonaten oder -sulfaten. Bei hoher Temperatur im Bereich von 1500 K bleiben in der Schmelze die Metalloxide zurück. Bei entsprechend richtigem Mischungsverhältnis erstarrt die Masse zu G.

Durch seine Herstellung in der Schmelze läßt es sich in noch schmelzwarmem Zustand gut formen. Die Art und Größe der Verformung kann man freizügig wählen. Nach der Verformung muß das noch rotglutwarme G. vorsichtig abgekühlt werden. G. kann nicht zu den dünnen Wanddicken wie andere Werkstoffe verarbeitet werden. Bei der Abkühlung dürfen sich in diesen Wänden keine Spannungen einfrieren. Es besteht sonst die Gefahr, daß bei schlagartiger Belastung der Innenoberfläche das G.-Behältnis zerspringt. Nach dem Abkühlen kann man die G.-Oberfläche durch Aufsprühen einer metalloxidhaltigen Lösung vergüten. Die Metalle diffundieren in die ersten Oberflächenschichten des G. ein. Die Härte dieser Oberfläche wird dadurch deutlich erhöht. Sie bietet kaum höheren Widerstand gegen Abrieb, der besonders beim Durchgang durch die Abfüllanlagen, wo die Flaschen gegeneinander rotieren, zu einer leicht eintretenden Beschädigung der Oberfläche führt.

G.-Verpackungen sind starre Verpackungsmittel. Sie benötigen auch im ungefüllten Zustand das volle Nutzvolumen als Transportvolumen. Auf Grund der relativ großen Wanddicken in G.-Verpackung sind sie gegen äußere Belastungen stabil. Sie lassen sich gut in großen Mengen übereinander stapeln, leer und gefüllt. Auf Grund der Durchsichtigkeit von üblichem G. bieten sie gute Präsentationsmöglichkeiten für den Inhalt. Sie bedingen allerdings auch bei nicht identifizierbarem Inhalt eine entsprechende Kennzeichnung der Verpackungsmitteloberfläche, z. B. durch Etiketts. Auf Grund der Verarbeitung einer Schmelze mit sehr hoher Temperatur sind die Produkte nach der Herstellung in ihrer inneren Oberfläche äußerst keimarm. Bei entsprechendem Transport können sie zur aseptischen Abpackung verwendet werden, ohne wesentliche und starke Sterilisationsvorgänge durchlaufen zu müssen. G. ist chemisch indifferent. Es bietet den Füllgütern bis auf wenige Ausnahmen keine Angriffsmöglichkeiten. In G. lassen sich Füllgüter langzeitig aufbewahren, besonders wenn man bei Glas nicht beeinflussende Sterilisationsvorgänge anwendet. Nachteilig bei G. ist seine hohe Sprödigkeit und Bruchempfindlichkeit bei schlagartigen, punktuell angreifenden Belastungen. G. beansprucht gegenüber anderen Verpackungsmitteln bei gleichartigem Nutzvolumen ein höheres Taragewicht. G. ist bei seiner Herstellung gering die Umwelt belastend. Nicht mehr brauchbares G. kann in den Produktionsprozeß zurückgeführt werden. Bis zu 60 % kleingemahlene Scherben aus Altglas können dem Schmelzmaterial zugesetzt werden. Dabei mindert sich der notwendige Energiebedarf zur Herstellung der Schmelze deutlich. *Paris*

Glattwalze. G. oder Stahlmantelwalzen sind Geräte zum Verdichten von Boden oder Fels. Sie werden nach den glatten zylinderförmigen Walzenkörpern (Bandagen) bezeichnet. G. arbeiten in ihrer Verdichtungswirkung statisch oder dynamisch (→Vibrationswalze). Das statische Einwirken des Gewichts ist durch die Linienlast (Gewicht der Walze je Zentimeter Bandagenbreite) gekennzeichnet. Der Flächendruck wächst mit steigender Verfestigung des Untergrunds, da die Bandagen weniger einsinken und somit die Aufstandsflächen geringer werden. Hauptaufgabe der G. ist der Einsatz auf Schotterdecken, das Nachwalzen von Oberflächen, die mit tiefergehenden Geräten vorverdichtet wurden, und das Verdichten von Trag- und Verschleißschichten hinter Schwarzdeckenfertigern. Durch Ballastieren der Bandage mit Wasser läßt sich das Betriebsgewicht noch erhöhen. Berieselungseinrichtungen werden als Schwerkraft- oder Druckberieselung ausgeführt und dienen zur Benetzung der Manteloberfläche oder des Bodens.

G. bestehen aus einem Rahmen, an dem ein, zwei oder drei Walzen angebracht sind. Danach unterscheidet man Einrad-, Tandem- und Dreiradwalzen. Einradwalzen werden meist als Anhängewalze von einer Zugmaschine mit Raupen- oder auch Reifenfahrwerk im Kriechgang bei Zugleistungen von 50–90 kW gezogen. Tandemwalzen sind Selbstfahrwalzen mit ein oder zwei Antriebsachsen. Als Lenksystem verfügen die Geräte je nach Hersteller häufig über eine Knicklenkung oder über eine Schemellenkung an der geteilten Hinter- oder Vorderachse. Stufenlose Geschwindigkeitsregelungen ermöglichen ruckfreies Anfahren und Ändern der Fahrtrichtung. Das Konstruktionsgewicht beträgt 3–8 t, die Leistung 13–39 kW und die Walzbreite 1–1,4 m. Dreiradwalzen haben zwei größere angetriebene Vorderräder und ein kleineres nicht angetriebenes Hinterrad (Bild 1). Allgemein liegen die Konstruktionsgewichte zwischen 6 und 16 t bei Leistungen von 30–40 kW und einer Walzenbreite von 1,2–2 m. G. erzielen nur eine geringe Tiefenwirkung (rd. 10 cm), da sie nur mit einem schmalen Streifen auf der Bodenfläche aufliegen. Dagegen ist die erreichbare Ebenheit i. a. gut. Kleine Bandagen und Geräte, die nur Hinterachsantrieb haben, erzeugen größeren Schub und neigen deshalb zur Wellen- und Rißbildung (Bild 2). Diese verlaufen quer zur Fahrtrichtung. Aus diesem Grund sollten die Räder nicht zu klein sein, und man sollte mit den

Glattwalze 1: Dreiradwalze.

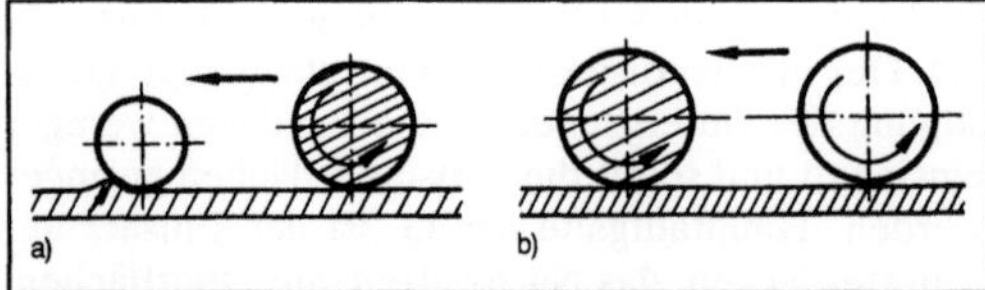

Glattwalze 2.
a) Wellenbildung vor dem geschobenen Rad
b) Keine Wellenbildung an der angetriebenen Bandage.

angetriebenen Rädern vorn arbeiten (Alternativ: Allbandagenantrieb). **Kühn**

Gleichdruckprozeß →Vergleichsprozeß

Gleichlauf elektrischer Maschinen. Der Betrieb von Antriebswellen, deren Drehzahlen gleich oder geringfügig unterschiedlich sind, wird als G. bezeichnet.

Sind die Drehzahlen gleich, ist dies absoluter G. Im anderen Fall (geringfügig unterschiedlich) wird es relativer G. genannt.

Der relative G. ist meist mit der Regelung bestimmter Zustandsgrößen verbunden, z. B. des Zuges beim Kaltwalzen von Blechen oder des Zuges der Stoffbahn einer Textilmaschine.

Zur Erzielung des absoluten G. von Mehrmotorensystemen mit konstanter Drehzahl werden im unteren Leistungsbereich Reluktanzmotoren (bis etwa 15 kW), darüber Synchronmotoren eingesetzt. Allerdings vergrößert sich bei steigender Belastung der sog. Lastwinkel. Dies ist die Nacheilung des Läufers vom Leerlaufwinkel. Dieser Lastwinkel kann einige Grad betragen.

Bei drehzahlverstellbaren Mehrmotorenantrieben wurden bisher meist geregelte Gleichstromantriebe eingesetzt. Ein synchroner Hochlauf der Motoren ist hiermit schwer erzielbar. Ein winkelgetreuer G. ist mit den bisher üblichen analogen Regelsystemen nicht möglich. Die Einführung der Digitaltechnik mit Mikroprozessoren und digitaler Drehzahl-Ist-Wert-Erfassung läßt hier entscheidende Verbesserungen erwarten.

In der Vergangenheit wurden Gleichlaufprobleme vielfach mit sog. elektrischen Wellen gelöst, die aus Drehstrom-Geber- und Drehstrom-Empfänger-Motoren bestanden.

Der Einsatz von frequenzverstellbaren Umrichtern ermöglicht schon seit etwa 1975 in wirtschaftlicher Weise die Realisierung des G. von drehzahlverstellbaren Drehstrom-Mehrmotorensystemen (Bild 1). Für diese gilt in gleicher Weise wie zuvor beschrieben die Abhängigkeit des Lastwinkels von der Belastung. Das synchrone Hochfahren der Motorgruppen ist problemlos möglich. Bei entsprechender Auslegung des Umrichters können auch Motoren unterschiedlicher Leistung gemeinsam frequenzgesteuert hochgefahren werden (Bild 2). **Stüben**

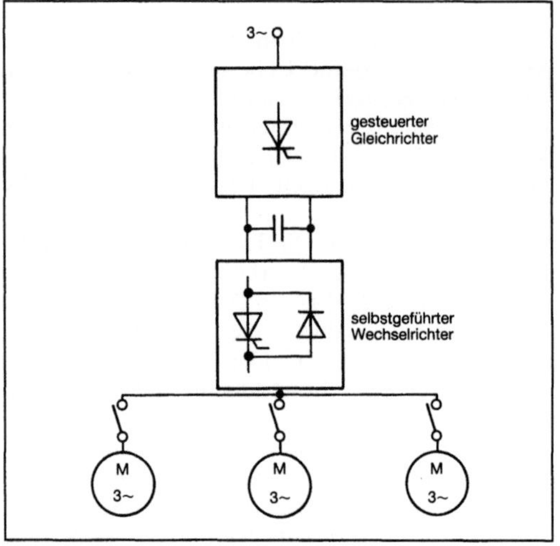

Gleichlauf elektrischer Maschinen 1: Gleichlauf-Antriebssystem: Speisung aus einem Zwischenkreis-Umrichter.

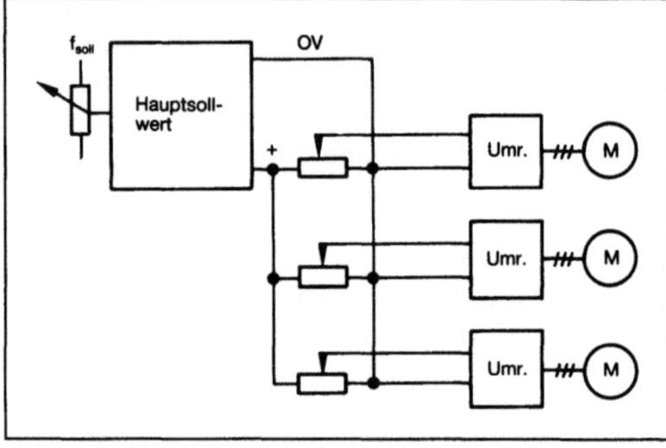

Gleichlauf elektrischer Maschinen 2: Gleichlauf-Antriebssystem: Mehrmotorensystem mit Einzel-Speisung der Motoren aus je einem Umrichter. (Quelle: Stüben: Elektrische Antriebstechnik. Hrsgg. v. BBC, Mannheim. Essen 1987)

Gleichlauf und Gegenlauf. Diese Begriffe aus der →Rotordynamik beschreiben phänomenologisch zwei Formen der Bewegung, die man an rotierenden und gleichzeitig schwingenden Maschinenwellen beobachten kann. Überlagern sich der Drehbewegung harmonische Biegeschwingungen, so beschreibt der Wellenmittelpunkt W eine elliptische Bahnkurve um seine Gleichgewichtslage. Durchläuft er diese Bahn im Drehsinn der Welle, spricht man von →Gleichlauf; ist der Umlaufsinn dem Drehsinn der Welle entgegengesetzt, liegt Gegenlauf vor (Bild).

Erwähnenswert ist die Tatsache, daß bei synchronem Gleichlauf auf einer Kreisbahn (drehfrequente Kreisschwingung) die Welle rein statisch verformt wird, so daß →Werkstoffdämpfung unwirksam bleiben muß.

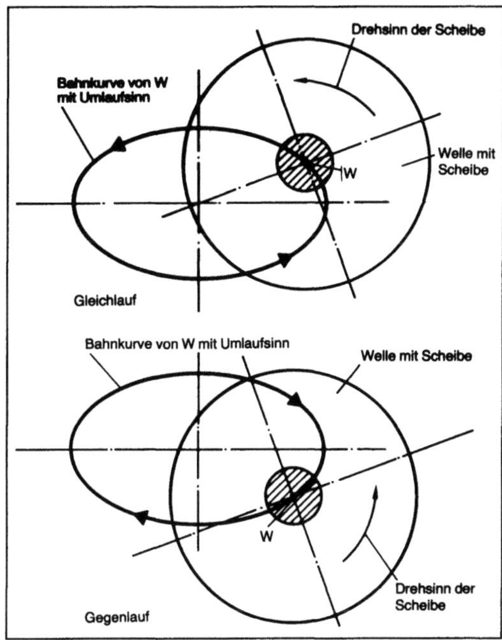

Gleichlauf und Gegenlauf.

Die Begriffe Gleichlauf und Gegenlauf werden häufig auch bei komplizierteren Bahnkurven des Wellenmittelpunktes verwendet, solange nur der wesentliche Umlaufsinn deutlich bleibt.　　*Witfeld*

Gleichlaufmischer. Diese Bauart eines Trommelmischers mit horizontal liegender Mischtrommel hat eine oder zwei Öffnungen. Die Entleerung der Trommel geschieht dadurch, daß bei gleichbleibender Drehrichtung eine Auslaufschurre, deren Ende bis zur Trommelmitte reichen kann, unter einem Winkel von etwa 45° in die Trommel eingeschwenkt wird. Über diese Schurre wird der Beton nach außen ausgetragen. Ein weiteres Mischsystem, der Schalentrommelmischer entleert durch Öffnen der zweiteiligen Trommel.　　*Kühn*

Gleichraumprozeß →Vergleichsprozeß

Gleichstrom-Fahrmotor →Fahrmotor

Gleichstrommotor. Elektrische Maschine zur Umwandlung elektrischer in mechanische Energie mit guten Steuerungs- und Regelungseigenschaften, bereits im Jahre 1834 von *Jacobi* mit Batteriespeisung zum Antrieb eines Boots benutzt. Der Leistungsbereich umfaßt wenige Watt bis zu etwa 10 MW, mit Spannungen bis zu etwa 3000 V und Drehzahlen bei kleinen Leistungen bis zu etwa 10 000 min^{-1}. Das Produkt aus Drehzahl und ausführbarer Leistung ist annähernd konstant.

Die Energiezuführung geschieht vorwiegend über Stromrichter, bei Motoren in Kleingeräten durch Batterien. Motoren großer Leistung werden in Förder- und Walzenantrieben verwendet; solche mittlerer Leistung in Fahrzeugen sowie für Steuerungs- und Regelungsantriebe aller Art. Motoren kleiner Leistung finden für Fahrzeuganlasser, Scheibenwischerantriebe, Stellantriebe usw. Verwendung.

Die Arbeitsweise des G. beruht auf dem Zusammenwirken des erregenden, stillstehenden Magnetfelds des Ständers mit dem von den in den Spulen der Wicklung des Läufers, hier Anker genannt, induzierten Strömen erzeugten Ankerfeld, wobei das magnetische Hauptfeld, das der Verbesserung der Stromwendung dienende Wendepolfeld und das Ankerfeld zu unterscheiden sind.

Das magnetische Hauptfeld wird von den auf den Hauptpolen angeordneten Erregerwicklungen erzeugt. Nach der Art der Zuführung des Erregerstromes werden unterschieden:

☐ fremderregte Motoren mit Erregung durch eine vom Motor unabhängige, fremde Stromquelle,

☐ eigenerregte Motoren mit einer mit dem Hauptmotor gekuppelten Erregermaschine und

☐ selbsterregte Motoren, die den Erregerstrom selbst erzeugen.

Bei den selbsterregten Motoren werden unterschieden: Nebenschlußmotoren mit parallel zum Anker liegender Erregerwicklung, Reihenschlußmotoren mit vom Ankerstrom durchflossener, in Reihe mit dem Anker liegender Erregerwicklung und Doppelschlußmotoren mit Nebenschluß- und Reihenschlußwicklung.

Die Schaltungen zeigt Bild 1, wobei die Wendepole B sowohl einseitig als auch gleichmäßig auf beiden Seiten des Ankers verteilt angeordnet sein können.

Schließlich ist bei Motoren kleinerer Leistung die Eigenerregung durch Permanentmagnete zu erwähnen. Durch die Entwicklung der Seltene-Erden-Magnete hat sich ihr Verwendungsbereich wesentlich erweitert.

Die Kompensations- und Wendepolwicklungen sind mit der Ankerwicklung stets so in Reihe geschaltet, daß das Wendepolfeld dem Ankerfeld entgegenwirkt. Zur Kompensation der Ankerrückwirkung wird der →Nebenschlußmotor häufig mit einer Hilfsreihenschlußwicklung ausgestattet.

Das stillstehende Ständerfeld ist grundsätzlich heteropolar. Beim Motor folgt in Drehrichtung auf den Hauptpol ein gleichnamiger Wendepol. Die homopolare Ausführung ist auf Generatoren beschränkt.

Die in den rotierenden Leitern des Ankers induzierte Spannung U_q ist stets eine Wechselspannung, die vom Stromwender (Kommutator) gleichgerichtet wird. Die am Stromwender auftretenden Span-

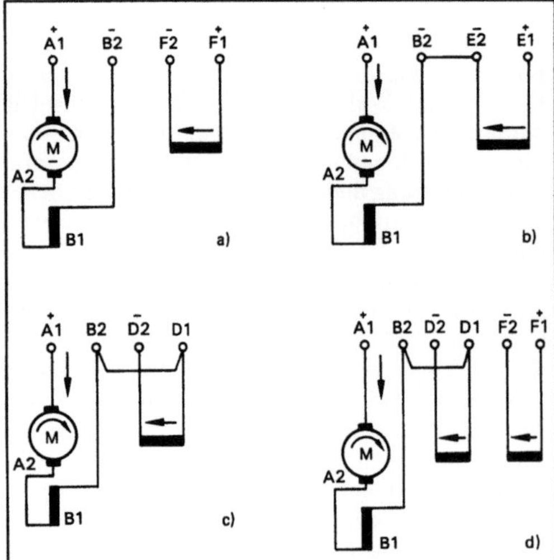

Gleichstrommotor 1: Schaltungen von Gleichstrommotoren. Rechtslauf von der Antriebsseite aus gesehen, einseitige Anordnung der Wendepole.
a) Fremderregter Nebenschlußmotor
b) Selbsterregter Nebenschlußmotor
c) Reihenschlußmotor
d) Doppelschlußmotor.

A1–A2 Ankerwicklung, D1–D2 Reihenschlußwicklung, B1–B2 Wendepolwicklung, E1–E2, F1–F2 Erregerwicklung

nungen begrenzen die ausführbare Leistung des G. Die Segmentspannung zwischen zwei benachbarten Kommutatorlamellen darf 16–20 V (höherer Wert bei kompensiertem Motor) nicht überschreiten. Dem Einfluß der Ankerrückwirkung (Reaktanzspannung) wirken die Wendepol- und die Kompensationswicklung entgegen, solange die Proportionalität zwischen Ankerstrom und Wendepolfeld nicht durch Sättigungserscheinungen gestört wird.

Zwischen der Netzspannung U und der induzierten Spannung U_q besteht der Zusammenhang

$$U = U_q + (R_A I_A + U_B),$$

mit R_A Ankerwiderstand, I_A Ankerstrom und U_B Übergangswiderstand an den Bürsten.

Die induzierte Spannung errechnet sich zu

$$U_{q(I)} = c \cdot \Phi \cdot n,$$

mit c Maschinenkonstante, Φ Erregerfluß und n Drehzahl des Läufers.

Das Drehmoment hat, ohne Berücksichtigung der mechanischen Verluste, die Größe

$$M = c \cdot \Phi \cdot I_A.$$

Die Drehzahl des Motors ist

$$n = \frac{U_q - I_A R_A}{c},$$

d. h. angenähert ist die Drehzahl bei konstantem Fluß der Betriebsspannung direkt und bei konstanter Betriebsspannung dem Fluß umgekehrt proportional. Diese Abhängigkeit wird zur Drehzahländerung des Motors ausgenutzt (Bild 2):

□ im Bereich Stillstand bis Nenndrehzahl durch Änderung der Ankerspannung bei konstantem Fluß (Ankerstellbereich). Dabei ist bei gesteuerten Motoren ein Stellbereich von etwa 1:30 erreichbar, bei geregelten Motoren erheblich mehr, bei Scheibenläufer- und Stabankermotoren bis zu etwa 1:3000;

□ im Bereich Nenndrehzahl bis zur durch die Stromwendung bedingten Drehzahlgrenze durch Schwächung des Erregerfelds bei konstanter Spannung (Feldschwächbereich) mit einem Stellbereich von etwa 1:3 bis 1:5.

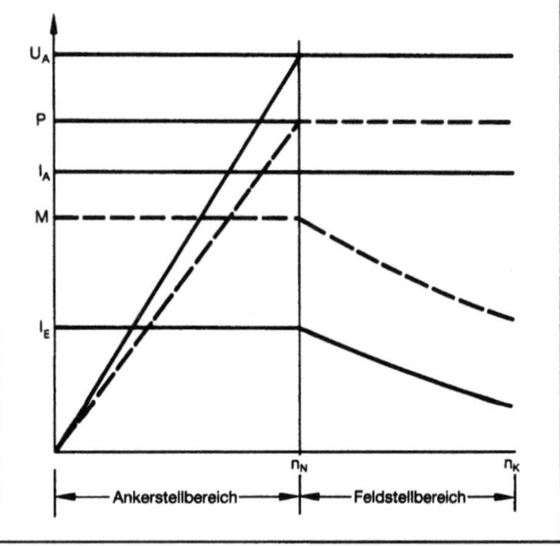

Gleichstrommotor 2: Drehzahlstellbereich eines fremderregten Gleichstrommotors.

U_A Ankerspannung, I_A Ankerstrom, I_E Erregerstrom, M Drehmoment, P Leistung, n_N Nenndrehzahl, n_K durch Stromwender bedingte Grenzdrehzahl

Zur Verbesserung der Änderungsgeschwindigkeit des Wendepolfelds bei schnellen Änderungen des Ankerstroms (Regeldynamik) ist bei modernen G. die Entdämpfung des magnetischen Kreises durch Blechung der Wendepole und des Ständerjochs bei Motoren kleiner und mittlerer Leistung die Regel. Bild 3 zeigt den Querschnitt eines G. in ungeblechter und geblechter Ausführung. Das geblechte Joch ist selbsttragend. Die Bleche werden am Außenumfang durch Schweißnähte zusammengehalten.

Die meistverwendeten G. haben →Nebenschlußverhalten. Bei Reihenschlußmotoren steigt das Drehmoment im ungesättigten Bereich quadratisch mit dem Ankerstrom, während im Sättigungsbereich etwa Linearität besteht. Die Drehzahl ist stark

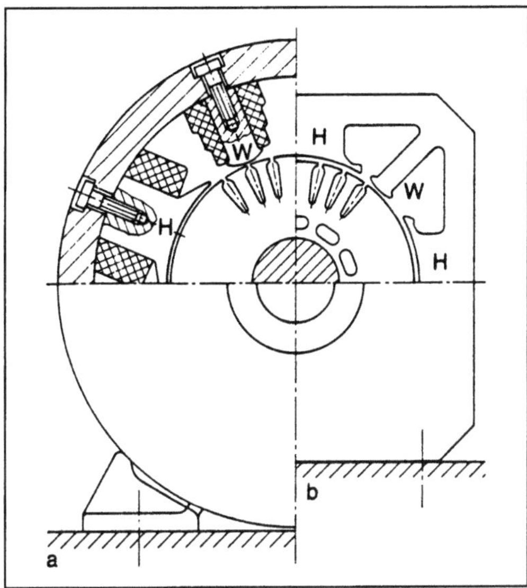

Gleichstrommotor 3: Querschnitt einer Gleichstrommaschine kleiner Leistung.

a mit massiven Wendepolen und Joch, b mit geblechten Wendepolen und Joch, selbsttragend, H Hauptpol, W Wendepol

belastungsabhängig; sie steigt bei völliger Entlastung stark an. Reihenschlußmotoren werden als Fahrzeug- und Hebezeugantriebsmotoren verwendet. Sondermotoren für schwere Hilfsantriebe in Walzwerken sind Millmotoren.

Kleine G. mit besonderen Eigenschaften und Leistungen bis etwa 25 kW finden als Servomotoren Verwendung. Die Anforderungen an diese Motoren sind unterschiedlich:
□ kleine elektrische Zeitkonstante des Ankerkreises (Scheibenläufermotoren),
□ kleines Läuferträgheitsmoment (Stabankermotoren),
□ großes Drehmoment und hohe elektrische und mechanische kurzzeitige Überlastbarkeit (Hytorkmotoren),
□ Permanenterregung (Dauermagnetmotoren).

Rentzsch

Literatur: *Bödefeld, Th.,* u. *H. Sequenz:* Elektrische Maschinen. Berlin, Wien 1971. – *Moeller, F.,* u. *P. Vaske:* Elektrische Maschinen und Umformer. Stuttgart 1976. – *Richter, R.:* Elektrische Maschinen. Basel, Stuttgart 1967.

Gleichstromspülung →Spülverfahren

Gleisbaugerät. Die Eisenbahn hat in den vergangenen Jahren große Fortschritte gemacht. Hohe Fahrgeschwindigkeiten der Züge, dichte Zugfolgen und steigende Achslasten von Waggons und Lokomotiven stellen an den Gleisbau und damit an die Gleisbaumaschinen und Gleiserhaltungsmaschinen

neue Forderungen. So sind bei diesen Baumaschinen angestrebt:
□ größere Arbeitsgeschwindigkeit bei gleichem Personalaufwand,
□ ergonomische Arbeitsweise,
□ Einsatz des technischen Standards und neuer wissenschaftlicher Erkenntnisse,
□ größtmögliche Genauigkeit der Maschinenarbeit,
□ Vermeidung von Langsamfahrstrecken auf Hochgeschwindigkeitsabschnitten,
□ längere Erhaltung des Gleiszustands.

Da der technische Standard sowie die wirtschaftlichen Möglichkeiten der Eisenbahnunternehmen der Welt sehr unterschiedlich sind, stehen außer den hochtechnisierten Spitzengeräten auch zahlreiche einfache Maschinen zur Auswahl. Diese Maschinen ermöglichen die Mechanisierung weiterer Teilbereiche des Gleisbaus. So sind beispielsweise Stopfmaschinen mittlerer Leistung, Kleinstopfmaschinen und Spezialstopfmaschinen für Industrieminenbahnen oder städtische Verkehrsbetriebe, ferner alle Zusatzgeräte, wie Zweiwegefahrzeuge und Anbaugeräte für konventionelle Baumaschinen, in diese Geräteklasse einzuordnen.

Vollmechanische G. sind wegen unterschiedlicher Anforderungen keine Maschinen „von der Stange", sondern Geräte, die im Baukastenprinzip den jeweiligen Erfordernissen des Anwenders angepaßt werden können. Zu diesen Geräten gehören:
□ Schotterverteil- und Planiermaschinen,
□ Stabilisier- und Verdichtungsmaschinen,
□ Bettungsreinigungsmaschinen,
□ Schienenwechselmaschinen,
□ Schienenbearbeitungsmaschinen,
□ Planumsverbesserungsmaschinen,
□ Mehrfachschraubmaschinen,
□ Gleisstopfmaschinen,
□ →Nivellierstopf- und Richtmaschinen,
□ Gleisverlegemaschinen,
□ Schnellumbauzüge,
□ Weichenumbauzüge,
□ mechanische Durcharbeitungszüge.

Die Beanspruchung des Gleises durch Züge bewirkt unterschiedliche Abnutzungserscheinungen an der Schiene:
□ Riffeln (periodische Unebenheiten kurzer Wellenlänge),
□ Wellen (periodische Unebenheiten großer Wellenlänge),
□ Überwalzungen der Schienenaußen- und -innenseiten,
□ abgefahrene und verquetschte Fahrkanten.

Zur Beseitigung solcher Fehler im Gleis sind verschiedene Bearbeitungsmethoden erforderlich. Bei Riffeln und Wellen wird man in der Regel mit geringen Materialabtragungen auskommen. Bei Verformungen des Schienenkopfes ist es notwendig, mit größeren Abtragungen das Schienenprofil neu zu erstellen. Schienenbearbeitungsmaschinen sind deshalb sowohl mit Hobel- als auch mit Schleifeinrichtungen versehen. *Kühn*

Gleisförderung. Die G. ist ein vor allem im Tunnel- und Stollenbau vorkommendes Transportsystem, das sich jedoch nur für geringe Steigungen bis ungefähr 2,5 % eignet. In engen Stollen ist sie oft die einzige sinnvolle Möglichkeit des Materialtransports. Außerdem wird die G. im Tagebau z. B. zum Abtransport der mit Schaufelradbaggern gelösten Braunkohle benutzt. Die wesentlichen Vorteile der G. sind die Einsetzbarkeit bei kleiner Tragfähigkeit des Untergrunds, die geringen Einschränkungen hinsichtlich des zu transportierenden Materials und die Erweiterungsfähigkeit der Gesamtanlage. Zur G. werden benötigt:

□ die Gleise, untertage zumeist die Schmalspur 600/900 mm, übertage darüber hinaus noch Normalspur 1435 mm;

□ die Lokomotiven, deren Antriebsleistung üblicherweise im Schmalspurbereich von 30–200 kW, im Normalspurbereich von 70–1500 kW reicht;

□ die Förderwagen, deren Nenninhalte 0,75–5,0 m³ im Schmalspurbereich und 15,0–100,0 m³ im Normalspurbereich betragen. *Kühn*

Gleisgerät. Beim Gleisbetrieb werden verschiedenartige Förderwagen, die sich in der Aufnahme und Entleerung des Haufwerks unterscheiden, zusammen mit Lokomotiven unterschiedlicher Antriebsart verwendet. Für den Wagenwechsel unter beengten Platzverhältnissen gibt es unterschiedliche Verfahrensweisen. Ausweichstellen (parallele Gleise) sind wegen ihres großen Platzbedarfs nicht immer anwendbar; ebenso der zeitaufwendige Wagenwechsel in seitlichen Tunnelnischen mittels Schiebebühnen oder Drehscheiben. Der Cherry Picker ist eine meist in Portaljumbos integrierte Stahlkonstruktion, in der mittels Stahlketten oder Hydraulikzylindern durch Anheben leere Waggons an die Beladestelle umgesetzt werden. Dieses Verfahren ist aber ebenfalls zeitintensiv und setzt genügende Tunnelhöhe voraus. Übergabebrücken (Bild) beladen die Förderwagen über Band- oder Kettenförderer und beginnen dabei mit dem Wagen direkt hinter der Lokomotive. Ist dieser gefüllt, fährt der Zug zur Beladung Wagen für Wagen unter der Übergabebrücke hindurch. *Kühn*

Gleiskettentraktor. Besondere Bauart des Traktors mit Gleiskettenlaufwerk an Stelle von Luftreifen.

Die große Auflagefläche der Kette bewirkt eine sehr günstige Traktion bei geringem Bodendruck (wenn auch nicht gleichmäßig) und hervorragender Geländegängigkeit. Eine Berechnung des Kontaktflächendrucks aus Fahrzeuggewicht und Aufstandsfläche ergibt fast immer unrealistische Ergebnisse. Tatsächliche örtliche Werte können nach *Rowland* z. B. um 100 % größer sein infolge durchdrückender Führungsrollen. Weitere Überhöhungen sind durch Gerätekräfte möglich. G. hatten zeitweise begrenzte Bedeutung in der Landwirtschaft. Die Einführung des Niederdruckluftreifens (USA 1933, Deutschland 1934) ließ jedoch die Nachteile des G. vermehrt hervortreten: Eingeschränkte Straßenfahrt (Tieflader), mäßiger Fahrkomfort, hoher Preis, hohe Reparaturkosten (Kettenverschleiß) und Verletzung der Fahrbahn beim Lenken (Scheren). Versuche zur Einführung einer Luftraupe scheiterten aus mehreren Gründen. Neuere Ansätze gehen von flexiblen Gummigewebe-Gleisketten aus.

Nennenswerte Bestände von G. bestehen vor allem noch in der ehemaligen UdSSR. In den westlichen Industriestaaten hat der G. derzeit nur eine geringe Bedeutung, so beispielsweise in Italien zum Bearbeiten sehr schwerer Böden bei geringen Fahrgeschwindigkeiten. *Renius*

Literatur: *Culshaw, D.:* Rubber tracks for traction. J. of Terramechanics 25 (1988) Nr. 1, S. 69/80. – *Rowland, D.:* Tracked vehicle ground pressure and its effect on soft ground performance. Proceed. 4th Int. Conf. ISTVS, Stockholm 1972. – *Schulz, H.,* u. *K. Schulz:* Stand der Gleiskettenfahrzeugtechnik. Agrartechn. 33 (1983) Nr. 6, S. 259/62. – *Wong, J. Y.:* Computer aided analysis of the effects of design parameters on the performance of tracked vehicles. J. of Terramechanics 23 (1986) Nr. 2, S. 95/124.

Gleislostechnik. G. ist der Oberbegriff für nicht gleisgebundene Fahrzeugtechnik in allen Bergbaubereichen. Überwiegend werden gummibereifte Arbeitsmaschinen eingesetzt. Die G. befindet sich im deutschen Steinkohlenbergbau noch in der Erprobung. Im Gegensatz dazu wurde im Kalisalz- und Erzbergbau in relativ kurzer Zeit eine im wesentlichen einheitliche gleislose Gewinnungs- und Transporttechnik, insbes. durch die Einführung sog. Fahrlader, realisiert. Im Steinkohlenbergbau der USA werden beim Örterbau in dünnen Flözen

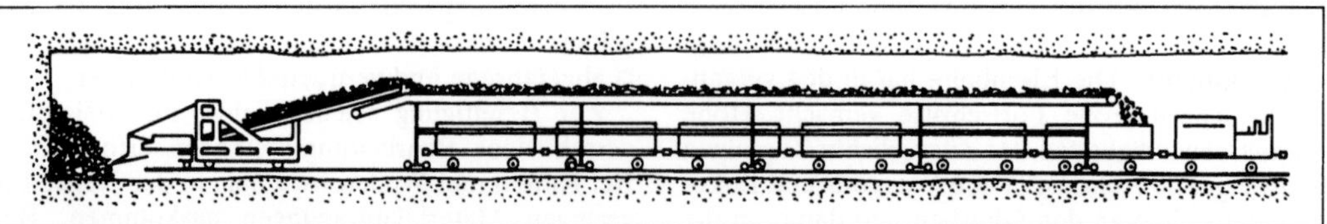

Gleisgerät: Übergabebrücke.

bis 1,5 m Gleislosfahrzeuge mit Batterieantrieb eingesetzt. Bei größeren Mächtigkeiten als 1,5 m lassen sich dieselben Abbau- und Transportgeräte einsetzen wie im Kali- oder Erzbergbau, d. h. Fahrlader mit wenigstens 7 t Nutzlast.

In Deutschland liegen die Einsatzschwerpunkte der G. beim →Materialtransport, der Personenbeförderung und dem Streckenvortrieb kurzer und mittlerer Länge. Voraussetzungen für die Anwendung der automobilen Technik sind eine entsprechende Zuschnittsplanung, genügend Raum sowie ein geeignetes Liegendes. Entsprechende Zuschnittsplanung bedeutet u. a.: Neigung in der Streckenführung <10 gon, Trennung von Logistik und Massengutförderung zur Entzerrung der Transportvorgänge und Anwendung von Rückbau.

Das Spektrum der eingesetzten Maschinen reicht vom einfachen Gabelstapler bis zu Fahrladern mit über 8 m³ Schaufelinhalt.

Der heute größte schlagwettergeschützte Fahrlader hat einen Schaufelinhalt von 8,5 m³. Er wird mit einem 200 kW-Elektromotor oder mit einem Dieselmotor betrieben. Bei Streckenvortrieb wurde mit Fahrladern bereits eine Vortriebsgeschwindigkeit von 42 m/Monat bei einem Streckenquerschnitt von 41 m², einer mittleren Transportentfernung zur Kippstelle von 150 m und einem Ausbruchvolumen je Abschlag von 140 m³ erreicht. Fahrlader zeichnen sich durch ein breites Einsatzspektrum und geringe Wartungskosten aus. Für den Personen- und Materialtransport werden häufig Fahrzeuge mit einer Nutzlast von 3,5 t und einer Breite von 1,2 m eingesetzt. Sie besitzen Allradlenkung und -antrieb sowie einen Fahrerstand für beide Richtungen. Mit einem Fahrzeug können 20–30 Personen befördert werden.

Im allgemeinen sind die Fahrzeuge nicht höher oder breiter als 2 m, wobei die Höhe stark von der Reifengröße abhängig ist. Durch kleine Wenderadien wird ein Höchstmaß an Manövrierfähigkeit erzielt.

Der Fahrbahnzustand wurde als die betriebswirtschaftliche Einflußgröße erkannt, die sich am nachhaltigsten auswirkt. Er beeinflußt nicht nur die Reifenkosten, sondern auch nahezu alle anderen Kosten in der Betriebsrechnung eines Gleislosfahrzeuges.

Es ist in Fahrbahnen aus Vergußbeton, aus Fließbeton und aus Trockenbaustoffen zu unterscheiden. Nachgiebige Fahrbahnen werden mit dem sog. wassergebundenen Fahrbahnbau realisiert. Ein wesentliches Kriterium für die Qualität der Fahrbahn ist der Verdichtungsgrad. Eine Überverdichtung, die sich negativ in nutzloser Arbeit und unerwünschter Kornzerkleinerung äußert, ist ebenso zu vermeiden wie eine zu geringe Verdichtung, die eine mangelnde Stabilität der Fahrbahn zur Folge hat. Bei hohem Feinkorngehalt entstehen wasseraufsaugend wirkende Kapillaren, welche die Haltbarkeit der Fahrbahn negativ beeinflussen.

Eine ausreichende Verdichtung ist quantitativ mit Meßgrößen wie dem Verdichtungsgrad nach *Proctor* (DIN 18 125) bestimmbar. *Seeliger*

Literatur: Glückauf 122 (1986), S. 501, 982 u. 1187.

Gleisstopfmaschine. Zum Stopfen, d. h. zum Unterschieben von Schotter unter die Schwellen, werden G. eingesetzt. Die Maschinen sind mit Pickeln (Bild) ausgerüstet, die über Hydraulik gesteuert den Schotter unter die Schwellen pressen. Unterschieden werden G. in Streckenstopfmaschinen, Weichenstopfmaschinen und Universalstopfmaschinen. Letztere haben den Vorteil, daß bei der Durcharbeitung von Bahnhofsbereichen mit erhöhter Anzahl von Weichen eine durchgehende Bearbeitung ohne großen Aufwand möglich ist. *Kühn*

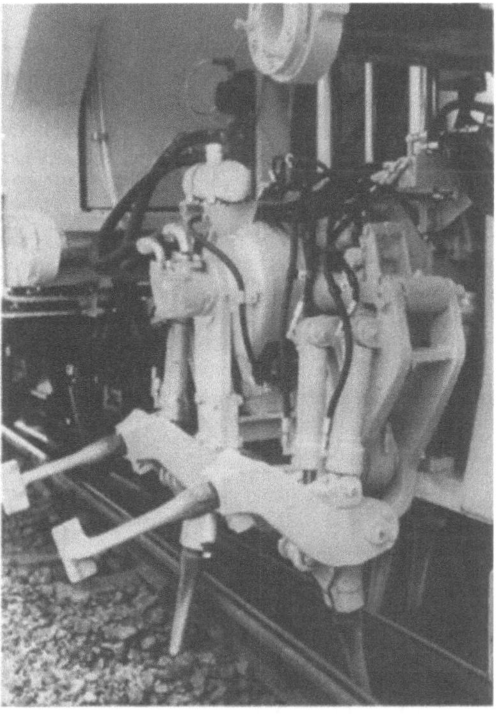

Gleisstopfmaschine: Stopfeinrichtung mit schwenkbaren Pickeln für Weichenstopfen.

Gleisverlegemaschine. G. (SVM) werden beim Neubau von Bahnstrecken eingesetzt. Sie verlegen Einzelschwellen und Langschienen. Der Vorderteil der Maschine ist mit einem Raupenfahrwerk ausgerüstet, das sich auf dem zuvor errichteten Schotterbett innerhalb der Langschienen bewegt. Ein Schotterpflug kann zum Einebnen des Schotterbetts an der Kopfseite der Maschine installiert sein. Die Langschienen werden mittels Hebe- und Führungseinrichtungen angehoben, die Einzelschwellen darunter verlegt und anschließend beide miteinander verschraubt. Der hintere Teil der Maschine läuft bereits auf dem fertigen Neugleis. Die Einzelschwellen werden auf Paletten von hinten an das Gerät angeliefert und mittels Portalkran an die Einsatzstelle verfahren. *Kühn*

Gleitlack. →Schmierstoff, der aus einem →Festschmierstoff und einem Bindemittel zusammengesetzt ist. Als Bindemittel dienen Harze, Kunststoffe oder anorganische, meist keramische Stoffe. G. dienen vielfach zur Einschränkung des Schwingungsverschleißes. *Habig*

Gleitlager.

1. **aerodynamisches** →Gleitlager-Bauform

2. **aerostatisches** →Gleitlager-Bauform

3. **Bauform.** Gleitlager werden überwiegend zur Übertragung von radialen und axialen Lasten zwischen einer rotierenden Welle und einer feststehenden Lagerschale eingesetzt (Bild). Entsprechend den Einsatzbedingungen werden Gleitlager für Trockenlauf, Mischreibung sowie für hydrodynamische oder hydrostatische bzw. aerodynamische oder aerostatische Schmierungszustände ausgeführt. Neben der Schmierstoffversorgung und den Lagerwerkstoffen ist die Gleitraumgeometrie (Spaltgeometrie) für die Funktion entscheidend. Insbesondere ist zu beachten, daß die äußere Last gleichmäßig auf die Gleitflächen verteilt wird. Fertigungs- und Montageungenauigkeiten führen zu Kantentragen (Belastungsspitzen) und mindern die Tragfähigkeit. *Knoll*

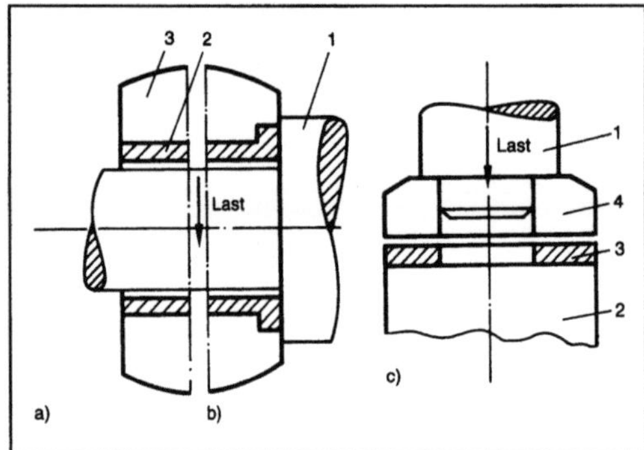

Gleitlager-Bauform: Prinzipieller Gleitlageraufbau
a) Radialgleitlager mit Welle 1, Lagerbuchse 2 und Lagergehäuse 3
b) Wie a) mit zusätzlichem Anlaufbund zur Übertragung geringer axialer Führungskräfte
c) Axiallager mit Axiallagerring 3 und Laufring 4

4. **Berechnung.** Aus den Bedingungen im Übergangspunkt von der Mischreibung in die Hydrodynamik leitet *Vogelpohl* eine einfache Beziehung (Volumenformel) her, mit der für eine →Lagerlast F die Übergangsdrehzahl $n_ü$ oder für eine Betriebsdrehzahl n_B die Übergangslast $F_ü$ berechenbar ist. Die Volumenformel wird aus der Überlegung hergeleitet, daß im Bereich des Übergangs zur Mischreibung die erweiterte →Sommerfeld-Zahl So$(1-\varepsilon)$ gegen den Wert 1,0 strebt. In der Zahlenwertgleichung für $n_ü$ und $F_ü$ ist der Übergangswert $C_ü = 1{,}0$, wenn man folgende Annahmen trifft: minimaler →Schmierspalt von $h_o = 10/3\ \mu\text{m}$, relatives →Lagerspiel $\psi = 2‰$.

Volumenformel: $n_ü = \dfrac{F}{C_ü \eta\ \text{Vol}}$ bei Betriebslast F

und $F_ü = C_ü \eta\ \text{Vol}\ n_B$ bei Betriebsdrehzahl n_B in min^{-1},

mit Lagervolumen Vol $= \pi D^2 B/4$ in m^3, Lagerlast F in N, →Viskosität η in N$_s$/m^2, Übergangsbeiwert $C_ü$ in 1/m. Nach Experimenten sind bei eingelaufenen Lagern bis zu 100fach höhere $C_ü$-Werte möglich, d. h. der verschleißfreie hydrodynamische Schmierungszustand wird bei einer bis zu 100fach niedrigeren Drehzahl erreicht. Bei höheren Rauhtiefen oder bei Wellenschiefstellung sinkt der $C_ü$ dagegen ab. Betriebssicherheit liegt vor, wenn die Betriebsdrehzahl n_B einen ausreichenden Abstand von der Übergangsdrehzahl $n_ü$ aufweist. Empfohlen werden in Abhängigkeit von der Umfangsgeschwindigkeit u folgende Mindestwerte:

für u $\leq$ 3 m/s : $\dfrac{n_B}{n_ü} = 3$,

für u > 3 m/s : $\dfrac{n_B}{n_ü} = |u|$ in m/s.

Außer dem Abstand zur Übergangsdrehzahl wird insbes. bei dynamisch belasteten Gleitlagern als Kriterium für die Betriebssicherheit die minimale Spalthöhe h_o im Betriebspunkt herangezogen. Der h_o-Wert wird bei bekannter Sommerfeld-Zahl So aus Tragkraftkennfeldern So $= f(B/D,\varepsilon)$ ermittelt, die durch Lösung der →Reynolds-Differentialgleichung für Drehung und Verdrängung aufgestellt werden (Bild 1). Zur Berechnung der Sommerfeld-Zahl So muß neben den Auslegungsdaten eines Gleitlagers – Last F, Winkelgeschwindigkeit ω_B, Breite B, Durchmesser D und relatives Lagerspiel ψ – auch die Schmierstoffviskosität η bei der →Betriebstemperatur ϑ bekannt sein. Der Nachweis der Betriebssicherheit ist damit stets mit der Berechnung der →Lagertemperatur ϑ verbunden. (Zur Bestimmung von h_o Lagertemperatur.)

Bei bekannter Viskosität η kann die Sommerfeld-Zahl So berechnet und die minimale Spaltweite h_o über die Abhängigkeit So $= f(B/D,\varepsilon)$ nach Bild 1 bestimmt werden:

$$H_o = \frac{h_o}{(R - r)} = 1 - \varepsilon.$$

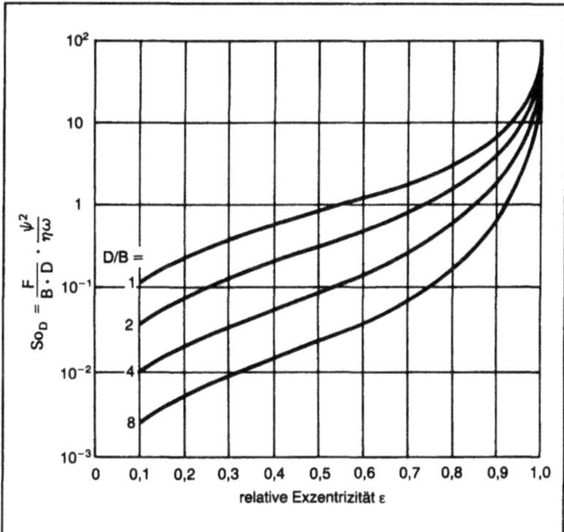

Gleitlagerberechnung 1: Dimensionslose Tragkraft-kennzahl $So_D = f(B/D,\varepsilon)$ für Drehung als Funktion der relativen Wellenverlagerung $\varepsilon = 1 - H_o$. (Quelle: DIN 31652)

Richtwerte für die zulässige Spaltweite h_{zul} in Abhängigkeit von der Lagergröße (Lagerdurchmesser D) liefert das Diagramm (Bild 2). *Knoll*

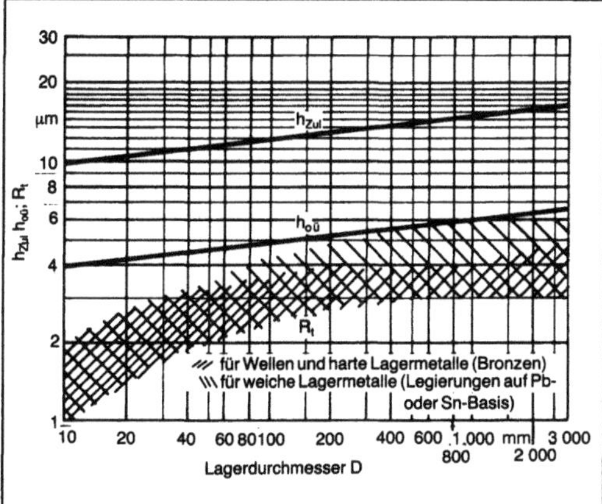

Gleitlagerberechnung 2: Zulässige Spaltweite h_{zul}.

$h_{oü}$ Übergang zur Mischreibung bei normalen Rauhheitswerten für Lagermetalle aus Bronze und auf Blei-Zinn-Basis, R_t Rauhtiefe

5. fettgeschmiertes. Eine hydrodynamische Schmierfilmbildung und damit verschleißfreie Kraftübertragung ist auch bei →Fettschmierung möglich. Auf Grund der rheologischen Eigenschaften der Schmierfette (nicht-newtonsches Verhalten) ergeben sich allerdings im Vergleich zur Ölschmierung eine Reihe signifikanter Unterschiede:

□ Fettlager werden mit Verlustschmierung betrieben; daher ist bei der Auslegung auf minimalen Fettbedarf zu achten.

□ Die geringe Wärmeabfuhr durch den Schmierstoff ermöglicht im Dauerbetrieb nur Gleitgeschwindigkeiten bis ca. 2 m/s.

□ Auf Grund der geringen Fließeigenschaften ist das relative →Lagerspiel ψ größer als bei Ölschmierung zu wählen und sollte 2 ‰ nicht unterschreiten. Genauere Werte für Lager unterschiedlicher Breitenverhältnisse B/D liefert die Gleichung

$$\psi = 4,1 - 2,9 \left(\frac{B}{D}\right) + \left(\frac{B}{D}\right)^2,$$

mit ψ in ‰.

Das Fließverhalten $\tau = \eta\dfrac{\partial u}{\partial y}$ von Fetten ist gekennzeichnet durch eine ausgeprägte Fließgrenze τ_0 vor Beginn des Fließvorgangs und die plastische →Viskosität η_p

$$\tau = \eta_{\ddot{a}} \frac{\partial u}{\partial y} = \tau_0 + \eta_p \frac{\partial u}{\partial y};$$

τ_0 und η_p sind temperaturabhängige Stoffwerte, die für jedes Fett zu ermitteln sind (Bild 1).

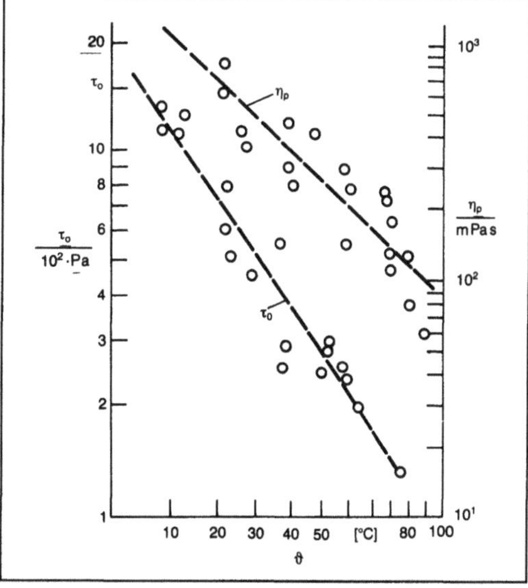

Gleitlager, fettgeschmiertes 1: Plastische Viskosität η_p und Fließgrenze τ_o eines lithiumverseiften Schmierfetts.

Die Berechnung der Betriebssicherheit (minimale Schmierspaltweite h_0 und Betriebstemperatur ϑ) erfolgt analog zu den ölgeschmierten G.; dabei wird die Tragkraftkennzahl $So_{\ddot{a}}$ mit der äquivalenten oder scheinbaren Viskosität $\eta_{\ddot{a}}$ ermittelt. Für das Schergefälle $\dfrac{\partial u}{\partial y}$ erhält man die Beziehung

$$\frac{\partial u}{\partial y} = \frac{\omega}{\psi} \frac{1}{1 + \varepsilon \cos \varphi},$$

wenn für den Geschwindigkeitsgradienten ∂u die Umfangsgeschwindigkeit $U = \omega R$ und für die Ableitung über der Spalthöhe ∂y die Spalthöhe $h = (R-r)\,(1+\varepsilon\cos\varphi)$ eingeführt wird; dabei kann nach Versuchen $1/(1+\varepsilon\cos\varphi) = 8$ gesetzt werden.

Damit folgt aus dem Schubspannungsgesetz die äquivalente Viskosität

$$\eta_{\ddot{a}} = \frac{\psi}{8\omega}\,\tau_0 + \eta_p.$$

Zum Berechnen von $\eta_{\ddot{a}}$ muß zunächst die Betriebstemperatur ϑ iterativ bestimmt werden. Dabei kann man voraussetzen, daß bei Fettschmierung die Wärmeabfuhr überwiegend durch Konvektion erfolgt. Der Interationsablauf geht von einem geschätzten Startwert für die Temperatur aus, der schrittweise verbessert wird (Temperaturberechnung für ölgeschmierte G.). Der Verlauf des Reibwerts f wird für die Bereiche →Sommerfeld-Zahl $So_{\ddot{a}} < 1$ und $So_{\ddot{a}} > 1$ durch folgende Beziehungen approximiert:

$$So_{\ddot{a}} < 1 : \frac{f}{\psi} = \frac{4{,}7 - 1{,}5\,\dfrac{B}{D}}{So_{\ddot{a}}},$$

$$So_{\ddot{a}} > 1 : \frac{f}{\psi} = \frac{4{,}7 - 1{,}5\,\dfrac{B}{D}}{\sqrt{So_{\ddot{a}}}}.$$

Berechnung der mittleren Schmierfilmtemperatur ϑ (i Iterationsstufe) gem. Tabelle:

Als Kriterium für die Betriebssicherheit wird die Übergangsdrehzahl $n_{\ddot{u}}$ und/oder die minimale Schmierspaltweite h_0 bestimmt. Hierbei ist zu beachten, daß im Gegensatz zu den Reibungsverlusten (Betriebstemperatur) für die hydrodynamische Druckentwicklung bzw. die Tragfähigkeit die plastische Viskosität η_p maßgebend ist. Mit $So_p = \dfrac{\bar{p}\psi^2}{\eta_p\omega}$ folgt die minimale Spaltweite h_0 nach Versuchswerten aus Bild 2. Zur Berechnung der Übergangsdrehzahl $n_{\ddot{u}}$ ist auf Grund der größeren Lagerspiele, die bei Fettschmierung notwendig sind, der Übergangs-

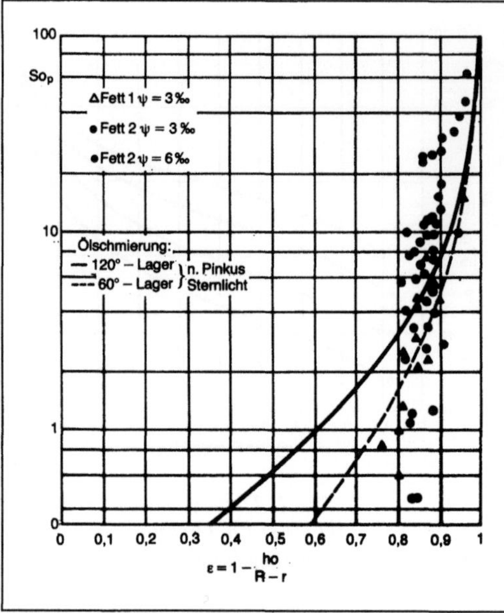

Gleitlager, fettgeschmiertes 2: Tragkraftkennzahl $So_p(\varepsilon)$ als Funktion der relativen Exzentrizität ε bzw. der minimalen Schmierspaltweite $h_0 = (R-r)\,(1-\varepsilon)$.

beiwert mit $c_{\ddot{u}} = 0{,}4$ in die Volumenformel einzuführen:

$$n_{\ddot{u}} = \frac{F}{c_{\ddot{u}}\eta_p\,\mathrm{Vol}}. \qquad\qquad Knoll$$

6. hydrodynamisches. Die Funktion h. G. basiert auf einer Trennung relativ zueinander bewegter Oberflächen durch einen tragfähigen Schmierfilm, so daß Lagerkräfte bei geringen Reibungsverlusten ohne →Verschleiß übertragen werden. Maßgebend für die Tragfähigkeit ist der hydrodynamische Druck, der sich im Schmierfilm zwischen den Oberflächen ausbildet und den äußeren Kräften das Gleichgewicht hält. Voraussetzung für die Druckentwicklung ist neben der ausreichenden Ölversorgung eine Relativbewegung der Gleitflächen, die

$$
\begin{array}{ll}
\longrightarrow \square\ \vartheta_i = \vartheta & \\[4pt]
\uparrow \qquad \square\ \eta_{pi},\ \tau_{0i} = f\,(\vartheta_i) & \rightarrow (\text{Bild 1}) \\[4pt]
\uparrow \qquad \square\ \eta_{\ddot{a}i} = \dfrac{\psi}{8\omega}\,\tau_{0i} + \eta_{pi} & \\[8pt]
\vartheta = 0{,}5\,(\vartheta_{i+1} - \vartheta_i)\quad \square\ So_{\ddot{a}i} = \dfrac{F}{BD}\cdot\dfrac{\psi^2}{\eta_{\ddot{a}i}\omega} & \\[8pt]
\uparrow \qquad \square\ \dfrac{f_i}{\psi} = F\,(So_{\ddot{a}i}) & \\[8pt]
\uparrow \qquad \square\ \vartheta_{i+1} = \vartheta_0 + \dfrac{Fu}{\alpha A}f_i & \rightarrow \text{Konvektion} \\[8pt]
\longrightarrow \square\ |\vartheta_{i+1} - \vartheta_i| \geq \Delta\vartheta & \\[4pt]
\square\ \vartheta = \vartheta_{i+1} & \rightarrow \text{Ende.}
\end{array}
$$

den Schmierstoff durch Pumpwirkung in den →Schmierspalt fördert (Scherströmung) oder bei Annäherung zwischen den Gleitflächen verdrängt (Squeeze-Effect).

In Abhängigkeit vom zeitlichen Verlauf der Lagerbelastung und der Relativgeschwindigkeit zwischen den Gleitflächen wird zwischen stationär und instationär belasteten G. unterschieden. Bei stationär belasteten G. ist die →Lagerlast und die Gleitgeschwindigkeit zeitlich konstant. Für den Druckaufbau durch Pumpwirkung ist ein konvergenter Schmierspalt erforderlich (z. B. Keilspalt). Bei instationär belasteten G. ändert die Lagerlast zeitlich Größe und Richtung. Der Druckaufbau erfolgt durch Pumpwirkung (infolge Gleitgeschwindigkeit) und Verdrängung des Schmierfilms bei Annäherung der Gleitflächen (Squeeze-Film). Bei reiner Verdrängungswirkung ist für den hydrodynamischen Druckaufbau kein konvergenter Schmierspalt erforderlich.

Die Schmierspalthöhe ist klein gegenüber den Lagerabmessungen (ca. 1‰ des Lagerdurchmessers), so daß die Druckentwicklung durch geringste geometrische Störungen der Gleitraumgeometrie unterbrochen und damit die Tragkraft gemindert wird. Die Ölzufuhr durch Schmiernuten (→Schmiertasche) oder Bohrungen sollte daher außerhalb der Druckzone erfolgen, möglichst unmittelbar hinter dem Druckbergende, um das Ansaugen von Luft zu verhindern. Lagerausführungen für wechselnde Drehrichtungen, aber konstante Lastrichtung werden daher mit zwei Schmiernuten jeweils +/−90° zur Last versetzt ausgeführt.

Liegt die Schmiertasche im Bereich der Druckverteilung, so fällt der Druck an den Taschenrändern auf den relativ niedrigen Taschendruck ab, der i. a. 2,0 bar nicht übersteigt. Dynamisch belastete Lager mit umlaufenden Lasten werden daher mit einer Ringnut ausgeführt, die an den beiden seitlichen Lagerhälften eine ungestörte Druckentwicklung ermöglichen. Genutete G. haben bei gleicher Gesamtlagerbreite aber eine deutlich geringere Tragfähigkeit als Lager ohne Ringnut (Bild 1).

Über die Schmierspaltgeometrie lassen sich neben der hydrodynamischen Druckentwicklung auch die Reibungsverluste (Lagererwärmung), die Frischölversorgung sowie die Stabilitäts- und Dämpfungseigenschaften beeinflussen. Für die speziellen Anforderungen von langsam oder schnellaufenden Maschinen wurden daher Lager unterschiedlicher Gleitraumgeometrie entwickelt (Bild 2). Eine Unterteilung der Lagerbohrung in mehrere Segmente ermöglicht einen höheren Frischöldurchsatz je Lagersegment, der insbes. bei schnellaufenden G. die Wärmeabfuhr verbessert und damit die →Lagertemperatur absenkt. Durch Aufteilung der Lagerbohrung in zwei (→Zitronenspiellager) oder mehrere (Mehrflächen-G., Segmentzahl ≥ 3) Gleit-

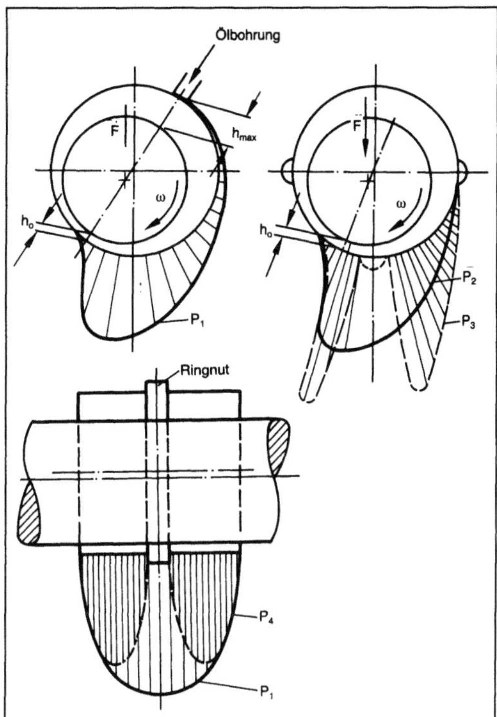

Gleitlager, hydrodynamisches 1: Hydrodynamische Druckverteilung.

Umfangsrichtung. P_1: Ölzufuhr durch Ölbohrung bei $h_{max} = s - h_o$, P_2: Ölzufuhr bei seitlichen Öltaschen
Breitenrichtung. P_1: mit seitlicher Öltasche oder Ölbohrung, P_4: mit Ringnut

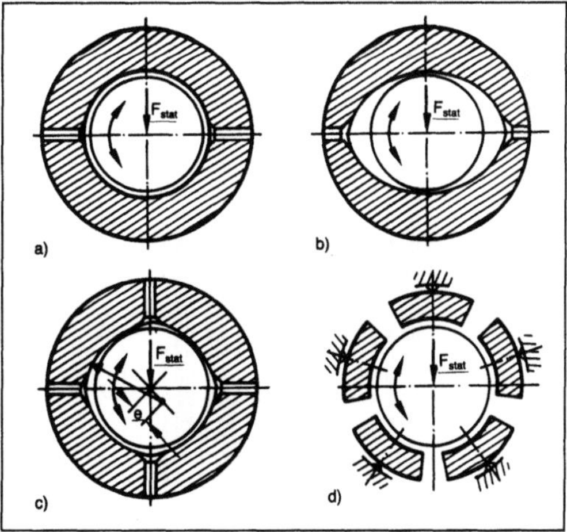

Gleitlager, hydrodynamisches 2: Standard-Lagerbohrungsformen.
a) Kreiszylindrisches 360°-Lager
b) Zweikeil-Lager (Zitronenspiel)
c) Vierkeil-Lager
d) Kippsegmentlager mit fünf Flächen.

flächen entstehen bereits bei der →Exzentrizität ε = 0 mehrere konvergente Schmierspalte, die auch bei zentrischem Lauf Führungskräfte ausbilden, die die Stabilitätseigenschaften im Vergleich zu Lagern mit kreiszylindrischer Lagerbohrung verbessern. Mehrflächen-G. werden mit festen und kippbeweglichen Gleitschuhen ausgeführt. Kippsegmentlager passen sich durch selbständige Änderung des Kippwinkels veränderten Betriebsbedingungen (Drehzahl, Last) optimal an. Das Konstruktionsprinzip wird bei Radial- und Axialgleitlagern angewandt (Bild 3). Zum Minimieren der Reibungsverluste wird die Segmentlänge der Führungssegmente gezielt reduziert. Während sich bei Radiallagern mit kreiszylindrischer Bohrung der konvergente Schmierspalt durch die Wellenverlagerung (Exzentrizität) unter Last selbständig ergibt, müssen Axiallager mit Keilflächen oder Kippsegmenten (Michell-Lager) ausgeführt werden.

Die verschiedenen Gleitraumgeometrien werden in standardisierten Lagereinheiten eingebaut (z. B. Steh- oder Flanschlager nach DIN 118), die mit eigenständigen Ölversorgungs- und Kühlsystemen (Schmierringe, Ölsumpf mit Wasserkühlung, ggf. Ölzentralleitungsanschluß) einschl. Abdichtung ausgeführt werden. Der prinzipielle Lageraufbau besteht aus einem dickwandigen Stahlstützkörper mit Lagermetallausguß, der starr oder – zum Ausgleich möglicher Wellenschiefstellung – kippbeweglich mit dem Lagergehäuse verbunden ist. Die Lagerbohrung wird als zylindrisches oder Mehrflächen-G. ausgebildet (Bild 4). Bei Ausführungen als Kippsegmentlager wird der Stützkörper als Halterung für die Segmente ausgebildet. Steh- und

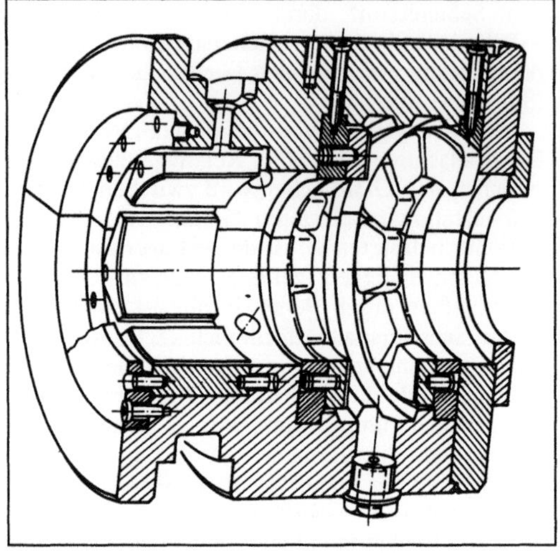

Gleitlager, hydrodynamisches 3: Kombiniertes Radial-Axial-Kippsegmentlager. (Quelle: Demag)

Flanschlager werden überwiegend für stationäre Anlagen verwendet wie Generatoren und Turbo-Verdichter.

Zur Gewichtsreduktion, Erhöhung der Dauerfestigkeit bei dynamischen Lasten und Einsparung von Lagermetall verwendet man bei Großserienlagern (z. B. in Verbrennungsmotoren) an Stelle der ausgegossenen Lagerbuchsen Mehrschichtverbund-Lagerschalen. Beispielsweise bestehen Dreischichtverbund-Lager aus einer Stahlstützschale mit hochfestem Lagermetall (aufgebracht durch Gießen, Sintern oder Plattieren) und einer galvanisierten

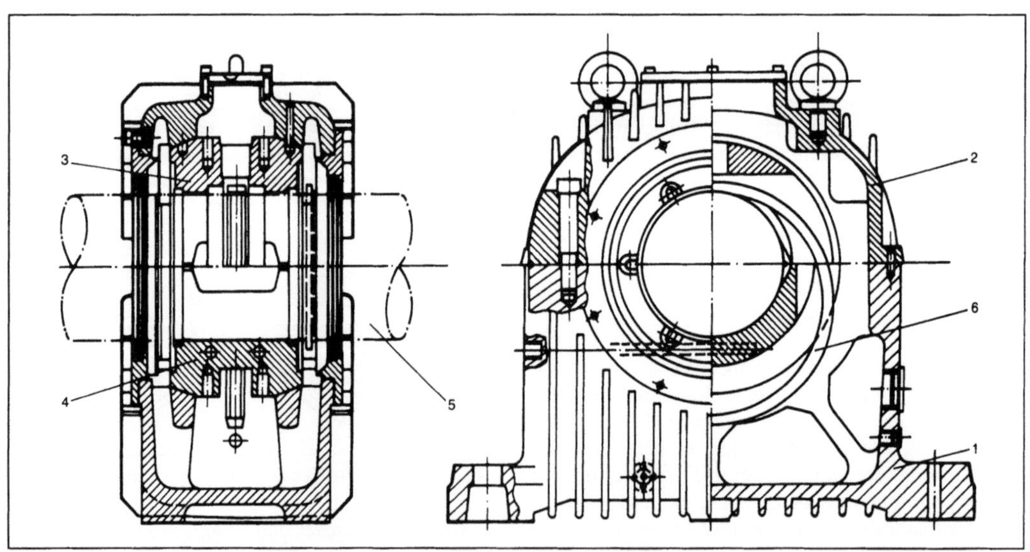

Gleitlager, hydrodynamisches 4: Stehlager mit Losringschmierung.

1, 2 geteiltes Steh-Lagergehäuse, 3, 4 Lagerbuchse, einstellbar, 5 Welle, 6 Losring

Drittschicht aus →Weißmetall (ca. 10 μm) zur Verbesserung des Einlaufverhaltens und der Notlaufeigenschaften (Bild 5). *Knoll*

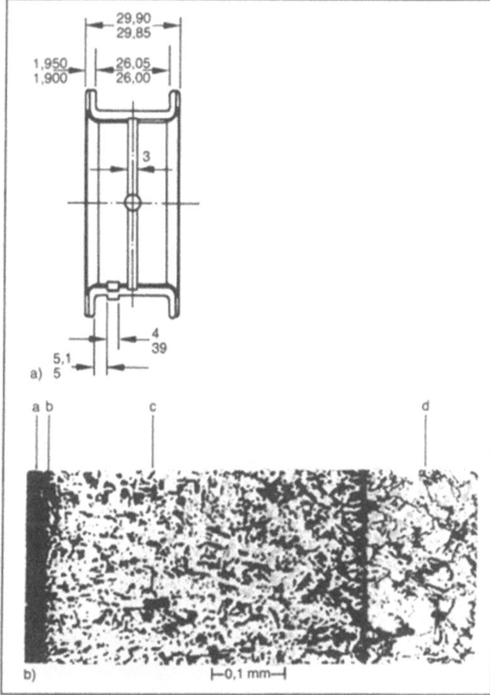

Gleitlager, hydrodynamisches 5.
a) Lagerbuchse mit Anlaufbund
b) Aufbau einer Dreischicht-Verbundlagerschale.

a Laufschicht (Pb-Sn-Cu), b Nickeldamm, c Bleibronze, d Stahlstützschale

7. hydrostatisches. Bei h. G. wird der Tragdruck durch eine Pumpe 1 erzeugt (Lager mit fremderzeugtem Tragdruck) und direkt oder über Vorwiderstände (Drosseln 2) einer Druckkammer (hydrostatische Tasche 3) zugeführt. Aus der Tasche fließt das Öl über Drosselspalte (Stege 4) ab (Bild 1).

Bei gegebenem Förderstrom Q der Pumpe ist die Druckentwicklung p_T in der Tasche unabhängig von der Gleitgeschwindigkeit und umgekehrt proportional zur 3. Potenz der Spalthöhe h_o:

$$p_T \sim Q \cdot \frac{1}{h_o^3}.$$

Hydrodynamische Druckanteile, die sich bei Spaltweitenverhältnissen von $h_T/h_o > 10$ auf den Stegen ausbilden, sind i. a. in ihrer Auswirkung auf die Gesamttragkraft sowie die Reibungsverluste vernachlässigbar. Die verschleißfreie Funktion ist damit unabhängig von der Drehzahl bzw. Gleitgeschwindigkeit. Stabile Verhältnisse erfordern bei Eintaschenlagern (Bild 1) eine konstante Spalthöhe h_o über dem Umfang, da bei Spaltverkleinerung durch Schiefstellung keine Rückstellkräfte aufgebaut werden (Öl fließt am größten Spalt ab, geringster Drosselwiderstand). H. G. werden daher stets mit zwei oder mehr Taschen ausgeführt, die getrennt mit Öl versorgt werden. An Stelle der kostenintensiven Lösung mit einer Pumpe je Tasche schaltet man i. a. Mengenteiler (Drosseln 2) zwischen einer zentralen Pumpe 1 und den Öltaschen 3.

Die Spaltweitenänderung bei unterschiedlichen Lasten ist vom Ölversorgungssystem abhängig, Vordrosseln (Bild 2).

Auslegungskriterien für h. G. sind: Die Steifigkeit c = dF/dh (Werkzeugmaschinenbau) sowie das Minimum der Gesamtleistung P, die sich aus →Reibleistung P_R und Pumpenleistung P_P zusammensetzt.

Nach Leistungsanteilen für das Kreistaschenlager (Bild 1)

$$P_R = \frac{\pi}{2} \omega^2 \left(R_a^4 - R_i^4 \right) \frac{\eta}{h_o}$$

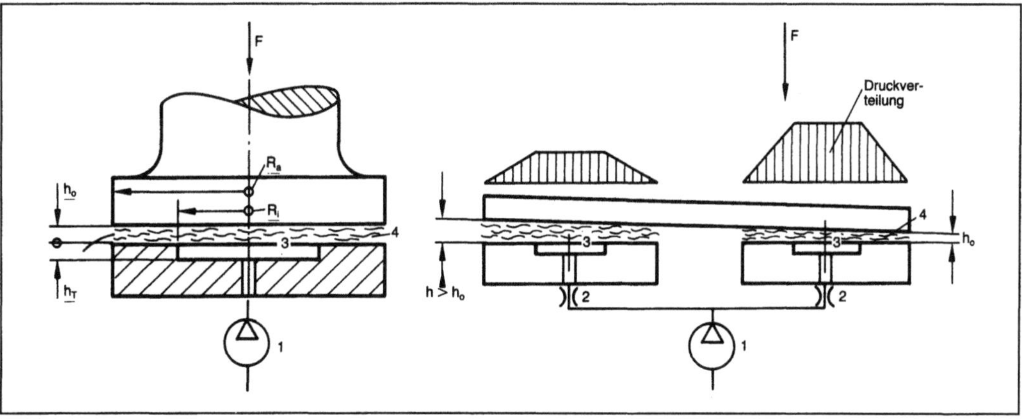

Gleitlager, hydrostatisches 1: Schemaskizze.

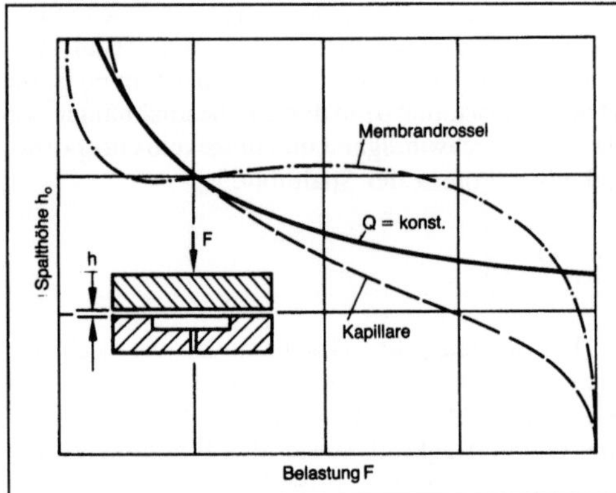

Gleitlager, hydrostatisches 2: Spaltweitenänderung (Steifigkeit) $h_o = f(F)$ bei unterschiedlichen Ölversorgungssystemen.

und

$$P_P = \frac{2}{3\pi}\ \frac{F^2}{\xi}\ \frac{\ln\left(\dfrac{R_a}{R_i}\right)}{R_a^2 - R_i^2}\ \frac{h_o^3}{\eta}$$

ist eine Gesamtleistungsminimierung durch Variation der Lagerabmessungen (R_a, R_i), der →Viskosität η und der Spaltweite h_o möglich (Bild 3).

Bei wechselnden Lastrichtungen und zum Erhöhen der Steifigkeit werden hydrostatische Radiallager mit mehreren Taschen über dem Umfang aus-

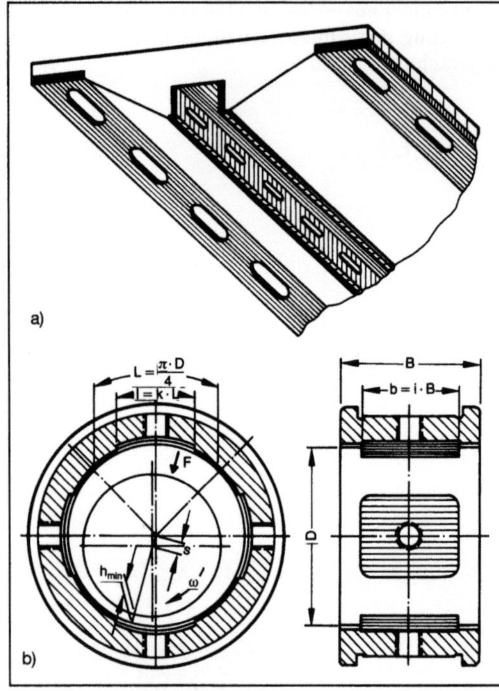

Gleitlager, hydrostatisches 4.
a) Hydrostatisches Radiallager mit 4 Taschen
b) Hydrostatische Tischführung mit vertikalen und horizontalen Taschen.

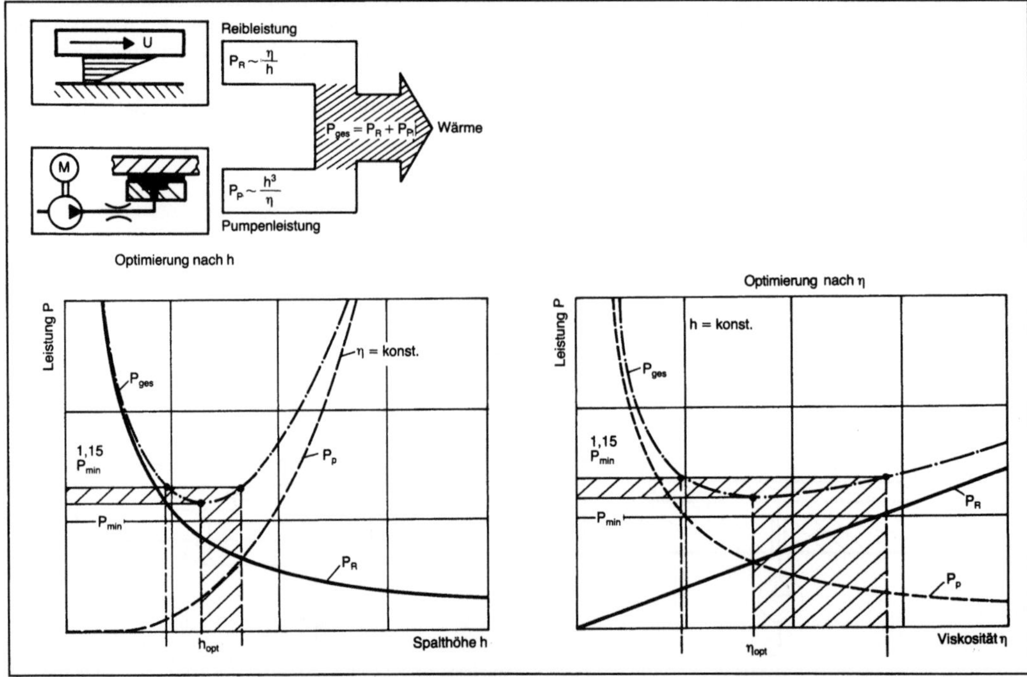

Gleitlager, hydrostatisches 3: Gesamtleistungsoptimierung.

geführt (Bild 4a). Die gleiche Funktion übernimmt bei hydrostatischen Linearführungen der Umgriff (Bild 4b). *Knoll*

8. Schmierung. Kriterien für die Auswahl des Schmiersystems (Durchlauf-, Umlauf- oder Tauchschmierung) sowie die →Schmierstoffzufuhr sind: Schmierstoffart, Schmierstoffbedarf (zum Schmieren und Kühlen) sowie Instandhaltungsbedingungen (Ölwechselfristen). Bei Ölschmierung wird grundsätzlich zwischen Durchlauf- und Umlaufschmierung unterschieden. Durchlaufschmierung ist nur für Schmierstellen mit geringem Schmierstoffbedarf geeignet. Bei Ölschmierung mit kontinuierlicher Versorgung werden hierfür Tropf- oder Dochtöler verwendet, deren Funktionsprinzip auf hydrostatischer Druck- bzw. Kapillarwirkung basiert. Fettgeschmierte Lagerstellen werden bei schubweisem Bedarf über Schmiernippel oder Stauferbuchsen und bei kontinuierlichem Bedarf über druckluft- bzw. federbelastete Fettbuchsen versorgt. Auf Grund der geringen Durchsatzmengen erfolgt bei Durchlaufschmierung keine Wärmeabfuhr über den Schmierstoff. Im Gegensatz zur Durchlaufschmierung wird der Schmierstoff bei Umlaufschmierung der Schmierstelle wiederholt zugeführt. Hierbei werden größere Schmierstoffmengen durchgesetzt, so daß bei Umlaufschmierung auch Wärme über den Schmierstoff abgeführt wird. Umlaufschmierung findet Anwendung bei Zentralschmieranlagen, die mehrere Lagerstellen versorgen, und bei einzelnen Schmierstellen, wenn bei höheren Gleitgeschwindigkeiten oder zur →Lagerkühlung ein erhöhter Schmierstoffbedarf besteht.

Der grundsätzliche Aufbau von Ölumlaufanlagen besteht aus Ölbehälter, Förderpumpe, Filter, Separatoren einschl. Verzweigungsleitungen und Ventilen, i. a. auch mit Ölkühler. Die Anlagengröße richtet sich nach dem Ölbedarf und der Verweilzeit im Behälter, die für Ablagerung von Fremdstoffen, Luftblasen und Wasser erforderlich ist. Die Ölumwälzzahlen nach VDI 2202 geben für verschiedene Maschinenanlagen die Häufigkeit (Erfahrungswerte) an, mit der die Füllmenge je Stunde umgewälzt wird:

Maschinenart	Umwälzzahl je Stunde
Kfz.-Motoren	bis 100
Hydraulikanlagen	bis 60
Großdieselmotoren	bis 12
Elektromaschinen	bis 10
Dampfturbinen	bis 10
Walzwerkanlagen	bis 4

Zuleitungsquerschnitte und Fördermenge sind so zu bemessen, daß am Lagereintritt ein Zuführdruck von 0,5 – 2,0 bar vorliegt. Zentralschmieranlagen für →Fettschmierung sind im Gegensatz zur Ölzentralschmierung (Umlaufschmierung) als Durchlaufschmierung konzipiert. Sie werden ausgeführt als:

□ Mehrleitungssystem: Die verschiedenen Schmierstellen werden von der Pumpe durch eine direkte Zuleitung versorgt;

□ Einleitungssystem: Bis zu 100 Schmierstellen können über Dosierelemente an eine Zentralförderleitung angeschlossen werden; dabei wird die Dosierung durch einen intermittierenden Leitungsdruck gesteuert;

□ Zweileitungssystem: Versorgung von bis zu 1000 Schmierstellen über zwei Zentralförderleitungen, die von der Pumpe abwechselnd mit Druck beaufschlagt werden, sonst wie Einleitungssystem;

□ Progressivsystem, bestehend aus einer Zentralförderleitung, die durch eine Pumpe ständig unter Druck gehalten wird. Die einzelnen Schmierstellen werden durch einen einstellbaren Progressiv-Verteiler in festgelegter Reihenfolge versorgt.

Für ölgeschmierte Lager mit konstanten Betriebsbedingungen haben sich Ringschmierlager bewährt, bei denen die Ölversorgung der Schmierstelle durch Schmierringe erfolgt, die fest oder lose mit der Welle verbunden sind (Festring-/Losringschmierung). Die Ringe tauchen in den Ölsumpf ein (→Tauchschmierung) und fördern bei rotierender Welle Öl aus dem Sumpf, das durch Abstreifer der Schmierstelle zugeführt wird. Die Förderleistung der Ringe ist für

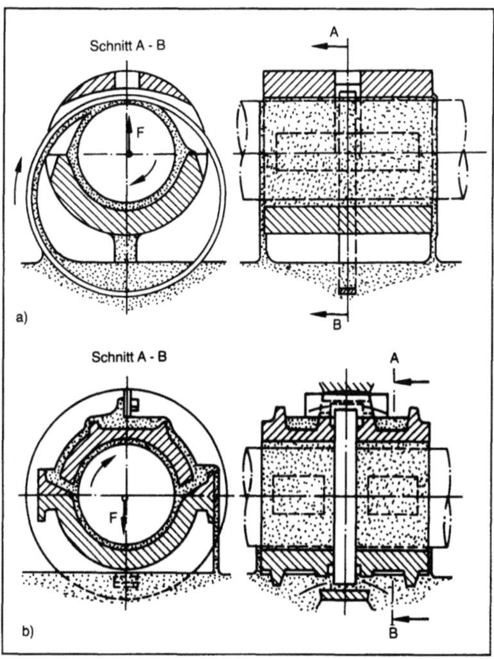

Gleitlagerschmierung: Ringschmierung.
a) Losringschmierung
b) Festringschmierung.

hydrodynamischen Betrieb ausreichend. Zu beachten ist, daß im Gegensatz zur Durchlaufschmierung die Reibungswärme nur durch Konvektion über das Lagergehäuse abgeführt wird. Die zulässige Umfanggeschwindigkeit wird durch Abschleudern des Öls von den Ringen begrenzt. Erreicht werden 3 m/s bei Festringen und 10 m/s bei Losringen. Den prinzipiellen konstruktiven Aufbau von Ringlagern zeigt das Bild.

Für Lager mit geringem Schmierstoffbedarf, die keine Flüssigkeitskühlung erfordern (hochtourige Wälzlager-Getriebe), bietet die Ölnebelschmierung eine effiziente Alternative. Hierbei wird Schmieröl mittels Druckluft mikrozerstäubt und durch Rohrleitungssysteme bis zur Schmierstelle transportiert. Vorteile sind: geringer Schmierstoffverbrauch, geringe Walkarbeit in den Reibstellen, vergleichsweise niedrige Anlagekosten (bez. Zentralschmieranlagen), unproblematische Versorgung über lang verzweigte Leitungsnetze. Zu beachten sind besondere Auflagen hinsichtlich der Umweltbelastung durch ölhaltige Abluft. Über Explosionsgefahr von Ölnebelanlagen liegen bisher keine Erkenntnisse vor. *Knoll*

9. schnellaufendes. S. G. sind Lager in hochtourigen Maschinen, z. B. Rotorlager von Generatoren oder Abgasturboladern, bei denen vergleichsweise geringe statische Mittellasten (z. B. Eigengewicht) verbunden mit hohen dynamischen Zusatzlasten (z. B. Unwuchtkräfte) auftreten. Die Unwuchtlasten steigen quadratisch mit der Drehzahl und regen den elastischen Rotor zu Biegeschwingungen an. Bei der Auslegung s. G. ist daher außer den Kriterien Betriebssicherheit und →Sicherheit wegen Heißlaufens zu beachten, daß die Betriebsdrehfrequenz ω_B, die zur Unwuchtanregung führt, nicht mit den Eigenfrequenzen des Rotor-Lager-Systems ω_k zusammenfällt. Im Gegensatz zum starr gelagerten biegeweichen Rotor (Biegeeigenfrequenz ω_k) besitzt der gleitgelagerte Rotor unterhalb ω_k zwei Eigenfrequenzen ω_{k1} und ω_{k2}. Die Aufspaltung von ω_k in ω_{k1} und ω_{k2} resultiert aus dem anisotropen Steifigkeitsverhalten des hydrodynamischen Schmierfilms.

Nach Bild 1 steigt die Schwingungsamplitude eines unwuchterregten Rotors synchron mit der Drehzahl an. Oberhalb einer Grenzdrehzahl ω_{gr} (Stabilitätsgrenze) können zusätzlich selbsterregte Schwingungen auftreten. Resonanzlage ω_{k1} und ω_{k2}, Stabilitätsgrenze ω_{gr} und Schwingungsamplitude lassen sich durch die unterschiedlichen Steifigkeits- und Dämpfungseigenschaften beeinflussen, die Lager mit kreiszylindrischer Bohrung oder Mehrgleitflächenlager aufweisen. Im allgemeinen werden Rotorlagerungen überkritisch betrieben: $\omega_{k1,k2} < \omega_B < \omega_{gr}$. Die Resonanzanlage sowie die Stabilitätsgrenze läßt sich mit Diagrammen nach Bild 2, Seite 473 ermitteln. *Knoll*

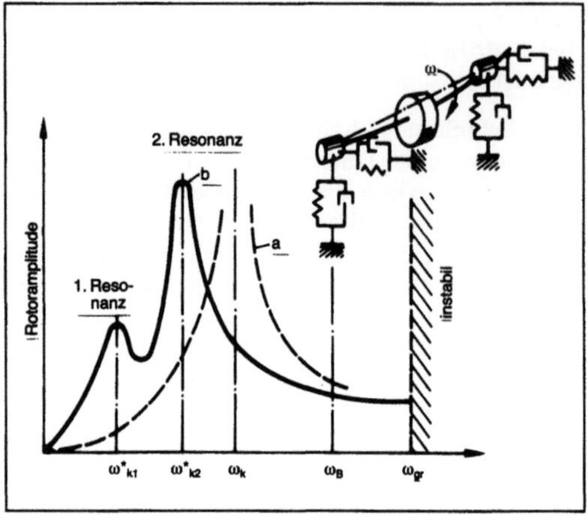

Gleitlager, schnellaufendes 1: Resonanzkurve einer Rotoranlage.

Lagerung: a starr, b hydrodynamisch elastisch gedämpft

10. Schwingung. →Gleitlager, schnellaufendes

11. teilumschlossenes →Gleitlager-Bauform

12. Werkstoff. Während für Wellen in erster Linie Werkstoffe hoher Härte und guten Verschleißwiderstands verwendet werden, im wesentlichen Stahl, sind für metallische Lagerwerkstoffe weichere Materialien erforderlich, deren Betriebsverhalten durch die nachfolgenden Eigenschaften beschrieben wird:

□ Schmiegsamkeit und Anpassungsfähigkeit ist die Eigenschaft, sich lokalen Verformungen oder Gestaltänderungen im Gleitraum anzupassen. Hierzu gehört auch die Minderung von Kantentragen durch Verformung.

□ Schmierstoffbenetzbarkeit beschreibt die Fähigkeit des Werkstoffs, den Schmierstoff gleichmäßig und haftend auf der Oberfläche auszubreiten.

□ Einbettfähigkeit ermöglicht ohne negative Folgen die Aufnahme harter Partikel in die Laufschicht.

□ Verschleißwiderstand oder Freßunempfindlichkeit kennzeichnet die Neigung des Lagerwerkstoffs, unter hohen Belastungen und Gleitgeschwindigkeiten infolge der hierbei auftretenden Erwärmung mit dem Gegenkörper Haftbrücken durch Verschweißen zu bilden.

□ Gleiteigenschaften bilden den Oberbegriff für die Einlauf- und Notlaufeigenschaften.

□ Mechanische Belastbarkeit kennzeichnet die ausreichende Festigkeit der Lagerwerkstoffe, die erforderlich ist, die mechanischen Spannungen im Lager infolge der hydrodynamischen Druckentwicklung zu übertragen. Bei dynamisch belasteten Lagern sind Lagerwerkstoffe mit ausreichender Ermüdungsfestigkeit erforderlich. Hier kann es infolge extremer Belastungsspitzen zur Ausbildung von Pittings auf den Laufflächen kommen. Auf Grund

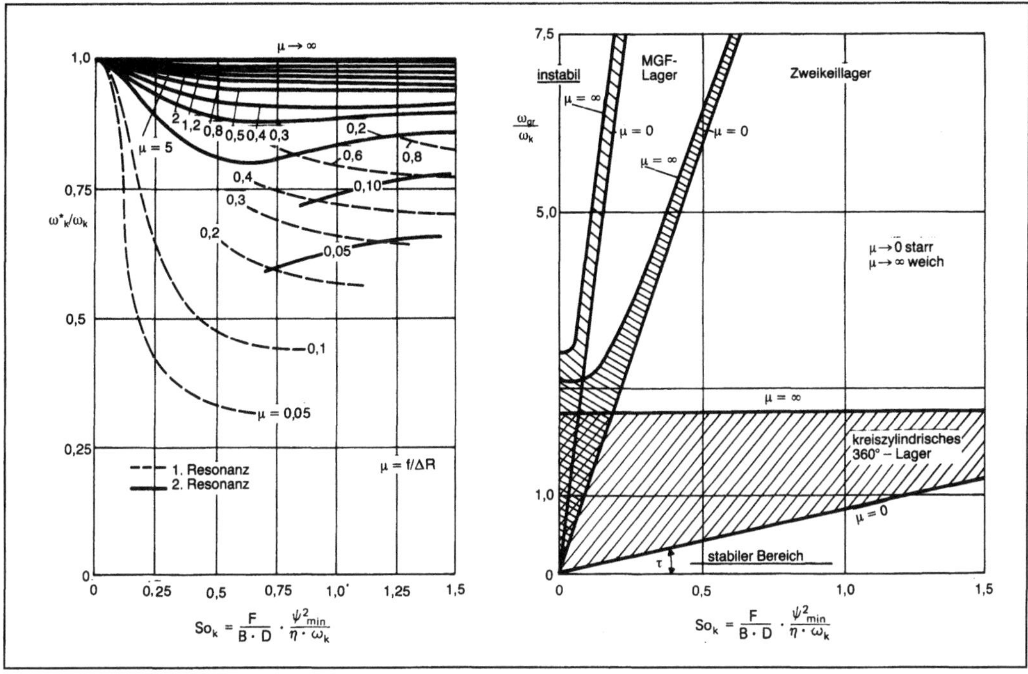

Gleitlager, schnellaufendes 2: Resonanzanlage ω_{k1}, ω_{k2} und Stabilitätsgrenze ω_{gr} von Radiallagern.

μ: auf radiales Lagerspiel bezogene Wellendurchbiegung

der ausgeprägten Warmfestigkeit der Lagermetalle ist die thermische Belastung zu beachten.

Da die gesamten Anforderungen nicht von einem einzelnen Lagerwerkstoff erfüllt werden können, wurden Lagerwerkstoffe entwickelt, die auf eine oder mehrere Anforderungen zugeschnitten sind. *Knoll*

13. zylindrisches →Gleitlager-Bauform

Gleitreibung.
1. Tribologie. →Bewegungsreibung zwischen Körpern, deren Geschwindigkeiten in der Berührungsfläche nach Betrag und/oder Richtung verschieden sind (→Reibung). *Habig*

2. Umformen. Unter G. versteht man einen Reibzustand, bei dem zwei unter Normal- und Schubbeanspruchung stehende Körper in der Berührungsfläche relativ zueinander gleiten. Die →Reibungszahl liegt dabei unter dem Grenzwert für Haftreibung, d. h. sie ist signifikant kleiner als 0,5 bzw. 0,577 (Modell, tribologisches). *Lange*

Gleitschalung. Wie die →Kletterschalung wird auch die G. (Bild) für Bauwerke vertikal eingesetzt. Sie steigt jedoch nicht absatzweise, sondern gleitet kontinuierlich. Sie besteht aus einem Schalungskranz von rd. 1,20 m Höhe und stützt sich mit Hilfe von Jochen auf die Kletterstangen ab, die durch

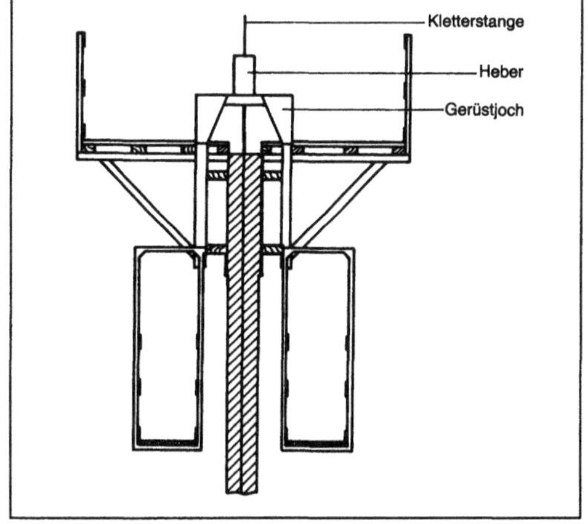

Gleitschalung.

Mantelrohre geschützt in der betonierten Wand stehen. Der Hubvorgang kann pneumatisch oder hydraulisch vor sich gehen. Der Trend geht zu vollmechanisierten Hebesystemen, die automatisch nach einem Zeitgeber arbeiten. Deshalb werden hydraulische Heber wegen ihrer lautlosen und gleichmäßigen Wirkungsweise bevorzugt. Die Gleitgeschwindigkeiten betragen 20–80 cm/h. Außer Heber und Kletterstangen gehören zur weiteren Ausrüstung einer G. noch Arbeitsbühnen in verschiedenen Ebenen für die Aufnahme der Belegschaft, Lagerung von Material und für Nacharbeiten am ausgeschalten Beton. Die einzelnen Phasen zur Herstellung einer Betonwand – Einschalen, Bewehren, Betonieren, Betonerhärtung und Ausschalen – laufen nicht wie bei anderen Methoden hintereinander ab, sondern gehen kontinuierlich ineinander über. Es bilden sich dabei drei Betonzustandszonen aus:

□ im oberen Viertel der Frischbeton,
□ im mittleren Teil die Erhärtungszone,
□ im unteren Drittel der ausgehärtete, standfeste Beton.　　　　　　　　　　　　　　　　*Kühn*

Gleitschuh.

1. Allgemeines. Ein G. ist ein Führungselement im Bereich des Maschinenbaus, das der Führung von Maschinenelementen auf bestimmten Bahnen und der Übertragung von Führungskräften auf die Stützkonstruktion dient. Der G. läuft oft auf prismatischen Schienen, um auch eine seitliche Führung zu gewährleisten. Besondere Materialpaarungen oder Schmierung sollen die Gleitreibung vermindern.　　　　　　　　　　*G. E. A. Meier*

2. kippbeweglicher →Axiallagerberechnung

Gleitverschleiß. Verschleißart, bei der während einer Gleitbewegung sich berührender Körper Verschleiß durch das überlagerte Wirken mehrerer Verschleißmechanismen hervorgerufen werden kann.　　　　　　　　　　　　　　　　*Habig*

Glühkerze. Einrichtung zum Erleichtern des Starts von Dieselmotoren mit Nebenbrennraum.

Bei Dieselmotoren mit Vorkammer oder Wirbelkammer (→Brennraum) ist der Start prinzipiell erschwert. Durch Aufteilen des Kompressionsvolumens auf Haupt- und Nebenbrennraum ergibt sich im Verhältnis zum Direkteinspritzer eine größere Brennraumoberfläche. Die damit verbundene vermehrte Wärmeabfuhr kann verhindern, daß beim Start die für die →Selbstzündung erforderliche Kompressionstemperatur erreicht wird. Um die Selbstzündung zu erleichtern, wird in den Nebenbrennraum eine G. eingeschraubt, deren Glühdraht oder Glühstift kurz vor und während des Startvorgangs aufgeheizt wird.　　　　　*Kuhlmann*

Göpelanlage. Von Zugtieren betätigte Getriebe mit Übersetzung ins Schnelle zum Antrieb landwirtschaftlicher Maschinen, insbes. Dreschmaschinen. Als Hauptbauart verwendete man in Europa den Rundganggöpel (Bild). Daneben gab es auch Tretgöpel, bei denen man die tierische Leistung durch Laufen auf einem geneigten Rollboden umsetzte. Verbreitet waren die G. im 19. Jahrhundert. Später wurden sie abgelöst durch die Dampfmaschine, den

Göpelanlage: Zum Antrieb einer kleinen Dreschmaschine, etwa um 1840. Gelenkwelle und Zahnräder in Wirklichkeit mit Schutzvorrichtung. (Quelle: Hamm 1858)

Elektromotor und die Riemenscheibe des Traktors. In Entwicklungsländern werden sie vereinzelt noch heute angewendet.　　　　　　　　　　*Renius*

Grabenaufnehmer. In der Literatur findet man verschiedene Bezeichnungen für G.: Grabenbunkergerät, Grabenbunkeraufnahmegerät, Grabenaufnahmegerät oder Schaufelradaufnahmegerät. Man unterscheidet bei G. zwei verschiedene Bauformen: G. mit Eimerketten- oder Schaufelradaufnahmeelementen. Das Gerät hat die Aufgabe, den Abraum aus einem Bunkergraben auf Bandstraßen umzuschlagen. Im folgenden wird nur auf den Schaufelrad-G. eingegangen. Die Brückenkonstruktion des Aufnahmegerätes überspannt den Bunkergraben sowie Zusatzeinrichtungen, wie →Bandstraße und Gleisanlagen für Zugbetrieb. Da die Länge des Bunkergrabens begrenzt und der Schaufelraddurchmesser nicht übermäßig groß werden sollte, ist die Maschine in Richtung der Grabenlängsachse auf Schienen verfahrbar und bei verschiedenen Modellen der Ausleger quer zur Grabenlängsachse verschiebbar. Das Gleis der Auslegergelenkseite liegt um rd. 2 m tiefer als das der Gegenseite. Dadurch wird erreicht, daß das Schaufelradauslegerband einen kleineren Steigungswinkel erhält. Schaufelrad, Getriebe und elektrische Antriebsmotore sind auf dem Ausleger gelagert. Dieser ist nahe dem Schaufelrad in einer Hubwinde, die die Eintauchtiefe einzustellen gestattet, aufgehängt. Die vom Schaufelrad gebaggerten Massen werden auf ein Schaufelradauslegerband und von da auf weiterführende Bandstraßen geleitet. Der Hauptführerstand ist zur besseren Überschaubarkeit schräg über dem Schaufelrad angeordnet. Die Einrichtungen für die elektrische Schaltanlage, die Schaufelradwinde, die Kompressor- und Schmieranlage sowie die Werkstatt- und Aufenthaltsräume sind innerhalb der Brückenkonstruktion untergebracht. Braunkohlegroßkraftwerke benötigen eine Brennstoffreserve, die bei Förderausfall der Grube an Sonn- und Feiertagen, aber auch infolge von

Störungen, jederzeit mit geringem Personalaufwand greifbar sein muß. Aus diesem Grund verwenden Braunkohlekraftwerke einen Bunkergraben mit Schaufelradentleerung. *Kühn*

Grabenbaugerät. G. können unterschieden werden in:

□ Aushubgeräte zur Herstellung des Schlitzes und
□ Verbaugeräte zur Sicherung der Grabenwand.

Als Aushubgeräte kommen meist →Hydraulikbagger mit Tieflöffel – Grabenlöffel mit Trapezquerschnitt setzt man zur Profilierung von Freispiegelrinnen ein – aber auch Spezialgeräte wie Grabenfräsen zum Einsatz. Im Zuge der fortschreitenden Mechanisierung des Grabenverbaus wurden weiterhin durch Kombination von Aushubgerät und wanderndem →Verbaugerät →Grabenfertiger entwickelt, die gleichzeitig wirtschaftliche und umweltspezifische Vorteile bieten. *Kühn*

Grabenfertiger. G. sind an Grabenbreite und -tiefe anpaßbare wandernde Verbaukästen, die nach unten und oben offen sind. Bodenaushub, Rohrverlegung sowie Bodeneinbau und Verdichtung werden direkt hintereinander im Bereich des G. ausgeführt, der entsprechend dem Baufortschritt vorwärts gleitet (wandernde Punktbaustelle). G. können sich nach Art der Messerschilde oder mittels rückwärtig angebrachter, hydraulisch betätigter Druckschilde fortbewegen, die gleichzeitig die Verfüllung verdichten. *Kühn*

Grabenfräse. G. bestehen aus einem Trägergerät und einer in vertikaler Ebene schwenkbaren Fräseinrichtung, die als Rad mit Rundschaftmeißeln bestückt oder als senkrecht oder schräg angeordneter Balken mit Fräsketten ausgebildet ist. Die Einsatzbereiche der G. reichen vom Erstellen schmaler Kabelschlitze bis zu Pipelinegräben von mehreren Metern Breite und Tiefe. *Kühn*

Gradation. Diese dient in der Reproduktionsphotographie zur Kennzeichnung der Steilheit der Schwärzungskurve des photographischen Films. Die G. wird zahlenmäßig durch die Steigung der Schwärzungskurve in ihrem linearen Teil oder – falls ein solcher nicht existiert – im Wendepunkt definiert und als Gamma γ bezeichnet. Im Durchhang und in der Schulter der Schwärzungskurve, die mitunter auch als G.-Kurve bezeichnet wird, ist die Steigung kleiner als γ. Die G. ist bei einem linearen Prozeß eine das gesamte photographische Bild charakterisierende Größe. $\gamma > 1$ bedeutet eine harte, d. h. kontrastverstärkte Tonwertwiedergabe, $\gamma = 1$ eine normale oder kontrasterhaltende Wiedergabe und $\gamma < 1$ eine weiche, d. h. kontrastverminderte Wiedergabe.

Der G.-Begriff wird jedoch in der Praxis auch in übertragener Bedeutung gebraucht. Bei einem Negativ-Positiv-Prozeß wird das Negativ durch Kopie in ein Positiv umgewandelt. Die entsprechende Tonwertübertragungskennlinie, d. h. diejenige Funktion, die die Positivdichte in Abhängigkeit von der Vorlagedichte (bzw. den Flächendeckungsgrad des Rasterpositivs in Prozent über der Vorlagedichte) beschreibt, wird in der Repropraxis ebenfalls als G.-Kurve bezeichnet. Insbesondere bei Farbauszugsscannern, bei denen eine Vielzahl derartiger G.-Kurven auf Abruf aus dem Datenspeicher bereitsteht, wird von dieser Bedeutung Gebrauch gemacht. Die Bezeichnung Druck-G. beschreibt die Steilheit der Gesamtübertragungskennlinie: ,Druckdichte (bzw. bei einem Rasterdruck Flächendeckungsgrad in Prozent) über der Vorlagedichte'. Schließlich dient die G. ganz allgemein zum qualitativen Beschreiben der Abstufung der Tonwerte bzw. Rastertonwerte eines Schwarzweißbildes oder Farbauszugsfilms im Ganzen oder nur in seinen Teilen. So wird z. B. von einer ausgewogenen oder etwa einer zu kontrastreichen G. in den Mitteltönen gesprochen. *Kamm*

Gradationskurve →Gradation

Grader. G. (Erdhobel) sind luftbereifte, nur bei kleinen Geräten zwei-, sonst dreiachsige Planiergeräte, die das Planierschild zwischen den Achsen tragen (Bild 1). Sie werden wegen ihrer genauen Arbeitsweise für das Erstellen von Feinplanum jeder Art eingesetzt, ob es sich um ein Straßenplanum, um Böschungsflächen oder um Grabenaushub handelt. Ein weiteres Einsatzgebiet ist das Mischen und Umsetzen von Stoffen bei der Bodenstabilisierung. Ihre wichtigste Aufgabe im gleislosen Erdbau ist die Pflege der Fahrwege von Transportfahrzeugen, durch die deutlich kürzere Transportzeiten erzielt werden.

An einem Rahmengerät, das sich vorn an einer pendelnd aufgehängten Vorderachse und hinten am

Grader 1: Grader 12 G im Einsatz.

Antriebsleistung: 101 kW, Betriebsgewicht: 13,39 t, Schar: 3650 mm x 610 mm x 22 mm, sechs Vorwärtsgänge, sechs Rückwärtsgänge

zweiachsigen Chassis, das Dieselmotor und Fahrersitz trägt, abstützt, ist das Arbeitswerkzeug montiert: eine meist um 360° drehbare, in sich gekrümmte Schar mit verstellbarem Schnittwinkel, die man nach beiden Seiten bis auf einen Böschungswinkel von 70° bzw. 90° ausfahren kann. Alle Bewegungen der Schar werden hydraulisch ausgeführt. Der Antrieb geschieht über Drehmomentwandler und Planetenlastschaltgetriebe an beiden Hinterachsen (Tandem-) bzw. an Hinter- und Vorderachsen (Allradantrieb). Verschiedene Variationen der hydraulischen Knicklenkung kommen als Lenksystem zum Einsatz. Drei der gebräuchlichsten Lenkmöglichkeiten – mit geradem Rahmen, mit Rahmenknicklenkung oder im Hundegang — sind in Bild 2 dargestellt. Zusammen mit einem großen Lenkeinschlag der Vorderräder haben die Geräte einen kleinen Wenderadius; z. B. benötigt der 9,96 m lange 16 G einen Wendekreis von 16,4 m. G. werden in Größen von 37–252 kW Antriebsleistung, 5,4–41 t Betriebsgewicht und Fahrgeschwindigkeiten bis rd. 50 km/h gebaut. Das Schild hat eine Breite von 2,75–5,9 m. Außer einem → Aufreißer, der heck- oder frontseitig angebaut werden kann, ist der Erdhobel häufig mit anderen Zusatzgeräten ausgerüstet, z. B. mit hydraulisch heb- und senkbarem Brustschild (Stirnschar). Da die Schubkräfte des G. (Reifenfahrwerk) erheblich kleiner als bei der → Planierraupe (Kettenfahrwerk) sind, arbeitet er mit kleiner Schürftiefe. Durch relativ hohe Schürfgeschwindigkeiten kann er große Flächen und lange Strecken wirtschaftlich bearbeiten. Für exakteste Planierarbeiten können elektronisch gesteuerte Kommandogeräte eingebaut werden, dank derer sich ein Feinplanum mit einer Toleranz von wenigen Millimetern herstellen läßt. *Kühn*

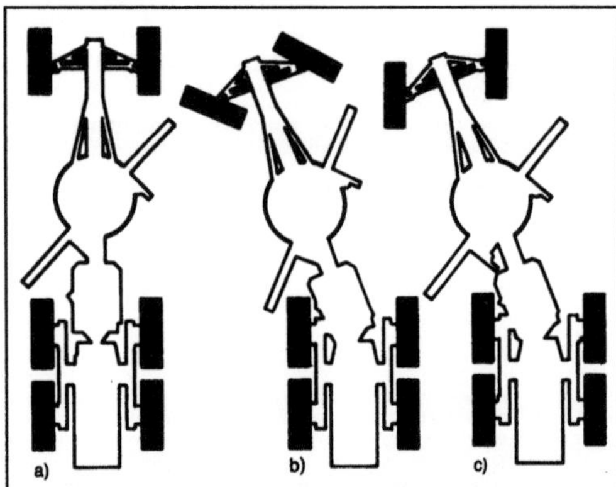

Grader 2: Lenkmöglichkeiten eines Graders.
a) Gerader Rahmen
b) Rahmenknicklenkung
c) Spurversetztes Fahren (Hundegang).

Graufleckigkeit. An oberflächengehärteten Zahnflanken beobachtet man überwiegend unterhalb des Wälzkreises mitunter matte, graue Flächen. Diese G. (micro-pitting) ist ein schmierstoffbedingter Schaden, der auch bei Belastung unterhalb der Grübchendauerfestigkeit (→ Grübchen) auftritt.

Die Flächen (Bild) bestehen aus einer Vielzahl feiner Poren, die bei fortgesetztem Betrieb die Bildung von Grübchen begünstigen. In größeren Flächen wirken sie ähnlich wie örtlicher Verschleiß als eine durch die Oberflächenbeanspruchung erzeugte Flankenformabweichung.

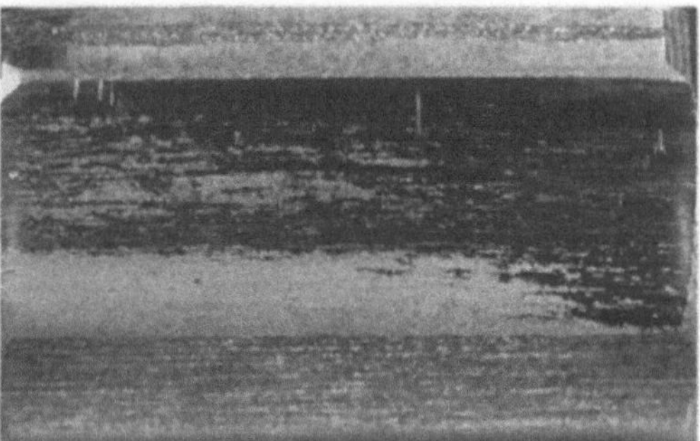

Graufleckigkeit: An einer einsatzgehärteten Verzahnung nach $12 \cdot 10^6$ Lastwechseln.

Werkstoff: 15 CrNi 6, Flankenpressung p_H = 1480 N/mm², Umfanggeschwindigkeit v_t = 7 m/s, Tauchschmierung mit Mineralöl und Additiv

G. scheint bei bestimmten Schmierbedingungen besonders hervorzutreten. So wirken Umfanggeschwindigkeiten v_t < 10 m/s sowie Flankenpressungen um 1500 N/mm² begünstigend; ferner Öle mit Zinkadditiven oder dünnflüssige Öle.

Tritt G. bei bereits in Betrieb genommenen Getrieben auf, so kann der Schaden durch Verwendung von Mineralöl mit Schwefel-Phosphor-Additiven oder von Ölen höherer Betriebsviskosität bzw. mit besserer Ölkühlung evtl. zum Abklingen gebracht werden.

Zur Prüfung des Schmierstoffeinflusses benutzt man einen modifizierten → FZG-Test mit einer hinsichtlich Gleiten ausgeglichenen Verzahnung geringer Freßempfindlichkeit (→ Fressen). Die Belastung wird stufenweise gesteigert, bis die durch G. verursachte Flankenformabweichung doppelt so groß ist wie die Herstellabweichung bei Testbeginn. Wird dieses Schadenskriterium erst in der achten oder einer höheren Kraftstufe erreicht, so gilt das Öl als ausreichend sicher gegen G. Zur Absicherung führt man im Anschluß an diesen Kurztest einen Dauerlauf mit $10–50 \cdot 10^6$ Lastwechseln durch. *Winter*

Literatur: *Blackburn, J. H.,* u. a.: Der Einfluß des Schmierstoffes auf die Graufleckigkeit von Zahnflanken. Schmiertechn. Tribol. 27 (1980), S. 40/45. – *Schönnenbeck, G.:* Einfluß der Schmierstoffe auf die Zahnflankenermüdung (Graufleckigkeit und Grübchenbildung) hauptsächlich im Umfangsgeschwindigkeitsbereich 1 bis 9 m/s. Diss. TU München 1984.

Greifer.

Fördertechnik. Anbaugeräte zum Aufnehmen und Transport von Förderobjekten. Sie werden u. a. an Staplern und Kranen verwandt. *Jünemann*

Roboter. Der G. ist das Teilsystem eines Handhabungsgeräts, das die Kraftübertragung vom Werkstück zum Handhabungsgerät herstellt, um die Position und Orientierung des Werkstücks gegenüber dem Handhabungsgerät zu sichern. Das Sichern dient zum Erhalten definierter Zustände und kann dauerhaft oder vorübergehend sein. Die Elementarfunktionen des Sicherns sind das Halten und das Lösen.

Hieraus lassen sich folgende G.-Grundfunktionen herleiten:

□ vorübergehendes Aufrechterhalten einer auf die Greifachse bezogenen definierten Werkstücklage,

□ Aufnahme statischer und dynamischer Kräfte und Momente, die durch das Werkstück bzw. Beschleunigungs- und Bremsvorgänge hervorgerufen werden,

□ Aufnahme prozeßbedingter Kräfte und Momente (z. B. Füge- oder Schnittkräfte).

Neben diesen Grundfunktionen können G. zusätzlich Sonderfunktionen erfüllen:

□ Änderung der Position und Orientierung des Werkstücks durch G.-Linearachse bzw. Greifbackendrehachse,

□ Informationsaufnahme durch Sensoren (Anwesenheitskontrolle und Lageerkennung von Werkstücken, Kraft-, Momenten- und Wegmessung),

□ Teilebereitstellung in der Montage (Schraubenzuführung).

Der G. ist als eigenständiges Funktionselement im Handhabungssystem anzusehen.

Für die Kopplung von G. und Handhabungsgerät ist der G.-Flansch verantwortlich. Die mechanische Schnittstelle gewährleistet die kraftschlüssige Verbindung in definierter Lage, während die energetische Schnittstelle für die Versorgung mit Antriebsenergie und die informatorische Schnittstelle für den Informationsaustausch zwischen Sensoren und G.-Steuerung zuständig ist. Wird ein G.-Wechsel erforderlich, wird er meist manuell vorgenommen. In Ausnahmefällen (z. B. Werkzeugwechsel) werden automatische G.-Wechselsysteme eingesetzt, wobei dem G.-Flansch als standardisierter Schnittstelle besondere Bedeutung zukommt. G.-Antriebe haben die Aufgaben, die ihnen zugeführte Energie in Bewegungsenergie umzuwandeln, die zur Bewegung der Kinematik und somit des Haltesystems dient. Man unterscheidet zwischen pneumatischen Antrieben, meist bei mechanischen G. eingesetzt, hydraulischen Antrieben für die Handhabung hoher Gewichte und elektrischen Antrieben. Für die Umwandlung der Antriebsbewegung in eine lineare, rotatorische oder krummlinige Backenbewegung steht eine Vielzahl von Kinematiken zur Verfügung, z. B. Hebel- und Kniehebel-, Keil-, Räder- oder Kurvengetriebe.

Das Wirk- oder Haltesystem setzt sich aus den Greiffingern und den daran befestigten Greifbacken, die die eigentliche Schnittstelle zum Werkstück bilden, zusammen. Zur Lagefixierung zwischen diesen beiden Komponenten stehen die Wirkprinzipien Form-, Kraft- und Stoffschluß zur Verfügung.

Man unterscheidet je nach Ausbildung des Haltesystems unterschiedliche Bauformen. Am weitesten verbreitet sind mechanische G. mit rotatorischer oder paralleler Fingerbewegung (Zangen- bzw. Schraubstock-G.), die eine Lagefixierung des Werkstücks über Kraftschluß oder über kombinierten Form- und Kraftschluß ermöglichen. Sie zeichnen sich durch einfachen Aufbau, geringe Kosten und eine geringe Empfindlichkeit gegen Temperaturen und Schmutz aus, weisen aber eine geringere Flexibilität auf.

Pneumatische G. werden bevorzugt zur Handhabung empfindlicher Werkstücke eingesetzt. Man unterscheidet je nach Haltesystem kraftschlüssige (saugende) und formschlüssige (abformende) G. Sie zeichnen sich durch einfachen Aufbau und höhere Flexibilität aus. Anwendungseinschränkungen ergeben sich bei rauhen, unebenen oder porösen Oberflächen ebenso wie bei hohen Werkstücktemperaturen bei der Handhabung.

Die Bedeutung von elektrischen G., die den Kraftschluß elektrostatisch oder -magnetisch erzeugen, ist i. a. gering. Zur Steigerung der Flexibilität des Handhabungssystems werden oftmals G.-Sensoren (taktil/berührungslos), die quantitative und qualitative Meßdaten erfassen können, eingesetzt. Der Einsatz solcher Sensoren bringt jedoch höhere Kosten und meist eine höhere Störanfälligkeit mit sich. Die Steuerung des G. erfolgt meist durch die übergeordnete Steuerung des Handhabungsgeräts. Nur bei komplexen Greifeinrichtungen mit aufwendigen Sensor-, Energie- und Wirksystemen wird die Datenverwaltung durch eine eigenständige G.-Steuerung, die im Dialog mit der Steuerung des Handhabungsgeräts steht, ausgeführt. *Warnecke*

Grenzdrehzahl.

Lager →Gleitlager, schnellaufendes, Wälzlager-Schmierung

Maschinendynamik. Ein Begriff aus der →Rotordynamik. Man versteht darunter die Drehzahl, jenseits derer ein stabiler Lauf eines Rotors nicht mehr möglich ist, weil selbsterregte Schwingungen zu gefährlichen Betriebszuständen führen würden (→Drehzahl, kritische). *Witfeld*

Grenzdruckprozeß →Vergleichsprozeß

Grenzreibung. Sonderfall der Festkörperreibung, bei der die Oberflächen der Reibpartner mit adsorbierten Schmierstoffmolekülen bedeckt sind. Die →Reibung wird durch die Eigenschaften der Oberflächenbereiche und des Schmierstoffs mit Ausnahme seiner →Viskosität bestimmt. Die →Reibungszahl liegt bei G. häufig zwischen 0,1 und 0,2. *Habig*

Grenzschicht.

1. Luftfahrttechnik. Die unter dem Einfluß der Reibung verzögerte Schicht einer Strömung, die sich an der Wand des umströmten Körpers ausbildet. In ihr nimmt die Geschwindigkeit von dem Wert der nicht abgebremsten äußeren Strömung an diesem Ort bis zur Wand auf null ab. Die Kurve, die die Geschwindigkeitsvektoren von der Körperoberfläche bis zum äußeren Rand der G. verbindet, ist ihr Geschwindigkeitsprofil. Die Neigung dieses Profils gegenüber der Wand ist ein Maß für die Wandschubspannung (Bild).

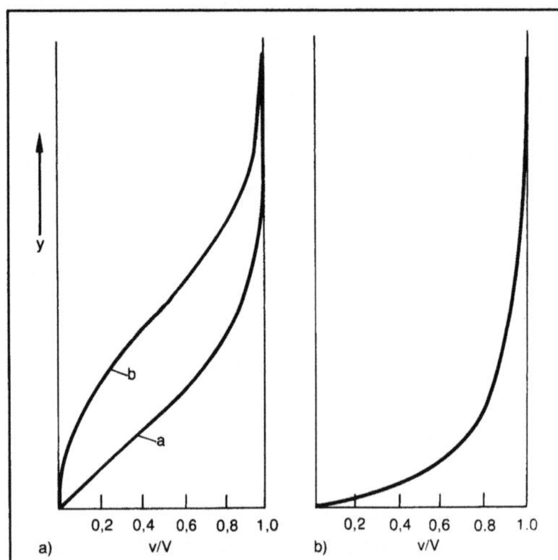

Grenzschicht (Luftfahrttechnik): Grenzschichtprofil.
a) Laminare Grenzschichtprofile.

a stabiles Profil, b kurz vor dem Umschlag

b) Turbulentes Grenzschichtprofil, verzerrter Höhenmaßstab gegen laminaren.

Die Strömung innerhalb der G. ist nach dem Auftreffen auf den Körper zunächst geordnet; sie ist laminar. Nach einer gewissen Lauflänge wird sie in ihrem innersten Teil soweit verlangsamt, daß sie sich aufstaut. Diese Erscheinung wird bei Druckanstieg wegen der zusätzlichen Verzögerung verstärkt. Dagegen erleichtert Druckabfall eine Erhöhung der laminaren Lauflänge. Die aufgestaute G. verursacht als Hindernis eine Wirbelbildung, die zum Umschlag der laminaren in die turbulente Form

führt. Bei letzterer wird die Verzögerung der Luft an der Wand in die benachbarten Stromlinien nicht mehr wie in der laminaren G. durch die Molekularbewegung der Luft weitergeleitet, sondern durch den Transport verzögerter Luftmassen in ungeordneten Wirbeln, der Turbulenz.

Beim Umschlag nimmt die Dicke der G. schlagartig zu, das Geschwindigkeitsprofil wird völliger, die Wandschubspannung, die Reibung, steigen steil an. *Kosin*

2. Strömungsmaschinen. Sie verläuft entlang der vom →Arbeitsfluid bespülten Oberflächen und beinhaltet einen großen Teil aller verlustbehafteten Reibungsvorgänge, denn die Geschwindigkeit steigt in der G. von der Haftbedingung an der Wand ausgehend auf den Wert der sog. Außenströmung mit der zum Anstiegsgradienten proportionalen Reibungswirkung an. Nach der Idee von *Prandtl* wird das gesamte Strömungsgebiet zu dessen Berechnung in 2 Gebiete aufgeteilt (→Strömungsberechnung, numerische):

□ das Hauptgebiet, das wegen der geringen Geschwindigkeitsgradienten als reibungsfrei betrachtet wird,

□ die G., in der die Reibungswirkung konzentriert ist. Für die dünne G. lassen sich die allgemeinen Strömungsgleichungen zu den G.-Gleichungen vereinfachen.

Da sich die G.-Dicke nicht von vornherein angeben läßt, führt dies zu iterativen Rechenverfahren. *Dibelius*

Literatur: *Prandtl, L.:* Über Flüssigkeitsbewegung bei sehr kleiner Reibung, Verhandl. 3. Intern. Math. Kongreß Heidelberg 1904. Neudruck in „Vier Abhandlungen zur Hydrodynamik und Aerodynamik". Göttingen 1927. – *Schlichting, H.:* Grenzschicht-Theorie. Karlsruhe 1951.

3. Strömungsmechanik. Wird ein beliebiger Körper umströmt (z. B. Tragflügel) oder durchströmt (z. B. Kanal), so wird wegen des Haftens (Haftbedingung) des Fluids am Körper eine dünne Schicht nahe der Oberfläche durch Reibung abgebremst. Diese Schicht wird nach *L. Prandtl* G. genannt. In ihr ändert sich die Geschwindigkeit vom Wert $u = 0$ an der Körperoberfläche auf den Wert $u = U_\infty$ der Außenströmung. Als G.-Dicke δ wird meist der Abstand von der Körperoberfläche definiert, für den $u = 0,99\,U_\infty$ ist, also die Geschwindigkeit u nur noch um 1 % von der der Außenströmung abweicht. Außerhalb der G. treten keine großen Geschwindigkeitsgradienten mehr auf, weshalb hier die Reibungskräfte gegen die Trägheitskräfte (Navier-Stokes-Differentialgleichung) vernachlässigt werden dürfen (Potentialströmung). Das Bild zeigt den einfachsten Fall einer G., die Umströmung einer Platte (Platten-G.). Zur Vereinfachung ist nur die obere Hälfte dargestellt. Bei einer laminaren G. ist der Zusammenhang zwischen G.-Dicke δ, Entfer-

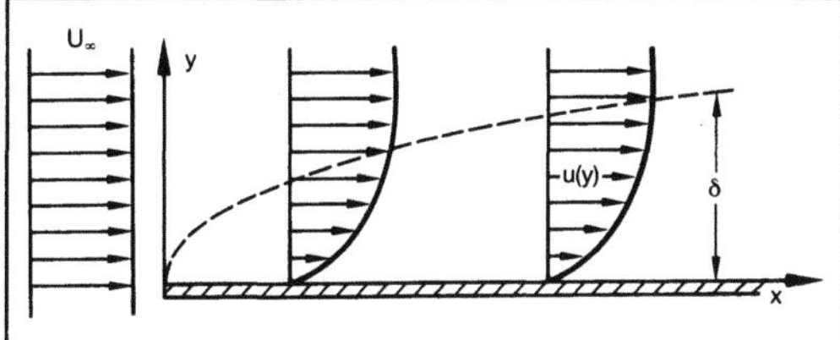

Grenzschicht (Strömungsmechanik): Plattengrenz-schicht.

nung x von der Plattenvorderkante, Anströmge-schwindigkeit U∞ und kinematischer Zähigkeit v des Fluids durch die Beziehung $\delta \approx 5 \sqrt{v\,x/U_\infty}$ gegeben. Die G.-Dicke nimmt mit der Entfernung x zu, aber mit zunehmender Anströmgeschwindigkeit U∞ ab. Bei gleicher Geschwindigkeit ist sie in Wasser an derselben Stelle x wegen der geringeren kinematischen Zähigkeit v kleiner als in Luft.

Infolge der Geschwindigkeitsverminderung innerhalb der G. kommt es bei gleichem Gesamtmassenfluß zu einer Art Abdrängen der Strömung vom Körper. Die Verdrängungsdicke δ_1 ist die Entfernung, um die die Stromlinien der Außenströmung gegenüber einer Potentialströmung gleicher Anströmgeschwindigkeit U∞ vom Körper abgedrängt werden. Sie ist definiert über die Gleichung

$$U_\infty\,\delta_1 = \int_0^\infty (U_\infty - u(y))\,dy.$$

Ganz entsprechend läßt sich eine Impulsverlustdicke δ_2 über den in der G. verminderten Impulsfluß

$$U_\infty\,\delta_2 = \int_0^\infty u(y)\,(U_\infty - u(y))\,dy$$

und eine Energieverlustdicke δ_3 über den in der G. verminderten Energiefluß

$$U_\infty^2\,\delta_3 = \int_0^\infty u^2(y)\,(U_\infty - u(y))\,dy$$

einführen.

Die Plattenströmung ist bei laminarer Außenströmung innerhalb der G. zuerst laminar, wird aber nach Überschreiten einer kritischen Länge $x_k > 3{,}5 \cdot 10^5\,\dfrac{v}{U_\infty}$ turbulent. Infolge der turbulenten Mischbewegung wird mehr Fluid als im laminaren Fall abgebremst, wodurch die G.-Dicke jetzt mehr anwächst.

Wenn bei der Um- oder Durchströmung eines Körpers ein Gebiet mit Druckanstieg auftritt (Diffusor), also auch das Fluid in der Außenströmung abgebremst wird, so kann das in der G. befindliche Fluid wegen seiner geringen kinetischen Energie nicht allzuweit gegen den steigenden Druck anströ-

men. Es kommt zur Ruhe und strömt schließlich, dem äußeren Druckgradienten folgend, in umgekehrter Richtung wie die Außenströmung, wodurch diese vom Körper abgedrängt wird. Es kommt zu einer Ablösung der G. vom Körper. *Eckelmann*

Literatur: *Schlichting, H.:* Grenzschicht-Theorie. Karlsruhe 1982.

Grenztemperatur. Die zulässige →Lagertemperatur wird durch den →Lagerwerkstoff und den Schmierstoff (Ölalterung) bestimmt. Mit steigender Temperatur sinken Härte und Festigkeit der Lagerwerkstoffe, besonders der Pb- und Sn-Legierungen. Bei Temperaturen oberhalb 80 °C tritt bei Mineralölen vermehrt Ölalterung auf. Erfahrungswerte findet man in DIN 31652 für die G. $\vartheta_{grenz} \geq \vartheta_{eff}$; ϑ_{grenz} und ϑ_{eff} sind mittlere Schmierfilmtemperaturen. In den Grenzwerten ist berücksichtigt, daß innerhalb des Schmierfilms ein Temperaturfeld mit lokalen Temperaturspitzen vorliegt, dessen Maximalwerte oberhalb von ϑ_{grenz} liegen.

Erfahrungswerte für zulässige mittlere Schmierfilmtemperaturen ϑ_{grenz}:
□ Druckschmierung (Umlaufschmierung) 100 bis 110 °C,
□ drucklose Schmierung (Eigenschmierung) 90 °C.
Knoll

Griffigkeit. Das Verhältnis von übertragbaren Horizontalkräften zur Radlast. *Fiala*

Grim-Leitrad. Kombiniertes Propeller- und Turbinenrad nach einer Idee von *Grim*. Der Durchmesser des G.-L. ist größer als der Durchmesser des davorliegenden Propellers. Im inneren Teil tragen die Flügel eine Turbinenprofilierung, in dem äußeren Teil eine Propellerprofilierung. Das Rad ist frei drehbar auf der Propellerwelle gelagert. Es wird ausschließlich angetrieben durch den Propellerstrahl. Im Propellerstrahl wird Strömungsenergie entnommen, die im Propellerteil sofort wieder umgesetzt wird. Der Schub, den das Leitrad erzeugt, wird direkt über Drucklager auf die Welle oder den Schiffskörper übertragen.

Die Wirkung des G.-L. beruht im wesentlichen auf der Eigenschaft, sich verlierende Drallenergie in nutzbringende Vortriebsenergie umzuwandeln (s. Bild auf Seite 480). *E. Lehmann*

Literatur: *Grim, O.:* Propeller und Leitrad. Jahrb. Schiffbautechn. Ges. Bd. 60. Berlin 1966.

Grim-Welle. Eine elastische Lagerung der Propellerwellen vorzugsweise in einem elastisch gelagerten Stevenrohr nach einer Idee von *Grim,* um störende Variationen zu vermeiden. Dies erfolgt dadurch, daß man das System aus Propeller, Schwanzwelle und hinterer Lagerung als Einmassesystem so niedrig gegenüber der signifikantesten Frequenz der

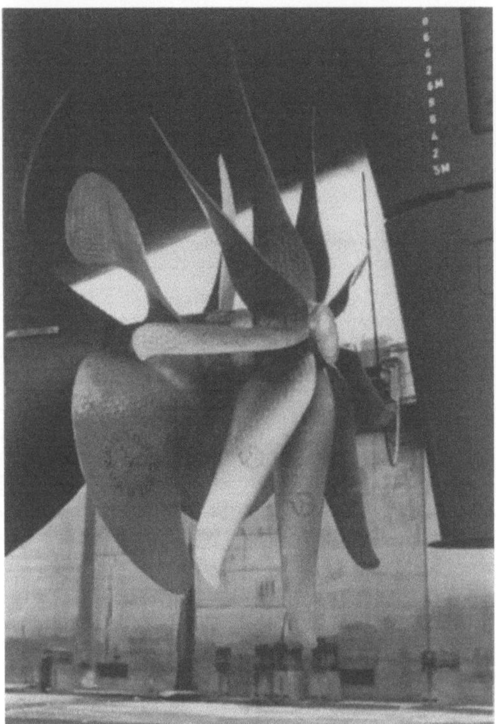

Grim-Leitrad: Propeller und Leitrad eines großen Frachtschiffs. (Quelle: Ostermann Metallwerke, Köln)

periodischen Kräfte abstimmt, die durch den Propeller entstehen, daß sich die Schwingungsanschläge und Beschleunigungen deutlich reduzieren. Die signifikanteste Kreisfrequenz ist gleich dem Produkt aus Drehzahl mal Flügelzahl. Dabei ist ein Verhältnis der erregenden Frequenz zur Eigenfrequenz des obigen Systems von 2–3 anzustreben. *E. Lehmann*

Literatur: *Grim, D.:* Lagerung der Propellerwelle in einem elastischen Stevenrohr. Jahrb. Schiffbautechn. Ges. Bd. 54. Berlin 1960.

Grobblech.

1. Adjustage. Eine G.-A. ist derjenige Betriebsbereich eines G.-Walzwerks, in dem die Walzprodukte fertig bearbeitet und versandfertig gemacht werden. In der G.-A. kann die Erfüllung vieler unterschiedlicher Funktionen, wie Warmrichten, Kühlen, Oberflächenprüfen, Putzen, Anreißen, Schopfen, Kantenbesäumen, Längsteilen, Querteilen, Ultraschallprüfen, Normalglühen, →Weichglühen, →Vergüten, Kaltrichten, Strahlen, Beizen, Kontrollieren, Kennzeichnen, Stapeln, Verpacken und Versenden notwendig sein. Je nach geforderter G.-Güte und nach den Forderungen an den Lieferzustand der G. sind die einen oder anderen erforderlichen Funktionen zu erfüllen. Einige Fertigungsschritte, beispiels-

weise Warmrichten, Kühlen, Schopfen und Kennzeichnen, müssen bei der Herstellung von G. stets durchgeführt werden. *Baumann*

2. Walzgerüst. Zur Herstellung der G. werden in der Regel Vierwalzen-W. als Umkehr-W. eingesetzt (Bild). Wenn eine G.-Walzstraße 2 W. hat, dann kann das W. der →Vorstraße auch ein Zweiwalzen-W. sein, während das W. der →Fertigstraße, beispielsweise aus Gründen der Blechebenheit und möglichst kleiner Dickentoleranzen, stets ein Vierwalzen-W. ist. Zum Erzielen möglichst kleiner Dickentoleranzen der G. werden ballig geschliffene Walzen und/oder Stützwalzen-Rückbiegesysteme eingesetzt. *Baumann*

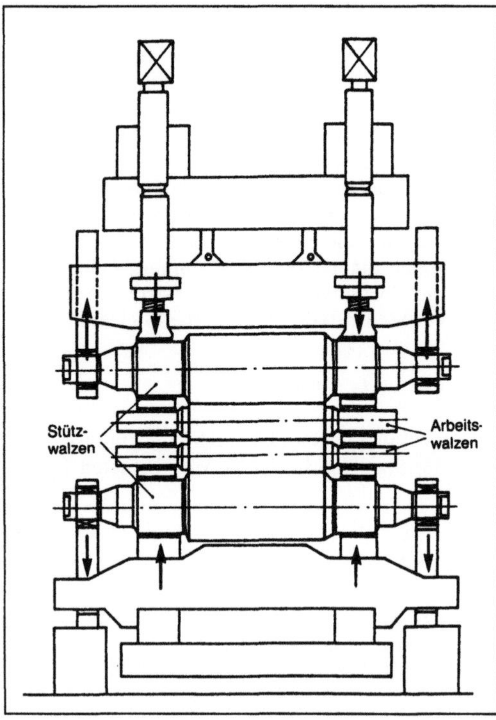

Grobblech-Walzgerüst mit Stützwalzen-Rückbiegesystem.

3. Walzstraße. Eine G.-W. ist eine Warm-W., in der meist G. mit Dicken $\geq 4{,}76$ mm, aber auch →Mittelblech mit Dicken ≥ 3 mm, jedoch $< 4{,}76$ mm bei G.-Breiten je nach Baugröße der Straße bis zu 5 500 mm hergestellt werden kann. G.-W. haben entweder ein G.-Walzgerüst oder 2 G.-Walzgerüste, die als Umkehr-Walzgerüste gebaut sind.

Neuzeitliche G.-W. sind vor allem durch die
□ zunehmende Anwendung des sog. kontrollierten Walzens mit niedrigen Temperaturen und
□ Gleichmäßigkeit sowie Maßgenauigkeit der Blechdicke
gekennzeichnet.

Beim kontrollierten Walzen mit niedrigen Temperaturen und hohen Stichabnahmen entstehen wegen des großen Formänderungswiderstands sehr hohe Walzkräfte und Drehmomente. Dabei können die Walzkräfte in einem 5,5 m-G.-Walzgerüst mehr als 100 000 kN erreichen. Eine solche W. wurde 1986 bei der Aktiengesellschaft der Dillinger Hüttenwerke in Betrieb genommen und ist auch 1992 noch die größte G.-W. der Welt. Bild 1 zeigt die zugehörigen Walzenständer bei ihrer Bearbeitung in der Fertigungswerkstatt der Mannesmann Demag AG. Technische Kenndaten dieser G.-W. enthält die Tabelle:

Arbeitswalzendurchmesser	1 180 mm
Stützwalzendurchmesser	2 400 mm
Ballenlänge der Walzen	5 500 mm
maximale Walzkraft	108 000 kN
Antriebsleistung	2 × 11 000 kW
Ständergewicht (einteilig)	390 t

Grobblech-Walzstraße 1: Walzenständer des Grobblech-Walzgerüsts für die Aktiengesellschaft der Dillinger Hüttenwerke, Dillingen, im Fertigungswerk der Mannesmann Demag AG, Duisburg.

Um sehr kleine Blechdickentoleranzen zu erzielen, sind eine hohe Steifigkeit des Walzgerüsts und eine automatische Blechdickenregelung erforderlich. Die Steifigkeit des Walzgerüsts wird insbes. durch entsprechende Stützwalzendurchmesser und Abmessungen der Walzenständer erreicht. Bild 2 zeigt eine Teilansicht des G.-Walzgerüsts während des Walzbetriebs in Dillingen. *Baumann*

4. Walzwerk. Ein G.-W. ist ein sehr komplexes technisches System zum Herstellen von G. Solche

Grobblech-Walzstraße 2: Teilansicht des Grobblech-Walzgerüsts der Aktiengesellschaft der Dillinger Hüttenwerke, Dillingen.

W. haben im Vergleich zu W. für andere Produkte sehr große Produktionsflächen. Die Gesamt-Produktionsfläche des G.-W. der Aktiengesellschaft der Dillinger Hüttenwerke ist > 102 000 m^2 und setzt sich aus den Flächen für

☐ das Vorbrammenlager 12 325 m^2,

☐ Ofenanlage 2 802 m^2,

☐ Walzwerkshallen 83 648 m^2 und

☐ Gebäude 3 446 m^2

zusammen. Für den Bau dieses W. waren u. a. 75 000 m^3 Stahlbeton, 35 000 t Stahlbauteile für die Hallen, 22 036 t Stahl für Anlagen und Maschinen, 45 km Rohrleitungen, 1 100 km Elektrokabel, 8,1 km Schienen, 5,6 km Kanäle sowie 25 200 m^2 Straßen erforderlich. *Baumann*

Literatur: *Weber, F.:* Stahl u. Eisen 94 (1974) Nr. 23, S. 1132/40.

Groblayout →Materialflußplanung

Grobsortieranlage. Im Aufbereitungsdurchgang vor dem Zerkleinern und auch vor dem Absieben werden besondere Vorrichtungen geschaltet. Im Vordergrund steht die Abscheidung ungeeigneter Bestandteile wie anhaftender Lehm oder beigemengte Erde aus dem im Steinbruch oder in der Kiesgrube gewonnenen Material beim (Vor)Abscheider, dann die Abtrennung von Körnung und Stücken, die für den nachfolgenden Prozeß klein genug bzw. zu groß sind beim Vorsieb. Derartige Vorklassiergeräte sind der Beaufschlagung entsprechend robust ausgeführt. Zum Einsatz kommen dynamisch wirkende Systeme wie bewegliche Roste, Stangensizer und Großstück- bzw. Schwerlastsiebe. Die maximale Stückgröße des Aufgabeguts entspricht dem Schluckvermögen des zugehörigen Brechers. Die Abtrennung geht bis 300 mm beim sog. Stückgutabscheider. Vielfach sind Aufgeber wie Schwingförderer und auch Schubspeiser mit Spaltrosten oder Lochblechen zwecks Abtrennung versehen. Ansonsten sind den eigentlichen Vorabscheidern →Beschicker zugeordnet (Bild). *Kühn*

Grobsortieranlage: Schwingsiebmaschine mit Lochblechboden als Vorabscheider.

Großlochbohrgerät. Großlochbohrmaschinen sind Schlag-, Dreh- oder Drehschlagbohrgeräte für größere Bohrtiefen und -durchmesser. Mit ihnen lassen sich Bohrlöcher mit Durchmessern bis zu 250 mm und Längen bis zu 180 m erzielen. Sie dienen zur Herstellung von Sprenglöchern für die im Steinbruchbetrieb weit verbreitete Großbohrlochsprengung. Je nach Gestein werden Hartmetalldrehbohrkronen, Rollenmeißel oder Tieflochhämmer eingesetzt. Um auch in schwierigstem Gelände sicher fahren zu können, sind sie auf einem geländegängigem Reifen- oder Raupenfahrwerk installiert. Während des Bohrvorganges bockt sich das Gerät mit am Fahrgestell befestigten Stützen auf. Sämtliche Arbeitsgänge, wie Bohren, Gestängeverlängerung, Gestängeziehen und Ablegen der Bohrstangen im Magazin, steuert der Bohrmeister von einem Bedienungstand aus, der in einer Fahrerkabine untergebracht ist. Drehantrieb und Vorschub arbeiten hydraulisch, Schlagwerk, falls vorhanden, pneumatisch oder hydraulisch. Gespült wird mit Luft, die ein bordeigener Verdichter liefert. Sowohl Verdichter als auch Hydraulikaggregat werden von Diesel- oder Elektromotoren angetrieben. *Kühn*

Großrohr, geschweißtes. Ein g. G. ist ein g. Stahlrohr mit einem äußeren Durchmesser >406,4 mm. *Baumann*

Großwälzlager. G. werden im Bagger- und Kranbau für langsam drehende Bewegungen der Drehkränze benötigt. Die Lager werden vielfach geteilt ausgeführt. *Knoll*

Großzugsystem. Bei einem G. (auch Hauptstreckenfördersystem genannt) handelt es sich um eine gleisgebundene Förderanlage. Sie wird bei Transportwegen über ca. 8 km, z. B. bei Anschlußbergwerken, eingesetzt. Tagesförderleistungen von

mehr als 10 000 t können von einer Zugeinheit abgefördert werden. Die Anzahl der Wagen pro Zug ist sehr unterschiedlich und liegt im Mittel bei 30 Großmuldenwagen. Die Spurweite beträgt 600–1 000 mm.

Als Antrieb werden meistens Verbundlokomotiven, eine Kombination von Fahrdraht- und Akkumulatorlokomotive, mit einer Einzelleistung von ca. 300 kW eingesetzt. Die Züge erreichen z. Z. eine maximale Geschwindigkeit von 40 km/h.

Der automatische Lokomotivbetrieb wird bei G. immer häufiger angewandt, da er die Sicherheit erhöht und bei der Größenordnung der Hauptstreckensysteme die Durchführung der Transportaufgaben rentabler macht.

Vorteile der G. bestehen in den Möglichkeiten zur kurzfristigen Kapazitätserhöhung und zur Kohlenarttrennung. Des weiteren ist es möglich, die Großzuganlage kapazitiv auf das Leistungsvermögen der Förderanlagen in Schacht und Strecken abzustimmen. Auch als „rollender Bunker" sind G. verwendbar. Das Fassungsvermögen der Waggons wird dann zur Überbrückung von Förderausfällen im Abbau ausgenutzt, wodurch die Tagesfördermenge konstant gehalten werden kann. Wegen der verkehrs- und umweltbedingten Schwierigkeiten der übertägigen Produktenförderung und der immer größer werdenden Entfernungen vom Abbau zum Förderschacht gewinnen bei der Planung und Einrichtung neuer Förderanlagen untertägige G. zunehmend an Bedeutung. *Seeliger*

Grubber. →Bodenbearbeitungsgerät, das im wesentlichen aus einem rechtwinkligen Rahmen mit daran befestigten G.-Zinken besteht (Bild). Ausführung zumeist als →Anbaugerät, selten als →Anhängegerät. Hauptunterscheidung in Pflug-G., Schäl-G. und Fein-G. Pflug-G. mit kräftigen, starren und leicht schräg gestellten Zinken arbeiten etwa 20 bis 30 cm tief (evtl. Steinsicherungen) bei einem Strichabstand von 30–35 cm, Arbeitsgeschwindigkeit 1,5

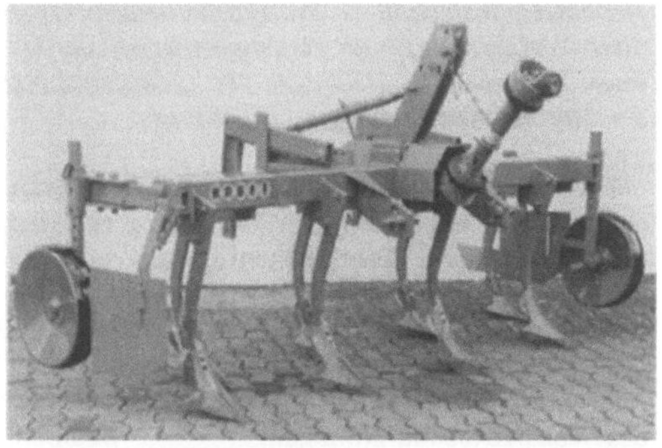

Grubber: Einbalkiger Kurzgrubber mit Zapfwellendurchtrieb, der z. B. zum Antrieb einer folgenden Fräse dient. (Quelle: Rabe)

bis 2 m/s. Schäl-G. setzt man vor allem zur Stoppelbearbeitung mit Stroheinmischung ein, Arbeitstiefe 10–15 cm, Arbeitsgeschwindigkeit 2–3 m/s (Ersatz des früher üblichen, flach arbeitenden Schälpflugs). Fein-G. dienen der Saatbettbereitung, Arbeitstiefe 5–10 cm, Arbeitsgeschwindigkeit 2–3 m/s. Der spezifische Energiebedarf läßt sich durch federnde Zinken ein wenig senken. Diese benutzt man häufig beim Fein-G., teilweise beim Schäl-G. Der Rahmen des G. besteht meist aus zwei Längsholmen mit 2, 3 oder 4 Querholmen (oft geschlossene Profile). Bei den Werkzeugen unterscheidet man zwischen einfacher Schmalschar, Doppelherzschar, Gänsefußbreitschar und Flügelschar. Der G. wird bei Bestellarbeiten häufig mit weiteren, nachgeordneten Bodenbearbeitungsgeräten sowie mit Sämaschinen kombiniert, um Überfahrten einzusparen. *Renius*

Grubenausbau. Unter G. werden alle Mittel verstanden, die zum Offenhalten und Sichern von Grubenbauen (planmäßig hergestellten Hohlräumen unter Tage) in diese eingebracht werden. Eine Aufgabe des Grubenbaus ist die Erhaltung eines Mindestquerschnittes der Grubenbaue, damit Fahrung, Förderung und Wetterführung nicht behindert werden. Weiterhin dient der G. dem Schutz der Bergleute vor Stein- und Kohlenfall.

Der Ausbau soll das durch die Herstellung von Hohlräumen unter Tage gestörte Gleichgewicht im Gebirge wiederherstellen. Das Gebirge versucht, auf Grund des Gebirgsdrucks den Hohlraum wieder zu verfüllen. Dieser Druck soll durch den G. möglichst vollständig aufgefangen und wieder ins Gebirge abgeleitet werden. Kann der Gebirgsdruck nicht oder nur unvollständig abgefangen werden, so macht sich dies in Form von Hebungen des Liegenden (der Sohle) oder Senkungen des Hangenden (der Firste) bemerkbar. Diese Hebungen und Senkungen verringern die Querschnitte von Streb und Strecke und werden auch als Konvergenz bezeichnet.

Die Wahl des jeweils zweckmäßigsten Ausbaus ist von mehreren Gesichtspunkten abhängig: Neben der erforderlichen Standzeit und der zu stützenden Fläche sind vor allem der zu erwartende Gebirgsdruck nach Art und Größe sowie die damit verbundenen Gebirgsbewegungen für eine Wahl bestimmend. Ebenfalls muß die Zeitspanne zwischen der Herstellung des Grubenbaues und dem Einbringen des Ausbaus mit in die Überlegungen einbezogen werden. Diese Gesichtspunkte entscheiden zusammen mit den Ausbaukosten, welche Ausbauart, welches Ausbaumaterial und welche Ausbaudichte gewählt wird.

Generell werden Streckenausbau, Strebausbau und Schachtausbau unterschieden. Beim Streckenausbau unterscheidet man nachgiebigen und starren Ausbau. In Abbaustrecken wird in der Regel nachgiebiger Gleitbogenausbau verwendet (Bild 1).

Grubenausbau 1: Gleitbogenausbau. (Quelle: Bergbaustahl)

Hierbei handelt es sich meist um mehrteilige Gleitbögen aus stählernem Rinnenprofil. Die Enden der Gleitbögen überlappen sich und sind durch Klemmlaschen verschiebbar miteinander verbunden. Durch Ineinanderschieben der Gleitbögen kann der Gebirgsdruck in gewissen Grenzen aufgenommen und eine Zerstörung der Baue vermieden werden. Die Sohle wird hierbei nicht ausgebaut. Der Streckenausbau hat die Form einer Teilellipse. Als Ausbaudichte wird der Abstand der einzelnen Baue zueinander bezeichnet. Normalerweise wird ein Bauabstand von 0,8 m verwendet. In stark druckhaftem Gebirge werden die Baue enger gestellt und können auch Abstände von 0,5 m und weniger erreichen. In standfesten Gebirgsschichten kann der Bauabstand auch größer als 0,8 m gewählt werden. Da der G. kurz nach seinem Einbringen das Gebirge nicht sofort voll unterstützen kann, bezeichnet man den Gleitbogenausbau auch als spättragenden Ausbau. Ein frühtragender Gleitbogenausbau kann durch eine Hinterfüllung der Baue mit hydraulisch abbindenden Baustoffen (z. B. Anhydrit, Mörtel) erreicht werden. Der hinterfüllte Bogen liegt dann gleichmäßig am Streckenmantel an und kann die Stützkraft großflächig über seine gesamte Bogenlänge in das Gebirge einleiten. Nachteilig bei diesem Verfahren ist der zusätzliche Kostenaufwand für die Baustoffe und der Aufwand für ihren Transport zum Verbrauchsort.

In Strecken mit keinem oder nur geringem Gebirgsdruck wird starrer Ausbau eingesetzt. Auch hier wird in der Regel Bogenausbau gewählt. Die einzelnen Ausbaubögen können sich aber nicht gegeneinander verschieben, sondern sind stumpf und voreinander gesetzt. Verbunden werden die Bögen durch Laschen.

Neben dem Bogenausbau wird auch Ankerausbau verwendet. Hierbei versucht man, die Eigentragfähigkeit des Gebirges zu verstärken. Anker sind Stahlstangen, die durch Haftelemente (Spreizanker) oder mittels Kunstharzen (Klebanker) in Bohrlöcher eingebracht und dort befestigt werden. Sie verbinden nicht zusammenhängende Gesteinsschichten oder binden lose Gesteinsschalen an festes Gebirge an. Anker als alleiniger Ausbau oder als Ankerausbau im →Verbund mit Maschendraht wird selten verwendet. Häufig werden Anker in Verbindung mit anderen Ausbauarten verwendet.

Neben dem Bogen- und dem Ankerausbau findet unter Tage auch der Türstockausbau mit starren oder nachgiebigen Stempeln Verwendung (Bild 2). Hierbei handelt es sich um einen Ausbau von rechteckigen oder nahezu rechteckigen Strecken.

Grubenausbau 2: Türstockausbau. (Quelle: Bergbaustahl)

In schachtnahen Grubenräumen wird in der Regel Betonausbau verwendet. Der Ausbau wird entweder als Rüttelbeton hinter einer Schalung oder als Mauerung mit Betonformsteinen eingebracht.

Im Streb wird heutzutage fast ausschließlich der vollmechanische Schreitausbau eingesetzt. Hierbei kann man mit den Gespannen, den Böcken und den Schilden drei Bauformen unterscheiden (Bild 3 bis 5). Schreitausbau wird mittels hydraulischer Kräfte geraubt (d. h. eingefahren), vorgerückt und wieder gesetzt (fest mit dem Gebirge verspannt).

Grubenausbau 3: Gespannausbau.

Grubenausbau 4: Bockausbau. (Quelle: Westfalia Lünen)

Grubenausbau 5: Schildausbau.

Die älteste und heute kaum noch eingesetzte Schreitausbauart ist das Gespann. Dieses besteht aus zwei durch Rückzylinder miteinander verbundenen Rahmen. Jeder Rahmen setzt sich aus zwei Stempeln (Hydraulikzylindern) zusammen, die am Hangenden durch eine meist geteilte Kappe und auf dem Liegenden durch eine Sohlschwelle verbunden sind. Diese Ausbauart bot allerdings nur einen ungenügenden Schutz der Bergleute gegen Stein- und Kohlenfall. Eine konstruktive Weiterentwicklung stellt der Ausbaubock dar. Hierbei sind die Hangendkappen zu einer einzigen Kappe und die Sohlschwellen zu einem Grundrahmen vereinigt. Der Schutz gegen Stein- und Kohlenfall aus dem Hangenden ist nun gewährleistet. Jedoch können immer noch Berge aus dem Bruchraum in den Strebraum eindringen und eine planmäßige Gewinnung durch Verschütten des Ausbaus erschweren.

Die z. Z. modernste Strebausbauart ist der Schildausbau. Er wird in nahezu allen Strebbetrieben angewendet. Hierbei bleiben die wesentlichen Merkmale des Bockausbaus wie Hangendkappe und Grundrahmen erhalten; hinzu kommt ein Bruchschild. Hierdurch wird der Strebraum gegen den Bruchraum nahezu vollständig abgeschlossen.

Unter Schachtausbau werden verschiedene Arten von Ausbau in Tagesschächten (zu Tage führend) und Blindschächten (unter Tage endend) verstanden. Hierzu gehören der Ausbau aus geschlossenen Gußeisen- oder Stahlsegmenten, Stahlringen und Mauerung. Der Ausbau ist teilweise mit Hinterfüllmaterial und mit Verzug versehen.

Ältere Schächte des Ruhrreviers sind im Karbongebirge mit einer Ziegelsteinmauerung ausgebaut und im lockeren, wasserführenden Deckgebirge mit gußeisernem Tübbingausbau (geschlossene Gußeisensegmente) versehen. Neuere Schächte sind im Deckgebirge in der Regel mit einem Stahl-Beton-Verbundausbau u. U. mit Gleitfugen ausgebaut (Bild 6). Im Karbongebirge sind diese Schächte mit einfachen baustahlbewehrten Betonringen ausgebaut. *Seeliger*

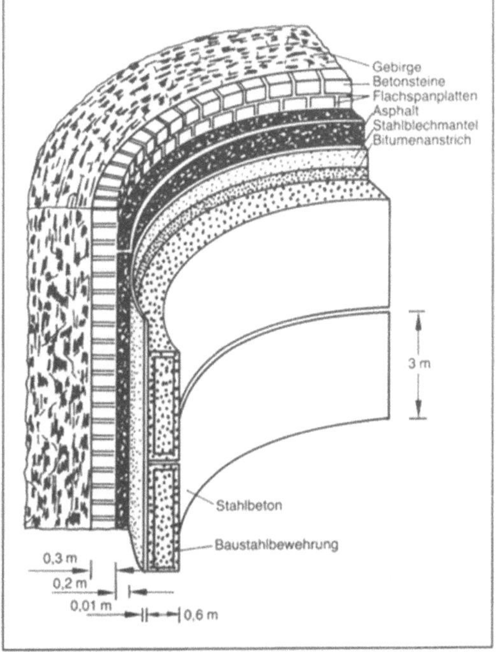

Grubenausbau 6: Moderner Schachtausbau für wasserführendes Gebirge. (Quelle: Reuther a. a. O.)

Literatur: *Albers:* Konventioneller Ausbau und die Neue österreichische Tunnelbauweise im Steinkohlenbergbau. Glückauf 121 (1985), S. 833 ff. – Das kleine Bergbaulexikon. Essen 1981, S. 22/27 u. 104. – *Fritzsche:* Lehrb. Bergbaukunde. Bd. II, S. 435, 449/52. – *Irresberger:* Grubenausbau und Gebirgsmechanik. Glückauf 119 (1983), S. 871/74. – *Reuther, E. U.:* Einführung in den Bergbau. Essen 1982. – Frühtragender Ausbau. Glückauf 117 (1981), S. 1083/1114.

Grubenbewetterung. Hierunter versteht man die
□ Versorgung der untertägigen Hohlräume (Grubenbaue) mit Frischluft (Frischwetter: Sauerstoffkonzentration mindestens 19 %),
□ Abführung und Verdünnung schädlicher Gase,
□ Abführung von Wärme und Feuchtigkeit.

Unterschieden wird nach
□ Hauptbewetterung für durchgehende Grubenbaue mit zumindest einem Hauptgrubenlüfter sowie einem Wettereinzieh- und Ausziehschacht und
□ Sonderbewetterung zur Frischluftversorgung nicht durchgängiger Grubenbaue mit Rohrleitungen (Lutten) und Luttenlüftern. Die Frischwetter werden dabei dem Hauptwetterstrom entnommen.

Die Hauptbewetterung erfolgt meistens saugend (Hauptgrubenlüfter am Ausziehschacht über Tage). Bei Sonderbewetterung wird überwiegend blasende Bewetterung (Überdruck in der Luttenleitung) angewandt.

Die Bewetterung im Abbau wird je nach Zuschnitt unterschieden in U-, Z-, Y-, W-, Doppel-Z- und H-Bewetterung. Die Buchstaben geben schematisch den Wetterweg durch Streb und Strecke wieder. Die Aufzählung entspricht der Rangfolge des Aufwands. *Seeliger*

Grubenlokomotive. Eine G. ist eine gleisgebundene Zugmaschine, die durch ihre verhältnismäßig kleinen Abmessungen speziell dem Betrieb unter Tage angepaßt ist. Die Leistung liegt im Bereich von 50 kW–300 kW. Je nach Energieversorgung unterscheidet man Diesel-, Druckluft- und – bei den elektrisch betriebenen Lokomotiven – Fahrdraht-, Akkumulator- und Verbundlokomotiven, welche durch Elektromotoren angetrieben werden. Die meisten Lokomotiven, mit Ausnahme der Fahrdrahtlokomotive, können im Steinkohlenbergbau in schlagwettergeschützten Ausführungen eingesetzt werden. Bei der Fahrdrahtlokomotive treten in diesem Bereich konstruktionsbedingte Schwierigkeiten auf.

Es lassen sich zwei Grundtypen von Lokomotivbauarten unterscheiden. Bei der ersten Bauart ist das Führerhaus in der Mitte angeordnet. Die Anbauten sind zur besseren Übersicht abgeschrägt. Die andere Bauart besitzt zwei Führerhäuser, die sich an den beiden Enden der Lokomotive befinden. Maschinen, Energieversorgung und Regelung sind hier im mittleren Teil untergebracht.

Die Fahrdrahtlokomotive wird über eine nicht isolierte Leitung mit elektrischer Energie versorgt. Der Fahrdraht ist in einer Mindesthöhe von 2,5 m verlegt und führt eine Gleichspannung von bis zu 750 V. Für diese Energieversorgung existieren besondere Sicherheitsvorschriften, da eine Funkenbildung nicht ganz ausgeschlossen werden kann. Im Fahrdrahtschutzbereich darf deshalb beispielsweise kein Abbau betrieben werden.

Bild 1 zeigt die wesentlichen Bestandteile einer Fahrdrahtlokomotive, die mit zwei Motoren ausgerüstet ist und ein Führerhaus besitzt.

Die Akkumulatorlokomotive wird von einer mitgeführten Batterie mit elektrischer Energie ver-

Grubenlokomotive 1: Fahrdrahtlokomotive. (Quelle: Siemens AG)

sorgt. Zur Steuerung dient ein stufenloser Fahrhebel für Fahren und elektrisches Bremsen. Das Steuerorgan ist ein Gleichstromsteller mit Stromregelung. Die elektrische Bremsung erfolgt generatorisch mit geregelter Energierückspeisung in die Batterie oder über Bremswiderstände, wie es auch bei Fahrdrahtlokomotiven möglich ist. Außerdem ist noch eine mechanische Bremsung erforderlich, da allein mit der elektrischen eine Lokomotive nicht zum völligen Stillstand gebracht werden kann.

Bild 2 zeigt eine schlagwettergeschützte zweiachsige Akkumulatorlokomotive. Hier sind die beiden Führerhäuser und die Bleibatterie in der Mitte deutlich zu erkennen. Bei dieser zweiachsigen Lokomotive wird jede Achse von einem druckfest gekapselten Bahnmotor angetrieben.

Eine Verbundlokomotive kann sowohl über Fahrdraht als auch – in schlagwettergefährdeten

Grubenlokomotive 2: Akkumulatorlokomotive. (Quelle: Diema)

Bereichen – über Akkumulatoren betrieben werden. Diese Antriebsmaschinen werden zumeist bei Großzugsystemen eingesetzt.

Zwei gleiche Lokomotiven können von einem Führerstand aus in Doppeltraktion gefahren werden. Hauptleitung, Steuerleitung, Hydrauliksysteme und Notausleitung der beiden Lokomotiven werden miteinander verbunden.

Die Signale der Überwachungseinrichtungen werden im Fahrpult angezeigt. Die Anzeige „Batterie voll" ist besonders hervorzuheben, da dann kein generatorisches Bremsen mit Energierückspeisung mehr möglich ist.

Moderne Akkumulatorlokomotiven haben heute eine Stundenleistung von 100 kW bei einer Betriebsspannung von 240 V. Des weiteren sind sie zur Erhöhung der Betriebssicherheit mit einem Anfahr-Schleuderschutz, einem Antiblockier-Bremsschutz und einer Totmann-Bremse ausgerüstet.

Eine Gruben-Diesellokomotive ist in Bild 3 dargestellt. Der Antrieb besteht aus einem 6-Zylinder-Reihenmotor. Die Energieübertragung erfolgt über ein Flüssigkeitsgetriebe und das Achsgetriebe. Das Flüssigkeitsgetriebe kann mit Hilfe einer Lamellenkupplung in einen sog. Direktgang umgeschaltet werden. Dann sind Ein- und Ausgang des hydrodynamischen Wandlers direkt mechanisch verbunden. Die unterste Geschwindigkeit, bei der Umschalten in den Direktgang sinnvoll ist, liegt in der Größenordnung von 2 m/s. Es existieren auch Diesellokomotiven – meist älterer Bauart – ohne Flüssigkeitsgetriebe. Diese besitzen nur ein mechanisches Getriebe und eine Reibkupplung.

Grubenlokomotive 3: Diesellokomotive. (Quelle: Bedia, Bonn)

Der Vollständigkeit halber ist noch die Druckluftlokomotive zu nennen. Als Energieträger dienen bei dieser Bauart mehrere Druckluftspeicherflaschen mit einem Innendruck von etwa 200 bar. Über einen Druckregler wird dann eine Turbine angetrieben. Die Druckluftlokomotive hat im Laufe der Zeit immer mehr an Bedeutung verloren. Sie wird zunehmend von den Elektrolokomotiven und Diesellokomotiven wegen der höheren Reichweite und Leistung verdrängt.

An die Lokomotive ergeben sich unabhängig von Typ und Bauart aus sicherheitlichen und wirtschaftlichen Gesichtspunkten folgende Forderungen:

□ Der Lokomotivbetrieb muß technisch möglichst sicher sein;

□ Fehlbedienungen sollten ausgeschlossen sein;

□ hohe Verfügbarkeit muß erreicht werden;

□ der Reparaturaufwand soll möglichst gering sein;

□ die technischen Einrichtungen der Lokomotive haben selbstüberwachend zu arbeiten;

□ dem Lokomotivführer soll möglichst viel an Belastungen durch die Technik abgenommen werden, wobei er zu jeder Zeit eingreifen können muß.

Die Betriebssicherheit läßt sich durch automatischen Lokomotivbetrieb noch weiter erhöhen. Das Unfallrisiko durch menschliches Versagen wird dabei stark vermindert. Außerdem können die Betriebskosten durch Personaleinsparungen und bessere Ausnutzung des Streckennetzes gesenkt werden. Wegen der relativ hohen Investitionskosten wird der Automatikbetrieb jedoch hauptsächlich auf Großschachtanlagen durchgeführt.

Die Zugmaschine wird dann führerlos mit selbstüberwachender und selbstgeregelter Zugfolge gesteuert. Die Fahrbefehle werden von einer Leitstelle aus automatisch in Abhängigkeit von den Streckenbelegungsverhältnissen erteilt und über eine Funkeinrichtung zur Lokomotive übermittelt. Die wichtigsten Bestandteile dieses Systems sind:

□ ein voll überwachtes Streckennetz,

□ ein sicheres Signalübertragungssystem,

□ für Hand- und Automatikbetrieb ausgerüstete Lokomotiven.

Die automatische Steuerung ist mit einem Sicherheitssystem verbunden, dessen oberstes Schutzziel ein sicheres Bremsen bei Störfällen sowie eine Verhinderung von ungewolltem Anfahren des Zugverbandes ist. Die in dem voll überwachten und gesicherten Streckennetz erfaßten Netzdaten werden zu einer zentralen Steuerlogik in der Leitstelle übermittelt und ausgewertet. Die hochfrequenten Funkbefehle werden über einen neben dem Fahrdraht verlegten Linienleiter induktiv auf die Antenne der Lokomotive übertragen. Neuerdings kann die Fahrstraße auch über einen Rechner festgelegt werden. Dieser berücksichtigt dann noch weitere Informationen, z. B. über Leerwagenbedarf und -angebot oder beladene und unbeladene Zugverbände, um einen möglichst wirtschaftlichen und sicheren Betrieb zu ermöglichen.   *Seeliger*

Literatur: Das kleine Bergbaulexikon. Essen 1981. – TÜV-Heft: Betrieb von Bahnen unter Tage. Glückauf 121 Nr. 12, S. 931 ff.

Grübchen. G.-Bildung (pitting) an Zahnrädern ist ein Ermüdungsschaden der Zahnflanken, in dessen

Verlauf an der Flankenoberfläche mit zunehmender Anzahl Vertiefungen durch partielle Ausbröckelungen entstehen. Die Anrisse für den Beginn der G.-Bildung entstehen an der Oberfläche überwiegend auf der Fußflanke im Bereich negativen Schlupfes. Im Beisein von Schmierstoff entstehen aus den Anrissen G.

G. treten erst nach größeren Lastwechselzahlen mit progressivem Schadensverlauf auf (10^5 <N< 10^8). Die Verwendung großer Zähnezahlen (kleine Moduln), positiver Profilverschiebungen (→Evolventenverzahnung) sowie große Flankenhärte (z. B. Einsatz-, Nitrierstahl) steigern die →G.-Tragfähigkeit. Den Einfluß von Schmierstoff und Umfanggeschwindigkeit zeigt Bild 1 an Beispielen. Grübchen an einem Stirnrad zeigt Bild 2.   *Winter*

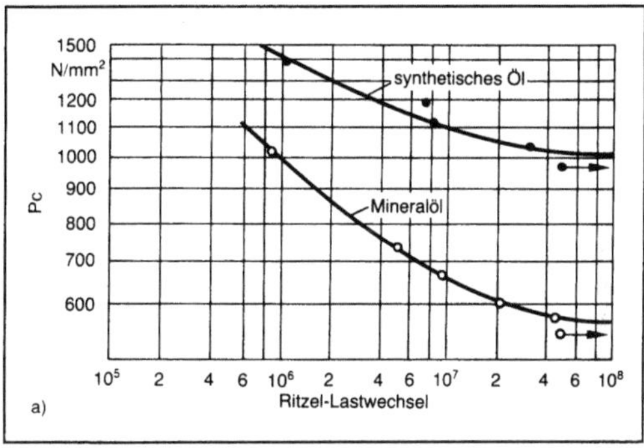

Grübchen 1: Der Einfluß von a) Schmierstoff und b) Umfanggeschwindigkeit auf die Grübchentragfähigkeit (Bild 2).

kinematische Viskosität des Mineralöls v_{50} = 100 mm²/s, des synthetischen Öls v_{50} = 50 mm²/s. P_c Hertz-Pressung im Wälzpunkt

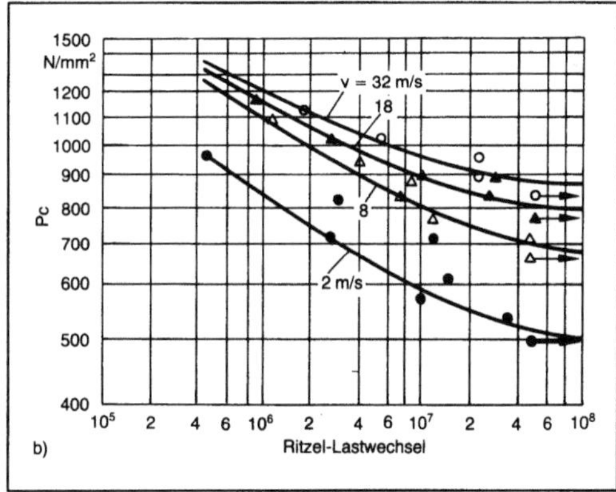

Grübchen 2: Grübchen an einem Stirnrad aus Vergütungsstahl.

Literatur: *Joachim, F.:* Untersuchungen zur Grübchenbildung an vergüteten und normalisierten Zahnrädern. Diss. TU München 1984. – *Niemann, G.,* u. *W. Richter:* Versuchsergebnisse zur Zahnflankentragfähigkeit. Konstr. 12 (1960) Tl. II/

VIII. – *Winter, H.:* Flankentragfähigkeit geradverzahnter Stirnräder. Versuchsauswertung und Verlauf der Grübchenbildung. Ind.-Bl. 60 (1960), S. 309/15.

Grübchenbildung. Schädigung der Oberflächenbereiche von tribologisch beanspruchten Bauteilen durch Oberflächenzerrüttung (Bild). G. kann bei hochbeanspruchten Wälzlagern, Zahnradgetrieben, Nocken-Stößel-Systemen, aber auch bei dynamisch belasteten Gleitlagern auftreten. *Habig*

Grübchenbildung: Grübchen auf den Flanken eines Zahnrads.

Grübchentragfähigkeit. Zahnflanken werden bei Leistungsübertragung auf Grübchenbildung beansprucht (Grübchen). Zur Beurteilung der G. wird die rechnerische →Flankenpressung σ_H mit der zulässigen Flankenpressung σ_{HP} ins Verhältnis gesetzt:

$$\sigma_H \leq \sigma_{HP'} \quad \sigma_{HP} = \sigma_{HG} / S_{Hmin} \qquad (1).$$

Die rechnerische Grübchensicherheit ist damit wie folgt definiert:

$$S_H = \sigma_{HG} / \sigma_H \qquad (2).$$

Sie wird für beide Räder einer Zahnradstufe getrennt bestimmt. Die geforderte Mindestsicherheit S_{Hmin} richtet sich nach dem Einsatzfall des Getriebes (Tabelle).

Grübchentragfähigkeit. Tabelle: Anhaltswerte für die Grübchen-Mindestsicherheit S_{Hmin}. (Quelle: Niemann, Winter a. a. O.)

	Berechnung mit Maximalmoment gegen Dauerfestigkeit	Industriegetriebe, Normalfall mit Dauermoment gegen Dauerfestigkeit	Forderung nach großer Zuverlässigkeit in kritischen Einsatzfällen
S_{Hmin}	0,5 bis 0,7	1,0 bis 1,2	1,3 bis 1,6

Normalerweise ist ein →Zahnrad unterhalb der Dauerfestigkeit für 1 % Schadenswahrscheinlichkeit zu betreiben. Die Dauerfestigkeit für Grübchenbeanspruchung beträgt

$$\sigma_{HG} = \sigma_{Hlim} Z_W Z_L Z_v Z_R Z_X \text{ in N/mm}^2 \qquad (3).$$

Hierbei wird der an Standardprüfrädern unter normierten Prüfbedingungen ermittelte Grübchenfestigkeitswert σ_{Hlim} mit Einflußfaktoren in die zu erwartende Grübchenfestigkeit des vorliegenden Zahnrads umgerechnet. Für viele Werkstoffe und Chargen verschiedener Qualität des gleichen Werkstoffs stehen σ_{Hlim}-Werte zur Verfügung (Beispiel: Verwendung von nitriertem gegenüber vergütetem Stahl bringt etwa doppelte, von einsatzgehärtetem gegenüber vergütetem Stahl etwa vierfache G.).

Der Werkstoffpaarungsfaktor $Z_W = 1,0$–$1,2$ berücksichtigt für Zahnräder aus →Vergütungsstahl den tragfähigkeitssteigernden Einfluß von gehärteten, geschliffenen Gegenrädern. Glättung der Flanken, Verdichtung der Oberflächen sowie Ausgleich von Herstellfehlern spielen hierbei eine Rolle. Der Einfluß der Schmierung wird mit den Faktoren Z_L, Z_v, $Z_R = 0,85$–$1,15$ erfaßt. Die Tragfähigkeit steigt bei Zunahme der Öl-Nennviskosität (Z_L), bei Zunahme der Umfangsgeschwindigkeit (Z_v), damit bessere Schmierfilmbildung; sie fällt ab bei Zunahme der Oberflächenrauheit (Z_R). Der Größenfaktor $Z_X = 0,75$–$1,0$ beinhaltet die geringere Tragfähigkeit großer Bauteile gegenüber der von kleineren Bauteilen bei Dauerbeanspruchung. *Winter*

Literatur: DIN 3990: Grundlagen für die Tragfähigkeitsberechnung von Zahnrädern. Tl. 2: Berechnung der Grübchentragfähigkeit. Hrsg. Dt. Inst. für Normung. Ausg. Dez. 1987. – *Joachim, F.:* Untersuchungen zur Grübchenbildung an vergüteten und normalisierten Zahnrädern. Einfluß von Werkstoffpaarung, Oberflächen- und Eigenspannungszustand. Diss. TU München 1984. – *Kubo, A.,* u. *F. Joachim:* Flankenrauheit, wichtige Einflußgröße auf die Flankentragfähigkeit von Zahnrädern. Antriebstechnik 18 (1979), S. 361/62. – *Niemann, G.,* u. *H. Winter:* Maschinenelemente. Bd. 2. 2. Aufl. Berlin, Heidelberg, New York, Tokio 1985. – *Niemann, G.,* u. *W. Richter:* Versuchsergebnisse zur Zahnflanken-Tragfähigkeit. Konstr. 12 (1960) Tl. II/VIII. – *Weck, M., A. Kruse* u. *A. Gohritz:* Determination of surface fatigue of gear material by roller tests. Trans. ASME, J. Mech. Des. 100 (1978), S. 433/39. – *Winter, H.,* u. *P. Oster:* Baugrößeneinfluß auf die Wälzfestigkeit von Zahnrädern aus Stahl 16 MnCr 5 E und 42 CrMo 4 V. Forschungsh. 602. Betriebsforschungsinstitut VdEh. Düsseldorf 1976.

Grundkreisdurchmesser →Evolventenverzahnung

Grundschwingung. Bei der Fourier-Analyse einer periodischen →Schwingung (Periodendauer T) die erste harmonische Teilschwingung mit der Grundfrequenz $f = 1/T$. *Witfeld*

Güllemaschine. G. sind technische Einrichtungen der tierischen Produktion zum Aufbereiten, Fördern, Transportieren und Ausbringen von Gülle (Flüssigmist). Gülle ist ein Gemisch aus Harn, Kot, Einstreu, Futterresten und (bei Spülentmistung) Wasser. Trockensubstanzanteile etwa 6–16 %. Die innere Reibung der Gülle ist (selbst beim Abtrennen der Feststoffe) mit den newtonschen Ansätzen nicht modellierbar. Bei der Berechnung von Strömungsvorgängen geht man besser von der sog. Bingham-Substanz aus:

$$\tau = \tau_0 + \eta \cdot \frac{dv}{dy},$$

mit τ als Schubspannung zwischen zwei Scherplatten, τ_0 als Fließgrenze, d. h. Anfangsschubspannung bei Schergefälle $\frac{dv}{dy} = 0$, und η als dynamischer →Viskosität.

Durch Bewegung der Gülle verändert sich der Wert τ_0. Zusätzlich weisen Messungen ein strukturviskoses Verhalten aus: Die dynamische Zähigkeit ändert sich mit der Größe des Schergefälles (oft Abnahme, d. h. thixotropes Verhalten). Ferner neigt Gülle zum Entmischen: Unten Sinkschicht, in der Mitte Flüssigkeit und oben Schwimmschicht.

Die G. auf dem Hof dient vor allem dem Homogenisieren der Gülle in großen Behältern, z. B. durch Propeller oder Pumpen, die oft gleichzeitig auf Fördern umstellbar sind, um Gülletankwagen zu beschicken (Nutzlast häufig 5 oder 6 m³, vereinzelt bis 15 m³).

Einfache Gülletankwagen haben ein Rührwerk und einfache Verteileinrichtungen, z. B. großdimensionierten Auslaß mit Prallteller. Die Ausbringung kann durch angetriebene Elemente (z. B. Schleuderrad) verbessert werden. Daneben entwickelte man sog. Kompressortankwagen, bei denen zum Ansaugen der Gülle ein Vakuum und zum Ausbringen ein Überdruck erzeugt wird. Zusätzlich kann man durch eingebrachte Luftbläschen eine Homogenisierung erreichen.

Als dritte Gruppe von Bauarten ist der Pumpentankwagen mit einer Verdrängerpumpe (Exzenterschneckenpumpe) oder einer Kreiselpumpe ausgestattet, die ebenfalls zum Befüllen, Homogenisieren und Ausbringen dient. Zur Entlastung der Umwelt (Geruchsbelastung, Bodenverschlämmung, Grundwasserbelastung) konzentriert sich die Fortentwicklung der G. vor allem auf Verfahrensverbesserungen bei der Ausbringung. Durch vergrößerte Vorratsbehälter (meist Gruben) möchte man die Winterausbringung vermeiden, um die Gülle umweltschonender und bez. Düngeeffekt wirksamer in Pflanzenbestände (Frühjahr, Sommer) einzubringen. Neben der Verregnung arbeitet man mit reihenweiser Ablage mit Hilfe von Schleppschläuchen oder Drillscharen (Bild). *Renius*

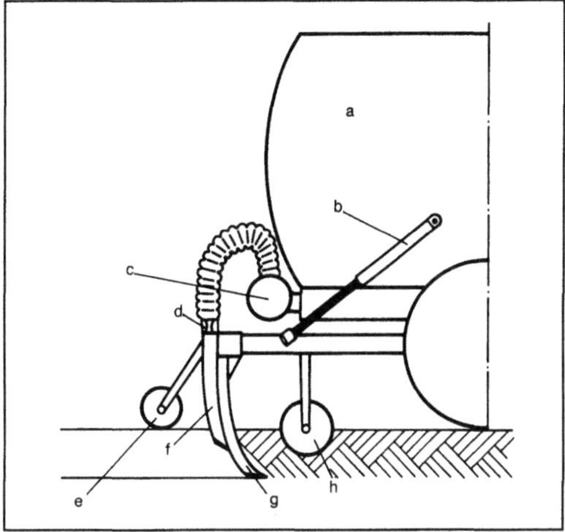

Güllemaschine: Prinzip des Gülledrillens. (Quelle: Krause und Zach a. a. O.)

a Tankwagen, b Hub-(Druck-)Zylinder, c Verteiler, d Durchflußwächter, e Werkzeug zum Schließen des Bodens, f Fallrohr, g Werkzeug zum Öffnen des Bodens, h Vorschneider

umweltschonendes Einbringen in den Boden zwischen Pflanzenreihen, gute Düngewirkung infolge geringer Stickstoffverluste

Literatur: *Fischer-Schlemm, W. E.*, u. *W. Krepela:* Das Verhalten von Werkstoffen in Jauchegruben. Landtechn. Forsch. 3 (1953) Nr. 3, S. 84/86. – *Hansen, R.:* Gülledüngung während der Vegetation. Diss. Univ. Kiel 1988. – *Isensee, E.*, u. *T. Luoma:* Neue Techniken zur Verteilung von Flüssigdung. Landtechn. 37 (1982) Nr. 3, S. 116/20. – *Krause, R.*, u. *M. Zach:* Was tut sich beim Ausbringen von Flüssigmist? Landtechn. 32 (1977) Nr. 1, S. 16/19. – *Krause, R.*, u. *R. Ahlers:* Verteilen und Dosieren von Flüssigmist. Grundl. Landtechn. 27 (1977) Nr. 6, S. 190/97. – *Krause, R.*, u. *R. Ahlers:* Verfahrenstechnik des Separierens von Flüssigmist. Grundl. Landtechn. 37 (1987) Nr. 3, S. 98/107. – *Stuhrmann, H.:* Das rheologische Verhalten von Flüssigmist in Kanal- und Rohranlagen. Grundl. Landtechn. 27 (1977) Nr. 2, S. 45/49. – *Stuhrmann, H.*, u. *H. Eichhorn:* Die Bedeutung strömungstechnischer Grundlagen für den Bau von Flüssigmistanlagen. Landtechn. 35 (1980) Nr. 7, S. 317/22.

Gürtelreifen →Reifen

Gütefaktor. G. Q bestimmt die Resonanzschärfe des Amplitudengangs der erzwungenen harmonischen Schwingung eines einfachen Schwingers. Er kennzeichnet durch den Zusammenhang mit dem →Lehr-Dämpfungsmaß D

$$Q = \frac{1}{2D}$$

die Dämpfung des Systems. *Gaul*

Literatur: DIN 1311. Bl. 2: Schwingungslehre; Einfache Schwinger. Hrsg. Dt. Inst. f. Normung. Ausg. Dez. 1974. – ISO 2041–1975 (E/F): Vibration and Shock-Vocabulary. Intern. Organization for Standardization. Genf 1975.

Gütegrad. Verhältnis der →Innenleistung eines Verbrennungsmotors zur berechneten theoretischen Leistung.

Die thermodynamischen Prozesse im Zylinder eines Verbrennungsmotors lassen sich vereinfacht oder auch genauer vorausberechnen. Ein unter bestimmten Annahmen zu berechnender →Vergleichsprozeß wurde genormt. Mit ihm kann die sog. Leistung des vollkommenen Motors errechnet werden. Das Verhältnis der wirklichen Innenleistung eines Motors zu der Leistung des vollkommenen Motors wird G. genannt. Je höher der G. eines Motors ist, desto mehr kommt er dem theoretischen Fall des vollkommenen Motors nahe.   *Kuhlmann*

Gütestufe →Auswuchtgüte

Gummiaufbereitungsmaschine. G. dienen zum Herstellen der sog. Mischung. Die Aufbereitung der sorgfältig abgetragenen Mischungssubstanzen erfolgt meist im →Innenmischer (auch Kneter genannt). Ein Walzwerk übernimmt die Ausformung zu Tafeln oder Bahnen, die in einer Batch-off-Anlage formatiert und abgelegt werden (Bild 1). Vereinzelt erfolgt auch heute noch die Mischungsaufbereitung auf Mischwalzwerken.

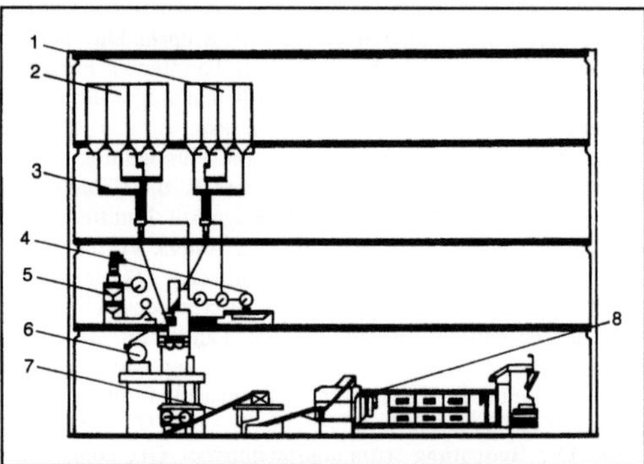

Gummiaufbereitungsmaschine 1: Fließschema.

1 Chemikalien, 2 Füllstoffe, 3 Dosier- und Wägeanlage, 4 Kautschuk, 5 Öle, 6 Innenmischer, 7 Walzwerk, 8 Batch-off-Anlage

Die wesentlichen Bestandteile des Innenmischers sind der Stempel, die temperierbare Mischkammer und die temperierbaren rotierenden Knetschaufeln. Durch die Rotation der Knetschaufeln wird erhebliche Energie in die Kautschukmischung eingeleitet. Dabei wird eine ausgezeichnete Durchmischung erreicht. Die Knetkammer und die Knetschaufeln sind meist mit Flüssigkeit temperierbar. Dieses ist erforderlich, da jeweils soviel Wärme abgeleitet werden muß, daß kein Anspringen des Vulkanisationsprozesses entsteht.

Nach Beendigung des überwachten Knetvorgangs öffnet sich der unten liegende Klappsattel, und die Mischung wird unmittelbar ausgestoßen.

Das dem Kneter nachgeschaltete Walzwerk übernimmt die ausgeworfene Mischung. Sie formt sie zum Fell. Das Walzwerk besteht aus zwei parallelen horizontal angeordneten Walzen. Diese Walzen sind temperierbar. Durch die vordere verschiebbare Walze kann ein Walzenspalt nach den Erfordernissen eingestellt werden. Da die Walzen jeweils separaten E-Motorantrieb haben, kann man die Drehzahlen voneinander unabhängig einstellen. Meist läuft die der Bedienseite zugewandte Walze langsamer. Infolgedessen trägt sie das Fell. Die Drehzahldifferenz nennt man auch Friktion. Sie kann 1:1,1 – 1:1,3 betragen. Zur Intensivierung der Kühlung und der Mischung verwendet man häufig Stockblender. Hierbei handelt es sich um Wendevorrichtungen für das Kautschukfell (Bild 2).

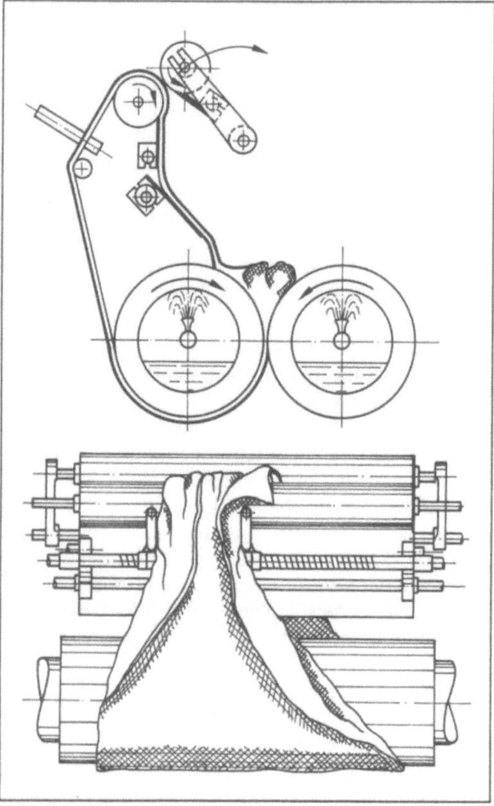

Gummiaufbereitungsmaschine 2: Walzwerk mit Stockblender.

Das fertige Fell wird von einer Batch-off-Anlage übernommen. Auf dieser Anlage wird weiter abgekühlt, Trennmittel aufgegeben, auf Bandbreite geschnitten und abgelegt. Das Ablegen kann im Wigwag-System endlos verlegter Bahnen erfolgen oder in einzelnen Formaten. Vereinzelt erfolgt die Granulierung zu Würfelgranulat durch Messerschnitt vom Band.

Kontinuierliche Aufbereitung wird bei der Kautschukaufbereitung noch selten angewendet. Vereinzelt findet der Ko-Kneter für die Aufbereitung spezieller Kautschukmischung Verwendung.

Die Fertigmischung des aufbereiteten Kautschuks findet auf einer Reihe von Extrudern statt. Das damit hergestellte bandförmige Halbzeug wird der Endverarbeitung direkt zugeführt. *Johannaber*

Literatur: *Lehnen, J. P.:* Kautschuk. Würzburg 1983. – *Schnetger, J.:* Lexikon der Kautschuktechnik. Heidelberg 1981.

Gummifeder.

1. Allgemeines. G. werden als elastische Verbindungselemente, Führungselemente und Gelenke im Maschinenbau und zur Schwingungs- und Geräuschisolierung eingesetzt. Da der G.-Werkstoff inkompressibel ist, setzt die Verformungsfähigkeit eine freie Oberfläche voraus. Wenn dies ausreichend beachtet wird, lassen sich G. in ihrer Form den jeweiligen funktionellen und konstruktiven Anforderungen sehr gut anpassen als frei geformte kompakte Gummielemente und als sog. Gummi-Metall-Elemente (Bild 1). Bei letzteren werden während der Vulkanisation (bis etwa 170 °C) die lastübertragenden Flächen haftend an Metallflächen gebunden. Dies gewährleistet bei fehlstellenfreier Bindung eine gleichmäßige Kraftübertragung durch Schubspannungen und/oder Druckspannungen. Sowohl frei geformte Gummielemente als auch Gummi-Metall-Elemente werden in größeren Serien hergestellt. Vorzugsweise in den einfachen G.-Formen. Sie sind mit ihren Steifigkeits- und Festigkeitswerten in Herstellerkatalogen aufgeführt. Bei nur unter Spannung gefügten G. muß durch ausreichende Pressung an den reibschlüssigen

Fügeflächen sichergestellt sein, daß die Spannungen auf den Gummi möglichst gleichmäßig und ohne übermäßige Verformungsbehinderung übertragen werden.

Ebenso wie Metallfedern können G. neben der Federwirkung in der Lastrichtung auch zusätzliche Aufgaben, wie Führung quer zur Lastrichtung, übernehmen. Bei G. kommt ihre Fähigkeit hinzu, auch Dichtfunktionen übernehmen zu können, wie bei den hülsenförmigen, durch wechselnden Schub beanspruchten G. des mit einem Radialschnitt in Bild 2 wiedergegebenen Drehschwingungstilgers. Hier ermöglichen die wechselschubbeanspruchten Gummihülsen die Drehschwingungen der Tilger-Schwungringmassen gegenüber dem Flansch, mit dem der Tilger am freien Ende einer Kurbelwelle eines Viel-Zylinder-Dieselmotors verbunden ist.

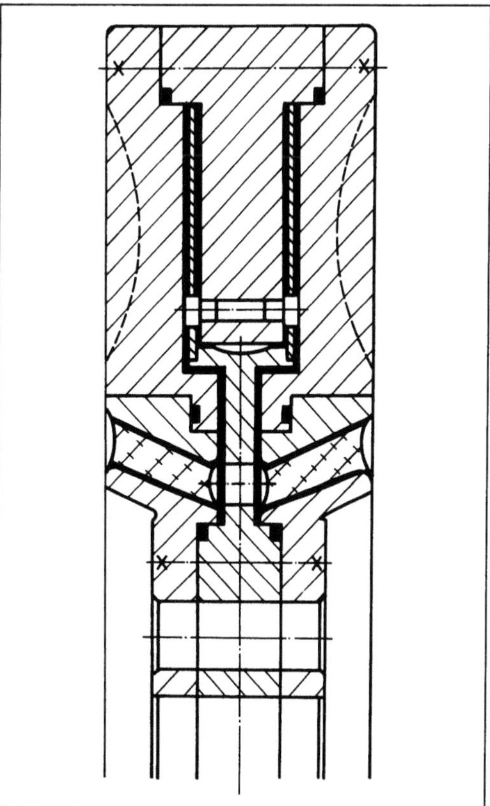

Gummifeder 2: Viskos gedämpfter Drehschwingungstilger mit Gummihülsenfedern unter wechselndem Drehschub.

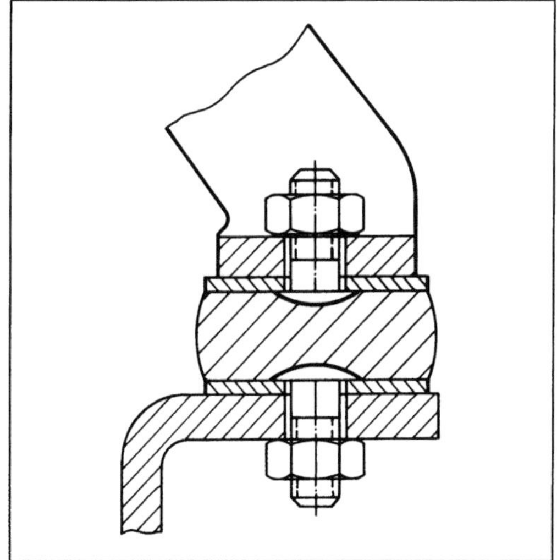

Gummifeder 1: Druckbelastete, schubverformungsfähige Gummi-Scheibenfedern zwischen Metallscheiben.

Schwingungsmäßig gekoppelt sind die Schwungringmassen auf der Sekundärseite mit dem primärseitigen Flansch nicht nur durch die Gummihülsenfedern, sondern mehr noch durch den federnden Teil des wechselgescherten Siliconöls in den engen Spalten zwischen den Schwungringmassenteilen und den primärseitigen Blechscheiben. Die Hülsenfedern gewährleisten eine ausreichende statische Steifigkeit der Schwungringmassen-Abstützung in radialer Richtung, aber auch eine ausreichende dynamische Steifigkeit gegenüber Erregung der Schwungringmassen zu Taumelschwingungen (infolge von Biegeschwingungen der Kurbelwelle). Die Gummi-Metall-Elemente bewirken zudem eine sehr günstige Isolierung der wärmeabführenden Flächen an den Schwungringmassen von dem durch die Lagerreibungswärme von der Kurbelwelle her auf 60°C und höher aufgeheizten Flansch. Schließlich dichten die Hülsenfedern die mit Siliconöl gefüllten Spalten beiderseits nach außen ab. Wegen der möglichen Temperatur von bis zu 120°C im wechselnd gescherten Siliconöl kommt als G.-Werkstoff für die Hülsen nur Viton in Betracht. Die kegelförmige Anstellung der Gummihülsen erlaubt, durch axiale Verspannung die Zugspannungen im Viton zu kompensieren, die sonst beim Erkalten nach dem Vulkanisieren zufolge des Schwindens zurückbleiben ($\rightarrow$Gummifederberechnung, $\rightarrow$Gummifederform). *Federn*

2. Berechnung. Die Berechnungsgleichungen für Belastbarkeit und Steifigkeit c lassen sich für schubbeanspruchte Gummifederformen leicht nach den Gesetzen der Mechanik herleiten. Sie setzen voraus, daß jeweils die Schubspannung τ_{zul} (oder die Schubverformung γ_{zul}) und der Schubmodul G (oder die $\rightarrow$Shorehärte) als Kennzeichen des Gummifederwerkstoffs bekannt sind (sie hängen von Temperatur und Frequenz ab).

Für die Scheibenfeder unter Parallelschub, der einfachsten Gummifederform mit der Breite b, der Dicke t und der Länge l, gelten die Beziehungen

$$F_{zul} = b \cdot l \cdot \tau_{n\,zul}, \quad s_{zul} = t \cdot \gamma_{zul} = t \cdot \tau_{n\,zul}/G; \quad c = \frac{F}{s} =$$

$G \cdot lb/t$, mit s als Federweg und F als Federkraft.

Für $s/t = \gamma \leqq 0{,}35$ rad ist die $\rightarrow$Federkennlinie praktisch gerade. An den Rändern I und III der Scheibenfeder unter Parallelschub ist unter der eingezeichneten Last F Zugspannung überlagert, bei II und IV Druckspannung.

Für die $\rightarrow$Hülsenfeder unter Axialschub gelten die Beziehungen

$$F_{zul} = \pi d_i \cdot l \cdot \tau_{ni\,zul}\ (\tau_{na} = F/(\pi d_a \cdot l), \quad s_{zul} = \frac{d_i}{2} \gamma_{zul};$$

$\ln \dfrac{d_a}{d_i}$; $c = F/s = 2 \cdot \pi \cdot lG/\ln\,(d_a/d_i)$, mit d_i und d_a als innerem bzw. äußerem Dmr. der Gummihülse, l als ihrer Länge, τ_{ni}, τ_{na} als Schubspannungen innen bzw. außen.

Für $\tau_{ni}/G \leqq 0{,}35$ rad ist die Kennlinie praktisch gerade. Falls die Gummihöhe nicht mit l über den Radius konstant ist, sondern mit dem Kehrwert des

Radius abnimmt, also $i_i \cdot d_i = l_a \cdot d_a$, gilt $\tau_{na} = \tau_{ni}$ und c $= F/s = 2 \cdot \pi \cdot d_i \cdot l_i\,G/(d_a - d_i)$; der $\rightarrow$Nutzungsgrad des Federvolumens η_A ist dann gleich 1.

Für die Scheibenfeder unter Drehschub, eine bevorzugt eingesetzte Gummifederform, gelten die Beziehungen:

$$M_{t\,zul} = \frac{1}{12}\tau_{zul}\left(d_a^3 - d_i^3\right), \quad \varphi_{zul} = \frac{2t_a}{d_a}\,\gamma_{zul}, \quad c_t =$$

$$\frac{M_t}{\varphi} = \frac{\pi G \left(d_a^4 - d_i^3 \cdot d_a\right)}{24 \cdot t_a}.$$

Die Formeln gelten für $\varphi d_a/(2\,t_a) \leqq 0{,}35$ rad. Falls die Dicke t bei der Scheibenfeder unter Drehschub nicht mit dem Radius proportional abnimmt, ist der $\rightarrow$Volumennutzungsgrad nicht mehr gleich 1, und es gilt mit
$t = t_a = t_i$,

$$c = M_t/\varphi = \pi G \left(d_a^4 - d_i^4\right) / (32\,t);$$

bei gleichem t_a und damit gleichem φ_{zul} fällt dann $M_{t\,zul}$ für $d_a/d_i = 2$ auf das 0,8fache gegenüber der Scheibenfeder unter Drehschub mit radiusproportionaler Dicke t.

Für die Hülsenfeder unter Drehschub (Silent-Block) mit gleicher Gummibreite l zwischen Außendurchmesser d_a und Innendurchmesser d_i gelten die folgenden Beziehungen:

$$M_{t\,zul} = \frac{1}{2}\,\pi \cdot \tau_{zul} \cdot d_i^2 \cdot l, \quad \varphi_{zul} = \frac{\left(d_a^2 - d_i^2\right)}{2 \cdot d_a^2}\,\gamma_{zul},$$

$$c_t = \frac{M_t}{\varphi} = \frac{\pi \cdot l \cdot G}{1/d_i^2 - 1/d_a^2}.$$

Falls die Breite l der Gummifeder mit dem Kehrwertquadrat des Radius abnimmt, also $l_i\,d_i^2 = l_a \cdot d_a^2$, gilt $\tau_i = \tau_a$; es ändern sich die Beziehungen für φ_{zul} und c_t wie folgt:

$$\varphi_{zul} = \gamma_{zul} \cdot \ln\,d_a/d_i), \quad c_t = M_t/\varphi$$
$$= 2 \cdot \pi \cdot l_i \cdot G \cdot d_i^2/\ln\,(d_a/d_i).$$

Die Federkennlinie solcher Federn mit einem Volumennutzungsgrad $\eta_A = 1$ ist praktisch bis $\gamma = 0{,}4$ rad geradlinig.

Für den zylindrischen Gummipuffer unter Drucklast gelten die Beziehungen:

$$F_{zul} = \frac{d^2\pi}{4}\,\sigma_{zul},$$

$$c = \frac{\pi d^2 \cdot E_{rech}}{4 \cdot h}, \quad E_{rech} \neq 3G,$$

denn die Querverformungsbehinderung an den druckbelasteten Flächen führt zu einer Steifigkeit, die um so höher wird, je größer das Verhältnis einer druckbelasteten Querschnittsfläche zur freien Oberfläche des Gummipuffers ist. Dieses Verhältnis wird

Gummifederberechnung. Tabelle: Überschlägige Berechnungen.

Shorehärte sh (A)	Dichte in t/m³	s_{zul}/h bei Druck	γ_{zul}, ε_{zul} bei		σ_{zul} bei Druck		τ_{zul}, σ_{zul} bei Schub, Zug
			Schub	Zug	k = 1/4	k = 1	
30	0,99		0,5 —0,75		0,18	0,7	0,2
40	1,04		0,45—0,7		0,25	1,0	0,28
50	1,1	0,1 (... 0,15)	0,4 —0,6		0,36	1,4	0,33
60	1,18		0,3 —0,45		0,5	2,0	0,36
70	1,27		0,2 —0,3		0,8	3,2	0,38

durch den Formfaktor k erfaßt; er ist für den Kreisquerschnitt gleich k = d/(4h). Der rechnerische E-Modul kann für gegebene Formen mit Höhe h und Durchmesser d bzw. h und Querschnitt b×1 genau nur mit Hilfe der Finite-Elemente-Methode oder der Boundary-Elemente-Methode bestimmt werden angenähert aus dem Diagramm (Bild) in Abhängigkeit des Formfaktors k. Die Finite-Elemente-Methode muß auch der Berechnung der Hülsenfederform unter Querdruck zugrunde gelegt werden.

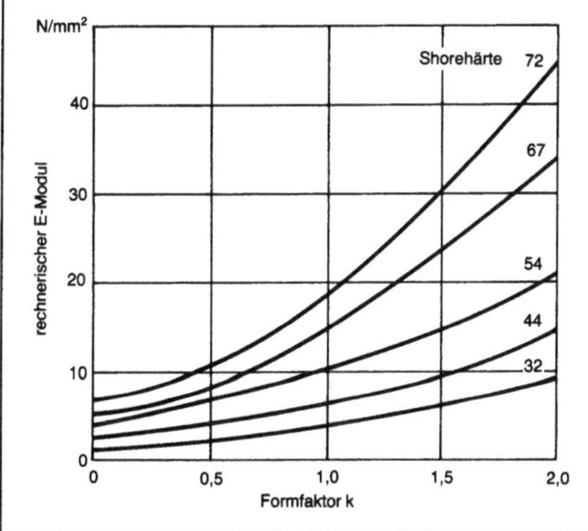

Gummifederberechnung: Abhängigkeit des rechnerischen E-Moduls von Shorehärte sh(A) und Formfaktor k.

Für überschlägige Berechnungen von zulässigen Beanspruchungen und Verformungen von Gummifederelementen unter statischer Belastung können die Werte der Tabelle zugrunde gelegt werden. Die zulässigen Wechselbeanspruchungen sind gegenüber den zulässigen statischen Beanspruchungen erfahrungsgemäß im Verhältnis 1/3–1/2 zu reduzieren.   *Federn*

Literatur: *Battermann, W.*, u. *R. Köhler*: Elastomere Federung – Elastische Lagerungen. Berlin, München 1982. – *Dubbel*: Taschenb. Maschinenbau. 17. Aufl. Berlin, Heidelberg, New York, Tokio 1990. – *Göbel, E. F.*: Gummifedern, Berechnung und Gestaltung. Konstruktionsb. 7. 4. Aufl. Berlin 1955. –

Kümmlee, H.: Ein Verfahren zur Vorhersage des nichtlinearen Steifigkeits- und Dämpfungsverhaltens sowie der Erwärmung drehelastischer Gummikupplungen bei stationärem Betrieb. Diss. TU Berlin 1985. Fortschr.-Ber. VDI R. 1 Nr. 136. Düsseldorf 1986.

3. Form. Typische gebräuchliche G. sind:
a) Scheibenfeder (Blockfeder) unter Parallelschub (Bild 1),
b) Scheibenfeder (Blockfeder) unter Parallelschub und Druck (Bild 2),
c) Hülsenfeder unter Axialschub (Bild 3),
d) Scheibenfeder unter Drehschub (Bild 4),
e) Hülsenfeder unter Drehschub oder unter Zug und Druck in Querrichtung (→Silent-Block) (Bild 5),
f) Gummipuffer: zylindrische oder quaderförmige Gummiblöcke (Bild 6).

Frei geformte kompakte Gummifederelemente nach f) sind relativ steifer als schubbeanspruchte Elemente nach a), b), c), d) und e). Sie werden deshalb bei großen Lasten angewendet, sobald eine hohe Steifigkeit in Belastungsrichtung erlaubt oder erwünscht ist. Ihr Höhen/Durchmesser-Verhältnis ist selten > 1, um Instabilität zu vermeiden. Die Steifigkeit in der Druckrichtung kann bei gleichbleibender Schubsteifigkeit in Querrichtung dadurch erhöht werden, daß dünne Metallplatten parallel zur Druckfläche vulkanisiert gebunden oder durch Pressung eingefügt werden, ähnlich G. b). Die auf

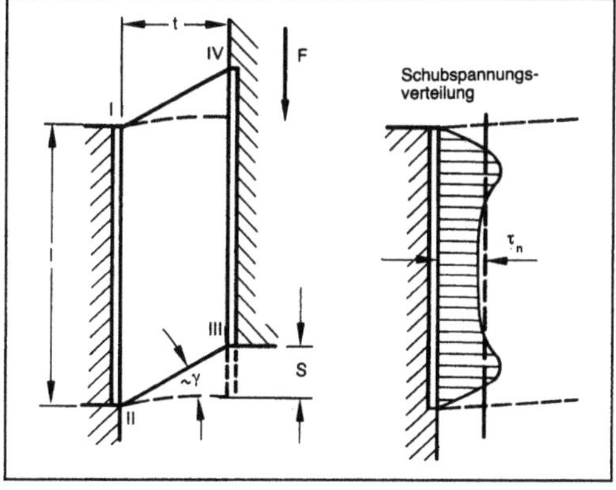

Gummifederform 1: Gummi-Metall-Scheibenfeder unter Parallelschub.

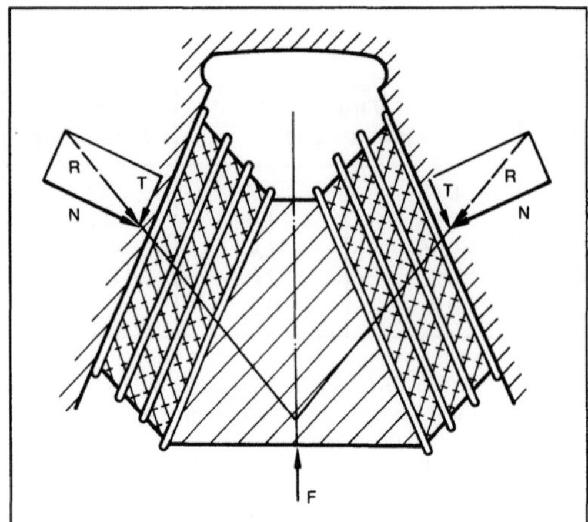

Gummifederform 2: Gummi-Metall-Scheibenfeder unter Schub und Druck (Achsfederung in Drehgestellen von Schienenfahrzeugen).

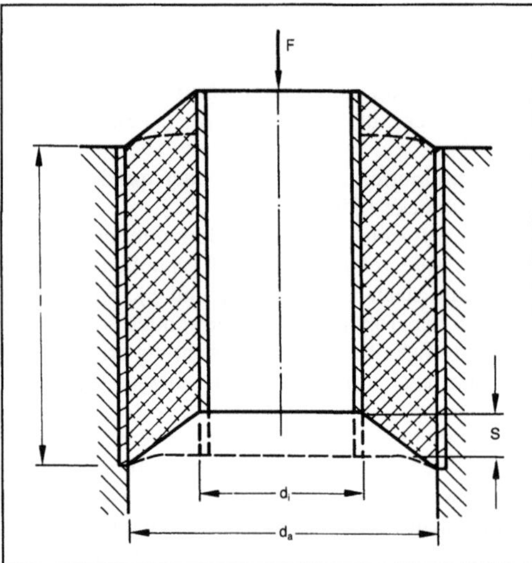

Gummifederform 3: Gummi-Metall-Hülsenfeder unter Axialschub.

die Höhe h bezogene Relativverformung s/h soll bei Dauerbelastung nicht höher als 0,1 sein.

Schubbeanspruchte Gummi-Metall-Federn nach a) werden vorzugsweise dort verwendet, wo größere Federwege oder niedrige Steifigkeit gefordert werden. Damit zusätzliche Biegespannungen an den schubübertragenden Metallflächen niedrig gehalten werden, muß das Dicke/Länge-Verhältnis $t/l \leqq 1$ sein. Dann wird auch die Schubspannungskonzentration an den Enden der Metallflächen herabgesetzt (an den Rändern I, II, III und IV der Form a)).

Um Zugspannungen an den Flächengrenzen zu vermeiden, kann man auch eine Parallelschaltung

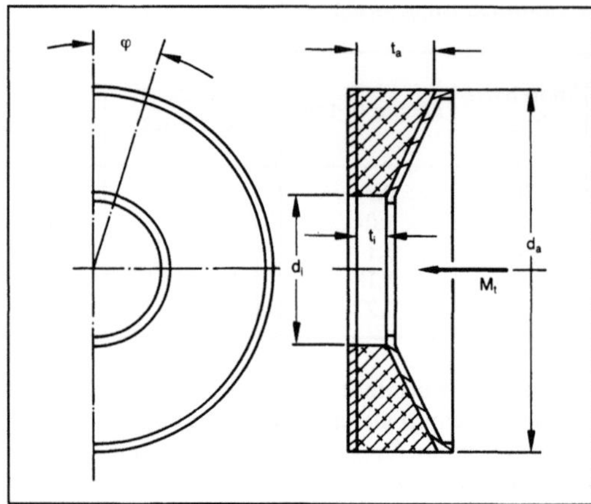

Gummifederform 4: Gummi-Metall-Scheibenfeder unter Drehschub.

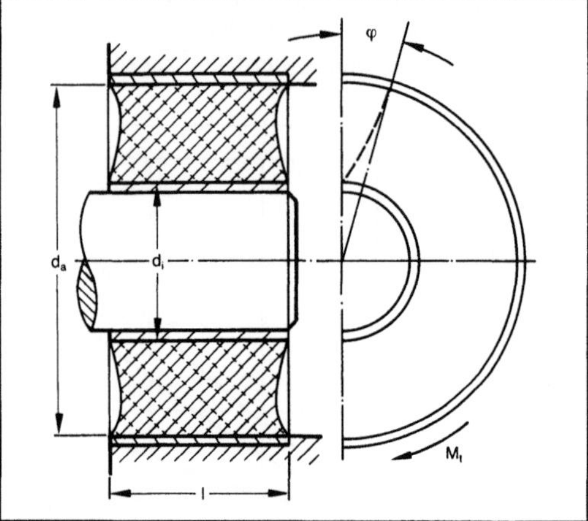

Gummifederform 5: Gummi-Metall-Hülsenfeder unter Drehschub.

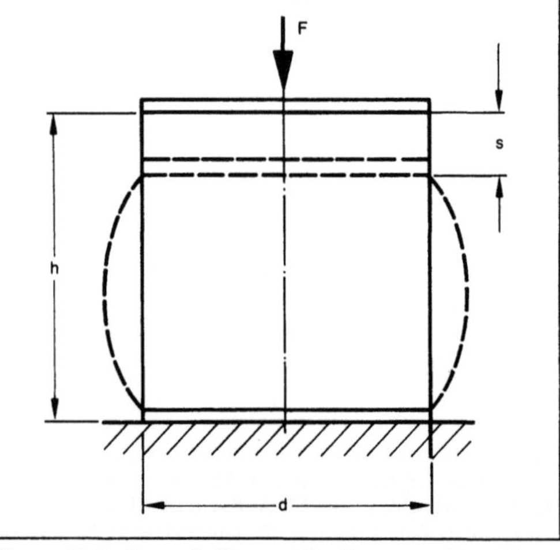

Gummifederform 6: Gummi-Puffer unter Drucklast.

mit gegensinniger Druckvorspannung auf die lastübertragenden Flächen anwenden oder einen Übergang zur Form c) oder auch eine kombinierte Schub- und Druckbeanspruchung nach b). Bei rotationssymmetrischer Ausführung nach d) tritt für $\gamma \leq 0,4$ rad keine Schubspannungskonzentration an den Grenzen der gebundenen Fläche auf.

Zugbeanspruchte Gummifedern werden nur eingesetzt, wenn kleine Massen schwingungsisoliert aufgehängt werden sollen. Bei Gummi-Metall-Elementen vermeidet man eine Spannungskonzentration an den Gummibindungsrändern durch geeignete Formgebung. *Federn*

Literatur: *Battermann, W.,* u. *R. Köhler:* Elastomere Federung – Elastische Lagerungen. Berlin, München 1982. – *Dubbel:* Taschenb. Maschinenbau. 17. Aufl. Berlin, Heidelberg, New York, Tokio 1990. – *Göbel, E. F.:* Gummifedern, Berechnung und Gestaltung. Konstruktionsb. 7. 4. Aufl. Berlin . – *Kümmlee, H.*: Ein Verfahren zur Vorhersage des nichtlinearen Steifigkeits- und Dämpfungsverhaltens sowie der Erwärmung drehelastischer Gummikupplungen bei stationärem Betrieb. Diss. TU Berlin 1985. Fortschr.-Ber. VDI R. 1 Nr. 136. Düsseldorf 1986.

4. mit hydraulisch erhöhtem Dämpfungsvermögen. Werden G. als Schwingungsisolierfedern eingesetzt, dann hängt die Aufschaukelung eines aus Masse m und Feder mit der Steifigkeit c gebildeten Schwingungssystems im Resonanzdurchgang vom Verlustwinkel δ der G. ($\rightarrow$Elastomerfedern) ab. Hochdämpfende Gummimischungen können Verlustwinkel bis $\tan\delta = 0,25$, $\delta \leq 14°$ haben. Hohe Verlustwinkel δ sind mit zeitlich instabilem Verhalten wie Kriechneigung verbunden.

In den Fällen, in denen eine geringfügige Verschlechterung der Schwingungsisolationswirkung im überkritischen Bereich (Abstimmungsverhältnis $\eta > \sqrt{2}$) als Folge der Dämpfung in Kauf genommen werden kann, in denen aber die Aufschaukelung im Resonanzdurchgang möglichst klein gehalten werden soll, wie dies oft bei der Motorlagerung in Fahrzeugen gefordert wird, müssen G. m. h. e. D. eingesetzt werden. Sie erreichen bei Frequenzen im Bereich von 10 Hz Verlustwinkel von 20–30° (je nach Schwingungsausschlag zwischen $\pm 0,1$ mm und ± 3 mm), $0,36 < \tan\delta < 0,56$.

Bild 1 zeigt den möglichen Aufbau eines solchen als Hydrolager bezeichneten Maschinenbauelements: Es besteht im wesentlichen aus einem in vertikaler Richtung abstützenden Gummikörper, der mit Flanschen durch Vulkanisation oder Einpressen verbunden ist. Im Raum zwischen dem konischen Ansatz zum oberen Flansch, dem Gummikörper und einem darunter befindlichen Topf befindet sich ein hochviskoses Medium, z. B. Polymethylsiloxan (Siliconöl).

Die an dem stempelartigen konischen Ansatz am oberen Flansch befestigte Verdrängerscheibe durchläuft vorzugsweise zuerst einen kleinen Frei-

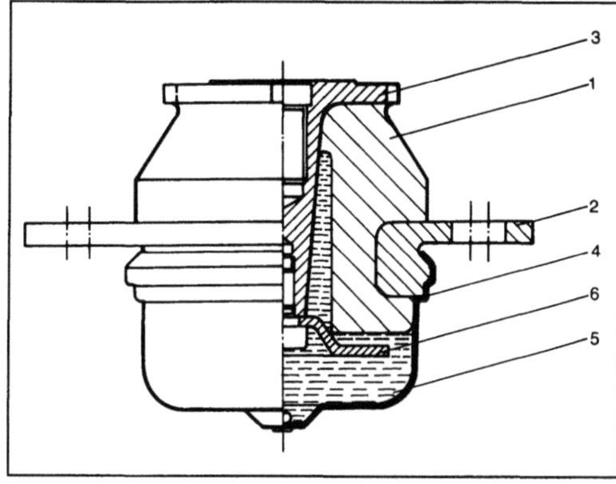

Gummifeder mit hydraulisch erhöhtem Dämpfungsvermögen 1: Hydrolager mit Verdrängereffekt. (Quelle: Conti Technik a. a. O)

1 Gummikörper, 2, 3 Flansch, 4 Topf, 5 hochviskoses Medium, 6 Verdrängerscheibe

weg von Bruchteilen eines Millimeters, ehe sie durch Verdrängung des Mediums wirksam wird: entkoppeltes Hydrolager mit Ersatzschaubild (Bild 2).

Es gibt außerdem eine andere Ausführungsart eines Hydrolagers in Form eines Zwei-Kammer-Lagers. Eine viskose Flüssigkeit wird dabei in Abhängigkeit der Relativbewegung der Gummiferenden durch einen engen, u. U. röhrenförmigen Kanal (Überströmkanal) gedrängt. Die dämpfende Wirkung beruht hierbei nicht nur auf der Viskosität, sondern auch auf der Trägheitswirkung der Flüssigkeit. *Federn*

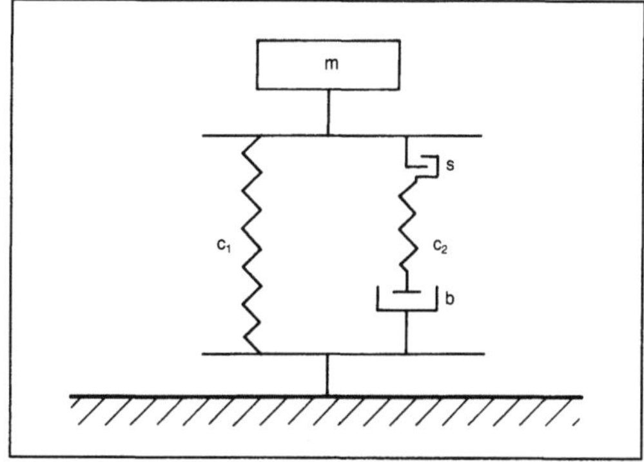

Gummifeder mit hydraulisch erhöhtem Dämpfungsvermögen 2: Ersatzschaubild eines entkoppelten Hydrolagers. (Quelle: Hamaekers a. a. O.)

Literatur: *Hamaekers, A.*: Entkoppelte Hydrolager als Lösung des Zielkonflikts bei der Auslegung von Motorlagern. Automobil-Ind. 5(1985), S. 541/47. – *Spurk, J. H.,* u. *R. Andrä*: Theorie des Hydrolagers. Automobil-Ind. (1985), Nr. 5. S. 553/60. – *N. N.*: Hydrolager mit Verdrängereffekt als Maschinenbauelement. KE (1987) S. 88/90. – *Eberhard, G.*: Hydraulisch gedämpfte Lagerelemente zur Schwingungs- und Schallisolation. Conti Technik März 1984.

5. Werkstoff. Die hohe elastische Nachgiebigkeit von Gummiwerkstoffen (Elastomeren) läßt sich bei geeigneter Formgebung in druckbeanspruchten und vorzugsweise schubbeanspruchten Federelementen technisch vorteilhaft anwenden. Sie ist jedoch wegen des viskoelastischen Verhaltens der Gummiwerkstoffe mit einem stark von der Beanspruchungshöhe abhängigen Fließen verbunden, das bei anhaltender Belastung in ein Kriechen übergehen kann (durch eine Kriechfunktion erfaßbar). Fließ- und Setzerscheinungen (bei schwingender Belastung) und auch die Relaxation und das Rückfließen (bis auf einen Formänderungsrest von 2–5 % nach Entlastung) sind bei Kunstkautschukmischungen wesentlich mehr ausgeprägt als bei den hochelastischen Naturkautschukmischungen.

In der Tabelle sind einige gebräuchliche Kautschukarten, die als G.W. anzusehen sind, mit ihren genormten Bezeichnungen und einigen wesentlichen Eigenschaften zusammengestellt. Als genormtes Kennzeichen der elastischen Nachgiebigkeit ist dabei die →Shorehärte sh(A) nach DIN 53505 angegeben. Sie ist bei der Herstellung der Gummifederelemente nur mit einer Toleranz von ± 3sh(A) einhaltbar und bestenfalls mit einer Sicherheit von ± 2sh(A) meßbar.

Federkennlinien von Gummiwerkstoffen sind nur angenähert in einem begrenzten Bereich geradlinig. Der erheblich von der Temperatur abhängige Schubmodul G ist als Funktion der Shorehärte aufgezeichnet (Bild). Bei schwingender Belastung mit höherer Frequenz ist er im Mittel um den

Gummifederwerkstoff. Tabelle: Übersicht über für Gummifedern verwendbare Elastomere.

chemischer Kautschukname	Bezeichnung nach DIN-ISO 1629	Bezeichnung nach ASTM D-1418	Handelsnamen-beispiel	Shorehärte — sh(A) — Bereich	thermischer Einsatzbereich in °C	Beständigkeit gegen Kohlenwasserstoffe	Preisindex (nach *Nagdi* a.a.O.)	Bereiche d. Reißdehnung in % (DIN 53504)	Dämpfung (i. a. $\tan\delta < 0{,}25$)	Kriechfestigkeit	bemerkenswerte Eigenschaften
Polyacrylat-K.	ACM	ACM	Cyan-acryl	55—90	−20—150 (175)	sehr gut	350	100—350	sehr gut	gut	brennbar, hell her-stellbar
Chlorsulphonyl-Polyethylen-K.	CSM	CSM	Hypalon	50—85 (90)	−20—120 (140)	gut bis mittel-mäßig	270	200—500	sehr gut	mittel	gut säure-beständig
Ethylen-Propylen-Dien-K.	EPDM	EPDM	Buna (AP)	40—85	−50—130 (150)	mittel-mäßig	120	150—500	gut	gut	hervorra-gend ozon-beständig
Fluor-K.	FPM	FKM	Viton	(55) 65—90	−20—200 (230)	hervor-ragend	1 000	100—300	stark temp.-abhängig	gut	siliconöl-beständig
Chloropren-K.	CR	CR	Neoprene	20—90 (95)	−40—100 (120)	mittel-mäßig	250	100—800	gut	gut	gut haftbar an Metall
Butyl-K. (Brom-, Chlor-)	BIIR CIIR	BIIR CIIR	Butyl	40—85 (90)	−40—120 (130)	gering	125	400—800	sehr gut	mittel	gut säure-beständig
Nitril-Butadien-K.	NBR	NBR	Perbunan	40—100	−40—100 (120)	gut	170	100—700	sehr gut	sehr gut	sehr gut an Metall haftbar
Natur-K. (Polyisopren)	NR	NR	Gummi	20—100	−55—90 (100)	gering	85	100–800	mittel-mäßig	hervor-ragend	brennbar
Styrol-Butadien-K.	SBR	SBR	Buna	30—100	−50—100 (120)	gering	100	100—800	gut	sehr gut	gut haftbar an Metall
Methyl-Vinyl-Silicon-K.	MVQ	VMQ	Silopren	(30) 40—80 (90)	−60—200 (230)	gut bis mittel-mäßig	800	100—400	gut	gut	flamm-widrig
Polyester-Urethane	AU/EU	AU/EU		(59) 65—95 (98)	−25—80 (100)		400	300—700	gut	gut	wasser-empfind-lich bei 40 °C

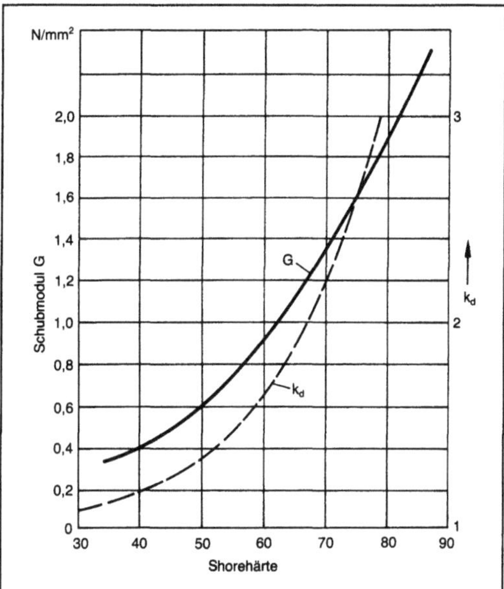

Gummifederwerkstoff: Schubmodul G und Dynamikfaktor k_d in Abhängigkeit der Shorehärte sh(A) von Gummi (Naturkautschuk).

Dynamikfaktor k_d größer. Unter schwingender Beanspruchung zeigt die schleifenförmige →Federkennlinie die Eigenschaft der Hysterese. Dieser ist die Größe der Dämpfung zu entnehmen. Auch sie ist bei Gummiwerkstoffen erheblich von Temperatur und Frequenz abhängig. Sie wird zahlenmäßig als Verlustfaktor χ, Dämpfungsfaktor $\psi = 2\pi\chi$, Verlustwinkel δ (mit $\tan \delta = \chi$) der elliptischen Hystereseschleife (nach harmonischer Linearisierung) angegeben, aber auch durch den imaginären Anteil des komplexen Schubmoduls $G^* = G\,|\,+ jG\,|\,|$, d. h. durch den Verlustmodul $G\,|\,|$. (Berechnungen müssen vom richtigen →Federsimulationsmodell ausgehen.) Die Querkontraktionszahl μ beträgt bei Gummiwerkstoffen 0,5–0,47 je nach Füllstoffanteil. *Federn*

Literatur: *Dubbel:* Taschenb. Maschinenbau. 17. Aufl. Berlin, Heidelberg, New York, Tokio 1990. – *Hofmann, W.:* Kautschuk-Technologie. Stuttgart. – *Kümmlee, H.:* Ein Verfahren zur Vorhersage des nichtlinearen Steifigkeits- und Dämpfungsverhaltens sowie der Erwärmung drehelastischer Gummikupplungen bei stationärem Betrieb. Fortschr.-Ber. VDI R. 1 Nr. 136. Düsseldorf 1986. – *Nagdi, K.:* Gummiwerkstoffe; ein Ratgeber für Anwender. Würzburg 1981. – *Nagdi, K.:* Wechselbeziehungen zwischen synthetischen Flüssigkeiten und Dichtungsmaterialien. Tribologie + Schmierungstechn. 34 (1987), S. 156/69. – *Strothenek, H.:* Spezifische Rezepturgestaltung zur Erzielung unterschiedlicher Materialdämpfungen bei Elastomerwerkstoffen. VDI-Ber. Nr. 627. Düsseldorf 1987; S. 51/65.

Gummiradwalze. G. sind selbstfahrende Verdichtungsgeräte, die anstatt zylindrischer Walzenkörper mehrere dicht nebeneinander angeordnete luftbereifte, glatte Gummiräder oder auch Hartgummiräder haben. Die Verdichtung geschieht statisch oder zusätzlich durch den Kneteffekt infolge Verformung der Reifen in den Aufstandsflächen. Die Einsatzgebiete der G. liegen hauptsächlich im bituminösen Deckenbau und in bindigem Boden mit geringer Schütthöhe, z. B. Dichtungskern von Erddämmen, und bei der Bodenverfestigung, z. B. mit Kalk oder Zement. Je nach Größe haben die Geräte 5–11 Räder, wiegen normalerweise 5–32 t bei einer Leistung bis rd. 150 kW. Im Gegensatz zu Glattwalzen liegt das Betriebsgewicht (Konstruktionsgewicht + Ballast) von G. im Schnitt erheblich höher als das Konstruktionsgewicht (Betriebsgewicht rd. 2–3faches Konstruktionsgewicht). Mit Geschwindigkeiten i. a. bis 20 km/h gelten G. als schnell fahrende Verdichtungsgeräte.

Der Antrieb erfolgt oft über ein hydrodynamisches Getriebe mit Gelenkwelle auf ein Differential und von dort auf die angetriebenen Räder. Die Lenkung funktioniert in erster Linie hydrostatisch und wird in verschiedenen Varianten angeboten, z. B. Ein- oder Mehr-Punkt-gelagerte Schemellenkung. Die Anzahl der Räder ist bei den meisten Typen ungerade. Ein Versatz zwischen Vorder- und Hinterreifen gewährleistet eine Überlappung der Walzspuren. Eine pendelnde und tauchende Anordnung der Räder (Bild) ermöglicht, daß jedes Rad unabhängig von der Oberflächenstruktur des Bodens etwa den gleichen Bodendruck ausübt. Dadurch ist eine gute Verdichtungswirkung möglich. Der Kontaktdruck setzt sich aus Radlast und Aufstandsfläche zusammen und gilt als Kennziffer. Er ist bei verschiedenen neueren Typen durch eine automatische Reifendruckverstellung (2–8 bar) während der Fahrt von der Fahrerkabine aus einstellbar. Sprinkleranlagen (Druck oder Schwerkraft) gestatten eine Benetzung der Reifen und des Untergrundes. Die Tiefenwirkung der G. ist außer von dem Kontaktdruck noch von der Fahrgeschwindigkeit abhängig. Je höher Radlast und Reifendruck

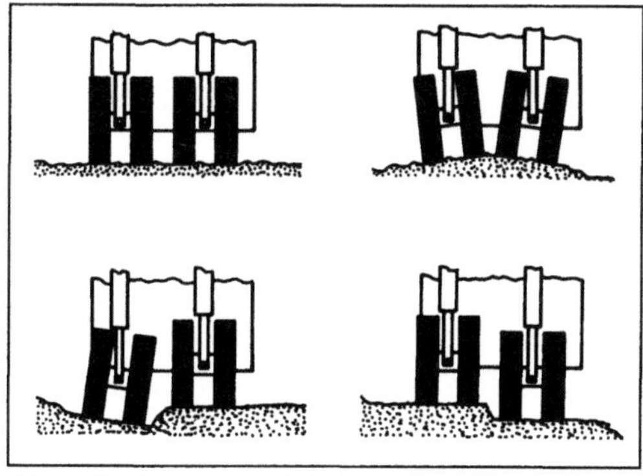

Gummiradwalze: Pendelnde und tauchende Anordnung der Räder bei Unebenheiten des Geländes.

sind und je niedriger die Geschwindigkeit ist, desto größer ist die Tiefenwirkung. Wegen der besseren Haftung zwischen Gummireifen und dem zu verdichtenden Material ist die Steigfähigkeit (bis rd. 40 %) erheblich größer als bei statischen Glattmantelwalzen. *Kühn*

Gummischnecke →Schnecke (Kautschukverarbeitung)

Gummiverarbeitungsmaschine. Maschinen, die man zur Kautschukverarbeitung zu Gummihalbzeugen oder Formteilen einsetzt.

Dazu gehören einige Arten von Spezialkalandern, Streichmaschinen, Extrudern, Pressen, Spritzgießmaschinen, Beschichtungsmaschinen sowie Einrichtungen zur Fertigbehandlung durch Nachvulkanisation. Man unterscheidet kontinuierliche und diskontinuierliche Verfahren. Zu den kontinuierlichen Methoden gehört die Herstellung von Gummibahnen, insbesondere – wenn →Beschichtung von zugeführter Bahnenware wie Gewebe oder Gummibahn anderer Zusammensetzung erfolgen soll – auf Kalandern. Eine wichtige Aufgabe des Kalanders ist die Textil- oder Stahlcordbeschichtung mit Kautschuk für die Herstellung von Reifen oder Transportbändern. Dabei wendet man sowohl das Warmbelegen einer im Kalander aufbereiteten Mischung auf zugeführten Bahnen an (Bild 1) oder das Kaltbelegen (Bild 2) von vorbereiteten Kautschukbahnen auf zugeführte Bahnen aus textilen oder metallischen Geweben.

Streichmaschinen, die Kautschuk in relativ gut fließfähiger Form als Lösung auf textile Bahnen auftragen, verwendet man zum Herstellen von gewebeverstärkten Gummitüchern sowie Stoffen für wasserdichte Mantel- und Campingstoffe.

Man unterscheidet die Beschichtung durch Rakel oder Walzen. Beim Beschichten mit Rakeln wird die Kautschuklösung vor der Rakel auf die Bahn aufge-

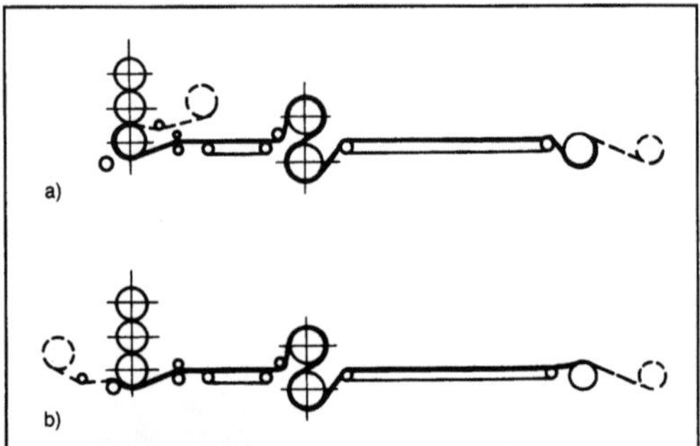

Gummiverarbeitungsmaschine 1: Verfahren der Kautschukverarbeitung auf Kalandern nach dem Warmbelegeverfahren.
a) Belegen von Geweben
b) Anpreß-Belegen von dünnen Geweben.

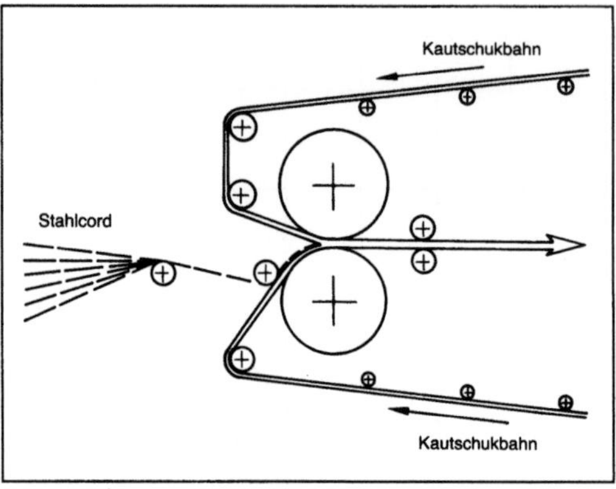

Gummiverarbeitungsmaschine 2: Kaltbelegeverfahren im Zweiwalzenkalander.

geben. Durch die gerade Messerkante der Rakel wird eine sehr gleichmäßig dicke Schicht aufgetragen. Durch Höherverstellung ist die Schichtdicke einstellbar.

Die Walzenbeschichtung wendet man an, um dickere Schichten in einem Arbeitsgang aufzutragen. Die Schichtdickengleichmäßigkeit ist nicht besonders hoch.

Die beschichteten Gewebe müssen getrocknet werden. Dieses geschieht in dampf- oder luftbeheizten Trockenöfen.

Eine Anlage, bestehend aus einem →Extruder und einem Zweiwalzenkalander zum Herstellen von Kautschukbahnen nennt man Roller-head-Anlage (auch Roller-die-Anlage). Dabei bilden der Schneckenextruder, die Düse (engl. *head* oder *die*) und die Walzen (engl. *roll*) eine gegeneinander dichtende Einheit. Der Walzenspalt bewirkt eine sehr gute Konstanz der Bahndicke. Man stellt so Bahnen ab 2–25 mm Dicke her. Die Breite kann bis 2500 mm gehen.

Eine gewisse Ähnlichkeit mit diesen Maschinen hat der Einwalzenkopfextruder. Bei dieser Maschine erfolgt die Kalibrierung des extrudierten Breitschlitzprofils zwischen einer Messerleiste und einer sich dicht anschließenden drehenden Walze.

Alle Bahnen müssen vom Halbfabrikat durch Vulkanisation in fertige Gummierzeugnisse überführt werden. Dies kann durch Lagern bei Raumtemperatur geschehen, wenn die Mischung vorher selbstvulkanisierend eingestellt wurde.

Andere Produkte muß man in Heizkammern bei 60–70 °C drucklos oder bei 130 °C unter Druck diskontinuierlich vulkanisieren.

Eine kontinuierlich arbeitende Maschine zur Vulkanisation ist die Rotationsvulkanisationsmaschine (Bild 3). Dabei werden die zu vulkanisierenden Bänder durch ein Stellband gegen die beheizte Trommel gedrückt. Die Durchlaufzeit beträgt bei Plattendicke bis 5 mm ca. 10 min. Die Verbindung

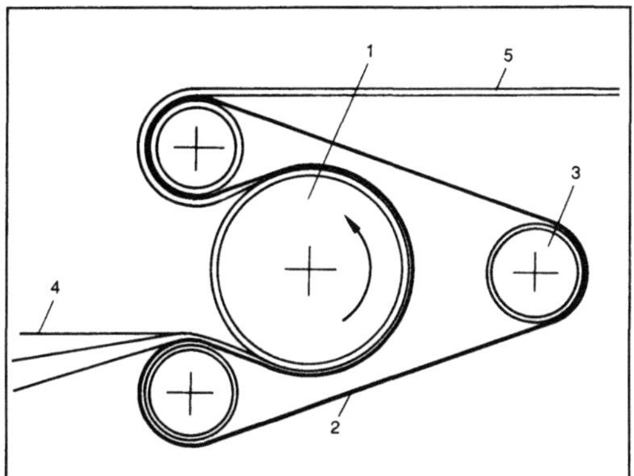

Gummiverarbeitungsmaschine 3: Rotationsvulkanisationsmaschine.

1 Heiztrommel, 2 Stahldruckband, 3 Spannwalze, 4 einlaufende gummierte Gewebebahnen, 5 Fertigprodukt

mehrerer dünnerer Bahnen zu einer dicken ist auch möglich.

Profile diverser Art werden kontinuierlich auf Extrudern hergestellt. Das Extrudierwerkzeug formt die Profile. Nach dem Verlassen des Extrudierwerkzeugs muß man vulkanisieren. Selten erfolgt dies diskontinuierlich im Autoklaven. Meist vulkanisiert man im Dampfrohr unter Druck oder in angeschlossenen Einrichtungen mit Flüssigkeitsbädern, Fließbetten, in Heißluft oder unter Hochfrequenzerwärmung.

Zu den diskontinuierlich arbeitenden Verarbeitungsmaschinen gehören die Pressen, die Spritzgießmaschine und die Spritzpreßmaschine.

Bei den Pressen erfolgt eine portionierte Zugabe eines verpreßfähigen Kautschuks bei Temperaturen zwischen 130–160 °C. Meist wendet man ein Zweistufenverfahren an. Es wird zunächst nach dem Schließen der Pressen mit 10–20 bar spezifischem Druck vorgepreßt und nach einem Zwischenhub zum Lüften mit 35–100 bar unter Hochdruck vulkanisiert. Das Ergebnis sind fertige Gummiformartikel, die meist entgratet werden müssen. Die Pressen können mit Kniehebel betätigt werden oder durch hydraulische Zylinder, wobei sie meist mehretagig ausgelegt sind.

Die Spritzpreßmaschine arbeitet nach einem kombinierten Verfahren von Spritzgießen und Pressen. Ein Kolben drückt den verarbeitungsfähigen Kautschuk, der meist als für den einzelnen Spritzpreßvorgang abgewogener Rohling in einen Zylinder eingelegt wird, unter Druck über Verteilerkanäle in eine oder mehrere formgebende Werkzeughöhlungen. Zylinder und Kolben können Bestandteil des Werkzeugs sein. Eine gewisse Menge des Kautschuks verbleibt in dem vorderen Teil des Zylinders (auch Füllraum genannt) und vernetzt. Es entsteht relativ viel Abfall.

Eine besonders bedeutsame Spezialpresse der Kautschukverarbeitung ist die Reifenpresse. Das Kernstück ist ein besonderes Werkzeug, das zweigeteilt ist. Die Hälften sind auf beheizten Heizplatten

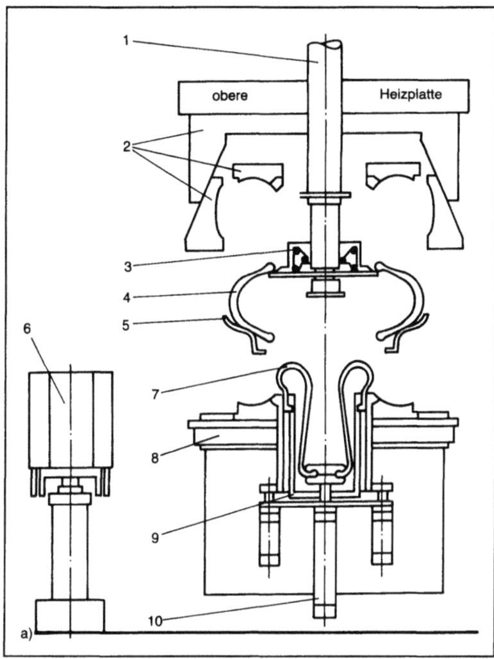

Gummiverarbeitungsmaschine 4: Schematische Darstellung der Arbeitsschritte einer Reifenpresse nach dem Autoformprinzip.
a) Einlegen des Rohlings.

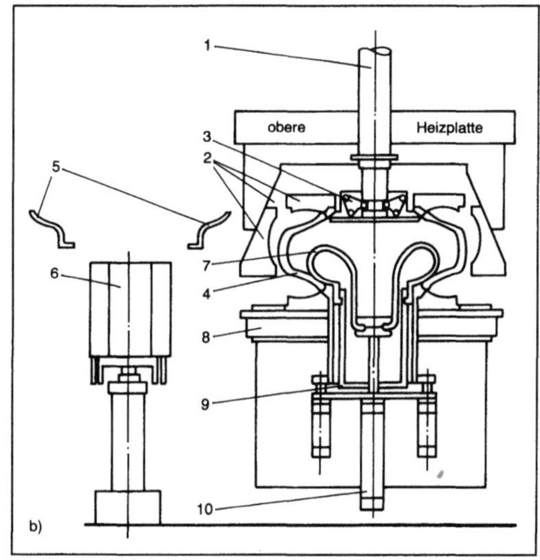

b) Reifenbombage.

1 Zylinder für Reifenheber, 2 Segmentform, 3 Reifenheber, 4 Rohling, 5 Rohlingsheber, 6 Rohlingszentrierung, 7 Heizbalg, 8 untere Heizplatte, 9 Balgbrunnen, 10 Balgzylinder

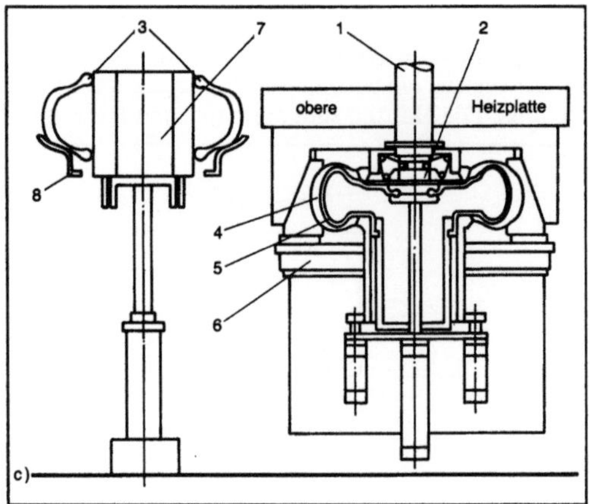

c) Reifenvulkanisation.

1 Zylinder für Reifenheber, 2 Reifenheber, 3 Rohling, 4 Reifen, 5 Heizbalg, 6 untere Heizplatte, 7 Rohlingszentrierung, 8 Rohlingsheber

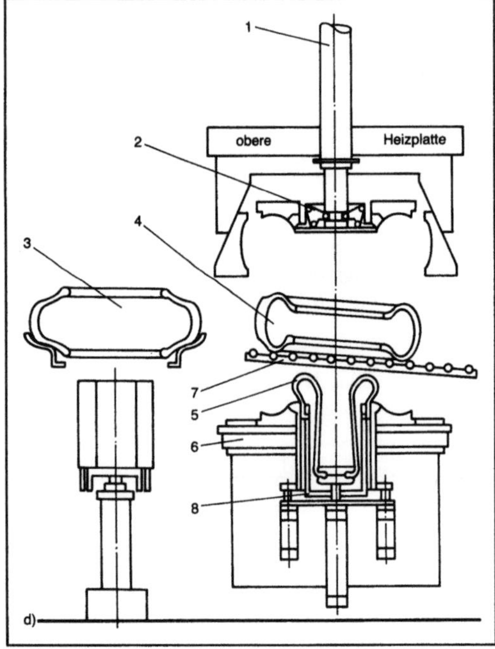

d) Entformen.

Zylinder für Reifenheber, 2 Reifenheber, 3 Rohling, 4 Reifen, 5 Heizbalg, 6 untere Heizplatte, 7 Reifenauswerfer, 8 Balgbrunnen

der Presse montiert. Die Temperatur liegt zwischen 130 und 180 °C.

Ein Reifenrohling, der auf der →Reifenbaumaschine vorbereitet wurde, wird in die untere Hälfte des Werkzeugs eingelegt. Nach dem Schließen wird er unter Innendruck gegen die konturgebende Innenwand des Formwerkzeugs gepreßt. Man verwendet für diesen Anpreßvorgang einen Heizbalg aus einer Butylkautschukmischung. Der Heizbalg kann nach dem Anpressen des Reifenrohlings in das Formwerkzeug auch durch Dampf oder Wasser temperiert werden. Man unterscheidet heute meist zwei Verfahren, das Bag-O-matic-Prinzip für konventionelle Diagonalreifen und das Autoformprinzip für die Fertigung des Stahlgürtelreifens, der als Rohling schon weitgehend der endgültigen Reifenform entspricht (Bild 4).

Die Spritzgießmaschine wird neben der Presse zur Herstellung von Gummiformteilen verwendet (→Spritzgießmaschine). Man unterscheidet zwei Bauarten. Die meist verwendete Art ist die Maschine mit dosierender und einspritzender →Schnecke, mit der Schnecke also, die sich drehen und axial bewegen kann (Bild 5). Die Schnecke nimmt vorbereiteten Kautschuk granulat- oder bandförmig auf, fördert ihn bei Temperaturen bis 70 °C vor die Spitze. Ist dort genügend Material gespeichert, so wirkt die Schnecke als Kolben und drückt die Masse durch eine Düse und Angußkanäle in das in der Schließeinheit zugehaltene Spritzgießwerkzeug. Dort erfolgt die Vulkanisation unter Temperaturen zwischen 120 und 200 °C.

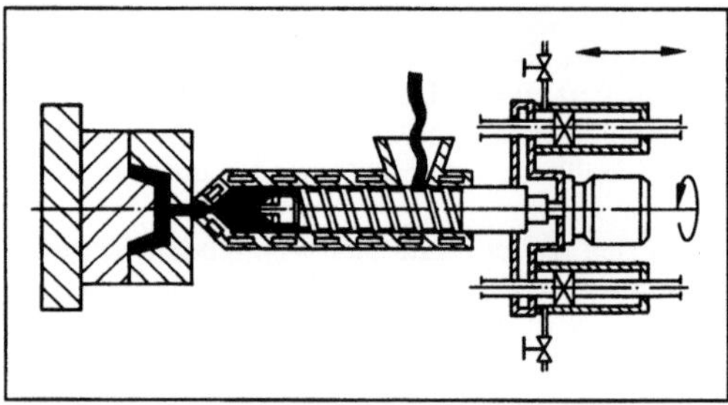

Gummiverarbeitungsmaschine 5: Spritzgießmaschine in Schneckenkolbenausführung (Einspritzeinheit).

Eine andere Maschine läßt die Schnecke zunächst durch Drehen Material für einen Einspritzvorgang in einen akkumulierenden Zylinder dosieren. Durch Kolbendruck wird dieses Material dann in ein Werkzeug eingespritzt. Dazu kann man verschiedene Anordnungen von Schnecke und Zylinder verwenden. In der Kautschukverarbeitung werden noch das Tauchverfahren, Gießen, Imprägnieren und Teigen angewendet. *Johannaber*

Literatur: *Lehnen, J. P.:* Kautschukverarbeitung. Würzburg 1983. – *Schnetger, J.:* Lexikon der Kautschuktechnik. Heidelberg 1981.

Gummiwalzwerk. Maschine zur Kautschuk- oder Kunststoffaufbereitung, bestehend aus 2 parallel angeordneten horizontal liegenden Walzen (Bild 1). Die Walzen drehen gegeneinander. Sie sind so in der Lage, oben aufgegebenes Walzgut in den Spalt

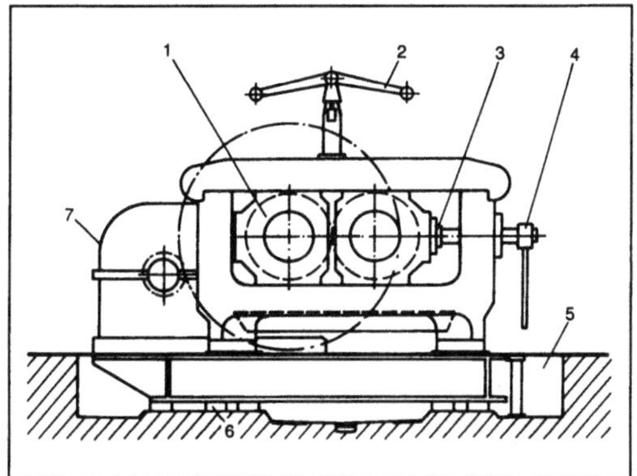

Gummiwalzwerk 1: Walzwerk zum Aufbereiten (Maschine) von Kunststoffen und Kautschuk.

1 Walzen, 2 Notschalter, 3 Druckplatte, 4 Spaltvorrichtung, 5 Bodenwanne, 6 Gummipuffer, 7 Antrieb

zwischen den Walzen einzuziehen (Bild 2). Die vordere, der Bedienseite zugewandte Walze ist horizontal derart verstellbar, daß sich der Walzenspalt in seiner Weite verändern läßt. Die Scherwirkung kann man so verändern. Darüber hinaus läuft die Vorderwalze meist etwas langsamer als die Hinterwalze. Dies erhöht die Friktion. Das Drehzahlverhältnis (Friktion) beträgt 1:1,1 bis 1:1,3.

Zwecks kontrollierter Temperaturführung müssen die Walzen temperierbar sein. Dies geschieht

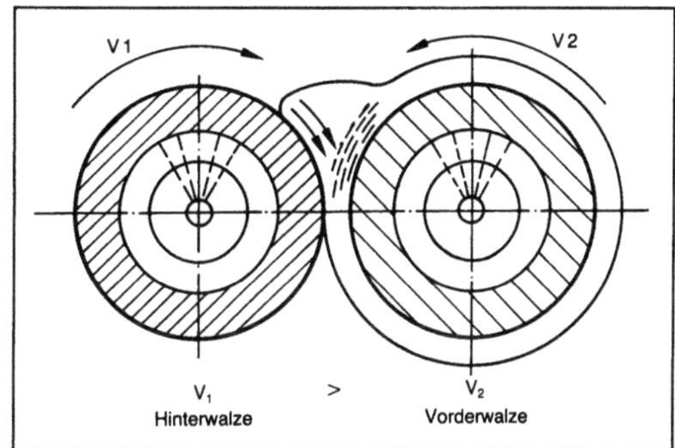

Gummiwalzwerk 2: Darstellung des Walzprinzips.

durch Medientemperierung durch Hohlräume in den Walzen.

Laborwalzwerke haben Walzendurchmesser zwischen 150 und 250 mm bei Längen bis 500 mm. Produktionswalzwerke weisen Walzen bis 900 mm Durchmesser und 3000 mm Länge auf. Walzwerke werden zunehmend von kontinuierlich und geschlossen arbeitenden Maschinen abgelöst. *Johannaber*

Literatur: *Lehnen, J. P.:* Kautschukverarbeitung. Würzburg 1983. – *Schnetger, J.:* Lexikon der Kautschuktechnik. Heidelberg 1981. – *Schwarz, O., F.-W. Ebeling, G. Lüpke* u. *W. Schelter:* Kunststoffverarbeitung. Würzburg 1985.

Gurtförderer. G. sind spezielle →Bandförderer, deren Trag- und Zugorgan als Gurte ausgeführt sind. *Jünemann*

H

Hackmaschine. →Landmaschine in der Pflanzenproduktion zur mechanischen Unkrautbekämpfung (Hauptfunktion) sowie zum Lockern des Bodens und zum Aufbrechen von Krusten (Bodenbearbeitungsgeräte). Die Anwendung der H. ist auf Reihenkulturen beschränkt. Von früher gezogenen H. ging man in neuerer Zeit zum →Anbaugerät über, das vom Traktor getragen wird. Sehr gut eignet sich der →Geräteträger, weil hier durch den Zwischenachsanbau bei guter Sicht günstige Voraussetzungen für die Steuerung gegeben sind (Bild 1). Als wichtigste Werkzeuge wendet man die sog. Gänsefußschare an (Bild 2). Bei noch kleinen Pflanzen (z. B. bei der ersten Rübenhacke) sind Schutzscheiben erforderlich, um ein Zuhäufeln zu vermeiden. Die Arbeitsgeschwindigkeiten der H. liegen bei etwa 1–2 m/s

Hackmaschine 1: Rübenhacken. (Quelle: Fendt)

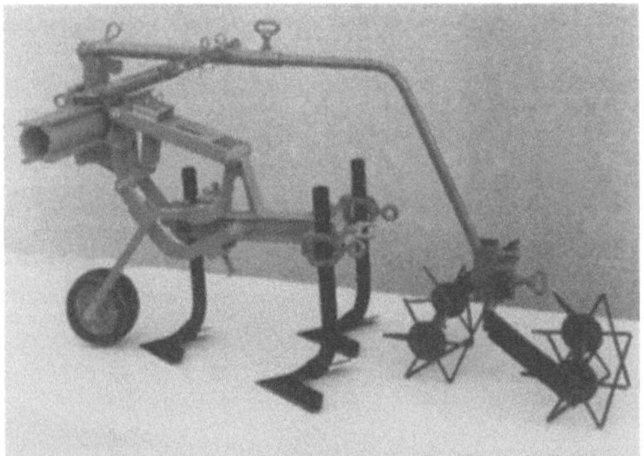

Hackmaschine 2: Hackaggregat aus 3 Gänsefußscharen und Krümler-Nachläufern. (Quelle: Schmotzer)

steigend mit der Pflanzengröße. Der Energiebedarf ist klein; man fährt oft mit reduzierter Motordrehzahl. Um die Umwelt zu schonen, hat man die H. wieder stärker eingesetzt, da damit chemische Unkrautbekämpfungsmittel eingespart werden. *Renius*

Häckselmaschine. Hofmaschine (meist stationär) zum →Schneiden von Halmgütern und Grünmais, heute nur noch vereinzelt zur Silage von Grüngut angewendet. Die H. hatte vor der Einführung des Traktors Bedeutung zum Erzeugen von Pferdefutter (Gemisch aus gehäckseltem Stroh und Hafer) sowie zum Herstellen von Strohhäcksel als Einstreu (Bild).

Häckselmaschine: Gerät von Ransome um 1850. (Quelle: Hamm a. a. O.)

Antrieb von Hand oder mit der Göpelanlage, vereinzelt auch mit Dampfkraft

Die H. besteht aus einer das Gut zusammenpressenden Zuführeinrichtung und einem großen Schwungrad (oft Riemenscheibe) mit einigen Messern, die im ziehenden Schnitt gegen die feste Gegenschneide arbeiten. Dieses Prinzip benutzte man später nur wenig verändert im Scheibenradfeldhäcksler (→Feldhäcksler), der als Feldmaschine große Bedeutung erlangte. *Renius*

Literatur: *Hamm, W.:* Die landwirtschaftlichen Geräte und Maschinen Englands. Braunschweig 1858.

Häkelgalonmaschine →Kettenwirkmaschine

Hängebahn. H. und insbes. Elektro-H. (Bild) sind ein typischer Vertreter von Quasi-Stetigförderern.

Sie sind schienengebundene, flurfreie →Förderer mit einzelnen angetriebenen Fahrzeugen. Die Fördereinheiten werden auf Gehängen, die mit dem Fahrzeug verbunden sind, getragen. Die grundlegenden Bestandteile sind das Fahrwerk mit Antrieb und Lastenträger.

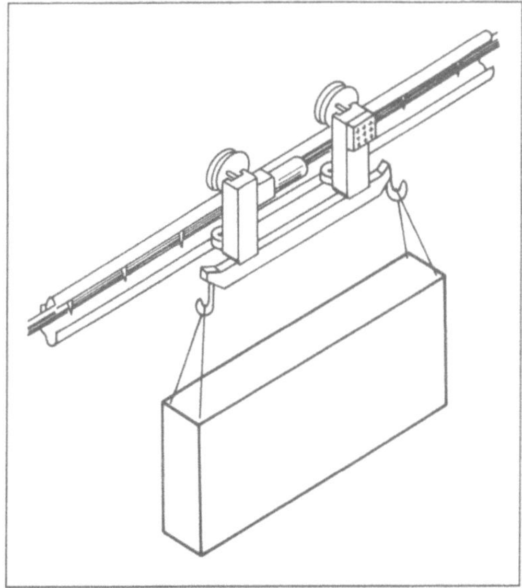

Hängebahn: Elektrohängebahn.

flurfrei, automatisiert, geführt verfahrbar, Einzelantrieb

Kernpunkt des Fahrwerks ist das Antriebsteil mit dem Antriebsmotor, dem Laufrad und dem Laufradträger. Die Leistung des Motors wird bestimmt durch

□ das Lastgewicht,
□ die geforderte Transportgeschwindigkeit,
□ die benötigte Laufruhe.

Der Motor ist meist ein Drehstromkurzschlußläufermotor. Bei höheren Geschwindigkeiten werden polumschaltbare Motoren eingesetzt, um mehrere Geschwindigkeiten zu erreichen. Beim Einhalten bestimmter Geschwindigkeiten (hochempfindliche Güter) kommen auch Gleichstrommotoren zum Einsatz. Kunststoffräder erhöhen die Laufruhe der Anlage.

Die →Lastaufnahmemittel sind der Aufgabenstellung und dem Einsatzfall angepaßt. Entsprechend groß ist die Vielfalt. Der Traglastbereich von Einschienen-H. kann bis zu 20 000 kg reichen. Häufig begrenzt die Deckentragfähigkeit den Traglastbereich dieser Transportsysteme.

Das Schienensystem ist an der Hallendecke oder auf Stützen befestigt. Es setzt sich aus den einzelnen Fahrkurselementen, wie Weichen, Ein- und Ausschleuselementen, Wendestationen, Hub- und Senkstationen usw., zusammen. Das Schienensystem hat die folgenden Aufgaben zu erfüllen:

□ Führung der Fahrwerke mit den Laufrädern und den Führungsrollen.
□ Integration der Stromschienen im Inneren der Laufschiene; die Fahrschiene trägt und führt das Fahrzeug. Durch Stromabnehmer, die an der integrierten Stromschiene entlang geführt werden, erfolgt die Stromversorgung der Motoren.
□ Ein- und Ausschleuselemente.
□ Elemente zur Überwindung von Höhenunterschieden.
□ Halteeinrichtungen.
□ Auffahrsteuerung und →Blockstreckensteuerung.

Zur Abstandssicherung der Fahrwerke untereinander gibt es zwei grundsätzliche Möglichkeiten:

□ *Auffahrsteuerung:* Das Fahrwerk besitzt einen Signalgeber (Auflaufbügel, Auflaufstange oder Federelement), der den Abstand zum vorherfahrenden Fahrzeug abtastet und ggf. auf einen Endschalter wirkt und damit den Motor abschaltet. Dadurch kann ein Elektro-H.-System zeitweise als eine Puffereinrichtung genutzt werden.

□ *Blockstreckensteuerung:* Bei der Blockstreckensteuerung wird die Fahrschiene in für sich steuerbare Abschnitte zerlegt. Sobald sich ein Fahrwerk in einer Blockstrecke befindet, wird die Einfahrt in diese Blockstrecke für die nachfolgenden Fahrwerke gesperrt. Das nachfolgende Fahrwerk muß so lange am Anfang der Blockstrecke warten, bis die vorhergehende H. die Blockstrecke verlassen und somit freigegeben hat.

Bei den Elektro-H. wird in zwei grundlegende Steuerungsvarianten unterschieden,

□ die mitgeführte Zielkennzeichnung: Die Zieladresse wird manuell am Fahrwerk eingegeben und an Entscheidungspunkten abgefragt.
□ die zentrale Transportverfolgung: Jedes Fahrwerk hat eine einmalige Identifikationsnummer. An den Entscheidungspunkten wird die Identifikationsnummer gelesen, und über einen Rechner wird die zugehörige Zieladresse zugeordnet. Entsprechend erfolgt das Einstellen der Weichen usw.

Die verschiedenen Ausführungsformen der Systemkomponenten werden durch die Richtlinie VDI 3643 (Aug. 1984) in Anlehnung an die Bedürfnisse der Automobilindustrie auf eine Standardversion reduziert:

□ Traglasten bis 5000 N,
□ Geschwindigkeiten bis 50 m/min,
□ variable Geschwindigkeiten möglich,
□ zusätzliche Antriebe für Zusatzfunktionen (Heben, Senken, Drehen) integrierbar,
□ Auffahr- und/oder Blockstreckensteuerung,
□ geringe Geräuschemission,
□ vollautomatisierbares System,
□ Energieverbrauch nur bei Fahrt,
□ hohe Verfügbarkeit des Gesamtsystems (größer als 96 %),

□ gute Erweiterbarkeit durch Modulbauweise,
□ Steigungen nur mit Zusatzaufwand zu bewältigen,
□ empfindlich gegen grobe Umweltbedingungen,
□ nicht für Ex-Schutz-Räume einsetzbar (Schleifleitungen),
□ Gebäudebelastung durch Installationen und Fördergüter.

Ihr Einsatz ist vor allem dort wirtschaftlich, wo Flexibilität gefordert wird, insbes. in Gießereien, im Maschinenbau (Getriebemontage), im Lager (Ver- und Entsorgung), bei der →Kommissionierung. *Jünemann*

Hängekran. H. (Bild) oder Deckenkrane sind Brückenkrane, deren Fahrbahnen pendelnd oder fest aufgehängt sind, vorwiegend an Decken oder Dachkonstruktionen. Bei den H. werden große Räume (über 100 m Breite) durch Mehrfach-Aufhängung an der Deckenkonstruktion stützenlos überbrückt. Dadurch nutzt man die Bodenfläche optimal aus. Die H. eignen sich auch für nicht rechtwinklige Gebäude und Rundbauten. Die Fahrbahn- und Deckenbeanspruchung begrenzen die wirtschaftliche Tragkraft der H. auf den Bereich bis 10 t (Einzelfälle bis 20 t). *Jünemann*

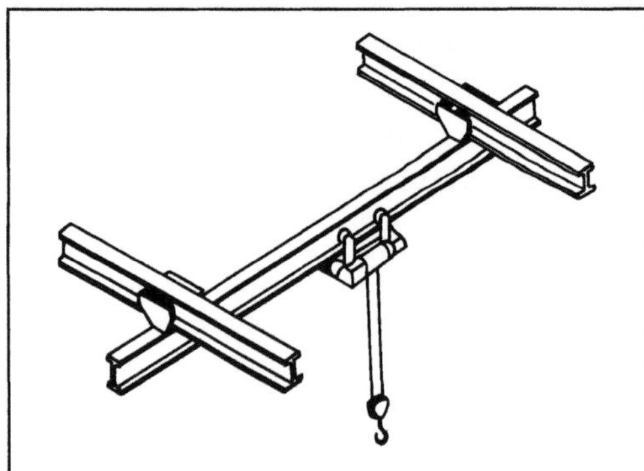

Hängekran.

flurfrei, manuell bedient, geführt verfahrbar, Einzelantrieb

Halbfrequenzwirbel. Bei Radialgleitlagern kann sich kein tragfähiger Schmierfilmdruck aufbauen, wenn die eingeschleppte Ölmenge infolge der Rotation ω des Zapfens um die Zapfenachse gleichzeitig durch die Zapfendrehung Ω um den Schalenmittelpunkt wieder freigegeben wird. Dieser Zustand tritt ein, wenn die äußere →Lagerlast mit der halben Drehfrequenz Ω der Drehfrequenz ω des Zapfens umläuft. Der Zusammenhang ergibt sich aus der Flußbilanz der Schmierstoffmenge, die auf Grund der Zapfenbewegung in den →Schmierspalt ein- bzw. ausgeschleppt wird. Die Ausbildung des H. erfordert stationäre Betriebsbedingungen und führt bei schnelllaufenden Lagern zu Instabilitäten (Bild). *Knoll*

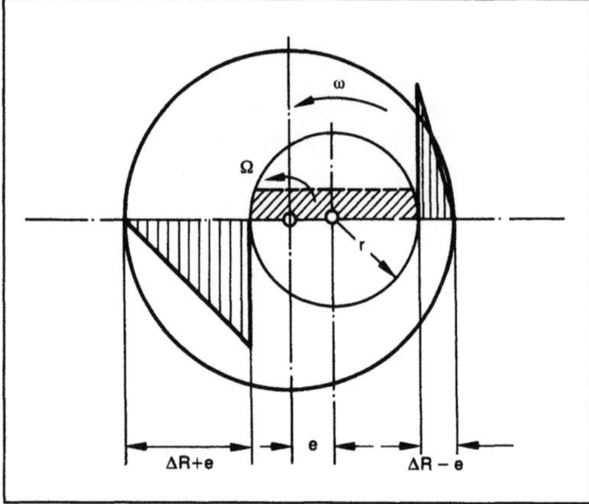

Halbfrequenzwirbel: Modellvorstellung zum Halbfrequenzwirbel.

Ölmenge eingeschleppt = ausgeschleppt,

$$\frac{r\omega}{2}(\Delta R + e) = \frac{r\omega}{2}(\Delta R - e) + e\Omega\,(2r),\ \Omega = \frac{\omega}{2}$$

Halbkammgarn-Spinnereiverfahren. Abgekürztes Verfahren zur Produktion von kammgarnähnlichen Grobgarnen mit paralleler Faserlage im Feinheitsbereich von ca. 1 000–50 tex. Es wird vorwiegend für Chemiefasern (W-Typen) eingesetzt, die in Feinheit und Länge etwa der Wolle entsprechen. Ein besonderer Kämmvorgang wird nicht eingeschaltet.

Die eingesetzten Stapelfasern werden in einer Mischereianlage vorbereitet, die im Prinzip der Mischereianlage der Streichgarnspinnerei entspricht.

Für dieses Verfahren wurden besondere Kompaktkrempelmaschinen entwickelt, die als Walzenkrempel mit Ganzstahlgarnituren bestückt sind und sehr hohe Materialdurchsätze (bis zu 1 000 kg/h) ermöglichen (Bild 1).

Halbkammgarn-Spinnereiverfahren 1: Kompakt-Krempel (Prinzipskizze). (Quelle: Hergeth, Dülmen)

Die Krempel-Faserbänder werden auf 2–3 Kammgarnstreckenpassagen, vorwiegend auf Kettenstrecken oder auf Zahnscheibenstrecken, vergleichmäßigt und parallelisiert. Eine Vorgarnbildung auf Nitschelstrecken oder auf Flyermaschinen ist eine Ausnahme; evtl. für den oberen Bereich der Halbkammgarnfeinheiten.

Das Fertigspinnen erfolgt im Regelfall auf einseitigen Ringspinnmaschinen mit Streckenbandvorlage, wobei die Ausführung der Streckwerke Verzüge erlaubt, die das Zwischenprodukt (Vorgarn) nicht erforderlich machen. Spindelmaße, Spinnringdurchmesser usw. sind dem gröberen Garnfeinheitsbereich angepaßt, wobei z. B. die Garnhülsen bis zu einer Länge von 800 mm zu finden sind (Bild 2). *Löcker*

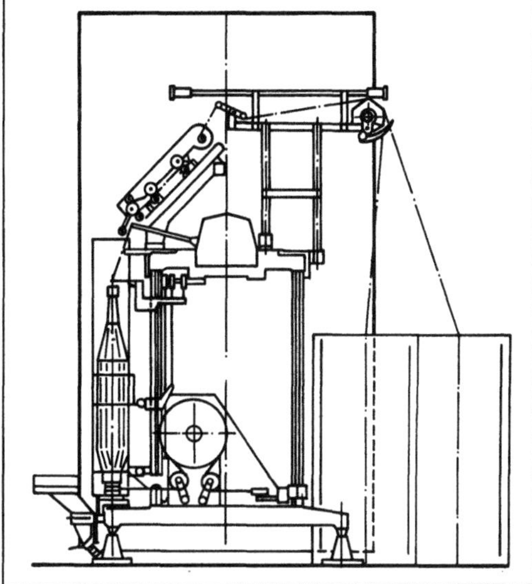

Halbkommgarn-Spinnereiverfahren 2: Halbkammgarn-Ringspinnmaschine (Prinzipskizze). (Quelle: Weller, Mönchengladbach)

Halbprofilmaschine. H. bearbeiten in einem Arbeitsgang die halbe Kanalsohle und eine der beiden Böschungen. Ihr Einsatzbereich sind Kanäle mit Profillinien zwischen 15 und 35 m, bei denen keine eindeutige Entscheidung für eine Vollprofil- oder eine Böschungsmaschine getroffen werden kann. Nach dem Grobaushub durch übliche Erdbaugeräte (→Schaufelradbagger, Eimerkettenbagger, Eimerseilbagger, →Schreitbagger, Schürfraupe) dienen sie zur Herstellung eines Feinplanums und der Beton- oder Asphaltauskleidung. Ihre Arbeitsorgane entsprechen denen der Vollprofil- und Böschungsmaschinen (→Vollprofilmaschine, Böschungsmaschine). *Kühn*

Halbtonvorlage →Vorlage

Halbwertbreite. Frequenzbreite $\Delta\Omega$ des Amplitudengangs $A(\Omega)$ einer erzwungenen, schwach viskos gedämpften Schwingung der Kreisfrequenz Ω bei der $1/\sqrt{2}$fachen Resonanzamplitude A_{max} (→Kennkreisfrequenz ω_o). Die kinetische Energie ist bei $A_{max}/\sqrt{2}$ halb so groß wie in der →Resonanz, daher H. Sie dient der Bestimmung des Dämpfungsfaktors $\eta(\omega_o)$ bei der Kennkreisfrequenz ω_o oder des Lehr-Dämpfungsmaßes D. Für kleine Frequenzdifferenzen $\Delta\Omega$ gilt näherungsweise

$$\eta(\omega_o) = 2D \approx \frac{\Delta\Omega}{\omega_o}. \qquad Gaul$$

Literatur: DIN 1311. Bl. 2: Schwingungslehre; Einfache Schwinger. Hrsg. Dt. Inst. f. Normung. Ausg. Dez. 1974. – *Klotter, K.:* Technische Schwingungslehre. Tl. A: Lineare Schwingungen. Berlin, Heidelberg, New York 1978.

Halbzeug. H. ist ein Erzeugnis, das beispielsweise durch Walzen oder Schmieden von Roherzeugnissen entstanden und für die Weiterverarbeitung zu Fertigerzeugnissen bestimmt ist. Sein Querschnitt ist quadratisch, rechteckig, rund oder profiliert mit mehr oder weniger gerundeten Kanten. Die Querschnittsabmessungen sind mit zulässigen Abweichungen über die Länge eines Erzeugnisses gleich. Die Seitenflächen sind mehr oder weniger nach außen oder innen gewölbt. Sie können beispielsweise Walz- oder Schmiedeeindrücke haben und teilweise oder ganz durch Drehen, Hobeln, Meißeln oder Schleifen geputzt oder geflämmt sein.

Durch Stranggießen hergestellte Erzeugnisse, die ein mehr oder weniger ausgeprägtes Gußgefüge haben, und durch Stranggießwalzen hergestellte Erzeugnisse können auch zum H. gezählt werden, weil ihre Formen und Querschnittsabmessungen meist bereits denjenigen von vorgewalzten Rohblöcken, Rohbrammen oder vorgewalztem H. entsprechen vorausgesetzt, daß die Herstellungsart angegeben wird. *Baumann*

Halmguterntemaschine. H. sind Feldmaschinen für die Ernte von Halmfutter und Getreide, insbes. →Aufsammelpresse, →Bindemäher (früher), →Brikettierpresse, →Feldhäcksler, →Kreiselmäher, →Ladewagen, Mähdrescher und Mähmaschine. Große Bedeutung in der Landwirtschaft bei Getreidebau- und Futterbaubetrieben. Die Mechanisierung durch H. begann beim Getreide- und Futtermähen schon im vorigen Jahrhundert. Nach 1880 bewirkte vor allem der Bindemäher große Fortschritte, dem schließlich der Mähdrescher folgte, der heute gegenüber Handarbeit eine bis zu tausendfache Produktivität erreicht.

Die Vollmechanisierung der Futterernte gelang erst nach dem Zweiten Weltkrieg, wozu die Kreiselmäher und der Ladewagen besonders beitrugen. *Renius*

Literatur: *Dencker, C. H.* (Hrsg.): Handb. Landtechnik. Hamburg, Berlin 1961. – *Kanafojski, C.:* Halmfruchterntemaschinen. Ost-Berlin 1974. – *Kunze, R. F.:* Lexikon der Landtechnik, Futterernte und -konservierung. Würzburg 1986. – *Wenner,*

H.-L., et al.: Landtechnik Bauwesen – Die Landwirtschaft. Bd. 3. München 1986. – *Wieneke, F.:* Verfahrenstechnik der Halmfutterproduktion. Göttingen 1972.

Hammerbrecher. In einem Gehäuse läuft ein horizontaler Rotor mit angelenkten, meist in vier Reihen angeordneten Schlägern. Von diesen wird das eingegebene Gut direkt, auch zusätzlich an einer enganliegenden Leistenbahn, zerkleinert. Durch den unten anschließenden Austragsrost ist das Größtkorn fixiert. Die Kornzusammensetzung läßt sich mit Auslegung in Drehzahl und Schlägeranzahl verändern. Neuartige Konstruktionen haben zwei gegenläufige Rotoren. Eingesetzt sind diese Zerkleinerungsmaschinen bei einem Zerkleinerungsgrad von 30:1 zum Brechen mit 200–500 min⁻¹ und in kleinerer Baugröße zum Mahlen mit 1500 bis 2500 min⁻¹ in der Mittelhart- und Weichzerkleinerung.   *Kühn*

Hammermühle → Hammerbrecher

Handfeuerwaffe. H. sind Rohrwaffen, die von einer Person gehandhabt werden können.

Zu den H. zählen Langwaffen (Gewehre), wie Büchsen, Karabiner, Flinten; Schnellfeuerwaffen, wie Sturmgewehre, Maschinenpistolen und Panzerfäuste. Die einhändig zu haltenden Faustfeuerwaffen (Revolver, Pistolen) werden gewöhnlich nicht zu den H. gezählt.

H. sind in der Lage, Einzelschüsse abzugeben. Teilweise werden einige Vorgänge mechanisch unterstützt (z. B. Feder im Magazin). Bei den halbautomatischen Waffen werden alle Funktionen bis auf das Abfeuern selbständig ausgeführt (Selbstladegewehr). Sturmgewehre (Bild 1) und Maschinenpistolen (Bild 2) gehören zugleich auch zu den Maschinenwaffen, da die Zyklen vollautomatisch nacheinander ablaufen, so lange der Abzug durchgedrückt bleibt.

Den Rückstoß der H. fängt der Schütze auf, in dem er den Schaft der Waffe beidhändig fest gegen

Handfeuerwaffe 1: Gewehr 7,62 mm × 51 G3 A3.

Handfeuerwaffe 2: Maschinenpistole MP 2 A1.

seine Schulter zieht („Schulterwaffen"). Vereinzelt kommen auch Lafettierungen vor.

Bei der Panzerfaust (Bild 3) mindern die nach hinten ausströmenden Gase den Rückstoß.

Handfeuerwaffe 3: Panzerfaust 44 mm.

Zum →Richten der Waffe werden Kimme, Korn und Ziel in eine Linie gebracht. Insbesondere für größere Entfernungen können vorteilhaft auch Zielfernrohre eingesetzt werden.

Der Entfernung wird durch einen Höhenvorhalt des Korns Rechnung getragen. Für den Seitenvorhalt bei bewegten Zielen sind in einzelnen Visieren entsprechende Marken vorgesehen. Nachteinsätze mit geeigneten Nachtsichtgeräten sind heute möglich.

Die Hauptbestandteile einer H. sind Rohr, Verschluß, Gehäuse, Magazin und Schaft. Wichtige Parameter sind Kaliber, Reichweite, Kadenz, Gewicht, Durchschlagsleistung, Rückstoß und Anzahl der Patronen im Magazin.   *Reinelt*

Handhabung. H. sind Bewegungsvorgänge beim Einleiten oder Beenden von Vorgängen der Fertigung (Bearbeitung), des Förderns oder des Lagerns, wie z. B. das Weitergeben einzelner Werkstücke, das Speichern, Ordnen, Vereinzeln, Ein- und Ausgeben (Bild). Auch das Be- und Entladen von Fördereinrichtungen, das Ein- und Auslagern von Gütern gehören nach dieser Definition zur H. ebenso jene Vorgänge, die nicht „von Hand", sondern mechanisiert oder automatisiert erfolgen. Zum Unterscheiden der beiden letzten Fälle von der manuellen H. oder auch Handling ist es zweckmäßig, dann von automatischer H. zu sprechen. Die automatische H. ist wirtschaftlich, wenn

□ die Werkstückwechselzeit wesentlich verkürzt wird und

□ Mehrmaschinenbedienung erreicht wird,

□ unzumutbare Bedingungen des manuellen Werkstückwechsels beseitigt werden.

Charakteristisch für die H. ist, daß sämtliche H.-Vorgänge keine stoffliche Veränderung am gehandhabten Objekt zum Ziel haben; lediglich Ort und Ziel werden verändert. Wesentlich ist dabei die Unterscheidung nach Primär- und Sekundär-H.-Vorgängen.

□ Primär-H.-Vorgänge sind alle H.-Funktionen, die zur Wertschöpfung des Produkts beitragen, also durch Zufuhr von Energie, Informationen und Teilen zur Vervollständigung des Produkts;

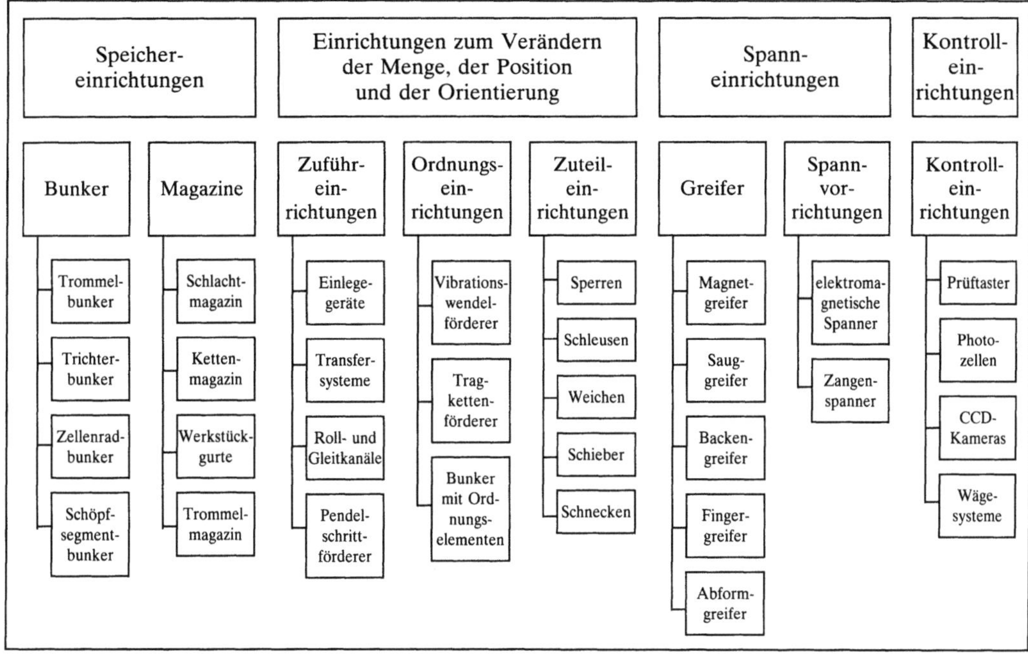

Handhabung: Handhabungseinrichtungen in der Montagetechnik.

□ Sekundär-H.-Vorgänge demgegenüber erhöhen nicht den Wert des Produkts, sondern bewirken den eigentlichen Transport.

Wird die H. nicht mehr manuell, sondern durch technische Mittel ersetzt, spricht man von H.-Einrichtungen oder H.-Geräten. Unter logistischen Gesichtspunkten können H.-Einrichtungen in Einzweckeinrichtungen, ortsfeste →Roboter, Transportroboter eingeteilt werden; dabei werden die Einzweckeinrichtungen noch in Teleoperatoren, Manipulatoren und Einlegegeräte untergliedert. *Jünemann*

Handkulierstuhl →Wirkerei

Handling →Handhabung

Handschild. Die Ortsbrust wird überwiegend von handgeführten Abbauwerkzeugen abgebaut. Durchmesserabhängig versieht man den Tunnelquerschnitt mit horizontal und/oder vertikal angebrachten Unterteilungen (Bühnenschild), um ein Eindringen von locker gelagertem Ausbruchmaterial (Setzungsgefahr) zu verhindern. Zusätzlich können hydraulisch versetzbare Brustbleche angebracht sein. H. zeichnen sich durch geringe Investitionskosten aus und werden daher meist für kurze Tunnelstrecken eingesetzt. *Kühn*

Handsteuerung. Wird ein →Fördermittel manuell oder handbetätigt, so spricht man von H. Es befindet sich eine Bedienperson auf dem Fördermittel, die aktiv in die Abläufe bei der Platzanfahrt eingreift. *Jünemann*

Hardy-Kupplung. Die H.-K. (Bild) ist eine winkel- und drehnachgiebige →Ausgleichskupplung. Sie wird für die Übertragung kleiner Drehmomente verwendet. Sie besteht aus einer meist aus Gummigewebe bestehenden Scheibe (Hardy-Scheibe), die wechsel-

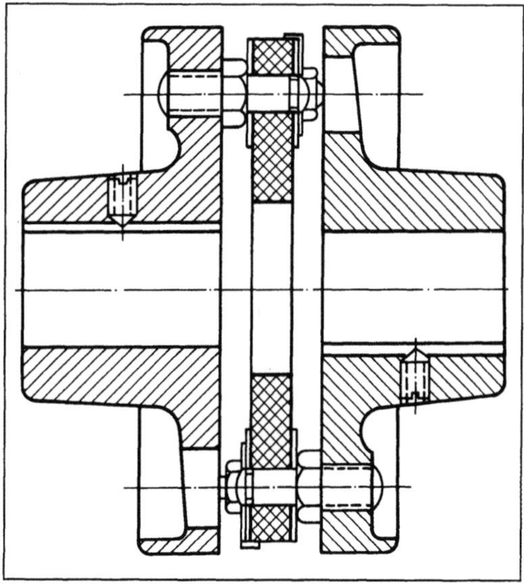

Hardy-Kupplung.

507

seitig mit den Naben auf der An- und Abtriebwelle durch Bolzen verbunden ist. *Ehrlenspiel*

Hartfaser-Spinnereiverfahren. H.-S. (auch Bastfaser-S. genannt) haben in den letzten Jahrzehnten erheblich an Bedeutung verloren. Die Bedeutung der Flachsfaser ist besonders durch wirtschaftliche Probleme (umständliche und teure Gewinnung der Fasern) und durch die Anbaubedingungen zurückgegangen. Die Einsatzgebiete des Hanfs wurden besonders bei wasserabhaltenden Textilien durch synthetische Fasern substituiert, und Sisalfasern werden fast ausschließlich in den Ursprungsländern verarbeitet oder ebenfalls durch Chemiefasern ersetzt.

Flachs- und Hanffasern werden im Regelfall in den Ursprungsländern aufgeschlossen durch Rösten, Brechen und Schwingen und kommen als „Schwingflachs" oder als Hanf-Langfaserbündel in die Spinnereien.

Flachs und Hanf werden in den Spinnereien zunächst auf Hechelmaschinen verarbeitet, die die Faserbündel aufspalten und als spinnfähige „technische" Fasern abliefern.

Die beim Hecheln ausgeschiedenen Fasern nennt man Werg (Bild). Während der Hechelflachs (bzw. -hanf) auf der Anlegemaschine mittels eines einfachen Nadelstabfelds bei gleichzeitigem Verzug zu Faserbändern verarbeitet wird, die in Spinnkannen abgelegt werden, müssen Schwing- und Hechelwerg auf einer speziellen Krempel zunächst zu Krempelbändern verarbeitet werden. Das Langflachsmaterial bzw. Langhanfmaterial wird heute in bis zu 6 Passagen auf Hochleistungsstrecken mit einfachem Nadelfeld doubliert und vergleichmäßigt und durch Verzug und Teilung der Ausgabe von einer Ausgangsbanddicke von ca. 40 ktex auf eine Feinheit von ca. 3–5 ktex reduziert. Das Fertigspinnen erfolgt entweder als Halbnaßspinnen oder Naßspinnen auf Flügelspinnmaschinen oder trocken auf Ringspinnmaschinen mit speziell ausgelegten Streckwerken; Ausspinngrenze ca. 80 tex. Die Werg-Krempelbänder werden entweder auf mehreren Intersectings (3 bis 4 Passagen) verstreckt und auf einseitigen Ringspinnmaschinen mit Kannenvorlage versponnen (bis ca. 125 tex) oder bei Einschalten von Flachkämmaschinen und ggf. unter Beimischung von Chemiefasern bzw. Vorgarnbildung auf Nitschelstrecken oder Flyern zu Garnfeinheiten bis ca. 25 tex auf einseitigen oder zweiseitigen Ringspinnmaschinen ausgesponnen. *Löcker*

Haspel. Die Bezeichnung H. ist im Bergbau für alle Arten maschineller Zug- und Hubwinden gebräuchlich.

Im Steinkohlenbergbau werden H. zumeist als Antriebe für Einschienenhängebahnen, Schienenflurbahnen und als Förderantrieb in Blindschächten verwendet (→Koepeförderung).

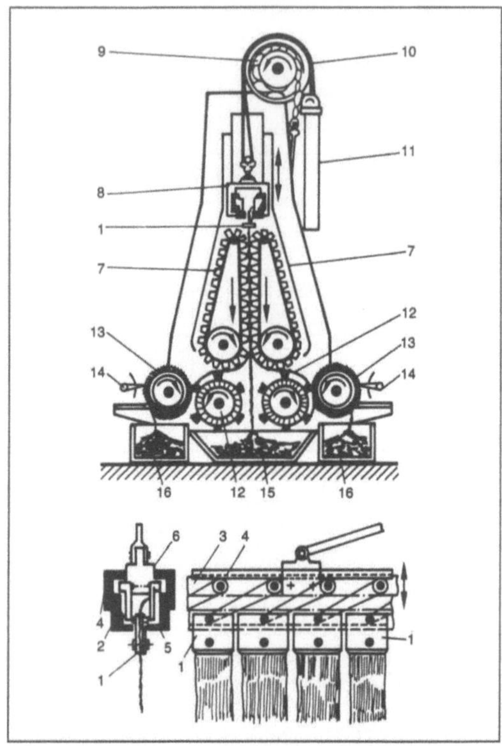

Hartfaser-Spinnereiverfahren: *Hechelmaschine (Prinzipskizze).*

1 Kluppe, 2 Stoßstange, 3 Schiene, 4 Führungsschiene, 5 Führungsbolzen, 6 Bolzen, 7 Hechelkamm, 8 Wagen, 9 Scheibe, 10 Kettenzug, 11 Gewichtsstück, 12 Bürstwalze, 13 Kratzwalze, 14 Hacker, 15 Schäbenkasten, 16 Wergsammelbehälter

H. werden in der Regel elektrisch oder elektrohydraulisch angetrieben. Bei kleineren Bauarten ist auch noch der Druckluftantrieb gebräuchlich.

Die Unterscheidung der H. erfolgt nach der Seilführung in Trommel-, Treibscheiben- und Parabolscheiben-H. Treib- und Parabolscheiben werden bei umlaufenden Endlosseilen, Trommeln bei Zugseilen eingesetzt.

Die bei Seilbahn-H. installierte Leistung reicht von 30 kW bei Einzel-Aggregaten bis zu 330 kW bei Dreier-Aggregaten. Mit diesen Leistungen werden Seilgeschwindigkeiten von 2,0–4,2 m/s erreicht. *Seeliger*

Haubenglühanlage. Eine H. ist ein technisches System zur Wärmebehandlung von zu →Rollen gewickeltem Stahlband nach dem →Haubenglühverfahren. Das Bild zeigt ein Einstapelsystem einer H. In einem solchen System sind mehrere Bunde mit Zwischenplatten, sog. Konvektoren, voneinander getrennt auf einem runden Sockel senkrecht gestapelt. Vor dem Glühen wird eine zylindrische Schutzhaube über den Stapel gesetzt, so daß der Glühraum

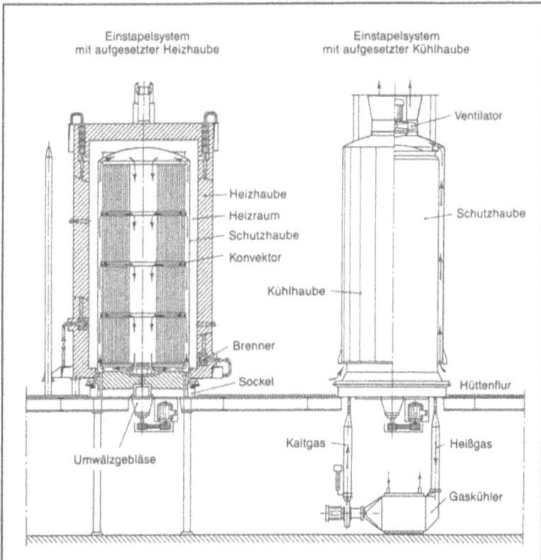

Haubenglühanlage: Einstapelsystem einer Haubenglühanlage.

gegen die Außenatmosphäre und den Heizraum abgeschlossen ist. Nachdem der Glühraum mit Schutzgas gespült und gefüllt ist, wird eine ebenfalls zylindrische Heizhaube aufgesetzt. Danach beginnt das Aufheizen der Schutzhaube sowie des Schutzgases und der Bunde bis auf Soll-Temperatur. Nach Beendigung der Glühzeit wird die Heizhaube abgenommen. Zur Beschleunigung der Abkühlung wird eine Abkühlhaube über die Schutzhaube gestülpt und mit Kaltluft gespült. Wenn die Kerntemperatur der Bunde <150 °C ist, können die Kühlhaube sowie die Schutzhaube abgenommen, die Bunde auf Raumtemperatur abgekühlt und weiter bearbeitet, meist nachgewalzt werden.

Eine H. besteht meist aus mehreren Einstapelsystemen. Neben solchen Einstapelsystemen wurden insbes. in den angelsächsischen Ländern Mehrstapelsysteme gebaut und betrieben. Dabei sind mehrere Stapel auf einem rechteckigen Sockelfundament angeordnet. Jeder Stapel erhält eine eigene zylindrische Schutzhaube und für alle Stapel wird nur eine rechteckige Heizhaube benutzt (→Haubenglühverfahren). *Baumann*

Haubenglühverfahren. Das H. ist ein diskontinuierliches Verfahren zur Wärmebehandlung von zu →Rollen gewickeltem Stahlband, meist Bunde genannt. Dieses Verfahren wird in einer →Haubenglühanlage für satzweise Beschickung durchgeführt, bei dem das Wärm- oder Glühgut auf einen Sockel gestapelt und entweder eine Heizhaube, Kühlhaube oder eine Schutzhaube aufgesetzt wird.

Bei diesem H. werden meist mehrere fest gewikkelte Bunde aus Stahlband zu einem Stapel aufeinandergesetzt, satzweise aufgeheizt, mehrere Stun-

den geglüht und wieder abgekühlt. Die inneren Windungen eines Bundes erreichen die Soll-Temperatur wesentlich später als die äußeren Windungen des Bundes. Deshalb erstreckt sich das Aufheizen über einen verhältnismäßig langen Zeitraum. Infolge der langen Glühzeit ist das Gefüge der Bunde weich und somit tiefziehfähig. Wenn die kaltgewalzten, fest gewickelten Bunde vor ihrem Einsatz in die Haubenglühanlage mit einem Umwikkelaggregat durch Einlegen eines Distanzhalters lose gewickelt werden, ist die gesamte Bandoberfläche für eine schnellere Wärmeaufnahme verfügbar, und die Aufheiz- sowie Abkühlzeiten der Bunde sind wesentlich kürzer als diejenigen bei fest gewikkelten Bunden. Zwischen den aufeinander gestapelten Bunden werden Zwischenplatten, sog. Konvektoren, eingelegt. Diese Konvektoren führen das Schutzgas über die Kanten der gestapelten Bunde zum inneren Hohlraum des Stapels. Somit werden die Bunde gleichmäßiger aufgeheizt, und die Aufheizzeit bis zum Erreichen der Soll-Temperatur wird verkürzt. *Baumann*

Hauptfunktion →Funktion technischer Systeme, →Konstruktionsverfahren

Hazelett-Bandgießanlage →Hazelett-Stranggießanlage

Hazelett-Bandgießverfahren →Hazelett-Stranggießverfahren

Hazelett-Stranggießanlage. Eine H.-S. ist ein komplexes technisches System zum Herstellen von Flacherzeugnissen nach dem H.-Stranggießverfahren. Das Bild zeigt eine H.-S. zum Herstellen von Aluminiumband mit verhältnismäßig kleinen Breiten. Die beiden umlaufenden Stahlbänder, die gemeinsam mit den seitlich angeordneten, ebenfalls umlaufenden Begrenzungseinheiten eine Gießform bilden, sind etwa 1 mm dick. Der obere Teil der Anlage kann zur Einstellung der jeweils gewünsch-

Hazelett-Stranggießanlage zum Herstellen von Aluminiumband mit verhältnismäßig kleinen Breiten.

ten Banddicke hydraulisch gehoben oder gesenkt werden. Auch die beiden seitlichen Begrenzungseinheiten sind zum Einstellen der jeweiligen Bandbreite verstellbar. Das Kühlwasser wird von den senkrecht zur Bandbewegungsrichtung in Reihen angeordneten Düsen gegen die Rückseiten der beiden Stahlbänder gespritzt und mit Leitblechen wieder abgeführt. Die Gießgeschwindigkeit ist etwa 8 m/min bei einem etwa 15 mm dicken Gießprodukt. Solche Gießanlagen werden oft aus einem Warmhalteofen mit flüssigem Metall beschickt. Nach einer H.-S. kann auch eine Walzanlage für das Umformen des Gießprodukts angeordnet sein. *Baumann*

Hazelett-Stranggießverfahren. Das H.-S., benannt nach dem Erfinder *Cl. W. Hazelett,* ist ein S., insbes. zum Herstellen von Flacherzeugnissen, bei dem das flüssige Metall einer etwa 6° zur Waagerechten geneigten Gießform zugeführt wird, die im wesentlichen aus 2 kontinuierlich umlaufenden endlosen Metallbändern besteht (Bild). Die seitliche Kantenbegrenzung besteht aus 2 mit den Metallbändern umlaufenden Blockgliederbändern oder Blockgliederketten. Das über eine Gießrinne zugeführte flüssige Metall berührt einlaufseitig zunächst das untere umlaufende Metallband, bevor das obere umlaufende Metallband mit dem flüssigen Metall in Kontakt kommt und so den Formraum für das Gießprodukt bildet. Die umlaufenden Metallbänder werden außenseitig während des Gießvorgangs besonders im Bereich der rechteckigen Gießform mit Spritzwasser intensiv gekühlt.

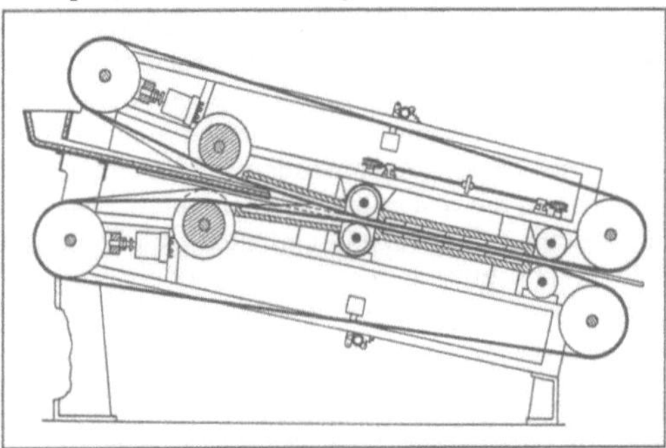

Hazelett-Stranggießverfahren: Arbeitsprinzip.

Mit dem H.-S. wird insbes. Leichtmetall- und Kupferband bis etwa 1 200 mm Breite, bei Banddicken zwischen 8 mm und 20 mm hergestellt. In den 80er Jahren wurde mit einer H.-Stranggießanlage versuchsweise auch Stahlband hergestellt. *Baumann*

HC-Emission → Schadstoff

Hebebühne. Eine H. ist eine Plattform o. ä. Einrichtung entweder zum Anheben von Lasten

oder als heb- und senkbare → Arbeitsbühne (Arbeitskorb), um Personen auf Arbeitshöhe zu bringen. *Jünemann*

Hebezeug. H. sind Materialtransportgeräte, die Einzelgüter, z. B. Fertigteile, Betonkübel usw., in vorwiegend senkrechter Richtung auf kurze Entfernungen in aussetzendem Betrieb fördern. Ihre Vielgestaltigkeit resultiert aus der Anpassung an das Fördergut, ihrer Anwendung und den Forderungen aus Förderweg, Tragfähigkeit und Leistungsfähigkeit. Die wichtigsten H. im Baubetrieb sind die Krane, Winden, Aufzüge und Becherwerke. *Kühn*

Hebezeugmotor. Elektrischer Motor, der entsprechend den Anforderungen der Hebezeugantriebe ausgelegt ist: Aussetz- oder Schaltbetrieb, weitgehende Überlastbarkeit und geringes Läufer-Trägheitsmoment. H. sind meist Drehstrommotoren mit Schleifring- oder Käfigläufer. Auf alten Krananlagen sind gelegentlich noch Repulsionsmotoren, sog. Derimotoren, anzutreffen, das sind Wechselstrom-Kommutatormotoren mit einem festen und einem beweglichen Bürstensatz.

Wegen ihrer Bedeutung für die Antriebstechnik sind oberflächengekühlte Drehstrommotoren mit Schleifringläufer für Aussetzbetrieb bis zu einer Leistung von 200 kW bei 40 % Einschaltdauer auf Grund harmonisierter europäischer Normen national genormt (DIN 42 681). Das bezieht sich auf Anbaumaße, Leistung, Kipp- und Trägheitsmomente sowie auf Läuferstillstandsspannung.

Anlauf und Drehzahl des Schleifringläufermotors werden durch die in den Läuferkreis eingeschalteten Widerstände gesteuert. Die Schalthäufigkeit des Motors richtet sich nach seiner Erwärmung, die durch den quadratischen Mittelwert des Stroms aus dem Spielverlauf bestimmt ist.

Das Lastsenken wird durch elektrische Bremsschaltungen gesteuert, um die Last während des Senkens sowohl bei großen (übersynchronen) als auch bei kleinen (untersynchronen) Senkgeschwindigkeiten zu beherrschen. Zur Haltebremsung werden Anbaubremsen mit elektrischer Bremslüftung verwendet.

Käfigläufermotoren werden im Hebezeugbetrieb meist direkt eingeschaltet oder über Stromrichter gespeist und gesteuert. *Rentzsch*

Heckbagger → Anbaugerät

Heckmotor → Antriebskonzept

Heißgasmotor → Stirlingmotor

Heißprägedruck. Eine weitere Bezeichnung für dieses Druckverfahren ist Folien-H. oder Trockendruck, was besonders in der Schweiz verwendet wird. Dieses Druckverfahren gehört in den Bereich der →Sonderdruckverfahren und dient der Veredelung bereits bedruckter oder unbedruckter Oberflächen.

Bei diesem Verfahren wird ein zusätzlicher Werkstoff eingebracht. Es sind dies die Heißprägefolien. Sie besitzen einen vielschichtigen Aufbau. Die wichtigste ist die Trägerfolie. Sie trägt den ganzen weiteren Aufbau und geht später nicht in das Produkt über. Die weitere Schicht ist eine Trennschicht, die das Ablösen des nachfolgenden Aufbaus erleichtert. Die farbgebende Schicht besteht entweder aus pigmentierten Farben oder aus aufgedampftem Metall. Eine Schicht aus schmelzbarem Klebstoff sorgt dafür, daß die Schichten außer auf der Trägerfolie auf der zu behandelnden Oberfläche haften.

Als Arbeitsmittel dient meist ein Metallwerkzeug oder bei kleinen Auflagen auch eine photopolymere Druckplatte. Auf diesen Werkzeugen müssen die später die Folie auf das Material übertragenden Elemente erhöht angebracht sein. Hinter diesem Werkzeug befindet sich eine Heizung. Durch Anwendung von Druckkraft und Hitze gleichzeitig werden die in dem Werkzeug erhöht liegenden Flächen aus der Heißprägefolie auf die zu veredelnde Oberfläche übertragen. Druck und Hitze sorgen für das Schmelzen des Klebstoffs und die dauerhafte Verbindung der Materialien. Bei verstärktem Druck und Metallwerkzeug kann die übertragene Heißprägefolie auch vertieft gegenüber der übrigen, zu veredelnden Oberfläche gelegt werden. Durch Anwendung besonderer Materialien, insbes. bei aufgedampftem Metall, lassen sich Hochglanzeffekte der übertragenen Flächen erreichen. Ebenso kann auch bei diesem aufgedampften Metall eine nahezu beliebige Farbgebung erfolgen. Durch Heißfolienprägung hergestellte Flächen zeigen die intensivste Farbgebung und die höchsten Glanzwerte. Sie werden deshalb besonders bei hochwertigen Verpackungen mit entsprechenden Effektnotwendigkeiten eingesetzt. *Paris*

Heißsiegelung. Das Heißsiegeln ist eine Untergruppierung oder Abwandlung des Schweißens. Es dient zum Herstellen von Verbindungslinien gleicher oder unterschiedlicher Materialien. Der Hauptunterschied zum Schweißen besteht darin, daß die bei der H. direkt beteiligten Produkte als Beschichtung auf Trägermaterialien anderer Art aufgebracht sind. Es kommen hier Kombinationen aus Kunststoff als Heißsiegelschicht und Fasermaterialien als Träger in Betracht.

Die Wärme kann in den Heißsiegelbereich auf unterschiedliche Weise eingebracht werden. Die einfachste Art ist der Kontakt mit geheizten metallischen Teilen. Diese Teile können dann gleichzeitig auch ohne Probleme die notwendige Preßkraft

einführen. Der Vorgang dauert allerdings lange, da die Wärme erst durch die meist dickeren, schlechter wärmeleitenden Träger hindurchtreten muß. Bei Anwendung von Ultraschall, bei dem die beiden zu verbindenden Teile mit ihren Heißsiegelschichten mit sehr kleiner Amplitude im Bereich nicht mehr hörbarer Schallfrequenzen gegeneinander reiben, entsteht die Wärme direkt in dem gewünschten Verbindungsbereich. Hochfrequente elektromagnetische Wellen können die Wärme ebenfalls direkt in den Verbindungsbereich der Heißsiegelschichten eintragen. Voraussetzung hierzu ist, daß die Heißsiegelschichten polare Moleküle enthalten. Diese Moleküle werden durch die elektromagnetischen Schwingungen in hochfrequente Bewegung gebracht, die sich nach außen als starke Erwärmung zeigt. Eine selten angewandte Möglichkeit, die besonders bei sehr dicken Materialien eingesetzt wird, die sich einem Wärmedurchgang stark widersetzen, ist die Aufheizung der Heißsiegelschicht durch direkten Kontakt mit geheizten Metallteilen, ohne daß die Wärme durch die Trägermaterialien hindurchtreten muß.

Die zugeführte Wärme führt zu einem teilweise oder vollständigen Aufschmelzen der Heißsiegelschicht. Die gleichzeitig von außen her wirkende Preßkraft sorgt dafür, daß sich die aufgeschmolzenen Schichten miteinander vermischen. Der Kontakt zum Trägermaterial darf durch Erwärmen nicht aufgehoben werden. Die miteinander verbundene, sich jetzt als homogene Schicht darstellende Heißsiegelschicht erstarrt bei Abkühlung und führt so zu der dauerhaften Verbindung der beiden Teile. Das Heißsiegel setzt man dort ein, wo man zur Stabilitätsgebung möglichst preiswerte, meist aus Fasermaterialien bestehende Stoffe braucht. Eine heißsiegelfähige Beschichtung aus Kunststoffen sorgt nicht nur für das Herstellen von dichten Verbindungs- und Verschlußstellen, sondern trägt in den stabilitätsgebenden Werkstoff noch eigenständige andere Eigenschaften ein. *Paris*

Heizung im Kraftfahrzeug →Klimatisierung im Kraftfahrzeug

Heliumturbine. →Gasturbine mit Helium als →Arbeitsfluid. Abkürzend zur Umschreibung einer gesamten Gasturbinenanlage mit einem geschlossenen →Gasturbinenprozeß als thermischem Kraftprozeß verwendet.

Helium ist als inertes Gas und wegen seiner günstigen Wärmeübertragungseigenschaften ein gutes Arbeitsfluid für den geschlossenen Gasturbinenkreislauf. Die im Vergleich zu Luft wesentlich höheren Schallgeschwindigkeiten schaffen zusätzlichen Freiraum bei der aerodynamischen Auslegung der Turbomaschinen. Beim Heizkraftwerk der Energieversorgung Oberhausen erfolgt die äußere

Wärmezufuhr in einem fossil beheizten Heliumerhitzer. Beim Hochtemperaturreaktor (HTR) als Wärmequelle wird die Wärme innerhalb des Primärkreises unmittelbar von den Brennelementen an das Arbeitsfluid Helium übertragen. Im Rahmen des HHT-Projekts (Hochtemperaturreaktor mit H.) wurden fertigungsreife Bauunterlagen für einwellige H. mit 600–1000 MW elektrischer Leistung bei 1125–1225 K →Turbineneintrittstemperatur und 60 bar Turbineneintrittsdruck erstellt (Bild).   *Ziemann*

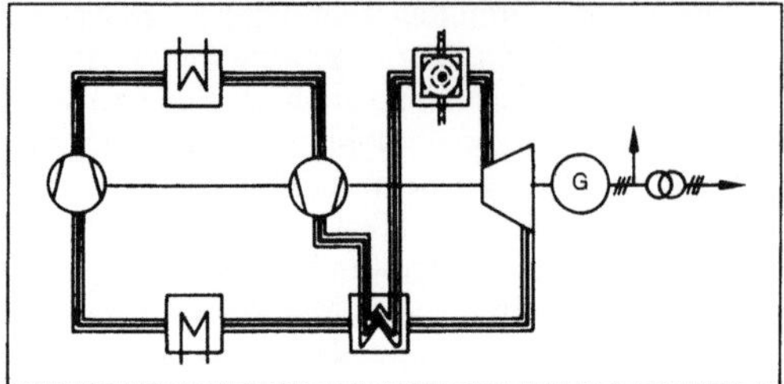

Heliumturbine: Schaltschema der einwelligen Heliumturbinen-Anlage mit Hochtemperaturreaktor.

Literatur: *Haselbacher, E.,* u. *A. Eiermann:* Entwicklung von Heliumturbinensystemen für nukleare Anwendung. Turboforum 4 (1974).

Herstellkosten →Kostenbegriff

Hertz-Pressung.
   1. Allgemein. Berühren sich zwei Körper punkt- oder linienförmig, so ergeben sich unter der Wirkung einer Normalkraft F Pressungen und Verformungen, die sich nach der Theorie von *Hertz* berechnen lassen. Für den Fall des Kontakts zweier beliebig gekrümmter Körper (Bild) gilt:

Hertzsche Pressung: $p_H = \dfrac{3F}{2\pi\, a \cdot b}$,

Verformung im Zentrum der Kontaktfläche:

$$\delta = \overline{F}\left[\frac{1}{2\,R_s \cdot \overline{E}}\left(\frac{3F}{\pi \cdot kE}\right)^2\right]^{1/3},$$

mit
F Normalkraft,

$$a = \left[\frac{6}{\pi}\cdot\frac{k^2 \cdot \overline{E}\cdot F\cdot R_s}{E}\right]^{1/3} = k\cdot b,$$

$$b = \left[\frac{6}{\pi}\cdot\frac{\overline{E}\cdot F\cdot R_s}{k\cdot E}\right]^{1/3} = \frac{a}{k},$$

$$k = 1{,}0339\left[\frac{R_x}{R_y}\right]^{0,636},\quad \overline{E} = 1{,}0003 + \frac{0{,}5968}{R_y/R_x},$$

$$\overline{F} = 1{,}5277 + 0{,}6023\,\ln(R_y/R_x),$$

$$\frac{1}{R_s} = \frac{1}{R_x} + \frac{1}{R_y},$$

$$\frac{1}{R_x} = \frac{1}{r_{x1}} + \frac{1}{r_{x2}}\quad \frac{1}{R_y} = \frac{1}{r_{y1}} + \frac{1}{r_{y2}},$$

Krümmungsradien

$$r_{x1},\, r_{x2},\, r_{y1},\, r_{y2},\, : E = 2\left[\frac{1-\nu_1{}^2}{E_1} + \frac{1-\nu_2{}^2}{E_2}\right]^{-1},$$

E_1, E_2 Elastizitätsmoduln der Körper,
ν_1, ν_2 Poisson-Zahlen der Körper.
Die Druckverteilung über der Kontaktfläche ist gegeben durch:

$$p = p_H\left[1 - \left(\frac{y}{a}\right)^2 - \left(\frac{x}{a}\right)^2\right]^{1/2}.$$

Sie ist im Bild schematisch für beliebig gekrümmte Flächen dargestellt.

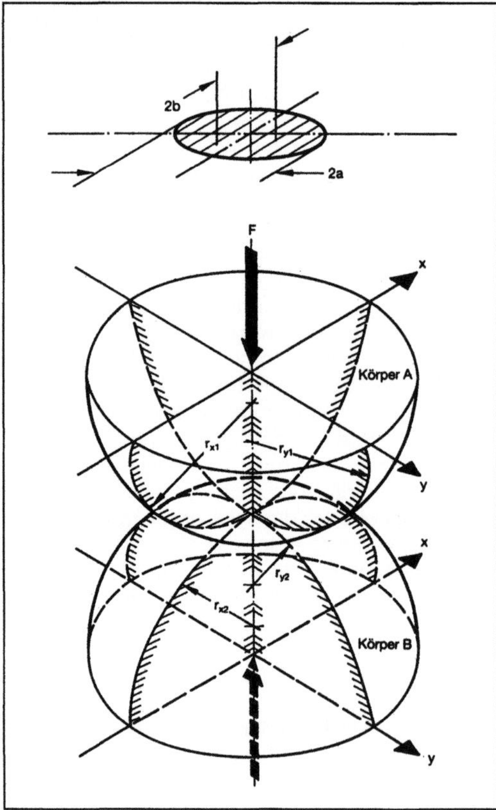

Hertz-Pressung: Kontakt beliebig gekrümmter Körper.

Für den Kontakt von zwei Kugeln gilt:

$$p = p_H\sqrt{1 - \frac{r^2}{a^2}},$$

mit dem Radius r vom Kontaktzentrum und dem Kontaktradius a:

$$a = 1{,}14\left[\frac{F\cdot R}{E}\right]^{1/3}.$$

Die H.-P. ist
$$p_H = 0{,}364\left[\frac{F\cdot E^2}{R^2}\right]^{1/3}$$

und die Verformung entlang der Belastungsachse

$$\delta = 1{,}31 \left[\frac{F^2}{E^2 \cdot R} \right]^{1/3}$$

($\rightarrow$Flankenpressung)   *Habig*

Literatur: *Winer, W. O.,* u. *H. S. Cheng*: Film Thickness, Contact Stress and Surfaces Temperatures. In: Wear Control Handb. Hrsg.: *M. P. Peterson* u. *W. O. Winer*. New York: The American Society of Mechanical Engineers 1980, S. 81/141.

2. Getriebe. Sie ist bei Zahnrad- und Wälzgetrieben eine der maßgebenden Beanspruchungen für die maximal übertragbaren Drehmomente.   *H. W. Müller*

Heubelüftung $\rightarrow$Belüftungsanlage

Heuwender. $\rightarrow$Heuwerbungsmaschine zum Wenden des Gutes, um schneller zu trocknen. Die der Sonne zugewendete Heuoberfläche trocknet nicht nur infolge besserer Konvektion, sondern auch wegen der einfallenden Sonnenstrahlung besonders rasch.

Wenn auch der H. streng genommen als Oberbegriff für alle heuwendenden Spezialmaschinen gelten muß, wird er doch in der Praxis meist mit dem Gabel-H. in Verbindung gebracht, der als früher

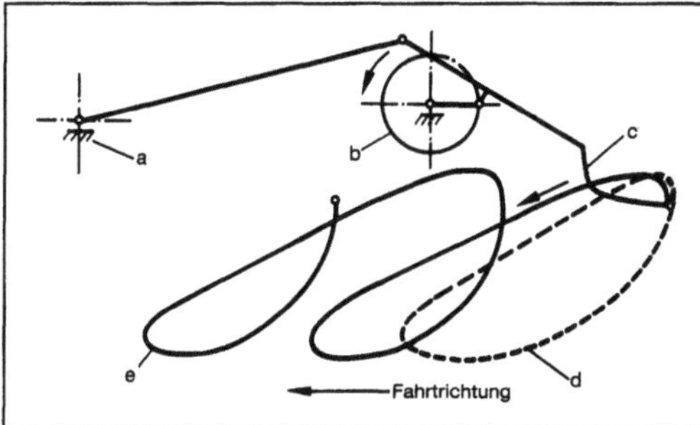

Heuwender: Gabelgetriebe eines Gabelheuwenders. (Quelle: Kühne a. a. O.)

a Maschinengestell, b Kurbel, c Gabel, d Relativbahn, e Absolutbahn

Vorläufer der modernen Maschinen in Verbindung mit Pferdezug große Bedeutung hatte. Das Hauptelement bildete dabei die im Bild gezeigte Wurfgabel, die als Koppel eines Viergelenkgetriebes das Gut stoßarm aufnimmt und zum wendenden Wurf beschleunigt. Die von *Kühne* eingehend beschriebenen Gabel-H. arbeiteten mit Bodenantrieb und erreichten einen guten Wendeeffekt bei gleichzeitiger Auflockerung. Andere Bauarten, wie z. B. der Trommel-H., waren von weit geringerer Bedeutung.   *Renius*

Literatur: *Kühne, G.:* Handb. Landmaschinentechnik. Bd. 2. Berlin 1934.

Heuwerbungsmaschine. Sammelbegriff für alle Feldmaschinen zum Beschleunigen der Feldtrocknung von Grüngut nach dem Mähen, meist um lagerfähiges oder für die $\rightarrow$Belüftungsanlage geeignetes Heu zu erzeugen, in Sonderfällen auch nur zum Vortrocknen von Anwelksilage ($\rightarrow$Fahrsilo).

Die vor dem Zweiten Weltkrieg durch den $\rightarrow$Heuwender erreichte Teilmechanisierung entwickelte man zur Vollmechanisierung der Heuwerbung weiter. Das Gesamtverfahren besteht aus folgenden Grundverfahren: Zetten, Wenden, Schwaden und Breitstreuen.

Das Zetten dient zum Aufschließen des frisch gemähten Grüngutes mit Hilfe der $\rightarrow$Zettmaschine. Es folgt das Wenden (oft mehrmals täglich), früher mit dem Heuwender, heute meist mit Kreiselgeräten (z. B. $\rightarrow$Kreiselzettwender). Abends ist das Gut aufeinander zu schichten (Schwaden), damit es möglichst wenig Feuchte aufnimmt. Dafür gewann in den 50er und 60er Jahren der Sternradrechwender eine herausragende Bedeutung. Heute benutzt man vorzugsweise Kreiselgeräte, die man vielfach am nächsten Morgen auf Breitstreuen umstellt, um die Trocknung fortzusetzen.

Viele H. lassen sich durch entsprechende Vorrichtungen auf zwei, drei oder sogar alle vier Grundverfahren einstellen (Tabelle). Die Zettmaschine und

Heuwerbungsmaschine. Tabelle: Verbreitete Ausführungen und ihre Eignung für die vier charakteristischen Grundverfahren.

Grund-verfahren	Zettmaschine	Kreisel-schwader	Kreiselzett-wender	Sternradrech-wender ■)	Universal-kreiselzett-wender
Zetten	gut	—	mittel	mäßig	mittel
Wenden	—	—	gut	mittel	gut
Schwaden	—	gut	nur mit Zusatzgetriebe	gut*)	gut
Breitstreuen	—	—	gut	mittel	gut

■) rückläufig
*) Zopfbildung nicht immer erwünscht

der →Kreiselschwader sind typische Einzweckgeräte. *Renius*

Literatur: *Kunze, F. R.:* Lexikon der Landtechnik, Futterernte und -Konservierung. Würzburg 1986.

Hilfsbetrieb (Bauausführung). Bei vielen Baumaßnahmen ist es außer der Bereitstellung der Hauptarbeitsgeräte (z. B. →Bagger) auch notwendig, verschiedene H. zu unterhalten. Dazu gehören:

☐ →Wasserhaltung,
☐ →Drucklufthaltung,
☐ Kältehaltung,
☐ →Belüftung,
☐ Entstaubung (→Entstaubungsanlage).

Die sorgfältige Auswahl und Installation dieser H. ist für einen ordnungsgemäßen Bauablauf unerläßlich. *Kühn*

Literatur: *Kühn, G.:* Die Bauausführung. In: Beton-Kalender 1986. Tl. II. Berlin 1986.

Hilfsgerät. Angebaute oder eingebaute Geräte, die zum Betrieb eines Verbrennungsmotors notwendig sind (z. B. Pumpen).

An einem →Verbrennungsmotor findet man eine ganze Reihe von H., ohne die der Motor nicht betriebsfähig ist. Hierzu gehören: Schmierölpumpe, Kühlwasserpumpe, →Einspritzpumpe (beim →Dieselmotor), Lichtmaschine, Anlasser, Kühlerlüfter (bei Fahrzeugmotoren), Aufladegebläse (bei mechanisch aufgeladenen Motoren).

Nach DIN 6271 wird die →Nutzleistung an einem Verbrennungsmotor bestimmt, der mit allen betriebsnotwendigen H. ausgerüstet ist. Da die Antriebsleistung der H. praktisch unabhängig von der Last des Motors ist, macht sie sich bei Teillast im Verhältnis zur Motorleistung mehr bemerkbar und führt zu einem schlechten Teillastwirkungsgrad. *Kuhlmann*

Hinterkipper (Gelände). H. sind moderne Schwerlastkraftwagen (Skw), deren Spezialaufbau für den Bedarf im Erdbau zugeschnitten ist. Sie werden je nach Größe als Zwei- oder Dreiachser gebaut. H. erreichen Muldeninhalte bis 140 m³ bzw. 250 t Nutzlast bei 1846 kW Motorleistung. Sie sind Großgeräte für schwerste Arbeiten und erlauben auch den Transport von grobstückigem Material. Die Mulde wird hydraulisch mit einem Kippwinkel zwischen 50 und 70° entleert. Sie ist zum Schutz des Führerhauses oft über dieses herübergezogen. Zweiachser, die billiger, wendiger und schneller sind, haben teilweise Knicklenkung und Allradantrieb. Dreiachser üben einen kleinen Bodendruck aus und verfügen über eine größere Standsicherheit beim Rückwärtskippen an Böschungen. Sie haben oft einen Knickrahmen und meist 4-Rad- oder Allradantrieb. H. erreichen theoretische Maximal-

geschwindigkeiten bis über 60 km/h. Diese können z. B. aus Fahrkraftdiagrammen in Abhängigkeit von der Zugkraft entnommen werden. *Kühn*

Hochdruckhydraulik. Kein feststehender Begriff, praktisch der Bereich des Arbeitsdrucks >250–400 (600) bar (darüber Höchstdruckhydraulik). Aus Gründen der Festigkeit und der →Dichtung nur bei Kolbenmaschinen anwendbar, Axialkolbenpumpen, auch verstellbare, bis 400 (450) bar, Radialkolbenpumpen, speziell feste, bis 700 bar. Anwendung von Schieberventilen problematisch (Leckverluste, Klemmkräfte), Sitzventile (Einbauventile) betriebssicherer. Kompression des Druckfluids schon beachtlich; daher verzögerte Entlastung (Entspannungsventile) der Druckräume vorsehen. Niedrigere Drücke im Pumpenkreislauf durch Verwenden von Druckübersetzern möglich (nur bei Pressen)

Anwendungsbereiche: Flughydraulik (310 bar standardisiert), Kunststoffblas- und -spritzmaschinen, Abkant- und Ziehpressen 350 bar, Spannvorrichtungen 600 bar. *Röper*

Hochdruckturbine. Aus der Einteilung der Dampfturbinen nach dem Eintrittszustand (Eintrittsdruck) abgeleitetes Unterscheidungsmerkmal. Eine genaue zahlenmäßige Abgrenzung zwischen Niederdruck-, Mitteldruck- und H. besteht nicht.

Bei fossilen Dampfkraftwerken mit einfacher Zwischenüberhitzung unterscheidet man zwischen

☐ Niederdruckturbinen mit einem Eintrittsdruck bis etwa 5 bar,
☐ Mitteldruckturbinen bis etwa 50 bar,
☐ H. bis etwa 250 bar.

Dem ist bei Dampfprozessen mit 2facher Zwischenüberhitzung noch eine Höchstdruckturbine mit Eintrittsdrücken von über 250 bar vorgeschaltet.

Bei Dampfturbinen für Kernkraftwerke mit Leichtwasserreaktoren wird eine Unterteilung in →Niederdruckturbine mit einem Eintrittsdruck bis etwa 10 bar und H. bis etwa 70 bar vorgenommen.

Die Teilturbinen sind in eigenen Gehäusen untergebracht. *Ziemann*

Hochdruckzusatz. →Schmierstoffadditiv, das Schmierölen oder Schmierfetten zugesetzt wird, um bei Überbeanspruchungen, bei denen Schmierfilme durchbrochen werden, ein Fressen der Kontaktpartner zu verhindern. H. sind vor allem in Einlaufölen, Getriebeölen, Schneidölen, teilweise auch in Motoren-, Hydraulik- und Turbinenölen enthalten. Sie bestehen aus organischen Schwefel-, Chlor-, Phosphor- oder Stickstoffverbindungen. Diese Verbindungen bilden bei Überbeanspruchungen spontan Reaktionsschichten. *Habig*

Hochfrequenz-Rohrschweißanlage. Eine H.-R. ist ein komplexes technisches System, das nach einem H.-Rohrschweißverfahren zum Herstellen geschweißter Stahlrohre arbeitet.

Für das Einformen des Stahlbands zum Schlitzrohr kann entweder ein Formwalzaggregat oder ein Rollenkäfigsystem eingesetzt werden.

Das Formwalzaggregat (Bild 1) wird für Rohrdurchmesser bis 609 mm eingesetzt und besteht aus 8 bis 10 zum größten Teil angetriebenen Profilwalzgerüsten, in denen die Umformung vom Stahlband zum Schlitzrohr schrittweise – entsprechend den Stufen 1 bis 7 in Bild 1 – erfolgt. Die 3 Messerscheibengerüste 8, 9 und 10 führen das Schlitzrohr zum Schweißtisch 11. Die Profilwalzen müssen dem zu fertigenden Rohrdurchmesser angepaßt sein. Für die Herstellung größerer Rohrdurchmesser kann ein Rollenkäfigsystem eingesetzt werden. Wesentliche Merkmale des Rollenkäfigsystems (Bild 2) bestehen darin, daß eine Vielzahl nicht angetriebener, für einen großen Durchmesserbereich einstellbarer, innerer und äußerer Formrollen eine trichterähnliche Einformstrecke bildet, in der das Stahlband durch allmähliche Profilumformung zum Schlitzrohr gebogen wird. Der Antrieb erfolgt durch das am Einlauf befindliche Vorbiege-Walzgerüst und die Messerscheibengerüste am Auslauf. Die Schnittdarstellungen A–B, C–D und E–F in Bild 2 lassen den jeweiligen Umformgrad und die Anordnung der Formrollen erkennen.

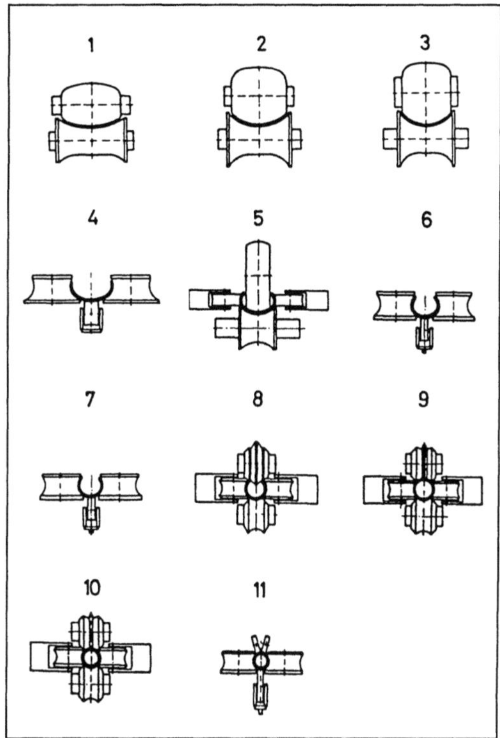

Hochfrequenz-Rohrschweißanlage 1: Einformen von Stahlband mit einem Formwalzaggregat.

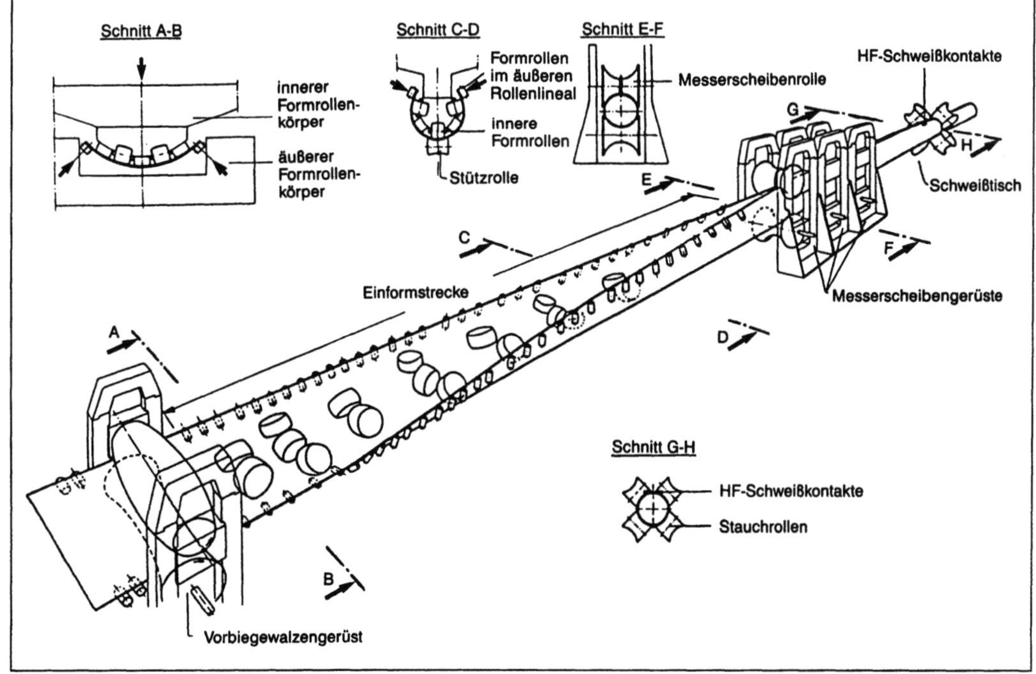

Hochfrequenz-Rohrschweißanlage 2: Einformen von Stahlband mit einem Rollenkäfigsystem.

Der Schweißstrom kann entweder konduktiv über Schleifkontakte oder induktiv über Spulen in das Schlitzrohr geleitet werden. Deshalb wird zwischen dem induktiven H.-Rohrschweißverfahren und dem konduktiven H.-Rohrschweißverfahren unterschieden.

Der beim Preßschweißen entstehende innere und äußere Stauchwulst wird bei Rohren mit lichtem Durchmesser oberhalb 30 mm meist in noch warmem Zustand abgehobelt oder abgeschabt.

Anschließend wird das Rohr in 2 bis 6 Kalibriergerüsten durch Umfangsreduktion gerundet und maßkalibriert. Der Vorgang bewirkt gleichzeitig einen Richteffekt. Durch den Einbau einer zusätzlichen mehrgerüstigen Profilrollen-Kalibriereinheit in die Rohr-Auslaufstrecke ist eine unmittelbare Umformung vom Rundrohr zum →Profilrohr möglich. Nach einer zerstörungsfreien Prüfung der geschabten Schweißnaht im Rahmen der Fertigungsüberwachung wird der endlos gefertigte Rohrstrang von einem mitlaufenden Trennaggregat in Rohre mit bestimmten Längen zerteilt. *Baumann*

Hochfrequenz-Rohrschweißverfahren. Nach 1960 wurde das H.-R. zum Herstellen geschweißter Stahlrohre entwickelt und eingesetzt. Vorteile dieses Verfahrens sind die Anwendung von H. im Bereich zwischen 200 und 500 kHz sowie die Trennung der Rohrformung von der Energieeinspeisung. Dabei wird – wie bei anderen Widerstands-Preßschweißverfahren – ebenfalls die gleichzeitige Einwirkung von Druck und Wärme zum Verschweißen der Bandkanten des Schlitzrohrs ohne Zusatzwerkstoff genutzt. Das Zusammenführen der Kanten des Schlitzrohrs und das Aufbringen des für die Schweißung erforderlichen Drucks erfolgt durch Stauch- und Druckrollen im Schweißgerüst. Als vorteilhafte Energie zur Wärmeerzeugung für das Schweißen wird H.-Wechselstrom benutzt. Der hochfrequente Strom hat dem normalen Wechselstrom gegenüber den Vorteil größter Stromdichte im Oberflächenbereich des Leiters. Dieser Strom hat auf Grund seiner hohen Frequenz die Eigenschaft, im Kern des Leiters ein magnetisches Feld aufzubauen. Im Bereich dieses Felds ist der ohmsche Widerstand am größten, und so fließen die Elektronen den Weg des geringsten Widerstands an der Außenhaut des Leiters (Skineffekt). Dieses R. kann als induktives H.-R. oder als konduktives H.-R. eingesetzt werden.

Das Einformen des Stahlbands zum Schlitzrohr für die Herstellung von Leitungs- und Konstruktionsrohren in Abmessungsbereichen zwischen etwa 20 mm und 609 mm Außendurchmesser bei Wanddicken zwischen 0,5 mm und 16 mm erfolgt in einem Formwalzaggregat oder in einem verstellbaren Rollenkäfigsystem. Als Vormaterial dient gewickeltes Stahlband. Für die Herstellung von Präzisions-

Stahlrohren wird vorher gebeiztes Stahlband verwendet. Einzelne Bunde werden bei hoher Abhaspelgeschwindigkeit endlos aneinandergeschweißt und in Schlingen gespeichert. Die Rohrschweißmaschine arbeitet kontinuierlich mit einer Geschwindigkeit zwischen 10 m/min bis 120 m/min. *Baumann*

Hochfrequenz-Rohrschweißverfahren, induktives. Beim i. H.-R. (auch Induweld-Verfahren genannt) werden je nach Wanddicke und Verwendungszweck der Stahlrohre Schweißgeschwindigkeiten bis 120 m/min erreicht. Dabei wird das zu schweißende Schlitzrohr (Bild) in Pfeilrichtung in das Schweißaggregat eingeführt und von den Stauchrollen erfaßt, mit denen zunächst die unter dem Winkel α keilförmig einlaufenden Schlitzkanten zusammengedrückt werden. Der von dem Schweißgenerator eingespeiste hochfrequente Strom bildet um den Ringinduktor ein elektromagnetisches Feld, das im Schlitzrohr eine Wechselspannung induziert. An den offenen Schlitzkanten wird der Stromkreis abgelenkt und läuft auf der Kante a über Punkt P entlang der Kante b zu der Induktorumfangsebene zurück, um sich auf dem Rohrrücken zu schließen. Von den Stauchrollen werden die erhitzten Kanten zusammengepreßt und verschweißt. Der sich dabei bildende innere und äußere Stauchwulst wird an der fertigen Schweißnaht abgeschabt. *Baumann*

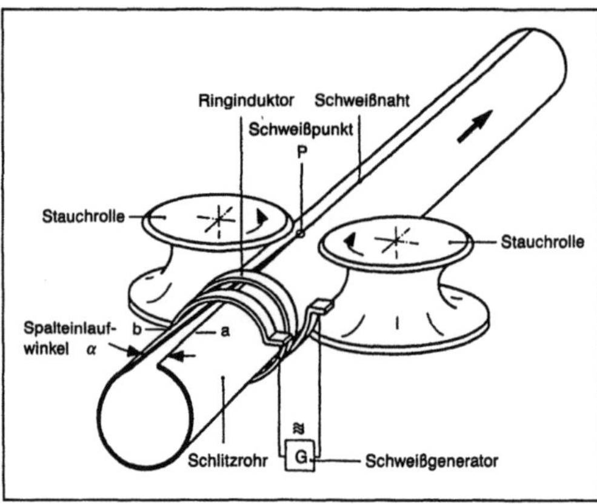

Hochfrequenz-Rohrschweißverfahren, induktives: Arbeitsprinzip.

Hochfrequenz-Rohrschweißverfahren, konduktives. Das k. H.-R. (auch Thermatool-Verfahren genannt) unterscheidet sich vom induktiven H.-R. im wesentlichen durch die Stromeinleitung über Schleifkontakte. Bei dem konduktiven Schweißen wird der Strom über Kupfergleitkontakte, die sich vor dem Schweißpunkt auf den Bandkanten des Schlitzrohrs befinden, eingespeist. Die erreichbaren Schweißgeschwindigkeiten betragen je nach Wanddicke und Verwendungszweck der Stahlrohre bis 100 m/min.

Die Schleifkontakte (Bild) befinden sich dicht an den gegenüberliegenden Kanten. Der von einem Generator eingespeiste hochfrequente Wechselstrom wird unmittelbar in das Schlitzrohr eingeleitet und läuft von einem Schleifkontakt entlang der Kanten über den Schweißpunkt P zum anderen Kontakt. Im Schweißpunkt P werden die Kanten durch den mit den Stauchrollen eingeleiteten Druck zusammengepreßt und verschweißt. Der sich bildende innere und äußere Stauchwulst wird anschließend abgehobelt. *Baumann*

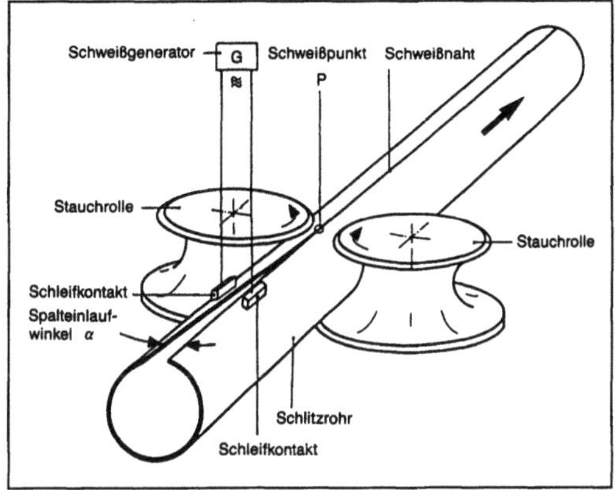

Hochfrequenz-Rohrschweißverfahren, konduktives: Arbeitsprinzip.

Hochhubwagen →Gabelstapler

Hochofen.

1. Allgemeines. Kernanlage eines H.-Werks ist der H. Das ist ein Schachtofen, in dem aus Eisenerz Roheisen gewonnen wird. Die Form dieses Schachtofens entspricht etwa 2 abgestumpften, mit den größeren Flächen einander zugewandten Kegeln, wobei der untere Kegel in einen →Zylinder, in das →Gestell, übergeht. Die Leistungsfähigkeit solcher Öfen ist zwischen 1960 und 1990 erheblich gestiegen. Gleichzeitig wurde der Energieverbrauch beachtlich gesenkt. Infolge der damit verbundenen Erhöhung der Wirtschaftlichkeit konnte der H. gegenüber alternativen technischen Systemen bestens bestehen. Alle großen Hüttenwerke der Welt arbeiten in den 80er und 90er Jahren mit H., um Roheisen für die Stahlerzeugung zu gewinnen. Steigerungen der H.-Leistungen wurden besonders auf Grund

☐ des Einsatzes größerer Öfen,

☐ der Erhöhung der Betriebsbereitschaft der Öfen und

☐ der Weiterentwicklung des Verfahrens erreicht. Daneben sind durch weitere Entwicklungen

☐ eine gleichmäßigere Roheisenqualität,

☐ ein besserer Schutz der Umwelt und

☐ eine Minderung der Betriebskosten

erzielt worden. Infolge der Leistungssteigerungen ist die Roheisenerzeugung gestiegen und die Anzahl der vorhandenen sowie in Betrieb befindlichen H. von 1960 bis 1990 in der Bundesrepublik Deutschland deutlich gesunken. Mit fortschreitender Entwicklung der H.-Anlagen ist zu erwarten, daß die Anzahl der in Betrieb befindlichen H. weiter abnimmt und die Wirtschaftlichkeit der Öfen steigt. 1992 konnten H. mit Gestelldurchmessern bei etwa 11 m sowie Erzeugungsmengen von durchschnittlich 7 000 t/d als geeignete Größen angenommen werden.

Der H. ist ein kontinuierlich arbeitender Schachtofen, dessen Profil sich aus Zylinder- und Kegelstümpfen zusammensetzt.

Der eigentliche Ofen kann mehr als 30 m hoch sein. Einschließlich Begichtungssystem und Gichtgasleitungen werden Gesamthöhen von 100 m und mehr erreicht. Beim Profil des H. wird zwischen →Gicht, H.-Schacht, Kohlensack, →Rast und Gestell unterschieden. Die Gicht ist das Oberteil des H. und umfaßt die zur Beschickung des H. und zur Ableitung der Gichtgase erforderlichen Systeme. Der Gichtverschluß arbeitet wie eine Schleuse und ermöglicht das Einfüllen des Beschickungsguts. Das staubhaltige Gichtgas wird den Gasreinigungseinrichtungen und danach den Verbrauchsstellen, beispielsweise den Winderhitzern, zugeführt.

Das H.-Profil verbreitert sich in dem anschließenden Schacht. Diese Erweiterung des Ofenraums von oben nach unten ist notwendig, damit sich das Füllgut im Ofen bei seiner durch die Erwärmung bedingten Ausdehnung nicht festsetzt. Die Höhe des Schachts beträgt etwa drei Fünftel der gesamten Ofenhöhe. Der Schacht geht in den zylindrischen Kohlensack über. In der darunter liegenden Rast wird der Durchmesser des Ofens wieder kleiner, weil in diesem Teil des Ofens das Schmelzen der Beschickungssäule beginnt. Das Gestell ist der untere zylindrische Teil des H., in dem sich die flüssige Schlacke und das Roheisen sammeln. Im oberen Teil des Gestells sind je nach Ofengröße bis zu 40 wassergekühlte Windformen aus Kupfer angeordnet. Durch sie wird die für Reaktionen notwendige heiße Luft in den H. geblasen. Etwas tiefer liegen die wassergekühlten Schlackenformen. Das Stichloch für den Abfluß des Roheisens in der Nähe des H.-Bodens wird nach jedem Abstich mit feuerfester Masse wieder geschlossen.

Die Reaktionen in einem H. können nur mit Sauerstoff ablaufen. Deshalb werden große Mengen Heißluft, Wind genannt, mit einem Überdruck bis etwa 3,5 bar und Temperaturen bis etwa 1 300 °C durch sog. Windformen in den H. gedrückt. Zur Erwärmung der Luft auf die verhältnismäßig hohen Temperaturen dienen mehrere →Winderhitzer, die zu jedem H. gehören. Solche Winderhitzer sind hohe, stahlummantelte Zylinder mit Höhen bis 40 m bei Durchmessern bis 9 m, die innen mit einem Gitterwerk aus feuerfesten Formsteinen ausgekleidet sind. Der Brennschacht ist seitlich innen oder außerhalb angeordnet. Winderhitzer werden meist nach dem Regenerativ-Prinzip betrieben. Zu einem H. gehören mindestens 3 Winderhitzer (1 Reserve). Während der Aufheizperiode des Winderhitzers wird im Brennschacht Gichtgas verbrannt und der dabei entstehende heiße Gasstrom durch das Gitterwerk geleitet.

Nachdem das Gitterwerk aufgeheizt ist, wird der Gasstrom abgeschaltet und dem Gitterwerk Kaltluft zugeleitet, die sich schnell erwärmt. Die erwärmte Luft verläßt dann als Heißwind den Winderhitzer und wird dem H. zugeführt. Somit gibt ein Winderhitzer seine gespeicherte Wärme an die durchgeleitete Luft ab, während ein anderer Winderhitzer aufgeheizt wird.

Die Aufheiz- und Windperioden dauern je etwa 1 h. Zur Erhöhung der H.-Leistung wird dem H.-Wind auch Sauerstoff zugesetzt. Im gleichen Sinne wirkt ein erhöhter Gasdruck an der Gicht.

Eine Kernanlage eines neuzeitlichen H.-Werks in Duisburg ist der H. A der Mannesmannröhren-Werke AG (Bild). Dieser H. hat eine Schmelzleistung von 6 000 t Roheisen je Tag, einen Gestelldurchmesser von 10,3 m, 30 Blasformen und ein Gesamt-Nutzvolumen von 2 096 m³. Als Gichtverschluß dient ein Klappen-Glocken-Verschluß, System IHI. Im Bereich Kohlensack/unterer Schacht sind Kupferkühlkästen und im Bereich mittlerer bis oberer Schacht Stahlkühlkästen eingebaut. Gestell und Rast werden durch Kassetten gekühlt. Das H.-Fundament hat eine →Luftkühlung mit 2×45 000 m³/h Frischluft (→Normzustand). Die 3 Winderhitzer mit keramischen Brennern ermögli-

chen geregelte Heißwindtemperaturen von 1 300 °C. Der Ofen hat 2 Gießhallen.

Zur Verhinderung der Staubemissionen aus dem Gießhallenbereich und zur Verbesserung der Arbeitsplatzverhältnisse auf den Gießbühnen wurde der Ofen 1978 mit einem →Gießhallen-Entstaubungssystem ausgerüstet. Dabei werden die beim Abstich, Transport und beim Umfüllen des Roheisens und der Schlacke entstehenden Emissionen durch Absaugehauben erfaßt und in einer Trocken-Elektrofilteranlage gereinigt. Zu diesem →Entstaubungssystem gehört auch die Entstaubung der Möllerung. Die gesamte Absaugemenge beträgt etwa 1,3 Mill. m³/h, der Reingasstaubgehalt liegt unter 50 mg/m³ (Normzustand). *Baumann*

2. Schacht. Der H.-S. ist der bis mehr als 30 m hohe kegelförmige Teil eines Hochofens. Dieser S. ist oben durch die →Gicht abgeschlossen und sein Durchmesser wird nach unten bis zum Kohlensack hin größer. Dort geht der S. in die →Rast über. Darunter ist das →Gestell. *Baumann*

3. Verfahren. Das H.-V. ist ein Verfahren zum Herstellen von Roheisen durch Reduktion von Eisenerzen in einem →Hochofen. Einsatzstoffe für das H.V. sind Erze, →Sinter, Pellets, Koks und Zuschläge. Diese Stoffe werden zum Zwecke einer optimalen Durchgasung der Schüttsäule innerhalb des Ofens in bestimmten Korngrößen eingesetzt. Zu den Hochofenzusatzstoffen ist auch der eingeblasene Hochofenwind zu rechnen, mit dem der Koks und die zugeführten Einsatzbrennstoffe (Kohle, Öl) vergast werden. Der Koks ist →Brennstoff, Reduktionsmittel sowie Aufkohlungsmittel und dient gleichzeitig als Stütz- und Durchgasungssystem für die Möllersäule. Im Hochofen verbindet sich ein Teil des Kohlenstoffs mit dem Eisen (Aufkohlung) und bewirkt eine Senkung des Schmelzpunkts von reinem Eisen. Damit wird die Gewinnung von Roheisen erst technisch möglich.

Zur Verringerung des notwendigen Koksanteils werden zusätzliche Kohlenstoffträger in den Hochofen geblasen. Solche Kohlenstoffträger können Erdgas, Öl oder Kohle sein. Die Mengen der jeweils notwendigen Zuschläge sind von der Erzart, den Gangartanteilen und der zu erschmelzenden Roheisensorte abhängig. Die chemischen Reaktionen im Hochofen laufen gleichzeitig und nebeneinander unter gegenseitiger Beeinflussung ab.

Das H.V. arbeitet nach dem metallurgisch sehr günstigen Gegenstromprinzip. Dabei strömt heißes Gas durch die Beschickungssäule nach oben, während die Einsatzstoffe kontinuierlich nach unten wandern und schließlich aufgeschmolzen werden. Der Möller, also das Gemisch aus Erzen und Zuschlägen, und der Koks werden schichtweise in den Hochofen gegeben. Bedingt durch den Schmelzvorgang im Bereich der →Rast und des Gestells

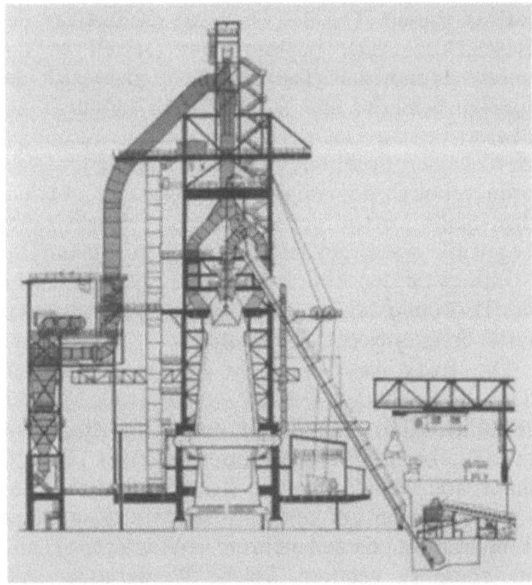

Hochofen A der Mannesmannröhren-Werke AG.

wandern die Schichten der Schüttsäule, von der →Gicht her immer wieder ergänzt, durch den →Hochofen-Schacht nach unten. Mit dem Absinken in tiefere, heißere Zonen gehen die einzelnen Schichten ineinander über. In den einzelnen Zonen des Hochofens laufen, durch die Temperaturen und den Anteil des Kohlenmonoxids bedingt, verschiedene Vorgänge ab, die von oben nach unten betrachtet in

□ Trocknung, Vorwärmung sowie Austreibung des Hydratwassers,
□ indirekte Reduktion,
□ direkte Reduktion und
□ Schmelzen

eingeteilt werden können. Im oberen Schachtdrittel gibt das Gas seine Wärme ab, so daß die Einsatzstoffe vorgewärmt und getrocknet werden.

Wenn Temperaturen zwischen 400 und 500 °C erreicht sind, wird das im Möller chemisch gebundene Wasser ausgetrieben. In diesem Temperaturbereich beginnt auch die indirekte Reduktion durch Kohlenmonoxid. Beim weiteren Absinken des Möllers, das mit einer fortlaufenden Erwärmung der Schüttsäule verbunden ist, endet die indirekte Reduktion. Dann sind bereits bestimmte Mengen von schwammartigem, festem reinem Eisen, vermischt mit Gangart, gebildet worden. Im Temperaturbereich von etwa 1 000 °C werden die noch nicht zu Eisen reduzierten Eisenoxide direkt reduziert. Nach dem Schmelzen ist die Reduktion der Eisenoxide beendet.

Eine wichtige Aufgabe der Hochofenschlacke ist die Entschwefelung des Roheisens, denn der größte Anteil des Schwefels wird mit dem Koks eingebracht. Die Eisenbegleiter Phosphor, Mangan und Silicium werden in der Schmelzzone des Hochofens reduziert und vollständig oder teilweise von dem Roheisen aufgenommen.

Im →Gestell des Hochofens sammeln sich das flüssige Roheisen und die flüssige Schlacke. Dabei schwimmt die spezifisch leichtere Schlacke auf dem Roheisen. Roheisen und Schlacke können in regelmäßigen Abständen zwischen 2 und 4 h „abgestochen" werden. Das flüssige Roheisen hat beim Abstich Temperaturen zwischen 1 430 und 1 480 °C. *Baumann*

4. Werk. Eisenerz wird bis weit in das nächste Jahrtausend hinein nahezu ausschließlich in H. mit Hilfe von Koks und Zusatzbrennstoffen zu Roheisen reduziert. Dabei werden das gebildete Eisen und die verbliebenen Restbestandteile des Erzes, Gangart genannt, durch Schmelzen im →Hochofen voneinander getrennt.

In H. müssen sehr große Mengen Rohstoffe, Erz, Zuschlagkalk und Koks, gelagert werden, die mit entsprechenden Fördersystemen aus Eisenbahnwagen oder bei Lage der Werke am Wasser aus Schiffen oder Kähnen zu entladen, zu lagern und den einzelnen Anlagen zuzuführen sind. Ebenso müssen die Erzeugnisse der Hochöfen, Roheisen und Schlacke sowie Gichtgas, zu anderen Betrieben transportiert oder versandt werden. Auch dafür sind umfangreiche Förderanlagen und für den Transport des Gichtgases entsprechende Rohrleitungen erforderlich. In großen Hüttenwerken sind mehrere 100 km Eisenbahnschienen zur Bewältigung des An- und Abtransports verlegt. Die mit Seeschiffen (Erzfrachtern) oder mit Binnenschiffen ankommenden Erze werden mit Hilfe fahrbarer Kräne (Verladebrücken) entweder in Erzbunker oder auf Lager entladen. In anderen H. werden die auf einer Hochbahn mit Großraum-Eisenbahnwagen ankommenden Erze unmittelbar über Bunker entleert.

Die wesentlichen Anlagengruppen eines Hochofens sind:
□ Erzvorbereitungssysteme mit Erz-, Brech- oder Siebanlagen sowie Mischbetten für Fein- und Stückerze,
□ Sinteranlagen und/oder Pelletieranlagen,
□ Kokereien,
□ Hochöfen sowie
□ Schlackenverwertungssysteme.

Bild 1 zeigt die Kernanlagen eines neuzeitlichen H.

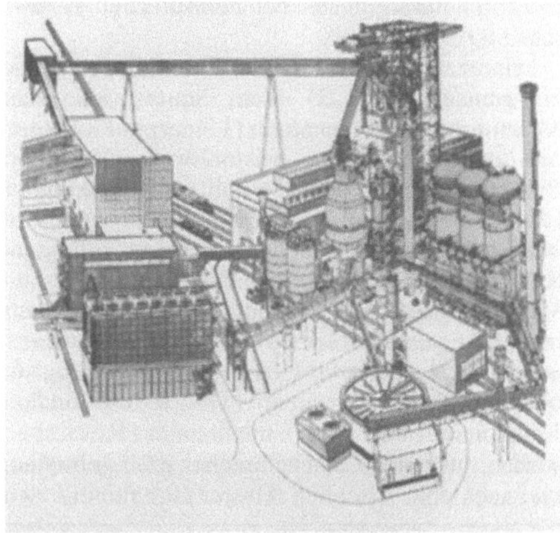

Hochofenwerk 1: Kernanlagen eines neuzeitlichen Hochofenwerks.

Aus technisch-wirtschaftlichen Gründen sollte man den Hochofen mit Erzen, die aus chemischer und physikalischer Sicht gleichmäßige Eigenschaften haben, beschicken. Demnach müssen zu grobe Erze gebrochen, gemahlen und gesiebt und zu feinen Erze stückig gemacht werden. Das bezeichnet man als Erzvorbereitung.

Das Zerkleinern der Eisenerze erfolgt in verschiedenartigen Brechern, die auf bestimmte Korngrößen eingestellt sind. Danach wird das zerkleinerte

Erz gesiebt. Durchsieben mit unterschiedlicher Maschenweite erreicht eine Trennung in mehrere Kornklassen. Das fertiggesiebte Gut wird nach der Stückgröße eingeteilt, beispielsweise in Feinerz und Stückerz. Ungleichmäßigkeiten der Erze eines Gewinnungsorts oder verschiedener Gewinnungsorte werden durch Mischen der Erze auf sog. Mischbetten ausgeglichen.

Die bei der Erzvorbereitung anfallenden Feinerze müssen für den Einsatz im Hochofen stückig gemacht werden. Die wichtigsten Verfahren sowie Anlagen dafür sind Sinteranlagen und Pelletieranlagen.

In Deutschland werden die Erze vorwiegend durch →Sintern stückig gemacht. In anderen Ländern, beispielsweise in den USA, wird mehr pelletiert. Entscheidend für die Auswahl des Verfahrens ist die bei der Aufbereitung anfallende Korngröße. Das Sintern erfordert eine Korngröße von mehr als 2 mm, während noch feiner aufgemahlene Erze pelletiert werden.

Sinteranlagen sind i. a. unmittelbar den H. zugeordnet, während sich Pelletieranlagen in der Regel bei den Eisenerzgruben oder an den Umschlagplätzen befinden. Der Anteil von →Sinter und Pellets am Hochofeneinsatz zeigt weltweit eine steigende Tendenz. Die Anteile stückig gemachter Stoffe am Hochofeneinsatz liegen bei neuzeitlichen H. zwischen 80 % und 100 %.

Feinerze werden i. a. in Bandsinteranlagen stükkig gemacht (Bild 2). Zum Sintern wird eine Mischung aus angefeuchtetem Feinerz mit Koksgrus und den Zuschlägen, beispielsweise Kalkstein, Branntkalk, Olivin oder Dolomit, auf einen umlaufenden →Rost, das Sinterband, gegeben und von oben gezündet. Der in der Mischung enthaltene Kohlenstoff verbrennt mit Hilfe der durch die Mischung gesaugten Luft und bewirkt ein Zusammenbacken der Erzkörner. Während des Transports auf dem Sinterband wird die gesamte Mischung von oben nach unten gesintert. Das so entstandene Konglomerat wird beim Umlenken des Rosts abgeworfen, mit einem Stachelbrecher grob gebrochen und nach dem Absieben feinster Bestandteile dem

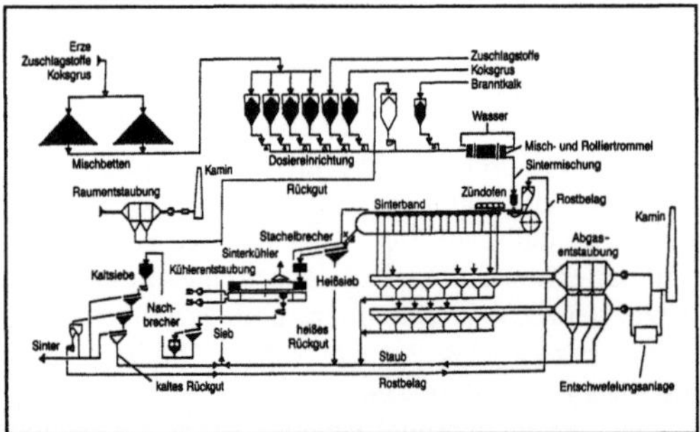

Hochofenwerk 2: Stoffflußschema einer Sinteranlage.

Sinterkühler zugeführt. Der glühende Sinter wird schonend gekühlt, so daß seine Festigkeit nicht beeinträchtigt ist. Nach dem Absieben der Feinanteile, die der Sintermischung als Rückgut wieder zugeführt werden, ist der Sinter zum unmittelbaren Einsatz im Hochofen geeignet.

Ein „selbstgehender" Sinter entsteht, wenn die Zuschläge und die im Erz noch enthaltene saure Gangart in einem solchen Verhältnis (Basengrad, $CaO/SiO_2 \geqq 1{,}4$) stehen, daß dem Hochofen kein Kalkstein mehr zur Schlackenführung zugesetzt werden muß.

In Pelletieranlagen werden Feinsterze mit Korngrößen meist <1 mm zu kugelförmigen Pellets mit Durchmessern zwischen 10 mm und 15 mm geformt. Zu diesem Zweck wird das Feinsterz angefeuchtet und mit einem Bindemittel gemischt. Danach wird diese Erzmischung in Drehtrommeln oder auf Drehtellern zu sog. Grünpellets geformt. Anschließend werden diese Grünpellets getrocknet und bei Temperaturen von mehr als 1 000 °C in einem Schachtofen oder Drehrohrofen gebrannt.

Wichtigstes Reduktionsmittel für Eisenerze ist der in Kokereien hergestellte Koks. Solche Kokereien sind oft auch Bestandteile von H. Der Koks wird aus schwefelarmer Kohle (Fett- und Gaskohlen) mit guten Backeigenschaften und nicht zu hohen Anteilen flüchtiger Bestandteile durch Verkoken hergestellt. Unter Verkoken ist das Erhitzen von Kohle unter Luftabschluß (trockene Destillation) zu verstehen. Dabei werden die flüchtigen Bestandteile wie Koksofengas, Teer, Benzol, Schwefelwasserstoff, Ammoniak ausgetrieben, aufgefangen und anderen Verwendungen zugeführt.

Die Verkokung der gemahlenen Kohlenmischung wird in großen Horizontalkammeröfen bei Temperaturen zwischen 900 und 1 200 °C durchgeführt. Dabei sind viele Öfen zu einer Koksofenbatterie vereinigt. Der Verkokungsvorgang dauert 14–20 h. Danach stoßen Ausdrückmaschinen den ausgegarten Koks auf einen Wagen, der zu einem Löschturm fährt. Dort wird der Koks möglichst schnell abgekühlt, gelöscht und anschließend durch Sieben klassiert.

Im Hochofen werden die in den Erzen, Pellets und im Sinter enthaltenen Eisenoxide reduziert und zu flüssigem Roheisen geschmolzen.

Der Hochofen ist eine Einheit für große Erzeugungsmengen und besitzt eine gute Anpassungsfähigkeit. Das gilt sowohl für die Einsatzstoffe als auch für die anfallenden Schlackenmengen. Neben Koks können andere Energieträger zur Wärmedeckung herangezogen werden. Das Produkt Roheisen fällt stets von der Schlacke vollkommen getrennt an.

Gangartanteile der Eisenerze und Zuschläge bilden die Schlacke. Sie fällt beim Hochofenprozeß in Mengen von ungefähr 300 kg Schlacke je 1 000 kg

Stahlroheisen an. Die Schlacken bestehen bis zu 95 % aus Calciumoxid, Magnesiumoxid, Tonerde sowie Kieselsäure und können nach entsprechender Aufbereitung wirtschaftlich verwertet werden. Etwa 60 % der Schlacken werden beim Straßenbau, Wegebau sowie Betonbau eingesetzt, und etwa 20 % dienen der Zementherstellung. Aus den restlichen 20 % werden in den Hüttenwerken meist für eigene Verwendungszwecke beispielsweise Hüttenbims und Hüttensteine hergestellt.

In einem H. treten erhebliche Staubemissionen bei der Erzvorbereitung, beim Sintern und Pelletieren sowie bei der Schlacken- und Reststoffverarbeitung auf. Im Bereich der Roheisenerzeugung liegen insbes. die Schadgasemissionen auf Grund des großen Energieumsatzes verhältnismäßig hoch. Eine Minderung solcher Emissionen ist viel aufwendiger als diejenige der Staubemissionen. Bei den Quellen der Staubemission ist zwischen Primär- und Sekundärquellen zu unterscheiden. Aus Sekundärquellen herrührende Emissionen entstehen z. B. beim Abstich eines Hochofens. Deshalb wurden besonders nach 1980 beispielsweise für Hochofen-Gießhallen erhebliche Umwelt-Schutzmaßnahmen ergriffen. Dazu zählen u. a. Gießhallen-Entstaubungssysteme. *Baumann*

Hochregalblocklager. Das H.-System (HBS) vereinigt die Vorteile eines Hochregallagers mit denen eines Blocklagers. Es gewährleistet somit hohe Umschlagsleistung auf Grund starker Automatisierung und gute →Raumnutzung bei großer Zuverlässigkeit. Konstruktiv besteht ein HBS aus folgenden Komponenten:
□ Regalkonstruktionen mit Lager- und Fahrkanälen,
□ Trägerfahrzeug zur Ein- und Auslagerung,
□ Übergabesegment am Lagerein- und Lagerausgang.

Am Übergabepunkt übernimmt das Trägerfahrzeug das HBS-Kanalfahrzeug entweder leer oder zusammen mit einer →Ladeeinheit und befördert diese dann zur gewünschten Regalzeile. Die Lastaufnahme bzw. Lastabgabe erfolgt durch Hubbewegung der Transportplattform. Befindet sich nur an einer der Kopfseiten des Lagerbereichs eine Lagerfrontbedieneinrichtung, ist somit nur die LIFO-Lagerstrategie (last in – first out) zu realisieren. Werden hingegen an beiden Kopfbereichen Lagerfrontbedieneinrichtungen installiert, ist auch die FIFO-Strategie (first in – first out) zu verwirklichen. Nach erfolgter Ein- bzw. Auslagerung fährt das HBS-Kanalfahrzeug wiederum zum Trägerfahrzeug und kann nun den Lagerbereich verlassen. Das HBS-Kanalfahrzeug ist in der Lage, beliebig palettierte Lagergüter zu transportieren und ist insbes. für Lager mit hoher Umschlaghäufigkeit bei gleichzeitiger hoher Zuverlässigkeit geeignet.

Durch die Möglichkeit der Realisierung sowohl der FIFO- als auch der LIFO-Lagerhaltungsstrategie ist das HBS in eine entsprechende informationstechnische Umgebung integrierbar. Zusammenfassend lassen sich folgende Vorteile des Hochregalblocklager-Systems nennen:
□ beliebige Transportgüter und →Ladehilfsmittel,
□ kleines, leichtes, preiswertes Fahrzeug,
□ kleine Umschlagvorgänge bei Betriebsbereichswechsel,
□ hohe Raumnutzung im Lagerbereich,
□ voll automatisierbar,
□ an hohe Leistung anpaßbar,
□ keine beweglichen Teile im →Regal,
□ einfache Fahr- und Führungsschienen,
□ Transportwege leicht veränderbar,
□ Anbindung an die Fertigung.
Systembedingte Nachteile sind:
□ kein Einzelzugriff auf die Ladeeinheiten im Lager möglich,
□ Raumnutzung gegenüber reiner Blocklagerung auf Grund der Schienenbreite geringer,
□ Kurven nur durch Drehweichen realisierbar,
□ auf der Transportstrecke abgesetzte Ladeeinheiten blockieren die Durchfahrt für weitere beladene Kanalfahrzeuge. *Jünemann*

Hochregallager. Ab einer Regalhöhe von 6–7 m wird eine Regallageranlage als Hochregal bezeich-

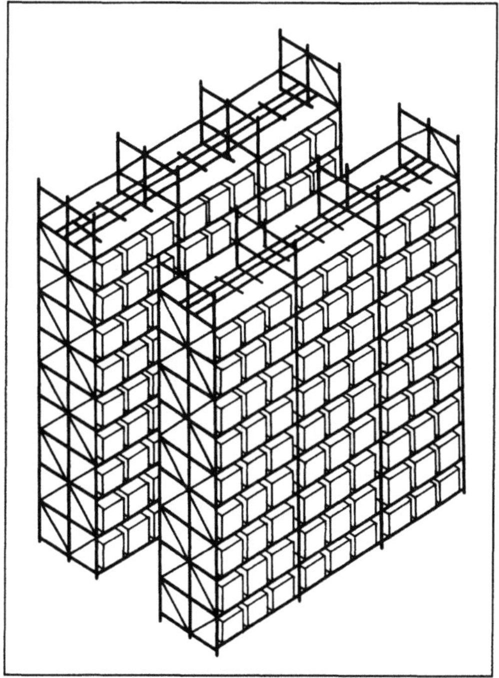

Hochregallager in Stahlbauweise.

Regallagerung, statische Lagerung, Zeilenregallagerung, Stückgut mit Ladehilfsmittel

net. Über 12 m Höhe (oberste Feldebene) unterliegen Regalanlagen dem Genehmigungsverfahren seitens der Bauaufsichtsbehörde. In verschiedenen Bundesländern bedarf es unter bestimmten Einsatzanforderungen auch unter 12 m Höhe einer Baugenehmigung.

Realisiert wurden H. mit Höhen bis zu 45 m. Sie werden in Stahl- und Betonbauweise ausgeführt, wobei die Regale zugleich als Stützen für Dach- und Wandverkleidung dienen. Als Bediengeräte in H. werden →Gabelstapler, Regalstapler, Stapelkrane und Regalbediengeräte eingesetzt (Bild). *Jünemann*

Hochregalstapler. Der Zwang zur besseren Ausnutzung der Lagerräume führte zur Entwicklung der H. (Bild). Nach DIN 15140 werden diese Geräte auch als Stapler zur Regalbedienung bezeichnet. Sie besitzen eine erhöhte Standsicherheit und dürfen daher auch mit angehobener Last bzw. Fahrerplatz gefahren werden. Sie sind eigenstabil und müssen sich nicht am →Regal abstützen. Sie sind außerhalb der Gänge frei verfahrbar und werden innerhalb der Gänge zwangsgeführt. Bei diesen Geräten wird nicht wie bei den herkömmlichen Gabelstaplern und Schubstaplern das Gerät zum Ein- und Ausstapeln im Gang um 90° gedreht. Es wird lediglich das →Lastaufnahmemittel entweder seitlich verschoben oder die Gabel bzw. der ganze Mast geschwenkt und dann verschoben.

Auf diese Weise lassen sich etwa 31 % an Arbeitsgangbreiten gegenüber dem →Schubstapler und sogar bis zu 53 % gegenüber dem Gegengewichtsstapler sparen. *Jünemann*

Hochumformanlage. Eine H. ist ein technisches System, in dem Stähle oder Nichteisenmetalle durch einen Bearbeitungs-Durchgang des Umformguts mit Querschnittsabnahmen gleich oder mehr als 60 % umgeformt werden. Dabei sind die Werkzeuge für das Umformen von Stahl verhältnismäßig großen Beanspruchungen ausgesetzt.

Nach der Kraftübertragungsart bei der Umformung können Hochumform-Schmiedesysteme, Hochumform-Schmiedewalzsysteme und Hochumform-Walzsysteme unterschieden werden. Hochumform-Schmiedesysteme sind die →Langschmiedepresse und →Langschmiedemaschine. Ein Hochumform-Schmiedewalzsystem ist die →Schwingschmiedeanlage. Hochumform-Walzsysteme sind die →Saxl-Walzanlage, →Krause-Walzanlage, →Exzenterwalzanlage, →Schwingwalzanlage, →Lauener-Planetenwalzanlage, →Sendzimir-Planetenwalzanlage, →Platzer-Planetenwalzanlage und die →Planeten-Schrägwalzanlage. *Baumann*

Literatur: *Baumann, H. G., u. C. D. Wuppermann:* Technische Systeme für das Hochumformen metallischer Werkstoffe. Blech Rohre Profile 10 (1975) Nr. 10, S. 414/20, u. Nr. 11, S. 453.

Hochumform-Gießwalzanlage. Eine H.-G. ist ein komplexes technisches System, in dem aus flüssigem Metall ein Gießprodukt hergestellt und unzerteilt mit Querschnittsabnahmen zwischen 60 % und 98 % umgeformt wird. *Baumann*

Hochumform-Gießwalzverfahren. Das H.-G. ist ein Verfahren, bei dem ein →Gießverfahren mit einem H.-Verfahren in der Weise verbunden ist, daß ein Gießprodukt, beispielsweise Stahl, nach seiner Erstarrung unzerteilt mit Querschnittsabnahmen zwischen 60 % und 98 % umgeformt wird. Solche Querschnittsabnahmen sind beispielsweise mit einem →Planetenwalzverfahren möglich. *Baumann*

Hochumformverfahren. Unter H. ist i. a. das Umformen von Stählen oder Nichteisenmetallen in einer →Hochumformanlage durch einen Bearbeitungs-Durchgang des Umformguts mit Querschnittsabnahmen gleich oder mehr als 60 % zu verstehen. Dazu gehören das →Langschmiedeverfahren, →Pendelwalzverfahren, →Planetenwalzverfahren, →Krause-Walzverfahren, →Schwing-

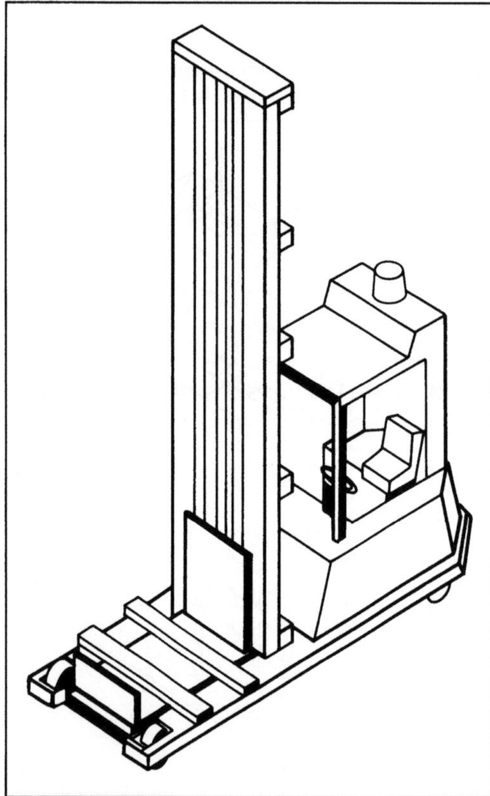

Hochregalstapler.

flurgebunden, manuell bedient, frei verfahrbar, Einzelantriebe

schmiedeverfahren, →Schwingwalzverfahren, →Exzenterwalzverfahren und →Planeten-Schrägwalzverfahren. Insbesondere Planetenwalzverfahren können u. a. aus Gründen ihrer verhältnismäßig kleinen Eingangsgeschwindigkeiten des umzuformenden Guts mit einem Stranggießverfahren zu einem →Hochumform-Gießwalzverfahren verbunden werden. *Baumann*

Hochveredelung. H. erfolgt bei der Trockenausrüstung von Baumwolle. H.-Verfahren werden bei enger Betrachtung mit dieser Bezeichnung nur für die Vernetzung von Baumwolle gesehen. Im Prinzip werden aber allen Faserarten heute durch Spezialausrüstungen neue, zusätzlich zu ihrer Faserveranlagung geschaffene Eigenschaften anforderungsgemäß durch H. zugefügt, weil keine Faserart ohne Ausrüstungen dieser Art den hohen Pflege- und Gebrauchsansprüchen gerecht wird. Es handelt sich dabei um Pflegeleichtausrüstung. H. der Baumwollgewebe strebt eine permanente Dimensionsstabilität an. Zu diesem Zweck gibt man den Geweben auf Kalandern die gewünschte Dicke und Oberflächenglätte. In Krumpfanlagen (Bild 1) werden herstellungsgemäß durch vorhergehende Längsbeanspruchung der Gewebe bedingte Spannungen im Fasermaterial wieder ausgeglichen. In Krumpfmaschinen werden die Gewebe im feucht-heißen Zustand gestaucht oder durch spannungslose Behandlung in Dampfatmosphäre relaxiert.

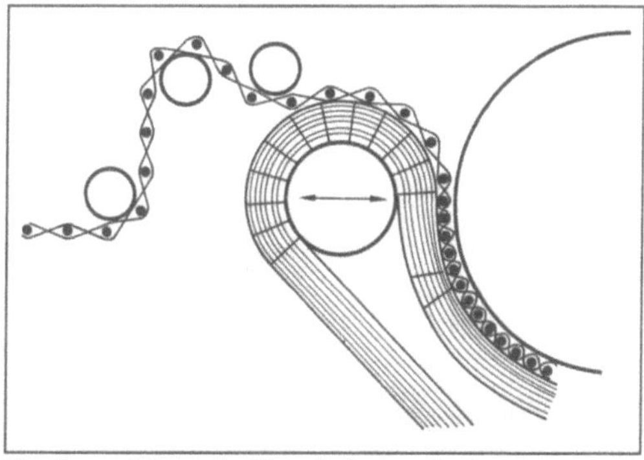

Hochveredelung 1: Gewebekrumpfanlage.

Die eigentliche H. wird als Schlußbehandlung der Baumwollgewebe wie folgt durchgeführt: Imprägnieren der Gewebe auf dem Foulard (Bild 2) mit dem Vernetzungsmittel und einem Katalysator; Einstellen des für die Vernetzungsreaktion optimalen Feuchtegehalts; Kondensation zwecks Vernetzung der Polymermoleküle in den cellulosischen Fasern. Je nach eingestelltem Feuchtegehalt spricht man von Naßvernetzung (gute Naßknittererholung), Trockenvernetzung (gute Trockenknittererholung) oder Feuchtvernetzung, bei der vor allem das mehr oder minder starke Reduzieren der Faser-

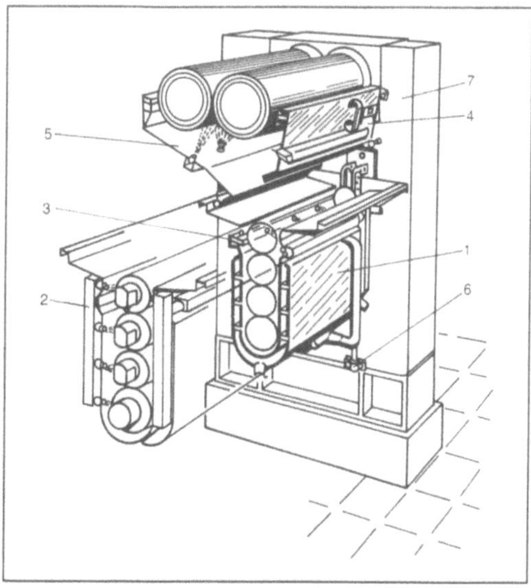

Hochveredelung 2: Horizontalwalzen-Foulard mit Unterflottenabquetschung im Chassis.

1 Chassis-Wand, 2, 3 und 5 Flottenführung für Veredlungschemikalie, 4 Flottenauffangwanne für abgequetschte Überschußflotte, 6 Regulierung für abgesenktes Chassis

festigkeit (Scheuerfestigkeit, Reißfestigkeit) in tragbaren Grenzen gehalten werden kann. *Rouette*

Höhenverhalten. Eigenschaften bzw. Verhalten einer →Verbrennungskraftmaschine beim Betrieb in größerer geodätischer Höhe.

Die Veränderung der Atmosphäre mit der Höhe beeinflußt das Betriebsverhalten von Verbrennungsmotoren. Insbesondere der abnehmende Luftdruck führt über eine Verringerung des Liefergrads zu einer geringeren Motorleistung. Um diesem Effekt entgegenzuwirken, wurden Flugmotoren meistens mechanisch aufgeladen. Wichtig ist das H. z. B. auch für Diesellokomotiven in Bergländern. Unter H. versteht man aber nicht nur die Verringerung der Leistung, sondern alle Veränderungen im Betriebsverhalten eines Verbrennungsmotors in größerer Höhe. *Kuhlmann*

Hofmaschine. Sammelbegriff für die auf dem Hof eingesetzten Landmaschinen, die im wesentlichen der tierischen Produktion dienen. Gegensatz: Feldmaschinen (pflanzliche Produktion). Zu den H. gehören die →Belüftungsanlage, die →Dreschmaschine (früher), z. T. der Frontlader, vielfältige Förderanlagen (→Förderanlage, pneumatische, Schneckenförderer), die →Göpelanlage (früher), ein Teil der Güllemaschinen, die →Heubelüftung, die Häckselmaschine, die →Melkmaschine, die →Putzmühle (früher), die →Silofräsen und die Trocknungsanlage. Ferner alle Einrichtungen zum

Füttern, Entmisten und Klimatisieren der Gebäude.

Die Entwicklung der H. stand nach dem Zweiten Weltkrieg zunächst etwas im Schatten der Feldmaschinen. Heute sind die H. jedoch vielfach die Vorreiter für innovative Techniken, so z. B. für die Anwendung der Mikroelektronik, die vor allem in der Fütterungstechnik, der Klimatechnik und der Kontrolle der Tiere (Identifikation, Wägung, Krankheitserkennung, Milchmengenmessung usw.) große Bedeutung gewinnt. *Renius*

Hohlkörperdruck. Hohlkörper sind dreidimensionale Produkte, deren Oberflächen in sich geschlossen sind. Meist haben sie eine Füllöffnung. Die Querschnitte sind regelmäßig, meist nach mathematischen Funktionen geformt. Die Hohlkörper sind zylindrisch oder konisch, seltener mit unregelmäßig geformter Mantellinie.

Um sie zu bedrucken, muß der Hohlkörper auf eine Aufnahme gebracht werden. Man muß ein Bedruckverfahren wählen, das die Übertragung sämtlicher gewünschter Druckfarben in einem Berührungsvorgang durchführt. Es hat sich hierzu der indirekte Hochdruck durchgesetzt. Von üblichen Hochdruckplatten werden die Druckfarben auf einen Gummizylinder übertragen, der an allen vorhandenen Farbwerken vorbeigeht. Dieser Gummizylinder trägt alle gewünschten Druckfarben auf seiner Oberfläche. Bei einer Berührung mit dem zu bedruckenden Hohlkörper überträgt er alle Druckfarben auf dessen Oberfläche. Die Druckfarben müssen anschließend durch Wärme, ultraviolettes Licht oder Elektronenstrahlen getrocknet werden.

Nach dem gleichen Prinzip können auch auf den rohen Hohlkörper Untergrund-Lackierungen aufgetragen werden. Ebenso wird der fertiggetrocknete Druck noch mit einem Überzugslack versehen. Bei bestimmten Bedruckstoffen muß eine Vorbehandlung vorgesehen werden, damit die Druckfarben auf dem Hohlkörper nach der Trocknung haften.

Durch die maschinenbaulich mögliche enge Verkoppelung von Aufnahmeeinrichtung des Hohlkörpers (auch Dorn genannt) und Gummizylinder für die Übertragung der Druckfarben ist es heute möglich, auch vierfarbige Rasterdrucke auf Hohlkörper aufzubringen. Bei bestimmten Bedruckstoffen, besonders bei Kunststoffen, ist eine Vorbehandlung notwendig, damit die Druckfarben nach der erfolgten Trocknung auf der Oberfläche genügend haften. An die Druckfarben werden keine zusätzlichen Anforderungen aus dem Druckprinzip heraus gestellt. Die H.-Maschinen sind meist mit den Herstellungseinrichtungen für die Hohlkörper verkettet. Es wird in einer Straße vom Rohstoff bis zu dem fertig bedruckten und mit Verschlußeinrichtung versehenen Hohlkörpern gearbeitet. Notwendige Kontrollgeräte, wie z. B. Densitometer oder Farbmeßgeräte, können im Bereich der H.-Maschinen in line arbeiten. Eine Rückwirkung dieser Meßgeräte auf die Druckmaschinen kann vorgesehen werden, muß dann aber bereits bei der Konstruktion der H.-Maschine berücksichtigt werden. *Paris*

Hohlladung. H. sind panzerbrechende Sprengkörper mit Ausnehmungen, ausgekleidet mit dünnwandigen metallischen Einlagen (Bild 1).

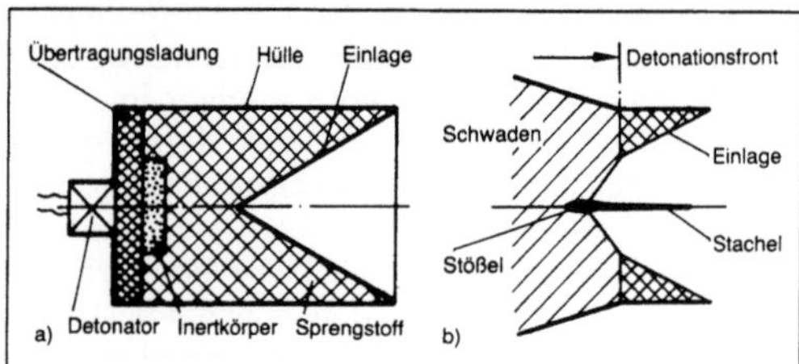

Hohlladung 1.
a) HL-Ausgangszustand (schematisch)
b) Nach der Zündung.

Die Anordnung kann rotationssymmetrisch oder zweidimensional (Schneidladung) sein. Als Einlage dient typischerweise ein Kupferkegel mit 40–60° Winkel (Spitzkegel-H.).

Der detonierende Sprengstoff beschleunigt die Einlageelemente zur Ladungsachse, wo das Material kollabiert. Zur gezielten →Lenkung der Detonationswelle wird oft ein Inertkörper aus stoßdämpfendem Material eingefügt.

In einem Fließvorgang (hydrodynamische Theorie) entsteht ein massearmer, sehr schneller (bis 10^4 m/s) Materiestrahl (Stachel). Dem Stachel folgt ein langsamer Stößel (ca. 10^3 m/s), der massereich ist (70–90 % der Einlage). Infolge des Staudrucks verdrängt der auftreffende Stachel das Zielmaterial. Für die Eindringtiefe T eines Stachels der Länge L gilt das $\sqrt{\varrho}$-Gesetz:

$$T \approx L \sqrt{\frac{\varrho_s}{\varrho_z}},$$

ϱ_s Dichte Stachel,

ϱ_z Dichte Ziel.

Die Stachelspitze hat wegen der stärkeren Beschleunigung der Massenelemente an der Einlagenspitze eine höhere Geschwindigkeit als das Stachelheck. Der Stachel streckt sich und partikuliert schließlich in eine Vielzahl einzelner Teile.

Die maximale Eindringleistung (>7 Kaliber, CD Charge Diameter) tritt kurz vor dem Partikulieren auf, d. h. bei einer Zielentfernung (Stand-off) von 4–6 CD. Der optimale Stand-off ist abhängig von Geometrie und Präzision der Ladungskomponenten, von Material und metallurgischer Qualität der

Einlage, von Art und Homogenität des Sprengstoffs usw.

Die Spitzkegel-HL erleiden unter der Einwirkung von Drall erhebliche Leistungsverluste. Diesem Nachteil kann bei drallstabilisierten H.-Granaten u. a. konstruktiv durch einen Freilauf zwischen HL und Hülle begegnet werden.

Bei Kegeleinlagen mit 130–140° Winkel und einer von innen nach außen zunehmenden (progressiven) Wanddicke (Flachkegel-H.) wird die gesamte Einlagenmasse zu einem sich streckenden Strahl mit relativ geringer Spitzengeschwindigkeit (ca. 4 500 m/s) umgeformt. Die maximale Eindringtiefe ist geringer (ca. 4 CD) und wird bei größeren Stand-offs erreicht (8–10 CD).

Bei einer dickeren kalottenförmigen Einlage bildet sich ein richtiges Projektil mit $V_0 \approx 2\,000\,m/s$ aus, das über große Entfernungen (>1 000 CD) wirksam ist, aber nur eine vergleichsweise geringere Durchschlagsleistung (ca. 1 CD) hat. Diese sog. Projektilladungen (PL) werden als Gefechtsköpfe in Systemen eingesetzt, bei denen eine größere Wirkentfernung gefordert wird.

Häufig sind H.-Gefechtsköpfe als Mehrzweckgeschosse (Bild 2) ausgeführt, bei denen der Sprengstoff durch Zerlegung der Hülle auch noch eine gute Splitterwirkung herbeiführt. *Peters*

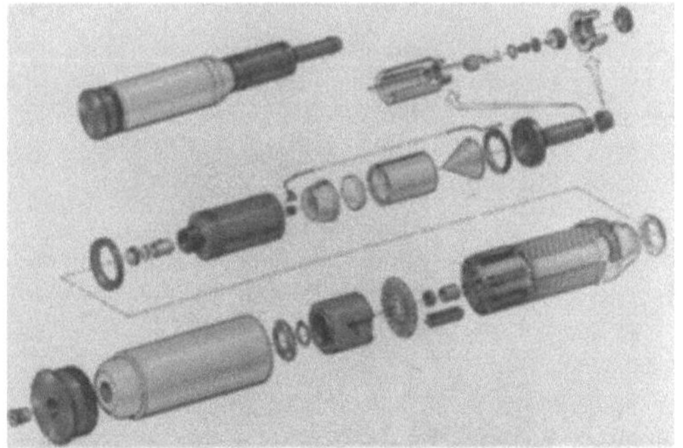

Hohlladung 2: Patrone, 120 mm × 570 mm, Heat-MP-T DM 12 A1. Explosionszeichnung.

Hohlrad → Innenverzahnung

Hojalata-y-Lamina-Verfahren. Seit dem Jahre 1957 wird in Monterrey (Mexiko) bei der Gesellschaft Hojalata-y-Lamina S. A. das nach ihr benannte HyL-Verfahren, ein → Direktreduktionsverfahren, großtechnisch betrieben. Nachdem mit Produktionsmengen von 250 t → Eisenschwamm je Tag begonnen wurde, war 1960 bereits eine Anlage mit 500 t/d in Betrieb. Bei diesem Verfahren wird vorgewärmtes und entschwefeltes Erdgas in einen Gas-Umsetzer geleitet (Bild). Dort wird das Erdgas mit Wasserdampf katalytisch zu → Wasserstoff und Kohlenmonoxid umgesetzt. Das Reduktionsgas wird dann durch einen Abhitzekessel und Naßreini-

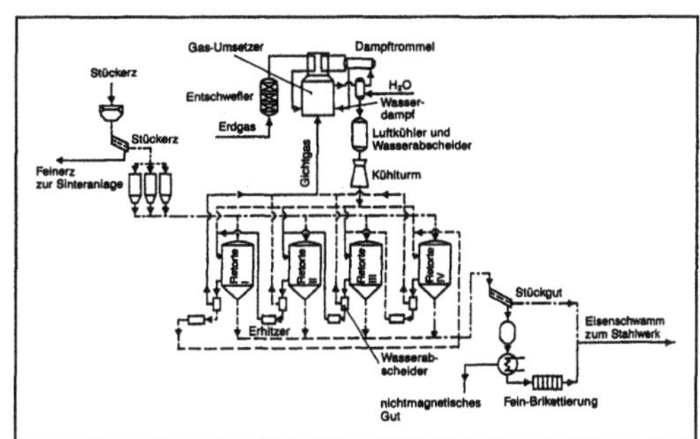

Hojalata-y-Lamina-Verfahren: Arbeitsprinzip.

ger nach weiterer Vorwärmung in die Primärreduktionsstufe geführt, welche aus zylindrischen Retorten, die mit einheimischem Erz bei Eisengehalten zwischen 60 % und 68 % und einer Korngröße von 10–45 mm gefüllt sind, besteht. Das Reduktionsgas durchströmt von oben nach unten nacheinander eine Retorte zum Kühlen des fertig reduzierten Eisenschwamms, eine Retorte zur Fertigreduktion von Eisenschwamm und eine Retorte zur Vorreduktion von Eisenerz. Das Gas wird nach jedem Verfahrensschritt zur Ausscheidung von Wasserdampf abgekühlt und muß anschließend wieder aufgeheizt werden. Dafür ist das Gichtgas der letzten Retorte verfügbar, dem auch Erdgas zugesetzt werden muß. Zu einer Gesamtanlage gehören 4 Retorten, weil jeweils eine Retorte entweder gefüllt oder geleert werden muß. Der erzeugte Eisenschwamm hat letztlich einen Reduktionsgrad zwischen 80 % und 95 %. *Baumann*

Holz (Verpackung). H. wird im Bereich des Verpackungswesens nur an speziellen, geringfügigen Stellen eingesetzt. H. wird angewendet im Bereich der Paletten, der Kisten und besonderer Zier- oder Geschenkverpackungen. Der gesamte Anteil an Verpackungsmitteln aus H. beträgt wenige Prozent des Gesamtaufwands an Verpackungsrohstoffen.

Die Paletten werden entweder als Einweg- oder Mehrwegpaletten aus einzelnen H.-Brettern gebaut. Die Einwegpaletten besitzen nur eine Lage aus relativ dünnen H.-Brettern, die durch Balken mit kleinem Querschnitt querliegend zusammengehalten werden. Auf diesen Paletten werden die Produkte gestapelt. Der Stapel wird meist mit einer weiteren Einwegpalette abgedeckt. Durch Umreifung mit Stahlbändern oder Kunststoffbändern wird die gesamte Ladungseinheit zusammengehalten. Nach Entnahme der Produkte werden die beiden Einwegpaletten vernichtet. Als Mehrwegpaletten werden Euro-Poolpaletten verwendet. Die Poolpaletten bestehen aus dickeren Brettern als Auflagefläche für die zu transportierenden Produkte. Sie werden durch eine stabile Unterkonstruktion zusammengehalten. Zwischen diese Konstruktionslagen greift das Transportmittel ein.

Kisten werden zum Verpacken von großvolumigen, sperrigen und schweren Gütern verwendet. Die Kisten sind meist aus einzelnen Teilen für die jeweiligen Außenflächen aufgebaut. Sie bestehen aus möglichst fugenlos aneinander passenden Brettern, die durch weitere außen quergeführte Bretter zusammengehalten werden. Die Verbindung erfolgt durch Nageln. Die Teile für die einzelnen Flächen des Verpackungsmittels werden meist erst im Moment der Verwendung zum Hohlkörper zusammengenagelt. Holzkisten werden vorrangig für Exportverpackung und Seetransport eingesetzt. Dabei wird dann die Innenseite der Verpackungsteile noch mit dichtenden Materialien ausgekleidet. Um die Feuchtigkeit, die meist in Hölzern vorhanden ist, von dem zu verpackenden Gut fernzuhalten, werden H.-Kisten meist Trocknungsmittel, meist Kieselgel, beigegeben. Zier- und Geschenkverpackungen aus H. werden konstruktiv ähnlich den Kisten aufgebaut. *Paris*

Holzbearbeitungsmaschine. Diese Maschinen werden in den zwei wesentlichen Holzbereichen Holzbearbeitung und Holzverarbeitung (nach dem Statistischen Bundesamt), eingesetzt.

Holzbearbeitung. Direktes Bearbeiten von Forsterzeugnissen wie Rundholz, Faserholz, verwertbare Holzreste zu Holzhalbwaren in der 1. Produktionsstufe. Die H. sind den speziellen Fabrikationsbedürfnissen der Säge- und Hobelwerke, Masten- und Schwellenwerke, Imprägnierwerke, Furnier- und Sperrholzwerke sowie der Span- und Faserplattenwerke usw. angepaßt.

Holzverarbeitung. Weiterverarbeiten von Produkten der Holzbearbeitung zu Fertigprodukten oder Halbfertigprodukten. Standard- oder Spezialmaschinen wurden beispielsweise für die Fertighausindustrie, die Bauelemente-Industrie, die Türen, Fenster, Parkett und Treppen herstellt, die Möbelindustrie mit ihren vielfältigen Erzeugnissen sowie die Holzwarenindustrie, die Spielzeug, Leisten, Griffe usw. herstellt, konstruiert. Im allgemeinen versteht man unter H. Maschinen, die Werkstücke aus Massivholz- oder Holzwerkstoffen mit Hilfe von Werkzeugen trennend bearbeiten. Die Art der verwendeten Werkzeuge ist dabei zunächst beliebig. Diese können spanabhebend oder spanlos trennend sein sowie mechanisch oder nichtmechanisch wirken.

Das Europäische Komitee der H.-Hersteller (Eumabois) hat eine technische Klassifikation der H. in Anlehnung an DIN 8800 festgelegt. Die Untergliederung der H. erfolgt im wesentlichen nach funktionellen Gesichtspunkten:

□ Maschinen zum Trennen bewirken eine Formänderung des Werkstücks: Ohne Spanabnahme sind Maschinen zum Schälen, Schneiden, Scheren, Stanzen, Spalten, mit Spanabnahme sind Maschinen zum Fräsen, Drehen, Sägen, Bohren, Schleifen;

□ Maschinen zum Umformen sind Maschinen zum Biegen, Prägen;

□ Maschinen zum Zusammenfügen und Auftragen haftender Schichten sind Maschinen zum Verleimen, Pressen, Nageln, Klammern usw.;

□ Maschinen zur Holzkonditionierung sind Maschinen zum Dämpfen, Trocknen, Imprägnieren;

□ Hilfsmaschinen und Geräte sind Transportanlagen, Sortieranlagen, Werkzeugschärfmaschinen usw.;

□ Handmaschinen und Bearbeitungseinheiten sind Bohrmaschinen, ständerlose Maschinen;

□ mehrstufige automatische Maschinen sind →Doppelendprofiler, Kantenbearbeitungsmaschinen, Bohrmaschinen mit Beschlaganbringung usw.;

□ Maschinen für Sonderanfertigungen sind Spezialmaschinen für ganz bestimmte Erzeugnisse, z. B. Bleistiftfräsmaschinen, Pinselmaschinen usw.

Betrachtet man die holzbe- und verarbeitende Industrie, so zeigt sich deutlich ein Charakteristikum, das diese Branche eindeutig von den meisten anderen unterscheidet, nämlich die Unternehmensstruktur und die Betriebsgröße. Die Holzbranche wird geprägt durch viele Mittel-, Klein- und sehr viele Kleinstbetriebe. Dieses Problem wird sichtbar in der Realisierung unzähliger Maschinenkonzepte. Zum Ausführen gleichartiger Arbeitsgänge werden Standardmaschinen, zur Verrichtung verschiedener Arbeitsgänge auf einer Maschine Mehrzweckmaschinen eingesetzt (auch als Bearbeitungszentrum bekannt).

Durch den Einsatz der Mikroelektronik entstehen programmierbare Maschinen, so daß bei Bearbeitungszentren und Fertigungsstraßen auch bei relativ geringer Stückzahl minimierte Rüstzeiten entstehen. Nach dem heutigen Entwicklungsstand rechnerunterstützter, flexibler Fertigungskonzepte können folgende Funktionen automatisiert sein: Bearbeitung, Handhabung, Transport und Lagerung von Werkstücken und Werkzeugen, Messen der Werkstücke, Werkzeuggeometrie, Steuerung des Informations- und Materialflusses sowie Fertigungsüberwachung. Die einzelnen Ausführungs- und Ausbaustufen von flexiblen automatisierten Fertigungskonzepten unterscheiden sich nach dem Grad der Automatisierung, d. h. dem Anteil der automatisierten Funktionen in einem Fertigungskonzept. Prinzipiell kann nach folgenden Ausführungsarten unterschieden werden:

□ das Bearbeitungszentrum; CNC-Bearbeitungsmaschinen für mehrere Verfahren (Fräsen, Schleifen, Bohren). Der automatische Fertigungsablauf wird unterstützt durch zusätzliche Bewegungsachsen für eine Mehrseiten-Komplettbearbeitung (z. B. Karussellfräsmaschine);

◻ die flexible Fertigungszelle; ein oder mehrere CNC-gesteuerte Bearbeitungszentren, die nicht miteinander verkettet sind. Die wenigen Bearbeitungsstufen werden durch automatisierte Kontroll- und Überwachungseinrichtungen (Zellenrechner) gesteuert;

◻ flexibles Fertigungssystem: Mehrere CNC-gesteuerte Bearbeitungsmaschinen sind über den Materialfluß flexibel verkettet. In der Holzindustrie ist diese Art nur selten vertreten;

◻ flexible Fertigungsstraßen: weit verbreitete Verkettung von mehreren CNC-gesteuerten Bearbeitungsmaschinen. Der Materialfluß ist gerichtet, der Transport getaktet, beim Rüsten einzelner Komponenten ist ein Systemstillstand üblich. Typisch sind die linear oder winklig angeordneten Fertigungsstraßen sowie die Format- und Kantenbearbeitungsmaschinen. *Dusil*

Holzdrehmaschine. Holzbearbeitungsmaschine zur Herstellung runder Gegenstände wie Langdrehteile (Möbelknöpfe, Möbelstollen, Schachfiguren usw.) und Querdrehteile bzw. Plandrehteile (Bilderrahmen, Teller, Schalen usw.). Die Funktion der H. wird bestimmt durch das um seine Achse umlaufende Werkstück und durch die Vorschubbewegung des Werkzeugs längs oder quer zur Drehachse des Werkstücks. Zum Einsatz kommen Dreh- und Formstahlwerkzeuge, die im Gegensatz zu den Fräswerkzeugen keine Rotationsbewegungen ausführen. Allen Maschinenvarianten ist gemeinsam, daß roh zugeschnittene, in Einzelfällen auch gehobelte Vierkantprofile oder viereckige Brettstücke für die Tellerfertigung verarbeitet werden. Folgende H. können je nach Ausführung und Bestückung unterschieden werden:

◻ *Einfach-H.:* Der Drehstahl (Drehmeißel) wird über eine Handauflage manuell an das rotierende Werkstück geführt.

◻ *Schablonendrehmaschine:* Der in Längsrichtung zwischen Mitnehmer und Gegenspitze eingespannte Holzrohling wird mit einem Drehstahl, i. a. 16 oder 25 mm Dmr., geschruppt oder geschlichtet. Eine auf dem Werkzeugträger (Support) montierte Kopierrolle fährt mechanisch die eingespannte Metall- oder Holzschablone ab und überträgt die Schablonenform auf den Holzrohling. Feine, scharfkantige Profilierungen werden mit Formstählen nachträglich ausgedreht.

◻ *Kopiermaschine:* Im Gegensatz zur Schablonendrehmaschine tastet hier ein hydraulischer Kopierfühler mit sehr geringem Tastdruck eine exakt im Maßstab 1:1 gefertigte Schablone ab. Die Form wird mittels eines sog. Spitzstahls auf den Rohling übertragen.

◻ *Kantendrehmaschine:* Der Holzrohling wird nicht zwischen den Spitzen eingespannt, sondern über eine Spanneinrichtung Stück für Stück vorgescho-

ben, fertiggedreht und abgestochen. Diese Drehart wird auch als Fliegend-drehen bezeichnet und vor allem für kurze Drehteile wie Schachfiguren usw. eingesetzt (Bild).

Holzdrehmaschine: Kanteldrehautomat mit Magazinbeschickung zur Herstellung von Holzdrehteilen. (Quelle: Hempel, Nürnberg)

◻ *Teller-, Schalen-, Scheiben- und Ringdrehmaschinen:* Als Ausgangsmaterial werden auf diesen Maschinen Brettabschnitte verwendet, die senkrecht zur Holzfaser zwischen Mitnehmer und Gegenspitze gespannt werden. Durch den Einsatz von Formstählen, z. B. bei Ringen und über mechanische oder hydraulische Kopierfühler, die den Spitzstahl auf den Holzrohling führen wie beispielsweise bei Schalen, werden diese Formteile gedreht.

Die Entwicklung dieser H. ist noch längst nicht abgeschlossen, so daß zu den sog. Halbautomaten ohne Werkstückmagazin heute vollautomatisch arbeitende H., bei denen alle Arbeitsgänge selbsttätig ablaufen, eingesetzt werden. *Dusil*

Holzer-Tolle-Verfahren. Ein vor der Einführung der Computertechnik bis in die 60er Jahre weit verbreitetes Rechenschema zur Bestimmung der Eigenfrequenzen und Eigenschwingungsformen von drehschwingungsfähigen Systemen. Es handelt sich um ein Restgrößenverfahren, bei dem für eine geschätzte Eigenfrequenz der Wert der Zustandsgrößen, hier des Drehwinkels und des Drehmoments, am Rand des Systems berechnet wird. Erfüllt die berechnete Restgröße die Randbedingung – bei drehschwingungsfähigen Maschinenwellen muß i. a. das Drehmoment an den freien Rändern verschwinden –, so ist eine Eigenfrequenz des Systems gefunden.

Das H.-T.-V. entspricht methodisch dem leicht programmierbaren Übertragungsmatrizenverfahren und ist heute weitgehend von diesem abgelöst worden. *Witfeld*

Literatur: *Haug, K.:* Die Drehschwingungen in Kolbenmaschinen. Berlin, Göttingen, Heidelberg 1952.

Horizontal-Stahlstrang-Gießanlage. 1982 wurde bei der Boschgotthardshütte O. Breyer GmbH, Siegen, eine einadrige H.-S.-G. mit feststehender Einheit Verteilergefäß/Kokille für die Herstellung von etwa 30 000 t Stahlstränge je Jahr mit runden Querschnitten zwischen 150 mm und 350 mm Dmr. in Betrieb genommen. Bild 1 zeigt den Aufbau der G., die mit einem neuartigen, schrittweise hydraulisch arbeitenden Strangtransportsystem ausgerüstet ist. Das H.-S.-Gießverfahren war 1986 so weit entwickelt, daß beispielsweise über einen Zeitraum von 7 h mehrere Schmelzen nacheinander störungsfrei ohne Unterbrechung gegossen werden konnten. Eine solche H.-S.-G. kann auch in Verbindung mit einer Umformanlage, beispielsweise einer →Planeten-Schrägwalzanlage, betrieben werden.

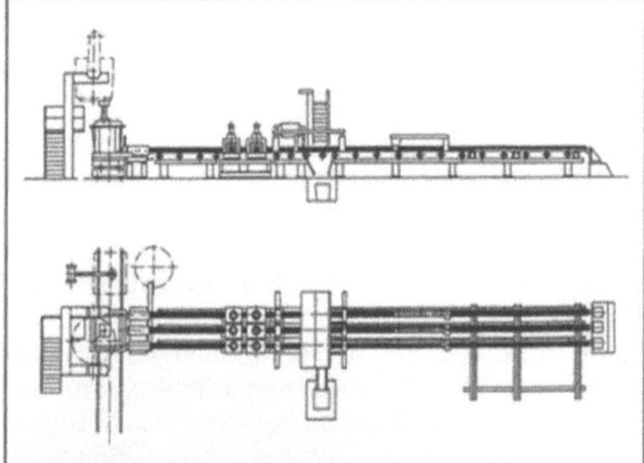

Horizontal-Stahlstrang-Gießanlage 1: Aufbau einer Gießanlage mit feststehender Einheit Verteilergefäß/Kokille.

1984 wurde bei der Böhler GmbH, Kapfenberg (Österreich) eine einadrige H.-S.-G., die von der Voest-Alpine Industrieanlagenbau GmbH, Linz, entwickelt war, in Betrieb genommen. 1989 ist diese G. auf 2 Gießadern ausgebaut worden. Bild 2 zeigt die Seitenansicht dieser Anlage, die u. a. mit einem neuartigen Kokillen-Aufnahmesystem und einem neuen Strangtransportsystem ausgerüstet ist.

Technische Kenndaten der in Bild 2 dargestellten H.-S.-G. sind in der folgenden Tabelle zusammengefaßt:

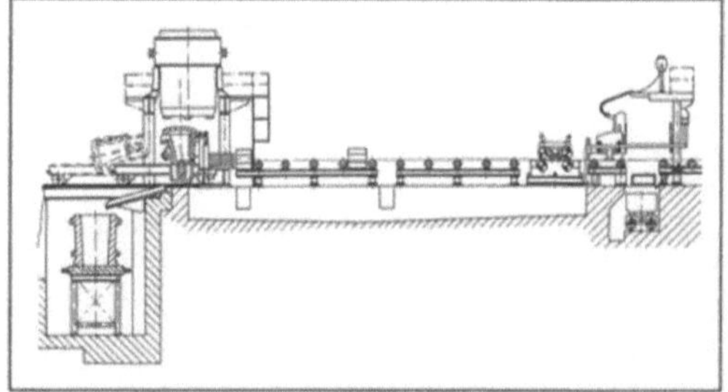

Horizontal-Stahlstrang-Gießanlage 2: Seitenansicht.

Schmelzeinheiten	Lichtbogen-Schmelzöfen
Schmelzengewichte	15 t, 35 t und 55 t
Stahlsorten	rostfreie Cr-Ni-Stähle und Cr-Stähle, niedrig und hochlegierte Werkzeugstähle, Sonderstähle
Gießanlagen-Bauform	Horizontal-Gießanlage
Anzahl Gießadern	2
Gießadern-Abstand	800 mm
Strangquerschnitte	115 mm × 115 mm bis 230 × 230 mm; 140 mm rund bis 300 mm rund
Jahr der Inbetriebnahme	1990

Wesentliche Forderungen an ein Strangtransportsystem für H.-S.-G. mit feststehender Einheit Verteilergefäß/Kokille sind:

☐ Übertragung gleichmäßiger, erschütterungsfreier Oszillationsbewegungen auf den Strang,

☐ Betrieb mit störungsfreien Haltephasen des Strangs,

☐ verhältnismäßig große Betriebsflexibilität bei Wechsel der Strangquerschnitte und Oszillations-Zyklen sowie

☐ Vermeiden von Oszillations- oder Kristallisations-Marken auf den Strängen.

Solche Forderungen können mit den Transportaggregaten in Bild 1 und Bild 2 erfüllt werden.

Baumann

Literatur: *Bramerdorfer, H., K. Schwaha* u. *F. G. Rammerstorfer:* MPT-Metallurgical Plant and Technology (1987) Nr. 1, S. 8/16. – *Reithner, G., E. Karlinger* u. *G. Pascht:* Proceedings of VOEST-ALPINE Industrieanlagenbau GmbH – Continuous Casting Conference, Linz, Austria, June 1990. – *Schulz, E., D. Ameling, B. Gerstenberg, E. Höffken, K.-H. Peters* u. *R. W. Simon:* Stahl und Eisen 109 (1989) Nr. 22, S. 1047/56. – *Schwaha, K.,* u. *H. Bartosch:* Berg- und Hüttenmännische Monatshefte 128 (1983) Nr. 9, S. 360/65. – *Schwerdtfeger, K.:* Stahl u. Eisen 106 (1986) Nr. 1, S. 5/12. – *Stadler, P.,* u. *J. von Schnakenburg:* Stahl und Eisen 109 (1989) Nr. 9/10, S. 463/69. – *Winterhager, R., P. Stadler* u. *J. von Schnakenburg:* MPT-Metallurgical Plant and Technology (1988) Nr. 6, S. 26/33. – *Zuba, G., H. Sattler, R. Scheidl* u. *K. Schwaha:* Berg- und Hüttenmännische Monatshefte 135 (1990) Nr. 1, S. 19/24.

Horizontal-Stahlstrang-Gießverfahren. Über die Entwicklung des H.-S.-G. ist insbes. nach 1980 berichtet worden, denn Ende der 70er Jahre und in der ersten Hälfte der 80er Jahre waren intensive Bemühungen zur Weiterentwicklung dieses G. zu verzeichnen. Diese Bemühungen haben dazu geführt, daß nach 1982 einige H.-S.-Gießanlagen industriell betrieben wurden. Solche Anlagen sind für das Gießen

☐ verhältnismäßig kleiner Schmelzengewichte,

☐ legierter Sonderstähle und

□ einfacher Baustähle ohne besondere Forderungen an das Fertigprodukt

insbes. zur Herstellung von Stabstahl und Draht geeignet. Daneben sind die H.-S.-Gießanlagen durch geringe Bauhöhen, Investitionen und Betriebskosten gekennzeichnet.

Im Gegensatz zu den Senkrecht-, Biegericht- oder Bogen-Stranggießanlagen, bei denen das Verteilergefäß und die Kokille getrennte, unabhängige Einheiten sind, ist bei einer H.-S.-Gießanlage das Verteilergefäß mit der Kokille zu einer Einheit fest verbunden. Dabei sind zwischen der aus Kupfer oder einer Kupferlegierung gefertigten Kokille und dem Verteilergefäß 2 oder 3 Zwischenteile, beispielsweise Verteilerstein, Gießdüse sowie Paßstück angeordnet. Der Gießdüse oder dem Paßstück nachgeordnet befindet sich in Gießrichtung der Ablösering (Bild 1). Dieser →Ring besteht aus Siliciumnitrid (Si_3N_4), Bornitrid (BN), Mischungen aus Siliciumnitrid und Bornitrid oder Sialon (Si_5AlON_7). Der Ablösering ist beim H.-S.-Gießen eine Art künstlicher Meniskus. An diesem Ring beginnt die Bildung der Strangschale. Forderungen an diesen Ring sind:

□ die Strangschale muß vom Ring leicht lösbar sein,

□ der Ring darf mit dem flüssigen Stahl nicht reagieren,

□ der Ring muß eine niedrige Wärmeleitfähigkeit, hohe Temperaturwechselbeständigkeit sowie eine große Abriebfertigkeit besitzen, und

□ der →Werkstoff des Ringes muß gut bearbeitbar sein, damit der Ring genau in die Kokille eingepaßt werden kann.

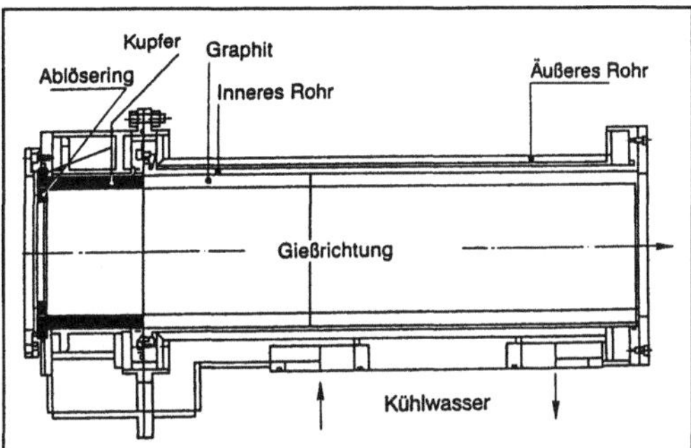

Horizontal-Stahlstrang-Gießverfahren 1: Kokille für das Gießverfahren mit feststehender Einheit Verteilergefäß/Kokille.

Nach dem Abreißring passiert der nunmehr entstandene Strang die wassergekühlte Kokille. Dabei wächst die Strangschale. Im Gegensatz zum klassischen S.-G. ist in einer H.-S.-Gießanlage im Bereich der Kokille eine Schmierung mit Gießpulvern oder Ölen nicht möglich.

Nach der verhältnismäßig kurzen Kokille wird der Strang je nach Verfahrensweise entweder mit wassergekühltem Graphit behandelt oder wie beim klassischen S.-G. unmittelbar mit Wasser besprüht. Die Kühlstrecke kann auch aus mehreren Kühlsegmenten bestehen, die an den Strang gepreßt werden.

Um anforderungsgerechte Strangoberflächen zu erzielen und Strangschalendurchbrüche zu vermeiden, wird der Strang schrittweise aus der Kokille bewegt, weil die Strangschale eine gewisse Zeit ohne oder nur bei sehr kleiner Relativbewegung zwischen Strang und Kokille wachsen kann, bevor sie ein kleines Stück Wegstrecke aus der Kokille bewegt wird. Demzufolge sind beim H.-Stranggießen 3 unterschiedliche Verfahrensweisen voneinander zu unterscheiden, Verfahren mit

□ oszillierender Einheit Verteilergefäß/Kokille,

□ feststehender Einheit Verteilergefäß/Kokille und

□ schrittweise wandernder Kokille bei feststehendem Verteilergefäß.

Bild 2 zeigt eine Verfahrensweise mit oszillierender Einheit Verteilergefäß/Kokille und 3 variante Konzepte für eine schrittweise Strangbewegung bei feststehender Einheit Verteilergefäß/Kokille. Bei der Verfahrensweise mit oszillierender Einheit Verteilergefäß/Kokille, Bild 2a, wird der Strang mit möglichst konstanter Geschwindigkeit bewegt. Diese Verfahrensweise ist für mehradriges Gießen ungünstig, weil dann alle Kokillen in gleicher Weise mit dem Verteilergefäß oszillieren würden. In Bild 2b) ist ein Konzept dargestellt, bei dem der Strang durch ein schrittweise hydraulisch arbeitendes Transportsystem mit Klemmbacken bewegt wird. Bei dem Konzept des Bildes 2c) wird eine Strangbewegung durch →Rollen mit konstanter Drehgeschwindigkeit bei gleichzeitiger hydraulisch bewirkter Oszillation dieser Rollen in Strangverlaufsrichtung erzielt. Die oszillierende Bewegung der angetriebenen Rollen kann auch wie in Bild 2d) dargestellt pendelnd sein.

Trotz der Empfindlichkeit der Verfahrensweise und verhältnismäßig hoher Kosten für Ablöseringe sowie Kokillen, die mangels Schmiermöglichkeit einem verhältnismäßig großen →Verschleiß unterliegen, kann das H.-S.-G. unter Voraussetzung entsprechender Randbedingungen kostengünstiger als das klassische Kokillen-G. sein. *Baumann*

Literatur: *Bramerdorfer, H., K. Schwaha* u. *F. G. Rammerstorfer:* MPT-Metallurgical Plant and Technology (1987) Nr. 1, S. 8/16. – *Reithner, G., E. Karlinger* u. *G. Pascht:* Proceedings of VOEST-ALPINE Industrieanlagenbau GmbH – Continuous Casting Conference, Linz, Austria, June 1990. – *Schulz, E., D. Ameling, B. Gerstenberg, E. Höffken, K.-H. Peters* u. *R. W. Simon:* Stahl und Eisen 109 (1989) Nr. 22, S. 1047/56. – *Schwaha, K.,* u. *H. Bartosch:* Berg- und Hüttenmännische Monatshefte 128 (1983) Nr. 9, S. 360/65. – *Schwerdtfeger, K.:* Stahl u. Eisen 106 (1986) Nr. 1, S. 5/12. – *Winterhager, R.,*

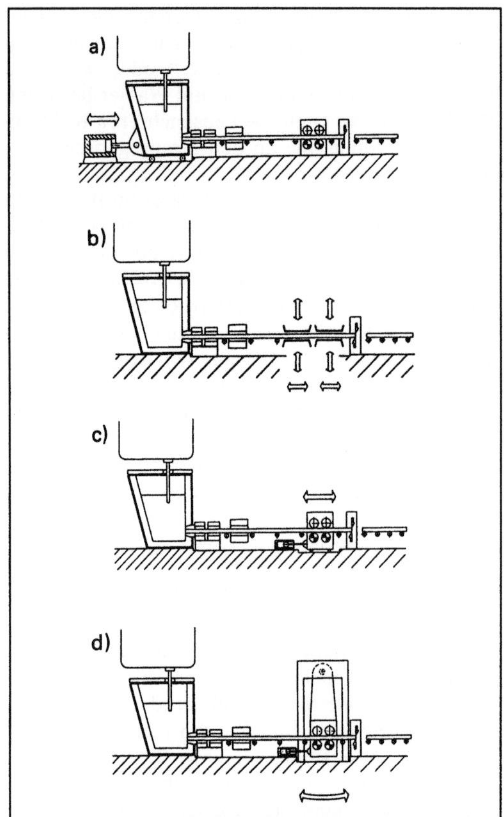

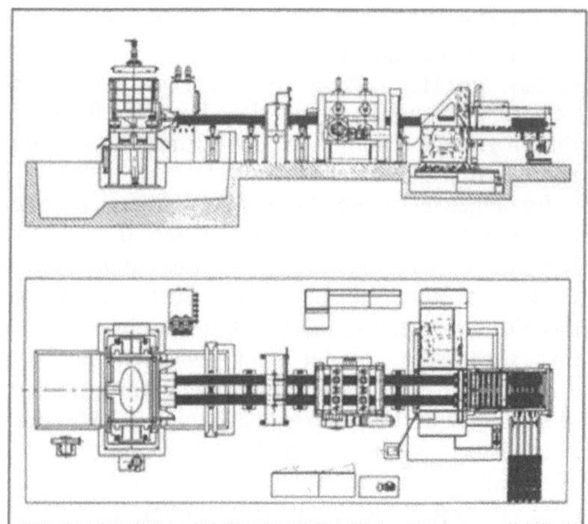

Horizontal-Stranggießanlage: Zweiadrige Anlage zum Herstellen von Strängen mit rundem Querschnitt aus Kupfer.

Horizontal-Stahlstrang-Gießverfahren 2: Verfahrensweisen des Horizontal-Stahlstranggießens
a) Mit oszillierender Einheit Verteilergefäß/Kokille
b), c) und d) 3 variante Konzepte für eine schrittweise Strangbewegung bei feststehender Einheit Verteilergefäß/Kokille.

P. Stadler u. *J. von Schnakenburg:* MPT-Metallurgical Plant and Technology (1988) Nr. 6, S. 26/33. – *Zuba, G., H. Sattler, R. Scheidl* u. *K. Schwaha:* Berg- und Hüttenmännische Monatshefte 135 (1990) Nr. 1, S. 19/24.

Horizontal-Stranggießanlage. Eine H.-S. ist ein technisches System zum Herstellen von Nichteisenmetall-Strängen oder Stahlsträngen nach dem H.-Stranggießverfahren. Bei solchen Gießanlagen ist das Verteilergefäß mit der Kokille und bei mehradrigen Anlagen mit den Kokillen fest verbunden (Bild). Wesentliche Teilsysteme einer H.-S. sind neben dem Verteilergefäß mit Kokille oder Kokillen, das Strangkühlsystem, das Strangtransportsystem und das Strangtrennsystem mit nachgeordneten Abtransporteinrichtungen. *Baumann*

Horizontal-Stranggießverfahren. Das H.-S. ist ein Urform-Verfahren, bei dem ein Gießprodukt hergestellt wird, das länger als die horizontal ange-

ordnete Gießform ist. Beim H.-Stranggießen metallischer Werkstoffe wird das flüssige Metall einem Verteilergefäß, das mit einer Kokille oder mit mehreren Kokillen zu einer Einheit fest verbunden ist, zugeführt. Die Erstarrung des flüssigen Metalls beginnt unmittelbar nach dem Verteilergefäßausgang und schreitet mit wachsendem Abstand vom Kokilleneingang fort. Dieses S. wurde bereits in den 60er Jahren zum Herstellen von Halbzeug aus Nichteisenmetallen und erst in den 80er Jahren als H.-Stahlstrang-Gießverfahren produktionsmäßig eingesetzt. *Baumann*

Horizontal-Walzgerüst. Das H.-W. ist ein W. mit horizontal gelagerten Walzenachsen (Bild). Ein solches W. kann beispielsweise als Zweiwalzen-W., Dreiwalzen-W., Vierwalzen-W., Sechswalzen-W., Zwölfwalzen-W. oder Zwanzigwalzen-W. gebaut sein. *Baumann*

Horizontalgatter. Vorwiegend für den Einschnitt von Laubhölzern bzw. Edelhölzern für den individuellen Einschnitt des Stamms zur Messerfurnierherstellung (früher auch Sägefurnierherstellung) und zur Bearbeitung von Stämmen mit großen Durchmessern eingesetzt. Die Prüfung der Holzbeschaffenheit ist von Schnitt zu Schnitt sehr gut möglich. Der Sägerahmen, in dem nur ein dünnes Sägeblatt eingespannt ist (maximal 2 Blätter), wird in höhenverstellbaren Führungen waagerecht hin- und herbewegt. Das spezielle Sägeblatt schneidet beim Vor- und Rückwärtsgang, d. h. der Sägeblock kann mittels eines Bockwagens mit Seiltrommelantrieb oder Hydraulikantrieb kontinuierlich vorgeschoben werden. Die Einstellung der Schnittgutdicke erfolgt durch Absenken des Sägerahmens. Die Mengenleistung des H. ist wesentlich geringer als die des Vertikalgatters. Heute

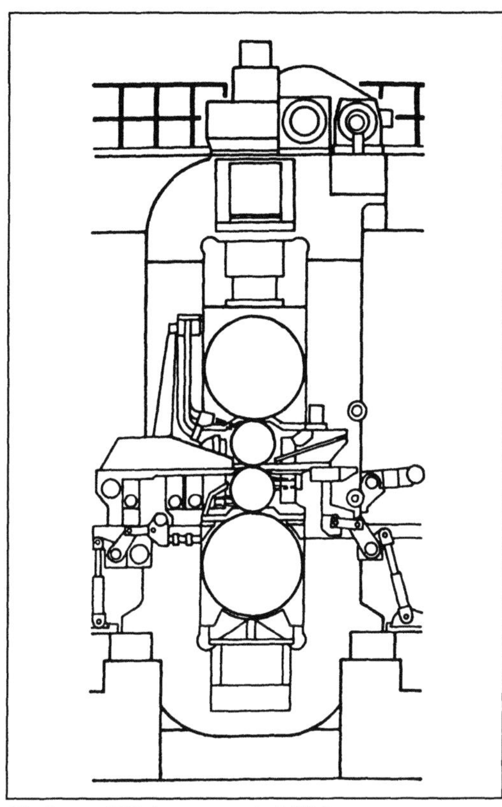

Horizontal-Walzgerüst mit 4 Walzen.

wird das H. trotz der niedrigeren Anschaffungs- und Betriebskosten von der leistungsfähigeren Blockbandsäge, die horizontal ausgerichtet ist, verdrängt. Auf dem H. können Stämme bis zu 2 m Dmr. mit einer Vorschubgeschwindigkeit von 0–8 m/min bearbeitet werden. *Dusil*

Hub →Hubraum

Hubbalkenofen. Ein H. ist ein Wärmofen für Eisenwerkstoffe und Nichteisenwerkstoffe, in dem das Wärmgut mit Hilfe von Hubbalken schrittweise durch den Ofen bewegt wird. So kann auf Abstand gelegtes Wärmgut mit beispielsweise rechteckigen Querschnitten von 3 Seiten gänzlich erwärmt werden (Bild). Die →Hubhöhe der Hubbalken ist einstellbar und stets so bemessen, daß ein einwandfreies Heben und schrittweises Bewegen des Wärmguts erfolgt. Auch die Schrittweite der Hubbalken ist wählbar und kann damit u. a. dem Wärmgut und der Aufheizgeschwindigkeit angepaßt werden. In H. werden meist Deckenbrenner eingesetzt. Hochleistungs-H. für Vorbrammen haben oft eine Ober- und eine Unterbeheizung, so daß eine allseitige Erwärmung gegeben ist. H. werden für das Erwärmen von Vorbrammen, Vorblöcken, Halbzeug und als Nachwärmofen für Rohre eingesetzt. Das Wärmgut in solchen Öfen kann Breiten bis 2 600 mm, Dicken bis 500 mm und Längen bis 15 000 mm haben. *Baumann*

Hubgerüst →Gabelstapler

Hubhöhe. Die H. ist der Abstand von der höchsten Stellung des Lastenträgers in gehobenem Zustand bis zum Boden. *Jünemann*

Hubinsel. Eine H. besteht aus einem →Ponton, der nach oben und unten ausfahrbare Stützbeine hat. Die H. wird mit angehobenen Stützbeinen zu ihrem Einsatzort geschleppt. Dort fährt man die Stützbeine auf dem Meeresboden aus, und anschließend „klettert" die H. daran aus dem Wasser, um ihre Standsicherheit zu erhöhen. Die H. werden in erster Linie als Arbeitsplattformen für Bohrarbeiten, Rammen und

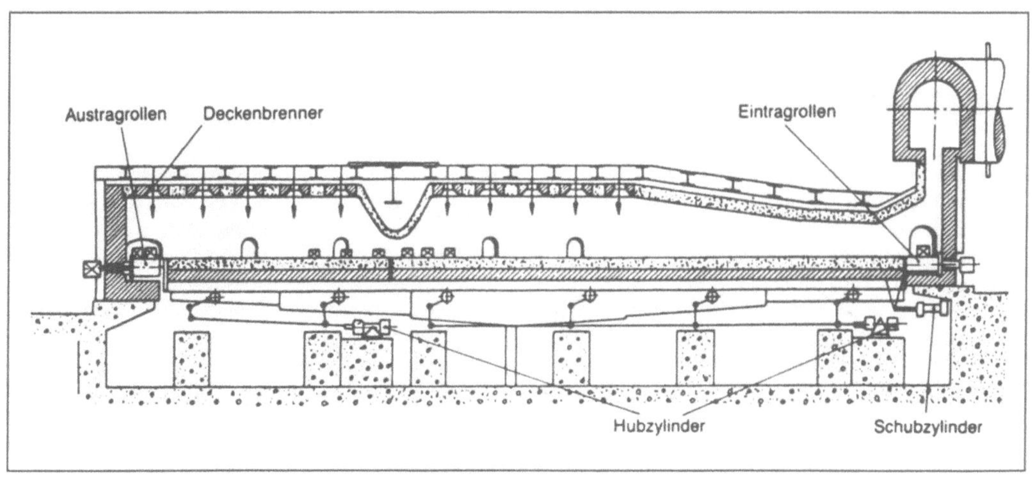

Hubbalkenofen für das Erwärmen von Halbzeug mit rechteckigen Querschnitten.

das Verlegen von Fertigteilen eingesetzt, da diese Arbeitsverfahren hohe Genauigkeiten und damit einen sicheren Stand erfordern. *Kühn*

Hubraum. Differenz zwischen dem größten und dem kleinsten Volumen des Arbeitsraums einer →Kolbenmaschine. Bei den üblichen Hubkolbenmaschinen errechnet sich der H. eines einzelnen Zylinders als Produkt aus der Kolbenfläche $\pi D^2/4$ und dem Hub s. Bei der Berechnung des für die Steuer maßgeblichen H. wird mit dem gerundeten Wert $\pi/4 = 0,78$ gearbeitet.

Das Bild zeigt ein Hubkolbentriebwerk in drei Stellungen: Wenn sich der Kolben im oberen Totpunkt (OT) befindet, ist das Zylindervolumen am kleinsten, im unteren Totpunkt (UT) am größten. Der Hub s ist doppelt so groß wie der Kurbelradius r.

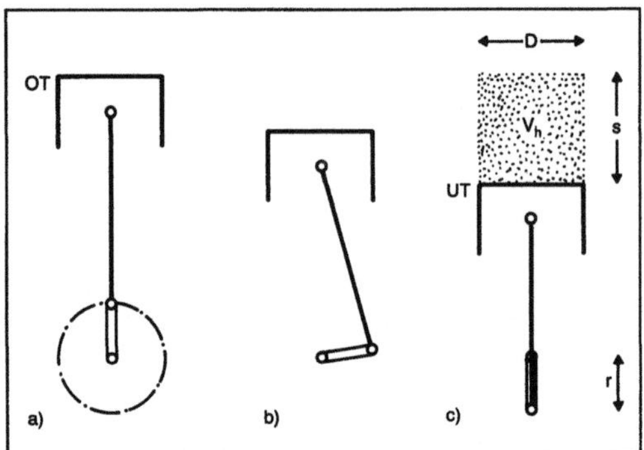

Hubraum: Definition.
a) Kolben im oberen Totpunkt
b) Kolben in Mittelstellung
c) Kolben im unteren Totpunkt.

Derselbe H. kann mit größerem Kolbendurchmesser D und kleinem Hub s oder mit kleinerem Kolbendurchmesser und großem Hub gebildet werden. Ottomotoren mit kleinem Hub-Bohrungs-Verhältnis (s/D < 1) nennt man Kurzhuber, solche mit großem Hub-Bohrungs-Verhältnis (s/D > 1) Langhuber. Bei Dieselmotoren ist fast immer s/D > 1. *Kuhlmann*

Hubraumleistung. Quotient aus Nennleistung und →Hubraum eines Verbrennungsmotors (auch Literleistung genannt).

Bei gleicher Drehzahl ist die →Nutzleistung eines Verbrennungsmotors seinem Hubraum proportional. So ist zu verstehen, daß die H. (in kW/l) als Maß für die Leistungsdichte eines Motors verwendet wird.

Da größere Motoren eine niedrigere Drehzahl haben, ist jedoch deren H. kleiner. Besser für den Vergleich von Motoren ist daher die seltener benutzte Kolbenflächenleistung geeignet (Nutzlei-

stung/Kolbenfläche in kW/cm²). Die Kolbenflächenleistung ist dem Produkt aus den beiden Kenngrößen →Nutzmitteldruck und mittlere →Kolbengeschwindigkeit proportional. *Kuhlmann*

Hubschrauber. Luftfahrzeug schwerer als Luft, das im Gegensatz zum Flugzeug keiner Vorwärtsbewegung bedarf, um den zum Fliegen notwendigen Auftrieb zu erzeugen und das sich, ebenfalls im Gegensatz dazu, auch rückwärts und seitwärts bewegen kann (Bild 1 und 2).

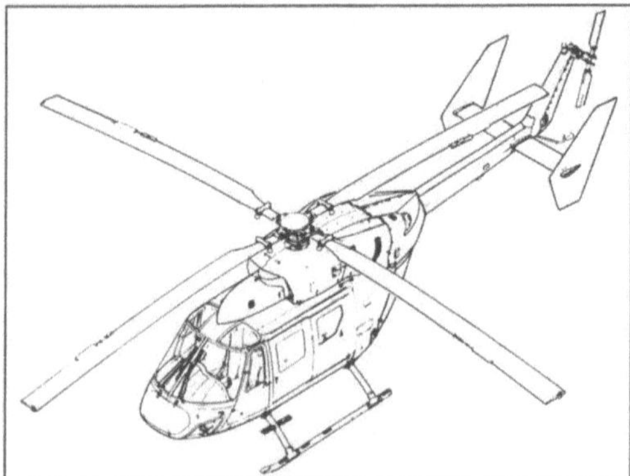

Hubschrauber 1: In ruhender Position.

Hubschrauber 2: Fliegender Hubschrauber.

Grundsätzlich entsteht die tragende Luftkraft ebenso wie beim Flugzeug an bewegten, tragflügelähnlichen Flächen, den Rotorblättern, die um eine nahezu senkrechte Rotorachse kreisen. Das dabei entstehende Drehmoment wird beim üblichen Hubschrauber mit einem (Haupt)rotor durch einen kleineren Heckrotor mit horizontaler, quer zur Flugrichtung liegender Achse ausgeglichen (Bild 3). Im Gegensatz dazu gleichen die selteneren H. mit 2 gleich großen gegenläufigen Rotoren ihre Drehmomente gegenseitig aus.

Der Heckrotor bezieht seine Antriebsleistung ebenso wie der Hauptrotor über Gelenkwelle und Getriebe von dem oder den in der Nähe des Schwerpunkts angeordneten Kolben- oder Turbinentriebwerken.

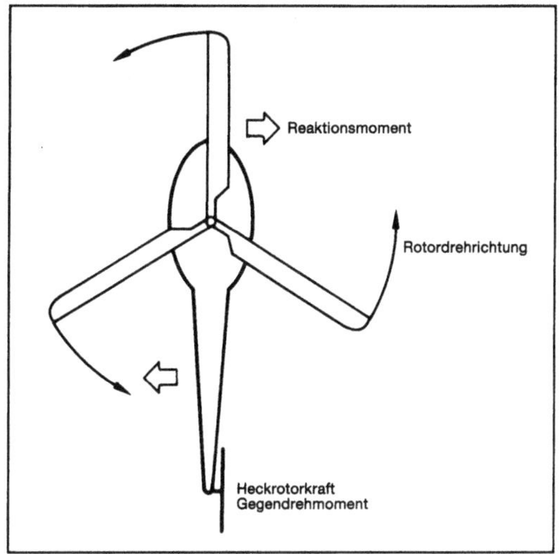

Hubschrauber 3: Drehmomentreaktion.

Der H. oder Drehflügler, dem viele Erfinder noch vor dem Drachenflugzeug ihre Aufmerksamkeit gewidmet haben, ist wegen der vergleichsweise verwickelten Strömungsverhältnisse und der hohen Anforderungen an Material und Baugenauigkeit erst Jahrzehnte später entstanden. Man kann keinen primitiven H. im Sinne der frühen Flugzeuge bauen.

Die heutige nahezu Standardanordnung mit Haupt- und Heckrotor wurde erstmals 1940 in Amerika von *Igor Sikorsky* ausgeführt. Der erste erfolgreich geflogene H., der 1935 von *Heinrich Focke* gebaut wurde, besaß zwei gleichgroße gegenläufige Rotoren, die an quer zur Flugrichtung angeordneten Auslegern gelagert waren und über Gelenkwellen und Getriebe von einem zentralen Kolbenmotor getrieben wurden. Diese Lösung hat wegen des damit verbundenen Luftwiderstands keine praktische Anwendung gefunden.

Bei einer in Amerika zur Betriebsreife entwickelten Bauart mit zwei gleichgroßen gegenläufigen Rotoren sind diese am Bug und Heck, also hintereinander gelagert. Diese Anordnung ist eigentlich nur in einem stetig weiterentwickelten Muster, aber in größeren Stückzahlen gebaut worden.

Hubschrauber werden heute in Größen ab einigen hundert Kilogramm bis zu etwa 40 t Fluggewicht serienmäßig gebaut. Es sind aber auch schon Einheiten von 55 t bekannt geworden. In die Privatfliegerei hat der H. bisher wegen der relativ hohen Kosten in Beschaffung und Betrieb kaum Eingang gefunden. Der Traum des Fliegens bis vor die eigene Tür hat sich schon wegen des H.-Lärms nicht erfüllt. Dagegen hat sich der H. bei der Bewältigung von Aufgaben bewährt, die ohne ihn kaum oder gar nicht lösbar wären. Abgesehen von seiner militärischen Verwendung in vielfältiger Form sind seine Hauptaufgaben Rettung und Transport Schiffbrüchiger oder verunglückter Personen, Verkehrsüberwachung und -lenkung, Versorgung von Bohrinseln und Lotsenstationen unabhängig vom Seegang, Verlegung elektrischer Leitungen und das Aufstellen von Masten dafür und für Funkstationen im Gebirge sowie neuerdings Abtransport von gefälltem Holz aus unzugänglichen Tälern und an Berghängen.

H. benötigen im Gegensatz zu Flugzeugen kein Fahrwerk und sind deshalb i. a. nur mit Kufen ausgerüstet, die das Absetzen auf weichem Gelände gestatten. Zum Verschieben im Stand werden kleine Rollen oder Räder untergesetzt. Bei schweren H. sind diese meist fest mit ihm verbunden.   *Kosin*

Hubtisch. Der H. ist ein →Lastaufnahmemittel zur vertikalen Bewegung von Lasten. H. können auf Flur aufgeständert sein (Röllchenbahnen) oder auf →Fördermittel aufgebaut werden.   *Jünemann*

Hubvolumen →Hubraum

Huck-Bolzen →Nietung im Stahlbau

Huckepackverkehr →Verkehr

Hüllschnittverfahren →Zahnradherstellung

Hülltrieb →Zugmittelgetriebe

Hülsenfeder →Stahlfederform, →Gummifederform

Hülsenfeder-Kupplung. Die H.-K. ist eine drehnachgiebige →Ausgleichskupplung. Als elastische Elemente werden Hülsenfedern verwendet (Bild). Die Drehmomentübertragung erfolgt formschlüssig, wobei sich die Hülsenfedern verformen. Die Kupplung ist mit Öl gefüllt. Durch die Verformung der Hülsenfedern wird Öl zwischen sie gepumpt und damit eine zusätzliche Dämpfung erreicht. Die H.-K. kann große Drehmomente übertragen.

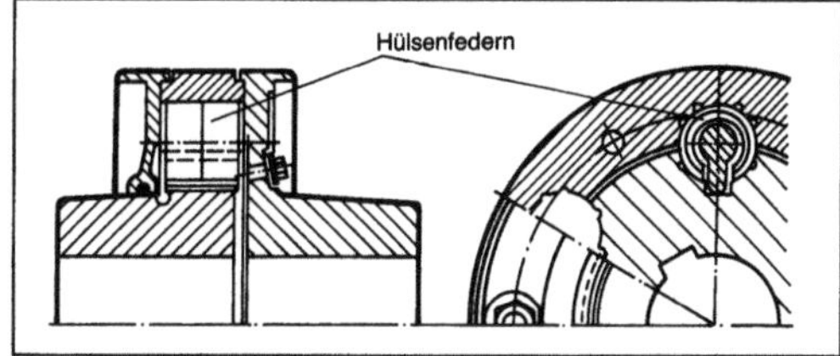

Hülsenfeder-Kupplung. (Quelle: Renk)

Der Einsatz erfolgt bei Industrie- und Schiffsantrieben. Sie wird ferner zum →Lastausgleich in Planetengetrieben verwendet.   *Ehrlenspiel*

Hülsenkette →Kettengetriebe

Hülsenkupplung. Die H. (Bild) ist eine nicht schaltbare starre Kupplung. Sie besteht aus einer geteilten Hülse, die außen konisch gedreht ist. Die beiden Hülsenteile werden über die zu verbindenden Wellen gelegt und durch zwei Ringe mit konischem Innendurchmesser fest auf die Wellen gepreßt. Das Drehmoment soll nur durch Kraftschluß, d. h. durch Reibung, übertragen werden. Die Paßfedern werden lediglich zur Sicherheit vorgesehen. Die H. kann nur für genau fluchtende Wellen verwendet werden.   *Ehrlenspiel*

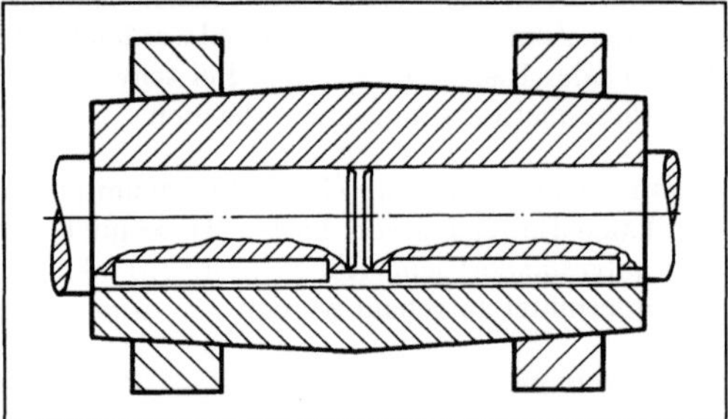

Hülsenkupplung mit Schrumpfringen.

Hüttentechnik. Unter H. ist einerseits die Verfahrenstechnik und andererseits die Anlagentechnik zur Herstellung von Stahl und NE-Metall zu verstehen. Dazu gehört auch die Herstellung von Stahlsowie NE-Metall-Halbzeug und -Fertigerzeugnis. Ebenfalls zählen dazu die Entwicklungen hüttentechnischer Verfahren und Anlagen einschl. Erstellung sowie Betrieb dieser Anlagen.   *Baumann*

Hüttenwerk. Die Bezeichnung Hütte oder H. stammt aus der Zeit der Kleinbetriebe mit kurzlebigen, meist mit Holzkohle betriebenen Schmelzöfen, die in einer Schutzhütte standen, durch deren offene Wände der Rauch ungehindert abziehen konnte. In H. werden durch physikalische und chemische Verfahren aus Erzen, Mineralien und/oder Sekundärmetallen die jeweiligen Metalle oder Metallegierungen hergestellt sowie behandelt und zu Halbzeug umgeformt oder zu Walzstahl-Fertigerzeugnissen verarbeitet.   *Baumann*

Hupe →Signalgerät, akustisches

Hutmutter →Schraubenform

Hybridantrieb. Antriebssystem, bei dem zwei unterschiedliche Antriebsarten sinnvoll miteinander kombiniert sind.

Ein auch experimentell schon verwirklichter H. ist z. B. die Kombination eines batterieelektrischen Antriebs mit einem →Verbrennungsmotor. Wie bei vielen H. arbeiten hier ein Primärenergiewandler (Verbrennungsmotor) und ein Energiespeichersystem (elektrische Batterie) zusammen. Das Speichersystem übernimmt die Spitzenleistungen beim Beschleunigen des Fahrzeugs. Die Energiedichte der Speichersysteme (z. B. Batterie, Schwungrad, Hydrospeicher) ist aber verhältnismäßig gering. Deshalb übernimmt der Primärenergiewandler (→Verbrennungskraftmaschine) mit der hohen Energiedichte des flüssigen Kraftstoffs die Aufgabe, den Speicher wieder aufzufüllen. Vorteilhaft ist, daß die Verbrennungskraftmaschine nur den zeitlich mittleren Leistungsbedarf des Antriebssystems zu decken braucht. Sie kann daher relativ klein sein, kann im optimalen →Betriebspunkt gefahren werden und braucht keine plötzlichen Lastsprünge aufzunehmen. Dies wirkt sich positiv auf Abgasemission und Geräuschentwicklung aus. Vielfach ist es auch möglich, beim Abbremsen des Fahrzeugs dessen kinetische Energie in den Speicher zurückzuführen. Ob insgesamt eine →Kraftstoffeinsparung erreicht wird, hängt von den Wirkungsgraden der Einzelkomponenten und besonders vom Fahrzyklus ab (→Flurförderzeug, fahrerloses).   *Kuhlmann*

Hybridlager →Anfahrhilfe, hydrostatische

Hydraulikbagger. H. sind →Bagger, bei denen sämtliche Bewegungen, wie Verstellen der Ausleger und Grabgefäße, Drehen und Fahren, hydraulisch betätigt werden. Dadurch entfallen die bei mechanischem Antrieb durch einen Motor notwendigen komplizierten Getriebe mit ihren Übersetzungen, Kupplungen, Wendegetrieben, Bremsen usw. Als Kenngröße dient die Leistung des installierten Dieselmotors. H. werden in den unterschiedlichsten Größen gebaut. So reicht z. B. bei einem Hersteller die Palette für Raupenfahrzeuge von 31 kW bis 2 x 250 kW Motorleistung für Maschinen, die vorwiegend mit Tieflöffel (0,06–7,2 m^3 nach CECE) bestückt werden können. Ihr Betriebsgewicht beträgt zwischen 4,3 und 145 t. Reine Ladebagger erreichen Größen bis 2 x 835 kW, 498 t und maximal 34 m^3 Ladeschaufelinhalt. Der benötigte Betriebsdruck der Hydraulikanlage, der je nach Fabrikat rd. 300 bar beträgt, wird meist mit zwei Axialkolbenpumpen, die an den Antriebsmotor gekoppelt sind, erzeugt. Die →Pumpen sind selbstregelnd, d. h. sie passen sich dem erforderlichen Druck an und liefern bei steigendem Druck kleinere Flüssigkeitsmengen bzw. umgekehrt. Eine Summenleistungsregelung erlaubt, daß eine der Hydraulikpumpen die gesamte verfügbare Motorleistung aufnimmt und an die entsprechenden Hydraulikkreise, denen bestimmte Bewegungen zugeordnet sind, abgeben kann. Übersteigt der gemeinsame Bedarf die verfügbare Motorleistung, senken die Pumpen automatisch die Fördermenge und passen sich so der verfügbaren Leistung an. Für die verschiedenen Arbeiten, wie Ausbrechen, Heben und Fahren, teilen die Pumpen stets die Leistung so auf, wie es erforderlich ist.

H. werden vorwiegend mit Tieflöffel oder Ladeschaufel (Klappschaufel) bestückt. Es kommen auch Hochlöffel, →Greifer und Spezialwerkzeuge zum Einsatz. Für eine wirtschaftliche Ausnutzung der Transportfahrzeuge soll das Verhältnis von Transportgefäßinhalt und Grabgefäßinhalt zwischen 3 und 6 liegen. Da beim H. sämtliche Bewegungen der Ausleger und Grabgefäße mit hydraulischen Zylindern erfolgen, sind die Reichweiten der Einrichtungen mit Monoblockausleger beschränkt. Der Verstellausleger gestattet durch mehrere Umsteckmöglichkeiten eine Veränderung der Reichweite und Reichtiefe. Ferner können hier Löffelstiele unterschiedlicher Länge verwendet werden. Jedoch nimmt mit größerer Reichweite die Nutzlast der Grabgefäße ab. Eine Parallelogrammanlenkung zwischen Ausleger und Löffelstiel ermöglicht eine saubere Horizontalführung des Löffels bei der Grabbewegung; damit wird eine gute Anpassung an das Gelände erreicht. H. kommen auf Grund ihrer hohen Flexibilität fast überall zum Einsatz. Der Bagger-Lkw-Betrieb nimmt dabei eine führende Stellung ein. *Kühn*

Hydraulikstempel. Der H. (Bild) ist ein nachgiebiges Stützelement im untertägigen Bergbau. Er hat die Aufgabe, das Hangende zu stützen, um so einen ausreichenden Querschnitt für die Gewinnung, Förderung und Frischluftzuführung sicherzustellen. Er kann als Einzelstempel eingesetzt werden und wird in allen Arten des Schreitausbaus (Ausbau) verwendet.

Der H. ist mit dem Hydraulikzylinder vergleichbar. Die zugeführte hydraulische Arbeit wird in mechanische Arbeit umgesetzt. In diesem Fall wird die mechanische Arbeit zur Aufbringung einer Stützkraft genutzt.

Der hydraulische Einzelstempel wird beim Ausbau der Strebränder verwendet. Die im Schreitausbau eingesetzten H. sind i. a. doppelteleskopierbar ausgeführt. In einzelnen Fällen finden sich auch Dreifachhubstempel. Die Doppelhub- und Dreifachhubstempel ermöglichen einen großen Verstell-

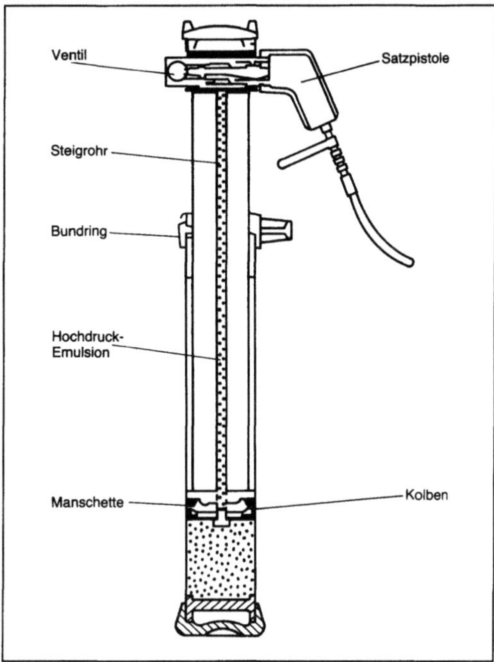

Hydraulikstempel: Schnittbild.

bereich. Hierunter versteht man das Verhältnis von eingefahrener zu ausgefahrener Höhe. *Seeliger*

Hydroplanung →Fahrbahn

Hydroschild (Bautechnik) →Sonderbauweise (Bautechnik)

Hydrozylinder. *Funktion.* Mit H. bezeichnet man Motoren mit translatorischer (geradliniger) Ausgangsbewegung. Sie üben gegen den Arbeitswiderstand längs des Hubes drückende (einfachwirkende H.) oder drückende/ziehende Kräfte bei den verschiedenen Hubrichtungen aus (doppeltwirkende H.).

Der kennzeichnende Aufbau (Bild 1) besteht aus dem →Zylinderrohr, das beidseitig durch die Zylinderköpfe abgeschlossen ist, und dem darin geführ-

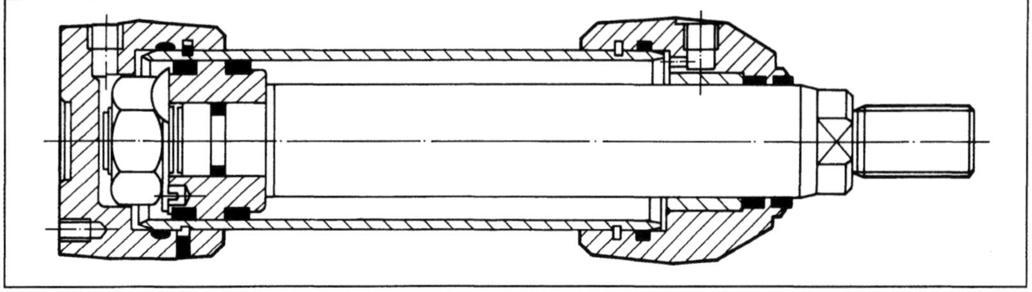

Hydrozylinder 1: Doppeltwirkend.

ten Kolben, dessen Bewegung mit der Kolbenstange nach außen geleitet wird.

Es bezeichnen:
A_K die Kolbenfläche,
A_{ST} den Stangenquerschnitt,
A_R die Ringfläche,

$$\varphi = \frac{A_K}{A_K - A_{ST}} = \frac{A_K}{A_R} \text{ das Flächenverhältnis.}$$

Ein eingespeister Volumenstrom $\dot{V}$ erzeugt die

□ Ausfahrgeschwindigkeit $v_D = \dfrac{\dot{V}}{A_K}$,

□ Einzugsgeschwindigkeit $v_Z = \dfrac{\dot{V}}{A_R} = v_D \cdot \varphi$.

Zu beachten ist, daß beim Einziehen der bodenseitig ablaufende Volumenstrom $\dot{V}'$ größer ist als der stangenseitig eingespeiste Strom $\dot{V}$:

$$\dot{V}' = \dot{V} \cdot \varphi.$$

Dies führt ggf. zu hohem Rückdruck in den Leitungen.

Für unbelasteten Eilvorschub wird in beide Zylinderräume vor und hinter den Kolben Fluid eingespeist. Die wirksame Fläche ist der Stangenquerschnitt:

$$v_E = \frac{\dot{V}}{A_{ST}} = v_D \cdot \frac{\varphi}{\varphi - 1}.$$

Bei $\varphi = 2$ erfolgen Eilvorschub und Einziehen gleich schnell.

Die äußeren, auf die Kolbenstange wirkenden Kräfte sind theoretisch:

□ Ausschubkraft $F_D = p \cdot A_K$,

□ Einzugskraft $F_Z = p \cdot A_R = \dfrac{F_D}{\varphi}$.

Der tatsächlich im Zylinder wirkende Druck ist wegen der Reibungskräfte an den Dichtungen etwas höher; doch nimmt der Verlustanteil mit dem Betriebsdruck ab. Der Wirkungsgrad beträgt etwa

$$\eta = \frac{F_D \cdot v_D}{p' \cdot A_K} \approx 0{,}9\text{–}0{,}95 \text{ bei } 100\text{–}160 \text{ bar, beim Eilvor-}$$
schub $\eta_E \approx 0{,}6$.

Bauarten. Gemäß Bild 2 unterscheidet man einfach wirkende H., doppeltwirkende H. und Teleskopzylinder. Bei einfachwirkenden H. erfolgt die Lastbewegung nur beim Ausfahren. Der Rückhub geschieht durch äußere Kräfte oder Federn. In Zylinder der Bauart nach Bild 1 wird dabei die Druckflüssigkeit kolbenseitig eingespeist, der Stangenraum ist offen, ggf. an die Leckölleitung angeschlossen. Wirksam ist die Kolbenfläche. Kolben und Kolbenstange können auch als gemeinsames Bauteil mit großem Durchmesser ausgeführt werden (Plunger- bzw. Tauchkolbenzylinder). Abdichtung und Führung erfolgen dann im Kopf.

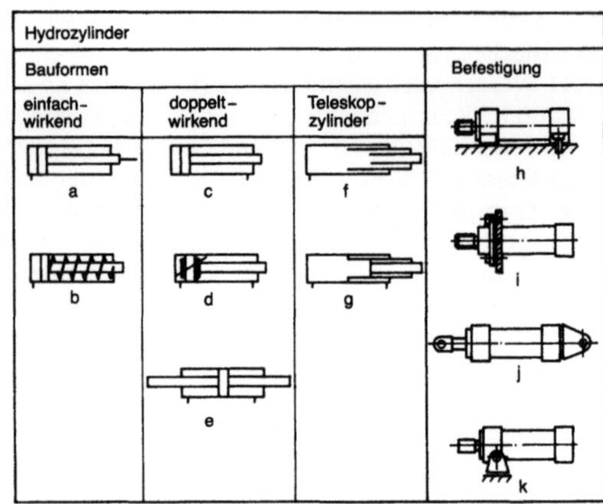

Hydrozylinder 2: Bauarten. (Quelle: Bosch)

a Rückbewegung durch äußere Kraft, b Rückbewegung durch Rückholfeder, c mit einseitiger Kolbenstange, d mit Endlagendämpfung, e mit beidseitiger Kolbenstange, f einfachwirkend, g doppeltwirkend, h Fuß, i Flansch, j Augen, k Zapfen

Doppeltwirkende Zylinder mit einseitiger Kolbenstange sind die meist verbreitete Bauform. Übliche Ausführungen mit Flächenverhältnissen

$$\varphi = 1{,}25; \ 1{,}4; \ 1{,}6; \ 2; \ 2{,}5; \ 5.$$

Die Sonderbauform mit beidseitig herausgeführter Kolbenstange hat in beiden Hubrichtungen gleiche Geschwindigkeiten und Kräfte (Gleichlaufzylinder).

In Teleskopzylindern (Bild 3) sind mehrfach Kolben und (hohle) Stangen ineinander geschachtelt, um durch Mehrfachauszug größere Hubhöhen bei gegebener Bauhöhe zu gewinnen. Die zusätzliche Hubhöhe geht mit der Stufenzahl zurück wegen der erforderlichen Kolbenbaulänge; daher Auszugszahl meist <4. Die Tragfähigkeit wird bestimmt durch Größe des inneren (kleinsten) Kolbens. Ausfahren erfolgt stufenweise vom größten zum kleinsten Kolben; daher bei konstantem Speisestrom ruckhafter Geschwindigkeitsübergang. Sonderbauarten mit Kaskadenschaltung von Stangen- und Kolbenräumen zeigen gleichförmigen Hubvorgang. Hubhöhen bis über 25 m.

Aufbau. Zylinderrohre meist aus St 35, seltener St 55. Wanddickenverhältnis $s/D \approx 0{,}1$. Rohre werden innen gehont, auch als vorgefertigte Rohre mit verdichteter, geglätteter Innenfläche lieferbar. Anschluß an die Köpfe je nach Werkstoff durch Schweißen, Verschrauben, Ringbefestigung oder Anpressung durch äußere Zuganker. Köpfe aus St, GG (Sonderguß) und GGG. Kolben aus Bz oder GG, heute meist Stahl mit Führungsringen aus Bz, Polyamid oder PTFE. Kolbenstangen aus C-Stählen, oberflächengehärtet und geschliffen ($R_a < 0{,}4 \ \mu m$), bei besonderen Ansprüchen an Korrosionsfestigkeit hartverchromt oder aus X-Stählen der Werkstoffgruppen 1.40XX–1.43XX.

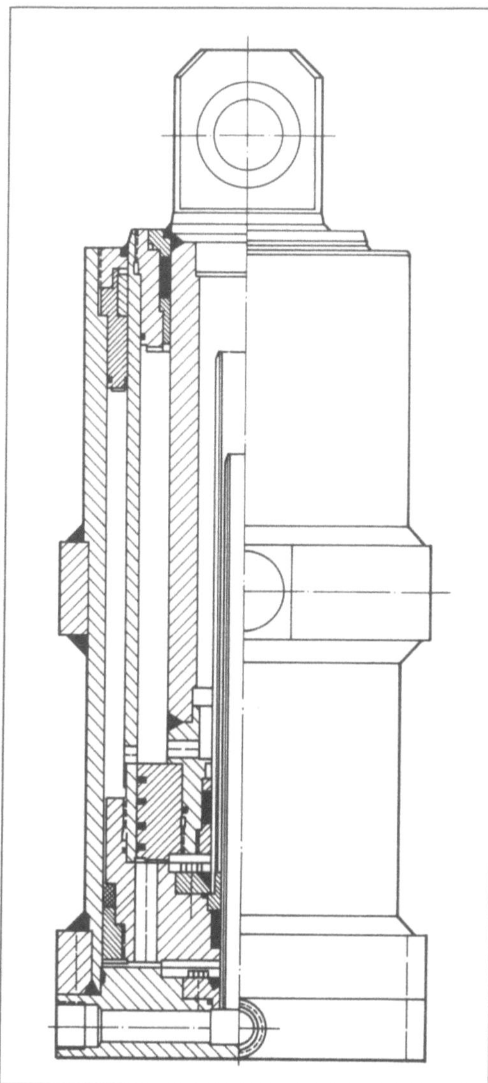

Hydrozylinder 3: Teleskopzylinder mit doppeltem Auszug. (Quelle: Brauer)

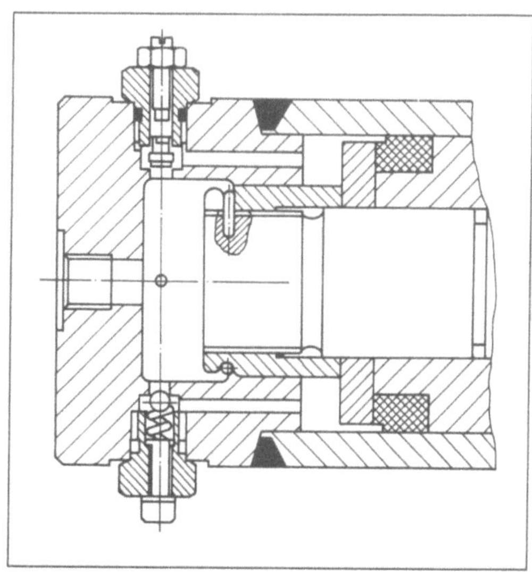

Hydrozylinder 4: Endlagendämpfung für Hydrozylinder.

Kolbendichtungen mit O-Ringen, Nutringen, bei hohen Bewegungsgeschwindigkeiten und Drücken Manschettendichtungen. Stangendichtungen ähnlich, zusätzlich sind Abstreifer vorzusehen gegen Schmutzeinwirkung von außen. Bei sehr hoher Schmutzbelastung Kolbenstangen mit Faltenbälgen schützen. Dichtungswerkstoffe NBR, Härte um 80 bis 90 Shore, für Sonderfälle (Flüssigkeiten, Temperatur) auch FKM oder AU.

Endlagendämpfung. Bei Kolbengeschwindigkeiten über 0,1 m/s und Massenlast besteht Zerstörungsgefahr beim Lauf gegen die Endanschläge am Hubende. Bild 4 zeigt hydraulische Endlagendämpfung:

Vorlaufender Hilfskolben verschließt Ölrücklaufkanal. Das vor dem Hauptkolben anstehende Drucköl wird durch den sich verengenden Vorkolbenspalt und das verstellbare Drosselventil verdrängt.

Einbauregeln. H. dürfen nur Kräfte in Arbeitsrichtung abgeben. Sie sind von Querkräften und äußeren Lastmomenten freizuhalten. Anschluß bevorzugt mit Augen oder Schwenkköpfen an Stange und Zylinderrohr, bei starren Konstruktionen auch mit Flanschen und Füßen (Bild 2). Ferner elastische und thermische Verformung der Bauteile beachten. Bei großen Längskräften und Hubhöhen besteht Knickgefahr sowohl für die Stange als auch für das Zylinderrohr.   *Röper*

Hypoidgetriebe →Kegelradgetriebe

Hysterese, statische. Unabhängigkeit der H. des Werkstoffverhaltens oder eines Bauteils von der Frequenz der harmonischen Belastung. Die H.-Kurve vieler, vor allem metallischer Werkstoffe weist im Zugversuch mit vorgegebener harmonischer Dehnung $\varepsilon(t) = \hat{\varepsilon}\cos(\omega t + \alpha)$ eine Lanzettenform auf, wenn die Spannungsamplitude etwa $\frac{1}{20}$ der Dauerwechselfestigkeit überschreitet. Da die Form der H.-Kurve und die volumenbezogene Dämpfungsarbeit $W_D(\hat{\varepsilon})$ kaum von der Kreisfrequenz ω abhängen, spricht man von s. H. oder geschwindigkeitsunabhängigem Werkstoffverhalten. Dieses Verhalten findet man experimentell auch infolge der →Wirkflächendämpfung in den Kontaktflächen von Fügestellen. Zur Beschreibung kann man die Parameter phänomenologischer Modelle aus Messungen identifizieren. Die Modelle

bestehen aus masselosen Federn und Coulomb-
schen Reibelementen. *Gaul*

Literatur: *Gaul, L.:* Analytical and Experimental Study of the Dynamics of Structures with Joints and Attached Substructures. ASME Design Engg. Div. Conference Cincinnati 85-DET-164, 1985. – *Lazan, B. J.:* Damping of Materials and Members in Structural Mechanics. Oxford 1968. – *Ottl, D.:* Nichtlineare Dämpfung in Raumfahrtstrukturen. Fortschr.-Ber. VDI R. 11 Nr. 73. Düsseldorf 1985.

Hysteresedämpfung. Dämpfung infolge frequenz-unabhängiger, verteilter oder konzentrierter Dämpfungskräfte. In der Dämpfungsbeschreibung der Strukturdynamik wird die H. verwendet, um im Gegensatz zur frequenzabhängigen viskosen Dämpfung den experimentellen Befund näherungsweise frequenzunabhängiger Dämpfung abzubilden. In der komplexen Beschreibung harmonischer Spannungen und Dehnungen oder im Bildbereich der Fouriertransformation führt dies etwa zum komplexen Elastizitätsmodul $\underline{E}(\omega) = E[1 + i\eta \, \mathrm{sgn}\omega]$ mit konstantem →Verlustfaktor η. Bei transientem Zeitverhalten zeigt diese Beschreibung nicht kausales Verhalten. *Gaul*

Literatur: *Crandall, S. H.:* The role of damping in vibration theory. J. Sound, Vib. 1 (1970) Nr. 11, S. 3/18. – *Gaul, L., S. Bohlen u. S. Kempfle:* Transient and forced oscillations of systems with constant hysteretic damping. Mechanics Research Communications 12 (1985) Nr. 4, S. 187/201.

Hysteresis. Geschlossene oder offene Spannungs-Verzerrungs-Kurve, die während eines Belastungszyklus entsteht (Bild), wenn wegen nicht elastischer (anelastischer) Werkstoffeigenschaften Spannung und Verzerrung nicht in Phase sind. Beschreibt den

Verlust an mechanisch nutzbarer Energie je Volumeneinheit und Zyklus, die Dämpfungsarbeit, als Fläche einer geschlossenen Schleife

$$W_D = \oint \sigma \, d\varepsilon.$$

Analog sind die Kraft-Verschiebungs- oder Moment-Drehwinkel-H. für Bauteile zur integralen Beschreibung definiert. Zur Beschreibung der H. viskoelastischen Verhaltens sind rheologische Modelle geeignet, zur Beschreibung statischer H. Coulomb-Modelle. *Gaul*

Literatur: DIN 53535: Grundlagen für dynamische Prüfverfahren, Prüfung von Kautschuk und Elastomeren. Hrsg. Dt. Inst. f. Normung. Ausg. 1982.

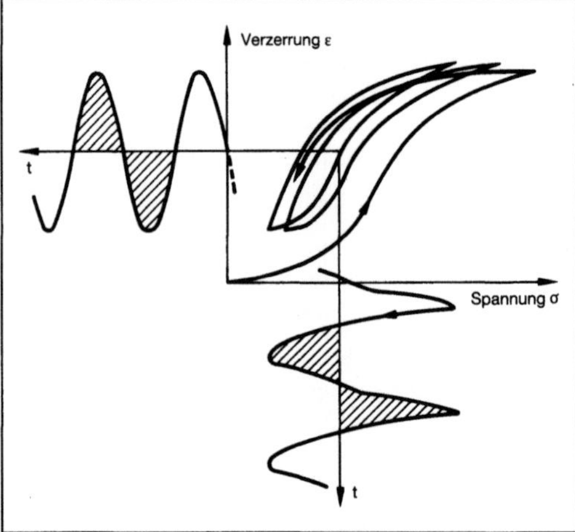

Hysteresis: Spannungs-Verzerrungs-Hysterese.

Hysteresis-Schleife →Federkennlinie

I

I-Punkt. Am I-Punkt oder Identifikationspunkt, meistens im Wareneingangsbereich eines Lagers angeordnet, wird die Identität der einzulagernden →Ladeeinheit und deren Daten kontrolliert und der Material- und Datenfluß miteinander verknüpft, bevor die Ladeeinheit in das Lager weitergeleitet wird.   *Jünemann*

IC-Kurzzeichen für Kühlmethoden. Internationaler Code (international cooling methods) für die Kühlmethoden umlaufender elektrischer Maschinen. Er setzt sich zusammen aus den Kennbuchstaben IC, einer Kennziffer für die Anordnung des oder der Kühlkreise, einem Buchstaben für die Kennzeichnung der Art des Kühlmittels und einer Kennziffer für die Bewegungsart des Kühlmittels. Bei zwei oder mehreren unterschiedlichen Kühlkreisen wird die Buchstaben-Zahlengruppe einmal für jeden Kühlkreis verwendet. Das Kurzzeichen kann vollständig oder vereinfacht angewendet werden.
                              Rentzsch

Idealplanung →Materialflußplanung

Identifikation.
  1. Fördertechnik. I.-Systeme finden sich heute überall im automatisierten →Materialfluß. Sie sind ein unerläßliches Mittel zur Informationsgewinnung, um die Funktionen, die bei automatischen Materialflußsystemen von selbst ablaufen, zu ermöglichen: Kontrollieren, Steuern und Regeln. Darüber hinaus bieten sie dem Management die Möglichkeit, Entscheidungen mit konkreten Zahlen zu belegen. Eine rationelle Verwendung von I.-Systemen erzwingt einerseits die Festlegung einheitlicher Informationsstrukturen, andererseits führt sie auch zur Notwendigkeit einer einheitlichen Informationsdarstellung für Belegwesen und elektronische Datenverarbeitungsanlagen.

Bei Betrachtung der Transportvorgänge zeigt sich, daß im Materialflußsystem folgende Komponenten zu identifizieren sind:
□ Auftrag (Lieferscheine, Materialbegleitkarten, Kommissionierbelege),
□ Artikel (als Sendung, →Ladeeinheit, Packstück),
□ Betriebsmittel (→Fördermittel, Handhabungseinrichtung, →Lagermittel),
□ Ort (Lagerplatz, Arbeitsplatz, →Puffer, Weichen),
□ Menge.

Bei der Datenerfassung in Materialfluß- und Logistiksystemen unterscheidet man generell die mobile und die stationäre Datenerfassung.

Die stationäre Datenerfassung am Stückgut wird durchgeführt;
□ durch mechanisches Lesen von Codierungen,
□ mittels Zählwagen
die stationäre Datenerfassung von Merkmalen erfolgt
□ dezentral über Tastatureingaben von Terminal und PC und BDE-Geräten. Die anfallenden Daten werden dabei im Real-Time-Processing bearbeitet. Die Programmabarbeitung und die Ausgabe der Ergebnisse erfolgt sofort nach Eingabe der entsprechenden Daten;
□ zentral durch Stapelverarbeitung oder Batch-Time-Processing;
□ in Markierungs-, Lochkarten-, Magnetbandleser.

Die Verarbeitung der Daten mehrerer Programme und Aufgaben wird hintereinander in einer vorher festgelegten Reihenfolge durchgeführt.

Die notwendige Verfolgung eines automatischen Materialflusses zur Steuerung und Regelung des Prozesses ist durch I.-Einrichtungen möglich.

Die Codierungsarten lassen sich nach vielerlei Kriterien unterscheiden wie beispielsweise: Die Codeinformation kann veränderbar, fest maschinell lesbar oder visuell lesbar sein, der Zeichenvorrat numerisch oder alphanumerisch. Die →Codierung erfolgt dabei entweder auf Belegen oder auf besonderen Geräten, die fest mit Informationsträgern verbunden sind. Die technische Art der Codierung kann auf vielfältige Weise entstehen: mechanisch, magnetisch, elektrisch, elektronisch und optisch. Eine Systematik ist in Bild 1 dargestellt. In den einzelnen Kästen sind Beispiele für die Codierung sowie die Auswerteeinrichtungen eingezeichnet.

Nicht betrachtet werden dabei einfache Techniken wie beispielsweise Lichtschranken, Schalter und Ultraschallsensoren. Diese Sensoren können nur in sehr seltenen Fällen Objekte identifizieren und nur dann, wenn die Objektauswahl sehr klein ist und wenn besondere Merkmale wie Größe, Gewicht, Form, Werkstoffeigenschaften oder feste Reihenfolgen zusätzlich als Information vorliegen und vom Rechner mitgeführt werden. Ohne diese Zusatzinformation haben sie lediglich Zähl- und Auslösefunktionen.

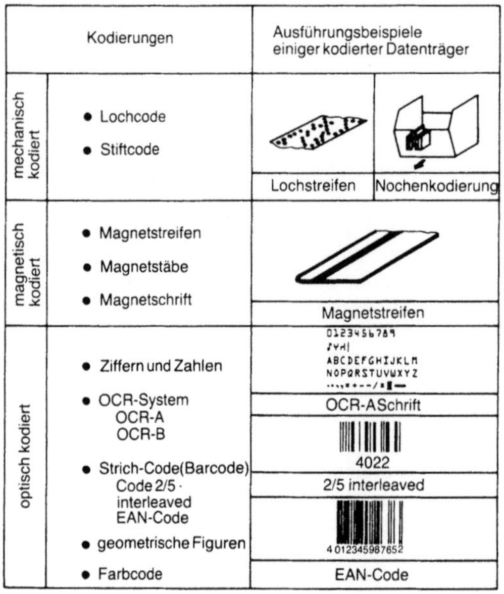

	Kodierungen	Ausführungsbeispiele einiger kodierter Datenträger	
mechanisch kodiert	• Lochcode • Stiftcode	Lochstreifen	Nochenkodierung
magnetisch kodiert	• Magnetstreifen • Magnetstäbe • Magnetschrift	Magnetstreifen	

optisch kodiert	• Ziffern und Zahlen
	
	• OCR-System
	  OCR-A
	  OCR-B
	
	• Strich-Code(Barcode)
	  Code 2/5 ·
	  interleaved
	  EAN-Code
	• geometrische Figuren
	
	• Farbcode
		0123456789
		✓ΨΗ|
		ABCDEFGHIJKLM
		NOPQRSTUVWXYZ
		··.,,≡+--/≡▮—
		OCR-A Schrift
		4022
		2/5 interleaved
		4 012345987652
		EAN-Code	

Identifikation (Fördertechnik) 1: Beispiele mechanischer, magnetischer und optischer Codierungen.

Im folgenden werden die Codierungen klassifiziert in

□ mechanische,

□ magnetische,

□ elektrische oder elektronische,

□ optische Systeme.

Systeme mit mechanischen Codierungen. Systeme mit mechanischen Codierungen werden häufig angetroffen. Sie sind preiswert, einfach zu handhaben und robust. Als Belege werden Lochkarten und Lochstreifen verwendet. Diese Technik ist schon lange im Gebrauch. Die ersten Lochkarten wurden 1801 von *Jacquard* zur Steuerung eines Webstuhls eingesetzt, wenngleich die Entwicklung der Lochkarten 1886 *Hollerith* zugeschrieben wurde.

Die Karten bestehen aus unterschiedlichen Werkstoffen (Papier, Kunststoff oder Metall). An bestimmten Stellen werden Löcher eingestanzt, die die gespeicherten Informationen darstellen.

Diese Informationsträger werden oft als Materialbegleitkarten verwendet und dienen beispielsweise zum Steuern von automatischen Hochregallagern mit Regalförderzeugbedienung.

Die Decodierung der Karten erfolgt entweder auf elektronischem Wege über Abtastbürsten oder optisch mittels einer Lichtquelle und einer lichtempfindlichen Schicht. Dazu werden von verschiedenen Unternehmen Lochkartenleser angeboten. Dabei ist noch zwischen Einzelkartenlesern und Stapelkartenlesern zu unterscheiden. Als Datenträger verliert die Lochkarte jedoch immer mehr an Bedeutung, weil die Datenerfassung und Belegerstellung zuneh-

mend dezentral erfolgt. Darüber hinaus sind die Einlesegeschwindigkeiten – verglichen mit anderen Techniken – und die Speicherfähigkeit begrenzt.

Bei der Codierung von Behältern verwendet man Codiermarken. Häufig nimmt man Codierleisten, auf denen Metallmarken, Ferromagnete oder Reflektionsmarken verschoben werden können. In manchen Fällen werden auch Scheiben verwendet. Dabei dienen entweder Ferromagnete oder Lichtstrahlen zur Zielsteuerung. Ansprechende Sensoren sind oft Beroschalter (induktive Näherungsschalter), Reedkontakte (Schalter, die von außen berührungslos auf magnetischer Basis geschaltet werden können) oder lichtempfindliche Dioden. Wesentliche Nachteile dieser Systeme sind die begrenzte Anzahl von Zieladressen und die Tatsache, daß die Adressen manuell eingestellt werden müssen. Darüber hinaus lassen sich keine weiteren Informationen speichern.

Ein weiteres Beispiel für mechanische Codierungen sind Fahnen, die man zur Identifizierung von Lagerorten verwendet. In einer Matrix können einzelne Felder ausgebrochen werden, so daß ein Lesegerät über Lichtkontakte die Decodierung vornehmen kann. Bei anderen Systemen identifiziert man über inkrementale Zähler.

Bei bestimmten Anlagen mit fahrerlosen Flurförderzeugen werden im Boden eingelassene Marken als Referenzpunkte verwendet, die zur Positions-I. herangezogen werden können.

Systeme, die in diese Klassifikation fallen, werden noch sehr häufig anzutreffen sein, weil sie relativ preiswert, einfach zu handhaben und robust sind. Als Nachteile fallen automatisierungsfeindliche Einstellmechanismen und Inflexibilität bei Änderungen besonders ins Gewicht.

Magnetische Codierungen. Bei magnetischen Codierungen verwendet man die Magnetkarte und die Magnetschrift. Bei der Karte wird oft eine flexible Folie verwandt, auf die eine Eisenoxidschicht aufgebracht ist. Über Magnetfelder, die in Abhängigkeit von den zu speichernden Informationen im Speichermedium winzige Elementarmagnete erzeugen, werden die Karten beschrieben. Gelesen werden sie mittels Auswertung der Felder der Elementarmagnete.

Magnetische Codierungen im Belegwesen haben eine sehr breite Verwendung gefunden, beispielsweise im Bankwesen, bei der Zugangskontrolle und in der Zeiterfassung. Vorteile dieser Technik sind die hohe Datenkapazität bei der Magnetkarte sowie die optische Lesbarkeit der Magnetschrift. Gelesen wird die Magnetkarte mit Magnetlesestiften und Magnetbeleglesern (Durchzugleser).

Codierungen auf magnetischer Basis werden auch in der Fördertechnik angewendet. Dabei werden die magnetcodierten passiven Informationsspeicher direkt am Lager und Transporthilfsmitteln befestigt.

Die Information wird parallel berührungslos und automatisch geschrieben und gelesen. Ein Nachteil der magnetischen Codierungen ist der hohe Preis im Vergleich zu anderen Codiertechniken. Vorteile dieser Technik sind jedoch die Automatisierungsfreundlichkeit, eine hohe Datenkapazität und die Unempfindlichkeit gegen Verschmutzung.

Elektrische oder elektronische Codierungen. Bei der elektrischen oder elektronischen Codierung wird ein Feld mit einem leitfähigen → Werkstoff ausgeführt. Im sich anschließenden Lesevorgang wird die elektrische Leitfähigkeit zur Decodierung benutzt.

Hierzu zählen auch die Antwortgeber (Transponder). Sie bestehen aus der Sende- und Empfangseinheit und aus dem eigentlichen Antwortgeber, der mit dem sich bewegenden Objekt fest verbunden ist. Die Sende- und Empfangseinheit ist an einen Rechner angeschlossen und liefert die zu verarbeitenden Informationen.

Ein typischer Transponder besteht aus einem Chip mit einem ROM (Read Only Memory). Gelangt nun der Antwortgeber in den Sende- und Empfangsbereich einer Lesestation, so empfängt er ein Signal, das ihn veranlaßt, ein sekundäres Antwortsignal abzusetzen. Eine weite Verbreitung haben Transponder in der Fördertechnik bei Elektrohängebahnen und bei Behälterförderanlagen gefunden.

Diese Codierungen lassen sich immer dann vorteilhaft anwenden, wenn rauhe Umgebungsbedingungen, wie Schmutz und große Hitze, auftreten. Der Leseabstand kann mehrere Meter betragen. Es muß keine Sichtverbindung zwischen Sender und Empfänger vorliegen.

Der Preis ist verglichen mit optischen Codiertechniken sehr hoch. Allerdings bieten Transponder die Möglichkeit, dezentral lesbar und beschreibbar zu sein und sind damit wiederverwendungsfähig. Oberflächenwellenfilter sind im Prinzip ebenfalls Transponder, wenngleich bei ihnen die Stromquelle entfällt. Sie können zwischen 6- und 32bit-Daten enthalten, sind kleiner als Transponder und können in Folien eingeschweißt werden. Der Aufbau eines Oberflächenwellenfilters besteht aus zwei dünnen Metallplatten mit kammähnlichem Aussehen, die auf einem Piezokristall montiert sind. Von einer Abfragestation ausgesendete Radarpulse werden von einem Kamm empfangen und in Schallenergie in Form von Oberflächenwellen gewandelt. Der zweite Kamm reagiert seinerseits auf die Oberflächenwellen und sendet elektromagnetische Echos aus, die dann an die Abfragestation zurückgegeben werden.

Unter den elektronischen I.-Einrichtungen sind auch die Mikrocomputer einzuordnen. Für die Identifizierung von Objekten verhalten sie sich ähnlich den Antwortgebern. Der Unterschied liegt bei der Sende- und Empfangsstation. Die Mikrocomputer können per Sammelleitung, Funk oder Infrarottechnik ihre Informationen zum Zentralrechner schikken. Sie müssen nicht zum Senden aufgefordert werden: Sie können selbst die Initiative ergreifen. Darüber hinaus bieten sie die Möglichkeit, weitere Daten – neben dem I.-Merkmal – zu übermitteln. Eine Erhöhung der Flexibilität ergibt sich noch damit, daß ein Zentralrechner dem kleineren, mobilen Rechner neue Identitäten geben kann. Auch diese Technik wird nur bei Fördermitteln genutzt. Beispiele dafür sind induktive fahrerlose Transportsysteme, Elektrohängebahnen, Flurförderzeuge und schienengebundene Fahrzeuge.

Eine Begrenzung des Anwendungsbereichs ergibt sich infolge der relativ hohen Kosten je Gerät einerseits und auf Grund der aufwendigen Verwaltung in der Zentrale andererseits.

Optische Codierungsverfahren. Die optischen Codierungsverfahren besitzen gegenwärtig die weiteste Verbreitung. Zielsteuersysteme von Materialflußsystemen bedienen sich in immer stärkerem Maße optischer Codiertechniken.

Die Bar-Codes gelten als die z. Z. in der Praxis am häufigsten anzutreffenden Strich-Code-Systeme und unterliegen dem optisch-seriellen Prinzip. Es handelt sich in jedem Fall immer um Zeichen aus dunklen Balken und hellen Zwischenräumen, die je nach Anordnung bestimmte Buchstaben und Ziffern symbolisieren. Prinzipiell lassen sich mit wenigen Grundregeln verschiedenste Bar-Code-Systeme definieren. Am häufigsten kann man in der Praxis folgende Bar-Codes antreffen:

□ EAN-Code Europäische Artikelnummer (Europa),

□ UPC-Code Universial Product-Code (USA) (29),

□ 2 aus 5 industrial,

□ 2 aus 5 interleave,

□ Code 11 Matrix,

□ 13,

□ 39.

Die größte Verbreitung hat in Europa der EAN-Code gefunden. Seine Existenz basiert auf dem Beschluß des Aufsichtsrats der CCG (Centrale für Coorganisation, Gesellschaft zur Rationalisierung des Informationsaustausches zwischen Handel und Industrie mbH) vom 28. April 1977, für die Bundesrepublik Deutschland ein einheitliches Artikelnumerierungssystem einzuführen. Parallel zur EAN wurde ein entsprechender Strich-Code eingeführt, der mit relativ geringem Aufwand maschinell gelesen werden kann (Bild 2). Es können dabei unterschieden werden: Lichtstift, Lese-Pistole, Laser-Scanner, automatische Bildauswerte-Systeme.

Lichtstifte haben die Form eines etwas größeren Kugelschreibers und werden manuell geführt. Durch ein Kabel sind sie an eine Decodier-Elektronik

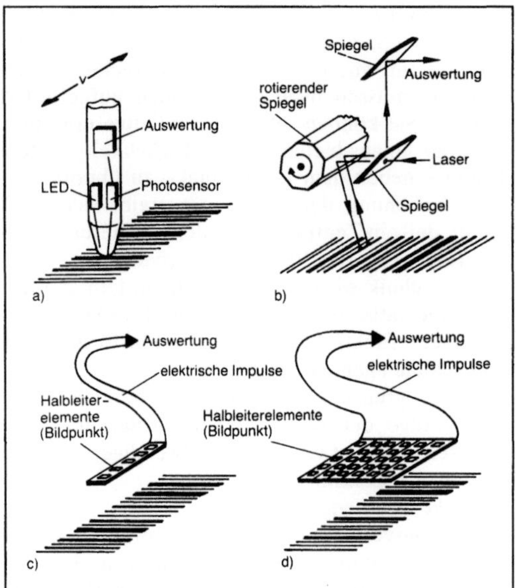

Identifikation (Fördertechnik) 2: Funktionsweise von Strich-Code-Lesegeräten.
a) Lesestift.

LED Light Emitted Diode

b) Laserscanner.

linienförmige Abtastung

c) Zeilenkamera.

d) Matrixkamera.

angeschlossen, die die elektrischen Signale eines in den Stift integrierten Phototransistors auswertet und die Zeichen z. B. einer EDV-Anlage übermittelt.

Die vom Phototransistor abgegebenen elektrischen Signale sind eine analoge Form des optischen Schwarzweißkontrasts eines Bar-Codes. Dazu muß der Stift mit seiner Spitze innerhalb eines bestimmten Geschwindigkeitsbereichs (1–30 cm/s) über die Strich-Codierung geführt werden. Über die Saphir-Kugel der Stiftspitze wird durch eine Lichtquelle im Stift (Weißlichtbirne oder Infrarot-Diode) der Untergrund beleuchtet, dessen reflektierende Hell-dunkel-Kontraste dann auf den Phototransistor projiziert werden.

Obwohl der Lichtstift recht preiswert und handlich ist, hat er den Nachteil, daß man mit ihm nur Strich-Codes lesen kann und die Leseentfernung i. a. gleich null ist bzw. bei einigen Fabrikaten nur wenige Millimeter betragen darf.

Die OCR-Lesepistole wird ähnlich wie ein Licht-stift eingesetzt. Jedoch können mit ihr nur die OCR-Klarschriften erfaßt werden. Der OCR-Hand-leser besteht aus einem Lesekopf, den man in beliebiger Richtung über die Zeile führen kann, und einer mit einem Kabel angeschlossenen Erken-

nungseinheit. Zwei Lichtquellen im Lesekopf beleuchten beim Abtasten die zu lesenden Zeichen, und eine Photodiodenmatrix wandelt die Hellig-keitsunterschiede des abgetasteten Flächenbereichs in elektrische Signale um. Diese werden digitalisiert und mit einer von der mittleren Helligkeit im abgetasteten Bildausschnitt abhängigen variablen Schwelle verglichen.

Diese Techniken ermöglichen eine hohe Erken-nungsfähigkeit bei gleichzeitig großer Zuverlässig-keit. Außerdem kann mit einem elektrischen Signal eine Formatprüfung durch die Erkennungseinheit vor Übergabe der Daten an eine EDV-Anlage ausgelöst werden.

Bei dem Laser-Scanner handelt es sich um ein optisches System, das jede Art von numerischen oder alphanumerischen Strich-Codes im Durchlauf bei einem einstellbaren Abstand berührungslos liest. Dazu wird der Informationsträger von einem schnell oszillierenden Laserstrahl überstrichen und die reflektierten optischen Signale werden in elek-trische umgewandelt.

Durch die senkrechten Bewegungen des Laser-strahls in Kombination mit einem einstellbaren Schärfentiefen-Bereich entsteht ein Lesefenster mit bis zu 1,2 m Höhe, ca. 0,3 m Breite und eine 0,6 m große mittlere Entfernung zum Laser-Scanner-Gerät. Innerhalb dieses Lesefensters sind Winkelabwei-chungen des Bar-Code-Etiketts zur Vertikalen und auch zur Horizontalen von bis zu 45° zulässig.

Der Lesebereich kann bis zu 300mal pro Sekunde abgetastet werden, wobei jeder Strich-Code zum besseren Erkennen und Auswerten mehrmals über-strichen wird. Erst wenn nach mehrmaligem Lesen jeweils die gleiche Information ermittelt wurde, gehen die entsprechenden Daten an ein nachge-schaltetes System. Die Lesehäufigkeit hängt von der Code-Abmessung und von der relativen Geschwin-digkeit des Informationsträgers zum stationären Lesegerät ab. Übliche Fördergeschwindigkeiten lie-gen bei 30–120 m/min. Außerdem wird die Anzahl der notwendigen Lesungen von der Druckqualität des Codes und den Abweichungen des Auftreffwin-kels, unter dem der Laserstrahl auf den Code fällt, beeinflußt.

Bei dem automatischen Bild-Auswertesystem handelt es sich um ein vielseitig einsetzbares, modu-lar aufgebautes und über Mikroprozessor program-mierbares FS-Bildauswertungssystem.

Das Fernsehsystem mit automatischer Bildaus-wertung umfaßt drei getrennte Baugruppen:
□ die Fernsehkamera,
□ die Auswerteeinheit mit Mikrocomputer,
□ den Monitor zur Wiedergabe des Fernsehbilds mit eingeblendeter Textzeile.

Die Fernsehkamera liefert der Auswerteeinheit das aufgenommene Bild, die Auswerteeinheit wie-derum synchronisiert mit ihrem Takt die Kamera.

Das Selektieren der Bildsignale nach vorgegebenen Kriterien besorgt ein Fensterdiskriminator in der Auswerteinheit. Er vergleicht den Ist-Grauwert mit einem Soll-Grauwert-Fenster. Nur Bildsignale, die innerhalb dieses Fensters liegen, werden zur Auswertung weiterverarbeitet und vom Mikroprozessor mit anwendungsorientierten Programmen ausgewertet. Die anfallenden Daten werden am Beobachtungsmonitor ausgegeben und können der Weiterverarbeitung durch Rechner oder einem Steuersystem zugeführt werden.

Geräte zum Erstellen von Codierungen. Zum Erstellen für maschinenlesbare Schriften und Codierungen unterscheidet man neben der manuellen Codierung die Matrixdrucker, die Laserdrucker.

□ Matrix- oder Nadeldrucker: Ein Druckkopf enthält mehrere (meist 7, 9 maximal 24) senkrecht angeordnete Nadeln, die einzeln durch Elektromagneten angeschlagen werden können. Er bewegt sich auf einem Schlitten und setzt die Zeichen spaltenweise zusammen. Ist nur eine Nadelreihe vorhanden, können sich die Matrixpunkte in vertikaler Richtung bestenfalls berühren. Deshalb stellt man auch Köpfe mit zwei gegeneinander versetzten Nadelreihen her, womit die Qualität erheblich verbessert wird.

□ Laserdrucker: Eine rotierende, mit einem Photohalbleiter beschichtete Trommel wird positiv geladen. Der Laserstrahl erzeugt durch ein Ablenksystem gesteuert punktweise ein latentes Bild auf einer Trommel. An der Entwicklungsstation nehmen nur die vom Laser entladenen Stellen der Trommel den positiv geladenen Toner auf. Das so entstandene Druckbild wird in der Umdruckstation auf das negativ geladene Papier übertragen. Danach entlädt eine Lichtquelle die Halbleiterschicht, und eine Reinigungsstation entfernt den restlichen Toner. Laserdrucker sind auf Grund ihres hohen Anschaffungspreises nur für große EDV-Anlagen mit sehr großem Beleganteil rentabel einzusetzen. Außerdem haben sie den Nachteil, daß sie nicht automatisch Kopien mitproduzieren können. Laserdrucker haben im Einsatz von Materialflußsystemen eine große Zukunft, da die Laserdrucker beliebige Werkstücke aus Metall, Holz oder Kunststoff gleich nach ihrer Entstehung mit Schriften oder Codierungen versehen können, so daß sie anschließend jederzeit automatisch identifizierbar und steuerbar sind. *Jünemann*

2. Maschinendynamik. Ermittlung oder Vervollständigung der mathematischen Systembeschreibung aus Messungen am realen Objekt oder an Versuchsmodellen.

Wenn das berechnete Systemverhalten dem gemessenen in bezug auf bestimmte Vergleichs- und Toleranzkriterien entspricht, ist das mathematische Modell verifiziert.

Die I. setzt die Steuer- und Beobachtbarkeit des Meßobjekts voraus, wonach etwa eine Knotenlage der Schwingungsanregung oder -messung zu vermeiden ist.

Liegen keine A-priori-Kenntnisse über das Systemverhalten vor (Black Box), wird nichtparametrisch identifiziert. Das unstrukturierte Modell wird durch sein gemessenes Antwortverhalten bei natürlicher Anregung oder bei Testerregungen (z. B. harmonisch, transient, stochastisch) im Zeit- oder Frequenzbereich charakterisiert.

Die nichtparametrische I. liefert etwa das modale Schwingungsverhalten aus gemessenen Übertragungsfunktionen, findet periodische und determinierte Signale in stark verrauschten Messungen durch Mittelungsmethoden, lokalisiert Stör- oder Schwingungsquellen mit Hilfe der Korrelationsanalyse und ist häufig die Vorstufe der anschließenden parametrischen I.

Die parametrische I. setzt ein strukturiertes mathematisches Modell voraus, dessen Übertragungsverhalten analytisch mit explizit auftretenden Parametern beschreibbar ist.

Neben den direkten Modellparametern, die die Trägheits-, Dämpfungs- und Steifigkeitseigenschaften abbilden, gibt es indirekte Parameter, die als Modalparameter z. B. das Schwingungsverhalten charakterisieren. Häufig werden die indirekten Parameter identifiziert (Phasenresonanzverfahren, Phasentrennungstechnik), um daraus die direkten zu berechnen.

Nach der parametrischen I. können unzulässige Abweichungen zwischen Rechen- und Meßergebnissen im Rahmen einer indirekten I. korrigiert werden.

Ist die Struktur des mathematischen Modells hinreichend genau, sind seine Parameter systematisch zu ändern. Dazu kommt das Verfahren der gewichteten Residuen (least-squares-fit) zur Anwendung. *Gaul*

Literatur: *Eykhoff, P.:* System Identification – Parameter and State Estimation. London 1974. – *Natke, H. G.:* Einführung in Theorie und Praxis der Zeitreihen- und Modalanalyse. Braunschweig 1988.

IM-Kurzzeichen für Bauformen. Internationaler Code für die Klassifikation von Bauformen und Aufstellungsarten elektrischer Maschinen. Es sind zwei Kennzeichnungssysteme vorgesehen: Code I (alphanumerisch), bestehend aus den Buchstaben IM, dem Buchstaben B bei waagerechter Welle und V bei senkrechter Welle und einer oder zwei Ziffern, anwendbar für Maschinen mit Lagerschild(en) und nur einem Wellenende; Code II, bestehend aus den Buchstaben IM und vier Ziffern, anwendbar für alle umlaufenden elektrischen Maschinen. *Rentzsch*

Impedanz. Quotient der Kraftgröße, die eine mechanische Struktur zu Schwingungen anregt oder Wellen generiert, bezogen auf die Geschwindigkeit der verursachten Weggröße im →Frequenzbereich als dynamischer Widerstand der Struktur gegen eine erzwungene Deformation.

Die Anregung von Schwingungen oder Körperschall erfolgt z. B. durch Maschinen, die mit Fundamenten, Bauwerken usw. verbunden sind, durch Gehen, Klopfen, magnetische Kräfte in elektrischen Maschinen, durch Luftschall, Flüssigkeitsschall in Rohren. Diesen Anregungen ist gemeinsam, daß die Kraftgrößen proportionale Weggrößen verursachen.

Betrachtet man die Zustandsgrößen im Frequenzbereich und idealisiert Anregungen auf einer Fläche, deren Abmessung klein zur jeweiligen Wellenlänge ist, zu punktförmigen Anregungen, so definiert man eine frequenzabhängige I.

$$\underline{Z} = \frac{\underline{F}}{\underline{v}}$$

als Quotienten der komplexen Amplitude der anregenden Kraft $\underline{F} = \hat{F}\exp(i\varphi_F)$ oder eines Moments zur komplexen Amplitude der erzeugten Schnelle $\underline{v} = \hat{v}\exp(i\varphi_v)$ oder der Winkelgeschwindigkeit. Die I. enthält den →Amplitudengang als Betrag $|\underline{Z}| = \hat{F}/\hat{v}$ und den →Phasengang $\arg \underline{Z} = \varphi_F - \varphi_v$. Man spricht von der Eingangs- oder Punkt-I., wenn die I. mit der Schnelle am Ort der Anregung gebildet wird, oder von der Transfer-I., wenn die Schnelle nicht am Ort der Erregung einbezogen wird. *Gaul*

Literatur: *Snowden, J. C.:* Shock and Vibration in Damped Mechanical Systems. New York 1968.

Impulsaustausch. Er macht die Übertragung von Energie zwischen gleichen oder unterschiedlichen Systemen möglich. Der Impuls eines Massenkörpers ist definiert als Produkt einer Masse und seiner Geschwindigkeit und hat einen vektoriellen Charakter. Er überträgt sich beim Zusammentreffen von 2 Körpern mit unterschiedlichen Impulsen. Auch im strömenden Kontinuum kommt bei Querbewegungen zwischen Schichten unterschiedlicher Geschwindigkeit ein I. zustande.

Auf ein von einem Fluid durchströmtes System angewendet (z. B. Rohrkrümmer oder Schaufel in einer Strömungsmaschine) ergibt sich nach dem Impulssatz die Vektorbeziehung

$$\dot{m}\vec{c}_2 - \dot{m}\vec{c}_1 = \int \vec{p}\,df;$$

darin bedeutet f Wandfläche.

Eine Umlenkung ist also mit einer Kraftwirkung auf die Wandfläche verknüpft. Gehört die Wand zu einem bewegten System, so wird durch die Umlenkung eines zur Wand relativen Stroms vom Fluid Leistung auf das mechanische System übertragen.

Bei einer →Arbeitsmaschine wird das mechanische System von außen gegen diese Kraft bewegt, bei einer →Kraftmaschine bewegt sich das System als Folge der Krafteinwirkung. *Dibelius*

Impulserregung. Ein zeitlicher Vorgang, bei dem am Eingang eines beliebigen Systems eine Einwirkung kurzer Dauer aufgeschaltet wird (kurz im Vergleich zu den Zeitkonstanten des Systems). Die Impulsantwort am Ausgang des Systems läßt Rückschlüsse auf die Systemeigenschaften zu. Jede I. bedeutet eine Störung des Gleichgewichtszustands. Lineare Systeme kehren danach stets in den alten Zustand zurück (Bild); (→Gewichtsfunktion).

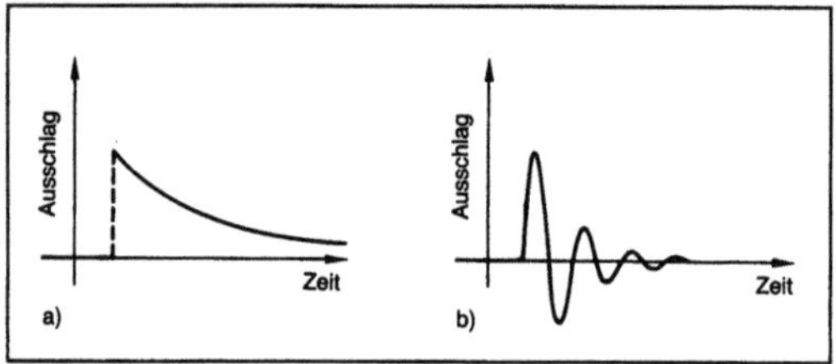

Impulserregung: Impulsantwort eines linearen Systems a) 1. Ordnung, b) 2. Ordnung.

Der ideale Impuls ist der Dirac-Impuls, ein nadelförmiger Impuls von unendlich kurzer Dauer, aber mit endlichem Energieinhalt (Distribution). Das zugehörige Spektrum weist im gesamten Frequenzbereich konstante Intensität auf. Praktische Bedeutung besitzt die I. deshalb in der experimentellen →Modalanalyse. *Witfeld*

Indikatordiagramm. Mit einer geeigneten Meßeinrichtung aufgenommenes Druck-Volumen-Diagramm einer →Kolbenmaschine.

Das experimentell gewonnene p,V-Diagramm einer Kolbenmaschine gibt Aufschluß über die im Arbeitsraum (Zylinder) ablaufenden thermodynamischen Vorgänge. Aus der Fläche des Diagramms, die eine Arbeit darstellt, können der →Innenmitteldruck, die →Innenleistung und schließlich auch der →Innenwirkungsgrad bestimmt werden.

Früher wurde das I. mit dem von *James Watt* erfundenen mechanischen Indikator aufgenommen: Ein federbelastetes Kölbchen wird mit dem Zylinderdruck der zu untersuchenden Kolbenmaschine beaufschlagt. Es bewegt einen Schreibstift, der das p,V-Diagramm in das auf eine Trommel gespannte Wachspapier kratzt. Die Trommel wird dazu über einen Schnurantrieb synchron mit dem →Kolben der zu untersuchenden Maschine bewegt.

I. werden heute meistens mit elektronischen Meß- und Auswerteeinrichtungen erstellt. Der Name des Indikators findet sich noch in den Ausdrücken „indizierte Leistung" (statt Innenleistung), „indizierter Mitteldruck" (statt Innenmitteldruck) und

„indizierter Wirkungsgrad" (statt Innenwirkungsgrad) sowie in dem Ausdruck „indizieren" (das I. aufnehmen). *Kuhlmann*

Induktions-Klimaanlage. Eine umwälzende Verbesserung der Klimatisierung von Vielraumgebäuden und Hochhäusern wurde mit der nach dem Hochdruckprinzip (Ein-, Zweikanal-K.) arbeitenden I.-K. erreicht, die Ende der 30er Jahre von dem Amerikaner *Carrier* entwickelt wurde.

Bei diesem Anlagensystem wird nur die aus hygienischen Gründen in die Räume einzuführende Außenluft, die hierbei als Primärluft bezeichnet wird, in der Klimazentrale aufbereitet (gefiltert, erwärmt bzw. gekühlt, be- bzw. entfeuchtet). Die aufbereitete Primärluft wird den in den Räumen, normalerweise an Fensterbrüstungen, aufgestellten I.-Geräten zugeführt. In diesen Geräten wird diese Primärluft mit hoher Geschwindigkeit ausgeblasen (15–25 m/s) und durch die hiermit erzielte Injektorwirkung Raumluft, die über ein Frontgitter eintreten kann, angesaugt. Je nach Ausführung und Düsendruck (150–400 Pa) wird die zwei- bis sechsfache Raumluftmenge, bezogen auf den Primärluftstrom, injiziert (I.-Verhältnis 1:2 bis 1:6). Diese Sekundärluft (Umluft) wird vor der Beimischung, raumthermostatisch geregelt, in einem Wärmeübertrager erwärmt oder gekühlt. Die Primärlufttemperatur wird normalerweise das ganze Jahr über nahezu konstant gehalten (13–16 °C). Für die Anlage (Bild 1) ist somit kennzeichnend, daß die

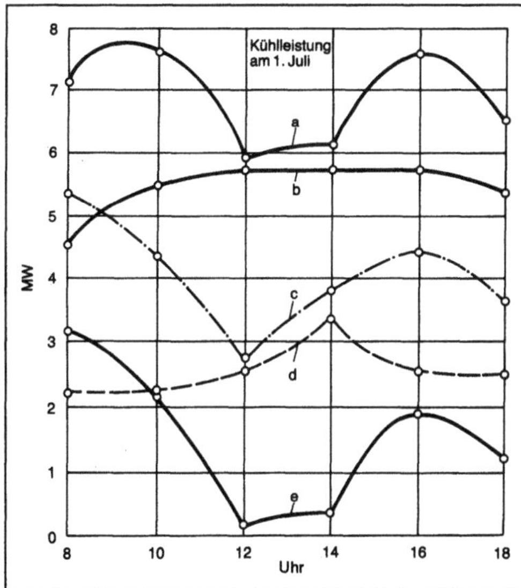

Induktions-Klimaanlage 1: Tagesgang der maximalen Kühlleistungen einer Induktions-Klimaanlage in einem Gebäude mit Ost-West-Orientierung.

a Kältemaschine, b Primärluftkühlung, Zentrale, c Gebäudekühllast, d Primärluftkühlung im Raum, e Induktionsgeräte

Gebäudekühl- bzw. -wärmelast teils durch den zentral aufbereiteten Luftstrom (Primärluft) und teils durch die in den Räumen wirksam werdenden Kalt- bzw. Warmwasserströme (Sekundärluft-Nachbehandlung) gedeckt werden (Luft-Wasser-System).

Bezüglich des angewendeten Regelungsprinzips ist zwischen I.-Geräten mit Ventilregelung und solchen mit Klappenregelung zu unterscheiden. Bei der ersten Ausführung werden die Wasserströme zu dem Sekundär-Wärmeübertrager geregelt, bei der zweiten Ausführung der über den ungeregelten Wärmeübertrager geleitete Sekundärluftstrom verändert – Bypass-Regelung – (Bild 2). Die Einführung der Klappengeräte konnte die Funktion und Wartung der Anlage erheblich verbessern.

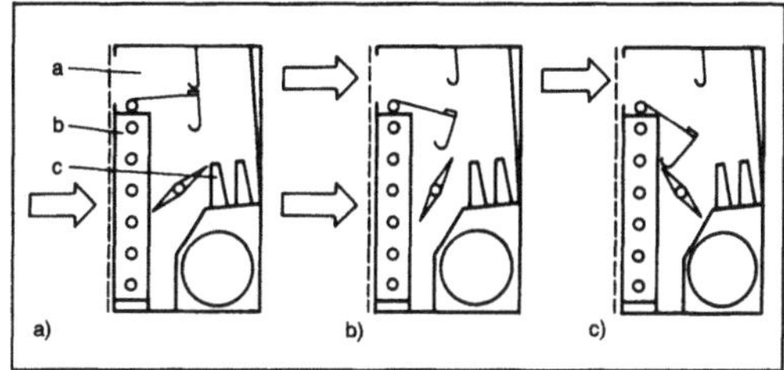

Induktions-Klimaanlage 2: Funktionsschema von klappengeregelten Klimakonvektoren (I-Geräte) im Zweileiter-System.
a) Vollast
b) Teillast
c) Bypass.

a Bypass, b Wärmeübertrager, c Primärluftdüsen

Bezüglich der Ausbildung der Sekundär-Wasserrohrnetze kann man die Anlage im Zweirohr-, Dreirohr- oder Vierrohrsystem ausführen (Bild 3).

Beim Zweirohrsystem sind alle Sekundär-Wärmeübertrager an ein gemeinsames Rohrnetz angeschlossen, das außenklimatisch gesteuert mit Kalt- oder Warmwasser (Umschaltsystem) beschickt wird (Bild 4). Die Ausführungsvariante, bei der das Sekundärnetz das gesamte Jahr über Kaltwasser führt (Nichtumschaltsystem) und die Raumheizung durch eine außentemperaturgesteuerte Erhöhung der Primärlufttemperatur erfolgt, wird in unseren Breitengraden kaum ausgeführt (Anwendung in südlichen Ländern mit mildem Winterklima). Die Anwendung des Zweirohrsystems ist nicht möglich, wenn die Raumkühllasten sehr unterschiedlich sind (z. B. durch wechselnde Besetzung) oder zeitlich stark schwanken (z. B. durch Wanderschatten).

Beim Dreirohrsystem wird jedes I.-Gerät an eine getrennte Kaltwasser- und Warmwasser-Vorlaufleitung und eine gemeinsame Rücklaufleitung angeschlossen. Kalt- und Warmwasser stehen somit ganzjährig zur Verfügung (Zuführung über Se-

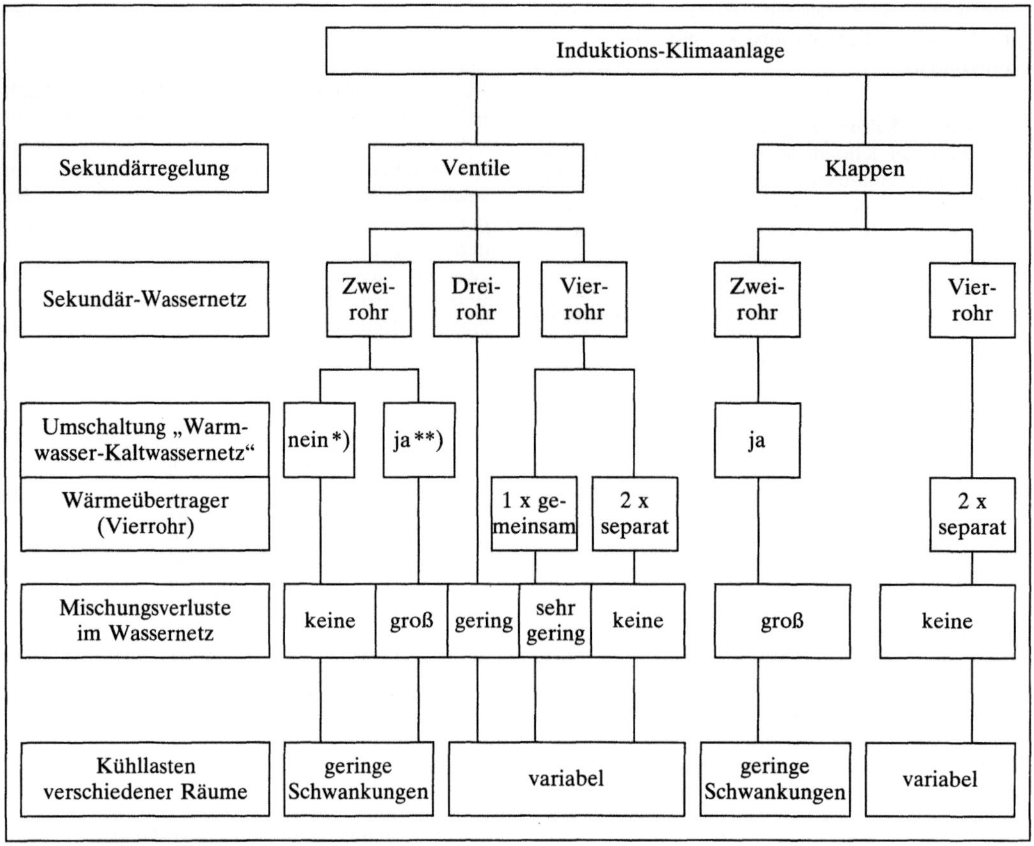

	Ventile					Klappen	
Sekundär-Wassernetz	Zwei-rohr		Drei-rohr	Vier-rohr		Zwei-rohr	Vier-rohr
Umschaltung „Warmwasser-Kaltwassernetz"	nein *)	ja **)				ja	
Wärmeübertrager (Vierrohr)				1 x gemeinsam	2 x separat		2 x separat
Mischungsverluste im Wassernetz	keine	groß	gering	sehr gering	keine	groß	keine
Kühllasten verschiedener Räume	geringe Schwankungen		variabel			geringe Schwankungen	variabel

Induktions-Klimaanlage 3: Systemübersicht.

*) Nicht-Umschaltsystem: Keine sekundärseitige Umschaltung von Warm- auf Kaltwasserbetrieb. Das Sekundärnetz führt das ganze Jahr über Kaltwasser.

**) Umschaltsystem: Umschaltung von Warm- auf Kaltwasserbetrieb im Sekundärnetz. Umschaltpunkt wird außentemperaturabhängig gesteuert.

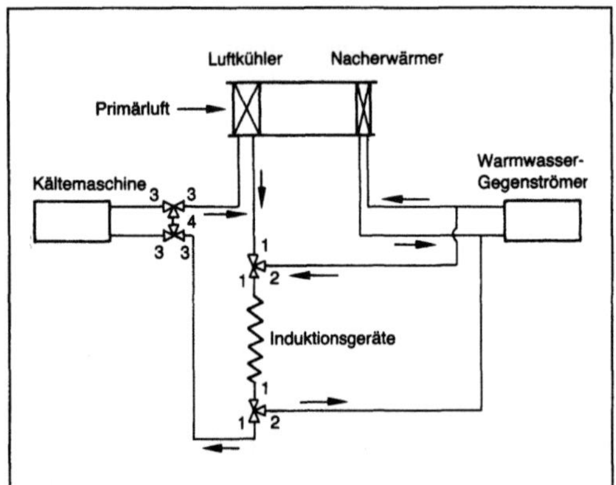

Induktions-Klimaanlage 4: Wasserkreisläufe beim Zweirohr-System (Schemaskizze).

Kältemaschinenbetrieb: 1-1, 1-1, 3-3, 3-3
freie Kühlung: 1-1, 1-1, 3-4, 4-3
Heizbetrieb: 2-1, 1-2

quenz-Regelventil). Über die gemeinsame Rücklaufleitung werden jedoch Mischungsverluste (geringer als beim Zweirohrsystem) und Druckschwankungen im Netz verursacht. Dieses System wird deshalb kaum noch angewendet.

Beim Vierrohrsystem wird jedes I.-Gerät an zwei voneinander getrennte Kalt- und Warmwassernetze angeschlossen, so daß in jedem Raum nach Bedarf geheizt oder gekühlt werden kann; Netzanbindung durch Sequenzventil (Vorlauf) und Umschaltventil (Rücklauf). Mischungsverluste treten hierbei nur im Bereich der Wärmeübertrager beim Umschalten auf. Durch Verwendung von I.-Geräten mit separaten Wärmeübertragern für Kalt- und Warmwasser lassen sich Mischverluste gänzlich vermeiden.

Klappengeräte werden nur an Zweirohrnetze (Umschaltung wie vorstehend beschrieben) oder, mit getrennten Wärmeübertragern, an separate Kalt- und Warmwasserrohrnetze (Vierrohrsystem) angeschlossen. Durch den Wegfall der Einzelraum-

Regelventile werden Druckschwankungen in den Wassernetzen ausgeschlossen, und die Funktion und Wartung der Anlage werden sehr vereinfacht.

Ist infolge hoher Sonneneinstrahlung (große Fensterflächen) sowie durch Wärmequellen in den Räumen auch in der kalten Jahreszeit eine Raumkühlung notwendig, kann man energiesparend (Kältemaschine abgeschaltet) die kalte Primärluft (bis zu ca. 10 °C Außenlufttemperatur) zur Sekundär-Wasserkühlung verwenden (Umschaltung des Sekundärnetzes auf sog. freie Kühlung). *K. G. Müller*

Literatur: *Hall, W. M.:* Die Induktions-Klimaanlage. Wärme-, Lüft. u. Gesundheitstechn 18 (1966) Nr. 12, S. 309/12, u. 19 (1967) Nr. 1, S. 2/12. – *Hall, W. M.:* Die Maschinenzentrale bei Hochdruck-Klimaanlagen. Gesundh.-Ing. 89 (1968) Nr. 1, S. 9/17, u. Nr. 2, S. 39/48. – *Laux, H.:* Neuzeitliche Hochdruck-Induktionsgeräte zur Klimatisierung von Großbauten. Wärme-, Lüft. u. Gesundheitstechn. 18 (1966) Nr. 10, S. 245/53. – *Müller, K. G.:* Klimatisierung von Vielraumgebäuden. Haus der Technik – Vortragsveröffentlichungen. H. 151 Lüftungstechnik und Klimaanlagen. Essen 1967. – *Müller, K. G.:* Ausnutzung der Außenluft zur Raumkühlung. Sanitär- u. Heizungstechn. 43 (1978) Nr. 10, S. 725/33.

Induktions-Klimagerät → Induktions-Klimaanlage

Induktionshärten. Härten nach Erwärmen (Austenitisieren) der Randschicht von Werkstoffen durch Induzierung eines Wirbelstroms mit einer wechselstromdurchflossenen Heizspule. Die erreichbaren Härtetiefen liegen zwischen 0,01 mm (Hochfrequenz) und 6 mm (Mittelfrequenz). Die Anwendungsgebiete entsprechen denen des Flammhärtens (→ Randschichthärten). *Habig*

Induktionskupplung. Die I. ist eine elektrodynamische schaltbare Kupplung. Sie entstand durch eine Abwandlung der elektrischen Drehfeldmaschine. Diese besteht aus einem feststehenden Ständer und einem umlaufenden Läufer, die I. dagegen aus einem Polrad als Primärteil und einem Ankerring als Sekundärteil; beide Teile laufen um. Jeder Pol des Polrades ist mit einer Spule versehen, der ein Erregerstrom über Schleifringe zugeführt wird. Die Spulen sind so geschaltet, daß sich magnetische Nord- und Südpole abwechseln. Die sich durch den Erregerstrom aufbauenden magnetischen Kraftlinien verlaufen von einem Pol über den Luftspalt durch den Ankerring in den magnetischen Gegenpol. I. werden als Synchron- und als Asynchronkupplungen ausgeführt. Als Synchronkupplung (Bild) besitzen Polrad und Ankerring gleiche Polzahl. Nach dem Anlaufen wird das Drehmoment als statisches Moment übertragen (die Pole von Polrad und Ankerring stehen sich genau gegenüber). Als Asynchronkupplung (Wirbelstromkupplung) ist der Ankerring glatt und ohne Pole ausgeführt. Damit entfällt also die Stromzufuhr. Es gibt dann auch keine bevorzugte Stellung. Bei Drehzahlunterschied befindet sich der Ankerring in einem magnetischen Wechselfeld, durch das im Anker Wirbelströme induziert werden. Diese erzeugen wiederum ein Magnetfeld. Das dadurch ausgeübte Moment nimmt den Spulenkörper in Drehrichtung mit. Die Asynchronkupplung hat deshalb immer Schlupf und benötigt zum Abführen der Wärme einen Lüfter. I. werden als Anlauf-, Sicherheits- und Regelkupplungen eingesetzt. *Ehrlenspiel*

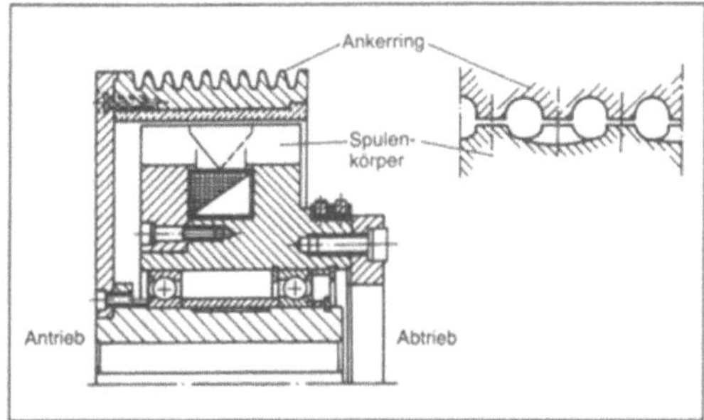

Induktionskupplung: Ausführung als Synchronkupplung. (Quelle: Stromag)

Induktionsofen. Ein I. ist ein Elektroofen, der im wesentlichen aus einem keramischen Tiegel, einer diesen Tiegel umschließenden wassergekühlten Kupferspule und der mechanischen Ofenkonstruktion besteht.

Kleinöfen mit 10–1 000 kg Schmelzengewicht sind überwiegend in Laboratorien und in Spezialgießereien im Einsatz. Mittelöfen haben Schmelzengewichte zwischen 1 t und 20 t, Großraumöfen zwischen 20 t und 60 t.

Die Wirkungsweise eines I. läßt sich mit derjenigen eines Transformators vergleichen. Ein durch eine Spule fließender Wechselstrom erzeugt nach den Gesetzen der Elektrotechnik in den zu schmelzenden Metallen einen starken Strom, der die Metalle hoch erhitzt. Die I. der Stahlindustrie bestehen i. a. aus einem tiegelförmigen Schmelzgefäß, das von einer wassergekühlten Kupferspule umgeben ist. Solche Öfen werden in abnehmendem Maße zur → Rohstahlproduktion und in zunehmendem Maße als Umschmelz-, Legierungs- oder Wärmöfen eingesetzt. *Baumann*

Induktivität, hydraulische. Begriff aus der elektro-hydraulischen Analogie. Die h. I. L_h beschreibt die Massenwirkung in einem Hydrosystem bzw. von Hydroelementen in der Formulierung des Newton-Gesetzes mit hydraulischen Größen

$$p = L_h \cdot d\dot{V}/dt.$$

□ Mit einem → Zylinder (Wirkfläche A_k) verbundene Masse: $L_h = m/A_k^2$;
□ mit Hydromotor (Grundvolumen V_0)

verbundene Drehmasse: $L_h = \theta/V_o2$;

☐ Ölmasse ($A_R \cdot l \cdot \rho$) im Rohr (Querschnitt A_R): $L_h = l \cdot \rho/A_R$. *Röper*

Industrial Design. Unter I. D. (Produktgestaltung, Formgebung) versteht man die planmäßige und bewußte Gestaltung technischer Erzeugnisse hinsichtlich ihrer ästhetischen und ergonomischen Eigenschaften. Gegenstand von I. D. ist die Beziehung zwischen Mensch und Produkt, ist die Optimierung des Produkts im Hinblick auf seine Käufer und Verwender.

Die Aufgabe, die sich das I. D. damit stellt, ist in vorindustriellen Zeiten schon von den handwerklichen Produzenten technischer Erzeugnisse und Gebrauchsgegenstände miterfüllt worden, und zwar in einer gewissen Verbindung zu den jeweiligen Stilformen, z. B. dem Jugendstil, dem Bauhaus, der Stromlinien- und Nierentisch-Periode und dem *hard edge style*. Erst mit fortschreitender Industrialisierung und Massenfabrikation wurde die Produktgestaltung als eigenständige Aufgabe erkannt.

Weil die Ingenieurausbildung versagt, wenn es um die Formschönheit geht, muß diese Lücke mit Empfehlungen und Beispielen, die geeignet sind, eine technische Form beurteilen zu helfen, geschlossen werden. Für die Formgestaltung werden zehn Regeln aufgestellt. Unter anderem gibt es folgende Regeln:

☐ Die Form eines schönen technischen Ergebnisses muß sichtbar, funktionsrichtig und werkstoffwahr, sie muß bewußt sachlich und unaufdringlich sein.

☐ Die Gesamtform eines Erzeugnisses soll geschlossen wirken. Alle Teilformen sollen eine formmäßige Verwandtschaft untereinander und mit der Gesamtform aufweisen, und es sind ruhige Flächen anzustreben.

☐ Während notwendige Teilfugen nicht zu verstekken oder zu unterdrücken, sondern im Gegenteil als gliedernde Elemente zu benutzen sind, sollen Zierleisten, da funktionslos, vermieden werden.

Ein gewisser Einfluß des Zeitgeschmacks kann nicht ganz außer acht gelassen werden. Im Interesse größerer Einheitlichkeit sind sachlich-neutrale, zeitlose Formen empfehlenswert. Als grundlegende Aussagen werden Ordnung, kompakte Bauweise, übersichtliche Form, einfache Form, einheitliche Form, funktionsgerechte Form sowie werkstoff- und fertigungsgerechte Form empfohlen (Bild).

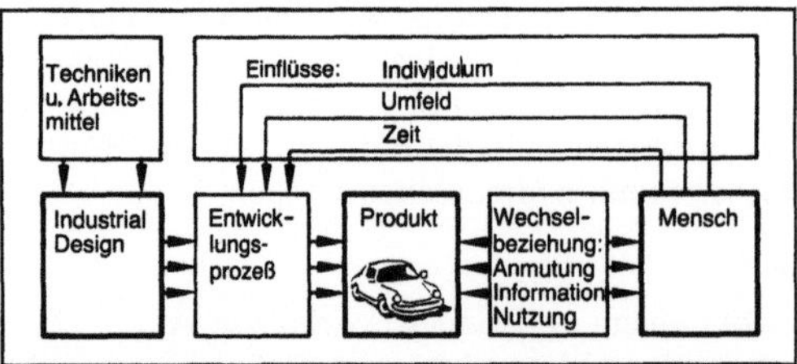

Industrial Design: Leitbild für Industrial Design.

Heute ist der Schwerpunkt auf die Darstellung der Zusammenhänge, die im Zusammenspiel von Mensch und Produkt auf den naturbedingten Eigenheiten des Menschen basieren, konzentriert.

Ein technisches Produkt hat stets drei Grundfunktionen: die technische Funktion, die ökonomische Funktion und die auf den Menschen bezogene Funktion. Im Produktentwicklungsprozeß werden die technische und ökonomische Funktion vorwiegend vom Ingenieur betreut und bearbeitet. Die Bearbeitung und Gestaltung der auf den Menschen bezogenen Funktion ist vornehmlich Aufgabe des I. D. Die auf den Menschen bezogene Funktion umfaßt erstens die Anmutung, eine durch die Wahrnehmung unbewußt ausgelöste Gefühlserregung (Erscheinungsbild, Ästhetik), zweitens die Information, vorwiegend die Zweckinformation (Bedeutung, Nachricht) und drittens die Nutzung (Handhabung, Betätigung).

Für den Teil der Mensch-Produkt-Beziehungen wird die Anwendung ergonomischer Erkenntnisse als Voraussetzung für I. D. gefordert.

Die Beziehung des Produkts zum Menschen erfordert eine Anpassung an die menschlichen Bedürfnisse und seine physiologischen Gegebenheiten. Das Produkt muß sich in seine Umgebung einfügen, und das Produkt muß zeitgemäß sein und den Wertvorstellungen entsprechen. Es gibt auch ein Bewertungsverfahren für das I. D., das vom Rat für Formgebung und von der Stiftung Warentest verwendet wird.

Bei aller Relativität ästhetischer Maßstäbe und bei aller Unterschiedlichkeit des Niveaus ästhetischer Bildung ist es doch unbestreitbar, daß die Mehrzahl der Menschen der äußeren Gestaltung von technischen Gegenständen Beachtung schenkt. *Lauruschkat*

Literatur: VDI/VDE 2424: Industrial Design. Hrsg. Verein Dt. Ingenieure. Ausg. 1986. – VDI/VDE 2224: Formgebung technischer Erzeugnisse; Empfehlungen für den Konstrukteur. Hrsg. VDI/VDMA-Gemeinschaftsausschuß Technische Formgebung. Düsseldorf 1960. – VDI-Ber. Nr. 406: Industrial Design in der Feinwerktechnik. Düsseldorf 1981. – *Klöcker, I.*: Produktgestaltung, Aufgabe-Kriterien-Ausführung. Berlin 1981. – *Koppelmann, U.*: Grundlagen des Produktmarketings. Stuttgart 1978. – *Seeger, H.*: Technisches Design. Grafenau 1980.

Industriegasturbine →Gasturbine

Industriehydraulik. Unter dem Begriff I. werden alle Hydroanlagen zusammengefaßt, die als Haupt- und Nebenantriebe in Produktionsstätten stationär angeordnet sind. Es sind dies Werkzeugmaschinenhydraulik, Transportsysteme, Stell- und Schließantriebe usw. Aufgaben sind außer der Leistungsübertragung die Ausführung von Bewegungen bis zum automatisierten Ablauf.

Der Aufbau der Anlagen geschieht mit Ventilen für Plattenanschluß, die in verrohrten oder verketteten Schaltungen häufig in gesonderten Schaltschränken neben der Arbeitsanlage aufgestellt werden. Genormte Lochanschlußbilder der Ventile sowie elektrische Steckverbindungen ermöglichen schnelle Störungsbeseitigung. Betätigung der Ventile vorzugsweise elektromagnetisch, Steuerung je nach Anforderung durch einfache Handtaster bis hin zu verbindungs- oder speicherprogrammierten Steuersystemen.

Anwendungsbereiche nach Bedeutung: Werkzeugmaschinen (Spann-, Vorschub-, Spindelantriebe, Transfergeräte), Pressen (Krafttriebe), Hütten- und Walzwerkausrüstung (Stelltriebe, Hauptbewegungen, Transport), Kunststoffmaschinen (Spritzpressen, Verschlüsse), Schiffstechnik (Hub- und Stellantriebe, Verschlüsse, Winden) usw.

Röper

Informationssystem →Suchsystem

Informationsumsatz →Umsatzart

Infrarot-Datenübertragung →Datenübertragung

Inhibitor →Additiv (Tribologie)

Initialsprengstoff. I. sind empfindliche Explosivstoffe, die durch leichten mechanischen Stoß, Funken oder elektrische Ströme (Erwärmung) zur Explosion gebracht werden können. Sie dienen dazu, größere Ladungen (Verstärker- oder Hauptladungen) zeitlich und räumlich definiert zur Detonation zu bringen.

Als Sprengkapseln zünden sie Sprengstoffe. Gemischt mit Friktionsmitteln u. a. in Anzündhütchen leiten sie den Anzündvorgang von Treibladungen ein. Die gebräuchlichsten I. sind Knallquecksilber, Blei- und Silberazid. Sie dürfen nur laboriert, d. h. in Hülsen gepreßt, transportiert werden. Die Hülsen bestehen aus Aluminium, Kupfer und Kunststoff.

Meyer-Bäse

Injektionsanlage. I. zum Einpressen von abdichtenden oder verfestigenden Stoffen in Hohlräume des Untergrunds bestehen im wesentlichen aus den als Kompaktanlage ausgebildeten Aufbereitungsgeräten (Vorratsbehälter, Dosier- und Mischaggregat, Zwischenbehälter mit Rührwerk, Injektionspumpe, Druckschnellflußregler und -meßgeräte) sowie den Hilfsvorrichtungen zum Einbringen der Flüssigkeit in den Boden, die sich je nach Verfahren unterscheiden.

□ Zum Injizieren von unten nach oben. Durch gleichmäßiges oder abschnittweises Ziehen kommen Injektionsrohre einfachster Bauart (Rück-schlagventil am unteren Ende), die in mit Stützflüssigkeit gefüllte Bohrlöcher eingeführt werden, sowie direkt eingetriebene Injektionslanzen zum Einsatz. Injektionslanzen sind dünne Stahlrohre, die als Rammlanzen mit aufgesteckter lösbarer Spitze oder als Spüllanzen in geringer Tiefe eingesetzt werden. Verbesserte, aus zusammengeschraubten Rohrschüssen bestehende Ausführungen (Bethäuserlanze) mit Abschlußkragen und verdicktem Spitzenstück erweitern den Einsatzbereich bez. Druck und Tiefe (bis 30 m).

□ Zum Injizieren von oben nach unten setzt man Rotarybohranlagen, bei denen das Injektionsmittel über das Bohrgestänge eingepreßt wird, Tiefenpacker oder Manschettenrohre ein. Die Tiefenpacker, die um das untere Ende des Injektionsrohrs angeordnet sind, können ihr Volumen stark vergrößern. Dadurch verschließen sie den Ringspalt zwischen Injektionsrohr und bereits verdichtetem Boden und verhindern somit ein Ausfließen der Injektionsflüssigkeit nach oben. Die am häufigsten eingesetzten Manschettenröhren (Ventilrohre), die in ein Bohrloch eingestellt werden, bestehen aus Kunststoff mit einem Nenndurchmesser von 30–60 mm. In einem vertikalen Abstand von rd. 30 cm sind ringförmig mehrere Öffnungen angeordnet, die jeweils durch eine Gummimanschette (Ventilwirkung) überdeckt werden. Das Verpressen geschieht abschnittweise über jeweils eine Manschette unter Zuhilfenahme eines im Manschettenrohr längsverschieblich angeordneten Doppelpackers, der entweder selbständig durch den Injektionsdruck oder mechanisch bzw. pneumatisch expandiert und abdichtet (Bild). Neuerdings sind auch Manschettenrohre mit Schiebemuffen und zentrischen, durch Ventile verschließbaren Durchlaßkanälen sowie einbohrfähige Manschettenrohre aus Stahl auf dem Markt. Bei dem unter Hochdruckinjektion oder Jet-Grouting bekannt gewordenen Verfahren werden Injektionsmittel mit Hochdruckpumpen (100–700 bar) über spezielle Düsenhalter in den Boden „gefräst".

Kühn

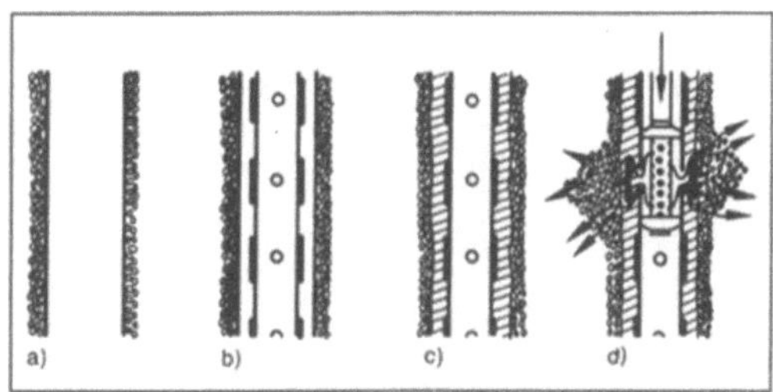

Injektionsanlage: Manschettenrohr mit Doppelpacker.
a) Verrohrte Bohrung
b) Einführung des Manschettenrohres
c) Einbringen der Umhüllung und Ziehen der Verrohrung
d) Injektion mittels Doppelpacker.

Injektorschleuse →Förderanlage, pneumatische

Innengeräusch. Das I. wird bei Kfz üblicherweise am Ort des Ohres der Insassen in dB(A) gemessen. Für seine Lästigkeit ist der Hörbereich des menschlichen Ohres und seine Empfindlichkeit maßgebend. Mit Hilfe des aus Messungen an mehreren Pkw gemittelten Geräuschspektrums wurden in den Grundniveaus 60, 67 und 75 dB(A) die Empfindungsschwellen im Terzbandspektrum ermittelt. Die Empfindungsschwellen in dB sind von der Höhe des Geräuschniveaus praktisch unabhängig, bei niedrigen Frequenzen aber wesentlich größer als bei hohen. Bei einem niederfrequenten Dröhnen muß daher die Schallenergie sehr reduziert werden, damit der Insasse eine Verbesserung merkt. Bei hochfrequenten Windgeräuschen wird jedoch eine geringe Abnahme der Schallenergie bereits als angenehm empfunden. 90 dB(A) führen am Arbeitsplatz im Laufe eines oder mehrerer Jahre zu Hörschäden.

Geräuschquellen sind: die Antriebsanlage, die →Reifen und das Windgeräusch. Ihre relative Bedeutung und Abhängigkeit von der Fahrgeschwindigkeit zeigt das Bild. Um die Übertragung des Motorengeräusches als Körperschall in den Innenraum zu vermindern, sollen die Motoraufhängungen gut abgestimmt, an Schwingungsknoten des Motor-Getriebe-Blocks und an karosserieseitig steifen Punkten angeordnet sein. Durch Kapselung, Vermeidung von Öffnungen zum Motorraum und durch schallabsorbierende Beläge, besonders an der Spritzwand, kann die Luftschall-Übertragung vermindert werden. Für das Windgeräusch ist nicht so sehr die aerodynamisch richtige Form maßgebend, sondern vor allem die Umströmung des A-Pfostens, Dichtigkeit der Türspalte und besonders der Lüf-

tungsflügel. Ferner sollte die Belüftung ausreichend große Querschnitte haben, um die Luftgeschwindigkeit klein zu halten. Natürlich führt unter sonst gleichen Bedingungen ein niedriger c_W-Wert zu günstigeren Innengeräuschwerten. *Fiala*

Literatur: Lärm, das Übel unserer technischen Zeit. Der Große Herder. Bd. 11, Spalte 311 ff. Freiburg 1962. – VDI 2574: Hinweise für die Bewertung der Innengeräusche von Kfz. Ausg. April 1981. – DIN 45639: Innengeräuschmessungen in Kfz. – ISO 5128: Acoustics-Measurement of noise inside motor vehicles. – *Bavonese, J.,* u. *G. L. Gibian:* Experimental Determination of the smallest perceivable changes in octave bands of automobile interior noise. Soc. Automot. Engineers (SAE Technical Paper Series 850980). Warrendale (PA) 1985. – *Buchheim, R., W. Dobrzynski, H. Mankau* u. *D. Schwabe:* Vehicle interior noise related to external aerodynamics. In: Impact of aerodynamics on vehicle design. Interscience Enterprises (Technological Adances in Vehicle Design SP3), S. 197/ 209; Saint Helier (GBR) 1983. – Arbeitsplatz Auto. Bericht über das 5. Symposium Verkehrsmedizin des ADAC vom 25. bis 26. Nov. 1983 in Baden-Baden (Schriftenreihe Straßenverkehr 29). München 1984. – *Klingenberg, H.:* Automobil-Meßtechnik. Bd. A: Akustik. Berlin 1988.

Innengewinde →Gewinde

Innenleistung. Die aus dem →Indikatordiagramm bestimmte Leistung, die vom Arbeitsgas eines Verbrennungsmotors an den Kolben gegeben wird.

Während eines Arbeitsspiels leistet das Gas im Zylinder eines Verbrennungsmotors am Kolben eine Arbeit, die der Fläche des Indikatordiagramms, also des gemessenen p,V-Diagramms entspricht. Multipliziert man diese Arbeit mit der Anzahl der Arbeitsspiele je Zeiteinheit, erhält man die I. des Zylinders bzw. mit der →Zylinderzahl die I. des Motors (→Innenmitteldruck, →Nutzleistung). *Kuhlmann*

Innenmischer. Der I. (auch Kneter genannt) ist ein Mischer, der zum Herstellen von Kautschukmischungen dient, aber auch für die sehr ähnliche Aufbereitung von Kunststoffen verwendet wird.

Die Bestandteile sind Stempel, Mischkammer und die in der Mischkammer rotierenden Knetschaufeln. Das zu mischende und zu knetende Gut wird der Mischkammer durch die Einfüllklappen und den Einfüllschacht zugeführt. Die Entleerung erfolgt durch Öffnen des unten liegenden Klappsattels. Durch die Rotation der Knetschaufeln wird bei Anwesenheit der Kautschuk- oder Kunststoffmischung eine vergleichweise hohe Scherenergie in das Produkt eingeleitet.

Es werden zwei Systeme verwendet. Diese sind nur durch die Art der Knetschaufel unterschieden. Die Scherung erfolgt zwischen den Schaufeln, die mit unterschiedlichen Drehzahlen laufen (1,1:1), und dem Gehäuse. Eine intensivere Scherung bewirken die Knetschaufeln des zweiten Typs, die ineinandergreifende Profile haben. Durch ständiges Ver-

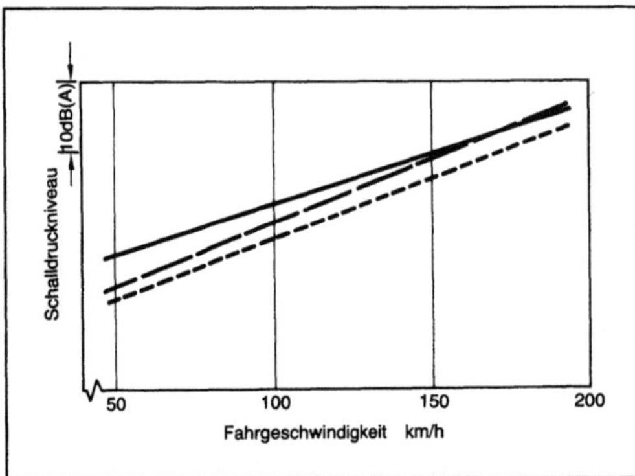

Innengeräusch: Geräuschniveau verschiedener Quellen als Funktion der Fahrgeschwindigkeit von typischem Pkw. (Quelle: R. Buchheim u. a.)

Antriebsgeräusch ——
Windgeräusch —— —— ——
Reifengeräusch — — —

drängen des Mischguts aus den Gängen zwischen den Profilen wird eine intensive Durchmischung bewirkt. Die Temperierung der Kneterrotoren erfolgt durch flüssige Medien. Dazu sind die Rotoren innen hohl oder mit tangentialen Kühlbohrungen versehen.

Derartige I. gibt es mit Mischkammervolumen zwischen 1,5 und 800 l Inhalt. Die Antriebsleistungen liegen entsprechend zwischen 3 und 250 kW. Mittlere und große I. werden automatisch beschickt. Die Betriebsdaten und einige Prozeßdaten werden überwacht. Daten wie Rotordrehzahl, Stempeldruck, Drehmoment, Massetemperatur geben in Verbindung mit einer korrespondierenden Mischzeit wichtige Informationen über die Mischgüte.

Johannaber

Literatur: *Johannaber, F.,* u. *K. Stoeckhert:* Kunststoffmaschinenführer. 2. Aufl. München 1984. – *Lehnen, J. P.:* Kautschukverarbeitung. Würzburg 1983. – *Schnetger, J.:* Lexikon der Kautschuktechnik. Heidelberg 1981. – *Schwarz, O., F.-W. Ebeling, G. Lüpke* u. *W. Schelter:* Kunststoffverarbeitung. Würzburg 1985.

Innenmitteldruck. Auf das →Hubvolumen bezogene Arbeit, die vom Arbeitsgas eines Verbrennungsmotors bei einem →Arbeitsspiel an den Kolben gegeben wird.

Der I. (früher indizierter Mitteldruck) wird aus dem →Indikatordiagramm bestimmt. Das Bild zeigt das Indikatordiagramm eines Zweitaktmotors. Die an den Kolben gegebene Arbeit ergibt sich daraus, daß der Druck bei der Expansion (Abwärtsbewegung des Kolbens) größer ist als bei der Kompression (Aufwärtsbewegung des Kolbens). Die Druckdifferenz multipliziert mit der Volumenänderung ergibt die Arbeit. Somit bedeutet die Fläche des Indikatordiagramms die Innenarbeit W_i.

Die Fläche des Indikatordiagramms ergibt sich ebenfalls, wenn man den Mittelwert der Druckdifferenzen mit dem Hubvolumen V_h eines Zylinders multipliziert. Dieser Mittelwert wird I. p_i genannt (früher p_{mi}). Nach der Beziehung $p_i = W_i/V_h$ ist der I. gleichzeitig die auf das Hubvolumen bezogene Innenarbeit bei einem Arbeitsspiel.

Der I. (bzw. der →Nutzmitteldruck) ist einer der wichtigsten Kennwerte eines Verbrennungsmotors. Bei vorgegebener Drehzahl ist er ein Maß für die →Innenleistung des Motors. Im Gegensatz zur Innenleistung ist der I. im Prinzip unabhängig von der Motorgröße. Der Zusammenhang zwischen Innenleistung P_i und I. p_i ergibt sich für den →Zweitaktmotor aus $P_i = p_i \cdot n \cdot V_H$ bzw. für den →Viertaktmotor aus $P_i = p_i \cdot \dfrac{n}{2} \cdot V_H$; darin bedeuten n Drehzahl, V_H Hubvolumen des Motors.

Kuhlmann

Innenraumklima (Kraftfahrzeug). Qualität und Zustand der Raumluft beeinflussen das Wohlbefinden und die Leistungsfähigkeit von Fahrer und Insassen entscheidend.

Qualität der Raumluft, hygienische Anforderungen. Sitzende Personen geben unter leichter körperlicher Aktivität 17 l/h CO_2 ab. Zum Verdünnen auf den MAK-Wert von 0,5 % sind 4 m^3 Frischluft pro Person und Stunde nötig (Bild 1). Trotzdem ist gelegentlicher reiner Umluftbetrieb bei Fahrzeugklimaanlagen möglich, da z. B. der MAK-Wert für CO_2 in einem kleinen Raum von 1 m^3/Person erst nach 17 min erreicht wird und auch bei reinem Umluftbetrieb meist durch Undichtheiten ausreichend Frischluft

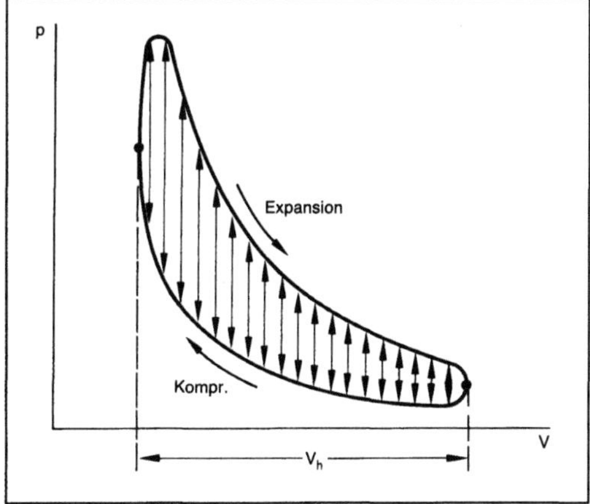

Innenmitteldruck: Definition.

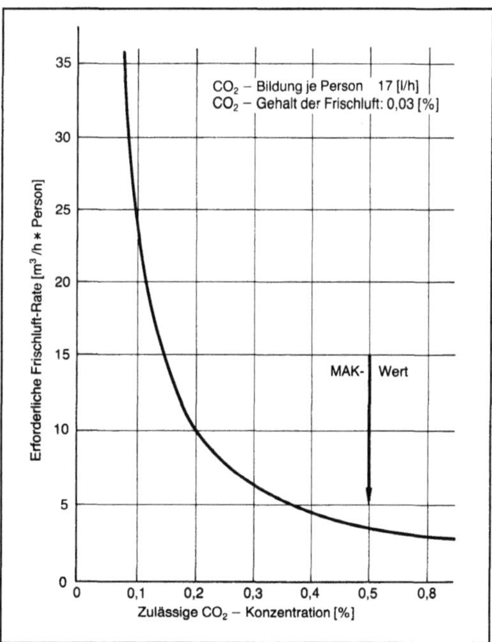

Innenraumklima (Kraftfahrzeug) 1: Frischluftbedarf. (Quelle: Temming)

zugeführt wird. Der Sauerstoffverbrauch durch das Atmen spielt gegenüber der Erhöhung der CO_2-Konzentration eine untergeordnete Rolle. Weit höhere Frischluftraten erfordert das Entfernen von Duftstoffen. Aus einer Untersuchung von *Yaglou, Riley* und *Coggins* ergibt sich durch Extrapolation auf eine Raumgröße von ca. 0,5 m³/Person (2,5 m³ Fahrgastraum und 5 Personen) für einen Intensitätsindex 2 „mäßige Geruchsintensität" eine Frischluftrate von über 65 m³ pro Person und Stunde oder insgesamt über 325 m³/h oder 0,09 m³/s. Bei Besetzung mit 2 Personen ergeben sich etwa 50 m³ pro Person und Stunde. Bei diesen Untersuchungen blieben alle Geruchsbelästigungen durch Tabakrauch, auch mögliche Spätwirkungen durch Niederschlagen des Rauchs in Geweben oder an den Verdampfern von Kältemaschinen außer Betracht.

DIN 1946 schreibt 20–30 m³ pro Person und Stunde für Räume vor. Der größere Wert gilt, falls geraucht wird. Mit Rücksicht auf Behaglichkeit und Vermeiden von Zugluft sind bei den Raumverhältnissen im Kfz Kompromisse zwischen Luftqualität und den physiologischen Anforderungen unvermeidbar.

Ein besonderes Augenmerk verdienen auch andere Luftverunreinigungen, die im dichten Verkehr von außen in das Fahrzeug gelangen bzw. im Fahrzeug unabhängig vom Menschen auftreten. Bezüglich ihrer Konzentration sei auf Messungen von *Rudolph* in Frankfurt 1981 auf Pendlerrouten und auf Autobahnen verwiesen. Die Schadstoffkonzentrationen von außen sind sehr stark von Verkehr, Straßenverlauf, Windverhältnissen, Bebauung, NO_2 außerdem stark von der photochemischen Aktivität abhängig. Tabelle 1 zeigt die MAK-, MIK- und TRK-Werte für wichtige Schadstoffe.

Die maximale Arbeitsplatz-Konzentration MAK gilt für 8stündige Exposition am Arbeitsplatz. Die

Innenraumklima (Kraftfahrzeug). Tabelle 1: Richtwerte für Luftverunreinigung.

Stoff	MAK mg/m³	MIK mg/m³	TRK mg/m³
CO_2	9 000 (5 000 ppm)		
CO	33	10	
NO		0,5	
NO_2	9	0,1	
Blei	0,1		
Benzol		0,3*)	16

*) Immissionsgrenzwert des Landes Nordrhein-Westfalen

Technischen Richtkonzentrationen TRK gelten für krebserregende Stoffe, schließen aber auch bei ihrer Einhaltung ein gesundheitliches Risiko nicht aus. Die maximalen Immissions-Konzentrationen MIK gelten nach derzeitigen Erfahrungen für die Gesamtbevölkerung für luftverunreinigende Stoffe im Freien. Die MIK-Werte nach der Richtlinie VDI 2310 werden als Mittelwerte über ½ h, 24 h und ein Jahr angegeben. Lösungsmittel und weitere organische Stoffe als luftverunreinigende Stoffe in der freien Atmosphäre und Bodennähe sind in der Richtlinie VDI 2306 bewertet.

Physiologische Anforderungen an die Raumluft. ISO-Norm 7730 gibt auf Grund umfangreicher statistischer Untersuchungen auf der Grundlage einer 7stufigen Beurteilungsskala (+3: heiß; +2: warm; +1: etwas warm; 0: neutral (behaglich); −1: etwas zu kalt; −2: kühl; −3: kalt) eine Formel für die zu erwartende Einstufung eines bestimmten Umgebungszustandes, den PMV-Index (Predicted Mean Vote) an, der die Wärmeproduktion des Körpers M (Tabelle 2) in metabolischen Einheiten (1 met = 58 W/m² Körperoberfläche; M = 0,8–4 met), die äußere Arbeit, den Isolationswert der Kleidung in clo (1 clo = 0,155 m²·K/W, I_{cl} = 0–2 clo), das Verhältnis der bekleideten zur unbekleideten Körperoberfläche, die Temperatur der Luft in °C (t_a = 10–30 °C), die mittlere Strahlungstemperatur in °C (t_r = 10–40 °C), die relative Luftgeschwindigkeit in m/s (0–1 m/s), den Wasserdampfpartialdruck in Pascal (0–2700 Pa), den konvektiven Wärmeübergangskoeffizienten in W/m²·K und die Oberflächentemperatur der Kleidung in °C zusammenfaßt. Bild 2 gibt die Wirktemperatur für PMV = 0 (Wohlbehagen) als Funktion der Bekleidung und der Wärmeproduktion des Körpers wieder. Innerhalb der den schraffierten Feldern zugeordneten Temperaturbereiche $\pm \Delta t$ werden 90 % der Personen zufriedengestellt. Die Wirktemperatur t_o ist die gleichförmige Temperatur in einem schwarzen Körper, bei der der Insasse den gleichen Wärmeaustausch durch Strahlung und Konvektion hat wie in einer wirklichen, nicht gleichförmigen Umgebung. Nach ISO 7730 gilt: $t_o = A \cdot t_a + (1 - A) \cdot t_r$.

Innenraumklima (Kraftfahrzeug). Tabelle 2: Wärmeproduktion des Körpers M.

Aktivität	W/m²	met
Ausruhen	46	0,8
entspannt Sitzen	58	1,0
sitzende Tätigkeit (entspannt Fahren)	70	1,2
Fahren im dichten Straßenverkehr, Paßfahren	116	2,0

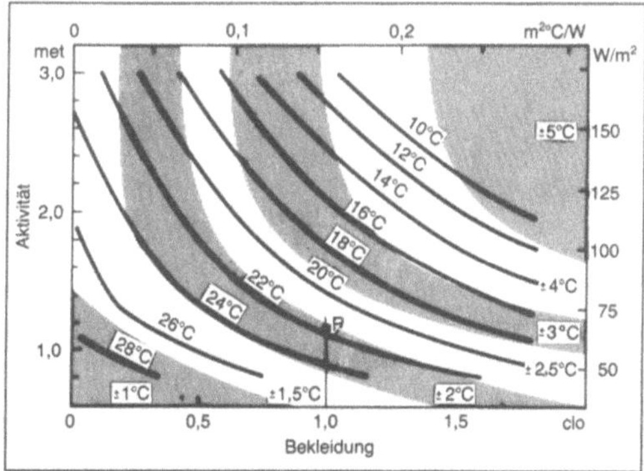

Innenraumklima (Kraftfahrzeug) 2: Optimale Wirktemperatur für das Wohlbehagen nach ISO 7730 für verschiedene Bekleidungen, gemessen in clo (bzw. Wärmeübergängen) und Aktivitäten M in met (bzw. Wärme-Leistungsdichte in W/m²).

Gültigkeit: Bei $M < 1$ muß die Luftgeschwindigkeit $v = 0\,\text{m/s}$ sein; bei $M > 1$ muß die Luftgeschwindigkeit $v < 0,3 \cdot (M - 1)$ sein.

Da die Konvektion von der Luftgeschwindigkeit abhängig, die Strahlung jedoch davon unabhängig ist, werden für A folgende Werte empfohlen:

Luftgeschwindigkeit in m/s: A	<0,2 0,5	0,2–0,6 0,6	0,6–1 0,7

Bei $PMV = 0$ werden 95 %, bei $PMV = +0,5$ bis $-0,5$ mehr als 90 % zufriedengestellt. Tabelle 2 gibt die für Fahrgäste und Fahrer im Auto in Betracht kommenden Werte für die Wärmeproduktion des Menschen.

Beispiel: Punkt P in Bild 2 repräsentiert die von 95 % der Fahrer in Straßenkleidung als behaglich empfundene Wirktemperatur $t_o = 21,5\,°\text{C}$. Bei einer im Mittel um 8 K niedrigeren Strahlungstemperatur, d. h. Temperatur der Karosserieinnenflächen, wird nach $t_o = A \cdot t_a + (1 - A) \cdot (t_a - 8)$ bei $A = 0,5$ (kleine Luftgeschwindigkeit) die erforderliche Lufttemperatur $t_a = 21,5 + 4 = 25,5\,°\text{C}$.

Durch Erhöhung der mittleren Temperatur der Karosserieinnenflächen infolge Isolierung oder Beheizung, z. B. Wärmeleitrohre, kann die erforderliche Lufttemperatur wesentlich gesenkt werden. Für Fahrzeugheizungen wird für den Fußraum eine um 4–8 K höhere Temperatur als für den Kopfraum empfohlen. Temperaturschwankungen unter 1 K liegen an der Empfindungsschwelle, oberhalb 3 K werden sie deutlich empfunden. Besonders bedeutsam ist der kombinierte Einfluß von mittlerer Luftgeschwindigkeit und Lufttemperatur. Beispielsweise bleibt eine Erhöhung der Luftgeschwindigkeit von 0,2 auf 1,2 m/s bei gleichzeitiger Erhöhung der Lufttemperatur um 4 K im Bereich thermisch behaglicher Bedingungen ohne Auswirkungen. Im Sommer können in nur belüfteten Fahrzeugen Luftgeschwindigkeiten bis 3,5 m/s (12,6 km/h) nützlich sein. In klimatisierten (gekühlten) Fahrzeugen sollten die Luftgeschwindigkeiten niedriger und die Lufttemperatur nicht mehr als 6–8 K unter der Außentemperatur liegen. Die Luftgeschwindigkeit sollte nach *Bauer* in den Bereichen Kopf, Hals, Hände, Handgelenke, Oberschenkel, Beine und Füße gering sein; im Brustbereich könne sie hoch sein. Individuelle Einstellbarkeit der Lüftungsdüsen nach Richtung und Strömungsgeschwindigkeit ist erforderlich, zumal schon Geschwindigkeiten von 0,15–0,25 m/s unangenehm als Zug empfunden werden können. Einfluß von Schwankungen der Luftgeschwindigkeit sind noch nicht ausreichend untersucht.

Die Luftfeuchtigkeit ist ein Klimafaktor von untergeordneter Bedeutung. Der Körper gibt als insensible Perspiration ca. 20 g/h Feuchtigkeit ab. Unangenehm ist die Behinderung der Verdunstung durch Dampfsperre, z. B. durch ungeeigneten Sitzbezug. Nach *Fanger* entspricht der Erhöhung der relativen Luftfeuchtigkeit von 0 auf 100 % empfindungsgemäß nur eine Temperaturzunahme von 1,5–3 K. In DIN 1946 (1983, Tl. 2) wird die zulässige Grenze des Feuchtigkeitsgehaltes der Luft mit 11,5 g Wasser je kg trockener Luft angegeben. Von besonderer Bedeutung ist die Luftfeuchtigkeit vom Standpunkt der Fahrsicherheit wegen der Gefahr des Beschlagens der Scheiben bei hoher Feuchtigkeit.   *Fiala*

Literatur: *Gengenbach, W.:* Heizung, Lüftung, Klimatisierung von Kraftfahrzeugen. In: *Hucho, W.-H.:* Aerodynamik des Automobils. Würzburg 1981. – *Temming, J.:* Hygienische und physiologische Grundlagen der Fahrzeug-Klimatisierung (Vortragsmanuskript, Seminar „Kältetechnik im Kfz" im Fachbereich Maschinenbau der Fachhochschule Karlsruhe, 17. 09. 84). Wolfsburg 1984. – *Veil, W.:* Lüften, Heizen und Kühlen in Personenfahrzeugen. Düsseldorf 1965.

Innenrüttler. I. (Tauchrüttler) werden vor allem im Betonbau eingesetzt, wo sie, direkt in den Beton eingetaucht, ihre Schwingungsenergie unmittelbar auf das zu verdichtende Gemenge abgeben. Sie bestehen aus einem flaschenförmigen, glatten Stahlzylinder, der Rüttelflasche, mit einem innenliegenden Unwuchterreger (Bild). I. unterscheidet man nach der Lage des Antriebs in Rüttler mit innen- oder außenliegendem Antrieb. Bei Rüttlern mit innenliegendem Antrieb wird die Unwucht durch einen in der Rüttelflasche eingebauten Elektromotor angetrieben, bei Rüttlern mit außenliegendem Antrieb besorgt eine 4–7 m lange, schlauchgeschützte biegsame Welle den Antrieb. Als Antriebsquelle sind Druckluft-, Elektro- oder Verbrennungsmotoren zu finden. I. werden mit Flaschendurchmessern von 30–160 mm hergestellt und arbeiten mit Frequenzen von 6 000–12 000 Schwingungen je Minute.   *Kühn*

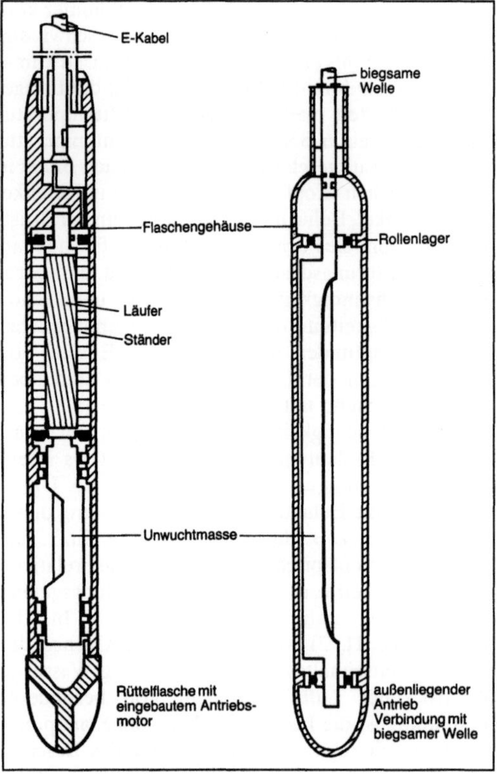

Innenrüttler: Bauformen.

Innensechskantkopf →Schraubenform

Innenverzahnung. Von zwei im Eingriff befindlichen Zahnrädern verschiedener Durchmesser kann das größere →Zahnrad das kleinere umschließen. Es ist als Hohlrad mit einer I. versehen (Bild 1).

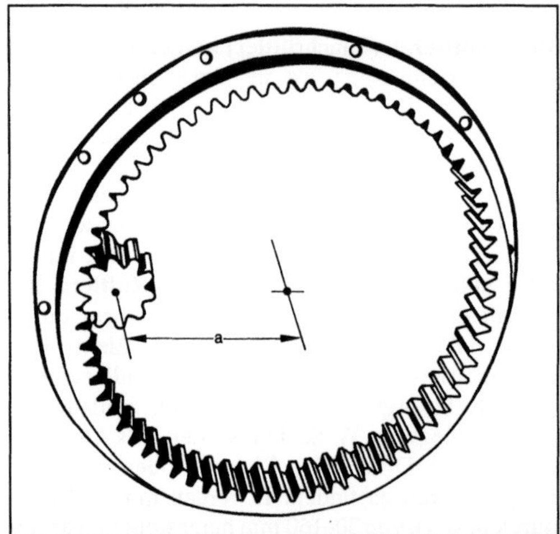

Innenverzahnung 1: Innenradpaar mit Achsabstand a.

Die I. wird wie die Außenverzahnung nach den Regeln der Evolventengeometrie (→Evolventenverzahnung) erzeugt. Bei der Berechnung setzt man alle von der Zähnezahl des Hohlrads abhängigen Größen negativ ein. Die →Zahnstange ist als Grenzfall zwischen Außen- und I. mit unendlicher Zähnezahl anzusehen; Übergang von Außenverzahnung zu I. (Bild 2). Hiermit gelten alle für Außenradpaare verwendeten geometrischen Beziehungen auch für Innenradpaare.

Eine negative →Profilverschiebung (Evolventenverzahnung) bedeutet hierbei im Gegensatz zur Außenverzahnung ein Abrücken des Herstellprofils vom Grundkreis. Es kann kein →Unterschnitt auftreten, jedoch ist die Gefahr von Eingriffsstörungen größer als bei Außenverzahnungen.

Die Zahnflanken innenverzahnter Stirnräder sind konkav gekrümmt (Bild 2). Infolge der damit ver-

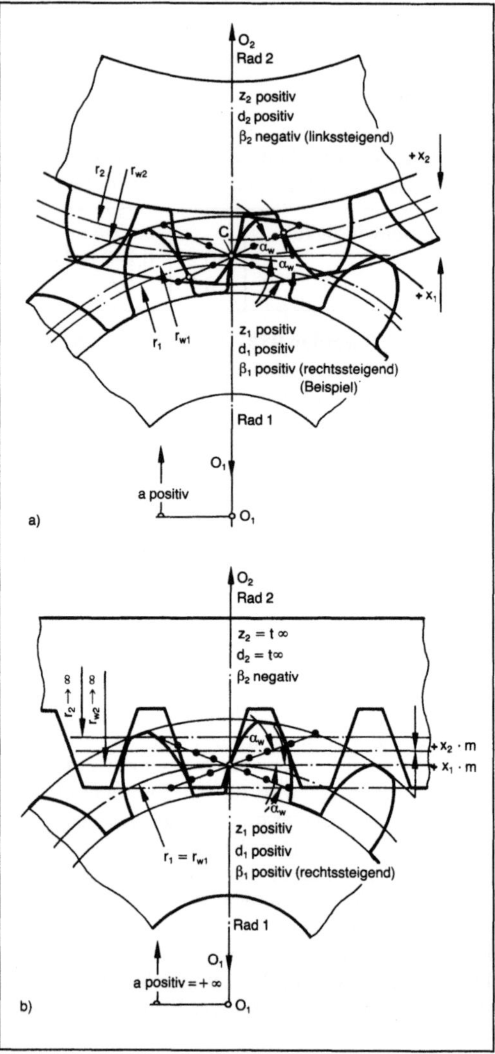

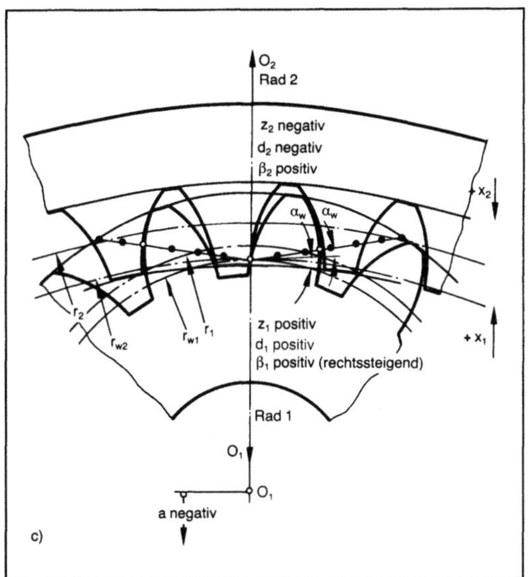

Innenverzahnung 2: Entstehung der Innenverzahnung c) aus der Außenverzahnung, a) über die Zahnstange mit unendlicher Zähnezahl, b) Vorzeichenregelung.

bundenen günstigen Schmiegung ist die →Flankenpressung von Innenradpaaren gegenüber der von Außenradpaarungen viel kleiner; dies äußert sich in einer höheren Grübchentragfähigkeit. So kommt man oft mit →Vergütungsstahl als →Zahnradwerkstoff aus. Gegenüber der bei Außenverzahnungen maßgebenden 30°-Tangente für die maximale →Zahnfußspannung legt man bei I. für die Berechnung der →Zahnfußtragfähigkeit eine Tangente an die →Zahnfußausrundung zugrunde, die unter etwa 60° zur Zahnsymmetralen geneigt ist, oder legt ein Zahnstangenprofil zugrunde (DIN 3990).

I. sind schwieriger zu fertigen; Verzahnungsschleifen ist nur bedingt möglich. Ferner müssen z. T. größere Flankenlinienabweichungen in Kauf genommen werden, da die →Ritzel von Innenradpaaren oft nur fliegend gelagert werden können. Dennoch sind, insbes. bei Planetengetrieben, oft die Vorteile der kompakten Bauweise verbunden mit hoher Leistungsdichte für den Einsatz von Innenradpaaren ausschlaggebend. *Winter*

Literatur: DIN 3960: Begriffe und Bestimmungsgrößen für Stirnräder (Zylinderräder) und Stirnradpaare (Zylinderradpaare) mit Evolventenverzahnung. Bbl. 1: Zusammenstellung der Gleichungen. Hrsg. Dt. Inst. für Normung. Ausg. Juli 1980. – *Erney, G.:* Auslegung von Evolventen-Innenverzahnungen. Antriebstechn. 14 (1975), S. 625/29. – *Piepka, E.:* Eingriffsstörungen bei Evolventeninnenverzahnungen, theoretische Ableitung und Programmierung. VDI-Z. 112 (1970), S. 215/22. – *Richter, W.:* Auslegung von Innenverzahnungen und Planetengetrieben. Konstr. 14 (1962), S. 489/97. – *Schmidt, W.:* Untersuchungen zur Grübchen- und zur Zahnfußtragfähigkeit geradverzahnter evolventischer Innenstirnräder. Diss. TU München 1984.

Innenwirkungsgrad. Verhältnis der →Innenleistung eines Verbrennungsmotors zum mit dem →Kraftstoff zugeführten Energiestrom.

Dem einem →Verbrennungsmotor zufließenden Kraftstoffstrom entspricht ein bestimmter Wärmestrom, der bei der →Verbrennung des Kraftstoffs frei wird (→Sankey-Diagramm). Über thermodynamische Vorgänge im Zylinder des Motors wird dieser Wärmestrom in die Innenleistung umgesetzt. Der I. als Verhältnis der Innenleistung zu dem genannten Wärmestrom ist damit ein Maß für die Qualität der Energieumsetzung im Motor. Er beeinflußt auch am meisten den Gesamtwirkungsgrad des Motors (→Nutzwirkungsgrad) und ist daher bei der Motorenentwicklung von größter Bedeutung. *Kuhlmann*

Instabilität →Gleitlager, schnellaufendes

Integralbauweise. I. (Bild) ist die Zusammenfassung mehrerer Bauteile (Maschinenteile) zu einem einzigen.

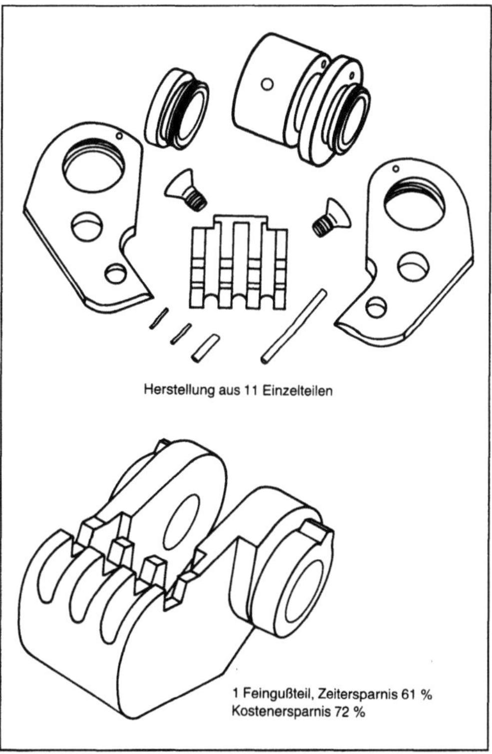

Integralbauweise durch Feingußverfahren.

Ihr Ziel ist, die teure Teilevielfalt zu vermindern und vor allem bei großen Stückzahlen ein kostengünstigeres Fertigungsverfahren anwenden zu können oder Montagekosten zu sparen. Typische Beispiele sind Gußkonstruktionen oder Strangpreßprofile statt geschweißter Normprofile. Gegenteil: →Differentialbauweise. *Ehrlenspiel*

Integraltemperatur →Freßtragfähigkeit

Interlock →Maschenware

Ionenimplantieren. Einbau von Ionen in die Randschicht von Werkstoffen durch Ionenbeschuß. Dabei entstehen 0,01–1 µm dicke Schichten, in denen die implantierten Atome angereichert sind. Da die Implantation nicht durch das thermodynamische Gleichgewicht kontrolliert wird, können Mischungen erzeugt werden, die thermodynamisch nicht stabil sind, wie z. B. Blei in Eisen. Technische Bedeutung hat das I. z. Z. vor allem für die Dotierung von Halbleitern. Daneben scheint eine Erhöhung des Verschleißwiderstands, der Korrosionsbeständigkeit und der Dauerschwingfestigkeit von Werkzeugen und Bauteilen des Maschinenbaus durch das I. z. B. von Stickstoff oder Titan möglich zu sein. *Habig*

Literatur: *Wolf, G. K.:* Metall 38 (1984), S. 402.

IP-Kurzzeichen für Schutzarten. Internationaler Code (International Protection) für die Einteilung der Schutzarten durch Gehäuse für elektrische Betriebsmittel. Er setzt sich zusammen aus den Kennbuchstaben IP und zwei Kennziffern, die erste für den Schutz gegen Berühren stromführender oder bewegter Teile und Eindringen von Fremdkörpern, die zweite für den Schutz gegen Eindringen von Wasser. Zusatzbuchstaben kennzeichnen Sonderschutzarten, z. B. W Wetterschutz. *Rentzsch*

ISO-Container →Container

ISO-Gewinde, metrisches →Gewinde

ISO-VG-Normöl →Viskosität-Temperatur-Verhalten

Isolierung →Schwingungsminderung

IZ-Gelenk. Das IZ-G. (Bild) ist eine drehstarre, winkelnachgiebige, homokinetische →Ausgleichskupplung. Es erlaubt eine Winkelnachgiebigkeit bis zu 45°. Der Gleichlauf wird durch zwei gelenkig gelagerte, in der Mitte durch eine Kugel zentrierte Gabeln erreicht. Durch diese Anordnung wird die die Gabeln verbindende Achse immer auf der Winkelhalbierenden zwischen den beiden Wellen geführt. *Ehrlenspiel*

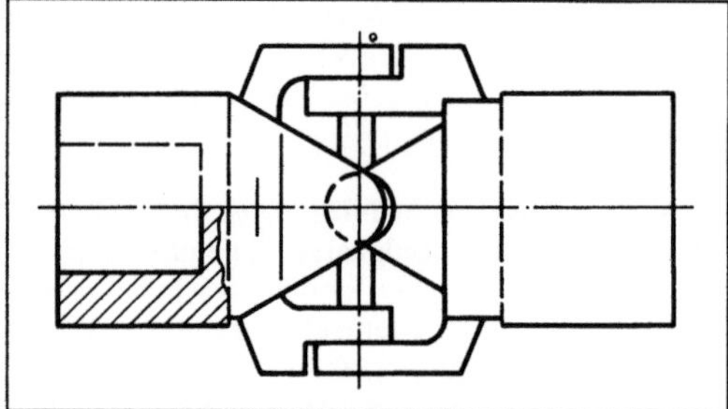

IZ-Gelenk. (Quelle: Schmidt-Kupplung)

J

Jacquardmaschine. J. sind Fachbildeeinrichtungen an Webmaschinen. Den Namen hat die J. von ihrem Erfinder *Joseph-Marie Jacquard* (1752 bis 1834), der seine Haupterfindung erstmals im Jahre 1805 der Öffentlichkeit vorstellte. Während bei den Schaft- und Exzentermaschinen die Kettfäden gruppenweise gesteuert werden, ermöglicht die J. die Einzelfadensteuerung. Die Information der Karte wird über die Steuernadel auf die Platine übertragen (Bild). Erfaßt das auf- und abgehende Hubmesser den Haken der Platine, so erfolgt durch die Aufwärtsbewegung über Harnischkordel und Litze die Bewegungsübertragung auf den Kettfaden; er geht in das Oberfach. Kommen durch die Steuerung der Karte Platine und Hubmesser nicht in Eingriff, so kann das an der Litze angebrachte Gewicht (oder eine Gummifeder) die Platine mit Harnischkordel und Litze nach unten ziehen, womit der Kettfaden in das Unterfach geht. Die Anzahl der Platinen in einer modernen J. liegt wahlweise bei 448, 896, 1344, 1792 und 2688 und ist abhängig von dem zu fertigenden Gewebe oder Muster. Durch Kombination mehrerer J. ist die Anzahl der Platinen für eine Webeinrichtung noch zu vergrößern. Große Kettrapporte und feinfädige Gewebe erfordern entsprechend hohe Platinenzahlen. Die Arbeitsfrequenz moderner J. liegt je nach Ausführung bei 350–600 min⁻¹.

Neben den über Papierkarten mechanisch gesteuerten J. werden heute vermehrt solche mit elektronischer Steuerung eingesetzt. Dabei erfolgt die Informationsübertragung der Musterdaten von einem →Speichermodul (Magnetband, Disc, Festplatte oder Memory Card) bis zur Platinenauswahl elektronisch, während die Fachbildung, d. h. die Bewegungen der Platinen, weiterhin mechanisch geschieht. Die Arbeitsfrequenz der elektronisch gesteuerten J. erreicht je nach Größe bis zu 1000 min⁻¹. *Kohlhaas*

Jacquardtechnik. In der Wirkerei und Strickerei versteht man darunter eine individuelle Nadelsteuerung (Strickmaschine) oder eine beliebige Einzelsteuerung von Wirkelementen (→Nadel, →Platine); (→Kettenwirkmaschine: Lochnadel, →Kulierwirkmaschine: Preßschieber).

Die jacquardmäßige Nadelauswahl in der Strickerei kann mechanisch durch gestanzte Stahlbleche, Musterräder oder Stifttrommeln sowie elektronisch durch Datenverarbeitung über Computer und Lochstreifen, Kassetten oder Disketten erfolgen (Bild 1), wobei die Informationen elektromagnetisch über Stößer in Nadelbewegungen umgesetzt werden. Die Nadeln können individuell stricken/nicht stricken,

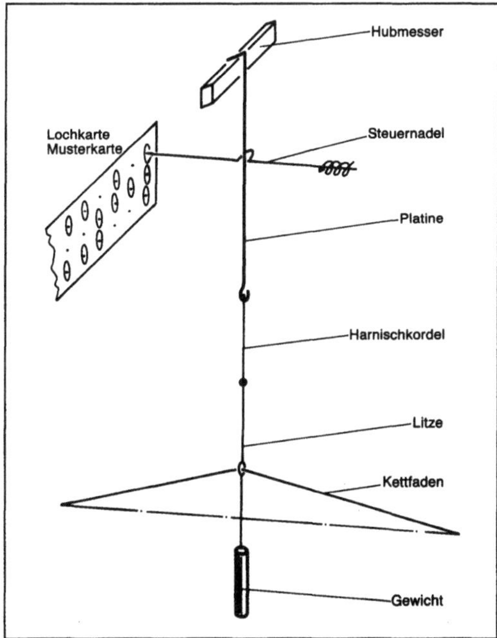

Jacquardmaschine: Informationsübertragung von der Lochkarte über Steuernadel und Platine auf den Kettfaden.

Jacquardtechnik 1: Elektronische Musterverarbeitung. (Quelle: Universal Maschinenfabrik)

1 Rechner mit Monitor, 2 Kassettenlaufwerk mit Tastatur, 3 Zeichenplatte, 4 Scanner, 5 Drucker

Farbjacquard (Bild 2), stricken/fangen, Fangjacquard (Bild 3), fangen/nicht stricken, Futterjacquard (Bild 4) oder Maschen von einem Nadelsystem in das andere übertragen (Bild 5). In Jacquard-Raschelmaschinen (Kettenwirkmaschine) werden vom Jacquard-Apparat über Harnischschnüre und Drängstifte flexible Lochnadeln in jedem →Maschenbildungsvorgang verdrängt (Bild 6) und da-durch Legungsänderungen verursacht, die z. B. mustergemäß Durchbrechungen oder flottierende Musterfäden in der Bindung (→Bindungselement) erzeugen. In der Kulierwirkmaschine können die Nadeln individuell gepreßt oder nicht gepreßt werden, so daß Strukturmuster durch Henkel bzw. Noppen (→Bindungselement) entstehen.

K. P. Weber

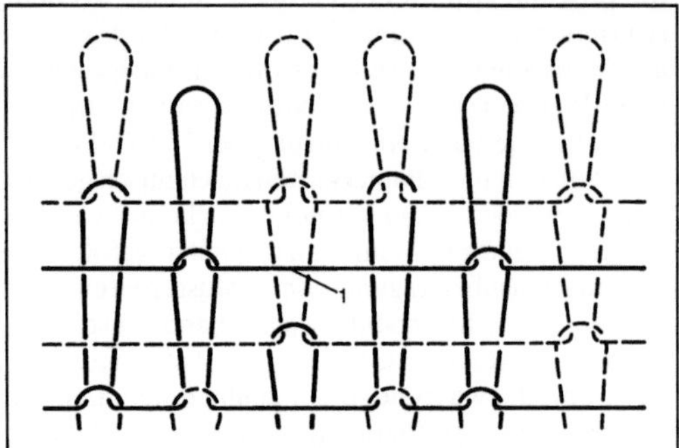

Jacquardtechnik 2: RL-Farbjacquard.

1 Flottung

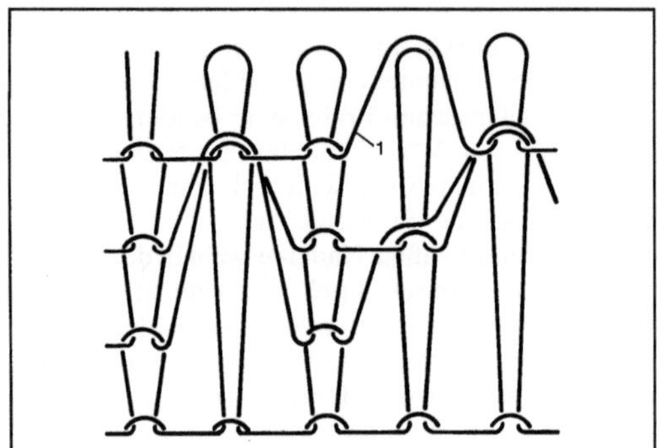

Jacquardtechnik 3: RL-Fangjacquard.

1 Henkel

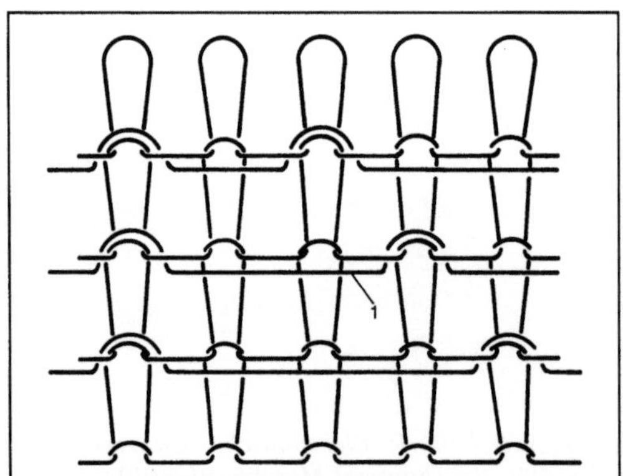

Jacquardtechnik 4: RL-Futterjacquard.

1 Futterfaden

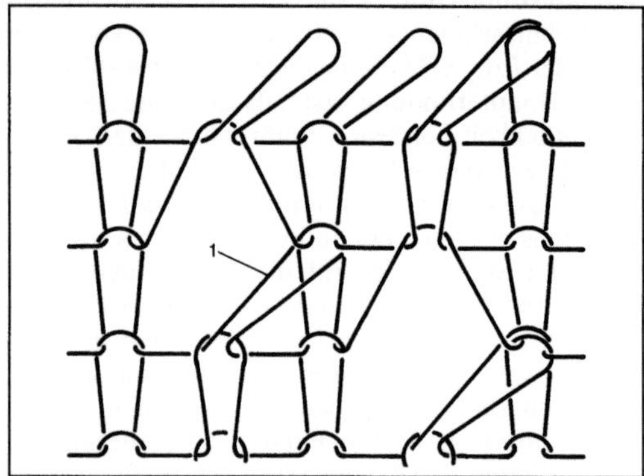

Jacquardtechnik 5: RR-Transferjacquard.

1 verhängte Masche von vorn nach hinten

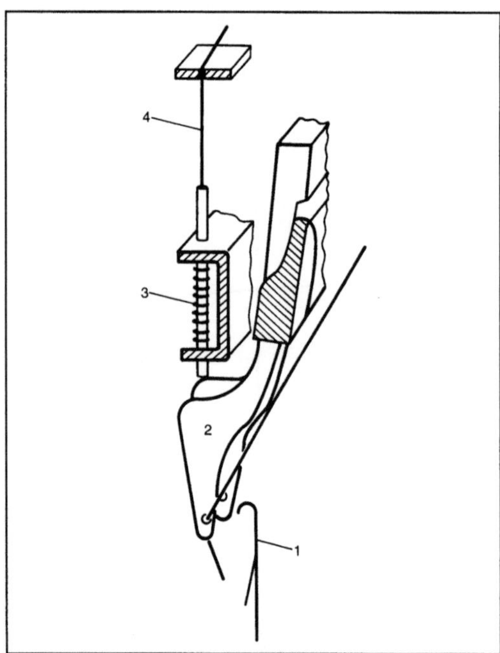

Jacquardtechnik 6: Kettenwirkerei.

1 Zungennadel, 2 flexible Lochnadel, 3 Drängstift in Drängschiene, 4 Harnischschnur

Jutespinnereiverfahren. Die Jute hat zwar bei den Bastfasern den größten Mengenanteil, wurde jedoch in den letzten Jahren in den Anwendungsbereichen

(Verpackungstextilien- und -Grundgewebe für Bodenbeläge) durch synthetische Materialien weitestgehend ersetzt.

Im Gegensatz zu Flachs und Hanf erfolgt nach der Röste die Bastgewinnung durch Abschälen von den 15–25 mm dicken Pflanzenstengeln. Die langen Faserbündel werden in der Spinnerei auf Jutequetschmaschinen bei gleichzeitigem „Batschen" (Besprühen mit einer Fettemulsion) zur Lösung der Pektine entsprechend geschmeidig gemacht und dann auf einer Jute-Vorkrempel aufgelöst und auf kürzere Längen gerissen (Bild).

Auf einer zweiten Krempel (Feinkrempel) werden die Fasern weiter aufgelöst, gekürzt und gesäubert und als Krempelband in Wickelform abgeliefert.

Die Faserbänder werden dann auf 1 oder 2 Passagen Jutestrecken weiter vergleichmäßigt. Bei neueren Strecken erfolgt auf der letzten Strecke durch einen Stauchkanal eine „Kreppung" des abgelieferten Faserbands, so daß die Vorlage einer gedrehten Lunte für die Spinnmaschinen, die auf einem nachfolgenden Flyer erzeugt wurde, überflüssig wurde.

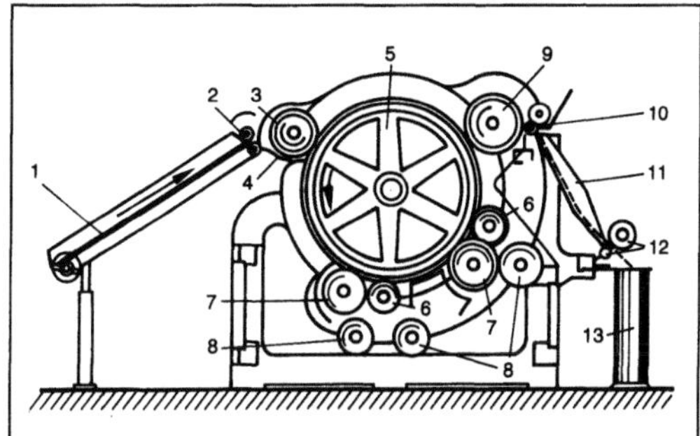

Jutespinnereiverfahren: Jute-Vorkrempel (Prinzipskizze).

1 Zuführlattentuch, 2 Druckwalzenpaar, 3 Speisewalze, 4 Mulde, 5 Trommel, 6 Arbeiterwalze, 7 Wanderwalze, 8 Fangwalze, 9 Abnehmer, 10 Walzenpaar, 11 Gleittrichter, 12 Druckwalzenpaar, 13 Spinnkanne

Das Fertigspinnen erfolgt in einem Trockenspinnvorgang auf Flügelspinnmaschinen, teilweise auch auf Zentrifugenspinnmaschinen. *Löcker*

K

Kabelkran. K. (Bild) werden zum Baustellentransport über große Spannweiten und Höhen oder auch dann eingesetzt, wenn auf dem Bauplatz der Raum zum Aufstellen anderer Krane ungeeignet ist. K. sind Krane mit einer auf einem oder mehreren Drahtseilen (Tragseilen) fahrbaren (Fahrseil) Seillaufkatze, an der das Windwerk eines ein- oder mehrstrangigen Hubseils befestigt ist. Das Tragseil ist zwischen zwei entweder ortsfesten oder senkrecht zur Spannweite schwenkbaren, radial oder parallel verfahrbaren Stützen angeordnet. Die Stützenvarianten sind auch kombinierbar. *Kühn*

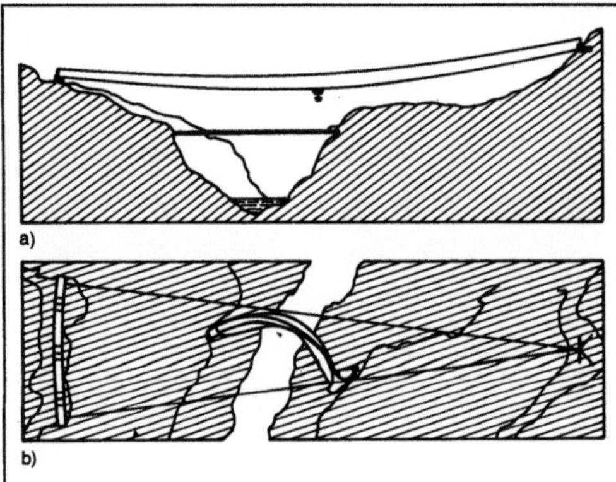

Kabelkran: Arbeitsbereich eines Kabelkrans beim Staumauerbau.
a) Lotrechter Schnitt.
b) Grundriß.

Käfigläufermotor. Der K. ist die häufigste Ausführungsform der Wechselstrom-Induktionsmaschine. Er wird verwendet als Antriebsmotor in allen Leistungsbereichen, auch als polumschaltbarer Motor und Außenläufermotor. Wegen ihrer großen Verbreitung und Bedeutung für die Antriebstechnik sind Drehstrom-Asynchronmotoren mit Käfigläufern in ihren Anbaumaßen und Leistungen international (IEC-Publikation 72) und auf Grund harmonisierter europäischer (CENELEC) Normen national genormt (DIN 42 671 ff.) mit der Bauartzulassung durch eine staatliche Prüfstelle. Da er keine funkengebenden Teile besitzt, ist der K. auch zur Verwendung in explosionsgefährdeten Betriebsstätten geeignet.

Die Läuferwicklung des mit Einfach- oder Doppelkäfig ausgeführten Motors besteht aus nichtisolierten Aluminium-, Bronze-, Kupfer- oder Messingstäben, die auf den Stirnseiten durch massive Kurzschlußringe verbunden sind. Zur besseren Wärmeabfuhr können sie mit Kühlflächen ausgerüstet sein. Stäbe und Ringe werden bei Motoren kleinerer Leistung meist im Druck- oder Schleudergußverfahren hergestellt, bei größeren Leistungen als Aluminiumbronze- oder Kupferstäbe spielfrei in die Läufernuten eingesetzt und mit den Kurzschlußringen hartverlötet oder verschweißt. Bei großen, schnellaufenden Motoren werden die Ringe mit Schrumpfringen aus unmagnetischem Stahl oder Bronze gegen die Fliehkraft abgestützt.

Der →Luftspalt zwischen Ständer- und Läuferblechpaket wird so eng ausgeführt, wie es die Herstellungstoleranzen und Betriebsverhältnisse noch erlauben, um den Magnetisierungsstrom klein zu halten.

Der Verlauf der Drehzahl-/Drehmoment-Kennlinie des K. ist vom ohmschen Widerstand und vom Blindwiderstand (Reaktanz) im Läuferkreis abhängig und wird durch Form und Werkstoff der Käfigstäbe sowie durch Polzahl und Leistung des Motors beeinflußt. Bild 1 zeigt die gebräuchlichsten Nut- und Stabformen, Bild 2 die zugehörigen Kennlinien unter der Voraussetzung gleichbleibender Größe von Anzugsstrom und Nennmoment.

Rundstäbe aus Kupfer (R) werden nur gelegentlich bei Motoren kleiner Leistung verwendet, da ihr →Anzugsmoment wegen des geringen ohmschen Widerstands der Stäbe relativ klein ist. Im Druckgußverfahren hergestellte Läuferstäbe aus Widerstandsmaterial (T), meist in tropfenförmigen Nuten untergebracht, weisen einen dem ohmschen Widerstand proportionalen Nennschlupf und somit ein größeres Anzugsmoment auf. Ihrer Verwendung sind durch den Anstieg der Verluste im Nennbetrieb

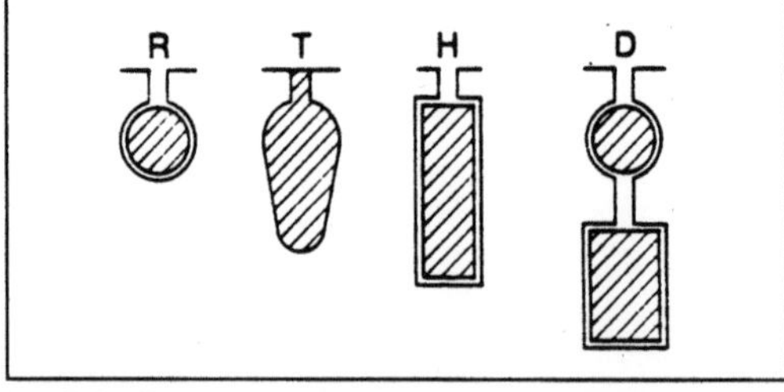

Käfigläufermotor 1: Ausführungsformen der Läuferstäbe von Käfigläufermotoren.

R Rundstabläufer, T Läufer mit tropfenförmigen Stäben, H Stromverdrängungsläufer, D Doppelnutläufer

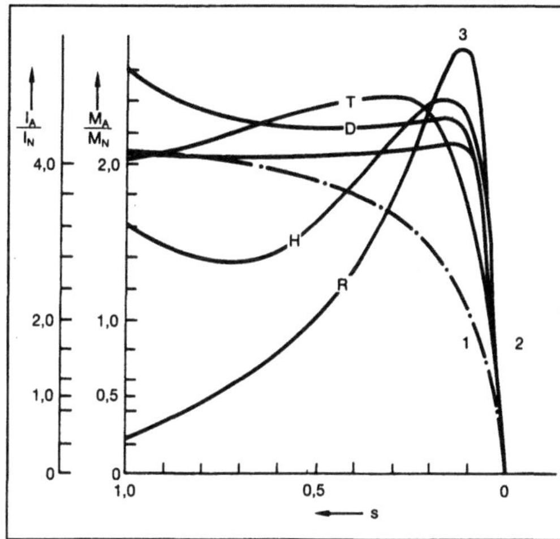

Käfigläufermotor 2: Anlauf-Kennlinien von Drehstrom-Asynchronmotoren bei verschiedenen Läuferausführungen.

R Rundstabläufer (auch für Schleifringläufer gültig), T Läufer mit tropfenförmigen Stäben (für Motoren mit Leistungen unter 1 kW), H Stromverdrängungsläufer, D Doppelnutläufer; I_A Anlaufstrom, I_N Nennstrom, M_A Anzugsmoment, M_N Nennmoment; 1 Strom, 2 Drehmoment, 3 Kippmoment

und die zulässigen Übertemperaturen Grenzen gesetzt.

Großer Widerstand bei großem Schlupf (Stillstand) zur Entwicklung eines großen Anzugsmomentes bei niedrigem Anzugsstrom sowie geringer Widerstand bei kleinem Schlupf (Nenndrehzahl) zur Herabsetzung der Verluste im Betrieb und zur Verbesserung des Wirkungsgrads werden mit Stromverdrängungsläufern erreicht. Durch das Nutenquerfeld werden in den massiven Stäben Wirbelströme induziert, die eine ungleichmäßige Stromverteilung über den Stabquerschnitt hervorrufen und den Strom zur Nutöffnung hin zusammendrängen. Die Widerstandserhöhung durch die Stromverdrängung ist von der Schlupffrequenz abhängig. Daher wird bei Stillstand ein großes Anzugsmoment erreicht.

Stromverdrängungsläufer werden mit Hoch- (H) oder Keilstäben ausgeführt. Ihre Verwendung ist durch die Verschlechterung des Leistungsfaktors und die Verkleinerung des Kippmoments wegen der größeren Läuferstreuung bei wachsender Ausnutzung der Stromverdrängung begrenzt.

Besonders große Anzugsmomente bei relativ kleinem Anzugsstrom liefert der Doppelnutläufer (D). In jeder Nut liegen zwei durch einen engen Streuschlitz im Blech getrennte Stäbe übereinander und bilden mit den zugeordneten, getrennten Kurzschlußringen den äußeren (Anlauf-) und inneren (Arbeits-)Käfig. Der Anlaufkäfig wird aus Rundstäben aus Kupfer oder Messing mit großem ohmschen

und geringem Streublindwiderstand gebildet. Er führt während des Anlaufs den größten Teil des Läuferstroms und erwärmt sich dabei sehr stark. Der Arbeitskäfig besteht meist aus tropfen- oder rechteckförmigen Aluminium- oder Kupferstäben. Mit zunehmender Drehzahl des Läufers verteilen sich die Ströme umgekehrt proportional zu den ohmschen Widerständen über den Anlauf- und den Arbeitskäfig. *Rentzsch*

Kälteerzeuger. Das Kältemittel in Kühlaggregaten durchläuft folgenden Kreislauf (Bild):

□ Kompression des Kühlmittels, dabei Erwärmung,

□ Abkühlung, dabei Kondensation,

□ Entspannung des flüssigen Kältemittels (Verdampfung), dabei Abkühlung.

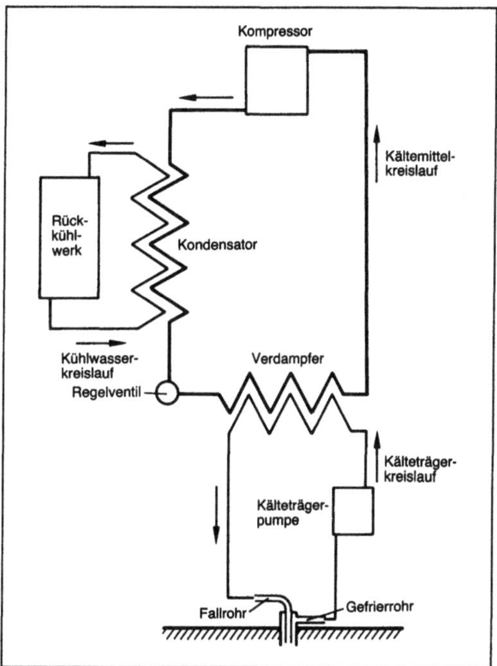

Kälteerzeuger: Kühlaggregat.

Zweistufige Aggregate ermöglichen Temperaturen bis −30 °C. Außer dem Kältemittelkreislauf werden noch ein Kühlwasserkreislauf sowie der Kälteträgerkreislauf benötigt. Kälteträger sind Chlormagnesium- oder Chlorcalziumlaugen; Kältemittel sind Ammoniak, Kohlensäure und Freone (Fluor-Chlor-Derivate). Werden die Gefrierrohre mit Flüssiggas (zumeist flüssiger Stickstoff) beschickt, geschieht dies über einen Zwischentank oder direkt aus dem Tankwagen. Nach Abgabe der Wärmekapazität verflüchtigt sich das Gas in der Atmosphäre. Im Gegensatz zum konventionellen Gefrierverfahren (Temperaturdifferenz rd. 40 K) liegt die Differenz beim „Schockgefrieren" mit Flüssiggas bei 100–150 K. Die dem Boden je Zeiteinheit entziehbare Wärme wird von der möglichen Kondensationstemperatur und damit vom Temperaturniveau bestimmt, da die geforderte Gefriertemperatur die Verdampfungstemperatur des Kältemittels festlegt. Dieses Niveau sowie die Zeit, in der ein Frostkörper zu erstellen ist, bestimmen Größe und Kapazität einer solchen Anlage. *Kühn*

Kältehaltung. Im Gefrierverfahren (Bild) wird der Untergrund soweit abgekühlt, daß das Bodenwasser gefriert und der Boden somit eine größere Festigkeit erhält als seine Umgebung und gleichzeitig wasserundurchlässig wird. Um die Frosteigenschaften aufrecht zu erhalten, muß man ständig Energie zuführen, so daß das Gefrierverfahren nur als zeitlich begrenzte Bauhilfsmaßnahme anzusehen ist. Außer der Sicherung von Baugruben ist die Sicherung des Ausbruchquerschnitts im Tunnel- und Stollenbau eines der wichtigsten Einsatzgebiete von Kälte im Bauwesen. Im Bergbau werden wasserführende Deckgebirgsschichten, z. B. zum Fließen neigende Sande, durchteuft und durch Gefrieren standfest gemacht. Die Sicherung von Baugruben geschieht mit kreis- oder ellipsenförmigen Frostwänden. Ausbruchsquerschnitte lassen sich teilweise oder ganz durch einen Frostmantel sichern. Teilsicherungen im Firstbereich nimmt man durch Bohrungen für Gefrierlanzen von Querschnittserweiterungen aus vor. Für die Herstellung einer Frostwand sind Bodenart, Wasser- und Salzgehalt sowie die Strömungsgeschwindigkeit des Grundwassers von Bedeutung. *Kühn*

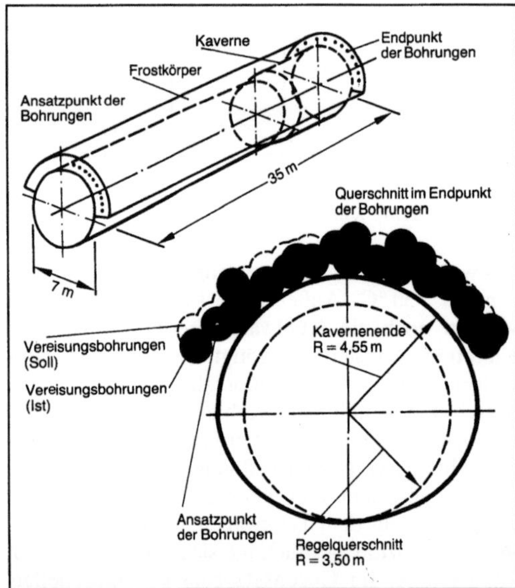

Kältehaltung: Gefrierverfahren.

Kalander.

1. Kunststoffverarbeitung. K. für die Kunststoffverarbeitung sind Formgebungsmaschinen, bei denen auf Verarbeitungstemperatur vorgewärmtes thermoplastisches Material im Spalt zwischen mindestens zwei sich gegenläufig drehenden Walzen zu Folien (Bahnen) geformt wird. Das Herstellen von Kunststoff-(Kautschuk-)Mischungen und das Aufwärmen auf Verarbeitungstemperatur erfolgt in vorgeschalteten Maschinen. Nach dem Ausformen im Spalt zwischen den Walzen wird die Bahn mit Hilfe geeigneter Abnahmevorrichtungen von der Walze abgenommen, ggf. geprägt, abgekühlt, aufgewickelt oder zu Zuschnitten abgelängt. K. dienen der PVC-hart- und PVC-weich-Verarbeitung zu Folien und zum Kaschieren.

Gebräuchlich sind K. mit 2–5 Walzen, die mit engem Spalt gegeneinander laufen (Bild 1). Sonderbauarten haben auch ein bis zwei Walzen mehr. Zweiwalzen-K. werden selten verwendet; meist nur zum Herstellen von dickem Bahnenmaterial wie Bodenbeläge.

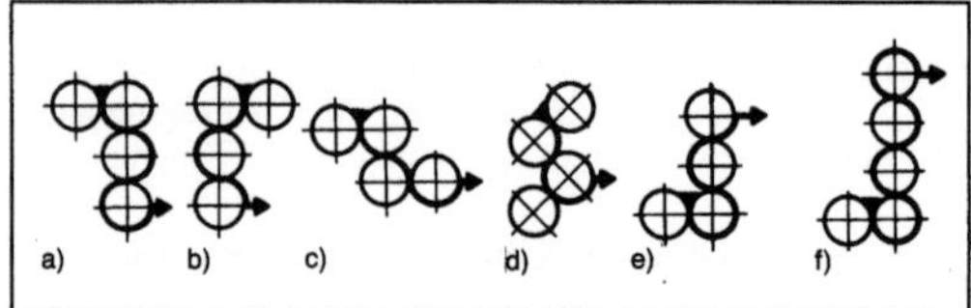

Kalander (Kunststoffverarbeitung) 1: Bauformen.
a) Vierwalzen-Kalander in F-Form
b) Vierwalzen-Kalander in F-Form mit nachgestellter Brustwalze
c) Vierwalzen-Kalander in Z-Form
d) Vierwalzen-Kalander in S-Form
e) Vierwalzen-Kalander in L-Form
f) Fünfwalzen-Kalander in L-Form.

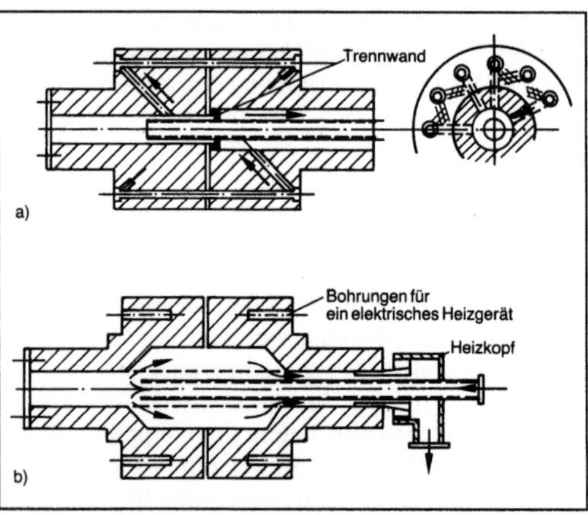

Kalander (Kunststoffverarbeitung) 2: Walzenbauarten.
a) Walze mit peripheren Bohrungen
b) Walze mit Flaschenhalsbohrung.

Die Standard-K. sind die in F- oder L-Anordnung der Walzen. Sie lassen sich gut kontinuierlich beschicken. Die Walzendurchmesser liegen zwischen 400 und 850 mm, die Walzenbreite zwischen 1 200 und 3 000 mm. Die Walzen werden in einem Ständer gehalten. Um Dickenunterschiede der hergestellten Folie zu vermeiden, werden die Walzen bombiert oder leicht gegeneinander schräg gestellt. Es gibt auch die Möglichkeit, durch hydraulisches Gegenbiegen an den doppelt gelagerten Walzenzapfen einen parallelen Walzenspalt aufrechtzuerhalten. Die Walzen werden durch Flüssigkeit temperiert (Bild 2). Zum Beschicken verwendet man einen Aufbereitungsextruder, ggf. ein Walzwerk und eine Austragschnecke. Als Nachfolgegeräte benötigt man einen Abzug, Kühlwalzen und einen Wickler. *Johannaber*

Literatur: *Johannaber, F.,* u. *K. Stoeckhert:* Kunststoffmaschinenführer. 2. Aufl. München 1984. – *Kopsch, H.:* Kalandertechnik. München 1978. – *Schwarz, O., F.-W. Ebeling, G. Lüpke* u. *W. Schelter:* Kunststoffverarbeitung. Würzburg 1985.

2. Textilmaschinen. →Beschichtungsstraße, →Hochveredelung

3. Verfahrenstechnik. K. sind Apparate, die zur Plastifizierung und Einmischung von Zuschlagstoffen in Kautschuk oder Kunststoff dienen. Der K. (Bild) besteht aus 2 gleichgroßen, gegenläufigen zylindrischen Walzen, die mit unterschiedlicher Geschwindigkeit umlaufen. Der Walzenspalt ist stufenlos einstellbar. In ihm wird das Aufgabegut infolge hoher Druck- und Scherbeanspruchung plastifiziert, vermischt und gestreckt. *Würtz*

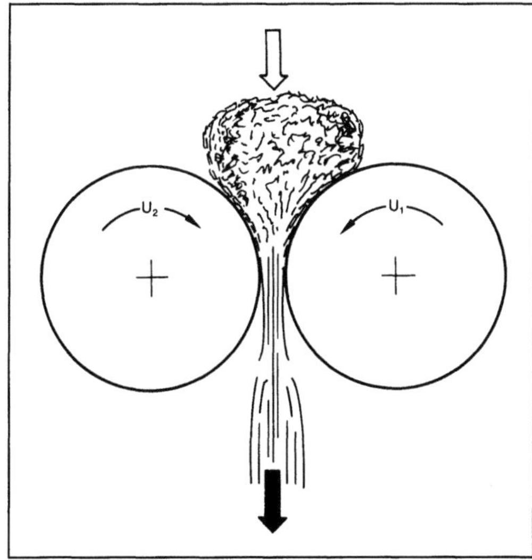

Kalander (Verfahrenstechnik): Schemaskizze.

Kaliberwalze. Eine K. für das Druckumformen metallischer Werkstoffe ist ein drehbar gelagertes rotationssymmetrisches Werkzeug mit verschiedenartigen Querschnitten, Profilen des Walzenballens (Bild). Solche verschiedenartigen Querschnitte des Walzenballens werden Walzenkaliber genannt. K. werden beispielsweise zum Herstellen von Formstahl, Stabstahl, Draht und nahtlosen Stahlrohren durch Umformen eingesetzt. *Baumann*

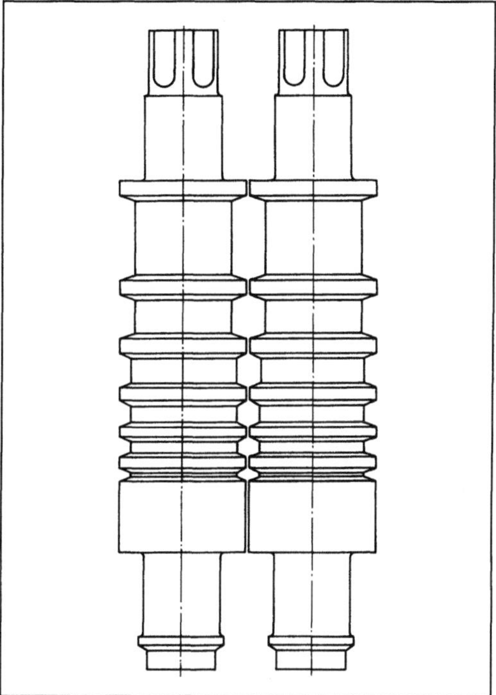

Kaliberwalze: Kaliberwalzenpaar.

Kalibrierlauf →Auswuchtmaschine

Kaltband.
1. Allgemeines. K. ist die allgemein übliche Bezeichnung für kalt gewalztes Stahlband. Es gehört zum →Flachstahl. Als kalt gewalzt wird Flachstahl bezeichnet, dessen letzte Dickenabnahme durch Walzen ohne vorhergehendes Erwärmen erfolgt. Auch Nichteisen-Metallband, beispielsweise Band aus Aluminium oder Aluminiumlegierungen, wird auf dem Wege seiner Herstellung kalt gewalzt. Bei diesen Metallen wird dann meist von kalt gewalztem Aluminiumband oder kalt gewalztem, legiertem Aluminiumband gesprochen. *Baumann*

2. Adjustage. Eine K.-A. (auch K.-Zurichterei genannt) ist derjenige Betriebsbereich eines K.-Walzwerks, in dem aus den festgewickelten Bunden der Walzstraßen, Umformanlagen, Band-Behandlungslinien oder Beschichtungsanlagen verkaufsfähige, versandfertige Blechtafeln, Bunde und Stäbe hergestellt werden. Die Hauptaufgaben dieser A.

bestehen darin, die gewalzten und beschichteten Produkte in Band-Längsteilanlagen und/oder Band-Querteilanlagen fertig zu bearbeiten sowie zu verpacken. Neben diesen Hauptaufgaben können zwischen dem Zerteilen der Produkte weitere Arbeiten in der K.-A. durchgeführt werden. Dazu zählen beispielsweise das Nachsortieren der Blechtafeln, das Spalten größerer Tafeln zu kleineren Tafeln, die in der Band-Zerteilanlage nicht herstellbar sind, und das →Richten der Blechtafeln bei besonders hohen Forderungen an die Ebenheit der Bleche. In einer K.-A. kann also die Erfüllung vieler unterschiedlicher Funktionen, beispielsweise Richten, Längsteilen, Querteilen, Besäumen, Inspizieren, Prüfen, Ölen, Sortieren, Signieren, Bündeln, Verpacken und Versenden, notwendig sein. Je nach geforderter K.-Güte, Beschaffenheit, Abmessung und Menge sowie nach den Forderungen an den Lieferzustand des K. sind die einen oder anderen Funktionen zu erfüllen. Einige Fertigungsschritte, beispielsweise Inspizieren, Prüfen, Sortieren, Signieren, Verpacken und Versenden, müssen in einer K.-A. stets durchgeführt werden. *Baumann*

3. Glühverfahren. Kaltgewalztes Stahlband wird mit dem Ziel geglüht, die Verfestigung des Bands infolge des Kaltwalzens abzubauen und dem Band wieder ein möglichst großes Formänderungsvermögen zu geben. Wesentliche G. für kaltgewalztes Stahlband und Breitband sind das Hauben-G., Durchzieh-Band-G. und Konti-G. *Baumann*

4. Nachwalzanlage. Für das K.-Nachwalzen werden meist Anlagen mit speziellen Zweiwalzen-Walzgerüsten, Vierwalzen-Walzgerüsten und manchmal auch Anlagen mit Zwanzigwalzen-Walzgerüsten eingesetzt. Die Nachwalzgerüste sind meist keine Umkehr-Walzgerüste. Jeweils 2 Zweiwalzen- oder 2 Vierwalzen-Walzgerüste können auch zu einer Nachwalzstraße in Tandem-Anordnung miteinander verbunden sein. Für das Nachwalzen ist manchmal die weichere Bauweise des Zweiwalzen-Walzgerüsts günstiger, weil diese Gerüstbauweise sich einem gegebenen Bandprofil besser anpaßt als diejenige des Vierwalzen-Walzgerüsts. Weil die Stichabnahmen beim Nachwalzen klein sind, können auch die Antriebsleistungen einer N. im Vergleich zu denjenigen einer K.-Walzanlage verhältnismäßig klein sein.

Für das Nachwalzen dünner Bänder mit besonders hohen Forderungen an deren Ebenheit werden N. mit vor- und nachgeordneten S-Rollen-Systemen sowie Vierwalzen-Walzgerüsten eingesetzt. Zur →Rationalisierung der Adjustageprozesse in K.-Walzwerken sind auch kombinierte Nachwalz-Streckrichtanlagen gebaut worden (Bild). Diese Anlagen sind denjenigen in Schmelztauch-Bandverzinkungslinien ähnlich. In solchen Nachwalz-Streckrichtanlagen wird der Bandzug für das Nachwalzen

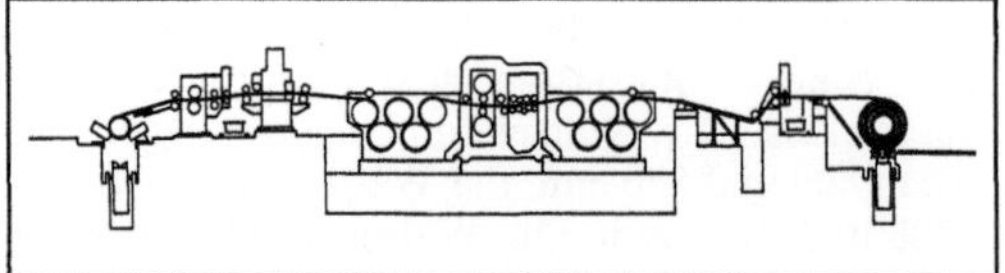

Kaltband-Nachwalzanlage: Aufbau einer Nachwalz-Streckrichtanlage (Schemaskizze).

sowie Streckbiegerichten von vor- und nachgeordneten S-Rollen-Systemen aufgebracht. Die Streckung in der Streckrichteinheit liegt zwischen 0,5 und 1,5 % bei Bandgeschwindigkeiten zwischen 100 und 500 m/min. *Baumann*

5. Nachwalzverfahren. Das K.-Nachwalzen ist ein →Kaltwalzverfahren für kalt gewalztes Band mit einer Stichabnahme, die oft kleiner als 3 % ist. Damit werden die Werkstoffeigenschaften verbessert und bestimmte Oberflächenbeschaffenheiten erzielt. Bei diesem Verfahren wird zwischen dem
□ Nachwalzen zur Unterdrückung der Streckgrenzendehnung und damit zum Vermeiden der Fließfigurenbildung beim Tiefziehen sowie zum Verbessern der Bandebenheit mit Stichabnahmen zwischen 1 und 3 %,
□ Nachwalzen von Trafo- und Dynamoband mit Stichabnahmen größer als 8 % zum Erzielen eines möglichst großen Kornwachstums beim anschließenden Glühen und zum Erhöhen des Stapelfaktors,
□ Polierwalzen mit hochglanzpolierten Walzen und Stichabnahmen kleiner als 1 % sowie
□ Nachwalzen zum Einstellen einer bestimmten Festigkeit
unterschieden.

Die Stichabnahmen liegen bei Tiefziehgüten zwischen 0,6 und 1,4 %. Bei →Weißband liegen die Stichabnahmen zwischen 1 und 3 %. Nichteisenmetalle werden mit größeren Stichabnahmen nachgewalzt. *Baumann*

6. Richtaggregat. Ein K.-R. ist ein technisches System, in dem durch Kaltbiegeumformen mit vom Eingang bis zum Ausgang des Systems abklingender Wechselbiegung des K. die vorgeschriebene Geradheit der Erzeugnisse erzielt wird. Hochleistungsrichtaggregate sind mit vielen Richtrollen ausgerüstet, die in 2 Rollenbänken gelagert sind (Bild). Die obere Richtrollenbank kann schräg angestellt werden, so daß der Abstand der Richtrollen zum Bandein- oder -auslauf hin keilförmig zu- oder abnimmt. Um eine Richtrollen-Durchbiegung zu vermeiden, sind Stützrollensegmente eingesetzt. Zum Vermeiden von Abdrücken der Stützrollensegmente auf den Richtrollen sind zwischen Richtrollen und Stützrollen zusätzlich Zwischenrollen eingesetzt worden. Dadurch wurde die Standzeit der Richtrollen deutlich verlängert. *Baumann*

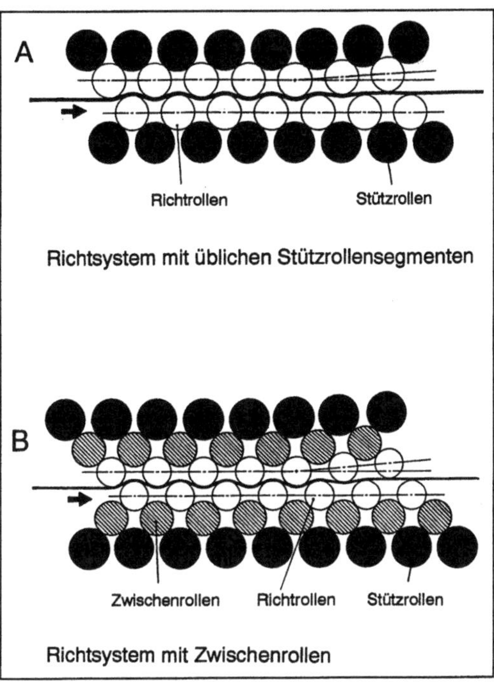

Kaltband-Richtaggregat: Beispiele der Anordnung der Richt- und Stützrollen in Kaltband-Richtaggregaten mit üblichen Stützrollensegmenten (A) sowie mit Zwischenrollen (B).

7. Tandemstraße. Eine K.-T. ist eine Walzstraße, in der 2 oder mehr Walzanlagen nacheinander angeordnet sind und im →Verbund miteinander arbeiten (Bild). Zur T. gehören auch alle technischen Systeme für das Zuführen und Abführen des Walzguts. Somit ist die K.-T. aus der Sicht ihrer Komplexität eine Anlagengruppe. Solche T. haben meist Vierwalzen-Walzgerüste, die mit Gleichstrom-Einzelwalzenantrieben ausgerüstet sind. Die Ballenlängen der Arbeitswalzen liegen oft zwischen 1 200 und 2 300 mm bei Arbeitswalzen zwischen 500 und 600 mm Dmr. Die Endwalzgeschwindigkeiten solcher Walzstraßen liegen meist zwischen 1 200 m/min und 2 500 m/min. Die Produktionsmengen beispielsweise von fünfgerüstigen T. liegen oft über einer Mill. t Stahlband je Jahr. *Baumann*

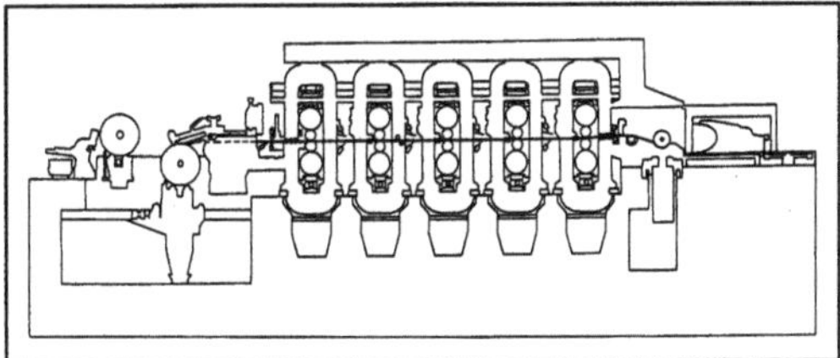

Kaltband-Tandemstraße: Wesentlicher Teil einer fünfgerüstigen Kaltband-Tandemstraße (Seitenansicht).

8. Walzanlage. Eine K.-W. dient der Herstellung von K. In solchen W. sind meist Vierwalzen-Walzgerüste eingesetzt. Diese Anlagen können entweder in K.-Tandemstraßen oder als Einzelanlagen in Umkehr-Walzstraßen und Einweg-Walzstraßen eingesetzt sein (Bild).

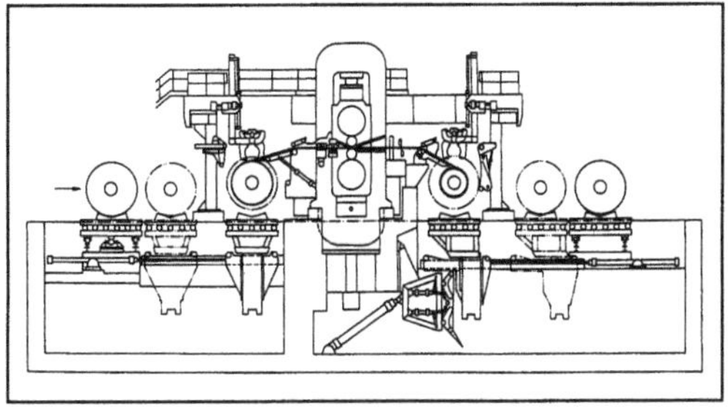

Kaltband-Walzanlage: Seitenansicht.

Das Verhältnis Arbeitswalzendurchmesser zu Stützwalzendurchmesser liegt bei Vierwalzen-Walzgerüsten für K. i. a. zwischen 1 zu 2,2 und 1 zu 3,8. Vierwalzen-Walzgerüste in Einzelanlagen für Stahlband sind in der Regel Umkehr-Walzgerüste, und solche für Aluminium sowie Aluminiumlegierungen werden vorwiegend als Einweggerüste eingesetzt, weil bei diesen Metallen zwischen den Stichen das Band abkühlen muß. Wesentliche Merkmale neuzeitlicher K.-W. sind u. a.
- möglichst kleine Arbeitswalzendurchmesser,
- hydraulische Rückbiegung der Walzen mit großen Ballenlängen,
- große Walzgeschwindigkeiten,
- kurze Walzenwechselzeiten sowie
- automatische Dicken- und Ebenheitsregelung.

Zur Beeinflussung und Korrektur des Band-Querschnittprofils wurde in den 80er Jahren das →CVC-Verfahren und das UPC-Verfahren entwickelt, wobei CVC für continuously variable crown und UPC für universal profile control steht. Bei diesen Verfahrenstechniken kann mit flaschenförmigen oder zigarrenförmigen Walzenschliffen und mit dem axialen Bewegen der Arbeitswalzen der Walzspalt während des Walzvorgangs stufenlos geändert werden.

In K.-W. und in K.-Tandemstraßen können – besonders für das Walzen von dünnem Band mit hohen Forderungen an die Ebenheit des Bands – auch Sechswalzen-Walzgerüste eingesetzt werden.

Für die Herstellung von dünnem K. und schwer umformbaren Werkstoffen werden Mehrwalzen-Kaltwalzgerüste oder Vielwalzen-Walzgerüste eingesetzt. *Baumann*

Literatur: *Wilms, W., L. Vogtmann, J. Klöckner, G. Beisemann u. W. Rohde:* Stahl u. Eisen 105 (1985) Nr. 22, S. 1181/90.

9. Walzstraße. Eine K.-W. ist ein komplexes technisches System zum Herstellen von K. aus Stahl oder Nichteisenmetallen. Wesentliche Bestandteile einer K.-W. sind Walzgut-Transportsysteme, Walzsysteme, Walzenwechselsysteme und Ver- sowie Entsorgungssysteme. Als Walzsysteme können beispielsweise K.-Walzanlagen mit Zweiwalzen-Walzgerüsten, Vierwalzen-Walzgerüsten, Sechswalzen-Walzgerüsten, Mehrwalzen- oder Vielwalzen-Walzgerüsten eingesetzt werden. Dabei kann eine W. nicht nur mit einer K.-Walzanlage, sondern auch mit mehreren Walzanlagen oder mit mehreren Walzanlagen in Tandemanordnung ausgerüstet sein. *Baumann*

10. Walzverfahren. Haupteinsatzgebiet des K.-W. von Stahl ist die Herstellung von Flacherzeugnissen, beispielsweise Tiefziehbleche, Weißbleche und nichtrostende Bleche. Das Kaltwalzen von Stahlband ist am weitesten verbreitet. Stahlbleche werden kaum noch in Form von Tafeln gewalzt.

Ein weiteres Einsatzgebiet des K.-W. ist die Herstellung von Band aus Nichteisenmetallen, beispielsweise K. aus Aluminium, Aluminiumlegierungen, Kupfer, Kupferlegierungen, Nickel oder Nickellegierungen.

Bei der Herstellung von K. aus Stahl wird das von der Warmband-Walzstraße oder →Warmbreitband-Walzstraße zu Coils gewickelte Warmband in einer →Beizlinie meistens mit Schwefelsäure, manchmal auch mit Salzsäure entzundert. Das Stahlband wird in Zweiwalzen-, Vierwalzen-, Sechswalzen-, Mehrwalzen- oder Vielwalzen-Walzgerüsten kaltgewalzt. Beim Einsatz von Umkehr-Walzgerüsten kann das Band nach einem Stich durch Umkehr der Walzendrehrichtung unmittelbar weiter umgeformt werden. Vielwalzen-Umkehr-Walzgerüste, die durch ihre kleinen Arbeitswalzen im Walzspalt auf das Band einen hohen Druck ausüben können, werden vor allem für das Umformen von Stählen mit hoher Verfestigung eingesetzt, beispielsweise für nichtrostende Stähle und Stähle für Elektrobleche.

In neuzeitlichen Kaltwalzstraßen sind oft 4, 5 oder 6 Walzgerüste, meist Vierwalzen-Walzgerüste, nacheinander zu einer K.-Tandemstraße angeordnet. Diese Walzstraßen haben u. a. den Vorteil, daß das vom Abwickelhaspel ablaufende Band in einem Durchgang auf die gewünschte Enddicke gebracht werden kann. Nach dem Kaltwalzen wird zur Beseitigung der Kaltverfestigung meist eine Wärmebehandlung durch Glühen vorgenommen, bei der eine Rekristallisation erfolgt.

Mit Hilfe geregelter Bandzüge zwischen den Gerüsten, einer hochentwickelten Meß- und Automatisierungstechnik, besonderen Meßsystemen zum Ermitteln der Banddicke und der Planheit sowie der verschiedenen Stellglieder zur Beeinflussung der Walzspaltform wird anforderungsgerechtes K. mit Dickenabweichungen von nur wenigen tausendstel Millimetern und hoher Oberflächengüte erzielt.

Ein abschließendes K.-Nach-W. mit Dickenabnahmen, beispielsweise von weniger als 3 %, verbessert bei Stahlband die Umformbarkeit von Tiefziehblechen, verhindert die Bildung von Fließfiguren durch Verfestigung der Oberfläche und führt zu guter Bandplanheit.

Die beim K.-Walzen von Stahl erreichten Enddikken liegen bei 0,15 mm. Die größten Endwalzgeschwindigkeiten der K.-Tandemstraßen sind etwa 2 500 m/min. Beim Nachwalzen können Endwalzgeschwindigkeiten bis etwa 1 800 m/min erreicht werden. *Baumann*

11. Walzwerk. Ein K.-W. für Stahlband ist ein sehr komplexes technisches System, das mit einer →Beizlinie, einer K.-Tandemstraße oder K.-Walzstraße, einer →Haubenglühanlage oder →Konti-Glühlinie, einer K.-Nachwalzanlage und oft auch mit Band-Behandlungslinien für das Beschichten des Stahlbands sowie einem Adjustagebetrieb ausgerüstet ist. Daneben gehören zu einem K.-W. umfangreiche Ver- und Entsorgungssysteme sowie

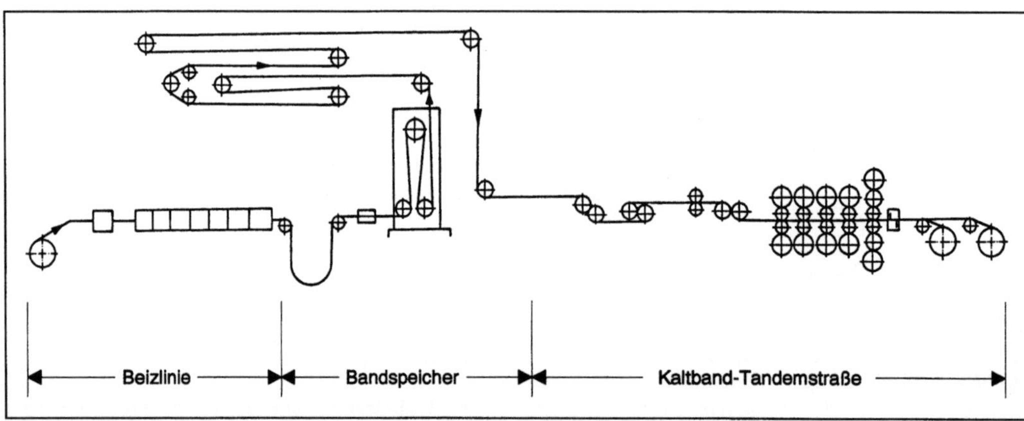

Kaltband-Walzwerk: Verbund zwischen Beizlinie und Kaltband-Tandemstraße.

Wartungs-, Instandhaltungs- und Reparaturbetriebe. Ein K.-W. für Nichteisenmetalle ist weniger komplex als dasjenige für Stahlband.

In den 80er Jahren wurden auch K.-W. mit einem Verbund zwischen Beizlinie und K.-Tandemstraße gebaut (Bild). In solchen W. sind Beizlinie und Tandemstraße über Bandspeicher miteinander verbunden. *Baumann*

Kaltbreitband. K. ist Kaltband mit einer Breite ≥ 600 mm, das ohne vorausgehende Erwärmung mit einer Querschnittsverminderung von mindestens 25 % durch Walzen hergestellt wurde. *Baumann*

Kaltbreitband-Walzstraße. Eine K.-W. ist eine Kaltband-W. zum Herstellen von kalt gewalztem Breitband aus Stählen aller Art oder aus anderen Metallen mit Bandbreiten ≥ 600 mm. *Baumann*

Kaltleiter-Temperaturfühler. T. mit Sprungverhalten, dessen Temperatur-Widerstandskennlinie in einem bestimmten, von der Dotierung der als Fühlerwerkstoff verwendeten Keramik abhängigen Bereich einen steilen Anstieg des elektrischen Widerstands bereits bei geringer Temperaturerhöhung aufweist. Im Gegensatz zum Heißleiter ist ein K. ein Widerstand mit positivem Temperaturkoeffizienten (daher auch PTC-Widerstand (positive temperature coefficient resistor). Als Werkstoff dient dotierte Keramik in polykristalliner Form auf der Basis von Barium-Titanat. Bei Überschreiten der Curie-Temperatur, bei der der Werkstoff seine ferroelektrischen Eigenschaften verliert und sich wie ein normales Dielektrikum verhält, steigt der Widerstand um mehrere Potenzen steil an.

K.-T. werden in Verbindung mit Steuergeräten oder direkt angesteuerten Schaltgeräten zur Temperaturüberwachung von elektrischen Betriebsmitteln, Wälz- und Gleitlagern o. ä. verwendet. Für das Temperaturüberwachungssystem der Ständerwicklung von Drehstrommmaschinen besteht die bevorzugte Einbauart aus drei in Reihe geschalteten Fühlern (Bild). *Rentzsch*

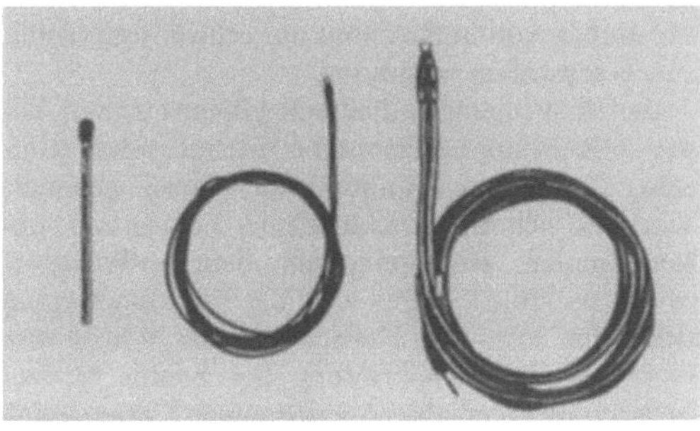

Kaltleiter-Temperaturfühler: Einbausensoren für den thermischen Maschinenschutz.

Kaltmahlen. K. bezeichnet das Mahlen und Zerkleinern von Stoffen bei Temperaturen unterhalb der Umgebungstemperatur. Die Temperaturabsenkung kann aus 2 Gründen erforderlich sein:
□ Das Gut ist temperaturempfindlich. Dann muß die beim Mahlen freiwerdende Wärme durch das Kältemittel abgeführt werden;
□ das Gut ändert seine Zerkleinerungseigenschaften in hohem Maße mit der Temperatur. Dann wird durch eine Abkühlung vor der Zerkleinerung eine bessere Mahlgutqualität oder ein erheblich höherer Durchsatz erzielt. Dies trifft besonders für Kunststoffe zu.

Als Kältemedium wird häufig flüssiger Stickstoff eingesetzt. Bei allen flüssigen Stoffen, die unterhalb der Umgebungstemperatur sieden, kann die Verdampfungswärme und die zur Erwärmung auf Umgebungstemperatur benötigte Wärmemenge des Gases zur Abkühlung des Mahlguts genutzt werden. Stickstoff ist ein geeignetes Kältemedium, da es sich auf sehr niedrige Temperaturen abkühlen läßt und nach erfolgter Erwärmung nach einfacher Filtration an die Umgebung abgegeben werden kann.

Gutzufuhr und Mahlprozeß müssen luftdicht gekapselt werden, da die mit der Luft eintretende Feuchtigkeit gefrieren und zu einer Vereisung der Anlage führen würde. Die Gutaufgabe erfolgt aus diesem Grunde mittels einer Förderschnecke oder einer →Zellenradschleuse.

Werden Kunststoffe kaltgemahlen, weisen sie auf Grund ihrer erreichten Sprödigkeit äußerst scharfe Bruchkanten, aber keine Fäden auf; das Granulat ist daher sehr rieselfähig.

Für den Stickstoffverbrauch können Anhaltswerte angegeben werden, die sich auf eine mittlere Korngröße von 300 µm beziehen. Zur Abführung der Mahlwärme werden ca. 0,3–0,5 kg Stickstoff je Kilogramm Produkt benötigt. Wenn eine Versprödung erzielt werden soll, müssen bis zu 1 kg/kg eingesetzt werden. Mit abnehmender Korngröße steigt der Stickstoffbedarf. *H. Müller*

Literatur: Feinmahlen und Sichten von Kunststoffen. Hrsg. VDI-Ges. Kunststofftechn. Düsseldorf 1975.

Kaltpilger-Walzanlage. Die nach dem K.-Walzverfahren arbeitende K.-W. besteht im wesentlichen aus dem Walzgerüst, dem Antriebsaggregat und dem Luppen- sowie Walzdornaggregat.

Beim Kaltpilgern wird die →Rohrluppe schrittweise über einen feststehenden, sich in Walzrichtung verjüngenden Walzdorn gestreckt. Dabei bearbeiten 2 kalibrierte Walzen mit der Länge ihrer Arbeitskaliberumfänge die Rohrluppe. Diese Walzen erhalten ihre Drehbewegungen von den Hin- und Herbewegungen des Walzgerüsts, in dem sie gelagert sind. Dabei wird die Drehbewegung mit wechselnder Drehrichtung der Walzen in der Weise erzielt, daß die mit den Walzenachsen fest verbundenen →Ritzel mit am Walzgerüstbett befestigten Zahnstangen ständig im Eingriff sind (Bild 1). Die Hin- und Herbewegung des Walzgerüsts bewirkt ein Kurbeltrieb, der mit einem Drehmomenten- und Massenausgleichssystem verbunden ist. Dieses Ausgleichssystem speichert die Bewegungsenergie, die bei der Bewegungsverzögerung des Walzgerüsts vor dem Umkehren eines Bewegungsvorgangs frei wird, und verwendet sie zur anschließenden Beschleunigung des Walzgerüsts nach dem Umkehren des Bewegungsvorgangs.

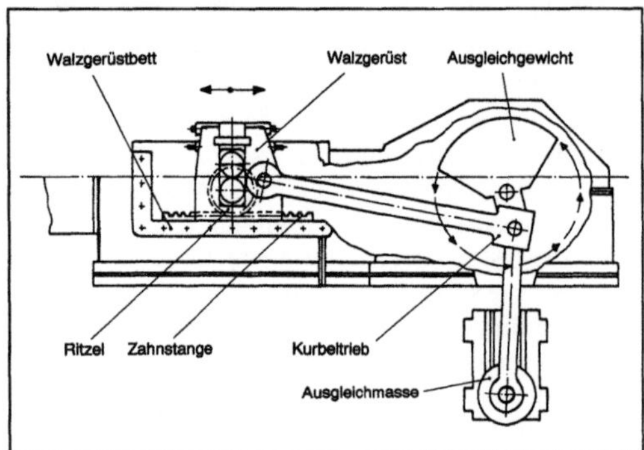

Kaltpilger-Walzanlage 1: Teilansicht einer Kaltpilger-Walzanlage (schematische Darstellung).

Nach 1985 wurden die
□ Hubzahlen und Antriebsleistungen der K.-W. erhöht,
□ Massen- und Momentenausgleichsysteme verbessert,
□ Kurbelwellen-Gleitlager durch Wälzlager ersetzt,
□ Hublängen durch Erhöhung der umformenden Walzenbogenlänge von 180° auf bis zu 300° vergrößert,
□ Ladezeiten durch Einführung des Hinterladerprinzips verkürzt und
□ K.-Walzen in Tandemanordnung eingesetzt.

Infolge der Vergrößerung der Hublängen durch die Erweiterung der Arbeitswalzen-Kaliber bis zu 300° Bogenlänge konnten bei solchen Langhub-W. gleich große Hubzahlen wie bei Kurzhub-W. erzielt und damit entsprechend höhere Produktionsleistungen erreicht werden. Gleichzeitig wurden bessere Oberflächenbeschaffenheiten und höhere Maßhaltigkeiten der Fertigrohre erzielt.

Die größte Steigerung der Produktionsleistungen einzelner K.-W. wurde durch den Bau von Dreifach-K.-Langhub-W. erreicht. Dabei werden 3 Luppenstränge gleichzeitig, parallel zueinander, in einem Walzgerüst umgeformt. Solche Dreifach-W. werden meist für das Kaltpilgern leicht umformbarer Nichteisenmetalle, beispielsweise Kupfer und Kupferlegierungen, eingesetzt.

Das bekannte Massen- und Momentenausgleichsystem wurde Ende 1990 von Mannesmann Demag Meer zu einem kompakten, möglichst gering beanspruchten System modifiziert (Bild 2). Infolge dieser neuartigen Systembauweise mit dem unterhalb des Walzgerüsts angeordneten Walzgerüst-Planetenantriebsystem konnten die Schubstangen, die das Walzgerüst mit dem Kurbeltrieb der Getriebeeinheit verbinden, entfallen.	*Baumann*

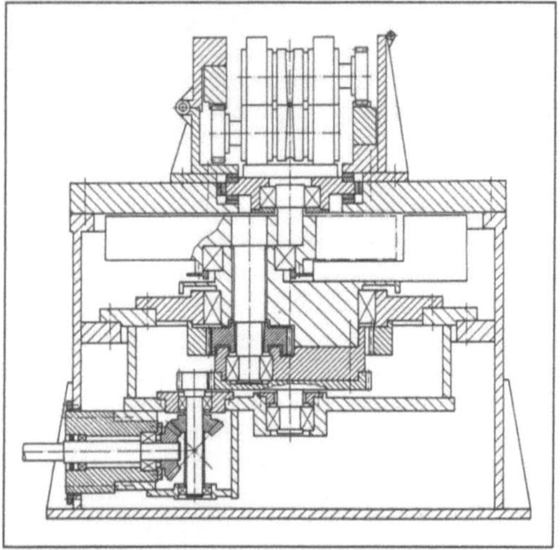

Kaltpilger-Walzanlage 2: Neuartiges Walzgerüst-Antriebsystem für Kaltpilger-Walzanlagen.

Kaltpilger-Walzverfahren. Unter Kaltpilgern ist ein schrittweises Formwalzen mit hin- und herdrehenden Walzen bei sich verengendem Walzenkaliber zu verstehen, das vorwiegend zum Herstellen von Präzisions-Stahlrohren und Nichteisen-Metallrohren eingesetzt wird.

Das K.-W. wird zur Weiterverarbeitung warmgefertigter Rohrluppen zu Rohren mit Querschnittsabmessungen zwischen 8 und 230 mm bei Wanddikken zwischen 0,5 und 25 mm angewendet. Kalt gepilgerte Rohre sind Produkte mit sehr geringen Maßabweichungen und hoher Oberflächengüte. Wegen des günstigen Spannungszustands des Walzguts in der Umformzone wird das K.-W. auch zum Herstellen von Stahlrohren aus schwer umformbaren Werkstoffen eingesetzt.

Der K.-Vorgang ist dadurch gekennzeichnet, daß die →Rohrluppe über einen feststehenden, konischen Dorn von 2 kalibrierten Walzen gestreckt wird, die sich mit gleichmäßigem Takt in hin- und hergehender Bewegung auf dem →Werkstoff abwälzen (Bild). Dabei wird die Walzenbewegung durch das Hin- und Herbewegen des Walzgerüsts bestimmt. Die Kalibrierung der beiden Walzen besteht aus einer dem kreisförmigen Luppenquerschnitt entsprechenden Aussparung, die sich über einen bestimmten Teil des Walzenumfangs in geeig-

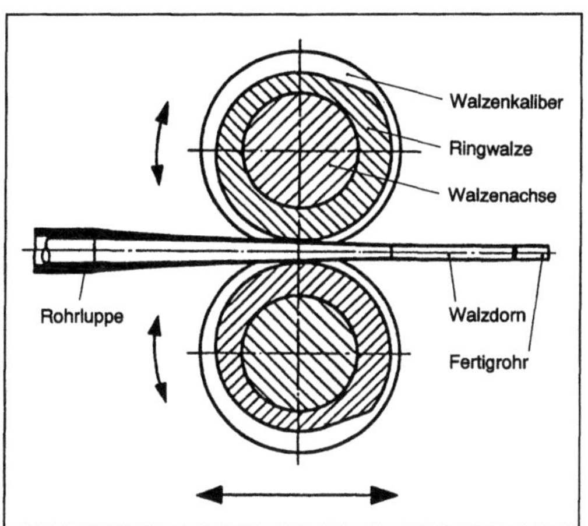

Kaltpilger-Walzverfahren: Schematische Darstellung.

neter Form stufenlos bis zum Fertigrohrdurchmesser verkleinert. Dadurch wird die Rohrluppe bei der Vorwärts- und Rückwärtsbewegung der Walzen in gewünschter Weise umgeformt. Wesentlich ist, daß die Streckung der Luppe zum Fertigrohr durch Reduzierung des Durchmessers und der Wanddicke erfolgt. Das wird durch die Form des Dorns bewirkt, der sich vom Luppen-Innendurchmesser auf den Fertigrohr-Innendurchmesser verjüngt. Nach der Vorwärts- und Rückwärtsbewegung der Walzen geben diese die Rohrluppe frei. Zu diesem Zeitpunkt wird die Rohrluppe um einen bestimmten, stufenlos regelbaren Betrag vorgeschoben. Das Werkstoffvolumen wird bei der anschließenden Vorwärts- und Rückwärtsbewegung der Walzen ausgewalzt. Gleichzeitig mit dem Vorschieben wird die Rohrluppe um einen bestimmten Winkel gedreht. Damit wird beim Ausstrecken bis zum Fertigrohr ein kreisförmiger Querschnitt erzielt.

Wesentliche Merkmale des K.-W. sind u. a.:

□ große Querschnittsabnahmen durch gleichzeitige Reduzierung der Außendurchmesser und der Wanddicken der Rohrluppen,

□ kleine Toleranzen der Rohrdurchmesser und -wanddicken und

□ hohe Oberflächengüten der Rohre.

Infolge der durch Walzdruck bewirkten Kaltumformung werden Wanddickenreduktionen erzielt, die beim Kaltpilgern von Stahlrohren bis etwa 70 % und beim Pilgern von Kupferrohren mehr als 80 % betragen.

Infolge dieser Wanddickenreduktionen lassen sich verhältnismäßig dickwandige Rohrluppen pilgern. Somit können beispielsweise für die Herstellung von Fertigrohren aus Kupfer und Messing mit vielen unterschiedlichen Wanddickenabmessungen i. a. dickwandige Rohrluppen mit nur einer Wanddickenabmessung eingesetzt werden. Auf Grund

des Einsatzes eines über seine Länge in Walzrichtung sich verjüngenden Walzdorns werden verhältnismäßig große Rohrdurchmesserreduktionen erzielt, die zwischen 25 und 65 % des Luppendurchmessers sein können.

Kaltgepilgerte Rohre können Außen- und Innendurchmessertoleranzen von ± 0,1 mm haben. Bei der Herstellung von Hüllrohren aus Zirkoniumlegierungen für Brennelemente von Kernreaktoren werden durch das Kaltpilgern Außen- und Innendurchmessertoleranzen bis ± 0,008 mm erreicht.

Baumann

Literatur: *Brensing, K.-H., u. B. Sommer:* Stahlrohr-Handb. 10. Aufl. Essen 1986.

Kaltstart. Starten eines Verbrennungsmotors aus niedriger Temperatur heraus.

Der Start eines Verbrennungsmotors ist ein schwieriger Vorgang. Es wird nicht nur ein Anlasser benötigt, der den Motor durchdreht, sondern eine Reihe weiterer Starteinrichtungen. Noch erschwert wird der Start durch niedrige Temperaturen. Dann ist die Zähigkeit des Schmieröls größer und wegen der erhöhten Reibung die Anlaßdrehzahl niedriger.

Beim → Dieselmotor sind die K.-Schwierigkeiten größer als beim → Ottomotor. Weil er mit → Selbstzündung arbeitet, ist er darauf angewiesen, daß am Ende · der Verdichtung eine hohe Temperatur im → Brennraum herrscht. Je niedriger aber die Brennraumwand-Temperatur ist und je länger der Kompressionsvorgang dauert (niedrige Anlaßdrehzahl), desto mehr Wärme gibt die verdichtete Luft an die Brennraumwände ab, so daß die Selbstzündung in Frage gestellt ist. Eine andere Schwierigkeit besteht darin, daß Paraffinausscheidungen aus dem Dieselkraftstoff bei tiefen Temperaturen die Pumpfähigkeit beeinträchtigen und den Kraftstoffilter verstopfen können.

Beim K. eines Ottomotors muß das Gemisch sehr überfettet werden (übermäßige Zufuhr von → Kraftstoff). Dadurch tritt ein überhöhter Ausstoß an Schadstoffen im Abgas beim Start und Warmlauf auf. *Kuhlmann*

Kaltwalzstraße. Eine K. ist eine Walzstraße, in der das Walzgut ohne vorausgehende Erwärmung umgeformt wird. Solche Walzstraßen werden insbes. zum Herstellen von Flacherzeugnissen aus Stahl oder Nichteisenmetallen eingesetzt. Dabei werden beispielsweise Kaltband-Walzstraßen, Kaltbreitband-Walzstraßen, Kaltband-Nachwalzstraßen und Kaltwalz-Tandemstraßen unterschieden. *Baumann*

Kaltwalz-Tandemstraße. Eine K.-T. ist eine Walzstraße zum Herstellen von Walzerzeugnissen aus Stahl oder Nichteisenmetallen, deren Stichabnahme ohne vorhergehendes Erwärmen erfolgt, in der mindestens 2 oder mehr Walzanlagen nacheinander angeordnet sind und im →Verbund miteinander arbeiten, beispielsweise eine Kaltband-T. oder Kaltband-Nachwalzanlagen in Tandemanordnung. *Baumann*

Kaltwalzverfahren. Ein K. ist ein Walzverfahren ohne vorausgehende Erwärmung des Walzguts. Mehr als 50% der warmgewalzten Bänder aus Eisen- und Nichteisenwerkstoffen werden anschließend kalt gewalzt. Gründe für das Kaltwalzen von Band sind u. a.

☐ Erzielen von dünnerem Band als durch Warmwalzen möglich,

☐ Herstellen einer blanken Oberfläche mit geringer Rauhtiefe,

☐ Erreichen möglichst kleiner Dickentoleranzen und guter Planheit sowohl über die Breite als auch über die Länge,

☐ Einstellen einer gezielten Kaltverfestigung,

☐ Beeinflussen der physikalischen Eigenschaften beispielsweise bei →Elektroband.

K. sind beispielsweise das →Kaltband-Walzverfahren, das →Kaltband-Nachwalzverfahren und das →Kaltpilger-Walzverfahren. Das Kaltpilger-Walzverfahren ist ein schrittweises K. für Rohre durch hin- und herdrehende Walzen mit sich verengendem Walzenkaliber. *Baumann*

Kammerbauart. Axiale Dampfturbine, bei der die Laufräder scheibenförmig ausgebildet und die Zwischenböden mit den Leiträdern in die Kammern zwischen den Laufrädern des Rotors eingeschoben sind. Wegen der dabei häufig verwendeten Beschaufelung mit kleinem Druckabbau im →Laufrad (→Aktionsbeschaufelung) wird die Dampfturbine in K. historisch bedingt auch als „Gleichdruckturbine" bezeichnet. Sie steht im Gegensatz zur „Überdruckturbine" mit →Reaktionsbeschaufelung, die üblicherweise in Trommelbauart ausgeführt ist.

Die Spaltverluste als Teil der den →Wirkungsgrad maßgebend beeinflussenden Verluste an den Leiträdern sind bei Turbinen in K., a) im Bild, deutlich kleiner als bei Turbinen in Trommelbauart, b) im Bild, weil die Dichtung auf dem kleinen Durchmesser im Zwischenboden angebracht und der Spaltquerschnitt entsprechend kleiner ist. Durch die Gas- oder Dampfreibung an den vergrößerten Seitenflächen der scheibenförmigen Laufräder werden die Verluste jedoch wieder etwas erhöht. Dieser Wirkungsgradvorteil ist bei gleicher Stufenbelastung mit einer größeren Baulänge für Stufen in der Kammerturbine verbunden. Der Übergang auf höhere Stufenbelastungen in Form der Aktionsbeschaufelung führt bei geringerer Stufenzahl auf etwa gleiche Baulänge wie bei der Trommelturbine mit Reaktionsbeschaufelung. Die höhere Stufenbela-

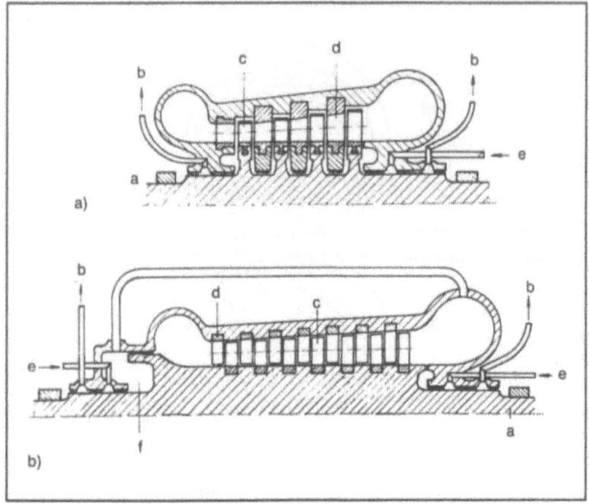

Kammerbauart: Vergleich von axialen Turbinen.
a) Kammerbauart
b) Trommelbauart.

a Welle, b Leckdampf, c Laufschaufel, d Zwischenboden mit Leitschaufel, e Sperrdampf, f Ausgleichskolben, g Leitschaufel

stung vergrößert die Verluste und ergibt damit vergleichbare Wirkungsgrade.

Im Gegensatz zur Reaktionsbeschaufelung treten bei der Kammerturbine mit Aktionsbeschaufelung nur sehr geringe Druckunterschiede zwischen Vorder- und Hinterseite der Laufradscheibe auf. Infolge Druckausgleichsbohrungen in den Scheiben wirken auf den Rotor der Gleichdruckturbine praktisch keine axialen Kräfte. Ein Ausgleich des Achsschubs z. B. über einen Ausgleichskolben kann entfallen. Beide Turbinengrundtypen werden auch weiterhin nebeneinander bestehen. Auf Grund konstruktiver Detailanpassungen ist eine klare Unterscheidung bei vielstufigen Turbinen häufig nicht mehr möglich. *Ziemann*

Kammervolumen. →Hubvolumen einer einzelnen Kammer eines Wankelmotors.

Wankelmotoren werden in Einscheiben- oder Mehrscheibenausführung gebaut. In jeder Scheibe läuft ein Kolben, der drei Kammern bildet. Wie beim Hubkolbenmotor ändert sich das Volumen der Kammern rhythmisch beim Lauf des Motors. Die Differenz zwischen Größtwert und Kleinstwert des Volumens einer einzelnen Kammer wird K. genannt. *Kuhlmann*

Kammgarnspinnereiverfahren. Kammgarne sind glatte Garne mit paralleler Faserlage aus Wolle oder aus Mischungen von Wolle und Chemiefasern (W-Typen) im Garnfeinheitsbereich von ca. 50 tex– 10 tex. Die Kammgarnherstellung läßt sich in zwei Makro-Arbeitssysteme gliedern, die heute nur noch selten in einem Unternehmen vereint sind:

□ *Kämmerei.* Eingabe: sortierte Rohwolle oder Chemie-Stapelfasern, Ausgabe: Kammzugbänder in Feinheiten von ca. 20–40 ktex;

□ *Spinnerei.* Eingabe: Kammzugbänder oder endlose Chemiefaserkabel, Ausgabe: Kammgarn, einfach oder gezwirnt (Bild 1).

Kämmerei. Die Rohwolle wird heute fast ausschließlich in den Ursprungsländern sortiert, d. h. das zusammenhängende Schafvlies wird nach der Schur in Qualitätsklassen (Feinheit, Sauberkeit usw.) von Hand zerlegt. Die in Ballenform angelieferte sortierte Wolle lockert man vor dem Waschprozeß in einem Rohwollöffner auf und zerlegt sie in kleinere Faserbüschel, wobei gröbere Fremdkörper (meist erdige Bestandteile) entfernt werden. Der anschließende Waschprozeß entfernt Wollschweiß, Wollfett und Fremdbestandteile. Das Waschen erfolgt in einer Waschbatterie (Leviathan) aus 4–5 hintereinandergeschalteten Waschkufen (Bild 2). Während Wollschweiß (vorwiegend Pottasche) in Wasser lösbar ist, müssen zum Entfernen des Wollfetts der warmen Waschflotte (40–50 °C) Seifen, Alkali oder synthetische Waschmittel hinzugefügt werden. Vorwiegend wird schwach alkalisch gewaschen, wobei man durch den Zusatz von Alkali (innere Verseifung) eine Beschleunigung des Waschprozesses erreicht.

Konstruktiv sind die Waschkufen heute mit perforierten Saug- oder Ausströmtrommeln ausgerüstet. Die Wolle lagert sich an den sich langsam drehenden Trommeln ab, und die Waschflotte wird von außen nach innen (oder umgekehrt) durch das „ruhende Wollvlies" hindurchgedrückt, so daß ein Verfilzen der Wolle weitestgehend vermieden wird, im Gegensatz zu den früher verwendeten Waschkufen mit Rechen, die die Wolle in der Flotte hin- und herbewegten. Nach jeder Waschkufe wird die Wolle durch ein Walzenpaar abgequetscht. Bei kontinuierlichem Betrieb einer solchen Waschstraße wird der letzten Kufe (Spülbottich) permanent Frischwasser zugeführt, so daß der Flottenüberschuß durch Überläufe nacheinander in die vorgelagerten Kufen gelangt (Gegenstromprinzip). Nach der letzten Kufe wird die gewaschene Wolle in einer angekoppelten Trockenmaschine auf eine Restfeuchtigkeit von 18–20 % getrocknet, wobei vorwiegend Siebtrommeltrockner mit Temperaturen von ca. 40–60 °C eingesetzt werden.

Nach dem Wasch- und Trockenprozeß folgt als nächster Ablaufabschnitt das Krempeln. Durch diesen Vorgang sollen die Faserbüschel bis zur Einzelfaser aufgelöst werden, das Fasermaterial weiter gemischt, Fremdkörper, die beim Waschen nicht entfernt wurden (z. B. Kletten) beseitigt und schließlich aus dem Ausgabe-Faservlies ein Krempel-Faserband (ca. 20–40 ktex) geformt werden. Im Gegensatz zum Krempelsatz der Streichgarnspinnerei ist die Kammgarnkrempel eine Kompaktma-

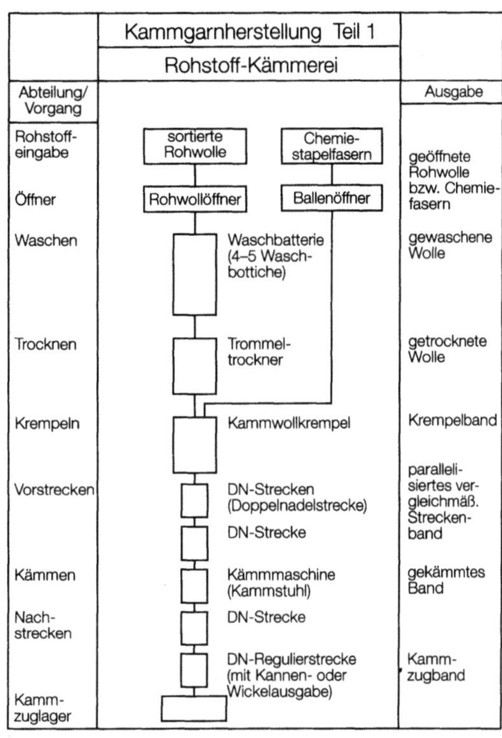

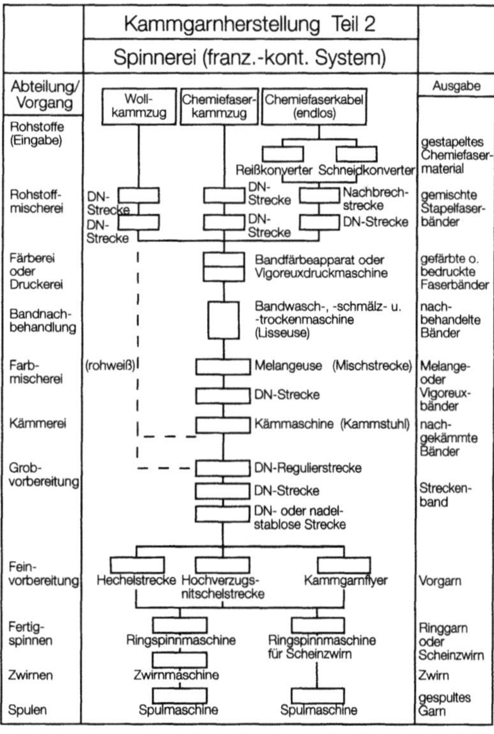

Kammgarnspinnereiverfahren 1: Ablaufbild

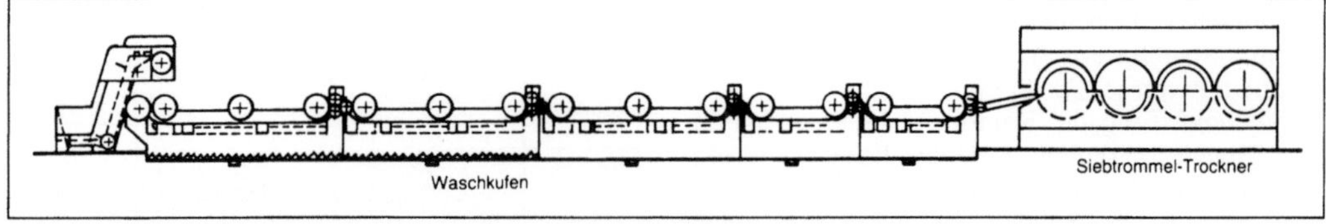

Kammgarnspinnereiverfahren 2: Leviathan. (Quelle: Fleissner)

schine, d. h. alle Arbeitselemente ergeben einen kontinuierlichen Materialdurchlauf (ohne Übertragungseinrichtungen). Durch zusätzliche Elemente (Klettenwalzen und Klettenschläger) wird die Entfernung nicht ausgewaschener pflanzlicher Bestandteile (Kletten usw.) forciert und als Ausgabe ein Faserband gebildet. Das Prinzip des Walzenkrempels entspricht dem des Streichgarnkrempels.

Zur Vorbereitung des Kämmprozesses werden die Krempelbänder auf 2 Passagen-DN-Strecken (Kammgarnspinnerei) im Bandquerschnitt vergleichmäßigt und das Fasermaterial parallelisiert. Durch den Kämmprozeß sollen restliche Unreinheiten (Noppen, Klettenreste usw.) ausgeschieden und ein bestimmbarer Anteil von Kurzfasern entfernt werden. Das ausgeschiedene Material nennt man Kämmling, wobei der Anteil des Kämmlingabgangs in weiten Grenzen schwanken kann (p=2–18%). Die Kämmaschine (Bild 3) ist eine einköpfige Maschine (Kammstuhl), die intermittierend arbeitet. Die Teilprozesse sind das Auskämmen eines in einer Zange gehaltenen Faserbarts durch einen Kreiskamm und das Abreißen des Faserbarts aus dem zugeführten Material mit „Anlötung" an das gekämmte Fasermaterial.

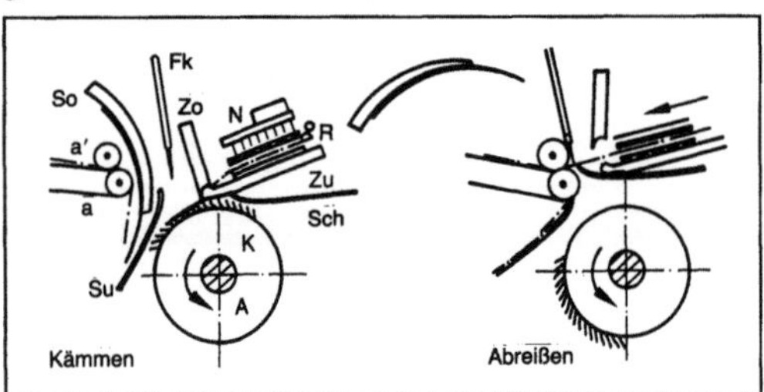

Kammgarnspinnereiverfahren 3: Kämmaschine. Arbeitsschemata. (Quelle: Fahrbach *a. a. O.)*

Der Gesamtprozeß wird Kammspiel genannt und ist ein Produktivitätsmaßstab der Maschine. Modernste Maschinen leisten heute bis 300 Kammspiele/min.

Im Anschluß an den Kämmprozeß werden die Kammzugbänder im Regelfall über zwei Streckpassagen vergleichmäßigt, wobei die letzte DN-Strecke als sog. Regulierstrecke ausgelegt ist. Zum Versenden der Kammzugbänder an Kammgarnspinnereien werden diese zu Bandwickeln (Bumps) aufgerollt.

Neben Schurwolle (Rohwolle) werden in den Kämmereien seit Jahren auch Chemie-Stapelfasern (ohne Waschprozeß) bei geringen Kämmlingsprozentsätzen zu Kammzugbändern verarbeitet.

Kammgarnspinnerei. Neben der Eingabe von Kammzugbändern aus Wolle oder Chemiefasern werden auch endlose Chemiefaserkabel eingesetzt, die durch Reiß- oder Schneidkonverter in der Spinnerei gestapelt werden. Für den Arbeitsablauf in der eigentlichen Kammgarnspinnerei gibt es verschiedene Möglichkeiten, wobei für Merino- und Crossbredwollen vorwiegend das französische kontinentale System zur Anwendung gelangt. Für gröbere und lange Schlichtwollen setzt man ggf. auch das englische Bradfordsystem ein, das in einigen Passagen an Stelle der sonst üblichen DN-Strecken mit Spindelstrecken und in der Endstufe mit Flügelspinnmaschinen arbeitet.

Nach dem Ablaufbild werden in den verschiedenen Stufen sog. Doppelnadelstabstrecken (DN-Strecken) eingesetzt, die im Hauptverzugsfeld mit Nadelstäben ausgerüstet sind, die den Fasern eine Führung geben, bis sie im Abzugsklemmpunkt von den Abzugszylindern erfaßt werden. Führt man die Nadelstäbe durch Gillschrauben, so bezeichnet man sie als Intersectings. Bei einer Führung durch endlose Ketten heißen sie Kettenstrecken. Insbesondere für die im Stapel gleichmäßigeren Chemiefasern werden heute vorwiegend Kettenstrecken eingesetzt, die eine wesentlich höhere Produktivität erbringen. Eine weitere Alternative für die Streckenpassagen in dem K. sind die Zahnscheibenstrecken, bei denen die Faserführung im Verzugsfeld durch Walzenpaare erfolgt, die mit Sägezahndraht garniert sind.

Auch hier ist gegenüber den Intersectings die höhere Produktivität von Bedeutung. Schließlich gibt es besonders in der Endstufe der Grobvorbereitung auch nadelstablose Strecken, bei denen die Faserführung im Streckfeld durch Laufleder verschiedener Strukturierung erfolgt.

Alle Strecken des K. haben die Aufgabe, durch Doppeln von Vorlagebändern (ca. 6–12fach) eine Querschnittvergleichmäßigung der Bänder zu erzielen, eine weitere Durchmischung des Faserstoffs und eine Ausrichtung der Fasern in Längsrichtung durch den Streckwerksverzug zu erbringen. Für die Produktion farbiger Kammgarne werden nach der Rohstoffmischerei die Bänder in Kammzugwickelform (Bumps) in Färbeapparaten gefärbt, oder die

Bänder werden durch spezielle Druckmaschinen (Vigoureux-Druck) bedruckt. Diese Bänder werden dann auf einer Lisseuse nachgewaschen, insbes. zum Entfernen von Farbüberschüssen und unter Spannung getrocknet, um bei sehr gekräuselten Wollen durch diesen Plättvorgang möglichst „glatte" Wollen zur Kammgarnherstellung zu erhalten. Durch Besprühen mit einer Fettemulsion (Schmälze) wird die ausreichende Geschmeidigkeit des Faserguts für die nachfolgenden Prozesse erreicht. Ein solcher Wasch- und Plättvorgang ist auch bei den rohweißen Bändern der Kämmerei nach dem Kämmvorgang möglich, um vor allem Schmälzereste des Krempelvorgangs bzw. Wollfettreste zu entfernen.

Die Kammgarnherstellung ist eine besondere Domäne der Produktion von modischen Farbmischungen (Melangen). Diese lassen sich besonders vorteilhaft auf speziellen Mischstrecken (Melangeusen) herstellen, die bei einer höheren Dopplungszahl der Einlaufbänder auch noch Vorverzüge einzelner Bänder erlauben, so daß praktisch alle Mischungsverhältnisse aus verschieden gefärbten Bändern sich durch eine Bandmischung erzielen lassen. Die Kämmaschine hat in den eigentlichen K. eine Veredlungsaufgabe, um bei hochwertigen Partien durch das Nachkämmen (Ausscheiden von Noppen, Farbpartikeln usw.) bei geringen Kämmlingsprozentsätzen (ca. 1–3 %) eine Qualitätsverbesserung zu erzielen.

In der Kammgarn-Grobvorbereitung werden die gefärbten, bedruckten, melangierten und nachgekämmten Faserbänder im Regelfall in 3 Streckpassagen nicht nur in der Qualität (Gleichmäßigkeit, Parallellage der Fasern) verbessert, sondern durch den Streckwerksverzug und durch Teilung der Ausgabe nummernmäßig verfeinert. Aus einer Eingabe von Bändern des Feinheitsbereiches von ca. 20 bis 40 ktex in die Grobvorbereitung werden in der 3. Streckpassage Bandfeinheiten von ca. 3–10 ktex erreicht.

Diese Bänder werden in der Feinvorbereitung zu Vorgarnen verarbeitet, wobei neben der noch selten eingesetzten Hechelstrecke (einseitiges Nadelstabfeld im Streckwerk), insbes. Hochverzugs-Nitschelstrecken und Kammgarnflyer zur Anwendung kommen. Die Hechelstrecke und die Hochverzugs-Nitschelstrecke verfestigen das austretende Faserbändchen durch einen Nitschelvorgang (Frottieren), wobei das Streckwerk der HV-Nitschelstrecke an Stelle von Nadelstäben mit Laufbändern ausgerüstet ist (höhere Produktivität; bis ca. 200 m/min). Jeweils 2 Vorgarnfäden werden auf eine Spule aufgerollt. Der Kammgarnflyer, der sich vom Baumwollflyer besonders durch die Art des Streckwerks unterscheidet (Anpassung an die größeren Stapellängen), gibt dem Vorgarn einen Echtdraht. Er wird deshalb vornehmlich für die Verarbeitung von glatteren Chemiefasern eingesetzt, um dem Vorgarn

eine ausreichende Zugfestigkeit zu verleihen. Die Vorgarnfeinheiten liegen etwa im Bereich zwischen 1 000–250 tex.

Das Fertigspinnen erfolgt mit einer Ausnahme (Repcospinnverfahren) auf Kammgarn-Ringspinnmaschinen, die sich von anderen Ringspinnmaschinen durch spezielle Streckwerke (z. B. Einsatz von Kanalwalzen) unterscheiden. Führt man 2 verzogene Vorgarnfäden beim Streckwerkaustritt zusammen, so entsteht ein Scheinzwirn. Übliche Kammgarne werden im Regelfall vor der Weiterverarbeitung verzwirnt. *Löcker*

Literatur: *Fahrbach, R.:* Die Kammgarnspinnerei. Stuttgart 1958.

Kampfflugzeug. K. sind Flugzeuge zur Bekämpfung anderer Flugzeuge (Jagdflugzeug), zum Einsatz gegen Bodenziele mit Bordwaffen und Bomben (Bombenflugzeuge) und zum Angriff auf Schiffe vor allem mit Torpedos und Raketen (Marineflugzeuge).

Unter Einbeziehung weiterer Verwendungen lassen sich die typischen K. einteilen in Bombenflugzeuge, Jagdflugzeuge, Aufklärungsflugzeuge, Kampfhubschrauber, Marineflugzeuge.

Ähnlich wie zivile Flugzeuge sind K. gemäß ihrer Konstruktion zu unterscheiden in:

- □ Land- und Wasserflugzeuge,
- □ ein- und mehrmotorige Flugzeuge,
- □ angetriebene und antriebslose Flugzeuge,
- □ Propeller- und düsengetriebene Flugzeuge,
- □ Starrflügler und Drehflügler,
- □ Normalstarter, Kurzstarter STOL (short take-off and landing) und Senkrechtstarter VTOL (vertikal take-off and landing),
- □ Kurz- und Langstrecken-Flugzeuge.

Bombenflugzeuge sind geräumige Transportflugzeuge hoher Tragkraft, gewöhnlich mit einem partiellen Schutz und leichten Bordwaffen ausgestattet. Sie sind neben Raketen besonders geeignet, den Feind weit im Hinterland anzugreifen, seine Nachschubbasen, die Zufahrtsstraßen, Brücken und Bahnhöfe sowie Flugplätze zu zerstören. Abwurfeinrichtungen und Lenkbomben führen zu einer hohen Treffwahrscheinlichkeit. Mitgeführte Dispenser für eine Vielzahl von spezifischen Submunitionen, die vor stark geschützten Objekten ausgeklinkt werden, lassen eine Bekämpfung mit vermindertem Risiko zu. Langstrecken-Bomber, die dauernd in der Luft und daher schwer zu treffen sind, haben als Träger von Atombomben strategische Bedeutung.

Jagdflugzeuge sind besonders schnelle und stark bewaffnete K., die zur Verteidigung des eigenen Luftraumes und als Begleitschutz von Bomberverbänden eingesetzt werden. Die Bewaffnung besteht heute gewöhnlich in Maschinenkanonen sehr hoher Kadenz und Raketen mit zielorientierter Auslegung, z. T. mit autonomen Zielsuchköpfen.

Dispenser machen sie auch für wirksame Bodeneinsätze verwendbar; Zusatztanks und Luftbetankung weiten den Aktionsradius aus. Spezielle Bordausrüstungen ermöglichen den Einsatz auch bei Nacht und schlechtem Wetter. Die hohen Fluggeschwindigkeiten machen automatische Freund-Feind-Kennungen notwendig.

Aufklärungsflugzeuge sind K., die mit empfindlichen Kameras, Radargeräten und/oder anderen optronischen Geräten ausgestattet sind. Sie sind schwach oder gar nicht bewaffnet, fliegen daher sehr hoch über feindlichem Gelände oder bleiben über dem eigenen Territorium und nutzen die Höhe zum Blick ins Hinterland des Feindes.

Panzerabwehrhubschrauber sind K., die mit Panzerabwehrraketen und leichten Panzerungen ausgestattet sind. Bei Einsatz von Raketen mit autonomer →Lenkung brauchen sie nur sehr kurz ihre bodennahe Deckung zu verlassen. Durch ihre Beweglichkeit können sie schnell Schwerpunkte bilden, um Durchbrüche von Panzerverbänden zu verhindern.

Marineflugzeuge sind speziell für die Marine eingerichtete K. Flugboote und Wasserfahrzeuge spielen nur noch eine untergeordnete Rolle bei den großen Aktionsradien der heutigen K. Hauptaufgaben sind U-Boot-Bekämpfung, Aufklärung und Rettungsdienst (SR Search and Rescue).

Weitere Flugzeuge in militärischer Nutzung wie Transportflugzeuge, Verbindungshubschrauber, Schulflugzeuge, Tankflugzeuge sind nur bedingt als Kampfflugzeuge anzusprechen. *Thurley*

Kanalbaugerät. Kanalbaumaschinen sind Sonderbaumaschinen, die überwiegend für den Bau von Bewässerungskanälen in den Ländern der Dritten Welt, teilweise auch beim Bau von Binnenwasserstraßen eingesetzt werden. Grundsätzlich werden Kanalbaumaschinen für folgende Arbeitsgänge verwendet:

□ Herstellen und Verdichten des Feinplanums der Dammböschung oder der im Einschnitt anstehenden Böschungsfläche;

□ Aufbringen und Verdichten des Filtermaterials unter Berücksichtigung der Ebenheit der Auskleidungsschicht;

□ Einbringen und Verdichten des jeweiligen Einbaumaterials sowie Behandlung der Oberfläche mit evtl. erforderlicher Fugenherstellung. Kanalbaumaschinen werden für den Einbau unterschiedlichster Materialien, wie Beton, Asphaltbeton, Ton, Hydraton usw., konzipiert. Heute hat sich vorwiegend der Beton und der Asphaltbeton als Auskleidungsbaustoff durchgesetzt.

Mit neueren Maschinen wird angestrebt, den gesamten Aushub des Kanalprofils auszuführen.

Nachdem der Grobaushub mit den üblichen Erdbaugeräten (→Eimerkettenbagger, Schaufel-

radbagger, Eimerseilbagger, →Schreitbagger, Schürfraupe) abgeschlossen ist, werden die Kanalbaumaschinen zur Herstellung des Feinplanums und zur →Auskleidung des Kanalprofils eingesetzt. Dabei steht ein kompletter Einbauzug zur Verfügung: Mit der Planiermaschine bereitet man den Unterbau für den Einbau der Kanaldecke vor. Anschließend baut man mit Deckenfertigern den Auskleidungsbaustoff ein. Eine eventuelle Nachverdichtung besorgen die im Straßenbau eingesetzten Gummirad- und Vibrationswalzen. Die Steuerung der Geräte auf den Kanalböschungen wird mit auf dem Leinpfad stationierten Winden durchgeführt. Beim Betoneinbau sind dem Verteiler für den Frischbeton die Verdichter- und Glätteinrichtung nachgeschaltet. Ähnliches gilt für den Einbau von Asphaltbeton. Entsprechend der Abwicklung des Kanalprofils werden Vollprofilmaschinen, Halbprofilmaschinen oder Böschungsmaschinen in Verbindung mit Geräten, die die Sohle bearbeiten, eingesetzt. Kanalbaumaschinen haben vornehmlich Raupenfahrwerke. Als Bezugsnivellement werden vorgespannte Drähte angeordnet und mittels elektrohydraulischer Nivellierung abgetastet. Immer mehr führt man die Nivellierung mit Laserstrahleinrichtungen aus.

Die Tragkonstruktion (Geräteträger) stützt und führt alle verfahrenstechnisch bedingten Arbeitsgeräte einschl. ihres Antriebes. Sie ist über Hydraulikzylinder entsprechend dem geforderten Niveau höhenverstellbar. Der Steuerstand befindet sich auf der Tragkonstruktion an einer Stelle, von der der Maschinenführer die Arbeitsorgane und das Fahrwerk gut übersehen kann. Für den Antrieb der Hydraulikpumpen und für die Stromerzeugung ist ein Dieselmotor mit nachgeschaltetem Drehstromaggregat installiert. Arbeitsorgane sind bei den Planiermaschinen: Fräs- bzw. Eimerketten, Schaufelräder und Kratzbänder mit →Aufreißer. Bei den Auskleidungsmaschinen für den Betoneinbau sind es Verteilkübel, Rüttelbohlen, Glättebohlen, Tauchvibratoren, Rüttelflaschen oder Schalungsrüttler und Fugenschneidgeräte. Die Einbaumaschinen für den Asphaltbeton haben als Verteiler Schnecken, zum Abziehen und Verdichten Abziehbohlen und Stampfer. *Kühn*

Kanalfahrzeug →Hochregalblocklager

Kanone, elektrische. K., bei denen die zur Geschoßbeschleunigung erforderliche Energie auf elektromagnetischem Wege (elektromagnetische Kanonen) oder auf elektrothermischem Wege (elektrothermische K.) zugeführt wird.

E. K. sind Gegenstand technologischer Untersuchungen und noch nicht im militärischen Einsatz. Experimentell nachgewiesen ist, daß mit ihnen im Vergleich zu klassischen K. eine um ein Mehrfaches höhere Geschoßgeschwindigkeit erreicht werden kann. Hierauf beruht das wissenschaftliche und militärische Interesse an der neuen Antriebstechnologie.

Bei elektromagnetischen K. erfolgt die Geschoßbeschleunigung durch Lorentz-Kräfte. Man unterscheidet die beiden Grundtypen: Spulen-K. und Schienen-K.

Die Spulen-K. in ihrer einfachsten Form besteht aus einem Rohr mit einer Reihe stationärer Spulen (Bild 1). Werden diese Spulen nacheinander von Strom durchflossen, so entsteht ein magnetisches Wanderfeld, das in der Geschoßspule eine Spannung induziert. Der resultierende Strom in der Geschoßspule erzeugt zusammen mit dem Magnetfeld die beschleunigende Lorentz-Kraft F.

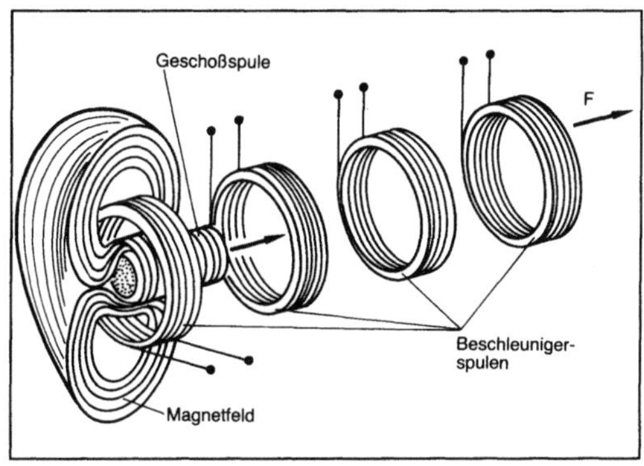

Kanone, elektrische 1: Prinzip der Spulenkanone.

Die Schienen-K. besteht im Prinzip aus zwei parallelen Schienen, zwischen denen das →Geschoß gleitet (Bild 2). Wird an die Schienen eine Stromquelle angeschlossen, so fließt der Strom in der einen →Schiene zum Geschoß, über die elektrisch gut leitende →Armatur am Geschoßboden zur anderen Schiene und in dieser in entgegengesetzter Richtung zurück. Der Strom erzeugt ein Magnetfeld, das zusammen mit dem durch die Geschoßarmatur fließenden Strom die antreibende Lorentz-Kraft F erzeugt.

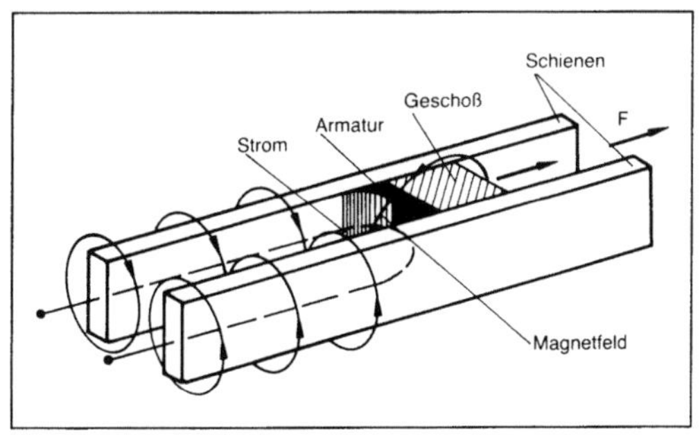

Kanone, elektrische 2: Prinzip der Schienenkanone.

Bei elektrothermischen K. erfolgt die Geschoßbeschleunigung durch den Druck eines elektrisch erzeugten Plasmas. Die K. besteht im einfachsten Fall aus einem konventionellen Waffenrohr mit elektrischen Durchführungen für die Stromversorgung eines verschlußseitig eingesetzten Plasmabrenners (Bild 3). Durch Anlegen einer Spannung an die Elektroden des Plasmabrenners wird ein Lichtbogen gezündet, der das →Material zwischen den Elektroden, z. B. Polyethylen, verdampft und zu einem heißen, unter hohem Druck stehenden Plasma aufheizt. Dieser K.-Typ wird auch als Plasmapulskanone bezeichnet.

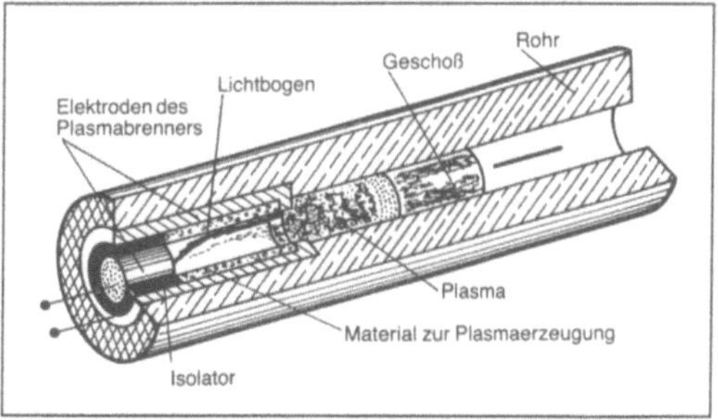

Kanone, elektrische 3: Prinzip der elektrothermischen Kanone mit Plasmabrenner.

Elektromagnetische und elektrothermische K. stellen extreme Anforderungen an die elektrische Energieversorgung. Eine mit heutigen Panzer-K. vergleichbare elektrische K. benötigt pro Schuß 30 MJ Energie, die in wenigen Millisekunden, d. h. mit einer mittleren Leistung von ca. 10 GW, der K. zugeführt werden muß. Diese Leistung kann nur mit Hilfe von Energiespeichern aufgebracht werden, die den zeitlichen Verlauf des Energieimpulses an den →Leistungsbedarf der K. anpassen. Als →Energiespeicher kommen Kondensatoren, Spulen, Schwungradgeneratoren und Akkumulatoren in Betracht. *Witt*

Literatur: *Ogorkiewicz, R. M.*: Internationale Wehrrevue 3 (1986), S. 361.

Kantenanleimmaschine. Bei diesem wichtigen Verfahren in der Möbelindustrie werden die Schmalflächen verschiedener Trägermaterialien wie Spanplatte, MDF-Platte, Sperrholz, evtl. auch Massivholz beschichtet. Im Durchlaufprinzip, ähnlich einer Format- und Kantenbearbeitungsanlage (→Doppelendprofiler) einseitig oder doppelseitig arbeitend, wird das Kantenmaterial Kunststoff, Furnier oder auch Massivholz (Anleimer) mittels verschiedener Kleber angebracht. Der maschinelle Aufbau ist etwa dem Doppelendprofiler vergleichbar, nur etwas leichter konstruiert. Zwei Führungsbahnen tragen die beiden Maschinenständer, wobei der linke Ständer feststeht und der rechte Ständer je nach Verarbeitungsbreite verstellbar ist. Die typischen Aggregate sind jeweils auf den Ständern postiert und werden den beiden Hauptgruppen zugeordnet:

☐ Zuführ- und Verleimbereich: Die Schmalfläche kann nachgefräst, profiliert und das Kantenmaterial zugeführt, angeleimt und verpreßt werden.

☐ Nachbearbeitungsbereich: Alle folgenden Arbeitsgänge bis zur fertig bearbeiteten Schmalfläche sind möglich, wie Bündigkappen, Bündigvor- und -feinfräsen, Kopierfräsen, Bürsten, Schleifen, Anfassen usw.

Die Ausführung des Kantenmagazins und der Kantenzuführung ist wichtig für die Anwendung verschiedener Kantenmaterialien. Einzelstreifen aus Furnieren bis 2 mm Dicke und Kunststoffstreifen werden über Entnahmesauger der Transportrolle zugeführt. Endlosstreifen aus einem oder mehreren Rollenmagazinen werden kurz hinter der Klemmrolle je nach der zugeführten Werkzeuglänge passend abgekappt. Stachelwalzen transportieren vorrangig massive Anleimer bis 20 mm Dicke in die Maschine. Durch eine elektronische Kantenvorwahl ist der Einsatz mehrerer, auch verschiedener Kantenmagazine jederzeit möglich.

Schmelzklebermaschine (KSch-Maschine). In Schmelzbehältern wird das Granulat bei ca. 220 °C geschmolzen. Bei dieser Verarbeitungstemperatur kann der Schmelzkleber über Leimauftragwalzen oder Düsen auf die Werkstückkante aufgebracht werden. Dieser Kleber ist sehr temperaturempfindlich, d. h. mehrmaliges Aufheizen des erkalteten Klebers vermindert die Klebekraft. Maschinen mit geschlossenem Heizsystem ermöglichen dosierte Klebermengenerwärmungen, wobei Kleberpatronen oder Extruder-Systeme eingesetzt werden. Beim HK-Verfahren (Heiß-Kalt-Reaktivierverfahren) werden mit Schmelzkleber vorbeschichtete Streifen durch eine Heißluft-Düse reaktiviert und mittels Rollen auf die Kante gepreßt.

PVAC-Klebermaschine (KPVAC-Maschine). Die Streifen werden separat mit modifiziertem PVAC-Kleber vorbeschichtet und dann auf die PVAC-beschichtete Schmalfläche des Werkstücks aufgepreßt. Beiden Leimfilmen wird in der 2–3 m langen Aushärtzone bei ca. 500 °C soviel Feuchtigkeit entzogen, daß sie schnell abbinden können. Dieses Kaltleimaktivierverfahren (KA-Verfahren) ermöglicht eine Fugenausbildung, die gegenüber der Schmelzkleberfuge einige Vorteile aufweist: hohe Wärmestandfestigkeit bis ca. 180 °C, Kältebeständigkeit, Feuchtebeständigkeit bis B3 und B4 nach DIN 68602, hohe Endfestigkeit, kaum sichtbare Fuge, kein Verschmieren der Fuge und Fläche mit Leimresten. Mit Ausnahme der Thermoplaste können alle herkömmlichen Materialien eingesetzt werden. Nachteilig ist die Doppelbeschichtung des Kantenmaterials und der Werkstückschmalfläche (Bild); (→Formbearbeitungs-Maschine). *Dusil*

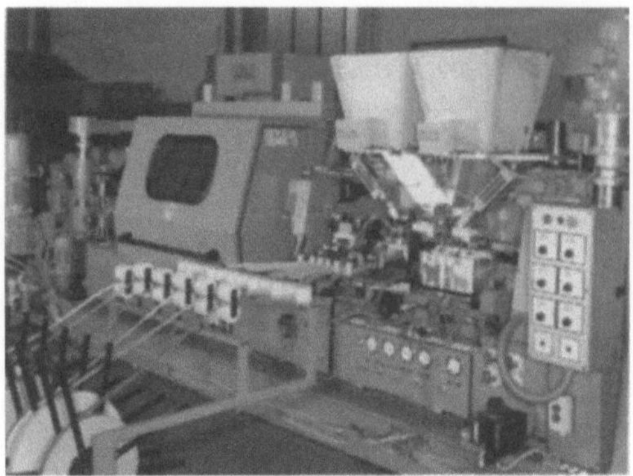

Kantenanleimmaschine: Schmelzkleber-Verleimteil in einer Kantenanleimmaschine. (Quelle: IMA)

Kantenbearbeitungsmaschine, mehrstufige. Formatbearbeitung ist sowohl durch Sägen als auch durch Fräsen oder durch Kombination der beiden Bearbeitungsgänge möglich. Hierbei werden die Werkstücke auf genaues Längen- und Breitenformat gebracht, wobei evtl. Zugaben für das Schleifen bzw. Abschläge für aufzuleimende Kanten berücksichtigt werden müssen.

Reihenfolge der Bearbeitung: 1. Breitenformat (Längsbearbeitung), 2. Längenformat (Querbearbeitung). Maschinen für die einfache Formatbearbeitung sind Formatkreissäge und Doppelabkürzsäge. Hervorgegangen aus der doppelseitigen Zapfenschneid- und →Schlitzmaschine ist die Doppelendprofiliermaschine. Diese Maschine ist mit verschiedenen Werkzeugen bestückt und wird vorwiegend zur zweiseitigen Kantenbearbeitung flächiger Werkstücke im geradlinigen Durchlauf eingesetzt. Das Konzept des Doppelendprofilers wird vorrangig durch das Vorschubsystem bestimmt. Die Werkstücke liegen auf zwei parallel zur Vorschubrichtung angeordneten synchron umlaufenden schmalen Transportketten. Aus den Kettenplatten ragen versenkbare Anschläge bzw. speziell ausgebildete Mitnehmer, die das Werkstück an den Werkzeugen vorbeiführen. Üblich ist die doppelseitige Bearbeitung. Bei sehr schmalen Teilen bzw. bei wechselnder Breiteneinstellung ist die einseitige Bearbeitung mit dem linken Kettenpaar sinnvoll. Werden zwei einseitige →Doppelendprofiler wechselseitig hintereinandergereiht, kann über eine zwischengeschaltete Spiral-Rollenbahn jede beliebige Breite ohne Maschinenverstellung gefertigt werden. Für eine einwandfreie Werkstückauflage sorgen obenliegende Riemen oder Plattenketten, die etwas kürzer als die synchron mitlaufenden Unterketten sind.

Diese Vorschubeinheit kann vertikal der Werkstückdicke entsprechend verstellt werden. Zur Konstruktion der Gesamtmaschine gehört das Maschinenbett mit den zwei Maschinenständern. Während der linke Ständer fest montiert ist, kann der rechte verfahrbare Maschinenständer in einem Führungsbett für die gewünschte Arbeitsbreite verstellt werden. Dabei muß stets eine genaue parallele Lage mit Hilfe von Gewindespindeln möglich sein. Ältere Ausführungen werden noch per Knopfdruck motorisch grob eingestellt und mit dem Handrad feinjustiert, während neuere Konstruktionen in zunehmendem Maße mit elektronischen Positioniersteuerungen arbeiten. Zur Seitenbearbeitung sind auf den Ständern Arbeitsaggregate im Einsatz, die für sehr viele Arbeitsgänge eingesetzt werden, z. B. zum Ritzen, Zerspanen, Fräsen, Nuten, Bohren, Profilieren, Kopierfräsen, Fasekappen, Schleifen usw. Sollen von oben arbeitende Werkzeuge für Oberfräs-, Bohr- und Trennschnittarbeiten eingesetzt werden, kann dafür ein sog. Oberträger angebaut werden. Jede Bearbeitungseinheit erhält einen eigenen elektromotorischen Antrieb. Die Position des Aggregats relativ zum Werkstück ist über Schwalbenschwanzführungen horizontal und vertikal sowie in beliebigen Gradzahlen schwenkbar zu bestimmen. In den einfachsten Fällen wird manuell oder pneumatisch, hydraulisch, motorisch das Aggregat gegen Revolverkopfanschläge gefahren. Automatische Maschinen sind mit elektronischen Positioniersteuerungen ausgerüstet, die u. a. Werkzeuge im Ein- und Aussetzbetrieb arbeiten lassen. Doppelendprofiler sind vorwiegend nach dem Baukastenprinzip konstruiert, d. h., die variable Baulänge richtet sich nach der Anzahl der Betriebsaggregate. Die Doppelendprofiler und K. werden zunehmend in Fertigungsstraßen mit verketteten Maschinen eingesetzt. Unzählige Zusatzeinrichtungen zur Erhöhung des Mechanisierungs-' und Automatisierungsgrades werden benötigt für Einstellung der Bearbeitungsaggregate, Breiten- und Höhenverstellung der Maschine, Beschickung, Übergabe an 2. Maschine, Abnahme, Abstapelung und Verkettung. *Dusil*

Kapazität, hydraulische. Begriff aus der elektrohydraulischen Analogie. Die h. K. beschreiben das durch Ölkompression und Aufweitung der Bauelemente bewirkte elastische Verhalten in einem Hydrosystem bzw. von Hydroelementen in der Formulierung mit hydraulischen Größen

$$C_h = dV / dp.$$

Druckänderung in einem hydraulischen System ist gem. $dV = \dot{V}_c \, dt$ mit dem Ein- oder Austreten eines Kompressionsvolumenstroms verbunden:

$$\dot{V}_c = C_h \, dp / dt.$$

Die Gesamt-K. eines Systems ergibt sich als Summe der Einzel-K. der Elemente, die in gleicher Weise an das Drucknetz angeschlossen sind (andernfalls Laufzeit beachten):
□ Flüssigkeit mit Kompressionsmodul B, Volumen V: $C_h = V/B$;

□ zylindrischer Behälter, Durchmesser d, Länge l, Wanddicke s, aus Werkstoff mit Elastizitätsmodul E: $C_h = \dfrac{1,25\,V}{E} \cdot \dfrac{d}{s}$;

□ federbelasteter Kolben, Federkonstante c_F, Wirkfläche A_K: $C_h = A_K^2 / c_F$. *Röper*

Kapillardrossel →Gleitlager, hydrostatisches

Kaplanturbine. Einstufige Wasserturbine (→Strömungsmaschine, hydraulische) mit axial durchströmtem →Laufrad und verstellbaren Leit- und Laufradschaufeln. Sie wird für große Drehzahlkenngrößen eingesetzt (→Cordier-Diagramm). K. verarbeiten also niedrige und wegen der guten Regelbarkeit schwankende nutzbare Fallhöhen kleiner 70 m und große veränderliche Volumenströme bis über 1000 m³/s. Dabei werden Leistungen bis etwa 100 MW erreicht.

K. werden mit vertikaler oder horizontaler Welle bei zentripetaler Leitradströmung und axialer Laufradströmung (Bild 1) ausgeführt oder als Rohrturbinen (Bild 2) mit axialer Leit- und Laufradströmung. Rohrturbinen haben dabei die größeren Drehzahlkenngrößen.

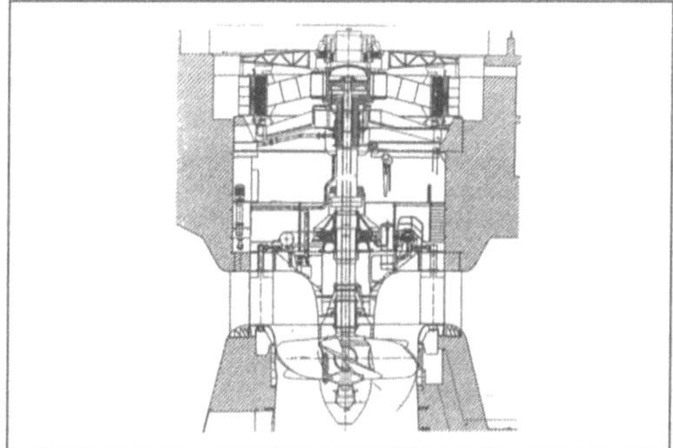

Kaplanturbine 1: Mit zentripetaler Leitschaufelströmung und Generator.
Daten: H = 15 m, n = 68,2 min⁻¹, P = 67 MW

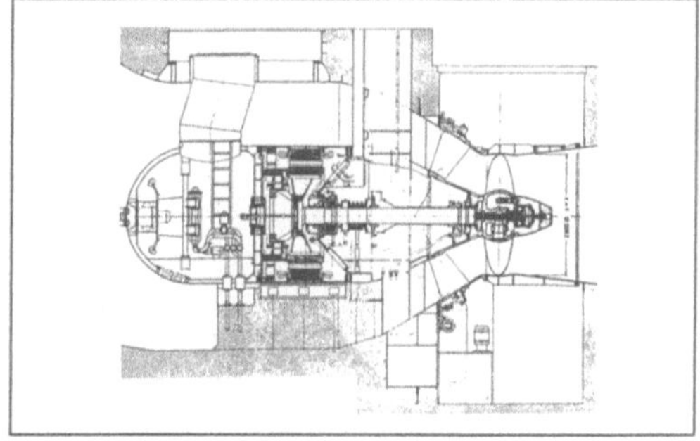

Kaplanturbine 2: Kaplan-Rohrturbine mit Generator.
Daten: H = 7,6 m, n = 187,5 min⁻¹, P = 2,08 MW

Vom Oberwasser strömt das Wasser zunächst durch den Leitschaufelkranz, in dem ihm je nach Stellung der verstellbaren Leitschaufeln ein bestimmter Drall in Drehrichtung des Laufrads erteilt wird; dabei beschleunigt sich das Wasser unter Druckabbau (Arbeitsprinzip). Das Laufrad entzieht dem Wasser je nach Schaufelstellung mehr oder weniger vollständig den Drall, wobei Arbeit a an das Rad übertragen wird nach der Euler-Gleichung:

$$a = P/\dot{m} = u_2\,c_{u2} - u_1\,c_{u1};$$

darin ist P übertragene Leistung, $\dot{m}$ Wassermassenstrom, u Umfanggeschwindigkeit des Laufrads, c_u Umfangkomponente der absoluten Strömungsgeschwindigkeit, Index 1 vor, Index 2 nach dem Laufrad. Der Aufbau der K. nach Bild 1 entspricht grundsätzlich dem der →Francisturbine. Die spezifische Arbeit a des Laufrads ist jedoch geringer als bei der Francisturbine, da bei gleichem Laufraddurchmesser die mittlere Umfanggeschwindigkeit u_1 am Laufradeintritt kleiner ist. Der Vorteil der K. ist der flache Wirkungsgradverlauf im →Kennfeld infolge der Leit- und Laufschaufelverstellung. Damit läßt sich die K. auch größeren Änderungen von →Volumenstrom, Fallhöhe oder Leistungsabnahme auch bei konstanter Drehzahl optimal anpassen. Die jeweils optimale Zuordnung von Leit- und Laufschaufelstellung wird im Versuch ermittelt und an der Anlage mit Hilfe von Prozeßrechnern vorgenommen. Problematisch ist die Spaltgeometrie bei drehbaren Schaufeln in zylindrischen Räumen. Daher wird beispielsweise die Laufradnabe im Bereich der Laufschaufeldrehung kugelig ausgeführt (Bild 2).

Zur Steigerung der spezifischen Leistung werden die Laufradnabe und die Außenkontur im Laufradbereich auch konisch ausgebildet, so daß das Wasser diagonal von außen nach innen strömt. Dies führt zur Bauart der Dériazturbinen, die sich auch als Pumpenturbinen eignen (→Strömungsmaschine, hydraulische). *Rauhut*

Literatur: DIN 4320/4323/4324: Wasserturbinen: Benennungen, Begriffe und Rechnungsgrößen. Hrsg. Dt. Normenausschuß. Ausg. 1957. – *Quantz/Meerwarth:* Wasserkraftmaschinen. 11. Aufl. Berlin, Heidelberg 1963. – *Raabe, J.:* Hydraulische Maschinen und Anlagen. Tl. 2: Wasserturbinen. Düsseldorf 1970.

Kardangelenk. K. (Kreuzgelenke) sind drehstarre winkelnachgiebige Ausgleichskupplungen (Bild). Sie bestehen aus zwei gabelförmigen Wellenenden, die durch ein innenliegendes Kreuzstück gelenkig miteinander verbunden sind. Das K. überträgt die Drehbewegung nicht gleichförmig (nicht homokinetisch). Die Ungleichförmigkeit kann angenähert ausgeglichen werden, wenn zwei K. in geeigneter Weise hintereinander angeordnet werden (→Doppelkreuzgelenk, →Gelenkwelle). *Ehrlenspiel*

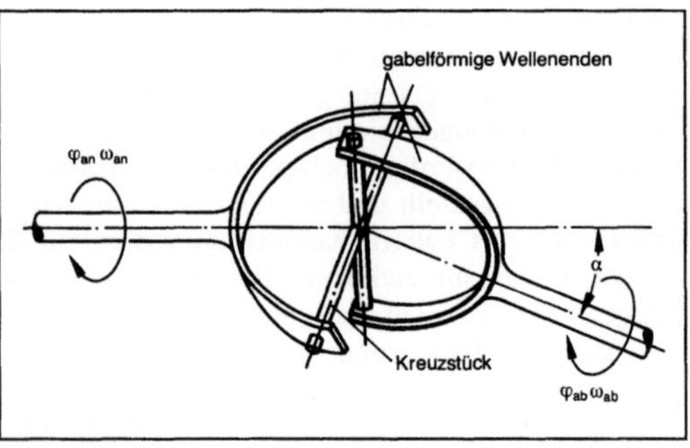

Kardangelenk.

Karosserie. In den Anfängen des Automobils war sie der Aufbau auf dem Rahmen des Chassis, der Antrieb und Fahrwerk verbindet. Mit der Einführung der Ganzstahl-K. übernahm die K. auf Grund ihrer größeren Steifigkeit einen immer größer werdenden Teil der tragenden Funktion. Der Rahmen reduzierte sich auf Achs- und Aggregateträger zur Montageerleichterung und Zwischenlagerung aus akustischen Gründen.

Die K. nimmt die statischen und dynamischen Kräfte aus Betrieb und Unfall auf und gewährt Insassen und Ladegut Schutz vor Wetter und mechanischer Belastung.

Die statische Belastung rührt von der →Nutzlast und dem Eigengewicht bzw. den Radkräften her, die infolge der Unebenheit der Fahrbahn zur Verwindung führen (Deformation der Türöffnung bei einem Rad auf dem Gehsteig).

Die dynamische Belastung folgt aus der →Welligkeit der Fahrbahn (→Federung), aus freien Massenkräften und -momenten des Trieb- und Fahrwerks sowie der Ladung (z. B. Betonmischer) und den Kräften bei einem Unfall.

Die Berechnung der Festigkeit, Steifigkeit und Schwingungseigenschaften erfolgt durch modellartige Nachbildung der tragenden Fahrzeugstruktur durch ein idealisiertes Netzwerk geometrisch einfacher Schalenelemente (Vierecks- und Dreiecksflächen mit Massebelegung) zur Nachbildung der elastomechanischen Eigenschaften der Struktur. Durch Tiefziehen und Zusammenfügen (Punktschweißen) entsprechender Blechflächen werden geschlossene Querschnitte um Volumen gebildet, deren Steifigkeit und Festigkeit durch die Steifigkeit und Festigkeit der begrenzenden Flächen bestimmt wird. An das Tragwerk (bestehend aus Boden mit Längs- und Querträgern, den vorderen und hinteren Längsträgern mit den Radlaufblechen, den Säulen mit Vorder- und Rückwand) werden die Anbauteile (Türen, Deckel, Stoßfänger) durch Schrauben, Nieten oder Schweißen gebaut (Rohbau). Die Einbauteile (Glas, Sitze, Innenausstattung) werden nach der Lackierung eingebaut. Außerdem erfolgt der Einbau der Aggregate und des Fahrwerks.

Lackierung/Korrosionsschutz. Der Rohbau wird (hauptsächlich im Tauchverfahren) entfettet, mit einer Haftschicht (Phosphatierung, ca. 2 μm) versehen und mit 2 bis 4 Schichten lackiert (Tauchgrund ca. 15 μm, Füller ca. 60 μm, Decklack ca. 40 μm). Besonders gefährdete Stellen erhalten Steinschlaggrund oder PVC-Beschichtung (ca. 500 μm); Aushärtung bei 140–160 °C. Punktnähte, Falze und Schnittkanten werden durch geeignete Pasten gefüllt bzw. abgedeckt; Hohlräume mit flüssigem Wachs gefüllt oder ausgesprüht. Ein- und Anbau von Kunststoffteilen erfolgt gegen mechanische Beanspruchung und zur Dämpfung (z. B. Radausschalen gegen Steinschlag, getränkte Pappen zur Dämpfung von Blechflächen).

Die *Sitzanlage* wird sorgfältig anthropotechnisch abgestimmt. Sie muß nicht nur den Abmessungen der Insassen gerecht werden, sondern eine andauernde entspannte Lage mit angepaßter Druckverteilung ohne Wärme- und Feuchtigkeitsstau gewährleisten. Schwingungstechnisch sind die Kennfrequenzen des Menschen einerseits (2–4 Hz innere Organe) und des Fahrzeugs andererseits (Federung ca. 1 Hz, Radeigenfrequenz ca. 10 Hz) zu berücksichtigen.

Zur Anpassung an verschiedene Körpergrößen ist eine Sitzlängs- und Lehnenneigungsverstellung erforderlich, seltener auch Sitzhöhen- und Neigungsverstellung, Lenkrad- oder Pedalverstellung, Verstellung der Fondsitzanlage.

Sichtverhältnisse werden durch die Versperrung durch die Säulen, die Ober- und Unterkanten der Fenster, die Verzerrung durch gekrümmte Scheiben und die Spiegelsichtfelder beschrieben. Außer der Sicht nach außen ist die Sicht auf Instrumente und bestimmte Betätigungsorgane wichtig. Reflexe durch tiefstehende Sonne, die Scheinwerfer anderer Fahrzeuge und die Innenbeleuchtung sind zu beachten.

→*Wischer und* →*Wascher* sorgen für Sicht bei Regen oder aufgewirbeltem Schmutzwasser und Staub. Wischer sollen vom Fahrtwind nicht entlastet werden. Deshalb liegen sie in Strömungsrichtung, haben Anpreßflügel, Durchbrüche oder werden mit zunehmender Geschwindigkeit stärker angedrückt. Wascher verwenden Wasserzusatzmittel gegen Einfrieren und zur Schmutzlösung. Wischer-/Wascheranlagen werden auch für Heckscheibe und Scheinwerfer vorgesehen (für die Scheinwerfer auch Wascher, die mit hohem Druck arbeiten und damit auch die Wischerfunktion übernehmen).

Scharniere übernehmen zugleich die Funktion der Öffnungsbegrenzung und des Türhalters (Türbremse). Türklappen werden durch mechanische (Gas-)Federn entlastet.

Schlösser erfüllen eine wichtige Sicherheitsfunktion: Sicherheitsraste und Verriegelung gegen Ausrasten durch Kräfte quer zur Schließrichtung, Massenausgleich gegen unbeabsichtigtes Öffnen infolge von Stößen.

Fenster werden meist als Fall- oder Kurbelfenster ausgeführt. Eine Feder sorgt für Gewichtsausgleich, eine Sperre verhütet Öffnen von außen (durch Aufbringen von Schiebekräften) und eine Zahnradübersetzung erlaubt akzeptable Betätigungskräfte.

Stoßfänger sollen die Stoßarbeit bei leichten Rangierstößen gegen feste Hindernisse oder andere Fahrzeuge beschädigungsfrei abfangen. Dazu wird eine einheitliche Höhenlage angestrebt, die aber wegen Abhängigkeit vom Beladungsgrad und Ein-/Ausfedern beim Bremsen schwierig einzuhalten ist. Im einfachen Fall finden entsprechend lackierte Blechteile oder Duroplaste, für höhere Ansprüche Thermoplaste auf Stahlträgern, die für höchste Ansprüche über Dämpfer am Rohbau abgestützt werden, Anwendung (→Anthropotechnik, →Fahrkomfort). *Fiala*

Literatur: Tendenzen im modernen Karosseriebau. VDI-Ber. Nr. 665. Düsseldorf 1987.

Kartoffelerntemaschine. Sammelbegriff für Maschinen zum Roden der Kartoffeln, zum Abtrennen der Beimengungen und zum Fördern des Erntegutes auf Transportfahrzeugen, häufig →Ackerwagen. Bei noch nicht abgestorbenem Kraut setzt man auch vor dem Roden Sondermaschinen zum Zerschlagen bzw. Spritzgeräte zum Abtöten des Krauts ein. Man unterscheidet in geteilte und ungeteilte Ernteverfahren.

Beim geteilten Verfahren werden die Kartoffeln gerodet, von Beimengungen grob getrennt und auf Schwad gelegt. Eine zweite Maschine nimmt das Schwad auf und besorgt die Feinabtrennung und Bunkerung. Obwohl dieses Vorgehen einige Vorteile aufweist, z. B. gutes Abtrocknen der Kartoffeln im Schwad, gewann es bisher nur geringe Bedeutung. Im Normalfall erntet man ungeteilt mit sog. Kartoffelsammelrodern. Besondere Verbreitung fanden einreihige, vom Traktor gezogene und über die →Zapfwelle angetriebene Sammelroder (Bild 1). In wesentlich kleineren Stückzahlen arbei-

Kartoffelerntemaschine 1: Einreihiger Kartoffelsammelroder. (Quelle: Grimme*)*

tet man zweireihig. Ebenso gewannen selbstfahrende K. bisher nur begrenzte Bedeutung.

Das Arbeitsprinzip einphasiger K. besteht aus folgenden Grundfunktionen (Bild 2):

□ Dammquerschnitt aufnehmen,
□ Gutgemisch fördern,
□ Erde abtrennen,
□ Grob- und Feinkraut abtrennen,
□ Steine abtrennen,
□ Kluten abtrennen,
□ Mutterknollen auslesen,
□ kleine Kartoffeln aussortieren,
□ Kartoffeln im Bunker sammeln,
□ Bunker auf Transportfahrzeuge entleeren.

Kartoffeln sind sehr stoßempfindlich. Daher steht eine schonende Behandlung bei der Ernte sehr im Vordergrund. Zum Abtrennen der Kluten und besonders der Steine nutzt man deren höhere Dichte aus. Dazu läuft das Gutgemisch z. B. über Gummifingerbänder und/oder Bürstenwalzen: Die Steine „versinken", während die Kartoffeln „schwimmen". Weniger schmutzanfällig arbeiten von oben wirkende verschränkte Bürstenwalzen (Gutgemisch auf Noppenband). Trockene Kluten und Mutterknollen können in ihren physikalischen Eigenschaften dem Erntegut so ähnlich sein, daß eine wirtschaftliche Trennung Handarbeit verlangt (Verleseband mit ein bis drei Personen).

Kartoffelsammelroder werden mit modernster Antriebstechnik ausgestattet. Dazu gehört u. a. eine leistungsfähige Bordhydraulik, die neben Stellfunktionen (z. B. für Schar, Deichsel und Fahrwerk) und Kurzzeitantrieben (z. B. Bunkerentladung) auch einige Dauerverbraucher antreiben kann (z. B. Verleseband).

Sammelroder setzten sich erst nach dem Zweiten Weltkrieg in den 50er Jahren durch. Die Vorläufer konzentrierten sich auf das Roden und Absieben der Erde bzw. eine krautfreie Ablage im Schwad (sog. Vorratsroder). Das Auflesen der Kartoffeln geschah von Hand. *Renius*

Literatur: *Habelt, R.:* Analyse wesentlicher Einflußgrößen auf die mechanische Beanspruchung der Kartoffeln ... agrartechnik 37 (1987) Nr. 8, S. 348/51. – *Hechelmann, H.-G.:* Kartoffelerntemaschinen. In: Geschichte der Landtechnik im 20. Jahrhundert. (Hrsg. *G. Franz*). Frankfurt a. M. 1969. – *Hechelmann, H.-G.:* Entwicklung der Kartoffelerntemaschinen. In: Festschr. „25 Jahre VDI-Fachgruppe Landtechnik". Düsseldorf 1983. – *Specht, A.:* Kartoffelsammelroder. KTBL-Arbeitsbl. 0222. Darmstadt 1986. – Verschiedene Prüfber. der DLG (Deutsche Landwirtschaftsgesellschaft) Frankfurt a. M.

Kartonverpackung. Karton ist ein Fasermaterial, deren Fasern aus dem Bereich der Hölzer stammen. Die Herkunft der Fasern führt hygroskopische Eigenschaften in Kartonmaterial ein. Ein Karton ist nicht in sich feuchtigkeitsunempfindlich oder flüssigkeitsdicht. Für K. für Flüssigkeiten muß das Verpackungsmaterial feuchtigkeitsfest ausgerüstet werden. Früher erfolgte das durch das Imprägnieren der füllfertig vorgeformten Verpackungsmittel. Durch die Saugfähigkeit der Werkstoffe verteilte sich das Imprägniermittel vollständig im Querschnitt des Verpackungsrohstoffs. Nach dem Trocknen des Imprägniermittels überzog es die einzelnen Fasern mit einer Schicht, die sie feuchtigkeitsunempfindlich macht.

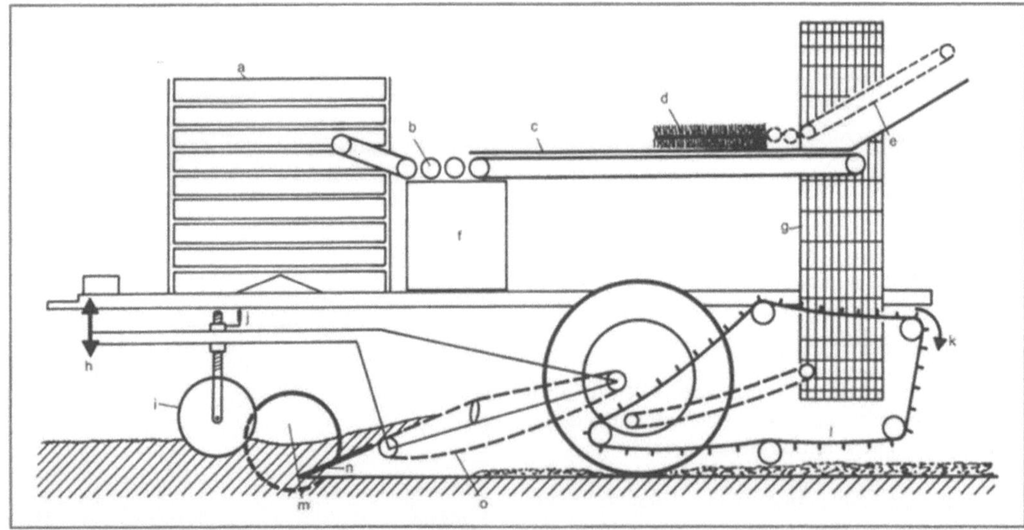

Kartoffelerntemaschine 2: Gezogener Kartoffelsammelroder (Prinzipskizze). (Quelle: Specht *a. a. O.)*

a Sammelbunker, b Sortiereinrichtung, c Verleseband, d mechanische Trenneinrichtung (Steine, Kluten), e entgegenlaufende Kette, Neigung verstellbar, f Sammelkasten (kleine K.), g Hubrad, h Aushebung, hydraulisch, i Dammwalze, j Einstellung der Rodetiefe, k Kraut, l Krautkette, m Scheibensech, n Rodeschar, o Siebkette für Erdabtrennung

Heute werden Kartonmaterialien beidseitig mit Kunststoffen beschichtet. Diese Beschichtung ist absolut flüssigkeitsunempfindlich. Es muß dafür Sorge getragen werden, daß im Verhältnis zum späteren Füllgut der in seinen Dichtigkeitseigenschaften richtige Kunststoff ausgewählt wird. Die Beschichtung der Kartonbahnen erfolgt nach dem Bedrucken aus der Schmelze der Kunststoffe heraus. Die Kunststoffe erlauben es, auch entsprechende Verbindungsstellen zum Formen des Verpackungsmittels zum Schlauch oder zum Verschließen zu bilden. Schnittkanten, die anders als beim Imprägnieren nicht gegen den Angriff der Flüssigkeit gesichert sind, müssen durch Wahl der entsprechenden Konstruktionsform vor dem Angriff der Flüssigkeit geschützt werden. Die durch Beschichtung gegen Feuchtigkeit und Flüssigkeiten unempfindlichen Verpackungsmaterialien werden von der →Rolle direkt in einer Maschine zu fertig gefüllten Packungen verarbeitet. Die Rollenbahn wird durch eine Schulter zu einem Schlauch geformt. Der Schlauch wird durch Heißsiegelverfahren geschlossen. Eine Quernaht bildet eine Verschlußlinie des Verpackungsmittels. Nach dem Füllen mit dem Produkt wird bei der meist angewandten luftfreien →Packung im Vorhandensein des Füllguts die zweite Verschlußnaht durch Heißsiegel angebracht. Danach wird die Packung quaderförmig umgeformt. Ein anderer Weg ist die Fertigung von faltbaren Verpackungen. Die Verpackungsmittel werden in der Füllmaschine aufgerichtet, der Boden durch Heißsiegeln verschlossen, befüllt und die Verschlußklappen ohne Anwesenheit des Füllguts durch Siegeln verschlossen. *Paris*

Kaschieren. K. bedeutet das Zusammenbringen von mindestens zwei festen Materialien. Die Haftung der Materialien aufeinander wird durch entsprechend ausgewählte, zu den Materialien passende Klebstoffe erreicht. Die zu verarbeitenden Materialien können bahnförmig oder in Bogen geteilt vorliegen. Bei dem Bahn-K. ist besonders die Möglichkeit gegeben, die Anzahl der Werkstoffe nahezu beliebig zu wählen. Bei dieser Verarbeitungsmöglichkeit liegen die Fertigprodukte entweder wieder in Rollenform vor, oder sie werden in einem integrierten Maschinenteil sofort in Formate aufgeteilt. Bei dem Bogen-K. ist es maschinentechnisch einfacher, nur zwei Materialien zu verarbeiten. Soll die Anzahl der zu kombinierenden Werkstoffe höher sein, wird eine entsprechende Anzahl von Maschinendurchgängen vorgesehen. In dieser Verarbeitungstechnik können auch steife Materialien, die nicht mehr in Rollenform gebracht werden können, verarbeitet werden, was wiederum die Palette der möglichen Materialien deutlich erweitert. Die verwendeten Klebstoffe reichen von kalten, wassergeführten Systemen über lösungsmittelhaltige Werkstoffe bis zu aufgeschmolzenen heißen Klebern. Stark im Vordringen ist das lösungsmittelfreie kalte K. durch vernetzende Klebstoffe.

Aufgabe des K. ist es, einerseits optisch nicht gewünschte Oberflächen durch andere Oberflächen zu ersetzen. Es wird hierbei dem unansehnlichen Material die Stabilitätsaufgabe zugewiesen. Die gewünschte, optisch hochwertige Oberfläche wird durch leichtere, einfacher zu verarbeitende Materialien eingebracht. In diesem Bereich wird vorrangig das Bogen-Bogen-K. eingesetzt. Andererseits ist es Aufgabe des K., Werkstoffe mit verschiedenen, manchmal sehr unterschiedlichen Eigenschaften zu kombinieren. Es entsteht dann ein Werkstoff mit neuen Eigenschaften, die in einen einzelnen Werkstoff nicht einzubringen wären. Bei diesen Arbeitsverfahren ist der verwandte Klebstoff nicht nur Haftvermittler, er bringt auch eigenständige Eigenschaften in die Materialkombination ein. Dieser Arbeitsbereich wird weitestgehend durch das Bahn-Bahn-K. abgedeckt. Es besteht hierbei die Möglichkeit, leichtgewichtige Werkstoffe zu erstellen, die höchstwertige verpackungsrelevante Eigenschaften haben und gleichzeitig höchste optische Wirksamkeiten ermöglichen. *Paris*

Kasten, morphologischer. Ein m. K. ist eine Kombinationshilfe in Form einer Matrix, um Teillösungen prinzipiell zu einem Ganzen zu verbinden. Sind nur zwei Klassen (Dimensionen) von Lösungen miteinander zu verbinden, so ergibt sich ein 2-dimensionaler Lösungsraum, bei dem sich noch alle Kombinationsmöglichkeiten darstellen lassen. Bild 1 zeigt dies am Beispiel von möglichen Motoren-Getriebe-Kombinationen für einen Pkw.

Bei mehr als 2 Dimensionen werden nur noch die Einzellösungen in Matrixform aufgeführt. Die Kombinationsmöglichkeiten lassen sich durch Verbindungslinien zwischen den Teillösungen darstellen (Bild 2).

	1. Dimension: Motoren →		
	Anzahl der Werte der 1. Dimension: $m_1 = 3$		
2. Dimension: Getriebe	37 KW, Benzin	66 KW, Benzin	37 KW, Diesel
4 Gänge	37 KW, Benzin 4 Gänge	66 KW, Benzin 4 Gänge	37 KW, Diesel 4 Gänge
5 Gänge	37 KW, Benzin 5 Gänge	66 KW, Benzin 5 Gänge	37 KW, Diesel 5 Gänge
Automatik	37 KW, Benzin Automatik	66 KW, Benzin Automatik	37 KW, Diesel Automatik
Anzahl der Werte der 2. Dimension: $m_2 = 3$			mögliche Kombination

Kasten, morphologischer 1: 2-dimensionaler Lösungsraum am Beispiel von Motoren-Getriebe-Kombinationen für einen Pkw.

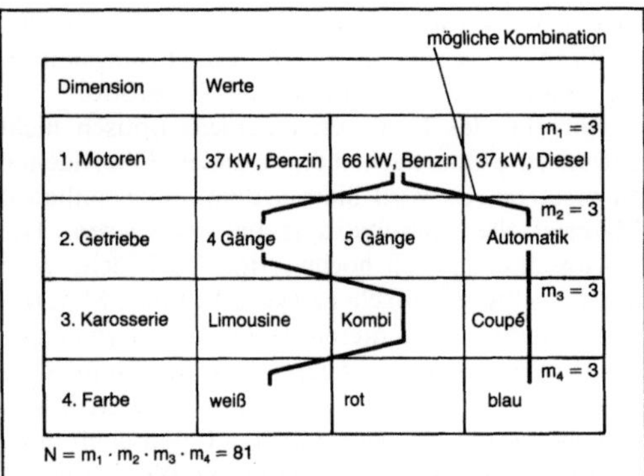

Kasten, morphologischer 2: 4-dimensionaler Lösungsraum am Beispiel Pkw.

Die Anzahl N der Kombinationsmöglichkeiten (mögliche Linienzüge) ergibt sich zu

$$N = m_1 \cdot m_2 \dots \cdot m_i \dots \cdot m_n,$$

    mit m_i Anzahl der Werte der Dimension i,
       n Anzahl der Dimensionen.

Beim Konstruieren werden m. K. z. B. zur Kombination von Lösungen für Teilfunktionen (Funktion technischer Systeme) angewendet. *Ehrlenspiel*

Literatur: VDI 2222. Bl. 1: Konzipieren technischer Produkte. Hrsg. Verein Dt. Ingenieure. Ausg. Mai 1977. – *Zwicky, F.:* Entdecken, Erfinden, Forschen im morphologischen Weltbild. München, Zürich 1966.

Kastengreifer. Der K. wird von einem Schwimmkörper aus auf den Meeresboden abgelassen. Dort dringt er, von Bleigewichten ballastiert, in die oberste Schicht des Meeresbodens ein. Er eignet sich zum Feststellen der Kornzusammensetzung in weichem Sediment und gibt Aufschluß über die sich darin befindlichen Kleinlebewesen. *Kühn*

Katalysator →Abgasentgiftung

Kautschukpresse →Kunststoffpresse

Kavitation. Tritt beim Entstehen von Dampfblasen in einer Flüssigkeitsströmung auf. Sie bilden sich, wenn an irgendeiner Stelle der Dampfdruck unterschritten wird, der von der Temperatur der Flüssigkeit abhängt. Je nachdem, wieviel Gas (Luft) in der Flüssigkeit gelöst ist, kann infolge der Druckabsenkung gleichzeitig Gas freigesetzt werden. Die Bildung der Dampfblasen evtl. mit Gasanteilen beeinflußt die Strömung ungünstig, weil örtlich der →Volumenstrom stark anwächst. Zu befürchten ist aber vor allem der plötzliche Zusammenfall der Dampfblasen durch →Kondensation bei einem nachfolgenden Druckanstieg: Die Flüssigkeit um die Blase wird spontan zum Zentrum beschleunigt, beim Zusammenprall der aufeinander zustrebenden

Flüssigkeitsmassen kommt es zu hohen Druckspitzen. Waren die Blasen an einer Wand z. B. der Schaufeloberfläche angelagert, übertragen sich die hohen lokalen Drücke auf die Wand. Dadurch ermüdet der Werkstoff und bricht an der Oberfläche zu sog. K.-Grübchen aus: Das Bauteil wird geschwächt, die Strömung durch die aufgerauhte Oberfläche beeinträchtigt. *Dibelius*

Kegelbrecher. Der Brechkegel, in steiler oder flacher Bauweise, ist an schiefstehender Achse allein unten geführt. Mit vergrößertem Hub wird das Brechgut mehr schlagend-scherend zerkleinert. Die Aufgabeöffnung ist nicht durch Einbauten verengt. Zwecks gleichmäßiger Verteilung des Brechguts ist oftmals ein Aufgabeteller aufgesetzt. K., die einen Zerkleinerungsgrad bis 12:1 bei über 300 min⁻¹ aufweisen, sind in der Hartzerkleinerung meist als Feinbrecher im Einsatz. *Kühn*

Kegelbremse. Die K. (Bild) ist eine Reibbremse. Die Reibflächen sind kegelig ausgeführt. Die Betätigung erfolgt axial. Im Vergleich zur Backen- oder Trommelbremse hat die K. mehr Bremsbelagfläche und baut deshalb kleiner. Allerdings' muß auf zentrische Montage wegen der Biegung der Bremswelle und ungleicher Belagabnutzung geachtet werden. Die K. wird auch direkt in Elektromotoren (z. B. DEMAG-Verschiebeanker-Motoren) eingebaut. *Ehrlenspiel*

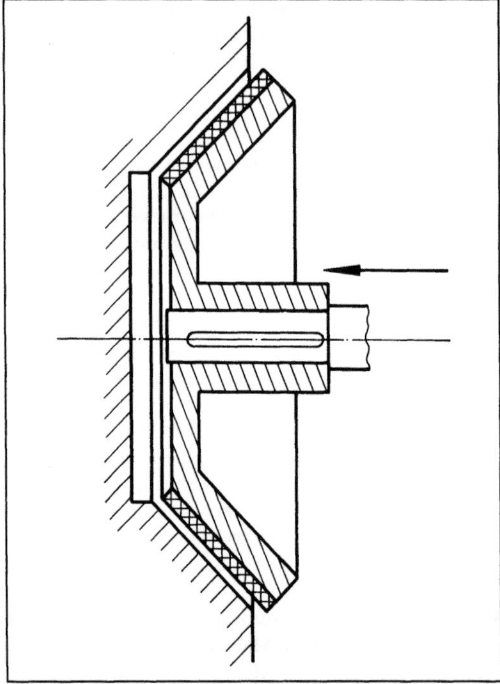

Kegelbremse.

Kegelkupplung. Die K. ist eine schaltbare Reibungskupplung. Die Reibflächen sind kegelig ausgeführt. Das Innenteil läßt sich z. B. auf einer Paßfeder mit Hilfe eines Schaltrings bis zur Anlage an das Außenteil verschieben. Über den Schaltring wird auch die axiale Anpreßkraft aufgebracht (Bild 1). Die K. hat kein Leerlaufmoment. Sie ist selbstzentrierend. Durch die kegelige Anordnung der Reibflächen wird eine kleine Einrückkraft in eine größere Normalkraft auf die Reibflächen übersetzt. Bei zu kleinem Kegelwinkel entsteht Selbsthemmung, d. h. die Kupplung trennt bei Aufhebung der Einrückkraft nicht selbsttätig. K. werden häufig als Doppel-K. verwendet (Bild 2). Die Axialkräfte heben sich dann gegenseitig auf. *Ehrlenspiel*

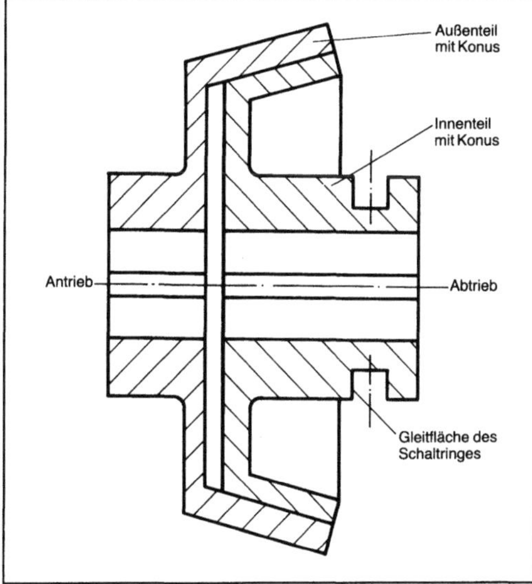

Kegelkupplung 1: Einfache Kegelkupplung.

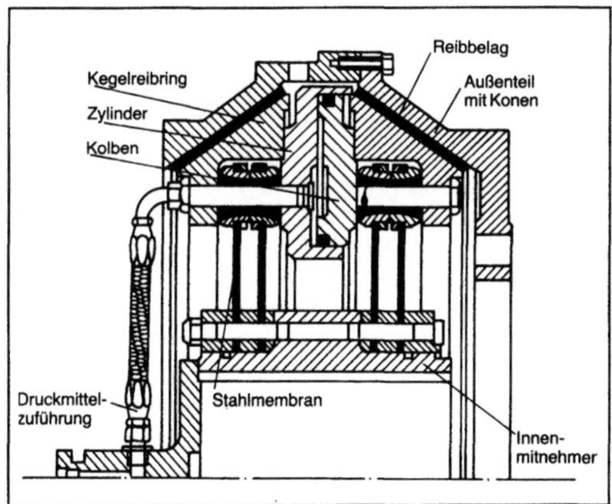

Kegelkupplung 2: Doppelkegelkupplung mit pneumatischer (hydraulischer) Schaltbetätigung. (Quelle: Vulkan)

Kegelradgetriebe. Für die Leistungsübertragung bei sich schneidenden Achsen (meist unter 90°) werden gerad-, schräg- und bogenverzahnte Kegelräder verwendet (Bild 1). K. erfordern besondere Sorgfalt bei Konstruktion (Lagerung), Herstellung und Montage, da hiervon Laufruhe und Tragfähigkeit sehr beeinflußt werden.

Bei Geradzahn-Kegelrädern beginnt und endet jeder Zahneingriff gleichzeitig auf der vollen Zahnbreite (wie bei Geradstirnrädern, →Evolventenverzahnung). Wegen des ungünstigen Geräuschverhaltens sind sie jedoch nur für Umfanggeschwindigkei-

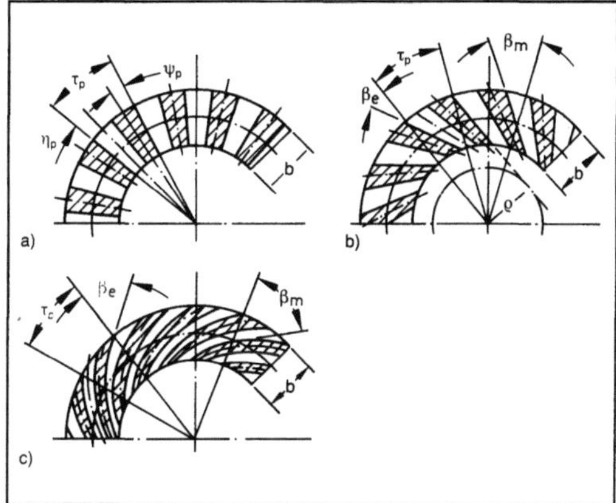

Kegelradgetriebe 1: Kegelrad-Flankenlinien.

τ_p Teilungswinkel, ψ_p Zahndickenhalbwinkel, η_p Zahnlückenhalbwinkel

a) Geradverzahnung
b) Schrägverzahnung
c) Bogenverzahnung.

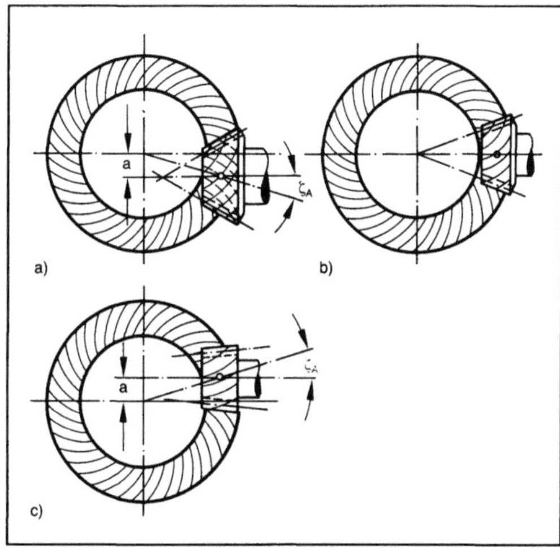

Kegelradgetriebe 2: Hypoidradpaare.
a) Plusachsversetzung a
b) Ohne Achsversetzung a (Kegelradpaar)
c) Minusachsversetzung a.

ten bis ca. 6 m/s geeignet (z. B. Hebezeuge, Stellantriebe, Differentialkegelräder).

Bei Schrägzahn-Kegelrädern tangieren die geraden Flankenlinien einen Kreis mit dem Radius ϱ, Bild 1b). Die Zähne kommen wie bei →Schrägverzahnung in und außer Eingriff. Gegenüber Geradzahn-Kegelrädern haben sie den Vorteil größerer Überdeckung sowie geringerer Schwankung der →Zahnfedersteifigkeit; sie sind damit geräuschärmer. Ihr Einsatzbereich reicht bei feiner →Verzahnungsqualität bis zu Umfanggeschwindigkeiten von 50 m/s.

Bei Bogenzahn-K. (Spiralkegelräder) sind die Flankenlinien gekrümmt, so daß eine konkave mit einer konvexen Flanke kämmt. Wegen ihrer Geräuscharmut, der hohen Zahnbruchfestigkeit sowie der leistungsfähigen Verzahnungsmaschinen verwendet man sie in hochbelasteten und/oder schnellaufenden Getrieben insbes. bei großen Stückzahlen.

Allen Kegelrädern ist gemeinsam, daß die Grundkörper 2 Kegel (Wälzkegel) sind, die sich entlang einer Mantellinie berühren und ohne Gleiten aufeinander abrollen, Bild 3a). Die Achsen schließen den Winkel Σ ein (meist 90°). Die Teilkegel sind die Bezugsfläche für die Verzahnungsmaße. Bei Teilkegelwinkel $\delta_2 = 90°$ entsteht das Planrad, das der →Zahnstange beim Stirnrad entspricht (Bild 4).

Am Ergänzungskegel (Bild 4) wird der Kegelradverzahnung auf Mitte Zahnbreite eine Ersatz-Stirn-

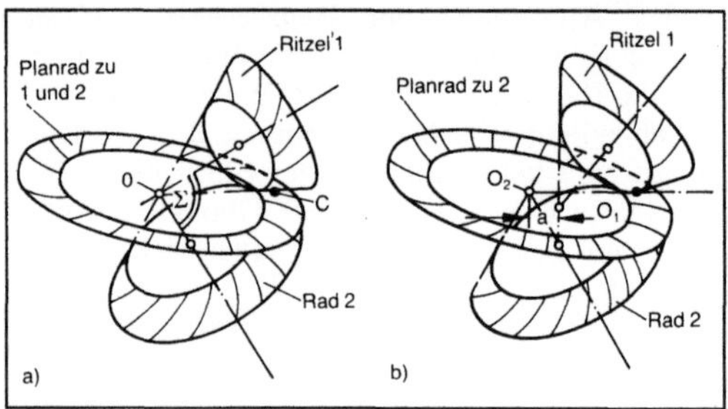

Kegelradgetriebe 3:
a) Planrad für Kegelradverzahnung
b) Planrad für Hypoidverzahnung.

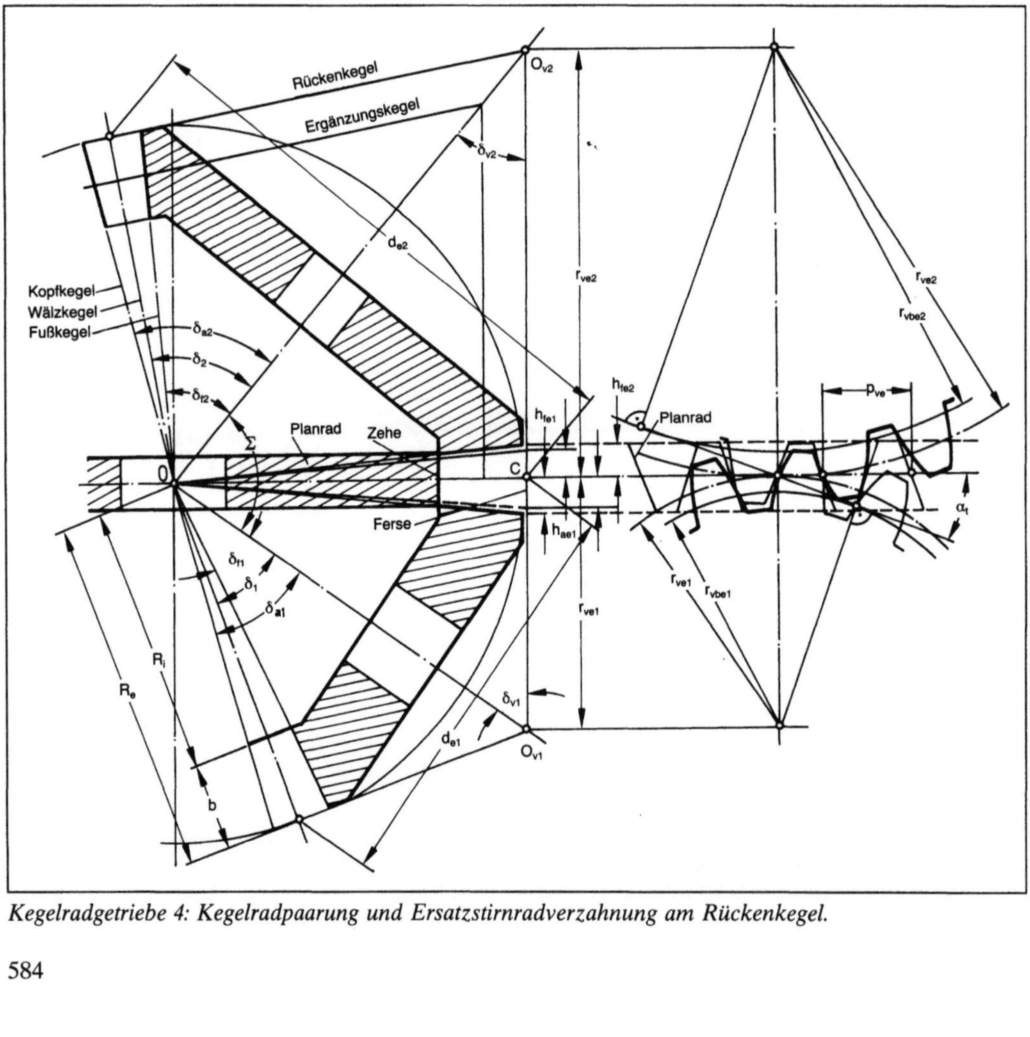

Kegelradgetriebe 4: Kegelradpaarung und Ersatzstirnradverzahnung am Rückenkegel.

radverzahnung zugeordnet. Da diese die mittleren Abmessungen der Kegelradverzahnung aufweist, benutzt man sie für die Tragfähigkeitsberechnung. Wie bei Stirnrädern muß die Grübchen-, Zahnfuß- und →Freßtragfähigkeit nachgewiesen werden.

Bei Hypoidgetrieben (Bild 2) sind die Radachsen gegeneinander um den Betrag a versetzt (a = 0,12–0,3 mal mittlerer Teilkreisdurchmesser). Hierdurch tritt an den Zahnflanken neben der Gleitung in Zahnhöhenrichtung eine zusätzliche Gleitbewegung in Zahnlängsrichtung auf. Dies bedingt günstigeres Geräuschverhalten, jedoch auch erhöhte Verschleiß- und Freßbeanspruchung (Fressen), stärkere Erwärmung sowie geringeren Wirkungsgrad. Im Hinblick auf die Freßgefahr sind besondere Getriebeschmierstoffe (EP-Öl, Hypoidöl) erforderlich. Hypoidräder sind meist bogenverzahnt, gehärtet und geläppt (→Zahnradwerkstoff, →Zahnradherstellung). Man verwendet sie vor allem in Achsgetrieben von Straßen- und Schienenfahrzeugen sowie für Textil- und Werkzeugmaschinen.   *Winter*

Literatur: DIN 3965: Toleranzen für Kegelradverzahnungen. Tl. 1–4. Hrsg. Dt. Inst. für Normung. Ausg. Sept. 1981. – DIN 3991: Grundlagen für die Tragfähigkeitsberechnung von Kegelrädern ohne Achsversetzung. Hrsg. Dt. Inst. für Normung. Ausg. Sept. 1988. – *Bagh, P.:* Über die Zahnfußtragfähigkeit spiralverzahnter Kegelräder. Diss. TH Aachen 1973. – *Fresen, G.:* Untersuchungen über die Tragfähigkeit von Hypoid- und Kegelradgetrieben (Grübchen, Ridging, Rippling, Graufleckigkeit und Zahnbruch). Diss. TU München 1981. – *Keck, K. F.:* Kennzeichnende Merkmale der Oerlikon-Spiralkegelradverzahnung. Konstr. 18 (1966), S. 58/64. – *Langenbeck, K.:* Verschleiß- und Freßlastgrenze der Hypoidgetriebe. Diss. TH München 1966. – *Paul, M.:* Einfluß von Balligkeit und Lageabweichungen auf die Zahnfußbeanspruchung spiralverzahnter Kegelräder. Diss. TU München 1985. – *Richter, M.:* Der Verzahnungswirkungsgrad und die Freßtragfähigkeit von Hypoid- und Schraubenradgetrieben. Diss. TU München 1976.

– *Wiener, D.:* Untersuchungen über die Flankentragfähigkeit von Kegelradgetrieben. Diss. TH Aachen 1973. – *Winter, H.,* u. *K. Michaelis:* Berechnung der Freßtragfähigkeit von Hypoidgetrieben. Antriebstech. 21 (1982), S. 382/87.

Kegelritzel →Kegelradgetriebe

Kegelrollenlager →Wälzlager-Bauform

Keil. Ein K. (als Maschinenelement) wird als Verbindungsstück zwischen Maschinenteilen (z. B. →Welle und Rad) zum Herstellen einer →Welle-Nabe-Verbindung verwendet. Die Kraftübertragung erfolgt reibschlüssig. Die dazu nötige Normalkraft entsteht durch elastische Verspannung von Welle und Nabe über die Keilwirkung beim Eintreiben des K. Man unterscheidet Längs-K. (Treib- und Einlege-K.), Bild, und Quer-K.   *Ehrlenspiel*

Keilriemengetriebe. Zugmittelgetriebe zur reibschlüssigen (→Schlußart) Übertragung von Drehbewegungen zwischen zwei oder mehr Wellen durch endlose →Riemen mit trapezförmigem Querschnitt (Keilriemen), die über Keilrillenscheiben (Bild 1) geführt sind. Der Keilriemen liegt nur an den seitlichen Flächen der Keilrillen an, wo die Umfangskraft unter hoher, durch kleine Keilwinkel $\gamma = 36°$ verstärkte Anpressung zwischen Scheibe und Riemen allein übertragen wird.

Die Übertragung der Umfangskraft erfolgt ähnlich wie bei Flachriemengetrieben. Jedoch wird ein Keilriemen beim Durchlaufen des Wirkwinkels der getriebenen Scheibe während der tangentialen Dehnung auch radial in die Keilrille hineingezogen. Dadurch folgt der →Dehnschlupf zwischen Riemen und Keilrillenscheibe einer geringfügig vom Kreis abweichenden Spiralbahn. Bei zu kleinem Keilwin-

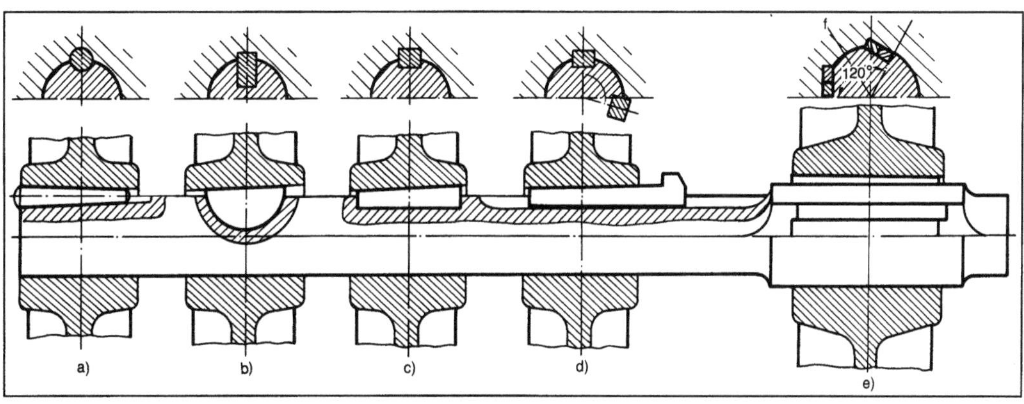

Keil: Welle-Nabe-Verbindungen mit Längskeilen.
a) Rundkeil
b) Scheibenkeil
c) Nutenkeil ohne Nase
d) Nutenkeil mit Nase (Nasenkeil)
e) Tangentkeil.

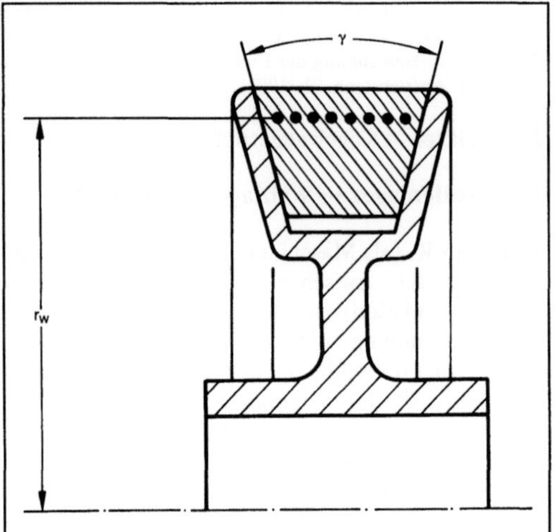

Keilriemengetriebe 1: Lage eines Keilriemens in der Scheibenrille.

r_w Wirkradius

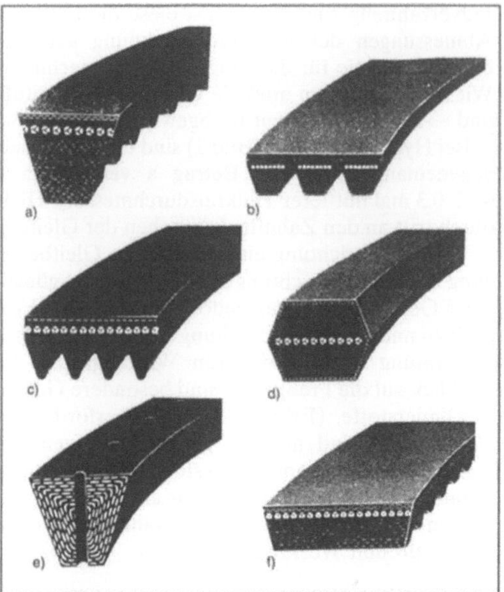

Keilriemengetriebe 2: Bauarten von Keilriemen.
a) Flankenoffener, formverzahnter Keilriemen
b) Verbundkeilriemen
c) Rippenband
d) Symmetrischer Doppelkeilriemen
e) Endlicher Keilriemen
f) Breitkeilriemen für stufenlos verstellbare Getriebe.

kel kann der Keilriemen so fest in die Keilrille hineingezogen werden, daß er sich an seinem Ablaufpunkt nicht mehr durch die Kraft des ziehenden Trums gegen die →Reibung herausziehen läßt und Selbsthemmung eintritt. Zum Verringern dieses radialen Schlupfanteils, der Reibleistung erfordert, ohne an der tangentialen Übertragung der Umfangskraft mitzuwirken, wird die Quersteifigkeit von Hochleistungsriemen durch quer zur Laufrichtung in den Riemenkörper eingebettete Stützfasern aus Baumwolle oder Polyester erhöht (→Riemenwerkstoff). Durch Formverzahnung, zahnlückenartige Ausnehmungen an der Riemenunterseite (Bild 2a), werden deren Biegewilligkeit erhöht und kleinere, raumsparende Keilrillenscheiben möglich. Die Trumkräfte werden bei endlos passend gefertigten Keilriemen durch einvulkanisierte, schraubenförmig gewickelte Zugstränge übertragen, die eine weit höhere Längssteifigkeit als der übrige Riemenkörper aufweisen. Dadurch bilden sie beim Überlaufen der Keilrillenscheiben die neutrale Biegefaser des Riemens und bestimmen durch ihre Lage in der Keilrille die für die Übersetzung maßgebenden Wirkradien $r_{w\,an}$ und $r_{w\,ab}$ (→Zugmittelgetriebe). Keilriemen lassen sich leicht um ihre Längsachse verdrillen und werden deshalb auch für räumliche Antriebe mit nicht parallelen Wellen (z. B. bei Landmaschinen oder Fahrzeugmotoren) verwendet (Bild 3). Die Abmessungen von Keilriemen und Keilrillenscheiben sind einschl. ihrer →Wirkbreite b_w in Höhe des →Wirkradius r_w international genormt. Reibbeanspruchung der tragenden Flanken und Biegebeanspruchung eines Keilriemens, die seine Erwärmung verursachen, steigen mit wachsender Zugkraft, steigender →Biegefrequenz und

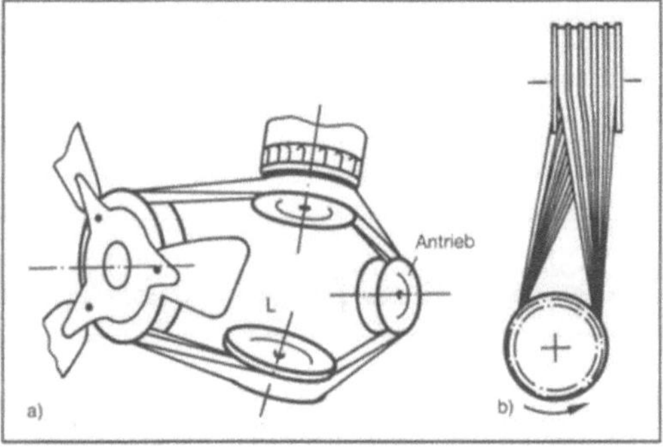

Keilriemengetriebe 3:
a) Räumliches Keilriemengetriebe an einem Fahrzeugmotor
b) gekreuztes Keilriemengetriebe.

stärkerer Krümmung bei kleineren Scheibenradien und bestimmen die maximal auf Dauer übertragbare, zulässige Leistung.

Zur Übertragung höherer Leistungen werden mehrere parallel laufende Keilriemen angeordnet, die, um zusätzlichen Schlupf zu vermeiden, gleiche Vorspannung und gleiche Wirkradien haben müssen. Oft werden dafür auch Verbundkeilriemen eingesetzt, deren Rücken durch ein nicht auf den

Rillenscheiben aufliegendes Deckband verbunden sind (Bild 2b). Ähnlich sind die sehr biegewilligen Rippenbänder aufgebaut (Bild 2c). Jedoch liegen die Zugstränge im Deckband über den homogenen, elastischen Rippen und außerhalb des Scheibenumfangs. Sie ertragen kleinere Scheibenradien als Verbundkeilriemen und werden deshalb raumsparend u. a. zum Antrieb der Hilfsaggregate von Fahrzeugmotoren eingesetzt. Mehrwellenantriebe mit gegenläufigen Wellen (z. B. bei Landmaschinen) werden mit symmetrischen Doppelkeilriemen, Hexagonalriemen ermöglicht (Bild 2d). Schließlich gibt es bei geringen Ansprüchen an die übertragbare Leistung endliche Keilriemen (Bild 2e), die in beliebiger Länge von der →Rolle abgeschnitten und durch Riemenverbinder endlos gemacht werden können. K. können eine stufenlos einstellbare Übersetzung aufweisen, wobei die Breite einer oder beider Keilrillen durch axial verschiebliche Keilscheiben verstellbar ist. Dadurch werden der Wirkradius des hierbei verwendeten Breitkeilriemens (Bild 2f) auf seiner Scheibe und somit auch die Übersetzung stufenlos verändert (→Reibkettengetriebe). *H. W. Müller*

Keilschubkette →Getriebe, selbsthemmendes

Keilwelle. Eine K. (auch Viel-K.) ist eine formschlüssige →Welle-Nabe-Verbindung (Bild). Die Drehmomentübertragung erfolgt über die geraden Flanken der Nuten in der Nabenbohrung und die der Keile der →Welle. Die Berechnung der K. geschieht über die Flächenpressung an den Keilflanken. Weil die Drehmomentübertragung über mehrere Keile erfolgt, kann sie mehr Drehmoment übertragen als eine Paßfederverbindung. Allerdings werden wegen Fertigungsfehlern nur 75 % der Keile als tragend angenommen. Die K. ist für die Übertragung großer und auch stoßhafter Drehmomente und für Verschiebenaben geeignet. Die Herstellung der Wellenprofile erfolgt auf Abwälzfräsmaschinen, die der Bohrungsprofile mit Räumnadeln. Normalerweise werden die Naben innen, nur in besonderen Fällen außen zentriert. Es existieren folgende genormte Ausführungen: leichte Reihe (DIN 5462), mittlere Reihe (DIN 5463) und schwere Reihe (DIN 5464). *Ehrlenspiel*

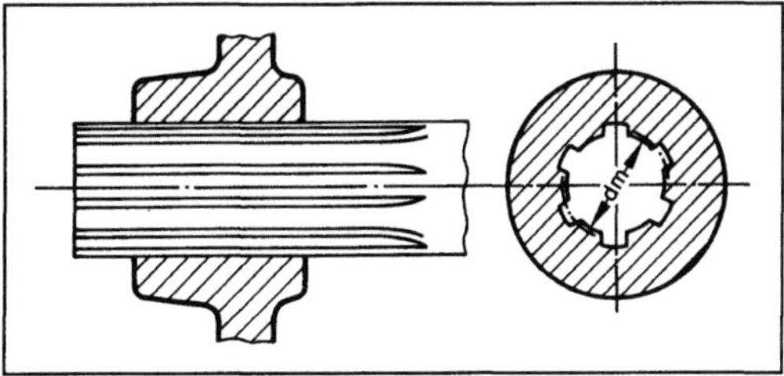

Keilwelle.

Kennfeld. Stellt hauptsächlich die beiden das Betriebsverhalten einer Strömungsmaschine kennzeichnenden Zusammenhänge dar:

□ Drucksteigerung bei Arbeitsmaschinen bzw. Druckabfall bei Kraftmaschinen oder das entsprechende Druckverhältnis in Abhängigkeit vom →Volumenstrom für verschiedene konstant gehaltene Drehzahlen (Parameter →Drehzahl);

□ →Wirkungsgrad in Abhängigkeit vom Volumenstrom für verschiedene konstant gehaltene Drehzahlen (Parameter Drehzahl) oder auch als sog. Muschelkurven gleichen Wirkungsgrads (Parameter Wirkungsgrad) für unterschiedliche Drehzahlen (Bild 1).

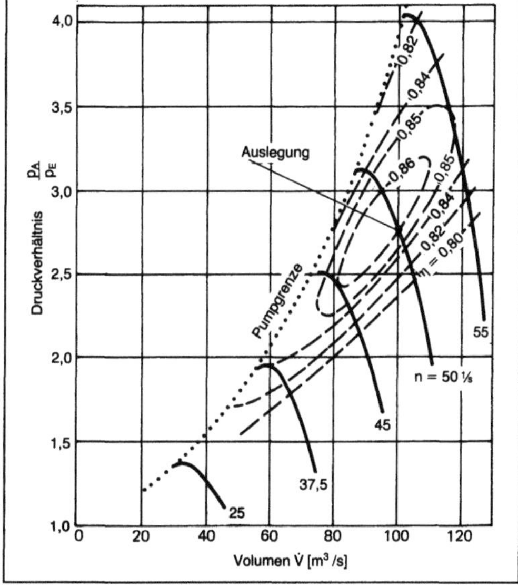

Kennfeld 1: Kennfeld eines dreistufigen Axialverdichters.

Bei Verdichtern und Ventilatoren ist es außerdem sinnvoll, die Grenze des stabilen Arbeitsbereiches zum instabilen Bereich mit umlaufenden Ablösungen und/oder Pumpvorgängen einzutragen. Bei hydraulischen Maschinen sind durch →Kavitation gefährdete Gebiete abzugrenzen.

Sind die Schaufeln in einem oder mehreren Leit- oder Laufrädern drehbar („variable Geometrie"), so treten die Schaufelstellungen als weitere Parameter hinzu. Darstellungen mit allen Parametern werden unübersichtlich, so daß einzelne Zusammenhänge getrennt aufzutragen sind.

All diese Zusammenhänge zwischen absoluten Größen gelten nur für Maschinen bestimmter Größe, für ein →Arbeitsfluid mit bestimmten Eigenschaften und im Fall eines bestimmten Zustands des Arbeitsfluids am Ein- oder Austritt.

Werden an Stelle der absoluten Größen dimensionslose Kenngrößen zur Darstellung der K. verwendet (Bild 2), so gelten diese für alle geometrisch ähnlichen Maschinen unter ähnlichen Betriebsbedingungen mit ähnlichen Fluiden (Ähnlichkeit). In der Darstellung der K. werden ersetzt:

Druckänderung Δp durch Druckkenngröße

$$\psi_y = \frac{y}{\varrho n^2 D^2} \frac{2}{\pi^2},$$

Volumenstrom $\dot{V}$ durch Durchflußkenngröße

$$\varphi = \frac{\dot{V}}{nD^3} \frac{4}{\pi^2},$$

Drehzahl n als Produkt mit dem Rotordurchmesser durch Mach-Zahl

$$Ma_u = \frac{u}{a} = \frac{\pi\, n\, D}{a}.$$

Die Drehzahl und der Rotordurchmesser als Maß für die Maschinengröße stehen auch in der →Reynolds-Zahl.

$$Re_u = \frac{\varrho \cdot u \cdot D}{\eta} = \frac{\varrho\, \pi\, n\, D^2}{\eta}.$$

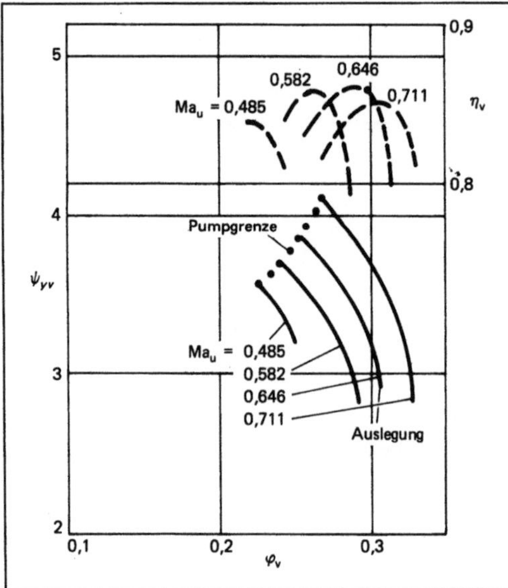

Kennfeld 2: Kennfeld für dreistufigen Axialverdichter nach Bild 1 in dimensionslosen Kenngrößen.

Eine Kurve konstanter Drehzahl geht also bei konstanten Bezugsgrößen sowohl in eine Kurve konstanter Mach-Zahl wie auch konstanter Reynolds-Zahl über, die das Verhältnis von Trägheitskräften zu viskosen Kräften charakterisiert. Soll ein K. auf eine geometrisch ähnliche Maschine unterschiedlicher Größe übertragen werden, z. B. von einem Modellversuch auf eine ausgeführte Maschine oder von einer Maschine einer Baureihe auf kleinere oder größere derselben Baureihe, dann

müssen nicht nur die Mach-Zahlen, sondern streng genommen auch die den einzelnen Kurven zuzuordnenden Reynolds-Zahlen gleich sein. Das läßt sich z. B. für einen Modellversuch durch Beeinflussen der Dichte durch Wahl des Drucks und/oder eines anderen Fluids in bestimmten Fällen erreichen. Bei genügend hoher Reynolds-Zahl für beide Fälle ist allerdings der Einfluß gering und läßt sich mit empirischen Ansätzen korrigieren.

Voraussetzung für die Übertragung von K. ist auch die Einhaltung der geometrischen Ähnlichkeit. Das bezieht sich sowohl auf die Konturen der durch- oder umströmten Bauteile, als auch auf Spalte, Spiele und die Oberflächenrauhigkeit. Sind sie nicht entsprechend verkleinert oder vergrößert, so sind semiempirische Korrekturen nötig.

Die Darstellung der K. mit dimensionslosen Kenngrößen hat außer der Übertragbarkeit auf ähnliche Maschinen den Vorteil, daß sich durch den Bezug jeder →Kenngröße auf die Haupteinflußgröße der dargestellte Zusammenhang klarer ausdrückt, was nicht von vornherein selbstverständlich ist. Die Kurven für konstante dimensionslose Parameter rutschen mehr zusammen und zeigen deren eigentlichen Einfluß (bessere Analysemöglichkeit). Um auf die absoluten Werte zu kommen, sind die Kenngrößen allerdings erst wieder mit den Bezugsgrößen zu multiplizieren. Deswegen bevorzugen manche Benutzer die Darstellung mit absoluten Werten. Es werden auch K. mit auf die Größen bei Auslegung bezogenen Größenverhältnissen oder mit sog. reduzierten Größen gebraucht: Deren Bezugsgrößen sind unvollständig, die reduzierten Größen also nicht dimensionslos.

K., die außer dem Auslegungspunkt alle möglichen Betriebsfälle einschließen, also auch Teil- und eventuelle Überlasten, mußte man früher fast ausschließlich experimentell aufnehmen. Die dazu nötigen Versuche sind umfangreich und kostspielig. Deshalb wird in zunehmendem Maß versucht, mit Hilfe von Verfahren der numerischen Strömungsberechnung K. zu erarbeiten (→Motorkennfeld). *Dibelius*

Kenngröße. Name für dimensionsloses Verhältnis physikalischer Größen. Dabei wird die dimensionslos zu machende Größe auf eine andere Größe, eine Potenz einer anderen Größe oder ein Potenzprodukt anderer Größen bezogen, wobei dieses Bezugsprodukt die gleiche Dimension haben muß, d. h. Größe und Bezugsprodukt müssen sich mit gleichen Maßeinheiten messen lassen. Das Verhältnis der beiden hat infolgedessen einen Zahlenwert, der unabhängig von der Wahl der Maßeinheiten ist: Er hat eine von jedem Maßsystem unabhängige absolute Bedeutung. Diese Eigenschaft kommt dadurch zustande, daß das Bezugsmaß nicht eine im Prinzip mehr oder weniger willkürliche, für ein Maßsystem allerdings normierte Maßeinheit ist, sondern aus dem zu messenden System selbst gewählt wird. Beispielsweise läßt sich die Länge einer Bankreihe in Metern angeben, besser aber durch die Anzahl von Sitzbreiten ausdrücken, weil das Verhältnis beider unmittelbar die Anzahl der Sitze angibt.

Mit Hilfe von K. läßt sich ein physikalischer Sachverhalt treffender ausdrücken und auf ähnliche Verhältnisse übertragen. *Dibelius*

Kennkreisfrequenz. In der umfassenden Bedeutung des Worts jede Kreisfrequenz, die das Zeitverhalten eines Schwingers kennzeichnet oder als kennzeichnende Bezugsgröße verwendet werden kann.

Beim einfachen gedämpften linearen Schwinger, also bei einem Übertragungsglied zweiter Ordnung, ist dies die Kreisfrequenz $\omega_o = \sqrt{c/m}$ des zugehörigen konservativen Systems. Eigenkreisfrequenz ω_d und K. ω_o unterscheiden sich durch den Einfluß der Dämpfung, $\omega_d = \omega_o \sqrt{1-D^2}$ für ein Dämpfungsmaß $D < 1$. Bei starker Dämpfung ($D \geqq 1$) ist ω_d nicht definiert. Als Eigenvorgang ergibt sich eine Kriechbewegung; die K. ω_o wird jedoch weiterhin als Bezugsgröße z. B. bei der Ermittlung des Frequenzgangs verwendet.

Bei einfachen nichtlinearen Schwingern wird oft die Kreisfrequenz für kleine Schwingungen als K. gewählt (z. B. $\omega_o = \sqrt{g/l}$ beim mathematischen →Pendel). Die amplitudenabhängige Eigenfrequenz ist bei progressiver Kennlinie größer, bei degressiver Kennlinie kleiner als diese Kennfrequenz. Es gibt aber auch Kennlinien, bei denen die Frequenz für kleine Schwingungen keinen Grenzwert annimmt (z. B. Wackelschwinger, Pendeltür). Die Kennfrequenz muß dann in anderer Weise geeignet definiert werden.

Auch bei mehrfachen Schwingern können kennzeichnende Frequenzen gefunden werden, so etwa bei Koppelschwingern die Eigenfrequenzen der nicht gekoppelten Teilsysteme. Sie können bei der Aufstellung und Lösung des Eigenwertproblems als Bezugsgrößen dienen. *Witfeld*

Kennlinie (Verstellgetriebe). Sie zeigt den Bereich der einstellbaren Übersetzungen (Stellbereich) sowie das jeder eingestellten Übersetzung i zugeordnete zulässige Abtriebsdrehmoment T, bezogen auf das maximale Abtriebsdrehmoment T_{max} bei Nennantriebsdrehzahl. Das Bild zeigt für einige typische →Verstellgetriebe, daß das Abtriebsmoment mit steigender Übersetzung, hier $i = n_{ab}/n_{an}$, d. h. mit steigender Abtriebsdrehzahl n_{ab} abnimmt. Während Keilriemen- und →Reibkettengetriebe eine Übersetzung $i = 0,3$ nicht unterschreiten, kommen einige Wälzgetriebebauarten bis zu oder nahe an Abtriebsdrehzahl $n_{ab} = 0$ heran. Nur hydrostatische Stellgetriebe und Stellkoppelgetriebe können durch null hindurchfahren und dadurch

gleich- und gegenläufige Übersetzungen verwirklichen. *H. W. Müller*

Keramik. Unter K. wird neben den Erzeugnissen aus keramischen Werkstoffen auch der Verfahrensgang zur Herstellung dieser Erzeugnisse verstanden, bei dem feinteilige Ausgangsstoffe in die gewünschte Form gebracht und anschließend einer Hochtemperaturbehandlung ausgesetzt werden, wobei sich unter Erhaltung der Form unter Ablauf von Sintererscheinungen und chemischen Reaktionen die endgültigen Werkstoffeigenschaften ausbilden. Der Festkörper zeigt spröden Bruch nach vorangehendem nahezu linear-elastischem Verhalten.

Bis auf eine Ausnahme, der Graphit-K., handelt es sich bei keramischen Werkstoffen um Verbindungen von Metallen mit Nicht- oder Halbmetallen. Vorherrschend liegen Oxide, aber auch Carbide und Nitride als Grundverbindungen vor. Bei hohen Silicat(SiO_2)-Gehalten ist das Auftreten von unterschiedlich homogenen Glasphasen aus nichtkristallisierten Schmelzphasen typisch. In der technischen K. werden jedoch oft glasphasenfreie Werkstoffe gefordert, die zur K. aus hochreinen, synthetisch hergestellten oxidischen und nichtoxidischen Rohstoffen führte. Diese K. zeichnen sich durch bestimmte elektrische und magnetische oder durch herausragende mechanische Festigkeiten und Korrosionsbeständigkeiten bis in den Hochtemperaturbereich aus (Hochtemperaturwerkstoffe). Die silicatkeramischen Werkstoffe beinhalten die dominierende Gruppe der tonkeramischen Erzeugnisse, die aus natürlichen Rohstoffen hergestellt werden.

Ein wichtiges Unterscheidungsmerkmal in der Gruppe der keramischen Werkstoffe bietet die Scherbenhomogenität, die in der technologischen Herstellung begründet liegt und in fein- und grobkeramische Erzeugnisse eingeteilt hat. Als Abgrenzung zwischen den beiden Gruppen gelten etwa 0,2 mm (Unterscheidungsvermögen des unbewaffneten Auges) für die Größe der Gefügebestandteile wie Poren oder Kristalle.

Für die Ausbildung vieler Eigenschaften spielt die Porosität eine wesentliche Rolle, die fast stets vorhanden ist. Sieht man von Werkstoffen mit gezielter Porenfunktion (z. B. Filter-K.) ab, so läuft eine Abnahme der Porosität mit einer Steigerung der Brenntemperatur, einer Zunahme der mechanischen Festigkeit und unterschiedlichen Veränderungen anderer Eigenschaften einher. Keramische Werkstoffe können somit folgendermaßen unterteilt werden (Tabelle 1 und 2):

□ silicatische Werkstoffe (mit Glasphasengehalt),

□ oxidische Werkstoffe (mit Dominanz der kristallinen Phasen),

□ nichtoxidische Werkstoffe (nichtoxidische Verbindungen oder Elemente).

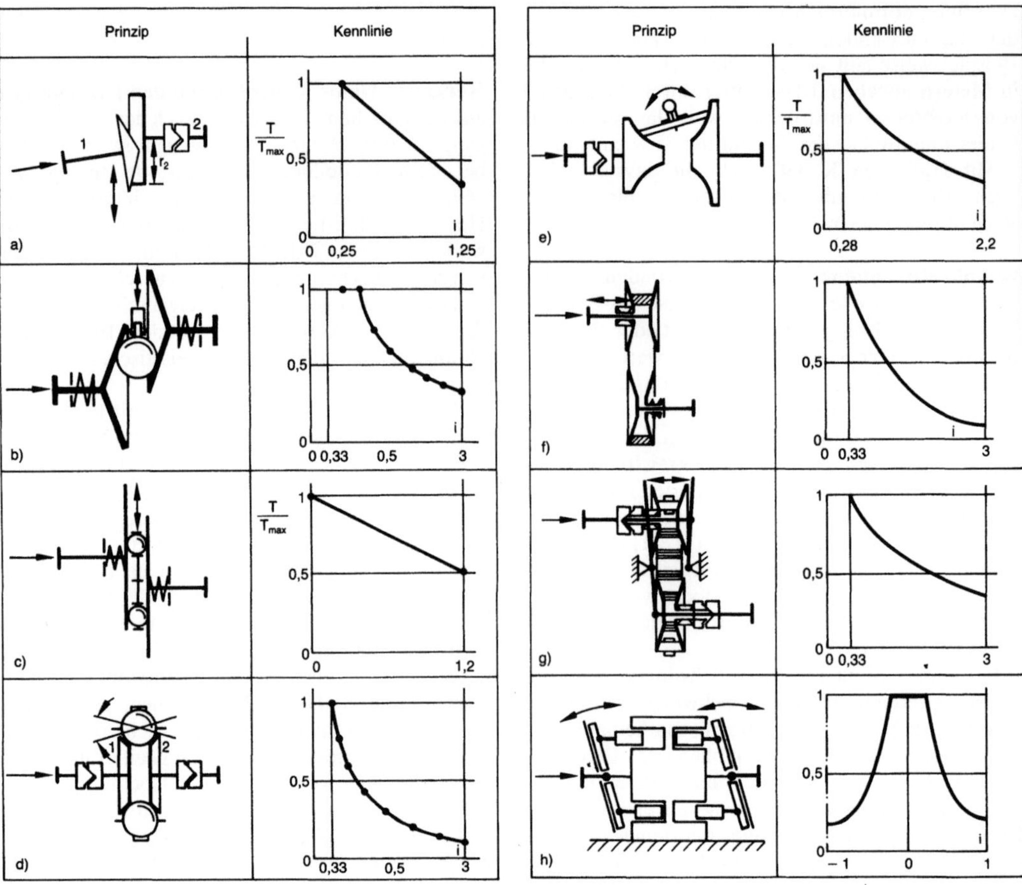

Kennlinien (Verstellgetriebe). Kennlinien mit Hersteller und maximaler Leistung der jeweils größten Baugröße.
a) Kegel-Reibring-Getriebe. (Quelle: Prym, 11 kW)
b) Kugel-Kegelscheiben-Getriebe. (Quelle: Heynau, 0,25 kW)
c) Kugel-Scheiben-Getriebe. (Quelle: PIV, 3 kW)
d) Kugel-Kegel-Getriebe. (Quelle: Kopp, 8,5 kW)
e) Rolle-Trochilus-Getriebe. (Quelle: Arter, 11 kW)
f) Breitkeilriemen-Getriebe. (Quelle: Flender, 100 kW)
g) Reibketten-Getriebe. (Quelle: PIV, 175 kW)
h) Axialkolben-Getriebe. (Quelle: Mannesmann-Rexroth, 700 kW).

Die Verfahrensgänge zum Herstellen keramischer Werkstücke können generell durch folgende Arbeitsschritte beschrieben werden:
□ Aufbereitung der Rohstoffe,
□ Formgebung,
□ Trocknung,
□ keramischer Brand (Sintern),
□ Nachbehandlung und Veredelung.

Die Durchführung der einzelnen Verfahrensschritte kann allerdings je nach Art der herzustellenden K. sehr unterschiedlich sein. Dies beginnt bei der Wahl der Rohstoffe. Generell gilt, daß tonkeramische Werkstoffe aus natürlichen, aufbereiteten Rohstoffen hergestellt werden. Die wichtigsten Rohstoffe der Tonkeramik sind Tonminerale (Kaolinit, Illit, Montmorillonit u. a.), Feldspäte und Quarzgesteine. Die Rohstoffe der sonderkeramischen Werkstoffe müssen jedoch vorher synthetisiert werden, wobei hohe Anforderungen an deren Reinheit gestellt werden.

Ziel der anschließenden Rohstoffaufbereitung ist die Herstellung eines homogenen Gemenges, das sich für das folgende Formgebungsverfahren eignet und den jeweiligen Qualitätsansprüchen an das Endprodukt gerecht wird. Dazu gehört die natürliche Aufbereitung, wobei der Ton den natürlichen

Keramik. Tabelle 1: Systematik der keramischen Werkstoffe unter Einfügung technischer Werkstoffe im Bereich der silicatkeramischen Werkstoffe.

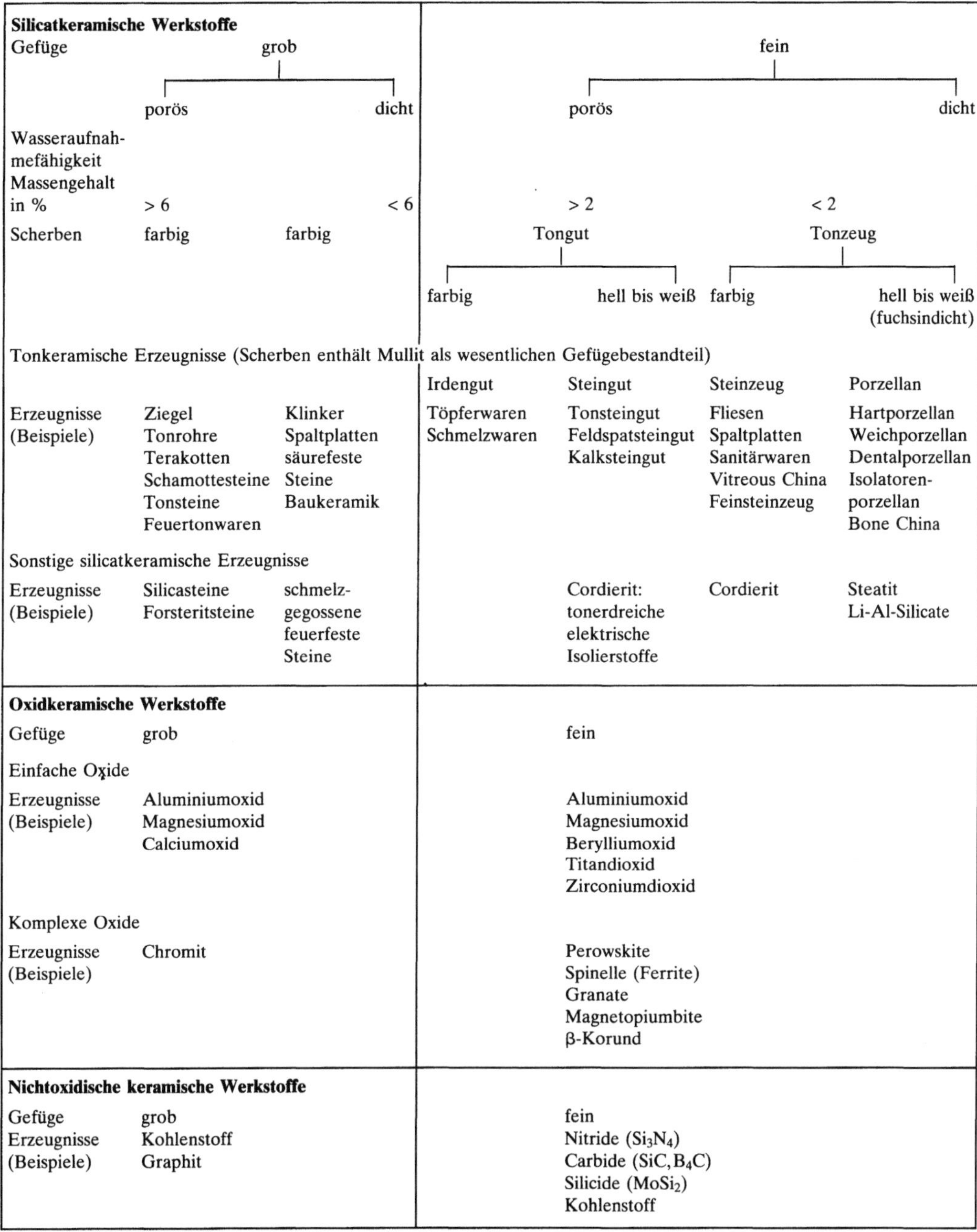

Silicatkeramische Werkstoffe

	grob		fein	
Gefüge	porös	dicht	porös	dicht
Wasseraufnahmefähigkeit Massengehalt in %	> 6	< 6	> 2 (Tongut)	< 2 (Tonzeug)
Scherben	farbig	farbig	farbig / hell bis weiß	farbig / hell bis weiß (fuchsindicht)

Tonkeramische Erzeugnisse (Scherben enthält Mullit als wesentlichen Gefügebestandteil)

	grob porös	grob dicht	Irdengut	Steingut	Steinzeug	Porzellan
Erzeugnisse (Beispiele)	Ziegel, Tonrohre, Terakotten, Schamottesteine, Tonsteine, Feuertonwaren	Klinker, Spaltplatten, säurefeste Steine, Baukeramik	Töpferwaren, Schmelzwaren	Tonsteingut, Feldspatsteingut, Kalksteingut	Fliesen, Spaltplatten, Sanitärwaren, Vitreous China, Feinsteinzeug	Hartporzellan, Weichporzellan, Dentalporzellan, Isolatorenporzellan, Bone China

Sonstige silicatkeramische Erzeugnisse

	grob porös	grob dicht	Steingut	Steinzeug	Porzellan
Erzeugnisse (Beispiele)	Silicasteine, Forsteritsteine	schmelzgegossene feuerfeste Steine	Cordierit: tonerdreiche elektrische Isolierstoffe	Cordierit	Steatit, Li-Al-Silicate

Oxidkeramische Werkstoffe

	grob	fein
Gefüge	grob	fein
Einfache Oxide — Erzeugnisse (Beispiele)	Aluminiumoxid, Magnesiumoxid, Calciumoxid	Aluminiumoxid, Magnesiumoxid, Berylliumoxid, Titandioxid, Zirconiumdioxid
Komplexe Oxide — Erzeugnisse (Beispiele)	Chromit	Perowskite, Spinelle (Ferrite), Granate, Magnetopiumbite, β-Korund

Nichtoxidische keramische Werkstoffe

	grob	fein
Gefüge	grob	fein
Erzeugnisse (Beispiele)	Kohlenstoff, Graphit	Nitride (Si_3N_4), Carbide (SiC, B_4C), Silicide ($MoSi_2$), Kohlenstoff

Witterungseinflüssen ausgesetzt ist und evtl. durch einen zusätzlichen Kollergang seine endgültige Konsistenz für die Formgebung von einfachen Ziegeleierzeugnissen erreicht.

Bei der Trocken- und Halbnaßaufbereitung werden alle Massenkomponenten getrocknet, evtl. zerkleinert und gemischt (Wassergehalt ca. 5–15 % Massengehalt). Die Herstellung von tonfreien Massen bei der Herstellung feuerfester Werkstoffe erfordert einen bestimmten Körnungsaufbau, der in der Trockenaufbereitung durch Klassierungen eingestellt wird. Der Vorteil der Trockenaufbereitung

Keramik. Tabelle 2: Formgebungsverfahren mit Produktbeispielen.

Konsistenz	Feuchtegehalt	Formgebungsverfahren	Varianten	Vorrichtungen und Maschinen	Produktionsmerkmale	Beispiele/ Werkstoff
Gießverfahren						
flüssig	30–40%	Gießen	Kerngießen, Hohlgießen, Druckgießen	saugende Gipsform oder poröse Formenwerkstoffe	Saugvermögen bestimmt Arbeitstakt, teils Anlernarbeit	Klosettbecken/ Porzellan Kaffeekannen/ Porzellan Vasen/Steingut
	10–20% (thermoplastische Masse)	Spritzgießen		Spritzgießmaschine mit gekühlten Stahlformen	Masse muß aufgeheizt werden, daher nur für Kleinteile	Fadenführer/ Oxidkeramik
Plastische Formgebung (direkt oder indirekt)						
plastisch knetbar	20–30%	Modellieren Freidrehen		Freihandarbeit Töpferscheibe	künstlerische Modellschöpfung, Einzelstücke	Kunstkeramik/ Töpfermassen
		Plätschen		Aufformen von Hand	für Großstücke	Graphittiegel/Graphittonwerkstoffe Glashäfen/Schamotte
		Eindrehen Überdrehen		Ein- und Überformen in Gipsformen auf der Töpferscheibe	für Rotationsstücke, Geschirrfertigung	Tassen/Porzellan Steingut/Teller
	18–25%	Rollerformung		Überformen durch Überquetschen mit beheiztem Rotationskörper	Massenerzeugung, auch zu Taktstraßen zusammengefaßt, mit Trocknung	Tassen/Porzellan Steingut/Teller
	15–30%	Strangpressen	Formgebung durch Strömung aus Mundstück	Kolbenstrangpresse, Schneckenstrangpresse, Vakuumstrangpresse	zur Massenerzeugung einfacher Baustoffe	Mauerziegel, Dränrohre Steinzeugrohre/ Steinzeug Spaltplatten/ Steinzeug
	15–25%	Strangpressen als Vorformung	mit Zwischentrocknung	Abdrehen und Bearbeitung des teils oder voll getrockneten Massenstranges	Großisolatorfertigung, Musterfertigung	Hochspannungsisolatoren, Versuchsfertigungen
			ohne Zwischentrocknung	Nachpressen plastischer Teile: Revolverpressen, Rampressen	zur Verbesserung der Formgenauigkeit, Hohlgeschirrfertigung	Schamottestein/ Schamotte Dachziegel/Ziegelwerkstoff Bratgeschirre/ Tonzeug
Pulverdichtung						
krümelig, rieselfähig	12–18%	Feuchtpressen	Preßdruck durch Massefeuchte gegeben	Feuchtpresse von Hand oder automatisch	für Massenteile	Niederspannungsisolatoren; Feuerfeststeine, Sonderformate
		Einstampfen		Preßlufthammer in Holzformen	für grobkeramische Einzelstücke	Feuerfeststeine
Agglomeratpulver, rieselfähig	5–8%	Halbfeuchtpressen in Stahlformen		Hydraulikpressen, Kniehebelpressen, Friktionsspindelpressen, Drehtischpressen	für Massenteile mit begrenzten Höhen- zu Tiefenabmessungen	Wandfliesen, Bodenfliesen, Feuerfeststeine
Pulver	0–5%	Trockenpressen	in Starrmatrizen	Hydraulikpressen, mechan. Kurvenpressen	für Massenteile	Sonderkeramik Teile in E-Technik
		Isostatikpressen	in Gummimatrizen	☐ im Autoklaven (Naßmatrizentechnik)	für Sonderteile	chem. Technik
				☐ in mech. Pressen (Trockenmatrizentechnik)	für Massenteile	Zündkerzen/ Oxidkeramik Mahlkugeln/ Oxidkeramik

liegt in einer guten Mischbarkeit der Komponenten und der Anwendbarkeit von rationellen Lager- und Fördertechniken.

Bei der Naßaufbereitung werden alle Rohstoffe durch Naßmahlung oder durch Verrühren mit Wasser in den Suspensionszustand (Schlicker) überführt und in diesem Zustand gemischt, feinstgemahlen und so optimal homogenisiert. Der Wasserentzug geschieht entweder in einer Kammerfilterpresse, wobei der Filterkuchen anschließend in Vakuumstrangpressen in bildsame Massen für die plastische Formgebung überführt wird, oder durch Versprühen des Schlickers in einem Sprühtrockner. Letzteres liefert ein rieselfähiges, trockenpreßbares Pulver, welches zur plastischen Formgebung wieder angeteigt oder für den Schlickerguß wieder zu einem Gießschlicker suspendiert werden kann. Dieses Verfahren wird auch vornehmlich für die Rohstoffaufbereitung von Oxid- und Nichtoxidkeramiken verwandt, wobei im Falle der anschließenden plastischen Formgebung dem Gemenge organische Plastifizierungsmittel zugesetzt werden.

Die Auswahl des geeigneten Formgebungsverfahrens zur Herstellung eines Rohlings mit der gewollten geometrischen Form, die durch Schwindungs-/Dehnungsvorgänge beim nachfolgenden Trocknen und Brand in überschaubarem Maß verändert wird, richtet sich nach Erzeugnisart, betrieblichen Größen und geometrischen Abmessungen (Tabelle 2).

Bei der anschließenden Trocknung müssen die atmosphärischen Bedingungen im Trockner stets so eingestellt sein, daß die durch den Wasserentzug eintretende Volumenschwindung rißfrei vonstatten geht. Die lineare Trockenschwindung beträgt bei plastisch geformten Rohlingen 4–6 %, bei gegossenen 3–4 % und bei trockengepreßten 0,2–2 %.

Im folgenden keramischen Brand treten im Formkörper Fest-Fest- und/oder Fest-Flüssig-Reaktionen (Sinterung) auf, die zu den endgültigen physikalischen Eigenschaften führen. Diese Reaktionsabläufe stehen in kompliziertem Zusammenhang mit der Rohstoffzusammensetzung, der Brenntemperatur und -zeit, Brennatmosphäre usw. (Tabelle 3). Der Körper verdichtet sich unter Abnahme des Porenraums, wobei fast immer eine Brennschwindung auftritt, die linear bis zu 20 % betragen kann.

Zur Herstellung von Nichtoxid-K. werden die Brennöfen unter Inertgasatmosphäre betrieben. Da selbst feinstgemahlene Nichtoxidpulver sich schwer zu einer hohen Rohdichte sintern lassen, werden die Rohlinge z. T. unter hohem mechanischem Druck in Heißpressen oder heißisostatischen Pressen verdichtet.

Zur Nachbehandlung und Veredelung der Produkte gehört das Glasieren, wobei die Scherben entweder direkt nach der Trocknung (Einbrandver-

fahren) oder aber nach dem ersten sog. Schrühbrand (Zweibrandverfahren) mit einem Glasurpulver überzogen werden, welches im anschließenden Brand zu einem Glas aufschmilzt und den keramischen Scherben gleichmäßig überzieht (Glasurbrand).

Eine Glasur dient zum Schutz des Scherbens gegen äußere mechanische und/oder chemische Einflüsse sowie der Dekoration (Überzug, anorganischer). Keramikwaren können nach dem Brand auch mit einer dünnen metallischen Schicht überzogen werden (Metallisieren), was in bestimmten Bereichen der Elektro-K. oder auch für K.-Metall-Verbindungstechniken genutzt wird.

K., die als mechanische Funktionsteile im Maschinen und Apparatebau eingesetzt werden, müssen oft einer hohen Maßgenauigkeit gerecht werden. Sie werden nach dem Brand geschliffen und z. T. auch poliert, was gerade bei den hochfesten Hochleistungs-K. einen hohen Werkzeugaufwand erfordert. *Hesse/Hennicke*

Literatur: Autorenkollektiv: Technologie der Keramik. 4 Bde. Berlin 1985. – DKG-Fachausschußber. 23 (Hrsg. *E. Singer*), DKG-Werkstoffmerkblätter für technische keramische Werkstoffe. Bad Honnef 1979. – *Hennicke, H. W.:* Silikatkeramische und oxidkeramische Werkstoffe. In: Technische Keramik. Essen 1988. – *Kingery, W. D., H. K. Bowen,* u. *D. R. Uhlmann:* Introduction to Ceramics. 2. Aufl. New York, London, Sydney, Toronto 1976. – *N. N.:* Zur Klassifizierung der Keramik. Keramische Z. 38 (1986) Nr. 5, S. 261. – *Salmang, H.,* u. *H. Scholze:* Keramik. Tl. 1, 2. 6. Aufl. Berlin, Heidelberg, New York, Tokio 1983. – *Schüller, K. H.,* u. *H. W. Hennicke:* Zur Systematik keramischer Werkstoffe. cfi-Ber. DKG 62 (1985) Nr. 6/7, S. 259/263. – *Singer, F.,* u. *S. S. Singer:* Industrial Ceramics. London 1963.

Keramik im Motorenbau. Der Einsatz von K. als Werkstoff im Motorenbau kommt dort in Betracht, wo hohe Bauteiltemperaturen auftreten oder bewegte Teile nur schwierig geschmiert werden können. Die meisten der im folgenden genannten Anwendungen befinden sich noch im Versuchsstadium, haben aber z. T. durchaus Aussicht auf Übernahme in die Serie.

K.-Einsätze in →Kolben werden an den Stellen vorgesehen, wo die höchsten Temperaturen und damit die Gefahr von Wärmestaurissen auftreten.

Vorkammern oder Vorkammereinsätze aus K. werden ebenfalls wegen der sehr hohen Temperaturen (besonders im Schußkanal) verwendet.

Im obersten Bereich des Zylinders bzw. der Laufbuchse werden die Kolbenringe schlecht geschmiert. Daher tritt dort ein erhöhter →Verschleiß auf (Zwickelverschleiß). Als Abhilfemaßnahme wird der Einbau eines K.-Ringes im oberen Zylinderbereich geprüft.

Ebenfalls wegen schwieriger Schmierung kommen Ventilführungen aus K. in Betracht.

Keramik. Tabelle 3: Übersicht der Brenntemperaturen wichtiger keramischer Erzeugnisse.

Erzeugnisse	max. Brenntemp. in °C	typische Kennzeichen
Mauerziegel Dränrohre	960–1180	keine besondere Versatztechnik
Klinkersteine	1040–1250	
Töpferware Steingutwandfliesen	950–1050 1200, 1120 *)	Endprodukt mit offenporigem Gefüge, saugend
Steingutgeschirr	1250, 1180 *)	
Spaltplatten Bodenfliesen	1120–1280	dicht gesinterte Werkstoffe
Sanitärbecken	1250–1300	gebrannt bis zur Sinterung
Hochspannungsisolatoren	1380 ab 1200 reduz. Ofenatmosphäre	dicht homogene Werkstoffe mit durchschneidendem Scherben in Zweibrandtechnik
Laborporzellan	900, 1480 *) 900, 1350 *)	
Geschirrporzellan		
Steatitisolatoren	1250–3800	Speckstein als Rohstoff
Knochenporzellan	1280, 1080 *)	calcinierte Knochenasche und Feldspat als Sinterhilfsmittel
Al_2O_3–Oxidkeramik mit 99% Al_2O_3, dicht	1600–1800	Einstoffsinterung von Korundkristallen
Dauermagnetwerkstoff aus $BaO \cdot 6F_2O_3$	1310	Einstoffsinterung in oxidierender Atmosphäre
Schamottesteine	1200–1400	Versatz aus Ton + vorgebranntem Ton
Graphitsiegel	1280	Graphit in Tonbindung
Silicasteine	1450–1550	Neubildung von SiO_2-Phasen (Cristobalit)
Magnesiasteine	1550–1750	MgO vorgebrannt aus $MgCO_3$, wird gesintert
SiSiC	bis 1700 **)	Infiltration der Poren mit Silicium
R SiC	>2050 **)	schwindungsfreies Sintern, porös, rekristallisiert
HP SiC	>1950 **)	heißgepreßt bei p<50 MPa, mit Sinteradditiven, dicht
HIP SiC	>1950 **)	heißisostat. gepreßt mit p<300 MPa, dicht
S SiC	>1950 **)	druckloses Sintern mit Sinteradditiven, dicht
RB Si_3N_4	1200–1400	schwindungsfreies Reaktionssintern von Silicium zu Si_3N_4 in N_2-Atm., porös
HP Si_3N_4	1600–1700 **)	heißgepreßt bei <50 MPa mit sinteradditiven, dicht
HIP Si_3N_4	1600–1700 **)	heißisostat. mit Sinteradditiven, dicht
S Si_3N_4	1600–1700 **)	druckloses Sintern mit Sinteradditiven, dicht

*) Glasurbrand,   **) Inertgasatmosphäre

K.-Teile werden auch als Gegenlauffläche zu den Nocken der →Nockenwelle erwogen.

K.-Auskleidungen des Auslaßkanals im →Zylinderkopf sollen nicht nur die thermische Beanspruchung des Zylinderkopfes herabsetzen, sondern auch höhere Temperaturen des Abgases von der Abgasturbine und damit eine höhere Leistung der Abgasturbine bewirken.   *Kuhlmann*

Kernbohrgerät. Für Beton-, Straßen- und Bodenuntersuchungen (Aufschlußbohrungen) werden zylinderförmige Proben mittels K. entnommen. Mit speziellen Probenentnahmegeräten ist es möglich, ungestörte Bodenproben zu entnehmen. Die drehend arbeitende, rohrförmige Bohrkrone ist an der Schneide mit Hartmetall oder Diamanten versehen. Man erreicht eine Tiefe bis 50 m. Der Bohrlochdurchmesser kann bis 200 mm betragen. K. sind hydraulisch angetriebene Drehbohrgeräte mit Kernrohren und Bohrkrone. Gefördert wird trokken mit Seilwinden: Im Kernrohr wird das Bohrgut portionsweise hochgezogen und ausgeworfen.

Kühn

Kernfestigkeit →Zahnradwerkstoff

Kette, kinematische. Eine k. K. ist ein →Verbund beweglich aneinander gekoppelter Glieder in Form nahezu starrer bzw. sehr verformbarer fester Körper sowie teilbeweglich umschlossener flüssiger bzw. gasförmiger Körper (Fluide), Bild 1. Bewegliche Verbindungen sind in Form diskreter Elementenpaare mittels Formschluß, Kraftschluß oder Reibschluß sowie durch Stoffschluß möglich.

Nach technischem Sprachgebrauch gibt es hierfür Dreh-, Schub-, Drehschub- und Kugelgelenke aus formschlüssigen niederen Elementenpaaren (→Gelenkgetriebe) sowie Filmgelenke bei begrenzter Anzahl und Winkeldrehung der Bewegungen stoffschlüssig verbundener Glieder (Pappschachteln, Ledertaschen, Verstellmechanismen in Staubsauger-Teppichdüsen u. dgl.). Alle übrigen beweglichen Verbindungen aus diskreten quasistarren Elementenpaaren sind allgemeine Paarungen: kraftschlüssige niedere bzw. kraft- und formschlüssige höhere Elementenpaare wie Kurven- oder Plattenpaarung, Gleit-, Wälz-, Gleitwälzpaarung (→Zahnräder, →Kurvengetriebe) und reibschlüssige Gleitpaarung (Reibrädergetriebe bzw. Flach- oder Keilriemengetriebe mit einem viskoelastischen Paarungspartner).

Außer bei stoffschlüssigen Verbindungen tragen Nachbarglieder einer k. K. je ein Gelenk- bzw.

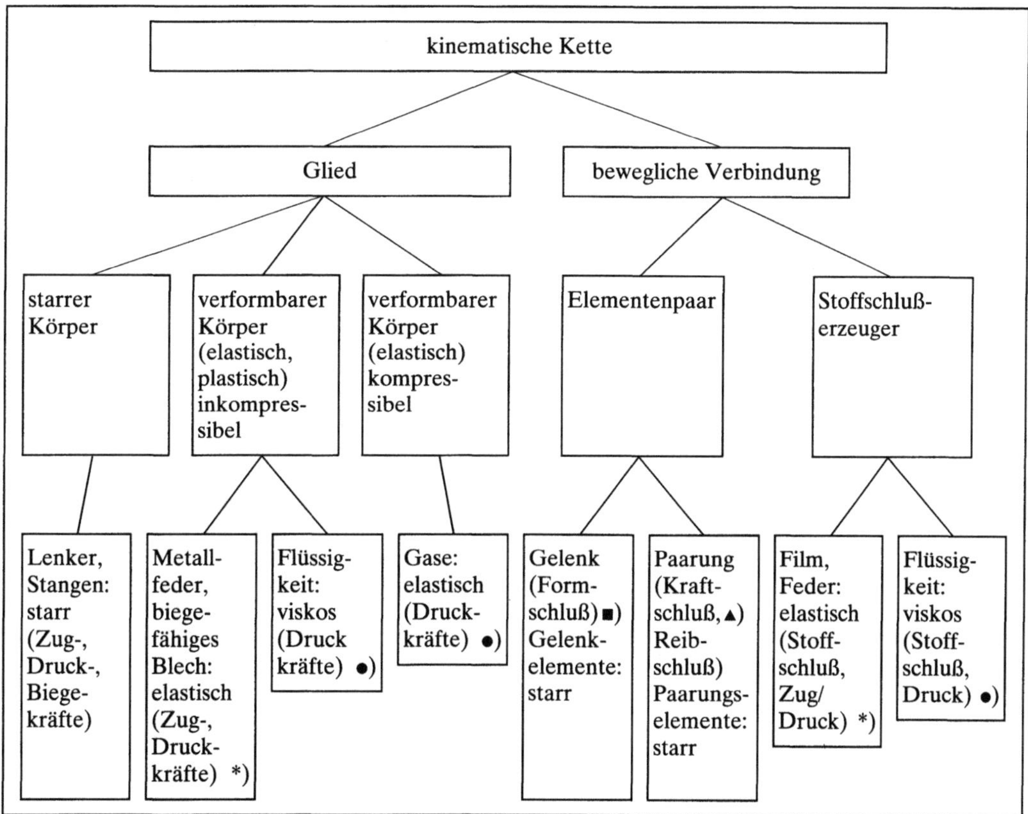

Kette, kinetische 1: Elemente kinematischer Ketten.
**) Glieder = Verbindungen*
●) teilbeweglich umschlossenes Druckübertragungsmedium: Glieder = Verbindungen

■) niederes Elementenpaar
▲) Formschluß mit höheren Elementenpaaren

Paarungselement (z. B. Bolzen/Bohrung, Schieber/Führung, Kugel/Pfanne, Zahn/Zahn, Kurvenkontur/Rollenmantelfläche, Kolben/Zylinder). Als Glieder kommen daher neben denjenigen für Gelenkgetriebe noch →Kurvenkörper, Räder, Zahnstangen, Kolbenstangen mit Kolben, Zylinder u. dgl. in Betracht.

Aus solchen beliebigen Elementen bestehende k. K. bezeichnet man nach zwei möglichen Anordnungsprinzipien (Strukturen) der Glieder und Verbindungen:

□ Offene k. K.: In diesen ist mindestens ein Glied mit n anderen Gliedern nur an n kinematisch identischen Stellen (z. B. gleiche Dreh-, Schub-, Schraubachsen) beweglich verbunden (n = 1, 2, 3, . . .,).

□ Geschlossene k. K.: In diesen ist jedes Glied an mindestens zwei kinematisch nicht identischen Stellen (z. B. verschiedene Dreh-, Schub-, Schraubenachsen) mit je einem Nachbarglied beweglich verbunden.

Bild 2 zeigt Beispiele für beide Arten k. K. in Form anschaulicher Getriebeskizzen bzw. als kinematisches Schema.

Ermittelt man an einer k. K. bestimmte Eigenschaften und Größen (z. B. Laufeigenschaften, Relativbewegungen, Versetzungen, Bewegungsbereiche), so bleiben diese erhalten, wenn man durch Verbinden eines Glieds mit dem Gestell (Getriebesystematik) sowie durch →Gestellwechsel Mechanismen und →Getriebe (MG) herleitet.

MG aus offenen k. K. werden eingesetzt, wo deren höherer →Laufgrad im Vergleich zur geschlossenen erwünscht ist: Handhabungseinrichtungen, Industrieroboter, Greifmechanismen usw. mit variablen (multifunktionalen) Bewegungsabläufen. MG aus geschlossenen kinematischen Ketten benutzt man, wenn deren niedrigerer Laufgrad im Vergleich zu offenen erwünscht ist: monofunktionale, periodisch wiederkehrende Bewegungsabläufe in gleichmäßig (Stand- oder Umlauf-Rädergetriebe, Hüllgetriebe, bestimmte Gelenkgetriebe) bzw. ungleichmäßig übersetzenden MG (Gelenk-, Kurven-, Räder-Gelenk-MG, Hüllgetriebe mit unrunden bzw. exzentrisch gelagerten kreisförmigen Rädern) für Maschinen, Geräte und bewegte Einrichtungen jeglicher Art (→Getriebetechnik).   *Gierse*

Literatur: VDI 2145: Ebene viergliedrige Getriebe mit Dreh- und Schubgelenken, Begriffserklärungen und, Systematik. Hrsg. Verein Dt. Ing. Ausg. 1980. – *Volmer, J.* (Hrsg.): Getriebetechnik Lehrb. Ost-Berlin 1980.

Kette/Gewebe-Regulierung. Die durch den →Webvorgang hergestellte Gewebelänge – je Schuß entsteht dabei angenähert eine Gewebelänge von der Dicke eines Schusses – wird von der Gewebeaufwickelvorrichtung (meist kontinuierlich) abgezogen. Diese abgezogene Länge muß durch eine weitere Vorrichtung der Webmaschine wieder zugeführt werden, damit ein stationärer Zustand (Gleichgewicht) erreicht wird. Dies geschieht durch die Kettablaßvorrichtung, die das abgezogene Gewebestück durch einen entsprechenden langen Kettfadenabschnitt ersetzt. Beide Bewegungen, die des Gewebes und die der Kette, werden als Regulierung bezeichnet. Die Geschwindigkeiten beider annähernd gleich großer Bewegungen ist abhängig von der Drehzahl der Webmaschine (Schußeinträge je Zeiteinheit) und der Schußdichte des gefertigten Gewebes. Die Geschwindigkeit liegt für die Mehrzahl der Gewebe etwa zwischen 5 und 12 m/h und entspricht damit genau der in dieser Zeit gefertigten Gewebelänge. Entsprechend der Arbeitsweise werden für beide Regelbewegungen die gleichen Bezeichnungen verwendet. Werden pro Schuß gleiche Gewebe-/Kettlängen auf- bzw. abgewickelt, so spricht man von positiver Arbeitsweise. Wird der Betrag der auf- oder abgewickelten Längen von der Höhe der wirkenden Gewebe-/Kettfadenzugkraft gesteuert, so entspricht das der negativen Arbeitsweise. Dabei wird dann bei hoher oder niedriger Gewebezugkraft wenig bzw. viel Gewebe-

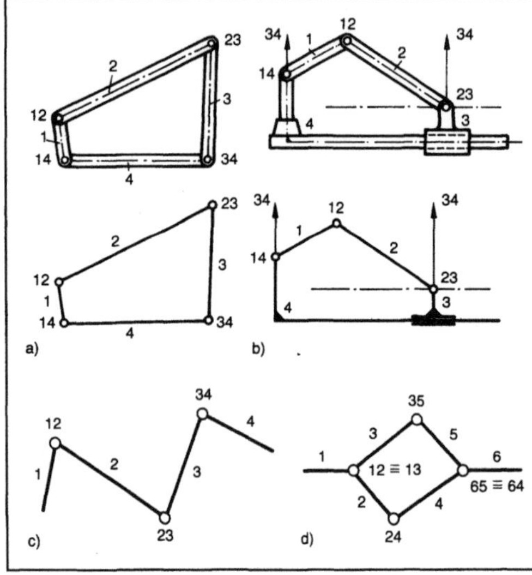

Kette, kinematische 2: Beispiele.
a) Geschlossene kinematische Kette mit 4 Drehgelenken.

oben: Anschauliche Skizze unten: Kinematisches Schema

b) Geschlossene kinematische Kette mit 3 Drehgelenken und 1 Schubgelenk.

oben: Anschauliche Skizze unten: Kinematisches Schema

c) Offene kinematische Drehgelenkkette ohne Verzweigung (4 Glieder, 3 Drehgelenke).
d) Offene kinematische Kette mit Verzweigung.

Glied 1 ist an zwei kinematisch identischen Stellen (12 T 13) mit zwei anderen Gliedern verbunden, Glied 6 ebenso mit den Gliedern 4 und 5 in Gelenken 65 T 64

länge aufgewickelt, bzw. bei hoher oder niedriger Kettfadenzugkraft wird viel bzw. wenig Kettfadenlänge abgelassen. Die Arbeitsweisen der beiden über die gemeinsame (textile) Kette in Verbindung stehenden Regelvorrichtungen sind voneinander abhängig. So können nur jeweils die positive (längenkonstante) mit der negativen (spannungskonstanten) Arbeitsweise zusammenarbeiten. In Webmaschinen wird heute fast ausschließlich die negativ arbeitende Kettablaßvorrichtung mit der positiv arbeitenden Gewebeaufwickelvorrichtung kombiniert.

Die Gewebeaufwickelvorrichtungen sind aktive Vorrichtungen mit einem von dem Hauptmotor oder einem anderen Aggregat der Webmaschine abgeleiteten Antrieb. Die Aufwickelbewegung des Gewebes auf den Warenbaum geschieht meist kontinuierlich. Aus dieser Antriebsbewegung resultiert das Zustandekommen (die Initialisierung) der gesamten Gewebe- und Kettfadenzugkraft. Neben der →Regelung – mehr oder weniger wird aufgewickelt – erfolgt die Soll-Wert-Einstellung der Abzugsbewegung durch feinstufig veränderliche Zahnradübersetzungen in Abhängigkeit von der Schußdichte. Die Schußdichte gibt die Anzahl der Schüsse je Längeneinheit im Gewebe an. Bei hoher Schußdichte (dichtes Gewebe) ist die Abzugsbewegung klein, bei niedriger Schußdichte (lockeres, schütteres Gewebe) ist die Bewegung entsprechend größer. In neueren Webmaschinen werden Gewebeabzugseinrichtungen mit gesteuerten Servomotoren eingesetzt, die in einem großen Schußdichtebereich, der annähernd stufenlos verstellbar ist, das Gewebe abziehen. Damit entfällt der Austausch von Wechselrädern für die Veränderung der Schußdichte, die nun selbst während des Webmaschinenlaufes erfolgen kann.

Die Kettablaßvorrichtungen lassen sich in passive und aktive Vorrichtungen unterscheiden. Passive Kettablaßvorrichtungen haben keinen eigenen Antrieb. Sie werden vereinfachend als Bremsen bezeichnet. Die passiven Vorrichtungen können entsprechend den o. a. Definitionen nur mit der negativen Arbeitsweise funktionieren, bei der die Kettfadenzugkräfte auf gleichem Niveau gehalten werden. Aktive Kettablaßvorrichtungen haben einen Antrieb, ausgeführt entweder mit einem eigenen separaten Motor oder in integrierter Bauweise durch Übertragungsverzweigung des Hauptantriebs der Webmaschine. Die aktiven Vorrichtungen erlauben sowohl die längenkonstante als auch die spannungskonstante Ablaßbewegung der Kette.

Kohlhaas

Kettenförderer. Nach DIN 15201 sind K. Stetigförderer für Schütt- und Stückgut mit ein- oder mehrsträngiger Kette als Zugorgan und/oder Tragorgan für waagerechtes, senkrechtes oder geneigtes För-

dern. Mit der Kette sind stumpf gestoßene oder sich überdeckende Platten, Tröge oder Kästen als Tragorgane verbunden. Die Kette kann auch durch direktes Koppeln der Tragorgane entfallen.

Als Zugmittel werden Laschen- oder Buchsenketten mit Tragrollen und Laschen zum Befestigen der Tragelemente in 2-strängiger Ausführung verwendet. Wegen der relativ schweren Tragelemente sind diese möglichst über Kettenrollen oder gesonderte Rollen, die an der Tragkonstruktion befestigt sind, abzustützen (Bild).

Der Antrieb der Förderketten erfolgt durch Getriebemotoren über Kettenräder oder Kettensterne, wodurch relativ kleine Durchmesser an den Umlenkstellen möglich sind. Bei sehr langen Bändern werden auch Mehrfachantriebe eingesetzt (Zwischenantrieb über angetriebene Schleppketten).

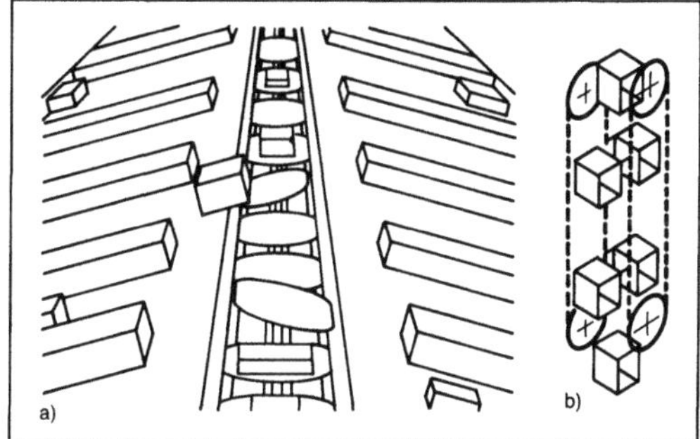

Kettenförderer: Darstellung wichtiger Stetigförderer.

a) Kippschalenförderer.

aufgeständert, mechanisiert oder automatisiert, ortsfest, Zugmittel

b) Paternoster.

aufgeständert, mechanisiert oder automatisiert, ortsfest, Zugmittel

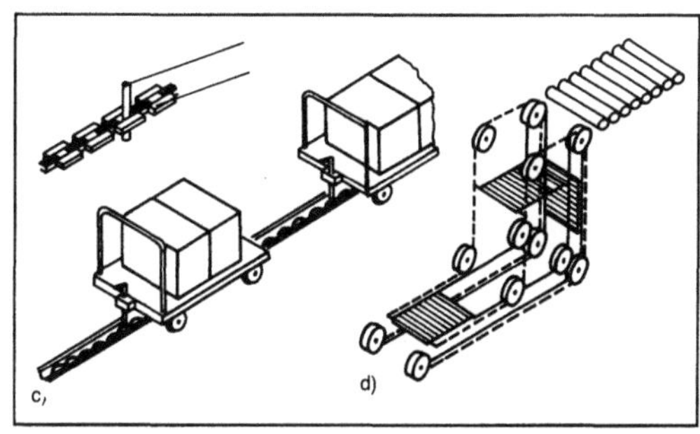

c) Unterflurschleppkettenförderer.

flurgebundenen, mechanisiert oder automatisiert, ortsfest, Zugmittel

d) Z-Förderer.

aufgeständert, mechanisiert oder automatisiert, ortsfest, Zugmittel

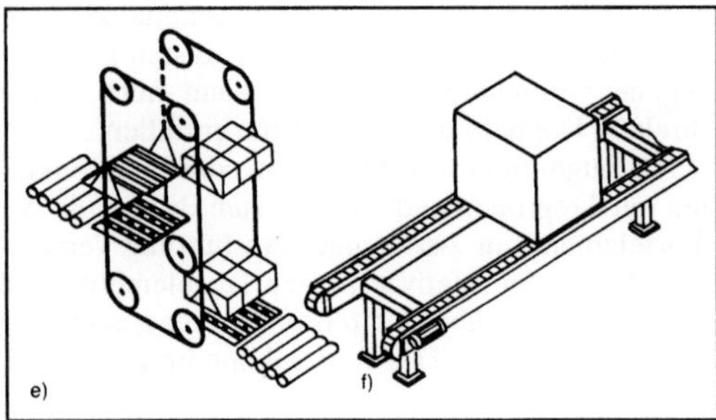

e) Schaufelförderer.

aufgeständert, mechanisiert oder automatisiert, ortsfest, Zugmittel

f) Tragkettenförderer.

aufgeständert, mechanisiert oder automatisiert, ortsfest, Zugmittel

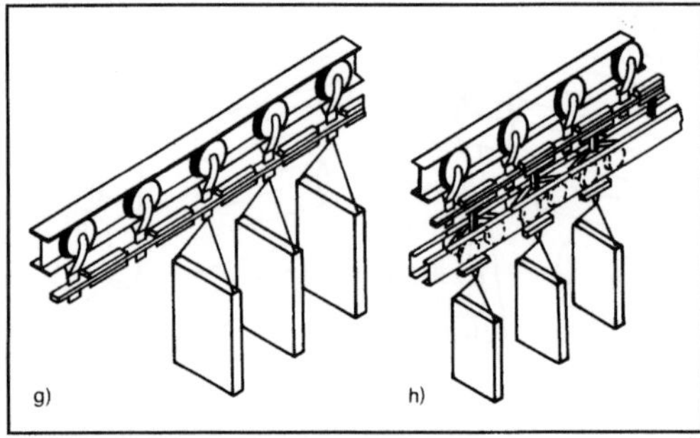

g) Kreisförderer.

flurfrei, mechanisiert oder automatisiert, ortsfest, Zugmittel

h) Schleppkreisförderer.

flurfrei, mechanisiert oder automatisiert, ortsfest, Zugmittel

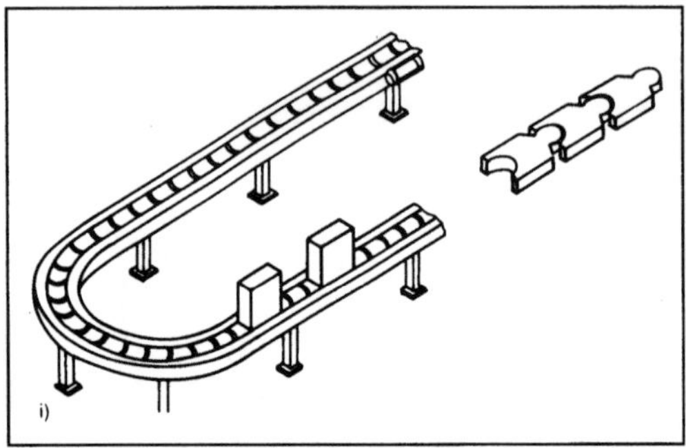

i) Gliederbandförderer.

aufgeständert, mechanisiert oder automatisiert, ortsfest, Zugmittel

Die Spannstation besteht aus einer in Stehlagergehäusen gelagerten umlaufenden Achse, auf der die Kettenräder befestigt sind. Das Spannen der Ketten geschieht über die bei Bandförderern gebräuchlichen Spannvorrichtungen.

Je nach Ausführung der Tragelemente, die an beiden Seiten an der Kette befestigt werden, unterscheidet man:
□ Plattenbandförderer: Platten ohne Seitenwände und ohne Querstege;
□ Trogbandförderer: Platten mit Seitenwänden, jedoch ohne Querstege;
□ Kastenbandförderer: Platten mit Seitenwänden und Querstegen, die einzelne Kästen ergeben;
□ Becherbandförderer: →Lastaufnahmemittel sind Becher;
□ Stahlbandförderer: Stahlband zwischen den Gliederketten.

Sonderformen von K. sind:
□ Wandertisch: mit starren Plattformen, die so viel Abstand voneinander haben müssen, daß sie sich in den Umlenkungen nicht berühren;
□ Schuppenförderer: mit meist raumbeweglicher Kette und flexiblen, sich überdeckenden Platten, die auch zur Förderebene geneigt angebracht sein können. *Jünemann*

Kettengetriebe. Zugmittelgetriebe, bei denen Drehbewegungen zwischen zwei oder mehreren parallelen Wellen durch Stahlgelenkketten formschlüssig (→Schlußart) übertragen werden. Die Übertragung erfolgt durch Hülsen-, Rollen- oder Zahnketten. Wegen der großen Fliehkräfte infolge der hohen Dichte ρ von Stahl werden K. hauptsächlich zum Übertragen großer Umfangkräfte bei niedrigen Geschwindigkeiten verwendet. Für größere Leistungen werden auch zwei oder mehr Ketten mit gemeinsamen Kettenbolzen hergestellt (Bild 1). Einfachste Bauart ist die Hülsenkette (Bild 2). Sie besteht aus Innengliedern I mit in die Innenlasche eingepreßten Hülsen und Außengliedern A mit eingepreßten Bolzen, die sich in den Hülsen drehen können. Häufiger, weil laufruhiger und verschleißärmer, ist die Rollenkette, die zusätzlich auf den

Kettengetriebe 1: Kettenrad mit Dreifach-Rollenkette.

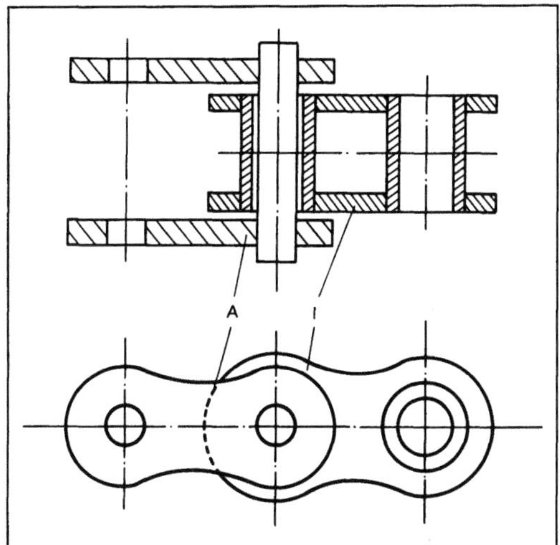

Kettengetriebe 2: Aufbau einer Hülsenkette.

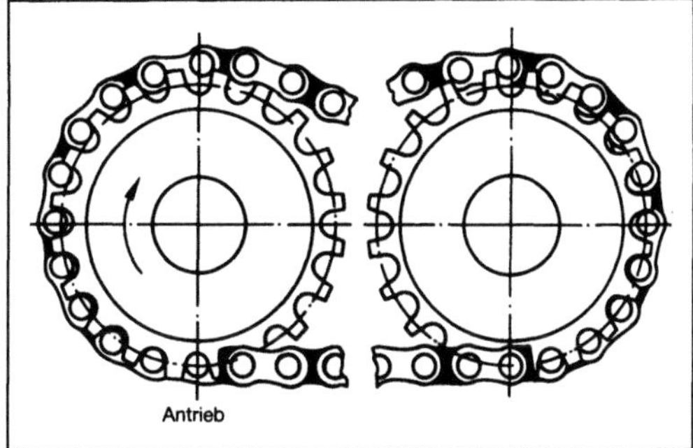

Kettengetriebe 3: Aufsteigen einer zu sehr gelängten Kette auf den Kettenrädern.

Hülsen drehbare →Rollen aufweist, die in den Zahneingriff des Kettenrads hineinrollen können. Die abwechselnd angeordneten Innen- und Außenglieder ergeben eine gerade Gliederzahl einer Kette. Wenn zum Anpassen der Kettenlänge eine ungerade Gliederzahl nicht zu umgehen ist, ist ein gekröpftes Glied einzubauen. Ein lösbares Verbindungsglied zum Schließen einer Kette ist nötig, wenn eine endlose Kette z. B. infolge fester Achsabstände nicht in die Verzahnung eingehoben werden kann oder die Kettenräder nicht frei zugänglich sind. Eine Vorspannung im Stillstand ist bei diesen Ketten wegen der formschlüssigen Kraftübertragung nicht erforderlich. Damit ist die Nutzkraft F_n gleich der Kraft F_1 des Arbeitstrums (Zugmittelgetriebe). Gleichwohl darf eine Kette nicht zu lose hängen, um Kettenschwingungen zu vermeiden, wie sie z. B. durch den →Polygoneffekt angeregt werden können.

Die im Dauerbetrieb zulässige übertragbare Leistung eines K. wird weniger durch die Bruchfestigkeit der Kette als durch deren Verschleiß zwischen Hülse und Bolzen bestimmt. Dabei vergrößert sich die Teilung (Rollenabstand) der Außenglieder, und die Kette steigt auf einen größeren, der vergrößerten Teilung zugeordneten Radius der Kettenräder auf (Bild 3), bis sie schließlich die Zähne überspringt. Eine Kette muß deshalb durch eine neue ersetzt werden, wenn sie eine Verschleißlängung um 2–3 % erreicht hat. Dieser Verschleiß wird minimiert, indem man Stöße und überhöhte Zugbelastung vermeidet sowie sichere Abschirmung gegen Schmutz und der Kettengeschwindigkeit angepaßte ausreichende Schmierung vorsieht.

Zahn-K. (→Zugmittelgetriebe) erfordern höhere Fertigungskosten als die vorgenannten. Dafür bieten sie leiseren Lauf, geringeren Polygoneffekt,

höhere Umfanggeschwindigkeiten und in der Ausführung mit Wiegegelenken geringeren Verschleiß, somit längere Gebrauchsdauer. Die Kettenräder haben Evolventenverzahnungen mit 30° Flankenwinkel, in die das gestreckte →Trum wie eine →Zahnstange einläuft. Kettenbreite je nach Trumkraft zwischen 10 und 400 mm durch wechselweises Nebeneinanderpacken gleicher Kettenlaschen mit Zahnstangenprofil. Eine mittlere Reihe von nicht verzahnten Führungslaschen taucht in eine Nut im Umfang des Zahnrades ein und sichert die seitliche Führung der Kette.   *H. W. Müller*

Kettenkratzerförderer. Der K. (KKF) ist ein Fördermittel, bei dem das Fördergut auf einer Stahlblechrinne durch Mitnehmer, die an einer Endloskette befestigt sind, kontinuierlich mitgenommen wird.

Der KKF (Bild) wird im Abbau eingesetzt und dient der Abförderung des gelösten Haufwerks, der Führung der Gewinnungsmaschinen (→Kohlenhobel und →Schrämmaschine) und als Widerlager für den Strebausbau (Ausbau). Weiterhin wird er als Übergabefördermittel eingesetzt.

Die →Förderer unterscheidet man nach der Anzahl und Anordnung der Ketten in Einkettenför-

Kettenkratzerförderer: Rinne mit Sigma-Profil. (Quelle: Westfalia Lünen)

derer, Doppelmittenkettenförderer und Dreikettenförderer.

Der KKF ist aus einzelnen Stahlblechrinnen, den Mitnehmern, den Zugketten und dem Förderantrieb zusammengesetzt.

Jede einzelne Stahlblechrinne hat eine Länge von normalerweise 1,5 m und eine Breite von 450 bis 850 mm. Sie besteht aus zwei Seitenprofilen, zwischen denen ein bis zu 22 mm dickes Bodenblech eingeschweißt ist. Die einzelnen Rinnen werden durch Schrauben oder Knebel miteinander verbunden.

Die das Haufwerk schiebenden Mitnehmer sind an Endlosketten angeschlagen. In Deutschland werden als Fördererketten Rundstahlgliederketten verwendet. Die Ketten haben die Aufgabe, Zugkräfte zu übertragen, dienen aber auch der Fördergutmitnahme durch den „Verkrallungseffekt". Die Kettenstärke beträgt z. Z. maximal 38 mm bei einer Kettenteilung von 126 mm.

Der Antrieb ist an den Enden des Förderers angebracht. Da sowohl das Kettenband auf dem Förderer als auch das Kettenband unter dem Förderer bewegt werden muß und der →Leistungsbedarf hoch ist, werden zwei Motoren eingesetzt. Die Zugkraft wird durch Kettensterne in die Kette eingeleitet.

An dem KKF im Streb sind weitere Installationen angebracht. Diese dienen z. B. der Führung des Kohlenhobels oder seiner Zugkette. Zur Erhöhung des Füllquerschnittes des Förderers sind an der Versatzseite Seitenbleche (Bracken) angeschraubt. Diese Bracken nehmen normalerweise auch die Steuerleitungen für die Antriebe, Beleuchtungsleitungen, Druckluftleitungen und in Schrämbetrieben auch die Schrämtrosse auf. Die Brackenhöhe ist den Mächtigkeitsverhältnissen im Streb angepaßt und beträgt normalerweise 800 mm. Wird aus betrieblichen Gründen ein größerer Füllquerschnitt des KKF gefordert und können die Bracken nicht entsprechend erhöht werden, so werden an den KKF kohlenstoßseitig Leitplanken von geringer Höhe (ca. 10 cm) angebaut. Zur Verringerung der Reibung im Untertrum – dies ist die Seite des KKF, die dem Liegenden zugewandt ist; entsprechend nennt man die Fördererseite, auf der die Kohle transportiert wird, das Obertrum – des KKF und aus weiteren betrieblichen Gründen (z. B. Verringerung des Feinkornanfalls) werden neuerdings auch KKF mit geschlossenem Untertrum eingesetzt. Hierbei ist das Untertrum vom Liegenden durch ein Blech getrennt.

Der KKF wird durch Hydraulikzylinder vorgeschoben, die am Strebausbau angebracht sind.

Die Antriebsleistung des KKF wird entsprechend der höchsten Gewinnungsmenge des Hobels oder Walzenladers ausgelegt. Da die Höchstfördermenge aber nicht kontinuierlich anfällt, ist der Förderer

normalerweise überdimensioniert. Die Antriebsleistungen moderner Hochleistungsförderer erreichen inzwischen 800 kW und mehr.

Ein wesentlicher Nachteil liegt in der durch Reibung zwischen Kratzer und Rinne sowie Kette und Rinne bewirkten, fast vollständigen Umwandlung der zugeführten Energie in Wärme.   *Seeliger*

Literatur: Das kleine Bergbaulexikon. Essen 1981. – *Kundel, H.*: Kohlengewinnung. Glückauf-Betriebsb. Bd. 6. 6. Aufl. Essen 1983.

Kettenkupplung. K. sind nichtschaltbare drehstarre Kupplungen. Sie bestehen aus Kettenrädern als Kupplungsnaben. Die Verbindung zwischen den Kettenrädern wird durch eine zweifache Rollenkette (Bild) oder Zahnkette hergestellt. K. übertragen das Drehmoment formschlüssig, können aber geringe Längs-, Quer- und Winkelverlagerungen der Wellen ausgleichen. Als Unfallschutz und für die Aufnahme von Schmierstoff kann ein Schutzgehäuse vorgesehen werden. Die Ketten können auch aus Kunststoff bestehen. Dann ist die K. in geringem Maße drehnachgiebig.   *Ehrlenspiel*

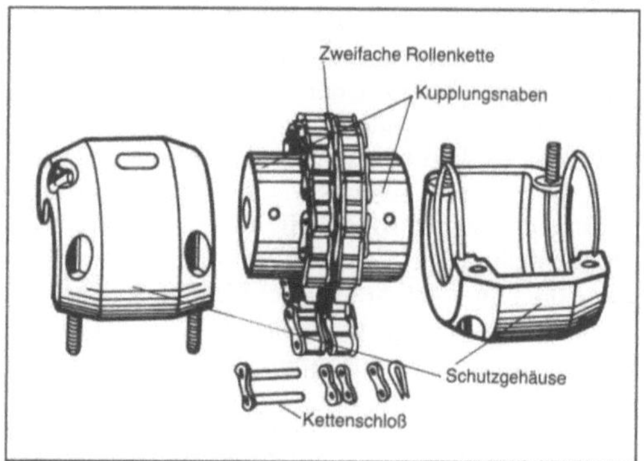

Kettenkupplung: Mit Rollenkette. (Quelle: Renold)

Kettensägemaschine. Die K. wird hauptsächlich zum Quersägen (Hirnschnitte), Fällen und Entasten von Bäumen sowie Ablängen von Rundholz eingesetzt. Die Kettensägen haben als Werkzeug eine endlose Sägekette, die entsprechend geführt wird. Die Kettenführung kann als Schienen- oder Schwertführung bei der Schienensäge oder als Bügelführung bei der Bügelsäge ausgebildet sein.

Die Schienensäge, bekannt als Einmannmotorsäge, findet ihren Einsatz besonders bei Holzfällerarbeiten oder im Zimmereibetrieb. Durch die Wahl der Zahnformen und Laschen der Kette kann hartes oder weiches Holz vorteilhaft abgelängt werden. Bügelsägen, meist stationär ausgeführt, können bei Spannweiten über 2 m speziell beim Rundholzlängsschnitt mit großen Stammdurchmessern oder Schnittholzstapeln eingesetzt werden. Nachteilig ist, daß die Bügelsäge nach dem Schnittvorgang wieder durch das Schnittgut zurückgeführt werden muß.   *Dusil*

Kettenschwingung. Bei Kettengetrieben können durch den →Polygoneffekt oder durch periodische Drehimpulse der antreibenden oder der vom →Getriebe angetriebenen Maschine K. entstehen, wenn die anregende Impulsfrequenz mit der Eigenfrequenz der als schwingende Saite aufgefaßten Kette übereinstimmt (Bild 1). Abhilfe durch starr gelagertes Spannrad oder durch festen Gleitschuh neben dem gestreckten Leertrum (Bild 2), der dessen Ausschlag nach außen und damit das Aufschaukeln einer Resonanzschwingung verhindert.   *H. W. Müller*

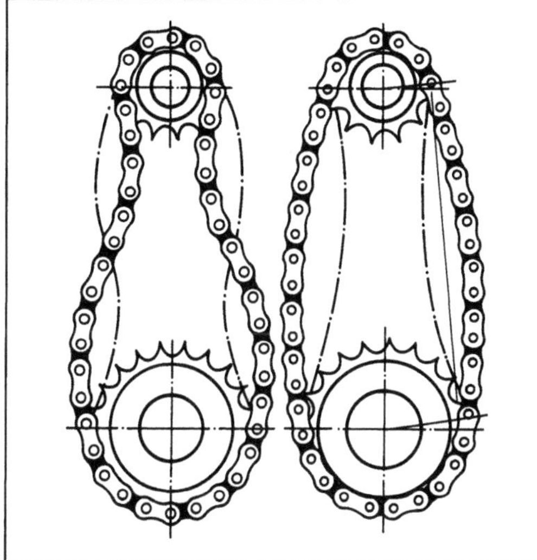

Kettenschwingung 1.

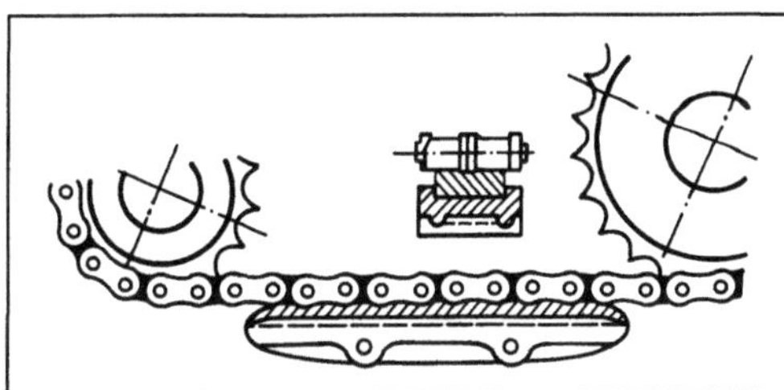

Kettenschwingung 2: Schwingungsdämpfer.

Kettenwirkautomat →Kettenwirkmaschine

Kettenwirkmaschine. K. arbeiten mit gemeinsam bewegten Nadeln (Schieber-, Spitzen- und Zungennadeln) und mit Fadenketten, deren Fäden von gemeinsam schwingenden und versetzenden Legebarren mit Lochnadeln gelegt werden (→Maschenbildungsvorgang). Man unterscheidet zwischen Kettenwirkautomaten (Bild 1 und 2), Raschelmaschinen (Bild 3 und 4) und Häkelgalonmaschinen (Bild 5).

Die Kettenwirkautomaten werden für feine Gewirke wie z. B. Unterwäsche, die Raschelmaschi-

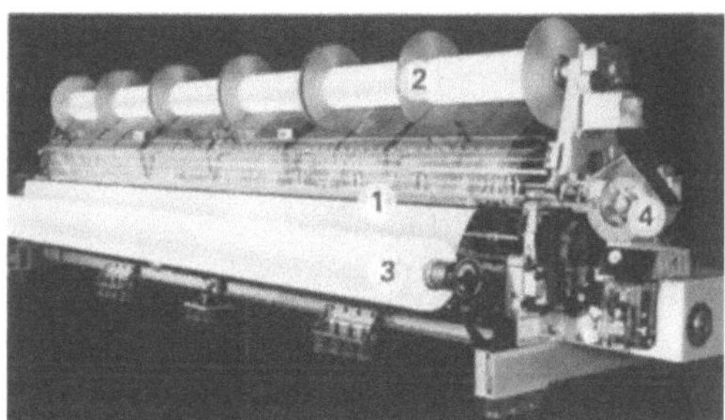

Kettenwirkmaschine 1: Kettenwirkautomat. (Quelle: Karl Mayer Textilmaschinenfabrik)

1 Wirkelemente, 2 Kettbäume, 3 Kettengewirk, 4 Mustergetriebe

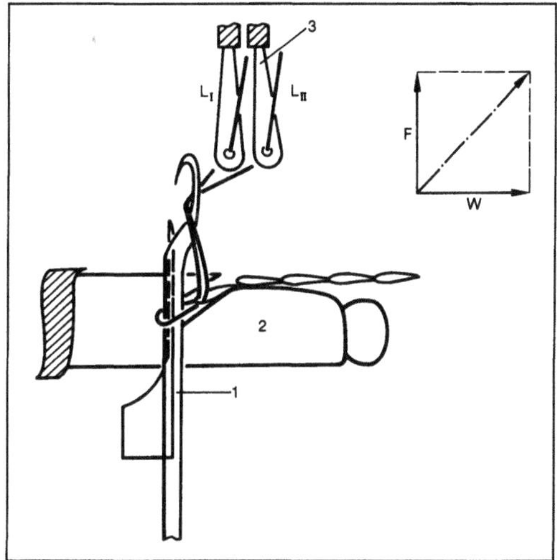

Kettenwirkmaschine 2: Wirkelemente des Kettenwirkautomaten.

L Legebarren, F Fadenkraft, W Warenabzugskraft, 1 Schiebernadel, 2 Platine, 3 Lochnadel

Kettenwirkmaschine 3: Raschelmaschine.

1 Wirkelemente, 2 Kettbäume, 3 Kettengewirk, 4 Mustergetriebe

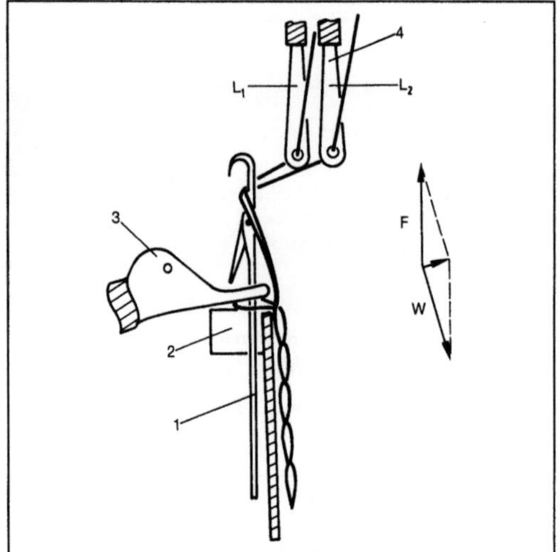

Kettenwirkmaschine 4: Wirkelemente der Raschelmaschine.

L Legebarren, F Fadenkraft, W Warenabzugskraft, 1 Zungennadel, 2 Abschlagplatine, 3 Einschließplatine mit Zungenanschlagdraht, 4 Lochnadel

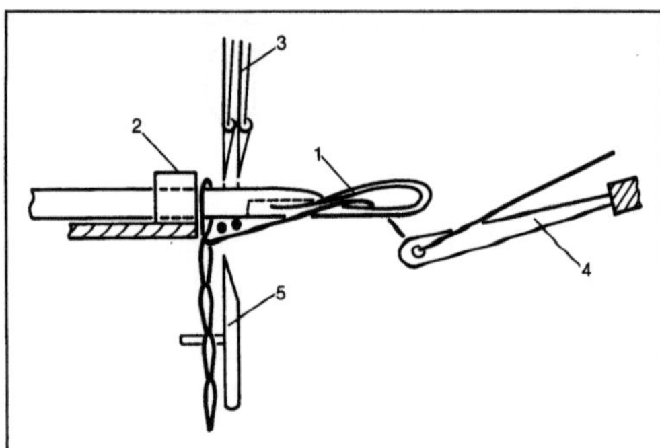

Kettenwirkmaschine 5: Wirkelemente der Häkelgalonmaschine.

1 Häkelnadel, 2 Abschlagplatine, 3 Schußfadenführer, 4 Lochnadel, 5 Halteblech

nen für alle Bereiche wie Bekleidung, Heimtextilien, technische Textilien und die Häkelgalonmaschinen für Bänder, Posamenten usw. eingesetzt (→Maschinenfeinheit). Raschelmaschinen können mit mehr als 80 Legebarren ausgestattet sein, so daß in Verbindung mit der →Jacquardtechnik eine vielfältige und künstlerisch hochwertige Musterung für gewirkte Spitzen und Gardinen möglich wird. Ferner sind in allen Kettenwirkmaschinen zahlreiche Mustereinrichtungen für Fangmuster, Schußmuster u. a. (→Bindungselement) möglich, mit denen man eine nahezu unbegrenzte Musterung erstellen kann. *K. P. Weber*

Kettenwirkware →Maschenware

Kettfaden-Technik. Die nach dieser Technik arbeitenden Kettenwirkmaschinen verarbeiten die

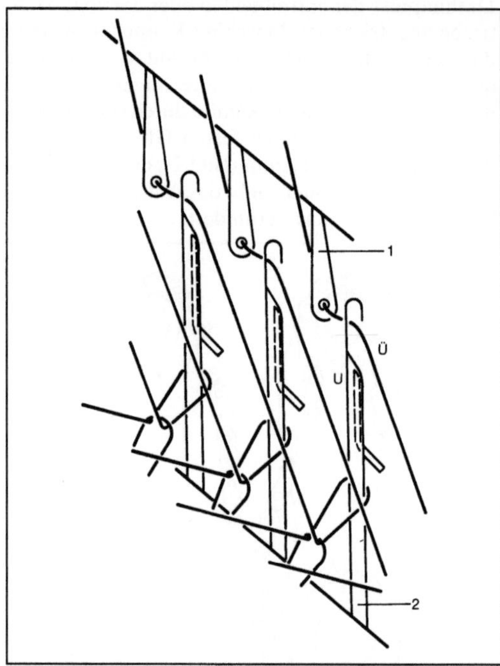

Kettfaden-Technik 1: Maschenverbindung durch Versatzbewegung.

U Unterlegungsposition, Ü Überlegungsposition, 1 Lochnadel mit Kettfaden, 2 Schiebernadel

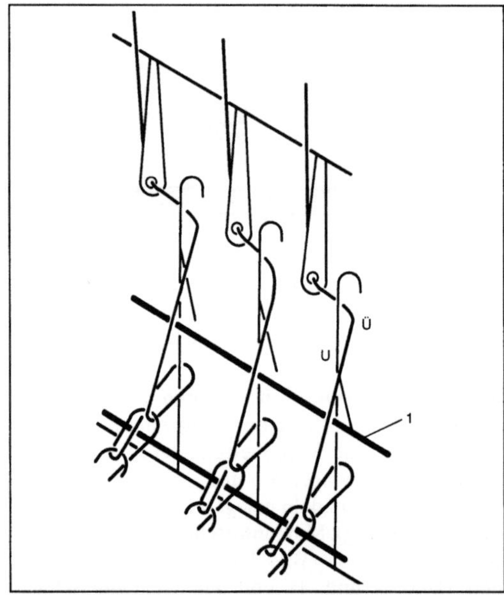

Kettfaden-Technik 2: Maschenverbindung durch Schußeintrag.

U Unterlegungsposition, Ü Überlegungsposition, 1 Schußfaden

Fadenketten mit gemeinsam bewegten Nadeln überwiegend in Richtung der Maschenstäbchen (→Maschendichte). Durch seitliche Versatzbewegungen (Unter- und Überlegungen) der Legebarren (Kettenwirkmaschinen, →Maschenbildungsvorgang) bzw. durch Schußeintrag werden die Maschen trotz Längsverlauf der Kettfäden seitlich miteinander verbunden (Bild 1 und 2). *K. P. Weber*

Kipphebel →Ventiltrieb

Kippmoment. Jede Maschine übt auf Grund der Drehmomente im Antrieb oder Abtrieb ein Moment auf ihre Abstützung aus, das die Maschine um die Drehachse zu kippen versucht. Die Reaktionskräfte in der Abstützung müssen diesem K. das Gleichgewicht halten. Auch unausgeglichene Trägheitskräfte können über entsprechende K. auf die Abstützung einwirken. Insbesondere bei periodischem Arbeitsprozeß, z. B. bei Kolbenmaschinen, liegt hierin eine Hauptursache für einen unruhigen Lauf; Verbesserung ist durch →Massenausgleich möglich (→Asynchronmotor, →Synchronmotor). *Witfeld*

Kippsegmentgleitlager →Gleitlager, hydrodynamisches, →Axiallagerberechnung

Kipptrommelmischer. Die Kipptrommel (Bild) hat nur eine Öffnung zum Einfüllen und Entleeren. Zu den drei Arbeitsstellungen Einfüllen, Mischen und Entleeren wird die Trommel um ihre Kippachse geneigt. Dabei bleibt die Drehrichtung der Trommel erhalten. Zum Entleeren kippt man die Trommel bei Mischern bis 200 l Nenninhalt von Hand mittels eines Handrads, bei größeren Mischern hydraulisch oder pneumatisch nach unten. *Kühn*

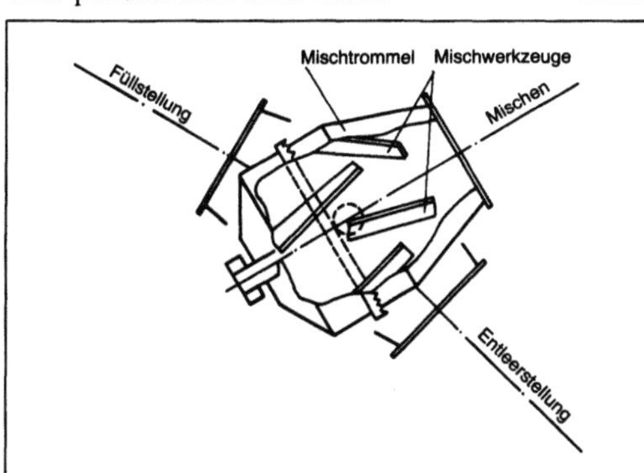

Kipptrommelmischer.

Klären der Aufgabenstellung. Das K. d. A. ist der erste Teil des Konstruierens (→Konstruktionsphase), bei dem möglichst alle für die Konstruktion eines Produkts relevanten Daten beschafft und in einer →Anforderungsliste zusammengefaßt werden. *Ehrlenspiel*

Klassifizierung   **(Konstruktionsverfahren)**
→Sachmerkmal

Klauenkupplung. K. sind formschlüssige Kupplungen. Sie werden als nichtschaltbare (starre) und schaltbare K. ausgeführt. Das Drehmoment wird bei beiden formschlüssig über Klauen von einer muffenartigen Kupplungshälfte auf die andere übertragen. Die starre K. kann längsnachgiebig ausgeführt werden und wurde früher in Transmissionswellen eingebaut um Längenunterschiede durch Temperaturschwankungen auszugleichen (Bild 1). Bei der schaltbaren K. ist eine Nabe fest mit dem →Wellenende verbunden. Die andere ist auf der anderen →Welle so weit verschieblich, daß die Klauen außer Eingriff gebracht werden können (Bild 2). Die schaltbare K. ist normalerweise nur im Stillstand oder bei gleicher Drehzahl der Kupplungsnaben schaltbar. *Ehrlenspiel*

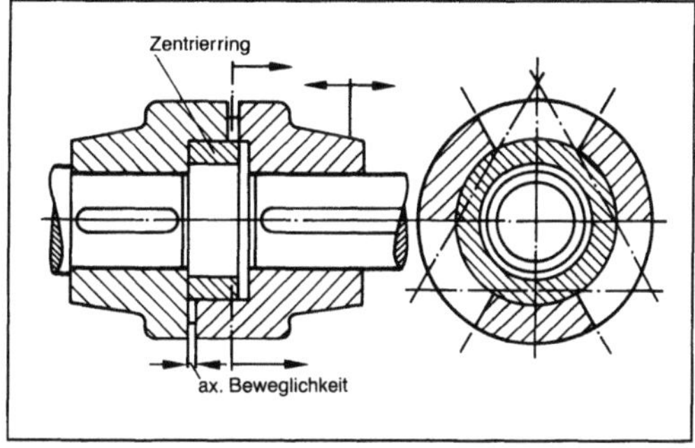

Klauenkupplung 1: Starre. (Quelle: Flender)

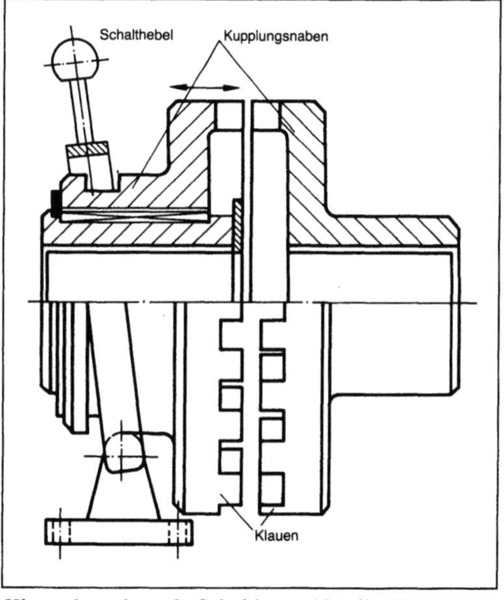

Klauenkupplung 2: Schaltbare. (Quelle: Hochreuter & Baum)

Klauenkupplung, elastische. Eine e. K. ist eine formschlüssige →Ausgleichskupplung, die je nach Ausführung gering längs-, quer-, winkel- und drehnachgiebig ist. Meist dämpft sie auch Drehschwingungen. Sie hat elastische Elemente aus Gummi oder Elastomeren, die in einem Kupplungsteil sternförmig angeordnet sind. In die Lücken greifen Mitnehmer (Nocken, Klauen oder Stifte) des anderen Kupplungsteils. Wird Drehmoment übertragen, werden die Mitnehmer gegen die elastischen Elemente gepreßt und verformen diese. Bei einfachen Ausführungen kann das Auswechseln der elastischen Elemente und die Montage der K. nur nach axialem Verschieben der Wellen erfolgen. Bei besonderen Ausführungen ist ein radialer Einbau möglich. Es existieren sehr viele Bauformen. Je nach Anordnung und Ausführung der elastischen Elemente unterscheidet man K. mit biegeelastischen und mit druckelastischen Elementen (Bild 1). Bild 2 zeigt eine K. ganz aus Kunststoff gefertigt. Bei ihr sind die elastischen Elemente direkt die Klauen. E. K. werden im Maschinenbau viel verwendet, weil sie robust und preisgünstig sind. *Ehrlenspiel*

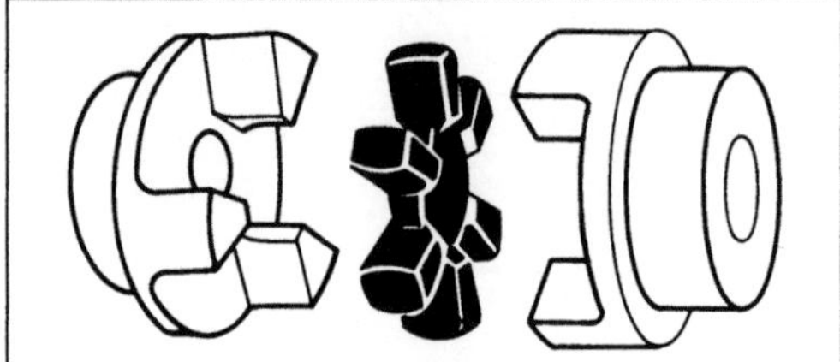

Klauenkupplung, elastische 1: Mit druckelastischen Elementen.

Klauenkupplung, elastische 2: Aus Kunststoff gefertigt. (Quelle: Metalluk)

Klebe-Spinnverfahren. Die Idee, drehungsfreie Garne aus Stapelfasern durch eine temporäre, adhäsive Garnverfestigung zu spinnen, wurde durch verschiedene Verfahren erprobt.

Bedeutung hat bis heute nur das holländische Twilo-Verfahren. Das Verfahren wird auf Spinnmaschinen mit 8 Spinneinheiten und Liefergeschwin-

digkeiten bis 600 m/min praktiziert. Es lassen sich Stapelfasern von 1,4–6 dtex bei Faserlängen von 25–80 mm verspinnen zu Garnfeinheiten von 12 bis 100 tex (Angaben des Herstellers).

Im Gegensatz zu einem Vorläuferverfahren ist nicht mehr die Beimischung von wasserlöslichen Polyvinylalkoholfasern erforderlich, sondern nach der Verzugszone wird das Fasermaterial in einer neutralen Zone mit einer Binderlösung befeuchtet. In diesem Zustand erfolgt der Hauptverzug und anschließend eine zusätzliche Verfestigung durch einen Falschdraht. Nach Trocknung auf einer Heizgalette wird das Garn zu zylindrischen Kreuzspulen aufgewickelt. Die Binderlösung wird bei der Ausrüstung der textilen Flächengebilde ausgewaschen, so daß in diesen Flächengebilden schließlich ungedrehte und unverklebte Twilo-Garne eingebunden sind.

Der hohe Deckungsgrad eines drehungsfreien Garns bei Geweben und Gewirken ist für spezielle Einsatzbereiche das herausragende Kriterium.

Löcker

Klebeverbindung. Die Verbindung von Rohrleitungsteilen durch Klebstoffe wird für Rohre und Rohrformstücke aus Kunststoffen angewendet. Zum Erreichen der erforderlichen Festigkeit wird die K. als Laminat- oder →Muffenverbindung ausgeführt. *Diegelmann*

Literatur: DIN 16928: Rohrleitungen aus thermoplastischen Kunststoffen; Rohrverbindungen, Rohrleitungsteile, Verlegung. Hrsg. Dt. Institut f. Normung. Berlin.

Kleinantrieb, elektrischer. Die Mikroelektronik, insbes. der Mikroprozessor und damit die Mikrocomputertechnik in Verbindung mit den Fortschritten in der Leistungselektronik ermöglicht es heute, Geräte mit einer zentralen Steuerung zu konzipieren, mit der die einzelnen Antriebselemente oder Stellglieder direkt angesteuert werden.

Größte Bedeutung kommt den Geräten mit elektromotorischem Antrieb für den Konsumbedarf, für den gewerblichen Sektor und für Fertigungsmittel zu. Neben der notwendigen Steuer- und Regelarbeit eröffnet die Mikroelektronik die Möglichkeit der Dezentralisierungstendenz in der Geräteantriebstechnik, d. h. an Stelle von zentralen Antrieben mit Getriebeverzweigungen sind Einzelantriebe getreten.

Ferner hat der Einsatz spezieller Linearmotoren in Einzelfällen zu neuen Geräteantriebskonzeptionen geführt, die sich meist durch eine konstruktive integrierte Bauweise auszeichnen (Bild).

Bei den rotierenden Gleichstrommotoren mit elektronischer →Kommutierung sind ebenfalls neue Motorentwicklungen entstanden.

Permanenterregte Schrittmotoren haben sich bereits unter den gesteuerten und geregelten Antrieben ein breites Anwendungsfeld erobert. *Lauruschkat*

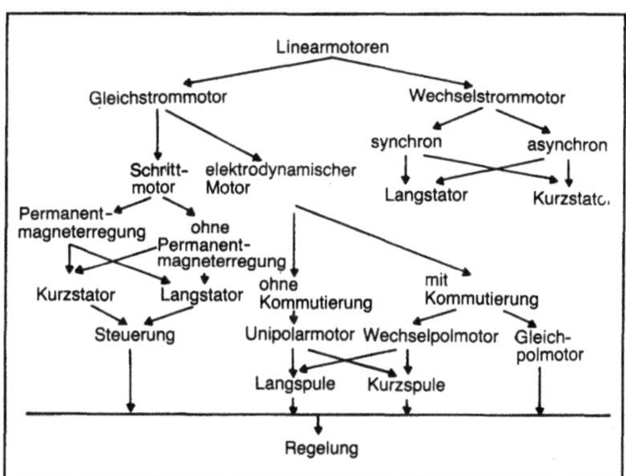

Kleinantrieb, elektrischer: Übersicht von linearen Antriebssystemen nach Funktionsprinzipien.

Literatur: VDI-Ber. Nr. 482: Gesteuerte und geregelte elektrische Antriebe in der Gerätetechnik. Düsseldorf 1983. – VDI/VDE 3910: Auswahlhilfe elektrische Kleinmotoren, Nennmoment bis 500 Ncm Nennleistung bis 750 W. Berlin 1983.

Kleinbehälterfördersystem. K. sind →Förderer, mit denen Stückgut bis zu 20 kg Gewicht transportiert werden kann (Bild). Zu unterscheiden sind

□ Rohrbehälterfördersysteme: Es werden Behälter (Transporthilfsmittel) in Tunneln bzw. Rohren, die die Behälter eng umschließen, durch Luftdruckdifferenzen gefördert. Ein bekanntes K. ist die →Rohrpost (VDI 2325). Einzelne Merkmale sind:
– hoher Verschleiß bei großen Geschwindigkeiten,
– Geräuschentwicklung steigt mit der Geschwindigkeit,
– für geradlinige Förderung gut geeignet.

□ Gurtfördersysteme: Das Stückgut wird in Kästen, Taschen oder Kassetten untergebracht, die auf Einzel- bzw. Doppelgurten transportiert werden. Der Antrieb erfolgt stationär. Ein ruhiger Lauf, gute Mitnehmereigenschaften (Haftreibungszahl), geringer Wartungsaufwand, Vereinzelung durch verschiedene Bandgeschwindigkeiten charakterisieren diese Systeme.

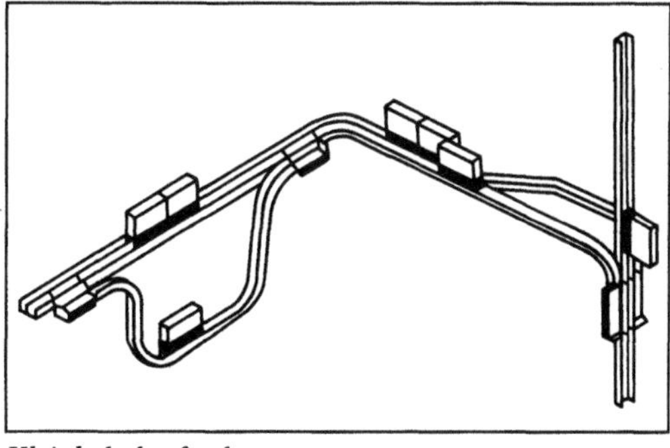

Kleinbehälterfördersystem.

flurfrei, automatisiert, geführt verfahrbar, Einzelantrieb

□ Fahrwerksysteme: Einzeln angetriebene Fahrwerke mit i. a. geschlossenen Lastaufnahmeeinrichtungen führen Zieltransporte durch. Als Lastaufnahmeeinrichtungen dienen geschlossene Behälter oder Plattformen, die ggf. mit Befestigungs- oder Ladungssicherungsmechanismen ausgerüstet sind.

Insbesondere sind vertikale Förderungen möglich; unterschiedliche Geschwindigkeiten horizontal bis zu 120 m/min und vertikal bis zu 40 m/min im Fahrzeugverlauf realisierbar (Bild). *Jünemann*

Kleincontainer →Container, Transporthilfsmittel

Klemmschluß →Schlußart

Klemmverbindung. K. sind reibschlüssige Verbindungen. Hier werden nur die reibschlüssigen →Welle-Nabe-Verbindungen weiter betrachtet. K. werden mit geschlitzter (Bild 1), mit geteilter Nabe (Bild 2), mit Hohlkeil (Bild 3) und durch Zusammenpressen der Nabe (Spannverbindung) ausgeführt. Das übertragbare Drehmoment ist von der

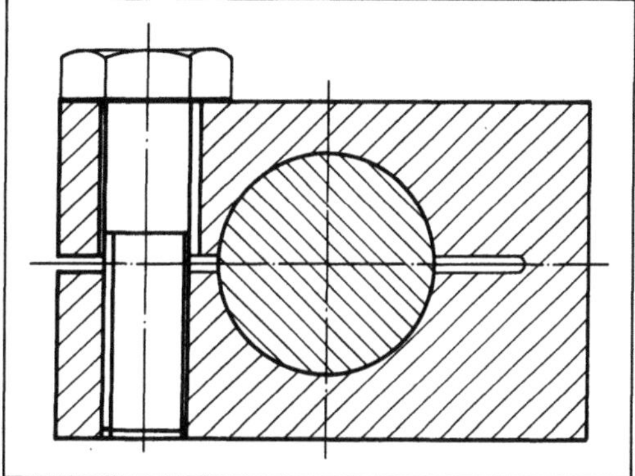

Klemmverbindung 1: Mit geschlitzter Nabe.

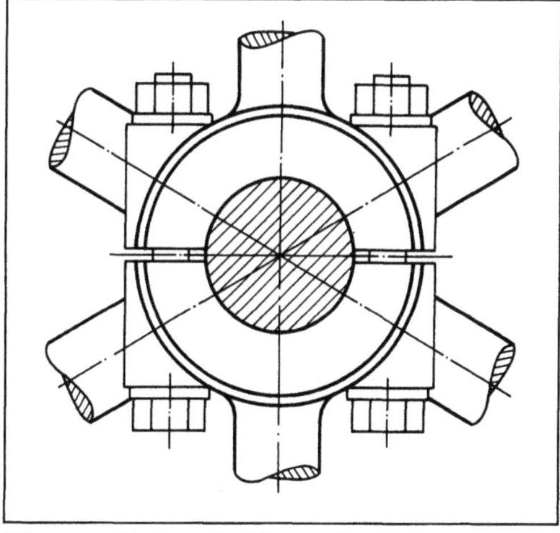

Klemmverbindung 2: Mit geteilter Nabe.

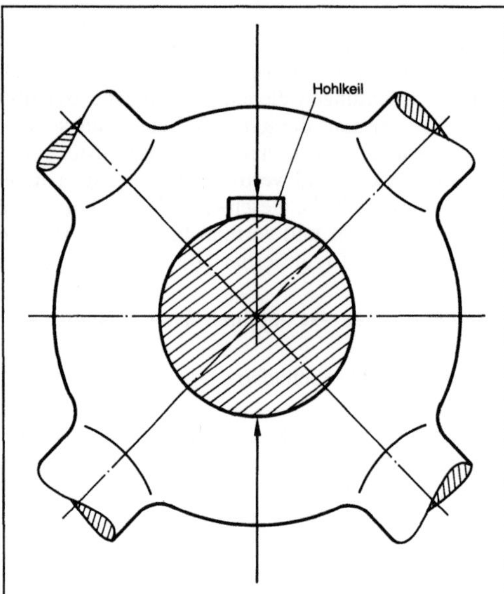

Klemmverbindung 3: Mit Hohlkeil.

Anpreßkraft und der Reibungszahl abhängig. Solange sich die Reibflächen nicht gegeneinander bewegen, ist die Haftreibungszahl maßgebend. Kommen die Flächen ins Gleiten so sinkt die Reibungszahl ab auf die Gleitreibungszahl. *Ehrlenspiel*

Kletterschalung. K. werden bei lotrechten Bauten eingesetzt und lassen sich in zwei Gruppen unterteilen:

□ nichtselbstkletternde Schalungen,
□ selbstkletternde Schalungen.

Nichtselbstkletternde Schalungen setzt man mit dem →Kran um. Sie bestehen aus:

□ einem GF-Wandschalungselement einschl. Betoniergerüst,
□ dem Klettergerüst mit den Haltevorrichtungen für die Schalung und
□ einer oder mehreren Arbeitsbühnen.

Als Schalung dient ein Großflächenschalelement, das mit dem Klettergerüst fest verbunden ist. Beide sitzen auf einem Fahrwagen, der mit einer Zahnstange und einem Ratschenhebel vor- und zurückbewegt werden kann. Der dadurch entstehende Arbeitsraum (rd. 75 m^3) ermöglicht die Durchführung der Arbeiten vor und nach dem Umsetzen (Reinigung der Schalung, Anbringen der Aufhängevorrichtung, Nacharbeiten am Beton, Bewehrungsarbeiten). Die Befestigung des Klettergerüsts am Bauwerk geschieht an Aufhängevorrichtungen, die im Vorläufer des zu schalenden Teils angebracht sind. Selbstkletternde K. bewerkstelligen das lotrechte Umsetzen ohne Kranhilfe. K. und Kletterkonsole werden dabei nicht unmittelbar an dem Bauwerk befestigt, sondern an zwei lotrecht wie

auch gegenseitig verschieblichen Rahmen, die über Hubzylinder und Laufschienen mit dem Beton früherer Abschnitte kraftschlüssig verbunden sind. Die Schalung klettert durch wechselseitiges Hochziehen und Verankern der beiden Innen- und Außenrahmen. Bei der rein mechanisch arbeitenden Methode sind Innen- und Außenschalung mit Seilen über einen auf der Wandoberkante aufgesetzten Rollenbock verbunden und werden wechselseitig mit einem Greifzug hochgezogen. *Kühn*

Klimaanlage (Bergbau). Unter einer K. wird im Bergbau eine Anlage zur Wetterkühlung verstanden. Die Kälteerzeugung erfolgt in Kompressionskältemaschinen durch Verdampfen eines Kältemittels. Die wichtigsten Anlagenkomponenten sind der Verdichter, der Verdampfer, der Kondensator sowie das Expansionsventil. Als Verdichterbauarten kommen je nach Kälteleistung Hubkolben-, Schrauben- sowie Turboverdichter in Betracht.

In Abhängigkeit von der Auslegung der Anlage lassen sich die Kühlverfahren einteilen in:

□ Direkte Wetterkühlung: Hierbei ist der Verdampfer als Wetterkühler ausgelegt, und die Grubenwetter werden direkt gekühlt (Streckenwetterkühlmaschine).

□ Indirekte Wetterkühlung: Die Grubenwetter werden über einen zwischengeschalteten Wasserkreislauf indirekt gekühlt (→Wasserkühlmaschine). Die Prozeßführung ist vom Standort der Kältemaschine abhängig:

– Zentrale Kälteerzeugung über Tage: Im Hochdruck- oder Primärkreislauf wird durch den Verdampfer ein Kälteträger (Lauge, Wasser-Ethylenglykol-Mischung) gekühlt und in einer isolierten Schachtleitung dem Hochdruck-Niederdruck-Wärmeübertrager unter Tage zugeführt. An den Wärmeübertrager ist der Kältewasser- oder Sekundärkreislauf gekoppelt, der den Kältetransport in den Abbaubereich gewährleistet.

– Zentrale oder lokale Kälteerzeugung unter Tage: An den Verdampfer der Kältemaschine ist der zuvor genannte Kaltwasserkreislauf direkt gekoppelt. Mit dem Kaltwasser werden die Grubenwetter in den Wetterkühlern gekühlt. Wesentliche Bauelemente der zumeist im Gegenstromprinzip arbeitenden Kühler sind der anströmseitige Lüfter, über den die Wetter durch den Kühler gedrückt werden. Der Wärmeübertrager (Platten- oder Streifenrohrkühler) sowie ein Tropfenabscheider am wetterseitigen Austritt dienen zum Abführen des aus den Wettern ausgetauten Wassers. Je nach Einsatzort und Baugröße werden die Wetterkühler in Strecken- (200 bis 300 kW Kälteleistung) und Strebkühler (10–20 kW) unterschieden.

Bei den großen Kälteleistungen findet auch eine Kombination von unter- und übertägiger Kälteerzeugung Verwendung.

Im deutschen Steinkohlenbergbau werden geschlossene und offene (seit 1982) Kaltwasserkreisläufe eingesetzt. Beim geschlossenen erfolgt die Wetterkühlung in den nachgeschalteten Wetterkühlern. Im offenen Prozeß werden die Wetter in Sprühkammern abgekühlt.

Die am Kondensator der Kälteanlage anfallende Abwärme wird zumeist vom Kühlwasser abgeführt. Dieses wird bei übertägiger Kälteerzeugung in Kühltürmen rückgekühlt. Untertägig wird das Kühlwasser in Rückkühlanlagen durch den ausziehenden Wetterstrom gekühlt. Vereinzelt kommen untertägig auch luftgekühlte Kondensatoren oder Kühltürme (Südafrika) zur Anwendung.

Die installierte Gesamtkälteleistung betrug 1986 300 MW. Sie verteilte sich auf fast 300 Wetter- und über 200 Wasserkühlmaschinen. Die größte installierte Einzelleistung lag bei 11 MW. *Seeliger*

Klimagerät →Raumlufttechnisches Gerät

Klimatechnik (Raumlufttechnik). Der Mensch ist als homoisothermes Lebewesen (Warmblüter) in der Lage, die Temperatur in seinem Körperinnern (Kerntemperatur im Innern des Rumpfes und Kopfes) – unabhängig von schwankenden Umgebungsbedingungen sowie bei unterschiedlichen Stoffwechselleistungen (metabolische Wärmeproduktion) – innerhalb geringer Grenzen $(310 \pm 0,3 \, K)$ konstant zu halten. Die Temperaturerfassung erfolgt hierzu durch unter der gesamten Hautoberfläche in unterschiedlicher Belegungsdichte sowie in den Regelungszentren im Zwischenhirn (Hypothalamus) liegende Themorezeptoren (temperaturempfindliche Nervenenden), die unterteilt auf die Temperaturbereiche $<37\,°C$ (Warmrezeptoren) und $>35\,°C$ (Kaltrezeptoren) verstärkt ansprechen. Von denselben wird die Wärmeabgabe durch Änderung der Hautdurchblutung (Vasomotorik) mit zusätzlicher Schweißabsonderung (Verdunstungskühlung) bei Wärmestau oder Kältezittern (Gänsehaut) bei Unterkühlung geregelt. Der anzustrebende Idealfall der thermischen Behaglichkeit ist dann gegeben, wenn bei Einhaltung einer Kerntemperatur von ca. 37 °C ein Ausgleich zwischen Wärmeproduktion (Grundumsatz) und Wärmedissipation hergestellt ist (→Lufttemperatur).

Voraussetzung für die Aufrechterhaltung der Körperwärme ist somit eine entsprechende Nahrungsaufnahme und ein auf den Wärmedurchgang an der Hautoberfläche abgestimmtes Umweltklima. In kälteren Klimazonen ist zur Aufrechterhaltung der Soll-Kerntemperatur von 37 °C eine zusätzliche Wärmedämmung der Hautoberfläche (Kleidung) und ein längerfristiger Aufenthalt in einem gegenüber der Umwelt abgeschirmten Raum (Raumhülle) notwendig. Weiterhin ist hierzu bei Außentemperaturen $<15\,°C$ der Körperoberfläche direkt

(z. B. durch Strahlungswärmezufuhr) oder indirekt (z. B. durch Erwärmung der Raumluft) Wärme zuzuführen. Die Nahrungsaufnahme ist zur Aufrechterhaltung der Körperwärme ein absolutes Grundbedürfnis, das in klimatisch kälteren Gebieten um die drei weiteren notwendigen Grundbedürfnisse Kleidung, Wohnung, Raumheizung zu erweitern ist.

Durch eine Klimatisierung der Raumluft wird ergänzend zu den genannten Grundbedürfnissen die ganzjährige Einhaltung eines Raumklimas angestrebt, in dem sich der Mensch im thermischen Gleichgewicht mit der Umgebung stehend wohlfühlt. Von den vielen hierbei wirksamen Einflußgrößen (Bild 1) werden abgestimmt auf Bekleidung und Tätigkeit nur die dominierenden Größen Luft- und Umschließungsflächentemperatur (operative Temperatur), Luftfeuchte und →Luftgeschwindigkeit (bzw. Turbulenzgrad) durch die Klimaanlage (Einkanal-, Zweikanalklimaanlage) gesteuert. In warmen Klimazonen muß man hierzu die Raumluft vorwiegend kühlen und entfeuchten, in kälteren Gebieten dieselbe meist beheizen und befeuchten. Durch die hiermit kombinierte Lufterneuerung (Zufuhr gefilterter Außenluft) werden gleichzeitig hygienische sowie gesundheitlich zuträgliche Aufenthaltsbedingungen durch Verdünnung und/oder direkte Ableitung der im Raum anfallenden Schad- und Geruchsstoffe sowie Überschußwärme (z. B. freiwerdende Prozeßwärmeströme) gewährleistet. Es ist im Grundsatz unbestritten, daß die Einhaltung dieser thermisch und hygienisch optimalen Aufent-

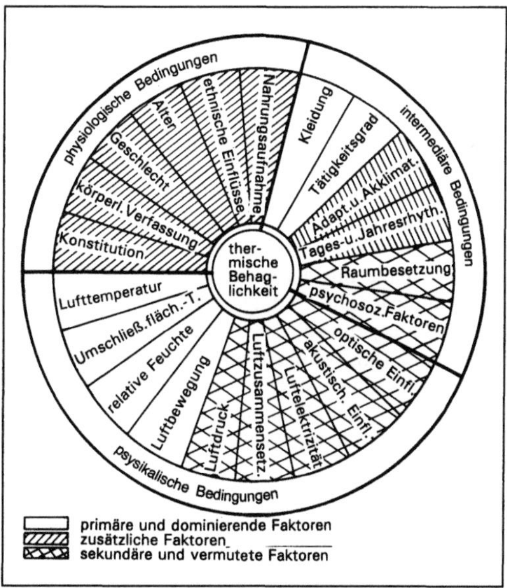

Klimatechnik (Raumlufttechnik) 1: Thermische Behaglichkeit in Abhängigkeit von physiologischen, intermediären und physikalischen Einflüssen. (Quelle: Frank *a. a. O.)*

haltsbedingungen für das Erreichen und die Erhaltung einer hohen körperlichen und geistigen Leistungsfähigkeit im Gleichklang mit einer hohen Behaglichkeits-Zufriedenheits-Rate von essentieller Bedeutung sind (Bild 2).

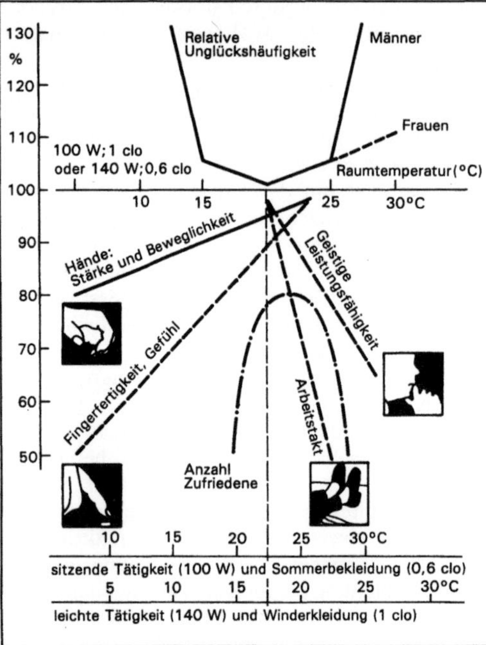

Klimatechnik (Raumlufttechnik) 2: Einfluß der Raumtemperatur auf die Behaglichkeit und Leistungsfähigkeit des Menschen.

Die K. ist ein Teilgebiet der Raumlufttechnik. Voraussetzung für eine Klimaanlage ist nach DIN 1946, Tl. 1, daß durch dieselbe dem Raum gefilterte Zuluft maschinell zugeführt und ein bestimmtes Raumklima ganzjährig durch selbsttätige Regelung der Raumtemperatur (Luftaufbereitung: Beheizung oder Kühlung) und Raumluftfeuchte (Luftaufbereitung: Be- oder Entfeuchtung) eingehalten wird (RLT-Anlage mit 4 thermodynamischen Behandlungsstufen). Die Anlage mit dem geringsten Behandlungsaufwand ist die Lüftungs- oder Luftheizanlage (RLT-Anlage mit einer thermodynamischen Behandlungsstufe). Für die danach folgenden Anlagearten (Teilklimaanlagen) sind die vorhandenen Luftbehandlungsmöglichkeiten kennzeichnend (Tabelle).

Die Entwicklung der K. begann um die Jahrhundertwende mit Anlagen (gemauerte Zentralen) zur Luftfilterung (Tuchfilter), Luftheizung (Rippenwärmeübertager) und Luftbefeuchtung (dampfbeheizte Wasserwannen, später Wasserzerstäubung) mit Anwendung von Temperatur- und Feuchteregelungsanlagen. Die erste große Aufschwungphase begann nach 1920, besonders in den USA. In Deutschland hat die Durchbruchphase der K. erst Anfang der 60er Jahre begonnen, nachdem vorher dieselbe nur im geringen Umfang für besondere industrielle Anwendungsbereiche (Textil, Papierherstellung, Feinmechanik, Optik) sowie bei besonders repräsentativen Versammlungsstätten (Theater, Opernhäuser) eingesetzt wurde. Ausgelöst wurde diese Expansion durch den 1958/59 einsetzenden Bürohochhausbau, der mit einer stark ansteigenden Wiederaufbau- und Ausbauphase im Krankenhausbau, Universitätsbereich sowie bei kulturellen Gebäuden begleitet wurde (Anstieg der Produktionswerte der raumlufttechnischen Bauelemente, Geräte und Anlagen von 116 Mill. DM (1952) über 435 Mill. DM (1960) auf ca. 6 Mrd. DM (1975)). Diese Entwicklung hat dazu geführt, daß auch in unseren Breitengraden entgegen den ursprünglichen Erwartungen Klimaanlagen im großen Umfang zur Verbesserung der menschlichen Aufenthalts- und Arbeitsbedingungen eingesetzt worden sind. Nach einer 1982 durchgeführten Erhebung arbeiten bei uns über 25 % der 19 Mill. Personen, die in geschlossenen Räumen tätig sind, in solchen, die klimatisiert werden.

Diese Entwicklung ist durch die Energiepreiskrisen Ende der 70er Jahre, aber auch durch zunehmende Befindensstörungen sowie gesundheitliche Beeinträchtigungen, die von den betroffenen Rauminsassen auf das „klimatisierte Raummilieu" zurückgeführt werden, in den 80er Jahren abgebremst worden. Die Ursachen für die durch systematische Befragungsaktionen weltweit festgestellte Zunahme von Aufenthaltsbeschwerden ließen sich bisher nicht eindeutig klären. Für diese mit dem Sammelbegriff Sick Building Syndrome bezeichneten Befindensstörungen sind Schleimhautreizungen, Kopfschmerzen, Ermattung, Haut- und Augenreizungen sowie unangenehme Geruchs- und Geschmacksempfindungen kennzeichnend. Es wird vermutet, daß durch die in Klimaanlagen bewirkten mikrobiellen Kontaminationen in Verbindung mit einem dadurch ausgelösten allergischen und endotoxinbezogenen Mechanismus das Befinden vieler Insassen, insbes. bei längerer Aufenthaltsdauer (Monotonie des Raumklimas) ungünstig beeinflußt wird. Die Klimabranche strebt an, durch eine drastische Anhebung der Außenluftstrombemessung (→Luftrate) in Verbindung mit dem Verzicht auf Umluftrückführung (Ersatz durch Wärmerückgewinnung) sowie durch verbesserte und öftere Wartung (Filteraustausch, Befeuchtungswasserbehandlung) diese ungünstigen Einflüsse weitgehend auszuschalten. Weiterhin wird in Räumen mit höheren Kühllasten (z. B. durch EDV-Technik) durch eine Kombination mit Kühldecken (Bauteilkühlung), die überwiegend ihre Kühlung durch Strahlung dem Raum zuführen, geplant, den Zuluftstrom möglichst auf das hygienisch notwendige Maß abzusenken.

Klimatechnik (Raumlufttechnik). Tabelle: Typ-Bezeichnungen und Anlagenbenennungen von raumlufttechnischen Anlagen nach thermodynamischen Luftbehandlungsfunktionen und Luftart.

Anzahl der thermodynamischen Luftbehandlungsfunktionen	Typ-Bezeichnung	Anlagenbenennung
	LB-Funktion *)-Luftart **)	
0	0-AU, 0-MI, 0-FO	Lüftungsanlage
	0-UM	Umluftanlage
1	H-AU, H-MI K-AU, K-MI B-AU, B-MI E-AU, E-MI	Lüftungsanlage
	H-UM K-UM B-UM E-UM	Umluftanlage
2	HK-AU, HK-MI HB-AU, HB-MI HE-AU, HE-MI KB-AU, KB-MI KE-AU, KE-MI BE-AU, BE-MI	Teilklimaanlage
	HK-UM HB-UM HE-UM KB-UM KE-UM BE-UM	Umluft-Teilklimaanlage
3	HKB-AU, HKB-MI HKE-AU, HKE-MI HBE-AU, HBE-MI KBE-AU, KBE-MI	Teilklimaanlage
	HKB-UM HKE-UM HBE-UM KBE-UM	Umluft-Teilklimaanlage
4	HKBE-AU, HKBE-MI	Klimaanlage
	HKBE-UM	Umluft-Klimaanlage

*) thermodynamische Luftbehandlungs(LB)-Funktion: F Filtern, H Heizen, K Kühlen, B Befeuchten, E Entfeuchten
**) Luftarten: AU Außenluft, FO Fortluft, UM Umluft, MI Mischluft (Außenluft + Umluft)

Bei vielen qualifizierten Arbeitsverfahren werden durch den normalen Staubgehalt der Luft (0,05 bis 0,6 mg/m³) produktionsbeeinträchtigende bzw. gesundheitsschädliche Verschmutzungen oder Verkeimungen hervorgerufen. Hierzu sind spezielle raumlufttechnische Anlagen entwickelt worden, durch die außer der Einhaltung bestimmter thermischer Luftausstände eine hohe Partikelreinheit im Produktionsbereich aufrecht zu erhalten ist. Für diese Reinraumtechnik ist die von *W. I. Whitefield* in den 60er Jahren entwickelte Laminar-Flow-Technik (turbulenzarme Verdrängungsströmung) kennzeichnend, die Staubpartikel erfaßt und aus dem Produktionsbereich abführt (Bild 3). Zu der hierzu notwendigen gleichmäßigen Verdrängung der Raumluft sind spezifisch hohe Zuluftströme (Strö-

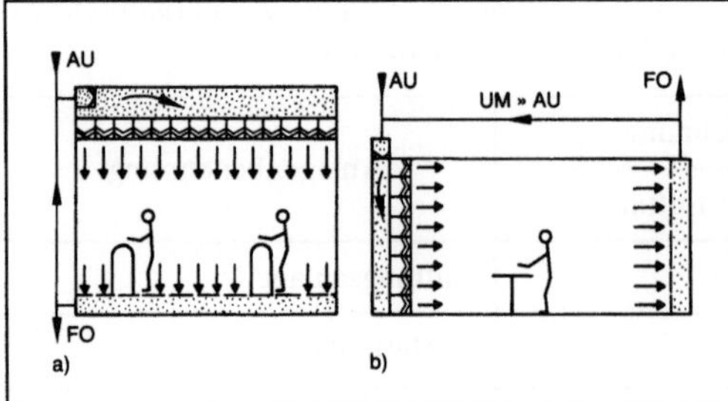

Klimatechnik (Raumlufttechnik) 3: Turbulenzarme Verdrängungsströmung bei reinraumtechnischen Anlagen.
a) Vertikalstrom, Abführung über Doppelboden
b) Horizontalstrom.

Luftarten: AU Außenluft, UM Umluft, FO Fortluft

mungsgeschwindigkeit 0,2–0,5 m/s) mit hoher Reinheit (Abscheidegrade der Schwebstofffilter bis zu 99,999995 % bezogen auf 0,1 μm-Staubpartikel) von der Decke zum Fußboden oder zwischen zwei gegenüberliegenden Seitenwänden zu bewegen (→Raumluftströmung, →Luftfilter). *K. G. Müller*

Literatur: DIN 1946. Tl. 1: Raumlufttechnik; Technologie und graphische Symbole (VDI-Lüftungsregeln). Hrsg. Dt. Inst. für Normung. Ausg. Okt. 1988. – *Finnegan, M. J., C. A. C. Pickering* u. *P. S. Berge:* The Sick Building Syndrome: prevalence Studies. British Medical J. 283 (1984), S. 1573/75. – *Frank, W.:* Raumklima und thermische Behaglichkeit. Ber. Bauforschung. H. 104. Berlin 1975. – *Kröling, P.:* Gesundheits- und Befindungsstörungen in klimatisierten Gebäuden. München 1985. – *Mayer, E.:* Praxisgerechte Raumklimabewertung bei Bauteilkühlung. Heiz.-Lüft.-Haustechn. 42 (1991) Nr. 3, S. 216/19. – *Müller, K. G.:* Die Entwicklung der Raumlufttechnik seit der Nachkriegszeit. Heiz.-Lüft.-Haustechn. 40 (1989) Nr. 11, S. 563/72. – *Müller, K. G.:* Klimatechnik – Branche ohne Zukunft? Heiz.-Lüft.-Haustechn. 36 (1985) Nr. 3, S. 143/44. – VDI 2083. Bl. 2: Reinraumtechnik; Bau, Betrieb und Wartung. Hrsg. Verein Dt. Ing. Entw. Ausg. Nov. 1991. – *Whitefield, W. I.:* How the Idea Came into Being. J. of the American Association for Contamination Control. 3 (1964) Nr. 10, S. 16, 21, 24. – *Wyon, D.:* Die Temperatur beeinflußt unsere Leistungsfähigkeit. Fläkt Review Nr. 91. Stockholm 1987.

Klimatisierung im Kraftfahrzeug. Aufgabe: Angenehmes Innenraumklima für Insassen, Eis- und Beschlagfreihalten der notwendigen Sichtflächen (→Innenraumklima).

Für den Winter ist Erwärmung der eintretenden Frischluft erforderlich. Dabei wird der Innenraum relativ trocken. Das ist zwar unkomfortabel, aber dem Trockenhalten der Scheiben dienlich. (Der Taupunkt einer Innenluft von 25 °C und 20 % relation Feuchte wird z. B. bei 0 ° an den Scheiben unterschritten.)

Ähnliches gilt für die Durchsatzmenge, die häufiger durch den Wunsch nach Beschlagfreiheit als durch den Frischluftbedarf bestimmt wird. Andere Abhilfen wären elektrisch beheizte Scheiben oder

Isolierverglasung, wie sie z. B. bei Campern angewendet wird, Umluftbetrieb für Kühlbetrieb (zur Abkühl- und Kondensations-Einsparung) oder bei lokaler Luftverunreinigung. Trockene Innenluft wird durch Aufheizen der abgekühlten (und dadurch getrockneten) Luft erreicht.

Temperaturregelung zum Heizen:
□ wasserseitig: Drosselung des Kühlwasserdurchsatzes. Nachteil: Wirkung träge, Wasserdurchsatz drehzahlabhängig; daher wird Temperatur auch vom eingelegten Gang mitbestimmt (höhere Temperatur bei kleinen Gängen),
□ luftseitig: Bauaufwand ist größer,
□ elektronisch: Temperaturmessung an verschiedenen Stellen des Innenraums und der eintretenden Luft.

Der Regeleingriff erfolgt meist durch getaktetes Magnetventil im Kühlmittelkreislauf und zusätzliche automatische Regelung der Gebläsedrehzahl in Abhängigkeit von Soll-, Ist- und Kühlmittel-Temperatur. Die Kühlanlage wird ausschließlich als Kompressoranlage ausgeführt. Vorschriften zur Scheibenenteisung nach Kaltstart gem. EWG 78/317 und MVSS 103. *Fiala*

Klopfen. Das K. (auch Klingeln) beruht auf einer unkontrollierten →Verbrennung im →Brennraum von Ottomotoren. Es ist bei niedrigen Drehzahlen als hämmerndes Geräusch hörbar.

Die Verbrennung im Brennraum eines Ottomotors wird von der Zündkerze eingeleitet und läuft mit endlicher Flammenfront-Geschwindigkeit durch den Brennraum. Zu einem bestimmten Zeitpunkt kann man den bereits verbrannten Anteil des Kraftstoff-Luft-Gemisches unterscheiden von dem noch nicht von der Flamme erfaßten restlichen Anteil des Gemisches (Gemischrest, Endgas). Durch die Erwärmung und Ausdehnung des bereits verbrannten Anteils wird der Gemischrest über das konstruktiv vorgegebene →Verdichtungsverhältnis hinaus weiter verdichtet, wodurch auch die Temperatur im Gemischrest weiter ansteigt. Dabei kann es zu einer plötzlichen, gleichzeitigen Selbstzündung und Verbrennung des ganzen Gemischrests kommen. Die schlagartige Verbrennung des Gemischrests bewirkt eine ebenso schlagartige Temperatur- und Druckerhöhung in diesem Teil des Brennraums. Die Druckunterschiede im Brennraum führen nun zu heftigen Stoßwellen, verbunden mit sehr schwankenden Drücken und Gasgeschwindigkeiten. Die auf die Brennraumwand auftreffenden Druckwellen werden als Körperschall weitergeleitet und als Luftschall von der Oberfläche des Zylinderblocks und Zylinderkopfs abgestrahlt. Wegen des typischen hämmernden Geräusches wird der geschilderte Vorgang „klopfende Verbrennung" genannt.

Kurzzeitiges K. über wenige Sekunden, wie es z. B. beim Beschleunigen eines Pkw auftreten kann, wird i. a. nicht gleich zu einem Motorschaden führen. K. über längere Zeit ist dagegen unbedingt zu vermeiden, weil dadurch Ausbröselungen an der Oberfläche des Kolbens und Zylinderkopfes und im weiteren Verlauf schwere Kolbenschäden auftreten, die zum Totalausfall des Motors führen können. In diesem Zusammenhang besonders gefürchtet ist das Hochgeschwindigkeits-K., das bei sehr hoher Leistung des Motors auftreten kann und das von anderen Geräuschen überdeckt mit dem Ohr nicht wahrgenommen wird.

Das K. wird vermieden, wenn die normale Verbrennung den Gemischrest erreicht, ehe es dort zur Selbstzündung kommt. Folglich sollte einerseits die Verbrennung schnell sein. Andererseits sollte die Neigung zur Selbstzündung im Gemischrest gering sein, was bei niedrigerer Temperatur im Gemischrest sowie bei Verwendung eines klopffesten Kraftstoffs der Fall ist (Oktanzahl). Also verringert sich die Klopfneigung bei

□ kompaktem Brennraum, bei dem die Flamme einen nur kurzen Weg zurücklegen muß,

□ Luftbewegung im Brennraum, weil dadurch die Verbrennungsgeschwindigkeit steigt,

□ Verwendung klopffesten Kraftstoffs, der weniger zur Selbstzündung neigt,

□ geringerem Verdichtungsverhältnis, womit niedrigere Kompressionstemperaturen verbunden sind,

□ spätem Zündzeitpunkt, weil dann während der Verbrennung schon die Expansion beginnt, die eine Temperaturabsenkung bewirkt,

□ niedriger Last wegen der dann niedrigeren Brennraumtemperaturen,

□ niedriger Ansauglufttemperatur; daher ist es günstig, aufgeladene Ottomotoren mit einer →Ladeluftkühlung zu versehen,

□ sauberem Brennraum Ablagerungen im Brennraum verschlechtern die Kühlung, erhöhen also das Temperaturniveau.

Besonders wichtig sind das Verdichtungsverhältnis und der Zündzeitpunkt. Hohes Verdichtungsverhältnis und früher Zündzeitpunkt führen zu hohem Motorwirkungsgrad (niedrigem Kraftstoffverbrauch), erhöhen aber auch die Klopfneigung. Bei fester Zündzeitpunkteinstellung muß das Verdichtungsverhältnis bei der Motorkonstruktion nach den ungünstigsten Bedingungen festgelegt werden. Damit wird beim Auftreten günstigerer Bedingungen (z. B. höhere Kraftstoffqualität, sauberer Brennraum, niedrige Ansauglufttemperatur) etwas an Wirkungsgrad verschenkt. Diesen Nachteil vermeidet die „Klopfregelung". Sie erkennt mit Hilfe von Körperschallsensoren die Klopfgeräusche und regelt den Zündzeitpunkt auf einen so frühen Wert ein, daß gerade kein K. auftritt. Der Motor „fährt an der Klopfgrenze" und hat damit den bestmöglichen Wirkungsgrad. Die Klopfregelung

wird z. Z. bei aufgeladenen Ottomotoren eingesetzt, wird aber in Zukunft größere Verbreitung finden. *Kuhlmann*

Literatur: *Urlaub, A.:* Verbrennungsmotoren. Bd. 1: Grundlagen. Berlin, Heidelberg, New York 1987.

Klopffestigkeit. Ein →Kraftstoff ist klopffest, wenn er eine geringe Neigung zur →Selbstzündung aufweist und somit dem →Klopfen eines Ottomotors entgegenwirkt.

Das Klopfen oder Klingeln ist eine bei Ottomotoren gefürchtete Erscheinung. Ob klopfende →Verbrennung auftritt, hängt u. a. von der chemischen Zusammensetzung des Kraftstoffs ab. Als Maß für die K. wird die Oktanzahl verwendet. Superbenzin ist klopffester und hat dementsprechend eine höhere Oktanzahl als Normalbenzin.

Kuhlmann

Knüppel. Ein K. ist ein Halbzeug aus Stahl oder Nichteisenmetall mit quadratischem, rundem, achteckigem oder rechteckigem Querschnitt, das durch →Urformen und/oder Umformen entstanden ist und meist zu einem →Fertigerzeugnis weiterverarbeitet wird. Der K. hat i. a. mehr oder weniger abgerundete Kanten. Seine Querschnittsabmessungen sind über seine Länge gleich. *Baumann*

Koepeförderung. Hierunter ist eine nach *Carl Friedrich Koepe* (1835–1922) benannte Treibscheibenförderung zu verstehen. Das Förderseil wird über die Treib- oder Koepescheibe zu den an den Seilenden hängenden Förderkörben geführt. Der Antrieb des Seils erfolgt im Gegensatz zur Trommel- und Bobinenförderung durch Reibung des Förderseils auf der Koepescheibe (→Fördermaschine).

Die Treibscheiben sind zumeist geschweißte – oder Stahlgußkonstruktionen in Vollwand- oder Speichenausführung. Das Seil verläuft in einer Rille des Scheibenkranzes. Zum Erreichen einer hohen Reibkraft ist sie mit einem verschleißfesten Treibscheibenfutter (→Reibungszahl 0,4–0,7) ausgelegt. Der Durchmesser der Treibscheibe wird mit dem 100fachen Seildurchmesser ausgeführt; er liegt zwischen 6 und 8 m.

Bei größeren Teufen findet auch die Mehrseilförderung Verwendung. Hierbei können dünnere Förderseile, kleinere Treibscheiben sowie billigere Antriebsmaschinen verwendet werden.

Mit zunehmendem Förderweg kommt das Eigengewicht des Seils immer mehr zur Geltung. Zum Verringern der Seilrutschgefahr und der Maschinenbelastung erfolgt ein Seilgewichtsausgleich mittels Unterseil, das unterhalb der Körbe aufgehängt wird und diese verbindet. *Seeliger*

Körnergebläse →Förderanlage, pneumatische

Körperschall. Beschreibung der Erzeugung und Übertragung zeitlich wechselnder Kräfte und Bewegungen in festen Körpern im hörbaren →Frequenzbereich sowie der Energieabstrahlung an ein umgebendes Medium (z. B. Luftschall, Wasserschall). Schwingungen und Wellen tieferer Frequenzen fallen bei fließenden Grenzen in das Gebiet der mechanischen Schwingungen oder seismischen Wellen (Geophysik) und bei höheren Frequenzen in das Gebiet des Ultraschalls.

Die Erscheinungsvielfalt ist durch die Erzeugung (→Impedanz) von Longitudinalwellen, Transversalwellen und deren Kombinationen in Festkörpern verschiedener Geometrie und unterschiedlichen Materialverhaltens gegeben (→Welle in Festkörpern). Die Anwendung dient hauptsächlich der Lärmbekämpfung, erreichbar durch Vermeiden oder Verringern von K. (→Dämmung von K., →Dämpfung). *Gaul*

Literatur: *Cremer, L.,* u. *M. Heckl:* Körperschall. Berlin, Heidelberg, New York 1982.

Kohärenzfunktion. Die Kohärenzfunktion

$$\gamma_{xy}^2(\omega) = \frac{|S_{xy}(\omega)|^2}{S_{xx}(\omega)\ S_{yy}(\omega)} \leqq 1$$

verknüpft die Spektraldichten S_{xx} und S_{yy} zweier Zeitsignale x(t) und y(t) mit deren Kreuzspektraldichte S_{xy}. Sie wird in der Signalanalyse herangezogen, um die Frage nach dem ursächlichen Zusammenhang beider Signale zu beantworten, und ist ein statistisches Qualitätsmerkmal für die Güte der Frequenzgangmessung.

Vergleicht man die beiden Signale am Eingang und am Ausgang eines Übertragungsglieds miteinander, so wird das Ausgangssignal i. a. Rauschanteile enthalten, die am Eingang nicht vorhanden waren. Dies führt zu Fehlern bei der Ermittlung der Übertragungsfunktion, die sich in einer Abweichung der K. vom Idealwert 1 offenbaren. Durch wiederholte Messungen und Mittelwertbildung können die zufälligen Fehler vermindert werden. Auch hierbei ist die K. nützlich, um über die Anzahl der erforderlichen Mittelungen zu entscheiden (Bild). *Witfeld*

Kohlenhobel. Der K. ist ein am →Kettenkratzerförderer geführtes, mechanisches Gewinnungsgerät, das die Kohle schälend gewinnt. Der Hobel wird an die Kohlenfront gedrückt und mittels Ketten an dieser hin und her gezogen. Er löst durch Meißel die Kohle aus dem Gebirgsverband. Die so gewonnene Kohle wird durch am →Förderer und am Hobel angebrachte Aufgleitflächen in den Kettenkratzerförderer geladen.

Der K. besteht aus dem Hobelkörper mit schlittenartigem Unterteil (mit oder ohne Schwert), den Hobeloberteilen (Aufblockteile), den Hobelmeißeln, Steuereinrichtungen für die Schnittiefe und die Schnittlage am Liegenden sowie Anschlagmöglichkeiten für die Hobelkette.

Der K. ist eingebunden in ein Strebsystem, zu dem der K. selbst, die Hobelketten, der Strebförderer mit Anbauten, die Andruck- und damit Rückeinrichtungen für den Strebförderer, die Einrichtungen zur Steuerung der Lage des Strebförderers relativ zum Liegenden, die Antriebsstationen für Hobel und Strebförderer und weitere Komponenten gehören.

Die im deutschen Steinkohlenbergbau eingesetzten Hobelbauarten kann man in drei Kategorien unterteilen:

□ K. mit Schwert und mit versatzseitiger Zwangsführung der Kette. Zu dieser Gruppe gehören der Reißhakenhobel (Bild 1), der Schwerthobel, der Kompakthobel mit Schwert sowie der Gleitschwerthobel.

□ K. ohne Schwert und mit kohlenstoßseitiger Zwangsführung der Zugkette. Hierzu gehören der Gleithobel, der Kompakthobel und der Rampenhobel.

□ K. mit Schwert und mit kohlenstoßseitiger freilaufender Zugkette. Hierzu gehört der Leitplankenhobel.

Das Schwert greift unter dem Förderer durch und dient der Stabilisierung des K. in bezug auf seine Lage zum Strebförderer. Damit das Schwert welligem Liegenden angepaßt werden kann, ist es i. a. drei-, vier- oder fünfteilig ausgeführt.

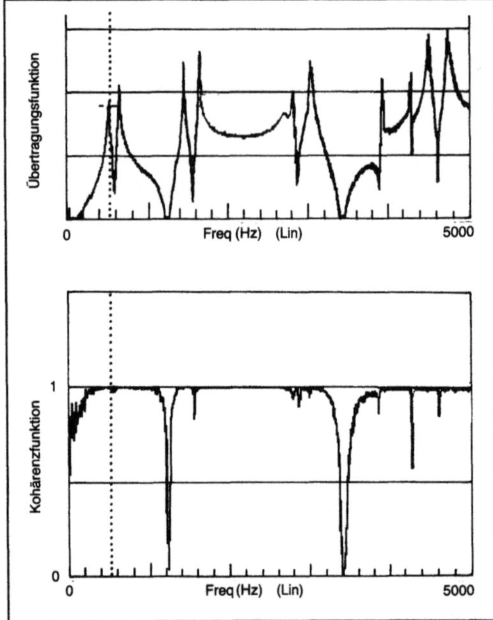

Kohärenzfunktion: Übertragungsfunktion und Kohärenzfunktion bei einer Modalanalyse.

Kohlenhobel 1: Reißhakenhobel. (Quelle: Westfalia Lünen)

Die mit einem Schwert ausgerüsteten K.-Typen werden durch versatzseitig angeordnete Ketten, welche an dem Schwert angeschlagen sind, im Streb bewegt. Eine Ausnahme ist hierbei der Leitplankenhobel, welcher durch eine kohlenstoßseitig angeordnete Kette gezogen wird. Die versatzseitig geführte Kette begünstigt die Überwachung, die Instandhaltung und eventuelle Reparatur der Ketten, da sie vom Fahrfeld aus gefahrlos und leicht erreichbar ist. Weitere Vorteile dieser Anordnung liegen in der stabilen und kippsicheren Führung des K. und in der guten Steuerfähigkeit der Gewinnungsanlage im Flözhorizont. Da bei diesen K.-Typen das Schwert unter dem Gewicht des darüber liegenden Förderers über das Liegende gezogen wird – eine Ausnahme bildet hier der Gleitschwerthobel, dessen Schwert über Gleitbleche rutscht –, wird ein großer Teil der installierten Leistung des K. (ca. 30 %) durch die Reibung zwischen Liegendem und Schwert aufgebraucht. Zusätzlich entsteht in der Kettenführung durch die umlaufende Kette weitere Reibung. Bei der kohlenstoßseitig freilaufenden Kette entfällt diese Zusatzreibung (Leitplankenhobel).

Die K.-Typen ohne Schwert verlangen eine kohlenstoßseitig angeordnete Zugkette, welche normalerweise zwangsgeführt ist. Die Wartung und Überwachung des Zugmittels (der Kette) wird dadurch zwar erschwert, jedoch wird die zur Bewegung des Hobels nötige Energie vermindert, da die →Reibungszahl von Stahl auf Stahl geringer ist als bei Stahl auf Liegendem. Dadurch kann mehr Energie zum Lösen der Kohle aus dem Gebirgsverband verwendet bzw. die installierte Leistung der Hobelanlage vermindert werden.

Die Anpassung des schwertlosen K. an welliges Liegendes wird durch kurze Hobelgrundkörper oder durch gelenkig verbundene kurze Hobelschlitten erreicht.

Schwertlose K. in mehrteiliger Ausführung werden i. a. durch Portale, die sich durch einen Gleitschuh auf einer versatzseitigen Rohrführung abstüt-

zen, stabilisiert. Dies wird besonders dann notwendig, wenn der K. in großen Flözmächtigkeiten eingesetzt wird.

Damit das Kohlenflöz planmäßig hereingewonnen werden kann, muß der Hobel geführt und gesteuert werden. Unter einer Hobelführung versteht man die Zwangsführung der an den Hobel angeschlagenen Kette. Die Hobelsteuerung erfolgt durch die Stellung der Bodenmeißel des K. (direkte Steuerung) und mit Hilfe von Hydraulikzylindern, die am Strebförderer angebracht sind (indirekte Steuerung), Bild 2.

Hobelsteuerungen sind notwendig, um den K. auf dem jeweils gewünschten Schnittniveau zu halten.

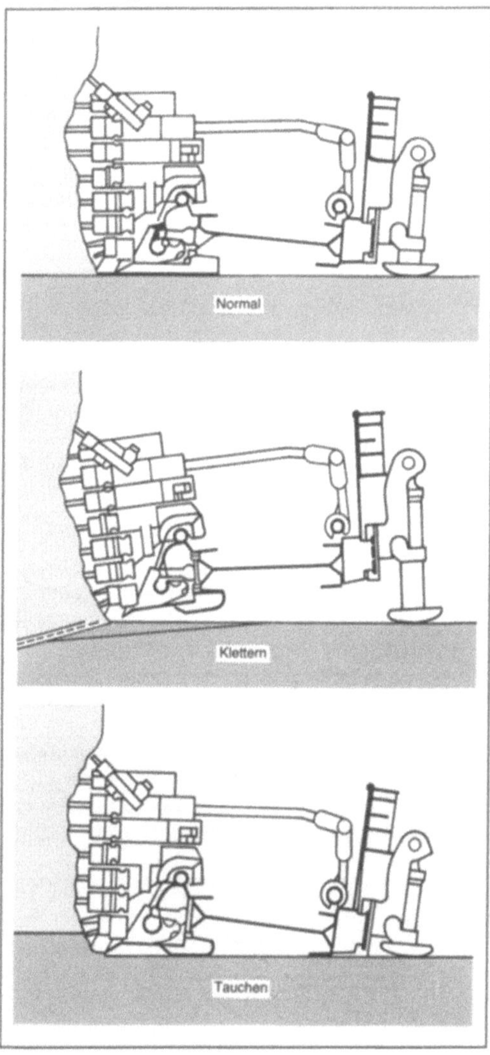

Kohlenhobel 2: Indirekte Steuerung. (Quelle: Westfalia Lünen)

Im Bild ist die Wippsteuerung bei einem Gleithobel dargestellt.

Da die Festigkeit von Kohle und Nebengestein in der Regel unterschiedlich groß ist, wird der K. ohne Steuerung in die Schichten eindringen, die den geringsten Lösewiderstand haben. Dies ist in den meisten Fällen die Kohle. Von einem Klettern des K. wird dann gesprochen, wenn er nach oben ausweicht. Vom Tauchen des K. ist die Rede, wenn er nach unten vom gewünschten Schnitthorizont abweicht. Klettern und Tauchen des K. sind unerwünscht und werden durch die Hobelsteuerungen vermieden. Die indirekte Steuerung wird zumeist bei den schwertlosen K. (z. B. Gleithobel) angewendet, da diese mehr zum Versteuern neigen als die durch das Schwert zusätzlich geführten Schwerthobel (z. B. Reißhakenhobel).

Am Hobelkörper sind auswechselbare Gewinnungswerkzeuge angebracht, die die Kohle aus dem Gebirgsverband lösen. Diese Gewinnungswerkzeuge sind in der Regel als Kerbmeißel ausgebildet. Die Schneidenbreite beträgt etwa 20 mm. Die Meißel können am Hobelkörper eingestellt werden, um definierte Schnittbedingungen zu erreichen. Bei der Arbeitsweise werden freischneidende, blockiert freischneidende und blockiert schneidende Meißel unterschieden. Die Meißel sind grundsätzlich mit Hartmetallplättchen oder Hartmetallspitzen bestückt, um den Verschleiß möglichst gering zu halten und die Wartungszeiten zu verkürzen.

Die der Hobelrichtung entgegengesetzten Meißel werden durch eine besondere Vorrichtung von der Abbaufront weggeschwenkt. Dadurch wird ein geringerer Meißelverschleiß und eine höhere Eindringtiefe der Kerbmeißel erreicht. Bei Umkehr der Hobelrichtung schwenken die vorher im Eingriff befindlichen Meißel vom Kohlenstoß weg und bringen über Stangen, Ketten oder andere Einrichtungen die andere Meißelgruppe in Eingriffsstellung.

Um den bei der Gewinnung entstehenden Staub niederzuschlagen, wird der Arbeitsbereich des Hobels mit Wasser besprüht. Die Wasserbedüsung erfolgt durch Düsen, die am Strebförderer oder am Schildausbau angebracht sind. Der Hobel setzt die magnetventilgesteuerten Düsen bei der Durchfahrt mittels eines im Hobel eingebauten Magneten in Tätigkeit. Das Ventil wird nach einer einstellbaren Nachlaufzeit durch den Wasserdruck wieder geschlossen.

Zur Kohlengewinnung können verschiedene Hobelverfahren angewendet werden. Hierunter versteht man die Zuordnung der Hobelgeschwindigkeit zu der Förderergeschwindigkeit. Die Geschwindigkeit des Hobels kann zwischen 0,33 m/s und 2,3 m/s liegen. Bei den Hobelverfahren werden das konventionelle Verfahren, das Kombinationsverfahren und das Überholverfahren unterschieden. Für das konventionelle Hobelverfahren ist kennzeichnend, daß die Geschwindigkeiten von Hobel und Kettenkratzerförderer konstant, aber unterschiedlich sind. Der

Hobel ist dabei langsamer als der Förderer. Bei dem Kombinationsverfahren fährt der Hobel bei Bergfahrt schneller, bei Talfahrt langsamer als der Strebförderer. Die Förderergeschwindigkeit ist dabei konstant und sollte etwa der Geschwindigkeit des Hobels bei Bergfahrt entsprechen. Beim Überholverfahren sind Hobel- und Förderergeschwindigkeit konstant. Der Hobel fährt jedoch mit der 2–3fachen Geschwindigkeit des Förderers. Durch diese Geschwindigkeitszuordnung wird der Förderer 2- bzw. 3mal beladen.

K. werden über Motoren am Hilfs- und am Hauptantrieb mittels Ketten bewegt. Der Hauptantrieb ist die in Förderrichtung liegende Antriebsstation. Sie dient ferner der Bewegung des gewonnenen Haufwerks, d. h. dem Antrieb des Förderers. Der Hilfsantrieb liegt an dem der Förderrichtung entgegengesetzten Ende des Strebs. Die Ketten von Hobel und Förderer laufen über Kettenräder, die ausnahmslos elektromechanisch angetrieben werden. Elektrohydraulische Antriebe konnten sich bisher nicht durchsetzen. K. und Strebförderer werden beidseitig durch einen Hilfs- und einen Hauptantrieb bewegt. Eine Antriebseinheit besteht aus Elektromotor, Kupplung, Getriebe und Kettenstern. Die Antriebe für den K. und den Strebförderer sind normalerweise am Förderer angeschlagen. Sie haben eine mittlere Leistung von ca. 160 kW. Man findet vereinzelt jedoch auch Antriebe mit bis zu 300 kW Leistung.

Die zur Kraftübertragung vom Antrieb auf den K. eingesetzte Hobelkette ist eine im Abbrennverfahren hergestellte Rundstahlgliederkette nach DIN 22252. Im Jahre 1985 waren von insgesamt 204 Streben in der Bundesrepublik Deutschland 104 mit Hobelanlagen ausgerüstet. An der Gesamtfördermenge waren diese Streben mit 42,2 % beteiligt. Die durchschnittliche Strebfördermenge betrug im gleichen Jahr 1398 t verwertbare Förderung pro Tag. Die durchschnittliche Strebleistung betrug 22,7 t verwertbare Förderung pro Mann und Schicht.

Die 104 Hobelanlagen setzten sich zusammen aus 8 Leitplankenhobeln (nur auf dem Bergwerk Ibbenbüren eingesetzt), 49 Schwerthobeln mit versatzseitiger Kettenführung und 47 K. mit kohlenstoßseitiger Kettenführung (Gleithobel und andere Bauarten).

In Flözmächtigkeiten bis zu 1,6 m wird die Kohle nahezu ausschließlich und im Mächtigkeitsbereich bis 1,8 m überwiegend mit Hobelanlagen gewonnen. *Seeliger*

Literatur: *Beckmann, Herberg*: Schälende Kohlengewinnung. Westfalia Lünen. – *Braun, G.*: Der Kompakthobel. Bergbau (1980) Nr. 11, S. 616/18. – Das kleine Bergbaulexikon. Essen 1981. – DIN 22 252: Hochfeste Rundstahllatten für den Bergbau. Hrsg. Dt. Inst. f. Normung. – *Fritzsche*: Lehrb. Bergbaukunde. Reprint 10. Aufl. 1. Bd., S. 183/94. Berlin, Heidelberg, New York 1982. – *Henkel, E. H.*: Gleitschwerthobel – ein neues Hobelsystem. Bergbau (1985) Nr. 6, S. 278/86. – *Kundel, H.:* Kohlengewinnung. Glückauf-Betriebsb. Bd. 6. 6. Aufl. Essen 1983. – *Kundel, H.:* Die Strebtechnik im deutschen Steinkohlenbergbau im Jahre 1985. Glückauf 122 (1986), S. 707/27.

Kohlensack. K. ist die Bezeichnung für den weitesten Querschnitt eines Hochofens am Übergang vom →Hochofen-Schacht zur →Rast. *Baumann*

Kohlenstoffschicht. Oberflächenschutzschicht, die durch physikalische Abscheidung aus der Gasphase (PVD) aufgebracht wird. Sie dient in der Tribologie zur Reibungsminderung bei Festkörperreibung. So kann die Paarung Stahl gegen i-Carbon bei Gleitbeanspruchungen im Vakuum eine sehr niedrige Reibungszahl f = 0,01 annehmen. In feuchter Luft ist die Reibungszahl dagegen wesentlich höher. Durch Zusatz von Metallen (z. B. durch Wolfram oder Eisen) kann die Feuchteabhängigkeit der Reibungszahl vermindert werden, wobei man Werte um 0,1 erhält. *Habig*

Literatur: *Enke, K., H. Dimigen* u. *H. Hübsch:* Appl. Phys. Lett 36 (1980), S. 291.

Kohlenwasserstoff →Abgas

Kokillen-Gießanlage. Eine K.-G. ist ein technisches System, das oft auch als Gießgrube bezeichnet wird, in dem die Urformgebung eines flüssigen Metalls, beispielsweise Stahl, durch Gießen in stehende K. erfolgt. Dabei ist zwischen dem „fallenden Guß", bei dem das flüssige Metall aus der Gießpfanne unmittelbar von oben in die auf Platten stehenden K. oder in die Gußformen gegossen wird, und dem „steigenden Guß" zu unterscheiden. Beim steigenden Guß fließt das flüssige Metall senkrecht durch einen Gießtrichter in ein Eingußrohr und von dort in einen Verteiler sowie weiter durch feuerfeste Kanalsteine, die in einer Gespannplatte angeordnet sind, zu den K., in denen das Metall von unten nach oben aufsteigt. Der steigende Guß wird auch bei der Herstellung von Formteilen eingesetzt. Zum Abstreifen (auch Abziehen oder Strippen genannt) der K. von den erstarrten Rohblöcken und Rohbrammen werden Blockabstreiferkräne oder Stripperkräne eingesetzt. Eine K.-G. besteht also nicht nur aus einer Gießgrube mit K. und der dazu gehörenden K.-Wirtschaft, sondern auch aus den Stripperkränen und den Block- sowie Brammen-Transportsystemen. *Baumann*

Kokillen-Gießverfahren. K.-G. sind insbes. dadurch gekennzeichnet, daß die Gießprodukte nicht länger als die Gießformen sind, während beim Strang-G. die Gießprodukte stets länger als die Gießformen sind. K. für das K.-Gießen, beispielsweise von Stahl, sind meist aus Gußeisen herge-

stellte Formen zur Aufnahme und zum Erstarren des flüssigen Stahls zu Rohstahl-Blöcken oder Rohstahl-Brammen. Beim K.-Gießen wird der flüssige Stahl aus der Gießpfanne entweder von oben (fallender Guß) oder durch Trichter mit Kanalsystem von unten (steigender Guß) in die K. gefüllt, die in K.-Gießanlagen angeordnet sind (Bild).

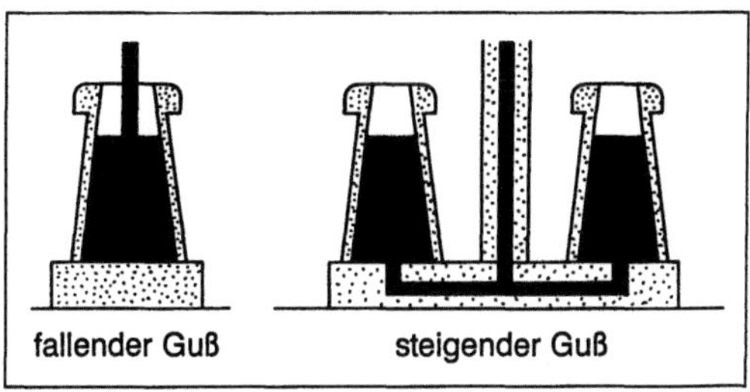

Kokillen-Gießverfahren: Unterschiedliche Kokillen-Gießverfahren (vereinfachte Darstellung).

Das Gießen des Stahls zu geometrisch einfachen Körpern in sich nach oben verjüngende Dauerformen (K. genannt) mit quadratischem, rechteckigem, rundem, ovalem oder vieleckigem Querschnitt wird auch als Blockguß bezeichnet. Der erstarrte Stahl wird nach Blöcken und Brammen unterschieden, wobei als Brammen Blöcke mit rechteckigem Querschnitt bezeichnet werden, deren Breite mindestens doppelt so groß wie deren Dicke ist.

Beim Erstarren schwindet der Stahl unter Bildung von Lunkern im oberen Teil des Blocks oder der →Bramme. Dieser Teil ist für spätere Umformvorgänge unbrauchbar. Durch besondere Maßnahmen, die in dem Einsatz von Blockhauben, dem Zusatz von Gießpulvern oder in besonderen Heizungen bestehen können, wird der Blockkopf warmgehalten. Bis zur vollständigen Erstarrung kann dann flüssiger Stahl nachfließen, so daß sich nur im Kopf ein Lunker bildet. Nach dem Erstarren werden die K. von den Blöcken oder Brammen mit Hilfe eines zangenartigen Krans abgezogen, gestrippt und zur Weiterverarbeitung oder Zwischenlagerung transportiert. *Baumann*

Kolben. Durch die Bewegung des K. im →Zylinder einer K.-Maschine verändert sich das Volumen des Arbeitsraums, eine Grundbedingung für das Funktionieren einer K.-Maschine. Im folgenden seien die K. von Verbrennungsmotoren betrachtet, nicht dagegen die K. von K.-Verdichtern und Dampfmaschinen.

Die meisten Verbrennungsmotoren sind als Tauch-K.-Maschinen ausgeführt (→Kreuzkopfmaschine). Dann hat der K. folgende Aufgaben zu erfüllen:

□ Übertragung der auf den K.-Boden wirkenden Gaskraft über den K.-Bolzen in die →Pleuelstange,

□ Abdichtung des Arbeitsraums zum Kurbelgehäuse hin,
□ Aufnahme der Seitenführungskräfte, die sich aus der Schrägstellung der Pleuelstange ergeben (Geradführung).

Bild 1 zeigt einen K. für einen Pkw-Ottomotor. Der K.-Boden ist in diesem Beispiel flach. Die K.-Bolzenaugen stützen sich über starke Rippen am K.-Boden ab, womit ein günstiger Kraftfluß gegeben ist. In die beiden oberen Ringnuten werden Kompressionsringe eingesetzt, in die unterste Ringnut ein Ölring (→Kolbenring). Der ganze K. ist aus einer Aluminium-Silicium-Legierung gegossen. Die Wahl von Leichtmetall als Werkstoff verringert die Massenkräfte bzw. erlaubt hohe Motordrehzahlen.

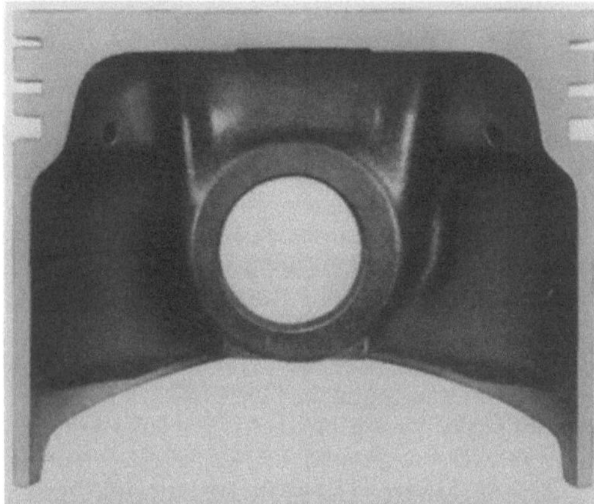

Kolben 1: Gegossener Vollschaftkolben für Pkw-Ottomotoren. (Quelle: Mahle)

Schwierigkeiten bereitet der hohe Wärmedehnungskoeffizient der Aluminiumlegierungen. Das Spiel (Abstand) zwischen K. und Zylinder muß nach der größten Erwärmung des K. (bei höchster Leistung) ausgelegt werden. Damit der K. dabei eine etwa zylindrische Gestalt hat, muß er bei der Fertigung leicht ballig ausgeführt werden, d. h. nach oben hin, wo im Betrieb die höheren Temperaturen auftreten, wird der K.-Durchmesser immer kleiner. Um bei kaltem Motor ein zu großes Laufspiel und damit verbundene Geräusche und →Verschleiß zu vermeiden, werden verschiedene konstruktive Maßnahmen ergriffen. Dazu gehört, daß der K. leicht oval hergestellt wird, und zwar so, daß das K.-Spiel zu den Anlaufflächen hin etwas kleiner ausgeführt wird als senkrecht dazu. Auch werden eingegossene Stahlstreifen verwendet, um die Wärmedehnung zu behindern oder in Richtung der K.-Bolzenachse umzulenken.

K. von Verbrennungsmotoren sind thermisch und mechanisch sehr hoch beanspruchte Bauteile. Um die thermische Belastung zu senken, werden K. mit Ölkühlung eingesetzt. Bild 2 zeigt einen ölgekühlten K. für einen Lkw-Dieselmotor mit einer Brennraummulde im K.-Boden. Der oberste Kompressionsring sitzt bei diesem K. in einem eingegossenen Ringträger aus austenitischem Gußeisen; dadurch vermindert sich der Nutflankenverschleiß. Bei gro-

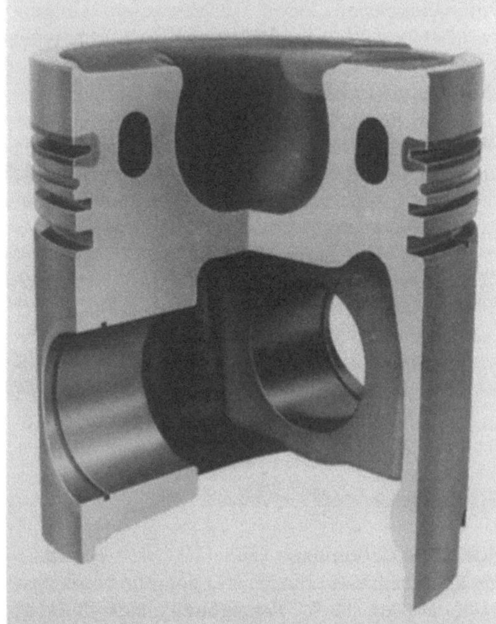

Kolben 2: Ringträgerkolben mit Kühlölkanal für Lkw-Dieselmotoren. (Quelle: Mahle)

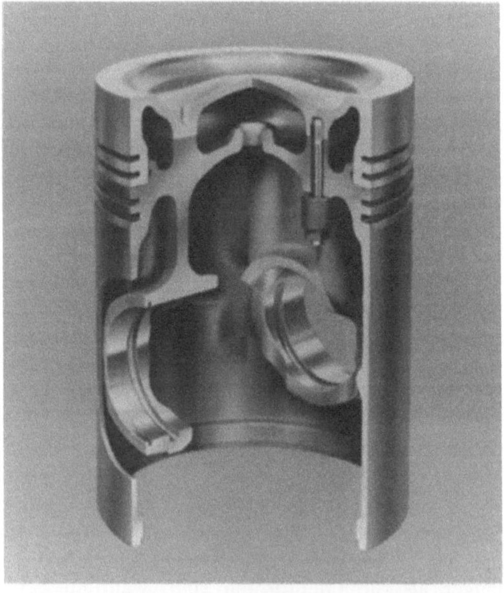

Kolben 3: Gebauter Stahl-Sphäroguß-Kolben mit 320 mm Dmr. für aufgeladene Dieselmotoren. (Quelle: KS)

ßen Dieselmotoren werden gebaute K. verwendet, deren Oberteil aus Stahl gefertigt ist, während das Unterteil aus Leichtmetall oder Sphäroguß besteht (Bild 3). Das Stahloberteil erträgt die Brennraumtemperaturen besser, fungiert als Ringträger für die beiden obersten Kompressionsringe und bildet gleichzeitig den Hohlraum für die K.-Kühlung.

Für einen neuen Motor werden in enger Abstimmung zwischen dem K.-Hersteller und dem Motorhersteller auch neue K. entwickelt. Bei der Weiterentwicklung der K. werden modernste Untersuchungsmethoden eingesetzt, u. a. aufwendige Finite-Elemente-Rechenprogramme, mit denen die Temperaturfelder, die Materialspannungen und die Verformungen am K. ermittelt werden. *Kuhlmann*

Literatur: *Bussien*: Automobiltechnisches Handb. Ergänzungsbd. zur 18. Aufl. Berlin, New York 1979. – Mahle Stuttgart: Kolbenkunde. Firmenschrift 1984. – *Urlaub, A.*: Verbrennungsmotoren. Bd. 3: Konstruktion. Berlin 1989.

Kolbenfresser. Vorgang, bei dem ein →Kolben eines Verbrennungsmotors im →Zylinder klemmt, stecken bleibt und damit zum Motorschaden führt.

Bei zu großer Reibung des Kolbens im Zylinder erhöht sich die Temperatur des Kolbens übermäßig. Durch die Wärmedehnung wird dann das Kolbenspiel kleiner und die Reibung noch größer. Schließlich klemmt der Kolben, schmilzt örtlich an der Lauffläche und bleibt im Zylinder stecken. Als Folge bleibt der Motor abrupt stehen. Es kann auch die →Pleuelstange abreißen.

Als Ursachen für K. kommen z. B. in Betracht: schlechte oder fehlende Kühlung, Überhitzung des Motors auf Grund anderer Mängel, beeinträchtigte oder fehlende Schmierung, übermäßige Belastung beim Einlauf des Motors. *Kuhlmann*

Kolbengeschwindigkeit, mittlere. Zeitlicher Mittelwert der K. eines Verbrennungsmotors oder Kolbenverdichters.

Die m. K. errechnet sich aus $c_m = 2 \cdot s \cdot n$ (mit dem Hub s und der Drehzahl n in 1/s). Sie ist bei geometrisch ähnlichem Kurbelbetrieb ein Maß für die Beanspruchung des Triebwerks durch Massenkräfte. Ihr kommt deshalb die Bedeutung eines Kennwerts zu. Aus der m. K. kann man jedoch nicht auf den →Verschleiß der Kolbenringe oder des Zylinders schließen. Pkw-Motoren haben eine m. K. von etwa 15 m/s. Bei größeren Dieselmotoren beträgt sie 8–10 m/s. *Kuhlmann*

Kolbenkompressor →Kolbenverdichter

Kolbenmaschine. Eine K. ist eine →Kraftmaschine oder Arbeitsmaschine mit einem oder mehreren Arbeitsräumen, deren Volumen sich periodisch ändert. Am bekanntesten sind die Hub-K.,

bei denen sich ein kreisrunder →Kolben in einem →Zylinder auf und ab bzw. hin- und herbewegt. Außerdem gibt es Maschinen, bei denen die Volumenänderung durch eine andere Geometrie und Bewegung der Bauteile bewirkt wird, z. B. die Rotations-K.

Die wichtigsten K. sind
□ die Kolbenpumpe,
□ der →Kolbenverdichter,
□ die Kolbendampfmaschine (historisch),
□ der →Verbrennungsmotor (→Ottomotor, →Dieselmotor).

Für alle diese K. läßt sich eine Reihe von Gemeinsamkeiten feststellen. Dazu gehört, daß (fast immer) die oszillierende Bewegung des Kolbens mit der Drehbewegung einer Welle gekoppelt sein muß. Hierfür wird ein Kurbeltrieb mit einer Kurbelwelle und einer Schubstange (→Pleuelstange) als wichtigste Bauteile verwendet. Bild 1 zeigt schematisch das Triebwerk einer K. in Tauchkolben-Bauart. Kolbenpumpen und Kolbenverdichter werden auch oft als Kreuzkopfmaschinen gebaut.

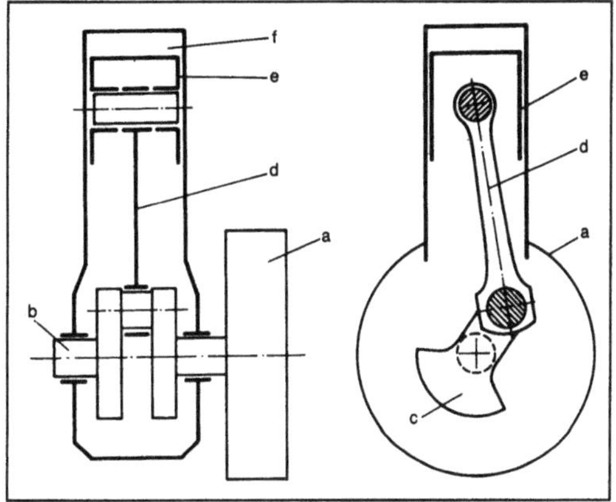

Kolbenmaschine 1: Schematische Darstellung einer einzylindrigen Tauchkolbenmaschine.

a Schwungrad, b Kurbelwelle, c Gegengewicht, d Pleuelstange, e Kolben, f Arbeitsraum

Eine weitere grundsätzliche Eigenschaft der K. ist, daß die Wechselwirkung mit dem Arbeitsmedium über die Volumenänderung des Arbeitsraums geschieht. Solange das Arbeitsmedium im Zylinder bleibt, führt die Volumenänderung zu einer Druckänderung (Beispiel: Luftpumpe). Die Druckänderung ist fast nur von der Volumenänderung, also von der Kolbenstellung, abhängig, nicht dagegen von der Geschwindigkeit, mit der der Kolben bewegt wird. Das bedeutet, daß der Arbeitsprozeß in einer K. im deutlichen Gegensatz zur Strömungsmaschine praktisch unabhängig von der Drehzahl ist. K. arbeiten deshalb auch und gerade bei niedrigen Drehzahlen gut und mit hohem Wirkungsgrad.

Typisch für K. ist weiterhin, daß sie diskontinuierlich arbeiten, indem sich die Vorgänge im Zylinder in Zyklen wiederholen. Ein solcher Zyklus wird →Arbeitsspiel genannt und besteht aus mehreren Takten. Ein Takt ist jeweils eine Vergrößerung oder Verkleinerung des Arbeitsraums (Zylindervolumens) und entspricht einer halben Kurbelwellenumdrehung. Bei Kolbenpumpen, Kolbenverdichtern und Zweitakt-Verbrennungsmotoren erstreckt sich ein Arbeitsspiel über 2 Takte, also eine Kurbelwellenumdrehung. Beim →Viertaktmotor besteht das Arbeitsspiel dagegen aus 4 Takten, erstreckt sich also über 2 Kurbelwellenumdrehungen.

Mit der zyklischen Arbeitsweise hängt es zusammen, daß K. Steuerorgane benötigen, durch die das Arbeitsmedium in den Zylinder gesaugt oder aus dem Zylinder wieder hinausgeschoben wird. Bei der Kolbenpumpe besteht das Arbeitsspiel fast nur aus dem Ansaugen der Flüssigkeit in den Zylinder und dem Ausschieben der Flüssigkeit in die Druckleitung. Beim Kolbenverdichter wird im ersten Takt angesaugt. Im zweiten Takt geschieht zweierlei: Erst wird das Gas durch die Volumenverringerung verdichtet, dann wird es über den Rest des Kolbenhubs durch das Druckventil in die Druckleitung ausgeschoben. Beim Viertaktmotor wird im ersten Takt Luft oder Luft mit →Kraftstoff angesaugt. Während des zweiten und dritten Takts läuft der eigentliche Arbeitsprozeß ab, und im vierten Takt werden die Verbrennungsgase aus dem Zylinder entfernt. Die Steuerorgane können selbsttätige Ventile sein (auch Rückschlagklappen) oder gesteuerte Ventile (z. B. über eine →Nockenwelle gesteuert) oder Schlitze in der Zylinderwand, die vom Kolben in bestimmten Kolbenstellungen freigegeben werden.

Bei der oszillierenden Bewegung der Kolben treten besonders in den Umkehrpunkten relativ hohe Beschleunigungen und damit verbunden Massenkräfte auf. Diese Massenkräfte, die dem Quadrat der Drehzahl proportional sind, beanspruchen das Triebwerk und machen sich nach außen in Schwingungen oder schwingungserregenden Kräften bemerkbar. Zwar können sich die Massenkräfte und deren Wirkungen nach außen bei bestimmten Zylinderzahlen und -anordnungen weitgehend oder ganz aufheben. Dennoch ist das Auftreten von Schwingungen eine für K. recht typische Erscheinung.

Die Vorgänge im Zylinder einer K. lassen sich sehr gut im Druck-Volumen-Diagramm darstellen. Bild 2 zeigt z. B. das p,V-Diagramm für einen Kolbenverdichter. Aus dem p,V-Diagramm kann man u. a. das angesaugte Gasvolumen (Linie 4–1) und die aufzubringende mechanische Arbeit (Fläche W) ablesen.

Das bei einem Arbeitsspiel von einer Kolbenmaschine angesaugte Gas- oder Flüssigkeitsvolumen ist dem →Hubvolumen proportional. Der (sekündliche) Volumenstrom ist außerdem der Anzahl der

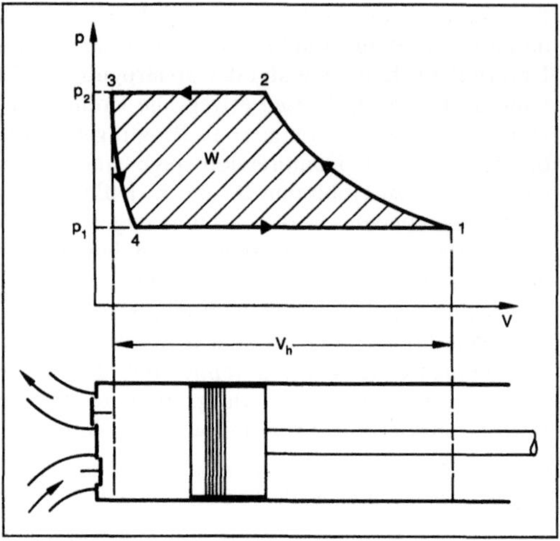

Kolbenmaschine 2: p,V-Diagramm eines Kolbenverdichters.

Arbeitsspiele in der Zeiteinheit, also der Drehzahl proportional. Damit ist die Fördermenge einer Kolbenpumpe oder eines Kolbenverdichters vom Produkt aus Hubvolumen und Drehzahl abhängig. Entsprechendes gilt für die von einem Verbrennungsmotor angesaugte Luftmenge und (grob) auch für die durch →Verbrennung mit dieser Luft erzeugte Leistung.　　　　　*Kuhlmann*

Literatur: *Beier, R.,* u. a.: Verdrängermaschinen (Hubkolbenmaschinen). Handb. R. Energie. Hrsg. *T. Bohn.* Bd. 2/II. Köln 1983. – *Heinz, A.,* u. a.: Verdrängermaschinen (Hubkolbenpumpen und -verdichter, Dreh-Kreiskolbenmaschinen, Schraubenmaschinen). Handb. R. Energie. Hrsg. *T. Bohn.* Bd. 2/I. Köln 1985. – *Kraemer, O.,* u. *G. Jungbluth*: Bau und Berechnung von Verbrennungsmotoren. 5. Aufl. Berlin, Heidelberg 1983.

Kolbenring. In Nuten des Kolbens sitzende Ringe, die entweder die Abdichtung des Zylinderraums nach außen vornehmen oder die überflüssiges →Schmieröl von der Zylinderwand abstreifen.

→Kolben von Verbrennungsmotoren haben 2, 3 oder mehr übereinanderliegende Nuten, in die die K. eingepaßt sind. In der untersten Nut befindet sich ein „Ölring", Bild 1 a), der mit seinen scharfen

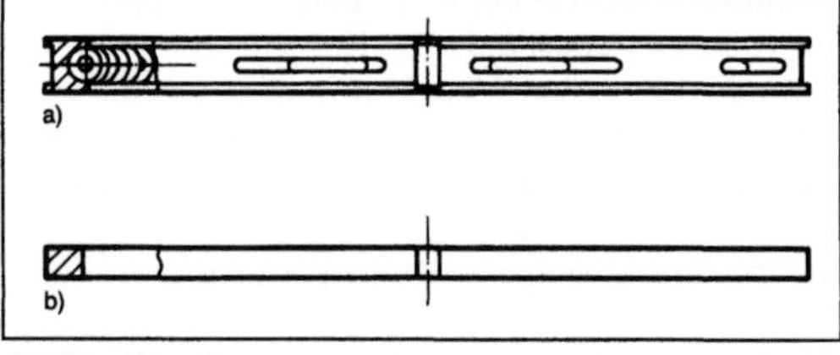

Kolbenring 1.
a) Ölschlitzring mit Schlauchfeder als Ölring
b) Rechteckring als Kompressionsring. (Quelle: Goetze)

Kanten das auf der Zylinderlaufbahn befindliche Schmieröl bis auf einen hauchdünnen Ölfilm abstreift. Er reguliert somit den Ölhaushalt am Kolben.

In den übrigen, darüberliegenden Nuten sitzen Kompressionsringe, Bild 1 b), die den →Brennraum bzw. Zylinderraum gegenüber dem Kurbelraum des Motors abdichten.

Die zum Abdichten der hohen Zylinderdrücke erforderliche Anpressung eines Kompressionsrings an die Zylinderwand wird nur zu einem sehr geringen Anteil von der Eigenspannung der Ringe aufgebracht. Der weitaus größte Anteil der Anpressung resultiert daraus, daß der Zylinderdruck über das (geringe) Flankenspiel in den Raum hinter dem →Ring gelangt (Bild 2). Dadurch stellt sich die Anpreßkraft automatisch auf die schwankende Höhe des abzudichtenden Drucks ein.

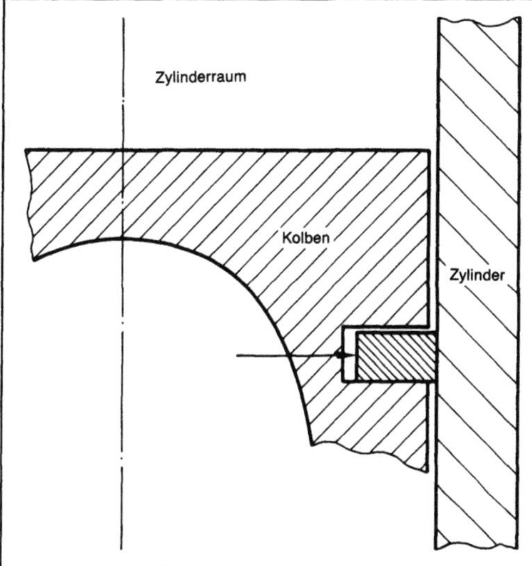

Kolbenring 2: Zum Anpressen des Kompressionsrings an die Zylinderwand.

Flankenspiel übertrieben groß gezeichnet

K. werden meistens aus Grauguß im Einzelguß hergestellt. Für besondere Anforderungen kann man die Lauffläche mit Chrom oder anderem Material beschichten. *Kuhlmann*

Kolbenverdichter. →Kolbenmaschine, die ein Gas von einem Zustand niedrigeren Drucks auf einen Zustand höheren Drucks verdichtet. Beim Abwärtsgang des Kolbens, also bei Vergrößerung des Zylindervolumens, saugt der K. Gas aus der Saugleitung durch das Saugventil in den →Zylinder. Beim Aufwärtsgang des Kolbens wird das Gas zunächst verdichtet. Sobald der Zylinderdruck den Gegendruck in der Druckleitung übersteigt, öffnet selbsttätig das wie ein Rückschlagventil wirkende Druck-

ventil. Auf dem Rest seines Hubs schiebt der →Kolben das verdichtete Gas in die Druckleitung (→p,V-Diagramm).

Wichtige Daten für die Auslegung, die Konstruktion oder den Einsatz eines K. sind der Saugdruck, der →Enddruck, die Fördermenge, das zu fördernde Medium und die Drehzahl des Verdichters.

Das von der Anwendung her vorgegebene Verhältnis von Enddruck zu Saugdruck, das Druckverhältnis, entscheidet darüber, ob der →Verdichter einstufig oder mehrstufig zu bauen ist. Bei größerem Gesamtdruckverhältnis muß die Verdichtung in mehreren Stufen erfolgen; dabei beträgt das Stufendruckverhältnis üblicherweise 3–4. Soll z. B. ein Gas von 1 bar auf 45 bar verdichtet werden, würde man etwa eine dreistufige Verdichtung mit 4 bar und 16 bar als Zwischendrücke wählen. Zwischen den Stufen muß das durch die Verdichtung erwärmte Gas in einem →Zwischenkühler rückgekühlt werden. Hierbei kann evtl. im Gas enthaltener Wasserdampf (Luftfeuchtigkeit) auskondensieren. Deshalb ist hinter dem Kühler ein →Kondensatabscheider anzuordnen. Die Aufteilung des Gesamtdruckverhältnisses auf eine größere Anzahl von Stufen bewirkt u. a. eine niedrigere Endtemperatur in den einzelnen Stufen, einen höheren →Liefergrad der ersten Stufe und einen verringerten Gesamtarbeitsaufwand, weil der Verlauf der Verdichtung mehr an die wirkungsgradgünstige isotherme Verdichtung angeglichen wird.

Die Fördermenge eines K. wird in m³/s bzw. m³/h angegeben, wobei sich das Volumen auf einen festgelegten Zustand in der Saugleitung bezieht. Das in die Druckleitung geförderte Volumen des komprimierten Gases ist dementsprechend sehr viel kleiner. Das theoretische Fördervolumen ist gleich dem Produkt aus →Hubvolumen und Drehzahl. Das wirkliche Fördervolumen ergibt sich nach Multiplikation mit dem Liefergrad. Ein größeres Fördervolumen erfordert also ein größeres Hubvolumen (zumindest in der ersten Stufe). Aus Ähnlichkeitsbetrachtungen ergibt sich, daß gleichzeitig die Drehzahl so weit verringert werden muß, daß die mittlere →Kolbengeschwindigkeit etwa konstant bleibt. Somit werden K. für große Fördermengen relativ groß, schwer und teuer. Bei sehr großen Fördermengen empfiehlt sich daher evtl. eine Vorverdichtung mit einem Turboverdichter. Zur Veränderung der Fördermenge im Betrieb werden verschiedene Verfahren angewendet (→Mengenregelung).

Auch die Art des zu fördernden Mediums hat einen beträchtlichen Einfluß auf die Bauweise eines K. Zum Beispiel müssen bei aggressiven Medien korrosionsunempfindliche Werkstoffe verwendet werden. Bei giftigen oder explosiven Gasen sind die Abdichtungen so zu gestalten, daß austretende Leckströme gesammelt und sicher abgeführt werden können. Bei Kälteverdichtern muß man darauf achten, daß Flüssigkeitsschläge durch flüssiges Kältemittel im Zylinderraum nicht zu Zerstörungen führen. Zu verdichtender Sauerstoff darf wegen der Explosionsgefahr auf keinen Fall mit →Schmieröl in Berührung kommen. Für Sauerstoff werden deshalb Trockenlaufverdichter in Kreuzkopfbauart mit Kolbenringen und Führungsringen aus PTFE-Material eingesetzt. Auch in der Lebensmittelindustrie werden absolut ölfreie Gase benötigt.

Aus der vielfältigen Palette der K. seien einige Gruppen genannt:

☐ „Luftpresser" sind kleine Kompressoren für Druckluft-Bremsanlagen (z. B. von Lkw), Bild 1;

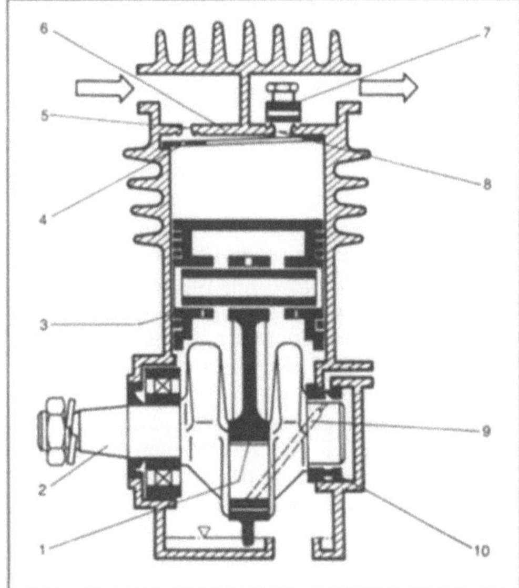

Kolbenverdichter 1: Schematischer Längsschnitt eines kleinen Luftkompressors. (Quelle: Knorr)

1 Pleuellager, 2 Kurbelwelle, 3 Kolben, 4 Sauglamelle, 5 Einlaß, 6 Sitzplatte, 7 Drucklamelle, 8 Auslaß, 9 Ölbohrung, 10 Grundlager

☐ Etwas größere Verdichter werden zur Drucklufterzeugung in stationären oder fahrbaren Anlagen eingesetzt. Der Antrieb erfolgt bei den fahrbaren Kompressoraggregaten durch Dieselmotoren, bei den stationären Aggregaten durch Elektromotoren. Die Verdichter sind einstufig oder zweistufig ausgeführt, wobei die V-Anordnung der Zylinder zu geringen Massenkräften führt (Bild 2).

☐ Größere Verdichter werden oft als Kreuzkopfmaschinen gebaut. Bild 3 zeigt einen zweistufigen Trockenlaufverdichter, bei dem beide Stufen doppeltwirkend ausgeführt sind. Das heißt, daß jeweils auch die Unterseite des Kolbens als Arbeitsraum genutzt wird. Dabei muß die Kolbenstangendurch-

Kolbenverdichter 2: Zweistufiger Druckluft-Kompressor (3 Zyl. I. Stufe, 1 Zyl. II. Stufe). (Quelle: Knorr)

Kolbenverdichter 3: Zweistufiger doppeltwirkender Trockenlauf-Kolbenverdichter. (Quelle: Neumann & Esser)

führung mit einer Stopfbuchse abgedichtet sein. Ähnliche Maschinen gibt es mit stehenden Zylindern in Reihenbauart.

☐ Große vielstufige K. werden nicht selten mit liegenden Zylindern in Boxeranordnung (mit Kreuzkopf) gebaut. Bei der Boxeranordnung sind die Massenkräfte ausgeglichen, die Massenmomente gering. Eine Besonderheit sind die manchmal verwendeten Stufenkolben, bei denen Arbeitsräume dadurch gebildet werden, daß der Kolben Durchmessersprünge aufweist.

Abschließend ist auf die →Rotationsverdichter hinzuweisen, die wegen ihrer volumetrischen Arbeitsweise ebenfalls zu den Kolbenmaschinen zu zählen sind, aber i. a. von den Hub-K. getrennt behandelt werden. *Kuhlmann*

Literatur: *Bouché/Wintterlin*: Kolbenverdichter. Berlin, Heidelberg, New York 1968. – *Frenkel, M. I.*: Kolbenverdichter. Berlin 1969. – *Heinz, A.*, u. a.: Verdrängermaschinen. Tl. I: Hubkolbenpumpen und -verdichter, Dreh-Kreiskolbenmaschinen, Schraubenmaschinen. Köln 1985.

Kombination beim Konstruieren. Die K. b. K. dient dem Zusammenfügen gefundener Teillösungen zu einem funktionsfähigen Gesamtsystem (technisches System).

Die K. läßt sich in vier Bereiche unterteilen:
□ Auswahl der geeigneten Teillösungen (→Bewertungsverfahren, morphologischer Kasten);
□ funktionelle Anordnung der Teillösungen (Funktion technischer Systeme);
□ räumliche Anordnung der Teillösungen;
□ Anpassung der Teillösungen aneinander (Schnittstellen). *Ehrlenspiel*

Kommissionierroboter →Transportroboter

Kommissionierung. K. ist das Zusammenstellen von bestimmten Teilmengen (Artikel) aus einer bereitgestellten Gesamtmenge (→Sortiment) auf Grund von Bedarfsinformationen (Aufträge). Die bereitgestellte Gesamtmenge ist geordnet bzw. ungeordnet. Grundfunktionen des Materialflusses beim Kommissionieren sind:
□ Bereitstellen von Artikelgruppen und Bedarfsinformationen (Auftrag),
□ kontrolliertes Entnehmen von Teilmengen (Artikel) aus der bereitgestellten Gesamtmenge (Sortiment),
□ planmäßiges Fortbewegen zum Entnehmen und Abgeben,
□ Abgeben der Teilmenge und Quittieren des Vollzugs an nachgeschaltete Funktionen.

Jede dieser Grundfunktionen beinhaltet alternative Realisierungsmöglichkeiten. Bereitstellung: statisch – dynamisch, Entnahme: manuell – automatisch, Fortbewegung: eindimensional – mehrdimensional, Abgabe: zentral – dezentral:
□ Statische Bereitstellung: Der Artikel liegt an einem vorbestimmten Platz, den der Kommissionierer aufsucht (Auftrag zum Artikel).
□ Dynamische Bereitstellung: Der Artikel wird aus seinem Lagerort herausgeholt und an den Kommissionierplätzen vorbeigeführt (Artikel zum Auftrag).
□ Manuelle Entnahme: Die manuelle Entnahme umfaßt die Vereinzelung an den Entnahmeplätzen aus den Bereitstelleinheiten entsprechend der Bedarfsinformation (Auftrag), wobei der Mensch diese direkt von Hand oder mit einem mechanischen Hilfsmittel durchführt.
□ Automatische Entnahme: Der Entnahmevorgang verläuft selbsttätig ohne Eingriffe des Menschen.
□ Eindimensionale Fortbewegung: Die eindimensionale Fortbewegung erfolgt entweder auf Flur oder nur als Senkrechtbewegung.
□ Mehrdimensionale Fortbewegung: Die Fortbewegung wird simultan in allen Koordinatenrichtungen erfolgen.
□ Zentrale Abgabe: Die zusammengestellte Ware wird an einer Sammelstelle abgelegt.
□ Dezentrale Abgabe: Nach Abschluß der Entnahme wird die Ware einem Transportsystem übergeben.

Jede dieser Grundfunktionen kann man mit verschiedenen technischen Mitteln realisieren:
□ Bereitstellung: Bodenlagerung, →Blocklager, Palettenregal, Durchlauflager, Verschiebregal, Stetigförderer, Hängebahnen usw.;
□ Entnahme: Hilfsmittel sind →Greifer, Hebezeuge, Ausschleusvorrichtungen, →Roboter usw.;
□ Fortbewegung: →Gabelhubwagen, Flurförderzeuge, →Regalförderzeug, Kommissionierstapler;
□ Abgabe: Transportwagen, Übergabewagen, →Bandförderer, Rollförderer, →Kreisförderer, usw.

Analog zum Vorgehen beim →Materialfluß kann der Datenfluß bei Kommissioniersystemen strukturiert werden. Aufbereitung: batch – realtime, Weitergabe: offline – online, Verfolgung: personell – geregelt, Quittierung: aktiv – selbständig.

Stapelweise (Batch-)Aufbereitung: Die Auftragsdaten werden im Zeitraum einer festgelegten Periode gesammelt und stapelweise aufbereitet.

Echtzeit(Real-Time)-Aufbereitung: Die Auftragsdaten werden unmittelbar nach dem Auftragseingang und ohne Zeitverzögerung entnahmeorientiert aufbereitet.

Indirekte (Off-Line-)Weitergabe: Die Weitergabe erfolgt unabhängig von einer zentralen Datenverarbeitung. Das Verknüpfungsmittel können Listen, Belege usw. sein.

Direkte (On-Line-)Weitergabe: Die Weitergabe erfolgt direkt und wird von der zentralen Datenverarbeitung gesteuert.

Verfolgung: Die Verfolgung dient der Kontrolle und Überwachung des Kommissionierablaufs und beinhaltet einen Soll-Ist-Vergleich. Dabei kann es sich um Identifikationsvorgänge (Ware, Lageort), Zählvorgänge usw. handeln.

Personelle Verfolgung: Der Kommissionierer führt die Verfolgung aus. Grundlage sind die vorgebenen Daten (z. B. in Form einer Kommissionier- und Pickliste).

Geregelte Verfolgung: Der Vorgang der Verfolgung wird automatisch (z. B. durch einen Rechner) ausgeführt.

Quittierung: Es werden Vollzugsmeldungen bzw. Meldungen zur erneuten Betriebsbereitschaft abgegeben.

Aktive Quittierung: Der Kommissionierer quittiert.

Selbsttätige Quittierung: Die Quittierung wird automatisch ausgeführt.

Weiterhin können Kommissioniersysteme nach organisatorischen Gesichtspunkten unterschieden werden in Aufteilen: einzonig – mehrzonig, Abwikkeln: einstufig – mehrstufig, Sammeln: nacheinander – gleichzeitig.

Aufteilen: Die Strukturierung einer Anlage in mehrere Kommissionierzonen wird dem Aufteilen zugeordnet, z. B. Groß-, Kleinteile, Kühlung usw.

Einzoniges Aufteilen: Die Anforderungen an die Kommissionieranlage lassen sich durch eine Kommissionierzone erfüllen.

Mehrzoniges Aufteilen: Die Vielfältigkeit der Unterschiedlichkeit der Anforderungen sind nicht durch eine Kommissionierzone zu erfüllen. Es müssen zwei oder mehrere Kommissionierzonen gebildet werden.

Abwickeln: Die Abwicklungsform wird durch die Zusammenstellung der entnahmeorientierten Daten bestimmt.

Einstufiges (auftragsorientiertes) Abwickeln: Die Aufbereitung der Kommissionier- oder Pickliste erfolgte auftragsorientiert. Die Positionen eines Auftrags werden zusammenhängend erledigt. Die Optimierung der Fahrzeuge kann durch eine entsprechende Reihenfolge der Positionen auf der Pickliste vorgegeben werden.

Mehrstufiges (artikelweises) Abwickeln: In einer ersten Stufe werden gleiche Artikel für mehrere Aufträge gesammelt. In den anschließenden Arbeitsstufen bzw. in der letzten Arbeitsstufe werden die Artikel den entsprechenden Aufträgen zugeordnet.

Sammeln: Das Sammeln beinhaltet die eigentliche Auftragsbearbeitung.

Schrittweises (serielles) Sammeln: Der Ablauf beim Sammeln erfolgt nacheinander, so daß am Ende des Kommissionierweges der Auftrag zusammengestellt ist.

Gleichzeitiges (paralleles) Sammeln: Teilaufträge werden in den verschiedenen Kommissionierzonen gleichzeitig gesammelt und anschließend zusammengeführt. *Jünemann*

Kommutierung von Stromrichtern.

Als K. bezeichnet man allgemein den Stromübergang von einem Stromkreis auf einen anderen. Dies tritt bei allen Stromrichterschaltungen mit zwei oder mehr Stromzweigen auf. Dabei ist zu beachten, daß die in Stromrichter-Schaltungen eingesetzten Thyristoren jederzeit zündbar (einschaltbar) sind, jedoch nur für eine Stromrichtung. Ein Löschen (Ausschalten) erfolgt nur, wenn der durchfließende Strom den relativ kleinen Thyristor-Haltestrom unterschreitet.

In Stromrichter-Schaltungen muß eine bestimmte Reihenfolge der Thyristor-Einschaltungen (Pulsfolge) eingehalten werden. Bei Gleichstromstellern muß der Schaltthyristor mit einer bestimmten Takt-

frequenz eingeschaltet und wieder gelöscht werden.

Das Ende der Strompulse wird nur über die Beeinflussung durch eine treibende Spannung, d. h. durch den Übergang zu einer den Stromfluß sperrenden Polarität bewirkt (Ausnahme GTO-Thyristoren). Dies kann vom speisenden Netz, vom Lastkreis oder durch eine Löscheinrichtung erfolgen. Man unterscheidet daher:

□ netzgeführte Stromrichter,

□ lastgeführte Stromrichter (die beiden werden auch fremdgeführte Stromrichter genannt)

□ selbstgeführte Stromrichter.

Wenn der Laststrom in einem Thyristor nach dem Zünden des in der Pulsfolge nächsten Thyristors allein durch die Zeitwahl dieser Zündung erlischt, spricht man von natürlicher K.

Werden zur Löschung und Stromübergabe weitere Hilfseinrichtungen erforderlich, wird dies Zwangskommutierung genannt.

Einen Überblick über die Kommutierungsverfahren gibt die Tabelle.

Natürliche →*Kommutierung* (auch wechselstromseitige K.): Diese liegt beim netzgeführten Stromrichter vor. Der Verlauf der Netz-Wechselspannung bestimmt das Ende der Strompulse. Im einfachsten Fall, bei einphasiger Einwegschaltung (→Stromrichter-Schaltungen), verlöscht der Strom, wenn die positive Halbwelle der Netzspannung zu Ende geht.

Hat ein Stromrichter mehr als einen Stromzweig mit Stromrichterventilen, so geht der Strom auf ein anderes, bei gesteuerten Gleichrichtern gezündetes Ventil über, wenn die Spannung des nächsten Zweiges die Spannung des vorherigen Zweiges übersteigt (Bild).

Während der Kommutierung sind die kommutierenden Zweige kurzzeitig kurzgeschlossen, bis das übernehmende Ventil den vollen Strom führt. Die Stromgrundschwingung hat gegenüber der Span-

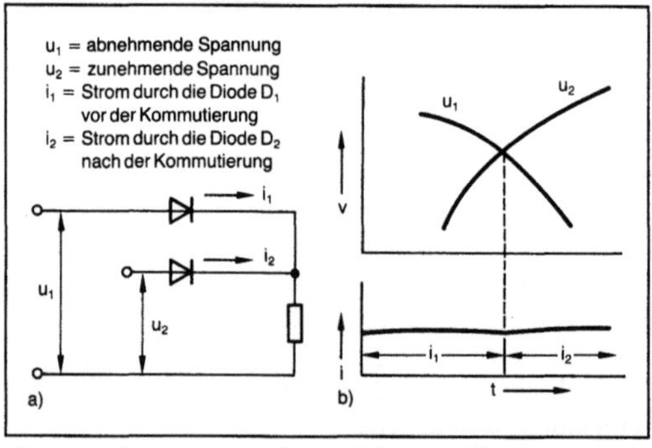

Kommutierung von Stromrichtern: Kommutierung bei einem Stromrichter mit mehreren Zweigen. (Quelle: Buri *a. a. O.)*
a) Schaltung
b) Verlauf von Spannung und Strom.

Kommutierung von Stromrichtern. Tabelle: Kommutierungsarten und ihre Anwendungen. (Quelle: Silizium-Stromrichter-Handbuch a. a. O.)

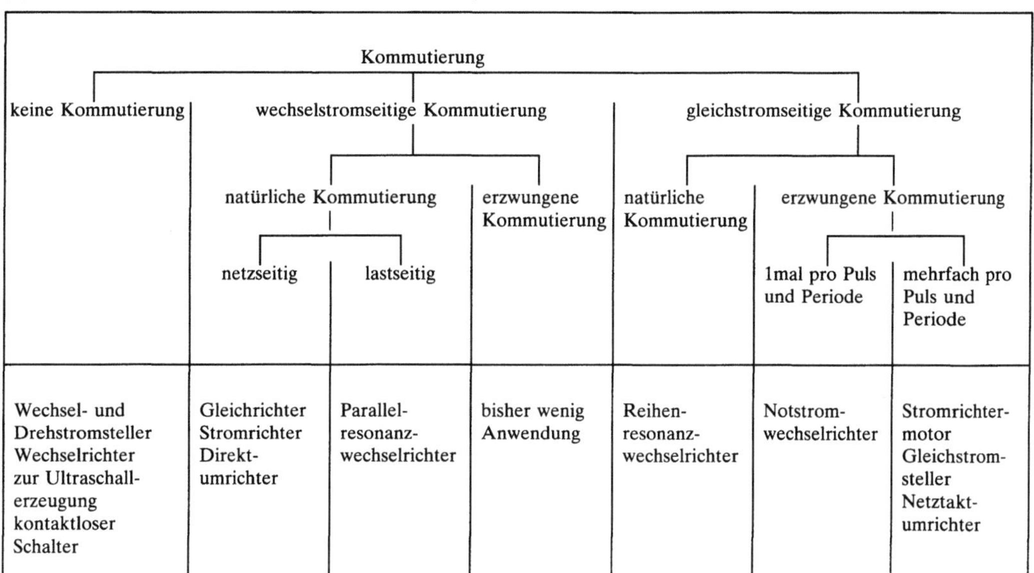

nung eine deutlich induktive Verschiebung, d. h. der Stromrichter nimmt Blindleistung auf. Man nennt sie die Kommutierungsblindleistung. Des weiteren entsteht bei gesteuerten Stromrichtern eine Blindleistung durch die um den Zündwinkel α verzögerte Zündung der Ventile. Dies ist die Steuerblindleistung.

Keine Kommutierung (lückender Strom): Bei relativ kleinen Lastströmen im Leerlaufbereich eines gesteuerten Gleichrichters löscht der Strom im Ventilzweig häufig, noch bevor der nächste Ventilzweig mit der Stromführung beginnen kann: Der Strom lückt. Es fließt im Gleichstromkreis ein pulsierender Strom (Lückstrom).

Zwangskommutierung: Bei Gleichstromstellern oder selbstgeführten Wechselrichtern ($\rightarrow$Wechselrichter) ist keine Kommutierungsspannung wie die Netzspannung vorhanden. Das jeweils abzulösende Ventil muß durch einen künstlich erzeugten Stromimpuls in Gegenrichtung zum fließenden Strom gelöscht werden. Das geschieht meist mit Hilfe des Entladestromes eines Kondensators. Die Schaltung muß so aufgebaut sein, daß der Kondensator zu Beginn des Löschvorganges mit der richtigen Polarität geladen ist. Der Löschvorgang wird durch Einschalten eines Löschthyristors eingeleitet (Gleichstromsteller). Gegenüber der natürlichen K. mit den üblichen Netzfrequenzen laufen bei den zwangskommutierten Schaltungen die Vorgänge meist vielfach schneller ab, so daß die dynamischen Eigenschaften der Leistungshalbleiter eine wichtige Rolle spielen (Einschaltverluste, Freiwerdezeit der Thyristoren). *Stüben*

Literatur: Silizium-Stromrichter-Handbuch. Hrsg. v. Brown, Boveri & Cie. AG, Baden (Schweiz). – *Buri, H.:* Leistungshalbleiter. Eigenschaften und Anwendungen. Hrsg. v. Brown, Boveri & Cie. AG, Mannheim. Essen.

Kompaktor. K. sind schnellfahrende, statische Bodenverdichter. Sie sind eine Sonderform der selbstfahrenden Schaffußwalze und haben zusätzlich vorn ein Schubschild. Sie schieben und zerkleinern das Material, während sie es gleichzeitig einbauen und verdichten. K. werden auf stark bindigen, plastischen Böden sowie auf schwach bindigen Böden eingesetzt. Sie erreichen Betriebsgewichte von 13–22 t und Antriebsleistungen bis 160 kW. Der Aufbau der Geräte ähnelt dem großer $\rightarrow$Radlader. K. sind normalerweise mit hydrostatischer Knicklenkung versehen. Der hydrodynamische Allradantrieb, teilweise über Lastschaltgetriebe und Drehmomentwandler, betreibt die Scheibenräder. Diese Räder bestehen aus nebeneinanderliegenden Scheiben, die jeweils versetzt zueinander angeordnet sind mit entweder nach oben hin konisch verlaufenden Segmenten oder mit Segmenten, die auf die Stampffüße aufgeschweißt sind (Bild). Durch die Form der Räder nimmt die Geschwindigkeit des K. progressiv zu. Dabei wirkt ein größeres Gewicht auf eine kleinere Berührungsfläche. K. erreichen Geschwindigkeiten bis 20 km/h und eine Steigfähigkeit von 70 %. Eine Sonderform des K. ist der Müllverdichter, der zum Einbau und Verdichten auf geordneten Deponien verwendet wird. Er verfügt über ein spezielles Schubschild oder eine Ladeschaufel. Eine der größten Maschinen ist durch folgende Daten

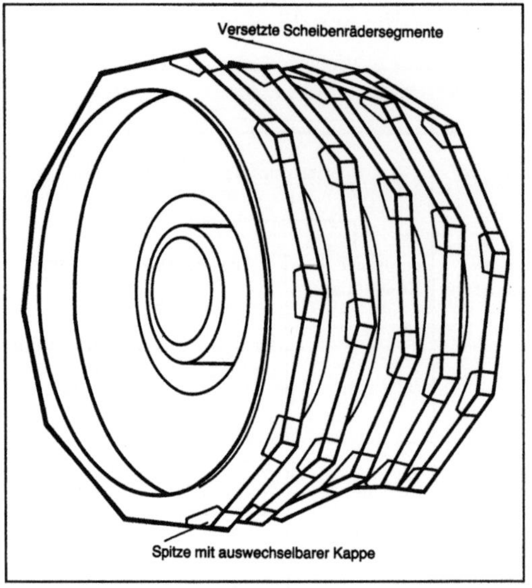

Kompaktor: Scheibensegmentrad des K 350.

gekennzeichnet: 38,8 t Betriebsgewicht, 392 kW Antriebsleistung, 27,2 km/h Höchstgeschwindigkeit, 100 % Steigfähigkeit, 4,22 m Schildbreite; 2 x 40° Knicklenkung; 2 x 15° Pendelwinkel, gepanzerter Unterbau und hohe Bodenfreiheit. *Kühn*

Kompatibilität. Unter K. versteht man die Anschließbarkeit und Verträglichkeit von Systemen mit angrenzenden Systemen und Systemteilen. *Jünemann*

Kompressibilitätsstrom →Kapazität, hydraulische

Kompressibilitätsvolumen →Kapazität, hydraulische

Kompressionsdruck. Der Druck, der bei einem →Verbrennungsmotor am Ende der Kompression im Zylinder entsteht.

Der K. und die Kompressionstemperatur (auch Kompressionsendtemperatur genannt) sind durch das →Verdichtungsverhältnis ε des Motors festgelegt. Beim →Dieselmotor haben beide einen großen Einfluß auf die Zündung des in den Zylinder gespritzten Kraftstoffs.

In der Werkstatt kann der K. eines Verbrennungsmotors mit einem einfachen Gerät bei Anlasserdrehzahl überprüft werden. Bei dieser niedrigen Drehzahl ist der K. sehr abhängig von der Dichtheit der Ventile und Kolbenringe und ist deshalb ein (grobes) Maß für den Verschleißzustand des Motors. Ein an einem Zylinder erheblich abweichender Wert des Kompressionsdrucks deutet auf einen Schaden an diesem Zylinder. *Kuhlmann*

Kompressionstakt →Verdichtungstakt

Kompressor. K. (Verdichter) sind Maschinen zum Verdichten von Gasen und Dämpfen durch Erhöhung der Druckenergie des Fördermittels, was ein- oder mehrstufig geschehen kann (Bild). Zur Unterscheidung dient der Quotient aus den Drücken im Ansaug- und im Druckstutzen (Tabelle).

Beim →Kolbenverdichter bewegt eine Antriebsmaschine über eine Kurbelwelle und Pleuelstange einen Kolben in einem Arbeitszylinder. Dabei wird im Abwärtsgang das Fördermittel angesaugt und im Auftakt verdichtet.

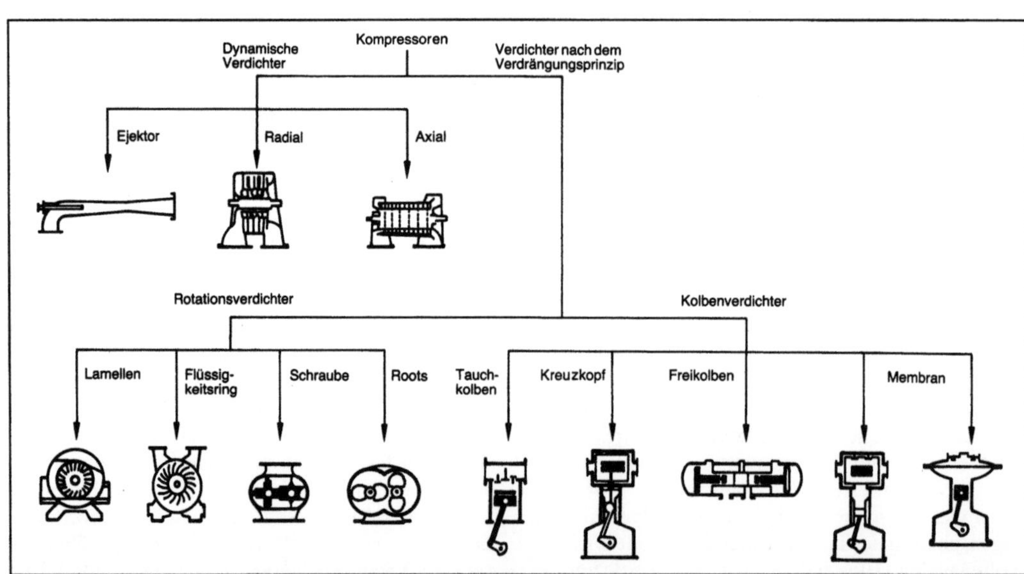

Kompressor: Zusammenstellung der Kompressorbauarten.

Kompressor. Tabelle: Einteilung der Kompressoren.

Bezeichnung	Gerät	Druckverhältnis
Gebläse	Ventilatoren	1 : 1.1
Gebläse	Kolben-, Drehkolben- und Kreiselgebläse, angetrieben von Elektromotoren, Dampf- und Gasturbinen	1 : 3.0
Verdichter	Hochdruckverdichter (bis 500 bar) Höchstdruckverdichter (bis 5 000 bar)	1 : 3.0 bis 1 : 12.0

Im Membranverdichter ist das oszillierende Organ eine nachgiebige Membran, die den Arbeitsraum abwechselnd vergrößert und verkleinert. Die Bewegung des Fördermittels geschieht über Ansaugen durch Vergrößerung und das Fördern durch anschließende Verkleinerung des Arbeitsraums.

Die Umlaufkolbenverdichter sind Kapselgebläse (Rootsgebläse, Kreiskolbengebläse, Schraubenverdichter), bei denen sich Verdrängungskörper um ihre Achse drehen. Bei dieser Bewegung entsteht auf der Körperinnenseite eine Saugwirkung, die sich in Richtung Gehäuse in Druck umwandelt, wodurch eine fördernde Bewegung entsteht.

Diese Förderung geschieht im Rotationsverdichter (Drehkolbenverdichter) auch durch eine Veränderung des Arbeitsraums. Radial bewegliche Schieber auf einer zum Gehäuse exzentrisch gelagerten Welle trennen einerseits Saug- und Druckraum und bewirken andererseits durch ihre rhythmische Bewegung Raumveränderung und somit ein Ansaugen, Verdichten und Fördern des Fördermittels.

Kreiselverdichter, Maschinen zum Fördern und Verdichten von Luft, Dampf und Gas, lassen sich in Radial- und Axialverdichter unterteilen. Eine Änderung der Geschwindigkeit des durchströmenden Mediums bewirkt einen statischen Druck (Änderung der Rotations- bzw. Umfanggeschwindigkeit) und einen dynamischen Druck (Änderung der absoluten Geschwindigkeit). Dynamischer Druck kann durch Verändern des durchströmten Querschnitts (Verminderung der Geschwindigkeit) in statischen Druck umgewandelt werden.

Bei den Bau-K. haben sich die Schraubenverdichter in technischer und wirtschaftlicher Hinsicht durchgesetzt. Fahrbare, als ein- oder zweiachsige Anhänger gem. der Straßenverkehrszulassungsordnung (StVZO) gebaute Geräte mit Liefermengen von rd. 2 bis über 40 m³/min (bei 7 bar Betriebsdruck) werden für häufiger wechselnde Einsätze verwendet. Verladbare, ortsbewegliche Druckerzeuger mit Liefermengen von rd. 1 bis über 80 m³/min (bei 7 bar Betriebsdruck) sind als kompakte Einheiten oder als Containeranlagen ausgebildet. Als Antrieb kommen auf Grund ihrer großen Mobilität hauptsächlich Dieselmotoren zum Einsatz. Bei vorhandener Stromversorgung an der Einsatzstelle und bei langer Betriebsdauer ist der elektromotorische Antrieb von Vorteil.

Bei den Schraubenverdichtern bis über 30 m³/min Liefermenge (bei 7 bar Betriebsdruck) geschieht die Verdichtung einstufig und zwecks Dichtung und Kühlung unter Öleinspritzung mit nachfolgender Abscheidung. Bei größeren Verdichtern (unter 10 bar Betriebsdruck) vollzieht sich die Verdichtung zweistufig und ölfrei. Daneben werden auch noch vorhandene Kolbenverdichter in Baugrößen bis rd. 10 m³ Liefermenge (bei 7 bar Arbeitsdruck) meist in fahrbarer Ausführung auf Baustellen eingesetzt. Kleinere Druckluftanlagen sind mit einem oder zwei kleinen Kolbenverdichtern ausgestattet, erzeugen Liefermengen von rd. 100–1800 l/min, bis über 10 bar Betriebsdruck bei einstufiger, bis über 20 bar Betriebsdruck bei zweistufiger Verdichtung und haben einen angeflanschten Elektromotor, Regelautomatik und Nachkühler auf dem Luftbehälter, dessen Inhalt ungefähr der Liefermenge entspricht. Zur pneumatischen Förderung feinstkörniger Stoffe, wie Zement oder Gesteinsmehl, sind kleine Kolbenverdichter, Liefermenge 5–6 m³ bei 1 bis 3 bar Betriebsdruck z. B. an Silofahrzeugen angebaut (→Kolbenverdichter). *Kühn*

Kondensatabscheider. Gerät, das kondensiertes Wasser aus verdichteter Luft abscheidet.

Je nach der relativen Luftfeuchte enthält atmosphärische Luft einen bestimmten Anteil an Wasserdampf. Wird die Luft verdichtet, erhöht sich entsprechend dem Gesamtdruck auch der Partialdruck des Wasserdampfes. Bei Rückkühlung der verdichteten Luft sinkt der (von der Temperatur abhängige) Sättigungsdruck unter den Wert des Wasserdampf-Partialdrucks, so daß ein größerer Teil des Wasserdampfes zu Wasser kondensiert. Deshalb wird in einer Kompressoranlage hinter dem Rückkühler ein K. angeordnet, mit dem das kondensierte Wasser aus der Luft abgeschieden und automatisch oder in bestimmten Zeitabständen von Hand abgelassen wird. *Kuhlmann*

Kondensation.

1. Allgemeines. Elimination nicht beizubehaltender Knotenvariablen diskretisierter Rechenmodelle von Strukturen und Abbildung auf beizubehaltende Knotenvariable zur Analyse des statischen und dynamischen Verhaltens mit verringertem Aufwand.

Verschiedene K.-Vorschriften werden effizient mit der Substrukturtechnik gekoppelt. Die Knotenvariablen der Substrukturen werden damit auf die geringere Anzahl am Substrukturrand abgebildet, um die Substrukturen koppeln zu können.

Während die K.-Vorschrift in der Statik exakt ist, gibt es verschiedene Näherungen, um die Behandlung der exakten nichtlinearen Eigenwertprobleme kondensierter dynamischer Probleme zu vereinfachen.

Vernachlässigt man in der K.-Vorschrift eines dynamischen Problems die mit den nicht beizubehaltenden Knotenvariablen einhergehenden Trägheitskräfte, so spricht man bei dieser K. des zugeordneten statischen Problems von statischer K. (nach ihrem ersten Anwender auch Guyan-K. genannt).

Die exakte K.-Vorschrift und verschiedene Näherungsannahmen zur Aufwandsverringerung tragen die Bezeichnung dynamische K. (→Finite-Elemente-Methode (FEM), →Matrizenmethode). *Gaul*

Literatur: *Petersmann, N.:* Substrukturtechnik und Kondensation bei der Schwingungsanalyse. VDI-Fortschrittsber. R. 11, Nr. 76, Schwingungstechnik (1985). – *Schwarz, H. R.:* Methode der finiten Elemente. Stuttgart 1984.

2. Dampfturbine. Diese führt zur Tropfen- und Wassersträhnenbildung innerhalb der Maschine. Vom Dampf mitgeführte größere Wassertropfen können infolge des Tropfenschlags auf die Schaufeln zu Verlusten und zur →Erosion der Schaufeln, der Wände und Einbauten führen. Deshalb muß der Kondensatanfall in Dampfturbinen begrenzt werden.

Die K. tritt erst mit einer Verzögerung auf, nachdem der Dampfzustand die für thermisches Gleichgewicht gültige obere Grenzkurve überschritten hat, die das Zustandsgebiet für überhitzten Dampf von dem Zweiphasengebiet abgrenzt, denn um die beim laufenden K.-Vorgang freiwerdende Wärme abführen zu können, bedarf es einer Unterkühlung des Dampfes. Zuerst bilden sich äußerst kleine Tröpfchen (Größenordnung $1/100$ µm) entweder spontan bei sehr schneller Druckänderung oder bei in Turbinen üblicher Druckänderungsrate durch Anlagerung an auch bei guter Speisewasser-Aufbereitung im Dampf vorhandene Keime. Diese Primärtropfen wachsen schnell in den Mikrometerbereich und setzen sich teilweise an Schaufeln und Wänden ab. Durch Akkumulation und Abriß an den Schaufelhinterkanten und aus Wandsträhnen entstehen Sekundärtropfen, die um ein oder zwei Größenordnungen größer sind und die schädlichen Wirkungen hervorrufen. *Dibelius*

Kondensationsmaschine. →Kraftmaschine mit teilweiser →Kondensation des Arbeitsfluids während der Expansion. Der Abdampf aus der →Tur-

bine gibt seine Kondensationswärme an die Atmosphäre ab. Die →Niederdruckturbine in einem Wasser-Dampf-Kreislauf arbeitet als K.

Das →Arbeitsfluid tritt dabei als überhitzter Dampf oder als Sattdampf in die Maschine ein und verläßt sie nach Arbeitsabgabe unter Druck- und Temperaturabbau bis nahe an die Temperatur des Kühlfluids als →Naßdampf in Richtung →Kondensator. Der Abdampf wird nicht mehr als Heiz- oder Prozeßdampf weiterverwendet. Die Kondensationswärme des Abdampfes wird ohne weitere Ausnutzung über den Kondensator mit Kühlkreislauf und Kühlturm oder über die Frischwasserkühlung des Kondensators oder durch luftgekühlte Kondensatoren (Direktkondensation) an die Umgebung abgeführt. *Ziemann*

Kondensator.
1. Motor. →Einphasenmotor mit Hilfswicklung und mit dieser in Reihe geschaltet der Kondensator oder ein →Drehstrommotor mit Kondensator in Steinmetzschaltung (Bild). Der Kondensator wird als Impedanz in Reihe mit der Hilfs- oder Anlaufwicklung geschaltet, um den Selbstanlauf des Motors zu ermöglichen. Nach Beendigung des Anlaufs wird er abgeschaltet (Anlaufkondensator) oder belassen (→Betriebskondensator). *Rentzsch*

Kondensatormotor: Einphasenmotor mit Anlauf- und Betriebskondensator. (Quelle: ABB)

2. Strömungsmaschine. Er dient zum Übertragen der beim Kondensieren des Dampfes (oder des Naßdampfes) aus Dampfturbinen zu flüssigem Kondensat abzuführenden Kondensationswärme (Verdampfungswärme) an ein Kühlfluid.

Ein indirekter K. oder Oberflächen-K. enthält eine Trennfläche zwischen Dampf-Kondensat und Kühlfluid. Sie besteht bei wassergekühlten Oberflächen-K. aus vielen kühlwasserseitig parallel innen durchströmten und vom kondensierenden Dampf außen umströmten Rohren (Bild). Üblicherweise sind dies Glattrohre. Luftgekühlte Oberflächen-K. werden aus dampf-/kondensatseitig parallel innen durchströmten, auf der von Luft

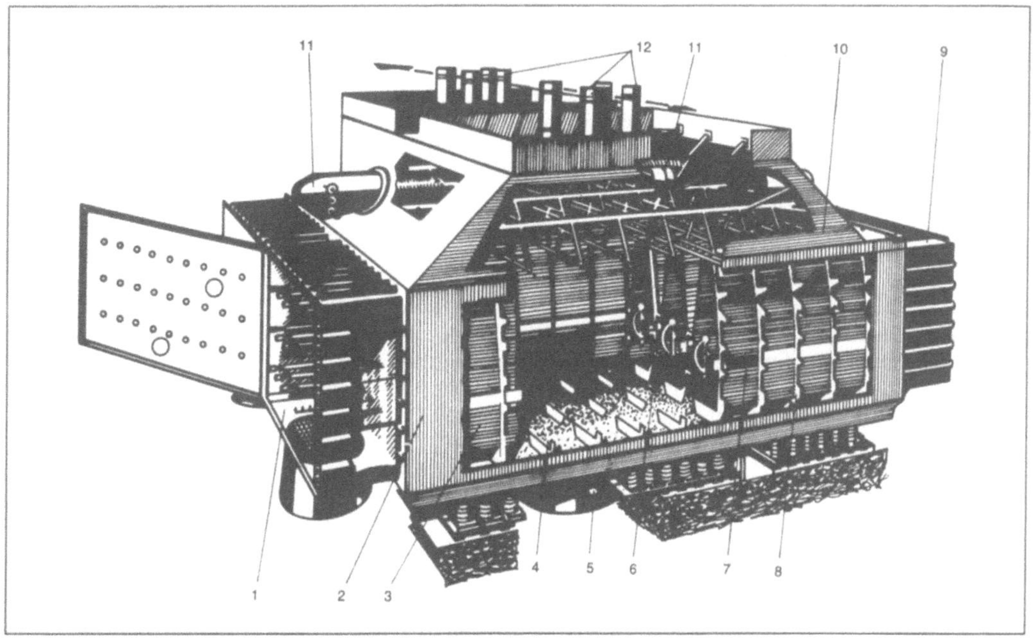

Kondensator (Strömungsmaschine): Perspektivische Darstellung eines Teilbündel-Oberflächen-Kondensators mit Teilausschnitten. (Quelle: BBC a. a. O.)

1 Wasserkammer-Eintritt, 2 Dampfraum, 3 Rohrbündel, 4 Kondensat-Sammelgefäß (Hotwell), 5 Kondensatabsaugung, 6 Federauflager, 7 Luftkühler, 8 Stützplatte, 9 Wasserkammer-Austritt, 10 Abdampfgehäuse, 11 Umleitdampf-Einführung, 12 Anzapfleitungen

umströmten Außenseite mit Rippen zur Verbesserung des Wärmeübergangs versehenen Rohren gebaut.

In einem direkten oder Einspritz-K. wird das Kühlfluid unmittelbar mit dem Dampf in Kontakt gebracht (gemischt). Das Kühlfluid muß dann Kondensat-Qualität haben. Wegen des Wegfalls der Trennfläche zwischen dem wärmeabgebenden Dampf-Kondensat und dem Kühlfluid werden K.-Drücke erreicht, die dem Dampfdruck bei der Temperatur des Kühlfluids entsprechen. *Pitt*

Literatur: *Oplattea, G.,* u. *H. Lang:* Theoretische Grundlagen und Gestaltung der Teilbündelkondensatoren und ihre Anwendung für große Dampfturbinen. BBC-Mitt. 7/8 (1973), S. 326/36. – *Schröder, K.:* Große Dampfkraftwerke – Planung, Ausführung und Bau. Bd. 3: Die Kraftwerksausrüstung. Tl. B. Berlin, Heidelberg 1968.

Konizität. Bezeichnung für kegelförmig. Bezeichnungen eines Kegels (früher Konus genannt) nach DIN 406.

Zwei Beispiele sollen den Begriff erklären:

Die K. eines Diffusors wird beschrieben durch den Erweiterungswinkel $\tan \alpha = (h_A - h_E)/L$; darin sind h_A und h_E die Höhen der Ein- und Austrittsquerschnitte (beim Kegeldiffusor die Radien, beim Kreisringdiffusor die Radiendifferenzen) und L die Länge. Von diesem Winkel und dem Verhältnis von Austritts- zu Eintrittsfläche sind Wirkung und Wirkungsgrad des Diffusors abhängig.

Bei thermischen Strömungsmaschinen spricht man bei Axialmaschinen von der K. der Meridianbegrenzung. Damit ist die Änderung des Strömungsquerschnitts A in Strömungsrichtung gemeint, die so erfolgt, daß die Meridiangeschwindigkeiten c_m trotz veränderlichen Volumens des Fluids infolge Kompression oder Expansion gleich bleiben. Die Kontinuitätsgleichung $\dot{m} = c_m \, A/v = \text{konst}$ zeigt, daß für $c_m = \text{konst}$ auch $A/v = \text{konst}$ sein muß.

In Turbinen nimmt bei zunehmendem Volumen der Strömungsquerschnitt zu. Dabei kann sich der Innendurchmesser verjüngen und/oder der Außendurchmesser erweitern, wobei meist nur der Außendurchmesser erweitert wird. Solange der Neigungswinkel der Kontur kleiner als 30° bleibt, treten i. a. keine nennenswerten Verluste auf. In Verdichtern nimmt bei abnehmendem Volumen der Strömungsquerschnitt ab. Hier ist u. U. zu berücksichtigen, daß in Strömungsrichtung die Grenzschichtdicke an Nabe und Gehäuse zunimmt. *Rauhut*

Konsistenzklasse →Fettschmierung

Konstruieren.

1. Allgemeines. K. ist die Summe aller Tätigkeiten, die nötig sind, um, ausgehend von einer →Anforderungsliste, alle Unterlagen zur Herstellung und Nutzung eines Produkts zu erstellen.

Hierzu gehört auch bis zu einem gewissen Grade die Erstellung von Prototypen oder Labormustern und ihre Untersuchung. Dieser weitgefaßte Begriff des K. wird in der Industrie stärker begrenzt auf die reine Bürotätigkeit. K. wird dann als Teil der Entwicklung aufgefaßt, zu der auch das Labor bzw. die Versuchsabteilung gehört (Organisation). Beim K. bedient man sich verschiedener →Konstruktionsverfahren, die das Gesamtproblem strukturieren und Methoden zur Lösung anbieten.

Ergebnis des K. sind Zeichnungen und Unterlagen für die betriebliche Organisation, die die Fertigung und Montage des Produkts festlegen sowie Bedienungsanleitungen, Wartungspläne usw.

Ehrlenspiel

2. emissionsarmes →Konstruieren, umweltgerechtes

3. energiesparendes →Konstruieren, umweltgerechtes

4. fertigungsgerechtes. Unter f. K. versteht man die Gestaltung von Produkten mit dem Ziel, Kosten, Zeiten und Qualität bei ihrer Herstellung zu optimieren.

Diese Optimierung beinhaltet die geeignete Aufteilung der Maschine in fertigungsgerechte Bauteile für die Eigenfertigung sowie in Norm- und Kaufteile (Integral- u. →Differentialbauweise). Außerdem gehört dazu die Wahl eines geeigneten Fertigungsverfahrens für die Bauteile in Abhängigkeit von der Stückzahl und der Baugröße, von der geforderten Qualität, von Liefer- und Fertigungszeiten sowie der Verfügbarkeit von Fertigungseinrichtungen und von Herstellkosten. Zu beachten sind auch die Montage der Teile und die damit verbundenen Fügeverfahren und Verbindungselemente.

Für die einzelnen Fertigungsverfahren gelten jeweils spezifische Gestaltungsregeln, die nachfolgend an einigen Beispielen angedeutet werden.

Urformgerechtes (gußgerechtes) Konstruieren. Bei Bauteilen aus Gußwerkstoffen (Urformen aus flüssigem Zustand) muß die Gestaltung den Verfahrensschritten Modell herstellen, Formen, Gießen und Bearbeiten angepaßt sein, a) und b) im Bild.

Umformgerechtes Konstruieren. Die Gestaltung muß den Umformverfahren Schmieden, Fließpressen, Walzen, Ziehen, Biegen u. a. angepaßt sein, c), d), e) im Bild.

Trenngerechtes Konstruieren. Wesentliche Verfahren sind hier Drehen, Bohren, Fräsen, Schleifen und Schneiden. Für alle Trennverfahren muß sich die Gestaltung an den Eigenheiten des Werkzeugs, der Relativbewegung zwischen Werkzeug und Werkstück sowie den Möglichkeiten des Spannens (Haltens) orientieren, f), g), h) im Bild.

Fügegerechtes Konstruieren. Wesentliche Fügeverfahren sind Zusammenlegen (z. B. Einlegen, Auflegen); An- und Einpressen (z. B. Schrauben, Klemmen, Klammern); Fügen durch Urformen (z. B. Ausgießen, Aufvulkanisieren); Fügen durch Umformen (z. B. drahtförmiger Körper); Fügen durch Stoffvereinigen (z. B. durch Schweißen, Löten, Kleben). Die Gestaltung der Bauteile sollte sich nicht nur am eigentlichen Fügevorgang orientieren, sondern auch an den Tätigkeiten, die mit dem Fügen in Verbindung stehen (Speichern von Montageteilen, Teile handhaben, Teile positionieren, Teile justieren, Teile sichern, Montage kontrollieren), i) im Bild.

Ehrlenspiel

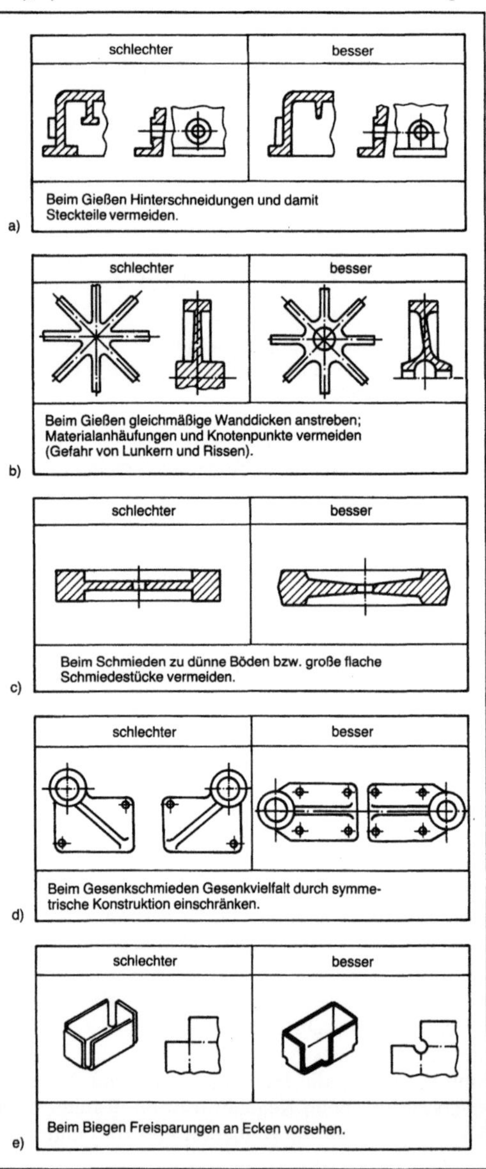

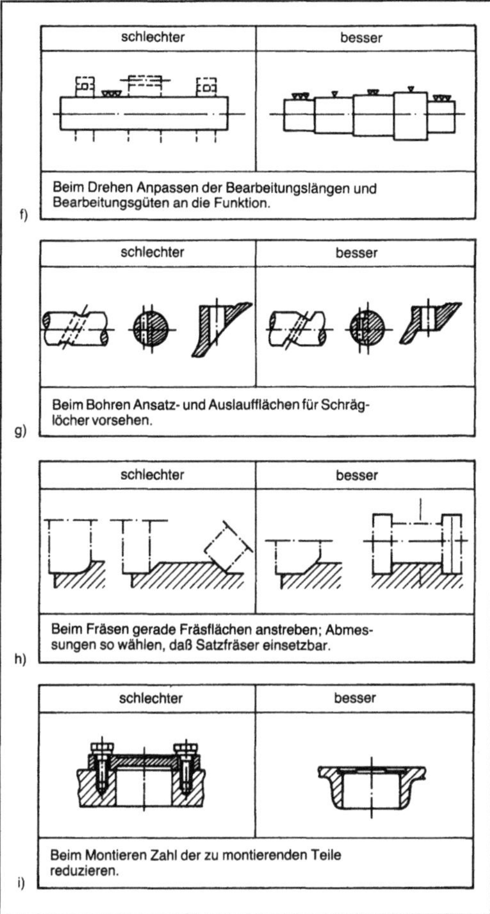

Konstruieren, fertigungsgerechtes: Unzweckmäßige und zweckmäßige Gestaltung beim Konstruieren.

Literatur: *Pahl, G.,* u. *W. Beitz:* Konstruktionslehre. Berlin 1986. – *Brandenberger, H.:* Fertigungsgerechtes Konstruieren. Zürich. – DIN 8577: Fertigungsverfahren; Übersicht. Hrsg. Dt. Inst. für Normung. – DIN 8580: Fertigungsverfahren; Einteilung. Hrsg. Dt. Inst. für Normung. – *Ehrlenspiel, K.:* Kostengünstig Konstruieren. Berlin 1985. – VDI 3237. Bl. 1 u. Bl. 2: Fertigungsgerechte Werkstückgestaltung im Hinblick auf automatisches Zubringen, Fertigen und Montieren. Hrsg. Verein Dt. Ing. Ausg. 1967 u. 1973.

5. fügegerechtes →Konstruieren, fertigungsgerechtes

6. geräuschgünstiges →Konstruieren, umweltgerechtes

7. gußgerechtes →Konstruieren, fertigungsgerechtes

8. korrosionsgerechtes →Konstruieren, umweltgerechtes

9. kostengünstiges. Unter k. K. versteht man die Gestaltung von Produkten mit dem Ziel, die Kosten für alle Lebensphasen, primär für ihre Herstellung zu minimieren.

Die Gründe, gerade in der Konstruktion Maßnahmen zum k. K. einzuführen sind bekannt: 60 %–80 % der absenkbaren Kosten eines Produkts hat die Konstruktion zu verantworten, die Fertigung nur 15 %–20 %, die Materialwirtschaft 10 %–15 %. Allerdings sind kurzfristig nur variable Kosten absenkbar, und das sind in Maschinenbauunternehmen im wesentlichen die Materialkosten (ca. 40 % der Selbstkosten eines Unternehmens). Traditionell wird aber besonders auf die Fertigungskosten geachtet, die zu einem Teil als Lohnkosten (ca. 10–12 % der Selbstkosten) variabel sind, wenn die eingesparte Lohnstunde anderweitig eingesetzt werden kann.

Die Problematik wäre nicht vorhanden, wenn Konstrukteure in gleichem Maß, wie sie technisch informiert und motiviert sind (z. B. bez. Festigkeit, Verformung, Gewicht, Leistung), dies auch bez. der heute gleich wichtigen Kosten wären. Sie müßten wissen, welches die zulässigen Kosten sind, wie man diese konstruktiv erreicht und frühzeitig beim Entwurf bereits berechnet. Wegen der meist technisch einseitigen Ausbildung und der in den Unternehmen üblichen enormen Arbeitsteilung zwischen kaufmännischen und technischen Bereichen ist das nicht der Fall. Die Arbeitsteilung bewirkt Wissensteilung. Alle Maßnahmen zum k. K. sind darauf ausgerichtet, diese Wissensteilung zu überwinden.

Diese Maßnahmen sind dementsprechend solche, die Informationen von der Produktion (Fertigung und Montage) und von der Materialwirtschaft nach vorn zur Produktentstehung in Konstruktion und Projektierung schaffen (Kostenfrüherkennung). Das kann durch Personen geschehen (Beraten der Konstruktion aus Produktion bzw. Materialwirtschaft). Der Erfolg der →Wertanalyse ist ebenfalls wesentlich durch Teamarbeit von Personen aus unterschiedlichen betrieblichen Abteilungen bedingt. Derartige Maßnahmen sind die am schnellsten und wirkungsvollsten greifenden. Sie müssen nur organisatorisch von der Unternehmensleitung durchgesetzt werden. Ergänzend können Informationen, die auf Papier oder in EDV-Datenträgern gespeichert sind, für die Konstruktion von den Abteilungen Produktion und Materialwirtschaft aufbereitet werden. Solche Hilfsmittel sind z. B. Kostenangaben für Werkstoffe oder Kaufteile, Relativkosten, Kostenstrukturen von typischen Produkten, um Kostenschwerpunkte zu erkennen und Kurzkalkulationsverfahren. Zweckmäßigerweise werden sie zusammen mit technischen Daten (z. B. in Werknormen) dargestellt, da es ja immer um eine technisch-wirtschaftliche Optimierung geht (Bild).

Zukünftige Hilfsmittel zum kostengünstigen Konstruieren sind rechnergestützte Kosteninformationssysteme (KIS), die gekoppelt an die CAD-

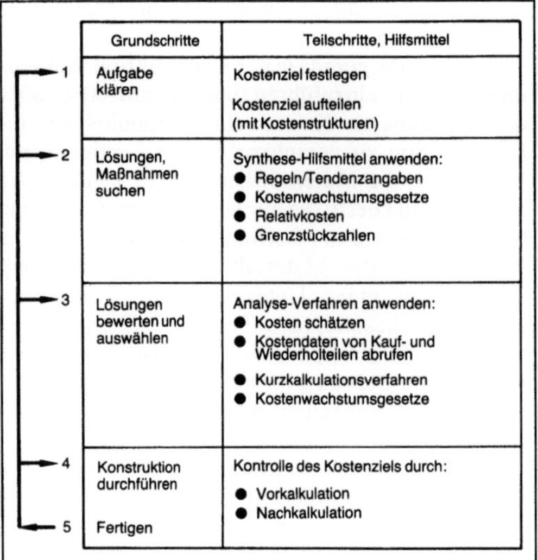

Konstruieren, kostengünstiges: Vorgehen und Hilfsmittel zum kostengünstigen Konstruieren.

Geometrie-Beschreibung des Produkts erlauben, die voraussichtlichen Herstellkosten schon beim Entwurf des Produkts zu berechnen. Die Basis ist dabei die rechnergestützte Zeitermittlung der Arbeitsvorbereitung, die für die Konstruktion geeignet aufbereitet wird.

Die Methode der Kostenbeeinflussung wird dabei analog zur technisch orientierten Konstruktion die folgende sein: Festsetzung von Kostenzielen für das Gesamtprodukt (ausgehend vom Markt, durch die Werkleitung), Aufteilung des Kostenziels auf einzelne Baugruppen bzw. Teile entsprechend ähnlichen früheren Produkten, Entwurf mehrerer technisch einigermaßen gleichwertiger konstruktiver Varianten, Auswahl der kostengünstigsten und technisch optimalen Variante mit Hilfe einer Vergleichskalkulation (mitlaufende Kalkulation) durch z. B. Berater, Durchführung der endgültigen Konstruktion.

Die betrachtete Kostenart sind bisher hier die Herstellkosten als Summe von Material- und Fertigungskosten. Diese verantwortet die Konstruktion am ehesten unter den herstellertypischen Kosten. Im Sinne einer darüber hinausgehenden Betrachtung müßte aber die Minimierung der Produktgesamtkosten (life cycle costs) angestrebt werden. Dies sind die Kosten, die der Produktnutzer mit dem Produkt während der Nutzung hat. Sie setzen sich aus Investitions-, Betriebs- und Instandhaltungskosten zusammen. Bei Fahrzeugen, Schiffen, Flugzeugen, Kraftwerken, verfahrenstechnischen Anlagen ist deren Minimierung weitgehend üblich und kann nur durch Aufhebung der Informationsschranken zwischen Komponentenhersteller, Anlagenhersteller und Anlagenbetreiber geschehen. Dies ent-

spricht der Beseitigung von Informationsbarrieren innerhalb des herstellenden Unternehmens, wie oben erwähnt wurde. *Ehrlenspiel*

Literatur: *Ehrlenspiel, K.:* Kostengünstig Konstruieren. Berlin 1985. – VDI 2234: Wirtschaftliche Grundlagen für den Konstrukteur. Hrsg. Verein Dt. Ing. Ausg. Jan. 1990. – VDI 2235: Wirtschaftliche Entscheidungen beim Konstruieren. Hrsg. Verein Dt. Ing. Ausg. Okt. 1987.

10. lärmarmes →Konstruieren, umweltgerechtes

11. methodisches →Konstruktionsverfahren

12. montagegerechtes →Konstruieren, fertigungsgerechtes

13. recyclinggerechtes →Konstruieren, umweltgerechtes

14. schmiedegerechtes →Konstruieren, fertigungsgerechtes

15. sicherheitsgerechtes. K. sicherheitsgerechter Produkte umfaßt alle Konstruktionsarbeiten, die darauf gerichtet sind, ein technisches Produkt bzw. ein technisches Arbeitsmittel sicher, d. h. frei von Gefahr im Sinne der Arbeits- und Umweltschutzgesetzgebung und sonstiger Vorschriften, zu gestalten.

S. K. zielt außer auf die bestimmungsgemäße Verwendung eines Produkts auch auf dessen Herstellung, Inbetriebnahme, Instandsetzung, Instandhaltung, auf Störfälle, Demontage und ggf. Recycling. Die Maßnahmen, die beim K. ergriffen werden können, lassen sich (nach DIN 31000) in drei Gruppen einteilen:

□ *Unmittelbare Sicherheitstechnik:* Das Produkt kann keine Gefahr verursachen, solange die Komponenten funktionieren. Häufigste Maßnahmen sind das Kapseln gefährlicher Teile (das Entfernen der Kapselung erzwingt eine Abschaltung der Maschine), Wahl von sicherheitstechnisch günstigeren physikalischen Effekten (z. B. in explosionsgefährdeten Räumen hydraulischer statt elektrischer Antrieb) oder das Automatisieren von Vorgängen, bei denen der Mensch häufig Fehler macht. Die unmittelbare Sicherheitstechnik ist die wirkungsvollste Strategie. Beispiel Fahrradantrieb: statt offener Kette gekapselte Kegelräder und Antriebswelle zum Hinterrad.

□ *Mittelbare Sicherheitstechnik:* Die Gefahrenstelle wird berührungssicher abgedeckt. Beispiel Fahrradantrieb: Über der offenen Kette wird ein Schutzblech angebracht.

□ *Hinweisende Sicherheitstechnik:* Ein Hinweis auf die Gefahrenstelle soll sicherheitsbewußtes Verhalten bewirken. Beispiel Fahrradantrieb: Über der offenen Kette ist ein Hinweisschild angebracht „Hose hochkrempeln". Der Mensch hat in diesem Fall die Gefahr zu erkennen, zu beurteilen und muß geeignete Sicherheitsmaßnahmen ergreifen. *Ehrlenspiel*

Literatur: DIN 31000/VDE 1000: Sicherheitsgerechtes Gestalten technischer Erzeugnisse. Allgemeine Leitsätze. – DIN 31004: Sicherheit und Schutz in Arbeitssystemen. Begriffe, Wertzusammensetzungen. Hrsg. Dt. Inst. für Normung. – VDI 2244: Konstruktion sicherheitsgerechter Produkte. Hrsg. Verein Dt. Ing. Ausg. Mai 1988. – VDI 4004. Bl. 5: Sicherheitskenngrößen. Hrsg. Verein Dt. Ing. – *Strnad, H.,* u. *B. J. Vorath:* Sicherheitsgerechtes Konstruieren. Köln 1983.

16. umformgerechtes →Konstruieren, fertigungsgerechtes

17. umweltgerechtes. Unter u. K. versteht man die Gestaltung von Produkten mit dem Ziel, daß sie bei der Herstellung, dem Gebrauch und der Außerdienststellung die Umwelt möglichst wenig belasten.

Bei jeder Lebensphase eines Produkts werden Stoffe und Energie aus der technischen und natürlichen Umgebung aufgenommen und in veränderter Form wieder abgegeben (Bild). Ein Ziel beim u. K. sollte sein, den Austausch von Stoffen und Energie des Produkts mit der Umwelt bei gleichem Nutzen zu minimieren bzw. den notwendigen Austausch auf erneuerbare oder reichlich vorhandene Ressourcen und umweltverträgliche Emissionen zu beschränken. Bei der Konstruktion lassen sich folgende Maßnahmen ergreifen:

- ☐ die Produktlebensdauer verlängern,
- ☐ Recycling ermöglichen,
- ☐ Energie einsparen,
- ☐ Rohstoffe einsparen,
- ☐ Lärmemission vermindern,
- ☐ Schadstoffemission vermindern.

Zur Verlängerung der Produktlebensdauer trägt bei:

☐ Instandhaltungs- und wartungsgerechte Konstruktion:
- auf einfachen Verschleiß achten (Beispiel: Bremsbeläge beim Pkw),
- Verschleißteile mit lösbaren Verbindungen befestigen,
- Verschleiß auf leicht auswechselbare Teile konzentrieren (Beispiel: gehärtete →Welle, weichere austauschbare Gleitlager).

☐ Reibungs- und verschleißarme Konstruktion:
- Bewegungen vermeiden,
- Gleiten vermeiden; Rollen oder hydrodynamische Lagerung anstreben,
- Lagerungen ausreichend dimensionieren,
- Oberflächenbehandlung an gefährdeten Stellen,
- ausreichende Schmierung vorsehen,
- Schmutz fernhalten (dichten, Schmierstoff filtern),
- Verschleißpartikel abführen (durchflußschmieren).

☐ Korrosionsarme Konstruktion:
- Geeignete Werkstoffwahl,
- Schutzschichten vorsehen (z. B. Verzinken von Stahl),
- enge Spalte vermeiden (Spaltkorrosion);

Recycling, also der Einsatz von bereits gebrauchten Stoffen, läßt sich erreichen durch

☐ Wiederverwertung, also den wiederholten Einsatz von Produktionsabfällen oder „verbrauchten" Produkten im gleichen, bereits durchlaufenden Pro-

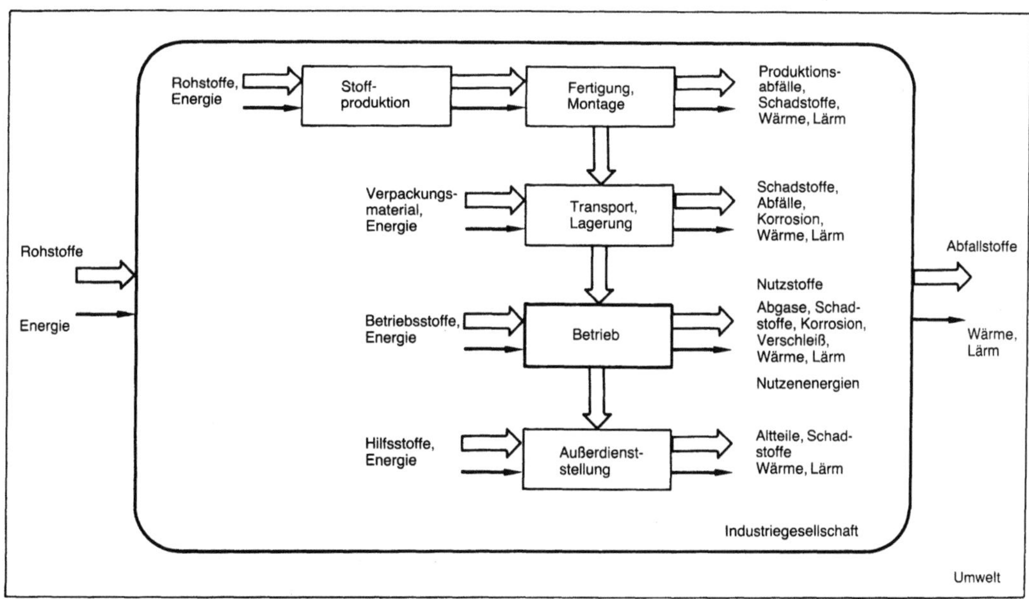

Konstruieren, umweltgerechtes: Lebensphasen eines Produkts, bei denen wesentliche Stoff- und Energieflüsse auftreten.

duktionsprozeß (Recycling auf niederer Wertstufe). Maßnahmen hierfür sind:
– Kennzeichnung der verwendeten Werkstoffe, z. B. durch eine Schlüsselnummer,
– möglichst einheitliche Werkstoffe vorsehen,
– leicht lösbare Verbindungselemente für Baugruppen aus unterschiedlichen Werkstoffen vorsehen,
– schwer trennbare Bauteile aus Werkstoffen fertigen, die zusammen eingeschmolzen werden können (Verwendung von Werkstoffverträglichkeits-Tabellen).
□ Wiederverwendung, die erneute Benutzung eines „gebrauchten" Produkts für den gleichen Verwendungszweck, für den es ursprünglich hergestellt wurde (Recycling auf hoher Wertstufe). Dabei gibt es zwei Möglichkeiten: die handwerkliche Einzelinstandsetzung und die industrielle Austauscherzeugnis-Fertigung. Die Maßnahmen hierfür konzentrieren sich auf die leichte Demontierbarkeit der Produkte, um defekte Teile austauschen zu können.

Zum Einsparen von Energie sind z. B. folgende Maßnahmen möglich:
□ Leichtbau bei Fahrzeugen,
□ Erhöhung des Wirkungsgrades bei Verbrennungsmotoren durch Turbolader und den Einsatz keramischer Werkstoffe,
□ Nutzung von Abwärme zum Heizen,
□ Einsatz von Wärmepumpen.

Zum Einsparen von Rohstoffen bieten sich an:
□ Leichtbau,
□ Verschnittoptimierung,
□ Genauschmieden, Genaugießen als Fertigungsverfahren,
□ Kaltumformung als Fertigungsverfahren,
□ Substitution knapper Werkstoffe.

Verminderung der Lärmemission läßt sich erreichen durch
□ präventive Maßnahmen (Vermeiden von Schallentstehung):
– Beschleunigungen vermeiden,
– bewegte Massen und Unwuchten minimieren,
– Spiel, Rauhigkeit herabsetzen,
– Einsatz von Riementrieben statt Kettentrieben,
– Verwendung von Schrägverzahnung bei Getrieben,
– Vermeidung hoher Drehzahlen,
– Vermeidung plötzlicher Entspannung bei strömenden Medien;
□ korrektive Maßnahmen (Vermeiden von Schallausbreitung):
– Abschirmung der Lärmquelle, z. B. durch Trennwände oder Schallschluckhauben,
– Einsatz von Werkstoffen mit hoher Eigendämpfung,
– Einsatz von Schalldämpfern bei Strömungsgeräuschen.

Eine Verminderung der Schadstoffemission läßt sich erreichen durch
□ Vermeiden umweltgefährdender Stoffe,
□ geeignete Prozeßführung,
□ Einsatz von Filtern. *Ehrlenspiel*

Literatur: BMFT: Umweltforschung und Umwelttechnologie. Bonn 1984. – *Moll, W. L. H.:* Taschenb. für Umweltschutz Bd. I. Darmstadt 1973. – *Oertel, B.:* Die Planung des Produktes unter Berücksichtigung der Humanisierungs- und Umweltschutzproblematik. Frankfurt a. M. 1982. – Emissionsminderung Automobilabgase – Ottomotoren. VDI-Ber. Nr. 531: Düsseldorf 1985. – VDI 2243: Recyclingorientierte Gestaltung technischer Produkte. Hrsg. Verein Dt. Ing. Ausg. Dez. 1984. – VDI 3720: Lärmarm Konstruieren. Hrsg. Verein Dt. Ing. Ausg. Nov. 1980. – *Warnecke, H.-J.,* u. *R. Steinhilper:* Instandsetzung, Aufarbeitung, Aufbereitung: Recyclingverfahren und Produktgestaltung. VDI-Z. 124 (1982) Nr. 20, S. 754/58.

18. urformgerechtes →Konstruieren, fertigungsgerechtes

19. werkstoffgerechtes. Unter w. K. versteht man das durch entsprechendes Gestalten vorteilhafte Nutzen günstiger und Kompensieren nachteiliger Eigenschaften eines Werkstoffs für bestimmte Anwendungsfälle.

Bauteile aus Grauguß sind z. B. so zu gestalten, daß in ihnen keine Zugspannungen auftreten, da Grauguß auf Druck höher belastbar ist als auf Zug. Hochbeanspruchte Querschnitte bei Bauteilen aus Stahl oder Kunststoff sollten wegen Knickgefahr besser auf Zug beansprucht werden. *Ehrlenspiel*

Konstruktionsabteilung. Die K. ist der organisatorisch abgegrenzte Bereich eines Unternehmens, der für die Konstruktion von Produkten zuständig ist. Sie ist in den Rahmen der Gesamtorganisation eines Unternehmens eingebettet und weist dementsprechend starke Unterschiedlichkeiten auf je nach Unternehmensart, -größe und Produktart.

Üblicherweise wird die Konstruktion in der Industrie als Teil der Entwicklung bzw. der Technik aufgefaßt (Bild), die dann je nach Unterschiedlichkeit der Produkte in besonderen Abteilungen (für Produkt A, B ...) mehrmals vorkommt.

In größeren Unternehmen wird noch unterschieden nach konstruktiver Entwicklung (Fortschrittskonstruktion) und konstruktiver Abwicklung (Auftragsabwicklung); ferner des öfteren das Ausarbeiten in einer besonderen Abteilung „Detaillierung" oder „Zeichenbüro" zusammengefaßt. Ebenso kann die Berechnung, das Normenwesen, die Dokumentation (Zeichnungsverwaltung) innerhalb der Konstruktion integriert oder als getrennte Einheit organisiert werden. *Ehrlenspiel*

Konstruktionsart. Die K. ist die →Klassifizierung eines konstruktiven Problems nach dem Grad der Übernahme bestehender Lösungen.

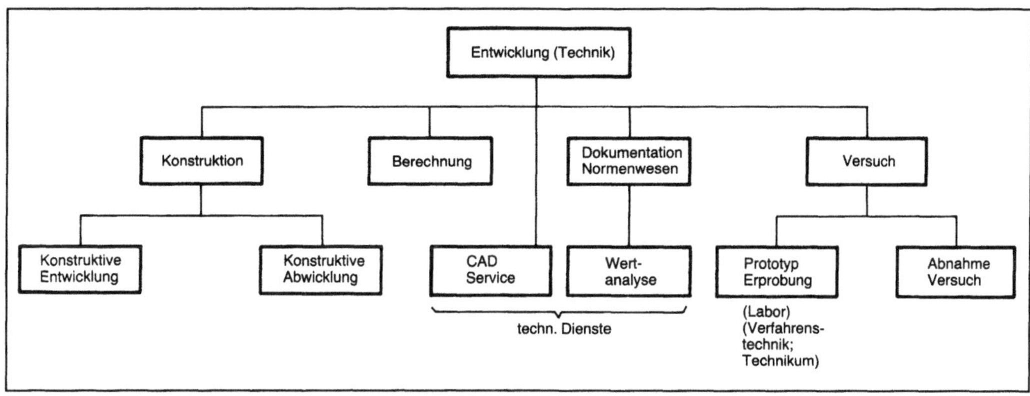

Konstruktionsabteilung in der betrieblichen Organisation.

Gebräuchlich ist eine Unterscheidung in →Neukonstruktion, →Anpassungskonstruktion und →Variantenkonstruktion, je nachdem mit welcher →Konstruktionsphase begonnen wird. *Ehrlenspiel*

Konstruktionselement, feinmechanisches →Gerätetechnik

Konstruktionskatalog. Ein K. ist eine Sammlung bekannter und bewährter Lösungen für bestimmte konstruktive Aufgaben oder Teilfunktionen (Funktion eines technischen Systems). Er ist systematisch gegliedert und innerhalb eines gegebenen Rahmens weitestgehend vollständig.

Kataloge können Informationen recht verschiedenen Inhalts und Lösungen unterschiedlichen Konkretisierungsgrades enthalten. So können in ihnen physikalische Effekte, Lösungsprinzipien, Maschinenelemente, Normteile, Werkstoffe, Zukaufteile und dgl. gespeichert sein. *Ehrlenspiel*

Konstruktionsmethodik →Konstruktionsverfahren

Konstruktionsphase. Eine K. ist ein Teil des Konstruktionsprozesses (Konstruieren, →Konstruktionsverfahren).

Gebräuchlich ist eine Unterteilung in die vier Phasen:

☐ Planungsphase (Klären der Aufgabenstellung),

☐ Konzeptphase (→Konzipieren),

☐ Entwurfsphase (Entwerfen),

☐ Ausarbeitungsphase (Ausarbeiten, Detaillieren).

Der Ablauf der K. mit zugeordneten Hilfsmitteln und Ergebnissen wird häufig in einem Ablaufplan festgelegt. *Ehrlenspiel*

Konstruktionsprozeß →Konstruktionsverfahren, →Ablaufplan, konstruktionsmethodischer

Konstruktionsverfahren. Als K. werden alle methodischen Hilfsmittel bezeichnet, die den Prozeß des Konstruierens von Produkten des Maschinenbaus und der Feinwerktechnik unterstützen.

All diese Verfahren werden in der Konstruktionsmethodik, der Lehre von den Methoden zum Konstruieren behandelt. Sie verfolgt die in Bild 1 zusammengefaßten Ziele:

Der Konstruktionsmethodik als Anleitung zum Handeln liegen als wissenschaftliche Basis einerseits physikalische und technologische Untersuchungen über die Struktur technischer Systeme (Maschinensystematik) und andererseits Beobachtungen menschlichen Handelns beim Ablauf von Konstruktionsprozessen zugrunde.

Technische Ziele	– bessere Maschinen – neuartige Maschinen
Organisatorische Ziele	– Rationalisierung der Konstruktionsarbeit – Verkürzung der Konstruktionsarbeit – Ermöglichen von Teamarbeit – interdisziplinäre Arbeiten möglich – Steigerung der Kreativität – Objektivierung der Konstruktionsarbeit – Verkürzung der Einarbeitungszeit für Konstrukteure
Persönliche Ziele	– Hilfestellung in neuartigen Situationen – Konstruktion nachvollziehbar machen – Problembewußtsein erweitern – bessere Präsentation der Konstruktion gegenüber Vorgesetzten, Kunden ...
Didaktische Ziele	– Konstruieren lehrbar machen – Rationalisierung der Lehre

Konstruktionsverfahren 1: Ziele der Konstruktionsmethodik.

Die Beschreibungsmöglichkeiten für technische Systeme (→Anforderungsliste, Funktion, Effekt, →Wirkfläche, →Wirkbewegung) dienen beim Konstruieren als Arbeits- und Ausdrucksmittel des Konstrukteurs.

Die K. bauen z. T. auf den spezifischen Darstellungsformen von technischen Systemen auf, orientieren sich jedoch andererseits am Menschen „Konstrukteur" und versuchen, seine kreative Tätigkeit zu unterstützen (→Kreativitätstechnik).

Methodisch gestütztes Konstruieren ist geleitet von einem organisatorischen Ablaufplan, der den Gesamtprozeß grob in einzelne Konstruktionsphasen gliedert. Am Ende jeder Phase steht ein definiertes Ergebnis. Bild 2 zeigt die wichtigsten Teilmethoden (K.), die beim Konstruieren zur Anwendung kommen.

Es gibt eine Reihe von Forderungen, die der Konstrukteur zu beachten hat: Ein Produkt muß gefertigt werden (→Konstruieren, fertigungsgerechtes, werkstoffgerechtes), es muß sich am Markt behaupten (→Konstruieren, kostengünstiges), es darf Mensch und Umwelt nicht gefährden (→Konstruieren, sicherheitsgerechtes; →Konstruieren, umweltgerechtes).

Zur Erfüllung dieser Forderungen stehen nicht immer geeignete Methoden, sondern oft nur allgemeine Gestaltungsregeln und konstruktive Vorbilder zur Verfügung. *Ehrlenspiel*

Literatur: *Andreasen, M. M.,* u. *V. Hubka:* Methodisches Konstruieren von Maschinensystemen – Fallbeispiele. Zürich 1981. – *Beitz, W.:* Übersicht über Konstruktionsmethoden. Konstruktion 24 (1972) Nr. 2 u. 3, S. 68/72 u. S. 109/14. – *Berhardt, R.:* Systematisierung des Konstruktionsprozesses. Düsseldorf 1981. – *Daenzer, W. F.:* Systems Engineering. Systemtechnik. Köln 1977. – *Hansen, F.:* Konstruktionswissenschaft. München, Wien 1974. – *Hubka, V.:* Konstruktionsmethoden in Übersicht. Zürich 1981. – *Hubka, V.:* Theorie der Konstruktionsprozesse. Analyse der Konstruktionstätigkeit. Berlin 1976. – *Hubka, V.:* Theorie technischer Systeme. Berlin 1984. – *Kesselring, F.:* Technische Kompositionslehre. Berlin 1954. – *Koller, R.:* Konstruktionslehre für den Maschinenbau. Berlin 1985. – *Leyer, A.:* Maschinenkonstruktionslehre H. 1–6. Basel, Stuttgart 1963–1971. – *Matousek, R.:* Konstruktionslehre des allgemeinen Maschinenbaues. Berlin 1957. – *Pahl, G.,* u. *W. Beitz:* Konstruktionslehre. Berlin 1986. – *Reitor, G.,* u. *K. Hohmann:* Grundlagen des Konstruierens. Essen 1972. – *Rodenacker, W. G.:* Methodisches Konstruieren. 2. Aufl. Berlin 1976. – *Roth, K.:* Anwendung von Konstruktionsmethoden. In: Schweizer Maschinenmarkt (Spezialpubl.) Konstruktion, Übersicht-ICED 1983, WDK 10 H. 7. Goldach 1984. – *Roth, K.:* Konstruieren mit Konstruktionskatalogen. Berlin 1982. – *Steinwachs, H.:* Praktische Konstruktionsmethode. Kamprath-Reihe. Würzburg 1976. – VDI 2221: Methodik zum Entwickeln und Konstruieren technischer Systeme und Produkte. Hrsg. Verein Dt. Ing. Ausg. Nov. 1986. – VDI 2222. Bl. 1: Konzipieren technischer Produkte. Hrsg. Verein Dt. Ing. Ausg. Mai 1977. – VDI 2222. Bl. 2: Erstellung und Anwendung von Konstruktionskatalogen. Hrsg. Verein Dt. Ing. Ausg. Febr. 1982. – VDI 2225: Technisch-wirtschaftliches Konstruieren. Hrsg. Verein Dt. Ing. Ausg. Apr. 1977. – *Wögerbauer, H.:* Die Technik des Konstruierens. München 1943.

Konti-Glühlinie. Eine K.-G. ist ein sehr komplexes technisches System zur Wärmebehandlung von Kaltband nach einem K.-Glühverfahren. Diese Glühverfahren unterscheiden sich im wesentlichen nur durch die Bandkühlung, insbes. durch die Kühlgeschwindigkeiten.

Hauptteilsysteme jeder K.-G. sind
□ das Einlaufsystem mit dem Bandreinigungssystem,
□ das Einlauf-Speichersystem,
□ die Bandbehandlungssysteme mit Kühlsystemen,
□ das Auslauf-Speichersystem sowie
□ die Nachwalz- und Auslaufsysteme (Bild).

Ein großer Teil der in Betrieb befindlichen K.-G. für Kaltband arbeitet nach dem Nippon-Kokan-Continuous-Annealing-Line-Verfahren (NKK-

Methode zur		Eignung für die			
		Planungsphase	Konzeptphase	Entwurfsphase	Ausarbeitungsphase
Problemanalyse	ABC-Analyse	●	○	●	○
	Anforderungsliste	●	●	●	○
	Abstraktion technischer Systeme	●	●		
	Black-Box	●	○		
	funktionelle Systembeschreibung	●	●	○	
Lösungsfindung	Brainstorming	●	●	○	
	Methode 6 - 3 - 5	●	●	○	
	Synektik	●	●		
	Konstruktionskataloge		●	●	
	physikalische Effekte	○	●		
	Ähnlichkeit		●	●	
	Variation		●	●	○
	morphologischer Kasten		●	●	
	Funktionstrennung/Funktionsvereinigung		○	●	○
	Baukasten/Baureihe		●	●	●
Analyse von Lösungen	Festigkeitsrechnung			●	●
	Schwingungsrechnung			●	●
	Versuche, Simulation		●	●	●
	Kostenrechnung			●	●
	Schadenanalyse		○	●	●
	Schwachstellenanalyse	●	●	●	○
Bewertung von Lösungen	einfache Punktbewertung	○	●	●	●
	gewichtete Punktbewertung	○	●	●	●
	technisch-wirtschaftliche Bewertung		●	●	●
	Nutzwertanalyse	○	●	●	●

○ geeignet   ● gut geeignet

Konstruktionsverfahren 2: Übersicht.

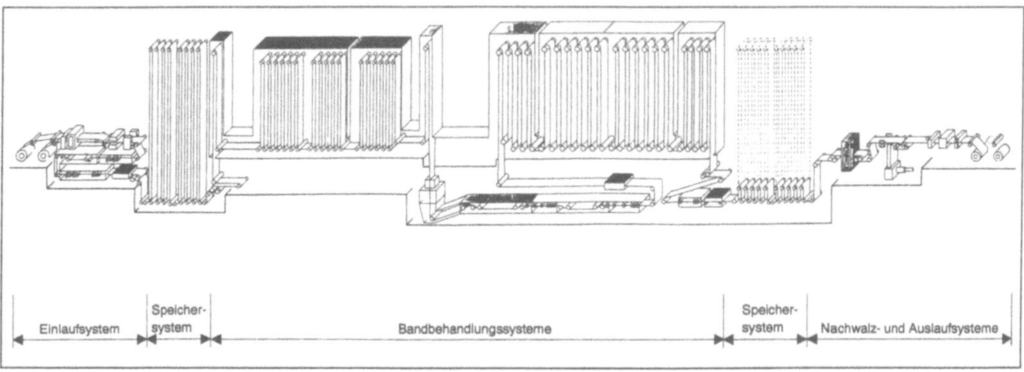

Konti-Glühlinie.

CAL-Verfahren). Die erste K.-G. der Bundesrepublik Deutschland, unter der Federführung von Mannesmann Demag Sack GmbH gebaut, die nach diesem Verfahren arbeitet, wurde Ende 1985 in Betrieb genommen. Die mit dieser kontinuierlich arbeitenden G. hergestellten Bandqualitäten reichen von den Handelsgütern über Zieh- sowie Tiefziehgüten bis hin zu den hochfesten und höchstfesten Güten. Zum Herstellen dieses breiten Spektrums von Stahlbandgüten wurde die Produktionslinie sowohl mit den Teilsystemen für das Water-Quench-Verfahren als auch mit denjenigen für das Roll-Quench-Verfahren ausgerüstet. Mit dem Water-Quench-Verfahren können Abkühlgeschwindigkeiten größer als 1 000 K/s erzielt werden. Die K.-G. der Hoesch Stahl AG ist für Produktionsmengen von 800 000 t Kaltband je Jahr ausgelegt. *Baumann*

Konti-Glühverfahren. Das K.-G. besteht im wesentlichen aus der kontinuierlichen Behandlung von Kaltband durch →Reinigen, Glühen, Kühlen, Nachwalzen und Inspizieren (Bild). Dieses Verfahren ist im Vergleich zum klassischen Hauben-G. u. a. durch

☐ eine wesentlich kürzere Durchlaufzeit des kalt gewalzten Coils (etwa 10 Tage beim klassischen Hauben-G. und 10 min beim K.-G.),

☐ eine gleichmäßig hohe Produktqualität über die Länge und Breite des Stahlbands,

☐ ein höheres Ausbringen und

☐ weniger Personalaufwand

gekennzeichnet. Diese Merkmale haben dazu geführt, daß in den 80er Jahren mehr als 30 K.-Glühlinien gebaut wurden, die sich durch die Art und Weise der Bandkühlung, insbes. durch die erreichbaren Kühlgeschwindigkeiten, voneinander unterscheiden.

Das von der Nippon Steel Corporation entwickelte Continuous-Annealing-and Processing-Line-Verfahren (CAPL-Verfahren), benutzt 2 Abkühlverfahren. Bei der Gas-Jet-Kühlung wird das Band mit einem Gasstrahl aus einem Stickstoff-Wasserstoff-Gemisch beaufschlagt. Je nach Banddicke und Gasbeaufschlagung sind Abkühlgeschwindigkeiten bis etwa 30 K/s einstellbar. Das Accelerated Coo-

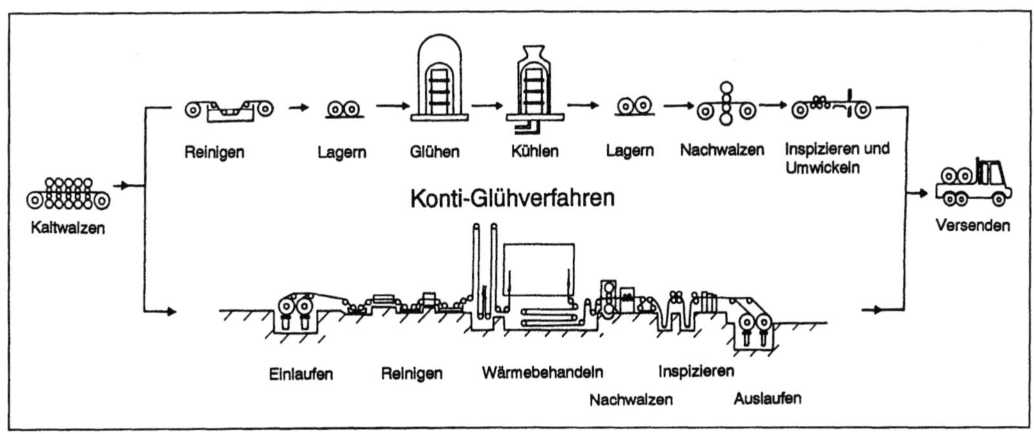

Konti-Glühverfahren: Klassisches Haubenglüh- sowie Nachwalzverfahren und neuzeitliches Konti-Glühverfahren (schematische Darstellung).

ling-Verfahren (AcC-Verfahren) ist ein beschleunigtes Kühlverfahren, bei dem ein Gemisch aus Wassersprühnebel und Gas auf das Band geblasen wird. Je nach Beaufschlagung sind Abkühlgeschwindigkeiten bis etwa 300 K/s erreichbar.

Beim Nippon-Kokan-Continuous-Annealing-Line-Verfahren (NKK-CAL-Verfahren) wird mit dem Water-Quench-System (WQ) das geglühte Band einfach in Wasser abgeschreckt. Eine definierte Abkühlgeschwindigkeit läßt sich hierbei nicht einstellen. Sie liegt jedoch in der Größenordnung von mehr als 1000 K/s. Beim Kontakt mit Wasser oxidiert das heiße Band und muß demnach anschließend gebeizt, neutralisiert und dann wieder auf Überalterungstemperatur erwärmt werden. Beim Roll-Quench-Verfahren (RQ) wird das heiße Band um wassergekühlte →Rollen gelenkt. Die Abkühlgeschwindigkeiten liegen zwischen 100 und 300 K/s. Die Abkühlgeschwindigkeit ist regelbar über die Kontaktzeit des Bands mit den wassergekühlten Rollen. Diese Kontaktzeit kann durch die Durchlaufgeschwindigkeit des Bands im Ofen und durch gegenseitiges Verschieben der wassergekühlten Rollen beeinflußt werden. Durch das Verschieben der Rollen ergeben sich unterschiedliche →Umschlingungswinkel und damit unterschiedliche Kontaktzeiten. Somit sind mit dem RQ-Verfahren die Abkühlgeschwindigkeiten sehr gut regelbar und reproduzierbar.

Beim Kawasaki Multipurpose Continuous Annealing Line-Verfahren (KM-CAL-Verfahren) ist ein Hochgeschwindigkeits-Gas-Jet-Abkühl-System eingesetzt. Durch gegenüberliegende Schlitzdüsen wird das Band von beiden Seiten mit Gas beaufschlagt. Durch Öffnen oder Schließen einer Klappe am Ausgang des Umlaufgebläses kann die Abkühlgeschwindigkeit reguliert werden. Die Gaszuführung ist entlang der Bandbreite in 5 Zonen aufgeteilt, damit eine überhöhte Kühlung an den Bandrändern vermieden wird. Zusätzlich beinhaltet dieses System eine Vorrichtung zur Regelung des Wasserstoffanteils in der Gasatmosphäre. Wenn der Wasserstoffanteil in der Gasatmosphäre relativ hoch liegt, erhöhen sich Wärmeleitfähigkeit und Dichte der Atmosphäre; dadurch erreicht man höhere Abkühlgeschwindigkeiten. Das computergesteuerte System ist für Abkühlgeschwindigkeiten von etwa 50 K/s ausgelegt. Beim Roll-Gas-Combined-Cooling-System (RGCC-Verfahren) sind die gekühlten Rollen vertikal angeordnet, während sich Gas-Jet-Aggregate auf der anderen Seite des Bandes jeweils gegenüber den gekühlten Rollen befinden. Der Abkühleffekt durch die Rollen wird durch die Gasbeaufschlagung vergrößert. Mit dem hier beschriebenen System sind Abkühlgeschwindigkeiten bis etwa 150 K/s einstellbar.

Das K.-G. für Kaltband wird sowohl zum Herstellen von Handels- und Ziehgüten sowie Tiefziehgüten als auch für hochfeste Güten eingesetzt. *Baumann*

Literatur: *Pankert, R.:* Stahl u. Eisen 105 (1985) Nr. 19, S. 990/94.

Konti-Rohrwalzanlage. Die K.-R. ist ein komplexes technisches System und kann aus bis zu 9 dicht nacheinander angeordneten Walzgerüsten bestehen, die jeweils 90° gegeneinander versetzt angeordnet sind. Jedes Walzgerüst hat einen eigenen, regelbaren Antrieb. Die Walzenumfangsgeschwindigkeiten werden entsprechend den Querschnittsabnahmen aufeinander abgestimmt, so daß zwischen den Gerüsten keine nennenswerten Zug- oder Stauchkräfte auf das Walzgut wirken. Eine ovale Kalibrierung der Walzenpaare erreicht ein bestimmtes →Spiel zwischen Dornstange und Walzgut in den Kaliberflanken (Bild). Im letzten Rundkaliber wird dieses Spiel gleichmäßig auf den gesamten Umfang verteilt. Damit löst sich die →Rohrluppe von der Dornstange. Vor Beginn des Walzvorgangs schiebt man die Dornstange in den Hohlblock. Nach Erreichen einer bestimmten Stelle werden dann beide gemeinsam in die K.-R. eingestoßen. Dabei wird das Walzgut von den Walzen erfaßt und durch die von Walzgerüst zu Walzgerüst kleiner werdenden Walzenkaliber auf der Dornstange gewalzt. Infolge der zunehmenden Walzgutgeschwindigkeit nimmt auch die Dornstange eine größer werdende Geschwindigkeit an. Anschließend wird die Dornstange aus der Rohrluppe gezogen, gekühlt und für einen erneuten Walzvorgang bereitgestellt. Üblicherweise sind bis zu 10 Dornstangen gleicher Abmessung im Umlauf.

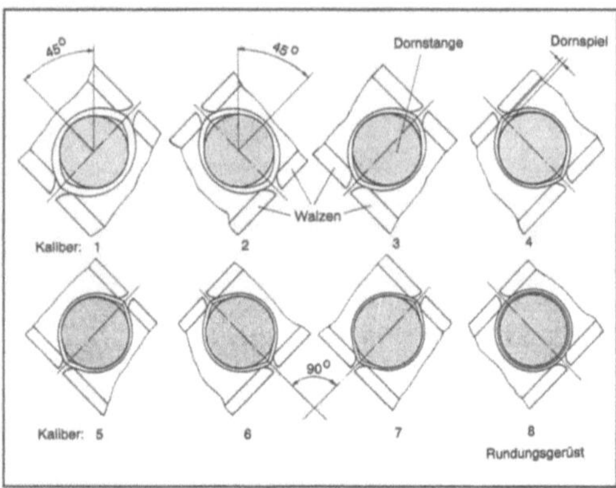

Konti-Rohrwalzanlage: Walzenanordnung und Kalibrierung.

Mit K.-R. können Rohrluppen bis zu 30 m Länge hergestellt werden. Dafür ist eine Dornstangenlänge von etwa 35 m erforderlich.

In neuerer Zeit werden K.-R. mit kontrolliert bewegter, statt frei mitlaufender Dornstange eingesetzt. Der Vorteil dieser Verfahrensweise liegt darin, daß man wesentlich kürzere und weniger Dornstangen benötigt und man die Rohrluppe von der Stange durch Walzen lösen kann. Dabei können wegen günstiger umformtechnischer Bedingungen auch größere Rohraußendurchmesser, maximal etwa 340 mm, hergestellt werden. *Baumann*

Konti-Rohrwalzwerk. Der Fertigungsablauf bei der Herstellung nahtloser Stahlrohre besteht i. a. aus den 3 Umformstufen

□ Lochen,

□ Strecken und

□ Fertigwalzen

des Werkstoffs. Als K.-R. werden solche R. bezeichnet, in denen das Strecken des dickwandigen Hohlkörpers mit dem Rohr-K.-Walzverfahren durchgeführt wird. Die Produktionsmengen der K.-R. waren ursprünglich insbes. durch

□ die größte Dornstangenlänge von 35 m,

□ die größte Rohrluppenlänge von 30 m und

□ den maximalen Fertigrohrdurchmesser von 7″

begrenzt.

Deshalb wurden in der zweiten Hälfte der 70er Jahre das Mannesmann-Rohr-K.-Walzverfahren mit Dornstangen-Stripper (→MRK-S-Verfahren), Bild 1, für K.-R. mit größeren Leistungen und das Mannesmann-Rohr-K.-Walzverfahren mit Luppen-Ausziehanlage und Dornstangen-Rückführsystem, (→MRK-AR-Verfahren), Bild 2 für einen Rohrdurchmesserbereich bis 16″ entwickelt.

Beide Verfahren arbeiten mit Schrägwalzanlagen nach dem Diescher-Prinzip und können die Dornstangen in kürzesten Zeiten von etwa 5s wechseln. Beim MRK-S-Verfahren wird die Dornstange kurz vor Walzende gelöst, so daß Dornstange und →Rohrluppe die K.-Rohrwalzanlage verlassen können. Danach wird die Dornstange mit einem Stripper aus der Luppe entfernt. Diese Verfahrensweise

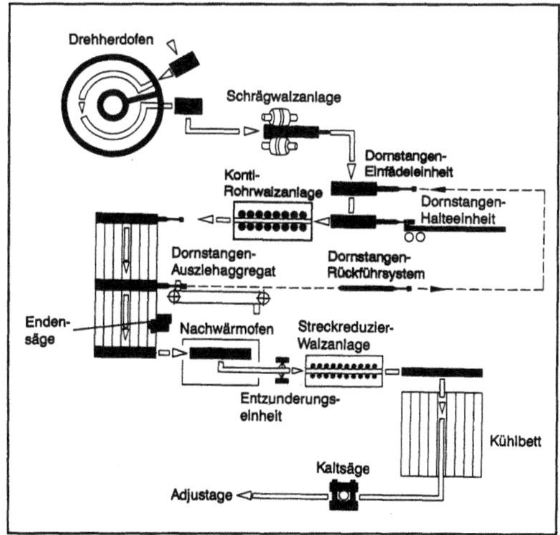

Konti-Rohrwalzwerk 1: Fertigungsablauf in einem Konti-Rohrwalzwerk mit dem MRK-S-Verfahren (schematische Darstellung).

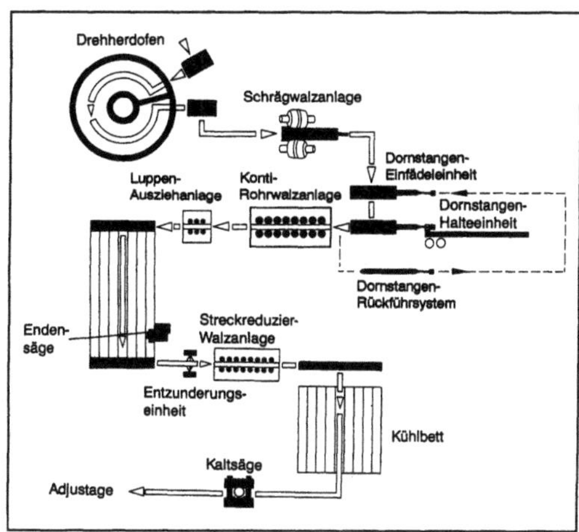

Konti-Rohrwalzwerk 2: Fertigungsablauf in einem Konti-Rohrwalzwerk mit dem MRK-AR-Verfahren (schematische Darstellung).

ermöglicht kürzeste Taktzeiten und hohe Leistungen, gemessen in Meter Luppenlänge je Zeiteinheit. Sie ist für den Durchmesserbereich bis 7⅝″ besonders gut geeignet.

Beim MRK-AR-Verfahren wird die Rohrluppe nach der K.-Rohrwalzanlage mit Hilfe einer Luppen-Ausziehanlage von der Dornstange abgezogen. Danach wird die Dornstange zum Eingang der K.-Rohrwalzanlage zurückgezogen. Diese Verfahrensweise hat im Gegensatz zum MRK-S-Verfahren längere Taktzeiten, jedoch kürzere Kontaktzeiten zwischen Rohrluppe und Dornstange. Deshalb liegen die Luppentemperaturen nach dem K.-Walzen oberhalb 900 K. Somit kann das Nachwärmen vor dem Fertigwalzen entfallen. *Baumann*

Konti-Walzanlage. Eine K.-W. ist ein kontinuierlich arbeitendes komplexes technisches System, mit dem ein K.-Walzverfahren durchgeführt wird. K.-W. sind beispielsweise K.-Rohr-W., Streckreduzier-W. und Tandem-W. *Baumann*

Konti-Walzverfahren. Das K.-W. ist ein kontinuierliches W., bei dem das Walzgut nacheinander angeordnete Walzeinheiten mit verschiedenen Walzenkalibern oder Walzstichen in einer Richtung durchläuft. Dabei wird das Walzgut in mehreren Walzenkalibern oder Walzstichen gleichzeitig umgeformt. Zu den K.-W. zählen beispielsweise die Rohr-K.-W., die Tandem-W. und die Streckreduzier-W. *Baumann*

Kontinuewaschstraße →Baumwollvorbehandlungsanlage

Kontrollmöglichkeit. Im Bereich der Verpackungen sind vielfältige Kontrollen einzusetzen. Bereits bei der Herstellung der →Verpackung sind für die Qualitätskontrolle statistische Verfahren im Einsatz, die es ermöglichen, auch bei großen Stückzahlen hohe Qualitäten über den Ablauf der Fertigung hinweg einzuhalten. Die Werkstoffe werden den bekannten Prüfungen in den verschiedenen Prüfgeräten unterzogen. Während der Produktion werden nach statistischen Plänen Proben gezogen, die die Einhaltung der notwendigen Fertigungsqualität erreichen. Bci besonders hohen Anforderungen (z. B. der Untermischungssicherheit) werden Code-Lese-Geräte eingesetzt, die auf den Verpackungen aufgedruckte einfache Strich-Codes lesen. Falsche Produkte werden ausgesondert. In der Glasindustrie werden wichtige Teile der Verpackungen (z. B. der Verschlußbereich) durch automatische Prüfmaschinen einer Hundert-Prozent-Kontrolle unterworfen.

Zwischen Verpackungshersteller und -verwender werden Qualitätskriterien vereinbart, die an Hand von normierten Stichprobenplänen überprüft werden. Sie entscheiden dann über Annahme oder Ablehnung einer Lieferung. Diese Stichprobenpläne benutzen die mathematischen Gesetze der Wahrscheinlichkeitsrechnung.

Nach der Befüllung von Verpackungen werden Kontrollen durch Wägung oder durch optische Möglichkeiten eingesetzt. Bei undurchsichtigen Verpackungsmitteln ist die Einhaltung der Eichgesetze und der vorgeschriebenen Gewichtstoleranzen nur durch Wägung möglich. In diesem Fall gehen die Toleranzen der Verpackungsmittel mit in die Füllstandskontrolle ein. Bei durchsichtigen Verpackungsmitteln läßt sich eine optische Füllstandskontrolle durchführen. Hierbei sind evtl. Volumentoleranzen, hervorgerufen durch die Fertigungsverfahren der Verpackungen, mit zu berücksichtigen. *Paris*

Konusscheibengetriebe. →Flachriemengetriebe mit konischen Riemenscheiben zur stufenlosen Änderung der Übersetzung i (Bild). Durch axiales Verschieben des Flachriemens während des Betriebs wird das Verhältnis der gerade benutzten mittleren Scheibenradien r und damit die Übersetzung des Getriebes i = n_{an}/n_{ab} = r_{ab}/r_{an} stufenlos verändert. Der →Riemen soll möglichst schmal sein, um den Unterschied Δi an seinen Rändern und den damit verbundenen Ausgleichschlupf kleinzuhalten. *H. W. Müller*

Konverter. Unter K. sind birnenförmige, mit feuerfesten Stoffen ausgekleidete und kippbar gelagerte Stahlgefäße zum Wandeln von Roheisen in Stahl durch Behandlung mit oxidierenden Gasen, beispielsweise Luft und/oder Sauerstoff, zu verstehen.

Die größten in der Welt gebauten K.-Gefäße zum Herstellen von →Rohstahl mit dem →Sauerstoffblasverfahren haben ein Fassungsvermögen von

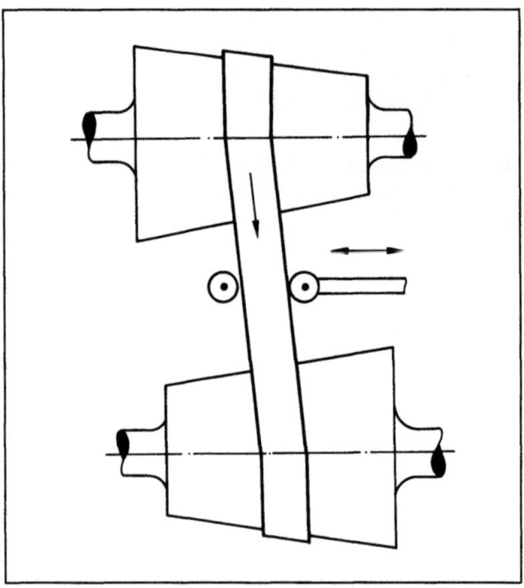

Konusscheibengetriebe. Zur stufenlosen Veränderung der Übersetzung.

etwa 450 t und ein Leergewicht mit feuerfester →Auskleidung von etwa 1 100 t.

Unter Berücksichtigung des K.-Tragring-Gewichts von etwa 200 t für ein solches Gefäß hat der K.-Antrieb ein Gesamtgewicht beim Kippen dieses Gefäßes von etwa 1 750 t zu bewegen. Das K.-Gefäß ist aus Stahlblechen gefertigt und mit Pratzen ausgerüstet (Bild). Die Pratzen sind durch Spannelemente kraftschlüssig mit einem Tragring, der die Kräfte des Gefäßes in jeder Kippstellung aufnimmt, verbunden. Mit dieser Befestigungsart ist das Gefäß bei senkrechter Stellung (Blasstellung) in einer Ebene, die durch unterhalb des Tragrings am Gefäß befestigte Pratzen gebildet wird, aufgehängt. Durch

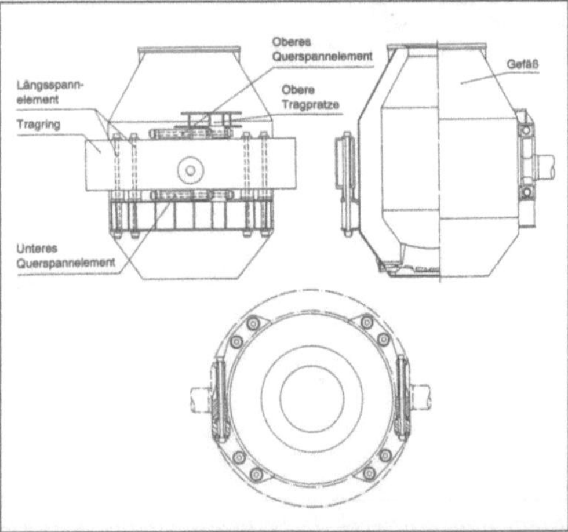

Konverter: Mannesmann Demag-Konverter-Gefäßbefestigung (vereinfachte Darstellung).

Pratzen und Tragring führen senkrechte Spannelemente, die bei Blasstellung die Lastübertragung vom Gefäß auf den Tragring übernehmen. Somit können sich das Ober- und Unterteil des Gefäßes bei Erwärmung frei dehnen. Wenn das Gefäß gekippt wird, werden die senkrechten Spannelemente entsprechend der Kippstellung entlastet, und es übernehmen in Querrichtung zwischen Tragring und Pratzen angeordnete Spannelemente die Gefäßlast. Bis 1990 wurden mehr als 90 K.-Anlagen mit diesen Tragringsystemen ausgerüstet. K. können auch schnell wechselbar angeordnet werden. Dann werden diese Gefäße Wechsel-K. genannt. *Baumann*

Konverterverfahren, sekundärmetallurgisches. Unter s. K. sind Rohstahl-Behandlungsverfahren zu verstehen, die nach der Stahlherstellung in gesonderten Konvertergefäßen ablaufen. Dazu zählen die Argon-Oxygen-Decarburisation (AOD), Metal-Refining-Process (MRP) und Vacuum-Oxygen-Decarburisation-Converter (VODC)-Verfahren (Bild 1). Im Gegensatz zur Nachbehandlung des Rohstahls in einer →Pfanne ist beim s. K. ein Umfüllen der Schmelze erforderlich. Bei diesen Verfahren ermöglicht der große freie Raum des Konverters oberhalb der Schmelzenoberfläche das Arbeiten mit großen spezifischen Prozeßgasmengen. Durch die damit verbundene große Mischgasenergie werden die Reaktionsabläufe zwischen Stahlbad und Schlacke verbessert. Diese Verfahren bieten sich insbes. für den Einsatz in Gießereien und Lichtbogenofen-Stahlwerken zur Einstellung niedriger Gasgehalte und hoher Reinheitsgrade an.

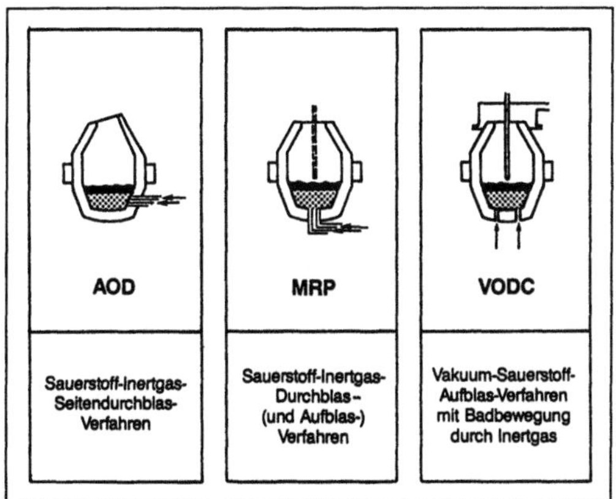

Konverterverfahren, sekundärmetallurgisches 1: Schematische Darstellungen.

Nach 1985 wurden s. K. in Stahlwerken auch mit pfannenmetallurgischen →Behandlungsverfahren kombiniert und besonders für die Edelstahlerzeugung eingesetzt (Bild 2). Eine solche Produktionslinie besteht beispielsweise aus

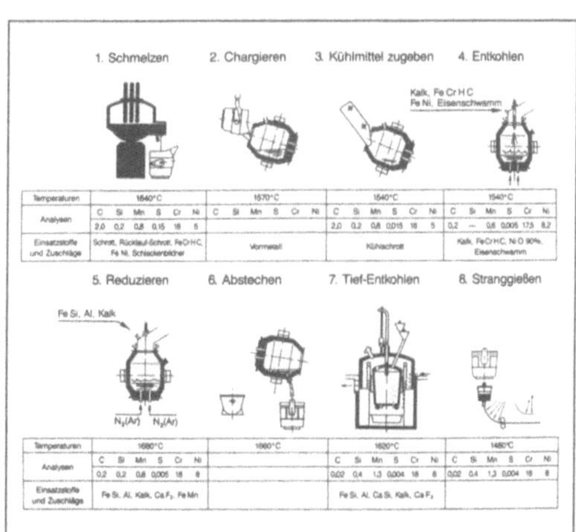

Konverterverfahren, sekundärmetallurgisches 2: Dreistufiger Verfahrensablauf bei der Edelstahl-Herstellung mit Lichtbogen-Schmelzofen, MRP-Konverter und VOD-Anlage.

- □ →Lichtbogen-Schmelzofen,
- □ MRP-Konverter,
- □ →VOD-Anlage und
- □ Stahlstrang-Gießanlage.

Diese Anlagenkonfiguration ermöglicht einerseits die Herstellung von Produkten höchster Qualität und andererseits Durchsatzleistungen, die wesentlich größer sind, als bei klassischen Anlagenkonfigurationen. Dabei ist die MRP-Konverteranlage (100 t Abstichgewicht) mit 2 Blaslanzen ausgerüstet, jeweils eine Lanze in Einsatzbereitschaft oder Einsatz und eine Lanze in Reservestellung. Der Sauerstoffaustrittswinkel und die Anzahl Düsen können variiert werden. Weil der MRP-Konverter in dieser Produktionslinie nur eine Taktzeit von 70 min hat, kann mit kleinerer Blasleistung gearbeitet werden. Die Abstichzeit für eine 100 t-Schmelze beträgt 4–5 min. Durch den Einsatz einer Schlackenrückhaltevorrichtung ist die mitlaufende Schlackenmenge begrenzt. Im Boden des Konverters sind nahe der Mittenachse 6 Einblaselemente angeordnet. Es kann Sauerstoff, Argon und Stickstoff eingeblasen werden. Der →Konverter ist mit einem Wechselboden ausgerüstet. Die Wechselzeit beträgt etwa 2 h. Nach durchschnittlich 250 Schmelzen muß der Konverterboden gewechselt werden. Das Konvertergefäß ist 360° kippbar. Der Kipp-Antrieb besteht aus zwei Elektromotoren und einem Notantrieb. *Baumann*

Konzept →Konzipieren, →Ablaufplan, konstruktionsmethodischer, →Konstruktionsphase

Konzipieren. K. ist der Teil des Konstruierens (Konstruktionsphase), bei dem ausgehend von einer →Anforderungsliste eine erste Skizze (Konzept)

erstellt wird, die die prinzipielle Lösung des Produkts erkennen läßt.

Dabei beschränkt man sich bei komplexen konstruktiven Problemen zunächst auf die Berücksichtigung der Funktionsforderungen und stellt dagegen Forderungen nach beanspruchungsgerechter, fertigungsgerechter, kostengünstiger usw. Gestaltung (→Anforderungsliste) zunächst zurück.

Gebräuchliches Hilfsmittel beim K. ist die Abstraktion technischer Systeme; das Arbeiten mit Funktionen, Funktionsstrukturen, physikalischen Effekten, Wirkflächen und Wirkbewegungen.   *Ehrlenspiel*

Kopfkantenbruch. Der nutzbare Bereich einer Zahnflanke wird am Zahnkopf durch den Kopfkreis d_a begrenzt. Zum Schutz vor Beschädigung werden die Zähne jedoch meist mit K. versehen. Dies ist eine Fase am Zahnkopf, die auch durch das Verzahnwerkzeug gefertigt werden kann.

Entsprechend der Wälzbewegung des Werkzeugs (Fräser, →Schneidrad oder Hobelkamm) auf dem Teilkreis verläuft der K. nach einer Evolvente mit dem →Eingriffswinkel α_{in0}, meist 35–55° (Bild). Die Kopfflanke wird durch die auf die Fußnutzhöhe h_{Nf0} reduzierte Werkzeugflanke geschnitten. Sie ist damit nur bis zu dem erzeugten Kopfnutzkreis d_{NaE} nutzbar. Die Stirnüberdeckung von Zahnradpaaren mit K. ist folglich kleiner als die ohne K.   *Winter*

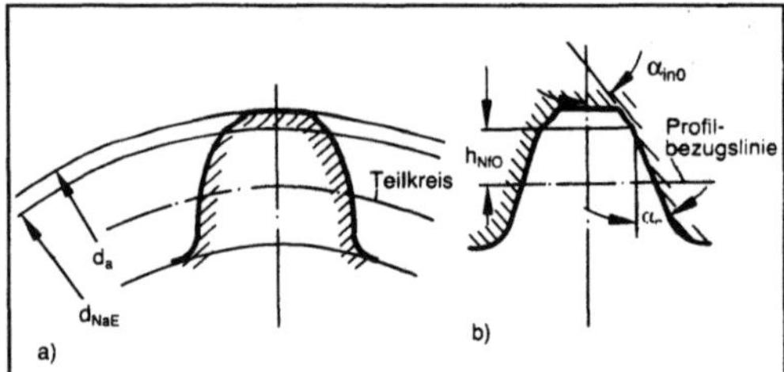

Kopfkantenbruch: Durch Wälzwerkzeug mit Knickfußflanke.
a) Zahnrad
b) Werkzeug.

Literatur: DIN 3960: Begriffe und Bestimmungsgrößen für Stirnräder (Zylinderräder) und Stirnradpaare (Zylinderradpaare) mit Evolventenverzahnung. Bbl. 1: Zusammenstellung der Gleichungen. Hrsg. Dt. Inst. für Normung. Ausg. Juli 1980. – *Hösel, Th.*: Fußfreischnitt und Kopfkantenbruch an Außen- und Innenstirnrädern. Antriebstechn. 21 (1982) Nr. 1 u. 2, S. 26/31.

Kopfkreisdurchmesser →Verzahnungsgeometrie (allgemein)

Kopfrücknahme →Verzahnungskorrektur

Kopieren (Druckformherstellung). Bei den →Druckverfahren Hochdruck, Flachdruck, Durchdruck und Tiefdruck gibt es Druckformherstellungs-

möglichkeiten durch kopiertechnisches Übertragen der Information über Kopiervorlagen auf die spätere →Druckform. Dieser erste Schritt setzt Kopiervorlagen voraus, die auf das jeweilige Übertragungs- und auf das Druckverfahren zugeschnitten sind.

Es gibt Negativ- und Positivkopierverfahren. Negativkopierverfahren setzen Negative, Positivkopierverfahren Positive als Kopiervorlagen voraus. Strahlungsempfindliche Schichten . (z. B. Diazo, Photopolymer) auf der Druckform werden dabei unter Vakuum in engem Kontakt mit der →Kopiervorlage einer Lichtquelle mit auf die Empfindlichkeit der Kopierschicht zugeschnittener Emission ausgesetzt. Die Zeit der Lichteinwirkung ist um so kürzer, je besser das Abstrahlungsmaximum und das Empfindlichkeitsmaximum der Kopierschicht sich decken. Je nach Art der Kopierschicht härtet, polymerisiert oder zerstört das Licht jene Teile, welche über die Transparenz der Kopiervorlage von diesem getroffen werden.

Beim anschließenden Entwicklungsprozeß oder Auswaschprozeß wird jener Teil der strahlungsempfindlichen Schicht von der Druckform gelöst, der verfahrensbedingt entweder Licht aufgenommen oder kein Licht aufgenommen hatte. Je nach Druckformart wird nach der Entwicklung noch ein weiterer Schritt notwendig, so z. B. das Ätzen des Hochdruck-Klischees in Metall, das Ätzen des Tiefdruck-Zylinders oder das Ätzen der Chromschicht bei Mehrmetallplatten für den Flachdruck. Weitere Schritte zur Konservierung, zur Stabilisierung und zur Veredelung sind noch möglich.   *Burkhardt*

Kopierfräsmaschine. Eigentlich ein Sammelbegriff für die vielzähligen, formgebenden Maschinen, die Werkstücke kopierend bearbeiten (z. B. Längskopier-, Doppelspindel-, Karrussel-, Bildschnitz- und Oberfräsmaschine).

Die K. dient zur Herstellung von unregelmäßig geformten Werkstücken wie Axtstiele, Gewehrschäfte, Gestellteile, Schuhleisten usw. Das auf Länge zugeschnittene Rohholz wird einem Magazin entnommen, zwischen Mitnehmer und Gegenspitze gespannt (→Holzdrehmaschine) und in Rotation versetzt. Ein hydraulischer Kopierfühler tastet mit sehr geringem Tastdruck eine exakt im Maßstab 1:1 gefertigte Schablone bzw. ein maßstäbliches Modell aus Holz, Kunststoff oder Metall ab. Diese Bewegungen werden mechanisch auf die rotierenden Fräserwerkzeuge übertragen, die pendelnd oder linear zur Werkzeugachse ausgeführt sein können.

Die Werkzeuge können zusätzlich Vorschubbewegungen parallel zur Werkstücklängsachse ausführen.

Über die Fräserform (z. B. Glockenfräser mit entsprechendem Fräserdurchmesser) kann die Kontur des Werkstücks wesentlich beeinflußt werden. Nachgeordnete Schleifaggregate, die auf einem Support die Werkzeugbewegungen mitmachen, verbessern die

Oberflächengüte. Die Maschinen sind üblicherweise mit mehreren Bearbeitungsspindeln ausgestattet, die horizontal übereinander oder vertikal nebeneinander angeordnet sein können. Der Einlege- und Einspannvorgang kann manuell oder über Magazin automatisch erfolgen (→Nachformfräsmaschine). *Dusil*

Kopiervorlage. Eine Vorlage, die unmittelbar für das Kopieren geeignet ist (DIN 16544). Sie ist allgemein als Informationsspeicher, als Informationszwischenträger zwischen Vorlage und →Druckform, zu bezeichnen. K. sind Filme, Negative oder Positive, die manuell, photomechanisch, kopiertechnisch und/oder über elektronisch gesteuerte Reproduktionsgeräte hergestellt werden. Sie beinhalten alle zur Übertragung anstehenden Informationen in Text und Bild, die noch zusätzlich mit druckformherstellungs- und druckverfahrensspezifischen Erfordernissen überlagert sind.

Für die Druckverfahren Hochdruck, Flachdruck und Durchdruck sind K. Strich- und Rasterfilme, für Tiefdruck können sie Halbton- oder Strich- und Rasterfilme sein. Halbtonfilme haben kontinuierliche Übergänge zwischen Weiß und Schwarz bzw. zwischen transparent und opak, also sehr viele Zwischenstufen durch unterschiedlich viel geschwärztes Silber, eine weiche Gradation. Strich- und Rasterfilme dagegen kennen nur zwei Stufen, transparent/opak, lichtdurchlässig/lichtundurchlässig, weiß/schwarz, nein/ja. Die Trennung zwischen diesen beiden Zuständen muß hart bzw. scharf sein, d. h. die Abdeckfarbe und/oder die lichtempfindliche Schicht des Films, der zur K.-Herstellung benutzt wird, hat eine steile Gradation bzw. einen steilen Schwärzungsverlauf.

Die Seitenrichtigkeit der K. richtet sich nach dem Druckverfahren. Direkte Druckverfahren wie Hochdruck (Ausnahme: indirekter Hochdruck), direkter Flachdruck, Durchdruck und Tiefdruck erfordern seitenrichtige K., der Flachdruck (Offsetdruck) mit der Ausnahme des direkten Offsetdrucks (Dilitho) und Letterset (indirekter Hochdruck) seitenverkehrte K.

K. werden für die Übertragung der gespeicherten Information entweder in engen Kontakt mit der strahlungsempfindlichen Kopierschicht oder Druckformschicht auf der Druckform gebracht oder von einem Lichtstrahl linienweise zur Steuerung einer Gravureinheit oder eines Laserstrahles zur Druckformherstellung abgetastet. K. müssen technische und tonwertbezogene Anforderungen erfüllen, damit beim Informationstransfer keine Informationsverluste entstehen. *Burkhardt*

Koppelpunktbahn. Bahnen, die Punkte (Koppelpunkte) einer nicht im Gestell gelagerten Ebene eines →Mechanismus oder Getriebes (MG) gegenüber der Gestellebene beschreiben, heißen Koppelkurven, besser K. Sie zeigen je nach Art, Anzahl und Abmessungen der MG-Glieder und je nach Lage des Koppelpunkts auf der allgemein bewegten MG-Ebene die unterschiedlichsten Formen.

K. sind einteilig oder zweiteilig: Zweiteilige K. werden von umlauffähigen viergliedrigen Gelenk-MG erzeugt, da diese zwei Teilbewegungsbereiche aufweisen (Bild 1), einteilige K. nur von totalschwingfähigen, die einen ungeteilten Bewegungsbereich durchlaufen (Bild 2).

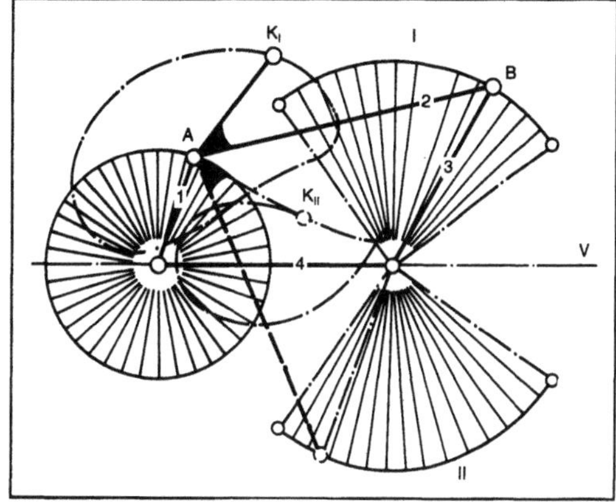

Koppelpunktbahn 1: Umlauffähige, viergliedrige, ebene kinematische Kette mit zwei Bewegungs-Teilbereichen I und II. (Quelle: VDI 2145 a. a. O.)

Der gleiche Punkt K der Koppelebene 2 beschreibt in den Teilbereichen I (K_I) und II (K_{II}) unterschiedliche Bahnen, deren Gesamtheit die Koppelpunktbahn des MG bei gestellfestem Glied 4 wird.

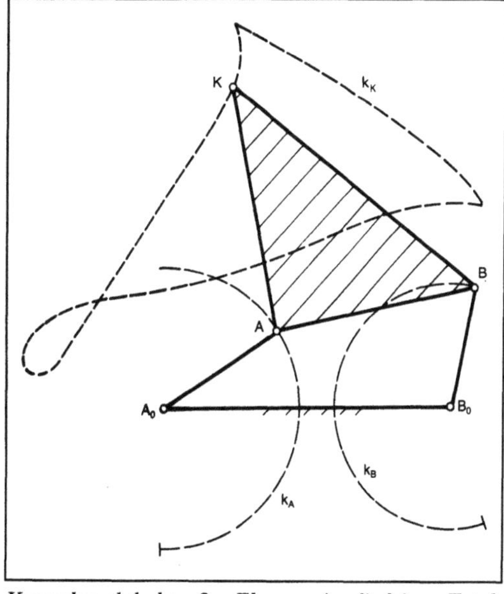

Koppelpunktbahn 2: Ebene viergliedrige Totalschwinge mit einem ungeteilten Bewegungsbereich, gekennzeichnet durch die einteilige Koppelpunktbahn k_K.

Für die technische Nutzung der K. ist der Satz von *Roberts/Tschebyschev* über deren dreifache Erzeugung von besonderer Bedeutung. Er lautet sinngemäß: Jede von einem viergliedrigen Gelenk-MG mit vier Drehgelenken erzeugte K. wird von zwei weiteren Viergelenk-MG (Ersatzmechanismen) erzeugt.

Die Laufeigenschaften (umlauffähig, durchschlagfähig, totalschwingfähig) der Ausgangs-Gelenk-MG sind auch bei deren Ersatzmechanismen vorhanden. Mehrfache Erzeugung gibt es für Trochoiden (2fach) sowie für MG mit mehr als 4 Gliedern (z. B. 6fach für bestimmte sechsgliedrige).

Die Konstruktion (Bild 3) solcher Ersatzmechanismen kann z. B. dann von Interesse sein, wenn ein viergliedriger Gelenkmechanismus zwar die Aufgabe der Führung eines Koppelpunkts entlang einer vorgeschriebenen Bahn erfüllt, jedoch der für die auszuführende getriebetechnische Lösung zur Verfügung stehende Platz nicht vorhanden ist.

Die Nutzung der K. zum Ausführen gezielter Bewegungen setzt eine umfassende Kenntnis der möglichen Arten und Formen voraus. Ein Ordnungsschema für die qualitative Synthese des erzeugenden MG liefern die Räder-MG zum Erzeugen von Radlinien (Zykloiden, Trochoiden). Gemäß Bild 4 erzeugen z. B. auf/innerhalb/außerhalb der →Gangpolkurve k_g liegende Punkte gespitzte/geschweifte oder verkürzte (M_0 außerhalb k_g)/verschlungene oder verlängerte (M_0 innerhalb k_g) Radlinien. Betrachtet man die Bewegungen der Koppelebene 2 (Bild 5) als Abrollen von k_g auf k_r,

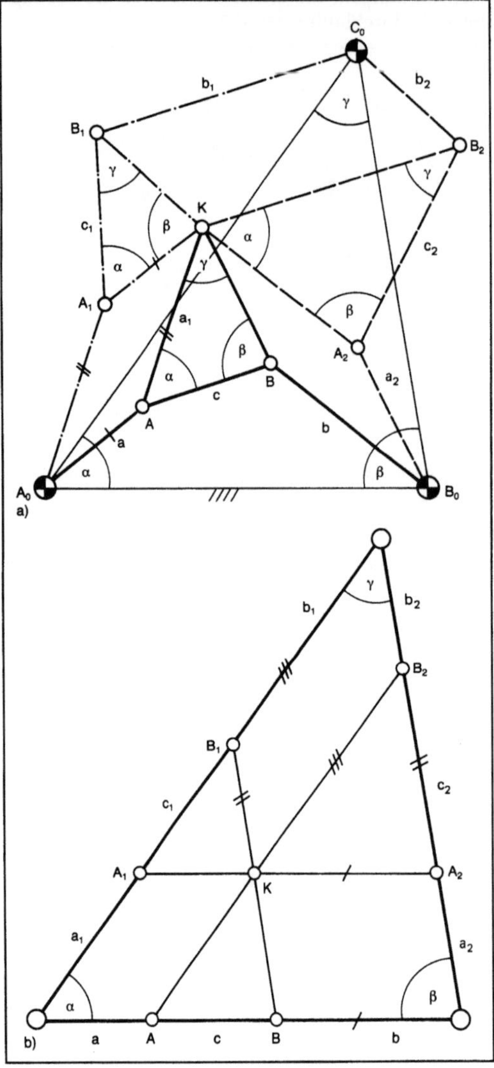

Koppelpunktbahn 3: Dreifache Erzeugung von Bahnen des Koppelpunkts K. (Quelle: Volmer, a. a. O.)
a) Ausgangsgetriebe A_O A B B_O.

1 Ersatzgetriebe A_O A_1 B_1 C_O; 2 Ersatzgetriebe B_O A_2 B_2 C_O; Basis: Ähnlichkeit der Koppeldreiecke A B K, A_1 K B_1, K A_2 B_2 und des Gestelldreiecks A_O B_O C_O (für die 3 Getriebe gleich) sowie Konstruktion der Parallelogramme A_o A K A_1, B_1 K B_2 C_O, B B_O A_2 K.

b) Hilfsfigur nach Roberts zum Bestimmen der Gliederlängen der Ersatzgetriebe.

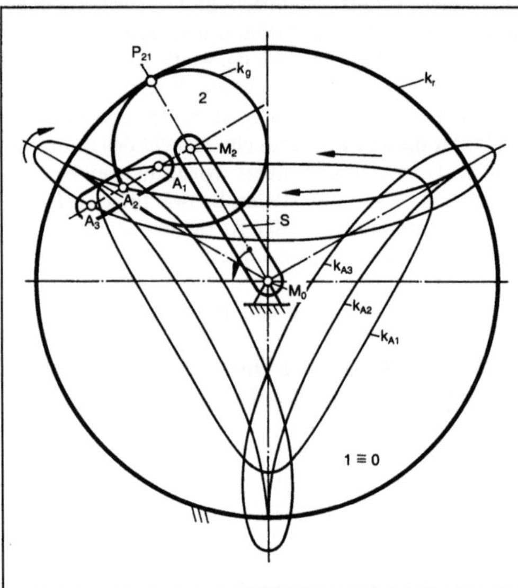

Koppelpunktbahn 4: Hypotrochoidenerzeugendes Umlaufrädergetriebe mit Gangpolkurve k_g als Wälzkreis von Planetenrad 2, Rastpolkurve k_r von Hohlrad 1.

k_g rollt innerhalb k_r des starr am Gestell O befestigten Hohlrades 1 ab, geführt vom Steg s, der mit Drehgelenk M_O im Gestell O gelagert ist. A_1 (innerhalb k_g) erzeugt eine geschweifte, A_2 (auf k_g) eine gespitzte, A_3 (außerhalb k_g) eine verschlungene Radlinie. Der Durchlaufsinn der Radlinien k_{A1}, k_{A2}, k_{A3} ist vom Durchlaufsinn der Stegdrehung und der Lage der erzeugenden Punkte A_i abhängig.

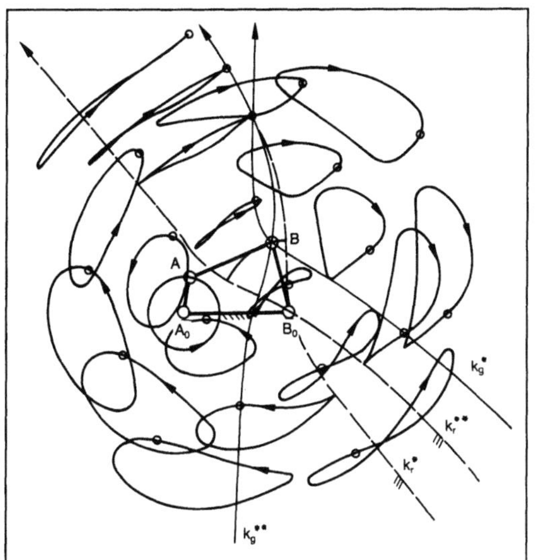

Koppelpunktbahn 5: Typische Formen von Koppelpunktbahnen einer Kurbelschwinge im Bereich innerhalb (offene Form), auf (gespitzte Form) und außerhalb (Form mit Selbstschnittpunkten) kg.

o Lage des erzeugenden Koppelpunkts in gezeichneter Stellung der Kurbelschwinge, → Durchlaufrichtung bei Kurbelkreis (Koppelpunktbahn von A) sowie den übrigen Koppelpunktbahnen

die nun nicht mehr Kreise bzw. Geraden, sondern Kurven höherer Ordnung sind, so lassen sich typische Formen den Bereichen innerhalb und außerhalb der Äste kg*/kg** von kg sowie auf diesen Ästen zuordnen: Bahnen ohne Selbstschnittpunkte (mit unterschiedlichem Durchlaufsinn), gespitzte Bahnen (normal 1 Spitze, in Schnittpunkten der kg-Äste: 2 Spitzen), Bahnen mit Selbstschnittpunkten (analog zu verschlungenen Radlinien).

Von besonderer technischer Bedeutung sind die genäherten und die exakten Gerad- und Kreisführungen von Punkten der Koppelebene, insbes. von viergliedrigen ebenen Gelenk-MG.

Theoretisch exakte Kreisführungen werden in viergliedrigen Gelenk-MG von allen Koppelpunkten der → Parallelkurbel und der → Kreuzschubkurbel sowie dem Mittelpunkt M der Koppel-Mittellinie $\overline{AB}$ des Doppelschiebers beschrieben (Bild 6). Als Beispiel für einen Drehgelenk-Mechanismus zur exakten Kreisführung (z. B. zum Aufzeichnen von Kreisbogen mit großem Radius r und nicht erreichbarem Mittelpunkt D_O) diene der Inversor nach *Peaucellier* (Bild 7). Als Grenzfall r ∞ dient er zur exakten Geradführung von D.

Genäherte Kreisführungen (z. B. Bereiche von K. mit gut approximierendem Krümmungskreis) dienen bei zusammengesetzten Gelenk-MG (→ Assurgruppe) zum Erzeugen von Abtriebsbewegungen mit Rasten. *Gierse*

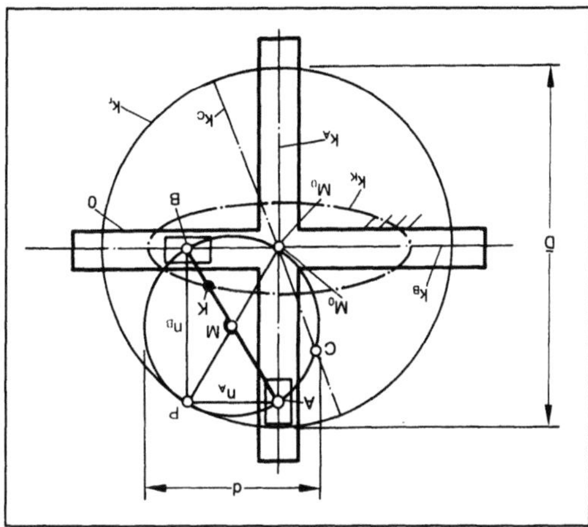

Koppelpunktbahn 6: Rechtwinkliger Doppelschieber.

Die Punkte A und B sind geradegeführt (Schubgelenke) und durch Koppel $\overline{AB}$ verbunden. Gangpolkurve kg rollt im Momentanpol P (Schnittpunkt der Bahnnormalen n_A, n_B) auf Rastpolkurve kr ab. D = 2d. Alle Punkte auf kg-Ebene (z. B. K) beschreiben Ellipsen (z. B. k_K). Sonderfälle: M (Mittelpunkt von kg) beschreibt Kreis (Ellipse mit gleichen Halbachsen), Punkte auf kg selbst beschreiben exakte Geraden (Ellipsen mit einer Halbachse gleich null), z. B. k_A, k_B, k_C.

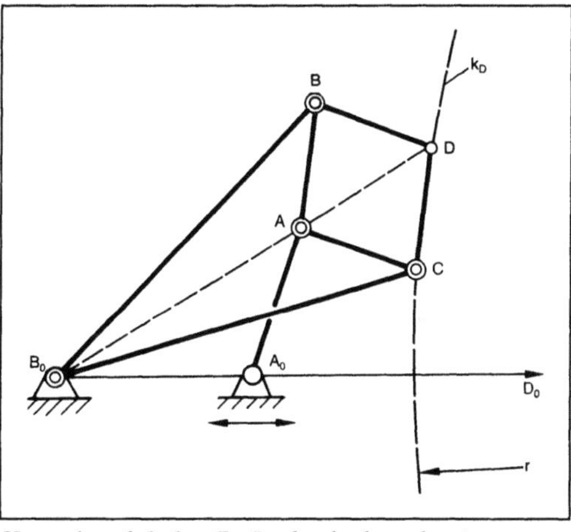

Koppelpunktbahn 7: Drehgelenkmechanismus zur exakten Kreisführung von Punkt D. (Quelle: Volmer, a. a. O.)

Veränderung von Kreisradius r durch Verschieben von A_O. Bei $\overline{B_O A_O} = \overline{A_O A}$ wird k_D zur exakten Geraden senkrecht auf $\overline{B_O A_O}$ (r ∞).

Literatur: *Danke, P.*: Kreisführungen und ihre Genauigkeit. Forsch.-Ber. 1744 NRW. Köln, Opladen 1966. – *Kraus, R.*: Getriebelehre. 3 Bde. Ost-Berlin 1952/1956. – VDI 2145: Ebene viergliedrige Getriebe mit Dreh- und Schubgelenken; Begriffserklärungen und Systematik. Hrsg. Verein Dt. Ing. Ausg. Dez. 1980. – *Volmer, J.* (Hrsg.): Getriebetechnik, Koppelgetriebe. Ost-Berlin 1979. – *Weselkow, R. S.*: Zusammenhang zwischen Polbahnen und Koppelkurven von Koppelgetrieben. Feingerätetechnik (1984) Nr. 5, S. 207/08.

Korken. Beide Elemente, der K. und der Kronkorken, sind die beiden meist eingesetzten Elemente, um formfeste Verpackungen für Flüssigkeiten zu verschließen. Der K. ist ein Naturprodukt aus einer Baumrinde. Er wird unter Kraftaufwendung in den Verschlußbereich des Verpackungsmittels eingedrückt. Er hält dort durch die Eigenspannung und Reibung an der Wandfläche. Verpackungsmittel für drucklose Flüssigkeiten können mit K. sicher verschlossen werden. Flüssigkeiten, die Gasdruck entwickeln, brauchen zum K. noch besondere Sicherungselemente, die das Wandern des K. aus dem Verschlußbereich heraus durch kraftschlüssige Verbindungen, meist Drahtbügel, mit dem Verpackungsmittel verhindern. Eine Flüssigkeitsdichtigkeit ist durch den K. gegeben. Eine absolute Gasdichtigkeit liegt nicht vor. Will man einen Gasaustausch verhindern, muß man dafür Sorge tragen, daß der K. immer von der eingefüllten Flüssigkeit benetzt bleibt.

Kronkorken. Der Kronkorken ist ein Metall-Verschlußelement für Flüssigkeitsverpackungen. Die vorgesehenen Metalltafeln werden flachliegend bedruckt. Durch einen Stanzvorgang mit nachfolgender Prägung wird der Kronkorken in die dreidimensionale Form gebracht. Gleichzeitig wird in den Rand eine Zackenlinie eingeprägt. Um auf dem Verpackungsmittel zu halten, bedingt der Kronkorken eine besondere Ausformung des Verschlußbereichs der Getränkeflaschen. Eine Wulst mit kreisförmigem Querschnitt ist vorzusehen. Nach der Befüllung der Flaschen wird der Kronkorken über die Verschlußwulst der Getränkeflaschen gestülpt. Von außen einwirkende Kräfte drücken die Zackenlinien um die Verschlußwulst herum. Dabei wird der Kronkorken mit großer Kraft auf den Verschluß der Getränkeflasche aufgepreßt. In den Kronkorken eingebrachtes Dichtmaterial sorgt durch diese Anpreßkräfte dafür, daß ein gas- und druckdichter Verschluß entsteht. Nachteil des Kronkorkens ist es, daß nach der Öffnung, für die ein besonderes Instrument benötigt wird, der Kronkorken zerstört wird. Eine Wiederverschließbarkeit ist mit dem einmal verwendeten Verschlußelement nicht gegeben. Der Kronkorken ermöglicht wesentlich höhere Abpackgeschwindigkeiten als der Naturkorken bei wesentlich besseren Abdichteigenschaften. *Paris*

Korrosionsinhibitor. →Schmierstoffadditiv, das metallische Werkstoffe, die mit Schmierstoffen in Kontakt kommen, vor der Korrosion schützt. Da die Korrosion durch elektrolytische Vorgänge verursacht wird, kann sie durch nichtmetallische Schutzschichten, die den Wasser- und Sauerstoffzutritt zum Metall verhindern, vermieden werden. Man unterscheidet zwischen physikalisch und chemisch wirksamen Inhibitoren.

Physikalisch wirkende Inhibitoren sind Moleküle mit langen Alkylgruppen und mit polaren Gruppen, die an der Metalloberfläche in dichtgepackter, orientierter hydrophober Schicht absorbiert werden.

Chemisch wirkende Inhibitoren reagieren mit dem Metall und bilden schützende Schichten, die das elektrochemische Potential ändern. Hierzu gehören z. B. Fettsäuren. Als K. werden benutzt: tertiäre Amine, Fettsäureamide, Phosphorsäurederivate, Sulfonsäuren, Schwefelverbindungen, Carbonsäurederivate u. a. *Habig*

Literatur: *Klamann, D.:* Schmierstoffe und verwandte Produkte. Weinheim 1982.

Korrosionsschutzschicht. Oberflächenschutzschicht zur Erhöhung der Korrosionsbeständigkeit, die durch unterschiedliche Verfahren aufgebracht werden kann: Auftragen von Lack, Email, Zement, elektrolytisches oder fremdstromloses Abscheiden von Metallen, Schmelztauchen, thermisches Spritzen, Plattieren u. a.

Metallische Schutzschichten können edler oder unedler als der Grundwerkstoff sein. Schichten aus edleren Metallen schützen nur so lange, wie sie vollkommen dicht und porenfrei sind, da sich bei Beschädigungen ein galvanisches Element ausbilden kann, wodurch der Grundwerkstoff verstärkt angegriffen wird; hierzu gehören z. B. Chrom- und Nickelschichten. Bei Schichten, die unedler als der Grundwerkstoff sind, können dagegen Bedingungen auftreten, die an Poren oder Rissen geringeren Ausmaßes zu einer kathodischen Schutzwirkung führen. Ein solcher Schutz wird z. B. durch Zinkschichten bewirkt. *Habig*

Kortdüse. Durch den Einbau einer K. wird bei sehr belasteten Schiffspropellern ein um bis zu 40 % höherer Schub erzielt. Aus diesem Grund findet die K. vorzugsweise bei Fahrzeugen Verwendung, die hohe Trossenzüge aufbringen müssen (Schlepper, Trawler). Das Prinzip der vor knapp 50 Jahren von *L. Kort* vorgestellten Düse zeigt das Bild. Durch eine entsprechend geformte ringförmige Ummantelung wird dem Propeller mehr Wasser zugeführt, als es ohne eine solche Ringdüse der Fall wäre. Wesentlich ist ferner die Leitwirkung der Düse hinter dem Propeller. Die leichte Ausweitung des Düsenquerschnitts wirkt einer Verengung des Propellerstrahls entgegen. Mit Hilfe der Propellerstrahltheorie (Propellertheorie) läßt sich nachweisen, daß der Propellerwirkungsgrad um so größer ist, je geringer die Strahleinschnürung hinter dem Propeller ist. Die Strahleinschnürung wiederum hängt von der Stärke der Propellerbelastung ab. Sie ist um so ausgeprägter, je größer der Schubbelastungsgrad ist. Hieraus erklärt sich der günstige Effekt der K. vorzugsweise bei hochbelasteten Schiffspropellern. *A. Abicht*

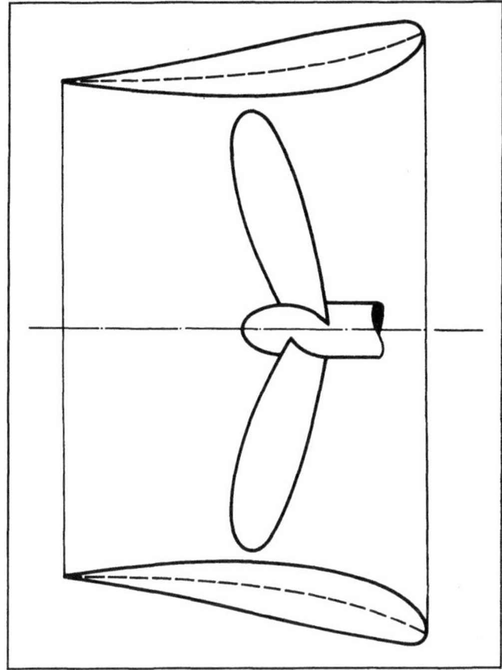

Kortdüse: Mit einer Kortdüse ausgestatteter Schiffspropeller.

Kosten, proportionale →Kostenbegriff

Kosten, variable →Kostenbegriff

Kostenanalyse →Konstruieren, kostengünstiges, →ABC-Analyse

Kostenbegriff. Unter Kosten wird der in Geld bewertete Verzehr an Gütern (Materialverbrauch, Abschreibungen usw.) und Dienstleistungen (Löhne, Sozialkosten usw.) zur Erstellung und zum Absatz der betrieblichen Erzeugnisse und zur Aufrechterhaltung der Betriebsbereitschaft verstanden. Die gebräuchliche Gliederung der Kosten ist im Bild dargestellt.

Die Gesamtkosten, die bei der Erstellung der betrieblichen Leistung entstehen, können nach Art ihrer Zurechnung auf Aufträge und Produkte in Einzelkosten und Gemeinkosten untergliedert werden:

□ Einzelkosten sind alle Kosten, die einem Kalkulationsobjekt direkt zugeordnet werden können (z. B. Fertigungsmaterialkosten, Fertigungslohnkosten).

□ Gemeinkosten sind alle Kosten, die gemeinsam für mehrere Kalkulationsobjekte anfallen (z. B. indirekte Lohn- und Gehaltskosten, Raumkosten).

Nach ihrer Abhängigkeit vom Beschäftigungsgrad kann man zwischen fixen und variablen Kosten unterscheiden:

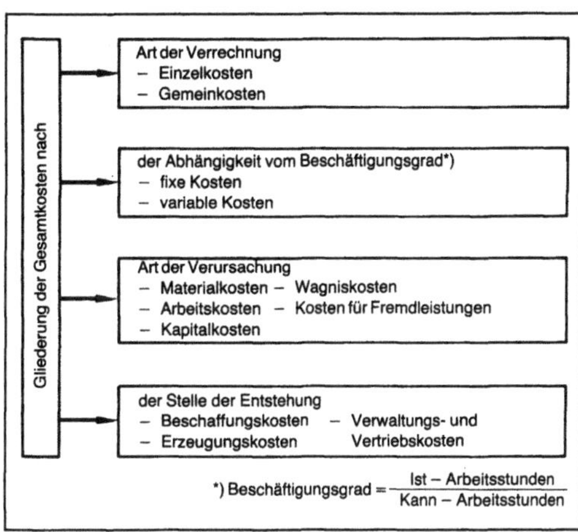

$$\text{*) Beschäftigungsgrad} = \frac{\text{Ist} - \text{Arbeitsstunden}}{\text{Kann} - \text{Arbeitsstunden}}$$

Kostenbegriffe: Gliederungsmöglichkeiten der Gesamtkosten.

□ Fixe Kosten fallen zeitabhängig an und verändern sich nicht mit dem Beschäftigungsgrad (z. B. feste Gehälter, Abschreibungen).

□ Variable Kosten verändern sich mit dem Beschäftigungsgrad (z. B. Kosten für Fertigungsmaterial und Instandhaltung).

Die Begriffe „fix" und „variabel" beziehen sich auf die Gesamtkosten aller in einem Zeitraum hergestellten Produkte. Bezogen auf ein Stück sind die variablen Kostenanteile konstant (unabhängig von der gefertigten Stückzahl). Die fixen Kostenanteile nehmen mit zunehmender Stückzahl ab.

Der (Netto-)Verkaufspreis setzt sich zusammen aus den Selbstkosten und dem Gewinn. Selbstkosten bestehen aus Herstellkosten und sonstigen Kosten (für Verwaltung, Vertrieb usw.). Herstellkosten setzen sich zusammen aus Materialkosten, Fertigungskosten und Sondereinzelkosten der Fertigung (z. B. Kosten für Vorrichtungen).

Für den Nutzer eines Produkts sind nicht nur die Einstandskosten (Kaufpreis) eines Produkts, sondern die Produktgesamtkosten (lifecyclecosts) von Bedeutung. Dies sind alle Kosten, die während der Nutzungszeit eines Produkts anfallen (z. B. Einstandskosten, Kosten für Transport, Betrieb, Instandhaltung, Verschrottung). *Ehrlenspiel*

Literatur: VDI 2234: Wirtschaftliche Grundlagen für den Konstrukteur. Hrsg. Verein Dt. Ingenieure. Ausg. Jan. 1990. – *Ehrlenspiel, K.:* Kostengünstig Konstruieren. Berlin 1985.

Kostenstruktur →Konstruieren, kostengünstiges

Kostenziel →Bewertungsverfahren

K-Punkt. Am Kontrollpunkt, meistens im Warenausgangsbereich eines Lagers angeordnet, wird die Identität zwischen der auszulagernden →Ladeeinheit und deren Daten kontrolliert, bevor die Ladeeinheit das Lager verläßt. *Jünemann*

Kraftangriffspunkt →Kraft

Kraftangriffswinkel. Als K. bezeichnet man in der →Getriebetechnik den Winkel, den die Richtung einer durch den Antrieb hervorgerufenen Kraft (z. B. $\vec{Fb}$ in Bild 1) im Verbindungsgelenk von Abtriebsglied und Übertragungsglied mit diesem einschließt. Man unterscheidet hier den Übertragungswinkel μ, den geometrischen K. δg und den kinetischen K. δ_k.

Am längsten bekannt ist der Übertragungswinkel μ nach *Alt*, welcher oft auch als Maß für die Übertragungsgüte (→Bewegungsgüte) eines Getriebes verstanden worden ist.

Der geometrische K. stellt im Prinzip den Komplementwinkel zum Übertragungswinkel dar (Bild 1). Er wird auch als Pressungs- oder Ablenkwinkel bezeichnet. Den beiden Größen μ und δg gemeinsam ist der Nachteil ihrer exakten Aussagefähigkeit nur bei der Betrachtung des Anlaufs ohne Wirkung potentieller Energie: Als rein geometrische Größen, die aus der kinematischen Kette direkt abzulesen sind (Bild 1), beruht ihre Definition auf der Annahme, daß die zu übertragende Kraft immer in Richtung der Verbindungsgeraden zwischen den Gelenkmittelpunkten des Übertragungsglieds verläuft, An- und Abtriebsglied also durch Definition zu bestimmen seien. Das ist in der Realität jedoch bis auf den genannten Augenblick des Mechanismus – oder – Getriebe (MG)-Anlaufs nie der Fall, da in einem laufenden Getriebe Gewichts-, Trägheits-, Reibungs-, und Nutzkräfte (→Lagerkraft, kinetische Analyse) wirken, die u. a. die Richtung des Kraftangriffs beeinflussen.

Daher wurde der kinetische K. δ_k definiert, der vollständige Kenntnis der kinetischen Verhältnisse in einem MG voraussetzt und dann als kinetischer Kennwert zur Beurteilung von dessen Laufeigen-

schaften herangezogen werden kann (Bild 2). Es wird von dem in Bewegungsrichtung liegenden Ast $\underline{t}$ der Tangente an die Bahn des betrachteten Gelenks aus gezählt und ist nur solange relevant, wie eine Komponente der Gelenkkraft ($\vec{FA}, \vec{FB}$ in Bild 2) auf $\underline{t}$ existiert, also eine Energie vom Übertragungsglied auf das momentan als solches wirkende und nicht nur definierte Abtriebsglied fließt. Das ist immer der Fall, wenn cos $\delta_k > 0$ ist. Damit macht der kinetische K. genaue Aussagen über die Energieflüsse in MG. *Gierse*

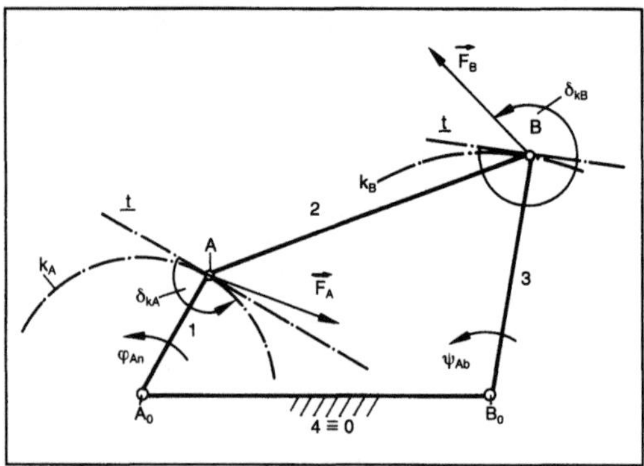

Kraftangriffswinkel 2: Der kinetische Kraftangriffswinkel δ_k in den Gelenken A und B einer Kurbelschwinge.

Literatur: *Gierse, F. J., U. Marx u. W. Zientz*: Bewegungsgüte von Mechanismen und Getrieben. In: VDI – Ber. Nr. 596: Toleranzenprobleme beherrschen, Funktionen sichern, Wirtschaftlichkeit steigern. Düsseldorf 1986. – *Marx, U.*: Ein Beitrag zur kinetischen Analyse ebener viergliedriger Gelenkgetriebe unter dem Aspekt Bewegungsgüte. Fortschr.-Ber. VDI R. 1 Nr. 144. Düsseldorf 1986.

Kraftausgleich →Lastausgleich

Krafterregung. Eine Form der →Fremderregung eines mechanischen Schwingers, bei der zeitabhängige Kräfte von außen auf das System einwirken und Schwingungen verursachen (Bild).

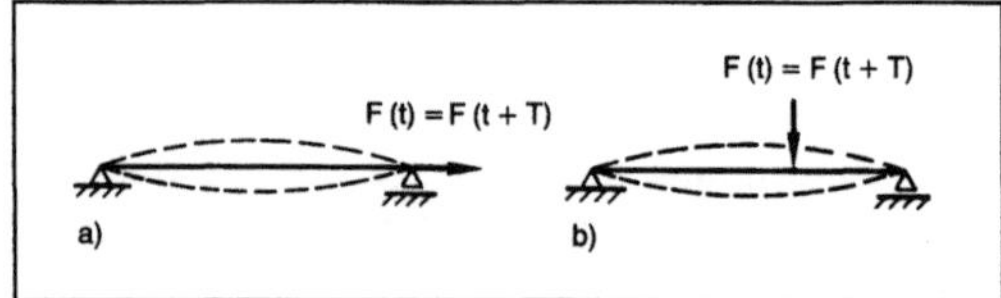

Krafterregung: Periodische Krafterregung als Ursache für a) parametererregte und b) quellenerregte Biegeschwingungen eines Balkens.

Die Kräfte können unmittelbar am System angreifen oder wie bei der →Wegerregung auch mittelbar über elastische, dämpfende oder träge Elemente eingeleitet werden (Federkraft-, Dämpferkraft- oder Trägheitskraft-Erregung). *Witfeld*

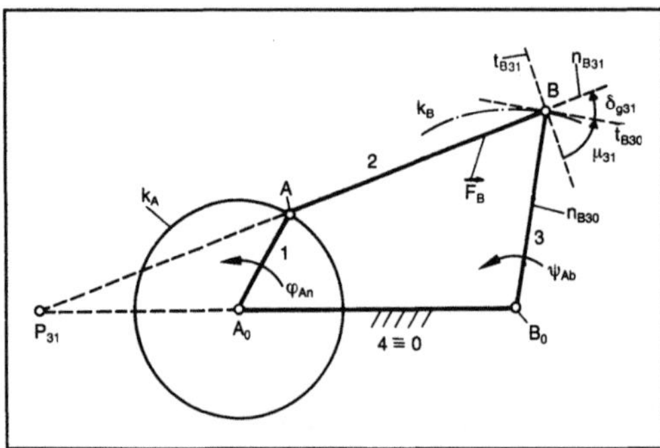

Kraftangriffswinkel 1: Übertragungswinkel μ_{31} und geometrischer Kraftangriffswinkel δ_{g31} des Gelenks B, der Verbindung von Übertragungsglied 2 und Abtriebsglied 3 einer Kurbelschwinge.

Kraftfahrzeug-Konstruktionsvorschrift. Die weltweite Motorisierung und der grenzüberschreitende Kraftverkehr stellen nicht mehr nur den einzelnen Staaten, sondern der internationalen Staatengemeinschaft die Aufgabe, alle die Bedienung, die sichere Benutzung sowie die Schonung der Umwelt und der Ressourcen betreffende Konstruktionsmerkmale der Kraftfahrzeuge zu harmonisieren.

In Deutschland enthält die *Straßenverkehrs-Zulassungs-Ordnung (STVZO)* die von einem Kraftfahrzeug in Deutschland zu erfüllenden Zulassungsbestimmungen. Sie wird laufend dem Stand der Technik angepaßt. Im Interesse der Beseitigung von Handelshemmnissen durch nicht harmonisierte Vorschriften werden innerhalb der EG (Sitz Brüssel) vom EG-Ministerrat EG-Richtlinien verabschiedet und im Amtsblatt der EG veröffentlicht. Diese müssen mit Übergangsfristen in das nationale Recht der EG-Staaten aufgenommen werden. Der Fortbestand nationaler Vorschriften ist mit Umsetzung der EG-Gesamtbetriebserlaubnis in Frage gestellt. Über Änderungen und Anpassungen von Richtlinien entscheidet z. Z. ein Anpassungs-Ausschuß mit qualifizierter Mehrheit, sofern sich nicht im Einzelfall der Ministerrat die Änderung einer Richtlinie vorbehalten hat. Die EG hat beschlossen, für jede Fahrzeugkategorie (→ Kraftrad, Pkw, Lkw) eine Rahmen-Betriebserlaubnis-Richtlinie zu schaffen. In ihrem technischen Inhalt entsprechen die EG-Richtlinien im wesentlichen den ECE-Regelungen. [e1] Symbol des von deutscher Behörde ausgestellten EG-Prüfzeichens.

Bei der ECE, der UN-Wirtschaftskommission für Europa (Genf), werden in der Sachverständigengruppe Kraftfahrzeugtechnik WP 29 Regelungen erarbeitet. Sie werden dadurch in Kraft gesetzt, daß zwei Staaten die neuerarbeitete Regelung dem Generalsekretär der Vereinten Nationen in New York vorlegen und erklären, daß sie von einem von ihnen zu bestimmenden Zeitpunkt ab diese Regelung anwenden wollen. Alle anderen Vertragspartner des Abkommens von 1958 über Einheitliche Vorschriften für Kfz bzw. Kraftfahrzeugteile und deren gegenseitige Anerkennung können jederzeit unter Wahrung bestimmter Fristen dieser Regelung beitreten. Für Änderungen einer ECE-Regelung ist Einstimmigkeit der Anwenderstaaten erforderlich.

National können die Anwenderstaaten die ECE-Regelung verbindlich an die Stelle des bisherigen nationalen Rechts oder fakultativ neben das nationale Recht stellen. Eine dritte Möglichkeit wird oft von Staaten angewendet, die dem Abkommen nicht beigetreten sind: Sie besteht darin zu erklären, daß die technischen Vorschriften einer bestimmten ECE-Regelung im eigenen nationalen Recht als bestimmungsgemäß anzusehen sind, ohne daß man

sich mit der Erteilung von Prüfzeichen oder der Einrichtung einer Prüfstelle befaßt. (E1) Symbol des von deutscher Behörde ausgestellten ECE-Prüfzeichens.

Durch das Wiener Weltabkommen von 1968 (UN-WC), einer Überarbeitung der Genfer Konvention von 1949 (erstmalig 1926 veröffentlicht), wird das Bemühen um Vereinheitlichung des Straßenverkehrsrechts und die gegenseitige Anerkennung von Zulassung von Personen, Fahrzeugen und Fahrzeugteilen auf die breite Basis der UNO gestellt.

Die Internationale Normen-Organisation (ISO), Genf, der weltweite Zusammenschluß der nationalen Normen-Organisationen (in Deutschland DIN Deutsches Institut für Normung e. V., Berlin) erstellt in ihren Technischen Komitees (TC) ISO-Normen. Für die Fahrzeugtechnik ist TC 22 mit dem Sekretariat bei AFNOR in Paris mit seinen Unterkomitees (SC) zuständig. In weltweiter Zusammenarbeit, vor allem der Industrie, werden hier Begriffs-, Prüf-, Bezeichnungs- und Eigenschaftsnormen erarbeitet. ISO-Normen sind, auch wenn sie nicht Teil einer gesetzlichen Vorschrift sind, als Industrie-Normen für den internationalen Handel von größter Wichtigkeit. Da ISO-Normen das Ergebnis umfangreicher internationaler Abstimmungen unter Fachleuten sind, sollen sich neue gesetzliche Vorschriften im Rahmen der ISO-Normen hinsichtlich der Begriffe und Prüfverfahren bewegen.

Die SAE (Society of Automotive Engineers, Inc. Gesellschaft der Kfz.-Ingenieure) ist in USA die nationale Kfz.-Normenorganisation. Die SAE-Normen erscheinen jährlich im SAE-Handbook. Viele SAE-Normen wurden in die US-Straßenverkehrszulassungsvorschriften eingearbeitet oder übernommen. USA/SAE-Prüfzeichen: DOT/SAE … *Fiala*

Literatur: *Tippmann, P.*: Die internationalen Vorschriften und Regelungen, Technische Überwachung 16 (1975) Nr. 4, S. 97/100. – Technische Anforderungen an die Kraftfahrzeuge und die Anhänger: Anhang 5 zum (Wiener UNO-)Abkommen über den Straßenverkehr. Bundesgesetzbl. Tl. 1 (1977), S. 864/81. – Road Vehicles. Genève: International Organization for Standardization, 1982 (ISO Standards Handbook 11). – *Barth, W.*, u. *J. Wehrmeister:* Straßenverkehrs-Zulassungs-Ordnung: StVZO; (mit Kommentar). Bonn-Bad Godesberg 1982 (Losebl.-Ausg.). – FAKRA-Handb.: Normen für den Kraftfahrzeugbau. Hrsg.: VDA, FAKRA, DIN. 10. Aufl. Tl. 1–5. Berlin 1987. – SAE Handbook. Warrendale, MI: Soc. Automot. Engineers (erscheint jährlich). – *Wehrmeister, J.:* Fahrzeugtechnik EG/ECE: FEE; Richtlinien d. Europ. Wirtschaftsgemeinschaft für Straßenfahrzeuge …; Kommentare … Bonn-Bad Godesberg 1984 (Losebl.-Ausg.).

Kraftfluß. Der K. ist eine Modellvorstellung von der Leitung von Kräften und Momenten in mechanisch beanspruchten Bauteilen (Maschinenteilen). Sie dient beim Konstruieren dem Erkennen besonders gefährdeter Stellen in Bauteilen oder an Bauteilverbindungen. Stellen hoher „K.-Dichte" oder mit starker Umlenkung des K. sind hohen Spannungen oder Pressungen ausgesetzt. Durch geeignete Gestaltung sollte man solche Stellen nach Möglichkeit vermeiden. Unvermeidbare Schwachstellen müssen durch Rechnung oder Versuch im einzelnen untersucht und geeignet ausgelegt werden (Bild). *Ehrlenspiel*

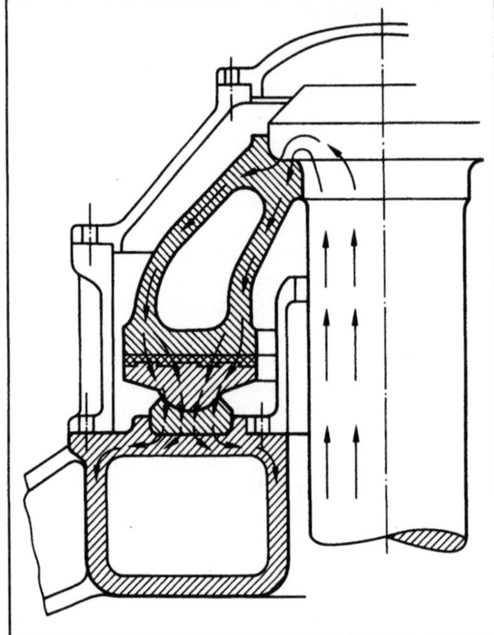

Kraftfluß: Verlauf durch die verschiedenen Bestandteile eines Axiallagers. (Quelle: Leyer)

Kraftheber. Vorrichtung am Traktor zum Heben, Senken und Führen von Geräten, (→Dreipunktanbau). *Renius*

Kraftmaschine. Kennzeichnet Maschine, die mechanische Arbeit zum Antrieb einer →Arbeitsmaschine abgeben kann und deshalb besser treibende Maschine genannt würde. In Strömungsmaschinen wird dazu dem →Arbeitsfluid Energie entzogen (→Arbeitsprinzip). *Dibelius*

Kraftrad. Es ist ein einspuriges Kraftfahrzeug (Fahrzeugkonzept, Fahrdynamik (Kraftrad)) auch mit Beiwagen und evtl. Anhänger (DIN 70010).

→*Motorrad.* Es ist ein K. mit festen Fahrzeugteilen (z. B. Kraftstoffbehälter) im Kniebereich (Schenkelschluß) und meist Fußrasten.

Motorroller. Er ist ein K. ohne Schenkelschluß; Füße stehen auf Bodenblech.

Fahrrad mit Hilfsmotor (Moped, Mofa). Es besitzt Tretkurbeln und Brennkraftmaschine mit $\leq 50\,\mathrm{cm}^3$ →Hubraum oder elektromotorischem Antrieb.

Einteilung der K. nach Führerscheinklasse (Tabelle 1). Bei den Motorrädern unterscheidet man je nach Einsatzgebiet und -zweck:

□ *Tourenmotorräder:* Chopper (langer Radstand, flacher Lenkkopf, zurückgelehnte Sitzposition); Reisemotorrad (alltagstauglich, zuverlässig, komfortabel); Sportmotorrad (hohe Motorleistung, straffe Radaufhängung und →Federung, sportliches Zubehör, auch aus dem Rennsport abgeleitet); Enduro (alltagstaugliches Geländemotorrad).

□ *Geländemotorräder:* Enduro, Moto-Cross-Motorrad, Geländesport-Motorrad, Trial-Motorrad (extreme Handlichkeit).

Kraftrad. Tabelle 1: Einteilung der Krafträder nach Führerscheinklassen.

Führerscheinklasse	Fahreralter Jahre	Fahrzeugart	Hubraum cm³	Höchstgeschwindigkeit km/h	sonstige Bedingungen
1	20	Kraftrad	> 50	–	2 Jahre Führerschein 1a
1a	18	Kraftrad	> 50	–	$P < 20\ \mathrm{kW},\ G/P > 7\ \frac{\mathrm{kg}}{\mathrm{kW}}$
1b	16	Leichtkraftrad	50–80	80	
4	16	Kleinkraftrad (Mokick)	≤ 50	50	
4	16	Fahrrad mit Hilfsmotor (Moped)	≤ 50	40	
*)	15	Fahrrad mit Hilfsmotor (Mofa)	≤ 50	25	

*) Mofa-Prüfbescheinigung erforderlich

Hubraumklassen von Rennsportmotorrädern: 80, 125, 250, 500, 750 und 1000 cm^3.

1885 erhielt *Gottlieb Daimler* ein Patent auf den Petroleum-Reitwagen, das erste K. Heute, nach über 100 Jahren Entwicklung, hat das Motorrad ein einheitliches Grundkonzept. Der Rahmen nimmt das Antriebsaggregat auf, trägt vorn das Steuerkopflager und hinten die Hinterradaufhängung. Er besteht meist aus Stahlrohren oder Stahlprofilen, oder er ist als Schalenrahmen (Preßstahlrahmen, Monocoque, selbsttragende →Karosserie bei Rollern) ausgeführt (Tabelle 2). Auch Leichtmetall wird als Werkstoff verwendet. Bei den K.-Modellen von BMW wird das Antriebsaggregat in die Aufgabe des Rahmens einbezogen (Lagerung der Hinterradschwinge) und durch einen Brückenrohrrahmen überspannt. Beim Motorrad hat sich bis auf ein paar Rennprototypen mit Achsschenkellenkung die vom Fahrrad her bekannte Steuerkopflenkung durchgesetzt. Die Vorderradaufhängung wird als Trapezgabel, gezogene oder geschobene (Bremsnickausgleich) Schwinge (auch Kurzschwinge), meist jedoch als Teleskopgabel ausgeführt. Schraubenfedern und Teleskopstoßdämpfer sind üblich. Bei der Teleskopgabel kann das Bremsnicken durch Verhärtung des Stoßdämpfers beim Bremsen verzögert werden. Die Hinterradaufhängung besteht meist aus einer gezogenen Schwinge, die durch zwei Federbeine oder ein Zentralfederbein abgestützt wird.

Bis 250 cm^3 sind etwa 90 % der Motoren Einzylindermotoren; von 250–500 cm^3 sind es etwa 50 %. Bei den übrigen handelt es sich um 2-, 3-, 4- und sehr selten 6-Zylinder-Reihenmotoren, V 2, (V 3), V 4 und Boxermotoren. →Luftkühlung ist üblich. Aus Geräuschgründen und wegen der Schwierigkeiten bei Verkleidung der Motorräder gewinnt die →Wasserkühlung an Boden.

Während bis 250 cm^3 die Zweitaktmotoren vorherrschen, werden ab 500 cm^3 nur Viertaktmotoren angeboten. Etwa 60 % der Viertaktmotoren haben 2 Ventile; die übrigen 4, aber auch 3 bzw. 5 Ventile je Zylinder. Oberhalb 500 cm^3 ist der elektrische Anlasser die Regel. Bei der vorherrschenden Queranordnung des Antriebsaggregats erfolgt die Kraftübertragung zum Getriebe durch Zahnräder oder Primärkette. Das Hinterrad wird über Kette, selten Riemen angetrieben. Über die Hälfte der Mofa und Moped haben nur einen Gang. Ab Mokick herrschen 5 und 6 Gänge meist mit Ziehkeilschaltung vor. Stufenlose Getriebe gibt es im Bereich kleinerer Hubräume. Bei der selteneren Längsanordnung sind Motor, Kupplung und Getriebe (Schaltung mit Klauen, durch Schaltwalze betätigt) verblockt. Die

Kraftrad. Tabelle 2: Prozentuale Anteile von Motorrädern mit verschiedenen Rahmen- und Fahrwerkkonstruktionen, aufgeteilt nach Hubraumklassen.

Hubraum in cm^3	80–125	125–250	250–500	500–1 000	> 1 000	gesamt
Brückenrohrrahmen	–	5	2	5	–	3
Doppelrohrrahmen	20	10	12	5	3	9
Doppelschleifenrahmen	28	29	42	63	84	48
Einrohrrahmen	28	32	27	11	–	20
Gitterrohrrahmen	–	–	2	6	–	2
Rückgrat- oder Zentralrohrrahmen	2	2	3	7	–	4
Schalenrahmen	8	8	2	–	7	4
Bremsen, vorn:						
zwei Scheiben	2	3	27	68	77	36
eine Scheibe	34	30	33	27	23	29
Trommel	52	60	37	6	–	30
Bremsen, hinten:						
eine Scheibe	2	6	25	63	97	37
Trommel	86	87	72	37	3	59
Felgendurchmesser:						
vorn > hinten	54	63	58	54	61	56
hinten > vorn	4	8	7	15	6	9
vorn = hinten	42	27	35	34	26	33

Differenz zu 100 % unbekannt

Kraftrad. Tabelle 3: Leistungsgewicht (Leergewicht + 75 kg) von Krafträdern.

Bauart bzw. Hubraum	Leistungsgewicht (kg/kW)		
	Mittel-wert	Bereich, in dem 65% der Typen liegen	
Mofa	119	103 bis 135	
Moped	82	61	103
Mokick	78	58	98
LKR	29	23	35
80 ≤ 125	21	13	28
125 ≤ 250	16	9	23
250 ≤ 500	11	7	15
500 ≤ 1 000	7	4	10
> 1 000	6	4	8
zum Vergleich:			
VW Golf GTI G 60	9		
Porsche 959	4,8		
Porsche 928 S 4	7		

Hinterräder werden durch Kardanwelle angetrieben. Tabelle 2 und 3 geben einen Überblick über Leistungsgewicht und Konstruktionsmerkmale moderner Motorräder und Motorroller.

Nutzung der K.: Verhältnis Freizeitfahrt zu Nutzfahrt bei schweren K. etwa 3:1, bei leichten K. und Fahrrädern etwa 1:2.

K.-Unfälle: Die Wahrscheinlichkeit für einen schweren Unfall ist für Motorradfahrer etwa 50mal größer als für Pkw-Fahrer. Etwa 18% der K.-Unfälle sind Alleinunfälle; bei 74% ist Pkw Unfallpartner. Unfallarten: Streifen, Stoß gegen Seite des K.; Frontalaufprall des K. gegen Seite oder Bug des Partners. Zur Verringerung der Verletzungsgefahr ist Lösen vom K., besonders bei Gefahr des Hochgeschleudertwerdens über Pkw, wichtig. Passive Maßnahmen: Schutzhelm, Schutzbekleidung, vor allem zum Vermeiden von Schürfwunden; Airbag zum Abfangen des Fahrers.

Sicherheitsmotorrad (Bild): Seitliche Stoßleisten gegen Beinverletzungen und Eingeklemmtwerden bei seitlichen Unfällen. Begünstigen des Hochgeschleudertwerdens durch Bremsnickausgleich, hohen Lenker als Drehpunkt für den Fahrer, hohen Sitz, Kniekissen, großen Oberschenkelwinkel, Sitzbankrampe und Gestaltung des Kraftstoffbehälters (Verhindern des Hängenbleibens am Tank und Einknicken im Hüftgelenk), Abschalten des Motorrades bei Unfall durch handbetätigten Schalter (Kill Switch) oder automatisches Abschalten bei mehr als 60° Neigung des K.　　　　*Fiala*

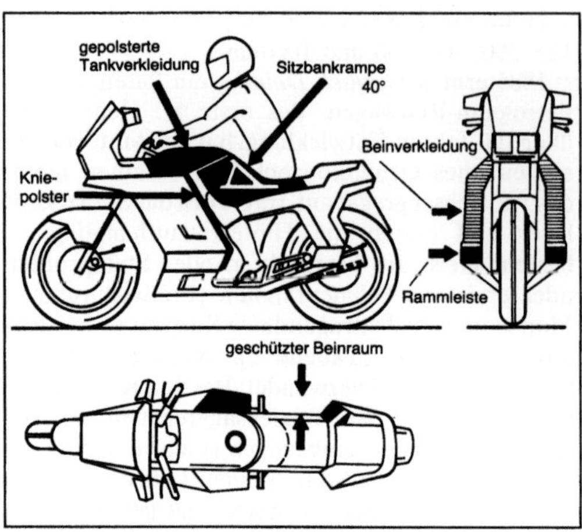

Kraftrad: Sicherheitsmotorrad (nach Gaukler).

Literatur: *Bönsch, H. W.:* Einführung in die Motorradtechnik. 4. Aufl. Stuttgart 1986. – *Bönsch, H. W.:* Fortschrittliche Motorradtechnik. Stuttgart 1985. – ECE-Regelungen: ECE R 22: Schutzhelme; ECE R 41: Geräusche; ECE R 60: Betätigungseinrichtungen, Kennzeichnung, Kontrollleuchten, Anzeigegeräte; ECE R 62: Sicherung gegen unbefugte Benutzung; ECE R 40: Abgase Ottomotoren, Krad; ECE R 47: Abgase Ottomotoren, Mofa. – *Gaukler, C.:* Gedanken zu einem zukünftigen Sicherheitsmotorrad. Verkehrsunfall u. Fahrzeugtechn. 23 (1985) Nr. 3, S. 89/92. – *Hueppen, R.:* Motorrad-Elektrik: Grundlagen, Funktion, Wartung, Selbsthilfe. 7. Aufl. Stuttgart 1984. – *Hütten, H.:* Schnelle Motoren seziert und frisiert. 7. Aufl. Stuttgart 1984. – *Hütten, H.:* Motorrad Technik. Stuttgart 1983. – VDI-Ber. Nr. 577: 100 Jahre Motorrad. Düsseldorf 1985. – *Husak, P.:* Zweitakt-Motorräder: Konstruktion, Fertigung, Betrieb. Stuttgart 1980. – *Laimboeck, F.:* Kenndaten und Konstruktion neuzeitlicher Zweiradmotoren. 4. Aufl. Mitt. d. Inst. für Verbrennungskraftmasch. 31, Graz 1983, 1984. – Motorrad-Katalog (jährl.). Stuttgart. – *Rompe, K.:* Sicherheit bei motorisierten Zweirädern. Kolloquium des Instituts für Verkehrssicherheit im TÜV Rheinland, Köln 1981. – *Seufferle, R.* (Hrsg.): Motorrad-Test. 1983. Stuttgart 1982. – *Sporner, A., K. Langwieder* u. *J. Polauke:* Passive Sicherheit am Motorrad, Kritische Beurteilung der Einsatzmöglichkeiten von Airbags. München 1986. – Motorrad. VDI-Ber. Nr. 779. Düsseldorf 1989.

Kraftschluß →Fahrbahn, →Schlußart

Kraftstoff.

1. Einsparung. Die Leistung zu erhöhen und den Kraftstoffverbrauch zu senken sind immer Ziele der Entwicklung von Verbrennungsmotoren gewesen. Mit der Rohstoffverknappung und der Verteuerung der Erdölprodukte hat das Thema K.E. noch an Bedeutung gewonnen. Bei großen aufgeladenen Dieselmotoren ist es gelungen, den unglaublich hohen →Nutzwirkungsgrad von 50% zu erreichen, womit der Kraftstoffverbrauch und die Kraftstoffkosten bedeutend gesenkt wurden (Schiffsdieselmotoren). Auch der Kraftstoffverbrauch von Kraftfahrzeugen konnte deutlich gesenkt werden. Die folgenden Ausführungen beziehen sich auf Personenwagen, lassen sich aber auch auf Nutzfahrzeuge übertragen.

Der Kraftstoffverbrauch eines Fahrzeugs mit →Dieselmotor oder →Ottomotor wird durch 4 Einflußbereiche bestimmt, durch
□ die Fahrweise bzw. das Geschwindigkeitsprofil,
□ die Fahrwiderstände des Fahrzeugs,
□ die Getriebeübersetzung,
□ den Motor bzw. das →Motorkennfeld.

Fahrweise. Für das Zurücklegen einer bestimmten Strecke wird weniger Energie und damit weniger →Kraftstoff verbraucht, wenn man mit niedrigerer Geschwindigkeit fährt und wenn man wenig bremst. Zum Bremsen: Beim Bremsvorgang setzt sich kinetische Energie des Fahrzeugs in nutzlose Wärme um. Beim anschließenden Beschleunigungsvorgang muß die kinetische Energie vom Motor erneut aufgebracht werden, wofür zusätzlich Kraftstoff verbraucht wird. Zur Geschwindigkeit: Da der Luftwiderstand quadratisch mit der Geschwindigkeit ansteigt, ergibt sich bei hohen Geschwindigkeiten (etwa ab 100 km/h) ein deutlicher Mehrverbrauch an Energie bzw. Kraftstoff. Wenn allerdings die Fahrstrecke in einer vorgegebenen Zeit zurückgelegt werden soll, sind hohe Geschwindigkeiten unvermeidbar. Wegen der progressiven Abhängigkeit des Luftwiderstands von der Geschwindigkeit ist es dann günstiger, mit konstanter Geschwindigkeit zu fahren als mit stark wechselnden Geschwindigkeiten. Die Wahl der Getriebestufe (Gang), die auch in der Hand des Fahrers liegt, wird noch unter dem Punkt „Getriebeübersetzung" behandelt. Da der Kraftstoffverbrauch sehr von der Fahrweise abhängt, muß für vergleichbare Verbrauchsangaben ein genormter Fahrzyklus vorgegeben werden (→Europatest).

Fahrzeug. Liegt das Geschwindigkeitsprofil fest, hängt der Energiebedarf des Fahrzeugs vom Rollwiderstand, Luftwiderstand und Beschleunigungswiderstand ab. Der Rollwiderstand kann durch verbesserte Reifenkonstruktionen und durch geringeres Fahrzeuggewicht (Fahrzeugmasse) verkleinert werden. Der Luftwiderstand läßt sich durch aerodynamisch günstige Gestalt der Karosserie senken. Die Energie zum Beschleunigen des Fahrzeugs ist bei geringer Fahrzeugmasse kleiner. Die volle K.E. wird aber erst erreicht, wenn auch ein kleiner Motor mit verringerter Leistung eingesetzt wird. Dies ist theoretisch nur möglich, wenn alle Fahrwiderstände gleichermaßen gesenkt werden. Bei einer Senkung z. B. nur des Luftwiderstands muß man dagegen die frühere Motorleistung beibehalten, wenn das gleiche Beschleunigungsverhalten und die gleichen Geschwindigkeiten an Steigungen gewünscht sind. Dann ist bei hohen Geschwindigkeiten die prozentuale K.E. wegen der unveränderten Reibungsverluste im Motor deutlich niedriger als

die prozentuale Verringerung des Luftwiderstands, und bei niedrigen Geschwindigkeiten (Stadtverkehr) ergibt sich überhaupt keine K.E.

Getriebe. Aus der Fahrweise und den Fahrwiderständen ergibt sich der Leistungsbedarf in jedem Augenblick der Fahrt. Eine bestimmte Leistung kann der Motor mit verschiedenen Betriebspunkten erbringen. Da die Leistung dem Produkt aus Drehmoment und Drehzahl proportional ist, liegen alle Betriebspunkte mit gleicher Leistung auf einer Hyperbel im Motorkennfeld. Bei einem Getriebe mit stufenloser Übersetzung ist es möglich, zu einer geforderten Leistung den →Betriebspunkt auf der Leistungshyperbel so zu wählen, daß der Motor den größten Wirkungsgrad und damit den geringsten Kraftstoffverbrauch hat. Der hierdurch gewonnene Vorteil geht bei den meisten stufenlosen Getrieben aber dadurch wieder verloren, daß deren Wirkungsgrad generell niedriger ist als bei einem Schaltgetriebe. Aber auch bei einem Schaltgetriebe besteht bei den meisten Fahrzuständen bei gleicher Leistung die Wahl zwischen 2 Getriebestufen. Dann ist fast immer der Kraftstoffverbrauch im höheren Gang niedriger, weil hierbei der Motor mit größerer Last läuft; dabei weist er den höheren Wirkungsgrad auf. Um diesen Vorteil auch bei höheren Fahrgeschwindigkeiten ausnutzen zu können, verwendet man Schaltgetriebe, die bei normaler Getriebestufung einen zusätzlichen, länger übersetzten Gang aufweisen (E-Gang). Selbstverständlich ist bei höherer Last der Abstand bis zur Vollast, also die Drehmomentreserve, geringer.

Motor. Der Kraftstoffverbrauch des Motors ergibt sich aus der Summe der Verbräuche in den einzelnen Betriebspunkten, die je nach Fahrweise bzw. Fahrzyklus über kürzere oder längere Zeit gefahren werden. Bei dieser Summenbildung spielt der Nutzwirkungsgrad oder spezifische Kraftstoffverbrauch in einem Betriebspunkt eine um so größere Rolle, je länger der Motor in diesem Betriebspunkt gefahren wird und je höher die Leistung in diesem Betriebspunkt ist. Da Pkw-Motoren selten mit Höchstleistung laufen, ist der Teillastwirkungsgrad von besonderer Bedeutung. Die Möglichkeiten der K.E. seien nun für Dieselmotoren und Ottomotoren getrennt erörtert.

Dieselmotoren. Diese haben schon von Natur aus einen sehr geringen Kraftstoffverbrauch. Dies liegt zum einen an dem hohen →Verdichtungsverhältnis, das zu einem höheren →Innenwirkungsgrad führt. Darüber hinaus arbeiten Dieselmotoren auch bei Teillast verhältnismäßig günstig, weil sie ohne →Drosselklappe auskommen (geringe Gaswechselverluste) und weil sie bei Teillast mit hohem →Verbrennungsluftverhältnis betrieben werden, was thermodynamisch günstig ist. Trotz aller Vorteile des Dieselmotors versucht man, seinen Wirkungsgrad durch Übergang von der heute bei Pkw-

Motoren üblichen indirekten Einspritzung zur direkten Einspritzung weiter zu verbessern (→Brennraum).

Ottomotoren. Dabei hat das →Luftverhältnis (Verbrennungsluftverhältnis) einen entscheidenden Einfluß auf den Wirkungsgrad. Leider ist man bei Motoren mit geregeltem →Katalysator auf das weniger günstige Luftverhältnis $\lambda = 1$ festgelegt. Demgegenüber wäre ein höherer Innenwirkungsgrad möglich, wenn bei Teillast mit größerem Luftverhältnis (magerer) gefahren würde. In diese Richtung gehen auch die Entwicklungsarbeiten am sog. Magermotor. Bei allen Überlegungen muß man jedoch die Schadstoffemission mit in Betracht ziehen. Um den bei Ottomotoren verhältnismäßig schlechten Teillastwirkungsgrad zu verbessern, wurden und werden vielfach Überlegungen und Experimente angestellt. Beispielsweise seien die Begriffe →Zylinderabschaltung, variable Steuerzeiten, variables Verdichtungsverhältnis und →Schichtladungsmotor genannt. Die z. Z. wirkungsvollsten Maßnahmen zum Senken des Kraftstoffverbrauchs auf der Motorseite besteht wohl im Verringern der Reibungsverluste und der Antriebsleistung der Hilfsgeräte. Diese mechanischen Verluste sind für die schlechten Teillastwirkungsgrade verantwortlich und tragen erheblich zum Kraftstoffverbrauch bei Stadtfahrt bei. Bei Stillstand des Fahrzeugs bzw. bei →Leerlauf des Motors wird schließlich der ganze Kraftstoffdurchsatz nur zur Deckung der mechanischen Verluste verbraucht. Fahrzeugkonzepte, bei denen der Motor zeitweise stillgesetzt wird, versprechen deshalb eine beträchtliche Kraftstoffeinsparung.

Sehr günstige Verhältnisse würden sich ergeben, wenn der →Verbrennungsmotor eines Kraftfahrzeugs ständig in einem ausgewählten Betriebspunkt mit hohem Wirkungsgrad (und geringer Schadstoffemission) liefe. Das Problem dabei ist die Zwischenspeicherung der Energie, die sich aus der augenblicklichen Differenz zwischen Motorleistung und dem Leistungsbedarf des Fahrzeugs ergibt. Zur Lösung dieses Problems kommen elektrische Systeme mit Batterie, hydraulische Systeme mit Hydrospeicher oder mechanische Systeme mit Schwungrad in Betracht. Die Nachteile solcher Systeme sind komplexer Aufbau, zusätzliche Verluste und zusätzliches Gewicht. Ob sie jemals serienmäßig einsetzbar sind, ist daher ungewiß. *Kuhlmann*

2. Kraftfahrzeug. Verwendung finden überwiegend Kohlenwasserstoffe aus Erdöl (Destillieren, Kracken, Reformieren, Polymerisieren, Isomerisieren, Alkylieren), in Südafrika aus Kohle. Zunehmend erfolgt Zusatz von Ethylalkohol (Biosprit) und Methanol, in Brasilien Ethanol aus Zuckerrohr. In Großversuchen wird der Einsatz von Methanol (M 100) erprobt. Weltverbrauch ca. 500 Mill t/a.

Benzin (Otto-K.). Siedebereich: 30–215 °C; Dichte: 0,720–0,785 kg/dm³, (Definition nach DIN 51600 und DIN 51607 (bleifrei)); Heizwert: 42 bis 43,5 MJ/kg = 11,7–12 kWh/kg. Die →Klopffestigkeit wird als ROZ (Research-Oktanzahl) und MOZ (Motor-Oktanzahl) angegeben. Langkettige n-Paraffine und Olefine haben kleine Oktanzahlen (z. B. n-Heptan: 0); Aromaten, Alkohole und Isoparaffine hohe (z. B. Isooktan: 100). Bleizusätze ($Pb(C_2H_5)_4$ und $Pb(CH_3)_4$) bis zu 0,6 g/l erhöhen die Oktanzahl. Weitere Zusätze zur Stabilisierung, gegen Vergaservereisung (Verdampfungswärme: 0,2 kWh/kg).

Diesel-K. Siedebereich: 200–370 °C; Dichte: 0,820–0,860 kg/dm³ (Definition nach DIN 51601); Heizwert: ca. 42,5 MJ/kg = 11,8 kWh/kg. Die Zündwilligkeit wird als Cetanzahl gemessen (Zündverzug zwischen Einspritz- und Verbrennungsbeginn). Die Cetanzahl der n-Paraffine ist hoch, die der Olefine, Naphtene und Aromaten klein. Der Schwefelgehalt ist höher als bei Benzin (ca. 0,3 %).

Flüssiggas, LPG (Liquified Petroleum Gas). Propan-Butan-Gemisch: Dichte: ca. 0,54 kg/dm³ (flüssig); Heizwert: ca. 13 kWh/kg. Drucktank für 4–8 bar.

Alkohole haben hohe Oktanzahlen, aber niedrige Heizwerte (Ethanol: 7,6 kWh/kg, Methanol: 5,7 kWh/kg). Die hohe Verdampfungswärme (Methanol: 0,36 kWh/kg) erfordert Sondermaßnahmen (Beheizung, Starthilfe). Korrosions- und Kunststoffprobleme (Energie für Kraftfahrzeuge; →Wasserstoff). *Fiala*

Literatur: *Menrad, H.,* u. *A. König:* Alkoholkraftstoffe. Wien 1982.

3. Verbrauch, spezifischer. Die Kraftstoffmenge, die ein →Verbrennungsmotor je Kilowatt →Nutzleistung in der Stunde verbraucht.

Dividiert man den von einem Verbrennungsmotor verbrauchten Kraftstoffmassenstrom durch die abgegebene Nutzleistung, erhält man den s. K. (in kg/kWh oder g/kWh). Da der Heizwert üblicher Kraftstoffe praktisch ein fester Zahlenwert ist, entspricht einer bestimmten, dem Motor zugeführten Kraftstoffmasse eine bestimmte zugeführte Energie. Der s. K. kennzeichnet also den Wärmeenergieverbrauch des Motors für die Einheit der abgegebenen mechanischen Energie. Damit ist er dem →Nutzwirkungsgrad des Motors umgekehrt proportional. Meistens wird für Verbrennungsmotoren statt des Nutzwirkungsgrads der s. K. angegeben. Die Tabelle

Kraftstoffverbrauch, spezifischer. Tabelle: Zusammenhang zwischen den Größen.

Nutzwirkungsgrad η_e	30	40	50	%
spezifischer Kraftstoffverbrauch b_e	281	211	169	g/kWh

zeigt den Zusammenhang zwischen diesen Größen, wenn der Heizwert des Kraftstoffs 42 700 kJ/kg beträgt. *Kuhlmann*

4. Verbrennungsmotor. Für Verbrennungsmotoren werden meistens flüssige, selten gasförmige K. verwendet. Vorteil der flüssigen Kraftstoffe ist, daß man sie drucklos in K.-Behältern mitführen kann, wobei sie eine im Vergleich zu gasförmigen K. sehr hohe Dichte und damit auch hohe Energiedichte haben. Die üblichen flüssigen K. werden durch Destillation von Erdöl gewonnen und sind Mischungen sehr vieler verschiedener Kohlenwasserstoffe. Wegen der unterschiedlichen Verbrennungsverfahren muß man zwischen K. für Ottomotoren und K. für Dieselmotoren unterscheiden.

K. für Ottomotoren (Vergaser-K., Benzin): Die wichtigste Eigenschaft eines K. für Ottomotoren ist seine →Klopffestigkeit, die durch die Oktanzahl ausgedrückt wird (→Klopfen). Ein klopffester K. neigt wenig zur →Selbstzündung, erlaubt eine höhere Verdichtung des Motors und führt damit zu einem höheren Motorwirkungsgrad. Da die zur →Verbrennung führenden Reaktionen bei kurzen, kompakten Kohlenwasserstoff-Molekülen langsamer ablaufen, eignen sich diese besonders als Bestandteil des K. für Ottomotoren. Vorteilhaft ist, daß diese Verbindungen (mit vorwiegend 6–8 Kohlenstoffatomen) leicht sieden, so daß mit einem →Vergaser oder durch →Benzineinspritzung ein K.-Luft-Gemisch bereitet werden kann, bei dem der K. bis zum Augenblick der Zündung vollständig verdampft ist.

Zu den Eigenschaften von Otto-K. ist weiterhin folgendes zu sagen:

□ Die Oktanzahl hängt von den einzelnen Bestandteilen des Benzins ab. Sie läßt sich durch Zusatz bestimmter Bleiverbindungen deutlich erhöhen. Da Katalysatoren bei Verbrennung verbleiten K. ihre Wirkung verlieren, wird auf die Verbleiung des Benzins heute weitgehend verzichtet.

□ Die Siedekurve kennzeichnet grob die Zusammensetzung des K. Der 10 %-Punkt der Siedekurve gibt Auskunft über die leichtsiedenden Bestandteile, die besonders für den →Kaltstart des Motors von Bedeutung sind. Ein bei hoher Temperatur liegender 90 %-Punkt erhöht den flüssigen K.-Anteil im →Saugrohr von Vergasermotoren und ist damit ungünstig (Bild).

□ Der Dampfdruck hängt eng mit dem 10 %-Punkt der Siedekurve zusammen. Hoher Dampfdruck ist günstig für den Kaltstart, kann aber infolge Dampfblasenbildung in den K.-Leitungen zu Schwierigkeiten beim Warmstart führen. Aus diesen Gründen legt man den 10 %-Punkt je nach Jahreszeit höher (Sommer) oder tiefer (Winter).

□ Der Heizwert h_u gibt die je Masseneinheit (1 kg) im K. enthaltene Energie an, die bei der Verbrennung frei wird.

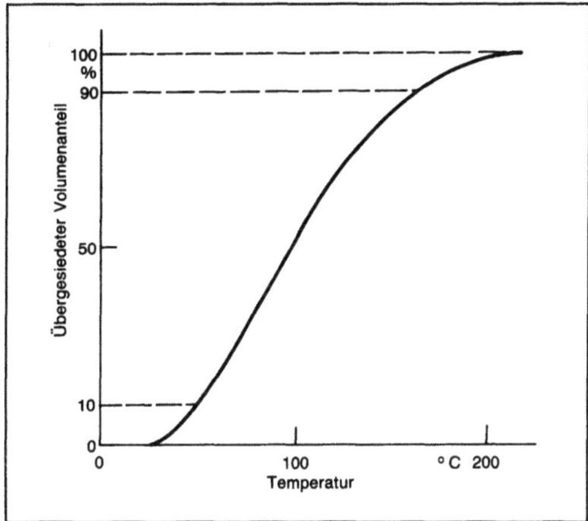

Kraftstoff (Verbrennungsmotor): Siedeverlauf für Benzin.

□ Die Mindestluftmenge l_{min} kennzeichnet die für die stöchiometrische Verbrennung von 1 kg K. erforderliche Luftmasse. Das Verhältnis h_u/l_{min} ist ein Maß für die erzielbare Motorleistung (exakter: Innenarbeit) bei vorgegebenem →Hubraum.

□ Zusätze zum Benzin dienen u. a. dazu, Vergaservereisung zu vermeiden, den →Brennraum und die Ventile sauber zu halten, Korrosion im K.-System zu vermeiden, die Lagerfähigkeit des K. zu erhöhen.

K. für Dieselmotoren: Die entscheidende Eigenschaft eines K. für Dieselmotoren ist, daß er zündwillig ist, d. h. daß er nach Einspritzung in den Brennraum mit geringem Zündverzug verbrennt. Das Maß für die Zündwilligkeit ist die Cetanzahl. Zündwillig sind lange Kohlenwasserstoffketten. Dementsprechend bestehen die K. für Dieselmotoren aus schwer siedenden Bestandteilen.

Unter Diesel-K. versteht man einen K. für schnellaufende Dieselmotoren (z. B. für Pkw und Nutzfahrzeuge). Wichtige Eigenschaften sind:

□ die Cetanzahl, die sich durch den Zusatz von Zündbeschleunigern erhöhen kann,

□ der Siedeverlauf: Ein bei sehr hohen Temperaturen liegendes Siedeende ist wegen eventueller Verkokung der Einspritzdüsen und erhöhter Rußbildung unerwünscht,

□ der Heizwert von Diesel-K. ist bezogen auf die Masseneinheit etwa gleich groß wie der von Otto-K.; bezogen auf das Volumen ist er jedoch wegen der größeren Dichte höher,

□ die Mindestluftmenge ist etwa gleich wie die für Otto-K.,

□ der Schwefelgehalt führt zu Schwefeldioxid in den Verbrennungsgasen und damit zu einer Umweltbelastung und evtl. zu Korrosionsschäden im Motor,

□ die Filtrierbarkeit ist ein Maß für das Fließvermögen des K. Unterhalb einer Grenztemperatur führt die Ausscheidung von Paraffinkristallen zur Filterverstopfung. Fließverbesserer erniedrigen diese Grenztemperatur,

☐ der Flammpunkt gibt an, ab welcher Temperatur sich der K. an seiner Oberfläche durch eine fremde Zündquelle entflammen kann. Er soll aus sicherheitstechnischen Gründen einen bestimmten Mindestwert haben.

Schweröl (auch: Bunkeröl) ist ein sehr schwer siedender K., der hauptsächlich für Schiffsmotoren verwendet wird. Die Kennzeichnung eines Schweröls erfolgt zunächst nach seiner Viskosität. Die Klassen höherer Viskosität können nur im vorgewärmten Zustand gepumpt werden und erfordern daher entsprechende Einrichtungen am Motor. Wichtige Eigenschaften sind neben der Viskosität die Cetanzahl, der Heizwert, die Dichte, der Wassergehalt, der Schwefelgehalt, der Aschegehalt, der Koksrückstand sowie der Gehalt an Natrium und Vanadium, die zu Heißkorrosion an den Ventilen führen können.

Gasförmige K., alternative K.: Verbrennungsmotoren kann man sehr gut auch mit gasförmigen K. betreiben (Gasmotoren). Da die Speicherung des Gases schwere Druckflaschen oder andere Einrichtungen erfordert, sind Gasmotoren besonders für ortsfeste Anlagen geeignet.

Methan hat eine hohe Oktanzahl und eignet sich daher gut für Otto-Gasmotoren. Dasselbe gilt für *Erdgas*, das zum größten Teil aus Methan besteht. Motoren für Erdgas werden gern in Blockheizkraftwerken eingesetzt.

Propan/Butan kann unter Überdruck bei Raumtemperatur flüssig gehalten werden. In Flaschen abgefüllt wird es als Flüssiggas in Kraftfahrzeugen verwendet.

Wasserstoff führt, rein verwendet, zu sehr harter Verbrennung im Motor. Es sind aber schon Experimentierfahrzeuge für Wasserstoff gebaut worden. Dabei wurde der Wasserstoff in Metallhydriden in Druckflaschen gespeichert.

Methanol enthält Sauerstoff. Daher sind die Mindestluftmenge, aber auch der Heizwert niedriger. Geringe Anteile Methanol sind schon heute im Benzin enthalten. Flottenversuche mit Pkw, die mit einem Gemisch von 15% Methanol und 85% Benzin fuhren, waren erfolgreich. Betrieb mit reinem Methanol bereitet mehr Schwierigkeiten, ist aber auch möglich.

Ethanol, hauptsächlich aus Zuckerrohr hergestellt, wurde (steuerbegünstigt) in großem Umfang in Brasilien für Kraftfahrzeuge mit Ottomotor verwendet.

Pflanzenöle können in Dieselmotoren gefahren werden.

Die Verbrennung der genannten alternativen K. im Motor bereitet eigentlich keine prinzipiellen Schwierigkeiten. Man kann aber nicht erwarten, daß die erforderlichen Modifikationen an den Motoren

serienreif gemacht werden, solange die Alternativ-K. teurer sind als die herkömmlichen K.   *Kuhlmann*

Literatur: DIN 51600: Verbleiter Ottokraftstoff Super, Mindestanforderungen. Hrsg. Dt. Inst. f. Normung. Ausg. 1988. – DIN 51601: Dieselkraftstoff. Hrsg. Dt. Inst. f. Normung. Ausg. 1986. – DIN 51607: Unverbleite Ottokraftstoffe. Hrsg. Dt. Inst. f. Normung. Ausg. 1989. – Bosch: Kraftfahrtechnisches Taschenb. Düsseldorf 1987. – *Groth, K.,* u. a.: Brennstoffe für Dieselmotoren heute und morgen. Ehningen 1989. – *Jantsch, F.:* Kraftstoff-Handb. Stuttgart 1960. – *Singer, E.:* Brennstoffe, Kraftstoffe, Schmierstoffe. Düsseldorf 1982.

5. Tank. Er ist wegen seines gefährlichen Inhalts und dessen Besonderheiten (breiter Siedebereich bei z. T. im Betriebsbereich liegenden Temperaturen) ein wichtiger Bestandteil. Als Lage wird meist ein Platz zwischen den Hinterrädern oder unter dem Fondsitz angestrebt. Wegen der erforderlichen Abtrennung der Dampfphase wäre eine Erstreckung der Höhe nach erwünscht, die sich aber wegen der Platzinanspruchnahme (Durchladen, Kombi) oft verbietet. Bei der daher häufig anzutreffenden flachen Bauweise muß durch mehrere Schlauchleitungen und Abscheidebehälter sichergestellt werden, daß bei allen in Betracht kommenden Schräglagen der Kraftstoffdampf abgeführt werden kann, flüssige Anteile aber zurückgehalten werden. Soll die Abgabe der gasförmigen Bestandteile (u. U. mehrere 100 l je Tankfüllung) nicht erfolgen (Limitierung der Ausscheidung von Kohlenwasserstoffen), so muß er in Aktivkohlebehältern zurückgehalten und bei geänderten Bedingungen von dort dem Motor zugeführt werden.

Als Material werden (verbleites) Stahlblech und zunehmend Polyethylen verwendet. Einbauten in den Tank sorgen dafür, daß auch bei geringem Inhalt →Kraftstoff angesaugt wird (Einlaufspirale) und der Inhalt rasch zur Ruhe kommt (Schwallbleche). Die Füllöffnung muß so in den Tank münden, daß stets ein ungefülltes Volumen von 5–10% verbleibt (Ausdehnung bei Erwärmung).   *Fiala*

Kraftübertragung. Fortleitung der Antriebsleistung vom Motor zu den Rädern (→Kupplung, Getriebe, Antriebswellen, Ausgleichsgetriebe, Antriebsgelenke).   *Fiala*

Kran (Fördertechnik). K. sind Hebe- und Transportgeräte, bei denen die Last, die an einem Tragmittel (z. B. Seil) hängt, gehoben, gesenkt und in mehreren waagerechten Richtungen bewegt werden kann. In DIN 15001, Bl. 1 (Nov. 1973) werden die Krane eingeteilt nach der Bauart (z. B. Ausleger-K., Dreh-K., Brücken-K., Portal-K., Wandlauf-K., Turmdreh-K., Fahrzeug-K., Schwimm-K., Kabel-K.) und in DIN 15001, Tl. 2 (Juli 1975) nach der Verwendung (z. B. Werkstatt-K., Lager-K., Hüttenwerks-K., Walzwerks-K., Bau-K., Hafen-K., Werft-K., Container-K. u. a.). Die in der Praxis üblichen Bezeichnungen enthalten oftmals Begriffe, die Bauart und Verwendung angeben: Werkstatt-Brücken-K., Hafen-Dreh-K., Werft-Portal-K. usw.

Die Automatisierung von Hebe- und Fördervorgängen, die fortschreitende Erleichterung der Bedienung und Steuerung und das Streben nach einer garantierten Lebensdauer der Bauteile kennzeichnen die Entwicklung des K.-Baues.

Auf Grund der zahlreichen Abmessungsvarianten (Traglast, Spannweite, →Hubhöhe) werden K. überwiegend einzeln gefertigt. Durch verschärften Wettbewerb, höhere Marktansprüche und die Entwicklung neuer Techniken ist auch in dieser Branche in den letzten Jahren eine forcierte Wandlung zur Normung der Bauelemente und zur Entwicklung von Standardbaueinheiten eingetreten.

Die Stahltragwerke der K. galten schon immer als besonders hoch beansprucht. Deshalb bestehen in vielen Ländern seit langem besondere Richtlinien oder Vorschriften, in denen die Belastungsannahmen, die zulässigen Spannungen, die erforderlichen Festigkeitsnachweise usw. festgelegt sind. Diese Vorschriften sind in der Bundesrepublik Deutschland in DIN 15018, Bl. 1 (April 1974) neu geregelt worden. Damit wird DIN 120, Bl. 1, für K. formal ungültig. Der grundsätzliche Unterschied zu DIN 120 besteht in der Hauptsache darin, daß die Lastannahmen viel sorgfältiger auf die Wirklichkeit des K.-Betriebs abgestimmt worden sind und daß auch für K.-Tragwerke Dauer- und Zeitfestigkeit nachgewiesen werden müssen (→Baukran). *Jünemann*

Kranhaken. K. sind ein Teil der Lastaufnahmeeinrichtung (Tragmittel) für Krane. Die Abmessungen der Haken sind nach DIN 15401 festgelegt. *Jünemann*

Kratzerförderer →Kettenförderer

Krause-Walzanlage. Die K.-W. ist eine →Hochumformanlage zum Herstellen von Blech oder Band nach einem →Pendelwalzverfahren. In der K.-W. werden die nicht angetriebenen Arbeitswalzen mit Hilfe schlittenartig geführter keilförmiger Stützplatten bewegt. Das Walzgut wird mit einem Zweiwalzen-Vorwalzgerüst dem K.-Walzaggregat zugeführt. *Baumann*

Krause-Walzverfahren. Das K.-W. ist ein Pendel-W., bei dem die Pendelbewegung der Arbeitswalzen durch eine translatorische Hin- und Herbewegung von keilförmigen Stützplatten bewirkt wird (Bild). Dabei sind die Stützplatten in Schlitten geführt. Dieses W. arbeitet wie andere Pendel-W. diskontinuierlich. *Baumann*

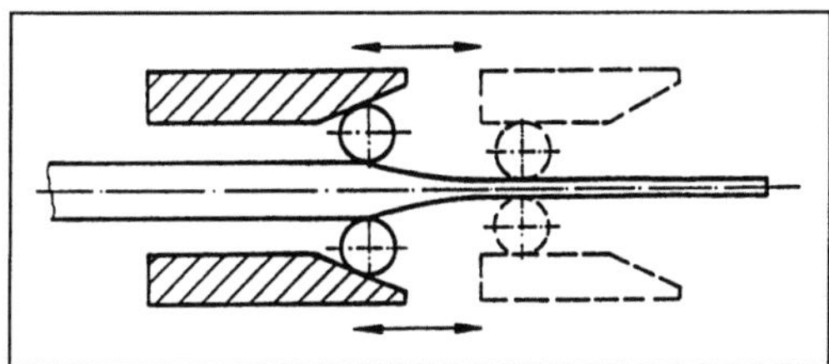

Krause-Walzverfahren: Schematische Darstellung.

Kreativitätstechnik. K. sind methodische Hilfsmittel zur intuitiven Ideensuche und Lösungsfindung.

K. wie Brainstorming, Synektik, Methode 635 u. a. nutzen gruppendynamische Effekte wie die Anregungen durch unbefangene Äußerungen von Partnern mit Hilfe von Assoziationen. Sie versuchen, bekannte Denkmuster aufzubrechen und neue Verbindungen herzustellen. *Ehrlenspiel*

Kreiselbrecher. Die Achse des Brechkegels ist im Kopflager zentrisch gelagert, das Fußende wird exzentrisch ohne Eigendrehung kreisend bewegt. Die Zerkleinerung ist drückend und scherend. Bei einer Bauart ist das Brechmaul an zwei gegenüberliegenden Stellen aufgeweitet zum Backen-K., der mit übergroßen Stücken beaufschlagt werden kann. K. sind vornehmlich für die Hartzerkleinerung als Vorbrecher (Zerkleinerungsgrad 12–20:1, rd. 300 min⁻¹) in stationären Anlagen und als Nachbrecher oder Feinbrecher (Zerkleinerungsgrad 6–10:1, bis 750 min⁻¹) ebenso auf Baustellen eingesetzt. *Kühn*

Kreiselegge. Bedeutendes →Bodenbearbeitungsgerät mit rotierenden Werkzeugen bei Antrieb über die →Zapfwelle des Traktors (oft Normdrehzahl 1000 min⁻¹). Anwendung vor allem für die Oberflächenbearbeitung schwieriger Böden. Arbeitstiefe etwa 6–10 cm (bei größeren Tiefen mit speziellen Werkzeugen spricht man von Kreiselgrubber), Fahrgeschwindigkeit um 1–2 m/s. Vom Maschinengestell mit integriertem Verteilergetriebe (Stirnräder) treibt man eine größere Anzahl (z. B. 12) Kreisel an, die bei vertikaler Drehachse quer zur Fahrtrichtung in einer Reihe angeordnet sind. Arbeitsdrehzahl etwa 150–400 (500) min⁻¹ bei z. B. 250 mm Dmr. der Zinkenspitzenbahn (Bild). Oft 2, seltener 3 oder 4 Zinken in verschiedenen Formen für unterschiedliche Einsatzbedingungen. Ein sog. Wechselgetriebe erlaubt durch Umstecken der Stirnräder oder (aufwendiger) durch eine Schaltvorrichtung die Einstellung verschiedener Kreiseldrehzahlen. Etwa ⅔ des Energiebedarfs wird über die Zapfwelle zugeführt, der Rest durch Traktion (→Anbaugerät). Der auf den Arbeitseffekt bezogene Energieverbrauch ist vor allem infolge der Beschleunigungs- und Reibungsarbeit vergleichs-

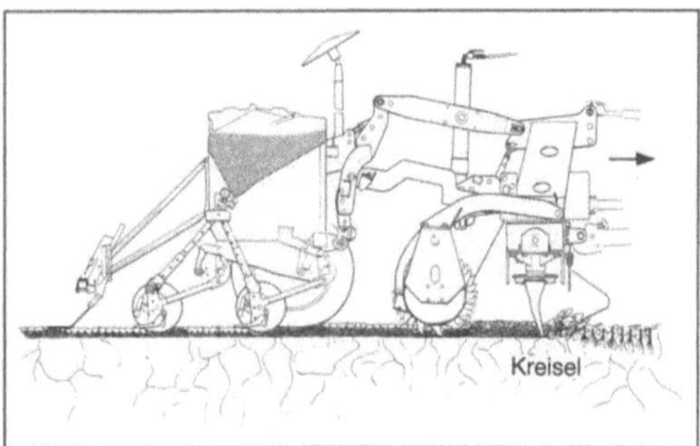

Kreiselegge: Typischer Arbeitseinsatz einer Kreiselegge mit Packer und Drillmaschine. (Quelle: Amazone)

weise hoch. Der verlustarme Zapfwellen-Leistungsanteil vermag das nicht zu kompensieren. Ebenso ist die K. gegenüber starkem Steinbesatz relativ empfindlich. Dafür vermag sie jedoch in einer Überfahrt meist eine so intensive Saatbettbereitung zu liefern, daß die Sämaschine direkt folgen kann. *Renius*

Kreiselheuer. Firmenbezeichnung für einen →Kreiselzettwender. *Renius*

Kreiselmäher. Neue Bauart von Mähmaschinen mit rasch rotierenden Kreiseln, an denen verdeckt eingehängte kleine Messer im sog. freien Schnitt arbeiten (→Schneiden, Umfanggeschwindigkeit um 60–90 m/s). Man unterscheidet zwischen Scheibenmähern und Trommelmähern (Bild 1 und 2). Auch

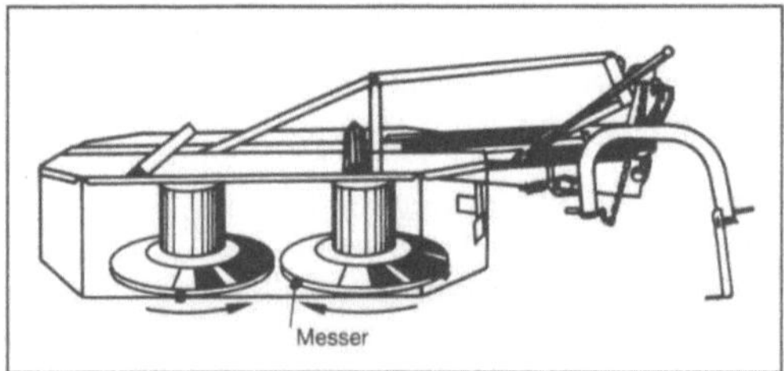

Kreiselmäher 1: Scheibenmäher. (Quelle: Pöttinger)
Untenantrieb, Eignung mehr für kleine Schnittbreiten

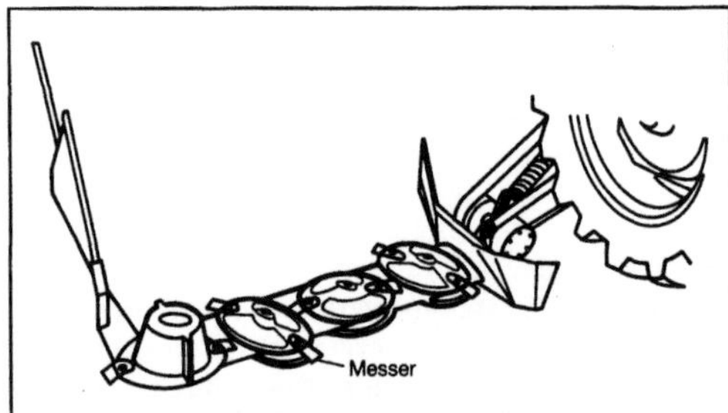

Kreiselmäher 2: Trommelmäher. (Quelle: Pöttinger)
Obenantrieb, Eignung auch für große Schnittbreiten

Mischformen gewannen Bedeutung, insbes. für den Frontanbau (gute Schwadbildung). Die K. werden meist als →Anbaugerät am Traktor verwendet: seitlich im Heckbereich (zum Transport einschwenkbar) oder zunehmend auch frontseitig, dann oft mit →Ladewagen kombiniert (Futterholen). Gegenüber dem →Balkenmähwerk erbringen K. erheblich höhere Flächenleistungen infolge der höheren Fahrgeschwindigkeit (bis 4 m/s) und des verstopfungsfreien, wartungsarmen Betriebs. Nachteilig wirkt sich der hohe Energiebedarf aus, der sich aus den hohen Gutbeschleunigungen ergibt. *Renius*

Kreiselpflug. Sonderbauart des Pfluges, bei der man an Stelle der feststehenden Streichbleche mit Rotoren arbeitet, die über die →Zapfwelle des Traktors getrieben werden. Dadurch soll einerseits die Arbeitsreibung am Streichblech eingespart werden (→Bodenbearbeitungsgerät). Andererseits will man ein noch besseres Krümeln und Mischen erreichen. Tatsächlich konnte man mit einer Konstruktion von *Raußendorf* sehr gute Arbeitsergebnisse erzielen. Leider benötigt der K. trotz der Einsparung an Reibung infolge der größeren Beschleunigungsarbeit insgesamt mehr Energie als ein Streichblechpflug. Ferner erhöhen sich die Betriebskosten durch den höheren Anschaffungspreis, so daß es zu keinem Durchbruch dieses Konzepts kam. *Renius*

Kreiselschwader. Spezialgerät der Heuwerbungsmaschinen, Einsatz zum Längsschwaden des breit gestreuten Gutes bei der Feldtrocknung. Der K. besteht aus einem großen Rotor (z. B. 3 m Dmr., Antrieb über die →Zapfwelle des Traktors) mit mehreren gesteuerten Zinkenarmen (Bild). Eine im zentralen Getriebekopf untergebrachte Kurvenbahn steuert die Zinkenarme entsprechend folgenden Bewegungsphasen: Annäherung an den Boden,

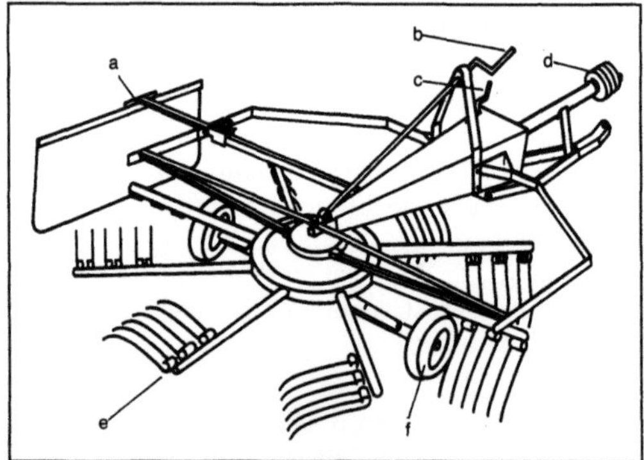

Kreiselschwader: Ausgeführt als Anhängegerät. (Quelle: Deutz-Fahr)
a Schwadformer, b Höhenverstellung des Kreisels, c Kreiselneigung, d Gelenkwelle, e Kreiselarm mit Zinken, f Fahrgestell

Rechenwirkung quer zur Fahrtrichtung (hier nach links) und Herauslösen der Zinkengabeln aus dem Schwad. *Renius*

Kreiselzettwender. Verbreitetes Gerät der Heuwerbungsmaschinen mit über die →Zapfwelle getriebenen Zinkenkreiseln (2–6, oft 4), die paarweise gegenläufig zusammenarbeiten (Zinken nicht gesteuert). Anwendung vor allem zum Zetten, Wenden und Breitstreuen mit Zusatzeinrichtungen auch zum Schwaden. Der Rahmen kann gelenkig oder starr ausgeführt sein, die K. baut man häufig als Aufsattelgeräte mit Stützrädern. Alle Kreisel nehmen durch eine einstellbare Neigung (nach vorn) das Futter auf und werfen es nach hinten (Bild). Um bei Zinkenbruch nachfolgende Maschinen möglichst nicht zu gefährden, sichert man die Zinken z. B. durch Seilstücke oder Kunststoffklammern. Der erste K. wurde 1961 von der Firma Fahr nach einer Erfindung von *Maugg* gebaut (→Kreiselheuer). *Renius*

Kreiselzettwender: Bei der Heuwerbung. (Quelle: Deutz-Fahr)

Kreisförderer. K. sind →Kettenförderer für den flurfreien Transport von Stückgütern, die von Lastgehängen aufgenommen werden, die an die Handhabungseigenschaften der Fördergüter angepaßt sind. Die Lastgehänge werden von Laufwerken getragen, die in einer meist an der Dachkonstruktion befestigten Schiene geführt werden. Die stetige Förderung wird durch eine außerhalb der Schiene umlaufende Kette, die direkt oder über Mitnehmer mit den Laufwerken verbunden ist, und Fahrwerke ermöglicht. Weitere charakteristische Merkmale sind:
□ der Raum unterhalb des Förderers kann für Produktionszwecke genutzt werden;
□ als Umlaufpuffer mit zyklischem Zugriff auf beliebige Fördereinheiten einsetzbar;
□ Materialflußverzweigungen sind nur mit erheblichem Aufwand möglich;
□ Fördergeschwindigkeiten bis 18 m/min realisierbar;

□ räumliche Führung der Förderstrecke möglich;
□ hohe Betriebssicherheit;
□ für rauhe bzw. aggressive Umweltbedingungen geeignet (Spritz-, Tauchanlagen, Wärmebehandlung usw.);
□ in Abhängigkeit von den Handhabungseigenschaften der Fördereinheiten einfache automatische Gutaufnahmen und -abgaben.

K. werden klassifiziert in Einbahn-K. und Zweibahn-K. Zweibahn-K. unterscheiden sich dabei von den Einbahn-K. durch die Trennung von Lastlaufbahn und Zugbahn.

Einbahn-K. Die Einbahn-K. können untergliedert werden in
– Einstrangförderer und Zweistrangförderer. Zweistrangförderer unterscheiden sich von den Einstrangförderern durch zwei synchron arbeitende Zugketten, die durch Mitnehmerstäbe verbunden sind. Unterschiedliche →Lastaufnahmemittel dienen als Tragorgane (z. B. Platten, Kästen, Becher).

Zu den Zweistrangförderern gehören
□ Paternoster (VDI 2314),
□ Schaukelförderer (VDI 2315),
□ Taschenförderer.

Nach VDI 2328 (Dez. 1981) bestehen die K. (Bild 1) aus folgenden Baugruppen
□ Zugorgan,
□ Lastenträger,
□ Antrieb,
□ Spannstation,
□ Führungsbahn mit Umlenkkurven.

Bei den Einstrangförderern (allgemein auch als Kreiskettenförderer bezeichnet) wird das →Fördergut von Gehängen getragen. Die Gehänge sind entweder an Rollen oder direkt an der mit Rollen

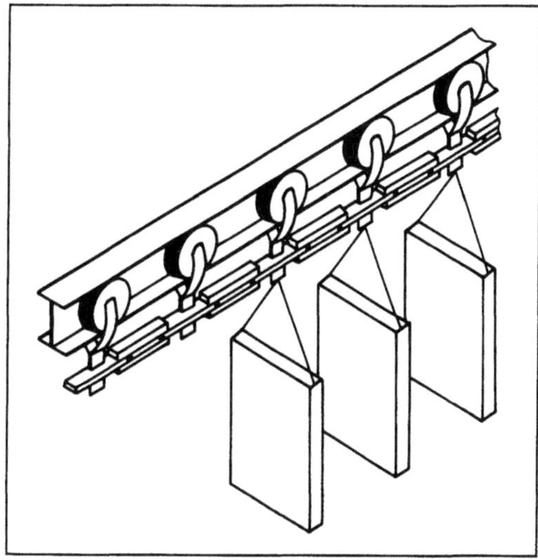

Kreisförderer 1.

flurfrei, mechanisch oder automatisiert, ortsfest, Zugmittel

versehenen Kette befestigt. Die Rollen laufen in Führungen aus L-, U-, T-Stahl oder Schlitzrohren. Kette und Gehänge sind fest miteinander verbunden. Als Zugorgan sind auch Seile, Stahlbänder o. ä. möglich. Die Gehänge (Lastenträger) werden dem Fördergut angepaßt. Für Stückgut sind es Plattformen, Schalen, Behälter, Gabeln, Haken usw., für Schüttgut Schalen, Mulden und Behälter (meist kippbar oder mit Bodenentleerung). Als Zugmittel dienen vorwiegend geschmiedete Steckketten und Stahlbolzenketten. Die Förderbahn kann horizontal, ansteigend, senkrecht oder in einer Kombination dieser Fälle verlaufen. Für den Einsatz von Kreiskettenförderern sprechen

☐ Raumbeweglichkeit (vielseitige Linienführung),

☐ flurfreie Förderwege,

☐ geringer Raumbedarf,

☐ Umkehrbarkeit der Förderrichtung,

☐ Anpassungsmöglichkeit der Gehänge an das Fördergut,

☐ gute Einbaumöglichkeit in bereits vorhandene Gebäude.

Paternoster oder Umlaufförderer sind Stückgutförderer mit an zwei versetzt angeordneten, parallel laufenden Kettensträngen pendelfrei hängenden Tragorganen, deren Ladeflächen waagerecht bleiben. Sie sind für waagerechte bis senkrechte Förderung für kontinuierlichen Stückgut- und Personentransport geeignet. Umlaufförderer werden in Waren-, Versand-, Lager- und Bürohäusern zum Verbinden der einzelnen Stockwerke eingesetzt. Wegen der Unfallgefahr beim Ein- und Aussteigen werden sie nur noch selten für Personentransporte benutzt.

Den Schaukelförderer setzt man wegen der doppelten Kette für größere oder besonders sperrige Lasten ein. Auf- und Abgabestellen werden möglichst in einem vertikalen Streckenabschnitt angeordnet. Wenn die dem Fördergut angepaßten Schaukeln als offene Roste ausgebildet sind, kann durch Koppelung mit Zuführeinrichtungen (z. B. Rollenbahnen) eine einfache selbsttätige Auf- und Abgabe des Förderguts erreicht werden. Mit Rücksicht auf diese Beladung des Förderers während der Bewegung werden nur geringe Kettengeschwindigkeiten bis 0,25 m/s und zeitliche Schaukelabstände von mindestens 10 s gewählt. Zuteil- und Verriegelungseinrichtungen sichern die einwandfreie Beladung. An den Schaukeln können Zieleinrichtungen angebracht werden, mit deren Hilfe der Fördervorgang automatisiert abläuft.

Vorteile eines Schaukelförderers sind

☐ beliebige Linienführung,

☐ lange Förderstrecken,

☐ bequeme Auf- und Abgabe des Förderguts,

☐ staubfreies Arbeiten,

☐ Schonung des Förderguts,

☐ einfache Bauart,

☐ hohe Betriebssicherheit.

Taschenförderer sind Stückgutförderer mit parallel laufender Zweistrangkette, die mit Querstäben verbunden ist, als Zugorgan. Zwischen diesen Stäben werden Taschen als Tragorgan eingehängt. Taschenförderer sind für waagerechte bis senkrechte Förderung geeignet.

Zweibahn-K. Bei den Zweibahn-K. wird unterschieden in Schlepp-K. (Power-and-free) und Schleppzugförderer.

Schlepp-K. (Bild 2) gem. VDI 2334 (Nov. 1967) sind Kettenförderer für den flurfreien Transport von Stückgütern, die ein Puffern der Fördereinheiten ermöglichen.

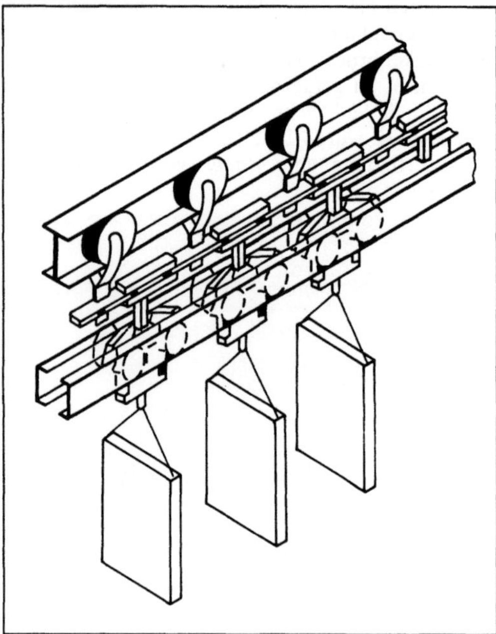

Kreisförderer 2: Schleppkreisförderer.

flurfrei, mechanisch oder automatisiert, ortsfest, Zugmittel

Im Gegensatz zum Einbahn-K., der Antriebs-, Trag- und Führungsfunktion in einem Ein-Schienen-System vereinigt, ist beim Schlepp-K. die Antriebsfunktion von der Trag- und Führungsfunktion durch ein Zweischienensystem getrennt. Die Lastschaukeln (Laufwerke) mit dem Transportgut werden in einer Lastlaufschiene geführt. Der Antrieb erfolgt durch Mitnehmer in der über der Lastlaufschiene angeordneten Zugkette und ist durch spezielle Klinken an den Laufwerken auskoppelbar.

Wichtige Planungskriterien von Schlepp-K. sind:

☐ Verzweigungen möglich,

☐ Hub-Senk-Stationen als standardisiertes Bauelement,

☐ Puffern von Fördereinheiten möglich,

□ Geschwindigkeiten bis zu 24 m/min (darüber hinaus erhöhter Verschleiß und entsprechender Wartungsaufwand),

□ flexible →Verkettung von Produktionseinrichtungen.

Der Schleppzugförderer gem. VDI 2344 (Dez. 1976) zählt als eine Kombination aus Elektrohängebahn- und Schleppkreisfördersystemen. Wie beim Schlepp-K. sind zwei Bahnen übereinander angeordnet. Die Lastlaufschiene übernimmt die Laufwerke mit dem Transportgut. In der darüber liegenden Schiene laufen bedarfsweise operierende, autonome Elektrofahrwerke, die über Mitnehmer die Laufwerke befördern.

Charakteristische Daten sind:

□ Energiebedarf nur für Transport- und Anschlußfahrten,

□ geräuscharmer Lauf,

□ Kombination mit Schlepp-K. möglich,

□ variable Geschwindigkeiten in einer Anlage,

□ Geschwindigkeiten bis 40 m/min,

□ Anzahl Schleppfahrwerke unabhängig von der Anzahl der Laufwerke (nicht jedes Laufwerk benötigt eigenen Antrieb),

□ Steigungen nur mit Zusatzeinrichtungen (Hilfsketten) überwindbar,

□ Schlepplok blockstreckengesteuert,

□ Schnellfahrstrecken in Schleppkreisfördersystemen. *Jünemann*

Kreiskolbenmotor →Wankelmotor

Kreislauf, fluidischer. Der Aufbau einer Hydroanlage zur f. Leistungsübertragung (Hydrogetriebe), im Bild als Schaltplan mit den Symbolen nach DIN-ISO 1219 dargestellt, läßt sich gliedern in die Bereiche:

□ *Energieumwandlung:* Die Wandlung zwischen mechanischer und f. Energie erfolgt eingangsseitig mit der Pumpe, sekundärseitig mit einem Motor (Schub-, Drehmotor).

□ *Energiesteuerung:* Die Steuerung der f. Leistung erfolgt durch Stellen von Druck (→Druckbegrenzungsventil, Drossel) und Volumenstrom (Größe, Richtung, Wegeventile).

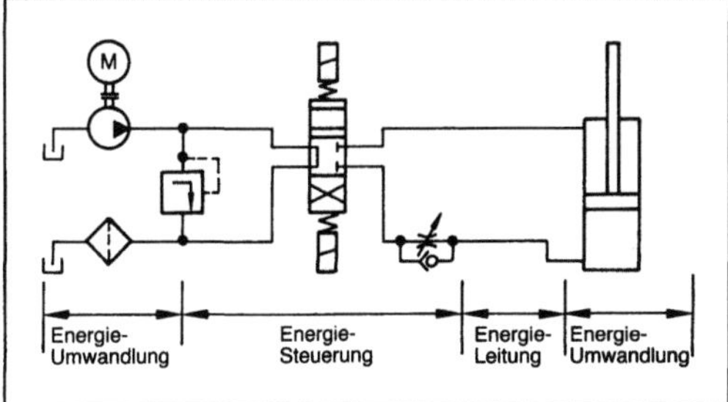

Kreislauf, fluidischer: Aufbau einer Hydroanlage.

□ *Energieleitung:* Der Energietransport geschieht durch die in Rohrleitungen (Stahlrohre, Schläuche) geführte Druckflüssigkeit.

F.K. ist der Fluß der Druckflüssigkeit, die von der Pumpe aus dem Tank aufgenommen und gegen den vorzugsweise von der Motorbelastung z. T. durch Strömungsverluste bewirkten Druck in das Leitungsnetz gedrückt wird, durch die Steuerung und den Leitungsteil zum Motor fließt, dort die Energie als Verschiebearbeit abgibt und entspannt zum Tank zurückläuft. Erweitert wird der Begriff F.K. auch als Bezeichnung des Aufbaus der Hydroanlage verwendet. *Röper*

Kreisprozeßberechnung. Berechnung des Kreisprozesses eines Verbrennungsmotors, wobei alle Zustandsänderungen, insbes. aber auch die →Innenleistung und der →Innenwirkungsgrad des Motors berechnet werden.

Die thermodynamischen Vorgänge im Zylinder eines Verbrennungsmotors lassen sich grob angenähert durch die Aneinanderreihung von nur 4 oder 5 Zustandsänderungen beschreiben. Die Berechnung solcher Vergleichsprozesse bereitet keine besonderen Schwierigkeiten, gibt aber bereits interessante Aufschlüsse über grundsätzliche Zusammenhänge, z. B. zwischen Verdichtungsverhältnis und Wirkungsgrad oder zwischen →Liefergrad und Leistung eines Motors.

Sehr genau lassen sich die thermodynamischen Vorgänge im Motor mit der sog. realen K. erfassen bzw. vorausberechnen. Hierbei werden die Zustandsänderungen im Zylinder in sehr kleinen Schritten berechnet. Für jeden Schritt wird in der Berechnung berücksichtigt: die Veränderung des Zylindervolumens infolge der Kolbenbewegung, die Wärmezufuhr infolge der →Verbrennung einer Teilmenge des Kraftstoffs (solange die Verbrennung läuft), der Wärmeübergang vom Gas an die Zylinderwände, die einströmende oder ausströmende Gasmasse (wenn ein →Ventil geöffnet ist), die Veränderung der chemischen Zusammensetzung der Gase infolge der Verbrennung, die Abhängigkeit der spezifischen Wärmekapazität der Gase im Zylinder von deren chemischer Zusammensetzung und von der Temperatur.

Zum Durchführen der realen K. benötigt man eine Reihe von Angaben, die man z. T. nur aus der Erfahrung mit ausgeführten Motoren gewinnen kann. Einen starken Einfluß auf die Berechnungsergebnisse übt z. B. die Annahme des Brennverlaufs aus. Wurden die für die Berechnung notwendigen Angaben richtig gewählt, ist eine sehr gute Annäherung der Berechnung an die wirklichen Verhältnisse im Motor möglich. Die Berechnung liefert dann den Druckverlauf im Zylinder (also auch das p,V-Diagramm), den Temperaturverlauf im Zylinder, den →Innenmitteldruck, den Innenwirkungsgrad, die Massenströme durch Einlaß- und Auslaßventil, die Abgasenergie und andere wichtige Daten. *Kuhlmann*

Literatur: *Pischinger, R.*, u. a.: Thermodynamik der Verbrennungskraftmaschine. In: Die Verbrennungskraftmaschine. Neue Folge. Bd. 5. Wien, New York 1989. – *Pflaum, W.*, u. *K. Mollenhauer:* Wärmeübergang in der Verbrennungskraftmaschine. In: Die Verbrennungskraftmaschine. Bd. 3. Wien, New York 1977.

Kreisstrom bei Stromrichtern. K. tritt bei gegenparallelen Stromrichtern in kreisstrombehafteten Schaltungen auf (→Umkehrstromrichter). Da bei diesen Schaltungen eine Stromrichterbrücke im Gleichrichter-, die andere im Wechselrichterbetrieb arbeitet, treibt die Differenz der beiden Spannungen einen Strom, den K. i_{Kr}, im K. durch die jeweils gezündeten Ventile der beiden Brücken (Bild 1). Damit der K. keine unerwünscht hohen Werte annehmen kann, wird er durch Induktivitäten, die Kreisstromdrosseln, begrenzt. Der Verlauf der Gleichrichterspannung U_{GR}, der Wechselrichterspannung U_{WR}, der Kreisspannung u_{Kr} sowie des K. i_{Kr} ist aus Bild 2 ersichtlich. Der Mittelwert der Wechselrichterspannung muß dabei größer sein als der Mittelwert der Gleichrichterspannung. Dies ist

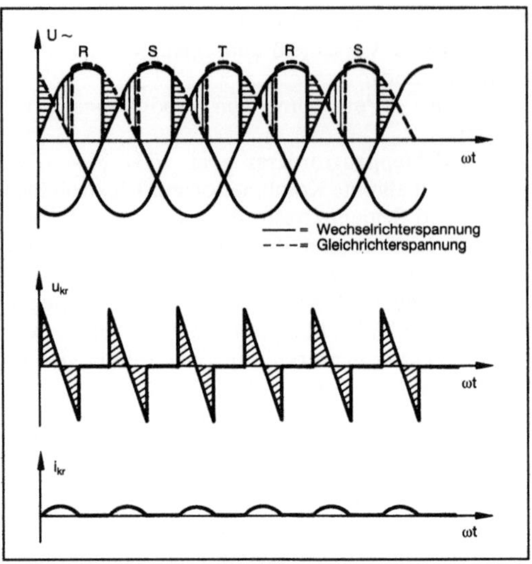

Kreisstrom bei Stromrichtern 2: Darstellung des Stromes i_{Kr} und der Spannung u_{Kr} im Kreisstromkreis. (Quelle: BBC AG, Baden/Schweiz)

bei der Stromrichterauslegung auf Grund folgender Bedingungen zu berücksichtigen: Die maximale Wechselrichterspannung ist

$$U_{WR} = U_{di} \cdot \cos \beta.$$

$$\beta = \text{Voreilwinkel} = 180° - \alpha.$$

Daraus ergibt sich gemäß obiger Forderung:

$$U_{GR} = U_{WR} = U_{di} \cos \beta.$$

Die ideelle Gleichspannung des Stromrichters kann also nicht ausgenutzt werden. Dieses Problem tritt bei kreisstromfreien Schaltungen nicht auf.

Der K. stellt einen reinen Blindstrom dar, der die im Kreisstromkreis liegenden Elemente zusätzlich belastet. Um den K. klein zu halten, wurden Schaltungen mit Kreisstromregelung entwickelt. Jedem Stromrichtersystem wird ein Stromregler zugeordnet, der je nach Betriebsbedingungen als Last- oder Kreisstromregler arbeitet. *Stüben*

Kreuzkopfmaschine. →Kolbenmaschine mit einem Kreuzkopf als Geradführung für die Kolbenstange.

Für Hubkolbenmaschinen gibt es grundsätzlich zwei Bauarten: die K. und die Tauchkolbenmaschine (Bild). Die K. zeichnet sich durch einen auf einer Gleitbahn laufenden Kreuzkopf aus, der die Geradführung der Kolbenstange übernimmt.

Wird bei der K. die Kolbenstange durch eine Stopfbuchse nach außen geführt, ergibt sich unterhalb des Kolbens ein zweiter Arbeitsraum. Diese Bauweise ist besonders von der Dampfmaschine her bekannt (allerdings in liegender Anordnung und mit einer durchgehenden Kolbenstange).

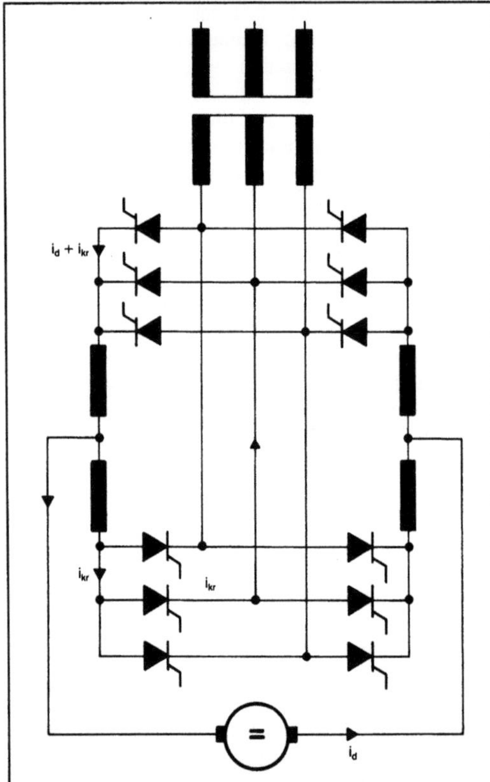

Kreisstrom bei Stromrichtern 1: Kreisstrombehaftete Stromrichterschaltung mit Darstellung des Kreisstroms. (Quelle: BBC AG, Baden/Schweiz)

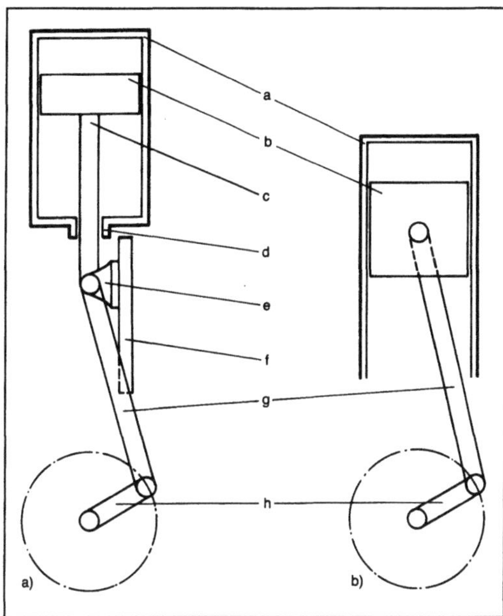

Kreuzkopfmaschine: Schematische Gegenüberstellung.
a) Kreuzkopfmaschine
b) Tauchkolbenmaschine.

a Zylinder, b Kolben, c Kolbenstange, d Stopfbuchse, e Kreuzkopf, f Kreuzkopfgleitbahn, g Treibstange, Pleuelstange, h Kurbelwelle

Heute findet man die Kreuzkopfbauart häufig bei größeren Kolbenverdichtern. Neben der Verdoppelung des Arbeitsraums ist die vollständige Trennung des Zylinderrraums vom Triebwerksraum ein bedeutender Vorteil. Es können daher keine gefährlichen Gase aus dem →Zylinder in den Triebwerkraum gelangen. Ebensowenig kann →Schmieröl aus dem Triebwerkraum das zu verdichtende Gas im Zylinder verunreinigen.

Von den Schiffsdieselmotoren werden die Zweitaktmaschinen in Kreuzkopfbauart ausgeführt. Die doppeltwirkenden Maschinen baut man (mit je einem Arbeitsraum oberhalb und unterhalb des Kolbens) jedoch nicht mehr.

Alle anderen Verbrennungsmotoren besitzen ein Tauchkolbentriebwerk. Hierbei muß der →Kolben die infolge der Schrägstellung der →Pleuelstange auftretenden Seitenführungskräfte aufnehmen. Ölringe müssen verhindern, daß Schmieröl in den →Brennraum gelangt (→Kolbenring). Vorteile der Tauchkolbenbauart sind kleinere Bauweise und niedrigere Herstellkosten. *Kuhlmann*

Kreuzschubkurbel →Gelenkgetriebe

Kriechfunktion. K. beschreibt das zeitabhängige Kriechen der Verzerrung (Dehnung, Gleitung)

eines Werkstoffs nach dem Aufbringen einer Spannung (Normalspannung, Schubspannung), die anschließend konstant gehalten wird (Bild). *Gaul*

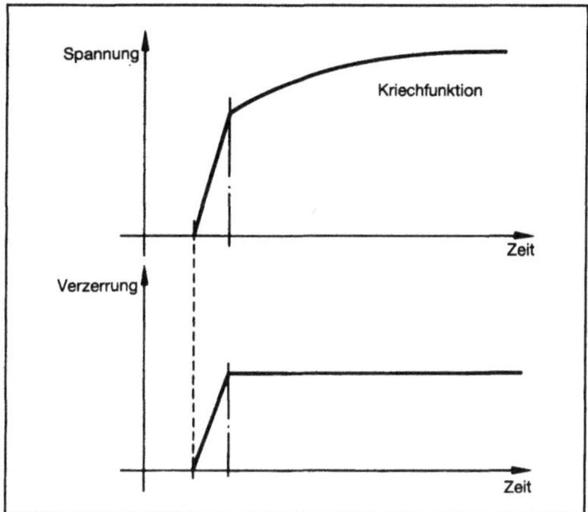

Kriechfunktion.

Kriechgang. Sehr langsamer Gang beim Traktor, Nennfahrgeschwindigkeit unter etwa 1,5 km/h (keine scharfe Grenze). *Renius*

Kriegsschiff. K. ist ein Schiff oder ein Boot mit oder ohne Bewaffnung, das zum Schiffsbestand der Seestreitkräfte eines Staates gehört. Seine Eigenschaft als K. wird durch Flagge und Rang- oder Kommandozeichen nach außen kenntlich gemacht.

Historische Entwicklung. In der Antike Ruderkriegsschiffe unter Vorherrschen der Rammtaktik (oft mit Entern); ähnlich im MA (Galeeren). Im späten 17. Jahrhundert Segelschiffe mit Artillerie (Galeonen), die zu Beginn der Neuzeit durch Linienschiffe ersetzt wurden. Da Linienschiffe relativ langsam und teuer sind, werden sie üblicherweise durch die leichteren Fregatten und Korvetten begleitet. Der Dampfbetrieb minderte im 19. Jahrhundert die Abhängigkeit von Wind und Wetter. Bis Mitte des 20. Jahrhunderts „Wettlauf Panzerung gegen Geschütz" (Schlachtschiffe, Panzerkreuzer u. a.). Seit dem Ersten Weltkrieg gewannen die leichten Seestreitkräfte (Zerstörer, Schnellboote, Minensuchboote) an Bedeutung (Sicherung der Geleitzüge, Torpedo- und Minenkampf). Seit dem Zweiten Weltkrieg gilt der Flugzeugträger als bedeutendstes Überwasserschiff. Heute mindern leistungsfähige U-Boote den Stellenwert der großen Überwasser-K. und nötigen ihnen aufwendige Waffen zur U-Boot-Bekämpfung auf. Die Bedrohung durch Flugzeuge und Raketen macht zudem eine starke Flugabwehr durch Geschütze und Raketen notwendig.

Heutige K.-Typen. Flugzeugträger, Kreuzer, Zerstörer, Fregatten, Schnellboote, Minenjagdfahrzeuge, Minensuchboote, Troßschiffe, Landungsfahrzeuge, U-Boote. Neuere Entwicklungen: Tragflächenboote, Luftkissenfahrzeuge und Gleiter.

Zu den herkömmlichen Antriebsarten Dampfturbine und →Dieselmotor sind Nuklearantriebe und Gasturbinen gekommen, letztere häufig in Kombination mit Dieselmotoren.

Die Bewaffnung moderner K. besteht aus Flugkörpersystemen und Geschützen, Seezielflugkörper mit Reichweiten bis 100sm und Fluggeschwindigkeiten um 1 Mach fliegen als „Seaskimmer" dicht über der Wasseroberfläche. In der Endphase sind sie zielsuchend.

Luftabwehrflugkörper werden bis zu Entfernungen von ca. 20sm eingesetzt. Auf Grund von gegnerischen Flugkörpern steigen die Anforderungen an die LFK bez. Geschwindigkeit und Reaktionszeit. Geschwindigkeiten von 3 bis 4 Mach sind erforderlich ebenso wie Resistenz gegen elektronische Störmaßnahmen. Geschütze größeren Kalibers dienen als Vielzweckwaffen. Maschinenwaffen im Verbund mit Radarsystemen sind besonders zur Flug- und Seaskimmerabwehr geeignet. *Brosowsky*

Kronenmutter →Schraubensicherung

Krumpfanlage →Hochveredelung, →Wollgewebeausrüstungsmaschine

Krupp-Eisenschwammverfahren. Das K.-E. ist durch die Verwendung eines Drehrohrofens gekennzeichnet (Bild). Als Reduktionsmittel können nahezu alle festen Brennstoffe, Anthrazit, Koksgrus, Gasflammkohlen, Braunkohlen und Schwelkoks, eingesetzt werden. Stückiges Erz oder Pellets werden mit dem Reduktionsmittel und Kalkstein oder Rohdolomit für die Entschwefelung dem Drehrohrofen zugeführt, dort im Gegenstrom zu den Ofengasen aufgeheizt und zu →Eisenschwamm reduziert. Je nach Gasgehalt werden die festen Brennstoffe entweder austragseitig eingeblasen oder mit dem Erz aufgege-

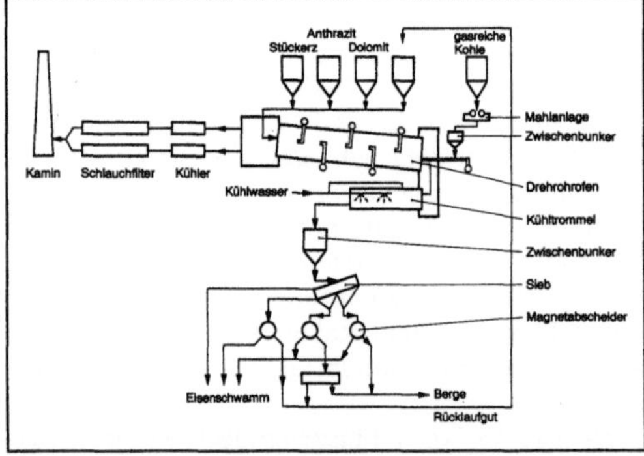

Krupp-Eisenschwammverfahren: Aufbau einer Direktreduktionsanlage.

ben. Das Eisenschwamm-Überschußbrennstoff-Asche-Gemisch wird in einer nachgeordneten Kühltrommel durch Aufsprühen von Wasser auf weniger als 150 °C gekühlt. Die Trennung des Eisenschwamms von dem Überschußbrennstoff und der Asche erfolgt durch Scheidung und Wichtetrennung. Der Drehrohrofen wird vom Austragende her mit einem Brenner beheizt. Dabei wird ein Teil der Verbrennungsluft über mehrere auf dem Ofenmantel angeordnete Düsen zugeführt. Hierdurch wird die Einstellung eines bestimmten Temperaturprofils möglich.

Der mit diesem Verfahren hergestellte Eisenschwamm ist unter Voraussetzung entsprechender Erze weitgehend frei von unerwünschten Begleitelementen, beispielsweise Kupfer, Zinn oder Blei, hat eine gleichmäßige Zusammensetzung und ist gut dosierbar bei seinem Einsatz in Lichtbogen-Schmelzöfen und Konvertern. *Baumann*

Kühlen. K. umfaßt das Absenken der Temperatur von Lebensmitteln auf einen Bereich zwischen −3 °C und +5 °C sowie das Lagern bei diesen Temperaturen. Unter Berücksichtigung von kälteempfindlichen Südfrüchten liegt die Obergrenze der Kühltemperatur bei +13 °C. Nach unten ist sie durch den Gefrierpunkt des betreffenden Lebensmittels begrenzt. Die Temperaturerniedrigung bedingt eine Verlangsamung chemischer und biochemischer Vorgänge. Vor allem zum Verderb des Lebensmittels führende enzymatisch bedingte Stoffwechsel- und Zersetzungs- bzw. Veratmungsprozesse, Oxidationsvorgänge sowie die Lebenstätigkeit vieler Mikroorganismen werden reduziert. Dadurch läßt sich die Haltbarkeit verlängern. Es ist jedoch zu beachten, daß bei manchen pflanzlichen Produkten Kälteschäden auftreten können (Kaltlagerkrankheiten), daß insbes. kryophile Mikroorganismen (untere Temperaturgrenze für Wachstum −12 °C) bei sonst günstigen Lebensbedingungen bei den üblichen Kühltemperaturen noch wachsen können und daß mikrobiell erzeugte Enzyme selbst bei noch tieferen Temperaturen weiterhin aktiv sind. Diese Aspekte limitieren die durch K. erzielbare Haltbarkeitsverlängerung.

Unter den Abkühlverfahren muß prinzipiell zwischen dem Abkühlen von fluiden und von festen Lebensmitteln unterschieden werden. Zur Temperaturabsenkung fluider Lebensmittel eignet sich das absatzweise K. in doppelwandigen oder mit Kühlschlangen ausgestatteten Tanks oder Rührbehältern sowie das kontinuierliche K. in Rohrbündel- oder, weit häufiger verwendet, in Plattenwärmeübertragern. Höher- und hochviskose Lebensmittel werden kontinuierlich in Kratzkühlern oder Walzenkühlern abgekühlt. Die Kühlung fester Lebensmittel erfolgt traditionell absatzweise in Kühlkammern und -räumen, beim Transportieren auch in Kühlwagen, oder kontinuierlich in Tunnelkühlern. In diesen Fällen dient Luft als Kälteträger. Bei Luftgeschwindigkeiten von 2–3 m/s (bei kleinen Gütern 12–16 m/s; Jet-Kühlung) und Temperaturen von –2 bis 0 °C spricht man von Schnellkühlung. Damit können z. B. Rinderhälften innerhalb von 19 h von 38 °C auf 4 °C abgekühlt werden. Zur Kühlung kleinstückiger, abriebfester Produkte (z. B. Kaffee, Erbsen) eignen sich auch Fließbettkühler. Manche Lebensmittel werden durch Eintauchen in Eiswasser (Geflügel, Fisch, manche Obst- und Gemüsearten) oder Besprühen mit kaltem Wasser von 0,5 bis 2 °C abgekühlt. Für sehr wasserreiche Lebensmittel (z. B. Blattgemüse, Pilze) bietet sich die Verdunstungskühlung bei stark erniedrigten Drücken an. Die Auslegung der Kälteleistung muß neben der abzuführenden fühlbaren Wärme des Guts und ggf. der Verpackung auch den Wärmeeinfall durch Wände u. ä. sowie die von Obst- und Gemüse noch nach der Ernte erzeugte Atmungswärme berücksichtigen.

Bei den meisten Abkühlvorgängen ist es wichtig, nicht nur die Außenschicht des Guts auf Kühlendtemperatur zu bringen, sondern auch den Kern der dicksten Stelle des Guts. Die benötigte Zeit zum Erreichen der angestrebten Kernendtemperatur ist eine Funktion der Anfangs- und der Kernendtemperatur, der Temperatur des Kühlmediums, der Geometrie und der maximalen Gutsdicke, der Wärmeleitfähigkeit und spezifischen Wärmekapazität des Guts sowie des Wärmeübergangskoeffizienten.

Ein Kühlprozeß kann jedoch auch so ausgelegt werden, daß während der Abkühlphase lediglich die mittlere Endtemperatur die Kühlendtemperatur erreicht (wobei die Kerntemperatur noch höher liegt) und daß sich während der Kühllagerung im Kern durch Temperaturausgleich die angestrebte Kernendtemperatur einstellt. Dadurch lassen sich die Abkühlzeiten z. B. bei Schweineschinken bei einer mittleren Endtemperatur von 3 °C von ca. 10½ auf 7½ h reduzieren. Sowohl das Abkühlen mit Luft als auch das Kühllagern ist mit einem Masseverlust verbunden, der um so größer wird, je länger die Behandlungszeit ist. Deshalb setzen sich zur Kühlung fester Lebensmittel vermehrt Schnellstkühlverfahren durch. Sie zeichnen sich durch zwei Kühlphasen bei unterschiedlichen Lufttemperaturen aus (z. B. Schweinehälften 2 h bei –8 °C und Luftgeschwindigkeit von 2–3 m/s, dann 12–14 h bei 0–1 °C und Luftgeschwindigkeiten von 0,1–0,2 m/s).

Im Bereich der Lebensmittelverarbeitung findet das K. hauptsächliche Anwendung in Fleischereien und Schlachthöfen (erste bedeutende Anwendung maschineller Kälteerzeugung), in der Fischerei, in Brauereien und Molkereien. Je nach Produktart und Kühlverfahren kann eine Haltbarkeitsdauer von

7–21 Tagen für Fleisch, von durchschnittlich 3 bis 8 Tagen (Extremwerte 1 bzw. 20 Tage) für Fisch, von 7–8 Tagen für Milch, von 6–7 Monaten bei Eiern, von 3 Tagen bis 6 Wochen für Beerenobst, von 8–28 Wochen für Kernobst, von 6–16 Wochen für Zitrusfrüchte erzielt werden. *Kerner/Loncin*

Literatur: *Ciobanu, A., G. Lacu, V. Berescu* u. *L. Niculescu:* Cooling Technology in the Food Industry. Tunbridge Wells England 1976. – *Jasper, W.,* u. *R. Placzek:* Kältekonservierung von Fleisch. Leipzig 1977. – VDI-Wärmeatlas. Hrsg. VDI-Ges. Verfahrenstechnik u. Chemieingenieurwesen (GVC). 4. Aufl. Düsseldorf 1984.

Kühler. Die Luftkühlung kann direkt durch Wärmeübertragung zwischen Luft und Kältemittel (z. Z. meist noch Frigene) oder indirekt über einen K. (Oberflächen-K.) im dazwischengeschalteten Kälteträgerkreislauf (Wasser, Sole) erfolgen. Im ersten Fall ist der Luft-K. mit dem Verdampfer der Kälteanlage identisch, während im zweiten Fall der Verdampfer im Gegenstromapparat (Kaltwassersatz) des Kälteträgerkreislaufs liegt. Wegen der aufwendigeren Sicherheitsmaßnahmen sowie der besseren Regelfähigkeit wird bei raumlufttechnischen Anlagen meist die indirekte Luftkühlung angewendet. Die Luft-K. sind in beiden Fällen bez. der Bauart (Oberflächen-K. bestehend aus Sammelrohren mit Anschlußstutzen und Rippenrohrregister) mit dem →Lufterwärmer für Heizwasserbetrieb (Wärmeübertrager) identisch.

Bei direkter Luftkühlung ist die Kältemitteltemperatur (Verdampfungstemperatur) im Oberflächen-K. konstant. Sie liegt um ca. 2–3 K unterhalb der ebenfalls konstanten Oberflächentemperatur ϑ_0. Da normalerweise die K.-Oberflächentemperatur niedriger ist als die Taupunkttemperatur (τ) des eintretenden Luftstroms ($\vartheta_0 < \tau$), so wird gleichzeitig während der gesamten Zustandsänderung Wasser ausgeschieden. Nach Untersuchungen von *Linge* erfolgt die Zustandsänderung im h,x-Diagramm längs einer zwischen dem Lufteintrittszustand (ϑ_1, x_1) und dem Sättigungspunkt bei K.-Oberflächentemperatur ϑ_0 verlaufenden Geraden (sog. Linge-Gerade), auf der der gem. K.-Bemessung gewählte Austrittszustand (ϑ_2, x_2) des Luftstroms liegt. Exakt erfolgt die Zustandsänderung nach einem Potenzgesetz mit einem Exponenten nahe 1 (0,94). Die tatsächliche Zustandskurve, gestrichelt in Bild 1 eingetragen, ist leicht gekrümmt und weicht nur unwesentlich von der Geraden ab.

Bei der indirekten Luftkühlung in dem von einem wärmeaufzunehmenden Kälteträger (Wasser, Sole) durchflossenen Oberflächen-K. sind bez. der Luftzustandsänderung im h,x-Diagramm 3 Temperaturbereiche zu unterscheiden (Bild 2, Kurven I bis III):

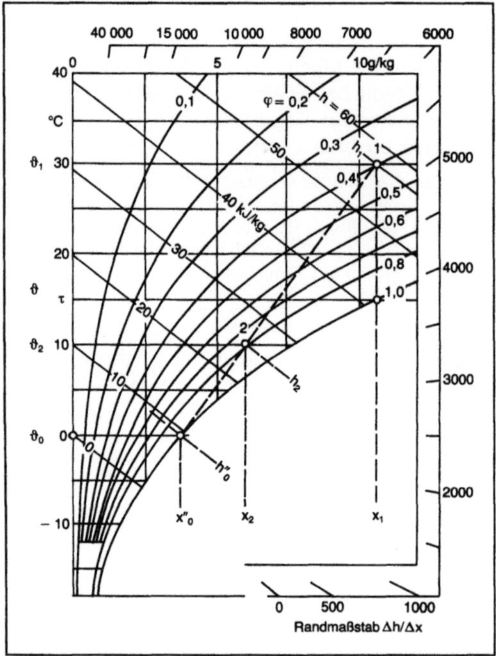

Kühler 1: Zustandsänderung bei Luftkühlung mit konstanter Kühleroberflächentemperatur (Kältemittel).

ϑ_1/ϑ_2 Lufteintritts-/-austrittstemperatur, ϑ_0 Kühler-Oberflächentemperatur, x_1/x_2 absolute Feuchtegehalte beim Lufteinbzw. -austritt, τ Taupunkttemperatur

□ ϑ_0 (Austritt) $\geqslant \tau$. Hierbei tritt keine Wasserausscheidung ein (trockene Kühlung). Die Zustandsänderung erfolgt auf der Senkrechten x = konst.

□ ϑ_0 (Eintritt) $> \tau > \vartheta_0$ (Austritt). Hierbei ist zu Beginn der Luftabkühlung die Oberflächentemperatur höher und am Ende niedriger als die Taupunkttemperatur. Die Zustandsänderung erfolgt zunächst auf einer Senkrechten, x = konst, bis die Luft an die Stelle des K. gelangt, bei der die Oberflächentemperatur ϑ'_0 der Taupunkttemperatur entspricht ($\vartheta'_0 = \tau$). (Zur Bestimmung der →Lufttemperatur ϑ', bei der der Taupunkt des Luftstroms unterschritten wird, müssen die wärmetechnischen Daten des Oberflächen-K. und der Temperaturverlauf bekannt sein.) Die Zustandsänderung danach erfolgt dann mit Wasserausscheidung.

□ ϑ_0 (Eintritt) $\leqslant \tau$. In diesem Temperaturbereich erfolgt die Zustandsänderung über die gesamte K.-Fläche mit Wasserausscheidung.

Die Zustandsänderung mit Wasserausscheidung erfolgt nach einer parabelähnlichen Kurve, die – unter der Annahme, daß im Idealfall (unendlich große K.-Oberfläche) die Luft bis auf die Kühlmittel-Eintrittstemperatur ϑ_{W-E} abgesenkt werden kann – auf der Sättigungslinie bei ϑ_{W-E} endet

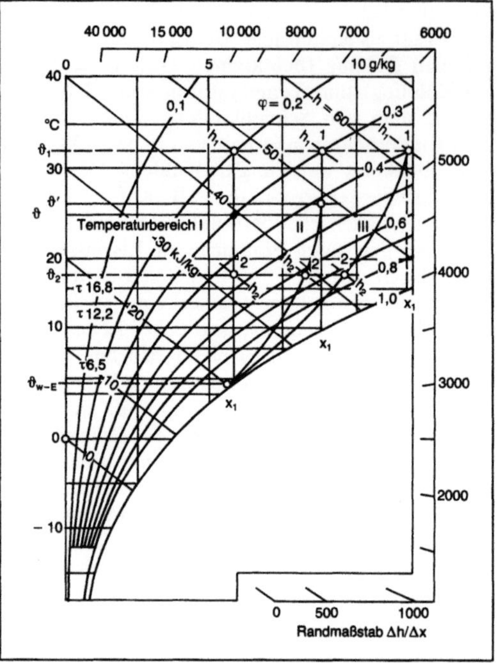

Kühler 2: Zustandsänderungen bei Luftkühlung mit veränderlicher Kühleroberflächentemperatur (Kälteträger: Wasser, Sole).

I ohne Wasserausscheidung (trockene Kühlung), II teilweise Wasserausscheidung (ab Lufttemperatur ϑ'), III Wasserausscheidung auf der gesamten Kühlerlänge (nasse Kühlung), ϑ_1/ϑ_2 Lufteintritts- oder -austrittstemperaturen, ϑ' Lufttemperatur bei Taupunktunterschreitung (Kurve II), ϑ_{W-E} Kühlmittel-Eintrittstemperatur, x_1/x_2 absolute Feuchtegehalte beim Luftein- bzw. -austritt, τ Taupunkttemperaturen

(Bild 2, Kurven III und II ab ϑ'). Für den Verlauf der Zustandskurve ist die Oberflächentemperaturänderung längs des K. bestimmend.

Das Betriebsverhalten der Luft-K. bei wechselnden Temperaturen und Luftströmen wird wie bei Wärmeübertragern (Oberflächenlufterwärmer) durch Kennbilder erfaßt. Die bestimmende Kenngröße ist für den trockenen K. die Abkühlzahl

$$\Phi = \frac{\vartheta_1 - \vartheta_2}{\vartheta_1 - \vartheta_W}$$ mit ϑ_W als mittlerer Kühlmitteltemperatur, die bei nasser Kühlung um die Entfeuchtungszahl $\Psi = \frac{x_1 - x_2}{x_1 - x_0}$ (x_0 absolute Luftfeuchtegehalt an der K.-Oberfläche) zum Bestimmen des Luftaustrittszustands (ϑ_2, x_2) zu ergänzen ist. Bei nasser Kühlung erhöht sich der Wärmeübergang um die frei werdende Verdampfungswärme des Niederschlagswassers.

Zur Abnahme des Luft-K. wird die Vorlage der Wärmeübertrager-Kennlinien vorausgesetzt, so daß Messungen nur in einem Betriebspunkt durchzuführen sind. Die Meßergebnisse sind unter Berücksichtigung der Meßunsicherheit auf den Garantiezustand (Auslegungspunkt) umzurechnen. *K. G. Müller*

Literatur: *Kühne, H.:* Die Beherrschung von Luftkühlern mit Wasserausscheidung. Gesundh.-Ing. 90 (1969) Nr. 7, S. 197/206. – *Linge, K.:* Die Beherrschung des Luftzustandes in gekühlten Räumen. Festschr. zu Molliers 70. Geburtstag. TH Karlsruhe 1933. – *Ober, Ch.:* Verhalten von Kreuzstromübertragern beim Kühlen und Entfeuchten von Luft. Heiz.-Lüft.-Haustechn. 31 (1980) Nr. 9, S. 337/43. – VDI 2080: Meßverfahren und Meßgeräte für Raumlufttechnische Anlagen. Hrsg. Verein Dt. Ing. Ausg. Okt. 1984.

Kühlgebläse. Gebläse an einem luftgekühlten →Verbrennungsmotor zum Fördern der Kühlluft.

Während der Lüfter für den Kühler eines wassergekühlten Verbrennungsmotors nur einen geringen Leistungsbedarf hat, wird für die Förderung der Kühlluft eines luftgekühlten Motors ein merklicher Anteil der Motorleistung benötigt (z. B. 5 %). Bei dem meist als Axialgebläse ausgeführten K. ist daher auf einen guten Wirkungsgrad zu achten. Der Antrieb erfolgt i. a. über Keilriemen von der Kurbelwelle. Bei größeren Motoren lohnt sich eine thermostatisch gesteuerte Drehzahlregelung des K. über eine hydraulische Kupplung oder einen hydrostatischen Antrieb. *Kuhlmann*

Kühlung.
1. Gasturbine. K. aller um- und durchströmten Teile ist erforderlich, weil die Temperatur des Arbeitsgases erheblich über der bei Hochtemperatur-Werkstoffen für eine ausreichende Festigkeit zuträglichen Wandtemperatur liegt (nur bei Verbrennung im Arbeitsgas, also bei dem offenen →Gasturbinenprozeß). Prinzipiell kann die Temperatur von hohlen Schaufeln und Wänden durch Bespülen mit einem Kühlfluid auf der dem Arbeitsgas abgekehrten Seite abgesenkt werden: Innen-K., a) im Bild. In diesem Fall würde eine wärmedäm-

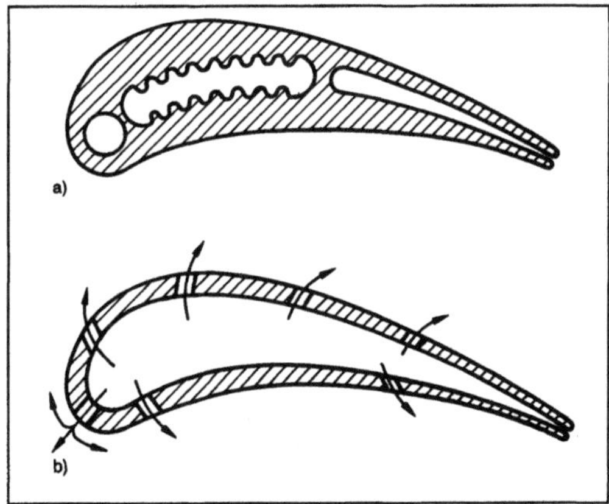

Kühlung (Gasturbine): Gekühlte Gasturbinenschaufeln (geschnitten).
a) Innenkühlung
b) Filmkühlung.

mende Schicht auf der Außenseite den Wärmefluß vermindern. Dafür wurde aber noch keine technologisch befriedigende Lösung gefunden. Nach dem anderen Prinzip wird in Wandnähe ein kühlendes Fluid eingeblasen, um örtlich die Temperatur des Arbeitsgases abzusenken: Film-K., b) im Bild. Praktisch werden meistens beide Methoden sinnvoll kombiniert.

Als Kühlfluid wird fast ausschließlich aus dem Verdichter auch bei unterschiedlichen Druckstufen angezapfte Luft durch Kanäle im Stator und Rotor unmittelbar der →Turbine zugeführt, bei manchen Ausführungen aber auch noch zwischen Verdichter und Turbine gekühlt. Nach Durchlauf der Innenkühlung kann sie noch zur Film-K. herangezogen werden.

Es sind zwar immer wieder Versuche mit Wasser sowohl in einem geschlossenen Kreislauf wie auch mit Einführung des entstandenen Dampfes in das →Arbeitsfluid gemacht worden. Keines dieser Systeme hat sich jedoch durchgesetzt.

Thermodynamisch ist jeder Wärmeentzug nach außen oder jeder interne Wärmefluß auf ein niedrigeres Temperaturniveau ein →Verlust. Er mindert den Vorteil hoher Gaseintrittstemperaturen. Deswegen wird an der Entwicklung von bei noch höheren Temperaturen einsetzbaren Werkstoffen (z. B. Hochtemperatur-Keramiken) gearbeitet. *Dibelius*

2. Kraftfahrzeug →Klimatisierung im Kraftfahrzeug

3. Strömungsmaschine →Kühlung (→Gasturbine)

4. Verbrennungsmotor. Um zu hohe Bauteiltemperaturen zu vermeiden, ist ein →Verbrennungsmotor zu kühlen. Gekühlt werden müssen die Bauteile, die mit den heißen Verbrennungsgasen in Kontakt kommen: →Kolben, →Zylinder (bzw. Laufbuchse), →Zylinderkopf, Ventile, Vorkammer oder Wirbelkammer (bei Dieselmotoren mit unterteiltem →Brennraum), Auslaßkanal.

Auf eine direkte K. der Ventile wird wegen konstruktiver Schwierigkeiten meistens verzichtet. Die auf das →Ventil einfallende Wärme muß daher über den Ventilschaft und den Ventilsitz an den Zylinderkopf abgegeben werden.

Kolben kleinerer Motoren müssen die auf den Kolbenboden einfallende Wärme hauptsächlich über die Kolbenringe an die Zylinderlauffläche abgeben. Bei hochbeanspruchten Motoren wird dagegen zur K. Öl aus einer feststehenden Düse in einen im Kolben befindlichen Kühlkanal gespritzt.

Es verbleiben also die Zylinder und Zylinderköpfe, die zu kühlen sind. Hierfür wird Wasser-K. oder Luft-K. angewendet. Die Wasser-K. hat den

Vorteil, daß die Wärmeübergangszahlen bei Wasser außerordentlich viel höher sind als bei Luft. Damit kann die Forderung nach geringen Temperaturunterschieden in den Bauteilen (z. B. um Zylinderverzug zu vermeiden) leichter erfüllt werden. Luft-K. ist überhaupt nur möglich, wenn die wärmeabgebende Oberfläche der Bauteile durch Kühlrippen vergrößert wird.

Das →Schmieröl muß auf jeden Fall gekühlt werden, wenn es zur Kolben-K. herangezogen wird. Auch sonst empfiehlt sich eine Schmieröl-K., da hohe Öltemperaturen die Ölviskosität sehr herabsetzen. Dadurch vermindert sich die Tragfähigkeit der Gleitlager des Motors. Im Ölkühler gibt das Schmieröl seine Wärme je nach Konstruktion an das Motorkühlwasser oder an die Umgebungsluft ab.

Bei aufgeladenen Motoren wird oft Ladeluft-K. angewendet. Die K. der Ladeluft erhöht deren Dichte und verringert hauptsächlich die thermische Beanspruchung des Motors. Bei Ottomotoren verschiebt sich außerdem die Klopfgrenze zu höheren Verdichtungsverhältnissen hin.

Nicht zuletzt ist wichtig, daß die Motor-K. über die Dichte der Ansaugluft den →Liefergrad beeinflußt. Bei höherer Temperatur z. B. sinkt der Liefergrad. Damit ist beim unaufgeladenen Motor eine Verringerung des Drehmoments und der Leistung verbunden. *Kuhlmann*

Kühlwasser →Wasserkühlung

Kümpelaggregat. Bei der klassischen Herstellung nahtloser Rohre in einem →Rohrwalzwerk mit Stoßbankanlage wird der Rohblock in einer →Lochpresse zu einem zylindrischen Hohlkörper mit Boden umgeformt. Weil also dabei der Boden des Hohlkörpers ungelocht geblieben ist, kann die Dornstange das Walzgut beim anschließenden Strecken in der Stoßbankanlage durch die nicht angetriebenen Walzenkaliber bewegen.

Bei der neuzeitlichen Herstellung nahtloser Rohre in einem →CPE-Rohrwalzwerk oder in einem anderen Rohrwalzwerk mit Stoßbankanlage wird der Rohblock in einer →Schrägwalzanlage gelocht. Dabei entsteht ein Hohlkörper ohne Boden. Deshalb muß in solchen Rohrwalzwerken der Hohlkörper vor seinem Einsatz in die Stoßbankanlage einseitig gekümpelt werden, damit die Dornstange den Hohlkörper durch die Anlage stoßen kann. In dem zwischen Schrägwalzanlage und Stoßbankanlage angeordneten K. wird der Hohlkörper von hydraulisch betätigten Zangen gehalten. Gleichzeitig formt ein rotierendes Werkzeug mit großem Druck das Hohlkörperende zu einem Boden (Bild). Dieser Boden hält die Dornstange beim Umformen des Hohlkörpers in der Stoßbank. *Baumann*

Kümpelaggregat.

Kugelbüchse →Linearführung

Kugelstrahlen. Strahlen mit runden oder zumindest gerundeten Strahlmittelkörnern. Dazu werden unterschiedliche Anlagen verwendet:
□ Schleuderradstrahlanlagen, in denen das Strahlmittel in einer oder mehreren Schleuderrad-Einheiten durch Zentrifugalkräfte auf die gewünschte Geschwindigkeit beschleunigt wird;
□ pneumatisch betriebene Druckstrahlanlagen unterschiedlicher Bauarten.

Durch das Kugelstrahlen wird die →Randschicht verfestigt, wodurch eine Erhöhung der Dauerschwingfestigkeit erreicht wird (→Strahlen). *Habig*

Literatur: *Kaiser, B.* In: Verbesserung der Dauerschwingfestigkeit sowie Korrosions- und Verschleißbeständigkeit durch gezielte Oberflächenbehandlungen. VDI-Ber. Nr. 506. Düsseldorf 1984; S. 23.

Kugelstrahl-Umformanlage. Eine K.-U. ist ein komplexes technisches System, in dem das Strahlmittel (Metallkugeln unterschiedlicher Größe) entweder mit
□ einer Schleuderrad-Einheit oder
□ einem Druckluftaggregat
auf die gewünschte Strahlgeschwindigkeit gebracht und auf die umzuformende Fläche gelenkt wird.

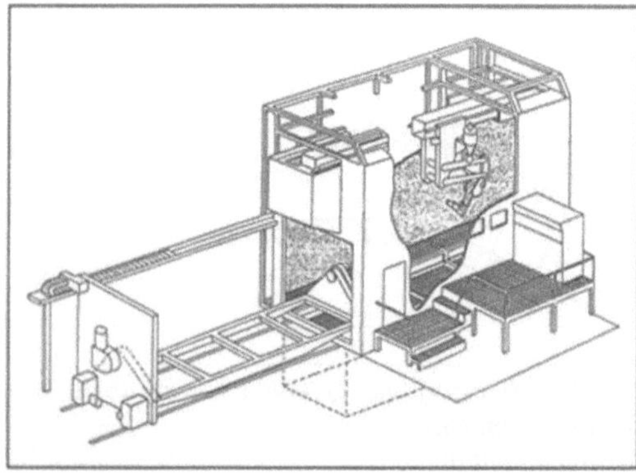

Kugelstrahl-Umformanlage der RWTH Aachen.

Dabei ist das K.-System in einer schalldichten Kammer angeordnet, die gleichzeitig die Umgebung vor den gestrahlten Kugeln schützt (Bild). Mit dieser Anlage können neue Leichtbauprodukte, beispielsweise Integralbauteile für die Luft- und Raumfahrt, schalenförmige Leichtbau-Strukturteile für die Verkehrswirtschaft und Strukturteile für den Hochbau, hergestellt werden. *Baumann*

Kugelstrahl-Umformverfahren. Das K.-U. ist ein Verfahren zum flexiblen Umformen von Blechen und zum Herstellen verschiedenartiger Bauteilformen. Mit diesem Verfahren können beispielsweise auch bereits bearbeitete und wärmebehandelte Bauteile zum Fertigteil umgeformt werden (Bild). Infolge des Kugelstrahlens wird die Oberflächenschicht, also der mit Kugeln gestrahlte äußere Bereich des Werkstoffs, verfestigt. *Baumann*

Kugelwälzgelenk-Kupplung. Die K.-K. ist eine drehstarre, winkelnachgiebige, homokinetische Kupplung. Die kraftübertragenden Elemente sind Kugeln 1 in Laufbahnen des Innenteils 2 und Außenteils 3. Sie werden durch einen Käfig 4 geführt. Der Käfig wird durch Hebel 5 zwischen Innen- und Außenteil so geführt, daß die Kugeln immer auf der Halbierungslinie des Ablenkungswinkels der Wellen stehen. Je nach Verbindung des Innenteils 2 mit der →Welle wird die K.-K. als Fest-

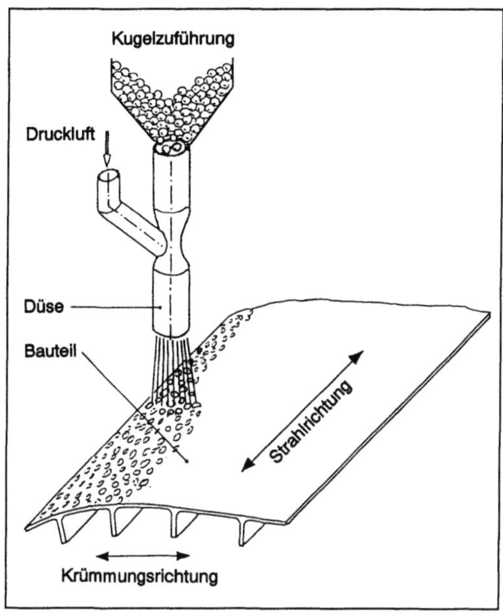

Kugelstrahl-Umformverfahren: Schematische Darstellung.

oder Losgelenk ausgeführt. Die K.-K. wird häufig paarweise zusammen als →Gelenkwelle im allgemeinen Maschinenbau, Fahrzeugbau, in der Fördertechnik usw. verwendet (Bild). *Ehrlenspiel*

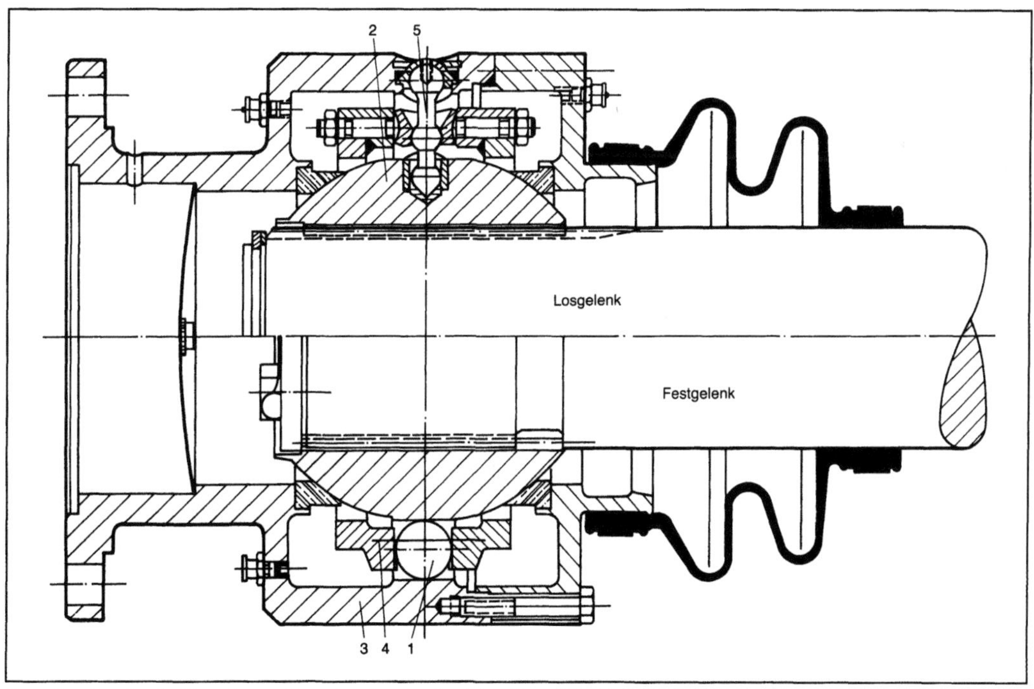

Kugelwälzgelenk-Kupplung: Kugelwälzgelenk. (Quelle: DEMAG)

Kulieren →Kulierwirkmaschine

Kulierwirkmaschine. Die K. arbeiten mit Einfaden-Vorlage und gemeinsam bewegten Nadeln. Man unterscheidet zwischen Flach-K. (Cottonmaschinen) und Rund-K., französischen Rundwirkmaschinen, (→Einfaden-Technik). Während die französische Rundwirkmaschine (→Maschenbildungsvorgang) kaum noch Bedeutung hat, wird die Cottonmaschine (Bild 1 und 2) für auf Paßform gearbeitete Pullover und Kleider eingesetzt (→Maschinenfeinheit). Gemeinsam bewegten Spitzennadeln (→Nadel) in der Fontur wird ein Faden vorgelegt, der von Kulierplatinen nacheinander zu Schleifen und dann gemeinsam zu Maschenschleifen ausgebildet wird (Maschenbildungsvorgang). Zur Muste-

Kulierwirkmaschine 1: Elektronisch gesteuerte Cottonmaschine. (Quelle: Scheller)

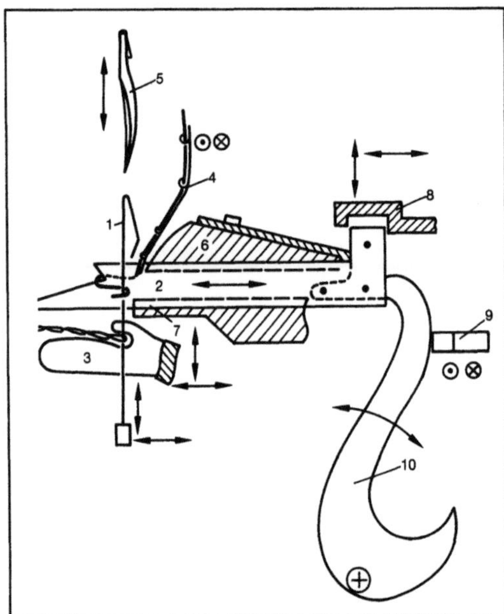

Kulierwirkmaschine 2: Wirkelemente der Cottonmaschine.

1 Nadel, 2 Kulierplatine, 3 Einschließ-Abschlagplatine, 4 Fadenführer, 5 Decknadel, 6 Platinenkopf, 7 Presse, 8 Platinenschachtel, 9 Rössel, 10 Schwinge

rung (Petinetmusterung) und Formgebung dient serienmäßig die Deckvorrichtung, mit der mittels Decknadeln Maschen von Spitzennadeln übernommen, versetzt und auf Nachbarnadeln übertragen werden können (Bild 3 und 4). *K. P. Weber*

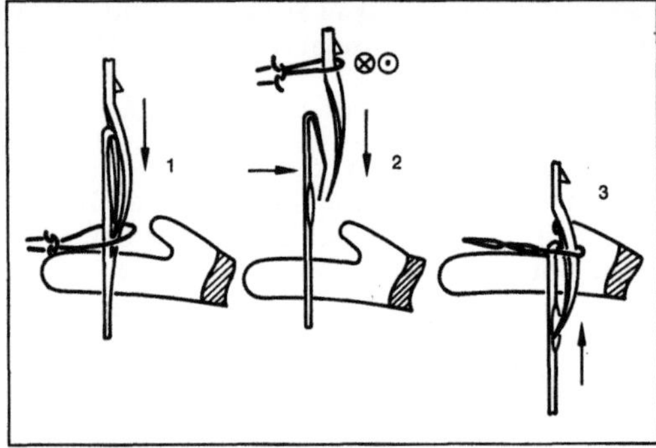

Kulierwirkmaschine 3: Deckvorgang der Cottonmaschine.

1 Aufdecken, 2 Versatz, 3 Abdecken

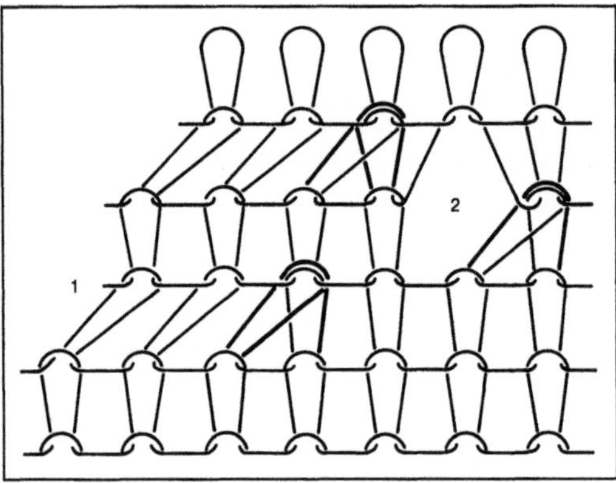

Kulierwirkmaschine 4: RL-Kuliergewirk mit verhängten Maschen.

1 Formgebung, 2 Deckmusterung (Petinetmusterung)

Kulierwirkware →Maschenware

Kunstkohlenlager →Trockenlauflager

Kunststoff.
  1. Allgemeines. Umfassende Bezeichnung für solche organischen Werkstoffe, die als wesentlichen Bestandteil eine makromolekulare Verbindung (Polymer), die entweder durch chemische Umwandlung eines makromolekularen Naturstoffs (z. B. Cellulose, Naturkautschuk) oder durch Synthese aus niedermolekularen Substanzen hergestellt wurde, enthalten. Herstellung von Polymeren: Polyaddition, Polykondensation und Polymerisation. Molekularer Aufbau von Polymeren: Makromoleküle.

K. finden Verwendung als Formkörper wie Preß- und Spritzgußmassen bzw. Halbzeug (Platten, Rohre, Profile), als Folien, Membrane, Fasern, Schaumstoffe, Klebstoffe und Lacke.

Diese Mannigfaltigkeit ihres Einsatzes resultiert aus der relativ leichten Verarbeitbarkeit, den günstigen mechanischen Eigenschaften und ihrer vergleichsweise niedrigen Dichte. Dabei lassen sich Verarbeitbarkeit und mechanische Eigenschaften durch geeignete Zusatzstoffe wie Weichmacher, Stabilisatoren, Gleitmittel und Füllstoffe günstig beeinflussen.

K. sind in der Regel keine reinen Stoffe, sondern hochentwickelte Substanzgemische.

Nach DIN 7724 (Febr. 1972) werden die K. auf Grund der bei einer bestimmten Frequenz (zwischen 0,1 und 10 Hz) gemessenen Temperaturabhängigkeit des komplexen Schubmoduls G* und des mechanischen Verlustfaktors d, wie sie im Torsionsschwingungsversuch nach DIN 53445 bzw. DIN 53520 ermittelt werden, in vier Gruppen eingeteilt: Thermoplaste (Plastomere), Elastomere, Thermoelaste, Duroplaste (Duromere).

Die Verhältnisse beim Torsionsschwingungsversuch lassen sich am bequemsten durch Einführung des komplexen Schubmoduls G* beschreiben, der mit dem mechanischen Verlustfaktor d wie folgt verknüpft ist:

$$G^* = G' \cdot iG'' = G' \, (1 + id), \text{ mit } d = G''/G' = \tan \delta.$$

Der Realteil G', der ein Maß für die beim Verformungswechsel während einer Schwingung umgesetzte, wiedergewinnbare Energie darstellt, wird Speichermodul genannt. Der Imaginärteil G'', der ein Maß für die nicht wiedergewinnbare Energie darstellt, wird Verlustmodul genannt. δ ist der Phasenwinkel zwischen Spannung und Deformation. Der so gemessene Verlauf des Speichermoduls G' und des mechanischen Verlustfaktors d gibt die Temperaturlage der Zustands- und Übergangsbereiche eines Kunststoffes an und bestimmt damit dessen Anwendungsgebiet (Bild 1).

□ *Thermoplaste (Plastomere).* Sie sind bei Raumtemperatur harte bis gummiweiche Stoffe, die schon bei mäßigem Erhitzen plastisch verformbar werden und bei höheren Temperaturen unterhalb ihrer Zersetzungstemperatur viskoses Fließen zeigen. Auf Grund unterschiedlicher Molekülanordnung unterteilt man sie in amorphe und teilkristalline Thermoplaste.

Die linearen oder verzweigten Makromoleküle in amorphen Thermoplasten sind unvernetzt und bilden ineinander verschlungene Knäuel ohne erkennbare Ordnung. Der Speichermodul liegt bei Temperaturen unterhalb der dynamisch gemessenen Glastemperatur T_g zwischen 10^9 und 10^{10} Pa. Für den mechanischen Verlustfaktor findet man hier Werte um 0,01. In den sekundären Dispersionsgebieten (kleiner Abfall von G') kann d bis zu maximalen

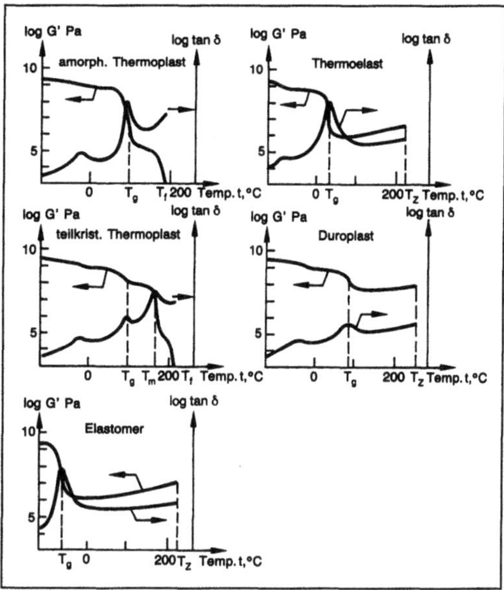

Kunststoff (Allgemeines) 1: Schematische Darstellung des Verlaufs von Speichermodul G und mechanischem Verlustfaktor d (tan δ) bei Scherung in Abhängigkeit von der Temperatur bei einer Schwingungsfrequenz von 1 Hz für die verschiedenen Kunststoffgruppen.

Werten von 0,1 ansteigen. Bei diesen Temperaturen befindet sich der K. im Glaszustand; er verhält sich überwiegend energieelastisch. Die reversible Deformation liegt hier zwischen 0,1 und 1 %.

Auf den Glaszustand folgt zu höheren Temperaturen der Glas-Kautschuk-Übergang. Der Speichermodul fällt in einem Temperaturbereich von etwa 40 K um 3–4 Zehnerpotenzen ab. Der mechanische Verlustfaktor zeigt ein steiles Maximum mit Werten zwischen 1 und 4.

Oberhalb des Glas-Kautschuk-Übergangs schließt sich der gummielastische Zustand an. Der Temperaturverlauf von G' zeigt ein mehr oder weniger stark ausgeprägtes Plateau mit Werten um 10^5–10^6 Pa. Für den mechanischen Verlustfaktor findet man Werte zwischen 0,03 und 0,3. Die amorphen Thermoplaste zeigen in diesem Gebiet eine große reversible Deformierbarkeit (Dehnung bis mehrere 100 %).

Geht man zu noch höheren Temperaturen über, so beobachtet man viskoses Fließen. Der Speichermodul fällt steil ab, der mechanische Verlustfaktor steigt an.

Teilkristalline Thermoplaste sind dadurch gekennzeichnet, daß sich Teile der Makromoleküle in bestimmter Weise geordnet aneinander lagern. Ihr mechanisches Verhalten unterscheidet sich deutlich von dem amorpher Thermoplaste. Der Temperaturverlauf des Speichermoduls zeigt mehrere Dispersionsstufen, wobei der stärkste Abfall bei der Kristallitschmelztemperatur T_m (Schmelztemperatur) gefunden wird. Der mechanische Verlustfaktor zeigt bei jeder Dispersionsstufe ein Maximum, bei der Glastemperatur mit Werten um 0,1, bei der Kristallitschmelztemperatur mit Werten um 1.

□ *Elastomere:* Sie sind weitmaschig vernetzte Stoffe mit einer Glastemperatur T_g (amorphe, vernetzte Polymere) bzw. einer Kristallitschmelztemperatur T_m (teilkristalline, vernetzte Polymere) unterhalb 0°C und einem sehr breiten gummielastischen Gebiet, in dem der Speichermodul Werte zwischen 10^5 und 10^7 Pa aufweist und leicht mit der Temperatur ansteigt. Das gummielastische Gebiet erstreckt sich bis zur Zersetzungstemperatur T_z. Es existiert kein Fließzustand.

□ *Thermoelaste:* Sie sind ebenfalls weitmaschig vernetzte Stoffe und zeigen ein ausgeprägtes gummielastisches Plateau zwischen der Glastemperatur T_g (amorphe, vernetzte Polymere) bzw. der Kristallitschmelztemperatur T_m (teilkristalline, vernetzte Polymere) und der Zersetzungstemperatur T_z. Sie unterscheiden sich von den Elastomeren durch die Lage der Glas- bzw. Kristallitschmelztemperatur, die bei ihnen oberhalb 0°C liegt.

□ *Duroplaste (Duromere):* Sie sind hochvernetzte K., deren Glastemperatur oberhalb 50°C liegt und die nur als kleine Dispersionsstufe im Verlauf des Speichermoduls zu erkennen ist. Auch im Temperaturbereich oberhalb T_g ist der Modul mit Werten über 10^7 Pa hoch. Duroplaste sind allenfalls beschränkt entropieelastisch deformierbar.

Eine weitere Einteilung der K. kann man unter dem Aspekt der unterschiedlichen Bildungsreaktionen der Polymere vornehmen (Bild 2). Man unterscheidet bei den synthetischen Polymeren zwischen Polymerisaten, Polykondensaten und Polyaddukten.

K. besitzen eine niedrige Dichte. Bei Formmassen liegt sie zwischen 0,8 und 2,2 g/cm³, bei Schaumstoffen sogar unterhalb 0,15 g/cm³. Im Verhältnis dazu sind ihre mechanischen Eigenschaften sehr gut. Der Zugfestigkeitsbereich reicht von 10^7–10^9 Pa. Die Elastizitätsmoduln liegen zwischen 10^6 (Weichgummi) und $7 \cdot 10^{10}$ Pa (glasfaserverstärkte Epoxidharze). Thermoplastische und duroplastische K. besitzen im Gebrauchstemperaturbereich E-Moduln in der Größenordnung von 10^9–10^{10} Pa.

Abgesehen von den verstärkten K. ist die Verwendung großer, tragender Bauelemente üblicher Konstruktion aus K. unwirtschaftlich. Andererseits aber sind hohe Zähigkeit, geringer Verschleiß, gute Korrosionsbeständigkeit verbunden mit den Möglichkeiten spanlosen Formens Vorteile, die die K. zu geschätzten Werkstoffen für kleine, auch kompliziert gestaltete Formteile machen. Allein die starke Abhängigkeit ihrer mechanischen Eigenschaften von Temperatur und Belastungsdauer sowie die vergleichsweise niedrigen Fließ- und Zersetzungstemperaturen schränken den Verwendungsbereich ein. Thermoplaste erweichen schon bei Temperaturen um 100°C. Bei höheren Temperaturen zersetzen bzw. entzünden sie sich. Die Brennbarkeit vieler K. kann durch Zusätze wie Asbest und Antimontrioxid vermindert werden. Heute versucht man, dieses Ziel

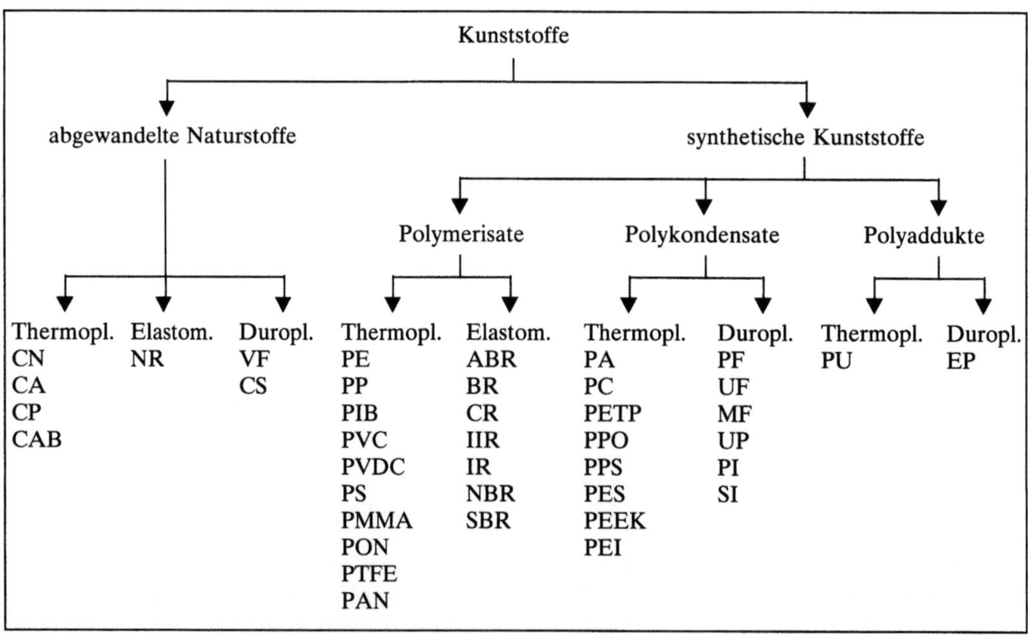

Kunststoff (Allgemeines) 2: Einteilung der Kunststoffe.

durch Copolymerisation mit halogen- und phosphorhaltigen Verbindungen bzw. durch Entwicklung spezieller K. zu erreichen. Eine wesentlich höhere Formbeständigkeit in der Wärme besitzen Polyimide und Leiterpolymere. Durch Einbau von Metallen (Ti, Co u. a.) in die Polymermoleküle erhält man Stoffe, die kurzzeitige Temperaturbelastungen bis 1000 °C aushalten können. Auch die vergleichsweise hohen thermischen Ausdehnungskoeffizienten (10^{-5}–$2 \cdot 10^{-4}$ K^{-1}) begrenzen den Anwendungsbereich.

K. besitzen eine hohe elektrische Isolierfähigkeit, eine geringe Wärmeleitfähigkeit und eine gute Dämmwirkung gegenüber Schall.

Die leichte Formgebung und wirtschaftliche Verarbeitbarkeit, die ausgezeichnete Oberflächengüte, die gute Färbbarkeit in der Masse sowie leichtes Bedrucken und Metallisieren machen die K. zu idealen Werkstoffen für die Massenfertigung (Tabelle). *Zahradnik*

Kunststoff. Tabelle: Kurzzeichen für Kunststoffe nach DIN 7728 (1978; ISO 1043–1978) sowie in der Literatur übliche Abkürzungen.

ABS	Acrylnitril-Butadien-Styrol-Copolymer
AFK	asbestverstärkter Kunststoff
AMMA	Acrylnitril-Methylmethacrylat-Copolymer
ASA	Acrylnitril-Styrol-Acrylester-Copolymer
BFK	borfaserverstärkter Kunststoff
CA	Celluloseacetat
CAB	Celluloseacetobutyrat
CAP	Celluloseacetopropionat
CF	Kresol-Formaldehyd-Kondensat
CFK	kohlefaserverstärkter Kunststoff
CN	Cellulosenitrat
CP	Cellulosepropionat
CSF	Casein-Formaldehyd-Kondensat
EC	Ethylcellulose
EMMA	Ethylen-Methacrylsäure-Copolymer
E/P	Ethylen-Propylen-Copolymer
EP	Epoxidharz
EP-GF	glasfaserverstärktes Epoxidharz
ETFE	Ethylen-Tetrafluorethylen-Copolymer
EVA	Ethylen-Vinylacetat-Copolymer
EVAL	Ethylen-Vinylalkohol-Copolymer
FEP	Perfluorethylenpropylen bzw. Tetrafluorethylen-Hexafluor propylen-Copolymer
GFK	glasfaserverstärkter Kunststoff
LCP	liquid crystalline polymers bzw. flüssigkristalline Polymere
MC	Methylcellulose

noch Tabelle: Kurzzeichen für Kunststoffe

MF	Melamin-Formaldehyd-Kondensat
MFK	metallfaserverstärkter Kunststoff
MPF	Melamin-Phenol-Formaldehyd-Kondensat
MWK	metallwhiskerverstärkter Kunststoff
PA	Polyamide
PA 6	Polyamid-6 bzw. Polycaprolactam
PA 66	Polyamid-66 bzw. Polyhexamethylenadipinamid
PAI	Polyamidimid
PAN	Polyacrylamid
PB	Polybuten-1
PBI	Polybenzimidazol
PBTP	Polybutylenterephthalat
PC	Polycarbonat
PCTFE	Polychlortrifluorethylen
PDAP	Polydiallylphthalat
PE	Polyethylen
PE-C	chloriertes Polyethylen
PE-HD	Polyethylen hoher Dichte
PE-HMW	Polyethylen hoher Dichte und hoher Molmasse
PE-LD	Polyethylen niederer Dichte
PE-LLD	Polyethylen linearer Struktur und niederer Dichte
PE-MD	Polyethylen mittlerer Dichte
PE-UHMW	Polyethylen hoher Dichte und ultrahoher Molmasse
PEEK	Polyetheretherketon
PEI	Polyetherimid
PEK	Polyetherketon
PES	Polyethersulfon
PETP	Polyethylenterephthalat
PF	Phenol-Formaldehyd-Kondensat
PI	Polyimide
PIB	Polyisobutylen
PMI	Polymethacrylimid
PMMA	Polymethylmethacrylat
PMP	Poly-4-methylpenten-1
PMS	Poly-α-methylstyrol
POM	Polyoxymethylen, Polyformaldehyd
PP	Polypropylen
PP-C	chloriertes Polypropylen
PPO	Polyphenylenoxyd
PPS	Polyphenylensulfid
PS	Polystyrol
PSU	Polysulfon
PTFE	Polytetrafluorethylen
PUR	Polyurethane
PVAC	Polyvinylacetat
PVAL	Polyvinylalkohol
PVB	Polyvinylbutyral
PVC	Polyvinylchlorid

noch Tabelle: Kurzzeichen für Kunststoffe

PVC-C	chloriertes Polyvinylchlorid
PVC-P	weichmacherhaltiges PVC; Weich-PVC
PVC-U	weichmacherfreies PVC; Hart-PVC
PVDC	Polyvinylidenchlorid
PVDF	Polyvinylidenfluorid
PVF	Polyvinylfluorid
PVK	Polyvinylcarbazol
PVP	Polyvinylpyrrolidon
SAN	Styrol-Acrylnitril-Copolymer
SB	Styrol-Butadien-Copolymer
SFK	synthesefaserverstärkter Kunststoff
SI	Silicone
SP	gesättigte Polyester
UF	Harnstoff-Formaldehyd-Kondensat
UP	ungesättigte Polyester
VC/E	Vinylchlorid-Ethylen-Copolymer
VC/VDC	Vinylchlorid-Vinylidenchlorid-Copolymer
VF	Vulkanfiber

Literatur: *Domininghaus, H.:* Die Kunststoffe und ihre Eigenschaften. 3. Aufl. Düsseldorf 1988. – *Elias, H. G.:* Makromoleküle, Struktur, Synthesen, Stoffe. 3. Aufl. Heidelberg 1975. – *Elias/Vohwinkel:* Neue polymere Werkstoffe für die industrielle Anwendung. München 1983. – *Saechtling, H.:* Kunststoff-Taschenb. 23. Aufl. München 1986. – *Vieweg, R.* (Hrsg.): Kunststoff-Handb. München 1986.

2. Aufbereitungsmaschine. Den unterschiedlichen Verfahren zur Aufbereitung von Kunststoffen angemessen gibt es eine große Anzahl K.A. Teilweise arbeiten sie diskontinuierlich. Die K.A. lassen sich grob in Mischmaschinen, Kneter und Zerkleinerungsmaschinen unterteilen (Bild 1).

Besonders gut geeignet zum Mischen von Stoffen mit unterschiedlicher Korngröße, z. B. Granulate mit pulverigen Zuschlägen (Gleitmittel, Pigmente, Treibmittel), sind die Freifallmischer. Beim gegenseitigen Abrollen der Granulatkörner laden sie sich elektrostatisch auf, so daß eine gute Haftung der Zuschlagsteilchen an der Granulatoberfläche eintritt. Zum Erzielen idealer Mischungen liegen die Drehzahlen zwischen 25 und 35 je Minute. Unter den verschiedenen Ausführungsformen sind die bekanntesten der Doppelkonus- und der Taumelmischer. Für das Einfärben von Granulaten werden in neuerer Zeit Mischgeräte eingesetzt, die direkt auf dem Trichter der Verarbeitungsmaschine angebracht werden. Diese Geräte besitzen Volumendosiereinrichtungen und einen Mischapparat. Durch zeitlich abgestimmte Verfahrensschritte wie Dosieren (Übergabe in die Mischkammer) und Mischen in der Mischkammer läßt sich das Gerät an die Arbeitsweise jeder Verarbeitungsmaschine, speziell an Spritzgießmaschinen und →Extruder anpassen.

Für die Mischung von pulverigen Stoffen, denen flüssige Zuschläge beigegeben werden können, werden Schaufelmischer verwendet, die aus einem horizontal angeordneten Trog oder Zylinder als Mischbehälter und einem Mischwerkzeug, das achsparallel im Behälter mit Drehzahlen bis $50\,\text{min}^{-1}$ rotiert, bestehen. Die Mischwerkzeuge sind als Schaufeln, als Schneckenband oder als Pflugschare ausgebildet. Der Behälter ist meist mit einem Doppelmantel für Heiz- und Kühlzwecke ausgerüstet. Von größter Bedeutung für die Aufbereitung pulverförmiger Vorprodukte in der Kunststoffindustrie sind die schnellaufenden Wirbelmischer in Kombi-

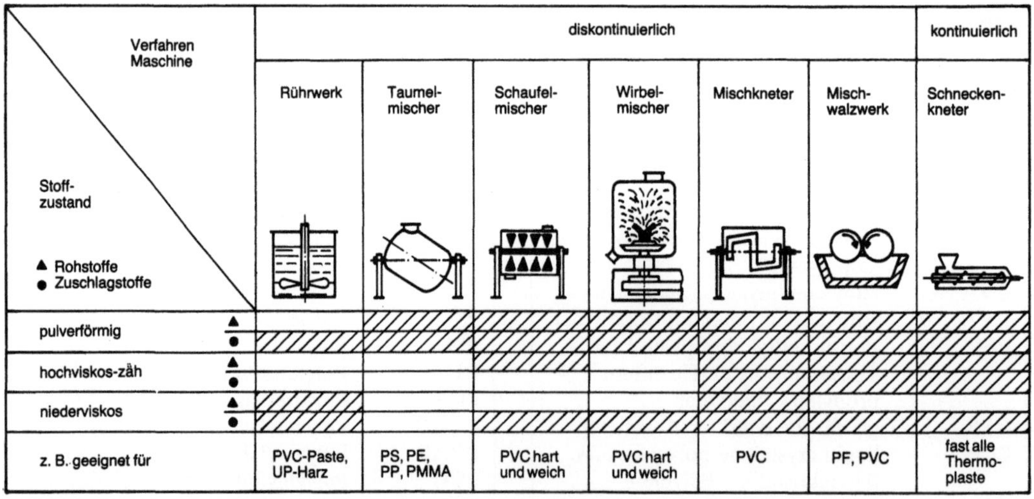

Verfahren / Maschine	diskontinuierlich						kontinuierlich
Stoffzustand ▲ Rohstoffe ● Zuschlagstoffe	Rührwerk	Taumelmischer	Schaufelmischer	Wirbelmischer	Mischkneter	Mischwalzwerk	Schneckenkneter
z. B. geeignet für	PVC-Paste, UP-Harz	PS, PE, PP, PMMA	PVC hart und weich	PVC hart und weich	PVC	PF, PVC	fast alle Thermoplaste

Kunststoffaufbereitungsmaschine 1: Misch- und Knetmaschinen.

nation mit den Kühlmischern. Man bezeichnet sie als Heiz-/Kühlmischer-Kombination.

In dem senkrecht stehenden Kessel ist durch den Boden eine Welle eingeführt, an der die Mischwerkzeuge befestigt sind. Die Mischwerkzeuge sind mehrstufig aufgebaut und besitzen in Bodennähe einen Mischflügel, der während des Mischens den gesamten Boden überstreicht. Am oberen Ende der Welle ist meist ein kleinerer Mischflügel angebracht. Das hochtourig mit Umfanggeschwindigkeiten zwischen 15 und 40 m/s an den Flügelenden laufende Mischwerkzeug erzeugt einen Umlauf auch trockenen Mischguts wie sonst bei Flüssigkeiten üblich. Durch Eintauchen von schwertartigen Elementen in das umgewirbelte Medium wird erhebliche Scherung erzeugt. Die dadurch und ggf. durch äußere Mantelbeheizung erzeugte Wärme wird in einem zweiten tiefergesetzten Mischer teilweise entzogen.

Die Mischzeiten sind relativ kurz und betragen bis zu 10 min je Ansatz. Das Nutzungsvolumen liegt zwischen 50–1600 l. Laborausführungen haben etwa 10–40 l Nutzvolumen. Das Nutzvolumen ist etwa 25 % kleiner als das Bruttovolumen der Mischer. Hauptsächlich werden die Wirbelmischer für trockene PVC-Mischungen (*Dryblends*) eingesetzt. Die Erwärmung des Mischguts läßt bei PVC-weich (je nach PVC-Typ) trockene Mischungen entstehen, oder es bilden sich Agglomerate (krümelige Masse), die gute Rieselfähigkeit garantieren.

Kneter, von denen es diskontinuierlich oder kontinuierlich arbeitende Varianten gibt, dienen zum Mischen und gleichzeitigen Plastifizieren (Aufschmelzen) von Kunststoffen. Auch Walzwerke, die aus zwei gegensinnig rotierenden achsparallelen temperierten Walzen (Zylindern) bestehen, werden zum Kneten von Kunststoffen verwendet. Die Mischgüte ist sehr von manueller Geschicklichkeit abhängig. Das Walzfell muß man mehrmals wenden. Der diskontinuierliche Kneter ist der Innenkneter bzw. →Innenmischer (Bild 2).

Der Kneter besteht aus einem horizontal angeordneten Trog, in dem sich zwei z-förmige Knetarme gegeneinander bewegen. Es gibt auch Ausführungen, bei denen die Knetschaufeln ineinandergreifen (Innenmischer).

Ein Stempel drückt die Masse in die von außen beheizbare Knetkammer und gegen die Knetschaufeln. Durch einen herausfahrbaren Sattel läßt sich der Kneter entleeren. Der Energieumsatz in diesen Knetern ist sehr groß. Kneter werden mit einem Kammervolumen von etwa 1,5–800 l gebaut.

Kontinuierliche Kneter (Mischer) werden vorzugsweise für die Granulatherstellung aus Kunststoffen eingesetzt. Der Übergang zwischen diesen Maschinen und den Verarbeitungsextrudern zur Halbzeugherstellung ist fließend.

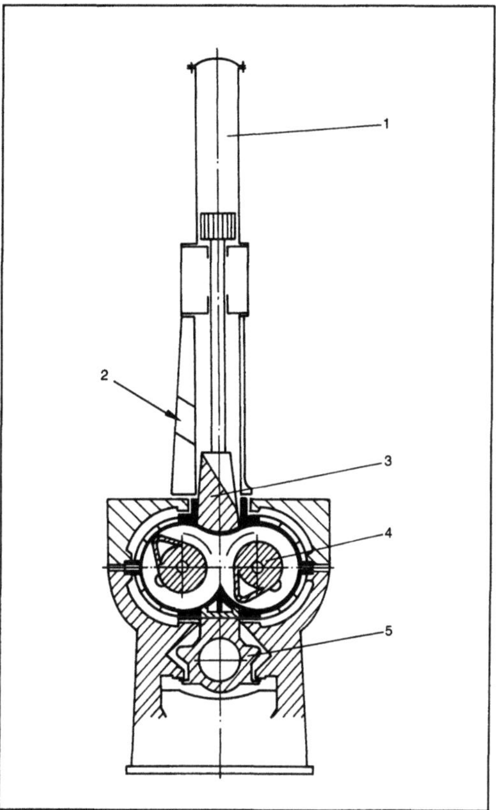

Kunststoffaufbereitungsmaschine 2: Innenkneter.

1 Hydraulikzylinder, 2 Einfüllöffnung, 3 Stempel, 4 Knetflügel, 5 herausfahrbarer Sattel

Für einige Anwendungen hat sich auch der Planetwalzenextruder (Bild 3) bewährt. Hierbei handelt es sich um eine Schneckenpresse, bei der im Mittelabschnitt des Schneckenzylinders um eine zentrale Spindel mehrere kleinere Planetspindeln angeordnet sind. Die Schrägverzahnung der Spindeln und der Zylinderwand sorgen für ein gegenseitiges Abwälzen. Eine nachgeschaltete kurze Austragungsschnecke übernimmt die plastifizierte Masse und fördert sie einem Düsenkopf zu.

Einer der bekanntesten kontinuierlichen Kneter ist die zweiwellige Knetscheiben-Schneckenpresse vom Typ ZSK, ein gleichläufiger, ineinandergreifender Schneckenkneter, der als Misch- und Knetorgane Knetscheiben hat, mit selbstreinigendem Profil arbeitet und nach dem Baukastenprinzip konstruiert ist. Die Maschine wird in zwei verschiedenen Baureihen mit zwei- und mit dreigängigem Schneckenprofil hergestellt. Das Schneckenprofil dichtet gegeneinander und vermindert tote Ecken im Schneckengrund und bewirkt eine ständige, zwangsläufige und gegenseitige Selbstreinigung der Schnecken.

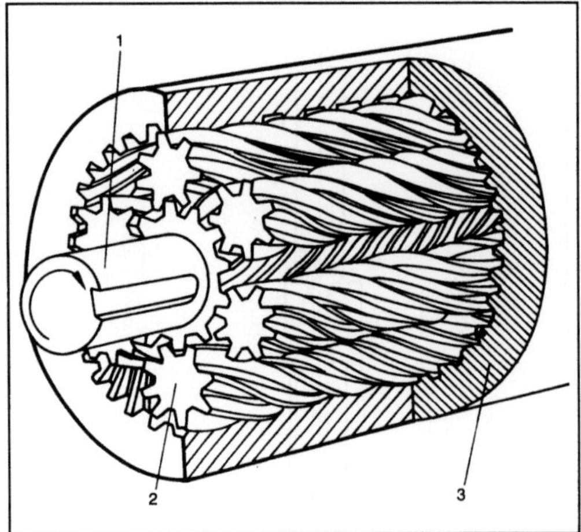

Kunststoffaufbereitungsmaschine 3: Planetwalzensystem.

1 Zentralspindel, 2 Planetenspindel, 3 Zylinder

Die Schnecken sind aus durchgehenden Schneckenwellen und auf diese aufgeschobenen Elementen zusammengesetzt. Die Knetscheiben werden gegeneinander versetzt als Stufenschnecken angeordnet. Auch sie sind mit Dichtprofil ausgeführt und streifen sich gegenseitig ab. Die Knetscheiben leiten Scher- und Normalkräfte in das Material ein und bewirken außerdem beim Umfließen der Gehäusesättel eine Umlenkung der Bewegungsrichtung (Bild 4).

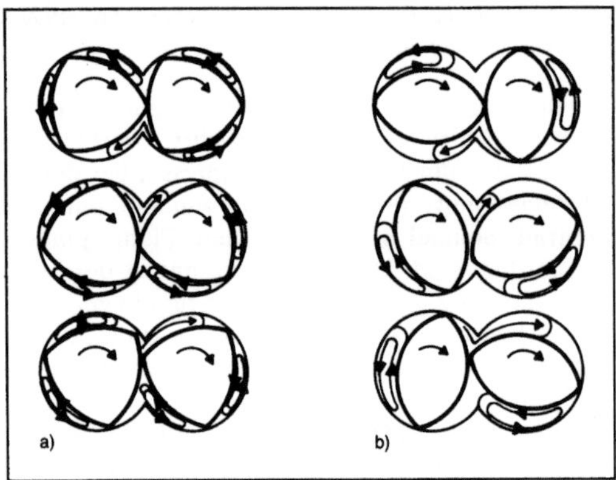

Kunststoffaufbereitungsmaschine 4: Arbeitsweise der Knetscheiben bei der Knetscheiben-Schneckenpresse ZSK.
a) Dreigängiges Profil
b) Zweigängiges Profil.

Die Knetscheiben bewirken eine vollständige, gleichmäßige, örtlich und zeitlich fixierte Plastifizierung des Kunststoffs. Durch die Baukastenbauweise der Schneckengehäuse ist es möglich, in Anpassung an die Verfahrensaufgabe das Längen/Durchmes-ser-Verhältnis der Maschine zwischen 9 D und 45 D auszuführen. Gehäuseabschnitte mit Entgasungsöffnungen oder Zugabeöffnungen für Schmelzen, Feststoffe, Pasten und Flüssigkeiten können an beliebiger Stelle eingebaut werden. Durch Drosselorgane werden Druck, Energieeinleitung und Füllgrad beeinflußt.

Die Anwendungsgebiete der zweiwelligen Knetscheiben-Schneckenpressen ZSK sind das Compoundieren sämtlicher Thermoplaste und Duroplaste mit den Verfahrensschritten Plastifizieren, Mischen, Homogenisieren, Dispergieren, Einfärben, Legieren, Entfernen von flüchtigen Bestandteilen bis auf Restgehalte von rd. 100 ppm (in bestimmten Fällen 5 ppm), Füllen mit verstärkenden Zusätzen (mit Glasfasern usw.), Füllen, Herstellen von Pigment-Konzentraten (Masterbatch), Ausfiltern von Fremdkörpern, Granulieren und Kalanderbeschicken sowie Reaktionen in zähplastischer Phase.

Bei dem zweistufigen Schneckenkneter Kombiplast besteht die erste Stufe aus einem zweiwelligen Kneter vom Typ ZSK, die zweite Stufe aus einer einwelligen Schmelzeaustragsmaschine mit Granuliervorrichtung. Vereinzelt werden auch Zweischneckenkneter mit gleichsinnig drehender →Schnecke eingesetzt. Sonderbauarten sind der FCM-Mischer und der Ko-Kneter. Beide Maschinen arbeiten kontinuierlich.

Der kontinuierliche Mischer FCM ist eine zweistufige Compoundiermaschine, deren erste Stufe aus einem zweiwelligen, nicht ineinandergreifenden, gegenläufigen Schneckenkneter mit Knetschaufeln und dessen zweite Stufe aus einem einwelligen langsamlaufenden Schmelzeaustragsextruder besteht. Der Verfahrensteil des Mischers besteht aus einem Einzugsgehäuse und einer Mischkammer, die zwei gegenläufige Rotoren enthält. Jeder Rotor ist im Einzugsteil als Schnecke ausgebildet und geht dann in die Form einer Knetschaufel über. Die Rotoren greifen nicht ineinander. Sie laufen im Einzugsteil bis zum Eintritt in die Mischkammer in getrennten Bohrungen und sind auch am Austrittsende der Mischkammer gelagert. Das Material tritt nach unten durch eine Auslauföffnung aus, deren Querschnitt durch eine Klappe verändert werden kann.

Der Ko-Kneter (Bild 5) ist ein Einschneckenextruder, dem neben der rotierenden Bewegung der Schneckenwelle eine oszillierende in der Schneckenachse überlagert ist. Der Schneckensteg ist in Stegabschnitte aufgegliedert, die so angeordnet sind, daß zwei Reihen axial in den Zylinderraum ragende Knetzähne bei den Bewegungsabläufen keine Berührung mit der Schnecke finden. Der Misch- und Kneteffekt wird durch hohe Scherkräfte und große Relativverschiebungen in allen Richtungen der Masseschichten besonders gefördert. Dem Ko-Kneter ist zur gleichmäßigen Austragung der Masse ein Schneckenaggregat nachgeschaltet.

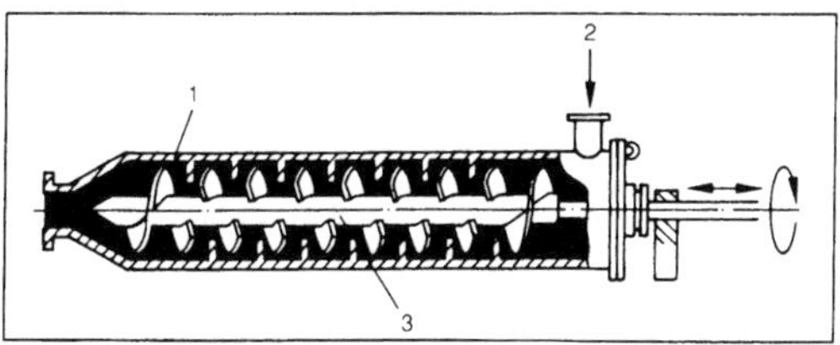

Kunststoffaufbereitungsmaschine 5: Ko-Kneter. (Quelle: Buss)

1 Zylinder mit Knetzähnen, 2 Einfüllöffnung, 3 Schnecke

Es werden auch herkömmliche Einschneckenextruder (Extruder) zur Aufbereitung eingesetzt. Sie erreichen nicht die Mischwirkung der vorab genannten Maschinen.

In der kontinuierlichen Aufbereitung können Durchsätze zwischen 5 und 2000 kg/h erzielt werden. Der Aufbereitungsprozeß, der von den Aufbereitungsmaschinen mit Schmelzeaufbereitung geleistet wird, führt am Austrag zur Granulierung.

Diese Heißgranulierung erfolgt am Ende des Kneters (Extruder) durch Messerabschlag der Schmelze an der Stirnfläche einer Lochscheibe unter Luft- oder Wasserfüllung.

Die Kaltgranulierung kann wahlweise online zur kontinuierlichen Aufbereitung oder unabhängig davon stattfinden. Zum Herstellen des zylindrischen Granulats werden die aus der Lochdüse austretenden Stränge getrennt voneinander durch ein Wasserbad gezogen. Über eine Abzugseinrichtung gelangen die Stränge in den Granulator und werden dort durch eine rotierende Messerwalze in 2–4 mm lange Körner geschnitten (Bild 6).

In zahlreichen Fällen ist insbes. in der Kunststoffverarbeitung eine Wiederaufbereitung von Abfällen durch Zerkleinern notwendig. Je nach Art des Stoffs und der Aufgabe stehen zum Zerkleinern verschiedene Maschinen zur Verfügung. Einige bewährte

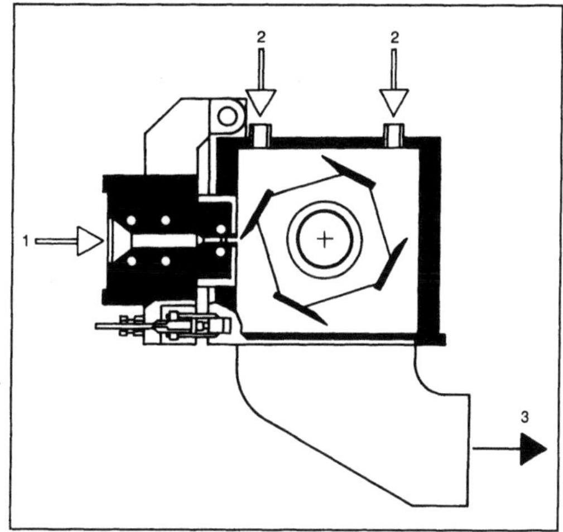

Kunststoffaufbereitungsmaschine 6: Messerwalzengranulierung MWG. (Quelle: Werner & Pfleiderer)

1 Kunststoff-Schmelze, 2 Granulierwasser, 3 Granulat im Wasserstrom

Zerkleinerungsmaschinen sind der Walzenbrecher, die →Hammermühle, der Kollergang, die Pralltellermühle, die Schneidmühle, die Stiftmühle und die Walzenmühle (Bild 7).

Zum Granulieren der Thermoplaste und Elastomere wird fast ausschließlich der Schneidgranulator eingesetzt. Die Kunststoffteile werden zwischen Rotormesser und Statormesser wiederholt zerkleinert, bis sie durch das eingebaute Sieb ausgetragen werden.   *Johannaber*

Literatur: *Johannaber, F.,* u. *K. Stoeckhert:* Kunststoffmaschinenführer. 2. Aufl. München 1984. – *Saechtling, H.:* Kunststoff-Taschenb. 23. Aufl. München 1986. – *Schwarz, O., F.-W. Ebeling, G. Lüpke* u. *W. Schelter:* Kunststoffverarbeitung. Würzburg 1985.

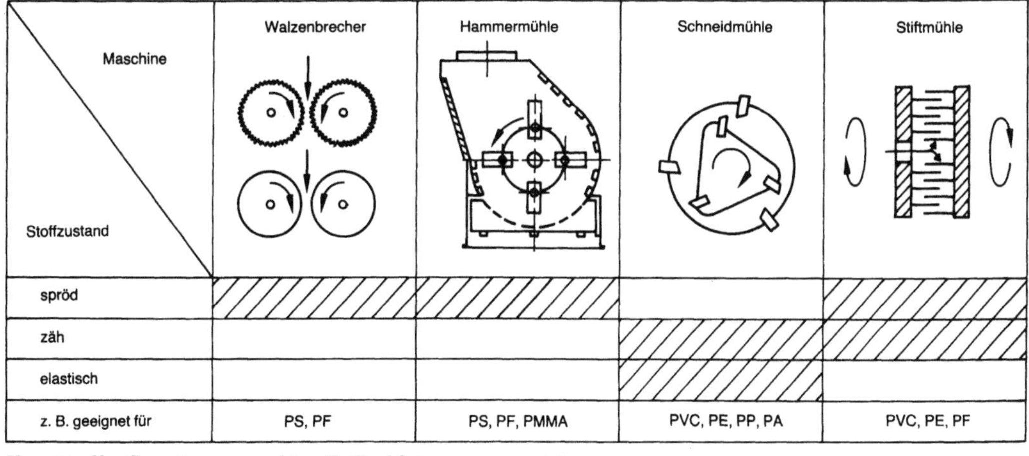

Maschine / Stoffzustand	Walzenbrecher	Hammermühle	Schneidmühle	Stiftmühle
spröd	▨	▨		▨
zäh			▨	▨
elastisch			▨	
z. B. geeignet für	PS, PF	PS, PF, PMMA	PVC, PE, PP, PA	PVC, PE, PF

Kunststoffaufbereitungsmaschine 7: Zerkleinerungsmaschinen.

3. Beschichtungslinie. Eine K.-B. ist ein sehr komplexes technisches System zum Herstellen von kunststoffbeschichtetem Band, in dem mehrere Teilverfahren nacheinander ablaufen (Bild). Beispielsweise wird das Band in der im Bild dargestellten B.

☐ chemisch sowie mechanisch gereinigt und die Bandoberfläche durch das Aufbringen anorganischer Schichten vorbehandelt,

☐ einmal oder zweimal grundiert, mit einem haftvermittelnden Kleber oder Grundlack beschichtet, der anschließend eingebrannt wird,

☐ mit einem Decklack oder Polyvinylchlorid-Plastisol beschichtet, gebrannt und gekühlt,

☐ mit Kunststoff oder Kunststoffolien beschichtet sowie

☐ geprägt und mit entfernbaren Schutzschichten, beispielsweise Wachs oder Kunststoff-Filmen, beschichtet.

Die B. können entweder als Mehrzweckanlagen für 3 Beschichtungsarten mit →Lack, Plastisol und Folie eingerichtet sein, oder sie sind vereinfacht für eines der Verfahren gebaut. Dementsprechend und im Hinblick auf die maximale Bandbreite sowie die eingesetzten Grundwerkstoffe sind die Größen und Leistungsfähigkeiten der einzelnen Linien unterschiedlich. Vielfach werden auch einige der genannten Teilverfahren, beispielsweise das Vorbehandeln, Prägen oder Nachbehandeln, nur wahlweise eingesetzt. K.-B. werden für Bandgeschwindigkeiten bis etwa 200 m/min ausgelegt. Die Einbrennöfen der B. können nicht beliebig lang sein, weil das beschichtete Band frei durchhängen muß und die Bandzugkräfte bestimmte Werte nicht überschreiten dürfen. *Baumann*

4. Beschichtungsverfahren. Unter dem Begriff K.-B. ist im weitesten Sinne das →Auftragen organischer Schutzschichten auf Metallband, meist Stahlband, in einer kontinuierlich arbeitenden K.-Beschichtungslinie zu verstehen. Das Beschichten besteht i. a. aus mehreren Teilschritten,

☐ Vorbereiten der Metalloberfläche, beispielsweise →Reinigen und Auftragen nichtmetallischer Zwischenschichten,

☐ einmaliges oder mehrmaliges Aufbringen der flüssigen oder festen Beschichtungsstoffe, beispielsweise haftvermittelnde Kleber, Grund- und Decklacke, Organosole, Plastisole oder Folien,

☐ Einbrennen oder Gelieren und Kühlen sowie

☐ Prägen, Bedrucken und Aufbringen von Schutz- oder Gleitfilmen.

Ausgehend vom kaltgewalzten, vielfach metallisch oberflächenveredelten Band entsteht in nur wenigen Minuten ein beschichtetes Halbzeug, das entweder als Band in seiner ursprünglichen Breite aufgehaspelt oder in mehrere schmalere Bänder gespalten und gewickelt oder zu Blechtafeln zerteilt wird.

Die Bandbreite reicht von etwa 10 mm bis zu mehr als 1800 mm. Die Dicke liegt zwischen etwa 0,15 und 1,80 mm, meist zwischen 0,20 und 1,50 mm. Tafeln

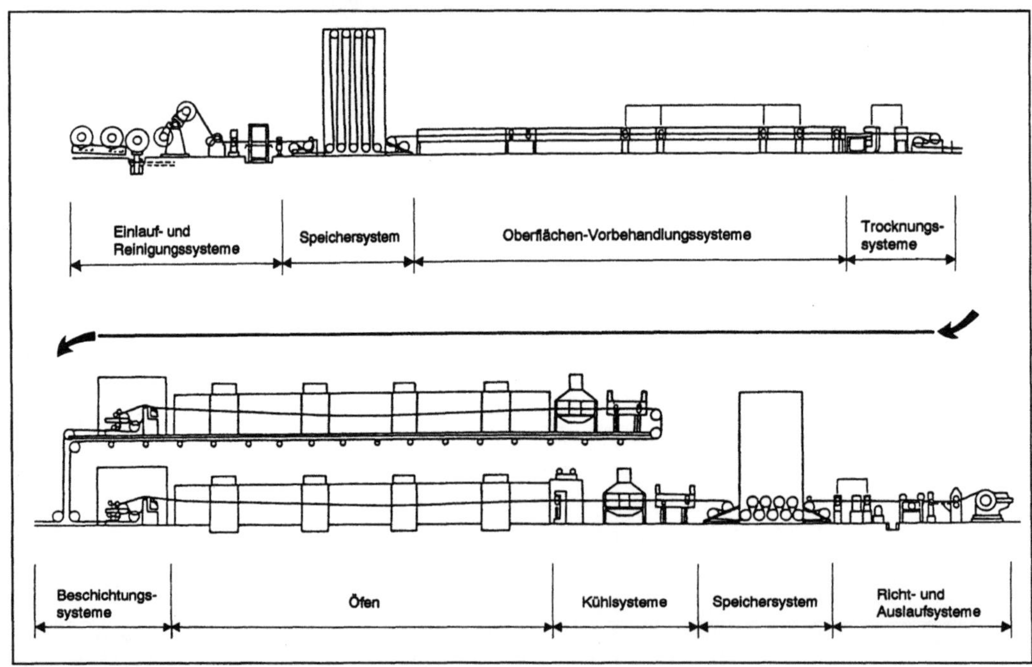

Kunststoff-Beschichtungslinie für Stahlband.

können eine Länge bis zu 8000 mm haben. Die organischen Schichten haben eine Dicke zwischen etwa 3 und 400 µm je Seite. Sie können entweder nur einseitig oder auch beidseitig in gleicher oder unterschiedlicher Zusammensetzung, Schichtenfolge und Schichtdicke aufgebracht werden. Als Grundwerkstoffe kommen bei Stahl außer kaltgewalztem Band grundsätzlich alle metallisch oberflächenveredelten Bänder in Betracht, bei breiten Bändern also vor allem in elektrolytisch verzinnter, elektrolytisch verzinkter und feuerverzinkter Ausführung. Darüber hinaus wird auch Band aus Aluminium oder Aluminiumlegierungen beschichtet.

Als Schichtstoffe werden meist Duroplaste, Thermoplaste sowie Schutz- und Dekorfolien eingesetzt. Unter Thermoplasten sind solche hochmolekularen Stoffe zu verstehen, bei denen die Moleküle aus langen, untereinander nicht vernetzbaren Ketten bestehen. Duroplaste werden beim Erwärmen durch die Bildung von Querverbindungen vernetzt und damit ausgehärtet. Beim Abkühlen bildet sich der ursprüngliche Zustand nicht mehr zurück, sondern es liegt dann ein dreidimensionales Netzwerk mit neuen Eigenschaften vor.   *Baumann*

5. K.-Kalander →Kalander

6. K.-Lager, duroplastisches →Trockenlauflager

7. K.-Lager, thermoplastisches →Trockenlauflager

8. K.-Presse. Maschine, die unter Anwendung von Druck und Temperatur Kunststoffe oder Kautschuk diskontinuierlich zu Formteilen verarbeitet. Die Formteile erhalten ihre endgültige Form bei Thermoplasten durch Abkühlung bis unter die Einfriertemperatur. Duroplastische oder Gummiformteile werden durch Vernetzung oder Vulkanisation in eine bleibende Form überführt.

Die K.P. hat mindestens 2 Arbeitstische (Querhaupt), auf denen Werkzeuge bzw. Werkzeughälften aufgespannt werden können. Diese Arbeitstische sind meist horizontal angeordnet. Einer dieser Arbeitstische ist vertikal beweglich. Die Ausführung des Bewegungshubs und das Aufbringen der Preßkraft kann entweder hydromechanisch mit kleinem Hydrozylinder und Kniehebelübersetzung oder direkt durch Hydrozylinder erfolgen (Bild 1). Unter Beibehaltung dieser Bauprinzipien gibt es auch Pressen in Säulenbauweise, Schiebetischpressen, Rundläuferpressen, Unterdruckpressen, bei denen die Betätigung des dann unteren Arbeitstisches von unten erfolgt, sowie Mehretagenpressen.

Wenn insbes. verhältnismäßig langsam ablaufende Vernetzungs- oder Vulkanisationsvorgänge ablaufen, ist man zur wirtschaftlichen Fertigung gezwungen und zwar zu Fertigungsvorgängen von gleichzeitig mehreren Teilen.

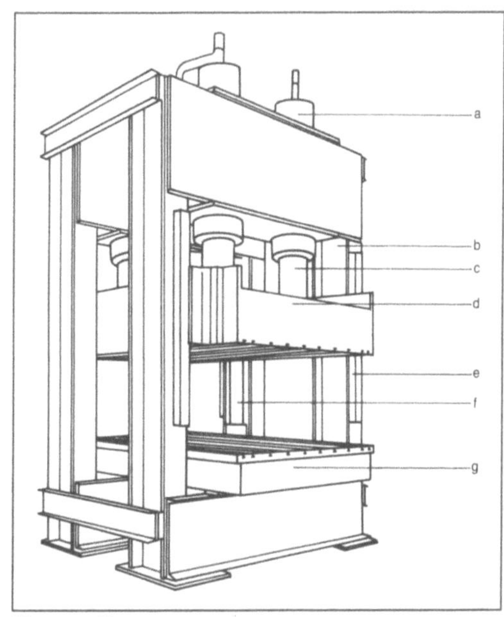

Kunststoffpresse 1: Presse mit direkthydraulischer Betätigung des bewegten Arbeitstisches in Rahmenbauweise.

a Arbeitszylinder, b Gestell, c Preßkolben, d beweglicher Tisch (Stößel), e Stößelführung, f Rückzugskolben (zum Hochfahren des Stößels), g unbeweglicher Tisch

Dieses kann in Einetagenpressen in Werkzeugen mit mehreren Kavitäten geschehen. Eine Alternative ist die Mehretagenpresse, in die gleichzeitig

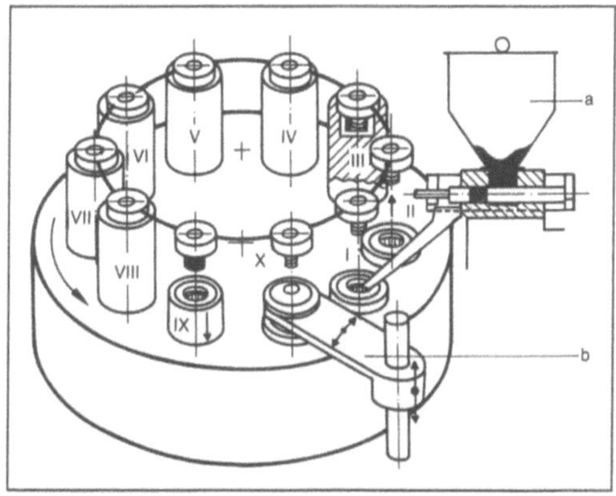

Kunststoffpresse 2: Rundläufer-Presse, Untertisch mit mehreren Werkzeugen in verschiedenen Arbeitspositionen.

a) Formmassenbehälter mit Dosierschieber.

b) Abschraubvorrichtung (oder Abstreifer).

Station I Beschicken mit Formmasse, Station II Schließen des Werkzeugs, Station III Lüften, falls erforderlich, Station III bis IX Härten unter Preßdruck, Station IX Öffnen des Werkzeugs beim Übergang zu Station IX, Station X Abschrauben (oder Abstreifen) des Formteils, Ausblasen des Werkzeugs

mehrere Werkzeuge in mehreren Etagen übereinander eingebracht werden können und unter gleichen Preßdruck gesetzt werden. Eine Rundläuferpresse löst das Problem der gleichzeitigen Bedienung mehrerer Werkzeuge durch Hintereinanderanordnung mehrerer Werkzeuge auf einen Kreis (Bild 2).

K.P. werden mit Pulvern, vorgepreßten Tabletten oder abgewogenen Einlagen beschickt. Die Art der Beschickung ist abhängig von der vorliegenden Form des zu verarbeitenden Werkstoffs sowie auch von der Größe der herzustellenden Formteile. Bauart und Baugröße werden unterschiedlichen Anforderungen angepaßt.

Die Tablettierpresse dient zum Vorverdichten und Portionieren in Form einer Tablette von härtbaren Formmassen (Duroplaste). Sie arbeiten meist mit hohen Geschwindigkeiten je nach Bauart zwischen 2000 und mehreren hunderttausend Stück/h. Die bekannteste Bauart ist die Exzenter-Tablettierpresse (Bild 3).

Große K.P. meist in Rahmenbauweise setzt man für die Herstellung großer Teile aus glasfaserver-

stärkten Polyestern oder zur Tafelherstellung ein. Solche Maschinen haben Tischformate zwischen 1 und 30 m². K. können unabhängig von der Bauart und Baugröße von Hand, halbautomatisch oder automatisch betrieben werden. Im automatischen Betrieb muß die Materialzufuhr, die exakte Dosierung, der Zyklusablauf und die Teilentnahme automatisch erfolgen. *Johannaber*

Literatur: *Johannaber, F.,* u. *K. Stoeckhert:* Kunststoffmaschinenführer. 2. Aufl. München 1984. – *Saechtling, H.:* Kunststoff-Taschenb. 23. Aufl. München 1986. – *Schwarz, O., F.-W. Ebeling, G. Lüpke* u. *W. Schelter:* Kunststoffverarbeitung. Würzburg 1985.

9. K.-Schnecke →Schnecke

10. K.-Verarbeitungsmaschine. Maschinen, die aus Formmassen (DIN 7708, DIN 7740–7748, DIN 16911–16913) Halbzeuge oder Formteile kontinuierlich oder diskontinuierlich herstellen. Die Formgebung erfolgt durch Urformen (DIN 8580). Urformen ist ein Formgebungsverfahren von Halbzeugen oder Formteilen aus formlosen Ausgangsstoffen (Formmassen wie Flüssigkeiten, Pasten, Pulver, Granulat, Fasern usw.).

Die am häufigsten verwendeten Maschinen sind Spritzgießmaschinen und →Extruder. Mit deutlichem Abstand folgen Hohlkörperblasmaschinen und Pressen. Noch von Bedeutung sind Kalander, Schäum-, Warmform- und Rotationsformmaschinen sowie Maschinen zur Verarbeitung von UP-Harzen, zum Tauchen und Beschichten.

Die *Spritzgießmaschine* (Euromap-Empfehlung 1–7, DIN 24450) besteht aus einer Plastifizier- und Einspritzeinheit, der Schließeinheit, dem Maschinenbett sowie Antrieb und Steuerungseinheit (Bild 1). Spritzgießmaschinen sind Automaten, die, einmal ins Gleichgewicht gebracht, ohne menschliche Überwachung arbeiten können. Sie können automatisch mit Formmassen versorgt und durch Zusatzgeräte entsorgt werden.

Die Plastifiziereinheit der Maschine hat die pulver- oder meist granulatförmige Formmasse aufzunehmen, aufzuschmelzen und unter Druck in die formgebende Werkzeughöhlung einzuspritzen. Die Schließeinheit schließt das Werkzeug und hält es gegen hohe Auftreibdrücke bis maximal 1000 bar geschlossen. Wenn der schmelzflüssige Kunststoff ausreichend abgekühlt ist, kann der so entstandene Spritzling entformt werden. Ein Spritzling kann aus einem oder mehreren Fertigteilen (Formteil) und ggf. dem Anguß bestehen.

Hauptbestandteil der Einspritzeinheit sind →Schnecke und Zylinder sowie axialer und rotatorischer Schneckenantrieb (Bild 2). Die früher übliche Kolbeneinspritzeinheit ist heute bis auf Verwendung bei Kleinstmaschinen durch die Schnecke verdrängt worden. Diese Schnecke fördert den Kunststoff, ihn allmählich aufschmelzend zur Aus-

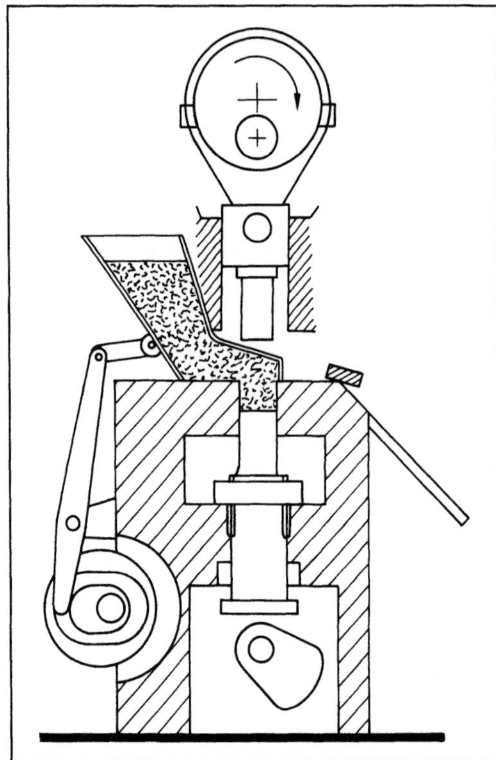

Kunststoffpresse 3: Tablettierpresse mit Exzenterantrieb.

Exenter oben: Formteil ausgehoben, Füllschablone gefüllt, Exzenter Mitte: Formteil auf Abstreifer, unterer Auswerfer geht abwärts, Exenter unten: Formteil füllt in Behälter, Füllschablone entleert Formmasse in Werkzeug

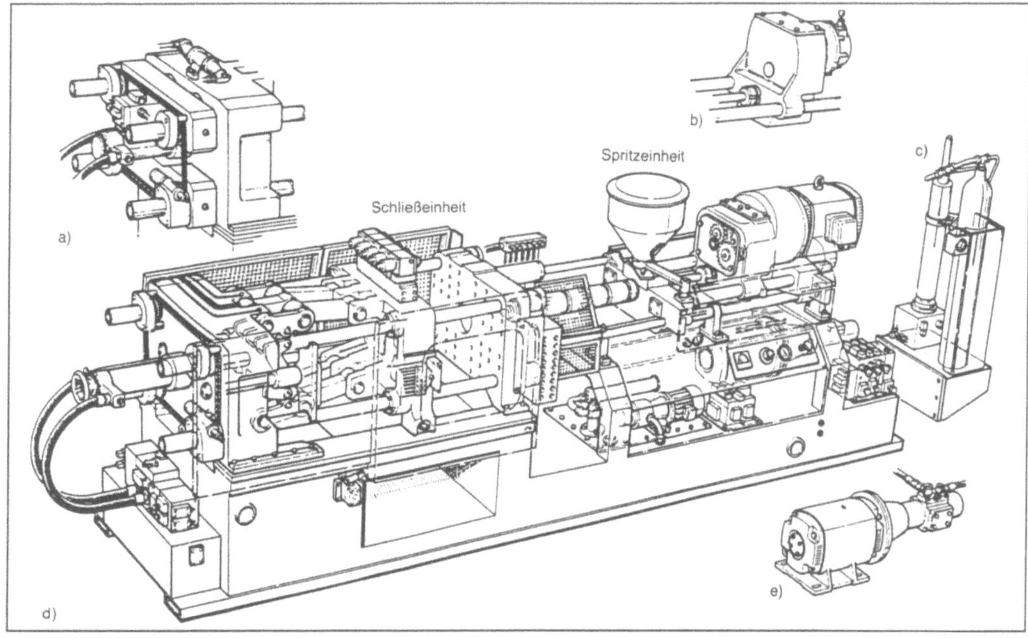

Kunststoffverarbeitungsmaschine 1: Spritzgießmaschine. (Quelle: Mannesmann Demag Kunststofftechnik)
a) Zentrale Werkzeughöhenverstellung über vier Stellmuttern an den Säulen
b) Schneckenantriebseinheit mit Hydromotor und Untersetzungsgetriebe
c) Akkumulatoreinheit
d) E-Motor mit Pumpen.

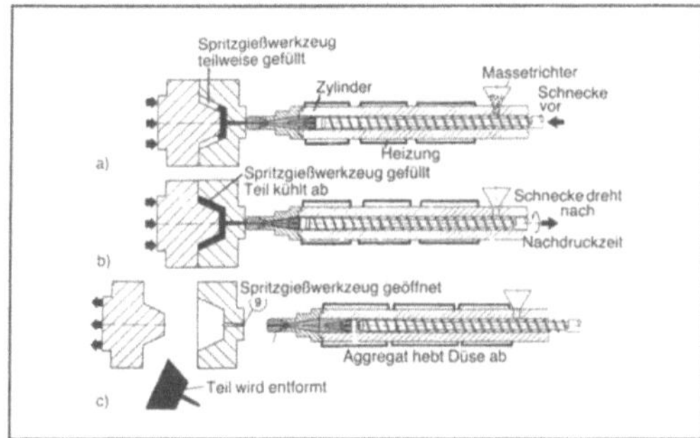

Kunststoffverarbeitungsmaschine 2: Prinzipdarstellung der Spritzeinheit einer Spritzgießmaschine.
a) Einspritzen
b) Plastifizieren (Dosieren)
c) Auswerfen (Entformen).

trittsdüse. Der aufbauende Druck schiebt die Schnecke um einen einstellbaren Weg nach hinten. Dabei wird das zum Spritzling gehörende Schußvolumen dosiert. Die erforderliche Wärme wird teilweise durch die Beheizung des Zylinders zugeführt, zum anderen Teil durch Scherwärme, die durch die Rotation der Schnecke entsteht.

Nach dem Einspritzen wird i. a. noch ein Nachdruck aufrechterhalten, der zum Ausgleich des durch Abkühlung eintretenden Volumenschwundes

erforderlich ist. Die Schnecke wirkt beim Einspritzen und Nachdrücken als Kolben. Die Drücke liegen zwischen 1000 und 2000 bar. Man verwendet unterschiedliche Schnecken in Abhängigkeit von der Kunststoffgruppe, z. B. Thermoplaste (Schnecke mit Rückströmsperre an der Düse), Duromere, Elastomere. Schließeinheiten gibt es in unterschiedlichen Bauweisen. Grundsätzlich unterscheidet man hydraulisch schließende oder hydraulisch-mechanisch schließende Systeme.

Extruder (Euromap 20, DIN 24450) sind kontinuierlich arbeitende Maschinen, die aus flüssigen bis festen Formmassen Kunststoffhalbzeuge herstellen. Der Extruder besteht aus einem heiz- und/oder kühlbaren Zylinder, in dem sich eine oder mehrere Schnecken mit wendelförmigen Stegen drehen (Bild 3). Die Schnecke fördert, plastifiziert und homogenisiert den Kunststoff, bis ein formbarer Zustand erreicht ist, und preßt diesen in ein Werkzeug. In dem Werkzeug erfolgt eine Verteilung und Formung derart, daß am Austritt ein zu einem Halbzeug kalibrierbares Profil vorliegt. Neben dem Einschneckenextruder (Bild 3) wird auch der Doppelschneckenextruder verwendet. Er eignet sich insbes. für die PVC-Verarbeitung. In diesen Extrudern drehen zwei Schnecken, für die PVC-Verarbeitung meist gegensinnig drehend mit ineinanderkommenden Stegprofilen. Solche Schnecken bewirken eine Zwangsförderung.

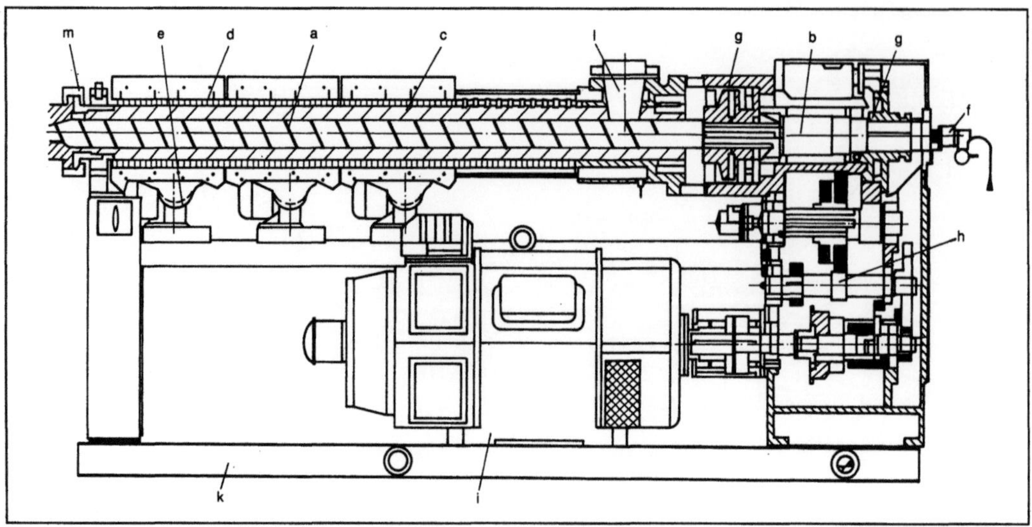

Kunststoffverarbeitungsmaschine 3: Aufbau eines Einschneckenextruders.

a Schnecke, b Schneckenantrieb, c Zylinder, d Bandheizkörper, e Luftkühlung für Zylinder, f Wasserkühlung für Schnecke, g Schneckenlagerung, h Getriebe, i Elektromotor, k Grundrahmen, l Einfüllöffnung, m Anschlußflansch

Weitere Bauarten sind Planetwalzenextruder, Kaskadenextruder, Scheibenextruder sowie Kolben- oder Ramextruder.

Extruder werden für die Herstellung von Rohren, Profilen, Bändern, Tafeln, Schläuchen, Flach- und Blasfolien, für die Ummantelung von Draht sowie Profilen eingesetzt. Der Extruder kann Bestandteil einer →Blasformmaschine sein.

Der Extruder ist Bestandteil einer Extrusionsanlage. Sie besteht neben der Materialzuführeinrichtung aus dem Extruder, dem Extrudierwerkzeug, einer Kalibrier- oder Führungseinrichtung, einem Abzug und einer Vorrichtung für das geordnete Ablegen oder Aufrollen des Extrudates.

Die *Blasformmaschine* (Euromap 40, DIN 24450) stellt aus thermoplastischen Formmassen diskontinuierlich Hohlkörper her. Dabei erzeugt sie zunächst mit einem Extruder und einem Blaskopf einen Schlauch, der von einem sich schließenden Blaswerkzeug aufgenommen wird und durch die durch einen in den Schlauch hineinragenden Dorn eingeblasene Luft gegen die Innenwand des Werkzeughohlraums gepreßt wird. Die Luft kann von oben oder von unten zugeführt werden. Nach dem Abkühlen wird das Blasteil entformt. Es muß meist ein erheblicher, entlang den Abquetschnähten entstehender Abfall (Butzen) entfernt werden.

Eine Sonderform der Blastechnik verwendet die Spritzblasmaschine. Sie besteht aus einer Spritzeinheit einer Spritzgießmaschine und zwei Werkzeugstationen. Die erste dieser Stationen nimmt ein Spritzgießwerkzeug für die Herstellung des Vorformlings auf. Die zweite Station trägt ein Blaswerkzeug, in dem der Vorformling auf sein endgültiges Volumen aufgeblasen wird. Es entsteht kein Abfall.

Pressen (Kunststoffpresse) stellen aus teigigen oder festen Formmassen diskontinuierlich Formteile her. Verarbeitet werden vorzugsweise duroplastische (vernetzende) Kunststoffe, aber auch Kautschuk oder Thermoplaste. Die Presse besteht aus zwei Werkzeugaufspannplatten, die planparallel zueinander bewegt werden. Diese Platten sind auf vertikalem Rahmen oder Säulen aufgebaut. Die obere Werkzeugaufspannplatte ist beweglich (Bild 4). Man dosiert eine vorgewogene Menge Formmasse in den unteren geöffneten Teil des Preßwerkzeugs, das danach unter Druck geschlossen wird. Durch Wärmezufuhr wird der Kunststoff fließfähig und füllt unter Druck die Kavität. Nach dem Aushärten öffnet die Presse das Werkzeug zum Entfernen des Preßteils.

Eine Variante ist die Spritzgießmaschine. Sie hat über die zuvor beschriebene Maschine hinaus einen zusätzlichen, hydraulisch betätigten Einspritzkolben. Dieser Kolben preßt die Formmasse unter großem Druck durch einen Angußkanal in die Kavität.

Der *Kalander* ist eine Maschine, die meist aufbereiteten Kunststoff zwischen zwei oder mehreren Walzen zu bahnförmigen Halbzeugen formt. Die Kalander werden auch zum Kaschieren von Kunststoffen auf Substraten wie Papier, Stoffbahnen, Stahl- und Aluminiumbleche verwendet. Kalander stellen Bahnen bis 3 m Breite bei Dicken zwischen 0,05 und 2 m her.

Die *Schäummaschine* (DIN 24450) ist eine Maschine zum Herstellen von Schäumen aus flüssi-

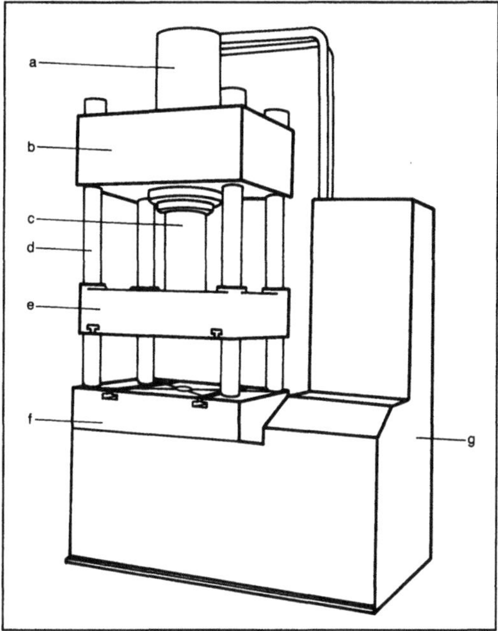

Kunststoffverarbeitungsmaschine 4: Säulenpresse, hydraulisch betätigt. (Quelle: Lauffer & Butscher)

a Schließzylinder, b oberes Querhaupt, c Schließkolben, d Säulen, e obere Werkzeugaufspannplatte, f unteres Querhaupt bzw. untere Werkzeugaufspannplatte, g Antrieb- und Steuereinheit

gen monomeren Kunststoffen. Sie bringt meist zwei reaktionsfähige Komponenten in einem Rührwerk oder in einem Hochdruckmischkopf zusammen. Danach trägt sie das reaktionsfähige Gemisch aus. Der Schaum entsteht durch Freischäumen in kontinuierlicher Form auf Transportbahnen oder diskontinuierlich in Form von Schaumformteilen.

Die → *Warmformmaschine* erwärmt Kunststofftafeln einseitig oder zweiseitig meist durch eingebaute Strahler. Sobald die Tafeln einen thermoelastischen Zustand erreicht haben, werden sie in eine Negativform oder über eine Positivform unter Anwendung von Vakuum in die gewünschte Kontur gezogen.

Die → *Rotationsformmaschine* stellt aus thermoplastischen Formmassen, die flüssig oder pulverförmig eingegeben werden, in einem Hohlwerkzeug Hohlkörper her. Durch Rotation des hohlen Rotationswerkzeugs um zwei aufeinander senkrecht stehende Achsen wird der Kunststoff allseitig gleichmäßig an die heißen Wände herangebracht; dort sintert er an. Nach erreichter Wanddicke wird der Kühlvorgang eingeleitet. Zum Entformen ist das formgebende Werkzeug zu öffnen, damit der entstehende Hohlkörper entnommen werden kann. Man kann kleine bis extrem große Hohlkörper von 30000 l Inhalt herstellen. Eine Variante ist die

schnell drehende *Schleudergußmaschine*, die rotationssymmetrische Hohlkörper herstellt. Infolge der hohen Scherkräfte erreicht man blasen- bzw. lunkerfreie Teile.

Zu den Verarbeitungsmaschinen für Kunststoffe zählen auch die Maschinen für die Verarbeitung von ungesättigten Polyesterharzen. Diese werden nur in Verbindung mit Fasereinlagen, meist Glasfasern, verarbeitet. Man stellt Formteile, wie z. B. Boote bis zu größten Abmessungen oder Auskleidungen her. Es gibt eine ganze Reihe von Maschinen z. B. für das Handlaminierverfahren, Faserspritzverfahren, Vakuum- oder Injektionsverfahren, Vakuumsack-, Autoklav-Verfahren sowie das Wickelverfahren (→ Wickelmaschine) zur Herstellung von Hohlkörpern. Die Harze werden entweder durch Spritzen oder Tauchen aufgebracht. Die Fasern werden durch Schneidwerk und Sprühpistolen oder als endlose Stränge, die man Rovings nennt, verarbeitet. *Johannaber*

Literatur: *Johannaber, F.,* u. *K. Stoeckhert:* Kunststoffmaschinenführer. 2. Aufl. München 1984. – *Saechtling, H.:* Kunststoff-Taschenb. 23. Aufl. München 1986. – *Schwarz, O., F.-W. Ebeling, G. Lüpke* u. *W. Schelter:* Kunststoffverarbeitung. Würzburg 1985.

11. K.-Verpackung. Etwa ein Fünftel der Verpackungsmittel wird aus Kunststoff hergestellt. Sie sind entweder Naturprodukte, und diese werden nur noch selten im → Verpackungswesen eingesetzt. Die meisten K. sind synthetische Produkte makromolekularer Art. Ihre Entwicklung ist heute noch nicht abgeschlossen. Zur Verwendung kommen im Bereich der Verpackungsmittel Thermoplaste. Dies sind K., die unter Wärmeeinfluß wiederholt verformbar sind. Ebenso bietet der Wärmeeinfluß eine Möglichkeit, solche Thermoplaste miteinander zu verbinden. Diese leichte Verarbeitbarkeit wie auch ihr geringes Gewicht bei relativ guter Festigkeit und guten optischen Eigenschaften haben neben wirtschaftlichen Bedingungen zur weiten Verbreitung des K.-Einsatzes im Verpackungsbereich geführt.

Als Naturprodukt mit besonders guter Durchsichtigkeit wird Celluloseacetat eingesetzt. Dieser Werkstoff wird auf dem sauren Weg aus Holz hergestellt. Bereits bei relativ geringer Dicke bietet er eine hohe Steifigkeit. Daraus lassen sich gut formfeste oder haltbare Verpackungsmittel herstellen.

Die synthetischen Produkte des K.-Bereichs bieten maßgeschneiderte Eigenschaften für den Verpackungsbereich. Aus dem Bereich der Kettenmoleküle wird bei den Olefinen das Polyethylen (PE) eingesetzt. Es wird als Hochdruck-(PE-LD) oder Niederdruckpolyethylen (PE-HD) eingesetzt. Das wichtigste Unterscheidungsmerkmal dieser beiden Stoffe ist ihre Dichte. Wird dieses Polyethylen bei seiner Verarbeitung noch stark orientiert, können daraus dünne Folien hergestellt werden, die papierähnliche Griffeigenschaften bei allen anderen Eigenschaften des K. aufweisen. Die Wasserdampfdurchlässigkeit des PE ist sehr gering, die Gas- und Luftdurchlässigkeit sehr hoch. Aus diesen Eigenschaften heraus resultiert sein breiter Einsatz bei Verpackungsmitteln ohne wesentliche Sperrwirkungen. Daneben wird PE auch stark für Beschichtungen gegen Feuchtigkeitseinfluß eingesetzt.

Außerdem findet noch Polypropylen (PP) Einsatz. Es bietet ähnliche Eigenschaften aus seiner Herkunft wie das PE. Es ist etwas leichter. Die Wärmebeständigkeit liegt höher als bei PE. Das Polypropylen ist schwer entflammbar.

Neben diesen beiden Hauptwerkstoffen wird u. a. Polyamid (PA) im Verpackungsbereich eingesetzt. Es hat gute mechanische Festigkeiten und große Dehnfähigkeit. Einige Typen des PA bieten sehr gute Sauerstoff- und Aromadichte. Dazu kommt absolute Fett- und Ölbeständigkeit und Undurchlässigkeit für diese Stoffe. Es ist gut tiefkühlgeeignet. Sein wesentlicher Einsatzbereich ist die Beschichtung im Sektor der Verbundfolien.

Aus dem Bereich der chlorierten K. wird das Polyvinylchlorid (PVC) im Verpackungsbereich eingesetzt. Es bietet hohe Wasserdampf- und Aromadichtigkeit. Seine Empfindlichkeit gegen äußere chemische Angriffe ist gering. Aus diesen Sperreigenschaften heraus und seiner guten optischen Eigenschaften wegen wird es nach dem Spritz- oder Blasverfahren zu Hohlkörpern verarbeitet. Es ist physiologisch unbedenklich. Es wird deswegen als formfeste →Verpackung für Nahrungsmittel eingesetzt. Ein höherchlorierter Werkstoff, das Polyvinylidenchlorid (PVDC), setzt man als Folie für Tiefkühl-Schrumpfverpackungen ein.

Aus dem Bereich der geringförmigen Kohlenwasserstoffe wird das Polystyrol (PS) aus wirtschaftlichen Gründen für den Verpackungsbereich eingesetzt. Es führt zu glasklaren Produkten und ist beständig gegen Säuren und Laugen. Seine Durchlässigkeiten sind niedrig. Allerdings ist es relativ spröde, so daß es leicht zu Bruchschäden kommen kann. Es wird im Spritzgießverfahren verarbeitet. Eine Anwendung ist das expandierbare Polystyrol (EPS). Es wird als kugelförmiges Granulat geliefert. Jedes Kügelchen enthält ein Treibmittel. Bei Anwendung von Wärme können Schaumstoffe mit relativ geringer Elastizität hergestellt werden. Bei besonders hohen Anforderungen werden Polyester (PET) in Folienform eingesetzt. *Paris*

12. K.-Walzwerk →Gummiwalzwerk

13. K.-Zahnrad. Zahnräder werden überwiegend in Geräten der Feinwerktechnik sowie zur Übertragung geringer Leistungen eingesetzt.

Gegenüber Zahnrädern aus Stahl weisen sie ein sehr günstiges Geräusch- und Schwingungsverhalten auf. Ihre Tragfähigkeit beträgt jedoch nur etwa 10 %. Der E-Modul beträgt bei Hartgewebe etwa ein Zwanzigstel, bei Polyamid etwa ein Hundertstel. Dadurch sind sie unempfindlich gegenüber Verzahnungsabweichungen. Trockenlaufende Getriebestufen sind bei noch geringerer Belastung möglich. Allerdings muß bei größeren Drehzahlen für ausreichende Wärmeabfuhr gesorgt werden, da die Wärmeleitfähigkeit von Kunststoffen sehr gering ist. Die Wärmeausdehnung hingegen ist bis zu 10mal größer als bei Stahl, so daß ausreichendes →Flankenspiel vorzusehen ist.

Als Werkstoff werden kunstharzgebundene Schichtpreßstoffe (Preßholz oder Hartgewebe) oder Thermoplaste (Polyamide, Polyoxymethylen, Polyvinylchlorid, Polyethylen) verwendet. Die Schichtpreßstoffe können nur durch spanende Verfahren bearbeitet werden, während Zahnräder aus Thermoplast häufig wirtschaftlich durch Spritzgießen hergestellt werden.

An K.Z. können die gleichen Schadensarten wie an Stahlzahnrädern auftreten. Daher wird die Tragfähigkeit grundsätzlich nach den gleichen Kriterien ermittelt (Grübchentragfähigkeit, →Zahnfußtragfähigkeit). Darüber hinaus ist die Zahntemperatur eine wichtige Einflußgröße. Sie wird beim Ansatz der zulässigen Spannungen berücksichtigt. Wird die Schmelztemperatur eines Zahns aus Kunststoff überschritten, so wird die Zahnform durch Ausschmelzen zerstört.

Gegenüber Bauteilen aus Stahl scheint es keine Dauerfestigkeit für Kunststoff zu geben. Daher sind K.Z. nach der erforderlichen Lebensdauer auszulegen.

Schichtpreßstofffäder sollen stets mit geschliffenen Stahlzahnrädern gepaart werden. Andernfalls ist erhöhter Verschleiß zu erwarten. Aus dem gleichen Grund sind bei der Paarung zweier Kunststofffäder möglichst verschiedene Kunststoffe zu verwenden.

Zwecks Wärmeabfuhr ist möglichst Ölschmierung vorzusehen (Mineralöle).

Bei niedrigen Umfanggeschwindigkeiten und Belastungen genügt Öltränkung für Schichtpreßstoffe oder Fettschmierung für Kunststoffe.

Die übliche →Verzahnungsqualität von spritzgegossenen oder spanend hergestellten Kunststoffzahnrädern liegt je nach Anforderungen bei DIN-Qualität 8–12. *Winter*

Literatur: *Bogdanzaliew, K.,* u. *V. Drechsler*: Betriebsverhalten und Berechnung von Polyamidzahnrädern. Maschinenbautechn. 29 (1980), S. 226/31. – *Budich, W.*: Beitrag zur Untersuchung öl- und fettgeschmierter geradverzahnter Stirnräder aus Acetalpolymerisat. Diss. TU Berlin 1969. – *Fronius, St.,* u. *K. Hunger*: Verschleißberechnung geradverzahnter Stirnräder aus Hartgewebe. Maschinenbautechn. 26 (1977), S. 202/07. – *Scholz, G.*: Verschleißuntersuchungen an thermoplastischen Kunststoffzahnrädern der Feinwerktechnik in der Paarung

Stahl-Kunststoff. Diss. TU Braunschweig. 1980. – *Siedke, E.*: Tragfähigkeitsuntersuchungen an ungeschmierten Zahnrädern aus thermoplastischen Kunststoffen. Diss. TU Berlin 1977.

Kupolofen. Ein K. ist ein Schachtofen zur Herstellung von Gußeisen aus Roheisen und Schrott mit Hilfe von Schlackenbildnern sowie Koks als Energieträger. In Sonderfällen werden K. auch zum Herstellen von synthetischem Roheisen aus Stahlschrott und Aufkohlungsmitteln eingesetzt. Der K. ist ähnlich wie der →Hochofen aufgebaut, in der Regel aber wesentlich kleiner. Meist verfügt eine Gießerei über wenigstens 2 K. zum Schmelzen des Eisens. Davon ist einer jeweils einen Tag lang in Betrieb, während der andere für den Betrieb fertig gemacht wird. Am unteren Ende des Schachts ist ein feuerfester Boden eingestampft, und dicht über dem Boden befindet sich in der Zylinderwand das Abstichloch. Darüber sind ähnlich wie beim Hochofen mehrere Winddüsen angeordnet. Durch diese Düsen wird die Verbrennungsluft in den Ofen geblasen. Zwischen den Winddüsen und dem Eisen-Abstichloch befindet sich das Abstichloch für die Schlacke. Bei Betriebsbeginn wird Holz in den Ofenschacht eingelegt und angezündet. Darauf wird eine Kokssäule geschichtet, die durch die Gebläseluft zur Weißglut gebracht wird. Danach werden von oben her laufend Eisen und Koks aufgefüllt. Durch den weißglühenden Koks (etwa 1 700 °C vor den Düsen) wird das Eisen geschmolzen und tropft nach unten in den Herd, wo es durch das Eisen-Abstichloch aus dem K. austritt. Die Austrittstemperatur des Eisens liegt etwa zwischen 1 400 °C und 1 500 °C. K. werden für Leistungen bis zu 60 t Eisen je Stunde gebaut.

Die K.-Abgase werden in Wärmeübertragungssystemen nachverbrannt. Mit dieser Wärme wird die Frischluft für den Ofen auf etwa 500 °C vorgeheizt. Die vorgeheizte Verbrennungsluft, der sog. Heißwind, erhöht die Temperatur im Ofen und senkt den Koksverbrauch. Manchmal wird in neuzeitlichen Eisengießereien außer den K. noch ein elektrischer Schmelzofen, der zur Weiterbehandlung des im K. vorgeschmolzenen Eisens dient, betrieben. Hauptzweck dieser Nachbehandlung (Raffination) ist die Entschwefelung, Desoxidation und Entgasung des Eisens. So kann aus geringwertigem Eiseneinsatz, bestehend aus Gußbruch und Schrott, ein hochwertiges Gußeisen mit hohen Festigkeitswerten gewonnen werden. *Baumann*

Kupplung.

1. Allgemeines. K. (Wellen-K.) stellen eine ständige oder zeitweise Verbindung zwischen zwei fluchtenden oder nichtfluchtenden Wellen, Rädern oder anderen rotierenden Körpern her und ermöglichen damit die Übertragung eines Kraftflusses von dem treibenden auf das getriebene Maschinenteil. Das Bild (VDI 2240) gibt einen Überblick über die vielfältigen Funktionen und Ausführungsarten. K. werden meist von Spezialunternehmen einbaufertig geliefert.

Die Gliederung der K. erfolgt nach folgendem Schema: Soll die Verbindung der Wellen ständig aufrecht erhalten bleiben, so genügen nichtschaltbare K. Soll die Verbindung nur zeitweise hergestellt und dann wieder unterbrochen werden, müssen schaltbare K. (Schalt-K.) verwendet werden. Die nichtschaltbaren K. werden in die starren und nachgiebigen K. (Ausgleichs-K.) aufgegliedert. Starre K. können nur bei genau fluchtenden Wellen verwendet werden. Sie gliedern sich weiter in form- und kraftschlüssige K. Die nachgiebigen K. werden verwendet wenn die zu verbindenden Wellen nicht genau fluchten. Je nach Fehlerrichtung werden die nachgiebigen K. in quer-, längs-, winkel- oder drehnachgiebige unterteilt. Auch Kombinationen verschiedener Nachgiebigkeiten sind möglich. Die schaltbaren K. werden nach der Art der Schaltbetätigung eingeteilt in: fremdbetätigte (eigentliche Schalt-K.), drehzahlbetätigte (Fliehkraft-, Flüssigkeits-, Wirbelstrom-K.), momentbetätigte (Sicherheits-K.) und richtungsbetätigte K. (Freiläufe). Häufig werden unterschiedliche K. miteinander kombiniert, um verschiedene Aufgaben zu erfüllen. *Ehrlenspiel*

Literatur: VDI 2240: Wellenkupplungen. Systematische Einteilung nach ihren Eigenschaften. Hrsg. Verein Dt. Ing. Ausg. Juni. 1971. – VDI 2241, Bl. 1 u. 2: Schaltbare fremdbetätigte Reibkupplungen und Bremsen. Hrsg. Verein Dt. Ing. Ausg. Juni 1982 u. Sept. 1984. – *Niemann, G.*: Maschinenelemente. Bd. I. Berlin, Heidelberg, New York 1975. *Schalitz, A.*: Kupplungs-Atlas. Ludwigsburg 1975.

2. elastische. E. K. sind nichtschaltbare, nachgiebige K. (Ausgleichs-K.), bei denen die Nachgiebigkeit durch elastische Verformung erreicht wird. Durch die elastische Nachgiebigkeit können die e. K. Wellenverlagerungen in alle Richtungen (quer-, längs- und winkelnachgiebig) und Drehmomentschwankungen (drehnachgiebig) ausgleichen. Es existieren sehr viele unterschiedliche Bauformen. Diese können noch unterteilt werden in metall- und gummi- bzw. elastomerelastische K. Als Untergruppe der gummielastischen K. werden noch die hochelastischen K. unterschieden, die eine besonders hohe Nachgiebigkeit haben. Gummi- bzw. elastomerelastische K. dämpfen Drehschwingungen, erwärmen sich allerdings dabei. Als drehstarre e. K. werden metallelastische K. mit dünnwandigen Laschen (Laschen-K.), Lamellen (Lamellen-K.) und Membranen oder Schalen (Membran-K.) verwendet. *Ehrlenspiel*

3. elektrische. Maschine, die ein Drehmoment elektrisch oder magnetisch von einer Welle zu einer anderen überträgt oder in der das Drehmoment

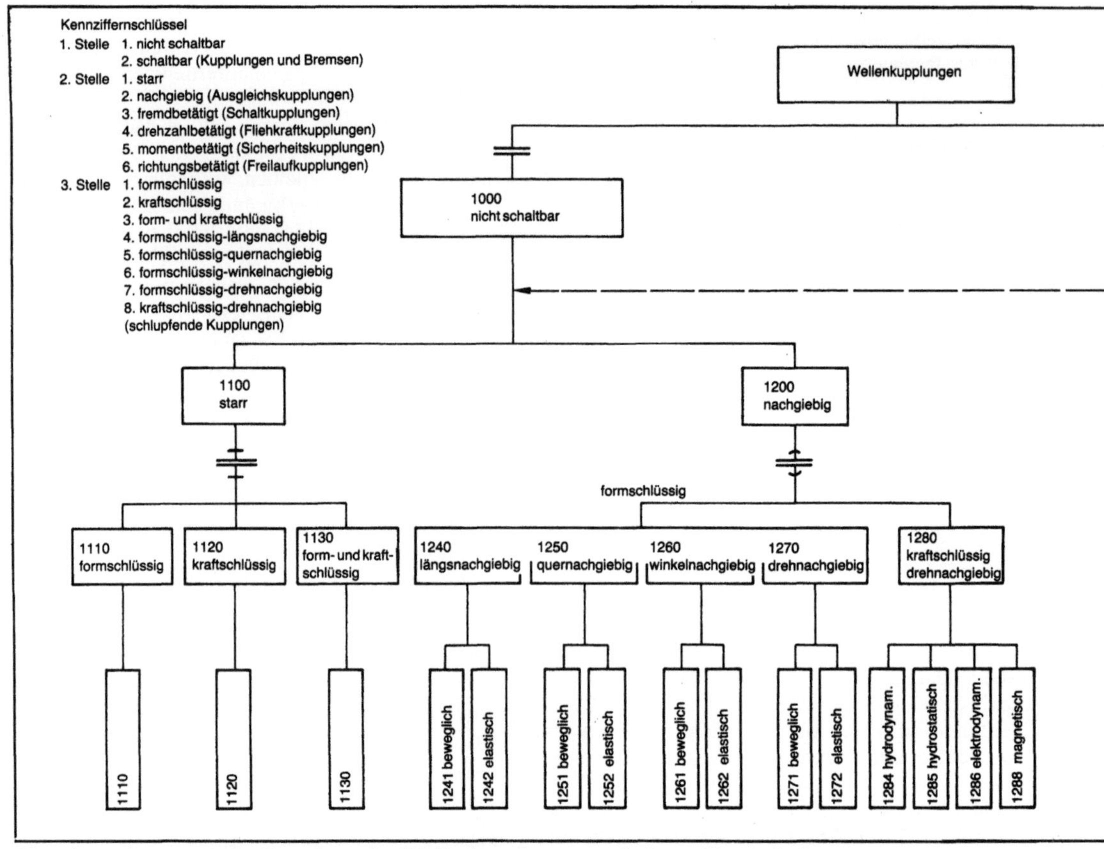

Kupplung: Systematische Einteilung der Wellenkupplungen nach ihren Eigenschaften.

elektrisch oder magnetisch gesteuert wird. Hauptausführungsarten sind die Schlupf- oder Induktions-K. für große Drehmomente, die in ihrem Drehmoment stetig stellbare Magnetpulver-K. und die Hysterese-K.

Die Schlupf-K. besteht aus dem Polrad mit ausgeprägten Polen einer Synchronmaschine und dem als Hohlzylinder ausgebildeten Läufer mit Kurzschlußkäfig einer Asynchronmaschine. Das antriebsseitige, gleichstromerregte Polrad erzeugt ein Drehfeld, das den Käfigläufer mitzunehmen bestrebt ist, wobei ein schlupfabhängiges Drehmoment erzeugt wird. Die Schlupf-K. wird als Schalt-K. für Schiffsantriebe verwendet.

Die Magnetpulver-K. ist eine in ihrem Drehmoment stellbare elektromagnetische Reibungs-K., die das Drehmoment mit Hilfe von Eisenpulver, das sich unter der Wirkung eines Magnetfelds zu einem quasi starren Körper verfestigt, vom treibenden auf den getriebenen Teil der K. überträgt.

Hysterese-K. nützen für die Drehmomentbildung die Kräfte aus, die sich aus dem Widerstand gegen die Ummagnetisierung ferromagnetischer Werkstoffe ergeben.   *Rentzsch*

4. feinmechanische. Als Element der Feinmechanik tritt der Begriff K. bei gefügten Bauteilen auf, die gleichsinnig bewegt werden. Entsprechend der vorgesehenen Bewegungsart werden sie bei Schubführungen Schub-K. und bei Drehbewegungen Dreh-K. genannt. Daneben wird die Bezeichnung K. vielfach z. B. als Rohr-K., Schlauch-K. und bei elektrischen Leitungen als Steck-K. verwendet. Dreh-K. übertragen Drehbewegungen in gleicher Richtung und mit gleicher Drehzahl zwischen treibenden und getriebenen Wellen. Sie werden unterteilt in Dauer-K. und Schalt-K.

Dauer-K. übertragen Drehbewegungen ständig. Dabei sind folgende Kennzeichen hervorzuheben:

□ Feste K. übertragen Drehbewegungen über starre Zwischenglieder.

□ Drehelastische K. übertragen Drehbewegungen über federnde Zwischenglieder und vermindern dadurch Übertragungsstöße.

□ Dauermagnetische K. übertragen Drehbewegungen drehnachgiebig durch die Wirkung von Magnetfeldern.

□ Gelenk-K. übertragen Drehbewegungen auch bei Längs-, Quer- und Winkelverlagerung der Bauteile.

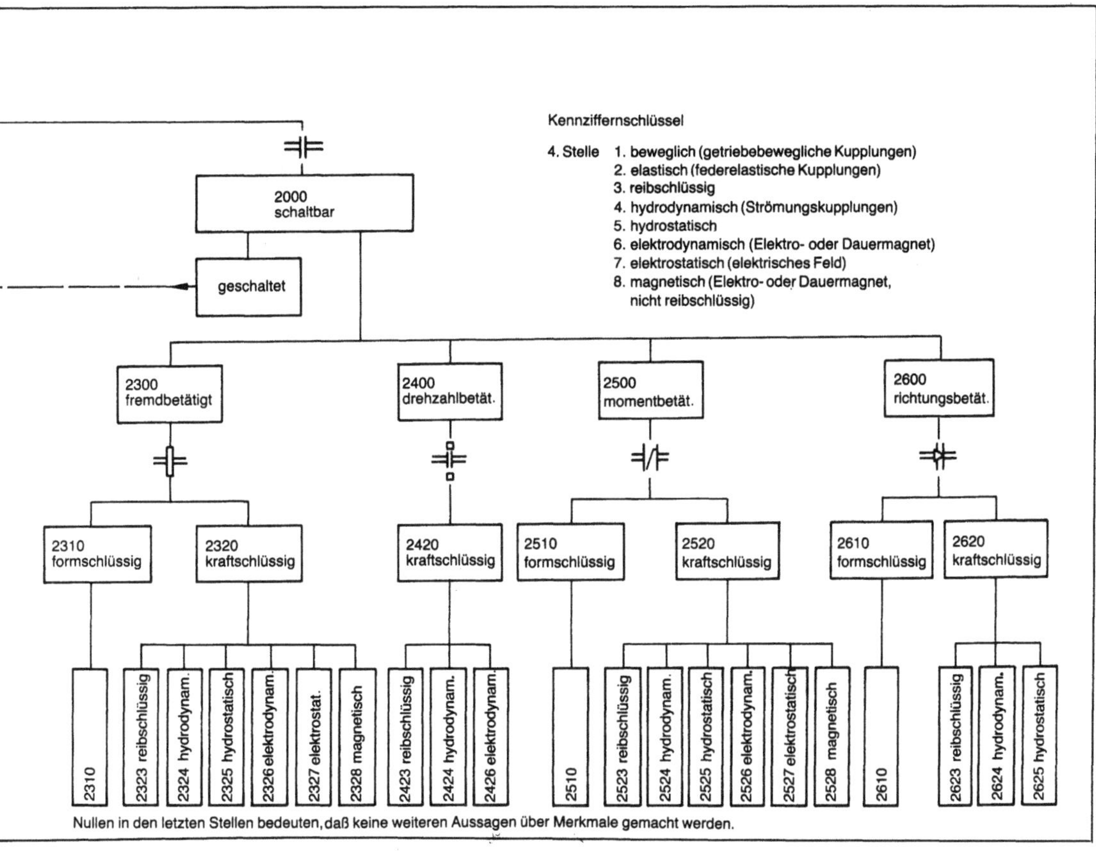

Schalt-K. übertragen oder unterbrechen Drehbewegungen über schaltbare K.-Teile:

□ Fremdgeschaltete K. werden durch überwiegend außerhalb der K. liegende Betätigungsmittel geschaltet, die mechanisch oder elektrisch betrieben werden können.

□ Mechanische Schalt-K. übertragen Drehbewegungen durch mechanisch wirkende K.-Teile.

□ Elektrische Schalt-K. übertragen Drehbewegungen durch die Wirkung elektromagnetischer Felder.

□ Selbstschaltende K. schalten sich selbständig ein und aus.

□ Grenzmoment-K. schalten abhängig vom Drehmoment.

□ Fliehkraft-K. schalten abhängig von der Drehzahl.

□ Richt-K. schalten abhängig von der Drehrichtung.

Für die Auswahl der K.-Art sind folgende Merkmale besonders zu berücksichtigen: Drehmoment, Abmessungen, Montagemöglichkeit, Trennbarkeit, Justierbarkeit, Wirkungsgrad, Drehwinkelfehler, elektrische, akustische und wärmetechnische Eigenschaften, Lebensdauer und Zuverlässigkeit, Verhalten gegenüber Umwelteinflüssen.

Bei der Bewegungsübertragung können auftreten: Drehwinkelfehler durch Elastizität und Spiel, periodische Drehwinkelfehler durch Quer- und Winkelverlagerung. *Lauruschkat*

Literatur: VDI/VDE 2254: Feinwerkelemente, Drehkupplungen. VDI/VDE-Handb. Feinwerktechnik. Bl. 1/2. Berlin 1978.

5. gummielastische. G. bzw. elastomerelastische K. sind nicht schaltbare nachgiebige K. (Ausgleichs-K.). Die Nachgiebigkeit wird durch elastische Elemente aus Gummi oder Elastomer erreicht. Es existieren sehr viele Bauformen g. K., die sich hauptsächlich durch die Form und Anordnung der elastischen Elemente unterscheiden. Einige Beispiele zeigt das Bild. G. K. dämpfen i. a. auf Grund der Werkstoffeigenschaften Drehschwingungen. Deshalb erwärmen sie sich. Sie brauchen nicht wie getriebebewegliche K. geschmiert zu werden. *Ehrlenspiel*

6. hochelastische. Die Nachgiebigkeit der elastischen K. beträgt normalerweise in radialer Richtung

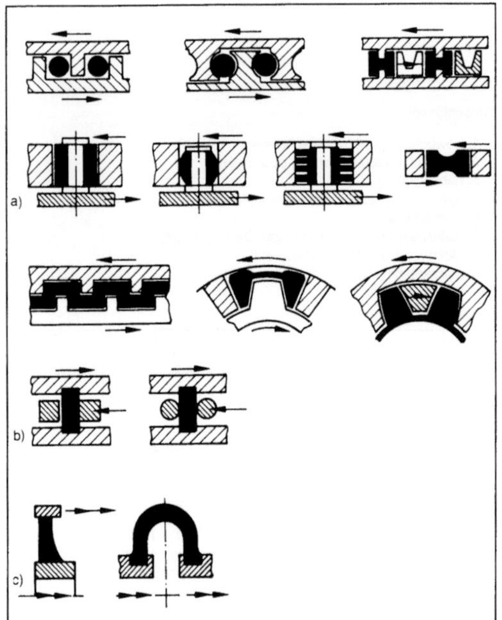

Kupplung, gummielastische: Form und Anordnungen von elastischen Elementen in gummi- bzw. elastomerelastischen Kupplungen. (Quelle: Peeken, Troeder)

a überwiegend druckbeansprucht, b überwiegend biegebeansprucht, c überwiegend drehschubbeansprucht

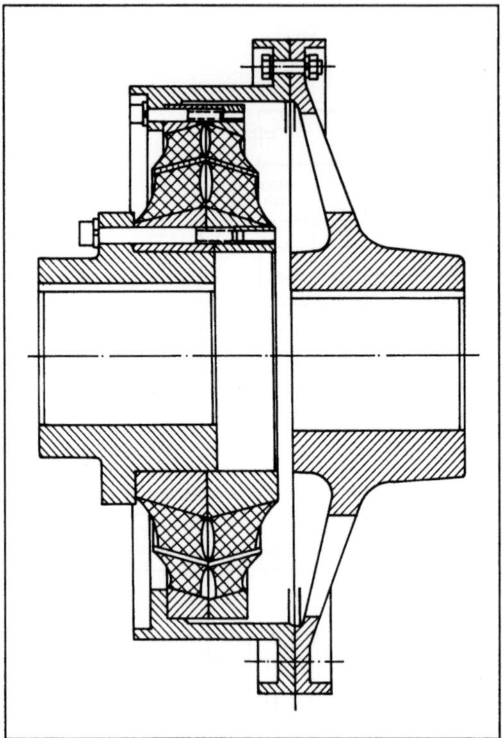

Kupplung, hochelastische. (Quelle: Spiroflex, Lohman & Stolterfoth)

einige Millimeter, die Winkelnachgiebigkeit 1 bis 3° und die Verdrehnachgiebigkeit 5°. H. K. haben eine Nachgiebigkeit in radialer Richtung bis zu 10 mm oder eine Verdrehnachgiebigkeit bis zu 40°. Als elastische Elemente werden meist Wulste oder Scheiben aus Elastomeren verwendet. Das Bild zeigt als Beispiel eine h. K. bestehend aus Innen- und Außenring, zwischen denen sich durch schmale Stahlzwischenringe unterteilt das elastische Material befindet. Die Stahlzwischenringe bewirken eine radiale Versteifung der Elastomerringe. Die Verbindung zum Metall wird durch Vulkanisieren hergestellt. Diese hochelastische K. erreicht eine Verdrehnachgiebigkeit von über 40° und eine axiale Nachgiebigkeit bis 4 mm. Sie wird in Schiffsantrieben eingesetzt. *Ehrlenspiel*

7. homokinetische. H. K. bzw. Gleichganggelenke sind quer-, winkel- oder längsnachgiebige drehstarre Ausgleichs-K. bzw. Wellengelenke, die die eingeleitete Drehbewegung winkeltreu von der Antriebs- auf die Abtriebsseite übertragen. Es existieren viele Bauformen. Typische quernachgiebige h. K. sind die Oldham- und die Parallelkurbel-K. Eine typische winkelnachgiebige ist das →Rzeppa-Gelenk. Die winkelnachgiebigen h. K. werden u. a. immer in den radseitigen Gelenken von Frontan-

triebs-Kfz. eingebaut. Für geringe Nachgiebigkeiten können auch drehstarre elastische K. (z. B. Membran-K.) homokinetisch sein. Nicht drehstarre Ausgleichs-K. können nicht homokinetisch sein. Oft reichen in der Praxis „quasi h." K., die die Drehbewegung nur annähernd winkeltreu übertragen, aus, denn auch theoretisch exakt h. K. übertragen unter Last wegen der Verformung und Reibung die Drehbewegung nicht ganz gleichförmig. *Ehrlenspiel*

8. hydrodynamische. Die h. K. (auch Strömungs-K. oder nach dem Erfinder Föttinger-K. genannt) überträgt Wellenleistung ohne Veränderung des Drehmoments bei stufenloser Drehzahlanpassung zwischen einer →Kraftmaschine auf der Antriebsseite und einer →Arbeitsmaschine auf der Abtriebsseite.

Bild 1 zeigt Prinzip und →Kennfeld. Ein mit der Antriebswelle umlaufendes Gehäuse enthält ein Pumpenrad P. Auf der Abtriebswelle sitzt ein Turbinenrad T. Im geschlossenen Strömungskreislauf überträgt ein Fluid (meist Öl) die vom Pumpenrad übertragene Leistung an das Turbinenrad. Zwischen Rad und Fluid überträgt sich die Leistung nach dem Arbeitsprinzip Strömungsmaschinen. Für alle Betriebszustände gilt die Leistungsbilanzglei-

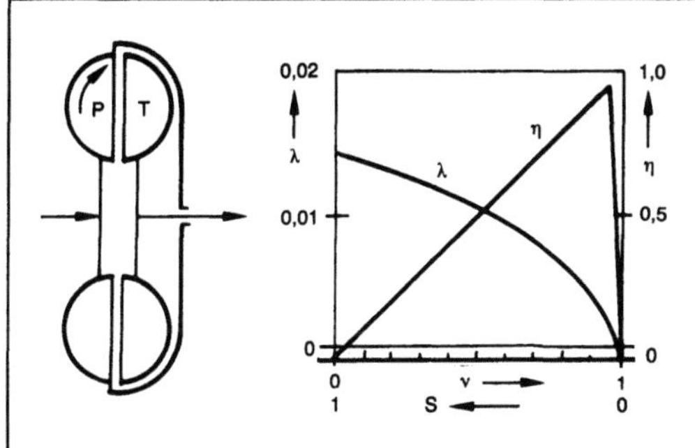

Kupplung, hydrodynamische 1: Prinzip und Kennfeld einer Strömungskupplung.

P Pumpe, T Turbine

chung: $M_P \cdot \omega_p + M_T \cdot \omega_T + \dot{Q} = 0$. Darin sind die zugeführte Pumpenleistung positiv, die abgeführte Turbinenleistung und der aus der inneren Verlustleistung über Gehäuse oder Kühler abzuführende Wärmestrom $\dot{Q}$ negativ einzusetzen. Die Drehmomente sind unter Vernachlässigung mechanischer Reibungsmomente gleich groß: $|M_P| = |M_T|$. Das Drehzahlverhältnis $v = n_T/n_P$ kann Werte zwischen 0 und 1 annehmen und stellt sich selbständig nach der Höhe des zu übertragenden Moments ein. $S = 1 - v$ ist der Schlupf. →Kenngröße für die übertragene Leistung bzw. das Moment ist die Leistungszahl

$$\lambda = M_P/(\varrho \cdot D^5 \cdot \omega_p^2) = P_P/(\varrho \cdot D^5\, \omega_p^3).$$

Der Wirkungsgrad ist $\eta = -P_T/P_P = v$ gleich dem Drehzahlverhältnis.

Im Synchronpunkt $v = 1$ besteht keine Leistungs- und Momentenübertragung. Lediglich das Reibungsmoment muß dann noch überwunden werden, so daß der Wirkungsgrad steil gegen null abfällt. Bei $v = 0$ kann ein bis zu 20faches Drehmoment gegenüber Nennbetrieb, der bei $v = 0,96-0,98$ liegt, auftreten; das kann die Antriebsmaschine überlasten. Daher werden Strömungs-K. mit Drehmomentbegrenzung ausgeführt. So hat die K. in Bild 2 beispielsweise unsymmetrische Radformen von Pumpe und →Turbine. Dadurch wird dem Fluidkreislauf bei kleinen Drehzahlverhältnissen ein Teilstrom entzogen, so daß das Moment zwischen Anfahrpunkt A und Dauerbetriebspunkt U und damit die Leistungszahl λ nahezu konstant bleibt.

Vorteile: Stufenlose Drehzahlanpassung bei Verschleißfreiheit, Dämpfung von Torsionsschwingungen, hohe Leistungsdichte. Nachteil: Im Vergleich zu mechanischen K. ist eine Leistungsübertragung ohne Leistungsverlust nicht möglich. Anwendungen in Aggregaten mit Kolben- und Strömungsmaschinen, auch als Überlastschutz und als hydrodynamische Bremse (Retarder) in Schienen- und Straßenfahrzeugen. *Rauhut*

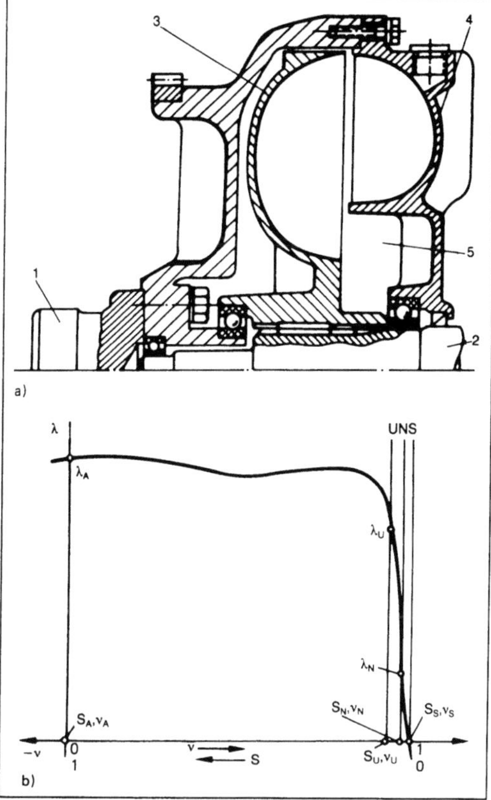

Kupplung, hydrodynamische 2:
a) Strömungskupplung mit Drehmomentbegrenzung.
b) Zu a) gehörendes Kennfeld. (Quelle: Dubbel, a. a. O.)

1 Antrieb, 2 Abtrieb, 3 Turbine, 4 Pumpe, 5 Stauraum

Betriebspunkte: A Anfahrpunkt, U unterer Dauerbetriebspunkt, N Nennbetriebspunkt, S Synchronpunkt

Literatur: *Dubbel:* Taschenb. für den Maschinenbau. 17. Aufl. Berlin, Heidelberg, New York 1990. – *Wolf, M.:* Strömungskupplungen und Strömungswandler. Berlin, Heidelberg 1962.

9. richtungsgeschaltete. R. K. (auch Freiläufe) schalten die Drehmomentübertragung in Abhängigkeit von der Richtung der Relativbewegung zwischen An- und Abtrieb zu bzw. ab. Sie werden für folgende Funktionen eingesetzt: Als Überhol-K. z. B. beim Fahrrad, wo sie den Antrieb z. B. beim Bergabfahren abschaltet, oder bei Antrieben, wo nach Abschalten des Antriebsmotors die getriebene Maschine frei auslaufen soll, Lüfterantrieb Bild 1; als Rücklaufsperre z. B. bei einem Lift, bei dem verhindert werden soll, daß der Lift bei Ausfall des Motors talabwärts läuft. Dabei ist das Abtriebsteil des Freilaufs fest mit dem Gehäuse verbunden, wirkt also als Bremse. In Rollenbahnen verhindern

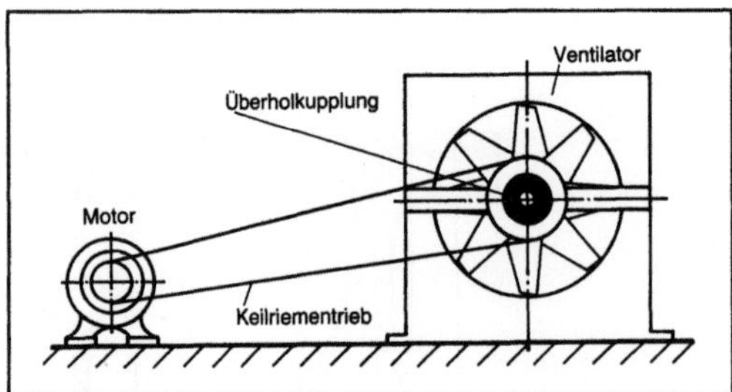

Kupplung, richtungsgeschaltete 1: Freilauf als Überholkupplung bei einem Ventilatorantrieb. (Quelle: Stieber)

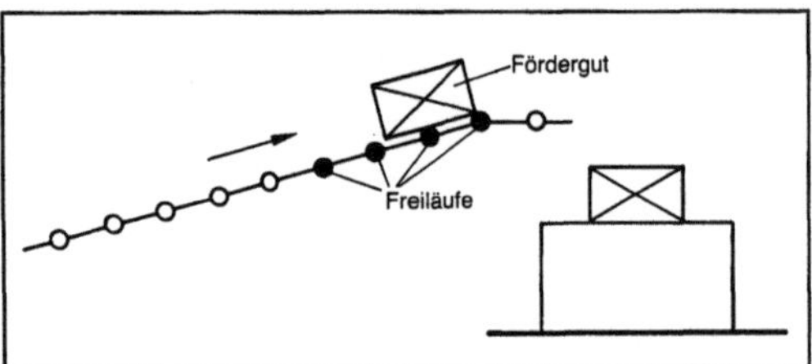

Kupplung, richtungsgeschaltete 2: Freiläufe als Rücklaufsperre in einer Rollenbahn. (Quelle: Stieber)

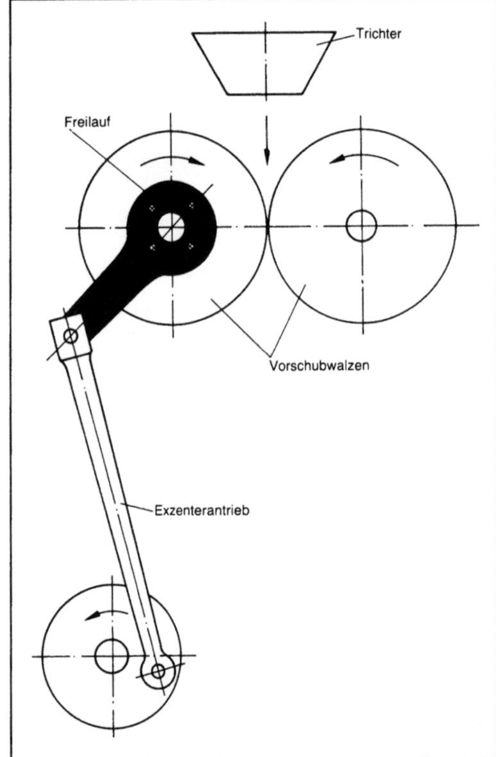

Kupplung, richtungsgeschaltete 3: Schaltfreilauf in Vorschubwalzen einer Konditoreimaschine. (Quelle: Stieber)

Rücklaufsperren das ungewollte Zurückrollen des Transportguts (Bild 2). Bei einem Schrittschaltwerk bewirkt der Schaltfreilauf die Umwandlung einer gleichförmigen Drehbewegung in eine schrittweise unterbrochene Drehbewegung. Bild 3 zeigt z. B. einen Schaltfreilauf in den Vorschubwalzen einer Konditoreimaschine.

Als Bauformen existieren form- und reibschlüssige Freiläufe und für geringe Drehmomente der Faserfreilauf mit elastischem Formschluß. *Ehrlenspiel*

10. schaltbare. S. K. (Schalt-K.) dienen der betrieblich bedingten Unterbrechung und Wiederherstellung einer drehmomentübertragenden Verbindung zwischen zwei Wellen. Wesentliche Unterscheidungsmerkmale sind:

□ Effekt der Drehmomentübertragung (formschlüssige, reibschlüssige, elektrische oder hydrauli-

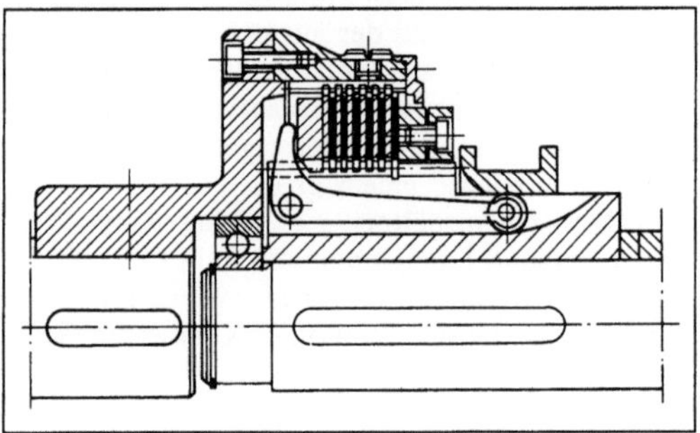

Kupplung, schaltbare 1: Lamellenkupplung (reibschlüssige Schaltkupplung). (Quelle: Ortlinghaus)

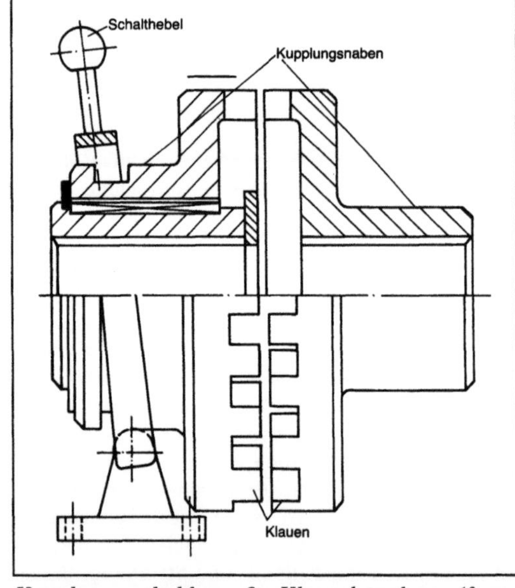

Kupplung, schaltbare 2: Klauenkupplung (formschlüssige Schaltkupplung). (Quelle: Hochreuther & Baum)

sche Schalt-K.); 2. für die form- und reibschlüssigen Schalt-K. die Art der Betätigung (mechanisch, elektrisch, hydraulisch und pneumatisch betätigt (Schaltzeug).

□ Die Ausführungsformen sind sehr vielfältig. Ein typisches Beispiel einer reibschlüssigen Schalt-K. ist die Lamellen-K. (Bild 1 auf S. 688) und einer formschlüssigen Schalt-K. die Klauen-K. (Bild 2 auf Seite 688). Formschlüssige Schalt-K. lassen sich im Gegensatz zu den reibschlüssigen Schalt-K. nur im Stillstand oder bei Synchronlauf der An- und Abtriebswelle schalten. Wichtigste Auslegungskriterien sind neben Funktion und Einbauraum, das Schaltmoment, die Schaltzeit und die Schalthäufigkeit. *Ehrlenspiel*

11. schaltbare, formschlüssige. S., f. K. übertragen das Drehmoment formschlüssig. Sie lassen sich i. a. nur im Stillstand oder bei Gleichlauf der beiden K.-Hälften einschalten. Sie lassen sich unter Last ausschalten, wenn die zu übertragenden Momente und damit die Reibungskräfte nicht zu hoch sind. Weite Verbreitung haben sie als Zahn- oder Klauen-K. in den Synchronisiereinrichtungen von Kfz-Getrieben. *Ehrlenspiel*

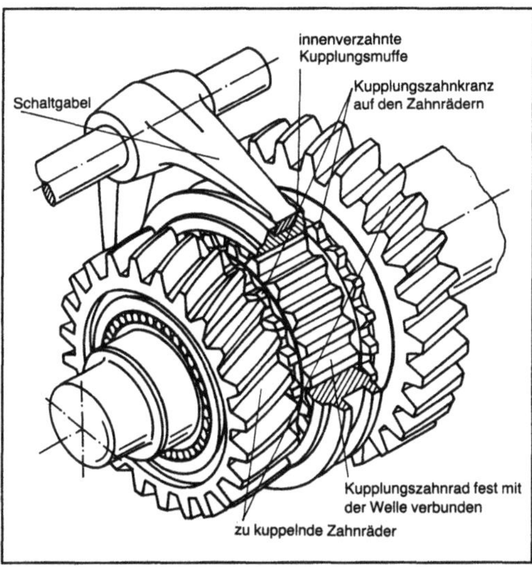

Kupplung, schaltbare, formschlüssige: Zahnkupplung in der Synchronisiereinrichtung eines Kfz-Getriebes. (Quelle: ZF)

12. schaltbare, reibschlüssige. S., r. K. (schaltbare Reib-K.) übertragen das Drehmoment reibschlüssig. Sie werden hauptsächlich als fremdbetätigte, aber auch als drehzahl- (Fliehkraft-K.) und richtungsgeschaltete (Freiläufe) K. ausgeführt. Sie können bei beliebigen Drehzahlen der An- und Abtriebsseite ein- und ausgeschaltet werden. Das übertragbare Drehmoment ergibt sich zunächst aus dem Produkt von Anpreßkraft (Normalkraft), Rei-

bungszahl, wirksamem Reibradius und Anzahl der Reibflächen. Das Drehmoment kann aber auch durch die zulässige Erwärmung der K. oder den zulässigen Verschleiß begrenzt sein. Die Reibflächen können eine ebene, kegelige oder zylindrische Form haben und auch mehrfach angeordnet sein. Man unterscheidet Einflächen-Reib-K. mit nur einer ebenen Reibfläche, Zweiflächen-Reib-K. mit zwei ebenen Reibflächen (Ein-Scheiben-K.), Mehrflächen-Reib-K. mit mehreren ebenen Reibflächen (Mehrscheiben- oder allgemein Lamellen-K.), Kegel-K. mit einer oder mehreren kegeligen Reibflächen und Zylinder-K. mit einer zylindrischen Reibfläche. Große Bedeutung haben die Zweiflächen-Reib-K. als Kfz.-Haupt-K. und die Lamellen-K. Nach Art der Aufbringung der Anpreßkraft werden unterschieden: mechanisch, hydraulisch mit Drucköl, pneumatisch und elektromagnetisch betätigte Reib-K. Nach der Art der Betätigung der Schaltung bzw. Aufbringung der Anpreßkraft werden arbeits- und ruhebetätigte Reib-K. unterschieden. Arbeitsbetätigte Reib-K. sind normalerweise ausgekuppelt. Der Reibschluß beim Schalten wird durch die Betätigungskraft hergestellt. Diese Bauart wird verwendet, wenn die Reib-K. häufiger aus- als eingeschaltet ist oder aus Sicherheitsgründen gefordert wird, daß die K. bei Ausfall der Betätigungskraft abschaltet. Die ruhebetätigten Reib-K. sind normalerweise eingekuppelt. Der Reibschluß wird durch Federn ständig kupplungsintern hergestellt. Beim Aufbringen einer Betätigungskraft wird er unterbrochen, die K. also ausgekuppelt. Diese Bauart wird verwendet, wenn die Reib-K. häufiger ein- als ausgeschaltet ist (z. B. Kfz-K.) oder auch aus Sicherheitsgründen. Beim Verschleiß der Reibflächen müssen Reib-K. nachgestellt werden. Dafür existieren automatische Einrichtungen. *Ehrlenspiel*

13. starre. S. K. dienen vornehmlich zur Verbindung fluchtender Wellen. Sie übertragen das Drehmoment drehstarr und sind auch gegen Wellenverlagerungen nicht nachgiebig. Geringe Verlagerungen verursachen deshalb erhebliche, unkontrollierbare Beanspruchungen in der s. K., den benachbarten Wellen und Lagern. S. K. leiten Drehmomentstöße in voller Höhe und Schwingungen ungedämpft weiter. Wichtige Bauformen sind: Scheiben-K., Hülsen-K., Schalen-K., Muffen-K., →Plankerbverzahnung. *Ehrlenspiel*

Kupplung-Bremse-Kombination. Eine K.-B.-K. ist eine Zusammenfassung einer schaltbaren Kupplung und einer Bremse auf einer →Welle zu einer Baueinheit. Diese baut kleiner und ist kostengünstiger als eine getrennte Ausführung von Kupplung und Bremse. Die Betätigung kann elektromagnetisch, hydraulisch oder pneumatisch erfolgen. Das Bild zeigt eine elektromagnetisch betätigte K.-B.-K.

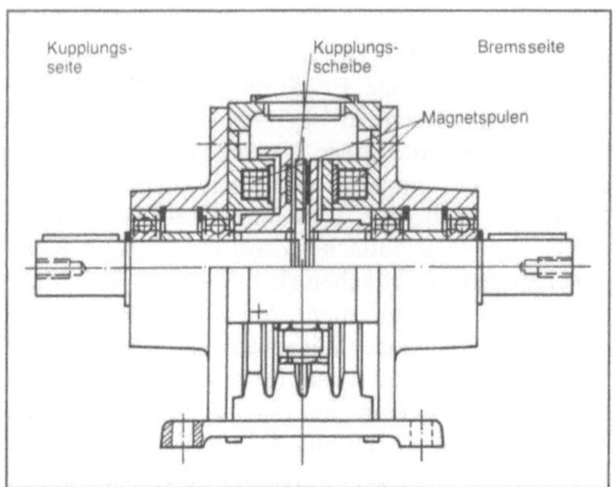

Kupplung-Bremse-Kombination elektromagnetisch betätigt. (Quelle: Ortlinghaus)

Die Kupplungsscheibe wird je nach Durchflutung der Magnetspulen gegen die Brems- oder Kupplungsseite gezogen. *Ehrlenspiel*

Kupplungsbelag. K. bzw. Reib-B. wird als Werkstoffpaarung mit Stahl für die Reibflächen von Reibungskupplungen und -bremsen verwendet. Der Reibbelag besteht entweder aus Nichtmetallen (organische Reibungsstoffe, Kork, Papier) oder Metallen (Sinterstoffe auf Bronze-, Eisenbasis oder keramischer Basis). Der wesentliche Bestandteil der organischen Reibungsstoffe war Asbest, der aus gesundheitlichen Gründen immer mehr durch andere Stoffe ersetzt wird. Aus den Reibungsstoffen werden gewebte, gewalzte, massegepreßte und gewebt-gepreßte Reibbeläge hergestellt, die auf die Kupplungs- oder Bremsbauteile aufgenietet, aufgepreßt oder aufgeklebt werden. Der Grundwerkstoff der Sinterbronzen ist Kupfer oder Bronze. Je nach Anwendungsfall werden zum Erhöhen der Reibungszahl und Verringern der Freßgefahr Metalle (Fe, Pb, Sn), Nichtmetalle (SiO_2 und andere Silicate) und Trockenschmierstoffe (C, MoS_2) zugesetzt. Typische Reibungspaarungen sind: Stahl/Stahl, besonders billig, eignet sich bei höheren Belastungen nur für Naßlauf, $\mu = 0{,}05$; Stahl/organischer Reibbelag wird vorwiegend bei Trockenlauf eingesetzt, $\mu = 0{,}25$–$0{,}35$; Stahl/Sinterbronze, für Naß- und Trockenlauf, $\mu = 0{,}06$ bei Naßlauf, bei Trockenlauf $\mu = 0{,}25$. *Ehrlenspiel*

Kupplungsfehler. Bei fertigungs- oder montagebedingten Fehlern in starren Kupplungen unterscheidet man
□ Planfehler: Der Kupplungsflansch steht nicht senkrecht zur Wellenachse,
□ Teilungsfehler: Die Bohrungen für die Kupplungsbolzen sind ungleichmäßig über den Umfang verteilt oder haben unterschiedliche Durchmesser,

□ Zentrierfehler: Wellenmitte und Zentrierbohrung sind radial gegeneinander versetzt.

Kuppelt man zwei Rotoren mit derart fehlerhaften Kupplungen zu einem →Wellenstrang zusammen, so entstehen rotorfeste Verformungen der Wellen und drehfrequente Zwangskräfte in den Lagern. Wie bei der krummen Welle sind durch diese Kupplungseinflüsse resonanzartige Durchbiegungen der Welle bei der biegekritischen Drehzahl zu befürchten. *Witfeld*

Kupplungslasche, federnde →Stahlfederform

Kurbel →Gelenkgetriebe

Kurbelgehäuse. Das K. (auch Motorblock) eines Verbrennungsmotors nimmt als wichtigstes den Kurbeltrieb mit Kurbelwelle, Pleuelstangen und →Kolben auf. Nach unten hin wird das K. normalerweise durch eine angeschraubte Ölwanne abgeschlossen. Nach oben erfolgt die Abdeckung der im K. befindlichen →Zylinder durch einen oder mehrere Zylinderköpfe.

Das Bild zeigt den Querschnitt eines Dieselmotors, in dem das K. durch Schwärzung hervorgehoben wurde. Um die Steifigkeit zu erhöhen, wurde das K. hier bis weit unter die Kurbelwellenmitte hinuntergezogen. Die Lagerdeckel für die Grundlager der Kurbelwelle können als zum K. gehörend gerechnet werden. Die Kolben laufen hier nicht direkt im K., sondern in eingesetzten Laufbuchsen. Grundsätzlich sind die K. bzw. Laufbuchsen im Bereich der Kolbenlauffläche gekühlt, meistens durch →Wasserkühlung. Die →Nockenwelle und die Stößel sind ebenfalls im K. gelagert (bei Pkw-Motoren befindet sich die Nockenwelle dagegen

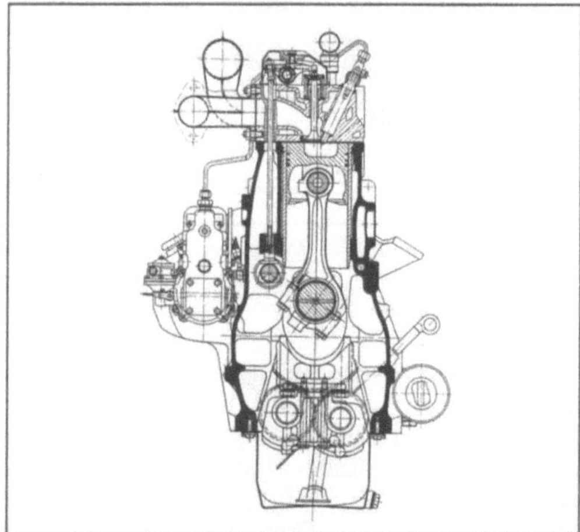

Kurbelgehäuse: Querschnitt eines Viertakt-Dieselmotors. (Quelle: Deutz-MWM)

Kurbelhäuse durch Schwärzung hervorgehoben

meistens im →Zylinderkopf). Die Haupt-Ölbohrung verteilt das →Schmieröl in Längsrichtung des Motorblocks. Über weitere (nicht gezeichnete) Bohrungen wird das Schmieröl den verschiedenen Lagerstellen zugeführt. Die Aufnahme verschiedener Hilfsgeräte und deren Antriebsräder gehört ebenfalls zu den Aufgaben des K.

Das K. wird üblicherweise als Gußkonstruktion ausgeführt. Als Material wird Grauguß, für leichtere Motoren Aluminiumlegierungen, für hochbeanspruchte Motoren Sphäroguß verwendet. Bei luftgekühlten Motoren setzt man die Zylinder auf ein (niedrigeres) K. auf. Bei großen Dieselmotoren findet man eine Aufgliederung des Motorgestells in verschiedene Baugruppen, damit die einzelnen Teile nicht zu groß und unhandlich werden.

Kuhlmann

Literatur: *Scheiterlein, A.*: Der Aufbau der raschlaufenden Verbrennungskraftmaschine. List-R. Bd. 11. Wien 1964.

Kurbelgetriebe →Systematik (→Getriebe)

Kurbelkasten-Spülpumpe. Als Spülgebläse ausgebildeter K. bei kleinen Zweitaktmotoren.

Bei kleinen Zweitakt-Ottomotoren wäre der Anbau eines gesonderten Spülgebläses zu aufwendig. Darum wird die Kolbenunterseite in Verbindung mit dem K. als S. ausgebildet. Um den schädlichen Raum dieser S. klein zu halten (→Liefergrad, →Kolbenverdichter), muß der K. sehr eng gebaut werden, was z. B. durch Verwendung kreisrunder Kurbelwangen erreicht wird. Bei Mehrzylindermotoren darf keine Verbindung zwischen den Kurbelräumen der einzelnen Zylinder bestehen.

Das Triebwerk dieser Motoren wird generell mit Wälzlagern versehen. Diese Lager werden über →Gemischschmierung mit →Schmieröl versorgt. Statt das Schmieröl dem Benzin beizumischen, kann es aber auch mit einer Dosiereinrichtung dem Ansaugluftstrom zugesetzt werden. *Kuhlmann*

Kurbelwelle. Die K. ist das wohl wichtigste Bauteil eines Hubkolbentriebwerks. Die folgenden Ausführungen beziehen sich auf K. von Verbrennungsmotoren, sind sinngemäß aber auch auf solche von Kolbenverdichtern übertragbar.

Die K. eines Reihenmotors mit z Zylindern weist üblicherweise (z+1) Grundzapfen auf, mit denen sie in den Grundlagern des Kurbelwellengehäuses gelagert ist (Bild 1). Zwischen jeweils zwei Grundzapfen befindet sich eine Kröpfung mit dem Hubzapfen und zwei Wangen. An den Wangen können zum Ausgleich der rotierenden Massenkräfte Gegengewichte angeschmiedet, angegossen oder angeschraubt sein. Auf jedem Hubzapfen ist die →Pleuelstange eines Zylinders gelagert. Im Falle eines V-Motors laufen jedoch zwei Pleuelstangen auf jedem Hubzapfen.

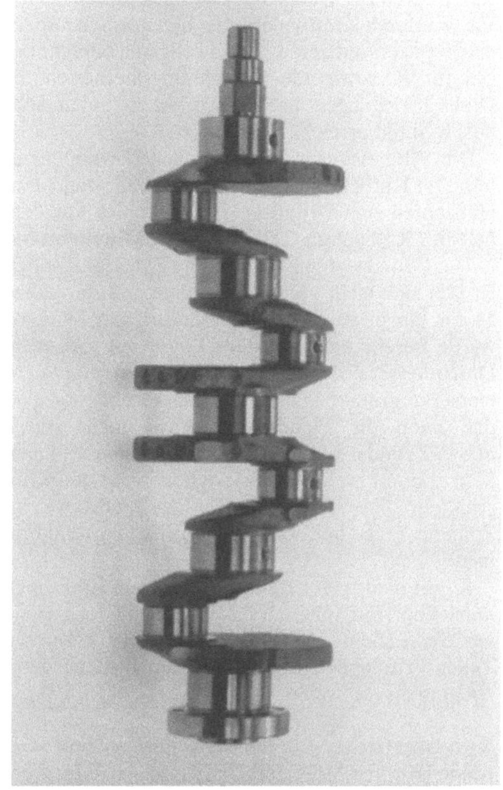

Kurbelwelle 1: Für einen Vierzylinder-Viertaktmotor. (Quelle: Opel)

Die Richtungen der Kurbelzapfen hängen vom Zündabstand und von der Zündfolge des betreffenden Motors ab und diese wiederum von der →Zylinderzahl. Bild 2 zeigt die Kurbelsterne einiger Viertakt-Reihenmotoren, aus denen die Kröpfungsanordnungen ersichtlich sind. Von allen Viertaktreihenmotoren haben nur der Ein-, Zwei- und Vierzylindermotor eine ebene K.

Die K. wird durch die von den Pleuelstangen eingeleiteten Kräfte in komplizierter Weise auf Biegung und Verdrehung beansprucht. Zusätzlich treten Beanspruchungen durch Drehschwingungen auf, die in unglücklichen Fällen sogar zu einem Bruch der K. führen können. Solche Dauerbrüche gehen meistens von den Hohlkehlen beim Übergang

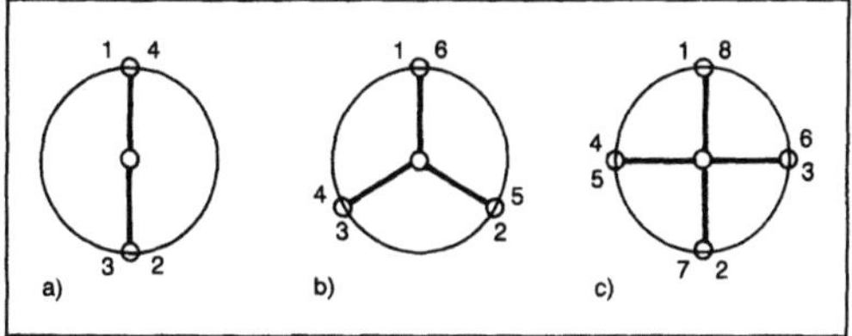

Kurbelwelle 2: Kurbelsterne für Viertakt-Reihenmotoren mit a) 4, b) 6 und c) 8 Zylindern.

vom Zapfen zur Wange oder von den Ölbohrungen aus, wo durch Kraftumlenkung hohe örtliche Spannungsspitzen auftreten. Die Festigkeitsberechnungen für K. sowie die Berechnungsmethoden für Drehschwingungen haben inzwischen einen sehr hohen Stand erreicht.

Die Abmessungen einer K. liegen weitgehend fest: Der Kurbelradius, d. h. der Mittenabstand vom Hubzapfen zum Grundzapfen, ergibt sich aus dem halben Kolbenhub. Der axiale Mittenabstand zweier Grundzapfen ist gleich dem Zylinderabstand. Er läßt sich nicht vergrößern, ohne daß der ganze Motor länger wird. Zur Verstärkung der Wangen wurde bereits auf schmalere Lager mit größerem Durchmesser übergegangen. Einer weiteren Durchmesservergrößerung der Pleuellager steht entgegen, daß dann die Pleuelstange nicht mehr durch den →Zylinder nach oben ausgebaut werden kann. Man erkennt, welche Schwierigkeiten auf den Konstrukteur bei Steigerung der Spitzendrücke im Zylinder (z. B. bei höherer →Aufladung) zukommen.

K. mit niedrigerer Belastung sind aus Sphäroguß herstellbar. Für höhere Belastung schmiedet man sie aus Stahl. Sehr große K. werden aus kleineren Teilen zusammengeschrumpft oder neuerdings zusammengeschweißt. *Kuhlmann*

Kurvengetriebe. Kurven-Mechanismen und -Getriebe (Kurven-MG) sind Übertragungs- oder Führungs-MG, in denen die Bewegung durch Gleiten (Gleitkurven-MG) oder Wälzen (Wälzkurven-MG) einer Kurvenkontur des Abtriebsglieds auf einer Kurvenkontur des Antriebsglieds erzeugt wird, Bild 1 a).

Wälzkurven-MG entstehen durch reines Abwälzen zweier Konturen aufeinander, den Relativpolkurven der betreffenden Bewegungsübertragung. Ein Gleiten wird durch Verzahnung der Konturen (Wälzkreise bzw. -ellipsen rollen aufeinander ab) wie bei Zahnräder-MG mit kreisrunden bzw. elliptischen Zahnrädern (Zahnflankenpaarung ist eine Gleitkurvenbewegung mit der theoretischen Übersetzung i = konst für den Gesamtmechanismus) durch Zugbänder, -seile, -riemen u. dgl. verhindert.

Bei Gleitkurven-MG liegt ein Gleiten, eine reine Translation, Bild 1 b) vor, häufig mit überlagertem Wälzen (bei zusätzlichen Rotationsanteilen der Relativbewegung der beiden beteiligten Gliederebenen gegeneinander, Bild 1 c). Wegen der großen Gestaltungsfreiheit der Kurvenkonturen wird oft nur die Kontur des Antriebsglieds – k_1 als Rollenmittenbahn (RMB) – ausgebildet, während k_2 zu einem Punkt, dem Rollenmittelpunkt M, schrumpft und auf k_1 gleitet, Bild 1 c) und 1 d). Zur Reibungsverminderung ist hier eine →Rolle zwischengeschaltet, deren Radius den Abstand der Rollenmit-

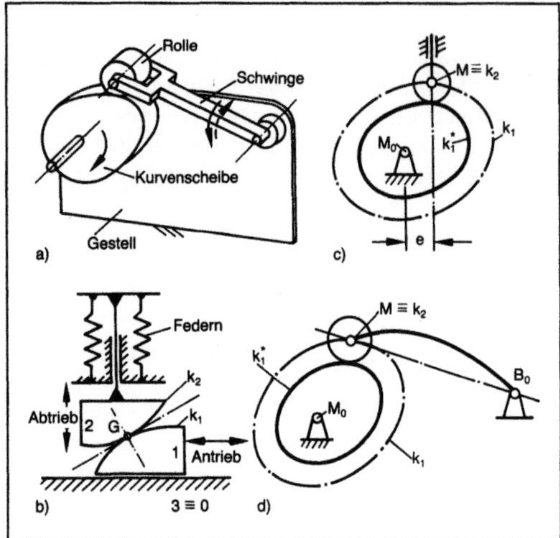

Kurvengetriebe 1: Gleitkurven-MG ohne (b)) und mit (a), c), d)) Kurvenrolle als Eingriffsglied.
a) Getriebeskizze eines Kurven-MG mit Abtriebsschwinge
b) Kinematisches Schema für geradegeführten An- sowie Abtrieb (Zwanglauf im Gleitpunkt G) durch Kraftschluß (Federn)
c) Kinematisches Schema für drehenden Antrieb und geradegeführten Abtriebsstößel mit Versetzung e

k_2 ist zu Punkt M entartet, Kurvenkontur k_1^* ist Äquidistante zur Rollenmittenbahn k_1

d) Kinematisches Schema zu a).

tenbahn k_1 zur Kurvenkontur k_1^* bestimmt: k_1^* ist Äquidistante zur RMB.

Die Vielfalt konstruktiver Gestaltungsmöglichkeiten von Kurvenkörpern als den Trägern der Kurvenkontur in ebenen, sphärischen und allgemein räumlichen Kurven-MG mit entsprechender Ausbildung des Übertragungselements (z. B. Rolle) und des vom →Kurvenkörper bewegten Abtriebsglieds Schwinge, Bild 1 a), als Beispiel für ebene Kurven-MG bzw. Stößel, Bild 2 c), entspricht der nahezu beliebigen Vielfalt kinematischer Anteile von Bewegungsaufgaben, die mit Kurven-MG gelöst werden können (Tabelle 1). Sehr weitgehende Vorgaben in Bewegungsplänen mit Berücksichtigung selbst dynamischer Bewertungskriterien bereits während der kinematischen Synthese können durch Orientierung an entsprechenden Kenngrößen (Tabelle 2 bis 5) im Rahmen der Fertigungstoleranzen, Gliederelastizitäten u. dgl. genau erfüllt werden, z. B. zusammengesetztes Getriebe, Bild 3, Rastgetriebe, Bild 4.

Ein wichtiger Vorteil der Kurven-MG ist die geringe Gliederzahl, prinzipiell 3, bei beweglichen Eingriffsgliedern (Kurvenrollen zur Reibungsverminderung, Schiffchen in Führungsnuten (Bild 2) als nichtrotierendes, daher mit Minimalspiel einzupas-

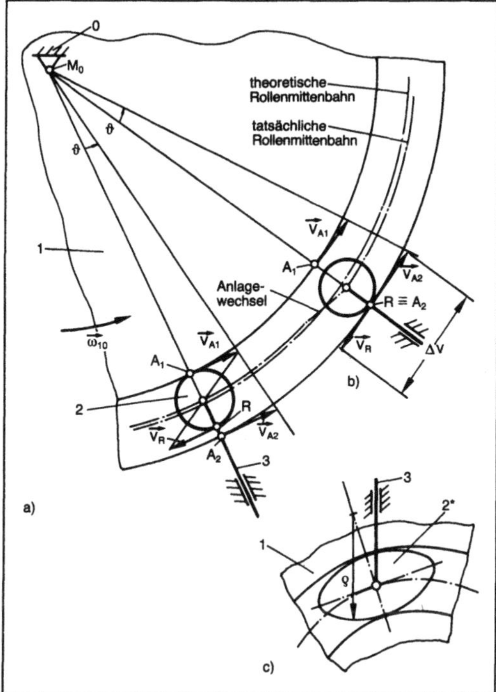

Kurvengetriebe 2: Nutrolle 2 bzw. Schiffchen 2 (auf Abtriebsstößel 3) als Eingriffsglied in Nutkurvenscheibe 1 (Winkelgeschwindigkeit $\vec{\omega}_{10}$).*
a) Geschwindigkeit $\vec{v}_{A1}$ von Gleitpunkt A_1 an innerer Nutflanke erzeugt $\vec{v}_R$ von Rollenpunkt R.
b) Nach Anlagewechsel trifft Rollenpunkt R mit v_R auf Außenflankenpunkt A_2, der $\vec{v}_{A2}$ hat.

Differenzgeschwindigkeit $\Delta v = v_{A1} + v_{A2}$, d. h. Rollendrehung muß abgebremst und umgekehrt werden. Das ergibt Gleiten, Verschleiß von Rolle und Nutflanken zusätzlich zu Stoß bei Anlagewechsel.

c) Schiffchen 2 rotiert nicht und liegt ständig gleitend an beiden Nutflanken an.*

bei vollhydrodynamischer Schmierung geringe Reibung und geringer Verschleiß sowie kein Anlagewechsel mit Stoß

sendes Gleitelement mit Nutbreiten-unabhängigem Krümmungsradius ρ im Kontaktbereich) um deren Anzahl erhöht.

Als Nachteil von Kurven-MG ist die geringere zulässige Belastung der Kurvenpaarung (höheres Elementenpaar) im Vergleich zu Gelenken zu nennen. Ebenso werden hohe Anforderungen an die Auswahl und Genauigkeit der Berechnung geeigneter Bewegungsgesetze (Tabelle 2 bis 5) für die verschiedenen möglichen Übergänge (Tabelle 1) als Kombination von Bewegungsaufgaben gestellt. Moderne Rechnersysteme beherrschen diese Probleme jedoch mehr und mehr, nachdem die theoretischen Grundlagen (z. B. VDI 2143) in gute Software zur Anwendung auf CAD-Systemen umgesetzt sind.

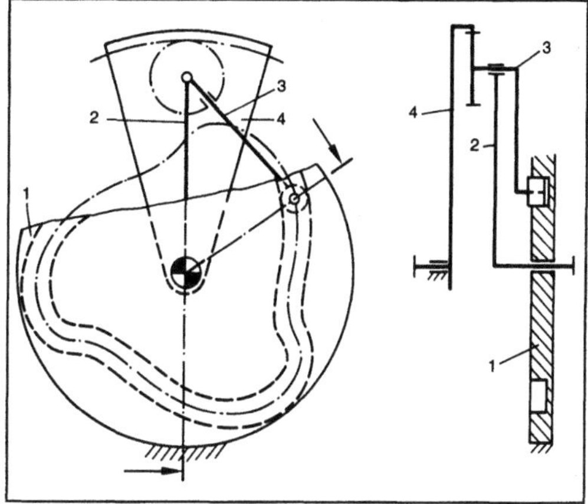

Kurvengetriebe 3: Räder-Kurvengetriebe. (Quelle: Rankers a. a. O.)

Dient zum Erzeugen einer mehrfach je Umdrehung schwankenden Vor- bzw. Nacheilung von Abtriebsrad 4 gegenüber der konstanten Antriebs-Winkelgeschwindigkeit von Steg 2 durch Überlagern der kurvengesteuerten (feststehende umrollte Kurvenscheibe 1) Relativbewegung zwischen Schwinge 3 und Steg 2

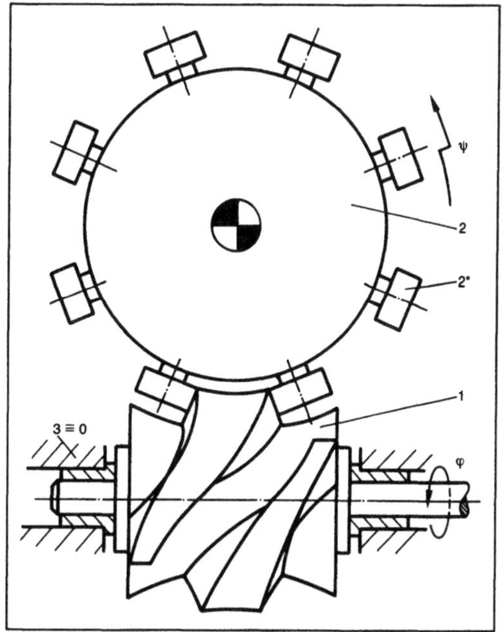

Kurvengetriebe 4: Globoidkurven-Schrittgetriebe mit sphärischem Kurvenkörper 1 (Antriebs-Drehwinkel φ) und Antriebsrad 2 (mit Eingriffsrollen 2), das Schrittbewegung ausführt. (Quelle: Volmer a. a. O.)*

Die Fertigung der Kurvenkörper, z. B. als Trag- und Gegenkurve mit je einem Eingriffsglied des gemeinsamen Abtriebsglieds auf gemeinsamer

Kurvengetriebe. Tabelle 1: Kombinationen von Bewegungsabläufen als Bewegungsaufgaben für Übergänge.

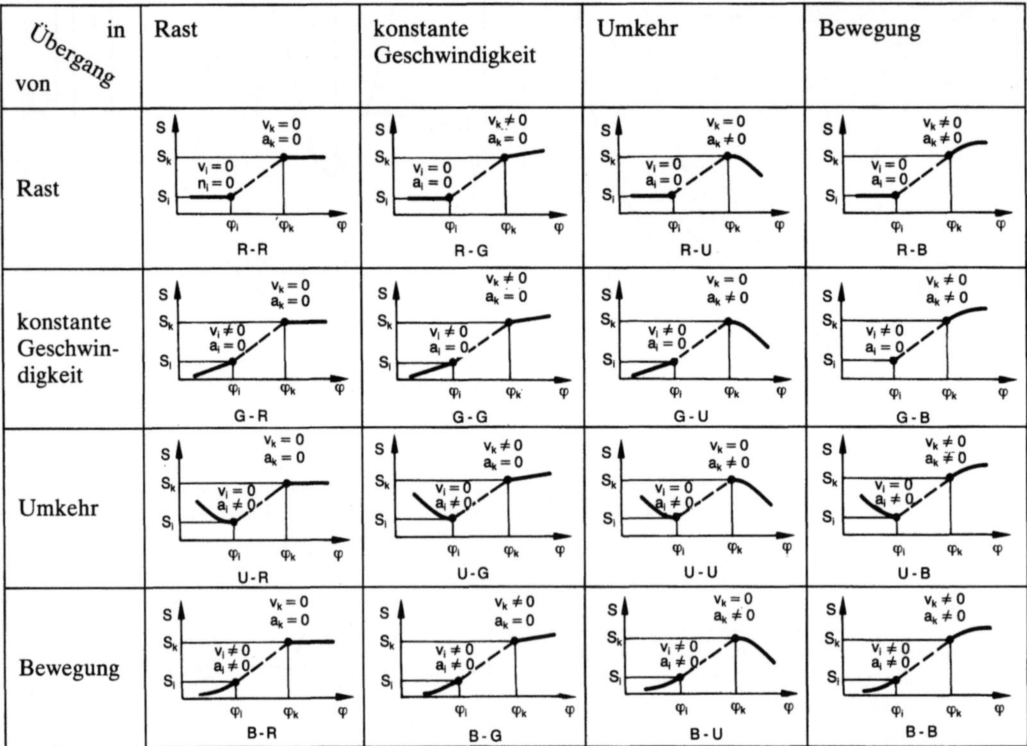

φ Antriebsbewegung, s Abtriebsbewegung, v Geschwindigkeit, a Beschleunigung, i Anfang und k Ende des Übergangsbereichs

Tabelle 3: Übergänge Umkehr — Umkehr (U — U) nach Tabelle 1.

Bewegungs-gesetz	Vorteile	Nachteile	$f'(z)$	$f''(z)$	$f'''(z)$	$f'(z)f''(z)$
Sinus-Gerade-Kombination $\lambda=0,5$ $c=0,5$	besonders niedriger C_v-Wert, d. h. geringes Antriebsmoment infolge statischer Belastung	C_a-Wert größer als bei einfacher Sinuslinie	1,22 — 0 — 0,5 z 1	0 — −48,2	7,68 — 0 — −7,68	4,69 — 0 — −4,69
einfache Sinuslinie $\lambda=0,5$	besonders niedriger C_a-Wert, geringe Trägheitskräfte	C_v-Wert größer als bei Sinus-Gerade-Kombination	1,57 — 0 — 0,5 z 1	4,934 — 0 — −4,934	0 — −15,5	3,88 — 0 — −3,88

Welle umlaufend, um Probleme des Anlagewechsels (Bild 2) zu umgehen, muß ebenfalls äußerst hohen Anforderungen an Genauigkeit von Kurvenkörpern und Stichmaßen des gesamten MG genügen. Geringe Rauhtiefen und Welligkeiten der Kurvenkörper-Laufflächen bei hoher Härte zur Verschleißminderung sind bei schnell laufenden Kurvenkörper-MG bis an die Grenzen des derzeit technisch und wirtschaftlich Möglichen gehende Fertigungsaufgaben. CAD/CAM-Kopplung läßt jedoch Lösungen mit hoher Qualität und zu günstigen Herstellkosten zu.

Der vielfältige Einsatz von Kurven-MG in Produkten unterschiedlichster Art zeigt deren hervorragende Bedeutung für die Technik. Als Beispiele seien herausgegriffen:

□ Kraft- und Arbeitsmaschinen (Nockenwellen in Verbrennungsmotoren, Kompressoren),

Kurvengetriebe. Tabelle 2 bis 5: Normierte Bewegungsgesetze für Übergänge nach Tabelle 1 (Auswahl). Tabelle 2: Symmetrische Übergänge Rast — Rast (R — R).

Bewegungsgesetz	Vorteile	Nachteile	$f'(z)$	$f''(z)$	$f'''(z)$	$f'(z)f'''(z)$
Gerade (2 Stöße)		infolge stoßbehafteter Bewegung Schwingungen, Geräusch, Verschleiß — nicht empfehlenswert	1; 0; 0 0,5 z 1	$+\infty$; 0; $-\infty$	$+\infty$; 0; $-\infty$; $-\infty$	$+\infty$; 0; $-\infty$
quadratische Parabel (3 Rucke)	niedrigster C_a-Wert, d. h. geringste Trägheitskräfte — in der Regel nicht empfehlenswert	infolge Beschleunigungssprung Schwingungen, Geräusche, Verschleiß; erfordert stärkere Federn bei Kraftschluß	2; 0; 0 0,5 z 1	4; 0; -4	$+\infty$; $+\infty$; $-\infty$	8; 0; -8
einfache Sinuslinie (2 Rucke)	niedriger C_v-Wert, niedriger C_a-Wert, niedriger $C_{M\,dyn}$-Wert — in der Regel nicht empfehlenswert	Beschleunigungssprung Schwingungen, Geräusche, Verschleiß	1,57; 0; 0 0,5 z 1	4,93; 0; $-4,93$	$+\infty$; $+\infty$; 0; $-15,5$	3,88; 0; 0,25; $-3,88$
Polynom 5. Grades (ruckfrei)	niedriger C_v-, C_a-, $C_{M\,dyn}$-Wert, d. h. geringe Kräfte und Momente	C_j-Wert höher als bei geneigter Sinuslinie	1,88; 0; 0 0,5 z 1	5,78; 0; 0,2113; $-5,78$	60; 0; -30	6,69; 0; 0,3111; $-6,69$
geneigte Sinuslinie (ruckfrei)	besonders niedriger C_j-Wert, schwingungsarm, für hohe Drehzahlen gut geeignet	C_v-, C_a-, $C_{M\,dyn}$-Werte höher als bei Polynom 5. Grades	2; 0; 0 0,5 z 1	6,28; 0; 0.25; $-6,28$	39,5; 0; $-39,5$	8,16; 0; 0,33; $-8,16$
modifiziertes Beschleunigungstrapez (ruckfrei)	besonders niedriger C_a-Wert, geringe Trägheitskräfte	C_j-Wert größer als bei geneigter Sinuslinie	2; 0; 0 0,5 z 1	4,89; 0; 0,125; $-4,89$	61,4; 0; $-61,4$	8,09; 0; 0,392; $-8,09$
modifizierte Sinuslinie (ruckfrei)	für hohe Drehzahlen gut geeignet; niedriger C_v-, C_a-, $C_{M\,dyn}$-Wert	C_j-Wert größer als bei geneigter Sinuslinie	1,76; 0; 0 0,5 z 1	5,53; 0; 0,125; $-5,53$	69,5; 0; $-23,2$	5,4; 0; $-5,4$

Abszisse z: Antriebsgröße bezogen auf den gesamten Übergangsbereich
Ordinate f: Abtriebsgröße bezogen auf die gesamte Abtriebamplitude im Übergangsbereich
$'$, $''$, $'''$,: 1., 2. und 3. Ableitung der normierten Abtriebsgrößen nach den normierten Antriebsgrößen
Geschwindigkeitskennwert C_v: Maximalwert des normierten Bewegungsgesetzes 1. Ordnung (normierte Geschwindigkeit)
Beschleunigungskennwert C_a: Maximalwert des normierten Bewegungsgesetzes 2. Ordnung (normierte Beschleunigung)
Ruckkennwert C_j: Maximalwert des normierten Bewegungsgesetzes 3. Ordnung (normierte Ruckfunktion)
dynamischer Momentenkennwert $C_{M\,dyn}$: Maximalwert der Funktion $f'(z) \cdot f''(z)$
statischer Momentenkennwert $C_{M\,stat}$: Geschwindigkeitskennwert C_v
Abschnittsparameter c charakterisiert die Einzel-Anteile bei kombinierten Bewegungsgesetzen im Übergangsbereich
Wendepunktparameter λ charakterisiert bei Wendepunktverschiebung die Lage des Wendepunkts im Übergangsbereich (z. B. $\lambda = 0,5$: symmetrisches Bewegungsgesetz)

Tabelle 4: Übergänge Rast — Umkehr (R — U) nach Tabelle 1.

Bewegungs-gesetz	Vorteile	Nachteile	f'(z)	f''(z)	f'''(z)	f'(z) f'''(z)
modifiziertes Beschleuni-gungstrapez $\lambda = 0,5$	besonders niedriger C_a-Wert, geringe Trägheitskräfte	C_v-, C_j- und $C_{M\,dyn}$-Werte höher als bei der harmonischen Kombination	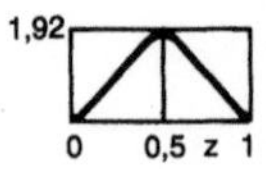 1,92 … 0 … 0,5 z 1	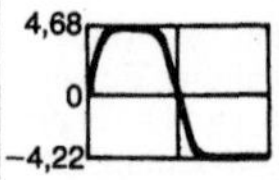 4,68 … 0 … −4,22	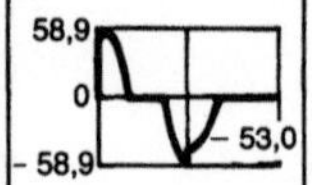 58,9 … 0 … −58,9; −53,0	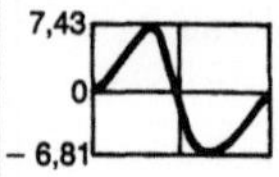 7,43 … 0 … −6,81
harmonische Kombination $\lambda = 0,5$	besonders niedrige C_v- und $C_{M\,dyn}$-Werte, günstig bei großen Trägheitsmassen am Abtrieb	C_a-Wert größer als beim modifizierten Beschleunigungstrapez	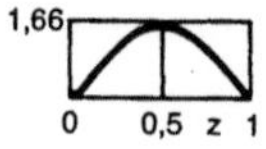 1,66 … 0 … 0,5 z 1	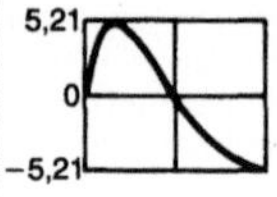 5,21 … 0 … −5,21	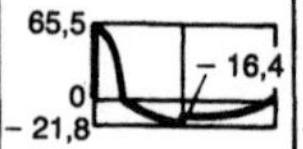 65,5 … 0 … −21,8; −16,4	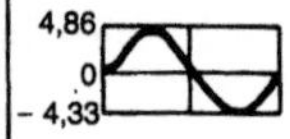 4,86 … 0 … −4,33

Tabelle 5: Bewertungshinweise zu den Kennwerten nach VDI 2143.

Kennwert	Aussage
$|C_v| = |C_{M\,stat}|$ kleiner	erforderliches Antriebsmoment infolge statischer Belastung (Federkraft, Schwerkraft, Nutzkraft) kleiner
$|C_{M\,dyn}|$ kleiner	erforderliches Antriebsmoment infolge abtriebsseitiger Trägheitskräfte kleiner
$|C_a|$ kleiner	Massenkräfte geringer
$|C_j|$ kleiner	Neigung zur Schwingungserregung geringer

□ Verarbeitungsmaschinen (Steuer- und Betätigungsorgane vielfältiger Art in Werkzeug-, Textil-, Papier-, Verpackungsmaschinen),
□ Geräte (Steuer- und Betätigungsnocken in Schreib-, Kopier-, Faltmaschinen),
□ Tür- und Schrankschlösser, Fensterheber im Pkw.

Nur in ganz seltenen Fällen können Herstellerfirmen für Kurven-MG fertige Baueinheiten liefern. Meist sind diese teil- oder vollintegrierte Bestandteile von anderen technischen Produkten. *Gierse*

Literatur: VDI 2143. Bl. 1: Bewegungsgesetze für Kurvengetriebe – Theoretische Grundlagen. Hrsg. Verein Dt. Ing. Ausg. 1980. – VDI 2143. Bl. 2: Bewegungsgesetze für Kurvengetriebe – Praktische Anwendungen. Hrsg. Verein Dt. Ingenieure. Ausg. 1987. – VDI 2142: Auslegung ebener Kurvengetriebe. Hrsg. Verein Dt. Ing. In Vorbereitung. – *Volmer, J.* (Hrsg.): Getriebetechnik Kurvengetriebe. Ost-Berlin 1976. – *Rankers, H.*: Ausgleich der ungleichförmigen Bewegungen langgliedriger Ketten. Ind.-Anz. 89 (1967) Nr. 34, S. 723.

Kurvenkörper →Kuvengetriebe

Kurvenwiderstand →Fahrwiderstand

Kurzkalkulation →Konstruieren, kostengünstiges

Kurzschlußläufermotor →Käfigläufermotor

L

Lack. L. sind flüssige Substanzgemische (neuerdings auch feste, sog. Pulver-L.), die in dünner Schicht auf Oberflächen von Holz, Metallen, Kunststoffen oder mineralischen Baustoffen aufgebracht werden und nach der Trocknung festhaftende, geschlossene Überzüge (Filme), die Lackierung, ergeben. Andere, gebräuchliche Bezeichnungen für L. sind Anstrichmittel, Beschichtungsstoffe und L.-Farben.

Der Begriff L.-Kunstharze umfaßt alle L.-Bindemittel, deren essentielle Komponente ein rein synthetisches Produkt oder ein chemisch abgewandelter Naturstoff ist. Reine Naturstoffe, die als L.-Rohstoffe Verwendung finden, sind unter Harze zusammengefaßt.

Je nach ihrem Verwendungszweck enthalten L. eine Anzahl unterschiedlicher Bestandteile, die sich in folgende Gruppen einteilen lassen:

Filmbildner Harze Weichmacher	} Bindemittel	
Hilfsstoffe Farbstoffe Pigmente Füllstoffe	} nichtflüchtige Bestandteile	
Lösungsmittel Wasser (in Dispersionen)	} flüchtige Bestandteile	

Filmbildner. Das sind makromolekulare Stoffe (z. B. Cellulosenitrat, Polyacrylate und Polymethacrylate, Vinylchlorid-Vinylacetat-Copolymere) oder niedermolekulare Verbindungen, die erst im Verlauf der L.-Härtung in makromolekulare Stoffe übergehen (z. B. ungesättigte Polyesterharze, Epoxidharze). Sie sollen nach dem L.-Auftrag auf dem Untergrund eine dünne, zusammenhängende Schicht, einen Film, mit den gewünschten mechanischen und chemischen Eigenschaften bilden.

Bei der Anwendung polymerer Filmbildner ist die Molekularmasseneinstellung von besonderer Bedeutung. Bestmögliche mechanische Eigenschaften des L.-Films sind nur bei hohen Molekularmassen zu erreichen. Hohe Molekularmassen bedingen aber bei notwendigerweise anzuwendendem geringem Lösungsmittelgehalt hohe Viskositäten, die bei der L.-Verarbeitung unerwünscht sind. Hier müssen

Molekularmasseneinstellungen gefunden werden, die befriedigende mechanische Eigenschaften des L.-Films bei erträglichen Viskositätswerten des flüssigen L. ergeben. Diese Schwierigkeiten treten bei der Anwendung niedermolekularer Filmbildner nicht auf. Bei ihnen entsteht das eigentlich filmbildende Polymermaterial erst während der L.-Härtung, muß also nicht gelöst werden. Deshalb lassen sich hier mit lösungsmittelarmen bis lösungsmittelfreien L. sehr hochwertige Filme herstellen.

Bei den handelsüblichen L. wird für eine spezielle Rezeptur allerdings nicht nur ein, sondern stets eine Anzahl verschiedener Filmbildner verwendet.

Harze. Dies sind leicht lösliche Stoffe, die zur Erhöhung des Feststoffgehalts von L., zur Verbesserung der Haftfestigkeit, zur Steigerung der Filmhärte sowie bei oxidativ vernetzenden Überzügen zur Verkürzung der Trockenzeit und des Glanzes von Lackierungen dienen.

Von den natürlichen Harzen wird Kolophonium am meisten verwendet. Bevorzugt werden aber vollsynthetische Harze eingesetzt.

Weichmacher sind schwerflüchtige organische Verbindungen, i. a. Ester mehrbasischer Säuren (z. B. Dioctylphthalat), die den Erweichungsbereich der Bindemittel herabsetzen. Daraus resultieren erniedrigte Filmbildungstemperatur und größere Elastizität der L.-Filme.

Farbstoffe und Pigmente. Dies sind feingemahlene, meist kristalline Feststoffe, die im L. und im Überzug dispergiert vorliegen und dem L. Farbigkeit, Deckkraft, aber oft auch stark verbesserte Beständigkeit verleihen.

Füllstoffe. Als solche verwendet man i. a. Schwerspat, Kreide oder Kaolin. Sie ersetzen teuere Weiß- und Bundpigmente.

Hilfsstoffe. Unter dem Begriff versteht man die verschiedenartigsten Zusatzstoffe mit unterschiedlicher Wirkung. Sie werden nur in geringen Mengen dem L. zugesetzt und verbessern oft in entscheidender Weise die Eigenschaften der Lacklösung oder des L.-Films.

Trockenstoffe (Sikkative) beschleunigen die Bildung des polymeren L.-Films bei oxidativ trocknenden, niedermolekularen Filmbildnern (z. B. ölmodifizierten Alkydharzen). Verwendung finden im Bindemittel lösliche Schwermetallsalze von Carbonsäuren.

Härtungsbeschleuniger beschleunigen die Bildung des polymeren L.-Filmes bei chemisch trocknenden, niedermolekularen Filmbildnern. Ihr Zusatz bewirkt, daß ofentrocknende L. in kürzerer Zeit und/oder bei niedrigeren Temperaturen aushärten als der beschleunigerfreie Filmbildner. Beschleunigerhaltige L. sind allerdings weniger lagerfähig als beschleunigerfreie.

Antihautmittel sind Stoffe, die bei oxidativ trocknenden L. beim Zutritt von Luftsauerstoff während der Lagerung die oberflächliche Härtungsreaktion (Bildung einer Haut) verhindern. Diese sind in der Regel Antioxidantien. Sie bewirken weitgehend eine gleichmäßige Trocknung über die gesamte Tiefe des L.-Filmes, was unerwünschte Runzelbildung verhindert.

Verlaufmittel sind schwerflüchtige Lösungsmittel (z. B. Cyclohexanon und Butylglykol), die über einen längeren Zeitraum der Filmbildung hinweg eine lösende Wirkung auf die Bindemittel aufrecht erhalten. Sie bewirken dadurch die Ausbildung einer glatten L.-Oberfläche auch nach unebenem, rauhem oder stark strukturiertem L.-Auftrag.

Benetzungsmittel und Ausschwimmverhütungsmittel sollen ausreichenden Glanz und Deckkraft sowie die Farbtoneinheitlichkeit des L. gewährleisten. Die Benetzungsmittel sollen der Zusammenlagerung (Flokkulation) ungenügend benetzter Pigment- und Farbstoffteilchen entgegenwirken. Die Ausschwimmverhütungsmittel sollen im noch feuchten L.-Film die horizontale und vertikale Entmischung von Pigmenten unterschiedlicher Dichte und Oberflächenaktivität verhindern. Siliconöle, kationische und nichtionische Tenside haben sich hierbei als wirksame Hilfsstoffe bewährt. Mattierungsmittel werden seidenglänzenden und matten L. zugesetzt. Neben Talkum und Kieselgur werden dazu vorwiegend synthetische, hochdisperse Kieselsäuren und Polyolefinwachse verwendet.

Lösungsmittel. Sie dienen dazu, die festen und/oder hochviskosen Komponenten einer L.-Mischung ohne chemische Reaktion aufzulösen und die L.-Viskosität auf das jeweilige Verarbeitungsverfahren optimal einzustellen. Je nach Art des Bindemittels und des Verwendungszwecks des L. verwendet man unterschiedliche Mischungen aus niedrig-, mittel- oder hochsiedenden organischen Substanzen.

Bis vor wenigen Jahren waren L. mit Lösungsmittelgehalten von 50–70 % üblich. Heute ist man bemüht, den Anteil an organischen Lösungsmitteln herabzusetzen und auf die Verwendung von gesundheitsschädlichen Stoffen, wie z. B. Benzol, Xylol, Tetrachlorkohlenstoff usw., ganz zu verzichten. Die Gründe dafür sind sowohl ökonomische – die Lösungsmittel verdampfen bei der L.-Trocknung und sind damit wertmäßig verloren – als auch umweltpolitische – sie belasten als Schadstoffe die Atmosphäre.

Wasser dient in wäßrigen Dispersionsfarben als flüssige Phase, in der Vinylpolymere mit hohen Molekularmassen in hoher Konzentration dispergiert sind.

Durch den Vorgang der Filmbildung, den man als Trocknung bezeichnet, geht der L. in seinen Endzustand, in einen auf dem zu schützenden Untergrund festhaftenden Überzug (Lackierung) über. Dieser Endzustand kann auf vier verschiedene Weise erreicht werden:

□ durch Verdampfen von Lösungsmitteln aus Lösungen oder Dispersionen makromolekularer Stoffe,

□ durch Verdampfen von Wasser aus Dispersionen makromolekularer Stoffe,

□ durch Abkühlen aufgeschmolzener makromolekularer Stoffe,

□ durch chemische Reaktion niedermolekularer Verbindungen zu makromolekularen Stoffen.

Alle vier Möglichkeiten sind heute in reiner oder gemischter Form realisiert.

L.-Systeme, bei denen die Filmbildung gem. den ersten drei Möglichkeiten erfolgt, ohne daß dabei chemische Reaktionen unter den L.-Komponenten eintreten, bezeichnet man als physikalisch trockene L.

Systeme, die nach letzter Möglichkeit einen Film bilden, sind chemisch trocknende L.

Physikalisch trocknende L. enthalten als Filmbildner vernetzte, makromolekulare Stoffe (lineare bis verzweigte Makromoleküle), deren Glastemperatur in der Regel über 25 °C liegt. Die lösungsmittelhaltigen Systeme weisen nur geringe, nichtwäßrige und wäßrige Dispersionen und sehr viel höhere Feststoffgehalte auf. Vollständig lösungsmittelfrei sind die Pulver-L., wobei zur Filmbildung entweder die zu überziehende Oberfläche über die Erweichungstemperatur des Bindemittels erhitzt werden muß und in das kalte L.-System eintaucht (Wirbelsinterverfahren), oder das aufgeschmolzene L.-System auf den kalten Untergrund gespritzt wird (Flammspritzen).

Zu den physikalisch trocknenden Systemen gehören L. auf der Basis von Cellulosenitrat (Nitro-L.), Celluloseestern, Chlorkautschuk, Polyvinylchlorid, Polyvinylacetat, Polyvinylalkohol, Polyacrylester und Polymethacrylester, Styrol-Butadien-Copolymerisaten, Polyestern und Siliconen.

Als Bindemittelrohstoffe für Pulver-L. finden vorwiegend PVC, Polyamide und Polyolefine Verwendung.

Chemisch trocknende L. enthalten als Filmbildner sowohl Mischungen von niedermolekularen Verbindungen mit makromolekularen Stoffen als auch nur Gemische von niedermolekularen Verbindungen. Nach der Trocknung liegen im L.-Film vernetzte Makromoleküle vor, so daß diese Lackierungen zwar mehr oder weniger durch Lösungsmittel angequollen, aber prinzipiell nicht mehr aufgelöst werden können.

Zur Filmbildung (Härtung) bei chemisch trocknenden L. sind alle drei denkbaren Polyreaktionen einsetzbar: die Polymerisation, die Polykondensation und die Polyaddition. Je nach Art der Initiierung dieser Polyreaktionen unterscheidet man zwischen oxidativ trocknenden, kalthärtenden, strahlungshärtenden und ofentrocknenden L.-Systemen.

Ein Beispiel für die auf Polymerisation beruhende Filmbildung sind die ungesättigtes Polyesterharz enthaltenden L. Hier liegen Mischungen von hochmolekularen Polyestern vor, die in monomerem Styrol oder Acrylestern gelöst sind. Je nach verwendetem Initiator lassen sich diese L. kalt, warm, durch Ultraviolettbelichtung oder durch Elektronenbestrahlung härten. Bei der Härtung reagieren die monomeren Komponenten untereinander und mit dem hochmolekularen Polyester zu einem dreidimensionalen Netzwerk. Diese Systeme sind auch ein Beispiel für vollständig lösungsmittelfreie L.

Zur Gruppe der durch Polykondensation aushärtenden L. gehören die Mischungen von Harnstoff-, Melamin- und Phenol-Formaldehydharzen mit Polyester oder Alkydharzen. Diese Systeme bedürfen nach dem Verdunsten der Lösungsmittel in der Regel noch der Wärmezufuhr durch Einbrennen in Trockenöfen, um in den vernetzten Zustand überzugehen. Bei dieser Trocknung werden Wasser, niedere Alkohole und geringe Mengen Formaldehyd abgespalten (Harnstoff-Formaldehydkondensate).

Bei Epoxidharz- und Polyurethan-L. erfolgt die Filmbildung durch Polyaddition. Diese Bindemittel sind, was die Verarbeitung anlangt, vielseitig variierbar. Hier reicht die Palette von kalthärtenden, fast lösungsmittelfreien Einstellungen bis zu ofentrocknenden Pulver-L. Auch sehr reaktive Kombinationen, die innerhalb weniger Stunden bei Zimmertemperatur vernetzen, sind bei den Zweikomponentenlacken gegeben, wobei die filmbildenden Komponenten in getrennten Gebinden angeliefert und erst kurz vor oder während der Verarbeitung gemischt werden.

Lacktypen:

– Öl-L. enthalten Öle, die unter dem Einfluß von Luftsauerstoff bei Anwesenheit von Sikkativen Filme bilden (Leinöl, Sojaöl, Holzöl, Oiticicaöl usw.). Sie enthalten weiterhin Hartharze wie Alkylphenolharze, Netzmittel, ggf. Pigmente und bis zu 90 % Lösungsmittel (Testbenzin).

– Cellulosenitrat-L. (Nitro-L.) enthalten Cellulosenitrat (Kollodiumwolle) als wesentlichen Bindemittelbestandteil. Weitere Bestandteile sind Schellacke oder synthetische Harze wie Alkydharze, Maleinatharze, Harnstoffharze, Melaminharze, Acrylharze, Polyamidharze und auch Polyurethanharze. Solche Mischungen werden als Nitrokombinations-L. bezeichnet.

Als Weichmacher werden vorwiegend Dibutyl- und Dioctylphthalat verwendet. Die wichtigsten Lösungsmittel sind: Ethyl-, Butyl- und Propylacetat, Methylethyl- und Methylisobutylketon.

– Celluloseester-L. enthalten entweder Celluloseacetat oder Celluloseacetobutyrat als Filmbildner, manchmal in Kombination mit Acrylharzen, Alkydharzen, Polyester, Harnstoff- und Melaminharzen (Kombinations-L.).

Als Weichmacher werden hauptsächlich Phthalsäure- und Phosphorsäureester, aber auch Adipinsäureester (erhöhen die Kältefestigkeit) und Zitronensäureester (für Anwendungen im Lebensmittelsektor) verwendet.

Die wichtigsten Lösungsmittel für Celluloseacetat sind Aceton, Methylacetat und Cyclohexanon, für Acetobutyrate Glykolether, Methylenchlorid und Dioxan. Celluloseester-L. besitzen gute Hitzebeständigkeit, Lichtechtheit und gutes elektrisches Isoliervermögen.

– Chlorkautschuk-L. enthalten entweder chlorierten Naturkautschuk oder chloriertes Polyisopren, Polyethylen und Polypropylen als alleinigen Filmbildner oder diese in Kombination mit Alkyd- und/oder Acrylharzen. Die Filme weisen hohe Chemikalien- und Witterungsbeständigkeit auf und werden für Unterwasseranstriche auf Stahl und Beton, als Straßenmarkierungen und als Korrosionsschutz verwendet.

– Polyvinylharz-L. enthalten als Bindemittel solche makromolekularen Stoffe, die durch Polymerisation von vinylgruppenhaltigen Monomeren, $CH_2 = CH-R$, entstehen. Hierher gehören folgende Stoffe: Polyolefine (PE, PP), Polyvinylchlorid (PVC) und Polyvinylidenchlorid (PVC), polymere Fluorethylene, Polyvinylalkohol, Polyvinylacetate und -ether, Polyvinylester, Polystyrol sowie Polyacrylate und -methacrylate.

Die Polyvinylharz-L. sind in der Regel physikalisch trocknend. Lediglich Polyolefine werden nur zu Pulver-L. oder L.-Dispersionen verarbeitet.

– Polyvinylchlorid besitzt viele wertvolle Eigenschaften, besonders seine Chemikalienbeständigkeit, die es als L.-Rohstoff geeignet erscheinen lassen. Dem stehen aber seine beschränkte Löslichkeit in den üblichen Lösungsmitteln sowie seine Unverträglichkeit mit anderen Bindemitteln entgegen. Lediglich bei der Anwendung als Plastisole und Organosole besitzt PVC zunehmende Bedeutung. Plastisole sind Dispersionen von PVC in Weichmachern, Organosole enthalten zusätzlich Lösungsmittel. Copolymerisate von Vinylchlorid mit Vinylacetat eignen sich speziell für die Bandlackierung von Aluminium und Stahl. Durch den Vinylacetatanteil werden die Filme elastischer und haften besser. Eine weitere Verbesserung der Haftfestigkeit erreicht man durch Einpolymerisieren von Malein- oder Acrylsäure.

Copolymerisate mit Vinylisobutylether sind im Vergleich zu reinem PVC besser löslich und verträglicher mit anderen Bindemitteln, haftfest und elastisch.

– Auch die polymeren Fluorethylene, wie Polyvinylfluorid, Polyvinylidenfluorid, Polytetrafluorethylen und deren Copolymerisate, werden vorwiegend zu L.-Dispersionen verarbeitet. Sie zeichnen sich durch ungewöhnlich hohe UV-, Wetter-, Alterungsbeständigkeit, thermische Belastbarkeit und Beständigkeit gegen chemische Agenzien aus. Sie sind schwer entflammbar und selbstverlöschend.

– Polyvinylalkohol ist wasserlöslich, jedoch unlöslich in organischen Lösungsmitteln, Fetten und Ölen. Die aus wäßrigen Lösungen enstandenen Filme sind sehr reißfest, zähelastisch und lichtbeständig und werden zur Herstellung lösungsmittelbeständiger Überzüge verwendet.

– Polyvinylacetate zeichnen sich durch gute Löslichkeit in den üblichen Lösungsmitteln und gute Verträglichkeit mit anderen L.-Rohstoffen aus. Die eingebrannten Filme sind zäh, hart und relativ beständig gegen Lösungsmittel.

– Polyvinylether (Methyl-, Ethyl- und Isobutylether) werden sowohl als Homo- wie auch als Copolymerisate in der L.-Industrie vorwiegend als Sekundärweichmacher und Haftkleber verwendet.

– Polyvinylacetat wird in verschiedenen Molekularmassenabstufungen als Bindemittel sowohl in fester und gelöster Form, auch in Dispersionen, verwendet. Die niedermolekularen Typen lassen sich mit anderen L.-Rohstoffen wie Cellulosenitrat, Celluloseacetobutyrat oder Chlorkautschuk kombinieren. Die höhermolekularen Typen sind vorwiegend Alleinbindemittel. Anwendungsgebiete sind Kleb-L., Heizkörper-L. und Betonanstrichmittel.

– Polystyrol als L.-Bindemittel ist auf wenige Spezialanwendungen beschränkt, während Copolymerisate mit Acrylsäureester, Maleinsäureester, Butadien und Acrlynitril einige Bedeutung als Papier-, Folien- und Metall-L., als Druckfarben sowie als Straßenmarkierungs- und Fassadenfarben erlangt haben.

– Polyacrylate und Polymethacrylate, im allgemeinen Sprachgebrauch als Acrylharze bezeichnet, werden als L.-Bindemittel in großen Mengen verarbeitet. Sie gelangen als wäßrige Dispersionen, als Lösungen und als lösungsmittelfreie Systeme auf den Markt.

Wäßrige Acrylharz-Dispersionen sind ideale Bindemittel für Dispersionsfarben, die auf saugendem, porösem Untergrund vor allem im Baugewerbe als Fassaden- und Wandfarben Anwendung finden. Sie sind hervorragend licht- und wetterfest, dauerelastisch, haftfest und wasserdampfdurchlässig, so daß eine gestrichene Wand „atmungsaktiv" bleibt. Acrylharz-Lösungen werden als Bindemittel in Kombination mit Celluloseestern und Alkydharzen zur Herstellung flexibler Lackierungen auf Gummi-, Holz- oder verzinkten Oberflächen verwendet. Demgegenüber haben Lösungen von vernetzungsfähigen Acrylharzen als Einbrenn-L. für Kraftfahrzeuge und Haushaltsgeräte große technische und wirtschaftliche Bedeutung erlangt.

– Epoxidharz-L. (Epoxidharze) enthalten im getrockneten (ausgehärteten) Zustand als wesentlichen Bestandteil vernetzte Makromoleküle, die durch Polyaddition von Epichlorhydrin und 2.2 Bis-(p-hydroxyphenyl)-propan (Bisphenol A) bei Anwendung eines Härters (Polyaminen, Polyisocyanten, Formaldehydkondensaten, Acryl- oder Methacrylsäure) entstehen.

Auf Grund ihrer hervorragenden Eigenschaften, wie hohe Haftfestigkeit, ausgezeichnete Härte, Abriebfestigkeit und chemische Beständigkeit, haben sie große technische Bedeutung erlangt.

Sie kommen vorwiegend als kalthärtende Zweikomponenten-Systeme (Reaktions-L.) zur Anwendung. Dabei wird das Polyaddukt aus Epichlorhydrin und Bisphenol A in einem Lösungsmittelgemisch (Alkohole, Ketone, Glykolether, Aromaten) gelöst. Dieser Lösung (Harzkomponente) wird kurz vor Gebrauch die Härtekomponente (Polyamin, Polyurethan usw.) zugegeben. Diese L.-Mischungen härten bei 20 °C in etwa 7 h aus, bei 120 °C in etwa 30 min.

Daneben werden Epoxidharze in Kombination mit Phenol- und Aminoharzen als Einbrennlacke verwendet. Hierbei werden hochmolekulare Epoxidharze (mittlere Molekularmassen zwischen 1 700 bis 4 000 g/mol) in geeigneten Lösungsmitteln gelöst und kalt oder bei mäßig erhöhter Temperatur mit Phenol-, Harnstoff- oder Melamin-Formaldehydharzen vermischt. Diese noch mit Hilfsstoffen versetzten Mischungen härten bei 160–200 °C aus, indem die Methylol- bzw. Phenolgruppen mit Epoxid- und teilweise auch Hydroxylgruppen unter Bildung von Etherbrücken zu hochvernetzten Makromolekülen reagieren.

– Polyurethanlacke (Polyurethane) kommen sowohl als Ein-Komponenten- als auch als Zwei-Komponenten-Systeme zur Anwendung. Um nach der Härtung, die bei Raumtemperatur oder 160 bis 180 °C (bei sog. blockierten Polyisocyanaten) abläuft, vernetzte Endprodukte zu erhalten, wird von relativ niedrigmolekularen Polyisocyanaten und Polyhydroxylverbindungen ausgegangen, die durch Polyaddition zu Polyurethanen reagieren.

Bei den kalthärtenden Ein-Komponenten-Systemen enthalten die Präpolymere freie, reaktionsfähige Isocyanatgruppen, die bei der Reaktion mit Luftfeuchtigkeit vernetzte Makromoleküle ergeben.

Die kalthärtenden Zwei-Komponenten-Systeme enthalten keine Präpolymere, vielmehr werden hier reaktive Polyisocyanate („Härterkomponente") kurz vor der L.-Vearbeitung mit Polyhydroxylverbindungen gemischt.

Wegen ihrer vielfältigen Anpassungsfähigkeit sind Polyurethanlacke zur Beschichtung auf allen Oberflächen hervorragend verwendbar. Sie zeigen hohe Härte, Dauerelastizität, Abriebfestigkeit, gute Chemikalien- und Witterungsbeständigkeit. *Zahradnik*

Literatur: DIN-Norm 55945: Anstrichstoffe und ähnliche Beschichtungsstoffe – Begriffe. – *Kittel, H.*: Lehrb. Lacke und Beschichtungen. 5 Bd. Stuttgart-Berlin 1971–1977. – *Wagner, H.*, u. *H. F. Sarx*: Lackkunstharze. 5. Aufl. München 1971.

Ladedruck. Druck der im Aufladegebläse verdichteten Verbrennungsluft für einen →Verbrennungsmotor.

Theoretisch sind bei konstantem →Luftverhältnis der →Innenmitteldruck und die →Innenleistung eines Verbrennungsmotors dem L. proportional. Daher kann man den L. als ein Maß für die Höhe der →Aufladung bzw. für die Leistungssteigerung durch die Aufladung betrachten. Bei Zahlenangaben für den L. ist darauf zu achten, ob der Absolutdruck oder der am Manometer ablesbare Überdruck über Atmosphärendruck gemeint ist. Günstiger ist die Angabe des L.-Verhältnisses (L./Atmosphärendruck).

Die L. von Fahrzeugmotoren sind wegen des schlechteren Beschleunigungsverhaltens von Motoren mit →Abgasturboaufladung nur gering (L.-Verhältnis < 2). Schiffsdieselmotoren arbeiten dagegen mit L.-Verhältnissen von z. B. 4. *Kuhlmann*

Ladeeinheit. L. sind Güter, die zum Zwecke des Transports, des Handhabens und des Lagerns zu größeren, maßlich genormten oder standardisierten Einheiten zusammengefaßt sind. Dabei wird unterschieden in

□ Packgut,

□ Einzelpackung,

□ Sammelpackung, Umverpackung, Packstück oder paketierte L.,

□ Paletteneinheit oder palettierte L.,

□ Ladung oder containerisierte L. *Jünemann*

Ladehilfsmittel →Transporthilfsmittel

Ladeluftkühlung. Bei aufgeladenen Verbrennungsmotoren (→Aufladung) wird die Verbrennungsluft zunächst im Lader verdichtet, dann im Ladeluftkühler rückgekühlt und schließlich über die Ladeluftleitung den Zylindern des Motors zugeführt. Nur bei niedrigen Ladedrücken wird aus Kostengründen auf die L. verzichtet.

Die L. bietet folgende Vorteile:

□ Mit L. wird die gleiche Dichte der Ladeluft bei niedrigerem →Ladedruck erreicht als ohne L. Das bedeutet u. a. geringere Antriebsleistung für den Lader.

□ Die kühlere, in den Zylinder strömende Ladeluft bewirkt dort eine Innenkühlung des Motors, insbes. eine →Kühlung der thermisch hochbelasteten Bauteile →Kolben und Ventile.

□ Bei Ottomotoren ist die Gefahr klopfender →Verbrennung infolge der niedrigeren Temperatur des in den Zylinder strömenden Gemisches geringer. Das bedeutet, daß das →Verdichtungsverhältnis des aufgeladenen Motors nicht so weit zurückgenommen werden muß.

Die Ladeluftkühler sind meistens Rohrbündelwärmeübertrager, in denen die Ladeluft ihre Wärme vorzugsweise an Kühlwasser niedriger Temperatur abgibt. Seltener werden Luft-Luft-Wärmeübertrager als Ladeluftkühler verwendet. *Kuhlmann*

Lader. L. sind diskontinuierlich arbeitende Geräte. Lockeren Boden nehmen sie schaufelartig, gewachsenen Boden spatenartig auf. Sie werden einerseits als reine Ladegeräte, andererseits auch für Transportaufgaben im Nahbereich eingesetzt. L. entwikkelten sich aus Planiergeräten. An Stelle des Schilds trat die hydraulisch bewegbare Ladeschaufel, die sich vor der Vorderachse befindet. Nach der Art des Fahrwerks unterscheidet man Rad-L. und Raupen-L. Bagger-L. haben als Zusatzeinrichtung am Heck einen schwenkbaren Tieflöffel. Der Rad-L. zeichnet sich aus durch hohe Fahrgeschwindigkeit und große Betriebssicherheit, der Raupen-L. durch größere Traktion und damit höhere Grabkraft, der Bagger-L. durch große Vielseitigkeit. Bei den Fahr-L. unterscheidet man Front-L., Überkopf-L. und Schwenkschaufel-L. Der Front-L. stößt seine Schaufel in den Boden oder das Haufwerk, wobei sie sich füllt. Dann wird die Ladeschaufel angehoben, die ganze Maschine fährt zurück und macht zum Entleeren eine seitliche Wendung (Spitzkehre). Überkopf- oder Kombi-L. entleeren ihre Ladeschaufel über Kopf in ein hinter ihnen stehendes Transportgerät. Beim Ladevorgang entfällt die Spitzkehre und wird durch einfaches Hin- und Herfahren ersetzt. Der Schaufelinhalt ist verhältnismäßig klein. Schwenkschaufel-L. verfügen über eine um 180° schwenkbare Schaufel. Der →Bagger überbrückt die Distanz zwischen Lade- und Entladeort durch Drehen des Oberwagens. Der L. muß hierzu fahren und beschreibt dabei durch Vor- und Rückwärtsfahren Spitzkehren.

Bei Wirtschaftlichkeitsvergleichen zwischen Bagger und L. rechtfertigt sich der L. durch seine Mobilität. Die daraus folgende Beanspruchung des Fahrwerkes reduziert die Lebensdauer der Geräte auf 4–5 Jahre. Die Leistungsfähigkeit des L. wird nicht durch seine Schaufelgröße bestimmt. Große Schaufeln benötigen große Spielzeiten. Entscheidend ist die Leistung in Kubikmeter je Stunde. *Kühn*

Laderaumsaugbagger. Bei den L. (Hopperbagger) handelt es sich um vollwertige Seeschiffe mit seitlichen Saugrohren, an deren Ende ein Schleppkopf pflügend über den Boden gezogen wird (Bild). Die Leistung der L. wird entscheidend durch die Ausbildung der Schleppköpfe beeinflußt, die mit verschiedenen Lösehilfen (Reißzähnen, Druckwasserdüsen, rotierenden Messern) ausgestattet und in ihrer Form besonders auf das zu baggernde Material abgestimmt sind. Laderaumsaugbagger haben einen eigenen Laderaum, in den das Fördergemisch gepumpt wird. Im Laderaum setzt sich der Boden durch Sedimentation ab, das Wasser fließt über Überläufe ab. Die größten Geräte dieser Art haben ein Fassungsvermögen bis 10 000 m³. Das Entleeren des Laderaums geschieht entweder durch Abpumpen oder Verklappen (Split-Hoppersaugbagger) nach den gleichen Verfahren wie bei Schuten. Die Haupteinsatzbereiche der L. liegen im Vertiefen und Freihalten von Schiffahrtsrinnen.   *Kühn*

Laderaumsaugbagger: Ablassen des seitlichen Saugrohres.

Ladewagen. Neuere, vom Traktor gezogene →Landmaschine zum selbsttätigen Aufsammeln, Laden, (teilweise) →Schneiden, leichten →Verdichten, Transportieren und Abladen, auch dosiert (Bild 1). Fahrwerk, Kratzboden und Dosierwerk ähnlich wie beim Stallmiststreuer (→Düngerstreuer), Aufsammelvorrichtung ähnlich wie bei der →Aufsammelpresse. Manche Ladevorrichtungen entwickelte man aus früheren Lademaschinen. Stehende Messer im Zuführkanal (Schneidmulde) wurden erst in den letzten Jahren eingeführt (ziehender Schnitt, Schneiden). Die notwendigen Förderorgane dienen in verstärkter Form zum Schneiden des Gutes auf Längen ab etwa 4 cm. Dabei benötigt man eine gegenüber dem →Feldhäcksler wesentlich geringere spezifische Schneidarbeit (Bild 2).

Der L. geht auf Erfindungen von *E. Weichel* zurück, der seinen ersten Prototyp im Jahre 1960 auf

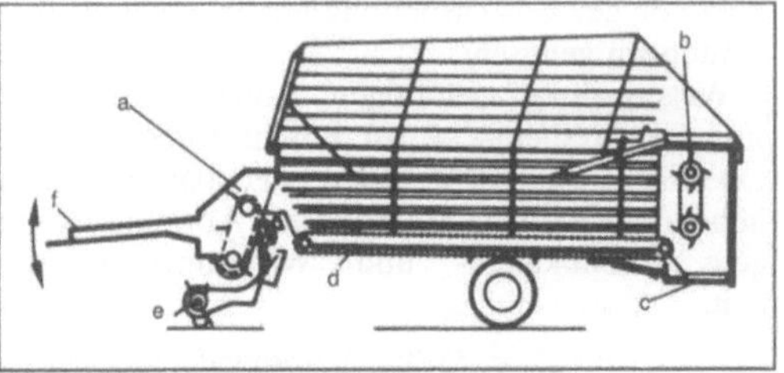

Ladewagen 1: Ladewagen mit Schneidwerk, Dosiervorrichtung und Querförderband. (Quelle: Pöttinger)

a Förderorgan mit Schneidwerk, b Dosiereinrichtung, c Querförderband, d Kratzboden, e Aufsammelvorrichtung, f Knickdeichsel (hydraulisch)

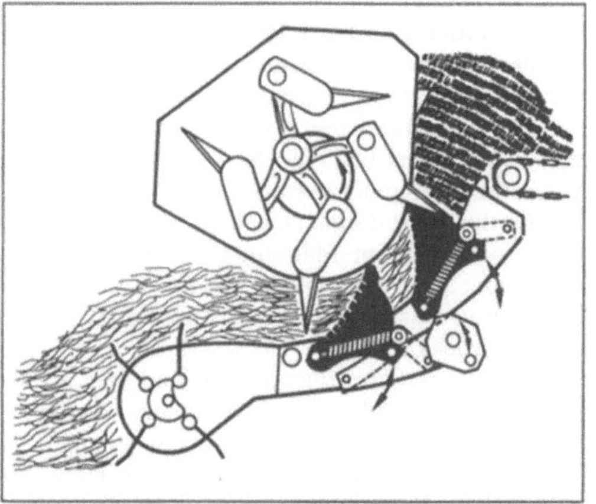

Ladewagen 2: Aufsammelvorrichtung, Förderrechen und Schneidwerk eines Ladewagens. (Quelle: Claas)

Messerreihen leicht herausklappbar (Schnittlängeneinstellung, Wartung). Alle Messer mit Fremdkörpersicherung

der DLG-Ausstellung in Köln zeigte (Serie 1963). In der Praxis setzt man den L. heute vielfach in Verbindung mit Frontmähwerken zum täglichen Futterholen ein. Abgeleitete Bauformen, wie z. B. der selbstfahrende Landlastwagen, der Ballen-L. oder der Häcksel-L., konnten sich nicht durchsetzen. Demgegenüber hat man den ursprünglichen L. durch vergrößerte Nutzlasten, Einführung von Schneidwerk, Dosiervorrichtung und Querförderband, ferngesteuerte Betätigungen, elektronische Kontrolleinrichtungen und großzügigere Fahrwerke (→Bodenschutz) erheblich weiterentwickeln können.   *Renius*

Literatur: *Kreich, F.-H.:* Ladewagen auf dem DLG-Prüfstand. DLG-Mitt. 102 (1987) Nr. 12, S. 642/44. – *Kunze, R. F.:* Lexikon der Landtechnik: Futterernte und -konservierung. Würzburg 1986. – *Weichel, E.:* Verfahren und Maschine zum Aufladen, horizontalen Verteilen und Pressen von landwirtschaftlichen Massengütern. Deutsche Ausleschr. 1 160 229 (Anm. 15. 11. 1960); außerdem von *E. Weichel* das DP 1 855 930 (1962).

Ladezone. Die L. ist die →Schnittstelle zwischen dem innerbetrieblichen und außerbetrieblichen →Materialfluß. Es erfolgt ein mengenmäßiger Ausgleich durch geeignetes Zusammenfassen der Güter mit einem zeitlichen Ausgleich durch entsprechende Pufferung. Meist ist damit auch ein Wechsel der Transportmittel durch den →Umschlag der Güter verbunden. Im einzelnen ergeben sich folgende Aufgaben:
□ Zusammenstellen und Ordnen der Ladungen,
□ Prüfen und Kennzeichnen der Ladungen vor der Beladung bzw. nach der Entladung,
□ Puffern der Ladung bis zur Beladung bzw. nach der Entladung bis zur innerbetrieblichen Verteilung,
□ Transport zur Ladestelle bzw. zum Bereitstellplatz,
□ Be- bzw. Entladen der Ladeflächen,
□ Vorbereiten und Abfertigen der Ladeflächen.

In der L. sind zu unterscheiden:
□ Ladungspuffer mit Ladeeinheiten und Ladungsbereitstellung,
□ Ladeflächen-Wartezone mit Fahrzeug und Ladefläche,
□ Ladestelle mit Ladeplatz und den Hilfsmitteln zur Überbrückung,
□ Umschlaggeräte unterteilt als Betriebsmittel zum Aufnehmen und Absetzen oder als Betriebsmittel zum Stauen auf der Ladefläche. *Jünemann*

Ladung →Zylinderladung

Ladungsbildung →Palettierung

Ladungssicherung. Die L. wird bei Ladeeinheiten eingesetzt, bei denen während des Handhabens die Gefahr besteht, daß die Ladung verrutschen bzw. herunterfallen kann. Typische L. sind: geschlosse-

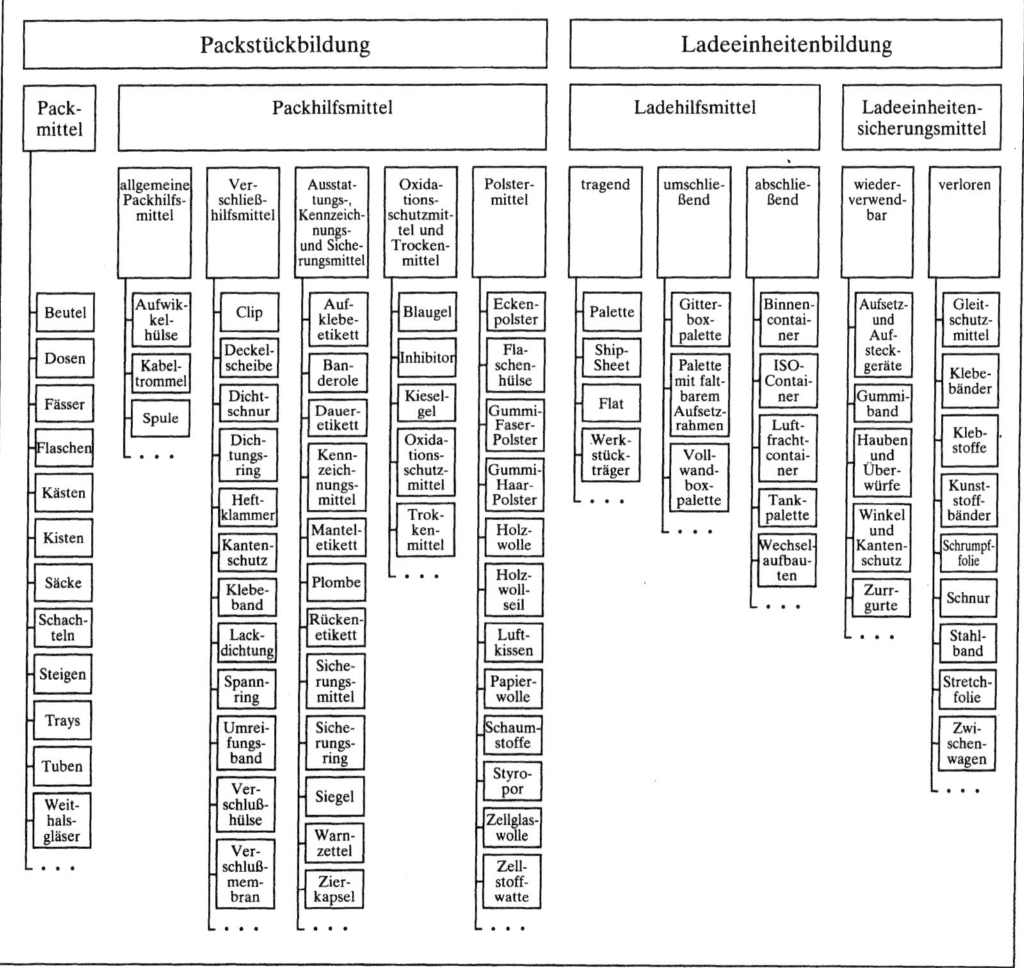

Ladungssicherung: Klassifizierung der Mittel und Hilfsmittel zur Packstück- und Ladeeinheitenbildung.

ner, stabiler Aufsetzrahmen, Schrumpffolie, Umreifung mit Stahl- oder Kunststoffbändern, Adhäsionskleber durch Aufsprühen der Ladeberührungsflächen, Zwischenlagen (Pappe, Schaumstoff), z. B. zwischen einzelnen Kartonagen, Segeltuchhaube mit Reißverschluß, umlaufende Segeltuchbinde, Gurtsicherung mit und ohne Schutzecken, Wickelfolie (Bild). *Jünemann*

Ladungswechsel →Gaswechsel

Länge, reduzierte. L. einer Ersatzfeder konstanten Querschnitts mit gleichem elastischen Übertragungsverhalten wie eine über der L. im Querschnitt kontinuierlich veränderliche oder ein- oder mehrfach abgesetzte Stab-, Torsionsstab oder Balkenfeder. *Gaul*

Längsnaht-Großrohrherstellung. Das U- und O-Formen der Grobbleche zum Herstellen längsnahtgeschweißter Stahlrohre wird einerseits in Pressen mit offenen Gesenken (U-Pressen) und andererseits in Pressen mit in sich schließenden Gesenken (O-Pressen) durchgeführt. Das Verfahren ist auch unter dem Kurznamen U-O-E-Verfahren (U-Formen, O-Formen, Expandieren) bekannt und wird bei der Herstellung längsnahtgeschweißter Großrohre mit bis zu 18 m Einzellänge angewendet. Neuzeitliche Produktionslinien sind für einen Rohrdurchmesserbereich von etwa 400–1 620 mm ausgelegt. Die Wanddicken der Stahlrohre liegen je nach →Werkstoff und Durchmesser zwischen 6 und 40 mm. Das Einsatzmaterial ist Grobblech.

Bevor das Stahlblech durch stufenweises Formpressen zum Schlitzrohr gebogen wird, werden die beiden Längskanten mit einer Kantenhobelmaschine gleichzeitig bearbeitet und die der jeweiligen Blechdicke entsprechende Schweißfase angehobelt. In einer ersten Umformstufe wird das Blech in Formpressen im Bereich der Längskanten vorgebogen. Dabei entspricht der Biegeradius etwa dem Durchmesser des Schlitzrohrs. In der zweiten Umformstufe wird das Blech in einem Arbeitsgang zu einer U-Form gebogen, indem ein kreisförmiges Werkzeug das Blech durch 2 Auflager drückt. In der dritten Umformstufe wird das U-Profil in der O-Presse zum runden Schlitzrohr geformt (Bild).

Die Umformgrade in der U- und O-Presse sind so aufeinander abgestimmt, daß das Schlitzrohr unter Berücksichtigung des Rückfederungseffekts eine möglichst geschlossene Form mit bündig verlaufenden Längskanten hat. Dazu sind hohe Preßkräfte von 600 MN aufzuwenden. Anschließend werden die Kanten des Schlitzrohrs mit Rollenkäfigen versatzfrei gegeneinander gedrückt und durch das Metall-Aktivgasschweißen miteinander geheftet. Dabei liegt die Schweißgeschwindigkeit je nach

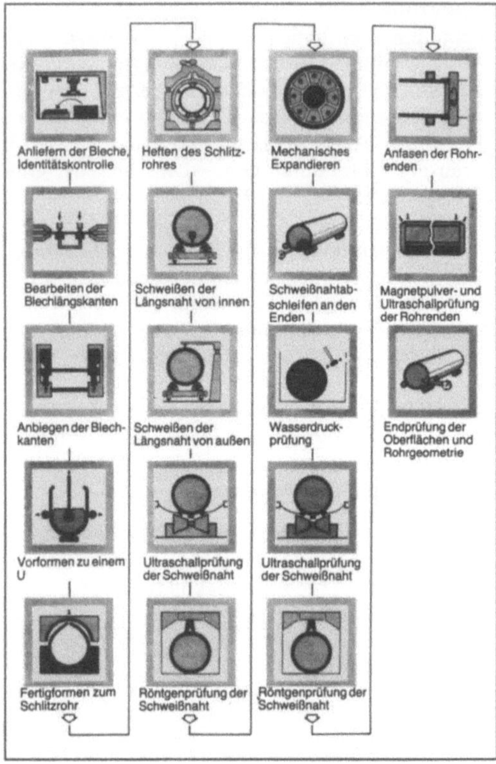

Längsnaht-Großrohrherstellung: Wesentliche Fertigungs- und Prüfungsstufen bei der Längsnaht-Großrohrherstellung (schematische Darstellung).

Rohrwanddicke zwischen 5 und 12 m/min. Die so gehefteten Rohre werden über Rollgänge und Verteilersysteme den Unterpulverschweißanlagen zugeführt, wo sie in getrennten Anlagen zuerst innen und dann außen geschweißt werden. Weil die Rohre nach dem Schweißen noch nicht die Toleranzforderungen, die an Durchmesser und Rundheit gestellt werden, erfüllen, werden sie in der Rohradjustage kontrolliert und durch Kaltaufweiten kalibriert. Diese Kalibrierung wird mit hydraulischen oder mechanischen Expandern durchgeführt. Das Aufweitemaß beträgt etwa 1 % und wird vorher bei der Umfangsfestlegung des Schlitzrohrs berücksichtigt.

In der Rohradjustage wird durch spanabhebende Rohrendenbearbeitung sowie durch evtl. erforderliche Nacharbeiten der Fertigungsablauf beendet.

Vor der abschließenden Rohrendenbearbeitung werden die Rohre einer Wasserdruckprüfung unterzogen. Nach der Wasserdruckprüfung erfolgt eine abschließende Ultraschallprüfung der gesamten Schweißnaht. Die Stellen mit Anzeigen bei der automatischen Ultraschallprüfung sowie die Schweißnaht an den Rohrenden werden geröntgt. Zusätzlich werden alle Rohrenden einer Ultraschallprüfung unterzogen. Im Rahmen der Gütesicherung werden auch in den Fertigungsablauf integrierte Werkstoffprüfungen durchgeführt. Nachdem die Stahlrohre alle Prüfungen einschl. Maßkontrolle mit positivem Befund durchlaufen haben, werden sie zur Endabnahme vorgelegt. *Baumann*

Literatur: Stahlrohr-Handb. 10. Aufl. Essen 1986.

Längsnaht-Rohrschweißanlage. Eine L.-R. ist ein komplexes technisches System zum Herstellen geschweißter Stahlrohre. Bei solchen R. wird je nach angewendetem →Rohrschweißverfahren beispielsweise zwischen der Fretz-Moon-R., der Hochfrequenz-R. und der Niederfrequenz-R. unterschieden. *Baumann*

Läufer. Rotierender Teil einer elektrischen Maschine. Hauptbestandteile des mit seiner Welle in Gleit- oder Wälzlagern gelagerten L. sind die L.-Wicklung (in besonderen Fällen auch Permanentmagnete), der Kommutator oder die Schleifringe sowie bei eigenbelüfteten Maschinen größerer Leistung das Lüfterrad. Der zum magnetischen Kreis der Maschine gehörende Teil des L. besteht:

□ bei Synchronmaschinen (Turbo-L.) aus einem geschmiedeten massiven oder aus Blöcken zusammengesetzten Stahlzylinder, in den die Nuten für die mit Gleichstrom gespeiste L. (Erreger)-Wicklung eingefräst sind,

□ bei Synchronmaschinen mit ausgeprägten Polen (Blechketten-L.) aus massiven Vollpolen oder aus Eisenblechen – aufgeschichteten (lamellierten) Polen, die die Erregerwicklungen tragen und in einer auf L.-Armen sitzenden Blechkette befestigt sind (Polrad),

□ bei Synchronmaschinen (Schenkelpol-L.) mit Polen aus besonders ausgebildeten Polschenkeln wie beim Blechketten-L.,

□ bei Asynchronmaschinen, Gleichstrommaschinen und vollgeblechten Synchronmaschinen aus

Läufer: In Aluminiumdruckguß hergestellter Käfigläufer eines Drehstrommotors. (Quelle: ABB)

aufgeschichteten Eisenblechen (L.-Blechpaket), die mit Nuten zur Aufnahme der L.-Wicklung versehen sind.

Die L.-Wicklungen bei Asynchronmaschinen mit Schleifring-L. und bei Gleichstrommaschinen bestehen aus Rund- oder Rechteckdrähten, bei Asynchronmaschinen mit Kurzschluß-L. aus Leiterstäben, deren Enden durch Ringe kurzgeschlossen sind (Käfig-L.); (Bild). Die Stäbe sind in die Nuten der L.-Bleche eingelassen oder eingegossen (z. B. Aluminiumdruckguß); (→Rotor). *Rentzsch*

Lager →Gleitlager

Lager (Kraftfahrzeuge) →Motoraufhängung

Lagerabdichtung →Wälzlager-Bauform, Gleitlager-Bauform

Lageranordnung. Zur Führung und Abstützung umlaufender Maschinenteile sind i. a. zwei Lager in einem bestimmten Abstand anzuordnen. Fest-L. und Los-L. werden zum Ausgleich von Längenunterschieden zwischen den Lagerstellen infolge Fertigungstoleranzen sowie der thermischen Verformungen der Welle bzw. des Gehäuses vorgesehen (Bild 1). Vorteile der Fest-L. und Los-L.:

□ enge Tolerierung der Lagerabstände nicht erforderlich,

□ keine axiale Verspannung der Lager möglich.

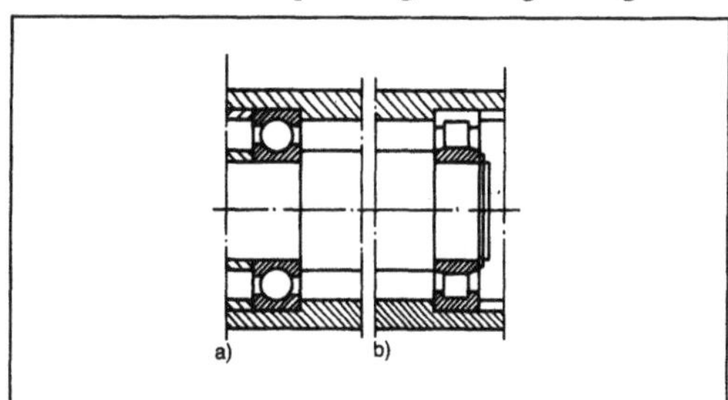

Lageranordnung 1.
a) Festlager
b) Loslager.

Bei Wälzlagerungen wird die angestellte Lagerung vorzugsweise aus zwei spiegelbildlich angeordneten Schräglagern (→Schrägkugellager oder Kegelrollenlagern) gebildet. Ausführungen mit Rillenkugellagern sind ebenfalls möglich (Bild 2). Grundsätzlich wird unterschieden zwischen O- und X-Anordnung. Angestellte Lagerungen bieten die Möglichkeit der Spielregulierung bei der Montage und sind damit besonders für spielfreie Lagerungen geeignet.

Temperaturunterschiede zwischen Gehäuse und Welle führen bei angestellten Lagerungen zur Spiel-

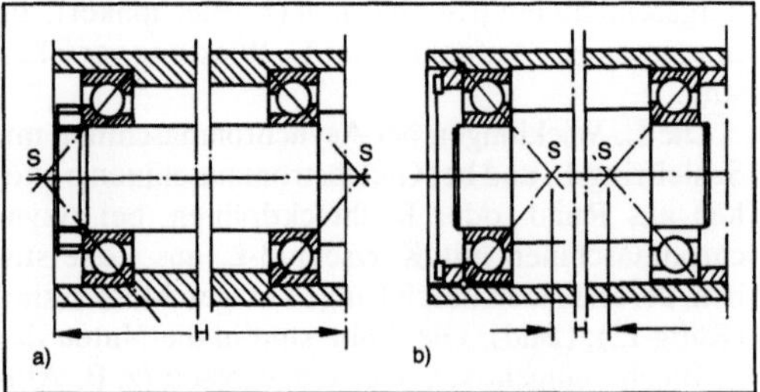

Lageranordnung 2: Angestellte Lagerung.
a) O-Anordnung
b) X-Anordnung.

verkleinerung (bzw. Verspannung) oder Spielver-
größerung:

	$\vartheta_{Gehäuse}$ $> \vartheta_{Welle}$	$\vartheta_{Gehäuse}$ $< \vartheta_{Welle}$
X-Anordnung	Spiel größer	Spiel kleiner
O-Anordnung	Spiel kleiner	Spiel größer

Die schwimmende Lagerung entspricht grundsätzlich der angestellten Lagerung; jedoch wird
keine spielfreie Lagerung angestrebt. Je nach Lagergröße wird ein Axialspiel a von mehreren zehntel
Millimetern zugelassen (Bild 3).   *Knoll*

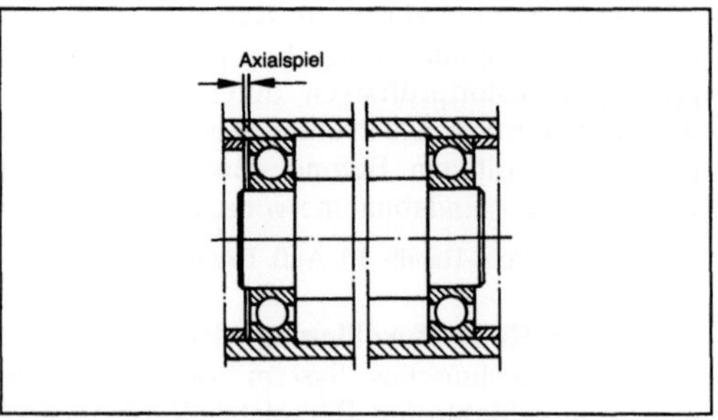

Lageranordnung 3: Schwimmende Lagerung.

Lagerartikel →Artikelstruktur

Lagerauswahl. Lager werden eingesetzt, um Kräfte
zwischen relativ zueinander bewegten Maschinenteilen (z. B. zwischen Welle und Maschinengehäuse)
mit möglichst geringem Leistungsaufwand, d. h. mit
geringen Reibungsverlusten, zu übertragen. Prinzipielle Möglichkeiten der Reibungsminderung durch
unterschiedliche physikalische Lastübertragungsmechanismen sowie die konstruktive Lagerausfüh-
rung sind in Bild 1 zusammengestellt.

Die Anwendung trockenlaufender Lager wird
meistens durch die Gleitgeschwindigkeit begrenzt,
die direkt in die →Reibleistung eingeht. Die Reibungszahlen von trockenlaufenden Lagern sind sehr
von der Werkstoffpaarung der beiden Gleitflächen

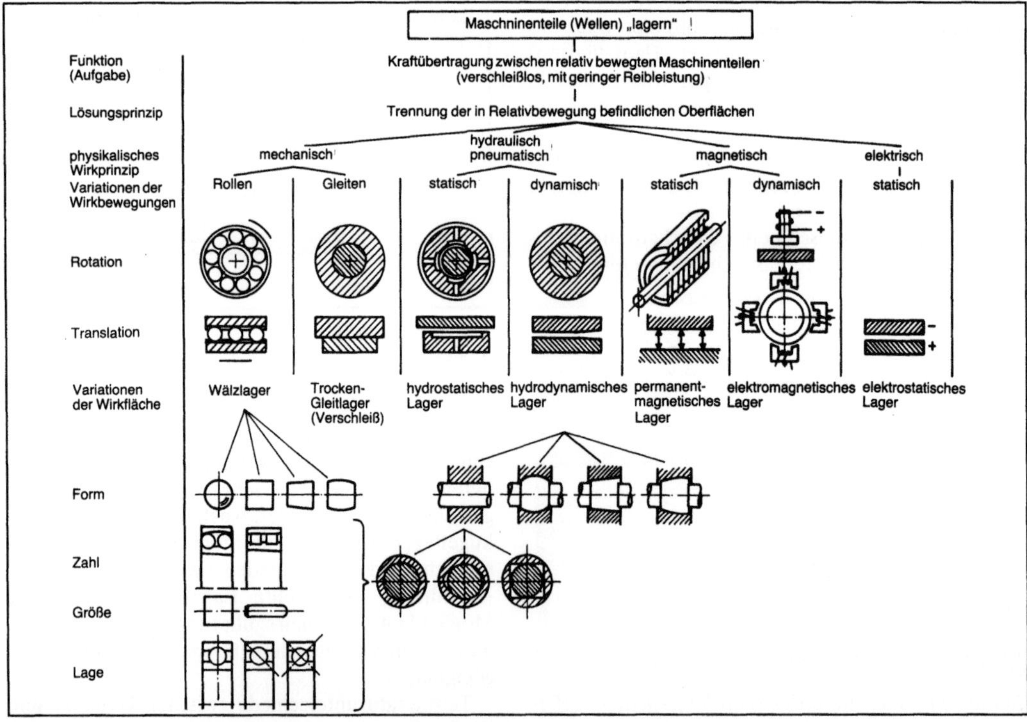

Lagerauswahl 1: Unterschiedliche physikalische Prinzipien zur reibungsarmen Lagerung.

abhängig. Bei bekannter Lagerlast und Gleitgeschwindigkeit bzw. Wellendrehzahl kann die grundsätzliche Auswahl des Lagertyps – Wälzlager oder
trocken bzw. geschmierte Gleitlager – über die
Betriebsgrenzen nach Bild 2 erfolgen.   *Knoll*

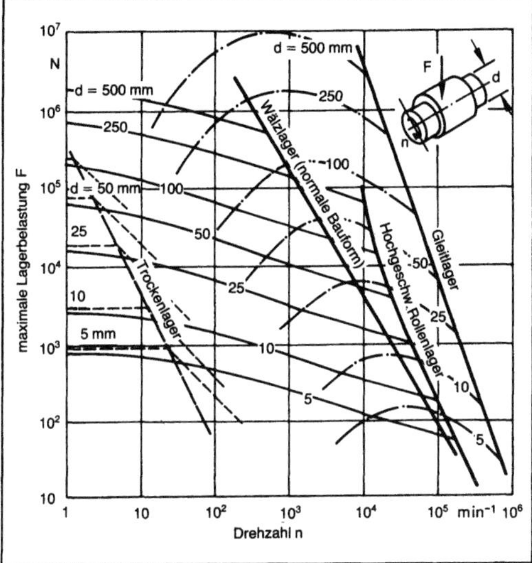

*Lagerauswahl 2: Kennfeld für die Auswahl von
Radiallagern.*

Literatur: *Bartz, W. J.:* Gleitlagertechnik 1. Grafenau 1981.

Lagerbetriebstemperatur →Lagertemperatur

Lagerbuchse →Gleitlager-Bauform

Lageregelung. Unter L. versteht man die geregelte
Führung eines Körpers (z. B. eines Maschinenschlit-
tens oder eines Werkzeugs) auf einen Punkt oder
auf einer geradlinigen oder gekrümmten Bahn.
Hauptanwendungsgebiete sind Kopiersteuerungen
und numerische Steuerungen von Werkzeugmaschinen. Die Führung (z. B. des Werkzeuges) kann
demgemäß fühlergesteuert oder programmgesteuert (Lochstreifen oder Magnetband) sein. Die
Führung auf einen Punkt heißt Positionierung oder
Punktsteuerung. Anwendung z. B. bei Bohrmaschinen: Anfahren der Bohrposition. Die Bewegungen
in den beiden Koordinaten können dabei gleichzeitig oder nacheinander erfolgen. Die Führung auf
einer geraden Linie rechtwinklig zu den Koordinaten heißt Streckensteuerung. Anwendung z. B. bei
Fräsmaschinen (Bearbeitung eines Werkstückes in
rechtwinkligen Koordinaten). Die Führung z. B.
eines Fräswerkzeuges auf Kurvenzügen (Bahnkurven in einer Ebene oder im Raum) nennt man
Bahnsteuerung. Bei der Kopiersteuerung werden
die Führungs-Soll-Werte durch einen Kopierfühler
(mechanisch-elektrisch, induktiv oder kapazitiv)

von einem Modell abgenommen und auf die Maschinenbewegungen übertragen.

Zur L. sind geregelte Antriebe erforderlich. Es
werden hierzu heute Servo-Antriebssysteme verwendet, da wegen der hohen Verstell- und Arbeitsgeschwindigkeiten sehr gute dynamische Eigenschaften gefordert werden. Bei Positionssteuerun-
gen erfolgt das Einfahren in eine Position bis kurz
vorher mit beliebiger Geschwindigkeit, meist Maxi-
malgeschwindigkeit. Zum Einfahren wird die
Geschwindigkeit nach einer Parabelfunktion herun-
tergeführt, da hiermit die kürzesten Positionierzei-
ten bei hoher Genauigkeit erzielbar sind (Bild 1).
Ein möglichst kurzer Weganteil wird dann im
Schleichgang, d. h. bei sehr niedriger Geschwindigkeit, gefahren. Die Signale zur Parabelbildung werden aus der Lage-Soll-/Ist-Wert-Differenz abgeleitet.

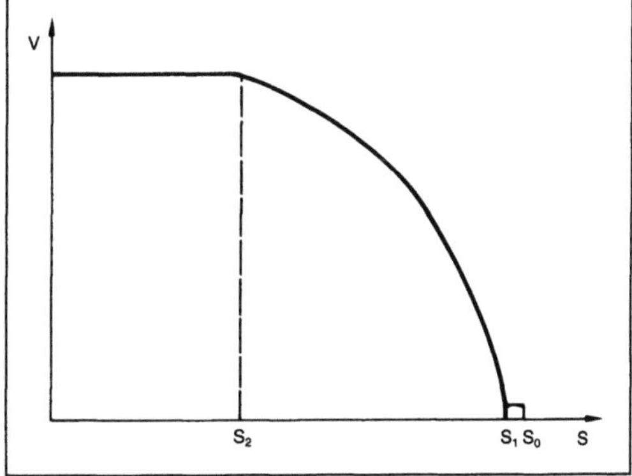

*Lageregelung 1: Geschwindigkeitsführung beim
Positionieren.*

v Geschwindigkeit, s Weg, s_0 Zielort, s_1 Umschaltung auf
Schleichgang, s_2 Einschaltpunkt für Geschwindigkeitsbegren-
zung

Streckensteuerungen arbeiten in gleicher Weise
mit der Ausnahme, daß während einer Bearbeitung
nur mit der entsprechenden Arbeitsgeschwindigkeit
gefahren wird.

An Bahnsteuerungen werden die höchsten
Anforderungen bezüglich der dynamischen An-
triebseigenschaften gestellt.

Sowohl die Stillstandsregelung sowie die Dreh-
zahlnachführung bei koordinierter Bewegung in
mehreren Koordinaten verlangt hohe Genauigkeit
der Antriebe in großen Drehzahlbereichen ggf. auch
besondere Steuerungseinrichtungen, wie z. B. automatische Geschwindigkeitsabsenkung an Unstetig-
keitsstellen der Bahn.

Die L. wird in allen Fällen im Regelkreis der
→Drehzahlregelung übergeordnet, so daß sich ein
Blockschaltbild (Bild 2) ergibt. Der Lageregelkreis
ist dabei sehr oft digital aufgebaut, da eine Reihe
von Lage-Ist-Wertgebern digital arbeiten. Zwischen

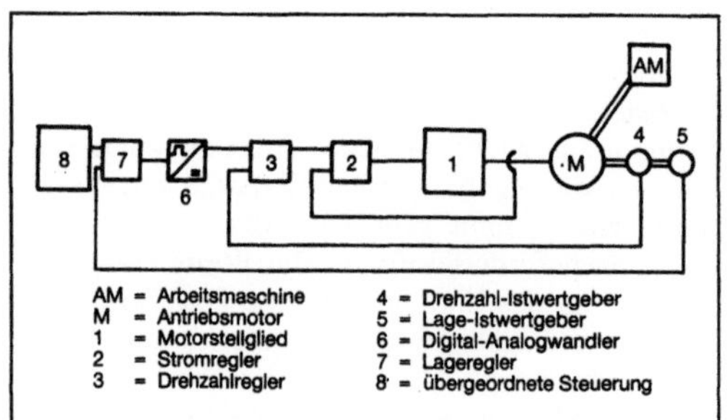

Lageregelung 2: Blockschaltbild eines Lageregelkreises.

Lageregler und Drehzahlregler ist ein Digital-Analog-Wandler geschaltet, wenn der Drehzahlregler analog arbeitet.

Außer bei Werkzeugmaschinen wird die L. bei Walzwerks-Stellantrieben, Brennschneidemaschinen, Schweißrobotern, Antennen zur Satellitenverfolgung, Zeichenmaschinen usw. angewendet. *Stüben*

Lagerkäfig →Wälzlager-Bauform

Lagerkraft. Unter L. versteht man in der →Getriebetechnik die auf die Gelenke des Getriebes wirkenden Kräfte infolge innerer und äußerer Kräfte und Momente. Zur Beurteilung des Getriebes (→Bewegungsgüte, →Getriebe-Analyse) und zur Dimensionierung der Gelenke ist die Kenntnis der auf diese wirkende Kräfte bzw. der hierdurch hervorgerufenen Reaktionskräfte von grundlegender Bedeutung. Zu ihrer Berechnung mit Hilfe kinetischer Analyseverfahren werden die Trägheitskräfte als innere Getriebekräfte und die äußeren Kräfte (Nutzkräfte und -momente, Gewichts- und Reibungskräfte) benötigt. Die Trägheitskräfte lassen sich über die Beschleunigungen, die Massen und Massenträgheitsmomente der Getriebeglieder ermitteln. Die Nutzkräfte stellen die vom →Getriebe als Kraftübertrager zur Verfügung zu stellenden Abtriebskräfte dar (→Übertragungsgetriebe). Reibungskräfte wirken der Bewegung in den Gelenken und Paarungen entgegen, sind proportional zu den L. und hängen noch von den Reibpartnern ab.

Zur Dimensionierung der Gelenklager wird die Verteilung der L., die bei ungleichmäßig übersetzenden Mechanismen und Getrieben keine konstanten Verläufe haben, auf Wälz- oder Gleitlager benötigt. Die Bewegungen der gelenkig miteinander verbundenen Getriebeglieder relativ zueinander sowie die Richtung der L. bestimmen den Kennwert kinetischer →Kraftangriffswinkel, der wiederum eines der Kriterien für die Bewegungsgüte des Getriebes ist. *Gierse*

Literatur: *Marx, U.:* Ein Beitrag zur kinetischen Analyse ebener viergliedriger Gelenkgetriebe unter dem Aspekt Bewegungsgüte. Fortschr.-Ber. VDI R. 1 Nr. 144. Düsseldorf 1986. –

Volmer, J.: Getriebetechnik Lehrb. Ost-Berlin 1969. – *Zientz, W.:* Untersuchung des Betriebsverhaltens oszillierend drehend bewegter Wälzlager in den Gelenken von Mechanismen und Getrieben. Nr. 178. Düsseldorf 1989.

Lagerkühlung →Lagertemperatur

Lagerlast, dynamische →Schmierungstheorie, elastohydrodynamische Wälzlager-Dimensionierung

Lagerlast, statische →Schmierungstheorie, elastohydrodynamische Wälzlager-Dimensionierung

Lagerlayout →Materialflußplanung

Lagerluft. Das radiale bzw. axiale Spiel von Wälzlagern wird mit Radial- bzw. Axialluft, allgemein als L. bezeichnet. Für das Laufverhalten von Radiallagern ist in erster Linie die Radialluft maßgebend. Angestrebt wird im Betriebszustand eine Radialluft von null. Beeinflußt wird die L. durch

□ die Toleranzen, die Einbaumaße der Innen- und Außenringe (z. B. vermindert eine Preßpassung des Innenringes die Radialluft) sowie

□ die unterschiedliche Wärmedehnung der Lagerringe und der umgebenden Teile. Unter Betriebsbedingungen tritt eine Verkleinerung der Radialluft ein, da die Außentemperatur infolge der besseren Wärmeabführung an das Gehäuse vielfach niedriger als die Innenringtemperatur ist.

Für unterschiedliche Anforderungen wurden von den Wälzlagerherstellern Radiallager mit verschiedener L. entwickelt (Luftgruppen: CO normal; C2 Radialluft kleiner CO; C3, C4 und C5 Radialluft größer CO). *Knoll*

Lagermittel →Lagersysteme

Lagerorganisation. Unter L. soll hier die Organisation der Warenein- und -auslagerung, der →Kommissionierung, der Mengenplanung, der Bestandskontrolle und der Lagerplatzzuordnung verstanden werden. Die Aufgabe der L. ist es, die Lagervorgänge zu steuern, zu regeln und zu verwalten. Darunter fallen die Funktionen Transportieren, Umschlagen, Lagern, Umordnen und die Hilfsfunktionen wie Signieren, Auszeichnen, Verpacken, Umschnüren. Aufgaben der Lagerorganisation (manchmal auch als Lagerverwaltung bezeichnet) sind:

□ die zweckmäßige Unterbringung der Lagergüter,

□ pflegliche Behandlung der Lagergüter,

□ übersichtliche Lagerung,

□ mengenmäßige Bestandskontrolle,

□ Überwachung des Lagerumschlags.

Ziel der L. ist es, den vom Markt geforderten Lieferservice einzuhalten. Unter Lieferservice sei dabei

□ die Liefertreue,
□ die Liefermenge,
□ die Lieferqualität,
□ der Lieferumfang,
□ die Liefersicherheit,
□ die Lieferzuverlässigkeit,
□ die →Lieferbereitschaft

verstanden. Er wird gemessen am →Servicegrad.

Der Servicegrad gibt als Kennzahl des Leistungsergebnisses in einem Materialflußsystem, insbes. in Lager- und Kommissioniersystemen, die Anzahl rechtzeitig bearbeiteter Aufträge im Verhältnis zur Gesamtzahl der Aufträge während eines bestimmten Zeitraums an:

$$\text{Servicegrad} = \frac{\text{Anzahl rechtzeitig bearbeiteter Aufträge}}{\text{Gesamtzahl der Aufträge}}$$

Bezogen auf die Materialflußtechnik umfaßt die L. im engeren Sinne (Organisation des Lagers) die Artikelbelegung im Lagerfach (Lagerplatzzuordnung). Es werden drei Organisationsformen unterschieden:

□ A feste Lagerplatzzuordnung,
□ B freie Lagerplatzzuordnung und
□ C chaotische Lagerplatzzuordnung.

Die feste Lagerplatzzuordnung ist die einfachste Organisationsform. Anwendungsvoraussetzungen sind:

□ große Artikelzahl,
□ Einzel- und Kleinserienfertigung,
□ geringe Bestände und
□ mittlerer bis geringer →Umschlag.

Die Nachteile der festen Lagerplatzzuordnung bestehen in der schlechten →Raumnutzung, den hohen Kommissionierwegen, der Starrheit der Platzvergabe hinsichtlich Abmessungen und Gewicht des Lagerguts und der geringen Änderungsflexibilität.

Die freie Lagerplatzzuordnung nutzt den vorhandenen Lagerraum wesentlich besser aus. Sie kommt in erster Linie für Umschlags- und Verteilläger sowie für Vorratsläger bei Serien- und Massenproduktion in Betracht. Im Gegensatz zur festen Lagerplatzordnung, wo die Artikelnummer den Lagerplatz bezeichnet, wird bei der freien Lagerplatzzuordnung dem Lagerplatz eine Platznummer gegeben. Eine sinnvolle Platznummerung beinhaltet den Lagerbereich, den Regalgang und den einzelnen Lagerplatz als getrennte Platzziffern.

Das Nummernsystem muß so aufgebaut sein, daß eine eventuelle Erweiterung das System nicht sprengt.

Die Lagerplatzvergabe bei der freien Lagerplatzzuordnung erfolgt mittels Lagerplatzkarten, die jeweils einen bestimmten Lagerplatz identifizieren (Lagerspiegel). Die Verwaltung dieser Karten hängt von der Anzahl der Lagerplätze ab (Kreide-, Steck-, Magnettafeln, Kleinrechner und Lagerplatzkartei). Die effektivste Lösung für eine größere Anzahl Lagerplätze bietet entweder der Kleinrechner, für den entsprechende Software von den Herstellern angeboten wird, oder die Lagerplatzkartei.

Vorteile dieser Ablauforganisation liegen zum einen in der hohen Raumnutzung und Übersichtlichkeit in der Belegung, zum anderen in den Möglichkeiten zur Rationalisierung verschiedener Strategien, z. B. Zonenbildung, Fifo usw.

Die chaotische Lagerplatzordnung ist nur sinnvoll bei einer geringen Anzahl und nur bei Artikeln mit niedrigem Umschlag. Die Lagerplatzverwaltung sollte ausschließlich über Leerplatztafeln oder EDV-A erfolgen.

Die Anordnung der Lagereinrichtung hat einen erheblichen Einfluß auf die zurückzulegenden Wege. Eindeutige Aussagen zur Aufstellung der Regale können erst nach dem Festlegen der L. getroffen werden (Tabelle). *Jünemann*

Lagerorganisation. Tabelle: Wichtige Kenngrößen.

Statische Größen	Dynamische Größen
Artikelanzahl	Wareneingänge / Tag
ABC-Artikel-verteilung	Warenausgänge / Tag
Gesamtdurchschnitts-bestand	Umlagerungen / Tag
	Umschlag / Jahr
Anzahl Paletten / Artikel	Auftragszahl / Tag
	Positionen / Auftrag
Lagerkapazität	Positionen / Tag
Lagerplatzkapazität	Zugriffe / Position
Kosten / Artikel	Gewicht / Zugriff
ABC-Kosten-verteilung	Gesamtzahl der Artikel im täglichen Zugriff
durchschnittliche Gesamtbestands-kosten	Gesamtumschlags-kosten
durchschnittliche Bestandskosten / Artikel	Kosten / Lager-bewegung

Lagerplanung →Materialflußplanung

Lagerresonanz →Gleitlager, schnellaufendes

Lagerschale →Gleitlager-Bauform

Lagerschwingungsmessung. Ein Mittel zur Schwingungsüberwachung von Maschinen. Am Lagergehäuse werden mit Geschwindigkeitsaufnehmern oder Beschleunigungsaufnehmern absolute

Schwinggrößen gemessen, analysiert und registriert. Die Messungen können verschiedenen Zielen dienen:

□ Überprüfen vereinbarter technischer Spezifikationen beim →Abnahmeversuch,

□ Überwachen der Betriebssicherheit, des Auswuchtzustands, des Verschleißes usw.,

□ Aufdecken von Fehlerquellen, Schwingungs- und Lärmursachen.

L., →Wellenschwingungsmessung und weitere Überwachungsmaßnahmen ergänzen einander. Die Entwicklung tendiert bei Kraftwerksturbinen, Flugtriebwerken und anderen komplexen Maschinenanlagen zu kompletten Diagnosesystemen. *Witfeld*

Lagerspiegel →Lagerorganisation

Lagerspiel. Das L. beeinflußt entscheidend die hydrodynamischen Eigenschaften von Gleitlagern, insbes. die Tragfähigkeit und die Reibungsverluste. Die Tendenzen sind teilweise gegenläufig. Ein kleines L. führt zu einer Erhöhung der hydrodynamischen Tragfähigkeit, vorausgesetzt die →Viskosität bleibt konstant. Eine Spielverkleinerung führt aber auch zu einer Erhöhung der Reibungsverluste und damit der Schmierfilmtemperatur, so daß die hieraus resultierende Viskositätsabnahme zu einer Verminderung der Tragfähigkeit führen kann. Unter Berücksichtigung der Durchmessertoleranzen von Lagerbohrung D und Welle d wird das relative L. ψ angegeben durch die Grenz- und Mittelwerte

$$\psi_{max} = \frac{D_{max} - d_{min}}{D},$$

$$\psi_{min} = \frac{D_{min} - d_{max}}{D},$$

$$\psi_{m} = \frac{\psi_{max} - \psi_{min}}{2}.$$

Für die Berechnung der hydrodynamischen Größen (minimaler →Schmierspalt h_o, →Lagertemperatur ϑ und Ölbedarf V_K) ist das effektive L. ψ_{eff} maßgebend, das sich bei der →Betriebstemperatur $\vartheta(=\vartheta_{eff})$ einstellt. Die effektive Lagertemperatur ϑ_{eff} kann der mittleren Schmierfilmtemperatur ϑ gleichgesetzt werden. Bei unterschiedlichen Wärmeausdehnungskoeffizienten $\alpha_{B,S}$ von →Lagerschale B und Welle S wird die thermische Spieländerung

$$\Delta\psi = (\alpha_B - \alpha_S)(\vartheta_{eff} - \vartheta_o)$$

durch das effektive L. $\psi_{eff} = \psi + \Delta\psi$ berücksichtigt. Die Wechselwirkung zwischen dem effektiven L. ψ_{eff} und der Lagertemperatur ϑ erfordert eine iterative Berechnung der beiden Größen. Dies erfolgt im Ablauf der iterativen Berechnung der mittleren Schmierfilmtemperatur $\vartheta(=\vartheta_{eff})$. *Knoll*

Lagerspielzuschlag →Lagerspiel, →Lagerluft

Lagersystem. Innerhalb der Materialflußfunktion Lagern können die →Lagermittel bez. des Lagerguts in statische und dynamische L. unterschieden werden (Bild).

Statisch heißt dabei: Das Lagergut bleibt von der Einlagerung bis zur Auslagerung in Ruhe. Es wird von dem Ort wieder ausgelagert, an dem es auch eingelagert wurde. Bei dynamischen L. wird das Lagergut nach dem Einlagern bewegt, entweder ständig umlaufend oder innerhalb eines Lagergestells oder mit dem Lagergestell gemeinsam.

Statische L. Statische L. können in Systeme ohne Lagergestell und mit Lagergestell untergliedert werden.

L. ohne Lagergestell. Systeme ohne Lagergestell können Objekte mit und ohne →Ladehilfsmittel aufnehmen. Die Objekte werden aufgenommen in

a) Bodenlagerung: Die Ladeeinheiten werden in der einfachsten Form mit oder ohne Ladehilfsmittel bei guter Flächennutzung am Boden gelagert.

b) Zeilenlagerung.

c) Blocklagerung bzw. Stapelung: Größere Mengen von gleichartigem und stapelfähigem Gut können je nach Umfang des Sortiments und Lagermenge pro Artikel zu Stapelblöcken (bzw. Stapelzeilen) zusammengestellt werden. Die Größe der Blöcke und Zeilen richtet sich nach der Art des Lagerguts und seiner Umschlagfähigkeit. Falsche Anordnung großer Stapelblöcke oder die Lagerung zu kleiner Lagermengen pro Artikel können erhebliche Umlagerungen und zusätzliche Arbeiten verursachen. Die Blocklagerung gestattet nur sequentiellen Zugriff, d. h. nur jeweils die oberste →Ladeeinheit des vorderen Stapels einer Zeile kann direkt abgegriffen werden. Zu empfehlen ist dieser Lagertyp deshalb besonders bei Artikeln, die palettenweise umgeschlagen oder in großen Mengen kommissioniert werden.

Eignung ist dort gegeben, wo mittlere Bestände pro Artikel, Artikelzahl und Umschlagsleistung vorzufinden sind. Das Lagergut muß stapelfähig sein, damit es den Staudruck des Stapels aufnehmen kann. Ist dies nicht gegeben, müssen aus Sicherheits- und Handhabungsgründen Lagerhilfsmittel wie Gitterboxen, Behälter o. ä. eingesetzt werden. Bei glattflächigem Lagergut muß der →Gabelstapler mit einer Greifklammer ausgestattet werden, wenn er nicht mit seinen Gabeln zur Aufnahme unter das Gut fahren kann. Andernfalls muß man unter das Lagergut Kantholz o. ä. legen, damit die Gabeln des Staplers ungehindert unterfahren können bzw. beim Herausfahren frei sind.

Vorteile:

□ keine Regalkosten,

□ geringe Einrichtungskosten (nur Farbmarkierungen),

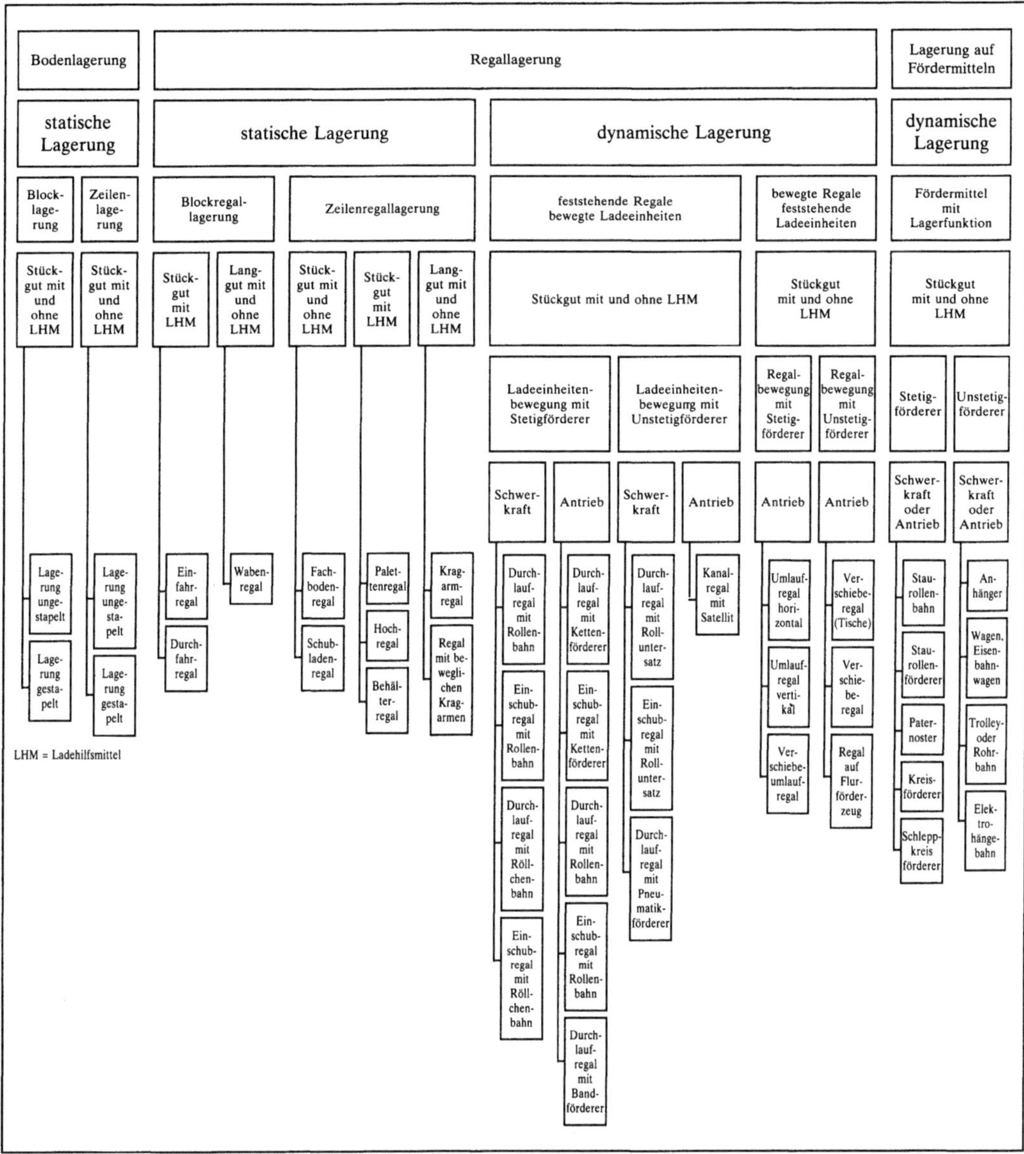

Lagersystem: Systematik der Lagermittel für Stückgut.

□ hoher Raumnutzungsgrad,

□ flexible Lagerung (Anpassung bei Veränderungen, Anpassungsfähigkeit).

Nachteile:

□ Stapelhöhe abhängig vom Staudruck auf untersten Stapellagen und abhängig von der Standfestigkeit,

□ Zugriff zu Ladeeinheiten nur sequentiell möglich,

□ zur Einhaltung des Fifo-Prinzips Umstapelung nötig,

□ Güter müssen stapelfähig sein,

□ Lagerplatzordnung notwendig, sonst unnötige Umstapelungen.

L. mit Lagergestell. Lagergüter werden in Blockregalen in kompakter Form und in Regalen zeilenweise eingelagert.

a) Blocklagerung: Diese Regalsysteme sind besonders gut geeignet für große Mengen je Artikel, Sortimente und mittlere Umschlagsleistungen. Ausführungen von Block-L. sind Einfahrregale (Drive-in-Regal) und Durchfahrregale, die ausschließlich mit Gabelstapler (GSt) bedient werden. Der GSt fährt am Anfang einer Beschickung in das →Regal ein (Baubreite des GSt Konsolenabstand). Das Beschicken sowie die Entnahme erfolgt pro Regalfeld von oben nach unten oder umgekehrt. Ladeeinheiten müssen ein einheitliches Maß haben. Bei Durchfahrregalen kann der GSt von einer Seite einlagern und von der anderen auslagern (Fifo).

Vorteile: Raumhöhe kann gegenüber dem →Blocklager besser genutzt werden, da der Staudruck entfällt.

Nachteile: kein direkter Zugriff, Anzahl Paletten pro Artikel und starre Feldbeschickung und -entnahme verringern Auslastungsgrad.

b) Regalzeilenlagerung: Die Regalzeilenlagerung gehört zu den statistischen Lagertypen mit Lagergestell. Die Regale sind als Doppelregale ausgebildet und werden durch einen Gang getrennt, in dem mittels Staplerfahrzeugen die Ver- und Entsorgung stattfindet. →Hochregalstapler verringern die notwendige →Arbeitsgangbreite. Diese Systeme sind gut geeignet für große Artikelzahlen, Sortimente, Güter auch unterschiedlicher Abmessungen wie Kleinteile, Langgut, Schwergut, palettierfähiges Gut.

Vorteile:
□ direkter Zugriff auf jeden Artikel möglich,
□ Einhaltung des Fifo-Prinzips möglich,
□ druckfreie Lagerung der Gebinde,
□ übersichtliche Einlagerung der Ladeeinheiten,
□ nur mittlere Investitionskosten erforderlich,
□ gute Übersicht über das gesamte Lager.
Nachteile:
□ flächenintensiv,
□ lange Transportwege,
□ geringer Raumnutzungsgrad, da hoher Verkehrsflächenanteil,
□ an Lagerhilfsmittel gebunden.

Verschiedene Einteilungen der statischen Lagermittel sind möglich, z. B.
□ nach Lagerhilfsmittel in Fachboden-Regale, Fachboden im Modulsystem (Aufbauregale), Tablett- oder Tablare-Regale (AKL-Systeme), Schubladen-Regale (Werkzeugschränke), Lagersichtkästen-Regale (für Kleinteile), Paletten-Regale, Tragarm-Regale, Waben-Regale;
□ nach Anzahl der Regalzeilen in Einfachregale (am Ende eines Regalblocks), Doppelregale;
□ nach der Anzahl der Lagerhilfsmittel pro Regalfach in Einplatzregale, Zweiplatzregale, Mehrplatzregale;
□ nach der Einlagerungsart in Längstraversenregale, Quertraversenregale.

Dynamische L. Dynamische Lagermittel werden nach der relativen Bewegung der Lagereinheiten zu ihren Lager- oder Fördermitteln unterschieden in Systeme mit feststehenden Lagergestellen/Lagereinheiten bewegend, Lagergestell und Lagereinheiten gemeinsam bewegend, Lagereinheiten auf →Fördermittel bewegend.

Feststehende Lagergestelle/Lagereinheiten bewegend. Ein feststehendes Lagergestell oder die

Regaleinheiten/Lagereinheiten nehmen die Packstücke auf, die sich in Regalen von der Beschickung zur Entnahme bewegen:
□ mittels Stetigförderer (z. B. →Rollen oder Ketten),
□ mittels →Unstetigförderer (z. B. Fahrzeuge),
□ mittels Schwerkraft,
□ mittels Schwerkraft und Bremseinrichtung,
□ Lastabstützung auf Schienen und rollbare Ladeeinheiten (Rollpaletten).

Diese Lagermittel werden allgemein als Durchlaufregale bezeichnet.

Im Durchlaufregal werden gleiche Artikel mit hoher Umschlaghäufigkeit gelagert (→Monostruktur). Das Durchlaufregallager hat eine besondere Eignung als Pufferlager, Kommissionierlager und Fertigwarenlager.

Vorteile:
□ First-in-first-out-Prinzip (Fifo),
□ große Menge je Artikel,
□ vollautomatisch mit RFZ möglich,
□ bis zu einer Höhe von 12 m einsetzbar,
□ hoher Flächen- und Raumnutzungsgrad,
□ geringe Wegzeiten durch mittig angeordneten Beschickungsgang,
□ leichte Bestandsführung (Übersicht),
□ Fifo schließt Ladenhüter aus.
Nachteile:
□ Bewegung der Lagereinheiten während der Lagerung,
□ geringe Flexibilität (Monostruktur),
□ relativ hohe Anschaffungskosten,
□ Wartung.

Die hohen Füllungsgrade des Durchlaufregals ergeben sich nur, wenn eine gute Abstimmung der Regaldimensionen mit den Parametern der →Artikelstruktur erfolgt. Die Ein- und Auslagerung erfolgt üblicherweise mit Gabelstaplern und Regalstapelgeräten mit weit ausfahrbaren Teleskopgabeln. Als Variante dazu werden auch seit einiger Zeit die kombinierten Fördermittel →Aufzug, Umsetzwagen, Trägerfahrzeuge mit Hubplattform-Regalbedienungswagen eingesetzt.

Neuere Entwicklungen sind die Hochregal-L. und die Tunnel-L., die mit Satellitenfahrzeugen, HBS-Fahrzeugen, Kanalfahrzeugen oder Kulis bedient werden.

Lagergestell und Lagereinheiten bewegend. Zur Beschickung wie auch zur Entnahme wird das Lagergestell, in dem die Lagereinheiten aufgenommen werden, bewegt.

Man unterscheidet: Verschieberegalsysteme, Einschubregalsysteme, vertikale Umlaufregalsysteme, horizontale Umlaufsysteme, Verschiebeumlaufregalsysteme, Drehregalsysteme.

a) Verschieberegalsysteme: Die wichtigsten Regalarten wie Fachboden-, Paletten-, Kragarmregale werden auf einen Fahrsockel montiert, der auf im

Boden verlegten Schienen elektromotorisch fährt. Eine Verschieberegalanlage besteht i. a. aus zwei feststehenden Endregalen und dazwischen beweglichen Verschieberegalen. Im Gegensatz zu normalen Palettenregalanlagen, bei denen sich zwischen jeder Regalzeile ein Gang befindet, weisen Verschieberegalanlagen nur einen Gang auf, in dem die Bedienung erfolgen kann. Bei Bedarf werden andere Gänge durch Verfahren der Verschieberegale geöffnet. Bei höher geforderter Umschlagsleistung werden mehrere Blöcke gebildet, damit mehrere Bediengänge gleichzeitig geöffnet werden können. Die Steuerung zum Öffnen eines Gangs kann über Bedienknöpfe, die an jedem Verschiebewagen angeordnet sind, über ein zentrales Steuerpult oder per Datenfernübertragung vom Stapler aus erfolgen.

Ausgeführte Anlagen: bis 9 m Höhe, bis 80 m Verschiebewagenlänge und bis zu 20 000 Palettenplätze.

Vorteile:
□ hohe Flächen- und →Raumnutzung,
□ Zugriff zu jeder Ladeeinheit,
□ hohe Verfügbarkeit,
□ günstig für TK (Kühlkostensenkung).
Nachteile:
□ höhere Investitionskosten,
□ Auffahren der Gänge notwendig.

Die ersten Verschieberegalanlagen dienten der Aufbewahrung von Akten und wurden handbedient. Es folgten Einsatzgebiete insbes. bei Schwergut, das mit Stapelkranen ausgelagert wurde. Langsamumschlagende Güter, wie Gesenke oder andere Walzzeuge wurden ebenso im raumsparenden Verschieberegal aufbewahrt und mit Gabelstapler ein- und ausgelagert. Neueste Entwicklungen sind automatisch bediente Verschieberegalsysteme wie das Compact-Lager-System für eine Palettenlagerung und das vollautomatische Verschieberegalsystem für Behälter.

b) Einschubregalsysteme: Einschubregalsysteme bestehen aus einem Regalblock von mehreren Regalzeilen, wobei zur Entnahme oder Beschikkung eine Regalzeile an dem Block herausgezogen wird. Der Bediengang muß folgerichtig genauso breit sein wie der Regalblock, um an jedes Regalfach heranreichen zu können. Der Einsatz solcher Systeme liegt im Werkzeuglagerbereich.

c) Vertikale Umlaufsysteme: Lastschaukelwannen werden drehbeweglich zwischen zwei vertikal verlaufenden Kettensträngen montiert. Diese zwei endlosen Ketten werden gemeinsam motorisch getrieben. Das Regalsystem wird meistens mit Blechwänden verkleidet. Die Lastschaukelwannen können u. a. mit Trennblechen unterteilt werden, so daß mehrere Artikel getrennt in einer Wanne gelagert werden können. In Tischhöhe wird ein- und ausgelagert. Die gewünschte Lastschaukelwanne wird über eine Tastatur angesteuert. Neueste Ent-

wicklungen sehen eine Mikroprozessorsteuerung mit Selektionschaltung vor. Dadurch können beachtliche Zugriffe erzielt werden. Beispielsweise bei 4984 mm hohem Paternoster mit 34 Schubladenblocks steht das gewünschte Material innerhalb von 14,8 s zur Verfügung. Das Regal wird außen überwiegend mit Blechverkleidung versehen. Ihre Anwendungsschwerpunkte liegen im Bereich der leichten Güter, mittleren Artikelzahlen, kleinen Mengen und mittleren Umschlagsleistungen.

Das Gut wird vor unbefugtem Zugriff und vor Verschmutzung gut geschützt. Es ist eine freie Lagerplatzzuordnung möglich, aber kein direkter Zugriff auf jede Lagereinheit. Guter Nutzung der Raumhöhe stehen die hohen Investitionskosten gegenüber.

d) Horizontale Umlaufregalsysteme: Ähnlich dem Kreisförderprinzip hängen an Stelle von Lastschaukeln Fachbodenregale (Grundfelder) o. ä. an Laufwerken, die in an der Decke hängenden Laufschienen geführt werden. Die Laufwerke sind mit einer endlosen Kette verbunden. Der motorische Kettenbetrieb bewegt das Regalsystem meistens in einer ellipsenförmigen Bahn. Überwiegend werden die horizontal umlaufenden Regale auch am Fußboden geführt, so daß sie nicht schaukeln können. Die Bauteile des Regalsystems werden serienmäßig hergestellt.

Diese Systeme eignen sich für Kommissionierzwecke im Kleinteilbetrieb, wobei große Artikelzahlen mit jeweils kleinen Mengen und mittlerer Umschlagsleistung möglich sind. Hohe Investitionskosten und geringe Flexibilität bei schwankenden Umsatzleistungen halten ihren Einsatz in Grenzen.

e) Verschiebeumlaufregalsysteme: In zwei übereinander angeordneten Verschiebeebenen werden Regaleinzelzeilen (meistens Palettenregale) horizontal motorisch bewegt. In der Regel werden die Regalzeilen zur Beschickung und Entnahme (überwiegend auf einer Seite) mit hubbeweglichen Lastbalken vertikal bewegt. Die Höhe der Vertikalbewegung ist größer als zweimal die der Regalgesamthöhe. Sobald die Vertikalbewegung abgeschlossen ist, erfolgt die horizontale Verschiebebewegung. Somit erfolgt ein intermittierender Umlaufzyklus für die Regalzeilen.

Diese Systeme eignen sich für die →Kommissionierung von unterschiedlichen Gütern mit mittlerer Artikelanzahl, Menge und Umschlagsleistung. Es entfallen für die Kommissionierung die Wege des Kommissionierers zum Artikel. Er muß aber warten, bis der Umlauf erfolgte.

f) Drehregalsysteme: Sie bestehen aus einer senkrechten Drehachse, an der die Regalfächer angebracht sind. Sie werden im Maschinenbau vor allen Dingen bei der Lagerung von Werkzeugen und Arbeitsmitteln eingesetzt. Ansonsten finden sie im Einzelhandel bei Büchern und Aktenmaterial ihre Einsatzgebiete.

Lagereinheiten auf Fördermitteln bewegend. Die Lagereinheiten werden auf Fördermitteln bewegt. Dabei laufen die Lagereinheiten ständig um (Puffereinrichtungen) oder werden nur zur Entnahme oder Beschickung bewegt. Man unterscheidet

a) Systeme auf Stetigförderern:

☐ Bandfördersysteme,

☐ Rollbahnsysteme,

☐ Schleppzugfördersysteme,

☐ Kreisfördersysteme,

☐ Hängebahnfördersysteme,

☐ Power-and-free-Systeme;

b) Systeme auf Unstetigförderern:

☐ fahrerlose Transportsysteme (z. B. FTS),

☐ automatische Regalstaplersysteme (z. B. ARS),

☐ automatische Kommissioniersysteme (z. B. ROMEO). (Näheres zu diesen Systemen →Fördermittel →Handhabung.) *Jünemann*

Lagertemperatur. Die L. von Gleitlagern wird durch die im Lager erzeugte →Reibleistung $P_r = f \, F \, u$ und die Kühlleistung P_K bestimmt; dabei gilt für den stationären Zustand $P_r = P_K$. Aus dem thermischen Gleichgewicht zwischen der Reibleistung P_r und den abgeführten Wärmemengen durch Konvektion und Umlauf- bzw. →Flüssigkeitskühlung erhält man für die mittlere Ölfilmtemperatur ϑ folgende Bezeichnungen:

☐ Konvektion $\vartheta = \vartheta_0 + \dfrac{f \, F \, u}{\alpha A}$,

☐ Umlaufkühlung $\vartheta = \vartheta_e + \dfrac{f \, F \, u}{2 \, \varrho \cdot c \, V_K}$,

mit dem Wärmeübergangskoeffizienten α, der wärmeabgebenden Lageroberfläche A, der volumenspezifischen Wärme des Kühlmediums $\varrho \cdot c$, der Kühlölmenge V_K sowie der Umgebungstemperatur ϑ_0 und der Öleintrittstemperatur ϑ_e.

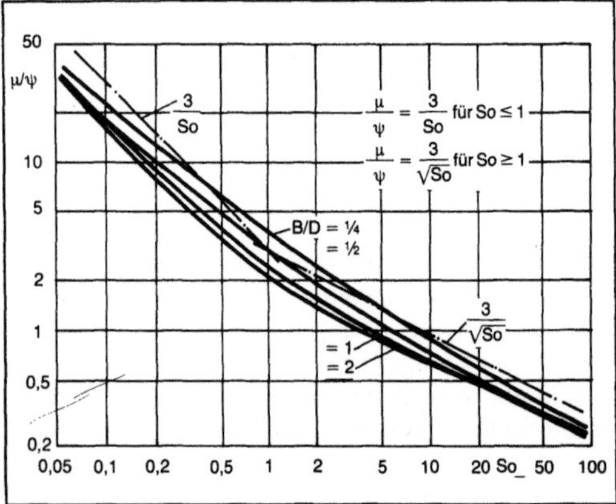

Lagertemperatur 1: Reibungskennfeld $\dfrac{f}{\psi} = f(So, B/D)$.

Bei →Flüssigkeitsreibung ist die →Reibungszahl f von den hydrodynamischen Betriebsbedingungen abhängig und wird als Funktion der →Sommerfeld-Zahl So angegeben (Bild 1).

Nach Substitution der Reibungszahl f in der Temperaturgleichung durch So für die Bereiche So $\leqq 1$ bzw. So > 1 ist die mittlere L. berechenbar, wenn die →Viskosität η bei Betriebstemperatur ϑ bekannt ist.

Luftkühlung:

$$\text{So} < 1 : \vartheta = \vartheta_0 + \frac{6 \, U^2 B}{\alpha A \psi} \, \eta = \vartheta_0 + W_2 \cdot \eta,$$

$$\text{So} \geqq 1 : \vartheta = \vartheta_0 + \frac{4.25}{\alpha A} \sqrt{FBU^3} \sqrt{\eta} = \vartheta_0 + W_1 \cdot \sqrt{\eta} \, ;$$

Umlaufkühlung:

$$\text{So} < 1 : \vartheta = \vartheta_e + \frac{3 U^2 B}{\varrho \cdot c \psi \dot{V}_K} \, \eta = \vartheta_e + W_2 \cdot \eta,$$

$$\text{So} \geqq 1 : \vartheta = \vartheta_e + \frac{3}{\varrho \cdot c} \sqrt{FBU^3} \sqrt{\eta} = \vartheta_e + W_1 \cdot \sqrt{\eta} \, .$$

Die Temperaturabhängigkeit der Viskosität η wird durch das Stoffgesetz $\eta = f(\vartheta)$ des verwendeten

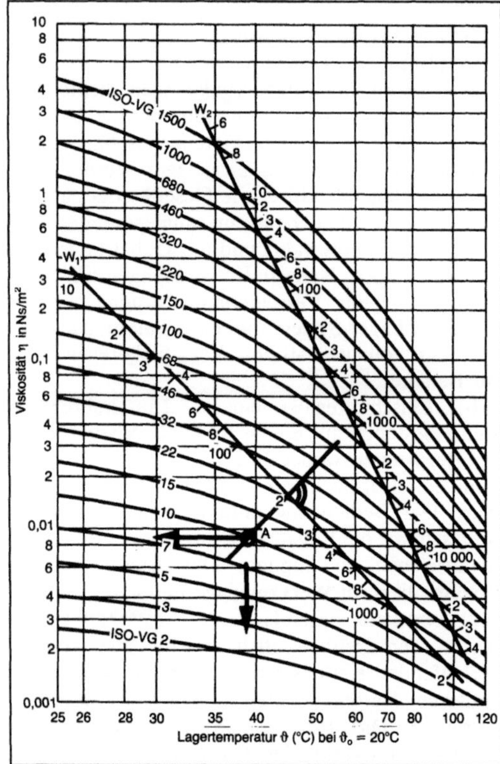

Lagertemperatur 2: Netztafel für $\eta = f(\vartheta)$.

Beispiel: Für $W_1 = 200$, ISO-VG 10 und So > 1 folgen die Temperatur $\vartheta = 39\,°C$ und die Viskosität $\eta = 0{,}008 \, \dfrac{Ns}{m^2}$ im Betriebspunkt aus dem Schnittpunkt A.

Öls berücksichtigt, z. B. mit der relativ einfachen Abhängigkeit nach der Vogelschen Gleichung

$$\eta = \eta_0 \cdot e^{\frac{b}{\vartheta+c}},$$

mit der Viskosität η_0 bei Bezugstemperatur, der Betriebstemperatur ϑ sowie den Stoffkonstanten b und c. Die exponentielle Abhängigkeit schließt eine direkte Substitution der Viskosität in der Temperaturgleichung aus. Die Berechnung erfolgt daher graphisch oder iterativ. Bei der graphischen Lösung werden mit Hilfe von Netztafeln im Schnittpunkt der Viskositätskurve eines Normöls und der zugehörigen W-Geraden die Viskosität η und die Temperatur ϑ im Betriebspunkt ermittelt (Bild 2). Die Steigerung der W-Geraden ergibt sich aus dem Lot auf die W-Achse für So < 1 bzw. So $\geq$ 1.

Programmierbare Berechnungsabläufe basieren auf Kennfeldern für die minimale Spaltweite h_0 und die Reibungszahl f als Funktion der Sommerfeld-Zahl So, die durch Lösung der Reynolds-Differentialgleichung ermittelt werden (z. B. Berechnungsgang nach DIN 31652). Auch die auf Kennfeldern für h_0 = f(So, B/D) basierenden Auslegungsverfahren ermitteln die L. iterativ.

Die iterativen Verfahren ermitteln zunächst für eine geschätzte L. ϑ_i = ϑ(Startwert) aus dem Stoffgesetz η = f(ϑ) die zugehörige Viskosität η_i, so daß die Sommerfeld-Zahl So_i für den i-ten Iterationsschritt berechenbar ist. Mit der Abhängigkeit für die Reibungszahl $\frac{f_i}{\psi}$ = f(So_i, B/D) (Bild 1) folgt dann für die Iterationsstufe (i+1) eine neue L. ϑ_{i+1}. Die Iteration wird mit einer gemittelten Temperatur ϑ fortgesetzt oder beendet, wenn die Temperaturdifferenz zwischen zwei Iterationsläufen eine festgelegte Schranke $\Delta\vartheta$ nicht überschreitet.

Iterationsablauf zur Temperaturberechnung in Radialgleitlagern:

$$\vartheta_i = \vartheta \qquad \rightarrow$$
$$\eta_i = f(\vartheta_i)$$
$$So_i = \frac{F}{BD}\,\frac{\psi^2}{\eta_i\omega} \qquad \rightarrow$$
$$\frac{f_i}{\psi} = f(So_i)$$
$$\vartheta_{i+1} = \vartheta_0 + \frac{2}{\alpha A}\,BU^2\,\frac{f_i}{\psi} \qquad \rightarrow \text{Konvektion}$$
$$(\vartheta_0 \text{ Umgebungstemperatur})$$
$$\vartheta_{i+1} = \vartheta_e + \frac{1}{c\rho\dot{V}_K}\,BU^2\,\frac{f_i}{\psi} \qquad \rightarrow \text{Ölkühlung}$$
$$(\vartheta_e \text{ Lagereintrittstemperatur})$$
$$|\vartheta_{i+1} - \vartheta_i| \geq \Delta\vartheta \qquad \rightarrow \text{Ende}$$
$$\vartheta = \vartheta_{i+1}$$

Knoll

Lagerüberwachung. Auf die Lagergruppe entfällt im Vergleich zur gesamten Maschine i. a. nur ein geringer Kostenanteil. Dennoch sind Lagerschäden die Ursache für erhebliche Kosten durch Folgeschäden und Stillstandzeiten. Mit Überwachungseinrichtungen zur Funktionskontrolle lassen sich im Rahmen der vorbeugenden Wartung die Verfügbarkeit erhöhen und die Instandhaltungskosten senken. Geeignete Merkmale für eine L. werden hergeleitet aus dem Schmierungszustand, der Temperatur, dem →Verschleiß, der Geräuschentwicklung und den Schwingungen. Im Rahmen einer kontinuierlichen Langzeitüberwachung sind für die Meßwertanalyse neben den Absolutwerten insbes. Veränderungen besonderer Merkmale von Bedeutung, wie Gradient und zeitlicher Verlauf der Meßgröße.

Überwachungskriterien für Gleitlager:
□ Die Lagermetalltemperatur im Bereich des engsten Schmierspalts bei hydrodynamischer Schmierung ist die zuverlässigste Methode. Grenzwerte für die zulässige Lagermetalltemperatur liegen im Bereich von 90–120 °C, gemessen 1,5–2,0 mm unter der Lauffläche.
□ Die Schmierstoff-Temperatur ist dann ein geeignetes Überwachungskriterium, wenn der Meßfühler die maximale Öltemperatur erfaßt. Durch Vermischen mit kälterem Öl wird das Meßsignal zunehmend träger. Der Einfluß kann durch niedrigere Grenzwerte kompensiert werden.
□ Der Schmierstoffdruck in der Zuleitung ermöglicht in Verbindung mit der Öltemperaturmessung, die dem Lager zugeführte Ölmenge zu überwachen.
□ Der Schmierfilmdruck (maximaler) ist wie die Lagermetalltemperatur ein zuverlässiges Kriterium, erfordert aber besonders bei hydrodynamischen Lagern einen erheblichen meßtechnischen Aufwand.
□ Die Verlagerungsbahnmessung liefert ein indirektes Signal für die Änderung der minimalen Spaltweite. Sie erfordert eine sorgfältige Justierung der Überwachungssensoren und sollte, um Spiele in der Anlage auszuschließen, nur zwischen Welle und Lager durchgeführt werden.
□ Schwingungsmessungen an Lagergehäuse bzw. Welle sind erforderlich, wenn in bestimmten Drehzahlbereichen Resonanzgefährdung vorliegt, z. B. bei schnellaufenden Rotoren. Als Signal wird die Schwinggeschwindigkeit verwertet. Grenzwerte liegen im Bereich von 20 mm/s (Alarm) und 60 mm/s (Abschaltung).

Überwachungskriterien für Wälzlager:
□ Die Temperaturmessung liefert Informationen über →Mangelschmierung (Anschmierungen, Trockenlauf, Hitzerisse) oder Überschmierung, insbes. beim Hochfahren.
□ Die Schwingungs- oder Geräuschmessung (z. B. subjektives Abhören) läßt Schäden an Laufbahnen

und Wälzkörpern erkennen wie Pittings, Riefen, Eindrückungen, Brüche und Risse.

Eine L. ist auch durch eine Verschleißanalyse (Sammlung und Analyse von Verschleißpartikeln) möglich. Besonders effizient sind Meßverfahren, die in den Ölkreislauf geschaltet Verschleißratemessung und Partikelanalyse kontinuierlich vornehmen. Der Spänedetektor mißt über die elektrische Sekundärspannung die magnetische Flußänderung infolge der Anlagerung ferromagnetischer Verschleißpartikel in einem Magnetspalt (Bild 1). Eine selektive Verschleißmessung verschiedener Bauteilkomponenten innerhalb eines Ölkreislaufs ist mit der Radionuklid-Meßtechnik möglich. Das Verfahren basiert auf der unterschiedlichen radioaktiven

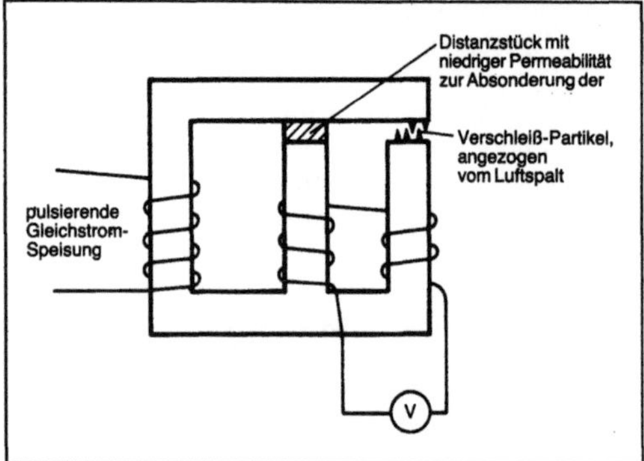

Lagerüberwachung 1: Spänedetektor zur Verschleißmessung nach Orcutt.

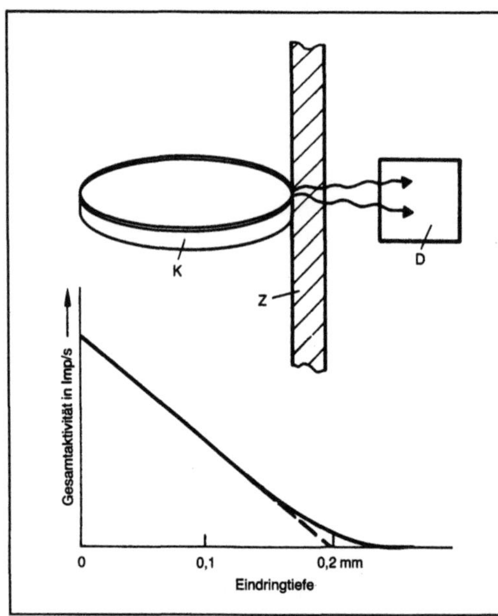

Lagerüberwachung 2: Radionuklid-Meßanordnung zur Verschleißmessung nach Gerve.

D Detektor, K Kolbenring, Z Zylinder.

Markierung der verschleißgefährdeten Oberflächen verschiedener Bauteilkomponenten (Dünnschichtaktivierung). Bei auftretendem Verschleiß entstehen hierbei radioaktive Verschleißpartikel, über deren Aktivierungsart und Intensität der Verschleiß lokalisiert und quantifiziert werden kann (Bild 2). Außer den kontinuierlichen Verschleißmeßverfahren werden auch diskontinuierliche Verfahren zur L. eingesetzt, bei denen in festgelegten Zeitintervallen Ölproben aus dem Kreislauf entnommen und mit chemischen oder physikalischen Verfahren auf ihre Verschleißbestandteile untersucht werden.   *Knoll*

Lagerung.

1. elastische. Weiche Aufhängung eines Verbrennungsmotors mit dem Ziel, die Weiterleitung von Schwingungen und Körperschall zu vermeiden.

Bei starrer Befestigung eines Verbrennungsmotors werden

☐ Massenkräfte und Massenmomente,

☐ das Reaktionsmoment zum schwankenden Motordrehmoment,

☐ Vibrationen und Körperschall

in das Fundament bzw. in das Fahrzeug-Chassis eingeleitet. Um das zu vermeiden, werden schneller laufende Motoren meist mit Gummifederelementen elastisch gelagert. Die L. hat tief abgestimmt zu erfolgen, d. h. die Eigenfrequenzen des elastisch gelagerten Motorblocks müssen unterhalb der niedrigsten Erregerfrequenz liegen. Als niedrigste Erregerfrequenz ist beim →Viertaktmotor die halbe Leerlaufdrehzahl zu berücksichtigen (→Drehkraftdiagramm).

Bei so tiefer Abstimmung, d. h. bei so weicher Aufhängung, ergibt sich eine beträchtliche Einfederung bereits unter dem Eigengewicht des Motors. Auch kippt der Motor nicht unwesentlich unter dem Reaktionsmoment des mittleren abgegebenen Drehmoments. Daher müssen alle Verbindungen zum Motor (z. B. Abgasleitung, Kühlwasserleitung) elastisch ausgeführt sein. Um allzugroße Bewegungen des Motors und damit verbundene Schäden zu vermeiden, sind außerdem Begrenzungsanschläge für den Fall vorzusehen, daß plötzliche Drehmomentveränderungen oder daß Stöße auftreten (z. B. wenn ein Fahrzeug über eine Bodenrinne fährt).

Ein elastisch gelagerter starrer Körper hat 6 Freiheitsgrade und damit 6 Eigenfrequenzen (translatorische Bewegung in 3 Richtungen, rotatorische Bewegung um 3 Achsen). Beim elastisch aufgehängten →Verbrennungsmotor sind besonders die vertikale translatorische Bewegung (wegen der Massenkräfte) und die rotatorische Bewegung um die Kurbelwellenachse (wegen der Drehmomentschwankungen) von Bedeutung. Die Kopplung aller 6 Bewegungen ist von der Anordnung der Federelemente abhängig. Man wählt sie so, daß aus Drehmomentschwankungen nur eine geringe horizontale Auslenkung der Abtriebswellenmitte resultiert.

Ähnlichkeitsbetrachtungen zeigen, daß die →Nenndrehzahl eines Verbrennungsmotors mit seiner Größe abnimmt. Damit muß man auch die Eigenfrequenz der e. L. niedriger wählen. Die statische Einsenkung unter dem Eigengewicht wächst aber quadratisch mit abnehmender Eigenfrequenz. Daraus sieht man, daß die Schwierigkeiten bei der elastischen Lagerung mit der Motorgröße zunehmen. Dennoch geht man dazu über, immer größere Motoren elastisch zu lagern. *Kuhlmann*

2. Maschinendynamik. Die Art der Lagerung einer Maschinenwelle ist von erheblicher Bedeutung für deren dynamisches Verhalten, besonders mit Blick auf die Anregung von Biegeschwingungen der Welle, die Lage der biegekritischen Drehzahlen und die Stabilität der Bewegung. Eine gezielte Verbesserung der →Laufruhe setzt das Wissen um das Zusammenwirken und die gegenseitige Beeinflussung von Rotor und L. voraus. Manche in der Betriebspraxis beobachteten Erscheinungen lassen sich mit einfachen Ersatzmodellen der →Rotordynamik erklären. Besonders eingehend sind die Wirkungen einer elastischen Lagerabstützung und die der Gleit- oder Wälzlager untersucht worden.

Eine elastische L. bedeutet gegenüber der ideal starren L. stets eine Änderung der Randbedingungen mit entsprechenden Auswirkungen auf die Eigenfrequenzen und die Eigenschwingungsformen (Bild 1). Wegen der größeren Nachgiebigkeit des Systems Welle/Lagerung/Fundament sinken die kritischen Drehzahlen gegenüber starrer L. grundsätzlich ab. Der Lagereinfluß wird um so größer, je nachgiebiger die Abstützung ist. Im Extremfall sehr weicher L. kann die Welle als starr angesehen werden, so daß die kritischen Drehzahlen allein durch die Lagersteifigkeit bestimmt werden (weiche Abstützung von Zentrifugentrommeln).

Bei horizontaler L. des Rotors ist die Steifigkeit der Abstützung in vertikaler Richtung meist größer als in horizontaler Richtung: die L. wird anisotrop (genauer orthotrop). Hierdurch spaltet sich die kritische Drehzahl in zwei dicht benachbarte kriti-

sche Drehzahlen auf. Die Orthotropie ist bei Wellenschwingungsmessungen daran zu erkennen, daß der Wellenmittelpunkt, der bei isotroper L. infolge der →Unwuchterregung eine Kreisbahn beschreibt, sich nunmehr auf einer Ellipsenbahn bewegt. Dabei kann →Gleichlauf wie auch Gegenlauf beobachtet werden (Bild 2).

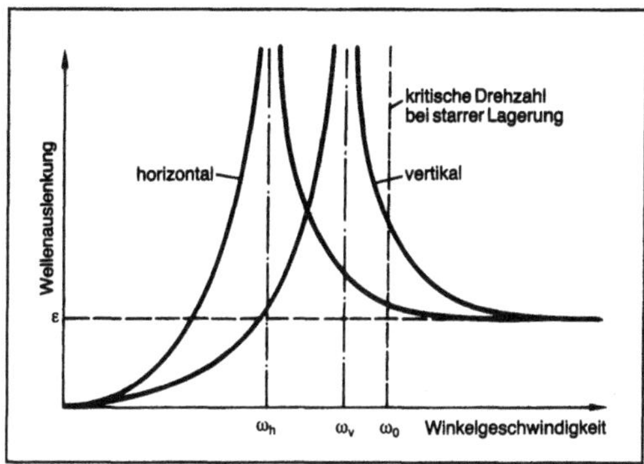

Lagerung (Maschinendynamik) 2: Resonanzkurven bei orthotrop-elastischer Lagerung.

Eine Minderung der Resonanzspitzen läßt sich durch dämpfende elastische L.-Elemente erreichen; doch ist dabei eine sorgfältige Parameteroptimierung nötig. Bei zu großer Dämpfung verhält sich die L. wieder wie ein starres Lager, so daß die Dämpfung unwirksam bleibt.

Auch Gleitlager besitzen dämpfende wie elastische Eigenschaften, die sich vermindernd auf die kritischen Drehzahlen wie auf die Resonanzspitzen auswirken. Auf Grund der drehzahlabhängigen Anisotropie des Ölfilms zeigen sich jedoch Besonderheiten im dynamischen Verhalten des Rotors, die bei orthotroper L. nicht auftreten: Oberhalb einer gewissen →Grenzdrehzahl wird der ruhige Lauf des Rotors instabil: Es setzen starke selbsterregte Schwingungen ein (Bild 3). Kennzeichnend für diese Schwingungen ist es, daß sie nicht mit der Drehfrequenz, sondern mit der Eigenfrequenz des Rotors ablaufen. Folglich können sie nicht durch Auswuchten beeinflußt werden. Die Grenzdrehzahl selbst ist von der Art des Gleitlagers (Kreislager, Zitronenlager, Dreikeillager), den Lagerparame-

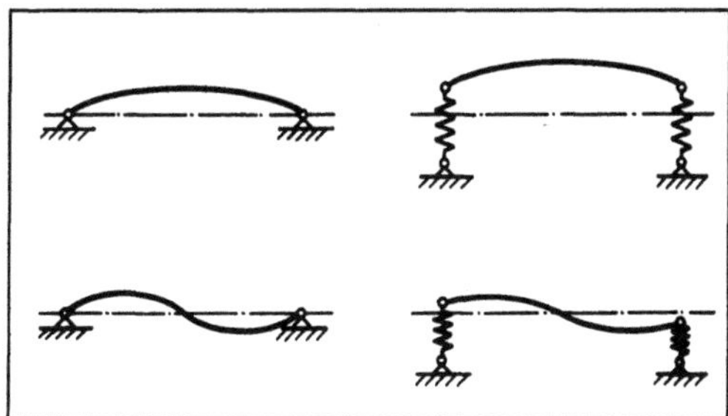

Lagerung (Maschinendynamik) 1: Eigenformen bei starrer bzw. elastischer Lagerung.

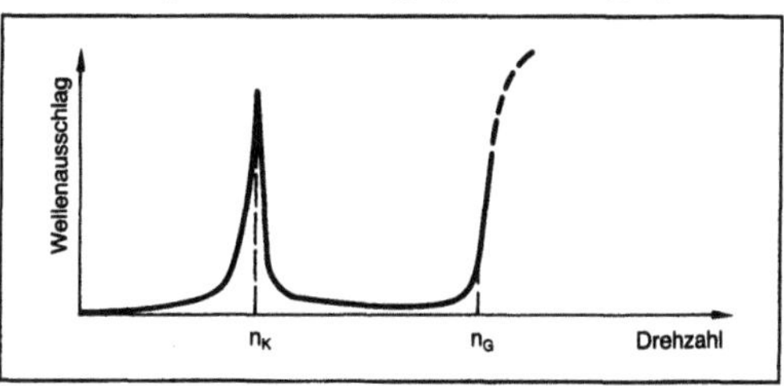

Lagerung (Maschinendynamik) 3: Kritische Drehzahl und Grenzdrehzahl eines gleitgelagerten Rotors.

tern (Lagerspiel, Lagerbreite, Ölzähigkeit), der Lagerbelastung und der Wellensteifigkeit in komplizierter Weise abhängig.

Wälzlager beeinflussen das dynamische Verhalten eines Rotors hauptsächlich durch ihre Formfehler. Durch Radialschlag, Axialschlag oder andere Geometriefehler werden erzwungene Schwingungen des Rotors angeregt, die wegen der geringen Dämpfung der L. zu störenden Resonanzausschlägen führen können.

Schließlich können dem Rotor über das Fundament und die L. Schwingungen aufgezwungen werden. Die rotorfremde Ursache zeigt sich bei einer Signaturanalyse an der drehzahlunabhängigen Erregerfrequenz. *Witfeld*

3. schwimmende →Lageranordnung

Lagerverwaltung →Lagerorganisation

Lagerwerkstoff →Gleitlagerwerkstoff, Wälzlager-Werkstoff

Lagewechsel →Variation (→Konstruktionsverfahren)

Lambda-Sonde →Abgasentgiftung

Lamellenbremse. Die L. ist eine Reibungsbremse. Ihr Grundaufbau ähnelt der →Lamellenkupplung. Der Unterschied besteht darin, daß eine Kupplungshälfte (z. B. der Außenmitnehmer) mit dem Gehäuse und nicht mit einer →Welle verbunden ist. Weil dieser Teil feststeht, ist die Ausführung der Betätigung vereinfacht. Das Bild zeigt eine magnetisch betätigte Lamellen-Federdruckbremse. Bei ihr wird das Lamellenpaket durch Federn über die Druckbolzen und den Ankerring ständig zusammengepreßt, d. h. es wird gebremst. Zum Lösen der Bremse wird durch Stromzuführung ein Magnetfeld

erzeugt, das die Ankerscheibe nach links zieht. Die Lamellen werden dann nicht mehr zusammengepreßt und können sich gegeneinander verdrehen: Die Bremse ist gelöst. *Ehrlenspiel*

Lamellenkupplung. Die L. ist eine schaltbare, fremdbetätigte Reibungskupplung. Zur Vergrößerung des übertragbaren Drehmoments wird eine größere Anzahl von Reibscheiben (Lamellen) parallel geschaltet. Die Lamellen sind abwechselnd an der Innen- bzw. Außenseite mit Nasen oder Zähnen versehen. Diese greifen in entsprechende Nuten des Innen- bzw. Außenteils. Die Anpressung erfolgt mechanisch über Hebel, Kugeln oder Federn, hydraulisch oder pneumatisch über Kolben oder elektromagnetisch über eine Ankerscheibe. Das Bild zeigt eine mechanisch betätigte L. Das Lamellenpaket wird durch zwei Druckscheiben begrenzt. In der Nabe sind Nuten, in denen Betätigungshebel befestigt sind. Die längeren, etwas federnden Arme der Hebel werden durch Verschieben der Schaltmuffe nach innen gedrückt. Die kurzen Arme der Hebel verschieben die Druckscheibe und drücken damit das Lamellenpaket zusammen. Durch diese Anordnung ist die Betätigung selbstsperrend, d. h. ist die Kupplung eingerückt, wird die benötigte Anpreßkraft selbsttätig ständig aufrechterhalten. Zum Nachstellen der Kupplung kann die andere Druckscheibe über ein Gewinde verschoben werden. Die Lamellen neigen dazu, im gelösten Zustand aneinander zu haften, so daß auch nach Ausschalten der Kupplung noch ein Restdrehmoment übertragen wird. Um das zu vermeiden, wird häufig ein in sich geschlossener gewellter Federring zwischen je zwei Lamellen angeordnet. Bei ausgerückter Kupplung trennen die Federringe die einzelnen Lamellenpaare. Eine andere Möglichkeit, das Restdrehmoment zu verringern, besteht in der Verwendung von Sinuslamellen. Die Lamellen werden aus Stahl und mit oder ohne Reibbelag ausgeführt. Lamellen aus Stahl ohne zusätzlichen Reibbelag müssen geschmiert werden (nasse L.). Neben der Schmierung

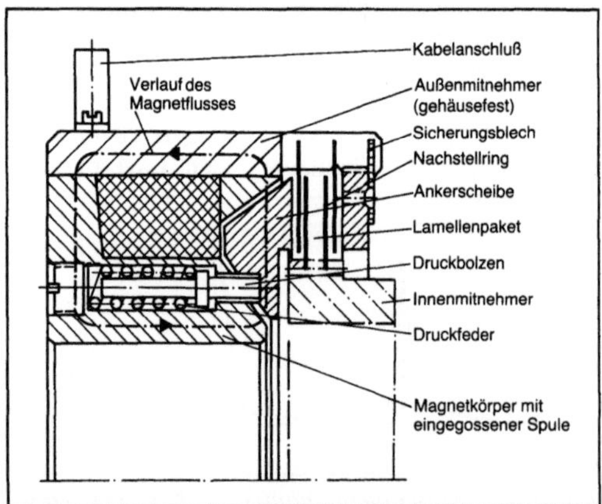

Lamellenbremse: Magnetisch betätigte Lamellen-Federdruckbremse. (Quelle: ZF)

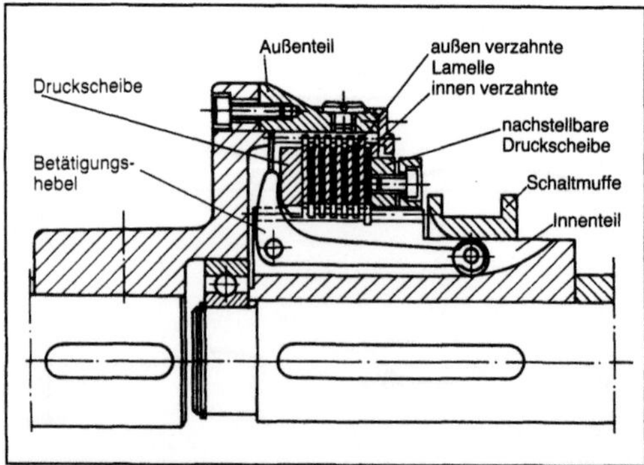

Lamellenkupplung mechanisch betätigt. (Quelle: Ortlinghaus)

dient das Öl auch zur Wärmeabfuhr. L. bauen auf Grund der Parallelschaltung der Reibflächen relativ klein. Sie sind im Maschinenbau weit verbreitet. Sie werden ferner als Motorradkupplungen und in automatischen Kfz-Getrieben verwendet. *Ehrlenspiel*

Landmaschine. Sammelbegriff für alle zur →Mechanisierung und damit zur Produktivitätssteigerung der Landwirtschaft eingesetzten Maschinen: Ersatz tierischer Zugleistung, Vervielfältigung der menschlichen Arbeit, Entlastung von schwerer körperlicher Arbeit. Unterscheidung der L. z. B. in Feldmaschinen und Hofmaschinen. Weitere übliche Grobeinteilungen: Maschinen für pflanzliche und tierische Produktion, Traktoren und sonstige Maschinen, selbstfahrende und nichtselbstfahrende Maschinen. Insgesamt wenden die Landwirte etwa 8–10% ihrer Ausgaben für Maschinen auf, zusätzlich 3–5% für deren Instanthaltung. Eine Analyse der L.-Käufe weist etwa das halbe Investitionsvolumen allein für den Traktor aus.

Man gliedert die Feldmaschinen häufig nach der Folge der im Jahresverlauf anfallenden Arbeiten: Bodenbearbeitungsgeräte, Sämaschinen, Pflanzmaschinen, →Düngerstreuer, Hackmaschinen, Pflanzenschutzgeräte, Mähmaschinen, →Feldhäcksler, Heuwerbungsmaschinen, Aufsammelpressen, →Ladewagen, Mähdrescher, Kartoffelerntemaschinen, Rübenerntemaschinen und →Ackerwagen zum Transport. Nicht selbstfahrende L. werden als Anbaugeräte, Aufsattelgeräte oder Anhängegeräte mit dem Traktor kombiniert, der nicht nur als zentrale Kraftquelle, sondern zunehmend auch als Steuerzentrale dient.

Zu den Hofmaschinen gehören →Belüftungsanlage, →Dreschmaschine (früher), →Frontlader, pneumatische Förderanlagen, →Göpelanlage (früher), Güllemaschinen, Häckselmaschine, →Melkmaschine, →Putzmühle (früher), →Silofräsen, Trocknungsanlage und verschiedene weitere L. zur Förderung (z. B. →Schneckenförderer, →Wurfgebläse), Aufbereitung (z. B. Beizmaschinen) und Fütterung. Die Funktion der L. (mit Ausnahme des Traktors) setzt sich meist aus einigen charakteristischen Grundverfahren zusammen (Tabelle 1).

Bild 1 zeigt am Beispiel des Mähdreschers die Bedeutung der Grundverfahren für die einzelnen Maschinenfunktionen sowie die Einordnung des

Landmaschine. Tabelle 1: Grundverfahren.

Boden bearbeiten	Verdichten
Säen	Dreschen
Pflanzen	Trennen
Dünger ausbringen	Fördern
Pflanzenschutzmittel anlagern	Transportieren
Bewässern	Belüften
Schneiden	Trocknen

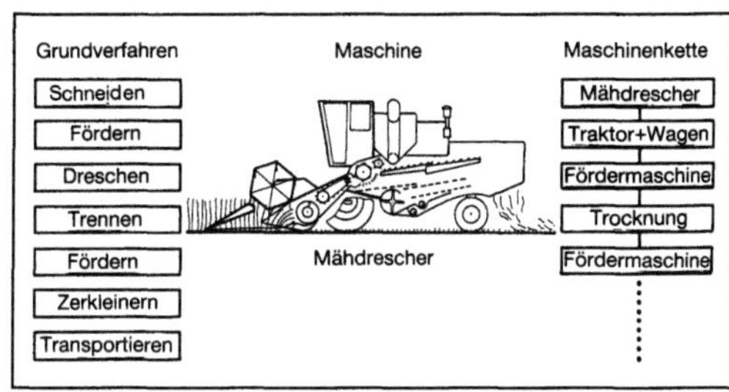

Landmaschine 1: Prinzip der Kombination von Grundverfahren in einer Landmaschine und der Kombination von Landmaschinen zu Maschinenketten.

ganzen Mähdreschers in eine sog. Maschinenkette. Der Traktor allein (ohne Geräte) wäre fast wertlos, da er nur zur Fortbewegung dienen könnte.

Die Anwendung der L. orientiert sich an deren Wirtschaftlichkeit (Tabelle 2). Für den Nutzen steht die Einsatzleistung an erster Stelle. Bei den Kosten haben die Aufwendungen für die Anschaffung das größte Gewicht, bei Nichteinbeziehung des Lohns oft um 50%. Die Lohnkosten wiederum liegen allein oft in der gleichen Größenordnung wie die gesamten Maschinenkosten. Darin erkennt man die Hauptantriebsfeder für weitere Leistungssteigerungen oder auch Verfahrenskombinationen (z. B. Front- und Heckgeräte am Traktor).

Landmaschine. Tabelle 2: Kriterien zur Beurteilung der Wirtschaftlichkeit.

Nutzen	Kosten
Einsatzleistung	Anschaffung
Einsatzmöglichkeiten	Betriebsstoffe
Einsatzbereitschaft	Wartung, Reparatur
Komfort, Sicherheit	Unterbringung
Form, Farbe, Image	Versicherung
	Lohn

Seit 1887 gibt es in Deutschland Einrichtungen zur L.-Prüfung, die heute unter der Hoheit der Deutschen Landwirtschaftsgesellschaft (DLG) durchgeführt werden und sowohl für die Anwender wie auch für die Hersteller wertvolle Ergebnisse liefern. Deswegen wird diese Arbeit von der Bundesregierung Deutschland finanziell unterstützt.

Gegenüber alten Handverfahren erreichte man mit modernen L. teilweise geradezu spektakuläre Produktivitätsfortschritte, wie sie in der Technik nicht oft vorkommen. So leistet z. B. eine einzige Arbeitskraft heute auf einem modernen Mähdrescher so viel wie früher tausend Landarbeiter. Die positiven Konsequenzen daraus gehen zuweilen etwas unter: Erst durch die genannten Produktivitätssteigerungen der Landwirtschaft war die Entwicklung vom Agrarstaat zur Industrienation möglich. Noch gegen Ende des 18. Jahrhunderts waren etwa drei Viertel aller Erwerbstätigen in Deutschland in der Landwirtschaft tätig – heute sind es nur noch einige Prozent. Bild 2 deutet an, in welchem Umfang selbst nach dem Zweiten Weltkrieg dieser Trend noch anhielt. Der „Austausch der Arbeitskräfte durch Maschinen" *(Wenner)* erhielt seinen Antrieb nicht nur durch den Kostendruck in der Landwirtschaft, sondern auch durch den großen Sog der Industrie nach Arbeitskräften. So trug die Fortentwicklung und breite Einführung der L. wesentlich zu dem von der ganzen Welt bestaunten deutschen Wirtschaftswunder der 50er und 60er Jahre bei. *Renius*

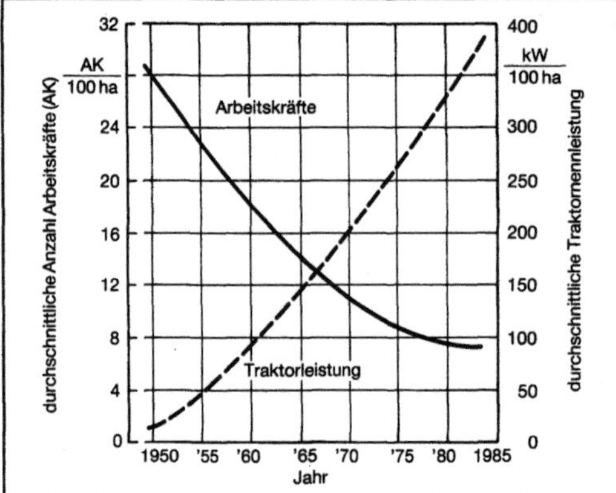

Landmaschine 2: Austausch von Arbeitskräften durch Maschinen am Beispiel des Einsatzes von Traktoren in der Bundesrepublik Deutschland. (Quelle: Wenner)

Literatur: Autorenteam: Festschr. „25 Jahre VDI-Fachgruppe Landtechnik". Düsseldorf 1983. – Autorenteam: Miterlebte Landtechnik. Darmstadt 1981 u. 1985. – Autorenteam: Die Entwicklung des landwirtschaftlichen Maschinenwesens in Deutschland. Berlin 1910. Reprint in Klassiker der Technik. Düsseldorf 1987. – Autorenteam: Jahrb. Agrartechn. 1. Hrsg. *H. J. Matthies* u. *F. Meier.* Frankfurt a. M. 1988. – *Dencker, C. H.* (Hrsg.): Handb. Landtechnik. Hamburg, Berlin 1961. – *Eichhorn, H.* (Hrsg.): Landtechnik (Landwirtsch. Lehrb. Bd. 4). Stuttgart 1985. – *Fischer, G.,* et al.: Die Entwicklung des landwirtschaftlichen Maschinenwesens in Deutschland. Festschr. 25 Jahre DLG. Berlin 1910. – *Fischer, G.:* Landmaschinenkunde. Stuttgart 1928. – *Franz, G.* (Hrsg.): Die Geschichte der Landtechnik im 20. Jahrhundert. Frankfurt a. M. 1969. – *Göhlich, H.:* Mensch und Maschine (Lehrb. Agrartechnik. Bd. 5). Hamburg, Berlin 1987. – *Hamm, W.:* Die landwirtschaftlichen Geräte und Maschinen Englands. Braunschweig 1858. – *Kühne, G.:* Handb. Landmaschinentechnik. Bd. 1 u. 2. Berlin 1930 u. 1934. – *Kunze, R. F.:* Lexikon der Landtechnik. Würzburg 1984, 1986, 1987. – *Lachenmaier, F.:* 100 Jahre Deutsche Landwirtschafts-Gesellschaft. Frankfurt a. M. 1985. – *Moser, E.:* Verfahrenstechnik Intensivkulturen (Lehrb. Agrartechnik. Bd. 4). Berlin, Hamburg 1984. – *Perels, E.:* Handb. landwirtschaftliches Maschinenwesen. Bd. 1. Jena 1880. – *Renius, K. Th.:* Traktoren. 2. Aufl. Bern, Frankfurt a. M., München, Münster-Hiltrup, Wien 1987. – *Schilling, E.:*

Landmaschinen. 3 Bde. Rodenkirchen. Bd. 1: Ackerschlepper. 2. Aufl. 1960. Bd. 2: Mechanische Bodenbearbeitung. 2. Aufl. 1962. Bd. 3: Düngung, Bestellung, Pflege. 1958. – *Segler, G.:* Maschinen in der Landwirtschaft. Berlin, Hamburg 1956. – *Sonnen, F. J.:* Landmaschinenprüfung. Jahrb. Agrartechn. 1. S. 135/37 u. 168. Frankfurt a. M. 1988. – VDI 2504–2507: Bauelemente der Landmaschinen. Hrsg. Verein Dt. Ingenieure. Ausg. Sept. 1963. – *Vormfelde, K.:* Landmaschinen. Berlin, Hamburg 1930. – *Wenner, H.-L.,* et al.: Landtechnik-Bauwesen (Die Landwirtschaft. Bd. 3). München 1986. – *Wieneke, F.:* Verfahrenstechnik der Halmfutterproduktion. Göttingen 1972. – *Wieneke, F.,* u. *Th. Friedrich:* Agrartechnik in den Tropen. Bd. 1. Bovenden 1983. – *Wüst, A.:* Landwirtschaftliche Maschinenkunde. Berlin, Hamburg 1882.

Landtechnik. Nutzung technischer Hilfsmittel zum Mechanisieren der landwirtschaftlichen Produktion in der Außen- und Innenwirtschaft (pflanzliche und tierische Produktion). Der zunehmend angewendete Begriff Agrartechnik ist eher noch umfassender. Er schließt z. B. auch die industrielle Produktion von Agrarerzeugnissen mit ein.

Im Mittelpunkt der L. stehen die Landmaschinen, wobei nicht nur deren Funktionen, sondern auch alle Fragen der Entwicklung, der Produktion, der Prüfung, des Einsatzes und der Reparatur bzw. Wartung zur L. gehören. Der Maschineneinsatz wird dabei möglichst ganzheitlich etwa durch folgende Kriterien bewertet: Zweckmäßigkeit, Wirtschaftlichkeit, Geräte-Kombinierbarkeit, Eignung für Maschinenketten, arbeitswirtschaftliche Einordnung in den Betrieb, ggf. überbetriebliche Nutzung, Unterbringung, Energieverbrauch, Umweltverträglichkeit, Finanzierung und Wiederverkauf. Der volkswirtschaftliche Nutzen der L. betrifft primär vor allem die Landwirtschaft, sekundär aber auch die Landmaschinenindustrie. Man darf auch nicht vergessen, daß unsere hochentwickelte Industrie und ebenso der ganze Dienstleistungsbereich der Volkswirtschaft ohne L. nicht hätte entstehen können.

Mit steigender Mechanisierung rückte die Verträglichkeit der Technik mit Mensch, Tier, Pflanze und Boden mehr in den Vordergrund als jemals zuvor. Wie positiv die L. diese Herausforderungen annahm, zeigt z. B. der fast spektakulär gestiegene Aufwand zur Anpassung der Maschinen an den Menschen. Er stieg beim Mähdrescher und beim Traktor von einigen Prozent (um 1975) auf heute etwa 15 bis 20% des Gesamtaufwands (in Kosten gemessen). Zukünftig werden vermehrt auch Fragen des Umweltschutzes und der Landschaftspflege bedeutsam werden. *Renius*

Literatur: Jahrb. Agrartechnik 1. Frankfurt a. M. 1988. – *Neumann, J.:* Strukturwandlungen der Landwirtschaft und einige Auswirkungen auf Motorisierung und Mechanisierung. Grundl. Landtechn. 38 (1988) Nr. 2, S. 37/41. – *Schön, H.:* Landtechnik für die Landwirtschaft der Zukunft. Vortrag MEG-Abend Frankfurt a. M. 24. 11. 1987. Beilage in DLG-Mitt. 103 (1988) Nr. 1. – *Thiede, G.:* Die Zukunft der EG-Landwirtschaft. Landtechn. 43 (1988) Nr. 1, S. 14/19.

Langsamläufer. L. sind Hydromotoren (Drehmotoren) mit besonderer, u. a. auf große →Hubvolumen ausgelegter Konstruktion, die als Hochmomentmotoren keine Getriebe benötigen, unter Last aus dem Stillstand anlaufen und ab sehr kleinen Drehzahlen (2–5 min⁻¹) ruckfrei drehen. Ursächlich für den Ungleichförmigkeitsgrad der Drehbewegung im unteren Drehzahlbereich sind der geometrische Ungleichförmigkeitsgrad, der sich mit größerer Kolbenzahl verbessert, und der Leckstrom, der durch den drehwinkelabhängigen Lastdruck pulsiert. Auch Ölkompression und Elastizitäten im Leitungssystem haben nachteiligen Einfluß. Übliche Arbeitsdrehzahlen bis 150 min⁻¹, maximale Drehzahlen bis 400 (800) min⁻¹, mit der Baugröße fallend. Dauerdrehmomente einstufig bis 125 000 Nm bei Dauerdruck um 250 bar; Spitzendruck um 350–400 bar.

Bauweise meist als Radialkolbenmotor mit innerer (Exzenter) oder äußerer (z. B. Nockenbahn) Kolbenabstützung (Bild). Weitere Ausführungen als mehrfach beaufschlagte Flügelzellenmotoren und als Orbit-Motoren (Umlauf-Zahnradmotor). Anwendung der Motoren als Antriebe für Winden und Haspel, Kneter, Walzen, Dreh- und Schwenkvorrichtungen. Für Fahrzeuge Sonderbauart mit feststehender Welle und umlaufendem Gehäuse (z. B. Außenexzenter) als Radmotor für schwere Bau- und Erdbewegungsmaschinen. *Röper*

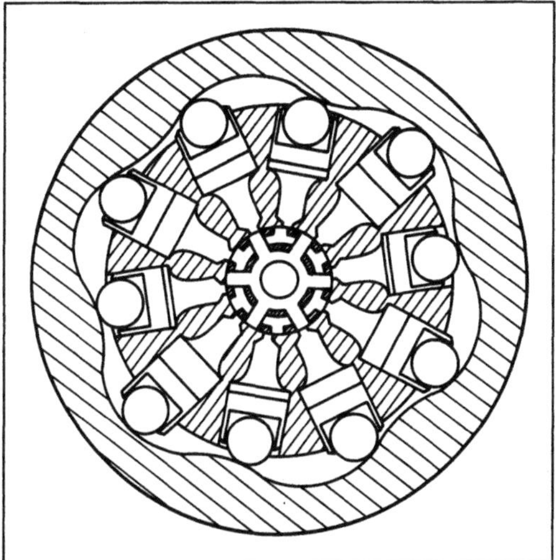

Langsamläufer: Langsamlaufender Radialkolbenmotor mit äußerer Kolbenabstützung und Innensteuerung des rotierenden Zylindersterns. (Quelle: Poclain)

Langsamlaufverschleiß. Bei Schmierspaltdicken unter 0,1 μm (→Elastohydrodynamik) bzw. <0,5 m/s Umfanggeschwindigkeit von Zahnrädern, z. B. in der letzten Stufe eines Zahnradgetriebes, bestimmten häufig kontinuierlicher Materialabtrag und nicht andere Flankenschäden wie →Grübchenbildung oder Fressen die Lebensdauer der Zahnradstufe.

Mit zunehmender Laufdauer entstehen zunächst Auskolkungen zwischen Fuß- und Wälzkreis, dann zwischen Wälz- und Kopfkreis; schließlich wird der Werkstoff parallel zu der entstandenen Form abgetragen. Das Bild zeigt schematisch die typischen Schadensformen.

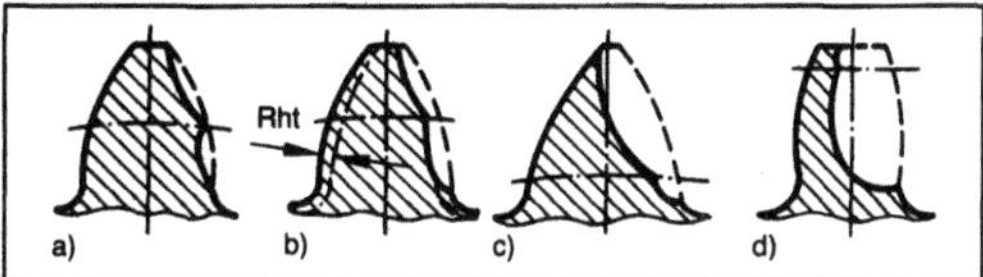

Langsamlaufverschleiß: Typische Schadensformen.
a) Auskolkung
b) Abtrag der gehärteten Randschicht
c) Abtrag bis Spitzengrenze
d) Schwächung des Zahnfußquerschnitts.

Bei gleichharten Zahnflanken ist der Gewichtsverlust an →Ritzel und Rad etwa gleich groß. Bei der Paarung oberflächengehärteter Räder mit vergüteten verschleißt fast ausschließlich das weichere Rad. Bereits geringfügige Härteunterschiede zwischen Ritzel und Rad führen zu erhöhtem Verschleiß am weicheren Teil.

L. kann durch alle Maßnahmen gemindert werden, die zu einer größeren Schmierfilmdicke führen, d. h. größere Ölzähigkeit und/oder höhere Geschwindigkeit. Synthetische Schmierstoffe wirken sich in einigen Fällen gegenüber Mineralölen günstiger aus, wie auch Fließfett offensichtlich günstiger ist als das entsprechende Mineralöl. EP-Additive hingegen zeigen keinen gerichteten Einfluß auf die Verschleißmenge (→Getriebeschmierstoffe).

Die Verschleißlebensdauer L_p kann nach dem Verfahren von *Plewe* berechnet werden. Sie ergibt sich als Verhältnis von zulässigem Verschleißbetrag W_{lP} in mm im Stirnschnitt zu dem Verschleißabtrag W_l in mm je Stunde, der von den Betriebsbedingungen der Zahnradstufe abhängt:

$$L_P = W_{lP}/W_l \text{ in h} \qquad (1).$$

Der lineare Verschleißabtrag läßt sich hierbei näherungsweise nach folgender Beziehung beschreiben:

$$W_l = c_{lT}\,(\sigma_H/\sigma_{HT})^{1,4}\,(\rho_c/\rho_{cT})\,(\xi_W/\xi_{WT})\cdot 60\cdot n \qquad (2);$$

c_{lT} ist ein Verschleißfaktor, der in Prüfstandsversuchen als Funktion einer rechnerischen Schmierfilmdicke ermittelt wurde, σ_{HT}, ρ_{cT}, ξ_{WT} sind →Flankenpressung, Krümmungsradius im Wälzpunkt sowie mittleres spezifisches Gleiten bei den Testbedingungen, σ_H, ρ_c, ξ_W die entsprechenden Werte des zu berechnenden Radpaares, n die Drehzahl des betrachteten Rades.

Der zulässige Verschleißabtrag W_{lP} hängt von den maßgebenden Grenzbedingungen ab:
- zulässige Verschlechterung der Profilform,
- maximales Verdrehflankenspiel,
- bei oberflächengehärteten Zahnrädern maximal zulässiger Abtrag der Randschicht, b) im Bild,
- Mindest-Zahnkopfdicke, c) im Bild,
- Begrenzung der Abriebmenge im Schmierstoffsumpf,
- Mindestzahnfußdicke, d) im Bild. *Winter*

Literatur: *Plewe, H. J.:* Untersuchungen über den Abriebverschleiß von geschmierten, langsam laufenden Zahnradgetrieben. Diss. TU München 1981. – *Stoew, S. N.:* Ermittlung des abrasiven Verschleißes von ungehärteten Zahnrädern bei Schmierung mit verunreinigtem Öl. Diss. TU Dresden 1972.

Langschmiedemaschine. Der Schmiedevorgang in der L. ist dem Schnellpressen sehr ähnlich. Dabei formen 4 Schmiedewerkzeuge mit rechteckiger oder kalibrierter Form der Hammerköpfe das Werkstück gleichzeitig um. Durch den gleichzeitigen Eingriff der 4 Werkzeuge wird eine Breitung des Werkstücks vermieden. Das verhindert bei Werkstücken mit runder Querschnittsform eventuelle Lockerungen im Inneren des Werkstücks.

Die Werkzeuge sind unter einem Winkel von jeweils 90° zueinander in einem kastenförmigen Stahlgußgehäuse angeordnet. Somit werden die rückwirkenden Schmiedekräfte nicht nur über das Fundament an den Boden weitergeleitet, sondern teilweise von dem Stahlgußgehäuse aufgenommen. Das ermöglicht einen Schmiedevorgang mit erhöhtem Schmiedewirkungsgrad und unwesentlichen Fundamenterschütterungen. Die Werkzeuge sind an Pleuelstangen befestigt, die von Exzenterwellen bewegt werden (Bild). Ein Motor treibt die Exzenterwellen über ein mechanisches →Getriebe an. Die Exzenterwellen sind in Gehäusen verstellbar gelagert, so daß ein Drehen der Gehäuse eine stufenlose Änderung der Werkstückendquerschnitte ermöglicht. Teilsysteme eines Gesamtschmiedesystems

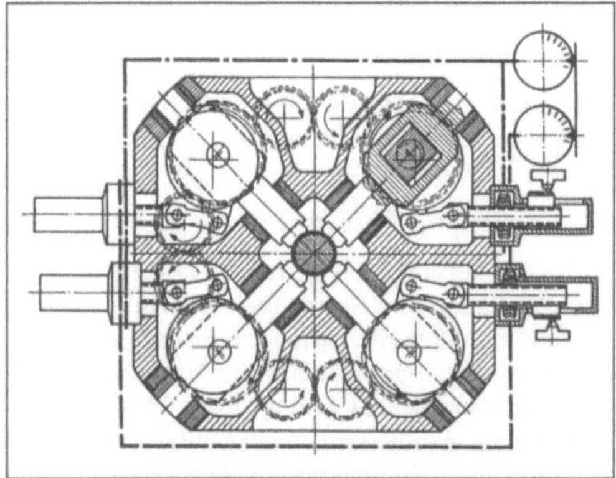

Langschmiedemaschine: Querschnitt.

sind Spannsysteme, Rollgänge, Lade- und Entladeeinrichtungen sowie Öfen. *Baumann*

Literatur: *Asbrand, H., u. W. Haring:* Erfahrungen mit Langschmiedemaschinen. Stahl u. Eisen 84 (1964) Nr. 9, S. 513/20. – *Braunwieser, H.:* Langschmiedemaschinen. Techn. Mitt. 65 (1972) Nr. 8, S. 378/79. – *Hensel, A., u. E. Richter:* Erfahrungen beim Betrieb einer Langschmiedemaschine in einem Edelstahlwerk. Neue Hütte 15 (1970) Nr. 11, S. 682/86.

Langschmiedepresse. Die L. hat einen hydraulischen Antrieb und schmiedet mit verhältnismäßig großen Hubzahlen den →Werkstoff bis in seine Kernzonen durch. Die Werkzeuge werden von hydraulischen Zylindern über die im Maschinenrahmen gelagerten Lenker und Druckstücke bewegt (Bild). Mit den Werkzeugen kann entweder paarweise oder gleichzeitig geschmiedet werden. Beim gleichzeitigen Schmieden mit 4 Werkzeugen (auch Radialschmieden genannt) wird eine Breitung des Werkstoffs weitgehend vermieden und eine gute Werkstoffoberfläche erzielt. Zu einem L.-System gehören 2 Schmiedemanipulatoren, Lade- und Entladeeinrichtungen sowie Rollgänge. *Baumann*

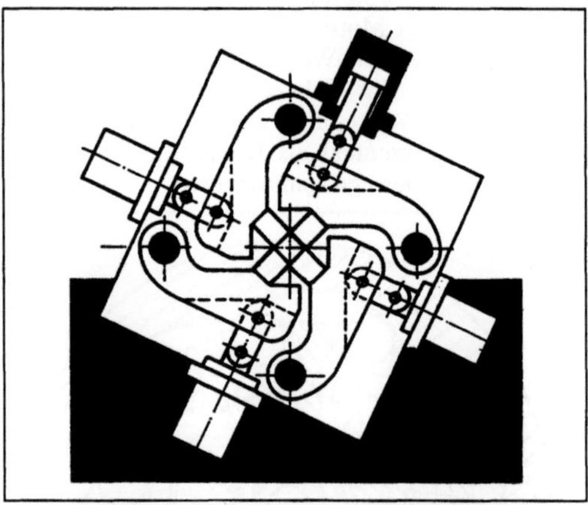

Langschmiedepresse: Werkzeuganordnung und Werkzeugbewegung beim Radialschmieden (schematische Darstellung).

Literatur: *Guse, R.:* Langschmiedepresse. Techn. Mitt. 65 (1972) Nr. 8, S. 380/82.

Langschmiedeverfahren. Unter einem L. ist ein Verfahren zum Herstellen stabförmiger Langprodukte aus Stahl oder Nichteisenmetallen durch hohe Drücke und schnelle Schlagfolgen mit 4 radial gegenüberliegenden Werkzeugen zu verstehen. Dabei werden die zu bearbeitenden Werkstücke durch das Pressen oder Schnellpressen umgeformt. Zwei technische Systeme für das Langschmieden sind die →Langschmiedepresse und die →Langschmiedemaschine. Eine Weiterentwicklung der Langschmiedemaschine ist die Durchlaufschmiedemaschine. *Baumann*

Laschenkupplung. L. sind längs- und winkelnachgiebige, drehstarre Ausgleichskupplungen. In der gebräuchlichen Ausführung als Doppelkupplung (Bild) sind L. auch quernachgiebig. Die L. besteht aus zwei Kupplungsnaben die durch Laschen wechselweise verbunden sind. Die Laschen bestehen i. a. aus rostfreiem Federstahl. Die Laschen werden als einzelne Laschen oder als Ringe (Lamellen) einfach oder als Pakete ausgeführt. Die L. ist schmierstoff- und wartungsfrei. Sie wird vor allem im Turbo- und Schwermaschinenbau verwendet. *Ehrlenspiel*

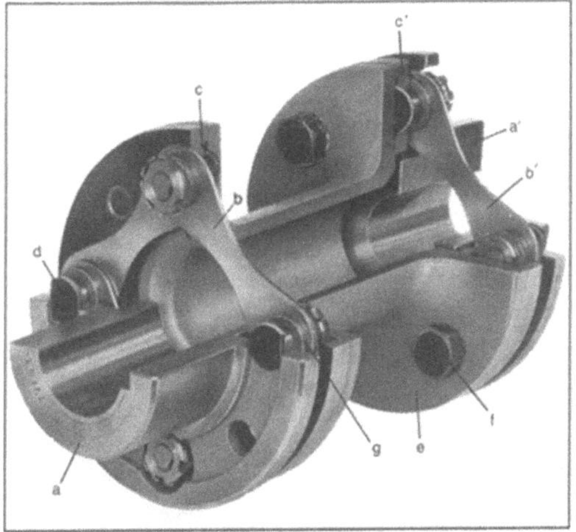

Laschenkupplung als Doppelkupplung. (Quelle: Rigiflex)

a, a′ Nabenflansche, b, b′ Lasche, c, c′ Scheibenflansch, e Flanschhohlwelle, f Schrauben, g Abstandscheibe

Laserkanone. L. sind Hochleistungslaser zur Bekämpfung feindlicher Flugkörper, Flugzeuge und Kampffahrzeuge. Erste L. befinden sich im Stadium der Entwicklung. Die Wirksamkeit der L. ist durch hohe Energiekonzentration bedingt. Ein Teil der das Ziel treffenden Laserstrahlung wird an Bauelementoberflächen (bei durchsichtigen Bauteilen in diesen) in Wärme umgewandelt. Oberhalb einer bestimmten →Leistungsdichte und Einwirkungsdauer entstehen:
□ direkte Strukturschädigungen durch Schmelzen, Verdampfen, Pyrolysieren von Blechgehäusen, optronischen Sensoren, Steuerungs- und Antriebskomponenten;
□ thermomechanische Schäden durch Erweichen von belasteten mechanischen Strukturen;
□ ggf. mechanische Schäden durch den Druck von explosionsartig expandierendem Plasma auf der bestrahlten Oberfläche.

Die L. bestehen i. a. aus dem eigentlichen Laser mit elektrischer, gasdynamischer oder chemischer Anregung und einem adaptiven Laser-Zielverfolgungs- und Strahlkorrektursystem.

L. für den Einsatz in der Atmosphäre arbeiten i. a. mit Infrarotstrahlung in bez. der Durchlässigkeit günstigen Wellenlängenbereichen (optische Fenster). Für den Einsatz im Weltraum kommen mit Rücksicht auf Energieniveau und Fokussierbarkeit auch Laser mit kürzerer Wellenlänge in Betracht. Das Ziel wird entweder (repetierend) pulsförmig oder gleichförmig (cw-Betrieb) angestrahlt. Die erforderlichen Laserausgangsleistungen liegen zwischen einigen Watt und mehreren Megawatt.

Ein adaptives Laser-Zielverfolgungs- und Strahlkorrektursystem besteht im wesentlichen aus einer Sendeoptik (z. B. steuerbares Hohlspiegelsystem), einer Empfangsoptik zum Erfassen (vom Ziel) reflektierter Laserstrahlung, einem Feinricht- und Nachführsystem und einem Strahlkorrektursystem. Angestrebt wird eine anhaltende, auf eine möglichst kleine Fläche wirkende Bestrahlung der Ziele. Die effektive Fokussierung wird aber vor allem bestimmt von der Entfernung des Ziels, von der Wellenlänge des Laserlichts, vom Durchmesser des Strahls in der Sendeoptik, der Strahlqualität und ggf. von den atmosphärischen Verhältnissen (z. B. Turbulenz, Seitenwind) sowie der Leistungsdichte im Laserstrahl (thermal blooming = Linsenbildung des Luftkanals durch Aufheizung). Das adaptive optische System gibt dem Laserstrahl Korrekturen gegen Störungen der Atmosphäre mit auf den Weg.

Als wichtigste Vorteile der L. gegenüber herkömmlichen Kanonen- und Raketensystemen sind zu erwarten:
□ Zielbekämpfung mit Lichtgeschwindigkeit, d. h. Bekämpfung schnellerer Flugkörper und Raketen, kein Vorhalt, schneller Zielwechsel;
□ gradlinige Ausbreitung des Strahls, d. h. kein Aufsatz;
□ selektierte Zielbekämpfung, d. h. örtliche Begrenzung der Wirkung. *Böder*

Laserstrahl-Photosatzbelichter. Gerät zum Belichten von Texten, Graphiken, Rasterbildern sowie Druckfolien. Die Energie des Laserstrahls ist jedoch ausreichend, künftig direkt auf die Metall-Offsetplatte zu belichten.

Als Lichtquelle wird meist ein Helium-Neon-Laser eingesetzt. Er besteht aus einem Rohr mit einem Reflexionsspiegel an einem Ende und einem teildurchlässigen Spiegel am anderen Ende und strahlt gebündeltes Licht mit hoher Energie aus. Die Aufzeichnung wird mit horizontalen Scanlinien vorgenommen. Das Laserlicht wird entsprechend den im →Raster Image Processor aufbereiteten Daten über einen Modulator geschaltet und auf einen Polygon-(Vieleck)-Spiegel gelenkt, der synchron zur Datenausgabe um seine Achse rotiert. Eine bestimmte Winkelstellung der Spiegelfläche ergibt eine genau definierte X-Position auf dem Photomaterial. Die Positioniergenauigkeit beträgt 0,01 mm. Als Ergebnis entsteht extreme Konturenschärfe bei hoher Dichte und eine scharfe Wiedergabe. Die Belichtungsgeschwindigkeit hängt von der gewählten Auflösung und vom zu belichtenden Format ab.

Der Laserbelichter ist ein Flächenbelichter und fährt auf Grund der Konstruktion des Polygonspiegels stets die gesamte Materialbreite ab. Bei komplett umbrochenen ganzen Seiten ist er um ein Vielfaches schneller als bei reinen Spaltenbelichtungen. Durchschnittliche Auflösungen liegen bei 250, 500 und 1000 Linien/cm. Unter Ausnutzung der gesamten Formatbreite von 305 mm werden dann 585, bzw. 325 und 85 mm/min belichtet. Welche Auflösung gewählt wird, ist von der jeweiligen Auftragsstruktur abhängig.

Vorteile sind u. a. die Ausgabe von Strich- und Rasterbildern in Verbindung mit einem vorgeschalteten elektronischen →Bildverarbeitungssystem sowie die Ausgabe von Text und Graphik im Bereich der Bürokommunikationssysteme im →Photosatz. *W. Schmid*

Laserstrahlhärten. Härten der äußeren Randschicht von Werkstücken bzw. Werkzeugen aus Stahl mit einem Laserstrahl, der die Randschicht bis auf die Austenitisierungstemperatur aufheizt. Durch Selbstabschrecken auf Grund des steilen Temperaturgradienten zum Werkstoffinneren hin und der dadurch gegebenen hohen Abkühlungsgeschwindigkeit bildet sich ein martensitisches Gefüge hoher Härte. Das Werkstück wird relativ zu dem defokussierten Laserstrahl bewegt, der stehend oder oszillierend betrieben werden kann (Bild).

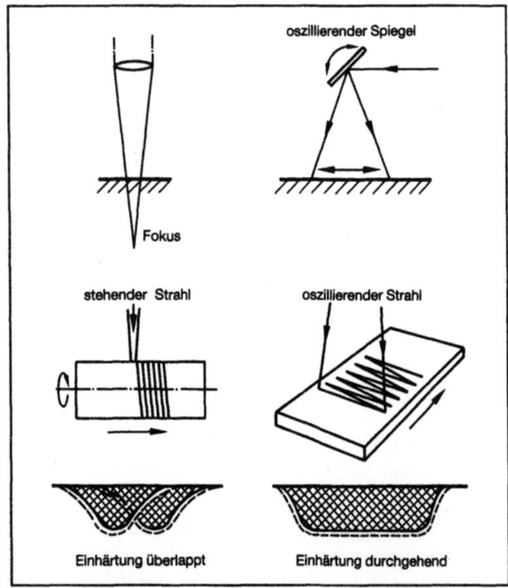

Laserstrahlhärten: Schematische Darstellung.

Die für Härtungszwecke betriebenen Laser haben Leistungen zwischen 1,5 und 2,5 kW. Damit der Laserstrahl die erforderliche Energie auf die Randschicht übertragen kann, müssen die Werkstücke mit einer Schicht überzogen werden, welche in der Lage ist, die Lichtenergie zu absorbieren und an den darunter liegenden →Werkstoff weiterzuleiten. Die Schichten müssen wärmebeständig sein, eine gute Wärmeleitfähigkeit besitzen; ferner dürfen sie beim späteren Einsatz die Funktionsfähigkeit nicht beeinträchtigen. Mit dem L. können partielle Bereiche der Randschichten gehärtet werden. *Habig*

Literatur: *Stähli, G.:* VDI-Ber. 333 (1979), S. 69.

Last (Verbrennungsmotor). Relation des von einem →Verbrennungsmotor abgegebenen Drehmoments zum Vollastdrehmoment.

Der bei Verbrennungsmotoren sehr häufig verwendete Ausdruck L. ist nicht mathematisch genau definiert. Man versteht unter ihm ein Maß für das vom Motor abgegebene Drehmoment, wobei man sich am Wert des Vollastdrehmoments orientiert. Das Wort Voll-L. enthält ja auch den Ausdruck L. Bei Voll-L. befindet sich der Hebel zur Leistungsregulierung (die →Drosselklappe beim →Ottomotor, die →Regelstange beim →Dieselmotor) am Anschlag, so daß der Motor sein bei der betreffenden Drehzahl größtes Drehmoment abgibt (→Motorkennfeld). In Relation zum Drehmoment bei Voll-L. sind dann z. B. die folgenden oft gebrauchten Ausdrücke zu sehen: Teil-L. (kleiner als Voll-L.), hohe L., mittlere L., niedrige L. *Kuhlmann*

Lastabwurf. Vorgang, bei dem ein →Verbrennungsmotor plötzlich entlastet wird.

Bei einem Diesel-Stromaggregat kann es vorkommen, daß plötzlich keine elektrische Leistung mehr entnommen wird, z. B. weil ein Schutzschalter die Verbraucher abgeschaltet hat. Der auf diese Weise evtl. aus hoher Last plötzlich entlastete →Dieselmotor läuft dann hoch, bis der →Drehzahlregler die →Regelstange der →Einspritzpumpe auf null zieht. Um zu prüfen, ob bei diesem Vorgang nicht kurzzeitig eine unzulässig hohe Drehzahl auftritt, wird mit Diesel-Stromaggregaten ein L.-Versuch durchgeführt. *Kuhlmann*

Lastaufnahmemittel. L. sind diejenigen Geräte, die für den Betrieb eines Hebezeugs unmittelbar notwendig sind und als Teil eines Hebezeugs angesehen werden können; außerdem die bisher als →Anschlagmittel bezeichneten Geräte wie Ketten und Seile, die als Zwischenglieder zwischen den eigentlichen Lastaufnahmemitteln und der Last dienen (Lastaufnahmeeinrichtung). *Jünemann*

Lastausgleich. Der L. ist eine konstruktive Maßnahme zur gezielten und gleichmäßigen Leitung und

Verteilung von Kräften und Momenten in Bauteilen (Maschinenteilen) oder an Bauteilverbindungen. Die Verzweigung von Kräften oder Momenten in oder zwischen Bauteilen kann eindeutig und berechenbar (statisch bestimmt) oder nicht berechenbar (statisch unbestimmt) sein (Bild 1).

statisch bestimmt	statisch unbestimmt
Zahl der unbekannten Kräfte = Zahl der Bedingungen	Zahl der unbekannten Kräfte > Zahl der Bedingungen
F Punkt-berührung	
F Träger auf 2 Stützen (ebenes Problem)	F Linien berührung
F Platte auf 3 Stützen (räuml. Problem)	F Flächen berührung

Lastausgleich 1: Statisch bestimmte und statisch unbestimmte Kraftübertragung.

Beim Konstruieren wird immer ein vorausbestimmbarer definierter Kraft- und Momentenverlauf angestrebt, der von unbekannten Fertigungsungenauigkeiten und Verformungen gestört werden kann. Dies kann einmal erreicht werden durch die Vorgabe hoher Genauigkeiten für die Herstellung eines Bauteils: Bei genauer Fertigung des Balkens und der Auflage in Bild 1 z. B. verteilt sich die Last bei der Linienberührung gleichmäßig.

Eine zweite Möglichkeit ist die Anwendung von elastischen Elementen oder von Gelenken. Mit letzteren kann eine statisch unbestimmte Lastverteilung in eine statisch bestimmte überführt werden. (In Bild 2 ist ohne Gelenkhebel nicht klar, welche Achse welche Last trägt).   *Ehrlenspiel*

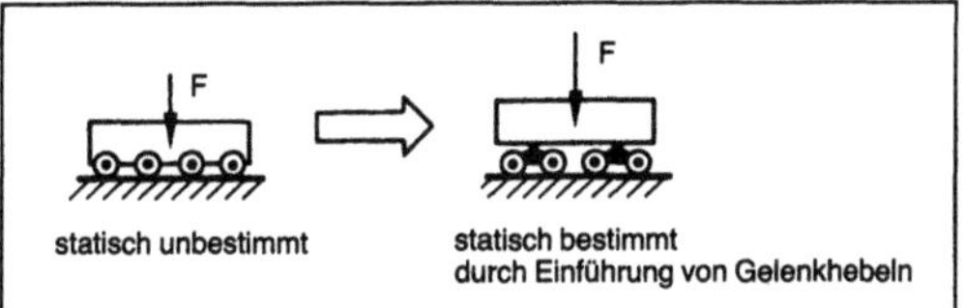

Lastausgleich 2: An einem 4-achsigen Fahrzeug.

Lastenaufzug → Aufzug

Lastenheft → Anforderungsliste

Lastturm.
L. sind mehrere einzelne Rüststützen (Rüstgeräte), die zu einer turmartigen Konstruktion zusammengefaßt sind. Sie werden als abstützendes Element mit im Gegensatz zur Rüststütze großer Grundfläche meist zusammen mit Rüstträgern zur Abtragung von Lasten aus Schalung und Eigengewicht bei der Erstellung von höheren Bauwerken (Brücken) mit großer Längenausdehnung auf den tragfähigen Untergrund eingesetzt (Bild).   *Kühn*

Lastturm: Einsatz von Lasttürmen im Brückenbau.

Lastverteilung.
Die äußere →Lagerlast wird i. a. ungleichmäßig auf die Wälzkörper verteilt. Infolge der Gehäuse-, Ring- und Wälzkörperdeformation sowie bei →Lagerluft ist die Aufteilung der äußeren Lagerlast auf die einzelnen Wälzkörper ungleichmäßig. Die Berechnung der L. führt auf ein statisch unbestimmtes Problem. Vereinfachte Verformungsansätze ergeben für ein spielfreies →Schrägkugellager mit einer L. Q_φ (Bild 1) eine maximale Belastung je Wälzkörper von

$$Q_{max} = \frac{c_{K,R} F_r}{z \cdot \cos\alpha}.$$

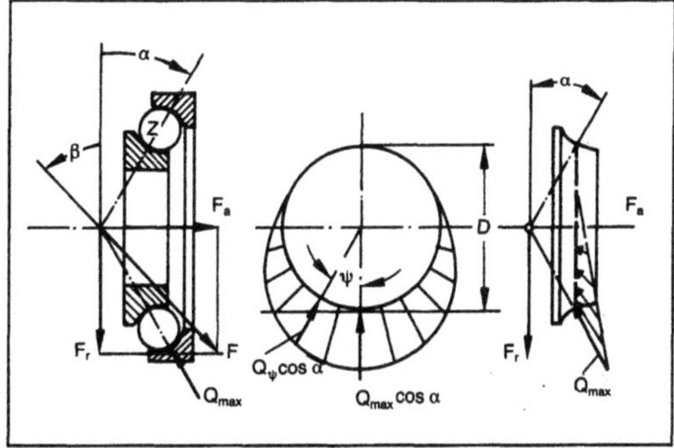

Lastverteilung 1: Im Wälzlager.

z Wälzkörperzahl, F Lagerlast, α Berührwinkel zwischen Kontaktlinie Wälzkörper/Lagerring und Radialebene

Die Konstanten $c_{K,R}$ berücksichtigen die unterschiedliche Kontaktform bei Punkt- und Linienberührung. Bei Kugel- und Rollenlagern gilt: $c_K = 5{,}0$ und $c_R = 4{,}55$ (Indizes: Kugel K, →Rolle R).

Äquivalente L. auf Grund der Deformation der tragenden Teile liegen bei Linearführungen vor (Bild 2).

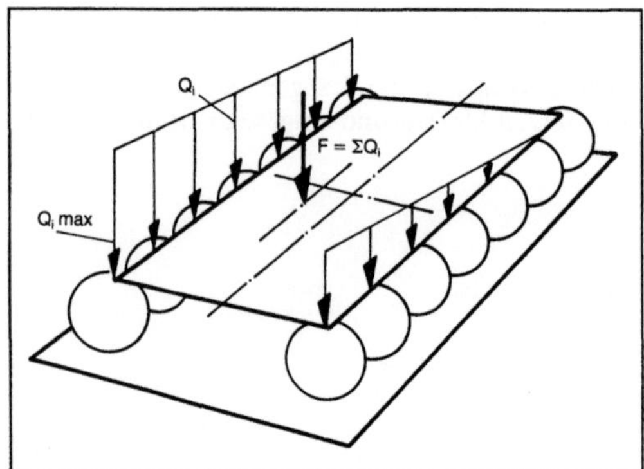

Lastverteilung 2: Prinzipielle Lastverteilung in einer wälzgelagerten Linearführung bei außermittigem Kraftangriff.

Die maximale Wälzkörperbelastung Q_{max} ist maßgebend für die statische Tragfähigkeit sowie die →Ermüdungslaufzeit (→Lebensdauer). *Knoll*

Lastwagen. L. (Lkw) sind selbstfahrende, luftbereifte, z. T. geländegängige Transportwagen (→Fördergerät). Ihr Aufbau ist entweder als festmontierte Ladefläche („Pritsche") oder als ebenso festmontierter Kasten ausgeführt. L. zum Transport von Schüttgut sind mit einem nach hinten und/oder nach beiden Seiten kippbaren (→Hinterkipper, Dreiseitenkipper), wannenförmigen Transportbehälter versehen. Dank unterschiedlicher Wechselsysteme ist es weitgehend möglich, auf ein Lkw-Chassis beinahe alle Aufbauformen im Wechsel aufzusetzen. Die Lkws im Baubetrieb werden in Straßen- und Geländefahrzeuge unterteilt. Erstere müssen den Vorschriften der Straßenverkehrs-Zulassungs-Ordnung (StVZO) genügen und haben entsprechend dem Gesamtgewicht und der gesetzlich zulässigen Achslast bis zu vier Achsen, die evtl. alle angetrieben sein können. Die Geländefahrzeuge mit meist wesentlich höherem Gesamtgewicht (bis über 300 t), auch Schwerlastkraftwagen (Skw) genannt, sind zumeist als →Muldenkipper ausgeführt. Muldenkipper sind Lkws zum Erd- und Gesteinstransport, deren muldenförmiger Hinterkipperaufbau mittels eines Bords über die Führerkabine ragt und bei dem an Stelle einer hinteren Bordwand eine Schrägfläche das Herabfallen der Ladung verhindert. *Kühn*

Lauener-Planetenwalzanlage. Eine L.-P. ist eine →Hochumformanlage, in der das Walzgut mit Vorschubwalzen dem Umformaggregat zugeführt wird. Die Arbeitswalzen der Hochumformanlage sind in 2 Aufnahmesystemen gelagert, die mit jeweils einer angetriebenen Hauptwelle des Walzgerüsts verbunden sind (Bild). Jedes Walzensystem eines Aufnahmesystems kann 4, 6 oder 8 Arbeitswalzen haben.

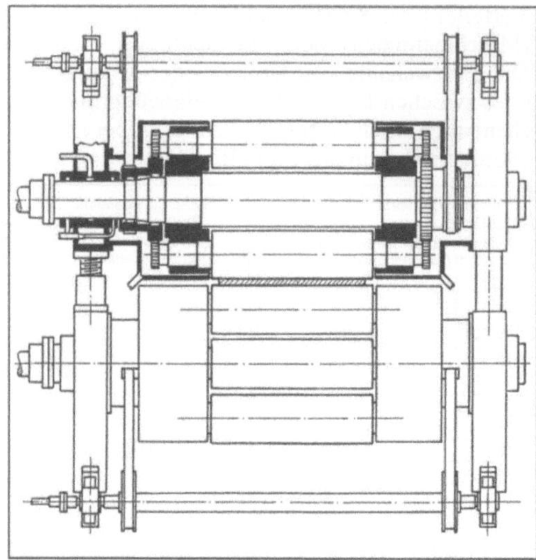

Lauener-Planetenwalzanlage: Walzaggregat (Querschnitt).

Durch Änderung der Drehzahl der Walzensysteme kann die Durchbiegung der Arbeitswalzen beeinflußt werden. Diese P. wurde zum Herstellen kleinerer Produktionsmengen (Band sowie Blech) entwickelt und eingesetzt. *Baumann*

Lauf. Der L. einer →Lavalwelle in der Nähe ihrer biegekritischen Drehzahl $n \approx n_k$ ist ein kritischer Betriebszustand, da die durch die →Unwucht hervorgerufene Durchbiegung der Welle unzulässig groß werden kann. Das Bild zeigt diese Durchbiegung sowie die Auslenkung des Rotorschwerpunkts in Abhängigkeit von der Drehzahl n.

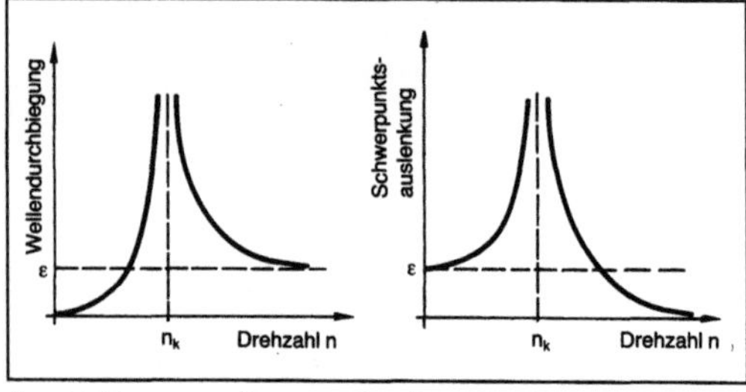

Lauf: Resonanzkurven der Lavalwelle.

Bei unterkritischem L. $n < n_k$ ist die Wellendurchbiegung kleiner als die Schwerpunktauslenkung. Für $n < n_k/2$ darf der Läufer sogar als Starrkörper angesehen werden. Bei überkritischem L. $n > n_k$ dagegen wird die Wellendurchbiegung größer als die Schwerpunktauslenkung, jedoch nehmen beide mit zunehmender Drehzahl wieder ab: Die Wellendurchbiegung strebt gegen einen endlichen Wert, der gleich der Schwerpunktexzentrizität ε ist. Der Schwerpunkt selbst nähert sich asymptotisch der Drehachse. Die-

726

ses Phänomen wird →Selbstzentrierung genannt. Der →Rotor läuft wieder erheblich ruhiger als in der Nähe der biegekritischen Drehzahl (Bild).

Die erwähnten Begriffe werden bei einem elastischen Rotor mit mehreren biegekritischen Drehzahlen mit Blick auf eine bestimmte Resonanzdrehzahl verwendet. *Witfeld*

Laufbuchse →Zylinder (Verbrennungsmotor)

Laufeigenschaft. L. sind die Bewegungsmöglichkeiten eines gesamten →Mechanismus und Getriebes (MG) oder von dessen einzelnen Gliedern unter Ausnutzung eines vollen Bewegungsbereichs, der →Bewegungsperiode. Alle L. kinematischer Ketten bleiben bei jedem aus diesen herleitbaren MG erhalten. Eine kinematische Kette ist

□ nichtdurchlauffähig, wenn jede Ausgangslage ihrer Glieder relativ zueinander nur durch gemeinsame, gleichzeitige Umkehr der Bewegungsrichtung aller Glieder wieder erreicht werden kann, weil der vollständige Durchlauf einer nur theoretisch möglichen, weil mit unendlich großen Wegen verbundenen Bewegungsperiode in der Wirklichkeit unmöglich ist (z. B. Schubschleife, Keilschubketten),

□ durchlauffähig, wenn jede Ausgangslage ihrer Glieder relativ zueinander ohne gemeinsame, gleichzeitige Umkehr von deren Bewegungsrichtungen beim vollständigen Durchlaufen einer Bewegungsperiode wieder erreicht werden kann.

Durchlauffähige kinematische Ketten heißen

□ umlauffähig, wenn wenigstens ein Glied relativ zu wenigstens einem anderen über beliebig viele aufeinander folgende Bewegungsperioden hinweg ständig umlaufen kann (z. B. Kurbelschwinge, →Schubkurbel, →Doppelkurbel),

□ totalschwingfähig, wenn alle Glieder relativ zueinander während vollständig durchlaufener Bewegungsperiode nur schwingende Bewegungen, d. h. solche mit Umkehr der Bewegungsrichtung, ausführen können, z. B. Totalschwinge (siehe Bild 1 Seite 728),

□ durchschlagfähig, wenn sie während einer Bewegungsperiode mindestens eine Verzweigungslage oder eine Wechsellage aufweisen.

Eine rechnerische Bestimmung der drei letztgenannten Laufeigenschaften ist nur für ebene viergliedrige MG geschlossen möglich (Satz von *Grashof*). Die entsprechende kinematische Kette (Bild 2) ist umlauffähig bzw. durchschlagfähig bzw. totalschwingfähig, wenn die Summe aus kleinster und größter Gliedlänge ($l_{min} + l_{max}$) kleiner bzw. gleich bzw. größer ist als die Summe der beiden übrigen Gliedlängen ($l^* + l^{**}$). Durchschlagfähigkeit stellt also einmal die Grenze zwischen Umlauffähigkeit und Totalschwingfähigkeit dar. Andererseits haben durchschlagfähige MG zusätzliche originäre Eigenschaften (z. B. große Bereiche angenähert konstan-

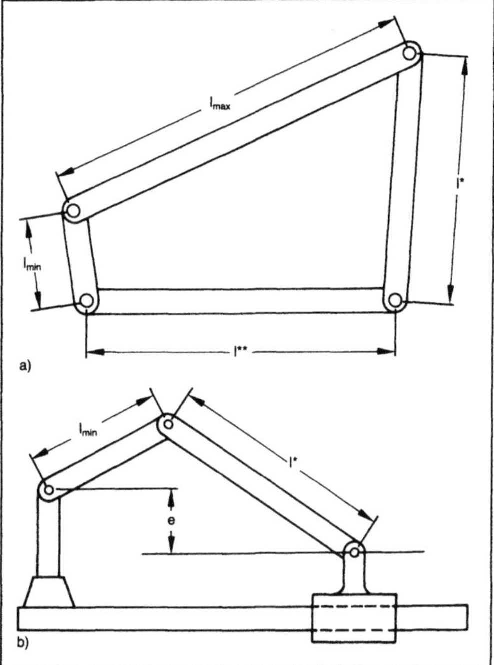

Laufeigenschaft 2: Satz von Grashof.

a) Ebene, viergliedrige kinematische Kette (mit 4 Drehgelenken).

Diese ist umlauffähig, weil $l_{min} + l_{max} < l^* + l^{**}$ ist.

b) Kinematische Kette (mit 3 Drehgelenken und Schubgelenk.

Diese ist umlauffähig, weil nach Umrechnung des Satzes von *Grashof* $l_{min} + e < l^*$ ist.

ter Geschwindigkeit, zweifach je Bewegungsperiode umlaufende Kurbel). Zur Anwendung müssen aber die Verzweigungslagen mit Hilfe konstruktiver Maßnahmen beherrscht werden.

Einzelglieder kinematischer Ketten können relativ zu einem Nachbarglied umlaufen (ein- oder mehrfach je Bewegungsperiode) oder ihre Bewegungsrichtung umkehren, und zwar bei drehend sowie bei schiebend schwingenden Bewegungen. In Rast-, Schalt- und Schritt-MG können einander benachbarte Glieder während eines Teils der Bewegungsperiode relativ zueinander stillstehen. Bei durchschlagfähigen kinematischen Ketten ist das auch beim Lauf von einer in eine zweite Wechsellage möglich. *Gierse*

Literatur: VDI 2145: Ebene viergliedrige Getriebe mit Dreh- und Schubgelenken, Begriffserklärungen und Systematik. Hrsg. Verein Dt. Ing. Ausg. 1980.

Laufgrad. L. ist der Freiheitsgrad von Mechanismen und Getrieben (MG). Er bezeichnet die Anzahl voneinander unabhängiger Einzelbewegungen

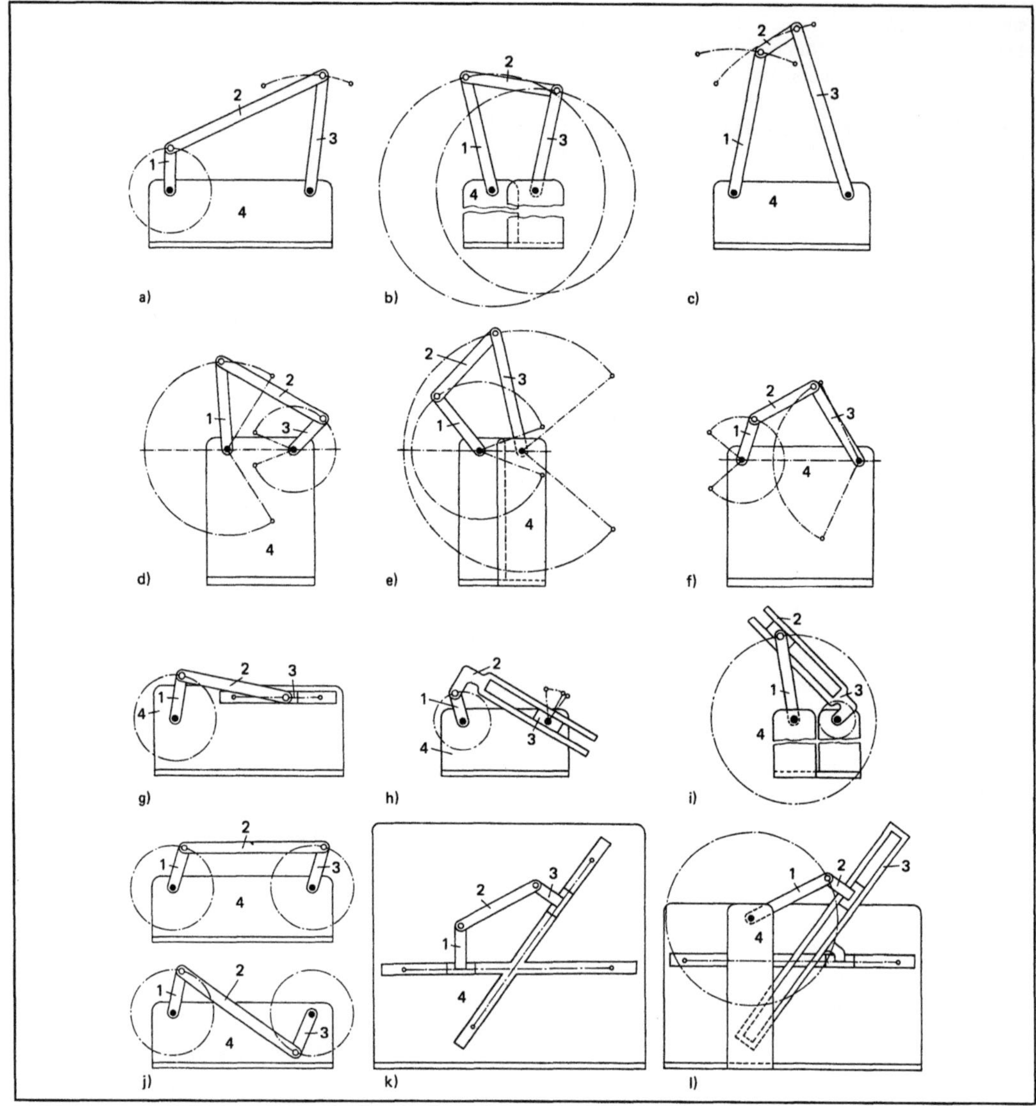

Laufeigenschaft 1: Einige ebene viergliedrige Gelenkgetriebe. (Quelle: VDI 2145 a. a. O.)
a) Kurbelschwinge
b) Doppelkurbel
c) Doppelschwinge
d) Doppelaußenschwinge
e) Innen-Außen-Schwinge
f) Doppelinnenschwinge
g) Versetzte Schubkurbel
h) Versetzte schwingende Kurbelschleife
i) Versetzte umlaufende Kurbelschleife
j) Parallelkurbel (oben) und Antiparallelkurbel
(unten) gegenläufig
k) Doppelschieber
l) Kreuzschubkurbel.

a) bis c), g), h), i), k), l) umlauffähig, d) bis f) totalschwingfähig, j) durchschlagfähig, 1 Kurbel, 2 Koppel, 3 Kurbel bzw. Schwinge, 4 Gestell

(Drehungen, Schiebungen), die nötig sind, um den gesamten →Bewegungsablauf aller Glieder eines MG relativ zueinander eindeutig festzulegen. Führen die Glieder eines MG eindeutig einander zugeordnete Bewegungen aus, so herrscht →Zwanglauf. Zu diesem von *Reuleaux* geprägten Begriff hat vor allem *Grübler* mit seinem aus dem L. herleitbaren Zwanglaufkriterium den quantitativen Hintergrund geliefert: Ein MG ist zwangläufig, wenn sein L. F = 1 ist, und zwar bereits ohne Antrieb. Im Zeichen exakt programmierbarer Antriebe (z. B. mittels Schrittmotoren, rechnergesteuerten und exakt in ihrem Drehzahlverlauf geregelten Gleichstromantrieben) muß heute diese Aussage bei MG mit F > 1 auf die Zwanglaufbedingung F = A (A Anzahl exakt gesteuerter Antriebe) erweitert werden.

Weiter sind übergeschlossene, d. h. überbestimmte MG mit F < 1 bei Vorliegen besonderer Abmessungen mit engen Toleranzen lauffähig, dann aber immer zwangläufig.

Der L. eines MG ergibt sich aus Anzahl n und Freiheitsgrad F_u der unverbundenen Glieder einschl. des gestellfesten Glieds, Anzahl b aller Verbindungen und deren maximal möglicher Unfreiheit u sowie der Einzelcharakterisierung dieser Verbindungen in Form von Gelenken und Paarungen nach Anzahl b_i pro Freiheitsgrad f_i zu:

$$F = F_u (n - 1) - u \cdot b + \sum_1^i b_i \cdot f_i,$$

i = 1, 2, 3, . . .

Für räumliche MG sind F_u und u gleich 6, für ebene und sphärische gleich 3. In ebenen und sphärischen MG sind nur Gelenke g (mit f = 1) und Paarungen p (mit f = 2) möglich. Hier wird als Vereinfachung der L. $F_E = 3 (n - 1) - 2g - p$.

Beispielsweise wird bei dem nur mit Drehgelenken versehenen koppelkurvengesteuerten ebenen →Rastgetriebe (Bild 1) mit n = 6 Gliedern, g = 7 Gelenken der L. F = 1; ebenso beim aus völlig anderen Gliedern (n = 5), Gelenken (g = 5) und der

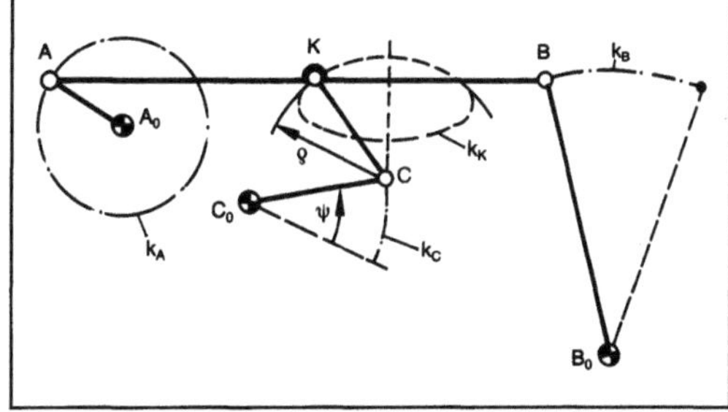

Laufgrad 1: Koppelkurvengesteuertes Rastgetriebe.

Schwinge $\overline{C_0C}$ von Zweischlag KCC_0 bleibt in Ruhe, solange Punkt C im Mittelpunkt des Krümmungskreises (Krümmungsradius ρ) liegt, an den sich Koppelpunktbahn k_K anschmiegt.

Zahnradpaarung im Momentanpol 21 (p = 1) bestehenden, trochoidengesteuerten ebenen Zweirastgetriebe (Bild 2).

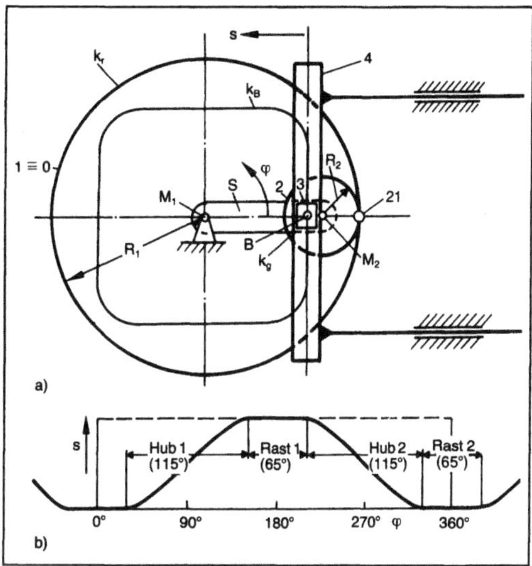

Laufgrad 2: Trochoidengesteuertes Zweirastgetriebe.

a) Umlaufrädergetriebe

Planetenrad 2 wird von dem um M_1 drehend angetriebenen Steg S über Drehgelenk M_2 geführt und kämmt im Momentanpol 21 seines Wälzkreises (Gangpolkurve k_g) mit dem Wälzkreis (Rastpolkurve k_r) des gestellfesten Hohlrads 1 T 0. Radienverhältnis $R_1/R_2 = 4$, d. h. k_B ist vierfach geschweifte Hypotrochoide mit angenähert gerade geführten Abschnitten, wenn B auf dem Wendekreis liegt. Im Gestell 0 gelagerter Schieber 4 durchläuft Abtriebsweg s mit 2 Rasten.

b) Übertragungsfunktion s(φ) des Abtriebsschiebers nach a) mit 2 Rasten.

Ein L. F < 1 kann entweder auf Unbeweglichkeit von Mechanismen hinweisen z. B. Fachwerk, Bild 3 a) oder auf übergeschlossene MG Bild 3 b), in denen Beweglichkeit nur unter Einhaltung bestimmter, eng tolerierter Gliederabmessungen möglich ist.

Umgekehrt gibt das Zwanglaufkriterium nach *Grübler* bei besonderen MG-Strukturen (z. B. bestimmte nichtdurchlauffähige Keilschubketten) keinen Hinweis auf L. F = 2 oder F = 3. Auch die in Verzweigungs- und Wechsellagen durchschlagfähiger MG auftretende momentane Erhöhung des L. (z. B. von F = 1 auf F = 2) wird nicht erfaßt.

MG mit dem nach *Grübler* bestimmten tatsächlichen L. F = 2 aus geschlossenen kinematischen Ketten werden beispielsweise als →Verstellgetriebe eingesetzt, um während des Betriebs kinematisch wirksame Abmessungen (Länge von Gestell, Kurbel, Koppel) und damit die Übertragungsfunktion, die →Koppelpunktbahn u. dgl. zu variieren.

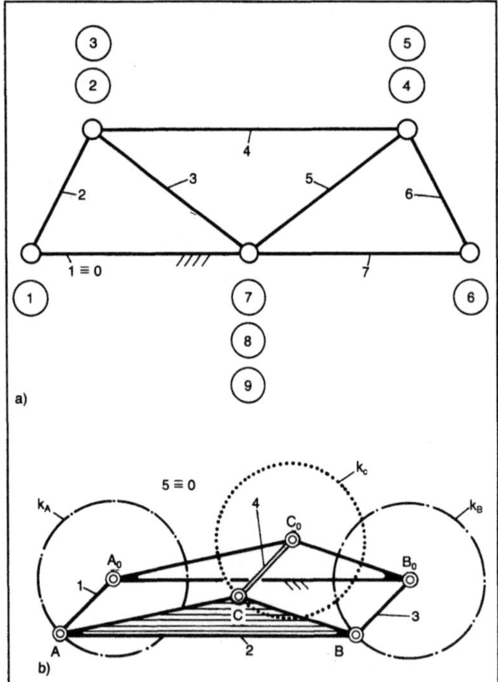

Laufgrad 3: Mechanismen und Getriebe mit Laufgrad F = 0.

a) Fachwerk mit n = 7 Gliedern und g = 9 Gelenken (p = 0)

keine Bewegung möglich

b) Parallelkurbel A_0 A B B_0, an die Blindwelle $\overline{C_0\,C}$ angeschlossen ist, mit n = 5, g = 6, p = 0. (Quelle: Wunderlich a. a. O.)

Bewegung nur möglich, wenn sehr genau die Gliederlängen $l_1 = l_3 = l_4$; $l_5 = l_2$; $\overline{A_0\,C_0} = A\,C$; $\overline{B_0\,C_0} = \overline{B\,C}$ eingehalten werden. Praxisbeispiel für dieses Getriebe: Kopplung der Antriebs-Radsätze von Rangierlokomotiven miteinander und der Antriebs-Blindwelle.

Die deutlich höheren L. von MG aus offenen kinematischen Ketten (Bild 4) – bei n = 4, g = 3, p = 0 bereits L = 3 – werden vor allem bei Industrierobo-

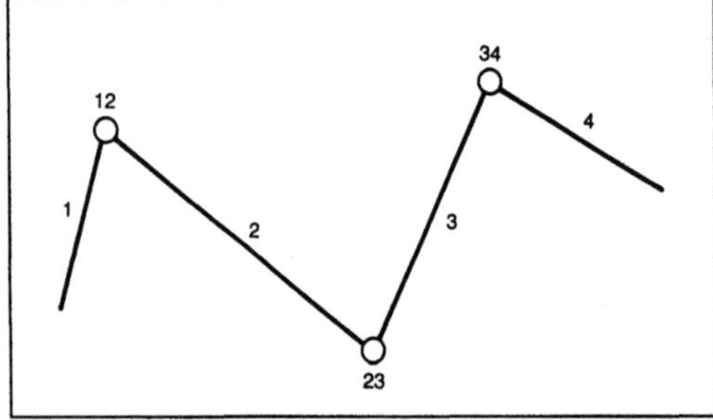

Laufgrad 4: Offene kinematische Drehgelenkkette ohne Verzweigung (4 Glieder, 3 Drehgelenke).

tern eingesetzt, wo nach der Zwanglaufbedingung F = A so viele freiprogrammierbare Antriebe vorgesehen werden, wie es dem L. entspricht. Greif- und Spannmechanismen (z. B. von Industrie-Robotern) und Handhabungseinrichtungen (Vorrichtungen) haben im geöffneten Zustand häufig den L. F ≥ 1. Erst beim Spannen entsteht durch Einbeziehen des zu spannenden Gegenstands in den →Mechanismus z. B. F = –1. *Gierse*

Literatur: Beyer, R.: Technische Kinematik. Leipzig 1931. – *Reauleaux, F.:* Theoretische Kinematik. Grundzüge einer Theorie des Maschinenwesens. Tl. I. Braunschweig 1875. Tl. II: Die praktischen Beziehungen der Kinematik zur Geometrie und Mechanik. Braunschweig 1900. – VDI 2145: Ebene viergliedrige Getriebe mit Dreh- und Schubgelenken, Begriffserklärungen und Systematik. Hrsg. Verein Dt. Ing. Ausg. 1980. – *Volmer, J.* (Hrsg.): Getriebetechnik Lehrb. Ost-Berlin 1980. – *Wunderlich, W.:* Ebene Kinematik. Mannheim 1970.

Laufkatze. L. ist ein auf einer Schiene (z. B. Kranbrücke) manuell oder elektrisch verfahrbares Hebezeug mit eigenem Fahrwerk. *Jünemann*

Laufrad.

1. Fördertechnik. L. sind genormt in DIN 15073 und bilden mit der Schiene ein Reibradgetriebe, wobei die Übertragung des Drehmoments durch Reibschluß erfolgt. Die Lauffläche wird zylindrisch ballig, konisch oder mit Spur ausgeführt. *Jünemann*

2. Strömungsmaschine. Ein mit Schaufeln bestückter drehender Rotor in Strömungsmaschinen, der Arbeit zwischen dem Fluid und dem mechanischen System überträgt.

Bei mehrstufigen Strömungsmaschinen bezeichnet man mit L. jeden drehenden Schaufelkranz, der mit einem feststehenden Schaufelkranz, dem →Leitrad, eine Stufe bildet. Nach dem Arbeitsprinzip der Strömungsmaschinen werden die Schaufeln vom Fluid umströmt, so daß eine Strömungsrichtungsänderung und damit eine Dralländerung in Umfangsrichtung auftritt, die einem Drehmoment des L. entspricht. Das bewegliche L. überträgt Arbeit.

In →Pumpen und Verdichtern hat das L. die Aufgabe, die Strömung in Drehrichtung abzulenken, so daß ein positiver Drall entsteht, wobei das Fluid Arbeit aufnimmt, die sich in einer Erhöhung von Druck und Geschwindigkeit des Fluids äußert. Im folgenden Leitrad wird der Drall wieder aus der Strömung genommen. Dazu verzögert sich die Strömung bei Druckanstieg.

In Turbinen wird im L. der Drall, der zuvor im Leitrad erzeugt wurde, wieder vermindert. Dabei wird Arbeit an das L. abgegeben, so daß der Druck und die Geschwindigkeit des Fluids abnehmen.

Eine axiale, radiale oder diagonale Durchströmungsrichtung bestimmt die Form des L. Die L.-Form kennzeichnet den Maschinentyp, z. B. →Radialverdichter, Axialventilator, →Diagonalmaschine, →Francisturbine (Wasserturbine mit diagonal durchströmtem L.), →Kaplanturbine (Wasserturbine mit axial durchströmtem L.). *Rauhut*

Literatur: *Schulz, H.:* Die Pumpen. 13. Aufl. Berlin, Heidelberg, New York 1977. – *Traupel, W.:* Thermische Turbomaschinen. Bd. 1. 3. Aufl. Berlin, Heidelberg, New York, Tokio 1988.

Laufruhe. Die L. einer Maschine, eines Fahrzeugs oder anderer Systeme mit rotierenden Wellen wird danach beurteilt, welche Schwingungen, Erschütterungen oder Geräusche durch den Betrieb verursacht werden. Eine hohe L. zeichnet sich durch einen niedrigen Pegel derartiger Emissionen aus. Als objektives und repräsentatives Maß zur Beurteilung der L. ist von der VDI-Fachgruppe Schwingungstechnik die →Schwingstärke, das ist der Effektivwert der Schwinggeschwindigkeiten an charakteristischen Meßstellen, eingeführt worden. *Witfeld*

Literatur: *Gasch, R., u. H. Pfützner:* Rotordynamik. Berlin, Heidelberg, New York 1975.

Lavalwelle. Das einfachste Ersatzmodell zur Erklärung und Berechnung der biegekritischen Drehzahl. Das Ersatzmodell besteht aus einer masselosen, elastischen Welle (Länge l, Biegesteifigkeit EI) mit einer mittig aufgesetzten starren Scheibe (Masse m, Schwerpunktexzentrizität ε), die in idealen, d. h. starren, momentenfreien Lagern mit der konstanten Winkelgeschwindigkeit Ω umläuft (Bild).

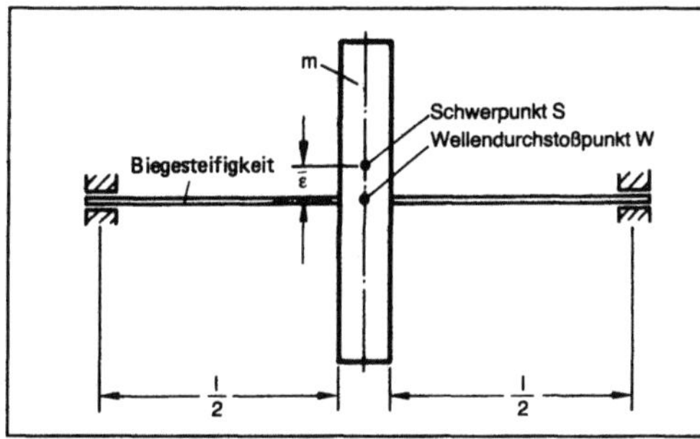

Lavalwelle.

Die biegekritische Drehzahl (Winkelgeschwindigkeit Ω_{Kr}) der L., bei der die Ausschläge von Schwerpunkt und Wellenmittelpunkt bei Abwesenheit von Dämpfung theoretisch über alle Grenzen wachsen, ist gleich der Biegeeigenkreisfrequenz ω_0 der nicht rotierenden Welle und berechnet sich mit der Federsteifigkeit $c = 48\, EI/l^3$ zu $\Omega_{Kr} = \omega_0 = \sqrt{c/m}$. Sie ist unabhängig von der Schwerpunktexzentrizität und auch für ε = 0 vorhanden. *Witfeld*

Lebensdauer.
1. Allgemeines. L. ist bei definiert periodisch schwingender Beanspruchung eines Maschinenteils die Zeit (Stunden) oder die Anzahl der Belastungs-

wechsel bis zu dessen Versagen durch Werkstoffermüdung. Diese tritt bei metallischen Werkstoffen im Beanspruchungsbereich der Zeitfestigkeit oder der Betriebsfestigkeit als Dauerbruch, bei periodischer Wälzpressung (z. B. bei Wälzlagern) durch das erste Auftreten von Pittings (Grübchen) ein, bei organischen Zugmitteln (→Riemen) durch Zermürbung. Für die Auslegungsvorschriften von Maschinenelementen wird häufig eine L. von 15 000 oder 24 000 Betriebsstunden unter dauernder Nennlast bei definierten Betriebsbedingungen zugrunde gelegt. Ihre Lebenserwartung im praktischen Betrieb ist jedoch wesentlich höher und kann die Nutzungsdauer einer Maschine übersteigen, wenn sie zeitanteilig nur durch Teillast beansprucht werden. Die Lebenserwartung wird dagegen verringert durch zeitweilige Überlastung, Stöße und schädigende Umgebungseinflüsse wie Verschmutzung, Übertemperatur, Korrosion und durch Nichtbeachtung von Wartungs- und Pflegevorschriften. Nicht verschleißende Maschinenteile werden meistens auf Dauerfestigkeit dimensioniert. *H. W. Müller*

2. modifizierte →Wälzlager-Dimensionierung

3. nominelle →Wälzlager-Dimensionierung

Lebensdauerberechnung →Wälzlager-Dimensionierung

Lebensdauerfaktoren →Linearführung, Wälzlager-Dimensionierung

Lebensdauergleichung →Linearführung, Wälzlager-Dimensionierung

Lebensphase eines Produkts. L. sind alle Phasen, die ein Produkt des Maschinenbaus, der Feinwerk-

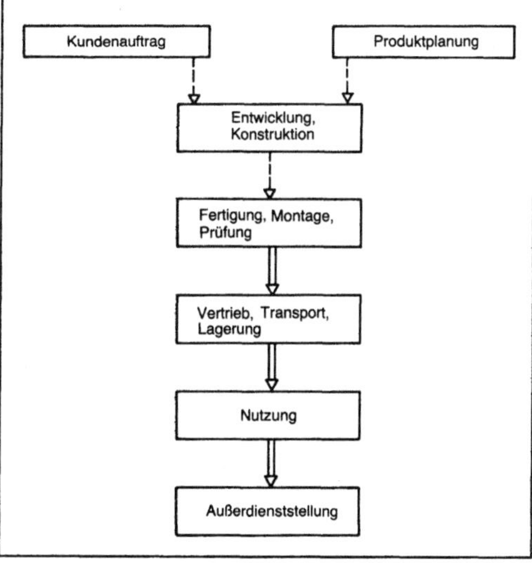

Lebensphasen eines Produkts.

technik oder des Anlagenbaus von der ersten Idee bis zur Außerdienststellung durchläuft (Bild).

Dabei lassen sich immaterielle Phasen (bis zu Entwicklung, Konstruktion) und materielle Phasen (ab Fertigung) unterscheiden. Beim Konstruieren werden die Eigenschaften eines Produkts für alle folgenden Phasen festgelegt. *Ehrlenspiel*

Leerlauf. →Betriebspunkt, bei dem ein →Verbrennungsmotor ohne Last mit sehr niedriger Drehzahl läuft.

Wenn einem Verbrennungsmotor keine Leistung abverlangt wird, könnte er theoretisch stillgesetzt werden. Der danach notwendige Start ist aber ein Vorgang, der einige Sekunden Zeit erfordert, einen geringen zusätzlichen →Verschleiß bewirkt und beim →Ottomotor zu einer erhöhten Kohlenwasserstoff-Emission führt. Für kurze Zeit lohnt sich deshalb das Stillsetzen des Motors nicht. Statt dessen läßt man ihn ohne Last bei sehr niedriger Drehzahl weiterlaufen. Bei Ottomotoren ist zu beachten, daß im Leerlauf eine erhöhte CO-Emission auftreten kann (→Schadstoff). *Kuhlmann*

Leerlaufschaltung. Beim unterbrochenen Betrieb von Hydrogetrieben, speziell solchen mit Festpumpen, ist es technisch unausführbar, in den Arbeitspausen die Antriebe abzuschalten oder wegen der dann großen Verluste, Wärmebelastung usw. die Pumpen gegen das →Druckbegrenzungsventil fördern zu lassen. In der Schaltung wird sog. druckloser Umlauf, Restdruck ca. 4—6 bar, vorgesehen. Technische Ausführungen sind:

□ Wegeventile mit P-T-Verbindung in Ruhestellung;

□ ⅔-Wege-Umlaufventil, besonders bei Blockventilen, das bei Betätigung eines beliebigen Wegeventils schließt;

□ Entlastung eines vorgesteuerten Druckbegrenzungsventiles mit ⅔-Wege-Pilotventil.

Motorseitige L. soll freie Beweglichkeit am Abtrieb ermöglichen (Leerlauf, Einrichtebetrieb). Bei Zylindertrieben meist hergestellt mit Wegeventilen, die in der Ruhestellung A-B-T-Verbindung aufweisen. Drehmotoren erhalten meist ⅔-Wegeventile zwischen den Anschlüssen; dabei Druckvorspannung des Motors mit ca. 4 bar gegen Lufteinbruch und Kavitation vorsehen. Bei hohen Leerlaufdrehzahlen Kühlstrom durchleiten. *Röper*

Legebarre →Maschenbildungsvorgang

Legungsbild →Patronierung

Lehr-Dämpfungsmaß. Das von *E. Lehr* eingeführte Maß charakterisiert das Dämpfungsverhalten eines einfachen Schwingers mit der Masse m, der →Federsteifigkeit c durch Einbeziehung der Kon-

stanten b der viskosen Dämpfung in den dimensionalen Quotienten

$$D = \frac{b}{2\sqrt{cm}} \, .$$

Bei Eigenbewegungen dieses Schwingers stellen sich für $D < 1$ mit der Amplitude exponentiell abnehmende Schwingungen ein, während bei $D \geq 1$ nur Bewegungen möglich sind, die kriechend gegen eine Gleichgewichtslage streben (Bild). Man spricht auch vom relativen Dämpfungsmaß, weil D als Verhältnis der vorhandenen Dämpfungskonstanten b zu derjenigen $2\sqrt{cm}$ an der Grenze des Lösungsverhaltens ($D = 1$) gedeutet werden kann. Resultiert die viskose Dämpfung aus schwacher →Werkstoffdämpfung, so besteht der Zusammenhang mit dem →Verlustfaktor bei der →Kennkreisfrequenz $\omega_o = \sqrt{c/m}$ gemäß $\eta(\omega_o) = 2D$ (→System, schwingungsfähiges). *Gaul*

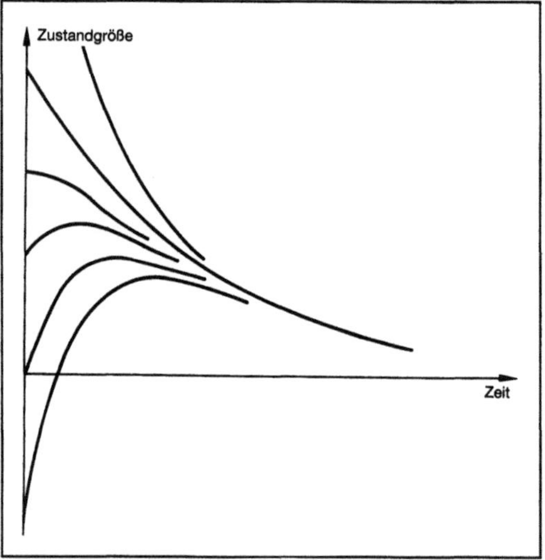

Lehr-Dämpfungsmaß: Kriechvorgänge bei verschiedenen Anfangsbedingungen.

Literatur: DIN 1311. Bl. 2: Schwingungslehre; Einfache Schwinger. Hrsg. Dt. Inst. f. Normung. Ausg. Dez. 1974. – *Lehr, E.:* Schwingungstechnik. 2 Bde. Berlin 1930 u. 1934. – *Magnus, K.:* Schwingungen. Stuttgart 1961.

Lehrgerüst (Baugerät). L. sind Hilfsgerüste (Rüstgerät) zur Unterstützung von frisch gemauerten oder betonierten Tragwerken so lange, bis diese selbsttragend sind. Entsprechend seinem Namen ist das L. die Lehre, d. h. die Form der unteren Seite des späteren Tragwerks. Daraus resultiert die Forderung nach möglichst großer Unverformbarkeit. L. können aus allen zu den Rüstgeräten zählenden Bauelementen, d. h. Rüststützen, Lasttürmen, Rüstträgern usw., erstellt werden. Generell unterscheidet man zwischen voll unterstützten und freitragenden L. Unter voll unterstützten L. sind die auf volle Länge gleichmäßig, mittels Rüststützen o. ä. unterstützten L. zu verstehen, während sich freitragende L. meist nur an den Endpunkten des Bauwerks abstützen können, weil z. B. große Täler überspannt werden müssen. Solche L. können schon als Ingenieurbauwerke bezeichnet werden. *Kühn*

Leichtbau (Kraftfahrzeug). Er ist für Fahrzeuge besonders erforderlich, weil eine Gewichtseinsparung an einer Stelle Einsparungen an anderen Stellen nach sich zieht. Ist es möglich, an einer bestimmten Stelle Gewicht zu sparen, so können auch das Tragwerk, das Fahrwerk, der Motor und der mitzuführende Energievorrat leichter werden.

$$G_{ges} = G_{nutz} + G_{ausst} + G_{trag} + G_{mot} + G_{energ}.$$

Unterteilt man das Gesamtgewicht G_{ges} eines Fahrzeugs in das Gewicht der →Nutzlast G_{nutz}, das Gewicht der Ausstattung G_{ausst}, das Gewicht des Tragwerks G_{trag}, das Gewicht der Antriebsanlage G_{mot} und das Gewicht der mitgeführten Energie G_{energ}, so sind näherungsweise die drei letzten Gewichte dem Gesamtgewicht proportional. Die Gleichung kann daher auch geschrieben werden:

$$G_{ges} = \frac{G_{nutz} + G_{ausst}}{1 - G_{trag}/G_{ges} - G_{mot}/G_{ges} - G_{energ}/G_{ges}}.$$

Das Gesamtgewicht wächst sehr rasch, wenn sich die Summe der drei konstant angenommenen Verhältnisse 1 nähert. Ist z. B. $G_{trag}/G_{ges} = 0{,}2$, $G_{mot}/G_{ges} = 0{,}3$, $G_{energ}/G_{ges} = 0{,}1$, dann ist das Gesamtgewicht des Fahrzeugs bereits 2,5 mal so groß wie die Summe der Gewichte von Nutzlast und Ausstattung. Würde das Verhältnis Antriebsanlage/Gesamtgewicht z. B. 10 % schwerer ($G_{mot}/G_{ges} = 0{,}33$), so beträgt das Gesamtgewicht bereits das 2,7fache von Nutzlast und Ausstattung, was einer Erhöhung des Gesamtgewichtes um 8 % entspricht. In diesem Fall vergrößert sich also auch das Gewicht des Tragwerks um 8 %, der mitgenommene Energievorrat muß 8 % größer sein, und das erforderliche Gewicht der Antriebsanlage selbst vergrößert sich um 18,8 %. *Fiala*

Leistung, effektive →Nutzleistung

Leistung, indizierte →Innenleistung

Leistungsausgleich. Unter diesem Begriff werden alle Maßnahmen zusammengefaßt, die bei einem Maschinenaggregat einen möglichst gleichmäßigen Energiefluß von der Kraftmaschine zur Arbeitsmaschine bewirken. Ein derartiger L. wird immer dann erforderlich, wenn das Drehmoment von Kraft- oder Arbeitsmaschine und damit die abgegebene bzw. aufgenommene Leistung während einer Umdrehung periodischen Schwankungen unterworfen sind, wie sie sich aus dem Arbeitsrhythmus der Maschine (z. B. bei Kolbenmaschinen) ergeben. Die Differenz der Drehmomente aus den Drehkraftdiagrammen bewirkt einen zeitweiligen →Arbeitsüberschuß bzw. Arbeitsunterschuß und führt zu kurzzeitigen Beschleunigungen bzw. Verzögerungen der Maschinenwelle, d. h. zu periodischen Drehzahlschwankungen, deren Größe durch den →Ungleichförmigkeitsgrad beschrieben wird (Bild).

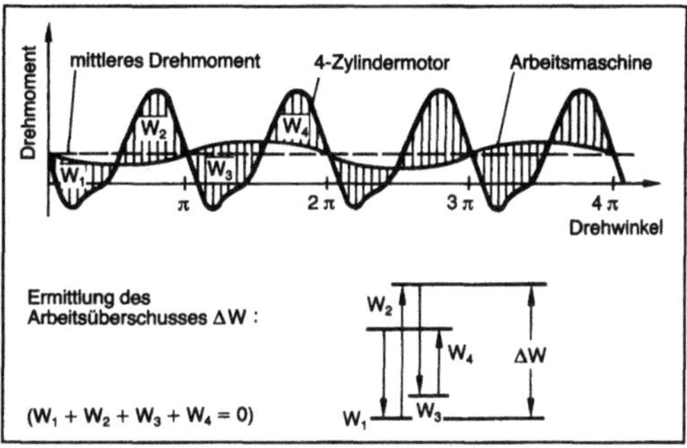

Leistungsausgleich: Drehkraftdiagramme von Kraft- und Arbeitsmaschine.

Bei Kolbenmaschinen, speziell bei Verbrennungskraftmaschinen, wird ein L. zunächst primär durch geeignete Anordnung der Kurbelkröpfungen und Wahl der Zündfolge herbeigeführt. Auch eine Erhöhung der Zylinderzahl vergleichmäßigt die Leistungsabgabe und verringert den Ungleichförmigkeitsgrad. Sekundär bewirkt eine Erhöhung der Drehträgheit, z. B. der Einbau eines als Energiespeicher wirkenden Schwungrads, eine Verringerung des Ungleichförmigkeitsgrads.

Der physikalische Zusammenhang zwischen dem Arbeitsüberschuß ΔW, dem Massenträgheitsmoment J der Maschinenwelle, der mittleren Winkelgeschwindigkeit $\omega_m = (\omega_{min} + \omega_{max})/2$ und dem Ungleichförmigkeitsgrad $\delta = (\omega_{max} - \omega_{min})/\omega_m$ ist durch den Arbeitssatz

$$\Delta W = \frac{1}{2} J \left(\omega_{max}^2 - \omega_{min}^2 \right) = J \, \omega_m^2 \, \delta$$

gegeben. *Witfeld*

Literatur: *Biezeno, C. B.,* u. *R. Grammel:* Technische Dynamik. Berlin, Göttingen, Heidelberg 1953.

Leistungsbedarf (Kraftfahrzeug). Zur Überwindung der Fahrwiderstände ist eine bestimmte Leistung erforderlich. Das Bild zeigt den L. bzw. Leistungsüberschuß

□ eines Pkw mit Gesamtgewicht 1000 kg, →Rollwiderstand 150 N, Luftwiderstandsfläche 0,7 m², Übertragungswirkungsgrad 90 % auf gerader Fahrbahn mit der Steigung s bei Windstille,

□ eines Lastzugs, 40 000 kg, Rollwiderstand 4800 N, Luftwiderstandsfläche 5 m².

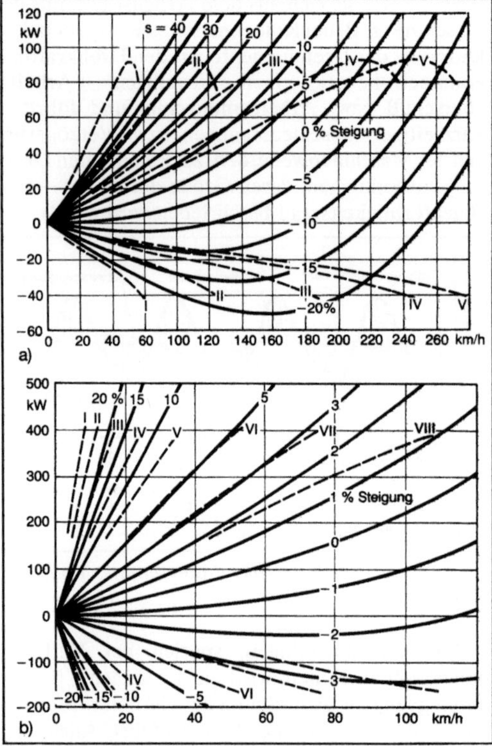

Leistungsbedarf (Kraftfahrzeug): Leistungsbedarf bzw. -überschuß.
a) Pkw
b) Lastzug.

Gestrichelt eingezeichnet ist das Leistungsangebot eines Verbrennungsmotors mit 5 bzw. 8 Gängen bei Vollast (obere Kurven) bzw. im Schub. Der Pkw erreicht seine Höchstgeschwindigkeit im IV. Gang mit knapp 220 km/h; die Steigfähigkeit beträgt in diesem Gang ca. 16 %. Im V. Gang beträgt die Höchstgeschwindigkeit ca. 210 km/h, die Steigfähigkeit ca. 10 %. Im II. Gang können ca. 23 % Steigung mit 120 km/h gefahren werden. Im Schubbetrieb reicht die Verzögerung des Motors bei geschlossener →Drosselklappe im IV. Gang für 10 % Gefälle (85 km/h) bzw. im II. Gang für 15 % Gefälle (75 km/h). Die oberen Gänge liegen dichter zusammen als die unteren. Für den Lastzug spielt der Luftwiderstand eine kleinere Rolle, Steigung und Gefälle eine größere. Das →Getriebe ist in diesem Fall geometrisch gestuft.

Bei horizontaler Fahrbahn ist für die Höchstgeschwindigkeit der Luftwiderstand von ausschlaggebender Bedeutung. Die von den eigentlichen Fahrwiderständen nicht in Anspruch genommene Leistung der Antriebsmaschine steht für die Beschleunigung zur Verfügung. Deshalb ist das →Leistungsgewicht in kg/kW ein geeignetes Maß für die Beschleunigung des Fahrzeugs, die üblicherweise in der Zeit bis zum Erreichen einer bestimmten Geschwindigkeit aus dem Stand (100 km/h oder 60 mph) bei gerader, horizontaler Fahrbahn und Windstille beim Durchschalten aller Gänge gemessen wird.

Das Verhältnis von Gewicht zu Luftwiderstandsfläche ist bei Pkws so, daß sie ihre halbe Höchstgeschwindigkeit in etwa 9 s erreichen. Krafträder erreichen sie in kürzerer, Lkws in längerer Zeit. Als Maß für die Elastizität gilt die Zeit, die für das Beschleunigen von einer Geschwindigkeit zu einer anderen (z. B. 60–100 km/h) im höchsten Gang oder im normalen Fahrgang erforderlich ist. Wenn nicht anders angegeben, wird bei Pkws bei diesen Messungen von der halben zulässigen Zuladung ausgegangen. Das Leistungsgewicht der Fahrzeuge selbst wird hingegen häufig für das leere Fahrzeug angegeben. Für Pkw liegt es dabei zwischen 10 und 30 kg/kW, für Sportfahrzeuge auch noch darunter. Für Lkws ist die Angabe kW/t des vollbeladenen Fahrzeugs bzw. Lastzugs üblich. In verschiedenen Ländern existieren hier vorgeschriebene Mindestwerte (StVZO § 35: 4,4 kW/t für Lkw, Omnibus und Züge; 2,2 kW/t für Zugmaschinenzüge). Das Leistungsgewicht des Antriebsmotors muß wegen des erforderlichen Leichtbaus wesentlich kleiner als das des Gesamtfahrzeugs sein. Aus Vergleichbarkeitsgründen muß zur Antriebsanlage alles gezählt werden, was mit der Motorleistung in Verbindung steht, beim →Verbrennungsmotor z. B. →Auspuff, Kühler, Starterbatterie, Getriebe, →Kraftübertragung zu den Rädern; für den Elektroantrieb: Elektromotor, Getriebe, Kraftübertragung, Regelung. Die Batterie wird beim Elektroantrieb ebenso wie der Tank zum Energiespeicher gerechnet, obwohl ihre Größe von der erforderlichen Leistung abhängig ist (Zahlenwerte →Energie für Kraftfahrzeuge, Tabelle 3).   *Fiala*

Leistungsbilanz. Formulierung des auf die Zeit bezogenen Energieerhaltungssatzes: Die Summe aller Energieströme, die ein System mit seiner Umgebung austauscht, ist gleich der Änderung der Energie des Systems.

Das System ist der räumliche Bereich, für den die L. aufgestellt werden soll. Leistungen sind Energieströme. Dies führt für die allgemeine Darstellung eines Systems zu folgender L.-Gleichung (Bild):

$$P + \dot{Q} = \frac{dE}{dt} + \dot{m}_A \left(h_A + \frac{c_A^2}{2} + g\,z_A \right)$$

$$- \dot{m}_E \left(h_E + \frac{c_E^2}{2} + g\,z_E \right).$$

Dabei sind zugeführte mechanische Leistungen P und Wärmeleistungen $\dot{Q}$ positiv und abgeführte negativ einzusetzen. Energieströme, die mit Massenströmen $\dot{m}$ die Systemgrenzen überschreiten, sind bestimmt durch die spezifische Enthalpie h, die

734

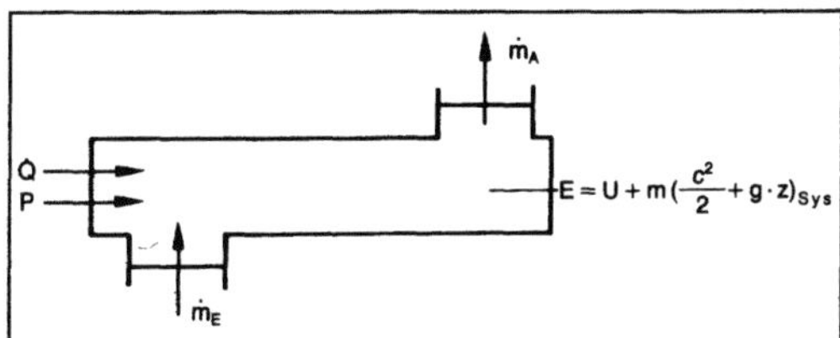

Leistungsbilanz: System mit der Energie E, das über seine Grenzen Massenströme und Leistungen mit der Umgebung austauscht.

spezifische kinetische Energie $c^2/2$ und die spezifische potentielle Energie der Lage $g \cdot z$ des Massenstroms an der Systemgrenze. Die Energie E des Systems besteht aus der inneren Energie U (thermische, chemische und nukleare Energie der Materie im System) und der kinetischen und potentiellen Energie des Systems. Üblicherweise werden Systeme wie folgt unterschieden:

□ Bewegte und ruhende Systeme: Für ruhende Systeme ist $dE = dU$.

□ Geschlossene und offene Systeme: Geschlossene Systeme sind für Materie undurchlässig (massedicht $\dot{m} = 0$), während offene Systeme Masse über die Systemgrenze lassen.

□ Stationäre und instationäre Systeme: Bei stationären (zeitunabhängigen) Systemen bleibt die Energie des Systems konstant ($dE/dt = 0$).

□ Adiabate und diabate Systeme: Adiabate Systeme tauschen über die Systemgrenzen mit der Umgebung keine Wärme aus ($\dot{Q} = 0$).

Beispiele: Wasserpumpe im Betrieb (ruhendes, offenes, stationäres, adiabates System), fahrender Pkw bei Beschleunigung (bewegtes, geschlossenes, instationäres, adiabates System), Warmwasserkessel bei Erwärmung einer bestimmten Wassermenge (ruhendes, geschlossenes, instationäres, diabates System). *Rauhut*

Literatur: *Baehr, H. D.:* Thermodynamik. 6. Aufl. Berlin, Heidelberg, New York, Tokio 1988.

Leistungsdichte →Energie für Kraftfahrzeuge

Leistungsgewicht. Quotient aus Gewicht und Nennleistung eines Verbrennungsmotors.

Nach der obigen Definition ist das L. (kg/kW) ähnlich wie die →Bauraumleistung ein Maß für die Leistungskonzentration des Motors. Darüber hinaus kennzeichnet das L. den Entwicklungsstand eines Motortyps. Im Laufe der Zeit sind die L. ständig kleiner geworden, zunächst infolge von Drehzahlsteigerungen, später infolge Erhöhung der Nutzmitteldrücke durch →Aufladung.

Aus Ähnlichkeitsbetrachtungen ergibt sich, daß das L. mit zunehmenden Zylinderabmessungen größer wird. Es dürfen also nur die L. etwa gleich großer Motoren miteinander verglichen werden. *Kuhlmann*

Leistungsregelung. Unter L. versteht man bei Verbrennungsmotoren die Maßnahmen, mit denen die Leistung des Motors der vom Verbraucher (z. B. einer Arbeitsmaschine) benötigten Leistung angepaßt wird. Dabei ist grundsätzlich zwischen Ottomotoren und Dieselmotoren zu unterscheiden.

Ottomotor. Von Vollast ausgehend wird die Leistung eines Ottomotors dadurch verringert, daß man die Zufuhr des z. B. im →Vergaser gebildeten Kraftstoff-Luft-Gemisches mit Hilfe einer →Drosselklappe einschränkt. Dabei bleibt das →Luftverhältnis konstant. Es wird also die Zufuhr von →Kraftstoff und Luft im gleichen Verhältnis verringert. Auch bei →Benzineinspritzung darf nicht nur die eingespritzte Benzinmenge, sondern ist auch (mit Hilfe einer Drosselklappe) die Luftmenge zurückzunehmen, damit das Luftverhältnis innerhalb der Zündgrenzen bleibt. Da die Gemischmenge verändert wird, spricht man von einer →Quantitätsregelung.

Dieselmotor. Der Dieselmotor besitzt keine Drosselklappe. Zur Verminderung der Leistung wird einfach weniger Kraftstoff in den →Brennraum gespritzt. Das bedeutet, daß das →Verbrennungsluftverhältnis bei Verringerung der Last ansteigt. Man spricht von Qualitätsregelung. Daß im Brennraum trotz des bei Teillast großen mittleren Verbrennungsluftverhältnisses eine Zündung erfolgt, liegt an der ausgeprägten Inhomogenität des Gemisches. Örtlich, nämlich rund um die eingespritzten Kraftstofftropfen, treten durchaus sehr kleine Luftverhältnisse auf, so daß an etlichen Stellen ein zündfähiges Gemisch vorhanden ist. *Kuhlmann*

Leistungsverzweigung →Zahnradgetriebe

Leiterplattenbestückung. Bei der klassischen Methode werden die Anschlüsse der bedrahteten Bauelemente in die geometriegerecht gebohrten Löcher gesteckt und anschließend die gesamte Leiterplatte in einem Zug über einer Lötwelle gelötet. Abhängig von einer gemischten Technologie, d. h. ob bedrahtete Bauelemente und oberflächenmontierte Bauelemente SMD (Surface Monted Devices) aus Gründen höherer Integration und damit Platz- und Gewichtsreduzierung auf Leiterplatten verarbeitet werden, sind andere Prozeßschritte notwendig, die außer dem Aufbringen von Lötpaste oder Kleber auf das Substrat im Siebdruck bez. Aufwand günstiger sind (Bild 1).

In der Unterhaltungselektronik wird z. T. nach Muster manuell bestückt. Erleichterungen bringen gedruckte Zeichen, Ziffern und Kästchen auf der Leiterplattenbestückseite. Verschiedenste Montagevorrichtungen und Bestücktische mit Auflichtprojektion von Lichtmarken für die Lage und Polarität der einzusetzenden Bauteile wurden ent-

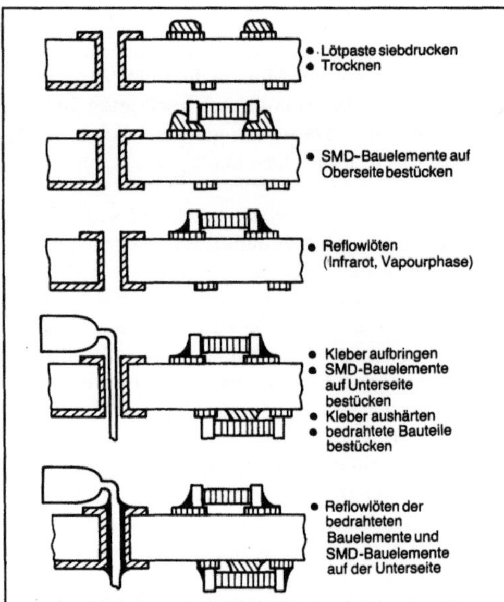

Leiterplattenbestückung 1: Leiterplattenbestückung mit bedrahteten und SMD-Bauteilen.

wickelt. Neue Bestücktische haben über Schrittmotoren elektronisch gesteuerte Lichtköpfe.

Das automatische Bestücken setzt gegurtet gelieferte Bauteile voraus. Ein Bestückungskopf bringt die Bauelemente in Position auf der Leiterplatte. In Reihenfolge gegurtete Bauelemente, wie sie die Einsetzfolge der Leiterplatte fordert, werden mit Sequenzern erreicht (Bild 2).

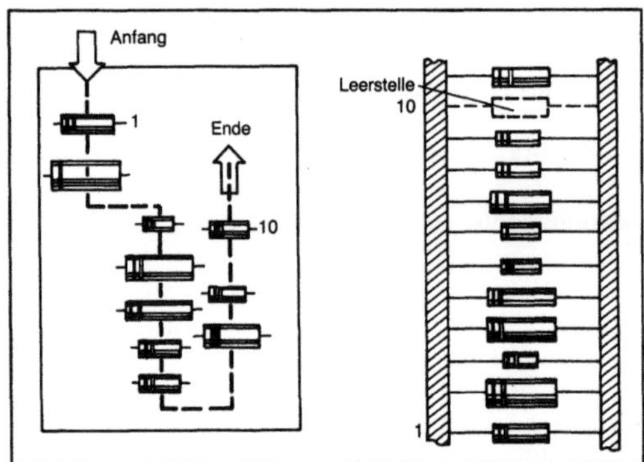

Leiterplattenbestückung 2: Bestückung mit aufgegurteter Bauteilsequenz.

Bestückungsautomaten sind universal programmierbar, z. B. im Dialog, pick and place, (Bild 3).

Bauteile in Dual-in-Lines-Bauform wie integrierte Schaltkreise (IC), Mikroprozessoren usw. werden über Röhren oder Rinnen zugeführt. Die verschiedensten Bauelemente und durchstehende Anschlußdrahtenden werden zunächst auf einer Lötanlage meist mit hoher Lötwelle mit den Leiter-

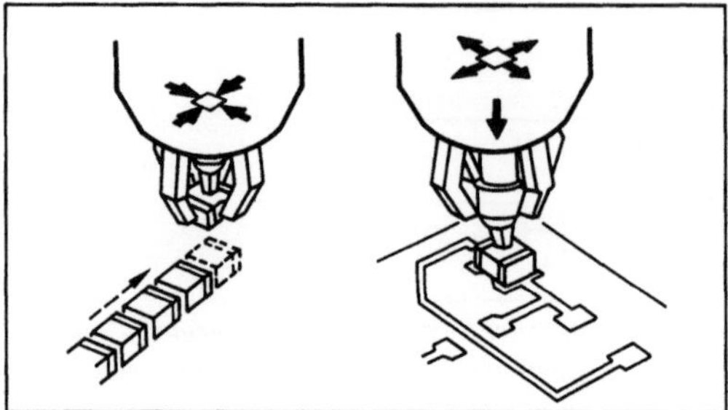

Leiterplattenbestückung 3: Bestückungsautomaten – Adapter, Zange.

bahnen verlötet und anschließend durch schnell rotierende Messer auf Länge geschnitten.

Beim Löten der elektronischen Bauelemente, die dabei mechanisch befestigt und zuverlässig leitend verbunden werden, sind folgende Methoden im Einsatz (Tabelle):

Leiterplattenbestückung. Tabelle: Lötmethoden und -verfahren.

Methode	Verfahren
Die Lötzufuhr erfolgt während des Lötens	Schlepp- oder Tauchlöten Schwall- oder Wellenlöten
Die Lötzufuhr erfolgt vor dem Löten	Reflow-Löten – Durchlaufofen – Direktbeheizung durch Platten und Bäder – Induktions- oder Widerstandsheizung mit Stempeln – Infrarot aufschmelzen – Kondensationslöten (Vapourphase) – Laserlöten

Weit verbreitet zum Einbau in eine Montagelinie ist das Schwall- oder Wellenlötbad (Bild 4 und 5).

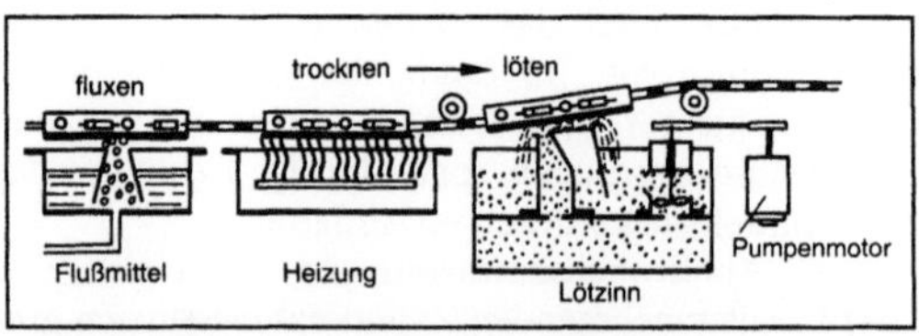

Leiterplattenbestückung 4: Prinzip des Schwall- oder Wellenbads.

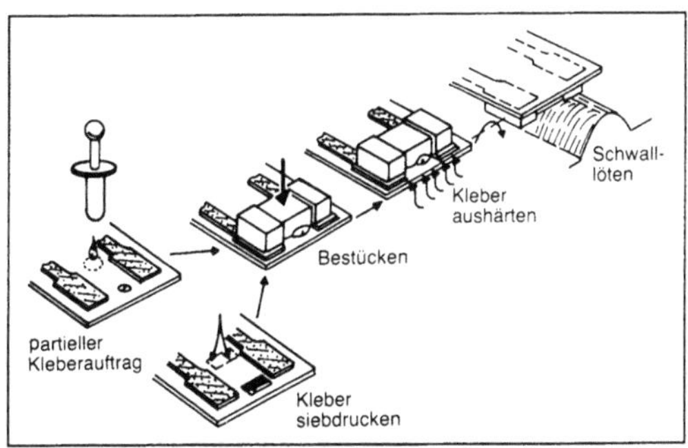

Leiterplattenbestückung 5: Einseitige reine SMD-Bestückung mit Wellenlötung.

Der Beurteilung der Lötstelle kommt besondere Bedeutung zu. Ein Nachlöten kann erforderlich sein. Es schließt sich die elektrische Prüfung an.   *Lauruschkat*

Leiterplattenfertigung. Zur elektronischen Schaltungsrealisierung mit diskreten Bauelementen werden Leiterplatten verwendet. Die Verfahrensweise bei der →Leiterplattentechnik besteht aus dem Entwurf des Leiterplattenlayouts, der naßchemischen Realisierung der Leiterplatte (z. B. Additiv- oder Subtraktivtechnik) mit anschließender Bestückung, Kontaktierung und Testung. Weitere Entwicklungen, z. Z. für Musterleiterplatten, gehen in Richtung Laserstrukturierung und Schreiben der Leiterzüge im Gegensatz zu den Druckverfahren.

Seit der Erfindung der Leiterplatte im Jahre 1936 durch *Paul Eisler* wurde die Gestalt ständig durch die verfügbaren Bauelemente geprägt. Erst Anfang der 40er Jahre standen zur Bestückung der Leiterplatte geeignete Bauelemente zur Verfügung. Die Vorteile der Leiterplatte sind, ein Verdrahtungsbild beliebig oft reproduzierbar in gleicher Qualität herstellen zu können.

Die Unterhaltungselektronik, die in Berlin mit dem Rundfunk im Jahr 1923 begann, griff erst in den 50er Jahren die mechanisierte bzw. automatisierte Fertigung elektronischer Geräte auf. Im Jahre 1956 löste die erste in Deutschland serienmäßig hergestellte Leiterplatte für ein Radio die bis dahin gebräuchliche Chassisverdrahtung ab (Bild 1).

Durch die enormen Gewichtsverringerungen auf Grund der Miniaturisierung und Integration beim Einsatz von Halbleitern boten sich Leiterplatten gleichzeitig als mechanische Träger der Komponenten an. Durch das vorgegebene Leiterbild konnten die Montagetechniken sehr vereinfacht werden.

Die Herstellung von Leiterplatten geht von ein- oder zweiseitig mit Metallfolien kaschiertem Basismaterial aus, z. B. Phenolharz-Hartpapier oder glasfaserverstärktes Epoxidharzgewebe, bei dem das nicht zum photomechanisch oder drucktechnisch aufgebrachten Leiterplattenbild gehörende Kupfer

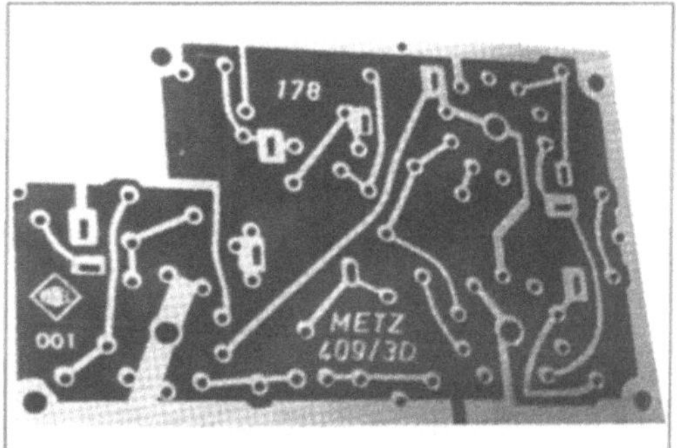

Leiterplattenfertigung 1: Leiterplatte einfachster Art mit einseitig aufgedrucktem Leiterbild der ersten Serienproduktion. (Quelle: Deutsches Museum, München)

durch Ätzen entfernt wird. Diese Subtraktivtechnik entfernt oft bis zu 80 % des Kupfers.

In der Rundfunk- und Fernsehgerätefertigung wird vorwiegend die Additivtechnik angewendet. Dabei wird ein mit Kleber (Haftvermittler) beschichtetes Basismaterial durch Spritzen oder Tauchen mit einer elektrisch leitenden Schicht versehen. Im Siebdruck werden alle Partien, die nicht verkupfert werden, mit Farbe abgedeckt. In der Fertigungslinie von chemischen Bädern werden

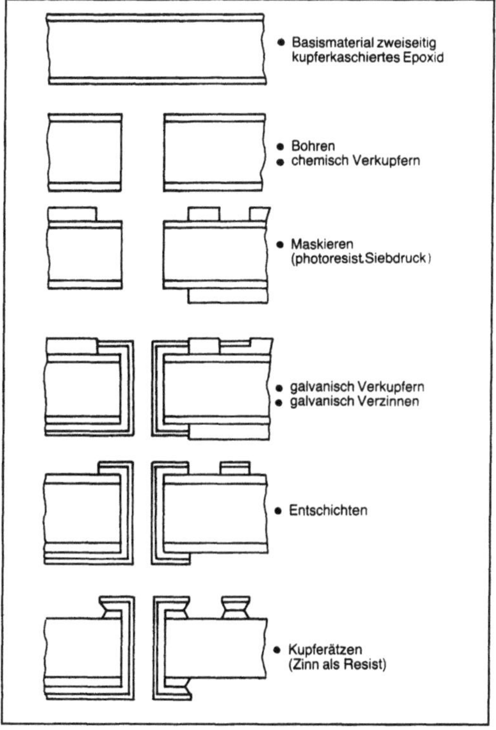

Leiterplattenfertigung 2: Prozeßfolge für zweilagige, durchkontaktierte Leiterplatten.

freiliegende Leiterbahnen, Lötaugen, Bohrungen usw. galvanisch mit Kupfer aufgebaut. Durch Waschen mit Lösungsmittel wird die Siebdruckfarbe mit dem Leitlack entfernt (Bild 2).

Die heute in der Ätztechnik bei der Fertigung von Leiterplatten verwendeten Siebdruckgewebe werden wie folgt gefertigt: Aus den Funktionen des Schaltplans wird die Anordnung der Bauelemente (Belegung) und die Leitungsführung unter vielen Randbedingungen festgelegt und die Schaltung entflochten. Die nach dem Belegungsplan hergestellten Druckvorlagen bieten Kopien als Einzelnutzen oder Mehrfachnutzen zum Herstellen der Drucksiebe oder zum unmittelbaren Kopieren.

Die Druckvorlage wird unmittelbar auf das mit einem lichtempfindlichen Lack oder Folie beschichtete Siebgewebe kopiert. Die mit UV-Licht belichteten Stellen härten aus, die nicht belichteten wäscht man mit Wasser aus. Beim Drucken gelangt ätzfeste Farbe durch die ausgewaschenen Partien des Siebes auf die Leiterplatte (Bild 3).

Die Leiterplatten werden nach dem Ätzen, Herstellen der Außenkonturen und Aufnahmebohrungen gereinigt, und die noch anhaftende Siebdruck-

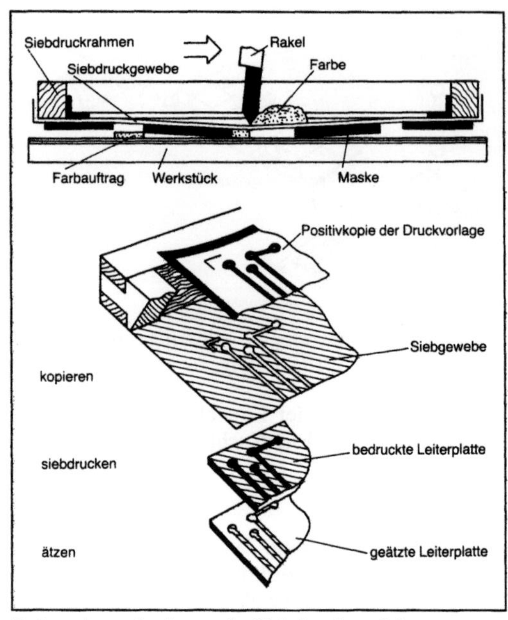

Siebdruckrahmen
Rakel
Siebdruckgewebe
Farbe
Farbauftrag
Werkstück
Maske
Positivkopie der Druckvorlage
Siebgewebe
kopieren
bedruckte Leiterplatte
siebdrucken
ätzen
geätzte Leiterplatte

Leiterplattenfertigung 3: Siebdruckverfahren.

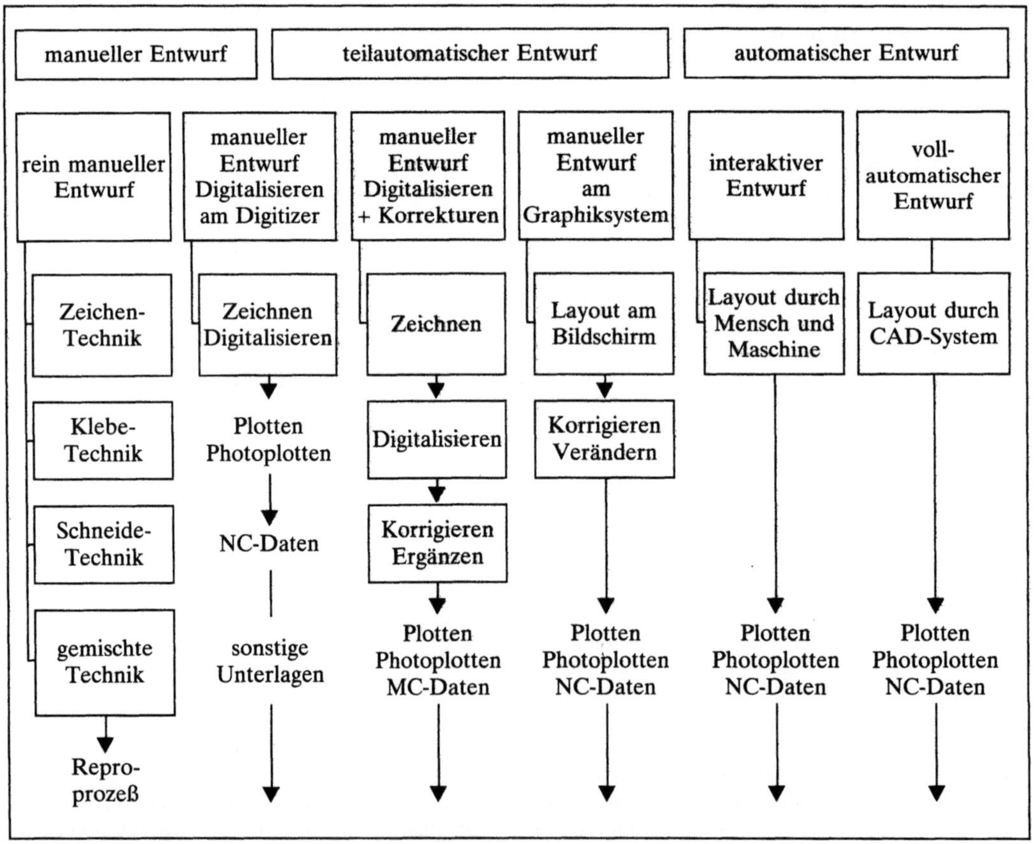

manueller Entwurf
teilautomatischer Entwurf
automatischer Entwurf
rein manueller Entwurf
manueller Entwurf Digitalisieren am Digitizer
manueller Entwurf Digitalisieren + Korrekturen
manueller Entwurf am Graphiksystem
interaktiver Entwurf
voll-automatischer Entwurf
Zeichen-Technik
Klebe-Technik
Schneide-Technik
gemischte Technik
Repro-prozeß
Zeichnen Digitalisieren
Plotten Photoplotten
NC-Daten
sonstige Unterlagen
Zeichnen
Digitalisieren
Korrigieren Ergänzen
Plotten Photoplotten MC-Daten
Layout am Bildschirm
Korrigieren Verändern
Plotten Photoplotten NC-Daten
Layout durch Mensch und Maschine
Plotten Photoplotten NC-Daten
Layout durch CAD-System
Plotten Photoplotten NC-Daten

Leiterplattenfertigung 4: Stufen von Leiterplatten-Entwurfsverfahren.

farbe wird abgelaugt. Um die Leiterbahnen lötfreudiger zu machen, werden sie leicht angeätzt (dekapiert).

Beim photomechanischen Verfahren zur Leiterplattenherstellung in Feinätztechnik wurde früher flüssiger Photoresist aufgesprüht oder im Tauchverfahren aufgebracht. Heute werden Resistfilme auf die Platte aufgewalzt.

Es hat sich gezeigt, daß einfache Baugruppen manuell entworfen werden können. CAD-Einsatz in der Vorlagenherstellung ist meist unumgänglich, damit digitalisiert und die Filmausgabe auf einem Photoplotter gemacht werden kann (Bild 4).

Die bisher ständig steigenden Packungsdichten setzen immer mehr Verbindungen auf der Leiterplattenfläche voraus. Mehrere Leiterebenen auf der Bestückungsseite der Leiterplatte mußten aufgebracht werden. Somit entstand der Multilayeraufbau (Bild 5).

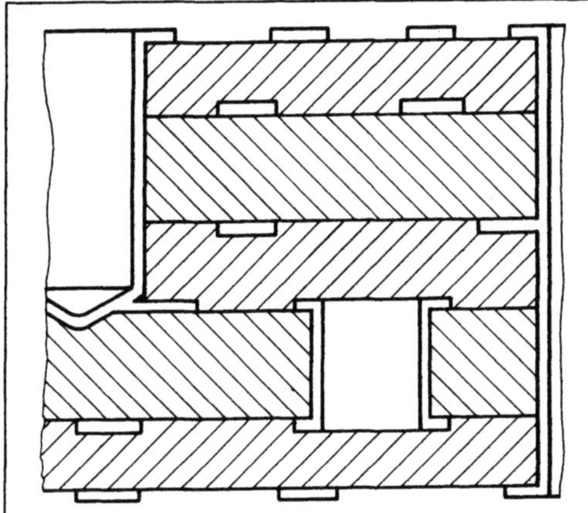

Leiterplattenfertigung 5: Sechslagen-Multilayer mit Innenlagen-Durchkontaktierung und Sackloch.

Bei doppelseitigen Leiterplatten sind die Leiterbilder oft elektrisch zu verbinden. Dies geschieht z. B. durch Metallisieren der Verbindungsbohrungen oder durch Eindrücken von Rohrnieten oder Criblets.

Die integrierten Schaltkreise (IC) mit Abständen der Bauteilanschlüsse von 1/10″ (2,54 mm) ergaben einen Standardlochdurchmesser von 0,9 mm mit der Forderung, bis zu zwei Leiter zwischen zwei Bohrungen durchzuführen.

Die SMD-Technik (oberflächenmontierte Bauteile) bringt eine weitere Integrationsdichte je Chip und damit eine steigende Packungsdichte für die Leiterplatte (Bild 6).

Der allgemeine Fertigungsstandard ist heute, daß Leiterbreiten und -abstände um 0,2 mm, Bohrungen für Durchkontaktierungen bis 0,6 mm auf Glas-Epoxid-Basismaterial vorherrschen, Lötstoppmasken überwiegend im Siebdruck erzeugt werden und

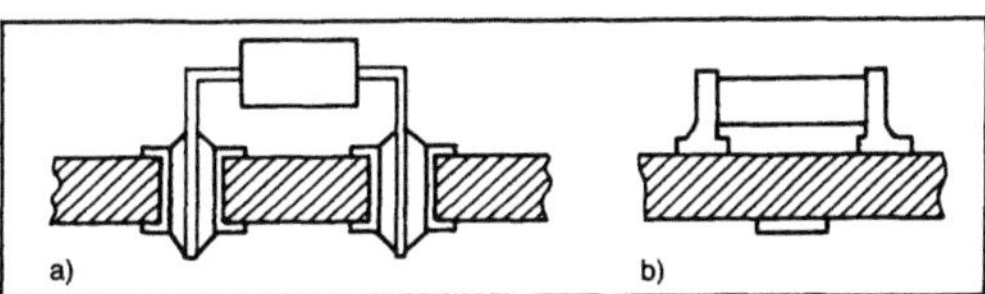

Leiterplattenfertigung 6: Einsteckmontage und Oberflächenmontage.
a) Einsteckmontage
b) Oberflächenmontage.

die Kontaktierung für die elektrische Prüfung im Rasterabstand von 2,54 mm erfolgt.

Es ist zu erwarten, daß Leiterbreiten und -abstände $\leq$ 100 µm Standard werden. Erhöhte Forderungen an die Druckbildübertragung sind dabei zu stellen, d. h. für die Belichtung von Filmen werden erhöhte Forderungen (z. B. Klimatisierung und Reinheit der Arbeitsräume) unabdingbar. Der elektronischen Bildübertragung mittels Laserbelichtung wird jedoch der Vorzug gegeben.

Die Verarbeitung von leadless ceramic chip carriers und der Einsatz von chip on board sowie die ständig steigenden Frequenzen der zu übertragenden Signale stellen erhöhte Forderungen an Basismaterial und Leiterbahnstrukturen.

Die Wärmeabfuhr bei hohen Leistungsdichten auf den Halbleitern wird z. B. mit Metallkernplatten und anderen Maßnahmen verbessert. *Lauruschkat*

Literatur: *Claus, H.*: Stand der Fertigungstechnik für Leiterplatten und zu erwartende Weiterentwicklung. In: Galvanotechnik 78 (1987) Nr. 1. – *Müller, H.*: Oberflächenmontierte Bauelemente in der Leiterplattentechnik. Saulgau 1986. – VDI/VDE 3709. Bl. 1–6: Herstellung von Fertigungsvorlagen für Leiterplatten. Hrsg. Verein Dt. Ingenieure. Ausg. 1987.

Leiterplattentechnik →Leiterplattenfertigung, →Leiterplattenbestückung, →Leiterplattentest

Leiterplattentest. Das wesentliche Ziel jedes Herstellers ist, die Fehlerfreiheit und Qualitätserfordernis seines Produkts zu garantieren. Dafür wird nach dem Fertigungsprozeß ein Test gefahren. Zunehmender Einsatz von Kombinationstestverfahren (multimode testing) führen zur höchsten Fehlerabdeckungsrate. Unter Multimode-Test versteht man die Kombination der drei bekannten Testverfahren: In-Circuit-Test, Funktionstest und Emulation in einem Testprogramm.

Hauptaufgabe des In-Circuit-Tests ist das Prüfen der Leiterplatte auf Produktionsfehler wie Löt- und Bestückungsfehler. Dabei wird Bauelement für Bauelement in der Schaltung (in circuit) elektrisch isoliert und gemessen.

Mittels der analogen In-Circuit-Tests werden Kurzschlüsse, Unterbrechungen und die analogen Bauelemente wie Widerstände, Kondensatoren nur geprüft. Die Prüfspannung liegt hierbei jeweils nur am Meßobjekt.

Beim digitalen In-Circuit-Test erfolgt eine statische Funktionsprüfung der integrierten Schaltungen (IC). Da hierzu eine Versorgungsspannung am jeweils zu prüfenden IC notwendig wird, liegt damit üblicherweise auch an allen anderen ICs Spannung an.

Der Funktionstest soll primär die tatsächliche Gesamtfunktion der Schaltung (Systemfunktion) sicherstellen. Wurde die Schaltung vorher bereits einem In-Circuit-Test unterzogen, so muß das Funktionstestprogramm nicht mehr zum Erkennen von Produktionsfehlern ausgelegt werden. Der zunehmende Einsatz von Simulatoren im Entwicklungs- und Prüfungsbereich wird hier zukünftig eine starke Entlastung bei gleichzeitiger Steigerung der Testprogrammgüte bringen.

Bei der Emulation wird der Mikroprozessor durch einen In-Circuit-Emulator ersetzt. Damit kann vom Kern (BUS) aus die Schaltung in Echtzeit unter Kontrolle des Testprogramms geprüft werden. Zum Beispiel kann vor dem Start des Emulatorprogramms die Schaltung über die Testsystemhardware in einen definierten Zustand gebracht werden, oder während des Ablaufs des Emulatorteils werden die Zustände an den Ausgängen der Schaltung geprüft.

Mit der heutigen VLSI-Technologie mit ihrem reichlichen Angebot an Schaltkreisen wird Hardware auf den zu testenden Teilen als aktive Testhilfe benutzt. Diese Testhilfen kann man mit geringem Aufwand bis zum vollständigen Selbsttest ausbauen. *Lauruschkat*

Literatur: Vortragsband der VDI/VDE-Fachtagung LEITERPLATTE 86. Bd. 2. München 1986.

Leitrad. Feststehender Schaufelkranz in Strömungsmaschinen, den ein →Arbeitsfluid durchströmt, so daß eine Strömungsrichtungsänderung auftritt. Dies hat eine Dralländerung der Strömung in Umfangsrichtung des Rades zur Folge, die einem Drehmoment des Rades entspricht (Arbeitsprinzip).

Da das L. feststeht, wird keine Arbeit zwischen Fluid und Rad übertragen. Jedoch muß das Maschinengehäuse das Drehmoment aufnehmen. Das L. bildet zusammen mit dem →Laufrad eine Stufe.

Außer in einer Stufe setzt man L. auch als Vor- oder Nach-L. ein. Vor-L. werden in →Pumpen und Verdichtern vor dem ersten Laufrad, meist mit verstellbaren Schaufeln (→Leitschaufelverstellung) angeordnet. Damit wird die Zuströmgeschwindigkeit zum ersten Laufrad in Größe und Richtung beeinflußt. Bei verstellbaren Schaufeln wird damit das Betriebsverhalten der Maschine verändert (Drallregler). *Rauhut*

Literatur: *Schulz, H.:* Die Pumpen. 13. Aufl. Berlin, Heidelberg 1977. – *Traupel, W.:* Thermische Turbomaschinen. Bd. 1. 3. Aufl. Berlin, Heidelberg, New York, Tokio 1988.

Leitrollentrieb. Riemengetriebe mit nichtparallelen Achsen, bei dem die erforderliche räumliche Riemenführung durch leer mitlaufende Leitrollen gewährleistet wird, z. B. →Flachriemengetriebe. *H. W. Müller*

Leitschaufelverstellung. Methode zum Steuern und Regeln einer Strömungsmaschine durch Verändern der Geometrie der Maschine. Dabei werden während des Betriebs der Maschine die Schaufeln eines Leitrads um den jeweils gleichen Winkel verstellt. Bei mehrstufigen Maschinen werden auch mehrere Leitschaufelkränze verstellt, wobei die Verstellwinkel der einzelnen Leitschaufelkränze auch unterschiedlich sein können.

Damit verschiebt sich der Betriebspunkt der Maschine im →Kennfeld, so daß Änderungen des Volumenstroms und der spezifischen Energie (Druckänderung oder Enthalpiegefälleänderung) möglich sind. L. führt zu einer veränderten Dralländerung der Strömung und zu geänderten Strömungsquerschnitten. Mögliche Verstellwinkel sind dadurch begrenzt, daß die Strömung im →Leitrad infolge stärkerer Umlenkung nicht ablösen darf und daß bei Verdichtern und →Pumpen die Zuströmung zum folgenden →Laufrad am Laufradeintritt nicht zur Ablösung führt. Bei radial durchströmten Leitschaufeln (z. B. bei Francisturbinen) lassen sich die Schaufeln zwischen parallelen Wänden problemlos verdrehen, da der Spalt zwischen Wand und Schaufel gleich bleibt. Bei Leiträdern in Axialmaschinen müssen die Schaufeln im zylindrischen Raum verdreht werden, was die Drehung beschränkt oder zu größeren Spalten führt. Bei Kaplanturbinen ist daher beispielsweise die Nabe im Bereich der Laufschaufeldrehung kugelig ausgeführt.

Anwendungen: Mehrstufige →Axialverdichter (auch in Gasturbinen) haben L. in den ersten Stufen, um das Pumpen zu vermeiden und um die Leistung zu regeln. →Radialverdichter und Radialpumpen haben vor dem Laufrad zum Zwecke der Steuerung und →Regelung verstellbare Leitschaufelkränze als Drallregler.

Francisturbinen werden mit verstellbaren Leitschaufelkränzen gesteuert und geregelt.

Kaplanpumpen und Kaplanturbinen haben verstellbare Leit- und auch verstellbare Laufschaufelkränze. *Rauhut*

Literatur: *Raabe, J.:* Hydraulische Maschinen. Tl. 4: Wasserkraftanlagen. Düsseldorf 1970. – *Schulz, H.:* Die Pumpen. 13. Aufl. Berlin, Heidelberg 1977. – *Traupel, W.:* Thermische Turbomaschinen. Bd. 1. 3. Aufl. Berlin, Heidelberg, New York, Tokio 1988.

Lenken →Lenkung

Lenkergeradführung. L. sind Führungsmechanismen, in denen die Bahnen bestimmter nicht durch

Schubgelenke geführter Punkte entweder theoretisch exakte oder bereichsweise angenäherte Geraden sind.

Sie stellen eine konstruktive Alternative zur unmittelbaren Geradführung von Punkten oder Körpern dar, z. B. bei Platzmangel im Führungsbereich, Instrumentenzeiger vor gerader Skala, Radaufhängung in Pkw ohne Sturzänderung beim Durchfedern, Hafenkran mit horizontaler Bahn des Lasthakens bei abgeschaltetem Hubantrieb (Bild 1), zum Ersatz von Schubgelenken durch Drehgelenke (einfache Fertigung, geringer Verschleiß, geringe Verlustleistung, wartungsfrei bei dauergeschmierten Wälzlagern).

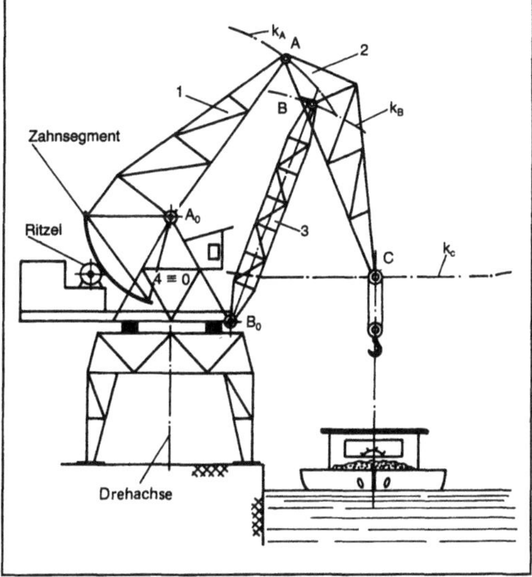

Lenkergeradführung 1: Hafenkran (Wippkran) als Lenkergeradführung.

Die Doppelschwinge A_0ABB_0 mit den im Gestell $4 \equiv 0$ gelagerten Schwingen 1 und 3 und der Koppel 2 erzeugt die Bahn k_C von Koppelpunkt C als horizontal liegende genäherte Gerade.

Theoretisch exakte Geradführung erfahren z. B. Punkte (C) auf dem Wälzkreis ($\rightarrow$Gangpolkurve kg) des kleinen Kardanrads eines Umlaufrädergetriebes, Bild 2a) und 2b), beim Abrollen auf dem Wälzkreis des gestellfesten großen Kardanrads (Rastpolkurve kr) mit dem Durchmesserverhältnis $D/d = 2$. Speziell der Punkt A einer gleichschenkligen zentrischen $\rightarrow$Schubkurbel, Bild 2c), ist exakt geradegeführt. Weitere Beispiele für exakte Geradführungen zeigt Bild 3. Wegen Fertigungstoleranzen, Lagerspiel u. dgl. weichen tatsächliche L. von theoretisch exakten Geraden ab.

Genäherte Geradführungen haben Bahnen, die mit der Tangente im erzeugenden Punkt nur eine begrenzte Anzahl (z. B. 6 bei Koppelpunktbahnen 6. Ordnung) endlich oder unendlich nah benachbar-

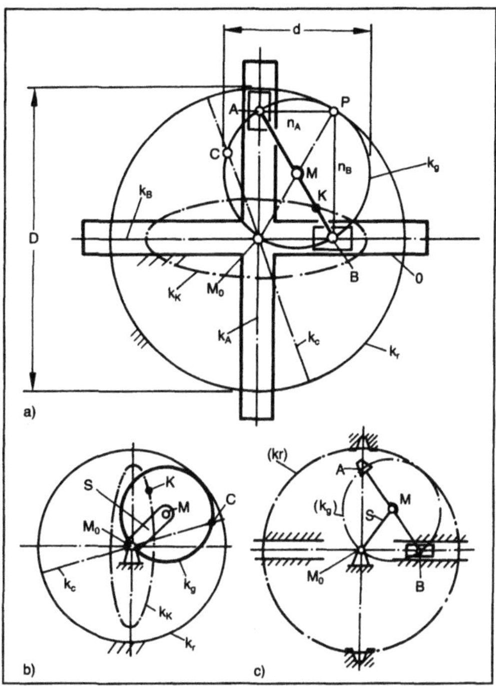

Lenkergeradführung 2: Exakte Geradführungen auf der Basis Kardankreispaar.
a) Rechtwinkliger Doppelschieber.

Punkte A und B geradegeführt (Schubgelenke) und durch Koppel $\overline{AB}$ verbunden. Gangpolkurve kg rollt im Momentanpol P (Schnittpunkt der Bahnnormalen n_A, n_B) auf Rastpolkurve kr ab. $D = 2d$. Alle Punkte auf kg-Ebene (z. B. K) beschreiben Ellipsen (z. B. k_K). Sonderfälle: M (Mittelpunkt von kg) beschreibt Kreis (Ellipse mit gleichen Halbachsen), Punkte auf kg selbst beschreiben exakte Geraden (Ellipsen mit einer Halbachse gleich null), z. B. k_A, k_B, k_C.

b) Umlaufrädergetriebe (Kardanrädergetriebe).

Erstes Ersatzgetriebe für a). Alle Punkte auf kg (Wälzkreis des kleinen Kardanrads) beschreiben Geraden.

c) Gleichschenklige Schubkurbel.

Zweites Ersatzgetriebe für a). Punkt A beschreibt Gerade (Abstand $\overline{AM} = \overline{MB} = \overline{M_0M}$). Hilfsverzahnung (zum Überwinden der Verzweigungslagen) in den Momentanpolen für die Stellungen B genau auf M_0

ter Punkte gemeinsam haben. Die $\rightarrow$Führungsgüte wird maßgeblich von dem Bahnverlauf im Toleranzfeld der zulässigen Abweichungen zwischen den Berührpunkten bzw. im Anschluß an den Berührungsbereich mit der Tangente bestimmt (Tschebyschev-Band).

In der Koppelebene eines viergliedrigen $\rightarrow$Mechanismus oder Getriebes (MG) liegen Punkte mit genäherter Geradführung auf dem für die jeweilige Stellung geltenden Wendekreis. Sie durchlaufen i. a. einen Wendepunkt ihrer Bahn, die mit der Bahntangente 3 unendlich nah benachbarte Punkte

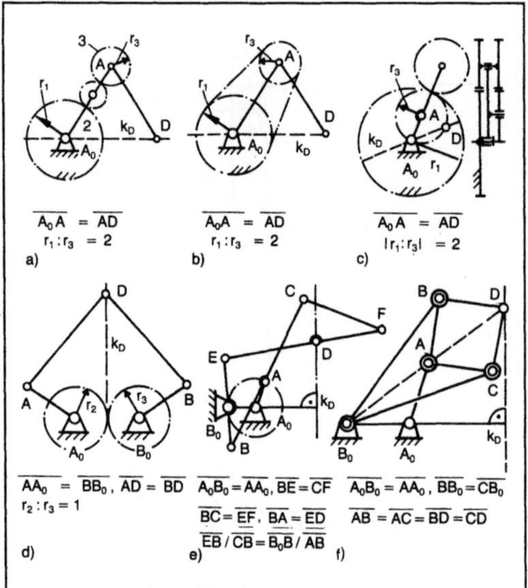

Lenkergeradführung 3: Mechanismen und Getriebe für exakte Geradführung eines Punkts D.
a), b), c) Konstruktive Varianten zum Kardanräderpaar nach Bild 2 b)
d) Aus 2 gegensinnig drehenden Schubkurbeln A_0AD und B_0BD zusammengesetzter fünfgliedriger Mechanismus

Unmittelbare Geradführung von D mittels Schubgelenk der Grundgetriebe entfällt.

e) Sechsgliedriger Drehgelenkmechanismus aus einer Watt-Kette
f) Achtgliedriger Drehgelenkmechanismus.

Inversor nach *Peaucellier*. Positionierung von Drehgelenk A_0 so, daß $A_0B_0 = A_0A$ wird, ergibt Geradführung von D.

gemeinsam hat und sie durchdringt. Bestimmte Punkte von Wendekreisen, sog. Undulationspunkte (Ball-Punkte), sind kennzeichnend für einen Flachpunkt der von ihnen erzeugten Bahn, die sich in 4 unendlich nah benachbarten Lagen einseitig an die Bahntangente anschmiegt. Bei Verminderung der Anforderungen an die Genauigkeit der Geradführung (Verbreiterung des Toleranzbands nach *Tschebyschev*) kann diese durch Übergang auf endlich nah benachbarte Schnittpunkte mit der Soll-Geraden verlängert werden.

Bild 4 zeigt Beispiele genäherter Geradführungen aus viergliedrigen Drehgelenk-MG, Bild 5 mittels sog. Ellipsenlenker (1 →Schubgelenk, 3 Drehgelenke). *Gierse*

Literatur: *Kraus, R.*: Getriebelehre. 3 Bde. Ost-Berlin 1952 bis 1956. – VDI 2728. Bl. 2: Lösen von Bewegungsaufgaben mit symmetrischen Koppelkurven; Führungsaufgaben – Geradführungen. Hrsg. Verein Dt. Ing. Ausg. vorauss. 1993. – *Volmer, J.* (Hrsg.): Getriebetechnik Koppelgetriebe. Ost-Berlin 1979.

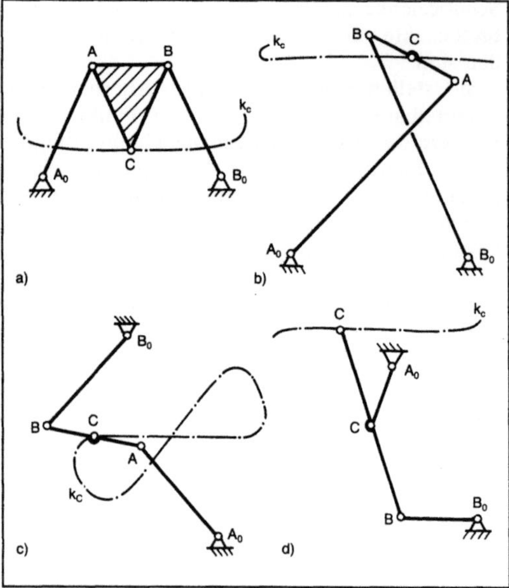

Lenkergeradführung 4: Drehgelenkmechanismen zur genäherten Geradführung von Koppelpunkten C.
a) Roberts-Lenker
b) Geradführung von Tschebyschev
c) Watt-Lenker
d) Evans-Lenker.

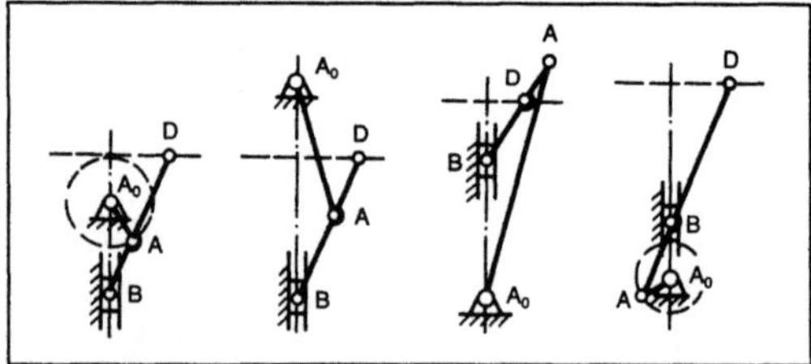

Lenkergeradführung 5: Viergelenk-MG mit einem Schubgelenk und 3 Drehgelenken (Ellipsen-Lenker) zur genäherten Geradführung von Koppelpunkten D.

Lenkung. Sie ermöglicht dem Fahrer, das Fahrzeug in seitliche Richtung zu führen. Meist sind (aus Stabilitätsgründen) die Räder der Vorderachse, bei Mehrachsfahrzeugen auch die mehrerer vorderer Achsen und/oder von Nachlaufachsen gelenkt. Für Baufahrzeuge gibt es auch die Knicklenkung, bei der Fahrzeugteile um eine vertikale Achse miteinander verbunden sind.

Bei der Achsschenkel-L. werden die Räder einer Achse gemeinsam um unterschiedliche Lenkachsen gelenkt. Dabei müssen bei der Bewegung um den auf der Verlängerung der nicht gelenkten Hinterachse liegenden Momentanpol die kurveninneren Räder stärker als die kurvenäußeren eingeschlagen werden (Ackermann-L.). Je nach Geschwindigkeit treten →Schräglaufwinkel ß (→Reifen) auf, die das Momentanzentrum nach vorn verlegen. Dabei zeigt sich, daß die Schräglaufwinkel der kurveninneren Räder größer als die der kurvenäußeren sind. Wegen der höheren Belastung der kurvenäußeren Räder durch das Kippmoment der Zentrifugalbeschleunigung sollten aber gerade die Schräglaufwinkel der kurvenäußeren Räder größer sein. Das würde für die Vorderachse einen kleineren Lenkeinschlag für das kurveninnere als für das kurvenäußere Rad bedeuten, sobald das Momentanzentrum vor der Vorderachse liegt. Abhilfe bringt Vorspur an allen Achsen, die mit der Seitenkraft zunehmen kann. Auch wird der Lenkwinkelunterschied oft kleiner gemacht, als es nach *Ackermann* erforderlich wäre (Parallel-L.). Dies wird aber durch die Forderung begrenzt, daß die Räder in engen, langsam gefahrenen Kurven (z. B. beim Parken) sauber rollen müssen, um störende Geräusche zu vermeiden.

Kinematisch wird diese Lenkbewegung dadurch bewirkt, daß die Lenkhebel schräg nach innen gestellt sind (→Radführung). Bei der Verschiebung der Spurstange ist dann der Lenkwinkel des kurveninneren Rades größer.

Bei der Zahnstangen-L. (Bild) bewegt das mit dem Lenkrad verbundene →Ritzel 2 die Spurstangen 3. Von Bedeutung ist die Elastizität der gesamten L. (Biegesteifigkeit der Lenkhebel, Elastizität der Lagerung der L.). Weil die Seitenkräfte an einem Hebelarm (→Radstellung, Nachlauf) an der Lenkachse angreifen und die Reifen ein Moment aus den Reibungskräften in der Aufstandsfläche haben, ergibt sich ein Lenkmoment, das eine wertvolle Information für den Fahrer darstellt (keine Verfälschung durch Reibung im Lenksystem) und zur Deformation des Lenksystems führt. Der Lenkwinkel an den Rädern ist kleiner, als er entsprechend dem Lenkwinkel am Lenkrad bei starrer L. wäre. Servo-L. sorgt für die Verringerung der Lenkarbeit. Dabei wird die Umfangskraft am Lenkrad auf einen oberen Wert begrenzt (z. B. 20 N), der leichtes Lenken auch bei stehendem Fahrzeug ermöglicht. Unterhalb dieses Wertes muß das im Lenkrad fühlbare Moment streng proportional dem Lenkmoment der Räder sein. Hinterradlenkung kommt aus fahrdynamischen Gründen nur für langsam fahrende Fahrzeuge in Betracht.

Allrad-L. führt zu kleineren Wendekreisen, wenn die Hinterräder im entgegengesetzten Sinn wie die Vorderräder gelenkt werden. Aus fahrdynamischen Gründen sollten die Hinterräder aber gleichsinnig mit den Vorderrädern gelenkt werden, was im Extremfall zur Parallelverschiebung führt, wenn die Lenkwinkel vorn und hinten gleich groß sind. Ist der Lenkwinkel hinten zwar gleichsinnig, aber kleiner als vorn, kommt es zur Verdrehung und gleichzeiti-

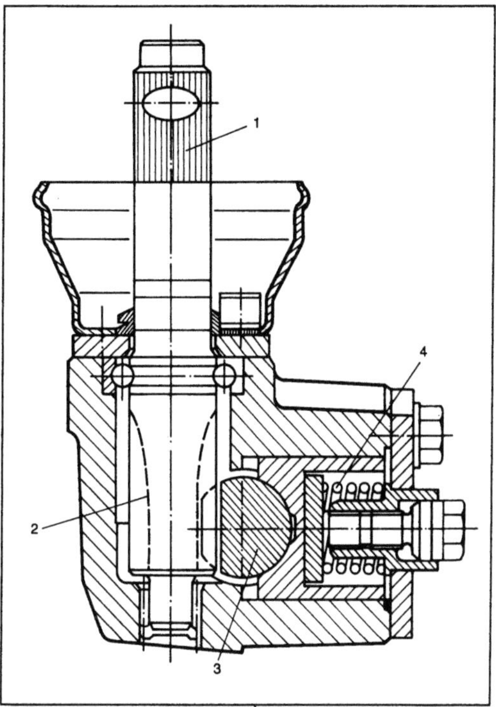

Lenkung: Schnitt durch eine Zahnstangenlenkung.

Funktion: Lenkwelle 1 von Lenkrad, daran Zahnrad 2 (Ritzel), das in die Zahnstange 3 (Lenkstange) eingreift. Für Spielfreiheit sorgt die Feder 4, die über 3 gegen 2 drückt.

gen Parallelverschiebung, was besonders für das Durchfahren von S-Kurven (Wedeln) vorteilhaft ist: Das Fahrzeug muß sich weniger weit um die Hochachse drehen und folgt daher der Lenkbewegung schneller.

Um beide Vorteile in einer Allrad-L. zu vereinen, wurde vorgeschlagen, die Hinterräder geschwindigkeitsabhängig zu lenken: bei kleinen Geschwindigkeiten gegensinnig, bei hohen gleichsinnig. Problematisch ist der erforderliche Servoeingriff, der bei Fehlern das Lenkverhalten grundlegend verändert.

Eine andere Möglichkeit liegt darin, die Hinterräder bei kleinem Lenkwinkel gleichsinnig, bei großem (wie sie beim Rangieren auftreten) gegensinnig zu lenken. *Fiala*

Lesemaschine. Gerät zum Erfassen von Informationen von einem Datenträger. OCR-L., die das Verfahren der optischen Zeichenerkennung (OCR) Optical Character Recognition einsetzen, sind vor allem wegen schlechter Korrektur- und Redigiermöglichkeiten in den Hintergrund getreten. Hierfür wurden sogar spezielle Schriften entwickelt: OCR-A und OCR-B. Es gibt auch L., die mehrere Schriften lesen können. Bei diesen Maschinen wird dem Anwender die Möglichkeit gegeben, die Schriften selbst zu programmieren. Das hat den Vorteil, daß Schriften, die in gedruckter Form vorliegen, gelesen werden können. Diese neuentwickelten →Blattleser lesen alle gängigen Schreibmaschinenschriften. Ein Formatprozessor erkennt die optische Gliederung, so daß am Bildschirm nach dem Einlesen ein weitgehend getreues Abbild des Autorenmanuskripts erscheint. Der Preis für einen Blattleser beträgt höchstens ein Drittel des Preises für eine OCR-L. Beide Geräte vermeiden in einer für Fremddaten-Übernahme und Daten-Konvertierung ausgestatteten Setzerei die Neuerfassung der ausgedruckten Texte. *W. Schmid*

Leuchte →Kraftfahrzeug-Konstruktionsvorschrift

LF-Verfahren. Zum Ausgleich der Temperaturverluste der Schmelze bei der pfannenmetallurgischen Stahlbehandlung (kurz →Pfannenmetallurgie genannt) oder zur Einstellung der anforderungsgerechten Temperatur des Stahls für das →Urformen, Gießen, wird oft das Ladle Furnace (LF)-Verfahren eingesetzt. Dabei wird die Schmelze unter atmosphärischem Druck beheizt. Um das Verfahren durchzuführen, wird auf die →Pfanne ein Deckel, ähnlich dem eines Lichtbogen-Schmelzofens, gelegt, durch den die Elektroden in die Pfanne geführt werden. Ein solches Aggregat wird →Pfannenofen genannt. *Baumann*

LHD-Technik. Unter dem aus dem Englischen abgeleiteten Begriff der LHD-T. werden die Arbeitsvorgänge Laden (Load), Fördern (Haul) und Entladen (Dump) verstanden, die von einem einzigen gummibereiften Gerät (z. B. Fahrlader) ausgeführt werden. Der Begriff Laden (Entladen) ist hier als Oberbegriff anzusehen. Er steht sowohl für Einsteigen (Aussteigen) von Personen als auch für Aufnehmen (Absetzen) von Lasten. Die LHD-T. umfaßt somit die Kohleförderung, den →Materialtransport sowie die Personenbeförderung.

Voraussetzung für den Einsatz der LHD-T. im Steinkohlenbergbau sind eine entsprechende Zuschnittsplanung, genügend Platz sowie ein geeignetes Liegendes (→Gleislostechnik).

Kennzeichnend für die LHD-T. ist die hohe Mobilität der Geräte. Sie gestattet eine zeitlich aufeinanderfolgende Belieferung verschiedener räumlich getrennter Betriebspunkte. Zum anderen ergibt sich dadurch die Möglichkeit, für die jeweiligen Aufgaben speziell ausgelegte Fahrzeuge einzusetzen.

Die Transportkapazität der Geräte ist abhängig von den Transportzyklen und sinkt mit zunehmender Entfernung. Im Gegensatz zum vorübergehenden Transportbedarf ist die LHD-T. bei dauernden Transporten über größere Entfernungen (Linienverkehr) ungeeignet. *Seeliger*

Lichtbogen-Schmelzofen. Ein L.-S. in einem L.-Ofen-Stahlwerk ist ein Ofen, bei dem die elektrische Energie durch L. in Wärme umgewandelt wird (Bild 1). Aus physikalischer Sicht ist der L.-S. in die Gruppe der Elektrowärmeaggregate einzuordnen, die mit unmittelbarer L.-Einwirkung arbeiten. Dabei entsteht der L. zwischen den Elektrodenspitzen und dem Schmelzgut. Im Falle des frei brennenden Bogens wird die Wärme im wesentlichen durch Strahlung und beim Betrieb des S. unter aufgeschäumter Schlacke auch teilweise durch Leitung übertragen.

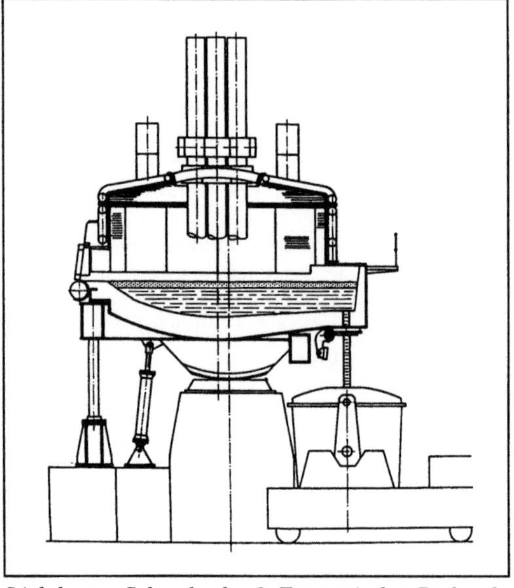

Lichtbogen-Schmelzofen 1: Exzentrischer Bodenabstich.

Eine wesentliche Voraussetzung für die
□ Verbesserung der Stahlgüten,
□ Erhöhung der Produktivität und
□ Steigerung der Wirtschaftlichkeit
bei der Elektrostahlerzeugung war der Entwicklungsweg über eine zentrische Bodenabstichtechnik bis hin zur exzentrischen Abstichtechnik der L.-S. (Bild 2). Diese von Mannesmann Demag AG in Zusammenarbeit mit Stahlerzeugern entwickelte Technik ermöglicht das schlackenfreie Abstechen, verbunden mit einer Restschmelzen-Fahrweise der Öfen und führte insbes. zu
□ kürzeren Einschmelz- und Abstichzeiten,
□ verringerter Gasaufnahme des Abstichstrahls,
□ geringerem →Verbrauch des feuerfesten Materials,
□ kleineren Kippwinkeln der Öfen,
□ längeren Standzeiten der feuerfesten Pfannenauskleidung,
□ der Möglichkeit des Abstechens in Pfannen mit Deckeln,

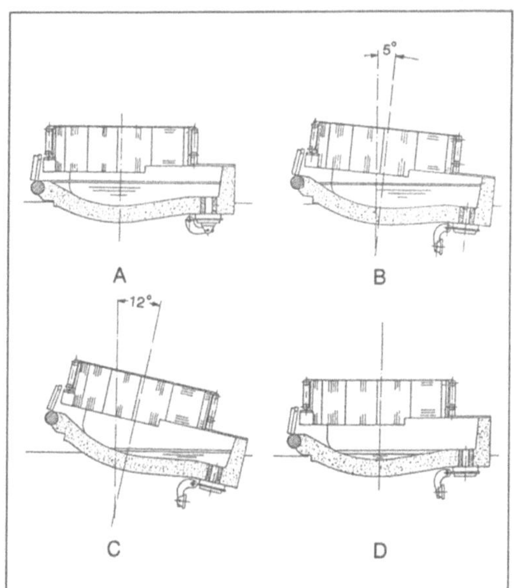

Lichtbogen-Schmelzofen 2: Verfahrensablauf A bis D beim exzentrischen Bodenabstechen eines Lichtbogen-Schmelzofens (schematische Darstellung).

□ geringeren Überhitzungsenergien und Elektrodenverbräuchen sowie

□ niedrigeren Betriebskosten.

Zwischen 1984 und 1990 wurden weltweit insgesamt 39 neue L.-S. mit exzentrischem Bodenabstich gebaut. Im gleichen Zeitraum sind 45 bestehende Öfen umgebaut worden. Mit dieser neuartigen Schmelztechnik

□ können die pfannenmetallurgischen →Behandlungsverfahren besser genutzt werden,

□ ist eine flexible →Verkettung der Einzelprozesse möglich und

□ war die Grundlage für eine Optimierung der Prozeßabläufe in modernen Elektrostahlwerken geschaffen. *Baumann*

Lichtbogenofen-Stahlwerk. In einem L.-S. wird der →Rohstahl mit Lichtbogen-Schmelzöfen hergestellt. Das L.-S. mit Schrott und/oder →Eisenschwamm als Einsatzstoffen ist die Alternative zum →Blasstahlwerk. In vielen Ländern haben sich die Anteile Elektrostahl erhöht, einerseits durch Ausbau oder Errichtung neuer Regional-Hüttenwerke und andererseits auch durch Reduzierung der Gesamt-Erzeugungskapazität zu Lasten der großen integrierten Hüttenwerke.

Ferner ist bemerkenswert, daß sich die Regional-Hüttenwerke bisher auf die Herstellung der Langprodukte spezialisierten, beispielsweise Profilstahl, Stabstahl sowie Draht, und daß die integrierten Hüttenwerke im wesentlichen neben schweren Profilen Flacherzeugnisse herstellen. Im Jahre 1990 haben aber einige wenige Regional-Hüttenwerke ihre Produktprogramme zu Flacherzeugnissen hin erweitert.

Den L.-S., die auf Schrottbasis Stahl-Warmband herstellen, sind jedoch durch die im Schrott enthaltenen Spurenelemente, beispielsweise Kupfer, Chrom, Nickel und Molybdän, hinsichtlich bestimmter Stahlgüten Grenzen gesetzt. Diese Spurenelemente können bei der Erschmelzung nicht entfernt werden. Bei einfachen Walzdraht- und Betonstahl-Qualitäten ist das weniger bedeutsam. Aber für hochwertige Bandstahlprodukte sind diese Elemente nur in sehr engen Grenzen erlaubt, weil sie die Kaltumformbarkeit solcher Stähle erheblich mindern. Ungünstig ist auch der gegenüber dem Konverterstahl hohe Stickstoffgehalt. Dennoch ist es möglich, mit sortiertem Schrott einen einfachen, weniger anspruchsvollen Teil der Stahlbanderzeugung abzudecken. Die Herstellung von Kaltfeinblech für die Automobilindustrie oder gar von →Weißblech für die Verpackungsindustrie dürfte dieser Produktionstechnik auf Schrottbasis jedoch verschlossen bleiben.

Verschärfte Umweltschutzgesetze und die Forderung nach Schaffung besserer Arbeitsplatzbedingungen in den S. haben dazu geführt, daß die in den

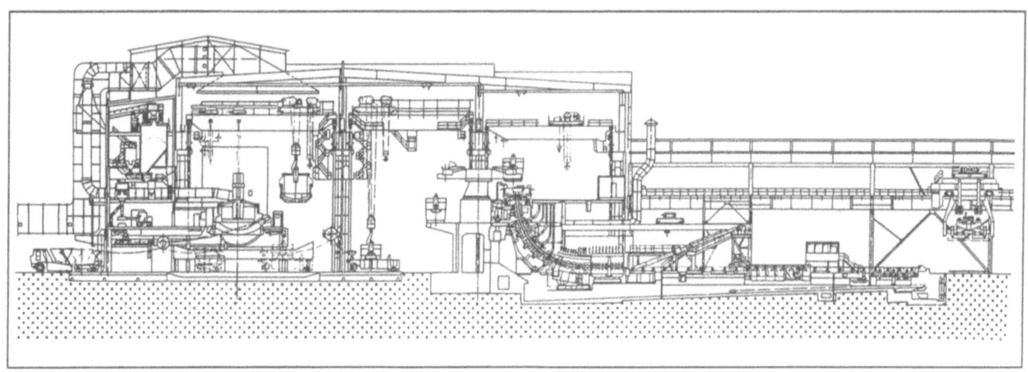

Lichtbogenofen-Stahlwerk Det Danske Staalvalsevaerk (Querschnitt).

Industrieländern zwischen 1980 und 1990 fertiggestellten und in den 90er Jahren neu zu errichtenden L.-S. sich ganz erheblich von denen unterscheiden, die vorher gebaut wurden. Die Zukunft verlangt das umweltfreundliche, saubere und nach ergonomischen Merkmalen arbeitsfreundlich gestaltete S. Das L.-S. mit den auch nach 1990 noch besten Umweltschutzmaßnahmen wurde in Dänemark gebaut (Bild). Die dortige gesamte Ofenhalle ist als schallisolierte Zelle konzipiert worden. Alle Einfahrten für →Material können durch fahrbare, geräuschisolierte Tore oder Schallschleusen geschlossen werden. Die →Arbeitsbühne vor den Öfen ist räumlich von der eigentlichen Ofenhalle durch eine Wand getrennt. Sie bildet einen Raum für sich, von dem aus nur die Ofentüren für Arbeiten zugänglich sind. Die Öfen sind mit Wechselgefäßen ausgerüstet, die zum Zwecke der Erneuerung der feuerfesten →Auskleidung in ein separates Gebäude gebracht werden, das zur Ofenhalle hin schallisoliert verschlossen werden kann. *Baumann*

Lichtmaschine. Die L. ist der Stromgenerator des Autos. Infolge des steigenden Stromverbrauchs nimmt die Leistung stetig zu (heute etwa ab 500 W); meist durch Drehstromgenerator, vom Verbrennungsmotor ins Schnelle übersetzt, angetrieben.

Fiala

Lieferbereitschaft →Lagerorganisation

Liefergrad. Maß für die in den Zylinder eines Verbrennungsmotors frisch eingebrachte Ladungsmenge, die beim →Dieselmotor aus Luft, beim →Ottomotor aus Luft mit Kraftstoff besteht (→Zylinderladung).

Die Leistung eines Verbrennungsmotors ist der Arbeit proportional, die je →Arbeitsspiel in jedem Zylinder des Motors erbracht wird. Diese Arbeit hängt beim Ottomotor von der Menge des Luft-Kraftstoff-Gemisches ab, das beim Ansaugvorgang in den Zylinder hineingebracht werden kann. Der Dieselmotor saugt zwar nur Luft an. Auch bei ihm hängt aber die erzielbare Arbeit von der in den Zylinder gebrachten Luftmenge ab, weil passend zur Luftmenge eine entsprechende Kraftstoffmenge eingespritzt werden kann.

Bei Vollast kommt es also darauf an, eine möglichst große Luftmenge (bzw. Gemischmenge beim Ottomotor) in den Zylinder zu bringen. Wenn es gelänge, das →Hubvolumen des Zylinders vollständig mit Luft vom Umgebungszustand zu füllen, wäre ein L. von 100% bzw. 1 erzielt. Tatsächlich beträgt der L. bei Vollast aber nur z. B. 0,85. Hauptursache hierfür ist die Erwärmung der Luft (bzw. des Gemisches) während des Ansaugvorgangs. Damit ist die Dichte der Luft im Zylinder zu Ende des Ansaughubs geringer als in der Umgebung des

Motors (Atmosphäre). Einen (geringeren) Einfluß auf den L. haben die Drosselverluste am Einlaßventil, die durch Druckabsenkung ebenfalls zu einer geringeren Dichte der Luft im Zylinder führen. Eine übermäßige Absenkung des L. tritt auf, wenn beim Ottomotor die Drosselklappenöffnung verringert wird. Dies ist aber ein gewollter Effekt, um mit dem Ottomotor Teillast fahren zu können (→Leistungsregelung).

Der bisher erläuterte L. wird „L. bezogen auf Ansaugzustand" genannt. Er wird auf den Zustand (Druck, Temperatur, damit auch Dichte) der Luft in dem Raum bezogen, aus dem der Motor ansaugt. Beim nicht aufgeladenen Motor ist das die Umgebung, also die Atmosphäre. Der auf Ansaugzustand bezogene L. kann als Qualitätsmerkmal für den →Gaswechsel des Motors angesehen werden. Er kann sich z. B. durch günstige Ausbildung der Saugleitung oder Vergrößerung des Einlaßventilquerschnitts erhöhen.

Daneben wird der „auf →Normzustand bezogene L." verwendet. Durch Bezug auf den festen Wert der Normdichte ist er ein absolutes Maß für die in den Zylinder eingebrachte Frischladungsmasse. Der auf Normzustand (1013 mbar; 273 K) bezogene L. wird also z. B. kleiner, wenn der Motor bei niedrigerem Luftdruck arbeiten muß (in großen Höhen), oder er kann Werte über eins annehmen, wenn es sich um einen Motor mit →Aufladung handelt. Proportional zum auf Normzustand bezogenen L. ändert sich die je Arbeitsspiel gewonnene Arbeit, also der →Innenmitteldruck des Motors und entsprechend dann auch der →Nutzmitteldruck. Hieraus ist die große Bedeutung des L. ersichtlich.

So wie der L. ein Maß für die in den Zylinder gebrachte Ladungsmenge ist, ist der Luftaufwand ein Maß für die dem Zylinder zugeführte Ladungsmenge. Normalerweise gelangt die zugeführte →Ladung zu 100% in den Zylinder; dann sind L. und Luftaufwand gleich. Beim →Zweitaktmotor geht jedoch ein Teil der zugeführten Ladung durch sofortige Überspülung in die Abgasleitung verloren. Dann ist der L. kleiner als der Luftaufwand.

Kuhlmann

Literatur: DIN 1940: Hubkolbenmotoren, Begriffe Formelzeichen Einheiten. Hrsg. Dt. Inst. f. Normung. Ausg. 1976. – *Kraemer, O.,* u. *G. Jungbluth*: Bau und Berechnung von Verbrennungsmotoren. 5. Aufl. Berlin, Heidelberg, New York, Tokio 1983.

Linearführung. *Bauformen.* Die Funktionsprinzipien von Führungen für lineare Bewegungsabläufe (L.) und von Lagern für rotierende Wellen unterliegen prinzipiell den gleichen physikalischen Gesetzmäßigkeiten. Außer dem Werkzeugmaschinenbau, wo L. zur präzisen Führung und Positionierung der Werkzeuge und Werkstücke eingesetzt werden, besteht insbes. im Bereich der Handhabungs- und

Robotertechnik steigender Bedarf an Führungssystemen. Nach der Funktion unterscheidet man Verstellführungen zur Positionierung und Bewegungsführungen für die Vorschub- und Schnittbewegungen. L. werden als Gleit- und Wälzführungen konzipiert, deren spezifische Eigenschaften sich aus den unterschiedlichen physikalischen Lastübertragungsmechanismen ergeben, die bei Gleit- bzw. Wälzreibung mit und ohne Schmierung vorliegen. In der Grundform werden L. konstruktiv als Rund-, Flach- oder Prismenführungen ausgeführt (Bild 1). Vielfältige konstruktive Varianten sind besonders bei Wälzführungen zu finden. Eine Abgrenzung der Vor- und Nachteile bzw. der Funktionsgleichwertigkeit von Wälz- und Gleitführungen geht vorrangig von folgenden Kriterien aus: Bewegungswiderstand, geometrische und kinematische Genauigkeit, Einstellbarkeit von Spielen und Vorspannung, Steifigkeits- und Dämpfungseigenschaften, Tragfähigkeit und Verschleißfestigkeit, Austauschbarkeit und Montagebedingungen.

Gleitführungen werden für Festkörper- oder Mischreibungsbedingungen sowie für hydrodynamische und hydrostatische bzw. aerostatische Schmierungszustände konzipiert. Mit Ausnahme der hydro- bzw. aerostatischen Führungen können bei Gleitführungen infolge des periodischen Wechsels von Haft- und Gleitreibungszuständen bei Trocken- oder →Mischreibung ungleichförmige Bewegungen (Ruckgleiten, →Stick-slip-Effekt) verbunden mit unpräzisen Zustellbewegungen und Ratterschwingungen auftreten.

Hydrostatische Führungen weisen gegenüber allen anderen Führungssystemen eine Reihe von Vorteilen auf: die absolute Verschleißfreiheit, hohe Steifigkeit und gute Dämpfungseigenschaften sowie geringe Reibungswiderstände. Ihrem wirtschaftlichen Einsatz stehen allerdings hohe konstruktive Anforderungen sowie Beschaffungs- und Betriebskosten gegenüber.

Wälzführungen setzen die Reibungswiderstände durch die Rollreibung herab und erreichen als vorgespannte Systeme hohe Steifigkeitswerte. Konstruktiv unterscheidet man zwischen Linearlagereinheiten mit geschlossenem Wälzkörperumlauf für unbegrenzte Längsbewegungen und Schienenführungen ohne Wälzkörperrückführung für begrenzte Verfahrwege. Linearlagereinheiten werden als Kugel- oder Rollenumlaufschuh, Kugelbuchsen oder kugel- bzw. rollengelagerte Profilschienenführungen ausgeführt. Auf Grund des Rückführungssystems bauen sie größer als Schienenführungen, die ebenfalls in Kugeln oder Rollen geführt werden (Bild 2). Im Gegensatz zu den Wälzlagern sind die Einbaumaßnahme sowie die Berechnungsvorschriften (Tragzahlen) nicht genormt.

Berechnung. Grundlage für die Dimensionierung von Wälzführungen ist analog zu den Wälzlagern ein Vergleich der äußeren Belastung P mit den statischen und dynamischen Tragzahlen C_0 und C. Vergleichbare Führungen verschiedener Hersteller unterscheiden sich in ihrem konstruktivem Aufbau, so daß bei vergleichbarer Baugröße auch die Tragzahl sowie das Lastaufnahmevermögen bei Momentenbelastung differieren. Die statische Tragfähigkeit C_0 ist bei zeitlich konstanten oder veränderlichen Lasten im Stillstand oder bei kleinen Vorschubbewegungen die Grenzbelastung der Gesamtführung, bei der eine plastische Deformation eines Wälzkörpers 0,01 % des Wälzkörperdurchmessers nicht überschreitet. Gegen Überschreiten der zulässigen Belastung sind anwendungsspezifische Sicherheits-

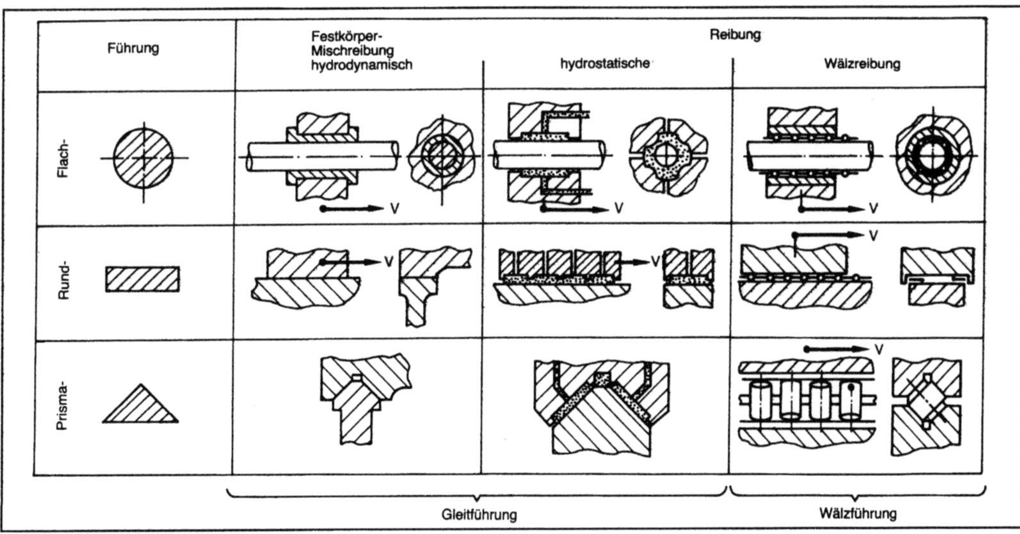

Linearführung 1: Grundformen.

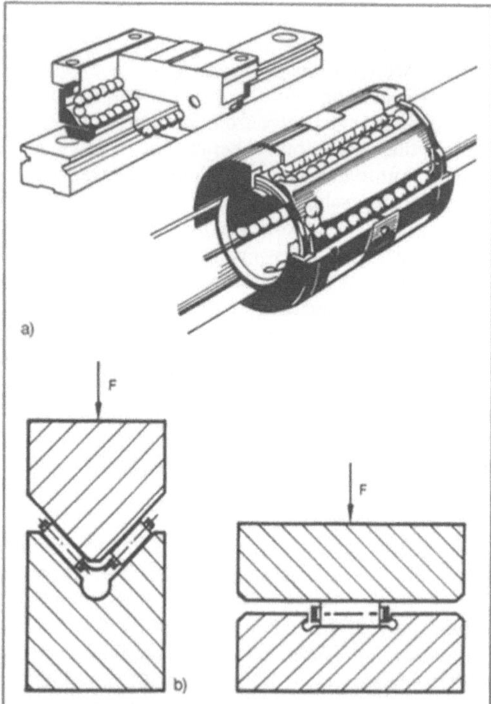

Linearführung 2.
a) Linearlagereinheit und
b) Schienenführung.

faktoren $f_s \geq C_0/P_0$ einzuhalten. Bei dynamisch belasteten Bewegungsführungen tritt nach Erreichen der →Ermüdungslaufzeit Materialermüdung auf. Für die nominelle Lebensdauer L einer Führung in Kilometern gilt $L = (C/P)^p \cdot N$, mit dem Lebensdauerexponenten bei Kugel- und Rollen-Wälzkörpern p = 3 und p = 10/3. Der Faktor N ist eine herstellerabhängige Kilometerangabe, die unter der Bedingung C/P = 1,0 erreicht wird. Die nominelle Lebensdauer L wird nur unter standardisierten Einsatzbedingungen erreicht. Alle Einflüsse, die zu einer Verkürzung oder Verlängerung führen, werden in der erweiterten Lebendauerberechnung L_a durch Faktoren für die Härte f_H, die Temperatur f_T, den Kontakt f_C sowie die Belastungsart f_W berücksichtigt:

$$L_a = \left(\frac{f_H \cdot f_T \cdot f_C}{f_W}\right)^p \cdot N. \qquad\qquad \textit{Knoll}$$

Linearmotor. Elektrische Maschine zur Umwandlung elektrischer in mechanische Energie, wobei jedoch keine rotierenden, sondern translatorisch wirkende Antriebskräfte erzeugt werden. Die industriellen Anwendungsgebiete liegen bei Geschwindigkeiten unter 10 m/s und Schubkräften bis zu 10 kN und mehr. L. werden verwendet als Vor-

schub- und Servoantriebe für Werkzeugmaschinen, als Schubantriebe mit vorwiegend geradliniger Bewegungsrichtung wie Kranantriebe, Schiff- und Waggonschleppanlagen, zur Betätigung von Schaltern, Schiebern und Türen sowie für Transportsysteme. Eine weitere Anwendung sind Flüssigmetallpumpen. Eine Sonderform stellt der die piezoelektrische Längenänderung eines Keramikrohrs nutzende Mikrostepmotor dar. Er wird zur genauen Einstellung in der Lasertechnik, von Proben an Elektronenmikroskopen (±0,01 μm) u. ä. verwendet.

Eine gegenwärtige Entwicklungsrichtung zielt auf die Verwendung als Antrieb für neuartige Schnellverkehrssysteme (über 100 m/s) mit Fahrzeugen hin, deren Antriebskräfte berührungslos, d. h. verschleißfrei und unabhängig von Haftreibung vom ruhenden auf den bewegten Teil übertragen werden (Magnetschwebebahn). Eine andere Entwicklung geht über die Verwendung als Linearpumpe für die Umwälzung oder den Transport flüssiger Metalle, auch in Kernkraftwerken zur magneto-hydrodynamischen Erzeugung elektrischer Energie (MHD-Generator).

Die Wirkungsweise des L. beruht auf dem elektromagnetischen Prinzip. Jeder L. hat ein Gegenstück bei den bekannten rotierenden Motoren. Daher gibt es Gleichstrom-, Asynchron- und Synchron-L.

Wird ein mehrphasiger →Drehstrommotor radial aufgeschnitten, aufgebogen und zu einer Ebene gestreckt, so entsteht ein linearer Drehstrommotor. Die bisher konzentrisch angeordneten Primärteil (Ständer) und Sekundärteil (Läufer) liegen nun, wie vorher durch einen →Luftspalt getrennt, zueinander planparallel. Aus dem Drehfeld wird ein Wanderfeld, das einen Schub vom Ständer auf den Läufer als Reaktionsteil ausübt. Die entstehende tatsächliche Geschwindigkeit v des Reaktionsteils unterscheidet sich mit dem Schlupf s von der Synchrongeschwindigkeit v_s nach der Beziehung

$$v = (1-s)\, v_s.$$

Der asynchrone Betrieb ermöglicht die Verwendung homogener Reaktionsteile und bietet einfache Möglichkeiten zur Geschwindigkeitssteuerung. Synchroner Betrieb erfordert die Ausbildung diskreter Pole, die im Abstand einer Polteilung angeordnet sein müssen. Diese Pole können Permanentmagnete oder mit Gleichstrom erregte oder nach Art der Reluktanzmotoren vom Ständer erregte Pole sein. Für Verkehrssysteme wird auch an supraleitende Erregermagnete gedacht, die während des Betriebs keine Energiezuführung benötigen.

Gleichstromgespeiste Wanderfeldmotoren sind im Prinzip möglich, aber wegen der benötigten verschleißbehafteten Kommutierungseinrichtung außer bei Wanderfeldpumpen ohne praktische Bedeutung.

Für die Verwendung von L. als lineare Direktantriebe gibt es zwei Bauarten, da sich der Primärteil (Ständer) im Schlitten oder in der Schiene (einseitig oder doppelseitig) unterbringen läßt.

Beim Langständer-L. befindet sich der Primärteil des Motors in der Schiene (Bild 1a), erstreckt sich über den gesamten Verfahrweg und ist stromdurchflossen. Der Sekundärteil (Reaktionsteil) ist im Schlitten angeordnet. Nur der kurze, vom Sekundärteil bedeckte Abschnitt trägt zur Krafterzeugung bei. Die Verluste verhalten sich proportional zur Verfahrlänge; die Streuinduktivität ist hoch. Deshalb sind Langständer-L. als lineare Direktantriebe und bürstenlose Servoantriebe nur bei kurzen Verfahrwegen sinnvoll.

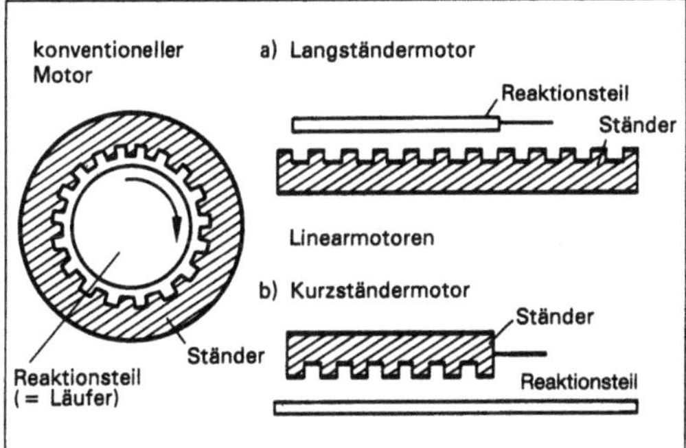

Linearmotor 1: Prinzip der elektrischen Linearmotoren im Vergleich zum rotierenden Elektromotor. (Quelle: Dornier System GmbH)

Beim Kurzständer-L. befindet sich der Primärteil des L. im Schlitten (Bild 1b), ist relativ kurz und vollständig an der Krafterzeugung beteiligt. Der in der Schiene liegende Sekundärteil kann leicht der benötigten Verfahrlänge angepaßt werden.

Beim Asynchron-Kurzständer-L. besteht der Primärteil aus dem Blechpaket mit der Drehstromwicklung, der Sekundärteil aus einer stromleitenden Schiene oder einem Kurzschlußkäfig mit Eisenkern (Bild 2). Verluste und Streuung entsprechen denen eines normalen umlaufenden Motors. In stromlosem Zustand weist der L. keine Magnetkräfte auf, was Zusammenbau und Einsatz erleichtern. Der vom Primäranteil nicht bedeckte Sekundärteil ist auch im Betrieb ohne Magnetkräfte.

Beim permanenterregten Kurzständer-L. befinden sich die Magnete des Sekundärteils in der Schiene und das Blechpaket mit der Drehstromwicklung im Schlitten (Bild 3). Die Kommutierungsinformation für das Umschalten auf die jeweils richtige Motorphase wird aus integrierten Hall-Effekt-Sensoren erhalten.

L. können als Einkamm-L. oder Doppelkamm-L. mit zwei sich gegenüberstehenden Primärteilen und einem Sekundärteil dazwischen ausgebildet werden (Bild 4). *Rentzsch*

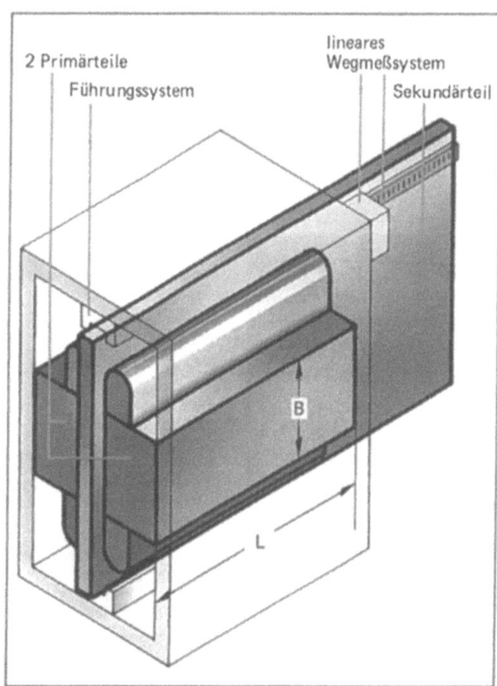

Linearmotor 2: Prinzip des asynchronen Kurzständer-Doppelkamm-Linearmotors. (Quelle: Krauss-Maffei Automationstechnik GmbH)

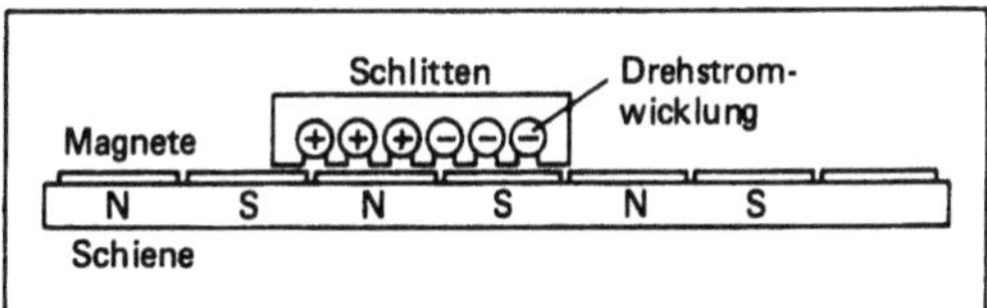

Linearmotor 3: Prinzip des permanenterregten bürstenlosen Drehstrom-Linearservomotors. (Quelle: Maccon)

Linearmotor 4: Einzelkamm-Linearmotor für linearen Direktantrieb. (Quelle: Krauss-Maffei Automationstechnik GmbH)

Literatur: *Weh, H.:* Linearmotoren. VDE-Fachber. 26 (1970). – *Gutt, H.-J.:* Gesichtspunkte im Hinblick auf den Einsatz moderner Linear- bzw. Wanderfeldmotoren. VDI-Z 115

(1973). – *Pritschow, G., u. B. Schnurr:* Eine echte Alternative zum Kopierdrehen. Produktion 11 (1992). – *Schlüter, S.:* Mechanisch steif, trägheitsarm und spielfrei. Produktion 11 (1992).

Linksflanke →Verzahnungsgeometrie (allgemein)

Linksgewinde →Gewinde

Linsensenkkopf →Schraubenform

Literleistung →Leistung, →Hubraum

Lithfilm →Film, graphischer.

Lithographie. L. ist die Technik, welche das gesamte Fertigen der →Druckform für den Steindruck (Flachdruckverfahren) einschließt. Aber auch das Produkt aus →Druckformherstellung und Steindruck wird als Lithographie bezeichnet.

Alois Senefelder gilt als Erfinder der L. und des Steindrucks im Jahr 1796. Aus einer Notlage heraus, Drucke herstellen lassen zu müssen und keine finanziellen Mittel zu besitzen, versuchte er, Druckformen für den Buchdruck herzustellen. Er zeichnete die Information mittels selbstgefertigter Fettusche direkt auf Solnhofener Kalkschiefer, ätzte die bildfreien Teile tief und konnte so nach dem Einfärben mit Druckfarbe im Buchdruck-Verfahren drucken. Durch Benetzen der Steinoberfläche mit Wasser vor der Einfärbung erkannte er, daß er auf das Tiefätzen verzichten konnte und Drucke von guter Qualität als Ergebnis erreichte. So wurde das chemisch-physikalische Prinzip des heutigen modernen Offsetdrucks, hydrophile und hydrophobe bzw. oliophobe und oliophile Teile auf nahezu einer Ebene auf der Druckform zu haben, erfunden.

Senefelder konstruierte dazu die erste Steindruckpresse und verfeinerte seine Methode des lithographischen Druckens permanent. Verschiedene Techniken führten bis zum mehrfarbigen Druck (Chromo-L.). Der Solnhofer Stein wurde von Hand oder maschinell mit Sand und Wasser für die Fettuschetechnik plan und glatt geschliffen. Die Kreide-L. hat eine gekörnte Steinoberfläche verlangt, um mit den unterschiedlichen Härtegraden der Fettkreide feinste Teilchen von dieser auf dem Stein haftend zu machen. Durch Feuchten und anschließendes Einfärben ist die seitenverkehrt lithographierte Information auf dem L.-Stein im direkten Druckverfahren auf das Papier übertragen worden.

Die Chromo-L. ist das Produkt des Lithographierens nach farbigen Vorlagen. Dafür müssen für jede einzelne Farbe eine Druckform, ein L.-Stein, lithographiert werden. Mittels Paustechnik wurde die Form auf den Stein übertragen, und dann wurden die Tonwerte mit kleinen Punkten unterschiedlicher Häufung in der Druckform verankert.

8–16 Farben waren üblich. Dies ist jedoch nicht als Unter- oder Obergrenze zu sehen. Seit durch Rasterung Ende des 19. Jahrhunderts Tonwerte über photomechanische Methode wiedergegeben werden können, hat die L. gegenüber jeder anderen Druckformherstellung mehr und mehr an Bedeutung verloren. Der Übergang zum heutigen Offsetdruck sah den Lithographen zum Photolithographen umgepolt. Dieser bearbeitete nicht mehr L.-Steine, sondern Filme, nach denen über Kopiertechnik Offsetdruckformen hergestellt werden. Auch dieses Berufsbild und diese Berufsbezeichnung hat sich geändert und heißt heute Druckvorlagenherstellung bzw. -hersteller.

Heute haben L. auf L.-Steinen und Steindruck nur noch bei Künstlern ein Einsatzgebiet und im Künstlerischen selber einen hohen Stellenwert. *Burkhardt*

Lkw →Fahrzeugkonzept

Lochpresse. Die L. ist ein hydraulisch arbeitendes technisches System zum Herstellen zylindrischer Hohlkörper aus Stahlblöcken. Bei der Herstellung der Hohlkörper mit solchen L. wird der auf Umformtemperatur erwärmte Stahlblock in die zylindrische Matrize der L. eingebracht und mit einem Lochdorn in einen dickwandigen Hohlkörper mit Boden umgeformt (Bild). Dabei wird zwischen füllendem und steigendem Lochen unterschieden. Von füllendem Lochen wird gesprochen, wenn der Einsatz, beispielsweise ein Stahlblock mit quadratischem Querschnitt, die kreisrunde Matrize vor Beginn des Lochvorgangs volumenmäßig nicht ausfüllt.

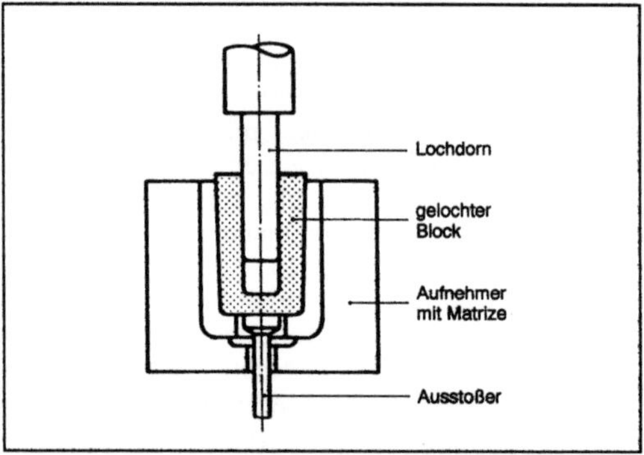

Lochpresse: Lochpreßverfahren (schematische Darstellung).

Bei steigendem Lochen hat der Einsatz-Stahlblock die Matrize vor Beginn des Lochvorgangs volumenmäßig ausgefüllt. L. können entweder in vertikaler oder in horizontaler Bauweise ausgeführt werden. Der mit einer L. hergestellte zylindrische Hohlkörper wird in der Regel zu nahtlosen Stahlrohren weiter umgeformt. *Baumann*

Lochwalzanlage. Eine L. ist ein komplexes technisches System, das der Herstellung von Hohlkörpern aus Blöcken mit runder Querschnittsform zum Zwecke der Weiterverarbeitung zu nahtlosen Stahlrohren dient. Solche L. sind die →Mannesmann-Schrägwalzanlage, die Tonnen-L. nach *Stiefel* und die Preß-L. *Baumann*

Lösungsmittel-Reinigungsanlage →Textilausrüstung, →Trockenmaschine

Lötverbindung. Die Verbindung von Rohrleitungsteilen durch Löten wird überwiegend bei Rohren und Rohrfittings aus Kupfer und Kupferlegierungen in der Heizungs- und Sanitärtechnik angewendet. Um die erforderliche Festigkeit zu erreichen, werden L. als →Muffenverbindung ausgeführt. Je nach der Oberflächentemperatur des Werkstücks an der Lötstelle, bei der das Lot sich ausbreiten kann, unterscheidet man zwischen Weichlöten (<450 °C) und Hartlöten (>450 °C). *Diegelmann*

Literatur: DIN 8505: Löten metallischer Werkstoffe; Begriffe, Benennungen. Hrsg. Dt. Institut f. Normung. Berlin. – DIN 8511: Flußmittel zum Löten metallischer Werkstoffe. Hrsg. Dt. Institut f. Normung. Berlin. – DIN 8513: Hartlote für Schwermetalle. Hrsg. Dt. Institut f. Normung. Berlin.

Logistik.
1. Fördertechnik. Unter L. wird die Summe aller Tätigkeiten verstanden, durch die logistische Funktionen, z. B. Transportieren, Umschlagen, Lagern der Güter und Lebewesen einschl. der Betrachtung zugehöriger Informationen und Energien unter der Verwendung von Arbeitskräften und -mitteln in Systemen (Netzwerken) untersucht, geplant, realisiert, betrieben und optimiert werden.

Unter L. subsumiert man alle Tätigkeiten, die in sozialen Systemen (z. B. in einem Unternehmen, einer Gemeinde, einer Volkswirtschaft) im Zusammenhang mit dem Transport und der Lagerung von Gütern und mit dem Transport von Personen anfallen.

Als L. bezeichnet man außerdem die wissenschaftliche Disziplin, die sich mit der Planung und Steuerung von Transport- und Lagersystemen sowie von darin ablaufenden Prozessen beschäftigt.

L. als Wissenschaft umfaßt die Aufgabe der Planung und des Betriebs von Materialprozessen (einschl. Informations- und Energiefluß) in Industrieunternehmen von der Beschaffung über die Produktion bis zur Distribution.

Verwaltung aller Tätigkeiten, die die Bewegung und Koordination von Anforderungen und Lieferungen von Gütern unter Zeit- und Raumausnutzung gestalten.

Gestaltung, Steuerung, Regelung und Durchführung des gesamten Flusses an Energie, Informationen, Personen, insbes. jedoch von Stoffen (Materie, Produkte) innerhalb und zwischen Systemen. Logistische Prozesse schließen Transport und Lagerhaltung, aber auch z. B. Materialhandhabung, Verpakkung oder die Standortwahl von Verarbeitungszentren ein.

Die Aufgabe der L. ist es, den Material-, Waren- und Produktionsfluß sowie den dazugehörigen Informationsfluß vom Lieferanten zum Unternehmen, im Unternehmen und vom Unternehmen zum Kunden zu planen, zu gestalten und zu kontrollieren. Einem Bereich L. werden zusätzlich zum Funktionsumfang Material-Management noch die Funktionen der Warenverteilung zugeordnet. Sie besteht darin, traditionell bestehende Aufgaben unter Berücksichtigung einer ganzheitlichen Betrachtungsweise und des Gesamtkostenprinzips unter einer einheitlichen Leitung zusammenzufassen. Durch die Einbeziehung der gegenseitigen Abhängigkeiten der Teilsysteme wird nicht nur eine beste Lösung eines Teilsystems, sondern die optimale Lösung für den gesamten L.-Bereich erreicht.

Die Aufgabe der L. ist es, einen bestmöglichen Ausgleich der divergierenden Forderungen nach Programmkontinuität einerseits und auftragsbedingter Flexibilität andererseits zu finden. Darum werden Produktionsprogramm und Auftragssituation permanent miteinander verglichen.

In der rationellen Versorgung und Entsorgung der Betriebe ist daher die eigentliche unternehmerische Aufgabe der L. zu suchen.

Die L. ist die Kunst und Wissenschaft des Managements, der Technik und der technischen Aktivitäten, die sich mit Anforderungen, Planung, Versorgung und Erhaltung von Hilfsmitteln befassen, um Ziele, Pläne und Operationen zu unterstützen.

Alle technischen und organisatorischen Maßnahmen, d. h. Planen, Überwachen und Optimieren von Vorgängen sowie Einleiten, Aufrechterhalten und Abschließen derselben durch die Materialien (Stoffe, Güter) und durch biologische Objekte (Lebewesen) mit den dazugehörigen Informationen in Systeme von einem Anfangs- in einen Endzustand zu überführen. Dabei ändert sich mindestens eine der Grundgrößen Zeit, Ort, Menge, Sorte, ohne daß die Materialien und biologischen Objekte eine unerwünschte Veränderung ihrer stofflichen Eigenschaften erfahren.

Die L. gliedert sich in die Teile
☐ Beschaffungs-L.,
☐ Produktions-L.,
☐ Vertriebs-L.

Verschiedentlich wird L. nur für einen bestimmten Bereich beansprucht, z. B. nur für
☐ den Bereich Fertigläger-Abnehmer (Marketing-L.)
☐ den innerbetrieblichen →Materialfluß,
☐ die Beschaffung von Produkten,
☐ den Transport von Gütern.

Solche und andere Einschränkungen sind der klaren Begriffsbildung nicht gerade dienlich und sollten vermieden werden. Oft kann ein ergänzender Hinweis helfen, z. B. innerbetriebliche L., Beschaffungs-L.

Vielfach sind aber auch die vertrauten Begriffe mindestens ebenso klar, z. B. Fördertechnik, Lagertechnik, Warenverteilung, Transport.

Grundgedanke der L. ist es, die einzelnen Elemente eines Materialflußsystems wie Lagerhaltung, Auftragsabwicklung und Transportwesen insgesamt zu betrachten.

Dabei sollen vor allem nicht nur die Teilsysteme für sich, sondern auch die gegenseitigen Abhängigkeiten dieser Teilsysteme berücksichtigt werden. In diesem Sinn ist L. nichts anderes als die Anwendung der Systemtheorie auf das Gebiet des Materialflusses. *Jünemann*

2. Militärwesen. Es ist die Lehre von der Planung, der Bereitstellung und vom Einsatz der für militärische Zwecke erforderlichen Mittel und Dienstleistungen zur Unterstützung der Streitkräfte und/oder die Anwendung dieser Lehre. Das Wort leitet sich von Logis (Unterkunft) ab.

Zur L. gehören die logistische Führung, die logistischen Kräfte und Mittel sowie die logistischen Verfahren. Wichtig ist die richtige Quantifizierung von Kräften, Mitteln, Raum und Zeit.

Die Funktionen der Logistik erstrecken sich u. a. auf die →Materialwirtschaft, die die Materialplanung, Materialbedarfsdeckung, Materialbewirtschaftung und Materialerhaltung umfaßt, sowie auf das Transport- und Verkehrswesen.

Die logistische Materialplanung zielt auf die Herstellung der Versorgungsreife ab. Dazu dienen während der Entwicklung Zuverlässigkeits- und Materialerhaltungsanalysen, Life-Cycle-Cost-Analysen und Ersatzteilbedarfsmodelle. Im übrigen gehören dazu: Die Erarbeitung der Materialgrundlagen, die Auswahl und Bereitstellung der Ersatzteile, der Nachweis der →Zuverlässigkeit und Materialerhaltbarkeit, die Lieferung von Sonderwerkzeugen, Meß- und Prüfgeräten, die Ausbildung des logistischen Personals sowie die Bereitstellung der Infrastruktur.

Die Materialbedarfsdeckung umschließt die Gesamtheit aller Überlegungen und Maßnahmen von der Materialplanung bis zur Beschaffung des Wehrmaterials.

Die Materialbewirtschaftung hat den reibungslosen Fluß des beschafften Materials in der Versorgungskette bis zum Verbraucher sicherzustellen. Sie umfaßt die Materialannahme, die Materialübernahme, die Materiallagerung, den Materialnachweis, die Materialdisposition, die Vorratshaltung, den Nachschub und den Abschub.

Dabei stellt die Versorgungskette eine Reihe von ortsfesten und beweglichen Versorgungseinrichtun-

gen dar, über die das →Material nachgeschoben oder abgeschoben wird.

Als Versorgungsgüter gelten Nichtverbrauchs- und Verbrauchsgüter. Die Verbrauchsgüter sind entweder Mengenverbrauchsgüter wie →Munition, Betriebsstoffe und Verpflegung oder Einzelverbrauchsgüter wie Ersatzteile, Arznei- und Verbandsmittel.

Um die Versorgungsartikel eindeutig ansprechen zu können, werden sie kodifiziert (Materialkodifizierung), d. h. identifiziert (parametrische Beschreibung), klassifiziert, benannt und benummert. Die einheitliche Kodifizierung ist zugleich eine wichtige Hilfe beim Streben nach Standardisierung, z. B. innerhalb der NATO.

Die Materialerhaltung dient der Erhaltung bzw. der Wiederherstellung der Einsatzbereitschaft des Wehrmaterials. Sie umfaßt im wesentlichen die Instandhaltung, Instandsetzung, Bergung und Abschub von Schadmaterial, Materialinspektionen und -prüfungen, Kalibrierung.

Im Rahmen des Materialerhaltungskonzeptes werden die Materialerhaltungsarbeiten bestimmten Materialerhaltungsstufen zugeordnet, die in Abhängigkeit vom Schwierigkeitsgrad und Zeitbedarf der Arbeiten sowie von der →Verfügbarkeit technischer Spezialkräfte, Werkzeuge und Ersatzteile definiert werden.

Wichtige Unterlagen für die Materialerhaltung sind die Materialgrundlagen, d. h. Handbücher, die der Truppe die notwendigen technischen Kenntnisse für die gerätebezogene Bedienung, Pflege, →Wartung und Instandsetzung vermitteln und mit dem bebilderten Teilekatalog als Grundlage für die Ersatzteilanforderung dienen. *Hanel*

Lokomotive.
1. Baugerät. Als Zugmaschinen werden kompakte L. (Bild) unterschiedlicher Antriebsart eingesetzt. Die Dimensionierung ergibt sich aus der geforderten Fahrgeschwindigkeit, dem Gewicht des beladenen Zugs, den maximalen Neigungen sowie der Gleisgeometrie. Das L.-Gewicht, ungefähr 10 %

Lokomotive (Baugerät): Tunnellokomotive.

des gesamten Zuggewichts, ist für Zug- und Bremskräfte, die Motorleistung für die erreichbare Geschwindigkeit entscheidend. Angetrieben werden die L. mit Diesel- oder Elektromotoren. Ihre Energie erhalten Elektromotoren von Akkumulatoren, deren Kapazität für mindestens eine Schicht ausreichen muß, oder seltener über eine aufwendige Oberleitung. Druckluftmotoren sind im Tunnelbau die Ausnahme. Wegen der Schlagwettersicherheit werden sie überwiegend im Bergbau eingesetzt. *Kühn*

2. elektrische. E. L. sind Triebfahrzeuge für den Eisenbahnbetrieb im allgemeinen Verkehr, im Industrie- und Grubenbereich. Zum Antrieb der Triebachsen sind sie mit Elektromotoren ausgestattet. Die Ausführung der e. L. ist geprägt durch folgende Merkmale bez. der Zuführung elektrischer Energie:

☐ Umwandlung von Naturenergie (Brennstoff, z. B. Dieselöl) in elektrische Energie auf dem Triebfahrzeug selbst;

☐ Mitführung der elektrischen Energie in Akkumulatorenbatterien auf dem Triebfahrzeug;

☐ Zuführung von außen über Fahrleitung oder Stromschiene.

Die Auswahl eines dieser Systeme wird durch die für die Züge und die Strecke spezifischen Aufgaben bestimmt (Fernverkehr, Nahschnellverkehr, Güterbeförderung, Industrie- oder Grubenbahn). Die Auswahlkriterien sind aus der Tabelle zu ersehen. Je nach Zielsetzung werden die Kriterien beurteilt und eine Systementscheidung unter Berücksichtigung der Wirtschaftlichkeit getroffen.

Einen Überblick über die elektrischen Antriebssysteme gibt die Übersicht unter →Fahrmotoren. In der Vergangenheit dominierten lange Jahre Antriebslösungen mit Gleichstrom-Maschinen. Daneben wurden bereits Anfang des Jahrhunderts Lösungen mit Wechselstrom-Kommutatormotoren entwickelt. Während bei Gleichstromsystemen die Fahrdrahtspannung auf 3 000 V begrenzt ist, konnte wegen der Transformierbarkeit der Wechselspannung die Fahrdrahtspannung auf Werte bis ca. 10 kV hochgesetzt werden. Sie wird auf der L. heruntertransformiert. Die Speisefrequenz wurde wegen der Motorauslegung auf 16⅔ Hz gesenkt. Der Anteil der Wechselstromsysteme hat 1960 die 50 %-Grenze überschritten.

Die dieselelektrische Antriebslösung wurde parallel zu den rein elektrischen Antrieben entwickelt. Nachdem Dieselmotoren entsprechender Leistung zur Verfügung gestellt werden konnten, hat sich diese Traktionslösung bei schnellen Triebwagen in vielen Ländern einen beachtlichen Anteil erobert. Auf dieselelektrischen L. wurde bisher meist der Gleichstromantrieb eingesetzt. Seit jüngerer Zeit sind auch Drehstrommotoren mit Umrichterspeisung im Einsatz.

Bei den fahrdrahtgespeisten L. ist in den 80er Jahren ein Wechsel zu Lösungen mit Drehstrommotoren eingetreten. Erste Versuche hierzu wurden schon zu Beginn des Jahrhunderts unternommen. Die damaligen Systeme bewährten sich nicht. Den

Lokomotive, elektrische. Tabelle: Beurteilungskriterien für Traktionssysteme.

Beurteilungskriterium	fahrdrahtgespeiste Triebfahrzeuge	batteriegespeiste Triebfahrzeuge	dieselelektrische Triebfahrzeuge
Betriebsbereitschaft	sehr gut	weniger gut	gut
Leerlaufverbrauch	niedrig	niedrig	höher
häufige Abstellbarkeit ohne erhöhten Verschleiß	problemlos	problemlos	erhöhter Verschleiß
Dauerbeanspruchung bei Mehrschichtbetrieb	problemlos	begrenzte Batteriekapazität	problemlos begrenzte Lebensdauer
hohe Fahrgeschwindigkeit	sehr gut möglich	weniger gut; Batteriekapazität!	gut möglich Zuggewicht begrenzt
Lärmentwicklung	gering	gering	Dieselmotorgeräusch
Abgasfreiheit	entfällt	entfällt	Abgase, auch im Leerlauf
Investitionskosten	hoher Aufwand für stationäre Stromversorgung	Aufwand für Ladestationen	geringer Aufwand für Zusatzeinrichtungen
Unterhaltskosten	wartungsarm	Aufwand für Batterieladung und Wartung	Wartung des Dieselmotors

Erfolg brachten jetzt Entwicklungen durch Einsatz moderner Stromrichtertechnik mit Zwischenkreis-Umrichtern. Dabei ist einphasige Einspeisung aus dem normalen 50 Hz- oder 60 Hz-Mittelspannungsnetz der jeweiligen Landesversorgung möglich. Die Spannung wird auf der L. heruntertransformiert und gleichgerichtet. Im anschließenden →Wechselrichter wird aus der Gleichspannung eine dreiphasige Wechselspannung variabler Frequenz (0 bis z. B. 200 Hz) erzeugt, die zur Motorspeisung dient. Die moderne Regelungstechnik erlaubt es, trotz des Nebenschlußverhaltens des Drehstrom-Asynchronmotors das gewünschte Betriebsverhalten des Antriebs zu erreichen. Dieses Drehstromsystem wird z. B. bei der E-Lok der Reihe E 120 eingesetzt und hat sich bestens bewährt (→Drehstrom-Fahrmotor).

Zur elektrischen Ausrüstung einer e. L. gehören im wesentlichen folgende Einrichtungen:

□ Fahrdrahtgespeiste L.: Stromabnehmer, Leistungsschalter, Eingangstransformator (nicht bei Gleichstrom), Fahrmotoren, Steller für Geschwindigkeit, Hilfsbetriebe, und zwar Antriebsmotoren für Belüftung, Hilfsnetz für Beleuchtung, elektrische Heizung, motorgetriebene Kompressoren oder Vakuumpumpen für Bremssysteme, Steuerstromversorgung mit Notstromnetz.

□ Dieselelektrische Triebfahrzeuge: Zur elektrischen Ausrüstung zählen hier zusätzlich ein Generator für Gleich- oder Drehstrom, der vom Dieselmotor angetrieben wird, ein Stromrichter bzw. Umrichter als Stellglied sowie Gleichstrom- bzw. Drehstromfahrmotoren. Dazu gehört eine Steuer- und Regeleinrichtung zur Anpassung von Diesel- und Generatorleistung. Die Hilfsbetriebe werden über getrennte Maschinenumformer versorgt. Für die Hilfsbetriebe gilt sonst das zuvor Gesagte.

□ Batteriegespeiste Triebfahrzeuge: An die Stelle der Energieversorgung aus dem Fahrdraht tritt hier die Batterie. Bei diesen Triebfahrzeugen werden als Antriebe Gleichstrommotoren eingesetzt. Die Steuerung erfolgt über Anlasser (Widerstandsanlasser) oder in letzter Zeit über Gleichstromsteller. Diese erlauben eine stufenlose, verlustarme, wartungsfreie Geschwindigkeitsregelung.

Für die Hilfsbetriebe gilt das zu den fahrdrahtgespeisten Lokomotiven Gesagte. Ein Umformer zur Versorgung der Hilfsbetriebe ist hier nicht erforderlich.   *Stüben*

Literatur: *Müller:* Elektrische und dieselelektrische Triebfahrzeuge. Basel.

3. Fördergerät. Ln. sind Schienenfahrzeuge mit eigener Antriebsanlage, die in der Gleisförderung zum Schub und Zug antriebsloser Schienenfahrzeuge benutzt werden, im Baubetrieb vor allem von Förderwagen. Die gebräuchlichsten Antriebe sind Dampf, Elektromotor (Versorgung durch Schleifleitung oder Akku), Verbrennungsmotor und Druckluft. Die Bau-L. sind dem Zwecke angepaßte Sonderbauformen, d. h. sie haben meist Schmalspurfahrwerk zwischen 600 und 900 mm und können engere Kurvenradien bei kleineren Geschwindigkeiten durchfahren als die in Normalspur eingesetzten Typen.   *Kühn*

Longitudinalwelle. Wellentyp, bei dem die Ausbreitungsrichtung mit der Richtung des Verschiebungsvektors als Störung des Gleichgewichtzustands übereinstimmt. Die Richtungsgleichheit am Beispiel einer harmonischen L. zeigt das Bild. L. breiten sich in kontinuierlichen Festkörpern oder Fluiden oder auf schlanken Stäben aus. Volumenelemente der Festkörper erfahren dabei Volumenänderung (Dilation, Kompression) und Gestaltänderung (Scherung, Schub), jedoch keine Drehung (Rotation). Die Wellengeschwindigkeit im elastischen kontinuierlichen Festkörper

$$c_L = \sqrt{(K + \tfrac{4}{3}G)/\rho}$$

enthält somit außer der Dichte ρ die Werkstoffmoduln bei Kompression K und Scherung G (Schubmodul). Als Bezeichnungen in der Seismologie und der Ultraschalltechnik sind auch üblich: P(rimäre)-Welle, Dilationswelle, Kompressionswelle, irrotational wave, pressure wave. Bei Fluiden, die der Gestaltänderung keinen Widerstand entgegensetzen, ist nur dieser Wellentyp als Kompressionswelle möglich, und die Wellengeschwindigkeit reduziert sich zu $c_L = \sqrt{(K/\rho)}$.

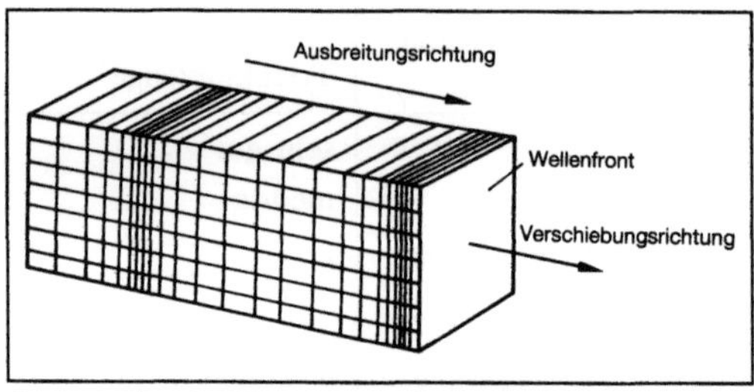

Longitudinalwelle: Verschiebungsfeld.

In einem schlanken Stab, der die Querkontraktion nicht behindert, hängt die Wellengeschwindigkeit vom Elastizitätsmodul E gem. $c_L = \sqrt{E/\rho}$ ab. (→Wellenausbreitung, mechanische)   *Gaul*

Literatur: *Cremer, L.,* u. *M. Heckl:* Körperschall. Berlin, Heidelberg, New York 1982.

Lore. Im Tunnelbau spielen die Muldenwagen und die Seitenentlader bei den schienengebundenen Transportmitteln die größte Rolle. Bei den Muldenwagen (auch Rotationskipper genannt) ist der

Lore: Rotationskippanlage.

Wagenkasten starr mit dem Fahrgestell verbunden (Bild). Das Fassungsvermögen beträgt zwischen 2 und 8 m^3. Die Entleerung geschieht mit speziellen Kreisel- und Rotationskippanlagen, da keine eigenen Entlademechanismen vorhanden sind. Die Seitenentlader sind als Einseitenentlader ausgebildet. Das Kippen übernehmen pneumatische bzw. hydraulische Druckzylinder, die die drehbare Seitenwand bewegen. Zum Entladen der Einseitenselbstentlader fahren die Wagen an einer Rampe entlang, die das Kippen der Kästen bewirkt. Die Geschwindigkeit des Zugs beträgt dabei 4–5 km/h. Zum Entleeren werden bei diesem Verfahren nur wenige Sekunden benötigt. *Kühn*

Losbrechmoment →Drehzahlkennlinie

Love-Welle. Oberflächenwelle mit horizontal polarisierter Teilchenbewegung senkrecht zur Ausbreitungsrichtung in einer Schicht, deren Materialverhalten von dem des tragenden Halbraums verschieden ist (Bild); benannt nach *A. E. H. Love*. *Gaul*

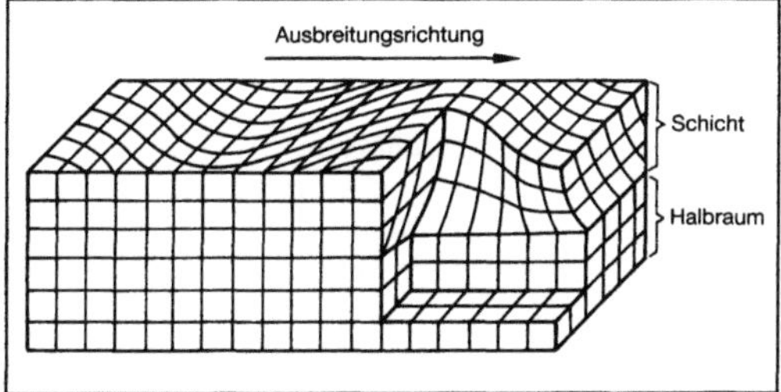

Love-Welle: Verschiebungsfeld.

Literatur: *Achenbach, J. D.:* Wave Propagation in Elastic Solids. Amsterdam 1973. – *Love, A. E. H.:* Some Problems of Geodynamics. Cambridge 1911.

LPG →Energie für Kraftfahrzeuge

Lüfter. Gebläse, mit dem die Umgebungsluft durch den Kühler eines Fahrzeugmotors gedrückt oder gesaugt wird.

Bei →Wasserkühlung eines Fahrzeugmotors wird ein Kühler benötigt, in dem das erhitzte Kühlwasser rückgekühlt wird. Da der Fahrtwind nicht in allen Fällen genügend viel Luft durch den Kühler drückt, muß man einen L. vorsehen.

Wird mit einem starken L. eine hohe Strömungsgeschwindigkeit der Luft im Kühler erzeugt, kommt man mit einem kleinen Kühler aus. Andererseits benötigt ein starker L. eine höhere Antriebsleistung, womit sich der Kraftstoffverbrauch des Motors erhöht. Hier ist ein von den Betriebsbedingungen abhängiges Optimum zu finden.

Der L. war früher starr auf der Wasserpumpenwelle befestigt und wurde gemeinsam über Keilriemen angetrieben. Heute wird durch eine zwischengesetzte thermostatisch gesteuerte Kupplung bewirkt, daß sich der L. nur dreht, wenn die Kühlwassertemperatur zu hoch ansteigt. Bei kleineren Motoren findet man überwiegend einen elektrisch angetriebenen L., bei dem man in der Anordnung im Fahrzeug ungebunden ist. Auch er wird über einen Thermoschalter im Kühlwasser nur bei Bedarf angeschaltet. *Kuhlmann*

Luftaufwand →Liefergrad

Luftbalgkupplung. Die L. (Airflex-, Luftreifen-Schaltkupplung) ist eine druckluftbetätigte Schalt- und elastische →Ausgleichskupplung (Bild). Sie besteht aus einem Außenteil, der innen einen anvulkanisierten Gummischlauch trägt und an des-

Luftbalgkupplung. (Quelle: Kauermann)
a Kupplungszylinder, b Luftbalg, c Druckluftzufuhr

sen Innenseite Reibbeläge befestigt sind. Das Innenteil der L. ist als Zylinder ausgebildet. Wird dem Gummischlauch Druckluft zugeführt, bläst er sich auf und preßt die Reibbeläge gegen das Innenteil. Dadurch entsteht Reibschluß. Der Gummischlauch ist auch das elastische Element, das geringe Längs-, Quer-, Winkel- und Drehnachgiebigkeit zuläßt. *Ehrlenspiel*

Luftdrall. Luftbewegung im →Brennraum von Verbrennungsmotoren, die die →Gemischbildung und →Verbrennung beeinflußt.

Besonders bei Dieselmotoren mit Direkteinspritzung, bei denen die Gemischbildung im Zylinder erfolgt, ist der L. von Bedeutung. Dadurch, daß die im Brennraum zirkulierende Luft durch den (Kraftstoff-)Einspritzstrahl durchstreicht, wird sie gleichmäßig mit Kraftstofftropfen durchsetzt. Um eine optimale Gemischbildung zu erhalten, muß die Stärke des L. auf die Einspritzdauer und die Anzahl der Einspritzstrahlen abgestimmt sein.

Der L. wird durch einen unsymmetrisch geformten Einlaßkanal im →Zylinderkopf erzeugt (Drallkanal). Er bleibt im Zylinder während der Verdichtung erhalten und verstärkt sich noch, wenn die Verbrennungsluft durch den aufwärtsgehenden →Kolben kurz vor Einspritzbeginn in der Kolbenmulde eingeengt wird. *Kuhlmann*

Luftdurchlaß. Der L. ist eine besonders ausgebildete Öffnung, durch die Zuluft in den Raum eingeführt wird (Luftauslaß, Zuluftdurchlaß) oder Abluft aus demselben abströmt (Luftauslaß, Abluftdurchlaß). L. gehören zu den wichtigsten Bestandteilen jeder raumlufttechnischen Anlage, da insbes. die Zuluftverteilung für die sich ausbildende →Raumluftströmung von essentieller Bedeutung ist. Das geschieht, indem anfallende Schad- und Geruchsstoffe möglichst effektiv (mit geringstmöglichem Außenluftstrom sowie Energieeinsatz) aus dem Aufenthaltsbereich abgeführt (→Lufterneuerung) und somit behagliche Aufenthaltsbedingungen (→Lufttemperatur, →Luftfeuchtigkeit) unter Vermeiden von Zugerscheinungen (→Luftgeschwindigkeit) erreicht werden.

Grundsätzlich sind zwischen Luftauslässen mit turbulenter Zulufteinführung und hoher Raumluftinduktion und solchen mit turbulenzarmer Zulufteinführung und niedriger Induktion zu unterscheiden. Im ersten Fall vermischt sich die in Form von Einzelstrahlen (Strahllüftung) austretende Zuluft sehr stark mit der Raumluft. Die Ausblasgeschwindigkeit w_0 bleibt nur bis zu einer beschränkten, von der turbulenzgradabhängigen Mischzahl m beeinflußten Entfernung, der sog. Kernlänge x_0, erhalten (runder Freistrahl: $x_0 \approx 7\,d$, mit Auslaßdurchmesser d, m $\approx 0{,}15$; ebener Freistrahl: $x_0 \approx 5\,h$, mit Auslaßhöhe h, m $\approx 0{,}20$). Nach Erreichen der Kernlänge

x_0 wird durch die rasch ansteigende Raumluftbeimischung die Ausblasgeschwindigkeit w_0 der sich mit 23–25° ausbreitenden Luftstrahlen unabhängig von der Einblasgeschwindigkeit abgebaut (Bild 1a). Beim runden isothermen Freistrahl nimmt der mitgeführte Volumenstrom $\dot{V}$ proportional zur Entfernung zu ($\dot{V}/\dot{V}_0 = 2 \cdot (x/x_0)$, mit $\dot{V}_0$ als eingeblasenem Zuluftstrom), beim ebenen isothermen Freistrahl erhöht sich derselbe proportional zur Quadratwurzel der Entfernung ($\dot{V}/\dot{V}_0 = 1{,}414\,\sqrt{x/x_0}$). Ebenfalls wird die Strahllufttemperatur verändert, wenn die Zulufttemperatur ϑ_z von der Raumlufttemperatur ϑ_i abweicht. Als Folge hiervon wird die Achse des horizontal eingeführten Luftstrahls abgelenkt (nach oben bei $\vartheta_z > \vartheta_i$, nach unten bei $\vartheta_z < \vartheta_i$) bzw. die Eindringtiefe des senkrecht zugeführten Luftstrahls (Decken- bzw. Bodenauslaß) begrenzt (Strahlumkehr, wenn „Strahlimpuls = Auftrieb"). Die maximale Eindringtiefe (x_{max} = 3–4,5 mal Raumhöhe beim Wandauslaß) wird in einem Raum dann erreicht, wenn die vom Luftstrahl mitgeführte Raumluft wieder an den Raum abgegeben wird (Luftwalzen).

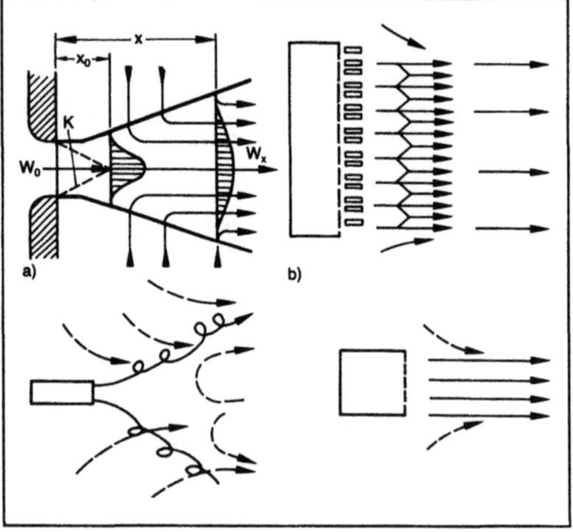

Luftdurchlaß 1: Luftstrahlarten.
a) Turbulenter Luftstrahl (Freistrahl aus runder oder rechteckiger Ausblasöffnung)
b) Turbulenzarmer Luftstrahl (Strömung aus einer Lochblechfläche).

w_0 Ausblasgeschwindigkeit, w_x Strahlgeschwindigkeit in der Entfernung x vom Luftauslaß, K Kernzone mit der Entfernung x_0, in der die Ausblasgeschwindigkeit noch in Profilmitte herrscht

Treten aus einer perforierten Austrittsfläche (Lochblech, Sieb) viele benachbarte Zuluftstrahlen mit geringer Geschwindigkeit (Komfortanlagen: 0,1–0,2 m/s, Produktionsstätten: 0,4–1 m/s) und niedrigem Turbulenzgrad (20–60 %) aus, so wird im Strömungsbereich die Raumluft weitgehend mit minimaler Induktionswirkung in den Randzonen verdrängt. Der Turbulenzgrad ist ein Maß für die Schwankungen, bezogen auf den Mittelwert der Luftgeschwindigkeit (Raumluftströmung). Der Zuluftstrom (Strahlenbündel) ist um so turbulenzärmer, je kleiner der Lochdurchmesser (wegen Verstopfungsgefahr Beschränkung auf 2–5 mm bei Komfortanlagen, 5–10 mm bei Produktionsanlagen) und je geringer die Lochteilung (Selbstinduktion der Luftstrahlen) ist (Bild 1 b). An feinmaschigem Gewebe (Laminarisator) ist die Luftströmung beinahe laminar (Turbulenzgrad <5%). Durch die örtlich eingegrenzte Verdrängungsluftführung kann im Gegensatz zur beschriebenen Mischlüftung eine unterschiedliche Schadstoff- und Temperaturschichtung in Räumen mit gezielter Präferenz der unteren Aufenthalts- und Arbeitszone erreicht werden (Raumluftströmung). In Komforträumen erfolgt die Zulufteinführung bevorzugt in der Aufenthaltszone über Quellauslässe im Brüstungsbereich

(turbulenzarme Zulufteinführung mit <2 m/s, Temperaturdifferenz Zuluft oder Raumluft <3K) oder Mikroklima-Luftauslässe (Tabelle 1). In Produktionsstätten werden die Luftauslässe mit relativ hohen Zuluftströmen von 2000–10000 m³/h je Auslaß (bei Komfortanlagen 50–200 m³/h) je nach Wärmeanfall und Schadstoffart im Bodenbereich (>150 W/m², Schwebstäube, Rauch) oder 3–4 m hoch (geringer Wärmeanfall, schwere Schadstoffe) angeordnet.

Durch Untersuchungen wurde nachgewiesen, daß bei Anwendung der turbulenzarmen verdrängenden Zulufteinführung (von unten nach oben) gegenüber der gleichmäßig verteilenden Mischlüftung (von oben nach unten) zum Erreichen gleicher Aufenthaltsbedingungen (Wärmebelastung, Schadstoffkonzentration) die Zuluftströme sowie die Energiekosten bis auf ca. 20–30 % verringert werden können.

Luftdurchlaß. Tabelle 1: Luftauslaßformen und -anwendungen, Übersicht.

turbulente Mischströmung	Schichtenströmung	
	turbulenzarme Zulufteinführung	turbulente Zulufteinführung
Wandauslässe Lochgitter Schlitzschieber Steggitter mit Luftlenklamellen Gitterbänder Düsen (rund, eckig) Düsenpakete Bodenauslässe Gitterroste Schlitzplatten Lochplatten Wabengitter Deckenauslässe Lamellen-Schlitzgitter Schlitzgitter-Schiene Drallauslaß (verstellbar) Anemostat (rund, eckig) Lochplattendurchlaß Plattenluftverteiler (ein-, mehrplattig) Diffusor Düsenkasten Lüftungsdecken Lochdecke **) Schlitzdecke Rasterdecke Paneeldecke	Teppichbodenströmung Teppichboden auf perforiertem Doppelboden Quellauslässe (Auslaßebene feingelochtes Blech, Vlies oder Schaumstoff) Komfortraumanwendung: – Sockelauslaß – Säulenauslaß – Wandauslaß – Induktionsauslaß – Bodenauslaß Industrieanwendung: – Endauslaß – Hohlsäule – Fächerauslaß	Bodenauslaß Drallauslässe Schlitzplatten Lochplatten Lochbleche in Stufen gelocht gelochte Stuhlbeine Mikro-Klimalüftung Tischauslaß Pultauslaß *) Stuhlfußauslaß (mit Induktion) Airdrant (freistehende Zuluftelemente)

*) Anwendung in Hörsälen vorgeschrieben (Hörsaalplanung: Grundlagen und Ergebnisse der Audioriologie; Empfehlung für den Bau von Hörsälen – Hrsg. Finanzminister NW, Essen 1977)

**) Hierbei treten die Einzelstrahlen (4–5 mm Dmr.) mit ca. 5 m/s turbulent aus, so daß sich bei normalen Luftwechselzahlen von 6–10 h⁻¹ keine Verdrängungsströmung ausbildet.

Für die sich vor den Abluftdurchlässen (Lufteinlaß) ausbildende Senkenströmung ist im Vergleich zu den Zuluftstrahlen eine geringe Richtungswirkung sowie ein rascher Abbau der Ansauggeschwindigkeit kennzeichnend. So fällt bei einer Ansaugerohröffnung (ohne seitlichen Abschluß) in der Entfernung des Rohrdurchmessers (x = d) die Strömungsgeschwindigkeit w auf bereits 7,5 % des Ausgangswerts w_0 ab (Bild 2). Die Lage der Abluftöffnungen ist somit für den Strömungsverlauf im Raum von nur geringer Bedeutung. Nur bei der in Reinräumen angewendeten Verdrängungsströmung mit hohem Luftwechsel wird die angestrebte Gleichmäßigkeit der Raumluftströmung (keine Querkontaminationen) durch die Lage und Ausführung der Ablufterfassung mit beeinflußt (→Raumluftströmung).

Für das Auftreten von Zugerscheinungen im Aufenthaltsbereich ist der maximale Kühllastfall bestimmend, bei dem der Zuluftstrom mit der niedrigsten Untertemperatur (unterhalb der Raum-

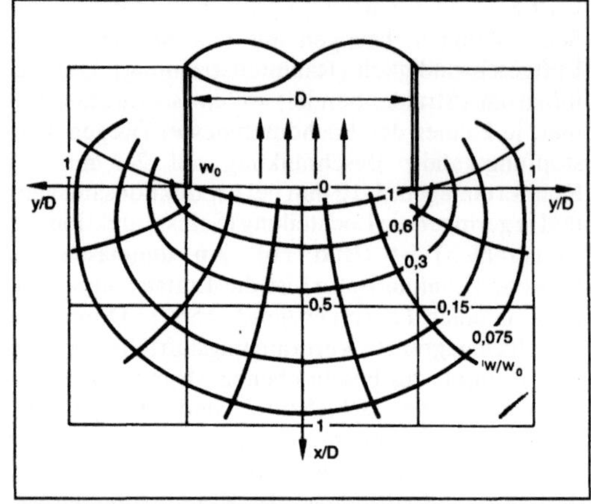

Luftdurchlaß 2: Geschwindigkeitsfeld w/wo bei Absaugung durch eine Rohröffnung.

D Durchmesser, w_0 Ansauggeschwindigkeit, w Ansauggeschwindigkeit in der Entfernung x oder y vom Lufteinlaß

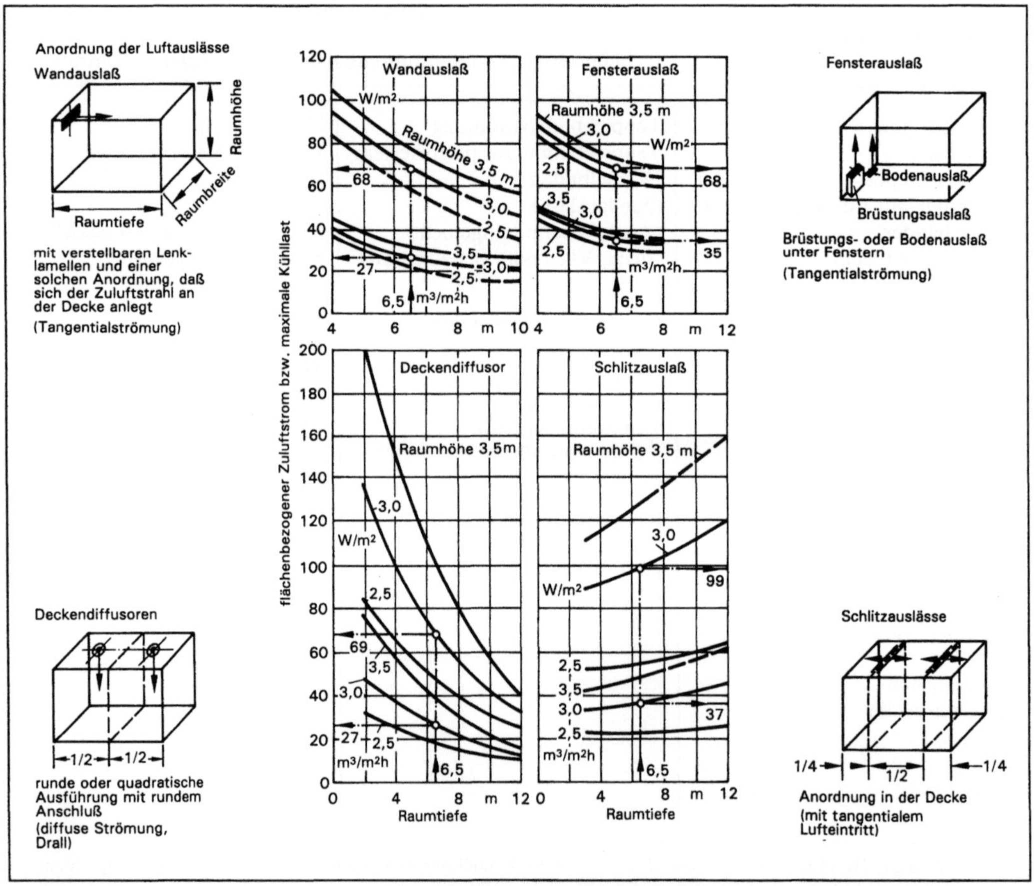

Luftdurchlaß. Tabelle 2: Einsatzgrenzen verschiedener Luftdurchlaßsysteme der Mischungslüftung.

Beispiele: Grenzwerte für Raumtiefe 6,50 m, Raumhöhe 3,00 m

Luftauslaß-system	flächen-bezogener Zuluftstrom $m^3/(m^2{\cdot}h)$	flächenbezogene maximale Kühllast *) W/m^2
Wandauslaß	27	68
Fensterauslaß	35	68
Decken-diffusor	27	69
Schlitzauslaß	37	99

*) angesetzte Höchstwerte für die zulässige Temperaturdifferenz Raumtemperatur, Zulufttemperatur 8K (bei Raumtemperatur 22 °C) bzw. 10 K (bei 26 °C)

temperatur) einzuführen ist. Für die verschiedenen Luftauslaßsysteme bzw. -anordnungen kann man dann, abgestimmt auf die unterschiedliche Strahlausbreitung für normale Randbedingungen (Raumhöhe, -tiefe, Temperaturdifferenz), flächenbezogene Kühllasten, die noch zugfrei abzuführen sind, als Anwendungsgrenzwerte festlegen (Tabelle 2). Solche Luftauslaß-Anwendungsgrenzwerte sind zuerst von *Rydberg* festgelegt und auf dem XVIII. Kongreß für Heizung, Lüftung, Klimatechnik 1964 in München bekanntgegeben worden. *K. G. Müller*

Literatur: *Detzer, R.,* u. *E. Jungbäck:* Bestimmung der Belastung des Aufenthaltsbereiches durch Wärme bei verschiedenen Luftführungen. Heiz.-Lüft.-Haustechn. 32 (1981) Nr. 7, S. 256/64. – *Detzer, R.:* Absaugung an Industrieöfen. VDI-Ber. Nr. 655. Düsseldorf 1987, S. 241/54. – *Fitzner, K.:* Schadstoffausbreitung in belüfteten Räumen bei verschiedenen Arten der Luftführung. Heiz.-Lüft.-Haustechn. 3 (1981) Nr. 8, S. 316/26. – *Fox, U., K. G. Müller, H. Schiebold* u. *K. W. Usemann:* Arbeitsmappe Heiztechnik-Raumlufttechnik-Sanitärtechnik. 6. Aufl. Düsseldorf 1984. – *Müller, K. G.:* Bemessungsgrundlagen für die Lochdeckenlüftung. Sanitär- u. Heizungstechn. 44 (1979) Nr. 3, S. 298/304. – *Radtke, W.:* Einflüsse der Luftführungsart auf den Energieverbrauch sowie die Investitionen und Betriebskosten raumlufttechnischer Anlagen. Heiz.-Lüft.-Haustechn. 32 (1981) Nr. 8, S. 327/37. – *Regenscheit, B.:* Die Luftbewegung in klimatisierten Räumen. Kältetechn. 11 (1959) Nr. 1, S. 3/11. – *Rydberg, J.:* Maximale Kühlleistungen und Luftmengen bei verschiedenen Einblaseinrichtungen. Gesundh.-Ing. 84 (1963) Nr. 6, S. 161/92. – *Sodec, F.:* Verdrängungsströmung. TAB 21 (1990) Nr. 7, S. 579/84. – SWKI-Richtlinie 80-3: Anwendungsbereiche der verschiedenen Luftauslaßsysteme.

Lufterneuerung. Die wichtigste Kenngröße für die Beurteilung der Wirksamkeit einer raumlufttechnischen Anlage ist der Luftwechsel n, der dem auf den gesamten Rauminhalt J bezogenen Zuluftstrom $\dot{V}_Z$ entspricht ($n = \dot{V}_Z/J$). Bei Mischluftbetrieb, d. h. bei Zusammensetzung des Zuluftstroms aus einem Umluftanteil u und einem Außenluftanteil a = (1-u) ist, abgestimmt auf diese Zusammensetzung des Zuluftstroms, zwischen der Luftumwälzung $n \cdot u = \dot{V}_u/J$ und der Lufterneuerung $n(1-u) = \dot{V}_a/J$ zu unter-

scheiden. Bei Betrieb der Anlage nur mit Außenluft (Lüftungsanlage mit u = 0) bzw. nur mit Umluft (Luftheizanlage mit u = 1) ist die L. bzw. Luftumwälzung mit dem Luftwechsel identisch.

Bei Schadstoffanfall im Raum ist für die Verdünnung des Schadstoffstroms $\dot{K}$ auf einen zulässigen Schadstoffgehalt (z. B. maximale Arbeitsplatz-Konzentration) ausschließlich der Außenluftanteil, d. h. die L. bestimmend (Bild 1).

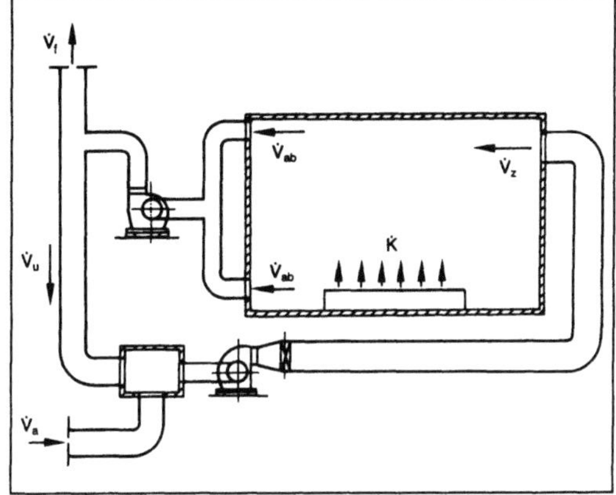

Lufterneuerung 1: Raumlüftung mit Mischluftbetrieb.

$\dot{V}_z$ Zuluftstrom, $\dot{V}_a$ Außenluftstrom, $\dot{V}_u$ Umluftstrom, $\dot{V}_{ab}$ Abluftstrom, $\dot{V}_f$ Fortluftstrom, $\dot{K}$ Schadstoffstrom

Bisher war es von Ausnahmen abgesehen üblich, den auf den gesamten Raum bezogenen stündlichen Luftwechsel als Maß für die Wirksamkeit der Lüftung zu betrachten. Dies ist jedoch nur bei einer gleichmäßigen Durchmischung von Luft und Schadstoff zutreffend. In der Praxis wird jedoch die Schadstoffverteilung im Raum durch Betriebsprozesse (thermischer Auftrieb), Lüftungseinflüsse (Geschwindigkeit, Temperatur) und sonstige Bedingungen (Raumgeometrie, Lage der Schadstoffquellen, Art und Anordnung der Luftdurchlässe) stark beeinflußt. Diese Einflüsse werden durch den Raumbelastungsgrad μ_s (auch als Kontaminationsgrad bezeichnet) das Verhältnis der Schadstoffkonzentration im Aufenthaltsbereich zu dem in der Abluft berücksichtigt.

Bei idealer Mischungsströmung (Luftzuführung aus dem Deckenbereich) ist der Raumbelastungsgrad gleich 1. Bei ungünstigen Strömungsverhältnissen kann er Werte >1 annehmen, d. h. ein Teil des Zuluftstroms bleibt ohne Nutzen für die Raumlüftung. Anzustreben ist ein Raumbelastungsgrad <1, was z. B. bei der Quellüftung (Zulufteinführung im Bodenbereich) mit ansteigender Schadstoffkonzentration zur Decke hin erreicht wird (Bild 2). Die für die Verdünnung des Schadstoffanfalls $\dot{K}$ im Aufenthaltsbereich auf den zulässigen Konzentrationswert $k_{i\ zul}$ notwendige L. n wird

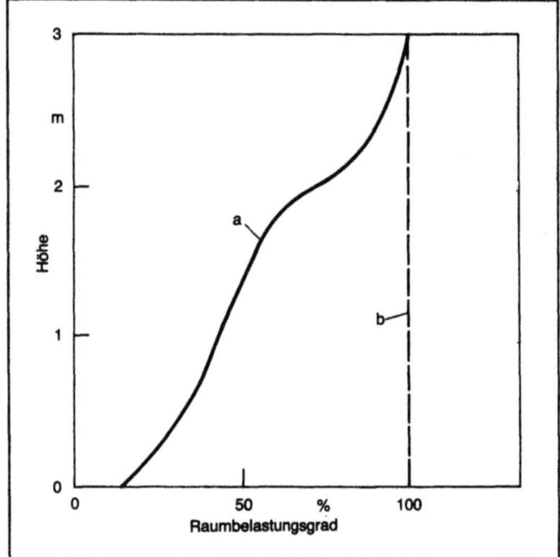

Lufterneuerung 2: Vertikale Profile der Schadstoff-konzentration.

a Quellüftung, b Mischungslüftung

hierbei um den Raumbelastungsgrad μ_S vermindert ($n = \mu_S \cdot \dot{K}/k_{i\,zul} \cdot J$). In der Tabelle werden Anhaltswerte für den Raumbelastungsgrad in Schweißwerkstätten angegeben.

Lufterneuerung. Tabelle: Anhaltswerte für Raumbelastungsgrade verschiedener Luftführungssysteme in Schweißwerkstätten.

Luftzuführung aus dem Deckenbereich (Mischungsströmung)	< 1,0
Luftzuführung in halber Hallenhöhe	< 0,8
Luftzuführung im Arbeitsbereich (Quellüftung)	< 0,6

Für Luftführungssysteme in Operationsräumen ist bereits der erreichte Raumbelastungsgrad experimentell nach einem genormten Verfahren nachzuweisen.

Die meßtechnische Bestimmung des Luftwechsels kann nach einer der Tracer (Spurengas)-Meßmethoden (Konzentrationsabfallmethode, Methode des konstanten Tracereintrags, Methode der konstanten Tracerkonzentration) erfolgen.   *K. G. Müller*

Literatur: DIN 1946. Tl. 1: Raumlufttechnik; Technologie und graphische Symbole (VDI-Lüftungsregeln). Hrsg. Dt. Inst. für Normung. Ausg. Okt. 1988. – DIN 4799: Raumlufttechnik; Luftführungssysteme für Operationsräume, Prüfung. Hrsg. Dt. Inst. für Normung. Ausg. Juni 1990. – *Esdorn, H.:* Zur einheitlichen Darstellung von Lastgrößen für die Auslegung Raumlufttechnischer Anlagen. Heiz.-Lüft.-Haustechn. 30 (1979) Nr. 10, S. 385/87. – *Fitzner, K.:* Impulsarme Luftzufuhr durch Quellüftung. Heiz.-Lüft.-Haustechn. 39 (1988) Nr. 4, S. 173/81. – *Lobeck, W.,* u. *F. Masuhr:* Praktische Luftwechselermittlung. Heiz.-Lüft.-Haustechn. 41 (1990) Nr. 11, S. 968/74; Nr. 12, S. 1051/56. – *Müller, K. G.:* Bestimmung der erforderlichen Zuluftmenge bei lufttechnischen Anlagen. Heiz.-Lüft.-Haustechn. 12 (1961) Nr. 7, S. 216/22; Nr. 8, S. 257/60; Nr. 9, S. 287/91.

Lufterwärmer →Wärmeübertrager

Luftfederung →Federung

Luftfeuchtigkeit. In der Umgebungsluft ist stets ein bestimmter Anteil an Wasser in dampfförmigem Zustand enthalten. Die Aufnahmefähigkeit wird durch den Partialdruck p_D des Wasserdampfes beschränkt. Entspricht dieser bei der herrschenden →Lufttemperatur dem Dampfdruck p_S, so ist das Luft-Wasserdampf-Gemisch gesättigt, d. h. es wird der Wasserhöchstgehalt x_S, der dampfförmig aufgenommen werden kann, erreicht. Das diesen Wasserdampfhöchstgehalt überschreitende Wasservolumen wird von der Luft in Nebelform ausgeschieden.

Das Verhältnis φ des jeweils vorliegenden x zum höchstmöglichen Wasserdampfgehalt x_S wird als relative L. bezeichnet. Da der Gesamtdruck p des Luft-Wasserdampf-Gemisches die Summe der Partialdrücke $p_L + p_D$ ist (Dalton-Gesetz), entspricht φ dem Verhältnis der vorliegenden Wasserdampf-Partialdrücke (p_D, p_S) und angenähert auch den Wasserdampfgehalten. Exakt ist $\dfrac{x}{x_S} = \dfrac{p-p_S}{p-p_D}\,\varphi$, mit p als Gesamtdruck. Da $\dfrac{p-p_S}{p-p_D} \approx 1$ ist, beträgt dann $\varphi \approx x/x_S$:

$$\varphi = \frac{p_D}{p_S} \approx \frac{x}{x_S}.$$

Mit Hilfe des h, x-Diagramms für feuchte Luft können die Zusammenhänge zwischen Lufttemperatur ϑ und relativer L. φ sowie dem absoluten Feuchtegehalt x leicht verfolgt und die Luftprozesse übersichtlich festgelegt und berechnet werden (Bild 1).

Mit steigender relativer L. wird ein Entwärmen des menschlichen Körpers durch Verdunstung an der Hautoberfläche eingeschränkt und hierdurch ein Schwülegefühl hervorgerufen. Diese obere Grenze des Feuchtegehalts der Luft, die Schwülegrenze SG liegt bei einem absoluten Feuchtegehalt von 11,5 g/kg, wobei eine relative L. von 65 % nicht überschritten werden soll. Schwülegrenze für eine normalgekleidete (ca. 1,0 clo), ruhende (sitzende) Person (Wärmeleitung ca. 1,0 Met). Für die unbekleidete Person (Sportler, Schwimmer) liegt die Schwülegrenze bei 14,3 g/kg entsprechend einem Dampfteildruck von 22,7 mbar.

Über die untere Behaglichkeitsgrenze der relativen L. liegen keine gesicherten Erkenntnisse vor. Bei längerem Aufenthalt in Umgebungsluft mit

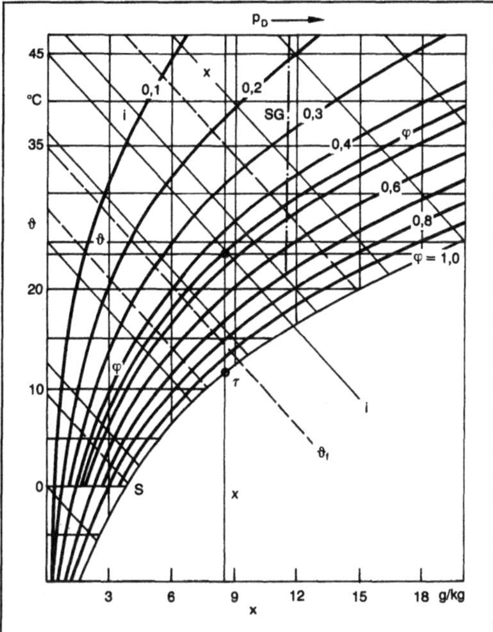

Luftfeuchtigkeit 1: h, x-Diagramm für feuchte Luft. (Quelle: Mollier)

ϑ Trockenkugeltemperatur in °C, ϑ_f Feuchtkugeltemperatur in °C, τ Taupunkttemperatur in °C, φ relative Luftfeuchte, x absoluter Luftfeuchtegehalt in g/kg, φ Sättigungslinie bei einem bestimmten Gesamtdruck, z. B. p = 1013 mbar, h spezifische Enthalpie in kJ/kg, p_D Partialdruck des Wasserdampfes in mbar, SG Schwülegrenze

geringem Feuchtegehalt kommt es meistens zum Austrocknen der Schleimhäute in den oberen Atemwegen. Hierdurch wird die Widerstandskraft gegen Infektionskrankheiten durch Beeinträchtigung des Selbstreinigungssystems (Verklebung der Flimmerhaare) geschwächt. Unabhängig zur Lufttemperatur soll deshalb eine relative L. von 30 % bei langfristigem Aufenthalt nicht unterschritten werden (kurzfristige Unterschreitungen bis auf 20 % r. F. sind vertretbar). Werden nicht ableitfähige Bodenbeläge verwendet, sollte man eine relative L. von 50 % einhalten, um störende elektrostatische Aufladungen zu vermeiden.

Bei hygroskopischen Stoffen wie Textilien, Holz, Papier, Tabak u. ä. ist die sich ausbildende Stofffeuchte von der Raum-L. abhängig. Bei der Bearbeitung und Lagerung derartiger Stoffe sind aus technischen Gründen solche Raum-L. einzuhalten, die mit den gewünschten Stoffeuchten im Gleichgewicht stehen (Bild 2). In der Tabelle werden für derartige Arbeits- und Lagerräume die einzuhaltenden relativen Raum-L. angegeben, die bei Raumtemperaturen von 20–25 °C einzuhalten sind.

Bei hohen Raum-L. besteht die Gefahr, daß der Wasserdampf an den Raumumschließungsflächen

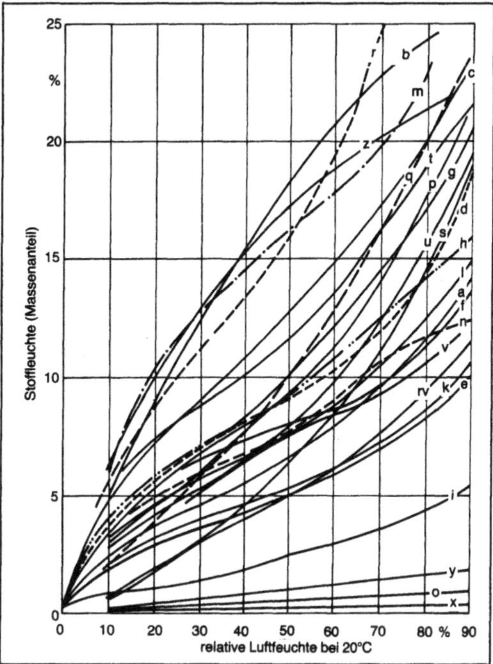

Luftfeuchtigkeit 2: Zusammenhang zwischen verschiedenen Stoffeuchten (bezogen auf das Gewicht der Trockensubstanz) und der relativen Luftfeuchte.

a Baumwolle, b absorbierende Baumwolle, c Wolle und Darmsaiten, d Seide, e Leinengewebe, f Rohleinen, g Jute, h Viskosefaser, i Acetatfaser, k Zeitungspapier, l Druckpapier, m Leder, n Klebstoff, o Reifengummi und Asbestfasern, p Holz, q Seife, r Tabak, s Weißbrot, t Teigwaren, u Mehl, v Stärke, w Gelatine, x Glasfasern, y Koks, z Kieselsäure

kondensiert und Bauschäden durch Durchfeuchtung und Schimmelpilzbildung entstehen. Um dies auszuschließen, darf der Taupunkt an keiner Stelle in oder auf einem Wand- oder Deckenelement erreicht werden. Die Baukonstruktionen sind deshalb – abgestimmt auf den Raumluft- und ungünstigen Außenluftzustand – so zu bemessen (Wärme-, Diffusionswiderstand, eventuelle Oberflächenbeheizung), daß Kondensationen auf Oberflächen (durch Taupunktunterschreitung) oder in Wänden (durch Wasserdampfdiffusion mit Auskondensationszonen, Nachprüfung durch Glaserdiagramme) wirksam ausgeschlossen werden.   *K. G. Müller*

Literatur: *Brandi, O. H.:* Grundsätzliches zur Heizung, Lüftung und Klimatisierung von Fertigungsstätten. VDI-Z. 98 (1956) Nr. 12, S. 526/32; Nr. 13, S. 589/94. – *Cammerer, W. F.:* Mindestwerte des Wärmeschutzes von Außenwänden unter Berücksichtigung ihrer Feuchteaufnahmefähigkeit. Gesundh.-Ing. 74 (1953) Nr. 23/24, S. 384/87. – DIN 1946. Tl. 2: Raumlufttechnik; Gesundheitstechnische Anforderungen (VDI-Lüftungsregeln). Hrsg. Dt. Inst. für Normung. Entw. Ausg. Aug. 1991. – *Glaser, H.:* Grafisches Verfahren zur Untersuchung von Diffusionsvorgängen. Kältetechn. 11 (1959)

Luftfeuchtigkeit. Tabelle: Einzuhaltende Raumluftzustände bei der Bearbeitung sowie Lagerung hygroskopischer Arbeitsstoffe.

Betrieb, Bearbeitung, Arbeitsstoff	Temperatur °C	relative Luftfeuchte %
Textilindustrie		
Baumwolle:		
Batteur	24–27	40–60
Karde	24–27	45–55
Kämmerei	24–27	55–65
Strecke	24–27	50–65
Flyer	24–27	50–60
Ringspinnmaschine	24–27	50–65
Spulerei, Zwirnerei, Scheren und Aufziehen der Kette	24–27	60–70
Webraum	24–27	70–85
Geweberaum	24–27	65–75
Konditionieren von Garn und Gewebe	24–27	90–95
Leinen:		
Vorbereitung	18–20	80
Carderie	20–25	50–60
Spinnerei	24–27	60–80
Weberei	27	80
gekrämpelte Wolle:		
Vorbereitung	27–29	60
Carderie	27–29	65–70
Spinnerei	27–29	50–60
Weberei	27–29	60–70
Ausrüsten	24	50–60
Seide:		
Vorbereitung	27	60–65
Spinnerei	20–27	65–70
Weberei	20–27	60–75
Rayonnes:		
Carderie, Spinnerei	27–32	50–60
Weberei	27	50–80
Trikot	27–29	60–65
Papier- und Druckindustrie		
Papierlagerung, Papiermaschinenraum	20–23	50–60
Drucken	24–26	45–60
Mehrfarbendruck	24–28	45–60
Photodruck	21–23	40–50
Tabakindustrie		
Lagerung des Rohtabaks	32	85–88
Zigaretten-, Zigarren-Fabrikation	21–24	55–65
Verpackung	23	65

Nr. 10, S. 345/49. – *Grandjean, E., u. A. Rhiner:* Die Luftfeuchtigkeit und ihre Auswirkung auf die Behaglichkeit in Wohn- und Büroräumen. Gesundh.-Ing. 84 (1963) Nr. 12, S. 362/64. – *Grubenmann, M.:* ix-Diagramme feuchter Luft. Berlin, Göttingen, Heidelberg 1952. – *Häusler, W.:* Das Mollier-ix-Diagramm für feuchte Luft und seine technische Anwendungen. Dresden, Leipzig 1960.

Luftfilter. L. sind Bauelemente von raumlufttechnischen Anlagen, die partikuläre und/oder gasförmige Verunreinigungen aus dem Luftstrom filtern und abscheiden. In Ballungsgebieten liegt die Schwebstaubkonzentration zwischen 0,05 bis 0,6 mg/m³ mit einer dispersen Partikelverteilung von 0,001 – ca. 500 μm Dmr. Da bei diesem weitgespannten Teilchenspektrum unterschiedliche Filtermechanismen wirksam werden, sind die Filterarten, abgestimmt auf die anvisierten optimalen Abscheide-Fraktionsbereiche, in denen sie wirksam werden sollen, auszuwählen und ggf. mit ergänzenden Filterausführungen (Nachfilter) in Reihe geschaltet einzusetzen.

Bei dem überwiegend angewendeten Faserfilter werden die in Bild 1 exemplarisch an der Einzelfaser dargestellten Abscheidemechanismen wirksam:

Direkte Anlagerung: rein geometrischer Effekt, Teilchenschwerpunkt folgt den Stromlinien

$E_A = Y/D$

$E_A \approx D_P/D + (D_P/D)^2 - (D_P/D)^3 /3$

$(c \ll 1, D_P \ll D)$

Diffusion: thermische Eigenbewegung zur →Faser und Nachfließen auf Grund des Konzentrationsgefälles

$E_D \approx 1 / (v_0 D_P D)^{2/3}$

$E_{DA} \approx D_P^{1/6} / (v_0^{1/2} D^{7/6})$

E_{DA} Kombinationseffekt Diffusion, direkte Anlagerung

→Trägheitskraft: Partikel können Strömung nicht mehr folgen und treffen auf die Faseroberfläche

$E_T \approx D_P^4 v_0 / D^3$

☐ Sperreffekt: direkte Ablagerung an die Faser; tritt dann auf, wenn bei der Umströmung der Abstand zur Faser kleiner ist als der Partikelradius;
☐ Diffusionseffekt: wird durch die Brown-Molekularbewegung verursacht; er ist nur für Partikel <0,1 μm wirksam;
☐ Trägheitseffekt: gravitationsbedingte Anlagerung der Partikel >0,1 μm bei Unterschreiten eines kritischen Umströmungsabstands;
☐ Siebeffekt: Dieser in Bild 1 nicht dargestellte Effekt tritt nur für Partikel ein, deren Durchmesser größer ist als die Porenweite zwischen den Fasern.

Für die Filterwirkung ist der Abscheidegrad (frühere Bezeichnung Entstaubungsgrad, nach DIN

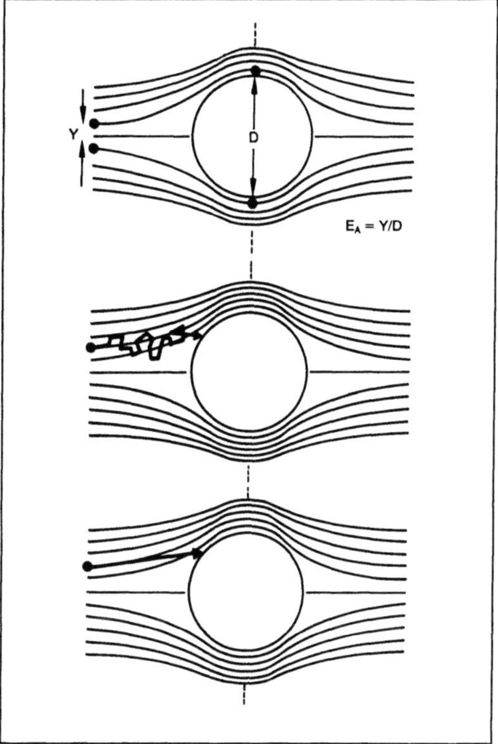

Luftfilter 1: Filterabscheidemechanismen.

E Einzelfasereffektivität, D Faserdurchmesser, D_P Partikeldurchmesser, v_0 Anströmgeschwindigkeit, c Packungsdichte

→Wirkungsgrad), das Verhältnis von abgeschiedener zu angebotener Staubmasse in der Rohluft kennzeichnend. Die Messung derselben erfolgt über die Staubkonzentrationen von Rein- und Rohluft (c_2, c_1) am Filteraustritt und -eintritt zu

$$\eta = (1 - c_1) / c_2.$$

Der auf eine bestimmte Partikelgröße bezogene Abscheidegrad wird als fraktioneller Abscheidegrad bezeichnet. Den typischen Verlauf desselben zeigt mit Angabe der Wirkungsbereiche der Abscheidemechanismen Bild 2. Am Übergang vom Diffusions- zum Trägheitseffekt – bei den meisten Filtern zwischen 0,1 und 0,2 μm – liegt der mit MPP (most penetrating particle size) bezeichnete Minimalwert des Abscheidegrads. Weitere wichtige Filter-Kenngrößen sind der Druckverlust und dessen Anstieg mit zunehmender Staubbeladung sowie die Staubspeicherfähigkeit (Speicherwert S_N in g) als Maßstäbe für den Energieverbrauch (Volumenstromförderung) und die Standzeit des Filters. Für die Standzeit St des Filters gilt: $St = S_W \cdot 1\,000 / \dot{V} \cdot c \cdot \eta$ in h (S_W Speicherwert in g, $\dot{V}$ →Volumenstrom in m³/h, c Staubkonzentration in mg/m², η Abscheidegrad in %).

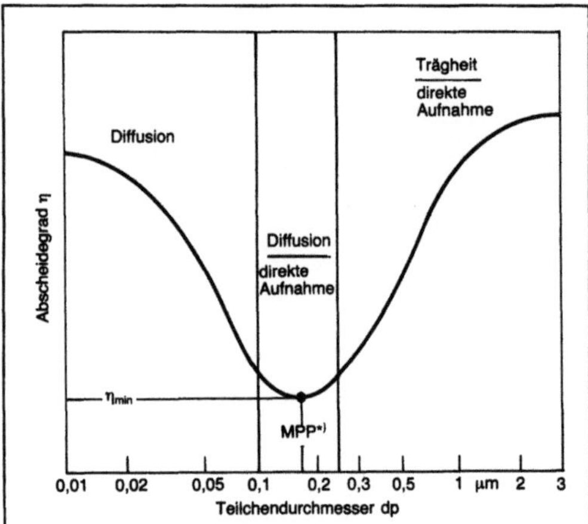

Luftfilter 2: Fraktionsabscheidegrad, MPP (most penetrating particle size), Minimum des Abscheidegrads.

Zur Auswahl und Beurteilung sind die L. für raumlufttechnische Anlagen in Filterklassen eingeteilt worden (Tabelle 1):

□ Grobstaubfilter (Filterklasse EU 1): Vorfilter mit geringen Anforderungen.

□ Feinstaubfilter (Filterklassen EU 2, 3): Vorfilter mit geringen Reinheitsanforderungen, z. B. Fensterklimagerät (EU 2) bzw. für Schwebstoffilter (EU 3, 4).

□ Hochwertige Feinstaubfilter (Filterklassen EU 5 bis 9): Feinstaubabscheidung mit hoher Luftreinheit, z. B. Restaurants, Lebensmittelgeschäfte (EU 5), Laboratorien, Krankenzimmer, Pharma-, Elektroindustrie (EU 6), Klimaanlagen, Schaltanlagen, hochwertige Arbeitsräume, OP-Räume, Vorfilter für Reinraumanlagen (EU 7–9). Von der Medizin ist in den letzten Jahren darauf hingewiesen worden, daß möglichst solche Luftfilter eingebaut werden sollen, durch die auch lungengängiger Staub abgeschieden wird. Extrem lungengängig sind Partikelgrößen von 0,3–2 µm (prozentualer Anteil der in der Lunge verbleibenden Partikel 50–60 %, zum Vergleich: bei 10 µm nur 8 %). Erst von Feinstaubfiltern der höchsten Klasse werden 95–100 % der Partikelgrößen von 1 µm ab ausgeschieden.

□ HEPA-Schwebstoffilter (Filterklassen EU 10 bis 13): Reinräume der Klasse (Reinheitsklasse der Luft nach VDI 2083, Bl. 1, Reinraumtechnik; Reinheitsklassen der Luft) 6 und 7, z. B. Feinmechanik, Sonderlackieranlagen, Pharmazie (EU 10, 11) und der Klasse 5–3, z. B. Prüffelder, Oberflächenbehandlung, Halbleiter- und Compact-Disc-Fertigung.

□ ULPA-Schwebstoffilter (Filterklassen EU 14 bis 17): Reinraumanlagen für hochwertige Mikroelektronik der Klasse 2–0. Zum Erreichen der in der Mikroelektronik notwendigen höheren Luftreinhei-

ten ist diese Schwebstoff-Filterreihenerweiterung erfolgt. Als Filtermaterial werden hierzu mikroskopische Flächengebilde aus Mikroglasfasern 0,2 bis 5 µm (zum Vergleich: Durchmesser des menschlichen Haars ca. 125 µm) verwendet, bei denen die Staubabscheidung im Inneren des Faserbetts stattfindet (Abscheidemechanismen >1 µm durch Trägheitskräfte >0,1 µm durch Diffusion).

Die Faserfilter werden eingesetzt als:

□ Zellenfilter: meist in platzsparender V-Form für Kanal- oder Wandeinbau,

□ Umlauffilter: mit automatischer Weiterbewegung der Filterfläche in Bandform (Länge ca. 20 m) in Abhängigkeit vom Filterwiderstand (Staubsättigung),

□ Taschen- oder Beutelfilter: für besonders hohe Staubspeicherfähigkeit und Luftdurchsätze für Wand- oder Kanaleinbau (Anwendung meist für Nachfilterung mit hoher Filterklasse).

Beim Betrieb der Faserfilter sind noch in letzter Zeit folgende Probleme aufgetreten bzw. erkannt worden:

□ Durchwachsen der Filterschicht durch abgeschiedene Pilzsporen und Ablösen derselben auf der Reinluftseite, Auslösung von Allergien durch die in den Reinluftstrom eingedrungenen Sporen. Abhilfe: öfter Inspektion mit Filterwechsel oder -reinigung oder zweistufige Luftfilterung. Von der Gewerbeaufsicht NRW sind 1985 an 16 raumlufttechnischen Anlagen (Lüftungs-, Teilklima- und Klimaanlagen) Keimuntersuchungen durchgeführt worden. Während bei allen untersuchten Anlagen mit zweistufiger Filterung (2 x EU 4) nur Keime nachgewiesen wurden, wurden bei Anlagen mit nur einstufiger Luftfilterung (EU 4) zusätzlich Schimmelpilze in der Zuluft festgestellt.

□ Bei radioaktiven Störfällen (z. B. beim Reaktorunfall Tschernobyl 1985) wird radioaktiver Staub in den Filtern abgesetzt. Abhilfe: Aufschieben des Filterwechsels auf 8–10 Wochen nach Störfalleintritt und Durchführung desselben in Schutzkleidung.

Luftverunreinigende Gase und Dämpfe können durch Adsorption an Substanzen, die dieselben an ihrer Oberfläche binden (wie z. B. Kieselsäuregel, Tonerde, verschiedene Metalloxide, Kohle), mit unterschiedlicher Wirkung gebunden werden. In der Raumlufttechnik werden hierzu insbes. zum Abscheiden geruchsbelästigender Gase und Dämpfe Aktivkohlefilter eingesetzt, um deren Oberflächen sich solche Stoffe im kondensierten Zustand abscheiden (wirksame Oberfläche von 1 g, also 2 cm³ Aktivkohle ca. 1 260 m²). Für Dämpfe mit Siedepunkten über 0 °C ist die Adsorptionsleistung hoch (Speicherfähigkeit 15–40 %). →Wasserstoff, Sauerstoff, Stickstoff, Kohlenoxid und Kohlendioxid werden bei normaler Temperatur nicht adsorbiert. Verwendet werden Zellenfilter für Wandeinbau oder Kanalanschluß, in denen die Aktivkohle in

Luftfilter. Tabelle 1: Luftfilterklassen.

Grob- und Feinstaubfilter (DIN 24 185, Tl. 2)			
Filterart	Filterklasse *)	mittlerer Abscheide-grad in % **) gegenüber synthetischem Staub	mittlerer Wirkungsgrad in % ***) gegenüber atmosphärischem Staub
Grobstaub oder Vorfilter	EU 1	$A_m < 65$	
Feinstaubfilter	EU 2 EU 3 EU 4	$65 \leqslant A_m < 80$ $80 \leqslant A_m < 90$ $90 \leqslant A_m$	
hochwertige Feinstaubfilter	EU 5 EU 6 EU 7 EU 8 EU 9		$40 \leqslant E_m < 60$ $60 \leqslant E_m < 80$ $80 \leqslant E_m < 90$ $90 \leqslant E_m < 95$ $95 \leqslant E_m$
Schwebstoffilter (Vorschlag Ausschuß DIN 24 183) +)			
Filterart	Filterklasse	Integralwert	Lokalwert
		Abscheidegrad in % im MPP5 ++)	
HEPA (high efficency particulate air)	EU 10 EU 11 EU 12 EU 13	85 95 99,5 99,95	— — 97,5 99,75
ULPA (ultra high effi-cency particulate air)	EU 14 EU 15 EU 16 EU 17	99,995 99,9995 99,99995 99,999995	99,975 99,9975 99,99975 99,999975

*) Die Luftfilter-Klasseneinteilung entspricht der vom Eurovent beschlossenen europäischen Klasseneinteilung.

**) Der Abscheidegrad basiert auf gravimetrisch mit Prüfstaub (Zusammensetzung: 72 % Straßenstaub, 23 % Ruß, 5 % Baumwoll-Linters) durchgeführten Messungen.

***) Der Begriff Wirkungsgrad wird für Prüfungen nach dem Verfärbungsverfahren (Dustspot-Test) durch atmosphärische Luft und ihre Verschmutzungen verwendet.

+) Nach Vorschlag des Ausschusses DIN 24 183 sollen der Abscheidegrad des gesamten Filterelements (Integralwert) sowie die punktuelle Leckprüfung (Lokalwert) nach einem neuen Verfahren auf der Basis einer Partikelzählung unter Verwendung eines monodispersen Prüfaerosols (DES, DEHS) gemessen werden.

++) most penetrating particle size: Durchmesser der Partikelgröße, bei der sich der Minimalwert des Abscheidegrads für das Filtermedium einstellt, normalerweise im Bereich 0,1–0,15 μm.

bestimmten Schichtdicken zwischen Lochblechen eingelagert wird. Nach Sättigung ist die Aktivkohle auszutauschen oder (bei größeren Anlagen) in situ zu regenerieren (z. B. durch heißes Desorptionsmedium). Auf Grund der hohen Betriebskosten (hoher →Luftwiderstand, Regeneration) werden Aktivkohlefilter in der Raumlufttechnik selten eingesetzt.

Ein anderes Abscheideprinzip wird beim Elektrofilter angewendet. Die Entwicklung des mit niedrigen Gleichspannungen arbeitenden Verfahrens erfolgte 1935 durch den amerikanischen Physiker *G. W.*

Penny. Die Luftreinigung erfolgt hierbei in 2 Zonen, der Ionisationszone (positive →Aufladung der Partikel durch Sprühelektroden) und der anschließenden Niederschlagszone (Plattenkondensator mit abwechselnd negativ und positiv geladenen Niederschlagsplatten), Bild 3. Mit dem Verfahren werden Partikel bis 0,10 μm mit Abscheidegraden weit über 90 % ausgeschieden (Tabelle 2). Der auf den Platten sich bildende Staubbelag muß aber in bestimmten Zeitabständen entfernt werden (durch Rütteln oder durch Absprühen mit Wasser, dem ein Lösungs- oder Benetzungsmittel zugesetzt wird). Wegen der Parti-

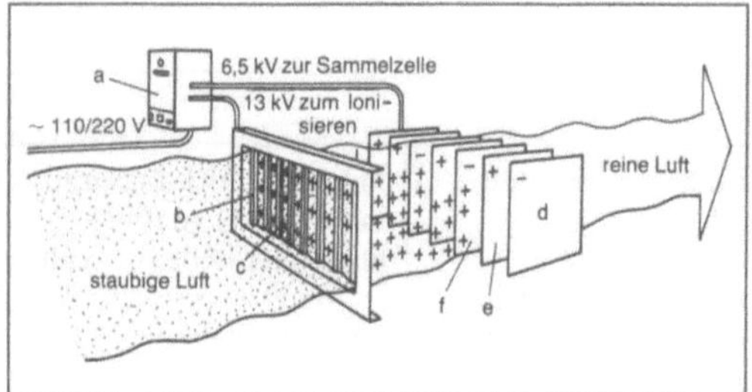

Luftfilter 3: Wirkungsweise der Elektrofilterung (Penney-Prinzip).

a Hochspannungsgleichrichter, b Sprühdrähte (Wolfram), c Ionisier-Elektroden, d Sammelzelle (Aluminium), e positiv geladene Platten, f negativ geladene Platten

Luftfilter. Tabelle 2: Fraktionsabscheidegrad eines Elektrofilters.

Fraktion µm	Abscheidegrad %
0,12–0,17	95,89
> 0,17–0,27	96,55
> 0,27–0,42	97,43
> 0,42–0,62	98,37
> 0,62–0,87	99,91
> 0,87–1,92	> 99,0
1,4 –1,6	98,65
> 1,6 –1,8	98,12
> 1,8 –2,0	97,95
> 2,0 –4,0	> 99,0

kelablösungsgefahr wird dieser Filter in der Reinraumtechnik, wie z. B. in der Pharmazie, kaum angewendet. Diese Filter haben sich besonders auch bei industriellen raumlufttechnischen Anlagen bei der Abscheidung von Rauchen und Aerosolen, z. B. bei der Ölnebelabführung in Automatendrehereien, sehr gut bewährt. *K. G. Müller*

Literatur: *Borsch-Galethe, E.:* Das Keimverhalten der durch lüftungstechnische Anlagen aufbereiteten Zuluft und Raumluft und der Gesundheitszustand der in künstlich belüfteten Räumen Tätigen. Jahresübers. Gewerbeaufsicht NRW (1986), S. 185/89. – *Davies, C. N.:* Air Filtration. London 1973. – DIN 24185. Tl. 2: Prüfung von Luftfiltern für die allgemeine Raumlufttechnik; Filterklasseneinteilung, Kennzeichnung, Prüfung. Hrsg. Dt. Inst. für Normung. Ausg. Okt. 1980. – DIN 24184: Typprüfung von Schwebstoffiltern; Prüfung mit Paraffinölnebel als Prüfaerosol. Hrsg. Dt. Inst. für Normung. Ausg. Dez. 1990. – *Elixmann, J. H.:* Filter einer raumlufttechnischen Anlage als Ökosystem und Verbreiter von Pilzallergenen. Diss. Thesis Universität Nijmwegen. München 1988; Ber. zum 11. Mönchengladbacher Allergieseminar „Schimmelpilze durchwachsen Filter von Klimaanlagen" CCI (1989) Nr. 3. – *Ochs, H.-J.:* Ölabscheidung mit Elektro-Luftfiltern. Klimatechnik 8 (1960) Nr. 7, S. 4/6. – *Strauß, H.-J.:* Luftaufbereitung in Klimaanlagen mit Aktivkohlefiltern. Ind.-Anz. 81.

Oktober 1960. – VDI 2083. Bl. 2: Reinraumtechnik; Bau, Betrieb, Wartung. Hrsg. Verein Dt. Ing. Entw. Nov. 1991. – VDI 3816. Bl. 3: Raumlufttechnische Anlagen bei belastenden Außenluftsituationen; kerntechnische Unfälle. Hrsg. Verein Dt. Ing. Ausg. Sept. 1991.

Luftförderanlage. Herzstück der L. (Rohrförderung) ist die Fullerpumpe. Sie besteht im wesentlichen aus einer schnell laufenden Verwirbelungsschnecke, die das feinkörnige Fördergut in einen Düsenkasten einträgt. Dort wird es von der aus Düsen expandierenden Druckluft in das daran anschließende Rohrleitungssystem geblasen. Gröberes Fördergut kann man z. B. aus einem unter Überdruck stehenden Arbeitsraum fördern, indem es einem aus diesem Arbeitsraum herausführenden Rohr größeren Durchmessers zugeschaufelt und von der ausströmenden Luft mitgerissen wird. Diese Anlagen benötigen einen entsprechend leistungsfähigen →Kompressor (→Betonspritzmaschine). *Kühn*

Luftgeschwindigkeit. Unter L. versteht man die Bewegung der Umgebungsluft in der Aufenthaltszone. Für die Luftbewegung in raumlufttechnisch behandelten Räumen sind regellose örtliche und zeitliche Schwankungen der L. nach Richtung und Größe hin kennzeichnend. Diese werden nicht nur durch die maschinelle Luftzuführung und die hiermit verbundene Raumluftinduktion (→Luftdurchlaß) bewirkt, sondern auch durch Konvektionsströmungen, die Personen, Wärmequellen (Heizkörper, Beleuchtung) sowie Abkühlungsflächen (Fenster, Wände) ausgelöst. (Gemessene Förderprofile durch Personen bei Temperaturdifferenzen 0,5–2 K: Höhe 0,5 m: 20–50 m³/h; Höhe 1,0 m: 10–150 m³/h; Höhe 1,5 m: 40–70 m³/h. Durch den thermischen Auftrieb entstehen über dem Kopf einer sitzenden Person L. bis 0,3 m/s.)

Die Raumluftbewegung ist somit erst durch den Mittelwert der Geschwindigkeit ($\overline{w} = (1/n)\Sigma w$; n Anzahl der Momentanwerte w) sowie die Amplitude und Frequenz der Geschwindigkeitsschwankungen ohne Berücksichtigung ihrer Bewegungsrichtung eindeutig erfaßbar. Zum Beurteilen der Raum-L. zur thermischen Behaglichkeit (→Lufttemperatur) ist die Frequenz vernachlässigbar gering. Unbehaglich „zu kalt" empfundene Raumluftzustände werden in klimatisierten Räumen meist durch Zugluft, d. h. durch zu hohe L. verursacht. Eine zu starke, oft örtlich begrenzte Auskühlung der Körperoberfläche (unter 34 °C) stört dabei das metabolische Gleichgewicht beim Menschen. Der hierzu notwendige zu hohe konvektive Wärmeübergang von der Hautoberfläche zur Umgebungsluft kann durch eine zu hohe Absenkung der Lufttemperatur wie durch eine erhöhte Luftbewegung (Anstieg des Wärmeübergangskoeffizienten) verursacht werden.

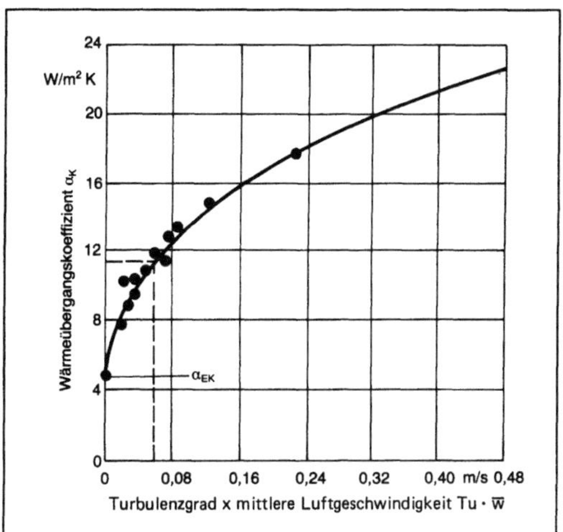

Luftgeschwindigkeit 1: Konvektiver Wärmeübergangskoeffizient α_K an der Hautoberfläche in Abhängigkeit vom Produkt Turbulenzgrad Tu und mittlerer Luftgeschwindigkeit $\overline{w}$.

α_{EK} konvektiver Wärmeübergangskoeffizient bei Eigenkonvektion

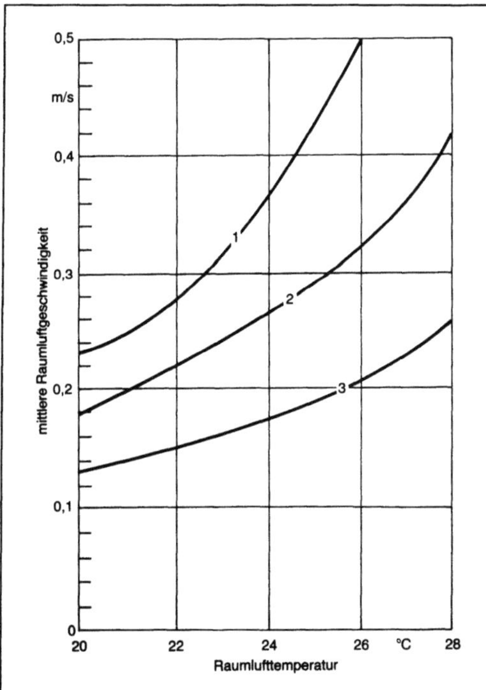

Luftgeschwindigkeit 2: Zulässige Luftgeschwindigkeiten in Abhängigkeit von der Raumlufttemperatur für 3 Turbulenzgradbereiche.

Grenzkurve 1 für Turbulenzgrade Tu <5%, Grenzkurve 2 für Turbulenzgrade 5% <Tu<20%, Grenzkurve 3 für Turbulenzgrade Tu >20%

Der mit einem besonderen Instrumentarium (Sonde mit 10 ms Ansprechzeit, leiterförmige Anordnung von NTC-Widerständen) gemessene konvektive Wärmeübergangskoeffizient α_K ergab, daß derselbe vom Produkt mittlere L. $\overline{w}$ multipliziert mit dem Turbulenzgrad Tu abhängig ist (Bild 1). Der Turbulenzgrad Tu ist ein Maß für die Schwankungen (Standardabweichung) der L. $S_N = \sqrt{(1/n\text{-}1)}$ $\overline{\Sigma\,(wg\text{-}\overline{w})}$, bezogen auf den Mittelwert der L. $\overline{w}$. Auf Grund der hierauf abgestimmten Untersuchungen (mit künstlichem Kopf und Probanden) wurden für die zulässigen, im Behaglichkeitsbereich liegenden L. in Abhängigkeit von der Lufttemperatur 3 Turbulenzgradbereiche festgelegt (Bild 2). Die Werte gelten für Aktivitätsstufe I (nach DIN 33403, Tl. 3) und einen Wärmeleitwiderstand der Bekleidung von 0,13 m² K/W (Lufttemperatur). Eine Erhöhung des Wärmeleitwiderstands der Bekleidung um 0,032 m² K/W oder der Aktivität um 10 W entspricht einer Anhebung der zulässigen L. bei einer um ca. 1 K erhöhten Lufttemperatur.

Die Dauerexpositionsgrenzen für die Temperaturerträglichkeit (Lufttemperatur) sinken mit ansteigendem Arbeitsenergieumsatz und abfallenden L. (Bild 3).   *K. G. Müller*

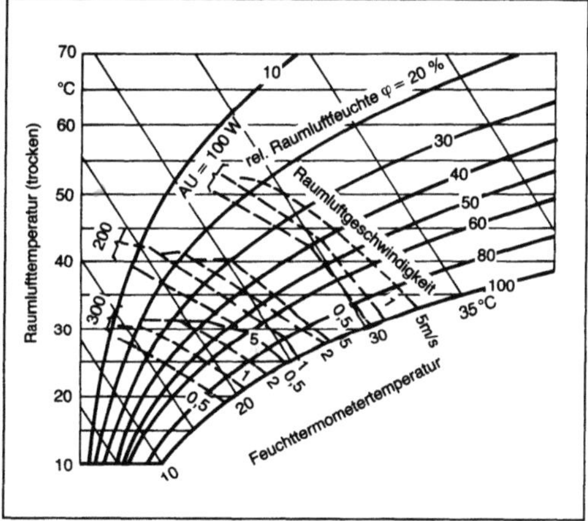

Luftgeschwindigkeit 3: Einfluß der Luftgeschwindigkeit auf die Dauerexpositionsgrenzbereiche bei verschiedenen Arbeitsenergieumsätzen nach DIN 33403, Tl. 3 (AU = 100, 200 und 300 W).

Literatur: DIN 1946. Tl. 2: Raumlufttechnik; Gesundheitstechnische Anforderungen (VDI-Lüftungsregeln). Hrsg. Dt. Inst. für Normung. Entw. Ausg. Aug. 1991. – DIN 33403. Tl. 3: Klima am Arbeitsplatz und in der Arbeitsumgebung; Beurteilung des Klimas im Erträglichkeitsbereich. Hrsg. Dt. Inst. für Normung. Ausg. Juni 1988. – *Fitzner, K.:* Impulsarme Luftzufuhr durch Quellüftung. Heiz.-Lüft.-Haustechn. 39 (1988) Nr. 4, S. 173/81. – *Mayer, E.:* Untersuchungen von Zugerscheinungen mit Hilfe physikalischer Meßmethoden. Gesundh.-Ing. 106 (1985) Nr. 2, S. 65/73. – *Mayer, E., u. R. Schwab:* Untersuchung der physikalischen Ursachen von Zugluft. Gesundh.-Ing. 111 (1990) Nr. 1, S. 17/30.

Luftkanal →Luftleitung

Luftkühlung. Kühlsystem für kleine und mittelgroße Verbrennungsmotoren.

Bei sehr kleinen Verbrennungsmotoren (z. B. für leichte Zweiräder) besteht die L. oft nur darin, daß →Zylinder und →Zylinderkopf verrippt sind und vom Fahrtwind durchstrichen werden.

Bei größeren Motoren ist ein Kühlgebläse nötig, das die Luft zwangsweise durch die Rippen an den Zylindern und Zylinderköpfen sowie durch den Ölkühler und (falls vorhanden) durch den Ladeluftkühler drückt. Dabei wird eine geeignete Luftführung durch Blechverkleidungen und Leitbleche erreicht.

Wegen der geringen Luftdichte muß man bei L. mit einem geringeren Kühlmittel-Massenstrom auskommen als bei →Wasserkühlung. Dies führt in Verbindung mit der geringen spezifischen Wärmekapazität der Luft zu hohen Temperaturdiferenzen zwischen Kühllufteintritt und -austritt. Hinzu kommt, daß die Wärmeübergangszahlen bei L. sehr viel niedriger sind als bei Wasserkühlung. Alle diese Punkte zusammen bewirken, daß die L. eines Motors konstruktiv hohe Anforderungen stellt. Auf der anderen Seite ist eine gute L. wenig störanfällig.

Sehr große Motoren werden wegen verschiedener Schwierigkeiten nicht mit L. ausgeführt. Schiffsmotoren sind verständlicherweise wassergekühlt. Die leistungsstärksten Motoren mit L. waren die großen Flugmotoren für Verkehrsflugzeuge.   *Kuhlmann*

Literatur: *Bussien*: Automobiltechn. Handb. 1. Bd. Berlin 1965.

Luftlager →Gleitlager, aerodynamisches, →Gleitlager, aerostatisches

Luftleitung. L. haben bei raumlufttechnischen Anlagen die Aufgabe, den aufbereiteten Zuluftstrom auf die einzelnen Räume zu verteilen bzw. die verbrauchte Abluft aus denselben abzuführen.

An die Ausführung der L. werden folgende Hauptanforderungen gestellt: innen glatt (geringer Druckverlust), geringe Staubablagerung, gut reinigbar, dauerbeständig, nicht hygroskopisch, nicht brennbar (DIN 4102, Tl. 6), korrosionsbeständig, geringes Gewicht, luftdicht (zulässiger Leckluftstrom nach DIN V 24194, Tl. 2). Eine Übersicht über die gebräuchlichsten L.-Ausführungen ist in Tabelle 1 zusammengestellt.

Für die Bemessung der Zu-L. (Verteilleitung) ist die auf die Volumenstromverteilung abzustellende Geschwindigkeitsabstufung und der Leitungsnetzwiderstand (Druckverluste durch Rohrreibung und Einzelwiderstände) bestimmend. Die Rohrreibungszahl liegt im Übergangsbereich (nach *Colebrook*) zwischen den Grenzkurven für das hydraulisch glatte und rauhe Rohr (Bild). Für die verschiedenen Leitungsmaterialien mit unterschiedlichen

Luftleitung. Tabelle 1: Übersicht über die wichtigsten Luftleitungsausführungen.

Material	verzinktes Stahlblech		Faserzement*) (Plattenkanäle)	Rabitz	Mauerwerk und Beton	Kunststoff
Querschnittsform	rund, viereckig	rund	rechteckig, quadratisch	jede Form möglich	rechteckig, quadratisch	rund, viereckig
Längsnähte	geschweißt oder gefalzt	Wickelfalzrohr nach DIN 24 145	Blechwinkel genietet	Gips oder Spezialmörtel auf Netz aus Streckmetall oder Drahtgeflecht (Drahtputz), innen Glattstrich	Innenflächen verfugt, verputzt, gestrichen oder gefliest	PVC: Heißluft-Schweißen und Kleben PE: Spiegelschweißen PP: Kleben
Verbindungen	gebördelt, lose Flansche, Winkelstahl Temperaturbeständigkeit nur 60–80 °C	Muffen oder Steckverbindung-Dichtung durch Klebeband, Schrumpfmanchette, Flansche mit Spannschelle	Muffen oder Manchetten mit Dichtungsmasse, Winkelstahl, Blechschieber			
Rauhigkeit in mm	0,15		0,15	1,5–2	Beton 0,5 (glatt), 1–3 (rauh), Mauerwerk 3–5 (rauh)	0,015

Luftleitung. Noch Tabelle 1: Übersicht über die wichtigsten Luftleitungsausführungen.

Material	verzinktes Stahlblech	Faserzement*) (Plattenkanäle)	Rabitz	Mauerwerk und Beton	Kunststoff
Verhältnis R / R_0 bei $R_0 =$ 2–20 Pa/m (R_0 Druckverlust in hydraulisch glatter Luftleitung)	1,2 / 1,4	1,2 / 1,4	2 / 2,6	1,5 / 1,8 1,7–2,3/2,1–3 2,3–2,7/3–3,5	1,02 / 1,04
Wärmeleitzahl in $W/m \cdot K$	40–50	0,35–0,45	1,4	0,7–2	0,15–0,20
Korrosionsbeständigkeit	relativ gut	gut, nur bedingt säurefest	gering	gut bei Innenflächen mit säurebeständigen Fliesen oder Anstrich	sehr gut gegen fast alle aggressiven Gase und Dämpfe
Brandschutz (DIN 4102)	nicht brennbar	nicht brennbar, feuerhemmend möglich**)	nicht brennbar	nicht brennbar, feuerhemmend	schwer entflammbar
Befestigung	Aufhängung mittels Rohrschellen oder Flach- und Winkelstahlkonstruktionen	Aufhängung mittels Flach- und Winkelstahlkonstruktionen	Drahtverspannung	feste Verbindung mit Gebäude	lose aufliegend auf Hängekonstruktionen (Wärmeausdehnung)
Vorteile, Nachteile, Anwendung	geringes Gewicht, leichte Montage, sehr stabil, individuelle Anfertigung möglich, am meisten gebräuchlich	hohes Gewicht, aufwendige Montage, leicht zerbrechlich, bessere Wärmedämmung	aufwendige Montage, stoß- und schlagempfindlich, seltene Anwendung	gute Stabilität, vorzugsweise Anwendung für große Querschnitte (Bodenleitungen, Schächte)	geringes Gewicht, leichte Montage, bei Kälte Bruchgefahr, Temperaturbeständigkeit nur 60–80°C, teuer, Anwendung vor allem bei Laborgebäuden u. ä.

*) früher auch aus Asbestzement, das jedoch als karzinogener Gefahrstoff nicht mehr verarbeitet werden darf
**) bei Silicatplattenausführung (Feuerwiderstandsklassen L 30/90)

Rauhigkeiten (Tabelle 1) lassen sich die bezogenen Druckverluste R je Meter Leitungslänge in Pa/m mit Hilfe von auf das hydraulisch glatte Rohr bezogenen Korrekturfaktoren bestimmen. Für die Berechnung der Leitungsquerschnitte werden hauptsächlich 3 Verfahren angewendet (Tabelle 2).

Höhere Wärme- und Kälteverluste sind durch Dämmung der Luftleitungen zu beschränken. Störende Schalldruckausbreitungen und -übertragungen (Ventilatorgeräusche) sind durch geeignete Schalldämpf- und -dämmaßnahmen im Leitungsnetz auszuschließen. *K. G. Müller*

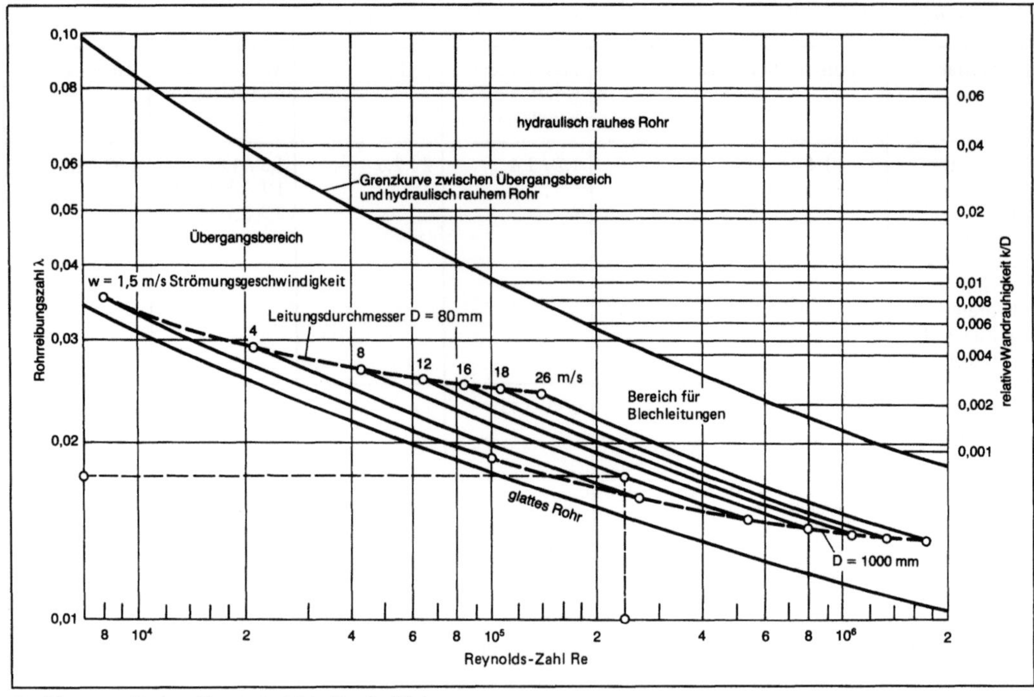

Luftleitung: Rohrreibungszahl λ für Luftleitungen.

Beispiel: D = 450 mm, W = 8 m/s, Re = 2,4·10⁵, λ = 0,0176

Literatur: DIN 4102. Tl. 6: Brandverhalten von Baustoffen und Bauteilen; Lüftungsleitungen; Begriffe, Anforderungen und Prüfungen. Hrsg. Dt. Inst. für Normung. Ausg. Sept. 1977. – DIN V 24194. Tl. 2: Kanalbauteile für lufttechnische Anlagen; Dichtheit. Hrsg. Dt. Inst. für Normung. Ausg. Nov. 1985. – *Colebrook, C. F.:* Turbulent Flow in Pipes, with Particular Reference to the Transition Region between the Smooth and Rough Pipe Laws. J. of the Inst. Civ. Eng. (London) 11 (1938/39), S. 133/56. – *Fitzner, K.:* Rechenprogramm für Zuluftkanäle von Klima-Konvektoren. Heiz. – Lüft. – Haustechn. 22 (1971) Nr. 5, S. 173/76. – *Laux, H.:* Kanalnetzberechnung für Hochdruck-Klimaanlagen Gesundh.-Ing. 88 (1967) Nr. 1, S. 1/13. – *Müller, K. G.:* Vereinfachtes Verteilgesetz zur Luftleitungsberechnung. Gesundh.-Ing. 109 (1988) Nr. 1, S. 1/14. – *Rötscher, H.:* Einfaches Diagramm zur Rohrnetzberechnung unter Berücksichtigung von Rohrrauhigkeiten. Gesundh.-Ing. 85 (1964) Nr. 4, S. 107/12. – *Turecamo, J.:* Select the Right Pressure Drop (Die Wahl des richtigen Druckgefälles). Heating-Piping-Airconditioning 28 (1956) Nr. 4, S. 110/12. – VDI 2081: Geräuscherzeugung und Lärmminderung in Raumlufttechnischen Anlagen. Hrsg. Verein Dt. Ing. Ausg. März 1980.

Luftrate (Außenluftrate). In Aufenthalts- und Versammlungsräumen ist der zur →Lufterneuerung einzuführende Außenluftstrom von der Personenzahl abhängig. Für die Belastung der Raumluft durch Humanausdünstungen wird nach *Pettenkofer* (bedeutender deutscher Hygieniker 1818 bis 1901) der CO_2-Gehalt der Luft als Vergleichsmaßstab herangezogen. Um Geruchsbelästigungen zu ver-

meiden, soll ein oberer Grenzwert von 0,15 % Volumenanteil (1500 ppm) nicht überschritten werden (Pettenkofer-Wert). Empfohlen werden 0,10 % Volumenanteil (1000 ppm). Gesundheitsschädliche Auswirkungen treten erst bei CO_2-Gehalten in der Luft von mehr als 2,5 % Volumenanteil auf (Atmungsbeschleunigung). Der zulässige MAK-Wert

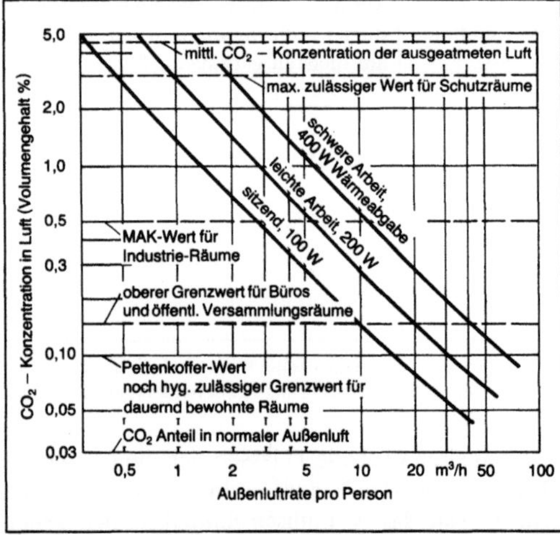

Luftrate (Außenluftrate): Außenluftrate als Funktion der CO_2-Konzentration und der Wärmeabgabe des Menschen.

Luftleitung. Tabelle 2: Bemessungsverfahren für Zuluftverteilleitungen.

allgemein		
Wahl der Luftgeschwindigkeit w_{max} im Leitungsbeginn (hinter dem Ventilator) und damit Bemessung des Anfangsquerschnitts $F_{max} = \dot{V}_{max} / w_{max}$		
Bemessungsbedingungen	Ergebnisse	Durchführung
Verfahren konstanten Druckgefälles		
mit dem bezogenen Druckverlust (je m Leitung) des Anfangsquerschnitts R_{max} wird die Verteilleitung abgestuft	Abnahme des statischen Drucks entlang der Verteilleitung, so daß an den Abzweigstellen, im Anfangsbereich starke Drosselungen vorgenommen werden müssen	einfache Berechnungsdurchführung; Näherungsgleichung für die Querschnittsbestimmung für Stahlblechleitungen nach *Turecamo* : $w/w_{max} = (\dot{V}/\dot{V}_{max})^{0,76}$
Verfahren des statischen Druckrückgewinns		
Abstufung der Verteilleitung so, daß der Druckverlust Δp_W in jeder Teilstrecke (Leitungsquerschnitt ohne Volumenstromänderung) durch die dynamische Druckänderung $\Delta w^2 L/2$, dem statischen Druckrückgewinn, infolge der vorangegangenen Volumenstromabzweigung gedeckt wird: $\Delta w^2 \cdot \underline{L}/2 = \Delta p_W$	an allen Abzweigen herrscht der gleiche statische Druck; somit Erreichen der vorgegebenen Volumenstromverteilung ohne Drosselung möglich, solange die Druckverhältnisse im Abzweigkanal nicht durch die Druckverhältnisse im Verteilkanal beeinflußt werden; dies ist nur bei Verwenden scharfkantiger, rechtwinkliger Abzweige der Fall	aufwendigere rekursive Bemessung jeder Teilstrecke nach vorheriger Querschnittsannahme *) und nachfolgender Überprüfung mit der Verteilungsbedingung auf Übereinstimmung. Wesentliche Vereinfachung mit dem Näherungs-Verteilgesetz $D = K \cdot w_0^{-n} \cdot \dot{V}^m$ für Stahlblechleitungen, mit dem der Durchmesser D jeder Teilstrecke rekursiv direkt berechnet werden kann
Verfahren gleicher Gesamtdruckverluste		
Abstufung der Verteilleitung so, daß der gesamte Druckverlust einer Abzweigleitung Δp_{A1} **) dem Druckverlust der nachfolgenden Abzweigleitung Δp_{A2} **) und der dazwischenliegenden Verteilleitungs-Teilstrecke $\Delta p_{W\overline{12}}$ entspricht: $\Delta p_{A1} = \Delta p_{W\overline{12}} + \Delta p_{A2}$	gleichmäßige Gesamtdruckverteilung im Gesamtleitungsnetz; somit Erreichen der vorgegebenen Volumenstromverteilung ohne Drosselung möglich, unabhängig von der Abzweigausführung (schief oder rechtwinklig)	die Rekursionsformel zur Querschnittsbestimmung der Verteilleitungsquerschnitte ist komplex; die Berechnung ist praktisch nur mit DV-Anwendung durchführbar

*) Die Auflösung der Verteilungsbedingung nach dem gesuchten Leitungsdurchmesser D ist in geschlossener Form nicht möglich, da derselbe auch implizit noch in der Gleichung für die Rohrreibungszahl λ der Leitungsteilstrecke enthalten ist.

**) einschl. Gesamtdruckverlust am Luftauslaß

für Industrieräume (Einwirkungsdauer 8 h) liegt bei 0,5 % Volumenanteil (5 000 ppm). Bei einem stündlichen Atemluftbedarf eines Erwachsenen von ca. 5 m³/h (sitzende Tätigkeit), einem zugehörigen CO_2-Gehalt von 4 % sowie einem Volumenanteil von 0,03 % in normaler Außenluft beträgt die auf den empfohlenen oberen Grenzwert bezogene L. je Person: $\dot{V} = 28{,}6$ m³/h (bezogen auf den Pettenkofer-Wert: 16,7 m³/h). Mit zunehmender körperlicher Tätigkeit steigt der Atemluftbedarf und damit die L. bis um das 4- bis 5fache an (Bild). Die im Neuentwurf der DIN 1946, Tl. 2, empfohlenen L. (personenbezogene Mindest-Außenluftströme) liegen zwischen 20 m³/h (Versammlungs-, Verkaufsraum) und 60 m³/h (Großraumbüro) zuzüglich 20 m³/h bei weiteren Verunreinigungsquellen (z. B. Tabakrauch).

Das Vorhandensein zahlreicher weiterer, im einzelnen nicht erfaßbarer Luftverunreinigungsquellen im Bereich der Baumaterialien und Lüftungsanlagen moderner Gebäude hat dazu geführt, daß die bisher ausschließlich auf die menschlichen Geruchsstoffe bezogene Außenluftstrombemessung nicht immer beibehalten werden kann. Von *Fanger* wird vorgeschlagen, als Maßstab für die Außenluftstrombemessung prinzipiell den menschlichen Geruchsanfall beizubehalten, jedoch erfaßt durch die psychophysisch bestimmte Einheit *olf* – 1 olf ist der Verunreinigungsanfall (Geruch) eines Menschen bei sitzender Tätigkeit mit den Standardeigenschaften: 18 m² Hautoberfläche, 0,7mal geduscht je Tag, täglich frische Wäsche – und die Intensität der anderen Geruchsquellen (z. B. Tabakrauch, Teppichböden usw.) hierauf zu beziehen. Die menschliche Geruchsquelle 1 olf (1000 Testpersonen) wurde von einem Prüferkreis (168 Personen) subjektiv bei einer L. von 10 l/s (gleichmäßige Verunreinigungsverteilung in der Raumluft) bewertet. Durch die weitere vorgeschlagene Einheit dezipol wird die durch 1 olf ausgelöste Geruchsempfindung bei einer L. von 10 l/s bei gleichmäßiger Verunreinigungsverteilung (Beharrungszustand) erfaßt (Tabelle 1). Zwischen der L. und den beiden neuen Einheiten besteht die Beziehung: →Luftrate = 1 olf / 1 dezipol = 10 l/s (0,1 olf = 1 dezipol).

Luftrate (Außenluftrate). Tabelle 1: Untersuchungsergebnisse zu der durch 1 olf ausgelösten Luftqualitätsempfindung.

unzufriedene Personen *)	10 %	20 %	30 %
Luftrate l/s	4	7	15
empfundene Luftqualität dezipol	hoch 0,7	mittel 1,4	niedrig 2,5

*) beim Betreten des Raums

In Büroräumen sind Olf-Bestimmungen für typische Verunreinigungsquellen durchgeführt worden (Tabelle 2). Hierbei wurde festgestellt, daß teilweise nur bis zu 13 % der Luftverunreinigungen durch Humanausdünstungen verursacht werden. Die empfundene Qualität der Außenluft liegt in Städten zwischen 0,1 und 0,5 dezipol. *K. G. Müller*

Literatur: DIN 1946. Tl. 2: Raumlufttechnik; Gesundheitstechnische Anforderungen (VDI-Lüftungsregeln). Hrsg. Dt. Inst. für Normung. Entw. Ausg. Aug. 1991. – *Fanger, P. O.:* Qualität der Raumluft. Olf und Dezipol, Menschen die Luftqualität wahrnehmen. Haustechn. Rdsch. 89 (1990) Nr. 6, S. 240/3. –

Luftrate (Außenluftrate) Tabelle 2: Quellstärken in Büroräumen.

Quellenart	Quellstärke
sitzende Person, Aktivitätsstufe I (100 W)	1 olf
sitzende Person, Aktivitätsstufe III (200 W)	2 olf
aktive Person (schwere Arbeit, 400 W)	5 olf
Raucher beim Rauchen/im Durchschnitt	25/6 olf*)
Baumaterialien, Lüftungssysteme (im Durchschnitt)	0,4 olf /m²

*) Luftrate für einen Raucher (Durchschnittswert) bei mittlerer Luftqualität $\dot{V} = \dfrac{10 \cdot 6}{(1{,}4 - 0{,}1)} = 46$ l/s

Fanger, P. O., J. Lauridsen, P. Bluyssen, G. Clausen: Air pollution sources in offices and assembly halls, quantified by the olf unit. Energy and Buildings 12 (1988) Nr. 1, S. 7/19. – Maximale Arbeitsplatzkonzentrationen und biologische Arbeitstoleranzwerte. Dt. Forschungsgemeinschaft. Weinheim (jährliche Neuausgabe). – *v. Pettenkofer, M.:* Über den Luftwechsel in Wohngebäuden. München 1858.

Luftschraube. Element des Flugzeugantriebs. Zwei oder mehr tragflügelförmige L.-Blätter rotieren um die L.-Achse. An ihnen werden durch die aus Flug- und Umlaufgeschwindigkeit resultierende Strömung Kräfte wie an einer Tragfläche erzeugt.

Die L. beschleunigt die sie durchströmende Luftmasse, erteilt ihr also einen Impulszuwachs, der als Schub wirkt. Diese Vorstellung führt zur Strahltheorie, die die Schubkraft einer L. in einfachster Weise zu ermitteln gestattet. Die Strahltheorie bietet jedoch keine Grundlage für die Konstruktion einer L., da mit ihr weder Blattform noch Blattprofilierung oder Steigungsverteilung bestimmt werden können. Hierfür ist eine Theorie zweckmäßig, bei der die Blätter in einzelne Elemente zerlegt betrachtet werden. Anströmrichtung und Anströmgeschwindigkeit eines Blattelements ergeben sich entsprechend Bild 1 aus der Resultierenden R von

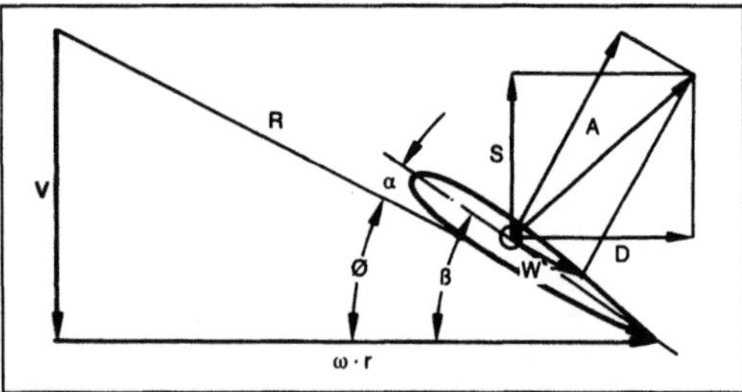

Luftschraube 1: Geschwindigkeitsdiagramm am Luftschraubenelement.

Vorwärtsgeschwindigkeit v des Flugzeugs und der Umfanggeschwindigkeit $\omega \cdot r$ des betreffenden Elements. Aus der so mit dem L.-Radius nach außen sich ändernden Anströmrichtung Φ und dem entsprechend Profilmessungen und entsprechend der gewünschten Schubverteilung gewählten aerodynamischen Anstellwinkel α ergibt sich der jeweilige Einstellwinkel β der einzelnen Blattelemente.

Die Anströmung des L.-Blatts erzeugt Auftrieb und Widerstand wie an einem Tragflügel. Die Resultierende dieser beiden Kräfte kann wiederum in eine Komponente in Richtung der L.-Achse, den Schub S, und eine Komponente senkrecht dazu, die Drehkraft D, zerlegt werden. Das mit D am Radius r erzeugte, gegen die Drehung wirkende Drehmoment muß durch das Triebwerk überwunden werden.

Der bei der Auslegung einer L. zugrunde gelegte Flugweg bei einer Umdrehung, ihre Steigung, ist für alle Blattelemente gleich. Diese bildet mit der Drehebene den von außen nach innen zunehmenden Steigungswinkel. Die Anblasgeschwindigkeit nimmt dagegen von außen nach innen ab. Um dem resultierenden Abfall der Luftkraft zu begegnen, erhalten die inneren Blattelemente einen erhöhten Einstellwinkel. Es ist aber nicht möglich, die Luftkraftdifferenz ganz auszugleichen.

Die Schubkraft steigt von der Blattspitze, wo sie offensichtlich gleich null sein muß, steil zu einem Maximum bei ungefähr 75 % des Halbmessers, um von da parabelförmig auf null in der Mitte abzufallen. Die Annahme eines in 75 % des Halbmessers konzentrierten Blatts mit den dortigen Geschwindigkeiten hat sich für Rechnungen gut bewährt.

Der Wirkungsgrad einer L., d. h. seine Fähigkeit, die Triebwerksleistung in Schub umzuwandeln, geht in die Flugleistungen in demselben Maße ein wie der Wirkungsgrad des Triebwerks selbst, d. h. dessen Fähigkeit, thermische Energie in mechanische Leistung umzusetzen. Der L.-Wirkungsgrad ist das Verhältnis von Nutzleistung (das Produkt von Schub mal Fluggeschwindigkeit) zur mechanischen Triebwerksleistung N, also:

$$\eta = \frac{S \cdot v}{N}.$$

Die durchschnittlichen L.-Wirkungsgrade liegen je nach Betriebszustand in den Hauptarbeitsgebieten der Flugzeuge zwischen 75 und 85 %. Der Betriebszustand, d. h. Fluggeschwindigkeit und L.-Drehzahl haben nämlich insofern einen Einfluß auf die aerodynamischen Kräfte, als – wie man leicht aus Bild 1 ersehen kann – bei zunehmender Fluggeschwindigkeit v der Winkel Φ größer und damit der Anstellwinkel α kleiner wird und umgekehrt. Der Anstellwinkel kann sich dadurch nach oben oder nach unten aus dem aerodynamisch günstigen Gebiet entfernen. Es ist dies der Hauptnachteil der festen L.

Einen Ausweg bieten die Verstell-L., bei denen das Blatt um den in Bild 1 angedeuteten Mittelpunkt gedreht, der Blattwinkel also verändert werden kann.

Die Verstellung, elektrisch oder hydraulisch, erfolgt entweder auf Kommando des Flugzeugführers oder automatisch über einen Drehzahlregler.

Die hohen Geschwindigkeiten moderner Propellerflugzeuge bei annehmbaren Start- und Steigleistungen oder umgekehrt sind erst mit dem Verstellpropeller möglich geworden.

Der Kompressibilitätseinfluß, der bei hohen Mach-Zahlen fühlbar wird ($\rightarrow$ Aerodynamik) und zunächst an den Blattspitzen in Erscheinung tritt, erhöht den Widerstand des Propellerblatts ohne eine Vergrößerung des Schubs, erzeugt also einen Abfall des Wirkungsgrads. Deshalb müssen die Umfanggeschwindigkeiten unter rd. 300 m/s begrenzt bleiben und um so weniger, je höher die geforderte Fluggeschwindigkeit ist. Beim gegenwärtigen Stand der Technik ist diese durch eine Flugmach-Zahl von etwa 0,65 begrenzt.

Um höhere Fluggeschwindigkeiten zu erzielen, wird versucht, am L.-Blatt ebenso wie am Tragflügel die Vorteile der Pfeilung auszunützen. Mit Rücksicht auf die Biege-, Verdreh- und Fliehkräfte auf Blatt und Nabe ergeben sich L. mit vielen spiralig gewundenen Blättern mit nach außen zunehmendem Pfeilwinkel. Sie befinden sich gegenwärtig in verschiedenen Ausführungen im Versuchsstadium (Bild 2).

Luftschraube 2: Luftschraube mit gepfeilten Blättern.

Bei Verstellung der L.-Blätter auf negative Winkel kann die Kraftrichtung umgekehrt werden. Es wird dies zur Verkürzung des Auslaufs bei der Landung benützt.

L. werden bis zu Wellenleistungen von 3 500 bis 4 000 kW und Durchmessern bis zu 5 m und mehr gebaut. Die größte bisher bekannt gewordene besteht aus zwei hintereinander angeordneten gegenläufigen vierflügligen Einheiten von 5,6 m Dmr. für eine Gesamtstartleistung von 11 000 kW.

Als Werkstoff diente bis in die 20er Jahre fast ausschließlich Holz, meist Mahagoni und Esche in Lagen verleimt (Bild 3).

Luftschraube 3: Herstellung von Holzluftschrauben.

Mit Einführung der Verstell-L. wurde Leichtmetall für die Blätter und Stahl für die Nabe einschl. des Verstellmechanismus gewählt. Bei großen Einheiten wird heute auch oft Stahl für die (hohlen) Blätter gewählt. Für feste und Verstell-L. kleiner Leistungen bis etwa 450 kW wird immer noch Holz als Baustoff für die Blätter verwendet, die in einem Metallfuß gefaßt sind (Bild 4 und 5).

Wegen der hohen Spitzengeschwindigkeiten und des in bezug auf den Beobachter wechselnden Druckfelds erzeugen L. ein bedeutendes Schallfeld mit höchster Intensität in der L.-Ebene, das bei der bisher üblichen Anordnung zu starker Lärmbelästigung im Passagierraum führt. Es hat dies erheblich

Luftschraube 4: Holzluftschraube.

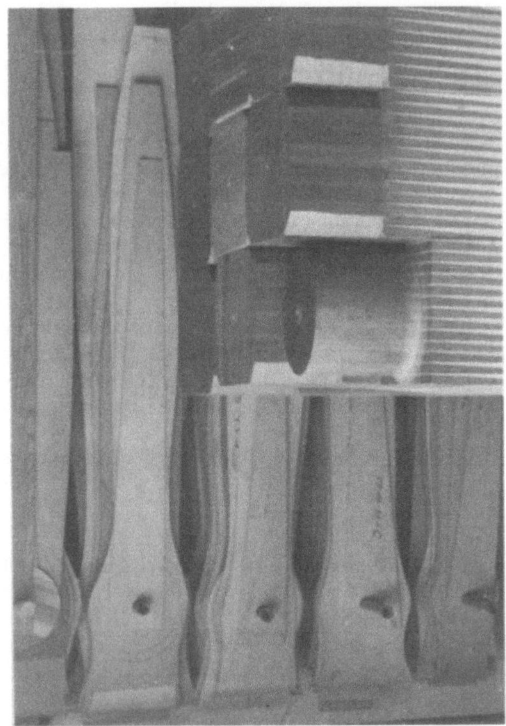

Luftschraube 5: Metallverstell-Luftschraube.

zur Bevorzugung des Strahlantriebs für Verkehrsflugzeuge beigetragen. Für die geplanten neuen L. für schnelle Verkehrsflugzeuge (Bild 6) sind deshalb Anordnungen hinter oder neben dem Rumpfheck in Vorbereitung. *Kosin*

Luftschraube 6: Turbinentriebwerk mit gegenläufiger Luftschraube.

Luftspalt. Spalt zwischen der Innenfläche des Ständers und der Oberfläche des Läufers einer elektrischen Maschine. Der L. verursacht eine Unterbrechung im ferromagnetischen Teil des magnetischen Kreises der Maschine. Er wird bei Gleichstrom- und Synchronmaschinen durch ein möglichst optimales Verhältnis zwischen L.-Feld und Feldverzerrung, bei Asynchronmaschinen durch den Magnetisierungsstrom und die Forderung nach einem günstigen Leistungsfaktor bestimmt.

L.-Feld ist der Teil des von den stromdurchflossenen Leitern im Ständer oder Läufer hervorgerufenen Feldes, der sich über dem L. schließt. *Rentzsch*

Lufttemperatur. Die Raum-L. ist die Leitkomponente für das vom menschlichen Organismus mit der Umgebung angestrebte thermische Gleichgewicht. Die durch exotherme Verbrennung der Nahrung freigesetzte embolische Körperwärme (Stoffwechselwärme) beträgt bei ruhender, unbekleideter, nüchterner erwachsener Person ca. 58 W/m². Dies entspricht bei einer mittleren Körperoberfläche von 1,7 m² einem Wärmestrom von 100 W (im angelsächsischen Schrifttum gebräuchliche Einheit: 1 met).

Die Wärmeproduktion erhöht sich, wenn die Person Arbeit verrichtet um den Arbeitsenergieumsatz (Tabelle 1). Die Regulierung der Wärmeabgabe erfolgt durch Veränderung der Hautdurchblutung (Vasomotorik) und Auslösung der Grenzfunktionen Schweißabsonderung (Verdunstungskühlung) bei Wärmestau und Kältezittern (Gänsehaut) bei Abkühlung. Die in relativ engen Grenzen – obere lebensbedrohende Grenze (Hyperthermie) 42 °C,

Lufttemperatur. Tabelle 1: Wärmeabgabe des Menschen in Abhängigkeit von der Tätigkeit.

Tätigkeit	Aktivitätsstufe *)	Wärmeabgabe je Person **)	
		W/m²	met
sitzende Tätigkeit (lesen, schreiben)	I+)	58	1,0 (ca. 100 W)
leichte Tätigkeit im Stehen (Lehrtätigkeit, Maschinenschreiben)	II	87	1,5 (ca. 150 W)
mäßig schwere körperliche Tätigkeit (Arbeit im Stehen, Maschinenarbeit)	III	116	2,0 (ca. 200 W)
schwere körperliche Tätigkeit (schwere Arbeit im Stehen, Maschinenarbeit)	IV	145	2,5 (ca. 250 W)

*) entspricht dem Arbeitsenergieumsatz (AU) nach DIN 33 403, Tl. 3
**) Wärmeabgabe durch Strahlung und Konvektion bei einer Raumtemperatur von 22 °C
+) die Aktivitätsstufe I entspricht 1 met

untere Grenze (Hypothermie) 30 °C – vorzunehmende Wärmestromregelung erfolgt durch ein Wärmezentrum (Hypothalamus) im Stammhirn, dem durch den Blutstrom und temperaturempfindliche Nervenzellen die Körpertemperatur (Regelgröße) angezeigt wird.

Bezüglich der wärmephysiologischen Empfindung des Raumklimas durch den Menschen ist zwischen dem

□ Behaglichkeitsbereich (Begriff Behaglichkeit 1896 durch den Hygieniker *M. Rubner* eingeführt) und dem

□ Erträglichkeitsbereich (Dauerexpositionsgrenzen)

zu unterscheiden.

Thermische Behaglichkeit ist gegeben, wenn die Person mit der Temperatur, Feuchte (→Luftfeuchtigkeit) und Luftbewegung (Luftströmungsgeschwindigkeit) ihrer Umgebung zufrieden ist. Hierbei besteht ein Wärmegleichgewicht zwischen der durch Thermorezeptoren unmittelbar unter der Hautoberfläche (unterschiedliche Belegungsdichte) und im Stammhirn wahrgenommenen Kern- und Hauttemperatur.

Bis zu einem bestimmten Grenzbereich ist der menschliche Körper in der Lage, sich dem Umweltklima so anzupassen (akklimatisieren), daß seine Wärmebilanz auch außerhalb der Behaglichkeitszone ausgeglichen bleibt. Bis zum Erreichen der Erträglichkeitsgrenze wird zwar die Leistungsfähigkeit der Person durch vermehrte Schweißabgabe (maximal zulässig 500 g/h) und erhöhte Beanspruchung des Herz-Kreislauf-Systems gemindert, was jedoch zeitlich begrenzt (8 h/d) ohne gesundheitliche Beeinträchtigungen toleriert werden kann (Grenzbereich für Dauerexposition).

Neben der Tätigkeit (Arbeitsenergieumsatz) werden der Behaglichkeitsbereich sowie die Erträglichkeitsgrenzen durch den Wärmeleitwiderstand der Bekleidung, der zwischen 0 (nackt) und 0,45 m² K/W bzw. ca. 3 clo (Polarkleidung) schwanken kann (Tabelle 2), beeinflußt.

Für die Behaglichkeit ist die Raumtemperatur bzw. Norm-Innentemperatur (operative Temperatur) bestimmend, die durch das Zusammenwirken der Raum-L., der mittleren Oberflächentemperatur der Umschließungsflächen und dem Strahlungsverhalten evtl. vorhandener statischer Heizflächen (Heizkörper, Fußbodenheizung) gebildet wird. Weichen diese Temperaturen nur geringfügig voneinander ab (um ca. 2–3 K), so entspricht die Raumtemperatur etwa dem Mittelwert aus der L., der mittleren Temperatur der Umschließungsflächen und den Strahlungstemperaturen. Bei unterschiedlicherer Oberflächentemperaturen sind für die Berechnung die Flächenanteile mit den Einstrahlzahlen zu wichten. Bei Anwendung statischer Heizflächen kann die Raumtemperatur in Abhän-

Lufttemperatur. Tabelle 2: Wärmeschutz der Bekleidung.

Bekleidung	Wärmeleit-widerstand	
	m² K/W	clo *)
ohne Kleidung	0	0
leichte Sommerkleidung (kurze Hose)	0,08	0,5
mittlere Kleidung (leichter Straßenanzug)	0,16	1,0
warme Kleidung (fester Straßenanzug mit Pullover oder Weste, lange Unterwäsche)	0,24	1,5
Winteraußenkleidung (mit Mantel)	0,30	2,0
leichte Arbeitskleidung (Hemd, lange Hose)	0,09	0,6
normale Arbeitskleidung (lange Unterwäsche)	0,14	0,9
schwere Arbeitskleidung	0,20	1,3
Reinraumkleidung (Kopfhaube mit Mundschutz)	0,24	1,5

*) 1 clo = 0,155 m² K/W)

gigkeit von normierten Kennzahlen (Krischerzahl: Verhältnis Strahlungswärmeabgabe/Transmissionswärmebedarf) mit 3 Diagrammen (Heizkörper, Fußboden-, Deckenheizung) vorausberechnet werden.

Bei leichter Tätigkeit und mittlerer bis leichter Bekleidung liegen die behaglichen Raumtemperaturen je nach Außentemperatur zwischen 22–26 °C (Bild 1). Bei höheren Arbeitsenergieumsätzen verringern sich dieselben auf 17–22 °C (Aktivitäts-

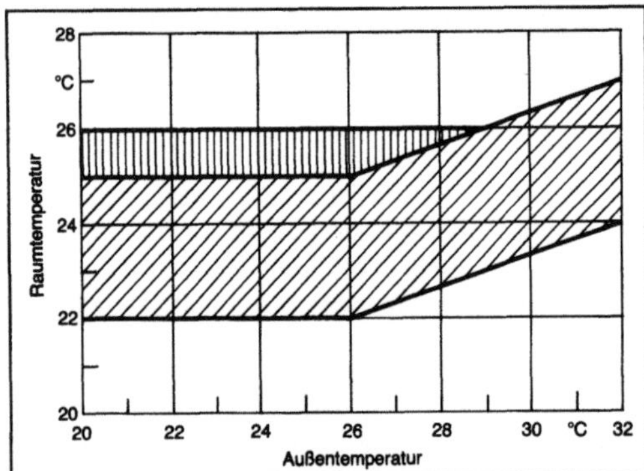

Lufttemperatur 1: Bereich behaglicher Raumtemperaturen für Aktivitätsstufen I und II und mittlerer bis leichter Bekleidung I.

Der schraffierte Bereich zwischen 25 und 26 °C ist nur kurzfristig, etwa für 10 % der Aufenthaltszeit, zulässig

stufe III) bzw. 16–21 °C (Aktivitätsstufe IV). Auch die Dauerexpositionsgrenzen für die Temperaturerträglichkeit sinken mit ansteigendem Arbeitsenergieumsatz und Wärmeleitwiderstand der Bekleidung (Bild 2). *K. G. Müller*

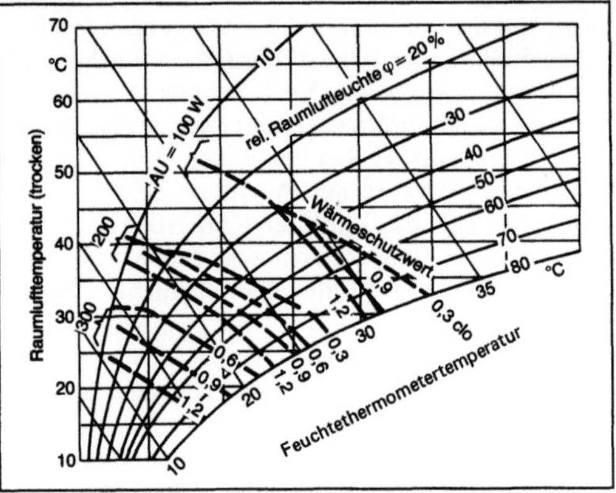

Lufttemperatur 2: Einfluß des Wärmeschutzes der Bekleidung auf die Dauerexpositionsgrenzbereiche bei verschiedenen Arbeitsenergieumsätzen nach DIN 33403, Tl. 3.

AU = 100, 200 und 300 W (bei Raumluftgeschwindigkeit 0,5 m/s)

Literatur: DIN 33403. Tl. 2: Klima am Arbeitsplatz und in der Arbeitsumgebung; Einfluß des Klimas auf den Menschen. Hrsg. Dt. Inst. für Normung. Ausg. Apr. 1984. – DIN/ISO 7730: Gemäßigtes Umgebungsklima. Ermittlung der PMV und des PPD und Beschreibung der Bedingungen für thermische Behaglichkeit. Hrsg. Dt. Inst. für Normung. Ausg. 1984. – DIN 1946. Tl. 2: Raumlufttechnik; Gesundheitstechnische Anforderungen (VDI-Lüftungsregeln). Hrsg. Dt. Inst. für Normung. Entw. Ausg. Aug. 1991. – DIN 33403. Tl. 3: Klima am Arbeitsplatz und in der Arbeitsumgebung; Beurteilung des Klimas im Erträglichkeitsbereich. Hrsg. Dt. Inst. für Normung. Ausg. Juni 1988. – DIN 4701, Tl. 1: Regeln für die Berechnung des Wärmebedarfs von Gebäuden. Hrsg. Dt. Inst. für Normung. Ausg. Febr. 1983. – *Esdorn, H.,* u. *P. Schmidt:* Zur Ermittlung der Raumlufttemperatur bei vorgegebener Norm-Innentemperatur. Heiz.-Lüft.-Haustechn. 31 (1980) Nr. 7, S. 235/43. – *Hensel, H.:* Thermoreception and human Comfort. INDOOR CLIMATE. Hrsg. Dan. Bldg. Res. Inst. Kopenhagen 1979, S. 425/40. – *Fanger, P. O.:* Thermal Comfort. Analysis and applifications in environmental engineering. Kopenhagen 1970.

Luftverhältnis →Verbrennungsluftverhältnis

Luftwäscher. Hauptbauarten der traditionsgemäß meist noch als L. bezeichneten zentralen Luftbehandlungseinheit sind der Sprüh- sowie der Rieselbefeuchter. Der L. ist bereits bei den ersten Klimaanlagen um die Jahrhundertwende eingesetzt worden. Diese Bezeichnung wird jedoch in der neuen Normungsterminologie nicht mehr verwendet. Sie wurde durch die Begriffe Sprüh- und Rieselbefeuchter ersetzt (DIN 1946, Tl. 1; Raumlufttechnik; Terminologie und graphische Symbole. Ausg. Okt. 1988). In beiden Geräten kommt der Zuluftstrom mit zerstäubtem oder verrieseltem Wasser in direkte Berührung, so daß eine Wärme- und Stoffübertragung stattfindet.

Im *Sprühbefeuchter* wird das Wasser durch Zerstäubungsdüsen (Austrittsöffnung 1,5–8 mm) in oder gegen Luftrichtung vernebelt (Tropfengrößen 120–260 μm bei 2,5–4,5 bar). Die Wäscher- oder Düsenkammer (Ausführung in verzinktem Stahlblech, Edelstahl oder Kunststoff, Länge 1,5–3 m) wird von der Luft horizontal mit 2–3 m/s, in Sonderfällen bis 7 m/s (Hochgeschwindigkeitswäscher) durchströmt. Das nicht vom Luftstrom aufgenommene Wasser (Zulauf über Schwimmerventil) wird in der darunterliegenden Wanne (Höhe 300 bis 500 mm) gesammelt und gemeinsam mit dem über ein Schwimmerventil zugespeisten Frischwasser durch die Pumpe den Düsen wieder zugeführt. Der Umwälzwasserstrom ist mit 0,3–1,5 kg je kg Luft bezogen auf den aufgenommenen Wasseranteil (ca. 1% des Umwälzstroms) sehr hoch. Der auf die Luftbefeuchtung bezogene ungünstige Aufwand wird durch die hiermit gekoppelte, in der Übergangszeit nutzbare Luftkühlung relativiert. Die Vergleichsrechnung ergibt, daß beim L.-Einsatz in bezug zur Elektro-Dampfbefeuchtung unabhängig vom Klimaanlagensystem (Niederdruck-, Induktions-, Zweikanalanlage mit und ohne Wärmerückgewinnung), 20–30% günstigere Betriebskostenergebnisse erreicht werden. Am Wäscheraustritt (Abstand zu den Düsen ca. 400 bis 1 000 mm) werden mitgerissene, nicht verdampfte Wassertropfen durch mehrfache Strömungsumlenkung in einem Tropfenabscheider zurückgehalten. Optimal ist die Gegenstromanordnung, da hierbei im Vergleich zur Gleichstromanordnung größere Relativgeschwindigkeiten zwischen Luft und Wassertropfen auftreten. Am Eintritt wird durch einen Gleichrichter (parallele Leitblechreihe) ebenfalls ein Wasseraustritt durch ungleiche Luftströmung (Rückströmung) ausgeschlossen (Bild 1).

Beim *Rieselbefeuchter* wird das Befeuchtungswasser durch Düsen über ein Kontaktkörperpaket aus Porzellan- oder Kunststoffteilchen (Füllkörper) verrieselt (Bild 2). Wasserzuführung über Pumpe (Wasserumwälzung mit Frischwasserzuspeisung) oder nur Frischwasserzuführung mit Durchflußkonstantregler. Tropfenabscheider sind hierbei bis Anströmgeschwindigkeiten <3 m/s (normal 2,5 m/s) nicht erforderlich. Vorteilhaft ist bei diesem System die geringe Baulänge (500–700 mm), die spezifisch geringe Wasserumwälzung (das 5- bis 10fache der Aufnahme) und Frischwasserzuspeisung (aufgenommene Wassermenge zuzüglich ca. 30–50%) sowie der niedrige Pumpendruck (0,5 bar).

Zur Einhaltung der Raumluftfeuchte wird die bisher meist angewendete Taupunktregelung (ener-

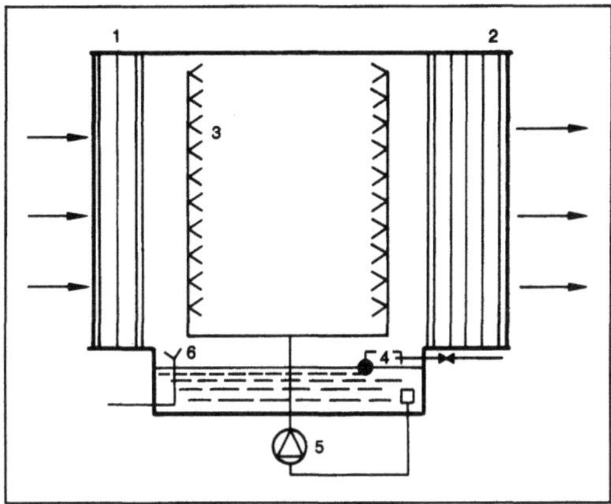

Luftwäscher 1: *Sprühbefeuchter.*

1 Gleichrichter, 2 Tropfenabscheider, 3 Düsenstock, 4 Schwimmerventil (Frischwasserzuspeisung), 5 Wäscherpumpe, 6 Überlauf

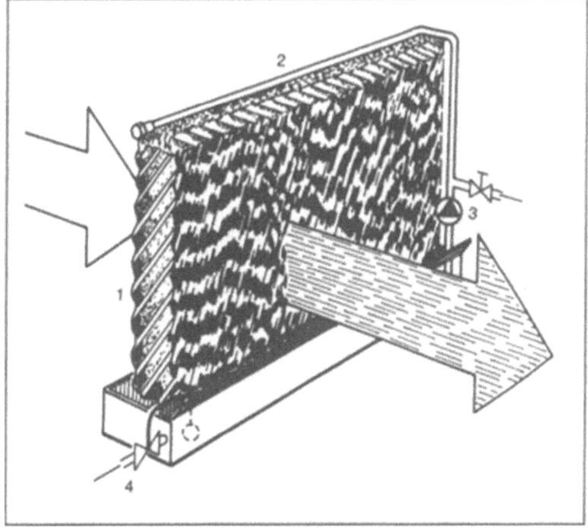

Luftwäscher 2: *Rieselbefeuchter.*

1 Füllkörper, 2 Frischwasserverteilung über Düsen, 3 Pumpe, 4 Schwimmerventil (Frischwasserzuspeisung)

gieaufwendige Regelung der Vorerwärmer- bzw. Kühlerleistung in Abhängigkeit von der →Lufttemperatur hinter dem Wäscher) durch Regelschaltungen mit Eingriff in die Befeuchtungsleistung wie die Variation des Düsendrucks (Drosselventil in der Druckleitung) oder die Drehzahländerung der Pumpe (Frequenzumformer) abgelöst. Zu erwartende Heiz- und Kühlenergieeinsparungen bei Drosselregelung mit Pumpenabschaltung bei Ventilschluß ca. 20%. Bei Pumpenregelung kann meist auf den Nacherwärmeeinbau verzichtet werden. Beim Rieselbefeuchter wird die Befeuchtungsleistung durch gestufte Variation der Ein- oder Ausschaltintervalle geregelt (Magnetventil in der Druckleitung).

Abgesehen von wenigen Sonderfällen wird der L. in Klimaanlagen zur adiabatischen Befeuchtung der

Luft (Zerstäubung von Umlaufwasser) eingesetzt. Durch Zuspeisen von erwärmtem oder gekühltem Befeuchtungswasser (Heiz- bzw. Kühlwäscher) können folgende Zustandsänderungen der Luft erreicht werden (Bild 3):

□ Kühlung und Entfeuchtung der Luft (Bedingung: $\vartheta_L > \vartheta_w < \tau$),

□ Kühlung und Befeuchtung der Luft ($\vartheta_L > \vartheta_w > \tau$; $\vartheta_w \lesssim \vartheta_f$),

□ Erwärmung und Befeuchtung der Luft ($\vartheta_L < \vartheta_w > \tau$; $\vartheta_w > \vartheta_f$).

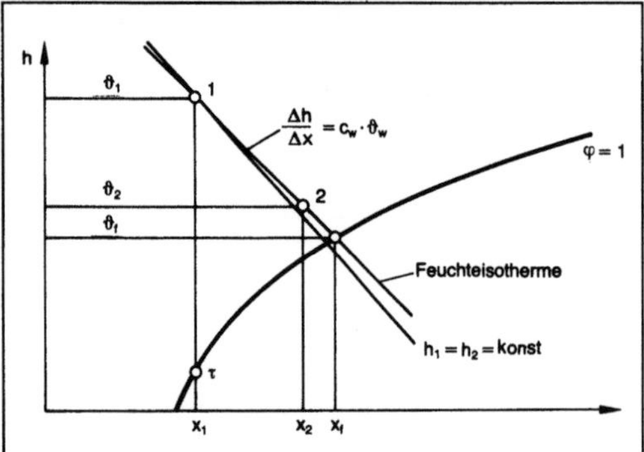

Luftwäscher 3: Zustandsänderung der adiabatischen Luftbefeuchtung im h, x-Diagramm.

Die Zustandsänderungen im h, x-Diagramm sind hierbei anfangs auf die Schnittpunkte der Wassereintrittstemperatur mit der Sättigungslinie ($\varphi = 1$) gerichtet und enden an den betreffenden Kühlgrenzen ϑ_f (gekrümmte Kurvenzüge). Da die Wassertemperatur ϑ_w oberhalb der Taupunkttemperatur der Luft τ liegt, wird die Luft bei diesem Prozeß befeuchtet und gekühlt (Bild 3). Die zur Verdunstung des aufgenommenen Sprühwassers Δx aufgenommene Wärme $\Delta x \cdot r$ spezifische Verdampfungswärme in kJ/kg) wird ausschließlich von der Luft geliefert. Die vom Luftstrom aufgenommene Wärme beträgt dann $\Delta x \cdot (r + c_w \cdot \vartheta_w)$, mit c_w als spezifischer Flüssigkeitswärme in kJ/kg und ϑ_w als Wassertemperatur. Die Enthalpieänderung Δh, der Luft ist dann:

$$\Delta h = \Delta x \cdot (r + c_w \cdot \vartheta_w) - \Delta x \cdot r = \Delta x \cdot c_w \cdot w.$$

Für die Richtung dieser adiabatischen Zustandsänderung im h, x-Diagramm ist somit der Randmaßstab $\Delta h / \Delta x = c_w \cdot \vartheta_w$ bestimmend. Die sich einstellende Wassertemperatur ϑ_w entspricht dann der tiefsten Feuchtkugeltemperatur ϑ_f, bis zu der das Wasser mit der betreffenden nicht gesättigten Luft abgekühlt werden kann (Kühlgrenze). Da die Feuchteisothermen $\vartheta_w = \vartheta_f = $ konst bei niedrigen Wassertemperaturen ziemlich parallel zu den Enthalpiegeraden h = konst verlaufen, kann für die Zustandsänderung ein Verlauf längs der Enthalpiegeraden h = konst ($h_1 = h_2$) gesetzt werden.

Die erreichbare absolute Luftfeuchte am Wäscheraustritt x_2 wird – bezogen auf den möglichen Maximalwert x_f bei Luftsättigung an der Kühlgrenze – durch den Befeuchtungsgrad η_f gekennzeichnet. Der Befeuchtungsgrad wird hauptsächlich durch die Wasser-Luft-Zahl (Verhältnis der versprühten Wassermasse $\dot{m}_W$ zur durchgesetzten Luftmasse $\dot{m}_L$), die Güte der Wasserzerstäubung (Bauart, Anzahl, Anordnung der Düsen, Druck) und die →Luftgeschwindigkeit beeinflußt. Bei modernen Sprühbefeuchtern werden Befeuchtungsgrade über 90 % bei Wasser-Luft-Zahlen von 0,5 bis 0,9 erreicht. Beim Rieselbefeuchter liegen die möglichen Werte bei 85–90 % (Wasser-Luft-Zahl ca. 0,07). Auf Grund von L.-Untersuchungen (Sprühbefeuchter) wurden Funktionen (sog. Wäscherformeln) der Form

$$\eta_f = 1 - \exp\left[- K \cdot (\dot{m}_W / \dot{m}_L)\right]$$

aufgestellt, wobei die Kennzahl K für die betreffende Ausführungsform empirisch zu bestimmen ist. Für $\dot{m}_W / \dot{m}_L > 0{,}2$ ist K konstant und liegt zwischen 2 und 8, bei $\dot{m}_W / \dot{m}_L < 0{,}2$ wird K größer. In einer neueren Arbeit wird ein allerdings noch experimentell zu bestätigendes Rechenmodell vorgestellt, das auf einen durch die Reynolds- und Schmidt-Zahl (Re, Sc) charakterisierten Stoffaustauschkoeffizienten abgestellt ist.

Die ursprüngliche, mit genutzte Reinigungsfunktion des Wäschers ist weitgehend von Filtern übernommen worden. Es wurde jedoch festgestellt, daß auch der Wäscher bei der Partikelminderung sowie Gasreduzierung (Entsorgung von Schwefeldioxid vollständig, von Stickoxiden zu 15–20 %, von Kohlenwasserstoffen merklich) einen wichtigen Beitrag leisten kann.

Wasserbehandlung. Durch die Wasserverdunstung steigt der Gehalt an Härtebildnern und Salzen im Umlaufwasser an. Um Steinbildung und Korrosion zu vermeiden, muß das Umlaufwasser abgeschlämmt, d. h. ein Teil desselben durch Frischwasser ersetzt werden. Insbesondere beim Einsatz von Aluminium (z. B. Lamellen) bilden sich bei Si O_2-Konzentrationen über 10–20 g/m^2 steinharte Beläge. Für die Frischwasserzuspeisung ist die Eindickung EZ, d. h. das Verhältnis der Leitfähigkeit im Umlauf- und Zusatzwasser (EZ 2–4) bestimmend. Die Abschlämmung wird am zweckmäßigsten automatisch in Abhängigkeit von der Leitfähigkeit im Umlaufwasser (<100 ms/m) vorgenommen. Richtwerte für die Beschaffenheit des Sprühwassers zeigt die Richtlinie VDI 3803 (Tabelle).

Bei normalen Klimaanlagen reicht der Einsatz von normalem Trinkwasser meist aus. Bei EDV-Räumen muß wegen der besonderen Anforderungen an die Staubfreiheit der Luft mit vollentsalztem Wasser gearbeitet werden. Beim Einsatz von enthärtetem, entcarboniertem oder vollentsalztem

Luftwäscher. Tabelle: Richtwerte für Anforderungen an das Wäscher-Umlaufwasser).*

Beschaffenheit		Normal-Klima-anforderungen	Datenverarbei-tungsbereiche	Kranken-, Steril- und Reinräume
pH-Wert		7–8,5	7–8,5	7–8,5
Gesamtsalzgehalt	g/m^3	< 800	< 250	< 100
elektr. Leitfähigkeit	mS/m	< 100	< 30	< 12
Calcium	mol/m^3	> 0,5	> 0,5	—
Carbonathärte**)	mol/m^3	< 0,7	< 0,7	< 0,7
Chlorid	mol/m^3	< 5	—	—
Sulfat	mol/m^3	< 3	—	—
$KMnO_4$-Verbrauch	g/m^3	< 50	< 20	< 10
Keimzahl***)	(Anzahl/ml)	< 1 000	< 100	< 10

*) Nach VDI 3803: Raumlufttechnische Anlage; bauliche und technische Anforderungen
**) < 3,5 mol/m^3 bei Härtestabilisierung (z. B. mit Organophosphat plus Dispergiermittel)
***) Voraussetzung für geringe Keimzahl ist ein dunkler, lichtdichter Luftwäscher

Wasser steigt durch den Entfall der Härtebildner und damit der Schutzschichtbildung die Korrosivität des Wassers stark an, so daß hierbei der Einsatz eines Korrosionsinhibitors zu empfehlen ist.

Eine unzulässig hohe Keimvermehrung im Wäscher kann man durch

☐ ausreichende Frischwasserzufuhr (bei maximal 1000 Keimen/ml Wasser genügt ein 0,5- bis 1facher stündlicher Frischwasserwechsel),

☐ Bestrahlung des Wassers durch Ultraviolett-Tauchstrahler und

☐ chemische Desinfektion (automatische Zuführung über zeitschaltuhrgesteuerte Dosierpumpe) verhindern.

Da adiabatische Sprühbefeuchter normalerweise mit Wassertemperaturen unter 20 °C betrieben werden, besteht keine Gefahr der Legionellenvermehrung und -übertragung in den Luftstrom, solange das Gerät in Betrieb ist. Legionellen sind Naß- bzw. Wasserkeime, die nahezu überall im Wasser nachzuweisen sind. Die Infektion des Menschen erfolgt nach allen bisherigen Erkenntnissen ausschließlich durch Inhalation legionellenhaltiger Aerosole. Ihr Wachstums- und Vermehrungsoptimum liegt im Temperaturbereich von 25–45 °C. *K. G. Müller*

Literatur: *Bošnjakovic, F.:* Verdunstungspol im Mollier'schen i,x-Diagramm feuchter Luft. Kältetechn. 13 (1961) Nr. 1, S. 28. – *Fekete, J.:* Untersuchung von Klimaanlagen mit Luftwäschern. Heiz.-Lüft.-Haustechn. 19 (1968) Nr. 4, S. 142/44. – *Grün, L.,* u. *N. Pitz:* Automatisch desinfizierbarer Luftkühler für Klimaanlagen in Krankenhäusern. Heiz.-Lüft.-Haustechn. 27 (1976) Nr. 9, S. 314/16. – *Häussler, W.:* Zustandsänderungen in der Sprühkammer einer Klimaanlage. Kältetechn. 18 (1966) Nr. 3, S. 116/21. – *Herre, E.:* Zur Wasserqualität in Luftwäschern von Raumlufttechnischen Anlagen. Heiz.-Lüft.-Haustechn. 29 (1978) Nr. 2, S. 75/76. – *Kriel, U.,* u. *W. Moog:* Energieeinsparung durch verbesserte Luftgüte in raumlufttechnischen Anlagen. Forschungsber. BMFT-FB-T 82-067. Hrsg. Fachinformationszentrum Energie, Physik, Mathematik GmbH Karlsruhe 1982. – *Moog, W.:* Analyse der physikalischen Vorgänge im Düsenkammer-Luftbefeuchter. Heiz.-Lüft.-Haustechn. 27 (1976) Nr. 7, S. 235/40; Nr. 8, S. 294/98. – *Ni, J.:* Befeuchtungsverhalten eines Luftwäschers. Heiz.-Lüft.-Haustechn. 41 (1990) Nr. 7, S. 577/81. – NN: Legionellenrisiko in RLT-Anlagen und vorbeugende Maßnahmen. FLT-Mitteilung (Forschungsvereinigung für Luft- und Trocknungstechnik e. V.) Okt. 1989. – *Schartmann, H.:* Luftbefeuchtungstechnik. TAB (1983) Nr. 10, S. 825/30. – *Scharmann, R.:* Korrosion und Wasserbehandlung in offenen Klima-Wassersystemen. Ki Klima + Kälteing. 6 (1978) Nr. 12, S. 465/68. – *Scharmann, R.:* Mikroorganismen in Wäschekammern. Krankenhaus-Techn. 1983, Nr. 6, S. 48/49. – *Schreiber, R.:* Experimentelle Untersuchungen über den Wärme- und Stoffaustausch in der Sprühkammer einer Klimaanlage. Kältetechn. 18 (1966) Nr. 9, S. 326/30. – *Seng, G.:* Luftbefeuchtung im adiabat betriebenen Luftwäscher. Heiz.-Lüft.-Haustechn. 23 (1972) Nr. 5, S. 143/46. – *Steinach, W.:* Programmsystem zur Berechnung des Energieverbrauchs von Klimaanlagen. Heiz.-Lüft.-Haustechn. 28 (1977) Nr. 6, S. 207/12; Nr. 7, S. 266/70. – *Wittorf, H.:* Wärme- und Stoffaustausch im Luftwäscher – Möglichkeiten der Berechnung. Kältetechn. 22 (1970) Nr. 5, S. 153/61.

Luftwalze. Auch Luftwirbel genannt. Von dem durch einen Wanddurchlaß eintretenden Zuluftstrahl wird durch Raumluftinduktion, d. h. durch Beimischung und Mitbewegung (Beschleunigung) von Raumluft, die Strahlgeschwindigkeit vermindert (→Luftdurchlaß, →Raumluftströmung). Durch diesen Impulsabbau (Energieabnahme) wird von dem Luftstrahl nach einer begrenzten Lauflänge, der sog. Eindringtiefe x_{max}, die beschleunigte Raumluft wieder abgegeben, so daß sich eine in Richtung zur Zuluftöffnung hin strömende L. (Luftwirbel) ausbildet. Im Wirkungsbereich dieser Primär-L. wird unter der Voraussetzung einer auf den Schadstoffanfall abgestimmten Luftstrombemessung (→Luftrate) die erforderliche →Lufterneue-

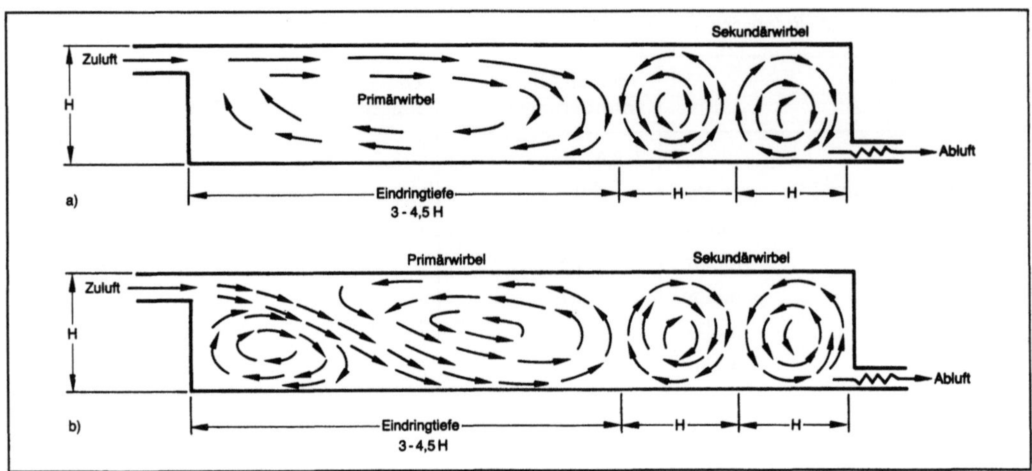

Luftwalze 1: Strömungsbilder bei horizontal austretenden Zuluftstrahlen in Räumen.
a) Isothermer oder warmer Zuluftstrahl (mit Coanda-Effekt.)
b) Kalter Zuluftstrahl (ohne Coanda-Effekt).

rung und -verteilung sichergestellt. Für die Eindringtiefe ist das Verhältnis der Raumlänge L zur Raumhöhe H die entscheidende Größe. Alle anderen Einflüsse, die noch in Betracht gezogen werden, wie z. B. der Volumenstrom, die Zuluftgeschwindigkeit und die Durchlaßhöhe, sind nur beschränkt wirksam und können vernachlässigt werden. Gleichfalls ist die Lage des Abluftdurchlasses im Raum auf die Strahlumkehr ohne Bedeutung. Nach den durchgeführten Untersuchungen erfolgt dieselbe sowohl bei schlitzförmigen als auch bei runden und rechteckigen Zuluftdurchlässen und unter der Bedingung raumerfüllender Strömung nach Raumlängen von 3–4,5 H. Raumerfüllende Strömung herrscht dann, wenn im gesamten raumlufttechnisch behandelten Raum die Luft in Bewegung gesetzt wird. Auch der Abstand des Luftdurchlasses von der Decke hat auf die Eindringtiefe nur geringen Einfluß, wenn sich der Zuluftstrahl infolge des Coanda-Effekts (→Luftdurchlaß) an die Decke anlegen kann (isothermer oder warmer Luftstrahl).

Wird dagegen, wie dies bei kalten Luftstrahlen der Fall ist, der Zuluftstrahl nach unten abgelenkt, so wird durch die Fallströmung unter Beibehaltung der Eindringtiefe 3–4,5 H eine weitere Primär-L. im vorderen Raumabschnitt entfacht. Bei größeren Raumtiefen bilden sich weitere, jeweils entgegengesetzt drehende L. (Sekundär-, Tertiärwalze usw.), deren Strömungsgeschwindigkeiten am Walzenrand sich wie etwa 9:3:1 verhalten (Bild 1). Die Luftwechselzahlen (→Lufterneuerung) verhalten sich dann wie 6:3:1, so daß ein einseitig belüfteter Raum in größeren Raumtiefen (>3–4,5 H) immer schlechter durchspült wird (Anstieg der Schadstoffkonzentrationen). In Aufenthalts- und Arbeitsräumen sollte deshalb bei Strahllüftung die Luftführung so

erfolgen, daß möglichst nur Primär-L. in den frequentierten Raumbereichen entstehen.

Auch senkrecht vor Außenwänden (Fenstern) eingeblasene Luftstrahlen, wie z. B. durch Induktionsgeräte (→Induktions-Klimaanlage), bilden eine L. Die Eindringtiefe ist jedoch hierbei infolge des Umlenkverlustes mit 1,5–2 H geringer als beim waagerecht austretenden Zuluftstrahl. Auch hieran schließen sich bei größeren Raumtiefen Sekundär-L. an (Bild 2). Für die Eindringtiefe ist die Zulufttemperatur und der Anfangsimpuls bestimmend. Optimale Eindringtiefen werden hierbei mit vorgegebenen Primärluftströmen (50–100 m³/h je Meter Wandlänge) dann erreicht, wenn denselben ein Induktionsverhältnis von 1:2–1:2,5 zugeordnet wird. *K. G. Müller*

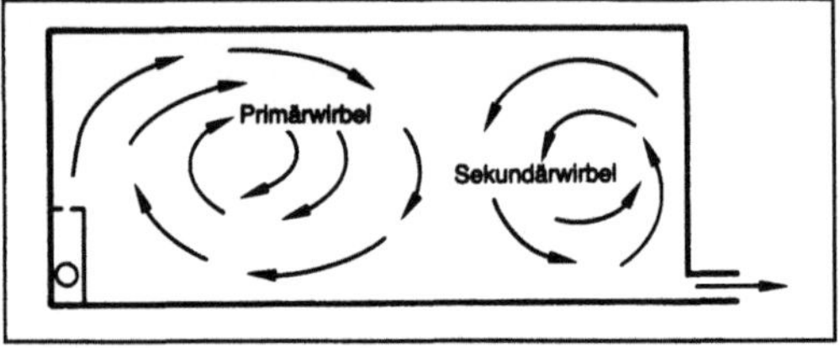

Luftwalze 2: Strömungsbild in Räumen bei senkrecht nach oben eingeblasenem Zuluftstrahl (z. B. durch Induktionsgerät).

Literatur: *Katz, P.:* Wurfweite, Eindringtiefe und Lauflänge von Zuluftstrahlen im klimatisierten Raum. Heiz.-Lüft.-Haustechn. 25 (1974) Nr. 3, S. 91/95. – *Petzold, K.:* Raumlufttemperatur (Abschn. 11.12 Raumwirbel). 2. Aufl. Wiesbaden, Berlin 1983. – *Regenscheit, B.:* Die Luftbewegung in klimatisierten Räumen. Kältetechnik 11 (1959) Nr. 1, S. 3/11. – *Wikström, B.:* Gesichtspunkte zur Gestaltung des Lufteinblasens in belüftete Räume. Heiz.-Lüft.-Haustechn. 17 (1966) Nr. 2, S. 55/58.

Luftwiderstand.. Die Kraft, die von der Luft auf einen bewegten Körper entgegen seiner Bewegungsrichtung ausgeübt wird. Solange die Strömung der Kontur des Körpers oder, genauer gesagt, der Kontur der nicht abgelösten Grenzschicht folgt, ist der L. im wesentlichen Reibungswiderstand. Wegen Nichterreichens des vollen Gesamtdrucks am rückwärtigen Teil des Körpers infolge Grenzschichteinflusses tritt ein Druckwiderstand auf, der bei nicht abgelöster Strömung i. a. ein Bruchteil des Reibungswiderstands ist. Bei Strömungsablösung, irregulärer Wirbelbildung, wie sie auch an strömungstechnisch günstigen Körpern bei zu großen Anblaswinkeln auftreten kann, entsteht wegen hoher Unterdrücke, hohen Energieverlusts in den Wirbeln der sog. Formwiderstand. Dieser ist i. a. wesentlich höher als der Reibungswiderstand.

Der Reibungswiderstand strömungsgünstig geformter schlanker Körper ist nur wegen der örtlichen Übergeschwindigkeiten etwas höher als der Reibungswiderstand ebener Platten, der sehr sorgfältig untersucht ist (Bild).

Der Reibungswiderstandsbeiwert c_F, der multipliziert mit dem Staudruck und der reibenden Oberfläche den Reibungswiderstand ergibt, ist (Aerodynamik) in hohem Maße von der Reynolds-Zahl abhängig und bei laminarer Grenzschicht weit niedriger als bei turbulenter. Wegen der aus dem Bild erkennbaren, so wesentlich niedrigeren laminaren →Reibungszahl gegenüber der turbulenten bemühen sich die Aerodynamiker seit langer Zeit, am Flugzeug die Grenzschicht laminar zu halten. Es ist dies jedoch, außer bei Segelflugzeugen mit speziell dafür entwickelten Profilen (Laminarprofil), nur in Ausnahmefällen möglich und außerdem nur über im Verhältnis zu den Flugzeugdimensionen sehr kleinen Lauflängen. Im allgemeinen ist der L. mindestens gleich der Summe der turbulenten Reibungen der einzelnen Teile des Flugzeugs: Rumpf, Flügel, Leitwerke, Motorgondeln usw. Zusätzlich dazu treten durch das Zusammenfügen derselben Interferenzwiderstände auf.

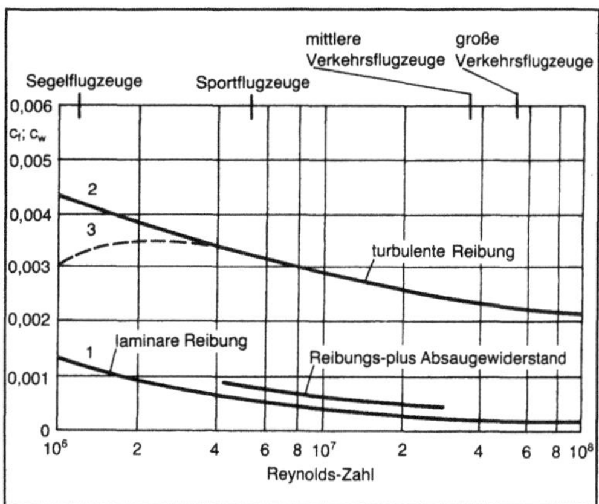

Luftwiderstand: Reibungswiderstand glatter Platten, abhängig von der Reynolds-Zahl.

1 rein laminare Strömung, 2 völlig turbulente Strömung, 3 turbulente Strömung mit laminarem Anlauf

Mit Annäherung an die Schallgeschwindigkeit treten örtlich am Flugzeug Überschallgeschwindigkeiten auf, deren Rückführung i. a. nur mit einem mehr oder minder starken Verdichtungsstoß und resultierendem Widerstandsanstieg erfolgt. Bei den üblichen Profildicken für Verkehrsflugzeuge von rd. 10 % beginnt der Widerstandsanstieg bei Mach-Zahlen von rd. 0,7–0,75. Um ihn hinauszuschieben, erhalten Flügel und Leitwerke eine Pfeilform. Dadurch wird die Mach-Zahl senkrecht zur Flügelvorderkante in erster Näherung im Verhältnis des Kosinus des Pfeilwinkels reduziert, also eine Steigerung der Fluggeschwindigkeit im umgekehrten Verhältnis ermöglicht.

Neben den Reibungs-, Druck- usw. Widerständen erfährt ein Flugzeug einen auftriebsabhängigen Widerstand, den induzierten Widerstand. Er ist im Gegensatz zu den übrigen Luftkräften umgekehrt proportional zum Staudruck. *Kosin*
→Fahrwiderstand